KUHMINSA

한 발 앞서나가는 출판사, **구민사**

구민사 출간도서 中 수험서 분야

- 용접
- 자동차
- 조경/산림
- 품질경영
- 산업안전
- 전기
- 건축토목
- 실내건축

- 기술사
- 기계
- 금속
- 환경
- 보일러
- 가스
- 공조냉동
- 위험물

전국 도서판매처

- 일산남부서점 • 안산대동서적 • 대구북앤북스 • 대구하나도서
- 포항학원사 • 울산처용서림 • 창원그랜드문고 • 순천중앙서점 • 광주조은서림

www.kuhminsa.co.kr

자격증 시험 접수부터 자격증 수령까지!

필기 원서 접수
큐넷(www.q-net.or.kr)
필기 시험은 회원 가입 후 인터넷 접수만 가능
(사진 파일, 접수비(인터넷 결제) 필요)
응시자격 요건 반드시 확인

필기시험
입실 시간 미준수 시 시험 응시 불가
준비물 : 수험표, 신분증, 필기구 지참

필기 합격 확인
큐넷(www.q-net.or.kr)
사이트에서 확인

실기 원서 접수
큐넷(www.q-net.or.kr)
응시 자격 서류는 실기시험 접수기간(4일 내)에
제출해야만 접수 가능

전문가를 위한 첫걸음, 구민사는 그 이상을 봅니다!
KUHMINSA

실기 시험
필답형과 작업형으로 분류
원서 접수 시 선택한 장소와 시간에 맞게 시험을 봅니다.
준비물 : 수험표, 신분증, 필기구 지참

최종합격 확인
큐넷(www.q-net.or.kr)
사이트에서 확인

자격증 신청
인터넷으로 신청(상장형 자격증 발급을 원칙으로 하며,
희망 시 수첩형 자격증 발급 신청/ 발급 수수료 부과)

자격증 수령
인터넷으로 발급(출력)
(수첩형 자격증 등기 수령 시 등기 비용 발생)

머리말
PREFACE

측량학은 인간활동이 미치는 모든 범위 즉, 지상, 지하, 해양, 우주 등의 제점 상호간에 위치를 결정하고 그 특성을 해석하는 학문으로 최근 측량기기와 컴퓨터에 발달로 원격탐측, GPS, GSIS 등을 이용하여 여러 분야에서 광범위하게 활용도가 증가되고 있다.

이러한 측량기기와 위성의 발달로 다양한 분야에서 즉, 위성측량, 해양측량, 항공사진측량, 지리정보 분야에서 최신 측량기술이 활용되고 응용됨으로써 측량 및 지형공간정보에 대한 관심이 증대되고 아울러 측량 및 지형공간정보 관련 자격증의 중요성이 부각되고 있다.

본서의 특징
1. 각 과목별 기초이론에 근거한 문제해결
2. 과년도 문제 위주의 상세한 설명으로 문제유형과 흐름 파악
3. 최신 개정법에 의한 문제해설
4. 새로운 경향의 문제에 대비힐 수 있도록 침단 측량 분야 문제 수록

이러한 특징에 중점을 두어 독자분들에게 필요한 수험서를 만들고자 노력하였으나 미흡한 부분이 있으리라 사료되며 여러 독자분들의 아낌없는 격려와 충고를 바탕으로 앞으로 더더욱 미흡한 부분은 채워나갈 수 있게 되기를 바라는 바이다.

끝으로 본서의 집필이 가능하도록 물심양면으로 배려해 주신 도서출판 구민사 대표님과 이 책의 출판에 관련된 여러분들에게 감사의 뜻을 전하며, 이 책을 탐독하는 모든 이에게는 좋은 열매의 결심이 맺어질 수 있기를 기원한다.

저자 일동

차 례
CONTENTS

측지학 및 위성측위시스템(GPS)

CHAPTER 01 총론 / 3

CHAPTER 02 지구와 천구 / 49

CHAPTER 03 지구의 물리측량 / 84

CHAPTER 04 지구의 기하학측량 / 106

CHAPTER 05 Global Positioning System / 118

응용측량

CHAPTER 01 노선측량(路線測量): route survey / 193

CHAPTER 02 하천측량 / 241

CHAPTER 03 터널측량(Tunnel Surveying) / 277

CHAPTER 04 경관측량 / 299

CHAPTER 05 지하시설물 측량 / 310

CHAPTER 06 해양측량 / 320

CHAPTER 07 택지조성측량(宅地造成測量) / 331

CHAPTER 08 면적 및 체적측량 / 336

PART 3 사진측량 및 원격탐사

CHAPTER 01 사진측량 / 375

CHAPTER 02 사진의 일반성 / 387

CHAPTER 03 사진촬영 계획 및 기준점측량 / 410

CHAPTER 04 사진의 특성 / 436

CHAPTER 05 입체사진측정 / 445

CHAPTER 06 표정 / 455

CHAPTER 07 사진판독 / 468

CHAPTER 08 편위수정과 사진지도 / 478

CHAPTER 09 수치사진측량(Digital Photogrammetry) / 485

CHAPTER 10 원격탐측(Remote sensing) / 511

측량 및 지형공간정보 기사 필기
ENGINEER SURVEYING GEO-SPATIAL INFORMATION

지리정보시스템

CHAPTER 01 GIS 총론 / 547

CHAPTER 02 GIS의 자료구조 / 567

CHAPTER 03 GIS의 데이터 생성 / 603

CHAPTER 04 GIS의 데이터 관리 / 615

CHAPTER 05 GIS 데이터의 흐름 및 분석 / 634

CHAPTER 06 자료 오차 / 657

CHAPTER 07 GIS의 표준화 및 응용 / 663

측량학

CHAPTER 01 거리측량 / 703

CHAPTER 02 수준측량 / 737

CHAPTER 03 트랜싯(각) 측량 / 763

CHAPTER 04 트래버스 다각측량 / 778

CHAPTER 05 삼각/삼변측량 / 796

CHAPTER 06 지형측량(Topographic Surveying) / 816

CHAPTER 07 측량관계법규 / 839

측량 및 지형공간정보 기사 필기
ENGINEER SURVEYING GEO-SPATIAL INFORMATION

CBT 모의고사

제1회 모의고사 / 911
제2회 모의고사 / 940
제3회 모의고사 / 967

제4회 모의고사 / 996
제5회 모의고사 / 1023
제6회 모의고사 / 1053

과년도 기출문제 및 해설

[2019년] 03월 03일 시행 / 1085
04월 27일 시행 / 1128
09월 21일 시행 / 1172

[2020년] 06월 13일 시행 / 1215
08월 22일 시행 / 1259
09월 27일 시행 / 1300

[2021년] 03월 07일 시행 / 1353
05월 15일 시행 / 1397
09월 12일 시행 / 1449

[2022년] 03월 05일 시행 / 1493
04월 24일 시행 / 1531

출제기준(필기)

EXAMINATION QUESTION TRENDS

직무분야	건설	중직무분야	토목	자격종목	측량 및 지형공간정보기사	적용기간	2025.1.1.~2028.12.31.

• 직무내용 : 국토의 이용 및 개발, 건설공사, 공간정보 및 관련 DB 구축을 위하여 각종 측량 및 공간정보 구축에 대한 계획 수립, 작업수행 및 관리 등을 수행하는 직무이다.

필기검정방법	객관식	문제수	100	시험시간	2시간 30분

필기과목명	문제수	주요항목	세부항목	세세항목
측지학 및 위성측위 시스템(GNSS)	20	1. 측지학 개론	1. 측지학의 정의, 분류	1. 측지학 정의, 분류 2. 지구물리측량
			2. 지구의 크기와 형상. 운동	1. 지구타원체 2. 구면삼각형 3. 지오이드
			3. 좌표계와 위치 결정	1. 좌표계 2. 투영법 3. 측량의 원점
			4. 수평 및 수직 측지망	1. 평면기준측량 2. 수준점측량
			5. 중력측정 및 중력장 일반	1. 중력측정 2. 중력장 일반
			6. 지자기 및 탄성파 측정	1. 지자기측정 2. 탄성파측정
		2. 위성 측위시스템 (GNSS)	1. 위성측위 일반 사항	1. 위성측위 일반 2. 위성측위 시스템의 제원
			2. GNSS(위성측위)의 원리	1. GNSS(위성측위)의 원리 2. GNSS(위성측위)위성신호 3. 위성신호의 전달
			3. GNSS(위성측위)측위	1. GNSS(위성측위) 항법 2. 단독측위원리 3. DGNSS 원리
			4. GNSS(위성측위)방법 및 계산	1. 간섭측위방식 2. 측정데이터분석
			5. GNSS(위성측위)오차	1. 기선해석 2. 오차의 종류 3. 방송력과 정밀력
			6. GNSS(위성측위)의 응용	1. 공공분야 2. 민간분야 3. 기타활용분야

필기과목명	문제수	주요항목	세부항목	세세항목
응용측량	20	1. 면적 및 체적측량	1. 면적 및 체적측량	1. 면적측량 2. 체적측량
			2. 면적분할법	1. 면적분할법 2. 면적분할의 활용
		2. 노선측량	1. 노선측량의 개요	1. 노선 측량의 목적 2. 곡선의 종류 3. 노선 측량의 응용
			2. 중심선 및 종횡단 측량	1. 중심선 계산 및 설치 2. 종횡단 측량
			3. 단곡선 설치와 계산 및 이용방법	1. 단곡선 설치 2. 단곡선 계산 및 이용
			4. 완화곡선의 종류별 설치와 계산 및 이용방법	1. 완화곡선 종류 및 설치 2. 완화곡선 계산 및 이용 3. 편경사(캔트) 및 확폭(슬랙)
			5. 종곡선 설치와 계산 및 이용방법	1. 종곡선 설치 2. 종곡선 계산 및 이용
		3. 하천측량	1. 하천의 수준기표 및 종횡단 측량	1. 수준기표 측량 2. 거리표 측량(종단) 3. 대횡단 측량
			2. 하천의 수위관측 및 이용방법	1. 하천 수위관측 2. 이용방법
			3. 하천의 유속, 유량의 측정 및 계산방법	1. 유속측정 및 계산 2. 유량계산 3. 유량곡선
		4. 수로측량	1. 연안조사 및 해안선 측량	1. 자료조사 2. 연안조사 3. 해안선측량
			2. 조석관측	1. 조위표 설치 2. 조석관측
			3. 수심측량	1. 수심측량 2. 도면작성
		5. 터널측량	1. 터널측량의 방법 및 단면측량	1. 터널 내 측량 2. 터널 외 측량 3. 터널 내외 연결측량 4. 터널단면측량
		6. 시설물측량	1. 도로시설물측량	1. 자료조사 2. 도로시설물측량 3. 대장 및 도서작성

측량 및 지형공간정보 기사 필기
ENGINEER SURVEYING GEO-SPATIAL INFORMATION

필기과목명	문제수	주요항목	세부항목	세세항목
응용측량	20	6. 시설물측량	2. 지하시설물측량	1. 자료조사 2. 지하시설물측량 3. 대장 및 도서작성
			3. 방재시설물측량	1. 자료조사 2. 방재시설물측량 3. 대장 및 도서작성
			4. 기타 시설물측량	1. 자료조사 2. 위치 및 변위 측량 3. 대장 및 도서작성
		7. 택지조성 측량	1. 용지측량에 관한 사항	1. 용지도 작성 2. 용지측량
			2. 구획정리확정측량에 관한 사항	1. 지구계 측량 2. 구획확정측량
		8. 경관측량	1. 경관의 분류 및 해석방법	1. 경관측량분류 2. 경관해석방법
사진측량 및 원격탐사	20 20	1. 사진측량 1. 사진측량	1. 사진측량의 개요	1. 사진측량의 정의 및 분류 2. 사진측량의 특징 3. 사진측량 장비 4. 사진측량정확도
			2. 입체시 특성	1. 원리 및 방법 2. 시차 및 시차차
			3. 사진촬영	1. 계획 및 준비 2. 촬영 조건
			4. 사진판독	1. 판독요소 2. 판독순서
			5. 사진기준점 측량	1. 계획 및 준비 2. 기준점 측량
			6. 세부도화에 관한 사항	1. 사진표정 2. 세부도화
			7. 공간영상지도제작	1. 정사보정 2. 모자이크 및 영상처리 3. 수치지형모형
			8. LIDAR 측량	1. 원리 및 방법 2. 취득 및 전처리 3. 수치표면/지면자료 4. 수치표고모형
		2. 원격탐사	1. 정의 및 특성	1. 정의 및 특성 2. 플랫폼 및 센서 종류 3. 원격탐사 응용
			2. 자료처리 및 분석	1. 영상수집 2. 영상보정 3. 영상처리 4. 영상분석 5. 영상편집

측량 및 지형공간정보 기사 필기
ENGINEER SURVEYING GEO-SPATIAL INFORMATION

필기과목명	문제수	주요항목	세부항목	세세항목
지리정보시스템	20	1. 지리정보 시스템 (GIS)	1. GIS의 개요	1. 정의, 유형 2. 주요기능, 특성
			2. GIS의 구성 요소	1. 하드웨어, 소프트웨어 2. 데이터베이스
			3. GIS 데이터베이스	1. 자료(공간, 속성)구조 2. 자료관리
			4. GIS 표준화	1. 데이터 모델 2. 데이터 포맷 3. 메타데이터
			5. 데이터 처리 및 공간분석	1. 데이터 처리 2. 공간분석
			6. GIS 응용	1. GIS 응용분야
		2. 공간정보 구축	1. 3차원 공간정보 구축	1. 지도, 수치지도 및 기본지리정보 2. 좌표변환 3. 디지타이징 및 스캐닝 4. 3차원 공간정보 5. 지하 공간정보
측량학	20	1. 측량학에 대한 전문적인 지식이 요구되는 사항	1. 측량기기의 종류 및 조정	1. 기기 종류 2. 기기별 조정
			2. 거리 및 각측량	1. 거리측량 2. 각측량
			3. 삼변 및 삼각측량	1. 특징 및 정확도 2. 작업순서, 관측 3. 조정계산 4. 결과정리
			4. 다각측량	1. 특징 및 정확도 2. 작업순서, 관측 3. 조정계산 4. 좌표전개
			5. 수준측량	1. 정의, 분류, 용어 2. 야장기입법 3. 수준망 조정 4. 교호수준측량
			6. 지형측량	1. 지형도 작성 2. 오차 및 정확도
			7. 측량오차론	1. 오차의 종류 2. 조정계산 방법
		2. 공간정보의 구축 및 관리 등에 관한 법령	1. 총칙	1. 목적 2. 정의
			2. 측량통칙	1. 측량의 계획 2. 측량의 기준

측량 및 지형공간정보 기사 필기
ENGINEER SURVEYING GEO-SPATIAL INFORMATION

필기과목명	문제수	주요항목	세부항목	세세항목
측량학	20	2. 공간정보의 구축 및 관리 등에 관한 법령	3. 기본측량	1. 실시 2. 측량성과
			4. 공공측량 및 일반측량	1. 실시 2. 측량성과 3. 측량성과의 심사
			5. 측량업 및 기술자	1. 측량업 등록 2. 측량기술자
			6. 지명, 성능검사, 벌칙	1. 지명 2. 성능검사 3. 벌칙

측량 및 지형공간정보기사 100일 합격 프랜드

D-100
1. 먼저 서버노트 준비하기
2. 서버노트에 단원별 견출지 붙이기
3. 단원별 학습하면서 중요도에 따른 내용정리하기(용어정리, 요소, 과정, 특징, 종류 등)

[제1과목 측지학 및 GPS]
1. 측량의 총론(전체적인흐름) 파악 동영상보기
2. 지구와 천구에 대한 용어정리
3. GPS측량에 흐름 학습 및 문제풀이로 정리

D-80
[제2과목 응용측량]
1. 노선측량에서 단곡선을 한문제로 정리(공식과 문제 풀이로 이해)하면서 전체적인 흐름을 파악
2. 하천측량에서 공식암기와 문제 풀이로 이해
3. 면적, 체적측량에서 공식암기와 문제풀이
4. 다른 과목은 학습하면서 요약정리와 문제풀이로 정리

D-60
[3과목 사진측량 및 원격탐사]
1. 사진측량은 교재내용을 우선 한번 정독하고 공식정리 필수
2. 공식을 암기하면서 문제 풀이와 병행
3. 단원별 문제 반복 정리
4. 원격탐사는 정독하면서 요약정리 학습

D-40
[4과목 지리정보시스템]
1. 지리정보시스템에는 정독하면서 요약정리
2. 먼저 큰 틀을 잡아야 한다.
3. 큰 틀 요약정리

D-30
[5, 6과목 측량학 및 측량관계법규]
1. 우선 각 단원별 공식 정리
2. 실전연습문제 반복 풀이
3. 관계법규는 기출문제로 해설을 정독하기

D-20
[7과목 과년도 기출문제 및 해설]
1. 서버노트는 항상 옆에 두고 공식과 요약정리 등 하면서 학습
2. 기출문제 풀이
3. 반복되는 기출문제 익히기

D-5
1. 서버노트로 공식, 요소 특징, 과정, 종류 등 요약정리한 것으로 마무리 학습
2. 반복되는 기출문제 익히기

구민사는 당신의 합격을 응원합니다.

ENGINEER SURVEYING GEO-SPATIAL INFORMATION

PART 01

측지학 및 위성측위시스템(GPS)

CHAPTER 01   총론
CHAPTER 02   지구와 천구
CHAPTER 03   지구의 물리측량
CHAPTER 04   지구의 기하학측량
CHAPTER 05   Global Positioning System

CHAPTER 01 총론

제1절 측량의 정의, 역사 및 분류

1 측량의 정의

측량은 원래 생명의 근원인 광대한 우주와 우리들 삶의 터전인 지구를 관측하고 그 이치를 헤아리는 측천양지(測天量地)의 기술과 원리를 다루는 지혜의 학문이다.

측량이란 측천양지의 준말로서 하늘을 재고 땅을 헤아린다는 뜻이다. 즉 땅의 위치를 별자리에 의하여 정하고 그 정해진 위치에 의하여 땅의 크기를 결정한다는 뜻이다.

1) 측량학(測量學)

지구 및 우주공간에 존재하는 제점 간의 상호위치관계와 그 특성을 해석하는 것으로서 위치결정, 도면화와 도형해석, 생활공간의 개발과 유지관리에 필요한 자료 제공, 정보체계의 정량화, 자연환경 친화를 위한 경관의 관측 및 평가 등을 통하여 쾌적한 생활환경의 창출에 기여하는 학문이다.

2) 측지학(測地學, geodesy)

지구 내부의 특성, 지구의 형상 및 운동을 결정하는 측량과 지구표면상에 있는 모든 점들 간의 상호위치관계를 산정하는 측량의 가장 기본적인 학문이다. 측지학에는 수평위치결정, 높이의 결정 등을 수행하는 기하학적 측지학, 지구의 형상해석, 중력, 지자기측량 등의 측량을 수행하는 물리학적 측지학으로 대별된다. 영어의 geodesy의 geo는 지구 또는 대지, desy는 분할을 의미한다.

3) 측량(測量)

측량법상 측량의 정의는 공간상에 존재하는 일정한 점들의 위치를 측정하고 그 특성을 조사하여 도면 및 수치로 표현하거나 도면상의 위치를 현지(現地)에 재현하는 것을 말하며 측량용 사진의 촬영, 지도의 제작 및 각종 건설사업에서 요구하는 도면작성 등을 포함한다.

2 측량의 역사

1) 우리나라 측량(測量)의 연혁(沿革)

(1) 삼국사기 및 삼국유사에 6~7세기 초 측량기록
(2) 통일신라시대 신라구주현총도 제작
(3) 고려시대 목종 : 고려지리도, 현종 : 오도양 계주현총도, 인종 : 삼국사기지리지 제작
(4) 조선시대 고산자 김정호
  - 1834 : 청구도(축척 1 : 160,000) 제작
  - 1861 : 대동여지도(축척 1 : 162,000) 제작
(5) 1894~1895년 판적국에 지적과 설치하에 한국전도 축척 1 : 2,000,000 : 일본전시용으로 사용
(6) 1910년 지형도(1 : 50,000) 및 지적도(1 : 1,200) 제작
(7) 1945년 항측에 의한 국토기본도(1 : 50,000) 수정보완
(8) 1966년 국토기본도(1 : 25,000) 제작
(9) 1975년 국토기본도(1 : 5,000) 제작
(10) 1995년 수치지도(1 : 1,000, 1 : 5,000, 1 : 25,000) 제작
(11) 2000년 사진지도 및 영상지도 제작
(12) 21세기 : GNSS 및 위성측량 실용화

2) 우리나라 측지사업(測地事業)의 연혁(沿革)

(1) 1910~1915년에 조선토지조사사업에 의하여 측지측량 실시
  기선 : 13개소 : 대노안하의평영 간함길강혜고
  ① 대삼각본점 : 400점
  ② 대삼각보점 : 2,401점
  ③ 소삼각 1, 2등점 : 31,646점

④ **수준측량** : 2,823점(1,639개의 삼각점 높이 측량) 수준노선 : 6,629km
⑤ **검조장** : 청진, 원산(1911년) 진남포, 목표(1912년) 인천(1914년)

소재지	청진	원산	진남포	목포	인천	현재 인천원점
높이(m)	2.636	1.931	6.140	2.155	5.477	26.6871
설치 연월일	1911.8 ~ 1915.5	1911.9 ~ 1916.3	1912.11 ~ 1916.5	1912.6 ~ 1916.6	1913.12 ~ 1916.6	1963.12 ~

도근측량 : 3,551,606점

한 지점의 높이는 기준면으로부터의 수직거리로 표시되며 측량법에서는 이 기준면을 Mean Sea Level 평균해수면(平均海水面)이라 한다. 고저기준원점(高低基準原點) 수준원점(水準原點)의 수치에 관하여서는 평균해수면(平均海水面)으로부터의 높이로 표시된다. 그 지점 간의 높이차를 고저차(高低差) 혹은 비고라 한다.

(2) 6.25전쟁 이후 망실 또는 손괴된 측지기준점 복구사업 추진
(3) 1960년대 후반 각종 기본 도제작 및 건설사업을 위한 공공측량 증대로 기준점 복구사업이 활성화되었으나 일관성이 없는 임시적 미봉책임
(4) 측지기준점 복구사업한 작업성과에 대하여 신뢰할 수 없어 1975년부터 지적법에 근거하여 국가기준점과는 별도로 지적삼각점과 지적삼각보조점을 설치하여 도근측량과 세부측량에 활용
(5) 정확한 기준점 성과를 실용화하기 위하여 1975년 정밀 1차 기준점 측량 실시
(6) 1986년 3, 4등삼각점을 기초로 하여 정밀 2차 측지망사업 실시
(7) 1995년부터 2000년까지 국가지리정보체계(NGIS) 1차계획 추진
(8) 2000년부터 건설교통부국토지리정보원을 중심으로 "한국측지계재정립" 추진
(9) 2001년부터 2005년까지 국가지리정보체계 2차계획 추진
(10) 2003년 1월 1일부터 세계측지계를 도입하여 시행
(11) 2009년 12월 31일까지 기존 측지계성과와 병행 사용
(12) 2010년 1월 1일부터 세계측지계만 사용
(13) 2004년부터 2015년까지 지적재조사사업 추진
(14) 2006년부터 국가지리정보체계 3차계획 추진
(15) 2023부터 공간공간정보정보정책기본계획 7차계획 추진

3 측량의 분류

1) 측량구역의 넓이에 관한 분류

(1) 평면측량(Plane Survey), 소지측량(Small area Survey)

지구의 곡률을 고려하지 않은 측량으로서,
① 거리측량의 허용정밀도가 1/1,000,000일 경우
② 지구의 곡률반경이 11km 이내인 지역
③ 면적이 약 400km² 이내인 지역을 평면으로 취급한다.

㉠ 거리허용오차 $(d-D) = \dfrac{D^3}{12 \cdot R^2}$

㉡ 허용정밀도 $(\dfrac{d-D}{D}) = \dfrac{D^2}{12 \cdot R^2} = \dfrac{1}{m} = M$

㉢ 평면으로 간주할 수 있는 범위 $(D) = \sqrt{\dfrac{12 \cdot R^2}{m}}$

D : 수평선(구면거리) d : 지평선(평면거리) M : 축척 θ : 중심각
R : 지구의 곡률반경 m : 축척의 분모수 C : 현의 길이

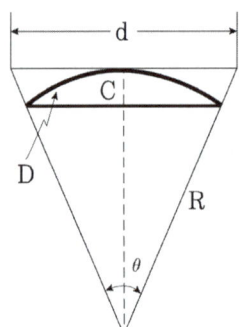

[지구곡률과 측량정밀도의 관계]

(2) 측지측량(Geodotic Survey), 대지측량(Large area Survey)

지구의 곡률을 고려한 정밀한 측량으로서 지구의 형상과 크기를 구하는 측량이며,
① 측량정밀도가 1/1,000,000일 경우
② 지구의 곡률반경이 11km 이상인 지역
③ 면적이 약 400km² 이상인 지역을 측지(대지) 측량이라 한다.
㉠ 기하학적 측지학 : 지구표면상에 있는 모든 점들 간의 상호 위치관계를 결정하는 것
㉡ 물리학적 측지학 : 지구 내부의 특성, 지구의 형상 및 크기를 결정하는 것

ⓒ 측지학의 대상한도

> **Question**
>
> 지구의 반지름 R가 6,370km이고 거리오차를 $1/10^6$까지 허용할 때 평면으로 볼 수 있는 반지름은?
>
> **풀이**
>
> 평면으로 간주할 수 있는 범위(D) = $\sqrt{\dfrac{12 \cdot R^2}{m}} = \sqrt{\dfrac{12 \times 6,370^2}{1,000,000}} = 22\text{km}$
>
> 지름이 22km이므로 반지름 11km까지를 평면으로 보고 측량한다.
>
> ① 거리허용오차$(d-D)$ = $\dfrac{D^3}{12 \cdot R^2} = \dfrac{22^3}{12 \times 6370^2} = 0.000022\text{km} = 22\text{mm}$
>
> ② 허용정밀도 $\left(\dfrac{d-D}{D}\right) = \dfrac{D^2}{12 \cdot R^2} = \dfrac{1}{m} = \dfrac{22^2}{12 \times 6370^2} ≒ \dfrac{1}{1,000,000}$

2) 측량법에 의한 분류

(1) 기본측량 : 모든 측량의 기초가 되는 공간정보를 제공하기 위하여 국토교통부장관이 실시하는 측량을 말한다.

(2) 공공측량 : 공공측량이란 다음 각 목의 측량을 말한다.

　① 국가, 지방자치단체, 그 밖에 대통령령으로 정하는 기관이 관계법령에 따른 사업 등을 시행하기 위하여 기본측량을 기초로 실시하는 측량

　② ①목 외의 자가 시행하는 측량 중 공공의 이해 또는 안전과 밀접한 관련이 있는 측량으로서 대통령령으로 정하는 측량

(3) 지적측량 : 토지를 지적공부에 등록하거나 지적공부에 등록된 경계점에 지상에 복원하기 위하여 제21호에 따른 필지의 경계 또는 좌표와 면적을 정하는 측량을 말하며, 지적확정측량 및 지적재조사측량을 포함한다.(제21호 "필지"란 대통령령으로 정하는 바에 따라 구획되는 토지의 등록단위를 말한다)

　① "지적확정측량"이란 "지적확정측량"이란 「도시개발법」에 따른 도시개발사업, 「농어촌정비법」에 따른 농어촌 정비사업, 그 밖에 대통령령으로 정하는 토지개발사업에 따른 사업이 끝나 토지의 표시를 새로 정하기 위하여 실시하는 지적측량을 말한다.

　② "지적재조사측량"이란 「지적재조사에 관한 특별법」에 따른 지적재조사사업에 따라 토지의 표시를 새로 정하기 위하여 실시하는 지적측량을 말한다.

(4) 일반측량 : 기본측량, 공공측량 및 지적측량 외의 측량을 말한다.

3) 측량장소에 의한 분류

암기 | 지 | 토 | 지 | 지 || 지 | 지 | 중 | 지 | 전 | 탄 | 지 || 수 | 수 | 해 | 해 | 조 | 해 |
천 | 위 | 3 | 공 | 초 | 레

(1) 지표면측량(Ground Surveying)

① ㉜형해석 : 지형도 작성, 면적 및 체적측량, 토지조성
② ㉠지이용 : 구획정리측량, 지적측량, 도시계획측량, 국토조사측량
③ ㉜구형상측량 : 천문측량, 중력측량, 위성측량
④ ㉜구의 극운동 및 변형측량 : 지구자전축의 흔들림, 지각의 수평변동, 지반침하, 지구조석, 대륙의 부동 등의 연구를 위한 측량

(2) 지하측량(Underground Surveying)

① ㉜하매설물 측량 : 지하관수로, 지하시설물, 지표하 얕은 곳의 매설물 위치확인을 위한 측량
② ㉜하수측량 : 중요한 용수원이 될 지하수의 흐름, 수량, 분포측량
③ ㉻력측량 : 중력기준점에서의 절대중력관측, 중력분포측량, 중력 이상을 이용한 지하자원측량, 지각변동, 지구형상해석을 위한 자료 제공
④ ㉜자기측량 : 지형이용을 위한 지자기분포측량, 자기 이상을 이용한 지하자원측량
⑤ ㉢기측량 : 지하전류 흐름 특성을 이용한 지하물체 및 자원조사측량
⑥ ㉣성파측량 : 인공지진에 의한 탄성파 전달특성을 이용한 지하물체 및 자원측량
⑦ ㉜진측량 : 중력측량, 수평위치 기준점의 변동측량을 이용한 지진의 예지 지진피해조사, 지진지도작성, 지진 후 지각변동측량

(3) 해양측량(Sea Surveying)

① ㉤평위치결정 : 지문, 천문, 전파, 관성, 인공위성 등에 의한 수평위치 결정
② ㉤직위치결정 : 초음파, 항공사진, 수중측량 등에 의한 수심 결정
③ ㉥안선측량 : 삼각측량, 다각측량, 수위관측 등에 의한 해안선 결정
④ ㉥지지형 및 지질측량 : 해저지형측량, 해저지질조사 측량
⑤ ㉦석 및 조류측량 : 최대, 최저, 평균수위변동 관측, 조류의 유향, 유속관측
⑥ ㉥양조사측량 : 수온, 수중식물, 수중자원조사

(4) 공간측량(Space Surveying)

① ㉧문측량 : 별 및 태양관측에 의한 천문반위각, 시, 경도, 위도의 결정
② ㉨성측량 : 인공위성 궤도해석, 인공위성전파신호 해석 등에 의한 위치 결정
③ ③차원측량 : 3차원 지구 좌표계에 의한 3차원 위치 결정

④ ㉤간삼각측량 : 항공기, 기구 등을 매개로 한 공간삼각망, 공간삼변망에 의한 위치 결정
⑤ ㉧장기선간섭계(VLBI) : 전파신호를 이용하여 지구상 수천~수만 km 떨어진 지점간의 정확한 위치 결정
⑥ ㉨이저거리측량 : 레이저광 펄스를 이용한 지구와 달의 거리 등 우주공간 길이 결정

4) 측량방법에 의한 분류

(1) 거리측량

(2) 수평위치 결정 : 삼각, 사변 다각(트래버스), 트랜싯

(3) 고저측량 : 직접, 간접수준 측량

(4) 사진측량 : 항공사진, 지상사진, 원격탐측

(5) 지형도 작성을 위한 측량 : 평판, 시거, 지형

제2절 측량의 기준

1 측량의 기준

기준 基準	지구상의 위치는 지리학적 경·위도 및 평균해면으로부터의 높이로 표시한다. 표고는 타원체고와 정표고 및 지오이드고로 구분할 수 있는데 점의 위치에서 평면위치는 기준면의 기준 타원체에 근거해 결정되고, 높이는 타원체를 근거하여 결정되는 것이 곤란하므로 종래 평균해수면을 기준으로 높이를 결정하였다.
위치(位置)	세계측지계(世界測地系)에 따라 측정한 지리학적 경위도와 높이(평균해면으로부터의 높이를 말한다. 이하 이 항에서 같다)로 표시한다. 다만 지도제작 등을 위하여 필요한 경우에는 직각좌표와 높이, 극좌표와 높이, 지구중심 직교좌표 및 그 밖의 다른 좌표로 표시할 수 있다.

世界測地系	세계측지계(世界測地系)는 지구를 편평한 회전타원체로 상정하여 실시하는 위치측정의 기준으로서 다음 각 호의 요건을 갖춘 것을 말한다.
	1. 회전타원체의 긴반지름 및 편평률(扁平率)은 다음 각 목과 같을 것
	  가. 긴반지름: 6,378,137미터
	  나. 편평률: 298.257222101분의 1
	2. 회전타원체의 중심이 지구의 질량중심과 일치할 것
	3. 회전타원체의 단축(短軸)이 지구의 자전축과 일치할 것

측량(測量)의 원점(原點)	대한민국 경위도원점(經緯度原點) 및 수준원점(水準原點)으로 한다. 다만 섬 등 대통령령으로 정하는 지역에 대하여는 국토교통부장관이 따로 정하여 고시하는 원점을 사용할 수 있다.

간출지(干出地)의 높이와 수심	수로조사에서 간출지의 높이와 수심은 기본수준면(일정 기간 조석을 관측하여 분석한 결과 가장 낮은 해수면)을 기준으로 측량한다.(삭제 2020.2.18.)
해안선	해수면이 약최고고조면(略最高高潮面 : 일정기간 조석을 관측하여 분석한 결과 가장 높은 해수면)에 이르렀을 때의 육지와 해수면과의 경계로 표시한다.(삭제 2020.2.18.)

① 해양수산부장관은 수로조사와 관련된 평균해수면, 기본수준면 및 약최고고조면에 관한 사항을 정하여 고시하여야 한다.(삭제 2020.2.18.)
② 제1항에 따른 세계측지계, 측량의 원점 값의 결정 및 직각좌표의 기준 등에 필요한 사항은 대통령령으로 정한다.
  법 제6조제1항제2호 단서에서 "섬 등 대통령령으로 정하는 지역"이란 다음 각 호의 지역을 말한다.
  1. 제주도
  2. 울릉도
  3. 독도
  4. 그 밖에 대한민국 경위도원점 및 수준원점으로부터 원거리에 위치하여 대한민국 경위도원점 및 수준원점을 적용하여 측량하기 곤란하다고 인정되어 국토교통부장관이 고시한 지역

② 측량의 기준점 구분

암기 우리가 위통이 심하면 중지를 모아 수영을 수삼번 해라

측량기준점은 ⇨ 다음 각 호의 구분에 따르며 측량기준점의 구분에 관한 세부 사항은 대통령령으로 정한다.

국가기준점		측량의 정확도(正確度)를 확보(確保)하고 효율성(效率性)을 높이기 위하여 국토교통부장관이 전 국토를 대상으로 주요 지점마다 정한 측량의 기본이 되는 측량기준점
	우주측지기준점	국가측지기준계를 정립하기 위하여 전 세계 초장거리간섭계와 연결하여 정한 기준점
	위성기준점	지리학적 경위도, 직각좌표 및 지구중심 직교좌표의 측정 기준으로 사용하기 위하여 대한민국 경위도원점을 기초로 정한 기준점
	통합기준점	지리학적 경위도, 직각좌표, 지구중심 직교좌표, 높이 및 중력 측정의 기준으로 사용하기 위하여 위성기준점, 수준점 및 중력점을 기초로 정한 기준점
	중력점	중력 측정의 기준으로 사용하기 위하여 정한 기준점
	지자기점 (地磁氣點)	지구자기 측정의 기준으로 사용하기 위하여 정한 기준점
	수준점	높이 측정의 기준으로 사용하기 위하여 대한민국 수준원점을 기초로 정한 기준점
	영해기준점	우리나라의 영해를 획정(劃定)하기 위하여 정한 기준점(삭제 2021.2.9.)
	수로기준점	수로 조사 시 해양에서의 수평위치와 높이, 수심 측정 및 해안선 결정 기준으로 사용하기 위하여 위성기준점과 법 제6조제1항제3호의 기본수준면을 기초로 정한 기준점으로서 수로측량기준점, 기본수준점, 해안선기준점으로 구분한다.(삭제 2021.2.9.)
	삼각점	지리학적 경위도, 직각좌표 및 지구중심 직교좌표 측정의 기준으로 사용하기 위하여 위성기준점 및 통합기준점을 기초로 정한 기준점

공공기준점		공공측량시행자가 公共測量을 正確하고 效率的으로 시행하기 위하여 國家基準點을 기준으로 하여 따로 정하는 측량기준점
	공공삼각점	공공측량 시 수평위치의 기준으로 사용하기 위하여 국가기준점을 기초로 하여 정한 기준점
	공공수준점	공공측량 시 높이의 기준으로 사용하기 위하여 국가기준점을 기초로 하여 정한 기준점
지적기준점		특별시장·광역시장·특별자치시장·도지사 또는 특별자치도지사(이하 "시·도지사"라 한다)나 지적소관청이 地籍測量을 正確하고 效率的으로 시행하기 위하여 國家基準點을 기준으로 하여 따로 정하는 측량기준점
	지적삼각점 (地籍三角點)	지적측량 시 水平位置測量의 基準으로 사용하기 위하여 國家基準點을 기준으로 하여 정한 기준점
	지적삼각 보조점	지적측량 시 水平位置測量의 基準으로 사용하기 위하여 國家基準點과 지적삼각점을 기준으로 하여 정한 기준점
	지적도근점 (地籍圖根點)	지적측량 시 필지에 대한 水平位置測量 基準으로 사용하기 위하여 國家基準點, 지적삼각점, 지적삼각보조점 및 다른 지적도근점을 기초로 하여 정한 기준점

제3절 측지학

① 타원체 종류 암기 회 지 준 국

지구를 표현하는 수학적 방법, 단축 또는 장축을 중심축으로 회전시켜 얻는다

(회)**회전타원체**	한 타원의 지축을 중심으로 회전하여 생기는 입체타원체
(지)**지구타원체**	부피와 모양이 실제의 지구와 가장 가까운 회전타원체를 지구의 형으로 규정한 타원체
(준)**준거타원체**	어느 지역의 대지측량계의 기준이 되는 지구타원체
(국)**국제타원체**	전세계적으로 대지측량계의 통일을 위해 IUGG(International Association of Geodesy : 국제측지학 및 지구물리학연합)에서 제정한 지구타원체

2 타원체와 지오이드의 비교

암기: 기타굴매반면표부삼경지타삼중클우 Be / 지평대고해낮고지면0 측연직선 편차 내부 중력 타 불

타원체	지오이드
	정지된 해수면을 육지까지 연장하여 지구 전체를 둘러쌌다고 가상한 곡면을 지오이드(geoid)라 한다. 지구타원체는 기하학적으로 정의한데 비하여 지오이드는 중력장 이론에 따라 물리학적으로 정의한다.
① ㉠하학적 ㉠원체이므로 ㉢곡이 없는 ㉢끈한 면 ② 지구의 ㉣경, ㉤적, ㉥면적, ㉦피, ㉧각측량, ㉨위도 결정, ㉩도제작 등의 기준 ③ ㉠원체의 크기는 ㉢각측량 등의 실측이나 ㉢력측정값을 ㉢레로 정리로 이용 ④ 지구타원체의 크기는 세계 각 나라별로 다르며 ㉣리나라에는 종래에는 Bessel의 타원체를 사용하였으나 최근 공간정보의 구축 및 관리 등에 관한 법 제6조의 개정에 따라 GRS80 타원체로 그 값이 변경되었다. ⑤ 지구의 형태는 극을 연결하는 직경이 적도방향의 직경보다 약 42.6km가 짧은 회전타원체로 되어 있다. ⑥ 지구타원체는 지구를 표현하는 수학적 방법으로서 타원체면의 장축 또는 단축을 중심으로 회전시켜 얻을 수 있는 모형이다.	① ㉢오이드면은 ㉢균해수면과 일치하는 등포텐셜면으로 일종의 수면이다. ② 지오이드면은 ㉢륙에서는 지각의 인력 때문에 지구타원체보다 높㉠ ㉢양에서는 낮다. ③ ㉠저측량은 ㉢오이드㉢을 표고 ㉠으로 하여 관㉢한다. ④ 타원체의 법선과 지오이드 연직선의 불일치로 연직선 편차가 생긴다. ⑤ 지형의 영향 또는 지각㉢밀도의 불균일로 인하여 타원체에 비하여 다소의 기복이 있는 불규칙한 면이다. ⑥ 지오이드는 어느 점에서나 표면을 통과하는 연직선은 ㉢방향에 수직이다. ⑦ 지오이드는 ㉠원체면에 대하여 다소 기복이 있는 ㉢규칙한 면을 갖는다. ⑧ 높이가 0이므로 위치에너지도 0이다. ⑨ 지오이드면은 불규칙한 곡면으로 준거타원체와 거의 일치한다.

3 측지학의 분류

암기: 지 시 해서 결 정 지 어라 면 천 위 해 사 를 / 형 극 지 열 대 양 은 지 중 지 탄 이라

기하학적 측지학	물리학적 측지학
① 측지학적 3차원 위치결정	① 지구의 형상 해석
② 길이 및 시간의 결정	② 지구의 극운동 및 자전운동
③ 수평위치 결정	③ 지각변동 및 균형
④ 높이의 결정	④ 지구의 열측정
⑤ 지도제작	⑤ 대륙의 부동
⑥ 면적 및 체적의 산정	⑥ 해양의 조류
⑦ 천문측량	⑦ 지구의 조석 측량
⑧ 위성측량	⑧ 중력측량
⑨ 해양측량	⑨ 지자기측량
⑩ 사진측량	⑩ 탄성파측량

제4절 측량의 원점

1 경위도 원점

1981년부터 1985년 12월 27일까지 정밀천문측량을 실시하여 얻어진 값으로 수원국립지리원 내에 있다. 우리나라의 최근에 설치된 경위도 원점은 2002년 1월 1일 관측하여 2003년 1월 1일 고시하였다.

(1) 경도 : 동경 127°03′14.8913″
(2) 위도 : 북위 37°16′33.3659″
(3) 원방위각 : 165°03′44.538″
   (원점으로부터 진북을 기준으로 하여 오른쪽 방향으로 측정한 우주측지관측센터에 있는 위성기준점 안테나 참조점 중앙 교점)
(4) 우리나라 삼각망의 기준이 되는 대삼각 본점은 부산 절영도, 거제도에 있다.
(5) 지점 : 경기도 수원시 영통구 원천동 111번지(국토지리정보원에 있는 대한민국 경위도 원점 금속표의 십자선 교점)

2 평면직각좌표원점

(1) 남북을 X축(X^N), 동서를 Y축(Y^E)으로 하고 있다.
(2) 평면직각좌표의 원점

명칭	경도	위도	투영원점의 가산수치	원점의 축척계수
서부원점	동경 125°	북위 38°	X_N 600,000m Y_E 200,000m	1.0000
중부원점	동경 127°	북위 38°		1.0000
동부원점	동경 129°	북위 38°		1.0000
동해원점	동경 131°	북위 38°		1.0000

> ⚠ 기본부터 알고 넘어가기
> 일반 수학과 측량에서의 x, y축이 다름에 유의

(3) 각 좌표에서의 직각좌표는 다음의 조건에 따라 T.M(Transver Mercator, 횡단머케이트) 방법으로 표시한다.
   ① x축은 좌표계 원점의 자오선에 일치하여야 하고, 진북방향을 정(+)으로 표시하여 y축은 x축에 직교하는 축으로서 진동방향을 정(+)으로 한다.
   ② 세계측지계에 따르지 아니하는 지적측량의 경우에는 가우스상사이중투영법으로 표시하되, 직각좌표계 투영원점의 가산(可算) 수치를 각각 X_N 500,000미터(제주도 지역 550,000미터) Y_E 200,000미터로 하여 사용할 수 있다.

3 수준원점(Origianl Bench Mark)

(1) 현재 1963년 인천시 남구 용현동 253번지(인하대학교 내)에 설치한 수준원점에 평균해수면(기준면)을 연결하여 그 표고를 26.6871m로 확정하여 전국에 걸쳐 고저측량망을 형성하였다.

(2) 인천, 진남포, 청진, 목포, 원산 등의 5개 항구에 수준기점이 설치되어 있다.

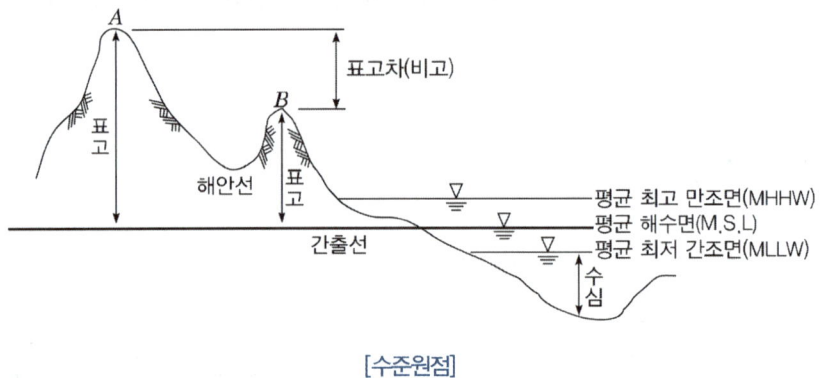

[수준원점]

제5절 좌표계

1 좌표계의 분류

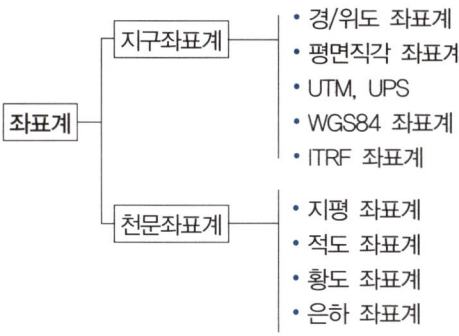

1) **지구좌표계**

   (1) 경/위도좌표   암기 측 천 측 천 지 화

   지구상 절대적 위치를 표시하는 데 가장 널리 쓰인다. 경도((Longitude):λ)와 위도(Latitude): θ)에 의한 좌표(λ, θ)로 수평위치를 나타낸다.

   ① 기준타원체면 위로 투영된 어느 점의 위치를 경도.위도 및 평균해면으로 부터의 높이로 표시하는 방법을 지리좌표(Geographic Coordinates) 또는 측지좌표(Geodetic Coordinates) 라 한다.
   ② 3차원 위치표시를 위해서는 타원체면으로부터의 높이, 즉 표고를 이용한다.
   ③ 본초자오선과 적도의 교점을 원점(0, 0)으로 한다.
   ④ 경도는 본초자오선으로부터 적도를 따라 그 지점의 자오선까지 잰 각거리로 동서쪽으로 0°~180°까지 재며, 천문경도와 측지경도로 구분한다.
   ⑤ 위도는 자오선을 따라 적도에서 어느 지점까지 관측한 최소각거리로서 "어느 지점의 연직선(또는 타원체의 법선)이 적도면과 이루는 각"으로 정의되고, 0°~90°까지 관측하며, 천문위도, 측지위도, 지심위도, 화성위도로 구분된다.

경도	경도는 본초자오선과 적도의 교점을 원점(0, 0)으로 한다. 경도는 본초자오선으로부터 적도를 따라 그 지점의 자오선까지 잰 최소 각거리로 동서쪽으로 0°~180°까지 나타내며, 측지경도와 천문경도로 구분한다.
	㉹지경도 본초자오선과 타원체상의 임의 자오선이 이루는 적도상 각거리를 말한다.
	㉺천문경도 본초자오선과 지오이드상의 임의 자오선이 이루는 적도상 각거리를 말한다.
위도	위도(φ)란 지표면상의 한 점에서 세운 법선이 적도면을 0°로 하여 이루는 각으로서 남북위 0°~90°로 표시한다. 위도는 자오선을 따라 적도에서 어느 지점까지 관측한 최소 각거리로서 어느 지점의 연직선 또는 타원체의 법선이 적도면과 이루는 각으로 정의되고, 0°~90°까지 관측하며, 경도 1°에 대한 적도상 거리, 즉 위도 0°의 거리는 약 111km, 1′은 1.85km, 1″는 30.88m이다.
	㉹지위도 지구상 한 점에서 회전타원체의 법선이 적도면과 이루는 각으로 측지분야에서 많이 사용한다.
	㉺문위도 지구상 한 점에서 지오이드의 연직선(중력방향선)이 적도면과 이루는 각을 말한다.
	㉻심위도 지구상 한 점과 지구중심을 맺는 직선이 적도면과 이루는 각을 말한다.
	㉼성위도 지구중심으로부터 장반경(a)을 반경으로 하는 원과 지구상 한 점을 지나는 종선의 연장선과 지구중심을 연결한 직선이 적도면과 이루는 각을 말한다.

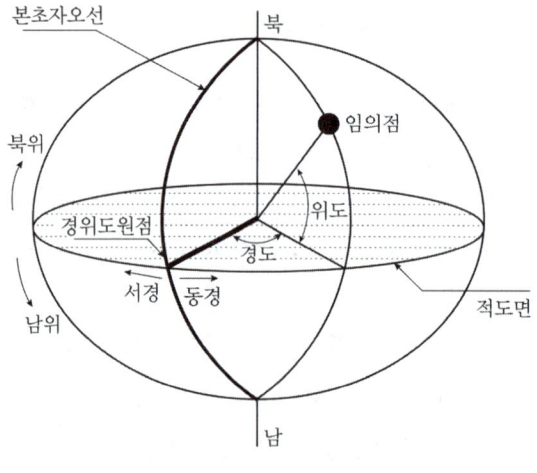

[경도와 위도]

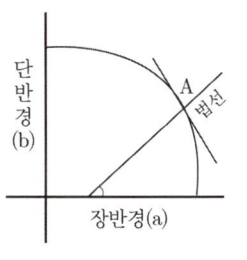 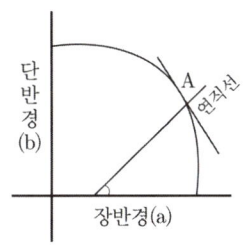 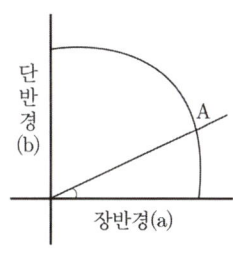 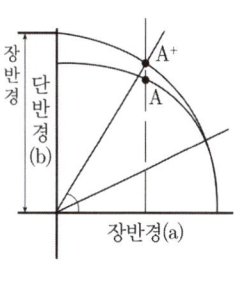

(a) 측지위도(ϕg) (b) 천문위도(ϕa) (c) 지심위도(ϕc) (d) 화성위도(ϕr)

[위도의 종류]

> ⚠ **기본부터 알고 넘어가기**
>
> **그리니치 자오선(Greenwich meridian)**
> 영국(English)의 그리니치(Greenwich) 천문대의 자오환 중심을 지나는 자오선을 '천문자오선'이라 말하며, 1884년 이래 이것이 본초자오선으로 채용되어 왔다.
>
> **자오선(Meridian)**
> 지구상의 1점과 양극을 포함하는 '대원의 호'를 말하며, 적도에 직각으로 교차한다.
>
> **測地測量原點**
> 삼각측량에 있어서 출발점으로 출발점의 경도,위도,방위각,지오이드높이,기준타원체의 요소를 測地原點要素 또는 測地原子라 한다

(2) 평면직각좌표(Plane Rectangular Coordinate System)

평면직각좌표란 기준 타원체상의 경위도좌표를 TM투영법에 의해 계산된 좌표를 말하며 투영원점의 가산수치는 종선(N)에 60만 미터, 횡선(E)에 20만 미터로 사용한다.

비교적 소규모측량에서 널리 이용된다. 측량지역의 1점을 택하여 좌표원점을 정하고 그 평면상에서 원점을 지나는 자오선을 X축, 동서방향을 Y축으로 한다.

① 각 지점의 위치는 직각좌표값(x, y)으로 표시되며 경거, 위거라 한다.

② 원점에서 동서로 멀어질수록 자오선과 원점을 지나는 XN(진북)과 평행한 XN′(도북)이 서로 일치하지 않아 자오선수차(r)가 발생한다.

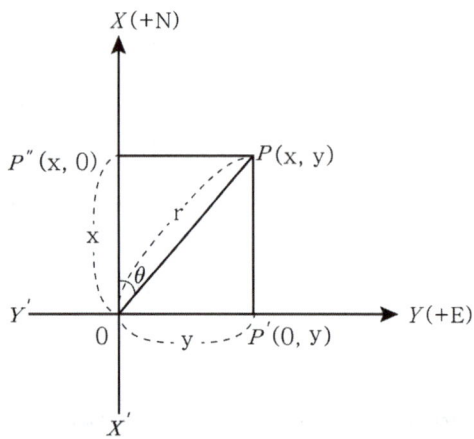

$$P_X = r\cos\theta, P_Y = r\sin\theta$$

명 칭	경 도	적용구역	위 도	투영원점의 가상수치	원점의 축척계수
서부원점	동경 125°	동경124°~126°	북위 38°	X^N : 600,000m Y^E : 200,000m	1.0000
중부원점	동경 127°	동경126°~128°	북위 38°		
동부원점	동경 129°	동경128°~130°	북위 38°		
동해원점	동경 131°	동경130°~132°	북위 38°		

(3) UTM 좌표(Universal Transvers Mercator)

① 종대

㉠ 지구전체를 경도 6°씩 60개 구역으로 나누고, 각 종대의 중앙자오선과 적도의 교점을 원점으로 하여 원통도법인 횡메르카토르 투영법으로 등각투영한다.

㉡ 각 종대는 180°W 자오선에서 동쪽으로 6° 간격으로 1~60까지 번호를 붙인다.

㉢ 중앙자오선에서의 축척계수는 0.9996m이다.

(축척계수 : $\dfrac{평면거리}{구면거리} = \dfrac{s}{S} = 0.9996$)

② 횡대

㉠ 종대에서 위도는 남북 80°까지만 포함시킨다.

㉡ 횡대는 8°씩 20개 구역으로 나누어 C(80°S ~ 72°S) ~ X(72°N ~ 80°N)까지 (단 I, O는 제외) 20개의 알파벳문자로 표현한다.

㉢ 결국 종대 및 횡대는 경도 6° × 위도 8°의 구형구역으로 구분된다.

51 : 120°~126° E(중앙지오선 123° E)	S : 32°~40° N
52 : 126°~132° E(중앙지오선 129° E)	T : 40°~48° N

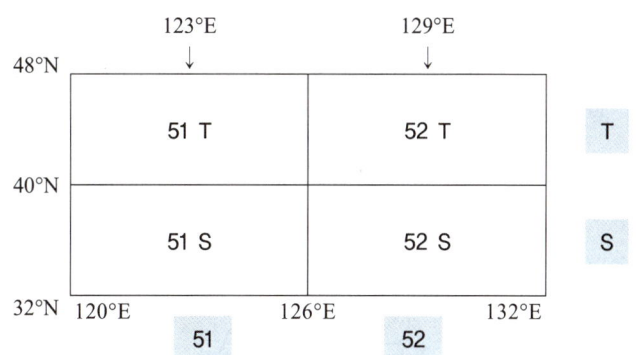

㉣ UTM좌표에서 거리좌표는 m단위로 표시하며 종좌표는 N, 횡좌표는 E를 붙인다.
㉤ 각 종대마다 좌표원점의 값

북반구	횡좌표	500,000mE				
	종좌표	0mN	적도	0mN	80°N	10,000,0000mN
남반구	종좌표	10,000,0000mN	적도	10,000,0000mN	80°S	0mN
	횡좌표	500,0000mE				

80°S에서 적도까지의 거리는 10,000,000m로 나타난다.(1칸 100km)
적도에서 80°N까지의 거리는 10,000,000m로 나타난다.

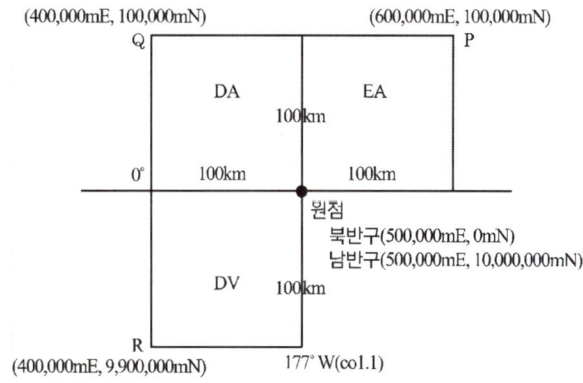

(4) UPS 좌표계

위도 80° 이상의 양극 지역의 좌표를 표시하는 데 사용되며, 극심입체투영법에 의한 것으로 UTM 좌표의 상사투영법과 같은 특징을 가진다.

① 남북위 80~90°의 양 극지역의 좌표 표시에 사용한다.
② 극심입체투영법에 의한다.
③ 양극을 원점으로 하는 평면직각좌표계를 사용한다.

④ 거리좌표는 m 단위로 나타낸다.
⑤ 좌표의 종축은 경도 0° 및 180°인 자오선이고 횡축은 90° W 및 90° E인 자오선이다.
⑥ 원점의 좌표값은 횡좌표 2,000,000mE, 종좌표 2,000,000mN이며 도북은 북극을 지나는 180° 자오선(남극에서는 0° 자오선)과 일치한다.

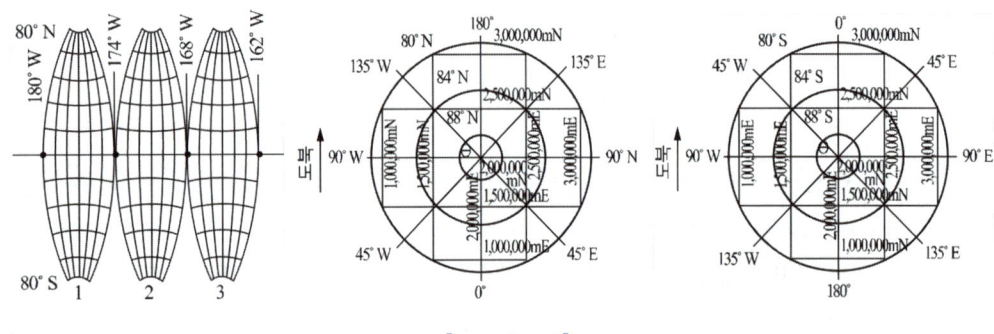

[UTM과 UPS]

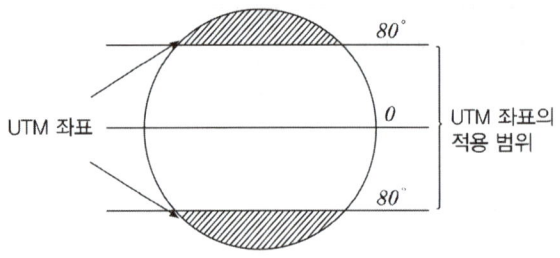

[UTM 좌표의 적용 범위]

(5) WGS84 좌표계

WGS84는 지구의 질량중심에 위치한 좌표원점과 X, Y, Z축으로 정의되는 좌표계이며, 주로 위성측량(GPS)에서 사용된다.

[특징]
① 원점은 해양 및 대기를 포함한 지구의 전 질량의 중심
② Z축은 지구자전축과 평행을 이룬다.
③ X축은 본초자오선과 평행한 평면이 지구 적도면과 교차하는 선이다.
④ Y축은 X축과 Z축이 이루는 평면에 동쪽으로 수직인 방향으로 정의된다.
⑤ WGS84 타원체의 평편률은 $\frac{1}{298,257}$ 이다.

(6) ITRF 좌표계

ITRF는 IERS에서 추천하는 통일좌표계로서 현재 각종 우주측지좌표계로부터 ITRF계로의 변환파라미터가 주어지고 있다. 국제시보국(BIH)에서 1984년에 국제지구자전관측 사업(IERS)의 결과로서 새로운 BTS를 도입하게 되었고, BTS는 ITRF(지구기준좌표계)로 승계되었다.

㉠ 원점은 지구의 질량 중심이다.
㉡ Z축은 1984년 국제시보국(BIH)에서 채택한 자전축과 평행한 방향이다.
㉢ X축은 적도면과 그리니치 자오선이 교차하는 방향이다.
㉣ Y축은 Z축과 X축이 이루는 평면에 동쪽으로 수직인 방향이다.
㉤ CTP 방향선에 직교하고 지구중심을 지나는 면이 적도면이다.
㉥ 오른손 좌표계이다.
㉦ 지구중심좌표계의 기준이다.
㉧ 상대론을 고려한 SI(국제단위계)축척이 기준이다.
㉨ BIH 1984. 지구기준좌표계의 기준이다.
㉩ 지각에 상대적인 좌표계의 회전과 변위가 없다는 조건이다.

2) 천문좌표계

천문좌표계(天文座標系)

종류	중심평면	위치요소	특징
地平	지평면	방위각/고저각	관측자를 중심으로 천체의 위치 표시하는 좌표계 관측자위치에 따라 방/고 변한다. 관측지점의 천구자오선은 천정Z와 천극P를 지나는 대원으로 지평선과 북점N및 남점S에서 교차한다. 천체 X의 수직권은 Z와X를 지나는 대원이다. 천체 X의 위치는 ∠NOX'와 ∠X'OX 로 나타낸다. 方位角은 자오선의 북점으로부터 지평선을 따라 천체를 지나 수직권의 발 X'까지 잰각거리 ∠NOX'(0°~ 360°) 高低角: 지평선으로부터 천체까지 수직권을 따라 잰각거리 ∠X'OX (0°~ ±90°) 관측자 연직선 위쪽 천구와 만나는 점 천정(Z) 아래쪽 천저(Z') 관측자(지구중심) 지나며 관측자의 연직선과 직교하는 평면과 천구의 교선인 대원을 천구의 지평선
赤道	천구적도	적경/적위	천구상의 위치를 천구적도면을 기준으로 해서 적경과 적위
		시간각/적위	또는 시간각과 적위로 나타내는 좌표계 천체 위치값 시간/장소 일정 정확도 가장 좋다

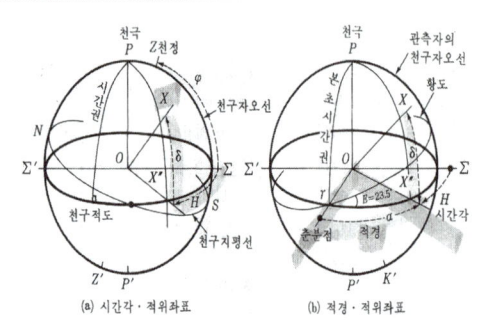 (a) 시간각·적위좌표 / (b) 적경·적위좌표			천구북극/천구남극 천구적도면을 기준 적경/적위, 시간각/적위 좌표계 적경 본초시간권(춘분점을 지나는 시간권)에서 적도면을 따라 동쪽으로 잰각거리(0^h 24^h) 적위 적도상 0 도 적도 남북 0~±90도로표시 　　적도면에서 천체까지 시간권을 따라 잰각거리 시간각 관측자의 자오선PZΣ에서 천체의 시간권까지 　　적도를 따라 서쪽으로 잰각거리
黃道	황도	황경/황위	태양계 내 천체운동 설명
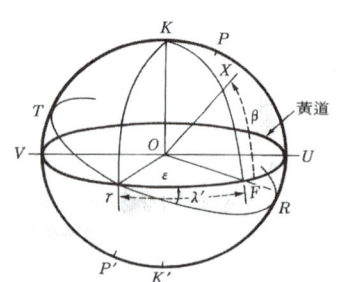			황도 일년중 하늘에서 태양이 움직이는 겉보기궤도 북황극/남황극 황경 춘분점을 원점 황도 따라 동 잰각거리(0~360도) 황위 황도면에서 떨어진 각거리(0~ ±90도) 적도면과황도면의경사각 23.5도로 두분점인 춘분점과 추분점이 만난다. 1항성년(恒星年):태양이 황도를 한바퀴 도는 시간(365일 5시 48분 46초) 1회귀년(回歸年):태양이 춘분점을 출발하여 다시 춘분점으로 돌아오는 시간(365일 6시 9분 9.5초)
銀河	은하적도	은경/은위	은하계내의 천체운동 설명
			은하계와 연관있는 현상 설명
			은하적도는 천구적도에 대해 63° 기울어짐
			북은경/남은경
			은경 은하중심방향으로부터 은하적도 따라 동쪽으로 잰각 (0~360도)
			은위 은하적도로부터 잰각거리(0~ ±90도)

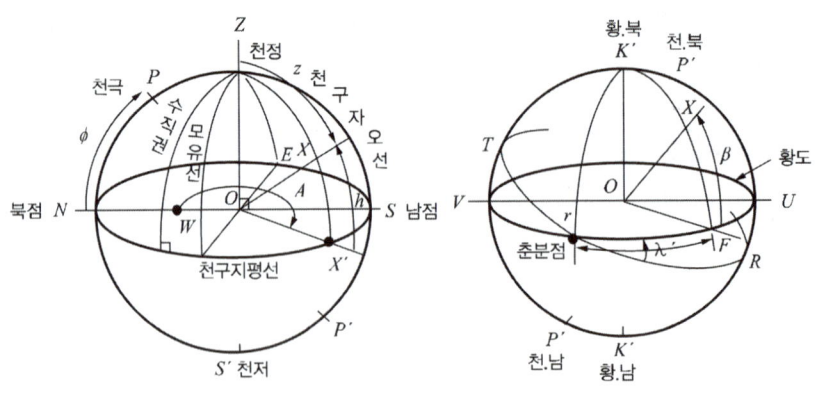

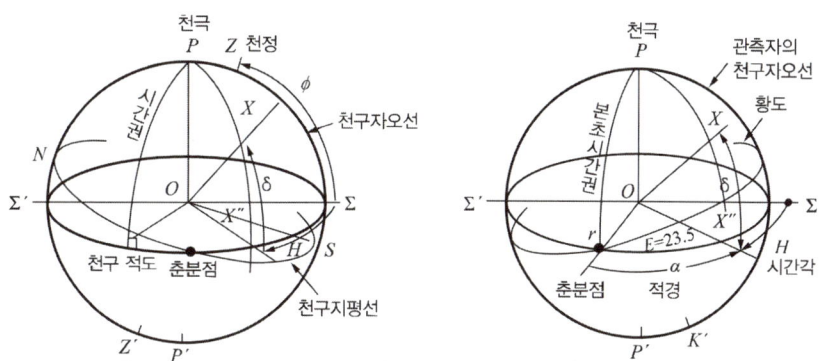

제 6 절 측량의 요소

1 측량의 요소

1) 길이(length)

두 점간의 위치의 차이를 나타내는 가장 기초적인 양을 의미한다. 1983년 10월 제17차 국제도량형총회에서 1m에 대하여 "무한히 확산되는 평면전자기파가 1/299,792,458초 동안 진 공중을 진행하는 길이"라고 정의하였다.

2) 각(angle)

각은 호와 반경의 비율로 표현되는 평면각(plane angle)과 구면 또는 타원체면상의 성질을 나타내는 곡면각(curved surface angle), 너비와 길이의 제곱과의 비율로 표현되는 공간각(또는 입체각, solid angle)으로 나눈다.

3) 시(time)

지구의 자전 및 공전운동으로 인하여 관측자의 지구상의 절대적 위치가 주기적으로 변화함을 표시하는 것으로 하루의 길이는 지구의 자전, 1년은 지구의 공전, 주나 월은 달의 공전운동으로부터 정의된 것이다. 1967년 국제도량형 총회에서 1초는 "Cs^{133}의 바닥상태에 있는 두 개의 초미세준위(超微細準位) 사이의 천이에 대응하는 방사선의 9,192,631,770주기의 지속시간"이라 정의하였다.

4) 질량과 중력(mass & gravity)

물체의 무게는 물체에 작용하는 힘으로서 물체의 고유한 질량에 지구중력에 의한 가속도를 곱한 것이며 특히 표준중량은 질량과 표준중력 가속도를 곱한 것이다.

(1) 질량

질량은 물체의 관성의 크고 작음을 나타내는 관성질량과 만유인력의 법칙으로부터 정해지는 중력질량이 있다. 중력질량은 중력가속도가 일정한 장소에서 관측하는 한 정지물체에 작용하는 중력은 일정하다는 원칙 아래 표준물체(킬로그램 원기)와 중력을 비교함으로써 정의된다. 관성질량과 중력질량 사이에 비례관계가 성립하는 것은 에트뵈스의 실험으로 확인되었으며 일반상대성이론의 출발점이 되었다.

(2) 중력

지구상의 물체에 작용하는 중력은 지구의 질량에 의한 인력과 자전에 의한 원심력의 합력으로 지하물질이나 국소인력 등의 영향을 받으므로 중력의 방향은 항상 지구중심을 향하고 있는 것은 아니다. 그러므로 정확한 지오이드를 결정하기 위한 측지측량에서는 중력의 분포를 필수적으로 관측하여야 한다.

5) 온도(temperature)

온도는 물질의 분자가 운동하는 정도를 표시하는 것이다.

2 국제 관측단위계(SI)

1) 기본단위

1991년 국제도량형총회(CGPM)에서 결정된 기본단위는 다음과 같다.

구분	관측단위	기호
길이	meter	m
질량	kilogram	kg
시간	second	s
전류	ampere	A
열역학적 온도	kelvin	K
물질량	mol	mol
광도	candela	cd

2) 보조단위

(1) 라디안(radian : rad)

라디안은 원주상에서 그 반지름의 길이와 같은 길이의 호를 잘라내는 두 반지름 사이에 포함되는 평면각이다. 즉 평면각의 호도법은 원주상에서 그 반경과 같은 길이의 호를 끊어서 얻은 2개의 반경사이에 끼는 평면각을 1라디안(radian : rad로 표시)으로 표시한다.

① **평면각 SI 단위계** → 각속도(rad/s), 각가속도(rad/s^2)

(2) 스테라디안(steradian : sr)

스테라디안은 입체각의 단위로서 구의 중심을 정점으로 하여 구표면에서 구의 반경을 한변으로 하는 정사각형의 면적과 같은 면적(r^2)을 갖는 원과 구의 중심이 이루는 입체각을 말한다.

① **입체각 SI 단위계** → 복사도(W/sr), 복사휘도(W/m^2, sr), 광속도(cd, sr)

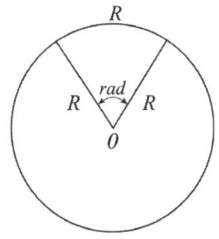

[라디안]

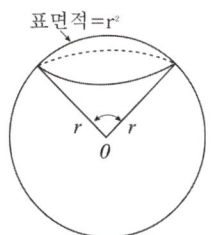

[스테라디안]

CHAPTER 01 문제 및 해설

01 측지측량에 대한 설명으로 옳지 않은 것은?

[2010년 기사 3회]

① 측량의 정도가 $1/10^6$일 경우 반경 11km 이내의 범위에서 건설되는 철도, 수로 및 선로 등에 대한 건설측량도 측지측량에 속한다.
② 측량의 정도가 $1/10^6$일 경우 측지측량의 범위는 관측점을 중심으로 한 원의 면적이 약 400km² 이상인 넓은 지역에 해당되며 대륙 간의 측량도 포함된다.
③ 우리나라 전국의 정밀 측량망 형성을 위한 삼각측량, 고저측량, 삼변측량도 측지측량에 속한다.
④ 측지측량은 지구곡률을 고려하여 지표면을 곡면으로 보고 행하는 정밀측량이다.

해설

측지측량(Geodetic Surveying)
측량지역이 넓은 곳에 사용하는 측량으로 지구의 곡률을 고려하여 지표면을 곡면으로 보고 행하는 측량이며 범위는 100만분의 1의 허용 정밀도를 측량한 경우 반경 11km 이상 또는 면적 약 400km² 이상의 넓은 지역에 해당하는 정밀측량으로서 대지측량이라고도 한다.

02 측지원점을 정의하기 위하여 필요한 요소로 거리가 먼 것은?

[2011년 기사 1회]

① 표준중력   ② 타원체의 장반경
③ 원방위각   ④ 원점의 경도

해설

삼각측량에서 출발점을 측지원점이라 하며, 출발점의 경도, 위도, 방위각, 지오이드 높이 및 기준(준거), 지구타원체의 요소를 측지원점요소라 한다.

03 우리나라의 지형도에서 사용하고 있는 평면좌표는 어느 투영법에 의하는가?

[2011년 기사 2회]

① 등각투영   ② 등적투영
③ 등거리투영   ④ 복합투영

해설

① **등적투영법** : 지상면적과 도상면적을 같게 투영하는 방법
② **등거리투영법** : 지상과 도면상의 거리를 같게 투영하는 방법
③ **등각투영법** : 지상의 측정각과 도상의 각을 같게 유지하는 방법
④ **원뿔투영법** : 지구에 원뿔을 씌워 투영하고 원뿔을 펴는 방법

04 우리나라 평면 직각좌표의 원점은 어떻게 구성되어 있는가?

[2011년 기사 3회]

① 서해, 내륙, 중부, 동해 원점
② 동부, 서부, 내부, 중부 원점
③ 동부, 서부, 중부, 동해 원점
④ 동해, 남부, 북부, 중부 원점

Answer 01 ① 02 ① 03 ① 04 ③

해설
우리나라의 평면직각좌표는 서부, 중부, 동부, 동해원점으로 구분하여 그 원점을 설정하고 있다.

05 다음 중 물리학적 측지학에 속하지 않는 것은?
[2013년 기사 1회]

① 지구의 형상 및 크기 결정
② 중력측정
③ 시각의 결정
④ 지구내부 물질조사

해설

기하학적 측지학	물리학적 측지학
① 측지학적 3차원 위치 결정	① 지구의 형상 해석
② 길이 및 시간의 결정	② 지구의 극운동 및 자전운동
③ 수평위치 결정	③ 지각변동 및 균형
④ 높이의 결정	④ 지구의 열측정
⑤ 지도제작	⑤ 대륙의 부동
⑥ 면적 및 체적의 산정	⑥ 해양의 조류
⑦ 천문측량	⑦ 지구의 조석 측량
⑧ 위성측량	⑧ 중력측량
⑨ 해양측량	⑨ 지자기측량
⑩ 사진측량	⑩ 탄성파측량

06 다음 중에서 물리학적 측지학에 속하지 않는 것은?
[2011년 기사 3회]

① 지구의 형상해석　② 중력 측정
③ 지각 변동 조사　④ 시(時)의 결정

해설
5번 해설 참조

07 측지위도에 대한 설명 중 옳은 것은?
[2012년 기사 2회]

① 지구상 한 점에서 물리적 지표면에 대한 법선이 적도면과 이루는 각
② 지구상 한 점에서 타원체에 대한 법선이 적도면과 이루는 각
③ 지구상 한 점에서 지오이드에 대한 연직선이 적도면과 이루는 각
④ 지구상 한 점과 지구중심을 맺는 직선이 적도면과 이루는 각

해설

측지위도(ϕ_g)
지구의 한 점에서 회전타원체의 법선이 적도면과 이루는 각으로 측지분야에서 많이 사용한다.

천문위도(ϕ_a)
지구의 한 점에서 지오이드의 연직선(중력방향선)이 적도면과 이루는 각을 말한다.

지심위도(ϕ_c)
지구의 한 점과 지구중심을 맺는 직선이 적도면과 이루는 각을 말한다.

화성위도(ϕ_r)
지구중심으로부터 장반경(a)을 반경으로 하는 원과 지구상 한 점을 지나는 종선의 연장선과 지구중심을 연결한 직선이 적도면과 이루는 각을 말한다.

08 측지측량에 의한 지각의 수평 이동량을 측정할 수 있는 방법이 아닌 것은?
[2013년 기사 2회]

① 수준측량　② 삼각측량
③ 거리측량　④ 삼변측량

해설
수준측량(Leveling)이란 지구상에 있는 여러 점들 사이의 고저차를 관측하는 것으로 고저측량이라고도 한다.

Answer 05 ③　06 ④　07 ②　08 ①

09 측지학에서는 중력을 나타내는 1Gal과 같은 것은? [2013년 기사 2회]

① 1kg · k/sec²
② 1kg · cm/sec²
③ 1cm/sec²
④ 1m/sec²

[해설]
중력의 단위 : gal(cm/sec²)

10 측지학에 대한 설명으로 옳지 않은 것은? [2013년 기사 3회]

① 천체의 고도, 방위각 및 시각을 관측하여 미지점의 경위도 및 방위각을 결정하는 것을 천문측량이라 한다.
② 측지학적 3차원 위치결정이란 경도, 위도 및 높이를 산정하여 측지학적 좌표계를 결정하는 것이다.
③ 지상으로부터 발사 또는 방사된 전자파를 인공위성으로 탐지하여 해석함으로써 지구자원 및 환경을 해결할 수 있는 것을 지상측량이라 한다.
④ 지구곡률을 고려한 반경 11km 이상인 지역의 측량에는 측지학의 지식을 필요로 한다.

[해설]
위성측량은 관측자로부터 위성까지의 거리, 거리변화율, 방향을 전자공학적 또는 광학적으로 관측하여 관측지점의 위치, 관측지점들 간의 상대거리 및 위성궤도를 결정하는 측량이다.

11 거리 측정의 정밀도를 $1/10^7$까지 허용한다면 지구의 표면을 평면으로 생각할 수 있는 측정 거리의 한계는? (단, 지구의 곡률반경은 6,370km로 한다.) [2011년 기사 1회]

① 약 7km
② 약 11km
③ 약 22km
④ 약 35km

[해설]
평면으로 생각할 수 있는 측정거리의 한계
$$\text{범위}(D) = \sqrt{\frac{12 \times R^2}{m}}$$
$$= \sqrt{\frac{12 \times 6{,}370^2}{10{,}000{,}000}} = 6.97\text{km}$$

12 다음 중 3차원 좌표가 아닌 것은? [2010년 기사 2회]

① 원주좌표
② 원좌표
③ 구면좌표
④ 3차원 직교좌표

[해설]
① 2차원 좌표계 : 원·방사선 좌표
② 3차원 좌표계 : 3차원 직교좌표, 3차원 사교좌표, 원주좌표, 구면좌표, 3차원 직교곡선좌표

14 3차원 좌표에 속하지 않은 것은? [2010년 기사 1회]

① 원주좌표
② 원·방사선좌표
③ 구면좌표
④ 3차원 직교좌표

[해설]
① 2차원 좌표계 : 원·방사선 좌표
② 3차원 좌표계 : 3차원 직교좌표, 3차원 사교좌표, 원주좌표, 구면좌표, 3차원 직교곡선좌표

14 평면측량에서 1/50,000까지 거리의 허용차를 둔다면 지구를 평면으로 볼 수 있는 한계는 약 얼마인가? (단, 지구의 반경은 6,370km 로 한다.) [2010년 기사 2회]

① 31km
② 65km
③ 98km
④ 123km

Answer 09 ③ 10 ③ 11 ① 12 ② 13 ②

해설

$D = \sqrt{\dfrac{12R^2}{m}} = \sqrt{\dfrac{12 \times 6370^2}{50000}} = 98\text{km}$

∴ 반경(R) = 98.68km

15 국제 횡 메르카토르 좌표계(UTM좌표계)에 대한 설명으로 옳은 것은?

① 각 구역을 경도는 8°, 위도는 6°로 나누어 각각 투영한 도법이다.
② 북위 85°부터 남위 85°까지 투영범위를 갖는다.
③ 우리나라는 51~52 종대와 S~T 횡대 구역에 위치하고 있다.
④ 중앙경선 상의 축척계수를 0.9996으로 전 지역에서 일정하다.

해설

UTM 좌표(Universal Transverse Mercator Coordinate)
UTM 좌표는 국제횡메르카토르 투영법에 의하여 표현되는 좌표계이다. 적도를 횡축, 자오선을 종축으로 한다. 투영방식, 좌표변환식은 TM과 동일하나 원점에서 축척계수를 0.9996으로 하여 적용범위를 넓혔다.
① 지구 전체를 경도 6° 씩 60개 구역으로 나누고, 각 종대의 중앙자오선과 적도의 교점을 원점으로 하여 원통도법인 횡메르카토르 투영법으로 등각투영한다.
② 각 종대는 180° W 자오선에서 동쪽으로 6° 간격으로 1~60까지 번호를 붙인다.
③ 중앙자오선에서의 축척계수는 0.9996m이다(축척계수 : $\dfrac{평면거리}{구면거리} = \dfrac{s}{S} = 0.9996$).
④ 종대에서 위도는 남북 80° 까지만 포함시킨다.
⑤ 횡대는 8° 씩 20개 구역으로 나누어 C(80° S~72° S)~X(72° N~80° N)까지(단, I, O은제외) 20개의 알파벳 문자로 표현한다.
⑥ 결국 종대 및 횡대는 경도 6° ×위도 8° 의 구형구역으로 구분된다.
⑦ 우리나라는 51~52종대와 S~T횡대에 속한다.

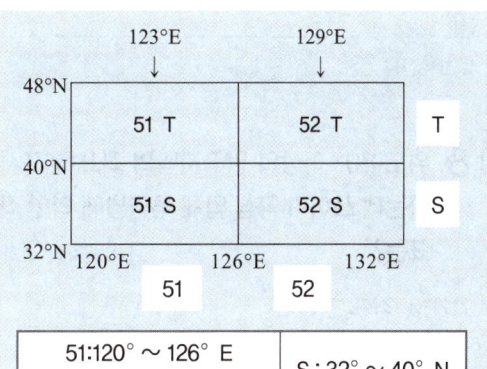

| 51:120° ~ 126° E (중앙자오선 123° E) | S : 32° ~ 40° N |
| 52:126° ~ 132° E (중앙자오선 129° E) | T : 40° ~ 48° N |

16 우리나라 평면직각좌표계 4개의 중앙 자오선 축척계수는? [22년 기사 1회]

① 0.9996
② 0.9999
③ 1.0000
④ 1.0001

해설

명칭	경도	위도	투영원점의 가산수치	원점의 축척계수
서부원점	동경 125°	북위 38°	$X_n = 600,000m$ $Y_E = 200,000m$	1.0000
중부원점	동경 127°	북위 38°		
동부원점	동경 129°	북위 38°		
동해원점	동경 131°	북위 38°		

17 국제 횡 메르카토르 좌표계(UTM좌표계)에 대한 설명으로 옳지 않은 것은? [21년 1회 측기]

① 지구를 6°경도대로 나누어 이 경도대마다 각각 투영한 도법이다.
② 극 지역에는 따로 UPS 좌표계를 사용한다.
③ 왜곡 없는 투영이 가능하다.
④ 중앙경선 상의 축척계수를 0.9996으로 하면, 중앙경선상의 동서로 각각 약 180km 떨어진 곳에서 축척계수가 1.0000 이 된다.

Answer 14 ③ 15 ③ 16 ③ 17 ③

[해설]
15번 참고

[해설]
15번 참고

18 위도 80° 이상의 양극지역의 좌표를 표시하는데 쓰이며 극심 입체 투영법에 의한 좌표는? [18년 2회 측기]

① UTM 좌표
② UPS 좌표
③ TM 좌표
④ 3차원 직교 좌표

[해설]
15번 참고

19 UTM 좌표계에 대한 설명으로 옳지 않은 것은? [18년 1회 측기]

① 세계를 하나의 통일된 좌표로 표시하기 위한 목적으로 고안되었다.
② 좌표지역대의 분할을 위해 위도는 8°, 경도는 6° 간격으로 분할하였다.
③ 중앙자오선에서 축척계수는 0.9996이다.
④ 우리나라의 UTM좌표는 경도 127″와 극지방을 좌표계의 원점으로 하는 55 S와 56S 지역대에 속한다.

[해설]
15번 참고

20 UTM좌표계에 우리나라가 속해 있는 UTM 도엽 중 52S 구역의 원점은? [18년 2회 측기]

① 중앙자오선 동경 125°와 적도
② 중앙자오선 동경 127°와 적도
③ 중앙자오선 동경 129°와 적도
④ 중앙자오선 동경 135°와 적도

21 WGS84 좌표계에 대한 설명으로 옳지 않은 것은? [2011년 9급]

① Y축은 X축으로부터 적도면을 따라 서쪽으로 수직인 방향으로 정의된다.
② X축은 국제시보국에서 정의한 본초자오선에 평행한 WGS84 기준자오면과 CTP(Conventional Terrestrial Pole) 적도면이 교차하는 선이다.
③ Z축은 지구의 회전축인 CTP(Conventional Terrestrial Pole)의 방향과 평행하다.
④ SPOT 위성영상이나 GPS의 좌표계로 이용된다.

[해설]
WGS84 특징
① 미국에 의해 구축된 세계좌표계의 하나이다.
② 좌표계의 원점은 지구의 질량 중심이다.(지심좌표계)
③ 1984년 이전까지는 지구중력의 관점에서 정해진 지구타원체 모델인 WGS72가 사용되었다.
④ WGS84의 기준타원체는 IAG(국제측지학회)에서 권고치인 GRS80을 사용하였고 제원을 살펴보면 다음과 같다.
  ㉠ 장반경(a) : 6,378,137m
  ㉡ 단반경(b) : 6,356,752m
  ㉢ 편평률(f) : 1/298.257
⑤ 좌표계
  ㉠ X축은 BIH에서 정의한 본초자오선과 평행한 평면이 지구 적도면과 교차하는 선이다.
  ㉡ Z축은 1984년 국제시보국에서 채택한 지구 자전축과 평행하다.
  ㉢ Y축은 X축으로부터 적도면을 따라 동쪽으로 수직인 방향으로 정의된다.

Answer 18 ② 19 ④ 20 ③ 21 ①

PART 01 측지학 및 위성측위시스템(GPS)

22 우리나라 지적도에서 사용하는 평면직각좌표계의 경우 중앙경선에서의 축척계수는?

[19년 2회 지기]

① 0.9996 ② 0.9999
③ 1.0000 ④ 1.5000

해설

직각좌표계 원점

명칭	원점의 경위도	투영원점의 가산(加算)수치	원점축척계수	적용 구역
서부 좌표계	경도: 동경125°00′ 위도: 북위 38°00′	X(N) 600,000m Y(E) 200,000m	1.0000	동경 124°~126°
중부 좌표계	경도: 동경127°00′ 위도: 북위 38°00′	X(N) 600,000m Y(E) 200,000m	1.0000	동경 126°~128°
동부 좌표계	경도: 동경129°00′ 위도: 북위 38°00′	X(N) 600,000m Y(E) 200,000m	1.0000	동경 128°~130°
동해 좌표계	경도: 동경131°00′ 위도: 북위 38°00′	X(N) 600,000m Y(E) 200,000m	1.0000	동경 130°~132°

23 지구상의 어느 한 점에서 지오이드에 대한 연결선이 천구의 적도면과 이루는 각으로 정의되는 위도는?

[18년 1회 측기]

① 측지위도 ② 지심위도
③ 화성위도 ④ 천문위도

해설

경도	경도는 본초자오선과 적도의 교점을 원점(0, 0)으로 한다. 경도는 본초자오선으로부터 적도를 따라 그 지점의 자오선까지 잰 최소 각거리로 동서쪽으로 0°~180°까지 나타내며, 측지경도와 천문경도로 구분한다.
측지 경도	본초자오선과 타원체상의 임의 자오선이 이루는 적도상 각거리를 말한다.
천문 경도	본초자오선과 지오이드상의 임의 자오선이 이루는 적도상 각거리를 말한다.

위도	위도(φ)란 지표면상의 한 점에서 세운 법선이 적도면을 0°로 하여 이루는 각으로서 남북위 0°~90°로 표시한다. 위도는 자오선을 따라 적도에서 어느 지점까지 관측한 최소 각거리로서 어느 지점의 연직선 또는 타원체의 법선이 적도면과 이루는 각으로 정의되고, 0°~90°까지 관측하며, 경도 1°에 대한 적도상 거리, 즉 위도 0°의 거리는 약 111km, 1′은 1.85km, 1″는 30.88m이다.
측지 위도	지구상 한 점에서 회전타원체의 법선이 적도면과 이루는 각으로 측지분야에서 많이 사용한다.
천문 위도	지구상 한 점에서 지오이드의 연직선(중력방향선)이 적도면과 이루는 각을 말한다.
지심 위도	지구상 한 점과 지구중심을 맺는 직선이 적도면과 이루는 각을 말한다.
화성 위도	지구중심으로부터 장반경(a)을 반경으로 하는 원과 지구상 한 점을 지나는 종선의 연장선과 지구중심을 연결한 직선이 적도면과 이루는 각을 말한다.

24 측지경위도에 관한 설명으로 옳지 않은것은?

[10년 1회 측기]

① 본초자오면과 지표상 한 점을 지나는 자오면이 만드는 적도면상 각거리를 경도라고 한다.
② 지표면상 한 점에 세운 법선이 적도면과 이루는 각을 위도라고 한다.
③ 직도면에서 잰 본초자오선과 어느 지점의 천문자오선 사이의 각거리를 천문경도라 한다.
④ 지구상 한 점에서의 지오이드에 대한 연직선이 적도면과 이루는 각거리를 지심위도라 한다.

해설

상동

25 측지 경위도에 관한 설명으로 옳지 않은 것은?

① 지구상 한 점에서 회전타원체의 법선이 적도면과 이루는 각으로 측지분야에서 많이 사용한 각을 측지위도라고 한다.

Answer 22 ③ 23 ④ 24 ④ 25 ④

② 본초자오선과 지오이드상의 임의 자오선이 이루는 적도상 각거리를 천문경도라고 한다.
③ 지구상 한 점에서 지오이드의 연직선(중력방향선)이 적도면과 이루는 각을 천문위도라고 한다.
④ 지구상 한 점과 지구중심을 맺는 직선이 적도면과 이루는 각을 측지위도라고 한다.

[해설]
상동

26 경위도 좌표계에 대한 설명으로 옳지 않은 것은? [19년 3회 지산]

① 지구타원체의 회전에 기반을 둔 3차원 구형좌표계이다.
② 횡축 메르카토르 투영을 이용한 2차원 평면좌표계이다.
③ 위도는 한 점에서 기준타원체의 수직선과 적도평면이 이루는 각으로 정의된다.
④ 경도는 적도평면에 수직인 평면과 본초자오선면이 이루는 각으로 정의된다.

[해설]
지리좌표(geographic coordinates)
지표 위에 있는 어떤 점을 기준타원체면으로 투영하고 역으로 기준타원체면 위의 점을 이에 대응되는 지표상의 위치로 역투영하여 할 경우가 많이 있다. 이와 같이 기준타원체면으로 투영된 어느 점의 위치를 경도, 위도, 높이(평균해면으로부터)로 표시하는 방법을 지리좌표(地理座標 : geographic coordinates) 또는 측지좌표(測地座標 : geodetic coordinates)라 한다. 이 방법은 헬머트에 의해 고안되었으며 현재까지 가장 보편적으로 사용되는 좌표계이다.
그림에서 점 P'는 지표상의 한 점 P가 기준타원체면으로 투영된 점이고 선분 $PP'N$은 점 P를 통하여 기준타원체면에 수직인 선으로 N에서 Z축과 만난다. 연직거리 $PP'(h)$는 타원체고(ellipsoidal height)를 나타낸다.

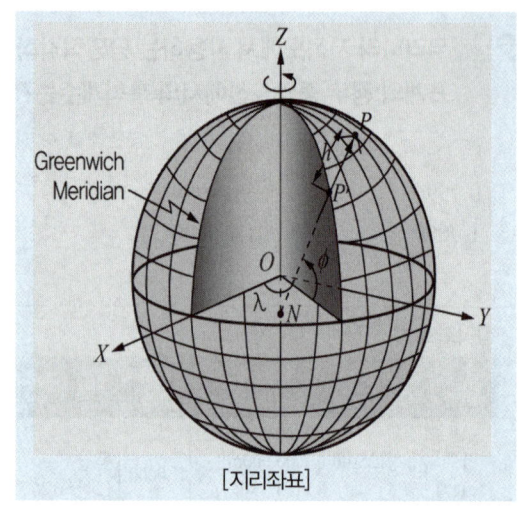
[지리좌표]

27 천구의 좌표계 중 적도좌표계에 대한 설명으로 옳지 않은 것은? [22년 2회 측기]

① 천구상 위치를 천구의 적도면을 기준으로 하여 적경과 적위로 나타낸다.
② 적경은 춘분점을 기준으로 동쪽으로 0°에서 360°, 또는 0시에서 24시로 표시할 수 있다.
③ 하지점의 적도좌표는 $(6^h, +23.5°)$이다.
④ 춘분점의 적도좌표는 $(0^h, +23.5°)$이다.

[해설]
적도좌표계는 천체의 위치를 나타내기 위하여 사용되는 좌표로 적경과 적위를 사용하여 천체의 위치를 나타낸다. 적도좌표계는 춘분점의 적경을 0^h로 하여 반시계방향으로 적경이 증가하며, 천구의 적도를 기준으로 북극의 적위를 $+90°$, 남극의 적위를 $-90°$로 표현한다.

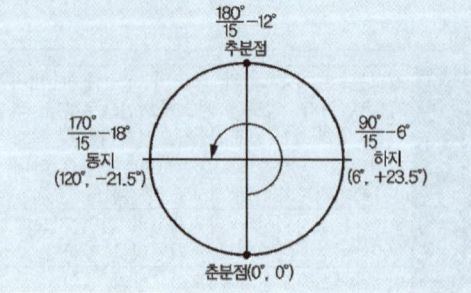

Answer 26 ② 27 ④

	3월(봄)	6월(여름)	9월(가을)	12월(겨울)
	춘분	하지	추분	동지
지구위치	A	B	C	D
태양위치	춘분점	하지점	추분점	동지점
적경	0°	6°	12°	18°
적위	0°	+23.5°	0°	-23.50°

28 다음 중 천문좌표계가 아닌 것은?
[18년 1회 측기]

① 지평좌표계
② 적도좌표계
③ 황도좌표계
④ 3차원직각좌표계

[해설]

천문좌표계
지평좌표(방위각-고저각 좌표계)
적도좌표계
황도좌표계
은하좌표

29 지평좌표계에서 어떤 시각의 별의 위치를 결정하는 요소는?
[15년 3회 측기]

① 방위각, 고저각
② 적위, 방위각
③ 적경, 적위
④ 적경, 고저각

[해설]

(1) 지평좌표(방위각-고저각 좌표계)
  ① 관측자를 중심으로 천체의 위치를 가장 간략하게 표시하는 좌표계이다.
  ② 관측자의 위치에 따라 방위각(A), 고저각(h)이 변하는 단점이 있다.

30 〈보기〉의 (가)~(라)에 들어갈 말로 가장 옳은 것은?
[24년 서 7]

> 평면직각좌표란 기준 타원체상의 __(가)__ 좌표를 __(나)__ 투영법에 의해 계산된 좌표를 말하며 투영원점의 가산수치는 종선(N)에 __(다)__ 미터, 횡선(E)에 __(라)__ 미터로 하여 사용한다.

	(가)	(나)	(다)	(라)
①	경위도	T.M	60만	20만
②	직각	U.T.M	55만	10만
③	경위도	U.T.M	60만	10만
④	직각	T.M	55만	20만

[해설]

平面直角座標原點

평면직각좌표란 기준 타원체상의 경위도좌표를 TM투영법에 의해 계산된 좌표를 말하며 투영원점의 가산수치는 종선(N)에 60만 미터, 횡선(E)에 20만 미터로 사용한다.

명칭	경도	위도	적용구역	투영원점의 가상수치	원점의 축척계수
서부원점	동경 125°	북위 38°	동경 124°~126°	X^N : 600,000m Y^E : 200,000m	1.0000
중부원점	동경 127°	북위 38°	동경 126°~128°		
동부원점	동경 129°	북위 38°	동경 128°~130°		
동해원점	동경 131°	북위 38°	동경 130°~132°		

☞ 각 좌표에서의 직각좌표는 다음 조건에 따라 T.M(Transvers Mercator)방법으로 표시.
① X축은 좌표계원점의 자오선에 일치하여야 하고 진북방향을 정(+)으로 표시하고 Y축은 X축에 직교하는 축으로서 진동방향을 정(+)으로 표시.

Answer 28 ④ 29 ① 30 ①

31 「공간정보의 구축 및 관리 등에 관한 법률 시행령」상 직각좌표의 기준으로 옳지 않은 것은? [23년 지방직 9]

① 동부좌표계의 원점축척계수는 0.9996이다.
② 서부좌표계의 적용 구역은 동경 124°~126°이다.
③ 동해좌표계의 원점의 경도는 동경 131° 00′이다.
④ 중부좌표계의 투영원점의 가산 수치는 X(N) 600,000 m, Y(E) 200,000 m이다.

해설
30번 참고

32 현재 우리나라에서 사용하고 있는 직각좌표에 대한 설명으로 가장 옳은 것은? [22년 서울시 7]

① 중앙자오선에서의 축척계수는 0.9998이고 중앙자오선에서 멀어질수록 증가한다.
② 투영원점의 가산수치는 X=200,000m, Y=600,000m이다.
③ 동해원점의 경위도는 동경 129°, 북위 38°이다.
④ X축은 좌표계 원점의 자오선에 일치하여야 하고, 진북방향을 정(+)으로 표시한다.

해설
30번 참고

33 「공간정보의 구축 및 관리 등에 관한 법률 시행령」상 우리나라의 세계측지계를 따르는 평면직각좌표계에 대한 설명으로 가장 옳은 것은? [22년 6월 서울시 9]

① 원점의 축척계수는 1이다.
② 서부좌표계, 중부좌표계, 동부좌표계 3개의 원점을 가진다.
③ 투영원점에 X축 500,000m, Y축 200,000m를 가산한다.
④ 투영원점은 북위 36°에 위치한다.

해설
30번 참고

34 우리나라 평면직각좌표계의 명칭과 그 적용구역을 바르게 연결한 것은? (22년 6월 지방직 9)

좌표계 명칭	적용구역
① 서부좌표계	동경 124° ~ 126°
② 서해좌표계	동경 126° ~ 128°
③ 동해좌표계	동경 128° ~ 130°
④ 동부좌표계	동경 130° ~ 132°

해설
30번 참고

35 평면직교좌표의 원점에서 동쪽에 있는 A점에서 B점방향의 자북방위각을 관측한 결과가 89°10′25″이었다. A점에서의 자침편차가 5°W일 때 진북방위각은? [22년 기사 1회]

① 84°10′25″
② 89°05′25″
③ 89°30′25″
④ 94°10′25″

해설
진북방위각 = 자북방위각 − 자침편차
= 89°10′25″ − 5° = 84°10′25″

Answer 31 ① 32 ④ 33 ① 34 ① 35 ①

PART 01 측지학 및 위성측위시스템(GPS)

36 지표면상 구면삼각형의 각을 관측한 결과가 ∠A=50°20′, ∠B=66°25′, ∠C=64°35′이고 지구의 곡률반지름이 6250 km라고 할 때, 구면삼각형 ABC의 면적은? [22년 기사 1회]

① 266,000 km² ② 422,000 km²
③ 909,025 km² ④ 944,000 km²

[해설]

$\varepsilon = (A+B+C-180°) = (50°20′+66°25′+64°35′)-180°$

구면삼각형의 면적(F)

$= \dfrac{\varepsilon \cdot r^2}{\rho''} = \dfrac{6,250^2 \times 4,800}{206,265} = 909,025 km^2$

37 측량의 기준에 대한 설명으로 옳지 않은 것은? [22년 2기]

① 위치는 세계측지계에 따라 측정한 지리학적 경위도와 높이(평균해수면으로부터의 높이)로 표시한다.
② 지도 제작 등을 위하여 필요한 경우에는 직각좌표와 높이, 극좌표와 높이, 지구중심 직교좌표 및 그 밖의 다른 좌표로 표시할 수 있다.
③ 측량의 원점은 대한민국 경위도원점 및 수준원점으로 한다.
④ 국토교통부장관이 따로 정하여 고시하는 원점을 사용할 수 있는 지역은 독도가 유일하다.

[해설]

「공간정보의 구축 및 관리 등에 관한 법률」 제6조(측량기준) ① 측량의 기준은 다음 각 호와 같다.

1. 위치는 세계측지계(世界測地系)에 따라 측정한 지리학적 경위도와 높이(평균해수면으로부터의 높이를 말한다. 이하 이 항에서 같다)로 표시한다. 다만, 지도 제작 등을 위하여 필요한 경우에는 직각좌표와 높이, 극좌표와 높이, 지구중심 직교좌표 및 그 밖의 다른 좌표로 표시할 수 있다.

2. 측량의 원점은 대한민국 경위도원점(經緯度原點) 및 수준원점(水準原點)으로 한다. 다만, 섬 등 대통령령으로 정하는 지역에 대하여는 국토교통부장관이 따로 정하여 고시하는 원점을 사용할 수 있다.

「공간정보의 구축 및 관리 등에 관한 법률 시행령」 제6조(원점의 특례)

법 제6조제1항제2호 단서에서 "섬 등 대통령령으로 정하는 지역"이란 다음 각 호의 지역을 말한다.

1. 제주도
2. 울릉도
3. 독도
4. 그 밖에 대한민국 경위도원점 및 수준원점으로부터 원거리에 위치하여 대한민국 경위도원점 및 수준원점을 적용하여 측량하기 곤란하다고 인정되어 국토교통부장관이 고시한 지역

38 우리나라 평면 직각좌표의 원점의 종류로 알맞게 짝지어진 것은? [22년 2기]

① 동부, 서부, 중부, 동해 원점
② 동부, 서부, 내부, 중부 원점
③ 동해, 남부, 북부, 중부 원점
④ 서해, 내륙, 중부, 동해 원점

[해설]

직각좌표계 원점

명칭	원점의 경위도	투영원점의 가산수치	원점축척 계수	적용 구역
서부 좌표계	경도: 동경 125°00′ 위도: 북위 38°00′	$X(N)$ 600,000m $Y(E)$ 200,000m	1.0000	동경 124°~126°
중부 좌표계	경도: 동경 127°00′ 위도: 북위 38°00′	$X(N)$ 600,000m $Y(E)$ 200,000m	1.0000	동경 126°~128°
동부 좌표계	경도: 동경 129°00′ 위도: 북위 38°00′	$X(N)$ 600,000m $Y(E)$ 200,000m	1.0000	동경 128°~130°
동해 좌표계	경도: 동경 131°00′ 위도: 북위 38°00′	$X(N)$ 600,000m $Y(E)$ 200,000m	1.0000	동경 130°~132°

Answer 36 ③ 37 ④ 38 ①

39
지구의 곡률반지름이 6370 km이고 달의 곡률반지름은 1740 km일 때, 동일 면적에 대한 달의 구과량은 지구 구과량은 약 몇 배인가? [22년 2기]

① 약 9배
② 약 11배
③ 약 13배
④ 약 15배

해설

구과량(ϵ) = $\frac{F}{r^2}\rho''$ 이므로

$\epsilon_1 = \frac{F}{1,740^2}\rho''$ 이고

$\epsilon_2 = \frac{F}{6,370^2}\rho''$ 이므로

$\frac{\epsilon_1}{\epsilon_2} = \frac{6,370^2}{1,740^2} \fallingdotseq 13$

40
지구의 자오선 곡률반지름을 M, 횡(묘유선 방향)의 곡률반지름을 N이라 할 때 평균곡률반지름(R)은? [22년 2기]

① $R = \frac{M+N}{2}$
② $R = \sqrt{MN}$
③ $R = \frac{\sqrt{M^2+N^2}}{2}$
④ $R = \frac{2MN}{M+N}$

해설

타원체의 기하학적 요소

1. 지구를 회전타원체로 간주할 때	
편평률	$P = \frac{a-b}{a} = 1 - \sqrt{1-e^2}$
편심률(제1이심률)(e_1)	$e_1 = \sqrt{\frac{a^2-b^2}{a^2}}$
편심률(제2이심률)(e_2)	$e_2 = \sqrt{\frac{a^2-b^2}{b^2}}$
자오선 곡률반경(R)	$R = \frac{a(1-e^2)}{W}$ $W = \sqrt{1-e^2\sin^2\phi}$ (ϕ는 축지위도)
횡곡률반경(N)	$N = \frac{a}{W} = \frac{a}{\sqrt{1-e^2\sin^2\phi}}$
중등곡률반경(r)	$r = \sqrt{M \cdot N}$
타원방정식의 표준형	$\frac{X^2}{a^2} + \frac{Y^2}{b^2} = 1$

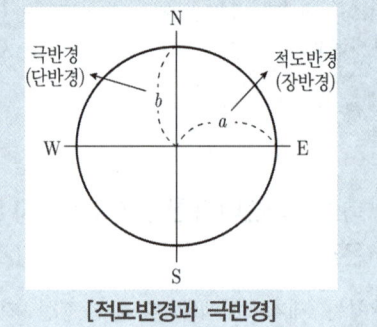

[적도반경과 극반경]

41
UTM 좌표계에 대한 설명으로 옳지 않은 것은? [22년 2기]

① UTM 좌표계 한 구역은 경도 6° × 위도 8°이다.
② UTM 좌표계 종축과 횡축은 각각 측지선과 적도이다.
③ 80°N과 80°S간 전 지역의 지도는 UTM 좌표계로 표시할 수 있다.
④ UTM 좌표계는 횡원통투영법을 사용한다.

해설

UTM 좌표(Universal Transverse Mercator Coordinate)
UTM 좌표는 국제횡메르카토르 투영법에 의하여 표현되는 좌표계이다. 적도를 횡축, 자오선을 종축으로 한다. 투영방식, 좌표변환식은 TM과 동일하나 원점에서 축척계수를 0.9996으로 하여 적용범위를 넓혔다.
① 지구 전체를 경도 6° 씩 60개 구역으로 나누고, 각 종대의 중앙자오선과 적도의 교점을 원점으로 하여 원통도법인 횡메르카토르 투영법으로 등각투영한다.

Answer 39 ③ 40 ② 41 ②

② 각 종대는 180° W 자오선에서 동쪽으로 6° 간격으로 1~60까지 번호를 붙인다.
③ 중앙자오선에서의 축척계수는 0.9996m이다(축척계수 : $\frac{평면거리}{구면거리} = \frac{s}{S} = 0.9996$).
④ 종대에서 위도는 남북 80°까지만 포함시킨다.
⑤ 횡대는 8°씩 20개 구역으로 나누어 C(80° S~72° S)~X(72° N~80° N)까지(단, I, O는 제외) 20개의 알파벳 문자로 표현한다.
⑥ 결국 종대 및 횡대는 경도 6°×위도 8°의 구형구역으로 구분된다.
⑦ 우리나라는 51~52종대와 S~T횡대에 속한다.

42 지구의 적도반지름이 6378 km, 극반지름이 6356 km일 때 타원체의 이심률은?

[22년 2기]

① $\frac{1}{10}$ ② $\frac{1}{11}$
③ $\frac{1}{12}$ ④ $\frac{1}{13}$

해설

편심률(제1이심률)(e_1)
$e_1 = \sqrt{\frac{a^2-b^2}{a^2}} = \sqrt{1-\frac{b^2}{a^2}} = \sqrt{1-\frac{6,356^2}{6,378^2}} ≒ \frac{1}{12}$

43 UTM좌표계에 대한 설명이 옳지 않은 것은?

[21년 4기]

① 지구전체를 경도 6°씩 60개의 구역으로 나누고 각 종대의 중앙자오선과 적도의 교점을 원점으로 한다.
② 횡축메르카토르(TM) 투영법을 사용한다.
③ 종대에서 위도는 남·북위 70°까지만 포함시키며 다시 7°간격으로 20구역으로 나눈다.
④ 좌표의 표시는 중앙자오선과 적도를 종축과 횡축으로 정하여 미터(m)로 표기한다.

해설

UTM 좌표(Universal Transverse Mercator Coordinate)
① 지구 전체를 경도 6°씩 60개 구역으로 나누고, 각 종대의 중앙자오선과 적도의 교점을 원점으로 하여 원통도법인 횡메르카토르 투영법으로 등각투영한다.
② 각 종대는 180° W 자오선에서 동쪽으로 6° 간격으로 1~60까지 번호를 붙인다.
③ 중앙자오선에서의 축척계수는 0.9996m이다(축척계수 : $\frac{평면거리}{구면거리} = \frac{s}{S} = 0.9996$).
④ 종대에서 위도는 남북 80°까지만 포함시킨다.
⑤ 횡대는 8°씩 20개 구역으로 나누어 C(80° S~72° S)~X(72° N~80° N)까지(단, I, O는 제외) 20개의 알파벳 문자로 표현한다.
⑥ 결국 종대 및 횡대는 경도 6°×위도 8°의 구형구역으로 구분된다.
⑦ 우리나라는 51~52종대와 S~T횡대에 속한다.

44 다음 중 2차원 좌표로 올바르게 짝지어진 것은?

[21년 4기]

① 원주좌표, 구면좌표
② 원·원좌표, 원·방사선좌표
③ 구면좌표, 원·원좌표
④ 원주좌표, 원·방사선좌표

해설

2차원좌표계	3차원좌표계
① 평면직교좌표	① 3차원직교좌표
② 평면사교좌표	② 3차원사교좌표
③ 2차원 극좌표	③ 원주좌표
④ 원·방사선좌표	④ 구면좌표
⑤ 원·원좌표	⑤ 3차원직교곡선좌표
⑥ 쌍곡선·쌍곡선좌표	

45 지구의 모양이 완전구체로 되어 있다며 지구의 편평률은?

[21. 4기]

① 1   ② 1/100
③ 1/299   ④ 0

Answer 42 ③ 43 ③ 44 ② 45 ④

해설

$P = \dfrac{a-b}{a}$ (장반경(a)과 단반경(b)이 같으면 0이 된다)

46 기준타원체로부터 지오이드 면까지의 수직 거리를 무엇이라 하는가? [21년 4기]

① 지오이드고   ② 정표고
③ 타원체고   ④ 동표고

해설

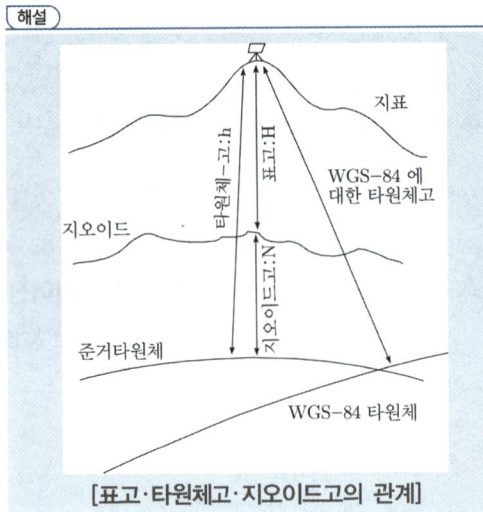

[표고·타원체고·지오이드고의 관계]

47 거리 측량 정밀도를 $1/10^6$까지 허용할 때 지구 표면을 평면으로 고려할 수 있는 거리의 한계는? (단, 지구의 곡선반지름은 6370km로 한다.) [21년 4기]

① 약 1.1km   ② 약 2km
③ 약 7km   ④ 약 22km

해설

평면으로 간주할 수 있는 범위

$(D) = \sqrt{\dfrac{12 \cdot R^2}{m}} = \sqrt{\dfrac{12 \times 6370^2}{100,000,000}} = 2.2km$

$\therefore \dfrac{D}{2} = \dfrac{2.2}{2} = 1.1km$

48 반지름 15m인 구면상의 구면삼각형 면적이 0.349m²일 때 구면삼각형의 구과량은? [21년 2기]

① 6° 43′ 14″
② 7° 53′ 14″
③ 8° 53′ 14″
④ 9° 43′ 14″

해설

$\epsilon'' = \dfrac{A}{R^2} \rho''$
$= \dfrac{0.349}{1.5^2} \times 206265'' = 8° 53' 14''$

49 측량시 지구의 곡률을 고려하지 않을 경우에 허용오차가 $1/10^5$이면 반지름을 최대 몇 km까지 평면으로 볼 수 있는가? (단, 지구 반지름은 6400km로 가정한다.) [21년 2기]

① 약 11km   ② 약 22km
③ 약 35km   ④ 약 45km

해설

평면으로 간주할 수 있는 범위

$(D) = \sqrt{\dfrac{12 \cdot R^2}{m}} = \sqrt{\dfrac{12 \times 6,400^2}{100,000}} = 70km$

$\therefore$ 반지름 $= \dfrac{70}{2} = 35km$

50 우리나라의 지형도에서 사용하고 있는 평면좌표의 투영법은? [21년 2기]

① 등각투영   ② 등적투영
③ 등거투영   ④ 복합투영

해설

투영(投影 : Projection)
지구본을 여러 조각으로 나누어 전개시킬수록 지표에 대한 왜곡은 적을 것이나 연속적인 지표면의 모습을 나

Answer 46 ① 47 ① 48 ③ 49 ③ 50 ①

타내기 곤란한 문제를 갖게 된다. 따라서 투영법에 의해 어느 정도의 왜곡을 감안한 연속성 있는 지도를 제작한다. 우리나라의 지형도에서 사용하고 있는 평면좌표의 투영법은 등각투영이다.

해설
측지측량은 지구의 곡률을 고려한 정밀한 측량으로서 지구의 형상과 크기를 구하는 측량이며 지각변동의 조사, 항로 등의 측량은 측지측량으로 실시한다.

51 UTM좌표계에 관한 설명으로 옳지 않은 것은? [21년 2기]

① 적도를 횡축, 지구 자전축을 종축으로 한다.
② 지구를 회전타원체로 보고 지구 전체를 경도 6°씩 60개의 구역, 위도 8°씩 20개의 구역으로 나눈다.
③ 각 종대의 중앙자오선과 적도의 교점을 원점으로 하여 횡메르카토르 투영법으로 등각투영한다.
④ 84°N이북과 80°S이남의 양극지역의 지도는 국제극심입체좌표(UPS)로 표시한다.

해설
UTM 좌표(Universal Transverse Mercator Coordinate)
UTM 좌표는 국제횡메르카토르 투영법에 의하여 표현되는 좌표계이다. 적도를 횡축, 자오선을 종축으로 한다. 투영방식, 좌표변환식은 TM과 동일하나 원점에서 축척계수를 0.9996으로 하여 적용범위를 넓혔다.

52 다음 설명 중 옳지 않은 것은? [21년 2기]

① 측지학이란 지구내부의 특성, 지구의 형상 및 운동을 결정하는 특성과 지구표면상 점간의 상호위치관계를 결정하는 학문이다.
② 지각변동의 조사, 항로 등의 측량은 평면측량으로 실시한다.
③ 측지측량은 지구의 곡률을 고려한 정밀한 측량이다.
④ 측지학은 지구의 특성 결정을 위한 물리측지학과 위치결정을 위한 기하측지학으로 나눌 수 있다.

53 직교하는 세 개의 축 방향에 대한 길이로 공간상의 한 점의 좌표를 결정하는 좌표계는? [21년 1회 측기]

① 3차원 사교 좌표계
② 3차원 직교 좌표계
③ 2차원 직교 좌표계
④ 2차원 사교 좌표계

해설
Three Dimensional Cartesian Coordinate (3차원 직교좌표, 3차원 직각좌표)
지구 전체를 하나의 단일 좌표계로 표시하고자 할 때, 매우 편리한 좌표계로서 지심직각좌표(Geocentric Coordinates) 또는 타원체좌표(Spheroidal Coordinates)라고도 한다. 이 좌표계는 인공위성에 의한 지구상의 위치 결정이나 또는 서로 다른 기준 타원체간의 좌표변환 시에 많이 사용된다. 3차원 직각좌표계에서는 2차원 때와 마찬가지로 원점으로부터 각 축방향의 성분의 길이로 위치를 표현한다.

54 다음 중 측지학에서 다루는 분야와 가장 거리가 먼 것은? [21년 1회 측기]

① 3차원 위치의 결정
② 지구의 형상과 크기
③ 지구의 중력장
④ 지구 내부의 물질규명

해설
측지학은 지구 내부의 특성, 지구의 형상 및 운동을 결정하는 측량과 지구표면상에 있는 모든 점들 간의 상호위치관계를 산정하는 측량의 가장 기본적인 학문이다.
지구 내부의 물질규명은 측지학에서 다루는 분야와 거리가 멀다.

Answer 51 ① 52 ② 53 ② 54 ④

55 우리나라의 직각좌표계에서 사용하고 있는 지도 투영법은? [21년 1회 측기]

① TM(Transverse Mercator) 투영
② 람베르트 정각원추 투영
③ 카시니 투영
④ 심사 투영

[해설]
우리나라의 직각좌표계에서 사용하고 있는 지도 투영법은 TM(Transverse Mercator) 투영법이다.

56 평면측량에서 허용오차를 10^{-6}로 한다면 반지름 몇 km까지의 범위를 평면으로 간주할 수 있는가? (단, 지구의 반지름은 6370km로 가정) [21년 1회 측기]

① 반지름 30km
② 반지름 11km
③ 반지름 8km
④ 반지름 6km

[해설]
평면으로 간주할 수 있는 범위
$$(D) = \sqrt{\frac{12 \cdot R^2}{m}} = \sqrt{\frac{12 \times 6{,}370^2}{1{,}000{,}000}} = 22km$$
지름이 22km이므로 반지름 11km까지를 평면으로 보고 측량한다.
① 거리허용오차
$$(d-D) = \frac{D^3}{12 \cdot R^2} = \frac{22^3}{12 \times 6370^2} = 0.000022km = 22mm$$
② 허용정밀도
$$\left(\frac{d-D}{D}\right) = \frac{D^2}{12 \cdot R^2} = \frac{1}{m} = \frac{22^2}{12 \times 6370^2} ≒ \frac{1}{1{,}000{,}000}$$

57 국제 횡 메르카토르 좌표계(UTM좌표계)에 대한 설명으로 옳지 않은 것은? [21년 1회 측기]

① 지구를 6°경도대로 나누어 이 경도대마다 각각 투영한 도법이다.
② 극 지역에는 따로 UPS 좌표계를 사용한다.
③ 왜곡 없는 투영이 가능하다.
④ 중앙경선 상의 축척계수를 0.9996으로 하면, 중앙경선상의 동서로 각각 약 180km 떨어진 곳에서 축척계수가 1.0000 이 된다.

[해설]
UTM좌표는 중앙경선 상의 축척계수를 0.9996으로 하면, 중앙경선상의 동서로 각각 약 180km 떨어진 곳에서 축척계수가 1.0000 이 된다. 그러므로 원점에서 멀어질수록 왜곡이 많이 발생한다.

58 지구상 한 점에서 지오이드에 대한 연직선이 천구의 적도면과 이루는 각으로 지오이드를 기준으로 한 위도는? [18년 3회 측기]

① 측지위도
② 천문위도
③ 지심위도
④ 화성위도

59 지오이드에 대한 설명으로 옳은 것은? [18년 2회 기]

① 평균해면으로 전 지구를 덮었다고 생각할 때의 가상곡면이다.
② 지구의 반지름을 6370km로 본 구면을 말한다.
③ 지구를 회전 타원체로 본 표면이다.
④ 지구 그대로의 표면이다.

60 지오이드와 타원체면과의 거리를 무엇이라고 하는가? [19년 1회 기]

① 표고
② 정표고
③ 타원체고
④ 지오이드고

Answer 55 ① 56 ② 57 ③ 58 ② 59 ① 60 ④

PART 01 측지학 및 위성측위시스템(GPS)

61 물리학적 측지학에 해당되는 것은?
[18년 2회 기]

① 3차원 위치 결정 ② 중력 측정
③ 사진 측정 ④ 위성 측지

62 물리학적 측지학에 속하지 않는 것은?
[19년 1회 기]

① 탄성파 측정 ② 지자기 측정
③ 중력 측정 ④ 사진 측정

63 다음 중 기하학적 측지학에 속하지 않는 것은?
[20년 4회 측기]

① 위성측지 ② 중력측정
③ 3차원 위치결정 ④ 시의 결정

64 다음 설명 중 옳지 않은 것은? [20년 1회 측기]

① 측지학은 지구내부의 특성, 지구의 형상 및 운동을 결정하는 측정과 지구표면상 점간의 위치관계를 선정하는 측량에 기본이 되는 학문이다.
② 지각변동의 측정, 항로 등의 측량은 평면측량으로 한다.
③ 측지측량은 지구의 곡률을 고려한 정밀한 측량이다.
④ 측지학은 물리학적 측지학과 기하학적 측지학으로 구분할 수 있다.

65 측량의 분류 중 측량 구역이 상대적으로 협소하고 필요로 하는 정밀도에 따라 지구의 곡률을 고려하지 않아도 되는 측량을 무슨 측량이라고 하는가?
[18년 2회 기]

① 삼각측량 ② 평면측량
③ 측지측량 ④ 천문측량

66 구면삼각형에서 내각의 합이 180°을 넘게 되는데 그 차를 무엇이라 하는가? [19년 1회 기]

① 세차
② 균시차
③ 구과량
④ 연직선편차

67 구과량에 대한 설명으로 옳은 것은?
(단, A : 구면삼각형의 면적, R : 지구반지름)
[20년 3회]

① 구과량을 구하는 식은 $\epsilon = \dfrac{A}{2R}$ 이다.
② 구과량에 의해 사변형삼각망에서 내각의 합이 360°보다 작게 된다.
③ 평면삼각형의 폐합오차는 구과량과 같다.
④ 구과량이란 구면삼각형 내각의 합과 180°와의 차를 뜻한다.

68 다음 설명 중 옳지 않은 것은? [21년 2기]

① 측지학이란 지구내부의 특성, 지구의 형상 및 운동을 결정하는 특성과 지구표면상 점간의 상호위치관계를 결정하는 학문이다.
② 지각변동의 조사, 항로 등의 측량은 평면측량으로 실시한다.
③ 측지측량은 지구의 곡률을 고려한 정밀한 측량이다.
④ 측지학은 지구의 특성 결정을 위한 물리측지학과 위치결정을 위한 기하측지학으로 나눌 수 있다.

Answer 61 ② 62 ④ 63 ② 64 ② 65 ② 66 ③ 67 ④ 68 ②

69 기준타원체로부터 지오이드 면까지의 수직 거리를 무엇이라 하는가? [21년 4기]

① 지오이드고 ② 정표고
③ 타원체고   ④ 동표고

70 어떤 지점에서 GNSS 측량을 실시한 결과로 타원체고가 153.8 m, 정표고가 53.7 m이었다면 이 지점의 지오이드고는? [22년 2기]

① 100.1 m   ② 160.2 m
③ 207.5 m   ④ 241.3 m

해설
정표고 = 타원체고 − 지오이드고 에서
지오이드고 = 타원체고 − 정표고
지오이드고 = $153.8 - 53.7 = 100.1 m$

71 측량기준점을 구분할 때 국가기준점에 속하지 않는 것은? [20년 6월]

① 위성기준점
② 지적기준점
③ 통합기준점
④ 삼각점

72 국가기준점 중 지리학적 경위도, 직각좌표, 지구중심 직교좌표, 높이 및 중력 측정의 기준으로 사용하기 위하여 위성기준점, 수준점 및 중력점을 기초로 정한 기준점은? [22년 기사 1회]

① 우주측지기준점
② 통합기준점
③ 지자기점
④ 삼각점

73 우리나라 평면 직각좌표의 원점은 어떻게 구성되어 있는가? [18년 3회 측기]

① 서해, 내륙, 중부, 동해 원점
② 동부, 서부, 내부, 중부 원점
③ 동부, 서부, 중부, 동해 원점
④ 동해, 남부, 북부, 중부 원점

74 우리나라 평면직각좌표계 4개의 중앙 자오선 축척계수는? [22년 기사 1회]

① 0.9996
② 0.9999
③ 1.0000
④ 1.0001

75 다음 용어에 대한 설명으로 틀린 것은? [19년 1회 기]

① 적도(equator) : 지구중심을 지나 자전축에 직교하는 평면과 지표면의 교선
② 위도(latitude) : 지표면상 한 점이 자오선과 이루는 각
③ 평행선(parallels) : 적도와 나란한 평면과 지표면과의 교선
④ 경도(longitude) : 그리니치를 지나는 자오선을 본초 자오선으로 하고 자오면이 만드는 적도면 상의 각 거리

76 경위도에 관한 설명으로 옳지 않은 것은? [21년 4회 측기]

① 본초자오면과 지표상 한점을 지나는 자오면이 만드는 적도면상 각거리를 측지경도라고 한다.
② 지표면상 한 점에 세운 법선이 적도면과 이루는 각을 측지위도라고 한다.

Answer 69 ① 70 ① 71 ② 72 ② 73 ③ 74 ③ 75 ② 76 ④

③ 본초자오선과 어느 지점의 천문자오선 사이의 적도면에서 잰 각거리를 천문경도라 한다.
④ 지구상 한 점에서의 지오이드에 대한 연직선이 적도면과 이루는 각거리를 지심위도라 한다.

77 UTM 좌표에 관한 설명으로 틀린 것은? [18년 3회 측기]

① 한 구역은 경도 6°의 크기이다.
② 거리좌표는 m 단위이다.
③ 극지방으로 갈수록 왜곡이 증가하여 극지방에서는 UPS 좌표를 사용한다.
④ 중앙자오선 상에서의 축척계수는 5.0이다.

78 UTM 좌표계에 대한 설명으로 옳지 않은 것은? [18년 1회 측기]

① 세계를 하나의 통일된 좌표로 표시하기 위한 목적으로 고안되었다.
② 좌표지역대의 분할을 위해 위도는 8°, 경도는 6° 간격으로 분할하였다.
③ 중앙자오선에서 축척계수는 0.9996이다.
④ 우리나라의 UTM좌표는 경도 127″와 극지방을 좌표계의 원점으로 하는 55S와 56S 지역대에 속한다.

79 UTM좌표계에 우리나라가 속해 있는 UTM 도엽 중 52S 구역의 원점은? [18년 2회 기]

① 중앙자오선 동경 125°와 적도
② 중앙자오선 동경 127°와 적도
③ 중앙자오선 동경 129°와 적도
④ 중앙자오선 동경 135°와 적도

80 위도 80° 이상의 양극지역의 좌표를 표시하는데 쓰이며 극심 입체 투영법에 의한 좌표는? [18년 2회 기]

① UTM 좌표
② UPS 좌표
③ TM 좌표
④ 3차원 직교 좌표

81 국제 횡 메르카토르 좌표계(UTM좌표계)에 대한 설명으로 옳지 않은 것은? [21년 1회 측기]

① 지구를 6°경도대로 나누어 이 경도대마다 각각 투영한 도법이다.
② 극 지역에는 따로 UPS 좌표계를 사용한다.
③ 왜곡 없는 투영이 가능하다.
④ 중앙경선 상의 축척계수를 0.9996으로 하면, 중앙경선상의 동서로 각각 약 180km 떨어진 곳에서 축척계수가 1.0000 이 된다.

82 UTM좌표계에 관한 설명으로 옳지 않은 것은? [21년 2기]

① 적도를 횡축, 지구 자전축을 종축으로 한다.
② 지구를 회전타원체로 보고 지구 전체를 경도 6° 씩 60개의 구역, 위도 8° 씩 20개이 구역으로 나눈다.
③ 각 종대의 중앙자오선과 적도의 교점을 원점으로 하여 횡메르카토르 투영법으로 등각투영한다.
④ 84° N이북과 80° S이남의 양극지역의 지도는 국제극심입체좌표(UPS)로 표시한다.

Answer 77 ④ 78 ④ 79 ③ 80 ② 81 ③ 82 ①

83 UTM좌표계에 대한 설명이 옳지 않은 것은? [21년 4기]

① 지구전체를 경도 6°씩 60개의 구역으로 나누고 각 종대의 중앙자오선과 적도의 교점을 원점으로 한다.
② 횡축메르카토르(TM) 투영법을 사용한다.
③ 종대에서 위도는 남·북위 70° 까지만 포함시키며 다시 7°간격으로 20구역으로 나눈다.
④ 좌표의 표시는 중앙자오선과 적도를 종축과 횡축으로 정하여 미터(m)로 표기한다.

84 UTM 좌표계에 대한 설명으로 옳지 않은 것은? [22년 2기]

① UTM 좌표계 한 구역은 경도 6° × 위도 8°이다.
② UTM 좌표계 종축과 횡축은 각각 측지선과 적도이다.
③ 80°N과 80°S간 전 지역의 지도는 UTM 좌표계로 표시할 수 있다.
④ UTM 좌표계는 횡원통투영법을 사용한다.

85 GPS 측량의 기준좌표계인 WGS84에 대한 설명으로 옳지 않은 것은? [19년 2회 기]

① 전 세계적으로 측정해온 지구의 중력장과 지구 모양을 근거로 해서 만들어진 좌표계이다.
② X축은 국제시보국(BIH)에서 정의한 본초자오선과 평행한 평면이 지구 적도면과 교차하는 선이다.
③ Y축은 X축과 Z축이 이루는 평면에 서쪽으로 수직인 방향(서쪽으로 90°)으로 정의된다.
④ Z축은 1984년 국제시보국(BIH)에서 채택한 평균극축(CTP)과 평행하다.

86 GPS 측량의 기준좌표계인 WGS84에 대한 설명으로 옳지 않은 것은? [22년 기사 1회]

① 전 세계적으로 측정해온 지구의 중력장과 지구 모양을 근거로 해서 만들어진 좌표계이다.
② X축은 국제시보국(BIH)에서 정의한 본초자오선과 평행한 평면이 지구 적도면과 교차하는 선이다.
③ Y축은 X축과 Z축이 이루는 평면에 서쪽으로 수직인 방향(서쪽으로 90°)으로 정의된다.
④ Z축은 1984년 국제시보국(BIH)에서 채택한 평균극축(CTP)과 평행하다.

87 현재 우리나라 측량에서 채택하고 있는 지구타원체는?

① 베셀타원체
② GRS80타원체
③ WGS84타원체
④ 헤이포드타원체

88 천문 좌표계에 해당하지 않는 것은? [18년 1회 측기]

① 지평 좌표
② 적도 좌표
③ 황도 좌표
④ 극 좌표

89 천문좌표계에 속하지 않는 것은? [19년 2회 기]

① 지평좌표
② 적도좌표
③ 경위도좌표
④ 황도좌표

Answer 83 ③ 84 ② 85 ③ 86 ③ 87 ② 88 ④ 89 ③

90 천문좌표계에서 어떤 시각의 별의 위치를 적경(a)과 직위(δ)로 나타내는 좌표는? [20년 3회 측기]

① 지평좌표
② 황도좌표
③ 적도좌표
④ 시각좌표

91 천구의 좌표계 중 적도좌표계에 대한 설명으로 옳지 않은 것은? [22년 2회 측기]

① 천구상 위치를 천구의 적도면을 기준으로 하여 적경과 적위로 나타낸다.
② 적경은 춘분점을 기준으로 동쪽으로 0°에서 360°, 또는 0시에서 24시로 표시할 수 있다.
③ 하지점의 적도좌표는 (6^h, +23.5°)이다.
④ 춘분점의 적도좌표는 (0^h, +23.5°)이다.

해설

적도좌표계는 천체의 위치를 나타내기 위하여 사용되는 좌표계로 적경과 적위를 사용하여 천체의 위치를 나타낸다. 적도좌표계는 춘분점의 적경을 0^h로 하여 반시계방향으로 적경이 증가하며, 천구의 적도를 기준으로 북극의 적위를 +90° 남극의 적위를 -90°로 표현한다.

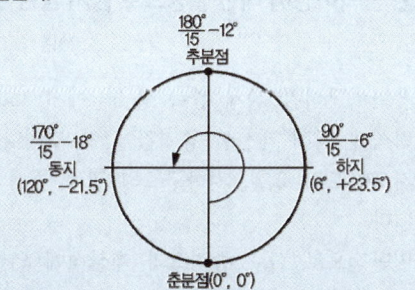

	3월(봄)	6월(여름)	9월(가을)	12월(겨울)
	춘분	하지	추분	동지
지구위치	A	B	C	D
태양위치	춘분점	하지점	추분점	동지점
적경	0°	6°	12°	18°
적위	0°	+23.5°	0°	-23.50°

92 균시차를 구하는 식으로 옳은 것은? [18년 2회 기]

① 균시차 = 세계시 - 태양시
② 균시차 = 평균태양시 - 표준시
③ 균시차 = 시태양시 - 평균태양시
④ 균시차 = 항성시 - 세계시

93 다음 중 설명이 틀린 것은? [20년 1회 측기]

① 태양이 천구상의 어느 한 점에서 출발하여 다시 그 지점에 돌아오는데 걸리는 시간을 항성년이라 한다.
② 태양이 춘분점을 출발하여 다시 춘분점으로 돌아오는데 걸리는 시간을 회귀년이라 한다.
③ 지구가 태양을 기준으로 한번 자전하는 시간을 1태양일이라 한다.
④ 지구가 항성을 기준으로 한번 자전하는 시간을 1항성시라 한다.

94 평균 태양시로 정한 표준 시간으로 영국의 그리니치 천문대를 지나는 본초자오선에서의 평균 태양시인 그리니치 평균시를 더욱 정확하고 정밀하게 정의한 표준 시간은? [22년 2회 측기]

① 역학시(dynamic time)
② 원자시(atomic time)
③ GPS시(GPS time)
④ 세계시(universal time)

95 다음 중 중력의 보정 요소가 아닌 것은? [18년 3회 측기]

① 지형보정
② 고도보정
③ 부게보정
④ 연직각 보정

Answer 90 ③ 91 ④ 92 ③ 93 ④ 94 ④ 95 ④

96 항공 및 해상 중력관측의 경우 이동 중 관측을 실시하게 되므로 관측기기의 속도에 의한 영향을 보정하기 위한 것은? [19년 2회 기]

① 아이소스타시 보정
② 프리에어 보정
③ 에트뵈스 보정
④ 부게 보정

97 중력이상을 보정할 때 관측값으로부터 기준사이의 질량을 무시하고 기준면으로부터 높이(또는 깊이)의 영향을 고려하여 실시하는 보정은? [20년 4회 측기]

① 부게보정(Bouguer correction)
② 에토베스보정(Eotvos correction)
③ 지각균형보정(Isostatic correction)
④ 후리-에어보정(Free-air correction)

98 관측점들의 고도차에 존재하는 물질의 인력이 중력에 미치는 영향을 보정하는 중력보정을 무엇이라 하는가? [21년 4기]

① 지형보정
② 부게보정
③ 기계보정
④ 프리-에어 보정

99 중력이상의 주된 원인이 되는 것은? [18년 3회 측기]

① 지하물질의 밀도 분포
② 대기의 대류 현상
③ 태양과 달의 인력
④ 지구의 공전 운동

100 중력이상에 대한 설명으로 옳지 않은 것은? [18년 2회 기]

① 후리에어보정(free-air correction) : 단순히 높이차만을 계산에 의해 보정
② 후리에어이상(free-air anomaly) : 지형보정, 고도보정을 한 후 관측점의 위도에 따라 정해지는 표준중력값을 뺀 값
③ 부게보정(Bouguer correction) : 높이 h인 면과 지오이드면 사이의 물질에 의한 인력을 뺀 값
④ 부게이상(Bouguer anomaly) : 지형 및 후리에어보정을 한 후 표준중력값을 더한 값

101 중력관측점과 지오이드면 사이의 질량을 고려한 중력이상은? [19년 1회 기]

① 고도이상
② 부게이상
③ 프리에어이상
④ 위도이상

102 중력이상에 대한 설명으로 옳지 않은 것은? [20년 1회 측기]

① 중력이상이란 실제 관측 중력값에서 표준 중력식에 의해 계산한 중력값을 뺀 것이다.
② 지오이드의 요철, 지하구조의 결정 등에 이용된다.
③ 일반적으로 실측 중력값과 계산식에 의한 이론 중력값은 일치하지 않는다.
④ 중력이상이 (+)이면 그 부근에 밀도가 작고 가벼운 물질이 존재한다.

Answer 96 ③ 97 ④ 98 ② 99 ① 100 ④ 101 ② 102 ④

103 측지학에서는 중력을 나타내는 1 Gal과 같은 것은? [21년 1회 측기]

① $1\text{kg} \cdot \text{m/s}^2$
② $1\text{kg} \cdot \text{cm/s}^2$
③ 1cm/s^2
④ 1m/s^2

해설
중력의 단위: $gal(cm/sec^2)$ (Galilei를 기념하기 위하여 그 이름의 첫 자를 딴 것이다)

104 중력이상에 관한 설명으로 옳지 않은 것은? [22년 2기]

① 중력이상이란 보정된 기준면의 중력값과 표준중력의 차를 나타낸다.
② 밀도가 큰 물질이 지하에 있을 때는 음(-) 값을 갖는다.
③ 중력이상의 주된 원인은 지하의 밀도가 고르게 분포되어 있지 않기 때문이다.
④ 중력이상 해석으로 지하 구조와 광물을 탐사할 수 있다.

105 지자기의 3요소에 해당되지 않는 것은? [18년 1회 측기]

① 편각
② 수직각
③ 복각
④ 수평분력

106 지자기 측량에서 수평면 내에 작용하는 지자기력의 크기를 의미하는 것은? [19년 1회 기]

① 편각
② 복각
③ 수평분력
④ 수직분력

107 자석으로 진북을 결정할 때 필요한 지구자기의 요소는? [19년 2회 기]

① 복각
② 편각
③ 수평자기력
④ 연직자기력

108 지자기에 대한 설명으로 옳지 않은 것은? [20년 3회 측기]

① 지자기는 스칼라양이다.
② 편각은 지자기의 방향과 자오선과의 각이다.
③ 복각은 지자기의 방향과 수평면과의 각이다.
④ 수평분력이란 수평면내에서의 자기장의 크기이다.

108 지진파에 대한 설명 중 틀린 것은? [19년 1회 기]

① S파는 고체와 액체 상태를 모두 통과한다.
② 지진파에는 P파, S파, L파가 있다.
③ P파는 지진파 중 가장 빠르다.
④ L파는 지표면을 따라 전파하는 표면파이다.

110 탄성파 측량에 대한 설명으로 틀린 것은?

① 탄성파 측량은 굴절법과 반사법이 있다.
② 탄성파의 전파속도 관측으로 지반탐사가 가능하다.
③ 탄성파에는 전자기파와 내면파 2종류가 있다.
④ 탄성파는 탄성체에 충격으로 급격한 변형을 주었을 때 생기는 파이다.

Answer 103 ③ 104 ② 105 ② 106 ③ 107 ② 108 ① 109 ① 110 ③

111 깊은 곳의 광물탐사를 하기 위한 탄성파 측정 방법은?

① 굴절법
② 굴착법
③ 충격법
④ 반사법

112 지진파(탄성파)의 종류가 아닌 것은?

[20년 3회 측기]

① P파
② L파
③ S파
④ V파

113 탄성파 측량에 대한 설명 중 옳지 않은 것은?

[21년 4기]

① 외핵과 내핵의 경계를 알아내기 위하여 반사법을 이용한다.
② 단층과 같은 지질 구조는 탄성파 측량에 의해 알아낼 수 있다.
③ 굴절법은 지표면으로부터 낮은 곳을 대상으로 한다.
④ 반사법은 지표면으로부터 깊은 곳을 대상으로 한다.

114 탄성파를 이용하여 파악하는 주요 사항으로 옳은 것은?

[22년 기사1회]

① 지표상 두 점간 거리의 정밀 측정
② 인공위성을 이용한 지구상 점의 좌표 측정
③ 지질구조의 파악
④ 파고의 측정

Answer 111 ④ 112 ④ 113 ① 114 ③

CHAPTER 02 지구와 천구

제1절 지구의 형상

지구의 형은 크게 물리적 지표면, 지구(회전)타원체, 지오이드(Geoid), 수학적 지표면으로 구분할 수 있다.

1 물리적 지표면

실제측량이 실시되는 곳으로 너무 불규칙하고, 복잡하기 때문에 측량이나 지도제작 등을 위한 기준면으로 사용하기가 곤란하다.

2 타원체

1) 타원체의 종류

타원체	지구의 형상은 물리적 지표면, 구, 타원체, 지오이드, 수학적 형상으로 대별되며 타원체는 회전, 지구, 준거, 국제타원체로 분류된다. 타원체는 지구를 표현하는 수학적 방법으로서 타원체면의 장축 또는 단축을 중심축으로 회전시켜 얻을 수 있는 모형이며 좌표를 표현하는 데 있어서 수학적 기준이 되는 모델이다.	
종류	㉘ 전타원체	한 타원의 지축을 중심으로 회전하여 생기는 입체타원체
	㉛ 구타원체	부피와 모양이 실제의 지구와 가장 가까운 회전타원체를 지구의 형으로 규정한 타원체
	㉜ 거타원체	어느 지역의 대지측량계의 기준이 되는 지구타원체

	ⓒ지구타원체	전세계적으로 대지측량계의 통일을 위해 IUGG(International Association of Geodesy : 국제측지학 및 지구물리학연합)에서 제정한 지구타원체
특징		① ㉮하학적 ㉯원체이므로 ㉰곡이 없는 ㉱끈한 면 ② 지구의 ㉲경, ㉳적, ㉴면적, ㉵피, ㉶각측량, ㉷위도 결정, ㉸도제작 등의 기준 ③ ㉹원체의 크기는 ㉺각측량 등의 실측이나 ㉻력측정값을 ㊀레로 정리로 이용 ④ 지구타원체의 크기는 세계 각 나라별로 다르며 ㊁리나라에는 종래에는 ㊂essel의 타원체를 사용하였으나 최근 공간정보의 구축 및 관리 등에 관한 법 제6조의 개정에 따라 GRS80 타원체로 그 값이 변경되었다. ⑤ 지구의 형태는 극을 연결하는 직경이 적도방향의 직경보다 약 42.6km가 짧은 회전타원체로 되어 있다. ⑥ 지구타원체는 지구를 표현하는 수학적 방법으로서 타원체면의 장축 또는 단축을 중심으로 회전시켜 얻을 수 있는 모형이다.

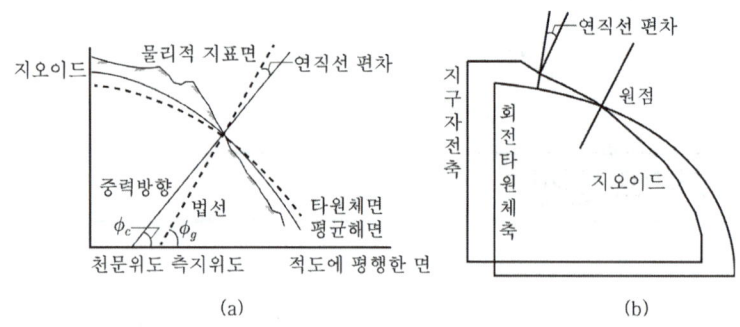

[지구타원체와 지오이드와의 관계]

2) 타원체의 기하학적 요소(楕圓體의 幾何學的 要所)

1. 지구를 회전타원체로 간주할 때

편평률	$P = \dfrac{a-b}{a} = 1 - \sqrt{1-e^2}$
편심률(제1이심률)(e_1)	$e_1 = \sqrt{\dfrac{a^2-b^2}{a^2}}$
편심률(제2이심률)(e_2)	$e_2 = \sqrt{\dfrac{a^2-b^2}{b^2}}$
자오선 곡률반경(R)	$R = \dfrac{a(1-e^2)}{W}$ $W = \sqrt{1-e^2\sin^2\phi}$ (ϕ는 측지위도)
횡곡률반경(N)	$N = \dfrac{a}{W} = \dfrac{a}{\sqrt{1-e^2\sin^2\phi}}$
중등곡률반경(r)	$r = \sqrt{M \cdot N}$
타원방정식의 표준형	$\dfrac{X^2}{a^2} + \dfrac{Y^2}{b^2} = 1$

[적도반경과 극반경]

2. 지구를 구로 간주할 때(측량의 원점에서)

평균곡률반경(R)	$R = \dfrac{2a+b}{3}$

③ 지오이드(Geoid)

정의	정지된 해수면을 육지까지 연장하여 지구 전체를 둘러쌌다고 가상한 곡면을 지오이드(geoid)라 한다. 지구타원체는 기하학적으로 정의한 데 비하여 지오이드는 중력장 이론에 따라 물리학적으로 정의한다.
특징	① 지오이드면은 평균해수면과 일치하는 등포텐셜면으로 일종의 수면이다. ② 지오이드면은 대륙에서는 지각의 인력 때문에 지구타원체보다 높고 해양에서는 낮다. ③ 고저측량은 지오이드면을 표고 0으로 하여 관측한다. ④ 타원체의 법선과 지오이드 연직선의 불일치로 연직선 편차가 생긴다. ⑤ 지형의 영향 또는 지각 밀도의 불균일로 인하여 타원체에 비하여 다소의 기복이 있는 불규칙한 면이다. ⑥ 지오이드는 어느 점에서나 표면을 통과하는 연직선은 중력방향에 수직이다. ⑦ 지오이드는 타원체면에 대하여 다소 기복이 있는 불규칙한 면을 갖는다. ⑧ 높이가 0이므로 위치에너지도 0이다. ⑨ 지오이드면은 불규칙한 곡면으로 준거타원체와 거의 일치한다.

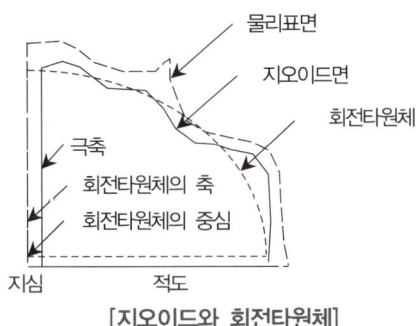

[지오이드와 회전타원체]

> ⚠ **기본부터 알고 넘어가기**
>
> **연직선편차**
> 지구상 어느 한 점에서 타원체의 법선(수직선)과 지오이드의 법선(연직선)과의 차이
>
> **자오선수차**
> 평면직각좌표에서의 진북과 도북의 차이를 나타내는 것으로 어느 한 삼각점에서 그 삼각점을 통과하는 자오선과 그 삼각점에서 직각좌표 원점을 통과하는 자오선과 만들어 지는 각을 자오선 수차라 한다.

1) 타원체와 지오이드의 비교

타원체	지오이드
① 기하학적으로 정의 ② 굴곡이 없는 매끈한 면 ③ 지구의 반경, 면적, 표면적, 부피, 삼각측량, 경위도 결정, 지도제작 등의 기준 ④ 수직선(법선)	① 물리학적으로 정의 ② 불규칙한 면을 갖는다. ③ 고저(수준)측량은 지오이드면을 표고 0으로 하여관 측한다. ④ 연직선(법선)

① 지오이드면은 대륙에서는 지각의 인력 때문에 지구타원체보다 높고 해양에서는 낮다.
② 타원체의 법선과 지오이드 연직선의 불일치로 연직선 편차가 생긴다. 임의점의 수직선을 기준으로 한 연직선의 차이를 연직선 편차(deflection of plumb line), 반대로 연직선을 기준으로 한 수직선의 차이를 수직선 편차(deflection of vertical line)라고 하는데 편차 간의 차이는 극히 미소하여 일반적으로 연직선 편차로 사용한다.

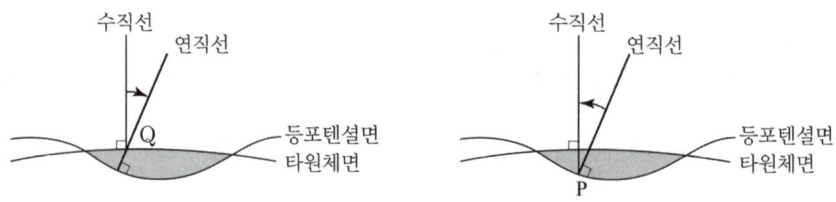

[연직선 편차와 수직선 편차]

法線(normal line)	곡면상의 한점에서 곡면에 접하는 직선에 수직한 선
鉛直線(plumb line)	추를 매달아 실을 넘어 뜨릴 때 그 실이 이루는 중력방향 즉 정수면과 직각을 이루는 수직선

④ 수학적 형상

정밀한 위치 결정이나 측지학적인 문제를 다룰 때에는 중력장에 의한 지표면을 수학적으로 표시하는 텔루로이드, 의사지오이드의 지표면으로 구분된다.

1) 텔루로이드(Telluroid)

지구의 근사적인 물리적 표면으로 고안된 것인데 지심기준타원체의 높이를 가진 표면으로 정의된다.

2) 의사지오이드(Quasigeoid)

지오이드를 계산할 때 지각의 지오이드와 밀접한 관련이 있는 것은 의사지오이드이다. 지오이드를 계산할 때 지각의 질량분포를 가정하게 되는데 이런 가정을 하지 않고 유도된 지오이드를 말한다.

제2절 지구의 기하학적 성질

(1) **대원** : 지구의 중심을 포함하는 임의의 평면과 지표면의 교선

(2) **소원** : 그 밖의 평면과 지표면의 교선

(3) **지축** : 지구의 자전축

(4) **적도** : 지축과 직교하여 지구중심을 지나는 평면과 지표면의 교선

(5) **평행권** : 적도와 나란한 평면과 지표면의 교선

(6) **자오선** : 양극을 지나는 대원의 북극과 남극 사이의 절반으로 180도의 대원호

(7) **측지선** : 지표상의 두 점간의 최단거리선으로서 지표상의 두 점을 포함하는 대원의 일부

(8) **항정선(등방위선)** : 자오선과 항상 일정한 각도를 유지하는 지표의 선으로서 그 선 내의 각 점에서 방위각이 일정한 곡선

(9) **묘유선** : 타원체의 한 점의 법선을 포함하여 그 지점을 지나는 자오면과 직교하는 평면과 타원체면과의 교선

(10) **적도면상각거리** : 경도, 위도

(11) **라플라스방정식** : 천문방위각, 천문경도, 측지경도, 위도를 알면 타원체면상 계산에 필요한 측지방위각을 구할 수 있는 방정식

(12) **라플라스점** : 어느 점에서 삼각측량에 의해 계산된 측지방위각과 천문측량에 의해 관측된 값들을 라플라스방정식에 적용하여 계산한 측지방위각과 비교하여 그 차이를 조정함으로써 보다 정확한 위치결정이 가능하며 삼각망의 비틀림을 바로잡을 수 있는 점

제3절 경도와 위도

(1) **경도** : 그리니치를 지나는 자오선을 본초자오선으로 하고, 본초 자오면과 지표상 한 점을 지나는 자오면이 만드는 적도면상 각거리를 말하며 본초 자오선을 기준으로 동·서로 각각 180°씩 나누어져 있다.
   ① **측지경도** : 본초자오선과 임의점 A의 타원체상의 자오선이 이루는 적도면상 각거리
   ② **천문경도** : 본초자오선과 임의점 A의 지오이드상의 자오선이 이루는 적도면상 각거리

(2) **위도** : 지표면상 한 점에 세운 법선이 적도면과 이루는 각. 적도를 0°로 하고 남북으로 각각 90°씩 표시된다.
   ① **측지(지리) 위도**(ϕ_g) : 지구상의 한 점 A에서 표준 타원체의 법선이 적도면과 이루는 각(지도에 표시되는 일반적인 위도)
   ② **천문위도**(ϕ_a) : 지구상의 한 점 A에서 지오이드에 대한 연직선이 적도면과 이루는 각(지오이드를 기준으로 한 위도)
   ③ **지심위도**(ϕ_b) : 지구상의 한 점 A와 지구중심 O를 맺는 직선이 적도면과 이루는 각
   ④ **화성위도**(ϕ_θ) : 지구 중심으로부터 타원체의 장반경 a를 반경으로 한 원을 그리고 이 원과 지구상의 A점을 지나는 종선의 연장이 만나는 점 A'와 지구의 중심 O를 맺는 선이 적도면과 이루는 각

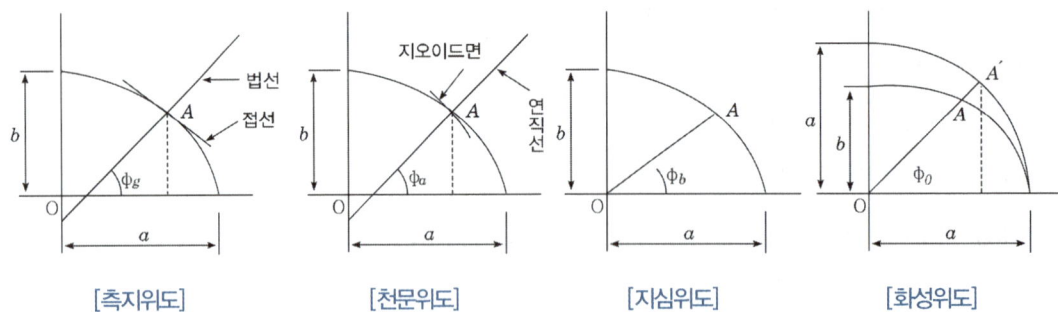

[측지위도]   [천문위도]   [지심위도]   [화성위도]

제4절 구면삼각형과 구과량

1 구면삼각형

지표상 세 점을 지나는 세 개의 대원을 세 변으로 하는 삼각형

1) 구면삼각형의 특징

(1) 구면삼각형의 내각의 합은 180°보다 크다.

(2) 측량대상 지역이 넓은 경우 곡면각 성질이 필요하다.

(3) 구면삼각형의 세 변의 길이는 대원호의 중심각과 같은 각거리이다.

2) 구과량

(1) 구면삼각형의 내각의 합이 180도가 넘으며 이 차이를 구과량이라 한다.
구면삼각형 ⇨ $\angle a' + \angle \beta' + \angle \gamma' = 180° + \varepsilon$(구과량)

(2) 구과량$(\varepsilon) = \dfrac{A}{R^2} \rho''$

　　A : 구면(평면)삼각형의 면적
　　R : 지구의 평균곡률반경(6,370km)

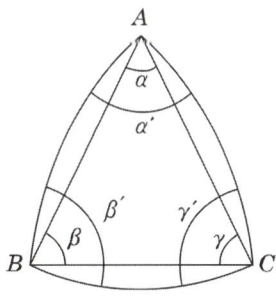

[구면삼각형과 평면삼각형]

(3) 한 변의 길이가 20km 이상일 때 n다각형의 내각의 합은 180°(n−2)보다 반드시 크게 나타난다.

(4) 구면삼각형의 구과량은 그 삼각형의 면적에 비례하고 지구 평균반경의 제곱에 반비례한다.

3) 르장드르 정리

경위도 계산에 있어서 구면삼각형 적용은 평면삼각형보다 계산이 복잡하고 시간이 많이 걸리므로 단거리지역에서 평면삼각형공식을 이용하여 변의 길이를 구하는 방법에는 르장드르 정리와 슈라이브 정리가 있다. 각 변이 그 구면의 반경에 비해서 매우 미소한 구면삼각형은 삼각형의 세 내각에서 각각 구과량의 1/3을 뺀 각을 갖고 각 변길이는 구면삼각형과 같은 평면삼각형으로 간주하여 해석할 수 있다.

4) 슈라이브 정리

구면상의 점에서 임의의 점에 내린 수선의 발에 대한 좌표를 매개로 수렴성이 좋고 150km 이하의 단거리에 이용된다.

제5절 천구의 기하학적 성질

1 천구

모든 천체는 지구를 중심으로 하고 반지름이 무한대인 구면상에 고정되어 있다고 생각하는데 이러한 가상구면을 천구라 한다. 천체를 포함하는 천구는 지구의 자전 때문에 하루에 한 번씩 동쪽에서 서쪽으로 회전하는 것처럼 보이는데 이것을 천구의 일주운동이라 한다.

천구	관측자 중심 : 지평선	방위각(천정/천저)	고저각(천정, 천저각거리)	수직권
	지구를 확대 : 천구적도	적경(천구북극, 남극)	적위	시간권
지구	: 적도	경도	위도	자오선

2 천정과 천저

관측자의 연직선이 위쪽에서 만나는 점을 천정(天頂), 아래쪽에서 만나는 점을 천저(天底)라 한다.

3 대원과 소원

천구의 중심을 지나는 임의 평면과 천구의 교선을 천구의 대원(隊員), 그 밖의 평면과 천구의 교선을 천구의 소원(小圓)이라 한다.

4 지평선과 수직권

(1) 관측자(지구중심)를 지나며 관측자의 연직선과 직교하는 평면과 천구의 교선인 대원을 천구의 지평선이라 한다.
(2) 관측자의 연직선을 포함한 임의의 평면과 천구의 교선을 수직권이라 한다.
(3) 수직권은 천정과 천저를 지나는 대원이다.
(4) 지평선과 수직권은 직교하며 한 지점에서 지평선은 유일하지만 수직권은 무수히 많다.
(5) 자오선은 천구의 극을 지나는 수직권이다.

5 천축과 천극

(1) 지구의 회전축을 천구에까지 연장한 것을 천축(天軸)이라 한다.
(2) 천축과 천구의 교점을 천극(天極)이라 하며 천극에는 천구북극과 천구남극이 있다.

6 천구적도와 시간권

(1) 지구적도면의 연장과 천구의 교선인 대원을 천구적도라 한다.
(2) 천축을 포함한 임의의 평면과 천구 교선, 즉 천구의 양극을 지나는 대원을 시간(時間圈)권이라 한다.
(3) 천구적도는 유일하지만 시간권은 무수히 많다.

7 자오선과 묘유선

(1) 관측자의 천정과 천극을 지나는 대원을 천구자오선이라 하며 천구자오선은 수직권인 동시에 시간권이다.
(2) 천구자오선은 한 지점에서는 유일하게 정해지며 관측자의 위치에 따라 달라진다.
(3) 천구자오선과 지평선의 교점은 남점이 북점을 결정하고 이것을 연결한 직선이 일반 측량에서 사이는 자오선이다.
(4) 지평선상에서 남점과 북점의 2등분점은 동점과 서점이며 동점, 서점과 천정을 지나는 수직권을 묘유선(卯酉線)이라 한다.

8 황도

(1) 1년 중 하늘에서 태양이 움직이는 겉보기도를 황도라 하며 지구궤도면이 천구와 만나는 대원이다.
(2) 적도면과 황도면은 황도경사각 23.5도만큼 기울어져 있어서 오직 두 분점에서만 만난다.

9 춘분점과 추분점

(1) 황도와 적도의 교점을 분점이라 하는데 태양이 적도를 남에서 북으로 자르며 갈 때의 분점을 춘분점, 그 반대의 것을 추분점이라 한다.
(2) 춘분점은 천구상에서 고정된 점으로 양 자리의 첫째점으로 알려져 있다.
(3) 춘분점은 적도좌표계와 황도좌표계의 원점이다.

제6절 시

시는 지구의 자전 및 공전 운동 때문에 지구상 절대적 위치가 주기적으로 변화함을 표시하는 것으로 원래 하루의 길이는 지구의 자전, 1년은 지구의 공전, 주나 한 달은 달의 공전으로부터 정의 된다. 시와 경도 사이에는 1시간은 15도의 관계가 있다.

1 시의 분류

TIME		내용
항성시(恒星時) (Local Sidereal Time : LST)		항성일은 춘분점이 연속해서 같은 자오선을 두 번 통과하는 데 걸리는 시간이다(23시간56분4초). 이 항성일을 24등분하면 항성시가 된다. 즉 춘분점을 기준으로 관측된 시간을 항성시라 한다. • LST=춘분점의 시간각 = 적경 + 시간각
태양시 (太陽時) (Solar Time)	시태양시 (時太陽時)	춘분점 대신 시태양을 사용한 항성시이며 태양의 시간각에 12시간을 더한 것으로 하루의 기점은 자정이 된다. • 시태양시 = 시태양의 시간각 + 12h
	평균태양시 (平均太陽時)	시태양시의 불편을 없애기 위하여 천구적도상을 1년간 일정한 평균각속도로 동쪽으로 운행하는 가상적인 태양, 즉 평균태양의 시간각으로 평균 태양시를 정의하며 이것이 우리가 쓰는 상용시이다. • 평균태양시 = 평균태양의 시간각 + 12h
	균시차 (均時差)	시태양시와 평균태양시 사이의 차를 균시차라 한다. • 균시차 = 시태양시 − 평균태양시
세계시 (世界時) (Universal Time : UT)	표준시 (標準時)	지방시를 직접 사용하면 불편하므로 이러한 곤란을 해결하기 위하여 경도 15도 간격으로 전 세계에 24개의 시간대를 정하고 각 경도대 내의 모든 지점을 동일한 시간을 사용하도록 하는데 이를 표준시(標準時)라 한다. 우리나라의 표준시는 동경 135도를 기준으로 하고 있다

TIME		내용
세계시 (世界時)		표준시의 세계적인 표준시간대는 경도 0도인 영국의 그리니치를 중심으로 하며 그리니치 자오선에 대한 평균태양시를 세계시(世界時)라 한다. • 그리니치 자오선에 대한 평균태양시 • $UT = LST - a_{m.s} + \lambda + 12^h$ (여기서, $a_{m.s}$: 평균태양의 적경, λ : 서경) • UT0 : 이들 영향을 고려하지 않는 세계시, 전세계가 같은 시각이다. • UT1 : 극운동을 고려한 세계시, 전세계가 다른 시각이다. • UT2 : UT1에 계절변화를 고려한 것으로 전세계가 다른 시각이다.
역표시(曆表時) (Ephemeris Time : ET)		지구는 자전운동뿐만 아니라 공전운동도 불균일하므로 이러한 영향 T를 고려하여 균일하게 만들어 사용한 것을 역표시라 한다. • 자전운동, 공전운동의 불균일을 고려한 것 • $ET = UT_2 + \Delta\lambda$

② 법면선과 측지선

1) 법면선(Normal section line)

회전타원체의 임의의 2점 A, B의 법선은 극축과 만나지만 이들 법선은 동일 평면상에 있지 않다. A점에서의 법선과 B점을 연결하는 면은 B점에서의 법선과 A점을 연결하는 면과 일치하지 않는다. 이 단면선을 법면선이라 한다.

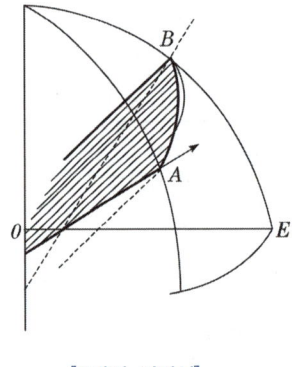
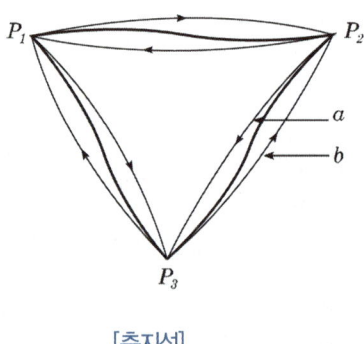

[2개의 법면선]   [측지선]

2) 측지선

(1) 타원체상의 2점을 연결하는 최단거리를 측지선이라 한다.
(2) 측지선은 일반적으로 2개의 법면선의 중간에 있으며 a, b의 교각을 2 : 1로 나누는 성질이 있다.

(3) 법면선과 측지선의 길이의 차이는 극히 작으므로 거리가 100km 이하일 경우에는 거의 무시한다.

(4) 직접 측정하기는 어려우며, 계산에 의해서만 결정된다.

지구	천구	
	관측자 중심	지구를 확대
	모든 천체는 지구를 중심으로 하고 반경이 무한대인 구면상에 고정되어 있다고 생각하는데 이러한 가상 구면을 천구라 한다. 천체를 포함하는 천구는 지구의 자전 때문에 하루에 한 번씩 동쪽에서 서쪽으로 회전하는 것처럼 보이는데 이것을 천구의 일주운동이라 한다.	
대원(大圓)과 소원(小圓) : 지구의 중심을 포함하는 임의의 평면과 지표면의 교선을 지구의 대원, 그 밖의 평면과 지표면의 교선을 지구의 소원	대원(大圓)과 소원(小圓) : 천구의 중심을 지나는 임의의 평면과 천구의 교선을 천구의 대원, 그밖의 평면과 천구의 교선을 천구의 소원	
지축(地軸) : 지구의 자전축을 지축, 지축과 지표면의 두 교점을 북극(北極)과 남극(南極)	천정(天頂)과 천저(天低) : 관측자의 연직선이 위쪽에서 천구와 만나는 점을 천정, 아래쪽에서 만나는 점을 천저	천축(天軸)과 천극(天極) : 지구의 회전축을 천구에까지 연장한 것을 천축, 천축과 천구의 교점을 천극. 천극에는 천구북극, 남극
적도(赤道)와 자오선(子午線) : 지축과 직교하여 지구중심을 지나는 평면과 지표면의 교선을 지구의 적도, 지구상 자오선은 양극을 지나는 대원의 북극과 남극 사이의 절반으로 중심각 180도의 대원호를 말한다. 자오선은 적도와 직교하며 무수히 많다(자오선(子午線)은 경선(經線))	지평선(地平線)과 수직권(垂直圈) : 관측자의 연직선과 직교하는 평면과 천구의 교선인 대원을 천구지평선, 관측자의 연직선을 포함하는 임의의 평면과 천구의 교선을 수직권	적도(赤道)와 시간권(時間圈) : 지구적도면의 연장과 천구의 교선인 대원을 천구적도, 천축을 포함하는 임의의 평면과 천구의 교선, 즉 천구의 양극을 지나는 대원을 시간권
경도(經度)와 위도(緯度) : 그리니치를 지나는 자오선을 본초자오선으로 하고 본초자오면과 지표상 한 점을 지나는 자오면이 만드는 적도면상 각거리를 경도, 동서로 각각 180도 측지경도(지리경도) 천문경도 지표면상 한 점에 세운 법선이 적도면과 이루는 각을 그 지점의 위도라 한다. 측지위도(지리위도) 천문위도 지심위도 화성위도	방위각(方位角)과 고저각(高低角) : 관측자의 자오선과 어느 천체의 수직권 사이의 지평선상 각거리(0～360도 범위)를 방위각, 어느 천체를 포함하는 수직권을 따라 그 천체까지 지평선으로부터 잰 각거리를 고저각	적경(赤經)과 적위(赤緯) : 고춘분점으로부터 어느 천체의 시간권의 발까지 적도를 따라 동쪽으로 잰 각거리를 적경(360도를 24시간 표시). 어느 천체를 포함하는 시간권을 따라 적도로부터 그 천체까지 잰 각거리를 적위. 시간각(時間角) : 적도상에서 자오선과 적도의 교점으로부터 천체를 통하는 시간권의 발까지 서쪽으로 잰 각거리
경위도 원점(經緯度原點)	춘분점(春分點)과 추분점(秋分點) : 황도와 적도의 교점을 분점이라 하는데 태양이 적도를 남에서 북으로 자르며 갈 때의 분점을 춘분점, 그 반대의 것을 추분점이라 한다. 춘분점은 천구상에 고정된 점으로 적도좌표계와 황도좌표계의 원점이다.	
측지선(測地線) : 지표상 두 점간의 최단거리선으로서 지심과 지표상 두 점을 포함하는 평면과 지표면의 교선 즉 지표상의 두 점을 포함하는 대원의 일부이다.		

항정선(航程線) : 자오선과 항상 일정한 각도를 유지하는 지표의 선으로서 그 선 내의 각점에서 방위각이 일정한 곡선이다.	
자오선(子午線)과 묘유선(卯酉線) : 지구상 자오선은 양극을 지나는 대원의 북극과 남극 사이의 절반으로 중심각 180도의 대원호를 말한다. 자오선은 적도와 직교하며 무수히 많다(자오선(子午線)은 경선(經線)). 타원체상 한 점의 법선을 포함하여 그 점을 지나는 자오면과 직교하는 평면과 타원체면의 교선을 묘유선	**자오선(子午線)과 묘유선(卯酉線)** : 관측자의 천정과 천극을 지나는 대원을 천구(천문) 자오선이라 한다. 따라서 지구자오선은 수직권인 동시에 시간권이다. 천구자오선은 한 지점에서는 유일하게 정해지며 관측자의 위치에 따라 달라진다. 천구자오선과 지평선의 교점은 남점과 북점을 결정하고 이것을 연결한 직선이 일반측량에서 쓰이는 자오선이다.
라플라스점과 라플라스방정식	
구면삼각형과 구과량	
르장드르 정리와 슈라이브 정리	

지구(地球)의 운동(運動)

지구의 운동에는 지구축의 주위를 회전하는 자전과 태양의 주위를 회전하는 공전 그리고 지구의 자전축이 황도면의 수직선에 대하여 23.5도의 각거리를 가지고 회전하는 세차 운동이 있으며 이러한 운동은 시간과 계절의 변화, 일조시간의 변화 등 여러 가지 현상의 원인이 되고 있다.

자전 자 밤 낮 천 일	**공전** 공 계 일 기 태
지구는 하루에 한 번씩 지축을 중심으로 회전하고 있고, 태양을 기준으로 한 번 자전하는 시간을 1태양일이라 하며 24시간으로 정한다. 지구가 항성을 기준으로 한 번 자전하는 시간을 1항성일이라 하고 23시간 56분 4초이며, 차이가 나는 이유는 지구의 공전 때문이다.	지구는 태양을 중심으로 지축이 궤도면에 대하여 기울어져서 회전운동을 하는데 그 결과 계절의 변화, 일조시간의 변화, 태양의 남중고도의 변화 등의 현상이 생긴다.
1. 지구가 하루에 한 번씩 지축을 중심으로 회전하고 있으며 지구의 자전운동으로 **밤**과 **낮**이 생기고 **천구**의 **일주**운동이 생기게 되는 운동을 말한다.	1. 공전으로 인하여 **계절**, **일조시간**, **기온**의 변화, **태양**의 남중고도에 대한 변화가 발생
2. 지구가 태양을 중심으로 한 번 자전하는 시간을 1태양일이라 하며 시간으로는 24시간을 말한다.	2. 태양은 황도를 따라 이동하며 주기를 1년으로 하고 있으므로 태양의 적위는 +23.5도(하지)에서 −23.5도(동지) 사이를 매일 약간씩 이동한다.
3. 지구가 항성을 기준으로 한 번 자전하는 시간을 1항성일이라 하며 시간으로는 23시간56분4초이다	3. 공전운동은 항성의 연주시차, 별빛의 광행차, 별빛의 시선속도의 연주시차 등으로 증명된다.
4. 지구의 공전으로 인하여 1태양일과 1항성일의 차이가 발생한다.	4. **1항성년(恒星年)** : 지구의 공전주기를 말하며 태양이 황도를 한바퀴 도는 시간을 1항성년이라 하며 365.2564일이고, 시간은 365일 6시간 9분 9.5초이다.
5. 지구의 자전은 뉴턴역학에 근거하는 방법이며 코리올리 효과와 푸코 진자로 입증될 수 있다.	5. **1회귀년(回歸年)** : 태양이 춘분점을 출발하여 다시 춘분점으로 돌아오는 시간을 1회귀년이라 하며 365.2422일이고 시간으로는 365일 5시간 48분 46초이다. 1회귀년이 1항성년보다 짧은 원인은 지구의 세차운동으로 춘분점이 동에서 서로 약 50초 이동하기 때문이다.

6. **세차(歲差)**: 지구의 자전축이 황도면의 수직방향 주위를 각반경과 주기를 가지고 회전하는 현상이다.

7. **장동(章動)**: 황도경사의 영향으로 태양과 달은 적도면의 위와 아래로 움직이므로 지구적도부의 융기부에 작용하는 회전능률도 주기적으로 변한다. 이처럼 자전축이 흔들리는 현상을 장동이라 한다.

6. **연주시차(年周時差)**: 지구공전궤도의 양끝에서 항성에 그은 두 직선이 이루는 각과 동일한데 이것을 항성의 연주시차라 한다.

7. **광행차(光行差)**: 운동하고 있는 관측자에게는 별이 있는 참된 방향보다 조금 기울어진 방향으로 별빛이 오는 것처럼 보이는 현상이다.

CHAPTER 02 문제 및 해설

01 어떤 관측지점과 지구의 양극을 지나는 대원을 무엇이라 하는가? [2010년 기사 1회]

① 적위(Declination)
② 묘유선(Prime vertical)
③ 적경(Right ascension)
④ 자오선(Meridian)

[해설]
① **자오선** : 지구상 자오선은 양극을 지나는 대원의 북극과 남극 사이의 절반으로 중심각 180°의 대원호를 말한다.
② **묘유선** : 지표상 묘유선은 지구타원체상 한 점의 법선을 포함하며 그 점을 지나는 자오면과 직교하는 평면과 타원체면의 교선이다.
③ **적경(赤經)** : 춘분점으로부터 어느 천체의 시간권의 발까지 적도를 따라 동쪽으로 잰 각거리(360도를 24시간 표시)
④ **적위(赤緯)** : 어느 천체를 포함하는 시간권을 따라 적도로부터 그 천체까지 잰 각거리

02 지역타원체와 세계타원체 간의 3차원 좌표변환과 관련이 없는 것은? [2010년 기사 1회]

① Transverse Mercator 방법
② 표준 Molodensky 방법
③ Molodensky-Badekas 모델에 의한 7변수
④ Bursa-Wolf 모델에 의한 7변수

[해설]
좌표변환방법-MRE 방법, Molodensky 방법, 변환요소 방법

03 지구의 형상에 대한 설명으로 옳지 않은 것은? [2010년 기사 2회]

① 지오이드는 지구의 평면해면에 근사하는 등포텐셜면이다.
② 지오이드의 형상은 지구타원체와 일치하지 않는다.
③ 지오이드는 파랑, 해류 등의 영향으로 수시로 변화한다.
④ 지오이드와 지구타원체와의 표고차를 "지오이드고"라 한다.

[해설]
지오이드의 특징
① 지오이드면은 평균해수면과 일치하는 등포텐셜면으로 일종의 수면이다.
② 지오이드면은 대륙에서는 지각의 인력 때문에 지구타원체보다 높고 해양에서는 낮다.
③ 고저측량은 지오이드면을 표고 0으로 하여 관측한다.
④ 타원체의 법선과 지오이드 연직선의 불일치로 연직선 편차가 생긴다.
⑤ 지형의 영향 또는 지각내부밀도의 불균일로 인하여 타원체에 비하여 다소의 기복이 있는 불규칙한 면이다.

Answer 01 ④ 02 ① 03 ③

04 지구를 반경이 6,370km인 구(球)라고 가정했을 때 위도 30°, 경도 60°, 높이(h) 0m인 지점의 지심직각좌표계에서의 좌표값 중 z 좌표는 얼마인가? (단, 지구의 회전축을 Z축으로 한다.) [2010년 기사 2회]

① 3,185km ② 4,185km
③ 5,517km ④ 6,370km

해설

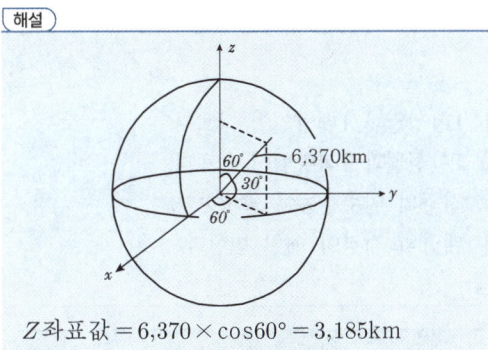

Z좌표값 $= 6,370 \times \cos 60° = 3,185$km

05 다음 용어에 대한 설명으로 틀린 것은? [2010년 기사 2회]

① 지구의 자전축을 지축이라 한다.
② 자오선은 적도와 직교하여 무수히 많다.
③ 지구중심을 포함하는 임의의 평면과 지표면의 교선을 대원이라 한다.
④ 평행권은 적도에 직교하는 평면과 지표면의 교선을 말한다.

해설
④ 平行圈(parallels of latitude)(또는 等緯度線, 緯度圓, 緯線)
적도와 나란한 평면과 지표면의 교선 적도는 대원으로서 지구상 하나뿐이지만 평행권은 소원으로 무수히 많다. 평행권은 위도가 같은 지점을 연결한 선이다.

06 1등 삼각망을 구성하는데 있어 기준이 되는 지구의 형상은? [2010년 기사 2회]

① 수준면이 연장된 평면
② 지오이드
③ 준거(기준) 타원체
④ 기준 구

해설
1등 삼각망을 구성하는데 있어 기준이 되는 지구의 형상은 준거타원체이다. 즉 삼각망은 수평위치의 기준점으로 수평위치의 기준면은 준거타원체이다.

07 지오이드(Geoid)에 대한 설명으로 옳지 않은 것은? [2010년 기사 3회]

① 평균해수면을 육지까지 연장했을 때의 가상적인 지구형상이다.
② 중력의 방향에 수직인 등포텐셜면을 이룬다.
③ 회전타원체와 동일한 형상을 이룬다.
④ 측지학에서 참지구로 생각하는 지구형상이다.

해설
지오이드는 중력방향에 수직인선으로 일반적으로 대륙에서는 타원체 위에, 해양에서는 타원체 아래에 위치하는 선으로 타원체와는 거의 일치하지 않는다.

08 지구상의 어떤 한 점에서 지오이드에 대한 연직선이 적도면과 이루는 각을 무엇이라 하는가? [2010년 기사 3회]

① 측지위도 ② 화성위도
③ 천문위도 ④ 지심위도

해설
① **측지위도** : 지구상 한 점에서 회전타원체의 법선이 적도면과 이루는 각으로 측지분야에서 많이 사용한다.
② **천문위도** : 지구상 한 점에서 지오이드의 연직선(중력방향선)이 적도면과 이루는 각을 말한다.

Answer 04 ① 05 ④ 06 ③ 07 ③ 08 ③

③ **지심위도** : 지구상 한 점과 지구중심을 맺는 직선이 적도면과 이루는 각을 말한다.
④ **화성위도** : 지구중심으로부터 장반경을 반경으로 하는 원과 지구상 한 점을 지나는 종선의 연장선과 지구중심을 연결한 직선이 적도면과 이루는 각을 말한다.

ⓒ 지형의 영향 또는 지각 내부밀도의 불균일로 인하여 타원체에 비하여 다소의 기복이 있는 불규칙한 면이다.
ⓒ 지오이드는 어느 점에서나 표면을 통과하는 연직선은 중력방향에 수직이다.
ⓔ 지오이드는 타원체면에 대하여 다소 기복이 있는 불규칙한 면을 갖는다.
ⓜ 높이가 0이므로 위치에너지도 0이다.

09 지표상 두 지점 간의 최단거리선으로서 두 지점과 지심을 포함하는 평면과 지표면의 교선을 무엇이라 하는가? [2010년 기사 3회]

① 측지선 ② 자오선
③ 묘유선 ④ 항정선

해설
③ **측지선**(Geodetic line, Geodesic)
지표상(곡면상)의 두 점간의 최단거리선으로서 地心과 지표상 두 점을 포함하는 평면과 지표면의 교선 즉 지표상의 두 점을 포함하는 大圓의 일부이다.

10 지오이드에 대한 설명으로 옳지 않은 것은?
[2011년 기사 1회]

① 지오이드는 중력으로부터 결정될 수 있다.
② 지오이드는 표고의 기준이 된다.
③ 지오이드의 위치에너지는 0이다.
④ 지오이드는 타원 법선에 직교한다.

해설
지오이드의 특징
① 지오이드면은 평균해수면과 일치하는 등포텐셜면으로 일종의 수면이다.
② 지오이드면은 대륙에서는 지각의 인력 때문에 지구 타원체보다 높고 해양에서는 낮다.
③ 고저측량은 지오이드면을 표고 0으로 하여 관측한다.
㉠ 타원체의 법선과 지오이드 연직선의 불일치로 연직선 편차가 생긴다.

11 지구의 공전에 의한 현상과 거리가 먼 것은?
[2011년 기사 1회]

① 1항성일과 1태양일이 다르다.
② 1항성월과 1삭망월이 다르다.
③ 천구의 일주운동이 발생한다.
④ 태양의 적경이 매일 변한다.

해설

자전	공전
지구는 하루에 한 번씩 지축을 중심으로 회전하고 있고, 태양을 기준으로 한 번 자전하는 시간을 1태양일이라 하며 24시간을 정한다. 지구가 항성을 기준으로 한 번 자전하는 시간을 1항성일이라 하고 23시간56분4초이며, 차이가 나는 이유는 지구의 공전 때문이다.	지구는 태양을 중심으로 지축이 궤도면에 대하여 기울어져서 회전운동을 하는데 그 결과 계절의 변화, 일조시간의 변화, 태양의 남중고도의 변화 등의 현상이 생긴다.
지구가 하루에 한 번씩 지축을 중심으로 회전하고 있으며 지구의 자전운동으로 밤과 낮이 생기고 천구의 일주운동이 생기게 되는 운동을 말한다.	공전으로 인하여 계절, 일조시간, 기온의 변화, 태양의 남중고도에 대한 변화가 발생
지구가 태양을 중심으로 한 번 자전하는 시간을 1태양일이라 하며 시간으로는 24시간을 말한다.	공전운동은 항성의 연주시차, 별빛의 광행차, 별빛의 시선속도의 연주시차 등으로 증명한다.

Answer 09 ① 10 ④ 11 ③

12 다음 중 균시차를 바르게 표현한 것은?

[2011년 기사 1회]

① 항성시 − 평균 태양시
② 평균태양시 − 항성시
③ 시 태양시 − 평균태양시
④ 시 태양시 − 항성시

해설
균시차 : 시태양시와 평균태양시 사이의 차를 균시차라 한다.

13 지표면상의 구면 삼각형 ABC의 3개의 각을 관측한 결과 ∠A=51°30′, ∠B=65°45′, ∠C=63°35′이었다면 구면 삼각형의 면적은? (단, 지구반경 R=6370km 이며, 측각오차는 없는 것으로 간주한다.)

[2011년 기사 1회]

① 549836.1km² ② 590166.5km²
③ 642342.4km² ④ 718633.4km²

해설
$$구과량(\varepsilon) = (A+B+C) + 180°$$
$$= 50' = 3000''$$
$$A = \frac{R^2 \varepsilon}{\rho''} = \frac{6370^2 \times 3000''}{206265''} = 590166.5 km^2$$

14 구면삼각형 ABC의 세 내각이 다음과 같을 때 면적은? (단, 지구반경은 6370km 이다.)

[2011년 기사 2회]

∠A = 50°20′, ∠B = 66°75′, ∠C = 64°35′

① 1,222,663km² ② 1,362,788km²
③ 1,433,456km² ④ 1,534,433km²

해설
$$구과량(\varepsilon) = A + B + C - 180°$$
$$= 2°10' = 7800$$
$$A = \frac{r^2 \varepsilon''}{\rho''} = \frac{6370^2 \times 7800''}{206,265''}$$
$$= 1,534,432.987 km^2$$

15 적도 반경이 1m인 지구의 단면도를 그린다면 극 반경은 몇 cm 짧게 그리면 되는가? (단, 지구의 편평률은 1/299로 한다.)

[2011년 기사 2회]

① 0.33cm ② 0.44cm
③ 0.55cm ④ 0.66cm

해설
$$p(편평률) = \frac{a-b}{a} = \frac{1}{299} \times 1m$$
$$= 0.0033m = 0.33cm$$

16 측지원점(Geodetic Datum)을 결정하기 위한 매개변수가 아닌 것은?

[2011년 기사 3회]

① 원점에서의 지오이드고
② 원점으로부터 최초 삼각측량의 기선에 이르는 방위각
③ 원점에서 중앙 자오선의 연직선 편차
④ 원점의 표준 중력

해설
경위도원점(측지측량원점) 결정
국가의 측량좌표계를 동일한 경위도원점으로부터 출발하기 위해 지오이드면의 연직선상에서 항성을 이용한 천문측량에 의하여 측지측량원점의 위치관측 및 진북방향으로부터 원방위점의 방위각을 관측한다. 측지측량원점은 삼각측량에 있어서의 출발점으로 출발점의 경도, 위도, 방위각, 지오이드 높이 및 기준타원체의 요소를 측지원점요소 또는 측지원자라 한다.

Answer 12 ③ 13 ② 14 ④ 15 ① 16 ④

17 지구표면상 구면삼각형의 세 각을 관측한 결과 ∠A=50°20′, ∠B=66°25′, ∠C=64°35′이었다면 지구의 곡률반지름이 6370km라고 할 때, 구면 삼각형 abc의 면적은?   [2011년 기사 3회]

① 266,000km²
② 422,000km²
③ 711,000km²
④ 944,000km²

해설

$\varepsilon'' = \dfrac{A}{r^2}\rho''$에서

$A = \dfrac{\varepsilon''}{\rho''}r^2 = \dfrac{4800}{206265} \times 6370^2 = 944,266\text{km}^2$

$\quad\quad\quad\quad\quad\quad \fallingdotseq 944,000\text{km}^2$

$\varepsilon = 50°20′ + 66°25′ + 64°35′ - 180° = 1°20′$
$\quad = 4800″$

18 측지선에 대한 설명으로 옳은 것은?   [2011년 기사 3회]

① 자오선과 항상 일정한 방위각을 갖는 지표상의 선
② 지구면(곡면)상의 두 점을 지나는 최단거리인 곡선
③ 지구중심을 포함하는 임의의 평면과 지평선의 교선
④ 적도와 나란한 평면과 지표면의 교선

해설

측지선(geodetic line) : 지표상 두 지점 간의 최단거리 선으로서 두 지점과 지심을 포함하는 평면과 지표면의 교선. 즉 두 지점을 지나는 대원의 일부이다.
① 타원체 표면상에 주어진 두 점 사이에서 최단거리를 갖도록 그려지는 선을 측지선이라 한다.
② 타원체상의 측지선은 수직절선의 일종으로 볼 수 있으나 단순한 수직절선과는 달리 이중곡률(double curvature)을 갖는 곡선이다.
③ 대부분의 경우 측지선은 두 개의 수직절선 사이에 놓여 있게 되며 두 수직절선 사이의 각을 2대 1의 비율로 분할한다.
④ 측지선이 동일평행권 또는 동일자오선상에 있는 경우에는 그러하지 않는다.
⑤ 측지선은 직접 관측할 수 없으며 오직 측지선으로 이루어진 삼각형에 관한 계산을 행할 수 있다.

19 위도에 대한 설명으로 틀린 것은?
                                        [2011년 기사 3회]

① 지구상의 한 점에서 회전타원체의 법선이 적도면과 만드는 각을 측지위도라 한다.
② 지구상의 한 점에서 지오이드에 대한 연직선이 천구의 적도면과 이루는 각을 천문위도라 한다.
③ 지구상의 한 점과 지구중심을 잇는 직선이 적도면과 이루는 각을 지심위도라 한다.
④ 위도는 어떤 지점에서 준거 타원체의 접선이 적도면과 이루는 각으로 표시된다.

해설

① **측지위도**(ϕ_g)
   지구의 한 점에서 회전타원체의 법선이 적도면과 이루는 각으로 측지분야에서 많이 사용한다.
② **천문위도**(ϕ_a)
   지구의 한 점에서 지오이드의 연직선(중력방향선)이 적도면과 이루는 각을 말한다.
③ **지심위도**(ϕ_c)
   지구의 한 점과 지구중심을 맺는 직선이 적도면과 이루는 각을 말한다.
④ **화성위도**(ϕ_r)
   지구중심으로부터 장반경(a)을 반경으로 하는 원과 지구상 한 점을 지나는 종선의 연장선과 지구중심을 연결한 직선이 적도면과 이루는 각을 말한다.

Answer 17 ④ 18 ② 19 ④

20 어느 점의 위치를 표시하는 방법 중 거리와 방향(각)으로 위치를 표시하는 좌표를 무엇이라고 하는가? [2011년 기사 3회]

① 극좌표 ② 지리좌표
③ 평면직각좌표 ④ 3차원 직각좌표

해설
극좌표 : 임의의 점의 위치를 정점(원점)으로부터의 거리(r)와 방향(θ)으로 정하는 좌표계

21 경위도 좌표계에서 평균곡률반경을 구하는 식으로 옳은 것은? (단, M : 자오선곡률반경, N : 평행권 곡률반경) [2012년 기사 1회]

① $\sqrt{MN}$ ② MN
③ $\dfrac{M}{N}$ ④ $\dfrac{(M+N)}{2}$

해설
기준타원체면 위로 투영된 어느 점의 위치를 경도, 위도 및 평균 해면으로부터의 높이로 표시하는 방법을 지리좌표(geographic coordinates) 또는 측지좌표(geodetic coordinates)라 한다.

경위도(經緯度) 좌표(座標)
평균곡률반경 $R = \sqrt{MN}$
여기서, M : 자오선의 곡률반경
N : 횡(평행권 방향)의 묘유선 곡률 반경

22 다음의 설명이 옳지 않은 것은? [2012년 기사 1회]

① 평균해수면에 의한 등퍼텐셜면(지오이드)으로부터 연직거리를 정표고라고 한다.
② 정표고는 수준측량에서 구한 높이에서 보정을 해야 하며, 이 보정을 오소메트릭(orthometric) 보정이라고 한다.
③ 어떤 점의 역표고는 그 점과 지오이드 사이의 포텐셜 차이를 표준위도에서의 중력값으로 나눈 것이다.
④ 지구중력의 크기는 적도지방이 크고, 극지방이 작다.

해설
1. **높이의 종류**
   ① 표고(Elevation) : 지오이드면, 즉 정지된 평균해수면과 물리적 지표면 사이의 고저차
   ② 정표고(Orthometric Height) : 물리적 지표면에서 지오이드까지의 고저차
   ③ 지오이드고(Geoidal Height) : 타원체와 지오이드 사이의 고저차를 말한다.
   ④ 타원체고(Ellipsoidal Height) : 준거 타원체상에서 물리적 지표면까지의 고저차를 말하며 지구를 이상적인 타원체로 가정한 타원체면으로부터 관측지점까지의 거리이며 실제 지구표면은 울퉁불퉁한 기복을 가지므로 실제높이(표고)는 타원체고가 아닌 평균해수면(지오이드)으로부터 연직선 거리이다.

2. **지구중력의 크기는 적도지방이 작고, 극으로 갈수록 크다.**

23 지구조석에 대한 설명으로 틀린 것은? [2012년 기사 1회]

① 지구조석의 해석으로도 지구내부구조를 어느 정도 알 수 있다.
② 지구는 완전강체이므로 기조력에 의한 탄성변화는 없는 것으로 가정한다.
③ 천체의 인력 때문에 해면의 주기적인 승강을 조석이라 한다.
④ 달과 지구의 거리가 가까울수록 조차가 크다.

해설
① 조석보정 : 달과 태양의 인력에 의하여 지구 자체가 주기적으로 변형하는 지구조석 현상은 중력값에도 영향을 주게 되고 이 중력 효과를 보정하는 것을 조석보정이라 한다.

Answer 20 ① 21 ① 22 ④ 23 ②

② **해양조석** : 해양조석은 주로 달과 태양의 만유인력에 의하여 해수면이 주기적으로 승강(昇降)하는 현상을 말한다.

24 회전타원체를 정의하기 위해서는 크기와 형상이 정의되어야 한다. 다음 중 회전타원체를 정의하기 위해 필요한 요소의 조합이 아닌 것은? [2012년 기사 2회]

① 장반경, 단반경
② 장반경, 이심률
③ 단반경, 편평률
④ 편평률, 이심률

해설
회전타원체 요소(기본정수)
장반경, 단반경, 편평률을 기본정수 또는 타원체 파라미터(ellipsoidal parameters)라 한다.

25 지구의 형상에 대한 설명 중 틀린 것은? [2012년 기사 2회]

① 지오이드는 지구형상에 가장 가까운 등포텐셜면이다.
② 중력방향은 등포텐셜면에 직교하는 방향으로 지구중심을 향한다.
③ 지오이드는 육지부분에서 대륙물질에 대한 인력으로 지구타원체보다 하부에 존재한다.
④ 지구타원체는 지표의 기복과 지하물질의 밀도차가 없다고 가정한 것으로 실제 등포텐셜면과 일치하지 않는다.

해설
지오이드의 특징
① 지오이드는 평균해수면과 일치하는 등포텐셜면으로 일종의 수면이다.
② 지오이드는 대륙에서는 지각의 인력 때문에 지구타원체보다 높고 해양에서는 낮다.
③ 고저측량은 지오이드면을 표고 0으로 하여 관측한다.

26 균시차를 바르게 표시한 것은? [2013년 기사 1회]

① 균시차 = 세계시 - 태양시
② 균시차 = 평균태양시 - 표준시
③ 균시차 = 시태양시 - 평균태양시
④ 균시차 = 항성시 - 세계시

해설
균시차 : 시태양시와 평균태양시 사이의 차를 균시차라 한다.

27 특정 지점의 지오이드고가 -20m이고 타원체고가 20m일 때 정표고는? (단, 연직선 편차는 0으로 가정한다.) [2013년 기사 1회]

① 0m
② -40m
③ 40m
④ -400m

해설
정표고 = 타원체고 - 지오이드고
       = 20 - (-20) = 40m

28 지구의 형상을 표현하는 지오이드(Geoid)에 대한 설명으로 옳지 않은 것은? [2013년 기사 1회]

① 중력값에 영향을 받는다.
② 기하학적으로 정의할 수 있다.
③ 지하물질의 종류에 영향을 받는다.
④ 시간에 따라 변화한다.

해설
2. **지오이드(Geoid)**
정지된 평균해수면을 육지로 연장하여 지구전체를 둘러싸고 있다고 가정한 곡면이다. 특징을 살펴보자.
① 지오이드면은 평균해수면과 일치하는 등포텐셜면으로 일종의 수면이다.

Answer 24 ④ 25 ③ 26 ③ 27 ③ 28 ②

② 지오이드면은 대륙에서는 지각의 인력 때문에 지구타원체보다 높고 해양에서는 낮다.
③ 고저측량은 지오이드면을 표고 0으로 하여 관측한다.
④ 타원체의 법선과 지오이드 연직선의 불일치로 연직선 편차가 생긴다.

29 타원체의 장반경이 6378137m, 단반경이 6356752m라고 가정한 경우 편평률(Flattening)은? [2013년 기사 1회]

① 0.003353
② 0.003364
③ 298.25
④ 297.25

해설

편평률(P) : $\dfrac{a-b}{a}$

$= \dfrac{6,378,137 - 6,356,782}{6,378,137}$

$= 0.0033528$

30 다음 중 지구자전의 영향이 아닌 것은? [2013년 기사 2회]

① 지구상 물체에 원심력이 생긴다.
② 조석이 하루에 두 번 생긴다.
③ 일조시간의 변화가 생긴다.
④ 진향력이 생긴다.

해설

1. 자전과 공전

자전	공전
지구는 하루에 한 번씩 지축을 중심으로 회전하고 있고, 태양을 기준으로 한 번 자전하는 시간을 1태양일이라 하며 24시간으로 정한다. 지구가 항성을 기준으로 한 번 자전하는 시간을 1항성일이라 하고 23시간 56분 4초이며, 차이가 나는 이유는 지구의 공전 때문이다.	지구는 태양을 중심으로 지축이 궤도면에 대하여 기울어져서 회전운동을 하는데 그 결과 계절의 변화, 일조시간의 변화, 태양의 남중고도의 변화 등의 현상이 생긴다.

31 평균 표고가 800m인 두 점의 거리가 3000.902m이라면 이 두 점에 대한 평균 해수면 상의 거리는? (단, 지구는 반지름 R=6,370km인 구로 가정) [2013년 기사 2회]

① 3000.902m
② 3000.525m
③ 3000.180m
④ 299.098m

해설

$L_0 = L - \dfrac{LH}{R}$

$= 3000.902 - \dfrac{3000.902 \times 800}{6,370,000}$

$= 3000.525\text{m}$

32 우리나라의 수준원점의 높이로 옳은 것은? [2013년 기사 2회]

① 32.6871m
② 26.6871m
③ 15.6871m
④ 0.0000m

해설

수준원점(Original Bench Mark)
실제측량에 이용할 수 없으므로 수준측량에 기준이 되는 점을 정해 놓고, 기준면으로부터 정확한 높이를 측정하여 정해 놓은 점(높이 26.6871m로 인천 인하대학교에 설치되어 있다.)

33 지구상의 어느 한 점에서 타원체의 법선과 지오이드의 법선은 일치하지 않게 되는데 이 두 법선의 차이를 무엇이라 하는가? [2013년 기사 3회]

① 중력 편차
② 지오이드 편차
③ 중력 이상
④ 연직선 편차

해설

① 연직선 편차 : 지구상 어느 한 점에서 타원체의 법선(수직선)과 지오이드의 법선(연직선)과의 차이

Answer 29 ① 30 ③ 31 ② 32 ② 33 ④

② **자오선 수차** : 평면직각좌표에서의 진북과 도북의 차이를 나타내는 것으로 어느 한 삼각점에서 그 삼각점을 통과하는 자오선과 그 삼각점에서 직각좌표 원점을 통과하는 자오선과 만들어지는 각을 자오선 수차라 한다.

34 그림과 같이 A지점에서 GPS로 관측한 타원체고(h)가 37.238m이고 지오이드고(N)는 21.524m를 얻었다. A점에서 취득한 높이 값을 이용하여 수준측량한 결과 C점의 표고는? (단, 거리는 타원체면상의 거리이고 A, B, C점의 지오이드는 동일하며 연직선편차는 0으로 가정한다.)

[2013년 기사 3회]

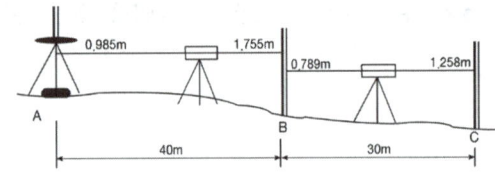

① 13.475m ② 14.475m
③ 15.475m ④ 16.475m

해설
정표고 = 37.238 − 21.524 = 15.714m
C점의 표고
= 15.714 + 0.985 − 1.755 + 0.789 − 1.258
= 14.475m

35 지오이드에 대한 설명으로 옳지 않은 것은?

[2013년 기사 3회]

① 지오이드는 등포텐셜면이다.
② 지오이드는 표고의 기준면이다.
③ 지오이드는 평균 해수면을 육지까지 연장한 가상곡면이다.
④ 일반적으로 지오이드는 육지에서 회전타원체와 일치한다.

해설

지오이드	
특 징	① 지오이드면은 평균해수면과 일치하는 등포텐셜면으로 일종의 수면이다. ② 지오이드면은 대륙에서는 지각의 인력 때문에 지구타원체보다 높고 해양에서는 낮다. ③ 고저측량은 지오이드면을 표고 0으로 하여 관측한다. ④ 타원체의 법선과 지오이드 연직선의 불일치로 연직선 편차가 생긴다. ⑤ 지형의 영향 또는 지각내부밀도의 불균일로 인하여 타원체에 비하여 다소의 기복이 있는 불규칙한 면이다. ⑥ 지오이드는 어느 점에서나 표면을 통과하는 연직선은 중력방향에 수직이다. ⑦ 지오이드는 타원체 면에 대하여 다소 기복이 있는 불규칙한 면을 갖는다. ⑧ 높이가 0이므로 위치에너지도 0이다.

36 지오이드에 대한 설명 중 틀린 것은?

[2014년 기사 1회]

① 지오이드의 형상은 수학적 타원체로 정의될 수 있다.
② 지오이드에서는 중력의 크기가 동일하다.
③ 지오이드 접선에 직각은 중력 방향이다.
④ 지오이드는 정표고를 나타내는 기준면이다.

해설
정지된 해수면을 육지까지 연장하여 지구 전체를 둘러쌌다고 가상한 곡면을 지오이드(geoid)라 한다. 지구타원체는 기하학적으로 정의한 데 비하여 지오이드는 중력장 이론에 따라 물리학적으로 정의한다.

Answer 34 ② 35 ④ 36 ①

37 측지선(geodesic)에 대한 설명으로 옳지 않은 것은?   [2015년 기사 2회]

① 지구면상 두 점을 잇는 최단거리가 되는 곡선을 측지선이라 한다.
② 타원체상 곡선과 측지선의 길이의 차는 극히 미소하여 일반적으로 무시할 수 있다.
③ 측지선은 미분기하학으로 구할 수 있으나 직접 관측하여 구하는 것이 더욱 정확하다.
④ 측지선은 두 개의 평면곡선의 교각을 2 : 1로 분할하는 성질이 있다.

> **해설**
> **측지선(測地線, geodetic line)**
> ① 지표상 두 지점 간의 최단거리선으로서 두 지점과 지심을 포함하는 평면과 지표면의 교선, 즉 두 지점을 지나는 대원의 일부이다.
> ② 타원체 표면상에 주어진 두 점 사이에서 최단거리를 갖도록 그려지는 선을 측지선이라 한다.
> ③ 타원체상의 측지선은 수직절선의 일종으로 볼 수 있으나 단순한 수직절선과는 달리 이중곡률(二重曲率, double curvature)을 갖는 곡선이다. 대부분의 경우 측지선은 두 개의 수직절선 사이에 놓여 있게 되며 두 수직절선 사이의 각을 2 : 1의 비율로 분할한다.
> ④ 측지선이 동일평행권 또는 동일자오선상에 있는 경우에는 그러하지 않다.
> ⑤ 측지선은 직접 관측할 수 없으며 오직 측지선으로 이루어진 삼각형에 관한 계산을 행할 수 있다.

38 타원체에 대한 설명으로 옳지 않은 것은?   [2015년 기사 2회]

① 회전타원체는 한 타원체의 지축을 중심으로 회전하여 생긴 입체타원체이다.
② 지구타원체는 지오이드를 회전시켜 지구의 형으로 규정한 타원체이다.
③ 준거타원체는 어느 지역의 측지측량계의 기준이 되는 타원체이다.
④ 국제타원체는 전 세계적으로 측지측량계를 통일하기 위한 지구타원체이다.

> **해설**
> **타원체의 종류**
> ① 회전타원체 : 한 타원의 주축을 중심으로 회전하여 생기는 입체타원체
> ② 지구타원체 : 부피와 모양이 실제 지구와 가장 가까운 회전타원체
> ③ 준거타원체 : 어느 측량지역의 대지측량계의 기준이 되는 지구타원체
> ④ 국제타원체 : 국제측지학회 및 지구물리학연합총회에서 결정된 타원체 1979년 IUGG 총회에서 국제적인 측량 및 측지작업에는 하나의 통일된 지구타원체값을 사용하기로 의결

39 지구의 운동과 관련된 설명으로 옳지 않은 것은?   [2015년 기사 3회]

① 지구가 태양을 기준으로 한 번 자전하는 시간을 1태양일이라 한다.
② 지구가 항성을 기준으로 한 번 자전하는 시간을 1항성일이라 한다.
③ 1태양일과 1항성일의 차이가 나는 것은 지구의 공전 때문이다.
④ 지구의 자전운동은 항성의 연주시차, 별빛의 광행차, 별빛의 시선속도의 연주변화 등으로 증명된다.

> **해설**
> ③ 공전 : 지구는 태양을 중심으로 지축이 궤도면에 대하여 기울어져 회전운동을 하는 데 그 결과 계절의 변화, 일조시간의 변화, 기온의 변화, 태양의 남중고도의 변화 등의 현상이 생긴다. 공전운동은 항성의 연주시차, 별빛의 광행차, 별빛의 시선속도의 연주시차 등으로 증명된다.

40 지구 내부의 원인에 의하여 자기장이 오랜 세월을 두고 변화하는 것을 가리키는 용어는?   [2015년 기사 3회]

① 일변화   ② 영년변화
③ 자기변화   ④ 월변화

Answer 37 ③ 38 ② 39 ④ 40 ②

측량 및 지형공간정보 기사 필기

해설

지자기(地磁氣)의 변화(變化)
지자기는 쌍극자 자장과 비쌍극자 자장에 의한 지자기 이상 외에도 한 측점에서의 지자기는 오랜 세월을 두고 관측한 결과 일정하지 않고 시간에 따라 변화하고 있음을 알 수 있다. 지자기의 변화는 하루를 주기로 하는 일변화(日變化)와 수십 년 내지 수백 년에 걸친 영연변화(永年變化) 및 갑작스럽고도 큰 변화인 자기풍으로 나눌 수 있다.

41 키가 1.7m인 사람이 표고 600m 산 위에서 볼 수 있는 최대 수평거리는? (단, 지구의 곡률반지름은 6,370km이고 대기굴절에 의한 영향은 무시한다.) [2015년 기사 3회]

① 약 59.7km   ② 약 79.9km
③ 약 80.4km   ④ 약 87.6km

해설

양차 $(h) = \dfrac{S^2}{2R}(1-k)$ 에서

$S = \sqrt{\dfrac{2Rh}{1-k}} = \sqrt{\dfrac{2 \times 6370 \times (0.6 + 0.0017)}{1}}$

$= 87.55\text{km}$

42 지구타원체의 편평도가 1/300이면 이심률은 얼마인가? [2010년 기사 1회]

① $\dfrac{\sqrt{599}}{300}$ ② $\dfrac{\sqrt{600}}{300}$
③ $\dfrac{\sqrt{600}}{300}$ ④ $\dfrac{\sqrt{700}}{300}$

해설

① 편평률 $f = \dfrac{a-b}{a} = \dfrac{1}{300}$

$a = 300(a-b) = 300a - 300b$

$\therefore 300b = 299a$

$b = \dfrac{299}{300}a$

② 이심률

$e = \sqrt{\dfrac{a^2 - b^2}{a^2}} = \sqrt{\dfrac{a^2 - (\dfrac{299}{300}a)^2}{a^2}}$

$= \sqrt{1 - \dfrac{299^2}{300^2}} = \dfrac{\sqrt{300^2 - 299^2}}{300^2} = \dfrac{\sqrt{599}}{300}$

43 어느 구면삼각형에서 구과량이 20″가 되었다. 이 구면삼각형의 면적이 0.349m² 이라면 구의 반지름은? [2010년 기사 1회]

① 39.8m   ② 42.3m
③ 45.0m   ④ 60.0m

해설

$\varepsilon'' = \dfrac{A}{r^2} \rho''$

$20 = \dfrac{0.349}{r^2} \times 206,265$

$r^2 = \dfrac{0.349}{20} \times 206265 = 3599\text{m}^2$

$\therefore r = 60\text{m}$

44 측지선이 두 개의 평면곡선의 교각을 분할할 때의 비율로 옳은 것은? [2010년 기사 1회]

① 1 : 1   ② 2 : 1
③ 3 : 1   ④ 4 : 1

해설

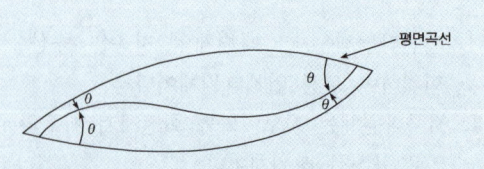

측지선(Geodetic line, Geodesic)
지표상(곡면상)의 두 점 간의 최단거리선으로서 地心과 지표상 두 점을 포함하는 평면과 지표면의 교선 즉 지표상의 두 점을 포함하는 大圓의 일부이다.

Answer 41 ④ 42 ① 43 ④ 44 ②

① 다면체 또는 곡면상의 2점간의 最端經路를 測地線이라 한다.
② 측지선은 타원체 표면상의 주어진 두 점 사이에서 최단거리를 갖도록 그려지는 선이다.
③ 타원체상의 측지선은 수직절선(평면곡선)의 일종으로 볼 수 있으나 단순한 수직절선과는 달리 이중곡률을 갖는 곡선이다.
④ 측지선은 두 개의 수직절선 사이에 놓이며 두 수직절선 사이의 각을 2:1의 비율로 분할한다.

45 측지경위도에 관한 설명으로 옳지 않은 것은? [2010년 기사 1회]

① 본초자오면과 지표상 한 점을 지나는 자오면이 만드는 적도면상 각거리를 경도라고 한다.
② 지표면상 한 점에 세운 법선이 적도면과 이루는 각을 위도라고 한다.
③ 적도면에서 잰 본초자오선과 어느 지점의 천문자오선 사이의 각거리를 천문경도라 한다.
④ 지구상 한 점에서의 지오이드에 대한 연직선이 적도면과 이루는 각거리를 지심위도라 한다.

[해설]
위도(Latitude)
① 측지위도(ϕg)
지구상 한 점에서 회전타원체의 법선이 적도면과 이루는 각으로 측지분야에서 많이 사용한다.
② 천문위도(ϕa)
지구상 한 점에서 지오이드의 연직선(중력방향선)이 적도면과 이루는 각을 말한다.
③ 지심위도(ϕc)
지구상 한 점과 지구중심을 맺는 직선이 적도면과 이루는 각을 말한다.
④ 화성위도(ϕr)

46 다음 중 지구의 공전으로 인하여 발생하는 현상이 아닌 것은? [2015년 기사 1회]

① 계절의 변화
② 일조 시간의 변화
③ 태양 남중고도의 변화
④ 인공위성의 궤도가 서편하는 현상

[해설]

지구 자전의 증거	지구 공전의 증거
• 천구의 일주 운동	• 계절변화
• 밤과 낮이 생긴다.	• 일조시간의 변화
• 운동하는 물체가 전향력이 생긴다 : 코리올리의 효과	• 태양남중고도 변화
	• 1항성일과 1태양일의 차이
• 자유낙체가 동편한다.	• 항성의 연주시차
• 조석이 하루에 두 번씩 일어난다.	• 별빛의 광행차
• 인공위성궤도가 서편한다.	• 별빛의 시선속도의 연주변화
• 푸코진자의 회전	• 식운성의 광행시간 효과
	• 균시차 (시태양시 − 평균태양시)

47 임의 지점에서 GPS 관측을 수행하여 타원체고(h) 57.234m를 획득하였다. 그 지점의 지구중력장 모델로부터 산정한 지오이드고(N)가 25.578m이었다면 정표고(H)는? [2011년 기사 3회]

① −31.656m
② 31.656m
③ 57.234m
④ 82.812m

[해설]
정표고＝타원체고−지오이드고
　　　＝57.234−25.578＝31.656m

Answer 45 ④ 46 ④ 47 ②

48 측지방위각과 천문방위각의 관계(Laplace 방정식)를 나타내는 식으로 옳은 것은?(단, 천문방위각 A_α, 천문경도 λ_α, 측지경도 λ_g, 위도 θ 측지방위각 A_g이다.)

[2010년 기사 1회]

① $A_g = A_\alpha - (\lambda_\alpha - \lambda_g)\sin\theta$
② $A_g = A_\alpha - (\lambda_\alpha + \lambda_g)\sin\theta$
③ $A_g = A_\alpha - (\lambda_\alpha - \lambda_g)\cos\theta$
④ $A_g = A_\alpha - (\lambda_\alpha + \lambda_g)\cos\theta$

[해설]
① Laplace 방정식
$A_\alpha = A_\alpha - (\lambda_\alpha - \lambda_o)\sin\theta$
② Laplace 점 : 연직선 편차가 0이 되는 점

49 구면 삼각형에 대한 설명으로 틀린 것은?

[2012년 기사 2회]

① 구면 삼각형의 내각의 합은 180°보다 크다.
② 구면 삼각형의 각 변은 대원의 호장이 된다.
③ 구과량은 구면 삼각형의 면적에 비례한다.
④ 구면 삼각형에서 AB측선에 대한 방위각 AB와 방위각 BA의 차는 항상 180°이다.

[해설]
구면 삼각형의 방위각에서 역방위각은 180° + ε 이 된다.

50 지표면상의 구면 삼각형 △ABC의 세 각을 관측한 결과 ∠A=51°30′, ∠B=65°45′, ∠C=64°35′이었다면 구면 삼각형의 면적은? (단, 지구반지름 R=6,300km이며, 측각오차는 없는 것으로 가정한다.)

[2012년 기사 2회]

① $1,118,633.4km^2$ ② $1,269,987.6km^2$
③ $1,298,366.4km^2$ ④ $1,596,427.4km^2$

[해설]
$\varepsilon'' = \dfrac{A}{r^2}\rho''$ 에서
$A = \dfrac{\varepsilon'' r^2}{\rho''}$
$= \dfrac{6600'' \times 6300^2}{206265''} = 1,269,987.64 km^2$
$\varepsilon = (51°30' + 65°45' + 64°35') - 180°$
$= 1°50' = 110' \times 60 = 6600''$

51 위도 60° 상에서 경도의 차가 1″인 경우에 위도평행권의 호장은 얼마인가?(단, 지구의 반지름은 6,370km라고 가정한다.)

[2012년 기사 2회]

① 14.40m   ② 15.44m
③ 16.70m   ④ 18.13m

[해설]
평행권의 호장의 계산은 동일 위도에서 호의 길이를 의미하며, 그 계산식은 아래와 같이 정의된다. 식에서 N은 묘유선 곡률반경(지구반지름), P는 평행권의 호장, $\Delta\lambda$는 평행권에 있어 경도의 차를 의미한다.

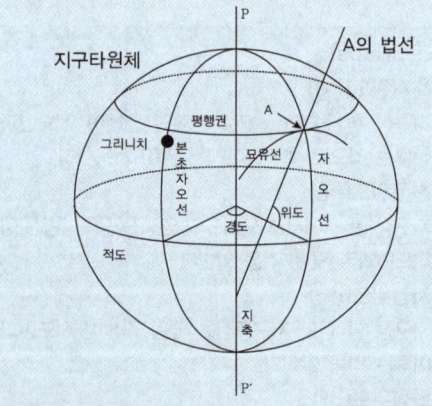

$L = P\Delta\lambda = N\cos\phi\Delta\lambda$
$P = N\cos\phi$

[위도평행권의 호장을 구하는 방법]
위도는 같고 경도가 1″ 차이가 나므로 같은 위도(X)에서 경도 1도의 길이는 $2\pi r \cos x \times 1/360$

Answer 48 ① 49 ④ 50 ② 51 ②

```
= 경도 1′의 차이
= 2×3.141592×6370×cos60×(1/360)
  (1′ = 3600″)
= {2×3.141592×6370×cos60×(1/360)}/3600
= 15.441315743
```

52 우리가 일상적으로 사용하는 평균 태양시 단위로 1항성시(sidereal time)는?

[2013년 기사 2회]

① 24시간 3분 5.06초
② 23시간 56분 4.09초
③ 12시간 46분 5초
④ 11시간 48분 26.4초

해설

항성시(Local Sidereal Time, LST)
항성일은 춘분점이 연속해서 같은 자오선을 두 번 통과하는 데 걸리는 시간이다(23시간 56분 4초). 이 항성일을 24등분하면 항성시가 된다. 즉, 춘분점을 기준으로 관측된 시간을 항성시라 한다.

53 구면 삼각형의 면적을 4525km², 지구의 곡률반경을 6370km라고 할 때 구과량은?

[2010년 기사 3회]

① 7″   ② 16″
③ 23″ ④ 30″

해설

$$\varepsilon'' = \frac{A}{R^2}\rho'' = \frac{4525}{6370^2} \times 206265 = 23''$$

54 지오이드(Geoid)에 대한 설명 중 옳지 않은 것은?

① 평균해수면을 육지까지 연장한 가상적인 곡면을 지오이드라 하며 이것은 지구타원체와 일치한다.
② 지오이드는 중력장의 등퍼텐셜면으로 볼 수 있다.
③ 실제로 지오이드면은 굴곡이 심하므로 측지측량의 기준으로 채택하기 어렵다.
④ 지구타원체의 법선과 지오이드의 법선 간의 차이를 연직선 편차라 한다.

해설

지오이드
정지된 해수면을 육지까지 연장하여 지구 전체를 둘러쌌다고 가상한 곡면을 지오이드(geoid)라 한다. 지구타원체는 기하학적으로 정의한 데 비하여 지오이드는 중력장 이론에 따라 물리학적으로 정의한다.

55 연직선편차에 대한 설명으로 옳지 않은 것은?

[22년 기사 1회]

① 진북방위각과 도북방위각의 차이이다.
② 기준타원체와 지오이드의 차이에 의해 발생한다.
③ 연직선(vertical line)과 법선(normal line)의 차이이다.
④ 측지위도와 천문위도의 차이이다.

해설

타원체	지오이드
1. 기하학적으로 정의 2. 굴곡이 없는 매끈한 면 3. 지구의 반경, 면적, 표면적, 부피, 삼각측량, 경위도결정, 지도제작 등의 기준 4. 수직선(법선)	1. 물리학적으로 정의 2. 불규칙한 먼을 갖는다. 3. 고저(수준)측량은 지오이드면을 표고 0으로 하여 관측한다. 4. 연직선(법선)

1. 지오이드면은 대륙에서는 지각의 인력 때문에 지구타원체보다 높고 해양에서는 낮다.
2. 타원체의 법선과 지오이드 연직선의 불일치로 연직선 편차가 생긴다. 임의점의 수직선을 기준으로 한 연직선의 차이를 연직선편차(deflection of plumb line), 반대로 연직선을 기준으로 한 수직선의 차이를 수직선편차(deflection of vertical line)라고 하는데 편차 간의 차이는 극히 미소하여 일반적으로 연직선편차로 사용한다.

Answer 52 ② 53 ③ 54 ① 55 ①

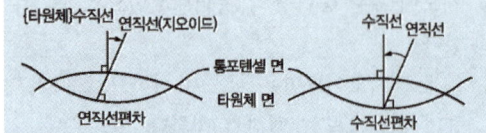

- 연직거리 : 두 점간의 거리의 연직 방향에 있어서의 선분, 곧 그 거리를 연직선으로 정단선향한 길이
- 法線 : 평면상의 곡선위에 있는 임의의 점의 접선에 수직되는 직선
- 鉛直線 : 중력의 방향, 곧 수평면과 수직을 이루는 직선
- 연직면 : 연직선을 포함하는 평면

56 라플라스(Laplace)점의 기능으로 옳지 않은 것은?

① 수평각 관측의 점검
② 삼각망 편균계산의 조건식
③ 기선,다각망의 보정을 위한 지구의 모양결정
④ 삼각점의 규정

[해설]

라플라스 점(Laplace station)
측지 측량망이 광범위 하게 설치된 경우에 측량오차가 누적되는 것을 피해야 한다. 따라서 200~300km 마다 1점의 비율로 삼각점을 설정하여 천문경위도와 측지경위도를 비교하여 라플라스조건이 만족되도록 삼각측량과 천문측량이 함께 실시되는 기준점을 라플라스 점이라 한다.
(1) 라플라스 점의 기능
   ① 삼각점의 규정
   ② 수평각 관측의 점검
   ③ 삼각망 편균계산의 조건식
(2) Laplace 점에 의해 연직선편차를 산출하여 얻을수 있는것
   ① 수평각의 보정
   ② 기선,다각망의 보정을 위한 지구의 모양결정
   ③ 지구의 지각,지각균형설에 의한 밀도 변화 연구

57 지구가 장반경 6377.397km, 단반경 6356079km인 타원체라고 하면 지구의 편평률은? [18년 1회 측기]

① 약 1/300
② 약 1/250
③ 약 1/200
④ 약 1/150

[해설]

$$편평률(P) = \frac{a-b}{a}$$
$$= \frac{6377.397 - 6356.079}{6379.397}$$
$$= \frac{1}{299.25} ≒ \frac{1}{300}$$

58 지구의 적도반지름이 6370km이고 편평률이 1/299이라고 하면 적도반지름과 극반지름의 차이는? [18년 3회 측기]

① 21.3km
② 31.0km
③ 40.0km
④ 42.6km

[해설]

$$P = \frac{a-b}{a} = \frac{1}{299}$$
$$a - b = \frac{a}{299} = \frac{6370}{299} = 21.3km$$

59 지구의 단면도를 그릴 때, 적도 반지름을 200cm로 그린다면 극 반지름은? [단, 지구의 편평율은 1/299로 한다.] [18년 3회 측기]

① 199.67cm
② 199.56cm
③ 199.45cm
④ 199.33cm

[해설]

$$p = \frac{a-b}{a}$$에서
$$b = a - pa = 200 - \frac{1}{299} \times 200 = 199.33cm$$

Answer 56 ③ 57 ① 58 ① 59 ④

60 지오이드에 대한 설명으로 옳지 않은 것은?
[18년 3회 측기]

① 위치에너지 $E = mgh$ 가 "0"이 되는 면이다.
② 지구타원체를 기준으로 대륙에서는 낮고 해양에서는 높다.
③ 평균해수면을 육지내부까지 연장한 면을 말한다.
④ 지오이드의 법선과 타원체의 법선은 불일치하며 그 양을 연직선 편차라 한다.

해설

지오이드(geoid)
정지된 해수면을 육지까지 연장하여 지구 전체를 둘러쌌다고 가상한 곡면을 지오이드(geoid)라 한다. 지구타원체는 기하학적으로 정의한데 비하여 지오이드는 중력장 이론에 따라 물리학적으로 정의한다.
① ㉮오이드면은 ㉯균해수면과 일치하는 등포텐셜면으로 일종의 수면이다.
② 지오이드면은 ㉰륙에서는 지각의 인력 때문에 지구타원체보다 높㉱ ㉲양에서는 ㉳다.
③ ㉴저측량은 ㉵오이드㉶을 표고 ㉷으로 하여 관㉸한다.
④ 타원체의 법선과 지오이드 연직선의 불일치로 연직선 ㉹가 생긴다.
⑤ 지형의 영향 또는 지각㉺밀도의 불균일로 인하여 타원체에 비하여 다소의 기복이 있는 불규칙한 면이다.
⑥ 지오이드는 어느 점에서나 표면을 통과하는 연직신은 ㉻방향에 수직이다.
⑦ 지오이드는 ㊀원체면에 대하여 다소 기복이 있는 ㊁규칙한 면을 갖는다.
⑧ 높이가 0이므로 위치에너지도 0이다.
⑨ 지오이드면은 불규칙한 곡면으로 준거타원체와 거의 일치한다.

61 타원체 상에서 같은 경도의 점을 연결한 선을 무엇이라고 하는가?
[18년 3회 측기]

① 자오선   ② 평행선
③ 위도선   ④ 측지선

해설

測地線	지표상 두점간의 최단거리선으로서 지심과 지표상 두점을 포함하는 평면과 지표면의 교선 즉 지표상의 두점을 포함하는 대원의 일부이다
航程線	자오선과 항상 일정한 각도를 유지하는 지표의 선으로서 그선내의 각점에서 방위각이 일정한 곡선이다
子午線과 卯酉線	지구상 자오선은 양극을 지나는 대원의 북극과 남극사이의 절반으로 중심각 180도의 대호를 말한다. 자오선은 적도와 직교하며 무수히 많다(子午線은 經線). 즉 타원체상에서 같은 경도의 점을 연결한 선을 자오선이라 한다. 타원체상 한점의 법선을 포함하여 그점을 지나는 자오면과 직교하는 평면과 타원체면의 교선을 묘유선이라 한다. 卯酉線은 천구상에서 동점(東點), 천정(天頂), 서점(西點)을 잇는 대원을 말한다. 묘유권(卯酉圈)이라고도 한다. 동쪽(묘의 방각)과 서쪽(유의 방각)을 잇는다는 뜻에서 생긴 말이다. 자오선과는 천정에서 직각으로 교차한다. 자오의(子午儀)를 묘유선 내에 설치한 경우에는 묘유의(卯酉儀)라고 부른다.

62 우리나라 위치측정의 기준이 되는 세계측지계에 대한 설명이다. ( ) 안에 알맞은 용어로 짝지어진 것은?
[18년 3회 측산]

회전타원체의 (　)이 지구의 자전축과 일치하고, 중심은 지구의 (　)과 일치할 것

① 장축, 투영중심
② 단축, 투영중심
③ 장축, 질량중심
④ 단축, 질량중심

Answer 60 ② 61 ① 62 ④

해설

공간정보의 구축 및 관리 등에 관한 법률 제7조(세계측지계 등) ① 법 제6조 제1항에 따른 세계측지계(世界測地系)는 지구를 편평한 회전타원체로 상정하여 실시하는 위치측정의 기준으로서 다음 각 호의 요건을 갖춘 것을 말한다.
1. 회전타원체의 장반경(長半徑) 및 편평률(扁平率)은 다음 각 목과 같을 것
   가. 장반경: 6,378,137미터
   나. 편평률: 298.257222101분의 1
2. 회전타원체의 중심이 지구의 질량중심과 일치할 것
3. 회전타원체의 단축(短軸)이 지구의 자전축과 일치할 것

해설

WGS84 특징
① 미국에 의해 구축된 세계좌표계의 하나이다.
② 좌표계의 원점은 지구의 질량 중심이다.(지심좌표계)
③ 1984년 이전까지는 지구중력의 관점에서 정해진 지구타원체 모델인 WGS72가 사용되었다.
④ WGS84의 기준타원체는 IAG(국제측지학회)에서 권고치인 GRS80을 사용하였고 제원을 살펴보면 다음과 같다.
⑤ 좌표계
   ㉠ X축은 BIH에서 정의한 본초자오선과 평행한평면이 지구 적도면과 교차하는 선이다.
   ㉡ Z축은 1984년 국제시보국에서 채택한 지구자전축과 평행하다.
   ㉢ Y축은 X축으로부터 적도면을 따라 동쪽으로수직인 방향으로 정의된다.

63 평면측량에서 1/40000까지 거리의 허용오차를 둔다면 지구를 평면으로 볼 수 있는 한계는 약 얼마인가? [단, 지구의 반지름은 6370 km로 가정한다.) [22년 기사 1회]

① 31 km ② 65 km
③ 98 km ④ 110 km

해설

$\frac{d-D}{D} = \frac{1}{12}(\frac{D}{R})^2 = \frac{1}{40,000}$ 에서

$D = \sqrt{\frac{12R^2}{m}} = \sqrt{\frac{12 \times 6,370^2}{40,000}} = 110km$

64 GPS 측량의 기준좌표계인 WGS84에 대한 설명으로 옳지 않은 것은? [22년 기사 1회]

① 전 세계적으로 측정해온 지구의 중력장과 지구 모양을 근거로 해서 만들어진 좌표계이다.
② X축은 국제시보국(BIH)에서 정의한 본초자오선과 평행한 평면이 지구 적도면과 교차하는 선이다.
③ Y축은 X축과 Z축이 이루는 평면에 서쪽으로 수직인 방향(서쪽으로 90°)으로 정의된다.
④ Z축은 1984년 국제시보국(BIH)에서 채택한 평균극축(CTP)과 평행하다.

65 측지원점을 정의하기 위해 필요한 요소로 거리가 먼 것은? [22년 기사 1회]

① 표준중력
② 타원체의 장반경
③ 원방위각
④ 원점의 경도

해설

측지원자(측지원자요소)
측지측량원점은 삼각측량에 있어서 출발점으로 출발점의 경도, 위도, 방위각, 지오이드 높이 및 기준타원체의 요소를 測地原點要素 또는 測地原子라 한다.
측량에서 위치결정은 측량의 원점을 이용하는데 이원점의 측지원자 즉 경도, 위도, 방위각, 지오이드고, 준거타원체의 요소가 결정되어 점의 위치 결정이 가능하다.
1. 측지원자요소
   1) 타원체요소: 타원체의 장반경 a 와 편평률 f
   2) 경위도좌표: 경도 λ 와 위도 ϕ
   3) 지오이드높이(표고): h
   4) 방위각: a_0
   5) 연직선편차

Answer 63 ④ 64 ③ 65 ①

66 측지선에 대한 설명으로 옳지 않은 것은?
[22년 기사 1회]

① 두 점이 거의 같은 위도 상에 있을 경우에 측지선은 수직절선에 교차할 수도 있다.
② 측지선은 두 수직절선 사이의 각을 2:1의 비율로 분할한다.
③ 측지선은 직접 측정하기 어렵다.
④ 측지선은 단일곡률을 갖는 곡선이다.

해설

측지선(測地線, geodetic line)
① 지표상 두 지점 간의 최단거리선으로서 두 지점과 지심을 포함하는 평면과 지표면의 교선, 즉 두 지점을 지나는 대원의 일부이다.
② 타원체 표면상에 주어진 두 점 사이에서 최단거리를 갖도록 그려지는 선을 측지선이라 한다.
③ 타원체상의 측지선은 수직절선의 일종으로 볼수 있으나 단순한 수직절선과는 달리 이중곡률(二重曲率, double curvature)을 갖는 곡선이다. 대부분의 경우 측지선은 두 개의 수직절선사이에 놓여 있게 되며 두 수직절선 사이의 각을 2 : 1의 비율로 분할한다.
④ 측지선이 동일평행권 또는 동일자오선상에 있는 경우에는 그러하지 않다.

67 천구의 좌표계 중 적도좌표계에 대한 설명으로 옳지 않은 것은?
[22년 2회 측기]

① 천구상 위치를 천구의 적도면을 기준으로 하여 적경과 적위로 나타낸다.
② 적경은 춘분점을 기준으로 동쪽으로 0°에서 360°, 또는 0시에서 24시로 표시할 수 있다.
③ 하지점의 적도좌표는 $(6^h, +23.5°)$이다.
④ 춘분점의 적도좌표는 $(0^h, +23.5°)$이다.

해설

적도좌표계는 천체의 위치를 나타내기 위하여 사용되는 좌표계로 적경과 적위를 사용하여 천체의 위치를 나타낸다. 적도좌표계는 춘분점의 적경을 0^h로 하여 반

시계방향으로 적경이 증가하며, 천구의 적도를 기준으로 북극의 적위를 +90°, 남극의 적위를 −90°로 표현한다.

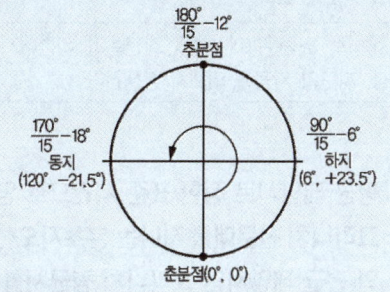

	3월(봄) 춘분	6월(여름) 하지	9월(가을) 추분	12월(겨울) 동지
지구위치	A	B	C	D
태양위치	춘분점	하지점	추분점	동지점
적경	0°	6°	12°	18°
적위	0°	+23.5°	0°	-23.50°

68 지구의 자기장 변화와 거리가 먼 것은?
[22년 2기]

① 영년변화
② 세차변화
③ 일변화
④ 자기폭풍

해설

지자기의 변화
(1) 日變化
주로 태양에 의한 자외선, X선, 전자 등의 플라스마(Plasma)로 인하여 지구 상층부의 대기권이 이온화되고, 전류가 생성되어 전자장이 유도됨으로서 생기는 변화로서, 24시간 주기로 변화한다.
(2) 永年變化
일변화에 비해 변화량이 크며, 수십 년 내지 수백 년에 걸쳐 변화한다. 영년변화의 원인은 맨틀이나 외핵의 운동에 의한 지구 내부의 지자기장 변화에 있는 것으로 생각된다.
(3) 자기풍(자기폭풍)
주로 태양의 흑점의 변화에 의하여 발생하며 주기가 약 27일이다.

Answer 66 ④ 67 ④ 68 ②

자기풍은 극지방에서 발생하는 경우가 많으며 적도지방에서 보다 강도가 크다. 즉 위도가 높아짐에 따라 지자력의 강도가 크다.

> 세차변화: 회전운동에 의해 회전축이 비틀어지는 현상. 지구의 자전에 의해서 발생한다.

69 평균 태양시로 정한 표준 시간으로 영국의 그리니치 천문대를 지나는 본초자오선에서의 평균 태양시인 그리니치 평균시를 더욱 정확하고 정밀하게 정의한 표준 시간은?

[22년 2회 측기]

① 역학시(dynamic time)
② 원자시(atomic time)
③ GPS시(GPS time)
④ 세계시(universal time)

해설

세계시(世界時)(UniversalTime : UT)

표준시 (標準時) standard time	지방시를 직접 사용하면 불편하므로 이러한 곤란을 해결하기 위하여 경도 15도 간격으로 전 세계에 24개의 시간대를 정하고 각 경도대 내의 모든 지점을 동일한 시간을 사용하도록 하는데 이를 표준시(標準時)라 한다. 우리나라의 표준시는 동경 135도를 기준으로 하고 있다
세계시 (世界時)	표준시의 세계적인 표준시간대는 경도 0도인 영국의 그리니치를 중심으로 하며 그리니치 자오선에 대한 평균태양시를 세계시(世界時)라 한다. 세계시(UT)=LST-적경+서경+12^h • UT_0 : 이러한 영향을 고려하지 않는 세계시. 전세계가 같은 시간이다. • UT_1 : 극 운동을 고려한 세계시. 전세계가 다른 시간이다. • UT_2 : UT_1에 계절변화를 고려한 것으로 전세계가 다른 시각이다. $UT_2 = UT_1 + \Delta_S = UT_0 + \Delta\lambda + \Delta_S$

70 경위도에 관한 설명으로 옳지 않은 것은?

[21년 4회 측기]

① 본초자오면과 지표상 한점을 지나는 자오면이 만드는 적도면상 각거리를 측지경도라고 한다.
② 지표면상 한 점에 세운 법선이 적도면과 이루는 각을 측지위도라고 한다.
③ 본초자오선과 어느 지점의 천문자오선 사이의 적도면에서 잰 각거리를 천문경도라 한다.
④ 지구상 한 점에서의 지오이드에 대한 연직선이 적도면과 이루는 각거리를 지심위도라 한다.

해설

경도	측지경도	본초자오선과 타원체상의 임의 자오선이 이루는 적도상 각거리를 말한다.
	천문경도	본초자오선과 지오이드상의 임의 자오선이 이루는 적도상 각거리를 말한다.
위도	측지위도	지구상 한 점에서 회전타원체의 법선이 적도면과 이루는 각으로 측지분야에서 많이 사용한다.
	천문위도	지구상 한 점에서 지오이드의 연직선(중력방향선)이 적도면과 이루는 각을 말한다.
	지심위도	지구상 한 점과 지구중심을 맺는 직선이 적도면과 이루는 각을 말한다.
	화성위도	지구중심으로부터 장반경(a)을 반경으로 하는 원과 지구상 한 점을 지나는 종선의 연장선과 지구중심을 연결한 직선이 적도면과 이루는 각을 말한다.

71 반지름이 5000km인 구(球)에서 수평거리 10km에 대한 곡률오차는?

[21년 4기]

① 0.05km   ② 0.04km
③ 0.03km   ④ 0.01km

해설

구차(h_1) = $\dfrac{S^2}{2R} = \dfrac{10^2}{2 \times 5000} = 0.01 km$

Answer 69 ④ 70 ④ 71 ④

72 지표면상 구면삼각형의 각을 관측한 결과 ∠A=50°10′, ∠B=66°35′, ∠C=64°15′이었다면 이 구면삼각형 ABC의 면적은? [단, 지구의 곡률반지름이 5m이다]

[21년 1회기]

① 0.736m²
② 0.636m²
③ 0.536m²
④ 0.436m²

해설

$$\epsilon'' = \frac{A}{R^2}\rho''$$
$$A = \frac{\epsilon''}{\rho''} \times R^2 = \frac{3600''}{206265''} \times 5^2 = 0.436 m^2$$
$$\epsilon'' = (50°10' + 66°35' + 64°15') - 180° = 1° = 3,600''$$

73 지구의 자천축 기울기가 바뀌게 되는 현상으로 춘분점이 황도를 따라 매년 약 50″씩 서쪽으로 이동하게 되는 것은?

[21년 1회 측기]

① 세차운동
② 장동
③ 공전
④ 연주운동

해설

地球의 運動
지구의 운동에는 지구축의 주위를 회전하는 자전과 태양의주위를 회전하는 공전 그리고 지구의 자전축이 황도면의 수직선에 대하여 23.5도의 각거리를 가지고 회전하는 세차 운동이 있으며 이러한 운동은 시간과 계절의 변화,일조시간의 변화등 여러 가지 현상의 원인이 되고 있다.
歲差는 지구의 자전축이 황도(黃道)면의 수직방향 주위를 각반경과 주기를 가지고 회전하는 현상이다.

Answer 72 ④ 73 ①

CHAPTER 03 지구의 물리측량

제1절 지자기측량(Magnetic Surveying)

1 개요

지자기측량은 중력측량과 함께 지하측량에 많이 이용되는 측량으로, 중력측량은 지하물질의 밀도 차이가 원인이 되지만, 지자기측량은 지하물질의 자성의 차이가 원인이 된다.

2 지자기 3요소

1) 편각(Declination)

수평분력 H가 진북과 이루는 각. 지자기의 방향과 자오선이 이루는 각

2) 복각(Inclination)

전자장 F와 수평분력 H가 이루는 각. 지자기의 방향과 수평면이 이루는 각

3) 수평분력(Horizontla component)

전자장 F의 수평성분. 수평면 내에서의 지자기장의 크기(지자기의 강도)를 말하며, 지자기의 강도는 전자력의 수평방향 성분을 수평분력, 연직방향의 성분을 연직분력(Vertical component)이라 한다.

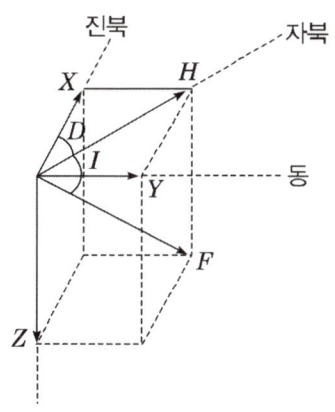

여기서, F : 전자장
H : 수평분력(X : 진북방향 성분, Y : 동서방향 성분)
Z : 연직분력
D : 편각
I : 복각

3 지자기측량

지자기(地磁氣)는 그 방향과 크기를 구함으로써 결정되며 편각(偏角)은 자석을 수평으로 하여 공중에 매달았을 때 정지하는 방향과 진북방향을 비교하여 구할 수 있다.

지자기측량은 일반적으로 강도 관측에 의하며, 그 방법은 수평분력 및 연직분력을 관측하는 방법, 전자력을 관측하는 방법, 그리고 수평 및 연직분력의 1차 미분값인 자기 경사를 관측하는 방법이 있다. 단위는 가우스(Gauss), 테슬라(Tesla)

1) 수평분령(水平分力) 및 연직분력(鉛直分力) 관측

수평분력과 연직분력을 관측하는 자력계로는 Schmidt형이 있다. 연직분력의 관측은 자력계의 자침을 자기자오선에 직각으로 놓고 이를 무게 중심으로부터 벗어난 곳에서 지지시켜 중력에 대해 연직분력만이 회전력을 가지게 함으로써 평행상태가 되도록 한 방법이다.

수평분력 및 연직분력관측은 심부에 있는 작은 자기 이상도 관측할 수 있는 장점은 있으나 관측하기가 어렵고 지자기의 시간적 변화를 보정하여야 하며 가까운 곳에 철제물이 있으면 영향을 받는 단점도 있다.

2) 전자력 관측

전자력의 관측은 핵자력계를 사용하며 이것은 원자의 핵이 갖는 자기모멘트를 이용하는 것이다. 플라스틱 용기에 물을 넣고 밖에서 코일에 의해 자장을 가하면 용기 속의 수소의 원자핵은 이 자장의 방향을 축으로 회전하게 된다. 그 다음에 이 양성자를 분극시키는 자기장을 갑자기 제거하면 양성자는 중력에 의하여 세차운동을 하게 되는데 이 세차운동의 각속도로부터 전자력을 구할 수 있다.

3) 야외 관측

(1) 육상관측

육상에서의 지자기 측정은 움직이지 않는 대지 위에 계기를 설치하여 측정하는 것으로 측 정계기의 특성을 충분히 발휘시킬 수 있고, 측정장소도 명확하며 같은 장소에서의 반복 측정이 가능한 방법이다.

(2) 항공관측

항공관측의 항로는 격자망을 구성하며 동일지점을 두 번 반복 관측하여 기계오차, 지자기장의 일변화 및 자기폭풍 등에 의한 시각에 따른 오차를 보정한다.

(3) 해상관측

해상관측은 자력관측과 함께 중력측량이나 탄성파측량을 병행할 수 있는 장점이 있어 주로 석유탐사나 지구물리학적 연구와 관련된 대규모 해상탐사에 이용된다.

4 지자기의 보정 및 이상

1) 지자기 보정

지자기보정은 지자기장의 위치변화에 따른 보정과 지자기장의 일변화 및 기계오차의 의한 시간적 변화에 따른 보정 및 기준점보정, 온도보정 등이 있다.

(1) 자기장의 위치에 따른 보정

위도보정으로서 수학적인 표현은 복잡하기 때문에 전세계적으로 관측된 지자기장의 표준값을 등자기선으로 표시한 자기분포도를 사용한다.

(2) 관측시간에 따른 보정

관측장소 부근의 일변화곡선을 작성하여 보정하는 것

(3) 기준점보정

관측장비에 충격을 가하든가 하면 자침의 평행위치는 쉽게 변하므로 관측구역 부근에 기준점을 설정하고 1일 수회 기준점에 돌아와 동일한 관측값을 얻는지 확인하여 보정을 하여야 한다.

2) 지자기 이상

지구의 자장과 거의 일치하는 쌍극자를 지구 중심에 놓은 상태와 실측 결과의 차이를 비쌍극자장 또는 지자기 이상이라 한다. 현재, 비쌍극자장의 원인은 정확하게 규명되지 않았지만, 코어와 맨틀 경계부에서의 유체의 운동에 의한 것으로 생각하고 있다.

※ 쌍극자의 축이 지구의 자전축과 11.5°의 각을 이루고 있다.

5 지자기의 변화

지자기의 변화는 하루를 주기로 하는 일변화와 수십 년 내지 수백 년에 걸친 영년변화 및 갑작스럽고도 큰 변화인 자기풍으로 나눌 수 있다.

1) 일변화

주로 태양에 의한 자외선, X선, 전자 등의 플라즈마(Plasma)로 인하여 지구 상층부의 대기권이 이온화되고, 전류가 생성되어 전자장이 유도됨으로써 생기는 변화로서, 24시간 주기로 변화한다.

2) 영년변화

일변화에 비해 변화량이 크며, 수십 년 내지 수백 년에 걸쳐 변화한다. 영년변화의 원인은 맨틀이나 외핵의 운동에 의한 지구 내부의 지자기장 변화에 있는 것으로 생각된다.

3) 자기풍(자기폭풍)

주로 태양의 흑점의 변화에 의하여 발생하며 주기가 약 27일이다.

자기풍은 극지방에서 발생하는 경우가 많으며 적도지방에서 보다 강도가 크다. 즉 위도가 높아짐에 따라 지자력의 강도가 크다.

제2절 탄성파(지진파) 측량

자원측량을 위한 물리탐사법은 지각을 구성하고 있는 물질의 물리적 또는 화학적 성질과 지구 물리학적 현상을 이용해서 지질구조의 연구와 광물 및 지하수 등의 지하자원 측량에 이용된다.

1 탄성파 측량방법

탄성파 측량은 자연지진이나 인공지진(화약에 의한 폭발로 발생)의 지진파로 지하구조를 탐사하는 것으로 굴절법과 반사법이 있다.

(1) 굴절법(Refraction) : 지표면으로부터 낮은 곳의 측정
(2) 반사법(Reflection) : 지표면으로부터 깊은 곳의 측정

2 탄성파(지진파)의 종류

탄성파는 탄성체에 충격으로 급격한 변형을 주었을 때 생기는 파로 종파, 횡파, 표면파의 3종류가 있다.

종 류	진 동 방 향	속도 및 도달시간	특 징
P파(종파)	진행방향과 일치	㉠ 속도 7~8km/sec ㉡ 도달시간 0분	㉠ 모든 물체에 전파 ㉡ 아주 작은 폭
S파(횡파)	진행방향과 직각	㉠ 속도 3~4km/sec ㉡ 도달시간 8분	㉠ 고체 내에서만 전파 ㉡ 보통 폭
L파(표면파)	수평 및 수직	㉠ 속도 3km/sec	㉠ 지표면에 진동 ㉡ 아주 큰 폭

(1) 지진이 일어났을 때 지진계에 기록되는 순서 : P파 → S파 → L파

3 탄성파 주요 특징

(1) 탄성파는 탄성상수가 큰 물질에서 속도가 빠르다.
(2) 탄성파의 전파속도를 관측하여 유전조사, 탄광, 금속 및 비금속성의 복잡한 지질 구조 파악에 이용
(3) 지표면에서 얕은 곳은 굴절법, 깊은 곳에서는 반사법을 이용
(4) 지진계에 기록되는 순서는 P파-S파-L파

4 지하자원 측량에 이용되는 물리 탐사법

전기측량, 전자파측량, 탄성파측량, 자력 탐사법, 물리 검층법, 방사능 탐사법 등이 있다.

제3절 중력 측량

지구의 표면이나 주위에서 측량을 하는 경우 그 기기들은 여러 가지 물리적인 힘의 영향을 받는다. 지구의 표면에서 존재하는 것으로 가장 쉽게 느낄 수 있는 힘의 중력이며 지구상의 모든 물체는 중력에 의해 지구의 중심 방향으로 끌리고 있다. 즉, 표고를 알고 있는 지점(수준점)에서 중력에 의한 변화현상(길이 또는 시간)을 측정하는 것이다.

1 중력의 단위

gal(cm/sec^2)

2 중력기준점

(1) 세계 기준점 : 독일 포츠담(981.274gal)
(2) 우리나라 기준점 : 국립지리원 내(979.943gal)

3 중력 보정(gravity correction)

중력보정	내용
gravity correction	실측된 중력값을 기준면(지오이드 또는 평균해수면)상의 중력값으로 보정하는 것
고도보정(高度補正)	관측점 사이의 고도차가 중력에 미치는 영향을 제거하는 것
① 프리에어보정 (freeair correction)	물질의 인력을 고려하지 않고 고도차만을 고려하여 보정, 즉 관측값으로부터 기준면 사이에 질량을 무시하고 기준면으로부터 높이(또는 깊이)의 영향을 고려하는 보정 관측된 중력값+고도차=프리에어보정
② 부게보정 (Bouguer correction)	관측점들의 고도차가 존재하는 물질의 인력이 중력에 미치는 영향을 보정하는 것, 즉 물질의 인력을 고려하는 보정. 측정점과 지오이드면 사이에 존재하는 물질이 중력에 미치는 영향에 대한 보정을 말한다. 관측된 중력값+고도차+물질의인력=부게보정
지형보정 (topographic 또는 terrain correction)	지형보정은 관측점과 기준면 사이에 일정한 밀도의 물질이 무한히 퍼져 있는 것으로 가정하여 보정하는 것이지만 실제지형은 능선이나 계곡 등의 불규칙한 형태를 이루고 있으므로 이러한 지형영향을 고려한 보정을 지형보정이라 한다. 지형보정은 측점주위의 높음과 낮음에 관계없이 보정값을 관측값에 항상 +해주어야 한다. 관측된 중력값+고도차+물질의 인력+실제지형=지형보정
에트베스보정 (Eotvos correction)	선박이나 항공기 등의 이동체에서 중력을 관측하는 경우에 이동체 속도의 동, 서 방향성분은 지구자전축에 대한 자전각속도의 상대적인 증감효과를 일으켜서 원심가속도의 변화를 가져온다. 지구에 대한 이동체의 상대운동의 영향에 의한 중력효과를 보정하는 것
조석보정 (earth tide correction)	달과 태양의 인력에 의하여 지구 자체가 주기적으로 변형하는 지구 조석현상은 중력값에도 영향을 주게 되고 이것을 보정하는 것
위도보정 (latitude correction)	지구의 적도반경과 극반경 차이에 의하여 적도에서 극으로 갈수록 중력이 커지므로 위도차에 의한 영향을 제거하는 것
대기보정 (airmass correction)	대기에 의한 중력의 영향보정
지각균형보정 (isostatic correction)	지각균형성에 의하면 밀도는 일정하지 않기 때문에 이를 보정하는 것 관측된 중력값+고도차+물질의 인력+실제지형+지각균형설=지각균형보정
계기보정 (drift correction)	스프링 크리프현상으로 생기는 중력의 시간에 따른 변화를 보정

4 중력 이상

중력 이상	내 용
gravity anomary	중력이상이란 중력보정을 통하여 기준면에서의 중력값으로 보정된 중력값에서 표준중력값을 뺀 값이다. 즉 실제 관측중력값에서 표준중력식에 의해 계산한 중력값을 뺀 것이다. 중력이상의 주원인은 지하의 지질밀도가 고르게 분포되어 있지 않기 때문이다.
프리-에어 이상 (freeair anomaly)	• 관측된 중력값으로부터 위도보정과 프리-에어보정을 실시한 중력값에서 기준점에서의 표준중력값을 뺀 값이다. (프리에어보정 + 위도보정) - 표준중력값 = freeair anomaly • 프리-에어 이상은 관측점과 지오이드 사이의 물질에 대한 영향을 고려하지 않았기 때문에 고도가 높은 점일수록 (+)로 증가한다.
부게 이상 (Bouguer anomaly)	• 중력관측점과 지오이드면 사이의 질량을 고려한 중력 이상이다. • 부게 이상은 지하의 물질 및 질량분포를 구하는 데 목적이 있다. • 프리-에어 이상에 부게보정 및 지형보정을 더하여 얻는 이상이다. 프리에어이상 + 부게보정 = simple bouguer anomaly 프리에어이상 + 부게보정 + 지형보정 = bouguer anomaly • 고도가 높을수록 (-)로 감소한다.
지각균형 이상 (地殼均衡異常)	• 지질광물의 분포상태에 따른 밀도차의 영향을 고려한 이상이다. • 부게 이상에 지각균형보정을 더하여 얻는 이상이다. 부게이상 + 지각균형보정 = isostatic anomaly

중력보정(gravity correction)	중력이상(gravity anomaly)
관측된 중력값+기준면상 값으로 보정=중력보정	관측된 중력값-표준중력값=gravity anomaly
관측된 중력값+고도차=프리에어보정	(프리에어보정+위도보정)-표준중력값 = freeair anomaly
관측된 중력값+고도차+물질의 인력=부게보정	프리에어이상 + 부게보정 = simple bouguer anomaly
관측된 중력값+고도차+물질의 인력+실제지형=지형보정	프리에어이상 + 부게보정 + 지형보정 = bouguer anomaly
관측된 중력값+고도차+물질의 인력+실제지형+지각균형설=지각균형보정	부게이상+지각균형보정=isostatic anomaly

CHAPTER 03 문제 및 해설

01 중력이상에 대한 설명으로 옳지 않은 것은?
[2011년 기사 1회]

① 일반적으로 실측값과 계산식에 의한 이론적 중력값은 일치하지 않는다.
② 중력이상이 (+)이면 그 지점 부근에 무거운 물질이 있다.
③ 중력이상에 의한 계산값에서 실측값을 뺀 것이 중력이상의 값이다.
④ 중력이상에 의해 지표면 아래의 상태를 추정할 수 있다.

해설
중력이상은 실측중력값에서 이론중력값을 뺀 값을 말한다.
중력이상이란 중력계를 사용하여 지표면에 여러 지점에서 중력의 크기를 측정할 때, 측정중력값이 완만하면서도 규칙적으로 기복을 나타내는 것을 말한다.
㉠ 질량이 모자라는 지역에서 (−)값
㉡ 질량이 남는 지역에서 (+)값
㉢ 밀도가 큰 물질이 지표 가까이 있을 때는 (+)값, 반대 경우는 (−)값

02 관측점들의 고도차에 존재하는 물질의 인력이 중력에 미치는 영향을 보정하는 중력보정을 무엇이라 하는가? [2011년 기사 1회]

① 지형보정   ② 부게보정
③ 기계보정   ④ 프리−에어 보정

해설
① **고도보정**: 관측점 사이의 고도차가 중력에 미치는 영향을 제거하는 것
  ㉠ 프리 에어 보정: 물질의 인력을 고려하지 않고 고도차만을 고려하여 보정
  ㉡ 부게보정: 관측점들의 고도차가 존재하는 물질의 인력이 중력에 미치는 영향을 보정하는 것. 즉 물질의 인력을 고려하는 보정

03 수준측량에 의하여 측정한 높이에 회전타원체로서의 지구형상에 기초한 근사적 중력식에 의하여 보정을 실시하는 것을 무엇이라 하는가? [2012년 기사 2회]

① 지형보정   ② 정사보정
③ 중력이상보정   ④ 타원보정

해설
① **정사보정(正射補正)**: 정표고(보통 표고)를 구하기 위하여는 수준측량에서 구하여진 높이에 중력치에 의한 보정을 하여야 한다. 이 보정을 정사보정이라 한다.
② **타원보정(楕圓補正)**: 실측중력치에 의한 정사보정량을 계산할 수 없기 때문에 회전타원체로서의 지구의 형상에 기초한 중력식을 사용하여 근사적으로 보정을 한다. 이 보정을 정규보정(正規補正) 또는 타원보정(楕圓補正)이라 하고 이에 대응하는 높이를 정규정사표고(正規正射標高)라고 한다.

Answer 01 ③   02 ②   03 ④

04 중력의 크기를 나타내는 단위로 CGS 단위의 cm/sec² 와 같은 것은? [2012년 기사 2회]

① dyne
② gal
③ nano
④ mil

해설

① dyne : 힘의 CGS 단위. 질량 1g의 물체에 작용하여 1cm/s²의 가속도가 생기게 하는 힘. 임의 SI 단위인 뉴턴(N)과 비교하면, 1dyne = 10^{-5}N이 됨
② gal : 지구상에서 중력을 나타내는 중력가속도의 단위로서 cm/sec²으로 표시됨. 지구상에서 가장 표준적인 중력을 측정할 수 있는 곳은 독일의 포츠담이며, g = 981.2663cm/sec²이다.
지구상에서 지역적인 중력의 차이를 정밀히 조사할 때는 갈(gal)의 단위가 너무 크므로 보통 단위는 갈의 1/1000인 밀리갈(milligal)을 중력측정단위로 사용한다.
③ nano : 10억분의 1을 나타내는 단위
④ mil : 길이의 단위로, 1인치의 1,000분의 1을 나타냄. 1밀은 0.0254mm. 기계의 정밀도에 관해서 0.01mm가 기준이 되기 때문에 밀(mil)도 쓰기 쉬운 단위로서 널리 사용되고 있다.

05 중력이상의 주된 원인에 대한 설명으로 옳은 것은? [2013년 기사 1회]

① 지하에 물질밀도가 고르게 분포되어 있지 않다.
② 대기의 분포가 수시로 변화되고 있다.
③ 태양과 달의 인력이 작용한다.
④ 화산의 폭발이 있다.

해설

중력이상(gravity anomaly)이란 중력보정을 통하여 기준면에서의 중력값으로 보정된 중력값에서 표준중력값을 뺀 값이다. 즉, 실제 관측중력값에서 표준중력식에 의해 계산한 중력값을 뺀 것이다. 중력이상의 주원인은 지하의 지질밀도가 고르게 분포되어 있지 않기 때문이다.
중력이상 = 중력실측값 - 이론실측값

중력이상(+) = 질량이 여유있는 지역
중력이상(-) = 질량이 부족한 지역
밀도가 큰 물질이 지표 가까이 있을 때는 (+)값, 반대인 경우는 (-)값을 갖는다. 중력이상에 의해 지표 밑의 상태를 측정할 수 있다.

06 중력값이 지구상의 지점에 따라 차이가 나는 원인이나 현상에 대한 설명으로 옳지 않은 것은? [2013년 기사 1회]

① 위도에 따라 원심력이 다르다.
② 위도에 따라 중력의 크기가 다르다.
③ 높은 산 위의 관측점에서는 중력이 크다.
④ 관측점 지하의 밀도가 크면 중력이 크다.

해설

중력값이 지구상의 지점에 따라 차이가 나는 원인
① 위도에 따라 원심력이 다르다.
② 위도에 따라 중력의 크기가 다르다.
③ 관측점 지하의 밀도가 크면 중력이 크다.
④ 중력가속도값은 극지방에서 가장 크게, 적도지방에서 가장 작게 나타난다.

07 중력가속도 1mgal과 같은 것은? [2011년 기사 3회]

① 10^{-1}cm/sec²
② 10^{-2}cm/sec²
③ 10^{-3}cm/sec²
④ 10^{-4}cm/sec²

해설

중력가속도(중력)의 단위
1Gal = 1cm/sec²
1mGal = 10^{-3}Gal
지구의 중력값은 약 980Gal이다.

Answer 04 ② 05 ① 06 ③ 07 ③

08 다음의 중력이상에 대한 설명으로 틀린 것은? [2013년 기사 2회]

① 일반적으로 실측중력값과 계산식에 의한 이론적 중력값은 일치한다.
② 중력이상이 (+)이면 그 지점 부근에 무거운 물질이 있는 것으로 추정할 수 있다.
③ 중력이상값은 실측중력값에서 이론중력값을 뺀 값으로 계산된다.
④ 중력이상으로 지표면 밑의 상태를 추정할 수 있다.

해설
중력이상
중력이상이란 실제 관측중력값에서 표준중력식에 의해 계산한 중력값을 뺀 것이다.

1) 중력이상
실측 중력값 – 표준(이론) 중력값
① 중력이상 (+) : 질량이 여유인 지역으로 무거운 물질이 있다는 것을 의미한다.
② 중력이상 (–) : 질량이 부족한 지역으로 가벼운 물질이 있다는 것을 의미한다.

09 중력관측점과 지오이드면 사이의 질량을 고려한 중력 이상은? [2011년 기사 2회]

① 고도 이상
② 부게 이상
③ 프리에어 이상
④ 위도 이상

해설
부게 이상
① 중력관측점과 지오이드면 사이의 질량을 고려한 중력 이상이다.
② 부게 이상은 지하의 물질 및 질량분포를 구하는 것이 목적이다.
③ 프리 에어 이상에 부게보정 및 지형보정을 더하여 얻는 이상이다.
④ 고도가 높을수록 (–)로 감소한다.

10 지자기측량에 대한 설명 중 옳지 않은 것은? [2011년 기사 1회]

① 지자기의 방향과 자오선과의 각은 편각이다.
② 지자기의 방향과 수평면과의 각은 복각이다.
③ 수평면 내에서 자기장의 크기는 수평분력이다.
④ 지자기는 그 크기만으로 정하여진다.

해설
지자기측량은 중력측량과 함께 지하측량에 많이 이용되는 측량으로, 중력측량은 지하물질의 밀도 차이가 원인이 되지만, 지자기측량은 지하물질의 자성의 차이가 원인이 된다.
① **편각** : 지자기의 방향과 자오선이 이루는 각
② **복각** : 지자기의 방향과 수평면이 이루는 각
③ **수평분력** : 수평면 내에서의 지자기장의 크기를 말하며, 지자기의 강도는 전자력의 수평방향 성분을 수평분력, 연직방향의 성분을 연직분력이라 한다.

11 어느 지점의 자침 편각이 W6.5도이고 복각은 N57도일 때 설명으로 옳은 것은? [2010년 기사 3회]

① 이 지점에서 진북은 자침의 N극보다 서쪽으로 6.5도 방향이다.
② 이 지점에서 진북은 자침의 N극보다 동쪽으로 6.5도 방향이다.
③ 이 지점에서 자침의 N극은 수평선보다 6.5도 기운다.
④ 이 지점에서 자침의 S극은 수평선보다 6.5도 기운다.

해설
여기서,
F : 전자장,
H : 수평분력(X : 진북방향 성분
Y : 동서방향성분),
Z : 연직분력,
D : 편각, I : 복각

Answer 08 ① 09 ② 10 ④ 11 ②

12 지자기 관측에 대한 내용 중 틀린 것은?
[2010년 기사 2회]

① 지자기 방향이 자오선과 이루는 각을 편각이라 한다.
② 지자기 방향이 수평면과 이루는 각을 복각이라 한다.
③ 지자기 강도의 연직방향성분을 연직분력이라 한다.
④ 북을 향하여 아래쪽으로 기우는 복각을 (-)로 표시한다.

해설

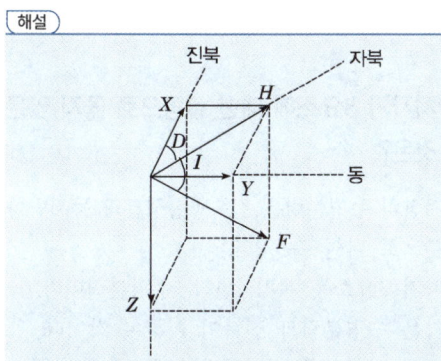

여기서, F: 전자장, I: 복각
H: 수평분력(X: 진북방향 성분,
Y: 동서방향 성분)
Z: 연직분력, D: 편각

① 편각: 수평분력과 진북이 이루는 각
② 복각: 전자장(지자기)과 수평분력이 이루는 각
③ 수평분력: 지자기의 자북방향(수평성분)의 분력
④ 수직(연직)분력: 지자기의 연직방향의 분력

13 지자기측량에 대한 설명으로 틀린 것은?
[2013년 기사 1회]

① 지자기측량은 지하 물질의 자성의 차이를 이용한다.
② 편각이란 수평분력과 자북이 이루는 각이다.
③ 북각이란 전자(기)장과 수평분력 사이의 각이다.
④ 지자기 이상이란 지구의 자장과 거의 일치하는 쌍극자를 지구 중심에 놓은 상태와 실측과의 차이를 말한다.

해설

지자기측량은 중력측량과 함께 지하측량에 많이 이용되는 측량으로, 중력측량은 지하물질의 밀도 차이가 원인이 되지만, 지자기측량은 지하물질의 자성의 차이가 원인이 된다.

1. **지자기 3요소**
   ① 편각: 수평분력 H가 진북과 이루는 각. 지자기의 방향과 자오선이 이루는 각
   ② 복각: 전자장 F와 수평분력 H가 이루는 각. 지자기의 방향과 수평면과 이루는 각
   ③ 수평분력: 전자장 F의 수평성분. 수평면 내에서의 지자기장의 크기(지자기의 강도)를 말하며, 지자기의 강도는 전자력의 수평방향의 성분을 수평분력, 연직방향의 성분을 연직분력이라 한다.

14 지구자기의 변화에 해당되지 않는 것은?
[2010년 기사 1회]

① 부게(bouguer) 이상
② 일변화
③ 영년변화
④ 자기 폭풍

해설

① **부게 이상**: 중력 이상의 하나로 프리 에어 이상에 부게 보정 및 지형 보정을 더하여 얻은 이상을 말한다.
② **지자기의 변화**: 地磁氣의 變化는 하루를 주기로 하는 日變化와 수십 년 내지 수백 년에 걸친 永年變化 및 갑작스럽고도 큰 변화인 磁氣風으로 나눌 수 있다.
  ㉠ 日變化: 주로 태양에 의한 자외선, X선, 전자 등의 플라즈마(Plasma)로 인하여 지구상층부의 대기권이 이온화되고, 전류가 생성되어 전자장이 유도됨으로서 생기는 변화로서, 24시간 주기로 변화한다.

Answer 12 ④ 13 ② 14 ①

ⓒ 永年變化 : 일변화에 비해 변화량이 크며, 수십 년 내지 수백 년에 걸쳐 변화한다. 영년변화의 원인은 맨틀이나 외핵의 운동에 의한 지구 내부의 지자기장 변화에 있는 것으로 생각된다.
ⓒ 자기풍(자기폭풍) : 주로 태양의 흑점의 변화에 의하여 발생하며 주기가 약 27일이다. 자기풍은 극지방에서 발생하는 경우가 많으며 적도지방에서보다 강도가 크다. 즉 위도가 높아짐에 따라 지자력의 강도가 크다.

② 복각 : 지구자기장이 수평면과 이루는 각 자석의 바늘을 바늘의 한가운데 무게중심에서 받쳤을 때, 자침과 수평면이 이루는 각을 말한다. 북반구에서는 반드시 N바늘이 내려가고, 남반구에서는 S바늘이 내려간다. 자석의 북극에서는 자침 N이 수직이 되고, 자석의 남극에서는 자침 S가 수직이 된다. 물론 적도에서는 완전 평행이다. 그러므로 우리나라에서는 N침이 약간 아래로 내려간다. 그런데 실제로 N침이 안 내려가는 이유는 보통 사용하는 자석의 바늘은 처음 나침판을 만들 때 S바늘을 무겁게 하여 복각이 나타나지 않도록 하고 있기 때문이다. 참고로 우리나라는 복각이 57도 정도 된다. 즉, S침을 무겁게 안 하면 N침이 수평에서 57도 내려가게 된다.

15 자기 폭풍의 주요 원인에 대한 설명으로 옳은 것은? [2013년 기사 1회]

① 달의 공전
② 태양면의 폭발
③ 해양 지각 변동
④ 지구 내부 물질의 분포

해설
지자기의 변화
지자기의 변화는 하루를 주기로 하는 일변화와 수십 년 내지 수백 년에 걸친 영년변화 및 갑작스럽고도 큰 변화인 자기풍으로 나눌 수 있다.
③ 자기풍(자기폭풍) : 주로 태양의 흑점의 변화에 의하여 발생하며 주기가 약 27일이다. 자기풍은 극지방에서 발생하는 경우가 많으며 적도지방에서보다 강도가 크다. 즉, 위도가 높아짐에 따라 지자력의 강도가 크다.

16 지구 자기의 북반구에서는 북극으로 갈수록 자침의 남극 쪽을 무겁게 하거나 길게 하는데 그 이유로 가장 알맞은 것은?
[2011년 기사 2회]

① 북으로 갈수록 편각이 커지므로
② 북으로 갈수록 복각이 커지므로
③ 북으로 갈수록 복각이 작아지므로
④ 북으로 갈수록 편각이 작아지므로

17 지자기 3요소에 대한 설명으로 옳지 않은 것은? [2013년 기사 2회]

① 자기장의 수평분력은 진북방향성분과 동서방향 성분으로 나눌 수 있다.
② 지자기 3요소는 복각, 편각, 수평분력이다.
③ 편각은 수평분력과 진북이 이루는 각이다.
④ 복각은 전자장과 연직분력이 이루는 각이다.

해설
13번 해설 참조

18 지구의 질량을 계산하려면 지구의 반지름, 중력가속도 외에 또 무엇을 알아야 하는가? (단, 지구는 자전하지 않는 완전구체로 간주한다.) [2011년 기사 2회]

① 지구의 부피
② 지구 원심력의 크기
③ 만유인력 상수
④ 지구 자전 가속도

해설
(G는 만유인력 상수, M은 지구의 질량, m은 물체의 질량, R은 지구의 반경, g는 중력 가속도)

Answer 15 ② 16 ② 17 ④ 18 ③

$$g = \frac{F}{m} = G\frac{M}{R^2}$$

19 대류층 지연 보정 모델과 관련이 없는 것은?

[2010년 기사 3회]

① Niell 모델
② Hopfield 모델
③ Saastamoinen 모델
④ Stokes 모델

해설
전체지연모델 : Saastamoinen, Hopfield, Goad & goodman, Black and Eisner
화성함수모델 : Niell, Marini, Davis, Chao, Lanyi, Herring 등이 있다.
Stokes 모델은 중력측량에 의한 지구형상결정

20 석유탐사의 주요 방법으로 일반적으로 지표면으로부터 깊은 곳의 탐사에 적합한 탄성파 측정방법은?

[2011년 기사 2회]

① 굴절법
② 반사법
③ 굴착법
④ 충격법

해설
탄성파 측량에 의한 지하물질탐사방법에는 낮은 곳은 굴절법, 깊은 곳은 반사법을 이용한다.

탄성파 측량
물체에 외력을 가했다가 외력을 제거했을 때 원상태로 돌아올 수 있는 상태에서 변형의 비율은 외력에 비례한다.(Hook의 법칙). Hook의 법칙이 적용되는 고체를 탄성체라 하며 탄성체에 충격을 주어 급격한 변형을 일으키면 변형은 파장이 되어 주위로 전파되는데 이 파를 탄성파라 한다. 실체파라고 하는 종파(縱波 : P파), 횡파(橫波 : S파), 지표상의 관측자에게는 탄성체 표면에만 전달되는 표면파(表面波 : L파)의 3종류가 있다.

21 탄성파 측량에 대한 설명으로 틀린 것은?

[2011년 기사 3회]

① 탄성파 측량은 굴절법과 반사법이 있다.
② 탄성파의 전파속도 관측으로 지반탐사가 가능하다.
③ 탄성파에는 전자기파와 내면파 2종류가 있다.
④ 탄성파는 탄성체에 충격으로 급격한 변형을 주었을 때 생기는 파이다.

해설
탄성파측량에 의한 지하물질탐사방법에는 낮은 곳은 굴절법, 깊은 곳은 반사법을 이용한다.

탄성파 측량
물체에 외력을 가했다가 외력을 제거했을 때 원상태로 돌아올 수 있는 상태에서 변형의 비율은 외력에 비례한다.(Hook의 법칙). Hook의 법칙이 적용되는 고체를 탄성체라 하며 탄성체에 충격을 주어 급격한 변형을 일으키면 변형은 파장이 되어 주위로 전파되는데 이 파를 탄성파라 한다.
탄성파에는 실체파라고 하는 종파(縱波 : P파), 횡파(橫波 : S파), 지표상의 관측자에게는 탄성체 표면에만 전달되는 표면파(表面波 : L파)의 3종류가 있다.

22 우리나라에서 편각이 +30°인 어느 지점의 자침이 그림과 같을 때 진북방향을 가리키는 것은?

[2012년 기사 1회]

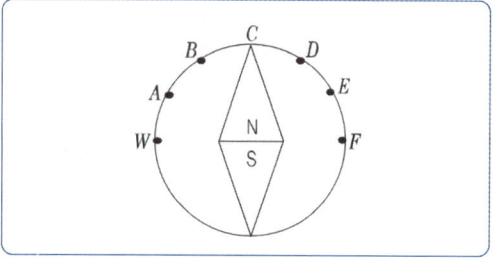

① A
② B
③ C
④ D

Answer 19 ④ 20 ② 21 ③ 22 ②

> [해설]
>
> **편각** : 지구자기의 극은 지구의 정확한 남극·북극에 있지 않고 약간의 차이를 두고 있다. 따라서 자석의 방향과 자오선은 어떤 각을 이루게 된다. 이 각을 편각이라 하며, 지구자기의 3요소 중의 하나이다. 진북에서 자북에 이루는 방향각

23 지진파의 종류가 아닌 것은?

[2012년 기사 2회]

① P파
② L파
③ S파
④ V파

> [해설]
>
> **탄성파(지진파)의 종류**
> 탄성체에 충격으로 급격한 변형을 주었을 때 생기는 파로 종파, 횡파, 표면파의 3종류가 있다.

24 지구자기장의 생성 원인과 관련이 없는 것은?

[2010년 기사 2회]

① 지구의 자화
② 자이로 마그네틱 효과에 의한 설명
③ 외부의 자전전류
④ 내부의 자전전류

> [해설]
>
> 자기장 내에 위치하는 모든 자성물체는 그 표면에 유도된 자극을 갖게 되는데 이를 자화(磁化)라고 하며 자화의 크기를 자화강도라고 한다.

25 탄성파를 이용하여 파악하는 주요 사항으로 옳은 것은?

[22년 기사 1회]

① 지표상 두 점간 거리의 정밀 측정
② 인공위성을 이용한 지구상 점의 좌표 측정
③ 지질구조의 파악
④ 파고의 측정

> [해설]
>
> **탄성파 측량**
> 물체에 외력을 가했다가 외력을 제거했을 때 원상태로 돌아올 수 있는 상태에서 변형의 비율은 외력에 비례한다(Hook의 법칙). Hook의 법칙이 적용되는 고체를 탄성체라 하며 탄성체에 충격을 주어 급격한 변형을 일으키면 변형은 파장이 되어 주위로 전파되는데 이 파를 탄성파라 한다. 탄성파에는 실체파라고 하는 종파(縱波 : P파), 횡파(橫波 : S파), 지표상의 관측자에게는 탄성체 표면에만 전달되는 표면파(表面波 : L파)의3종류가 있다. 탄성파 측량에 의한 지하물질탐사방법에는 낮은 곳은 굴절법, 깊은 곳은 반사법을 이용한다. 탄성파를 이용하여 지반조사, 금속, 비금속광산에서 복잡한 지질구조조사 등에 사용되고 있다.

26 자침의 복각에 대한 설명으로 옳지 않은 것은?

[22년 기사 1회]

① 복각은 자북으로 갈수록 커진다.
② 복각은 진북에서 최대가 된다.
③ 복각은 적도 지방에서는 거의 0에 가깝다.
④ 복각은 지각 내에서 철광이 있으면 비정상적으로 크게 나타난다.

> [해설]
>
> | 편각 | • 나침반의 자침이 가리키는 북쪽인 자북방향과 진북방향이 정확하게 일치하지 않아 발생되는 차이
• 진북을 기준으로 시계방향으로 (+)값 반시계방향으로 (-)값 부여
• 우리나라에는 약 −5°~−6°의 편각 존재 |
> |---|---|
> | 복각 | • 나침반 바늘이 누운 정도로 수평면과 자기장의 방향이 이루는 각
• 적도에서는 나침반의 바늘이 수평상태를 유지하지만 극지방으로 갈수록 점차 한쪽 바늘이 기울게 되어 극지방에서는 완전히 바닥을 가리키게 됨 |
> | 수평
분력 | • 수평자기력이라고도 함
• 전자장 벡터의 합이 수평면인 XY 평면과 이루는 각
• 수평면 내에서 자기장의 세기에 따라 결정 |

Answer 23 ④ 24 ③ 25 ③ 26 ②

복각은 수평면과 자기장의 방향이 이루는 각으로 진북과는 관계가 없다. 복각은 적도 지방에서는 0에 가깝지만 극지방으로 갈수록 점차 증가하여 최대가 된다. 철광지대는 자기장에 영향을 주어 지각내에서 비정상적으로 큰 복각이 나타날 수 있다.

27 다음 중 이론적으로 중력과 만유인력이 같은 지점은? [22년 기사 1회]

① 적도 ② 북위 45°
③ 남위 45° ④ 북극

해설

적도지방에서는 원심력과 만유인력이 반대 방향이므로 중력의 방향은 지구중심방향이며 그 크기는 가장 작습니다.
중위도 지방에서는 원심력과 만유인력이 서로 비스듬히 작용하므로 중력의 방향은 지구중심에서 살짝 빗나간 방향이고 크기는 중간정도가 된다.
극지방에서는 원심력이 작용하지 않으므로(자전축 위에 있으므로)만유인력이 곧 중력이 되며 방향은 지구중심방향, 크기는 최대가 된다.

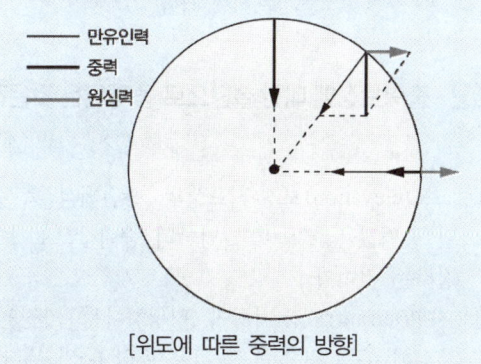

[위도에 따른 중력의 방향]

28 중력장을 고려한 수직위치에 대한 설명으로 틀린 것은? [21년 3회 지기]

① 기하학적 수직위치인 정표고는 직접 고저측량에 의하여 두 점간의 비고를 구하려 할 때, 중력 등퍼텐셜면의 비평행성을 고려하여야 한다.
② 어느 지점의 수직위치는 일반적으로 지오이드로부터 그 지점에 이르는 연직선의 길이인 정표고로 표시한다.
③ 여러 구간으로 나누어 직접고저측량을 실시할 경우, 고저측량의 비고 요소의 합은 정표고의 차와 정확히 일치한다.
④ 직접고저측량을 실시할 경우, 고저측량만으로는 물리적인 의미를 가질 수 없고 중력측량과 결합해야 한다.

해설

정표고(orthometric height)와 역표고(dynamic height)(원론 242페이지)
① 어느 지점의 해면상 높이는 일반적으로 지오이드로부터 그 점에 이른 연직선의 길이인 정표고(正標高:orthometric height)로 표시한다
② 정표고는 기하학적인 높이 이므로 직접고저측량에 의하여 두 점간의 비고(比高)를 구하려 할 때 중력 등포텐셜면의 비평행성을 고려해야 한다
③ 여러 구간으로 나누어 직접고저측량을 실시할 경우, 고저측량의 비고 요소(比高要素)의 합은 정표고의 차와 엄밀히 일치 하지 않는다.
④ 직접고저측량을 실시할 경우, 고저측량만으로는 물리적 의미를 가질 수 없고 중력장과 결합해야 의미를 갖게 된다.

29 중력측정 단위 중 1gal에 해당되는 것은? [18년 1회 측기]

① $1m/s^2$ ② $1cm/s^2$
③ $1kg/s^2$ ④ $1g/s^2$

해설

지구의 표면에서 존재하는 것으로 가장 쉽게 느낄 수 있는 힘의 중력이며, 지구상의 모든 물체는 중력에 의해 지구 중심방향으로 끌리고 있다. 중력은 만유인력법칙에 의해 지구표면으로 낙하하는 물체의 낙하속도의 증가율로서 重力加速度를 말하며 이 중력이 미치는 범위를 重力場이라 한다. 중력측량은 지구를 타원체로 가정한 이론적인 값과 실측한 값의 차이를 구하여 지구의 형태를 연구하는 測地學적 분야, 지하구조 및 자원탐사

Answer 27 ④ 28 ③ 29 ②

에 이용되는 地質學적분야, 태양계의 역학적관계를 규명하는 天文學분야등에 중요역할을 한다.
중력의 단위: $gal(cm/sec^2)$ (Galilei를 기념하기 위하여 그 이름의 첫 자를 딴 것이다)

30 물리측지에 대한 설명으로 옳지 않은 것은?
[18년 1회 측기]

① 중력은 만유인력에 의한 지구의 인력과 지구 자체에 의한 원심력 벡터의 합력이며 방향은 연직방향이다.
② 지구의 형상은 중력과 밀접한 관계가 있으며 적도에 가까울수록 중력은 증가한다.
③ 지하에 밀도가 큰 물질이 있는 경우에 중력이상이 정(+)으로 나타난다.
④ 중력측량이란 지구상 특정 지점의 중력값을 측정하고 중력이상을 구하는 작업을 말한다.

해설

지구의 표면에서 존재하는 것으로 가장 쉽게 느낄 수 있는 힘의 중력이며, 지구상의 모든 물체는 중력에 의해 지구 중심방향으로 끌리고 있다. 중력은 만유인력법칙에 의해 지구표면으로 낙하는 물체의 낙하속도의 증가율로서 重力加速度를 말하며 이 중력이 미치는 범위를 重力場이라 한다. 중력측량은 지구를 타원체로 가정한 이론적인 값과 실측한 값의 차이를 구하여 지구의 형태를 연구하는 測地學적 분야, 지하구조 및 자원탐사에 이용되는 地質學적분야, 태양계의 역학적관계를 규명하는 天文學분야등에 중요역할을 한다.
중력의 단위: $gal(cm/sec^2)$ (Galilei를 기념하기 위하여 그 이름의 첫 자를 딴 것이다)

1. 중력변화(중력의 經年變化)의 원인
중력은 항상성이 높은 물리량의 하나이지만 장기간에 걸쳐서 서서히 변화하고 있는데 이를 중력의 경년변화라 한다. 중력은 만유인력과 지구자전에 의한 원심력이 합성된 것으로 적도에 가까울수록 중력은 감소하며 물리학적 측지학에 속한다.

31 중력관측점과 지오이드면 사이의 질량을 고려한 중력이상은?
[19년 1회기]

① 고도이상 ② 부게이상
③ 프리에어이상 ④ 위도이상

해설

1. 重力異常(gravity anomaly)
① 후리-에어(free-air) 이상
 • 후리 에어 이상은 관측된 중력값으로부터 위도보정과 후리-에어보정을 실시한 중력값에서 기준점에서의 표준중력값을 뺀 값이다.
② 부게 이상
 • 부게이상은 지하의 물질 및 질량분포를 구하는데 목적이다.
 • 중력관측점과 지오이드면 사이의 질량을 고려한 중력이상으로 지형보정을 실시하느냐 하지 않느냐에 따라 두가지로 나누어 진다.
 • 후리-에어 이상에 부게보정 및 지형보정을 더하여 얻는 이상은 부게이상 이다.
 • 후리-에어 이상에 부게보정 을 더하여 얻는 이상은 단순 부게이상 이다.
 • 고도가 높을수록(-)로 감소한다.

32 중력보정에 대한 설명으로 옳지 않은 것은?
[22년 기사 1회]

① 고도(elevation)보정-지표상의 한점에서 측정된 중력값을 지오이드 면상의 중력값으로 보정하는 것이다.
② 지형(terrain)보정-지형이 평평하다는 가정을 보정해 주는 것으로 그 값은 항상 (-)가 된다.
③ 부게(bouger)보정-측정점과 지오이드면 사이에 존재하는 물질이 중력에 미치는 영향에 대한 보정이다.
④ 아이소스타시(isostaric)보정-아이소스타시 지각균형 이론에 의한 보정이다.

Answer 30 ② 31 ② 32 ②

해설

중력의 보정(gravity correction)

중력보정	내용
지형보정 (topographic 또는 terrain correction)	지형보정은 관측점과 기준면 사이에 일정한 밀도의 물질이 무한히 퍼져 있는 것으로 가정하여 보정하는 것이지만 실제지형은 능선이나 계곡 등의 불규칙한 형태를 이루고 있으므로 이러한 지형영향을 고려한 보정을 지형보정이라 한다. 지형보정은 측점주위의 높음과 낮음에 관계없이 보정값을 관측값에 항상 +해주어야 한다. 관측된 중력값+고도차+물질의 인력+실제지형=지형보정

33 균시차를 구하는 식으로 옳은 것은?

[18년 2회 측기]

① 균시차 = 세계시 - 태양시
② 균시차 = 평균태양시 - 표준시
③ 균시차 = 시태양시 - 평균태양시
④ 균시차 = 항성시 - 세계시

해설

태양시 (太陽時) (Solar Time)	시태양시 (時太陽時) apparent solar time	춘분점 대신 시태양을 사용한 항성시이며 태양의 시간각에 12시간을 더한 것으로 하루의 기점은 자정이 된다.
	평균태양시 (平均太陽時) local mean tim	시태양시의 불편을 없애기 위하여 천구적도상을 1년간 일정한 평균각속도로 동쪽으로 운행하는 가상적인 태양, 즉 평균태양의 시간각으로 평균 태양시를 정의하며 이것이 우리가 쓰는 상용시이다.
	균시차 (均時差) equation of time	시태양시와 평균태양시 사이의 차를 균시차라 한다. 균시차=시태양시-평균태양시

34 지자기의 3요소에 해당되지 않는 것은?

[18년 2회 측기]

① 복각 ② 편각
③ 수평분력 ④ 연직분력

해설

地磁氣의 3 要素

地磁氣는 방향과 크기를 가진 량으로 벡타량이며 그 방향과 크기를 구함으로서 정해진다.
지자기는 지구가 가지고 있는 자기와 그 자장에서 일어나는 여러 현상이며,지구 각 지점의 자장은 편각, 복각, 수평분력 등 지자기 3요소에 의해 결정된다.지구표면의 한점에서 지자기장은 전자장F로부터 수평분력H와 연직분력Z로 나누어 지며,수평분력은 진북방향성분과 동서방향성분으로 나눌수 있다.

35 중력이상의 주된 원인이 되는 것은?

[18년 3회 측기]

① 지하물질의 밀도 분포
② 대기의 대류 현상
③ 태양과 달의 인력
④ 지구의 공전 운동

해설

重力異常(gravity anomaly)

중력이상이란 중력보정을 통하여 기준면에서의 중력값으로 보정된 중력값에서 표준중력값을 뺀 값이다.즉 실제 관측중력값에서 표준중력식에 의해 계산한 중력값을 뺀 것이다.중력이상의 주원인은 지하의 지질밀도가 고르게 분포되어 있지 않기 때문이다.

36 항공 및 해상 중력관측의 경우에 이동 중 관측을 실시하게 되므로 관측기기의 속도에 의한 영향을 보정하기 위한 것은? [22년 2기]

① 아이소스타시 보정 ② 프리에어 보정
③ 에트뵈스 보정 ④ 부게보정

Answer 33 ② 34 ④ 35 ① 36 ③

해설

중력의 보정(gravity correction)

중력보정	내용
gravity correction	실측된 중력값을 기준면(지오이드 또는 평균해수면)상의 중력값으로 보정하는 것
고도보정 (高度補正)	관측점 사이의 고도차가 중력에 미치는 영향을 제거하는 것
① 프리에어보정 (freeair correction)	물질의 인력을 고려하지 않고 고도차만을 고려하여 보정, 즉 관측값으로부터 기준면 사이에 질량을 무시하고 기준면으로부터 높이(또는 깊이)의 영향을 고려하는 보정
	관측된 중력값 + 고도차 = 프리에어보정
② 부게보정 (Bouguer correction)	관측점들의 고도차가 존재하는 물질의 인력이 중력에 미치는 영향을 보정하는 것, 즉 물질의 인력을 고려하는 보정. 측정점과 지오이드면 사이에 존재하는 물질이 중력에 미치는 영향에 대한 보정을 말한다.
	관측된 중력값 + 고도차 + 물질의인력 = 부게보정
에트베스보정 (Eotvos correction)	선박이나 항공기 등의 이동체에서 중력을 관측하는 경우에 이동체 속도의 동, 서방향성분은 지구자전축에 대한 자전각속도의 상대적인 증감효과를 일으켜서 원심가속도의 변화를 가져온다. 지구에 대한 이동체의 상대운동의 영향에 의한 중력효과를 보정하는 것

37 중력이상에 관한 설명으로 옳지 않은 것은?
[22년 2기]

① 중력이상이란 보정된 기준면의 중력값과 표준 중력의 차를 나타낸다.
② 밀도가 큰 물질이 지하에 있을 때는 음(-) 값을 갖는다.
③ 중력이상의 주된 원인은 지하의 밀도가 고르게 분포되어 있지 않기 때문이다.
④ 중력이상 해석으로 지하 구조와 광물을 탐사할 수 있다.

해설

重力異常(gravity anomary)
중력이상이란 중력보정을 통하여 기준면에서의 중력값으로 보정된 중력값에서 표준중력값을 뺀 값이다. 즉 실제 관측중력값에서 표준중력식에 의해 계산한 중력값을 뺀 것이다. 중력이상의 주원인은 지하의 지질밀도가 고르게 분포되어 있지 않기 때문이다.
• 중력이상=중력실측값-이론실측값
• 중력이상(+)=질량이 여유있는 지역
• 중력이상(-)=질량이 부족한 지역
밀도가 큰물질이 지표 가까이 있을 때는 (+)값, 반대인 경우는 (-)값을 갖는다.
중력이상에 의해 지표밑의 상태를 측정할 수 있다.

38 북 자기극에서의 복각은? [22년 2기]

① 90° ② 45°
③ 30° ④ 0°

해설

지자기 3대요소
지구 자기장에는 편각, 복각, 수평분력이 있으며 이를 지자기 3대요소라고 한다.

편각	자북극과 자남극을 연결하는 직선이 지구 자전축과 정확하게 일치하지 않기 때문에 나침반의 N극은 북극성이 위치한 진북이 아니라 동쪽 혹은 서쪽으로 기울어지며 이때 진북과 자북극 사이에서 발생하는 각도를 편각이라고 한다.
복각	자석의 무게중심을 실로 묶어 메달아 놓으면 북반구에서는 N극이 아래로 기울어지며 남반구에서는 S극이 아래로 기울어지게 되는데 이때 자석의 방향과 수평이 이루는 각을 복각이라고 한다. 복각은 자극으로 갈수록 점점 커져 자북극이나 자남극에서는 90°가 되며 자기적도로 갈수록 점점 작아져 자기적도에서는 0°가 된다.
수평 자기력	지구 자기장은 남반구에서는 N극을 밀어내고 반대로 북반구에서는 N극을 끌어당긴다. 이 덕분에 자침이 항상 남북 방향을 가리키게 되고 위치에 따라서 편각과 복각을 이루게 된다. 이와 같이 자침에 작용하는 지구 자기의 힘이 전자기력인데, 전자기력에는 수평자기력과 연직자기력(수직자기력)이 있다. 연직자기력은 복각을 이루는 힘이기 때문에 수평자기력만 언급하는 것이 일반적이며, 수평자기력은 자기적도에서 가장 크고 자북극과 자남극에서는 작아진다.

Answer 37 ② 38 ①

39 탄성파 측량에 대한 설명 중 옳지 않은 것은? [21년 4기]

① 외핵과 내핵의 경계를 알아내기 위하여 반사법을 이용한다.
② 단층과 같은 지질 구조는 탄성파 측량에 의해 알아낼 수 있다.
③ 굴절법은 지표면으로부터 낮은 곳을 대상으로 한다.
④ 반사법은 지표면으로부터 깊은 곳을 대상으로 한다.

해설

彈性波測量(Seicmic Surveying)
물체에 외력을 가했다가 외력을 제거했을때 원상태로 돌아올 수 있는 상태에서 변형의 비율은 외력에 비례한다(Hook의 법칙). Hook의 법칙이 적용되는 고체를 단성체라 하며 탄성체에 충격을 주어 급격한 변형을 일으키면 변형은 파장이 되어 주위로 전파 되는데 이 파를 탄성파라한다. 탄성파에는 실체파라고 하는 종파(縱波:P파), 횡파(橫波:S파), 지표상의 관측자에게는 탄성체 표면에만 전달되는 표면파(表面波:L파)의 3종류가 있다.

40 관측점들의 고도차에 존재하는 물질의 인력이 중력에 미치는 영향을 보정하는 중력보정을 무엇이라 하는가? [21년 4기]

① 지형보정
② 부게보정
③ 기계보정
④ 프리-에어 보정

해설

중력보정(gravity correction)
실측된 중력값을 기준면(지오이드 또는 평균해수면)상의 중력값으로 보정하는 것

고도보정 (高度補正)	관측점 사이의 고도차가 중력에 미치는 영향을 제거하는 것

	프리에어보정 (freeair correction)	물질의 인력을 고려하지 않고 고도차만을 고려하여 보정, 즉 관측값으로부터 기준면 사이에 질량을 무시하고 기준면으로부터 높이(또는 깊이)의 영향을 고려하는 보정
①		관측된 중력값 + 고도차 = 프리에어보정
②	부게보정 (Bouguer correction)	관측점들의 고도차가 존재하는 물질의 인력이 중력에 미치는 영향을 보정하는 것, 즉 물질의 인력을 고려하는 보정. 측정점과 지오이드면 사이에 존재하는 물질이 중력에 미치는 영향에 대한 보정을 말한다.
		관측된 중력값 + 고도차 + 물질의인력 = 부게보정
	에트베스보정 (Eotvos correction)	선박이나 항공기 등의 이동체에서 중력을 관측하는 경우에 이동체 속도의 동, 서방향성분은 지구자전축에 대한 자전각속도의 상대적인 증감효과를 일으켜서 원심가속도의 변화를 가져온다. 지구에 대한 이동체의 상대운동의 영향에 의한 중력효과를 보정하는 것

41 지자기 측정의 3요소로 올바르게 짝지어진 것은? [21년 4기]

① 편각, 복각, 수평분력
② 복각, 연직각, 수평분력
③ 복각, 수평가, 연지분력
④ 편각, 복각, 연직분력

해설

지자기 3요소

편각	수평분력 H가 진북과 이루는 각. 지자기의 방향과 자오선이 이루는 각
복각	전자장 F와 수평분력 H가 이루는 각. 지자기의 방향과 수평면과 이루는 각
수평분력	전자장 F의 수평성분. 수평면 내에서의 지자기장의 크기(지자기의 강도)를 말하며, 지자기의 강도를 전자력의 수평방향의 성분을 수평분력, 연직방향의 성분을 연직분력이라 한다.

Answer 39 ① 40 ② 41 ①

42 중력이상에 대한 설명으로 옳지 않은 것은?
[21년 4기]

① 일반적으로 실측값과 계산식에 의한 이론적 중력값은 일치하지 않는다.
② 중력이상이 (+)이면 그 지점 부근에 무거운 물질이 있다.
③ 표준 중력값에서 기준면 환산 실측 중력값을 뺀 값이다.
④ 중력이상에 의해 지표면 아래의 상태를 추정할 수 있다.

해설

중력 이상(gravity anomaly)
중력 이상이란 실제 관측중력값에서 표준중력식에 의해 계산한 중력값을 뺀 것이다.

중력 이상	• 실측 중력값 − 표준(이론) 중력 값 • 중력 이상(+) : 질량이 여유인 지역으로 무거운 물질이 있다는 것을 의미한다. • 중력 이상(−) : 질량이 부족한 지역으로 가벼운 물질이 있다는 것을 의미한다.
중력 이상의 주된 원인	• 지하의 지질밀도가 고르게 분포되어 있지 않기 때문 • 밀도가 큰 물질이 지표 가까이 있을 때는 (+)값, 반대인 경우는 (−)값을 갖는다. • 중력 이상에 의해 지표 밑의 상태를 측정할 수 있다.

43 지진파의 종류가 아닌 것은?
[21년 2기]

① S파 ② L파
③ P파 ④ γ파

해설

탄성파의 종류

종류	진동방향
종파(P파)	진행방향과 일치
횡파(S파)	진행방향과 직각
표면파(L파)	수평및 수직

44 지구의 자전으로 인한 현상에 대한 설명으로 틀린 것은?
[21년 2기]

① 북반구에서는 자유낙하물체가 동편한다.
② 운동하는 물체에 전향력이 생긴다.
③ 조석이 하루에 두 번씩 일어난다.
④ 인공위성의 궤도가 동편한다.

해설

자전(rotation 또는 spin) (서 ⇨ 동)
1. 지구가 하루에 한번씩 지축을 중심으로 회전하고 있으며 지구의 자전운동으로 밤과 낮이 생기고 천구의 일주운동이 생기게 되는 운동을 말한다.
2. 인공위성의 궤도가 서편한다.

45 지구자기가 생기는 주된 원인으로 옳은 것은?
[21년 2기]

① 멘틀과 외핵의 밀도차이 때문이다.
② U^{238}의 붕괴 때문이다.
③ 내핵이 고체이기 때문이다.
④ 외핵이 액체이기 때문이다.

해설

지구자기가 생기는 주된 원인은 액체인 외핵과 맨틀의 운동에 의한 것이다.

46 중력 및 중력장에 관한 설명으로 옳지 않은 것은?
[21년 2기]

① 중력은 만유인력에 의한 힘과 지구자전에 의한 원심력의 합력으로 나타난다.
② 중력의 크기는 적도지방이 극지방보다 크다.
③ 중력은 단위질량에 작용하는 힘이다.
④ 중력장 내에서 같은 점에 위치하는 모든 질량체는 같은 중력값(중력가속도)을 갖게 된다.

Answer 42 ③ 43 ④ 44 ④ 45 ④ 46 ②

해설
중력은 만유인력과 지구자전에 의한 원심력이 합성된 것으로 적도에 가까울수록 중력은 감소하며 물리학적 측지학에 속한다.

47 실제 관측된 중력값과 기준중력식에 의한 이론값과의 차이를 무엇이라 하는가?

[21년 2기]

① 중력차이
② 중력이상
③ 중력변화
④ 중력상수

해설
重力異常(gravity anomaly)
중력이상이란 중력보정을 통하여 기준면에서의 중력값으로 보정된 중력값에서 표준중력값을 뺀 값이다. 즉 실제 관측중력값에서 표준중력식에 의해 계산한 중력값을 뺀 것이다. 중력이상의 주원인은 지하의 지질밀도가 고르게 분포되어 있지 않기 때문이다.

48 중력의 영년변화(secular variation) 원인과 거리가 먼 것은?

[21년 1회 측기]

① 대기 물질의 변화
② 만유인력상수의 변동
③ 지구의 형상과 질량의 변화
④ 지구 전체적인 질량분포의 일반적인 변동

해설
중력변화(중력의 經年變化)의 원인
(1) 만유인력상수의 변동
(2) 지구의 형상과 질량의 변화
(3) 지구 전체적인 질량분포의 일반적인 변동
(4) 지표부분의 질량분포상황 변화로 대기의 대순환, 강수, 침식, 빙하의 해빙과 이동 등의 기상학적 변동과 지진, 화산활동, 퇴적작용, 압밀작용, 지각변동의 지질학적 변동이다.

49 지자기측량에서 필요한 보정이 아닌 것은?

[21년 1회 측기]

① 지자기장의 일변화 및 기계오차 보정
② 태양 고도각 보정
③ 기준점 보정
④ 온도 보정

해설
지자기 보정
지자기보정은 지자기장의 위치변화에 따른 보정과 지자기장의 일변화 및 기계오차의 의한 시간적 변화에 따른 보정 및 기준점보정, 온도보정 등이 있다.

50 어느 지점의 자침 편각이 W 65°이고 복각은 N 57° 일 때 설명으로 옳은 것은?

[21년 1회 측기]

① 이 지점에서 진북은 자침의 N극보다 서쪽에서 6.5° 방향이다.
② 이 지점에서 진북은 자침의 N극보다 동쪽에서 6.5° 방향이다.
③ 이 지점에서 자침의 N극은 수평선보다 6.5° 기운다.
④ 이 지점에서 자침의 S극은 수평선보다 6.5° 기운다.

해설
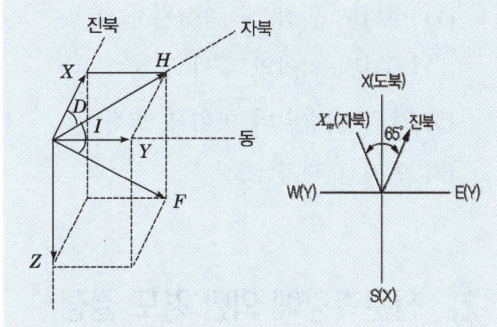

Answer 47 ② 48 ① 49 ② 50 ②

CHAPTER 04 지구의 기하학측량

제1절 천문측량(Astronomical Surveying)

천문측량은 태양이나 별을 이용하여 경도, 위도 및 방위각을 모르는 지점의 위치와 방향을 고정하기 위한 측량으로, 관측대상은 주간에는 태양을, 야간에는 별을 관측하지만 태양관측은 별관측에 의한 것보다 정확도가 떨어진다.

1 천문측량의 목적

(1) 경위도 원점 및 측지원자 결정
(2) 독립된 지역의 위치 결정
(3) 측지 측량망의 방위각 조정
(4) 연직선 편차 결정

2 천문측량에 의한 경도 결정

1) 자오선법

항성이 자오선을 통과하는 순간을 클리노미터로 읽어 지방항성시를 구한다.

지방항성시(LST) = 적경(a) + 시간각(H)

여기서 천체가 남중할 때는 H = 0이므로 지방항성시는 항성의 적경과 같게 되는 것을 이용하는 방법이다.

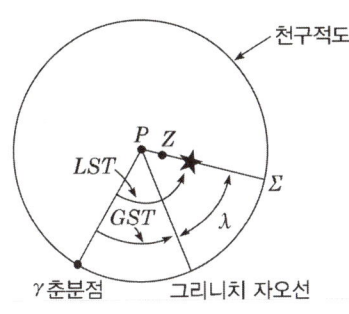

P : 천구의 북극
Z : 천정
LST : 지방 항성시
GST : 그리니치 항성시
λ : 관측점의 경도

[자오선법]

2) 등고법

자오선을 사이에 두고 동서에 있어서 동일 고도에 달한 순간의 눈금을 읽어 이것을 평균하면 천체의 자오선 통과시간을 알 수 있다. 항성의 경우와 태양의 경우가 있다.

3) 단고도법

임의의 위치에 있는 별 또는 태양의 고도를 관측하고 천문력에서 얻은 천체의 적위와 관측점의 위도를 가정하여 천문삼각법으로부터 시각(시각이 곧 경도)을 얻는다. 항성의 경우와 태양의 경우가 있다.

3 천문측량에 의한 위도 결정

천문위도는 관측지점에서의 연직선 방향과 적도면 사잇각을 말하며 천정의 고도와 일치한다.

1) 자오선 고도법

천체의 적위는 알 수 있으므로 고도 또는 천정각거리를 관측하면 위도 결정식으로부터 위도를 구할 수 있다.
자오선 고도법은 북극성의 관측과 자오선상의 별을 관측하는 것으로 구분되며, 관측방법으로는 북극성관측, Sterneck법, 자오선상의 관측이 있다.

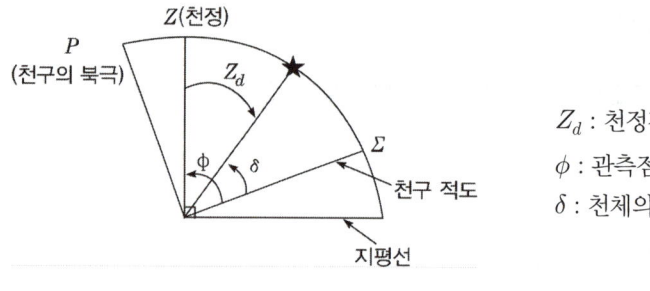

[자오선 고도법]

2) 주자오선법

별이 자오선을 통과하는 전후 수분 동안 각각의 별에 대해 천정각 거리를 여러 번 관측하는 방법이다.

3) 자오선상에 있지 않은 별의 고도에 의한 방법

시(t)를 알고 있고 천체의 고도(h) 관측과 역표를 통해 적위(δ)를 구하면 천문삼각형의 두 변 $90°-\delta$, $90°-h$와 각 t를 이용하여 천문 삼각법으로 다른 변 $90°-\phi$를 결정할 수 있어 위도 ϕ를 최종적으로 구한다.

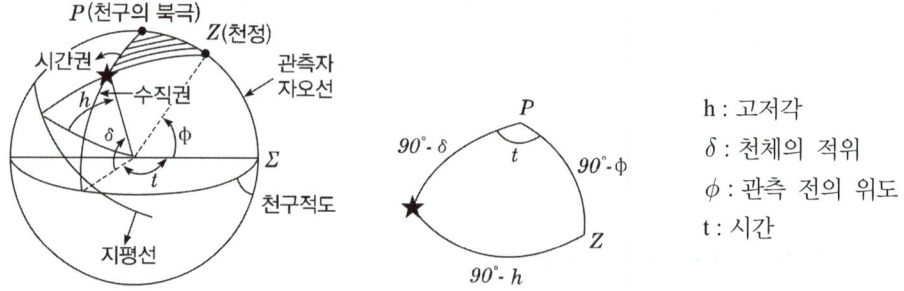

[자오선상에 있지 않은 별의 고도에 의한 방법]

4) 단고도법(북극성 고도법)

적위가 90°에 가까운 북극성을 관측하여 위도를 구한다.

$$\phi(위도) = 90° = Z_d(천정각\ 거리)$$

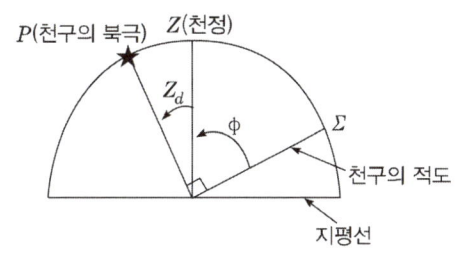

[단고도법]

Z_d : 천정각의 거리
ϕ : 관측점의 위도

5) 탈코트법

탈코트법이란 고도의 두 변을 관측할 때 각각의 적위와 천정거리를 이용하여 위도를 결정하는 방법이다. 1등 천문관측으로서 자오선상 남쪽과 북쪽의 두 별이 거의 같은 천정각거리에 있을 때 관측자의 위도는 두 별의 적위를 더하여 1/2을 곱한 것과 같다.

$$\phi(위도) = \delta_N - \theta$$
$$= \delta_S + \theta$$
$$\therefore \phi(위도) = \frac{1}{2}(\delta_S + \delta_N)$$

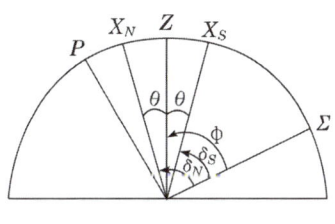

[탈코트법]

θ : X_N, X_S의 천정각 거리
δ_S : 별 X_S의 적위
δ_N : 별 X_N의 적위
ϕ : 관측점 위도

4 천문측량에 의한 방위각 결정

1) 지상에 설치된 방위표에 이르는 방위선과 천체 사이의 수평각 관측

$$A \star = A_m + K$$

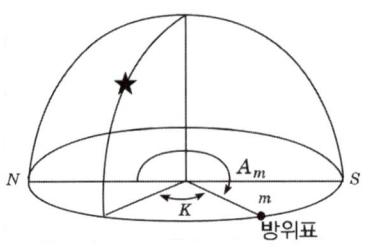

A_m : 방위표의 방위각

K : 방위표와 천체의 지평선상 사이각

[방위표에 의한 방위각 결정]

2) 천체의 방위각 관측

정밀한 천문방위각 관측은 주극성을 여러 번 관측하여 결정한다.

> ⚠️ **기본부터 알고 넘어가기**
>
> **Sterneck법**
>
> 자오선의 천정각 거리를 관측하고 위도(ϕ)=적위(δ) ±천정거리(z)를 이용하여 위도를 관측하는 방법으로 중저위도에서 Talcot법과 함께 많이 이용한다. 또한 위도관측에는 탈코트법보다 많이 이용한다.
>
> ※ 특징
> - 관측기록 작성이 쉽다.
> - 번거로운 계산이 적다.
> - 경위도 동시 관측이 가능하다.

제2절 위성측량

1 개요

위성측량은 관측자로부터 위성까지의 거리, 거리변화율, 방향을 전자공학적 또는 광학적으로 관측하여 관측지점의 위치, 관측지점들 간의 상대거리 및 위성궤도를 결정하는 측량이다.

2 인공위성의 궤도운동 및 궤도요소

1) 위성궤도운동의 특징

(1) 위성은 장반경(a)과 이심률의 제곱(e^2)에 의해 정의되는 타원운동을 하며 그 초점 중 하나가 지구중심이다.

(2) 위성운동은 지구중력장의 지배를 받아 지구까지의 거리, 속도, 각속도 등은 불규칙적이다.

(3) 실제 위성의 궤도는 태양, 달, 혹성의 인력, 대기마찰, 지구의 자기장 등에 의해 균질한 지구모형에서 궤도와는 다른데, 이를 섭동이라 한다.

2) 위성의 궤도요소(6개 : 케플러 요소)

(1) 승교점(위성궤도와 천구적도의 교점) 적경(h)
(2) 궤도의 경사각(i)
(3) 근지점의 독립변수(or 인수)(g)
(4) 궤도의 장반경(A)
(5) 이심률(e)
(6) 궤도주기(T)

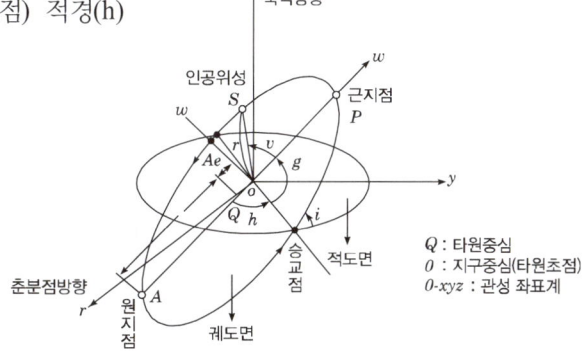

A : 궤도 장반경, e : 궤도 이심률, i : 궤도 경사각,
h : 승교점 적경, g : 근지점 인수, v : 진근점 이각(離角)

[케플러의 궤도요소]

3 인공위성에 의한 관측방법

1) 위성의 이용방법에 따른 분류

(1) 위성을 정지된 목표로 이용하는 정적인 방법
(2) 궤도요소가 기지일 때 궤도상의 위상위치를 관측하여 관측점의 상호위치관계를 구하는 동역학적 방법

2) 관측대상에 따른 분류

(1) 방향관측

지상 2점에서 위성 S의 방향을 동시 관측하여 평면 A를 구하고, 지상 2점에서 위성 S'의 방향을 동시관측하여 평면 B를 구해 A, B의 교선을 구하면 기지점으로부터 미지점의 방향을 알 수 있다.

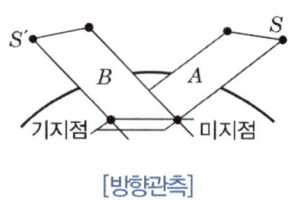

[방향관측]

(2) 거리관측

지상의 3지점으로 동시에 거리관측하여 위성의 공간위치를 결정하고 이것과 동시에 미지점으로부터 위성까지의 거리도 구한다. 이 작업을 3회 하면 미지점의 위치를 결정할 수 있다.

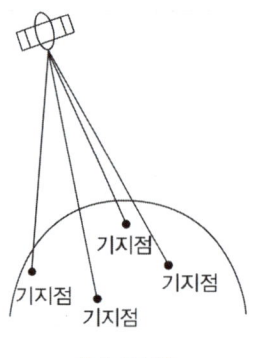

[거리관측]

문제 및 해설

01 다음 중 VLBI에 대한 설명으로 틀린 것은?

[2015년 기사 1회]

① 전파간섭계를 이용한 것으로 전파망원경의 거리가 가까울수록 좋은 공간해상도를 갖는다.
② 공간해상도는 두 물체를 분리하여 볼 수 있는 최소각을 의미한다.
③ 일반적으로 수백 km 이상의 범위에서 직접 측정이 유효하다.
④ 높은 정확도를 가지며 정밀측량, 지각변동의 관측 등을 목적으로 이용된다.

해설

1. 초장기선간섭계(超長基線干涉計)
초장기선간섭계는 동일 전파원으로부터 천체에서 복사되는 잡음 전파를 2개의 안테나에서 독립적으로 동시에 수신하여 전파가 도달되는 지연 시간차를 관측함으로써 두 점 사이의 거리를 구하는 것이다. 수십 광년의 거리에서 전파강도가 강한 섬원이나, 부근 다른 전파원이 없는 준성을 선택한다.
① VLBI의 원리 : VLBI는 서로 연결되지 않은 전파 망원경을 이용한다. 즉 각각의 전파망원경이 수신한 전파신호를 특수한 자기테이프에 기록한 후 그 테이프를 한 곳에 모아 전파신호를 컴퓨터를 써서 간섭시킴으로써 천체의 정확한 위치 및 화상을 얻는다. 지구로부터 멀리 떨어져 있는 전파는 평행하게 2개의 안테나에 도달한다고 가정한다.

02 중력이상의 주된 원인은?

[2010년 기사 1회]

① 화산폭발
② 태양과 달의 인력
③ 지구의 자전 및 공전
④ 지구 내부의 물질분포나 지형의 영향

해설

重力異常(gravity anomaly)
중력이상이란 중력보정을 통하여 기준면에서의 중력값으로 보정된 중력값에서 표준중력값을 뺀 값이다. 즉 실제 관측중력값에서 표준중력식에 의해 계산한 중력값을 뺀 것이다. 중력이상의 주원인은 지하의 지질밀도가 고르게 분포되어 있지 않기 때문이다.

03 자기장(H)의 단위와 관계가 없는 것은?

[2010년 기사 1회]

① tesla
② oersted
③ gauss
④ gal

해설

중력 단위 : gal(cm/sec^2)

04 기하측지학에 속하지 않는 것은?

[2010년 기사 1회]

① 탄성파 측정
② 천문 측량
③ 길이 및 각의 결정
④ 지도제작

Answer 01 ① 02 ④ 03 ④ 04 ①

해설

기하학적 측지학	물리학적 측지학
① 측지학적 3차원 위치 결정	① 지구의 형상 해석
② 길이 및 시간의 결정	② 지구의 극운동 및 자전운동
③ 수평위치 결정	③ 지각변동 및 균형
④ 높이의 결정	④ 지구의 열측정
⑤ 지도제작	⑤ 대륙의 부동
⑥ 면적 및 체적의 산정	⑥ 해양의 조류
⑦ 천문측량	⑦ 지구의 조석 측량
⑧ 위성측량	⑧ 중력측량
⑨ 해양측량	⑨ 지자기측량
⑩ 사진측량	⑩ 탄성파측량

05 중력에 대한 설명으로 옳지 않은 것은?

[2010년 기사 1회]

① 지구 중력은 지구 질량에 의한 인력과 자전에 의한 원심력의 합력이다
② 표준중력은 $g_\theta = g_e(1 + \beta\sin^2\theta - \beta'\sin^2 2\theta)$ 의 식으로 표시된다. (단, g_e : 적도상 평균해수면에서의 중력, β, β' : 상수, 위도 : θ)
③ 절대측정에 의한 중력과 상대측정에 의한 중력의 차를 중력이상이라 하고 해양에서는 (−)를 나타낸다.
④ 중력이상을 해석하여 지하구조해석이나 지하자원탐사에 활용할 수 있다.

해설

重力異常(gravity anomaly)
중력이상이란 중력보정을 통하여 기준면에서의 중력값으로 보정된 중력값에서 표준중력값을 뺀 값이다. 즉 실제 관측중력값에서 표준중력식에 의해 계산한 중력값을 뺀 것이다. 중력이상의 주원인은 지하의 지질밀도가 고르게 분포되어 있지 않기 때문이다.

중력이상=중력실측값−이론실측값
중력이상(+)=질량이 여유있는 지역
중력이상(−)=질량이 부족한 지역
밀도가 큰 물질이 지표 가까이 있을 때는 (+)값 반대인 경우는 (−)값을 갖는다.
중력이상에 의해 지표밑의 상태를 측정할 수 있다.

06 중력이상(重力異常)에 대한 설명으로 옳지 않은 것은?

[2010년 기사 2회]

① 중력이상은 기준면에서 관측중력값에서 표준중력값을 뺀 값이다.
② 프리 에어(free air) 이상은 고도가 높은 측정일수록 음(−)으로 감소한다.
③ 부게(Bouguer) 이상은 중력관측점과 지오이드면 사이의 질량을 고려한 중력 이상이다.
④ 부게(Bouguer) 이상은 고도가 높을수록 음(−)으로 감소

해설

5번 문제 참조

07 측지학의 직접적 응용 분야에 해당되지 않는 것은?

[2010년 기사 2회]

① 지각변동 결정
② 지구중력장 결정
③ 교통량 결정
④ 지도 제작

해설

4번 문제 참조

Answer 05 ③ 06 ② 07 ③

08 중력측지에 대한 설명으로 옳지 않은 것은?
[2010년 기사 3회]

① 중력은 만유인력에 의한 지구의 인력과 지구 자체에 의한 원심력 벡터의 합력이며 방향은 연직방향이다.
② 지구의 형상은 중력과 밀접한 관계가 있으며 적도에 가까울수록 중력은 증가한다.
③ 지하에 밀도가 큰 물질이 있는 경우에 중력이 상이 정(+)으로 나타난다.
④ gal은 중력의 단위이다.

해설
극지방이 적도보다 중력의 영향을 더 받는다. 지구의 표면에서 존재하는 것으로 가장 쉽게 느낄 수 있는 힘이 중력이며, 지구상의 모든 물체는 중력에 의해 지구 중심방향으로 끌리고 있다. 중력은 만유인력법칙에 의해 지구표면으로 낙하하는 물체의 낙하속도의 증가율로서 중력가속도를 말하며 이 중력이 미치는 범위를 중력장이라 한다. 중력측량은 지구의 형태를 연구하는 측지학적 분야, 지하구조 및 자원탐사에 이용되는 지질학적 분야, 태양계의 역학적 관계를 규명하는 천문학 분야 등에 중요 역할을 한다.

09 지자기측량에서 필요한 보정과 관계없는 것은?
[2010년 기사 3회]

① 시간적 변화에 따른 보정
② 기준점 보정
③ 온도 보정
④ 에트베스 보정

해설
해상이나 항공중력 측정 시 배와 항공기의 속도의 동서방향 성분이 지구 자체의 원심 가속도를 변화시키거나, 곡석운동에 따른 원심 가속도가 중력을 감소시키는 현상을 뜻하는 에트베스 효과를 측정 중력치에서 제거하는 보정을 일컫는다.

10 GPS에서는 어떻게 위성과 수신기 사이의 거리를 측정하는가?
[2011년 기사 1회]

① 신호의 전달시간을 관측
② 신호의 형태를 관측
③ 신호의 세기를 관측
④ 신호대 잡음비를 관측

해설
GPS는 인공위성을 이용한 범세계적 위치결정체계로 정확한 위치를 알고 있는 위성에서 발사한 전파를 수신하여 관측점까지의 소요시간을 관측함으로써 관측점의 위치를 구하는 체계이다.

11 GPS의 정확도가 1ppm이라면 기선의 길이가 10km일 때 GPS를 이용하여 어느 정도로 정확하게 위치를 알아낼 수 있다는 것을 의미하는가?
[2011년 기사 1회]

① 1km
② 1m
③ 1cm
④ 1mm

해설
$$1\text{ppm} = \frac{1}{1,000,000}$$
$$\frac{1}{1,000,000} \times 10000\text{m} = 0.01\text{m} = 1\text{cm}$$

12 지진파의 종류가 아닌 것은?
[2011년 기사 1회]

① S파
② L파
③ γ파
④ P파

해설
탄성파(지진파)의 종류
탄성파는 탄성체에 충격으로 급격한 변형을 주었을 때 생기는 파로 종파, 횡파, 표면파의 3종류가 있다.

Answer 08 ② 09 ④ 10 ① 11 ③ 12 ③

13 다음 중 국가기본도에서 쓰이는 좌표값이 아닌 것은? [2011년 기사 2회]

① 경도
② 위도
③ 평균해수면으로부터의 고도
④ 타원체면으로부터의 고도

해설
공간정보구축 및 관리에 관한 법률 제6조 (측량의 기준)
위치는 세계측지계에 따라 측정한 지리학적 경·위도와 높이(평균해수면으로부터의 높이를 말한다)로 표시한다.

14 지도 제작의 기준이 되는 기하학적인 지구의 형상은? [2011년 기사 2회]

① 물리적 지구표면   ② 지구타원체
③ 지오이드   ④ 구체

해설
지구의 형상은 물리적 지표면, 구, 타원체, 지오이드, 수학적 형상으로 대별되며 타원체는 회전, 지구, 준거, 국제타원체로 분류된다. 타원체는 지구를 표현하는 수학적 방법으로서 타원체면의 장축 또는 단축을 중심축으로 회전시켜 얻을 수 있는 모형이며 좌표를 표현 하는데 있어서 수학적 기준이 되는 모델이다.

15 측량의 분류 중 측량구역이 상대적으로 협소하고 필요로 하는 정밀도에 따라 지구의 곡률을 고려하지 않아도 되는 측량을 무슨 측량이라고 하는가? [2014년 기사 3회]

① 삼각측량   ② 측지측량
③ 천문측량   ④ 평면측량

해설
㉠ 평면측량(Plane surveying) : 평면측량은 지구의 곡률을 고려하지 않는 측량으로서 지구표면을 평면으로 간주하여 실시하는 측량을 말한다. 정확도 1/1,000,000 이하(3mm±ppm : 1km에 1mm의 오차)로 할 때, 거리오차 2.2cm, 반경 11km의 면적 약 400km² 지역에서는 평면측량을 할 수 있다. 따라서 평면측량은 좁은 지역에서의 지적도, 임야도, 각종 계획도 등을 도면화하기 위하여 행해지는 측량으로서 평면직각좌표계를 채택하고 있다.

16 지상의 고정된 위치에서 중력측정을 할 때 측정결과를 보정할 사항이 아닌 것은? [2015년 기사 3회]

① 고도 보정   ② 지형 보정
③ 에트베스 보정   ④ 아이소스타시 보정

해설
① **고도 보정** : 관측점 사이의 고도차가 중력에 미치는 영향을 제거하는 보정
  ㉠ 프리-에어 보정(free air correction) : 관측점 사이에 존재하는 물질의 인력을 고려하지 않고 고도차만을 고려하는 보정
  ㉡ 부게 보정(Bouger correction) : 관측점들의 고도차가 존재하는 물질의 인력이 중력에 미치는 영향을 보정하는 것
② **지형 보정** : 실제지형은 능선이나 계곡 등의 불규칙한 형태를 이루고 있으므로 이러한 지형영향을 고려한 보정
③ **에트베스 보정** : 지구에 대한 동체의 상대운동의 영향에 의한 중력 효과를 보정하는 것
④ **지각균형 보정(아이소스타시 보정)** : 표준중력식은 지표면으로부터 같은 거리에 있는 지표면하의 밀도는 균일하다는 가정 아래 계산된 것이지만 지각균형설에 의하면 밀도는 일정하지 않기 때문에 이에 대한 보정이 필요하며 이것을 지작균형보정이라 한다.

Answer 13 ④ 14 ② 15 ④ 16 ③

17 인공위성의 케플러 궤도요소에 해당 되지 않는 것은?   [22년 기사 1회]

① 궤도타원의 장반경
② 인공위성 질량
③ 근지점 인수
④ 궤도면 경사각

> **해설**
>
> **케플러 궤도요소**
> 타원 궤도를 도는 위성 및 행성의 위치와 속도를 정의하는 6가지 요소. 궤도타원의 장반경(semimajor axis), 궤도의 이심률(eccentricity), 궤도면 경사각(inclination), 근지점 인수(argument of periapsis), 근지점 통과 시각(time of periapsis passage), 승교점의 적경(longitude of ascending node)을 말한다.

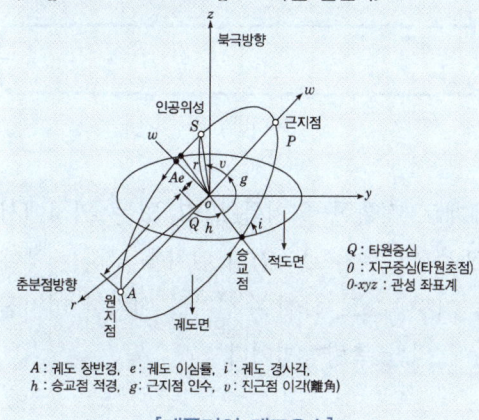

[케플러의 궤도요소]

Answer 17 ②

CHAPTER 05 Global Positioning System

제1절 GPS의 정의

GPS는 인공위성을 이용한 범세계적 위치결정체계로 정확한 위치를 알고 있는 위성에서 발사한 전파를 수신하여 관측점까지의 소요시간을 관측함으로써 관측점의 위치를 구하는 체계이다. 즉 GPS 측량은 위치가 알려진 다수의 위성을 기지점으로 하여 수신기를 설치한 미지점의 위치를 결정하는 후방교회법(Resection method)에 의한 측량방법이다.

제2절 GPS의 구성

1 우주부문

(1) 구성 : 31개의 GPS 위성
(2) 기능 : 측위용 전파 상시 방송
           위성궤도정보, 시각신호 등 측위계산에 필요한 정보 방송
   ① 궤도형상 : 원궤도
   ② 궤도면수 : 6개면

③ 위성수 : 1궤도면에 4개 위성(24개+보조위성 7개)=31개
④ 궤도경사각 : 55°
⑤ 궤도고도 : 20,183km
⑥ 사용좌표계 : WGS84
⑦ 회전주기 : 11시간 58분(0.5항성일) : 1항성일은 23시간 56분 4초
⑧ 궤도 간 이격 : 60°
⑨ 기준발진기 : 10.23MHz : 세슘원자시계 2대
　　　　　　　　　　　　 : 류비듐원자시계 2대

> ⚠ **기본부터 알고 넘어가기**
> - 1태양일 : 지구가 태양을 중심으로 한 번 자전하는 시간(24시간)
> - 1항성일 : 지구가 항성을 중심으로 한 번 자전하는 시간(23시간 56분 4초)

② 제어부문

(1) 구성 : 1개의 주제어국, 5개의 추적국 및 3개의 지상안테나(Up Link 안테나 : 전송국)

(2) 기능

① **추적국** : GPS 위성의 신호를 수신하고 위성의 추적 및 작동상태를 감독하여 위성에 대한 정보를 주제어국으로 전송함

② **주제어국** : 추적국에서 전송된 정보를 사용하여 궤도요소를 분석한 후 신규궤도요소, 시계보정 항법메시지 및 컨트롤명령정보, 전리층 및 대류층의 주기적모형화 등을 지상안테나를 통해 위성으로 전송함

③ **전송국** : 주관제소에서 계산된 결과치로서 시각보정값, 궤도보정치를 사용자에게 전달할 메시지 등을 위성에 송신하는 역할

주제어국	콜로라도 스프링스(Colorado Springs) - 미국 콜로라도주
추적국	① 어세션(Ascension Is) - 대서양 ② 디에고 가르시아(Diego Garcia) - 인도양 ③ 콰잘레인(Kwajalein Is) - 태평양 ④ 하와이(Hawaii) - 태평양
3개의 지상안테나(전송국)	갱신자료 송신

3 사용자부문

(1) 구성 : GPS 수신기 및 자료처리 S/W
(2) 기능 : 위성으로부터 전파를 수신하여 수신점의 좌표나 수신점 간의 상대적인 위치관계를 구한다. 사용자부문은 위성으로부터 전송되는 신호정보를 수신할 수 있는 GPS 수신기와 자료처리를 위한 소프트웨어로써 위성으로부터 전송되는 시간과 위치정보를 처리하여 정확한 위치와 속도를 구한다.

① GPS 수신기는 위성으로부터 수신한 항법데이터를 사용하여 사용자 위치, 속도를 계산한다.
② 수신기에 연결되는 GPS 안테나 GPS 위성신호를 추적하며 하나의 위성신호만 추적하고 그 위성으로부터 다른 위성들의 상대적인 위치에 관한 정보를 얻을 수 있다.

우주부문(Space Segment)
- 연속적 다중위치결정체계
- GPS는 55° 궤도 경사각, 위도 60°의 6개 궤도
- 고도 20,183km 고도와 약 12시간 주기로 운행
- 3차원 후방교회법으로 위치 결정

제어부문(Control Segment)
- 궤도와 시각 결정을 위한 위성의 추적
- 전리층 및 대류층의 주기적 모형화(방송궤도력)
- 위성시간의 동일화
- 위성으로의 자료전송

사용자 부문(User Segment)
- 위성으로부터 보내진 전파를 수신해 원하는 위치
- 또는 두 점 사이의 거리를 계산

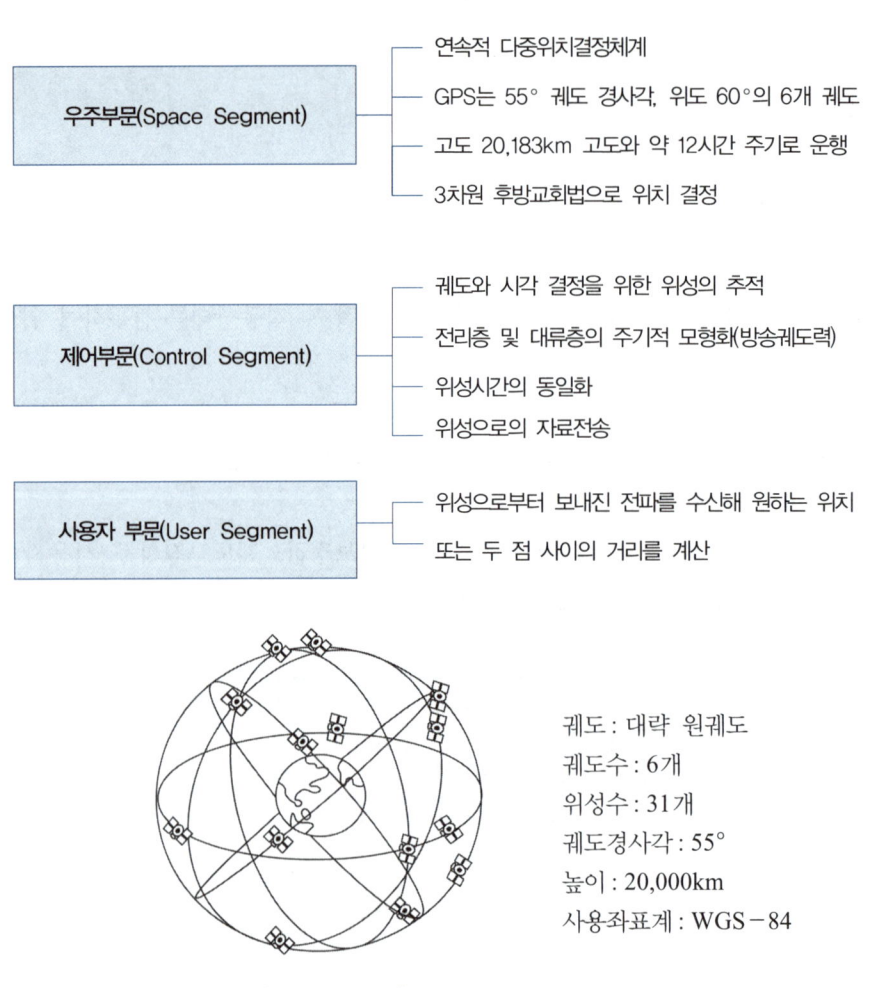

궤도 : 대략 원궤도
궤도수 : 6개
위성수 : 31개
궤도경사각 : 55°
높이 : 20,000km
사용좌표계 : WGS-84

[GPS 위성궤도]

제3절 GPS 신호

GPS 신호는 C/A코드, P코드 및 항법메시지 등의 측위 계산용 신호가 각기 다른 주파수를 가진 L_1 및 L_2 파의 2개 전파에 실려 지상으로 방송되며 L_1/L_2파는 코드신호 및 항법메시지를 운반한다고 하여 반송파(Carrier Wave)라 한다.

1 반송파(Carrier Wave)

반송파의 정보는 PRN 부호와 항법메시지로 이루어지며 각 위성마다 신호가 다른 이진부호로 구성되는데 매우 길고 복잡하기 때문에 신호자체만 보았을 때 의미를 파악할 수 없다.

(1) L_1 : 주파수 1,575.42MHz(154×10.23MHz), 파장 19cm, C/A code와 P code 변조 가능

(2) L_2 : 주파수 1,227.60MHz(120×10.23MHz), 파장 24cm, P code만 변조 가능

　① L_1, L_2 신호는 위성의 위치계산을 위한 Keplerian 요소와 형식화된 자료신호를 포함
　② Keplerian 요소(궤도의 6요소)
　　㉠ 타원궤도를 돌고 있는 위성을 위치와 속도성분으로 나타낼 수 있는 불변량
　　㉡ 궤도장반경, 궤도경사각, 이심률, 승교점의 적경, 근지점인수, 근점이각
　　㉢ 궤도경사각 : 위성의 궤도면과 지구적도면이 이루는 각 55°
　　㉣ 승교점의 적경 : 위성궤도와 천구적도의 교섬
　③ 2개의 주파수로 방송이 되는 이유는 위성궤도와 지표면 중간에 있는 전리층의 영향을 보정하기 위함

2. 코드(Code)

1) P code

(1) 반복주기가 7일인 PRN code(Pseudo Random Noise code)

(2) 주파수 10.23MHz, 파장 30m(29.3m)

(3) AS mode로 동작하기 위해 Y-code로 암호화되어 PPS 사용자에게 제공

(4) PPS(Precise Positioning Service : 정밀측위서비스) - 군사용

2) C/A code(coarse/Acquisition)

(1) 반복주기 : 1ms(milli-second)로 1.023Mbps로 구성된 PPN code
(2) 주파수 1.023MHz, 파장 300m(293m)
(3) L_1 반송파에 변조되어 SPS 사용자에게 제공
(4) SPS(Standard Positioning Service : 표준측위서비스) – 민간용

3 Navigation Message(항법메시지)

GPS 위성의 궤도, 시간, 기타 System Parameter들을 포함하는 Data bit

1) 측위계산에 필요한 정보

(1) 위성탑재 원자시계 및 전리층보정을 위한 Parameter값
(2) 위성궤도정보
(3) 타 위성의 항법메시지 등

2) 위성궤도정보

평균근점각, 이심률, 궤도장반경, 승교점 적경, 궤도경사각, 근지점 인수 등 기본적인 양 및 보정항이 포함

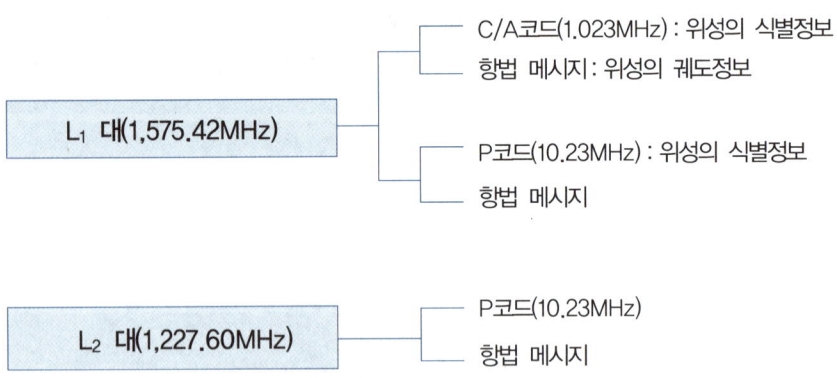

4 GPS 위성의 코드형태와 항법메시지 정리

구분 \ 코드	C/A	P(Y)	항법데이터
전송률	1.023Mbps	10.23Mbps	50bps
펄스당 길이	293m	29.3m	5950km
반복	1ms	1주	N/A
코드의 형태	Gold	Pseudo random	N/A
반송파	L_1	L_1, L_2	L_1, L_2
특징	포착하기가 용이함	정확한 위치 추적, 고장률이 적음	시간, 위치 추산표

제4절 궤도정보(Ephemeris : 위성력)

궤도정보는 GPS 측위정확도를 좌우하는 중요한 사항으로서 크게 방송력과 정밀력으로 구분되며 Almanac(달력, 역서, 연감)과 같은 뜻이다. 위성력은 시간에 따른 천체의 궤적을 기록한 것으로 각각의 GPS 위성으로부터 송신되는 항법메시지에는 앞으로의 궤도에 대한 예측치가 들어 있다. 형식은 30초마다 기록되어 있으며 Keplerian Element로 구성되어 있다.

1 방송력(Broadcast Ephemeris)

1) 방송궤도정보

(1) GPS 위성이 타 정보와 마찬가지로 지상으로 송신하는 궤도 정보이다.
(2) GPS 위성은 주관제국에서 예측한 궤도력, 즉 방송궤도력을 항법메시지의 형태로 사용자에게 전달하는데, 이 방송궤도력은 1996년 당신 약 3m의 예측에 의한 오차가 포함되어 있었다.
(3) 사전에 계산되어 위성에 입력한 예보궤도로서 실제운행궤도에 비해 정확도가 떨어진다.
(4) 향후의 궤도에 대한 예측치가 들어 있으며 형식은 매 30초마다 기록되어 있으며 16개의 Keplerian element로 구성되어 있다.

(5) 위성전파를 수신하지 않고도 획득 가능하며 수신하는 순간부터도 사용이 가능하므로 측위결과를 신속히 알 수 있다.

(6) 방송궤도력을 적용하면 정밀궤도력을 적용하는 것보다 기선 결정의 정밀도가 떨어지지만 위성전파를 수신하지 않고도 획득 가능하며 수신하는 순간부터도 사용이 가능하므로 측위 결과를 신속하고 간편하게 알 수 있다.

2 정밀력(Precise Ephemeris)

1) 정밀궤도정보

(1) 실제위성의 궤적으로서 지상추적국에서 위성전파를 수신하여 계산된 궤도정보이다.

(2) 방송력에 비해 정확도가 높으며 위성관측 후에 정보를 취득하므로 주로 후처리 방식의 정밀기준점 측량 시 적용된다.

(3) 방송궤도력은 GPS 수신기에서 곧바로 취득이 되지만, 정밀궤도력은 별도의 컴퓨터 네트워크를 통하여 IGS(GPS 관측망)로부터 수집하여야 하고 약 11일 정도 기다려야 한다.

(4) GPS 위성의 정밀궤도력을 산출하기 위한 국제적인 공동연구가 활발히 진행된다.

(5) 전세계 약 110개 관측소가 참여하고 있는 국제 GPS 관측망(IGS)이 1994년 1월 발족하여 GPS 위성의 정밀 궤도력을 산출하여 공급하고 있다.

(6) 대덕연구단지 내 천문대 GPS 관측소와 국토지리정보원 내 GPS 관측소가 IGS 관측소로 공식 지정되어 우리나라 대표로 활동하고 있다.

제5절 GPS 측위 원리

GPS를 이용한 측위방법에는 코드신호 측정방식과 반송파신호 측정방식이 있는데 코드 신호에 의한 방법은 위성과 수신기 간의 전파 도달 시간차를 이용하여 위성과 수신기 간의 거리를 구하며, 반송파 신호에 의한 방법은 위성으로부터 수신기에 도달되는 전파의 위상을 측정하는 간섭법을 이용하여 거리를 구한다.

1 코드신호 측정방식

(1) 위성에서 발사한 코드와 수신기에서 미리 복사된 코드를 비교하여 두 코드가 완전히 일치할 때까지 걸리는 시간을 관측하여 여기에 전파속도를 곱하여 거리를 구하는데 이때 시간에 오차가 포함되어 있으므로 의사거리(Pseudo range)라 한다.

$$R = [(X_R - X_S)^2 + (Y_R - Y_S)^2 + (Z_R - Z_S)^2]^{1/2} + \delta t \cdot C$$

여기서, R : 위성과 수신기 사이의 거리
$X_S,\ Y_S,\ Z_s$: 위성의 좌표값
$X_R,\ Y_R,\ Z_R$: 수신기의 좌표값
δt : GPS와 수신기 간의 시각 동기오차
C : 전파속도

(2) 특징 및 용도

① 동시에 4개 이상의 위성신호를 수신해야 함
② 단독측위(1점측위, 절대측위)에 사용되며 이때 허용오차는 5~15m
③ 2대 이상의 GPS를 사용하는 상대측위 중 코드 신호만을 해석하여 측정하는 DGPS(Differential GPS) 측위 시 사용되며 허용오차는 약 1m 내외임

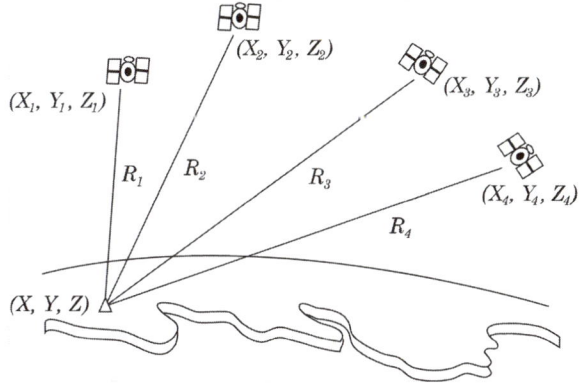

[의사거리를 이용한 위치해석 방법]

2 반송파신호 측정방식

(1) 위성에서 보낸 파장과 지상에서 수신된 파장의 위상차를 관측하여 거리를 계산한다.

$$R = \left(N + \frac{\phi}{2\pi}\right) \cdot \lambda + c(d_T + d_t)$$

여기서, R : 위성과 수신기 사이의 거리
  λ : 반송파의 파장
  n : 위성과 수신기간의 반송파의 개수
  ϕ : 위상각
  c : 전파 속도
  $d_T + d_t$: 위성과 수신기의 시계오차

(2) 특징 및 용도

① 반송파신호 측정방식은 일명 간섭측위라 하여 전파의 위상차를 관측하는 방식인데 수신기에 마지막으로 수신되는 파장의 위상을 정확히 알 수 없으므로 이를 모호정수(Ambiguity) 또는 정수치 편의(bias)라고 한다.
② 이 방식은 위상차를 정확히 계산하는 방법이 매우 중요한데 그 방법으로 1중차, 2중차, 3중차의 단계를 거친다.
③ 일반적으로 수신기 1대만으로는 정확한 Ambiguity를 결정할 수 없으며 최소 2대 이상의 수신기로부터 정확한 위상차를 관측한다.
④ 후처리용 정밀기준점 측량 및 RTK법과 같은 실시간 이동측량에 사용된다.

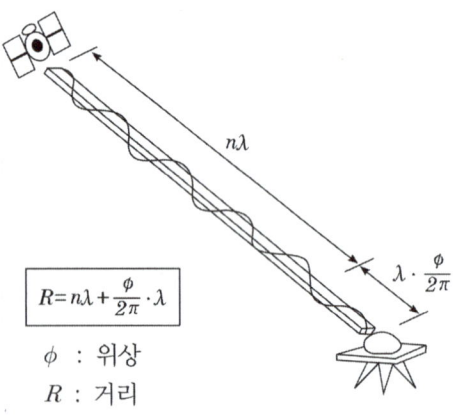

[반송파에 의한 위성과 수신기 간 거리측정]

제6절 간섭측위에 의한 위상차 측정

정적 간섭측위(Static Positioning)를 통하여 기선해석을 하는 데 사용하는 방법으로서 두 개의 기지점에 GPS 수신기를 설치하고 위상차를 측정하여 기선의 길이와 방향을 3차원 벡터량으로 결정하는데 다음과 같은 위상차 차분기법을 통하여 기선해석 품질을 높인다.

1 일중차(일중위상차 : Single Phase Difference)

(1) 한 개의 위성과 두 대의 수신기를 이용한 위성과 수신기 간의 거리측정차(행로차)
 ① 동일위성에 대한 측정치이므로 위성의 궤도오차와 원자시계에 의한 오차가 소거된 상태
 ② 그러나 수신기의 시계오차는 포함되어 있는 상태임

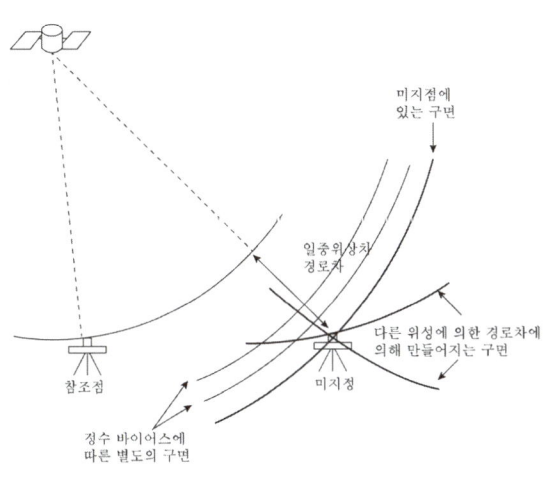

[수신기간 일중위상차]

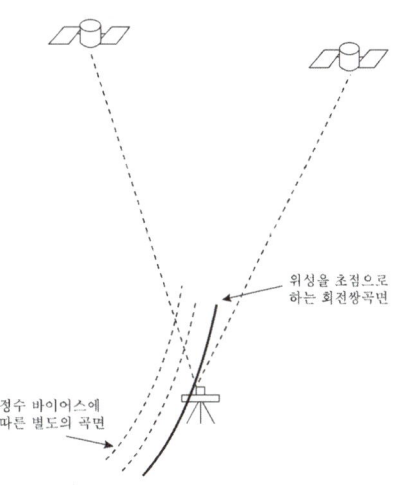

[위성간 일중위상차]

2 이중차(이중이상차 : Double Phase Difference)

(1) 두 개의 위성과 두 대의 수신기를 이용하여 각각의 위성에 대한 수신기 간 1중차끼리의 차이값
(2) 두 개의 위성에 대하여 두 대의 수신기로 관측함으로써 같은 양으로 존재하는 수신기의 시계오차를 소거한 상태
(3) 일반적으로 최소 4개의 위성을 관측하여 3회의 이중차를 측정하여 기선해석을 하는 것이 통례임

3 삼중차(삼중위상차 : Triple Phase Difference)

(1) 한 개의 위성에 대하여 어떤 시각의 위상적산치(측정치)와 다음 시각의 적산치와의 차이 값으로 적분위상차라고도 한다.
(2) 반송파의 모호정수(불명확상수)를 소거하기 위하여 일정시간 간격으로 이중차의 차이값을 측정하는 것을 말한다.
(3) 즉, 일정시간 동안의 위성거리 변화를 뜻하며 파장의 정수배의 불명확을 해결하는 방법으로 이용된다.

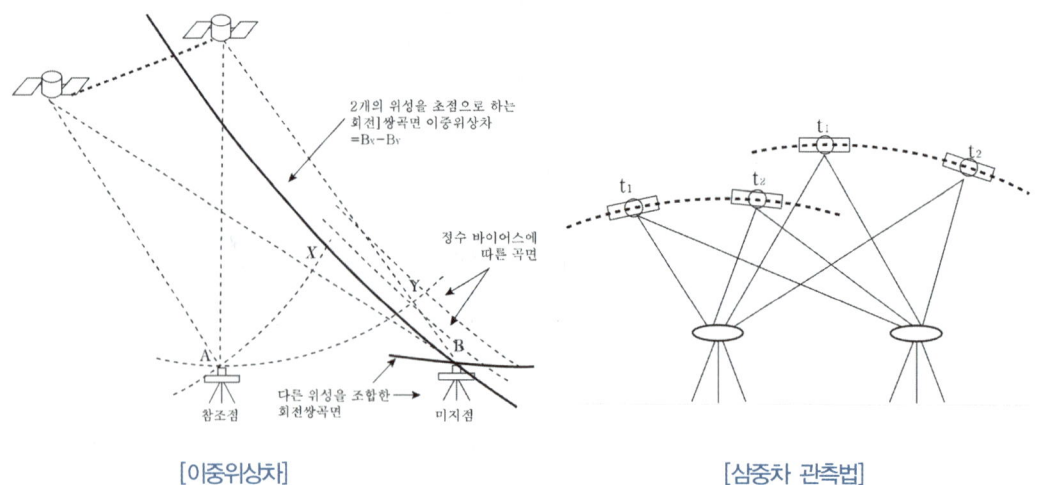

[이중위상차]   [삼중차 관측법]

제7절 GPS의 오차

1 구조적 요인에 의한 오차

1) 위성에서 발생하는 오차

(1) 위성시계오차
(2) 위성궤도오차

2) 대기권 전파지연오차

(1) 위성신호의 전리층, 대류권 통과 시 전파지연오차(약 2m)

3) 수신기에서 발생하는 오차

(1) 수신기 자체의 전파적 잡음에 의한 오차
(2) 전파의 다중경로(Multipath)에 의한 오차
   다중경로오차는 GPS 위성으로 직접 수신된 전파 이외에 부가적으로 주위의 지형, 지물에 의한 반사된 전파로 인해 발생하는 오차로서 측위에 영향을 미친다.
   ① 다중경로는 금속제 건물, 구조물과 같은 커다란 반사적 표면이 있을 때 일어난다.
   ② 다중경로의 결과로서 수신된 GPS 신호는 처리될 때 GPS 위치의 부정확성을 제공한다.
   ③ 다중경로가 일어나는 경우를 최소화하기 위하여 미션 설정, 수신기, 안테나 설계 시에 고려한다면 다중경로의 영향을 최소화할 수 있다.
   ④ GPS 신호시간의 기간을 평균하는 것도 다중경로의 영향을 감소시킨다.
   ⑤ 가장 이상적인 방법은 다중경로의 원인이 되는 장애물에서 멀리 떨어져서 관측하는 방법이다.

2 위성의 배치상태에 의한 오차

(1) GPS 관측지역의 상공을 지나는 위성의 기하학적 배치상태에 따라 측위의 정확도가 달라지는데 이를 DOP(Dilution of Precision)이라 한다(정밀도 저하율).

(2) 3차원 위치의 정확도는 PDOP에 따라 달라지는데 PDOP는 4개의 관측위성들이 이루는 사면체의 체적이 최대일 때 가장 정확도가 좋으며 이때는 관측자의 머리 위에 다른 3개의 위성이 각각 120°를 이룰 때이다.

(3) DOP는 값이 작을수록 정확한데 1이 가장 정확하고 5까지는 실용상 지장이 없다.

(4) DOP의 종류

① GDOP : 기하학적 정밀도 저하율
② PDOP : 위치 정밀도 저하율
③ HDOP : 수평 정밀도 저하율
④ VDOP : 수직 정밀도 저하율
⑤ RDOP : 상대 정밀도 저하율
⑥ TDOP : 시간 정밀도 저하율

3 SA(Selective Availability) / AS(Anti-Spoofing)에 대한 오차

미국방성의 정책적 판단에 의해 인위적으로 GPS 측량의 정확도를 저하시키기 위한 조치로 위성의 시각정보 및 궤도정보 등에 임의의 오차를 부여하거나 송신, 신호형태를 임의 변경하는 것을 SA라 하며, 군사적 목적으로 P코드를 암호하는 것을 AS라 한다.

1) SA(Selective Availability)

(1) 천체의 위치표에 의한 자료와 위성시계 자료를 조작하여 위성과 수신기 사이에 거리 오차가 생기도록 하는 방법
(2) SA 작동 중 오차 : 약 100미터
(3) SA에 의한 오차는 상대위치해석이나 DGPS 기법에 의해 감소시킬 수 있다.

2) SA의 해제

(1) 2000년 5월 1일 해제
(2) 항공, 교통, 물류, 선박 등 다양한 분야에서 GPS 민간이용자가 해택을 받고 있다.
(3) 고정밀을 요하는 자동차항법 및 GIS 분야에서는 DGPS 기술이 필요하다.

3) AS(Anti Spoofing : 코드의 암호화, 신호 차단)

(1) 군사목적의 P코드를 적의 교란으로부터 방지하기 위하여 암호화시키는 기법
(2) 암호를 풀 수 있는 수신기를 가진 사용자만이 위성신호 수신이 가능하다.

4 GPS의 Cycle Slip

사이클 슬립은 GPS 반송파위상추적회로에서 반송파위상치의 값을 순간적으로 놓침으로 인해 발생하는 오차, 사이클 슬립은 반송파 위상데이터를 사용하는 정밀위치측정분야에서는 매우 큰 영향을 미칠 수 있으므로 사이클 슬립의 검출은 매우 중요하다.

1) 사이클 슬립의 원인

　(1) GPS 안테나 주위의 지형지물에 의한 신호 단절
　(2) 높은 신호 잡음
　(3) 낮은 신호 강도
　(4) 낮은 위성의 고도각
　(5) 사이클 슬립은 이동측량에서 많이 발생

2) 사이클 슬립 처리

　(1) 수신회로의 특성에 의해 파장의 정수배만큼 점프하는 특성
　(2) 데이터 전처리 단계에서 사이클 슬립을 발견, 편집 가능
　(3) 기선 해석 소프트웨어에서 자동처리

5 오차 소거방법

1) 구조적 요인에 의한 오차 소거방법

두 대 이상의 GPS 수신기를 이용하여 동일한 오차성분을 동시에 소거하는 상대측위방식을 통해 정확도를 높일 수 있다.

2) 위성의 배치상태에 따른 오차

소거방법이 없으며 측량지역 상공의 위성배치가 좋아질 때까지 기다려야 한다.

3) S/A에 의한 오차

상대측위방식으로 소거할 수 있다.

제8절 GPS 위치결정방법

1 절대관측방법(1점 측위)

4개 이상의 위성으로부터 수신한 신호 가운데 C/A코드를 이용해 실시간처리로 수신기의 위치를 결정하는 방법

(1) 지구상에 있는 사용자의 위치를 관측하는 방법
(2) 위성신호 수신 즉시 수신기의 위치 계산
(3) GPS의 가장 일반적이고 기초적인 응용 단계
(4) 계산된 위치의 정확도 낮음(15 ~ 25m의 오차)
(5) 선박, 자동차, 항공기 등의 항법에 이용

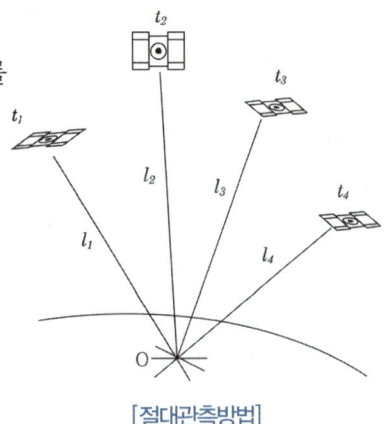

[절대관측방법]

2 상대관측방법(간섭계 측위)

두 점간에 도달하는 전파의 시간적 지연을 측정하고 두 점간의 거리를 정확히 측정하여 관측하는 방법

1) 스태틱(Static) 측량

2개 이상의 수신기를 각 측점에 고정하고 양 측점에서 동시에 4개 이상의 위성으로부터 신호를 30분 이상 수신하는 방식이다.

(1) VLBI의 보완 또는 대체 가능
(2) 수신 완료 후 컴퓨터로 각 수신기의 위치, 거리계산(후처리방식)
(3) 계산된 위치 및 거리 정확도가 높음
(4) 지적삼각측량 방법에 많이 사용
(5) 정도는 수cm 정도(1ppm~0.01ppm)

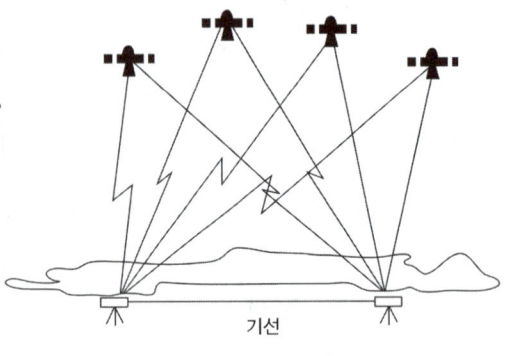

[스태틱 관측방법]

2) 키네마틱(Kinematic) 측량

기지점에 1대의 수신기를 고정국, 다른 수신기를 이동국으로 하여 이동국을 순차로 이동하면서 각 측점에 놓고 4대 이상의 위성으로부터 신호를 수초~수분 정도 수신하는 방식

(1) 이동차량 위치결정에 이용
(2) 도근 측량에 사용
(3) 기지점 성과가 가장 양호한 삼각점을 선정하여 고정점으로 한다.
(4) 정도는 5~10mm 정도

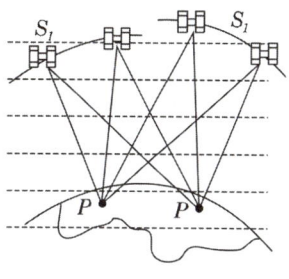

[키네마틱 관측방법]

3) DGPS(Differential GPS)

DGPS는 이미 알고 있는 기지점좌표를 이용하여 오차를 최대한 줄여서 이용하기 위한 위치결정방식으로 기지점에서 기준국용 GPS 수신기를 설치, 위성을 관측하여 각 위성의 의사거리 보정값을 구하고 이 보정값을 이용하여 이동국용 GPS 수신기의 위치결정오차를 개선하는 위치결정방식이다.

4) RTK(Real Time Kinematic)

실시간 이동측량이라고도 하고 현장에서 직접 관측데이터를 확인할 수 있으며 일필지 확정측량의 경계관측에 매우 양호한 측량방법이며 경지정리, 구획정리 측량에 많이 사용되고 있다.

> ⚠ **기본**부터 알고 **넘어가기**
>
> **1. RTK 측량의 특징**
> ① 실시간으로 좌표의 결과값을 알 수 있으며 2~3cm의 정확도를 가지므로 일필지의 확정측량에 적합
> ② RTK 측량방식은 일필지측량에 많이 이용
> ③ 일필지의 경계점 관측시간은 2~3초 정도 소요
> ④ 일필지측량은 경계점마다 관측하므로 정확도가 높다.
> ⑤ 초기화를 시작한 때는 L_1, L_2 신호의 추적을 확인 후 시작
> ⑥ 코드보다는 반송파를 이용하며 RTK의 초기화 과정은 매우 중요
> ⑦ RTK 측량은 정확한 기준점을 고정국으로 하고 미지점을 이동국으로 하여 위치를 결정하는 방법

2. RTK 측량의 장점
① 과학적이고 합리적인 위치표시 가능
② 기준점의 위치정보는 높은 정밀도를 갖는다.
③ 고효율의 신속, 정확한 측량성과 획득이 가능
④ 측량비용이 감소될 수 있다.

3. RTK 측량의 단점
① RTK로 경계측량 성과 결정 시 기준점측량방식과 상이한 결과가 도출될 수 있다.
② 시가지 등 장애물이 있는 경우 RTK 측량불가능
③ 장비사에 따라 S/W가 다르므로 표준화된 S/W가 없다.
④ 통신장애시 업무가 지연될 가능성을 배제할 수 없다.
⑤ 장비가 고가
⑥ 전문인력 양성 필요

제9절 GPS 측량과 지오이드 관계

정표고는 평균해수면에 가장 근사한 중력 등포텐셜면으로 정의되는 지오이드를 기준으로 하여 측정되며 GPS에 의하여 측정되는 타원체고는 지오이드에 대하여 수학적으로 가장 근사한 가상면의 지심타원체(GRS80)를 기준으로 측정된다. 그러므로 수준측량에 있어 GPS를 실용화하기 위해서는 정확한 지오이드고가 산정되어야 한다.

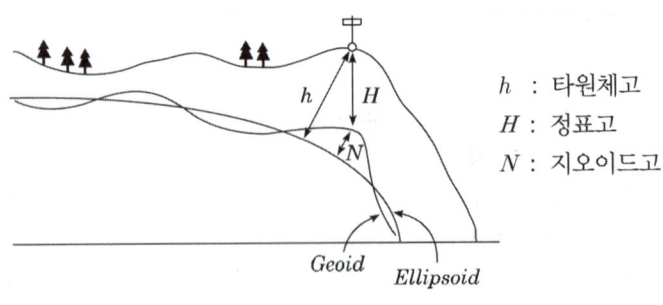

[GPS Levelling]

PART 01 측지학 및 위성측위시스템(GPS)

> ⚠️ **기본부터 알고 넘어가기**
>
> **GPS 측량에서 Geoid를 고려해야 하는 이유**
> ① 종래 삼각점의 좌표는 지역적인 준거타원체나 범지구타원체에 준거하여 삼각, 삼변 및 트래버스 측량으로 결정하고 수준점의 좌표인 표고는 지오이드와 일치한다고 가정한 평균해수면에 준거하여 Spirit Levelling에 의한 역표고, 정표고 및 정규표고를 결정한다.
> ② GPS에 의해 측정되는 타원체고는 지오이드에 대하여 수학적으로 가장 근사한 가상적인 면인 지심 타원체를 기준으로 관측한다.
> ③ GPS 측량으로부터 결정된 좌표들은 기존의 평면직각좌표로 변환하기 위하여 파라미터들을 사용하지만 표고는 등포텐셜면의 지오이드에 준거하고 있지 않으므로 일반적으로 표고값이 일치하지 않는다.
> ④ 따라서, GPS에 의한 표고의 결정은 지오이드가 결정되지 않은 지역에서는 적용할 수 없으므로 GPS Levelling을 실용화하기 위해서는 정밀한 지오이드의 결정이 필요하다.

제10절 GPS 기준망(Reference Network) / GPS 상시관측소

GPS 기준망(Reference Network)은 현재 전세계적으로 운영되고 있는 약 400개의 GPS 기준점으로 구성되었으며, 약 1,400개의 GPS 기준점 설치 및 운영을 계획 중에 있다. GPS 기준망은 항법, 측지측량, 지형공간정보체계(Geo Spatial Information System : GSIS) 등 여러 가지 목적으로 이용되고 있으며, 활용도가 급속히 확대될 전망이고, 전세계적으로 볼 때 광역기준망은 현재 기준점의 수가 75개이지만 앞으로 125개로 확대시켜 나갈 계획이다. 또한 각국은 전국토에 걸쳐 일정한 밀도로 GPS 상시관측소를 설치하여 전국 어디서나 시간, 거리, 장소, 기상 등의 제한없이 실시간으로 정확한 위치 정보를 제공하고 있다.

① GPS 상시관측소 시스템의 구성

1) 무인원격관측소

  (1) GPS 수신기 및 안테나

  (2) 안테나 설치탑

  (3) 통신장치

  (4) 전력공급장치

2) GPS 관측센터

(1) GPS 관측망의 통제 및 관리시스템

(2) 데이터의 수신, 저장, 처리 및 분석 시스템

2 상시관측망 시스템 기대 효과

(1) GPS 위성궤도 정보 제공

(2) 측량 시 전자기준점으로서의 역할 수행

(3) 차량항법시스템 및 지능형 교통관제시스템 기준국의 역할 수행

(4) 상시관측소의 위치변동량을 측정하여 지각변동량 조사, 사전지진 감지, 재난방재시스템 역할 수행

제11절 좌표변환

GPS가 우리나라에 실용화되기 위해서는 Bessel 타원체에 기준한 우리나라의 측지계와 GPS 에서 사용하는 세계측지계(WGS84) 간의 좌표변환이 선결과제이며, 변환방법에는 변환요소 방법과 MRE 방법, Molodensky 방법의 3가지 좌표변환방법이 있다.

1 7Parameter(변환요소방법)

측지계산의 변환관계를 나타내는 7개의 변환요소를 최소제곱법으로 산출하여 좌표변환하는 방법이며 직각좌표계에서만 가능하다.

$$X_{KD} = S[R]X_{84} + \Delta x$$

여기서, X_{KD} : 우리나라 측지계의 직각좌표계 성분 벡터
　　　　X_{84} : 세계측지계의 직각좌표계 성분 벡터
　　　　Δx : 우리나라 측지계와 세계측지계의 원점 편차량에 의한 직각 좌표계 성분 벡터
　　　　S : 두 측지계 간의 Scale 차이
　　　　$[R]$: 두 측지계 간의 회전을 나타내는 횡렬로 벡터

2 MRE 방법

이 방법은 Tokyo Datum을 WGS84로 변환하는 식이며 좌표보정량을 구하여 Tokyo Datum에 기준한 좌표값에 더해 주면 WGS84 좌표계를 얻을 수 있다.

$$X_{KD} = X_{84} + \Delta x'$$
$$Y_{KD} = Y_{84} + \Delta y'$$
$$Z_{KD} = Z_{84} + \Delta z'$$

여기서, X_{KD}, Y_{KD}, Z_{KD} : 우리나라 측지계의 직각좌표
X_{84}, Y_{84}, Z_{84} : WGS84 좌표계의 직각좌표
$\Delta x'$, $\Delta y'$, $\Delta z'$: 회귀계수로부터 산출된 보정량

3 Molodensky 방법

(1) 이 방법을 이용하여 국부좌표계를 WGS84로 변환하는 방식이다.

(2) 두 기준계상의 위성관측점에 대한 WGS84 및 Bwssel 타원체에 준거한 측지좌표의 편차량을 Molodensky 변환식으로 도출하고 이를 보정하여 변환을 수행한다.

$$\lambda_{KD} = \lambda_{84} + \Delta\lambda''$$
$$\phi_{KD} = \phi_{84} + \Delta\phi''$$
$$H_{KD} = H_{84} + \Delta h''$$

여기서, λ_{KD}, ϕ_{KD}, H_{KD} : 우리나라 측지계의 경도, 위도, 높이
λ_{84}, ϕ_{KD}, H_{KD} : WGS84 좌표계의 경도, 위도, 높이
$\Delta\lambda$, $\Delta\phi$, Δh : 두 측지계 간의 보정량

제12절 세계측지계(WGS84와 ITRF)

최근 GPS 측위기술의 발달과 함께 세계공통의 경도 위도를 정의하는 것이 가능해짐에 따라 전세계적으로 공통의 측지계 사용이 제창되고 있어 향후 ITRF 좌표계와 WGS 좌표계와 같은 세계측지계의 적용이 구체화될 것으로 예상된다.

1 세계측지계의 기준조건

(1) TRF(Terrestrial Reference Frames)라 하며 지구의 자전축에 대한 기준체계를 정한다.
(2) 시간에 따라 순간적으로 변하는 지구의 자전축과 원초자오선에 대하여 균일한 밀도와 일정한 회전율 시간에 대하여 고정된 자전축을 갖는 기준체계이다.
(3) 좌표계의 원점 : 지구질량의 중심점
(4) Z축(좌표축의 단점) : 지구자전축과 일치
(5) X축 : 그리니치 자오면과 적도면과의 교차선
(6) Y축 : 적도면에서 X축에 직각인 축

2 WGS84

GPS는 WGS84(World Geodetic System 1984)라고 불리는 기준좌표계를 이용하며, 여러 가지 관측장비를 가지고 전세계적으로 측정해 온 지구의 중력장과 지구 모양을 근거로 해서 만들어진 좌표계이다.

1) 특징

(1) WGS84는 지구의 질량 중심에 위치한 좌표원점과 X, Y, Z축으로 정의되는 좌표계이다.
(2) WGS60, 66, 72를 거쳐 개발되어 온 위성에서 사용하는 자표체계로서 여러 관측장비를 가지고 전세계적으로 측정해 온 지구의 중력장과 지구 모양을 근거로 해서 1984년에 만들어진 지구중심지구 고정좌표계(ECEF : Earth Centered Earth Fixed)로서 지구 전체를 대상으로 하는 세계 공통좌표계이다.

2) 좌표축

(1) WGS84는 지구질량 중심에 위치한 좌표원점과 X, Y, Z축으로 정의되는 좌표계이다.
(2) Z축 : 원점에서 지구의 극운동을 위하여 국제 시보국(BIH : Bureau International De L'heure)에서 정의한 CTP(Conventional Terrestrial Pole)의 방향에 평행한다. CTP는 BIH에서 관장하는 관측소들에 의해 채택된 위도좌표를 기준으로 하여 정의되며 이 축이 WGS84 타원체의 회전축이 된다.

(3) X축 : WGS84의 기준자오선면과 CTP의 적도면과 교차선으로 이 기준자오선은 BIH 관측소들에 의해 채택된 경도좌표를 기준하여 BIH에서 정의한 영점자오선(Zero meridian)과 평행한다.

(4) Y축 : 지구중심 지구고정 직각좌표계의 오른쪽에 해당하며 CTP 적도면상에서 X축의 90도 동쪽으로 측정한다.

(5) Y축은 X축과 Z축이 이루는 평면에 동쪽으로 수직인 방향으로 정의된다.

(6) WGS84 좌표계의 원점과 축은 WGS84 타원체의 기하학적 중심과 X, Y, Z축으로 쓰인다.

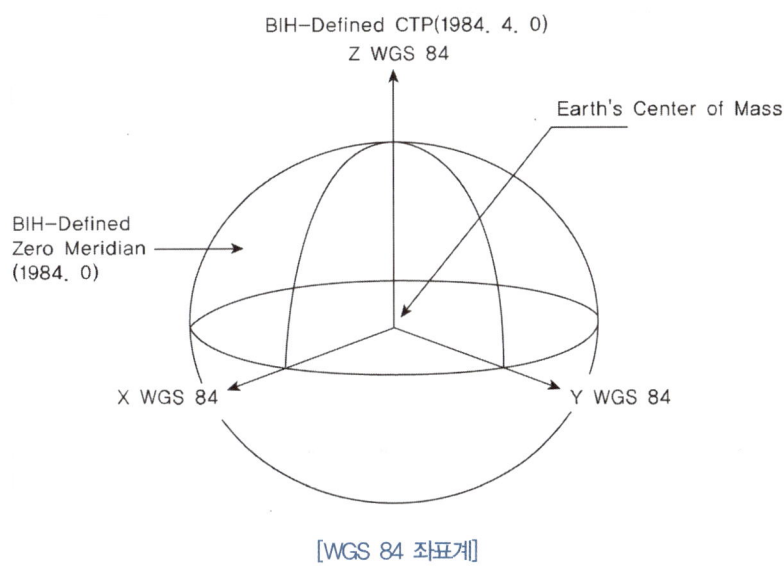

[WGS 84 좌표계]

③ ITRF 좌표계

(1) 국제기관(IERS : International Earth Rotation Service : 국제지구회전관측기관)에서 구축한 세계측지계이다.

(2) 세계각국의 VLBI(Very Long Baseline Interferometry : 초장기선간섭계)와 SLR(Satellite Laser Ranging) 및 GPS 상시관측망 등의 관측자료를 종합해서 해석한 결과에 의해 좌표계가 설정된다.

(3) 좌표체계는 WGS84와 거의 흡사하며 WGS84와의 차이는 수cm로서 지각변동, 조석변위와 같은 지구의 순간변화까지도 고려하여 결정되고 수정 보완되므로 WGS84보다 더 정확한 기준계로서 각국에서 사용되고 있다.

(4) 1999년 이래 ITRF97을 사용해 왔으며 최근에는 ITRF2000을 사용하고 있다.

제13절 측지좌표계

(1) 측지좌표계는 지상에서 위치관계를 표시하는 가장 일반적인 좌표계이다.
(2) 지표상의 자오선(경선)은 북극과 남극을 지나는 큰 원의 두 극에서 끝나는 반원
(3) 본초자오선은 영국의 그리니치천문대를 지나는 자오선이며 본초자오선과 적도의 교점이 원점이다.
(4) 경도는 본초자오선으로부터 적도를 따라 그 지점의 자오선까지 잰 각으로, 동서로 0 ~ 180°까지
(5) 위도는 어떤 지점에서 준거타원체의 법선이 적도면과 만나는 각으로서 남북으로 0 ~ 90°까지
(6) 연직선과 준거타원체의 법선은 일반적으로 일치하지 않고 또 정의하는 방법에 따라 측지, 천문, 지심, 화성위도로 구분
(7) 적도에 평행한 평면이 지표와 만나 이루는 작은 원이 평행권(위선)이다.

제14절 종래측량과 GPS 측량의 비교

종래 측량	GPS 측량
1차원 또는 2차원 측지 (평면측량과 수준측량이 별도)	3차원 측지
정확도 1/100,000	정확도 1/1,000,000
기상조건에 좌우됨	기상조건에 무관(천둥번개는 영향을 미침)
상호 관측기선이 가시구역 내 위치	가시구역이 필요없고, 위성을 추적할 수 있는 공간 필요
관측시간의 제약	24개 위성, 24시간 관측 가능
좌표계가 통일되지 않음	좌표계가 통일
다수 인원 필요	수신기 1대당 1인 필요
	장비설치 용이
	고속 관측자료 처리
	수치적 결과 산출(지도제작과 조정 용이)

제15절 측량에 이용되는 위성측위시스템

1. 위성항법시스템 구축 현황

전 세계 위성항법시스템 현황

소유국	시스템 명	목적	운용 연도	운용궤도	위성수
미국	GPS	전지구 위성항법	1995	중궤도	31기 운용 중
러시아	GLONASS	전지구 위성항법	2011	중궤도	24
EU	Galileo	전지구 위성항법	2012	중궤도	30
중국	COMPASS (Beidou : 北斗)	중국 지역 위성항법	2011	중궤도 정지궤도	30 5
일본	QZSS	일본 주변 지역 위성항법	2010	고타원궤도	3
인도	IRNSS	인도 주변 지역 위성항법	2010	정지궤도 고타원궤도	3 4

2. 보강시스템 구축 현황

1) 위성기반 보강시스템(SBAS, Satellite-Based Augmentation System)

항공항법용 보정정보 제공을 주된 목적으로 미국, 유럽 등 다수 국가가 구축·운용

국가별 위성기반 보강시스템 구축·운용 현황

국가	구축 시스템	용도 및 제공정보	구축비용	운용연도
미국	WAAS (Wide Area Augmentation System)	항공항법용 GPS 보정정보 방송	약 2조원	2007
EU	EGNOS (European Geostationary Navigation Overlay Service)	항공항법용 GPS, GLONASS 보정정보 방송	미공개	2008
일본	MSAS (Multi-functional Satellite-based Augmentation System)	항공항법용 GPS 보정정보 방송	약 2조원	2005
인도	GAGAN (GPS and Geo Augmented Navigation system)	항공항법용 GPS 보정정보 방송	미공개	2010
캐나다	CWAAS (Canada Wide Area Augmentation System)	항공항법용 GPS 보정정보 방송	미공개	미정

2) 지상기반 보강시스템(GBAS, Ground-Based Augmentation System)

(1) 해양용 보강시스템
국제해사기구(IMO : International Maritime Organization)의 해상항법 권고에 따라 GPS 보정정보를 제공하는 시스템으로서, 현재 40여개국 이상이 구축·운용

(2) 항공용 보강시스템
국제민간항공기구(ICAO : International Civil Aviation Organization)의 권고로 각 국이 항공용 항로비행(GRAS) 및 이착륙(GBAS)을 위한 보강시스템 개발 중

① GRAS : Ground-based Regional Augmentation System
② GBAS : Ground Based Augmentation System

제16절 GPS 응용 분야

GPS는 위치나 시간정보를 필요로 하는 모든 분야에 이용될 수 있기 때문에 매우 광범위하게 응용되고 있으며 그 범위가 확산되고 있는 추세이다.

1 측지측량 분야

(1) 종래의 측량기에 의한 지상측량 대신 위성을 이용한 효율적인 측량이 기대된다.
(2) 정밀기준점측량, 중력측량, 항공사진측량, 노선측량 등에 이용된다.
(3) 국토의 수평변형 조사, 지진예고, 지질구조 해석 및 파악 등의 지구물리학 부문에도 이용된다.

2 해상측량 분야

(1) 해상의 공사용 측량, 심천측량(배의 위치) 등에 이용된다.
(2) 해운, 해양관측, 해로(Navigation) 등에 이용된다.

3 교통 분야

1) GIS-T(교통부문 지리정보체계)

GIS 중 각종 교통 관련 속성정보를 위상 구조화하여 교통정책 수립 및 의사결정 지원시스템에 이용된다.

2) ITS(인공지능 교통정보체계)

교통시스템에 GPS, 전자, 통신 등 첨단기술을 접목시킨 차세대 교통체계에 이용된다.

3) CNS(차량항법시스템)

차량의 위치 또는 운항에 이용된다.

4 지도제작 분야(GPS-VAN)

GPS 수신기, 관성항법체계, 입체영상체계를 탑재한 이동차량으로 실시간 수치지도 제작/갱신

5 항공 분야

항공 Navigation(운항), 항공기 이착륙 유도 등

6 우주 분야

GPS 위성을 이용, 다른 위성의 Positioning(위치)과 Navigation(운항)

7 레저 스포츠 분야

개인용 수신기로서 바다, 산, 차에서의 위치 확인

8 군사용

미사일 추적, 각종 군사장비의 항법장치, 원격조정 무인자동화 등

9 GSIS의 DB 국축

10 기타

구조물 변위 계측, GPS를 시각동기장치로 이용

⚠ 기본부터 알고 넘어가기

GPS 측량의 장·단점

장점	단점
① 기상조건에 영향을 받지 않는다. ② 야간에 관측도 가능하다. ③ 관측점간의 시통이 필요 없다. ④ 장거리를 신속하게 측정할 수 있다. ⑤ X, Y, Z(3차원) 측정이 가능하다. ⑥ 움직이는 대상물도 측정이 가능하다.	① 우리나라 좌표계에 맞도록 변환하여야 한다. ② 위성의 궤도정보가 필요하다. ③ 전리층 및 대류권에 관한 정보를 필요로 한다.

GPS

측지위성 (GNSS)	궤도위성	GPS(미국), GLONASS(러시아), GALILEO(유럽), COMPASS(중국), QZSS(일본)
	정지위성	WAAS, EGNOS, MSAS, GAGAN
지구관측위성	저해상도위성	LANDSAT, SPOT
	고해상도위성	IKONOS

CHAPTER 05 문제 및 해설

01 GPS관측 도중 장애물 등으로 인하여 GPS 신호의 수신이 일시적으로 단절되는 현상을 무엇이라고 하는가? [2010년 기사 1회]

① 사이클 슬립(Cycle slip)
② SA(Selective Availability)
③ AS(Anti Spoofing)
④ 모호 정수(Ambiguity)

[해설]

GPS의 Cycle Slip
GPS의 반송파 위성추적회로(Phase Lock Loop : PLL)에서 반송파 위상치의 값을 순간적으로 놓침으로 인해 발생하는 오차로서 Cycle Slip은 반송파 위상데이터를 사용하는 정밀위치측정분야에서는 매우 큰 영향을 미칠 수 있으므로 Cycle Slip의 검출은 매우 중요하다.

02 GPS 측량에 있어 기준점 선점 시 고려사항과 가장 거리가 먼 것은? [2010년 기사 1회]

① 전파의 다중경로 발생 예상지점 회피
② 주파단절 예상지점 회피
③ 임계 고도각 유지가능 지역 선정
④ 인접 기준점과 시통이 잘 되는 지점 선정

[해설]

GPS 측량은 인접 기준점과의 시통이 필요없으나 GPS 위성 관측이 용이한 지역에 선정해야 한다.

03 GPS 위성으로부터 전송되는 L_1 신호의 주파수는 1,575.42MHz이다. 광속 c = 299,792,458m/s일 때 L_1 신호 100,000 파장의 거리는 얼마인가? [2010년 기사 1회]

① 10,230.000m ② 12,276.000m
③ 15,754.200m ④ 19,029.367m

[해설]

MHz를 Hz 단위로 환산하면
$$\lambda = \frac{c}{f} = \frac{299,792,458}{1,575.42 \times 10^6} = 0.190293672$$

L_1 신호 100,000 파장거리
= 100000 × 0.190293672
= 19,029.36728m
(λ : 파장, c : 광속도, f : 주파수)

04 위성측위시스템의 인공위성의 궤도 형태로 옳은 것은? [2010년 기사 1회]

① 타원   ② 쌍곡선
③ 포물선 ④ 직선

[해설]

케플러의 법칙(위성의 운동에 관한 법칙)
① 법칙 – 타원궤도의 법칙
② 법칙 – 면적속도일정의 법칙
③ 법칙 – $a^3 \propto T^2$

Answer 01 ① 02 ④ 03 ④ 04 ①

05 UTM 좌표에 대한 설명으로 옳지 않은 것은?
[2010년 기사 2회]

① UTM 좌표는 적도를 횡축으로, 측지선을 종축으로 한다.
② UTM 좌표에서 종좌표는 N으로, 횡좌표는 E를 붙인다.
③ 80°N과 80°S간 전지역의 지도는 UTM 좌표로 표시할 수 있다.
④ UTM 좌표는 세계 제2차 대전 말기 연합군의 군용거리 좌표로 고안된 것이다.

해설
① UTM 좌표는 국제횡메르카토르 투영법에 의하여 표현되는 좌표계이다.
② 적도를 횡축, 자오선을 종축으로 하였다.
③ 투영방식, 좌표변환식은 TM과 동일하나 원점에서 축척계수를 0.9996으로 하여 적용범위를 넓혔다.
④ 지구전체를 경도 6°씩 60개 구역으로 나누고, 각 종대의 중앙자오선과 적도의 교점을 원점으로 하여 원통도법인 횡메르카토르 투영법으로 등각투영한다.
⑤ 각 종대는 180°W 자오선에서 동쪽으로 6° 간격으로 1~60까지 번호를 붙인다.

06 GNSS(Global Navigational Satellite System) 위성과 관련 없는 것은?
[2010년 기사 2회]

① GPS
② KH-11
③ GLONASS
④ Galileo

해설
① GPS : 미국
② GLONASS : 러시아
③ Galileo : 유럽연합

07 GPS를 이용한 위치결정에 사용되지 않는 것은?
[2010년 기사 2회]

① 후방교회법   ② 최소제곱법
③ 차분법   ④ 구면조화함수

해설
간섭측위에 의한 위상차 측정
정적간섭측위(Static Positioning)를 통하여 기선해석을 하는데 사용하는 방법으로서 두 개의 기지점에 GPS 수신기를 설치하고 위상차를 측정하여 기선의 길이와 방향을 3차원 벡터량으로 결정하는데 다음과 같은 위상차 차분기법을 통하여 기선해석 품질을 높인다.

08 GPS 측량에서 시간의 기준에 대한 설명 중 옳지 않은 것은?
[2010년 기사 2회]

① 2006년 10월 현재, 협정세계시(UTC)와 국제원자시(TAI)의 차는 3초 정도이다.
② MJD(Modified Julian Date) = Julian Date - 2400000.5 days다.
③ 국제원자시(TAI)는 전 세계 세슘원자시계의 평균으로 설정된 것이다.
④ GPS시(GPS time)는 국제원자시(TAI)와 19초 차이가 난다.

해설
GPS Time 설정
① 1980년 1월 6일 UTC(세계시)와 동일하게 설정
② 지구 자전주기의 변환에 의해 세계시보다 약 10초, 국제원자시보다는 약 19초 지연
③ 우리나라 표준시와 약 9시간의 정수차가 있으며 정수차의 차는 지구 자전의 감속에 의한 윤초 때문에 수시로 변경

Answer 05 ① 06 ② 07 ④ 08 ①

09 기준점측량과 같이 매우 높은 정밀도를 필요로 할 때 사용하는 방법으로서 두 개 또는 그 이상의 수신기를 사용하여 보통 1시간 이상 관측하는 GPS 현장 관측방법은 무엇인가? [2010년 기사 2회]

① 정지측량(스태틱 관측방법)
② 이동측량(키네마틱 관측방법)
③ 고속 스태틱 관측방법
④ RTK(Real Time Kinematic)

[해설]
정지측량(스태틱 관측방법) : 2대의 수신기를 각각 관측점에 고정하고 4대 이상의 위성으로부터 동시에 60분에서 수시간 동안 연속 전파신호를 관측하여 모호정수를 소거함으로써 각 지점 간의 기선벡터를 구하는 방법으로서 정확도가 좋아서 측지측량 및 정밀기준점측량에 이용된다.

10 고정점으로부터 50km 떨어져 있는 미지점의 좌표를 GPS 관측으로 결정하려고 한다. 다음 중 가장 우수한 결과를 확보할 수 있는 조건은? [2010년 기사 3회]

① 고정국 및 미지점에 각각 1주파용 수신기 및 안테나로 관측하고 위성궤도력은 보통력을 사용한다
② 고정국 및 미지점에 각각 2주파용 수신기 및 안테나로 관측하고 위성궤도력은 정밀력을 사용한다.
③ 고정국 및 미지점에 각각 2주파용 수신기 및 안테나로 관측하고 위성궤도력은 보통력을 사용한다.
④ 고정국은 2주파용 수신기 및 안테나, 미지점은 1주파용 수신기 및 안테나로 관측하며 위성궤도력은 정밀력을 사용한다.

[해설]
궤도정보는 GPS 측위 정확도를 좌우하는 중요한 사항으로서 방송력과 정밀력으로 구별하는데 정밀력은 실제 위성의 궤적으로서 지상추적국에서 위성전파를 수신하여 계산된 궤도정보로서 방송력에 비해 정확도가 높다.

11 시간오차를 제거한 3차원 위치결정에 필요한 최소위성수는 몇 대인가? [2010년 기사 3회]

① 1대   ② 2대
③ 3대   ④ 4대

[해설]
GPS 측량은 위성에서 발사한 코드와 수신기에서 미리 복사된 코드를 비교하여 두 코드가 완전히 일치할 때까지 걸리는 시간을 관측하여 여기에 전파속도를 곱하여 거리를 구하는데 여기에 시간오차가 포함되어 있으므로 4개 이상의 위성을 관측하여 원하는 수신기의 위치와 시각동기오차를 결정하고 항법, 근사적인 위치결정, 실시간 위치결정 등에 이용된다.
GPS에서 위도, 경도, 고도, 시간에 대한 차분해를 얻기 위한 위성의 최소 개수는 4개이다.
3차원 위치결정은 위치(x, y, z)+시간(t)으로 4개의 미지수결정을 위해 4개의 위성이 필요하다.

12 위성측량에서 위성의 궤도와 임의 시각의 궤도상의 위치를 결정할 수 있는 위성의 궤도요소가 아닌 것은? [2010년 기사 3회]

① 궤도의 장반경
② 승교점(ascending node)의 적위
③ 궤도 경사각
④ 궤도 이심률(eccentricity)

Answer 09 ① 10 ② 11 ④ 12 ②

해설

13
GPS 신호에서 C/A 코드는 1.023Mbps로 이루어져 있다. GPS 신호의 전파속도를 300,000km/sec로 가정했을 때 코드 1비트 사이의 간격은 약 몇 m인가?

[2010년 기사 3회]

① 약 2.93m　② 약 29.3m
③ 약 293m　④ 약 2930m

해설
1비트 사이 간격(S)
$= V \cdot T = V \times \dfrac{1}{f}$
$= 300{,}000{,}000 \times \dfrac{1}{1.023 \times 10^6}$
$= 293.25\text{m}$

14
GPS 위성 시스템에 관한 설명 중 옳지 않은 것은?

[2010년 기사 3회]

① 위성의 고도는 지표면상 평균 약 20,200km이다.
② 기준계는 GRS80을 사용한다.
③ 각 위성들은 모두 상이한 코드정보를 전송한다.
④ 위성의 궤도주기는 약 11시간 58분이다.

해설
GPS 측지기준계는 WGS84이다.

15
상대측위 방법(간섭계측의) 설명 중 옳지 않은 것은?

[2010년 기사 3회]

① 전파의 위상차를 관측하는 방식으로 정밀측량에 주로 사용된다.
② 위상차의 계산은 단순차, 2중차, 3중차의 차분기법을 적용할 수 있다.
③ 수신기 1대를 사용하여 모호 정수를 구한 뒤 측위를 실시한다.
④ 위성과 수신기 간 전파의 파장 개수를 측정하여 거리를 계산한다.

해설
상대측위는 2대 이상의 수신기로 상대적인 위치관계를 이용하여 측위하는 방식이다.

16
GPS의 구성에서 GPS 위성의 궤도를 추적하고 운영관리하는 지휘 통제소 역할을 하는 부문은?

[2010년 기사 3회]

① 사용자부문
② 우주부문
③ 제어부문
④ 송신부문

해설
제어부문(Control Segment)
제어부문은 모니터와 위성체계의 연속적인 제어, GPS의 시간 결정, 위성 시간값 예측, 각각의 위성에 대해 주기적인 항법신호 갱신 등의 역할을 담당한다.
① 1개의 주관제국(주제어국), 5개의 추적국(무인 부관제국) 및 3개의 지상 안테나로 구성되어 있다.

Answer　13 ③　14 ②　15 ③　16 ③

17 UTM 좌표계에 대한 설명으로 옳지 않은 것은? [2010년 기사 3회]

① 세계를 하나의 통일된 좌표로 표시하기 위한 목적으로 고안되었다.
② 좌표지역대의 분할을 위해 위도는 8도, 경도는 6도 간격으로 분할하였다.
③ 우리나라의 UTM 좌표는 경도 127도와 극지방을 좌표계의 원점으로 하는 55S와 56S 지역대에 속한다.
④ 중앙자오선에서 축척계수는 0.9996이다.

해설
① UTM 좌표는 국제횡메르카토르 투영법에 의하여 표현되는 좌표계이다.
② 적도를 횡축, 자오선을 종축으로 하였다.
③ 투영방식, 좌표변환식은 TM과 동일하나 원점에서 축척계수를 0.9996으로 하여 적용범위를 넓혔다.
④ 지구전체를 경도 6°씩 60개 구역으로 나누고, 각 종대의 중앙자오선과 적도의 교점을 원점으로 하여 원통도법인 횡메르카토르 투영법으로 등각투영한다.
⑤ 각 종대는 180°W 자오선에서 동쪽으로 6° 간격으로 1~60까지 번호를 붙인다.
⑥ 중앙자오선에서의 축척계수는 0.9996m이다.(축척계수 : $\frac{평면거리}{구면거리} = \frac{s}{S} = 0.9996$)
⑦ 종대에서 위도는 남북 80°까지만 포함시킨다.
⑧ 횡대는 8°씩 20개 구역으로 나누어 C(80°S ~72°S)~X(72°N~80°N)까지(단, I, O는 제외) 20개의 알파벳문자로 표현한다.
⑨ 결국 종대 및 횡대는 경도 6°×위도 8°의 구형구역으로 구분된다.

18 차분(Differencing)을 이용한 측위에 대한 설명으로 옳지 않은 것은? [2010년 기사 3회]

① 공통된 위성으로부터 수신된 신호는 같은 궤도 오차를 가진다.
② 하나의 수신기에 수신된 여러 위성으로부터의 신호는 같은 수신기 시계오차를 가진다.
③ 기지점과 미지점 간의 거리가 짧다면 대기효과는 비슷하게 나타난다.
④ 단일차분에 의해서 위성과 수신기의 시계오차를 동시에 제거할 수 있다.

해설
모호정수치를 구하기 위한 상대측위방법에는 단일차분(Single Difference), 이중차분(Double Difference), 삼중차분(Triple Difference)이 있다. 단일차분(Single difference)은 1위성/2수신기 간의 수신기 간 차분의 위상관측식을 계산함으로서 위성시계의 오차항을 제거하거나, 또는 2위성/1수신기 간(위성간 차분)의 위상관측식을 계산함으로서 수신기 시계의 오차항을 제거한다. 이중차분(Double difference)은 2개 이상의 single difference를 계산하여 수신기 및 위성시계의 오차항을 모두 제거하고, 미지항은 모호정수항만을 남기게 된다. 삼중차분(Triple difference는 double difference)을 연속된 시간에 따라 빼주는 것으로는 정보의 내용이 빈약해서 double difference를 이용하는 것보다 부정확하다. 관측 도중 발생하는 사이클 슬립(Cycle Slip)을 보정하는데 이용한다.

19 우리나라가 속해 있는 UTM 좌표구역 52S에서 좌표원점의 위치는? [2011년 기사 1회]

① 동경 125°와 적도
② 동경 127°와 적도
③ 동경 129°와 적도
④ 동경 132°와 적도

Answer 17 ③ 18 ④ 19 ③

해설

UTM 좌표구역 52S를 경위도 좌표계로 환산하면 동경 126°~132°에 위치하게 되며 원점은 중앙에 위치되므로 동경 129°가 된다.
UTM 좌표구역에서 우리나라는 51~52 종대(column), S~T 횡대(row)에 속한다.
col. 51 : 120~126°(중앙자오선 123°E)
　　 52 : 126~132°(중앙자오선 129°E)
row. S : 32~40°N
　　 T : 40~48°N

20 천문좌표계에 속하지 않는 것은?

[2011년 기사 1회]

① 지평좌표　　② 적도좌표
③ 경위도좌표　④ 황도좌표

해설

천문좌표계는 지오이드를 기준으로 하여 측정된 위도, 경도, 표고로 표시된 좌표로서 천문좌표계에는 지평, 적도, 황도, 은하 좌표계가 있다.

21 GPS의 활용분야와 가장 관계가 먼 것은?

[2011년 기사 1회]

① 측지 측량기준망의 설정
② 지각변동 관측
③ 지형공간정보 획득 및 시설물 유지관리
④ 실내 건축인테리어

해설

실내 건축인테리어분야와 GPS 측위체계는 무관하다. GPS는 현재 단순한 위치정보 제공에서부터 항공기, 선박, 자동차의 자동항법 및 교통관제, 유조선의 충돌방지, 대형 토목공사의 정밀 측량, 지도제작 등 광범위한 분야에 응용되고 있으며, GPS수신기는 개인 휴대용에서부터 위성 탑재용까지 다양하게 개발되어 있다.

22 위성의 기하학적 분포상태는 의사거리에 의한 단독측위의 선형화된 관측방정식을 구성하고 정규방정식의 역행렬을 활용하면 판단할 수 있다. 관측점 좌표 x, y, z 및 수신시 시계 L에 대한 cofactor 행렬(Q)의 대각선요소가 각각 qxx=0.5, qyy=2.2, gzz=2.5, qtt=1.2일 때 관측점에서의 GDOP는?

[2011년 기사 1회]

① 3.575　　② 3.609
③ 6.500　　④ 13.030

해설

$GDOP = \sqrt{0.5^2 + 2.2^2 + 2.5^2 + 1.2^2} = 3.5749$

23 GPS(Global Positioning System)에 관한 설명으로 옳은 것은? [2011년 기사 1회]

① GPS의 위치결정법에는 반송파 위상관측법만이 있다.
② L_1파는 P 코드만을 변조한다.
③ GPS의 구성은 우주부문, 제어부문, 사용자부문으로 나뉜다.
④ L_2파는 P코드와 C/A 코드를 변조한다.

해설

1) GPS 코드

L₁대 (1,575.42MHz)	- C/A코드(1.023MHz) : 위성의 식별정보 - 항법 메시지 : 위성의 궤도 정보 - P코드(10.23(MHz) : 위성의 식별정보 - 항법메시지
L₂대 (1,227.60MHz)	- P코드(10.23MHz) - 항법 메시지

L_1 : C/A코드와 P코드 변조 가능
L_2 : P코드만 변조 가능

2) GPS의 구성
　GPS는 우주부문, 제어부문, 사용자 부문으로 나뉜다.

Answer 20 ③　21 ④　22 ①　23 ③

24 전송파(carrier)에 대한 미지의 수로서, 위성과 수신기안테나 간 온전한 파장의 전체 개수를 무엇이라 하는가?

[2011년 기사 2회]

① 모호정수 ② AS
③ 다중경로 ④ 삼중차

해설
측량개시 시 위성과 GPS 수신기 사이에 존재했던 반송파의 정현파수를 모호정수라 한다.

25 GPS를 이용하여 위치를 결정하는 경우에 대한 설명으로 틀린 것은?

[2011년 기사 2회]

① 반송파를 이용한 위치결정이 코드를 이용한 경우보다 정확하다.
② 단독측위보다 상대측위가 정확하다.
③ 위성의 대수가 많은 것이 정확하다.
④ 위성의 고도각이 낮을수록 정확하다.

해설
위성의 고도각이 낮을수록 Cycle Slip이 발생한다.

Cycle Slip의 원인
① GPS 안테나 주위의 지형, 지물에 의한 신호차단으로 발생
② 비행기의 커브 회전 시 동체에 의한 위성시야의 차단
③ 높은 신호잡음
④ 낮은 신호강도(Signal Strength)
⑤ 낮은 위성의 고도각
⑥ 사이클 슬립은 이동측량에서 많이 발생

26 GPS에 의한 기준점측량 작업 시의 기선해석에 대한 설명으로 옳지 않은 것은?

[2011년 기사 2회]

① GPS 위성의 궤도요소는 정밀력 또는 방송력에 의한다.
② 기선해석의 방법은 세션(session)마다 단일기선해석에 의한다.
③ 사이클 슬립(cycle slip)의 편집은 원칙적으로 기선해석 프로그램에 의하여 자동편집이나 수동편집을 할 수도 있다.
④ 기선해석의 결과는 FLOAT해에 의한다.

해설

GPS에 의한 기준점측량 작업규정
② 기선해석은 다음과 같이 실시한다.
 1. GPS 위성의 궤도요소는 정밀력 또는 방송력에 의한다.
 2. 당해 관측지역과 가장 가까운 국립지리원GPS상시관측소 2점 이상의 WGS84 좌표값을 기지로 하여 실시한다. 그 다음의 기선해석은 바로 전의 기선해석에서 구하여진 WGS84 좌표값을 사용하여 순차해석한다.
 3. ITRF 좌표계나 실용성과로부터 WGS84 좌표로의 변환은 원칙적으로 국립지리원의 국가좌표변환계수를 사용한다. 다만, 낙도 등 실용성과를 변환하는 것이 기선해석용의 좌표값으로 충분하지 못할때에는 GPS 또는 VLBI 관측 등에서 구해진 변환값을 사용할 수 있다.
 4. 기선해석의 방법은 Session마다의 단일기선해석에 의한다.
 5. 기선해석은 Session도에 있는 전 기선벡터를 산출한다.
 6. 사이클슬립의 편집은 원칙적으로 기선해석프로그램에 의하여 자동편집이나 수동편집을 할 수도 있다. 또한 수동으로 편집한 경우는 GPS관측기록부에 기재한다.
 7. 기선해석의 결과는 FIX해에 의한다.

Answer 24 ① 25 ④ 26 ④

27 GPS 측량에 관한 설명으로 틀린 것은?
[2011년 기사 2회]

① 인공위성의 전파를 수신해서 위치를 결정하는 시스템이다.
② 수신점의 위치를 계산할 때는 인공위성의 궤도 정보가 필요하다.
③ 두 점 이상의 점을 동시에 관측할 경우, 측점 간에 시통(視通)이 안되면 위치 결정을 할 수 없다.
④ 관측 시 상공의 시계를 확보할 필요가 있다.

해설
GPS 측량은 시통과는 무관하다.

28 GPS 위성시스템의 우주부문에 대한 설명으로 틀린 것은?
[2011년 기사 2회]

① GPS 위성의 궤도면 수는 6개이다.
② 각 궤도면의 경사각은 적도에 대해 55° 경사로 배치되어 있다.
③ GPS 위성은 하루에 약 1번씩 지구 주위를 회전하고 있다.
④ 각 궤도 간 경사각은 60°이다.

해설
우주부문(Space Segment)
우주부문은 24개의 위성과 3개의 예비위성으로 구성되어 전파신호를 보내는 역할을 담당한다.
① GPS위성은 적도면과 55°의 궤도경사를 이루는 6개의 궤도면으로 이루어져 있으며 궤도 간 이격은 60°이다. 고도는 약 20,200km(장반경 26,000km)에서 궤도면에 4개의 위성이 배치하고 있다.
② 공전주기를 11시간 58분으로 하여 위성이 하루에 지구를 두 번씩 돌도록 하여 지상의 어느 위치에서나 항상 동시에 5개에서 최대 8개까지 위성을 볼 수 있도록 하기 위해 배치되어 있다.

29 GPS 위성신호에 대한 설명으로 옳지 않은 것은?
[2011년 기사 2회]

① 위성신호가 전리층을 통과할 때 위상(carrier)은 광속보다 빨리 진행된다.
② 위성신호가 전리층을 통과할 때 코드(code)는 광속보다 느리게 진행된다.
③ 위성신호가 대류층을 통과할 때 코드(code)는 광속보다 느리게 진행된다.
④ 위성신호가 대류층을 통과할 때 위상(carrier)은 광속보다 빨리 진행된다.

해설
GPS 전파는 전리층을 지나면서 Code 신호는 느려지고 반송파는 빨라지는 등 속도가 변화하므로 측량오차를 일으키게 된다. 전리층 오차는 이주파 수신기 사용으로 소거된다.
GPS 전파는 대류층을 지나면서 코드신호와 반송파는 둘 다 지연된다. 즉 대류층 오차는 차분기법에 의해 소거된다.

30 다음 중 반송파(carrier)의 모호정수(ambiguity)가 포함되어 있지 않는 관측치는?
[2011년 기사 2회]

① 일중위상차
② 이중위상차
③ 삼중위상차
④ 무차분 위상

해설
1. **삼중차**
   (삼중위상차 : Triple Phase Difference)
① 이중위상차를 누적하는 형태를 취하기 때문에 적분위상차라고도 한다.
② 일정시간 동안의 이중위상차를 측정하며 장시간 관측해야 하므로 위성의 움직임에 대한 계산의 정확도 저하가 발생할 우려가 있다.
③ 주로 장거리 측량에 사용되며 위성과 수신기의 시계오차뿐만 아니라 Cycle Slip(신호단절)만 없다면 정수바이어스(위성을 중심으로 한 구면은 동심원 형태가 되어 발생)의 처리까지 가능하다.
④ 반송파의 모호정수(Ambiguity) 소거

Answer 27 ③ 28 ③ 29 ④ 30 ③

31 DGPS측위에 대한 설명 중 틀린 것은?
[2011년 기사 3회]

① 위치를 알고 있는 기지점과 위치를 모르는 미지점에서 동시에 관측한다.
② 최소한 4개의 위성이 필요하다.
③ 기지점과 미지점의 거리가 길수록 측위정확도가 높다.
④ 기지점과 미지점에서의 오차가 유사할 것이라는 가정을 이용한다.

해설

DGPS는 이미 알고 있는 기지점 좌표를 이용하여 오차를 최대한 줄여서 이용하기 위한 상대측위방식의 위치결정방식으로 기지점에 기준국용 GPS 수신기를 설치하고 위성을 관측하여 각 위성의 의사거리 보정값을 구한 뒤 이를 이용하여 이동국용 GPS 수신기의 위치결정오차를 개선하는 위치결정 형태이다.

DGPS의 원리
① 기지국 GPS(Reference Station)
기지점에 설치하는 GPS로서 인공위성에 의해 측정된 위치데이터와 기지점의 위치데이터와의 차이값을 계산, 위치보정데이터를 생성하여 이동국 GPS로 송신하는 기능을 수행한다.
② 이동국 GPS(Mobile Station)
기지국으로부터 송신된 위치보정데이터와 인공위성에 의해 측정된 위치데이터를 합성하여 현지점의 정확한 위치를 표시한다.

32 GPS 위성과 수신기 간의 거리를 측정할 수 있는 재원과 거리가 먼 것은?
[2011년 기사 3회]

① P코드
② CA코드
③ L_1반송파
④ E_1반송파

해설

GPS 신호의 종류
① 반송파신호 : L_1, L_2, L_5반송파
② 코드신호 : C/A코드, P코드
③ 항법메시지

33 GPS의 신호가 단절될 때 연속적인 위치 및 자세 결정을 위하여 GPS와 결합하여 활용하는 시스템은?
[2011년 기사 3회]

① 전자파거리 측량기(EDM)
② 관성항법장치(INS)
③ 속도계
④ 나침반

해설

INS(Inertial Navigation System : 관성항법시스템)는 차량, 항공기 등에 관성측량기를 장착해 관측자의 현재 위치를 측량하고 진로를 알려주는 정밀항법장치로서 각(角)가속도를 측정하여 시간에 대한 연속적인 적분을 수행해 위치와 속도, 진행방향을 계산해내는 시스템으로서 GPS와 달리 본체에 설치된 센서를 통해 측량하는 방법이다.

34 위성측위시스템(GPS)에 대한 설명 중 틀린 것은?
[2011년 기사 3회]

① GPS 측량에 의한 위치결정은 비교적 복잡한 시가지지역에서 용이하다.
② 인공위성의 섭동을 해석함으로써 지구의 물리적인 특성을 규명할 수 있다.
③ 위성의 위치, 거리, 변화 등의 관측이 가능하다.
④ GPS 수신기를 이용한 방향측정은 두 대 이상의 다중안테나 시스템에 의해서 가능하다.

해설

GPS 측량의 장·단점
1. 장점
① 기상조건에 영향을 받지 않는다.
② 야간관측도 가능하다.
③ 관측점간시통이 필요없다.
④ 장거리를 신속하게 측정할 수 있다.
⑤ 3차원측정이 가능하다.
⑥ 움직이는 대상물도 측정이 가능하다.

Answer 31 ③ 32 ④ 33 ② 34 ①

2. 단점
① 우리나라 좌표계에 맞도록 변환하여야 한다.
② 위성궤도 정보가 필요하다.
③ 전기층 및 대류전에 관한 정보가 필요하다.

35 다음 중 위치기반서비스(LBS)를 위한 실시간 위치결정과 관련이 가장 적은 것은?

[2011년 기사 3회]

① GPS   ② GLONASS
③ GALILEO   ④ LANDSAT

해설

측량용 위성
1. 측지위성(GNSS)
  ① 궤도위성 : GPS, GLONASS, GALILEO 등
  ② 정지위성 : WASS, EGNOS, MASA 등
2. 지구관측위성
  ① 저해상도 위성 : LANDSAT, SPOT, KOMPSAT-1 등
  ② 고해상도 위성 : IKONOS, KOMPSAT-2, Quick Bird 등

36 GPS 방송궤도력에서 제공하는 정보로 옳은 것은?

[2012년 기사 1회]

① 위성과 수신기 사이의 거리
② 위성의 위치정보
③ 대기 중 습도정보
④ 수신기의 시계오차

해설

방송궤도력 : 시간에 따른 천체의 궤적을 기록한 것으로, 각각의 GPS 위성으로부터 송신되는 항법메시지에는 앞으로의 궤도에 대한 예측값이 들어 있다. 형식은 매 30초마다 기록되어 있으며 16개의 Keplerian element로 구성되어 있다.

37 세계 각국에서는 보다 정확하고 시공을 초월한 측위환경에 대한 수요가 증가함에 따라 각국 고유의 측위위성시스템(GNSS : global navigation satellite system)을 개발하고 구축하고 있다. 이와 관련 없는 것은?

[2012년 기사 1회]

① Galileo   ② QZSS
③ SPOT   ④ GLONASS

해설

GNSS(위성항법시스템)
GNSS는 인공위성에 발신하는 전파를 이용해 지구 전역에서 움직이는 물체의 위치·고도치·속도를 계산하는 위성항법시스템으로, 현재 미사일 유도 같은 군사적 용도뿐 아니라 측량이나 항공기, 선박, 자동차 등의 항법장치에 많이 이용되고 있다.
미국의 GPS, 러시아의 GLONASS, 유럽의 Galileo, 중국의 Beidou, 일본의 QZSS가 대표적인 GNSS 시스템이며, 현재 정상 가동되어 활발하게 서비스를 제공하는 위성측위시스템은 GPS와 GLONASS가 있다.

38 일반적으로 GPS의 구성 요소를 3가지로 구분할 때, 이에 속하지 않는 것은?

[2012년 기사 1회]

① 우주 부문   ② 사용자 부문
③ 제어(관제) 부문 ④ 장비 부문

해설

GPS의 구성 요소 : 우주·제어·사용자 부문

Answer 35 ④ 36 ② 37 ③ 38 ④

39 기준점 측량과 같이 매우 높은 정밀도를 필요로 할 때 사용하는 방법으로서 두 개 또는 그 이상의 수신기를 사용하여 보통 1시간 이상 관측하는 GPS 현장관측 방법은 무엇인가? [2012년 기사 1회]

① 정지측량(static 관측방법)
② 이동측량(kinematic 관측방법)
③ 신속정지측량(rapid static 관측방법)
④ RTK(Real Time Kinematic)

해설
정지측량(스태틱 관측방법) : 2대의 수신기를 각각 관측점에 고정하고 4대 이상의 위성으로부터 동시에 60분에서 수시간 동안 연속 전파신호를 관측하여 모호정수를 소거함으로써 각 지점 간의 기선벡터를 구하는 방법으로서 정확도가 좋아서 측지 측량 및 정밀기준점 측량에 이용된다.

40 현재 운용 중인 GPS에서 사용할 수 있는 수신자료가 아닌 것은? [2012년 기사 1회]

① C/A   ② L_1
③ L_2 ④ E_5

해설
GPS 신호의 종류
① 반송파신호 : L_1, L_2, L_5반송파
② 코드신호 : C/A코드, P코드
③ 항법메시지

41 GPS 신호의 품질에 대한 설명으로 틀린 것은? [2012년 기사 1회]

① 건물이나 지형지물에 의해 반사된 신호는 품질이 좋지 않다.
② 대기층에 수증기 양이 많을수록 품질이 좋지 않다.
③ 전리층의 전자수가 많을수록 품질이 좋지 않다.
④ 위성의 고도가 높을수록 품질이 좋지 않다.

해설
신호전달
1. 전리층 편의
전리층은 지표면으로부터 50km~1,000km 사이의 지역이다. 이 영역을 통과한 전자기 GPS 신호 전파가 이온층을 통과하는 시간이 길면 길수록, 이온화된 입자들이 많을수록 오차가 커지게 된다. 이 코드의 전파신호는 실제보다 관측거리를 길게 만든다.

42 GPS의 군사용 신호를 이용할 수 없도록 제한하는 제도적 장치는? [2012년 기사 1회]

① Anti-Spoofing
② Delta Process
③ Epsilon Process
④ Selective Availability

해설
3. AS(Anti Spoofing : 코드의 암호화, 신호 차단)
㉠ 군사목적의 P코드를 적의 교란으로부터 방지하기 위해 암호화시키는 기법
㉡ 암호를 풀 수 있는 수신기를 가진 사용자만이 위성신호 수신가능
㉢ SA를 해제함으로써 AS는 유명무실하게 되었다.

43 GPS 측량 방법 중 〈보기〉가 설명하고 있는 방법은? [2012년 기사 2회]

[보기]
실시간 키네마틱(RTK) 측량을 이용하면 실시간으로 정확한 위치정보를 획득할 수 있다. 하지만 기준국과 이동국에 설치할 2대의 GPS 수신기가 필요하다. 이 방법은 기준국 수신기로는 상시관측소를 이용하고, 이동국수신기 1대로 RTK 측량이 가능하다.

① DGPS   ② SLR
③ Pseudo Kinematic   ④ VRS

Answer 39 ① 40 ④ 41 ④ 42 ① 43 ④

해설

VRS(Virtual Reference Stations : 가상기지국)
VRS는 위치기반서비스를 하기 위해 GPS 위성수신방식과 GPS 기지국으로부터 얻은 정보를 통합하여 임의의 지점에서 단말기 또는 휴대폰을 통하여 그 지점에서 정보를 얻기 위한 가상의 기지국을 말한다.

44 GPS 측량에 있어 기준점 선점 시 고려사항과 가장 거리가 먼 것은? [2012년 기사 2회]

① 인접 기준점과 시통이 잘 되는 지점 선정
② 전파의 다중경로 발생 예상지점 회피
③ 임계 고도각 유지 가능 지역 선정
④ 주파단절 예상지점 회피

해설

기준점 선점 시 고려사항
① 삼각점, 수준점 및 표고점의 상공시계는 15° 이상을 표준으로 하여 확보한다.
② 삼각점, 수준점에서 지상구조물 또는 수목 등에 의한 전파수신의 장애가 발생되는 경우에는 장애물 제거 및 안테나타워 등의 일시표지를 설치한다.
③ 전파의 다중경로 발생 예상지점 회피
④ 주파단절 예상지점 회피
⑤ 인접기준점과 시통은 무관하다.

45 GPS 측량에 대한 설명 중 옳지 않은 것은? [2012년 기사 2회]

① GPS의 측위 원리는 위치를 알고 있는 위성에서 발사한 전파를 수신하여 관측점까지 소요시간을 관측함으로써 미지점의 위치를 구하는 인공위성을 이용한 범지구위치결정체계이다.
② GPS의 구성은 우주부문, 제어부문, 사용자부문으로 나눌 수 있다.
③ GPS 위치결정 정확도는 정밀도 저하율(DOP)의 수치가 클수록 정확하다.
④ GPS에 이용되는 좌표체계는 WGS84를 이용하고 있으며 WGS84의 원점은 지구질량중심이다.

해설

DOP의 특징
① 수치가 작을수록 정확하다.
② 지표에서 가장 좋은 배치상태를 1로 한다.
③ 5까지는 실용상 지장이 없으나 10 이상인 경우 좋지 않다.
④ 수신기를 중심으로 4개 이상의 위성이 정사면체를 이룰 때 최적의 체적이 되며 GDOP, PDOP가 최소가 된다.

46 다음 중 실시간으로 얻을 수 있는 GPS 궤도정보는 무엇인가? [2012년 기사 2회]

① 초신속궤도력   ② 신속궤도력
③ 방송궤도력   ④ 정밀궤도력

해설

① 궤도정보는 GPS 측위 정확도를 좌우하는 중요한 사항으로서 방송력과 정밀력으로 구별하는데 정밀력은 실제 위성의 궤적으로서 지상추적국에서 위성전파를 수신하여 계산된 궤도정보로서 방송력에 비해 정확도가 높다. 방송력은 GPS 위성이 지상으로 송신하는 궤도정보이다
② 방송궤도력 : 시간에 따른 천체의 궤적을 기록한 것으로, 각각의 GPS 위성으로부터 송신되는 항법메시지에는 앞으로의 궤도에 대한 예측값이 들어 있다. 형식은 매 30초마다 기록되어 있으며 16개의 Keplerian element로 구성되어 있다.

47 위성 측위시스템에서 위성으로부터 송신되어 측위에 이용되는 신호는?

[2012년 기사 2회]

① 전파   ② 음파
③ 가시광선   ④ 적외선

Answer 44 ① 45 ③ 46 ③ 47 ①

해설
GPS는 인공위성을 이용한 범세계적 위치결정 체계로 정확한 위치를 알고 있는 위성에서 발사한 전파를 수신하여 관측점까지의 소요시간을 관측함으로써 관측점의 위치를 구하는 체계이다.

48 위성의 배치에 따른 정확도의 영향을 DOP라는 수치로 나타낸다. 다음 설명 중 틀린 것은? [2012년 기사 2회]

① GDOP : 중력 정확도 저하율
② HDOP : 수평 정확도 저하율
③ VDOP : 수직 정확도 저하율
④ TDOP : 시각 정확도 저하율

해설
DOP의 종류
㉠ Geometric DOP : 기하학적 정밀도 저하율
㉡ Positon DOP : 위치 정밀도 저하율 (위도, 경도, 높이)
㉢ Horizontal DOP : 수평 정밀도 저하율 (위도, 경도)
㉣ Vertical DOP : 수직 정밀도 저하율(높이)
㉤ Relative DOP : 상대 정밀도 저하율
㉥ Time DOP : 시간

49 다음 중 정밀측위용 GPS 수신기를 사용하여야 하는 분야는? [2012년 기사 2회]

① 측량 및 측지
② 해상 운행
③ 통신
④ 카내비게이션

해설
측지 및 측량분야에서는 정확한 위치를 결정하기 때문에 정밀측위용 GPS 수신기를 사용하여야 한다.

50 UTM 좌표에 대한 설명으로 옳지 않은 것은? [2013년 기사 1회]

① UTM 좌표는 경도를 6° 간격으로 분할하여 사용한다.
② UTM 좌표는 적도를 횡축으로, 측지선을 종축으로 한다.
③ 80° N과 80° S 간 전 지역의 지도는 UTM 좌표로 표시할 수 있다.
④ UTM 좌표는 세계 제2차 대전 말기 연합군의 군사용 좌표로 고안된 것이다.

해설
UTM 좌표계
1. 의의
 1) UTM 좌표는 국제횡메르카토르 투영법에 의하여 표현되는 좌표계이다.
 2) 적도를 횡축, 자오선을 종축으로 하였다.
 3) 투영방식, 좌표변환식은 TM과 동일하나 원점에서 축척계수를 0.9996으로 하여 적용범위를 넓혔다.

51 다음 중 모호정수(ambiguity)를 제거하기 위한 GPS 측위 관측신호는? [2013년 기사 1회]

① 차분되지 않은 방송파
② 단일차분된 반송파
③ 이중차분된 반송파
④ 삼중차분된 반송파

해설
삼중차
(삼중위상차 : Triple Phase Difference)
① 이중위상차를 누적하는 형태를 취하기 때문에 적분위상차라고도 한다.
② 일정시간 동안의 이중위상차를 측정하며 장시간 관측해야 하므로 위성의 움직임에 대한 계산의 정확도 저하가 발생할 우려가 있다.

③ 주로 장거리 측량에 사용되며 위성과 수신기의 시계 오차뿐만 아니라 Cycle Slip (신호단절)만 없다면 정수바이어스(위성을 중심으로 한 구면은 동심원 형태가 되어 발생)의 처리까지 가능하다.
④ 반송파의 모호정수(Ambiguity) 소거

52 GPS 측량의 특징에 대한 설명으로 옳지 않은 것은? [2013년 기사 1회]

① 밤낮에 관계없이 측량이 가능하다.
② 기상에 관계없이 측량이 가능하다.
③ 실시간 위치 결정이 가능하다.
④ 직접적인 실내측위가 가능하다.

해설
① 기상상태가 좋지 않아도 관측이 가능
② 시통이 되지 않아도 관측 가능
③ 밤낮에 관계없이 측량이 가능하다.
④ 실시간 위치 결정이 가능하다.
⑤ 건물전파 방해 시 정밀관측이 안 된다.
⑥ 위성관측시야각이 15° 이상되어야 한다.

53 GPS로부터 획득할 수 있는 정보와 가장 거리가 먼 것은? [2013년 기사 1회]

① 공간상 한 점의 위치
② 지각의 변동
③ 해수면의 온도
④ 정확한 시간

해설
GPS로부터 획득할 수 있는 정보
① 공간상의 한 점의 위치
② 지각의 변동
③ 정확한 시간
해수면의 온도는 GPS로부터 획득할 수 있는 정보가 아니다.

54 GPS의 상대측위법에서 단일차분(Single Difference)을 두 번 반복하는 2중차분 (Double Difference) 과정에서 소거되지 않은 오차는? [2013년 기사 1회]

① 다중파장경로 오차
② 위성 시계 오차
③ 수신기 시계 오차
④ 정수 바이어스

해설

구분	시계오차		정수 바이어스	전리층 대류권
	위성	수신기		
반송파위상	○	○	○	○
수신기 간 일중위상차	×	○	○	△
위성 간 일중위상차	○	×	○	△
이중위상차	×	×	○	△
삼중위상차	×	×	×	△

○ : 계산 시 고려해야 할 항
× : 상대관측에서 소거되는 항
△ : 상대관측에서 작아지는 항. 기선이 짧은 경우 △는 무시할 수 있다.

55 GPS 측량을 통해 수집된 공통 데이터 형식인 RINEX파일에 포함되지 않은 사항은? [2013년 기사 1회]

① 관측데이터
② 항법메시지
③ 기상관측자료
④ 측량작업자

해설
1. RINEX 파일에는 관측데이터(O파일), 항법메시지(N파일), 기상관측데이터(M파일)의 3가지 종류가 있다.
2. RINEX파일명은 MS-DOS형식으로 ssssdddf.yyt 라고 쓴다. ssssdddf는 최대 8문자의 파일명이고 yyt는 확장자(extension)이다.

Answer   52 ④   53 ③   54 ①   55 ④

RINEX는 관용적으로 다음과 같은 형태를 사용한다.

SSSS	측점명
ddd	1월 1일부터 경과 일수
f	관측의 세션 번호
yy	서기 년도의 뒤 2자리 (예: 1998년의 경우 98)
t	파일의 종류
O	관측데이터
N	항법메시지
M	기상데이터

56 GPS 단독측위에서의 정확도와 관련된 설명 중 틀린 것은? [2013년 기사 1회]

① 대류권의 수증기 양이 적을수록 정확도가 높다.
② 전리층의 전하량이 적을수록 정확도가 높다.
③ 위성의 궤도가 정확할수록 정확도가 높다.
④ 위성의 배치가 천정방향에 집중될수록 정확도가 높다.

[해설]

위성의 배치상태에 의한 오차
(1) GPS관측지역의 상공을 지나는 위성의 기하학적 배치상태에 따라 측위의 정확도가 달라지는데 이를 DOP(Dilution of Precision)라 한다. (정밀도 저하율)
(2) 3차원 위치의 정확도는 PDOP에 따라 달라지는데 PDOP은 4개의 관측위성들이 이루는 사면체의 체적이 최대일때 가장 정확도가 좋으며 이때는 관측자의 머리 위에 다른 3개의 위성이 각각 120°를 이룰 때이다.
(3) DOP은 값이 작을수록 정확한데 1이 가장 정확하고 5까지는 실용상 지장이 없다.

57 GPS에 의한 기준점 측량 작업규정에 의해 GPS 관측을 실시할 경우에 대한 설명으로 옳지 않은 것은? [2013년 기사 1회]

① GPS 측량은 Session 모두 정적간섭측위방법으로 실시한다.
② 위성 고도각은 15° 이상의 것을 사용한다.
③ 위성의 작동상태가 정상적인 것을 사용한다.
④ 동시 수신 위성수는 최소 6개 이상이 되도록 한다.

[해설]

관측의 실시
(1) GPS 측량은 Session 모두 정적간섭측위방법으로 실시
(2) GPS 측량에 사용하는 위성은 다음과 같다.
 ① 고도각은 원칙적으로 15° 이상일 것
 ② 위성의 작동 상태가 정상일 것
 ③ 동시 수신 위성수는 4개 이상일 것

58 GPS에서 이중주파수(Dual Frequency)를 채택하고 있는 가장 큰 이유는? [2013년 기사 1회]

① 다중경로(Multipath)오차를 제거할 수 있다.
② 전리층지연 효과를 제거할 수 있다.
③ 대기 온도의 영향을 제거할 수 있다.
④ 전파방해에 대응할 수 있다.

[해설]

2개의 주파수로 방송이 되는 이유는 위성궤도와 지표면 중간에 있는 전리층의 영향을 보정하기 위함이다.

Answer 56 ④ 57 ④ 58 ②

59 우리나라의 좌표계(한국측지계)가 세계측지계로 변경된 후 설명으로 틀린 것은?

[2013년 기사 2회]

① 모든 지도를 좌표변환 없이 세계측지계 기준으로 재제작하여야 한다.
② 법령에 의한 지표상의 위치는 해당법령을 개정하여 그 수치를 변경하여야 한다.
③ 지상목표물의 위치는 수치(좌표)상의 변화(평행이동)만 있고 실제 지형, 지물의 위치 변동은 없다.
④ GPS 측량성과를 변환 과정 없이 직접 사용할 수 있다.

해설
한국측지계가 세계측지계로 변경된 후 설명
① 법령에 의한 지표상의 위치는 해당법령을 개정하여 그 수치를 변경하여야 한다.
② 지상목표물의 위치는 수치(좌표)상의 변화(평행이동)만 있고 실제 지형, 지물의 위치 변동은 없다.
③ GPS 측량성과를 변환 과정 없이 직접 사용할 수 있다.

60 신속정지측위(rapid static positoning)에 대한 설명으로 옳은 것은?

[2013년 기사 3회]

① 신속하게 이동하여 측위하는 기법을 말한다.
② 수신기를 자동차에 탑재하여 이동하며 측위하는 것을 말한다.
③ 짧은 시간 동안 수신된 데이터를 이용하여 측위하는 기법을 말한다.
④ 일반적으로 단독측위 기법을 기반으로 한다.

해설
정지측위는 장시간 관측하는 것으로 신속정지측위는 짧은 시간 동안 수신된 데이터를 이용하여 측위하는 기법을 말한다.

61 인공위성 궤도의 섭동(perturbation)에 영향을 미치는 요인이 아닌 것은?

[2013년 기사 2회]

① 지구중력장
② 인공위성의 크기
③ 달과 태양의 인력
④ 태양의 복사압

해설
1. 인공위성 궤도의 섭동(perturbation)에 영향을 미치는 요인
  ① 지구중력장
  ② 달과 태양의 인력
  ③ 태양의 복사압

62 GPS 신호 관측 시 발생하는 대류층 지연과 관련된 대기의 요소가 아닌 것은?

[2013년 기사 2회]

① 온도   ② 속도
③ 습도   ④ 압력

해설
대류층 지연과 관련된 대기의 요소
① 온도
② 습도
③ 압력

63 GPS 단독측위에서 4개 위성의 관측점 좌표 x, y에 대한 Cofactor 행렬의 대각선 요소가 각각 σ_{xx} = 0.75, σ_{yy} = 1.13일 때, 관측점의 수평정확도 저하율(HDOP)은?

[2013년 기사 2회]

① 0.86   ② 1.36
③ 1.51   ④ 1.88

Answer 59 ① 60 ③ 61 ② 62 ② 63 ②

해설

수평정확도 저하율(HDOP)
$= \sqrt{0.75^2 + 1.13^2} = 1.356$

64 GPS 반송파 상대측위 기법에 대한 설명 중 옳지 않은 것은?
[2013년 기사 2회]

① 전파의 위상차를 관측하는 방식으로서 정밀측량에 사용
② 오차 보정을 위하여 단일차분, 이중차분, 삼중차분의 기법을 적용할 수 있다.
③ 수신기 1대를 사용하여 모호 정수를 구한 뒤 측위를 실시
④ 위성과 수신기 간 전파의 파장 개수를 측정하여 거리를 계산한다.

해설

반송파신호(반송파위상) 측정방식
1. 기본원리
   위성에서 송신된 코드신호를 운반하는 반송파의 위상변화를 이용하는 방법이다. 즉, 위상차를 관측하여 위성과 수신기 간의 거리를 측정한다.

65 UTM 좌표에 대한 설명으로 옳지 않은 것은?
[2013년 기사 3회]

① 전 세계를 60×20의 격자망으로 형성한다.
② 우리나라는 51S와 52S의 지역대에 속한다.
③ 경도는 8°, 위도는 6°로 분할하여 나타낸다.
④ 위도 80°S부터 84°N까지의 지역을 나타낸다.

해설

1. U.T.M 좌표(Universal Transvers Mercator)
   ① 종대
      ㉠ 지구전체를 경도 6°씩 60개 구역으로 나누고, 각 종대의 중앙자오선과 적도의 교점을 원점으로 하여 원통도법인 횡메르카토르 투영법으로 등각투영한다.
      ㉡ 각 종대는 180°W 자오선에서 동쪽으로 6° 간격으로 1~60까지 번호를 붙인다.
      ㉢ 중앙자오선에서의 축척계수는 0.9996m이다.
   ② 횡대
      ㉠ 종대에서 위도는 남북 80°까지만 포함시킨다.
      ㉡ 횡대는 8°씩 20개 구역으로 나누어 C(80°S ~72°S) ~ X(72°N ~ 80°N)까지(단 I, O는 제외) 20개의 알파벳문자로 표현한다.
      ㉢ 결국 종대 및 횡대는 경도 6° × 위도 8°의 구형구역으로 구분된다.

66 GPS 절대측위에서 HDOP와 VDOP가 2.3과 3.7이고 예상되는 관측데이터의 정확도(σ)가 2.5m일 때 예상할 수 있는 수평위치 정확도(σ_H)와 수직위치 정확도(σ_V)는?
[2013년 기사 3회]

① $\sigma_H = \pm 0.92$m, $\sigma_V = \pm 1.48$m
② $\sigma_H = \pm 1.48$m, $\sigma_V = \pm 8.51$m
③ $\sigma_H = \pm 4.8$m, $\sigma_V = \pm 6.20$m
④ $\sigma_H = \pm 5.75$m, $\sigma_V = \pm 9.25$m

해설

$GDOP = \sqrt{\sigma_{xx}^2 + \sigma_{yy}^2 + \sigma_{zz}^2 + \sigma_{tt}^2}$
$PDOP = \sqrt{\sigma_{xx}^2 + \sigma_{yy}^2 + \sigma_{zz}^2}$
$TDOP = \sigma_{tt}$
$HDOP = \sqrt{\sigma_{xx}^2 + \sigma_{yy}^2}$
$VDOP = \sigma_{zz}$
$HDOP = 2.3$, $VDOP = 3.7$
관측데이터 정확도(σ)가 2.5m이므로
수평위치 정확도(σ_H) = 2.3×2.5 = ±5.75m
수직위치 정확도(σ_V) = 3.7×2.5 = ±9.25m

67 GPS 활용 분야로 가장 거리가 먼 것은?
[2013년 기사 3회]

① 수심해저 지형도 판독 기기로 활용
② 차량용 내비게이션 시스템에 활용
③ 등산, 캠핑 등의 여가선용에 활용
④ 유도무기, 정밀폭격, 정찰 등 군사용으로 이용

Answer 64 ③ 65 ③ 66 ④ 67 ①

해설
GPS 활용 분야

(1) 측지측량 분야	(7) 레저 스포츠 분야
(2) 해상측량 분야	(8) 군사용
(3) 교통분야	(9) GSIS의 DB 구축
(4) 지도제작분야 (GPS-VAN)	(10) 기타 : 구조물 변위 계측, GPS를 시각동기장치로 이용 등
(5) 항공 분야	
(6) 우주 분야	

68 GPS를 이용한 기준점측량의 계획을 수립하려고 한다. 이때 위성의 이용가능 시간대와 배치 상황도를 참고하여 관측계획을 수립할 때 고려하여야 할 사항과 거리가 먼 것은? [2013년 기사 3회]

① 상공 시계 확보를 위한 선점 위치의 지상 장애물 분포 상황
② 임계 고도각 이상에 존재하는 사용 위성의 개수
③ 관측 예전 시간대의 DOP 수치 파악
④ 수신에 사용할 각 위성의 번호

해설
관측 시 위성의 조건과 주의 사항

위성의 조건	주의사항
1. 관측점으로부터 위성에 대한 고도각이 15° 이상에 위치할 것 2. 위성의 작동상태가 정상일 것 3. 관측점에서 동시에 수신 가능한 위성수는 정지측량에 의하는 경우에는 4개 이상, 이동측량에 의하는 경우에는 5개 이상일 것	1. 안테나 주위의 10미터이내에는 자동차 등의 접근을 피할 것 2. 관측 중에는 무전기 등 전파 발신기의 사용을 금한다. 다만, 부득이한 경우에는 안테나로부터 100미터 이상의 거리에서 사용할 것 3. 발전기를 사용하는 경우에는 안테나로부터 20미터 이상 떨어진 곳에서 사용할 것 4. 관측 중에는 수신기 표시장치 등을 통하여 관측상태를 수시로 확인하고 이상 발생 시에는 재관측을 실시할 것

69 다음 중 사이클 슬립(cycle slip)의 발생과 관련이 없는 경우는? [2013년 기사 3회]

① 높은 지대로 주변에 장애물이 없는 곳에서 측량을 하는 경우
② 태양폭풍에 의해 전리층이 교란된 경우
③ 수신기를 갑자기 이동한 경우
④ 신호가 단절된 경우

해설
Cycle Slip

사이클 슬립은 GPS 반송파위상 추적회로에서 반송파위상치의 값을 순간적으로 놓침으로 인해 발생하는 오차. 사이클 슬립은 반송파 위상데이터를 사용하는 정밀위치측정분야에서는 매우 큰 영향을 미칠 수 있으므로 사이클 슬립의 검출은 매우 중요하다.

원인	처리
① GPS안테나 주위의 지형지물에 의한 신호단절 ② 높은 신호 잡음 ③ 낮은 신호 강도 ④ 낮은 위성의 고도각 ⑤ 사이클 슬립은 이동측량에서 많이 발생	① 수신회로의 특성에 의해 파장의 정수배 만큼 점프하는 특성 ② 데이터 전처리 단계에서 사이클 슬립을 발견, 편집가능 ③ 기선 해석 소프트웨어에서 자동처리

70 항정선(rhumb line)에 대한 설명으로 옳은 것은? [2013년 기사 3회]

① 자오선과 항상 일정한 각도를 유지하는 지표의 선
② 양극을 지나는 대원의 북극과 남극 사이의 절반으로 중심각이 180°의 대원호
③ 지표상 두 점 간의 최단거리로 지심과 지표상 두 점을 포함하는 평면과 지표면의 교선
④ 지구타원체상 한 점의 법선을 포함하며 그 점을 지나는 자오면과 직교하는 평면과 타원체면과의 교선

Answer 68 ④ 69 ① 70 ①

해설

항정선
(航程線 : Rhumb Line(또는 斜航線, 等方位線)
항정선은 자오선과 항상 일정한 각도를 유지하는 지표의 선으로서 그 선 내의 각 점에서 방위각이 일정한 곡선이다.

71 GNSS 측량시 측위정확도에 영향을 주지 않는 것은? [2014년 기사 1회]

① 기선 길이
② 수신기의 안테나 높이
③ 가시위성(visible satellite)
④ 위성의 기하학적 배치

해설

수신기의 안테나 높이는 측위정확도에 크게 영향을 주지 않는다.

72 지심좌표방식으로 GPS 위성측량에서 쓰이는 좌표계는? [2014년 기사 2회]

① UTM 좌표
② WGS84 좌표
③ 천문 좌표
④ 베셀 좌표

해설

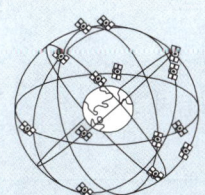

궤도 : 대략 원궤도
궤도수 : 6개
위성수 : 31개
궤도경사각 : 55°
높이 : 20,000km
사용좌표계 : WGS-84

[GPS 위성궤도]

73 GPS 위성궤도력(ephemeris)에 대한 설명 중 옳은 것은? [2014년 기사 2회]

① 정밀궤도력은 위성으로부터 실시간으로 수신할 수 있다.
② 국토지리정보원에서는 정밀궤도력을 생산한다.
③ 정확한 위치결정을 위해서는 정밀궤도력을 사용한다.
④ 방송궤도력에는 위성시계오차 보정항을 포함하고 있지 않다.

해설

정밀력(Precise Ephemeris) : 정밀궤도정보
① 실제위성의 궤적으로서 지상추적국에서 위성전파를 수신하여 계산된 궤도정보임
② 방송력에 비해 정확도가 높으며 위성관측 후에 정보를 취득하므로 주로 후처리 방식의 정밀기준점 측량 시 적용됨
③ 방송궤도력은 GPS 수신기에서 곧바로 취득이 되지만, 정밀궤도력은 별도의 컴퓨터 네트워크를 통하여 IGS(GPS 관측망)로부터 수집하여야 하고 약 11일 정도 기다려야 함
④ GPS 위성의 정밀궤도력을 산출하기 위한 국제적인 공동연구가 활발히 진행
⑤ 전세계 약 110개 관측소가 참여하고 있는 국제 GPS 관측망(IGS)이 1994년 1월 발족하여 GPS 위성의 정밀궤도력을 산출하여 공급하고 있다.
⑥ 대덕연구단지 내 천문대 GPS 관측소와 국토지리정보원 내 GPS 관측소가 IGS 관측소로 공식 지정되어 우리나라 대표로 활동

74 다음 중 GPS 측량을 실시할 때, 멀티패스(Multipath) 현상의 영향이 가장 적은 곳은? [2014년 기사 2회]

① 고층 빌딩 사이
② 고압송전탑 밑
③ 수풀이 우거진 숲 속
④ 비가 많이 내리는 폭이 넓은 하천가

Answer 71 ② 72 ② 73 ③ 74 ④

해설

다중경로(Multipath)
다중경로오차는 GPS 위성으로부터 직접 수신된 전파 이외에 부가적으로 주위의 지형, 지물에 의해 반사된 전파로 인해 발생하는 오차로서 측위에 영향을 미친다.
① 다중경로는 금속제 건물, 구조물과 같은 커다란 반사적 표면이 있을 때 일어난다.
② 다중경로의 결과로서 수신된 GPS 신호는 처리될 때 GPS 위치의 부정확성을 제공
③ 다중경로가 일어나는 경우를 최소화하기 위하여 미션 설정, 수신기, 안테나 설계 시에 고려한다면 다중경로의 영향을 최소화 할 수 있다.
④ GPS 신호시간의 기간을 평균하는 것도 다중경로의 영향을 감소시킨다.
⑤ 가장 이상적인 방법은 다중경로의 원인이 되는 장애물에서 멀리 떨어져서 관측하는 방법이다.

75 GNSS를 이용한 위치결정과 관련이 없는 것은? [2014년 기사 3회]

① 후방교회법
② 최소제곱법
③ 교각법
④ 차분법

해설
트래버스측량의 수평각 관측에는 교각법, 편각법, 방위각법이 있다.

76 GPS 위성의 궤도를 계산하기 위한 궤도정보에 포함되지 않는 것은?
[2015년 기사 1회]

① 궤도의 장반경
② 궤도의 경사각
③ 궤도의 원지점 인수
④ 궤도의 승교점 적경

해설
케플러의 6요소
① 궤도장반경(軌道長半徑, semi-major axis : A)
② 궤도이심률(軌道離心率, eccentricity : e)
③ 궤도경사각(軌道傾斜角, inclination angle : i)
④ 승교점적경(昇交點赤經, right ascension of ascending node : h)
⑤ 근지점 인수(近地點引數, argument of perigee : g) 또는 근지점 적경
⑥ 근점이각(近點離角, satellite anomaly : v)

77 통합기준점 설치를 위한 GPS 기준점 측량 시 연속 관측 시간은? [2015년 기사 1회]

① 2시간
② 4시간
③ 6시간
④ 8시간

해설
GPS 작업규정 제12조(관측의 실시)
6. GPS 측량시간 등은 다음과 같다.

구 분	2등 기준점 측량	3등 기준점 측량
Session 수	1 이상	1 이상
Session 관측시간	8시간 이상	4시간 이상
데이터 취득 간격	30초	30초
Session의 중복	2점 이상	2점 이상

78 인공위성과 관측점 간의 거리를 결정하는 데 사용되는 주요 원리는? [2015년 기사 2회]

① 다각법
② 세차운동의 원리
③ 음향관측법
④ 도플러 효과

해설
1. Doppler Effect(도플러 효과) : 도플러 효과는 수신된 전파신호가 송수신기 간의 상대적인 운동에 의해 주파수가 변위하는 현상으로 흔히 차량이나 비행기의 위치와 속도 등을 측정하는 데 유용하게 사용된다.

Answer 75 ③ 76 ③ 77 ④ 78 ④

79 기준점 측량과 같이 매우 높은 정밀도를 필요로 할 때 사용하는 방법으로서 두 개 또는 그 이상의 수신기를 사용하여 보통 1시간 이상 관측하는 GPS 현장관측방법은?

[2015년 기사 2회]

① 정지측량(static 관측방법)
② 이동측량(kinematic 관측방법)
③ 신속정지측량(rapid static 관측방법)
④ RTK(Real Time Kinematic)

해설

정지측량(Static Survey)
① 가장 일반적인 방법으로 하나의 GPS기선을 두 개의 수신기로 측정하는 방법이다.
② 측점 간의 좌표차이는 WGS84 지심좌표계에 기초한 3차원 X, Y, Z를 사용하여 계산되며, 지역 좌표계에 맞추기 위하여 변환하여야 한다.
③ 수신기 중 한 대는 기지점에 설치, 나머지 한 대는 미지점에 설치하여 위성신호를 동시에 수신하여야 하는데 관측시간은 관측 조건과 요구 정밀도에 달려 있다.

80 고정밀 GPS 측위에서 이중 주파수 관측데이터를 사용하는 주요 이유는?

[2015년 기사 2회]

① 다중경로의 최소화
② 대류권 지연의 최소화
③ 전리층 효과의 최소화
④ 수신기 시간오차의 최소화

해설

GPS 오차 원인 중 L_1 신호와 L_2 신호의 굴절 비율의 상이함을 이용하여 L_1, L_2의 선형 조합을 통해 보정이 가능한 것은 전리층 지연오차를 최소화하는 것이다.

81 GPS 신호에 포함된 항법메시지에서 제공되는 정보가 아닌 것은? [2015년 기사 3회]

① 궤도정보
② 위성시계보정계수
③ 위성상태
④ 전리층 지연량

해설

GPS에서 측위계산에 필요한 위성궤도정보와 관련된 데이터를 항법메시지라고 한다. GPS 신호에 포함된 항법메시지에서 제공되는 정보는 자기 자신의 궤도정보, 모든 위성의 궤도정보, 전리층 보정계수, 위성시계의 보정계수, 위성상태 등이 있다.

82 GPS 측위 방식에 관한 설명으로 옳지 않은 것은? [2015년 기사 3회]

① 단독측위 시 많은 수의 위성을 동시에 관측할 때 위성의 궤도정보 오차는 측위결과에 영향이 거의 없다.
② DGPS는 미지점과 기지점에서 동시에 관측을 실시하여 양 측점에서 관측한 정보를 모두 해석함으로써 미지점의 위치를 결정한다.
③ RTK-GPS는 관측하는 전 과정 동안 모든 수신기에서 최소 4개 이상의 위성들로부터 송신되는 위성신호를 모두 동시에 수신하여야 한다.
④ RTK-GPS는 공공측량 시 3, 4급 기준점측량에 적용할 수 있다.

해설

단독측위 시 많은 수의 위성을 동시에 관측할 때 위성의 궤도정보 오차는 측위결과에 영향을 미친다.

83 GNSS 측량에서 수평측위정밀도와 관련되는 위성의 기하학적 배치는 다음 중 어느 것인가? [2014년 기사 1회]

① PDOP
② TDOP
③ HDOP
④ VDOP

Answer 79 ① 80 ③ 81 ④ 82 ① 83 ③

해설

정밀도 저하율(DOP, Dilution of Precision)
GPS 관측지역의 상공을 지나는 위성의 기하학적 배치상태에 따라 측위의 정확도가 달라지는데 이를 정밀도 저하율(DOP)이라 한다.

종류	특징
① GDOP : 기하학적 정밀도 저하율 ② PDOP : 위치 정밀도 저하율 ③ HDOP : 수평 정밀도 저하율 ④ VDOP : 수직 정밀도 저하율 ⑤ RDOP : 상대 정밀도 저하율 ⑥ TDOP : 시간 정밀도 저하율	① 3차원 위치의 정확도는 PDOP에 따라 달라지는데 PDOP은 4개의 관측위성들이 이루는 사면체의 체적이 최대일 때 가장 정확도가 좋으며 이때는 관측자의 머리 위에 다른 3개의 위성이 각각 120°를 이룰 때이다. ② DOP는 값이 작을수록 정확한데 1이 가장 정확하고 5까지는 실용상 지장이 없다.

84 GPS의 활용분야와 가장 관계가 먼 것은?
[2015년 기사 3회]

① 지각변동 관측
② 실내 건축인테리어
③ 측지기준망의 설정
④ 지형공간정보 획득 및 시설물 유지관리

해설

GPS의 활용분야
① 측지측량 분야
② 해상측량 분야
③ 교통 분야
④ 지도제작 분야
⑤ 항공 분야
⑥ 우주 분야
⑦ 레저 스포츠 분야
⑧ 군사용
⑨ GIS 및 DB 구축 등

85 단독측위, DGPS, RTK-GPS 등에 관한 설명으로 옳지 않은 것은? [2010년 기사 1회]

① 단독측위 시 많은 수의 위성을 동시에 관측할 때 위성의 궤도정보에 대한 오차는 측위 결과에 영향이 없다.
② DGPS는 신점과 기지점에서 동시에 관측을 실시하여 양 점에서 관측한 정보를 모두 해석함으로써 신점의 위치를 결정한다.
③ RTK-GPS는 위성신호 중 반송파 신호를 해석하기 때문에 코드 신호를 해석하여 사용하는 DGPS보다 정확도가 높다.
④ RTK-GPS는 공공측량 시 3, 4급 기준점측량에 적용할 수 있다.

해설

단독 측위
절대관측방법인 단독 측위는 4개 이상의 위성으로부터 수신한 신호 가운데 C/A-code를 이용해 실시간 처리로 수신기의 위치를 결정하는 방법으로 궤도정보 등에 의한 구조적 오차가 발생한다.

86 도심지와 같이 장애물이 많은 경우 특히 증대되는 GPS 관측오차는?
[2010년 기사 1회]

① 다중경로 오차   ② 궤도오차
③ 시계오차   ④ 대기오차

해설

다중경로오차
GPS 위성으로부터 직접 수신된 전파 이외에 부가적으로 주위의 지형, 지물에 의한 반사된 전파로 인해 발생하는 오차
㉠ 다중경로는 보통 금속제 건물, 구조물과 같은 커다란 반사적 표면이 있을 때 일어난다.
㉡ 다중경로의 결과로서 수신된 GPS의 신호는 처리될 때 GPS 위치의 부정확성을 제공한다.

Answer 84 ② 85 ① 86 ①

ⓒ 다중경로가 일어나는 경우를 최소화하기 위하여 미션설정, 안테나, 수신기 설계 시에 고려한다면 다중경로의 영향을 최소화할 수 있다.
ⓓ GPS 신호시간의 기간을 평균하는 것도 다중경로의 영향을 감소시킨다.
ⓔ 가장 이상적인 방법은 다중경로의 원인이 되는 장애물에서 멀리 떨어져 관측하는 것이다.

87 GPS에서 두 개의 주파수를 사용하는 주된 이유는? [2010년 기사 1회]

① 전리층의 효과를 제거(보정)하기 위해
② 수신기 오차를 제거(보정)하기 위해
③ 시계오차를 제거(보정)하기 위해
④ 다중 반사를 제거(보정)하기 위해

해설
2주파(L_1, L_2) 수신기를 이용하는 경우 전리층 오차를 제거할 수 있다.

88 준성(quasar)으로부터 발생되는 전파를 이용하여 수평위치를 결정하는 측량 방법은? [2010년 기사 2회]

① GPS(Global Positioning System)
② SLR(Satellite Laser Ranging)
③ VLBI(Very Long Baseline Interferometry)
④ LLR(Lunar Laser Ranging)

해설
① VLBI(Very Long Baseline Interferometry)
지구상에서 1,000~10,000km 정도 떨어진 1조의 전파간섭계를 설치하여 전파원으로부터 나온 전파를 수신, 2개의 간섭계에 도달하는 전파의 시간차를 관측하여 거리를 관측한다. 무한거리에 있는 준성에서의 전파는 거리 S만큼 떨어진 2개의 안테나에 평행하게 입사하므로 도착시간차는 기하학적 지연시간(Geometrical Delay Time)이다.

89 GPS에 관한 설명으로 옳지 않은 것은? [2010년 기사 2회]

① 3차원 측량을 동시에 할 수 있다.
② 두 개의 주파수를 사용하여 신호를 전송한다.
③ 지구를 크게 3개의 지역으로 분할한 지역 기준계를 사용한다.
④ 약 0.5 항성일의 궤도 주기를 가지고 있다.

해설
① GPS 측위기술이 발달됨에 따라 세계공통의 경도, 위도를 정의하게 되어 전세계적으로 공통의 측지계 사용이 가능한 지구질량의 중심점을 좌표계의 원점으로 정해 전세계를 하나의 통일된 좌표계(기준계)를 사용한다.
② 관측점 좌표(X, Y, Z)와 시간(T)의 4차원 좌표 결정방식으로 4개 이상의 위성에서 전파를 수신하여 관측점의 위치를 구한다.
③ L_1파와 L_2파 2개의 주파수로 방송되는 이유는 위성궤도와 지표면 중간에 있는 전리층의 영향을 보정하기 위함이다.
④ 궤도주기는 약 11시간 58분이다.
(약 0.5항성일이다.)

90 위성의 기하학적 배치상태에 따른 정밀도 저하율을 뜻하는 것은? [2010년 기사 2회]

① 멀티패스(Multipath)
② DOP
③ 사이클 슬립(Cycle Slip)
④ S/A

해설
후방교회법에 있어서 기준점의 배치가 정확도에 영향을 주는 것과 마찬가지로 GPS의 오차는 수신기, 위성들 간의 기하학적 배치에 따라 영향을 받는데, 이때 측량정확도의 영향을 표시하는 계수로 DOP(Dilution of precision ; 정밀도 저하율)이 사용된다.

Answer 87 ① 88 ③ 89 ③ 90 ②

91 GPS를 이용한 기준점측량의 계획을 수립하려고 한다. 이때 위성의 이용 가능 시간대와 배치 상황도를 참고하여 관측계획을 수립할 때 고려하지 않아도 되는 것은?

[2010년 기사 2회]

① 상공 시계 확보를 위한 선점 위치의 지상 장애물 분포상황
② 임계 고도각 이상에 존재하는 사용 위성의 개수
③ 수신에 사용할 각 위성의 번호
④ 관측 예정 시간대의 DOP 수치 파악

해설
관측계획 수립 시 위성의 번호는 고려하지 않아도 된다.

92 DGPS에 대한 설명으로 옳지 않은 것은?

[2010년 기사 2회]

① 일반적으로 DGPS가 단독측위보다 정확하다.
② DGPS에서는 2개의 수신기에 관측된 자료를 사용한다.
③ DGPS에서는 2개의 수신기의 위치를 동시에 계산한다.
④ 기선의 길이가 길수록 DGPS의 정확도는 낮다.

해설
DGPS는 이미 알고 있는 기지점 좌표를 이용하여 오차를 최대한 줄여서 이용하기 위한 상대측위방식의 위치결정방식으로 기지점에 기준국용 GPS 수신기를 설치하고 위성을 관측하여 각 위성의 의사거리 보정값을 구한 뒤 이를 이용하여 이동국용 GPS 수신기의 위치결정 오차를 개선하는 위치결정형태이다.

93 다음 중 대류층과 전리층에 의한 지연효과가 가장 작은 관측치는? [2013년 기사 3회]

① 일중위상차
② 이중위상차
③ 삼중위상차
④ 무차분 위상

해설
정적 간섭측위(Static Positioning)를 통하여 기선해석을 하는 데 사용하는 방법으로서 두개의 기지점에 GPS 수신기를 설치하고 위상차를 측정하여 기선의 길이와 방향을 3차원 벡터량으로 결정하는 데 다음과 같은 위상차 차분기법을 통하여 기선해석 품질을 높인다.

3. **삼중차(삼중위상차 : Triple Phase Difference)**
  ① 한 개의 위성에 대하여 어떤 시각의 위상적산치(측정치)와 다음 시각의 적산치와의 차이 값으로 적분위상차라고도 한다.
  ② 반송파의 모호정수(불명확상수)를 소거하기 위하여 일정시간 간격으로 이중차의 차이값을 측정하는 것을 말한다.
  ③ 즉, 일정시간 동안의 위성거리 변화를 뜻하며 파장의 정수배의 불명확을 해결하는 방법으로 이용된다.

94 P코드의 특성에 대한 설명으로 옳지 않은 것은? [2013년 기사 2회]

① L_1 신호에만 실려서 들어온다.
② P코드는 비트율이 높아 의사거리의 정확도가 높다.
③ P코드는 10.23Mbps의 비트율을 가지며, C/A코드는 1.023Mbps의 비트율을 가진다.
④ P코드는 주기의 길이 때문에 P코드 전체를 이용한 측위는 불가능하다.

Answer 91 ③ 92 ③ 93 ③ 94 ①

P code	① 반복주기 7일인 PRN code (Pseudo Random Noise code) ② 주파수 10.23MHz, 파장 30m(29.3m) ③ AS mode로 동작하기 위해 Y-code로 암호화되어 PPS 사용자에게 제공 ④ PPS(Precise Positioning Service : 정밀측위서비스) - 군사용
C/A code (coarse/ Acquisition)	① 반복주기 : 1ms(milli-second)로 1.023 Mbps로 구성된 PPN code ② 주파수 1.023MHz, 파장 300m (293m) ③ L_1 반송파에 변조되어 SPS 사용자에게 제공 ④ SPS(Standard Positioning Service : 표준측위서비스) - 민간용

95 GPS 신호는 두 개의 주파수를 가진 반송파에 의해 전송된다. 두 개의 주파수를 쓰는 가장 큰 이유는? [2010년 기사 3회]

① 수신기 시계 오차 제거
② 대류권 오차 제거
③ 전리층 오차 제거
④ 다중경로 제거

해설
전리층 오차를 제거할 수 있는 것은 2주파(L_1, L_2) 수신기를 이용하기 때문이다.

96 기준국과 이동국 간의 거리가 짧을 경우 상대측위를 수행하면 절대측위에 비해 정확도가 현격히 향상되게 되는데 그이유로 거리가 먼 것은? [2011년 기사 1회]

① 위성궤도오차가 제거된다.
② 다중경로(multipath) 오차를 완전히 제거할 수 있다.
③ 전리층에 의한 신호의 전파지연이 보정된다.
④ 위성시계오차가 제거된다.

해설
다중경로오차 : 신호의 세기도 약해지므로 대부분 수신기는 신호의 세기를 비교해서 약한 신호를 제거함으로써 줄일 수 있다.

97 위성의 고도가 낮아지면서 증대되는 오차는? [2011년 기사 1회]

① Anti-Spoofing
② Selective Availability
③ 시계오차
④ 대기오차

해설
전리층과 대류권에 의한 전파지연오차는 수신기 2대를 이용한 차분기법으로 보정할 수 있다.

1. 구조적 원인에 의한 오차
  1) 위성시계오차
    ① 위성에 장착된 정밀한 원자시계의 미세한 오차
    ② 위성시계오차로서 잘못된 시간에 신호를 송신함으로써 오차 발생
  2) 위성궤도오차
    ① 항법메시지에 의한 예상궤도, 실제궤도의 불일치
    ② 위성의 예상위치를 사용하는 실시간 위치 결정에 의한 영향
  3) 전리층과 대류권의 전파지연
    ① 전리층 : 지표면에서 70~100km 사이의 충전된 입자들이 포함된 층
    ② 대류권 : 지표면상 10km까지 이르는 것으로 지구의 기후형태에 의한 층
    - 전리층, 대류권에서 위성신호의 전파속도지연과 경로의 굴절오차

Answer 95 ③ 96 ② 97 ④

98 GPS 오차요인 중 위성전파가 장해물로 인해 차단되는 이유 등으로 위상측정이 중단되어 발생하는 오차는 무엇인가?

[2011년 기사 2회]

① SA(Selecive availability)
② AS(Anti-spoofing)
③ 사이클 슬립(Cycle slip)
④ 멀티패스(Multipath)

[해설]
사이클 슬립은 나무와 같은 장애물을 통과하거나 전리층의 활발한 활동 또는 전파가 많이 일어나는 지역에서 전자파 장애로 인하여 생긴다.

99 다음 중 DGPS에 의해서 소거되지 않는 오차는?

[2011년 기사 3회]

① 전리층 오차   ② 위성시계오차
③ 사이클 슬립   ④ 위성궤도오차

[해설]
GPS의 오차
① 구조적 오차 - 위성시계오차, 위성궤도오차, 대기권(전리층, 대류권) 전파지연오차, 다중경로 오차, 전자파적 잡음
② 위성배치상황에 따른 오차(DOP) - GDOP, PDOP(3차원 위치), HDOP(수평), VDOP(수직), RDOP, TDOP
③ cycle slip은 장애물 등에 의한 GPS 신호단절로 DGPS 방법에 의해 소거되지 않는다.

100 GPS의 오차에 대한 설명으로 틀린 것은?

[2011년 기사 3회]

① GPS의 오차에는 위성시계오차, 대기 굴절오차, 수신기 오차 등이 있다.
② 위성의 위치오차는 위성의 배치상태의 오차를 말하며 측점의 좌표계산에는 영향을 주지 않는다.

③ 안테나 위상 중심오차는 안테나의 중심과 위상중심의 차이에서 발생하는 오차를 말한다.
④ 위성의 기하학적 배치상태가 정밀도에 어떻게 영향을 주는가를 추정할 수 있는 하나의 척도로 DOP(Dilution Of Precision)를 사용한다.

[해설]
기하학적(위성의 배치상황) 원인에 의한 오차: 후방교회법에 있어서 기준점의 배치가 정확도에 영향을 주는 것과 마찬가지로 GPS의 오차는 수신기, 위성들 간의 기하학적 배치에 따라 영향을 받는데, 이때 측량정확도의 영향을 표시하는 계수로 DOP(Dilution of precision : 정밀도 저하율)이 사용된다.

101 GPS 측위의 계통적 오차(정오차) 요인이 아닌 것은?

[2012년 기사 1회]

① 위성의 시계오차   ② 위성의 궤도오차
③ 전리층 지연오차   ④ 관측 잡음오차

[해설]
구조적 오차: 위성궤도오차, 위성시계오차, 다중경로, 전리층, 대류층 지연오차가 있고, 정밀도저하율(DOP), SA(선택적 가용성), Cycleslip 등이 있다.

102 반송파의 정확도가 1mm라면 이중차분된 반송파의 정확도는?

[2012년 기사 2회]

① 1mm   ② 2mm
③ 4mm   ④ 8mm

[해설]
반송파의 오차는 파장개수에 비례한다.

Answer 98 ③ 99 ③ 100 ② 101 ④ 102 ②

103
GPS 위성으로부터의 신호가 어떠한 오차도 포함되어 있지 않고 수신기의 시계도 오차가 없다면, 3차원 위치 결정을 위하여 최소한 몇 개의 GPS 위성으로부터의 신호가 필요한가? [2013년 기사 1회]

① 3개   ② 4개
③ 5개   ④ 6개

해설

다음의 목적에 GPS를 이용할 경우 최소 위성수	
목 적	개 수
단독측위	4
단독측위 (높이가 필요하지 않을 경우)	3
DGPS	4
GPS측량	4
시각동기 (자신의 시계를 GPS시에 맞추는 것)	1

104
다음에 열거한 GPS의 오차요인 중에서 DGPS기법으로 상쇄되는 오차가 아닌 것은? [2013년 기사 2회]

① 위성의 궤도 정보 오차
② 전리층에 의한 신호지연
③ 대류권에 의한 신호지연
④ 전파의 혼선

해설

DGPS(Differential Global Positioning System)
DGPS는 상대측위 방식의 GPS측량기법으로서 이미 알고 있는 기지점 좌표를 이용하여 오차를 최대한 줄여서 이용하기 위한 위치 결정 방식으로, 기지점에 기준국용 GPS수신기를 설치하며 위성을 관측하여 각 위성의 의사거리 보정값을 구한 뒤 이를 이용하여 이동국용 GPS 수신기의 위치오차를 개선하는 위치 결정 형태이다.

DGPS기법으로 상쇄되는 오차
① 위성의 궤도 정보 오차
② 전리층에 의한 신호지연
③ 대류권에 의한 신호지연

105
도심지와 같이 장애물이 많은 경우 특히 증대되는 GPS 관측오차는? [2013년 기사 2회]

① 궤도오차
② 대기 굴절 오차
③ 다중경로 오차
④ 전리층 지연 오차

해설

GPS의 오차
(1) 구조적 요인에 의한 오차

위성에서 발생하는 오차	• 위성시계오차 • 위성궤도오차
대기권전파 지연오차	• 위성신호의 전리층, 대류권 통과 시 전파지연오차(약 2m)
수신기에서 발생하는 오차	• 수신기 자체의 전파적 잡음에 의한 오차 • 전파의 다중경로(Multipath)에 의한 오차. 다중경로오차는 GPS 위성으로 직접 수신된 전파 이외에 부가적으로 주위의 지형, 지물에 의한 반사된 전파로 인해 발생하는 오차로서 측위에 영향을 미친다.

106
GPS에서 두 개의 주파수를 사용하는 주된 이유는? [2013년 기사 2회]

① 전리층의 효과를 제거(보정)하기 위해
② 수신기 오차를 제거(보정)하기 위해
③ 시계오차를 제거(보정)하기 위해
④ 다중 반사를 제거(보정)하기 위해

Answer 103 ① 104 ④ 105 ③ 106 ①

해설

반송파(Carrier)

반송파의 정보는 PRN 부호와 항법메시지로 이루어지며 각 위성마다 신호가 다른 이진부호로 구성되는데 매우 길고 복잡하기 때문에 신호 자체만 보았을 때 의미를 파악할 수 없다.

① L_1 : 주파수 1,575.42MHz(154×10.23MHz), 파장 19cm, C/A code와 P code 변조 가능
② L_2 : 주파수 1,227.60MHz(120×10.23MHz), 파장 24cm, P code만 변조 가능

2개의 주파수로 방송이 되는 이유는 위성궤도와 지표면 중간에 있는 전리층의 영향을 보정하기 위함

107 GPS 측량에 대한 설명으로 옳지 않은 것은?

[2013년 기사 2회]

① 기상의 영향을 받지 않는다.
② 동시에 3차원 측량을 할 수 있다.
③ 신호 사용자에게 비용에 대한 부담이 있다.
④ 지구상 어느 곳에서나 24시간 이용할 수 있다.

해설

장점	단점
① 기상조건에 영향을 받지 않는다. ② 야간에 관측도 가능하다. ③ 관측점 간의 시통이 필요없다. ④ 장거리를 신속하게 측정할 수 있다. ⑤ X, Y, Z(3차원) 측정이 가능하다. ⑥ 움직이는 대상물도 측정이 가능하다.	① 우리나라 좌표계에 맞도록 변환하여야 한다. ② 위성의 궤도정보가 필요하다. ③ 전리층 및 대류권에 관한 정보를 필요로 한다.

108 GNSS(Global Navigation Satellite System) 측량의 오차에 관한 설명 중 틀린 것은?

[2013년 기사 3회]

① 전리층 통과 시 전파 굴절오차는 기온, 기압, 습도 등의 기상 측정에 의해 보정될 수 있다.
② 기선해석에서 기지점의 좌표 정확도는 미지점의 위치정확도에 영향을 미친다.
③ 일중차의 해석 처리만으로는 GNSS 위성과 GNSS 수신기 모두의 시계오차가 소거되지 않는다.
④ 동일 기종의 GNSS 안테나는 동일방향을 향하도록 설치함으로써 안테나 위상중심 변동에 의한 영향을 줄일 수 있다.

해설

1. 구조적인 오차
㉠ 전파의 전리층 통과 시 전파속도 지연오차
㉡ GPS 수신기에 탑재된 시계오차
㉢ 위성궤도 운동오차
㉣ 수신기 자체의 전파적 잡음에 의한 오차

2. 오차소거 방법
㉠ 양측에서 동일하게 발생되는 오차를 2대의 수신기를 동시에 사용하여 상대적으로 소거하는 상대측위(DGPS)를 실시하여 정확도를 향상시킬 수 있다.
㉡ 오차처리방법에 따라 DGPS(Differential GPS)방법은 좌표차 방식의 DGPS와 의사거리 보정방식의 DGPS 방법 등이 있다.
㉢ DGPS 방법에 의해 오차를 소거할 경우
  - 코드를 사용하는 Code DGPS(DGPS)는 1m 이내
  - 반송파 신호를 사용하는 Carrier Phase DGPS(RTK)는 1cm 이내까지 정확도를 높일 수 있다.

Answer 107 ③ 108 ①

109 다음 중 DGPS에 의해서 보정되지 않는 오차는?
[2015년 기사 1회]

① 전리층 지연오차 ② 위성시계오차
③ 사이클 슬립 ④ 위성궤도오차

해설

1. Cycle Slip(신호 단절)
Cycle Slip은 GPS 측량 중 반송파 신호가 순간적으로 단절됨으로써 위상관측에 오류가 발생되는 것을 말한다. 수신회로의 특성에 의해 파장의 정수배만큼 점프한다는 특성이 있으며 정밀측량 시 매우 중요한 오차원인이 될 수 있으므로 유의하여야 한다.

110 다음 중 GPS 다중경로 오차를 줄이기 위한 측량방법으로 거리가 먼 것은?
[2015년 기사 1회]

① 이중 주파수 수신기를 설치한다.
② 관측시간을 길게 설정한다.
③ 오차 요인을 가진 장소를 피해 안테나를 설치한다.
④ 각 위성 신호에 대하여 칼만 필터를 적용한다.

해설

㉠ 전파적 잡음
한정되어 있는 시간 차이를 측정하는 GPS 수신기의 능력과 관련된 다양한 오차를 포함한다.
㉡ 다중경로오차
GPS 위성으로부터 직접 수신된 전파 이외에 부가적으로 주위의 지형, 지물에 의한 반사된 전파로 인해 발생하는 오차
 - 다중경로는 보통 금속제 건물, 구조물과 같은 커다란 반사적 표면이 있을 때 일어난다.
 - 다중경로의 결과로서 수신된 GPS의 신호는 처리될 때 GPS 위치의 부정확성을 제공한다.
 - 다중경로가 일어나는 경우를 최소화하기 위하여 미션 설정, 안테나, 수신기 설계 시에 고려한다면 다중경로의 영향을 최소화할 수 있다.
 - GPS 신호시간의 기간을 평균하는 것도 다중경로의 영향을 감소시킨다.
 - 각 위성 신호에 대하여 칼만 필터를 적용한다.
 - 가장 이상적인 방법은 다중경로의 원인이 되는 장애물에서 멀리 떨어져 관측하는 것이다.

111 GPS 오차 원인 중 L_1신호와 L_2신호의 굴절비율이 상이함을 이용하여 L_1 / L_2의 선형조합을 통해 보정이 가능한 것은?
[2015년 기사 1회]

① 전리층 지연오차
② 위성시계오차
③ GPS 안테나의 구심오차
④ 다중경로오차

해설

L_1 및 L_2 신호는 위성의 계산을 위한 케플러(Keplerian) 요소와 형식화된 자료신호를 포함하며, 2개의 주파수로 방송되는 이유는 위성궤도와 지표면 중간에 있는 전리층의 영향을 보정하기 위함이다.

112 GPS의 오차에 대한 설명으로 틀린 것은?
[2015년 기사 2회]

① GPS의 오차에는 위성시계오차, 대기굴절오차, 수신기 오차 등이 있다.
② 위성의 위치오차는 위성의 배치상태의 오차를 말하며 측점의 좌표계산에는 영향을 주지 않는다.
③ 안테나의 높이 측정오차와 구심오차는 안테나의 중심과 위상중심의 차이에서 발생하는 오차를 말한다.
④ 위성의 기하학적 배치상태가 정밀도에 어떻게 영향을 주는가를 추정할 수 있는 하나의 척도로 DOP(Dilution Of Precision)를 사용한다.

Answer 109 ③ 110 ① 111 ① 112 ②

> **해설**
>
> **위성의 배치상태에 의한 오차**
> ① GPS 관측지역의 상공을 지나는 위성의 기하학적 배치상태에 따라 측위의 정확도가 달라지는데 이를 DOP(Dilution of Precision)라 한다. (정밀도 저하율)
> ② 3차원 위치의 정확도는 PDOP에 따라 달라지는데 PDOP는 4개의 관측위성들이 이루는 사면체의 체적이 최대일 때 가장 정확도가 좋으며 이때는 관측자의 머리 위에 다른 3개의 위성이 각각 120°를 이룰 때이다.
> ③ DOP는 값이 작을수록 정확한데 1이 가장 정확하고 5까지는 실용상 지장이 없다.

113 GPS 신호의 오차에 관한 설명이 틀린 것은?

[2015년 기사 3회]

① 대류권 오차는 수학적 모델링을 통하여 감소시킬 수 있다.
② 안테나 위상중심 변동은 차분법에 의해 감소시킬 수 있다.
③ 높은 건물이나 나무에서 떨어져 관측함으로써 다중경로 오차를 줄일 수 있다.
④ 전리층 오차는 이중주파수의 사용으로 감소시킬 수 있다.

> **해설**
>
> ④ 위상중심(Phase Center) : 위성과 안테나 간의 거리를 관측하는 안테나의 기준점을 말하는데 실제 안테나 패치가 설치된 물리적 위상중심의 위치와 위상측정이 이루어지는 전기적 위상중심점의 위치는 위성의 고도와 수신신호의 방위각에 따라 변화하게 되므로 이를 PCV(위상신호 가변성)라 하며, 이로부터 얻은 안테나 오프셋값을 실측에 적용함으로써 고정밀 GPS 측량이 가능하다.

114 GPS의 여러 오차 중 DGPS 기법으로 제거되지 않는 것은?

[2015년 기사 3회]

① 의사거리 측정오차
② 위성의 궤도정보 오차
③ 전리층에 의한 지연
④ 대류권에 의한 지연

> **해설**
>
> DGPS 방식은 기준국 GPS에서 방송되는 위치보정 신호를 각 이동국에서 단순 수신하는 것으로 DGPS를 적용하면 정확도가 좋아지는 이유는 기지점과 미지점에서 측정한 결과로부터 공통오차를 상쇄시킬 수 있기 때문이다. 상쇄되는 오차는 다음과 같다.
> ① GPS 위성의 궤도정보 오차
> ② SA에 의해 코드에 부여된 오차(2000년 이전)
> ③ 전리층 신호지연
> ④ 대류권 신호지연

115 다음의 인공위성 측량 시스템 중 그 성격이 다른 하나는?

[2010년 기사 1회]

① SPOT
② IKONOS
③ KOMSAT-2
④ GPS

> **해설**
>
> **원격탐사(Remote Sensing)**
> 대상체와 직접적인 물리적 접촉없이 정보를 획득하는 기술이며 과학, 지구상의 중요한 생물학적인 특성과 인간의 활동을 관측하며 모니터링하는 데 사용될 수 있는 과학기술이다.
> 원격탐사 위성 : SPOT, IKONOS, KOMSAT-2

Answer 113 ② 114 ① 115 ④

116 GPS 측량의 특성에 대한 설명으로 옳지 않은 것은?

① 측점 간 시통이 요구된다.
② 야간관측이 가능하다.
③ 날씨에 영향을 거의 받지 않는다.
④ 전리층 영향에 대한 보정이 필요하다.

해설

GPS의 장점
① 주·야간 및 기상상태와 관계없이 관측이 가능하다.
② 기준점 간 시통이 되지 않는 장거리 측량이 가능하다.
③ 측량의 소요시간이 기존 방법보다 효율적이다.
④ 관측의 정밀도가 높다.

117 GPS의 특징에 해당되지 않는 것은?

① 야간에도 관측이 가능하다
② 날씨의 영향을 거의 받지 않는다.
③ 고압선 등의 전파에 대한 영향을 받지 않는다.
④ 측점 간 시통에 무관하다.

해설

① 주야간 및 기상상태와 관계없이 관측이 가능하다.
② 기준점 간 시통이 되지 않는 장거리 측량이 가능하다.
③ 측량의 소요시간이 기존 방법보다 효율적이다.
④ 관측의 정밀도가 높다.

118 GPS의 특징을 설명한 것 중 틀린 것은?

① 고정밀도의 측량이 가능하다.
② 측점 간의 상호 시통이 필요하지 않다.
③ 측점에서 모든 데이터 취득이 가능하다.
④ 날씨에 영향을 많이 받으며 야간관측이 어렵다.

해설

GPS 측량 시스템은 인공위성을 이용한 범지구위치측정시스템으로 정확한 위치를 알고 있는 위성에서 발사한 전파를 수신하고 관측점까지 소요시간을 측정하여 위치를 구하며 GPS의 특징은

① 기상상태와 시간적 제약에 관계없이 관측의 수행이 가능하다.
② 지형여건과 관계없으며, 또한 측점 간 상호시통이 되지 않아도 관계없다.
③ 관측작업이 신속하게 이루어진다.
④ 측점에서 모든 데이터 취득이 가능해진다.
⑤ 1인 측량이 가능하여 인력이 적게 소요되고, 측정작업이 간단하다.

119 GPS의 주요 구성 중 궤도와 시각 결정을 위한 위성 추적을 담당하는 부문은?

① 우주 부문   ② 제어 부문
③ 사용자 부문   ④ 위성 부문

해설

1. 우주 부문(Space Segment)
   ① GPS의 우주부분은 모두 31개의 위성으로 구성되는데, 이 중 24개가 항법에 사용되며 7개의 위성은 예비용으로 배치되었다.
   ② 모든 위성은 고도 약 20,200km 상공에서 12시간을 주기로 지구 주위를 돌고 있으며, 궤도면은 지구의 적도면과 55°의 각도를 이루고 있다.
2. 제어 부문(Control Segment)
   ① 전리층 및 대류층의 주기적 모형화
   ② 궤도와 시각 결정을 위한 위성의 추적
   ③ 위성으로의 자료전송
   ④ 위성시간의 동일화
3. 사용자 부문(User Segment)
   GPS 위성 신호를 수신하여 위치를 계산하는 GPS 수신기 및 이를 응용하여 각각의 특정한 목적을 달성하기 위해 개발된 다양한 장치로 구성된다.

120 GPS(Global Positioning System)의 구성 요소가 아닌 것은?

① 위성에 대한 우주 부분
② 지상 관제소에서의 제어 부분
③ 경영 활동을 위한 영업 부분
④ 측량자가 사용하는 수신기 등에 대한 사용자 부문

Answer 116 ① 117 ③ 118 ④ 119 ② 120 ③

해설
GPS 구성 요소로는 인공위성으로 구성된 우주부분(Space Segment), 제어국으로 구성된 제어부분(Control Segment), 수신기 등의 사용자부분(User Segment)으로 구성된다.

121 GPS 위성궤도면의 수는?

① 4개 ② 6개
③ 8개 ④ 10개

해설
우주부문
① 궤도 : 원궤도
② 궤도면수 : 6궤도
③ 위성수 : 6×4 24개, 보조위성 : 7개
④ 고도 : 약 20,187km
⑤ 궤도각 : 55°
⑥ 주기 : 약 11시간 58분

122 GPS의 우주부문에 대한 설명으로 옳지 않은 것은?

① 각 궤도에는 4개의 위성과 예비 위성으로 운영되고 있다.
② 위성은 0.5항성일 주기로 지구 주위를 돌고 있다.
③ 위성은 모두 6개의 궤도로 구성되어 있다.
④ 위성은 고도 약 1,000km의 상공에 있다.

해설
우주부문은 24개의 위성과 3개의 예비위성으로 구성되어 전파신호를 보내는 역할을 담당한다. GPS 위성은 적도면과 55°의 궤도경사를 이루는 6개의 궤도면으로 이루어져 있으며 궤도 간 이격은 60°이다. 고도는 약 20,200km(장반경 26,000km)에서 궤도면에 4개의 위성이 배치하고 있다. 공전주기를 11시간 58분으로 하여 위성이 하루에 지구를 두 번씩 돌도록 하여 지상의 어느 위치에서나 항상 동시에 5개에서 최대 8개까지 위성을 볼 수 있도록 하기 위해 배치되어 있다.

123 WGS84 좌표계는 다음 중 어디에 해당하는가?

① 측지좌표계 ② 극좌표계
③ 적도좌표계 ④ 지심좌표계

해설
WGS84(World Geodetic System 1984)는 미 국방성에서 지구중심을 기준으로 하여 GPS위성을 활용하여 범세계적으로 통용될 수 있는 기준 좌표계를 만들기 위해 채택된 3차원지심좌표계를 말한다.

124 범세계위치결정체계(GPS)에 대한 설명 중 틀린 것은?

① 관측점의 위치는 정확한 위치를 알고 있는 위성에서 발사한 전파의 소요시간을 관측함으로서 결정한다.
② GPS 위성은 약 20,000km의 고도에서 24시간의 주기로 운행한다.
③ 구성은 우주부문, 제어부문, 사용자부문으로 이루어진다.
④ GPS의 측위용 반송파는 L_1과 L_2 두 개가 있다.

해설
GPS 위성에 궤도주기는 약 12시간이다.

125 GPS의 구성요소 중 위성을 추적하여 위성의 궤도와 정밀시간을 유지하고 관련 정보를 송신하는 역할을 담당하는 부문은?

① 우주부문 ② 제어부문
③ 수신부문 ④ 사용자부문

해설
제어부문은 궤도와 시각결정을 위한 위성의 추적, 전리층 및 대류층의 주기적 모형화, 위성시간의 동일화 및 위성으로의 자료전송 등을 주 임무로 한다.

Answer 121 ② 122 ④ 123 ④ 124 ② 125 ②

126 GPS 위성의 궤도 주기로 옳은 것은?

① 약 6시간 ② 약 10시간
③ 약 12시간 ④ 약 18시간

해설
공전주기를 11시간 58분으로 하여 위성이 하루에 지구를 두 번씩 돌도록 하여 지상의 어느 위치에서나 항상 동시에 5개에서 최대 8개까지 위성을 볼 수 있도록 하기 위해 배치되어 있다.

127 GPS 위성의 주기는 얼마인가?

① 0.25 항성일 ② 1 항성일
③ 0.5 항성일 ④ 18시간

해설
GPS 위성은 공전주기를 11시간 58분(0.5항성일)으로 하여 위성이 하루에 지구를 두 번씩 돌도록 하며 고도 5° 이상의 지구상 어디서나 4개 이상의 위성을 관측할 수 있도록 궤도를 구성한다.

128 GPS 측량에서 사용되는 좌표계는 무엇인가?

① UTM 좌표계 ② WGS84 좌표계
③ TM 좌표계 ④ WGS80 좌표계

해설
GPS 측량에서 사용되는 좌표계는 WGS-84 좌표계이다.

129 GPS 위성의 신호 구성요소가 아닌 것은?

① P 코드 ② C/A 코드
③ RINEX ④ 항법메시지

해설
GPS 위성의 코드형태와 항법 메시지 정리

구분코드	C/A	P(Y)	항법데이터
전송률	1.023Mbps	10.23Mbps	50bps
펄스당 길이	293m	29.3m	5950km
반복	1ms	1주	N/A
코드의 형태	Gold	Pseudo random	N/A
반송파	L1	L1, L2	L1, L2
특징	포착하기가 용이함	정확한 위치추적, 고장률이 적음	시간, 위치 추산표

130 GPS 관측에 대한 설명으로 옳지 않은 것은?

① C/A코드 및 P코드로 의사거리를 측정하여 관측점의 위치를 계산한다.
② L_1 주파의 위상(L_1 Carrier Phase) 측정 자료로 이용, 정수파수의 정수치(Integer Number)를 구함으로써 mm 또는 cm 정도의 정밀한 기선벡터를 계산할 수 있다.
③ L_1 주파의 위상(L_1 Carrier Phase) 측정 자료만으로 전리층 오차를 보정할 수 있다.
④ L_1, L_2 2주파의 위상측정자료를 이용하면 L_1 1주파만 이용할 때보다 정수파수의 정수치(Integer Number)를 정확히 얻을 수 있다.

해설
2개의 주파수로 방송되는 이유는 위성궤도와 지표면 중간에 있는 전리층의 영향을 보정하기 위함이다

131 다음의 GPS 오차 원인 중 L_1신호와 L_2신호의 굴절 비율의 상이함을 이용하여 L_1/L_2의 선형 조합을 통해 보정이 가능한 것은?

① 전리층 지연오차
② 위성시계오차
③ GPS 안테나의 구심오차
④ 다중전파경로(멀티패스)

Answer 126 ③ 127 ③ 128 ② 129 ③ 130 ③ 131 ①

해설

1. 전리층 지연
① 전리층은 지상 100km 정도부터 1,000km 정도 사이에 존재하는 층으로서 GPS 전파에 영향을 미치는 곳은 지상 200km 이상에 있는 F2층이라는 부분이다.
② 전리층 중 200km에서 250km 부근에서 전리층 전자밀도로 정하는 플라즈마 주파수(Plasma Frequency)의 양을 의미하는 fp가 최대가 된다. 그 지역을 F2층 임계주파수라 하며 모든 전리층은 각각의 임계주파수를 가지고 있다.
③ 전리층에서는 태양 자외선에 의해 대기분자가 전자와 이온으로 분리된다.
④ GPS 전파는 전리층을 지나면서 Code 신호는 느려지고 반송파는 빨라지는 등 속도가 변화하므로 측량오차를 일으키게 된다.

132 GPS에서 사용되는 L_1과 L_2 신호의 주파수로 옳은 것은?

① 150MHz와 400MHz
② 420.9MHz와 585.53MHz
③ 1575.42MHz와 1227.60MHz
④ 1832.12MHz와 3236.94MHz

해설

반송파 신호
① L_1, L_2 신호는 위성의 위치계산을 위한 Keplerian 요소와 형식화된 자료신호를 포함
② Keplerian 요소(궤도의 6요소)
③ 종류
L_1 주파수 — 1575.42MHz, 파장 — 19cm
L_2 주파수 — 1227.60MHz, 파장 — 24cm

133 단일 주파수 수신기와 비교할 때, 이중 주파수 수신기의 특징에 대한 설명으로 옳은 것은?

① 전리층 지연에 의한 오차를 제거할 수 있다.
② 단일 주파수 수신기보다 일반적으로 가격이 싸다.
③ 이중 주파수 수신기는 C/A코드를 사용하고 단일 주파수 수신기는 P코드를 사용한다.
④ 장기선 이상에서는 별로 이점이 없다.

해설

L_1, L_2 두 개의 주파수를 사용하는 것은 전리층의 전파지연이 주파수의 2승에 역비례함을 이용하여 그 전파지연을 교정하기 위함이다.

134 GPS 위성신호에 대한 설명으로 옳지 않은 것은?

① L_1 반송파에 C/A코드와 P코드가 실려 전달된다.
② L_2 반송파에 P코드가 실려 전달된다.
③ P코드는 10.23MHz의 주파수를 가진다.
④ C/A코드는 P코드의 1/100의 주파수를 가진다.

해설

GPS 위선의 코드형태와 항법 메시지

구분코드	C/A	P(Y)	항법데이터
전송률	1.023Mbps	10.23Mbps	50bps
펄스당 길이	293m	29.3m	5950km
반복	1ms	1주	N/A
코드의 형태	Gold	Pseudo random	N/A
반송파	L1	L1, L2	L1, L2
특징	포착하기가 용이함	정확한 위치추적, 고장률이 적음	시간, 위치 추산표

135 GPS 위성의 신호인 L_1과 L_2는 두 개의 PRNs(Pseudo-Random Noise codes)에 의해 변조된다. 이 코드의 명칭은?

① f_0 코드, f_1 코드
② ψ 코드, $\triangle$ 코드
③ P 코드, C/A코드
④ IDOT 코드, IODE 코드

Answer 132 ③ 133 ① 134 ④ 135 ③

> [해설]
>
> GPS 반송파
> 1. P코드
>   ① 반복주기가 7일인 PRN code(Pseudo-Random Noise codes)이다.
>   ② 주파수가 10.23MHz이며 파장은 30m이다.
>   ③ AS mode로 동작하기 위해 Y-code로 암호화되어 PPS 사용자에게 제공된다.
>   ④ PPS(Precise Positioning Service : 정밀측위서비스) – 군사용
> 2. C/A코드
>   ① 1ms(milli-scond)인 PPN code
>   ② 주파수는 1.023MHz이며 파장은 300m이다.
>   ③ L1 반송파에 변조되어 SPS 사용자에게 제공
>   ④ SPS(Standard Positioning Service : 표준측위서비스) – 민간용

136 GNSS 위성신호가 수신기 주변 장애물에 반사되어 취득됨으로 인해 발생하는 관측오차는? [22년 기사 1회]

① 다중경로오차
② 위성시계오차
③ 위성궤도오차
④ 수신기오차

> [해설]
>
> 다중경로(Multipath)
> 다중경로오차는 GPS 위성으로 직접 수신된 전파 이외에 부가적으로 주위의 지형, 지물에 의해 반사된 전파로 인해 발생하는 오차로서 측위에 영향을미친다.

137 GNSS 측량의 특징에 대한 설명으로 옳지 않은 것은? [22년 기사 1회]

① 장소에 상관없이 실내·외에서 모두 측량할 수 있다.
② 날씨와 무관하게 측량할 수 있다.
③ 24시간 연속적으로 측량할 수 있다.
④ 전 지구적으로 측량할 수 있다.

> [해설]
>
> GPS(Global Position System : 전지구적 위치결정시스템)의 장·단점
>
> | | |
> |---|---|
> | 장점 | ㉠ 관측의 정밀도가 높다.
㉡ 기준점 간 시통이 필요하지 않다.
㉢ 장거리를 신속하게 측량할 수 있다.
㉣ 주야간 관측이 가능하고 기상조건에 영향을 받지 않는다.
㉤ 측량이 소요시간이 기존방법보다 효율적이다.
㉥ 3차원측정 및 동체측정이 가능하다. |
> | 단점 | ㉠ 장비가 고가이다.
㉡ 위성이 궤도정보가 필요하다.
㉢ 전리층 및 대류권에 대한 정보가 필요하다.
㉣ 도심지의 고층건물 등에 의한 오차발생 확률이 높다.
㉤ 수목이나 건물 등에 의한 상공장애가 발생하면 관측의 정밀도가 낮다. |

138 GPS의 군사용 신호를 이용할 수 없도록 제한하는 암호화 체계는? [22년 기사 1회]

① Delta Process
② Anti-Spoofing
③ Epsilon Process
④ Selective Abailability

> [해설]
>
> 1. 선택적 가용성에 따른 오차(SA : Selective Abailability)/(AS : Anti-Spoofing)
>   미국방의 정책적 판단에 의해 인위적으로 GPS 측량의 정확도를 저하시키기 위한 조치로위성의 시각정보 및 궤도정보 등에 임의의 오차를 부여하거나 송신, 신호형태를 임의 변경하는것을 SA라 하며, 군사적 목적으로 P코드를 암호하는 것을 AS라 한다.
>   ① SA의 해제 : 2000년 5월 1일 해제
>   ② AS(Anti Spoofing : 코드의 암호화, 신호차단) : 군사목적의 P코드를 적의 교란으로부터 방지하기 위하여 암호화시키는 기법
> 2. 사이클 슬립(Cycle Slip)
>   사이클 슬립은 GPS 반송파위상추적회로에서 반송파 위상값을 순간적으로 놓침으로 인해 발생하는 오차. 사이클 슬립은 반송파 위상데이터를 사용하는 정밀위치측정분야에서는 매우 큰영향을 미칠 수 있으므로 사이클 슬립의 검출은매우 중요하다.

Answer 136 ① 137 ① 138 ②

139 GNSS 고정밀 측위에서 사용하는 차분(differencing) 기법에 대한 설명으로 옳지 않은 것은? [22년 기사 1회]

① 단순차분은 두 개의 서로 다른 수신기에서 하나의 위성을 동시에 관측할 때 두 개의 수신기에서 수신되는 신호의 순간적인 위상을 측정하여 그들의 차를 구하는 것이다.
② 이중차분은 하나의 위성에 대해 단순차분을 수행하고 동시에 또 다른 위성에 대하여 똑같은 단순차분을 시행한 후 두 방정식의 대수적 차에 의하여 결정하는 방법이다.
③ 이중차분은 미확정 정수를 제거함으로써 사이클 슬립의 문제점을 해결할 수 있다.
④ 삼중차분은 수신기, 위성, 시간이 모두 계산의 주체가 되며, 이중차분을 두 번의 연속된 시간에 대해 두 번 시행하여 그 차를 구하여 얻는 방법이다.

[해설]

간섭측위에 의한 위상차 측정

구분	특징
일중위상차 : Single Phace Difference	1. 수신기간 일중위상차 ① 한개의 위성과 두 대의 수신기를 이용한 위성과 수신기간의 거리측정차(행로차) ② 동일위성에 대한 측정치이므로 위성의 궤도오차와 원자시계에 의한 오차가 소거된 상태 ③ 그러나 수신기의 시계오차는 포함되어 있는 상태임
이중이상차 : Double Phace Difference	① 두 개의 위성과 두 대의 수신기를 이용하여 각각의 위성에대한 수신기간 1중차 끼리의차이값 ② 두 개의 위성에 대하여 두 대의 수신기로 관측함으로서 같은량으로 존재하는 수신기의 시계오차를 소거한 상태
삼중위상차 : Triple Phace Difference	① 한 개의 위성에 대하여 어떤 시각의 위상적산치(측정치)와 다음 시각의 적산치와의 차이 값을 적분위상차라고도 한다. ② 반송파의 모호정수(불명확상수)를 소거하기 위하여 일정시간 간격으로 이중차의 차이 값을 측정하는 것을 말한다. ③ 즉, 일정시간 동안의 위성거리 변화를 뜻하며 파장의 정수배의 불명확을 해결하는 방법으로 이용된다. ④ 위성 수신기의 시계오차 소거와 정수 바이어스 소거 된 상태

140 반송파를 이용한 상대측위에 대한 설명으로 옳지 않은 것은? [22년 기사 1회]

① 위성과 수신기의 반송파 위상 차이를 이용하여 수신기의 위치를 결정한다.
② 센티미터 수준의 정확도 확보는 정확한 미지정수 결정으로 가능하다.
③ 반송파는 전리층에서 코드의 경우와 반대로 빠르게 진행한다.
④ 반송파는 코드의 경우보다 다중경로 오차가 크다.

[해설]

반송파신호(반송파위상) 측정방식
(1) 기본원리
위성에서 송신된 코드신호를 운반하는 반송파의 위상변화를 이용하는 방법이다. 즉, 위상차를 관측하여 위성과 수신기 간의 거리를 측정한다.
(2) 특징
① 반송파신호(반송파위상) 측정방식은 일명 간섭측위라 하며 전파의 위상차를 관측하는 방식인데 수신기의 마지막으로 수신되는 파장의 위상을 정확히 알 수 없으므로 이를 모호정수(Ambiguity) 또는 정수치 편기라고 한다.
② 반송파신호(반송파위상) 측정방식은 위상차를 정확히 계산하는 방법이 매우 중요한데 그 방법으로 1중차, 2중차, 3중차의 단계를 거친다.

Answer 139 ③ 140 ④

③ 일반적으로 수신기 1대만으로는 정확한 모호정수를 결정할 수 없으며 최소 2대 이상의 수신기로부터 정확한 위상차를 관측한다.
④ 후처리용 정밀 기준점측량 및 RTK법과 같은 실시간 이동측량에 사용된다.

141 GNSS 측위 방식에 관한 설명으로 옳지 않은 것은?
[22년 기사 1회]

① 단독측위 시 많은 수의 위성을 동시에 관측하므로 위성의 궤도정보 오차는 측위결과에 영향이 거의 없어 무시할 수 있다.
② DGPS는 미지점과 기지점에서 동시에 관측을 실시하여 양 측점에서 관측한 정보를 모두 해석함으로써 미지점의 위치를 결정한다.
③ GNSS 이동측량은 관측하는 전 과정동안 모든 수신기에서 최소 4개 이상의 위성들로부터 송신되는 위성신호를 동시에 수신하여야 한다.
④ 네트워크 RTK측량(이동측위법)은 3~4급 공공삼각점측량에 적용할 수 있다.

해설
단독측위 시 많은 수의 위성을 동시에 관측하더라도 위성의 궤도정보 오차는 측위결과에 영향을 미친다.

142 GNSS의 3가지 구성요소에 해당하지 않는 것은?
[22년 기사 1회]

① 우주부문 ② 사용자부문
③ 제어(관제)부문 ④ 장비부문

해설

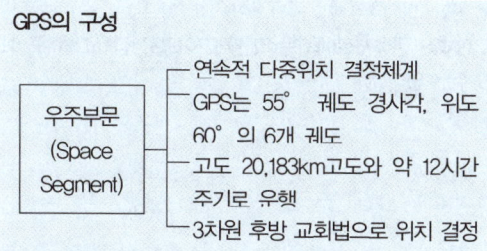

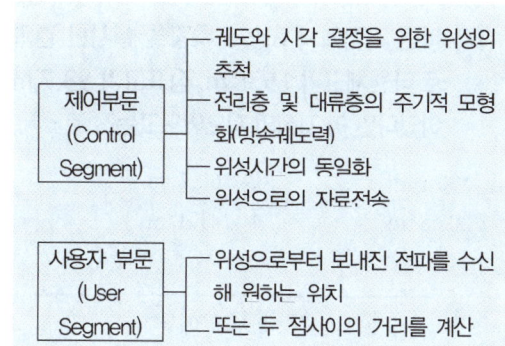

143 DGPS 측량방법을 사용하는 이유에 대한 설명으로 옳은 것은?
[22년 2기]

① 단독(절대)측위보다 빠른 계산을 위하여
② 단독(절대)측위보다 연속적인 위치 계산을 위하여
③ 단독(절대)측위보다 실내측위 적용성 향상을 위하여
④ 단독(절대)측위보다 정확한 위치를 계산하기 위하여

해설
위성에서의 항법신호는 사용자의 수신기에 도달하면서 위성시계와 수신기시계의 불일치, 전리층이나 대류권에서 전파지연으로 인하여 발생하는 시간지연 등에 의해 정확도가 낮아지게 된다.
DGPS는 기지점에 정밀한 시계와 수신기를 갖춘 기준국(reference station)을 설치하고 그 지점에서 GPS 신호를 수신하여 기지점의 위치와 GPS 신호를 비교하여 위치오차에 대한 모호정수를 계산할 수 있다. 이 모호정수를 이용하여 주변에서 독립적으로 GPS관측을 수행하는 이동국 GPS에 전송하면 이동국의 수신기는 보정을 통해 수신중인 위성신호의 오차를 제거할 수 있다.

Answer 141 ① 142 ④ 143 ④

144 어떤 지점에서 GNSS 측량을 실시한 결과로 타원체고가 1538 m, 정표고가 53.7 m이었다면 이 지점의 지오이드고는? [22년 2기]

① 100.1 m　② 160.2 m
③ 207.5 m　④ 241.3 m

[해설]
정표고 = 타원체고 − 지오이드고 에서
지오이드고 = 타원체고 − 정표고
지오이드고 = 153.8 − 53.7 = 100.1 m

145 GNSS가 이중주파수를 사용하는 주된 이유는? [22년 2기]

① 시계오차 제거
② 대류층 지연효과 제거
③ 전리층 지연효과 제거
④ 다중경로(multipath) 제거

[해설]
- 의사거리 오차를 줄이는 데에는 대기권으로 인한 오차를 줄이는 것이 가장 효과적
- 이 오차는 대기권을 통과하는 전파의 시간차 때문에 발생하므로 위성이 머리 위에 있을 때 가장작고 지평선 부근에 있을 때 가장 큼
- 위성신호의 전리층 통과 전파지연

대기권 전파지연 오차	전리층 오차	• 산란으로 인한 것으로 신호의 주파수에 따라 변화함 • L_1과 L_2 채널을 모두 수신하여 전리층 오차를 직접 보정가능 • 전리층 오차는 태양활동에 영향을 받으므로 태양활동 극대기에 전리층 오차가 최대가 됨
	대류권 오차	• 대류권에 존재하는 공기와 수증기에 의해 발생하는 오차 • 전리층 오차보다 빠른 변화 • GPS 위성신호가 통과하는 거리가 고도에 따라 달라지기 때문에 발생 • 수신기의 높이값 오차는 대류권 오차오 kalfwjq한 관계

146 GNSS 반송파 상대측위 기법에 대한 설명으로 옳지 않은 것은? [22년 2기]

① 전파의 위상차를 관측하는 방식으로서 정밀측량에 주로 사용된다.
② 정오차 축소·소거를 위해 차분기법을 사용한다.
③ 수신기 1대를 사용해 모호정수를 결정한 후 위치를 추정한다.
④ 위성과 수신기간 전파의 파장 개수를 측정하여 거리를 계산한다.

[해설]
위성에서의 항법신호는 사용자의 수신기에 도달하면서 위성시계와 수신기시계의 불일치, 전리층이나 대류권에서 전파지연으로 인하여 발생하는 시간지연 등에 의해 정확도가 낮아지게 된다. DGPS는 기지점에 정밀한 시계와 수신기를 갖춘 기준국(reference station)을 설치하고 그 지점에서 GPS 신호를 수신하여 기지점의 위치와 GPS 신호를 비교하여 위치오차에 대한 모호정수를 계산할 수 있다. 이 모호정수를 이용하여 주변에서 독립적으로 GPS관측을 수행하는 이동국 GPS에 전송하면 이동국의 수신기는 보정을 통해 수신중인 위성신호의 오차를 제거할 수 있다.

147 GNSS 자료처리에 의하여 직접적으로 획득할 수 있는 성과가 아닌 것은? [22년 2기]

① 타원체고
② 경도
③ 위도
④ 정표고

[해설]
정표고 = 타원체고 − 지오이드고 이므로 GNSS 관측자료에서는 타원체고이므로 정표고를 구할 수는 없다.

Answer　144 ①　145 ③　146 ③　147 ④

PART 01 측지학 및 위성측위시스템(GPS)

148 GPS에 관한 설명으로 옳지 않은 것은?
[22년 2기]

① 3차원 측량을 동시에 할 수 있다.
② 약 0.5 항성일의 궤도 주기를 가지고 있다.
③ L1 반송파는 C/A와 P코드 신호를 전송한다.
④ 지구를 크게 3개의 지역으로 분할한 지역 기준계를 사용한다.

해설

해GPS(Global Position System : 전지구 위치 파악 시스템)
① 3차원 측량을 동시에 할 수 있다.
② 약 0.5 항성일의 궤도 주기를 가지고 있다.
③ L1 반송파는 C/A와 P코드 신호를 전송한다.
④ 지구를 크게 1개의 지역으로 보고 세계를 하나의 통일된 좌표로 표시하기 위한 목적으로 고안된 세계 측지기준계이다.

149 GNSS 측량의 다중경로 오차를 줄이기 위한 방법으로 거리가 먼 것은?
[22년 2기]

① 이중주파수 수신기를 설치한다.
② 관측시간을 길게 설정한다.
③ 오차 요인을 가진 장소를 피해 안테나를 설치한다.
④ 초크링(choke-ring) 안테나를 사용한다.

해설

구조적인 오차

종류	특징
위성 시계오차	GPS 위성에 내장되어 있는 시계의 부정확성으로 인해 발생
위성 궤도오차	위성궤도정보의 부정확성으로 인해 발생
대기권 전파지연	위성신호의 전리층, 대류권 통과시 전파지연오차(약 2m)
전파적 잡음	수신기 자체에서 발생하며 PRN 코드 잡음과 수신기 잡음이 합쳐져서 발생

다중경로 (Multipath)	다중경로오차는 GPS 위성으로 직접 수신된 전파 이외에 부가적으로 주위의 지형, 지물에 의한 반사된 전파로 인해 발생하는 오차로서 측위에 영향을 미친다. ① 다중경로는 금속제 건물, 구조물과 같은 커다란 반사적 표면이 있을 때 일어난다. ② 다중경로의 결과로서 수신된 GPS 신호는 처리될 때 GPS 위치의 부정확성을 제공

150 GNSS의 신호가 단절될 때 연속적인 위치 및 자세 결정을 위하여 GNSS와 결합하여 활용하는 시스템은?
[22년 2기]

① 전자파거리측량기(EDM)
② 관성항법장치(INS)
③ 속도계
④ 나침반

해설

GPS/INS(관성항법시스템)
INS(Inertial Navigation System : 관성항법시스템)는 차량, 항공기 등에 관성측량기를 장착해 관측자의 현재 위치를 측량하고 진로를 알려주는 정밀항법장치로서 각(角)가속도를 측정하여 시간에 대한 연속적인 적분을 수행해 위치와 속도, 진행방향을 계산해내는 시스템으로서 GPS와 달리 본체에 설치된 센서를 통해 측량하는 방법이다.

원리	(1) 회전축을 중심으로 균형을 유지해 차체가 기준좌표로부터 얼마나 틀어져 있는지를 확인함으로써 본체의 진행방향을 계측한다. (2) 자이로스코프와 가속도계는 3차원 공간 정보 계측을 위해 3개씩 내장되어 있다.
구성	(1) 자이로스코프 : 기준좌표를 설정하고 본체의 진행방향을 계측 (2) 가속도계 : X, Y, Z 방향가속도를 계측 (3) 컴퓨터장치 : 관측치에 대한 전산처리과정을 통해 위치를 측량한다.

151 다음 중 인공위성의 케플러 궤도요소에 해당하지 않는 것은? [22년 2기]

① 강교점
② 궤도면 경사각
③ 궤도타원의 장반경
④ 궤도타원의 이심률

[해설]

케플러의 6 요소
① 궤도장반경(軌道長半徑, semi-major axis : A) : 궤도타원의 장반경
② 궤도이심률(軌道離心率, eccentricity : e) : 궤도타원의 이심률
③ 궤도경사각(軌道傾斜角, inclination angle : i) : 궤도면과 적도면의 교각
④ 승교점적경(昇交點赤經, right ascension of acsending node : h) : 궤도가 남에서 북으로 지나는 점의 적경
⑤ 근지점인수(近地點引數, argument of perigee : g) 또는 근지점 적경 : 승교점에서 근지점까지 궤도면을 따라 천구북극에서 볼 때 반시계방향으로 잰 각거리
⑥ 근점이각(近點離角, satellite anomaly : v) : 근지점에서 위성까지의 각거리, 진근점이각, 이심근점이각, 평균근점이각의 세 가지가 있다.

152 GNSS 측량을 통해 수집된 공통 데이터 형식인 RINEX 파일에 해당되지 않는 것은? [21년 4기]

① O(관측) 파일
② N(항법메시지) 파일
③ M(기상) 파일
④ S(측위해) 파일

[해설]

RINEX 포맷
① 관측자료 파일
② 항법메시지 파일
③ 기상자료 파일
④ GLONASS 항법메시지 파일을 포함한 4개의 ASCⅡ 파일로 구성되어 있다.

153 우리나라에서 채택하고 있는 세계측지계의 기준타원체로 옳은 것은? [21년 4기]

① WGS72
② Bessel
③ WGS84
④ GRS80

[해설]

구측량법	구분	신측량법
동경측지계	측지기준계	세계측지계
벳셀타원체	지구형상	GRS80타원체
수평면	평면위치기준	타원체면
평균해면	수직위치	평균해면
경도	위치표현	3차원직교좌표

154 세계 각 국에서는 보다 정확하고 시공을 초월한 측위환경에 대한 수요가 증가함에 따라 각 국 고유의 측위위성시스템(GNSS)을 개발·구축하고 있다. 이와 관련이 없는 것은? [21년 4기]

① Galileo   ② BeiDou
③ SPOT   ④ GLONASS

[해설]

위성항법시스템 구축 현황

소유국	시스템명	목적
미국	GPS	전지구위성항법
러시아	GLONASS	전지구위성항법
EU	Galileo	전지구위성항법
중국	COMPASS (Beidou 1, 2)	전지구위성항법 (중국 지역위성항법)

Answer 151 ① 152 ④ 153 ④ 154 ③

155 다음 중 GPS 위성신호가 아닌 것은?

[21년 4기]

① L1 반송파   ② E5 반송파
③ P 코드   ④ C/A 코드

해설

GPS 신호
GPS신호는 C/A코드, P코드 및 항법메시지 등의 측위 계산용 신호가 각기다른 주파수를 가진 L1 및 L2 파의 2개 전파에 실려 지상으로 방송이 되며 L1/L2파는 코드신호 및 항법메시지를 운반한다고 하여 반송파(Carrier Wave)라 한다.

156 다음 중 GNSS 측량의 계통적 오차(정오차)에 해당하지 않는 것은?

[21년 4기]

① 위성의 시계오차
② 위성의 궤도오차
③ 전리층 지연오차
④ 관측 잡음오차

해설

구조적인 오차
위성시계오차
위성궤도오차
대기권전파지연
전파적 잡음
다중경로(Multipath)

157 GNSS 측량에 대한 설명으로 옳지 않은 것은?(21년 4기)

① GNSS 측량은 관측 가능한 기상 및 시간의 제약이 매우 적다.
② 도심지내 GNSS 측량에서는 다중경로에 주의해야 한다.
③ GNSS 측량에서는 3차원 좌표값을 직접 얻기 때문에 안테나 높이를 관측할 필요가 없다.
④ GNSS 측량에서는 수신점 간의 시통이 없어도 기선벡터를 구할 수 있으므로 시통을 염려할 필요가 없다.

해설

GPS의 특징
① 지형여건과 관계없으며, 또한 측점 간 상호시통이 되지 않아도 관계없다.
② 기상상태와 시간적 제약에 관계없이 관측의 수행이 가능하다.
③ 3차원측량을 동시에 할수 있다
④ 측량거리에 비하여 상대적으로 높은 정확도를 지니고 있다
⑤ 하루 24시간 언느 시간에서나 이용이 가능하다
⑥ 다양한 측량기법이 제공되어 목적에 따라 적당한 기법을 선택할수 있으므로 경제적이다.

158 위성의 기하학적 배치 상태가 수신기 위치의 정확도에 미치는 영향을 나타내는 척도는?

[21년 4기]

① 다중경로(Multipath)
② DOP(Dilution of Precision)
③ 사이클 슬립(Cycle Slip)
④ 선택적 부과오차(S/A)

해설

위성이 배치상태에 따른 오차
1) 정밀도저하율(DOP(Dilution of Precision)

종류	특징
① GDOP : 기하학적 정밀도 저하율 ② PDOP : 위치 정밀도 저하율 ③ HDOP : 수평 정밀도 저하율 ④ VDOP : 수직 정밀도 저하율 ⑤ RDOP : 상대 정밀도 저하율 ⑥ TDOP : 시간 정밀도 저하율	① 3차원위치의 정확도는 PDOP에 따라 달라지는데 PDOP은 4개의 관측위성들이 이루는 사면체의 체적이 최대일때 가장 정확도가 좋으며 이때는 관측자의 머리위에 다른 3개의 위성이 각각 120°를 이룰 때이다. ② DOP은 값이 작을수록 정확한데 1이 가장 정확하고 5까지는 실용상 지장이 없다

Answer 155 ② 156 ④ 157 ③ 158 ②

159 GNSS 절대측위에서 HDOP와 VDOP가 2.3과 3.7이고 예상되는 관측데이터의 정확도(σ)가 ±2.5m일 때 예상할 수 있는 수평위치 정확도(σ_H)와 수직위치 정확도는 (σ_V)는? [21년 4기]

① $\sigma_H = \pm 5.75m, \sigma_V = \pm 9.25m$
② $\sigma_H = \pm 4.8m, \sigma_V = \pm 6.20m$
③ $\sigma_H = \pm 1.48m, \sigma_V = \pm 8.51m$
④ $\sigma_H = \pm 0.92m, \sigma_V = \pm 1.48m$

[해설]

$GDOP = \sqrt{(\sigma_{xx}^2 + \sigma_{yy}^2 + \sigma_{zz}^2 + \sigma_{tt}^2)}$
$PDOP = \sqrt{(\sigma_{xx}^2 + \sigma_{yy}^2 + \sigma_{zz}^2)}$
$TDOP = \sigma_{tt}$
$HDOP = \sqrt{(\sigma_{xx}^2 + \sigma_{yy}^2)}$
$VDOP = \sigma_{zz}$
$HDOP = 2.3$
$VDOP = 3.7$
GNSS측위오차는 거리오차와 DOP의 곱으로 표시한다.
관측데이터 정확도(σ)가 2.5m 이므로
수평위치정확도(σH) = $2.3 \times 2.5 = \pm 5.75m$
수직위치정확도(σV) = $3.7 \times 2.5 = \pm 9.25m$

160 다음 중 DGPS에 의해서 보정되지 않는 오차는? [21년 4기]

① 전리층오차 ② 위성시계오차
③ 사이클슬립 ④ 위성궤도오차

[해설]
DGPS 방식은 기준국 GPS에서 방송되는 위치보정신호를 각 이동국에서 단순 수신하는 것으로 DGPS를 적용하면 정확도가 좋아지는 이유는 기지점과 미지점에서 측정한 결과로부터 공통오차를 상쇄시킬 수 있기 때문이다. 상쇄되는 오차는 다음과 같다.
① GPS 위성의 궤도정보 오차
② GPS 위성의 시계오차
③ 전리층 신호지연
④ 대류권 신호지연
⑤ SA에 의해 코드에 부여된 오차(2000년 이전)

161 지심 좌표 방식으로 GPS 위성 측량에서 쓰이는 좌표계는? [21년 2기]

① UTM 좌표   ② WGS84 좌표
③ 천문 좌표   ④ 베셀 좌표

[해설]
지심 좌표 방식으로 GPS 위성 측량에서 쓰이는 좌표계는 WGS84 좌표계이다.

162 지각 변동(운동)의 결정과 같이 정밀한 위치결정을 위하여 GNSS측량을 이용하는 경우에 대한 설명으로 틀린 것은? [21년 2기]

① 오차를 제거하기 위하여 일반적으로 차분된 관측치를 사용한다.
② 정밀한 위치결정을 위하여 반송파보다는 코드 신호를 사용한다.
③ 상용보다는 학술용 자료처리 프로그램을 사용한다.
④ 정확한 궤도정보인 정밀궤도력을 사용한다.

[해설]
② 정밀한 위치결정을 위하여 코드방식에 비해 정확도가 높은 반송파 신호를 사용한다.

163 GPS 위성에 대한 설명으로 틀린 것은?
[18년 1회 측기]

① 위성이 지구를 한 바퀴 공전할 때 지구는 반 바퀴 자전한다.
② 위성의 고도는 정지궤도위성의 고도보다 낮다.
③ 하나의 궤도면에 3개의 위성이 등간격을 이루도록 설계되어 있다.
④ 북극점 혹은 남극점에서도 가시위성(visible satellite)이 존재한다.

Answer 159 ① 160 ③ 161 ② 162 ② 163 ③

[해설]

③ GPS 위성은 하나의 궤도면에 4개의 위성이 등간격을 이루도록 설계되어 있다.

164 GPS 위성으로부터 전송되는 L2 신호의 주파수가 1227.60MHz일 때 L2 신호 300,000파장의 거리는? (단, 광속 c=299792458m/s) [21년 2기]

① 36803m ② 36828m
③ 73263m ④ 1228450m

[해설]

$\lambda = \dfrac{c}{f}$ (λ : 파장, c : 광속도, f : 주파수)

MH_z를 H_z 단위로 환산하면

$\lambda = \dfrac{299,792,458}{1,227.60 \times 10^6} = 0.244210213m$

∴ L_2 신호 300,000 파장거리
$= 300,000 \times 0.244210213 = 73,263m$

165 다음의 RTK-GPS에 의한 지형측량방법의 설명 중 옳지 않은 것은? [21년 2회 측기]

① RTK-GPS에 의한 지형측량시 기준점과 관측점 간의 시통이 양호한 경우에는 상공 시계의 확보가 필요 없다.
② RTK-GPS에 의한 지형측량시 기준점과 관측점 간에는 관측데이터를 전송하기 위한 통신장치가 필요하다.
③ RTK-GPS에 의한 지형측량시 관측점의 위치가 즉시 결정되기 때문에 현장에서 휴대용 PC 상에 측정결과를 표기하여 확인하는 것이 가능하다.
④ RTK-GPS에 의한 지형측량시 RTK-GPS로 구한 타원체고에 대하여는 지오이드고를 정하여 지오이드면으로부터의 높이로 변환하는 것이 필요하다.

[해설]

RTK-GPS 관측

기준이 되는 관측점(이하 고정점이라 한다.)과 구점(求點)이 되는 관측점(이하 이동점이라고 한다.)에 설치한 GPS 측량기로 동시에 GPS 위성으로부터의 신호를 수신하고, 고정점에서 취득한 신호를 무선장치 등을 이용해 이동점에 전송하여, 이동점에서 즉시 기선해석을 실시함으로써 위치를 결정하는 측량 GPS 관측에 있어 상공시계 확보는 필수적 요소이다. 관측점 간의 시통은 위치결정에 영향을 주지 않는다.

166 GNSS에 의한 위치결정에 있어서 가장 중요한 관측요소로 옳은 것은? [21년 2기]

① 위성과 수신기 사이의 거리
② 위성신호의 전송데이터 양
③ 위성과 수신기 사이의 각
④ 위성과 수신기의 안테나 길이

[해설]

PseudoRange의사거리(類似距離)

C/A코드나 P코드를 사용하여 Delay-Lockloop에 의해 측정된 위성과 수신기의 안테나 사이의 위상거리로서 수신기의 시계에 의한 오차와 대기층에 대한 전파지연이 포함되어 있다. 단독 위치결정에서는 4개의 위성 거리를 관측하여 구해지는데 거리는 전파가 위성을 출발한 시각과 수신기에 도착한 시각의 차로 구하여 얻어진다.

167 GNSS 측위의 계통적 오차(정오차) 요인이 아닌 것은? [21년 2기]

① 위성의 시계오차
② 위성의 궤도오차
③ 전리층 지연오차
④ 관측 잡음오차

[해설]

관측잡음오차는 수신기 자체에서 발생하며 PRN 코드 잡음과 수신기 잡음이 합쳐져서 발생하므로 정오차 요인이 아니다.

Answer 164 ③ 165 ① 166 ① 167 ④

168 반송파(carrier)의 모호정수(ambiguity)가 포함되어 있지 않은 관측치는? [21년 2기]

① 단일차분위상차
② 이중차분위상차
③ 삼중차분위상차
④ 무차분 위상

해설

삼중위상차 : Triple Phace Difference)
① 한개의 위성에 대하여 어떤시각의 위상적산차(측정치)와 다음시각의 적산치와의 차이 값을 적분위상차라고도 한다
② 반송파의 모호정수(불명확상수)를 소거하기 위하여 일정시간 간격으로 이중차의 차이 값을 측정하는 것을 말한다
③ 즉, 일정시간동안의 위성거리 변화를 뜻하며 파장의 정수배의 불명확을 해결하는 방법으로 이용된다
④ 위성.수신기의 시계오차 소거 와 정수 바이어스 소거 된 상태

169 RINEX 파일에 대한 설명으로 틀린 것은?
[21년 2기]

① RINEX는 GNSS 수신기 기종에 따라 기록 방식이 달라 이를 통일하기 위해 만든 표준 파일형식이다.
② 헤더부분에는 관측점명, 안테나높이, 관측 날짜, 수신기명 등 파일에 대한 정보가 들어간다.
③ RINEX 파일로 변환하였을 경우 자료처리의 신뢰도를 높이기 위해 사용자가 편집할 수 없도록 되어 있다.
④ 의사거리와 반송파 관측데이터를 모두 기록한다.

해설

Rinex(GPS자료 공통포맷형식)
RINEX(Receiver Independent Exchange Format : 수신기독립변환형식)는 GPS 데이터의 호환을 위한 표준화된 공통형식으로서 서로 다른 종류의 GPS수신기를 사용하여 관측하여도 기선해석이 가능하게 하는 자료형식으로 전 세계적인 표준이다.
③ RINEX 파일로 변환하였을 경우 자료처리의 신뢰도를 높이기 위해 사용자가 편집할 수 있도록 설계되어 있다.

170 위성의 궤도요소가 아닌 것은? [21년 2기]

① 승교점의 적경
② 궤도 경사각
③ 궤도의 장반경
④ 관측지점의 경위도

해설

케플러의 6요소
① 궤도장반경(軌道長半徑, semi-major axis : A) : 궤도타원의 장반경
② 궤도이심률(軌道離心率, eccentricity : e) : 궤도타원의 이심률
③ 궤도경사각(軌道傾斜角, inclination angle : i) : 궤도면과 적도면의 교각
④ 승교점적경(昇交點赤經, right ascension of acsending node : h) : 궤도가 남에서 북으로 지나는 점의 적경(승교점 : 위성이 남에서 북으로 갈 때의 천구적도와 천구상 인공위성궤도의 교점)
⑤ 근지점 인수(近地點引數, argument of perigee : g) 또는 근지점 적경 : 승교점에서 근지점까지 궤도면을 따라 천구북극에서 볼 때 반시계방향으로 잰 각거리
⑥ 근점이각(近點離角, satellite anomaly : v) : 근지점에서 위성까지의 각거리, 진근점이각, 이심근점이각, 평균근점이각의 세 가지가 있다.

Answer 168 ③ 169 ③ 170 ④

PART 01 측지학 및 위성측위시스템(GPS)

171 다음 중 위치기반서비스(LBS)를 위한 실시간 위치결정과 거리가 먼 것은?
[21년 1회 측기]

① GPS
② GLONASS
③ GALILEO
④ LANDSAT

해설

전 세계 위성항법시스템 현황

소유국	시스템 명	목적
미국	GPS	전지구위성항법
러시아	GLONASS	전지구위성항법
EU	Galileo	전지구위성항법
중국	COMPASS (Beidou)	전지구위성항법 (중국 지역위성항법)

172 GNSS 측량에 대한 설명으로 옳지 않은 것은?
[21년 1회 측기]

① GNSS는 위치를 알고 있는 위성에서 발사한 전파를 수신하여 소요시간을 관측함으로써 미지점의 위치를 구하는 인공위성을 이용한 범지구 위치결정체계이다.
② GNSS의 구성은 우주부문, 제어부문, 사용자부문으로 나눌 수 있다.
③ GNSS에서 정밀도 저하율(DOP)의 수치가 클수록 정확하다.
④ GPS에 이용되는 좌표체계는 WGS 84를 이용하고 있으며 WGS 84의 원점은 지구질량중심이다.

해설
GNSS에서 정밀도 저하율(DOP)의 수치가 작을수록 정확하다.

173 DGPS측위에 대한 설명으로 옳지 않은 것은?
[21년 1회 측기]

① 위치를 알고 있는 기지점과 위치를 모르는 미지점에서 동시에 관측한다.
② 동시에 수신 가능한 위성이 4개 필요하다
③ 기지점과 미지점의 거리가 길수록 측위정확도가 높다.
④ 기지점과 미지점에서의 오차가 유사할 것이라는 가정을 이용한다.

해설
기지점과 미지점의 거리가 길수록 측위정확도가 낮다

174 GPS 신호에 포함되어 있지 않은 것은?
[21년 1회 측기]

① C/A 코드
② P 코드
③ 방송궤도력
④ 정밀궤도력

해설

정밀궤도력 | 精密軌道曆 | precise ephemeris
① 실제위성의 궤적으로서 지상추적국에서 위성전파를 수신하여 계산된 궤도정보임
② 방송력에 비해 정확도가 높으며 위성관측 후에 정보를 취득하므로 주로 후처리 방식의 정밀기준점측량시 적용됨

175 위성전파가 장애물로 인해 차폐되는 등의 이유로 위상측정이 중단되어 발생하는 오차를 무엇이라 하는가?
[21년 1회 측기]

① 사이클슬립
② 대류권지연
③ 시계오차
④ 전리층지연

Answer 171 ④ 172 ③ 173 ③ 174 ④ 175 ①

[해설]

Cycle Slip의 원인
① GPS 안테나 주위의 지형, 지물에 의한 신호차단으로 발생
② 비행기의 커브 회전시 동체에 의한 위성시야의 차단
③ 높은 신호 잡음
④ 낮은 신호 강도(Signal Strength)
⑤ 낮은 위성의 고도각
⑥ 사이클 슬립은 이동측량에서 많이 발생

176 GNSS 측량시 시계오차가 소거된 3차원 위치결정을 위해 필요로 하는 최소 위성의 수는?

[21년 1회 측기]

① 4대 ② 5대
③ 6대 ④ 7대

[해설]

GPS 측량 중 1점 측위의 방법으로 시간오차가 제거된 3차원 위치를 결정할 때, 동시 관측이 요구되는 최소 위성수는 4대이다. 4개 이상의 위성을 관측하여 원하는 수신기의 위치와 시각동기오차를 결정하고 항법, 근사적인 위치결정, 실시간 위치결정 등에 이용된다.

177 GPS 오차원인 중 L1신호와 L2신호의 굴절 비율이 상이함을 이용하여 L1/L2의 선형 조합을 통해 보정이 가능한 것은?

[21년 1회 측기]

① 전리층 지연 오차
② 위성시계오차
③ GPS 안테나의 구심오차
④ 다중경로오차

[해설]

L_1, L_2 두 개의 주파수를 사용하는 것은 전리층의 전파지연이 주파수의 2승에 역비례함을 이용하여 그 전파지연을 교정하기 위함이다.

178 GPS위성으로 부터 전송되는 L1대의 신호 주파수가 157542MHz일 때 L1 신호 10,000 파장의 거리는? (단, 광속(c)=299,792,458m/s이다.)

[21년 1회 기]

① 1320.17m
② 1902.94m
③ 3254.00m
④ 20257.67m

[해설]

$\lambda = \dfrac{c}{f}$ (λ: 파장, c: 광속도, f: 주파수)

MH_z를 H_z 단위로 환산하면

$\lambda = \dfrac{299,792,458}{1,575.42 \times 10^6} = 0.190293672 m$

∴ L_1 신호 10,000파장 거리
$= 10,000 \times 0.190293672 = 1902.94 m$

179 GNSS 측량에 대한 설명으로 옳지 않은 것은?

[21년 1회 측기]

① 인공위성의 전파를 수신하여 위치를 결정하는 시스템이다.
② 우천시에도 위치 결정이 가능하다.
③ 수신점의 높이를 결정하는데 이용될 수 있다.
④ 2점 이상 관측시 수신점간 시통이 되지 않으면 위치를 결정할 수 없다.

[해설]

GNSS 측량은 주야간 관측이 가능하고 기상조건에 영향을 받지않고 기준점간 시통이 필요하지 않다.

Answer 176 ① 177 ① 178 ② 179 ④

ENGINEER SURVEYING GEO-SPATIAL INFORMATION

PART 02

응용측량

CHAPTER 01 노선측량(路線測量 : route survey)
CHAPTER 02 하천측량
CHAPTER 03 터널측량(Tunnel Surveying)
CHAPTER 04 경관측량
CHAPTER 05 지하시설물 측량
CHAPTER 06 해양측량
CHAPTER 07 택지조성측량(宅地造成測量)
CHAPTER 08 면적 및 체적측량

ENGINEER SURVEYING + GEO-SPATIAL INFORMATION

"구민사는 당신의 합격을 응원합니다

노선측량(路線測量): route survey

제1절 개요

도로, 철도, 운하 등의 교통로의 측량, 수력발전의 도수로 측량, 상하수도의 도수관의 부설에 따른 측량 등 폭이 좁고 길이가 긴 구역의 측량을 말한다. 그러므로 노선의 목적과 종류에 따라 측량도 약간 다르게 된다. 삼각측량 또는 다각측량에 의하여 골조를 정하고 이를 기본으로 지형도를 작성하고 종횡단면도 작성, 토량 등도 계산하게 되는 것이다.

제2절 노선측량의 작업과정 및 방법 비교

1 노선측량의 작업 과정

도상계획	지형도상에서 한 두 개의 계획노선을 선정한다.
형장답사	도상계획노선에 따라 현장 답사를 한다.
예측	답사에 의하여 유망한 노선이 결정되면 그 노선을 더욱 자세히 조사하기 위하여 트래버스측량과 주변에 대한 측량을 실시한다.
도상선정	예측이 끝나면 노선의 기울기, 곡선, 토공량, 터널과 같은 구조물의 위치와 크기, 공사비 등을 고려하여 가장 바람직한 노선을 지형도 위에 기입하는 단계이다.
현장실측	도상에서 선정된 최적노선을 지상에 측설하는 것이다.

2 노선측량 세부 작업 과정

노선선정(路線選定)	도상선정
	종단면도 작성
	현지답사
계획조사측량(計劃調査測量)	지형도 작성
	비교노선의 선정
	종단면도 작성
	횡단면도 작성
	개략노선의 결정
실시설계측량(實施設計測量)	지형도 작성
	중심선의 선정
	중심선 설치(도상)
	다각측량
	중심선 설치(현지)
	고저측량 — 고저측량 / 종단면도 작성
세부측량(細部測量)	구조물의 장소에 대해서, 지형도(축척 종 1/500~1/100)와 종횡단면도(축척 종 1/100, 횡 1/500~1/100)를 작성한다.
용지측량(用地測量)	횡단면도에 계획단면을 기입하여 용지 폭을 정하고, 축척 1/500 또는 1/600로 용지도를 작성한다.
공사측량(工事測量)	검사관측
	가인조점 등의 설치

3 순서

(1) 지형측량   (2) 중심선측량   (3) 종단측량
(4) 횡단측량   (5) 용지측량   (6) 시공측량

4 노선조건

① 가능한 한 직선으로 할 것
② 가능한 한 경사가 완만할 것

③ 토공량이 적고 절토와 성토가 짧은 구간에서 균형을 이룰 것
④ 절토의 운반거리가 짧을 것
⑤ 배수가 완전할 것

5 노선측량

1) 종단측량

종단측량은 중심선에 설치된 관측점 및 변화점에 박은 중심말뚝, 추가말뚝 및 보조말뚝을 기준으로 하여 준심선의 지반고를 측량하고 연직으로 토지를 절단하여 종단면도를 만드는 측량이다.

(1) 종단면도 작성

외업이 끝나면 종단면도를 작성한다. 수직축척은 일반적으로 수평축척보다 크게 잡으며 고저차를 명확히 알아볼 수 있도록 한다.

(2) 종단면도 기재사항

① 관측점 위치
② 관측점 간의 수평거리
③ 각 관측점의 기점에서의 누가거리
④ 각 관측점의 지반고 및 고저기준점(BM)의 높이
⑤ 관측점에서의 계획고
⑥ 지반고와 계획고의 차(성토, 절토, 별)
⑦ 계획선의 경사

2) 횡단측량

횡단측량에서는 중심말뚝이 설치되어 있는 지점에서 중심선의 접선에 대하여 직각방향(법선방향)으로 지표면을 절단한 면을 얻어야 하는데 이때 중심말뚝을 기준으로 하여 좌우의 지반고가 변화하고 있는 점의 고저 및 중심말뚝에서의 거리를 관측하는 측량이 횡단측량이다.

제3절 분류

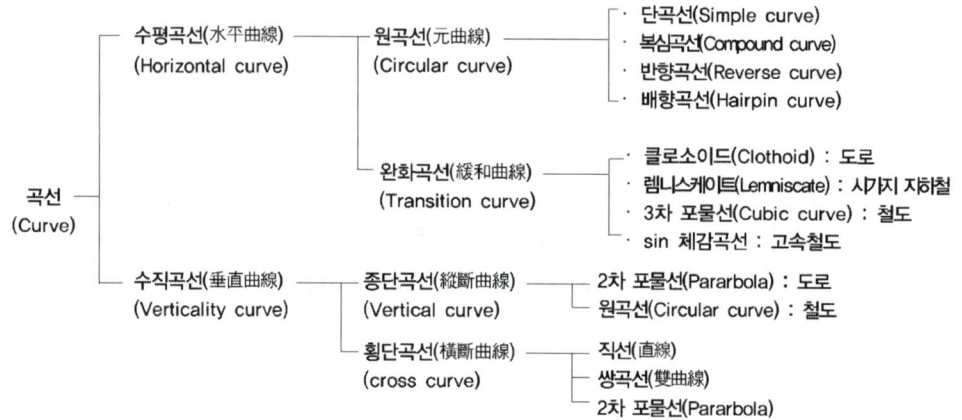

제4절 단곡선의 각 부 명칭 및 공식

1 단곡선의 각 부 명칭

A : 곡선시점(Biginning of curve) B.C
B : 곡선종점(End of curve) E.C
C : 곡선중점(Secant Point) S.P
D : 교점(Intersection Point) I.P
I : 교각(Intersection angle)
I = ∠AOB : 중심각(Central angle) I
OA : 곡선반경(Radius of curve) R
OB : 곡선반경(Radius of curve) R
$\overarc{AB}$: 곡선장(Curve length) C.L
AB : 현장(Long chord) C
AD : 접선장(Tangent length) T.L
BD : 접선장(Tangent length) T.L
CS : 중앙종거(Middle ordinate) M
CD : 외할(External secant) E
편각 : δ(deflection angle) : B.C에서 접선과 임의의 현이 이루는 각

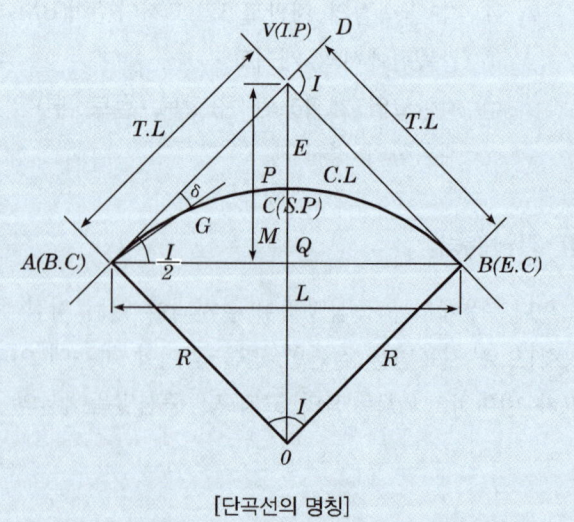

[단곡선의 명칭]

2 공식

(1) 접선길이(접선장)

$\tan\dfrac{I}{2} = \dfrac{TL}{R}$ 에서

$TL = R \cdot \tan\dfrac{I}{2}$

$R = \dfrac{T.L}{\tan\dfrac{I}{2}} = T.L \cdot \cot\dfrac{I}{2}$

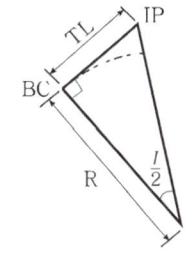

(2) 곡선길이(곡선장)

- 원둘레 : $2\pi R$
- 중심각 1°에 대한 원둘레의 길이 : $\dfrac{2\pi R}{360°}$
- $2\pi R : CL = 360 : I$
- $CL = \dfrac{2\pi R}{360°} I° = \dfrac{\pi}{180°} \cdot R \cdot I° = 0.01745 R I°$
- $CL = \dfrac{\pi}{180° \times 60'} R \cdot I' = 0.0002909 \cdot R \cdot I'$

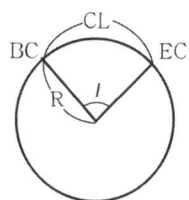

(3) 외할(외선장)

$\sec\dfrac{I}{2} = \dfrac{l}{R}$ 에서

$l = R \cdot \sec\dfrac{I}{2}$

$\begin{aligned}E &= l - R \\ &= R \cdot \sec\dfrac{I}{2} - R \\ &= R\left(\sec\dfrac{I}{2} - 1\right)\end{aligned}$

$\begin{bmatrix} \sin a = \dfrac{1}{\operatorname{cosec} a} \\ \cos a = \dfrac{1}{\sec a} \\ \tan a = \dfrac{1}{\cot a} \end{bmatrix}$

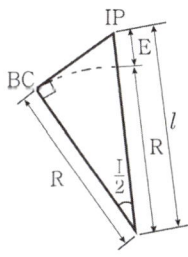

(4) 중앙종거(M)

$\cos\dfrac{I}{2} = \dfrac{x}{R}$ 에서

$x = R \cdot \cos\dfrac{I}{2}$

$\begin{aligned}M &= R - x \\ &= R - R \cdot \cos\dfrac{I}{2} \\ &= R\left(1 - \cos\dfrac{I}{2}\right)\end{aligned}$

$\cos\dfrac{I}{2} = \dfrac{R - M}{R}$

$R - M = R\cos\dfrac{I}{2}$

$\begin{aligned}M &= R - R\cos\dfrac{I}{2} \\ &= R\left(1 - \cos\dfrac{I}{2}\right)\end{aligned}$

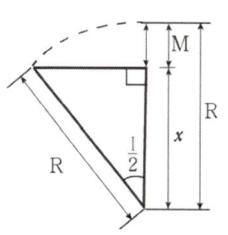

(5) 장현(현장)

$$\sin\frac{I}{2} = \frac{\frac{C}{2}}{R} = \frac{C}{2R}$$

$$\therefore C = 2R \cdot \sin\frac{I}{2}$$

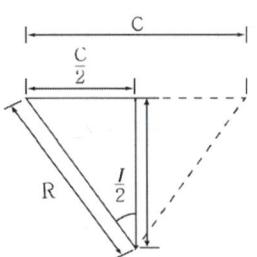

(6) 편각(δ) (접선과 현이 이루는 각)

$$\delta = \frac{l}{2R} \times \frac{180° \times 60'}{\pi} = \frac{l}{R} \times \frac{90° \times 60'}{\pi} = 1718.87' \cdot \frac{l}{R}$$

$$\sin\frac{I}{2} = \frac{\frac{C}{2}}{R} = \frac{C}{2R}$$

$$\therefore C = 2R \cdot \sin\frac{I}{2}$$

(7) 곡선시점($B.C$)

$$B.C. = I.P - T.L$$

(8) 곡선종점($E.C$)

$$E.C = B.C + C.L$$

(9) 시단현(l_1)

$l_1 = BC$점부터 BC 다음 말뚝까지의 거리

(10) 종단현(l_2)

$l_2 = EC$점부터 EC 바로 앞 말뚝까지의 거리

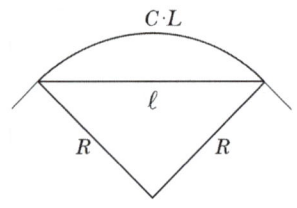

(11) 호장과 현장 길이의 차

$$C \cdot L - l \fallingdotseq \frac{C \cdot L^3}{24R^2}$$

C : 호길이, l : 현길이

(12) 중앙종거와 곡률반경의 관계

$$R^2 - \left(\frac{L}{2}\right)^2 = (R - M)^2$$

$$\therefore R = \frac{L^2}{8M} + \frac{M}{2}$$

(단, M값이 L에 비해 작으면 2항은 무시한다.)

Question 1

반경 150m인 원곡선을 설치하려고 한다. 도로의 시점으로부터 740.25m에 있는 교점 I.P점에 장애물이 있어 그림과 같이 $\angle A$, $\angle B$를 관측하였을 때 다음 요소들을 계산하시오.

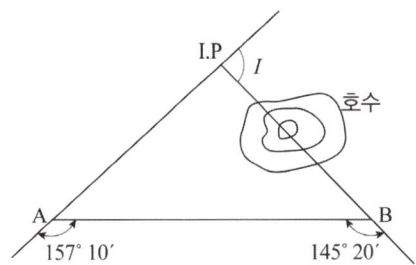

1) 교각
2) TL(접선장)
3) CL(곡선장)
4) C(장현)
5) M(중앙종거)
6) BC의 측점번호, EC의 측점번호
7) 시단현, 종단현 길이
8) 시단현 편각, 종단현 편각

풀이

1) 교각
   ① $\angle A = 180 - 157°10' = 22°50'$
   ② $\angle B = 180 - 145°20' = 34°40'$
   ③ 교각(I) $= 22°50' + 34°40' = 57°30'$

2) $TL = R \cdot \tan\dfrac{I}{2} = 150 \cdot \tan\dfrac{57°30'}{2} = 82.3\text{m}$

3) $CL = 0.01745 R \cdot I = 0.01745 \times 150 \times 57°30' = 150.51\text{m}$

4) $C = 2R \cdot \sin\dfrac{I}{2} = 2 \times 150 \times \sin\dfrac{57°30'}{2} = 144.30\text{m}$

5) $M = R\left(1 - \cos\dfrac{I}{2}\right) = 150\left(1 - \cos\dfrac{57°30'}{2}\right) = 18.49$

6) BC의 측점번호, EC의 측점번호
   $BC = IP - TL = 740.25 - 82.3 = 657.95$
   No.32 + 17.95 = 17.95
   $EC = BC + CL = 657.95 + 150.51 = 806.46\text{m}$
   No.40 + 8.46 = 8.46m

7) 시단현, 종단현 길이
   $L_1 = 660 - 657.95 = 2.05\text{m}$
   $L_2 = 808.46 - 800 = 8.46\text{m}$

8) 시단현 편각, 종단현 편각
   ① 20m에 대한 편각
   $$\delta = 1718.87' \times \frac{20}{150} = 3°49'11''$$
   ② 시단현에 대한 편각
   $$\delta_1 = 1718.87' \times \frac{2.05}{150} = 0°23'29.47''$$
   ③ 종단현에 대한 편각
   $$\delta_2 = 1718.87' \times \frac{8.46}{150} = 1°36'56.66''$$

Question 2

다음과 같은 단곡선에서 AC 및 BD 사이의 거리를 편각법을 설치하고자 한다. 그러나 중간에 장애물이 있어 CD의 거리 및 α, β를 측정하여 CD = 200m, $\alpha = 50°$, $\beta = 40°$를 얻었다. C점의 위치가 도로시점(BC)로부터 150.40m이고 C를 곡선의 시점으로 할 때 다음 요소들을 구하시오. (단, 거리는 소수 첫째자리, 각은 1" 단위 계산)

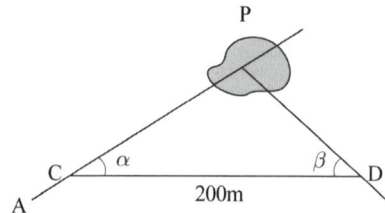

1) 접선장(TL)
2) 곡선반경(R)
3) 곡선장(CL)
4) 중앙종거(M)
5) 외할(E)
6) 도로시점(BC)에서 곡선종점까지 추가거리
7) 시단현, 종단현 길이
8) 편각(δ_1, δ_2)

1) 접선장(TL)
$$TL = \frac{TL}{\sin 40} = \frac{200}{\sin 90}$$
$$TL = \frac{\sin 40 \times 200}{\sin 90} = 128.56 = 128.6\text{m}$$

2) 곡선반경(R)
$$TL = R \cdot \tan\frac{I}{2}$$
$$128.6 = R \cdot \tan\frac{90°}{2} \quad R = 128.6\text{m}$$

3) 곡선장(CL)

$CL = 0.01745R \cdot I = 0.01745 \times 128.6 \times 90° = 202.0$

4) 중앙종거(M)

$M = R\left(1 - \cos\dfrac{I}{2}\right) = 128.6\left(1 - \cos\dfrac{90°}{2}\right) = 37.7\text{m}$

5) 외할(E)

$E = R\left(\sec\dfrac{I}{2} - 1\right) = 128.6\left(\sec\dfrac{90°}{2} - 1\right) = 53.3\text{m}$

6) 도로시점(BC)에서 곡선종점까지 추가거리

$EC = BC + CL = 150.40 + 202.0 = 352.4\text{m}$

7) 시단현, 종단현 길이

① $L_1 = 160 - 150.40 = 9.6\text{m}$

② $L_2 = 352.4 - 340 = 12.4\text{m}$

8) 시단현 편각(δ_1), 종단현 편각(δ_2)

① $\delta_1 = 1718.87'\dfrac{l_1}{R} = 1718.87' \times \dfrac{9.6}{128.6} = 2°8'18''$

② $\delta_2 = 1718.87'\dfrac{l_2}{R} = 1718.87' \times \dfrac{12.4}{128.6} = 2°45'44''$

Question 3

다음의 그림과 같이 A와 B노선 사이에 노선을 계획할 때 P점에 장애물이 있어 C와 D점에서 ∠C, ∠D 및 CD의 거리를 측정하여 아래의 조건으로 단곡선을 설치하고자 한다. 다음 요소들을 계산하시오. (단, 곡선반경 R=100m, $\overline{CD} = 100\text{m}$, ∠$C = 30°$, ∠$D = 80°$, $\overline{AC}$의 거리는 453.02m이고 중심말뚝 간격은 20m 소수 첫째자리, 각은 초단위)

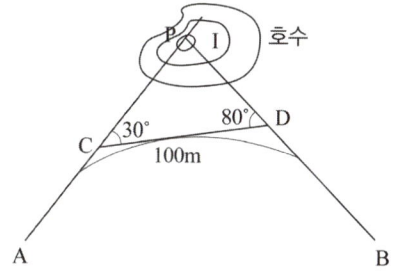

1) 교각(I)　　　　　　　　　　　2) 접선장(TL)
3) 곡선장(CL)　　　　　　　　　4) 곡선부 시점(BC), 곡선부 종점(EC)
5) 시단현, 종단현 길이　　　　　　6) 시단현 편각, 종단현 편각
7) 20m에 대한 편각

1) 교각(I)

   $\angle C + \angle D = 30° + 80° = 110°$

2) 접선장(TL)

   $TL = R \cdot \tan\dfrac{I}{2} = 100 \cdot \tan\dfrac{110°}{2} = 142.8\text{m}$

3) 곡선장(CL)

   $CL = 0.01745 R \cdot I = 0.01745 \times 100 \times 110° = 192.0\text{m}$

4) 곡선부 시점(BC), 곡선부 종점(EC)

   ① $\overline{CP}$ 거리 $= \dfrac{100}{\sin \angle P} = \dfrac{\overline{CP}}{\sin \angle D}$

   $\overline{CP} = \dfrac{100 \times \sin 80°}{\sin 70°} = 104.80\text{m}$

   ② BC 계산

   총거리 $- TL = (453.02 + 104.80) - 142.8 = 415.02\text{m}$

   (No.20 + 15.02m)

   ③ EC 계산

   $BC + CL = 415.02 + 192.0 = 607.02\text{m}$

   (No.30 + 7.02m)

5) 시단현, 종단현 길이

   $L_1 = 420 - 415.02 = 4.98\text{m}$

   $L_2 = \text{No.}30(600) + 7.02 = 7.02\text{m}$

6) 시단현 편각, 종단현 편각

   ① 시단현에 대한 편각

   $\delta_1 = 1718.87' \times \dfrac{4.98}{100} = 1°25'35.98''$

   ② 종단현에 대한 편각

   $\delta_2 = 1718.87' \times \dfrac{7.02}{100} = 2°0'40''$

7) 20m에 대한 편각

   $\delta = 1718.87' \times \dfrac{20}{100} = 5°43'46''$

제5절 단곡선 설치 방법

1 편각 설치법

철도, 도로 등의 곡선 설치에 가장 일반적인 방법이며, 다른 방법에 비해 정확하나 반경이 작을 때 오차가 많이 발생한다.

편각이란 시곡점(B.C)에서 접선과 임의의 현이 이루는 각으로 δ_a, δ_2, δ_3 … 등을 말한다.

(1) 시단현 편각(δ_1) $= \dfrac{l_1}{R} \times \dfrac{90°}{\pi} = 1718.87' \times \dfrac{l_1}{R}$

(2) 종단현 편각(δ_2) $= \dfrac{l_2}{R} \times \dfrac{90°}{\pi} = 1718.87' \times \dfrac{l_2}{R}$

(3) 말뚝간격에 대한 편각(δ) $= \dfrac{l}{R} \times \dfrac{90°}{\pi} = 1718.87' \dfrac{l}{R} = \dfrac{l}{2R} \times \rho = \dfrac{l}{2R} \times \dfrac{180°}{\pi}$

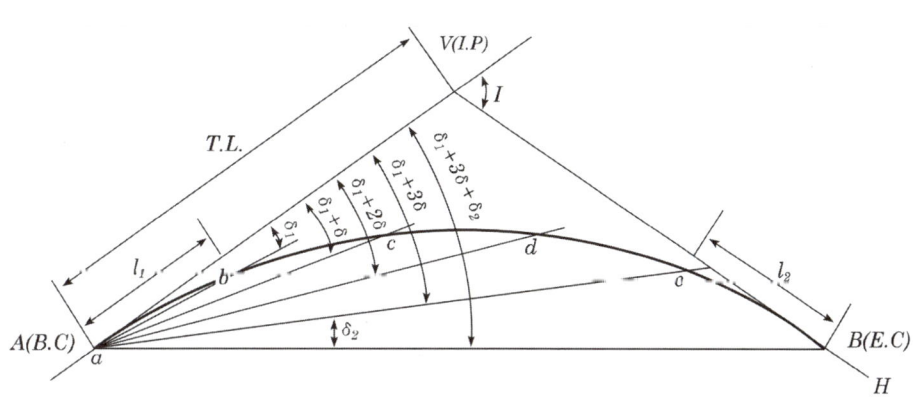

[편각법에 의한 곡선 설치]

2 중앙종거법

곡선반경이 작은 도심지 곡선 설치에 유리하며 기설곡선의 검사나 정정에 편리하다.
일반적으로 1/4법이라고도 한다.

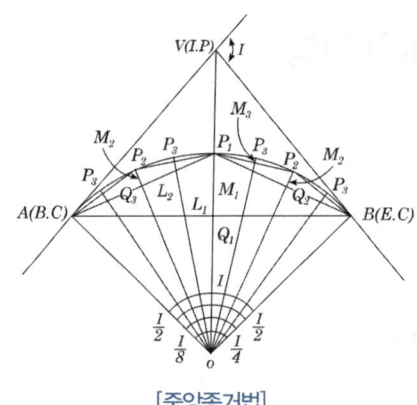

[중앙종거법]

$$M_1 = R(1-\cos\frac{I}{2})$$
$$M_2 = R(1-\cos\frac{I}{4})$$
$$M_3 = R(1-\cos\frac{I}{8})$$
$$\therefore M_1 = 4M_2$$

3 접선편거 및 현편거법

트랜싯을 사용하지 못할 때 폴과 테이프로 설치하는 방법으로 지방도로에 이용되며 정밀도는 다른 방법에 비해 낮다.

(1) 현편거($QQ' = d$)$= \dfrac{l^2}{R}$

(2) 접선편거($PP' = t$)$= \dfrac{d}{2} = \dfrac{l^2}{2R}$

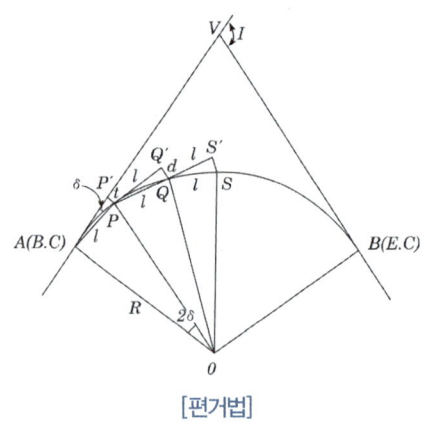

[편거법]

(3) 접선횡거(AP') $= \sqrt{l^2 - t^2}$ 에서

$$\therefore AP' = \frac{l}{2R}\sqrt{(2R+l)(2R-l)}$$

4 접선에서 지거를 이용하는 방법

양 접선에 지거를 내려 곡선을 설치하는 방법으로 터널 내의 곡선설치와 산림지에서 벌채량을 줄일 경우에 적당한 방법이다.

(1) 편각 $\delta = \dfrac{l}{R} \times \dfrac{90°}{\pi}$

(2) 현장 $l = 2R\sin\delta\, (\fallingdotseq 호장는\ l)$

(3) $x = l\sin\delta = 2R\sin^2\delta = R(1-\cos 2\delta)$

(4) $y = l\cos\delta = 2R\sin^2\cos\delta = R\sin 2\delta$

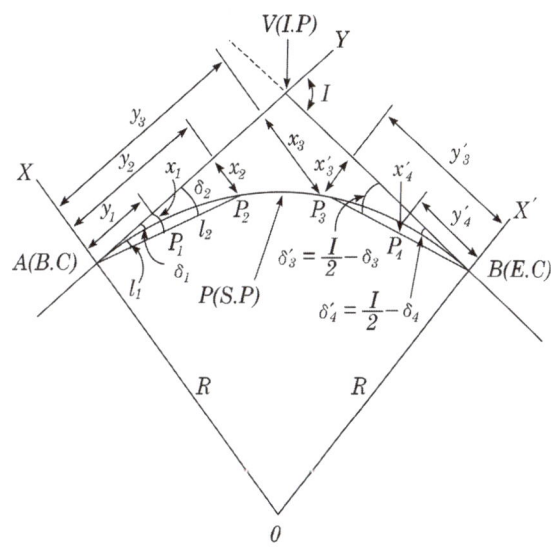

[접선에서의 지거법]

5 복심곡선 및 반향곡선

1) 복심곡선(Compound curve)

반경이 다른 2개의 원곡선이 1개의 공통접선을 갖고 접선의 같은 쪽에서 연결하는 곡선을 말한다. 복심곡선을 사용하면 그 접속점에서 곡률이 급격히 변화하므로 될 수 있는 한 피하는 것이 좋다.

2) 반향곡선(Reverse curve)

반경이 같지 않은 2개의 원곡선이 1개의 공통접선의 양쪽에 서로 곡선중심을 가지고 연결한 곡선이다. 반향곡선을 사용하면 접속점에서 핸들의 급격한 회전이 생기므로 가급적 피하는 것이 좋다.

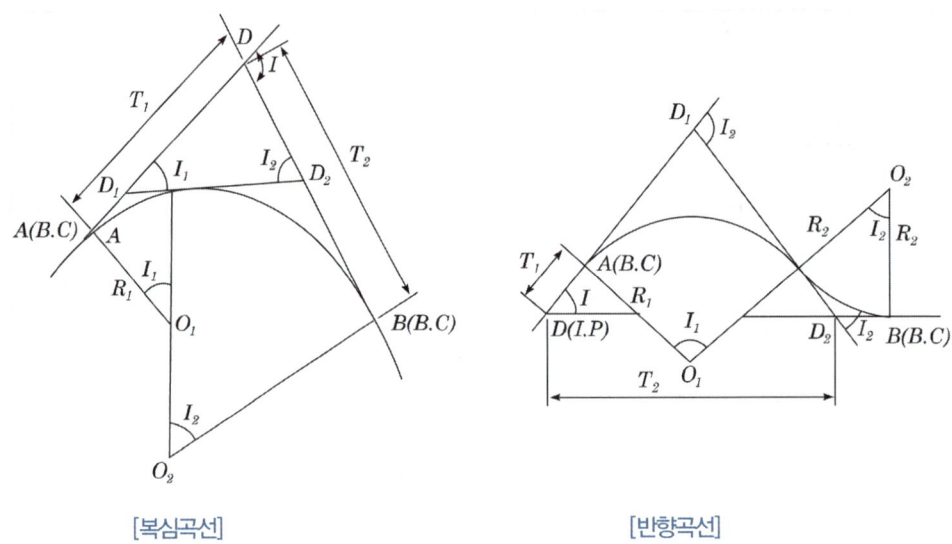

[복심곡선]　　　　　　　　　　[반향곡선]

3) 배향곡선(Hairpin curve)

반향곡선을 연속시켜 머리핀 같은 형태의 곡선으로 된 것을 말한다. 산지에서 기울기를 낮추기 위해 쓰이므로 철도에서 Switch Back에 적합하여 산허리를 누비듯이 나아가는 노선에 적용한다.

제6절 완화곡선(Transition Curve)

완화곡선(Transition Curve)은 차량의 급격한 회전 시 원심력에 의한 횡방향 힘의 작용으로 인해 발생하는 차량운행의 불안정과 승객의 불쾌감을 줄이는 목적으로 곡률을 0에서 조금씩 증가시켜 일정한 값에 이르게 하기 위해 직선부와 곡선부 사이에 넣는 매끄러운 곡선을 말한다.

- curvature(곡률) : 곡선의 구부러지는 정도를 나타내는 것
- 곡률반경 : 곡선의 각 점에서 그 곡선이 구부러지는 정도를 표시하는 값

1 완화곡선의 특징

(1) 곡선반경은 완화곡선의 시점에서 무한대, 종점에서 원곡선 R로 된다.
(2) 완화곡선의 접선은 시점에서 직선에, 종점에서 원호에 접한다.
(3) 완화곡선에 연한 곡선반경의 감소율은 캔트의 증가율과 같다.
(4) 완화곡선의 종점의 캔트와 원곡선 시점의 캔트는 같다.
(5) 완화곡선은 이정의 중앙을 통과한다.

2 완화곡선의 길이

$$L = \frac{N}{1,000} \cdot C = \frac{N}{1,000} \cdot \frac{SV^2}{Rg}$$

여기서, C : Cant
　　　　N : 완화곡선 정수(300~800)

3 이정(f) = $\dfrac{L^2}{24R}$

직선과 원곡선을 직접 접속할 경우에 비하여 그 사이에 완화곡선을 설치하는 경우 생기는 Y방향(주접선의 직각방향)의 길이를 이정량(shift)이라 한다.

④ 완화곡선의 접선길이(TL)

$$TL = \frac{L}{2} + (R+f)\tan\frac{I}{2}$$

여기서 L : 완화곡선의 길이
g : 중력가속도
V : 열차의 속도
I : 교각
C : 캔트
R : 곡선반경
S : 궤간길이
N : 완화곡선과 캔트원의 비

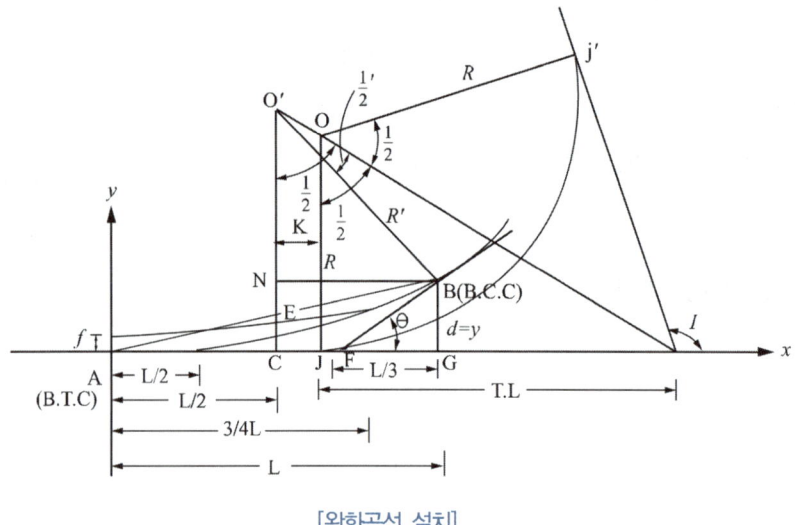

[완화곡선 설치]

⑤ 종류

(1) 클로소이드 : 고속도로에 많이 사용된다.

(2) 렘니스케이트 : 시가지 철도에 많이 사용된다.

(3) 3차 포물선 : 철도에 많이 사용된다.

(4) sine 체감곡선 : 고속철도에 사용된다.

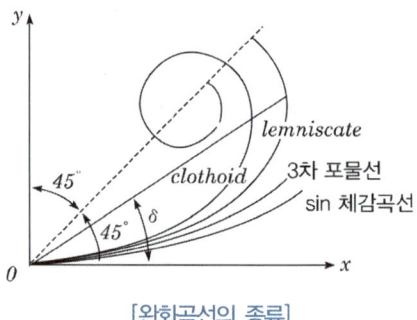

[완화곡선의 종류]

6 캔트(cant)

곡선부를 통과하는 차량이 원심력이 발생하여 접선 방향으로 탈선하려는 것을 방지하기 위해 바깥쪽 노면을 안쪽에 노면보다 높이는 정도를 말하며 편경사라고 한다.

$$C = \frac{SV^2}{Rg}$$

여기서, C : 캔트
S : 궤간
V : 차량속도
R : 곡선 반경
g : 중력가속도(9.8m/sec)

원심력과 구심력

추에 끈을 매달아 돌리면, 추는 끈의 길이를 반지름으로 하는 원둘레를 따라 돈다. 이와 같이 물체가 일정한 원둘레는 따라 움직이는 운동을 **원운동**이라 한다. 원둘레를 따라 추를 돌게 하려면 원의 중심 방향으로 잡아당기는 힘이 필요하가. 이 힘을 **구심력**이라 한다. 또한, 물체가 원운동을 할 때는 구심력이 작용하는 반대 방향, 곧 원 중심의 반대 방향으로 끄는 힘이 미치는데, 이 힘을 **원심력**(centrifugal force, 遠心力)이라 한다. 원심력과 구심력은 원운동의 속도가 빨라질수록 커지고, 그 크기는 서로 같으며 방향은 서로 반대이다.

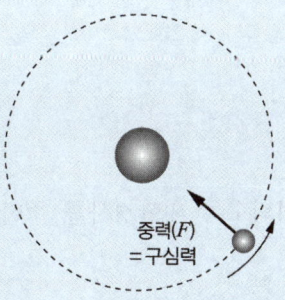
[우주 공간에 있는 사람이 본 인공위성의 운동]

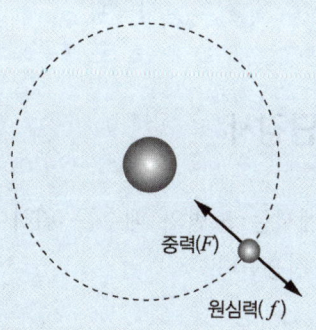
[인공위성에 탄 사람이 본 인공위성의 운동]

7 슬랙(slack)

차량과 레일이 꼭 끼어서 서로 힘을 입게 되면 때로는 탈선의 위험도 생긴다. 이러한 위험을 막기 위해서 레일 안쪽을 움직여 곡선부에서는 궤간을 넓힐 필요가 있다. 이 넓힌 치수를 슬랙이라 한다. 확폭이라고도 한다.

$$\varepsilon = \frac{L^2}{2R}$$

여기서, ε : 확폭량
L : 차량 앞바퀴에서 뒷바퀴까지의 거리
R : 차선 중심선의 반경

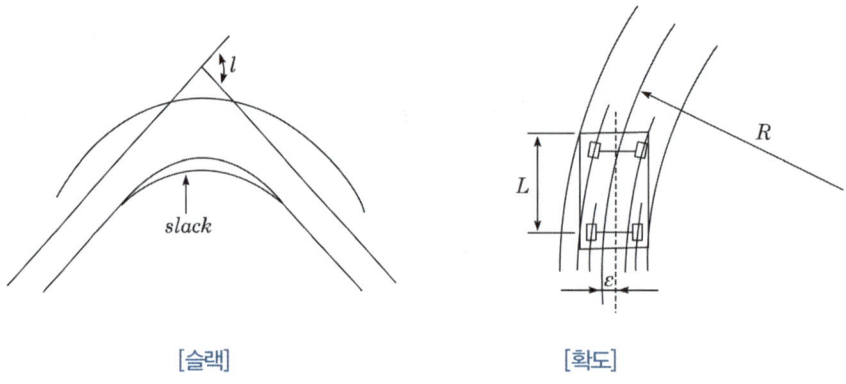

[슬랙]   [확도]

8 횡단경사

직선부에서는 노면의 배수를 위하여 중심선에 대칭되도록 횡단경사를 주며 곡선부에서는 편경사를 적용한다.

제7절 클로소이드 곡선

곡률이 곡선장에 비례하는 곡선을 클로소이드 곡선이라 한다.

1 기본식

(1) 매개변수$(A) = \sqrt{RL} = l \cdot R = L \cdot r = \dfrac{L}{\sqrt{2\tau}} = \sqrt{2\tau}R$

$A^2 = RL = \dfrac{L^2}{2\tau} = 2\tau R^2$

(2) 곡률반경$(R) = \dfrac{A^2}{L} = \dfrac{A}{l} = \dfrac{L}{2\tau} = \dfrac{A}{\sqrt{2\tau}}$

(3) 곡선장$(L) = \dfrac{A^2}{R} = \dfrac{A}{r} = 2\tau R = A\sqrt{2\tau}$

(4) 접선각$(\tau) = \dfrac{L}{2R} = \dfrac{L^2}{2A^2} = \dfrac{A^2}{2R^2}$

여기서, A : clothoid 매개변수
B : 곡률반경
L : 완화곡선길이
τ : 접선각

2 성질

(1) 클로소이드는 나선의 일종이다.
(2) 모든 클로소이드는 닮은꼴이다(상사성이다).
(3) 단위가 있는 것도 있고 없는 것도 있다.
(4) τ는 30°가 적당하다.

3 형식

(1) 기본형 : 직선, 클로소이드, 원곡선 순으로 나란히 설치되어 있는 것
(2) S형 : 반향곡선 사이에 클로소이드를 삽입한 것
(3) 난형 : 복심곡선 사이에 클로소이드를 삽입한 것
(4) 凸형 : 같은 방향으로 구부러진 2개 이상의 클로소이드를 직선적으로 삽입한 것
(5) 복합형 : 같은 방향으로 구부러진 2개 이상의 클로소이드를 이은 것으로 모든 접합부에서 곡률은 같다.

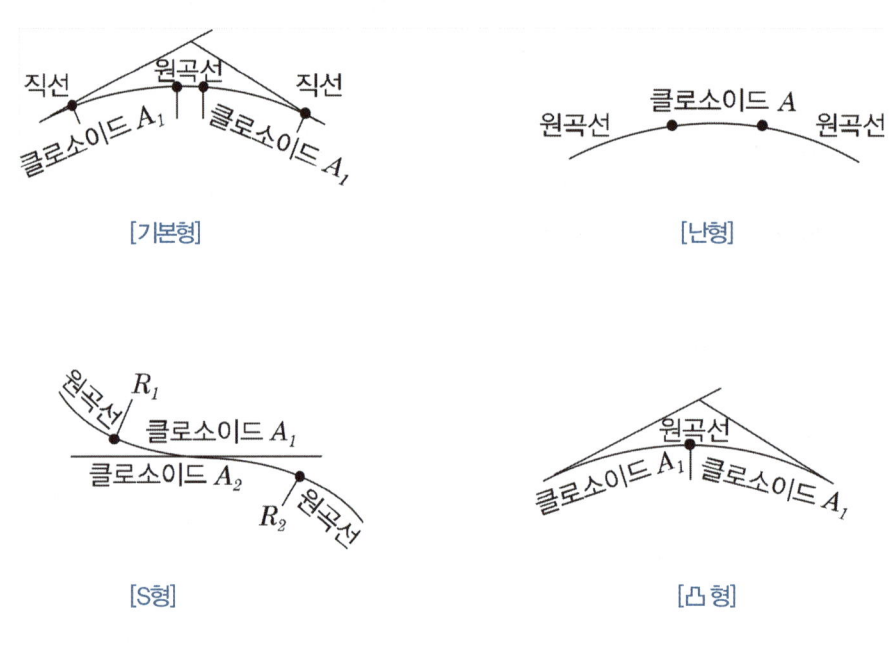

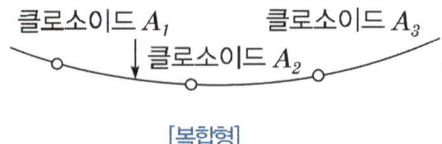

4 클로소이드 설치법

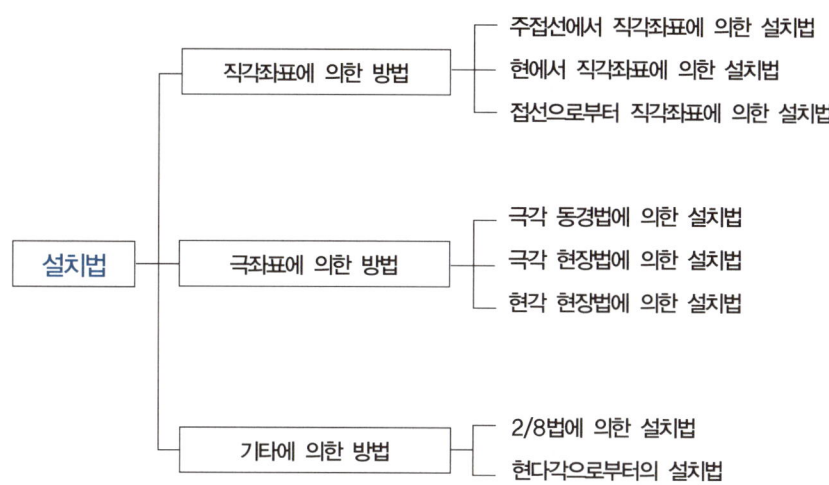

제8절 종단곡선(수직곡선)

노선의 종단구배가 변하는 곳에 충격을 완화하고 충분한 시거를 확보해 줄 목적으로 적당한 곡선을 설치하여 차량이 원활하게 주행할 수 있도록 설치한 곡선을 말한다.

1 원곡선에 의한 종단곡선

(1) 원곡선에 의한 종단곡선(철도)

$$(\text{접선길이}) \ l_1 = \frac{R}{2}(m-n) = \frac{R}{2}(\frac{m}{1,000} - \frac{n}{1,000})$$

$$l = l_1 + l_2 = R(m \pm n)$$

여기서, m, n : 종단경사(‰) (상향경사(+), 하향경사(−))
  l : 종곡선 길이
  l_1 : 교점에서 곡선의 시점까지의 거리

(2) 곡선시점에서 x만큼 떨어진 곳의 종거

$$y = \frac{x^2}{2R}$$

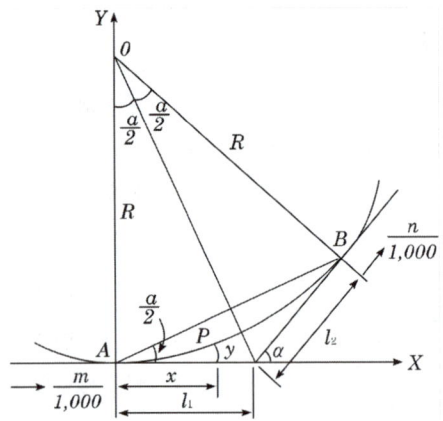

2 2차 포물선에 의한 종단곡선

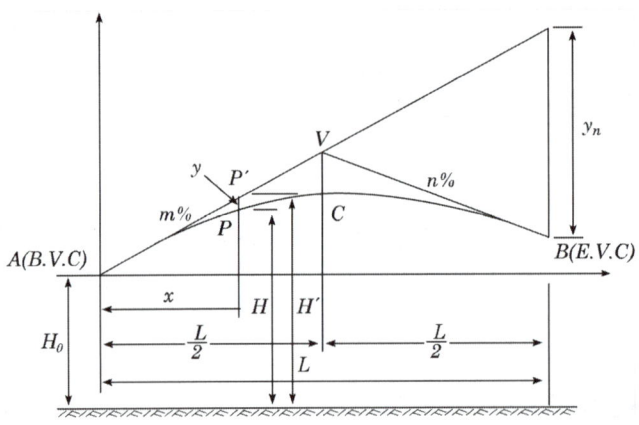

[종단곡선(2차 포물선)]

(1) 종곡선길이$(L) = \dfrac{m-n}{3.6} V^2$

(2) 종거$(y) = \dfrac{(m-n)}{2L} x^2$

(3) 계획고$(H) = H' - y = H_0 + \dfrac{m}{100} x - y$

　　계획고$(H') = H_0 + m \cdot x = H_0 + \dfrac{m}{100} \cdot x$

여기서, V : 속도(km/h)
　　　　y : 종거
　　　　x : 횡거
　　　　H : 점 A에서 x만큼 떨어져 있는 종단곡선 위의 점 P의 계획고
　　　　H' : 제1경사선 $\overline{AF}$ 위의 점 P'의 표고
　　　　H_0 : 종단곡선시점 A의 표고
　　　　$(m-n)$: 종단구배의 대수차

CHAPTER 01 문제 및 해설

01 노선의 곡선 중에서 반지름이 각기 다른 2개의 원곡선으로 구성되고 이 두 곡선의 연속점에서 공통접선을 가지며 곡선중심이 공통접선에 대하여 서로 반대쪽에 있는 곡선을 무엇이라고 하는가? [2010년 기사 1회]

① 단곡선　② 클로소이드
③ 반향곡선　④ 복곡선

[해설]
반향곡선
반경이 같지 않은 2개의 원곡선이 1개의 공통접선의 양쪽에 서로 곡선중심을 가지고 연결한 곡선이다. 반향곡선을 사용하면 접속점에서 핸들의 급격한 회전이 생기므로 가급적 피하는 것이 좋다. S-curve라고도 한다.

02 철도 노선에서 곡선부를 통과하는 차량에 원심력이 발생하여 접선방향으로 탈선하려는 것을 방지하기 위해 바깥쪽 철로를 안쪽 철로보다 높이는 것을 무엇이라 하는가? [2010년 기사 1회]

① 캔트(Cant)　② 슬랙(Slack)
③ 완화곡선　④ 반향곡선

[해설]
캔트(Cant)
곡선부를 통과하는 차량이 원심력의 발생으로 접선방향으로 탈선하려는 것을 방지하기 위해 바깥쪽 노면을 안쪽 노면보다 높이는 정도를 말하며 편경사라고도 한다.

Cant : $C = \dfrac{SV^2}{Rg}$

여기서, C : 캔트
S : 궤간
V : 차량속도
R : 곡선반경
g : 중력가속도

03 완화곡선에 대한 설명 중 옳지 않은 것은? [2010년 기사 1회]

① 곡선반지름은 완화곡선의 종점에서 무한대, 시점에서 원곡선의 반지름 R로 된다.
② 완화곡선의 접선은 종점에서 원호에, 시점에서 직선에 접한다.
③ 완화곡선에 연한 곡선반경의 감소율은 캔트의 증가율과 같다.
④ 종점에 있는 캔트는 원곡선의 캔트와 같다.

[해설]
완화곡선의 특징
① 곡선반경은 완화곡선의 시점에서 무한대, 종점에서 원곡선의 반지름과 같다.
② 완화곡선의 접선은 시점에서 직선에, 종점에서 원호에 접한다.
③ 완화곡선에 연한 곡선반경의 감소율은 캔트의 증가율과 같다.
④ 완화곡선의 종점의 캔트와 원곡선 시점의 캔트는 같다.

Answer 01 ③　02 ①　03 ①

04 클로소이드 곡선에 대한 설명 중 옳지 않은 것은? [2010년 기사 1회]

① 철도의 종단곡선설치에 효과적이다.
② 반지름(R) = 곡선장(L) = 매개변수(A)인 점을 특성점이라 한다.
③ 클로소이드는 곡률이 곡선의 길이에 비례하는 곡선이다.
④ 곡선장(L)을 일정하게 두고 클로소이드의 크기를 변화시키면 클로소이드 선상의 각 점은 대응하지 않는다.

해설

클로소이드 곡선
곡률이 곡선장에 비례하는 곡선을 클로소이드 곡선이라 하며 차가 등속으로 달리면서 핸들을 등속으로 돌릴 때의 차바퀴가 그려지는 곡선

1) 기본식
   매개변수 $A^2 = RL = \dfrac{L^2}{2\tau} = 2\tau R^2$

2) 클로소이드의 성질
   ① 클로소이드는 나선의 일종이다.
   ② 모든 클로소이드는 닮은꼴이다.(상사성이다.)
   ③ 단위가 있는 것도 있고 없는 것도 있다.
   ④ 클로소이드 특성점의 접선각(τ)은 30°가 적당하다.
   ⑤ 도로에서 특성점은 $\tau = 45°$ 이하가 되게 한다.
   ⑥ 곡선 길이가 일정할 때 곡률반경이 크면 접선각은 작아진다.
   ⑦ 원점부터 곡선장 임의의 점에 이르는 현장이 그 점에서의 곡률반경에 반비례하는 곡선

05 그림과 같이 AC 및 BD 선 사이에 곡선을 설치하고자 한다. 그런데 그 교점에 장애물이 있어 교각을 측정하지 못하고 ∠ACD, ∠CDB 및 CD의 거리를 측정하여 다음의 결과를 얻었다. ∠ACD = 150°, ∠CDB = 90°, CD = 200m, 곡선 반지름을 300m라 하면 C점에서 곡선 시점까지의 거리는? [2010년 기사 1회]

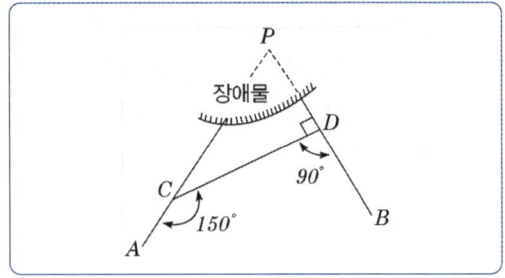

① 298.58m ② 288.68m
③ 275.78m ④ 268.87m

해설

$T.L = R\tan\dfrac{I}{2}$

$= 300 \times \tan\dfrac{120°}{2} = 519.615$

sin법칙에 의하여 $\overline{CP}$를 구하면

$\dfrac{200}{\sin 60°} = \dfrac{\overline{CP}}{\sin 90°}$ 따라서 $\overline{CP} = 230.94$m

그러므로 $\overline{AC} = T.L - \overline{CP}$
$= 519.615 - 230.94$
$≒ 288.68$m

06 중앙종거 30m, 곡선시점과 곡선종점을 연결하는 현의 길이가 300.5m인 원곡선을 설치하고자 할 때 이에 적합한 곡선반지름은? [2010년 기사 1회]

① 310.50m ② 353.50m
③ 376.25m ④ 391.25m

Answer 04 ① 05 ② 06 ④

해설

중앙종거와 곡률반경의 관계

$$R = \frac{L^2}{8M} + \frac{M}{2}$$
$$= \frac{300.5^2}{8 \times 30} + \frac{30}{2} = 391.25\text{m}$$

07 원곡선의 명칭 및 관련공식으로 옳지 않은 것은? (단, R은 곡선반지름, I는 접선교각이다.) [2010년 기사 2회]

① 접선장(TL) = $R \cdot \tan\frac{I}{2}$

② 중앙종거(M) = $R(1-\cos\frac{I}{2})$

③ 외할(E) = $R(\sec\frac{I}{2}-1)$

④ 현장(C) = $2R \cdot \cos\frac{I}{2}$

해설

현장(C) = $2R \cdot \sin\frac{I}{2}$

08 노선길이 20km의 결합 트래버스 측량에서 폐합비의 제한을 1/10000로 하면 최대 폐합차는? [2010년 기사 2회]

① 0.5m ② 1.0m
③ 1.5m ④ 2.0m

해설

폐합비 = $\frac{\text{폐합오차}}{\sum L} \cdot \frac{1}{10,000} = \frac{e}{20,000}$

그러므로 $e = \frac{20,000}{10,000} = 2\text{m}$

09 원곡선에서 교각이 60°이고 노선시점으로부터 교점까지의 추가거리가 356.21m일 때 원곡선 시점의 추가거리가 183m이면 이 원곡선의 반지름은? [2010년 기사 2회]

① 500m ② 300m
③ 200m ④ 100m

해설

접선장 TL = 356.21 − 183 = 173.21

그러므로 $TL = R \cdot \tan\frac{I}{2}$

173.21 = R tan30°

∴ 원곡선 반지름 R = 300m

10 클로소이드 곡선에서 곡선반지름(R)이 180m, 매개변수(parameter) A가 95m라면 곡선길이(L)는? [2010년 기사 2회]

① 25.604m ② 40.267m
③ 50.139m ④ 100.275m

해설

매개변수

$$A^2 = RL = \frac{L^2}{2\tau} = 2\tau R^2$$

$$\therefore L = \frac{A^2}{R} = \frac{95^2}{180} = 50.139\text{m}$$

여기서, τ = 접선각

11 노선측량에서 현편거법으로 원곡선을 설치하려고 한다. 곡선반지름 R = 250일 때, 현편거(d)는 얼마인가? (단, 중심말뚝 간격은 20.0m임) [2010년 기사 2회]

① 1.6m ② 3.2m
③ 12.5m ④ 25.0m

Answer 07 ④ 08 ④ 09 ② 10 ③ 11 ①

해설

현편거 $d = \dfrac{l^2}{R} = \dfrac{20^2}{250} = 1.6m$

12 원곡선 설치구간의 노선을 개량하고자 아래 그림과 같이 구곡선 반경(R_e) 200m를 신곡선 반경(R_e) 500m로 크게 했을 경우 전체 노선 길이는 약 얼마만큼 단축되는가?

[2010년 기사 3회]

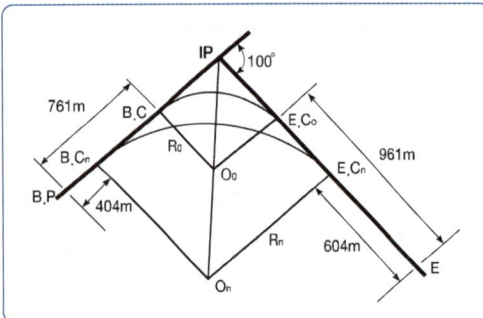

① 185m ② 190m
③ 195m ④ 205m

해설

신곡선장
$CL = 0.01745RI$
$ = 0.01745 \times 500 \times 100 = 872.5$

구곡선장
$CL = 0.01745 \times 200 \times 100 = 349$
$B.C_1 - B.C = 761 - 404 = 357$
$E.C_1 - E.C = 961 - 604 = 357$

구곡선 전체길이
$= 349 + 357 + 357 = 1063$
$\therefore 1063 - 872.5 = 190.5$

13 종곡선이 상향기울기 2.5/1000, 하향기울기 −40/1000일 때 곡선반경이 2,000m이면 곡선장(L)은?

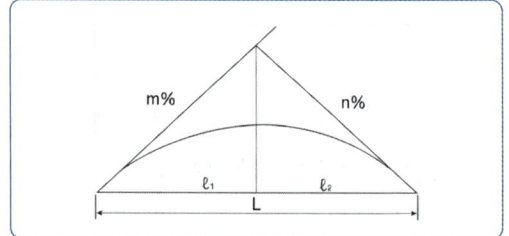

① 85m ② 45.2m
③ 42.5m ④ 35.5m

해설

종곡선장
$L = R\left(\dfrac{m}{1000} - \dfrac{n}{1000}\right)$
$= 2000\left(\dfrac{2.5}{1000} - \dfrac{-40}{1000}\right)$
$= 2000 \times \dfrac{42.5}{1000} = 85m$

14 도로의 종단곡선으로 많이 쓰이는 곡선은?

[2010년 기사 3회]

① 3차 포물선 ② 2차 포물선
③ 클로소이드 곡선 ④ 렘니스케이트 곡선

해설

곡선의 분류

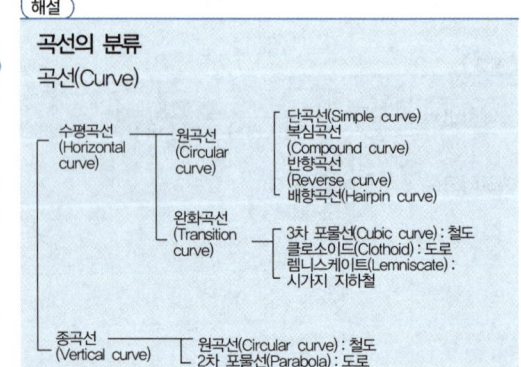

Answer 12 ② 13 ① 14 ②

15 기점(도로시작점)으로부터 425.50m에 교점(I.P)이 있고, 곡률반경 R = 250m, 교각 I = 45°30′인 단곡선에서 시단현의 편각은? (단, 중심말뚝 간격은 20m이다.)

[2010년 기사 3회]

① 2°11′34″ ② 2°12′56″
③ 2°13′30″ ④ 2°13′35″

해설

$TL = R \cdot \tan \dfrac{I}{2}$

$\quad = 250 \times \tan \dfrac{45°30′}{2} = 104.834\text{m}$

$BC = 총연장 - TL = 425.5 - 104.834$
$\quad = 320.666\text{m}$
$\quad \text{No.}16 + 0.666\text{m}$

시단현길이(l_1) = 20 − 0.666 = 19.334m

시단현편각(δ) = $1718.87′ \times \dfrac{l_1}{R}$

$\quad = 1718.87′ \times \dfrac{19.334}{250}$

$\quad = 2°12′56″$

16 클로소이드 곡선에 관한 설명으로 옳지 않은 것은? [2010년 기사 3회]

① 곡률반경이 곡선의 길이에 비례하는 완화곡선이다.
② 일정 속도로 달리는 차량에서 앞바퀴의 회전속도를 일정하게 유지할 경우의 차량궤적이다.
③ 클로소이드의 크기는 매개변수 A에 의해 결정된다.
④ 클로소이드에서 (곡선반경 = 곡선장 = 클로소이드의 매개변수)인 점을 클로소이드의 특성점이라 한다.

해설

클로소이드 곡선

곡률($\dfrac{1}{R}$)이 곡선장에 비례하는 곡선을 클로소이드 곡선이라 한다. 그러므로 반경(R)과 곡선길이와는 반비례한다. 차의 앞바퀴의 회전속도를 일정하게 유지할 경우 이 차가 그리는 궤적이 클로소이드가 된다.

(1) 기본식

매개변수 $A^2 = RL = \dfrac{L^2}{2\tau} = 2\tau R^2$

17 편각법에 의한 단곡선의 측설에 있어서 그림과 같이 호의 길이 20m를 현의 길이 20m로 간주하는 경우 L₁과 L₂의 차이는 얼마인가? (단, 단곡선의 반지름(R)은 190m이다.)

[2010년 기사 3회]

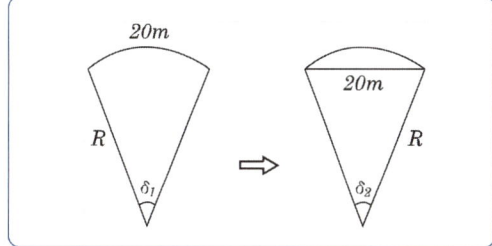

① 약 1″ ② 약 5″
③ 약 10″ ④ 약 15″

해설

곡선장(CL) = 0.01745RI
$20 = 0.01745 \times 190I = 3.3155I$
$I = 6°1′56.18″$

현장(L) = $2R\sin\dfrac{I}{2}$

$20 = 2 \times 190 \sin \dfrac{I}{2}$

$I = 6°2′2″$

∴ $2′2″ - 1′57″ = 5″$

Answer 15 ② 16 ① 17 ④

18 터널 내의 A, B점의 좌표(x, y, z)가 A(1328.0, 810.0, 86.30), B(1734.0, 589.0, 112.40)일 때 이 터널의 굴착 경사각은? (단, 좌표의 단위는 m이다.)

[2011년 기사 1회]

① $1°00'00''$　　② $3°13'54''$
③ $3°14'12''$　　④ $3°54'38''$

해설

AB 수평거리
$= \sqrt{(X_B - X_A)^2 + (Y_B - Y_A)^2}$
$= \sqrt{(1734.0 - 1328.0)^2 + (589.0 - 810.0)^2}$
$= 462.25$

AB 수직거리
$= 112.40 - 86.30 = 26.10m$
$\tan\theta = \dfrac{H}{D}$
$\theta = \tan^{-1}\dfrac{26.1}{462.25} = 3°13'53.97''$

19 원곡선 설치에 있어서 곡선 반지름 R = 250m, 교각 A = 130°일 때, 중앙 종거(M)와 곡선 길이(CL)는? [2011년 기사 1회]

① M = 144.35m, CL = 567.23m
② M = 144.35m, CL = 570.25m
③ M = 143.55m, CL = 570.25m
④ M = 143.55m, CL = 567.23m

해설

중앙종거$(M) = R(1 - \cos\dfrac{I}{2}) = 144.345m$
곡선장$(C.L) = 0.0174533RI$
$= 0.0174533 \times 250 \times 130$
$= 567.23m$

20 원곡선의 반지름이 100m일 때 중심말뚝간격 20m에 대한 현의 길이와 호의 길이의 차는?

[2011년 기사 1회]

① 3.3cm　　② 5.5cm
③ 6.7cm　　④ 9.2cm

해설

호와 현길이의 차 $= C - l ≒ \dfrac{C^3}{24R^2}$
$= \dfrac{20^3}{24 \times 100^2} = \dfrac{8000}{240000}$
$= 0.0333m = 3.3cm$

21 원곡선을 편각법으로 설치할 때, 교각 I = 44°, 곡선장(C.L)이 120m인 경우, 30m에 대한 편각은? [2011년 기사 1회]

① $3°40'$　　② $5°30'$
③ $6°30'$　　④ $7°9'$

해설

$C.L = 0.0174533 \times R \times 44° = 120$
$R = \dfrac{120}{0.0174533 \times 44} = 156.26m$
$\sigma = 1,718.87'\dfrac{l}{R}$
$= 1,718.87'\dfrac{30}{156.26}$
$= 5°30'$

22 클로소이드 곡선에 대한 설명으로 틀린 것은? [2011년 기사 1회]

① 곡선길이가 커지면 이정량(shift)도 커진다.
② 곡선길이에 비례하여 곡선반지름이 감소한다.
③ 곡선길이에 비례하여 캔트(cant)가 감소한다.
④ 접선각(τ)이 일정한 경우 곡선반지름(R)을 크게 하기 위해서는 큰 파라미터(A)를 사용한다.

Answer　18 ②　19 ①　20 ①　21 ②　22 ③

해설

클로소이드 곡선의 성질

클로소이드란 곡률($\frac{1}{R}$)이 곡선장에 비례하는 곡선을 말한다. 그러므로 반경과 곡선길이와의 관계는 반비례이다.($A^2 = RL$)
① 클로소이드는 나선의 일종이다.
② 모든 클로소이드는 닮은꼴이다.
③ 단위가 있는 것도 있고 없는 것도 있다.
④ 접선각은 30도가 적당하다.

$A^2 = RL = \frac{L^2}{2\tau} = 2\tau R^2$

이정(f) = $\frac{L^2}{24R}$

캔트(C) = $\frac{SV^2}{gR}$

23 곡선반지름이 200m인 원곡선을 설치하고자 한다. 도로의 시점에서 교점까지의 거리는 324.5m이며 교점 부근에 장애물이 있어 아래 그림과 같이 A, B에서의 각을 관측하였을 때, 도로 시점으로부터 원곡선 시점까지의 거리는? [2011년 기사 1회]

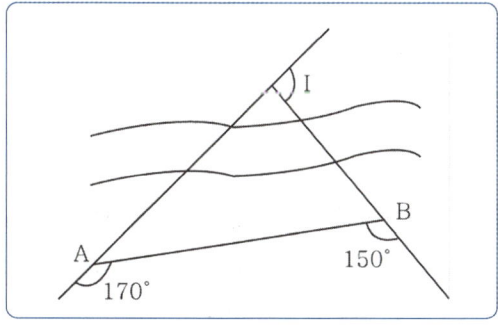

① 184.3m ② 251.7m
③ 157.8m ④ 286.4m

해설

$I = \angle A + \angle B = 10 + 30 = 40°$

$TL = R\tan\frac{I}{2} = 200 \times \tan\frac{40}{2} = 72.8m$

$EC = 총거리 - TL = 324.5 - 72.8 = 251.7m$

24 단곡선에 있어서 교각(I)=60°, 반지름(R)=100m, 곡선시점(B.C)의 추가거리가 120.85m 일 때 곡선종점(E.C)까지의 거리는 얼마인가? [2011년 기사 2회]

① 120.3m ② 186.6m
③ 225.6m ④ 250.6m

해설

$C.L = 0.0174533 \times 100 \times 60° = 104.72m$

곡선종점($E.C$) = $B.C + C.L$
$= 120.85 + 104.72$
$= 225.57m$

25 그림과 같은 유토곡선에 대한 설명으로 옳은 것은? [2011년 기사 2회]

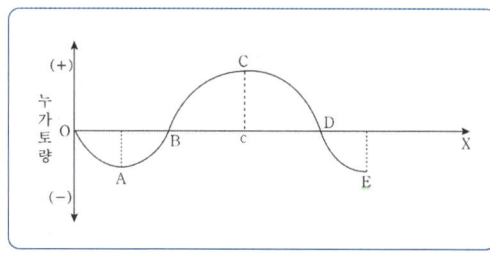

① 상향부분 A~C 구간은 성토구간을 나타낸다.
② 기선 OX상의 B, D에서는 토량의 이동이 없다.
③ C점은 성토에서 절토로 변하는 점이다.
④ 이 곡선은 결과적으로 토량이 남는다는 것을 의미한다.

해설

곡선의 저점은 성토에서 절토로, 정점은 절토에서 성토로 바뀌는 점이다.

Answer 23 ② 24 ③ 25 ②

극대치와 다음 극대치의 두 점간 종거의 차는 전체 토공량을 나타낸다.
유토곡선이 평행선(기선)과 교차점은 성·절토의 균형선으로 토공 평행선이라 한다.

해설
1. **노선측량의 순서**
노선선정 – 계획조사측량 – 실시설계측량 – 세부측량 – 용지측량 – 공사측량
2. **세부측량**
구조물의 장소에 대해서 평면도와 종단면도를 작성한다.

26 노선의 기점에서 교점(l, P)까지의 거리가 136.895km이고 교점에서 곡선시점(B, C)까지의 거리가 173m이며 곡선길이(C, L)가 337m일 때 20m 간격으로 중심말뚝을 설치할 때, 단곡선의 시단현과 종단현의 길이는? [2011년 기사 2회]

① 시단현 15m, 종단현 13m
② 시단현 13m, 종단현 15m
③ 시단현 18m, 종단현 19m
④ 시단현 19m, 종단현 18m

해설
곡선시점까지의 거리
= 교점까지의 거리 – 접선장(T.L)
= 136895m – 173m = 136722m
= No.6836 + 2m
시단현 길이 = 20 – 2 = 18m

곡선종점까지의 거리
= 곡선시점까지의 거리 + 곡선길이(C.L)
= 136722m + 337 = 137059m
= No.6852 + 19m
종단현 길이 = 19m

27 다음 중 노선측량에서 구조물의 장소에 대해서 지형도와 종단면도를 작성하는 측량은? [2011년 기사 2회]

① 조사측량 ② 세부측량
③ 설계측량 ④ 공사측량

28 매개변수 A = 300m인 대칭기본형 클로소이드(직선 – 클로소이드 – 단곡선 – 클로소이드 – 직선)를 설치하고자 한다. 두 직선이 만나는 교각 $\theta = 75°50'00''$이고 접속되는 원곡선의 반지름 R = 600일 때 원곡선의 교각 I는 얼마인가? [2011년 기사 3회]

① 54°20′51″ ② 61°30′34″
③ 68°40′17″ ④ 70°15′30″

해설
매개변수(A^2) = R.L에서
$$L = \frac{A^2}{R} = \frac{300^2}{600} = 150m$$
여기서, L = 곡선길이
곡선길이(L) = $0.0174533 \times R \times I$에서
$$I = \frac{150}{0.0174533 \times 600} = 14°19'26.18''$$
원곡선의 교각(I)
= $75°50' - 14°19'26.18'' = 61°30'33.82''$

29 곡선반지름 1200m인 원곡선상을 80km/hr로 주행하려면 캔트(cant)를 얼마로 하여야 하는가? (단, 궤간은 1,067mm) [2011년 기사 3회]

① 167mm ② 109mm
③ 105mm ④ 45mm

Answer 26 ③ 27 ② 28 ② 29 ④

해설

$$C = \frac{V^2 S}{gR} = \frac{\left(\frac{80 \times 1,000}{60 \times 60}\right)^2 \times 1.067}{9.8 \times 1200}$$
$$= 0.0448\text{m} ≒ 45\text{mm}$$

30 단곡선 설치에 있어 도로기점으로부터 교점(I.P)까지의 거리가 515.32m, 곡선반지름이 300m, 교각이 31°00′일 때 시단현에 대한 편각은? (단, 중심말뚝의 간격은 20m이다.) [2012년 기사 1회]

① 30′03″   ② 38′43″
③ 45′08″   ④ 48′01″

해설

$$T.L = R \tan \frac{I}{2}$$
$$= 300 \times \tan \frac{31°00'}{2}$$
$$= 83.20\text{m}$$

$B.C$ = 총연장 − $T.L$
$$= 515.32 - 83.20 = 432.12\text{m}$$
$$= \text{No}21 + 12.12\text{m}$$

시단현의 길이 = 20 − 12.12 = 7.88m

시단현 편각 = $\frac{l_1}{2R}$ (라디안)
$$= \frac{7.88}{2 \times 300} \times 206265'$$
$$= 00°45'8.95''$$

31 그림과 같이 곡선과 직선인 경계선에 쌓여 있는 면적을 심프슨(Simpson)의 제1법칙으로 구한 값은? (단, $h_0 = 3.2$m, $h_1 = 10.4$m, $h_2 = 12.8$m, $h_3 = 11.2$m, $h_4 = 4.4$m이고 지거의 간격은 d = 5m이다.) [2012년 기사 1회]

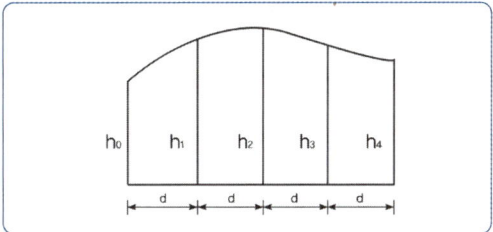

① 190m²   ② 194m²
③ 197m²   ④ 199m²

해설

심프슨 제1법칙
$$A_1 = \frac{5}{3} \times \{3.2 + 4.4 + 4(10.4 + 11.2) + (2 \times 12.8)\}$$
$$= 199.33\text{m}^2$$

32 그림과 같이 R = 150m, I = 85°인 원곡선의 곡선시점 A와 교각의 크기를 유지(I = I′)한 상태에서 교점(P′)을 접선 AP를 따라 20m 이동하여 노선을 변경하고자 할 때, 새로운 원곡선의 반지름 R′는? [2012년 기사 1회]

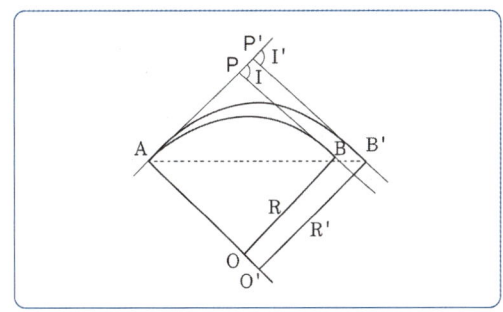

Answer 30 ③ 31 ④ 32 ①

① 171.9m ② 200.4m
③ 226.1m ④ 232.3m

해설

접선길이 $T.L = R\tan\dfrac{I}{2}$
$= 150 \times \tan\dfrac{85°}{2}$
$= 137.45m$

신접선장 $T.L = R'\tan\dfrac{I'}{2}$
$R' = \dfrac{137.45 + 20}{\tan 42.5°} = 171.83m$

33 완화곡선에 사용하는 클로소이드에 대한 설명으로 틀린 것은? [2012년 기사 1회]

① 클로소이드는 곡률이 곡선길이에 비례하여 증대하는 곡선이다.
② 클로소이드의 요소는 모두 무차원이다.
③ 클로소이드의 종점 좌표(x, y)는 그 점의 접선각(τ)의 함수로 표시할 수 있다.
④ 클로소이드 곡선길이(L)와 곡선의 반지름(R), 매개변수(A)는 $R \times L = A^2$의 관계를 갖는다.

해설

클로소이드 성질
① 클로소이드는 나선의 일종이다.
② 모든 클로소이드는 닮은꼴이다.(상사성이다.)
③ 단위가 있는 것도 있고 없는 것도 있다.
④ τ는 30°가 적당하다.

클로소이드 곡선의 특징
도로에 이용되는 완화곡선의 한 종류이며, 캔트가 완화곡선장의 크기에 비례하여 체감되는 특성이 있다. $RL = A^2$의 수식으로 나타내며, 클로소이드 곡선상의 임의의 한 점에서의 곡선 반지름과 곡선장의 곱은 일정하며, 그 형태가 자동차의 주행궤적과 근사하므로 도로에 이용된다.

34 노선의 종단면도에 계획선을 계획할 때 고려하여야 할 사항에 대한 설명으로 옳지 않은 것은? [2012년 기사 1회]

① 계획경사는 될 수 있는 대로 요구에 합치시킨다.
② 경사와 곡선을 가능한 한 병설한다.
③ 절토는 성토와 대략 같게 되도록 한다.
④ 절토는 성토로 유용할 수 있도록 운반거리를 고려한다.

해설

구배와 곡선의 병설은 피해야 한다.

35 교점(I.P)의 위치가 공사 기점으로부터 325.00m, 곡선반지름(R) 200m, 교각(I) 45°인 단곡선을 편각법으로 설계할 때 시단현의 편각은? [2012년 기사 2회]

① 2°33′21″ ② 1°56′11″
③ 1°22′28″ ④ 0°37′05″

해설

$TL = R\tan\dfrac{I}{2} = 200 \times \tan\dfrac{45°}{2} = 82.843m$

$BC = $ 총연장 $- TL = 325.00m - 82.843m$
$= 242.157m$

$No.12 + 2.157m$

시단현길이(l_1) $= 20 - 2.157 = 17.843m$

시단현편각(δ) $= 1718.87' \times \dfrac{l_1}{R}$
$= 1718.87' \times \dfrac{17.843}{200}$
$= 2°33'20.94$

Answer 33 ② 34 ② 35 ①

36 설계속도 100km/h의 도로건설에 있어서 직선부와 원곡선부 사이에 완화곡선 설치 여부를 이정량의 크기에 의해 판단하고자 한다. 이정량이 0.2m 이하일 때 완화곡선을 생략할 수 있다면 원곡선의 최소 반지름은? (단, 완화곡선은 클로소이드 곡선으로 설치하고, 완화곡선 길이는 설계속도로 2초간 주행하는 거리로 가정한다.)

[2012년 기사 2회]

① 315m ② 417m
③ 643m ④ 920m

[해설]

이정$(f) = \dfrac{L^2}{24R}$ 에서

$R = \dfrac{L^2}{24f} = \dfrac{55.5556^2}{24 \times 0.2} = 643m$

곡선길이(L)는 설계속도 2초간 주행하는 거리이므로

초당거리 $= \dfrac{100 \times 10^3}{60 \times 60} = 27.7777$

2초는 $27.7777 \times 2 = 55.5556$

37 3차 포물선 형상의 완화곡선에서 교각 I = 90°, 원곡선의 곡선반지름 R = 500m, 완화곡선의 횡거 X = 160m일 경우 완화곡선 종점에서의 접선각은? [2012년 기사 2회]

① 9°10′19″ ② 16°48′05″
③ 20°48′05″ ④ 21°48′05″

[해설]

매개변수$(A^2) = RL = \dfrac{L^2}{2\tau}$ 에서

접선각$(\tau) = \dfrac{L^2}{2RL} = \dfrac{L}{2R}$

$= \dfrac{160^2}{2 \times 500 \times 160} = 0.16rad$

라디안을 각으로 환산하면

$\dfrac{0.16R}{2\pi R} = \dfrac{x°}{360°}$

$\therefore x = \dfrac{360}{2\pi} \times 0.16 = 9°10′19″$

38 노선측량 중 편각법에 의한 원곡선 설치에 있어서 필요없는 요소는? [2012년 기사 3회]

① 시단현(l_1)
② 중앙종거(M)
③ 곡선반경(R)
④ 종단현에 대한 편각(δ_n)

[해설]

편각법에 의한 방법

① 시단현편각 $\delta_1 = \dfrac{90°}{\pi} \times \dfrac{l_1}{R} = 1718.87′ \dfrac{l_1}{R}$

② 종단현편각 $\delta_2 = 1718.87′ \dfrac{l_2}{R}$

③ 말뚝간격에 대한 편각 $\delta = 1718.87′ \dfrac{l}{R}$

39 노선공사를 위한 계획조사측량작업에 가장 적합한 방법은? [2012년 기사 3회]

① 평판측량 ② 시거측량
③ 골조측량 ④ 사진측량

[해설]

노선공사를 위한 계획조사측량작업은 항공사진측량에 의한 도화를 이용한다.

40 클로소이드 매개변수 A = 120m, 곡선반지름 R = 200m일 때, 곡선 길이는?

[2012년 기사 3회]

① 50m ② 72m
③ 100m ④ 150m

Answer 36 ③ 37 ① 38 ② 39 ④ 40 ②

해설

$A^2 = RL$ 에서

$L = \dfrac{A^2}{R} = \dfrac{120^2}{200} = 72\text{m}$

41 노선측량에서 종단면도를 작성할 때, 표기 사항이 아닌 것은? [2012년 기사 3회]

① 측점 간 수평거리
② 측점의 계획단면
③ 각 측점의 기점으로부터의 누가 거리
④ 측점에서의 계획고

해설

단면도 표기사항
① 측점위치
② 측점 간의 수평거리
③ 각 측점의 기점에서의 누가 거리
④ 각 측점의 지반고 및 고저기준점의 높이
⑤ 측점에서의 계획고
⑥ 지반고와 계획고의 차
⑦ 계획선의 경사

42 원곡선에서 현의 길이가 100m이고, 이 현의 길이에 대한 중심각이 1°라고 할 때, 이 원곡선의 반지름은 약 얼마인가? [2012년 기사 3회]

① 5730m   ② 5440m
③ 4865m   ④ 4500m

해설

$L = 2R \sin \dfrac{I}{2}$ 에서

$R = \dfrac{L}{2\sin\dfrac{I}{2}} = \dfrac{100}{2\sin\dfrac{1}{2}} = 5729.7\text{m}$

43 캔트가 C인 노선의 곡선부에서 속도와 반지름을 모두 2배로 할 때 변화된 캔트는? [2012년 기사 3회]

① C   ② 2C
③ C/2   ④ C/4

해설

$C = \dfrac{S \cdot V^2}{g \cdot R} = \dfrac{S \cdot (2V)^2}{g \cdot (2R)}$

$= \dfrac{4SV^2}{2gR} = 2\dfrac{SV^2}{gR}$

∴ 2배로 증가된다.
여기서, C: 캔트, S: 제간, V: 차량속도,
R: 곡선반경, g: 중력가속도

44 교각이 60°일 때 교점(I.P)으로부터 원곡선의 중점까지 거리(E)를 30m로 하는 곡선의 곡선반지름은? [2013년 기사 1회]

① 115.7m   ② 70.6m
③ 193.9m   ④ 94.1m

해설

외할(E) $= R \cdot (\sec\dfrac{I}{2} - 1)$ 에서

$R = \dfrac{E}{\sec\dfrac{I}{2} - 1}$

$= \dfrac{30}{\sec 30° - 1}$

$= \dfrac{30}{\dfrac{1}{\cos 30°} - 1} = 193.92\text{m}$

Answer 41 ② 42 ① 43 ② 44 ③

45
현편거법에 의하여 터널 내 곡선설치를 할 때 SQ의 크기는? [2013년 기사 1회]

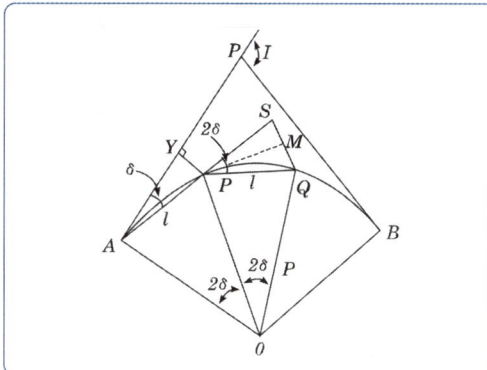

① $\dfrac{2l^2}{R}$ ② $\dfrac{l^2}{R}$
③ $\dfrac{l^2}{2R}$ ④ $\dfrac{l}{R}$

해설

1. 절선횡거$(AY) = \sqrt{l^2 - t^2}$ 에서
   $= \dfrac{l}{2R}\sqrt{(2R+l)(2R-l)}$
2. 절선편거$(YP) = \dfrac{l^2}{2R}$
3. 현편거$(SQ) = \dfrac{l^2}{R}$

46
설계속도 65km/h, 곡선반지름 550m인 곡선을 설계할 때, 필요한 편경사는? [2013년 기사 1회]

① 6% ② 5%
③ 4% ④ 3%

해설

$C = \dfrac{V^2 S}{gR} = \dfrac{(65 \times 1000 \times \frac{1}{3,600})^2 S}{9.8 \times 550}$
$= 0.00604 \doteqdot 6\%$

47
종단곡선의 설치에서 상향기울기가 5/1000, 하향기울기가 30/1000, 반지름 2000m인 원곡선을 설치할 때 교점에서 곡선시점까지의 거리는? [2013년 기사 1회]

① 35m ② 55m
③ 60m ④ 65m

해설

$l = \dfrac{R}{2}(m-n) = \dfrac{R}{2}\left(\dfrac{m}{1,000} - \dfrac{n}{1,000}\right)$
$= \dfrac{2,000}{2}\left(\dfrac{5}{1,000} - \dfrac{-30}{1,000}\right) = 35\text{m}$

48
A = 100m의 클로소이드 곡선에서 곡선길이(L) 50m일 때, 곡선반지름(R)은? [2013년 기사 1회]

① 20m ② 100m
③ 150m ④ 200m

해설

$A^2 = R \cdot L$ 에서
$(100)^2 = R \cdot 50$
$R = \dfrac{100^2}{50} = 200\text{m}$

49
직선과 원곡선을 직접 접속할 경우에 비하여 그 사이에 완화곡선을 설치하는 경우 생기는 Y방향(주접선의 직각 방향)의 길이를 무엇이라고 하는가? [2013년 기사 2회]

① 이정량(shift) ② 접선편거
③ 현편거 ④ 캔트(cant)

해설

직선과 원곡선을 직접 접속할 경우에 비하여 그 사이에 완화곡선을 설치하는 경우 생기는 Y방향(주접선의 직각 방향)의 길이를 이정량이라 한다.

Answer 45 ② 46 ① 47 ① 48 ④ 49 ①

50 원곡선 설치를 위한 조건이 다음과 같을 경우 원곡선 시점(B.C)으로부터 원곡선상 처음 중심점(P_1)까지의 편각은?

[2013년 기사 2회]

측정위치	X(m)	Y(m)
원곡선 시점(B.C)	117.441	117.441
교점(I.P)	150.000	150.000
원곡선상 처음 중심선(P_1)	123.030	124.452

① 3°26′20″ ② 6°26′20″
③ 45°00′00″ ④ 51°26′20″

해설

$$V_{BC}^{PI} = \tan^{-1}\frac{\Delta y}{\Delta x}$$
$$= \tan^{-1}\frac{150.000 - 117.441}{150.000 - 117.441}$$
$$= 45°(1상한)$$

51 유토곡선의 성질에 대한 설명으로 틀린 것은? [2013년 기사 2회]

① 유토곡선이 하향인 구간은 성토구간이고, 상향인 구간은 절토구간이다.
② 유토곡선의 극대점은 성토에서 절토로 옮기는 점이고, 극소점은 절토에서 성토로 옮기는 점이다.
③ 절토와 성토의 평균운반거리는 유토곡선토량의 1/2점 간의 거리로 한다.
④ 평균운반거리는 절토부분의 중심과 성토부분의 중심 간의 거리를 의미한다.

해설

유토곡선의 성질
① 절토부분에서는 유토곡선의 경사는 상향(+)이고 성토부분에서는 하향(-)이다. 또한 교량과 같은 곳에서는 전혀 토공량이 없으므로 유토곡선은 수평 직선이 된다.
② 유토곡선의 극대, 극소치는 절토에서 성토로 옮기는 점, 또는 성토에서 절토로 옮기는 점을 표시한다.
③ 극대치와 그 다음에 오는 극대치와의 두 점 간의 종거(縱距)의 차는 이 2점 간의 전체 절토 또는 성토로서, 전체 토공량을 표시하는 것이다.
④ 수평선이 유토곡선을 자르는 양점 간에서는 절토는 바로 성토와 균형된 것이다. 이 수평선을 토공평행선(土工平衡線)이라 한다.
⑤ 유토곡선의 경로가 凸일 때에는 절토굴착토는 좌에서 우로 凹일 때에는 우에서 좌로 운반되는 것을 의미한다.
⑥ 유토곡선과 수평곡선으로 둘러싸인 면적은 그 양교점 간의 토공량을 유용시키는 데에 소요되는 작업량이 된다.

52 곡선반지름 200m의 곡선에 캔트 0.38m를 붙인 노선의 설계속도는? (단, 레일간격 D = 1.067m임) [2013년 기사 3회]

① 약 8.44km/h
② 약 18.44km/h
③ 약 26.42km/h
④ 약 36.42km/h

해설

캔트$(C) = \dfrac{SV^2}{gR}$에서

$$V = \sqrt{\frac{C \cdot g \cdot R}{S}}$$
$$= \sqrt{\frac{0.38 \times 9.8 \times 200}{1.067}} = 26.42\text{km/sec}$$

Answer 50 ② 51 ② 52 ③

53
그림과 같이 곡선과 직선인 경계선에 싸여 있는 면적을 심프슨(Simpson)의 제1법칙으로 구한 값은? (단, $h_0 = 3.2m$, $h_1 = 10.4m$, $h_2 = 12.8m$, $h_3 = 11.2m$, $h_4 = 4.4m$이고 지거의 간격 d = 9m이다.)

[2013년 기사 3회]

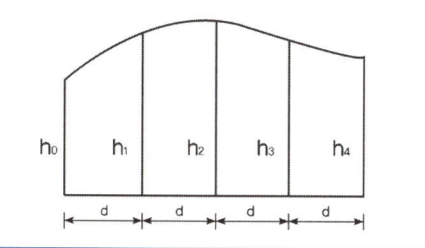

① 310m² ② 330m²
③ 359m² ④ 420m²

해설

심프슨(Simpson)의 제1법칙
① 지거간격을 2개씩 1개조로 하여 경계선을 2차 포물선으로 간주
② n(지거의 수)은 짝수이어야 하며, 홀수인 경우 끝의 것은 사다리꼴 공식으로 계산하여 합산
③ A = 사다리꼴(ABCD) + 포물선(BCD)

$$= \frac{d}{3}{y_0 + y_n + 4(y_1 + y_3 + ... + y_{n-1})}$$
$$+ 2(y_2 + y_4 + ... + y_{n-2})$$
$$= \frac{d}{3}{y_0 + y_n + 4(\Sigma_y 홀수) + 2(\Sigma_y 짝수)}$$
$$= \frac{d}{3}{y_1 + y_n + 4(\Sigma_y 짝수) + 2(\Sigma_y 홀수)}$$
$$A = \frac{9}{3}[3.2 + 4.4 + 4(10.4 + 11.2) + 2(12.8)]$$
$$= 358.8m^2$$

54
일반철도에서 직선과 곡선 사이에 삽입되는 완화곡선의 식으로 가장 적합한 것은?

[2013년 기사 3회]

① $\frac{1}{R} = C.L$ ② $y = \frac{x^3}{6RX}$
③ $p^2 = a^2 \sin 2\delta$ ④ $y = \frac{x}{2R^2}$

해설

일반철도에서 직선과 곡선 사이에 삽입되는 완화곡선의 식 ⇒ $y = \frac{x^3}{6RX}$

55
캔트가 C인 원곡선에서 설계속도 및 곡선반지름을 모두 2배로 증가시킬 때, 새로운 캔트 C'는?

[2014년 기사 1회]

① $\frac{C}{2}$ ② C
③ 2C ④ 4C

해설

cant = $\frac{S \cdot V^2}{g \cdot R}$ 에서 설계속도 및 곡선반지름을 모두 2배로 증가시키면 2배가 된다.

56
반지름 267.90m, 교각 87°15′56″인 단곡선의 중앙종거는?

[2014년 기사 2회]

① 72.00m ② 73.00m
③ 74.00m ④ 75.00m

해설

$$M = R(1 - \cos\frac{I}{2})$$
$$= 267.9 \times (1 - \cos\frac{87°15'56''}{2}) = 74m$$

Answer 53 ③ 54 ② 55 ③ 56 ③

57 곡선반지름 R = 100m 되는 원곡선을 속도 100km/h로 주행할 때 캔트(cant)는? (단, 궤간은 1.067m이다.) [2014년 기사 3회]

① 약 110mm ② 약 740mm
③ 약 840mm ④ 약 940mm

해설

$$C = \frac{SV^2}{Rg} = \frac{1.067 \times (\frac{100 \times 1000}{60 \times 60})^2}{100 \times 9.8}$$
$$= 0.84m = 840mm$$

여기서, C : 캔트 S : 궤간
V : 차량속도 R : 곡선 반경
g : 중력가속도(9.8m/sec)

58 노선측량에서 단곡선에서 곡선반지름 R = 100m, 교각 I = 60°라면 옳지 않은 것은? [2014년 기사 3회]

① 장현(L) = 120m
② 외할(E) = 15.5m
③ 중앙종거(M) = 13.4m
④ 접선장(T.L) = 57.7m

해설

$$T.L = R \cdot \tan\frac{I}{2} = 100 \times \tan 30° = 57.7m$$
$$M = R(1 - \cos\frac{I}{2})$$
$$= 100 \times (1 - \cos 30°) = 13.4m$$
$$E = R(\sec\frac{I}{2} - 1)$$
$$= 100 \times (\frac{1}{\cos 30°} - 1) = 15.5m$$
$$L = 2R \cdot \sin\frac{I}{2} = 2 \times 100 \times \sin 30° = 100m$$

59 교각 I = 90°, 곡선반지름 R = 100m인 단곡선의 교점 I.P의 추가거리가 1139.25m일 때, 곡선의 시점 B.C의 추가거리는? [2014년 기사 3회]

① 989.25m ② 1023.18m
③ 1039.25m ④ 1245.32m

해설

$$T.L = R \cdot \tan\frac{I}{2} = 100 \times \tan 45° = 100m$$
∴ BC의 추가거리 = 1139.25 − 100
= 1039.25m

60 곡선반지름 R = 100m, 곡선길이 L = 25m일 때 클로소이드의 파라미터 A는? [2014년 기사 3회]

① 80m ② 60m
③ 50m ④ 40m

해설

$$A = \sqrt{RL} = \sqrt{100 \times 25} = 50m$$

61 캔트가 C인 노선의 곡선부에서 속도와 반지름을 모두 3배로 할 때 변화된 캔트는? [2015년 기사 1회]

① C/3 ② 1.5C
③ 3C ④ 9C

해설

$C = \dfrac{SV^2}{gR}$ 에서 $C = \dfrac{3^2}{3} = 3$이므로 3C이다.

Answer 57 ③ 58 ① 59 ③ 60 ③ 61 ③

62. 토털 스테이션(total station)을 이용한 단곡선 설치에 있어서 가장 널리 사용되는 편리한 방법은? [2015년 기사 1회]

① 좌표법
② 중앙종거법
③ 지거설치법
④ 종거에 의한 설치법

해설
토털 스테이션(total station)을 이용한 단곡선 설치에 있어서 가장 널리 사용되는 편리한 방법은 좌표법이다.

63. 노선측량의 순서로 옳은 것은? (단, A : 실시설계측량, B : 공사측량, C : 도상계획 및 답사, D : 계획조사측량) [2015년 기사 2회]

① C → B → D → A
② B → C → D → A
③ D → A → B → C
④ C → D → A → B

해설
노선측량의 순서
① **노선선정**(路線選定) : 도상선정, 종단면도 작성, 현지답사
② **계획조사측량**(計劃調査測量) : 지형도 작성, 비교 노선의 선정, 종단면도 작성, 횡단면도 작성
③ **실시설계측량**(實施設計測量) : 지형도 작성, 중심선의 선정, 중심선 설치, 다각측량, 중심선 설치, 고저측량
④ **세부측량**(細部測量) : 구조물의 장소에 대해서, 지형도(축척 종 1/500~1/100)와 종횡단면도(축척 종 1/100, 횡 1/500~1/100)를 작성한다.
⑤ **용지측량**(用地測量) : 횡단면도에 계획단면을 기입하여 용지 폭을 정하고, 축척 1/500 또는 1/600로 용지도를 작성한다.
⑥ **공사측량**(工事測量) : 검사관측, 가인조점 등의 설치

64. 노선측량에서 단곡선의 기본 공식으로 틀린 것은? (단, R : 곡선반지름, I° : 교각) [2015년 기사 2회]

① 곡선길이$(C.L.) = \dfrac{\pi}{180°} R \cdot I°$
② 중앙종거$(M) = R(1 - \cos \dfrac{I°}{2})$
③ 장현$(L) = 2R \sin \dfrac{I°}{2}$
④ 외할$(E) = R(\operatorname{cosec} \dfrac{I°}{2} - 1)$

해설
$E = R(\sec \dfrac{I°}{2} - 1)$

65. 철도의 곡선부에서 뒷바퀴가 앞바퀴보다 안쪽을 지나게 되므로 직선부보다 넓은 폭이 필요하게 되는데 이 넓히는 양을 무엇이라고 하는가? [2015년 기사 3회]

① 캔트(cant)
② 슬랙(slack)
③ 전도
④ 횡거

해설
① **캔트**(cant) : 곡선부를 통과하는 차량이 원심력이 발생하여 접선 방향으로 탈선하려는 것을 방지하기 위해 바깥쪽 노면을 안쪽 노면보다 높이는 정도를 말하며 편경사라고 한다.
$$C = \dfrac{SV^2}{Rg}$$
② **슬랙**(slack) : 차량과 레일이 꼭 끼어서 서로 힘을 입게 되면 때로는 탈선의 위험도 생긴다. 이러한 위험을 막기 위해서 레일 안쪽을 움직여 곡선부에서는 궤간을 넓힐 필요가 있다. 이 넓인 치수를 말한다. 확폭이라고도 한다.
$$\varepsilon = \dfrac{L^2}{2R}$$

Answer 62 ① 63 ④ 64 ④ 65 ②

66 다음 중 일반철도에 주로 쓰이는 완화곡선은? [2015년 기사 3회]

① 클로소이드
② 3차 포물선
③ 렘니스케이트
④ 2차 포물선

[해설]
완화곡선(Transition curve)의 종류
① 클로소이드(Clothoid) : 고속도로에 많이 사용된다.
② 렘니스케이트(Lemniscate) : 시가지 철도에 많이 사용된다.
③ 3차 포물선(Cubic curve) : 철도에 많이 사용된다.
④ sine 체감곡선 : 고속철도에 사용된다.

67 다음 중 완화곡선의 종류로만 짝지어진 것은? [22년 기사 1회]

① 클로소이드, 3차 포물선, 렘니스케이트 곡선
② 3차 포물선, 렘니스케이트 곡선, 반향곡선
③ 클로소이드, 3차 포물선, 반향곡선
④ 단곡선, 원곡선, 배향곡선

[해설]
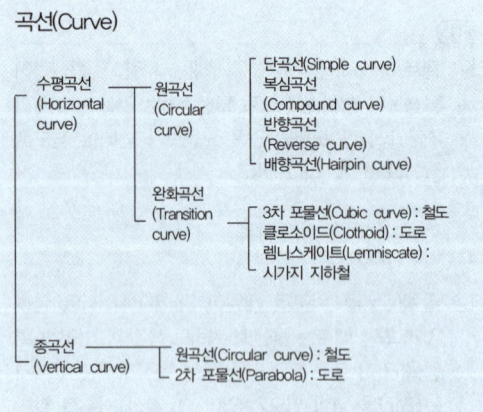

68 클로소이드의 매개변수 A=60 m 이고, 곡선길이가 40 m인 클로소이드 곡선의 반지름은? [22년 기사 1회]

① 60 m   ② 90 m
③ 120 m ④ 150 m

[해설]
$A^2 = R \cdot L$에서 $R = \dfrac{A^2}{L} = \dfrac{60^2}{40} = 90m$

69 그림에서 V지점에 해당하는 종단곡선상의 계획고는? (단, 종단곡선은 2차 포물선이고, A점의 계획고=65.50 m) [22년 기사 1회]

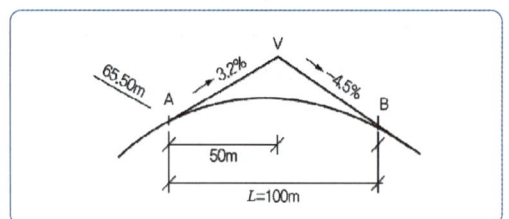

① 66.14 m   ② 66.57 m
③ 66.83 m   ④ 67.49 m

[해설]
구배선의 계획고$(H') = H_A + \dfrac{m}{100}x$ 에서

$65.5 + \dfrac{3.2}{100} \times 50 = 67.1m$

종단곡선의 계획고$(H) = H' - y$ 에서

$y = \dfrac{m-n}{2L}x^2 = \dfrac{0.032 - (-0.045)}{2 \times 100} \times 50^2 = 0.96m$ 이므로

$H = H' - y = 67.1 - 0.96 = 66.14m$

70 단곡선설치에서 I=70°, R=200 m 일 때 접선길이(TL)와 외할(E)로 옳은 것은? [22년 기사 1회]

① TL=140.04 m, E=42.15 m
② TL=140.04 m, E=44.15 m

Answer 66 ② 67 ① 68 ② 69 ① 70 ②

③ TL=150.15 m, E=42.15 m
④ TL=150.15 m, E=44.15 m

해설

$T.L = R\tan\frac{I}{2}$ 에서

$= 200 \times \tan\frac{70}{2} = 140.04m$

$E = R(\sec\frac{I}{2} - 1)$ 에서

$= 200 \times (\frac{1}{\cos\frac{70}{2}} - 1) = 44.15m$

71 반지름이 동일하지 않은 2개의 원곡선이 그 접속점에서 공통접선을 갖고, 이것들의 중심이 공통접선의 반대쪽에 있는 곡선은?

[22년 기사 1회]

① 활궤선 ② 고차포물선
③ 반향곡선 ④ 복심곡선

해설

단곡선	• 1개의 원호로 이루어지는 곡률이 일정한 곡선
복곡선	• 복곡선은 복심곡선이라고도 하며 반지름이 다른 두 개의 원곡선이 한 개의 공통접선을 갖고 접선의 같은 쪽에서 연결된 곡선을 말한다. • 복곡선을 사용하여 도로를 건설하면 접점에서 곡률이 급격하게 변하므로 사용하지 않는 것이 좋다.
반향곡선	• 반향곡선은 반지름이 다른 두 원곡선이 한 개의 공통접선 양쪽에 서로 곡선중심을 가지고 연결하는 곡선이다. • 반향곡선을 사용하면 접점에서 핸들의 급격한 회전이 생기므로 사용하지 않는 것이 좋다.
배향곡선	• 반향곡선을 여러 개 연속으로 배치하여 머리핀 같은 형태를 이루는 곡선으로 일명 머리핀 곡선이라고도 한다. • 배향곡선은 산지에서 기울기를 낮추기 위하여 철도의 스위치백 형태로 주로 사용된다.

72 교점(IP)의 위치가 기점으로부터 143 m, 곡선반지름 100 m, 교각 58°인 단곡선을 편각법에 의하여 설치할 때 측점간의 거리를 20 m라고 한다면 시단현의 길이는?

[22년 기사 1회]

① 10.43 m ② 11.43 m
③ 12.43 m ④ 13.43 m

해설

$T.L = R\tan\frac{I}{2}$ 에서

$= 100 \times \tan\frac{58}{2} = 55.43$

$B.C = I.P - T.L = 143 - 55.43 = 87.57m$ 에서

$No4 + 7.57m$ 이므로 $l_1 = 20 - 7.57 = 12.43m$

73 노선측량에 대한 설명으로 옳지 않은 것은?

[22년 기사 1회]

① 완화곡선의 곡선반지름은 완화곡선 시점에서 무한대, 종점에서 원곡선의 반지름으로 된다.
② 도로 곡선부에 편경사를 설치하는 주된 목적은 노면의 배수를 위한 것이다.
③ 완화곡선에 연한 곡선반지름의 감소율은 캔트의 증가율과 같다.
④ 완화곡선의 접선은 시점에서 곡선에, 종점에서 원호에 접한다.

해설

캔트(Cant)
곡선부를 통과하는 차량이 원심력이 발생하여 접선방향으로 탈선하려는 것을 방지하기 위하여 바깥쪽 노면을 안쪽노면보다 높이는 정도를 편경사라고 한다.
완화곡선의 특징
① 곡선반경은 완화곡선의 시점에서 무한대, 종점에서 원곡선 R과 같다.
② 완화곡선의 접선은 시점에서는 직선에, 종점에서는 원호에 접한다.
③ 완화곡선의 곡선반경의 감소율은 캔트와 같다.

Answer 71 ③ 72 ③ 73 ②

④ 완화곡선 종점의 캔트와 원곡선 시점의 캔트는 같다.

74 단곡선을 설치하는 데 있어서 교각 90°, 접선길이 90 m일 때 곡선 반지름은?

[22년 2기]

① 90 m   ② 100 m
③ 120 m ④ 156 m

해설

$T.L = R\tan(\frac{\theta}{2})$에서

$R = \frac{T.L}{\tan(\frac{\theta}{2})} = \frac{90}{\tan(45)} = 90m$

75 클로소이드 곡선의 중심에서 주접선에 내린 수선의 길이와 접속되는 원곡선의 반지름의 차이를 의미하는 것은?

[22년 2기]

① 이정량(shift)   ② 접선편거
③ 현편거   ④ 캔트(cant)

해설

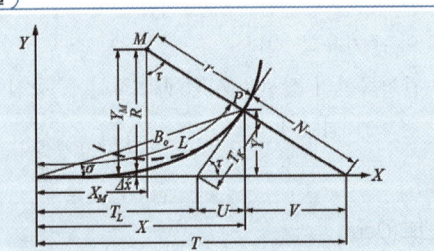

O: 클로소이드 원점
M: 클로소이드 위의 P점에 대한 곡선의 중심
OX: 주접점(클로소이드 원점에 대한 접선)
A: 클로소이드의 파라미터
X, Y: P점의 X, Y 좌표
L: 클로소이드 곡선길이
R: P점의 곡선반지름
Δr: 이정량(Shift)
XM, YM: 클로소이드 원점
τ: P점에서의 접선각
σ: P점에서의 극각
TK, TL: 단접선길이, 장접선길이
SO: 동경
N: 법선길이
U: TK의 주접선에서의 투영길이
V: N의 주접선에의 투영길이

이정량(shift):
클로소이드 곡선의 중심에서 주접선에 내린 수선의 길이와 접하는 원곡선의 반지름의 차

76 노선측량에서 노선을 선정할 때 가장 우선시 되는 것은?

[22년 2회 측기]

① 공사기간
② 용지비와 측량비
③ 곡선설치의 난이도
④ 수송량 및 경제성

해설

노선측량(Route survey)
도로, 철도, 운하 등의 교통로의 측량, 수력발전의 도수로 측량, 상하수도의 도수관의 부설에 따른 측량 등 폭이 좁고 길이가 긴 구역의 측량을 말한다.
1. 노선조건
  ① 건설비와 유지비가 적게 드는 노선이어야 한다
  ② 교통성을 고려하여야 한다
  ③ 가능한 직선으로 할 것
  ④ 가능한 한 경사가 완만할 것
  ⑤ 토공량이 적고 절토와 성토가 짧은 구간에서 균형을 이룰 것
  ⑥ 절토의 운반거리가 짧을 것
  ⑦ 배수가 완전 할 것

77 유토곡선의 성질에 대한 설명으로 틀린 것은?

[22년 2기]

① 유토곡선이 하향인 구간은 성토구간이고, 상향인 구간은 절토구간이다.
② 유토곡선의 극대점은 성토에서 절토로 옮기는 점이고, 극소점은 절토에서 성토로 옮기는 점이다.
③ 절토와 성토의 평균운반거리는 유토곡선 토량의 1/2점간의 거리로 한다.
④ 유토곡선에서 총토공량은 유토곡선과 평행선으로 둘러싸인 부분의 면적에 해당한다.

해설

유토곡선
토공에서 성토와 절초의 계획토량, 운반거리 등을 결정하는 것을 토량배분이라 하고 효율적인 토량배분을 위하여 유토곡선과 토적도를 이용한다.

Answer 74 ① 75 ① 76 ④ 77 ②

절토 및 성토구간	상승구간은 절토, 하강구간은 성토를 의미
극대점, 극소점	절토와 성토의 경계
산모양, 골모양	산모양은 좌에서 우로, 골모양은 우에서 좌로 토량운반
토량의 과잉 및 부족의 파악	기선위에서 끝나면 과잉토량, 아랫니면 토량부족을 의미

78 도로의 종단면도에 기입하는 사항이 아닌 것은?
[22년 2기]

① 추가말뚝의 추가거리, 측점간의 거리
② 계획고, 지반고
③ 절·성토고, 계획선의 경사
④ 절·성토 단면적, 절·성토량

해설

종단측량
종단측량은 중심선에 설치된 관측점 및 변화점에 박은 중심말뚝, 추가말뚝 및 보조말뚝을 기준으로 하여 준심선의 지반고를 측량하고 연직으로 토지를 절단하여 종단면도를 만드는 측량이다
1. 종단면도 기재사항
   ① 관측점 위치
   ② 관측점간의 수평거리
   ③ 각 관측점의 기점에서의 누가거리
   ④ 각 관측점의 지반고 및 고저기준점(BM)의 높이
   ⑤ 관측점에서의 계획고
   ⑥ 지반고와 계획고의 차(성토 절토 별)
   ⑦ 계획선의 경사

79 노선측량의 순서를 도상계획, 예측, 실측 및 공사측량 등으로 시행할 때 다음 설명 중 옳지 않은 것은?
[22년 2기]

① 실측에서는 중심선 설치, 종횡단측량, 용지측량, 평면측량 등을 실시한다.
② 실측 단계에서 실시하는 용지측량은 노선구역에 대한 지가 보상 문제 등의 자료로 이용된다.
③ 공사측량에서는 실측 과정에서 만들어진 공사도면을 가지고 노선을 시공한다.
④ 예측은 답사에서 얻은 유망한 노선에 대하여 더욱 자세하게 조사한 후 현장에 곡선 설치를 하는 단계이다.

해설

노선측량 작업과정

도상계획	도상계획은 일반적으로 1/50,000 지형도에서 선정되며 건설비 및 유지비 등이 가장 적게 들고 직선이면서 평탄하여 공사가 용이하도록 계획한다.
형장답사	현장답사는 계획노선이 도상에서 계획한 것과 같이 적절한가를 조사하는 동시에 더 유리한 노선이 없는가를 주의하여 조사해야 한다.
예 측	답사에 의하여 유망한 노선이 결정되면 그 노선을 더욱 자세히 조사하기 위하여 트래버스측량과 주변에 대한 측량을 실시한다
도상선정	예측이 끝나면 노선의 기울기, 곡선, 토공량, 터널과 같은 구조물의 위치와 크기, 공사비 등을 고려하여 가장 바라직한 노선을 지형도 위에 기입하는 단계이다.
현장실측 및 공사측량	도상에서 선정된 최저노선을 지상에 측설하는 것이다. 이때 노선을 따라 교점(I.P), 곡선시점(B.C) 및 종점(E.C)을 설치하며 노선 기점으로 20m간격으로 말뚝을 설치한다.

Answer 78 ④ 79 ④

80 단곡선 설치 방법 중 접선과 현이 이루는 각을 이용하여 설치하는 방법으로 정확도가 비교적 높은 방법은? [22년 2기]

① 접선에 대한 지거법
② 지거설치법
③ 편각 설치법
④ 장현에서의 종거에 의한 방법

[해설]

편각법	• 철도, 도로 등의 곡선설치에 사용하는 가장 일반적인 방법 • 비교적 정확한 편이나 반지름이 작을 때 오차가 많이 발생 • 측점 사이의 거리를 20m로 하고 시단현거리 l_1, 종단현거리
중앙종거법 (1/4법)	• 곡선의 반지름이나 곡선의 길이가 작은 시가지의 곡선설치와 철도, 도로등의 기설, 곡선의 검사 및 개정시 편리
지거법	• 양 접선에 지거를 내려 곡선을 설치하는 방법 • 터널 내의 곡선설치와 산림지에서 벌채량을 줄이기 위해 사용

81 매개변수 A=150 m인 클로소이드에 접속되는 원곡선의 반지름이 250 m일 때 단위 클로소이드 길이(ℓ)는? [22년 2기]

① 0.571000   ② 0.600000
③ 1.258000   ④ 1.666667

[해설]
클로소이드 기본식 $A^2 = RL$에서
$\frac{R}{A} \times \frac{L}{A} = 1$이고, $\frac{R}{A} = r$, $\frac{L}{A} = l$ 이라 하면
$r \cdot l = 1$을 만족시키는 경우를 단위클로소이드라고 한다.
따라서 $\frac{250}{150} \cdot l = 1$ 에서
$l = \frac{150}{250} = 0.600000$

82 교각 I=90°, 곡선반지름 R=150m인 단곡선의 교점(I.P.)까지 추가거리가 1125.5m일 때 곡선시점(B.C)까지의 추가거리는? [21년 4기]

① 775.5m   ② 865.5m
③ 975.5m   ④ 1065.5m

[해설]
접선장 $T.L = R\tan\frac{I}{2} = 150 \times \tan 45° = 150m$ 이므로
1,125.5−150=975.5m

83 그림과 같이 교각 60°, 곡선반지름 200m인 구원곡선의 교점 P를 제1접선의 방향으로 30m 이동(P→P´)하고, 교각 크기의 B.C위치는 이동이 없이 새로운 원곡선을 설치할 경우 반지름 R´은? [21년 4기]

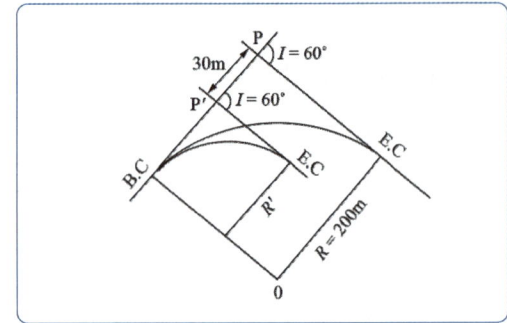

① 85.47m   ② 115.47m
③ 125.00m   ④ 148.04m

[해설]
접선장 $T.L = R\tan\frac{I}{2}$ 이므로
구원곡선 접선장 $= 200 \times \tan\frac{60}{2} = 115.47m$,
신원곡선 접선장 $= 115.47 - 30 = R'\tan\frac{I}{2}$ 이므로,
$R' = \frac{115.47-30}{\tan 30°} = 148.04m$

Answer 80 ③ 81 ② 82 ③ 83 ④

84. 노선측량에서 도로 종단면도에 표시되는 사항이 아닌 것은? [21년 4기]

① 관측점의 위치
② 계획선의 경사
③ 절토면적, 성토면적
④ 관측점에서의 계획고

[해설]
종단면도에 기입하는 사항
① 관측점 위치
② 관측점 간의 수평거리
③ 각 관측점의 기점에서의 누가거리
④ 각 관측점의 지반고 및 고저기준점의 높이
⑤ 관측점에서의 계획고
⑥ 지반고와 계획고의 차(성토, 절토별)
⑦ 계획선의 경사

85. 완화곡선에 대한 설명으로 틀린 것은? [21년 4기]

① 완화곡선의 접선은 종점에서 원호에 접한다.
② 원곡선과 직선부 사이에 넣는 곡선이다.
③ 완화곡선의 반지름은 시점에서 0이고, 증가하여 일정한 값이 된다.
④ 완화곡선의 종류는 클로소이드, 3차 포물선, 렘니스케이트곡선 등이 있다.

[해설]
완화곡선의 특징
① 곡선반경은 완화곡선의 시점에서 무한대, 종점에서 원곡선 R로 된다.
② 완화곡선의 접선은 시점에서 직선에 종점에서 원호에 접한다.
③ 완화곡선에 연한 곡선반경의 감소율은 캔트와 같다.
④ 완화곡선의 종점의 캔트와 원곡선 시점의 캔트는 같다.
⑤ 완화곡선은 이정의 중앙을 통과한다.

86. 도로의 단곡선 설치에 대한 설명으로 옳지 않은 것은? [21년 4기]

① 접선에 대한 지거법은 각관측을 하지 않고 줄자를 사용하여 설치하는 방법이다.
② 중앙종거법은 중심말뚝 20m 간격으로 설치할 수 없는 방법이다.
③ 곡선의 최소 반지름 및 최소 곡선길이의 결정은 도로의 설계속도 및 지형여건에 따라 주로 결정된다.
④ 접선편거와 현편거에 의한 설치법은 줄자를 사용하지 않고 각관측으로 설치할 수 있는 방법이다.

[해설]
단곡선 설치 방법
① 편각법 : 접선과 현이 이루는 각을 이용하는 곡선 설치 방법은 편각법이다. 다른 방법에 비해 정확하여 가장 널리 이용된다.
② 중앙종거법 : 곡선반경이 작은 도심지 곡선설치 및 기설곡선 검정에 이용되며 1/4법이라고 한다.
③ 지거법 : 줄자만으로 곡선중간점을 측설하는 방법. 곡선시점에서 좌표거리에 따른 중간점의 위치를 구하는 방법이다.
④ 접선편거 및 현편거 : 트랜싯을 사용하지 않고 폴과 줄자만으로 곡선 설치. 정도가 낮아 지방도 곡선 설치에 이용된다.

87. 도로의 중심선을 시점 No.0에서 No.7까지 20m씩 종단측량 결과의 일부가 표와 같다. 도로 계획선의 기울기가 상향 1/100이고 No.4에서 지반고와 계획고가 같다고 할 때, No.3의 성토고(A)와 No.5의 절토고(B)는? [21년 4기]

구분	표고
No.3	80.7 m
No.4	82.0 m
No.5	83.6 m

Answer 84 ③ 85 ③ 86 ④ 87 ①

① A=1.1m, B=1.4m
② A=1.1m, B=1.8m
③ A=1.5m, B=1.4m
④ A=1.5m, B=1.8m

해설

측점	지반고	계획고	성토고(A)(+)	절토고(B)(−)
No.3	80.7m	$82-(\frac{1}{100})\times 20 =$ 81.8m	81.8−80.7= +1.1m	
No.4	82.0m	82.0m(주어줌)		
No.5	83.6m	$82+(\frac{1}{100}\times 20) =$ 82.2m		82.2−83.6= −1.4m

도로 계획선 기울기 상향 1/100
측점간 거리 : 20m
임의 측점의 계획고 = 첫 측점의 계획고 ± 구배 × 추가거리
계획고−지반고= 성토고(+) ,, 절토고(−)

88 반지름이 100m, 교각이 55°20′ 일 때 접선 길이(T.L)는? [21년 2기]

① 40.34m
② 52.43m
③ 60.34m
④ 72.43m

해설

$TL = R\tan\frac{I}{2}$
$= 100 \times \tan\frac{55°20'}{2} = 52.43m$

89 직선과 반지름(R)이 500m인 원곡선 사이에 3차 포물선에 의한 150m 길이의 완화곡선을 설치할 경우에 완화곡선 시점 A(B.T.C)로부터 주접선상 100m인 지점에서 완화곡선 위의 C점까지 수직거리 y는? [21년 2기]

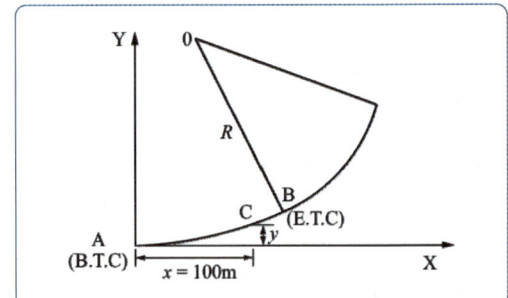

① 0.22m
② 1.75m
③ 2.22m
④ 2.75m

해설

$y = \frac{x^3}{6RX} = \frac{100^3}{6\times 500\times 150} = 2.22m$

90 토털스테이션(total station)을 이용한 단곡선 설치에 있어서 가장 널리 사용되는 편리한 방법은? [21년 2기]

① 종거에 의한 설치법
② 중앙종거법
③ 지거설치법
④ 좌표법

해설

토털스테이션을 이용한 단곡선 설치에 있어서 가장 널리 사용되는 편리한 방법은 좌표법이다.

Answer 88 ② 89 ③ 90 ④

91 완화곡선에 대한 설명으로 옳지 않은 것은?
[21년 2기]

① 완화곡선의 곡선반지름은 시점에서 무한대, 종점에서 원곡선의 반지름으로 된다.
② 완화곡선의 접선은 시점에서 원호에, 종점에서 직선에 접한다.
③ 클로소이드의 형식에는 S형, 복합형, 기본형 등이 있다.
④ 모든 클로소이드는 닮은꼴이며 클로소이드의 요소에는 길이의 단위가 있는 것과 단위가 없는 것이 있다.

해설

완화곡선의 특징
① 곡선반경은 완화곡선의 시점에서 무한대, 종점에서 원곡선 R로 된다.
② 완화곡선의 접선은 시점에서 직선에, 종점에서 원호에 접한다.
③ 완화곡선에 연한 곡선반경의 감소율은 캔트의 증가율과 같다.
④ 완화곡선의 종점의 캔트와 원곡선 시점의 캔트는 같다.
⑤ 완화곡선은 이정의 중앙을 통과한다.

92 설계도나 시방서에 따라 시공에 필요한 점의 위치나 경사를 현지에 측설하는 측량은?
[21년 2기]

① 공사측량　　② 계획조사측량
③ 실시설계측량　④ 준공측량

해설

공사측량(工事測量)

검사관측	중심말뚝의 검사관측, TBM(가고저기준점 : Temporary Bench Mark)과 중심말뚝의 높이의 검사관측을 실시한다.
가인조점 등의 설치	필요하면, TBM을 500m 이내에 1개 정도로 설치한다. 또, 중요한 보조말뚝의 외측에 인조점을 설치하고, 토공의 기준틀, 콘크리트 구조물의 형간의 위치 측량 등을 실시한다.

93 도로의 경관 계획 시 고려사항으로 거리가 먼 것은?
[21년 2기]

① 지역 경관과 조화를 이루도록 한다.
② 자연환경의 손상을 최대한 억제하도록 한다.
③ 내부경관과 외부경관을 동시에 고려하여야 한다.
④ 도로선형의 부드러움을 위해 종단과 횡단에 곡선을 많이 삽입한다.

해설

도로의 경관
도로 건설은 최근 입체화 직선화 되므로 국토조형적 의미가 크고, 경관적 배려가 중요하다
④ 도로선형의 부드러움을 위해 종단과 횡단에 가능한 직선으로 계획하는 것이 좋다.

94 노선측량의 순서로 옳은 것은?

A : 실시설계측량, B : 공사측량,
C : 도상계획 및 답사, D : 계획조사측량

① B → C → D → A
② C → B → D → A
③ C → D → A → B
④ D → A → B → C

해설

노선측량 작업과정

노선선정(路線選定)
계획조사측량(計劃調査測量)
실시설계측량(實施設計測量)
세부측량(細部測量)
용지측량(用地測量)
공사측량(工事測量)

Answer 91 ② 92 ① 93 ④ 94 ③

95 단곡선 설치 시 그림과 같이 교각(I) 관측이 어려워 ∠AA'B', ∠BB'A'을 측정한 값이 141°40′과 98°20′이었다면 교각(I)는?

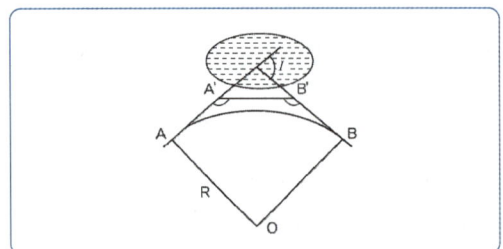

① 60° ② 90°
③ 120° ④ 150°

해설
$180° - 141°40' = 38°20'$
$180° - 98°20' = 81°40'$
$I = 38°20' + 81°40' = 120°$

96 종단곡선을 설취하기 위하여 상향기울기 $+\frac{4.5}{1000}$ 와 하향기울기 $-\frac{35}{1000}$ 가 반지름 2000m의 원곡선 중에서 만날 경우에 곡선 시점 20m 떨어져 있는 지점의 종거 y값은?

① 0.1m ② 0.4m
③ 0.6m ④ 1.0m

해설
$l = \frac{R}{2}\left(\frac{m}{1,000} - \frac{n}{1,000}\right) = \frac{2,000}{2}\left(\frac{4.5}{1,000} - \frac{-35}{1,000}\right)$
$= 1,000\left(\frac{4.5}{1,000} + \frac{35}{1,000}\right) = 1,000 \times \frac{39.5}{1,000}$
$= 39.5m$
$y = \frac{x^2}{2R} = \frac{20^2}{2 \times 2,000} = 0.1m$

97 단곡선 설치시 곡선 반지름 R=350 m, 교각 I=70°일 때 접선 길이(T.L.)는?

① 235.7m ② 250.7m
③ 245.1m ④ 265.1m

해설
$TL = R \cdot \tan\frac{I}{2} = 350 \times \tan\frac{70°}{2} = 245.07m$

98 클로소이드 공식으로 옳지 않은 것은? [단, R : 곡선반지름, L : 곡선길이, A : 파라메타, τ : 접선각]

① $R = \frac{A^2}{L}$ ② $L = 2\tau R$
③ $\tau = \frac{L^2}{2A^2}$ ④ $A = \frac{L^2}{2\tau}$

해설
$A^2 = RL = \frac{L^2}{2\tau} = 2\tau R^2$

99 곡선 시점까지의 추가거리가 550m이고 중심 말뚝 간격이 20m, 교각이 60°, 곡선 반지름이 200m일 때 종단현의 편각은?

① 2°47′ 04″ ② 2°51′ 53″
③ 2°55′ 05″ ④ 2°59′ 55″

해설
1) 곡선장(CL)
$CL = 0.0174533R \cdot I = 0.0174533 \times 200 \times 60°$
$= 209.44m$
2) E.C = B.C + CL = 550 + 209.44 = 759.44m
3) 종단현 길이 = 759.44 − 740 = 19.44 m
4) 종단편각
종단현에 대한 편각
$\delta_2 = 1718.87' \times \frac{19.44}{200} = 2°47'04''$

Answer 95 ③ 96 ① 97 ③ 98 ④ 99 ①

CHAPTER 02 하천측량

제1절 개요

하천측량은 하천의 형상, 수위, 단면구배 등을 관측하여 하천의 평면도, 종횡단면도를 작성함과 동시에 유속, 유량 기타 구조물을 조사하여 각종 수공설계, 시공에 필요한 자료를 얻기 위한 것이다.

제2절 순서

작업순서	조사 및 측량내용
도상 조사	유로상황, 지역면적, 지형지물, 토지이용현황, 교통, 통신시설 상황조사 등
자료 조사	홍수피해, 수리권문제, 물의 이용상황 등 제반자료를 모아 조사
현지 조사	도상, 자료조사를 기초로 하여 실시하는 측량으로 답사 및 선점을 말함
평면측량	다각, 삼각측량에 의해 세부측량의 기준이 되는 골조측량을 실시하고 평판측량에 의해 세부측량을 실시하여 평면도를 제작
수준측량	거리표를 이용하여 종·횡단면도를 실시하고 유수부(流水部)는 심천측량에 의해 종·횡단면도를 제작
유량측량	각 관측점에서 수위, 유속, 심천 측량에 의해 유량 및 유량곡선을 제작
기타 측량	필요에 따라서 강우량측량, 하천구조물의 조사를 실시

흘수선(吃水線) : 배가 물 위에 떠 있을 때 배와 수이 접하는 경계가 되는 선

제3절 평면측량

1 평면측량 범위

(1) 유제부 : 제외지 범위 전부와 제내지의 300m 이내

(2) 무제부 : 홍수가 영향을 주는 구역보다 약간 넓게 측량한다.
(홍수 시에 물이 흐르는 맨 옆에서 100m까지)

(3) 홍수방지공사가 목적인 하천공사 : 하구에서부터 상류의 홍수피해가 미치는 지점까지

(4) 사방공사 : 수원지까지

(5) 선박운행을 위한 하천 계수가 목적일 때 하류는 하구까지

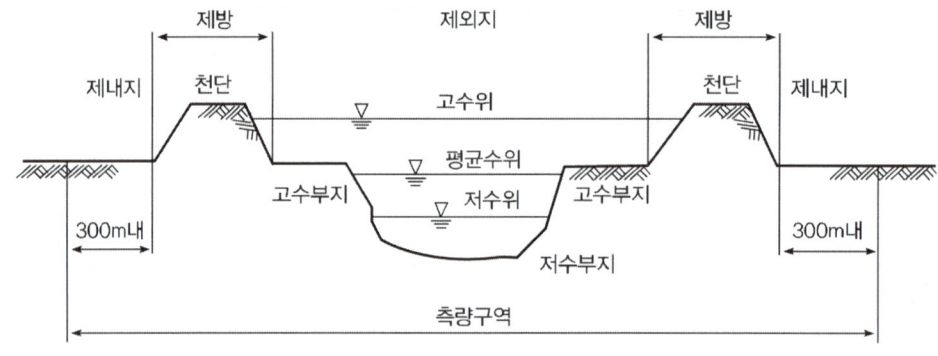

[유제부의 측량 구역(하천의 단면도)]

2 측량방법

1) 골조측량

(1) 삼각측량

삼각점은 기본 삼각점을 이용하여 2~3km마다 설치하며 삼각망은 단열삼각망 이용, 측각은 배각(반복)법으로 관측하여 협각은 40°~100°(대삼각), 30°~120°(소삼각)로 한다.

(2) 트래버스 측량

결합다각형의 폐합차는 3′ 이내, 폐합비 거리의 정도는 $\dfrac{1}{1,000}$ 이내로 한다.

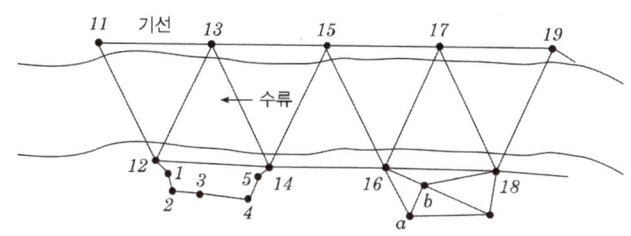

[하천의 골조측량]

2) 세부측량

(1) 하천유역에 있는 모든 것(하천의 형태, 제방, 방파제, 행정구획상 경계, 하천공사물, 양수표, 각종 측량표)을 측량한다.

(2) 수애선(水涯線) 측량

① 수면과 하안과의 경계선을 수애선이라 한다.
② 수애선은 평수위에 의해 정해진다.
③ 평수위는 어떤 기간 계속하여 관측한 수위 가운데 $\dfrac{1}{2}$ 은 그 수위보다 높고, 다른 $\dfrac{1}{2}$ 은 낮은 수위이다.
④ 수애선 측량에는 동시관측에 의한 방법과 심천측량에 의한 방법이 있다.

(3) 평면도의 축척 : 하폭 50m 이하일 때 표준 : $\dfrac{1}{1,000}$

① 기본도 : $\dfrac{1}{2,500}$ 또는 $\dfrac{1}{10,000}$
② 국부적인 상세도 : $\dfrac{1}{500} \sim \dfrac{1}{1,000}$

제4절 수준측량

1 거리표 설치

(1) 하천의 중심에서 직각방향으로 설치한다.
(2) 하천의 한쪽 하안에 따라 하구 또는 하천의 합류점으로부터 100 또는 200m마다 설치한다.
(3) 표석은 1km마다 매립한다.

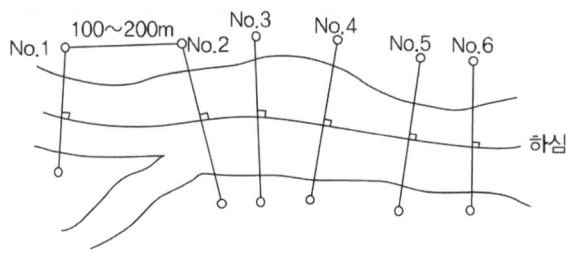

[거리표 설치]

2 종단측량

(1) 수준기표 : 5km마다 암반에 설치한다.
(2) 허용오차 : 4km 왕복에서 유제부 10mm, 무제부 15mm, 급류부 20mm
(3) 축척 : 종(높이) $\frac{1}{100}$, 횡(거리) $\frac{1}{1,000}$

3 횡단측량

(1) 200m마다의 거리표를 기준으로 하며, 간격은 소하천은 5m, 대하천은 10 ~ 20m마다 좌안을 기준으로 측량을 실시한다.
(2) 축척 : 종(높이) $\frac{1}{100}$, 횡(폭) $\frac{1}{1,000}$
(3) 좌안 : 물이 흐르는 방향에서 볼 때 좌측

4 심천측량

하천의 수심 및 유수부분의 하저 상황을 조사하고 횡단면도를 제작하는 측량

1) 심천측량에 사용되는 기계, 기구

(1) 로드(측간) : 수심이 얕은(5m 이내인) 곳에서 사용(1 ~ 2m의 경우에 효과적)

(2) 레드(측추) : 유속이 그리 크지 않은 곳에서 사용하며 로프 끝부분에 3 ~ 5kg(최대 13kg)의 은 등의 추를 붙여서 사용하고, 5m 이상 시 사용

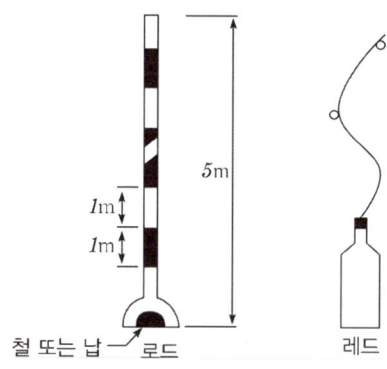

[로드와 레드]

(3) 음향 측심기(수압측심기) : 수심이 깊고 유속이 빠른 장소, 보통 30m 되는 곳에서 사용하며, 오차는 0.5% 정도 생긴다. 레드(측추)로 관측이 불가능한 경우에 사용하며 최근 전자기술의 발달에 의하여 아주 높은 정확도를 얻을 수 있다.

(4) 배(측량선) : 하천폭이 넓고, 수심이 깊은 경우에 사용

2) 하천 심천측량

(1) 하천폭이 넓고 수심이 얕은 경우 양안 거리표를 시준한 선상에 수면말뚝을 박고 와이어로 길이 5 ~ 10m마다 수심을 관측

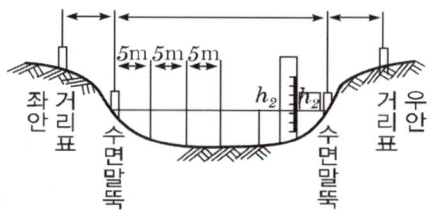

(2) 하천폭이 넓고 수심이 깊은 경우

① B점에서 트랜싯으로 관측한 경우(전방교회법)

$$\overline{AP_1} = AB \cdot \tan\alpha_1$$
$$\overline{AP_2} = AB \cdot \tan\alpha_2$$

② P(배)에서 육분의(Sextant)로 관측한 경우(후방교회법)

$$AP_1 = AB \cdot \cot\beta_1$$
$$AP_2 = AB \cdot \cot\beta_2$$

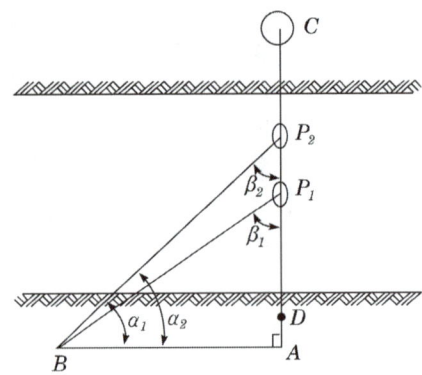

[측량선(배)에 의한 하천측량]

제5절 수위관측

1 하천의 수위

1) 최고수위(HWL), 최저수위(LWL)

어떤 기간에 있어서 최고, 최저수위로 연단위 혹은 월단위의 최고, 최저로 구한다.

2) 평균최고수위(NHWL), 평균최저수위(NLWL)

연과 월에 있어서의 최고, 최저의 평균수위로, 평균최고수위는 제방, 교량, 배수 등의 치수 목적에 사용하며 평균최저수위는 수운, 선항, 수력발전의 수리 목적에 사용한다.

3) 평균수위(MWL)

어떤 기간의 관측수위의 총합을 관측횟수로 나누어 평균치를 구한 수위

4) 평균고수위(MHWL), 평균저수위(MLWL)

어떤 기간에 있어서의 평균수위 이상 수위들의 평균수위 및 어떤 기간에 있어서의 평균수위 이하 수위들의 평균수위

5) 최다수위(Most Frequent Water Level)

일정기간 중 제일 많이 발생한 수위

6) 평수위(OWL)

어느 기간의 수위 중 이것보다 높은 수위와 낮은 수위의 관측수가 똑같은 수위로, 일반적으로 평균수위보다 약간 낮은 수위. 1년을 통해 185일은 이보다 저하하지 않는 수위

7) 저수위

1년을 통해 275일은 이보다 저하하지 않는 수위

8) 갈수위

1년을 통해 355일은 이보다 저하하지 않는 수위

9) 고수위

2~3회 이상 이보다 적어지지 않는 수위

10) 지정수위

홍수 시에 매시 수위를 관측하는 수위

11) 통보수위

지정된 통보를 개시하는 수위

12) 경계수위

수방(水防) 요원의 출동을 필요로 하는 수위

2 양수표 설치 장소

(1) 수위가 급변하지 않는 장소

(2) 하상과 하안이 안전하고 세굴이나 퇴적이 생기지 않는 장소

(3) 수위가 교각이나 기타 구조물에 의한 영향을 받지 않는 장소

(4) 상·하류 약 100m 정도의 직선인 장소

(5) 홍수 시에 유실이나 이동 또는 직선인 장소

(6) 홍수 시에도 쉽게 양수량을 볼 수 있는 장소

(7) 지천의 합류점 및 분류점에서 수위의 변화가 생기지 않는 장소

(8) 어떠한 갈수 시에도 양수표가 노출되지 않는 장소

(9) 잔류, 역류 및 저수가 적은 장소

(10) 양수표는 하천에 연하여 5~10km마다 배치한다.

3 수위관측시설(水位觀測施設)

수위관측시설은 영구적인 것과 일시적인 것이 있으며, 영구적인 것은 약 5km마다 설치하고 일시적인 것은 수면경사나 심천측량(深淺測量)에서 임시적으로 설치하는 것이다. 설치 요령은 다음과 같다.

(1) 수위표(水位標)는 cm 단위의 눈금이 있는 것을 원칙으로 하고 있으며 부근에 수준점을 설치한다.

(2) 자동기록수위계(自動記錄水位計)는 반드시 수위표와 같이 설치한다.

(3) 수위표의 영점은 최대갈수위(最大渴水位) 이하로 하며 눈금의 최고위(最高位)는 최대 홍수위(最大洪水位)보다 높게 한다.

(4) 수위표 및 수위계의 영점 표고는 그 관측소의 수준점으로부터 계산하고 수준점의 표고는 부근의 국가고저기준점(國家高低基準點 또는 國家基準點)으로부터 계산한다.

제 6 절 유속관측

유속관측에는 유속계(Current Meter)와 부자(Float) 등이 가장 많이 이용된다. 유속을 직접 관측할 수 없을 때는 하천구배를 관측하여 평균유속을 구하는 방법을 이용한다.

1 평균유속을 구하는 방법

1) 1점법

수면으로부터 수심 0.6H 되는 곳의 유속을 평균유속으로 한다.(약 5% 정도의 오차가 있음)

$$V_m = V_{0.6}$$

2) 2점법

수심 0.2H, 0.8H 되는 곳의 유속을 평균유속으로 한다.(약 2% 정도의 오차가 있음)

$$V_m = \frac{1}{2}(V_{0.2} + V_{0.8})$$

3) 3점법

수심 0.2H, 0.6H, 0.8H 되는 곳의 유속을 평균유속으로 한다.(약 0.5% 정도의 오차가 있음)

$$V_m = \frac{1}{4}(V_{0.2} + 2V_{0.6} + V_{0.8})$$

4) 4점법

수심 1.0m 내외의 장소에서 적당하다.

$$V_m = \frac{1}{5}\left\{(V_{0.2} + V_{0.4} + V_{0.6} + V_{0.8}) + \frac{1}{2}\left(V_{0.2} + \frac{V_{0.8}}{2}\right)\right\}$$

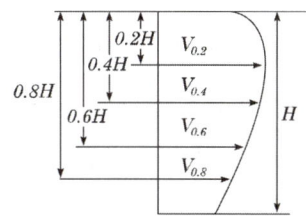

제7절 유량관측

유량관측은 하천과 기타 수로의 각종 수위에 대하여 유속을 관측하고, 이것에 기인하여 각 수위에 대한 유량을 계산하며 수위와 유량과의 관계를 정리하여 하천계획과 Dam 기타 계획 등 기초자료를 작성하는 데 목적이 있다.

1 유량의 계산

1) Chezy 공식

$$Q = A \cdot V, \quad V = C\sqrt{RS}, \quad C = \frac{1}{n}R^{\frac{1}{6}}$$

여기서, C : 유속계수
R : 유로의 경심
S : 단면의 구배

2) Kutter 공식

$$Q = A \cdot V$$

3) Manning 공식

$$Q = A \cdot V, \quad V = \frac{1}{n}R^{\frac{2}{3}}I^{\frac{1}{2}}$$

여기서, I : 수면(단면의 구배)

2 유량 측정 장소

(1) 상·하류 수면 구배가 일정한 곳
(2) 하저의 변화가 없는 곳
(3) 잠류·역류되지 않고 지천에 불규칙한 변화가 없는 곳
(4) 윤변의 성질이 균일하고 상·하류를 통하여 횡단면의 형상이 급변하지 않는 곳
(5) 가능한 한 폭이 좁고 충분한 수심과 적당한 유속을 가지며 유속계를 사용할 때에 유속이 0.3~2.0m/sec 되는 곳

문제 및 해설

01 하천의 유량을 간접적으로 알아내기 위해 평균유속공식을 사용할 경우 반드시 알아야 할 사항은? [2010년 기사 1회]

① 수면기울기, 하상기울기, 단면적, 최고유속
② 단면적, 하상기울기, 윤변, 최고유속
③ 수면기울기, 조도계수, 단면적, 윤변
④ 단면적, 조도계수, 경심, 윤변

해설

$$Q = A \cdot V$$
$$V = C\sqrt{RS}$$
$$C = \frac{1}{n}R^{\frac{1}{6}}$$

여기서, C : 유속계수
R : 유로의 경심
S : 단면의 구배

02 표면부자에 의한 유속관측방법에 대한 설명으로 옳지 않은 것은? [2010년 기사 1회]

① 유속은 (거리/시간)으로 구해진다.
② 시점과 종점의 거리는 하천 폭의 약 2~3배 이상으로 한다.
③ 표면 유속이므로 평균 유속으로 환산하면 표면 유속의 60% 정도가 된다.
④ 하천에 표면 부자를 이용하여 시점과 종점 간의 거리와 시간을 측정한다.

해설

표면 부자
하천의 유속을 관측하는 데 사용되는 부자(浮子)의 일종이다. 부자 일부분이 수면 밖으로 나오게 한 것으로 나무, 코르크 등 가벼운 것으로 만들어 유하시켜 표면 유속을 관측한다. 이 표면 부자는 바람이나 소용돌이 등의 영향을 받지 않도록 주의해야 하며, 답사나 홍수 시 급히 유속을 결정해야 할 때 많이 사용된다.

03 하천의 심천측량을 하기 위해 그림과 같이 AB선에 직각으로 기선 AD=60m를 관측하였다. 현재 P의 위치에서 관측장비를 사용하여 ∠APD=40°를 측정하였다면 AP의 거리는? [2010년 기사 1회]

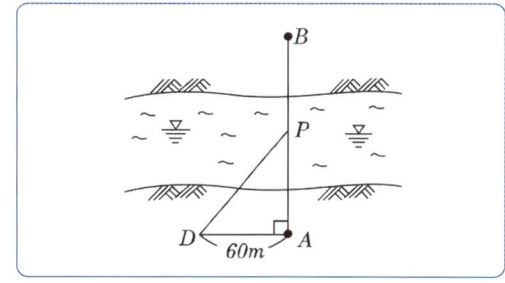

① 71.5m   ② 80.5m
③ 90.2m   ④ 95.5m

Answer 01 ③ 02 ③ 03 ①

해설

$$\frac{60}{\sin 40} = \frac{x}{\sin 50}, \quad x = \frac{\sin 50}{\sin 40} \times 60 = 71.5\text{m}$$

또는

$$\tan 50 = \frac{AP}{60}, \quad \overline{AP} = \tan 50° \times 60 = 71.5$$

04 하천의 수애선에 대한 설명으로 옳지 않은 것은?
[2010년 기사 1회]

① 수애선은 수면과 하안과의 경계선이다.
② 수애선은 하천수위의 변화에 따라 변동한다.
③ 수애선은 평균수위(MWL)에 의해 결정된다.
④ 수애선은 동시관측에 의한 방법과 심천측량에 의한 방법으로 측량할 수 있다.

해설
① 수애선(wanterside line) : 수면과 하안과의 경계선을 수애선이라 한다.
② 평균수위(Mean Water Level : MWL)
하천의 수위 중에서 어떤 기간 중에 관측 수위의 합계를 그 관측 횟수로 나눈 값을 평균수위라 하며, 평균수면이라고도 한다.

05 하천공사에서 폭이 좁은 (50m 이하) 하천의 평면도 작성에 주로 사용되는 축척은?
[2010년 기사 2회]

① 1 : 1,000
② 1 : 2,500
③ 1 : 5,000
④ 1 : 10,000

해설
1. 평면도
① 보통 1/2,500
② 하폭 50m 이하 1/10,000
③ 하천 대장 평면도는 1/2,500 상황에 따라 1/5,000 이상이 쓰여진다.
2. 종단면도
① 종 1/100~1/200, 횡 1/1,000~1/10,000
② 종 1/100, 횡 1/1000을 표준으로 하지만 경사가 급한 경우는 종축척은 1/200으로 한다.
3. 횡단면도
① 축척은 횡 1/1000, 종 1/100

06 유속측정을 위한 부자의 종류가 아닌 것은?
[2010년 기사 2회]

① 표면부자
② 원격부자
③ 이중부자
④ 봉부자

해설

부자의 종류
① 표면부자 : 나무, 코르크, 병, 죽통 등을 이용하여 가운데 작은 돌이나 모래를 넣어 추로 하여 부자고 0.8~0.9를 흘수선(吃水線)으로 한다.
② 2중부자 : 표면부자에 실이나 금침 또는 가는 쇠줄을 수중부자와 연결하는 것으로서 수중부자의 중량 및 실의 길이를 가감하여 원하는 수심에 흐르도록 조절한다.
③ 봉부자 : 수심과 같은 길이의 죽통이나 파이프의 하단에 추를 넣고 연직으로 세워 하천에 흘려보낸다.
※ 흘수선(吃水線) : 배가 물 위에 떠있을 때 배와 수면이 접하는 경계가 되는 선

07 댐 측량 중에서 하천의 개발계획, 즉 발전, 치수, 농업 및 공업용수 등의 종합계획에 중점을 두고 실시하는 측량은?
[2010년 기사 2회]

① 조사계획 측량
② 실시설계측량
③ 안전관리측량
④ 공사측량

해설
댐을 축조하기 위한 측량은 조사계획측량, 실시설계측량, 안전관리측량으로 분류하는데 하천의 개발계획, 즉 발전, 치수, 농업 및 공업용수 등의 종합계획에 중점을 두고 실시하는 측량은 조사계획측량이다.

Answer 04 ③ 05 ① 06 ② 07 ①

※ **실시설계측량**
삼각측량 – 다각측량 – 평면도작성 – 종·횡단측량 – 토취장측량, 동바리 및 거푸집측량

08 부자에 의한 유속관측에서 유속오차는 시간 및 거리의 관측정밀도에 따라 정해진다. 유하거리의 관측오차를 0.1m, 유하시간의 관측오차를 1초로 하면 최대유속 1.5m/s일 때 유속의 오차를 2% 이하로 하기 위해 필요한 최소 부자 유하거리는?

[2010년 기사 2회]

① 65.9m ② 70.3m
③ 75.2m ④ 80.4m

해설

V=m/sec에서 유속은 유하거리와 시간에 영향을 받는다.

① 유하거리의 정도
$$\frac{dl}{l} = \frac{0.1}{l} \times 100 = \frac{10}{l}\%$$

② 유하시간의 정도
$$\frac{dt}{t} = \frac{dt}{\frac{l}{V}} = \frac{1}{\frac{l}{1.5}} = \frac{150}{l}\%$$

③ 유속의 정도
$$\frac{dV}{V} = \sqrt{(\frac{dl}{l})^2 + (\frac{dt}{t})^2}$$
$$\frac{dV}{V} = 2\% = \sqrt{(\frac{10}{l})^2 + (\frac{150}{l})^2}$$
$$= \frac{150.33}{l},$$
$$l = \frac{150.33}{2} = 75.165$$

∴ l이 75.165m이므로 $l \geq 75.2$m가 된다.

09 유속계로 1회 관측 시 회전수(N)가 2.6일 때 유속(V)이 0.9m/sec이었고, 2회 관측 시 회전수(N)가 3.8일 때 유속(V)이 1.20m/sec이었다. 유속계의 상수 a, b는 얼마인가? (단, V=aN+b이다.) [2010년 기사 3회]

① V=0.25N+0.25 ② V=0.35N+0.35
③ V=0.25N+0.45 ④ V=0.35N+0.55

해설

V=aN+b에서
0.9=2.6a+b
1.2=3.8a+b
연립방정식을 풀면 a=0.25, b=0.25
그러므로, V=0.25N+0.25

10 유량관측에 관한 일반적인 설명으로 옳지 않은 것은? [2010년 기사 3회]

① 수로 내에 둑을 설치하고, 사방댐의 월류량의 공식을 이용하여 유량을 구할 수 있다.
② 벤츄리미터, 오리피스 등의 계기를 이용하여 관로 등의 유량을 구할 수 있다.
③ 유량관측은 직류부로서 흐름이 일정하고, 항상 경사가 일정한 곳이 좋다.
④ 유량관측은 수위 변화에 의해 하천 횡단면 형상이 급변하는 곳이 좋다.

해설

유량관측
(1) 유량측정 장소선정
① 측수작업(測水作業)이 쉽고, 하저(河底)의 변화가 없는 곳
② 잠류(潛流)와 역류(逆流)가 없고, 유수의 상태가 균일한 곳
③ 윤변(潤邊)의 성질이 균일하고 상·하류를 통하여 횡단면의 형상이 차(差)가 없는 곳
④ 유수방향이 최다방향과 일정한 곳
⑤ 비교적 유신(流身)이 직선이고 갈수류(渴水流)가 없는 곳

Answer 08 ③ 09 ① 10 ④

⑥ 교량이나 다른 구조물의 영향을 받지 않는 곳
⑦ 합류에 의하여 불규칙한 영향을 받지 않는 곳
⑧ 와류와 역류가 발생하지 않는 곳

11 평수위에 대한 설명으로 옳은 것은?
[2010년 기사 3회]

① 365일 이상 이보다 적어지지 않는 수위
② 275일 이상 이보다 적어지지 않는 수위
③ 어떤 기간 중 이것보다 높은 수위와 낮은 수위의 관측횟수가 똑같은 수위
④ 일정 기간 중 제일 많이 생긴 수위

해설

하천의 수위
① **평수위**: 어느 기간의 수위 중 이것보다 높은 수위와 낮은 수위의 관측수가 똑같은 수위로 일반적으로 평균수위보다 약간 낮은 수위, 1년을 통하여 185일을 이보다 저하하지 않는 수위
② **저수위**: 1년을 통하여 275일을 이보다 저하하지 않는 수위
③ **갈수위**: 1년을 통하여 355일을 이보다 저하하지 않는 수위
④ **지정수위**: 홍수 시에 매시 수위를 관측하는 수위
⑤ **최다수위**: 어떤 기간에 있어서 수위가 가장 많이 증가

12 평균유속을 구하는 방법에 대한 설명으로 옳지 않은 것은?
[2010년 기사 3회]

① 1점법은 수면부터 수심의 50% 깊이의 유속을 평균 유속으로 한다.
② 2점법은 수면부터 수심의 20%, 80% 깊이의 유속을 측정하여 구한다.
③ 3점법은 수면부터 수심의 20%, 60%, 80% 깊이의 유속을 측정하여 구한다.
④ 4점법은 수면부터 수심의 20%, 40%, 60%, 80% 깊이의 유속을 측정하여 구한다.

해설

평균유속 구하는 방법
① 1점법(V_m): 수면으로부터 수심 0.6H
② 2점법(V_m): $\dfrac{V_{0.2} + V_{0.8}}{2}$
③ 3점법(V_m): $\dfrac{V_{0.2} + 2V_{0.6} + V_{0.8}}{4}$
④ 4점법(V_m):
$\dfrac{1}{5}\left\{V_{0.2} + V_{0.4} + V_{0.6} + V_{0.8} + \dfrac{1}{2}\left(V_{0.2} + \dfrac{1}{2}V_{0.8}\right)\right\}$

13 수심이 H인 하천에서 수면으로부터 0.2H, 0.4H, 0.6H, 0.8H가 되는 지점의 관측 유속(m/sec)이 0.57, 0.55, 0.50, 0.49이었다. 4점법의 평균 유속공식에 의한 평균 유속은?
[2011년 기사 1회]

① 0.532m/sec
② 0.527m/sec
③ 0.504m/sec
④ 0.497m/sec

해설

① 1점법(V_m): 수면으로부터 수심 0.6H
② 2점법(V_m): $\dfrac{V_{0.2} + V_{0.8}}{2}$
③ 3점법(V_m): $\dfrac{V_{0.2} + 2V_{0.6} + V_{0.8}}{4}$
④ 4점법(V_m):
$\dfrac{1}{5}\left\{V_{0.2} + V_{0.4} + V_{0.6} + V_{0.8} + \dfrac{1}{2}\left(V_{0.2} + \dfrac{1}{2}V_{0.8}\right)\right\}$
$= \dfrac{1}{5}\left\{0.57 + 0.55 + 0.50 + 0.49 + \dfrac{1}{2}\left(0.57 + \dfrac{1}{2}0.49\right)\right\}$
$= 0.5035$

14 댐 측량에서 조사계획측량에 해당되지 않은 것은?
[2011년 기사 1회]

① 보상 조사 측량
② 절대 변위 측량
③ 수문 자료 수집 측량
④ 지형 및 지점조사 측량

Answer 11 ③ 12 ① 13 ③ 14 ②

PART 02 응용측량

해설

댐 측량의 순서
조사계획측량 – 실시설계측량 – 공사측량 – 안전유지 관리측량

조사계획측량
① 조사자료 수집   ② 지형, 지질조사
③ 보상조사   ④ 재료원 조사
⑤ 가설비 조사

15 수심측량에서 측량선의 평면위치 결정방법이 아닌 것은?   [2011년 기사 1회]

① 기선과 유도측선에 의한 방법
② 초음파에 의한 방법
③ 육분의에 의한 방법
④ 전자파 또는 GPS에 의한 방법

해설

평면위치측량
초기에는 육분의(Sextant)를 이용한 3점 양각법, 두 곳 육상종국에서 발사하는 전파를 해상주국에서 수신하여 그 거리로써 선위를 측정하는 Range-Range 방법(Raydist, Trisponder 등)을 사용하였으나, 최근에는 지구위치측정시스템(GPS)이 개발·실용화되면서 보다 넓은 지역의 정확한 위치를 확인할 수 있게 되었다.

16 회전식 유속계로 유속을 측정할 때 $V = aN + b$(m/sec)로 표시된다. 이 식에서 N은? (단 a, b는 정수이다.)   [2011년 기사 1회]

① 유속계의 관측 횟수
② 유속계의 10회전에 소요되는 시간(sec)
③ 유속계의 1초에 대한 회전수
④ 유속계의 1회전에 소요되는 시간(sec)

해설

$V = aN + b$
여기서, V=유속, N=회전수
       a, b=유속계의 상수

17 하천측량에서 평면측량의 일반적인 범위는?   [2011년 기사 1회]

① 유제부에서 제내지 및 제외지 300m 이내, 무제부에서는 홍수가 영향을 주는 구역보다 약간 넓게 한다.
② 유제부에서 제내지 및 제외지 200m 이내, 무제부에서는 홍수가 영향을 주는 구역보다 약간 좁게 한다.
③ 유제부에서 제내지 및 제외지 200m 이내, 무제부에서는 홍수가 영향을 주는 구역보다 약간 넓게 한다.
④ 유제부에서 제내지 및 제외지 300m 이내, 무제부에서는 홍수가 영향을 주는 구역보다 약간 좁게 한다.

해설

평면측량 범위
① 무제부 : 홍수가 영향을 주는 구역보다 약간 넓게 측량(홍수 시에 물이 흐르는 맨 옆에서 100m까지)
② 유제부 : 제외지 전부와 제내지의 300m 이내
③ 하천공사의 경우 : 하구에서 상류의 홍수 피해가 미치는 지점까지
④ 사방공사의 경우 : 수원지까지
⑤ 해운을 위한 하천개수공사 : 하구까지

18 하천의 유량조사를 위한 수위관측소의 위치 선정 시 고려사항에 대한 설명으로 틀린 것은?   [2011년 기사 2회]

① 유로 및 하상 변동이 적은 곳이어야 한다.
② 흐름과 유속의 변화가 뚜렷이 나타나야 한다.
③ 홍수 등에 의한 유실, 이동 및 파손의 위험이 없어야 한다.
④ 교각이나 기타 구조물에 의하여 수위에 영향을 받지 않아야 한다.

Answer 15 ② 16 ③ 17 ① 18 ②

해설

양수표(수위관측소)의 설치 장소
① 하상과 하안이 세굴, 퇴적이 안 되는 곳
② 상, 하류가 100m 가량 직선인 곳
③ 수위가 교각 등 구조물의 영향을 받지 않는 곳
④ 홍수 때에도 쉽게 양수표를 읽을 수 있는 곳
⑤ 홍수 때 관측소가 유실, 파손될 염려가 없는 곳
⑥ 지천의 합류점과 같이 불규칙한 변화가 없는 곳
⑦ 양수표: 5~10km마다 배치

19 하천측량에서 그림과 같이 깊이에 따른 유속(m/sec)을 얻었을 때, 3점법에 의한 평균유속은? [2011년 기사 2회]

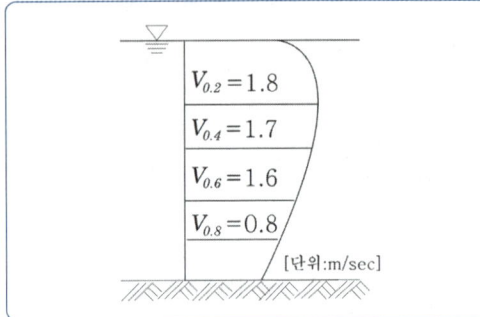

① 1.50m/sec
② 1.45m/sec
③ 1.40m/sec
④ 1.33m/sec

해설

3점법 $= \dfrac{V_{0.2} + 2V_{0.6} + V_{0.8}}{4}$

$= \dfrac{1.8 + (2 \times 1.6) + 0.8}{4} = 1.45$m/sec

20 하천측량의 평면측량 범위에 대한 설명으로 옳은 것은? [2011년 기사 2회]

① 제방이 있으면 제내지 부분은 약 300m 이내 정도이다.
② 제방이 없으면 하천중앙선에서 300m 이내 정도이다.
③ 제방이 있으면 제외지 부분은 포함할 필요가 없다.
④ 제방이 없으면 홍수 흔적보다 약간 좁게 한다.

해설

평면측량 범위
① 무제부: 홍수가 영향을 주는 곳에서 100m 더한다.
② 유제부: 제외지 전부와 제내지의 300m 정도 측량
③ 하천공사의 경우: 하구에서 상류의 홍수 피해가 미치는 지점까지
④ 사방공사의 경우: 수원지까지
⑤ 해운을 위한 하천개수공사: 하구까지

21 다음 중 3점법에 의한 유속계산을 위하여 관측하여야 할 수심 위치가 아닌 것은?
(단, 수심은 수면으로부터 H라고 가정한다.) [2011년 기사 3회]

① 0.2H   ② 0.4H
③ 0.6H   ④ 0.8H

해설

3점법: 수심 0.2H, 0.6H, 0.8H되는 곳의 유속을 평균유속으로 한다.(약 0.5% 정도의 오차가 있음)

$V_m = \dfrac{1}{4}(V_{0.2} + 2V_{0.6} + V_{0.8})$

22 하천 평면측량의 범위에 대한 설명으로 틀린 것은?
[2011년 기사 3회]

① 무제부에서는 홍수가 영향을 미치는 구역보다 100m 정도 넓게 한다.
② 유제부에서는 제내지 전부와 제외지 300m 이내로 한다.
③ 주운(舟運)을 위한 하천개수공사의 경우 하류는 하구까지로 한다.
④ 홍수방지가 목적인 하천공사의 경우 하구에서부터 상류의 홍수피해가 미치는 지점까지로 한다.

해설

하천측량에서의 범위
① 무제부: 홍수가 영향을 주는 구역보다 넓게, 즉 홍수 시에 물이 흐르는 맨 옆에서 100m까지
② 유제부: 제외지의 전부와 제내지의 300m이내
③ 하천공사의 경우: 하구에서 상류의 홍수피해가 미치는 지점까지 측량한다.
④ 사방공사의 경우: 수원지까지 측량한다.
⑤ 해운을 위한 하천개수공사: 하구까지 측량한다.

23 하천 수위의 갈수위에 대한 설명으로 옳은 것은?
[2011년 기사 3회]

① 1년을 통하여 355일간은 이것보다 내려가지 않는 수위
② 1년을 통하여 275일간은 이것보다 내려가지 않는 수위
③ 1년을 통하여 185일간은 이것보다 내려가지 않는 수위
④ 1년을 통하여 125일간은 이것보다 내려가지 않는 수위

해설

하천의 수위
① 평수위: 1년을 통하여 185일을 이보다 저하하지 않는 수위
② 저수위: 1년을 통하여 275일을 이보다 저하하지 않는 수위
③ 갈수위: 1년을 통하여 355일을 이보다 저하하지 않는 수위
④ 지정수위: 홍수 시에 매시 수위를 관측하는 수위
⑤ 최다수위: 어떤 기간에 있어서 수위가 가장 많이 증가

24 하천의 유속측정에 있어서 수면으로부터 수심(H)의 0.2H, 0.6H, 0.8H인 지점의 유속이 0.541m/sec, 0.417m/sec, 0.355 m/sec 일 때 2점법으로 구한 평균유속은?
[2012년 기사 1회]

① 0.479m/sec
② 0.448m/sec
③ 0.433m/sec
④ 0.386m/sec

해설

2점법으로 구한 평균유속
$$V_m = \frac{0.541 + 0.355}{2} = 0.448 \text{m/sec}$$

1점법(V_m): 수면으로부터 수심 $0.6H$

2점법(V_m): $\dfrac{V_{0.2} + V_{0.8}}{2}$

3점법(V_m): $\dfrac{V_{0.2} + 2V_{0.6} + V_{0.8}}{4}$

4점법(V_m): $\dfrac{1}{5}\left\{V_{0.2} + V_{0.4} + V_{0.6} + V_{0.8} + \dfrac{1}{2}V_{0.2} + \dfrac{1}{2}V_{0.8}\right\}$

Answer 22 ② 23 ① 24 ②

25 각 구간의 평균유속이 표와 같을 때, 그림과 같은 단면을 갖는 하천의 유량은?

[2012년 기사 1회]

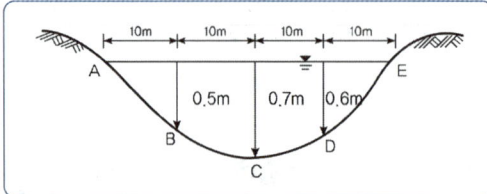

단면	A-B	B-C	C-D	D-E
평균유속 (m/s)	0.05	0.3	0.35	0.06

① 4.38m³/sec
② 4.83m³/sec
③ 5.38m³/sec
④ 5.83m³/sec

해설

$Q = A \cdot V_m$
$= (2.5 \times 0.05) + (6 \times 0.3) + (6.5 \times 0.35) + (3 \times 0.06)$
$= 4.38 m^3/sec$

[참고]
$2.5 = 10 \times 0.5 \div 2$
$6 = 0.5 + 0.7 \times 10 \div 2$
$6.5 = 0.7 + 0.6 \times 10 \div 2$
$3 = 10 \times 0.6 \div 2$

26 하천측량의 일반적인 측량범위에 대한 설명으로 옳지 않은 것은? [2012년 기사 1회]

① 제방이 없는 하천의 경우는 과거 홍수에 영향을 받았던 구역보다 약간 좁게 한다.
② 제방이 있는 경우는 제외지 전부와 제내지 300m 이내로 한다.
③ 종방향 범위는 하류의 경우에는 바다와 접하는 하구까지로 한다.
④ 종방향 범위의 상류는 홍수피해가 미치는 지점까지 또는 수원지까지 측량한다.

해설

하천측량에서 평면측량 범위
① **유제부**: 제외지 전부와 제내지의 300m 이내
② **무제부**: 홍수가 영향을 주는 구역보다 약간 넓게 측량한다. 즉 홍수 시에 물이 흐르는 맨 옆에서 100m까지
③ **하천공사**: 하구에서 상류의 홍수피해가 미치는 지점까지
④ **사방공사**: 수원지까지의 측량범위가 된다.

27 수위관측소의 설치 장소 선정을 위한 고려 사항으로 옳지 않은 것은? [2012년 기사 1회]

① 상·하류 최소 100m 정도 곡선이 유지되는 장소
② 수위가 교각 및 그 밖의 구조물로 영향을 받지 않는 곳
③ 홍수 시 유실 또는 이동의 염려가 없는 곳
④ 평상 시는 물론 홍수 시에도 쉽게 양수표를 읽을 수 있는 장소

해설

양수표(수위관측소)의 설치 장소
① 하상과 하안이 세굴, 퇴적이 안 되는 곳
② 상·하류가 100m 가량 직선인 곳
③ 수위가 교각 등 구조물의 영향을 받지 않는 곳
④ 홍수 때에도 쉽게 양수표를 읽을 수 있는 곳
⑤ 홍수 때 관측소가 유실, 파손될 염려가 없는 곳
⑥ 지천의 합류점과 같이 불규칙한 변화가 없는 곳
⑦ 양수표: 5~10km마다 배치

28 하천측량에서 저수위란 1년을 통하여 며칠간 이보다 내려가지 않는 수위를 의미하는가? [2012년 기사 2회]

① 95일
② 135일
③ 185일
④ 275일

Answer 25 ① 26 ① 27 ① 28 ④

해설
① **저수위**: 1년을 통하여 275일은 이것보다 내려가지 않는 수위
② **갈수위**: 1년을 통하여 355일은 이것보다 내려가지 않는 수위
③ **고수위**: 2~3회 이상 이보다 적어지지 않는 수위

29 수심 H인 하천의 수면으로부터 0.2H, 0.4H, 0.6H, 0.8H 깊이에서 관측한 유속이 각각 3m/s, 5m/s, 4m/s, 2m/s이었다면 3점법에 의한 평균유속은?

[2012년 기사 2회]

① 2.43m/s ② 3.25m/s
③ 3.52m/s ④ 4.13m/s

해설

$$3점법(V_m) : \frac{V_{0.2} + 2V_{0.6} + V_{0.8}}{4}$$

$$\therefore 3점법(V_m) = \frac{3 + (2 \times 4) + 2}{4} = 3.25 \text{m/s}$$

30 유량조사를 목적으로 하는 수위관측소의 설치장소 선정에 있어서 고려해야 할 조건으로 옳지 않은 것은?

① 홍수 때에 관측소의 유실, 이동의 염려가 없을 것
② 하상이 안정하고 세굴이나 퇴적이 생기지 않을 것
③ 교각 등의 영향에 의한 불규칙한 수위변화가 없을 것
④ 하도의 만곡부로 수면 폭이 좁을 것

해설
수위관측소 설치 장소
① 하상과 하안이 세굴, 퇴적이 안 되는 곳
② 상·하류가 100m 가량 직선인 곳
③ 수위가 교각 등 구조물의 영향을 받지 않는 곳
④ 홍수 때에도 쉽게 양수표를 읽을 수 있는 곳
⑤ 홍수 때 관측소가 유실, 파손될 염려가 없는 곳
⑥ 지천의 합류점과 같이 불규칙한 변화가 없는 곳
⑦ 양수표: 5~10km마다 배치

31 하천측량에서 평면측량의 범위 및 거리에 대한 설명으로 옳지 않은 것은?

[2012년 기사 2회]

① 유제부에서의 측량범위는 제외지 전부와 제내지 300m 이내로 한다.
② 무제부에서의 측량범위는 홍수가 영향을 주는 구역보다 하천중심방향으로 약간 안쪽으로 측량한다.
③ 홍수 방지 공사가 목적인 하천 공사에서는 하구에서부터 상류의 홍수 피해가 미치는 지점까지로 한다.
④ 선박 운행을 위한 하천 개수가 목적일 때 하류는 하구까지로 한다.

해설
평면측량 범위
① 무제부: 홍수가 영향을 주는 곳에서 100m 더한다.
② 유제부: 제외지 전부와 제내지의 300m 정도 측량
③ 하천공사의 경우: 하구에서 상류의 홍수피해가 미치는 지점까지
④ 사방공사의 경우: 수원지까지
⑤ 해운을 위한 하천개수공사: 하구까지

32 음향측심기를 사용하여 수심측량을 실시한 결과, 송신음파와 수신음파의 도달시간차가 4초이고 수중음속이 1000m/sec라 하면 수심은?

[2012년 기사 2회]

① 1,000m ② 2,000m
③ 3,000m ④ 4,000m

Answer 29 ② 30 ④ 31 ② 32 ②

해설

$$H = \frac{V \cdot t}{2} = \frac{1,000 \times 4}{2} = 2,000\text{m}$$

여기서,
 H : 수심
 V : 해수 중에서의 음파의 평균전파속도
 t : 발사 후 음파의 도달시간

33 어떤 하천에서 직선 BC에 따라 그림과 같이 심천측량을 실시할 때 P점에서 관측장비를 이용하여 ∠APB를 관측하여 39°20′을 얻었다. BP의 거리는? (단, AB = 73m)

[2012년 기사 3회]

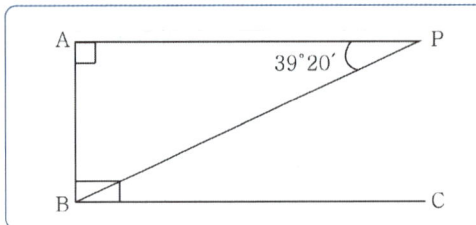

① 96.30m ② 115.17m
③ 125.13m ④ 155.80m

해설

sin법칙에 의해
$$\frac{73}{\sin 39°20'} = \frac{BP}{\sin 90°}$$
$$\frac{73 \times \sin 90°}{\sin 39°20'} = 115.1726\text{m}$$

34 하천측량에서 관측한 수위에 대한 설명으로 옳지 않은 것은? [2012년 기사 3회]

① 최고수위는 어떤 기간에 있어서 가장 높은 수위를 말한다.
② 평균수위는 어떤 기간의 관측수위를 합계하여 관측횟수로 나눈 것을 말한다.
③ 갈수위는 하천의 수위 중에서 1년을 통하여 355일간 이보다 내려가지 않는 수위를 말한다.
④ 평수위는 어떤 기간에 있어서의 관측수위가 일정하게 유지되는 최대 기간의 수위로 평균수위보다 약간 높다.

해설

① **최고수위(H.W.L) 최저수위(L.W.L)** : 어떤 기간에 있어서 최고·최저의 수위로 년단위나 월단위의 최고·최저로 구분한다.
② **평균고수위(M.H.W.L), 평균저수위(M.L.W.L)** : 어떤 기간에 있어서의 평균수위 이상, 평균수위 이하의 수위를 평균한 것
③ **평수위(O.W.L)** : 어느 기간의 수위 중 이것보다 높은 수위와 낮은 수위의 관측횟수가 똑같은 수위로 일반적으로 평수위보다 약간 낮은 수위(1년을 통하여 185일은 이것보다 내려가지 않는 수위)
④ **저수위** : 1년을 통하여 275일은 이것보다 내려가지 않는 수위
⑤ **갈수위** : 1년을 통하여 355일은 이것보다 내려가지 않는 수위

35 하천측량에서 평면측량의 범위에 대한 설명으로 옳지 않은 것은? [2012년 기사 3회]

① 유제부에서는 제외지 전부와 제내지의 300m 이다.
② 무제부에서는 홍수가 영향을 주는 구역까지만을 범위로 한다.
③ 하천공사에서는 하구에서부터 상류의 홍수피해가 미치는 지점까지 한다.
④ 사방공사의 경우에는 수원지까지를 범위로 한다.

해설

하천측량에서의 범위
① **무제부** : 홍수가 영향을 주는 구역보다 넓게, 즉 홍수 시에 물이 흐르는 맨 옆에서 100m까지
② **유제부** : 제외지의 전부와 제내지의 300m 이내

Answer 33 ② 34 ④ 35 ②

③ 하천공사의 경우 : 하구에서 상류의 홍수 피해가 미치는 지점까지 측량한다.
④ 사방공사의 경우 : 수원지까지 측량한다.
⑤ 해운을 위한 하천개수공사 : 하구까지 측량한다.

36 하천의 어느 지점에서 유량측정을 위하여 필요한 직접적인 관측사항이 아닌 것은?

[2012년 기사 3회]

① 강우량 측정
② 유속 측정
③ 심천 측량
④ 유수단면적 측정

해설

심천 측량
하천의 수심 및 유수부분의 하저 상황을 조사하고 횡단면도를 제작하는 측량
유량관측은 수로 내의 어떤 점의 횡단면을 단위시간에 흐르는 수량을 관측하는 것이며 유량은 평균유속에 단면적을 곱한 것이므로 유량관측은 유속관측과 횡단면 측량으로 나눌 수 있다.

37 하천측량에서 수면으로부터 수심(h)이 0.2h, 0.6h, 0.8h 되는 곳에서 유속을 측정한 결과 각각 0.684m/sec, 0.607m/sec, 0.522m/sec이었다. 3점법에 의한 평균유속은?

[2012년 기사 3회]

① 0.603m/sec
② 0.605m/sec
③ 0.607m/sec
④ 0.609m/sec

해설

$$V_m = \frac{1}{4}(V_{0.2} + 2V_{0.6} + V_{0.8})$$
$$= \frac{1}{4}(0.684 + 2 \times 0.607 + 0.522)$$
$$= 0.605 \text{m/sec}$$

38 유속계로 1회 관측 시 회전수(N)가 2.6일 때 유속(V)이 0.9m/sec이었고, 2회 관측 시 회전수(N)가 3.8일 때 유속(V)이 1.2m/sec이었다. 유속계의 상수 a, b는 얼마인가?(단, V = aN + b이다.) [2013년 기사 1회]

① V = 0.25N + 0.25
② V = 0.35N + 0.35
③ V = 0.25N + 0.45
④ V = 0.35N + 0.55

해설

측정횟수	N	V
1회	2.6	0.9
2회	3.8	1.2

V = aN + b에서
0.9 = 2.6a + b ·········· ①
1.2 = 3.8a + b ·········· ②

1번식에서 0.9 − 2.6a = b
그러므로 b값은 0.9 − 2.6a
2번식에 b값을 대입하면
1.2 = 3.8a + (0.9 − 2.6a)
1.2 = 3.8a − 2.6a + 0.9
1.2 = 1.2a + 0.9
1.2 − 0.9 = 1.2a
0.3 = 1.2a
$$\therefore a = \frac{0.3}{1.2} = 0.25$$

본 식에 대입하면
0.9 = (2.6 × 0.25) + b
0.9 = 0.65 + b
∴ b = 0.9 − 0.65 = 0.25

Answer 36 ① 37 ② 38 ①

39 하천측량에서 수애선(水涯線)의 측량에 대한 설명으로 틀린 것은? [2013년 기사 1회]

① 수면과 하안(河岸)과의 경계선을 수애선이라 한다.
② 심천측량에 의한 방법을 이용할 때에는 수위의 변화가 적은 시기에 심천측량을 행하여 하천의 횡단면도를 작성한다.
③ 수애선의 측량에는 심천측량에 의한 방법과 동시관측에 의한 방법이 있다.
④ 수애선은 하천 수위에 따라 변동하는 것으로 갈수위에 의하여 정해진다.

해설
수애선(水涯線) 측량
① 수면과 하안(河岸)과의 경계선을 수애선이라 한다.
② 수애선은 하천수위의 변화에 따라 변동하는 것으로 평수위(平水位)에 의하여 정해진다.
③ 평수위는 어떤 기간 계속하여 관측한 수위 가운데 1/2은 그 수위보다 높고 다른 1/2은 낮은 수위이다.
④ 수애선 측량에는 동시관측에 의한 방법과 수심측량에 의한 방법이 있다.

40 수로측량의 한 종류로서 수로조사 성과심사의 대상에 해당되는 측량은? [2013년 기사 1회]

① 터널측량
② 지적측량
③ 해안선측량
④ 노선측량

해설
해안선측량(海岸線測量:Coast Line Survey)
해안선측량은 해안선의 형상과 그 종별을 확인하여 도면화하기 위한 측량으로 해안선 부근의 육상지형, 소도(小島), 이암(離岩), 간출암(干出巖), 저조선(低潮線 혹은 干出線) 등도 함께 관측하는 것이 일반적이다.
해안선측량은 수로조사 성과심사의 대상에 해당하는 측량이다.

41 하천측량의 수위관측에서 양수표에 대한 설명으로 옳지 않은 것은? [2013년 기사 1회]

① 영(0) 눈금은 최저수위보다 높다.
② 양수표의 최고수위는 최대 홍수위보다 높다.
③ 검조장의 평균해면 표고로 측정한다.
④ 홍수 뒤에는 부근 수준점과 연결하여 표고를 확인한다.

해설
양수표의 영위
① 양수표의 영위는 하저수위의 밑에 있고, 양수표 눈금의 최고수위는 최대 홍수위보다 높아야 한다.
② 양수표에 있어서는 평균해수면의 표고를 관측해 둔다.
③ 홍수표에는 수준점을 연결하여 그 표고를 확인한다.

42 어떤 기간 동안의 수위 중 이것보다 높은 수위와 낮은 수위의 관측횟수가 같은 수위를 나타내는 것은? [2013년 기사 1회]

① 평수위
② 평균수위
③ 평균고수위
④ 평균저수위

해설
하천의 수위
① 평수위 : 1년을 통하여 185일을 이보다 저하하지 않는 수위. 어떤 기간에 있어서의 수위 중 이것보다 높은 수위와 낮은 수위의 관측횟수가 똑같은 수위로 일반적으로 평균수위보다 약간 낮다.
② 저수위 : 1년을 통하여 275일을 이보다 저하하지 않는 수위
③ 갈수위 : 1년을 통하여 355일을 이보다 저하하지 않는 수위
④ 지정수위 : 홍수 시에 매시 수위를 관측하는 수위
⑤ 최다수위 : 어떤 기간에 있어서 수위가 가장 많이 증가
⑥ 평균수위 : 어떤 기간의 관측수위의 총합을 관측횟수로 나누어 평균치를 구한 수위를 말한다.

Answer 39 ④ 40 ③ 41 ① 42 ①

43 하천의 수위 중 저수위에 대한 설명으로 옳은 것은? [2013년 기사 2회]

① 1년을 통하여 355일은 이것보다 내려가지 않는 수위
② 1년을 통하여 275일은 이것보다 내려가지 않는 수위
③ 1년을 통하여 185일은 이것보다 내려가지 않는 수위
④ 1년을 통하여 125일은 이것보다 내려가지 않는 수위

해설
① **저수위** : 1년을 통하여 275일은 이것보다 내려가지 않는 수위
② **갈수위** : 1년을 통하여 355일은 이것보다 내려가지 않는 수위
③ **고수위** : 2~3회 이상 이보다 적어지지 않는 수위

44 유량관측을 위한 수위관측 위치에 대한 설명으로 옳지 않은 것은? [2013년 기사 2회]

① 불규칙한 흐름이 없고 수위변화가 확연히 일어나는 곳
② 하상변화가 작고 상하류가 약 100~200m 정도 직선인 곳
③ 이동이나 유실, 파손되지 않고 침하, 매몰이 일어나지 않는 곳
④ 평상 시나 홍수 시에도 관측이 편리한 곳

해설
양수표(수위관측소)의 설치 장소
① 하상과 하안이 세굴, 퇴적이 안 되는 곳
② 상·하류가 100m 가량 직선인 곳
③ 수위가 교각 등 구조물의 영향을 받지 않는 곳
④ 홍수 때에도 쉽게 양수표를 읽을 수 있는 곳
⑤ 홍수 때 관측소가 유실, 파손될 염려가 없는 곳
⑥ 지천의 합류점과 같이 불규칙한 변화가 없는 곳
⑦ 양수표: 5~10km마다 배치

45 해양에서 수심측량을 할 경우 음향측심 장비로부터 취득한 수심의 보정 방법이 아닌 것은? [2013년 기사 2회]

① 음속보정 ② 조석보정
③ 흘수보정 ④ 방사보정

해설
1. 음향측심(音響測深)의 보정(補正)
   음향측심기에 의한 관측값을 정확한 수심으로 환산하기 위해서는 측심기 자체의 기차(機差), 음속도 변화, 송수파기의 깊이[흘수(吃水)], 조고(潮高) 등의 영향을 보정하여야 한다.
2. 방사보정은 원격탐측에서의 보정이다.

46 수위표에 관한 설명으로 옳지 않은 것은? [2013년 기사 2회]

① 수위표의 영점은 갈수위 이하까지 표시하고 상단은 평수위보다 조금 높게 측정할 수 있도록 한다.
② 수위표의 영점 표고는 그 관측소의 수준기표로부터 측정하고 수준기표의 표고는 부근의 국가수준점에 결부시킨다.
③ 수위표에는 원칙적으로 5cm 단위의 눈금을 붙인다.
④ 하구 부근이나 이수, 치수의 중요한 점, 또는 관측하기 불편한 곳에는 자기수위표를 설치한다.

해설
수위관측시설(水位觀測施設)은 영구적인 것과 일시적인 것이 있으며, 영구적인 것은 약 5km마다 설치하고 일시적인 것은 수면경사나 심천측량(深淺測量)에서 임시적으로 설치하는 것이다. 설치요령은 다음과 같다.
① 수위표(水位標)는 cm 단위의 눈금이 있는 것을 원칙으로 하고 있으며 부근에 수준점을 설치한다.

Answer 43 ② 44 ① 45 ④ 46 ①

② 자동기록수위계(自動記錄水位計)는 반드시 수위표와 같이 설치한다.
③ 수위표의 영점은 최대갈수위(最大渴水位) 이하로 하며 눈금의 최고위(最高位)는 최대홍수위(最大洪水位)보다 높게 한다.
④ 수위표 및 수위계의 영점 표고는 그 관측소의 수준점으로부터 계산하고 수준점의 표고는 부근의 국가고저기준점(國家高低基準點 또는 國家水準點)으로부터 계산한다.

해설

1. 하천의 수위

평균수위(MWL)	어떤 기간의 관측수위의 총합을 관측 횟수로 나누어 평균치를 구한 수위
갈수위	1년을 통해 355일은 이보다 저하하지 않는 수위

2. 수위 관측소와 양수표 설치 장소

수위 관측소 (水位觀測所) 및 양수표 (量水標 : water guage) 설치 장소	① 하안(河岸)과 하상(河床)이 안전하고 세굴이나 퇴적이 되지 않은 장소 ② 상하류의 길이가 약 100m 정도의 직선일 것 ③ 유속의 변화가 크지 않아야 한다. ④ 수위가 교각이나 기타 구조물에 영향을 받지 않는 장소 ⑤ 홍수 때는 관측소의 유실, 이동 및 파손될 염려가 없는 장소 ⑥ 평시는 홍수 때보다 수위표를 쉽게 읽을 수 있는 장소 ⑦ 지천의 합류점 및 분류점으로 수위의 변화가 생기지 않는 장소 ⑧ 양수표의 영점위치는 최저수위 밑에 있고, 양수표 눈금의 최고위는 최고홍수위보다 높아야 한다. ⑨ 양수표는 평균해수면의 표고를 측정해 둔다. ⑩ 어떠한 갈수 시에도 양수표가 노출되지 않는 장소 ⑪ 수위가 급변하지 않는 장소 ⑫ 양수표는 하천에 연하여 5~10km마다 배치한다.

47 수심이 H인 하천의 유속 측정에서 수면부터 0.2H, 0.4H, 0.6H, 0.8H 깊이에서의 유속이 각각 0.565m/sec, 0.514m/sec, 0.450m/sec, 0.385m/sec이었다면, 2점법에 의한 평균유속은? [2013년 기사 2회]

① 0.450m/sec
② 0.475m/sec
③ 0.508m/sec
④ 0.540m/sec

해설

$$V_m = \frac{1}{2}(V_{0.2} + V_{0.8}) = \frac{0.565 + 0.385}{2} = 0.475\text{m/sec}$$

48 하천측량에 관한 다음 설명 중 옳지 않은 것은? [2013년 기사 3회]

① 갈수위란 355일 이상 이 수위보다 적어지지 않는 수위를 말한다.
② 평균수위란 어떤 기간의 수위 중 이보다 높은 수위와 낮은 수위의 관측횟수가 같은 수위이다.
③ 수위관측소는 상·하류의 길이가 약 100m 정도는 직선이어야 하고 유속이 크지 않아야 한다.
④ 수위관측소는 평상시나 홍수 때도 쉽게 관측할 수 있는 곳이어야 한다.

49 댐의 장기적 안정성을 조사하기 위한 변위측량에 대한 설명으로 틀린 것은? [2013년 기사 3회]

① 삼각측량에 의하여 댐의 수평방향의 절대변위를 관측한다.
② 댐 표면과 부근의 고정점을 이용하여 반복 관측한다.
③ 지형 및 정확도면에서 3개 이상의 고정점을 이용한다.
④ 절대 위치결정에 대한 정확도는 5.0~10.0cm 정도이다.

Answer 47 ② 48 ② 49 ④

해설

댐의 장기적 안정성을 조사하기 위한 변위측량 [안전관리측량(安全管理測量)]

① 삼각측량에 의하여 댐의 수평방향의 절대변위를 관측한다.
② 댐 표면과 부근의 고정점을 이용하여 반복 관측한다.
③ 지형 및 정확도면에서 3개 이상의 고정점을 이용한다.
④ 절대 위치결정에 대한 정확도는 0.5~1.0mm 정도이다.
⑤ 연직방향의 절대변위는 댐의 정상 부근이나 밑에 관측할 수 있는 장소에 수준점을 설치하여 레벨로 정밀수준측량을 실시해서 구한다.
⑥ 정확도는 1km의 왕복차가 0.4mm 이내로 하고 있다.

50 수로가 비교적 직선이고 단면적도 규칙적이며 하상이 평평한 상태에서의 평균유속에 대한 설명으로 옳은 것은?

[2014년 기사 1회]

① 하상의 표면에 상관없이 평균유속의 위치는 같다.
② 일반적으로 평균유속의 위치는 수심(H)의 0.2H~0.3H 사이에 존재한다.
③ 하상의 표면이 조잡할수록 평균유속의 위치는 낮아지고 평활할수록 높아진다.
④ 수면으로부터 평균유속까지의 깊이는 수심과 하천폭의 비가 증가함에 따라서 커진다.

해설

수면으로부터 평균유속까지의 깊이는 수심과 하천 폭의 비가 증가함에 따라서 커진다.

51 하구 심천측량에 관한 설명으로 옳지 않은 것은?

[2014년 기사 1회]

① 하구 심천측량은 하구 부근 하저 및 해저의 지형을 조사한다.
② 하구의 항만시설, 해안보전시설의 설계 자료로 사용된다.
③ 조위를 관측하고 실측한 수심을 기본수준면으로부터의 수심으로 보정하여 심천측량의 정확도를 높인다.
④ 해안에서는 수심 100m 되는 앞바다까지를 측량구역으로 한다.

해설

하구 심천측량

㉠ 하구 심천측량은 하구 부근 하저 및 해저의 지형을 밝히며 또한 토지, 표사의 조사를 목적으로 한다.
㉡ 측량 결과는 하구의 항만시설, 해안보전시설의 설계 자료로 사용된다.
㉢ 하구 부근의 조석, 파랑 등의 영향을 받아 계속 수위가 변하는데 기본수준면을 설정할 때, 조위를 관측하고 실측한 수심을 기본수준면으로부터의 수심으로 보정하여 심천측량의 정확도를 높인다.
㉣ 해안에서는 수심 20m 되는 앞바다까지를 측량구역으로 한다.
㉤ 관측선 간격은 50~200m 정도이고, 하천부분은 50m를 표준으로 하고 있다.

Answer 50 ④ 51 ④

52 하천의 심천측량을 하기 위해 그림과 같이 AB선에 직각으로 기선 AD=60m를 관측하였다. 현재 P의 위치에서 관측장비를 사용하여 ∠APD=40°를 측정하였다면 AP의 거리는? [2014년 기사 1회]

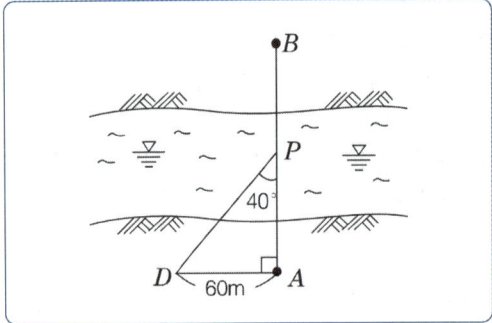

① 71.5m ② 80.5m
③ 90.2m ④ 95.5m

해설

$\tan 50° = \dfrac{x}{60}$ 에서

$x = \tan 50° \times 60 = 71.5\text{m}$

[별해]

$\dfrac{60}{\sin 40°} = \dfrac{x}{\sin 50°}$

$x = \dfrac{\sin 50° \times 60}{\sin 40°} = 71.5\text{m}$

53 하천측량 시 평면측량에서 유제부(둑이 있는 제방)의 측량 범위로 옳은 것은? [2014년 기사 2회]

① 홍수가 영향을 주는 구역보다 약간 넓게 측량한다.
② 제외지의 전부와 제내지의 300m 이내까지 측량한다.
③ 홍수 시에 물이 흐르는 맨 옆에서 약 100m까지 측량한다.
④ 하구에서부터 상류의 홍수피해가 미치는 지점까지 측량한다.

해설

하천측량에서의 범위
㉠ 무제부 : 홍수가 영향을 주는 구역보다 넓게, 즉 홍수 시에 물이 흐르는 맨 옆에서 100m까지
㉡ 유제부 : 제외지의 전부와 제내지의 300m 이내
㉢ 하천공사의 경우 : 하구에서 상류의 홍수 피해가 미치는 지점까지 측량한다.
㉣ 사방공사의 경우 : 수원지까지 측량한다.
㉤ 해운을 위한 하천개수공사 : 하구까지 측량한다.

54 하천의 평면측량에서 수애선 측량은 어떤 수위를 기준으로 하는가? [2014년 기사 2회]

① 평수위 ② 평균수위
③ 최고수위 ④ 최저수위

해설

수애선은 수면과 하안과의 경계선을 말하며, 수애선은 평수위에 의해 정해진다.

55 하천의 양수표 설치 장소로 적당하지 않은 곳은? [2014년 기사 3회]

① 하상과 하안이 안전하고 세굴과 퇴적이 생기지 않는 곳
② 상하류 약 100m 정도가 직선인 곳
③ 지천과 합류하는 곳
④ 수위가 교각 및 그 밖의 구조물로 인하여 영향을 받지 않는 곳

해설

양수표 설치 장소
㉠ 수위가 급변하지 않는 장소
㉡ 하상과 하안이 안전하고 세굴이나 퇴적이 생기지 않는 장소

Answer 52 ① 53 ② 54 ① 55 ③

ⓒ 수위가 교각이나 기타 구조물에 의한 영향을 받지 않는 장소
ⓔ 상·하류 약 100m 정도의 직선인 장소
ⓕ 홍수 시에 유실이나 이동 또는 직선인 장소
ⓗ 홍수 시에도 쉽게 양수량을 볼 수 있는 장소
ⓢ 지천의 합류점 및 분류점에서 수위의 변화가 생기지 않는 장소
ⓞ 어떠한 갈수 시에도 양수표가 노출되지 않는 장소
ⓩ 잔류, 역류 및 저수가 적은 장소
ⓒ 양수표는 하천에 연하여 5~10km마다 배치한다.

56 수로조사에서 간출지의 높이와 수심의 기준이 되는 해수면은? [2014년 기사 3회]

① 평균해면 ② 평균저조면
③ 약최고고조면 ④ 약최저저조면

해설

높이의 기준

구분	내용
위치(位置)	세계측지계(世界測地系)에 따라 측정한 지리학적 경위도와 높이(평균해면으로부터의 높이를 말한다.)로 표시한다. 다만 지도제작 등을 위하여 필요한 경우에는 직각좌표와 높이, 극좌표와 높이, 지구중심 직교좌표 및 그 밖의 다른 좌표로 표시할 수 있다.
측량(測量)의 원점(原點)	대한민국 경위도원점(經緯度原點) 및 수준원점(水準原點)으로 한다. 다만 섬 등 대통령령으로 정하는 지역에 대하여는 국토교통부장관이 따로 정하여 고시하는 원점을 사용할 수 있다.
간출지(干出地)의 높이와 수심	수로조사에서 간출지의 높이와 수심은 기본수준면(일정 기간 조석을 관측하여 분석한 결과 가장 낮은 해수면)을 기준으로 측량한다.
해안선	해수면이 약최고고조면(略最高高潮面: 일정 기간 조석을 관측하여 분석한 결과 가장 높은 해수면)에 이르렀을 때의 육지와 해수면과의 경계로 표시한다.

① 해양수산부장관은 수로조사와 관련된 평균해수면, 기본수준면 및 약최고고조면에 관한 사항을 정하여 고시하여야 한다.

② 제항에 따른 세계측지계, 측량의 원점값의 결정 및 직각좌표의 기준 등에 필요한 사항은 대통령령으로 정한다.

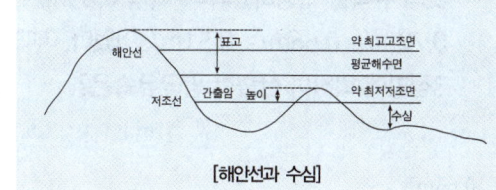

[해안선과 수심]

57 하천측량에서 유제부에 대한 평면측량의 범위는? [2014년 기사 3회]

① 제외지 전부와 제내지 200m 이내
② 제내지 전부와 제외지 200m 이내
③ 제외지 전부와 제내지 300m 이내
④ 제내지 전부와 제외지 300m 이내

해설

평면측량 범위

구분	내용
유제부	제외지 범위 전부와 제내지의 300m 이내
무제부	홍수가 영향을 주는 구역보다 약간 넓게 측량한다.(홍수 시에 물이 흐르는 맨 옆에서 100m까지)
홍수방지공사가 목적인 하천공사	하구에서부터 상류의 홍수피해가 미치는 지점까지
사방공사	수원지까지
선박운행을 위한 하천 계수가 목적일 때	하류는 하구까지

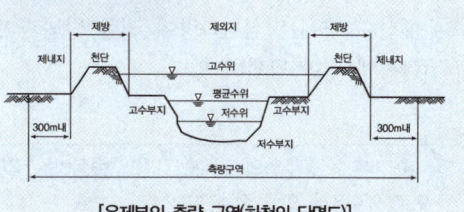

[유제부의 측량 구역(하천의 단면도)]

Answer 56 ④ 57 ③

58 하천의 평균유속을 구하기 위하여 수심 H인 수면으로부터 0.2H, 0.4H, 0.6H, 0.8H되는 곳의 유속을 측정하였더니, 각각 0.85m/s, 0.72m/s, 0.66m/s, 0.51m/s이었다. 이때 3점법에 의하여 산출한 평균유속은?

[2014년 기사 3회]

① 0.63m/s
② 0.67m/s
③ 0.69m/s
④ 0.70m/s

해설
3점법
수심 0.2H, 0.6H, 0.8H되는 곳의 유속을 평균유속으로 한다.(약 0.5% 정도의 오차가 있음)

$$V_m = \frac{1}{4}(V_{0.2} + 2V_{0.6} + V_{0.8})$$
$$= \frac{0.85 + 2 \times 0.66 + 0.51}{4} = 0.67\text{m/s}$$

59 수애선(水涯線) 및 수애선 측량에 관한 설명으로 옳지 않은 것은? [2015년 기사 1회]

① 심천측량에 의한 방법을 이용할 때에는 수위의 변화가 적은 시기에 심천측량을 행하여 하천의 횡·단면도를 먼저 만든다.
② 수애선은 하천 수위에 따라 변동하는 것으로 최저수위에 의하여 정해진다.
③ 수면과 하안과의 경계선을 수애선이라 한다.
④ 수애선 측량에는 심천측량에 의한 방법과 동시관측에 의한 방법이 있다.

해설
② 수애선은 하천수위의 변화에 따라 변동하는 것으로 평수위에 의해 정해진다.

60 노선측량에서 곡선을 설치할 때 가장 먼저 결정하여야 할 것은? [2015년 기사 1회]

① T.L.(접선길이) ② C.L.(곡선길이)
③ B.C.(곡선시점) ④ R(곡선반지름)

해설
단곡선 설치 순서
① 단곡선의 반경(R), 접선(2방향), 교선점(D), 교각(I)을 정한다.
② 단곡선의 반경(R)과 교각(I)으로부터 접선길이(TL), 곡선길이(CL), 외할(E) 등을 계산하여 단곡선시점(BC), 곡선중점(SP)의 위치를 결정한다.
③ 시단현(l_1)과 종단현(l_2)의 길이를 구하고 중심말뚝의 위치를 정한다.

61 하천의 유속측정을 위하여 그림과 같이 표면부자를 수면에 띄우고 A점을 출발하여 B점을 통과하는 데 소요되는 시간은 2분 20초이었다. AB 두 점 사이의 거리가 20.5m일 때 유속은? (단, 큰 하천에 대한 보정계수는 0.9임) [2015년 기사 1회]

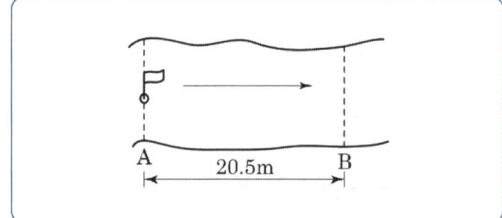

① 0.113m/s ② 0.132m/s
③ 0.146m/s ④ 0.163m/s

해설
실제유속(V_s) = m/sec = 20.5/140
= 0.146m/sec
부자고가 0.90이므로
$V_m = 0.9 \times V_s = 0.9 \times 0.146 = 0.1314$m/sec

Answer 58 ② 59 ② 60 ④ 61 ②

62 다음 수로측량의 기준에 대한 설명으로 틀린 것은?
[2015년 기사 1회]

① 좌표계는 세계측지계를 사용한다.
② 수심은 기본수준면으로부터의 깊이로 표시한다.
③ 해안선은 해면이 약최저저조면에 달하였을 때의 육지와 해면과의 경계로 표시한다.
④ 투영법은 국제횡메르카토르도법(UTM)을 원칙으로 한다.

해설

측량의 기준은 다음 각 호와 같다.
① 위치는 세계측지계(世界測地系)에 따라 측정한 지리학적 경위도와 높이(평균해수면으로부터의 높이를 말한다. 이하 이 항에서 같다)로 표시한다. 다만, 지도제작 등을 위하여 필요한 경우에는 직각좌표와 높이, 극좌표와 높이, 지구중심 직각좌표 및 그 밖의 다른 좌표로 표시할 수 있다.
② 측량의 원점은 대한민국경위도원점 및 수준원점으로 한다. 다만, 섬 등 대통령령으로 정하는 지역에 대하여는 국토교통부장관이 따로 정하여 고시하는 원점을 사용할 수 있다.
③ 수로조사에서 간출지(干出地)의 높이와 수심은 기본수준면(일정기간 조석을 관측하여 분석한 결과 가장 낮은 해수면)을 기준으로 측량한다.
④ 해안선은 해수면이 약최고고조면(略最高高潮面 : 일정기간 조석을 관측하여 분석한 결과 가장 높은 해수면)에 이르렀을 때의 육지와 해수면과의 경계로 표시한다.

63 하천측량에서 합류점, 분류점이나 만곡이 심한 장소로 높은 정확도가 요구되는 곳의 삼각망 구성으로 가장 좋은 것은?
[2015년 기사 1회]

① 유심삼각망
② 단열삼각망
③ 단삼각망
④ 사변형 삼각망

해설

사변형 삼각망
① 조건식의 수가 가장 많아 정도가 가장 높다.
② 시간과 비용이 많이 든다.
③ 조정이 복잡하고 포함 면적이 작다.
④ 기선 삼각망에 이용한다.

64 수위관측소의 설치장소로 적당하지 않은 곳은?
[2015년 기사 2회]

① 잠류(潛流), 역류(逆流)가 없는 곳
② 유속이 너무 빠르거나 느리지 않은 곳
③ 직선의 상류에서 곡선의 하류로 연결되는 곳
④ 구조물에 의하여 수위에 영향을 받지 않는 곳

해설

수위관측소의 설치 장소
① 하상과 하안이 세굴, 퇴적이 안 되는 곳
② 상·하류가 100m 가량 직선인 곳
③ 수위가 교각 등 구조물의 영향을 받지 않는 곳
④ 홍수 때에도 쉽게 양수표를 읽을 수 있는 곳
⑤ 홍수 때 관측소가 유실, 파손될 염려가 없는 곳
⑥ 지천의 합류점과 같이 불규칙한 변화가 없는 곳
⑦ 양수표 : 5~10km마다 배치

65 하천의 유량관측방법이 아닌 것은?
[2015년 기사 3회]

① 월류부에 의한 방법
② 유량곡선에 의한 방법
③ 하천기울기에 의한 방법
④ 유출계수와 강우강도에 의한 방법

해설

하천의 유량관측방법(流量觀測方法)
① 부자(浮子)에 의한 유량관측
② 하천(河川) 기울기를 이용하는 유량관측
③ 유량곡선(流量曲線)에 의한 유량관측
④ 월류부(越流部)에 의한 유량관측

Answer 62 ③ 63 ④ 64 ③ 65 ④

66 댐의 저수면 높이를 100m로 할 때 각주공식에 의한 저수량은? (단, 60m 미만의 저수량은 고려하지 않는다.) [2015년 기사 3회]

등고선(m)	60	70	80	90	100
면적(m²)	100	200	600	1000	1200

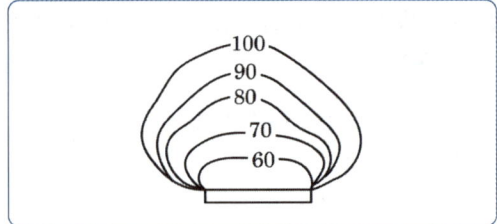

① 24333.3m³ ② 32534.6m³
③ 39781.4m³ ④ 42468.7m³

해설

$$V_0 = \frac{h}{3}\{A_0 + A_n + 4(A_1 + A_3) + 2(A_2 + A_4)\}$$
$$= \frac{10}{3}\{100 + 1,200 + 4(200 + 1,000) + 2(600)\}$$
$$= 24,333.3 \text{m}^3$$

67 하천측량에 있어서 심천측량을 실시하는 단계는? [2015년 기사 3회]

① 평면측량 ② 종단측량
③ 횡단측량 ④ 골조측량

해설

① **횡단측량(橫斷測量)** : 횡단측량은 200m마다의 거리표를 기준으로 하여 그 선상의 고저(수애말뚝을 포함)를 측량하는 것으로 좌안(左岸)을 기준으로 한다. 횡단측량에는 쇠줄자(steel tape), level, transit을 이용하여 거리와 고저차를 관측한다. 횡단측량과 심천측량의 결과에서부터 횡단면도를 작성한다.

② **심천측량(深淺測量)** : 심천측량은 하천의 수심 및 유수부분의 하저상황을 조사하고 횡단면도를 제작하는 측량이다. 유수의 실태를 파악하기 위해 하상의 물질을 동시에 채취하는 것이 보통이다.

68 하천측량에 대한 설명으로 옳지 않은 것은? [2015년 기사 3회]

① 평균수위는 어떤 기간의 관측수위를 합하여 관측횟수로 나누어 평균한 수위이다.
② 하천 횡단면 직선 내 평균 유속을 구하는 데 2점법을 사용하는 경우 수면으로부터 수심의 2/10, 8/10 지점의 유속을 관측하여 평균한다.
③ 하천측량에 수준측량을 할 때의 거리표는 하천의 중심에 직각의 방향으로 설치하는 것을 원칙으로 한다.
④ 수위관측소의 위치는 지천의 합류점 및 분류점으로 수위의 변화가 활발한 곳이 적당하다.

해설

수위관측소(水位觀測所) 및 양수표(量水標, water guage) 설치 장소

① 하안(河岸)과 하상(河床)이 안전하고 세굴이나 퇴적이 되지 않은 장소
② 상·하류의 길이 약 100m 정도의 직선일 것
③ 유속의 변화가 크지 않아야 한다.
④ 수위가 교각이나 기타 구조물에 영향을 받지 않는 장소
⑤ 홍수 때는 관측소의 유실, 이동 및 파손될 염려가 없는 장소
⑥ 평시는 홍수 때보다 수위표를 쉽게 읽을 수 있는 장소
⑦ 지천의 합류점 및 분류점으로 수위의 변화가 생기지 않는 장소
⑧ 양수표의 영점 위치는 최저수위 밑에 있고, 양수표 눈금의 최고위는 최고홍수위보다 높아야 한다.
⑨ 양수표는 평균해수면의 표고를 측정해 둔다.
⑩ 어떠한 갈수 시에도 양수표가 노출되지 않는 장소
⑪ 수위가 급변하지 않는 장소
⑫ 양수표는 하천에 연하여 5~10km마다 배치한다.

Answer 66 ① 67 ③ 68 ④

69 수애선(水涯線) 및 수애선 측량에 관한 설명으로 옳지 않은 것은? [22년 기사 1회]

① 수면과 하안과의 경계선을 수애선이라 한다.
② 수애선 측량에는 심천측량에 의한 방법과 동시관측에 의한 방법이 있다.
③ 수애선은 하천 수위에 따라 변동하는 것으로 최저수위에 따라 변동하는 것으로 최저수위에 의하여 정해진다.
④ 심천측량에 의한 방법을 이용할 때에는 수위의 변화가 적은 시기에 심천측량을 행하여 하천의 횡단면도를 먼저 만든다.

[해설]

수애선(水涯線) 측량
① 수애선은 수면과 하안과의 경계선
② 수애선은 하천수위의 변화에 따라 변동하는 것으로 평수위에 의해 정해짐.
③ 수애선은 동시관측에 의한 방법과 심천측량에 의한 방법이 있다.
④ 수애선은 평수위에 따른 경계선이다.

70 댐의 장기적 안정성을 조사하기 위한 변위측량에 대한 설명으로 틀린 것은? [22년 기사 1회]

① 삼각측량에 의하여 댐의 수평방향의 절대변위를 관측할 수 있다.
② 댐 표면과 부근의 고정점을 이용하여 반복 관측한다.
③ 지형 및 정확도면에서 3개 이상의 고정점을 이용한다.
④ 변위측량의 절대 위치결정에 대한 정확도는 5.0~10.0 cm 정도이다.

[해설]

댐의 장기적 안정성을 조사하기 위한 변위측량[안전관리측량(安全管理測量)]
① 삼각측량에 의하여 댐의 수평방향의 절대변위를 관측한다.
② 댐 표면과 부근의 고정점을 이용하여 반복 관측한다.
③ 지형 및 정확도면에서 3개 이상의 고정점을 이용한다.
④ 절대 위치결정에 대한 정확도는 0.5~1.0mm 정도이다.
⑤ 연직방향의 절대변위는 댐의 정상 부근이나 밑에 관측할 수 있는 장소에 수준점을 설치하여레벨로 정밀수준측량을 실시해서 구한다.
⑥ 정확도는 1km의 왕복차가 0.4mm 이내로 하고 있다.

71 수면으로부터 수심 H인 하천에서 2점법으로 평균 유속을 구할 경우, 유속의 관측 지점은? [22년 기사 1회]

① 수면으로부터 0.2H, 0.8H인 지점
② 수면으로부터 0.4H, 0.8H인 지점
③ 수면으로부터 0.2H, 0.6H인 지점
④ 수면으로부터 0.4H, 0.6H인 지점

[해설]

① 1점법(V_m) = $V_{0.6}$
② 2점법(V_m) = $\dfrac{V_{0.2} + V_{0.8}}{2}$
③ 3점법(V_m) = $\dfrac{V_{0.2} + 2V_{0.6} + V_{0.8}}{4}$
④ 4점법(V_m)
= $\dfrac{1}{5}\left\{V_{0.2} + V_{0.4} + V_{0.6} + V_{0.8} + \dfrac{1}{2}\left(V_{0.2} + \dfrac{1}{2}V_{0.8}\right)\right\}$

72 해저바닥의 저질채취 방법에 속하지 않는 것은? [22년 기사 1회]

① 그랩(grab)
② 드래지(dredge)
③ 코어(core)
④ 채수기(water sampler)

[해설]

| 그랩 | 집게 모양의 해저시료 채취기로 해저를 찍어 해저의 표층 퇴적물을 채취하는 장비 |

Answer 69 ③ 70 ④ 71 ① 72 ④

드래지	강철망으로 이루어진 원통 또는 상자형의 그물로 조사선을 이동하면서 해저를 긁어 퇴적물을 채취하는 장비
코어	속이 빈 원통형 실린더를 해저 퇴적물 내로 삽입하여 퇴적물을 채취하는 장비
채수기	채취가 필요한 수심까지 내린 후 해당 수심의 해수를 채취하는 장비

그랩, 드래지, 코어는 저질채취 장비이지만 채수기는 해수를 채취하는 장비이다.

73 하천측량의 종단측량과 횡단측량에 관한 설명으로 틀린 것은? [22년 기사 1회]

① 하천중심선에 직각인 방향으로 양안의 제방 어깨 또는 경사면 등에 거리표를 설치한다.
② 종·횡단면도를 작성할 때, 종·횡의 축척을 같게 한다.
③ 수준기표는 국가기준점의 수준점과 결합시킨다.
④ 종단측량은 왕복측량을 원칙으로 한다.

해설
수준기표(Bench Mark): 수준기표는 지반이 침하되지 않고 교통장애가 없는 견고한 장소를 선정하여 양쪽 강기슭 5km마다 설치하며, 수위관측소에는 반드시 수준기표를 설치해야 한다.
거리표(Distance Mark): 거리표는 거리측정의 기준이 되는 것으로 하천의 중심에 직각으로 설치하며 하구 또는 하천의 합류점으로부터 100m 또는 200m 마다 설치한다. 거리표는 1km마다 석표를 매설하고 중간에는 나무말뚝을 사용한다.

74 하천의 종단측량을 위한 높이 관측에 일반적으로 사용되는 측량 방법은? [22년 2기]

① 직접 수준 측량
② 교호 수준 측량
③ 항공 사진 측량
④ 삼각 수준 측량

해설
종단측량
하천의 종단측량은 하천의 양안에 설치된 거리표, 양수표, 수문, 기타 중요한 장소의 표고를 측정하기 위해 실시한다. 하천측량은 직접 수준측량을 통해 수준기점에서 다음의 수준기점에 결합하는 방법으로 시행하며 1왕복 이상 관측하여 충분한 정밀도를 확보해야 한다.

75 선박에서 음향 측심기로 음파를 발신하여 수신할 때까지 걸린 시간이 0.1초 이었다면 수심은? (단, 해수 중의 음파속도는 약 1500 m/s 이며, 수면에서 송·수파기까지의 길이는 3 m이다.) [22년 2기]

① 75 m ② 78 m
③ 150 m ④ 153 m

해설
$D = \frac{1}{2}vt = \frac{1}{2} \times 1{,}500 \times 0.1 = 75m$ 에서
수면에서 송수파기까지의 거리가 3m이므로
$75 + 3 = 78m$

76 하천흐름의 유속을 측정하기 위하여 수면으로부터 수심(H)의 0.2H, 0.6H, 0.8H 지점에서 유속을 측정한 결과 각각 0.56 m/s, 0.62 m/s, 0.42 m/s이었을 때 평균유속은? [22년 2기]

① 0.533 m/s ② 0.540 m/s
③ 0.555 m/s ④ 0.577 m/s

해설
① 1점법: $V_{0.6}$
② 2점법: $\frac{1}{2}(V_{0.2} + V_{0.8})$
③ 3점법: $\frac{1}{4}(V_{0.2} + 2V_{0.6} + V_{0.8})$

Answer 73 ② 74 ① 75 ② 76 ③

④ 4점법:

$$\frac{1}{5}V_{0.2} + V_{0.4} + V_{0.6} + V_{0.8} + \frac{1}{2}(V_{0.2} + \frac{1}{2}V_{0.8})$$

$$유속 = \frac{1}{4}(V_{0.2} + 2V_{0.6} + V_{0.8})$$
$$= \frac{1}{4}(0.56 + 2 \times 0.62 + 0.42) = 0.555 m/\sec$$

77 어떤 기간 동안의 수위 중 높은 수위와 낮은 수위의 관측횟수가 같은 수위를 나타내는 것은? [22년 2기]

① 평수위 ② 평균수위
③ 평균고수위 ④ 평균저수위

해설

평수위(OWL)	• 어느 기간의 수위 중 이것 보다 높은 수위와 이것 보다 낮은 수위의 관측수가 똑같은 수위 • 일반적으로 평균수위보다 약간 낮은 수위 • 1년중 185일은 이것 보다 저하되지 않는 수위

78 하천측량에서 합류점, 분류점이나 만곡이 심한 장소로 높은 정확도가 요구되는 곳의 삼각망 구성으로 가장 좋은 것은? [21년 4기]

① 유심삼각망 ② 사변형삼각망
③ 단열삼각망 ④ 단삼각망

해설

사변형삼각쇄(망)(chain of quadrilaterals)
㉠ 조건식의 수가 가장 많아 정밀도가 가장 높다.
㉡ 기선삼각망에 이용된다.
㉢ 삼각점 수가 많아 측량시간이 많이 걸리며 계산과 조정이 복잡하다.

㉣ 하천과 같이 폭이 좁고 길이가 긴 지역에 적합한 것은 주로 단열삼각망으로 구성하는데 높은 정확도가 요구되는 곳의 삼각망은 사변형삼각망으로 구성하여야 한다.

79 얕은 하천에서 표면유속이 0.8㎥/s, 하천의 단면적이 16㎡일 때, 유량은? [21년 4기]

① 12.80 ㎥/s
② 10.24 ㎥/s
③ 20.00 ㎥/s
④ 11.52 ㎥/s

해설

유량$(Q) = A \cdot V$(평균유속)
$= A \cdot$ 표면유속$(V_S) \times (80\%(0.8)$ or $90\%(0.9))$
$= A \cdot 0.8 \times (80\%(0.8))$
$= 16 \times (0.8 \times 0.8) = 10.24 m^3/s$

평균유속은 표면유속의 80 SIM 90%이므로 본문제에서는 평균유속과 표면유속의 비를 80%로 적용

80 수로측량의 기준에 대한 설명으로 틀린 것은? [21년 4기]

① 수심은 기본수준면으로부터의 깊이로 표시한다.
② 교량 및 가공선의 높이는 약최저저조면부터의 높이로 표시한다.
③ 노출암, 표고 및 지형은 평균해면부터의 높이로 표시한다.
④ 좌표계는 세계측지계를 사용한다.

해설

수로측량업무규정 제5조 (수로측량의 기준)
교량 및 가공선의 높이는 약최고고조면부터의 높이로 표시한다.

Answer 77 ① 78 ② 79 ② 80 ②

81 하천의 수위를 관측하기 위한 관측지점 선정 조건으로 옳지 않은 것은? [21년 4기]

① 하저의 변화가 적은 지점
② 하상변화가 작고 상·하류가 약 100m~200m 정도가 직선인 지점
③ 평시나 홍수 시에도 관측이 편리한 지점
④ 지천에 의한 특별한 수위 변화가 뚜렷한 지점

해설
수위 관측소(水位觀測所) 및 양수표(量水標 : water guage)설치 장소
① 하안(河岸)과 하상(河床)이 안전하고 세굴이나 퇴적이 되지 않은 장소
② 상하류의 길이 약 100m 정도의 직선일 것
③ 유속의 변화가 크지 않아야 한다.
④ 수위가 교각이나 기타 구조물에 영향을 받지 않는 장소
⑤ 홍수 때는 관측소의 유실, 이동 및 파손될 염려가 없는 장소
⑥ 평시는 홍수 때보다 수위표를 쉽게 읽을 수 있는 장소
⑦ 지천의 합류점 및 분류점으로 수위의 변화가 생기지 않는 장소

82 하천측량에서 평균유속(V_m)을 3점법으로 구하고자 할 때의 공식으로 옳은 것은? (단, $V_{0.2}$, $V_{0.4}$, $V_{0.6}$, $V_{0.8}$=수면에서 수심의 20%, 40%, 60% 80%인 곳의 유속) [21년 4기]

① $V_m = \dfrac{V_{0.2} + V_{0.6} + V_{0.8}}{3}$
② $V_m = \dfrac{V_{0.2} + V_{0.4} + V_{0.8}}{3}$
③ $V_m = \dfrac{V_{0.2} + 2V_{0.6} + V_{0.8}}{4}$
④ $V_m = \dfrac{V_{0.2} + 2V_{0.4} + V_{0.8}}{4}$

해설
① 1점법(V_m): $V_{0.6}$
② 2점법(V_m): $\dfrac{V_{0.2} + V_{0.8}}{2}$
③ 3점법(V_m): $\dfrac{V_{0.2} + 2V_{0.6} + V_{0.8}}{4}$
④ 4점법(V_m): $\dfrac{1}{5}\left\{V_{0.2} + V_{0.4} + V_{0.6} + V_{0.8} + \dfrac{1}{2}\left(V_{0.2} + \dfrac{1}{2}V_{0.8}\right)\right\}$

83 해양에서 수심측량을 할 경우 음향측심장비로부터 취득한 수심의 보정이 아닌 것은? [21년 4기]

① 방사보정 ② 음속변화보정
③ 조석보정 ④ 흘수보정

해설
1. 음향측심(音響測深)의 보정(補正)
   음향측심기에 의한 관측값을 정확한 수심으로 환산하기 위해서는 측심기 자체의 기차(機差), 음속도 변화, 송수파기의 깊이[흘수(吃水)], 조고(潮高) 등의 영향을 보정하여야 한다.
2. 방사보정은 원격탐측에서의 보정이다.

84 하천의 유속측정에서 수면으로부터 수심(H)이 0.2H, 0.6H, 0.8H인 지점에서 관측한 유속이 0.541m/s, 0.417m/s, 0.355m/s일 때 2점법으로 구한 평균유속은? [21년 2기]

① 0.479m/s ② 0.448m/s
③ 0.433m/s ④ 0.386m/s

해설
$$2점법(Vm) = \dfrac{V_{0.2} + V_{0.8}}{2} = \dfrac{0.541 + 0.355}{2} = 0.448 m/s$$

Answer 81 ④ 82 ③ 83 ① 84 ②

85 하천측량의 수위관측에서 양수표에 대한 설명으로 옳지 않은 것은? [21년 2기]

① 영(0) 눈금은 최저수위보다 높다.
② 양수표의 최고수위는 최대 홍수위보다 높다.
③ 검조장의 평균해면 표고로 측정한다.
④ 홍수 뒤에는 부근 수준점과 연결하여 표고를 확인한다.

[해설]
양수표의 영점위치는 최저수위 밑에 있고, 양수표 눈금의 최고위는 최고홍수위보다 높아야 한다.

86 하천측량에서 수위관측소를 설치할 경우 고려사항으로 틀린 것은? [21년 2기]

① 관측소의 위치는 그 상·하류의 상당한 범위까지 하안과 하상이 안전하고 세굴이나 퇴적이 되지 않아야 한다.
② 상·하류의 길이 약 100m 정도의 구간은 직선이고 유속의 변화가 작은 곳이 좋다.
③ 지천의 합류점 또는 분류점으로 수위의 변화가 뚜렷한 곳이어야 한다.
④ 평상시에는 홍수 때보다 수위표를 쉽게 읽을 수 있는 곳이어야 한다.

[해설]
수위 관측소 및 (水位觀測所) 양수표(量水標: water guage) 설치 장소
① 하안(河岸)과 하상(河床)이 안전하고 세굴이나 퇴적이 되지않은 장소
② 지천의 합류점 및 분류점으로 수위의 변화가 생기지 않은 장소
③ 평시는 홍수때보다 수위표가 쉽게 읽을수 있는 장소
④ 수위가 교각이나 기타 구조물에 영향을 받지 않은 장소
⑤ 홍수 때는 관측소의 유실,이동 및 파손될 염려가 없는 장소

87 하천측량의 일반적인 작업순서로 옳은 것은? [21년 2기]

① 도상조사 → 현지조사 → 평면측량 → 수준측량 → 유량측량
② 도상조사 → 현지조사 → 유량측량 → 수준측량 → 평면측량
③ 현지조사 → 도상조사 → 유량측량 → 평면측량 → 수준측량
④ 현지조사 → 유량측량 → 도상조사 → 수준측량 → 평면측량

[해설]
하천측량의 순서
도상 조사 ⇨ 자료 조사 ⇨ 현지 조사 ⇨ 평면 측량 ⇨ 수준 측량 ⇨ 유량 측량

88 달, 태양 등의 기조력과 기압, 바람 등에 의해서 일어나는 해수면의 주기적 승강현상을 연속 관측하는 것은? [21년 2기]

① 조석관측　② 조류관측
③ 대기관측　④ 해양관측

[해설]
조석 관측[tidal observation, 潮汐觀測]
전체에 의하여 일어나는 해변의 주기석인 승상인 조석(tide)의 조위를 시간별로 연속하여 관측하는 것을 말한다. 조석관측은 조석의 예보, 수심 및 높이결정 등 각종 기준면의 결정, 해황변동, 조석특성 파악 등을 목적으로 실시한다.

89 하천측량에 있어서 심천측량을 실시하는 단계는?

① 평면측량
② 종단측량
③ 횡단측량
④ 골조측량

Answer 85 ④　86 ③　87 ①　88 ①　89 ③

해설

심천측량은 하천의 수심 및 유수부분의 하저 상황을 조사하고 횡단면도를 제작하는 측량이다.
수심측량은 원칙적으로 횡단측량의 실시와 동시에 시행하는 것이나 때에 따라서는 수심측량만 단독으로 실시하는 경우도 있다.

90 수심이 H인 하천에서 수면으로부터 0.2H, 0.4H, 0.6H, 0.8H인 지점의 유속이 각각 0.58m/s, 0.57m/s, 0.51m/s, 0.36m/s였다면 3점법에 의한 평균 유속은?

① 0.45 m/s
② 0.49 m/s
③ 0.50 m/s
④ 0.52 m/s

해설

3점법(V_m) : $\frac{1}{4}\{0.58+(2\times 0.51)+0.36\}$
$= 0.49 m/sec$

91 수위표에 관한 설명으로 옳지 않은 것은?

① 수위표의 영점은 갈수위 이하까지 표시하고 상단은 평수위보다 조금 높게 측정할 수 있도록 한다.
② 수위표의 영점 표고는 그 관측소의 수준기표로부터 측정하고 수준기표의 표고는 부근의 국가수준점에 결부시킨다.
③ 수위표에는 원칙적으로 5cm 단위의 눈금을 붙인다.
④ 하구 부근이나 이수, 치수의 중요한 점, 또는 관측하기 불편한 곳에는 자기수위표를 설치한다.

해설

양수표의 영점위치는 최저수위 밑에 있고, 양수표 눈금의 최고위는 최고홍수위보다 높아야 한다.

92 하천의 유속측정을 위하여 표면부자를 수면에 띄우고 A점의 출발하여 B점을 통과하는데 소요되는 시간은 1분 20초이고 두 점 사이의 거리가 205m 일 때 유속은? (단, 하천에 대한 보정계수는 0.9임)

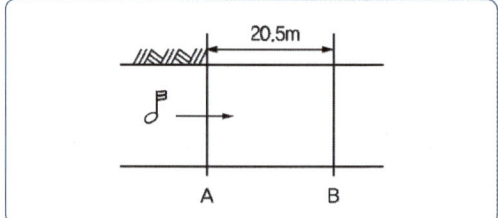

① 0.11 m/s   ② 0.13 m/s
③ 0.23 m/s   ④ 0.26 m/s

해설

실제유속($V_S = \frac{m}{\sec} = \frac{20.5}{80''} = 0.256 m/\sec$
보정계수는 0.9이므로
$V_m = 0.9 V_s = 0.9 \times 0.256 = 0.23 m/\sec$

Answer 90 ② 91 ① 92 ③

터널측량(Tunnel Surveying)

제1절 개요

터널측량이란 도로, 철도 및 수로 등을 지형 및 경제적 조건에 따라 산악의 지하나 수저를 관통시키고자 터널의 위치선정 및 시공을 하기 위한 측량을 말하며 갱외측량과 갱내측량, 갱내외 연결측량으로 구분한다.

제2절 순서

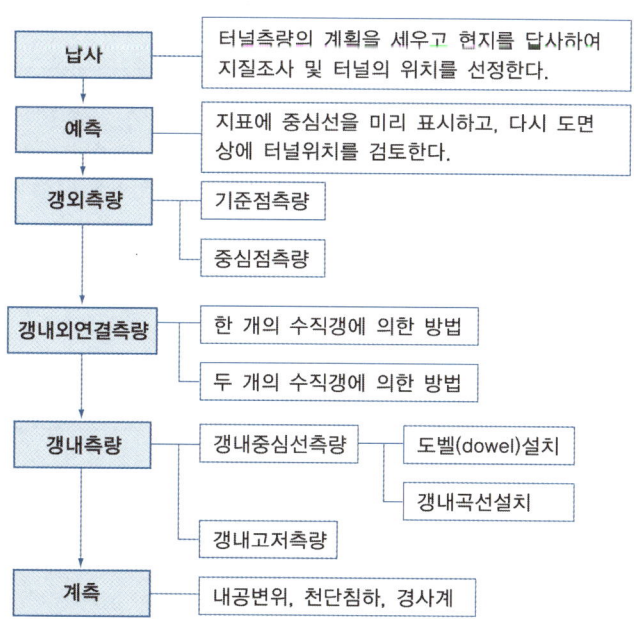

제3절 터널측량 작업

답사 (踏査)	미리 실내에서 개략적인 계획을 세우고 현장 부근의 지형이나 지질을 조사하여 터널의 설치를 예정한다.
예측 (豫測)	답사의 결과에 따라 터널위치를 약측에 의하여 지표에 중심선을 미리 표시하고 다시 도면상에 터널을 설치할 위치를 검토한다.
지표설치 (地表設置)	예측의 결과 정한 중심선을 현지의 지표에 정확히 설정하고 이때 갱문이나 수갱(竪坑)의 위치를 결정하고 터널의 연장도 정밀히 관측한다.
지하설치 (地下設置)	지표에 설치된 중심선을 기준으로 하고 갱문에서 굴삭(掘削)을 시작하고 굴삭이 진행함에 따라 갱내의 중심선을 설정하는 작업을 한다.

제4절 터널측량의 세분

지형측량 (地形測量)	항공사진측량, 기준점측량, 평판측량 등으로 터널의 노선 선정이나 지형의 경사 등을 조사하는 측량이다.
갱외기준점측량 (坑外基準點測量)	삼각 또는 다각측량 및 수준측량에 의해 굴삭을 위한 측량의 기준점 설치 및 중심선 방향의 설치를 하는 측량이다.
세부측량 (細部測量)	평판측량과 수준측량으로 갱구 및 터널 가설설계에 필요한 상세한 지형도 작성을 위한 측량이다.
갱내측량 (坑內測量)	다각측량과 수준측량에 의해 설계중심선의 갱내에의 설정 및 굴삭, 지보공(支保工), 형틀 설치 등을 위한 측량이다.
작업갱측량 (作業坑測量)	갱내기준점설치를 위한 측량이다.
준공측량 (竣工測量)	도로, 철도, 수로 등 터널사용목적에 따라 터널 형상을 제작하기 위한 측량이다.

제5절 갱외(지상)측량

1 지표중심선 측량

양 항구의 중심선상에 기준점을 설치하고 이 두 점의 좌표를 구하여 터널을 굴진하기 위한 방향을 줌과 동시에 정확한 거리를 찾아내는 것이 목적이다.

1) 직접측설법

거리가 짧고 장애물이 없는 곳에서 pole 또는 트랜싯으로 중심선을 측설한 후 Steel Tape에 의해 직접 측량하는 방법

2) 트래버스에 의한 법

장애물이 있을 때 갱내의 양단의 점을 연결하는 Traverse를 만들어 좌표를 구하고, 좌표로부터 거리 및 방향을 계산하는 방법

(1) $\overline{AB}$ 거리 $= \sqrt{(\Sigma L)^2 + (\Sigma D)^2}$ 또는 $\overline{AB} = \sqrt{(X_B - X_A)^2 + (Y_B - Y_A)^2}$

(2) AB 방위각(θ) $= \tan^{-1}\dfrac{\Sigma D}{\Sigma L}$ 또는 $\tan^{-1}\dfrac{Y_B - Y_A}{X_B - X_A}$

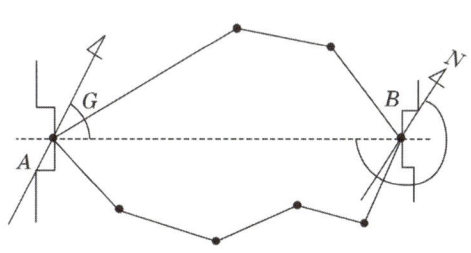

[트래버스에 의한 중심선 설치]

3) 삼각측량에 의한 법

터널길이가 길 때 장애물로 인하여 ①, ② 방법이 불가능할 때 사용

제 6 절 갱내측량

1 지하측량과 지상측량의 차이

	지하측량	지상측량
정밀도	낮다	높다
측점설치	천정	지표면
조명	필요	불필요

2 터널측량용 트랜싯의 구비 요건

(1) 이심장치를 가지고 있고 상, 하 어느 측점에서도 빠르게 구심시킬 수 있어야 한다.
(2) 상부, 하부의 고정나사는 촉감으로 구별할 수 있어야 한다.
(3) 연직분도원은 전원일 것
(4) 수평분도원은 전원일 것
(5) 주망원경의 위 또는 옆에 보조망원경을 달 수 있도록 되어 있을 것
(6) 수평축은 항상 수평을 유지하도록 조정되어 있을 것

3 정위망원경과 측위망원경

1) 정위망원경

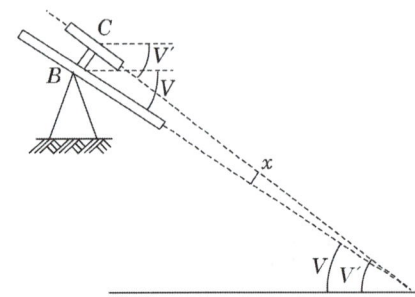

$$\therefore V' - V = x, \ \sin x = BC/AB$$

여기서, BC : 2 시준선 간의 거리
AB : 망원경의 수평축에서 시준선까지의 거리

2) 측위망원경

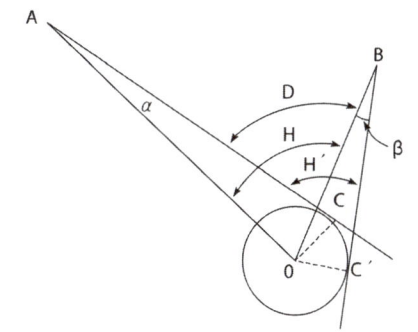

$$\alpha = \sin^{-1}\frac{OC}{AO} = \tan^{-1}\frac{OC}{AO}$$

$$\beta = \sin^{-1}\frac{OC'}{OB} = \tan^{-1}\frac{OC'}{BC}$$

$$\therefore D = H'+\beta = H+\alpha$$

$$\therefore H = H'+\beta-\alpha$$

4 갱내 중심선측량

갱 내에서의 중심말뚝은 차량 등에 의하여 파괴되지 않도록 견고하게 만들어야 하며, 보통 도벨(dowel)이라는 기준점을 설치한다.

5 갱내 수준측량

1) 직접수준측량

레벨과 표척을 이용하여 직접 고저차를 측정하는 방법

$$H_B = H_A - h_1 + h_2$$

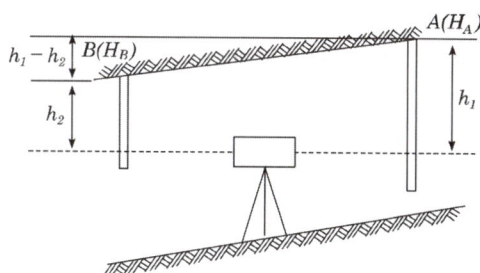

2) 간접수준측량

갱내에서 고저측량을 할 때 갱내의 경사가 급할 경우 경사거리와 연직각을 측정하여 트랜싯으로 삼각고저측량을 한다.

$$\Delta H = l\sin\alpha + h_1 - H_i$$

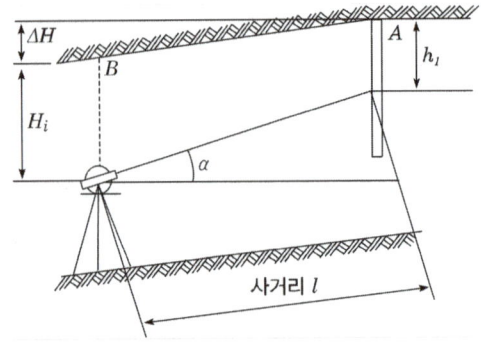

6 갱내 곡선 설치

갱 내는 협소하므로 지거법에 의한 곡선설치와 현편거와 접선편거에 의한 방법이나 트래버스측량에 의해 설치하며, 트래버스측량에 의한 방법에는 내접다각형법과 외접다각형법이 있다.

7 계측

1) 내공변위측정

내공 단면의 변위량, 변위속도 및 수렴 여부를 파악하여 터널 내공의 변위량, 변위속도, 변위수렴상황, 단면의 변형상태에 따라 주변 지반 및 터널의 안정성 평가

2) 천단침하측정

터널 천단의 수직 침하량, 침하속도 및 수렴 여부를 파악하여 터널 천단의 절대침하량 및 단면의 변형상태를 파악하고, 터널 천단의 안정성 판단

제7절 갱내외 연결측량

1 목적

(1) 공사계획이 부적당할 때 그 계획을 변경하기 위하여
(2) 갱내외의 측점의 위치관계를 명확히 해두기 위해서
(3) 갱내에서 재변이 일어났을 때 갱외에서 그 위치를 알기 위해서

2 방법

1) 한 개의 수직갱에 의한 방법

1개의 수직갱으로 연결할 경우에는 수직갱에 2개의 추를 매달아서 이것에 의해 연직면을 정하고 그 방위각을 지상에서 관측하여 지하의 측량을 연결한다.

2) 두 개의 수직갱에 의한 방법

2개의 수갱구에 각각 1개씩 수선 AE를 정한다. 이 AE를 기점 및 폐합점으로 하고 지상에서는 A, 6, 7, 8, E, 갱내에서는 A, 1, 2, 3, 4, E의 다각측량을 실시한다.

깊은 수갱	얕은 수갱
1. 피아노선(강선) 2. 추의 중량 : 50~60kg	1. 철선, 동선, 황동선 2. 추의 중량 : 5kg

1. 수갱 밑에 물 또는 기름을 넣은 탱크를 설치하고 그 속에 추를 넣어 진동하는 것을 막는다.
2. 추가 진동하므로 직각방향으로 수선 진동의 위치를 10회 이상 관측해서 평균값을 정지점으로 한다.

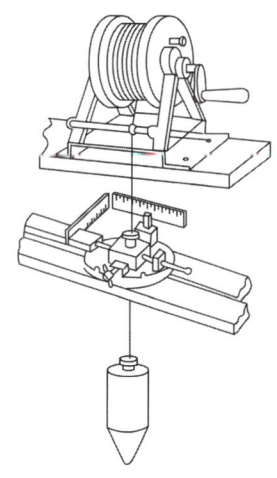

[한 개의 수직갱에 의한 방법]

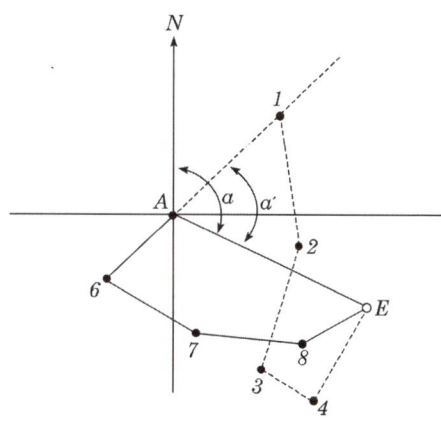

[두 개의 수직갱에 의한 방법]

문제 및 해설

01 두 개의 수직터널 A, B에서 추선측량을 하여 터널 내외를 연결했다. 터널 외 A, B의 좌표가 A(x=1,367.54m, y=486.57m), B(x=2,187.24m, y=1,687.64m)이고 터널 내 A, B의 좌표가 A(x=1,367.54, y=486,57m), B(x=2,196.77m, y=1,677.72m)일 때 이 터널 내외의 측선이 이루는 방위각의 차는 얼마인가?

[2010년 기사 1회]

① 29′19″ ② 30′53″
③ 31′53″ ④ 53′19″

[해설]

터널 외 $\overline{AB}$ 방위각 $= \tan^{-1} \dfrac{y_B - y_A}{x_B - x_A}$

$= \tan^{-1} \dfrac{1,687.64 - 486.57}{2,187.24 - 1,367.54} = 55°41′14″$

터널 내 $\overline{AB}$ 방위각 $= \tan^{-1} \dfrac{y_B - y_A}{x_B - x_A}$

$= \tan^{-1} \dfrac{1,677.72 - 486.57}{2,196.77 - 1,367.54} = 55°9′21″$

방위각 차 $= 55°41′14″ - 55°9′21″$
$= 0°31′53″$

02 터널 안에서 A점의 좌표가 (1,749.0m, 1,134.0m, 126.9m), B점의 좌표가 (2,419.0m, 987.0m, 149.4m)일 때 A, B점을 연결하는 터널을 굴착하는 경우 이 터널의 경사거리는?

[2010년 기사 1회]

① 685.94m ② 686.19m
③ 686.31m ④ 686.57m

[해설]

$\overline{AB}$ 수평거리
$= \sqrt{(2,419 - 1,749)^2 + (987 - 1,134)^2}$
$= 685.937$

$\overline{AB}$ 경사거리
$= \sqrt{(685,937)^2 + (149.4 - 126.9)^2} = 686.31$

03 터널의 양쪽 입구 A와 B를 연결한 지상골조 측량을 하여 A(−2,357.26m, −1,763.26m), B(−1,385.78m, −987.33m) 및 임의점 P에 대한 방위각 $(\overline{AP})=176°27′32″$를 얻었을 때 ∠PAB는?

[2010년 기사 1회]

① 38°36′49″ ② 137°50′39″
③ 151°16′36″ ④ 215°04′21″

[해설]

$\overline{AB}$ 방위각 $= \tan^{-1} \dfrac{Y_B - Y_A}{X_B - X_A} = 38°36′53″$

Answer 01 ③ 02 ③ 03 ②

$\angle PAB = \overline{AP}$ 방위각 $- \overline{AB}$ 방위각
$= 137°50'39''$

04 터널측량에 대한 설명으로 옳지 않은 것은?
[2010년 기사 2회]

① 터널 내에서의 곡선설치는 일반적으로 지상에서와 같은 방법으로 행한다.
② 터널의 길이방향 관측은 삼각측량 또는 트래버스 측량으로 행한다.
③ 터널 내의 측량에서는 기계의 십자선 및 표척 등에 조명이 필요하다.
④ 터널측량은 터널 외측량, 터널 내측량, 터널 내외 연결측량으로 분류할 수 있다.

[해설]
갱내의 곡선 설치는 경내가 협소하여 지거법, 접선편거, 현편거 방법 등으로 이용한다.

05 두 개의 수직터널을 이용하여 지상과 지하의 연결측량을 시행하는 방법은?
[2010년 기사 2회]

① 정렬법
② 삼각법
③ sin누적법
④ 트래버스법(다각측량)

[해설]
두 개의 수직터널을 이용하여 지상과 지하의 연결측량을 시행하는 방법은 두 개의 수직갱에 각각 1개씩 수선을 정하고 지상과 갱내에서 다각측량을 실시한다.

06 경사 약 30°의 경사 터널의 시점과 종점의 고저차를 가장 정밀하고 간편하게 구하는 방법은?
[2010년 기사 2회]

① 레벨과 표척을 이용한 수준측량에 의해 고저차를 구한다.
② 경사계로 경사를 구하고 사거리를 측정하여 고저차를 구한다.
③ 토털 스테이션으로 경사와 경사거리를 측정하여 고저차를 구한다.
④ 기압계에 의하여 고저차를 구한다.

07 터널측량의 순서를 바르게 나타낸 것은?
[2010년 기사 3회]

① 예측 – 답사 – 지표설치 – 지하설치
② 답사 – 예측 – 지표설치 – 지하설치
③ 예측 – 지하설치 – 지표설치 – 답사
④ 답사 – 지표설치 – 지하설치 – 예측

[해설]
터널측량의 순서
노선선정 → 갱외측량 → 갱내외 연결측량 → 갱내측량 → 내공단면측량 → 터널변위계측

터널측량의 작업 순서
① 답사 : 개략적인 계획을 세우고 현장 부근의 지형이나 지질을 조사하여 터널의 위치 예정
② 예측 : 지표에 중심선을 미리 표시하고 다시 도면상에 터널위치를 검토
③ 지표설치 : 중심선을 현지의 지표에 정확히 설정, 갱문의 위치 결정
④ 지하설치 : 갱문에서 굴착이 진행함에 따라 갱내의 중심선을 설정하는 작업

Answer 04 ① 05 ④ 06 ③ 07 ②

08 삼각점을 이용하여 터널 입구 A와 B의 좌표값에 대한 결과가 표와 같다. 측선 AB의 거리와 방향은?   [2010년 기사 3회]

구분	X(m)	Y(m)
A	−50169.38	+66466.21
B	−51226.24	+66106.39

① 거리 : 1116.43m, 방향 : 188°48′06″
② 거리 : 1116.43m, 방향 : 198°48′06″
③ 거리 : 380.55m, 방향 : 188°48′06″
④ 거리 : 380.55m, 방향 : 198°48′06″

해설

$$\overline{AB} = \sqrt{(\Delta x^2) + (\Delta y^2)} = 1116.43$$

$$\theta = \tan^{-1}\frac{\Delta x}{\Delta y} = \tan^{-1}\frac{-359.82}{-1056.86}$$

$$= 18°48′06″ \text{ (3상한)}$$

방위각 $= 180° + 18°48′6″ = 198°48′06″$

09 터널 완성 후에 실시하는 측량과 관계가 먼 것은?   [2010년 기사 3회]

① 터널 내·외 연결측량
② 중심선측량
③ 고저측량
④ 단면측량

해설

터널 내·외 연결측량은 시공초기에 시행하는 측량이다.

10 터널측량의 일반적인 작업공정 순서로 옳은 것은?   [2011년 기사 1회]

① 지형측량 − 터널 외 기준점 측량 − 세부측량 − 터널 내 측량 − 준공측량
② 세부측량 − 터널 외 기준점 측량 − 터널 내 측량 − 준공측량
③ 지형측량 − 세부측량 − 터널 외 기준점 측량 − 터널 내 측량 − 준공측량
④ 세부측량 − 터널 내 측량 − 지형측량 − 준공측량 − 터널 외 기준점 측량

해설

터널측량의 순서
노선선정 − 갱외측량 − 갱내외 연결측량 − 갱내측량 − 내공단면측량 − 터널의 변위계측

터널측량의 작업 순서
① 답사 : 개략적인 계획을 세우고 현장 부근의 지형이나 지질을 조사하여 터널의 위치 예정
② 예측 : 지표에 중심선을 미리 표시하고 다시 도면상에 터널위치를 검토
③ 지표설치 : 중심선을 현지의 지표에 정확하게 설정, 갱문의 위치 결정
④ 지하설치 : 갱문에서 굴착이 진행함에 따라 갱내의 중심선을 설정하는 작업

11 터널 내 측량의 특징에 관한 설명 중 옳지 않은 것은?   [2011년 기사 1회]

① 습기, 먼지, 소음, 어두움 등으로 측량조건이 매우 불량하다.
② 폐합 트래버스에 의한 측량이 주로 이루어지므로 누적발생오차를 쉽게 확인할 수 있다.
③ 굴착면의 변위발생으로 설치한 기준점의 변형이 일어나기 쉽다.
④ 후시의 경우 거리가 짧고 예각 발생의 경우가 많아 오차가 자주 발생할 수 있다.

Answer 08 ② 09 ① 10 ① 11 ②

해설
개방 트래버스를 이용한 측량이므로 누적오차의 발생을 확인하기 어렵다.

12 다음 중 터널측량 작업순서로 옳은 것은?
[2011년 기사 2회]

① 예측 → 지표설치 → 답사 → 지하설치
② 답사 → 예측 → 지표설치 → 지하설치
③ 예측 → 답사 → 지하설치 → 지표설치
④ 답사 → 지표설치 → 예측 → 지하설치

해설
터널측량의 순서
노선선정 → 갱외측량 → 갱내외 연결측량 → 갱내측량 → 내공단면측량 → 터널변위계측

터널측량의 작업 순서
① 답사 : 개략적인 계획을 세우고 현장 부근의 지형이나 지질을 조사하여 터널의 위치 예정
② 예측 : 지표에 중심선을 미리 표시하고 다시 도면상에 터널위치를 검토
③ 지표설치 : 중심선을 현지의 지표에 정확히 설정, 갱문의 위치 결정
④ 지하설치 : 갱문에서 굴착이 진행함에 따라 갱내의 중심선을 설정하는 작업

13 터널완성 후의 변형조사측량 중 고저측량에 대한 설명으로 틀린 것은?

① 철도의 경우는 시공기면을 기준으로 한다.
② 수로 터널과 같이 인버트(invert)가 있는 경우는 인버트의 상단을 기준으로 한다.
③ 도로 터널에서는 arch crown을 기준으로 한다.
④ 일반적으로 중심점의 높이는 중심선측량과 같이 20m 간격으로 관측한다.

해설
터널완성 후 변형조사측량 중 고저측량
터널의 고저측량의 기준을 어디에 잡는가 하는 것은 여러 가지가 있지만 철도의 경우는 시공기면을, 수로 터널과 같이 역아치인 인버트(invert)가 있는 경우는 인버트의 중심을, 도로 터널에서는 arch crown 및 포장의 중심을 고저측량의 기준으로 한다. 이 측량도 중심선측량과 같이 20m 간격으로 level을 사용하여 고저측량을 하고 터널의 기울기가 소정의 기울기로 되어 있는가를 점검한다. 터널의 이동관 관측의 경우는 판정하고 싶은 위치에 도벨을 설치하고 그 높이의 변화를 기록하여 둔다.

14 터널측량을 지상측량과 비교했을 때의 특징적인 내용이 아닌 것은?

① 망원경의 십자선은 조명 장치 등으로 구분이 용이하여야 한다.
② 측점은 천정에 설치하기도 한다.
③ 터널 내의 곡선 설치는 장소가 협소하므로 편각법을 주로 사용한다.
④ 터널 내는 좁고, 어두우며, 급경사인 경우가 많으므로 특별한 기계장치의 조합이 필요하다.

해설
갱내의 곡선 설치는 경내가 협소하여 지거법, 접선편거법, 현편거방법 등을 이용한다.

15 다음 중 터널곡선부의 측설법으로 적절치 못한 것은?
[2011년 기사 3회]

① 중앙종거법
② 현편거법
③ 트래버스 측량에 의한 방법
④ 접선 편거법

해설
터널 내의 곡선설치는 지거법에 의한 곡선설치와 접선편거와 현편거에 의한 방법을 이용하여 설치한다. 중앙종거법은 곡선반경 또는 곡선길이가 작은 시가지의 곡선설치와 철도, 도로 등의 기설곡선의 검사 또는 개정 시 이용되고 1/4법이라고도 한다.

Answer 12 ② 13 ② 14 ③ 15 ①

16 터널 내의 두 측점 좌표가 A(150, 300), B(400, 500)이고 표고가 각각 A=10m, B=20m일 때, AB점을 잇는 터널의 경사각은? (단, 좌표의 단위는 m이다.)

[2011년 기사 3회]

① 약 1°47′20″ ② 약 2°12′13″
③ 약 3°27′08″ ④ 약 4°32′10″

해설

$\overline{AB}$(수평거리)$= \sqrt{(\sum K)^2 + (\sum D)^2}$

또는 $\overline{AB} = \sqrt{(X_B - X_A)^2 + (Y_B - Y_A)^2}$

AB 수평거리 $= \sqrt{(150-400)^2 + (300-500)^2}$
$= 320.156$m

AB 고저차 $= 20$m $- 10$m $= 10$m

AB 경사각 $= \tan^{-1}\dfrac{H}{D} = \tan^{-1}\dfrac{10}{320.156}$
$\fallingdotseq 1°47′20″$

17 터널 내 중심선 측량과 가장 거리가 먼 것은?

[2011년 기사 3회]

① 중심선 도입측량과 중심말뚝 설치
② 터널 내 고저 측량
③ 터널변형 측정
④ 터널 내 곡선 설치

해설

터널변형 측정은 터널 중심선 측량과 무관하다.

18 터널 내에서 기준점으로 사용되는 중심말뚝으로 차량 등에 파손되지 않도록 견고하게 설치하는 것은?

[2012년 기사 1회]

① 스터럽(stirrup)
② 도벨(dowel)
③ 쇼란(shoran)
④ 양수표(water gauge)

해설

도벨(dowel) 설치
① 갱내에서의 중심말뚝은 차량 등에 의하여 파괴되지 않도록 견고하게 만들어야 한다.
② 보통 도벨이라 하는 기준점을 설치한다.
③ 도벨은 노반을 사방 30cm, 깊이 30~40cm 정도 파내어 그 안에 콘크리트를 넣어 목괴를 묻어서 만든다.

19 터널측량에 대한 설명으로 옳지 않은 것은?

[2012년 기사 1회]

① 터널 내의 곡선설치는 일반적으로 지상에서와 같이 편각법에 의해 행한다.
② 지하측량에는 지하중심측량과 지하수준 측량으로 나눌 수 있다.
③ 터널의 길이방향은 삼각측량 또는 트래버스측량으로 행한다.
④ 터널 내 측량에서는 기계의 십자선 및 잣눈 표척 등에 조명이 필요하다.

해설

갱내의 곡선 설치는 경내가 협소하여 지거법, 접선편거, 현편거 방법 등을 이용한다.

20 그림과 같이 터널에서 직접 수준측량을 하였을 때 B점의 지반고 H_B를 구하는 식으로 옳은 것은?(단, H_A는 기지점 A의 지반고이다.)

[2012년 기사 1회]

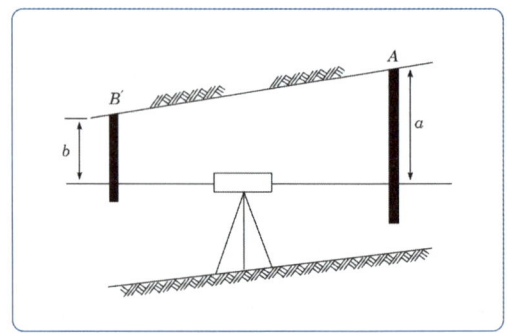

Answer 16 ① 17 ③ 18 ② 19 ① 20 ①

① $H_B = H_A - a + b$
② $H_B = H_A + a - b$
③ $H_B = H_A + a + b$
④ $H_B = H_A - a - b$

해설

지반고(H_B)
= (기지점 A의 지반고+후시)−전시
= $H_A + (-a) - (-b)$
= $H_A - a + b$

21 터널 내외 연결측량에 관한 설명으로 옳지 않은 것은? [2012년 기사 2회]

① 1개의 수직 터널에 의한 연결측량방법은 정렬법과 삼각법이 있다.
② 선단에 추를 달아 수직선을 내리고 추의 흔들림을 막기 위해 물 또는 기름통에 넣어 진동을 방지한다.
③ 얕은 수직 터널에서는 보통 철선, 강선, 황동선이 이용되며 깊은 수직 터널에서는 피아노선이 이용된다.
④ 수직 터널이 한 개인 경우 수직 터널에 한 개의 수선을 내리고 이 수선의 길이와 방위를 관측한다.

해설

갱내외의 연결측량 시 가장 정확하고 많이 사용되는 방법은 트랜싯과 추선에 의한 방법이다.
1개의 수직갱으로 연결할 경우에는 수직갱에 2개의 추를 매달아서 이것에 의해 연직면을 정하고, 그 방위각을 지상에서 관측하여 갱내 측량으로 연결한다.
① 깊은 수갱은 피아노선이 사용되며 50~60kg의 무게이다.
② 하나의 수갱(Shuft)에서 두 개의 추를 달아 이것에 의하여 연직면을 결정하고 그 방위각을 지상에서 측정하여 지하의 측량에 연결하는 것

③ 추는 얕은 수갱일 경우 철선, 동선 등이 사용되며, 무게는 5kg 이하이다.
④ 추가 진동하므로 직각방향으로 추선 진동의 위치를 10회 이상 관측해서 평균값을 정지점으로 한다.
⑤ 수갱 밑바닥에는 물 또는 기름을 넣은 통을 놓고 추의 진동을 감소시킨다.

22 터널 내의 두 점의 좌표가 A(−66.20m, −71.20m), B(105.50m, 129.30m)이고 높이가 각각 29.70m, 111.30m인 A, B점을 연결하는 터널을 굴진하는 경우 이 터널의 사거리는? [2012년 기사 2회]

① 213.192m
② 233.976m
③ 263.972m
④ 276.296m

해설

$\overline{AB}$ 평면거리
$= \sqrt{(105.50-(-66.20))^2 + (129.30-(-71.20))^2}$
$= 263.972$m
따라서
경사거리 $= \sqrt{263.972^2 + (29.70-111.30)^2}$
$= 276.296$m

23 터널측량에 관한 설명으로 옳은 것은? [2012년 기사 2회]

① 터널측량을 크게 나누어 터널 외 측량, 터널 내 측량, 터널 내외 연결측량으로 구분한다.
② 터널 내에서 중심말뚝을 콘크리트 등을 이용하여 견고하게 만든 것을 자이로(gyro)라고 한다.
③ 터널측량의 일반적인 순서는 터널 내 측량, 터널 내외 연결측량, 터널 외 측량의 순서로 행한다.
④ 터널 내의 측량에는 기계의 십자선과 표적 등에 조명이 필요하지 않다.

Answer 21 ④ 22 ④ 23 ①

해설

1. 터널측량의 순서
   노선선정 → 갱외측량 → 갱내외 연결측량 → 갱내측량 → 내공단면측량 → 터널변위계측
2. 갱내에서의 중심말뚝은 차량 등에 의하여 파괴되지 않도록 견고하게 만들어야 한다. 일반적으로 도벨이라 하는 기준점을 설치한다. 이것은 노반을 사방 30cm, 깊이 30~40cm 정도 파내어 그 안에 콘크리트를 넣고 목괴를 묻어서 만든다.
3. 터널 내의 측량에는 기계의 십자선과 표척 등에 조명이 필요하다.

24 터널 내 천정에 표척을 매달아 수준측량을 실시한 결과 a점의 표척 눈금이 2.450m, b점의 표척 눈금이 3.560m, ab 사이의 수평거리가 150m일 경우 천정 경사도는 얼마인가? [2012년 기사 3회]

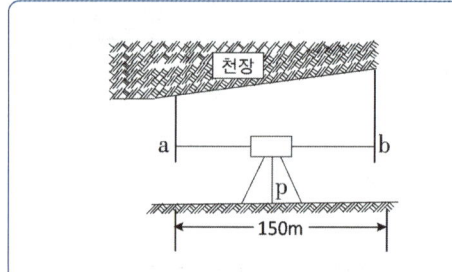

① 1.11% ② 0.74%
③ 0.25% ④ 0.42%

해설

h = 3.56 − 2.45 = 1.11

경사 = $\dfrac{고저차}{수평거리} = \dfrac{1.11}{150} \times 100 = 0.74\%$ 또는

$i(\%) = \dfrac{N}{D} \times 100\% = \dfrac{3,560 - 2,450}{150} \times 100$
      $= 0.74\%$

25 다각측량에 의하여 결정한 터널입구의 좌표값이 다음과 같다. 터널의 중심선 AB의 방향각 α 및 수평거리는? [2012년 기사 3회]

> 터널입구 A : (579.24m, 4327.53m)
> 터널입구 B : (697.48m, 6398.95m)

① $\alpha = 60°21'09''$, $l = 2388\text{m}$
② $\alpha = 61°02'03''$, $l = 2388\text{m}$
③ $\alpha = 59°29'09''$, $l = 2075\text{m}$
④ $\alpha = 86°43'59''$, $l = 2075\text{m}$

해설

$\Delta x = 697.48 - 579.24 = 118.24$
$\Delta y = 6398.95 - 4327.53 = 2071.42$
$l = \sqrt{118.24^2 + 2071.42^2} = 2074.79\text{m}$
방향각 $= \tan^{-1}\dfrac{2071.42}{118.24} = 86°43'58.8''$

26 터널 내외 연결측량에 대한 설명으로 옳지 않은 것은? [2013년 기사 1회]

① 수직터널이 낮고 단면이 큰 경우에는 광학인 방법을 이용하여 충분한 정확도를 얻을 수 있다.
② 터널 내외의 측점 위치관계를 명확하게 하기 위한 목적으로 실시한다.
③ 지하의 터널과 지상의 구역경계 및 중요 제점과 어떤 관계가 있는가를 조사하기 위한 측량이다.
④ 수직터널이 한 개인 경우 수직터널에 한 개의 수선을 내리고 이 수선의 길이와 방위를 관측한다.

Answer 24 ② 25 ④ 26 ④

[해설]
1. 갱내외 연결 측량
   갱내외 연결측량은 지상측량의 좌표와 지하측량의 좌표를 같게 하여 지상측점과 터널내부의 측점이 일치하도록 하는 측량이다.
2. 1개의 수직갱에 의한 연결방법
   1개의 수직갱으로 연결할 경우에는 수직갱에 2개의 추를 매달아서 이것에 의해 연직면을 정하고 그 방위각을 지상에서 관측하여 지하의 측량으로 연결한다.

27 터널 내에서 내접다각형법에 의한 곡선을 설치할 때 측선의 길이는? (단, 곡선반지름 R=400m, 굴착 후 터널 폭은 6m임)

[2013년 기사 1회]

① 48.99m   ② 89.58m
③ 97.80m   ④ 149.77m

[해설]
내접 다각형법
$AB = BC = CD \cdots = l$
$\angle AOB = \angle BOC = \angle COD \cdots = a$
$\angle A'Ab = a/2$, $\angle ABC = 180° - a$
여기서 $\sin(a/2) = (AB/2R)$ 따라서 곡선설치는 다음과 같이 설치한다.
① 시점 A에 트랜싯을 설치하고 접선 AA'에서 a/2만큼 망원경을 회전
② 그 시준선상에 AB=l인 곳에 점 B를 설치
③ 점 B에 트랜싯을 옮겨 BA선에서 180°-a인 방향을 설정하고 BC=l인 점을 C로 한다.
④ 이상의 방법을 반복하여 곡선을 설치

$\overline{AM} = \sqrt{R^2 - \left(R - \dfrac{W}{2}\right)^2} = \sqrt{RW - \dfrac{W}{2^2}}$

$\therefore \overline{AB} = 2\sqrt{RW - \dfrac{W^2}{4}} = \sqrt{W(4R-W)}$

[풀이]
W=터널폭, R=곡선반경, R=400, W=6
$\overline{AB} = 2\sqrt{RW - \dfrac{W^2}{4}} = \sqrt{W(4R-W)}$
$= \sqrt{6(4 \times 400 - 6)} = 97.795$m

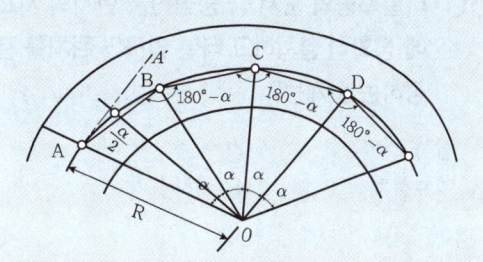

28 터널공사의 완공 시에 실시되는 측량이 아닌 것은?

[2013년 기사 2회]

① 중심선 측량   ② 수준측량
③ 단면측량   ④ 도벨설치측량

[해설]
도벨(dowel) 설치
갱내에서의 중심말뚝은 차량 등에 의하여 파괴되지 않도록 견고하게 만들어야 한다. 보통 도벨이라 하는 기준점(基準點)을 설치한다. 도벨은 노반을 사방 30cm, 깊이 30~40cm 정도 파내어 그 안에 콘크리트를 넣어 목괴를 묻어서 만든다. 이 목괴(木塊)에 정(釘)을 박아 위치를 표시한다.

29 터널의 천정에 두 점의 측점을 정하였을 때 기계고(I.H) −1.45m, 시준고(h) −1.60m, 사거리(S) 42.50m, 연직각(상향) 15°30′일 경우, 두 점의 고저차는?

[2013년 기사 2회]

① 8.31m   ② 10.51m
③ 11.51m   ④ 14.41m

Answer 27 ③ 28 ④ 29 ③

해설

$$H = h + S \cdot \sin\alpha - I.H$$
$$= -1.6 + (-42.5 \times \sin 15°30') - (-1.45)$$
$$= 11.51m$$

30 터널측량의 순서 중 중심선을 현지의 지표에 정확히 설치하고 터널 입구의 위치를 결정하는 단계는? [2013년 기사 2회]

① 답사　② 예측
③ 지표설치　④ 지하설치

해설

터널측량의 작업 순서
① **답사** : 개략적인 계획을 세우고 현장 부근의 지형이나 지질을 조사하여 터널의 위치 예정
② **예측** : 지표에 중심선을 미리 표시하고 다시 도면상에 터널위치를 검토
③ **지표설치** : 중심선을 현지의 지표에 정확히 설정, 갱문의 위치 결정
④ **지하설치** : 갱문에서 굴착이 진행함에 따라 갱내의 중심선을 설정하는 작업

31 터널 외 기준점 측량에 대한 설명으로 옳지 않은 것은? [2013년 기사 3회]

① 터널입구 부근은 대개 지형이 나쁘고 좁은 장소가 많으므로 반드시 인조점을 설치한다.
② 측량의 정확도를 높이기 위해 터널 외 기준점 설치 시 후시를 될 수 있는 한 길게 잡는다.
③ 고저측량용 기준점은 터널 입구 부근과 떨어진 곳에 2개소 이상 설치하는 것이 좋다.
④ 터널 외 기준점 측량은 작업터널 완성 후 터널 내 단면변형 관측을 위해 수행한다.

해설

터널 외 기준점측량(坑外基準點測量)은 지형도상에 터널의 위치가 결정되면 터널의 위치를 현지에 설치하기 위해 기준점을 측설한다.

32 터널의 시점(P)과 종점(Q)의 좌표가 P(1200m, 800m, 75m), Q(1600m, 600m, 100m)일 때 P로부터 Q호 터널을 굴진할 경우 경사각은? [2013년 기사 3회]

① 2°11′19″　② 2°13′19″
③ 2°53′59″　④ 3°11′59″

해설

수평거리 $= \sqrt{200^2 + 400^2} = 447.21$
$\theta = \tan^{-1}\dfrac{25}{447.21} = 3°11'58.66''$
고저차$(h) = 100 - 75 = 25$

33 터널 내의 고저차 측량에서 두 측점이 천정에 설치되어 있을 때 아래와 같은 결과를 얻었다. 두 점간의 고저차는? [2013년 기사 3회]

- 후시의 읽음 : 1.50m
- 전시의 읽음 : 1.76m
- 두 점의 경사거리 : 100m
- A로부터 B로의 연직각 : −30°

① 46.22m　② 49.74m
③ 50.26m　④ 52.74m

해설

$\Delta H = 1.5 + (100 \times \sin 30°) - 1.76 = 49.74m$

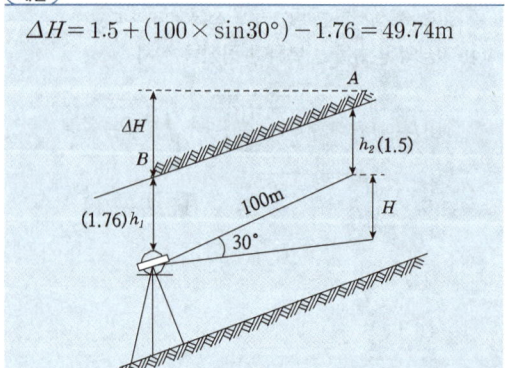

Answer　30 ③　31 ④　32 ④　33 ②

34 하나의 터널을 완성하기 위해서는 계획, 설계, 시공 등의 작업과정을 거쳐야 하는데 다음 중 터널 외 기준점 설치 후 터널의 시공과정 중에 이루어지는 측량은?

[2014년 기사 1회]

① 터널 내 측량 ② 터널 외 기준점측량
③ 세부측량 ④ 지형측량

해설

지형측량 (地形測量)	항공사진측량, 기준점측량, 평판측량 등으로 터널의 노선 선정이나 지형의 경사 등을 조사하는 측량
갱외기준점측량 (坑外基準點測量)	삼각 또는 다각측량 및 수준측량에 의해 굴삭을 위한 측량의 기준점설치 및 중심선 방향의 설치를 하는 측량
세부측량 (細部測量)	평판측량과 수준측량으로 갱구 및 터널가설계에 필요한 상세한 지형도 작성을 위한 측량
갱내측량 (坑內測量)	다각측량과 수준측량에 의해 설계중심선의 갱내에의 설정 및 굴삭, 지보공(支保工), 형틀 설치 등을 위한 측량
작업갱측량 (作業坑測量)	갱내 기준점설치를 위한 측량
준공측량 (竣工測量)	도로, 철도, 수로 등 터널 사용 목적에 따라 터널 형상을 제작하기 위한 측량

35 터널측량에서 측점의 위치가 표와 같을 경우 터널 내 곡선의 교각은? [2014년 기사 1회]

측정위치	N(m)	E(m)
터널 내 원곡선 시점	100.000	100.000
터널 내 원곡선 종점	100.000	350.000
교점	120.000	225.000

① 18°10′50″ ② 28°15′45″
③ 48°10′50″ ④ 71°50′10″

해설

$$V_{BC}^{IP} = \tan^{-1}\frac{\Delta y}{\Delta x}$$
$$= \tan^{-1}\frac{225.000 - 100.000}{120.000 - 100.000}$$
$$= 80°54′35″ \text{ (1 상환)}$$

$$V_{EC}^{IP} = \tan^{-1}\frac{\Delta y}{\Delta x}$$
$$= \tan^{-1}\frac{225.000 - 350.000}{120.000 - 100.000}$$
$$= 80°54′35″ \text{ (2 상환)}$$
$$= 180° - 80°54′35″$$
$$= 99°5′25″$$

∴ 교각 $= V_{EC}^{IP} - V_{BC}^{IP}$
$$= 99°5′25″ - 80°54′35″$$
$$= 18°10′50″$$

36 터널측량에 대한 설명으로 옳지 않은 것은?

[2014년 기사 2회]

① 터널 외 측량, 터널 내 측량, 터널 내외 연결 측량으로 구분할 수 있다.
② 터널 내 측량 시 조명이 달린 표척과 레벨이 필요하다.
③ 터널 내 중심선 측량 시 도벨이라는 기준점을 설치한다.
④ 터널 내의 곡선설치 시 주로 편각현장법을 사용한다.

해설

터널 곡선부의 측설법으로 적당한 방법은 절선편거법과 현편거법이나 트래버스 측량에 의한다.

Answer 34 ① 35 ① 36 ④

37 보기의 터널측량 작업내용을 순서대로 열거한 것으로 가장 적합한 것은?

[2014년 기사 2회]

> ㉠ 터널 중심선의 지상 설치
> ㉡ 터널 단면측량
> ㉢ 터널 외 기준점 설치
> ㉣ 터널 중심선의 지하 설치

① ㉠-㉢-㉣-㉡
② ㉠-㉣-㉡-㉢
③ ㉢-㉡-㉣-㉠
④ ㉢-㉠-㉣-㉡

해설
답사 → 예측 → 터널 외 기준점 설치 → 터널 중심선의 지상 설치 → 터널 중심선의 지하 설치 → 터널 단면측량

38 삼각점을 이용하여 터널 입구 A와 B의 좌표값에 대한 결과가 표와 같다. 측선 AB의 거리와 방위각은? [2014년 기사 3회]

구분	X(m)	Y(m)
A	−50169.38	+66466.21
B	−51226.24	+66106.39

① 거리 : 1116.43m, 방위각 : 18°48′06″
② 거리 : 1116.43m, 방위각 : 198°48′06″
③ 거리 : 380.55m, 방위각 : 18°48′06″
④ 거리 : 380.55m, 방위각 : 198°48′06″

해설
AB의 거리 =
$\sqrt{\{(-51226.24)-(-50169.38)\}^2 + (66106.39-66466.21)^2}$
= 1116.43m

방위각 $\theta = \tan^{-1}\dfrac{\Delta y}{\Delta x}$
= $\tan^{-1}\dfrac{359.82}{1056.86}$ = 18°48′6.21″ (3 상환)
180° + 18°48′6.21″ = 198°48′06.21″

39 터널의 변형조사 측량과 거리가 먼 것은?

[2014년 기사 3회]

① 중심측량 ② 삼각측량
③ 고저측량 ④ 단면측량

해설
삼각측량은 주로 기준점 측량에 이용된다.

삼각 측량	① 삼각점은 기본 삼각점을 이용하여 2~3km마다 설치하며 삼각망은 단열삼각망 이용 ② 측각은 배각(반복)법으로 관측한다. ③ 협각은 40°~100°(대삼각), 30°~120°(소삼각)로 한다.

40 터널 내에서 차량 등에 의하여 파손되지 않도록 콘크리트 등을 이용하여 만든 중심 말뚝을 무엇이라 하는가? [2015년 기사 1회]

① 도갱(導坑) ② 레벨(level)
③ 자이로(gyro) ④ 도벨(dowel)

해설
도벨(dowel)
① 갱내에서의 중심말뚝은 차량 등에 의하여 파괴되지 않도록 견고하게 만들어야 한다.
② 통 도벨이라 하는 기준점을 설치한다.
③ 도벨은 노반을 사방 30cm, 깊이 30~40cm 정도 파내어 그 안에 콘크리트를 넣어 목괴를 묻어서 만든다.

Answer 37 ④ 38 ② 39 ② 40 ④

41 터널측량에 대한 설명으로 옳지 않은 것은?
[2015년 기사 1회]

① 터널 내의 곡선설치는 일반적으로 지상에서와 같이 편각법에 의해 행한다.
② 터널 내 측량은 터널 내 중심선측량과 터널 내 수준측량으로 나눌 수 있다.
③ 터널의 중심선측량은 삼각측량 또는 트래버스측량으로 행한다.
④ 터널 내 측량에서는 기계의 십자선 및 표척 등에 조명이 필요하다.

[해설]
① 터널이 직선인 경우는 트랜싯을 이용하여 중심선을 연장하지만, 곡선인 경우는 정확한 곡선설치를 해야 한다.
② 갱내는 협소하므로 현편거법이나 트래버스측량에 의해 설치한다.
③ 트래버스측량에 의한 방법에는 내접다각형법과 외접다각형법이 있다.

42 터널공사에서 시공 중에 주로 실시하는 측량은?
[2015년 기사 2회]

① 지형 측량   ② 변위 측량
③ 터널 내 측량   ④ 완공 측량

[해설]

지형측량(地形測量)	항공사진측량, 기준점측량, 평판측량 등으로 터널의 노선 선정이나 지형의 경사 등을 조사하는 측량이다.
갱외기준점측량(坑外基準點測量)	삼각 또는 다각측량 및 수준측량에 의해 굴삭을 위한 측량의 기준점 설치 및 중심선 방향의 설치를 하는 측량이다.
세부측량(細部測量)	평판측량과 수준측량으로 갱구 및 터널 가설설계에 필요한 상세한 지형도 작성을 위한 측량이다.
갱내측량(坑內測量)	다각측량과 수준측량에 의해 설계중심선의 갱내에의 설정 및 굴삭, 지보공(支保工), 형틀 설치 등을 위한 측량이다.
작업갱측량(作業坑測量)	갱내기준점설치를 위한 측량이다.
준공측량(竣工測量)	도로, 철도, 수로 등 터널사용목적에 따라 터널 형상을 제작하기 위한 측량이다.

43 터널의 지상측량에 속하지 않는 것은?
[2015년 기사 3회]

① 지표중심선 측량
② 전 구간에 걸친 지형측량
③ 지상수준측량
④ 터널 내 중심선측량

[해설]
터널의 지상측량
① 갱외기준점(坑外基準點) 측량
② 중심선측량(中心線測量)
③ 고저측량(高低測量)
④ 전 구간에 걸친 지형측량

44 터널측량에 관한 설명으로 옳지 않은 것은?
[2015년 기사 3회]

① 터널의 중심선 측량은 삼각측량 또는 트래버스측량으로 행한다.
② 터널 내의 측량에서는 기계의 십자선 또는 표척에 조명이 필요하다.
③ 터널 내의 곡선 설치는 일반적으로 편각법을 사용한다.
④ 터널측량은 터널 외 측량, 터널 내 측량, 터널 내외 연결측량으로 나눌 수 있다.

[해설]
터널 내의 곡선 설치는 작업 중 절우(切羽)의 중심을 찾는 데는 현길이를 허용하는 범위에서 되도록 길게 잡아 현편거(弦偏距), 접선편거(接線偏距)를 산출하고 이것을 사용하여 현편거법(弦偏距法), 접선편거법(接線偏距法)을 적용한다.

Answer 41 ① 42 ③ 43 ④ 44 ③

45 터널 내 고저차 측량에서 A, B 측점이 천정에 설치되어 있을 때 두 점 A, B 간의 경사거리가 30 m, 기계고가 1.40 m, 시준고 1.35 m, 연직각이 +7°라고 하면 A 점과 B점의 고저차는? [22년 기사 1회]

① 2.5 m   ② 3.2 m
③ 3.5 m   ④ 3.6 m

해설
$H = h + S \cdot \sin\alpha - I.H = 1.35 + 30 \times \sin(7°) - 1.4$
$= 3.6 m$

46 터널의 양쪽 입구 A와 B를 연결하는 지상 골조측량으로 두 점의 좌표 A(-2357.26 m, -176326 m), B(-1385.78 m, -987.33 m)와 임의점 P에 대한 $\overline{AP}$의 방위각이 176°27′32″이었다면 ∠PAB는? [22년 기사 1회]

① 38°36′49″
② 137°50′39″
③ 151°16′36″
④ 215°04′21″

해설
∠PAB = $V_A^P - V_A^B$ 에서
$V_A^B = \tan^{-1}(\frac{Y_B - Y_A}{X_B - X_A}) = \tan^{-1}\frac{775.93}{971.48}$
$= 38°36′53″(1상한)$
이므로 $176°27′32″ - 38°36′53″ = 137°50′39″$

47 평면좌표 A(1478 m, 920 m), B(2048 m, 340 m), 높이 A(96.56 m), B(15146 m)인 A, B점을 터널로 연결할 때, 이 터널의 경사거리는? [22년 기사 2회]

① 518 m   ② 651 m
③ 815 m   ④ 855 m

해설
경사거리 = $\sqrt{\Delta x^2 + \Delta y^2 + \Delta z^2}$
$= \sqrt{(1478-2048)^2 + (920-340)^2 + (96.56-151.46)^2}$
$= 815 m$

48 터널측량에서의 측점의 위치가 표와 같을 경우 터널 내 곡선의 교각은? [22년 기사 2회]

측점위치	N(m)	E(m)
터널 내 원곡선 시점	100.000	100.000
터널 내 원곡선 종점	100.000	350.000
교점	120.000	225.000

① 18°10′50″
② 28°15′45″
③ 48°10′50″
④ 71°50′10″

해설
$V_{B.C}^{I.P} = \tan^{-1}(\frac{225-100}{120-100})$
$= 80°54′35″(1상한이므로 \theta)$
$V_{I.P}^{E.C} = \tan^{-1}(\frac{350-225}{100-120})$
$= 99°5′25″(2상한이므로 180° - \theta)$
$I = V_{I.P}^{E.C} - V_{B.C}^{I.P} = 99°5′25″ - 80°54′35″$
$= 18°10′50″$

Answer 45 ④ 46 ② 47 ③ 48 ①

PART 02 응용측량

49 터널의 시점의 좌표가 P(120m, 800m, 75m), 종점의 좌표가 Q(1600m, 600m, 100m)일 때 P로부터 Q로 터널을 굴진할 경우에 경사각은? [21년 4기]

① 2°11′19″
② 2°13′19″
③ 2°53′59″
④ 3°11′59″

[해설]

수평거리= $\sqrt{200^2 + 400^2} = 447.21m$
고저차(h)=100−75=25m
$\theta = \tan^{-1} \dfrac{25}{447.21} = 3°11′58.66″$

50 터널측량에서 터널 외 지표중심선 측량방법과 직접적인 관련이 없는 것은? [21년 4기]

① 토털스테이션에 의한 직접측량법
② 트래버스 측량에 의한 방법
③ 삼각측량에 의한 방법
④ 레벨에 의한 방법

[해설]

터널 외 지표중심선 측량

직접측설법	거리가 짧고 장애물이 없는 경우 토털스테이션, 트랜싯 등으로 중심선을 측설한 후 거리를 재는 방법
트래버스에 의한 방법	장애물이 있을 경우 터널의 양단점을 연결하는 트래버스를 구성하여 거리 및 방향을 계산하는 방법
삼각측량에 의한 방법	터널의 길이가 긴 경우 또는 직접측설법, 트래버스 측량이 불가능한 경우

터널 내 수준측량

직접수준측량	레벨과 표척을 이용하여 직접 고저차를 측량하는 방법
간접수준측량	경사거리와 연직각을 측정하여 간접적으로 고저차를 측량하는 방법

51 터널측량에 관한 설명으로 옳지 않은 것은? (21 4기)

① 터널의 중심선 측량은 삼각측량 또는 트래버스 측량으로 행한다.
② 터널 내의 측량에서는 기계의 십자선 또는 표척에 조명이 필요하다.
③ 터널 내의 곡선 설치는 일반적으로 편각법을 사용한다.
④ 터널측량은 외 측량, 터널 내 측량, 터널 내외 연결측량으로 나눌 수 있다.

[해설]

터널 내의 곡선설치는 일반적으로 절선편거법, 현편거법, 트래버스측량을 사용한다.

52 터널 내외 연결측량에 관한 설명으로 옳지 않은 것은? [21년 2기]

① 1개의 수직 터널에 의한 연결측량방법은 정렬법과 삼각법이 있다.
② 선단에 추를 달아 수직선을 내리고 추의 흔들림을 막기 위해 물 또는 기름통에 넣는다.
③ 얕은 수직 터널에서는 보통 철선, 강선, 황동선이 이용되며 깊은 수직 터널에서는 피아노선이 이용된다
④ 수직 터널이 한 개인 경우 수직 터널에 한 개의 수선을 내리고 이 수선의 길이와 방위를 관측한다.

[해설]

갱내외의 연결측량

한 개의 수직갱에 의한 방법	두 개의 수직갱에 의한 방법
1개의 수직갱으로 연결할 경우에는 수직갱에 2개의 추를 매달아서 이것에 의해 연직면을 정하고 그 방위각을 지상에서 관측하여 지하의 측량을 연결한다.	2개의 수갱구에 각각 1개씩 수선 AE를 정한다. 이 A·E를 기정 및 폐합점으로 하고 지상에서는 A, 6, 7, 8, E, 갱내에서는 A, 1, 2, 3, 4, E의 다각측량을 실시한다.

Answer 49 ④ 50 ④ 51 ③ 52 ④

53 터널의 천장에 두 점의 측점을 관측하여 기계고(IH)가 -1.45m, 시준고(h)가 -1.60m, 경사거리(S)가 42.50m, 연직각(상향)이 15°30′ 이었다면 두 점의 고저차는? [21년 2기]

① 8.31m   ② 11.21m
③ 11.51m ④ 14.41m

해설

$\triangle H = h_2 + (l \cdot \sin\alpha) - h_1$
$= 1.6 + (42.5 \times \sin 15°30′) - 1.45$
$= 11.51m$

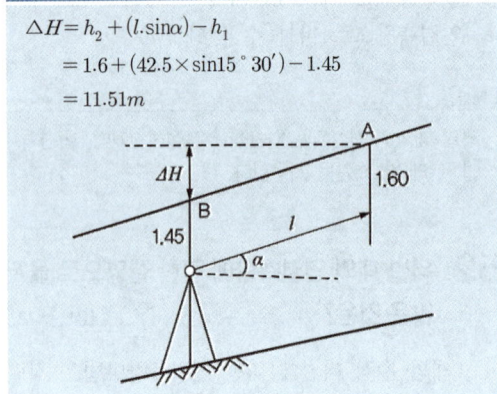

54 터널완성 후의 변형조사측량 중 고저측량에 대한 설명으로 틀린 것은? [21년 2기]

① 철도의 경우는 시공기면을 기준으로 한다.
② 수로 터널과 같이 인버트(invert)가 있는 경우는 인버트의 최상단을 기준으로 한다.
③ 도로 터널에서는 arch crown을 기준으로 한다.
④ 일반적으로 중심점의 높이는 중심선측량과 같이 20m 간격으로 관측한다.

해설

터널 고저측량의 기준

철도	시공기면(施工基面)
수로 터널과 같이 인버트(invert)가 있는 경우	인버트의 중심
도로 터널	arch crown 및 포장의 중심

55 하나의 터널을 완성하기 위해서는 계획, 설계, 시공 등의 작업과정을 거쳐야 하는데 다음 중 터널 외 기준점 설치 후 터널의 시공과정 중에 이루어지는 측량은?

① 터널 내 측량
② 터널 외 기준점 측량
③ 세부 측량
④ 지형 측량

해설

갱내측량(坑內測量)
다각측량과 수준측량에 의해 설계중심선의 갱내에의 설정 및 굴삭, 지보공(支保工), 형틀 설치 등을 위한 측량

56 깊이 100m, 지름 5m인 수직 터널에서 터널 내외를 연결하는 데 가장 적합한 방법은?

① 계선법
② 삼각구분법
③ pole과 지거에 의한 방법
④ 트랜싯과 수선에 의한 방법

해설

깊이가 100m인 깊은 수직터널이므로 트랜싯과 추선을 이용하는 것이 타당하다.

Answer 53 ③ 54 ② 55 ① 56 ④

CHAPTER 04 경관측량

제1절 개요

경관측량이란 인간과 물적 대상의 양 요소에 대한 경관도의 정량화 및 표현에 관한 평가를 하는 것을 말한다. 즉, 대상군을 전체로 보는 인간의 심적 현상으로 경치, 눈에 보이는 경색, 풍경의 지리학적 특성과 특색 있는 풍경 형태를 가진 일정한 지역을 말한다.

제2절 경관의 분류

1) 인식대상(認識對象)의 주체(主體)에 관한 분류

(1) 자연경관(natural viewscape)
  인공이 가해지지 않은 경치로서 산, 하천, 바다, 자연녹지 등

(2) 인공경관(artificial viewscape)
  ① **조경** : 인공요소를 가한 경치(정원, 공원, 인공녹지, 도시경관, 시설물경관 등)
  ② **장식경** : 대상물에 미의식을 강조시켜 생활공간을 미화하는 실내외 장식

(3) 생태경관(ecological viewscape)
  ① **생태경** : 자연생태 그대로의 경관
  ② **관상경** : 인공적 요소를 더한 경관(관상수(觀賞樹), 관상견(觀賞犬))

2) 경관구성요소(景觀構成要素)에 의한 분류

① 대상계(對象系) : 인식의 대상이 되는 사물로서 사물의 규모, 상태, 형상, 배치 등

② 경관장계(京觀場系) : 대상을 둘러싼 환경으로 전경(前景), 중경(中景), 배경(背景)에 의한 규모와 상태

③ 시점계(視點系) : 인식의 주체가 되는 것으로 생육환경, 건강상태, 연령 및 직업에 관한 시점의 성격

④ 상호성계(相互性系) : 대상계, 경관장계 및 시점계를 구성하는 요인과 성격에 관한 상호성을 규명하는 것

3) 시각적 요소(視覺的 要素)에 의한 분류

① 위치(位置) : 고저, 원근, 방향

② 크기 : 대소

③ 색(色)과 색감(色感) : 명암, 흑백, 적청(赤靑)

④ 형태(形態) : 생김새

⑤ 선(線) : 곡선 및 직선

⑥ 질감(質感) : 거칠음, 섬세하고 아름다움

⑦ 농담(濃淡) : 투명과 불투명을 의미한다.

4) 개성적 요소(個性的 要素)에 의한 분류

① 천연적 경관(天然的 景觀) : 산속의 기암절벽

② 파노라믹한 경관 : 넓은 초원이나 바다의 풍경

③ 포위(包圍)된 경관 : 수목으로 둘러싸인 호수나 들

④ 초점적 경관(焦點的 景觀) : 계곡, 도로 및 강물

⑤ 터널적 경관 : 하늘을 가린 가로수도로

⑥ 세부적 경관(細部的 景觀) : 대상물의 부분적인 것으로 나뭇잎, 꽃잎의 생김새

⑦ 순간적 경관(瞬間的 景觀) : 안개, 아침이나 저녁노을 등

제3절 경관분석(景觀分析)을 위한 기초 인자(基礎 因子)

경관 현상의 기본적인 구성요소의 하나가 시점이며, 경관현상분석에 있어서는 인간의 시지각 특성이 가장 기본적인 지식이 된다.

1) 인간(人間)의 시지각 특성(視知覺 特性)

(1) 시야
인간의 정시야 범위: 좌우 각각 약 60%, 상하 각각 약 70, 80도를 차지한다.

(2) 시야 협착
운전 시와 같이 시점이 움직이는 경우 차의 속도 증가에 따라 시야가 좁아지는 현상을 말한다.

(3) 시력과 색감
① 대상의 크기, 보기 쉬움, 눈에 띄기 쉬움
② 색과 질감의 인지능력
③ 숙시각: 정시각을 기준으로 1~2도 사이의 시야각으로 대상을 가장 확실히 식별할 수 있는 시각을 말한다.

2) 대상의 시각속성(對象의 視覺屬性)

(1) 대상의 크기와 스케일

① 휴먼스케일에 의한 지표화
  ㉠ 사물과 공간의 크기를 인간의 신체적 사이즈와의 관계로 나타낸다.
  ㉡ 인간 얼굴의 식별이 가능한 20~25m 정도의 거리가 휴먼스케일의 거리이다.
  ㉢ 공간설계에 널리 이용된다.

② 시거리와 수목 관측법에 의한 거리 분할
  ㉠ 근경영역: 개개의 요소가 자세하게 눈에 띄는 영역이다.
  ㉡ 중경영역: 대상 전체의 형태 파악이 용이하고 대상이 경관의 주체가 되는 영역이다.
  ㉢ 원경영역: 대상이 경관의 극히 일부인 영역이다.

(2) 앙각과 부각

① 앙각
   ㉠ 수평보다 위쪽의 수직 시각에 대응하는 예정각을 말한다.
   ㉡ 인간의 시야 외의 관계에서 대상의 보기 쉬움, 공간의 폐쇄감, 압박감과 깊은 관계가 있다.

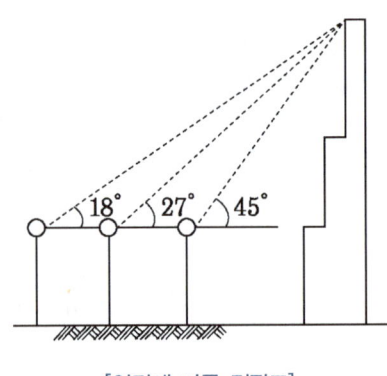

[앙각에 따른 경관도]

② 앙각의 각도별 경관은 다음과 같다.
   ㉠ 앙각 45° : 개개의 자세한 것이 관상되며 대상 전체를 볼 수 있다.
   ㉡ D/H=1
   ㉢ 앙각 27° : 전체를 볼 수 있다.
   ㉣ 앙각 18° : 건축적 – 회화적 인상
   ㉤ 앙각 12°~10° : 순회화적

③ 부각
   ㉠ 수평보다 아래쪽의 수직 시각을 말한다.
   ㉡ 자연상태에서 인간의 가장 보기 쉬운 영역이다.
   ㉢ 부각 0~10°가 가장 보기 쉬운 영역이나 부각 8~10°가 가장 이상적인 경관 평가

(3) 시선 입사각과 오행의 지각

① 시선 입사각
   ㉠ 시대상의 면과 축선과 시선이 이루는 각이다.
   ㉡ 면의 보기 쉬움과 오행의 지각(Depth Preception)에 관계한다.
   ㉢ 시선 입사각이 적어지면 면의 표면 상태를 보기 어렵고 오행감이 증가한다.

(4) 형의 지각

토목 시설이 경관 중에서 눈에 띄는 존재인지, 주재인지, 주변에 융화되는 것인지 검토한다.

(5) 색체조화론

토목 구조물의 색체 계획시 컬러 시뮬레이션에 의해 환경친화적 색체인지를 검토한다.

(6) 질감의 외양

시거리와 질감이 외양과의 관계를 파악한다.

3) 시점과 대상과의 관계

(1) 대상의 외관의 크기는 대상 자체의 규모와 시거리에 따라 결정한다.

(2) 시각

$$\theta = \frac{s}{d}(rad) = 2\tan^{-1}\frac{s}{2d}(도)$$

여기서, S : 대상 한 변의 크기
d : 사거리

제4절 경관의 해석조사 및 예측

경관의 설계, 계획 시는 미리 대상지역의 경관적 특성을 파악해야 하며 현장답사나 컴퓨터 그래픽에 의한 처리 등으로 실시한다.

1) 지형경관의 해석

(1) 조사 항목

① 가시지역 및 비가시지역
② 계곡 등의 지성선 파악
③ 식생, 응달의 상황 등

(2) DTM 처리에 의한 해석

① 지형도상에 Mesh를 덮고 그 격자점에 대응하는 지점의 높이 값의 Matrix로써 지형을 모델화한다.
② 지형투시도 생성
③ 등고선, 횡단면도, 지성선, 음영 등의 처리로 다양하게 경관을 해석한다.

2) 구조물 경관의 해석

① 스케치
② 딤채스케치
③ 사진몽타주
④ 컴퓨터 그래픽 애니메이션
⑤ 모형

제5절 경관평가요인의 정량화

1 관점과 대상물의 위치관계에 의한 정량화

1) 시설물 전체의 수평시각(θ_H)에 의한 방법

(1) $0° \leq \theta_H \leq 10°$: 주위 환경과 일체가 되고 경관의 주제로서 대상에서 벗어남

(2) $10° < \theta_H \leq 30°$: 시설물의 전체형상 인식, 경관의 주제로서 적당

(3) $30° < \theta_H \leq 60°$: 시설물의 시계 중에 차지하는 비율이 크고 강조된 경관을 말한다.

(4) $60° < \theta_H$: 시설물 자체가 시야의 대부분을 차지하며 압박감 느낌

2) 시설물 전체의 수직시각(θ_V)에 의한 방법

(1) $0° \leq \theta_V \leq 15°$: 쾌적한 경관, 시설물의 경관의 주제

(2) $15° < \theta_V$: 압박감, 쾌적하지 못한 경관

3) 시설물 1점의 시준축과 시설물 축선이 이루는 각(α)에 의한 방법

   (1) $0° \leq \alpha \leq 10°$: 특이한 시설물 경관을 얻고 시점이 높게 된다.
   (2) $10° < \alpha \leq 30°$: 입체감이 좋은 경관
   (3) $30° < \alpha \leq 90°$: 입체감이 없는 평면적인 경관

4) 기준점에 대한 시점의 높이에 의한 방법

   (1) 시점의 위치가 낮은 경우 : 활동적인 인상
   (2) 시점의 위치가 높은 경우 : 정적인 인상

5) 시점과 시설물의 거리에 의한 방법

   (1) 시점이 가까울 때 : 상세하게 인식되지만 경관의 주제는 시설물의 국부적인 부제가 된다.
   (2) 시점이 멀어질 경우 : 시설물 전체가 경관의 주제가 된다.

2 시점과 배경의 위치관계에 의한 정량화

1) 배경의 다양성으로 심리적 영향에 따라 인상이 크게 변화하므로 정량적 분석이 곤란하다.

2) 배경과 경관도의 관계 추출

   (1) 시점의 상태
   (2) 배경과 대상물의 위치관계
   (3) 시점과 배경의 위치관계
   (4) 배경의 상태
   (5) 기상조건에 따른 영향을 고려하여 추출

3) 배경의 경관도 규정

   (1) 입지조건, 시준률, 대상시설물의 시준범위, 시점과 배경과의 거리
   (2) 하향각(부각), 상향각(앙각), 육해공의 비율, 배경의 시준범위 및 기상조건 고려

제6절 평가함수에 따른 경관도의 정량화

1 시설물 경관의 경관도(E)

E값이 클수록 경관도의 평가가 높다.

$$E = X_1 \left(\sum_{i=2}^{M} \alpha_i + X_i + \alpha_0 \right)$$

$$X = \sum_{i=2}^{M} b_{ji} \cdot Y_i + b_{oi} \quad (i = 1 \sim M)$$

여기서, α_i, b_{ji} : 각 인자에 걸쳐 있는 경중률

X_i : 시설물경관의 평가지표 7개항

(가시, 불가시, 식별도, 위압감, 스케일감, 입체감, 변화감, 조화감)

Y_i : 평가지표 X_i에 의한 경관도 규정요인

(수평시각 $\theta_H (\neq)$, 수직시각 θ_V, 시준축과 대상물 축선이 이루는 각 α, 기준면에 대한 시점의 높이 ΔH, 대상물과 시점 간의 거리 D, 배경의 경관도 F_B)

2 배경의 경관도

$$F_B = \sum_{i=1}^{M} F_{Bi} / K$$

여기서, F_{B1} : 입지조건

F_{B2} : 시준률

F_{B3} : 대상물 시준범위

F_{B4} : 시점과 배경과의 거리

F_{B5} : 하향각 및 상향각

F_{Bi} : (i = 1 ~ K)

CHAPTER 04 문제 및 해설

01 경관 평가요인을 정량화하기 위하여 수평 시각을 관측한 결과 $30°≤θ_H≤60°$의 값을 얻었다. 시설물에 대한 느낌으로 적절한 것은? [2010년 기사 1회]

① 시설물은 주위와 일체가 되고 경관의 주제로서 대상에서 벗어난다.
② 시설물의 전체 형상을 인식할 수 있고 경관의 주제로 적합하다.
③ 시설물이 시계 중에 차지하는 비율이 크고 강조된 경관으로 인식된다.
④ 시설물에 대한 압박감을 크게 느낀다.

해설

수평각($θ_H$)
① $0° ≤ θ_H ≤ 10°$: 시설물은 주위 환경과 일체가 궤도경관의 주제로서 대상에서 벗어난다.
② $10° < θ_H ≤ 30°$: 시설물의 전체 형상을 인식할 수 있고 경관의 주제로서 적당하다.
③ $30° < θ_H ≤ 60°$: 시설물이 시계 중에 차지하는 비율이 크고 강조된 경관을 얻는다.
④ $60° < θ_H$: 시설물에 대한 압박감을 느끼기 시작한다.

02 경관의 개성적 분류에 대한 설명으로 옳지 않은 것은? [2010년 기사 2회]

① 산속의 기암절벽은 천연적 경관에 속한다.
② 넓은 초원이나 바다의 풍경은 파노라믹한 경관에 속한다.
③ 수목으로 쌓인 호수나 들은 터널적 경관이다.
④ 안개, 아침이나 저녁노을 등은 순간적 경관이다.

해설

개성적 요소에 의한 분류
① 천연적 경관 : 산속의 기암 절벽
② 파노라믹 경관 : 넓은 초원이나 바다의 풍경
③ 포위된 경관 : 수목으로 둘러싸인 호수나 들
④ 세부적 경관 : 대상물의 부분적인 것으로 나뭇잎, 꽃잎의 생김새
⑤ 순간적 경관 : 안개, 아침이나 저녁노을 등
⑥ 초점적 경관 : 계곡, 도로 및 강물
⑦ 터널적 경관 : 하늘을 가린 가로수 도로

03 경관의 구성요소에서 인간의 속성을 나타내는 직업, 연령, 건강상태, 교육환경이 속하는 계는? [2010년 기사 3회]

① 대상계   ② 경관장계
③ 시점계   ④ 형상계

해설

① 대상계 : 인식의 대상이 되는 사물(규모, 상태, 형상 및 배치)-교량

Answer 01 ③ 02 ③ 03 ③

② 경관장계 : 대상을 둘러싼 환경(전경, 중경, 원경에 의한 규모와 상태)
③ 시점계 : 인간의 개인차(환경, 건강, 연령, 직업)에 의해 느껴지는 시점의 성격
④ 상호성계 : 대상계, 경관장계 및 시점계를 구성하는 요인과 성격에 관한 상호성을 규명하는 것

04 경관측량에서 지점경관의 구성요소가 아닌 것은? [2011년 기사 2회]

① 시점(視點)
② 종점(終點)
③ 주대상(奏對象)
④ 대상장(對象場)

해설
지점경관 구성요소는 시점, 시점장, 주대상, 대상장으로 나눌 수 있다.

05 경관측량에서 인식대상의 주체에 대하여 경관을 자연경관, 인공경관, 생태경관으로 분류할 때 자연경관에 해당되지 않는 것은? [2012년 기사 3회]

① 산
② 정원
③ 하천
④ 바다

해설
① 자연경관 : 산, 하천, 바다와 같은 자연경치
② 인공경관
 - 조경 : 공원, 정원, 인공녹지 등의 인공요소를 가한 경치
 - 장식경 : 실내·외 장식과 같이 대상물의 인공요소만을 주체로 한 경치
③ 생태경관
 - 생태경 : 자연상태 그대로의 생태경관
 - 관상경 : 관상수(觀賞樹), 관상견(觀賞犬)과 같이 인공요소를 더한 경관

06 경관측량에서 인식대상의 주체에 의한 분류에 해당되지 않는 것은? [2013년 기사 3회]

① 인공경관
② 생태경관
③ 자연경관
④ 환경경관

해설

인식대상(認識對象)의 주체(主體)에 관한 분류	
자연경관 (natural viewscape)	인공이 가해지지 않은 경치로서 산, 하천, 바다, 자연녹지 등
인공경관 (artificial viewscape)	① 조경 : 인공요소를 가한 경치 (정원, 공원, 인공녹지, 도시경관, 시설물경관 등) ② 장식경 : 대상물에 미의식을 강조시켜 생활공간을 미화하는 실내외 장식
생태경관 (ecological viewscape)	① 생태경 : 자연생태 그대로의 경관 ② 관상경 : 인공적 요소를 더한 경관 (관상수(觀賞樹), 관상견(觀賞犬))

07 경관의 구성요소에서 인간의 속성을 나타내는 직업, 연령, 건강상태, 교육환경이 속하는 계는? [2015년 기사 1회]

① 대상계
② 경관장계
③ 시점계
④ 형상계

해설
경관의 구성요소에 의한 분류
① 대상계 : 인식의 대상이 되는 사물(규모, 상태, 형상 및 배치) – 교량
② 경관장계 : 대상을 둘러싼 환경(전경, 중경, 원경에 의한 규모와 상태)
③ 시점계 : 인간의 개인차(환경, 건강, 연령, 직업)에 의해 느껴지는 시점의 성격
④ 상호성계 : 대상계, 경관장계 및 시점계를 구성하는 요인과 성격에 관한 상호성을 규명하는 것

Answer 04 ② 05 ② 06 ④ 07 ③

08 경관평가에 있어서 시준선과 시설물 축선이 이루는 수평시각(θ)의 범위로 시설물 전체의 형상을 인식할 수 있고, 경관의 주제로서 적당한 경관을 얻을 수 있는 범위는?

[2015년 기사 2회]

① $0° < \theta \leq 5°$
② $5° < \theta \leq 10°$
③ $10° < \theta \leq 30°$
④ $50° < \theta \leq 60°$

해설

시설물 전체의 수평시각(θ_H)에 의한 방법
① $0° \leq \theta_H \leq 10°$: 주위 환경과 일체가 되고 경관의 주제로서 대상에서 벗어남
② $10° < \theta_H \leq 30°$: 시설물의 전체형상 인식, 경관의 주제로서 적당
③ $30° < \theta_H \leq 60°$: 시설물의 시계 중에 차지하는 비율이 크고 강조된 경관을 말한다.
④ $60° < \theta_H$: 시설물 자체가 시야의 대부분을 차지하며 압박감 느낌

09 다음의 경관 중에서 인식대상의 주체에 관한 분류로 거리가 먼 것은?

[2015년 기사 3회]

① 자연 경관
② 인공 경관
③ 생태 경관
④ 터널 경관

해설

인식대상(認識對象)의 주체(主體)에 관한 분류
① 자연경관(natural viewscape) : 인공이 가해지지 않은 경치로서 산, 하천, 바다, 자연녹지 등
② 인공경관(artificial viewscape)
  ㉠ 조경 : 인공요소를 가한 경치(정원, 공원, 인공녹지, 도시경관, 시설물 경관 등)
  ㉡ 장식 : 대상물에 미의식을 강조시켜 생활공간을 미화하는 실내외 장식
③ 생태경관(ecological viewscape)
  ㉠ 생태경 : 자연생태 그대로의 경관
  ㉡ 관상경 : 인공적 요소를 더한 경관[관상수(觀賞樹), 관상견(觀賞犬)]

Answer 08 ③ 09 ④

CHAPTER 05 지하시설물 측량

제1절 개요

지하시설물 측량이란 지하에 설치, 매설된 시설물을 효율적이고 체계적으로 유지, 관리하기 위하여 지하시설물에 대한 조사, 탐사 및 위치측량과 이에 따른 도면 제작 및 데이터베이스 구축까지를 말한다.

제2절 지하시설물 종류

지하시설물이란 도로 및 도로부대 시설물과 다음 각 목의 시설물을 말한다.
(1) 도로법 제2조에 따른 도로 및 부속시설물
(2) 수도법 제3조에 따른 상수관로 및 부속시설물
(3) 하수도법 제2조에 따른 하수관로 및 부속시설물
(4) 도시가스사업법 제2조에 따른 가스관로 및 부속시설물
(5) 전기통신기본법 제2조에 따른 통신관로 및 부속시설물
(6) 전기사업법 제2조에 따른 전력관로 및 부속시설물
(7) 송유관안전관리법 제2조에 따른 송유관로 및 부속시설물

(8) 집단에너지사업법 제2조에 따른 난방열관로 및 부속시설물

(9) 그 밖의 신호 및 가로등과 관련된 지하시설, 지하철 및 ITS 관련 지하시설, 지하에 설치된 케이블TV 및 유선선로, 공동구, 지하도 및 지하상가 시설 등과 같이 공공의 이해관계가 있는 지하시설물

제3절 지하시설물 탐사 작업 순서

1. 작업계획 및 준비
2. 조사
3. 탐사
4. 지표면상에 노출된 지하시설물의 위치측량
5. 관로조사 등 지하시설물에 대한 탐사
6. 지하시설물 원도 작성
7. 대장조서 및 속성 DB 작성
8. 정위치편집
9. 구조화편집
10. 도면제작편집
11. 성과 등의 정리

제4절 지하시설물 측량기법

1 전자유도측량방법

지표로부터 매설된 금속관로 및 케이블 관측과 탐침을 이용하여 공관로나 비금속관로를 관측할 수 있는 방법으로, 장비가 저렴하고 조작이 용이하며 운반이 간편하여 지하시설물 측량기법 중 가장 널리 이용되는 방법이다.

2 지중레이더 측량기법

지중레이더 측량기법은 전자파의 반사의 성질을 이용하여 지하시설물을 측량하는 방법이다.

3 음파 측량기법

전자유도측량방법으로 측량이 불가능한 비금속 지하시설물에 이용하는 방법으로 물이 흐르는 관 내부에 음파 신호를 보내면 관 내부에 음파가 발생된다. 이때 수신기를 이용하여 발생된 음파를 측량하는 기법이다.

제5절 지하시설물 탐사의 정확도

1 금속관로의 경우

매설깊이가 3.0m 이하인 경우에 한하여 평면위치 20cm, 깊이 30cm 이내이어야 하며, 매설 깊이가 3.0m를 초과하는 경우에는 별도로 정하여 사용할 수 있다.

2 비금속관로의 경우

매설 깊이가 3.0m 이하인 경우에 한하여 평면위치 20cm, 깊이 40cm 이내이어야 하며, 매설 깊이가 3.0m를 초과하는 경우에는 별도로 정하여 사용할 수 있다.

기기		성능	판독 범위
지하시설물 측량기기 (탐사기기)	금속관로 탐지기	평면위치 20cm, 깊이 30cm	관경 80mm 이상, 깊이 3m 이내의 관로를 기준으로 한 것
	비금속관로 탐지기	평면위치 20cm, 깊이 40cm	
	맨홀 탐지기	매몰된 맨홀의 탐지 50cm 이상	

제6절 지하시설물도의 입력

정위치 편집한 도면에 표시하는 시설물의 종류별 기본색상은 다음 각 호와 같다.

1. **도로 시설** : 「수치지도작성작업규칙」 또는 「지도도식규칙」을 적용한다.

2. **상수도 시설** : 청색

3. **하수도 시설** : 보라색. 다만, 계획기관의 요구에 따라 동일한 색상의 심벌로 시설물 종류를 다음 각 목과 같은 방법으로 세분화할 수 있다.
   가. 오수관로 : 보라색
   나. 우수관로 : 보라색

4. **가스시설** : 황색

5. **통신시설** : 녹색

6. **전기시설** : 적색

7. **송유관 시설** : 갈색

8. **난방열관 시설** : 주황색

CHAPTER 05 문제 및 해설

01 지상 및 지하시설물 등에 대한 지도 및 도면 등 제반 정보를 수치 입력하여 효율적으로 운영 관리하는 종합적인 관리체계를 무엇이라 하는가? [2010년 기사 1회]

① SIS(Surveying Information System)
② CAD체계
③ AM(Automated Mapping)
④ FM(Facilities Managemant)

[해설]
① 시설물 관리(FM : Facilities Management) 도로, 상하수도, 전기 등의 자료를 수치 지도화하고 시설물의 속성을 입력하여 데이터베이스를 구축함으로써 시설물 관리활동을 효율적으로 지원하는 시스템
② CDA(문저복합구조, Compound Document Architectyre) : 미국의 DEC사가 개발한 텍스트, 도형, 화상 등이 혼재하는 복합문서 포맷 규약을 규정한 구조
③ 측량정보체계(SIS : Surveing Information System)
④ AM(Automated Mapping) : 도면자동화

02 전자파의 반사성질을 이용하여 지하의 각종 현상을 밝히는 측량방법은? [2010년 기사 3회]

① 지중레이더측량기법 ② 전자유도측량기법
③ 음파측량기법 ④ GPS 측량기법

[해설]
① 전자유도측량방법
지표로부터 매설된 금속관로 및 케이블관측과 탐침을 이용하여 공관로나 비금속관로를 관측할 수 있는 방법으로 장비가 저렴하고 조작이 용이하며, 운반이 간편하여 지하시설물측량기법 중 가장 널리 이용되는 방법이다.
② 지중레이더측량기법
지중레이더측량기법은 전자파의 반사의 성질을 이용하여 지하시설물을 측량하는 방법이다.
③ 음파측량기법
전자유도측량방법으로 측량이 불가능한 비금속지하시설물에 이용하는 방법으로 물이 흐르는 관 내부에 음파신호를 보내면 관 내부에 음파가 발생된다. 이때 수신기를 이용하여 발생된 음파를 측량하는 기법이다.

03 지하시설물 측량에 대한 설명으로 옳은 것은? [2011년 기사 2회]

① 지표를 굴착하지 않고 매설물의 위치와 심도 등을 측량하는 것이다.
② 지표를 굴착하여 매설물의 위치와 심도 등을 확인하는 측량을 의미한다.
③ 측량장비는 주로 토털 스테이션이나 GPS가 이용된다.
④ 주로 지하수의 분포 및 유량 등에 관한 자료를 얻기 위한 측량을 의미한다.

Answer 01 ④ 02 ① 03 ①

[해설]

지하에 설치, 매설된 시설물을 효율적이고 체계적으로 유지, 관리하기 위하여 지하시설물에 대한 조사, 탐사 및 위치측량과 이에 따르는 도면제작 및 데이터베이스 구축까지 하는 측량은 지하시설물 측량이다.

04 도로설계 횡단도상에서 양단거리가 20m이고, No.28과 No.29의 면적이 다음과 같다. 양단 사이의 단면 변화가 일률적이라면 성토량과 절토량은? [2011년 기사 3회]

구분	성토단면	절토단면
No.28	2.11m²	1.35m²
No.29	0.58m²	1.83m²

① 성토량 15.3m³, 절토량 31.8m³
② 성토량 26.9m³, 절토량 31.8m³
③ 성토량 15.3m³, 절토량 4.8m³
④ 성토량 26.9m³, 절토량 4.8m³

[해설]

성토량 $= \dfrac{2.11+0.58}{2} \times 20 = 26.9\text{m}^3$

절토량 $= \dfrac{1.35+1.83}{2} \times 20 = 31.8\text{m}^3$

05 지하시설물에 대한 탐사 공정 순서로 옳은 것은? [2011년 기사 3회]

① 작업계획수립
② 관로조사 등 지하시설물에 대한 탐사
③ 지표면상에 노출된 지하시설물에 대한 조사
④ 지하시설물 원도의 작성
⑤ 자료 수집 및 편집
⑥ 작업조서의 작성

① ① → ⑤ → ③ → ② → ④ → ⑥
② ① → ② → ③ → ④ → ⑤ → ⑥
③ ① → ⑤ → ④ → ③ → ② → ⑥
④ ① → ② → ⑤ → ④ → ③ → ⑥

[해설]

지하시설물 탐사작업의 순서
작업계획수립 → 자료의 수집 및 편집 → 지표면상에 노출된 지하시설물의 조사 → 관로조사 등 지하시설물에 대한 탐사 → 지하시설물 원도의 작성 → 작업조서의 작성

06 지하에 설치된 상·하수도시설, 가스시설, 통신시설 등의 건설 및 유지관리를 위한 자료제공의 역할을 하는 측량은? [2012년 기사 2회]

① 초구장측량
② 관계배수측량
③ 건축측량
④ 지하시설물측량

[해설]

지하시설물측량(Underground Facility Surveying)
지하시설물의 수평위치와 수직위치를 관측하는 측량을 말하며 지하시설물을 효율적 및 체계적으로 유지관리하기 위하여 지하시설물에 대한 조사, 탐사와 도면제작을 위한 측량으로 초기 도면 제작비용이 많이 든다.

07 채광지역의 광상을 조사하기 위하여 시추에 의한 코어를 채취하였다. 시추 코어에서 한 단층의 두께가 4m, 경사각이 30°이었다면 이 층의 실제 두께는? [2012년 기사 3회]

① 2.00m ② 3.46m
③ 4.62m ④ 8.00m

Answer 04 ② 05 ① 06 ④ 07 ②

해설

그림이 명확하게 되어 있지 않아서 정확한 답을 구하기 어려움. 시추의 방향이 다르면 $4 \times \sin 30° = 2$ 라는 답이 도출됨

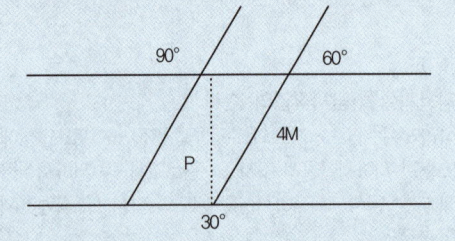

실제두께(P) = $l \times \cos 30°$
∴ P = $4 \times \cos 30°$ = 3.464101612 ≒ 3.46m

08 지하시설물의 관측방법 중 조사구역을 적당한 격자간격으로 분할하여 그 격자점에 대한 자력값을 관측함으로써 지하의 자성체의 분포를 추정하는 방법은?

[2012년 기사 3회]

① 지중레이더관측법
② 자기관측법
③ 전자관측법
④ 탄성파관측법

해설

① **전자유도측량방법** : 지표로부터 매설된 금속관로 및 케이블관측과 탐침을 이용하여 공관로나 비금속관로를 관측할 수 있는 방법으로 장비가 저렴하고 조작이 용이하며, 운반이 간편하여 지하시설물측량기법 중 가장 널리 이용되는 방법이다.
② **지중레이더측량기법** : 지중레이더측량기법은 전자파의 반사의 성질을 이용하여 지하시설물을 측량하는 방법이다.
③ **음파측량기법** : 전자유도측량방법으로 측량이 불가능한 비금속지하시설물에 이용하는 방법으로 물이 흐르는 관 내부에 음파신호를 보내면 관 내부에 음파가 발생된다. 이때 수신기를 이용하여 발생된 음파를 측량하는 기법이다.

④ **자기관측법** : 지구자장의 변화를 관측, 자성체의 분포를 측정하는 방법으로 자기관측법이 있다.

09 지하시설물측량의 일반적인 절차로 옳은 것은?

[2013년 기사 1회]

① 작업계획 및 준비 – 시설물의 위치측량 – 조사 – 탐사 – 지하시설물 원도 작성
② 작업계획 및 준비 – 조사 – 탐사 – 시설물의 위치측량 – 지하시설물 원도 작성
③ 조사 – 작업계획 및 준비 – 탐사 – 시설물의 위치측량 – 지하시설물 원도 작성
④ 조사 – 탐사 – 작업계획 및 준비 – 시설물의 위치측량 – 지하시설물 원도 작성

해설

지하시설물 탐사작업의 순서
① 작업계획의 수립
② 자료의 수집 및 편집
③ 지표면상에 노출된 지하시설물에 대한 조사
④ 관로조사 등 지하시설물에 대한 탐사
⑤ 지하시설물 원도의 작성
⑥ 작업조서의 작성

10 지하시설물에 대한 탐사 간격은 20m 이하를 원칙으로 한다. 다만, 간격에 관계없이 반드시 측량하여야 하는 경우에 해당되지 않는 것은?

[2013년 기사 2회]

① 지하시설물이 분기하는 경우
② 지하시설물이 교차하는 경우
③ 지하시설물이 직선구간인 경우
④ 지하시설물에 각종 제어장치가 있는 경우

해설

지하시설물도작성 작업규칙 제10조
(관로조사 등 지하시설물에 대한 심사)
① 탐사자는 지하시설물을 그 종류별로 구분하여 탐사하여야 한다.

Answer 08 ② 09 ② 10 ③

② 탐사자는 금속관로·비금속관로·케이블 등 지하시설물의 재질에 따라 적합한 탐사방법을 선택하여야 한다.
③ 탐사자는 지하시설물의 중심선을 기준으로 하여 그 평면위치 및 깊이를 탐사하여야 한다. 이 경우 탐사오차의 허용범위는 별표 1과 같다.
④ 지하시설물에 대한 탐사간격은 20미터 이하로 한다. 다만, 다음 각 호의 1에 해당하는 경우에는 탐사간격에 관계없이 반드시 탐사를 실시하여야 한다.
 1. 지하시설물의 지름 또는 재질이 변경되는 경우
 2. 지하시설물이 교차·분기하거나 상태가 바뀌는 경우
 3. 지하시설물이 곡선구간인 경우
 4. 지하시설물에 각종 제어장치 또는 밸브가 있는 경우
 5. 지하시설물 경사변화의 수직폭이 별표의 탐사오차의 허용범위 중 깊이 기준을 초과하는 경우
 6. 기타 국립지리원장이 탐사가 필요하다고 인정하는 경우
⑤ 탐사자는 제4항의 규정에 의한 탐사를 하는 때에는 관로의 재질·지름 및 설치 연도 등의 자료(이하 "속성자료"라 한다) 조사를 병행하여야 한다.

11 지상 및 지하시설물 등에 대한 지도 및 도면 등 제반정보를 수치 입력하여 효율적으로 운영 관리하는 종합적인 관리체계를 무엇이라 하는가? [2014년 기사 3회]

① SIS(Surveying Information System)
② CAD(Computer Aided Design)
③ AM(Automated Mapping)
④ FM(Facilities Management)

해설
FM(시설물관리체계)
각종 시설물에 대한 지도의 위치 정보를 기초로 하여 전산적으로 체계화하고자 하는 것을 시설물관리(Facility Management)라 하며, 주요 시설물의 위치, 크기, 연계성 등의 내용을 도면 위에서 도형적 요소와 비도형적 요소의 결합에 의하여 표시, 분석하여 관리하는 체계를 시설물관리체계라 하며, 이는 지형공간정보체계의 한 분야이다.

12 지하시설물 관측방법에서 원래 누수를 찾기 위한 기술로 수도관로 중 PVC 또는 플라스틱 관을 찾는 데 이용되는 관측방법은? [2015년 기사 1회]

① 음파관측법
② 전기관측법
③ 자장관측법
④ 탄성파관측법

해설
① **전자유도 측량방법**: 지표로부터 매설된 금속관로 및 케이블 관측과 탐침을 이용하여 공관로나 비금속관로를 관측할 수 있는 방법으로, 장비가 저렴하고 조작이 용이하며 운반이 간편하여 지하시설물 측량기법 중 가장 널리 이용되는 방법이다.
② **지중레이더 측량기법**: 전자파의 반사 성질을 이용하여 지하시설물을 측량하는 방법이다.
③ **음파 측량기법**: 전자유도 측량방법으로 측량이 불가능한 비금속 지하시설물에 이용하는 방법으로 물이 흐르는 관 내부에 음파 신호를 보내면 관 내부에 음파가 발생된다. 이때 수신기를 이용하여 발생된 음파를 측량하는 기법이다.

13 지하시설물의 탐사방법 중 조사구역을 적당한 격자 간격으로 분할하여 그 격자점에 대한 자력 값을 관측함으로써 지하의 자성체의 분포를 추정하는 방법은? [22년 2기]

① 지중레이더탐사법
② 자기탐사법
③ 전자탐사법
④ 탄성파탐사법

Answer 11 ④ 12 ① 13 ②

지하시설물 측량기법

전자유도측량 (electronic) 방법	지표로부터 매설된 금속관로 및 케이블 관측과 탐침을 이용하여 공관로나 비금속관로를 관측할 수 있는 방법으로, 장비가 저렴하고 조작이 용이하며 운반이 간편하여 지하시설물 측량기법 중 가장 널리 이용되는 방법이다.
GPR (Ground Penetrating Radar) 지중레이더측량 기법	지중레이더 측량기법은 전자파의 반사의 성질을 이용하여 지하시설물을 측량하는 방법이다. GPR (Ground Penetrating Radar, 지중레이더)은 지중으로 전자파를 안테나로부터 방사하여 지중으로부터 반사되어져 오는 전자파를 수신하여 지하에 매설되어 있는 물체를 탐사하는 장비이다.
음파 측량기법 (acoustic)	전자유도 측량방법으로 측량이 불가능한 비금속 지하시설물에 이용하는 방법으로 물이 흐르는 관 내부에 음파 신호를 보내면 관 내부에 음파가 발생된다.
자기 탐사법 (Magnetic Detection Method)	지하 자장의 공간적 변화를 관측하여 자성체의 분포를 탐사하는 기법으로 매설물의 전기적 성질의 차이를 관측하여 지하시설물을 탐사하는 방법

14 시설물 측량의 교량측정에서 말뚝설치측량, 우물통설치측량, 형틀설치측량을 무엇이라 하는가? [21년 4기]

① 기준점측량 ② 상부구조물측량
③ 하부구조물측량 ④ 유지관리측량

해설

㉠ 상부구조물측량 : PC부재, 트러스, 아치구조물 조립 및 일괄거치측량 등
㉡ 하부구조물측량 : 말뚝설치측량, 우물통설치측량, 형틀설치측량 등
㉢ 안전유지관리 : 변위계측

15 해양지질학적 기초자료를 획득하기 위하여 음파 또는 탄성파 탐사장비를 이용하여 음향상 및 지층 분포를 조사하는 작업을 무엇이라고 하는가? [21년 2기]

① 해저지층탐사
② 해상중력관측
③ 해저지형측량
④ 해상지자기관측

해설

해저지층탐사
해저지층탐사란 해상용 지층탐사기를 이용하여 해저면 하부의 지층에 대한 정보를 획득하는 조사 작업을 말한다.

16 지상 및 지하시설물 등에 대한 지도 및 도면 등 제반 정보를 수치 입력하여 효율적으로 운영 관리하는 종합적인 관리체계를 무엇이라 하는가?

① AM(Automated Mapping)
② FM(Facilities Management)
③ CAD(Computer Aided Design)
④ SIS(Surveying Information System)

해설

지하시설물관리시스템(FM:Facilities Management) 지상 및 지하시설물 등에 대한 지도 및 도면 등 제반 정보를 수치 입력하여 효율적으로 운영 관리하는 종합적인 관리체계를 말한다.

Answer 14 ③ 15 ① 16 ②

17 지하시설물의 관측방법으로 원래는 누수를 찾기 위한 기술로 PVC 또는 플라스틱 관등과 같은 비금속 수도관로를 찾는데 주로 이용되는 방법은?

① 전자(electronic) 탐사법
② 자기(magnetic) 탐사법
③ 음파(acoustic) 탐사법
④ 탄성파(seismic) 탐사법

해설

음파 측량기법
전자유도 측량방법으로 측량이 불가능한 비금속 지하시설물에 이용하는 방법으로 물이 흐르는 관 내부에 음파 신호를 보내면 관 내부에 음파가 발생된다. 이때 수신기를 이용하여 발생된 음파를 측량하는 기법이다.

18 지하시설물 측량에 관한 설명으로 옳지 않은 것은?

① 지표면상에 노출된 지하시설물은 측량하지 않는다.
② 지하시설물의 위치, 깊이, 서로 떨어진 거리 등을 측량한다.
③ 지하시설물에 대한 탐사 간격은 20m 이하로 한다.
④ 지하시설물이란 상·하수도, 가스, 통신 등을 위해 지하에 매설된 시설물을 의미한다.

해설

지하시설물 측량이란 지하에 설치/매설된 시설물을 효율적이고 체계적으로 유지/관리하기 위하여 지하시설물에 대한 조사, 탐사 및 위치측량과 이에 따른 도면 제작 및 데이터베이스구축 까지를 말한다. 지표면상에 노출된 지하시설물은 측량하여야한다.

Answer 17 ③ 18 ①

CHAPTER 06 해양측량

해양측량은 해상위치결정, 수심관측, 해저지형의 기복과 구조, 해안선의 결정, 조석의 변화, 해양중력 및 지자기의 분포, 해수와 흐름과 특성 및 해양에 관한 제반정보를 체계적으로 수집, 정리하여 해양을 이용하는 데 필수적인 자료를 제공하기 위한 해양과학의 한 분야이다.

제1절 해양측량

1 해도

1) 바다의 기본도

해양에 관한 정보를 총체적으로 수록한 도면으로서 해저지형도, 해저지질구조도, 지자기전 자력도, 중력 이상도의 네 종류가 있고, 축척에 따라서는 다음과 같은 3가지가 있다.

(1) 1 : 200,000 기본도 : 경제수역 200해리까지를 대상으로 하며, 각종 해양개발계획의 예찰도(豫察圖)로서 적합하다.

(2) 1 : 50,000 기본도 : 해양개발계획을 위한 개찰도(槪察圖)로서 적합하다.

(3) 1 : 10,000 기본도 : 자원채굴 등의 정사도에 적합하고, 우리나라의 영해의 폭을 결정하는 기준으로 쓰이고, 해저 자원 확보와 밀접한 대륙붕 분할의 기선으로서도 중요하다.

2) 항해용 해도

항해의 안전을 목적으로 해로, 해저수심, 장해물, 연안지형지물, 방위, 좌표, 거리 등 항해상 필요한 제반사항을 정확하고 이용하기 쉽게 표현한 도면으로 다음과 같이 구분된다.

(1) 총도(總圖 : General Chart)
매우 광대한 해역을 일괄하여 볼 수 있도록 만든 해도로서 원양항해나 항해계획수립용으로 사용된다.

(2) 원양항해도(遠洋航海圖 : Sailing Chart)
원양항해에 사용되는 해도

(3) 근해항해도(近海航海圖 : Coast Navigational Chart)
육지와 가시거리 내에서 항해할 때 사용되는 해도

(4) 해안도(海岸圖 : Coast Chart)
연안항해에 사용되는 해도

(5) 항박도(港泊圖 : Harbour Plan)
소구역을 대상으로 항만, 어항, 수도 등을 상세하게 게재한 해도

3) 특수해도

기본도, 항해용 해도 이외의 여러 가지 참고용 해도를 말하며 다음과 같이 구분된다.

(1) 수심도, 해저지형도(水深圖, 海底地形圖 : Bathymetric Chart)
해저지형을 정밀한 등심선이나 음영법으로 표시하여 대륙붕이나 해저 지형 특성을 파악하기 쉽도록 제작된 도면으로 해저자원조사 및 개발 등에 적합하다.

(2) 어업용도(漁業用圖 : Fishery Chart)
연안어업에 편위를 제공하기 위하여 일반 항해용 해도에 각종 어업에 관한 정보와 규제 내용 등을 색별해 인쇄한 도면

(3) 전파항법도(電波航法圖 : Electronic Positioning Chart)
일반항해용 해도에 전파항법체계의 위치선과 그 번호를 기입한 해도

2 해양측량의 종별 및 내용

1) 해상위치측량(海上位置測量 : Marine Positioning Survey)

해상에서 선박의 위치를 정확하게 결정하기 위한 측량

2) 수심측량(水深測量 : Bathymetric Survey)

해수면으로부터 해저까지의 수심을 결정하기 위한 측량으로 음향측심이라고도 하고, 해상위치측량과 함께 가장 활용도가 높은 측량이다.

3) 해저지형측량(海底地形測量 : Underwater Topographic Survey)

해저지형의 기복을 정확하게 결정하기 위한 측량이다.

4) 해저지질측량(海底地質測量 : Underwater Geological Survey)

해저지질 및 지층구조를 조사하기 위한 측량으로, 일반적으로 음파조사에 의한 방법이 널리 사용된다.

5) 조석관측(潮汐觀測 : Tidal Observation)

해수면의 주기적 승강의 정확한 양상을 파악하기 위한 관측으로 연안선박 통행, 수심관측의 기준면 결정 및 해양공사, 육상수준측량의 기준면 설정에 중요하다.

6) 해안선측량(海岸線測量 : Coast Line Survey)

해안선의 형상과 성질을 조사하는 측량으로 부근의 육상지형, 소도(islet), 간출암, 저조선 등도 함께 측량하여 해안지역의 이용에 중요한 자료를 제공한다.

7) 해도작성(海圖作成)을 위한 측량(測量) : Hydrographic Survey

일반적으로 수로측량이라고 하며, 측량대상지역과 측량대상에 따라 다음과 같이 구분된다.

(1) 항만측량(港灣測量 : Harbour Survey)
   항만 및 그 부근에서 항해의 안전을 목적으로 실시하는 측량

(2) 항로측량(航路測量 : Channel or Passage Survey)
   항로에 있어서 선박의 안전항행을 목적으로 실시하는 측량

(3) 연안측량(沿岸測量 : Coastal Survey)
연안지역에서 선박의 안전항행을 목적으로 실시하는 측량

(4) 대양측량(大洋測量 : Oceanic Survey)
대양에서의 선박의 안전항행을 목적으로 실시하는 측량

(5) 보정측량(補正測量 : Correction Survey)
해저기복의 국지적 변화에 대응하여 해도를 정비하기 위하여 실시하는 측량

(6) 소해측량(掃海測量 : Sweep or Wire Drag Survey)
천초(淺礁), 천퇴(淺堆), 침선(沈船) 등과 같은 장해물을 수색하여 선박의 안전항행을 위한 최대안전수심을 보장하기 위한 측량

(7) 해양중력측량(海洋重力測量 : Marine Gravity Survey)
해상 또는 수중에서 중력을 관측하여 해면 지오이드 결정과 같은 해양측지학, 해양지구물리, 해양지각구조 및 자원탐사 등의 자료를 제공하기 위한 측량

(8) 해양지자기측량(海洋地磁氣測量 : Marine Magnetic Survey)
해양에 있어서의 지자기의 3요소를 관측하여 항해용 지자기분포도, 해양자원탐사자료 등을 작성하기 위한 측량

(9) 해양기준점측량(海洋基準點測量 : Marine Control Survey)
해안부근의 육상지형, 해안선, 도서지방 등의 정확한 위치 결정에 필요한 기준점을 설정하기 위한 측량으로 원점측량이라고도 한다.

(10) 선박속력시험표측량(船舶速力試驗標測量 : Male Post Survey)
선박의 정확한 속력을 구하기 위해서 일정한 방향과 거리마다 시험표를 이용하는데 이러한 시험표를 정확히 설치하기 위한 측량

3 해상위치결정

해상의 위치결정방법은 관측장비, 관측원리, 측량거리나 목적에 따라 다양하게 분류할 수 있다. 해상에서의 선박의 위치를 결정하기 위한 해상위치측량은 선박의 항로유지, 수심측량 등 해양측량뿐만 아니라 모든 해양 활동에 있어서 가장 기초적이며 중요한 것이다.

1) 측량거리 및 목적에 따른 분류

(1) 근거리용 항법
재래적인 연안 항법, 근거리용 전파측량 System

(2) 중거리용 항법
Radiobeacon, Consol, Decca

(3) 장거리용 항법
천문항법, 위성항법, 관성항법, 추측항법, Loran, Omega, Autotape

2) 주요 해상위치결정체계

(1) 지문항법
① 연안의 지물이나 항로표식 등에 의하여 항로위치를 결정하는 방법
② 연안항법과 추측항법으로 대별됨

(2) 천문항법
① 항성이나 태양 등 천체를 관측하여 선박위치를 결정하는 방법(육분의 이용)
② 원리는 천문측량과 동일
③ 주로 육분의에 의하며 천정각 거리나 방위각 대신 고도와 시각을 관측

(3) 전파항법
전파를 이용하여 무선국 간의 거리, 거리차 또는 방위를 관측함으로써 위치를 결정하는 방법

① 유효거리에 의한 분류
- 장거리 방식 : 유효거리 500해리 이상(Loran-A, Loran-C, Omega, Lanbda)
- 중거리 방식 : 유효거리 100 ~ 500해리(Beacon, Consol, Decca)
- 단거리 방식 : 유효거리 100해리 이내(Hi-Fix, Raydist.....)

② 위치선에 따른 분류
- 방사선 방식 : 위치선은 무선국 간의 방위선이 된다.
- 원호 방식 : 두 무선국 간의 거리를 관측한 경우, 위치선은 원호가 되며, 중거리·단거리용으로 사용
- 쌍곡선 방식 : 두 무선국과 다른 하나의 무선국 사이의 거리차를 관측한 경우 쌍곡선이 되면 장거리에 사용

③ 주파수에 의한 분류
- 초장파 방식 : 초장거리용
- 장파 방식 : 장거리용
- 중파 방식 : 중거리용
- 단파 방식 : 중거리용
- 초단파 방식 : 중거리·단거리용

(4) 위성항법

① 인공위성은 지구중력장의 성질을 반영하므로 위성궤도를 정확히 관측하여 지구중력장 해석, 지오이드 결정, 수신점의 위치를 구할 수 있는 방법
② NNSS와 GPS 방식이 있다.

(5) 관성항법

① 관성항법장치에 의하여 출발점으로부터 이동경로에 따른 순간 가속도를 구하여 위치를 결정하는 방법
② 전파항법, 위성항법과 함께 대양을 항해하는 선박이나 항공기에 널리 사용
③ 시통성, 기상, 대기 굴절 등과 무관하므로 잠수함 항법으로도 이용
④ 최근 정확도 향상으로 기준점 측량, 공사측량, 진북자오선 결정, 지구물리 측량에 신속 간편하게 적용

(6) 음향항법

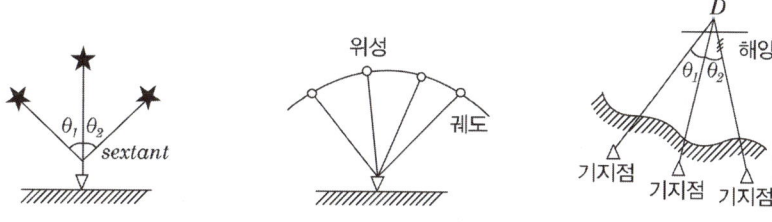

[해상 위치 결정]

4 수심측량방법

수심측량은 수심을 체계적인 방법으로 관측하여 해저지형 기복을 알아내기 위한 측량이다. 오늘날 거의 대부분의 수심측량은 수면에서 해저까지의 음파신호의 왕복시간을 관측하여 수심을 알아내는 음향 측심(Echo Sounding)에 의하여 이루어진다.

1) 측추, 측간에 의한 방법

무게 추를 매단 줄이나 막대로 직접 재는 방식이고 얕은 바다에서 활용된다.

2) 사진측량에 의한 방법

수질이 아주 투명한 해역에서는 항공사진 또는 수중사진을 활용할 수 있다.

3) 수중측량에 의한 방법

주로 해저 유물 탐사 및 고고학적 연구에 응용되는 방법이다.

4) 레이저에 의한 방법

초음파보다 훨씬 분해능이 높은 레이저를 이용하는 방법으로 아직 실용되지는 못함

5) 음향측심기에 의한 방법

(1) 음향측심기의 원리

$$D = \frac{1}{2} V \cdot t$$

여기서, D : 수심
V : 수중속도
t : 시간차

(2) 음향측심기의 구조

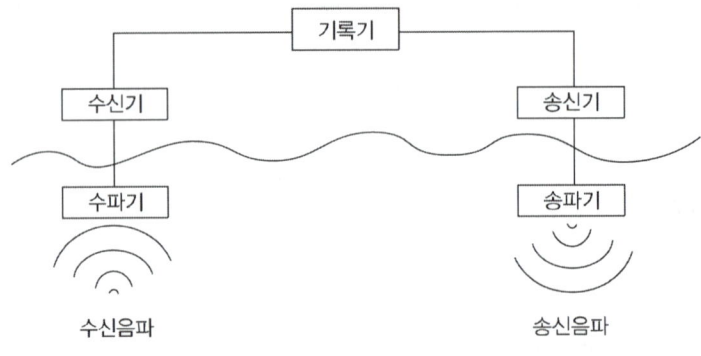

[음향측심기 원리]

5 음향측심의 보정

(1) 음속도의 보정
① 음향표적법 ② 음속도계법
③ 계산법 ④ 보정도법

(2) 흘수보정(吃水補正)

(3) 조고보정(潮高補正)

(4) 기준면(基準面)의 선택(選擇)

> 吃水線 : 배가 물 위에 떠 있을 때 배와 수면이 접하는 경계가 되는 선

6 조석관측방법

1) 검조주(檢潮柱 : tide pole)

눈금판을 붙인 기둥을 해주수에 설치하고 그 수위를 관측하는 법으로 관측도중 상대위치에 변화가 없는가를 살펴야 한다.

2) 수압식 자동기록검조의(水壓式 自動紀錄檢潮儀 : pressure type tide gauge)

수압감지기를 해저에 설치하여 해저의 승강에 따라 생기는 수압변화를 해수면 승강으로 환산하여 기록지에 자동기록하는 방법이다.

3) 부표식 자동기록검조의(浮標式 自動記錄檢潮儀 : bouy type tide gauge)

해안에 우물을 파고, 해수를 도수관으로 우물에 끌어 들여, 우물에 띄운 부표의 승강을 기록지에 자동기록하는 방법이다.

4) 해저검조의(海底檢潮儀 : off-shore tide gauge)

해안에서 상당히 멀리 떨어진 곳의 조석관측에 사용하는 법으로 수면에 직접 부표를 띄우고 부표의 승강을 해저에서 자동으로 기록하는 방법이다.

5) 원격자동기록검조의(遠隔自動記錄檢潮儀)

CHAPTER 06 문제 및 해설

01 해양측량에 대한 설명으로 옳지 않은 것은?

[2012년 기사 1회]

① 해면은 지오이드면과 상당한 차이가 있으며, 지오이드면 외측에 있는 질량의 영향을 고려해야 한다.
② 해양측량 관측의 정밀도는 일반적으로 육상측량 관측의 경우에 비하여 나쁘다.
③ 해양측량에서는 연직 또는 수평방향의 유지가 중요한 문제이다.
④ 선상에서 연직추를 늘어뜨리면 배의 동요에 의한 수평 가속도의 영향 때문에 실의 방향이 정확한 연직방향을 가리키지 못한다.

해설

해면은 지오이드면과 차이가 없다. 지오이드는 평균해수면을 육지까지 연장하여 가상한 곡면을 말한다.

표고의 기준
1. 육지표고기준 : 평균해수면
 (중등조위면, Mean Sea Level : MSL)
2. 해저수심, 간출암의 높이, 저조선 : 평균 최저간조면
 (Mean Lowest Low Level : MLLW)
3. 해안선 : 해면이 평균 최고고조면(Mean Highest High Water Level : MHHW)에 달하였을 때 육지와 해면의 경계로 표시한다.

[해안선과 수심]

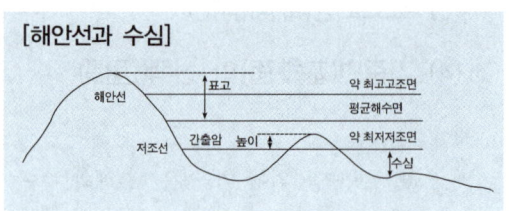

02 해양조사선의 수평위치결정방법이 아닌 것은?

[2013년 기사 1회]

① 육분의에 의한 방법
② 전파측위법
③ 인공위성(DGPS) 측위법
④ 음향측심의에 의한 방법

해설

1. **수심측량**

수심 측량은 바다를 항해하는 선박의 안전을 위하여 시작되었다. 초기에는 납으로 만든 추에 눈금을 새긴 줄을 매어 해저까지 내린 다음, 줄에 표시한 눈금으로 바다의 깊이를 알아내는 방법으로 수심을 측량하였다. 추의 무게는 3.2~12.7kg 정도를 사용하였으며 이 방법은 오늘날에도 항만에서 안벽의 직하 수심을 측정할 때 유용하게 사용되고 있는 일반적인 방법이다.
제2차 세계대전 이후 음향탐지 기술의 급속한 발달이 이루어지면서 음향측심기(수심측정기)가 개발되기 시작하였다. 음향측심기는 바다 밑에 초음파를 발사하면 약 1,500m/s의 속도로 바다 밑에 이른 뒤 다시 반사되어 같은 경로로 되돌아오는 성질을 이용한 것이다.

Answer 01 ① 02 ④

2. 평면위치 측량

초기에는 육분의(Sextant)를 이용한 3점 양각법, 두 곳 육상종국에서 발사하는 전파를 해상주국에서 수신하여 그 거리로써 선위를 측정하는 Range-Range 방법(Raydist, Trisponder 등)을 사용하였으나, 최근에는 지구위치측정시스템(GPS)이 개발·실용화되면서 보다 넓은 지역의 정확한 위치를 확인할 수 있게 되었다.

03 해안선측량을 위한 방법과 거리가 먼 것은?

[2013년 기사 2회]

① 토털 스테이션측량
② GPS 측량
③ 항공레이저측량
④ 해저 면 영상조사

해설

해안선측량(海岸線測量 : Cost Line Survey)은 해안선의 형상과 그 종별을 확인하여 도면화하기 위한 측량으로 해안선 부근의 육상지형, 소도(小島), 이암(離岩), 간출암(干出巖), 저조선(간출선)[低潮線(刊出線)] 등도 함께 관측하는 것이 일반적이다. 해안선 및 부근 지형은 일반적으로 사진측량에 의함을 원칙으로 하며, 사진측량에 의할 수 없는 경우에는 실측(實測)에 의한다. 실측법에는 토털 스테이션, GPS, 트랜싯측량 등이 이용되고 있다.

04 선박의 안전통항을 위한 교량 및 가공선의 높이를 결정하기 위한 기준면으로 사용되는 것은?

[2013년 기사 3회]

① 평균해면
② 기본수준면
③ 약최고고저면
④ 평균저조면

해설

높이의 기준

위치 (位置)	세계측지계(世界測地系)에 따라 측정한 지리학적 경위도와 높이(평균해면으로부터의 높이를 말한다. 이하 이 항에서 같다)로 표시한다. 다만 지도제작 등을 위하여 필요한 경우에는 직각좌표와 높이, 극좌표와 높이, 지구중심 직교좌표 및 그 밖의 다른 좌표로 표시할 수 있다.
측량의 원점 (測量의 原點)	대한민국 경위도원점(經緯度原點) 및 수준원점(水準原點)으로 한다. 다만 섬 등 대통령령으로 정하는 지역에 대하여는 국토교통부장관이 따로 정하여 고시하는 원점을 사용할 수 있다.
간출지 (干出地)의 높이와 수심	수로조사에서 간출지(干出地)의 높이와 수심은 기본수준면(일정 기간 조석을 관측하여 분석한 결과 가장 낮은 해수면)을 기준으로 측량한다.
해안선	해수면이 약최고고조면(略最高高潮面 : 일정 기간 조석을 관측하여 분석한 결과 가장 높은 해수면)에 이르렀을 때의 육지와 해수면과의 경계로 표시한다.

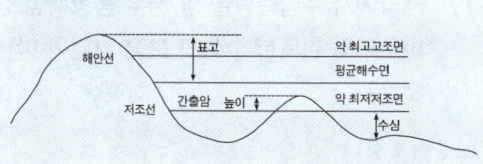

05 해양지질학적 기초자료를 획득하기 위하여 음파 또는 탄성파 탐사장비를 이용하여 해저퇴적양상 또는 음향상 분포를 조사하는 것을 무엇이라 하는가? [2013년 기사 3회]

① 해저지층탐사
② 해상중력관측
③ 해저지형측량
④ 해상지자기관측

해설

해양지질학적 기초자료를 획득하기 위하여 음파 또는 탄성파 탐사장비를 이용하여 해저퇴적양상 또는 음향상 분포를 조사하는 것은 해저지층탐사이다.

Answer 03 ④ 04 ③ 05 ①

06 어떤 지점에서 조석관측을 수행하였을 경우 연이은 두 고조 또는 두 저조의 높이가 다르게 나타나게 되는데 이런 현상을 무엇이라고 하는가? [2015년 기사 1회]

① 일조부등
② 평균고조간격
③ 평균저조간격
④ 반일주조

해설

① 일조부등(日潮不等)의 현상 : 조석(潮汐)의 주기와 크기는 한 장소에서도 연중 계속 변화하지만 가장 주요한 성분은 반일주기(半日週期) 및 일일주기(一日週期)의 조석이다. 반일주기의 조석을 반일주조(半日週潮 : semi diurnal tide), 1일 주기조석을 일주조(日週潮, diurnal tide)라 한다.
하루 두 번의 고조와 저조의 높이는 약간씩 다르며 이러한 현상을 일조부등(日潮不等, diurnal inequality) 현상이라 한다.

07 해양에서 수심측량을 할 경우 음향측심 장비로부터 취득한 수심의 보정 방법이 아닌 것은? [2015년 기사 2회]

① 음속보정
② 조석보정
③ 흘수보정
④ 방사보정

해설

음향측심(音響測深)의 보정(補正)
① 음속도(音速度)의 보정 : 음향 표적법, 음속도계법, 계산법, 보정도법
② 흘수(吃水) 보정
③ 조고(潮高) 보정
④ 기준면(基準面)의 선택(選擇)

08 해양에서 수심측량을 할 경우에 음향측심 장비로부터 취득한 데이터에서 보정하여야 할 항목이 아닌 것은? [22년 기사 1회]

① 굴절오차
② 음속 변화
③ 기계오차
④ 조석

해설

음향측심(音響測深)의 보정(補正)
음향측심기에 의한 관측값을 정확한 수심으로 환산하기 위해서는 측심기 자체의 기차(機差), 음속도 변화, 송수파기의 깊이[흘수(吃水)], 조고(潮高) 등의 영향을 보정하여야 한다.

Answer 06 ① 07 ④ 08 ①

택지조성측량(宅地造成測量)

택지조성측량에는 기준점측량, 수준측량, 현황측량, 경계측량, 확정측량, 준공측량 등이 포함되며 특히 확정측량성과는 등기소에 영구 보존되므로 정확도에 세심한 주의를 기울여야 한다. 택지조성이란 택지 이외의 토지를 택지로 환지하는 작업으로서 도시계획법 및 그 관계법에 준하여 실시된다. 택지조성으로 넓은 면적을 조성하는 경우에는 기본측량을 행한 다각점 및 경계점의 x, y좌표를 기준으로 하여 전체구역을 방안(方眼)으로 나누어 기준선을 설정하고 절토를 성토에 적절히 이용하기 위한 배토계획(配土計劃)을 작성하고 택지면적 확보 및 재해방지를 위한 안전대책 등을 수립하여야 한다.

제1절 택지조성측량의 순서

사전조사 → 현황측량 → 경계측량 → 토지조성공사 → 확정측량 → 준공측량

제2절 설계도면

현황평면도, 택지조성계획도, 택지정비도, 확정도, 도로망도, 도로좌표망도, 도로횡단면도, 배수평면도 등이 사용된다.

(1) 현황평면도는 택지조성지의 위치와 지형을 나타내는 도면으로 일반적으로 축적 1/500 이다.
(2) 택지조성계획도는 토지이용계획에 관한 도면
(3) 택지정비도는 택지조성 작업의 기준이 되는 도로중심선 및 교점의 위치와 지반의 높이 등이 표시된 도면
(4) 확정도는 택지가 계획대로 조성된 것인가를 확인하는 확정측량에 의하여 작성된다.

제3절 사전조사 및 현황측량

1 사전조사

사전조사는 택지조성예정지의 권리관계 및 개발규제 등에 관한 조사로서 토지매수 전부터 완료시까지 여러 번 반복 조사하는 것이 일반적이다.

사전조사 목적은 택지조성예정지 및 그 주변 토지의 형상·소재지번, 지목(토지의 종류), 소유자, 소유권 이외의 권리유무, 또한 예정지 내에 있는 건물의 소재지번, 가옥번호, 종류, 구조, 소유자 등의 일람표를 작성하는 것이다.

2 현황측량

현황평면도작성 측량방법에는 항공사진에 의한 방법과 재래의 방법 등 주로 선점시거측량 및 평판측량을 겸하여 실시하는 방법이 많이 이용되고 있다.

(1) 선점은 1/5,000 정도의 국토기본도, 도시계획도 등의 도상에서 행한다.

(2) 기준점측량은 수평위치와 고저측량으로 크게 구분할 수 있으며 현황평면측량에 필요한 기준점을 설치할 목적이지만 경계측량, 공사측량, 확정측량 등에 기준으로 이용될 수 있도록 측량을 해야 한다.

제4절 경계측량

현황측량을 마치면 지구경계를 결정하고 지구총면적을 산출하기 위해 경계측량을 실시한다.

(1) 경계선이란 토지소유권의 경계에 관한 선이며, 이는 민관경계(도로, 수로등 공유지와의 경계)와 민민경계(사유지의 경계)로 나눌 수 있다.
(2) 경계결정은 지구 내 토지의 전소유자와 당사자, 인접지주가 참가한 가운데 실시하여 결정하고 도면으로 증거를 남겨야 한다.
(3) 경계석을 설치한 후 경계측량에 의하여 경계점의 좌표를 결정하고 지구총면적을 산출할 수 있으며, 현황평면도에 경계를 나타내어 설계에 착수한다.

제5절 확정측량

택지조성측량에서 가장 중요하고 세심한 주의를 요하는 것은 확정측량이다. 또한, 토지판매에 있어 가격결정의 전제로서 각 택지의 면적이 여기서 결정되기 때문에 소정의 정확도를 가져야 한다.

(1) 확정측량은 택지조성이 완료된 각 택지, 공원, 도로 등의 경계석을 설치하고 택지분할 설계도(1/1,000) 상에 기준점, 다각점을 선점하여 이들 점에 대해 기준점측량 및 다각측량을 실시한다.
(2) 택지분할경계좌표를 얻기 위해 전술한 경계측량을 하고 이에 따라 각 좌표계산 및 면적을 산출하고 작도한다.

제6절 준공측량

준공측량은 준공된 시설물을 관리하기 위해 실측하는 것으로 다음과 같은 도면을 작성하는 측량이다.

(1) 준공평면도 : 준공평면도는 시공업자가 준공상태를 나타낸 평면도로서 시설물의 위치 등을 나타낸다.

(2) 도로대장평면도 : 준공 후의 도로관리를 위한 평면도로서 주로 도로주변의 현황경계표의 종류, 경계점간 거리·도로폭·지번·행정계 등을 축척 1/500로 만든 것이다.

(3) 지하시설물평면도 : 지하시설물의 평면위치, 깊이, 맨홀, 도로경계에서의 거리, 관경, 경사도, 관길이 유수방향, 지번, 행정계 등을 나타낸 도면이다.

CHAPTER 07 문제 및 해설

01 일반적인 택지조성측량의 순서로 가장 적합한 것은? [2010년 기사 2회]

① 사전조사 → 현황측량 → 확정측량 → 경계측량 → 택지조성공사 → 준공측량
② 사전조사 → 현황측량 → 택지조성공사 → 확정측량 → 경계측량 → 준공측량
③ 사전조사 → 현황측량 → 경계측량 → 택지조성공사 → 확정측량 → 준공측량
④ 사전조사 → 현황측량 → 준공측량 → 경계측량 → 택지조성공사 → 확정측량

[해설]
기준점측량 → 수준측량 → 현황측량 → 경계측량 → 확정측량 → 준공측량

02 대축척인 지적도를 작성하는 데에는 일방적으로 기존의 삼각점만으로 충분하지 않다. 이때 필요한 기준점 설치를 위한 기초측량에 해당되지 않는 것은?
[2012년 기사 3회]

① 지적도근측량
② 세부측량
③ 지적삼각보조측량
④ 지적삼각측량

[해설]
기초측량
① 지적삼각측량
② 지적삼각보조측량
③ 지적도근측량

Answer 01 ③ 02 ②

CHAPTER 08 면적 및 체적측량

제1절 경계선이 직선으로 된 경우의 면적 계산

구분	방법	공식	도형
(1) 삼사법	밑변과 높이를 관측하여 면적을 구하는 방법	$A = \dfrac{1}{2}ah$	
(2) 이변법	두 변의 길이와 그 사잇각(협각)을 관측하여 면적을 구하는 방법	$A = \dfrac{1}{2}ab\sin\gamma$ $= \dfrac{1}{2}ac\sin\beta$ $= \dfrac{1}{2}bc\sin\alpha$	
(3) 삼변법	삼각변의 3변 a, b, c를 관측하여 면적을 구하는 방법	$A = \sqrt{S(S-a)(S-b)(S-c)}$ $S = \dfrac{1}{2}(a+b+c)$	

(4) 좌표법

합위거(X)	합경거(Y)	$(X_{i+1} - i_{i-1}) \times y$	배면적
X_1	Y_1	$(x_2 - x_4) \times y_1 =$	
X_2	Y_2	$(x_3 - x_1) \times y_2 =$	
X_3	Y_3	$(x_4 - x_2) \times y_3 =$	
X_4	Y_4	$(x_1 - x_3) \times y_4 =$	

$$A = \dfrac{1}{2}\sum y_i(x_{i+1} - x_{i-1}) = \dfrac{1}{2}\sum x_i(y_{i+1} - y_{i-1})$$

제2절 경계선이 곡선으로 된 경우의 면적 계산

1 심프슨 제1법칙

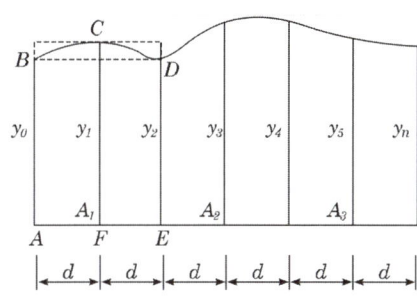

[심프슨 제1법칙]

(1) 지거 간격을 2개씩 1개조로 하여 경계선을 2차 포물선으로 간주

(2) A = 사다리꼴(ABDE) + 포물선(BCD)

$$= \frac{d}{3}\{y_0 + y_n + 4(y_1 + y_3 + \ldots + y_{n-1}) + 2(y_2 + y_4 + \ldots + y_{n-2})\}$$

$$= \frac{d}{3}\{y_0 + y_n + 4(\Sigma_y \text{ 홀수}) + 2(\Sigma_y \text{ 짝수})\}$$

$$= \frac{d}{3}\{y_1 + y_n + 4(\Sigma_y \text{ 짝수}) + 2(\Sigma_y \text{ 홀수})\}$$

(3) n(지거의 수)은 짝수이어야 하며, 홀수인 경우 끝의 것은 사다리꼴 공식으로 계산하여 합산

2 심프슨 제2법칙

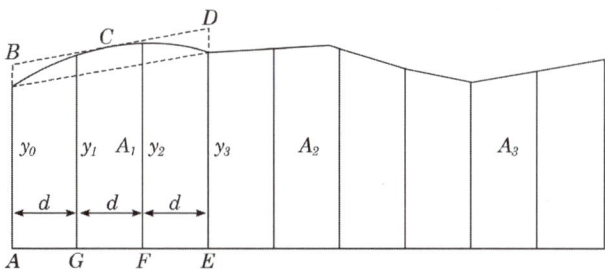

[심프슨 제2법칙]

(1) 지거 간격을 3개씩 1개조로 하여 경계선을 3차 포물선으로 간주하여 면적 산정

(2) $A = \dfrac{3}{8}d[y_0 + y_n + 3(y_1 + y_2 + y_4 + y_5 + \ldots + y_{n-2} + y_{n-1}) + 2(y_3 + y_6 + \ldots + y_{n-3})]$

(3) n−1이 3배수여야 하며, 3배수를 넘을 때에는 나머지는 사다리꼴 공식으로 계산하여 합산

3 지거법

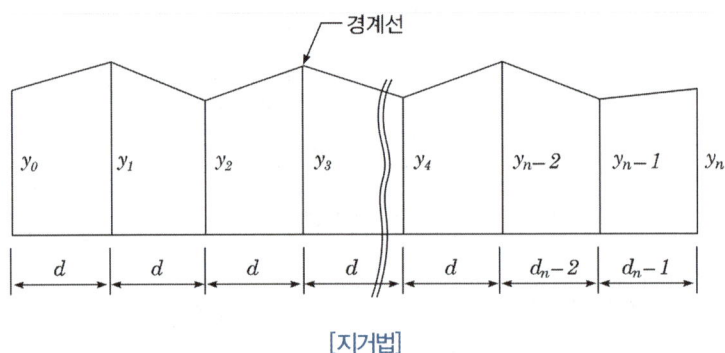

[지거법]

(1) 경계선을 직선으로 간주

$$A = d_1\left(\dfrac{y_1 + y_2}{2}\right) + d_2\left(\dfrac{y_2 + y_3}{2}\right) + \ldots + d_{n-1}\left(\dfrac{y_{n-1} + y_n}{2}\right)$$

(2) $A = d\left(\dfrac{y_0 + y_n}{2} + y_1 + y_2 + y_3 + \ldots + y_{n-1}\right)$

제3절 축척과 단위면적과의 관계

$m_1^2 : a_1 = m_2^2 : a_2$ a_1 : 축척 $\dfrac{1}{m_1}$ 인 도면의 단위면적

$a_2 = \left(\dfrac{m_2}{m_1}\right)^2 a_1$ a_2 : 축척 $\dfrac{1}{m_2}$ 인 도면의 단위면적

제4절 단위면적

$$a = \frac{m^2}{1,000} d\pi l$$

$$l = \frac{1,000 \cdot a}{m^2 d\pi}$$

a : 축척 $\frac{1}{m}$ 인 경우의 단위면적, d : 측륜의 직경

l : 측간의 길이, $\frac{d\pi}{1,000}$: 측륜 한 눈금의 크기

제5절 횡단면적 측정법

1 수평 단면(지반이 수평인 경우)

$$d_1 = d_2 = \frac{w}{2} + sh$$

$$A = c(w + sh)$$

여기서, s : 경사

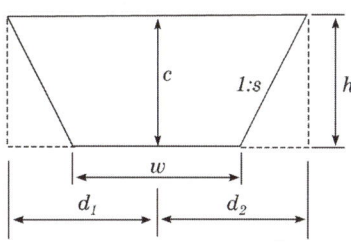

2 같은 경사 단면(양 측점의 높이가 다르고 그 사이가 일정한 경사로 되어 있는 경우)

$$d_1 = (c + \frac{w}{2s})(\frac{ns}{n+s})$$

$$d_2 = (c + \frac{w}{2s})(\frac{ns}{n-s})$$

$$A = \frac{d_1 d_2}{s} - \frac{w^2}{4s} = sh_1 h_2 + \frac{w}{2}(h_1 + h_2)$$

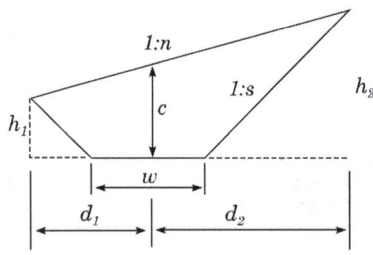

3 세 점의 높이가 다른 단면(3점의 높이가 주어진 경우)

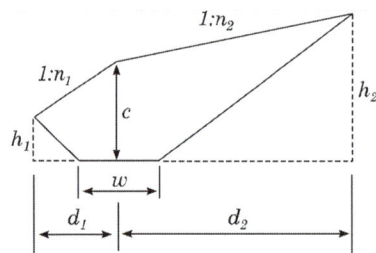

$$d_1 = (c + \frac{w}{2s})(\frac{n_1 s}{n_1 + s})$$

$$d_2 = (c + \frac{w}{2s})(\frac{n_2 s}{n_2 - s})$$

$$A = \frac{d_1 + d_2}{2} \cdot (c + \frac{w}{2s}) - \frac{w^2}{4s} = \frac{c(d_1 + d_2)}{2} + \frac{w}{4}(h_1 + h_2)$$

④ 불규칙한 단면의 경우

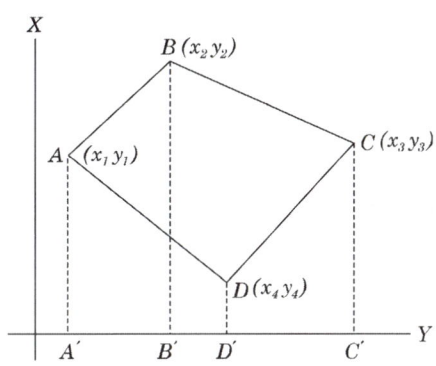

[좌표에 의한 면적 계산]

합위거(X)	합경거(Y)	$(X_{i+1} - x_{i-1}) \times y$	배면적
X_1	Y_1	$(x_2 - x_4) \times y_1$	
X_2	Y_2	$(x_3 - x_1) \times y_2$	
X_3	Y_3	$(x_4 - x_2) \times y_3$	
X_4	Y_4	$(x_1 - x_3) \times y_4$	

$$A = \frac{1}{2} \Sigma y_i (x_{i+1} - x_{i-1}) = \frac{1}{2} \Sigma x_i (y_{i+1} - y_{i-1})$$

제6절 면적 분할법

① 1변에 평행한 직선에 따른 분할

$\triangle ADE : DBCE = m : n$ 으로 분할

$$\frac{\triangle ADE}{\triangle ABC} = \frac{m}{m+n} = (\frac{DE}{BC})^2 = (\frac{AD}{AB})^2 = (\frac{AE}{AC})^2$$

$$\therefore AD = AB\sqrt{\frac{m}{m+n}}$$

$$\therefore AE = AC\sqrt{\frac{m}{m+n}}$$

② 변상의 정점을 통하는 분할

$$\triangle ABC : \triangle ADP = (m+n) : m \text{ 으로 분할}$$

$$\frac{\triangle ADP}{\triangle ABC} = \frac{m}{m+n} = \frac{AP \times AD}{AB \times AC}$$

$$\therefore AD = \frac{AB \times AC}{AP} \cdot \frac{m}{m+n}$$

③ 삼각형의 정점(꼭지점)을 통하는 분할

$$\triangle ABC : \triangle ABP = (m+n) : m \text{ 으로 분할}$$

$$\frac{\triangle ABP}{\triangle ABC} = \frac{m}{m+n} = \frac{BP}{BC} \qquad \therefore BP = \frac{m}{m+n} \cdot BC$$

④ 사변형의 분할(밑변의 평행 분할)

$$EF = \sqrt{\frac{mAD^2 + nBC^2}{m+n}} \qquad \therefore AE = AB \cdot \frac{AD - EF}{AD - BC}$$

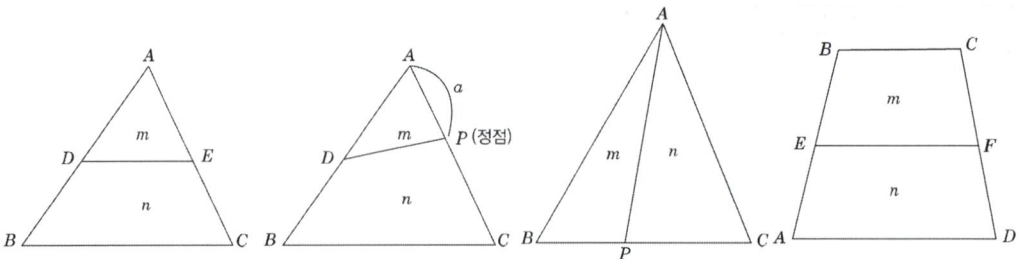

제7절 체적측량

1 단면법

1) 양단면평균법(End area formula) (가장 크다)

$$V = \frac{1}{2}(A_1 + A_2) \cdot l$$

여기서, $A_1 \cdot A_2$: 양끝 단면적
 A_m : 중앙 단면적
 $l : A_1$에서 A_2까지의 길이
 A_1, A_2 : 양끝 단면적
 A_m : 중앙 단면적

2) 중앙단면법(Middle area formula) (가장 적다)

$$V = A_m \cdot l$$

3) 각주공식(Prismoidal formula) (가장 정확하다)

$$V = \frac{l}{6}(A_1 + 4A_m + A_2)$$

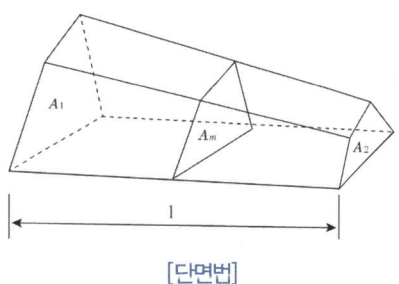

[단면법]

2 점고법

1) 직사각형으로 분할하는 경우

(1) 토량

$$V = \frac{A}{4}(\Sigma h_1 + 2\Sigma h_2 + 3\Sigma h_3 + 4\Sigma h_4)$$

(단, $A = a \times b$)

(2) 계획고

$$h = \frac{V_0}{nA}$$

여기서, n : 사각형의 분할 개수

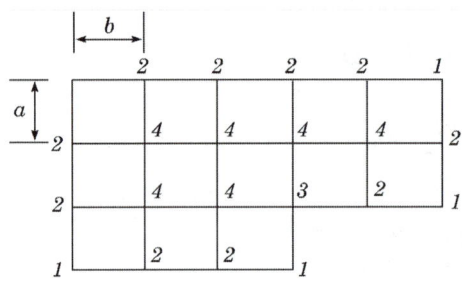

[점고법(직사각형)]

2) 삼각형으로 분할하는 경우

(1) 토량

$$V_0 = \frac{A}{3}(\sum h_1 + 2\sum h_2 + 3\sum h_3 + 4\sum h_4 + 5\sum h_5 + 6\sum h_6 + 7\sum h_7 + 8\sum h_8)$$

(단, $A = \frac{1}{2}a \times b$)

(2) 계획고

$$h = \frac{V_0}{nA}$$

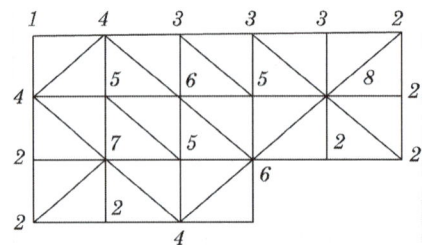

[점고법(삼각형)]

3 등고선법

토량 산정, 댐, 저수지의 저수량 산정

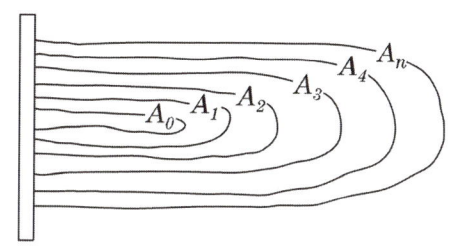

$$V_0 = \frac{h}{3}\{A_0 + A_n + 4(A_1 + A_3 + ...) + 2(A_2 + A_4 + ...)\}$$

여기서, $A_0, \ A_1, \ A_2 \cdots$: 각 등고선 높이에 따른 면적
n : 등고선 간격

제7절 관측면적 및 체적의 정확도

1 관측면적의 정확도

1) 거리관측이 동일한 정도가 아닌 경우

   (1) 면적$(A) = x \cdot y$

   (2) 면적오차$(dA) = y \cdot dx + x \cdot dy$

   (3) 면적의 정도$(\frac{dA}{A}) = \frac{y \cdot dx + x \cdot dy}{x \cdot y}$
   $= \frac{dx}{x} + \frac{dy}{y}$

   (면적의 정도는 거리 정도의 합이다.)

2) 거리관측이 동일한 경우(정방형)

$$\frac{dx}{x} = \frac{dy}{y} = \frac{dl}{l}$$ 일 때 면적의 정도 $\frac{dA}{A} = 2 \cdot \frac{dl}{l}$

(면적의 정도는 거리관측 정도의 2배이다.)

2 체적의 정확도

$$\frac{dv}{V} = \frac{dz}{Z} + \frac{dy}{Y} + \frac{dx}{X} \; (\frac{dz}{Z} = \frac{dy}{Y} = \frac{dx}{X} = \frac{dl}{L})$$ 이라고 할 때

$$\frac{dV}{V} = 3 \cdot \frac{dl}{l}$$

여기서, V : 체적
dV : 체적오차
$\frac{dl}{l}$: 거리관측 허용 정확도

(체적의 정확도는 거리측량 정확도의 3배가 된다.)

제8절 유토곡선(流土曲線 : Mass curve)

　종·횡단고저측량에 의해 작성된 종·횡단면도에서 각 관측점의 단면적을 절토(흙깎기)는 (+), 성토(흙쌓기)는 (-)로 하여 각 관측점마다 토량을 구해 누가토량(累加土量)을 구한다. 이 누가토량을 종단면도의 축척과 동일하게 기준선을 설정하여 작도한 것을 유토곡선 또는 토량곡선이라고도 한다.(절토량-성토량=차인토량인데 차인토량의 합을 누가토량이라 한다)
　대규모 토공사에서 토공계획 수립 시 효율적인 토량배분과 운반장비 및 토취장, 사토장 선정을 위해 유토곡선을 작성한다. 토량배분방법은 선형토공과 단지토공으로 분류되고 그 관건은 토량환산계수의 정확한 적용과 토취장, 사토장 선정에 달려 있다.

1 유토곡선 작성 방법

(1) 각 측점의 횡단도에서 절토, 성토 단면 산출
(2) 단면적법에 의한 토공량 계산
(3) 절토량을 토량변화율(C)을 적용, 절토와 성토를 동일한 밀도상태가 되도록 한다.
(4) 횡축을 측점, 종축을 누계토적량으로 Plot하여 유토곡선 작성

2 유토곡선 작성 목적

(1) 시공 방법을 결정한다.
(2) 평균운반거리를 산출한다.
(3) 운반거리에 대한 토공기계를 선정
(4) 토량을 배분한다.
(5) 작업배경을 결정한다.

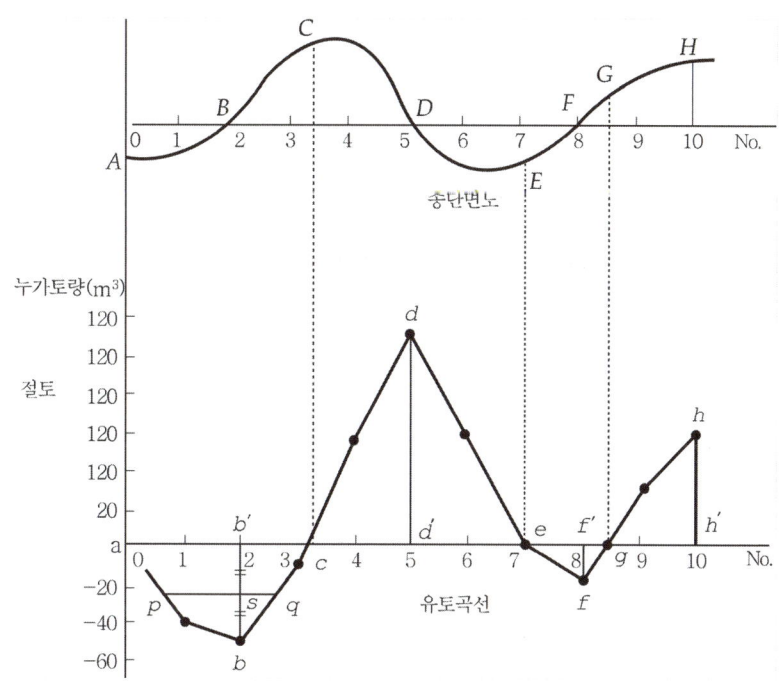

3 유토곡선의 성질

(1) 유토곡선의 하향구간은 성토구간, 상향구간은 절토구간이다.

(2) 유토곡선의 극대치는 절토에서 성토로 옮기는 점이고, 극소치는 성토에서 절토로 옮기는 점을 표시한다.

(3) 유토곡선의 극대점토량에서 극소점토량을 빼고 남는 것이 사토량이다.

(4) 기선(곡선과 평행선)이 교차하는 점, 즉 c, e, g는 절토량과 성토량이 거의 같은 평형 상태를 나타낸다.

(5) 기선에서 임의의 평형선을 그었을 때 인접하는 교차점 사이의 토량은 절토량과 성토량이 균형을 이룬다(즉 a ~ c구간, c ~ e구간, e ~ g구간).

(6) 평형선에서 곡선의 극대점이나 극소점까지의 높이는 절토에서 성토로 운반되는 전토량을 나타낸다(즉, a ~ c구간에서는 bb′, c ~ e구간에서는 dd′, e ~ g구간에서는 ff′가 전토량을 의미한다).

(7) AH구간에서 사토량은 hh′가 된다.

(8) 절토와 성토의 평균운반거리는 유토곡선토량의 $\frac{1}{2}$ 점간의 거리로 한다(즉, AC구간의 평균운반거리는 bb′의 $\frac{1}{2}$ 점인 s점을 통과하는 평행선의 길이 pq이다).

(9) 유토곡선(Mass curve)으로 운반장비를 선정함으로써 경제적인 시공이 가능하다.

(10) 토취장과 사토장의 위치와 거리를 고려하여 평행선을 상하시켜 경제적인 토공배분이 가능하다.

문제 및 해설

01 확정측량에 대한 설명으로 옳은 것은?

[2010년 기사 1회]

① 시가지 계획을 위한 기초측량이다.
② 구획정리를 하고 환지를 교부하여 토지의 면적을 지적 공부에 새로이 등록하는 이동측량이다.
③ 토지구획과 형질을 변경한 뒤 새로운 획지에 이전시키는 측량이다.
④ 신규측량과 이동측량을 제외한 모든 측량을 말한다.

[해설]

확정측량
토지구획정리사업의 사업계획에서 정해진 가구 및 획지와 이 사업의 환지설계에서 정해진 가구 및 획지에 대하여 그 위치 형상 및 면적을 확정하는 작업을 말한다.

02 그림과 같은 삼각형 지역의 토량은 얼마인가? (단, 각 점에 주어진 수치는 지반고이며 m 단위이고, 각 변에 주어진 거리는 수평면에 투영된 거리임)

[2010년 기사 1회]

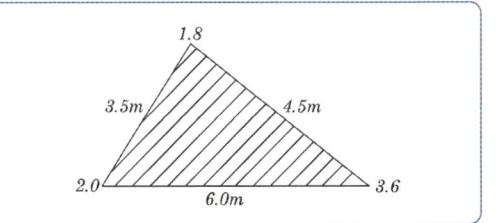

① 151.4m³ ② 75.7m³
③ 19.3m³   ④ 12.3m³

[해설]

$A = \sqrt{S(S-a)(S-b)(S-c)} = 7.83\text{m}^2$

$S = \dfrac{1}{2}(a+b+c) = 7$

$V = A \cdot h = 7.83 \times \left(\dfrac{1.8+2.0+3.6}{3}\right)$
$= 19.3\text{m}^3$

03 반지름 10cm의 구의 표면에서 구면삼각형 ABC의 각을 측정하니 A=75°, B=66° C=49°였다면 구면 삼각형의 면적은?

[2010년 기사 1회]

① 14.45cm²
② 15.45cm²
③ 16.45cm²
④ 17.45cm²

[해설]

$\varepsilon'' = \dfrac{A}{r^2}\rho''$ 에서

$A = \dfrac{\varepsilon''}{\rho''}r^2 = \dfrac{36000}{206265} \times 10^2 = 17.45\text{cm}^2$

$\varepsilon = 75+66+49-180 = 10° = 10 \times 60 \times 60$
$= 36000''$

Answer 01 ② 02 ③ 03 ④

04 길이 100m, 폭 20m의 도로를 성토하기 위한 6m 높이의 성토량은?
(단, 성토경사 = 1 : 1.5) [2010년 기사 1회]

① 13,800m³   ② 14,400m³
③ 14,700m³   ④ 17,400m³

해설
면적계산
$= \dfrac{20 + (20 + 6 \times 1.5 \times 2)}{2} \times 6 = 174\text{m}^2$
성토량
$= A \cdot l = 174 \times 100 = 17,400\text{m}^3$

05 어느 지역의 택지조성을 하기 위하여 사각형 구분법에 의한 토공량을 계산한 결과 2,000m³이었다. 이 토공이 택지 내에서 균형을 이루려면 그 높이는 얼마로 하여야 하는가? (단, 사각형의 변의 길이는 가로, 세로가 각각 20m, 10m이고 사각형의 수는 40개) [2010년 기사 1회]

① 25m   ② 10m
③ 1.0m   ④ 0.25m

해설
계획고(h) $= \dfrac{V}{nA} = \dfrac{2,000}{40 \times (20 \times 10)} = 0.25\text{m}$

06 1 : 25,000 축척의 지형도에서 주곡선을 이용하여 구릉지를 구적기로 면적 측정하여 $A_0 = 120$, $A_1 = 450$, $A_2 = 1270$, $A_3 = 2430$, $A_4 = 5670$을 얻었을 때 등고선법(각주 공식)에 의한 체적은? [2010년 기사 2회]

① 56166.67   ② 66166.67
③ 76166.67   ④ 86166.67

해설
$V = \dfrac{h}{3}(A_1 + A_n + 4C \cdot A_{홀수} + 2 \cdot A_{짝수})$
$= \dfrac{10}{3} \times \left\{ \begin{array}{l} 120 + 5,670 \\ + 4 \times (450 + 2,430) + 2 \times 1,270 \end{array} \right\}$
$= 66,166.67\text{m}^3$

등고선의 종류 및 간격

축척 간격	1/5,000	1/10,000	1/25,000	1/50,000
주곡선	5	5	10	20
간곡선	2.5	2.5	5	10
조곡선	1.25	1.25	2.5	5
계곡선	25	15	50	100

07 그림에서 V지점에 해당하는 종단곡선(Vertical curve) 상의 계획고(Elevation)는 얼마인가? (단, 종단곡선은 2차 포물선이고, A점의 계획고 = 65.50m) [2010년 기사 2회]

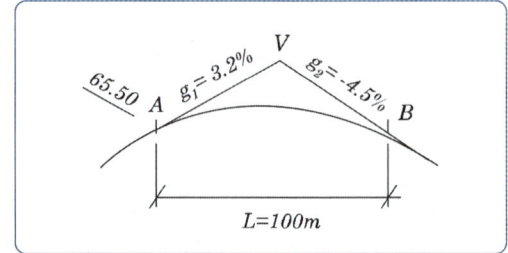

① 66.14m   ② 68.57m
③ 66.83m   ④ 67.49m

해설
$H_V = H_A + \dfrac{m}{100}x$
$= 65.5 + \dfrac{3.2}{100} \times 50 = 67.1\text{m}$

Answer 04 ④ 05 ④ 06 ② 07 ①

$$y = \frac{m \pm n}{2L} \times x^2$$
$$= \frac{0.032 + 0.045}{2 \times 100} \times 50^2 = 0.9625$$
$$H_{V'} = H_V - y = 67.1 - 0.9625 = 66.1375$$
$$= 66.14\text{m}$$

08 다음 표에서 성토부분의 총토량(m^3)으로 옳은 것은? [2010년 기사 2회]

측점	거리(m)	성토면적(m^2)
1	0	23.00
2	20.0	33.00
3	20.0	20.00
4	20.0	43.00

① 2,315 ② 2,220
③ 1,915 ④ 1,720

[해설]

$V = \dfrac{A_1 + A_2}{2} \times l$ 에서

$V_1 = \dfrac{23 + 33}{2} \times 20 = 560\text{m}^3$

$V_2 = \dfrac{33 + 20}{2} \times 20 = 530\text{m}^3$

$V_3 = \dfrac{20 + 43}{2} \times 20 = 630\text{m}^3$

$\therefore \sum V = 560 + 530 + 630 = 1,720\text{m}^3$

09 정사각형의 토지를 50m 테이프로 측정하여 면적을 구하였더니 750m^2의 결과를 얻었다. 그런데 이 테이프가 50m에 10cm가 늘어나 있었다면 실제의 면적은 얼마인가? [2010년 기사 2회]

① 747.0 ② 748.5
③ 751.5 ④ 753.0

[해설]

실제면적

$A_0 = \left(\dfrac{부정길이}{표준길이}\right)^2 \times 관측면적$

$A_0 = \left(\dfrac{50.1}{50}\right)^2 \times 750 = 753\text{m}^2$

10 △ABC에서 DE를 BC에 평행하게 그어 △ADE와 □DBCE의 넓이를 같게 하고자 할 때 DE의 길이는? (단, △ABC에서 $\overline{BC}$에 수직인 높이 = 10m) [2010년 기사 2회]

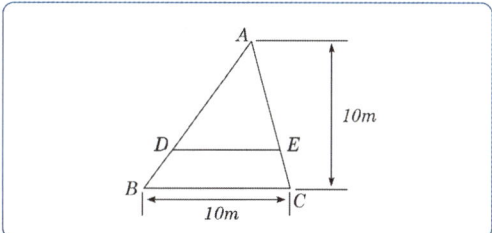

① 7.07m ② 6.98m
③ 6.67m ④ 5.00m

[해설]

1변에 평행한 직선에 따른 분할

$\triangle ADE : DBCE = m : n$ 으로 분할

$\dfrac{\triangle ADE}{\triangle ABC} = \dfrac{m}{m+n}$

$= \left(\dfrac{DE}{BC}\right)^2 = \left(\dfrac{AD}{AB}\right)^2 = \left(\dfrac{AE}{AC}\right)^2$

$\dfrac{1}{2} = \left(\dfrac{DE}{10}\right)^2$

$\therefore DE = 7.07\text{m}$

Answer 08 ④ 09 ④ 10 ①

11 그림에서 면적을 m : n = 1 : 3으로 분할하고자 한다. 밑변의 길이 BC가 100m일 때 BD의 길이는 얼마인가? [2010년 기사 3회]

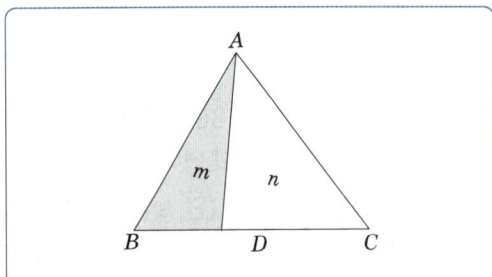

① 25m ② 33m
③ 67m ④ 75m

해설

삼각형의 정점(꼭지점)을 통하는 분할
$\triangle ABC : \triangle ABD = (m+n) : m$ 으로 분할

$$\frac{\triangle ABD}{\triangle ABC} = \frac{m}{m+n} = \frac{BD}{BC}$$

$$\therefore BD = \frac{m}{m+n} \cdot BC = 100 \times \frac{1}{1+3} = 25m$$

12 DEM의 전체 토량과 절토량 및 성토량이 균형을 이루는 계획 지반고로 옳게 짝지어진 것은? [2010년 기사 3회]

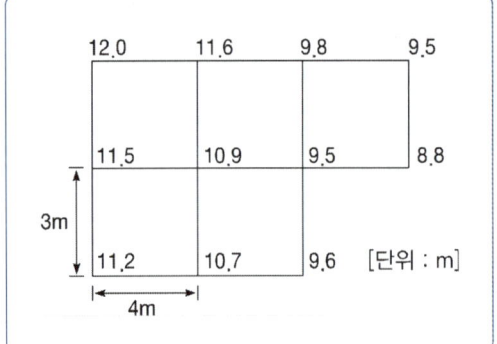

① 631.20m³, 10.52m ② 631.20m³, 11.18m
③ 670.50m³, 10.52m ④ 670.50m³, 11.18m

해설

$$V = \frac{A}{4}(\Sigma h_1 + 2\Sigma h_2 + 3\Sigma h_3 + 4\Sigma h_4)$$

$$= \frac{3 \times 4}{4}(51.1 + 87.2 + 28.5 + 43.6)$$

$$= 631.2 m^3$$

계획고(h) $= \dfrac{V}{nA} = \dfrac{631.2}{5 \times 12} = 10.52m$

13 정사각형의 면적을 관측하기 위하여 거리 관측을 실시한 결과의 정확도가 K라고 할 때, 면적 측량의 정확도는 얼마인가? [2010년 기사 3회]

① K^2 ② 2K
③ K/2 ④ 2/K

해설

면적의 정확도는 거리정확도의 2배이다.

$$\frac{dA}{A} = 2 \cdot \frac{dl}{l}$$

체적의 정확도는 거리정확도의 3배이다.

$$\frac{dV}{V} = 3 \cdot \frac{dl}{l}$$

14 직각좌표 ABCD 4점을 꼭지점으로 한 4각형 ABCD의 면적은? (단위 : m) [2010년 기사 3회]

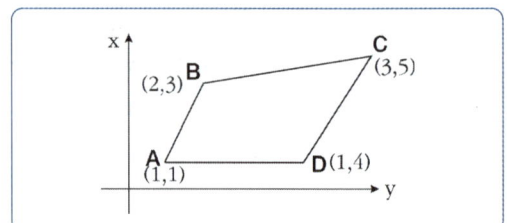

Answer 11 ① 12 ① 13 ② 14 ②

① 2m² ② 3m²
③ 4m² ④ 5m²

해설

$$\begin{array}{cccc} 1 & 2 & 3 & 1 & 1 \\ \times & \times & \times & \times & \\ 1 & 3 & 5 & 4 & 4 \end{array}$$

$\sum \searrow : 3+10+12+1 = 26$
$-) \sum \nearrow : 2+9+5+4 = 20$
배면적   6

면적 $= \dfrac{6}{2} = 3m^2$

---

15 토지구획정리측량의 확정측량에 관한 설명으로 가장 적합한 것은? [2010년 기사 3회]

① 토지구획 내의 기준점, 다각점, 수준점 등의 계획도를 작성하기 위한 측량이다.
② 토지구획정리사업 시행구역과 인접하는 사유지 또는 공공용지와의 경계를 명확히 하여 시행하는 총 면적을 확정하는 측량이다.
③ 건축물 이전, 도로 등의 기타 공사가 완료된 후 공공시설물경계점 및 필지경계점의 위치를 관측하고 가구의 형상, 필지의 형상, 면적을 검사하여 이상유무를 확인하는 측량이다.
④ 공공용지인 도로, 수로, 공원 등과 사유지인 택지계를 기본설계에 기초하여 중심점, 가구점을 좌표값에 따라 현지에 표시하는 작업이며, 환지면적을 확보하여 필지말뚝을 현지에 설치하는 작업을 말한다.

해설

토지구획정리측량의 확정측량은 건축물 이전, 도로 등의 기타 공사가 완료된 후 공공시설물경계점 및 필지경계점의 위치를 관측하고 가구의 형상, 필지의 형상, 면적을 검사하여 이상유무를 확인하는 측량이다.

---

16 그림과 같이 사각형 격자의 교점에 대한 각각의 절토고를 얻었다. 절토량은 얼마인가? (단, 격자의 크기는 가로 10m, 세로 20m이다.) [2011년 기사 1회]

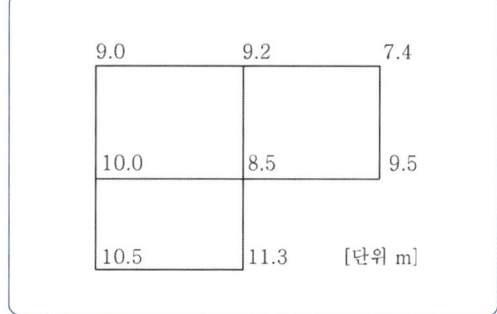

① 1,357m² ② 2,424m²
③ 5,580m² ④ 6,530m²

해설

$V = \dfrac{A}{4}(\sum h_1 + 2\sum h_2 + 3\sum h_3 + 4\sum h_4)$

$= \dfrac{10 \times 20}{4} \left\{ \begin{array}{l} (9.0+7.4+9.5+11.3+10.5) \\ +(2 \times (9.2+10.0))+(3 \times 8.5) \end{array} \right\}$

$= \dfrac{10 \times 20}{4}(47.7 + 2 \times 19.2 + 3 \times 8.5)$

$= 5,580m^2$

---

17 수평거리를 동일한 정확도로 관측하여 1,000m²의 면적에 대한 면적산정 오차가 0.1m² 이내에 들게 하려면 거리관측의 허용 정확도는? [2011년 기사 1회]

① 1/5,000
② 1/10,000
③ 1/20,000
④ 1/25,000

Answer 15 ③ 16 ③ 17 ③

해설

거리관측의 정확도가 동일한 경우

$$\frac{dA}{A} = 2 \times \frac{dl}{l}$$

(면적의 정도는 거리관측 정도의 2배)

$$\frac{0.1}{1,000} = 2 \times \frac{dl}{l}$$

$$\therefore \frac{dl}{l} = \frac{1}{20,000}$$

18 그림과 같은 삼각형의 토지 ABC를 B점에서 $\overline{BD}$ 로 임의의 넓이로 분할하고자 한다. $\overline{AD}$ 의 길이를 구하는 식으로 옳은 것은? (단, M : ABC의 면적, m : ABD의 면적)

[2011년 기사 2회]

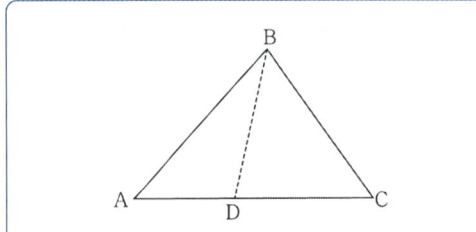

① $\overline{AD} = \dfrac{m}{M} \cdot \overline{AC}$

② $\overline{AD} = \dfrac{M}{m} \cdot \overline{AC}$

③ $\overline{AD} = \overline{AC} - \dfrac{M}{m}$

④ $\overline{AD} = \overline{AC} - \dfrac{m}{M}$

해설

△ABC : △ABD = M : n으로 분할 높이가 일정하므로 면적은 밑변에 비례한다.

$\overline{AC} : \overline{AD} = M : m$

$\overline{AD} = \dfrac{m}{M} \cdot \overline{AC}$

19 그림과 같은 단면을 갖는 길이 50m인 제방의 체적은?

[2011년 기사 2회]

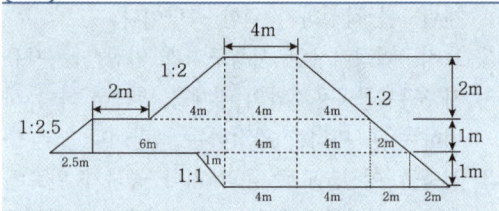

① 1818.5m³
② 2015.5m³
③ 2187.5m³
④ 2212.5m³

해설

평행사변형 공식을 이용해 풀면
(밑변+윗변)÷2×높이=
① 사변형 = (12+4) ÷ 2 × 2 = 16
② 사변형 = (14+18.5) ÷ 2 × 1 = 16.25
③ 사변형 = (11+12) ÷ 2 × 1 = 11.5
(①+②+③)×길이
= 43.75 × 50 = 2187.5m³

Answer 18 ① 19 ③

20 면·체적 측량에 관한 설명 중 틀린 것은?
[2011년 기사 3회]

① 구적기에 의한 방법은 도면의 축척과 신축 등으로 인하여 직접법에 비해 정확도가 다소 떨어진다.
② 각주공식은 다각형인 양단면이 평행이고, 중앙의 면적을 구하여 심프슨 제2법칙을 적용하여 구한다.
③ 다각측량에서 폐합다각형 내의 면적은 배횡거법으로 구할 수 있다.
④ 산지에서의 정지작업 또는 매립용량, 저수지담수량의 체적산정 등에는 등고선법이 사용된다.

해설
1. 도해법에 의한 면적산정
   ① 구적기에 의한 면적계산
   ② 횡단면적 산정
2. 체적계산
   1) 단면에 의한 체적계산
      ① 각주공식 : 다각형인 양단면이 평행이고, 중앙의 면적을 구하여 심프슨 제1법칙을 적용하여 구한다.
      ② 양단면평균법
      ③ 중앙단면법
   2) 점고법에 의한 체적계산
      ① 사분법
      ② 삼분법
   3) 등고선법에 의한 체적계산

21 면적계산 방법 중 삼각형의 밑변과 높이를 관측하여 면적을 구하는 방법은?
[2011년 기사 3회]

① 삼사법   ② 삼변법
③ 지거법   ④ 구적기 사용

해설
삼사법 : 삼각형의 밑변과 높이를 측정하여 면적을 구하는 방법

22 그림과 같은 구릉지가 있다. 간격 5m의 등고선에 쌓인 부분의 단면적이 $A_1 = 3800m^2$, $A_2 = 2000m^2$, $A_3 = 1800m^2$, $A_4 = 900m^2$, $A_5 = 200m^2$라고 할 때 각주공식에 의한 이 구릉지의 토량은?
[2012년 기사 1회]

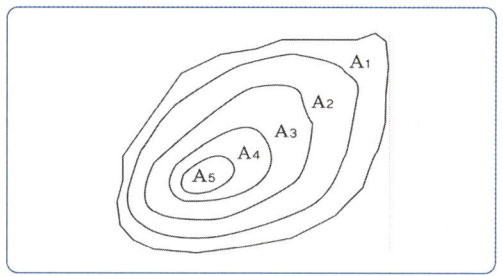

① $56,000m^3$ ② $48,000m^3$
③ $38,000m^3$ ④ $32,000m^3$

해설
$$V = \frac{h}{3}\{A_0 + A_n + 4\sum A_{홀수} + 2\sum A_{나머지짝수}\}$$
$$= \frac{5}{3}\{3,800 + 200 + 4 \times (2,000 + 900) + 2 \times (1,800)\}$$
$$= 32,000m^2$$

23 신설도로 구간 No.10에서 No.10+10m 사이에 성토고 1m, 성토기울기 1:1.5, 도로폭 20m의 도로를 건설하고자 할 때 토공량은?
[2012년 기사 1회]

① $207m^3$ ② $215m^3$
③ $414m^3$ ④ $430m^3$

해설
단면적
$$A = \frac{20 + \{(1.5 \times 1) + 20 + (1.5 \times 1)\}}{2} \times 1$$
$$= 21.5m^2$$
구간거리$(l) = 210 - 200 = 10m$
$V = A \times l = 21.5 \times 10 = 215m^3$

Answer 20 ② 21 ① 22 ④ 23 ②

24 양단면 평균법에 따라 체적을 구하고자 한다. 두 단면 $A_1=25m^2$, $A_2=40m^2$와 구간거리 $l=20m±0.2m$을 측정하였을 때, 체적오차는? (단, 면적의 오차는 무시함)

[2012년 기사 2회]

① $±4.0m^3$ ② $±6.5m^3$
③ $±9.8m^3$ ④ $±12.0m^3$

해설

$$V = \frac{A_1+A_2}{2} \times l = \frac{25+40}{2} \times (±0.2)$$
$$= ±6.5m^3$$

별해)

(체적) $V_1 = \left(\frac{A_1+A_2}{2}\right) \times l$
$= \left(\frac{25+40}{2}\right) \times 20 = 650m^3$

(오차발생체적) $V_2 = \left(\frac{25+40}{2}\right) \times 20.2$
$= 656.5m^3$

체적오차= $V_2 - V_1 = ±6.5m^3$

25 토량계산 공식 중 양단면의 면적차가 심할 때 산출된 토량의 일반적인 대소 관계로 옳은 것은?(단, A=중앙단면법, B=양단면평균법, C=각주공식)

[2012년 기사 2회]

① A = C < B   ② A < C = B
③ A < C < B   ④ A > C > B

해설

양단면평균법 > 각주공식 > 중앙단면법

26 축척 1/5,000 도상에서의 면적이 $40.52cm^2$이었다면 실제 면적은?   [2012년 기사 2회]

① $0.01km^2$ ② $0.1km^2$
③ $1.0km^2$ ④ $10.0km^2$

해설

$\left(\frac{1}{m}\right)^2 = \frac{도상면적}{실제면적}$ 에서

실제면적 = 도상면적 × m^2
= $40.52 \times 5,000^2$
= $1,013,000,000 cm^2$
= $101,300 m^2$
= $0.1 km^2$

27 어떤 횡단면도의 도상면적이 $29.8cm^2$이다. 가로와 세로의 축척이 각각 1/50, 1/10이라면 실제 면적은 얼마인가?

[2012년 기사 3회]

① $1.49m^2$ ② $2.98m^2$
③ $7.45m^2$ ④ $3.68m^2$

해설

$A = a \times a = a^2 = 29.8cm^2$
$a = \sqrt{29.8} = 5.46cm = 0.0546m$
∴ $(0.0546 \times 50) \times (0.0546 \times 10) = 1.49m^2$

28 그림과 같은 종단곡선을 2차 포물선으로 설치하고자 할 때, B점의 계획고는?
(단, A점의 계획고는 78.63m이다.)

[2012년 기사 3회]

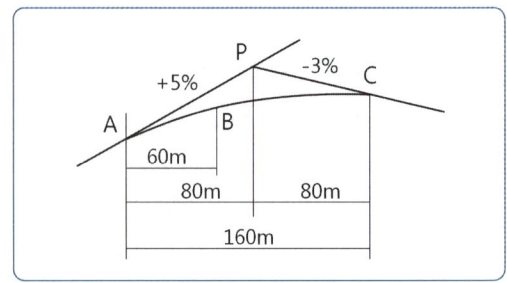

① 81.63m   ② 80.73m
③ 79.33m   ④ 78.23m

Answer 24 ② 25 ③ 26 ② 27 ① 28 ②

해설)

종거$(y) = \dfrac{m \pm n}{2L}x^2$

$= \dfrac{0.05 + 0.03}{2 \times 160} \times 60^2 = 0.9\text{m}$

계획고$(H) = H_o + \dfrac{m}{100}x - y$

$= 78.63 + \dfrac{5}{100} \times 60$

$= 81.63 - 0.9 = 80.73\text{m}$

별해)

$\dfrac{1}{2} \times \overline{AC} \times \overline{CF} \times \sin 100°$ ··············· ②

$= 0.4698 \times \overline{AC} \times \overline{CF}$

③ △ABC와 △ACF의 면적이 같아야 하므로
①=②에서
$6.25 \times \overline{AC} = 0.4698 \times \overline{AC} \times \overline{CF}$

∴ $\overline{CF} = 13.3\text{m}$

29 그림과 같은 5각형 ABCDE를 동일면적의 사각형 AFDE로 만들기 위해 DC의 연장선에 경계점 F를 설치하였다. BC=25m, ∠ACB=30°, ∠BCF=80°일 때 CF의 거리는 얼마인가?

[2012년 기사 3회]

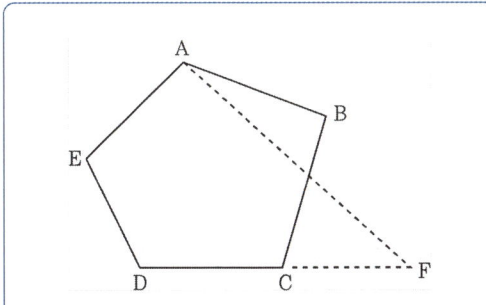

① 12.5m ② 12.7m
③ 13.0m ④ 13.3m

해설)

① △ABC의 면적

$= \dfrac{1}{2} \times \overline{AC} \times 25 \times \sin 30°$

$= 6.25 \times \overline{AC}$ ··············· ①

② △ACF의 면적

$= \dfrac{1}{2} \times \overline{AC} \times \overline{CF} \times \sin 70°$

$= 0.4698 \times \overline{AC} \times \overline{CF}$ ··············· ②

30 그림과 같은 단면의 면적은?

[2012년 기사 3회]

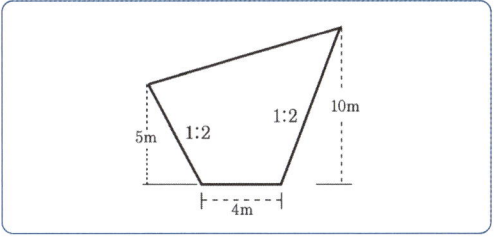

① 55m² ② 85m²
③ 130m² ④ 160m²

해설)

밑변 : (5×2)+4+(10×2)=34

$A = \dfrac{5+10}{2} \times 34 = 255$

삼각형 $A_1 = \dfrac{10 \times 5}{2} = 25$

$A_2 = \dfrac{20 \times 10}{2} = 100$

∴ 단면적 $255 - (25 + 100) = 130\text{m}^2$

Answer 29 ④ 30 ③

31 택지(宅地)를 조성하기 위하여 한 변의 길이가 10m인 정사각형으로 분할한 후, 각 모서리점의 높이를 수준측량하여 각점의 지반고를 그림과 같이 얻었다. 성토 및 절토량이 같도록 하려면 계획고를 몇 m로 해야 하는가? (단, 토량변화는 생각하지 않는다.)

[2012년 기사 3회]

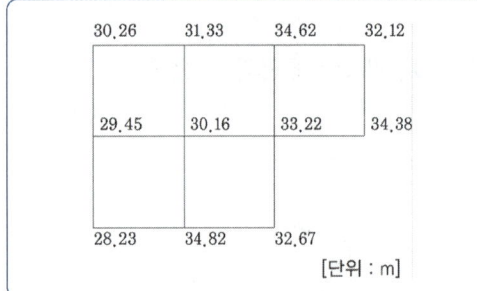
[단위 : m]

① 30.25m ② 31.12m
③ 31.92m ④ 32.67m

해설

$V = \dfrac{A}{4}(\sum h_1 + 2\sum h_2 + 3\sum h_3 + 4\sum h_4)$
$= \dfrac{10 \times 10}{4}(157.66 + 260.44 + 99.66 + 120.64)$
$= 15,960 \text{m}^3$
$h = \dfrac{V}{nA} = \dfrac{15,960}{5 \times 10 \times 10} = 31.92\text{m}$

32 삼각형의 면적을 구하기 위하여 두 변의 길이를 측정한 결과, 길이가 30m, 20m이고 그 사이에 낀 각이 120°이었다면 삼각형의 면적은?

[2013년 기사 1회]

① 259.9m² ② 300.00m²
③ 400.81m² ④ 519.62m²

해설

이변법: 두 변의 길이와 그 사잇각(협각)을 관측하여 면적을 구하는 방법

$A = \dfrac{1}{2}ab\sin\alpha$
$= \dfrac{1}{2} \times 30 \times 20 \times \sin 120°$
$= 259.807\text{m}^2$

33 면적계산방법 중 도상거리법에 속하지 않는 것은?

[2013년 기사 1회]

① 삼사법 ② 방안법
③ 지거법 ④ 삼변법

해설

1. **도상거리법**
   삼사법, 삼변법, 지거법(심프슨 제1법칙, 심프슨 제2법칙) 등
2. **방안법 또는 투사지법(方眼法 또는 透寫紙法)**
   경계가 매우 불규칙한 소지역의 면적 계산에 적합한 방법으로 일정한 간격의 격자가 새겨진 투사지나 아마포[亞麻布(linen) : 아마(亞麻)의 실로 짠 얇은 직물]를 계산하려고 하는 면적 위에 놓는다. 이때에 축척을 알고 있으면 경계선 내의 격자수를 세어서 면적을 구할 수 있다.

34 토량계산공식에서 양단면의 면적차가 클 때 공식의 특징에 따른 토량의 관계로 옳은 것은? (단, 양단면 평균법=A, 중앙단면법=B, 각주공식=C)

[2013년 기사 1회]

① A = C < B ② A < C < B
③ A = B = C ④ B < C < A

해설

양단면평균법(가장 크다)
중앙단면법(가장 작다)
각주공식(가장 정확하다)

Answer 31 ③ 32 ① 33 ② 34 ④

35 그림과 같은 형태의 넓은 면적의 토량을 구하는 식으로 옳은 것은? (단, 각각의 직사각형 면적은 같고, h_1, h_2, h_3, h_4는 표고를 의미함) [2013년 기사 2회]

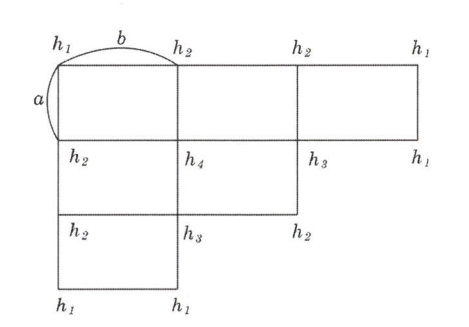

① $V = \dfrac{ab}{4}(\Sigma h_1 + 3\Sigma h_2 + 2\Sigma h_3 + 4\Sigma h_4)$

② $V = \dfrac{ab}{4}(\Sigma h_1 + 2\Sigma h_2 + 3\Sigma h_3 + 4\Sigma h_4)$

③ $V = \dfrac{ab}{4}(4\Sigma h_1 + \Sigma h_2 + 3\Sigma h_3 + 4\Sigma h_4)$

④ $V = \dfrac{ab}{4}(3\Sigma h_1 + 2\Sigma h_2 + \Sigma h_3 + 4\Sigma h_4)$

[해설]
점고법에 의한 토량계산
$V = \dfrac{A}{4}(\Sigma h_1 + 2\Sigma h_2 + 3\Sigma h_3 + 4\Sigma h_4)$
여기서, $A = a \cdot b$

36 축척 1:1,000의 도면을 축척 1:500으로 잘못 계산하여 10,000m² 면적을 얻었다면 실제 정확한 면적은? [2013년 기사 2회]

① 2,500m² ② 5,000m²
③ 20,000m² ④ 40,000m²

[해설]
$a_1 : m_1^2 = a_2 : m_2^2$
$a_1 = (\dfrac{m_1}{m_2})^2 \times a_2 = (\dfrac{1,000}{500})^2 \times 10,000$
$= 40,000 m^2$

37 축척 1:1,200 지도에서 잘못하여 축척 1:1,000로 측정하였더니 10,000m²가 나왔다면 실제 면적은? [2013년 기사 3회]

① 6,944m² ② 8,333m²
③ 12,000m² ④ 14,400m²

[해설]
$a_1 : m_1^2 = a_2 : m_2^2$
$a_1 = (\dfrac{m_1}{m_2})^2 \times a_2 = (\dfrac{1,200}{1,000})^2 \times 10,000$
$= 14,400 m^2$

38 그림과 같이 등고선 간격이 5m이고, 각 등고선으로 둘러싸인 면적이 표와 같을 때 195m 등고선 위의 토량을 평균단면법으로 구한 값은? (단, 정상은 평평한 것으로 가정한다.) [2014년 기사 1회]

등고선	등고선 내 면적(m²)
195	5,573.0
200	4,316.8
205	2,472.1
210	956.4

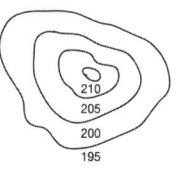

① 20,000.8m³ ② 25,134.0m³
③ 33,295.8m³ ④ 50,268.0m³

Answer 35 ② 36 ④ 37 ④ 38 ④

해설

양단면 평균법

$$V = \left(\frac{A_1 + A_n}{2} + A_2 + A_3 + A_4 + A_{n-1}\right) \times h$$
$$= \left(\frac{5,573 + 956.4}{2} + 4,316.8 + 2,472.1\right) \times 5$$
$$= 50,268 \text{m}^3$$

39 그림의 면적을 심프슨 제2법칙을 이용하여 구한 값은? (단, 지거의 간격은 5m로 일정하다.)

[2014년 기사 1회]

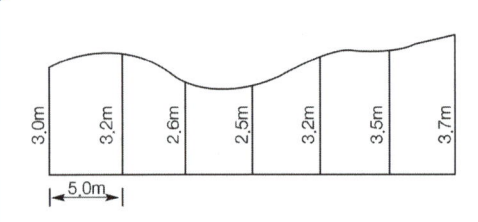

① 90.25m² ② 92.25m²
③ 94.25m² ④ 96.25m²

해설

$$A = \frac{3d}{8}[y_0 + y_n + 3(y_1 + y_2 + y_4 + y_5 + \ldots) + 2(y_3 + y_6 \cdots + y_{n-3})]$$
$$= \frac{3 \times 5}{8}[3 + 3.7 + 3(3.2 + 2.6 + 3.2 + 3.5) + 2(2.5)]$$
$$= 92.25 \text{m}^2$$

40 그림과 같은 삼각형의 꼭지점 A로부터 밑변을 향해서 직선으로 a : b : c = 5 : 3 : 2의 비율로 면적을 분할하기 위한 BP, PQ의 거리는? (단, BC의 거리는 150m이다.)

[2014년 기사 1회]

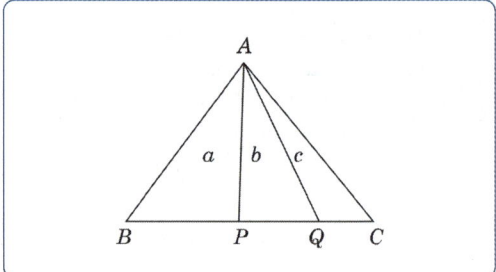

① BP=67.5m, PQ=80m
② BP=75m, PQ=45m
③ BP=88.9m, PQ=80m
④ BP=88.9m, PQ=67.5m

해설

$$BP : PQ = \frac{a}{a+b+c} \times BC : \frac{b}{a+b+c} \times BC$$
$$= \frac{5}{5+3+2} \times 150 : \frac{3}{5+3+2} \times 150$$
$$= 75 : 45$$

Answer 39 ② 40 ②

41 그림과 같은 지역의 면적은?
[2014년 기사 2회]

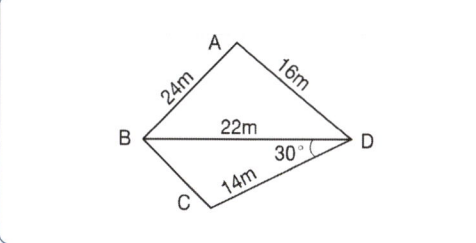

① 258.16m²
② 248.16m²
③ 238.16m²
④ 228.16m²

해설

$\triangle BCD$의 면적(A_1)
$= \frac{1}{2}ab\sin\alpha$
$= \frac{22 \times 14}{2} \times \sin 30° = 77\text{m}^2$

$\triangle ABD$의 면적(A_2)
$= \sqrt{s(s-a)(s-b)(s-c)}$
$= \sqrt{31(31-24)(31-16)(31-22)}$
$= 171.16\text{m}^2$

$s = \frac{1}{2}(a+b+c) = \frac{1}{2}(24+16+22) = 31$

$A = A_1 + A_2 = 77 + 171.16 = 248.16\text{m}^2$

42 넓은 지역의 정지나 매립과 같은 경우의 토공량 산정 시 많이 이용하는 방법으로, 대상지역을 일정한 크기의 삼각형 또는 사각형으로 구분하여 각 꼭지점 지반고에서 계획고 사이의 높이차를 구하여 체적을 구하는 방법은?
[2014년 기사 2회]

① 양단면평균법
② 중앙단면법
③ 등고선법
④ 점고법

해설

단면법	양단면평균법(End area formula) (가장 크다)
	중앙단면법(Middle area formula) (가장 적다)
	각주공식(Prismoidal formula) (가장 정확하다)
점고법	직사각형으로 분할하는 경우
	삼각형으로 분할하는 경우
등고선법	토량 산정, Dam, 저수지의 저수량 산정

43 단면법에 의한 토량계산 방법으로 양단면의 면적차이가 클 경우 일반적으로 토량이 가장 많이 나오는 것은?
[2014년 기사 2회]

① 삼변법
② 중앙단면법
③ 양단면평균법
④ 각주 공식에 의한 방법

해설

단면법	양단면평균법(End area formula) (가장 크다)
	중앙단면법(Middle area formula) (가장 적다)
	각주공식(Prismoidal formula) (가장 정확하다)

44 토지구획정리측량에 관한 설명으로 옳지 않은 것은?

① 환경정비 개선, 교통안전 확보, 재해발생 방지 등 시가지 조성을 위해 실시된다.
② 토지의 형상, 면적 파악 등의 정확한 측량이 요구된다.

Answer 41 ② 42 ④ 43 ③ 44 ④

③ 토지구획정리는 지역의 사회적, 자연적 조건을 고려하여야 한다.
④ 구획정리는 다른 공사의 시공과 달리 측량기술자에 의해 쉽게 설계 변경을 할 수 있다.

해설
토지구획정리측량은 다른 공사의 시공과 달리 측량기술자에 의해 쉽게 설계 변경을 할 수 없다.

45 직사각형의 토지를 종, 횡으로 측정하여 65.45m, 58.55m를 얻었다. 길이의 측정값을 각각 ±1cm의 표준오차로 유지할 때 면적의 표준오차는? [2014년 기사 3회]

① ±0.77m² ② ±0.88m²
③ ±1.50m² ④ ±1.76m²

해설
$$M = \pm\sqrt{(ym_1)^2 + (xm_2)^2}$$
$$= \pm\sqrt{(0.01 \times 65.45)^2 + (0.01 \times 58.55)^2}$$
$$= \pm 0.878m^2$$

46 그림과 같은 직사각형 지역에 지반고 13m인 평탄한 택지를 조성하기 위하여 필요한 토공량은? (단, 지반고의 단위는 m이다.) [2014년 기사 3회]

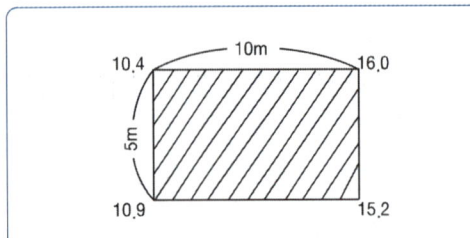

① 절토, 6.25m³ ② 성토, 6.25m³
③ 절토, 12.5m³ ④ 성토, 12.5m³

해설
실제토량(V)
$$V = \frac{A}{4}(\Sigma h_1 + 2\Sigma h_2 \cdots)$$
$$= \frac{10 \times 5}{4}(10.4 + 16 + 15.2 + 10.9)$$
$$= 656.25 m^3$$

계획토량(V_1)
$$V_1 = A \times h = (10 \times 5) \times 13 = 650 m^3$$
$$V - V_1 = 656.25 - 650.0 = 6.25 m^3 (절토)$$

47 그림과 같은 도로건설의 절취단면 면적은? [2015년 기사 1회]

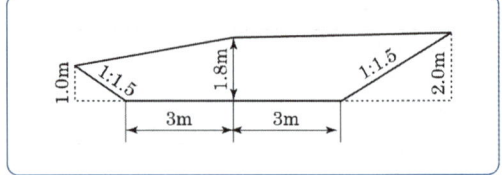

① 13.95m² ② 15.95m²
③ 16.95m² ④ 17.95m²

해설
$$\frac{1+1.8}{2} \times 4.5 = 6.3m^2 \qquad \frac{1.8+2.0}{2} \times 6 = 11.4m^2$$
$$\frac{1.5 \times 1}{2} = 0.75m^2 \qquad \frac{2 \times 3}{2} = 3m^2$$
$$6.3 - 0.75 = 5.55m^2 \qquad 11.4 - 3 = 8.4m^2$$
$$\therefore 5.55 + 8.4 = 13.95m^2$$

48 삼각형 ABC의 좌표가 표와 같을 때 토지의 면적은?(단위 : m) [2015년 기사 1회]

측점	X	Y
A	40	30
B	20	70
C	90	100

Answer 45 ② 46 ① 47 ① 48 ④

① $4,700\text{m}^2$ ② $3,700\text{m}^2$
③ $2,700\text{m}^2$ ④ $1,700\text{m}^2$

해설)

합위거	합경거	$(X_{i+1} - X_{i-1}) \times Y_i$	배면적
x_1	y_1	$(x_2 - x_3) \times y_1$	$(20-90) \times 30 = -2,100$
x_2	y_2	$(x_3 - x_1) \times y_2$	$(90-40) \times 70 = 3,500$
x_3	y_3	$(x_1 - x_2) \times y_3$	$(40-20) \times 100 = 2,000$
		배면적 = 3,400	
		면적 = $\frac{3,400}{2} = 1,700\text{m}^2$	

별해)

$$\begin{array}{ccccccc} 40 & & 20 & & 90 & & 40 \\ 30 & \times & 70 & \times & 100 & \times & 30 \end{array}$$

$\Sigma \searrow : 2800 + 2000 + 2700 = 7500$
$-|\Sigma \nearrow : 600 + 6300 + 4000 = 10900$
                                 3400

$A = \frac{3400}{2} = 1700\text{m}^2$

49
체적측량에 있어서 관측된 수평 및 수직 거리 x, y, z의 거리오차를 dx, dy, dz라 하고 거리관측의 정확도가 K로 동일하다고 할 때, 다음 중 체적관측의 정확도는?

[2015년 기사 1회]

① $\frac{1}{3}K$ ② $1K$
③ $3K$ ④ $9K$

해설)

$$\frac{dv}{V} = \frac{dz}{Z} + \frac{dy}{Y} + \frac{dx}{X}$$

($\frac{dz}{Z} = \frac{dy}{Y} = \frac{dx}{X} = \frac{dl}{L}$ 이라고 할 때)

$$\frac{dV}{V} = 3 \cdot \frac{dl}{l}$$

여기서, V : 체적,
dV : 체적오차.

$\frac{dl}{l}$: 거리관측 허용 정확도

∴ 체적의 정확도는 거리측량 정확도의 3배가 된다.

50
그림과 같은 단면의 면적은?

[2015년 기사 2회]

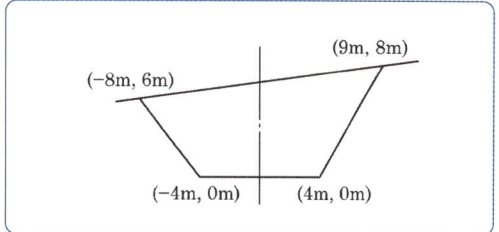

① 78m^2 ② 80m^2
③ 87m^2 ④ 90m^2

해설)

합위거 (x)	합경거 (y)	$(X_{i+1} - x_{i-1}) \times y$	배면적
$X_1(-8)$	$Y_1(6)$	$(x_2 - x_4) \times y_1$	$(9-(-4)) \times 6 = 78$
$X_2(9)$	$Y_2(8)$	$(x_3 - x_1) \times y_2$	$(4-(-8)) \times 8 = 96$
$X_3(4)$	$Y_3(0)$	$(x_4 - x_2) \times y_3$	$(-4-9) \times 0 = 0$
$X_4(-4)$	$Y_4(0)$	$(x_1 - x_3) \times y_4$	$(-8-4) \times 0 = 0$
		배면적 = 174	
		면적 = $\frac{174}{2} = 87\text{m}^2$	

별해) 간략법

$$\begin{array}{ccccccccc} -8 & & 9 & & 4 & & -4 & & -8 \\ 6 & \times & 8 & \times & 0 & \times & 0 & \times & 6 \end{array}$$

$\Sigma \searrow : -64 - 24 = -88$
$-|\Sigma \nearrow : 54 + 32 = 86$
                        -174

$A = \frac{174}{2} = 87$ (부호생각안함)

Answer 49 ③ 50 ③

51 표고와 면적을 측량한 결과가 그림과 같았다면 전체 토공량은? (단, 각 구역의 크기는 동일하고, 기준면의 표고는 0m이다.)

[2015년 기사 2회]

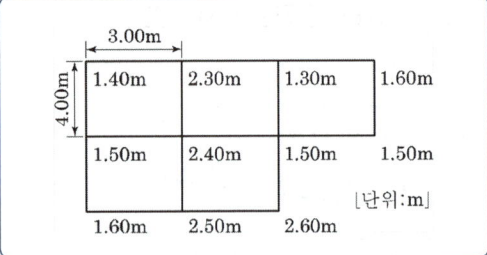

① 110m³ ② 114m³
③ 119m³ ④ 120m³

해설

$\sum h_1 = 1.4 + 1.6 + 1.5 + 2.6 + 1.6 = 8.7$
$\sum h_2 = 2.3 + 1.3 + 2.5 + 1.5 = 7.6$
$\sum h_3 = 1.5$
$\sum h_4 = 2.4$
$V = \dfrac{A}{4}(\sum h_1 + 2\sum h_2 + 3\sum h_3 + 4\sum h_4)$
$= \dfrac{4\times 3}{4}(8.7 + 2\times 7.6 + 3\times 1.5 + 4\times 2.4)$
$= 114\text{m}^3 \text{(단, } A = a\times b)$

52 그림과 같은 절토단면이 있다. 각 점의 좌표와 경사를 이용하여 계산한 단면의 면적은? (단, 좌표 및 거리의 단위는 m이다.)

[2015년 기사 3회]

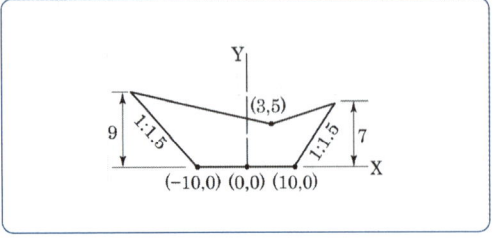

① 256m²   ② 215m²
③ 193m²   ④ 186m²

해설

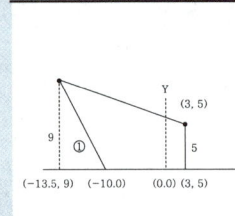

① 사다리꼴 면적
$\dfrac{5+9}{2}\times(13.5+10+3)$
$= 185.5\text{m}^2$

② 삼각형면적
$\dfrac{13.5\times 9}{2} = 60.75\text{m}^2$

③ ∴ $185.5 - 60.75$
$= 124.75\text{m}^2$

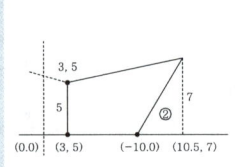

① 사다리꼴 면적
$\dfrac{5+7}{2}\times((3+(10-3)) + (10.5-3))$
$= \dfrac{12}{2}\times 17.5 = 105\text{m}^2$

② 삼각형면적
$\dfrac{10.5\times 7}{2} = 36.75\text{m}^2$

③ ∴ $105 - 36.75$
$= 68.25\text{m}^2$

| 횡단면적 | $124.75 + 68.25 = 193\text{m}^2$ |

방법 2)
* 간이계산법(좌표계산법)

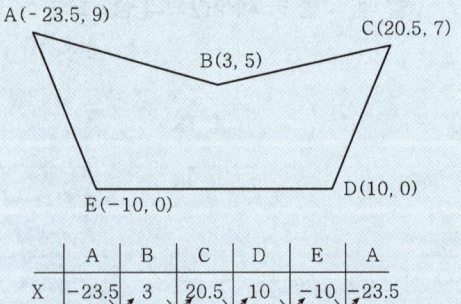

$\sum\searrow = (-23.5\times 5) + (3\times 7) + (20.5\times 0) + (10\times 0)$
$\quad\quad + (-10\times 9)$
$= -186.5$

$\sum\nearrow = (9\times 3) + (5\times 20.5) + (7\times 10) + (0\times 10)$
$= 199.5$

Answer 51 ② 52 ③

$2A = -186.5 - 199.5 = -386$
면적은 (−)값이 없으므로
∴ $A = \dfrac{386}{2} = 193 \text{m}^2$

53 토지의 면적계산에 사용되는 심프슨 제2법칙은 그림과 같은 포물선 AMNB의 면적(빗금친 부분)을 사각형 ABCD 면적의 얼마로 가정해서 유도한 공식인가?

[2015년 기사 3회]

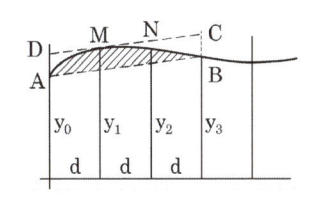

① 3/8   ② 1/2
③ 3/4   ④ 7/8

해설

심프슨 제2법칙
도형의 3구간을 한 조로 하여 면적을 계산함으로써 실제 지형에 가깝게 면적을 구할 수 있다는 장점이 있다. 따라서 구하고자 하는 도형을 3의 배수로 나누어야 한다.
ABCDE의 면적(A)
 =사다리꼴 ABDE(A_1)+곡선부분 BCD(A_2)

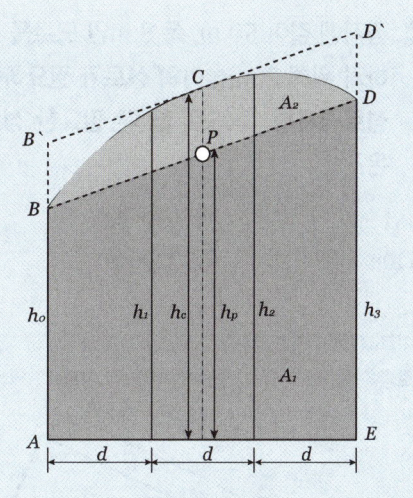

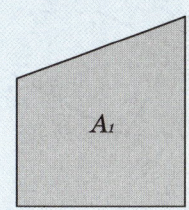

$A_1 = \left(3d \times \dfrac{y_0 + y_3}{2}\right)$

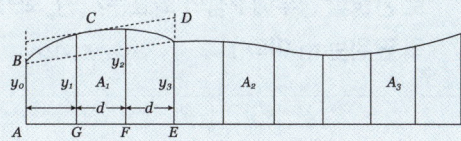

$A_2 = \dfrac{3}{4} 3d(h_c - h_p)$
$ = \dfrac{3}{4}\left\{3d \cdot \left(\dfrac{h_1 + h_2}{2} - \dfrac{h_0 + h_3}{2}\right)\right\}$

전체면적(A)
$A = 3d \cdot \dfrac{h_0 + h_3}{2} + \dfrac{3}{4}\left\{3d \cdot \left(\dfrac{h_1 + h_2}{2} - \dfrac{h_0 + h_3}{2}\right)\right\}$
$ = \dfrac{3}{8} d(h_0 + 3h_1 + 3h_2 + h_3)$

Answer 53 ③

54 평지에 길이 50 m, 폭 8 m인 도로를 건설하기 위해 2 m 높이의 성토가 필요하다면 성토경사를 1:15로 할 때 필요한 성토량은? [22년 기사 1회]

① 467 m³   ② 930 m³
③ 1100 m³   ④ 2200 m³

해설)

성토량(A) $= \dfrac{8+(8+3+3)}{2} \times 2 \times 50 = 1,100 m^3$

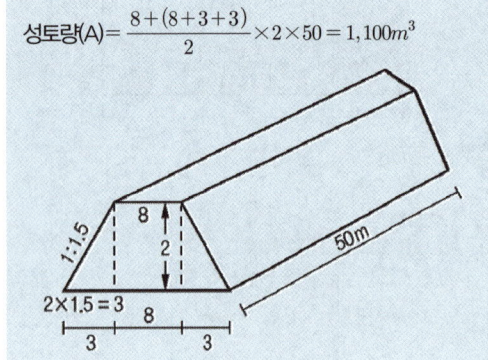

55 그림과 같은 삼각형 ABC의 면적을 1:3으로 분할할 경우에 P점의 좌표는? (단, 좌표의 단위는 m 이다.) [22년 기사 1회]

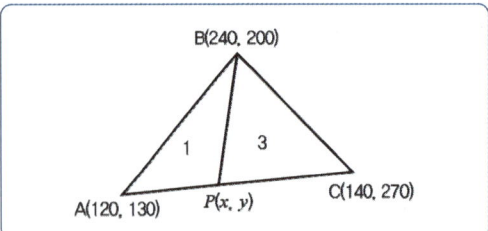

① (125, 165)
② (125, 200)
③ (130, 165)
④ (130, 200)

해설)
높이가 동일할 경우 삼각형 면적은 밑변의 길이와 비례하므로

$x = 120 + \dfrac{(140-120)}{4} = 125$

$y = 130 + \dfrac{(270-130)}{4} = 165$ 이므로 $(x,y) = (125, 165)$

별해)

$P_X = \dfrac{mx_2 + nx_1}{m+n} = \dfrac{1 \times 140 + 3 \times 120}{1+3} = 125$

$P_Y = \dfrac{my_2 + ny_1}{m+n} = \dfrac{1 \times 270 + 3 \times 130}{1+3} = 165$

56 철도, 도로 및 수로 등을 건설할 때 토량을 계산하기 위해 가장 적합한 체적 산정방법은? [22년 기사 1회]

① 점고법   ② 등고선법
③ 유토곡선법   ④ 단면법

해설)

체적계산

체적계산은 주로 토공량을 산정하는 것으로 토공사에 필요한 체적을 결정하기 위하여 단면법, 점고법, 등고선법 등을 주로 이용한다.

단면법	• 다각형으로 구성된 단면의 면적을 계산하여 체적을 구하는 방법으로 길이가 긴 지역의 체적을 계산하는데 사용된다. • 단면법의 종류로는 각주공식, 양단면평균법, 중앙단면법이 있다.
점고법	• 장방형 지역의 토공량 계산에 널리 사용되는 방법으로 구획방법에 따라 사분법과 삼분법이 있다.
등고선법	• 등고선에 의한 체적의 계산은 체적을 근사적으로 구하는데 편리한 방법으로 주로 유량이나 저수지의 용량을 결정하는데 이용된다.

57 4각형 ABCD의 좌표가 아래와 같을 때 □ABCD의 면적은? [22년 기사 1회]

A(15.6 m, 4.7 m) B(26.8 m, 17.2 m)
C(24.3 m, 30.3 m) D(5.6 m, 18.7 m)

① 287.89 m²   ② 277.89 m²
③ 575.78 m²   ④ 555.77 m²

Answer 54 ③ 55 ① 56 ④ 57 ②

해설

좌표면적 계산법을 이용하면

	X	Y	X_{n+1}	X_{n-1}	Y_n	$(X_{n+1}-X_{n-1}) \times Y_n$
A	15.6	4.7	26.8	5.6	4.7	(26.8-5.6)×4.7=99.64
B	26.8	17.2	24.3	15.6	17.2	(24.3-15.6)×17.2=149.64
C	24.3	30.3	5.6	26.8	30.3	(5.6-26.8)×30.3=-642.36
D	5.6	18.7	15.6	24.3	18.7	(15.6-24.3)×18.7=-162.69

$\sum 555.77$

$A = \dfrac{555.77}{2} = 277.89 m^2$

58 축척 1:600 도면에서 측정한 값이 그림과 같을 때 ABCD의 실제면적은? [22년 기사 1회]

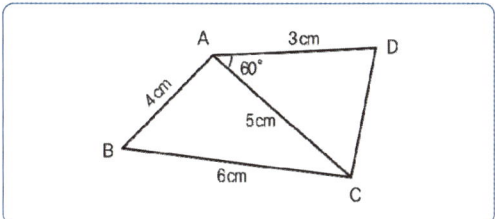

① 16 m² ② 59 m²
③ 146 m² ④ 591 m²

해설

△ACD의 면적= $\dfrac{1}{2}cd\sin A$ 에서

$= \dfrac{1}{2} \times 3 \times 5 \times \sin 60° = 6.5 cm^2$

$(\dfrac{1}{m})^2 = \dfrac{도상면적}{실제면적}$ 에서

실제면적 = $m^2 \times$ 도상면적
$= 600^2 \times 6.5 = 2,340,000 cm^2 = 234 m^2$

다른방법 = $(\dfrac{600}{100})^2 \times 6.5 = 234 m^2$ (cm를 m로 환산)

△ABC의 면적= $\sqrt{s(s-a)(s-b)(s-c)}$ 에서
$= \sqrt{7.5(7.5-4)(7.5-5)(7.5-6)} = 9.92 cm^2$

실제면적 = $(\dfrac{600}{100})^2 \times 9.92 = 357 m^2$ (cm를 m로 환산)

△ABC + △ACD = 357 + 234 = 591 m²

59 수준측량 결과가 그림과 같을 때, 이 지역의 계획고를 50 m로 하기 위한 토량은? (단, 측점의 단위는 m)(22년2기)

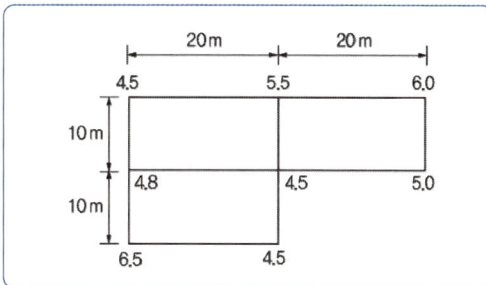

① 절토량 30 m³
② 절토량 20 m³
③ 성토량 20 m³
④ 성토량 30 m³

해설

$V = \dfrac{A}{4}(\Sigma h_1 + 2\Sigma h_2 + 3\Sigma h_3 + 4\Sigma h_4)$

$= \dfrac{10 \times 20}{4}(26.5 + 2 \times 10.3 + 3 \times 4.5) = 3,030 m^3$

$\sum h_1 = 4.5 + 6.0 + 5.0 + 4.5 + 6.5 = 26.5$
$\sum h_2 = 5.5 + 4.8 = 10.3$
$\sum h_3 = 4.5$

계획고에 따른 토량= $10 \times 20 \times 5 \times 3 = 3,000 m^3$
$3,000 - 3,030 = -30 m^3$ 이므로 $30 m^3$ 절토해야 한다.

60 그림과 같은 좌표를 갖는 □ABCD의 면적은? (단, 단위는 m 이다.) [22년 2기]

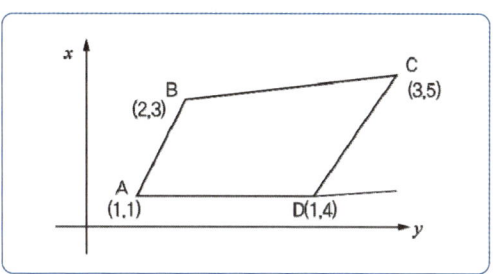

Answer 58 ④ 59 ① 60 ②

① 2 m² ② 3 m²
③ 4 m² ④ 5 m²

해설

	합위거 (x)	합경거 (y)	$(X_{i+1} - x_{i-1}) \times y$	배면적
A	$X_1(1)$	$Y_1(1)$	$(x_2-x_4) \times y_1$	$(2-1) \times 1 = 1$
B	$X_2(2)$	$Y_2(3)$	$(x_3-x_1) \times y_2$	$(3-1) \times 3 = 6$
C	$X_3(3)$	$Y_3(5)$	$(x_4-x_2) \times y_3$	$(1-2) \times 5 = -5$
D	$X_4(1)$	$Y_4(4)$	$(x_1-x_3) \times y_4$	$(1-3) \times 4 = -8$
				배면적 = 6
				면적 = $\frac{6}{2} = 3m^2$

61 그림과 같은 토지 ABCDE를 동일 면적의 □ AEDF 토지로 만들기 위해 DC의 연장선 상에 경계점 F를 설치하고자 한다. $\overline{AC}$= 40 m, $\overline{BC}$= 25 m, ∠ACB= 30°, ∠BCF= 80° 라 할 때 $\overline{CF}$의 거리는? [22년2기]

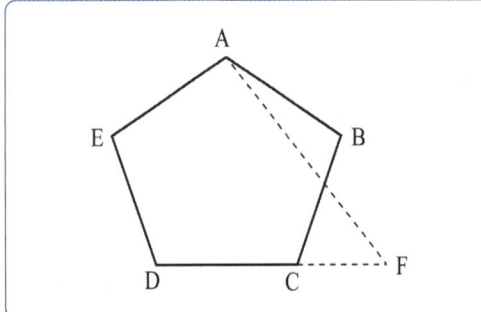

① 12.7 m ② 12.9 m
③ 13.1 m ④ 13.3 m

해설

△ABC의 면적과 △ACF의 면적이 동일해야 한다.
사인법칙에 의해 △ABC에서
$A = \frac{1}{2} \times 40 \times 25 \times \sin(30°) = 250m^2$
사인법칙에 의해 △ACF에서

$A = \frac{1}{2} \times 40 \times \overline{CF} \times \sin(110°) = 250m^2$ 에서

$\overline{CF} = \dfrac{250}{\frac{1}{2} \times 40 \times \sin(110°)} = 13.3m$

62 100 m² 의 정사각형 면적을 01 m² 까지 정확하게 구하기 위하여 필요충분한 한 변의 측정거리 단위는? [22년 2기]

① 15 mm ② 10 mm
③ 5 mm ④ 3 mm

해설

$\dfrac{dA}{A} = 2\dfrac{dl}{l}$ 에서

$\dfrac{0.1}{100} = 2 \times \dfrac{dl}{10}$ (면적이 100m²일 때 정사각형 한변의 길이가 10m 이므로)

$dl = \dfrac{0.1 \times 10}{2 \times 100} = 0.005m = 5mm$

63 단면에 의한 체적 계산 방법에 대한 설명으로 틀린 것은? [21년 4기]

① 양단면평균법은 간편하기 때문에 실제 토공량 산정에 자주 이용되고 있다.
② 중앙단면법은 단면적의 변화가 크지 않은 경우에 중앙의 단면을 평균 단면으로 가정하는 방법이다.
③ 각주공식에 의한 체적산정은 심프슨 제1법칙을 적용하여 전토량을 구한다.
④ 일반적으로 토공량 산정값을 비교하면 체적의 크기가 중앙단면법>각주공식>양단면평균법의 순서가 된다.

해설

단면법에 의해 구해진 토량은 일반적으로 양단면평균법(과대)>각주공식(정확)>중앙단면법(과소)을 갖는다.
1. 중앙단면법 : $V = A_m \cdot h$ (가장작다)

Answer 61 ④ 62 ③ 63 ④

2. 양단면평균법: $V = \dfrac{A_1 + A_2}{2} \times h$ (가장 크다)

3. 각주공식: $V = \dfrac{h}{6}(A_1 + 4A_m + A_2)$ (가장 적합하다)

64 그림과 같은 지역의 계획 표고를 35m로 할 때 절토량은? (단, 단위는 m이고, 각 구역의 크기는 10m×10m로 동일하다.)

[21년 4기]

35.5	36.2	36.8	37.3
36.4	37.6	38.3	39.2
37.5	38.4	39.2	

① 1240 m³
② 1140 m³
③ 1040 m³
④ 940 m³

해설

체적(V) = $\dfrac{A}{4}(\sum h_1 + 2\sum h_2 + 3\sum h_3 + 4\sum h_4)$

$= \dfrac{10 \times 10}{4}(188.7 + 2 \times 147.8 + 3 \times 38.3 + 4 \times 37.6)$

$= 18740 m^3$

$\sum h_1 = 35.5 + 37.3 + 39.2 + 39.2 + 37.5 = 188.7$
$\sum h_2 = 36.2 + 36.8 + 38.4 + 36.4 = 147.8$
$\sum h_3 = 38.3$
$\sum h_4 = 37.6$

계획 표고가 35m일 때 토량 = $10 \times 10 \times 35 \times 5 = 17,500 m^3$이므로 18,740−17,500=1,240m³

65 그림과 같은 삼각형 토지에서 BC(=55m) 위의 점 D와 AC(=40m) 위의 점 E를 연결하여 △ABC의 면적을 2등분할 때 AE의 길이는?

[21년 4기]

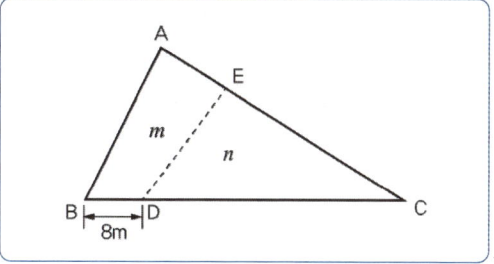

① 16.6 m
② 17.7 m
③ 20.8 m
④ 23.4 m

해설

$CE = \dfrac{AC \times BC}{CD} \times \dfrac{m}{m+n} = \dfrac{40 \times 55}{55-8} \times \dfrac{1}{1+1} = 23.4$

∴ $AE = AC - CE = 40 - 23.4 = 16.6m$

다른 해설)

삼각형의 면적 $(F) = \dfrac{1}{2}ab\sin C$에서

$\dfrac{1}{2} \times 40 \times 55 \times \sin C = 2 \times \dfrac{1}{2} \times 47 \times x \times \sin C$ 이므로

$x = \dfrac{40 \times 55}{2 \times 47} = 23.4$

∴ $AE = AC - CE = 40 - 23.4 = 16.6m$

66 그림과 같은 횡단면도의 성토 부분 면적은?

[21년 4기]

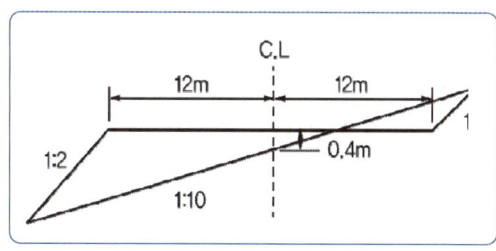

① 10 m²
② 16 m²
③ 18 m²
④ 24 m²

Answer 64 ① 65 ① 66 ②

해설

$A = \frac{1}{2}ah = \frac{1}{2} \times (12+4) \times 2 = 16m^2$

x값은?
$1 : 10 = 0.4 : x$
$x = \frac{10 \times 0.4}{1} = 4m$

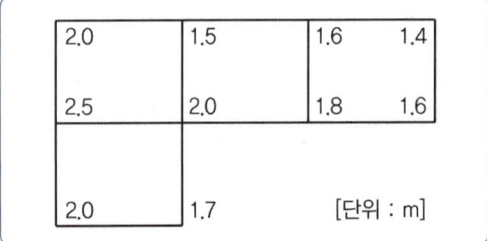

$A = \frac{1}{2}ah = \frac{1}{2} \times (12+4) \times 2 = 16m^2$

67 측량결과에 의하여 그림과 같이 절토고를 얻었다면 절토량은? (단, 각 분할된 구역은 가로×세로=20m×10m로 동일하다.)

[21년 2기]

2.0	1.5	1.6	1.4
2.5	2.0	1.8	1.6
2.0	1.7		[단위 : m]

① 1375m³ ② 1425m³
③ 1475m³ ④ 1525m³

해설

$V = \frac{A}{4}(\Sigma h_1 + 2\Sigma h_2 + 3\Sigma h_3)$
$= \frac{20 \times 10}{4}\{(8.7) + (2 \times 7.4) + (3 \times 2.0)\} = 1,475.0m^3$

$\Sigma h_1 = 2.0 + 1.4 + 1.6 + 1.7 + 2.0 = 8.7$
$\Sigma h_2 = 1.5 + 1.6 + 1.8 + 2.5 = 7.4$
$\Sigma h_3 = 2.0$

68 면·체적 측량에 관한 설명 중 틀린 것은?

[21년 2기]

① 구적기에 의한 방법은 도면의 축척과 신축 등으로 인하여 직접법에 비해 정확도가 다소 떨어진다.
② 각주공식은 다각형인 양단면이 평행인 경우에 중앙의 면적을 구한 후 심프슨 제2법칙을 적용하여 구한다.
③ 다각측량에서 폐합다각형 내의 면적은 배횡거법으로 구할 수 있다.
④ 산지에서의 정지작업 또는 매립용량, 저수지담수량의 체적산정 등에는 등고선법이 사용된다.

해설

② 각주공식은 다각형인 양단면이 평행인 경우에 중앙의 면적을 구한 후 심프슨 제1법칙을 적용하여 구한다.

69 그림과 같은 노선 단면에서 여유폭을 포함하는 용지의 폭은? (단, 여유폭 = 0.5m로 한다.)

[21년 2기]

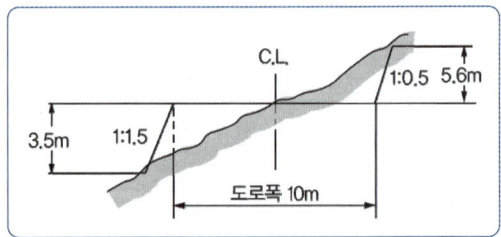

① 18.05m ② 19.05m
③ 23.53m ④ 24.53m

해설

노선 단면의 여유폭 =
$0.5 + (1.5 \times 3.5) + 10 + (0.5 \times 5.6) + 0.5 = 19.05m$

Answer 67 ③ 68 ② 69 ②

70 심프슨법칙에 대한 설명으로 틀린 것은?

[21년 2기]

① 심프슨법칙을 이용하는 경우, 지거 간격은 균등하게 하여야 한다.
② 심프슨의 제1법칙을 1/3법칙이라고도 한다.
③ 심프슨의 제2법칙을 3/8법칙이라고도 한다.
④ 심프슨의 제2법칙은 사다리꼴 2개를 1조로 하여 3차 포물선으로 생각하여 면적을 구한다.

해설
④ 심프슨의 제2법칙은 사다리꼴 3개를 1조로 하여 3차 포물선으로 생각하여 면적을 구한다.

71 그림과 같은 등고선의 체적계산 공식으로 옳은 것은? (단, 등고선 간격은 h, 이고, A_4는 편평한 것으로 가정한다. [21년 2기]

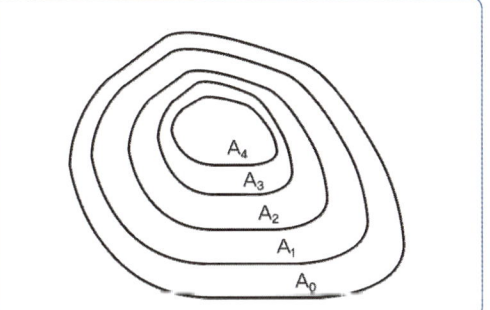

① $V_0 = \dfrac{h}{2}[A_0 + A_4 + 3(A_1 + A_2 + A_3)]$

② $V_0 = \dfrac{h}{2}[A_0 + A_4 + 4(A_1 + A_3) + 2(A_2)]$

③ $V_0 = \dfrac{h}{3}[A_0 + A_4 + 3(A_1 + A_2 + A_3)]$

④ $V_0 = \dfrac{h}{3}[A_0 + A_4 + 4(A_1 + A_3) + 2(A_2)]$

해설
등고선법
토량 산정, Dam, 저수지의 저수량 산정

$$V_0 = \dfrac{h}{3}\{A_0 + A_n + 4(A_1 + A_3) + 2(A_2 + A_4)\}$$

여기서,
$A_0, A_1, A_2 \cdots$: 각등고선높이에높이에따른 면적
n : 등고선간격

72 토량계산에 있어 양단면의 차가 심할 때 산출된 토량의 일반적인 대소 관계로 옳은 것은? (단, 양단면 평균법을 A, 중앙단면법을 B. 각주공식을 C 로 한다.)

① A>B>C
② A>C=B
③ A=C>B
④ A>C>B

해설
양단면평균법(과대) > 각주공식(정확) > 중앙단면법(과소)

73 100m² 정사각형 토지의 면적을 0.2m² 까지 정확하게 구하기 위해서는 1변의 길이를 최대 몇 cm 까지 정확하게 관측하여야 하는가?

① 0.5 cm
② 1.0 cm
③ 1.5 cm
④ 2.0 cm

해설

$\dfrac{dA}{A} = 2\dfrac{dl}{A}$ 에서

$dl = \dfrac{0.2 \times 10}{2 \times 100}$
    $= 0.01m = 1cm$

Answer 70 ④ 71 ④ 72 ④ 73 ②

74 그림과 같은 지역에서 절토량과 성토량이 균형을 이루는 표고는? [단, 각 격자의 크기는 동일하다.]

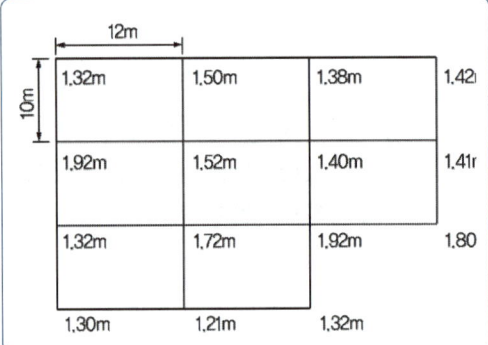

① 1468.8m ② 1468.0m
③ 1.53m   ④ 1.50m

해설

$$V = \frac{A}{4}(\Sigma h_1 + 2\Sigma h_2 + 3\Sigma h_3 + 4\Sigma h_4)$$
$$= \frac{10 \times 12}{4}\{(7.16) + (2 \times 8.75) + (3 \times 1.92) + (4 \times 4.64)\}$$
$$= 1{,}469.4 m^3$$
$\Sigma h_1 = 1.32 + 1.42 + 1.8 + 1.32 + 1.3 = 7.16$
$\Sigma h_2 = 1.5 + 1.38 + 1.42 + 1.21 + 1.32 + 1.92 = 8.75$
$\Sigma h_3 = 1.92$
$\Sigma h_4 = 1.52 + 1.4 + 1.72 = 4.64$
평균표고$(h_0) = \frac{V}{nA} = \frac{1{,}469.4}{8 \times 120} = 1.53m$

75 그림과 같이 터널 단면의 좌표(x, y)를 측정하였을 때 이 좌표에 의한 터널의 내공단면적은? (단, 단위 : m)

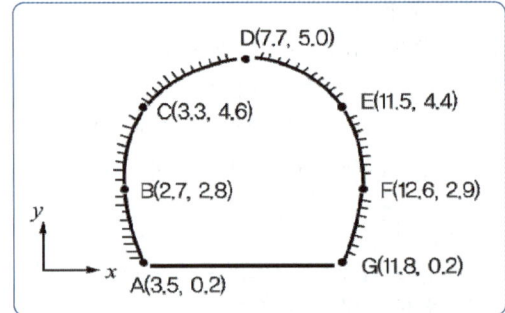

① 41.12m² ② 45.25m²
③ 82.23m² ④ 90.50m²

해설

	3.5	2.7	3.3	7.7	11.5	12.6	11.8	3.5
	0.2	2.8	4.6	5.0	4.4	2.9	0.2	0.2
Σ↘	9.8+12.42+16.5+33.88+33.35+2.52+2.36=110.83							
Σ↗	0.54+9.24+35.42+57.5+55.44+34.22+0.7=193.06							
배면적	82.23							
면적	$\frac{82.23}{2} = 41.115 m^2$							

Answer 74 ③ 75 ①

ENGINEER SURVEYING GEO-SPATIAL INFORMATION

PART 03

사진측량 및 원격탐사

CHAPTER 01   사진측량
CHAPTER 02   사진의 일반성
CHAPTER 03   사진촬영 계획 및 기준점측량
CHAPTER 04   사진의 특성
CHAPTER 05   입체사진측정
CHAPTER 06   표정
CHAPTER 07   사진판독
CHAPTER 08   편위수정과 사진지도
CHAPTER 09   수치사진측량(Digital Photogrammetry)
CHAPTER 10   원격탐측(Remote sensing)

CHAPTER 01 사진측량

제1절 정의

사진측량(Photogrammetry)은 사진영상을 이용하여 피사체에 대한 정량적(위치, 형상, 크기 등의 결정) 및 정성적(자원과 환경현상의 특성 조사 및 분석) 해석을 하는 학문이다.

① **정량적 해석**: 위치, 형상, 크기 등의 결정
② **정성적 해석**: 자원과 환경현상의 특성 조사 및 분석

제2절 사진측량의 역사

사진측량은 1800년대부터 시작되어 기계식 사진측량시대를 거쳐 현재 해석식 사진측량시대를 맞이하였으며 1990년대부터 본격적으로 수치사진측량을 연구, 실용화하고 있다.

1 사진측량의 역사

1) 개척기(1830 ~ 1900) : (사진측량의 개척)

(1) 1839년 프랑스인 데갸르(Daeguerre)에 의해 사진술 발명

(2) 1840년 프랑스인 로세다(Laussedat)에 의해 지형도 제작

(3) 1892년 독일의 풀프리히(Pulfrich)에 의해 입체사진측량 개발

2) 2세기(1900 ~ 1950) : (기계적 사진측량학)

1900년대부터 기계식 사진측량 시작

3) 3세기(1950 ~ 현재) : (해석적 사진측량학)

1960년대부터 해석사진측량 실용화

4) 4세기(1990 ~ 현재) : (수치사진측량학)

1990년대부터 수치사진 실용화

2 우리나라 사진측량의 역사

(1) 1945년 미군에 의해 국내에 소개되었다.

(2) 6.25 전쟁 중 북위 40°까지 항공사진을 촬영하여 1/50,000 군용도 제작

(3) 1966년부터 우리 기술진에 의해 사진측량 실용화

(4) 1966년부터 1974년까지 항공사진측량에 의한 1/25,000 국토기본도 제작

(5) 1975년부터 1993년까지 1/5,000 국토기본도 제작

(6) 1977년 경기 안양시 평촌지구경지정리 확정 측량

(7) 1980년 충남 청원군 성환지구 확정 측량에서 시험측량 시행

제3절 사진측량의 장·단점

1 장점

(1) 정량적 및 정성적 측정이 가능하다.
(2) 정확도가 균일하다.

　① 평면(X, Y) 정도 : $(10 \sim 30)\mu \times$ 촬영축척의 분모수(m)

　② 높이(H) 정도 : $(\dfrac{1}{10,000} \sim \dfrac{2}{10,000}) \times$ 촬영고도(H)

　　여기서, $1\mu = \dfrac{1}{1,000}$ mm(도화축척인 경우 촬영축척분모수의 5배)
　　　　　 m : 촬영축척의 분모수
　　　　　 H : 촬영고도

　③ 동체측정에 의한 현상보존이 가능하다.
　④ 접근하기 어려운 대상물의 측정도 가능하다.
　⑤ 축척변경도 가능하다.
　⑥ 분업화로 작업을 능률적으로 할 수 있다.
　⑦ 경제성이 높다.
　⑧ 4차원의 측정이 가능하다.
　⑨ 비지형 측량이 가능하다.
　⑩ 사진측량은 대체로 정확도가 균일하며 사진축척분모가 클수록 소축척이므로 경제적이다.

2 단점

　① 좁은 지역에서는 비경제적이다.
　② 기재가 고가이다(시설비용이 많이 든다).
　③ 피사체에 대한 식별의 난해가 있다(지명, 행정경계 건물명, 음영에 의하여 분별하기 힘든 곳 등의 측정은 현장의 작업으로 보충측량이 요구된다).
　④ 대축척 측량은 보다 높은 정확도를 요구하므로 소축척에 비해 지형도제작이 고가이다.

제4절 사진측량의 분류

1 촬영방향에 의한 분류

1) 수직사진

(1) 광축이 연직선과 거의 일치하도록 카메라의 경사가 3° 이내의 기울기로 촬영된 사진
(2) 항공사진측량에 의한 지형도제작 시에는 거의 수직사진에 의한 촬영

2) 경사사진

광축이 연직선 또는 수평선에 경사지도록 촬영한 경사각 3° 이상의 사진으로 지평선이 사진에 나타나는 고각도 경사사진과 사진이 나타나지 않는 저각도 경사사진이 있다.

(1) 고각도 경사사진 : 3° 이상으로 지평선이 나타난다.
(2) 저각도 경사사진 : 3° 이상으로 지평선이 나타나지 않는다.

3) 수평사진

광축이 수평선에 거의 일치하도록 지상에서 촬영한 사진

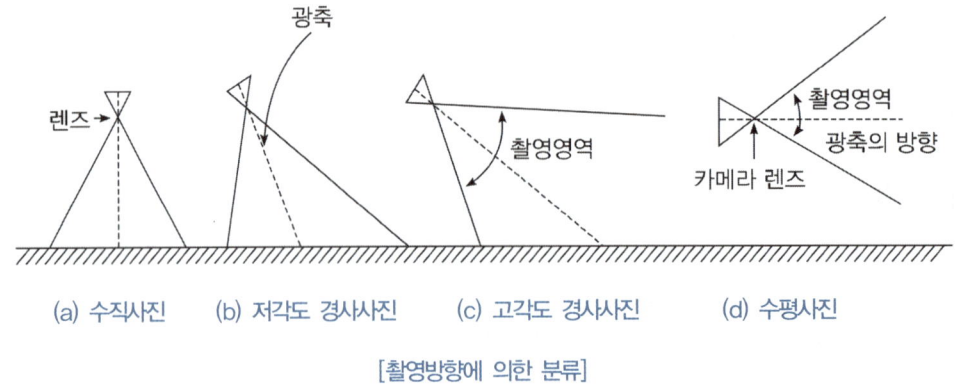

[촬영방향에 의한 분류]

2 사용 카메라에 의한 분류

종류	렌즈의 화각	화면크기(cm)	초점거리(mm)	용도	비고
초광각사진	120°	23×23	88~90	소축척 도화용	완전평지에 이용
광각사진	90°	23×23	152~153	일반도화, 사진판독용	경제적
보통각사진	60°	18×18	210	산림조사용	산악지대 도심지 촬영 정면도 제작
협각사진	약 60° 이하			특수한 대축척 도화용	특수한 정면도 제작

3 측량방법에 의한 분류

1) 항공사진측량(Aerial Photogrammetry)

지형도작성 및 판독에 주로 이용되며 항공기 및 기구 등에 탑재된 측량용 사진기로 중복하여 연속 촬영된 사진을 정성적 분석 및 정량적 분석을 하는 측량방법이다.

2) 지상사진측량(Terrestrial Photogrammetry)

지상사진측량은 지상에서 촬영한 사진을 이용하여 건조물이나 시설물의 형태 및 변위계측과 고산지대의 지형을 해석한다.(건물의 정면도, 입면도 제작에 주로 이용된다.)

3) 수중사진측량(Underwater Photogrammetry)

수중사진기에 의해 얻어진 영상을 해석함으로써 수중자원 및 환경을 조사하는 것으로 플랑크톤량, 수질조사, 해저의 기복상태, 해저의 유물조사, 수중식물의 활력도에 주로 이용된다.

4) 원격탐측(Remote Sensing)

원격탐측은 지상에서 반사 또는 방사하는 각종 파장의 전자기파를 수집 처리하여 환경 및 자원문제에 이용하는 사진측량의 새로운 기법 중의 하나이다.

5) 비지형(非地形) 사진측량(Non-Topography Photogrammetry)

지도작성 이외의 목적으로 X선, 모아레사진, 홀로그래픽(레이저사진) 등을 이용하여 의학, 고고학, 문화재조사에 주로 이용된다.

4 촬영축척에 의한 분류

1) 대축척 도화사진

촬영고도 800m(저공촬영) 이내에서 얻어진 사진을 도화

$$(\text{축척 } \frac{1}{500} \sim \frac{1}{3,000})$$

2) 중축척 도화사진

촬영고도 800 ~ 3,000m(중공촬영) 이내에서 얻어진 사진을 도화

$$(\text{축척 } \frac{1}{5,000} \sim \frac{1}{25,000})$$

3) 소축척 도화사진

촬영고도 3,000m(고공촬영) 이상에서 얻어진 사진을 도화

$$(\text{축척 } \frac{1}{50,000} \sim \frac{1}{100,000})$$

5 필름에 의한 분류

팬크로 사진	일반적으로 가장 많이 사용되며 가시광선($0.4\mu m \sim 0.75\mu m$)에 해당하는 전자파로 이루어진 흑백사진
적외선 사진	① 적외선을 이용하여 지질, 토양, 수자원 및 삼림조사, 재해조사 등의 판독작업에 주로 이용되는 사진 ② 물은 적외선을 전부 흡수하기 때문에 적외선 사진에서는 까맣게 나타나므로 해안선, 수로 등을 선명하게 구별할 수 있다(온대 혼합수림 판독에 효과적임).
팬인플러 사진	팬크로 사진과 적외선 사진의 중간에 속하며 적외선용 필름을 사용하고 황색 필터를 사용
위색 사진	적외선에 감성하는 필름의 층을 붉게 발생시키는 것으로 식물의 잎은 적색 그 외는 청색으로 찍히며 생물 및 식물의 연구나 조사 등에 이용된다.
천연색 사진	천연색 사진을 이용하여 조사 판독 등에 이용된다.

CHAPTER 01 문제 및 해설

01 항공사진측량의 특성에 대한 설명으로 틀린 것은?
[2011년 기사 2회]

① 축척변경이 용이하다.
② 동체관측에 의한 보존이용이 가능하다.
③ 분업화에 의해 능률적이다.
④ 대축척일수록 경제적이다.

해설

사진측량의 특성
1. 사진측량의 장점
① 정량적 및 정성적 측량이 가능하다.
② 정확도의 균일성이 있다.
③ 동체 관측에 의한 보존 이용이 가능하다.
④ 관측대상에 접근하지 않고도 관측이 가능하다.
⑤ 광역(廣域)일수록 경제성이 있다.
⑥ 분업화에 의한 작업능률성이 높다.
⑦ 축척변경이 용이하다.
⑧ 4차원 측량이 가능하다.
⑨ 소축척일수록 경제적이다.
※ 대축척측량은 보다 높은 정확도를 요구하므로 소축척에 비해 지형도 제작이 고가이다.

02 항공사진에 대한 설명으로 틀린 것은?
[2011년 기사 1회]

① 항공사진으로 지도를 만들 수 없다.
② 항공사진은 지면에 비고가 있으면 그 상은 변형되어 찍힌다.
③ 항공사진은 지면에 비고가 있으면 연직사진이어도 렌즈의 중심과 지상점의 높이의 차가 다르고 축척은 변화한다.
④ 항공사진은 경사져 있으면 지면이 평탄하더라도 사진의 경사의 방향에 따라 한쪽은 크고 다른 쪽은 작게 되어 축척은 일정하지 않다.

해설

항공사진을 이용하여 지도를 제작할 때는 엄밀 수직사진이 좋으나, 실제 엄밀사진을 촬영하기 어려우므로 2~3도의 경사를 허용한 거의 수직사진이 이용된다.

03 사진측량의 특징에 대한 설명으로 옳지 않은 것은?
[2012년 기사 2회]

① 피사체에 대한 식별이 어려우므로 현장작업으로서 보완할 필요도 있다.
② 움직이는 대상물의 상태를 분석할 수 있으며 낙하하는 돌의 추적 같은 4차원 측정도 가능하다.
③ 정량적, 정성적인 측정을 할 수 있으므로 환경 및 자원조사, 기상조사, 도시의 발전상황 등도 판단할 수 있다.
④ 사진측량은 작업이 간편하고 신속하여 촬영만으로 대상물체의 특성 및 정량적인 분석을 정밀하게 할 수 있다.

Answer 01 ④ 02 ① 03 ④

[해설]
사진측량의 장점
① 정량적 및 정성적 측량이 가능하다.
② 정확도의 균일성이 있다.
③ 동체 관측에 의한 보존 이용이 가능하다.
④ 관측대상에 접근하지 않고도 관측이 가능하다.
⑤ 광역(廣域)일수록 경제성이 있다.
⑥ 분업화에 의한 작업능률성이 높다.
⑦ 축척변경이 용이하다.
⑧ 4차원측량이 가능하다.

04 사진측량에서 말하는 모형(Model)은 무엇을 뜻하는가? [2011년 산업기사 1회]

① 촬영지역을 대표하는 부분
② 한 쌍의 중복된 사진으로 입체시 되는 부분
③ 촬영사진 중 수정 모자이크된 부분
④ 촬영된 각각의 사진 한 장이 포괄하는 부분

[해설]
모형(Model) : 다른 위치로부터 촬영되는 2매 1조의 입체사진으로부터 만들어지는 지역

05 사진측량의 특징에 대한 설명으로 옳지 않은 것은? [2012년 산업기사 1회]

① 초기 시설비용이 많이 필요하다.
② 대상물이 움직이는 경우에는 적용하기 곤란하다.
③ 사진 상에 나타나 있지 않는 대상물의 해석이 불가능하다.
④ 구름, 바람, 조도, 적설 등에 영향을 받는다.

[해설]
사진측량의 장·단점

장점	단점
• 정량, 정성적 측량 가능	• 시설비용이 많이 든다.
• 동적 측량 가능(X, Y, Z, T)	• 피사체 식별이 난해한 경우도 있음
• 정확도 균일	
• 접근하기 어려운 대상물 측량 가능	
• 분업화에 의한 작업능률성 높음	• 기상 영향 받음
• 축척변경 용이	
• 넓을수록 경제적	

06 항공사진의 특수 3점이 아닌 것은? [2012년 산업기사 1회]

① 주점   ② 연직점
③ 등각점 ④ 수평점

[해설]
항공사진의 특수 3점은 주점, 연직점, 등각점이다.

07 사진측량의 특성에 관한 설명으로 옳지 않은 것은? [2012년 산업기사 3회]

① 축척의 변경이 용이하다.
② 분업화에 의해 능률이 높다.
③ 넓지 않은 구역에서의 측량에 적합하다.
④ 접근하기 어려운 대상물을 측량할 수 있다.

[해설]
사진측량의 장점
① 정량적(지형, 지물의 위치형상 크기) 및 정성적 측량이 가능하다.
② 동적인 측량이 가능하다.
③ 시간을 포함한 4차원 측량이 가능하다.
④ 측량의 정확도가 균일하다.
⑤ 접근하기 어려운 대상물의 측량이 가능하다.
⑥ 분업화에 의한 작업능률성이 높다.
⑦ 축척변경의 용이성이 있다.

08 사진측량의 표정점 종류가 아닌 것은? [2013년 산업기사 2회]

① 접합점   ② 자침점
③ 등각점   ④ 자연점

[해설]
사진측량에 필요한 점
① 표정점 : 자연점, 지상기준점
② 보조기준점 : 종접합점, 횡접합점
③ 대공표지
④ 자침점

Answer 04 ② 05 ② 06 ④ 07 ③ 08 ③

09 사진측량의 특징에 대한 설명으로 옳지 않은 것은? [2013년 산업기사 3회]

① 지상측량에 비해 외업시간이 짧고 내업시간이 길다.
② 도상 각 부분과 기준점의 정밀도가 비슷하고 개인적인 원인에 의한 오차가 적게 발생한다.
③ 측량구역의 면적이 적을수록 경제적이며 소축척보다는 대축척이 더욱 경제적이다.
④ 지도는 정사투영상이나 사진은 중심투영상이다.

해설
사진측량의 특징

장점	단점
① 정량적 및 정성적 측정이 가능하다.	① 좁은 지역에서는 비경제적이다.
② 정확도가 균일하다.	② 기재가 고가이다. (시설 비용이 많이 든다.)
③ 동체측정에 의한 현상보존이 가능하다.	③ 피사체에 대한 식별의 난해가 있다. (지명, 행정경계 건물명, 음영에 의하여 분별하기 힘든 곳 등의 측정은 현장의 작업으로 보충측량이 요구된다.)
④ 접근하기 어려운 대상물의 측정도 가능하다.	
⑤ 축척변경도 가능하다.	
⑥ 분업화로 작업을 능률적으로 할 수 있다.	
⑦ 경제성이 높다.	
⑧ 4차원의 측정이 가능하다.	
⑨ 비지형측량이 가능하다.	

• 대축척보다는 소축척이 경제적이다.

10 사진측량의 특징으로 옳지 않은 것은? [2015년 산업기사 3회]

① 정량적이고 정성적인 관측이 가능하다.
② 대상지역의 면적과 관계없이 경제적이다.
③ 정확도의 균일성이 있다.
④ 축척변경이 용이하다.

해설
9번 해설 참고

11 항공사진을 촬영방향에 따라 분류할 때 수직사진과 경사사진의 구분 기준은? [2013년 기사 3회]

① 광축과 연직선 사이의 경사각 3°
② 광축과 수평선 사이의 경사각 3°
③ 광축과 연직선 사이의 경사각 5°
④ 광축과 수평선 사이의 경사각 5°

해설
1. **수직사진(垂直寫眞 : Vertical Photography)**
   ① 수직사진은 카메라의 중심축이 지표면과 직교되는 상태에서 촬영된 사진
   ② 엄밀수직사진 : 카메라의 축이 연직선과 일치하도록 촬영한 사진
2. **경사사진(傾斜寫眞 : Oblique Photography)**
   ① 경사사진은 촬영 시 카메라의 중심축이 직교하지 않고 경사된 상태에서 촬영된 사진
   ② 광축이 연직선 또는 수평선에 경사지도록 촬영한 경사각 3° 이상의 사진으로 지평선이 사진에 나타나는 고각도경사사진과 사진이 나타나지 않는 저각도경사사진이 있다.
3. **수평사진(水平寫眞 : Horizontal Photography)**
   ① 수평사진측량은 광축이 수평선에 거의 일치하도록 지상에서 촬영한 사진

(a) 수직사진 (b) 저각도경사사진 (c) 고각도경사사진 (d) 수평사진

[촬영방향에 따른 분류]

12 고도가 매우 높은 궤도상의 인공위성에 탑재한 프레임 사진기로 지구를 촬영할 경우와 가장 유사한 지도투영법은? [2013년 기사 3회]

① TM 도법
② 원추도법
③ 정사방위도법
④ 심사방위도법

Answer 09 ③ 10 ② 11 ① 12 ③

해설
고도가 매우 높은 궤도상의 인공위성에 탑재한 프레임 사진기로 지구를 촬영할 경우와 가장 유사한 지도 투영법은 정사방위도법이다.

13 다음의 카메라 중 동일한 촬영고도에서 촬영했을 때 가장 많은 대상물을 포함할 수 있는 카메라는? [2013년 기사 2회]

① 협각카메라 ② 보통각카메라
③ 광각카메라 ④ 초광각카메라

해설

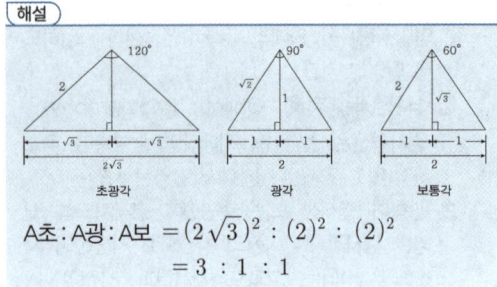

A초 : A광 : A보 $= (2\sqrt{3})^2 : (2)^2 : (2)^2$
$= 3 : 1 : 1$

14 항공사진측량에 사용되는 광각 카메라에 대한 설명으로 옳지 않은 것은? [2013년 기사 1회]

① 렌즈 피사각이 120° 정도이다.
② 초점거리가 152mm 정도이다.
③ 사진크기가 23cm × 23cm이다.
④ 일반도화 및 판독에 적합하다.

해설

종류	렌즈의 피사각	초점거리 (mm)	사진크기 (cm)	필름의 길이 (m)	사용목적
초광각 사진기	120°	88	23*23	80	소축척 도화용
광각 사진기	90°	152~153	23*23	120	일반도화, 판독용
보통각 사진기	60°	210	18*18	120	산림 조사용
협각 사진기	60° 이하				특수한 대축척용, 판독용

15 사진기 검정 데이터(Calibration data)에 포함되는 것은? [2012년 기사 3회]

① 사진지표의 좌표값
② 연직점의 좌표
③ 대기 보정량
④ 사진축척

해설
사진기 검정 데이터(Calibration data)
① 카메라의 초점거리
② 주점의 좌표(Principal Point Of Autocollimation)
③ 사진지표(Fiducial Marks)
④ 방사거리값(Radial Distance Value)
⑤ 방사왜곡값(Radial Distortion Value)

16 사진측량으로 도심지역의 수치지도를 작성할 경우 사진의 해상도를 일정하게 유지시키면서 고층건물에 의해 발생하는 폐색지역(conclusion area)을 감소시킬 수 있는 방법은? [2012년 기사 2회]

① 촬영고도를 높게 한다.
② 촬영고도를 낮게 한다.
③ 동일한 촬영고도에서 사진의 중복도를 크게 한다.
④ 동일한 촬영고도에서 사진의 중복도를 작게 한다.

해설
산악지역이나 고층빌딩이 밀집된 시가지의 촬영은 10~20% 이상 중복도를 높여 촬영하거나 2단 촬영 실시

17 항공사진의 투영원리로 옳은 것은? [2012년 기사 3회]

① 정사투영 ② 평행투영
③ 등적투영 ④ 중심투영

Answer 13 ④ 14 ① 15 ① 16 ③ 17 ④

해설

항공사진은 중심투영이고, 지도는 정사투영이다.
① 중심투영 : 일반적인 사진의 상은 피사체(대상물)로부터 반사된 광선이 렌즈중심으로 직진하여 평면인 필름면에 투영되어 상이 나타난다. 이와 같은 투영을 중심투영(central projection)이라 하며, 사진은 중심투영상(中心投影像)이다.
② 정사투영 : 항공사진과 지도는 지표면이 평탄한 곳에서는 지도와 사진이 같으나 지표면에 높낮이가 있는 경우는 사진의 형상이 다르다. 중심투영으로 인한 지형상의 왜곡을 보정하여 정사사진을 제작한다.

18 도화(Plotting)의 정확도에 대한 설명으로 옳지 않은 것은? [2010년 기사 1회]

① 수직 위치의 정확도는 일반적으로 기선비 또는 중복도에 의해서 변화된다.
② 60% 중복의 경우를 표준으로 생각했을 때 표정오차는 0.15~0.20‰H(H는 촬영고도) 정도이다.
③ 지적측량 등 대축척 도화의 경우에는 높은 정확도를 필요로 하지 않는다.
④ 입체모델의 중복도가 커지면 표고정확도는 낮아진다.

해설

사진측량의 정확도 : 정확도의 균일성이 있다.
㉠ 평면(X, Y) 정도
  $(10~30)\mu \cdot m$(촬영축척의 분모수)
  $= (\frac{10}{1,000} \sim \frac{30}{1,000})mm \cdot m$
  ($1\mu : \frac{1}{1,000}mm$, 도화축척인 경우 촬영축척분모수에 5배)
㉡ 높이(H) 정도
  $(\frac{1}{10,000} \sim \frac{2}{10,000}) \times$촬영고도(H)
∴ 대축척일수록 높은 정확도가 필요하다.

19 지상측량용 사진기를 이용하여 건축물의 3차원 측량을 수행할 경우에 고려하지 않아도 될 사항은?

① 렌즈의 왜곡
② 초점거리
③ 기준점의 정확도
④ Image motion 보정

해설

항공사진측량이 주로 지형도를 제작하기 위해 사용되었다면, 지상사진측량은 문화재 관측이나 구조물 관측에 많이 이용된다.

항공사진측량와 지상사진측량의 비교

항목	항공사진측량	지상사진측량
관측방법	후방교회법에 의한 관측	전방교회법에 의한 관측
고려사항	감광도에 중점	렌즈 수차만 작으면 이용가능
촬영각	광각이 경제적	보통각이 유리
기상영향	기상변화에 민감	기상변화에 의한 영향이 적음
축척변경	축척변경이 용이	축척변경이 불편
정확도	높은 평면정확도/낮은 높이정확도	높은 높이정확도/낮은 평면정확도
대상	대규모 지역에서 경제적	소규모 지역에서 경제적

지상사진측량을 하는 경우에도 항공사진측량과 마찬가지로 렌즈의 왜곡, 카메라의 초점거리, 지상기준점의 정확도를 고려해야 한다.

20 다음 중 벡터편집프로그램과 결합되어 3차원 도화원도를 제작하고 정사투영영상을 제작할 수 있는 도화기는?

① 디지털 입체도화기
② 해석적 입체도화기
③ 아날로그 입체도화기
④ 하이브리드 입체도화기

Answer 18 ③ 19 ④ 20 ①

아날로그 입체도화기	아날로그 입체도화기는 수륜(手輪, Hand Wheel)과 족륜(足輪,Foot Di나)을 조작하여 부점(Floating Mark)을 원하는 위치로 이동하여 도화를 하거나 좌표를 독취한다.
해석적 입체도화기	사진을 과학적으로 혹은 디지털투사기를 이용하여 사진영상을 다른 그래픽 정보와 중첩하여 볼 수 있으며 취득한 데이터의 오류를 검증할 수 있는 방법이다. 사진의 표정 및 오차보정은 컴퓨터 소프트웨어에 의하여 이루어 지는 특징을 가지고 있다.
디지털 입체도화기	수치사진측량시스템은 사진측량기법과 영상처리(Imqge Processing)을 복합적으로 조합하여 수치지도를 작성하는 장비로 디지털도화기를 말한다. 모니터 스크린의 영상을 실체시 하는 방법은 여색관계(Anaglyph)를 이용하는 방법과 편광필터(Polarizing Filter)를 이용하는 2가지 방법이 일반적으로 사용되고 있다.

21 다음 ( ) 안에 알맞은 말로 짝지어진 것은?

촬영고도가 같은 경우 광각사진이 보통각사진보다 축척은 (   ), 한 장의 사진이 포함하는 면적은 (   ).

① 크고, 작다
② 크고, 크다
③ 작고, 작다
④ 작고, 크다

[해설]

촬영고도가 같은 경우 광각사진의 축척은 보통각 사진의 축척보다 작다

$A_{보통} : A_{광각} = (ma)^2 : (ma)^2$
$= (\frac{Ha}{f})^2 : (\frac{Ha}{f})^2$
$= (\frac{H \times 18}{21})^2 : (\frac{H \times 23}{15})^2 = 1 : 3$

22 사진측량에서 모델의 의미로 옳은 것은?

① 편위 수정된 사진이다.
② 촬영된 한 장의 사진이다.
③ 한 쌍의 사진으로 실체시 되는 부분이다.
④ 어느 지역을 대표할 만한 사진이다.

[해설]

모델이란 다른 위치로부터 촬영되는 2매 1조의 입체사진으로부터 만들어지는 처리 단위를 말한다.

23 항공사진측량에서 스트립(Strip)에 관한 설명으로 틀린 것은? [21년 2기]

① 촬영진행 방향으로 연속된 모델이다.
② 비행경로와도 유사한 의미로 쓰인다.
③ 한 쌍의 중복된 사진을 의미한다.
④ 스트립이 횡방향으로 결합된 것을 블록(block)이라 한다.

[해설]

스트립(strip)
① 촬영진행 방향으로 연속된 모델
② 비행경로와도 유사한 의미로 쓰인다
③ 스트립이 횡방향으로 결합된 것을 블록(block)이라 한다

• 모델이란 다른 위치로부터 촬영되는 2매 1조의 입체사진으로부터 만들어지는 처리단위(지역)를 말한다.

Answer 21 ④ 22 ③ 23 ③

CHAPTER 02 사진의 일반성

제1절 사진측량용 사진기

1) 프레임 사진기

(1) 프레임(frame) 사진기에는 단일렌즈방식과 다중렌즈방식이 있다.
(2) 다중렌즈방식은 여러 개의 렌즈로 되어 있다.
(3) 렌즈의 앞부분에 각각 다른 필터를 장치하여 동일지역을 동일시각에 각기 다른 분광대의 영상으로 기록하는 방법이다.

2) 파노라마(panoramic : 장관도) 사진기

(1) 약 120°의 피사각을 가진 초광각렌즈와 렌즈 앞에 장치한 프리즘이 회전하거나 렌즈 자체의 회전에 의하여 비행방향에 직각방향으로 넓은 피사각을 촬영한다.
(2) 1회의 비행으로 광범위한 지역을 기록할 수 있는 장점이 있으므로 파노라마 사진은 넓은 지역을 개괄적으로 판독하기 위해 사용된다.

3) 스트립 사진기

(1) 항공기의 진행과 동시에 연속적으로 미소폭을 통하여 영상을 롤(roll) 필름에 스트립(strip : 종접합모형)으로 기록하는 사진기이다.
(2) 촬영의 원리는 항공기상에서 바라본 지형의 이동속도나 길이에 맞추어 필름을 움직이거나 렌즈를 통한 영상을 가는 홈(slit)을 통하여 필름에 분광하도록 설계되어 있다.

4) 다중분광대 사진기(MSC : Multi Spectral Camera)

다중분광대 사진기는 필터와 필름을 이용하여 여러 개의 파장영역에서 분광하여 여러 분광대의 흑백사진을 촬영하는 사진기이다.

제2절 측량용 사진기

일반사진기와 비교하여 측량용 사진기는 다음과 같은 특징이 있다.

(1) 초점길이가 길다.
(2) 화각이 크다.
(3) 렌즈지름이 크다.
(4) 거대하고 중량이 크다.
(5) 해상력과 선명도가 높다.
(6) 셔터의 속도는 1/100~1/1,000초이다.
(7) 파인더로 사진의 중복도를 조정한다.
(8) 수차가 극히 적으며 왜곡수차가 있더라도 보정판을 이용하여 수차를 제거한다.

제3절 디지털사진기

1) 장점

(1) 필름을 사용하지 않는다.
(2) 현상비용이나 시간이 절감
(3) 오차발생 방지(필름에서 영상 획득하기 위해 스캐닝과정 생략)
(4) 보관과 유지관리가 편리하다.
(5) 영상의 품질관리가 용이하다.
(6) 재난재해분야, 사회간접자본시설, RS 응용분야, GIS 분야 등에 활용성이 높다.
(7) 신속한 결과물을 이용할 수 있다.

2) 단점

(1) 가격이 고가

(2) 저장 공간이 많이 요구된다.

제4절 촬영용 항공기

촬영용 항공기는 다음과 같은 요구조건을 갖추어야 한다.

(1) 안정성이 좋을 것
(2) 조작성이 좋을 것
(3) 시계가 좋을 것
(4) 항공거리가 길 것
(5) 이륙거리가 짧을 것
(6) 상승속도가 클 것
(7) 상승한계가 높을 것
(8) 요구되는 속도를 얻을 수 있을 것

제5절 촬영 보조 기계

1) 수평선 사진기(horizontal camera)

주사진기의 광축에 직각방향으로 광축이 향하도록 부착시킨 소형사진기

2) 고도차계(statoscope)

고도차계는 U자관을 이용하여 촬영점 간의 기압차 관측에 의하여 촬영점 간의 고도차를 환산 기록하는 것이다.

3) APR(airborne profile recorder)

APR은 비행고도자동기록계라고도 하며 항공기에서 바로 밑으로 전파를 보내고 지상에서 반사되어 돌아오는 전파를 수신하여 촬영비행 중의 대지촬영고도를 연속적으로 기록하는 것이다.

4) 항공망원경(navigation telescope)

접안격자판에 비행방향, 횡중복도가 30%인 경우의 유효폭 및 인접촬영경로, 연직점위치 등이 새겨져 있어서, 예정촬영경로에서 항공기가 이탈되지 않고 항로를 유지하는데 이용된다.

5) FMC(Forward Motion Compensation) : 떨림방지기구

FMC는 Image motion Compensator라고도 하며 항공사진기에 부착되어 영상을 취득하는 동안 비행기의 흔들림이나 움직이는 물체의 촬영 등으로 인해 발생되는 Shifting 현상을 제거하는 장치이다.

6) 자이로스코프(gyroscope) : 자동평형경

회전체의 역학적인 운동을 관찰하는 실험기구로 회전의라고도 한다. 이를 이용하여 지구가 자전하는 것을 실험적으로 증명할 수 있다. 한편 로켓의 관성유도장치로 사용되는 자이로스코프, 이 원리를 응용한 나침반인 자이로 컴퍼스, 선박의 안전장치로 사용되는 자이로 안정기, 비행기의 동요 등이 카메라에 주는 영향을 막기 위하여 이용되는 등 넓은 의미에서 응용되고 있다.

제6절 항공사진의 보조자료

(1) 초점거리 : 정확한 축척 결정이나 도화에 중요한 요소로 이용
(2) 촬영고도 : 정확한 축척 결정에 이용
(3) 고도차 : 앞 고도와의 차를 기록
(4) 사진번호 : 촬영순서를 구분하는데 이용
(5) 촬영시간 : 셔터를 누르는 순간 시각을 표시
(6) 지표 : 여러 형태를 표시되어 있으며 필름신축 보정 시 이용
(7) 수준기 : 촬영시 카메라의 경사상태를 알아보기 위해 부착

제7절 Sensor(탐측기)

감지기는 전자기파(electromagnetic wave)를 수집하는 장비로서 수동적 감지기와 능동적 감지기로 대별된다. 수동방식(passive sensor)은 태양광의 반사 또는 대상물에서 복사되는 전자파를 수집하는 방식이고, 능동방식(active sensor)은 대상물에 전자파를 쏘아 그 대상물에서 반사되어 오는 전자파를 수집하는 방식이다.

수동적 방식	비주사방식	비영상방식	지자기측량		
			중력측량		
			기타		
		영상방식	단일사진기	흑백사진	
				천연색사진	
				적외사진	
				적외칼라사진	
				기타사진	
			다중파장대 사진기	단일렌즈	단일필름
					다중필름
				다중렌즈	단일필름
					다중필름
	주사방식	영상면주사방식	TV사진기(vidicon 사진기)		
			고체주사기		
		대상물면주사방식	다중파장대 주사기	Analogue방식	
				Digital방식	MSS
					TM
					HRV
			극초단파주사기(microwave radiometer)		
능동적 탐측기	비주사방식	Laser spectrometer			
		Laser 거리측량기			
	주사방식	레이다			
		SLAR	RAR(Rear Aperture Radar)		
			SAR(Synthetic Aperture Radar)		

1) LIDAR(Light Detection and Ranging)

레이저에 의한 대상물 위치 결정방법으로 기상 조건에 좌우되지 않고 산림이나 수목지대에서도 투과율이 높다.

2) SLAR(Side Looking Airborne Radar)

능동적 탐측기는 극초단파를 이용하여 극초단파 중 레이더파를 지표면에 주사하여 반사파로부터 2차원을 얻는 탐측기로 SLAR이라 한다. SLAR에는 RAR과 SAR 등이 있다.

CHAPTER 02 문제 및 해설

01 항공사진측량을 위한 촬영계획에서 종중복도를 증가시킬 때 일어나는 현상으로 옳지 않은 것은? [2012년 기사 2회]

① 주점기선길이가 줄어든다.
② 사진매수가 늘어난다.
③ 사각부가 줄어든다.
④ 과고감이 증가한다.

[해설]
① 중복도를 증가시키면 사각부의 사각지대를 줄일 수 있다.
② 과고감은 촬영고도 H에 대한 촬영기선길이 B와의 비인 기선고도비 B/H에 비례한다.
③ 기선고도비 $\dfrac{B}{H} = \dfrac{ma(1-P)}{H}$ 가 감소할수록 과고감은 줄어든다.
④ 종중복도를 증가시킬 경우 촬영기선길이(B)가 줄어들므로 과고감은 줄어든다.

02 사진크기 23cm×23cm인 항공사진에서 주점기선장이 10.5cm라면 인접사진과의 중복도는 얼마인가? [2010년 산업기사 1회]

① 46%   ② 50%
③ 54%   ④ 60%

[해설]
주점기선 길이(b_0) = $a\left(1 - \dfrac{P}{100}\right)$ 에서

$p = \left(1 - \dfrac{b_0}{a}\right) \times 100$

$= \left(1 - \dfrac{10.5}{23}\right) \times 100 = 54.3$

∴ 종중복도(p) = 54%

03 항공사진측량 촬영용 항공기에 요구되는 조건으로 옳지 않은 것은? [2010년 산업기사 1회]

① 안정성이 좋을 것
② 상승 속도가 클 것
③ 이착륙 거리가 길 것
④ 적재량이 많고 공간이 넓을 것

[해설]
① 안정성이 좋을 것
② 상승 속도가 클 것
③ 이착륙 거리가 짧을 것
④ 적재량이 많고 공간이 넓을 것

04 초점거리 15.3cm의 카메라로 촬영된 연직사진의 평지사진축척은 1:25,000이었다. 주점으로부터의 거리가 60.4mm인 곳의 평지로부터의 비고 300m에 의한 기복변위는? [2012년 기사 1회]

① 약 4.7mm   ② 약 5.0mm
③ 약 5.3mm   ④ 약 5.7mm

Answer 01 ④ 02 ③ 03 ③ 04 ①

해설

$H = m \cdot f = 25{,}000 \times 0.153 = 3{,}825\text{m}$

$\Delta r = \dfrac{h}{H} \cdot r$

$= \dfrac{3000}{3{,}825} \times 0.0604 = 0.047\text{m} = 4.7\text{mm}$

05 평탄지를 촬영고도 1,500m로 촬영한 연직 사진이 있다. 두 사진 상에서 2점 간의 시차 차를 측정하니 4mm였다면 이 두 점 간의 비고는? (단, 카메라의 초점거리 153mm, 사진의 크기 23cm×23cm, 종중복도 60%)

[2010년 기사 1회]

① 19.6m ② 32.6m
③ 39.2m ④ 65.2m

해설

$h = \dfrac{H}{b_0} \Delta P$

$= \dfrac{1{,}500}{0.23\left(1 - \dfrac{60}{100}\right)} \times 0.004 = 65.2\text{m}$

06 해발고도 3,000m에서 촬영한 연직사진이 있다. 이 사진상에서 표고 120m 지점에 길이 4.0mm로 찍혀 있는 교량의 실제길이는? (단, 사용된 사진기의 초점거리는 150mm)

[2011년 기사 3회]

① 70.8m ② 74.6m
③ 76.8m ④ 80.0m

해설

축척 $M = \dfrac{1}{m} = \dfrac{l}{L} = \dfrac{f}{H}$

$\therefore L = \dfrac{H}{f} \times l = \dfrac{(3000-120)}{0.15} \times 0.004$

$= 76.8\text{m}$

07 초점거리 150mm, 지상고도 3,000m의 사진기로 촬영한 수직 항공사진에서 길이 60m인 교량의 사진상의 길이는?

[2010년 산업기사 1회]

① 0.2mm ② 0.3mm
③ 2.0mm ④ 3.0mm

해설

$M = \dfrac{l}{L} = \dfrac{f}{H}$ 이므로 $\dfrac{0.15}{3{,}000} = \dfrac{l}{60}$

$\therefore l = 0.003\text{m} = 3\text{mm}$

08 촬영고도 3,000m, 초점거리 20cm인 카메라로 평지를 촬영한 밀착사진의 크기가 23cm×23cm이고, 종중복도 54%, 횡중복도 30%인 연직사진의 스테레오 모델의 면적은?

[2010년 산업기사 2회]

① 6.83km² ② 5.83km²
③ 4.83km² ④ 3.83km²

해설

$\dfrac{1}{m} = \dfrac{f}{H} = \dfrac{0.2}{3000} = \dfrac{1}{15{,}000}$

$A = (ma)^2 \left(1 - \dfrac{p}{100}\right)\left(1 - \dfrac{q}{100}\right)$

$= (15{,}000 \times 0.23)^2 \left(1 - \dfrac{54}{100}\right)\left(1 - \dfrac{30}{100}\right)$

$= 3.83\text{km}^2$

09 초점거리가 200mm인 카메라로 해면고도 2,500m의 항공기에서 평균해발 300m의 지역을 촬영하였을 때 사진축척은?

[2010년 산업기사 2회]

① 1 : 10,000 ② 1 : 11,000
③ 1 : 12,500 ④ 1 : 14,000

Answer 05 ④ 06 ③ 07 ④ 08 ④ 09 ②

해설
해면고도 : 2,500m
산정의 높이 : 300m
∴ 비행고도 : 2,200m
축척 $M = \dfrac{1}{m} = \dfrac{l}{L} = \dfrac{f}{H} = \dfrac{0.2}{2,200} = 11,000$

10 인공위성을 이용하여 영상을 취득하는 경우에 대한 설명으로 옳지 않은 것은?
[2010년 산업기사 2회]

① 관측이 좁은 시야각으로 행하여지므로 얻어진 영상은 정사투영영상에 가깝다.
② 회전 주기가 일정하므로 반복적인 관측이 가능하다.
③ 다중 파장대 영상을 이용한 다양한 정보의 취득이 가능하다.
④ 필요한 시점의 영상을 신속하게 수신할 수 있다.

해설
인공위성 영상취득
① 관측이 좁은 시야각으로 행하여지므로 얻어진 영상은 정사투영영상에 가깝다.
② 회전 주기가 일정하므로 반복적인 관측이 가능하다.
③ 다중 파장대 영상을 이용한 다양한 정보의 취득이 가능하다.
④ 필요한 시점의 영상을 신속하게 수신할 수 없다.

11 축척 1 : 10,000인 항공사진을 스캐닝하여 영상을 만들고자 한다. 스캐닝 해상력을 1200dpi로 설정했다면 영상소(pixel) 하나의 지상에서의 공간해상력은 약 얼마인가?
[2010년 산업기사 2회]

① 10.6cm　② 21.2cm
③ 26.4cm　④ 42.4cm

해설
1inch=2.54cm, dpi : dot per inch
지상에서의 공간해상력은
$\dfrac{2.54}{1,200} \times 10,000 = 21.2\text{cm}$

12 사진측량에서 말하는 모델(model)의 의미로 옳은 것은?
[2010년 산업기사 3회]

① 한 장의 사진이다.
② 편위수정된 사진이다.
③ 한 쌍의 사진으로 실체시되는 부분이다.
④ 어느 지역을 대표할 만한 사진이다.

해설
① **모델**(Model) : 다른 위치로부터 촬영되는 2매 1조의 입체사진으로부터 만들어지는 지역
② **복합모델**(Strip) : 서로 인접한 모델을 결합한 복합모델(종접합)
③ **블록**(Block) : 사진이나 모델의 종횡으로 접합된 모형 또는 스트립이 횡으로 접합된 형태

13 항공사진측량의 작업에 속하지 않는 것은?
[2010년 산업기사 3회]

① 대공표지 설치　② 세부도화
③ 사진기준점 측량　④ 천문측량

해설
천문측량은 태양이나 별을 이용하여 경도, 위도 및 방위각을 모르는 지점의 위치와 방향을 결정하기 위한 측량이다.

14 사진지표의 용도가 아닌 것은?
[2010년 산업기사 3회]

① 사진의 신축 측정　② 주점의 위치 결정
③ 해석적 내부표정　④ 지구의 곡률보정

해설
지구의 곡률보정은 사진측량과 거리가 멀다.

Answer　10 ④　11 ②　12 ③　13 ④　14 ④

15 대공표지(Air Target, Signal Point)에 대한 설명으로 옳은 것은?

[2010년 산업기사 3회]

① 사진상에 명확히 나타나고 정확히 측량할 수 있는 자연물로 이루어진 접합점
② 스트립을 인접스트립에 연결시켜 블록을 형성하기 위해 사용되는 점
③ 항공사진에 표정용 기준점의 위치를 정확하게 표시하기 위해 촬영 전 지상에 설치하는 것
④ 사진상의 주점이나 표정점 등 제점의 위치를 인접한 사진상에 옮기는 것

[해설]
대공표지
① 대공표지는 사진상에서 정확하게 그 위치를 결정하고자 할 때 설치한다.
② 설치 장소의 상공은 45° 이상의 시계를 확보하여야 한다.
③ 대공표지를 하고자 하는 점이 자연점으로 표지를 설치하지 않고도 사진상에 명료하게 확인되는 경우에는 생략할 수 있다.

16 공간분석 위상관계에 대한 설명으로 옳지 않은 것은?

[2010년 산업기사 3회]

① 위상관계란 공간자료의 상호관계를 정의한다.
② 위상관계란 인접한 점, 선, 면 사이의 공간적 대응관계를 나타낸다.
③ 위상관계란 연결성, 인접성의 특성을 포함한다.
④ 위상관계에서 한 노드(Node)를 공유하는 모든 아크(Arc)는 상호연결성 존재가 필요 없다.

[해설]
위상이란 전체의 벡터구조를 각각의 점, 선, 면의 단위 원소로 분류하여 각각의 원소에 대하여 형상과 인접성, 연결성, 계급성에 관한 정보를 파악하고, 각종 도형 구조들의 관계를 정의함으로써, 각각 원소 간의 관계를 효율적으로 정리한 것이다.

17 도화기의 발달과정 경로를 옳게 나열한 것은?

[2010년 산업기사 3회]

① 기계식 도화기 - 해석식 도화기 - 수치도화기
② 수치도화기 - 해석식 도화기 - 기계식 도화기
③ 기계식 도화기 - 수치도화기 - 해석식 도화기
④ 수치도화기 - 기계식 도화기 - 해석식 도화기

[해설]
사진측량의 역사
① 제1세대(사진측량의 개척)
② 제2세대(기계적 사진측량)
③ 제3세대(해석적 사진측량)
④ 제4세대(수치사진측량)

18 항공사진측량에 의하여 제작된 수치지도의 위치 정확도에 영향을 주는 요소와 가장 거리가 먼 것은?

[2011년 산업기사 1회]

① 도화기의 정확도
② 지상기준점의 정확도
③ 사진의 축척
④ 지도 레이어의 개수

[해설]
정확도 향상 방안
① 지상기준점 밀도를 증가시킨다.
② 성능이 높은 도화기를 사용한다.
③ 대축척사진을 이용한다.

19 항공사진촬영에서 사진축척이 1 : 20,000이고, 허용흔들림 0.02mm, 최장 노출시간을 1/125초로 할 때 항공기의 운항속도는 얼마로 하는 것이 좋은가?

[2011년 산업기사 1회]

① 120km/h ② 180km/h
③ 240km/h ④ 300km/h

Answer 15 ③ 16 ④ 17 ① 18 ④ 19 ②

해설

$$T_l = \frac{\Delta s \cdot m}{V}$$

(여기서, V : 비행기속도(m/sec))

$$\frac{1}{125} = \frac{0.02 \times 20000}{V}$$

$$V = 50000 \times 3600초$$
$$= 180,000,000mm = 180km$$

20 비행고도가 일정할 때에 보통각, 광각, 초광각의 세 가지 카메라로 사진을 찍을 때에 사진축척이 가장 작은 것은?

[2011년 산업기사 2회]

① 보통각 사진 ② 광각 사진
③ 초광각 사진 ④ 축척은 모두 같다.

해설

광각과 보통각 사진의 비교
1. 같은 비행고도(H가 동일)
   ① 초점거리가 짧아지면(광각인 경우) 축척은 감소
   ② 초점거리가 짧아지면(광각인 경우) 면적은 증가
2. 같은 축척(M이 동일)
   ① 초점거리가 짧아지면(광각인 경우) 촬영고도 감소
   ② 축척이 같으므로 면적은 일정
3. 화각(렌즈각)에 따른 분류
   ① 초광각 카메라 : 화각 약 120°
   ② 광각 카메라 : 화각 약 90°
   ③ 보통각 카메라 : 화각 약 60°
   ④ 협각 카메라 : 화각 약 60° 이하
초광각사진기가 포괄면적이 가장 넓고 초점거리가 짧으므로 축척이 가장 작다.

21 항공사진측량에서 촬영비행기가 200km/h의 속도로 촬영할 경우, 사진축척이 1 : 30,000, 사진상의 허용흔들림량이 0.02mm라면 최장 노출시간은? [2011년 산업기사 2회]

① 1/67초 ② 1/77초
③ 1/83초 ④ 1/93초

해설

최장노출시간

$$T_l = \frac{\Delta s \cdot m}{V} = \frac{0.02mm \times 30000}{200km/sec}$$

$$= \frac{0.02mm \times 30000}{200 \times 1,000,000mm \times \frac{1}{3,600}}$$

$$= \frac{600}{55,555.56} = \frac{1}{92.59}$$

22 사진 내에서 축척의 변화가 없는 사진은?

[2011년 산업기사 2회]

① 경사사진 ② 수직사진
③ 수렴사진 ④ 정사사진

해설

① **경사사진** : 항공사진에서 연직하방으로 3° 이상 경사지게 촬영된 사진
② **정사사진** : 비고에 따라 투영고도를 달리하여 항상 동일한 축척이 되도록 만든 사진
③ **수직사진** : 항공기에서 사진기 축을 연직 방향으로 하여 촬영한 사진

23 종중복도 60%, 횡중복도 30%일 때 촬영 종기선 길이와 촬영 횡기선 길이와의 비는? (단, 사진의 크기는 23cm×23cm이다.)

[2011년 산업기사 3회]

① 7 : 4 ② 4 : 7
③ 2 : 1 ④ 3 : 1

해설

$$ma\left(1 - \frac{p}{100}\right) : ma\left(1 - \frac{q}{100}\right)$$

$$ma\left(1 - \frac{60}{100}\right) : ma\left(1 - \frac{30}{100}\right)$$

$$= 0.4 : 0.7 = 4 : 7$$

Answer 20 ③ 21 ④ 22 ④ 23 ②

24 초점거리 160mm의 카메라로 해면고도 3,000m의 비행기로부터 평균해면고도 1,000m의 평지를 촬영한 사진의 축척은?

[2011년 산업기사 3회]

① 1 : 12,500
② 1 : 125,000
③ 1 : 22,500
④ 1 : 225,000

해설

$$M = \frac{1}{m} = \frac{l}{L} = \frac{f}{H} \text{에서}$$
$$= \frac{0.160}{(3,000 - 1,000)} = \frac{1}{12,500}$$

25 항공사진은 어떤 원리에 의한 지형지물의 상인가? [2011년 산업기사 3회]

① 정사투영
② 평행투영
③ 중심투영
④ 등적투영

해설

항공사진은 중심투영이고, 지도는 정사투영이다.

1. 중심투영
   일반적인 사진의 상은 피사체(대상물)로부터 반사된 광선이 렌즈 중심으로 직진하여 평면인 필름면에 투영되어 상이 나타난다. 이와 같은 투영을 중심투영(central projection)이라 하며, 사진은 중심투영상(中心投影像)이다.

26 면적 600km²의 장방형의 토지에 대하여 축척 1 : 20,000의 항공사진으로 종중복도 60%, 횡중복도 30%로 할 경우 사진의 매수는? (단, 사진의 크기는 23cm×23cm이고 안전율은 20%로 한다.)

[2011년 산업기사 3회]

① 110매
② 117매
③ 120매
④ 122매

해설

사진매수
$$= \frac{F}{A_0}(1 + \text{안전율})$$
$$= \frac{600 \times 1,000,000}{(20,000 \times 0.23)^2 \left(1 - \frac{60}{100}\right)\left(1 - \frac{30}{100}\right)} \times 1.2$$
$$= 122 \text{매}$$

27 항공삼각측량 중 사진을 기본단위로 사용하여 사진좌표와 지상좌표를 공선조건식을 이용하여 표정하는 방법으로 가장 정확한 성과물을 얻을 수 있는 방법은?

[2012년 산업기사 1회]

① 스트립 조정법
② 독립 모델법
③ 번들 조정법
④ 도해사선법

해설

조정의 기본단위로서 블록(block), 스트립(strip), 모델(model), 사진(photo)이 있으며 이것을 기본단위로 하는 항공삼각측량 조정방법에는 다항식 조정법, 독립모델법, 광속조정법, DLT법 등이 있다.

광속조정법(Bundle Adjustment)
광속조정법은 상좌표를 사진좌표로 변환시킨 다음 사진좌표(photo coordinate)로부터 직접 절대좌표(absolute coordinate)를 구하는 것으로 종횡접합모형(block) 내의 각 사진상에 관측된 기준점, 접합점의 사진좌표를 이용하여 최소제곱법으로 각 사진의 외부표정요소 및 접합점의 최확값을 결정하는 방법이다.
① 광속법은 사진(Photo)을 기본단위로 사용하여 다수의 광속(Bundle)을 공선조건에 따라 표정한다.
② 각 점의 사진좌표가 관측값으로 이용되며, 이 방법은 세 가지 방법 중 가장 조정능력이 높은 방법이다.

Answer 24 ① 25 ③ 26 ④ 27 ③

28 대공표지(Air Target, Singnal Point)에 대한 설명으로 옳은 것은?

[2012년 산업기사 1회]

① 사진상에 명확히 나타나고 정확히 측량할 수 있는 자연물로 이루어진 접합점
② 스트립을 인접스트립에 연결시켜 블록을 형성하기 위해 사용되는 점
③ 항공사진에 표정용 기준점의 위치를 정확하게 표시하기 위해 촬영 전 지상에 설치하는 것
④ 사진상의 주점이나 표정점 등 제점의 위치를 인접한 사진상에 옮기는 것

해설

대공표지는 항공사진에 관측용 기준점의 위치를 정확하게 표시하기 위하여 촬영 전에 지상에 설치한 표시이다.

대공표지의 선점 시 유의사항
① 사진상에 명확하게 보이기 위해서는 주위의 색상과 대조가 되어야 한다.
② 상공은 45° 이상의 각도를 열어두어야 한다.
③ 사진상에 크기는 대공표지가 촬영 후 사진상에 30m 정도 나타나야 한다.

29 항공사진측량에서 주로 이용되는 사진은?

[2012년 산업기사 2회]

① 거의 수직사진
② 파노라마사진
③ 수렴 수평사진
④ 저각도 경사사진

해설

근사수직사진
① 카메라의 축을 연직선과 일치시켜 촬영하는 것은 현실적으로 불가능하다. 따라서 일반적으로 ±5grade 이내의 사진
② 항공사진측량에 의한 지형도 제작 시에는 보통 근사수직사진에 의한 촬영이다.

30 그림은 측량용 항공사진기의 방사렌즈 왜곡을 나타내고 있다. 사진좌표가 x = 3cm, y = 4cm인 점에서 왜곡량은? (단, 주점의 사진좌표는 x = 0, y = 0이다.)

[2012년 산업기사 2회]

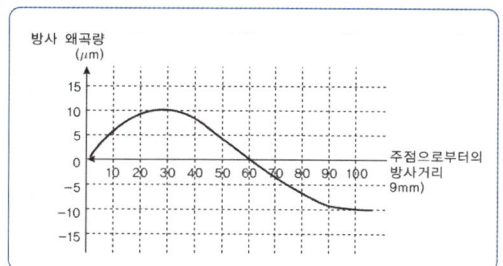

① 주점방향으로 $5\mu m$
② 주점 방향으로 $10\mu m$
③ 주점 반대방향으로 $5\mu m$
④ 주점 반대방향으로 $10\mu m$

해설

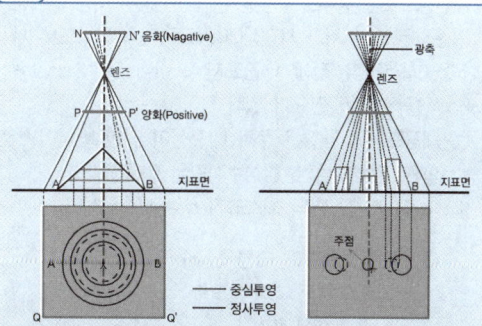

렌즈의 방사왜곡은 상의 위치가 주점으로부터 방사방향(주점의 반대방향)을 따라 왜곡되어 나타나는 것을 말한다. 주점의 사진좌표가 (0, 0)이고 지도로 확대했을 때 A-B 중점에서 X축 3cm, Y축 4cm 방향으로 이동되었다고 볼 때 원점과의 거리는 즉, 방사거리 $(r) = \sqrt{3^2 + 4^2} = 5cm$, 즉 50mm이다. 원점과 주점은 일치하므로 그래프에서 보면 50mm에 대해서 양의 주점방향으로 $5\mu m$ 벗어났으므로 왜곡량은 반대로 주점 반대 방향으로 $5\mu m$로 이동하여야 한다.

Answer 28 ③ 29 ① 30 ③

31 대공표지에 관한 설명으로 틀린 것은?

[2012년 산업기사 2회]

① 대공표지의 재료로는 합판, 알루미늄, 합성수지, 직물 등으로 내구성이 강하여 후속작업이 완료될 때까지 보존될 수 있어야 한다.
② 대공표지는 항공사진에 표정용 기준점의 위치를 정확하게 표시하기 위하여 촬영 전에 설치한 표지를 말한다.
③ 대공표지의 설치장소는 상공에서 보았을 때 30° 정도의 시계를 확보할 수 있어야 한다.
④ 지상에 적당한 장소가 없을 때에는 수목 또는 지붕 위에 설치할 수도 있다.

해설

대공표지
표지란 사진측량을 실시하는 데 있어 관측할 점이나 대상물을 사진상에서 쉽게 식별하기
위해 사진촬영 전에 설치하는 것을 말한다. 대공표지는 자연점으로는 정확도를 얻을 수 없는 경우 지상의 표정기준점은 그 위치가 사진상에 명료하게 나타나도록 사진을 촬영하기 전에 대공표지(Air Target, Signal-Point)를 설치할 필요가 있다.
① 대공표지의 재질은 주로 내구성이 강한 베니어 합판, 알루미늄판, 합성수지판을 이용한다.
② 대공표지 한 변의 최소크기 d=M/T[m]이다.

　여기서, T : 축척에 따른 상수
　　　　　M : 사진축척 분모수
　　　　　m : 축척분모수
③ 설치장소는 천장으로부터 45° 이내에 장애물이 없어야 하며, 대공표지판에 그림자가 생기지 않게 하기 위하여 지면에서 30cm 높게 수평으로 고정한다.

32 항공사진 촬영 시 종중복촬영을 할 때 사각부분을 제거하기 위한 방법이 아닌 것은?

[2012년 산업기사 2회]

① 기선고도비를 크게 한다.
② 종중복도를 10~20% 정도 증가시킨다.
③ 기선길이를 작게 하여 더 많이 촬영한다.
④ 같은 기선길이 상태에서 촬영고도를 높인다.

해설

산악지역이나 고층빌딩이 밀집한 시가지는 10~20% 이상 중복도를 높여서 촬영하거나, 2단 촬영을 하므로 사진상에 가려서 안 보이는 부분(사각부분)을 줄일 수 있다.
즉, 기선길이를 적게하거나 촬영고도를 높인다.

33 사진측량의 모델에 대한 정의로 옳은 것은?

[2012년 산업기사 2회]

① 편위수정된 사진이다.
② 한 장의 사진에 찍힌 면적이다.
③ 촬영 지역을 대표하는 사진이다.
④ 중복된 한 쌍의 사진으로 입체시할 수 있는 부분이다.

해설

① **모델**(Model) : 한 쌍의 중복된 사진으로 입체 시 되는 부분
② **스트립**(Strip) : 서로 인접한 모델을 결합한 복합모델(종접합), 즉 사진이 종방향으로 접합된 모형
③ **블록**(Block) : 사진이나 모델의 종횡으로 접합된 모형 또는 스트립이 횡으로 접합된 형태(즉, 사진이 종횡방향으로 접합된 모형)
④ **번들**(bundle) : 단사진

Answer 31 ③ 32 ① 33 ④

34 항공사진의 촬영계획 시 종중복도와 횡중복도의 목적에 대한 설명으로 옳은 것은?

[2012년 산업기사 3회]

① 종중복도는 코스 간 접합을 하기 위함이고, 횡중복도는 입체시를 얻기 위함이다.
② 종중복도는 코스 간 접합을 하기 위함이고, 횡중복도는 스트립을 얻기 위함이다.
③ 종중복도는 입체시를 얻기 위함이고, 횡중복도는 코스 간 접합을 하기 위함이다.
④ 종중복도는 입체시를 얻기 위함이고, 횡중복도는 스트립을 얻기 위함이다.

해설

중복도(Over Lap)
편류, 경사변화, 촬영고도변화, 지형기복변화에 의해 중복도가 달라진다.
① **종중복(End Lap)** : 촬영진행방향에 따라 중복시키는 것을 말하며 입체촬영을 위하여 종중복은 보통 60%를 중복시키고 최소 50% 이상 중복시켜야 한다.
② **횡중복(Side Lap)** : 촬영진행방향에 직각으로 중복시키는 것을 말하며 일반적으로 횡중복은 30%를 중복시키고 최소한 5% 이상은 중복시켜야 한다.

35 거의 평탄한 지역에 대한 소축척 지도제작을 위하여 항공사진 촬영을 하고자 할 때 적합한 카메라는?

[2012년 산업기사 3회]

① 보통각 카메라
② 광각 카메라
③ 초광각 카메라
④ 다파장대 카메라

해설

종류	화각(렌즈각)	용도	특 징
초광각 카메라	약 120°	소축척도화용	왜곡이 커서 평지에 이용

종류	화각(렌즈각)	용도	특 징
광각 카메라	약 90°	일반판독용 지형도제작	경제적
보통각 카메라	약 60°	산림조사용	사진매수 증가로 비용과다
협각 카메라	약 60° 이하	특수한 대축척 도화용	특수한 정면도 제작

36 항공사진에서 발생하는 현상이 아닌 것은?

[2012년 산업기사 3회]

① 기복변위
② 과고감
③ Image motion
④ 주파수 단절

해설

주파수 단절은 GPS의 오차이다.

37 사진측량의 촬영방향에 의한 분류에 대한 설명으로 옳지 않은 것은?

[2012년 산업기사 3회]

① 수직사진 : 광축이 연직선과 일치하도록 공중에서 촬영한 사진
② 수렴사진 : 광축이 서로 평행하게 촬영한 사진
③ 수평사진 : 광축이 수평선과 거의 일치하도록 지상에서 촬영한 사진
④ 경사사진 : 광축이 연직선과 경사지도록 공중에서 촬영한 사진

해설

지상사진측량의 촬영
① **직각수평촬영** : 사진기광축을 수평 또는 직각 방향으로 향하게 하여 평면촬영을 하는 방법
② **편각수평촬영** : 사진기축을 특정 각도만큼 좌우로 움직여 평행 촬영하는 기법
③ **수렴수평촬영** : 서로 사진기의 광축을 교차시켜 촬영하는 기법

Answer 34 ③ 35 ③ 36 ④ 37 ②

38 대공표지에 대한 설명으로 옳은 것은?

[2013년 산업기사 1회]

① 사진의 네 모서리 또는 네 변의 중앙에 있는 표지
② 평균해수면으로부터 높이를 정확히 구해 놓은 고정된 표지나 표식
③ 항공사진에 표정용 기준점의 위치를 정확하게 표시하기 위하여 촬영 전에 지상에 설치한 표지
④ 삼각점, 수준점 등의 기준점의 위치를 표시하기 위하여 돌로 설치된 측량표지

해설

대공표지
표지란 사진측량을 실시하는 데 있어 관측할 점이나 대상물을 사진상에서 쉽게 식별하기 위해 사진촬영 전에 설치하는 것을 말한다.
대공표지는 자연점으로는 정확도를 얻을 수 없는 경우 지상의 표정기준점은 그 위치가 사진상에 명료하게 나타나도록 사진을 촬영하기 전에 대공표지(Air Target, Signal-Point)를 설치할 필요가 있다.
① 대공표지의 재질은 주로 내구성이 강한 베니어합판, 알루미늄판, 합성수지판을 이용한다.
② 대공표지 한 변의 최소크기 $d=\dfrac{M}{T}[m]$이다.
  여기서, T: 축척에 따른 상수
  M: 사진축척 분모수
③ 설치 장소는 천장으로부터 45° 이내에 장애물이 없어야 하며, 대공표지판에 그림자가 생기지 않게 하기 위하여 지면에서 30cm 높게 수평으로 고정한다.

39 어떤 항공사진상에 실제길이 150m의 교량이 5mm로 나타났다면 이 사진에 포함되는 실면적은? (단, 사진크기=23cm×23cm)

[2013년 산업기사 1회]

① 15.87km²
② 47.61km²
③ 158.7km²
④ 476.1km²

해설

$$M=\dfrac{1}{m}=\dfrac{l}{L}=\dfrac{0.005}{150}=\dfrac{1}{30,000}$$
$$A=(ma)^2=(30,000\times 0.23)^2$$
$$=47,610,000\text{m}^2=47.61\text{km}^2$$

40 다음 탐측기(Sensor)의 종류 중 능동적 탐측기(active sensor)에 해당되는 것은?

[2013년 산업기사 1회]

① RBV(Return Beam Vidicon)
② MSS(Multi Spectral Scanner)
③ SAR(Synthetic Aperture Radar)
④ TM(Thematic Mapper)

해설

수동적 탐측기: MSS, TM, HRV
능동적 탐측기: 레이더, SLAR(RAR, Rear Aperture Radar), SAR(Synthetic Aperture Radar)

41 대공표지의 크기가 사진상에서 $30\mu m$ 이상이어야 한다고 할 때, 사진 축척이 1:20,000이라면 대공표지의 크기는 최소 얼마 이상이어야 하는가?

[2013년 산업기사 2회]

① 50cm 이상
② 60cm 이상
③ 70cm 이상
④ 80cm 이상

해설

$1\mu m$(마이크로미터)=0.001밀리미터이므로 축척 1/20,000에서 $30\mu m$는 60cm 이상이다.

대공표지의 크기(d) $=\dfrac{m}{T}=\dfrac{20,000}{30\times 1,000}$
$=0.6m=60cm$

Answer 38 ③ 39 ② 40 ③ 41 ②

42 항공사진촬영에 대한 설명으로 옳지 않은 것은? [2013년 산업기사 3회]

① 횡중복은 인접스트립 간의 접합을 위한 것이다.
② 종중복은 인접사진과의 접합을 위한 것으로 보통 40% 정도를 중복시킨다.
③ 사진이 촬영코스방향으로 연결된 것을 스트립이라 한다.
④ 횡중복도를 보통 30% 정도로 한다.

해설

중복도(Over Lap)
편류, 경사변화, 촬영고도변화, 지형기복변화에 의해 중복도가 달라진다.

종중복 (End Lap)	촬영 진행 방향에 따라 중복시키는 것을 말하며 입체촬영을 위하여 종중복은 보통 60%를 중복시키고 최소 50% 이상을 중복시켜야 한다.
횡중복 (Side Lap)	촬영 진행 방향에 직각으로 중복시키는 것을 말하며 일반적으로 횡중복은 30%를 중복시키고 최소한 5% 이상은 중복시켜야 한다.

43 항공삼각측량에서 해석 및 수치법에 의한 해석법이 아닌 것은? [2014년 산업기사 2회]

① 독립모델 조정법 ② 광속 조정법
③ 도해 사선법   ④ 다항식 조정법

해설

항공삼각측량에는 조정의 기본 단위로서 블록(block), 스트립(strip), 모델(model), 사진(photo)이 있으며 이것을 기본 단위로 하는 항공삼각측량 조정방법에는 다항식 조정법, 독립모델법, 광속조정법, DLT법 등이 있다.

44 일반 항공사진 촬영 시 지표면에 기복이 있을 경우 기복에 따른 변위가 발생하지만, 비고나 경사각에 관계없이 유일하게 기복변위가 발생하지 않는 점은?

[2014년 산업기사 3회]

① 주점   ② 연직점
③ 등각점 ④ 자침점

해설

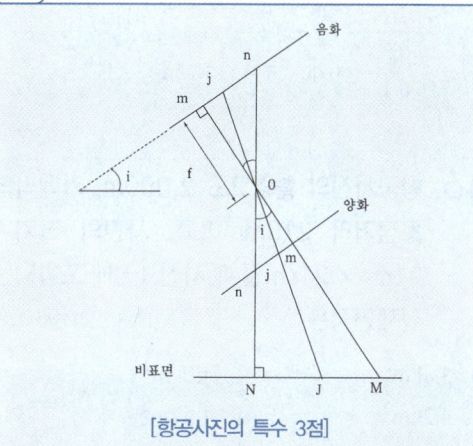

[항공사진의 특수 3점]

특수 3점의 특징
① 주점은 사진상에서 지표를 찾을 수 있는 점이다.
② 주점은 연직점과 등각점의 위치를 결정하는 기준이 된다.
③ 등각점 및 연직점이 주점과 일치할 때는 사진의 경사각은 0°이다.
④ 사진상에서 위치를 구하기 가장 쉬운 과정은 주점 → 연직점 → 등각점이다.
⑤ 지형의 기복에 의한 사선방향의 변위량의 크기는 주점 → 등각점 → 연직점이고 연직점에서는 0이다.

Answer 42 ② 43 ③ 44 ②

45 항공사진측량에서 A, B 두 지점의 시차차 3.25mm, 촬영고도 3,500m, 주점기선 100mm의 상태라면 AB 두 지점의 비고차는? [2014년 산업기사 3회]

① 107.7m ② 113.8m
③ 325m   ④ 350m

해설

$\Delta P = \dfrac{h}{H}b_0$ 에서 $h = \dfrac{H}{b_0}\Delta P$ 이므로

$h = \dfrac{3,500}{0.1} \times 0.00325 = 113.75\text{m}$

46 항공사진의 촬영고도 2,000m, 카메라의 초점거리 210mm이고, 사진의 크기가 21cm×21cm일 때 사진 1장에 포함되는 실제면적은? [2015년 산업기사 1회]

① 3.8km² ② 4.0km²
③ 4.2km² ④ 4.4km²

해설

$\dfrac{1}{m} = \dfrac{f}{H}$ 이므로 $\dfrac{0.21}{2000} = \dfrac{1}{9524}$

$A = (ma)^2 = (9524 \times 0.21)^2$
$= 4,000,160.0\text{m}^2 = 4.0\text{km}^2$

47 도화기 또는 좌표측정기에 의하여 항공사진상에서 측정된 구점의 모델좌표 또는 사진좌표를 지상기준점 및 GPS/INS 외부표정요소를 기준으로 지상좌표로 전환시키는 작업을 무엇이라 하는가? [2015년 산업기사 1회]

① 지상기준점측량 ② 항공삼각측량
③ 세부도화   ④ 가편집

해설

항공삼각측량

한 쌍의 중복된 사진으로부터 각 점의 3차원 절대좌표를 측정하기 위해서는 최소한 2개의 평면기준점과 3개의 표고기준점이 요구된다. 이들 기준점을 획득하기 위해 필요한 모든 점을 측량하는 것을 전면 지상기준점 측량(Full Ground Control Point Survey)이라고 하는데, 대규모의 항공사진들을 이용하여 작업을 수행하는 경우 이러한 전면 지상기준점 측량작업은 엄청난 시간과 노력, 비용의 소요를 가져온다. 따라서, 실제의 작업에서는 소수의 지상기준점에 대해서만 측량을 실시하고 나머지 점들에 대해서는 측정된 지상기준점의 좌표와, 도화기 등의 정밀좌표측정기에서 얻어진 사진좌표나 모델좌표 또는 스트립 좌표들을 이용하여 수학적 계산으로 절대좌표를 결정하게 되는데 이러한 방식을 항공삼각측량이라고 한다.

48 다음 중 항공사진측량으로부터 얻을 수 없는 정보는? [2015년 산업기사 1회]

① 수치지형데이터
② 산악지역의 경사도
③ 댐에 저수된 물의 양
④ 택지 건설 시 토공량

해설

항공사진측량으로부터 댐에 저수된 물의 양의 정보는 얻을 수 없다.

49 항공사진측량의 특징에 대한 설명으로 옳지 않은 것은? [2015년 산업기사 1회]

① 정성적 측량이 가능하다.
② 성과의 보존이 용이하다.
③ 접근하기 어려운 지역의 조사가 가능하다.
④ 구름, 바람 등 기상에 영향을 받지 않는다.

Answer 45 ② 46 ② 47 ② 48 ③ 49 ④

[해설]
1. 항공사진측량의 장점
   ① 정량적 및 정성적 측정이 가능하다.
   ② 정확도가 균일하다.
   ③ 동체측정에 의한 현상보존이 가능하다.
   ④ 접근하기 어려운 대상물의 측정도 가능하다.
   ⑤ 축척변경도 가능하다.
   ⑥ 분업화로 작업을 능률적으로 할 수 있다.
   ⑦ 경제성이 높다.
   ⑧ 4차원의 측정이 가능하다.
   ⑨ 비지형측량이 가능하다.
2. 항공사진측량의 단점
   ① 좁은 지역에서는 비경제적이다.
   ② 기재가 고가이다.(시설 비용이 많이 든다)
   ③ 피사체에 대한 식별의 난해가 있다.(지명, 행정경계 건물명, 음영에 의하여 분별하기 힘든 곳 등의 측정은 현장의 작업으로 보충측량이 요구된다)
   ④ 구름, 바람 등 기상에 영향을 받는다.

50 항공사진의 촬영방법에 의한 분류 중 화면에 지평선이 찍혀 있는 사진을 무엇이라 하는가? [2015년 산업기사 2회]

① 수직사진 ② 고각도 경사사진
③ 저각도 경사사진 ④ 수렴사진

[해설]
① **수직사진**(垂直寫眞 : Vertical Photography)
   ㉠ 수직사진은 카메라의 중심축이 지표면과 직교되는 상태에서 촬영된 사진
   ㉡ 엄밀수직사진 : 카메라의 축이 연직선과 일치하도록 촬영한 사진
② **경사사진**(傾斜寫眞 : Oblique Photography)
   ㉠ 경사사진은 촬영 시 카메라의 중심축이 직교하지 않고 경사된 상태에서 촬영된 사진
   ㉡ 광축이 연직선 또는 수평선에 경사지도록 촬영한 경사각 3° 이상의 사진으로 지평선이 사진에 나타나는 고각도경사사진과 사진이 나타나지 않는 저각도경사사진이 있다.
     ⓐ 저각도경사사진 : 3° 이상으로 지평선이 나타나지 않는다.
     ⓑ 고각도경사사진 : 3° 이상으로 지평선이 나타난다.

51 항공사진측량에서 촬영기선방향으로 중복하여 촬영하는 주된 이유로 옳은 것은? [2015년 산업기사 3회]

① 주점을 구하기 위하여
② 물체 판독을 쉽게 하기 위하여
③ 촬영된 사진에 누락되는 부분이 없도록 하기 위하여
④ 사진의 주점이 인접사진의 사진에도 찍히도록 하여 입체시하기 위하여

[해설]
촬영은 모든 지역이 2매 이상의 사진이 중복되도록 촬영하여야 입체모델이 형성되어 도화가 가능하고 입체모델 간에도 서로 연결되어야 넓은 지역의 항공사진이 가능해지기 때문이다.
① 종중복도(End lap) : 동일 코스 내의 인접 사진 간을 중복시키는 것으로 약 60%로 중복하여 촬영하는 것이 보통이나 최소한 50% 이상은 중복시켜야 한다.
② 횡중복도(Side lap) : 촬영진행방향에 직각으로 중복시키는 것으로, 즉 코스 간의 중복을 말한다. 일반적으로 횡중복은 30%를 중복시키고 최소한 5% 이상은 중복시켜야 한다. 산악지역이나 고층빌딩이 밀집된 시가지 촬영방법은 10~20% 이상 중복도를 높여 촬영하거나 2단 촬영한다.

52 항공사진측량에서 지상기준점 측량에 대한 설명으로 옳은 것은? [2013년 기사 1회]

① 도화축척 1/10000 이하의 축척에서의 평면기준점의 표준편차는 ±0.5m 이내이다.
② 기계를 설치할 수 없어서 편심요소를 측정할 경우 편심거리는 100m 미만으로 제한한다.
③ GPS 관측 시 데이터수신 간격은 50초 이하로 한다.
④ 토털 스테이션을 이용한 연직각 관측 시 대회수는 2회로 한다.

Answer 50 ② 51 ④ 52 ①

해설
② 기계를 설치할 수 없어서 편심요소를 측정할 경우 편심거리는 50m 미만으로 제한한다.
③ GPS 관측 시 데이터수신 간격은 30초 이하로 한다.
④ 토털 스테이션을 이용한 연직각 관측 시 대회수는 1회로 한다.
출처 : 항공사진 측량작업규정(국토지리정보원)

53 완벽한 수직사진에 있는 한 점의 사진좌표를 (x, y, z)이라고 하고, z축을 기준으로 k만큼 회전할 때 얻어진 사진좌표를 (x_k, y_k, z_k)라고 할 때, 이 사진좌표의 관계를 올바르게 나타낸 것은?

[2013년 기사 2회]

① $\begin{bmatrix} x_k \\ y_k \\ z_k \end{bmatrix} = \begin{bmatrix} 1 & 0 & 0 \\ 0 & \cos k & \sin k \\ 0 & -\sin k & \cos k \end{bmatrix} \begin{bmatrix} x \\ y \\ z \end{bmatrix}$

② $\begin{bmatrix} x_k \\ y_k \\ z_k \end{bmatrix} = \begin{bmatrix} 1 & 0 & 0 \\ 0 & \cos k & -\sin k \\ 0 & \sin k & \cos k \end{bmatrix} \begin{bmatrix} x \\ y \\ z \end{bmatrix}$

③ $\begin{bmatrix} x_k \\ y_k \\ z_k \end{bmatrix} = \begin{bmatrix} \cos k & \sin k & 0 \\ -\sin k & \cos k & 0 \\ 0 & 0 & 1 \end{bmatrix} \begin{bmatrix} x \\ y \\ z \end{bmatrix}$

④ $\begin{bmatrix} x_k \\ y_k \\ z_k \end{bmatrix} = \begin{bmatrix} \cos k & \sin k & 0 \\ \sin k & \cos k & 0 \\ 0 & 0 & 1 \end{bmatrix} \begin{bmatrix} x \\ y \\ z \end{bmatrix}$

해설
1. 한 축에 대한 회전
3차원에 있어서 기본적인 변환의 하나는 3축(x, y, z) 중 하나에 대하여 회전하는 것이다.

분류	변환방정식
기본	$\begin{cases} X' = X + 0 + 0 \\ Y' = 0 + Y\cos\omega + Z\sin\omega \\ Z' = 0 - Y\sin\omega + Z\cos\omega \end{cases}$ 을 행렬 형태로 쓰면 아래와 같다.

분류	변환방정식
X축에서 ω (쌍곡선변형) 만큼 회전	$\begin{bmatrix} X' \\ Y' \\ Z' \end{bmatrix} = \begin{bmatrix} 1 & 0 & 0 \\ 0 & \cos\omega & \sin\omega \\ 0 & -\sin\omega & \cos\omega \end{bmatrix} \begin{bmatrix} X \\ Y \\ Z \end{bmatrix} = R_\omega \begin{bmatrix} X \\ Y \\ Z \end{bmatrix}$ 여기서, X, Y, Z는 회전 전 좌표 X', Y', Z'는 회전 후 좌표 이 경우는 쌍곡선변형(ω)을 하며 전후요동(前後搖動, pitching) 효과를 나타낸다.
Y축에서 ϕ (포물선변형) 만큼 회전	$\begin{bmatrix} X' \\ Y' \\ Z' \end{bmatrix} = \begin{bmatrix} \cos\phi & 0 & -\sin\phi \\ 0 & 1 & 0 \\ \sin\phi & 0 & \cos\phi \end{bmatrix} \begin{bmatrix} X \\ Y \\ Z \end{bmatrix} = R\phi \begin{bmatrix} X \\ Y \\ Z \end{bmatrix}$ 이 경우는 ϕ(포물선변형)을 하며 좌우요동(左右搖動, rolling) 효과를 나타낸다.
Z축에서 κ (타원변형) 만큼 회전	$\begin{bmatrix} X' \\ Y' \\ Z' \end{bmatrix} = \begin{bmatrix} \cos\kappa & \sin\kappa & 0 \\ -\sin\kappa & \cos\kappa & 0 \\ 0 & 0 & 1 \end{bmatrix} \begin{bmatrix} X \\ Y \\ Z \end{bmatrix} = R_\kappa \begin{bmatrix} X \\ Y \\ Z \end{bmatrix}$ 이 경우는 κ(타원변형)을 하며 수평회전요동(水平回轉搖動, yawing)효과를 나타낸다.

54 초점거리 150mm인 카메라로 평지에서 축척 1 : 20,000의 사진을 촬영하였다. 사진에서 주점거리가 33mm일 때, 비고가 400m인 지점의 시차차는?

[2015년 산업기사 3회]

① 3.0mm ② 3.3mm
③ 4.0mm ④ 4.4mm

해설
$\dfrac{1}{m} = \dfrac{f}{H}$ 에서
$H = mf = 20000 \times 0.15 = 3000$이므로
$\Delta P = \dfrac{h}{H} \cdot b_o = \dfrac{400}{3000} \times 0.033$
$= 0.0044 = 4.4mm$

55 사람이 두 눈으로 물체를 볼 때 멀리 볼 수 있는 수렴각의 최소한계를 20″이라 하고, 안기선장(eye base)을 65mm라 하면 원근감을 느낄 수 있는 최대한의 거리는?

[2014년 기사 1회]

① 670m ② 560m
③ 450m ④ 185m

Answer 53 ③ 54 ④ 55 ①

해설

$\theta'' = \dfrac{\Delta h}{D} \rho''$ 에서

$D = \dfrac{\Delta h}{\theta''} \rho'' = \dfrac{65mm}{20''} \times 206265''$

$= 670,361mm \fallingdotseq 670m$

56 항공사진측량에 필요한 점들 중 점의 위치가 인접한 사진에 옮겨진 점을 무엇이라 하는가?

[2012년 기사 3회]

① 횡접합점(橫接合點)
② 종접합점(縱接合點)
③ 자침점(刺針點)
④ 표정점(標定點)

해설

사진측량에 필요한 점
1. 표정점
   ① 자연점 : 자연점(Natural Point)은 자연물로서 명확히 구분되는 것을 선택한다.
   ② 기준점(지상기준점) : 대상물의 수평위치(x, y)와 수직위치(z)의 기준이 되는 점을 말하며 사진상에 명확히 나타나도록 표시하여야 한다.
2. 보조기준점
   ① 종접합점 : 좌표해석이나 항공삼각측량과정에서 접합표정에 의한 스트립 형성(Strip Formation)을 위해 사용되는 점이다.
   ② 횡접합점 : 좌표해석이나 항공삼각측량과정 중 종접합점(Strip)에 연결시켜 블록(Block, 종접합모형) 사이의 횡중복 부분 중심에 위치한다.
3. **자침점**(Prick Point)
   각 점들에 있어서 이들의 위치가 인접한 사진에 옮겨진 점을 말한다.
4. 대공표지

57 편위수정법에 의하여 1 : 5000의 지형도 측정을 계획하고 있다. 편위수정을 평면기준점을 기준으로 하여 실시하였을 때 허용되는 최대 비고(표고차)는? (단 초점거리는 150mm, 사진 축척은 1 : 10000, 완성도상(1 : 5000)에서의 허용오차는 0.3mm이며, 도화에 이용될 지역은 1 : 10,000의 사진에서 주점으로부터 3cm의 범위이다.)

[2010년 기사 1회]

① 3.0m
② 5.7m
③ 7.5m
④ 11.2m

해설

$\dfrac{1}{5,000}$ 에서 0.3mm의 오차는 $\dfrac{1}{10,000}$ 에서는 0.15mm이므로 0.15mm $\geq \Delta r$이다.

$\Delta r = \dfrac{h}{H} r$

(기복변위 공식에서 비고에 의한 변위량이 구해지므로)

$0.15mm \geq \Delta r = \dfrac{h_{max}}{1,500} \times 30mm$

$\therefore h_{max} = \leq \dfrac{0.15 \times 1,500}{30} = 7.5m$

여기서, $H = m \cdot f = 10,000 \times 0.15 = 1500m$

$\dfrac{1}{5,000} : 0.3 = \dfrac{1}{10,000} : x$

$x = \dfrac{\dfrac{1}{10,000}}{\dfrac{1}{5,000}} \times 0.3$

$= \dfrac{5,000}{10,000} \times 0.3 = 0.15mm$

Answer 56 ③ 57 ③

58 GPS/INS 통합시스템에 대한 설명으로 옳은 것은? [21년 4기]

① GPS/INS는 가상기준점을 이용한 GPS측량 기법이다.
② GPS/INS를 이용하면 항공기에서 중력이상을 측정할 수 있다.
③ GPS/INS는 항공기에서 직접 수치표고모델을 생성하는 장비이다.
④ GPS/INS를 이용하면 항공사진측량에서 지상기준점측량 비용을 절감할 수 있다.

해설
관성항법장치(INS)
INS란 무기체계의 각가속도(角加速度)·가속도를 측정, 시간에 대한 연속적인 적분을 수행해 무기체계의 위치와 속도, 진행방향을 계산하는 장치로서 GPS와 달리 필요한 정보를 외부의 도움 없이 본체 내에 설치된 센서들을 통해 얻는다.
INS는 자이로스코프·가속도계·컴퓨터 장치들로 구성돼 있으며 자이로스코프와 가속도계는 3차원 공간정보 계산을 위해 기본적으로 3개씩 내장되고 있다.

59 사진측량의 특징에 대한 설명으로 틀린 것은? [21년 2기]

① 정량적 및 정성적 측량이 가능하다.
② 동적인 대상물의 측량이 가능하다.
③ 작업의 자동화로 과정이 단순하고 현장에서 오류를 발견하기 쉽다.
④ 해상도만 만족하면 축척변경이 용이하다.

해설
사진측량은 분업화로 작업은 능률성은 높으나 후처리에 시간이 많이 소요되고 현장에서 오류를 발견하기가 어렵다.

60 사진측량용 카메라와 일반카메라를 비교하였을 때 사진측량용 카메라에 대한 설명으로 옳지 않은 것은? [21년 2기]

① 해상력과 선명도가 높다.
② 거대하고 중량이 크다.
③ 렌즈의 지름이 크다.
④ 셔터 속도가 느리다.

해설
항공사진측량용 카메라의 셔터속도는 1/00~1/1,000초로 일반카메라에 비해 빠르다.

61 항공라이다(LiDAR)의 특성으로 틀린 것은? [21년 2기]

① 능동센서이므로 야간에도 측량이 가능하다.
② 레이저펄스가 반사된 지점의 3차원 좌표 및 반사강도를 제공한다.
③ 산림지역의 순수한 지표면의 DEM 생성이 가능하다.
④ 지하매설물에 대한 탐지가 가능하다.

해설
항공레이저측량
항공레이저측량 시스템은 지표(surface)에 있는 산이나 골짜기, 산림등의 자연지형과 택지 및 도로,빌딩이나 다리등의 인공지물로 이루어지는 지형지물을 항공기의 위치 및 자세가 정확하게 얻어지는 극초단파를 사용하는 능동적 센서로부터 레이저를 발사하여 거리를 측정하고 그 수치를 측량좌표계등으로 나타낸 계측기라 할 수 있다. 항공레이저측량은 항공레이저측량시스템을 항공기에 탑재하여 레이저를 주사하고 그 지점에 대한 3차원 위치좌표를 취득하는 측량방법을 말한다.Laser Radar 혹은 LIDAR,LiDAR이라고도한다.

Answer 58 ④ 59 ② 60 ④ 61 ④

62. 사진의 크기(a)와 촬영고도(H)가 같을 경우에 초광각 카메라에 의한 촬영지역의 면적은 광각카메라로 찍은 경우의 약 몇 배가 되는가?

① 2배   ② 3배
③ 6배   ④ 9배

해설

$$A_{초} : A_{광} = (ma)^2 : (ma)^2$$
$$= (\frac{H}{f}a)^2 : (\frac{H}{f}a)^2$$
$$= \frac{1}{88^2} : \frac{1}{153^2} = 3.1 : 1$$

63. 사진측량에서 Z좌표(높이)의 정확도를 높이는 방법과 거리가 먼 것은? [21년 1회 측기]

① 축척이 큰 사진을 사용한다.
② 사진좌표의 정확도를 높인다.
③ 촬영고도가 높은 사진을 사용한다.
④ 기선고도비가 큰 모델을 사용한다.

해설

촬영고도가 높은 사진보다 낮은 사진을 사용하면 Z좌표(높이)의 정확도를 향상시킬수 있다
기선은 종복도가 60%에 의하여 결정한데 반하여 소축척 지도는 고도가 높기 때문에 분모가 커서 고도비가 작게 됨으로 높이(z)의 정확가 낮다.

64. 60%의 종중복도로 촬영된 5장의 연속된 항공사진에서 가운데(3번째) 사진에 나타나는 종접합점의 최대 갯수는?

[21년 1회 측기]

① 3점   ② 6점
③ 9점   ④ 12점

해설

종접합점은 스트립형성을 위하여 사용되는 점으로 연속된 3장의 사진상에 낱난다. 그러므로 3번째 사진상에는 최대 3×3=9점이 나타난다

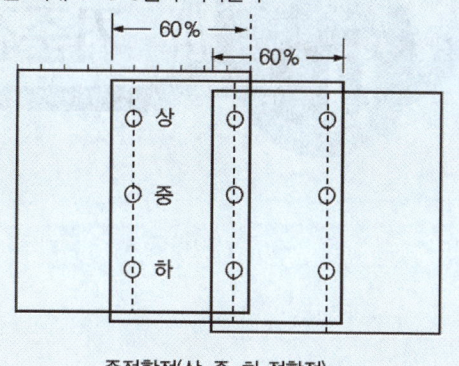

종접합점(상, 중, 하 접합점)

65. 사진기 검정자료 (calibration certificate) 로부터 직접 얻을 수 없는 정보는?

[21년 1회 측기]

① 초점거리
② 렌즈의 왜곡량
③ 등각점
④ 주점

해설

사진기 검정 데이터(Calibration data)
① 카메라의 초점거리
② 주점의 좌표(Principal Point Of Autocollimation)
③ 사진지표(Fiducial Marks)
④ 방사거리값(Radial Distance Value)
⑤ 방사왜곡값(Radial Distortion Value)
⑥ 렌즈의 왜곡량 등

Answer 62 ②　63 ③　64 ③　65 ③

CHAPTER 03 사진촬영 계획 및 기준점 측량

제1절 사진촬영(寫眞撮影)

1 사진촬영(寫眞撮影)

(1) 촬영은 지정된 촬영경로에서 촬영경로 간격의 10% 이상 차이가 없도록 한다.

(2) 고도는 지정고도에서 5% 이상 낮게 혹은 10% 이상 높게 진동하지 않도록 직선상에서 일정한 거리를 유지하면서 촬영한다.

(3) 앞뒤 사진간의 회전각(편류각(偏流角))은 5° 이내, 촬영시의 사진기 경사(tilt)는 3° 이내로 한다.

(4) 사진촬영은 태양각이 45° 이상으로 구름이 없는 쾌청일이 최적이나 30° 이상이면 가능하며 시간은 오전 10시부터 오후 2시경까지가 적당하다.

(5) 편류(偏流)는 비행 중 기류에 의하여 항공기가 밀리게 되는 현상을 말한다.

2 노출시간

(1) $T_l = \dfrac{\Delta S \cdot m}{V}$

(2) $T_s = \dfrac{B}{V}$

여기서, T_l : 최장노출시간(sec)
T_s : 최소 노출시간(sec)
ΔS : 흔들림의 양(mm)
V : 항공기의 초속
m : 축척분모수

제2절 사진축척

1 기준면에 대한 축척

$$M = \dfrac{1}{m} = \dfrac{f}{H} = \dfrac{l}{L}$$

여기서, M : 축척분모수
H : 촬영고도
f : 초점거리

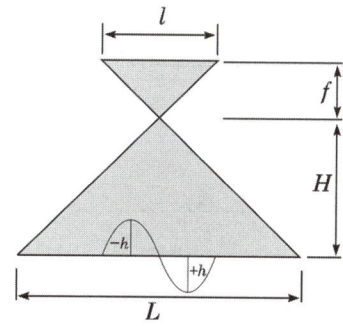

[기준면에 대한 축척]

2 비고가 있을 경우 축척

$$M = \frac{1}{m} = \left(\frac{f}{H \pm h}\right)$$

제3절 중복도

1 종중복도

촬영진행방향에 따라 중복시키는 것으로 보통 60%, 최소한 50% 이상 중복을 주어야 한다.

$$종중복도(p) = \frac{p_1 m_1 + m_1 m_2 + m_2 p_2}{a} \times 100(\%)$$

여기서, $p_1 m_1 = p_1 m_2 - m_1 m_2$
m_1, m_2 : 주점기선 길이(b_0)
a : 화면크기(사진크기)

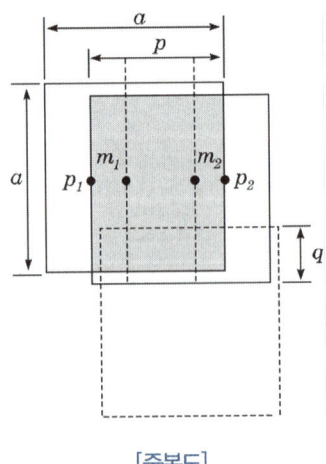

[중복도]

2 횡중복도

촬영진행방향에 직각으로 중복시키며 보통 30%, 최소한 5% 이상 중복을 주어 촬영한다. 산악지역(사진상에 고저차가 촬영고도의 10% 이상인 지역)이나 고층빌딩이 밀접한 시가지는 10~20% 이상 중복도를 높여서 촬영하거나 2단 촬영을 한다(사각부분을 없애기 위함).

제4절 촬영기선장

하나의 촬영코스 중에 하나의 촬영점(셔터를 누른 점)으로부터 다음 촬영점까지의 거리를 촬영기선장이라 한다.

1) 주점기선장(b_0)

$$b_0 = a\left(1 - \frac{p}{100}\right)$$

2) 촬영종기선길이

$$B = ma\left(1 - \frac{p}{100}\right)$$

3) 촬영횡기선길이

$$C = ma\left(1 - \frac{q}{100}\right)$$

여기서, a : 화면크기
p : 종중복도
q : 횡중복도
m : 축척분모수

제5절 촬영고도

$$H = C \times \Delta h$$

여기서, H : 촬영고도
C : C 계수(도화기의 성능과 정도를 표시하는 상수)
Δh : 최소등고선의 간격

제6절 촬영코스

(1) 촬영코스는 촬영지역을 완전히 덮고 코스 사이의 중복도를 고려하여 결정한다.
(2) 일반적으로 넓은 지역을 촬영할 경우에는 동서방향으로 직선코스를 취하여 계획한다.
(3) 도로, 하천과 같은 선형 물체를 촬영할 때는 이것에 따른 직선코스를 조합하여 촬영한다.
(4) 지역이 남북으로 긴 경우는 남북방향으로 촬영코스를 계획하며 일반적으로 코스 길이의 연장은 보통 30km를 한도로 한다.

제7절 표정점 배치(Distribution of Points)

일반적으로 대지표정(절대표정)에 필요로 하는 최소표정점은 삼각점(x, y) 2점과 수준점(z) 3점이며, 스트립 항공삼각측량인 경우 표정점은 각 코스 최초의 모델(중복부)에 4점, 최후의 모델에 최소한 2점, 중간의 4 ~ 5모델째마다 1점을 둔다.

제8절 촬영일시

 촬영은 구름이 없는 쾌청일의 오전 10시부터 오후 2시경까지의 태양각이 45° 이상인 경우에 최적이며 계절별로는 늦가을부터 초봄까지가 최적기이다. 우리나라의 연평균 쾌청일수는 80일이다.

제9절 촬영카메라 선정

 동일촬영고도의 경우 광각사진기 쪽이 축척은 작지만 촬영면적이 넓고 또한 일정한 구역을 촬영하기 위한 코스 수나 사진매수가 적게 되어 경제적이다.

제10절 촬영계획도 작성

 기존의 소축척지도(일반적으로 $\frac{1}{50,000}$ 지형도)상에 촬영계획도를 작성하고 축척은 촬영축척의 $\frac{1}{2}$ 정도 지형도로 택하는 것이 적당하다.

제11절 사진 및 모델의 매수(사진의 유효면적 계산)

1) 사진이 한 매인 경우

$$A = (m \times a)(m \times a) = m^2 a^2 = (ma)^2 = \frac{a^2 H^2}{f^2}$$

여기서, A : 1매 사진의 크기(a×a)상에 나타나 있는 면적
 m : 축척의 분모수
 a : 사진의 크기

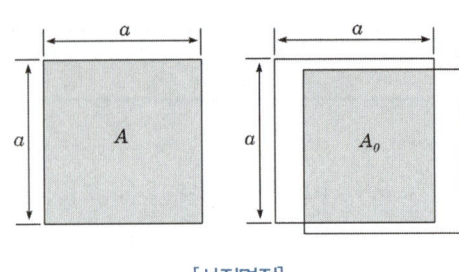

[사진면적]

2) 단코스(Strip)의 경우

$$A_0 = (ma)^2\left(1 - \frac{p}{100}\right)$$

3) 복코스(Block)의 경우

$$A_0 = (ma)^2\left(1 - \frac{p}{100}\right)\left(1 - \frac{q}{100}\right)$$

제12절 사진의 매수

1) 촬영지역의 면적에 의한 사진의 매수

$$\text{사진의 매수 } N = \frac{F}{A_0}$$

여기서, F : 촬영대상지역의 면적
A_0 : 촬영유효면적

2) 안전율을 고려할 때 사진의 매수

$$N = \frac{F}{A_0} \times (1 + 안전율)$$

3) 모델수에 의한 사진 매수(안전율을 고려하지 않았을 경우)

$$\text{종모델수} = \frac{\text{코스길이}}{\text{종기선길이}} = \frac{S_1}{B} = \frac{S_1}{ma\left(1 - \frac{p}{100}\right)}$$

$$횡모델수 = \frac{코스횡길이}{횡기선길이} = \frac{S_2}{C_0} = \frac{S_2}{ma\left(1-\frac{q}{100}\right)}$$

4) 단코스의 사진 매수 = 종모델수+1

5) 복코스의 사진 매수 = (종모델수+1) × 횡모델수

6) 총모델수 = 종모델수 × 횡모델수

7) 삼각점수 = 총모델수 × 2

8) 수준측량={촬영코스 종방향길이×(2×코스의 수+1)+촬영코스 횡방향길이×2}km

Question

초점거리 88mm인 초광각 사진기로 촬영고도 3,000m에서 종중복도 60%, 횡중복도 30%로 가로 50km, 세로 40km인 지역을 촬영하려고 한다. 사진크기가 23×23cm일 때 촬영계획을 수립하라(단, 안전율 30%).

풀이

$$사진축척(M) = \frac{1}{m} = \frac{f}{H} = \frac{88mm}{3000m} = \frac{0.088}{3000} = \frac{1}{34,091}$$

$$촬영기선길이(B) = ma(1-\frac{p}{100}) = 34091 \times 0.23(1-\frac{60}{100}) = 3136.37m$$

$$촬영횡기선길이(c_0) = ma(1-\frac{\delta}{100}) = 34091 \times 0.23(1-\frac{30}{100}) = 5,488.65m$$

(1) 안전율을 고려한 경우

① 유효면적$(A_0) = (ma)^2(1-\frac{\rho}{100})(1-\frac{\delta}{100}) = 17.21km^2$

② 사진매수$(N) = \frac{F}{A_0} \times 1.3 = \frac{50 \times 40}{17.21} \times 1.3 = 157.07 ≒ 158$매

(2) 안전율을 고려하지 않은 경우

① 종모델수$(D) = \frac{S_1}{B} = \frac{50km}{3.136km} = 15.94 ≒ 16$모델

② 횡모델수$(D') = \frac{S_2}{C_0} = \frac{40km}{5.488km} = 7.29 ≒ 8$코스

③ 총모델수$= D \times D' = 16 \times 8 = 128$모델

④ 사진매수$= (D+1) \times D' = (16+1) \times 8 = 136$매

⑤ 삼각점수 = 모델수×2 = 128×2 = 256점

⑥ 수준측량거리 = 50×(2×9+1)+(40×2) = 930km

제13절 기준점 측량

사진상에 나타난 점과 대응되는 실제의 점과의 상관성을 해석하기 위한 점을 표정점(Orientation Point) 또는 기준점이라 하며 자연점, 지상기준점, 대공표지, 종접합점, 횡접합점 및 자침점 등이 있다.

1) 사진측량에 필요한 점

① **표정점** : 자연점, 지상기준점
② **보조기준점** : 종접합점, 횡접합점
③ **대공표지**
④ **자침점**

2) 기준점(표정점)의 선점

① 표정점은 X, Y, H가 동시에 정확하게 결정되는 점을 선택
② 상공에서 잘 보이면서 명료한 점 선택
③ 시간적 변화가 없는 점
④ 급한 경사와 가상점을 사용하지 않는 점
⑤ 헐레이션(Halation)이 발생하지 않는 점 선택
⑥ 지표면에서 기준이 되는 높이의 점

3) 표정점

① **자연점** : 자연점(Natural Point)은 자연물로써 명확히 구분되는 것을 선택한다.
② **기준점(지상기준점)** : 대상물의 수평위치(x, y)와 수직위치(z)의 기준이 되는 점을 말하며 사진상에 명확히 나타나도록 표시하여야 한다.

4) 보조기준점

① **종접합점** : 좌표해석이나 항공삼각측량 과정에서 접합표정에 의한 스트립 형성(Strip Formation)을 위해 사용되는 점이다.
② **횡접합점** : 좌표해석이나 항공삼각측량 과정 중 종접합점(Strip)에 연결시켜 블록(Block, 종접합모형) 사이의 횡중복 부분 중심에 위치한다.

5) 자침점(Prick Point)

각 점들에 있어서 이들의 위치가 인접한 사진에 옮겨진 점을 말한다.

6) 대공표지

표지란 사진측량을 실시하는 데 있어 관측할 점이나 대상물을 사진상에서 쉽게 식별하기 위해 사진촬영 전에 설치하는 것을 말한다.

대공표지는 자연점으로는 정확도를 얻을 수 없는 경우 지상의 표정기준점은 그 위치가 사진상에 명료하게 나타나도록 사진을 촬영하기 전에 대공표지(Air Target, Signal-Point)를 설치할 필요가 있다.

① 대공표지의 재질은 주로 내구성이 강한 베니어합판, 알루미늄판, 합성수지판을 이용한다.

② 대공표지 한 변의 최소크기 $d = \dfrac{M}{T}$[m]이다.

여기서, T : 축척에 따른 상수
M : 사진축척 분모수

③ 설치장소는 천장으로부터 45° 이내에 장애물이 없어야 하며, 대공표지판에 그림자가 생기지 않게 하기 위하여 지면에서 30cm 높게 수평으로 고정한다.

제14절 사진측량에 이용되는 좌표계

1 사진측량의 단위

1) 광속(Bundle)

각 사진의 광속을 처리 단위로 취급한다. 중심투영의 기하학적 원리인 공선조건식을 이용한 광속조정법은 사진을 단위로 하여 조정을 수행함으로써 사진기의 위치와 자세를 나타내는 6개의 외부표정요소 및 대상점의 3차원 좌표를 결정한다.

2) 모델(Model)

한 쌍의 중복된 사진으로 입체시되는 부분으로 다른 위치로부터 촬영되는 2매 1조의 입체사진으로부터 만들어지는 모델을 처리단위로 한다.

3) 복합모델(Strip)

사진이 종방향으로 접합된 모형으로 서로 인접한 모델을 결합한 복합모델, 즉 Strip을 처리단위로 한다.

4) 블록(Block)

사진이 종횡방향으로 접합된 모형으로 사진이나 Model의 종횡으로 접합된 모형이거나 스트립이 횡으로 접합된 형태로 종·횡접합 모형이라고 한다.

2 사진측량 좌표계 규정

좌표계에 대한 정의는 1960년 열린 국제사진측정학회(ISPRS : International Society for Photogrammetry and Remote Sensing)에서 통일하여 사용하고 있는 것을 원칙으로 하고 현재는 다음과 같은 규정을 택하고 있다.

오른손 좌표계(Right-Hand Coordinate System)를 사용한다.

좌표축의 회전각은 X, Y, Z축을 정방향으로 하여 시계 방향을 正(+)으로 하며 각 축에 대해 각각 κ, ϕ, ω라는 기호를 사용한다.

- ω : rolling : 좌우흔들림
- ϕ : pitching : 앞뒤흔들림
- κ : yawing : 편류흔들림

x축은 비행방향으로 놓아 제1축으로, y축은 x축의 직각방향인 제2축으로, z축은 제3축으로 상방향으로 한다. 원칙적으로 필름면은 양화면(positive)으로 하나, 도화기의 구조에 따라 반드시 이에 따르지는 않는다.

3 사진측량에 이용되는 좌표계 종류

해석사진측량에서 이용되는 좌표계에는 기계좌표계(machine or comparator coordinate system), 지표좌표계(fiducil mark coordinate system), 사진좌표계(photo coordinate system),

사진기좌표계(camera coordinate system), 모델좌표계(model coordinate system), 절대 혹은 측지좌표계(absolute or object space coordinate system)로 구분된다.

1) 기계좌표계(x'', y'') → Comparator 좌표계

평면좌표를 측정하는 comparator 등의 장치에 고정되어 있는 원점과 좌표축을 갖는 2차원 좌표계로서 일반적으로 사진상의 모든 x, y 좌표가 (+)값을 갖도록 좌표계가 설치된다.

2) 지표좌표계(x', y') → Helmert 변환, 내부표정

지표에 주어지는 고유의 좌표값을 기준으로 하여 정해지는 2차원 좌표계로서 원점의 위치는 일반적으로 사진의 4모퉁이 또는 4변에 있는 지표중심이 원점이 되며 지표중심(사진중심)으로부터 비행방향측의 X′(+)로 한다.

3) 사진좌표계(x, y) → 대기굴절, 필름왜곡, 렌즈왜곡 보정

사진좌표계는 주점을 원점으로 하는 2차원 좌표계로서 x, y축은 지표좌표계의 x', y'축과 각각 평행을 이루며, 일반적으로 지표 중심과 주점 사이에는 약간의 변위가 생기는데 이러한 왜곡은 렌즈왜곡, 필름왜곡, 대기굴절, 지구곡률 등이 영향을 미친다.

4) 사진기좌표계(x, y, z) → 회전변환

렌즈 중심(투영 중심)을 원점으로 하는 x, y축은 사진좌표계의 x, y축에 각각 평행하고 z축은 좌표계에 의해 얻어지며 사진촬영 시 기울기(경사)는 일반적으로 z축, y축, x축의 좌표축을 각각 κ, ϕ, ω의 순으로 축치 회전하는 것을 말한다.

5) 모델좌표계(X, Y, Z) → 상호표정

2매 1조의 입체사진으로부터 형성되는 입체상을 정의하기 위한 3차원 좌표계로 원점은 좌사진의 투영중심을 취하며 모델좌표계의 축척은 각 모델마다 임의로 구성된다.

6) 절대좌표계(X, Y, Z) → 절대표정

모델의 실공간을 정하는 3차원 직교좌표계이다.

7) 측지좌표계(e, n, h) → 곡률보정

지구상의 위치를 나타내기 위하여 통일적으로 설정되어 있는 좌표계로서 경도, 위도, 높이로 표시한다(3차원 직교좌표계가 아니다).

④ 좌표 변환

1) 2차원 Helmert 변환

기계좌표계로부터 지표좌표를 구하는 데 이용되며 2차원 회전, 원점의 평행이동량(x, y), 축척(m)을 보정한 변환이다.

[Helmert 변환식]
$$x' = ax'' - by'' + x_0$$
$$y' = bx'' + ay'' + y_0$$

2) 2차원 등각사상변환(Conformal Transformation)

등각사상변환은 직교 기계 좌표에서 관측된 지표좌표계를 사진좌표계로 변환할 때 이용되며 변환 후에도 좌표계의 모양이 변화하지 않으며 이 변환을 위해서는 최소한 2점 이상의 좌표를 알고 있어야 한다. 2차원 등각사상변환은 축척(scaling), 회전(rotation), 평행변위(translation) 세 단계로 이루어진다.

[Conformal Transformation 변환식]
$$x' = x\cos\theta + y\sin\theta$$
$$y' = -x\sin\theta + y\cos\theta$$

3) 2차원 부등각사상변환(affine transformation)

affine 변환은 비직교인 기계좌표계에서 관측된 지표좌표계를 사진좌표계로 변환할 때 이용되며 Helmert 변환과 자주 사용되어 선형왜곡보정에 이용된다.

affine transformation은 2차원 등각사상변환에 대한 축척에서 x, y 방향에 대해 축척인자가 다른 미소한 차이를 갖는 변환으로 비록 실제 모양은 변화하지만 평행선은 부등각사상변환 후에도 평행을 유지한다.

[affine transformation 변환식]
$$x = a_1 x'' + a_2 y'' + x_0$$
$$y = b_1 x'' + b_2 y'' + y_0$$

4) 3차원 회전변환

회전변환은 경사사진사진기의 사진좌표계와 경사가 없는 사진기의 자표계 사이의 관계를 구하는 데 이용되며 사진기의 기울기를 표현하는 데 이용된다. 즉, 기울어진 사진좌표계의 사진상의 점 p(x, y, -f)를 기울어지지 않은 사진기 좌표계로의 변환이며, 기울어지지 않은 사진좌표계(편의상 모델좌표계)와 모델좌표계는 평행이다.

문제 및 해설

01 주점과 등각점의 거리가 6.55mm이고, 경사각이 5°, 축척이 1 : 20,000일 경우에 촬영고도는? [2012년 기사 2회]

① 약 2,000m   ② 약 3,000m
③ 약 4,000m   ④ 약 5,000m

해설

$mj = f \cdot \tan\dfrac{i}{2}$ 에서

$f = \dfrac{mj}{\tan\dfrac{i}{2}} = \dfrac{6.55}{\tan\dfrac{5}{2}} = 150\text{mm}$

$M = \dfrac{1}{m} = \dfrac{f}{H} = \dfrac{l}{L}$ 에서

$H = mf = 20,000 \times 0.15 = 3,000\text{m}$

02 사진의 크기 23cm×23cm인 사진기로 촬영고도 3,000m에서 촬영하여 사진의 유효면적 21.16km²를 얻었다면 이 사진기의 초점거리는? [2012년 기사 2회]

① 15cm   ② 21cm
③ 25cm   ④ 30cm

해설

$A_0 = (ma)^2 = \dfrac{a^2 H^2}{f^2}$ 에서

$f = \sqrt{\dfrac{a^2 H^2}{A_0}} = \sqrt{\dfrac{0.23^2 \times 3000^2}{2116}} = 15\text{cm}$

03 평균표고 120m인 지형을 초점거리 120mm인 사진기로 촬영고도 3,300m에서 촬영한 항공사진 1장이 포함하는 면적은? (단, 사진크기는 23cm×23cm이다.) [2010년 기사 3회]

① 32.42km²   ② 37.15km²
③ 40.01km²   ④ 52.35km²

해설

사진의 실제면적 계산
① 사진 한 매의 경우

$A = (m \cdot a)(m \cdot a) = a^2 \cdot m^2 = \dfrac{a^2 H^2}{f^2}$

$= \dfrac{0.23^2 \times (3300-120)^2}{0.12^2}$

$= 37149 \fallingdotseq 37.15\text{km}^2$

② 단코스(Strip)의 경우

$A_0 = (ma)^2 (1 - \dfrac{\rho}{100})$

③ 복코스(Block)의 경우

$A_0 = (ma)^2 (1 - \dfrac{\rho}{100})(1 - \dfrac{\delta}{100})$

04 촬영 종기선의 길이와 촬영 횡기선의 길이와의 비가 4 : 7일 때 횡중복도가 30%였다면 종중복도는 얼마인가? [2010년 기사 1회]

① 40%   ② 60%
③ 70%   ④ 84%

Answer 01 ②   02 ①   03 ②   04 ②

해설

$$B : C_0 = ma(1-\frac{p}{100}) : ma(1-\frac{30}{100}) = 4 : 7$$
$$1 - \frac{p}{100} : 0.7 = 4 : 7$$
$$p = 60\%$$

05 표고 100m 삼각점 A, B를 사진상에서 관측하였더니 두 점간의 거리가 8.4cm이고, 축척 1 : 25,000 지도상에서는 3.6cm이었다. 이 사진의 촬영고도(표고)는? (단, 사진기의 초점거리는 15cm이다.)

[2010년 기사 3회]

① 약 1,600m ② 약 1,700m
③ 약 1,800m ④ 약 1,900m

해설

$$\frac{m}{25,000} = \frac{3.6}{8.4} \quad \therefore m = 10714.29$$
$$\frac{1}{m} = \frac{f}{H-h} \text{이므로} \quad \frac{1}{10714.29} = \frac{0.15}{H-100}$$
$$H = (10714.29 \times 0.15) + 100 = 1707.14m$$
$$\therefore H = 1707.14m ≒ 1700m$$

06 사진 축척을 결정하기 위하여 사진 주점을 지나는 직선상에 2점 A, B를 택하였다. 사진상에서 A, B의 길이가 16cm이고 축척 1 : 10,000 지형도에서는 20cm이었다. 이때 사진 축척은? [2012년 기사 1회]

① 1 : 10,000 ② 1 : 12,500
③ 1 : 15,000 ④ 1 : 17,500

해설

$$\frac{1}{10,000} = \frac{도상거리}{실제거리} = \frac{20}{실제거리}$$
따라서, 실제거리 = 200,000cm
$$\frac{1}{m} = \frac{16}{200,000} = \frac{1}{12,500}$$

07 사진축척 1 : 20,000, 사진의 크기 23cm×23cm인 항공사진의 사진 한 장에 포괄되는 실제 면적은? [2012년 기사 1회]

① 5.29km² ② 10.58km²
③ 21.16km² ④ 52.9km²

해설

$$A = (m \cdot a)^2$$
$$= (20,000 \times 0.00023)^2 = 21.16km$$

08 종중복도 70%, 횡중복도 40%일 때, 촬영 종기선 길이와 촬영 횡기선 길이의 비는?

[2013년 기사 1회]

① 7 : 4 ② 4 : 7
③ 2 : 1 ④ 1 : 2

해설

$$B : C = ma(1-\frac{p}{100}) : ma(1-\frac{q}{100})$$
$$= 1-\frac{70}{100} : 1-\frac{40}{100} = 0.3 : 0.6 = 1 : 2$$

09 60%의 종중복도로 촬영된 5장의 연속된 항공사진에 가운데(3번째) 사진에 나타나는 종접합점의 최대 개수는?

[2013년 기사 1회]

① 3점 ② 6점
③ 9점 ④ 12점

해설

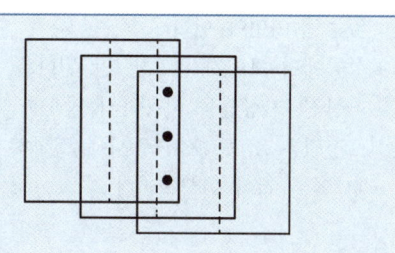

Answer 05 ② 06 ② 07 ③ 08 ④ 09 ③

60%로 중복시키면 3번째 사진은 3번 중복되므로 종접합점의 개수는 3×3=9점이 된다.

10 항공사진측량에서의 항공사진의 축척에 대한 설명 중 옳은 것은? [2014년 기사 3회]

① 항공사진카메라의 초점거리에 반비례하고, 촬영고도에 반비례한다.
② 항공사진카메라의 초점거리에 반비례하고, 촬영고도에 비례한다.
③ 항공사진카메라의 초점거리에 비례하고, 촬영고도에 비례한다.
④ 항공사진카메라의 초점거리에 비례하고, 촬영고도에 반비례한다.

해설

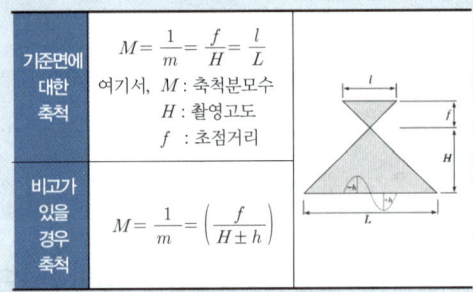

항공사진카메라의 초점거리에 비례하고, 촬영고도에 반비례한다.

11 표정점 선점에 관한 설명으로 옳지 않은 것은? [2013년 기사 2회]

① 굴뚝과 같이 지표면보다 뚜렷하게 높은 곳에 있는 점이어야 한다.
② 상공에서 보이지 않으면 안 된다.
③ 가상점, 가상상을 사용하지 않도록 한다.
④ 표정점은 X, Y, Z가 동시에 정확하게 결정될 수 있는 점이 이상적이다.

해설

표정점 선점에서 주의할 사항
① 사진상에서 명확하게 볼 수 있는 점이어야 한다.
② 상공에서 잘 볼 수 있고 평탄한 곳의 점이 좋다.
③ 헐레이션(halation)이 발생하지 않아야 한다.
④ 시간적으로는 변화하지 않는 점이어야 한다.
⑤ 표정점은 X, Y, Z가 동시에 정확하게 결정 될 수 있는 점이어야 한다.
⑥ 표정점은 대상물에서 기준이 되는 높이의 점이어야 한다.

12 항공사진에 의한 지형도 제작의 주요과정이 옳게 나열된 것은? [2014년 산업기사 2회]

① 기준점측량 → 세부도화 → 촬영
② 촬영 → 세부도화 → 기준점측량
③ 세부도화 → 촬영 → 기준점측량
④ 촬영 → 기준점측량 → 세부도화

해설

항공사진 측량 순서
계획 → 촬영 → 기준점측량 → 항공삼각측량 → 도화 → 편집 → 지형도 제작

13 항공사진측량의 공정 순서를 바르게 나열한 것은? [2015년 산업기사 2회]

㉠ 기준점 측량   ㉡ 대공표지 설치
㉢ 편집   ㉣ 항공삼각측량
㉤ 계획준비   ㉥ 도화
㉦ 촬영

① ㉤ ㉠ ㉣ ㉦ ㉡ ㉥ ㉢
② ㉤ ㉠ ㉡ ㉣ ㉦ ㉢ ㉥
③ ㉤ ㉦ ㉠ ㉡ ㉢ ㉣ ㉥
④ ㉤ ㉡ ㉦ ㉠ ㉣ ㉥ ㉢

해설

계획준비 → 대공표지 설치 → 촬영 → 기준점 측량 → 항공삼각측량 → 도화 → 편집

Answer 10 ④ 11 ① 12 ④ 13 ④

14 항공사진 촬영성과 중 재촬영하지 않아도 되는 것은? [2012년 기사 1회]

① 항공기의 고도가 계획촬영고도를 10% 벗어날 때
② 인접 코스 간의 중복도가 표고의 최고점에서 3%일 때
③ 촬영 진행방향의 중복도가 53% 미만인 경우가 전 코스 사진매수의 1/2일 때
④ 디지털항공사진 카메라의 경우 촬영코스당 지상 표본거리가 당초 계획하였던 목표값보다 큰 값이 20% 발생했을 때

해설

재촬영하여야 할 경우
① 스모그, 수증기, 구름, 그림자 등의 영향으로 사진상이 선명하지 못하여 지형지물 식별에 지장이 있을 경우
② 필름의 불규칙한 신축 또는 노출불량일 경우
③ 촬영 시 노출의 과소, 연기 및 안개, 촬영셔터의 기능 불량, 현상처리의 부적당으로 사진의 영상이 선명하지 못한 경우
④ 촬영 필요 구역의 일부분이라도 촬영 범위 외에 있는 경우
⑤ 종중복도가 50% 이하이거나 횡중복도가 5% 이하인 경우
⑥ 후속되는 작업 및 정확도에 지장이 있다고 인정되는 경우
⑦ 촬영코스의 수평이탈이 계획촬영고도의 15% 이상일 때
⑧ 인접한 사진의 축척이 현저한 차이가 있을 때

15 센서를 크게 수동방식과 능동방식의 센서로 분류할 때 능동방식 센서에 속하는 것은? [2010년 산업기사 1회]

① TV 카메라 ② 광학스캐너
③ 레이다   ④ 마이크로파 복사계

해설

능동적 탐측기	비주사방식	Laser spectrometer		
		Laser 거리측량기		
	주사방식	레이다		
		SLAR	RAR(Rear Aperture Radar)	
			SAR(Synthetic Aperture Radar)	

16 사진측량에서 말하는 모델(model)의 정의로 옳은 것은? [2010년 산업기사 1회]

① 한 쌍의 중복된 사진으로 입체시되는 부분이다.
② 어느 지역을 대표할 만한 사진이다.
③ 촬영된 한 장의 사진이다.
④ 편위수정된 사진이다.

해설

① 모델(Model) : 다른 위치로부터 촬영되는 2매 1조의 입체사진으로부터 만들어지는 지역
② 스트립(Strip) : 서로 인접한 모델을 결합한 복합모델(종접합)
③ 블록(Block) : 사진이나 모델의 종횡으로 접합된 모형 또는 스트립이 횡으로 접합된 형태
④ 번들(bundle) : 단사진

17 도화를 행하기 위하여 사용한 밀착양화필름의 지표 간 거리를 관측하였더니 횡=221.39mm, 종=220.16mm이었다. 이 사진을 찍은 사진기는 지표 간 거리가 224.8mm, 초점거리 200mm이었다면 도화기의 초점거리는 얼마로 하면 좋은가? [2010년 산업기사 1회]

① 194.4mm   ② 196.4mm
③ 201.6mm   ④ 203.6mm

해설

밀착양화필름의 지표 간 거리의 평균
$$\frac{221.39+220.16}{2}=220.8mm$$

Answer 14 ① 15 ③ 16 ① 17 ②

지표 간 거리
초점거리＝밀착양화필름 지표 간 거리 : 도화기의 초점거리
$224.8 : 200 = 220.8 : x$
$\therefore x = 196.4mm$

18 촬영고도 700m에서 촬영한 사진상에 나타난 철탑의 상단부분이 사진의 주점으로부터 6cm 떨어져 있으며, 철탑의 변위가 5mm로 나타날 때, 이 철탑의 높이는?
[2010년 산업기사 1회]

① 40.0m ② 58.3m
③ 61.3m ④ 92.5m

[해설]
$h = \dfrac{H}{b_0}\Delta P$
$= \dfrac{700}{0.06} \times 0.005 = 58.3m$

19 평지를 촬영고도 1,500m로 촬영한 연직사진이 있다. 이 밀착 사진상에 있는 건물 상단과 하단, 두 점간의 시차차를 관측한 결과 1mm이었다. 이 건물의 높이는? (단, 사진기의 초점거리는 15cm, 사진면의 크기는 23×23cm, 종중복도는 60%이다.)
[2010년 산업기사 2회]

① 10m ② 12.3m
③ 15m ④ 16.3m

[해설]
$h = \dfrac{H}{b_0}\Delta P = \dfrac{H}{a(1-\dfrac{p}{100})} = \dfrac{1500}{0.23(1-\dfrac{60}{100})}$
$= 16.3m$

20 항공사진촬영에서 사진축척 1/20,000, 허용흔들림을 0.02mm, 최장 노출시간을 1/125초로 할 때 항공기의 운항속도는 얼마로 하여야 하는가?
[2010년 기사 3회]

① 90km/h ② 180km/h
③ 270km/h ④ 360km/h

[해설]
$T_l = \dfrac{\Delta_s m}{V}$ (V : 비행기초속(m/sec))
$\dfrac{1}{125} = \dfrac{0.02 \times 20,000}{V}$
$V = 50,000 \times 3,600초 = 180,000,000mm$
$\therefore 180km/sec$

[검산] $T_l = \dfrac{\Delta_s m}{V}$
$\dfrac{1}{125} = \dfrac{0.02 \times 20000}{180 \times 1,000,000 \times \dfrac{1}{3600}}$

21 초점거리 150mm, 촬영고도 4,500m인 항공사진에서 사진측량의 일반적인 평면 허용오차 범위는?
[2010년 산업기사 2회]

① 4.5 ~ 5.2m ② 1.5 ~ 3.0m
③ 1.0 ~ 2.0m ④ 0.3 ~ 0.9m

[해설]
항공사진측량의 정확도
㉠ 평면(X, Y) 정도
$(10~30)\mu \cdot m$(촬영축척의 분모수)
$= (\dfrac{10}{1,000} \sim \dfrac{30}{1,000})mm \cdot m$
$(1\mu : \dfrac{1}{1,000}mm$,
도화축척인 경우 촬영축척분모수에 5배)
㉡ 높이(H) 정도
$(\dfrac{1}{10,000} \sim \dfrac{2}{10,000}) \times$ 촬영고도(H)
$M = \dfrac{1}{m} = \dfrac{f}{H} = \dfrac{l}{L}$

Answer 18 ② 19 ④ 20 ② 21 ④

$$\frac{1}{m} = \frac{0.15}{4500} = \frac{1}{30,000}$$

∴ 평면의 정도 $= (\frac{10}{1000} \sim \frac{30}{1000}) \times 30000$
$= 300mm \sim 900mm$

22 C-계수 1,200인 도화기로 축척 1:30,000 항공사진을 도화작업할 때 신뢰할 수 있는 최소등고선 간격은? (단, 초점거리 180mm이다.) [2010년 산업기사 3회]

① 4.5m ② 5.0m
③ 5.5m ④ 6.0m

해설

$H = C \cdot \Delta h$ 에서
$\Delta h = \frac{H}{C} = \frac{30,000 \times 0.18}{1,200} = 4.5m$

23 초점거리 15cm인 카메라로 고도 1,800m에서 촬영한 연직사진에서 도로 교차점과 표고 300m의 산정이 찍혀 있다. 교차점은 사진 주점과 일치하고, 교차점과 산정의 거리는 밀착사진상에서 55mm이었다면 이 사진으로부터 작성된 축척 1:5,000 지형도상에서 두 점의 거리는?
[2011년 산업기사 1회]

① 110mm ② 130mm
③ 150mm ④ 170mm

해설

$M = \frac{1}{m} = \frac{l}{L} = \frac{f}{H(\pm h)}$ 에서
$M = \frac{0.15}{1800-300} = \frac{1}{10,000}$
실제거리 $= 10,000 \times 0.055 = 550m$
지형도상거리 $= \frac{L}{m} = \frac{550}{5,000} = 0.11m$
$= 110mm$

24 사진의 크기가 23cm×23cm이고, 두 사진의 주점기선의 길이가 8cm이었다면 이때의 종중복도는? [2011년 산업기사 1회]

① 35%
② 48%
③ 56%
④ 65%

해설

주점기선길이$(b_0) = a(1 - \frac{p}{100})$
$8 = 23 \times (1-p)$
$p = \frac{23-8}{23} = 0.65$
따라서, 중복도$(p) = 65\%$

25 초점거리 150mm인 카메라로 찍은 축척 1:8,000의 연직사진을 c-factor가 1,200인 도화기로 도화하려고 할 때, 등고선의 최소간격은? [2011년 산업기사 1회]

① 0.5m ② 1.0m
③ 1.5m ④ 2.0m

해설

$H = C \cdot \Delta h$
$\Delta h = \frac{H}{C} = \frac{m \cdot f}{C}$
$= \frac{8000 \times 0.15}{1200} = 1m$

26 축척 1:10,000으로 평탄한 토지를 촬영한 연직사진이 있다. 이 사진의 크기가 18cm×18cm, 종중복도가 60%라면 촬영기선장은 얼마인가? [2011년 산업기사 2회]

① 520m ② 720m
③ 920m ④ 1,120m

Answer 22 ① 23 ① 24 ④ 25 ② 26 ②

해설

$$B = ma(1 - \frac{p}{100})$$
$$= 10000 \times 0.18 \times (1 - \frac{60}{100})$$
$$= 720m$$

27 촬영고도 6,000m, 초점거리 25cm의 사진기로 촬영한 항공사진에서 실면적 3km²는 얼마의 넓이로 나타나는가?

[2011년 산업기사 2회]

① 5.2cm² ② 52cm²
③ 520cm² ④ 5200cm²

해설

축척$(M) = \frac{1}{m} = \frac{f}{H}$

$\frac{0.25}{6000} = \frac{1}{24000}$

$(축척)^2 = (\frac{1}{m})^2 = \frac{도상면적}{실제면적}$

$(\frac{1}{24000})^2 = \frac{52cm^2}{실제면적}$

실제면적 $= \frac{52 \times 24000^2}{100 \times 100 \times 1000 \times 1000} = 3km^2$

도상면적 $= \frac{100 \times 100 \times 1000 \times 1000 \times 3}{24000^2}$
$= 52cm^2$

28 카메라의 초점거리기 150mm이고, 사진 크기가 18cm×18cm인 연직 사진측량을 하였을 때 기선고도비는?
(단, 종중복 60%, 사진축척은 1/20,000 이다.)

[2012년 산업기사 1회]

① 0.18 ② 0.28
③ 0.38 ④ 0.48

해설

기선고도비 $= \frac{B}{H}$

$$B = ma(1 - \frac{p}{100})$$
$$= 20,000 \times 0.18 \times (1 - \frac{60}{100})$$
$$= 1,440m$$

$H = m \cdot f = 20,000 \times 0.15 = 3,000m$

따라서, $\frac{B}{H} = \frac{1,440}{3,000} = 0.48$

29 대공표지에 대한 설명으로 틀린 것은?

[22년 기사 1회]

① 대공표지는 사진상에서 정확하게 그 위치를 결정하고자 할 때 설치한다.
② 설치 장소의 상공은 45°이상의 시계를 확보하여야 한다.
③ 대공표지를 하고자 하는 점이 자연점으로 표지를 설치하지 않고도 사진상에 명료하게 확인되는 경우에는 생략할 수 있다.
④ 대공표지는 항공사진 촬영이 끝나면 즉시 철거하여야 한다.

해설

대공표지의 설치
대공표지는 촬영지역에 명확한 지형지물이 없는 경우에 설치하며 설치는 다음에 따른다

- 대공표지는 사전에 토지소유자와 협의하여 설치하는 것을 원칙으로 한다.
- 설치장소는 천정각 45° 이상 시계를 확보할 수 있어야 하며 식별이 용이한 배경을 선택해야 한다.
- 대공표지는 후속 작업이 완료될 때까지 보존될 수 있도록 내구성이 강한 재질로 제작해야 한다.
- 설치목적, 비행고도별 지상표본거리, 지형배색, 관측장비 등을 고려하여 대공표지의 형상, 크기, 색을 결정해야 하며 지상에 식벼링 명확한 지형지물이 있는 경우 이를 활용할 수 있다.

Answer 27 ② 28 ④ 29 ④

30 항공사진촬영의 과고감에 대한 설명으로 옳지 않은 것은? [22년 기사 1회]

① 촬영기선길이가 같을 때 촬영고도가 낮은 경우에 높은 경우보다 과고감이 크다.
② 렌즈 초점거리가 짧은 경우의 사진이 긴 경우의 사진보다 과고감이 크다.
③ 입체시할 경우에 눈의 위치가 높아짐에 따라 과고감이 커진다.
④ 촬영고도가 같을 때 촬영기선이 짧은 경우가 긴 경우보다 과고감이 크다.

해설

입체상의 변화

렌즈의 초점거리 변화에 의한 변화	렌즈의 초점거리가 긴 사진이 짧은 사진보다 더 낮게 보인다.
촬영기선의 변화에 의한 변화	촬영기선이 긴 경우 짧은 때보다 높게 보인다.
촬영고도의 차에 의한 변화	촬영고도가 낮은 사진이 높은 사진보다 더 높게 보인다.
눈을 옆으로 돌렸을 때의 변화	눈을 좌우로 움직여 옆에서 바라 볼 때 항공기의 방향선상에서 움직이면 눈이 움직이는 쪽으로 기울어져 보인다.
눈의 높이에 따른 변화	눈의 위치가 높아짐에 따라 입체상은 더 높게 보인다.

31 항공사진의 중복도에 대한 설명으로 옳은 것은? [22년 기사 1회]

① 촬영 진행방향으로 40%, 인접 코스간 30%를 표준으로 한다.
② 촬영 진행방향으로 40%, 인접 코스간 60%를 표준으로 한다.
③ 촬영 진행방향으로 60%, 인접 코스간 30%를 표준으로 한다.
④ 촬영 진행방향으로 60%, 인접 코스간 60%를 표준으로 한다.

해설

종중복(p)	• 비행기의 이동경로인 촬영방향에 따라 중복시키는 것 • 일반적으로 60% 중복시키고 최소 50%이상 중복시켜야 함
횡중복(q)	• 촬영 진행방향의 직각으로 중복시키는 것 • 일반적으로 30% 중복시키고 최소 5%이상 중복시켜야 함

32 해발 1200 m에서 초점거리 153 mm로 촬영한 경사사진에서 최대경사선을 따라 활주로가 촬영되어 있다. 사진 상에서 활주로의 폭이 주점에서 45 mm, 등각점에서 4.6 mm, 연직점에서 4.7 mm이었다면 이 활주로의 해발 고도는 약 얼마인가? (단, 활주로의 실제 폭은 34 m로 일정하고 경사가 없다.) [22년 기사 1회]

① 44 m
② 69 m
③ 93 m
④ 116 m

해설

경사사진에서 최대경사선을 따라 활주로가 촬영되었다고 하므로 경사사진으로 보면 등각점과 연직점을 이용할 수 있는데 촬영된 사진상의 활주로 폭이 일정하게 나타나므로 등각점을 이용하여 계산

$$\frac{1}{m} = \frac{f}{H} = \frac{l}{L} = \frac{0.0046m}{34m} = \frac{1}{7,391}$$

$$\frac{f}{H} = \frac{1}{7,391} = \frac{0.153}{H_2}$$

$$H_2 = 1,130.8m$$

$$\therefore H' = H_1 - H_2 = 1,200 - 1,130.8 = 69.2m$$

Answer 30 ④ 31 ③ 32 ②

33 촬영고도 800 m에서 촬영한 연직사진에서 건물의 윗부분이 주점으로부터 75 mm 떨어져 나타나 있으며, 건물의 기복변위가 7.15 mm일 때 건물의 높이는?　[22년 기사 1회]

① 67.0 m　② 76.3 m
③ 83.9 m　④ 149.2 m

[해설]

$\dfrac{h}{H} = \dfrac{\Delta r}{r}$ 에서

$h = \dfrac{\Delta r}{r} \times H = \dfrac{7.15}{75} \times 800 = 76.3 m$

34 평균표고 120 m인 지형을 초점거리 120 mm인 사진기로 촬영고도 3300 m에서 촬영한 항공사진 1장이 포함하는 면적은? (단, 사진크기는 23 cm×23 cm이다.)　[22년 기사 1회]

① 32.42 km²
② 37.15 km²
③ 40.01 km²
④ 52.35 km²

[해설]

$m = \dfrac{H}{f}$ 에서　$m = \dfrac{3,300 - 120}{0.12} = 26,500$

사진의 면적 $= a^2 \times m^2 = 0.23^2 \times 26,500^2 = 37.14 km^2$

35 자침점(Prick Point)에 관한 설명으로 틀린 것은?　[22년 2회 측기]

① 사진의 중심점으로서 렌즈의 중심으로부터 사진면에 내린 수선이 만나는 점을 말한다.
② 정확하게 분별할 수 있는 자연점이 없는 지역, 예를 들어 산림지역이나 사막지역에 특히 유용하다.
③ 스트립에 있어서 세 사진 중 가운데 사진에서 한 번 자침되면 이들 점을 인접사진에 옮길 필요는 없다.
④ 횡접합점의 자침점은 각 스트립에서의 관측을 동시에 할 수 없으므로 인접스트립에 점이사(Point Transfer)를 한다.

[해설]

자침점(Prick Point)
자침점(Prick Point)은 종횡접합점의 위치가 인접한 사진에 옮겨진 점 즉 이사점이라고도 하며 연속으로 사진을 접합 시킬 경우 점의 위치를 인접된 사진에 옮겨진 점을 말한다
① 횡접합점의 자침점은 각 스트립에서의 관측을 동시에 할 수 없으므로 인접스트립에 점이사(Point Transfer)를 한다.
② 정확하게 분별할 수 있는 자연점이 없는 지역, 예를 들어 산림지역이나 사막지역에 특히 유용하다.
③ 스트립에 있어서 세 사진 중 가운데 사진에서 한 번 자침되면 이들 점을 인접사진에 옮길 필요는 없다.

36 축척 1:20000의 항공사진을 시속 216 km/h로 촬영할 경우에 사진상에서 허용 흔들림이 0.02 mm라면 최장노출시간은?　[22년 2기]

① 1/100 초
② 1/125 초
③ 1/150 초
④ 1/175 초

[해설]

$T_l = \dfrac{\Delta S m}{V} = \dfrac{2 \times 10^{-5} \times 20,000}{216 \times 1000 \times \dfrac{1}{3,600}} = \dfrac{1}{150} \sec$

Answer 33 ②　34 ②　35 ①　36 ③

37 종방향×횡방향이 40 km×20 km인 토지를 보통각 카메라로 사진크기 18 cm×18 cm, 종중복도 60%, 횡중복도 30%, 축척 1:20000으로 항공사진 촬영을 할 때 필요한 입체모델(model)의 수는? [22년 2기]

① 89모델 ② 224모델
③ 320모델 ④ 560모델

[해설]

종모델수
$= \dfrac{40,000}{0.18 \times 20,000(1-\dfrac{60}{100})} = 27.7 \to 28$모델(올림한다)

횡모델수
$= \dfrac{20,000}{0.18 \times 20,000(1-\dfrac{30}{100})} = 7.9 \to 8$모델(올림한다)

총모델수 = 종모델수×횡모델수 = 28×8 = 224

38 초점거리 200 mm의 카메라로 지상에서 한 변의 길이가 30 cm인 대공표지를 사진상에서 30 μm 이상의 크기로 나타나게 하고자 할 때, 한계비행고도는? [22년 2기]

① 1500 m ② 1700 m
③ 2000 m ④ 2500 m

[해설]

지상에서 한변길이 : $30cm = 0.3m = 30 \times 10^{-2}m$ 이고
$1\mu m = 1$백만분의 $1m$ 이므로
사진상의 한변의 길이
$30\mu m = 30 \times 10^{-6}m = 3 \times 10^{-5}m$
$\dfrac{1}{m} = \dfrac{\text{도상거리}}{\text{지상거리}} = \dfrac{0.00003}{0.3} = \dfrac{1}{10,000}$
$\dfrac{1}{m} = \dfrac{f}{H}$ 에서
$H = mf = 10,000 \times 0.2 = 2,000m$

39 한 코스에 대하여 임의의 촬영점으로부터 다음 촬영점까지의 종방향 실거리를 의미하는 것은? [22년 2기]

① 촬영기선길이
② 종중복도
③ 촬영코스길이
④ 주점기선길이

[해설]

1코스의 촬영 중 임의의 촬영점으로부터 다음 촬영점까지 종방향 실제거리를 촬영 종기선길이라 하고, 코스간격을 나타내는 C_0를 촬영 횡기선길이라 한다.

주점기선길이$(b_0) = a(1-\dfrac{p}{100})$

촬영 종기선길이$(B) = mb_0 = ma(1-\dfrac{p}{100})$

촬영 횡기선길이$(C_0) = ma(1-\dfrac{q}{100})$

40 초점거리 15cm, 사진의 크기 23 cm×23 cm의 카메라로 촬영된 축척 1:20000의 두 장의 항공사진에서 중복도가 60%일 때, 높이가 30 m인 철탑의 기복변위량은? (단, 철탑의 상부는 사진의 주점기선 중앙에 위치하고 있다.) [22년 2기]

① 0.23 mm ② 0.46 mm
③ 0.69 mm ④ 0.92 mm

[해설]

$\dfrac{1}{m} = \dfrac{f}{H}$ 에서 $H = mf = 20,000 \times 0.15 = 3,000m$

$b_0 = a(1-\dfrac{p}{100}) = 0.23(1-\dfrac{60}{100}) = 0.092m$

$\dfrac{h}{H} = \dfrac{\Delta r}{r}$ 에서 첨탑의 상부가 주점기선 중앙에 위치하고 있으므로 $r = \dfrac{0.092}{2} = 0.046m$ 이고

$\Delta r = \dfrac{h}{H}r = \dfrac{30}{3,000} \times 0.046m = 0.46mm$

Answer 37 ② 38 ③ 39 ① 40 ②

41 초점거리가 15mm인 카메라로 비행고도 3000m에서 촬영한 엄밀수직 항공사진이 있다. 종종복도(overlap)가 60%일 때 한 모델의 유효면적은? (단, 23cm×23cm의 광각 사진이다.) [21년 4기]

① 8.46 km² ② 15.46 km²
③ 18.56 km² ④ 33.86 km²

해설

$$A_2 = (ma)^2 \left(1 - \frac{p}{100}\right)$$
$$= (20,000 \times 0.23)^2 \times \left(1 - \frac{60}{100}\right) = 8.46 km^2$$
$$\frac{1}{m} = \frac{f}{H} = \frac{0.15}{3,000} = \frac{1}{20,000}$$

42 촬영고도가 3000m의 비행기에서 초점거리가 15cm인 카메라로 촬영한 연직항공사진에서 길이 100m인 교량이 길이는? [21년 4기]

① 2.5 mm ② 3.0 mm
③ 3.5 mm ④ 5.0 mm

해설

$$M = \frac{1}{m} = \frac{f}{H} = \frac{l}{L} \text{에서}$$
$$l = \frac{f}{H}L = \frac{0.15}{3,000} \times 100 = 0.005m = 5.0mm$$

43 축척 1:20000의 항공사진을 150 km/h의 속도로 촬영하였다. 이 때 노출시간이 1/200초 였다면 사진 상의 흔들림량은? [21년 4기]

① 0.009 mm ② 0.010 mm
③ 0.012 mm ④ 0.013 mm

해설

$$T_l = \frac{\Delta s \cdot m}{V} \text{에서}$$
$$\Delta s = \frac{T_l \cdot V}{m}$$
$$= \frac{\frac{1}{200} \times 150 \times 1,000,000 \times \frac{1}{3,600}}{20,000}$$
$$= 0.01mm$$

44 표고 300m의 평탄한 지역을 사진축척 1:10000으로 촬영한 연직사진의 촬영고도는? (단, 카메라의 초점거리는 15.0cm이다.) [21년 2기]

① 1500m ② 1800m
③ 2000m ④ 2500m

해설

$$\frac{1}{m} = \frac{f}{H-h}$$
$$H = (mf) + h$$
$$= 10,000 \times 0.15 + 300 = 1,800m$$

45 촬영고도 1500m에서 평탄지를 촬영한 두 연직사진 상에서 2점간의 시차차를 측정하니 4mm이었다면 이 2점간의 비고차는? (단, 카메라의 초점거리 153mm, 종중복도 60%, 사진의 크기 23cm×23cm) [21년 2기]

① 19.6m ② 32.6m
③ 39.2m ④ 65.2m

해설

$$b_0 = a\left(1 - \frac{p}{100}\right) = 0.23\left(1 - \frac{60}{100}\right) = 0.092$$
$$h = \frac{H}{b_0} \times \Delta P = \frac{1500}{0.092} \times 0.004 = 65.2m$$

Answer 41 ① 42 ④ 43 ② 44 ② 45 ④

46 축척 1:50000 지형도에서 종방향×횡방향=18cm×36cm의 도화구역이 있다. 이것을 촬영축척 1:20000, 종중복도 60%, 횡중복도 30%, 사진의 크기 23cm×23cm로 촬영할 경우에 사진 수는? (단, 촬영코스수를 계산하는 정밀계산에 의한다.)

[21년 2기]

① 36장   ② 33장
③ 30장   ④ 27장

해설

① 종 모델수

$(D) = \dfrac{S_1}{B} = \dfrac{50,000 \times 0.18}{20,000 \times 0.23(1-\dfrac{60}{100})} = \dfrac{9,000}{1,840}$

$= 4.89 = 5$ 모델

② 횡 모델수

$(D') = \dfrac{S_2}{c} = \dfrac{50,000 \times 0.36}{20,000 \times 0.23(1-\dfrac{30}{100})} = \dfrac{18,000}{3,220}$

$= 5.59 = 6$ 모델

③ 사진매수 $= (D+1) \times D' = (5+1) \times 6 = 36$매

47 평탄한 지면을 초점거리 150mm, 사진크기 23cm×23cm로 촬영한 연직항공사진이 있다. 촬영고도 1800m, 송숭목노 60%로 촬영한 경우, 연속된 10매의 사진에서 입체시 가능한 부분의 실제면적(모델면적)은?

[21년 1회 측기]

① 27.5 km²   ② 28.9 km²
③ 30.5 km²   ④ 45.7 km²

해설

종중복도가 60%이므로 모델상의 주점간의 종중복도는 40%가 되며, 양쪽 10%씩 주점의 외측부분이 있다. 연속된 10매의 사진(9모델)으로부터 총중복도를 계산하면

$\{(40 \times 9) + (10 \times 2)\} = 380\%$가 된다

$\dfrac{1}{m} = \dfrac{f}{H} = \dfrac{0.15}{1,800} = \dfrac{1}{12,000}$

입체시 가능한 부분의 실제면적

$A = (ma)^2 \times$ 총중복도

$= (12,000 \times 0.23)^2 \times 3.8$

$= 28,946,880 m^2$

$= 28.9 km^2$

48 동서 20km, 남북 10km의 장방형 지역을 촬영한 1개 모형의 피복면적이 20km²라면 필요한 사진의 수는? (단, 안전율은 30%이다.)

[21년 1회 측기]

① 7장   ② 10장
③ 13장   ④ 20장

해설

사진매수 $= \dfrac{F}{A_0}(1 + $ 안전율$)$

$= \dfrac{20 \times 10}{20}(1 + \dfrac{30}{100}) = 13$ 매

49 주점거리가 160 mm인 사진기로 비고 640m 지점의 대상물을 1:12000의 사진축척으로 촬영한 연직 사진이 있다면 촬영고도는?

[21년 1회 측기]

① 2360 m   ② 2160 m
③ 2560 m   ④ 2600 m

해설

$\dfrac{1}{m} = \dfrac{f}{H-h}$

$H = (mf) + h$

$= (12,000 \times 0.16) + 640 = 2,560 m$

Answer 46 ①   47 ②   48 ③   49 ③

CHAPTER 04 사진의 특성

제1절 항공사진의 특수 3점

1 주점(Principal Point)

주점은 사진의 중심점이라고도 한다. 주점은 렌즈 중심으로부터 화면(사진면)에 내린 수선의 발을 말하며 렌즈의 광축과 화면이 교차하는 점이다.

2 연직점(Nadir Point)

① 렌즈 중심으로부터 지표면에 내린 수선의 발을 말하고 N을 지상연직점(피사체연직점), 그 선을 연장하여 화면(사진면)과 만나는 점을 화면연직점(n)이라 한다.
② 주점에서 연직점까지의 거리 $\overline{mn} = f \tan i$

3 등각점(Isocenter)

① 주점과 연직점이 이루는 각을 2등분한 점으로 또한 사진면과 지표면에서 교차되는 점을 말한다.
② 주점에서 등각점까지의 거리 $\overline{mj} = f \cdot \tan \dfrac{i}{2}$

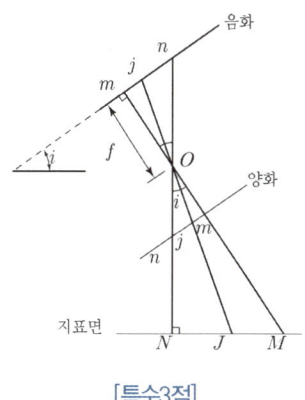

[특수3점]

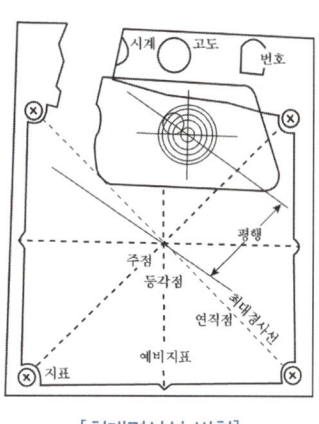

[최대경사선 방향]

제2절 기복변위

대상물에 기복이 있는 경우 연직으로 촬영하여도 축척은 동일하지 않으나, 사진면에서 연직점을 중심으로 방사상의 변위가 발생하는데 이를 기복변위라 한다.

1) **변위량** $\Delta r = \dfrac{h}{H} r$

2) **최대변위량** $\Delta r_{max} = \dfrac{h}{H} \cdot r_{max}$ 단, $r_{max} = \dfrac{\sqrt{2}}{2} \cdot a$

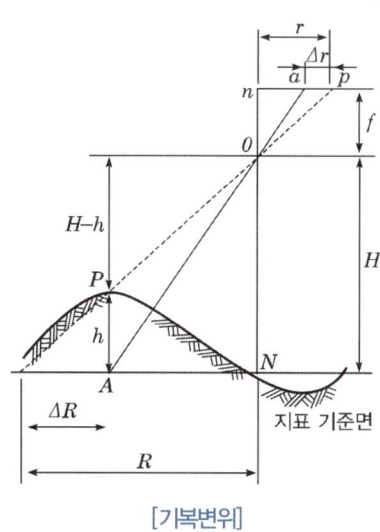

[기복변위]

제3절 중심투영(Central Projection)과 정사투영(Ortho Projection)

사진측량에서 촬영된 사진은 중심투영이나 지형도 제작시에는 실제의 대상물이 단순화되어 표현되므로 중심투영과 정사투영의 관계를 알아두는 것은 무엇보다 중요한 사항이라 하겠다.

1) 중심투영

일반적인 사진의상은 피사체(대상물)로부터 반사된 광선이 렌즈중심으로 직진하여 평면인 필름면에 투영되어 상이 나타난다. 이와 같은 투영을 중심투영(central projection)이라 하며, 사진은 중심투영상(中心投影像)이다.

2) 왜곡수차

이론적인 중심투영에 의해 만들어진 점과 실제점의 변위를 왜곡수차라 하며 왜곡수차보정에는 다음과 같은 방법이 있다.

① **포로-코페 방법** : 촬영카메라와 동일 렌즈를 갖춘 투영기를 사용하는 방법
② **보정판을 사용하는 방법** : 양화건판과 투영렌즈 사이에 렌즈(보정판)를 넣는 방법
③ **화면거리를 변화시키는 방법** : 연속적으로 화면거리를 움직이는 방법

3) 정사투영

항공사진과 지도는 지표면이 평탄한 곳에서는 지도와 사진이 같으나 지표면에 높낮이가 있는 경우는 사진의 형상이 다르다. 중심투영으로 인한 지형상의 왜곡을 보정하여 정사사진을 제작한다.

① **지도** : 정사투영
② **항공사진** : 중심투영
③ **중심투영과 정사투영의 비교**
 ㉠ 평탄한 지표면 : 지도와 사진이 같음
 ㉡ 기복이 있는 지형 : 정사투영인 지도와 중심투영인 사진에 차이가 생긴다.

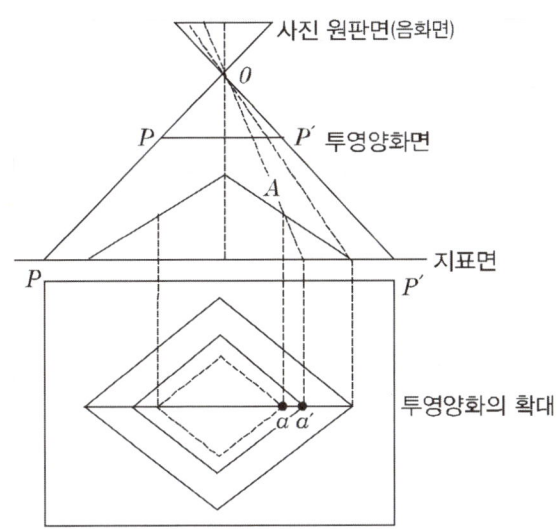

[정사투영과 중심투영의 비교]

CHAPTER 04 문제 및 해설

01 항공사진의 기복변위에 대한 설명으로 옳지 않은 것은? [2010년 산업기사 1회]

① 촬영고도에 비례한다.
② 표고차가 있는 물체에 대한 사진 중심으로부터의 방사상 변위를 말한다.
③ 지형지의 높이에 비례한다.
④ 연직점으로부터 상점까지의 거리에 비례한다.

해설

기복변위
대상물에 기복이 있을 경우 연직으로 촬영하여도 축척은 동일하지 않으며 사진면에서 연직점을 중심으로 방사상의 변위가 생기는데 이를 기복변위라 한다.

기복변위의 특징
① 비고가 클수록 크게 발생한다.
② 비행고도가 낮을수록 크게 발생한다.
③ 대축척도면 작성 시 기복변위량을 고려하여 중복도를 증가시키기도 한다.
④ 기복변위는 비고에 비례한다.
⑤ 기복변위는 비행고도에 반비례한다.

02 다음 중 기복변위의 원인이 아닌 것은? [2011년 산업기사 1회]

① 지형지물의 비고
② 중심투영
③ 촬영고도
④ 태양각

해설

대상물에 기복이 있을 경우 연직으로 촬영하여도 축척은 동일하지 않으며 사진면에서 연직점을 중심으로 방사상의 변위가 생기는데 이를 기복변위라 한다.

기복변위의 특징
① 비고가 클수록 크게 발생한다.
② 비행고도가 낮을수록 크게 발생한다.
③ 대축척도면 작성 시 기본변위량을 고려하여 중복도를 증가시키기도 한다.
④ 기복변위는 비고에 비례한다.
⑤ 기복변위는 비행고도에 반비례한다.

03 항공사진의 기복변위에 대한 설명으로 옳지 않은 것은? [2014년 산업기사 1회]

① 촬영고도에 비례한다.
② 지형지물의 높이에 비례한다.
③ 연직점으로부터 상점까지의 거리에 비례한다.
④ 표고차가 있는 물체에 대한 사진 중심으로부터의 방사상 변위를 말한다.

해설

기복변위
대상물에 기복이 있을 경우 연직으로 촬영하여도 축척은 동일하지 않으며 사진면에서 연직점을 중심으로 방사상의 변위가 생기는데 이를 기복변위라 한다.

기복변위의 특징 ($\Delta r = \dfrac{h}{H}r$)

① 비고가 클수록 크게 발생한다.
② 비행고도가 낮을수록 크게 발생한다.

Answer 01 ① 02 ④ 03 ①

③ 대축척도면 작성 시 기복변위량을 고려하여 중복도를 증가시키기도 한다.
④ 기복변위는 비고에 비례한다.
⑤ 기복변위는 비행고도에 반비례한다.

04 기복변위는 사진면에서 어느 점을 중심으로 발생하는가? [2015년 산업기사 2회]

① 사진지표
② 기준점
③ 연직점
④ 표정점

해설

$\Delta r = \dfrac{h}{H} r$

여기서, h : 비고, H : 촬영고도
r : 연직점에서의 거리

05 카메라의 촬영경사(i)가 2°, 초점거리(f)가 153mm로 평탄한 토지를 촬영한 공중사진이 있다. 이 사진에서 주점(m)에서 등각점(j)까지의 거리는? [2010년 기사 1회]

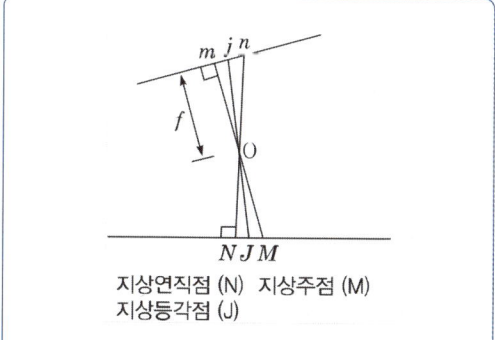

지상연직점 (N) 지상주점 (M)
지상등각점 (J)

① 1.6mm
② 2.2mm
③ 2.7mm
④ 5.3mm

해설

$\overline{mj} = f \tan \dfrac{i}{2} = 153mm \times \tan\left(\dfrac{2°}{2}\right)$
$= 2.7mm$

06 23cm×23cm 크기의 항공사진에서 주점기선장이 밀착사진상에서 10cm이다. 인접사진과의 중복도는? [2010년 기사 2회]

① 약 50%
② 약 57%
③ 약 60%
④ 약 67%

해설

주점기선길이
$b_0 = a\left(1 - \dfrac{p}{100}\right)$
$p = \left(1 - \dfrac{b_0}{a}\right) \times 100 = \left(1 - \dfrac{10}{23}\right) \times 100 = 56.5$

그러므로 약 57%

07 다음 사진측량에 대한 설명으로 옳은 것은? [2013년 기사 2회]

① 엄밀 수직 항공사진의 경우에는 주점, 연직점 및 등각점이 서로 일치한다.
② 등각점에서는 경사에 관계없이 연직사진의 축척과 같은 축척으로 된다.
③ 주점에서 방사 왜곡량이 가장 크다.
④ 흑백필름을 사용하는 경우 렌즈의 색수차는 발생하지 않는다.

해설

엄밀수직 항공사진은 주점, 연직점, 등각점이 서로 일치한다.

1. 사진의 특수 3점
   (1) 주점(Principal Point)
   주점은 사진의 중심점이라고도 한다. 주점은 렌즈 중심으로부터 화면(사진면)에 내린 수선의 발을 말하며 렌즈의 광축과 화면이 교차하는 점이다.

Answer 04 ③ 05 ③ 06 ② 07 ①

(2) 연직점(Nadir Point)
① 렌즈 중심으로부터 지표면에 내린 수선의 발을 말하고 N을 지상연직점(피사체연직점), 그 선을 연장하여 화면(사진면)과 만나는 점을 화면 연직점(nP)이라 한다.
② 주점에서 연직점까지의 거리
$(\overline{mn} = f \tan i)$

(3) 등각점(Isocenter)
① 주점과 연직점이 이루는 각을 2등분한 점으로 또한 사진면과 지표면에서 교차되는 점을 말한다.
② 등각점의 위치는 주점으로부터 최대경사 방향 선상으로 $\overline{mj} = f \tan \dfrac{i}{2}$ 만큼 떨어져 있다.

08 항공사진의 특수 3점으로만 짝지어진 것은?
[22년 기사 1회]

① 주점, 연직점, 등각점
② 주점, 중심점, 등각점
③ 표정점, 연직점, 등각점
④ 주점, 표정점, 연직점

해설

주점	• 사진의 중심점으로서 렌즈의 중심에서 화면에 내린 수선의 발 • 렌즈의 광축과 사진면이 교차하는 점 • 일반적인 항공사진에서는 사진의 지표가 교차하는 중심점을 사진의 주점으로 사용 • 엄밀수직사진 및 거의 수직사진에서는 주점을 측량의 중심으로 사용
연직점	• 지상 연직점은 렌즈의 중심에서 지표에 내린 수선의 발 • 사진 연직점은 지상 연직점의 연장선과 사진이 만나는 점 • 렌즈 중심을 통과한 연직축과 사진면의 교점 • 불규칙한 지역의 경사사진의 경우 측량의 중심점으로 사용
등각점	• 사진면과 직교하는 광축과 연직선이 이루는 각을 2등분하는 광선이 교차하는 점 • 주점과 연직점의 이등분선을 형성 • 완만한 경사지의 경사사진인 경우 등각점을 측량의 중심점으로 사용

09 초점거리 153 mm인 카메라로 평탄한 토지를 촬영한 항공사진의 촬영경사가 2°이었다면 주점으로부터 등각점까지의 거리는?
[22년 기사 1회]

① 1.6 mm
② 2.2 mm
③ 2.7 mm
④ 5.3 mm

해설

주점에서 등각점까지의 거리
$(\overline{mj}) = f \tan \dfrac{i}{2} = 153 \times \tan \dfrac{2°}{2} = 2.7 mm$

10 초점거리가 서로 다른 2대의 사진기로 취득한 2장의 사진에 대해 공선조건식을 적용하는 경우에 대한 설명으로 옳은 것은?
[22년 기사 1회]

① 1쌍의 공선조건식에 2개의 초점거리를 평균한 값을 사용한다.
② 1쌍의 공선조건식에 서로 다른 초점거리를 그대로 사용한다.
③ 1쌍의 공선조건식에 왼쪽 사진의 초점거리를 선택하여 사용한다.
④ 1쌍의 공선조건식에 오른쪽 사진의 초점거리를 선택하여 사용한다.

해설

공선조건이란 3차원 공간상의 한 점 $P(X_p, Y_p, Z_p)$에서 출발한 빛이 사진기의 촬영중심 $O(X_o, Y_o, Z_o)$를 통과하여 사진 상의 점인 상점 $p(x, y)$에 맺히게 될 때 이 세 점은 동일 직선 위에 있어야 한다는 조건으로 공선조건을 적용하기 위해서는 각 사진기의 초점거리를 그대로 적용해야 한다.

Answer 08 ① 09 ③ 10 ②

11 항공촬영한 한 쌍의 사진을 입체시하는 경우 과고감에 대한 설명으로 옳은 것은?

[22년 2기]

① 과고감에 의하여 지형의 고저를 분별하기 힘들다.
② 수직방향이 수평방향보다 더 과장되어 보인다.
③ 수평방향이 수직방향보다 더 과장되어 보인다.
④ 실제와 거의 차이가 없다.

해설

과고감
과고감은 기선과 고도의 비로 높이가 실제의 크기보다 과장되어 보이는 현상을 말하며 기선고도비의 식으로 표현할 수 있다.
지상기복이 잘 나타나지 않는 평평한 지역에서는 경사가 있는 지형을 쉽게 판별하기 어렵지만 과고감을 인위적으로 크게 만들어 주면 과고감이 증가되므로 굴곡을 쉽게 판단할 수 있다.

기선고도비= $\dfrac{B}{H} = \dfrac{am(1-\dfrac{p}{100})}{H}$ 에서

일반적으로 종중복보다 횡중복도가 작으므로 수직방향보다 수평방향의 기선고도비가 크고, 따라서 기선고도비도 크다.

12 다음의 ( )에 알맞은 것은? [21년 4기]

엄밀 연직 사진에서는 사진주점, 사진등각점 및 (   ) 가/이 한 점에 일치한다.

① 사진지표(fiducial mark)
② 사진연직점(nadir point)
③ 지상기준점(ground contgrol point)
④ 노출중심점(perspective center)

해설
수직사진(엄밀 연직사진)에서는 사진주점, 사진연직점, 사진 등각점은 일치한다.

13 공선조건식에 포함되지 않는 것은?

[21년 2회 측기]

① 초점거리
② 주점의 위치
③ 촬영점의 좌표
④ 사진지표의 좌표

해설

공선조건식
공선조건식은 $\dfrac{x}{X_p} = \dfrac{y}{Y_p} = \dfrac{-f}{Z_p}$ 이므로 위 식에 대입하면

$x = \dfrac{-f}{Z_p} \times X_p$

$= x_0 - f \dfrac{a_{11}(X_p - X_o) + a_{12}(Y_p - Y_o) + a_{13}(Z_p - Z_o)}{a_{31}(X_p - X_o) + a_{32}(Y_p - Y_o) + a_{33}(Z_p - Z_o)}$

$y = \dfrac{-f}{Z_p} \times Y_p$

$= y_0 - f \dfrac{a_{21}(X_p - X_o) + a_{22}(Y_p - y_o) + a_{23}(Z_p - Z_o)}{a_{31}(X_p - X_o) + a_{32}(Y_p - y_o) + a_{33}(Z_p - Z_o)}$

이 공선조건식은 3점의 지상기준점을 이용하여 투영중심 O의 좌표(X_o, Y_o, Z_o)와 표정인자(k, ϕ, ω)를 구하는 공간후방교회법과 공간전방교회법에 의해 결정된 6개의 외부표정인자와 상점(x, y)를 이용하여 새로운 지상점의 좌표(X, Y, Z)를 구하는 공간전방교회법에 이용된다.
(여기서, 지상점의 좌표(X, Y, Z), 내부표정요소$((x_0, f$: 주점위치, 초점거리)
외부표정요소$(a_{11}, a_{12}, ..., X_0, Y_0, Z_0)$

14 항공사진의 특수 3점이 아닌 것은?

[21년 2기]

① 지표점
② 연직점
③ 등각점
④ 주점

Answer 11 ② 12 ② 13 ④ 14 ①

해설

항공사진의 특수 3점

주점 (Principal Point)	주점은 사진의 중심점이라고도 한다. 주점은 렌즈중심으로부터 화면(사진면)에 내린 수선의 발을 말하며 렌즈의 광축과 화면이 교차하는 점이다.
연직점 (Nadir Point)	렌즈중심으로부터 지표면에 내린 수선의 발을 말하고 N을 지상연직점(피사체연직점), 그 선을 연장하여 화면(사진면)과 만나는 점을 화면연직점(n)이라 한다.
등각점 (Isocenter)	주점과 연직점이 이루는 각을 2등분한 점으로 또한 사진면과 지표면에서 교차되는 점을 말한다.

15 공액조건에 대한 설명으로 옳지 않은 것은?

[21년 1회 측기]

① 영상정합을 수행할 때 검색범위를 줄여준다.
② 공액면은 2개의 투영중심과 하나의 지상점으로 정의된다.
③ 공액선은 공액면과 각각의 영상면의 교선을 의미한다.
④ 하나의 지상점에 대응하는 각각의 영상에서 공액선은 항상 서로 평행하다.

해설

에피폴라 기하(Epipolar Geometry)

Epipolar Line	㉠ 공액요소에 대한 중요한 제약은 에피폴라선이다. ㉡ 에피폴라선(e', e'')은 영상평면과 에피폴라 평면의 교차점이다. ㉢ 에피폴라선은 탐색공간을 많이 감소시킨다. ㉣ 공액점은 에피폴라선상에 반드시 있어야 한다. ㉤ 에피폴라선은 주로 사진좌표계의 X축에 평행하지 않다.
6. Epipolar Plane	㉠ 에피폴라선과 에피폴라 평면은 공액요소 결정에 이용된다. ㉡ 에피폴라 평면은 투영중심 O_1, O_2와 지상점 P에 의해 정의된다. ㉢ 공액점 결정에 적용하기 위해서는 수치영상의 행(Row)과 에피폴라선이 평행이 되도록 하는데 이러한 입체상(Stereo Pairs)을 정규화 영상(Normalized Images)이라고 한다.

Answer 15 ④

CHAPTER 05 입체사진측정

중복사진을 명시거리에서 왼쪽의 사진을 왼쪽 눈, 오른쪽의 사진을 오른쪽 눈으로 보면 좌우의 상이 하나로 융합되면서 입체감을 얻게 된다. 이것을 입체시 또는 정입체시라 한다.

제1절 입체시

어느 대상물을 택하여 찍은 중복사진을 명시거리(약 25cm 정도)에서 왼쪽의 사진을 왼쪽 눈으로, 오른쪽 사진을 오른쪽 눈으로 보면 좌우의 상이 하나로 융합되면서 입체감을 얻게 되는데 이 현상을 입체시 또는 정입체시라 한다.

제2절 역입체시

입체시 과정에서 높은 것이 낮게, 낮은 것이 높게 보이는 현상이다.
(1) 정입체시 할 수 있는 사진을 오른쪽과 왼쪽 위치를 바꿔 놓을 때
(2) 여색입체사진을 청색과 적색의 색안경을 좌우로 바꿔서 볼 때
(3) 멀티플렉스의 모델을 좌우의 색안경을 교환해서 입체시할 때

제3절 여색입체시

여색입체사진이 오른쪽은 적색, 왼쪽은 청색으로 인쇄되었을 때 왼쪽에 적색, 오른쪽에 청색의 안경으로 보아야 바른 입체시가 된다.

제4절 입체사진의 조건

(1) 1쌍의 사진을 촬영한 카메라의 광축은 거의 동일 평면 내에 있어야 한다.
(2) 2매의 사진축척은 거의 같아야 한다.
(3) 기선고도비가 적당해야 한다.

$$기선고도비 = \frac{B}{H} = \frac{m \cdot a \left(1 - \frac{p}{100}\right)}{m \cdot f}$$

제5절 육안에 의한 입체시의 방법

손가락에 의한 방법, 스테레오그램에 의한 방법

제6절 기구에 의한 입체시

(1) 입체경
   렌즈식 입체경과 반사식 입체경이 있다.

(2) 여색입체시
왼쪽에 적색, 오른쪽에 청색의 안경으로 보면 입체감을 얻는다.

제7절 입체상의 변화

입체상(立體像)의 변화는 기선고도비(基線高度比) $\frac{B}{H}$에 영향을 받는다.

(1) 렌즈의 초점거리 변화에 의한 변화
렌즈의 초점거리가 긴 사진이 짧은 사진보다 더 낮게 보인다.

(2) 눈을 옆으로 돌렸을 때의 변화
눈을 좌우로 움직여 옆에서 바라볼 때 항공기의 방향선상에서 움직이면 눈이 움직이는 쪽으로 기울어져 보인다.

(3) 눈의 높이에 따른 변화
눈의 위치가 높아짐에 따라 입체상은 더 높게 보인다.

(4) 촬영기선의 변화에 의한 변화
촬영기선이 긴 경우 짧은 때보다 높게 보인다.

(5) 촬영고도의 차에 의한 변화
촬영고도가 낮은 사진이 높은 사진보다 더 높게 보인다.

입체사진 위에서 이동한 물체(예, 자동차속도를 관측할 경우)를 입체시하면 그 운동 때문에 물체가 상(像)의 시차(視差)를 발생하고 그 운동이 기선방향이면 물체가 뜨거나 가라앉아 보이는데 이 현상을 카메론 효과(Cameron Bright)라 한다.

제8절 입체시에 의한 과고감(過高感 : Vertical exaggeration)

과고감은 인공입체시하는 경우 과장되어 보이는 정도이다. 항공사진을 입체시하여 보면 평면축척에 대하여 수직축척이 크게 되기 때문에 실제조형보다 산이 더 높게 보인다.

(1) 과고감은 촬영고도 H에 대한 촬영기선길이 B와의 비인 기선고도비 $\dfrac{B}{H}$에 비례한다.

(2) 촬영기선길이 B와 안기선(양쪽 눈의 간격) b(52~78mm 정도)의 비를 부상비(浮上比) n이라 하며 $n = \dfrac{B}{b}$이다.

제9절 시차

두 장의 연속된 사진에서 발생하는 동일지점의 사진 상의 변위를 시차라 한다.

1) 시차차에 의한 변위량

$$h : H = \Delta P : P_a$$

$$h = \dfrac{H}{P_a} \Delta P$$

$$= \dfrac{H}{P_r + \Delta P} \times \Delta P$$

여기서, H : 비행고도
 P_r : 기준면의 시차
 h : 시차(굴뚝의 높이)
 ΔP(시차차) : $P_a - P_r$
 P_a : 건물정상의 시차

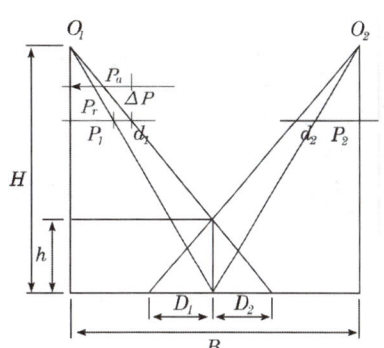

(a) 시차   (b) 시차공식

[시차]

2) ΔP가 P_r보다 무시할 정도로 작을 때

$$\therefore h = \frac{H}{P_r} \cdot \Delta P = \frac{H}{bo} \cdot \Delta P$$

$$\therefore \Delta P = \frac{h}{H} \cdot P_r = \frac{h}{H} \cdot bo$$

3) 주점기선장 대신 가준면의 시차를 적용할 경우

$$h = \frac{H}{P_r + \Delta P} \Delta P = \frac{H}{P_a} \Delta P$$

CHAPTER 05 문제 및 해설

01 입체사진 촬영 시 중복지역을 증가시킬 수 있는 방법이 아닌 것은? [2012년 기사 1회]

① 보통각렌즈 대신 광각렌즈를 사용한다.
② 촬영시간 간격을 짧게 한다.
③ 비행속도를 느리게 한다.
④ 촬영고도를 낮춘다.

[해설]
촬영고도를 높여야 중복지역을 증가시킬 수 있다.

02 사진크기 23cm×23cm, 축척 1:10,000, 종중복도 60%로 초점거리 210mm인 사진기에 의해 평탄한 지형을 촬영하였다. 이 사진의 기선고도비(B/H)는 얼마인가?
[2010년 산업기사 1회]

① 0.22 ② 0.33
③ 0.44 ④ 0.55

[해설]
입체상의 변화(과고감)
① 입체상의 변화는 기선고도비에 영향을 받는데 기선고도비가 크면 과고감이 크고 기선고도비가 적으면 과고감이 낮다.
② 기선고도비

$$\frac{B}{H} = \frac{ma\left(1-\frac{p}{100}\right)}{mf} = \frac{a\left(1-\frac{p}{100}\right)}{f}$$

$$\text{기선고도비} = \frac{0.23 \times \left(1-\frac{60}{100}\right)}{0.21} = 0.44$$

03 60m 높이의 굴뚝을 촬영고도 3,000m의 높이에서 촬영한 항공사진이 있고, 그 사진의 주점기선 길이가 10cm이었다면, 이 굴뚝의 시차 차는? [2010년 산업기사 3회]

① 1mm ② 2mm
③ 10mm ④ 20mm

[해설]

$h = \frac{H}{b_0}\Delta P$ 에서

$\Delta P = \frac{b_0 \cdot h}{H} = \frac{0.1 \times 60}{3,000} = 0.002\text{m} = 2\text{mm}$

04 비고 300m이고 20km×40km인 면적의 지역을 해발고도 3,300m에서 초점거리 150mm의 카메라로 촬영했을 때 사진의 매수는?(단, 종중복 60%, 횡중복 30%, 사진크기 23cm×23cm, 안전율은 무시하고, 입체모델의 면적으로 간이법으로 계산한다.) [2010년 산업기사 3회]

① 136매 ② 154매
③ 181매 ④ 281매

Answer 01 ④ 02 ③ 03 ② 04 ①

> **해설**
>
> 안전율을 고려하지 않았을 경우
>
> $M = \dfrac{1}{m} = \dfrac{f}{H-h} = \dfrac{0.15}{3300-300} = \dfrac{1}{20,000}$
>
> $A_0 = (ma)^2 \left(1 - \dfrac{p}{100}\right)\left(1 - \dfrac{q}{100}\right)$
> $\quad = 5,924,800 \text{m}^2 = 5.925 \text{km}^2$
>
> 안전율을 고려하지 않고 간이법으로 하면
>
> 사진매수 $= \dfrac{F}{A_0} = \dfrac{20 \times 40}{5.925} = 135.02 = 136$매

05 입체시를 할 때 입체시가 되는 부분의 과고감을 크게 하기 위한 방법은?

[2010년 산업기사 3회]

① 종중복도를 감소시킨다.
② 종중복도를 증가시킨다.
③ 횡중복도를 감소시킨다.
④ 횡중복도를 증가시킨다.

> **해설**
>
> **과고감**
> 항공사진을 입체시하는 경우 산의 높이 등이 실제보다 과장되어 보이는 현상을 말한다. 평면축척에 대하여 수직 축척이 크게 되기 때문에 실제 도형보다 산이 더 높게 보인다.
> ① 항공사진은 평면축척에 비해 수직축척이 크므로 다소 과장되어 나타난다.
> ② 대상물의 고도, 경사율 등을 반드시 고려해야 한다.
> ③ 과고감은 필요에 따라 사진판독요소로 사용될 수 있다.
> ④ 과고감은 사진의 기선고도비와 이에 상응하는 입체시의 기선고도비의 불일치에 의해서 발생한다.
> ⑤ 과고감은 촬영고도 H에 대한 촬영기선길이 B와의 비인 기선고도비 B/H에 비례한다.
>
> $\dfrac{B}{H} = \dfrac{ma\left(1 - \dfrac{P}{100}\right)}{H}$
>
> 기선고도비가 크면 과도감이 크다.

06 항공사진상에 나타난 굴뚝 정상의 시차가 8.00mm이고 굴뚝 하단의 시차가 7.98mm일 때 이 굴뚝의 높이는? (단, 촬영고도는 6,000m이다.)

[2011년 산업기사 2회]

① 12m ② 15m
③ 120m ④ 150m

> **해설**
>
> 비고$(h) = \dfrac{H}{P_r + \Delta P} \cdot \Delta P$
>
> $\quad = \dfrac{6000}{7.98 + (8 - 7.98)} \cdot (8 - 7.98)$
>
> $\quad = 15\text{m}$
>
> **[별해]**
> ΔP가 P_r보다 무시할 정도로 작을 때
>
> $h = \dfrac{H}{P_r} \cdot \Delta P$
>
> $\quad = \dfrac{6,000}{7.98} \cdot (8 - 7.98)$
>
> $\quad = 15.03\text{m}$

07 다음의 조건을 가진 사진들 중에서 입체시가 가능한 것은?

[2012년 산업기사 1회]

① 50% 이상 중복 촬영된 사진 2매
② 광각 사진기에 의하여 촬영된 사진 1매
③ 한 지점에서 반복 촬영된 사진 2매
④ 대상 지역 파노라마 사진 1매

> **해설**
>
> 1. 입체사진의 조건
>   ① 1쌍의 사진을 촬영한 카메라의 광축은 거의 동일평면 내에 있어야 한다.
>   ② B를 촬영 기선길이라 하고 H를 기선으로부터 피사체까지의 거리라 할 때 기선고도비(B/H)가 적당한 값이어야 하며 그 값은 약 0.25 정도이다.

Answer 05 ① 06 ② 07 ①

③ 2매의 사진 축척은 거의 같아야 한다. 축척차가 15%까지는 어느 정도 입체시될 수 있지만 장시간 입체시할 경우에는 5% 이상의 축척차는 좋지 않다.

08 축척 1/20,000의 엄밀 수직사진에서 지상사진 주점으로부터 500m 떨어진 곳에 있는 50m 높이의 철탑의 사진상 기복변위량은? (단, 사진은 광학사진으로 초점거리는 150mm이다.) [2012년 산업기사 1회]

① 0.21mm ② 0.42mm
③ 0.84mm ④ 1.68mm

해설

지상사진 주점으로부터의 거리를 사진상의 거리로 환산

$$\frac{1}{20,000} = \frac{r}{500}$$

여기서, $r = 0.025$m

$$\frac{1}{20,000} = \frac{0.15}{H}$$

여기서, $H = 3,000$m

$$\Delta r = \frac{h}{H} \cdot r$$

$$= \frac{50}{3,000} \times 0.025 = 0.00042\text{m} = 0.42\text{mm}$$

09 입체상의 변화에 대한 설명으로 틀린 것은?
[2012년 산업기사 3회]

① 입체상은 촬영기선이 긴 경우가 촬영기선이 짧은 경우보다 더 높게 보인다.
② 렌즈의 초점거리가 긴 사진이 짧은 사진보다 더 높게 보인다.
③ 같은 사진기로 촬영고도를 변경하며 같은 촬영기선에서 촬영할 때 낮은 촬영고도로 촬영한 사진이 촬영고도가 높은 경우보다 더 높게 보인다.

④ 눈의 위치가 높아질수록 입체상은 더 높게 보인다.

해설

입체상의 변화는 기선고도비($\frac{B}{H}$)에 영향을 받는다.
① 기선의 변화에 의한 경우
  입체상의 변화는 촬영기선이 긴 경우가 짧은 경우보다 더 높게 보이는 현상
② 초점거리의 변화에 의한 경우
  렌즈의 초점거리가 긴 쪽의 사진이 짧은 쪽 사진보다 더 낮게 보이는 현상
③ 촬영고도차에 의한 경우
  동일 사진기로 촬영한 경우 낮은 고도로 촬영한 사진이 높은 고도로 촬영한 경우보다 더 높게 보인다.
④ 눈의 높이를 달리할 경우
  눈의 위치가 높은 경우 입체상은 더 낮게 보인다.
⑤ 눈을 옆으로 돌렸을 경우
  눈을 좌우로 움직일 경우 눈이 움직이는 쪽으로 비스듬히 기울어져 보인다.

10 촬영고도 1,000m에서 촬영된 항공사진에서 기선길이가 90mm, 건물의 시차차가 1.62mm일 때 건물의 높이는?
[2014년 산업기사 1회]

① 5.5m ② 18.0m
③ 26.0m ④ 100.0m

해설

$$h = \frac{H}{b_0} \Delta P$$

$$= \frac{1000 \times 1000}{90} \times 1.62 = 18,000\text{mm}$$

$$= 18\text{m}$$

Answer 08 ② 09 ② 10 ②

11 입체시에 대한 설명 중 옳지 않은 것은?

[2014년 산업기사 2회]

① 렌즈의 초점거리가 짧은 경우가 긴 경우보다 더 높게 보인다.
② 입체시 과정에서 본래의 고저가 반대가 되는 현상을 역입체시라 한다.
③ 2매의 사진이 입체감을 나타내기 위해서는 사진축척이 거의 같고 촬영한 사진기의 광축이 거의 동일 평면 내에 있어야 한다.
④ 여색입체사진이 오른쪽은 적색, 왼쪽은 청색으로 인쇄되었을 때 오른쪽은 적색, 왼쪽에 청색의 안경으로 보아야 바른 입체시가 된다.

해설

입체시의 원리

어느 대상물을 택하여 찍은 중복사진을 명시거리(약 25cm)에서 왼쪽 사진은 왼쪽 눈으로, 오른쪽 사진은 오른쪽 눈으로 보면 좌우의 상이 하나로 융합되면서 입체감을 얻게 되는데, 이런 현상을 입체시라고 한다. 육안으로도 입체시가 가능하지만, 상을 해석하기 위하여 입체시에 사용되는 기구로는 렌즈 스테레오스코프(Lens Stereoscope), 미러(Mirror) 스테레오스코프, 프리즘 스테레오스코프 등이 있다. 이때 한 쌍의 입체사진을 좌우를 바꾼 경우나 정상적인 여색(餘色)입체시 과정에서 색안경의 빨강과 파랑을 좌우로 바꾸어보면 원래의 고저가 반대로 되어 역입체시가 된다.

(1) 정입체시(대상물의 기복이 그대로 보인다.)
 ① 중복사진을 명시거리(약 25cm 정도)에서 왼쪽 사진을 왼쪽 눈으로, 오른쪽 사진을 오른쪽 눈으로 보면 좌우가 하나의 상으로 융합되면서 입체감을 얻게 된다.
 ② 즉, 높은 곳은 높게, 낮은 곳은 낮게 입체시되는 현상을 말한다.
(2) 역입체시(대상물의 기복이 반대로 보인다.
 입체시 과정에서 높은 곳은 낮게, 낮은 곳은 높게 보이는 현상을 말한다.
 ① 정입체시되는 한 쌍의 사진에 좌우 사진을 바꾸어 입체시하는 경우
 ② 정상적인 여색입체시 과정에서 색안경의 적과 청을 좌우로 바꾸어 볼 경우

12 동일한 조건에서 다음과 같은 차이가 있을 경우 입체시에 대한 설명으로 옳은 것은?

[2015년 산업기사 1회]

① 촬영기선이 긴 경우에는 짧은 경우보다 낮게 보인다.
② 초점거리가 긴 경우가 짧은 경우보다 높게 보인다.
③ 낮은 촬영고도로 촬영한 경우가 높은 경우보다 높게 보인다.
④ 입체시할 경우 눈의 위치가 높아짐에 따라 낮게 보인다.

해설

입체상의 변화
① 렌즈의 초점거리 변화에 의한 변화 : 렌즈의 초점거리가 긴 사진이 짧은 사진보다 더 낮게 보인다.
② 눈을 옆으로 돌렸을 때의 변화 : 눈을 좌우로 움직여 옆에서 바라볼 때 항공기의 방향선상에서 움직이면 눈이 움직이는 쪽으로 기울어져 보인다.
③ 눈의 높이에 따른 변화 : 눈의 위치가 높아짐에 따라 입체상은 더 높게 보인다.
④ 촬영기선의 변화에 의한 변화 : 촬영기선이 긴 경우 짧은 때보다 높게 보인다.
⑤ 촬영고도의 차에 의한 변화 : 촬영고도가 낮은 사진이 높은 사진보다 더 높게 보인다.

13 초점거리 150mm 카메라로 촬영고도 1800m, 촬영기선장 960m로 연직촬영한 입체모델이 있다. A점의 시차를 관측한 결과 기준면(표고 0m)이 시차보다 10mm 더 크게 관측 되었다면, 엄밀계산법으로 구한 A점의 표고는?

[21년 4기]

① 150m
② 175m
③ 200m
④ 225m

Answer 11 ④ 12 ③ 13 ③

해설

$$\frac{1}{m} = \frac{f}{H} = \frac{0.15}{1,800} = \frac{1}{12,000}$$

촬영기선길이 $B = m \cdot b_0$ 에서

주점기선길이 $b_0 = \frac{B}{m} = \frac{960}{12,000} = 0.08$

주점기선길이가 주어져 있으며 엄밀계산법에 의한 경우 이므로

$$h = \frac{H}{b_0 + \triangle P} \cdot \triangle P$$

$$= \frac{1,800}{0.08 + 0.01} \times 0.01 = 200m$$

14 수치도화기(디지털 도화기)에 가장 적합한 입체시 방법은? [21년 2기]

① 편광입체시
② 순동입체시
③ 여색입체시
④ 컬러입체시

해설

편광입체시

편광입체시법은 서로 직교하는 진동면을 갖는 2개의 편광광선이 1개의 편광면을 통과할 때 그 편광면의 진동방향과 일치하는 진행방향의 광선만 통과하고 여기에 직교하는 광선은 통과하지 못하는 편광의 성질을 이용하는 방법이다.
편광입체시는 수치도화기(디지털 도화기)에 가장 적합한 입체시 방법이다.

15 파장의 특정 방향성분만을 통과시키는 광학원리를 이용하여 입체시를 하는 방법은? [21년 1회 측기]

① 편광입체시
② 여색입체시
③ 육안입체시
④ 렌즈식입체시

해설

상동

Answer 14 ① 15 ①

CHAPTER 06 표정

사진상 임의의 점과 대응되는 땅의 점과의 상호관계를 정하는 방법으로 지형의 정확한 입체모델을 기하학적으로 재현하는 과정을 말한다.

표정은 가상값으로부터 소요의 최확값을 구하는 단계적인 해석 및 작업을 말한다. 사진측량에서는 사진기와 사진 촬영 당시의 주위 사정으로 엄밀 수직사진을 얻을 수 없으므로 촬영점의 위치, 사진기의 경사, 사진축척 등을 구하여 촬영 당시의 사진기와 대상물좌표계와의 관계를 재현하는 것으로 내부표정과 외부표정(상호표정, 절대표정, 접합표정)이 있다.

제1절 표정의 종류

1 내부표정(Inner Orientation)

① 사진의 주점을 투영기의 중심에 일치
② 초점거리(f)의 조정
③ 건판신축, 대기굴절, 지구곡률, 렌즈왜곡의 보정

2 외부표정(Exterior Orientation)

1) 상호표정(Relative Orientation)

① 5개의 표정인자(κ, ϕ, ω, b_y, b_z) 사용
② 종시차(Py) 소거

2) 절대표정(Absolute Orientation)

① 7개의 표정인자(λ, κ, ϕ, ω, b_x, b_y, b_z) 사용
② 축척 및 경사의 조정으로 위치 결정
③ 축척의 결정, 위치·방위의 결정, 표고·경사의 결정

3) 접합표정(Succesive Orientation)

① 7개의 표정인자(λ, κ, ϕ, ω, c_x, c_y, c_z) 사용
② 모델 간, 스트립 간의 접합요소
③ 단, 입체모형인 경우 생략, 좌표변환시에만 필요

제2절 표정의 순서

내부표정 → 상호표정 → 절대표정 → 접합표정

1 내부표정

내부표정이란 도화기의 투영기에 촬영 당시와 똑같은 상태로 양화건판을 정착시키는 작업이다.

① 주점의 위치 결정
② 화면거리(f)의 조정
③ 건판의 신축, 대기굴절, 지구곡률 보정, 렌즈수차 보정

2 외부표정

1) 상호표정

지상과의 관계는 고려하지 않고 좌우사진의 양투영기에서 나오는 광속이 촬영 당시 촬영면에 이루어지는 종시차(ϕ)를 소거하여 목표 지형물의 상대위치를 맞추는 작업(κ, ϕ, ω, by, bz)

① 비행기의 수평회전을 재현해 주는 (κ, b_y)
② 비행기의 전후기울기를 재현해 주는 (ϕ, b_z)
③ 비행기의 좌우기울기를 재현해 주는 (ω)
④ 과잉수정계수 $(o,\ c,\ f) = \dfrac{1}{2}\left(\dfrac{h^2}{d^2} - 1\right)$

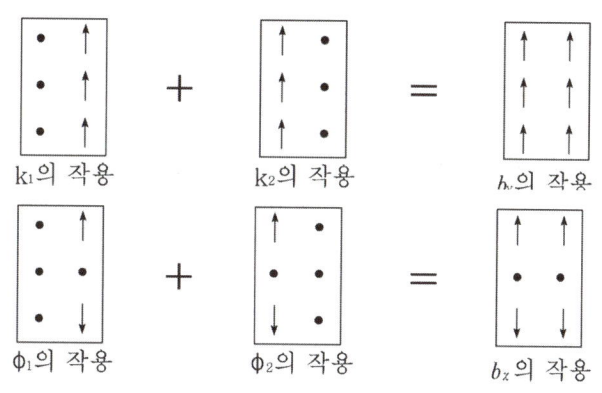

[인자의 운동]

2) 대지(절대) 표정

상호표정이 끝난 입체모델을 지상기준점(피사체기준점)을 이용하여 지상좌표계(피사체좌표계)와 일치하도록 하는 작업

① 축척의 결정
② 수준면(표고, 경사)의 결정
③ 위치(방위)의 결정
④ 절대표정인자 : λ, ϕ, ω, κ, b_x, b_y, b_z(7개의 인자로 구성)

3) 접합표정

한쌍의 입체사진 내에서 한쪽의 표정인자는 전혀 움직이지 않고 다른 한쪽만을 움직여 그 다른 쪽에 접합시키는 표정법을 말하며, 삼각측정에 사용한다.

① 7개의 표정인자 결정 : λ, κ, ω, ϕ, c_x, c_y, c_z
② 모델 간, 스트립 간의 접합요소 결정(축척, 미소변위, 위치 및 방위)

4) 불완전 모델의 결정

산악지역과 불완전 모델에는 ω, ϕ의 인자가 상호관계가 있다.

CHAPTER 06 문제 및 해설

01 사진측량의 표정 중에서 촬영 당시와 똑같은 상태로 피사체에 관한 사진을 재현시키는 작업은? [2011년 기사 1회]

① 내부표정
② 상호표정
③ 접합표정
④ 절대표정

해설

내부표정
① 도화기의 투영기에 촬영 당시와 똑같은 상태로 양화건판을 정착시키는 작업
② 사진을 좌우로 멀리하면 과고감이 커보이고 가까이 하면 낮게 보인다.

02 촬영 시 사진의 기하학적 상태를 재현하기 위하여 표정을 하는데 이 과정에 대한 설명으로 옳지 않은 것은? [2012년 기사 1회]

① 내부표정은 사진의 주점과 초점거리를 조정하는 작업이다.
② 상호표정은 입체모델의 종시차를 소거시키는 작업이다.
③ 절대표정은 축척과 경사, 위치 등을 바로잡는 과정이다.
④ 접합표정은 한 개, 한 개의 사진만을 접합하는 작업이다.

해설

접합표정은 인접된 2개의 입체모형에 공통된 요소를 활용하여 입체모형의 경사와 축척 등을 통일시키고, 서로 독립된 입체모형좌표계로 표시되어 있는 입체모형좌표를 하나의 통일된 스트립좌표계로 순차적으로 변환하는 것을 말한다.
접합표정이란 연속된 입체사진을 접합시켜 공통된 좌표계를 형성하기 위한 표정법으로 표정인자는 축척(λ), 회전(K, ϕ, ω), 변위(S_x, S_y, S_z)가 있다.

1. **내부표정**
   ① 사진의 주점을 투영기의 중심에 일치
   ② 초점거리의 조정
   ③ 건판신축, 대기굴절, 지구곡률, 렌즈왜곡의 보정

2. **상호표정**
   ① 5개의 표정인자 : κ, ϕ, ω, b_y, b_z
   ② 종 시차(b_y) 소거

3. **절대표정(대지표정)**
   ① 축척의 결정, 수준면의 결정, 위치의 결정
   ② 시차가 생기면 다시 상호표정으로 돌아가 표정 수행
   ③ 절대표정의 인자 : λ, κ, ϕ, ω, b_x, b_y, b_z

Answer 01 ① 02 ④

03 다음 수식은 어느 표정에 필요한 것인가?
[2010년 기사 1회]

$$\begin{pmatrix} X_G \\ Y_G \\ Z_G \end{pmatrix} = S \begin{pmatrix} r_{11} & r_{12} & r_{13} \\ r_{21} & r_{22} & r_{23} \\ r_{31} & r_{32} & r_{33} \end{pmatrix} \begin{pmatrix} X_m \\ Y_m \\ Z_m \end{pmatrix} + \begin{pmatrix} X_T \\ Y_T \\ Z_T \end{pmatrix}$$

여기서 (X_G, Y_G, Z_G)는 지상좌표
S는 축척,
$(r_{11}, r_{12}, \cdots r_{33})$은 회전행렬
(x_m, y_m, z_m)은 모델좌표
(X_T, Y_T, Z_T)는 원점이동량

① 내부표정
② 외부표정
③ 상호표정
④ 절대표정

[해설]

1. 절대표정(대지표정)
사진좌표, 입체모형좌표, 스트립좌표 및 블록좌표로부터 표정기준점좌표를 이용하여 축척 및 경사 등을 조정함으로써 절대좌표를 얻는 과정을 말한다.

$$\begin{pmatrix} X_G \\ Y_G \\ Z_G \end{pmatrix} = SR \begin{pmatrix} X_m \\ Y_m \\ Z_m \end{pmatrix} + \begin{pmatrix} X_\gamma \\ Y_\gamma \\ Z_\gamma \end{pmatrix}$$

① 축척의 결정, 수준면의 결정, 위치의 결정
② 시차가 생기면 다시 상호표정으로 돌아가 표정 수행
③ 절대표정의 인자 : $\lambda, \kappa, \phi, \omega, b_x, b_y, b_z$

04 항공삼각측량에서 접합표정에 의한 스트립을 구성하기 위해 사용되는 점은?
[2010년 기사 2회]

① 대공표지 ② 보조기준점
③ 자침점   ④ 자연점

[해설]

보조기준점
① 종접합점 : 좌표해석이나 항공삼각측량 과정에서 접합표정에 의한 스트립 형성(Strip Formation)을 위해 사용되는 점이다.
② 횡접합점 : 좌표해석이나 항공삼각측량 과정 중 종접합점(Strip)에 연결시켜 블록(Block, 종접합모형) 사이의 횡중복 부분 중심에 위치한다.

05 기계적 절대표정에 필요한 최소기준점의 수는?
[2010년 기사 2회]

① 3점의 x, y 좌표와 2점의 z 좌표
② 2점의 x, y 좌표와 1점의 z 좌표
③ 3점의 x, y, z 좌표와 2점의 z 좌표
④ 2점의 x, y, z 좌표와 1점의 z 좌표

[해설]

절대표정에 필요한 최소표정점은 삼각점(X, Y) 2점과 수준점(Z) 3점이다.

06 절대표정요소를 구할 수 있는 경우는?
[2010년 기사 3회]

① 동일 직선상에 위치한 5개의 수직기준점
② 동일 직선상에 위치한 3개의 3차원 지상기준점
③ 동일 직선상에 위치하지 않은 5개의 수직기준점
④ 동일 직선상에 위치하지 않은 4개의 3차원 지상기준점

[해설]

절대표정요소를 구하기 위해서는 지상기준점 4점(X, Y, Z)이 필요하다.

Answer 03 ④ 04 ② 05 ④ 06 ④

07 상호표정에 대한 설명으로 옳은 것은?
[2010년 기사 1회]

① 횡시차를 소거하여 사진의 주점을 투영기의 중심에 맞추는 작업이다.
② 입체모델을 지상좌표계와 일치시키는 것이다.
③ 종시차 b_y를 소거하여 한 모델이 완전 입체시가 되게 하는 작업이다.
④ 대기굴절, 지구곡률, 렌즈수차 등을 보정하는 작업이다.

해설
상호표정
공선조건, 공면조건을 이용하여 3차원 모델좌표로 변환하는 작업이다.
① 5개의 표정인자: κ, ϕ, ω, b_y, b_z
② 종 시차(p_y) 소거

08 표정점 측량에서 선점을 위한 유의사항에 대한 설명으로 옳지 않은 것은?
[2010년 산업기사 1회]

① 사진상에서 명확하게 볼 수 있는 점이어야 한다.
② 상공에서 잘 볼 수 있고 평탄한 곳의 점이 좋다.
③ 헐레이션(halation)이 발생하기 쉬운 점이어야 한다.
④ 시간적으로는 변화하지 않는 점이어야 한다.

해설
① 사진상에서 명확하게 볼 수 있는 점이어야 한다.
② 상공에서 잘 볼 수 있고 평탄한 곳의 점이 좋다.
③ 헐레이션(halation)이 발생하지 않아야 한다.
④ 시간적으로는 변화하지 않는 점이어야 한다.

09 내부표정에 대한 설명으로 옳지 않은 것은?
[2010년 산업기사 2회]

① 사진의 주점을 조정한다.
② 사진의 초점거리를 조정한다.
③ 축척과 경사를 조정한다.
④ 렌즈의 왜곡을 보정한다.

해설
내부표정(Inner Orientation)
① 사진의 주점을 투영기의 중심에 일치
② 초점거리(f)의 조정
③ 건판신축, 대기굴절, 지구곡률, 렌즈왜곡의 보정

10 표정점을 선점할 때의 유의사항으로 옳은 것은?
[2010년 산업기사 2회]

① 원판의 가장자리로부터 1cm 이내에 나타나는 점을 선택하여야 한다.
② 시간적으로 일정하게 변하는 점을 선택하여야 한다.
③ 표정점은 X, Y, H가 동시에 정확하게 결정될 수 있는 점을 선택하여야 한다.
④ 측선을 연장한 가상점을 선택하여야 한다.

해설
표정점
① 자연점 : 자연점(Natural Point)은 자연물로써 명확히 구분되는 것을 선택한다.
② 기준점(지상기준점) : 대상물의 수평위치(x, y)와 수직위치(z)의 기준이 되는 점을 말하며 사진상에 명확히 나타나도록 표시하여야 한다.

11 지상기준점이 반드시 필요한 표정은?
[2011년 산업기사 2회]

① 내부표정　　② 상호표정
③ 접합표정　　④ 절대표정

Answer 07 ③　08 ③　09 ③　10 ③　11 ④

[해설]

절대표정은 대지표정이라고도 하며, 상호표정이 끝난 입체모형을 피사체 기준점 또는 지상기준점을 피사체 좌표계 또는 지상좌표계와 일치하도록 하는 작업이다. 축척의 결정, 수준면의 결정, 절대위치의 결정 순서로 한다.

12 절대표정을 위한 기준점의 개수와 배치로 가장 바람직한 것은? (단, ○는 수직기준점 (Z), □는 수평기준점(X, Y), △는 3차원 기준점(X, Y, Z)를 의미하고, 대상지역은 거의 평면에 가깝다고 가정한다.)

[2011년 산업기사 3회]

① 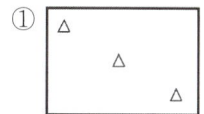　②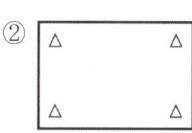

③ 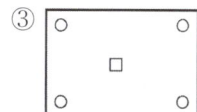　④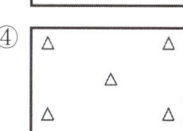

[해설]

절대표정(absolute orientation)
① 절대표정은 대지표정이라고도 한다.
② 상호표정이 끝난 입체모형을 대상물공간(또는 지상)의 기준점을 이용하여 대상물공간 좌표계와 일치하도록 하는 작업이다.
③ 절대표정은 2차원이나 3차원 가상좌표로부터 절대좌표를 구함으로서 사진상의 상과 대상물공간이 상사관계를 이루게 하는 작업이다.
④ 절대표정은 첫째 축척의 결정, 둘째 수준면의 결정, 셋째 위치의 결정 순서로 한다.
⑤ 절대표정에서는 $\lambda, \kappa, \phi, \omega, S_x, S_y, S_z$의 7개 표정인자가 필요하다.
⑥ 입체모형(Model) 2점의 X, Y 좌표와 3점의 높이(Z) 좌표가 필요하므로 최소한 3점의 표정점이 필요하다.

13 해석적 표정에 있어서 관측된 상좌표로부터 사진좌표로 변환하는 작업은?

[2012년 산업기사 1회]

① 상호표정　② 내부표정
③ 절대표정　④ 접합표정

[해설]

표정은 가상값으로부터 소요의 최확값을 구하는 단계적인 해석 및 작업을 말한다. 사진측량에서는 사진기와 사진 촬영 당시의 주위 사정으로 엄밀 수직사진을 얻을 수 없으므로 촬영점의 위치, 사진기의 경사, 사진축척 등을 구하여 촬영 당시의 사진기와 대상물좌표계와의 관계를 재현하는 것으로 내부표정과 외부표정(상호표정, 절대표정, 접합표정)이 있다.

1. **내부표정**
   상좌표로부터 사진좌표를 얻기 위한 자료의 변환
   • 종류 : Helmert 변환, 등각사상변환, 부등각사상변환

14 항공사진측량에서 항공기에 GPS(위성측위시스템) 수신기를 탑재하여 촬영할 경우에 GPS로부터 얻을 수 있는 정보는?

[2012년 산업기사 2회]

① 내부표정요소　② 상호표정요소
③ 절대표정요소　④ 외부표정요소

[해설]

항공사진측량에서 항공기에서 GPS수신기를 탑재할 경우 비행기의 위치(X_o, Y_o, Z_o)를 얻을 수 있고, 관성측량장비(INS)까지 탑재한 경우 (κ, ϕ, ω)를 얻을 수 있다. 즉, (X_o, Y_o, Z_o) 및 (κ, ϕ, ω)를 사진측량의 외부표정요소라 한다.

Answer　12 ④　13 ②　14 ④

15 다음 ( )에 알맞은 용어로 가장 적합한 것은?
[2012년 산업기사 3회]

> 절대표정이 완전히 끝났을 때에는 사진모델과 실제 지형모델은 ( )의 관계가 이루어진다.

① 상사
② 이동
③ 평행
④ 일치

해설

절대표정은 대지표정이라고도 하며 상호표정이 끝난 입체모형을 지상기준점을 이용하여 대상물의 공간상 좌표계와 일치시키는 작업이다. 모델좌표를 이용하여 절대좌표를 구하는 단계적 표정을 말한다.

대상물 3차원 좌표를 얻기 위한 조정법
대상물 3차원 좌표를 얻기 위한 조정의 기본단위로는 블록, 스트립, 모델, 광속이 이용되며 실공간 3차원 좌표를 얻기 위한 조정법에는 다항식법, 독립모델법, 광속법, DLT법 등이 있다.
① 다항식법(Polynomial Method) : 종접합모형(Strip)일 경우
② 독립모델법(Independent Model Triangulation (IMT)) : 입체모형(Model)일 경우
③ 광속법(Bundle Adjustment) : 사진일 경우
④ DLT법(Direct Liner Transformation)

16 기계적 상호표정의 인자는 몇 개인가?
[2012년 산업기사 3회]

① 3개
② 5개
③ 7개
④ 9개

해설

① 상호표정(Relative Orientation)
  ㉠ 5개의 표정인자($\kappa, \phi, \omega, b_y, b_z$) 사용
  ㉡ 종시차(P_y) 소거

17 해석적 내부표정에서의 주된 작업내용은?
[2013년 산업기사 1회]

① 관측된 상 좌표로부터 사진 좌표로 변환하는 작업
② 3차원 가상 좌표를 계산하는 작업
③ 1개의 통일된 블록 좌표계로 변환하는 작업
④ 표고결정 및 경사를 결정하는 작업

해설

표정의 종류
1. **내부표정(Inner Orientation)**
  내부표정이란 도화기의 투영기에 촬영 당시와 똑같은 상태로 양화건판을 정착시키는 작업으로 기계좌표로부터 지표좌표를 구한 다음 사진좌표를 구하는 단계적 표정이다.
  ① 사진의 주점을 투영기의 중심에 일치
  ② 초점거리(f)의 조정
  ③ 건판신축, 대기굴절, 지구곡률, 렌즈왜곡의 보정

18 표정 중 종시차를 소거하여 목표지형물의 상대적 위치를 맞추는 작업은?
[2014년 산업기사 1회]

① 접합표정
② 내부표정
③ 절대표정
④ 상호표정

해설

상호표정(Relative Orientation)
상호표정은 대상물과의 관계를 고려하지 않고 좌우사진의 양 투영기에서 나오는 광속이 이루는 종시차를 소거하여 입체모형 전체가 완전입체시되도록 하는 작업으로 상호표정을 완료하면 3차원 입체모형좌표를 얻을 수 있다. 사진좌표로부터 사진기 좌표를 구한 다음 모델좌표를 구하는 단계적 표정
㉠ 5개의 표정인자($\kappa, \phi, \omega, b_y, b_z$) 사용
㉡ 종시차(P_y) 소거

PART 03 사진측량 및 원격탐사

19 공선조건식에 포함되는 변수가 아닌 것은?

[2014년 산업기사 2회]

① 지상점의 좌표
② 상호표정요소
③ 내부표정요소
④ 외부표정요소

해설
공선조건식은 3점의 기상기준점을 이용하여 투영중심 0의 좌표(X_0, Y_0, Z_0)와 표정인자(κ, ϕ, ω)는 후방교회법에 의하여 구하고 외부표정인자 6개와 상점(x, y)를 이용하여 새로운 지상점의 좌표(X, Y, Z)를 구하는 전방교회법에 이용된다.

20 기계좌표계로부터 사진좌표계로 변환하기 위해 필요한 좌표값은?

[2014년 산업기사 2회]

① 사진지표의 좌표값
② 공액점의 좌표값
③ 지상기준점의 좌표값
④ 접합점의 좌표값

해설
내부표정
내부표정이란 도화기의 투영기에 촬영 시와 동일한 광학관계를 갖도록 장착시키는 작업으로 기계좌표로부터 지표좌표를 구한 다음 사진좌표를 구하는 단계적 표정

21 세부 도화 시 한 모델을 이루는 좌우사진에서 나오는 광속이 촬영면상에 이루는 종시차를 소거하여 목표지형지물의 상대위치를 맞추는 작업을 무엇이라 하는가?

[2014년 산업기사 3회]

① 내부표정
② 상호표정
③ 절대표정
④ 도화

해설
① 상호표정(Relative Orientation)은 대상물과의 관계는 고려하지 않고 좌우사진의 양 투영기에서 나오는 광속이 촬영 당시 촬영면에 이루어지는 종시차(P_y : y-parallax)를 소거하여 목표지형물의 상대위치를 상호표정요소로 맞추는 작업이다.
 ㉠ 상호표정인자: κ, ϕ, ω, b_y, b_z
 ㉡ 비행기의 수평회전을 재현해 주는 K, b_y
 ㉢ 비행기의 전후 기울기를 재현해 주는 ϕ, b_z
 ㉣ 비행기의 좌우 기울기를 재현해 주는 ω
 ㉤ 과잉수정계수 o, c, $f = \frac{1}{2}\left(\frac{h^2}{d^2}-1\right)$

22 절대표정(absolute orientation) 작업에 대한 설명으로 옳지 않은 것은?

[2014년 산업기사 3회]

① 축척을 결정한다.
② 위치를 결정한다.
③ 초점거리 조정과 주점의 표정작업이다.
④ 표고와 경사의 결정작업이다.

해설
절대표정(Absolute Orientation)은 상호표정이 끝난 입체모델을 지상기준점(피사체기준점)을 이용하여 지상좌표에 (피사체좌표계)와 일치하도록 하는 작업
 ㉠ 설대표성인자: λ, ϕ, ω, κ, b_x, b_y, b_z
   (7개의 인자로 구성)
 ㉡ 축척의 결정
 ㉢ 수준면(표고, 경사)의 결정
 ㉣ 위치(방위)의 결정

23 상호표정 수행 후 형성되는 좌표계는?

[2015년 산업기사 1회]

① 사진좌표계
② 절대좌표계
③ 모델좌표계
④ 지도좌표계

Answer 19 ② 20 ① 21 ② 22 ③ 23 ③

해설
① **내부표정** : 기계좌표로부터 지표좌표를 구한 다음 사진좌표를 구하는 단계적 표정
② **상호표정** : 사진좌표로부터 사진기좌표를 구한 다음 모델좌표를 구하는 단계적 표정

24 표정점을 선점할 때의 유의사항으로 옳은 것은?
[2015년 산업기사 1회]

① 측선을 연장한 가상점을 선택하여야 한다.
② 시간적으로 일정하게 변하는 점을 선택하여야 한다.
③ 원판의 가장자리로부터 1cm 이내에 나타나는 점을 선택하여야 한다.
④ 표정점은 X, Y, H가 동시에 정확하게 결정될 수 있는 점을 선택하여야 한다.

해설
표정점 선점에 주의할 사항
① 사진상에서 명확하게 볼 수 있는 점이어야 한다.
② 상공에서 잘 볼 수 있고 평탄한 곳의 점이 좋다.
③ 헐레이션(halation)이 발생하지 않아야 한다.
④ 시간적으로는 변화하지 않는 점이어야 한다.
⑤ 표정점은 X, Y, Z가 동시에 정확하게 결정될 수 있는 점이어야 한다.
⑥ 표정점은 대상물에서 기준이 되는 높이의 점이어야 한다.

25 지상기준점이 반드시 필요한 표정은?
[2015년 산업기사 2회]

① 내부표정   ② 상호표정
③ 절대표정   ④ 접합표정

해설
절대표정은 지상좌표로 환산하는 과정이므로 반드시 소수의 지상기준점이 필요하다.

26 입체도화기에 의한 표정 작업에서 일반적으로 오차의 파급 효과가 가장 큰 것은?
[2015년 산업기사 2회]

① 절대표정
② 접합표정
③ 상호표정
④ 내부표정

해설
① **내부표정** : 촬영 당시의 광속의 기하 상태를 재현하는 작업으로 기준점 위치, 랜즈의 왜곡, 사진기의 초점거리와 사진의 주점을 결정하여 부가적으로 사진의 오차를 보정하여 사진좌표의 정확도를 향상시키는 것을 말한다.
② **상호표정** : 상호표정은 양 투영기에서 나오는 광속이 촬영 당시 촬영면에 이루어지는 종시차를 소거하여 목표지형물의 상대위치를 맞추는 작업으로 종시차는 종접합점을 기준으로 제거한다. 상호표정은 내부표정에서 얻어진 사진좌표를 이용하여 모델좌표를 얻기 위한 과정이다. 그러므로 입체도화기에 의한 표정 작업에서 일반적으로 오차의 파급 효과가 가장 큰 것은 상호표정이다.
③ **절대표정** : 절대표정(대지표정)은 상호표정이 끝난 한 쌍의 입체사진 모델에 대하여 축척의 결정, 수준면의 결정, 위치의 결정을 하는 작업이다.
④ **접합표정** : 한 쌍의 입체사진 내에서 한 쪽의 표정 인자는 전혀 움직이지 않고 다른 한쪽만 움직여 그 다른 쪽에 접속시키는 작업을 말한다.

27 내부표정에서 투영점을 찾기 위하여 설정하여야 하는 2가지 요소는?
[2015년 산업기사 2회]

① 카메라의 종류, 촬영고도
② 사진지표, 촬영고도
③ 촬영위치, 촬영고도
④ 주점, 초점거리

Answer   24 ④   25 ③   26 ③   27 ④

해설

내부표정에서 투영점을 찾기 위하여 설정하여야 하는 2가지 요소는 주점과 초점거리이다.

내부표정시 고려사항
① 사진의 주점을 맞춘다.
② 화면거리(f)의 조정
③ 건판신축, 대기굴절, 지구곡률보정, 렌즈수차보정

28 다음 중 상호표정인자가 아닌 것은?

[2015년 산업기사 3회]

① b_x ② b_y
③ b_z ④ ω

해설

상호표정
지상과의 관계는 고려하지 않고 좌우사진의 양 투영기에서 나오는 광속이 촬영 당시 촬영면에 이루어지는 종시차(ϕ)를 소거하여 목표지형물의 상대위치를 맞추는 작업

① 비행기의 수평회전을 재현해 주는 (κ, b_y)
② 비행기의 전후 기울기를 재현해 주는 (ϕ, b_z)
③ 비행기의 좌우 기울기를 재현해 주는 (ω)
④ 과잉수정계수 (o, c, f)= $\frac{1}{2}\left(\frac{h^2}{d^2}-1\right)$
⑤ 상호표정인자 (K, ϕ, ω, b_y, b_z)
CHAPTER 06 표정

29 해석적인 사진표정 중 내부표정에서 고려해야 할 사항이 아닌 것은? [22년 기사 1회]

① 피사체의 표고
② 지구의 곡률
③ 렌즈의 왜곡
④ 대기굴절

해설

내부표정은 도화기의 투영기를 촬영할 때와 똑같은 광학 관계를 갖도록 양화필름을 밀착시켜 사진좌표를 얻기 위한 좌표변환 작업으로 한 장의 사진 내에서 주점 조정, 화면거리(초점거리)의 조정, 건판신축 조정, 대기굴절 및 지구곡률 보정, 렌즈의 수차 등을 보정하는 작업을 수행하며 이동이나 좌표계의 회전이 포함된 6개의 미지수를 사용하여 표정을 수행한다.

30 절대표정의 내용이 아닌 것은?

[22년 기사 1회]

① 축척의 결정
② 수준면의 결정
③ 위치의 결정
④ 종시차의 결정

해설

절대표정
상호표정이 끝난 입체모델을 지상 기준점(피사체 기준점)을 이용하여 지상좌표에(피사체좌표계)와 일치하도록 하는 작업으로 입체모형(model)2점의 X, Y좌표와 3점의 높이(Z)좌표가 필요하므로 최소한 3점의 표정점이 필요하다.
㉮ 축척의 결정
㉯ 수준면(표고, 경사)의 결정
㉰ 위치(방위)의 결정
㉱ 상내표정인자 : λ, ϕ, ω, κ, b_x, b_y, b_z

31 모델좌표계를 지상좌표계로 변환하는 표정은 무엇이며, 이 때 필요한 좌표는?

[21년 4기]

① 상호표정 - 지상기준점 좌표
② 상호표정 - 공액점 좌표
③ 절대표정 - 지상기준점 좌표
④ 절대표정 - 공액점 좌표

Answer 28 ① 29 ① 30 ④ 31 ③

해설

절대표정
절대표정은 대지표정이라고도 하며 상호표정이 끝난 입체모형을 지상 기준점을 이용하여 대상물의 공간상 좌표계와 일치시키는 작업이다. 모델좌표를 이용하여 절대좌표를 구하는 단계적 표정을 말한다.

32 상호표정 요소를 해석적인 방법으로 구할 때 종시차 방정식의 관측값으로 필요한 자료는? [21년 4기]

① 공액점의 y 좌표
② 공액점의 x 좌표
③ 연직점의 z 좌표
④ 연직점의 x 좌표

해설

상호표정(Relative Orientation)
지상과의 관계는 고려하지 않고 좌우사진의 양투영기에서 나오는 광속이 촬영당시 촬영면에 이루어 지는 종시차(Y-parallax)를 소거하여 목표 지형물의 상대위치를 맞추는 작업. 상호표정은 한 쌍의 중복사진에 대한 상대적인 기하학적관계를 수립한다. 상호표정은 적어도 5쌍이상의 Tie Points가 필요하다. 사진좌표로부터 사진기 좌표를 구한 다음 모델좌표를 구하는 단계적 표정. 상호표정은 사진의 경사 및 투영위치의 이동을 조정하여 입체상을 만드는 작업이다. 상호표정이란 항공기가 촬영 당시에 가지고 있던 기울기를 도화기에 그대로 재현시키는 과정이다.

33 표정점 선정시 특히 유의해야 할 사항으로 옳지 않은 것은? [21년 4기]

① 사진 상에 명확하게 볼 수 있는 점이어야 한다.
② 상공에서 잘 볼 수 있고 평탄한 곳의 점이 좋다.
③ 상공에서 잘 볼 수만 있다면 측선을 연장한 가상점(假想点)이 좋다.
④ 수애선과 같이 시간적으로 변화하는 점은 피해야 한다.

해설

표정점(標定點)의 선점(選點)시 주의사항
① 표정점은 X,Y,H 가 동시에 정확하게 결정 될수 있는 점이어야 한다.
② 사진상에서 명확한 점을 택해야 한다.
③ 촬영점에서 대상물이 잘 볼수 있고 평탄한 곳의 점이 좋다.
④ 수애선과 같이 시간적으로 변하지 않아야 한다.
⑤ 가상상(假想像),가상점(假想點)을 사용하지 않아야 한다.

34 상호표정과 관련이 없는 것은?

① 종시차 제거
② 모델좌표계
③ 지상기준점
④ 공액점

해설

상호표정은 대상물과의 관계를 고려하지 않고 좌우사진의 양 투영기에서 나오는 광속이 이루는 종시차를 소거하여 입체모형 전체가 완전입체시 되도록 하는 작업으로 상호표정을 완료하면 3차원 입체모형좌표를 얻을 수 있다.

지상기준점은 지상좌표로 환산하는 과정인 절대표정에서 필요하다

35 상호표정의 불완전 모형(incomplete model)을 설명한 것으로 가장 적합한 것은? [21년 2기]

① 입체모형에서 회전인자를 사용할 수 없는 모형
② 입체모형에서 공면조건이 없는 모형
③ 입체모형에서 일부가 구름 등으로 가려져 상호표정에 필요한 6점을 이상적으로 배치할 수 없는 모형
④ 입체모형에서 평행변위부 수정을 위하여 기계적 방법을 사용하여야 하는 모형

Answer 32 ① 33 ③ 34 ③ 35 ③

해설

입체모형의 일부가 구름이나 수면으로 가려져 상호표정에 필요한 6점을 이상적으로 배치할수 없는 모형을 상호표정의 불완전모형이라 한다.

36 절대표정이 완전히 끝났을 때 사진모델과 실제지형의 관계로 옳은 것은? [21년 2기]

① 합동
② 상사
③ 상반
④ 일치

해설

절대표정(absolute orientation)
① 절대표정은 2차원이나 3차원 가상좌표로부터 절대좌표를 구함으로서 사진상의 상과 대상물공간이 상사관계를 이루게 하는 작업이다.
② 상호표정이 끝난 입체모형을 대상물공간(또는 지상)의 기준점을 이용하여 대상물공간 좌표계와 일치하도록 하는 작업이다.

37 상호표정 인자로 옳게 짝지어진 것은?

[21년 1회 측기]

① bx, by, bz, κ, Φ
② by, bz, κ, ω, Φ
③ bx, by, bz, λ, Φ
④ bx, bz, κ, λ, Φ

해설

상호표정인자 : (k, ϕ, w, by, bz)

38 절대 표정(absolute orientation)에 최소 기준점의 구성으로 옳은 것은?

[21년 1회 측기]

① 2점의 (x, y, z) 좌표 및 1점의 (z) 좌표
② 2점의 (x, y) 좌표 및 1점의 (z)좌표
③ 2점의 (x, y, z) 좌표
④ 3점의 (x, y) 좌표 및 2점의 (z)좌표

해설

상호표정이 끝난 입체모형을 지상 기준점(피사체 기준점)을 이용하여 지상좌표에(피사체좌표계)와 일치하도록 하는 작업으로 입체모형(model) 2점의 X, Y 좌표와 3점의 높이(Z) 좌표가 필요하므로 최소한 3점의 표정점이 필요하다.

Answer 36 ② 37 ② 38 ①

CHAPTER 07 사진판독

제1절 사진판독

사진판독은 사진면으로부터 얻어진 여러 가지 피사체(대상물)의 정보 중 특성을 목적에 따라 적절히 해석하는 기술로서 이것을 기초로 하여 대상체를 종합 분석함으로써 피사체(대상물) 또는 지표면의 형상, 지질, 식생, 토양 등의 연구수단으로 이용하고 있다.

1 사진판독 요소 암기 색 모 질 형 크 음 상 과

1) 주요소

(1) 색조(Tone Color)
피사체(대상물)가 갖는 빛의 반사에 의한 것으로 수목의 종류를 판독하는 것을 말한다.

(2) 모양(Pattern)
피사체(대상물)의 배열상황에 의하여 판별하는 것으로 사진 상에서 볼 수 있는 식생, 지형 또는 지표상의 색조 등을 말한다.

(3) 질감(Texture)
색조, 형상, 크기, 음영 등의 여러 요소의 조합으로 구성된 조밀, 거칠음, 세밀함 등으로 표현하며 초목 및 식물의 구분을 나타낸다.

(4) ⓗ상(Shape)
개체나 목표물의 구성, 배치 및 일반적인 형태를 나타낸다.

(5) ⓚ기(Size)
어느 피사체(대상물)가 갖는 입체적, 평면적인 넓이와 길이를 나타낸다.

(6) ⓔ영(Shadow)
판독 시 빛의 방향과 촬영 시의 빛의 방향을 일치시키는 것이 입체감을 얻는 데 용이하다.

2) 보조요소

(1) ⓢ호위치관계(Location)
어떤 사진상이 주위의 사진상과 어떠한 관계가 있는가 파악하는 것으로 주위의 사진상과 연관되어 성립되는 것이 일반적인 경우이다.

(2) ⓟ고감(Vertical Exaggeration)
과고감은 지표면의 기복을 과장하여 나타낸 것으로 낮고 평평한 지역에서의 지형판독에 도움이 되는 반면 경사면의 경사는 실제보다 급하게 보이므로 오판에 주의해야 한다.

❷ 사진판독 순서 암기 촬 촬 판 판 현 정

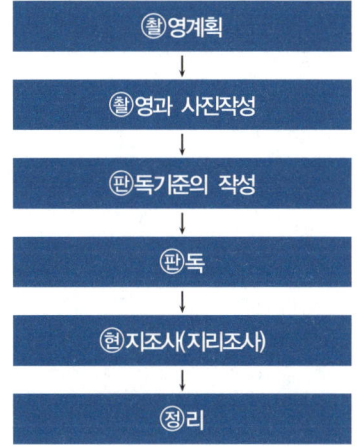

제2절 장·단점

1 장점

(1) 단시간에 넓은 지역의 정보를 얻을 수 있다.

(2) 대상지역의 여러 가지 정보를 종합적으로 획득할 수 있다.

(3) 현지에 직접 들어가기 곤란한 경우도 정보 취득이 가능하다.

(4) 정보가 사진에 의해 정확히 기록·보존된다.

2 단점

(1) 상대적인 판별이 불가능하다.

(2) 직접적으로 표면 또는 표면 근처에 있는 정보취득이 불가능하다.

(3) 색조, 모양, 입체감 등이 나타나지 않는 지역의 판독이 불가능하다.

(4) 항공사진의 경우는 항공기를 사용하므로 기후 및 태양고도에 좌우된다.

제3절 판독의 응용

(1) 토지이용 및 도시계획조사

(2) 지형 및 지질 판독

(3) 환경오염 및 재해 판독

제4절 음영효과(陰影效果)

사진판독에서 음영(shadow)은 수직사진에 있어서 수직인 피사체의 크기 및 형태를 식별하는데 중요한 역할을 하게 된다. 공중사진은 태양의 각도가 가장 높은 정오를 중심으로 한 시간에 촬영되어 음영이 가장 적다. 태양각도가 낮은 조석에 촬영하면 음영이 지표면에 크게 나타나게 되어 작은 토지의 기복 혹은 지질조건에 의한 미세한 식물의 성장차가 명확히 기록된다. 이와 같이 음영에 의한 효과를 음영효과(陰影效果)라 부르며 이와 같이 강조된 음영을 음영마크(shadow mark), 식물성장의 적합 차에 기인해서 사진상에 색조의 차위(差違) 혹은 그 차로 되어 기록된 경우에는 토양 마크(soil mark) 혹은 식물 마크(plant mark)라 한다.

공중사진으로 판독 시 고고학분야에서도 이용되었다. 미 대륙에서 발견된 인디언의 토굴의 흔적, 이란에서는 기원전 200년경에 만들어진 수로의 흔적, 남미의 대초원지대에 산재한 유적 등 세계적으로 실례는 수없이 많다.

지표에 노출되어 있는 것은 별문제라 하더라도 지하에 매몰되어 있는 유적은 인간의 육안으로는 판별하기 곤란할 때가 많다. 이것을 어떻게 공중사진으로 발견하는가는 필름과 필터의 매직(magic)에 의한 것이라고 한다.

유적을 발견되는 데는 다음의 몇 가지 경우에 의해서이다.

1 음영 마크(Shadow mark)

유적이 매몰되어 있는 장소에 극히 작은 기복이라도 남아 있다면 태양각도가 낮은 조석에 촬영하면 낮에는 거의 눈에 보이지 않는 그림자가 지면에 길게 나타나 유적 전체의 윤곽을 파악할 수가 있다. 이것을 새도우 마크라 한다.

2 토양 마크(Soil mark)

지표면에 형태와는 하등 관계없는 경우라도 유적의 형태 주위는 사진 색조의 농도가 변화되어 나타날 때가 있다. 이것은 유적이 흙에 묻혀 있을 때 그 유적을 덮고 있는 흙의 두께가 각각 틀리기 때문에 건조(乾燥)에 의해 토양에 함유되어 있는 수분의 비율이 틀려 사진상에는 각각의 색조로 나타난다. 이와 같은 현상을 토양 마크(soil mark)라 한다.

3 플랜트 마크(Plant mark)

이 위에 식물이 있을 때는 토양에 함유되어 있는 수분의 양에 의해 식물의 생장상태가 다르게 된다. 수호(水濠)나 구(溝)가 있었던 곳에서는 식물의 생장이 눈에 띄게 좋으며, 돌이나 점토 등으로 덮혀진 데서는 그 성장이 나쁘다. 이것을 공중사진으로 관찰하면 이 성장의 차가 음영 마크로 나타나는 경우도 있으나, 성장의 차 때문에 색깔의 변화로 색조가 달라지는 경우도 있다. 이와 같은 현상을 플랜트 마크(Plant mark)라 한다.

제5절 선 스폿(sun spot)과 새도우 스폿(shadow spot)

사진판독은 사진화면으로부터 얻어진 여러 가지 정보를 목적에 따라 적절히 해석하는 기술을 말한다. 태양고도 즉 태양반사광에 의해 사진에서는 희게 혹은 검게 찍히는 경우가 있다. 이것은 토양 등의 색깔에 의한 것이 아니고 태양반사광에 의한 광휘작용(光輝作用)이라는 것을 알 수 있다. 태양광선에 의해 선 스폿이나 새도우 스폿현상이 나타난다.

1 sun spot

태양광선의 반사지점에 연못이나 논과 같이 반사능이 강한 수면이 있으면 그 부근이 희게 반짝이는 광휘작용(光輝作用 : halation)이 생긴다. 이와 같은 작용을 선 스폿이라 한다. 즉 사진상에서 태양광선의 반사에 의해 주위보다 밝게 촬영되는 부분을 말한다.

2 shadow spot

사진기의 그림자가 찍혀지는 지점에 높은 수목 등이 있으면 그 부근의 원형부분이 주위보다 밝게 된다. 이것은 마치 만월(滿月)이 가장 밝게 보이는 것과 같은 이유인 것으로 이 부근에서는 태양광선을 받아 밝은 부분만이 찍히게 되고 어두운 부분은 감추어지기 때문이다. 이와 같은 현상을 새도우 스폿이라 한다.

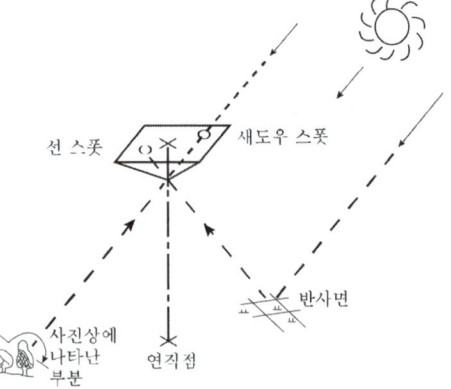

[선 스폿과 새도우 스폿]

CHAPTER 07 문제 및 해설

01 다음 중 사진판독의 요소에 해당하지 않는 것은?
[2011년 기사 2회]

① 색조, 모양
② 과고감, 상호위치 관계
③ 형상, 음영
④ 촬영날짜, 촬영고도

해설

사진판독 요소는 주요소와 보조요소로 나누며 주요소는 색조, 모양, 질감, 형상, 크기, 음영과 필요에 따라서 과고감, 상호 위치관계의 보조요소를 나눌 수 있다.

1. 주요소
   ① 색조(Tone Color)
   ② 모양(Pattern)
   ③ 질감(Texture)
   ④ 형상(Shape)
   ⑤ 크기(Size)
   ⑥ 음영(Shadow)

2. 보조요소
   ① 상호위치관계(Location)
   ② 과고감(Vertical Exaggeration)

02 항공사진의 판독 순서로 옳은 것은?
[2010년 기사 2회]

㉠ 판독 ㉡ 촬영과 사진의 작성
㉢ 촬영계획 ㉣ 정리
㉤ 판독기준의 작성 ㉥ 지리조사

① ㉢ - ㉡ - ㉤ - ㉠ - ㉥ - ㉣
② ㉢ - ㉥ - ㉡ - ㉤ - ㉠ - ㉣
③ ㉢ - ㉤ - ㉡ - ㉠ - ㉥ - ㉣
④ ㉢ - ㉥ - ㉤ - ㉡ - ㉠ - ㉣

해설

판독의 순서

촬영계획 → 촬영과 사진의 작성 → 판독기준의 작성 → 판독 → 현지조사(지리조사) → 정리

Answer 01 ④ 02 ①

03 항공사진판독에 있어서 주요 요소가 아닌 것은?
[2011년 기사 1회]

① 모양
② 색조
③ 음영
④ 표정점 배치

해설
1번 해설 참고

04 항공사진을 입체시할 경우 과고감 발생에 영향을 주는 요소와 거리가 먼 것은?
[2011년 기사 1회]

① 사진의 명암과 그림자
② 촬영고도와 기선길이
③ 중복도
④ 사진기의 초점거리

해설
과고감은 입체사진에서 수직스케일이 수평스케일보다 크게 나타나는 정도로서, 산의 높이 등이 실제보다 과장되어 보이는 현상을 말하며, 사진의 명암과 그림자는 과고감과는 무관하다. 과고감은 항공사진을 입체시하는 경우 산의 높이 등이 실제보다 과장되어 보이는 현상을 말한다. 평면축척에 대하여 수직 축척이 크게 되기 때문에 실제 도형보다 산이 더 높게 보인다.
① 항공사진은 평면축척에 비해 수직축척이 크므로 다소 과장되어 나타난다.
② 대상물의 고도, 경사율 등을 반드시 고려해야 한다.
③ 과고감은 필요에 따라 사진판독요소로 사용될 수 있다.
④ 과고감은 사진의 기선고도비와 이에 상응하는 입체시의 기선고도비의 불일치에 의해서 발생한다.
⑤ 과고감은 촬영고도에 대한 촬영기선길이와의 비인 기선고도비에 비례한다.

05 다음 중 사진판독요소가 아닌 것은?
[2010년 기사 3회]

① 과고감
② 상호위치관계
③ 질감
④ 헐레이션

해설
1번 해설 참고

06 사진판독에 관한 설명으로 옳지 않은 것은?
[2010년 기사 1회]

① 색조는 빛의 반사에 의한 것으로 식물의 집단이나 대상물의 판별에 도움이 된다.
② 질감은 사진축척에 따라 변하지 않는 판독 요소이다.
③ 크기에 대한 육안의 분해능은 보통 0.2mm 정도이다.
④ 과고감은 평탄한 지역에서의 지형판독에 도움이 된다.

해설
1. 주요소
① 색조(Tone Color)
  피사체(대상물)가 갖는 빛의 반사에 의한 것으로 수목의 종류를 판독하는 것을 말한다.
② 모양(Pattern)
  피사체(대상물)의 배열상황에 의하여 판별하는 것으로 사진상에서 볼 수 있는 식생, 지형 또는 지표상의 색조 등을 말한다.
③ 질감(Texture)
  색조, 형상, 크기, 음영 등 여러 요소의 조합으로 구성된 조밀, 거칠음, 세밀함 등으로 표현하며 초목 및 식물의 구분을 나타낸다.
④ 형상(Shape)
  개체나 목표물의 구성, 배치 및 일반적인 형태를 나타낸다.
⑤ 크기(Size)
  어느 피사체(대상물)가 같은 입체적, 평면적인 넓이와 길이를 나타낸다.
⑥ 음영(Shadow)
  판독 시 빛의 방향과 촬영 시의 빛의 방향을 일치시키는 것이 입체감을 얻는 데 용이하다.

Answer 03 ④ 04 ① 05 ④ 06 ②

2. 보조요소
① 상호위치관계(Location)
어떤 사진상이 주위의 사진상과 어떠한 관계가 있는지를 파악하는 것으로 주위의 사진상과 연관되어 성립되는 것이 일반적인 경우이다.
② 과고감(Vertical Exaggeration)
과고감은 지표면의 기복을 과장하여 나타낸 것으로 낮고 평평한 지역에서의 지형판독에 도움이 되는 반면 경사면의 경사는 실제보다 급하게 보이므로 오판에 주의해야 한다.

07 사진판독의 요소가 아닌 것은?
[2010년 산업기사 1회]

① 크기와 형태   ② 음영과 색조
③ 질감과 모양   ④ 날씨와 고도

해설
6번 해설 참고

08 사진판독에서 대상물이 갖는 빛의 반사에 의해 나타나는 판독요소로 낙엽수와 침엽수, 토양의 습윤도 등의 판독에 사용되는 요소는?
[2010년 산업기사 2회]

① 형상(shape)   ② 질감(texture)
③ 색조(tone, color)   ④ 모양(pattern)

해설
6번 해설 참고

09 항공사진에서 사진의 판독요소와 거리가 먼 것은?
[2010년 산업기사 3회]

① 색조   ② 날짜
③ 질감   ④ 음영

해설
6번 해설 참고

10 항공사진판독에 의한 조사의 내용과 가장 거리가 먼 것은?
[2011년 산업기사 1회]

① 도시형태조사   ② 토지이용현황조사
③ 해상교통량조사   ④ 해저조사

해설
판독의 응용
① 토지이용 및 도시계획조사
② 지형 및 지질 판독
③ 환경오염 및 재해 판독 – 농업 및 산림조사

11 항공사진의 판독순서로 옳은 것은?
[2011년 산업기사 2회]

① 촬영 및 사진작성   ② 판독
③ 지리조사   ④ 판독기준 작성
⑤ 정리

① 1 → 2 → 3 → 4 → 5
② 1 → 3 → 2 → 5 → 4
③ 1 → 5 → 4 → 2 → 3
④ 1 → 4 → 2 → 3 → 5

해설
사진판독 순서
촬영 및 사진작성 → 판독기준 작성 → 판독 → 지리조사 → 정리

12 항공사진의 주요 판독요소로만 짝지어진 것은?
[2011년 산업기사 3회]

① 색조, 크기, 촬영고도
② 질감, 모양, 촬영고도
③ 형상, 색조, 날짜
④ 음영, 크기, 색조

해설
6번 해설 참고

Answer 07 ④ 08 ③ 09 ② 10 ④ 11 ④ 12 ④

13 사진판독의 기본요소와 거리가 먼 것은?

[2012년 산업기사 1회]

① 심도　　② 형상
③ 음영　　④ 색조

해설
6번 해설 참고

14 다음 중 한 장의 사진으로 할 수 있는 작업은?

[2012년 산업기사 1회]

① 대상물의 정확한 3차원 좌표
② 사진판독
③ 수치표고모델(DEM) 생성
④ 수치지도 작성

해설
사진판독은 한 장의 사진만으로도 판독이 가능하다.

15 사진판독의 기본 요소가 아닌 것은?

[2012년 산업기사 2회]

① 색조　　② 질감
③ 고도　　④ 형상

해설
6번 해설 참고

16 사진판독에서 과고감에 대한 설명으로 옳은 것은?

[2013년 산업기사 2회]

① 산지는 실제보다 더 낮게 보인다.
② 기복이 심한 산지에서 더 큰 영향을 보인다.
③ 과고감은 초점거리나 중복도와는 무관하고 촬영고도에만 관련이 있다.
④ 촬영고도가 높을수록 크게 나타난다.

해설
과고감
항공사진을 입체시하는 경우 산의 높이 등이 실제보다 과장되어 보이는 현상을 말한다. 평면축척에 대하여 수직 축척이 크게 되기 때문에 실제 도형보다 산이 더 높게 보인다.
① 항공사진은 평면축척에 비해 수직축척이 크므로 다소 과장되어 나타난다.
② 대상물의 고도, 경사율 등을 반드시 고려해야 한다.
③ 과고감은 필요에 따라 사진판독요소로 사용될 수 있다.
④ 과고감은 사진의 기선고도비와 이에 상응하는 입체시의 기선고도비의 불일치에 의해서 발생한다.
⑤ 과고감은 촬영고도 H에 대한 촬영기선길이 B와의 비인 기선고도비 B/H에 비례한다.

17 항공사진판독에 대한 설명 중 옳지 않은 것은?

[2014년 산업기사 1회]

① 사진판독은 사진면으로부터 얻어진 여러 가지 대상물의 정보 중 특성을 목적에 따라 해석하는 기술이다.
② 사진판독의 요소는 모양, 음영, 색조, 형상, 질감 등이 있다.
③ 사진의 정확도는 사진상의 변형, 색조, 형상 등 제반요소의 영향을 고려해야 한다.
④ 사진판독의 요소로서 위치 상호관계 및 과고감 등은 고려하여서는 안 된다.

해설
사진판독 요소
사진판독 요소는 주요소와 보조요소로 나누며 주요소는 색조, 모양, 질감, 형상, 크기, 음영과 필요에 따라서 과고감, 상호위치관계의 보조요소로 나눌 수 있다.

18 영상판독의 요소가 아닌 것은?

[2015년 산업기사 1회]

① 질감　　② 좌표
③ 크기　　④ 모양

Answer 13 ①　14 ②　15 ③　16 ②　17 ④　18 ②

PART 03 사진측량 및 원격탐사

해설

6번 해설 참고

19 항공사진 판독의 일반적인 순서를 나열한 것으로 가장 적합한 것은? [22년 기사 1회]

a: 촬영계획 b: 판독
c: 판독기준의 작성 d: 지리조사
e: 촬영과 사진의 작성 f: 정리

① a - c - d - e - b - f
② a - e - c - b - d - f
③ c - a - d - b - e - f
④ c - a - e - d - b - f

해설

사진판독의 순서
촬영계획 → 촬영과 사진작성 → 판독기준의 작성 → 판독 → 현지조사(지리조사) → 정리

20 정사투영 사진지도의 특징으로 틀린 것은?
[21년 4기]

① 일반 사진과 동일한 투영법으로 생성된다.
② 사진을 수치형상모형에 투영하여 생성한다.
③ 지도와 동일한 좌표체계를 갖는다.
④ 지표면의 비고에 의한 변위가 새겨져있다.

해설

사진지도의 종류

종류	특징
약조정집성 사진지도	카메라의 경사에 의한 변위, 지표면의 비고에 의한 변위를 수정하지 않고 사진 그대로 접합한 지도
반조정집성 사진지도	일부만 수정한 지도
조정집성 사진지도	카메라의 경사에 의한 변위를 수정하고 축척도 조정한 지도
정사투영사진 지도	카메라의 경사, 지표면의 비고를 수정하고 등고선도 삽입된 지도

일반 사진은 중심투영, 정사투영사진지도는 정사투영이므로 서로 다른 투영법에 의해 생성된다.

21 입체감을 얻기 위한 입체사진의 조건에 대한 설명으로 옳은 것은? [21년 4기]

① 모델형성을 위한 2장의 사진에서 사진축척이 서로 다른 것이 오히려 입체시가 양호하다.
② 기선고도비는 1에 가까울수록 좋다.
③ 한 쌍의 사진을 촬영한 카메라의 광축은 거의 동일평면에 있어야 한다.
④ 2장의 사진에서 축척차가 10% 정도일 때 가장 효과적인 결과를 얻을 수 있다.

해설

입체사진측량
중복사진을 명시거리에서 왼쪽의 사진을 왼쪽 눈, 오른쪽의 사진을 오른쪽 눈으로 보면 좌우의 상이 하나로 융합되면서 입체감을 얻게 된다. 이것을 입체시 또는 정입체시라 한다.

입체사진의 조건
① 1쌍의 사진을 촬영한 카메라의 광축은 거의 동일 평면 내에 있어야 한다.
② 2매의 사진축척은 거의 같아야 한다.
③ 기선고도비가 적당해야 한다.

$$\text{기선고도비} = \frac{B}{H} = \frac{m \cdot a\left(1 - \dfrac{p}{100}\right)}{m \cdot f}$$

Answer 19 ② 20 ① 21 ③

제 1 절 편위수정(Rectification)

편위수정은 비행기로 사진을 촬영할 때 항공기의 동요나 경사로 인하여 사진상의 약간의 변위가 생기는 현상과 축척이 일정하지 않은 경사와 축척을 수정하여 변위량이 없는 수직사진으로 작성한 작업을 말한다. 즉 항공사진의 음화를 촬영할 때와 똑같은 상태(경사각과 촬영고도)로 놓고 지면과 평행한 면에 이것을 투영함으로써 수정할 수 있으며 기하학적 조건, 광학적 조건, 샤임플러그 조건이 필요하다.

1 편위수정의 원리

편위수정기는 매우 정확한 대형기계로서 배율(축척)을 변화시킬 수 있을 뿐만 아니라 원판과 투영판의 경사도 자유로이 변화시킬 수 있도록 되어 있으며 보통 4개의 표정점이 필요하다. 편위수정기의 원리는 렌즈, 투영면, 화면(필름면)의 3가지 요소에서 항상 선명한 상을 갖도록 하는 조건을 만족시키는 방법이다.

2 편위수정을 하기 위한 조건

1) 기하학적 조건(소실점 조건)

필름을 경사지게 하면 필름의 중심과 편위수정기의 렌즈중심은 달라지므로 이것을 바로잡기 위하여 필름을 움직여 주지 않으면 안 된다. 이것을 소실점 조건이라 한다.

2) 광학적 조건(Newton의 조건)

광학적 경사보정은 경사편위수정기(Rectifier)라는 특수한 장비를 사용하여 확대배율을 변경하여도 항상 예민한 영상을 얻을 수 있도록 $1/a + 1/b = 1/f$의 관계를 가지도록 하는 조건을 말하며 Newton의 조건이라고도 한다.

3) 샤임플러그 조건(Scheimpflug)

편위수정기는 사진면과 투영면이 나란하지 않으면 선명한 상을 맺지 못하는 것으로 이것을 수정하여 화면과 렌즈주점과 투영면의 연장이 항상 한 선에서 일치하도록 하면 투영면상의 상은 선명하게 상을 맺는다. 이것을 샤임플러그 조건이라 한다.

3 편위수정방법

정밀수치편위수정은 직접법과 간접법으로 구분되는데 인공위성이나 항공사진에서 수집된 영상자료와 수치고도모형자료를 이용하여 정사투영사진을 생성하는 방법이다.

1) 직접법(Direct Rectification)

인공위성이나 항공사진에서 수집된 영상자료를 관측하여 각각의 출력영상소의 위치를 결정하는 방법이다.

2) 간접법(Indirect Rectification)

수치고도모형자료에 의해 출력영상소의 위치가 이미 결정되어 있으므로 입력영상에서 밝기값을 찾아 출력영상소 위치에 나타내는 방법으로 항공사진을 이용하여 정사투영 영상을 생성할 때 주로 이용된다.

제2절 사진지도

1 사진지도의 종류

(1) 약조정집성 사진지도 : 카메라의 경사에 의한 변위, 지표면의 비고에 의한 변위를 수정하지 않고 사진 그대로 접합한 지도
(2) 반조정집성 사진지도 : 일부만 수정한 지도
(3) 조정집성 사진지도 : 카메라의 경사에 의한 변위를 수정하고 축척도 조정한 지도
(4) 정사투영 사진지도 : 카메라의 경사, 지표면의 비고를 수정하고 등고선도 삽입된 지도

2 사진지도의 장·단점

1) 장점

(1) 넓은 지역을 한 눈에 알 수 있다.
(2) 조사하는 데 편리하다.
(3) 지표면에 있는 단속적인 징후도 경사로 되어 연속으로 보인다.
(4) 지형, 지질이 다른 것을 사진상에서 추적할 수 있다.

2) 단점

(1) 산지와 평지에서는 지형이 일치하지 않는다.
(2) 운반하는 데 불편하다.
(3) 사진의 색조가 다르므로 오판할 경우가 많다.
(4) 산의 사면이 실제보다 깊게 찍혀 있다.

CHAPTER 08 문제 및 해설

01 편위수정 조건이 아닌 것은?
[2012년 기사 2회]

① 샤임플러그 조건 ② 광학적 조건
③ 로세다 조건 ④ 기하학적 조건

해설

편위수정(Rectification)
1. 정의
   ① 사진의 경사와 축척을 수정하여 통일된 축척과 변위 없는 연직사진 제작
   ② 일반적으로 4개의 표정점 필요
2. 특징(편위수정 조건)
   ① 기하학적 조건(소실점 조건)
   ② 광학적 조건(Newton의 렌즈조건)
   ③ 샤임플러그의 조건 : 화면의 렌즈 주점면과 투영면의 연장이 항상 한 선에 일치하도록 하면 투영면상의 상은 선명하게 상을 맺는다. 이것을 샤임플러그의 조건이라 한다.

02 편위수정 조건이 아닌 것은?
[2010년 기사 2회]

① 샤임플러그 조건 ② 광학적 조건
③ 로세다 조건 ④ 기하학적 조건

해설

편위수정을 하기 위한 조건
① 기하학적 조건(소실점 조건) : 필름을 경사지게 하면 필름의 중심과 편위수정기의 렌즈 중심은 달라지므로 이것을 바로잡기 위하여 필름을 움직여주지 않으면 안 된다.
② 광학적 조건(Newton의 조건) : 광학적 경사보정은 경사편위수정기라는 특수한 장비를 사용하여 확대 배율을 변경하여도 항상 예민한 영상을 얻을 수 있도록 1/a+1/b+1/f의 관계를 가지도록 하는 조건을 말한다.
③ 샤임플러그 조건(Scheimpflug) : 편위수정기는 사진면과 투영면이 나란하지 않으면 선명한 상을 맺지 못하는 것으로 이것을 수정하여 화면과 렌즈주점과 투영면의 연장이 항상 한 선에서 일치하도록 하면 투영면상의 상은 선명하게 상을 맺는다.

03 편위수정기를 이용한 편위수정에 대한 설명으로 옳지 않은 것은?
[2010년 기사 1회]

① 편위수정을 거친 사진을 집성한 사진지도를 조정집성사진지도라 한다.
② 사진기의 경사에 의한 변위 및 지표면의 비고에 의한 기복변위를 수정하는 것이다.
③ 수평위치 기준점이 최소한 3점이 필요하고 정밀을 요하는 경우 4점 이상이 소요된다.
④ 편위수정기를 이용하는 기계적 편위수정과 수학적 좌표 변환을 이용하는 해석적 편위수정이 있다.

해설

편위수정
사진의 경사와 축척을 수정하여 통일된 축척과 변위없는 연직사진 제작하는 것으로 일반적으로 4개의 표정점이 필요하다.

Answer 01 ③ 02 ③ 03 ②

편위수정 조건
① 기하학적 조건 : 소실점 조건
② 광학적 조건 : Newton의 렌즈조건
③ 샤임플러그의 조건 : 화면의 렌즈 주면과 투영면의 연장이 항상 한 선에 일치하도록 하면 투영면상의 상은 선명하게 상을 맺는다.

② 반조정집성 사진지도 : 일부 수정만을 거친 사진지도
③ 조정집성 사진지도 : 사진기의 경사에 의한 변위를 수정하고 축척도 조정된 사진지도
④ 정사투영 사진지도 : 사진기의 경사, 지표면의 비고를 수정하고 등고선이 삽입된 지도

04 카메라의 경사, 지표면의 비고를 수정하고 등고선이 삽입된 사진지도는?

[2010년 산업기사 1회]

① 중심투영 사진지도
② 정사투영 사진지도
③ 조정집성 사진지도
④ 약집성 사진지도

해설
편위수정
① 약조정집성 사진지도 : 편위수정기에 의한 편위수정을 거치지 않은 단계
② 반조정집성 사진지도 : 일부만 편위수정
③ 조정집성 사진지도 : 편위수정이 종료된 사진집성
④ 정사투영 사진지도 : 촬영 시 사진기의 경사, 지표면의 비고 수정 및 등고선 삽입

05 사진지도 중 등고선을 기준으로 카메라의 경사, 지표면의 비교에 의한 기복변위까지 수정한 것은?

[2010년 산업기사 3회]

① 정사투영 사진지도
② 반조정집성 사진지도
③ 약조정집성 사진지도
④ 조정집성 사진지도

해설
① 약조정집성 사진지도 : 사진기의 경사에 의한 변위, 지표면의 비고에 의한 변위를 수정하지 않고 사진을 그대로 집성한 사진지도

06 비고 70m의 구릉지에서 사진크기 23cm×23cm, 초점거리 15.3cm인 사진기로 촬영한 축척 1 : 20,000의 연직 사진이 있다. 이 사진의 비고에 의한 최대 편위는?

[2011년 산업기사 3회]

① 3.7mm ② 4.7mm
③ 7.3mm ④ 8.3mm

해설
축척 $(M) = \dfrac{1}{m} = \dfrac{f}{H}$ 에서
$H = m \times f = 20,000 \times 0.153 = 3,060$m
$\Delta r_{max} = \dfrac{h}{H} r_{max} = \dfrac{70}{3,060} \times 0.1626$
$= 0.003719$m $= 3.7$mm
$r_{max} = \dfrac{\sqrt{2}}{2} a = \dfrac{\sqrt{2}}{2} \times 0.23 = 0.1626$

07 편위 수정기에서 사진면과 렌즈 주면과 투영면의 연장이 항상 한 선에서 일치하도록 하면 투영면상의 상이 선명하게 상을 맺는다. 이것을 무슨 조건이라 하는가?

[2011년 산업기사 3회]

① 샤임플러그의 조건
② Newton의 렌즈 조건
③ 소실점 조건
④ 광학적 조건

Answer 04 ② 05 ① 06 ① 07 ①

해설

편위수정 : 사진의 경사와 축척을 바로 수정하여 축척을 통일시키고 변위가 없는 연직사진으로 수정하는 작업이며, 일반적으로 4개의 표정점이 필요하다.

편위수정 조건
① 기하학적 조건 : 소실점 조건
② 광학적 조건 : Newton의 렌즈 조건
③ 샤임플러그의 조건 : 화면과 렌즈 주면과 투영면의 연장이 항상 한 선에서 일치하도록 한다.

08 사진측량의 결과분석을 위한 현지점검에 관한 설명으로 옳지 않은 것은?

[2012년 산업기사 1회]

① 항공사진측량으로 제작된 지도의 정확도를 검사하기 위한 측량은 충분한 편의가 발생하도록 지도의 일부분에만 실시한다.
② 현지측량은 지도에 나타난 면적에 산재해 있는 충분히 많은 검사점들을 포함해야 한다.
③ 현장에서 조사된 항목은 되도록 조건에 모두 만족하는 것을 원칙으로 한다.
④ 그림자가 많고, 표면의 빛의 반사로 인해 영상의 명암이 제한된 지역의 경우는 편집과정에서 오차가 생기기 쉬우므로, 오차가 의심되는 지역을 조사한다.

해설

사진측량의 결과분석을 위한 현지점검은 편위가 발생하지 않도록 지도에 나타난 면적에 분포되어 있는 많은 검사점을 포함해야 한다.

09 편위수정(rectification)을 거친 사진을 집성한 사진지도로 등고선이 삽입되어 있지 않은 것은?

[2013년 산업기사 2회]

① 중심투영 사진지도
② 약조정집성 사진지도
③ 정사 사진지도
④ 조정집성 사진지도

해설

사진지도의 종류
① 약조정집성 사진지도 : 사진기의 경사에 의한 변위, 지표면의 비고에 의한 변위를 수정하지 않고 사진을 그대로 집성한 사진지도
② 반조정집성 사진지도 : 일부 수정만을 거친 사진지도
③ 조정집성 사진지도 : 사진기의 경사에 의한 변위를 수정하고 축척도 조정된 사진지도
④ 정사투영 사진지도 : 사진기의 경사, 지표면의 비고를 수정하고 등고선이 삽입된 지도

10 편위수정에 대한 설명으로 옳지 않은 것은?

[2013년 산업기사 3회]

① 사진지도 제작과 밀접한 관계가 있다.
② 경사사진을 엄밀 수직사진으로 고치는 작업이다.
③ 지형의 기복에 의한 변위가 완전히 제거된다
④ 4점의 평면좌표를 이용하여 편위수정을 할 수 있다.

해설

편위수정은 비행기로 사진을 촬영할 때 항공기의 동요나 경사로 인하여 사진상의 약간의 변위가 생기는 현상과 축척이 일정하지 않은 경사와 축척을 수정하여 변위량이 없는 수직사진으로 작성한 작업을 말한다. 즉 항공사진의 음화를 촬영할 때와 똑같은 상태(경사각과 촬영고도)로 놓고 지면과 평행한 면에 이것을 투영함으로써 수정할 수 있으며 기하학적 조건, 광학적 조건, 샤임플러그 조건이 필요하다. 일반적으로 4개의 표정점이 필요하다.

Answer 08 ① 09 ④ 10 ③

11 촬영시 사진기의 경사, 지표면의 비고를 수정하였을 뿐만 아니라 등고선이 삽입된 사진지도는? [21년 1회측기]

① 중심투영 사진지도
② 정사 투영 사진지도
③ 조정 집성 사진 지도
④ 약집성 사진지도

해설

사진지도
1) **약조정집성사진지도**(Uncontrolled Mosaic Photo Map)
   편위수정기에 의한 편위수정을 거치지않은 사진을 집성하여 만든 사진지도
2) **반조정집성사진지도**(Semi Controlled Mosaic Photo Map)
   편위수정기에 의한 편위수정을 일부만을 수정하여 집성한 사진지도
3) **조정집성사진지도**(Controlled Mosaic Photo Map)
   편위수정기에 의한 편위수정을 거친 사진을 집성한 사진지도
4) **정사투영사진지도**(Ortho Photo Map)
   정밀입체도화기와 연동시킨 정사투영기에 의해 사진의경사, 지표면의 비고를 수정하여 등고선을 삽입한 사진지도

Answer 11 ②

CHAPTER 09 수치사진측량(Digital Photogrammetry)

제1절 수치사진측량

수치사진측량은 아날로그 형태의 해석사진에서 컴퓨터프로그래밍의 급속한 발달과 함께 발전적으로 변화되어가는 사진측량기술로서 컴퓨터비전, 컴퓨터그래픽, 영상처리 등 다양한 학문과 연계되어 있으며, 수치영상을 이용하므로 기존 사진측량의 많은 작업공정을 자동으로 처리할 수 있는 많은 가능성을 제시하고 있다. 수치사진측량이 새로운 사진측량의 한 분야로 개발된 배경은 다양한 수치영상이 이용 가능하며, 컴퓨터 하드웨어 및 소프트웨어의 발전, 실시간 처리 및 비용 절감에 대한 필요성 때문이다.

1 수치사진측량의 특징

수치사진측량은 기존 사진측량과 비교하면 다음과 같은 특징이 있다.
① 다양한 수치영상처리과정(Digital Image Processing)에 이용되므로 자료에 대한 처리 범위가 넓다.
② 기존 아날로그 형태의 자료보다 취급이 용이하다.
③ 기존 해석사진측량에서 처리가 곤란했던 광범위한 형태의 영상을 생성한다.
④ 수치 형태로 자료가 처리되므로 지형공간정보체계에 쉽게 적용할 수 있다.
⑤ 기존 해석사진측량보다 경제적이며 효율적이다.
⑥ 자료의 교환 및 유지관리가 용이하다.

② 수치사진측량의 자료취득방법

① 인공위성센서에 의한 직접 취득 방법
② 기존 사진을 주사(Scanning)하는 간접적 방법

③ 수치사진측량의 작업 과정

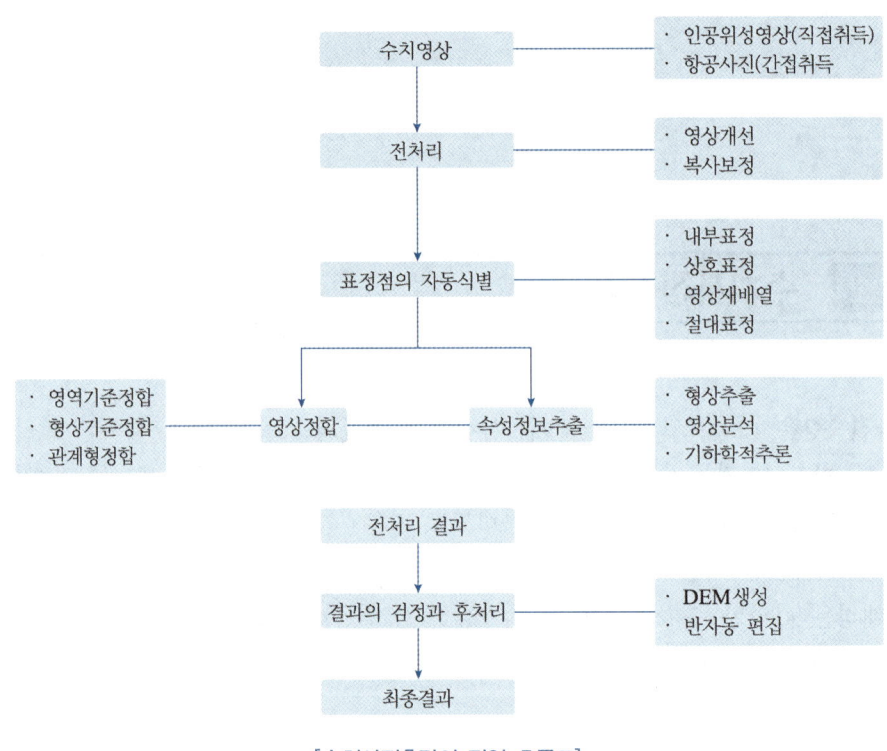

[수치사진측량의 작업 흐름도]

④ 수치영상처리

1) 수치영상(Digital Image)

수치영상은 요소(element) g_{ij}를 가지는 2차원 행렬 G로 구성된다. 각 요소들은 영상소(pixel)로 불리어진다. 행방향 색인(row index) i는 1에서 I까지 1씩 증가한다. 즉, $i = 1(1)I$이다. 열방향 색인(column index)은 $j = 1(1)J$이다. 수치 영상은 하나의 작은 셀을 영상요소(image element) 또는 I영상소(pixel)라 하며, 영상소의 크기는 영상소의 해상도에 해당하고, 지상에 대응하는 거리를 지상해상도라 한다.

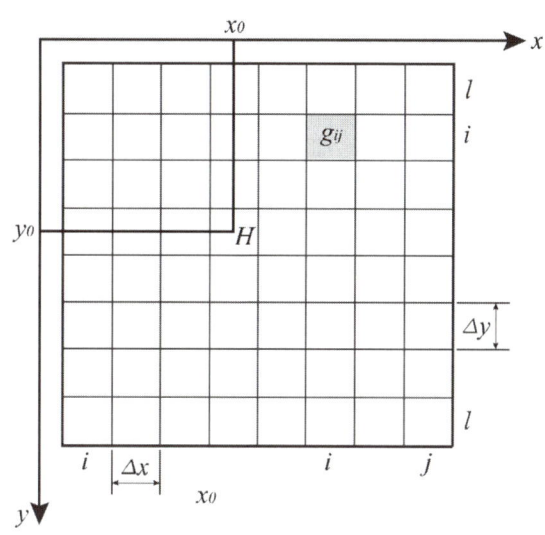

[수치사진영상]

2) 영상의 개선과 복원을 위한 기법

영상의 개선기술 목적은 관측자를 위한 영상의 외향을 향상시키는 것으로 이것은 보다 주관적인 처리인데 전형적인 대화형식으로 수행된다.

(1) 영상의 개선과 복원을 위한 기법

① 점연산기법(point operations)

점연산은 밝기값의 확장과 초기기준값을 포함하며 점연산의 결과는 같은 점에 대한 입력 밝기값에 이존한다.

② 지역연산기법(local operations)

인접한 입력영상소는 출력영상소 결과에 영향을 주며 많은 기법들은 장소와 관련이 되는 것으로 평활화, 형상의 추출, 경계선의 개선 등이 있다.

③ 전역연산기법(global operations)

전체의 입력 영상은 출력정보에 영향을 주며 전역연산은 주파수 영역 안에서 수행된다.

④ 기하학적 연산기법(geometric operations)

기하학적 변환의 결과는 입력영상의 다양한 위치로부터의 밝기값에 따라 다르다. 축척, 회전, 평행변위, 그리고 편위수정이 기하학적 방법의 전형적인 예이다.

(2) 영상의 개선과 복원의 세부기법

① 평활화(smoothing)

노이즈나 은폐된 상세부분을 제거함으로써 매끄러운 외양의 영상을 만들어내는 기술을 포함한다.

② 선명화(sharpening)

영상의 형상을 보다 뚜렷하게 하는 것이다.

③ 결함 보정화(correcting defect)

영상결함을 고치는 것을 목적으로 한다. 즉 밝기값의 큰 착오를 제거하는 것이다.

(3) 히스토그램 수정

① 대비 확장(contrast stretching)

대비 확장에서 밝기값들은 광범위하게 적용할 수 있는 값을 얻기 위해서 수정되어야 한다.

② 히스토그램의 균등화(histogram equalization)

히스토그램 균등화는 밝기값 g_1으로부터 밝기값 g_2까지의 변환을 정의하는데 이는 g_2의 분포가 평평하기 위함이다.

(4) 영상보정(image correction)

영상보정의 목적은 사진기나 스캐너의 결함으로 발생한 가영상의 결함을 제거하기 위한 것으로 중앙값 필터에 의한 잘못된 영상소의 제거, 중앙값 필터에 의한 잘못된 행이나 열의 제거 방법 등이 있다.

① 중앙값 필터
② 잘못된 영상소의 제거
③ 잘못된 행이나 열의 제거

3) 영상재배열(image resampling)

일반적으로 원영상에 현존하는 밝기값을 할당하거나 인접영상의 밝기값들을 이용하여 보간하는 것을 말한다. 영상의 재배열은 수치영상이 기하학적 변환을 위해 수행되고 원래의 수치영상과 변환된 수치영상관계에 있어 영상소의 중심이 정확히 일치하지 않으므로 영상소를 일대일 대응관계로 재배열할 경우 영상의 왜곡이 발생한다.

(1) 영상재배열 방법

① 최근린 보간법

내삽점(보간점)에 가장 가까운 관측점의 영상소(화소) 값을 구하고자 하는 영상소(화소) 값으로 한다. 이 방법에서 위치 오차는 최대 1/2 픽셀 정도 생기나 원래 영상소 값을 흠내지 않으며 처리속도가 빠르다는 이점이 있다.

② 공일차 내삽법

내삽점 주위 4점의 영상소 값을 이용하여 구하고자 하는 영상소 값을 선형식으로 내삽한다. 이 방식에는 원자료가 흠이 나는 결점이 있으나 평균하기 때문에 Smoothing(평활화) 효과가 있다.

③ 공삼차 내삽법

내삽하고 싶은 점 주위의 16개 관측점의 영상소 값을 이용하여 구하는 영상소 값을 3차 함수를 이용하여 내삽한다. 이 방식에는 원자료가 흠이 나는 결점이 있으나 영상의 평활화와 동시에 선명성의 효과가 있어 고화질이 얻어진다.

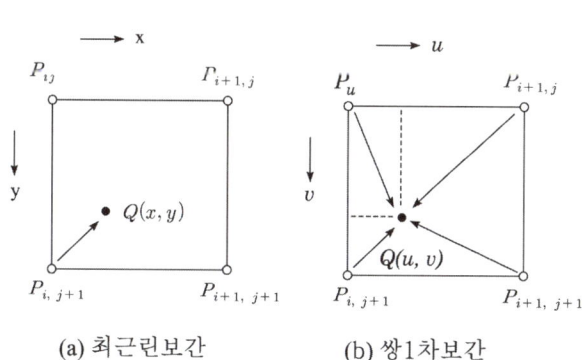

[영상데이터의 보간]

5 사진의 기하학적 특성

1) 공선조건(Collinearity Condition)

사진상의 한 점(x, y)과 사진기의 투영중심(촬영중심)(X_o, Y_o, Z_o) 및 대응하는 공간상(지상)의 한 점(X_p, Y_p, Z_p)이 동일직선상에 존재하는 조건을 공선조건이라 한다.

(1) 사진측량의 가장 기본이 되는 원리로서 대상물과 영상 사이의 수학적 관계를 말한다.
(2) 공선조건에는 사진기의 6개 자유도를 내포 : 세 개의 평행이동과 세 개의 회전
(3) 중심투영에서 벗어나는 상태는 공선조건의 계통적 오차로 모델링된다.

2) 공면조건

한 쌍의 입체사진이 촬영된 시점과 상대적으로 동일한 공간적 관계를 재현하는 것을 공면조건이라고 하며, 대응하는 빛 묶음은 교회하여 입체상(Model)을 형성한다.

3차원 공간상에서 평면의 일반식은 $Ax+By+Cz+D=0$이며 두 개의 투영중심 O_1(X_{O1}, Y_{O1}, Z_{O1}), O_2(X_{O2}, Y_{O2}, Z_{O2})과 공간상 임의점 p의 두 상점 P_1(X_{p1}, Y_{p1}, Z_{p1}), P_2(X_{p2}, Y_{p2}, Z_{p2})이 동일평면상에 있기 위한 조건을 공면조건이라 한다.

(1) 한 쌍의 중복사진에 있어서 그 사진의 투영중심과 대응되는 상점이 동일평면 내에 있기 위한 필요충분조건이다.
(2) 이때 공유하는 평면을 공역평면(Epipolar Plane)이라 한다.
(3) 공액평면이 사진평면을 절단하여 얻어지는 선을 공역선(Epipolar Line)이라 한다.

3) 에피폴라 기하(Epipolar Geometry)

최근 수치사진측량기술이 발달함에 따라 입체사진에서 공액점을 찾는 공정은 점차 자동화되어가고 있으며 공액요소 결정에 에피폴라 기하(Epipolar Geometry)를 이용한다.

(1) Epipolar Line

① 공액요소에 대한 중요한 제약은 에피폴라선이다.
② 에피폴라선(e', e'')은 영상평면과 에피폴라 평면의 교차점이다.
③ 에피폴라선은 탐색공간을 많이 감소시킨다.
④ 공액점은 에피폴라 선상에 반드시 있어야 한다.
⑤ 에피폴라선은 주로 사진좌표계의 X축에 평행하지 않다.

(2) Epipolar Plane

① 에피폴라선과 에피폴라 평면은 공액요소 결정에 이용된다.
② 에피폴라 평면은 투영중심 O_1, O_2와 지상점 P에 의해 정의된다.
③ 공액점 결정에 적용하기 위해서는 수치영상의 행(Row)과 에피폴라선이 평행이 되도록 하는데 이러한 입체상(Stereo Pairs)을 정규화 영상(Normalized Images)이라고 한다.

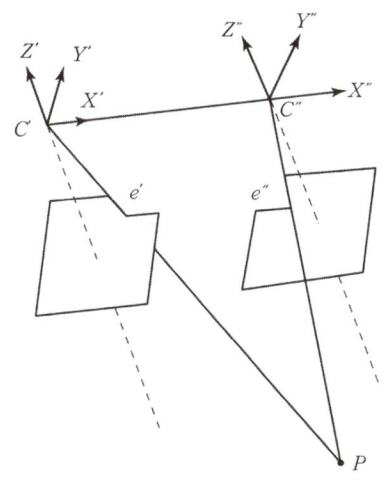

[에피폴라 기하]

6 영상정합(Image Matching)

영상정합은 입체영상 중 한 영상의 한 위치에 해당하는 실제의 대상물이 다른 영상의 어느 위치에 형성되었는가를 발견하는 작업으로서 상응하는 위치를 발견하기 위해서 유사성 관측을 이용한다. 이는 사진측정학이나 로봇비전(Robot Vision) 등에서 3차원 정보를 추출하기 위해 필요한 주요 기술이며 수치사진측량학에서는 입체영상에서 수치표고모형을 생성하거나 항공삼각측량에서 점이사(Point Transfer)를 위해 적용된다.

1) 영상정합방법

(1) 영역기준정합(Area Based Matching)

영역기준정합에서는 오른쪽 사진의 일정한 구역을 기준영역으로 설정한 후 이에 해당하는 왼쪽 사진의 동일 구역을 일정한 범위 내에서 이동시키면서 찾아내는 원리를 이용하는 기법으로 밝기값 상관법과 최소제곱정합법이 있다.

① 밝기값 상관법(Gray Value Corelation)

한 영상에서 정의된 대상영역(Target Area)을 다른 영상의 검색(탐색)영역(Search Area)상에서 한 점씩 이동하면서 모든 점들에 대해 통계적 유사성 관측값(상관계수)을 계산하는 방법이다.

입체정합을 수행하기 전에 두 영상에 대해 에피폴라 정렬을 수행하여 검색(탐색)영역을 크게 줄임으로써 정합의 효율성을 높일 수 있다.

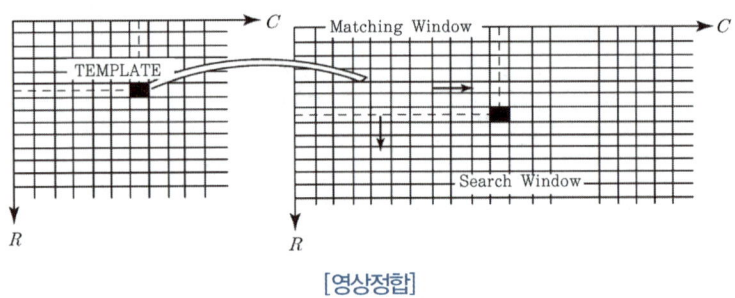

[영상정합]

② 최소제곱정합법(Least Square Matching)

최소제곱정합법은 탐색영역에서 대응점의 위치(x_s, y_s)를 대상영상 G_t와 탐색영역 G_s의 밝기값들의 함수로 정의하는 것이다.

$$G_t(x_t,\ y_t) = G_s(x_s,\ y_s) + n(x,\ y)$$

여기서, (x_t, y_t) : 대상영역에 주어진 좌표
(x_s, y_s) : 찾고자 하는 대응점의 좌표
n : 노이즈

(2) 형상기준정합(Feature Matching)

① 형상기준정합에서는 대응점을 발견하기 위한 기본 자료로서 특징(점, 선, 영역, 경계)적인 인자를 추출하는 기법이다.
② 두 영상에서 대응하는 특징을 발견함으로써 대응점을 찾아낸다.
③ 형상기준정합을 수행하기 위해서는 먼저 두 영상에서 모두 특징을 추출해야 한다.
④ 이러한 특징 정보는 영상의 형태로 이루어지며 대응 특징을 찾기 위한 탐색영역을 줄이기 위하여 에피폴라 정렬을 수행한다.

(3) 관계형 정합(Relation Matching)

① 관계형 정합은 영상에 나타나는 특징들을 선이나 영역 등의 부호적 표현을 이용하여 묘사하고, 이러한 관계대상들 뿐만 아니라 관계대상들끼리의 관계까지도 포함하여 정합을 수행한다.
② 점(Point), 희미한 것(Blobs), 선(Lines), 면 또는 영역(Region) 등과 같은 구성요소들은 길이, 면적, 형상, 평균밝기값 등의 속성을 이용하여 표현된다.
③ 이러한 구성요소들은 공간적 관계에 의해 도형으로 구성되며 두 영상에서 구성되는 그래프의 구성요소들의 속성들을 이용하여 두 영상을 정합한다.
④ 관계형 정합은 아직 연구개발 초기단계에 있으며 앞으로 많은 발전이 있어야만 실제 상황에서의 적용이 가능할 것이다.

7 응용

(1) 3차원 위치결정

(2) 자동항공삼각측량에 응용

(3) 자동수치표고모형에 응용

(4) 수치정사투영영상생성에 응용

(5) 실시간 3차원 측량에 응용

(6) 각종 주제도 작성에 응용

제2절 지상사진측량

사진측량은 전자기파를 이용하여 대상물에 대한 위치, 형상(정량적 해석) 및 특성(정성적 해석)을 해석하는 측량방법으로 측량방법에 의한 분류상 항공사진측량, 지상사진측량, 수중사진측량, 원격탐측, 비지형 사진측량으로 분류되며 이 중 지상사진측량은 촬영한 사진을 이용하여 건축모양, 시설물의 형태 및 변위관측을 위한 측량방법이다.

1 지상사진측량의 특징

항공사진 측량	지상사진 측량
• 후방교회법	• 전방교회법
• 감광도에 중점을 둔다.	• 렌즈수차만 작으면 된다.
• 광각사진이 경제적이다.	• 보통각이 좋다.
• 대규모 지역이 경제적이다.	• 소규모 지역이 경제적이다.
• 지상 전역에 걸쳐 찍을 수 있다.	• 보충촬영이 필요하다.
• 축척변경이 용이하다.	• 축척변경이 용이하지 않다.
• 평면위치는 정확도가 높다.	• 평면위치는 정확도가 떨어진다.
• 높이의 정도는 낮다.	• 높이의 정도는 좋다.

2 지상측량방법

1) 직각수평촬영

(1) 양 사진기의 광축이 촬영기선 b에 대해 수평 또는 직각 방향으로 향하게 하여 평면(수평) 촬영하는 방법

(2) 기선길이는 대상물까지의 거리에 대하여 $\frac{1}{5} \sim \frac{1}{20}$ 정도로 택함

2) 편각수평촬영

(1) 양 사진기의 촬영축이 촬영기에 대하여 일정한 각도만큼 좌 또는 우로 수평편차하며 촬영하는 방법

(2) 즉, 사진기축을 특정한 각도만큼 좌, 우로 움직여 평행 촬영을 하는 방법

(3) 종래 댐 및 교량지점의 지상사진측량에 자주 사용했던 방법

(4) 초광각과 같은 렌즈 효과를 얻을 수 있음

3) 수렴수평촬영

서로 사진기의 광축을 교차시켜 촬영하는 방법

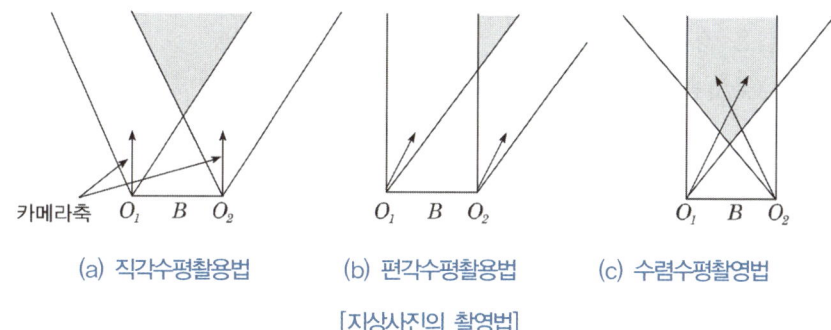

[지상사진의 촬영법]

제3절 수치지형모형(Digital Terrain Model)

공간상에 나타난 불규칙한 지형의 변화를 수치적으로 표현하는 방법을 수치고도모형이라한다. 수치지형모형(DTM)은 표고뿐만 아니라 지표의 다른 속성도 포함되어 있으나 표고에 관한 정보를 다루는 경우에는 수치고도모형이라 하는 차이점이 있다. 수치고도모형은 현장측량과 사진측정학과 관련이 있고 수치지형모형은 측량뿐만 아니라 원격탐사 및 자연 사회과학과 밀집한 관련이 있다.

1 자료취득방법

(1) 기존의 지형도를 사용하는 방법
(2) 사진측량 및 원격탐측에 의한 방법
(3) APR이나 음향 탐측기에 의한 직접 관측방법
(4) 지상측량에 의한 방법
(5) GPS / 관성측량에 의한 방법

2 지형표현방법(자료추출방법)

1) 격자방법(格子方法)

(1) 지형이 넓은 경우에 효과적이다.
(2) 지형자료를 자료기반으로 저장할 때 가장 효율적이다.

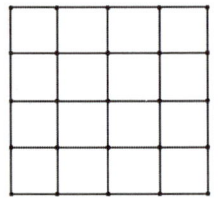
[격자방식]

2) 등고선방법(等高線方法)

(1) 기존의 지형도를 사용하여 자료를 추출하는 경우 효과적이다.
(2) 평면좌표는 자동기록 장치를 이용하면 효과적이다.

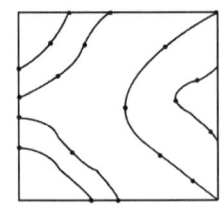
[등고선방식]

3) 단면방법(斷面方法)

(1) 지형을 등간격의 단면적으로 나누어서 각 단면상의 지형점을 추출하기에 효과적이다.
(2) 도로 개설 시 효과적이다.

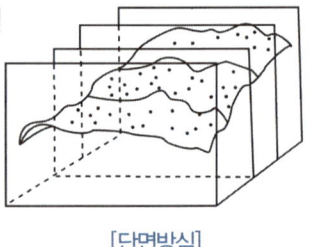
[단면방식]

4) 임의방법(任意方法)

(1) 지형의 주요점, 즉 산정, 계곡 등의 지성선을 빠뜨리지 않고 추출할 수 있다.
(2) 수치지형 모형으로 지형의 기복을 가장 근사적으로 표현할 수 있다.

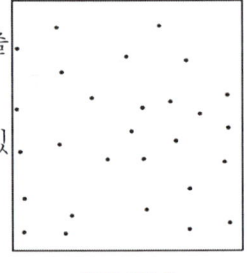
[임의방식]

5) 불규칙삼각망(不規則三角網, Triangulated Irregular Network)

(1) 기복의 변화가 작은 지역에서 절점수를 적게 함
(2) 기복의 변화가 심한 지역에서 절점수를 증가시킴
(3) 자료량 조절이 용이하다.

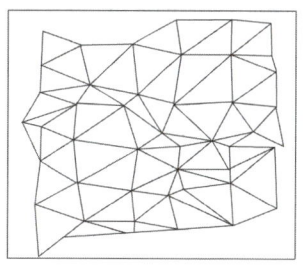

[불규칙 삼각망]

제4절 항공라이더측량(LiDAR ; Light Detection And Ranging)

1 개요

항공라이더측량시스템은 지표(surface)에 있는 산이나 골짜기, 산림 등의 자연지형과 택지 및 도로, 빌딩이나 다리 등의 인공지물로 이루어지는 지형지물을 항공기의 위치 및 자세가 정확하게 얻어지는 센서로부터 레이저를 발사하여 거리를 측정하고 그 수치를 측량좌표계 등으로 나타낸 계측기라 할 수 있다. 항공라이더측량은 항공라이더측량시스템을 항공기에 탑재하여 레이저를 주사하고 그 지점에 대한 3차원 위치좌표를 취득하는 측량방법을 말한다. Laser Radar 혹은 LIDAR, LiDAR이라고도 한다.

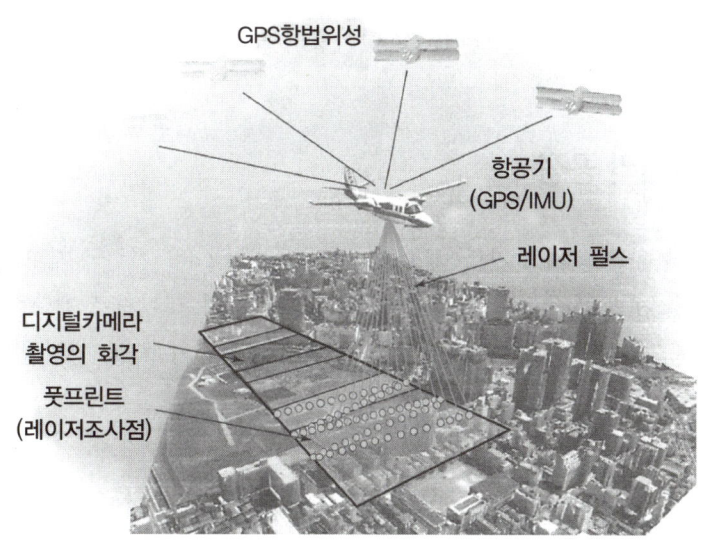

2 시스템 구성

항공라이더측량시스템은 전자광학식 거리측정기능과 빔 스캐닝 기능을 보유한 레이저거리측정장치와 거리를 측정한 레이저광이 언제(시간정보), 어디에서(위치정보), 어떻게(자세정보) 발사되었는가를 구하기 위한 GPS / IMU 장치 및 각각의 기기를 제어하여 취득한 자료를 기록하는 기록제어장치로 구성된다. 서버시스템으로 비디오카메라, 디지털카메라 등이 사용 가능하다.

1) GPS / IMU

(1) GPS
위치정보에 대한 실시간 취득이 가능하지만, 고속으로 이동하는 대상에 대한 단독측위에서는 정확도가 낮고, 잡음이나 위성전파의 누락 등으로 인해 위치추정이 불가능한 경우도 있다.

(2) IMU(Inertial Measurement Unit, 관성측정장치)
Rolling, Pitching, Yawing 등의 각속도와 가속도를 측정하는 기기이다. IMU로 취득된 고빈도(200Hz)의 관성자료를 합성함으로써 위치결정의 정확도나 빈도를 향상시킨다. IMU에서 시간의 경과 및 위치 이동으로 인해 발생되는 오차는 GPS를 이용하여 보정한다.

2) 레이다 거리측정장치
지표의 물체에 레이저광을 조사하고 기 반사광의 도달시간과 방향을 기록하는 장치이다.

3 자료해석처리 공정

먼저 항공기에서 관측된 GPS 자료 및 IMU 자료와 지상 GPS 기준국 자료를 결합하여 항공기 비행위치에 대한 좌표를 산출한다. 다음으로 IMU 자세각과 레이저로 계측한 거리자료를 결합하여 각 레이저광의 수평좌표값과 표고값을 산출하여 점군(點群)을 생성한다.

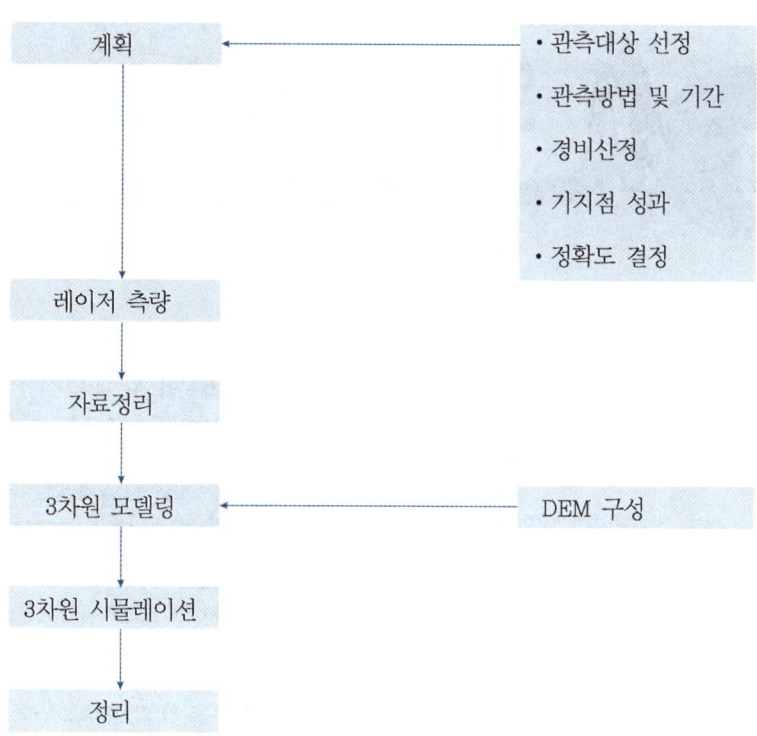

[자료해석처리의 흐름]

4 특징

(1) 항공사진측량에 비하여 작업속도나 경제적인 면에서 매우 유리하다.

(2) 재래식 항측기법의 적용이 어려운 산림, 수목 및 늪지대 등의 지형도 제작에 유용하다.

(3) 기상조건에 좌우되지 않는다.

(4) 산림이나 수목지대에도 투과율이 높다.

(5) 자료취득 및 처리과정이 수치방식으로 이루어진다.

(6) 저고도 비행에서만 가능하다.

(7) 능선이나 계곡 등 지형의 경사가 심한 지역에서는 정확도가 저하되는 단점이 있다.

CHAPTER 09 문제 및 해설

01 항공삼각측량에서 조정방법에 따라 정확도가 높은 것부터 낮은 순서로 나열된 것은?

[2011년 기사 1회]

① 기계법 – 도해법 – 해석적 방법
② 도해법 – 기계법 – 해석적 방법
③ 해석적 방법 – 도해법 – 기계법
④ 해석적 방법 – 기계법 – 도해법

해설

공중삼각측량에는 실체도화기(實體圖化機)에 의하여 차례차례 촬영 카메라의 위치를 구해 가는 기계법과 콤퍼레이터(comparator)로 사진상 점의 평면좌표를 잰 다음, 전자계산기로 계산하여 구하는 해석법이 있다. 또한 평면위치만을 도해적(圖解的)으로 구하는 데는 공중사진상에서의 각 점에의 방향선의 교차점을 정하는 사선법(射線法)이 이용된다.

02 항공삼각측량에 있어서 상좌표로부터 절대 좌표를 얻기 위한 오차조정방법에 의한 분류가 아닌 것은? [2010년 산업기사 1회]

① 해석적 방법   ② 독립모형법
③ 기계법   ④ 도해법

해설

1. 조정방법에 의한 분류
   ① 기계법(입체도화기)
      ㉠ 에어로폴리곤법(Aeropolygon)
      ㉡ 독립모델법(Independent Model)
      ㉢ 스트립 및 블록 조정
        (Strip/Block Adjustment)
   ② 해석법(정밀좌표 관측기)
      ㉠ 스트립 및 블록조정
        (Strip/Block Adjustment)
      ㉡ 독립모델법(Independent Model)
      ㉢ 광속법(Bundle Adjustment)

2. 독립모델법(Independent Model)
   ① 통일된 연속모델의 모델형성 및 절대표정을 순계산식 또는 절충식 방법에 의해 산정하는 방법
   ② 내부표정을 거친 후 상호표정은 정밀도화기와 지형도화기 및 콤퍼레이터에 의해 좌표결정

03 다음 사진기준점 측량방법 중 사진을 기본단위로 하여 조정하는 방법은?

[2010년 기사 2회]

① 광속조정법
② 독립모형조정법
③ 다항식법
④ 스트립조정법

해설

광속조정법(Bundle Adjustment)
광속조정법은 상좌표를 사진좌표로 변환시킨 다음 사진좌표(photo coordinate)로부터 직접절대좌표(absolute coordinate)를 구하는 것으로 종횡접합모형(block) 내의 각 사진상에 관측된 기준점, 접합점의 사진좌표를 이용하여 최소제곱법으로 각 사진의 외부표정요소 및 접합점의 최확값을 결정하는 방법이다.

Answer 01 ④ 02 ② 03 ①

04 수치사진측량기법으로 DEM(Digital Elevation Model)을 자동으로 생성하려고 할 때, 다음 중 가장 적합한 영상은?

[2014년 기사 1회]

① 정사영상
② 에피폴라 영상
③ 경사영상
④ 모자이크 영상

해설

최근 수치사진측량기술이 발달함에 따라 입체사진에서 공액점을 찾는 공정은 점차 자동화되어 가고 있으며 공액요소 결정에 에피폴라 기하를 이용한다. 그러므로 DEM(Digital Elevation Model)을 자동으로 생성하려고 할 때, 가장 적합한 영상은 에피폴라 영상이다. 수치사진측량에서 DEM을 자동생성하려면 먼저 영상을 처리하고 에피폴라 기하를 이용하여 영상정합 후 DEM을 자동생성한다.

05 지도를 그리거나 생산해내는 전산기 체계, 도면 자동화를 의미하는 용어는?

[2010년 산업기사 1회]

① AM(Automated Mapping) System
② FM(Facilities Management) System
③ AML(Arc Macro Language) System
④ DML(Date Management Language) System

해설

소체계
① Land Information System
지형분석, 토지이용, 개발, 행정, 다목적 지적 등 토지자원 관련문제해결을 위한 정보분석체계
② Geographic Information System
지리에 관련된 위치 및 특성정보를 효율적으로 수집, 저장, 갱신, 분석하기 위한 정보분석체계
③ Urban Information System
도시정보체계는 도시지역의 위치 및 특성정보를 데이터베이스화하여 통일적으로 관리할 때 시정업무를 효율적으로 지원할 수 있는 전산체계
④ 수치지도제작 및 지도정보체계(DM/MIS)
⑤ 도면자동화 및 시설물관리(AM/FM)
⑥ 측량정보체계(SIS)
⑦ 도형 및 영상정보체계(GIIS)
⑧ 교통정보체계(Transportation IS)
⑨ 환경정보체계(Environmental IS)
⑪ 재해정보체계(Disaster IS)
⑫ 지하정보체계(Underground Is) UGIS

06 수치지도로부터 수치지형모델(DTM)을 생성하려고 한다. 어떤 레이어가 필요한가?

[2011년 산업기사 2회]

① 건물 레이어
② 하천 레이어
③ 도로 레이어
④ 등고선 레이어

해설

수치지도로부터 수치지형모델을 생성하려면 등고선 레이어가 필요하다.

07 다음 중 정확도가 가장 높은 수치지도는?

[2011년 산업기사 2회]

① 30미터 크기의 해상도를 가진 인공위성영상을 이용한 수치지도
② 1:1,000 축척의 항공사진을 가지고 수치도화를 거친 수치지도
③ 1:50,000 축척의 종이지도를 디지타이징하여 만든 수치지도
④ 1:25,000 축척의 종이지도를 스캐닝하여 만든 수치지도

해설

1. 해상도
해상도는 화면의 픽셀 수를 의미한다. 예를 들어 '내 휴대폰의 해상도가 480×800이다'라고 한다면 휴대폰 화면에 가로 480×세로 800개의 픽셀(점)이 사로 다른 색으로 빛나면서 화면을 보여주고 있는 것이다. 해상도가 높으면 그만큼 많은 점으로 표현되는 화면을 띄워줄 수 있다.

Answer 04 ② 05 ① 06 ④ 07 ②

'해상도=픽셀의 수'로 이해하면 되고, 픽셀의 밀집도를 나타내는 PPI(pixcel per inch)는 1인치 안에 몇 개의 픽셀이 들어 있나로 픽셀(점)의 밀집도를 알 수 있다.
2. 정확도는 30미터 크기의 해상도를 가진 인공위성영상을 이용한 수치지도보다 1 : 1,000 축척의 항공사진을 가지고 수치도화를 거친 수치지도가 정확도가 높다.

08 수치영상의 정합기법 중 하나의 영역기준 정합의 단점이 아닌 것은?

[2001년 산업기사 2회]

① 불연속 표면에 대한 처리가 어렵다.
② 계산량이 많아서 시간이 많이 소요된다.
③ 선형 경계를 따라서 중복된 정합점들이 발견될 수 있다.
④ 주변 픽셀들의 밝기값 차이가 뚜렷한 경우 영상정합이 어렵다.

[해설]

영역기준정합(또는 단순정합)(Area Based Matching or single matching)
영역기준정합에서는 오른쪽 사진의 일정한 구역을 기준영역으로 설정한 후 이에 해당하는 왼쪽 사진의 동일구역을 일정한 범위 내에서 이동시키면서 찾아내는 원리로 밝기값 상관법(GVC : Gray Value Correlation)과 최소제곱 정합법(LSM : Least Square Matching)이 있다.

문제점
① 반복적인 부형태(subpattern)가 있을 때 정합점이 여러 개 발견될 수 있다.
② 이웃 영상소끼리 유사한 밝기값을 갖는 지역에서는 최적의 영상정합이 어렵다.
③ 선형경계주변에서는 경계를 따라서 정합점이 발견될 수 있다.
④ 불연속적인 표면을 갖는 부분에 대한 처리가 어렵다.
⑤ 회전이나 크기변화를 처리하지 못한다.
⑥ 계산량이 많다.

09 지형도, 항공사진을 이용하여 대상지의 3차원 좌표를 취득하여 불규칙한 지형을 기하학적으로 재현하고 수치적으로 해석하므로 경관해석, 노선선정, 택지조성, 환경설계 등에 이용되는 것은? [2012년 산업기사 2회]

① 원격탐사
② 도시정보체계
③ 수치정사사진
④ 수치지형모델

[해설]

수치지형모형(Digital Terrain Model)
공간상에 나타난 불규칙한 지형의 변화를 수치적으로 표현하는 방법을 수치지형모형이라 한다. 수치지형모형(DTM)은 표고뿐만 아니라 지표의 다른 속성도 포함되어 있으나 표고에 관한 정보를 다루는 경우에는 수치고도모형이라 하는 차이점이 있다. 수치고도모형은 현장측량과 사진측정학과 관련이 있고 수치지형모형은 측량뿐만 아니라 원격탐사 및 자연 사회과학과 밀접한 관련이 있다.

수치지형모형의 종류
① DEM : 수치표고모형(3차원 지모 표현)
② DSM : 수치표면모형(지모와 지물 표현)
③ DTM : 수치지형모형(DEM+속성)

10 수치사진측량의 장점에 대한 설명으로 옳지 않은 것은? [2012년 산업기사 2회]

① 사진에 나타나지 않은 지형지물의 판독이 가능하다.
② 다양한 결과물의 생성이 가능하다.
③ 자동화에 의해 효율성이 증가한다.
④ 작업비용이 절감된다.

[해설]

수치사진측량은 필름 대신 수치영상을 이용하여 수치영상처리에 의해 이루어진다.

수치사진측량의 장점
① 다양한 수치영상의 이용이 가능
② 작업비용 절감

Answer 08 ④ 09 ④ 10 ①

③ 작업속도 증가
④ 자동화
⑤ 일관된 결과물 산출이 가능

③ 절토량과 성토량 산정
④ 수문정보체계 구축
⑤ 등고선과 시선도

11 다음 중 넓은 지역에 대한 수치표고모델(DEM)을 가장 신속하게 얻을 수 있는 장비는?
[2012년 산업기사 3회]

① GPS ② LiDAR
③ 항공사진기 ④ 토털 스테이션

해설

항공레이저측량(항공 LiDAR)은 항공레이저측량시스템(레이저 거리측정기, GPS 안테나와 수신기, INS 등으로 구성된 시스템)을 항공기에 탑재하여 레이저를 주사하고 그 지점에 대한 3차원 위치좌표를 취득하는 측량장비이다.
① 투과율이 좋기 때문에 산림, 수목, 늪지대 등의 지형도 제작에 유용하다.
② 기상의 영향이 적고 기존의 항공사진측량보다 작업속도가 빠르다.

13 수치지도로부터 수치지형모델(DTM)을 생성하려고 한다. 어떤 레이어가 필요한가?
[2015년 산업기사 2회]

① 건물 레이어 ② 하천 레이어
③ 도로 레이어 ④ 등고선 레이어

해설

수치지형모델(DTM)은 지표면에 일정한 간격으로 분포된 지점의 높이를 수치화하였기 때문에 등고선 레이어가 필요하다. DTM은 컴퓨터를 이용한 다양한 분석에 용이하다.

14 수치사진측량 기법 중 내부표정의 자동화에 사용되는 것은?
[2015년 산업기사 2회]

① 좌표등록 ② 영상정합
③ 3차원 도화 ④ DEM

해설

① **내부표정** : 촬영 당시의 광속의 기하 상태를 재현하는 작업으로 기준점 위치, 랜즈의 왜곡, 사진기의 초점거리와 사진의 주점을 결정하여 부가적으로 사진의 오차를 보정하여 사진좌표의 정확도를 향상시키는 것을 말한다.
② **영상정합** : Epipolar(공액) 기하를 사용하여 탐색영역의 기준을 설정하여 시간을 절약

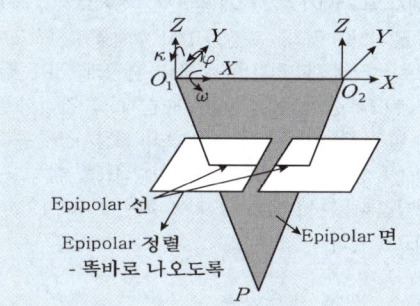

12 수치표고모형(Digital Elevation Model)의 활용분야가 아닌 것은?
[2013년 산업기사 1회]

① 가시권 분석
② 토공량 산정
③ 소음전파 분석
④ 토지피복 분류

해설

수치표고모형(Digital Elevation Model : DEM)은 표고 데이터의 집합일 뿐만 아니라 임의의 위치에서 표고를 보간할 수 있는 모델을 말한다.
수치지형모형(DTM)의 응용
① 군사적 목적의 3차원 응용
② 경사도, 사면방향도, 경사 및 단면의 계산과 음영기복도 제작

Answer 11 ② 12 ④ 13 ④ 14 ②

15 다음 중 제작과정에서 수치표고모형(DEM)이 필요한 사진지도는? [2015년 산업기사 3회]

① 정사투영사진지도
② 약조정집성사진지도
③ 반조정집성사진지도
④ 조정집성사진지도

해설
영상지도 제작에 관한 작업규정 제17조(작업방법)
정사영상제작은 다음 각 호와 같이 작업을 실시하여야 한다.
1. 정사영상제작에 사용될 초기영상의 지형지물 상태와 수치표고자료(DEM)의 일치성 여부를 검토하여야 한다.
2. 정사영상은 모델별 인접지역과 밝기 값의 차이가 나지 않도록 제작되어야 한다.
3. 정사영상의 정확도 확보에 필요한 최적의 작업방법으로 정사보정을 실시하여야 한다.

16 다음 중 넓은 지역에 대한 수치표고모델(DEM)을 가장 신속하게 얻을 수 있는 장비는? [2015년 산업기사 3회]

① GPS
② LiDAR
③ 토털 스테이션
④ 항공 아날로그 사진기

해설
항공레이저측량(LiDAR : Light Detection And Ranging)
항공레이저측량시스템은 지표(surface)에 있는 산이나 골짜기, 산림 등의 자연지형과 택지 및 도로, 빌딩이나 다리 등의 인공지물로 이루어지는 지형지물을 항공기의 위치 및 자세가 정확하게 얻어지는 센서로부터 레이저를 발사하여 거리를 측정하고 그 수치를 측량좌표계 등으로 나타낸 계측기라 할 수 있다. 항공레이저측량은 항공레이저측량시스템을 항공기에 탑재하여 레이저 펄스를 발사하고 반사된 레이저 펄스의 도달시간을 관측함으로써 반사지점의 3차원 공간위치좌표를 취득하는 측량방법을 말한다. Laser Radar 혹은 LIDAR, LiDAR이라고도 한다.

17 해석적 항공삼각측량에 주로 사용되는 방법으로 최소제곱법을 이용하여 각 사진의 외부표정요소 및 접합점의 최확값을 결정하는 방법은? [2013년 기사 1회]

① 다항식 조정법
② 독립입체모델법
③ 광속조정법
④ 기본조정법

해설
광속법(Bundle Adjustment)
상좌표를 사진좌표 변환시킨 다음 사진좌표로부터 직접 절대좌표를 구하는 방법. 종접합모형(strip) 내에 있는 사진의 광속에 대하여 종접합모형 내에 포함된 기준점과 종접합점 및 변수를 사용하여, 각 사진의 외부표정요소를 최소제곱법에 의해 동시에 결정하는 방법으로 종접합점과 변수의 지상좌표값도 동시에 결정된다.

18 항공삼각측량의 조정방법으로 사진을 기본단위로 하며 정확도가 가장 높은 것은? [2013년 기사 3회]

① DLT(Direct Linear Transformation)
② 광속조정법(Bundle Adjustment)
③ 독립모형법(Independent Model Triangulation)
④ 부등각사상변환법(Affine Transformation)

해설
광속조정법(Bundle Adjustment)
상좌표를 사진좌표로 변환시킨 다음 사진좌표(photo coordinate)로부터 직접 절대좌표(absolute coordinate)를 구하는 것으로 종횡접합모형(block) 내의 각 사진상에 관측된 기준점, 접합점의 사진좌표를 이용하여 최소제곱법으로 각 사진의 외부표정요소 및 접합점의 최확값을 결정하는 방법이다.

Answer 15 ① 16 ② 17 ③ 18 ②

19 항공삼각측량기법과 특징에 대한 설명이 옳은 것은? [2012년 기사 3회]

① 독립입체모형법 - 내부표정만으로 항공삼각측량이 가능한 간단한 방법이다.
② 다항식법 - 계산이 간단하고 정확도가 가장 높은 방법이다.
③ 번들조정법 - 수동적인 작업은 최소이나 계산 과정이 매우 복잡한 방법이다.
④ 스트립조정법 - 상호표정을 실시하지 않아도 실시할 수 있는 방법이다.

해설

① 다항식 조정법(Polynomial method) : 촬영경로, 즉 종접합모형(Strip)을 기본단위로 하여 종횡접합모형 즉 블록을 조정하는 것으로 각 촬영경로의 절대표정을 다항식에 의한 최소제곱법으로 결정하는 방법이다.
② 독립모델조정법
(Independent Model Triangulation : IMT)
입체모형(Model)을 기본단위로 하여 접합점과 기준점을 이용하여 여러 모델의 좌표를 조정하는 방법에 의하여 절대좌표를 환산하는 방법이다.
③ 광속조정법(Bundle Adjustment)
상좌표를 사진좌표로 변환시킨 다음 사진좌표(photo coordinate)로부터 직접 절대좌표(absolute coordinate)를 구하는 것으로 종횡접합모형(block) 내의 각 사진상에 관측된 기준점, 접합점의 사진좌표를 이용하여 최소제곱법으로 각 사진의 외부표정요소 및 접합점의 최확값을 결정하는 방법이다.

20 수치항공영상을 이용한 상호표정 시 입체영상에서 공액점을 자동으로 측정하기 위해 사용되는 기법은? [2012년 기사 2회]

① 영상 모자이크 ② 영상정합
③ 보간법 ④ 편위수정

해설

영상정합(Image Matching)은 입체영상 중 한 영상의 한 위치에 해당하는 실제의 객체가 다른 영상의 어느 위치에 형성되어 있는가를 발견하는 작업으로서 상응하는 위치를 발견하기 위해 유사성 측정을 하는 것이다.

21 항공레이저측량의 장점이 아닌 것은? [2013년 기사 3회]

① 수치표고모형의 제작이 편리하다.
② 고밀도의 지상좌표를 취득할 수 있다.
③ 구름이나 대기 중의 부유물에 의한 반사가 없다.
④ 수목 사이를 관통하여 지면의 좌표를 취득할 수도 있다.

해설

① 항공사진측량에 비하여 작업속도나 경제적인 면에서 매우 유리하다.
② 재래식 항측기법의 적용이 어려운 산림, 수목 및 늪지대 등의 지형도 제작에 유용하다.
③ 기상조건에 좌우되지 않는다.
④ 산림이나 수목지대에도 투과율이 높다.
⑤ 자료취득 및 처리과정이 수치방식으로 이루어진다.
⑥ 저고도 비행에서만 가능하다.
⑦ 능선이나 계곡 등 지형의 경사가 심한 지역에서는 정확도가 저하되는 단점이 있다.
⑧ 대기 중의 부유물에 의한 반사는 정밀도 저하의 요인이 된다.

22 사진측량 중 건축물, 교량 등의 변위를 관측하고 문화재 및 건물의 정면도, 입면도 제작에 이용되는 사진측량은? [2014년 산업기사 3회]

① 항공사진측량
② 수치지형모형
③ 지상사진측량
④ 원격탐측

Answer 19 ③ 20 ② 21 ③ 22 ③

> [해설]
> 사진측량은 전자기파를 이용하여 대상물에 대한 위치, 형상(정량적 해석) 및 특성(정성적 해석)을 해석하는 측량방법으로 지상사진측량은 촬영한 사진을 이용하여 건축모양, 시설물로의 형태 및 변위관측을 위한 측량방법이다.

23 영상정합방법의 분류에 속하지 않는 것은?

[22년 기사 1회]

① 기복기반정합
② 형상기준정합
③ 관계형정합
④ 영역기준정합

> [해설]
>
> | 영역기준 접합 | 밝기값 상관법 | • 영상을 접합하는 간단한 방법
• 한 영상에서 정의된 대상지역을 다른 영상의 검색영역 상에서 한 점씩 이동하면서 모든 점들에 대해 통계적 유사성을 관측하여 관측값을 계산하는 방법
• 전반적인 영상접합을 수행하기 전에 두 영상에 대하여 에피폴라 정렬을 수행하여 효율성 향상가능 |
> |---|---|---|
> | | 최소제곱 접합 | • 탐색영역에서 대응점의 위치를 대상영상과 탐색영역의 밝기값들의 함수로 정의하여 대상물의 일치점을 찾아내는 방법 |
> | 형상기준 접합 | | • 영상들 사이의 대응점을 찾기 위한 자료로 점, 선, 또는 모서리와 같은 특징을 이용하여 대응하는 특징을 찾아내는 기법 |
> | 관계형 접합 | | • 영상에 나타나는 특징을 선이나 영역 등의 부호적 표현을 이용하여 묘사하고 이러한 객체 외에 다른 객체들과의 관계까지도 포함하여 정합을 수행하는 기법 |

24 항공삼각측량의 조정방법으로 사진을 기본단위로 하며 정확도가 가장 높은 것은?

[22년 기사 1회]

① 독립모형법(Independent Model Triangulation)
② 부등각사상변환법(Affine Triangulation)
③ 광속조정법(Bundle Adjustment)
④ 다항식조정법(Polynomial Adjustment)

> [해설]
>
> **광속조정법(Bundle Adjustment)**
> 광속조정법은 상좌표를 사진좌표로 변환시킨 다음 사진좌표(photo coordinate)로부터 직접 절대좌표(absolute coordinate)를 구하는 것으로 종횡접합모형(block)내의 각 사진상에 관측된 기준점, 접합점의 사진좌표를 이용하여 최소제곱법으로 각 사진의 외부표정요소 및 접합점의 최확값을 결정하는 방법이다. 광속조정법은 다수의 광속을 공선조건에 따라 표정한다. 각 점의 사진 좌표가 관측점으로 이용되며 이 방법은 세가지 방법 중 가장 조정능력이 높은 방법이다. 각 사진의 6개 외부표정요소 $(X_0, Y_0, Z_0, \omega, \phi, \kappa)$가 미지수가 되며 광속이 공선조건에 의해 동시에 해가 구하여 진다.

25 공간을 크기와 모양이 다양한 삼각형으로 분할하여 생성된 공간자료구조의 일종으로 경사와 경사방향을 설정하고, 효율적으로 지형의 높낮이와 음영을 표현할 수 있는 방법은?

[22년 기사 1회]

① DEM(Digital Elevation Model)
② DGM(Digital Geographic Model)
③ TIN(Triangulated Irregular Network)
④ TRN(Triangulated Regular Network)

> [해설]
>
> **불규칙삼각망**
> 불규칙삼각망은 불규칙하게 배치 되어 있는 지형점으로부터 삼각망을 생성하여 삼각형 내의 표고를 삼각평면으로부터 보간하는 DEM의 일종이다. 벡터데이터 모

Answer 23 ① 24 ③ 25 ③

델로 위상구조를 가지며 표본 지점들은 X, Y, Z 값을 가지고 있으며 다각형 Network를 이루고 있는 순수한 위상구조와 개념적으로 유사하다.
① 기복의 변화가 작은 지역에서 절점수를 적게 함
② 기복의 변화가 심한 지역에서 절점수를 증가시킴
③ 자료량 조절이 용이하다.
④ 중요한 위상형태를 필요한 정확도에 따라 해석

26 다음 중 항공레이저측량에서 각속도와 가속도를 측정하는 장치는? [22년 2회 측기]

① IMU
② GNSS
③ Digital Camera
④ 레이저거리측량장치

해설

GPS/INS(관성항법시스템)
INS(Inertial Navigation System : 관성항법시스템)는 차량, 항공기 등에 관성측량기를 장착해 관측자의 현재 위치를 측량하고 진로를 알려주는 정밀항법장치로서 각(角)가속도를 측정하여 시간에 대한 연속적인 적분을 수행해 위치와 속도, 진행방향을 계산해내는 시스템으로서 GPS와 달리 본체에 설치된 센서를 통해 측량하는 방법이다.

원리	(1) 회전축을 중심으로 균형을 유지해 차체가 기준좌표로부터 얼마나 틀어져 있는지를 확인함으로써 본체의 진행방향을 계측한다. (2) 자이로스코프와 가속도계는 3차원 공간정보 계측을 위해 3개씩 내장되어 있다.
구성	(1) 자이로스코프 : 기준좌표를 설정하고 본체의 진행방향을 계측 (2) 가속도계 : X, Y, Z 방향가속도를 계측 (3) 컴퓨터장치 : 관측치에 대한 전산처리과정을 통해 위치를 측량한다.

27 지상좌표계로 XY-평면좌표가 (50, 50)m인 건물의 모서리가 사진 상의 (9, 11)mm 위치에 나타났다. 사진의 주점의 위치가 (−1, 1)mm이고, 투영중심은 (0, 0, 1530)m라면 이 사진의 축척은? (단, 사진좌표계와 지상좌표계의 모든 좌표축의 방향은 일치한다.) [22년 2회 측기]

① 1:1000
② 1:2000
③ 1:5000
④ 1:10000

해설

사진의 주점에서 모서리까지 도상거리
$= \sqrt{\triangle x^2 + \triangle y^2} = \sqrt{(9-(-1))^2 + (11-1)^2}$
$= 14.14 \text{mm}$

투영중심에서 모서리까지 지상거리
$= \sqrt{\triangle x^2 + \triangle y^2} = \sqrt{50^2 + 50^2} = 70.71 \text{m}$

$\frac{1}{m} = \frac{도상거리}{지상거리} = \frac{0.01414}{70.71} = \frac{1}{5,000}$

28 항공삼각측량시 평면기준점의 배치가 그림과 같은 경우에 가장 큰 잔차가 남는 지점은? [22년 2기]

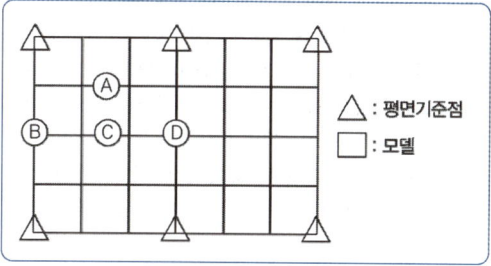

① A
② B
③ C
④ D

Answer 26 ① 27 ③ 28 ②

> **해설**
>
> **절대표정을 위한 기준점 배치**
> - 삼각점(□ : x, y)은 블록 주변(외곽)에 배치하는 것이 좋다.
> - 수준점(○ : z)은 블록의 처음, 중간, 마지막에 횡방향으로 설치한다.
> - 일반적으로 절대표정에 필요한 표정점은 2점의 삼각(X, Y)좌표와 3점의 높이(수준점 : Z)좌표가 필요하므로 최소한 3점의 표정점이 필요하다.

29 다음 중 항공삼각측량을 실시하는 이유로 가장 적합한 것은? [22년 2기]

① 도화 작업량이 감소한다.
② 사진처리 작업량이 감소한다.
③ 대상지역이 넓을수록 비경제적이다.
④ 지상기준점측량 작업량이 감소한다.

> **해설**
>
> **항공삼각측량**
> 한 쌍의 중복된 사진으로부터 각 점의 3차원 절대 좌표를 측정하기 위해서는 최소한 2개의 평면 기준점과 3개의 표고 기준점이 요구된다. 이들 기준점을 획득하기 위해 필요한 모든 점을 측량하는 것을 전면 지상 기준점 측량(Full Ground Control Point Survey)이라고 하는데, 대규모의 항공 사진들을 이용하여 작업을 수행하는 경우 이러한 전면 지상 기준점 측량 작업은 엄청난 시간과 노력, 비용의 소요를 가져온다.
> 따라서, 실제의 작업에서는 소수의 지상 기준점에 대해서만 측량을 실시하고 나머지 점들에 대해서는 측정된 지상 기준점의 좌표와, 도화기 등의 정밀 좌표 측정기에 얻어진 사진 좌표나 모델 좌표 또는 스트립 좌표들을 이용하여 수학적 계산으로 절대 좌표를 결정하게 되는데 이러한 방식을 항공 삼각 측량이라고 한다.

30 항공사진측량을 통한 정밀지형도 작성을 위하여 필수적인 자료가 아닌 것은? [22년 2회 측기]

① 지상기준점측량 성과
② 토지이용 정보
③ 내부표정요소
④ 항공사진

> **해설**
>
> 항공사진에 의한 지형도제작은 촬영(撮影), 기준점측량(基準點測量), 세부도화(細部圖化)의 세 과정에 의한다.
>
> | | |
> |---|---|
> | 촬영 | 촬영은 능률적이며 경제적으로 소요의 정확도에 의한 촬영기선길이, 촬영고도, 소요사진축척을 세워 촬영하여 음화필름을 얻는다. 촬영에서 얻어진 음화필름을 세부도화에 필요한 양화필름과 지상기준점측량에 필요한 밀착인화시진 및 현지조사에 쓸 인화사진을 제작한다 |
> | 기준점측량 | 세부도화에 필요한 수평위치기준점(planimetric control point) 및 높이기준좌표(hight control point)를 얻기 위해 지상측량방법에 의하며 경우에 따라 항공삼각측량을 행하여 필요한 점의 좌표를 구한다. |
> | 세부도화 | 세부도화는 정밀입체도화기에 장치한 다음 내부표정, 상호표정을 거쳐 기준점 성과를 이용하여 절대표정을 한다. 절대표정을 하면 사진상의 상과 대응되는 대상물과 상사관계가 이루어진다. 절대표정이 끝난후 대상의 지형지물을 최종도면축척으로 세부도화를 하므로 측량 원도가 작성된다. |

Answer 29 ④ 30 ②

31 영역기준 영상정합시 기준영역에 대한 탐색영역의 크기를 줄이기 위해 사용하는 공액점의 제약요소로 가장 적합한 것은?

[21년 4회]

① 에피폴라 기하
② 최소제곱 조정
③ 교차 상관계수
④ 신경망 지수

해설

에피폴라 기하(Epipolar Geometry)
최근 수치사진측량기술이 발달함에 따라 입체사진에서 공액점을 찾는 공정은 점차 자동화되어가고 있으며 공액요소 결정에 에피폴라 기하(Epipolar Geometry)를 이용한다.

32 4항공사진 또는 위성영상의 기하보정 과정에서 최종 결과영상을 제작하는데 필요한 재배열(resampling) 방법 중 원천영상자료의 화소값의 변경을 방지할 수 있고 가장 계산이 빠른 방법은?(21 4회)

① Non-linear Interpolation
② Bilinear Interpolation
③ Bicubic Interpolation
④ Nearest-neighbor Interpolation

해설

격자배열면 보간
(1) 쌍1차 보간(Bilinear Interpolation)
내삽점 주위 4점의 영상소 값을 이용하여 구하고자 하는 영상소 값을 선형식으로 내삽한다. 이 방식에는 원자료가 흠이 나는 결점이 있으나 평균하기 때문에 Smoothing(평활화) 효과가 있다.
(2) 쌍3차 보간(Bicuvic Interpolation)
내삽하고 싶은 점 주위의 16개 관측점의 영상소 값을 이용하여 구하는 영상소값을 3차 함수를 이용하여 내삽한다. 이 방식에는 원자료가 흠이 나는 결점이 있으나 영상의 평활화와 동시에 선명성의 효과가 있어 고화질이 얻어진다.

(3) 최근린보간법(Nearest Neighbor)
최단거리에 있는 관측치를 사용하여 보관하는 방법으로 입력 격자상 가장 가까운 영상소의 밝기를 이용하여 출력격자로 변환하는 방법이다.

33 2차원 쿼드트리(quadtree)에 대한 설명으로 옳지 않은 것은? [21년 1회 측기]

① 공간 자기유사성의 원리(spatial autocorrelation principle)를 이용하고 있다.
② 같은 레벨에 있는 사각형 노드는 같은 면적을 가진다.
③ 인접한 자료가 멀리 저장되어 비효율적이다.
④ 자료는 노드와 포인터로 저장된다.

해설

사지수형(Quadtree) 기법
크기가 다른 정사각형을 이용하며, 공간을 4개의 동일한 면적으로 분할하는 작업을 하나의 속성값이 존재할 때까지 반복하는 래스터자료 압축방법이다.

34 연직사진의 경우 사진 좌표계(x, y)와 지상 좌표계 (X, Y)가 그림과 같이 구성되었다. 지상좌표를 사진좌표계로 변환하기 위한 3차원 회전행렬로 옳은 것은? [21년 1회 측기]

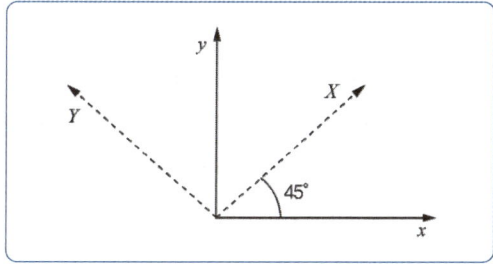

① $R = \begin{vmatrix} 1/\sqrt{2} & -1/\sqrt{2} & 0 \\ 1/\sqrt{2} & 1/\sqrt{2} & 0 \\ 0 & 0 & 1 \end{vmatrix}$

Answer 31 ① 32 ④ 33 ③ 34 ①

② $R = \begin{vmatrix} 1/\sqrt{2} & 1/\sqrt{2} & 0 \\ -1/\sqrt{2} & 1/\sqrt{2} & 0 \\ 0 & 0 & 1 \end{vmatrix}$

③ $R = \begin{vmatrix} 1/\sqrt{2} & 1/\sqrt{2} & 0 \\ 1/\sqrt{2} & -1/\sqrt{2} & 0 \\ 0 & 0 & 1 \end{vmatrix}$

④ $R = \begin{vmatrix} 1/\sqrt{2} & 1/\sqrt{2} & 0 \\ 0 & 1 & 0 \\ 1/\sqrt{2} & 1/\sqrt{2} & 0 \end{vmatrix}$

해설

X, Y, Z축 회전에 따른 각 회전행렬은 다음과 같다.

X축에 대한 회전(ω)시 $\begin{vmatrix} x \\ y \\ z \end{vmatrix} = \begin{vmatrix} 1 & 0 & 0 \\ 0 & \cos(\omega) & \sin(\omega) \\ 0 & -\sin(\omega) & \cos(\omega) \end{vmatrix} \begin{vmatrix} X \\ Y \\ Z \end{vmatrix}$

Y축에 대한 회전(ϕ)시 $\begin{vmatrix} x \\ y \\ z \end{vmatrix} = \begin{vmatrix} \cos(\phi) & 0 & \sin(\phi) \\ 0 & 1 & 0 \\ -\sin(\phi) & 0 & \cos(\phi) \end{vmatrix} \begin{vmatrix} X \\ Y \\ Z \end{vmatrix}$

Z축에 대한 회전(κ)시 $\begin{vmatrix} x \\ y \\ z \end{vmatrix} = \begin{vmatrix} \cos(\kappa) & \sin(\kappa) & 0 \\ -\sin(\kappa) & \cos(\kappa) & 0 \\ 0 & 0 & 1 \end{vmatrix} \begin{vmatrix} X \\ Y \\ Z \end{vmatrix}$

(X, Y, Z : 지상좌표 x, y, z : 사진좌표)

그림을 참조하면 Z축을 기준으로 -45° 회전되어 있으므로

회전행렬 $R = \begin{vmatrix} \cos(-45) & \sin(-45) & 0 \\ -\sin(-45) & \cos(-45) & 0 \\ 0 & 0 & 1 \end{vmatrix}$

$= \begin{vmatrix} \dfrac{1}{\sqrt{2}} & -\dfrac{1}{\sqrt{2}} & 0 \\ \dfrac{1}{\sqrt{2}} & \dfrac{1}{\sqrt{2}} & 0 \\ 0 & 0 & 1 \end{vmatrix}$

35 수치항공사진 또는 위성영상을 집성(mosaic) 할 때 인접 부분을 이어붙인 자국이 없이 원래 한 장의 사진이었던 것처럼 부드럽고 미려하게 처리하는 작업은?

[21년 1회 측기]

① 재배열(resampling)
② 영상 페더링(feathering)
③ 경사보정(orthorectification)
④ 경계정합(edge matching)

해설

영상 페더링(image feathering)
두 개의 데이터 세트가 중첩된 지역에서 데이터 값을 섞어 하나의 데이터 값에서 다른 데이터 값으로 점진적으로 변화("feather")하게끔 하는 과정 feathering은 두 개이상의 이미지들간의 봉합점이 보이는 것을 감소시켜 줌

36 항공삼각측량에 대한 설명으로 옳은 것은?

[21년 1회 측기]

① 직접 항공기를 이용하여 지상을 촬영하는 작업을 말한다.
② 항공사진에 포함되는 지역의 기준점을 지상에서 직접 삼각측량 하는 작업을 말한다.
③ 도화기를 사용하여 요구하는 지역의 지형지물을 지정된 축척으로 묘사하는 실내작업을 말한다.
④ 도화기 또는 좌표측정기에 의하여 항공사진상에서 측정된 구점의 모델좌표 또는 사진 좌표를 지상기준점 및 GNSS/INS 외부 표정요소를 기준으로 지상좌표로 전환시키는 작업을 말한다.

해설

항공삼각측량
한 쌍의 중복된 사진으로부터 각 점의 3차원 절대 좌표를 측정하기 위해서는 최소한 2개의 평면 기준점과 3개의 표고 기준점이 요구된다. 이들 기준점을 획득하기 위해 필요한 모든 점을 측량하는 것을 전면 지상 기준점 측량(Full Ground Control Point Survey)이라고 하는데, 대규모의 항공 사진들을 이용하여 작업을 수행하는 경우 이러한 전면 지상 기준점 측량 작업은 엄청난 시간과 노력, 비용의 소요를 가져온다. 따라서, 실제의 작업에서는 소수의 지상 기준점에 대해서만 측량을 실시하고 나머지 점들에 대해서는 측정된 지상 기준점의 좌표와, 도화기 등의 정밀 좌표 측정기에 얻어진 사진 좌표나 모델 좌표 또는 스트립 좌표 들을 이용하여 수학적 계산으로 절대 좌표를 결정하게 되는데 이러한 방식을 항공 삼각 측량이라고 한다.

Answer 35 ② 36 ④

CHAPTER 10 원격탐측(Remote sensing)

원격탐측이란 지상이나 항공기 및 인공위성 등의 탑재기(Platform)에 설치된 탐측기(Sensor)를 이용하여 지표, 지상, 지하, 대기권 및 우주공간의 대상들에서 반사 혹은 방사되는 전자기파를 탐지하고 이들 자료로부터 토지, 환경 및 자원에 대한 정보를 얻어 이를 해석하는 기법이다.

제1절 특징

(1) 짧은 시간에 넓은 지역을 동시에 측정할 수 있으며 반복측정이 가능하다.
(2) 다중파장대에 의한 지구표면정보획득이 용이하며 측정자료가 기록되어 판독이 자동적이고 정량화가 가능하다.
(3) 회전주기가 일정하므로 원하는 지점 및 시기에 관측하기가 어렵다.
(4) 관측이 좁은 시야각으로 얻어진 영상은 정사투영에 가깝다.
(5) 탐사된 자료가 즉시 이용될 수 있으므로 재해, 환경문제 해결에 편리하다.

제2절 전자파의 특징

γ 선		• 원자핵 반응에서 생성된다. • 방사성 물질의 감마방사는 저고도 항공기에 의해 감지된다. (태양광으로부터의 입사광은 공기에 흡수)
x 선		• 병원에서 진단을 목적으로 쓰인다. • 입사광은 공기에 의해 흡수되어 원격탐측에 이용되지 않음
ultraviolet (자외선)		• 피부를 그을리는 주요 원인 • 공기 중의 수증기에 흡수되기 쉬우므로 RS에서는 저고도 항공기에 의한 이용 외에는 거의 사용되지 않는다. • 가시광선의 보라색 부분을 벗어난 부분을 말한다. • 지표상의 몇몇 물질, 주로 바위 혹은 광물질은 자외선을 비출 경우 가시광선을 방사하거나 형광현상을 보인다.
visible (가시광선)		• 우리가 평소 빛이라고 칭한다. • 인간의 눈에 파장이 긴쪽으로부터 순서대로 빨강, 주황, 노랑, 녹색, 파랑, 남색, 보라색의 이른바 무지개색으로 보인다. • 파장범위 : $0.4\mu m \sim 0.7\mu m$ • 인간의 눈으로 감지할 수 있는 영역
적외선	근적외선	• 식물에 포함된 엽록소(클로로필)에 매우 잘 반응하기 때문에 식물의 활성도 조사에 사용
	단파장 적외선	• 식물의 함수량에 반응하기 때문에 근적외선과 함께 식생조사에 사용 • 지질판독조사에 사용
	중적외선	• 특수한 광물자원에 반응하기 때문에 지질조사에도 사용
	열적외선	• 수온이나 지표온도 등의 온도 측정에 사용
전파	서브밀리메터파	
	마이크로파	• 전자레인지에 쓰인다. 레이더 또는 마이크로파 복사에 이용
	초단파	• 구름이나 비를 투과하므로 이를 이용한 RS를 전천후형 RS라 한다. • 지표면의 평탄도, 함수량과 같은 표면의 성질에 관한 정보 제공
	단파	
	중파	
	장파	
	초장파	

제3절 전자파의 4요소

電磁波(electromagnetic wave)란 진공 혹은 물질 속으로 電磁場의 진동이 전파하여 전자에너지를 운반하는 파동을 말한다. 전자파에는 주파수(또는 파장), 전파방향(transmission direction), 진폭(amplitude) 및 편파면(편광면 : plane of polarization)을 전자파의 4요소라고 한다.

1) 주파수(파장)

(1) 가시영역

대상의 색깔과 관계되어 대상물체에 관한 풍부한 정보를 담고 있다. 대상물체로부터의 복사에너지 크기를 각 파장별로 나타내는 곡선은 그 물체 고유의 모양을 갖는다.

(2) 마이크로 영역

대상물체와 플랫폼의 상대적인 운동에 따라 주파수상에 나타나는 도플러 효과를 이용해서 지표물체의 정보를 얻는다.

2) 전파방향

물체의 공간적인 배치와 형태 등은 전자파가 직선으로 전파한다는 성질에 기초한다.

3) 진폭

(1) 진동하는 전기계의 세기, 즉 전파의 세기
(2) 전자파로 운반되는 에너지의 크기는 진폭의 2승에 비례한다.
(3) 대상물체에서 복사되는 전파에너지를 복사에너지라 한다.
(4) 공간적인 배치와 형태 등을 명확하게 하는데 이용

4) 편파면(편광면)

(1) 전기계의 방향을 포함한 면
(2) 편파면의 방향이 일정한 경우를 직선편파 또는 직선편광이라 한다.
(3) 전자파는 반사와 산란 때 편파상태가 변화는 경우가 있는데 거기에는 반사면과 산란체의 기하학적인 형태가 관계하고 있다.
(4) 수평편파와 수직편파에서 얻어지는 화상은 서로 다르게 나타난다.

제4절 원격탐측의 순서

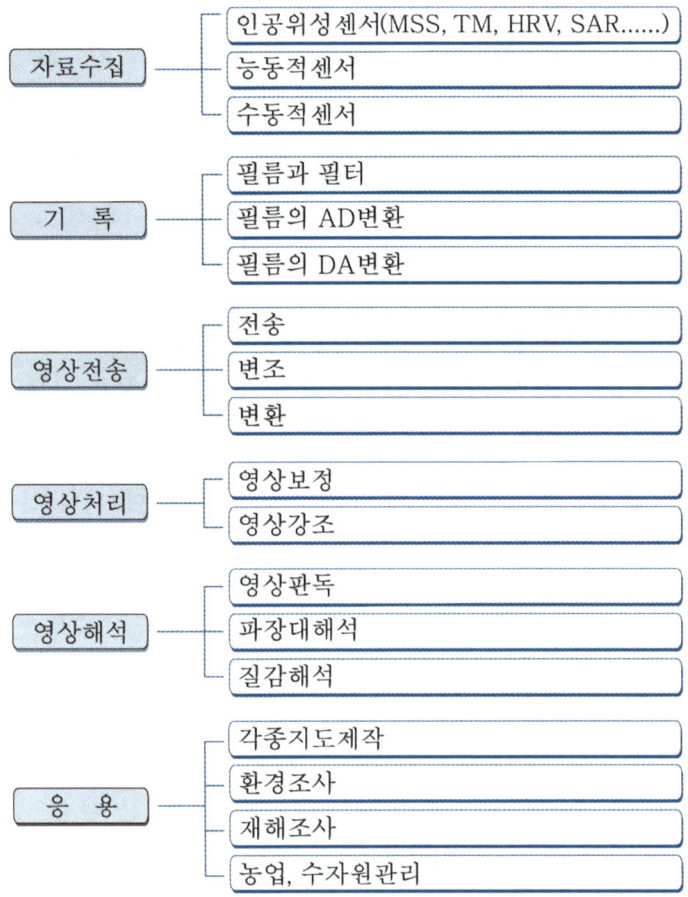

제 5 절 자료수집 – 탐측기(Sensor)

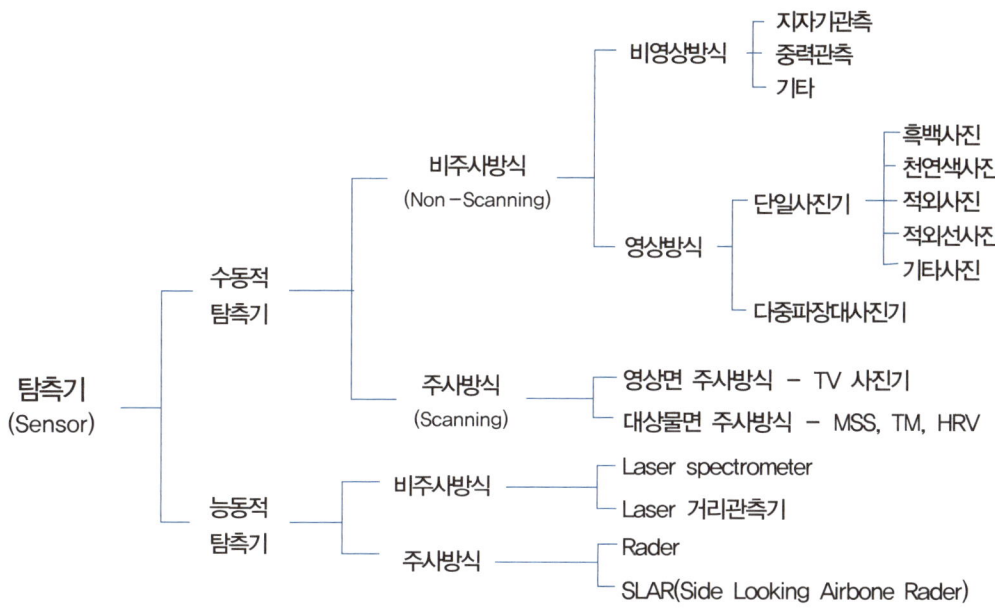

제 6 절 원격탐측에 이용되는 위성

 탑재기는 고도에 따라 여러 가지 형태가 있으며 인공위성은 1957년 10월 4일 최초로 스푸트니크 1호가 발사된 이후, 수많은 인공위성이 발사되었으며, 1969년 7월 21일 아폴로 11호가 인류 최초로 달에 도착하였다. 주요 위성으로는 지구자원탐측위성, 기상위성, 응용기술위성, 우주실험소위성, 해양위성, 월위성 등이 있다.

1) 지구자원탐측위성

 지구자원탐측위성인 LANDSAT은 1972년 7월 23일에 1호가 미국 NASA에서 발사되었으며, 발사 당시에는 ERTS(earth resources & technology satellite)로 명명했으나 1975년 1월 13일에 LANDSAT으로 변경되었다. 1975년 1월 22일에 발사된 LANDSAT-2호는 LANDSAT-1호와 같이, 3밴드 RBV(reteurn beam vidicon)와 4밴드 MSS(multi spectral scanner)가 탑재되었으며, 1978년 3월 5일에 발사된 LANDSAT-3호는 1밴드 RBV 2대와 5밴드 MSS가

설치되었다. 또한, LANDSAT-4호(1982년 7월 16일 발사)는 7밴드 TM(termatic mapper)과 4밴드 MSS, 자료수집체계(DCS)가 탑재되었으며, LANDSAT-5호(1984년 3월 1일 발사)에는 7밴드 TM과 4밴드 MSS가 설치되었다. 그리고 LANDSAT-6호는 1991년 9월에 발사될 예정이다. RBV 영상은 입체시가 가능하다. LANDSAT의 제원은 다음과 같다.

LANDSAT의 제원

촬영고도	900~950km
중량	891kg
촬영량	188/1日
피복대지면적	185km × 185km = 34,225km²
회전주기	1h 43m 16s / 1回, 18日 / 1주기
회전수	14回/1日 또는 103,267分
정보수집장치(Sensor)	reture beam vidicon(RBV)
	multispectral scanner(MSS)
정보수집	감지기는 4band로 長 0.5~1.1μ까지 포착
통과범위	晝間에 80°N ~ 80°S 間을 南南晝方向
사진축척	70mm × 70mm 1 : 3,369,000

2) 기상위성

TIROS-1호는 미국 최초의 기상위성으로 1965년에 발사되었으며, 그 후 많은 기상위성이 발사되었다. 그 중 기상관측위성인 GMS(1977년 발사)는 가시원적외방사계(VISSR)와 우주환경모니터(SEM)가 탑재되었다. 대기오염의 검지 및 감시의 임무를 갖고 있는 NIMBUS-7은 연안수색주사계(CZCS)와 극초단파방사계(SMMR), 원적외방사계(THIR) 등을 탑재하고 있다. 또한, 세계기상감시를 위해 발사된 TIROS-N은 태양동주기궤도를 갖고 있으며, 개량고분해능방사계(AVHRR)가 설치되어 있다. TIROS보다 진보한 기상위성으로 발사된 ESSA 위성은 APT(automatic picture transmission)와 AVCS(advanced vidicon canera system)이 탑재되었으며, NOAA 위성은 APT와 AVCS를 절충하여 해상력을 높였다.

3) 응용기술위성

NASA가 인공위성을 통해서 통신기상업무를 전개시킬 목적으로 계획한 응용위성(ATS)은 1966년에 1호가 발사되었으며, 원통형의 모양을 하고 있다. ATS-1호에는 Spin Scan Camera가 장치되었으며, ATS-3호는 고정궤도위성으로 북대서양, 남대서양, 남미, 북미를 대상지역으로 하고 있으며, SMS/GOES를 탑재하여 색사진(청·록·적색)을 제공하고 있다.

4) 해양위성

해양위성(SEASAT ; 1978년 6월에 발사되어 약 4개월간 작동)은 해양역학과 해양자원의 심사에 필요한 관측을 목적으로 하고 있다. 탑재된 감지기는 극초단파산란계와 주사방사계 및 주사극초단파방사가 탑재되었으며, 궤도의 고도는 약 800km이고 주기는 약 101분이다. 한편, 1987년 2월 19일 일본의 우주개발사업단에서 발사한 MOS-1(marine observation satellite)호는 가시근적외방사계(MESSR)과 가시원적외방사계(VTIR), 주사형극초단파방사계(MSR)가 탑재되었다. MOS-1b는 1990년 2월 7일에 발사하였다.

5) 우주실험소위성(SKYLAB)과 월위성(Apollo)

SKYLAB은 3인승 유인위성으로 우주기술, 우주의학의 실험 및 태양관측을 목적으로 1973년 5월 14일에 처음 발사되었다. SKYLAB에는 많은 감지기를 설치하여 실험함으로써 후에 위성에 탑재할 감지기의 기초가 되었다. SKYLAB은 지름 6.5m, 길이 15m인 원통형으로 무게 34.4ton으로 고도 434km, 태양동주기로써 적도면에 대해 영사각이 50도이다.

Apollo 위성은 HASSELBLAD MK70 사진기를 사용했으며 Apollo-9호는 다중파장대사진(multispectral photo)을 실험하여 다중파장대영상의 시초가 되었다.

6) SPOT

SPOT(system probatoire d'observation de la terre) 위성은 1977년 프랑스가 주축이 되어 계획되었으며, 1986년 2월 22일 SPOT-1호가 발사되었다. 이 위성에는 HRV(high resolution visible) 감시기가 답재되었으며 2개의 기능을 갖고 있다. 전정색영상(P형)과 다중파장대영상(XS형)이 있다. 고도 832km에서 26일 주기로 극궤도를 돌고 있는 SPOT 위성은 LANDSAT과는 달리 경사관측이 가능하므로, 관측주기를 4~5일로 단축할 수 있으며, 입체시 관측이 가능하여 지형도 제작에 이용할 수 있다. SPOT-2는 1990년 1월 22일에 발사되었다. HRV 해상력은 10m×10m(P형), 20m×20m(XS형)이다.

제7절 기록방법

영상의 형을 기록하는 방식으로는 Hard Copy 방식과 Soft Copy 방식으로 분류되며, Hard Copy 방식은 사진과 같이 손으로 들거나 만질 수 있고, 장기간 보관이 가능한 방식이다. 또한 Soft Copy 방식은 영상으로 처리되어 손으로 들거나 만질 수 없고 장기간 보관이 불가능하다.

1) 필름의 AD 변환

(1) AD 변환은 영상과 같은 기계적 정보를 수치정보로 변환하는 것을 말한다.

(2) 필름에 찍힌 영상을 수치화하여 처리할 경우 Digitizer를 이용하여 필름영상을 AD로 변환한다.

2) 필름의 DA 변환

(1) DA 변환은 수치적 자료를 영상정보로 변환하는 것을 말한다.

(2) 수치적으로 처리된 자료를 Hard Copy 방식으로 영상화하기 위해서는 Recorder를 이용하는 DA 변환을 하여야 한다.

제8절 영상의 전송

영상의 형성, 기록 및 이 과정의 반복을 영상의 전송이라 하며, 전송되는 영상은 항상 최적화되지 않으므로 각 단계에서 발생하는 오차와 노이즈(Noise)를 정확히 파악하는 것이 매우 중요하다. 영상 전송에는 전송, 변조, 변환 등이 있다.

(1) 전송(Transfer)
원영상이 그대로 전송되는 것

(2) 변조(Modulation)
원영상과 비슷하지만 점 또는 선 등에 의해 분해되어 전송되는 것

(3) 변환(Transformation)
원영상이 그대로 전송되지 않고 다른 형태로 전송되는 것

제9절 영상처리

원격탐측에 의한 자료는 대부분 화상자료로 취급할 수 있으며 자료처리에 있어서도 디지털 화상처리계에 의해 영상을 해석한다.

1) 영상처리순서

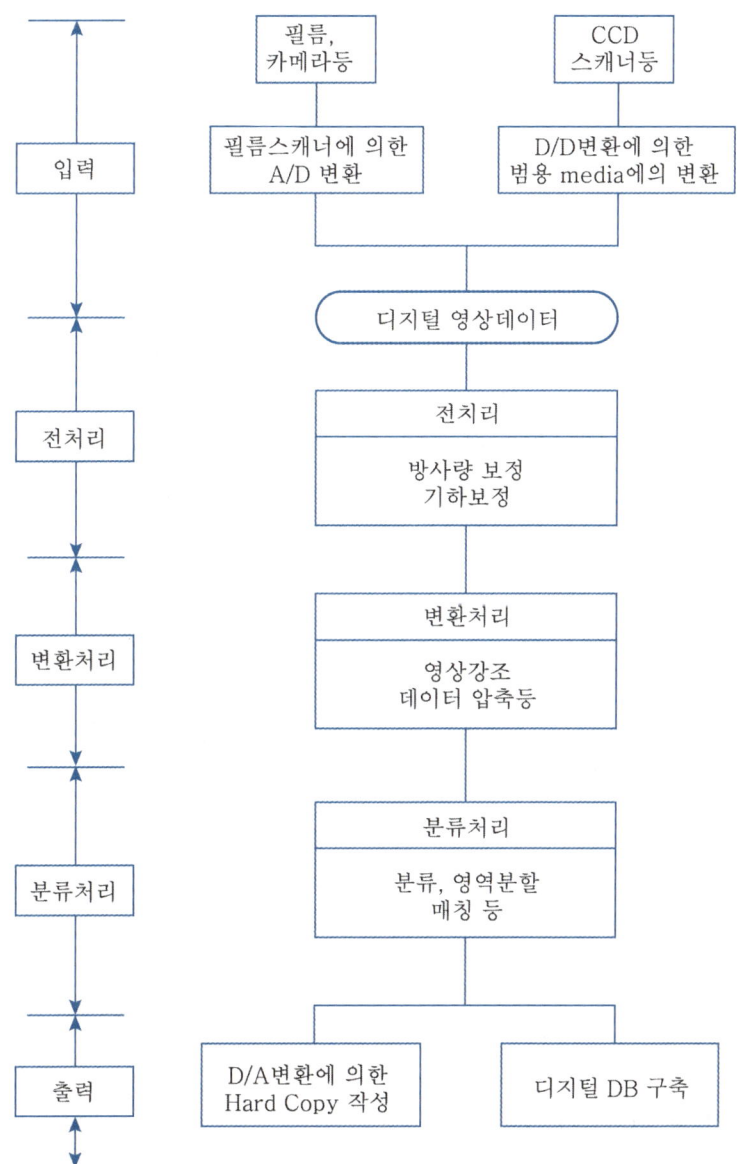

2) 관측자료의 입력

수집자료에는 아날로그 자료와 디지털 자료의 2종류가 있다. 사진과 같은 아날로그 자료의 경우, 처리계에 입력하기 위해 필름 스캐너 등으로 A/D 변환이 필요하다. 디지털 자료의 경우, 일반적으로 고밀도 디지털 레코더(HDDT 등)에 기록되어 있는 경우가 많기 때문에, 일반적인 디지털 컴퓨터로도 읽어낼 수 있는 CCT(Computer Compatible Tape) 등의 범용적인 미디어로 변환할 필요가 있다.

(1) 필름의 AD 변환(Analogue/Digital)

AD 변환은 영상과 같은 기계적 정보를 수치정보로 변환하는 것을 말한다. 필름에 찍혀진 영상을 수치화하여 처리할 경우 Digitizer를 이용하여 필름 영상을 AD로 변환한다.

(2) 필름의 DA 변환

DA 변환은 수치적 자료를 아날로그 정보로 변환하는 것을 말한다. 수치적으로 처리된 자료를 hard copy 방식으로 영상화하기 위해서는 Recorder를 이용하여 DA 변환을 하여야 한다.

3) 전처리

방사량 왜곡 및 기하학적 왜곡을 보정하는 공정을 전처리(Pre-processing)라고 한다. 방사량 보정은 태양고도, 지형경사에 따른 그림자, 대기의 불안정 등으로 인한 보정을 하는 것이고 기하학적 보정이란 센서의 기하 특성에 의한 내부 왜곡의 보정, 플랫폼 자세에 의한 보정, 지구의 형상에 의한 외부 왜곡에 대한 보정을 말한다.

4) 변환처리

농담이나 색을 변환하는 이른바 영상강조(Image Enhancement)를 함으로써 판독하기 쉬운 영상을 작성하거나 데이터를 압축하는 과정을 말한다.

5) 분류처리

분류는 영상의 특징을 추출 및 분류하여 원하는 정보를 추출하는 공정이다. 분류처리의 결과는 주제도(토지이용도, 지질도, 산림도 등)의 형태를 취하는 경우가 많다.

6) 처리 결과의 출력

처리 결과는 D/A 변환되어 표시장치나 필름에 아날로그 자료로 출력되는 경우와 지리정보시스템 등 다른 처리계의 입력 자료로 활용하도록 디지털 자료로 출력되는 경우가 있다.

제10절 해상도

1) 위성영상의 해상도

다양한 위성영상 데이터가 가지는 특징들은 해상도(Resolution)이라는 기준을 사용하여 구분이 가능하다. 위성영상 해상도에는 공간해상도, 분광해상도, 시간 또는 주기 해상도, 반사 또는 복사해상도 로 분류 된다

공간해상도 (Spatial Resolution or Geomatric Resolution)	① Spatial Resolution 이라고도 한다. ② 인공위성영상을 통해 모양이나 배열의 식별이 가능한 하나의 영상소의 최소 지상면적을 뜻한다. ③ 일반적으로 한 영상소의 실제 크기로 표현된다. ④ 센서에 의해 하나의 화소(pixel)가 나타낼 수 있는 지상면적, 또는 물체의 크기를 의미하는 개념으로서 공간해상도의 값이 작을수록 지형 지물의 세밀한 모습까지 확인이 가능하고 이경우 해상도는 높다고 할 수 있다. ⑤ 예를 들어 1m 해상도란 이미지의 한 pixel 이 1m×1m의 가로. 세로 길이를 표현한다는 의미로 1m정도 크기의 지상물체가 식별가능함을 나타낸다. ⑥ 따라서 숫자가 작아질수록 지형지물의 판독성이 향상됨을 의미한다.
분광해상도 (Spectral Resolution)	① 가시광선에서 근적외선 까지 구분할 수 있는 능력으로서 스펙트럼(spectrum:가시광선, 자외선, 적외선 따위가 분광기로 분해되었을 때의 성분) 내에서 센서가 반응하는 특정 전자기파장대의 수와 이 파장대의 크기를 말한다. ② 센서가 감지하는 파장대의 수와 크기를 나타내는 말로서 좀 더 많은 밴드를 통해 물체에 대한 다양한 정보를 획득할수록 분광해상도가 높다라고 표현된다 ③ 즉 인공위성에 탑재된 영상수집 센서가 얼마나 다양한 분광파장영역을 수집할 수 있는가를 나타낸다. ④ 영상이 가지고 있는 밴드 수, 밴드폭을 의미하며, 분광해상도가 높을수록 지표물의 종류, 특성, 상태 등을 파악하는데 훨씬 유용하며, 미세한 분관반사특성의 차이 즉 분광반사곡선이 유사한 물질을 구별할수 있는 가능성이 높아진다.
방사 또는 복사해상도 (Radiometric Resolution)	① 인공위성 관측센서에서 수집이 영상이 얼마나 다양한 값을 표현할 수 있는가를 나타낸다. ② 예를 들어 한 픽셀을 8bit로 표현하는 경우 그 픽셀이 내재하고 있는 정보를 총 256개로 분류할수 있다는 의미가 된다. ③ 즉 그 픽셀이 표현하는 지상물체가 물인지, 나무인지, 건축물인지 256개의 성질로 분류할 수 있다는 것이다 ④ 반면에 한 픽셀을 11bit로 표현한다면 그 픽셀이 내재하고 있는 정보를 총 2048개로 분류할수 있다는 것이므로 8bit인 경우 단순히 나무로 분류된 픽셀이 침엽수인지, 활엽수인지, 건강한지, 병충해가 있는지 등으로 자세하게 분류할 수 잇다는 것이다. ⑤ 따라서 방사해상도가 높으면 위성영상의 분석정밀도가 높다는 의미이다
시간 또는 주기해상도 (Temporal Resolution)	① 지구상 특정지역을 얼마만큼 자주 촬영가능한지를 나타낸다. 어떤 위성은 동일한 지역을 촬영하기 위해 돌아오는데 16일이 걸리고 어떤 위성은 4일이 걸리기도 한다 ② 주기 해상도가 짧을수록 지형변이 양상을 주기적이고 빠르게 파악할 수 있으므로 데이터 베이스 축척을 통해 향후의 예측을 위한 좋은 모델링 자료를 제공한다고 할 수 있다.

CHAPTER 10 문제 및 해설

01 원격탐사(Remote sensing)에 관한 설명 중 옳지 않은 것은? [2010년 기사 2회]

① 센서에 의한 지구표면의 정보취득이 용이하며, 관측자료가 수치 기록되어 판독이 자동적이고 정량화가 가능하다.
② 정보수집장치인 센서로는 MSS(Multispectral scanner), RBV(Return beam vidicon) 등이 있다.
③ 원격탐사는 원거리에 있는 대상물과 현상에 관한 정보(전자 스펙트럼)를 해석함으로써 토지, 환경 및 자원문제를 해결하는 학문이다.
④ 원격탐사는 인공위성에서만 이루어지는 특수한 기법이다.

해설

원격탐사
원거리에서 직접 접촉하지 않고 대상물로부터 반사 또는 복사되는 전자파를 측정함으로서 대상물의 성질이나 그 환경을 분석하는 기술을 말한다. 대상물로부터 반사 또는 복사되는 전자파를 수신하는 장치를 센서라고 하고 카메라, 스캐너 등 센서를 탑재하는 이동체를 플랫폼이라 한다.

1. 원격탐측의 특징
① 짧은 시간에 넓은 지역을 동시에 측정할 수 있으며 반복측정이 가능하다.
② 다중파장대에 의한 지구표면 정보획득이 용이하며 측정자료가 기록되어 판독이 자동적이고 정량화가 가능하다.

③ 회전주기가 일정하므로 원하는 지점 및 시기에 관측하기에 어려움이 있다.
④ 관측이 좁은 시야각으로 얻어진 영상은 정사투영에 가깝다.
⑤ 탐사된 자료가 즉시 이용될 수 있으며 재해, 환경문제, 해결에 편리하다.

02 원격탐사의 정보처리흐름으로 옳은 것은? [2010년 기사 3회]

① 자료수집 − 자료변환 − 방사보정 − 기하보정 − 판독응용 − 자료보관
② 자료수집 − 방사보정 − 기하보정 − 자료변환 − 판독응용 − 자료보관
③ 자료수집 − 자료변환 − 판독응용 − 기하보정 − 방사보정 − 자료보관
④ 자료수집 − 방사보정 − 자료변환 − 기하보정 − 판독응용 − 자료보관

해설

원격탐사의 정보처리흐름
자료수집 − 자료변환 − 방사보정 − 기하보정 − 자료압축 − 판독 − 자료저장 및 재생

Answer 01 ④ 02 ①

03 사진기의 경사, 지표면의 기복을 수정하고 등고선을 삽입하여 집성한 사진지도는?

[2010년 기사 3회]

① 반조정집성사진지도
② 조정집성사진지도
③ 정사사진지도
④ 약조정집성사진지도

해설

편위수정단계에 따른 사진의 명칭
① 약조정집성사진지도 : 편위수정이 거치지 않은 사진지도
② 반조정집성사진지도 : 일부 편위수정이 완료된 사진지도
③ 조정집성사진지도 : 편위수정이 완료된 사진지도
④ 정사투영사진지도 : 편위수정이 완료된 후 등고선이 삽입된 지도

04 인공위성을 이용한 원격탐사의 특징으로 틀린 것은?

[2011년 기사 2회]

① 다중 파장대에 의한 지구 표면, 정보획득이 용이하다.
② 회전주기가 일정하므로 원하는 지점 및 시기에 관측하기 쉽다.
③ 짧은 시간 내에 넓은 지역을 동시에 관측할 수 있으며, 반복 관측이 가능하다.
④ 관측이 좁은 시야각으로 행하여지므로 얻어진 영상은 정사투영에 가깝다.

해설

원격탐사의 특징
① 1972년 미국에서 최초의 지구관측위성(Landsat-1)을 발사한 후 급속히 발전
② 모든 물체는 종류, 환경조건이 달라지면 서로 다른 고유한 전자파를 반사, 방사한다는 원리에 기초한다.
③ 실제로 센서에 입사되는 전자파는 도달과정에서 대기의 산란 등 많은 잡음이 포함되어 있어 태양의 위치, 대기의 상태, 기상, 계절, 지표상태, 센서의 위치, 센서의 성능 등을 종합적으로 고려하여야 한다.

05 원격탐사에 사용되는 센서 중 수동형 센서(Passive Sensor)에 해당되는 것은?

[2012년 기사 1회]

① 레이저 스캐너(Laser scanner)
② 다중분광스캐너(Multispectral scanner)
③ 레이더 고도계(Radar altimeter)
④ 영상 레이더(SLAR)

해설

① 수동적 센서 : MSS, TM, HRV
② 능동적 센서 : SLR(SLAR), LiDAR, Rader

06 원격 탐사(Remote sensing)에 대한 설명 중 옳지 않은 것은?

[2012년 기사 1회]

① 자료가 대단히 많으며 불필요한 자료가 포함되는 경우가 있다.
② 물체의 반사 스펙트럼 특성을 이용하여 대상물의 정보추출이 가능하다.
③ 고도에서 좁은 시야각에 의하여 촬영되므로 중심투영에 가까운 영상이 촬영된다.
④ 자료 취득 방법에 따라 수동적 센서에 의한 것과 능동적 센서에 의한 방법으로 분류할 수 있다.

해설

원격탐측(遠隔探測 : Remote Sensing)
원격탐측은 원거리에서 직접 접촉하지 않고 대상물에서 반사(Reflection) 또는 방사(Emission)되는 각종 파장의 전자기파를 수집, 처리하여 대상물의 성질이나 환경을 분석하는 기법을 말한다. 이때 전자파를 감지하는 장치를 센서(Sensor)라 하고 센서를 탑재한 이동체를 플랫폼(Platform)이라 한다. 통상 플랫폼에는 항공기나 인공위성이 사용된다.

원격탐측의 특징
① 단시간 내에 넓은 지역을 동시에 측정할 수 있으며 반복측정이 가능하다.

Answer 03 ③ 04 ② 05 ② 06 ③

② 관측이 좁은 시야각으로 행해지므로 얻어진 영상은 정사투영에 가깝다.
③ 탐사된 자료가 즉시 이용될 수 있으며 환경문제 해결 등에 유용하다.

원격탐사 위성 : SPOT, IKONOS, KOMSAT-2

09 원격탐사의 정보처리흐름으로 옳은 것은?

[2012년 기사 2회]

① 자료수집 – 자료변환 – 방사보정 – 기하보정 – 판독응용 – 자료보관
② 자료수집 – 방사보정 – 기하보정 – 자료변환 – 판독응용 – 자료보관
③ 자료수집 – 자료변환 – 판독응용 – 기하보정 – 방사보정 – 자료보관
④ 자료수집 – 방사보정 – 자료변환 – 기하보정 – 판독응용 – 자료보관

07 원격탐사의 자료변환시스템에 있어서 기하학적인 오차나 왜곡의 원인이 아닌 것은?

[2012년 기사 1회]

① 센서의 기하학적 특성에 기인한 오차
② 인공위성의 크기에 기인한 오차
③ 플랫폼의 자세에 기인한 오차
④ 지표의 기복에 기인한 오차

[해설]
원격탐사자료의 기하학적 오차나 왜곡의 원인에는 센서의 기하학적 특성에 기인한 오차, 플랫폼의 자세에 기인한 오차, 지표의 기복에 기인한 오차, 위성궤도에 기인한 오차가 있다.

[해설]
원격탐사의 정보처리흐름
① 자료수집
② 자료변환
③ 방사보정
④ 기하보정
⑤ 자료압축
⑥ 판독
⑦ 자료저장 및 재생

08 지상이나 항공기 및 인공위성 등의 탑재기(platfrom)에 설치된 감지기(sensor)를 이용하여 지표, 지상, 지하, 기권 및 우주공간의 대상물에서 반사 혹은 방사되는 전자기파를 탐지하고 이들 자료로부터 토지, 환경 및 자원에 대한 정보를 얻어 이를 해석하는 기법은?

[2012년 기사 2회]

① GPS   ② DTM
③ 원격탐사   ④ 토털 스테이션

10 원격탐사에 대한 설명으로 틀린 것은?

[2012년 기사 3회]

① 사용목적에 따라 적절한 영상을 선택할 필요가 있다.
② 한꺼번에 넓은 지역의 정보를 취득할 수 있다.
③ 지리적으로 접근이 곤란한 지역의 자료 수집에 용이하다.
④ 지리적인 속성정보는 파악이 현지조사보다 정확하다.

[해설]
원격탐사(Remote Sensing)
대상체와 직접적인 물리적 접촉없이 정보를 획득하는 기술이며 과학, 지구상의 중요한 생물학적인 특성과 인간의 활동을 관측하며 모니터링하는 데 사용될 수 있는 과학기술이다.

[해설]
원격탐사의 특징
① 1972년 미국에서 최초의 지구관측위성(Landsat-1)을 발사한 후 급속히 발전

Answer 07 ② 08 ③ 09 ① 10 ④

② 모든 물체는 종류, 환경조건이 달라지면 서로 다른 고유한 전자파를 반사, 방사한다는 원리에 기초한다.
③ 실제로 센서에 입사되는 전자파는 도달과정에서 대기의 산란 등 많은 잡음이 포함되어 있어 태양의 위치, 대기의 상태, 기상, 계절, 지표상태, 센서의 위치, 센서의 성능 등을 종합적으로 고려하여야 한다.
④ 회전주기가 일정하므로 원하는 지점 및 시기에 관측하기가 어렵다.

11 원격탐사 센서 중 플랫폼 진행의 직각방향으로 신호를 발사하고 수신된 신호의 반사강도와 위상을 관측하여 지표면의 2차원 영상을 얻는 방식은? [2012년 기사 3회]

① TM(thematic mapper)
② RVB(return beam vidicon)
③ MSS(multispectral scanner)
④ SAR(synthetic aperture radar)

해설

SAR(Synthetic Apertrue Radar)
레이더 원리를 이용한 능동적 방식으로 영상의 취득에 필요한 에너지를 감지기에서 직접 지표면 또는 대상물에 발사하여, 반사되어 오는 마이크로파를 기록하여, 영상을 생성하는 능동적인 감지기이다. 고해상도영상레이더(SAR)는 반사파의 시간차를 관측하는 것뿐만 아니라 위상도 관측하여 위상 조정 후에 해상도가 높은 2차원 영상을 생성한다.

장점
① 기상조건과 시각적인 조건에 영향을 받지 않는다.
② DEM 생성이 가능하다.
③ 측면방향으로 데이터를 획득할 수 있다.
④ 야간에도 영상을 취득할 수 있다.
⑤ 능동적 센서이다.

12 원격탐사의 활용분야와 가장 거리가 먼 것은? [2012년 기사 3회]

① 정확한 토지 면적 산출
② 토지 이용 현황 파악
③ 환경오염
④ 해수면 온도 측정

해설

이용분야
① 농림, 지질, 수문, 해양, 기상, 환경 등 많은 분야에 활용된다.
② 정확한 토지면적 산출은 어렵다.

13 원격탐사 자료를 표준지도 투영에 맞춰 보정하는 것으로 지표면에서 반사, 방사 및 산란된 측정값들을 평면위치에 투영하는 작업을 무엇이라 하는가? [2012년 기사 3회]

① 굴절보정(refraction correction)
② 기하보정(geometric correction)
③ 방사보정(radiometric correction)
④ 산란보정(scattering correction)

해설

영상처리
① 방사량 보정(Radiometric Correction)에는 센서의 감도 특성에 기인하는 주변 감광의 보정, 광전변환계의 특성에 기인하는 보정, 태양의 고도각 보정, 지형적 반사특성 보정, 대기의 흡수, 산란 등에 의한 대기보정 등이 있다.
② 기하보정(Geometric Correction): 영상에 포함되는 기하왜곡은 영상에서의 각 픽셀 위치좌표와 지도좌표계에서의 대상지물 좌표와의 차이로 알 수 있다. 기하보정은 센서의 기하특성에 의한 내부 왜곡의 보정, 탑재기의 자세에 의한 왜곡 및 지형 또는 지구의 형상에 의한 외부왜곡, 영상 투영면에 의한 왜곡 및 지도투영법 차이에 의한 왜곡 등을 보정하는 것을 말한다.

Answer 11 ④ 12 ① 13 ②

14 다음 중 원격탐사 영상을 이용하여 토지피복도를 제작할 때 가장 활용도가 높은 영상은? [2013년 기사 2회]

① 적외선 영상(Infrared Image)
② 초미세분광 영상(Hyper-Spectral Image)
③ 열적외선 영상(Thermal Infrared Image)
④ 레이더 영상(Radar Image)

해설
토지피복이란 지표면의 물리적 상태를 말한다. 토지이용(land use)이란 지표면의 사회적 이용상태 혹은 이용이 규정된 상태를 말한다. 삼림, 초지, 콘크리트 등은 토지피복이고, 공업용지, 주택지 등은 토지이용이다. 일반적으로 토지이용 구분은 복수의 토지피복 구분으로 되어 있다. 리모트센싱에서 직접 얻어지는 것은 토지피복 정보이고, 토지이용 정보를 얻기 위해서는 토지피복 정보 이외의 정보가 필요한 경우가 많다. 토지피복도를 제작할 때 활용도가 가장 높은 영상은 초미세분광영상(Hyper-Spectral Image)이다.

15 원격탐사의 일반적인 영상처리 순서로 옳게 나열된 것은? [2013년 기사 2회]

① 데이터 입력 → 변환처리 → 전처리 → 분류처리 → 출력
② 데이터 입력 → 전처리 → 변환처리 → 분류처리 → 출력
③ 데이터 입력 → 분류처리 → 변환처리 → 전처리 → 출력
④ 데이터 입력 → 분류처리 → 전처리 → 변환처리 → 출력

해설

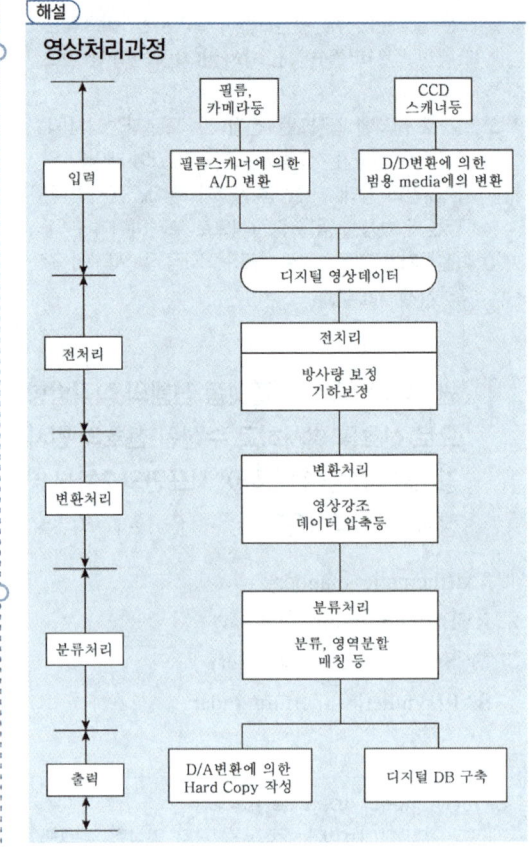

16 원격탐사(remote sensing)에 관한 설명으로 옳지 않은 것은? [2013년 기사 3회]

① 원격탐사는 다중 파장대에 의한 지구표면의 정보획득이 용이하며 측정자료가 수치로 기록되어 판독이 자동적이고 정량화가 가능하다.
② 원격탐사 자료는 물체의 반사 또는 방사 스펙트럼특성 및 광원의 특성 등에 의해 영향을 받는다.
③ 원격탐사의 자료는 대단히 양이 많으며 불필요한 자료가 포함되어 있어 보정이 필요하다.
④ 원격센서를 능동적 센서와 수동적 센서로 구분할 때 대상물에서 방사되는 전자기파를 수집하는 방식을 능동적 센서라 한다.

Answer 14 ② 15 ② 16 ④

해설

① **수동적 센서**: 대상물에서 방사되는 전자기파를 수집하는 방식
② **능동적 센서**: 전자기파를 발사하여 대상물에서 반사되는 전자기파를 수집하는 방식

17 원격탐사에 이용되고 있는 센서의 측정방식에 대한 설명으로 틀린 것은?

[2014년 기사 1회]

① 수동, 비주사, 비화상 방식으로 분류되는 것은 2차원 영상을 만들지 않는다.
② 수동 방식은 태양광의 반사 및 대상물에서 복사되는 전자파를 수집하는 방식이다.
③ 주사 방식에는 MSS와 같은 영상면 주사방식과 TV, 카메라와 같은 대상물면 주사방식이 있다.
④ 능동 방식은 대상물에 전자파를 쏘아 그 대상물에서 반사되어 오는 전자파를 수집하는 방식이다.

해설

Sensor(탐측기)

감지기는 전자기파(electromagnetic wave)를 수집하는 장비로서 수동적 감지기와 능동적 감지기로 대별된다. 수동방식(passive sensor)은 태양광의 반사 또는 대상물에서 복사되는 전자파를 수집하는 방식이고, 능동방식(active sensor)은 대상물에 전자파를 쏘아 그 대상물에서 반사되어 오는 전자파를 수집하는 방식이다.

수동적 탐측기	비주사방식 (非走査方式)	비영상방식 (非映像方式)	지자기측량 (地磁氣測量)		
			중력측량 (重力測量)		
			기타		
		영상방식 (映像方式)	단일(單一) 사진기	흑백사진	
				천연색사진	
				적외사진	
				적외컬러사진	
				기타사진	
			다중파장대 (多重波長帶) 사진기	단일렌즈	단일필름
					다중필름
				다중렌즈	단일필름
					다중필름

	주사방식 (走査方式)	영상면 주사방식 (映像面 走査方式)	TV사진기(vidicon 사진기)		
			고체주사기 (古體走査機)		
		대상물면 주사방식 (對象物面 走査方式)	다중파장대 주사기 (多重波長帶 走査機)	Analogue방식	
				Digital방식	MSS
					TM
					HRV
			극초단파주사기 (microwave radiometer)		
능동적 탐측기	비주사 방식 (非走査 方式)	Laser spectrometer			
		Laser 거리측량기 (距離測量機)			
	주사 방식 (走査 方式)	레이더			
		SLAR	RAR(Rear Aperture Radar)		
			SAR(Synthetic Aperture Radar)		

18 원격탐사(Remote sensing)에 대한 설명으로 옳지 않은 것은? [2014년 기사 2회]

① 자료가 대단히 많으며 불필요한 자료가 포함되는 경우가 있다.
② 물체의 반사 스펙트럼 특성을 이용하여 대상물의 정보 추출이 가능하다.
③ 높은 고도에서 좁은 시야각에 의하여 촬영되므로 중심 투영에 가까운 영상이 촬영된다.
④ 자료 취득 방법에 따라 수동적 센서에 의한 것과 능동적 센서에 의한 방법으로 분류할 수 있다.

해설

원격탐사(Remote sensing)는 높은 고도에서 좁은 시야각에 의하여 촬영되므로 정사투영에 가까운 영상이 촬영된다.

Answer 17 ③ 18 ③

19 원격탐사 플랫폼에서 지상물체의 특성을 탐지하고 기록하기 위해 이용하는 전자기 복사에너지(Electromagnetic Radiation Energy) 중 파장이 긴 것부터 짧은 것 순으로 옳게 나열된 것은? [2014년 기사 2회]

① Visible blue - Visible red - Visible Green
② Visible blue - Mid Infrared - Thermal Infrared
③ Visible red - Visible Green - Visible blue
④ Visible red - Mid Infrared - Thermal Infrared

[해설]
Visible(가시광)은 인간의 눈에 긴 쪽으로부터 순서대로 빨강(red), 주황(orange), 노랑(yellow), 녹색(green), 파랑(blue), 보라색(violet)의 이른바 무지개색으로 보인다.

20 원격탐사의 정보처리 흐름으로 옳은 것은? [2014년 기사 3회]

① 자료수집 - 자료변환 - 방사보정 - 기하보정 - 판독응용 - 자료보관
② 자료수집 - 방사보정 - 기하보정 - 자료변환 - 판독응용 - 자료보관
③ 자료수집 - 자료변환 - 판독응용 - 기하보정 - 방사보정 - 자료보관
④ 자료수집 - 방사보정 - 자료변환 - 기하보정 - 판독응용 - 자료보관

[해설]
원격탐사의 정보처리 흐름
자료수집 → 자료변환 → 방사보정 → 기하보정 → 판독응용 → 자료보관

21 원격탐사의 자료변환 시스템에 있어서 기하학적인 오차나 왜곡의 원인이 아닌 것은? [2014년 기사 3회]

① 센서의 기하학적 특성에 기인한 오차
② 인공위성의 크기에 기인한 오차
③ 플랫폼의 자세에 기인한 오차
④ 지표의 기복에 기인한 오차

[해설]
기하보정(Geometric Correction)
영상에 포함되는 기하학적 왜곡은 영상에서의 각 픽셀 위치좌표와 지도좌표계에서의 대상좌표와의 차이로 알 수 있다. 기하보정은 센서의 기하특성에 의한 내부 왜곡의 보정, 탑재기의 자세에 의한 왜곡 및 지형 또는 지구의 형상에 의한 외부 왜곡, 영상투영면에 의한 왜곡 및 지도투영법 차이에 의한 왜곡 등을 보정하는 것을 말한다.

기하왜곡 요인
① 센서 내부 왜곡(internal distortion)
  • 센서의 기하 특성에 의한 왜곡
  • 센서의 메커니즘에 의한 왜곡
② 센서 외부 왜곡(external distortion)
  • 플랫폼의 자세나 지구곡률 또는 지형에 의한 왜곡
  • 화상 투영 방식의 기하학에 기인하는 왜곡. 이것은 다시 플랫폼에 기인하는 왜곡과 대상물(지구의 자전 등)에 기인하는 왜곡으로 나누어진다.
③ 영상투영면의 처리방법에 기인하는 왜곡
  • 영상투영면의 처리방법(영상좌표계의 정의 방법)에 의해 기하왜곡의 표현이 달라진다.
  • 기계식 스캐너(mechanical scanner) 또는 레이다 영상의 왜곡
④ 지도투영법의 기하학에 기인하는 왜곡
  지도투영법에 따라 기하학적 왜곡의 표현이 달라진다.

Answer 19 ③ 20 ① 21 ②

22 원격탐사센서의 기하학적 특성 중 순간시야각(IFOV) 2.0mrad의 의미는?
[2015년 기사 1회]

① 1,000m 고도에서 촬영한 화소의 지상 투영 면적이 2.0×2.0m
② 1,000m 고도에서 촬영한 화소의 지상 투영 면적이 2.0×2.0km
③ 10,000m 고도에서 촬영한 화소의 지상 투영 면적이 2.0×2.0m
④ 10,000m 고도에서 촬영한 화소의 지상 투영 면적이 2.0×2.0km

해설

순간시야각
(IFOV : Instantaneous Field Of View, 瞬間視野角)
공간정보(공간 분해능)를 파악하는 열화상 장비의 기능에 대해 설명하는 일종의 규격을 말한다. 일반적으로 IFOV는 mRad(밀리라디안) 단위의 각도로 표시된다. 렌즈를 통해 검출기에서 투사되면 IFOV가 주어진 거리에서 볼 수 있는 물체의 크기를 제시한다. IFOV 측정이란 주어진 거리에서 측정할 수 있는 가장 작은 물체를 설명하는 열화상 장비의 측정 분해능을 말한다.
주사기의 지상 분해능의 척도로서 자료를 기록하는 최소 관측 시야 단위로서 순간 시야각에 대응하는 지표의 관측 최소 면적 단위를 화소라 한다. 1회 주사로 얻어지는 선체 범위에 해당하는 각도를 시야각이라 부른다.

23 일반적 원격탐사영상의 해상도 중에 영상의 최소단위인 화소가 지상의 거리를 어느 정도 표현하는가를 나타내는 것을 무엇이라 하는가?
[2010년 산업기사 1회]

① 분광 해상도(Spectral Resolution)
② 방사 해상도(Radiometric Resolution)
③ 공간 해상도(Spatial Resolution)
④ 주기 해상도(Temporal Resolution)

해설

위성영상의 해상도
다양한 위성영상데이터가 가지는 특징들은 해상도(Resolution)라는 기준을 사용하여 구분이 가능하다. 위성영상 해상도에는 공간 해상도, 분광 해상도, 시간 또는 주기 해상도, 반사 또는 복사 해상도로 분류된다.

1) 공간 해상도(Spatial Resolution or Geomatric Resolution)
인공위성영상을 통해 모양이나 배열의 식별이 가능한 하나의 영상소의 최소 지상면적을 뜻한다. 일반적으로 한 영상소의 실제 크기로 표현된다.
센서에 의해 하나의 화소(pixel)가 나타낼 수 있는 지상면적, 또는 물체의 크기를 의미하는 개념으로서 공간 해상도의 값이 작을수록 지형지물의 세밀한 모습까지 확인이 가능하고 이 경우 해상도는 높다고 할 수 있다. 예를 들어 1m 해상도란 이미지의 한 pixel이 1m×1m의 가로, 세로 길이를 표현한다는 의미로 1m 정도 크기의 지상물체가 식별가능함을 나타낸다. 따라서 숫자가 작아질수록 지형지물의 판독성이 향상됨을 의미한다.

24 원격탐사자료의 재배열(Resampling) 방법 중 공일차내삽법(Bilinear Interpolation)의 특징으로 옳지 않은 것은?
[2010년 산업기사 2회]

① 원격탐사영상 내 데이터 값의 변질을 최대한 방지할 수 있으므로 토지피복의 분류 처리 등에 정확도를 확보할 수 있다.
② 최근린내삽법(Nearest Neighbour Interpolation)을 적용했을 때 나타나는 계층현상(Star Step)을 방지할 수 있다.
③ 서로 공간해상도가 다른 영상 간의 기하학적 보정에 적용했을 때보다 공간적으로 정밀한 영상을 만들 수 있다.
④ 입방체내삽법(Cubic Convolution)을 적용했을 때보다 처리시간을 줄일 수 있다.

Answer 22 ① 23 ③ 24 ①

해설

기하보정을 위한 주요한 보간보정방법에는 최근린 내삽법, 공일차 내삽법, 공삼차 내삽법이 있다.

① 최근린 보간법
내삽점(보간점)에 가장 가까운 관측점의 영상소(화소) 값을 구하고자 하는 영상소(화소) 값으로 한다. 이 방법에서 위치 오차는 최대 1/2 픽셀 정도 생기나 원래 영상소 값을 흠내지 않으며 처리속도가 빠르다는 이점이 있다.

② 공일차 내삽법
내삽점 주위 4점의 영상소 값을 이용하여 구하고자 하는 영상소 값을 선형식으로 내삽한다. 이 방식에는 원자료가 흠이 나는 결점이 있으나 평균하기 때문에 Smoothing(평활화) 효과가 있다.

③ 공삼차 내삽법
내삽하고 싶은 점 주위의 16개 관측점의 영상소 값을 이용하여 구하는 영상소 값을 3차 함수를 이용하여 내삽한다. 이 방식에는 원자료가 흠이 나는 결점이 있으나 영상의 평활화와 동시에 선명성의 효과가 있어 고화질이 얻어진다.

25 인공위성에 의한 원격탐측(Remote Sensing)의 장점이 아닌 것은?

[2010년 산업기사 3회]

① 관측자료가 수치적으로 취득되므로 판독이 자동적이며 정량화가 가능하다.
② 관측 시각이 좁으므로 정사투영상에 가까워 탐사자료의 이용이 쉽다.
③ 자료수집의 광역성 및 광역 동시성, 수량적인 정확도가 크다.
④ 회전주기가 일정하므로 언제든지 원하는 지점 및 시기에 관측하기 쉽다.

해설
원격탐측은 회전주기가 일정하므로 원하는 지점 및 시기에 관측하기 어렵다.

장점
① 관측자료가 수치적으로 취득되므로 판독이 자동적이며 정량화가 가능하다.
② 관측시각이 좁으므로 정사투영상에 가까워 탐사자료의 이용이 쉽다.
③ 자료수집의 광역성 및 광역 동시성, 수량적인 정확도가 크다.

26 원격탐사를 위한 위성과 관계없는 것은?

[2012년 산업기사 1회]

① LANDSAT ② GPS
③ SPOT   ④ IKONOS

해설

1. GPS(Global Positioning System)
인공위성을 이용한 세계위치결정체계로 정확한 위치를 알고 있는 위성에서 발사한 전파를 수신하여 관측점까지 소요시간을 관측함으로써 관측점의 위치를 구하는 체계이다.

2. 원격탐사(Remote Sensing)
대상체와 직접적인 물리적 접촉없이 정보를 획득하는 기술이며 과학, 지구상의 중요한 생물학적인 특성과 인간의 활동을 관측하며 모니터링하는 데 사용될 수 있는 과학기술이다.

원격탐사 위성: SPOT, IKONOS, KOMSAT-2

27 원격탐사에 대한 설명으로 옳지 않은 것은?

[2012년 산업기사 2회]

① 원격탐사 자료는 물체의 반사 또는 방사의 스펙트럼 특성에 의존한다.
② 자료 수집 장비로는 수동적 센서와 능동적 센서가 있으며 Laser 거리관측기는 수동적 센서로 분류된다.
③ 자료의 양은 대단히 많으며 불필요한 자료가 포함되어 있을 수 있다.
④ 탐측된 자료가 즉시 이용될 수 있으며 재해 및 환경문제 해결에 편리하다.

Answer 25 ④ 26 ② 27 ②

해설

① 수동적 센서 : MSS, TM, HRV
② 능동적 센서 : SLR(SLAR), LiDAR, Rader
③ 탑측기 종류 및 특징

수동적 센서	햇볕이 있을 때만 사용 가능	
	MSS	
	TM	
	MRV	
능동적 센서	Laser	LiDAR
	Ladae	도플러 데이터 방식
		위성 데이터 방식
	SLAR	RAR 영상
		SAR 영상

28 위성이나 항공기 등에서 취득하는 원격탐사 자료는 여러 가지 원인에 따른 기하학적 오차를 내포하고 있다. 이 중 위성이나 항공기 자체의 기계적인 오차도 포함되는데 이러한 기계적인 오차를 유발하는 원인이 아닌 것은? [2012년 산업기사 2회]

① 공학시스템상의 오차
② 비선형 스캐닝 메커니즘에 의한 오차
③ 불균일 촬영속도에 의한 오차
④ 지구자전 속도에 따른 오차

해설

항공기 자체의 기계적 오차와 지구자전 속도와는 관계가 없다.

29 원격탐사 데이터 처리 중 전처리 과정에 해당되는 것은? [2012년 산업기사 3회]

① 기하보정   ② 영상분류
③ DEM 생성   ④ 영상지도 제작

해설

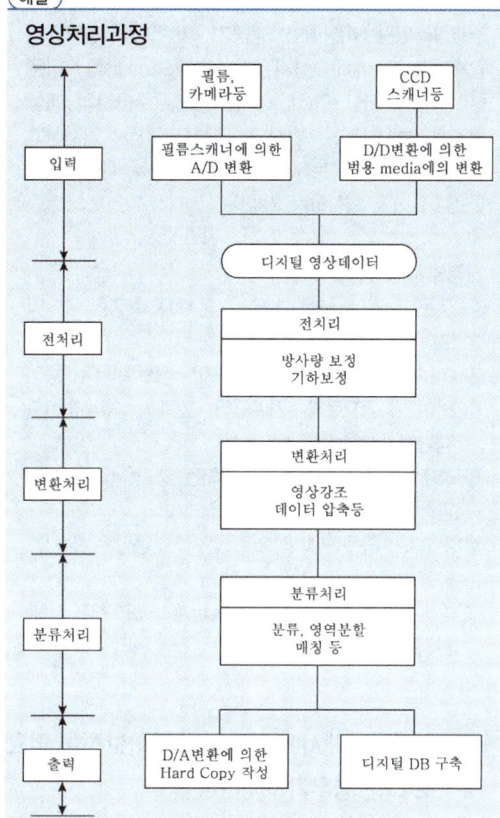

영상처리과정

30 원격탐사(Remote Sensing)에 대한 설명으로 틀린 것은? [2013년 산업기사 1회]

① 인공위성에 의한 원격탐사는 짧은 시간 내에 넓은 지역을 동시에 관측할 수 있다.
② 다중 파장대에 의하여 자료를 수집하므로 원하는 목적에 적합한 자료의 취득이 용이하다.
③ 관측자료가 수치적으로 기록되어 판독이 자동적이며, 정성적 분석이 가능하다.
④ 반복 측정은 불가능하나 좁은 지역의 정밀 측정에 적당하다.

Answer 28 ④ 29 ① 30 ④

> [해설]
>
> 원격탐측이란 지상이나 항공기 및 인공위성 등의 탑재기(Platform)에 설치된 탐측기(Sensor)를 이용하여 지표, 지상, 지하, 대기권 및 우주공간의 대상들에서 반사 혹은 방사되는 전자기파를 탐지하고 이들 자료로부터 토지, 환경 및 자원에 대한 정보를 얻어 이를 해석하는 기법이다.
>
> 원격탐사의 특징
> ① 짧은 시간에 넓은 지역을 동시에 측정할 수 있으며 반복측정이 가능하다.
> ② 다중파장대에 의한 지구표면 정보획득이 용이하며 측정자료가 기록되어 판독이 자동적이고 정량화가 가능하다.
> ③ 회전주기가 일정하므로 원하는 지점 및 시기에 관측하기가 어렵다.
> ④ 관측이 좁은 시야각으로 얻어진 영상은 정사투영에 가깝다.
> ⑤ 탐사된 자료가 즉시 이용될 수 있으므로 재해, 환경문제 해결에 편리하다.

31 원격탐사에서 영상자료의 기하보정을 필요로 하는 경우가 아닌 것은?

[2013년 산업기사 2회]

① 다른 파장대의 영상을 중첩하고자 할 때
② 지리적인 위치를 정확히 구하고자 할 때
③ 다른 일시 또는 센서로 취한 같은 장소의 영상을 중첩하고자 할 때
④ 영상의 질을 높이거나 태양입사각 및 시야각에 의한 영향을 보정할 때

> [해설]
>
> **기하보정(Geometric Correction)**
> 영상에 포함되는 기하왜곡은 영상에서의 각 픽셀 위치 좌표와 지도좌표계에서의 대상지물 좌표와의 차이로 알 수 있다. 기하보정은 센서의 기하특성에 의한 내부 왜곡의 보정, 탑재기의 자세에 의한 왜곡 및 지형 또는 지구의 형상에 의한 외부왜곡, 영상투영면에 의한 왜곡 및 지도투영법 차이에 의한 왜곡 등을 보정하는 것을 말한다.

32 원격탐사에서 화상자료 전체자료량(byte)을 나타낸 것으로 옳은 것은?

[2013년 산업기사 2회]

① (라인수)×(화소수)×(채널수)×(비트수/8)
② (라인수)×(화소수)×(채널수)×(바이트수/8)
③ (라인수)×(화소수)×(채널수/2)×(비트수/8)
④ (라인수)×(화소수)×(채널수/2)×(바이트수/8)

> [해설]
>
> **자료량**
> (라인수)×(화소수)×(채널수)×(비트수/8)

33 원격탐사 센서에 대한 설명으로 옳지 않은 것은?

[2013년 산업기사 3회]

① 선주사 방식에는 Vidicon(TV)방식이 있다.
② 화상센서와 비화상센서가 있다.
③ 수동적 센서에는 선주사 방식과 카메라 방식이 있다.
④ 능동적 센서에는 Radar방식과 Laser방식이 있다.

> [해설]

수동적 탐측기	비주사 방식	비영상방식	지자기측량	
			중력측량	
			기타	
		영상방식	단일사진기	흑백사진
				천연색사진
				적외사진
				적외컬러사진
				기타사진
			다중파장대 사진기	단일렌즈 단일필름
				단일렌즈 다중필름
			다중렌즈	단일필름
				다중필름
	주사 방식	영상면 주사방식	TV사진기(vidicon 사진기)	
			고체주사기	
		대상물면 주사방식	다중파장대 주사기	Analogue방식
				Digital방식 MSS
				TM
				HRV
			극초단파주사기(microwave radiometer)	
능동적 탐측기	비주사 방식	Laser spectrometer		
		Laser 거리측량기		
	주사 방식	레이더		
		SLAR	RAR(Rear Aperture Radar)	
			SAR(Synthetic Aperture Radar)	

Answer 31 ④ 32 ① 33 ①

34 원격탐사 자료처리 중 기하학적 보정인 것은?
[2013년 산업기사 3회]

① 영상대조비 개선
② 영상의 밝기 조절
③ 화소의 노이즈 제거
④ 지표기복에 의한 왜곡 제거

해설

전처리	복사량 보정	센서보정	광학계 특성기인보정
			광전변환계 특성기인 보정
		태양고도 보정	
		지형보정	지표면의 법선벡터와 광로복사성분을 이용
		대기보정	복사전달방정식을 이용
			현장참자료를 이용
			기타 방법
	기하 보정	기하왜곡	센서내부왜곡
			센서외부왜곡
			화상투영면처리방법
			지도투영법의 기하학

35 원격탐사시스템의 해상도 중 파장대역의 전자파 에너지를 측정하는 해상도로 옳은 것은?
[2015년 산업기사 1회]

① 주기해상도 ② 방사해상도
③ 공간해상도 ④ 분광해상도

해설

분광해상도(Spectral Resolution)
가시광선에서 근적외선까지 구분할 수 있는 능력으로서 스펙트럼 내에서 센서가 반응하는 특정 전자기파장대의 수와 이 파장대의 크기를 말한다. 센서가 감지하는 파장대의 수와 크기를 나타내는 말로서 좀 더 많은 밴드를 통해 물체에 대한 다양한 정보를 획득할수록 분광해상도가 높다라고 표현된다. 즉 인공위성에 탑재된 영상수집 센서가 얼마나 다양한 분광파장영역을 수집할 수 있는가를 나타낸다. 예를 들어 어떤 위성은 Red, Green, Blue 영역에 해당하는 가시광선 영역의 영상만 얻지만 어떤 위성은 가시광선 영역을 포함하여 근적외, 중적외, 열적외 등 다양한 분광영역의 영상을 수집할 수 있다. 그러므로 분광 해상도가 좋을수록 영상의 분석적 이용 가능성이 높아진다.

36 원격탐사에 대한 설명으로 옳지 않은 것은?
[2015년 산업기사 1회]

① 자료수집 장비로는 수동적 센서와 능동적 센서가 있으며 Laser 거리관측기는 수동적 센서로 분류된다.
② 원격탐사자료는 물체의 반사 또는 방사의 스펙트럴 특성에 의존한다.
③ 자료의 양은 대단히 많으며 불필요한 자료가 포함되어 있을 수 있다.
④ 탐측된 자료가 즉시 이용될 수 있으며 재해 및 환경문제 해결에 편리하다.

해설

원격탐사의 특징
① 모든 물체는 종류, 환경조건이 달라지면 서로 다른 고유한 전자파를 반사, 방사한다는 원리에 기초한다.
② 실제로 센서에 입사되는 전자파는 도달과정에서 대기의 산란 등 많은 잡음이 포함되어 있어 태양의 위치, 대기의 상태, 기상, 계절, 지표상태, 센서의 위치, 센서의 성능 등을 종합적으로 고려하여야 한다.
③ 고해상도의 위성영상으로 상세한 D/B구축
④ 짧은 시간에 넓은 지역의 조사 및 반복측정이 가능
⑤ 다중파장대 영상으로 지구표면 정조 획득 및 경관 분석 등 다양한 분야에 활용
⑥ GIS와의 연계로 다양한 공간분석이 가능

37 원격탐사 데이터 처리 중 전처리 과정에 해당되는 것은?
[2015년 산업기사 1회]

① 기하보정 ② 영상분류
③ DEM 생성 ④ 영상지도제작

Answer 34 ④ 35 ④ 36 ① 37 ①

> [해설]
> 위성영상처리순서
> ① 전처리 : 방사량보정, 기하보정
> ② 변환처리 : 영상 강조, 데이터 압축
> ③ 분류처리 : 분류, 영상분할/매칭

38 원격탐사의 분류기법 중 감독분류기법에 대한 설명으로 옳은 것은?

[2015년 산업기사 2회]

① 작업자가 분류단계에서 개입이 불필요하다.
② 대상지역에 대한 샘플 자료가 없을 경우에 적당한 분류기법이다.
③ 영상의 스펙트럼 특성만을 가지고 분류하는 기법이다.
④ 수치지도, 현장자료 등 지상검증자료를 샘플로 이용하여 분류한다.

> [해설]
> 감독분류와 무감독분류
> 원격탐사로 얻어지는 다중스펙트럼 영상의 특정 공간을 영역 분할하여 분류하면 토지이용, 식생, 토양, 지질 등의 주제도가 얻어진다.
> ① 감독분류(supervised classification)
>   ㉠ 지상검증자료(Ground Truth Data)를 샘플로 이용하여 분류하는 방법
>   ㉡ 대표적인 것에는 최대우도(확률)법(maxi-mum likelihood estimation)이 있다.
>   ㉢ 최대우도추정법(最大尤度推定法)이란 특정 공간에서 모집단을 확률밀도 함수형으로 가정한 다음 그 트레이닝 자료가 추출되는 확률(우도)을 가장 높일 수 있는 분포밀도의 통계량(평균이나 분산 등)을 모집단의 통계량으로 하는 방법
>   ㉣ 모집단의 특성을 편중되지 않고 나타낼 수 있는 트레이닝자료를 추출할 필요가 있다.
>   ㉤ 화상에 어떠한 대상물이 포함되고 있는가를 사전에 알아둘 필요가 있다.

39 위성을 이용한 원격탐사(Remote Sensing)에 대한 설명으로 옳지 않은 것은?

[2015년 산업기사 2회]

① 회전주기가 일정하므로 원하는 지점 및 시기에 관측이 용이하다.
② 탐사된 자료는 다양한 처리과정을 거쳐 재해 및 환경문제 해결에 활용할 수 있다.
③ 관측이 좁은 시야각으로 실시되므로, 얻어진 영상은 정사투영에 가깝다.
④ 짧은 시간 내에 넓은 지역을 동시에 측정할 수 있으며, 반복관측이 가능하다.

> [해설]
> 원격탐측(Remote Sensing)
> 원거리에서 직접 접촉하지 않고 대상물에서 반사(Reflection) 또는 방사(Emission)되는 각종 파장의 전자기파를 수집, 처리하여 대상물의 성질이나 환경을 분석하는 기법을 말한다. 이때 전자파를 감지하는 장치를 센서라 하고 센서를 탑재한 이동체를 플랫폼이라 한다. 통상 플랫폼에는 항공기나 인공위성이 사용된다.

40 공간해상도가 높은 전정색영상과 공간해상도가 낮은 컬러(다중분광)영상을 합성하여 공간해상도가 높은 컬러영상을 만드는 데 사용하는 영상처리방법은?

[2013년 기사 3회]

① Fourier 변환
② 영상융합(Image Fusion) 또는 해상도 융합(Resolution Merge) 변환
③ NDVI(Normal Difference Vegetation Index) 변환
④ 공간 필터링(Spatial Filtering)

> [해설]
> 영상융합은 일반적으로 둘 혹은 그 이상의 서로 다른 영상면들을 이용하여 새로운 영상면을 생성함으로서 영상의 효과를 극대화시켜 영상분류의 정확도를 향상시키는데 사용되는 기법이다.

Answer 38 ④ 39 ① 40 ②

41 그림과 같이 3×3 크기의 격자(raster)에 이동평균필터(moving average filter)를 적용할 경우 중앙 위치에 새롭게 할당될 픽셀 값은?
[22년 기사 1회]

3	5	4
7	1	8
9	3	5

① 3　　② 4
③ 5　　④ 6

해설

중앙값 방법(Median Method)
영상결함을 제거하는 기법으로 어떤 영상소의 주변의 값을 작은값부터 재배열한후 가장 중앙의 값을 새로운 값으로 설정후 치환하는 방법이다.

3	5	4
7	1	8
9	3	5

→ 1 3 3 4 5 5 7 8 9

42 KOMPSAT(한국형다목적실용위성, 아리랑위성) 중 SAR(Synthetic Aperture Radar) 영상을 제공하는 것은?
[22년 기사 1회]

① KOMPSAT-1
② KOMPSAT-2
③ KOMPSAT-3
④ KOMPSAT-5

해설

합성개구면레이더(SAR)
아리랑 5호(KOMPSAT-5)는 광학 망원경만 탑재하고 있는 아리랑 2, 3호, 적외선 망원경을 탑재한 아리랑 3A호와는 달리 합성개구면레이더(SAR)을 탑재하고 있다. SAR은 다중촬영모드를 지원하여 낮은 해상도로 넓은 범위를 촬영하거나 좁은 범위를 정밀하게 촬영할 수 있으며, 고주파와 저주파를 모두 사용할 수 있다.

SAR은 광학 망원경 또는 적외선 망원경에 비하여 주야간 및 악천후에 영향이 적을 뿐 아니라 천해 및 지하탐측과 같이 넓은 활용분야를 가지고 있다.

43 영상분류(image classification)에서 감독분류(supervised classification)기법을 위해 필수적인 사항은?
[22년 기사 1회]

① 표본영상 자료
② 좌표변환식
③ 지상측량 성과
④ 수치지도

해설

무감독분류	• 트레이닝 데이터인 표본영상자료를 사용하지 않고 영상의 특성에 의해서만 분류한 후 실제와 비교 • 자동으로 계산되는 평균값 등을 이용하여 각 픽셀이 어느 분류에 포함되는지 결정 • 반복 작업의 횟수 또는 픽셀 정렬작업의 전후를 비교하여 최종결정
감독분류	• 분류자가 트레이닝 데이터인 표본 영상자료를 지정하여 그에 근접한 특징을 갖도록 분류 • 최대우도법(최적분류법)은 가장 많이 이용되는 분류법으로 각 분류에 대한 영상소 자료의 유사성을 구하고 최대우도 분류를 통해 그 영상소를 분류하는 방법

44 다음 전자파의 파장대 중 육지와 수역(물)의 구분이 가장 잘 구분되는 파장대는?
[22년 기사 1회]

① 녹색 파장대
② 적색 파장대
③ 청색 파장대
④ 근적외선 파장대

Answer 41 ③　42 ④　43 ①　44 ④

> [해설]

가시광선	가시광선은 전자기파 중에서 사람의 눈에 보이는 범위의 파장을 가지고 있으며 빨간색에서 보라색으로 갈수록 파장이 짧아진다. 가시광선은 지형도 제작에 주로 활용되며 사진의 판독에도 활용한다.
적외선	빛을 프리즘으로 분산시켰을 때 빨간색의 끝보다 더 바깥쪽에 위치하는 전자기파로 근적외선, 적외선, 원적외선으로 구분된다. 측량에서는 군사, 식생 등의 판독에 주로 사용하며, 이중 근적외선은 육지와 수역 구분에 가장 적합하다.
극초단파	극초단파는 파장의 길이가 짧아 직진성, 반사, 굴절, 간접 등의 성질이 빛과 거의 유사하여 레이더 탐사와 전파 위치 측정 등에 이용된다.

45 회전주기가 일정한 위성을 이용한 원격탐사(remote sensing)의 특징으로 옳지 않은 것은? [22년 기사 1회]

① 짧은 기간 내에 넓은 지역을 동시에 관측할 수 있으며 반복관측이 가능하다.
② 회전주기가 일정하므로 원하는 지점 및 시기에 관측이 용이하다.
③ 관측이 좁은 시야각으로 얻어진 영상은 정사투영에 가깝다.
④ 탐사된 자료가 즉시 이용될 수 있으며 재해, 환경문제 해결에 편리하다.

> [해설]
>
> **원격탐측(Remote sensing)**
> 원격탐측이란 지상이나 항공기 및 인공위성 등의 탑재기(Platform)에 설치된 탐측기(Sensor)를 이용하여 지표, 지상, 지하, 대기권 및 우주공간의 대상들에서 반사 혹은 방사되는 전자기파를 탐지하고 이들 자료로부터 토지, 환경 및 자원에 대한 정보를 얻어 이를 해석하는 기법이다.
> ㉠ 짧은 시간에 넓은 지역을 동시에 측정할 수 있으며 반복측정이 가능하다.

㉡ 다중파장대에 의한 지구표면 정보획득이 용이하며 측정자료가 기록되어 판독이 자동적이고 정량화가 가능하다.
㉢ 회전주기가 일정하므로 원하는 지점 및 시기에 관측하기가 어렵다.
㉣ 관측이 좁은 시야각으로 얻어진 영상은 정사투영에 가깝다.
㉤ 탐사된 자료가 즉시 이용될 수 있으므로 재해, 환경문제 해결에 편리하다.

46 녹색식생의 상대적 분포량과 활동성(activity)을 나타내는 방사측정값인 식생지수(vegetation index)의 특징이 아닌 것은? [22년 2기]

① 식생지수는 유효성 및 품질관리를 위하여 구체적인 생물학적 변수와 연관되어야 한다.
② 식생지수는 지형효과 및 토양변이 등에 의해 영향을 줄 수 있는 내부효과를 정규화하여야 한다.
③ 식생지수의 일관된 비교를 위하여 태양각, 촬영각, 대기상태와 같은 외부효과를 정규화하거나 모델링 할 수 있어야 한다.
④ 식생지수는 식물의 생물리적 변수에 대한 민감도를 최소화할 수 있어야 하며 대규모 지역의 식생상태와 비선형적으로 비례하여야 한다.

> [해설]
>
> **식생지수(vegetation index, 植生指數)**
> 식물의 잎면적, 총량, 지표면 식물들의 상태와 같은 식생의 성질을 예측하거나 평가하는 데 사용되는 수치적인 값
> 식생지수는 다중채널 원격탐사 관측자료를 사용하여 얻을 수 있다.
> 1. 특징
> ① 식생지수는 유효성 및 품질관리를 위하여 구체적인 생물학적 변수와 연관되어야 한다.
> ② 식생지수는 지형효과 및 토양변이 등에 의해 영향을 줄 수 있는 내부효과를 정규화하여야 한다.

Answer 45 ② 46 ④

③ 식생지수의 일관된 비교를 위하여 태양각, 촬영각, 대기상태와 같은 외부효과를 정규화하거나 모델링할 수 있어야 한다.
④ 식생지수는 식생분포 및 활력도 분석을 위해 실시하는 것으로 단위가 없는 복사값으로서 녹색식물의 상대적 분포량과 활동성, 엽면적지수, 엽록소 함량 등과 관련된 지표이다.

47 위성영상 중 지표면의 온도분포를 분석할 수 있는 것은? [22년 2회 측기]

① Landsat 위성의 TM 영상
② Landsat 위성의 RBV 영상
③ STOP 위성의 HRV 영상
④ 아리랑 위성의 EOC 영상

[해설]

TM 탐측기
TM(Thematic Mapper) 탐측기는 Landsat 4호~8호에 탑재되어 가시광선, 근적외선, 중적외선 및 열적외선 영역에서의 에너지를 기록하는 위스크브룸 방식의 광학센서 시스템이다.
① 지표면의 고분해능 관측목적으로 LANDSAT 4~8호에 탑재
② 파장영역은 7밴드(최근 9밴드 까지 향상)
③ 판독의 정밀도가 MSS보다 높다
④ 주사경(렌즈)의 운동은 MSS와 달리 왕복관측을 한다.
⑤ 세부판독능력이 향상 됨

48 공간 해상력이 상이한 두 종류 이상의 영상을 합성하여 상대적으로 고해상도인 종합정보를 포함한 영상을 제작하는 과정을 무엇이라고 하는가? [22년 2회 측기]

① 영상 강조(image enhancement)
② 영상 분류(image classification)
③ 영상 전처리(image preprocessing)
④ 영상 융합(image fusion)

[해설]

영상 전처리	방사량 왜곡 및 기하학적 왜곡을 보정하는 공정을 전처리라 한다.
영상 강조	화상자료를 해석할 때 해석자가 화상내용을 정확하게 인식할 수 있도록 해석 목적에 따라 화상자료를 가공하는 것
영상 분류	화상에 포함된 여러 가지 대상물의 구별을 목적으로 화소나 비교적 성질이 같은 화소 그룹의 특징에 대응되는 라벨을 지정하는 것이다. 이러한 라벨을 분류 클래스라고 한다.
영상 융합	공간 해상력이 상이한 두 종류 이상의 서류 다른 영상면들을 이용하여 새로운 영상면을 생성함으로써 영상의 효과를 극대화시켜 영상분류의 정확도를 향상시키는 데 사용되는 기법

49 숲 지역에서 수치고도모형(DEM) 데이터를 추출하기 위한 방법 중 가장 정확도가 높은 방법은? [22년 2기]

① 위성영상자료이용
② 기존수치지도이용
③ 항공레이저측량
④ 항공사진측량

[해설]

항공레이저측량
(LiDAR : Light Ddetction And Ranging)
항공레이저측량 시스템은 지표(surface)에 있는 산이나 골짜기, 산림등의 자연지형과 택지 및 도로, 빌딩이나 다리등의 인공지물로 이루어지는 지형지물을 항공기의 위치 및 자세가 정확하게 얻어지는 센서로부터 레이저를 발사하여 거리를 측정하고 그 수치를 측량좌표계등으로 나타낸 계측기라 할 수 있다. 항공레이저측량은 항공레이저측량시스템을 항공기에 탑재하여 레이저를 주사하고 그 지점에 대한 3차원 위치좌표를 취득하는 측량방법을 말한다. Laser Radar 혹은 LIDAR, LiDAR이라고도 한다.

Answer 47 ① 48 ④ 49 ③

50. 위성을 이용한 원격탐사의 특징에 대한 설명으로 틀린 것은? [22년 2회 측기]

① 짧은 시간 내에 넓은 지역을 동시에 관측할 수 있으면 반복관측이 가능하다.
② 회전주기가 일정하므로 원하는 지점 및 시기에 관측하기 쉽다.
③ 다중 파장대에 의한 지구표면의 정보획득이 용이하고 관측자료가 수치기록 되므로 판독이 자동적이고 정량화가 가능하다.
④ 관측이 좁은 시야각으로 행하여지므로 얻은 영상은 정사투영상에 가깝다.

[해설]

원격탐사(Remote Sensing)
원격탐측이란 지상이나 항공기 및 인공위성 등의 탑재기(Platform)에 설치된 탐측기(Sensor)를 이용하여 지표, 지상, 지하, 대기권 및 우주공간의 대상들에서 반사 혹은 방사되는 전자기파를 탐지하고 이들 자료로부터 토지, 환경 및 자원에 대한 정보를 얻어 이를 해석하는 기법이다.

원격탐사(Remote Sensing)의 특징
1) 짧은 시간에 넓은 지역을 동시에 측정할 수 있으며 반복측정이 가능하다.
2) 다중파장대에 의한 지구표면 정보획득이 용이하며 측정자료가 기록되어 판독이 자동적이고 정량화가 가능하다.
3) 회전주기가 일정하므로 원하는 지점 및 시기에 관측하기가 어렵다.
4) 관측이 좁은 시야각으로 얻어진 영상은 정사투영에 가깝다.
5) 탐사된 자료가 즉시 이용될 수 있으므로 재해, 환경 문제 해결에 편리하다.

51. 우리나라 위성 중 정지궤도를 채택하면서 최초로 기상관측 목적의 센서를 탑재한 위성은? [22년 2기]

① 아리랑 위성
② 무궁화 위성
③ 천리안 위성
④ 우리별 위성

[해설]

정지궤도 위성은 인공위성의 지구공전주기와 지구의 자전주기가 같아 지상에서 관측시 정지한 것처럼 보이는 위성을 의미한다. 천리안 위성은 우리나라 정지궤도 기상위성으로 2010년 6월 1호가 발사되었으며 2018년 12월, 2020년 2월 각각 2A호와 2B호가 발사되었다.

52. 수동적 감지기(passive sensor)중 지표로부터 반사되는 전자기파를 렌즈와 반사경으로 집광하여 필터를 통해 분광한 다음 파장별로 구분하여 각각의 영상을 기록하는 감지기는? [21년 4기]

① INS
② MSS
③ PAN
④ SAR

[해설]

다중분광센서(MSS : Multi Spectral Scanner)
MSS(다중파장대 주사기)는 지표로부터 방사되는 전자기파를 렌즈와 반사경으로 집광하여 필터를 통해 분광한 다음 파장대 별로 구분하여 각각의 영상을 테이프에 기록하는 장치이다.
지구자원탐사위성으로 LANDSAT에 부착되어 있는 센서로 대상물의 정성적 해석에 이용된다.
MSS영상은 토지이용분석, 지상자원분석, 수자원분석, 환경감시, 지상자원분석, 해양학,지형학 등에 응용되고 있다.

Answer 50 ② 51 ③ 52 ②

53 다음 중 탑재된 센서로 경사관측이 불가능한 위성은? [21년 4기]

① SPOT 위성
② KOMPSAT 위성
③ IRS 위성
④ Landsat 위성

해설

Landsat위성은 탑재체의 비행방향축에 직각방향으로 일정한 촬영폭을 유지하며 넓은 폭의 영상면을 취득하는 방식으로 경사관측이 불가능하다.
Landsat에 탑재된 MSS, TM 센서는 경사관측이 불가능하다.

54 2010년에 우리나라에서 개발하여 발사한 천리안위성(COMS)의 임무로 거리가 먼 것은? [21년 4기]

① 통신중계
② 선박감시
③ 해양관측
④ 기상관측

해설

COMS(천리안 위성 : Communication, Ocean and Meteorological Satellite)
① 2010년 6월 발사되어 현재 운용 중(설계수명 7년)인 우리의 기술로 개발한 최초의 정지궤도위성이다.
② 위성의 임무는 영문명칭인 Communication, Ocean and Meteorological Satellite이 의미하듯 "통신해양기상위성" 이다.
③ 즉, 대한민국 최초의 해양 관측, 기상 관측, 통신 서비스 임무를 수행하는 정지궤도 복합위성으로서, 지구의 적도 상공 36,000km 고도와 동경 128.2도에 위치하면서 해양관측, 기상관측, 통신서비스 임무를 수행한다.

55 원격탐사의 일반적인 영상처리 순서로 옳게 나열된 것은? [21년 4기]

① 데이터 입력 → 변환처리 → 전처리 → 분류처리 → 출력
② 데이터 입력 → 전처리 → 변환처리 → 분류처리 → 출력
③ 데이터 입력 → 분류처리 → 변환처리 → 전처리 → 출력
④ 데이터 입력 → 분류처리 → 전처리 → 변환처리 → 출력

해설

데이터 입력 → 전처리 → 변환처리 → 분류처리 → 출력

56 위성영상에서 취득하여 보정처리 된 개별 영상을 하나의 영상으로 합치는 과정을 설명한 용어로 옳은 것은? [21년 4기]

① 영상 모자이크(Image Mosaic)
② 영상 융합(Image Fusion)
③ 공간 필터링(Spatial Filtering)
④ 영상 해상도 융합(Image Resoultion Merge)

해설

영상모자이크(image mosaic)
영상을 하나의 영상으로합치는 과정을 영상모자이크라고 한다.

영상융합(image fusion)(해상도 병합 혹은 영상접합)
영상융합은 일반적으로 둘 혹은 그 이상의 서로 다른 영상면들을 이용하여 새로운 영상면을 생성함으로써 영상의 효과를 극대화시켜 영상분류(Classification)의 정확도를 향상시키는데 사용되는 기법이다. 영상융합을 통해 개선된 영상으로부터 영상면에 존재하는 정보를 최대한으로 얻음으로써 자료의 모호함을 감소, 신뢰성 확보 및 분류의 개선을 할수 있다.

Answer 53 ④ 54 ② 55 ② 56 ①

57 원격탐사 플랫폼에서 지상물체의 특성을 탐지하고 기록하기 위해 이용하는 전자기 복사에너지가 파장이 긴 것부터 짧은 것의 순서로 옳게 나열된 것은? [21년 2기]

① Visible Blue-Visible Red-Visible Green
② Visible Red-Visible Green-Visible Blue
③ Visible Blue-Mid Infrared-Thermal Infrared
④ Visible Red-Mid Infrared-Thermal Infrared

해설
visible(가시광선)은 우리가 평소 빛이라고 칭한다. 인간의 눈에 파장이 긴쪽으로부터 순서대로 적외선 → 가시광선(빨강(red), 주황(orange), 노랑(yellow), 녹색(green), 파랑(blue), 남색(indigo), 보라색(violet)이른바 무지개색으로 보인다) → 자외선 순서이다.

58 아래와 같은 영상을 분석하기 위해 산림지역의 트레이닝 필드를 선정하였다. 트레이닝 필드로부터 산출되는 각 밴드의 평균값은? [21년 2기]

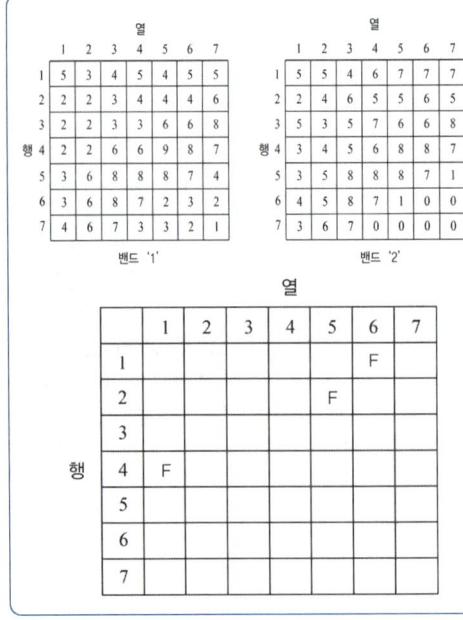

① 밴드 '1' =5.2, 밴드 '2' =3.3
② 밴드 '1' =3.3, 밴드 '2' =5.2
③ 밴드 '1' =1.6, 밴드 '2' =1.2
④ 밴드 '1' =1.2, 밴드 '2' =1.6

해설
밴드1: 최확값(평균) = $\frac{2+2+3+4+5+4}{6}$ = 3.3

밴드2: 최확값(평균) = $\frac{3+4+5+7+7+5}{6}$ = 5.2

59 센서의 순간시야각(IFOV)이 15mrad(milli radians)이고, 촬영 고도가 1000m일 때 지상 공간해상도로 옳은 것은? [21년 2기]

① 0.15m×0.15m
② 1.5m×1.5m
③ 15m×15m
④ 150m×150m

해설
순간시야각(IFOV)은 센서의 지상분해능에 대한 척도로, 센서가 한번 노출로 커버하는 지상의 영역을 의미한다.
$D = H \cdot \beta = 1000 \times 0.0015 = 1.5m$
즉, 지상포함면적은 1.5×1.5이다.
β는 IFOV로 Milli Radians이다.
1,000m 고도에서 촬영한 화소의 지상 투영면적이 1.5×1.5m

60 위성영상의 지상수신소에서 사용자에게 공급하는 위성영상자료의 포맷이 아닌 것은? [21년 2기]

① SIF(Standard Interchange Format)
② BIL(Band Interleaved by Line)
③ BSQ(Band SeQuential)
④ HDF(Hierarchical Data Format)

Answer 57 ② 58 ② 59 ② 60 ①

> [해설]
> 지상수신소에서 사용자에게 공급하는 위성영상자료의 포맷
> BIL(Band Interleaved by Line) : 라인별 영상
> BSQ(Band Se Quential) : 밴드별 영상
> BIP(Band Interleaved by Pixel) : 픽셀별 영상
> HDF(Hierarchical Data Format)

61 항공사진 또는 위성영상을 지상기준점(GCP)을 이용해 왜곡된 영상의 좌표와 실제 지표 좌표를 연계하여 영상의 좌표를 지도 좌표계와 일치 시키는 과정을 무엇이라 하는가? [21년 2기]

① 대기보정(Atmospheric Correction)
② 방사량보정(Radiometric Correction)
③ 시스템보정(System Correction)
④ 기하보정(Geometric Correction)

> [해설]
> 기하보정(Geometri Correction)
> 영상에 포함되는 기하왜곡은 영상에서의 각 픽셀 위치 좌표와 지도좌표계에서의 대상지물 좌표와의 차이로 알수 있다. 기하보정은 센서의 기하특성에 의한 내부 왜곡의 보정, 탑재기의 자세에 의한 왜곡 및 지형 또는 지구의 횡상에 의한 외부왜곡, 영상투영면에 의한 왜곡 및 지도투영법 차이에 의한 왜곡 등을 보정하는 것을 말한다.

62 SAR(Synthetic Aperture Radar)에 대한 설명으로 틀린 것은? [21년 2기]

① 야간에도 데이터 획득이 가능하다.
② 측면방향으로 데이터를 획득할 수 있다.
③ DEM 생성이 가능하다.
④ 수동적 광학센서를 사용한다.

> [해설]
> SAR(Synthetic Aperture Radar)는 능동적 센서로 태양광에 의존하지 않아 밤에도 영상 촬영이 가능하다. 또한 구름이 대기중에 존재하더라도 영상을 취득할수 있으며 광학적 탐측기에 의해 취득된 영상에 비해 영상의 기하학적 구성이 복잡할뿐 아니라 영상의 시각적 효과도 양호하지 못하다.

63 원격탐사에 사용되는 센서 중 수동형 센서(passive sensor)에 해당되는 것은? [21년 1회 측기]

① 레이저스캐너(laser scanner)
② 다중 분광스캐너(multispectral scanner)
③ 레이더 고도계(radar altimeter)
④ 영상 레이더(SLAR)

> [해설]
> 능동감지기(Active Sensor. 能動感知器)
> 원격 탐사 감지기(sensor)의 한 종류로서 영상 정보를 취득하기 위해 전자파 복사 에너지원을 자체적으로 탑재하는 감지기를 능동감지기(Radar,Laser 등). 이와 상반되는 감지기는 수동 감지기로서 자체 광원을 가지고 있지 않아 전적으로 태양광에 의존함으로 **수동 감지기** 라고 불린다. (MSS,TM,HRV 등)

64 디지털사진측량 또는 원격팀사 자료의 치리 중 이용 가능한 영상자료의 재배열(resampling) 방법이 아닌 것은? [21년 1회 측기]

① 변위 내삽법(displacement interpolation)
② 최근린(nearest neighbor) 내삽법
③ 공일차 내삽법(bilinear interpolation)
④ 3차 회선(cubic convolution) 내삽법

Answer 61 ④ 62 ④ 63 ② 64 ①

해설

영상기하보정 – 재배열, 보간방법

기하학적 보정을 위한 좌표변환식이 결정되면 입력되는 자료를 변환식에 맞추어 변환한 후 새로운 영상자료를 출력하게 된다. 이때 새로이 결정되는 좌표는 정수가 아니라 실수로 나오게 된다.
이러한 경우에 수치영상의 각 화소값이 이루는 연속성을 가정하여 새로운 좌표가 가질 화소값을 결정하는 방법을 재배열이라 하며, 대표적인 최근린보간법(Nearest Neighbor), 쌍1차 보간(Bilinear Interpolation), 쌍3차 보간(Bi-cuvic Interpolation) 세가지 방법이 있다.

65 원격탐사(remote sensing)의 정의로 가장 적합한 것은?   [21년 1회 측기]

① 지상에서 대상물체에 전파를 발생시켜 그 반사파를 이용하여 관측하는 측량방법이다.
② 센서를 이용하여 지표의 대상물에서 반사 또는 방사되는 전자 스펙트럼을 관측하고 이들의 자료를 이용하여 대상물이나 현상에 관한 정보를 얻는 기법이다.
③ 우주에 산재하여 있는 물체들의 고유 스펙트럼을 이용하여 각각의 구성성분을 지상의 레이더망으로 수집 처리하는 기법이다.
④ 우주에서 찍은 중복된 사진을 이용하여 지상에서 항공사진의 처리와 같은 방법으로 판독하는 작업이다.

해설

원격탐측이란 지상이나 항공기 및 인공위성 등의 탑재기(Platform)에 설치된 탐측기(Sensor)를 이용하여 지표, 지상, 지하, 대기권 및 우주공간의 대상들에서 반사 혹은 방사되는 전자기파를 탐지하고 이들 자료로부터 토지, 환경 및 자원에 대한 정보를 얻어 이를 해석하는 기법이다.

66 [영상]을 분석하여 아래와 같은 [통계값]을 얻을 수 있는 트레이닝 필드로 적합하지 않은 것은?   [21년 1회 측기]

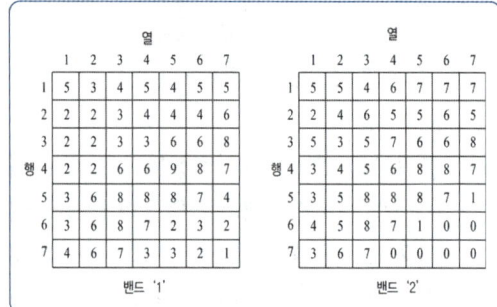

①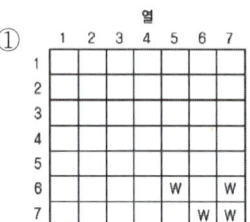

②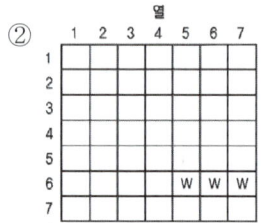

③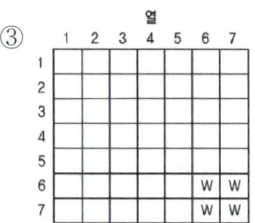

④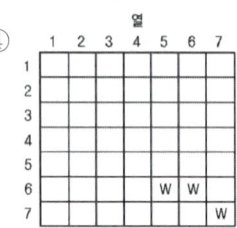

Answer 65 ② 66 ④

해설

밴드	영상분석
영상분석 (밴드 "1" : 1, 2, 3)	① 3(없다) ② 1(없다) ③ 다 있다 ④ 다 있다
영상분석 (밴드 "2" : 0, 1)	① 다 있다 ② 다 있다 ③ 1(없다) ④ 다 있다

영상분석(밴드 1(1, 2, 3). 밴드 2(0, 1)) 동시만족은 ④번이 통계값을 모두 포함하고 있다.

67 원격탐사를 위한 정지궤도위성의 고도는?

[21년 1회 측기]

① 약 500km
② 약 1000km
③ 약 20000km
④ 약 36000km

해설

정지위성	35,000 ~ 35,800km
타원형 고도계	10,000~40,000km
중궤도	1,500~10,000km
저궤도	300~1,500km

Answer 67 ④

ENGINEER SURVEYING GEO-SPATIAL INFORMATION

PART 04

지리정보시스템

CHAPTER 01   GIS 총론
CHAPTER 02   GIS의 자료구조
CHAPTER 03   GIS의 데이터 생성
CHAPTER 04   GIS의 데이터 관리
CHAPTER 05   GIS 데이터의 흐름 및 분석
CHAPTER 06   자료 오차
CHAPTER 07   GIS의 표준화 및 응용

CHAPTER 01 GIS 총론

 국토계획, 지역계획, 자원개발계획, 공사계획 등 각종 계획의 입안과 추진을 성공적으로 수행하기 위해서는 토지, 자원, 환경 또는 이와 관련된 사회, 경제적 현황에 대한 방대한 양의 정보가 필요하다. 이러한 요구를 충족하기 위하여 이와 관련된 각종 정보 등을 전산기(Computer)에 의해 종합적, 연계적으로 처리하는 방식이 지형공간정보체계이다.

제1절 정의

1 지형(地形 : Geo)

 Geo는 Earth를 뜻하는 어원으로 지형은 일반적으로 토지의 기복이나 형태를 나타내는 자연지형을 가리키며, 포괄적인 개념으로 정의를 정립한다면 제반 인간활동 영역에서 이루어지는 학술적인 현상 또는 대상물의 특성 또는 분포라 할 수 있다.

1) 일반적

 토지의 기복이나 형태를 말하며, 산이나 들의 높고 비탈진 모양을 나타내지만 자연지형을 가리킨다(지물과 지모의 구분).

2) 포괄적

제반 인간활동영역에서 이루어지는 학술적 현상 또는 대상물의 특성 또는 분포를 말한다.

① **지물(Planimetric Feature)** : 지물은 도로, 철도, 시가지, 촌락 등 주로 인공적인 시설물을 말하며 지형도상에는 일반적으로 그 수평면 형태만을 나타낸다.

② **지모(Relief Feature)** : 지모는 산정, 구릉, 계곡, 평야 등 주로 자연적인 토지의 기복을 말하며 일반적으로 등고선으로 표시된다.

② 공간(空間 : Space)

지형정보를 해석하는 데 필요한 대상물들 사이의 상호위치관계와 제반학술적 현상의 발생영역 또는 범주로 모형공간과 실제공간으로 구분된다.

모형공간(模型空間, Model or Virtual Space)	실제공간(實在空間, Real Space)
• 상대적 위치기준의 공간 • 위상관계(topology) 중요 • 단순좌표계로 표시 가능 • 변화요소가 단순함	• 절대적 위치기준의 공간 • 지구공간좌표계(지표면, 지오이드, 지구타원체좌표) • 우주공간좌표계(지평적도좌표, 황도좌표, 은하좌표) • 물리적, 사회적, 환경적, 변화요인 복잡

③ 정보(情報 : Information)

정보는 자료를 처리하여 사용자에게 의미 있는 가치를 부여한 것으로 위치정보와 특성정보로 구분되며 위치정보는 절대위치정보와 상대위치정보로 특성정보는 도형정보, 영상정보, 속성정보로 구분된다.

1) 위치자료(positional information)

① **절대위치** : 실제공간의 위치(예 : 경도, 위도, 좌표, 표고)

② **상대위치** : model 공간의 위치(임의의 기준으로부터 결정되는 위치 – 예 : 설계도)

2) 특성자료(descriptive information)

① 도형자료(graphic data) : 위치자료를 이용한 대상의 가시화

② 영상자료(image data) : 센서(scanner, Lidar, laser, 항공사진기 등)에 의해 취득된 사진

③ 속성자료(attributive data) : 도형이나 영상 속의 내용

4) 체계(體系 : System)

체계는 다양한 정보들의 상관관계를 규정함으로써 여러 종류의 정보들에 대한 연결을 시도하고 이에 대한 자체적인 제어능력을 가진 개별 요소들의 집합체를 말한다.

5) 정보체계(情報體系 : Information System)

정보체계는 다양한 자료를 이용하기 편리하도록 자료기반(DB)을 구축하고 목적에 부합하는 의미와 기능을 갖는 정보를 생산하며 이들 자료와 정보를 효율적으로 결합·운영하여 통합된 기능을 발휘할 수 있도록 하는 체계를 말한다.

6) 지형공간정보체계(Geo Spatial Information System ; GSIS)

지형공간정보체계는 제반 지구과학적 현상의 특성 또는 분포를 그 현상의 발생영역과 공간적·시간적 위상관계를 고려하여 처리·해석하는 정보체계라 할 수 있다. 즉 국토계획, 지역계획, 자원개발계획, 공사계획 등 각종 계획의 입안과 추진을 성공적으로 수행하기 위해서는 토지, 자원, 환경 또는 이와 관련된 각종 정보 등을 컴퓨터에 의해 종합적, 연계적으로 처리하는 방식이 지형공간정보체계이다.

7) 지리정보체계(Geofraphic Information System ; GIS)

지리정보체계는 지구상의 모든 지점에 관련된 현상과 관계된 정보를 처리하는 지리정보체계로서 지리정보를 효과적으로 수집, 저장, 조작, 분석, 표현할 수 있도록 서로 유기적으로 연계된 컴퓨터의 하드웨어, 소프트웨어, 자료기반 및 인적 자원의 결합체라 할 수 있다.

제2절 지형공간정보의 역사

1 1950~60년대

(1) 1950년대 미국 워싱턴 대학에서 연구 시작
(2) 1960년대 캐나다의 CGIS(Canadian GIS)가 자원관리를 목적으로 개발
(3) 격자방식의 자료처리 시스템으로 활용

2 1970년대

(1) 컴퓨터 기술과 그래픽 처리 기술 발달
(2) GIS 전문회사가 설립
(3) 격자방식의 자원관리와 벡터방식 위주의 토지나 공공시설의 관리가 확대
(4) 수평방향의 개발 시기로 여러 기관에서 개발계획 수행

3 1980년대

(1) GIS 급 성장기를 맞아 개발도상국의 GIS 도입과 구축이 활발히 진행
(2) 위상정보구축 가능 및 관계형 데이터베이스 기술 발전
(3) 컴퓨터 하드웨어의 가격 인하로 워크스테이션 도입 운영

4 1990년대

(1) 컴퓨터 하드웨어 급성장으로 퍼스널 컴퓨터에 의한 GIS 보급 가능
(2) 멀티미디어 기술발달과 다양한 형태의 정보제공으로 GIS 효용성이 향상
(3) 중앙집중형 데이터베이스 관리에서 분산형 데이터베이스의 구축 발달
(4) Web-GIS와 같은 통신망을 이용한 범세계적인 GIS 자료의 공동사용을 위한 노력과 함께 GIS 자료의 호환성을 극대화하기 위한 표준화 작업도 활발히 진행

제3절 지형공간정보체계의 특징 및 기대 효과

특징	기대 효과
① 대량의 정보를 저장하고 관리할 수 있어 복잡한 정보 분석에 유용하다. ② 원하는 정보를 쉽게 찾아볼 수 있으며 복잡한 정보의 분류에 유용하다. ③ 새로운 정보의 추가와 수정이 용이하다. ④ 지도의 축소 및 확대가 자유롭다. ⑤ 자료의 중첩을 통하여 종합적 정보의 획득이 용이하다. ⑥ 적합한 입지 선정이 용이	① 정책 일관성 확보 ② 최신 정보 이용 및 과학적 정책 결정 ③ 업무의 신속성 및 비용 절감 ④ 합리적 도시계획 ⑤ 일상 업무 지원

제4절 분류

분류	활용
지역정보시스템 : RIS (Regional Information System)	건설공사계획수립을 위한 지질, 지형자료의 구축 각종 토지이용계획의 수립 및 관리에 활용
도시정보체계 : UIS (Urban Information System)	도시현황파악, 도시계획, 도시정비, 도시기반시설관리, 도시행정, 도시방재 등의 분야에 활용
토지정보체계 : LIS (Land Information System)	다목적 국토정보, 토지이용계획수립, 지형분석 및 경관정보추출, 토지부동산관리, 지적정보구축에 활용
교통정보시스템 : TIS (Transportation Information System)	육상·해상·항공교통의 관리, 교통계획 및 교통영향평가 등에 활용
수치지도제작 및 지도정보시스템 : DM/MIS (Digital Mapping/Map Information System)	중소축척 지도 제작 각종 주제도 제작에 활용
도면자동화 및 시설물관리시스템 : AM/FM (Automated Mapping and Facility Management)	도면작성 자동화 상하수도시설관리, 통신시설관리 등에 활용
측량정보시스템 : SIS (Surveying Information System)	측지정보, 사진측량정보, 원격탐사정보를 체계화하는 데 활용
도형 및 영상정보체계 : GIIS (Graphic/Image Information System)	수치영상처리, 전산도형해석, 전산지원 설계, 모의관측분야 등에 활용
환경정보시스템 : EIS (Environmental Information System)	대기오염, 수질, 폐기물 관련 정보 관리에 활용

자원정보시스템 : RIS (Resource Information System)	농수산자원정보, 산림자원정보의 관리, 수자원정보, 에너지자원, 광물자원 등을 관리하는데 활용
조경 및 경관정보시스템 : LIS/VIS (Landscape and Viewscape Information System)	조경설계, 각종 경관분석, 자원경관과 경관개선대책의 수립 등에 활용
재해정보체계 : DIS (Disaster Information System)	각종 자연재해방제, 대기오염경보 등의 분야에 활용
해양정보체계 : MIS (Marine Information System)	해저영상수집, 해저지형정보, 해저지질정보, 해양에너지조사에 활용
기상정보시스템 : MIS (Meteorological Information System)	기상변동추적 및 일기예보, 기상정보의 실시간처리, 태풍경로추적 및 피해예측 등에 활용
국방정보체계 : NDIS (Nation Defence Information System)	DTM(Digital Terrain Modelling)을 활용한 가시도 분석, 국방행정 관련정보자료기반, 작전정보구축 등에 활용

제5절 구성 요소

인간의 생활에 필요한 토지정보를 효율적으로 활용하기 위한 지형공간정보체계는 자료의 입력과 확인, 자료의 저장에 필요한 하드웨어, 소프트웨어, 데이터베이스, 조직과 인력으로 구성된다.

1 하드웨어(Hardware)

지형공간정보체계를 운용하는 데 필요한 컴퓨터와 각종 입·출력장치 및 자료관리장치를 말하며 하드웨어의 범주에는 데스크탑 PC, 워크스테이션뿐만 아니라 스캐너, 프린터, 플로터, 디지타이저를 비롯한 각종 주변장치들을 포함한다.

1) 입력장치

도면이나 종이지도 또는 문자정보를 컴퓨터에서 이용할 수 있도록 디지털화하는 장비로 디지타이저, 스캐너, 키보드 등이 있다.

- **디지타이저** : 디지타이저는 입력원본의 좌표를 판독하여 컴퓨터의 설계도면이나 도형을 입력하는 데 사용하는 정교한 입력장치로 주로 새로운 이미지를 스케치하거나 이전의 이미지를 트레이싱하는 데 사용하는 장치이다.

2) 저장장치

디지털화된 자료를 저장하기 위한 장비로 개인용 컴퓨터와 워크스테이션을 이용하여 데이터 분석 등을 하는 연산장비로 자기디스크, 자기테이프(magnetic tape), 개인용 컴퓨터, 워크스테이션 등이 있다.

- **워크스테이션(workstation)** : 공학적 용도(CAD/CAM)나 소프트웨어 개발, 그래픽 디자인 등 연산능력과 뛰어난 그래픽 능력을 필요로 하는 일에 주로 사용되는 고성능의 컴퓨터로서 일반 컴퓨터보다 성능이 월등히 높고 처리속도가 빠른 반면에 가격은 비싼 편이다.
- **자기디스크** : 대용량의 보조기억장치
- **개인용 컴퓨터** : 퍼스널컴퓨터, 퍼스컴

3) 출력장치

분석결과를 출력하기 위한 장비로는 플로터, 프린터, 모니터 등이 있다.

2 소프트웨어(Software)

토지정보체계의 자료를 입력, 출력, 관리하기 위해 프로그램인 소프트웨어가 반드시 필요하며 자료입력 및 검색을 위한 입력 소프트웨어, 입력된 각종 정보를 저장 및 관리하는 관리 소프트웨어 그리고 데이터베이스의 분석결과를 출력할 수 있는 출력소프트웨어로 구성된다.

각종 정보를 저장·분석·출력할 수 있는 기능을 지원하는 도구로서 정보의 입력 및 중첩 기능, 데이터베이스 관리기능, 질의 분석, 시각화 기능 등의 주요 기능을 갖는다.

```
GIS 소프트웨어 ┬─ ESRI사의 ArcGis 시리즈
               ├─ 인터그래프의 MGE와 지오미디어
               ├─ 오토데스크의 AutoCAD
               └─ 벤트리의 Micro Station

데이터베이스 관련 ┬─ Oracle의 오라클
                 └─ 인포믹스소프트웨어의 Imformix 등이 있다.
```

(1) **입력장치** : 디지타이저, 스캐너, 마그네틱 테이프, 단말기 등

(2) **출력장치** : 프린터, 플로터, 자기테이프 등

③ 데이터베이스(Database)

토지정보체계는 많은 자료를 입력하거나 관리하는 것으로 이루어지고 입력된 자료를 활용하여 토지정보체계의 응용시스템을 구축할 수 있으며 이러한 자료들은 속성정보(각종 공부와 대장)와 도형정보(지적도, 임야도, 지하시설물도, 도시계획도 등)로 분류된다.

(1) 지도로부터 추출한 도형정보와 각종 공부와 대장으로부터 추출한 속성정보를 말한다.
(2) 최근에는 지도 외에 항공사진이나 인공위성영상으로부터 많은 정보를 획득하고 있다.
(3) 토지정보체계의 핵심적인 요소로 구축에 많은 시간과 노력이 필요하다.

④ 인적자원(Man Power)

전문인력은 토지정보체계의 구성요소 중에서 가장 중요한 요소로서 데이터(data)를 구축하고 실제 업무에 활용하는 사람으로, 전문적인 기술을 필요로 하므로 이에 전념할 수 있는 숙련된 전담요원과 기관을 필요로 하며 시스템을 설계하고 관리하는 전문인력과 일상 업무에 토지정보체계를 활용하는 사용자 모두가 포함된다.

제6절 자료처리체계

지형공간정보체계의 자료처리는 크게 자료입력, 자료처리, 자료출력의 3단계로 구분할 수 있다.

① 자료의 입력

1) 자료입력

(1) 자료의 입력방식에는 수동방식과 자동방식
(2) 기본의 투영법 및 축척 등에 맞도록 재편집

2) 부호화

(1) 점, 선, 면, 다각형 등에 포함되어 있는 변량을 부호화
(2) 부호화 방식 : 선추적방식(Vector coding), 격자방식(Raster coding)

② 자료처리

1) 자료정비

(1) 지형공간정보체계의 효율적 작업의 성공 여부에 매우 중요
(2) 모든 자료의 등록, 저장, 재생 및 유지에 관련된 일련의 프로그램으로 구성

2) 조작처리

(1) **표면분석** : 하나의 자료층상에 있는 변량들 간의 관계분석 적용
(2) **중첩분석** : 둘 이상의 자료층에 있는 변량들 간의 관계분석 적용

> ⚠ **기본부터 알고 넘어가기**
>
> **중첩(overlay)**
> ① 두 지도를 겹쳐 통합적인 정보를 갖는 지도를 생성하는 것
> ② 도형과 속성자료가 각기 구축된 레이어를 중첩시켜 새로운 형태의 도형과 속성 레이어를 생성하는 기능
> - 다각형 안에 점의 중첩
> - 다각형 위의 선의 중첩
> - 다각형과 다각형의 중첩
>
> ③ 새로운 자료나 커버리지를 만들어내기 위해 두 개 이상의 GIS 커버리지를 결합하거나 중첩(공통된 좌표체계에 의해 데이터베이스에 등록된다)한 것
> 예) 식생, 토양, 경사도 레이어를 중첩하여 침식가능구역도 등을 만들어 냄

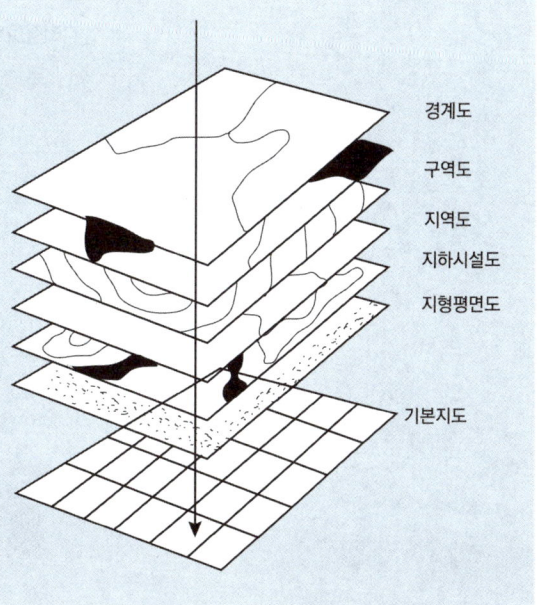

3 자료출력

(1) 도면이나 도표의 형태로 검색 및 출력
(2) 사진이나 필름기록으로 출력

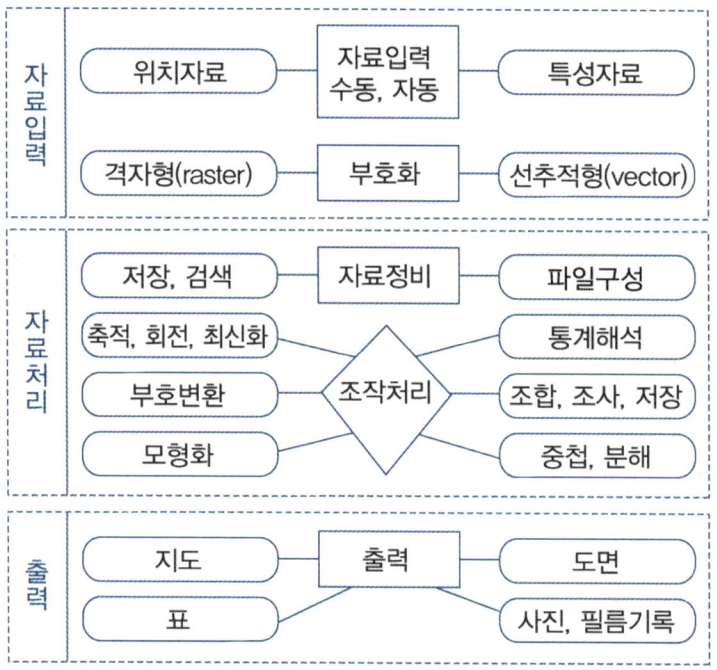

[지리정보체계의 흐름]

문제 및 해설

01 공간데이터의 메타데이터에 포함되는 주요 정보가 아닌 것은? [2012년 산업기사 1회]

① 공간 참조정보
② 데이터 품질정보
③ 배포정보
④ 가격정보

해설

메타데이터
메타데이터란 실제 데이터는 아니지만 데이터베이스, 레이어, 속성, 공간 형상 등과 관련된 데이터의 내용, 품질, 조건 및 특징 등을 저장한 데이터로서 데이터에 관한 데이터로 데이터의 이력을 말한다. 정확한 정보를 유지하기 위해 수정 및 갱신을 하여야 한다.

메타데이터의 기본요소
① 개요 및 자료 소개 : 데이터 명칭, 개발자, 지리적 영역 및 내용 등
② 자료 품질 : 위치 및 속성의 정확도, 완전성, 일관성 등
③ 자료의 구성 : 자료의 코드화에 이용된 데이터 모형
④ 공간 참조를 위한 정보 : 사용된 지도 투영법, 변수, 좌표계 등
⑤ 객체 및 속성정보
⑥ 배포정보
⑦ 메타데이터 참조정보

02 공간데이터의 각종 정보설명을 문서화한 것으로 공간데이터 자체의 특성과 정보를 유지·관리하고 이를 사용자가 쉽게 접근할 수 있도록 도와주는 자료는?
[2012년 산업기사 1회]

① 메타데이터
② 원시데이터
③ 측량데이터
④ 벡터데이터

해설

메타데이터(Meta data)
실제 데이터는 아니지만 데이터베이스, 레이어, 속성, 공간 형상 등과 관련된 데이터의 내용, 품질, 조건 및 특징 등을 저장한 데이터로서 데이터에 관한 데이터로 데이터의 이력을 말한다.

03 GIS에서 사용하고 있는 공간데이터를 설명하는 기능을 가지며 데이터의 생산자, 좌표계 등 다양한 정보를 담을 수 있는 것은 무엇인가? [2012년 산업기사 3회]

① Data Dictionary
② Metadata
③ Extensible Markup Language
④ Geospatial Data Abstraction Library

Answer 01 ④ 02 ① 03 ②

[해설]
Metadata
㉠ 일관성 있는 데이터를 이용자에게 제공할 수 있다.
㉡ 데이터가 목록화되어 있다.
㉢ 데이터의 교환을 원활히 지원하기 위한 틀을 제공한다.
㉣ 공간 데이터를 구축하는 데 비용과 시간을 절감할 수 있다.
㉤ 내부 메타데이터와 외부 메타데이터로 구분한다.
㉥ 메타데이터는 데이터의 이력서로서 자료의 내용을 논리적으로 소개한 것이지 물리적 수준(자료의 구조나 내용들을 물리적으로 변화시키는 것)은 아니다.

04 GIS의 필수 구성 요소가 아닌 것은?
[2012년 산업기사 3회]

① 지리정보 데이터베이스
② 하드웨어와 소프트웨어
③ 운영위원
④ 무선 인터넷

[해설]
GIS의 구성 요소
1. 하드웨어(Hardware)
2. 소프트웨어(Software)
3. 데이터베이스
4. 조직 및 인력

05 우리나라 측지좌표 결정에 사용되고 있는 지구타원체는?
[2012년 산업기사 3회]

① Airy 타원체
② GRS80 타원체
③ Hayford 타원체
④ WGS84 타원체

[해설]
① **WGS84**
WGS84(World Geodetic System 1984)는 미 국방성에서 지구 중심을 기준으로 하여 GPS 위성을 활용하여 범세계적으로 통용될 수 있는 기준좌표계를 만들기 위해 채택된 3차원 지심좌표계를 말한다. 처음에는 군사용으로 개발되었지만 현재 세계적으로 다양하게 사용되고 있는 좌표계이다.

② **ITRF(국제지구회전관측기관)**
IERS(International Earth Rotation Service)에서 구축한 세계측지계이며, GRS80 타원체를 기준으로 한다.

06 지리정보시스템의 주요기능으로 거리가 먼 것은?
[2012년 산업기사 3회]

① 출력(output)
② 자료입력(input)
③ 검수(quality check)
④ 자료처리 및 분석(analysis)

[해설]
지리정보시스템의 주요기능
① 자료입력(input)
② 자료 처리 및 분석(analysis)
③ 출력(output)

07 오픈 소프트웨어(open source software)에 대한 설명으로 옳지 않은 것은?
[2013년 산업기사 1회]

① 일반 사용자에 의해서 소스코드의 수정과 재배포가 가능하다.
② 전문 프로그래머가 아닌 일반 사용자도 개발에 참여할 수 있다.
③ 사용자 인터페이스가 상업용 소프트웨어에 비해 우수한 것이 특징이다.
④ 소스코드가 제공됨으로써 자료처리 과정을 명확하게 이해할 수 있는 장점이 있다.

Answer 04 ④ 05 ② 06 ③ 07 ③

해설

GIS를 위한 소프트웨어는 공간정보의 입력, 편집, 검색, 추출, 분석 등을 위한 컴퓨터 프로그램의 집합체를 나타낸다. GIS 소프트웨어의 주요구성은 자료 입출력 및 검색, 자료저장 및 데이터베이스관리, 자료의 출력과 도식, 자료의 변환, 사용자와의 연계 등으로 구분된다.

Open Source Software
무료이면서 소스코드를 개방한 상태로 실행프로그램을 제공하는 동시에 소스코드를 누구나 자유롭게 개작 및 개작된 소프트웨어를 재배포할 수 있도록 허용된 소프트웨어이다.
① 소프트웨어의 소스코드 접근 가능
② 누구라도 소스코드를 읽고 사용가능
③ 누구라도 버그 수정 및 개발 참여 가능
④ 프로그램을 복제하여 배포 가능
⑤ 프로그램을 개선할 수 있는 권리를 개발자에게 보장

08 지리정보시스템 구축에 필요한 위치정보의 자료취득방법으로 알맞은 것은?

[2013년 산업기사 1회]

① GIS   ② GPS
③ PC   ④ TIN

해설

지리정보시스템 구축에 필요한 위치정보의 자료 취득방법
① 레이저 측량
② 위성측량
③ 항공사진측량
④ 수치사진측량
⑤ 지상측량
⑥ 기존 지도

09 지리정보시스템의 필요성과 관계가 없는 것은?

[2013년 산업기사 1회]

① 자료 중복 조사 및 분산관리를 하기 위한 측면
② 행정환경 변화의 수동적 대응을 하기 위한 측면
③ 통계담당 부서와 각 전문부서 간의 업무의 유기적 관계를 갖기 위함
④ 시간적, 공간적 자료의 부족, 개념 및 기준의 불일치로 인한 신뢰도 저하를 해소하기 위한 측면

해설

지리정보체계
(Geographic Information System : GIS)
지구상의 모든 지점에 관련된 현상과 관계된 정보를 처리하는 지리정보체계로서 지리정보를 효과적으로 수집, 저장, 조작, 분석, 표현할 수 있도록 서로 유기적으로 연계된 컴퓨터의 하드웨어, 소프트웨어, 자료기반 및 인적 자원의 결합체라 할 수 있다.

지리정보시스템은 행정환경변화의 능동적 대응
• 최신정보이용 및 과학적 정책 결정
• 업무의 신속성
• 유관기관과 자료공유 및 유기적 협조체제 등

10 GIS에서 다루어지는 지리정보의 특성이 아닌 것은?

[2013년 산업기사 1회]

① 위치정보를 갖는다.
② 위치정보와 함께 관련 속성정보를 갖는다.
③ 공간객체 간에 존재하는 공간적 상호관계를 갖는다.
④ 시간이 흘러도 변하지 않는 영구성을 갖는다.

해설

지리정보체계의 정보
지리정보체계의 정보는 크게 위치정보와 특성정보로 나눌 수 있으며, 위치정보는 절대 위치정보와 상대 위치정보로 세분되고, 특성정보는 다시 도형정보, 영상정보, 그리고 속성정보로 세분된다.

Answer 08 ② 09 ② 10 ④

11 GIS에서 사용하고 있는 공간데이터를 설명하는 또 다른 부가적인 데이터로서 데이터의 생산자, 생산목적, 좌표계 등의 다양한 정보를 담을 수 있는 것은?

[2013년 산업기사 2회]

① Metadata ② Label
③ Annotation ④ Coverage

해설

메타데이터(Metadata)
메타데이터는 데이터에 대한 데이터로 데이터의 이력에 대한 정보를 담고 있는 데이터로 실제 데이터는 아니지만 데이터베이스, 자료층, 속성, 공간형상 등과 관련된 데이터의 내용, 품질, 조건 및 특성 등을 저장한 데이터이다.

구성 요소

개요 및 자료 소개	데이터의 명칭, 개발자, 지리적 영역 및 내용 등
자료품질	위치 및 속성의 정확도, 완전성, 일관성 등
자료의 구성	자료를 코드화하기 위하여 이용된 래스터 및 벡터와 같은 모델
공간참조를 위한 정보	사용된 지도 투영법, 변수, 좌표계 등
형상 및 속성 정보	지리정보와 수록 방식
정보를 얻는 방법	관련된 기관, 획득형태, 정보의 가격 등
참조정보	작성자, 일시 등

12 지리정보시스템(GIS) 데이터베이스를 구축할 때 지리데이터와 데이터모델 사이의 규칙과 일치성을 설명하는 것으로 옳은 것은?

[2013년 산업기사 3회]

① 논리적 일관성
② 위치 정확도
③ 데이터 이력
④ 속성 정확도

해설

위치 정확도	① 좌표 ② 경위도 좌표계와의 상관성 ③ 기준해수면 ④ 정확도판정 기법 ⑤ 높은 정확도를 위해서 주로 사용되는 원시자료
속성 정확도	① 속성의 정확도 판단을 위한 오차 매트릭스와 같은 방법의 제시와 절차의 설명 ② 폴리곤의 중첩에 의한 오차의 발생에 관한 설명 ③ 실험 일시와 변화율에 대한 기록
논리적 일관성	① 자료구조에 있어서 정립된 관계들의 신뢰도 ② 허용될 수 있는 값들의 검증을 위한 테스트 기법에 관한 설명 ③ 잘못된 사항에 대한 수정이나 미수정 여부에 관한 기록

13 GIS의 특징에 대한 설명으로 틀린 것은?

[2013년 산업기사 3회]

① 사용자의 요구에 맞는 주제도 제작이 용이하다.
② GIS데이터는 CAD데이터에 비해 형식이 간단하다.
③ 수치데이터로 구축되어 지도축척의 변경이 쉽다.
④ GIS데이터는 자료의 통계분석이 가능하며 분석결과에 따른 다양한 지도제작이 가능하다.

해설

GIS란 넓은 의미에서 인간의 의사결정능력의 지원에 필요한 지리정보의 관측과 수집에서부터 보존과 분석, 출력에 이르기까지 일련의 조작을 위한 정보시스템을 의미한다.

GIS의 특징
① 사용자의 요구에 맞는 주제도 제작이 용이하다.
② GIS 데이터는 자료의 통계분석이 가능하며 분석결과에 따른 다양한 지도 제작이 가능하다.
③ 수치데이터로 구축되어 지도축척의 변경이 쉽다.
④ 대량의 정보를 저장하고 관리할 수 있다.

Answer 11 ① 12 ① 13 ②

⑤ 원하는 정보를 쉽게 찾아볼 수 있고 새로운 정보의 추가와 수정이 용이하다.
⑥ 복잡한 정보의 분류나 분석에 유용하다.
⑦ 필요한 자료의 중첩을 통해 종합적 정보의 획득이 용이하다.
⑧ 입지선정의 적합성 판정이 용이하다.

14 공간데이터의 각종 정보설명을 문서화한 것으로 공간데이터 자체의 특성과 정보를 유지 관리하고 이를 사용자가 쉽게 접근할 수 있도록 도와주는 자료는?

[2014년 산업기사 2회]

① 메타데이터   ② 원지데이터
③ 측량데이터   ④ 벡터데이터

해설

메타데이터
데이터베이스, 레이어, 속성, 공간형상과 관련된 정보로서 데이터에 대한 데이터이고 정확한 정보를 유지하기 위해 수정 및 갱신을 하여야 한다. 메타데이터는 실제 데이터는 아니지만 데이터의 내용, 품질, 조건 및 특징 등을 저장한 데이터로서 데이터에 관한 데이터로 데이터의 이력을 말한다.

15 GIS의 적용 분야에 대한 설명으로 옳지 않은 것은?

[2014년 산업기사 3회]

① FM : 시설물 관리
② LIS : 토지 및 지적관련정보 관리
③ EIS : 환경 개선을 위한 오염원 정보 관리
④ UIS : 자동지도 제작

해설

㉠ 지역정보시스템(RIS : Regional Information System) : 건설공사계획수립을 위한 지질, 지형자료의 구축, 각종 토지이용계획의 수립 및 관리에 활용
㉡ 도시정보체계(UIS : Urban Information System) : 도시현황파악, 도시계획, 도시정비, 도시기반시설관리, 도시행정, 도시방재 등의 분야에 활용
㉢ 토지정보체계(LIS : Land Information System) : 다목적 국토정보, 토지이용계획수립, 지형분석 및 경관정보 추출, 토지부동산관리, 지적정보구축에 활용

16 지리정보체계에 필수적인 자료를 크게 2가지로 구분할 때 옳게 짝지어진 것은?

[2014년 산업기사 3회]

① 위치자료와 속성자료
② 도형자료와 영상자료
③ 위치자료와 영상자료
④ 속성자료와 인문자료

해설

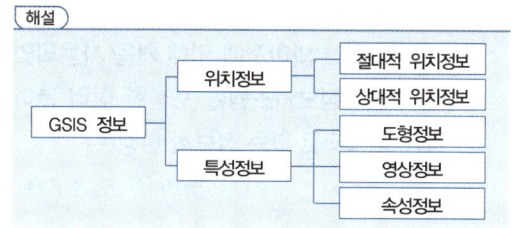

17 지리정보시스템(GIS)의 구성 요소 중 하드웨어(hardware) 구성 요소가 아닌 것은?

[2014년 산업기사 3회]

① 입력장치
② 저장장치
③ 데이터분석 및 연산장치
④ 데이터베이스 관리 시스템

해설

하드웨어
토지정보체계를 운용하는 데 필요한 컴퓨터와 각종 입출력장치 및 자료관리장치를 말하며 하드웨어의 범주에는 데스크탑 PC, 워크스테이션뿐만 아니라 스캐너, 프린터, 플로터, 디지타이저를 비롯한 각종 주변 장치들을 포함한다.

1. **입력장치**
도면이나 종이지도 또는 문자정보를 컴퓨터에서 이용할 수 있도록 디지털화하는 장비로 디지타이저, 스캐너, 키보드 등이 있다.

Answer 14 ① 15 ④ 16 ① 17 ④

2. 저장장치
   디지털화된 자료를 저장하기 위한 장비로 개인용 컴퓨터와 워크스테이션을 이용하여 데이터 분석 등을 하는 연산장치로 자기디스크, 자기테이프, 개인용 컴퓨터, 워크스테이션 등이 있다.

3. 출력장치
   분석결과를 출력하기 위한 장비로는 플로터, 프린터, 모니터 등이 있다.

18 사용자가 네트워크나 컴퓨터를 의식하지 않고 장소에 상관없이 자유롭게 네트워크에 접속할 수 있는 정보통신환경 또는 정보기술 패러다임을 의미하는 것으로, 1988년 미국의 마크 와이저에 의해 처음 사용되었으며 지리정보시스템을 포함한 여러 분야에서 이용되고 있는 정보화 환경은?
[2015년 산업기사 1회]

① 위치기반서비스(LBS)
② 유비쿼터스(ubiquitous)
③ 텔레매틱스(telematics)
④ 지능형 교통체계(ITS)

해설
1. 유비쿼터스(Ubiquitous)의 정의
   ① 유비쿼터스는 '동시에 도처에 존재한다'라는 의미를 가지고 있는 라틴어이다.
   ② 사용자가 컴퓨터나 네트워크를 의식하지 않는 상태에서 장소에 구애 받지 않고 자유롭게 네트워크에 접속할 수 있는 환경을 의미한다.
   ③ 유비쿼터스화는 유비쿼터스 컴퓨팅과 유비쿼터스 네트워크를 기반으로 물리공간을 지능화함과 동시에 물리공간에 펼쳐진 각종 사물들을 네트워크로 연결시키려는 노력으로 정의할 수 있다.

19 래스터형 자료의 특징에 대한 설명으로 옳지 않은 것은?
[2015년 산업기사 1회]

① 자료구조가 간단하다.
② 위상정보가 제공되지 않는다.
③ 중첩 및 원격탐사자료와 연결이 용이하다.
④ 픽셀의 크기가 클수록 객체의 형상을 보다 정확하게 나타낼 수 있다.

해설
1. 래스터자료의 장점
   ① 자료구조가 간단하다.
   ② 여러 레이어의 중첩이나 분석이 용이하다.
   ③ 자료의 조작과정이 매우 효과적이고 수치영상의 질을 향상시키는 데 매우 효과적이다.
   ④ 수치이미지 조작이 효율적이다.
   ⑤ 다양한 공간적 편의가 격자의 크기와 형태가 동일한 까닭에 시뮬레이션이 용이하다.

2. 래스터자료의 단점
   ① 압축되어 사용되는 경우가 드물며 지형관계를 나타내기가 훨씬 어렵다.
   ② 주로 격자형의 네모난 형태로 가지고 있기 때문에 수작업에 의해서 그려진 완화된 선에 비해서 미관상 매끄럽지 못하다.
   ③ 위상정보의 제공이 불가능하므로 관망해석과 같은 분석기능이 이루어질 수 없다.
   ④ 좌표변환을 위한 시간이 많이 소요된다.

20 GIS 자료의 정확도에 대한 설명으로 옳은 것은?
[2015년 산업기사 1회]

① GIS 자료의 분석은 아날로그 자료의 분석보다 정확도가 낮다.
② GIS 자료의 정확도는 아날로그 자료인 원시자료의 정확도에 영향을 받는다.
③ 디지타이징에서 자료의 독취간격이 작을수록 위치정확도가 낮아진다.
④ 벡터자료와 격자자료 간의 변환과정에서는 오차가 발생되지 않는다.

Answer 18 ② 19 ④ 20 ②

> **[해설]**
> GIS(Geographic Information System)는 전 국토의 지리공간정보를 디지털화하여 수치지도(Digital Map)로 작성하고 다양한 정보통신기술을 통해 재해·환경·시설물·국토공간관리와 행정서비스에 활용하고자 하는 첨단정보시스템이므로 GIS 자료의 정확도는 아날로그 자료인 원시자료의 정확도에 영향을 받는다.

21 관계형 데이터베이스에 대한 설명으로 틀린 것은? [2015년 산업기사 2회]

① 관계형 데이터베이스에서 가장 작은 데이터 단위를 도메인이라 한다.
② 관계형 데이터의 행을 구성하는 속성값을 튜플이라 한다.
③ 관계형 데이터베이스에서 하나의 릴레이션에서는 튜플의 순서가 존재한다.
④ 관계형 데이터베이스는 테이블의 집합체라고 할 수 있다.

> **[해설]**
> **관계형 데이터베이스관리시스템**
> **(RDBMS : Relationship DataBase Management System)**
>
> | | |
> |---|---|
> | 개요 | 데이터를 표로 정리하는 경우 행(row)은 데이터 묶음이 되고 열(Column)은 속성을 나타내는 이차원의 도표로 구성된다. 이와 같이 표현하고자 하는 대상의 속성들을 뷰어 하나의 행(row)을 만들고, 행들의 집합으로 데이터를 나타내는 것이 관계형데이터베이스이다. |
> | 특징 | ① 데이터 구조는 릴레이션(relation)으로 표현된다. 릴레이션(relation)이란 테이블의 열(Column)과 행(row)의 집합을 말한다.
② 테이블(table : 도표)에서 열(Column)은 속성(attribute) 행(row)은 듀플(tuple)이라 한다(파일처리방식에서 행(row)은 레코드(record), 열(Column)은 필드(field)라 한다).
③ 테이블의 각 칸에는 하나의 속성값만 가지며, 이 값은 더 이상 분해될 수 없는 원자값(automic value)이다.
④ 하나의 속성이 취할 수 있는 같은 유형의 모든 원자값의 집합을 그 속성의 도메인(domain)이라 하며 정의되니 속성값은 도메인으로부터 값을 취해야 한다.
⑤ 듀플을 식별할 수 있는 속성의 집합인 키(key)는 테이블의 각 열을 정의하는 행들의 집합인 기본키(PK : primary key)와 같은 테이블이나 다른 테이블의 기본키를 참조하는 외부키(FK : foreign key)가 있다.
⑥ 관계형데이터모델은 구조가 간단하며 이해하기 쉽고 데이터 조작적 측면에서도 매우 논리적이고 명확하다는 장점이 있다.
⑦ 상이한 정보 간 검색, 결합, 비교, 자료 가감 등이 용이하다. |

22 지리정보시스템(GIS)에서 도로에 대한 데이터베이스를 구축할 때, 도로포장 일자, 포장 종류, 차로 수, 보수 일자와 같은 정보를 무엇이라 하는가? [22년 기사 1회]

① 위상 정보　　② 지리적 위치
③ 공간적 관계　　④ 속성 정보

> **[해설]**
>
> | | | |
> |---|---|---|
> | 위치 정보 | 절대위치 정보 | 실제공간에서의 위치정보를 말하며 지상, 지하, 해양, 공중 등의 지구공간 또는 후주공간에서의 위치기준이 된다. |
> | | 상대위치 정보 | 모형공간에서의 위치정보를 말하는 것으로 상대적 위치 또는 위상관계를 부여하는 기준이 된다. |
> | 특성 정보 | 도형정보 | 지도에 표현되는 수치적 설명으로 지도의 특정한 지도요소를 의미한다. GIS에서는 이러한 도형정보를 표현하기 위하여 점, 선, 면 등의 형태나 영상소, 격자셀 등의 격자형, 그리고 기호 또는 주석과 같은 형태로 입력되고 표현된다. |
> | | 속성정보 | 지도상의 특성이나 질, 지형, 지물의 관계 등을 나타내는 정보호서 문자형태로서 격자형으로 처리된다. |

Answer 21 ③　22 ④

23 다음 중 지리정보시스템(GIS)의 자료출력용 하드웨어가 아닌 것은? [22년 기사 1회]

① 모니터
② 플로터
③ 프린터
④ 디지타이저

해설
디지타이저는 벡터형식의 지리자료를 입력하기 위한 입력용 하드웨어이며, 모니터, 플로터, 프린터는 출력용 하드웨어이다.

24 지리정보시스템(GIS)의 데이터베이스에 대한 설명으로 틀린 것은? [22년 2기]

① 실세계의 일부를 표현한 것으로 특정한 의미를 갖는 자료의 집합을 의미한다.
② 초기 구축에 많은 비용이 소요되며 지속적인 유지, 관리가 필요하다.
③ 다양한 응용 프로그램에서 다양한 목적으로 편집, 저장될 수 있다.
④ 같은 주제의 자료를 여러 기관에서 중복 구축하여 관리함으로써 품질을 향상시킬 수 있다.

해설
데이터베이스(Database)
데이터베이스는 서로 연관성이 있는 특별한 의미를 갖는 자료의 모임을 의미하며 즉 하나의 조직 안에서 다수의 사용자들이 공동으로 사용할 수 있도록 통합 및 저장되어 있는 운용 자료의 집합을 의미한다. 데이터베이스란 여러 응용시스템들이 공용할수 있도록 통합, 저장된 운영데이터의 집합체라고 정의할수 있다.

데이터베이스(Database)의 특징
실시간 접근성(real-time accessibility)
계속적인 변화(continuous evolution)
동시공용(concurrent sharing)
내용에 의한 참조(contents reference)

25 기본도에 대한 설명으로 틀린 것은? [22년 2회 측기]

① 전국을 대상으로 제작된다.
② 정해진 규격에 따라 제작된다.
③ 현재 기본도의 축척은 1:1000 이다.
④ 정확도가 통일되고 축척이 최대인 것이어야 한다.

해설
기본도(Base map)
측지기본망을 기초로하여 작성된 도면으로서 지도작성에 기본적으로 필요한 정보를 일정한 축척의 도면위에 등록한 것으로 변동사항과 자료를 수시로 정비하여 최신화 시켜 사용될수 있어야 한다.
기본도(base map)는 국가의 기본이 되는 지형도로 정해진 규격에 따라 동일한 축척과 동일한 정확도로 전국을 표현한 지도를 의미한다.
우리나라의 기본도는 1995년 항공사진측량을 통해 1/25,000의 지형도를 제작하였고 현재는 1/5,000의 수치지도가 제작되어 활용되고 있다.

26 지리정보시스템(GIS)의 기능을 충분히 발휘하기 위해 구비해야 할 기능으로 틀린 것은? [22년 2회 측기]

① 하나 또는 그 이상의 자료 입력 방식 기능
② 소요 공간관계와 관련된 정보의 저장 및 유지 기능
③ 자료간의 상관성과 적절한 요소들의 원인 결과 반응을 고려한 모형화 기능
④ 정형화된 단일 방식에 의한 자료 출력 기능

해설
GIS(Geographic Information System)
전 국토의 지리공간정보를 디지털화하여 수치지도(Digital Map)로 작성하고 다양한 정보통신기술을 통해 재해·환경·시설물·국토공간 관리와 행정서비스에 활용하고자 하는 첨단정보 시스템이다. 공간상 위치를 점유하는 지리자료(Geographic data)와 이에 관련된 속성자료(Attribute data)를 통합하여 처리한다. 이는

Answer 23 ④ 24 ④ 25 ③ 26 ④

RFID(전자태그를 사물에 부착하여 사물의 주위상황을 인지하고 기존 IT시스템과 실시간으로 정보교환 및 처리할 수 있는 기술)기술, GPS기술, LBS기술 등을 기반 기술로 한다. GIS는 토지정보 관리, 시설물 관리, 교통, 도시계획 및 관리, 환경, 농업, 재해 및 재난 분야 등에서 다양하게 활용되고 있다.

27 지리정보시스템(GIS)의 구성요소에 대한 설명으로 옳지 않은 것은? [22년 2기]

① 하드웨어는 GIS가 운영되는 기본 토대로서, 크게 자료 입력과 자료 처리 및 관리, 자료 출력의 3부문으로 나눌 수 있다.
② GIS 소프트웨어의 기능은 입력, 데이터 관리, 출력 등으로 구분할 수 있다.
③ 지리자료는 공간적인 위치를 나타내는 공간데이터와 형상물의 속성을 나타내는 속성데이터로 구분할 수 있다.
④ 인적 자원은 GIS를 활용하는 사용자만을 의미한다.

해설

GIS의 구성요소
GIS의 3가지 구성요소는 컴퓨터와 데이터베이스, 그리고 이를 운영하는 사용자로 이루어져 있다.

컴퓨터	하드웨어	하드웨어는 입력장치, 처리장치, 출력장치와 저장장치로 구성되어 있다.
	소프트웨어	소프트웨어는 컴퓨터에서 사용하는 각종 프로그램을 지칭하는 용어로 운영체제와 응용프로그램으로 구분할 수 있다.
데이터베이스		데이터베이스는 자료기반 또는 자료기초라고 하며 지도에서 추출한 도형 및 영상정보, 문헌 조사, 각종 대장 또는 통계자료 등에서 추출한 속성정보가 포함된다.
조직 및 인력		인력은 데이터를 구축하는 분야는 물론 시스템을 설계하고 관리하는 전문인력과 GIS를 실제 업무에 활용하는 사용자를 포함한다. GIS 일반 사용자 GIS 활용가 GIS 전문가 로 분류할수 있다

28 지리정보시스템(GIS)의 특징에 대한 설명으로 옳지 않은 것은? [21년 4회 측기]

① 동적인 공간자료 분석이 가능하다.
② 공간데이터와 속성데이터로 구분할 수 있다.
③ 속성데이터는 점, 선, 면의 유형으로 분류된다.
④ 공간적 위상관계를 이용한 분석이 가능하다.

해설

지리정보시스템(GIS)의 특징 및 기대효과
① 대량의 정보를 저장하고 관리할 수 있어 복잡한 정보분석에 유용하다.
② 원하는 정보를 쉽게 찾아볼 수 있으며 복잡한 정보의 분류에 유용하다.
③ 새로운 정보의 추가와 수정이 용이하다.
④ 지도의 축소 및 확대가 자유롭다.
⑤ 자료의 중첩을 통하여 종합적 정보의 획득이 용이하다.
⑥ 적합한 입지선정이 용이
⑦ 동적인 공간자료 분석이 가능하다.
⑧ 공간데이터(점,선,면으로 표시)와 속성데이터로 구분할 수 있다.

29 다음은 지리정보시스템(GIS)의 구성요소 중 무엇에 대한 설명인가? [21년 2회 측기]

- GIS 데이터의 구축, 조작을 포함한 대부분의 기능을 수행한다.
- GIS 업무를 수행하기 위해 전산기에 내려지는 명령어의 집합을 말한다.

① 소프트웨어   ② 하드웨어
③ 네트워크   ④ 자료

해설

소프트웨어(Software)
소프트웨어는 각종 정보를 저장/분석/출력할 수 있는 기능을 지원하는 도구로서 정보의 입력 및 중첩기능, 데이터베이스 관리기능, 질의 분석, 시각화 기능 등의 주요 기능을 갖는다.

Answer 27 ④ 28 ③ 29 ①

30 토지의 이용, 개발, 행정, 다목적 지적 등 토지자원에 관련된 문제 해결을 위한 정보분석체계는?   [21년 2회 측기]

① 환경정보체계(EIS)
② 토지정보체계(LIS)
③ 위성측위체계(GNSS)
④ 시설물정보체계(FMS)

해설
토지정보체계(LIS:(Land Information System))
토지정보체계는 지형분석,토지의 이용,개발,행정,다목적지적 등 토지자원에 관련된 문제해결을 위한 정보분석체계이다. 즉 토지정보체계(Land Information System)는 토지(Land),정보(Information),그리고 체계(System)이라는 개념이 합성된 용어로서 토지정보를 활용하기 위한 시스템의 한 형태이다.

31 지리정보시스템(GIS)의 주요 기능과 거리가 먼 것은?(212기)

① 자료 처리
② 자료 출력
③ 자료 복원
④ 자료 관리

해설
GIS의 주요 기능
① 자료 입력
② 자료 처리
③ 자료 출력

32 지리정보시스템(GIS) 자료를 공간 자료와 속성 자료로 구분할 때 공간 자료에 해당되는 것은?   [21년 1회 측기]

① 관거 재질
② 관거 매설 년도
③ 관거 관리 이력
④ 관거 위치

해설
공간자료는 점, 선, 면 등의 형태나 다각형과 같은 공간적 양들의 개개의 위치를 판별하는 것으로서 관거의 위치는 공간자료에 해당 된다.

33 지리정보시스템(GIS)에서 자료 분석을 위해 지도요소를 중첩할 때 각각의 중첩되는 요소 하나하나를 무엇이라 하는가?   [21년 1회 측기]

① 테마
② 스키마
③ 레이어
④ 지오코드

해설
layer(레이어.층)
GIS의 구축을 위하여 컴퓨터에 입력된 모든 지리정보는 적절한 출력을 통하여 지도와 동일한 형태 및 특성을 가질수 있으며 기존 지도의 기능을 할수 있다.이렇게 컴퓨터를 이용하여 생성된 지도를 수치지도라 한다.

34 주제도에 대한 설명으로 가장 적합한 것은?   [21년 1회 측기]

① 다른 지도의 기반이 되는 지도이다.
② 주로 국토지리정보원에서 제작한다.
③ 특정한 지리정보를 제공 위한 지도이다.
④ 지형과 지물을 포함하여 법률로 지정된 도식과 축척에 맞추어 그린 지도이다.

해설
주제도[thematic map, 主題圖]
① 주제도는 특정한 주제를 중점적으로 표현하는 것을 목적으로 작성된 지도로 특수도(特殊圖)라고도 한다.
② 주제도의 대표적인 예로 지질도 · 해도 · 하천도 · 기후도 · 일기도 · 도로지도 · 관광지도 · 항공지도 · 역사지도 · 지적도(地籍圖) · 토지이용도 · 식생분포도 · 인구분포도를 비롯한 각종 통계지도 등이 있다.

Answer 30 ② 31 ③ 32 ④ 33 ③ 34 ③

CHAPTER 02 GIS의 자료구조

제1절 지형공간정보체계 자료구성

1 위치정보(positional Information)

1) 절대위치

실제공간의 위치(예 : 경도, 위도, 좌표, 표고)

2) 상대위치

model 공간의 위치(임의의 기준으로부터 결정되는 위치 - 예 : 설계도)

2 특성정보(descriptive Information)

1) 도형정보(graphic Information)

도형정보(圖形情報, graphic formation)는 지도에 표현되는 수치적 설명으로 지도의 특정한 지도요소를 의미한다. GIS에서는 이러한 도형정보를 컴퓨터의 모니터나 종이 등에 나타내는 도면으로 표현하기 위해 사용한다. 도형정보는 점, 선, 면 등의 형태나 영상소, 격자셀 등의 격자형, 그리고 기호 또는 주석과 같은 형태로 입력되고 표현된다.

점	• 기하학적 위치를 나타내는 0차원 또는 무차원 정보 • 최근린방법 : 점 사이의 물리적 거리를 관측 • 사지수(quadrat)방법 : 대상영역의 하부면적에 존재하는 점의 변이를 분석
선	• 1차원 표현으로 두 점 사이 최단거리를 의미 • 형태 : 문자열(string), 호(arc), 사슬(chain) 등
면	• 면(面, area) 또는 면적(面積)은 한정되고 연속적인 2차원적 표현 • 모든 면적은 다각형으로 표현
영상소	• 영상을 구성하는 가장 기본적인 구조단위 • 해상도가 높을수록 대상물을 정교히 표현
격자셀	• 연속적인 면의 단위 셀을 나타내는 2차원적 표현
기호 또는 주석	• 기호 : 지도 위에 점의 특성을 나타내는 도형요소 • 주석 : 지도상 도형적으로 나타난 이름으로 도로명, 지명, 고유번호, 차원 등을 기록

[점]　　　　[선]　　　　[면]　　　　[영상소]　　　　[격자셀]

2) 영상정보(image Information)

센서(scanner, Lidar, laser, 항공사진기 등)에 의해 취득된 사진

3) 속성정보(attributive Information)

도형이나 영상 속의 내용

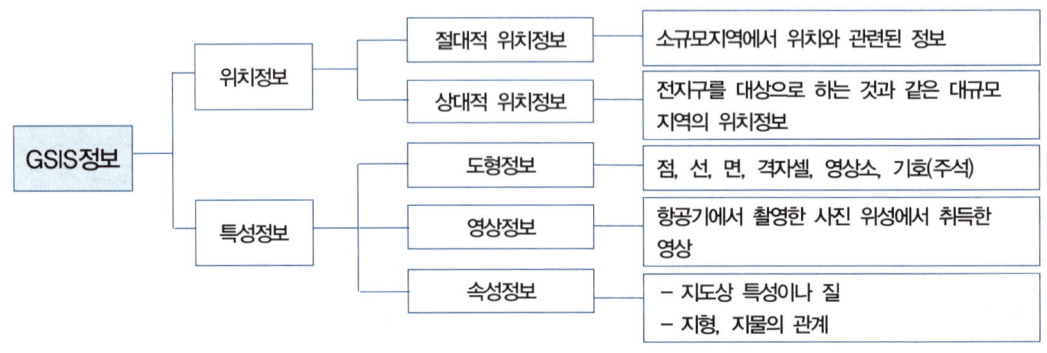

제2절 데이터의 구조

1 벡터 자료구조

벡터 자료구조는 기호, 도형, 문자 등으로 인식할 수 있는 형태를 말하며 객체들의 지리적 위치를 크기와 방향으로 나타낸다.

1) 기본 요소

(1) 점(Point)

점은 차원이 존재하지 않으며 대상물의 지점 및 장소를 나타내고 기호를 이용하여 공간 형상을 표현한다.

(2) 선(Line)

선은 가장 간단한 형태로 1차원 대상물은 두 점을 연결한 직선이다. 대축척(면사상), 소축척(선사상)으로 지적도, 임야도의 경계선을 나타내는 데 효과적이다. Arc, String, Chain이라는 다양한 용어로도 사용된다.

① Arc : 곡선을 형성하는 점들의 자취를 의미한다.
② String : 연속적인 Line segments를 의미한다.
③ Chain : 시작노드와 끝노드에 대한 위상정보를 가지며 자체꼬임이 허용되지 않은 위상 기본요소를 의미한다.

(3) 면

면은 경계선 내의 영역을 정의하고 면적을 가지며, 호수, 삼림을 나타내고 지적도의 필지, 행정구역이 대표적이다.

2) 저장방법

(1) 스파게티 자료구조

① 객체들 간에 정보를 갖지 못하고 국수가락처럼 좌표들이 길게 연결되어 있어 스파게티 자료구조라고 한다.

② 객체가 좌표에 의한 그래픽 형태(점, 선, 면적)로 저장되며 위상관계를 정의하지 않는다.
③ 경계선을 다각형으로 구축할 경우에는 각각 구분되어 입력되므로 중복되어 기록된다.
④ 스파게티 자료구조는 하나의 점(X, Y좌표)을 기본으로 하고 있어 구조가 간단하다.
⑤ 자료구조가 단순하여 파일의 용량이 작은 장점이 있다.
⑥ 객체들 간의 공간관계가 설정되지 않아 공간분석에 비효율적이다.
⑦ 상호 연관성에 관한 정보가 없어 인접한 객체들의 특징과 관련성, 연결성을 파악하기가 힘들다.

(2) 위상구조

위상이란 도형 간의 공간상의 상관관계를 의미하는데 위상은 특정변화에 의해 불변으로 남는 기하학적 속성을 다루는 수학의 한 분야로 위상모델의 전제조건으로는 모든 선의 연결성과 폐합성이 필요하다.

① 위상구조의 특징
- 토지정보시스템에서 매우 유용한 데이터구조로서 점, 선, 면으로 객체 간의 공간관계를 파악할 수 있다.
- 벡터데이터의 기본적인 구조로 점으로 표현되며 객체들은 점들을 직선으로 연결하여 표현할 수 있다.
- 토폴로지는 폴리곤 토폴로지, 아크 토폴로지, 노드 토폴로지로 구분된다.
    - Arc : 일련의 점으로 구성된 선형의 도형을 말하며 시작점과 끝점이 노드로 되어 있다.
    - Node : 둘 이상의 선이 교차하여 만드는 점이나 아크의 시작이나 끝이 되는 특정한 의미를 가진 점을 말한다.
    - Topology : 인접한 도형들 간의 공간적 위치관계를 수학적으로 표현한 것을 말한다.
- 점, 선, 폴리곤으로 나타낸 객체들이 위상구조를 갖게 되면 주변객체들 간의 공간상에서의 관계를 인식할 수 있다.
- 폴리곤 구조는 형상과 인접성, 계급성의 세 가지 특성을 지닌다.
- 관계형 데이터베이스를 이용하여 다량의 속성자료를 공간객체와 연결할 수 있으며 용이한 자료의 검색 또한 가능하다.
- 공간객체의 인접성과 연결성에 관한 정보는 많은 분야에서 위상정보를 바탕으로 분석이 이루어진다.

② 위상구조의 분석

각 공간객체 사이의 관계가 인접성, 연결성, 포함성 등의 관점에서 묘사되며, 스파게티 모델에 비해 다양한 공간분석이 가능하다.

인접성(Adjacency)	관심대상 사상의 좌측과 우측에 어떤 사상이 있는지를 정의하고 두 개의 객체가 서로 인접하는지를 판단한다.
연결성(Connectivity)	특정 사상이 어떤 사상과 연결되어 있는지를 정의하고 두 개 이상의 객체가 연결되어 있는지를 파악한다.
포함성(Containment)	특정 사상이 다른 사상의 내부에 포함되느냐 혹은 다른 사상을 포함하느냐를 정의한다.

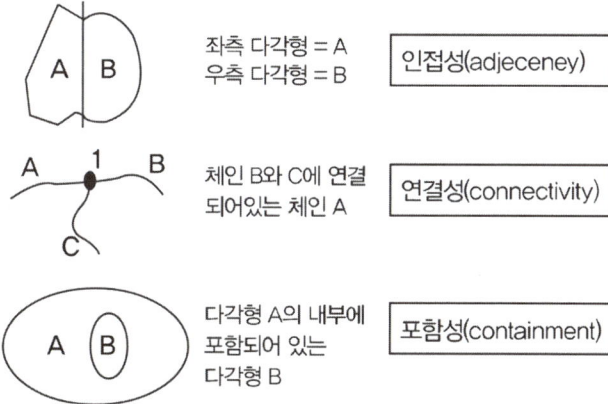

③ 위상구조의 장·단점

장점	단점
① 좌표 데이터를 사용하지 않고도 인접성, 연결성 분석과 같은 공간분석이 가능 ② 공간적인 관계를 구현하는 데 필요한 처리시간을 줄일 수 있다. ③ 입력된 도형정보에 대하여 일단 위상과 관련되는 정보를 정리하여 공간데이터베이스에 저장하여 둔다. ④ 저장된 위상정보는 추후 위상을 필요로 하는 많은 분석이 빠르고 용이하게 이루어지도록 할 수 있다.	① 컴퓨터 같은 장비구입 비용이 많이 소요된다. ② 위상을 구축하는 과정이 반복되므로 컴퓨터 프로그램의 사용이 필수적이다. ③ 컴퓨터 프로그램이나 하드웨어의 성능에 따라서 소요되는 시간에는 많은 차이가 있다. ④ 위상을 정립하는 과정은 기본적으로 선의 연결이 끊어지지 않도록 하고 폐합된 도형의 형태를 갖도록 하는 시간이 많이 소요되는 편집과정이 선행되어야 한다.

3) 벡터 자료구조의 장·단점

장점	단점
① 래스터 자료에 비하여 훨씬 압축되어 간결한 형태이다. ② 위상관계를 입력하기가 용이하여 위상관계정보를 요구하는 분석에 효과적이다. ③ 수작업에 의하여 완성된 도면과 거의 비슷한 형태의 도형을 제작하는 데 적합하다. ④ 지형학적 자료를 필요로 하는 경우 망조직 분석에 매우 효과적이다.	① 격자형보다 훨씬 복잡한 구조를 가지고 있다. ② 중첩기능을 수행하기가 어렵고 공간적 편의를 나타내기가 비효율적이다. ③ 수치 이미지 조작이 비효율적이다. ④ 자료의 조작과 영상의 질을 향상시키는 데 효과적이지 못하다.

4) 벡터 자료의 파일 형식 암기 TI V Sh Co CA D Ar C

수치화된 벡터 자료는 자료의 출력과 분석을 위해 다양한 소프트웨어에 따라 특정한 파일 형식으로 컴퓨터에 저장된다.

파일형식	벡터자료 파일 형식 특징
⑪GER	① Topologically Integrated Geographic Encoding and Referencing System의 약자 ② U.S.Census Bureau에서 1990년 인구조사를 위해 개발한 벡터형 파일형식
ⓥPF	① Vector Product Format의 약자 ② 미 국방성의 NIMA(National Imagery and Mapping Agency)에서 개발한 군사적 목적의 벡터형 파일형식
ⓢhape	① ESRI사의 Arcview에서 사용되는 자료형식 ② Shape 파일은 비위상적 위치정보와 속성정보를 포함 ③ 메인파일과 인덱스파일, 그리고 데이터베이스 테이블의 3개 파일에 의해 지리적으로 참조된 객체의 기하와 속성을 정의한 ArcView GIS의 데이터 포맷 | 파일유형 | 기능 | |---|---| | .shp | 지리요소의 공간정보 점,선,면 등을 저장하는 파일 | | .shx | 지리요소의 공간정보 인덱스를 저장하는 파일 | | .dbf | 지리요소의 속성정보를 저장하는 파일 | | .sbn .sbx | .지리요소의 공간인덱스를 저장하는 파일 .spatial join 등의 기능 수행 .them의 "shape"필드에 대한 인덱스 생성시 필요 | | .ain .aih | .속성테이블에서 활성화된 필드의 속성인덱스를 저장하는 파일 .테이블간의 링크 수행시 생성 |
ⓒoverage	① ESRI사의 Arc/Info에서 사용되는 자료형식 ② Coverage 파일은 위상모델을 적용하여 각 사상간 관계를 적용하는 구조임 ③ 공간관계를 명확히 정의한 위상구조를 사용하여 벡터 도형데이터를 저장한다.

PART 04 지리정보시스템

파일형식	벡터자료 파일 형식 특징
ⓒAD	① Autodesk사의 AutoCAD 소프트웨어에서는 DWG와 DXF 등의 파일형식을 사용 ② DXF 파일형식은 GIS 관련소프트웨어 뿐만 아니라 원격탐사소프트웨어에서도 사용할 수 있음 ③ 사실상, 산업표준이 된 AutoCAD와 AutoCAD Map의 파일포맷중의 하나로 많은 GIS에서 익스포트(export)포맷으로 널리 사용된다.
ⓓLG	① Digital Line Graph의 약자로서 U.S.Geological Survey에서 지도학적 정보를 표현하기 위해 고안한 디지털벡터파일형식 ② DLG는 ASCII 문자형식으로 구성
ⓐrcInfo E00	ArcInfo의 익스포트 포맷
ⓒGM	① Computer Graphicx Metafile의 약자 ② PC기반의 컴퓨터그래픽 응용분야에 사용되는 벡터데이터 포맷의 ISO 표준

2 래스터 자료구조

래스터 자료구조는 매우 간단하며 일정한 격자간격의 셀이 데이터의 위치와 그 값을 표현하므로 격자데이터라고도 하며 도면을 스캐닝하여 취득한 자료와 위상영상자료들에 의하여 구성된다. 래스터 자료구조는 구현의 용이성과 단순한 파일구조에도 불구하고 정밀도가 셀의 크기에 따라 좌우되며 해상력을 높이면 자료의 크기가 방대해진다. 각 셀들의 크기에 따라 데이터의 해상도와 저장크기가 달라지게 되는데 셀 크기가 작으면 작을수록 보다 정밀한 공간현상을 잘 표현할 수 있다.

1) 래스터 자료의 장·단점

암기 | 간 | 첩 | 이 | 자 | 수 | 해서 | 공 | 을 세워야 | 사 | 지 | 선 | 이 | 상 | 하지 않는다.

장점	단점
① ㉮단한 자료구조를 가지고 있으며 중㉰에 대한 조작이 용이하여 매우 효과적이다. ② ㉧료의 조작과정이 매우 효과적이고 수치영상의 질을 향상시키는 데 매우 효과적이다. ③ ㉤치이미지 조작이 효율적이다. ④ 다양한 ㉲간적 편의가 격자형태로 나타난다.	① 압축되어 ㉥용되는 경우가 드물며 ㉧형관계를 나타내기가 훨씬 어렵다. ② 주로 격자형의 네모난 형태를 가지고 있기 때문에 수작업에 의해서 그려진 완화된 ㉠에 비해서 미관상 매끄럽지 못하다. ② 위㉡적인 관계 설정이 어렵다. ④ 데이터의 용량이 크다.

2) 압축방법

(1) Run-length 코드기법(연속분할부호, 連續分割符號)

① 각 행마다 왼쪽에서 오른쪽으로 진행하면서 동일한 수치를 갖는 셀들을 묶어 압축시키는 방법

② Run이란 하나의 행에서 동일한 속성값을 갖는 격자를 말한다.
③ 동일한 속성값을 개별적으로 저장하는 대신 하나의 Run에 해당되는 속성값이 한 번만 저장되고 Run의 길이와 위치가 저장되는 방식이다.
④ 각 행에 대해서 왼쪽에서 오른쪽으로 시작셀과 끝셀을 표시한다.

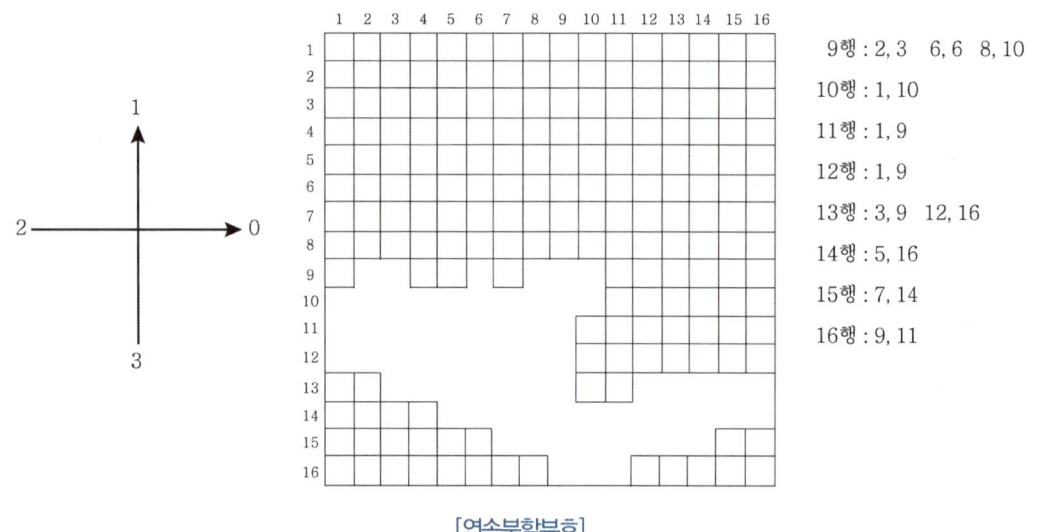

[연속분할부호]

(2) Quadtree 기법(사지수형, 四枝樹型)

① Quadtree 기법은 Run-length 코드기법과 함께 많이 쓰이는 자료압축기법이다.
② 크기가 다른 정사각형을 이용하여 Run-length 코드보다 더 많은 자료의 압축이 가능하다.
③ 전체 대상지역에 대하여 하나 이상의 속성이 존재할 경우 전체 지도는 4개의 동일한 면적으로 나누어지는데 이를 quadrant라 한다.
④ $2^n \times 2^n$ 점의 전체배열은 사지수의 중심절점(root node)이고, 나무의 최대높이는 n단계이다.
⑤ 각 절점은 NW(북서), NE(북동), SW(남서), SE(남동) 4개의 가지를 갖는다.
⑥ 잎절점(loaf node)은 더 이상 작게 분할할 수 없는 4분할을 가리킨다.
⑦ 각 절점은 2비트로 표현하는데 이것은 끝이 '안(↑↓)'인지 '밖(↓↑)'인지 혹은 현재 위치의 절점이 '안(↑↓)'인지 '밖(↓↑)'인지를 정의한다.

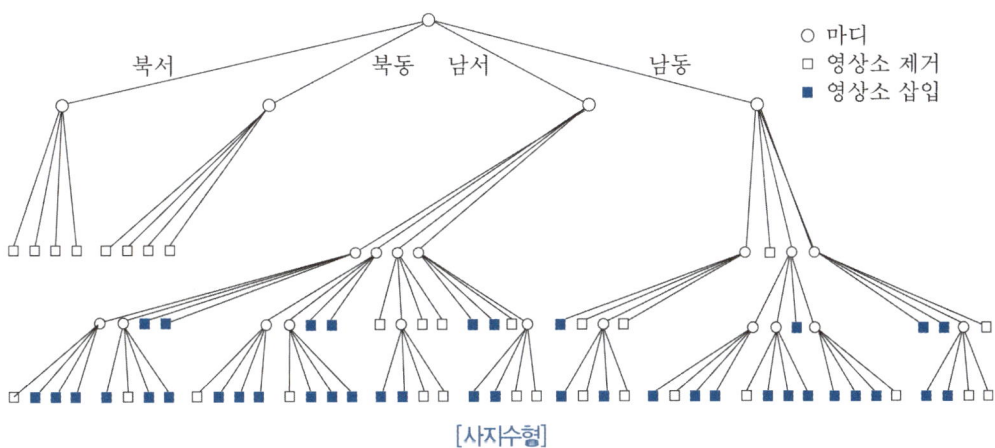

[사지수형]

(3) Block 코드기법(블록부호)

① Run-length 코드기법에 기반을 둔 것으로 정사각형으로 전체 객체의 형상을 나누어 데이터를 구축하는 방법이다.

② 자료구조는 원점으로부터의 좌표 및 정사각형의 한 변의 길이로 구성되는 세 개의 숫자만으로 표시가 가능하다.

③ 원점(중심부나 좌측하단)의 XY 좌표와 정사각형의 기준거리를 표시한다.

④ 그림에 나타난 영역은 16단위의 셀 한 개로 이루어진 정사각형과 9개의 4단위 정사각형, 17개의 1단위 정사각형으로 저장된다.

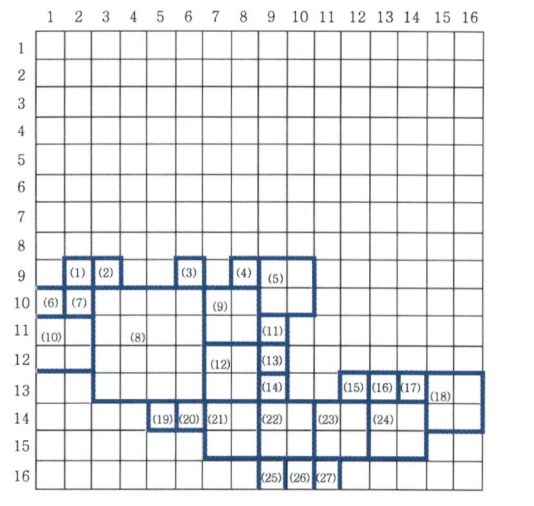

[블록부호]

(4) Chain 코드기법(사슬부호)

① Chain 코드기법은 대상지역에 해당하는 격자들의 연속적인 연결 상태를 파악하여 동일한 지역의 정보를 제공하는 방법이다.

② 자료의 시작점에서 동서남북으로 방향을 이동하는 단위거리를 통해서 표현하는 기법이다.

③ 각 방향은 동쪽은 0, 북쪽은 1, 서쪽은 2, 남쪽은 3 등 숫자로 방향을 정의한다.

④ 픽셀의 수는 상첨자로 표시한다.

$0, 1, 0^2, 3, , 0^2, 1, 0, 3, 0, 1, , 0^3, , 3^2, 2, , 3^3, 0^2, 1, , 0^5$

$3^2, 2^2, 3, 2^3 3,, 2^3, 1, 2^2, 1, 2^2, 1, 2^2, 1, 2^2$

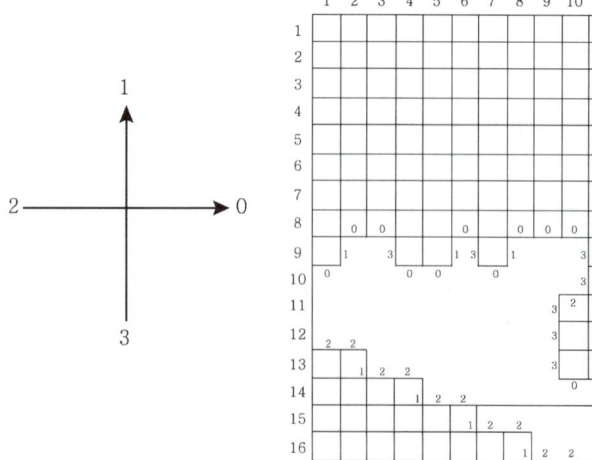

[사슬부호]

3) 벡터와 래스터 자료의 비교

암기 간 첩 이 자 수 해서 공 을 세워야 사 지 선 이 상 하지 않는다.

	벡터 자료	래스터 자료
장점	① 복잡한 현실세계의 묘사가 가능하다. ② 보다 압축된 자료구조를 제공하며 따라서 데이터 용량의 축소가 용이하다. ③ 위상에 관한 정보가 제공되므로 관망분석과 같은 다양한 공간분석이 가능하다. ④ 그래픽의 정확도가 높다. ⑤ 그래픽과 관련된 속성정보의 추출 및 일반화, 갱신 등이 용이하다. ⑥ 위상관계를 입력하기 용이하므로 위상관계 정보를 요구하는 분석에 효과적	① 자료구조가 ㉮단하다. ② 여러 레이어의 ㊥첩이나 분석이 용이하다. ③ ㉶료의 조작과정이 매우 효과적이고 수치영상의 질을 향상시키는데 매우 효과적이다. ④ ㊬치이미지 조작이 효율적이다. ⑤ 다양한 ㉻간적 편의가 격자의 크기와 형태가 동일한 까닭에 시뮬레이션이 용이하다.
단점	① 자료구조가 복잡하다. ② 여러 레이어의 중첩이나 분석에 기술적으로 어려움이 수반된다. ③ 각각의 그래픽 구성요소는 각기 다른 위상구조를 가지므로 분석에 어려움이 크다. ④ 그래픽의 정확도가 높은 관계로 도식과 출력에 비싼 장비가 요구된다. ⑤ 일반적으로 값비싼 하드웨어와 소프트웨어가 요구되므로 초기 비용이 많이 든다.	① 압축되어 ㉳용되는 경우가 드물며 ㉷형관계를 나타내기가 훨씬 어렵다. ② 주로 격자형의 네모난 형태로 가지고 있기 때문에 수작업에 의해서 그려진 완화된 ㊤에 비해서 미관상 매끄럽지 못하다. ③ 위㊛정보의 제공이 불가능하므로 관망해석과 같은 분석기능이 이루어질 수 없다. ④ 좌표변환을 위한 시간이 많이 소요된다.

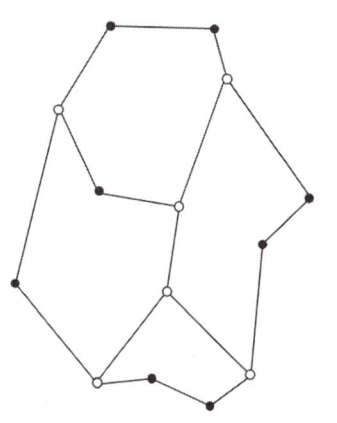

[벡터 위상 구조] [래스터 위상 구조]

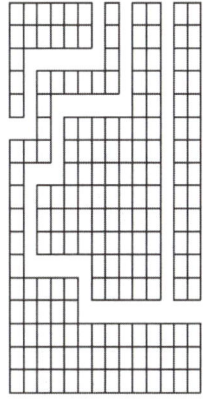

4) 래스터 자료 포맷 방법

BIL(Band Interleaved by Line) : 라인별 영상	한 개 라인 속에 한 밴드 분광값을 나열한 것을 밴드순으로 정렬하고 그것을 전체 라인에 대해 반복하며 {[(픽셀번호순), 밴드순], 라인번호순}이다. 즉, 각 행(row)에 대한 픽셀자료를 밴드별로 저장한다. 주어진 선에 대한 모든 자료의 파장대를 연속적으로 파일 내에 저장하는 형식이다. BIL 형식에 있어 파일 내의 각 기록은 단일 파장대에 대해 열의 형태인 자료의 격자형 입력선을 포함하고 있다.
BSQ(Band Se Quential) : 밴드별 영상	밴드별로 이차원 영상 데이터를 나열한 것으로 {[(픽셀(화소)번호순), 라인번호순], 밴드순}이다. 각 파장대는 분리된 파일을 포함하여 단일 파장대가 쉽게 읽혀지고 보일 수 있으며 다중 파장대는 목적에 따라 불러올 수 있다. 한 번에 한 밴드의 영상을 저장하는 방식
BIP(Band Interleaved by Pixel) : 픽셀별 영상	한 개 라인 중의 하나의 화소 분광값을 나열한 것을 그 라인의 전체 화소에 대해 정렬하고 그것을 전체 라인에 대해 반복하며 {[(밴드순), 픽셀(화소)번호순)], 라인번호순}이다. 각 파장대의 값들이 주어진 영상소 내에서 순서적으로 배열되며 영상소는 저장장치에 연속적으로 배열된다. 구형이므로 거의 사용되지 않는다. 각 열에 대한 픽셀자료흫 밴드별로 저장한다.

5) 래스터 자료의 파일 형식   암기 Ti Ge Bi JP G P B P

래스터자료 파일 형식	
ⓣIFF (Tagged Image File Format)	① 태그(꼬리표) 붙은 화상 파일 형식이라는 뜻이다. ② 미국의 앨더스사(현재의 어도비 시스템사에 흡수 합병)와 마이크로소프트사가 공동 개발한 래스터 화상 파일 형식이다. ③ TIFF는 흑백 또는 중간 계조의 정지 화상을 주사(走査, Scane)하여 저장하거나 교환하는 데 널리 사용되는 표준 파일 형식이다. ④ 화상 데이터의 속성을 태그 정보로서 규정하고 있는 것이 특징이다.
ⓖoTiff	① 파일 헤더에 거리 참조를 가지고 있는 TIFF파일의 확장 포맷이다. ② TIFF의 래스터지리 데이터를 플랫폼 공동이용 표준과 공동이용을 제공하기 위해 데이터 사용자, 상업용 데이터 공급자, GIS소프트웨어 개발자가 합의하여 개발되고 유지됨 ③ 래스터자료 상호 교환포맷
ⓑIF(Basic Image Interchange Format)	BIIF는 FGDC(Federal Geographic Data Committe)에서 발행한 국제표준영상처리와 영상데이터 표준이다. 이 포맷은 미국의 국방성에 의하여 개발되고 NATO에 의해 채택된 NITFS(National Imagery Transmission Format Standard)를 기초로 제작되었다

구분	내용
ⓙEG(Joint Photographic Experts Group)	① Joint Photographic Experts Group의 준말이다. ② JPEG는 컬러 이미지를 위한 국제적인 압축표준으로 국제전신전화자문(CCITT ; Consultative Committee International Telegraph and Telepone)와 ISO(International Organization for Standard:국제표준기구)에서 인정하고 있다.
ⓖIF(Graphics Interchange Format)	① 미국의 컴퓨서브(Compuserve)사가 1987년에 개발한 화상 파일 형식이다. ② GIF는 인터넷에서 래스터 화상을 전송하는 데 널리 사용되는 파일 형식이다. ③ 최대 256가지 색이 사용될 수 있는데 실제로 사용되는 색의 수에 따라 파일의 크기가 결정된다.
ⓟCX	① PCX는 ZSoft가 자사의 초기 DOS 기반의 그래픽 프로그램 PC 페인터 브러시용으로 개발한 그래픽 포맷이다. ② 윈도 이전까지 사실상 비트맵 그래픽의 표준이었다. ③ PCX는 그래픽 압축 시 런-길이 코드(Run-length Code)를 쓰기 때문에 디스크 공간 활용에 있어서 윈도 표준 BMP보다 효율적이다.
ⓑMP(Microsoft Windows Device Independent Bitmap)	① 윈도우 또는 OS/2 환경에서 사용되는 비트맵 데이터를 표현하기 위하여 마이크로소프트에서 정의하고 있는 비트맵 그래픽 파일이다. ② 그래픽 파일 저장 형식 중에 가장 단순한 구조를 가지고 있다. ③ 압축 알고리즘이 원시적이어서 같은 이미지를 저장할 때, 다른 형식으로 저장하는 경우에 비해 파일 크기가 매우 크다.
ⓟNG(Portable Network Graphic)	독립적인 GIF 포맷을 대치할 목적의 특허가 없는 자유로운 래스터 포맷
BIL(Band Interleaved by Line) : 라인별 영상	한 개 라인 속에 한 밴드 분광값을 나열한 것을 밴드순으로 정렬하고 그것을 전체 라인에 대해 반복하며 {[(픽셀 번호순), 밴드순], 라인 번호순}이다. 즉 각 행(row)에 대한 픽셀자료를 밴드별로 저장한다. 주어진 선에 대한 모든 자료의 파장대를 연속적으로 파일 내에 저장하는 형식이다. BIL 형식에 있어 파일 내의 각 기록은 단일 파장대에 대해 열의 형태인 자료의 격자형 입력선을 포함하고 있다.
BSQ(Band Sequential) : 밴드별 영상	밴드별로 이차원 영상 데이터를 나열한 것으로 {[(픽셀(화소) 번호순), 라인 번호순], 밴드순}이다. 각 파장대는 분리된 파일을 포함하여 단일 파장대가 쉽게 읽혀지고 보일 수 있으며, 다중파장대는 목적에 따라 불러올 수 있다. 한번에 한 밴드의 영상을 저장하는 방식
BIP(Band Interleaved by Pixel) : 픽셀별 영상	한 개 라인 중의 하나의 화소 분광값을 나열한 것을 그 라인의 전체 화소에 대해 정열하고 그것을 전체 라인에 대해 반복하며 [(밴드순, 픽셀 번호순), 라인 번호순]이다. 각 파장대의 값들이 주어진 영상소 내에서 순서적으로 배열되며 영상소는 저장장치에 연속적으로 배열된다. 구형이므로 거의 사용되지 않는다. 각 열(colume)에 대한 픽셀자료를 밴드별로 저장한다

CHAPTER 02 문제 및 해설

01 도형자료 중 래스터(raster) 형태의 특징으로 옳지 않은 것은? [2012년 기사 1회]

① 자료의 데이터구조가 매우 복잡하며, 자료생성이 어렵다.
② 다양한 공간적 편의가 격자형태로 나타나며, 자료의 조작과정이 용이하다.
③ 격자의 크기 조절로 자료용량의 조절이 가능하다.
④ 래스터자료는 주로 네모난 형태를 가지기 때문에 벡터자료에 비해 미관상 매끄럽지 못하다.

해설

벡터와 래스터의 비교

구분		벡터	래스터
장점		• 래스터보다 압축되어 간결 • 위상관계에 대한 부호입력이 용이한 경우일 때, 지형학적 자료를 필요로 하는 망조직 분석에 효과적 • 수작업에 의해서 완성된 지도와 거의 비슷한 도형 제작에 적합 • 위상 관계를 입력하기 용이하므로 위상관계 정보를 요구하는 분석에 효과적	• 간단한 자료구조 • 중첩에 대한 조작이 용이 • 다양한 공간적 편의가 격자형 형태로 나타남 • 자료의 조작 과정에 효과적 • 수치영상의 질을 향상시키는 데 효과적
단점		• 격자형 자료보다 복잡한 자료구조 • 중첩기능을 수행하기 어렵다. • 자료의 조작 과정이 비효과적 • 영상의 질을 향상시키는 데 비효과적 • 공간적 편의를 나타내는데 비효과적	• 압축되어 사용되는 경우가 드물다. • 지형관계를 나타내기가 훨씬 어렵다. • 미관상 선이 매끄럽지 못하다. • 위상관계 설정이 어렵다.

02 보기의 ( ) 안에 들어갈 용어로 적합한 것은? [2012년 기사 1회]

> 종이지도나 영상자료로부터 객체정보를 추출하고 GIS에 입력하기 위해서 ( )작업을 수행한다. ( )작업은 사람에 의해 수동으로 진행되기 때문에 많은 시간과 노력이 필요하다는 단점이 있지만, 비교적 작업과정이 단순하기 때문에 소규모 GIS 프로젝트에서 활용되고 있다.

① 스캐닝(scanning)
② GPS(global positioning system)
③ 원격탐사(remote sensing)
④ 디지타이징(digitizing)

해설

디지타이징
기존의 지형도를 digitizer에 의해 읽은 후 수치화하여 입력하는 방법이다.

특징
① 촘촘히 입력할수록 정확도 향상
② 수동방식이므로 시간이 많이 소요
③ 벡터 형식으로 직접 입력하므로 벡터화 변환 불필요
④ 입력 시 바로 벡터 형식의 자료로 저장이 가능

Answer 01 ① 02 ④

PART 04 지리정보시스템

03 두 격자자료의 입력값이 각각 0과 1일 때, 각 논리연산자 AND, OR, XOR에 의한 결과는? (단, AND, OR, XOR의 순서이고 참일 때 1이고 거짓일 때 0이다.)
[2012년 기사 1회]

① 1-0-1
② 1-1-0
③ 0-1-0
④ 0-1-1

해설
① AND 연산자의 결과는 두 연산항 중 어느 하나가 False이면 무조건 False이고, 모두 True이면 True가 된다. 비트 연산인 경우는 두 비트가 1인 경우에만 1이며, 나머지 경우는 모두 0이 된다.
② OR 연산자의 결과는 두 연산항 중 어느 하나가 True이면 무조건 True가 되고, 나머지 경우 False가 된다. 비트 연산인 경우는 어느 한 비트 이상이 1이면 무조건 1이 되고, 그렇지 않으면 0이 된다.
③ XOR 연산자의 결과는 한 연산항이 True이고 다른 연산항이 False일 때만 True가 되며, 나머지 경우는 모두 False가 된다. 비트 연산인 경우는 한 비트가 0일 때 다른 비트가 1일 때만 1이 되고, 나머지 경우는 모두 0이 된다.

04 지형공간정보체계의 일반적인 단계를 순서대로 바르게 표시한 것은? [2012년 기사 1회]

① 자료의 수치화 – 자료조작 및 관리 – 응용분석 – 출력
② 자료조작 및 관리 – 자료의 수치화 – 응용분석 – 출력
③ 자료의 수치화 – 응용분석 – 자료조작 및 관리 – 출력
④ 자료조작 및 관리 – 응용분석 – 자료의 수치화 – 출력

해설
GIS 자료처리 순서
자료의 수치화–자료조작 및 관리–응용분석–출력

05 GIS 데이터의 속성 테이블에서 공간객체 인스턴트(예로, 지적도에서 하나의 필지)를 설명하는 것은? [2012년 기사 1회]

① 필드
② 레코드
③ 키
④ 행

해설
파일처리방식의 구성
① 데이터 파일은 record, field, key의 세 가지로 구성
② 각각의 레코드는 하나의 주제에 관한 자료를 저장
[레코드, 기록(record) : 서로 관련된 자료들을 하나의 단위로 묶어놓은 것인데 이때 레코드를 구성하는 각각의 자료 항목을 파일이라 하고 서로 연관된 레코드들의 한데 묶여 하나의 파일을 구성한다.]
③ 필드는 레코드를 구성하는 각각의 항목에 관한 것을 의미
④ 키는 파일에서 정보를 추출할 때 쓰이는 필드로서, 키로서 사용되는 필드를 키필드라 한다.

06 복합 조건문(composite selection)으로 공간자료를 선택하고자 할 때, 다음 중 어떠한 경우에도 가장 많은 결과가 선택되는 것은? (단, 각 항목은 0이 아님)
[2012년 기사 1회]

① (Area < 400,000 AND (LandUse=80 AND AdminCode=12))
② (Area < 400,000 OR (LandUse=80 OR AdminCode=12))
③ (Area < 400,000 AND (LandUse=80 OR AdminCode=12))
④ (Area < 400,000 OR (LandUse=80 AND AdminCode=12))

Answer 03 ④ 04 ① 05 ② 06 ②

[해설]
① And 연산자는 연산자를 중심으로 좌우에 입력된 두 단어를 공통적으로 포함하는 정보나 레코드를 검색한다.
② OR 연산자는 좌우 두 단어 중 어느 하나만 존재하더라도 검색을 수행한다. 그러므로 가장 많은 결과가 선택되는 것은 OR 연산자를 두 번 사용한 것이다.

07 데이터 모델을 이용하여 필요한 자료를 추출하고 앞으로의 현상을 예측하거나 계획된 행위에 대한 결과를 예측하는 것을 무엇이라 하는가? [2012년 기사 1회]

① 검색
② 변환
③ 출력
④ 모델링

[해설]
모델링(Modeling)
데이터 모델을 이용하여 필요한 자료를 추출하고 앞으로의 현상을 예측하거나 현실세계를 이해할 수 있도록 객체를 생생하게 묘사하는 과정을 모델링이라 한다.

08 지형공간정보체계의 자료 취득방법과 거리가 먼 것은? [2012년 기사 3회]

① 범세계결정위치체계(GPS)
② 자료기반(DB)
③ 원격탐사
④ 사진측량

[해설]
자료취득방법
① 기존의 지형도를 사용하는 방법
② 사진측량 및 원격탐측에 의한 방법
③ APR이나 음향 탐측기에 의한 직접 관측방법
④ 지상측량에 의한 방법
⑤ GPS/관성측량에 의한 방법

09 규칙적인 셀(cell)의 격자에 의하여 형상을 묘사하는 자료구조는? [2012년 기사 3회]

① 래스터 자료구조
② 벡터 자료구조
③ 속성 자료구조
④ 필지 자료구조

[해설]
도형 및 영상정보의 자료구조
도형 및 영상정보를 표현하는 데에는 벡터 자료구조와 격자 자료구조의 두 가지 방법이 있다.
① 벡터 자료구조 : 가능한 한 정확하게 대상물을 표시하는데 있으며, 분할된 것이 아니라, 정밀하게 표현된 차원, 길이 등으로 모든 위치를 표현할 수 있는 연속적인 자료 구조를 말한다.
② 격자 자료구조 : 동일한 크기의 격자로 이루어지며 자료구조의 단순성 때문에 주제도를 간편하게 분할할 수 있는 장점이 있으나, 정확한 위치를 표시하는데에는 많은 어려움이 따르는 자료구조를 말한다.

10 지형공간정보체계의 일반적인 단계를 순서대로 바르게 표시한 것은? [2012년 기사 3회]

① 자료의 수치화 – 자료조작 및 관리 – 응용분석 – 출력
② 자료조작 및 관리 – 자료의 수치화 – 응용분석 – 출력
③ 자료의 수치화 – 응용분석 – 자료조작 및 관리 – 출력
④ 자료조작 및 관리 – 응용분석 – 자료의 수치화 – 출력

[해설]
GIS 자료처리 순서
자료의 수치화 – 자료조작 및 관리 – 응용분석 – 출력
자료의 준비 및 분석 = 자료의 조작 및 관리

Answer 07 ④ 08 ② 09 ① 10 ①

11
점, 선, 면으로 표현된 객체들 간의 공간관계를 설정하여 각 객체들 간의 인접성, 연결성, 포함성 등에 관한 정보를 파악하기 매우 쉬우며, 다양한 공간분석을 효율적으로 수행할 수 있는 자료구조는? [2012년 기사 3회]

① 스파게티(spaghetti) 구조
② 래스터(raster) 구조
③ 위상(topology) 구조
④ 그리드(grid) 구조

〔해설〕

위상모형

1. **위상구조**
   공간관계를 명시하는 것으로 선의 방향, 다각형 간의 상대적인 위치관계, 점과 점, 점과 선의 거리 또는 선의 구성에 따른 각 절점의 연결성 등을 정의하는 것이다.

2. **위상정립**
   점, 선, 면 각각에 대한 상호 관계가 기록된 테이블이 구성되어야 하며, 이를 위해 면위상, 점위상, 선위상, 선좌표 테이블 등의 종합적인 정보가 필요하다.

12
인공위성영상으로부터 벡터구조의 토지이용 분류도를 작성하여 저장하기 위한 순서를 바르게 나타낸 것은? [2013년 기사 1회]

㉠ 전처리과정을 통한 영상의 노이즈 제거
㉡ 벡터구조로의 변환
㉢ 위상 정립
㉣ 격자구조의 토지이용도 작성
㉤ 대상지역과 동일한 좌표계로 맞추기 위한 좌표변환
㉥ 감독분류 또는 무감독분류방법에 의한 토지이용의 분류
㉦ 공간데이터베이스 내에 저장

① ㉠-㉤-㉥-㉣-㉡-㉢-㉦
② ㉠-㉥-㉣-㉤-㉢-㉡-㉦
③ ㉠-㉤-㉡-㉢-㉥-㉣-㉦
④ ㉠-㉥-㉣-㉤-㉢-㉡-㉦

〔해설〕

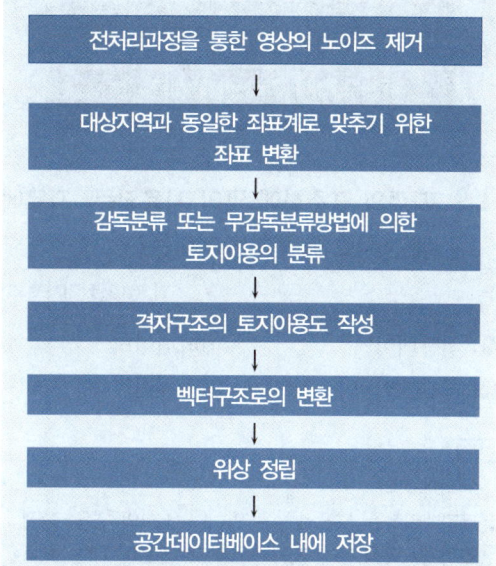

13
데이터베이스 디자인 단계의 순서가 옳은 것은? [2013년 기사 1회]

① DB 목적 정의
② DB 테이블 정의
③ DB 필드 정의
④ 테이블 간의 관계 정의

① ①-②-③-④
② ①-③-②-④
③ ①-④-②-③
④ ①-④-③-②

Answer 11 ③ 12 ① 13 ①

> [해설]
> 데이터베이스 디자인 단계의 순서

14 자료의 표준화에 많이 사용되는 "자료에 대한 자료"를 뜻하는 용어는?
[2013년 기사 1회]

① 검증데이터 ② 메타데이터
③ 표준데이터 ④ 메가데이터

> [해설]
> **메타데이터**
> 메타데이터는 실제 data는 아니나 data의 내용, 품질, 조건 및 특성 등을 저장한 data로 data에 대한 data, 즉 data의 이력을 의미한다.

15 데이터 교환을 위해 개발된 포맷이 아닌 것은?
[2013년 기사 1회]

① SDTS ② VPF
③ DIGEST ④ DLG

> [해설]
> 1. SDTS(Spatial Date Transfer Standard : 공간자료 교환표준)
>   공간자료 교환표준(Spatial Data Transfer Standard, SDTS)은 공간자료를 서로 다른 컴퓨터 시스템 간에 정보의 누락 없이 자료를 주고받을 수 있게 해주는 방법이다. 이는 자료 교환표준으로서 공간자료, 속성, 위치체계, 자료의 질, 자료 사전, 기타 메타데이터 등을 모두 포함하는 표준이다.
> 2. DIGEST(Digital Geographic Information Exchange STandard : 수치지리정보 교환 표준)
>   DIGEST는 NATO 국가들 중심으로 군사적 목적으로 만든 교환 표준으로 미 국방성의 지도 제작 기관인 NIMA(National Imagery Mapping Agency)에 의한 군사용 지도교환 포맷으로부터 발전하였다.
> 3. VPF(Vector Product FORMAT : 벡터 산출물 형식)
>   VPF는 대규모 지리정보 데이터베이스를 위한 표준 포맷, 구조, 구성으로서 지리관계형 자료모형을 기반으로 하여 직접 접근이 가능하다. 미국 NIMA에서 개발한 데이터 교환 포맷으로 현재 NATO 표준 포맷으로 사용된다.
> 4. DLG 파일 형식
>   Digital Line Graphic의 약자로서 U.S Geological Survey에서 지도학적 정보를 표현하기 위해 고안한 디지털 벡터 파일 형식

16 지리정보시스템의 필요성에 대한 설명으로 옳지 않은 것은?
[2013년 기사 1회]

① 자료중복조사 방지 및 분산관리를 위한 측면
② 행정환경 변화의 수동적 대응을 하기 위한 측면
③ 통계담당 부서와 각 전문부서 간의 업무의 유기적 관계를 갖기 위한 측면
④ 시간적, 공간적 자료의 부족, 개념 및 기준의 불일치로 인한 신뢰도 저하를 해소하기 위한 측면

> [해설]
> **지리정보시스템의 필요성**
> ① 계획요소의 지리적 분포
> ② 통계분석의 가시적 표시 및 변화추출을 할 수 있는 행정업무지원체계
> ③ 자료중복조사 방지 및 분산관리를 위한 측면
> ④ 통계담당 부서와 각 전문부서 간의 업무의 유기적 관계를 갖기 위한 측면
> ⑤ 시간적, 공간적 자료의 부족, 개념 및 기준의 불일치로 인한 신뢰도 저하를 해소하기 위한 측면
> ⑥ 지리정보시스템은 행정환경변화의 능동적 대응

Answer 14 ② 15 ④ 16 ②

17
GIS의 공간분석에서 선형의 공간객체 특성을 이용한 네트워크(Network) 분석 기능과 거리가 먼 것은? [2013년 기사 2회]

① 도로나 하천 등 선형의 관거에 걸리는 부하의 예측
② 하나의 지점에서 다른 지점으로 이동 시 최적 경로의 선정
③ 창고나 보급소, 경찰서, 소방서와 같은 주요 시설물의 위치 선정
④ 특정 주거지역의 면적 산정과 인구 파악을 통한 인구 밀도의 계산

해설

네트워크 분석
1) 현실 세계에는 사람, 에너지, 물자, 정보 등의 흐름을 가능하게 하는 도로, 케이블, 파이프라인 등의 하부구조(Infrastructure)가 존재하는데 이러한 하부구조는 GIS 분석 과정에서 네트워크 모델링 가능
2) 일반적으로 네트워크는 점상상인 노드와 선사상인 링크로 구성
   – 노드에는 도로의 교차점, 퓨즈, 스위치, 하천의 합류점 등이 포함될 수 있음
3) 네트워크 분석을 통해 다음과 같은 분석이 가능
   ① 최단경로 : 주어진 기원지와 목적지를 잇는 최단 거리의 경로분석
   ② 최소비용경로 : 기원지와 목적지를 연결하는 네트워크상에서 최소의 비용으로 이동하기 위한 경로를 탐색
   ③ 차량 경로 탐색과 교통량 할당 문제 등의 분석

18
벡터 데이터 모델의 특징으로 옳지 않은 것은? [2013년 기사 2회]

① 공간해상도에 좌우되지 않는다.
② 속성정보의 입력, 검색, 갱신이 용이하다.
③ 실세계의 이산적 현상의 표현에 효과적이다.
④ 항공영상, 위성영상 등 디지털 자료를 저장할 때 사용한다.

해설

	래스터데이터	벡터데이터
장점	① 간단한 자료구조를 가지고 있으며 ② 중첩에 대한 조작이 용이하여 매우 효과적이다. ③ 자료의 조작과정이 매우 효과적이고 수치영상의 질을 향상시키는 데 매우 효과적이다. ④ 수치이미지 조작이 효율적이다. ⑤ 다양한 공간적 편의가 격자형태로 나타난다.	① 래스터자료에 비하여 훨씬 압축되어 간결한 형태이다. ② 위상관계를 입력하기가 용이하여 위상관계 정보를 요구하는 분석에 효과적이다. ③ 수작업에 의하여 완성된 도면과 거의 비슷한 형태의 도형을 제작하는 데 적합하다. ④ 지형학적 자료를 필요로 하는 경우 망조직분석에 매우 효과적이다.

19
( ) 안에 알맞은 단어로 짝지어진 것은? [2013년 기사 2회]

GIS는 ( )에 관련된 문제들을 해결하기 위해 ( )를 이용하고 관리하기 위한 컴퓨터 기반의 체계를 의미한다.

① 국토개발, 지형도
② 공간, 지리자료
③ 지리정보, GPS
④ 지도제작, 토지정보

해설

지리정보체계
(Geographic Information System : GIS)
지리정보체계는 지구상의 모든 지점에 관련된 현상과 관계된 정보를 처리하는 지리정보체계로서 지리정보를 효과적으로 수집, 저장, 조작, 분석, 표현할 수 있도록 서로 유기적으로 연계된 컴퓨터의 하드웨어, 소프트웨어, 자료기반 및 인적 자원의 결합체라 할 수 있다.

Answer 17 ④ 18 ④ 19 ②

20 지형공간정보체계의 데이터베이스 구조가 아닌 것은? [2013년 기사 2회]

① 관계(Relational) 구조
② 계층(Hierarchical) 구조
③ 관망(Network) 구조
④ 3차원(3-Dimensional) 구조

해설

데이터베이스 모델
① 평면파일구조 : 모든 기록들이 같은 자료항목을 가지며 검색자에 의해 정해지는 자료 항목에 따라 순차적으로 배열된다.
② 계층형 구조 : 여러 자료 항목이 하나의 기록에 포함되고, 파일 내의 각각의 기록은 각기 다른 파일 내의 상위 계층의 기록과 연관을 갖는 구조로 이루어져 있다.
③ 망구조 : 다른 파일 내에 있는 기록에 접근 하는 경로가 다양하고 기록들 사이에 다양한 연관이 있더라도 반복하여 자료항목을 생성하지 않아도 된다는 것이 장점이다.
④ 관계구조 : 자료 항목들은 표(table)라고 불리는 서로 다른 평면구조의 파일에 저장되고 표 내에 있는 각각의 사상(entity)은 반복되는 영역이 없는 하나의 자료 항목 구조를 갖는다.

21 파일헤더에 위치참조 정보를 가지고 있으며 GIS 데이터로 주로 사용하는 래스터 파일 형식은? [2014년 기사 1회]

① BMP
② GeoTIFF
③ GIF
④ JPG

해설

래스터 파일 형식의 분류

일반적인 래스터 파일 포맷	ASCII, IEEE
래스터 자료 상호교환 포맷	GeoTIFF
래스터 자료 압축 포맷	RLC, GIF, JPEG
원격탐사 이미지 포맷	BSQ, BIP, BIL
특정 GIS 소프트웨어 고유 포맷	모든 래스터 기반의 GIS 소프트웨어 패키지는 자신의 고유 파일 포맷을 가지고 있다.

22 건축, 전기, 설비, 통신 등 도면 자동화를 통해 구축된 수치지도를 바탕으로 지상 및 지하의 각종 시설물을 시스템상에 구축하여 지원하는 시스템은? [2014년 기사 1회]

① AM(Automated Mapping)
② TIS(Transportation Information System)
③ FM(Facility Management)
④ KML(Keyhole Markup Language)

해설

교통정보시스템 : TIS	육상·해상·항공교통의 관리, 교통계획 및 교통영향평가 등에 활용
도면자동화 및 시설물관리시스템 : AM/FM	도면작성 자동화, 상하수도 시설관리, 통신시설관리 등에 활용
측량정보시스템 : SIS	측지정보, 사진측량정보, 원격탐사정보를 체계화하는 데 활용

23 GIS에서 사용되는 벡터모델의 기본 요소가 아닌 것은? [2014년 기사 1회]

① Grid
② Line
③ Point
④ Polygon

해설

벡터 자료구조는 기호, 도형, 문자 등으로 인식할 수 있는 형태를 말하며 객체들의 지리적 위치를 크기와 방향으로 나타낸다.

점 (Point)	점은 차원이 존재하지 않으며 대상물의 지점 및 장소를 나타내고 기호를 이용하여 공간형상을 표현한다.

Answer 20 ④ 21 ② 22 ③ 23 ①

PART 04 지리정보시스템

선 (Line)	선은 가장 간단한 형태로 1차원 대상물은 두 점을 연결한 직선이다. 대축척(면사상), 소축척(선사상)으로 지적도, 임야도의 경계선을 나타내는 데 효과적이다. Arc, String, Chain이라는 다양한 용어로도 사용된다. ① Arc : 곡선을 형상하는 점들의 자취를 의미한다. ② String : 연속적인 Line segments를 의미한다. ③ Chain : 시작노드와 끝노드에 대한 위상정보를 가지며 자취꼬임이 허용되지 않은 위상 기본요소를 의미한다.
면 (Polygon)	면은 경계선 내의 영역을 정의하고 면적을 가지며, 호수, 삼림을 나타내고, 지적도의 필지, 행정구역이 대표적이다.

24 도형자료 중 래스터(raster) 형태의 특징으로 옳지 않은 것은? [2014년 기사 2회]

① 격자의 크기 조절로 자료용량의 조절이 가능하다.
② 자료의 데이터구조가 매우 복잡하며, 자료생성이 어렵다.
③ 다양한 공간적 편의가 격자 형태로 나타나며, 자료의 조작 과정이 용이하다.
④ 래스터 자료는 주로 네모난 형태를 가지기 때문에 벡터 자료에 비해 미관상 매끄럽지 못하다.

해설

구분	벡터자료	래스터자료
장점	㉠ 복잡한 현실세계의 묘사가 가능하다. ㉡ 보다 압축된 자료구조를 제공하며 따라서 데이터 용량의 축소가 용이하다. ㉢ 위상에 관한 정보가 제공되므로 관망분석과 같은 다양한 공간분석이 가능하다. ㉣ 그래픽의 정확도가 높다. ㉤ 그래픽과 관련된 속성정보의 추출 및 일반화, 갱신 등이 용이하다.	㉠ 자료구조가 단순하다. ㉡ 원격탐사자료와의 연계처리가 용이하다. ㉢ 여러 레이어의 중첩이나 분석이 용이하다. ㉣ 격자의 크기와 형태가 동일한 까닭에 시뮬레이션이 용이하다.

25 지리정보시스템의 자료구조 중 자료를 부호화하는 데 있어서 간단한 자료구조를 가지고 있고 중첩에 대한 조작 및 분석이 용이하여 매우 효과적인 것은? [2014년 기사 2회]

① 외부 데이터
② 내부 데이터
③ 래스터 데이터
④ 벡터 데이터

해설

래스터 자료구조는 매우 간단하며 일정한 격자간격의 셀이 데이터의 위치와 그 값을 표현하므로 격자 데이터라고도 하며 도면을 스캐닝하여 취득한 자료와 위상영상 자료들에 의하여 구성된다. 래스터 구조는 구현의 용이성과 단순한 파일구조에도 불구하고 정밀도가 셀의 크기에 따라 좌우되며 해상력을 높이면 자료의 크기가 방대해진다. 각 셀들의 크기에 따라 데이터의 해상도와 저장 크기가 달라지게 되는데 셀 크기가 작으면 작을수록 보다 정밀한 공간현상을 잘 표현할 수 있다.

26 GIS의 자료구조에 대한 설명 중 틀린 것은? [2014년 기사 2회]

① 점은 하나의 노드로 구성되어 있고, 노드의 위치는 좌표를 표현한다.
② 선은 2개의 노드와 수 개의 버텍스(Vertex)로 구성되어 있고, 노드 혹은 버텍스는 체인으로 연결된다.
③ 면은 하나 이상의 노드와 수 개의 버텍스로 구성되어 있고, 노드 혹은 버텍스는 체인으로 연결된다.
④ TIN은 연속적인 삼각면으로 지표면을 표현하는 것으로 각 삼각면의 중앙점에서 해당 지점의 고도값을 표현한다.

Answer 24 ② 25 ③ 26 ④

> [해설]
> **불규칙삼각망**
> (TIN : Trianglulated Irregular Network)
> 불규칙삼각망은 불규칙하게 배치되어 있는 지형점으로부터 삼각망을 생성하여 삼각형 내의 표고를 삼각평면으로부터 보간하는 DEM의 일종이다. 벡터위상구조를 가지며 다각형 Network를 이루고 있는 순수한 위상구조와 개념적으로 유사하다.

27 공간분석용 데이터 중 네트워크 데이터와 가장 거리가 먼 것은? [2014년 기사 3회]

① 도로망도
② 도시계획도
③ 상·하수도
④ 항공노선도

> [해설]
> **Network(네트워크, 통신망)**
> ㉠ 기능(즉, 응용프로그램과 처리)과 자원(즉, 자료)을 공유할 수 있도록 연결된 둘 또는 그 이상의 컴퓨터의 구성
> ㉡ 지리자료의 데이터베이스에서 도로와 같은 선형 형상의 시스템을 말한다.

28 지리정보시스템의(GIS)의 일반적인 구성 요소가 아닌 것은? [2014년 기사 3회]

① 컴퓨터 하드웨어
② 컴퓨터 소프트웨어
③ 모바일 네트워크
④ 공간 데이터베이스

> [해설]
> GIS의 구성 요소는 인간의 생활에 필요한 토지정보를 효율적으로 활용하기 위한 지형공간 정보체계는 자료의 입력과 확인, 자료의 저장에 필요한 하드웨어, 소프트웨어, 데이터베이스, 조직과 인력으로 구성된다.

29 다음은 지리정보시스템(GIS)의 구성 요소 중 무엇에 대한 설명인가? [2015년 기사 1회]

> - GIS 데이터의 구축, 조작을 포함한 대부분의 기능을 수행한다.
> - GIS 업무를 수행하기 위해 전산기에 내려지는 명령어의 집합을 말한다.

① 소프트웨어 ② 하드웨어
③ 네트워크   ④ 자료

> [해설]
> **소프트웨어(Software)**
> 토지정보체계의 자료를 입력, 출력, 관리하기 위해 프로그램인 소프트웨어가 반드시 필요하며 자료입력 및 검색을 위한 입력 소프트웨어, 입력된 각종 정보를 저장 및 관리하는 관리 소프트웨어 그리고 데이터베이스의 분석결과를 출력할 수 있는 출력소프트웨어로 구성된다.
> 각종 정보를 저장/분석/출력할 수 있는 기능을 지원하는 도구로서 정보의 입력 및 중첩기능, 데이터베이스 관리기능, 질의 분석, 시각화 기능 등의 주요 기능을 갖는다.

30 지리정보시스템(GIS)의 일반적인 자료처리 단계를 순서대로 바르게 나열한 것은? [2015년 기사 3회]

① 자료의 수치화 – 자료조작 및 관리 – 응용·분석 – 출력
② 자료조작 및 관리 – 자료의 수치화 – 응용·분석 – 출력
③ 자료의 수치화 – 응용·분석 – 자료조작 및 관리 – 출력
④ 자료조작 및 관리 – 응용·분석 – 자료의 수치화 – 출력

Answer 27 ② 28 ③ 29 ① 30 ①

[해설]
지리정보시스템(GIS)의 일반적인 자료처리 단계
자료의 수치화 – 자료조작 및 관리 – 응용·분석 – 출력

31 지리정보시스템(GIS)을 구축하고 활용하기 위한 기본적인 구성 요소를 세 가지로 구분할 때 거리가 먼 것은? [2015년 기사 3회]

① 공간분석기술 ② 공간데이터베이스
③ 소프트웨어 ④ 하드웨어

[해설]
지리정보시스템(GIS) 3대 구성요소 :
공간데이터베이스, 하드웨어, 소프트웨어

지리정보시스템(GIS) 5대 구성요소 :
공간데이터베이스, 하드웨어, 소프트웨어, 인적 자원, 방법

32 2차원 벡터 자료와 래스터 자료를 비교 설명한 것으로 옳지 않은 것은?
[2012년 산업기사 2회]

① 래스터 자료구조가 단순함
② 래스터 자료는 환경 분석에 용이함
③ 벡터 자료는 객체의 정확한 경계선 표현이 용이함
④ 래스터 자료도 벡터 자료와 같이 위상을 가질 수 있음

[해설]

구분	래스터자료	벡터자료
장점	① 간단한 자료구조 ② 중첩에 대한 조작이 용이 ③ 다양한 공간적 편의가 격자형 형태로 나타남 ④ 자료의 조작과정에 효과적 ⑤ 수치영상의 질을 향상시키는데 효과적	① 압축되어 간결(래스터보다) ② 지형학적 자료를 필요로 하는 망조직 분석에 효과적 ③ 지도와 거의 비슷한 도형 제작에 적합 ④ 위상관계정보를 요구하는 분석에 효과적
단점	① 압축되어 사용되는 경우가 드물다. ② 지형관계를 나타내기가 훨씬 어렵다. ③ 미관상 선이 매끄럽지 못하다. ④ 위상관계설정이 어렵다.	① 복잡한 자료구조 ② 중첩기능을 수행하기가 어렵다. ③ 자료의 조작 과정이 비효과적 ④ 영상의 질을 향상시키는데 비효과적 ⑤ 공간적 편의를 나타내는데 비효과적

33 위상관계(Topological Relationship)의 유형이 아닌 것은? [2012년 산업기사 2회]

① 무결성(integrity)
② 인접성(proximity)
③ 포함관계(containment)
④ 연결성(connectivity)

[해설]
위상이란 전체의 벡터구조를 각각의 점, 선, 면의 단위 원소로 분류하여 각각의 원소에 대하여 형상과 인접성, 연결성, 계급성에 관한 정보를 파악하고, 각종 도형 구조들의 관계를 정의함으로써, 각각 원소 간의 관계를 효율적으로 정리한 것이다.

34 래스터 자료 저장구조 중 아래 그림과 같은 저장방법은? [2012년 산업기사 2회]

→	(1,1)	(1,2)	(1,3)	밴드 1
	(2,1)			
↓	(3,1)			
			(i, j)	
	(1,1)	(1,2)	(1,3)	밴드 2
	(2,1)			
	(3,1)			
			(i, j)	
	(1,1)	(1,2)	(1,3)	밴드 3
	(2,1)			
	(3,1)			
			(i, j)	

Answer 31 ① 32 ④ 33 ① 34 ②

① BIL(Band interleaved by Line)
② BSQ(Band SeQuencal)
③ BIP(Band Interleaved by Pixel)
④ GeoTiff

해설

영상자료의 저장형식에는 BIL, BSQ, BIP 등이 있다.

1. BSQ(Band Sequential) 형식 : 밴드별 영상
   ① 밴드별로 이차원 영상데이터를 나열한 것이다.
   ② {[(픽셀(화소)번호순), 라인번호순], 밴드순}
   ③ 밴드별로 영상을 출력할 때에는 편리하지만, 다중 스펙트럼 해석을 할 때에는 불편하다.

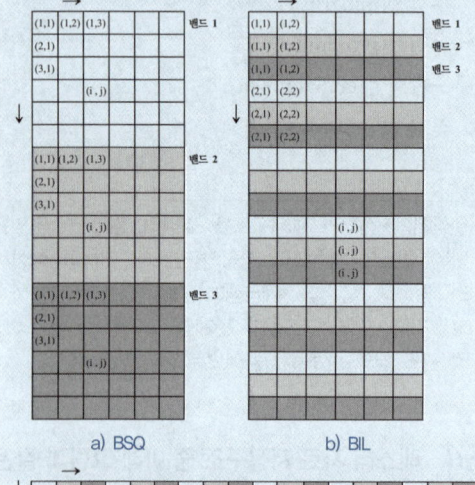

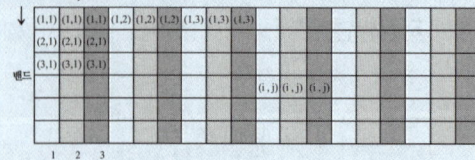

[영상데이터의 포맷(3밴드의 경우)]

35 TIN의 구성 요소가 아닌 것은?

[2012년 산업기사 2회]

① 경계(edges)
② 절점(vertices)
③ 평면 삼각면(faces)
④ 브레이크라인(breaklines)

해설

자료구조

삼각망을 신속하게 검색하기 위하여 3가지 형태의 데이터 구조를 가지고 있다.
① Nodes : TIN을 구성하는 기본요소로 Z(H)값을 가지며, 모든 절점을 이용하여 삼각망이 구성된다.
② Edges : 삼각망을 구성하는 절점은 가장 가까운 절점끼리 연결되어 '변'을 구성한다.
③ Triangle : X, Y, Z값을 갖는 세 개의 절점을 중심으로 구성된다.
④ Hull : TIN을 구성하고 있는 모든 점을 포함하는 다각형이다.

36 래스터(또는 그리드) 저장 기법 중 셀 값을 개별적으로 저장하는 대신 각각의 변 진행에 대하여 속성값, 위치, 길이를 한 번씩만 저장하는 방법은?

[2012년 산업기사 2회]

① 사지수형 기법
② 블록코드 기법
③ 체인코드 기법
④ Run-length코드 기법

해설

Run-length 코드기법
① 각 행마다 왼쪽에서 오른쪽으로 진행하면서 동일한 수치를 갖는 셀들을 묶어 압축시키는 방법
② Run이란 하나의 행에서 동일한 속성값을 갖는 격자를 말한다.
③ 동일한 속성값을 개별적으로 저장하는 대신 하나의 Run에 해당되는 속성값이 한 번만 저장되고 Run의 길이와 위치가 저장되는 방식이다.

Answer 35 ④ 36 ④

37 메타데이터의 요소 중 데이터의 제목, 지리적 범위, 제작일 등을 나타내는 것은?
[2012년 산업기사 2회]

① 식별정보　　② 품질정보
③ 공간정보　　④ 속성정보

해설

메타데이터
메타데이터는 실제 data는 아니나 data의 내용, 품질, 조건 및 특성 등을 저장한 data로 data에 대한 data, 즉 data의 이력을 의미한다.

기본 요소
① 개요 및 자료 소개(식별정보) : data 명칭, 개발자, 지리적 영역 및 내용 등
② 자료 품질(품질정보) : 위치 및 속성의 정확도, 완전성, 일관성 등
③ 공간 참조를 위한 정보(공간정보) : 사용된 지도 투영법, 변수, 좌표계 등
④ 자료의 구성 : data 모형(raster 또는 vector 등)
⑤ 형상 및 속성정보 지리정보와 수록 방식
⑥ 정보획득 방법 : 관련된 기관, 획득 형태, 정보의 가격 등
⑦ 참조 정보 : 작성자, 일지 등 raster 자료 저장 구조

38 다음 중 건물(Building) 셰이프(Shape) 파일을 구성하고 있는 부분 파일이 아닌 것은?
[2012년 산업기사 2회]

① Building.shx
② Building.mdb
③ Building.dbf
④ Building.shp

해설
① *.shp 파일을 구성하고 있는 부분파일은 총 6개로 구성되어 있다.
　㉠ *.DBF　　㉡ *.PRJ
　㉢ *.SBN　　㉣ *.SBX
　㉤ *.SHP　　㉥ *.SHX
② MDB 파일은 microsoft Database 파일이다.
　*.Dbf : 데이터베이스 파일
　*.shx : 인덱스파일
　*.shp : 좌표파일

39 실세계의 현상들을 보다 정확히 묘사할 수 있으며 자료의 갱신이 용이한 자료관리체계는?
[2012년 산업기사 3회]

① 관계지향형 DBMS
② 종속지향형 DBMS
③ 객체지향형 DBMS
④ 관망지향형 DBMS

해설

분류	특징
OO-DBMS (Object Orientation -DBMS) : 객체지향형 DBMS	각각의 데이터를 유형별로 모듈화시켜 복잡한 데이터를 쉽게 처리시키는 최초 자료기반관리체계 ① 장점 복잡한 데이터를 쉽게 처리가능 ② 단점 자료 간의 관계성 처리능력 감소

40 다음 벡터식 자료구조 중 선사상이 아닌 것은?
[2013년 산업기사 1회]

① 점(Point)　　② 아크(Arc)
③ 체인(Chain)　　④ 스트링(String)

해설

선(Line)
선은 가장 간단한 형태로 1차원 대상물은 두 점을 연결한 직선이다. 대축척(면사상), 소축척(선사상)으로 지적도, 임야도의 경계선을 나타내는 데 효과적이다. Arc, String, Chain이라는 다양한 용어로도 사용된다.
① Arc : 곡선을 형상하는 점들의 자치를 의미한다.
② String : 연속적인 Line segments를 의미한다.
③ Chain : 시작노드와 끝노드에 대한 위상정보를 가지며 자치꼬임이 허용되지 않는 위상기본요소를 의미한다.

Answer 37 ① 38 ② 39 ③ 40 ①

41 GIS 자료의 주요 검수항목이 아닌 것은?
[2013년 산업기사 3회]

① 기하구조의 적합성
② 자료입력 기술자 등급
③ 위치 정확도
④ 속성 정확도

해설
GIS 자료의 주요 검수항목
① 자료 입력과정 및 생성연혁 관리
② 자료 포맷
③ 위치의 정확성
④ 속성의 정확성
⑤ 기하구조의 적합성
⑥ 논리적 일관성
⑦ 경계정합
⑧ 문자 정확성
⑨ 자료 최신성
⑩ 완전성

42 다음 중 래스터 자료구조가 아닌 것은?
[2013년 산업기사 3회]

① 그리드(Grid)   ② 셀(Cell)
③ 선(Line)   ④ 픽셀(Pixel)

해설
래스터 자료구조는 동일한 크기의 셀의 격자에 의하여 공간현상을 표현하며 그리드(Grid), 셀(Cell) 또는 픽셀(Pixel)로 구성된 배열이고 어떤 위치의 격자의 값을 저장하고 연산하여 표현하는 방식이며 벡터 자료구조는 크기와 방향성을 가지고 있으며 점, 선, 면들을 이용하여 그들의 위치와 차원으로 정의된다.

43 래스터(Raster) 데이터의 구성 요소로 옳은 것은?
[2014년 산업기사 1회]

① Point   ② Pixel
③ Polygon ④ Line

해설
Raster data
래스터 데이터의 유형은 실세계 공간 형상을 일련의 Cell들의 집합으로 정의, 표현 즉 격자형의 영역에서 X, Y축을 따라 일련의 셀들이 존재하며, 각 셀들의 속성값을 가지므로 이들 값에 따라 셀들을 분류하거나 다양하게 표현할 수 있다. 각 셀들의 크기에 따라 데이터의 해상도와 저장 크기가 달라지게 되는데 셀 크기가 작으면 작을수록 보다 정밀한 공간 현상을 잘 표현할 수 있다. 대표적인 래스터 데이터 유형으로는 인공위성에 의한 이미지, 항공사진에 의한 이미지 등이 있으며 또한 스캐닝을 통해 얻어진 이미지 데이터를 좌표정보를 가진 이미지(Geo-referenced image)로 바꿈으로써 얻어질 수 있다.

44 래스터 데이터(격자자료) 구조에 대한 설명으로 옳지 않은 것은?
[2015년 산업기사 2회]

① 셀의 크기에 관계없이 컴퓨터에 저장되는 데이터의 용량은 항상 일정하다.
② 셀의 크기는 해상도에 영향을 미친다.
③ 셀의 크기에 의해 지리정보의 위치 정확성이 결정된다.
④ 연속면에서 위치의 변화에 따라 속성들의 점진적인 현상 변화를 효과적으로 표현할 수 있다.

해설
1. 래스트 자료구조의 장점
   ① 간단한 자료구조
   ② 중첩에 대한 조작이 용이
   ③ 다양한 공간적 편의가 격자형 형태로 나타남
   ④ 자료의 조작 과정에 효과적
   ⑤ 수치영상의 질을 향상시키는 데 효과적

2. 래스터 자료구조의 단점
   ① 압축되어 사용되는 경우가 드물다.
   ② 지형관계를 나타내기가 훨씬 어렵다.
   ③ 미관상 선이 매끄럽지 못하다.
   ④ 위상관계 설정이 어렵다.

Answer 41 ② 42 ③ 43 ② 44 ①

45 벡터데이터의 위상구조(topology)에 관한 설명으로 옳지 않은 것은?

[2015년 산업기사 3회]

① 점, 선, 면으로 나타난 객체들 간의 공간관계를 파악할 수 있다.
② 다양한 공간현상들 간의 공간관계 정보를 크게 인접성(adjacency), 연결성(connectivity), 포함성(containment)으로 구성한다.
③ 위상구조가 구축되면 데이터가 갱신될 때마다 새로운 위상구조가 구축되어 속성 테이블과 새로운 노드가 추가되거나 변경된다.
④ 위상구조를 완벽하게 갖춘 벡터 데이터로 가장 대표적인 것은 geoTIFF이다.

[해설]

위상구조의 특징
① 토지정보시스템에서 매우 유용한 데이터구조로서 점, 선, 면으로 객체 간의 공간관계를 파악할 수 있다.
② 벡터데이터의 기본적인 구조로 점으로 표현되며 객체들은 점들을 직선으로 연결하여 표현할 수 있다.
③ 토폴로지는 폴리곤 토폴로지, 아크 토폴로지, 노드 토폴로지로 구분된다.
  ㉠ Arc : 일련의 점으로 구성된 선형의 도형을 말하며 시작점과 끝점이 노드로 되어 있다.
  ㉡ Node : 둘 이상의 선이 교차하여 만드는 점이나 아크의 시작이나 끝이 되는 특정한 의미를 가진 점을 말한다.
  ㉢ Topology : 인접한 도형들 간의 공간적 위치관계를 수학적으로 표현한 것을 말한다.

46 표와 같은 위상구조 테이블에 적합한 데이터는?

[2012년 기사 2회]

polygon	arc 수	list of arc
A	2	−L1, L2
B	3	−L3, −L2, L4
C	1	−L4

arc	from node	to node	Left polygon	Right polygon
L1	n1	n3	A	0
L2	n1	n3	B	A
L3	n3	n1	B	0
L4	n2	n2	C	B

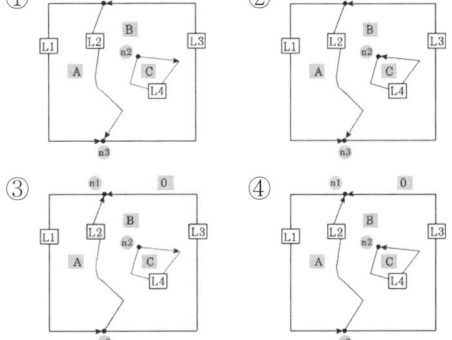

[해설]

위상은 점, 선, 면 각각에 대하여 위상테이블에 나누어 기록한다.
① 점은 각 점에서 연결되는 선을 기록한다.
② 선은 각 선의 시작점과 종료점을 기록한다.
③ 면은 면을 형성하는 선을 기록한다.

Answer 45 ④ 46 ②

47 A집에 2명, B집에 1명, C집에 3명, D집에 4명 등 A, B, C, D 4개의 집에 총 10명의 사람이 살고 있다. 10명 전체가 모일 경우 사람들의 걸음을 최소로 할 수 있는 중간 지점 E의 좌표는?
[단, 각 집의 위치 좌표 A(1, 1), B(4, 3), C(6, 5), D(2, 7)]   [2011년 기사 1회]

① (3.2, 4.8)
② (3.25, 4.0)
③ (3.2, 4.0)
④ (3.25, 4.8)

해설

무게중심을 구하는 문제
A집에 2명 → (1, 1) (1, 1)
B집에 1명 → (4, 3)
C집에 3명 → (6, 5) (6, 5) (6, 5)
D집에 4명 → (2, 7) (2, 7) (2, 7) (2, 7)

X=1+1+4+6+6+6+2+2+2+2=32,
32 / 10 = 3.2
y=1+1+3+5+5+5+7+7+7+7=48,
48 / 10 = 4.8

별해
지점 E의 좌표를 (x, y)라 할 때 A, B, C, D 집에 있는 사람들의 최단 걸음이므로
$2(x-1)+(x-4)+3(x-6)+4(x-2)=0$
$2(y-1)+(y-4)+3(y-5)+4(y-7)=0$
∴ $10x=32$, $10y=48$이므로
  $x=3.2$, $y=4.8$
CHAPTER 02 자료구조

48 위상관계(Topology)를 설명하는 보기의 그림 중 특성이 다른 것은?   [22년 기사 1회]

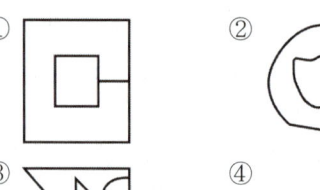

해설

인접성	인접성은 어떠한 객체에 대하여 접하고 있는 위치를 표현하는데 사용된다.
연결성	연결성은 연결된 전체 객체의 연결정보를 표현하는데 사용된다.
포함성	포함성은 다각형 내부에 포함되는 상관관계를 표현하는데 사용된다.

①②④는 포함되는 상관관계를 나타내고 있지만 ③은 하나의 노드를 사이로 서로 인접된 속성을 표현한 것이다.

49 래스터(raster) 데이터의 특징으로 옳지 않은 것은?   [22년 기사 1회]

① 격자의 크기 조절로 자료용량의 조절이 가능하다.
② 자료의 데이터구조가 매우 복잡하며, 자료의 생성이 어렵다.
③ 다양한 공간적 편의가 격자 형태로 나타나며, 자료의 조작과정이 용이하다.
④ 래스터자료는 주로 네모난 형태를 가지기 때문에 벡터자료에 비해 미관상 매끄럽지 못하다.

Answer 47 ① 48 ③ 49 ②

해설	
래스터자료	격자방식이라고 부르며 하나의 셀(cell) 또는 격자 내에 자료형태의 상대적인 양을 기록하여 표현하는 단순한 방식으로 이 격자들을 조합하여 래스터 자료가 된다. 격자의 크기를 작게 하면 세밀한 표현이 가능하지만 자료의 크기는 증가하게 된다.
벡터자료	지역단위의 경계선을 수치부호화하여 저장하는 방식으로 래스터에 비해 정확한 경계선의 설정이 가능하다. 공간자료의 정확한 위치를 나타내기 위하여 점, 선, 면을 사용하여 중요한 특성의 위치를 정확하게 나타낼 수 있다.

50 래스터 기반의 지리자료 처리과정에서 사용되는 국지 인접 연산(또는 초점 연산)에 관한 설명으로 틀린 것은? [22년 기사 1회]

① 가장 많이 사용되는 윈도우의 크기는 7×7 셀이다.
② 공간 집합(spatial aggregation)을 위한 연산이다.
③ 잡음(noise)과 결점(defect) 제거를 위한 필터링이다.
④ 경사와 경사방향 결정을 위한 연산이다.

해설

공간 보간법(spatial interpolation)
1) 전역적(global) 보간법(근사치적보간법(approximate interpolation)
  ① 모든 기준점을 하나의 연속함수로 표현하는 방법
  ② 지형의 기복이 심하지 않은 완만한 표면을 생성하는데 적합한 방법이다
2) 국지적(local) 보간법(정밀보간법(exact interpolation)
  ① 대상지역 전체를 작은 도면이나 한 구획으로 분할하여 각 구획별로 부합되는 함수를 산출하는 방법

② 실제 표면의 특성을 보다 세부적으로 표현하기위해 전체 지역을 분할한 후에 분할된 각 구역들을 대상으로 반복적인 알고리즘을 이용하여 추정치를 산출하는 방법이다
③ 전체지역의 표면의 경향을 정확하게 나타내주지 못한다는 단점을 갖고 있으나 지형의 기복이 매우 심한 경우 전역적 보간법에 의해 생성된 표면은 실제 표면과는 상당한 오차가 발생하게 된다.
④ 보다 정밀한 지형기복에 대한 정보를 필요로 하는 경우 국지적보간법을 적용하는 것이 바람직하다.

51 지리정보시스템(GIS)에 대한 설명 중 틀린 것은? [22년 기사 1회]

① 인간의 의사결정능력의 지원에 필요한 지리정보의 관측과 수집에서부터 보존과 분석, 출력에 이르기까지 일련의 조작을 위한 정보시스템이다.
② 격자방식을 통해 벡터방식에 비해 정확한 경계선 추출이 가능하다.
③ 지리정보는 GIS에서 대상으로 하는 모든 정보를 의미한다.
④ 지리정보의 대표적인 항목은 지리적 위치, 관련 속성정보, 공간적 관계, 시간이다.

해설

래스터자료	격자방식이라고 부르며 하나의 셀(cell) 또는 격자 내에 자료형태의 상대적인 양을 기록하여 표현하는 단순한 방식으로 이 격자들을 조합하여 래스터 자료가 된다. 격자의 크기를 작게 하면 세밀한 표현이 가능하지만 자료의 크기는 증가하게 된다.
벡터자료	지역단위의 경계선을 수치부호화하여 저장하는 방식으로 래스터에 비해 정확한 경계선의 설정이 가능하다. 공간자료의 정확한 위치를 나타내기 위하여 점, 선, 면을 사용하여 중요한 특성의 위치를 정확하게 나타낼 수 있다.

Answer 50 ① 51 ②

52 보기가 공통적으로 설명하는 것은?
[22년 1회 측기]

〈보기〉
- 방대한 GIS 자료를 조직화할 필요에 의해 탄생하였다.
- 특별한 주제와 관련된 자료를 포함하는 지리데이터베이스의 부분집합이다.
- 수치지형도에는 철도, 하천, 도로, 주기 등에 이것의 표준코드가 지정되어 있다.

① 도엽
② 레이어
③ 메타데이터
④ 기본지리정보

해설

레이어	레이어는 하나의 물체가 여러 개의 논리적인 객체들로 구성되어 있는 경우 이러한 각각의 객체를 레이어라 한다. 한 주제를 다루는데 중첩되는 다양한 자료들로 한 커버리지의 자료파일을 말한다.
메타데이터	메타데이터는 데이터에 대한 데이트의 이력으로 자료에 대한 접근을 용이하게 하기 위해 메타데이터가 필요하며 시간과 비용의 낭비를 줄일 수 있다.
기본지리정보	GIS체계는 다양한 분야에서 공통적으로 사용하는 지리정보를 기본지리정보라고 한다. 그 범위 및 대상은 「국가지리정보체계의 구축 및 활용 등에 관한 법률 시행령」에서 행정구역, 교통, 시설물, 지적, 지형, 해양 및 수자원, 측량기준점, 위성영상 및 항공사진으로 정하고 있다.

53 데이터 구조의 하나로 계층 구조를 표현하기에 적합하며, 노드와 노드를 연결하는 링크로 이루어지는 것은?
[22년 2기]

① 배열(array)
② 큐(que)
③ 트리(tree)
④ 스택(stack)

해설

컴퓨터자료구조		
배열	① 배열은 인덱스와 값의 쌍으로 표현된 집합을 의미한다. ② 배열의 요소들은 연속적인 기억장소에 각각 저장되는 동일한 데이터 타입으로 구성된다.	
트리(Tree)	① 트리는 노드와 간선으로 구성되어 있다 ② 사이클이 존재하지 않은 비순환 그래프이다. ③ 노드와 노드를 연결하는 링크로 이루어진 자료구조이다.	
그래프(Graph)	① 노드와 간선으로 구성되어 있다. ② 사이클이 존재하는 순환 자료구조이다.	

54 지리정보시스템(GIS)의 자료구조 중 벡터형 자료구조를 래스터형 자료구조와 비교할 때, 벡터형 자료구조의 특징으로 틀린 것은?
[22년 2기]

① 자료구조가 비교적 단순하다.
② 도형정보의 정확도가 높다.
③ 복잡한 현실세계의 묘사가 가능하다.
④ 도형정보와 관련된 속성정보의 추출 및 일반화, 갱신 등이 용이하다.

Answer 52 ② 53 ③ 54 ①

[해설]

	래스터데이터	벡터데이터
장점	① 간단한 자료구조를 가지고 있다. ② 중첩에 대한 조작이 용이하다. ③ 자료의 조작과정이 효과적이고, 수치영상의 질을 향상시키는데 효과적이다. ④ 수치이미지 조작이 효율적이다. ⑤ 다양한 공간적 편의가 격자 형태로 나타난다.	① 래스터 데이터에 비하여 압축되어 간결한 형태이다. ② 위상관계를 입력하기가 용이하여, 위상관계를 요구하는 분석에 효과적이다. ③ 수작업에 의하혀 완성된 도면과 비슷한 형태의 도형을 제작하는데 적합하다. ④ 망 조직 분석에 효과적이다.

55 지리정보데이터 파일 형식(format) 중 나머지 파일 형식과 성격이 다른 하나는?

[22년 2기]

① Shapefile 포맷
② GIF 포맷
③ TIFF 포맷
④ JPEG 포맷

[해설]

벡터자료의 파일형식	래스터 자료 파일 형식
• TIGER 파일형식 • VPF 파일형식 • Shape 파일형식 • Coverage 파일형식 • CAD 파일형식 • DLG 파일형식 • ArcInfo E00 • CGM파일형식	• TIFF(Tagged Image File Format) • GeoTiff • BIIF • JPEG(Joint Photographic Experts Group • GIF(Graphics Interchange Format) • PCX • BMP(Microsoft Windows Device Independent Bitmap) • PNG(Portable Network Graphic)

56 대상물에 대한 공간정보 구축 시 도형 정보 표현방법 중 "면(Polygon)"으로 표현하기에 일반적으로 가장 부적합한 것은?

[22년 2기]

① 행정구역
② 저수지
③ 소화전
④ 교량

[해설]

백터구조의 기본요소

구분	내용
Point	점은 차원이 존재하지 않으며 대상물의 지점 및 장소를 나타내고 기호를 이용하여 공간형상을 표현한다.(지적기준점, 송전철탑, 맨홀 등)
Line	선(Line)은 가장 간단한 형태로 1차원 대상물은 두 점을 연결한 직선이다. 대축척(면사상), 소축척(선사상)으로 지적도, 임야도의 경계선을 나타내는 데 효과적이다.
Area	면은 경계선 내의 영역을 정의하고 면적을 가지며, 호수, 삼림을 나타내고 지적도의 필지, 행정구역이 대표적이다. • 면(面, area) 또는 면적(面積)은 한정되고 연속적인 2차원적 표현

57 레스디 데이터의 압축 기법 중 어떤 개체의 경계선을, 그 시작점에서부터 동서남북방향으로 이동하는 단위 벡터를 사용하여 표현하는 방법은?

[21년 4회 측기]

① 사지수형 기법
② 블록 코드 기법
③ 체인 코드 기법
④ Run-length 코드 기법

Answer 55 ① 56 ③ 57 ③

해설

체인코드(Chain Code)기법
㉠ 대상지역에 해당하는 격자들의 연속적인 연결상태를 파악하여 동일한 지역의 정보를 제공하는 방법
㉡ 자료의 시작점에서 동서남북으로 방향을 이동하는 단위거리를 통해서 표현하는 기법
㉢ 각 방향은 동쪽은 0, 북쪽은 1, 서쪽은 2, 남쪽은 3등 숫자로 방향을 정의한다.
㉣ 픽셀의 수는 상첨자로 표시한다.

58 쉐이프파일(shapefile)의 필수 파일이 아닌 것은? [21년 4회 측기]

① *.shp
② *.sbn
③ *.shx
④ *.dbf

해설

Shapefile 의 유형

파일 유형	기능
.shp	• 지리요소의 공간정보(도형정보)를 저장하는 좌표파일
.shx	• 지리요소의 공간정보(도형정보) 인덱스를 저장하는 파일
.dbf	• 지리요소의 속성정보를 저장하는 데이터베이스 파일

59 벡터 데이터 중 아크(호)들의 연결인 체인에 있어서 아크의 중간에 위치하며 체인에서 방향이 바뀌는 지점을 나타내는 것으로써 체인상에서 좌표 라벨을 부여받은 점의 명칭은? [21년 4회 측기]

① 레이어(Layer)
② 커버리지(Coverage)
③ 노드(Node)
④ 버텍스(Vertex)

해설

1) 레이어(Layer)
한 주제를 다루는데 중첩되는 다양한 자료들로 한 커버리지의 자료파일을 말한다
2) 커버리지(Coverage)
컴퓨터 내부에서는 모든정보가 이진법의 수치형태로 표현되고 저장되기 때문에 수치지형도라 불리는데 그 명칭을 Digital Map, Layer 또는 Digital Layer 라고도 하며 커버리지 또한 지도를 Digital 화 한 형태의 컴퓨터상의 지도를 말한다.
3) 노드(Node)
노드는 점의 특수한 형태로 무차원이며 위상적 연결이나 끝점을 나타낸다
4) 버텍스(Vertex)
버텍스는 chain 상에서 좌표라벨을 부여 받은 점이다. 즉 Chain에서 방향이 바뀌는 지점이다.Node(선분의 끝점)와는 명확히 다르다.

60 체인-코드 방법으로 표현된 보기와 같은 그룹을 표시한 래스터데이터는? (단, 방향은 동:0, 서:2, 북:1, 남:3)

[보기]
0, 1, 0^3, 3, 0, 3^2, 0, 3, 2^3, 3, 2^2, 1^3, 2, 1

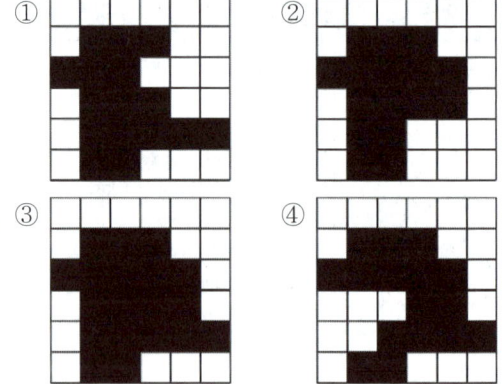

Answer 58 ② 59 ④ 60 ③

해설

Chain 코드기법(사슬부호)
① Chain 코드기법은 대상지역에 해당하는 격자들의 연속적인 연결상태를 파악하여 동일한 지역의 정보를 제공하는 방법이다.
② 자료의 시작점에서 동서남북으로 방향을 이동하는 단위거리를 통해서 표현하는 기법이다.
③ 각 방향은 동쪽은 0, 북쪽은 1, 서쪽은 2, 남쪽은 3 등 숫자로 방향을 정의한다.
④ 픽셀의 수는 상첨자로 표시한다.

61 그림의 2차원 쿼드트리(quadtree)의 총 면적은 얼마인가? (단, 최하단에서 하나의 셀의 면적을 1로 가정한다.)

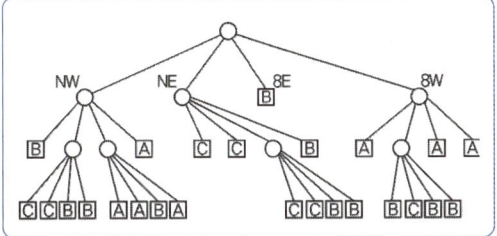

① 16　　② 25
③ 64　　④ 128

해설

구분	B의 면적	C의 면적	A의 면적
네번째단	8개×1=8	5개×1=5	3개×1=3
세번째단	2개×4(단위면적의4배)=8	2개×4=8	4개×4=16
두번째단	1개×16(단위면적의16배)=16		
소계	32	13	19
합계	64		

62 격자(Raster) 자료 구조에 대한 설명으로 옳은 것은? [21년 4회 측기]

① 격자의 크기보다 작은 객체의 표현도 가능하다.
② 격자의 크기가 작을수록 객체의 형태를 자세히 나타낼 수 있다.
③ 격자의 크기가 클수록 표현되는 자료는 보다 상세한 반면, 저장용량은 증가한다.
④ 격자의 크기가 작아지면 이에 비례하여 자료의 양이 감소한다.

해설

	벡터자료	래스터자료
장점	• 보다 압축된 자료구조를 제공하며 따라서 데이터 용량의 축소가 용이하다. • 복잡한 현실세계의 묘사가 가능하다. • 위상에 관한 정보가 제공되므로 관망분석과 같은 다양한 공간분석이 가능하다. • 그래픽의 정확도가 높다. • 그래픽과 관련된 속성정보의 추출 및 일반화, 갱신 등이 용이하다.	• 자료구조가 간단하다. • 여러 레이어의 중첩이나 분석이 용이하다. • 자료의 조작과정이 매우 효과적이고 수치영상의 질을 향상시키는데 매우 효과적이다 • 수치이미지 조작이 효율적이다 • 다양한 공간적 편의가 격자의 크기와 형태가 동일한 까닭에 시뮬레이션이 용이하다.

Answer 61 ③　62 ②

63 격자(Raster)구조에서 벡터(Vector)구조로 변환하는 벡터화에 대한 일반적인 과정을 순서대로 나열한 것은? [21년 2회 측기]

[보기]
가. 노이즈 제거(noise removal)
나. 후처리 단계(post processing)
다. 세선화(thinning)
라. 벡터화 단계(vectorization)

① 가 - 나 - 다 - 라
② 가 - 다 - 라 - 나
③ 라 - 가 - 나 - 다
④ 라 - 다 - 나 - 가

[해설]
벡터화 과정
벡터화 과정을 크게 나누면 전처리 단계(Pre-Processing), 벡터화 단계(Raster to Vector Conversion), 후처리 단계(Post-Processing)로 나눌 수 있다.
전처리 과정은 불필요한 요소들을 제거하는 필터링 단계(Filtering)와 격자의 골격을 형성하는 세선화 단계(Thinning)로 이루어진다.

64 래스터 기반의 지리자료에 관한 설명으로 틀린 것은? [21년 2기]

① 범주형 자료(categorical data)는 연산이 불가능하므로 비율자료(ratio data)로 변환해야 한다.
② 셀의 크기와 공간 범위(spatial extent)가 같아야 중첩 연산이 가능하다.
③ 범주형 자료이지만 셀 값은 수치로 표현한다.
④ DEM은 래스터 기반의 지형표고모델이다.

[해설]
래스터 자료구조는 매우 간단하며 일정한 격자간격의 셀이 데이터의 위치와 그 값을 표현하므로 격자데이터라고도 하며 도면을 스캐닝 하여 취득한 자료와 위상영상자료들에 의하여 구성된다. 래스터구조는 구현의 용이성과 단순한 파일구조에도 불구하고 정밀도가 셀의 크기에 따라 좌우되며 해상력을 높이면 자료의 크기가 방대해진다. 각 셀들의 크기에 따라 데이터의 해상도와 저장크기가 달라지게 되는데 셀 크기가 작으면 작을수록 보다 정밀한 공간현상을 잘 표현 할 수 있다.
범주형 자료(categorical data)인 경우는 셀값을 수치로 표현하여 논리적,조건적,혹은 수학적연산을 통해 새로운 셀의 값을 가진 커버리지를 생성한다.

65 공간데이터베이스 내에 저장되는 객체가 갖는 정보로서 객체간 공간상의 위치나 관계성을 좀 더 정량적으로 구현하기 위한 것은? [21년 2기]

① 도형정보 ② 속성정보
③ 메타정보 ④ 위상정보

[해설]
위상(Topology)
위상이란 도형 간의 공간상의 상관관계를 의미하는데 위상은 특정변화에 의해 불변으로 남는 기하학적 속성을 다루는 수학의 한 분야로 위상모델의 전제조건으로는 모든 선의 연결성과 폐합성이 필요하다.

66 다음 중 영상자료의 일반적인 저장방식이 아닌 것은? [21년 2기]

① BIL(Band Interleaved by Line)
② BSQ(Band Sequential)
③ BIP(Band Interleaved by Pixel)
④ BIT(Band Interleaved by Time)

[해설]
래스터자료 포맷 방법
BIL(Band Interleaved by Line) : 라인별 영상
BSQ(Band Se Quential) : 밴드별 영상
BIP(Band Interleaved by Pixel) : 픽셀별 영상

Answer 63 ② 64 ① 65 ④ 66 ④

67 래스터데이터(격자자료) 구조에 대한 설명으로 옳지 않은 것은? [21년 2기]

① 셀의 크기에 관계없이 컴퓨터에 저장되는 자료의 양은 일정하다.
② 셀의 크기는 해상도에 영향을 미친다.
③ 셀의 크기에 의해 지리정보의 위치정확성이 결정된다.
④ 연속면에서 위치의 변화에 따라 속성들의 점진적인 현상 변화를 효과적으로 표현할 수 있다.

해설

래스터자료
래스터 자료구조는 매우 간단하며 일정한 격자간격의 셀이 데이터의 위치와 그 값을 표현하므로 격자데이터라고도 하며 도면을 스캐닝 하여 취득한 자료와 위성영상자료들에 의하여 구성된다. 래스터구조는 구현의 용이성과 단순한 파일구조에도 불구하고 정밀도가 셀의 크기에 따라 좌우되며 해상력을 높이면 자료의 크기가 방대해진다. 각 셀들의 크기에 따라 데이터의 해상도와 저장크기가 달라지게 되는데 셀 크기가 작으면 작을수록 보다 정밀한 공간현상을 잘 표현 할 수 있다.

68 지리정보시스템(GIS)의 자료구조에 대한 설명으로 틀린 것은? [21년 1회 측기]

① 점은 하나의 노드로 구성되어 있고, 노드의 위치는 좌표를 표현한다.
② 선은 2개의 노드와 수 개의 버텍스(vertex)로 구성되어 있고, 노드 혹은 버텍스(vertex)는 체인으로 연결된다.
③ 면은 하나 이상의 노드와 수 개의 버텍스로 구성되어 있고, 노드 혹은 버텍스는 체인으로 연결된다.
④ TIN은 연속적인 삼각면으로 지표면을 표현하는 것으로 각 삼각면의 중앙점에서 해당 지점의 고도값을 표현한다.

해설

불규칙삼각망(不規則三角網, Triangulated Irregular Network : TIN)
불규칙삼각망은 불규칙하게 배치되어 있는 지형점으로부터 삼각망을 생성하여 삼각형 내의 표고를 삼각평면으로부터 보간하는 DEM의 일종이다.

69 규칙적인 셀(cell)의 격자에 의하여 형상을 묘사하는 자료구조는? [21년 1회 측기]

① 래스터자료구조
② 벡터자료구조
③ 속성자료구조
④ 필지자료구조

해설

래스터데이터 구조
래스터 자료구조는 매우 간단하며 일정한 격자간격의 셀이 데이터의 위치와 그 값을 표현하므로 격자데이터라고도 하며 도면을 스캐닝 하여 취득한 자료와 위성영상자료들에 의하여 구성된다.

70 래스터 자료와 비교할 때, 벡터 자료의 특징에 대한 설명으로 옳지 않은 것은? [21년 1회 측기]

① 자료구조의 효율적 축약이 가능하다.
② 위상관계를 나타낼 수 있다.
③ 신형 자료의 연결이 매끄럽지 못하다.
④ 자료구조가 복잡하다.

해설

벡터 자료구조는 기호, 도형, 문자 등으로 인식할 수 있는 형태를 말하며 객체들의 지리적 위치를 크기와 방향으로 나타내고, 또한 래스터자료구조에 비해서 위상에 관한 정보가 제공되므로 관망분석과 같은 다양한 공간분석이 가능하다.

Answer 67 ① 68 ④ 69 ① 70 ③

71 공간정보의 표현기법 중 래스터 데이터(Raster date)의 특징이 아닌 것은?

[21년 1회 측기]

① 3차원과 같은 입체적인 지도 디스플레이 표현은 불가능하다.
② 격자형의 영역에서 x, y축을 따라 일련의 셀들이 존재한다.
③ 각 셀들이 속성 값을 가지므로 이들 값에 따라 셀들을 분류하거나 다양하게 표현한다.
④ 인공위성에 의한 이미지, 항공영상에 의한 이미지, 스캐닝을 통해 얻어진 이미지 데이터들이다.

해설

래스터 자료구조 특징
① 간단한 자료구조를 가지고 있으며 중첩에 대한 조작이 용이하여 매우 효과적이다.
② 수치이미지 조작이 효율적이다.
③ 자료의 조작과정이 매우 효과적이고 수치영상의 질을 향상시키는 데 매우 효과적이다.
④ 다양한 공간적 편의가 격자형태로 나타난다.
⑤ 3차원과 같은 입체적인 지도 디스플레이 표현은 가능하다.

Answer 71 ①

GIS의 데이터 생성

자료 생성은 GIS를 수행함에 있어서 가장 먼저 고려하게 되는 부분으로서 우리에 필요한 자료를 어떤 방법으로 얻어낼 수 있는가를 결정하는 것으로 자료를 생성하는 방법에는 기존 지도의 자료를 이용하는 방법과 지상측량자료를 이용하는 방법, 항공사진측량자료를 이용하는 방법, 그리고 원격탐측을 통한 인공위성측량자료를 이용하는 방법, 레이저측량에 의하여 생성하는 방법 등이 있다.

제1절 레이저측량에 의하여 생성하는 방법

항공레이저측량은 항공레이저측량시스템을 항공기에 탑재하여 레이저를 주사하고 그 지점에 대한 3차원 위치좌표를 취득하는 측량방법으로 기상조건에 좌우되지 않고 산림이나 수목지대에서도 투과율이 높으며 자료취득 및 처리과정이 완전히 수치방식으로 이루어지므로 경제성과 효율성이 높다.

1 특징

(1) 항공사진측량에 비하여 작업속도나 경제적인 면에서 매우 유리하다.
(2) 재래식 항측기법의 적용이 어려운 산림, 수목 및 늪지대 등의 지형도 제작에 유용하다.

(3) 기상조건에 좌우되지 않는다.
(4) 산림이나 수목지대에도 투과율이 높다.
(5) 자료취득 및 처리과정이 수치방식으로 이루어진다.
(6) 저고도 비행에서만 가능하다.
(7) 능선이나 계곡 등 지형의 경사가 심한 지역에서는 정확도가 저하되는 단점이 있다.

② 순서

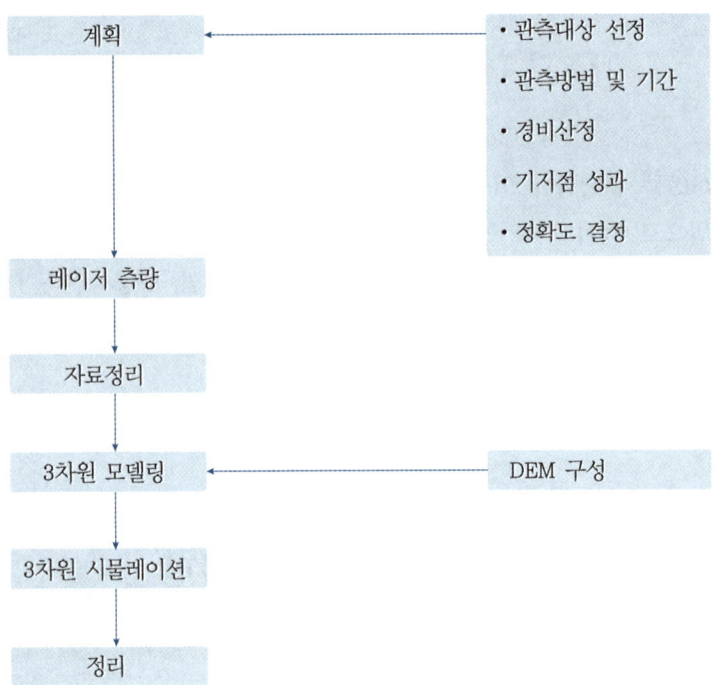

제2절 위성측량에 의하여 생성하는 방법

목적에 적합한 정보획득이 용이하고 관측자료가 수치적으로 저장되어 판독이 자동적이며 정량화가 가능하다.

1) 특징

장점	단점
① 능동적 또는 수동적 에너지를 이용하여 관측대상에 영향을 주지 않고 대상의 특성을 추출 ② 원거리 비접촉 관측이 가능 ③ 탐측기가 수행 가능한 범위 내에서 대상지역에 대한 전수조사 수행 ④ 보조자료와 영상처리를 통하여 위치(X, Y, Z)와 속성 및 시간의 변화(T)에 따른 4차원 데이터 생성 ⑤ 반복적인 주기의 체계적인 비교 데이터 획득 및 축척변경 가능 ⑥ 자연 또는 사회, 문화 모델링에 주요 데이터로 활용 ⑦ 하나의 데이터에서 취득되는 다양한 파장 정보는 여러 분야에서 동시에 이용 가능	① 전수조사에 의한 데이터지만 데이터 크기와 처리용량의 한계로 인한 공간적, 분광적, 방사적 제약 발생 ② 사용목적에 따라 적절한 영상 선별이 필요 ③ 속성정보나 위치정보는 기존의 측정방식(현지조사, 측량 등)에 비해 정확도가 떨어지기 때문에 기준 데이터로의 채택은 불가능 ④ 영상을 수집하고 처리 및 분석하는데 일정한 비용이 소요되며 전문적 지식 필요

2) 순서

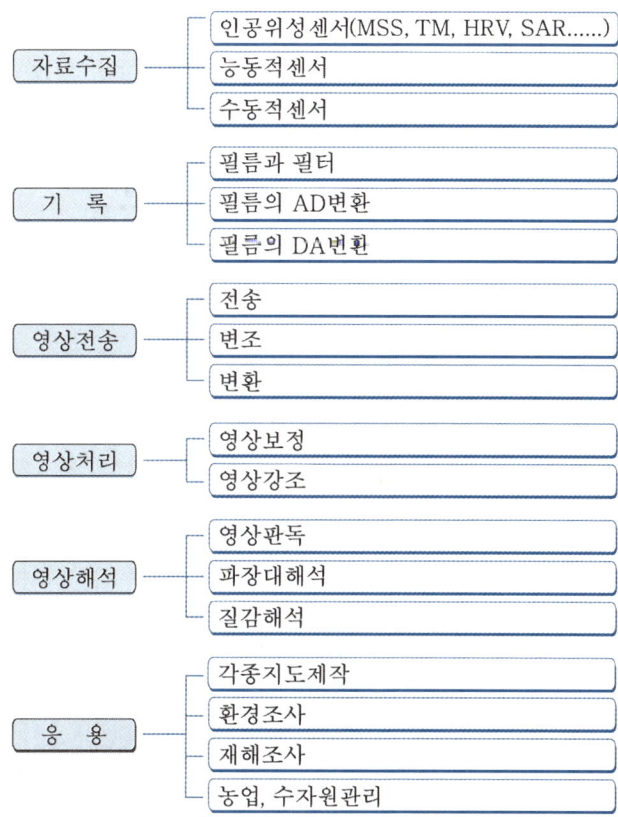

- 자료수집
  - 인공위성센서(MSS, TM, HRV, SAR……)
  - 능동적센서
  - 수동적센서
- 기 록
  - 필름과 필터
  - 필름의 AD변환
  - 필름의 DA변환
- 영상전송
  - 전송
  - 변조
  - 변환
- 영상처리
  - 영상보정
  - 영상강조
- 영상해석
  - 영상판독
  - 파장대해석
  - 질감해석
- 응 용
  - 각종지도제작
  - 환경조사
  - 재해조사
  - 농업, 수자원관리

제3절 항공사진측량에 의하여 생성하는 방법

항공사진측량은 가장 일반적 방법이며 정확도가 높고 대규모 지역의 자료생성에 유용하다.

1) 사진측량의 특징

장점	단점
① 정량적 및 정성적 해석 가능 ② 균일한 측량의 정확도 ③ 난접근 및 비접근 지역의 측량 가능 ④ 분업화에 의한 효율적 작업 수행 ⑤ 용이한 축척 변경 ⑥ 4차원(X, Y, Z, T) 측량 수행 ⑥ 넓은 지역에는 경제적	① 시설비용 고가 ② 피사체의 식별이 난해한 경우 발생 ③ 기상조건, 태양고도 등 외부 제한조건의 영향

2) 사진측량의 순서

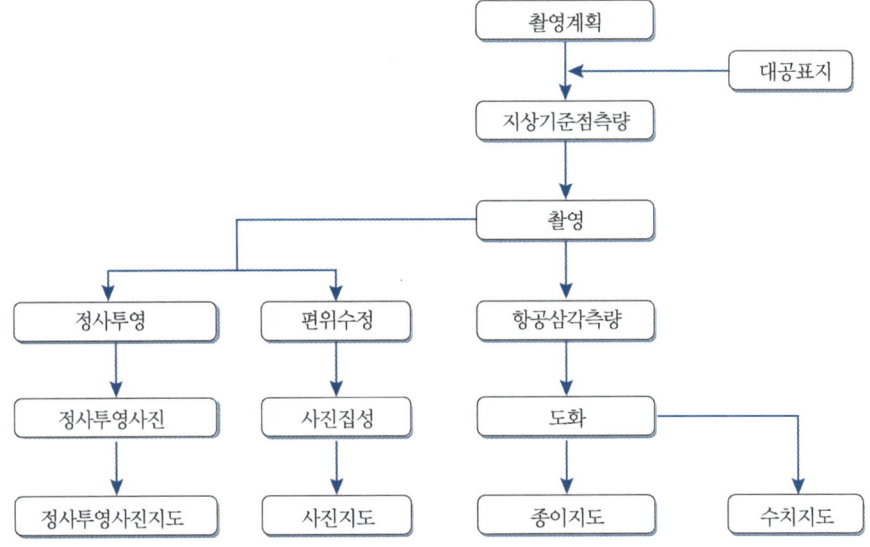

[사진측량 순서]

제4절 수치사진측량에 의하여 생성하는 방법

과거의 사진측량은 필름에 찍힌 아날로그 영상을 통해 여러 정보를 얻었지만 수치사진측량은 컴퓨터를 이용하여 수치영상에 찍힌 대상물을 해석한다. 이러한 수치영상은 아날로그 영상과는 달리 활용 분야가 무척 다양하다. 수치사진측량은 디지털 값들을 이용하기 때문에 사진측량의 여러 공정이 자동으로 처리될 수 있다. 수치사진측량은 관측과정이 자동화되고 실시간 3차원 측량이 개발되어 급속히 확대되고 있는 사진측량의 한 분야이다.

1) 특징

수치사진측량의 특징	수치사진측량의 활용 이유
① 자료에 대한 처리 범위가 다양	① 다양한 수치영상처리활용이 가능
② 과거 아날로그 자료보다 취급이 용이	② 하드웨어와 소프트웨어의 발전으로 용이한 수치영상처리
③ 과거 해석사진측량에서 처리가 곤란했던 광범위한 형태의 영상 생성	③ 실시간 처리의 필요성
④ 수치 형태로 자료가 처리되므로 GIS의 자료로 쉽게 전환	④ 처리비용 절감
⑤ 과거의 해석사진측량보다 경제적이고 효율적 자료의 교환 및 유지관리가 용이	⑤ 작업속도 증가
	⑥ 자동화
	⑦ 일관된 결과물 산출이 가능

2) 순서

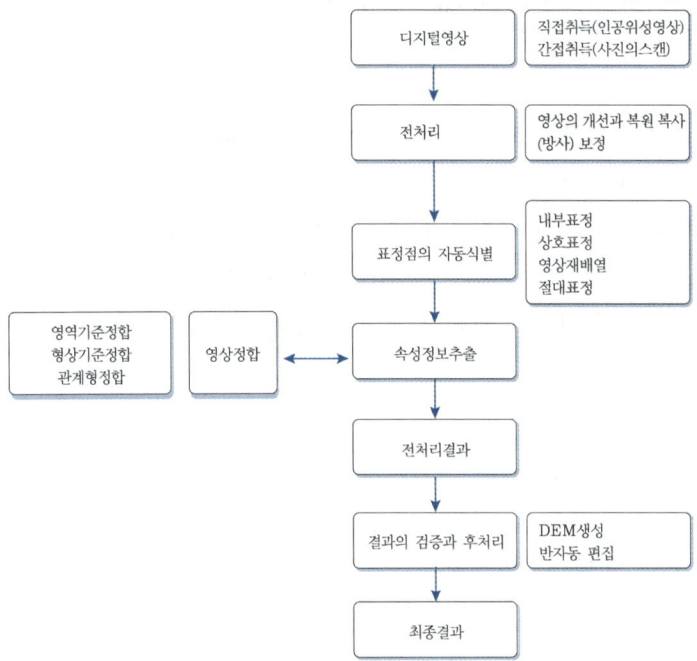

제5절 지상측량에 의하여 생성하는 방법

비교적 정확한 취득방법이나 대규모 지역에서는 비용이 고가이고 영역에 한계가 있다.

1) 순서

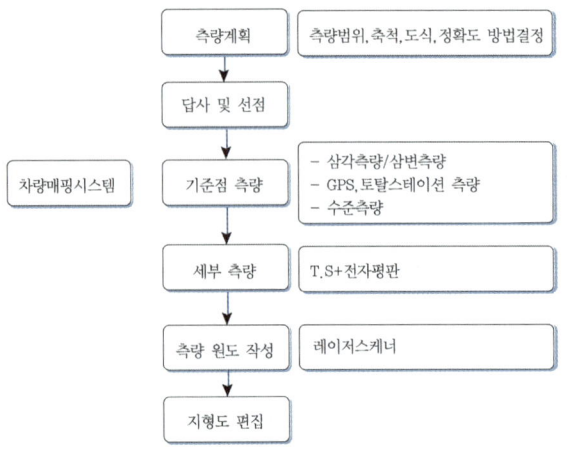

제6절 기존 지도를 이용하여 생성하는 방법

가장 간단한 방법이며 가격이 저렴하고 신속하나 정확도가 낮다.

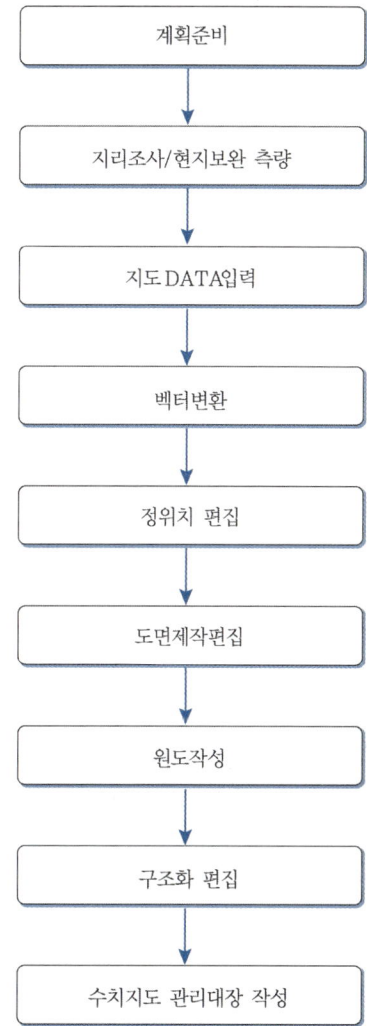

문제 및 해설

01 GIS 사업을 수행하기 위하여 공간정보데이터베이스를 구축할 경우 보기의 작업을 일반적인 순서로 바르게 나열한 것은?

[2012년 산업기사 1회]

> ㄱ. 편집 및 위상관계 설정
> ㄴ. 데이터베이스 설계
> ㄷ. 속성자료 입력
> ㄹ. 공간자료와 속성자료의 연계
> ㅁ. 공간자료 입력

① ㄴ-ㅁ-ㄱ-ㄷ-ㄹ
② ㅁ-ㄱ-ㄷ-ㄹ-ㄴ
③ ㄴ-ㄹ-ㅁ-ㄱ-ㄷ
④ ㄴ-ㅁ-ㄷ-ㄹ-ㄱ

[해설]
1. **공간정보데이터베이스 구축과정**
   데이터베이스 설계 → 공간자료 입력 → 속성자료 입력 → 공간자료와 속성자료의 연계 → 편집 및 위상관계 설정
2. 자료입력 순서는 위치정보를 먼저 입력하고 이를 기초로 하여 해당 속성정보를 입력한 후 이들 정보를 결합시키는 방법으로 구조화한다.

02 아래와 같은 데이터를 등간격 방법을 이용하여 4개의 그룹으로 classify한 결과로 옳은 것은?

[2012년 산업기사 1회]

> {2, 10, 11, 12, 16, 16, 17, 22, 25, 26, 31, 34, 36, 37, 39, 40}

① {2, 10}, {11, 12, 16, 16, 17}, {22, 25, 26}, {31, 34, 36, 37, 39, 40}
② {2, 10}, {11, 12}, {16, 16}, {17, 22, 25, 26, 31, 34, 36, 37, 39, 40}
③ {2, 10, 11, 12}, {16, 16, 17, 22}, {25, 26, 31, 34}, {36, 37, 39, 40}
④ {2, 10}, {11, 12, 16}, {16, 17, 22, 25}, {26, 31, 34, 36, 37, 39, 40}

[해설]
등간격(equal interval) 방법
자료의 값을 크기순으로 나열한 후 각 그룹의 간격이 동일하도록 자료를 분류하는 방법이다. 그룹의 경계값이 자료와 같으면 그 자료를 앞 그룹으로 분류한다.

03 래스터 데이터 모델은 기본적인 도형의 요소로 공간 객체를 표현한다. 래스터 데이터의 기본도형 요소는? [2012년 산업기사 1회]

① 점
② 점, 선, 면
③ 선, 면
④ 픽셀

Answer 01 ④ 02 ③ 03 ④

해설

래스터 자료는 격자형태의 이미지(영상)자료를 말한다. 래스터(raster) 자료는 균등하게 분할된 격자모델로 최소단위인 화소(pixel) 또는 셀(cell)로 구성된 자료로 항공영상, 위성영상이 대표적이다.

04 지리정보시스템의 자료입력과정에서 도면 자료를 자동으로 입력할 수 있는 장비는?

[2012년 산업기사 1회]

① 스캐너
② 키보드
③ 마우스
④ 디지타이저

해설

스캐너(Scanner)
위성이나 항공기에서 자료를 직접 기록하거나 지도 및 영상을 수치로 변환시키는 장치. 사진 등과 같이 종이에 나타나 있는 정보를 그래픽 형태로 읽어들여 전산기에 전달하는 입력장치를 말한다.

05 벡터 데이터 모델은 기본적인 도형의 요소(geometric primitive type)로 공간 객체를 표현한다. 다음 중 국토지리정보원에서 제작한 수치지도 v 2.0의 내부 포맷 NGI에서 사용하는 기본적인 도형의 요소인 것은?

[2012년 산업기사 2회]

① 점
② 점, 선
③ 선, 면
④ 점, 선, 면

해설

도형의 요소(geometric primitive type)

점 (point)	• 기하학적 위치를 나타내는 0차원 또는 무차원 정보 • 절점(node)은 점의 특수한 형태로 0차원이고 위상적 연결이나 끝점을 나타낸다. • 최근린방법 : 점 사이의 물리적 거리를 관측 • 사지수(quadrant)방법 : 대상영역의 하부면적에 존재하는 점의 변이를 분석
선 (line)	• 1차원 표현으로 두 점 사이 최단거리를 의미 • 형태 : 문자열(string), 호(arc), 사슬(chain) 등이 있다. • 호(arc) : 수학적 함수로 정의되는 곡선을 형성하는 점의 궤적 • 사슬(chain) : 각 끝점이나 호가 상관성이 없을 경우 직접적인 연결
면 (area)	• 면(面, area) 또는 면적(面積)은 한정되고 연속적인 2차원적 표현 • 모든 면적은 다각형으로 표현

수치지도2.0
수치지도1.0의 논리적이고 기하학적 오류를 수정·보완하고 지리조사를 통하여 획득한 속성정보를 입력한 DB 형태의 수치지도를 말한다.
① 데이터 형식 : NGI(국토지리정보원 포맷)
② 데이터 구조 : 도형구조(점, 선, 면)

06 지리정보시스템의 자료취득방법과 가장 거리가 먼 것은?

[2012년 산업기사 2회]

① 투영법에 의한 좌표취득방법
② 항공사진측량에 의한 방법
③ 일반측량에 의한 방법
④ 원격탐사에 의한 방법

해설

자료취득
① 기존자료이용(삼각점, 지형도, 주제도 등)
② 새로운 자료 취득(항공측량, RS 영상, GPS 등)

Answer 04 ① 05 ④ 06 ①

07 GIS에서 사용하는 수치지도를 제작하는 방법이 아닌 것은? [2012년 산업기사 3회]

① 항공기를 이용하여 항공사진을 촬영하여 수치지도를 만드는 방법
② 항공사진필름을 고감도 복사기로 인쇄하는 방법
③ 인공위성데이터를 이용하여 수치지도를 만드는 방법
④ 종이지도를 디지타이징하여 수치지도를 만드는 방법

해설
수치지도제작 자료취득방법
① 항공사진에 의한 방법
② 위성영상에 의한 방법
③ 기존종이 지도에 의한 방법
④ 현장조사에 의한 방법

08 GIS 데이터의 취득과 입력에 대한 설명으로 틀린 것은? [2014년 산업기사 1회]

① GIS 프로젝트에서 데이터 구축에 많은 노력과 비용이 들며, 필요한 데이터의 구축 여부가 GIS의 응용분야에도 많은 영향을 미친다.
② 다양한 출처로부터 획득한 공간데이터는 일반적으로 디지타이저나 스캐너 등의 입력 장비를 사용하여 벡터와 래스터 데이터로 구축할 수 있으며, 최근 원격탐사나 디지털 항공사진의 발전과 함께 자동으로 수치화된 자료를 얻을 수 있다.
③ 표 형식의 자료나 리포트 형태의 자료들은 스캐너나 키보드를 통해 GIS 데이터로 입력되며, 센서스 자료를 디지털 형태로 제공하는 방향으로 변하고 있다.
④ 야외 조사나 전문가가 제시한 아이디어의 경우는 직접적인 GIS 데이터 처리에 사용되지 못하므로 GIS 데이터로서 취급하지 않는다.

해설
GIS 자료입력 방법
1. 기 제작된 수치지도 입력
2. 영상(항공사진, 위성영상 등)을 이용
3. 수치화 후 입력
  ① 수동방식(digitaizer)에 의하여 수치화한 후 입력
  ② 자동방식(scanner)에 의하여 수치화한 후 입력
4. GIS 및 total station에 의한 입력

09 지리정보시스템의 자료입력과정에서 종이지도를 래스터형태의 데이터로 입력할 수 있는 장비는? [2014년 산업기사 2회]

① 스캐너
② 키보드
③ 마우스
④ 디지타이저

해설
스캐너(Scanner)
위성이나 항공기에서 자료를 직접 기록하거나 지도 및 영상을 수치로 변화시키는 장치. 사진 등과 같이 종이에 나타나 있는 정보를 그래픽 형태로 읽어들여 전산기에 전달하는 입력장치를 말한다.

10 입력된 자료를 정리하여 벡터자료를 구성하는 방법에 대한 설명으로 옳지 않은 것은? [2015년 산업기사 1회]

① 속성정보는 반드시 편집이 완료된 뒤에 넣어야 한다.
② 튀어나온 선이나 중복된 선을 삭제하는 작업이 필요하다.
③ 선과 선이 교차하는 곳은 반드시 교차점(node)을 생성한다.
④ 입력 오류는 수동으로 편집할 수도 있고, 자동으로 편집할 수도 있다.

Answer 07 ② 08 ④ 09 ① 10 ①

PART 04 지리정보시스템

해설

벡터 자료구조는 기호, 도형, 문자 등으로 인식할 수 있는 형태를 말하며 객체들의 지리적 위치를 크기와 방향으로 나타내는데 속성정보는 편집이 완료된 뒤에 넣는 것은 아니다.

11 지형공간자료를 입력하는 단계로 옳게 나열된 것은? [2015년 산업기사 2회]

① 공간(위치)정보의 입력 → 비공간 속성자료의 입력 → 공간자료와 비공간자료의 연결
② 비공간 속성자료의 입력 → 공간자료와 비공간자료의 연결 → 공간(위치)정보의 입력
③ 공간자료와 비공간자료의 연결 → 공간(위치)정보의 입력 → 비공간 속성자료의 입력
④ 공간(위치)정보의 입력 → 공간자료와 비공간자료의 연결 → 비공간 속성자료의 입력

해설

지형공간자료를 입력하는 단계
공간(위치)정보의 입력 → 비공간 속성자료의 입력 → 공간자료와 비공간자료의 연결

12 수치지형모델을 구축하기 위한 자료취득 방법중 표본추출방식에 대한 설명으로 옳지 않은 것은? [21년 4회 측기]

① 임의 방식 : 지형이 넓은 경우 효과적이며, 빠르게 자료를 얻을 수 있는 방법이다.
② 등고선 방식 : 기존의 지형도를 사용하여 자료를 추출하는 경우 효과적인 방법이다.
③ 단면 방식 : 지형을 등간격으로 나누어 각 단면상의 지형점을 추출하는 방식이다.
④ 대상 mesh 방식 : 도로의 등거리 점에서 직교하는 단면이 모여 지형을 근사화시키는 경우 사용하는 방식이다.

해설

자료추출방법
1) 격자방식
  지형이 넓은 경우에 효과적이며 정사각형, 직사각형, 삼각형의 격자를 사용
2) 등고선방식
  기존지형도를 사용할 경우 효과적이며 평면좌표는 자동기록장치를 이용
3) 단면방식
  지형도를 등간격의 단면으로 구분 각 단면상의 지형점을 추출하는 방법
4) 임의(점고도)방식
  지형의 산정, 계곡 등의 지성선을 추출할 경우 적합 작업자가 지형의 주요점을 선택하여 추출하므로 지형의 기복을 가장 근사적으로 표현하는 방법이지만 자료취득시간이 많이 소요된다.
5) 불규칙삼각망(TIN)
  경사가 급하고 선형침식이 많은 하천지형의 적용에 용이 자료량 조절이 편리하다.

13 종이지도로부터 지리정보시스템(GIS) 데이터베이스에 저장될 자료를 생성하려한다. 종이지도가 컴퓨터로 편집 가능한 영상으로 변환되는 단계는? [21년 4회 측기]

① 스캐닝   ② 벡터 변화
③ 구조화 편집   ④ 정위치 편집

해설

Digitizer와 Scanner

Digitizer(수동방식)	Scanner(자동방식)
전기적으로 민감한 테이블을 사용하여 종이로 제작된 지도자료를 컴퓨터에 의하여 사용할 수 있는 수치자료로 변환하는 데 사용되는 장비로서 도형자료(도표,그림,설계도면)를 수치화하거나 수치화하고 난 후 즉시 자료를 검토할 때와 이미 수치화된 자료를 도형적으로 기록 하는 데 쓰이는 장비를 말한다.	위성이나 항공기에서 자료를 직접 기록하거나 지도 및 영상을 수치로 변환시키는 장치로서 사진 등과 같이 종이에 나타나 있는 정보를 그래픽 형태로 읽어들여 컴퓨터에 전달하는 입력 장치를 말한다.

Answer 11 ① 12 ① 13 ①

14 디지타이징을 통해 도형을 입력하는 과정에서 작업자의 실수에 의해 발생하는 오차가 아닌 것은? [21년 2기]

① Spike
② Overshooting
③ Undershooting
④ Pseudo items

해설
디지타이징 입력에 따른 오류 유형
벡터데이터의 편집과정에서 발생하는 오류는 오버슈트, 언더슈트, 슬리버, 노드의 부재, 선의 중복, 불필요한 노드가 발생한다.

15 지리정보시스템(GIS)의 주요 자료원으로 거리가 먼 것은? [21년 1회 측기]

① 주민등록 데이터베이스
② 원격탐사 자료
③ 현장 조사자료
④ 수치지도

해설
GIS의 주요 자료원
① 원격탐사 자료
② 항공사진 자료
③ 현장조사 자료
④ 수치지도

Answer 14 ④ 15 ①

CHAPTER 04 GIS의 데이터 관리

제1절 자료 데이터베이스(Database)

데이터베이스는 서로 연관성이 있는 특별한 의미를 갖는 자료의 모임을 의미한다. 즉 하나의 조직 안에서 다수의 사용자들이 공동으로 사용할 수 있도록 통합 및 저장되어 있는 운용 자료의 집합을 의미한다.

1) 데이터베이스의 특징

장점	단점
① 자료를 한 곳에 저장할 수 있다. ② 자료가 표준화되고 구조적으로 저장될 수 있다. ③ 서로 원천이 다른 데이터끼리 데이터베이스 내에서 연결되어 함께 사용할 수 있다. ④ 자료의 검색과 정보의 추출을 빠르고 용이하게 할 수 있다. ⑤ 많은 사용자가 자료를 동시에 공유하여 함께 사용할 수 있다. ⑥ 다양한 응용프로그램에서 서로 다른 목적으로 편집되고 저장된 데이터가 사용될 수 있다. ⑦ 자료의 효율적 관리 및 중복을 방지할 수 있다.	① 관련 전문가를 필요로 한다. ② 초기 구축비용과 유지 및 관리 비용이 고가이다. ③ 제공되는 정보의 가격이 고가이다. ④ 사용자는 데이터베이스의 구축을 위하여 정해진 자료의 효율과 구성을 갖추어야 한다. ⑤ 자료의 분실이나 망실에 대비한 보안조치가 갖추어져야 한다.

2) 데이터베이스 모델

① **평면 파일구조** : 모든 기록들이 같은 자료항목을 가지며 검색자에 의해 정해지는 자료항목에 따라 순차적으로 배열된다.
② **계층형 구조** : 여러 자료 항목이 하나의 기록에 포함되고, 파일 내의 각각의 기록은 각기 다른 파일 내의 상위 계층의 기록과 연관을 갖는 구조로 이루어져 있다.
③ **망구조** : 다른 파일 내에 있는 기록에 접근하는 경로가 다양하고 기록들 사이에 다양한 연관이 있더라도 반복하여 자료항목을 생성하지 않아도 된다는 것이 장점이다.
④ **관계구조** : 자료 항목들은 표(table)라고 불리는 서로 다른 평면구조의 파일에 저장되고 표 내에 있는 각각의 사상(entity)은 반복되는 영역이 없는 하나의 자료항목 구조를 갖는다.

제2절 파일처리방식

파일(File)은 기본적으로 유사한 성질이나 관계를 가진 자료의 집합으로 데이터 파일은 Record, Field, Key의 세 가지로 구성된다.

1) 구성

데이터 파일은 기록(Record), 영역(Field), 검색자(Key)의 세 가지로 구성된다.

① **기록(Record)** : 하나의 주제에 관한 자료를 저장한다. 기록은 아래 표에서 행(row)이라고 하며 학생 개개인에 관한 정보를 보여주고 성명, 학년, 전공, 학점의 네 개 필드로 구성되어 있다.
② **필드(Field)** : 레코드를 구성하는 각각의 항목에 관한 것을 의미한다. 필드는 성명, 학년, 전공, 학점의 네 개 필드로 구성되어 있다.
③ **키(Key)** : 파일에서 정보를 추출할 때 쓰이는 필드로서 키로써 사용되는 필드를 키필드라 한다. 표에서는 이름을 검색자로 볼 수 있으며 그 외의 영역들은 속성영역(Attribute field)이라고 한다.

	성명	학년	전공	학점
레코드 1	김 영찬	2	지적부동산학	3.5
레코드 2	이 해창	3	측지정보과	4.3
레코드 3	최 영창	1	지적정보과	3.9
레코드 4	박 동규	4	부동산학	4.1

[데이터파일의 레코드 구성]

2) 특징

① 파일처리방식은 GIS에서 필요한 자료 추출을 위해 각각의 파일에 대하여 자세한 정보가 필요한데 이는 많은 양의 중복작업을 유발시킨다.
② 자료에 수정이 이루어질 경우 해당 자료를 필요로 하는 각 응용프로그램에 이를 상기시켜야 한다.
③ 관련 데이터를 여러 응용프로그램에서 사용할 때 동시 사용을 위한 조정과 자료수정에 관한 전반적인 제어기능이 불가능하다.
④ 즉, 누구에 의하여 어떠한 유형의 자료는 수정이 가능하다는 등의 통제가 데이터베이스에 적용될 수 없다는 단점이 있다.

제3절 DBMS(DataBase Management System : 데이터베이스 관리시스템) 방식

DBMS는 자료의 저장, 조작, 검색, 변화를 처리하는 특별한 소프트웨어를 사용하는 컴퓨터 프로그램의 일종으로 정보의 저장과 관리와 같은 정보관리를 목적으로 하는 프로그램으로 파일처리방식의 단점을 보완하기 위해 도입되었으며 자료의 중복을 최소화하여 검색시간을 단축시키며 작업의 효율성을 향상시키게 된다.

1) 필수 기능

① **정의 기능** : 데이터의 유형(type)과 구조에 대한 정의, 이용 방식, 제약 조건 등 데이터베이스의 저장에 대한 내용을 명시하는 기능이다.
② **조작 기능** : 사용자의 요구에 따라 검색, 갱신, 삽입, 삭제 등을 지원하는 기능으로 체계적으로 처리하기 위해 사용자와 DBMS 사이의 인터페이스를 위한 수단을 제공하는 기능이다.

③ **제어 기능** : 데이터베이스의 내용에 대해 무결성, 보안 및 권한 검사, 병행 수행 제어 등 정확성과 안전성을 유지할 수 있는 제어 기능을 가지고 있어야 한다.

2) 데이터 언어 암기 C A D RE TURN SE IN UP DEL GR RE CO ROLL

① **DDL(Data Definition Language : 데이터정의어)** : 데이터의 구조를 정의하며 새로운 테이블을 만들고, 기존의 테이블을 변경, 삭제하는 등의 데이터를 정의하는 역할을 한다.
  * ⒞REATE   : 새로운 테이블을 생성한다.
    ⒜LTER   : 기존의 테이블을 변경한다.
    ⒟ROP   : 기존의 테이블을 삭제한다.
    ㉞NAME   : 테이블의 이름을 변경한다.
    ㉠CATE   : 테이블을 잘라낸다.

② **DML(Data Manipulation Language : 데이터조작어)** : 데이터를 조회하거나 변경하며 새로운 데이터를 삽입, 변경, 삭제하는 등의 데이터를 조작하는 역할을 한다.
  * ㉞CLET   : 기존의 테이블을 검색한다.
    ⒤NSERT   : 새로운 데이터를 삽입한다.
    ⒰PDATE   : 기존의 데이터를 변경한다.
    ㉓ETE   : 기존의 데이터를 삭제한다.

③ **DCL(Data Control Language : 데이터제어어)** : 데이터베이스 사용자에게 부여된 권한을 정의하며 데이터 접근 권한을 다루는 역할을 합니다.
  * ㉢ANT   : 권한을 준다.
    ㉞VOKE   : 권한을 제거한다.
    ⒞OMMIT   : 데이터 변경 완료
    ㉠BACK   : 데이터 변경 취소

3) 장·단점

장점	단점
① 시스템㉸발 비용 감소 ② ㉻안향상 ③ 표준㉰ (Normalisation) ④ ㉷복의 최소화 ⑤ 데이터의 독㉱성(independency) 향상 ⑥ 데이터의 무결성(integrity) 유지 ⑦ 데이터의 일㉴성(consistency) 유지	① 위험부담을 최소화 하기 위해 효율적인 ㉰업과 회복기능을 갖추어야 한다 ② ㉷앙집약적인 위험 부담 ③ ㉾스템 구성의 복잡성(complexity) ④ 운영㉻의 증대

4) 종류

① 계층형 데이터베이스관리체계(HDBMS : Hierarchical DataBase Management System)
- 계층구조 내의 자료들이 논리적으로 관련이 있는 영역으로 나누어지며 하나의 주된 영역 밑에 나머지 영역들이 나뭇가지와 같은 형태로 배열되는 형태로서 데이터베이스를 구성하는 각 레코드가 계층구조 또는 트리구조를 이루는 구조이다.
- 모든 레코드는 부모(상위)레코드와 자식(하위)레코드를 가지고 있으며 각각의 객체는 단 하나만의 부모(상위)레코드를 가지고 있다.

② 관망형 데이터베이스관리체계(NDBMS : Network DataBase Management System)
- 계층형 DBMS의 단점을 보완한 것으로 망구조 데이터베이스관리시스템은 계층형과 유사하지만 망을 형성하는 것처럼 파일 사이에 다양한 연결이 존재한다는 점에서 계층형과 차이가 있다.
- 각각의 객체는 여러 개의 부모 레코드와 자식 레코드를 가질 수 있다.

③ 관계형 데이터베이스관리체계(RDBMS : Relationship DataBase Management System)
- 영역들이 갖는 계층구조를 제거하여 시스템의 유연성을 높이기 위해서 만들어진 구조이다.
- 데이터의 무결성, 보안, 권한, 록킹(Locking) 등 이전의 응용분야에서 처리해야 했던 많은 기능들을 지원한다.
- 상이한 정보 간 검색, 결합, 비교, 자료가감 등이 용이하다.

④ 객체지향형 데이터베이스관리체계(OODBMS : Object Oriented DataBase Management System) : 객체지향(Object Oriented)에 기반을 둔 논리적 구조를 가지고 개발된 관리시스템으로 자료를 다루는 방식을 하나로 묶어 객체(Object)라는 개념을 사용하여 실세계를 표현하고 모델링하는 구조이다.

⑤ 객체관계형 데이터베이스관리체계(ORDBMS : Object Relational DataBase Management System) : 관계형과 객체지향형의 장점을 수용하여 개발한 데이터베이스관리시스템으로 관계형 체계에 새로운 객체 저장능력을 추가하고 있어 기존의 RDBMS를 기반으로 하는 많은 DB 시스템과의 호환이 가능하다는 장점이 있다.

제4절 정보의 교환

1) 의사결정지원체계(Decision-Making Support System; DMSS)

공통된 의사결정이 어려운 경우 의사결정에 해석적 모델링과 같은 결정 탐색 과정을 도입하여 의사결정에 도움이 되도록 지원하는 시스템을 의사결정지원시스템이라고 한다.

① 의사결정시스템의 요건
  ㉠ 상호작용을 통한 처리 능력
  ㉡ 질의능력
  ㉢ 적용적 시스템
  ㉣ ON-Line 시스템
  ㉤ 반복설계

2) 전문가체계(Expert System)

전문가시스템은 생성시스템의 하나로 인공지능기술의 응용분야 중 가장 활발하게 사용되는 분야로서 인간이 특정분야에 대하여 가지고 있는 전문적인 지식을 정리하여 컴퓨터에 저장하고 일반인도 이 전문지식을 이용할 수 있도록 유도하는 시스템이다.

3) 메타데이터(Metadata)

메타데이터는 데이터에 대한 데이터로 데이터의 이력에 대한 정보를 담고 있는 데이터로 실제 데이터는 아니지만 데이터베이스, 자료층, 속성, 공간형상 등과 관련된 데이터의 내용, 품질, 조건 및 특성 등을 저장한 데이터이다.

① 구성 요소
  ㉠ 개요 및 자료 소개 : 데이터의 명칭, 개발자, 지리적 영역 및 내용 등
  ㉡ 자료품질 : 위치 및 속성의 정확도, 완전성, 일관성 등
  ㉢ 자료의 구성 : 자료를 코드화하기 위하여 이용된 래스터 및 벡터와 같은 모델
  ㉣ 공간참조를 위한 정보 : 사용된 지도투영법, 변수, 좌표계 등
  ㉤ 형상 및 속성 정보 : 지리정보와 수록 방식
  ㉥ 정보를 얻는 방법 : 관련된 기관, 획득형태, 정보의 가격 등
  ㉦ 참조정보 : 작성자, 일시 등

4) 개방형 GIS

개방형 GIS는 분산되어 있는 다양한 데이터에 대한 접근과 자료 처리를 쉽게 하기 위하여 개발되었고 상호운용성이 필수적이다.

① 특징
  ㉠ 자료의 공유로 비용 감소
  ㉡ 접근이 편리하다.
  ㉢ 서로 다른 시스템 사이의 호환성과 운영방안 제공
  ㉣ 작업이 요구에 따라 쉽게 이용

문제 및 해설

01 객체지향형 데이터베이스 관리시스템의 특징이 아닌 것은? [2012년 기사 1회]

① 자료의 갱신이 용이하다.
② 자료뿐만 아니라 자료의 구성을 위한 방법론도 저장이 가능하다.
③ 지도의 정보를 도형과 속성으로 나누어 유형별로 테이블에 저장한다.
④ 객체는 독립된 동질성을 가진 개체이며, 상속성을 갖는다.

해설

OO-DBMS(Object Orientation-DBMS) : 객체지향형 DBMS
각각의 데이터를 유형별로 모듈화시켜 복잡한 데이터를 쉽게 처리시키는 최초 자료기반관리체계
① 장점
  • 복잡한 데이터를 쉽게 처리 가능
② 단점
  • 자료 간의 관계성 처리능력 감소

02 DBMS는 지리정보를 효율적으로 관리하기 위한 도구이다. DBMS의 장점이라고 하기 어려운 것은? [2012년 기사 2회]

① 중앙제어기능
② 효율적인 자료호환
③ 다양한 양식의 자료제공
④ 시스템의 단순성

해설

DBMS(Data Base Management System)
자료기반관리체계는 자료의 중복성을 제외하고 다른 특징들 중에 무결성, 일관성, 유용성을 보장하기 위한 자료를 관리하는 소프트웨어체계를 말한다.

1. DBMS의 장점
  ① 중앙제어기능 : 통제의 집중화로 일정수준 신뢰도 유지
  ② 효율적인 자료 호환 : 자료의 독립성 유지로 자료의 효율적 분리가 가능하고, 응용프로그램 개발의 용이하며, 자료의 공유성이 증대
  ③ 데이터의 독립성
  ④ 새로운 응용프로그램 개발의 용이성
  ⑤ 직접적인 사용자 연계
     - 별도의 프로그램 개발이 불필요
     - 복잡하고 높은 수준의 데이터 분석
  ⑥ 반복성 제거
  ⑦ 다양한 양식의 자료제공

03 GIS에서 많이 사용되는 관계형 데이터베이스관리시스템의 데이터 모형에 대한 설명으로 옳지 않은 것은? [2012년 기사 3회]

① 테이블의 구성이 자유롭다.
② 모형 구성이 단순하고 이해가 빠르다.
③ 정보를 추출하기 위한 질의의 형태에 제한이 없다.
④ 테이블의 수가 상대적으로 적어 저장 용량을 상대적으로 적게 차지한다.

Answer 01 ③ 02 ④ 03 ④

해설

관계형 데이터베이스 RDBMS(RelationalDBMS) 장점
① 논리적 구조가 Table의 형태
② SQL(Structured Query Language) 지원
③ 이전에 에플리케이션에서 처리해야 했던 많은 기능들을 DBMS가 지원(데이터 무결성, 보안, 권한, 트랜잭션 관리, 로킹(Locking) 등)
④ 데이터베이스는 테이블들로 구성
⑤ 레코드(로우 ; 행)는 필드(컬럼으로 구성)
⑥ 필드는 단지 하나의 Data Item을 소유
⑦ 데이터베이스 스키마(Schema)에 대한 동적인 변화들이 가능. 예) 테이블에 대한 새로운 필드의 추가, 삭제
⑧ 레코드는 다른 레코드에 대하여 어떤 Pointer라도 갖지 못함
⑨ 정보를 추출하기 위한 질의의 형태에 제한이 없다.
⑩ 모형 구성이 단순하고 이해가 빠르다.
⑪ 테이블의 구성이 자유롭다.

04 면 객체를 경계모델(boundary model)의 위상구조로 저장하는 이유가 아닌 것은?
[2013년 기사 1회]

① 저장 구조가 단순하다.
② 자료의 중복이 줄어든다.
③ 분석시간이 빨라진다.
④ 공간 상호관계가 추가로 저장된다.

해설

면 객체를 경계모델(boundary model)의 위상구조로 저장하는 이유
① 자료의 중복이 줄어든다.
② 분석시간이 빨라진다.
③ 공간상호관계가 추가로 저장된다.

05 효율적인 GIS 자료관리와 중복방지를 위해 도입된 데이터베이스관리시스템에 대한 설명으로 옳지 않은 것은? [2013년 기사 1회]

① R-DBMS : 관계형 데이터베이스 관리시스템
② OO-DBMS : 객체개방형 데이터베이스 관리시스템
③ OR-DBMS : 객체관계형 데이터베이스 관리시스템
④ H-DBMS : 계층형 데이터베이스 관리시스템

해설

객체지향형 데이터베이스관리체계(OODBMS : Object Oriented DataBase Management System)
객체지향(Object Oriented)에 기반을 둔 논리적 구조를 가지고 개발된 관리시스템으로 자료를 다루는 방식을 하나로 묶어 객체(Object)라는 개념을 사용하여 실세계를 표현하고 모델링하는 구조이다.

06 GIS의 공간분석기능에 대한 설명 중 관계가 옳은 것은? [2013년 기사 1회]

① 버퍼분석(Buffering Analysis) - 표면(surface) 모델링, 유연분석, 경사/향 분석, 가시권분석, 3차원 가시화
② 기하학적 분석(Geometrical Analysis) - 영향권 분석
③ 망분석(Network Analysis) - 연결성, 방향성, 최단경로, 최적경로의 분석
④ 중첩분석(Overlay Analysis) - 거리, 면적, 둘레, 길이, 무게중심 등의 정량적 분석

해설

1. 공간 분석 기법
  1) 중첩 분석
    2개 이상의 레이어를 합성하여 점, 선, 면의 도형, 위상 및 속성 데이터를 재구축한다. 점과 면, 선과 면, 면과 면의 세가지 경우의 중첩이 가능하다.

Answer 04 ① 05 ② 06 ③

2) Buffer Analysis
  ① 버퍼분석은 공간적 근접성을 정의할 때 이용되는 것으로서 점, 선, 면 또는 면 주변에 지정된 범위의 면사상으로 구성
3) 네트워크분석
  ① 현실 세계에는 사람, 에너지, 물자, 정보 등의 흐름을 가능하게 하는 도로, 케이블, 파이프라인 등의 하부구조(Infrastructure)가 존재하는데 이러한 하부구조는 GIS 분석 과정에서 네트워크 모델링 가능

07 공간데이터 처리에 있어서 나누어진 항목들을 합쳐서 분류항목들을 줄이는 과정을 무엇이라 하는가? [2013년 기사 2회]

① 재분류(reclassification)
② 일반화(generalization)
③ 세분화(specification)
④ 중첩(overlay)

해설

세분화(specification)
지도의 작성 또는 디지털데이터 베이스의 생성에 관계된 레이아웃, 내용과 진행과정을 설명하기 위해 사용되는 상세한 설명의 집합. 명세서는 텍스트 형식과 측정, 색과 화면비율에 따라서 지도심벌의 그래픽 표현을 포함한다.

08 다음의 괄호에 들어갈 GIS공간분석 기능은 무엇인가? [2013년 기사 3회]

- 벡터 기반의 ( )분석은 근접 분석을 수행하는데 매우 중요하며, 특정지점 또는 선형으로 나타나는 공간 현상 주변지역의 특징을 평가하는 데 활용된다.
- ( )분석의 목적은 근접 분석 시 관심대상지역을 경계짓는 것으로, 관심 대상지역과 경계하고 있는 내부와 외부지역의 공간적 특성과 상호 관련성을 분석하는 데 필수적인 기능이다.

① Clip   ② Intersect
③ Buffer   ④ Union

해설

공간 분석 기법

Buffer Analysis	① 버퍼분석은 공간적 근접성을 정의할 때 이용되는 것으로서 점, 선, 면 또는 면주변에 지정된 범위의 면사상으로 구성 ② 버퍼분석을 위해서는 먼저 버퍼존의 정의가 필요 ③ 버퍼존은 입력사상과 버퍼를 위한 거리를 지정한 이후 생성 ④ 일반적으로 거리는 단순한 직선거리인 Euclidean Distance(유클리드 거리)이용

09 래스터 기반의 지리자료 처리과정에서 사용되는 국지인접연산(또는 초점연산)에 관한 설명으로 틀린 것은? [2014년 기사 1회]

① 가장 많이 사용되는 윈도우의 크기는 7×7 셀이다.
② 공간집합(spatial aggregation)을 위한 연산이다.
③ 잡음(noise)과 결점(defect) 제거를 위한 필터링이다.
④ 경사와 경사방향 결정을 위한 연산이다.

해설

래스터 기반의 지리자료 처리과정
1. 국지연산(Local operations)
   출력 레이어 개개의 셀 값이 입력 레이어의 동일 위치에 있는 셀의 함수로 만드는 과정으로, 즉 포인터 대 포인터, 셀 대 셀을 기준으로 래스터 기반의 자료를 분석하는 것이다.
2. 국지인접연산(Neighborhood operations)
   출력 레이어 개개의 셀 값이 입력 레이어의 동일 위치에 인접한 셀들의 함수로 만드는 과정으로 배경연산(context operations) 또는 초점연산(focal operations)으로 알려진 인접연산은 입력 래스터 레이어의 셀들 사이의 인접한 위상관계를 사용하여 새로운 래스터 레이어를 생성한다.

Answer 07 ② 08 ③ 09 ①

① 일반적으로 사용되는 윈도우의 크기는 3×3 셀이다.
② 공간집합(spatial aggregation) 연산
③ 필터링(filtering) 연산
④ 경사와 경사 방향(computation of slope and aspects) 연산

10 지리정보를 효율적으로 관리하기 위한 도구로서 DBMS의 장점이라고 하기 어려운 것은?

[2014년 기사 3회]

① 중앙제어기능
② 효율적인 자료호환
③ 다양한 양식의 자료제공
④ 시스템의 단순성

해설

DBMS(DataBase Management System : 데이터베이스관리시스템) 방식
DBMS는 자료의 저장, 조작, 검색, 변화를 처리하는 특별한 소프트웨어를 사용하는 컴퓨터 프로그램의 일종으로 정보의 저장과 관리와 같은 정보관리를 목적으로 하는 프로그램으로 파일처리방식의 단점을 보완하기 위해 도입되었으며 자료의 중복을 최소화하여 검색시간을 단축시키며 작업의 효율성을 향상시키게 된다.

DBMS 장점
① 중앙제어기능
② 효율적인 자료의 호환
③ 데이터의 독립성
④ 새로운 응용프로그램 개발의 용이성
⑤ 직접적인 사용자 접근 가능
⑥ 자료 중복 방지
⑦ 다양한 양식의 자료 제공

DBMS 단점
① 장비가 고가
② 시스템의 복잡성
③ 중앙집약적인 위험 부담

11 지리정보시스템(GIS)의 자료처리 단계를 순서대로 바르게 표시한 것은?

[2015년 기사 1회]

① 자료의 수치화 – 자료조작 및 관리 – 응용분석 – 출력
② 자료조작 및 관리 – 자료의 수치화 – 응용분석 – 출력
③ 자료의 수치화 – 응용분석 – 자료조작 및 관리 – 출력
④ 자료조작 및 관리 – 응용분석 – 자료의 수치화 – 출력

해설

GIS 자료 처리 순서 : 자료의 수치화 – 자료조작 및 관리 – 응용분석 – 출력
* 자료의 부호화 : 자료의 수치화
* 자료의 조작 및 관리 : 자료의 준비 및 분석

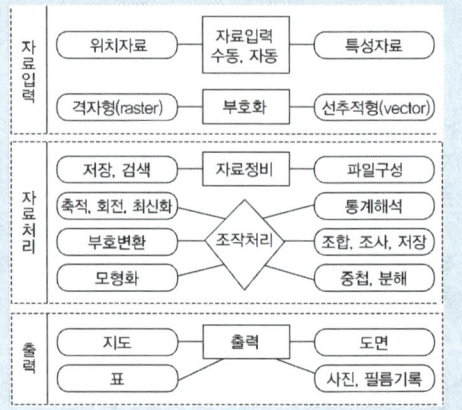

12 공간분석 기능 중 하나인 네트워크 분석(Network analysis)을 이용한 분석과 가장 거리가 먼 것은?

[2015년 기사 1회]

① 지형 분석
② 자원할당 분석
③ 접근성 분석
④ 최단경로 분석

Answer 10 ④ 11 ① 12 ①

PART 04 지리정보시스템

> [해설]
> **네트워크 분석**
> 두 지점 간의 최단경로, 자원할당분석 등 선형객체의 일정패턴이나 프레임 상의 위치 간 관련성을 고려하는 분석
> ① 현실 세계에는 사람, 에너지, 물자, 정보 등의 흐름을 가능하게 하는 도로, 케이블, 파이프라인 등의 하부구조(Infrastructure)가 존재하는데 이러한 하부구조는 GIS 분석 과정에서 네트워크모델링 가능
> ② 네트워크 분석을 통해 다음과 같은 분석이 가능하다.
>   ㉠ 최단경로 : 주어진 기원지와 목적지를 잇는 최단 거리의 경로분석
>   ㉡ 최소비용경로 : 기원지와 목적지를 연결하는 네트워크상에서 최소의 비용으로 이동하기 위한 경로를 탐색
>   ㉢ 차량 경로 탐색과 교통량 할당 문제 등의 분석

13 지리정보시스템(GIS)에서 데이터베이스관리시스템(DBMS)의 개념을 적용함으로써 얻어지는 특징이 아닌 것은?

[2015년 기사 2회]

① 서로 연관된 자료 간의 자동적인 갱신이 가능하다.
② 도형자료와 속성자료 간에 물리적으로 명확한 관계가 정의될 수 있다.
③ 자료의 중앙제어가 가능하므로 자료의 보안성과 데이터베이스의 신뢰도를 높일 수 있다.
④ 공간객체 간에 위치의 연관성을 구현하는데 위상관계의 정립이 불가능하다.

> [해설]
> 데이터베이스관리시스템은 데이터베이스를 지원하는 물리적인 시스템으로 데이터베이스를 생성, 관리, 제공하는 집합이라고 할 수 있다.
> ① 중앙제어장치로 운용 가능
> ② 효율적인 자료호환으로 사용자가 편리함
> ③ 저장된 자료의 형태에 관계없이 데이터의 독립성
> ④ 새로운 응용프로그램 개발의 용이성
> ⑤ 신뢰도 보호 및 일관성 유지
> ⑥ 중복된 자료 감소 및 높은 수정 방안 제시
> ⑦ 다양한 응용프로그램에서 다른 목적으로 편집 및 저장
> ⑧ 공간 객체 간의 위치의 연관성을 구현하는 데 위상관계의 정립이 가능하다.

14 객체지향형 데이터베이스관리시스템의 특징이 아닌 것은?

[2015년 기사 3회]

① 자료의 갱신이 용이하다.
② 자료뿐만 아니라 자료의 구성을 위한 방법론도 저장이 가능하다.
③ 지도의 정보를 도형과 속성으로 나누어 유형별로 테이블에 저장한다.
④ 객체는 독립된 동질성을 가진 개체이며, 상속성을 갖는다.

> [해설]
> **DBMS(Data Base Management System)**
> 자료기반관리체계는 자료의 중복성을 제외하고 다른 특징들 중에 무결성, 일관성, 유용성을 보장하기 위한 자료를 관리하는 소프트웨어체계를 말한다.
>
> ① OO-DBMS(Object Orientation-DBMS, 객체지향형 DBMS) : 각각의 데이터를 유형별로 모듈화시켜 복잡한 데이터를 쉽게 처리시키는 최초 자료기반관리체계
>   ㉠ 장점
>   ⓐ 복잡한 데이터를 쉽게 처리가능
>   ㉡ 단점
>   ⓐ 자료 간의 관계성 처리능력 감소

Answer 13 ④ 14 ③

15 지리정보시스템(GIS) 데이터베이스에 관한 설명으로 옳지 않은 것은?

[2015년 기사 3회]

① 레코드는 필드를 구성하는 각각의 항목을 말한다.
② 데이터베이스는 초기 구축과 유지관리비용이 높다.
③ 파일베이스 방식에서 데이터베이스 방식으로 발전하였다.
④ GIS에서는 일반적으로 동일 길이 레코드 방식보다는 가변길이 레코드 방식을 선호한다.

[해설]

데이터 파일은 기록(Record), 영역(Field), 검색자(Key) 세 가지로 구성된다.
① 기록(Record) : 하나의 주제에 관한 자료를 저장한다. 기록은 표에서 행(row)이라고 하며 학생 개개인에 관한 정보를 보여주고 성명, 학년, 전공, 학점의 네 개 필드로 구성되어 있다.
② 영역(Field) : 레코드를 구성하는 각각의 항목에 관한 것을 의미한다. 필드는 성명, 학년, 전공, 학점의 네 개 필드로 구성된다.
③ 검색자(Key) : 파일에서 정보를 추출할 때 쓰이는 필드로서 키로서 사용되는 필드를 키필드라 한다. 표에서는 이름을 검색자로 볼 수 있으며, 그 외의 영역들은 속성영역(Attribute field)이라고 한다.

16 다음 파일 포맷 중 성격이 다른 하나는?

[2012년 산업기사 1회]

① BSQ
② SHP
③ JPEG
④ GeoTIFF

[해설]

래스터 자료 형식 : pcx, jpg, bmp, tiff, BSQ
벡터 자료 형식 : dwg, shp, TIGER, PostScript

영상자료의 저장형식
① BIL(Band Interleaved by Line) 형식 : 라인별 영상
  ㉠ 한 개 라인 속에 한 밴드 분광값을 나열한 것을 밴드순으로 정렬하고 그것을 전체 라인에 대해 반복한다.
② BIP(Band Interleaved by Pixel) 형식 : 픽셀별 영상
  ㉠ 한 개 라인 중의 하나의 화소 분광값을 나열한 것을 그 라인의 전체 화소에 대해 정렬하고 그것을 전체 라인에 대해 반복한다.
③ BSQ(Band Sequential) 형식 : 밴드별 영상
  ㉠ 밴드별로 이차원 영상데이터를 나열한 것이다.

17 벡터 데이터 취득방법이 아닌 것은?

[2012년 산업기사 1회]

① 매뉴얼 디지타이징(manual digitizing)
② 헤드업 디지타이징(head-up digitizing)
③ COGO 데이터 입력(COGO input)
④ 래스터라이제이션(Rasterization)

[해설]

격자화(Rasterization)
래스터라이제이션은 벡터 데이터가 래스터 데이터로 매핑되는 방법을 정의한 것으로 벡터구조를 일정한 크기로 나눈 다음 동일한 폴리곤에 속하는 모든 격자들은 해당 폴리곤의 속성값으로 격자에 저장한다.

18 수치지형모델(Digital Terrain Model)의 DEM과 TIN 방법의 비교 설명으로 옳은 것은?

[2012년 산업기사 1회]

① 수치표고모델(DEM)은 불규칙적인 공간 간격으로 표고를 표현한다.
② LIDAR 또는 GPS로 취득한 지형자료를 이용한 경우에는 DEM 방법이 유리하다.
③ TIN 방법은 사진측량에 의한 자동 디지타이징에 의한 지형자료 취득에 유리하다.
④ 지역적인 변화가 심한 복잡한 지형을 표현할 때에는 TIN이 유리하다.

Answer 15 ① 16 ② 17 ④ 18 ④

해설

불규칙 삼각망(TIN : Trianglulated Irregular Network)
불규칙 삼각망의 특성
① 기복의 변화가 적은 지역에서 절점수를 적게 하고 기복의 변화가 심한 지역에서 절점수를 증가시킴으로써 데이터의 전체적인 양을 줄일 수 있다.
② 격자형 자료는 해상력이 낮아지는 데서 기인하는 중요한 정보의 상실 가능성과 해상력 조절의 어려움, 기준격자축 이외의 방향에 대한 연산의 어려움 등을 가지고 있는데 이같은 단점을 불규칙 삼각망 구조에서 보완할 수 있다.
③ 자료파일 생성을 위해 처리과정이 복잡하다는 단점이 있으나 일단 TIN 파일이 생성된 후에는 효율적인 압축기법을 사용할 수 있다.
④ TIN은 격자보다 적은 데이터 용량을 이용하여 훨씬 정확하게 지형을 표현할 수 있으며 손쉬운 자료의 편집과 실시간 지표면의 모델링 등 다양한 기능을 제공한다.

수치표고모델(Digital Elevation Model)
일정한 크기의 격자방식으로 지형의 표고를 나타낸다.
① 동일한 크기의 격자를 사용하므로 일정한 밀도를 갖는다.
② 기존의 등고선 지도에서 수치사진측량기법을 이용하여 작성되거나 인공위성자료를 이용하여 작성된다.
③ 지형의 특성 즉 복잡하거나 단순지형에 따른 자료의 획득이 불가능하다.

19 지리정보체계 소프트웨어의 일반적인 주요 기능으로 보기 어려운 것은?

[2012년 산업기사 1회]

① 벡터형 공간자료와 래스터형 공간자료의 통합 기능
② 사진, 동영상, 음성 등 멀티미디어 자료의 편집 기능
③ 공간자료와 속성자료를 이용한 모델링 기능
④ DBMS와 연계한 공간자료 및 속성정보의 관리 기능

해설

GIS 소프트웨어는 입력, 편집, 검색, 추출, 분석 등을 위한 프로그램의 집합체로서 격자나 벡터구조의 도형정보를 조작하는 부분과 속성정보의 관리를 위한 부분으로 나눈다.
사진, 동영상, 음성 등 멀티미디어 자료의 편집 기능은 지리정보를 조작·관리하는 GIS 소프트웨어의 기능과는 거리가 멀다.

20 지리정보시스템의 주요 기능에 대한 설명으로 가장 거리가 먼 것은?

[2012년 산업기사 1회]

① 효율적인 수치지도(digital map) 제작을 통해 지도의 내용과 활용성을 높인다.
② 효율적인 GIS 데이터 모델을 적용하여 다양한 분석기능 및 모델링이 가능하다.
③ 입지분석, 하천분석, 교통분석, 가시권분석, 환경분석, 상권설정 및 분석 등을 통한 고부가 가치 정보 및 지식을 창출한다.
④ 조직의 인사 관리 및 관리자의 조직 운영 결정 기능을 지원한다.

해설

GIS
지리정보체계는 지구 및 우주공간 등 인간활동 공간에 관련된 제반 과학적 현상을 정보화하고 각종 정보를 컴퓨터에 의해 종합적, 연계적으로 처리하여 그 효율성을 극대화하는 공간정보체계이다.

기대 효과
① 관리 및 처리 방안의 수립
② 효율적 관리
③ 이용 가능한 자료의 구축
④ 합리적 공간 분석
⑤ 투자 및 조사의 중복 극소화
⑥ 수집한 자료의 용이한 결합

Answer 19 ② 20 ④

21 도시계획 및 관리분야에서의 GIS 활용 사례가 아닌 것은? [2012년 산업기사 2회]

① 개발가능지 분석
② 토지이용변화 분석
③ 지역기반마케팅 분석
④ 경관분석 및 경관계획

[해설]
지형공간정보체계의 활용
① 수치지도의 제작에 유용
② 시설물관리에 유용
③ 환경 및 자원의 분석과 관리에 유용
④ 교통 및 관광분야에 유용
⑤ 지역개발계획수립을 위한 자료제공
⑥ 도시 및 지역관리에 유용
⑦ 행정지원에 유용

22 GPS(Global Positioning System)의 활용분야와 가장 거리가 먼 것은? [2012년 산업기사 2회]

① 영상복원
② 변위량보정
③ 상대좌표해석
④ 절대좌표해석

[해설]
GPS 측량은 인공위성을 이용한 범세계적 위치결정체계로 정확한 위치를 알고 있는 위성에서 발사한 전파를 수신하여 관측점까지의 소요시간을 관측함으로써 관측점의 위치를 구하는 체계이다. 그러므로 영상과는 무관하다.

23 공공시설물이나 대규모의 공장, 관로망 등에 대한 지도 및 도면 등 제반정보를 수치 입력하여 시설물에 대한 효율적인 운영관리를 하는 종합적인 관리체계를 무엇이라 하는가? [2012년 산업기사 2회]

① CAD/CAM
② A.M(Automatic Mapping)
③ F.M(Facility Mapping)
④ S.I.S(Surveying Information System)

[해설]
F.M(Facility Mapping) : 시설물관리체계
각종 시설물에 대한 지도의 위치 정보를 기초로 하여 전산적으로 체계화하고자 하는 것을 시설물관리(Facility Management)라 하며, 주요 시설물의 위치, 크기, 연계성 등의 내용을 도면 위에서 도형적 요소와 비도형적 요소의 결합에 의하여 표시, 분석하여 관리하는 체계를 시설물관리체계라 하며, 이는 지형공간정보체계의 한 분야이다.

24 지적도(parcels)에서 면적(area)이 100m² 이상인 대지를 소유한 소유자의 주소(address)를 알고 싶을 때, SQL 질의문으로 옳은 것은? [2012년 산업기사 3회]

① SELECT address FROM parcels WHERE area GT 100m²
② SELECT parcels FROM address WHERE area GT 100m²
③ SELECT area GT 100m² FROM address WHERE parcels
④ SELECT address FROM rea GT 100m² WHERE parcels

Answer 21 ③ 22 ① 23 ③ 24 ①

[해설]

테이블에서 정보를 추출할 때 select, from, where, order by 네 개의 기본 키워드가 사용된다. 특히 조회 시에는 select, from은 항상 사용된다. select는 어떤 열을 원하는지, from은 이들 열이 속한 테이블 혹은 테이블의 명칭을 알려준다. 정확하게 입력된 조회문은 거의 영어문장과 같다. 조회문 마지막에는 세미콜론을 붙여서 마치고 where절에서는 선택하고자 하는 정보를 어떻게 한정할 것인지를 말해준다.

SQL 표현의 기본구조

select	열-리스트(선택 컬럼) 어떤 열을 원하는지 질의의 결과 속성들을 나열하는데 사용된다.
from	테이블-르리스트 질의를 수행하기 위해 접근해야 하는 릴레이션들을 나열한다. 이들 열이 속한 테이블 혹은 테이블의 명칭을 알려준다. 정확하게 입력된 조회문은 거의 영어문장과 같다. 조회문 마지막에는 세미콜론을 붙여서 마친다.
where	조건 from 절에 있는 릴레이션의 속성들을 포함하는 조건이다. 선택하고자 하는 정보를 어떻게 한정할 것인지를 말해준다. 즉 명시된 조건을 만족하는 from절의 결과 릴레이션들의 행들만을 가져올 수 있도록 해준다.

from(테이블) : 지적도(Parcels)
where(조건) : GT 100m²
select(선택컬럼) : address
∴ .SELECT address FROM parcels WHER area GT 100m²

25 GIS 자료 처리(구축) 절차에 대한 순서로 옳은 것은? [2013년 산업기사 3회]

① 수집 - 저장 - 자료관리 - 검색
② 수집 - 자료관리 - 검색 - 저장
③ 자료관리 - 수집 - 저장 - 검색
④ 자료관리 - 저장 - 수집 - 검색

[해설]

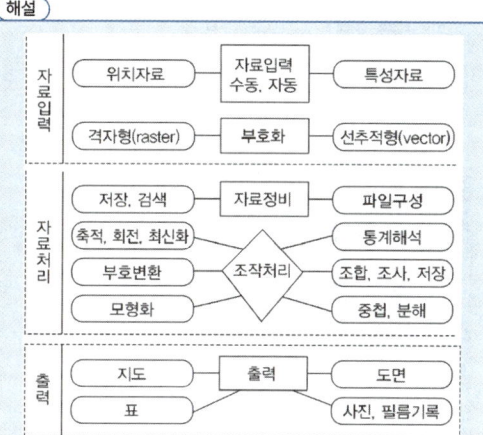

26 지리정보시스템의 주요 기능에 대한 설명으로 옳지 않은 것은? [2014년 산업기사 1회]

① 자료의 입력은 기존 지도와 현지조사자료, 인공위성 등을 통해 얻은 정보 등을 수치형태로 입력하거나 변환하는 것을 말한다.
② 자료의 출력은 자료를 보여주고 분석결과를 사용자에게 알려주는 것을 말한다.
③ 자료변환은 지형, 지물과 관련된 사항을 현지에서 직접 조사하는 것을 말한다.
④ 데이터베이스 관리에서는 대상물의 위치와 지리적 속성, 그리고 상호 연결성에 대한 정보를 구체화하고 조직화하여야 한다

[해설]

GIS의 자료 처리

① 자료 취득	기존 자료 이용(삼각점, 지형도, 주제도 등), 새로운 자료 취득 (항공측량, RS 영상, GPS 등)
② 자료 입력	Scanning, Digitizing, 측량 및 통계, CAD 자료의 변환
③ 자료 조작	Vector Raster화, 역변환, 도면일치, 분리, 삭제, 편집, 축척변환

Answer 25 ① 26 ③

④ 분석	㉠ 공간자료분석 (다각형, 중첩, 삭제, 영향권 설정, 근린지역 등) ㉡ 수치지형분석 (경사, 하천유역, 단면도, 가시도, 3차원영상 등) ㉢ 망구조분석 (최단노선, 적정노선, 시간권역 분석, 유통량 등)	
⑤ 질의	지형요소의 속성정보 추출, 속성자료에 의한 지형요소 추출	
⑥ 출력	3차원 그래픽 표현, 지도제작, 지도+속성이 포함된 보고서를 제작	

27 지리정보시스템(GIS)의 데이터 처리를 위한 데이터베이스 관리 시스템(DBMS)에 대한 설명으로 틀린 것은? [2014년 산업기사 2회]

① 복잡한 조건 검색 기능이 불필요하다.
② 자료의 중복없이 표준화된 형태로 저장되어 있어야 한다.
③ 데이터베이스의 내용을 표시할 수 있어야 한다.
④ 데이터 보호를 위한 안전관리가 되어 있어야 한다.

해설

DBMS(Data Base Management System)
자료기반관리체계는 자료의 중복성을 제외하고 다른 특징들 중에 무결성, 일관성, 유용성을 보장하기 위한 자료를 관리하는 소프트웨어체계를 말한다.

DBMS의 장점
파일처리방식에 비해 다음과 같은 장점을 갖는다.
① 중앙제어기능
  ㉠ 통제의 집중화를 이룰 수 있음
  ㉡ 일정수준 신뢰도 유지
② 효율적인 자료 호환
  ㉠ 자료의 독립성 유지
  ㉡ 자료의 효율적 분리가 가능
  ㉢ 응용프로그램 개발의 용이성

㉣ 자료의 공유성 증대
③ 데이터의 독립성
④ 새로운 응용프로그램 개발의 용이성
⑤ 직접적인 사용자 연계
  ㉠ 별도의 프로그램 개발이 불필요
  ㉡ 복잡하고 높은 수준의 데이터 분석
⑥ 반복성 제거
⑦ 다양한 양식의 자료제공

DBMS의 단점
① 비용의 고가
② 시스템의 복잡성
③ 중앙집약적인 위험 부담

28 입력이 어느 하나라도 1이면 출력이 1이 되고, 입력이 모두 0일 때만 출력이 0이 되는 논리연산자는? (단, 참은 1, 거짓은 0)

[22년 기사 1회]

① OR   ② AND
③ NOT ④ XOR

해설

AND	AND연산은 입력레이어에 대응하는 셀들의 개별적인 값을 곱으로 연산한다. 모든 값이 참일 때 1이 출력되는 연산
	$1 \times 0 = 0$
OR	입력레이어에 대응하는 셀들의 개별적인 값들을 더하기로 연산한다. 어느 하나의 값이 참일때 1이 출력되는 연산
	$1 + 0 = 1$
NOT	논리부정. 조건값은 반대값을 만든.다 값이 참일 때 0이 출력되고 거짓일 때 1이 출력되는 연산
XOR	입력레이어에 대응하는 셀들의 개별적인 값들을 더하기로 연산한다. 참인 값이 홀수일 경우 1이 출력되고, 짝수 개일 때 0이 출력되는 연산
	$1 + 0 = 1$

Answer 27 ① 28 ①

29 다음의 데이터를 이용하여 다양한 분석을 할 때 데이터의 문제점이라 할 수 없는 것은? [22년 기사 1회]

행정구역	인구수	년도	자료원
이의동	30,000	2005	주민등록
영화동	52,000	2004	주민등록
장안구	275,000	2003	인구주택총조사

① 행정구역 단계의 불일치
② 년도의 불일치
③ 인구수의 불일치
④ 자료원 불일치

(해설)
행정구역은 같은 부류(예: 동단위는 동단위, 읍단위는 읍단위)로 분석되어야 됨.
년도도 같은 년도의 데이터를 이용하여야 되며, 자료원도 통일이 되어야 됨.

30 관계형 데이터베이스의 관계 스키마(relational schema)에 표현되지 않는 것은? [21년 4회 측기]

① 레코드(records)
② 키(key)
③ 관계명(relational names)
④ 속성명(attribute names)

(해설)
관계 스키마(relational schema)는 관계명과 속성명의 집합으로, 관계명(Relation Names), 속성명(Attribute Names), 키(Key) 등으로 표현된다.

31 지리정보시스템(GIS) 자료관리의 특징으로 볼 수 없는 것은? [21년 4회 측기]

① 대량의 정보를 저장하고 관리할 수 있다.
② 원하는 정보를 쉽게 찾아볼 수 있고, 새로운 정보의 추가, 수정이 용이하다.
③ 사용되는 도형자료는 자료의 길이가 일정하다.
④ 필요한 자료의 중첩을 통하여 종합적 정보의 획득이 가능하다.

정답[③]

(해설)
지리정보시스템(GIS)의 특징 및 기대효과
① 대량의 정보를 저장하고 관리할 수 있어 복잡한 정보분석에 유용하다
② 원하는 정보를 쉽게 찾아볼 수 있으며 복잡한 정보의 분류에 유용하다.
③ 새로운 정보의 추가와 수정이 용이하다
④ 지도의 축소 및 확대가 자유롭다
⑤ 자료의 중첩을 통하여 종합적 정보의 획득이 용이하다
⑥ 사용되는 도형자료를 점,선,면으로 표현하는 벡터자료구조는 다양한 차원,길이 등으로 모든위치를 표현하므로 자료의 길이가 일정하지 않다.

32 지리정보시스템(GIS)의 데이터베이스구축에 대한 설명으로 틀린 것은? [21년 4회 측기]

① 자료 구축을 위해 각종 도면이나 대장, 보고서 등을 활용할 수 있다.
② 위성영상 및 스캐닝한 도면에서 얻어진 자료를 이용하여 구축할 수 있다.
③ 수치지도는 래스터방식보다 벡터방식이 적합하다.
④ 자료 구축의 해상력 측면에서는 벡터방식보다 래스터방식이 적합하다.

Answer 29 ③ 30 ① 31 ③ 32 ④

[해설]
GIS의 데이터베이스 구축
① 자료구축을 위해 각종 도면이나 대장,보고서 등을 활용할 수 있다
② 위성영상 및 스캐닝한 도면에서 얻어진 자료를 이용하여 구축 할수 있다
③ 수치지도는 래스터방식보다 벡터방식이 적합하다
④ 자료 구축의 해상력 측면에서는 래스터방식은 셀의 크기가 작을수록 해상도가 좋아지지만 벡터구조에 비해 해상력은 떨어진다.

33 관계형 데이터 모델에서 하나의 속성이 취할 수 있는 같은 유형의 모든 원자값의 집합을 의미하는 용어는? [21년 2회 측기]

① 튜플(tuple)
② 속성(attribute)
③ 릴레이션(relation)
④ 도메인(domain)

[해설]

도메인(Domain)	• 각 속성이 가질 수 있도록 허용된 값들의 집합 • 속성 명과 도메인 명이 반드시 동일할 필요는 없음 • 모든 릴레이션에서 모든 속성들의 도메인은 원자적(Atomac)이어야 함 • 원적도메인 : 도메인의 원소가 더 이상 나누어질 수 없는 단일체를 나타냄

34 실세계의 지리공간을 GIS의 데이터베이스로 구축하는 과정을 추상화 수준에 따라 개념적 모델, 논리적 모델, 물리적 모델의 세 단계로 분류할 때, 논리적 모델에 대한 설명으로 옳은 것은? [21년 2회 측기]

① 컴퓨터에서의 실행 여부나 데이터베이스와 관련 없이 독립적이다.
② 데이터베이스의 실행을 염두에 두고 데이터가 보다 공식화된 언어로 기록된다.
③ 추상화 단계가 가장 낮은 모델이며, 인간의 인지적 관점에서 실세계를 보는 것이다.
④ 컴퓨터에서 실제로 운영되는 형태의 모델로 데이터의 물리적 저장을 의미한다.

[해설]
실세계의 지리공간을 GIS의 데이터베이스로 구축하는 과정은 추상화 수준에 따라 개념적 모델링 → 논리적 모델링 → 물리적 모델링의 세 단계로 나누어질 수 있다.

개념적 모델링	개념적 모델이란 실세계에 대한 사람들의 인지를 나타낸 것으로 현실세계에서 상위 수준을 형상화하기 위해 개념적 데이터모델링을 전개한 것으로 추상화 수준이 높음
논리적 모델링	논리적 모델은 구체화된 업무 중심의 데이터모델을 만드는 것으로, 시스템으로 구축하고자 하는 업무에 대해 Key,속성,관계등을 표현
물리적 모델링	물리적 데이터 모델은 데이터베이스의 저장구조에 따른 테이블 저장구조를 설계하는 것으로 필드의 데이터 타입,인덱스,테이블 저장방법 등을 정의

35 단순한 tree 구조를 가지고 있으며 데이터의 갱신은 쉽지만 검색과정이 폐쇄적인 데이터베이스는? [21년 2기]

① 객체지향형 데이터베이스
② 네트워크형 데이터베이스
③ 계층형 데이터베이스
④ 관계형 데이터베이스

[해설]
계층(계급)형 데이터 모델(Hierarchical Data Model)
Hierarchical Data Model은 트리(tree)구조(나무줄기와 같은 구조)를 가지고 있다. 계층구조내의 자료들이 논리적으로 관련이 있는 영역으로 나누어 지며 하나의 주된 영역밑에 나머지 영역들이 나뭇가지와 같은 형태로 배열되는 형태로서 데이터베이스를 구성하는 각 레코드가 계층구조 또는 트리구조를 이루는 구조이다.

Answer 33 ④ 34 ② 35 ③

36 아래 두 테이블을 합집합(union)한 결과로 옳은 것은? [21년 2기]

ID	type	color	size	age
1	a	blue	big	old
6	g	dun	huge	young

ID	type	color	size	age
2	c	green	big	young
4	d	black	big	older

①

ID	type	color	size	age
1	a	blue	big	old
6	g	dun	huge	young
2	c	green	big	young
4	d	black	big	older

②

ID	type	color	size	age
1	a	blue	big	young
2	c	blue	big	young
3	d	blue	big	young
4	g	blue	big	young

③

ID	color	size
2	green	big
3	red	small
4	black	big
6	dun	huge
7	ecru	small

④

ID	color	size
1	blue	big
5	mauve	tiny

[해설]
결합(Union:A or B)(합집합:다 합한거)
커버리지 A 와 커버리지 B를 결합시키면 두 커버리지 간에 겹치거나 부분적으로 교차하는 모든 형상들이 포함된 산출 커버리지가 나타나게 된다.

37 지리정보시스템(GIS) 데이터베이스를 다양한 종류의 자료를 통합하여 구축할 경우에 고려하여야 할 사항으로 옳지 않은 것은? [21년 1회 측기]

① 자료의 표준화
② 자료의 신뢰성
③ 자료의 중복성 증대
④ 자료관리의 효율성 향상

[해설]
데이터베이스를 구축할 경우 고려사항
① 자료의 표준화
② 자료의 신뢰성
③ 자료의 중복의 최소화
④ 자료관리의 효율성 향상

Answer 36 ① 37 ③

CHAPTER 05 GIS 데이터의 흐름 및 분석

제1절 데이터 입력

　GIS의 정보는 크게 입력, 처리, 출력의 단계를 거치며 사용자가 원하는 결론을 이끌어 내기 위해 다양한 방법으로 분석된다. 자료입력방법은 자료를 입력하는 부분과 부호화하는 부분으로 대별할 수 있으며 지리정보체계 자료기반을 위해 전산기가 자료를 읽고 쓸 수 있는 형식으로 자료를 부호화시키는 절차이다. 자료를 입력하는 부분은 Scanner, Digitizer를 사용하며 도면을 수치화한 후 컴퓨터에 입력하는 방법, 항공사진이나 위성영상 등을 전송하는 방법, GPS나 토털 스테이션 등에 의해 수치좌표값을 직접 컴퓨터에 입력하는 방법, 수치지도를 GIS 자료로 불러들이는 방법 등이 있다.

1) 데이터의 입력

(1) Digitizing(수동방식)

　　디지타이저라는 테이블에 컴퓨터와 연결된 마우스를 이용하여 필요한 주제의 형태를 컴퓨터에 입력시키는 방법으로 수동으로 도면을 입력하는 경우 모든 절점의 좌표가 절대좌표로 입력될 수 있다.

① 특징

장점	단점
① 자료입력형태는 벡터형식이다. ② 레이어 별로 나누어 입력할 수 있어 효과적이다. ③ 불필요한 도형이나 주기를 선별적으로 입력할 수 있다. ④ 지도의 보관상태에 영향을 적게 받는다. ⑤ 작업과정이 간단하고 가격이 저렴하다. ⑥ 작업자가 입력내용을 판단할 수 있어 다소 훼손된 도면도 입력할 수 있다.	① 수동방식이므로 많은 시간과 노력이 필요하다. ② 작업자의 숙련도와 사용되는 소프트웨어의 성능에 좌우된다. ③ 입력시 누락이 발생할 수 있다. ④ 단순 도형 입력시에는 비효율적이다. ⑤ 복잡한 도형은 입력하기가 어렵다.

② 오차

오류형태	설명
Overshoot (기준선 초과 오류)	교차점을 지나서 연결선이나 절점이 끝나기 때문에 발생하는 오류
Undershoot (기준선 미달 오류)	교차점을 미치지 못하는 연결선이나 절점으로 발생하는 오류
Spike	교차점에서 두 개의 선분이 만나는 과정에서 잘못된 좌표가 입력되어 발생하는 오차
Sliver	하나의 선으로 입력되어야 할 곳에 두 개의 선으로 약간 어긋나게 입력되어 가늘고 긴 불편한 폴리곤을 형성한 상태의 오차(선 사이의 틈)
Overlapping (점 선 중복)	주로 영역의 경계선에서 점 선이 이중으로 입력되어 발생하는 오차로 중복된 점 선은 삭제한다.
Dangle	매달린 노드의 형태로 발생하는 오류로 오버슛이나 언더슛과 같은 형태로 한쪽 끝이 다른 연결선이나 절점에 연결되지 않는 상태의 오차

(2) Scanning(자동방식)

레이저 광선을 지도에 주사하고 반사되는 값에 수치값을 부여하여 컴퓨터에 저장시킴으로써 기존의 지도, 사진 또는 중첩자료 등의 아날로그 자료형식을 컴퓨터에 의해 수치형식(영상)으로 입력하는 방법이다.

① 특징

장점	단점
① 자료입력형태는 격자형식이다. ② 이미지 상에서 삭제, 수정 등을 할 수 있다. ③ 스캐너의 성능에 따라 해상도를 조절할 수 있다. ④ 컬러 필터를 사용하면 컬러 영상을 얻을 수 있다.	① 훼손된 도면은 입력이 어렵다. ② 격자의 크기가 작아지면 정밀하지만 자료의 양이 방대해 진다. ③ 문자나 그래픽 심볼과 같은 부수적인 정보를 많이 포함한 도면을 입력하는데 부적합하다.

(3) COGO(COordinate GeOmetry : 기하학적 좌표)

실제 현장에서 측량의 결과로 얻어진 자료를 이용하여 수치지도를 작성하는 방식으로 실제 현장에서 각 측량 지점에서 측량결과를 컴퓨터에 입력시킨 후 지형분석용 소프트웨어를 이용하여 지표면의 형태를 생성한 후 수치지도형태로 저장시키는 방식이다.

2) 자료변환

부호화(Coding)는 각종 도형자료를 컴퓨터 언어로 변환시켜 컴퓨터가 직접 조정할 수 있는 형태로 바꾸어준 형태를 의미하는 것으로 벡터 방식의 자료와 격자 방식의 자료가 있다.

(1) 벡터화(Vectorization)

벡터 자료는 선추적방식이라 부르는 지역단위의 경계선을 수치부호화하여 저장하는 방식으로 래스터 자료에 비해 정확하게 경계선 설정이 가능하기 때문에 망이나 등고선과 같은 선형 자료 입력에 주로 이용하는 방식이다. 격자에서 벡터구조로 변환하는 것으로 동일한 수치 값을 갖는 격자들은 하나의 폴리곤을 이루게 되며, 격자가 갖는 수치 값은 해당 폴리곤의 속성으로 저장한다.

(2) 격자화(Rasterization)

래스터 자료는 격자방식 또는 격자방안방식이라 부르고 하나의 셀 또는 격자 내에 자료 형태의 상대적인 양을 기록함으로써 표현하며 각 격자들을 조합하여 자료가 형성되며 격자의 크기를 작게 하면 세밀하고 효과적인 모델링이 가능하지만 자료의 양은 기하학적으로 증가한다. 벡터에서 격자구조로 변환하는 것으로 벡터구조를 일정한 크기로 나눈 다음, 동일한 폴리곤에 속하는 모든 격자들은 해당 폴리곤의 속성 값으로 격자에 저장한다.

제2절 자료의 저장

(1) 자료저장기기

① 종이 서류
② 마이크로필름(Microfilm)
③ 테이프 드라이브(Tape Drive 또는 Magnetic Tape)
④ 디스크 드라이브(Disk Drive) : 하드디스크, CD, DVD 등

(2) 영상자료저장형식

① BIL(Band Interleaved by Line) : 주어진 선에 대한 모든 자료의 파장대를 연속적으로 파일 내에 저장하는 형식이다. BIL 형식에 있어 파일 내의 각 기록은 단일 파장대에 대해 열의 형태인 자료의 격자형 입력선을 포함하고 있다.

② BSQ(Band SeQuential) : 각 파장대는 분리된 파일을 포함하여 단일 파장대가 쉽게 읽혀지고 보일 수 있으며 다중 파장대는 목적에 따라 불러올 수 있다.

③ BIP(Band Interleaved by Pixel) : 각 파장대의 값들이 주어진 영상소 내에서 순서적으로 배열되며 영상소는 저장장치에 연속적으로 배열된다. 구형이므로 거의 사용되지 않는다.

제3절 데이터의 공간분석(Spatial Analysis)

GIS 공간자료분석은 지리적 현상의 공간적 변화과정과 이동과정을 분석하고 이를 바탕으로 지리적 현상의 공간조직, 공간구조 및 공간시스템을 분석하는 다양한 방법론을 공간구조분석이라 한다. 공간분석은 의사결정을 도와주거나 복잡한 공간문제를 해결하는 데 있어 지리자료를 이용하여 수행되는 과정의 일부이다.

1) 형태에 따른 분석

① 표면분석 : 하나의 자료 층상에 있는 변량들 간의 관계분석에 적용한다.
② 중첩분석 : 둘 이상의 자료 층에 있는 변량들 간의 관계분석에 적용하는 분석 방법으로 중첩에 의한 정량적 해석 및 예측모델에 의한 분석을 수행한다.

> ⚠️ **기본부터 알고 넘어가기**
>
> **중첩(overlay)**
> ① 두 지도를 겹쳐 통합적인 정보를 갖는 지도를 생성하는 것
> ② 도형과 속성자료가 각기 구축된 레이어를 중첩시켜 새로운 형태의 도형과 속성레이어를 생성하는 기능
>   – 다각형 안에 점의 중첩
>   – 다각형 위의 선의 중첩
>   – 다각형과 다각형의 중첩
> ③ 새로운 자료나 커버리지를 만들어내기 위해 두 개 이상의 GIS 커버리지를 결합하거나 중첩(공통된 좌표체계에 의해 데이터베이스에 등록된다)한 것
>   예) 식생, 토양, 경사도 레이어를 중첩하여 침식가능구역도 등을 만들어 냄

2) 공간분석을 위한 연산

공간질의에 이용되는 연산은 일반적으로 논리연산, 산술연산, 기하연산, 통계연산 등으로 범주화 가능

① 논리연산(Logic Operation) : 논리적 연산은 개체 사이의 크기나 관계를 비교하는 연산으로서 일반적으로 논리 연산자 또는 불리언 연산자를 통해 처리
  - 논리연산자 : 개체 사이의 크기를 비교할 수 있는 연산자로 '=', '>', '<', '≥', '≤' 등이 있음
  - 불리언연산자 : 개체 사이의 관계를 비교하여 참과 거짓의 결과를 도출하는 연산자로서 'AND', 'OR', 'NOR', 'NOT' 등이 있음

② 산술연산(Arithmetic Operation) : 산술연산은 속성자료뿐 아니라 위치자료에도 적용 가능
  - 산술연산자에는 일반적인 사칙연산자, 즉 '+', '-', '*', '/' 등과 지수승, 삼각함수 연산자 등이 있음

③ 기하연산(Geometric Operation) : 위치자료에 기반하여 거리, 면적, 부피, 방향, 면형객체의 중심점(Centroid) 등을 계산하는 연산

④ 통계연산(Statistical Operation) : 주로 속성자료를 이용하여 수행되는 연산
  - 통계연산자 : 합(Sum), 최대값(Maximum Value), 최소값(Minimum Value), 평균(Average), 표준편차(Standard Deviation) 등의 일반적인 통계치를 산출

3) 공간분석 기법

① 중첩분석
  - GIS가 일반화되기 이전의 중첩분석 : 많은 기준을 동시에 만족시키는 장소를 찾기 위해 불이 비치는 탁자 위에 투명한 중첩 지도를 겹치는 작업을 통해 수행
  - 중첩을 통해 다양한 자료원을 통합하는 것은 GIS의 중요한 분석 능력
  - 이러한 중첩분석은 벡터자료뿐 아니라 래스터자료도 이용할 수 있는데, 일반적으로 벡터자료를 이용한 중첩분석은 면형자료를 기반으로 수행
  - 다양한 공간객체를 표현하고 있는 레이어를 중첩하기 위해서는 좌표체계의 동일성이 전제되어야 함

② 버퍼분석
  - 버퍼분석(Buffer Analysis)은 공간적 근접성(Spatial Proximity)을 정의할 때 이용되는 것으로서 점, 선, 면 또는 면 주변에 지정된 범위의 면사상으로 구성
  - 버퍼분석을 위해서는 먼저 버퍼 존(Buffer Zone)의 정의가 필요

- 버퍼 존은 입력사상과 버퍼를 위한 거리(Buffer Distance)를 지정한 이후 생성
- 일반적으로 거리는 단순한 직선거리인 유클리디언 거리(Euclidian Distance) 이용
- 즉, 입력된 자료의 점으로부터 직선거리를 계산하여 이를 버퍼 존으로 표현하는데, 다음과 같은 유클리디언 거리계산 공식에 의해 버퍼 존 형성
  - 두 점 사이의 거리 $= \sqrt{(x_1-x_2)^2 + (y_1-y_2)^2}$
- 버퍼 존은 입력사상별로 원형, 선형, 면형 등 다양한 형태로 표현 가능
  - 점사상 주변에 버퍼 존을 형성하는 경우 점사상의 중심에서부터 동일한 거리에 있는 지역을 버퍼 존으로 설정
  - 면사상 주변에 버퍼 존을 형성하는 경우 면사상의 중심이 아니라 면사상의 경계에서부터 지정된 거리에 있는 지점을 면형으로 연결하여 버퍼 존으로 설정

③ 네트워크 분석
- 현실세계에는 사람, 에너지, 물자, 정보 등의 흐름을 가능하게 하는 도로, 케이블, 파이프라인 등의 하부구조(Infrastructure)가 존재하는데, 이러한 하부구조는 GIS 분석과정에서 네트워크(Network)로 모델링 가능
- 네트워크형 벡터자료는 특정 사물의 이동성 또는 흐름의 방향성(Flow Direction)을 제공
- 대부분의 GIS 시스템은 위상모델로 표현된 벡터자료의 연결된 선사상인 네트워크 분석을 지원
- 이러한 네트워크 분석은 크게 시설물 네트워크(Utility Network)와 교통 네트워크(Transportation Network)로 구분 가능
- 일반적으로 네트워크는 점사상인 노드와 선사상인 링크로 구성
  - 노드에는 도로의 교차점, 퓨즈, 스위치, 하천의 합류점 등이 포함될 수 있고,
  - 링크에는 도로, 전송라인(Transmission Line), 파이프, 하천 등이 포함될 수 있음
- 네트워크 분석을 통해
  - 최단경로(Shortest Route) : 주어진 기원지와 목적지를 잇는 최단거리의 경로 분석
  - 최소비용경로(Least Cost Route) : 기원지와 목적지를 연결하는 네트워크상에서 최소의 비용으로 이동하기 위한 경로를 탐색할 수 있고,
- 이 외에 차량경로 탐색과 교통량 할당(Traffic Allocation) 문제 등 다양한 분야에서 이용될 수 있음

제4절 자료의 출력

자료의 출력은 결과의 해석을 위한 준비 형태로서 지도가 출력되는 형식은 펜도화기(Pen Plotter), 사진장치와 같은 인쇄복사(hard copy), 모니터에 전기적인 영상을 보여주는 영상복사(soft copy)의 형태가 있다.

1) 인쇄복사(Hard Copy)

지도와 표와 같은 형태의 출력으로 정보는 종이와 사진필름 등에 인쇄된다. 반영구적인 표시방법이다.

2) 영상복사(Soft Copy)

컴퓨터 모니터에 보이는 형태로 영상복사의 출력들은 조작자의 상호작용을 가능하게 하기 위해 그리고 최종 출력 전에 자료를 표현해 보이기 위해서 사용한다.

3) 전기적 형태 출력

전기적 형태 출력은 부가적인 분석 또는 먼 거리에서도 인쇄복사 출력이 가능하도록 자료를 다른 컴퓨터로 옮기는 데 사용한다. 컴퓨터에서 사용하는 파일들로 되어 있다.

CHAPTER 05 문제 및 해설

01 수치고도모델(DEM)을 통하여 분석할 수 없는 것은? [2012년 산업기사 2회]

① 경사도와 사면방향
② 지형단면과 굴곡도
③ 토지이용
④ 가시권

해설

DEM 응용 분야
① 표고 → 면적, 체적 → 토공량 산정
② 지형의 경사와 곡률/사면 방향
③ 등고선도와 3차원 투시도(지형기복상태를 가시적으로 평가)
④ 노선의 자동설계(대체 노선평가)
⑤ 유역면적 산정(최대경사선의 추가)
⑥ 지질학, 삼림, 기상 및 의학 등

02 GIS 분석기능 중 대상물 간의 연결 관계를 평가하는 기능은? [2012년 산업기사 2회]

① 인접기능(Neighborhood function)
② 중첩기능(Overlay function)
③ 연결기능(Connectivity function)
④ 측정, 검색, 분류기능(measurement, query, classfication)

해설

위상관계의 분석기능
지리정보에서 중요한 3가지 도형자료는 점, 선, 면이지만 이를 효율적이고 체계적으로 표현하기 위해서는 위상이라는 개념이 필요하다. 사용자가 필요로 하는 개체를 중심으로 그 개체의 주변 지형지물이 어떠한 상관관계가 있는지를 체계적으로 나타내주어야 인접하는 정보를 사실적으로 제공하게 된다.

① 방향성(sequence)
② 인접성(Adjacency)
③ 포함성(Containment)
④ 연결성(Connectivity)

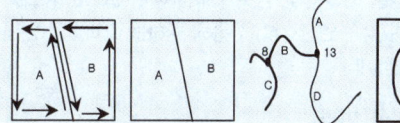

03 지리정보시스템에 이용되는 GIS 소프트웨어의 모듈기능이 아닌 것은? [2012년 산업기사 2회]

① 자료의 출력
② 자료의 입력과 확인
③ 자료의 저장과 데이터베이스 관리
④ 자료를 전송하기 위한 전화선으로 구성된 네트워크 시스템

해설

Software
GSIS 데이터의 구축, 조작 뿐만 아니라 GSIS에서 수행되는 대부분의 작업을 소프트웨어를 거치지 않고는 어려울만큼 대부분의 기능을 여기서 수행하고 있다. GSIS의 주요 소프트웨어로는 ARC/Info, Arcview, Map info, GeoMedia, Map object 등이 있다.

Answer 01 ③ 02 ③ 03 ④

04 공간분석에 대한 설명으로 옳지 않은 것은?

[2012년 산업기사 3회]

① 지리적 현상을 설명하기 위하여 조사하고 질의하고 검사하고 실험하는 것이다.
② 속성을 표현하기 위한 탐색적 시작 도구로는 박스 플롯, 히스토그램, 산포도 그리고 파이차트 등이 있다.
③ 중첩분석은 새로운 공간적 경계들을 구성하기 위해서 두 개나 그 이상의 공간적 정보를 통합하는 과정이다.
④ 공간분석에서 통계적 기법은 속성에만 적용된다.

해설

공간분석
공간분석의 수행은 입력된 자료를 가공하여 분석에 필요한 자료로 변환한 이후 공간 질의(spatial Query)와 탐색과정을 통해 속성 자료 테이블에서 필요한 자료를 불러들여 각종 연산 기법을 통해 원하는 결과물을 얻기 위한 과정이다.

공간 분석 기법

분석기법	특징
중첩 분석	① 2개 이상의 레이어를 합성하여 점, 선, 면의 도형, 위상 및 속성 데이터를 재구축한다. ② 점과 면, 선과 면, 면과 면의 세 가지 경우의 중첩이 가능하다.
Buffer Analysis	① 버퍼분석은 공간적 근접성을 정의할 때 이용되는 것으로서 점, 선, 면 또는 면 주변에 지정된 범위의 면사상으로 구성 ② 버퍼분석을 위해서는 먼저 버퍼존의 정의가 필요 ③ 버퍼존은 입력사상과 버퍼를 위한 거리를 지정한 이후 생성 ④ 일반적으로 거리는 단순한 직선거리인 Euclidian Distance(유클리드 거리) 이용

05 공간정보를 기반으로 고객의 수요특성 및 가치를 분석하기 위한 방법으로 고객정보에 주거형태, 주변상권 등 지리적 요소를 포함시켜 고객의 거주 혹은 활동지역에 따라 차별화된 서비스를 제공하기 위한 전략으로 금융 및 유통업 분야에서 주로 도입하며 GIS마케팅 분석 등에 활용되고 있는 공간정보 활용의 한 분야는?

[2013년 산업기사 1회]

① gCRM(geographic customer relationship management)
② LBS(location based service)
③ Telematics
④ SDW(spatial data warehouse)

해설

CRM
이 시스템은 CRM(고객관계관리)과 지리정보시스템(GIS)을 접목한 gCRM을 결합한 것으로, 지역 및 공간적 특성에 따라 고객을 세분화한 후 고객별로 차별화된 서비스를 제공하는 새로운 형태의 고객관리 시스템이다.

06 주어진 연속지적도에서 본인 소유의 필지와 접해 있는 이웃 필지의 소유주를 알고 싶을 때에 필지 간의 위상관계 중에 어느 관계를 이용하는가?

[2013년 산업기사 1회]

① 포함성 ② 일치성
③ 인접성 ④ 연결성

해설

위상구조의 분석
각 공간객체 사이의 관계가 인접성, 연결성, 포함성 등의 관점에서 묘사되며, 스파게티 모델에 비해 다양한 공간분석이 가능하다.

Answer 04 ④ 05 ① 06 ③

① **인접성(Adjacency)**
관심대상 사상의 좌측과 우측에 어떤 사상이 있는지를 정의하고 두 개의 객체가 서로 인접하는지를 판단한다.
② **연결성(Connectivity)**
특정 사상이 어떤 사상과 연결되어 있는지를 정의하고 두 개 이상의 객체가 연결되어 있는지를 파악한다.
③ **포함성(Containment)**
특정 사상이 다른 사상의 내부에 포함되느냐 혹은 다른 사상을 포함하느냐를 정의한다.

07 GIS의 공간분석에서 선형의 공간객체의 특성을 이용한 관망(Network)분석기법을 통하여 이루어질 수 있는 분석과 가장 거리가 먼 것은? [2013년 산업기사 2회]

① 도로나 하천 등 선형의 관거에 걸리는 부하의 예측
② 하나의 지점에서 다른 지점으로 이동 시 최적경로의 선정
③ 창고나 보급소, 경찰서, 소방서와 같은 주요 시설물의 위치 선정
④ 특정 주거지역의 면적 산정과 인구 파악을 통한 인구밀도의 계산

해설

네트워크 분석
① 현실세계에는 사람, 에너지, 물자, 정보 등의 흐름을 가능하게 하는 도로, 케이블, 파이프라인 등의 하부구조(Infrastructure)가 존재하는데, 이러한 하부구조는 GIS 분석과정에서 네트워크(Network)로 모델링 가능
② 네트워크형 벡터자료는 특정 사물의 이동성 또는 흐름의 방향성(Flow Direction)을 제공
③ 대부분의 GIS 시스템은 위상모델로 표현된 벡터자료의 연결된 선사상인 네트워크 분석을 지원
④ 이러한 네트워크 분석은 크게 시설물 네트워크(Utility Network)와 교통 네트워크(Transportation Network)로 구분 가능

⑤ 일반적으로 네트워크는 점사상인 노드와 선사상인 링크로 구성
 ㉠ 노드에는 도로의 교차점, 퓨즈, 스위치, 하천의 합류점 등이 포함될 수 있고,
 ㉡ 링크에는 도로, 전송라인(Transmission Line), 파이프, 하천 등이 포함될 수 있음
⑥ 네트워크 분석을 통해
 ㉠ 최단경로(Shortest Route) : 주어진 기원지와 목적지를 잇는 최단거리의 경로분석
 ㉡ 최소비용경로(Least Cost Route) : 기원지와 목적지를 연결하는 네트워크상에서 최소의 비용으로 이동하기 위한 경로를 탐색
⑦ 이외에 차량경로 탐색과 교통량 할당(Traffic Allocation) 문제 등 다양한 분야에서 이용될 수 있음

08 다음 중 도로를 이용한 네트워크 분석의 기본 레이어가 아닌 것은? [2014년 산업기사 3회]

① 위상구조인 도로선형
② 현 위치
③ 교차점
④ 회전 정보

해설

네트워크 분석
① 현실세계에는 사람, 에너지, 물자, 정보 등의 흐름을 가능하게 하는 도로, 케이블, 파이프라인 등의 하부구조(Infrastructure)가 존재하는데, 이러한 하부구조는 GIS 분석과정에서 네트워크로 모델링 가능
② 네트워크형 벡터자료는 특정 사물의 이동성 또는 흐름의 방향성(Flow Direction)을 제공
③ 대부분의 GIS 시스템은 위상모델로 표현된 벡터자료의 연결된 선사상인 네트워크 분석을 지원
④ 이러한 네트워크 분석은 크게 시설물 네트워크(Utility Network)와 교통 네트워크(Transportation Network)로 구분 가능
⑤ 일반적으로 네트워크는 점사상인 노드와 선사상인 링크로 구성
 ⓐ 노드에는 도로의 교차점, 퓨즈, 스위치, 하천의 합류점 등이 포함

Answer 07 ④ 08 ②

ⓑ 링크에는 도로, 파이프, 하천, 전송라인(Transmission Line) 등이 포함
⑥ 네트워크 분석을 통해
  ⓐ 최단경로(Shortest Route) : 주어진 기원지와 목적지를 잇는 최단거리의 경로 분석
  ⓑ 최소비용경로(Least Cost Route) : 기원지와 목적지를 연결하는 네트워크상에서 최소의 비용으로 이동하기 위한 경로를 탐색
⑦ 이외에 차량경로 탐색과 교통량 할당(Traffic Allocation) 문제 등 다양한 분야에서 이용될 수 있음

09 최단경로 탐색에 적합한 GIS 분석기법은?

[2015년 산업기사 1회]

① 버퍼 분석
② 중첩 분석
③ 지형 분석
④ 네트워크 분석

해설

네트워크(Network) 분석
서로 연관된 일련의 선형 형상물, 예를 들면 고속도로, 철도, 도로와 같은 교통망이나 전기, 전화, 상하수도, 하천 등과 같은 것들의 연결성과 경로를 분석하는 것이다. 도로 네트워크를 통한 최적경로를 계산한다.

10 다음 중 점 자료의 밀도분석 방법과 관련이 있는 것은?

[22년 기사 1회]

① 방안분석(Quadrat analysis)
② 프랙탈 차원(Fractal dimension)
③ 네트워크 분석(Network analysis)
④ 쿼드트리(Quadtree)

해설

점 개체의 밀도 분석

방안분석 (quadrat analysis)	방안분석은 점 개체의 분포특성을 일정한 단위 공간에서 나타나는 점의 수를 측정하여 분석하는 방법이다. 점의 밀도가 지역에 따라 차이가 없을 경우 규칙적인 분포라고 할수 있으며, 지역에 따라 점 밀도의 차이가 클 경우는 군집적 분포라고 할수 있다.

커널분석 (kernel analysis)	커널분석은 대상지역의 점 개체의 분포를 토대로 하여 대상지역 전체에 걸친 공간밀도를 추정하는 것이다 커널밀도함수는 국지적인 공간밀도를 시각적으로 표현할수 있고 개념적 이해가 용이하여 직관적인 해석이 가능하기 때문에 점 데이터의 분포패턴을 시각화 하는데 널리 활용된다

방안분석(Quadrat Analysis)은 점 자료를 이용하는 것이고 나머지는 선이나 기타 다른 방법입니다.
(점사상의 분포패턴을 선정하였다. 즉 Grieg-Smith 방법을 활용한 방안분석(Quadrat Analysis)과 최근린분석(Nearest-Neighbour Analysis)를 통해 점사상이 갖고 있는 분포패턴의 특성을 찾아낸 다음 이를 변형시키지 않도록 일반화의 기준거리(Threshold)를 설정하여 점사상을 제거하는 방법을 통해 점사상의 일반화를 시도하였다.)

11 공간정보의 레이어 편집 중 그림과 같이 동일한 데이터를 하나로 합치는 방법은?

[22년 기사 1회]

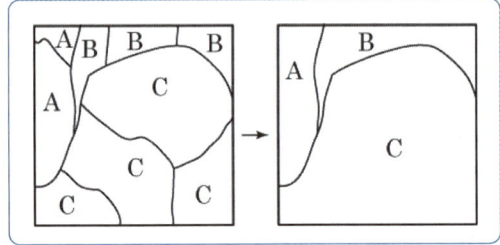

① Dissolve
② Erase
③ Clip
④ Eliminate

해설

Dissolve	디졸브는 불필요한 폴리곤의 경계선을 제거하여 폴리곤의 숫자를 축소해서 보다 효율적인 공간자료와 위상구조를 가질수있도록 만드는 과정이며 동일한 속성값을 갖는 폴리곤에 대해 이름을 다시 부여하는 데 사용되기도 한다.

Answer 09 ④ 10 ① 11 ①

PART 04 지리정보시스템

Eliminate	여러 개의 레이어를 중첩하거나 맵조 인 등에 의하여 서로 다른 레이어가 합쳐지는 경우에 슬리버와 같은 작고 가느다란 형태의 불필요한 폴리곤들이 형성 되는 경우에 엘리미네이트 과정을 통하여 불필요한 슬리버를 제거하는 과정을 말한다.

12 그림과 같은 A 벡터 레이어에서 B 벡터 레이어를 만들었다면 공간연산 기법으로 옳은 것은?

구분	속성	구분	속성
A	공장	E	대지
B	밭	F	과수원
C	밭	G	과수원
D	대지	H	과수원

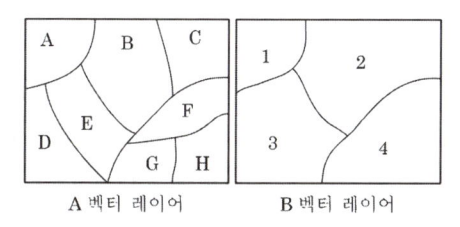

① reclassify ② dissolve
③ intersection ④ buffer

[해설]
상동

13 공간정보의 레이어 편집 중 그림과 같이 동일한 데이터를 하나로 합치는 방법은?

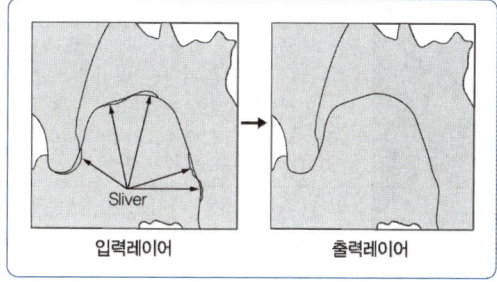

① Dissolve ② Erase
③ Clip ④ Eliminate

[해설]
상동

14 지리정보시스템(GIS)의 공간분석기능에 대한 설명으로 관계가 옳은 것은?

[22년 기사 1회]

① 버퍼분석(Buffering Analysis) - 가시권분석, 표면 모델링, 3차원 가시화, 경사도 분석
② 지형분석(Topographic Analysis) - 영향권분석
③ 망분석(Network Analysis) - 연결성, 방향성, 최단경로, 최적경로의 분석
④ 중첩분석(Overlay Analysis) - 거리, 면적, 둘레, 길이, 무게중심 등의 정량적 분석

[해설]

근린분석	주어진 특정 지점을 둘러싸고 있는 주변 지역의 특성을 평가하는 것으로 공간상에서 주어진 지점과 주변의 객체들이 얼마나 가까운가를 파악하는 것
지형분석	DEM, TIN 등을 이용하여 지형을 분석하는 것으로 지형의 경사도, 음영, 시계, 경사면의 방향, 단면도 등에 관한 분석을 수행하는 것

Answer 12 ② 13 ④ 14 ③

네트워크 분석	서로 연관되어 연결된 선형 형상물의 연결성과 경로를 분석하는 것으로 도로망, 상하수도 등 서로 연결된 형상물을 분석하는데 사용된다.
버퍼분석	공간적 근접성을 정의할 때 이용되며 점, 선, 면 주변에 지정된 범위를 포함하는 면적의 형태로 구성된다. 버퍼존(buffer zone)은 입력자료와 버퍼를 위한 거리를 지정하여 생성된다.
중첩분석	동일한 좌표체계를 가지는 특정 주제의 자료층을 다른 자료층과 중첩하여 새로운 주제도를 생성하는 공간분석 기법

15 지리정보시스템(GIS)에서 객체를 선택하는 방법 중 인터렉티브 공간 선택(Interactive Spatial Selection)에 대한 설명으로 옳은 것은? [22년 2기]

① 객체 속성에 대하여 선택조건에 따라 질의언어로 검색하고 선택하는 방법이다.
② 주제도 상에 직접 사용자가 관여하여 선분이나 다각형 또는 원을 그려 포함, 교차되는 객체를 선택하는 방법이다.
③ 데이터의 위상관계를 이용하는 방법으로 포함(containment), 중첩(overlap), 인접(neighborhood) 및 거리함수를 기반으로 한 선택 방법이다.
④ 분류, 재분류, 합병을 통해 공간객체를 선택하는 방법이다.

해설

인터렉티브 공간 선택(Interactive Spatial Selection)이란 주제도 상에 직접 사용자가 관여하여 선분이나 다각형 또는 원을 그려 포함, 교차되는 객체를 선택하는 방법을 말한다.

16 지리정보시스템(GIS)의 분석 방법 중 유클리디언 거리 공식을 이용하는 방법은? [22년 2기]

① 버퍼 분석
② 면 사상 중첩분석
③ 선 사상 중첩분석
④ 점 사상 중첩분석

해설

Buffer Analysis
① 버퍼분석은 공간적 근접성을 정의할 때 이용되는 것으로서 점, 선, 면 또는 면주변에 지정된 범위의 면사상으로 구성
② 버퍼분석을 위해서는 먼저 버퍼존의 정의가 필요
③ 버퍼존은 입력사상과 버퍼를 위한 거리를 지정한 이후 생성
④ 일반적으로 거리는 단순한 직선거리인 Euclidian Distance(유클리드 거리)이용

17 행정구역도와 버스 노선도를 합성하여 행정구역을 통과하는 버스 노선을 관리하고자 할 때, 가장 적합한 분석 방법은? [22년 2기]

① 표면분석
② 중첩분석
③ 경계분석
④ 근린분석

해설

중첩 분석
2개 이상의 레이어를 합성하여 점, 선, 면의 도형, 위상 및 속성 데이터를 재구축한다.
점과 면, 선과 면, 면과 면의 세가지 경우의 중첩이 가능하다.
① 면 사상중첩(면과 면의 중첩)
 - 면과 면의 중첩에 의하여 새로운 폴리곤이 생성된다.

Answer 15 ② 16 ① 17 ②

② 면사상과 선사상의 중첩
- 선사상은 면사상과 중첩될 수 있는데 분석이후 선사상은 입력된 선사상과 면사상의 속성을 동시에 포함
③ 면 사상과 점사상의 중첩
- 면사상 위에 점사상을 중첩할 수 있음

18 차량 내비게이션 시스템을 이용한 길 찾기는 네트워크 분석의 대표적인 예이다. 다음 중에 네트워크 분석을 위한 자료와 가장 관계가 먼 것은? [22년 2기]

① 위상적 구조인 도로구간
② 도로의 속성
③ 보행속도
④ 교차점

해설

네트워크 분석(Network Analysis)
네트워크 분석은 서로 연관되어 연결된 선형 형상물의 연결성과 경로를 분석하는 것으로 일반적으로 절점인 노드와 링크로 구성된다. 링크는 노드를 연결하는 호로서 방향성을 가지고 있으며, 노드가 링크로 연결되는 것을 경로라고 한다.
도로구간, 도로의 속성, 교차점은 링크와 노드를 통해 분석할 수 있다.

19 사용자의 특정 요구에 적합하도록 지도를 디자인하는 과정과 거리가 먼 것은? [22년 2기]

① 선택(selection)
② 분류화(classification)
③ 세계화(globalization)
④ 기호화(symbolization)

해설

지도 제작 과정:지도학적 추상화와 일반화 과정(선택 ⇨ 분류 ⇨ 단순화 ⇨ 기호화)

선택 (selection)	사용자의 필요에 따라서 일정 기준에 맞추어 GIS 자료를 선택
분류 (Classification)	사용자의 필요에 따라서 일정 기준에 맞추어 GIS 자료를 나누는 것으로 모든 GIS 자료는 어떤 형태로든 분류가 가능하다. 분류는 일정기준에 따라 세분화하는 과정이므로 세분화(specification)라고도 한다
기호화 (symbolization)	형상적 기호화	다양한 경관의 모습을 실제적인 그림으로 표현
	추상적 기호화	기하학적으로 표현하고, 범례에서 정보 제시

20 다음 그림은 6×6 화소 크기의 래스터 데이터를 수치적으로 표현한 것이다. 이 데이터를 중앙값 방법(Median Method)을 적용하여 2×2 화소 크기의 데이터로 영상재배열(resampling)하였을 때의 결과로 옳은 것은? [22년 2기]

3	5	1	3	2	2
3	3	3	2	2	2
2	2	2	2	2	2
2	1	3	2	1	3
2	3	2	2	3	2
2	2	2	3	3	3

①
3	2
3	3

②
3	2
2	3

③
2	2
2	3

④
2	2
2	2

Answer 18 ③ 19 ③ 20 ②

해설

6×6 화소를 2×2화소 크기의 데이터로 중앙값 방법을 적용하여 재배열 하기 위해서는 3×3화소 크기로 나눈 각 구역의 중앙값을 구해야 한다.

3	5	1
3	3	3
2	2	2

1, 2, 2, 2, 3, 3, 3, 3, 5 중 중앙값은 3

3	2	2
2	2	2
2	2	2

2, 2, 2, 2, 2, 2, 2, 2, 3 중 중앙값은 2

2	1	3
2	3	2
2	2	2

1, 2, 2, 2, 2, 2, 2, 3, 3 중 중앙값은 2

2	1	3
2	3	2
3	3	3

1, 2, 2, 2, 3, 3, 3, 3, 3 중 중앙값은 3

따라서 정답은

3	2
2	3

해설

중앙값 방법(Median Method)
영상결함을 제거하는 기법으로 어떤 영상소의 주변의 값을 작은값부터 재배열한후 가장 중앙의 값을 새로운 값으로 설정후 치환하는 방법이다

5	4	5
4	4	6
6	4	6

→ 4 4 4 4 5 5 6 6 6

6	7	7
6	7	7
5	6	6

→ 5 6 6 6 6 7 7 7 7

6	5	4
5	2	6
5	4	4

→ 2 4 4 4 5 5 5 6 6

5	5	5
4	5	5
4	5	7

→ 4 4 5 5 5 5 5 5 7

따라서, 새로 생성되는 4×4영상소는

5	6
5	5

21 그림 6×6화소 크기의 레스터 데이터를 수치적으로 표현한 것이다. 이 데이터를 2×2 화소 크기의 데이터로 영상재배열 하고자 한다. 미디언필터(Median Filter)를 이용하여 2×2화소 데이터의 수치값을 결정하고자 할 때 결과로 옳은 것은?

3	5	1	3	2	2
3	3	3	2	2	2
2	2	2	2	2	2
2	1	3	2	1	3
2	3	2	2	3	2
2	2	2	3	3	3

①
5	6
5	5

②
5	6
4	5

③
5	7
4	5

④
4	7
2	5

22 경사분석에서의 경사를 경사각(°)과 경사율(%)로 표현할 때, 그림에 대한 경사로 옳은 것은?

[21년 4회 측기]

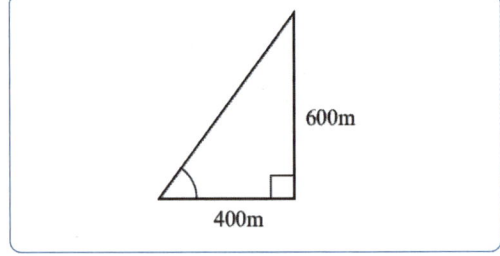

① 경사각 약 34°, 경사율 약 67%
② 경사각 약 34°, 경사율 약 150%
③ 경사각 약 56°, 경사율 약 67%
④ 경사각 약 56°, 경사율 약 150%

Answer 21 ① 22 ④

해설

$\tan\theta = \dfrac{600}{400}$

$\theta = \tan^{-1}\dfrac{600}{400} = 56°18'35.76''$

$i = \dfrac{h}{D}\times 100 = \dfrac{600}{400}\times 100 = 150\%$

23 〈입력 값〉을 이용하여 〈출력결과〉를 얻기 위한 비교연산자로 옳은 것은? [21년 4회 측기]

12	13	8	9	9
12	13	9	9	10
22	24	16	17	17
23	24	18	18	19
25	26	20	18	19

비교 연산자 →

1	1			
1	1			
		1	1	1
		1	1	1
			1	1

〈입력 값〉　　　　　〈출력결과〉

① (입력 값 >= 10) and (입력 값 <= 20)
② (입력 값 >= 10) or (입력 값 <= 20)
③ (입력 값 > 10) and (입력 값 < 20)
④ (입력 값 > 10) or (입력 값 < 20)

해설

〈출력결과〉= 1인
〈입력값〉은 12, 13, 16, 17, 18, 19이므로 비교연산자는 다음과 같다
(입력 값 > 10) and (입력 값 < 20)

Boolean logic을 적용한 정보의 추출

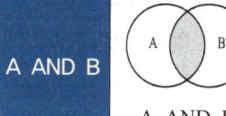

| A AND B | A,B 교차하는 부분만 나타난다 |

24 다음은 중첩 연산 기능 중 어느 것인가?

〈입력커버리지〉　〈연산커버리지〉　〈산출커버리지〉

① clip　　　　② split
③ intersect　　④ union

해설

중첩의 연산 기능에 따른 분류

교차 (Intersect: A and B)	첫 번째 커버리지 A 형상에 두 번째 커버리지 B형상을 교차시키는 경우로, 그 결과 커버리지 B 형상은 그대로 유지 되지만, 커버리지 A 형상은 커버리지 B 안에 있는 형상들만 나타나게 된다.
결합 (Union: A or B)	커버리지 A 와 커버리지 B 를 결합 시키면 두 커버리지간에 겹치거나 부분적으로 교차하는 모든 형상들이 포함된 산출 커버리지가 생긴다.
자르기(Clip)	두 번째 커버리지 B를 이용하여 첫 번째 커버리지 A를 잘라내는 것이다.
조각내기(Split)	첫 번째 커버리지 A를 두 번째 커버리지 B를 토대로 하여 작은 구역으로 면적을 분할하여 조각으로 분리 하는 것이다.

25 A집에 2명, B집에 1명, C집에 3명, D집에 4명 등 A,B,C,D 4개의 집에 총 10명의 사람이 살고 있다. 10명 전체가 모일 경우 사람들의 걸음을 최소로 할 수 있는 지점 E의 좌표는? [각 집의 위치좌표= A(2, 2) B(4, 3) C(6, 5) D(2, 7)]

① (14, 1.7)　　② (1.4, 5.0)
③ (3.4, 1.7)　　④ (3.4, 5.0)

Answer 23 ③　24 ③　25 ④

[해설]

무게중심을 구하는 문제
A집에 2명 : (2,2) (2,2)
B집에 1명 : (4,3)
C집에 3명 : (6,5) (6,5) (6,5)
D집에 4명 : (2,7) (2,7) (2,7) (2,7)
$x = 2+2+4+6+6+6+2+2+2+2 = 34$
$y = 2+2+3+5+5+5+7+7+7+7 = 50$
$\therefore x = \dfrac{34}{10} = 3.4$
$y = \dfrac{50}{10} = 5.0$

별해)
지점 E의 좌표를 (x,y)라 할 때 A,B,C,D집에 있는 사람들의 최단걸음 이므로
$2(x-2)+1(x-4)+3(x-6)+4(x-2)=0$
$2(y-2)+1(y-3)+3(y-5)+4(y-7)=0$
$\therefore 10x = 34 \quad x = 3.4$
$\quad 10y = 50 \quad y = 5.0$

26 구축된 GIS데이터를 현장에서 확인하려고 한다. 둘레가 8km인 호수의 현황을 A, B 두 명이 확인하는데 소요되는 최소 시간은? (단, A는 1분에 550m, B는 1분에 450m의 거리를 이동하며, 중복하여 확인하지 않는다.)

① 6분 ② 8분
③ 10분 ④ 12분

[해설]
A는 1분에 550m,
B는 1분에 450m
1분에 550 + 450 = 1000m
$\therefore$ 최소시간 $= \dfrac{8,000}{1,000} = 8$분

27 그림은 10m 해상도의 DEM(Digital Elevation Model)의 격자를 나타낸다. 선형보간법에 의한 P점의 높이값은? (단, 격자간격은 10m×10m 이다.) [21년 2회 측기]

① 6.0m ② 6.2m
③ 6.4m ④ 6.6m

[해설]
$Z_m = (\dfrac{5-6}{10}) \times 4 + 6 = 5.6$
$Z_n = (\dfrac{7-8}{10}) \times 4 + 8 = 7.6$
$P = (\dfrac{7.6-5.6}{10}) \times 4 + 5.6 = 6.4m$

28 그림은 다익스트라 알고리즘을 이용한 최단 경로 계산의 사례를 보여주고 있다. A점에서 출발하여 G지점에 도착하는 최단경로는?

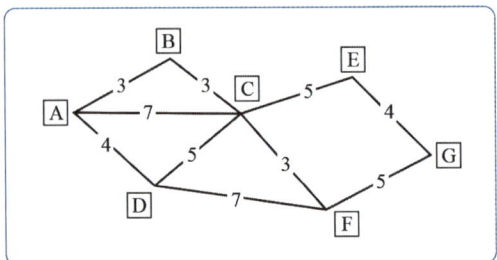

Answer 26 ② 27 ③ 28 ④

① ABCEG ② ACEG
③ ACFG   ④ ABCFG

해설

ABCFG = 3+3+3+5 = 14
ACFG = 7+3+5 = 15
ACEG = 7+5+4 = 16
ABCEG = 3+3+5+4 = 15

29 4개 집(A,B,C,D)의 좌표가 아래와 같을 때 4명이 각자의 집에서 걸어서 만나기 적합한 중간지점의 좌표는?

A(1,2), B(4,4), C(5,6), D(6,8)

① (5,5)   ② (4,4)
③ (4,5)   ④ (5,4)

해설

무게 중심을 구하는 문제
$x = 1+4+5+6 = 16$
$y = 2+4+6+8 = 20$
$x = \dfrac{16}{4} = 4$
$y = \dfrac{20}{4} = 5$

별해)
중간지점의 좌표를 (x, y)라 할 때 A,B,C,D집에 있는 사람들의 최단걸음이므로
$(x-1)+(x-4)+(x-5)+(x-6) = 0$
$(y-2)+(y-4)+(y-6)+(y-8) = 0$
$\therefore 4x = 16 \quad x = 4$
$\quad 4y = 20 \quad y = 5$

30 축척 1:5000 수치지도를 만든후, 데이터의 정확도 검증의 위해 10개의 지점에 대해 수치지도 상에서 측정한 좌표와 현장에서 검증한 좌표 간에 아래와 같은 오차가 발생함을 알았다, 위치정확도의 계산으로 옳은 것은?

1.2, 1.5, 1.4, 1.3, 1.4, 1.4, 1.3, 1.6, 1.4, 1.3
[단위 : m]

① RMSE = 1.22m   ② RMSE = 1.32m
③ RMSE = 1.46m   ④ RMSE = 1.56m

해설

위치정확도 $SE = \sqrt{\dfrac{[vv]}{n-1}}$

$= \sqrt{\dfrac{1.2^2+1.5^2+1.4^2+1.3^2+1.4^2+1.4^2+1.3^2+1.6^2+1.4^2+1.3^2}{10-1}}$

$= 1.459m$

31 LIS에서 사용하는 공간자료의 중첩 유형인 UNION과 INTERSECT에 대한 설명으로 틀린 것은?

① UNION - 두 개 이상의 레이어에 대하여 OR 연산자를 적용하여 합병하는 방법이다.
② UNION - 기준이 되는 레이어의 모든 속성정보는 결과 레이어에 포함된다.
③ INTERSECT - 불린(Boolean)의 AND 연산자를 적용한다.
④ INTERSECT - 입력 레이어의 모든 속성정보는 결과 레이어에 포함된다.

Answer 29 ③ 30 ③ 31 ④

해설

중첩의 연산 기능에 따른 분류

㉠ 교차 (Intersect : A and B)	① Intersect는 Boolean 연산의 AND 연산과 유사한 것으로 두 개의 구역이 연산이 될때 교차되는 구역에 포함되는 입력 구역만이 남게 된다 ② 첫 번째 커버리지 A형상에 두 번째 커버리지 B형상을 교차시키는 경우로, 그 결과 커버리지 B형상은 그대로 유지되지만, 커버리지 A형상은 커버리지 B 안에 있는 형상들만 나타나게 된다.
㉡ 결합 (Union : A or B)	① Union은 Boolean 연산에서의 OR과 유사한 개념으로 두 개 이상의 자료층을 중첩시켜서 새로운 구역을 생성시킨다. ② 커버리지 A와 커버리지 B를 결합시키면 두 커버리지 간에 겹치거나 부분적으로 교차하는 모든 형상들이 포함된 산출 커버리지가 생긴다.

32 그림에서 [A]와 [B]를 이용한 래스터 계산 결과인 [C]를 위한 논리연산자로 옳은 것은?

[17년 2회 측기]

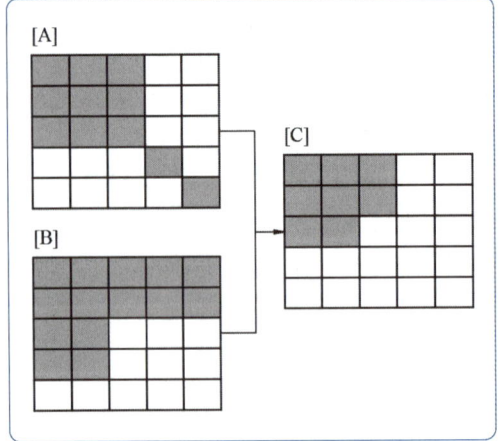

① A or B
② A xor B
③ A not B
④ A and B

해설

Boolean logic을 적용한 정보의 추출

A AND B		A,B 교차하는 부분만 나타난다
A XOR B		두 개사상이 존재하는 곳은 포함하고 교차지점은 포함 안함
A NOT B		B를 포함하지 않는 모든 A부분
A OR B		A,B모든 부분
(A AND B) OR C		A,B 교차하는 부분과 C를 포함한 모든부분
A AND (B OR C)		A,B,C 교차하는 부분만 나타난다

33 부울(Boolean)논리를 적용한 레이어의 중첩에서 그림의 빗금친 부분과 같은 논리연산을 바르게 나타낸 것은?

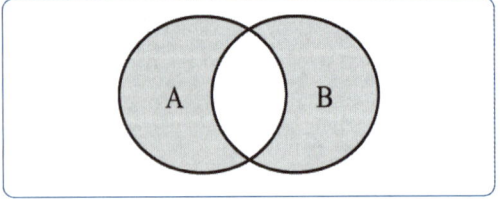

① A AND B
② A OR B
③ A NOT B
④ A XOR B

해설
상동

Answer 32 ④ 33 ④

34 부울(Boolean) 논리를 적용한 레이어의 중첩에서 그림의 빗금친 부분과 같은 논리 연산을 바르게 나타낸 것은?

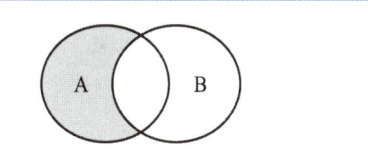

① A AND B
② A OR B
③ A XOR B
④ A NOT B

해설
상동

35 부울 논리(Boolean Logic)를 이용하여 속성과 공간적 특성에 대한 자료를 검색(검게 채색된 부분)하는 방법이 잘못 짝지어진 것은?

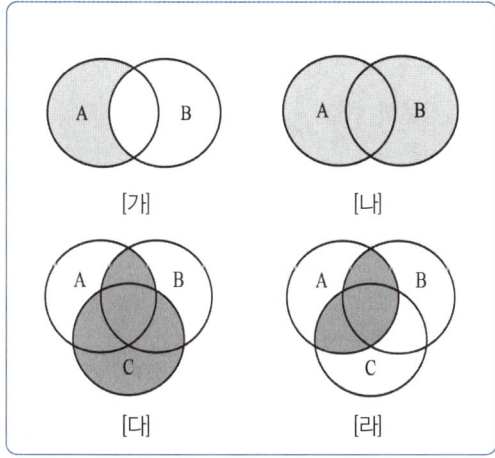

① [가] - A NOT B
② [나] - A OR B
③ [다] - (A NOT B) OR C
④ [라] - A AND (B OR C)

해설
상동

36 부울 논리(Boolean Logic)를 이용하여 속성과 공간적 특성에 대한 자료를 검색(검게 채색된 부분)하는 방법이 잘못 짝지어진 것은?

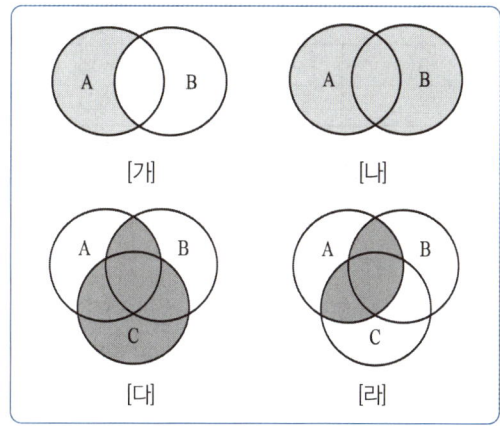

① [가] - A NOT B
② [나] - A OR B
③ [다] - (A AND B) OR C
④ [라] - A NOT (B OR C)

37 부울(Boolean)연산을 이용한 지리 속성정보의 추출 방법이 아닌 것은? [21년 4회 측기]

① A and B
② A not B
③ A xor B
④ A xnot B

해설
상동

Answer   34 ④   35 ③   36 ④   37 ④

38 표와 같은 위상구조 테이블에 적합한 데이터는? [21년 4회 측기]

polygon	arc 수	list of arc
A	2	$-L_1$, L_2
B	3	$-L_3$, $-L_2$, L_4
C	1	$-L_4$

arc	from node	to node	Left polygon	Right polygon
L_1	n_1	n_3	A	0
L_2	n_1	n_3	B	A
L_3	n_3	n_1	B	0
L_4	n_2	n_2	C	B

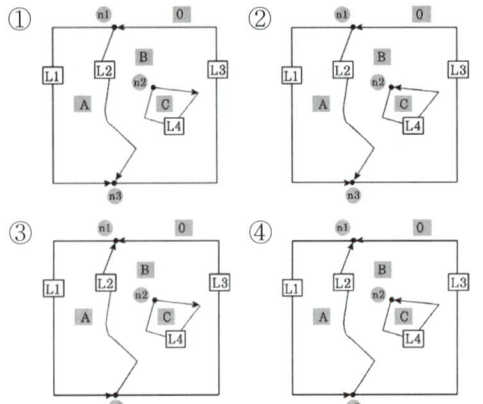

[해설]
위상은 점, 선, 면 각각에 대하여 위상테이블에 나누어 기록한다.
① 점은 각 점에서 연결되는 선을 기록한다.
② 선은 각 선의 시작점과 종료점을 기록한다.
③ 면은 면을 형성하는 선을 기록한다.
B polygon안에 C polygon의 L4의 방향은 같은 방향이므로 부호는 "−"로 해야 한다(그래야 면적이 빠질 수 있다)

39 토목 현장의 공사를 위한 토공량 계산, 사면 안정성 분석, 경관 분석 등과 관련된 분석 기법이 아닌 것은? [21년 4회 측기]

① 지형 분석
② 경사 분석
③ 가시권 분석
④ 도시성장 패턴 분석

[해설]
토공량 계산, 사면안정성 분석, 경관 분석 등과 관련된 분석 기법은 수치지형모형을 활용한 지형분석방법으로, 경사도, 사면방향도, 단면분석, 가시선분석, 등고선 작성 등 다양한 분야에 활용되고 있다.
도시성장 패턴분석은 토목현장의 공사를 위한 분석기법이 아니다.

40 화재나 응급 시 소방차나 구급차의 운전경로 또는 항공기의 운항경로 등의 최적경로를 결정하는데 가장 적합한 공간분석방법은? [21년 1회 측기]

① 관망분석
② 중첩분석
③ 버퍼링분석
④ 근접성분석

[해설]
네트워크 분석(Network Analysis)
① 현실세계에는 사람, 에너지, 물자, 정보 등의 흐름을 가능하게 하는 도로, 케이블, 파이프라인 등의 하부구조(Infrastructure)가 존재하는데, 이러한 하부구조는 GIS 분석과정에서 네트워크(Network)로 모델링 가능
② 네트워크형 벡터자료는 특정 사물의 이동성 또는 흐름의 방향성(Flow Direction)을 제공
③ 대부분의 GIS 시스템은 위상모델로 표현된 벡터자료의 연결된 선사상인 네트워크 분석을 지원

Answer 38 ② 39 ④ 40 ①

41 위성영상의 해상도에 대한 설명으로 틀린 것은? [21년 1회 측기]

① 분광 해상도는 스펙트럼 내에서 센서가 반응하는 특정 전자기 파장대의 수와 이 파장대의 크기를 말한다.
② 방사 해상도는 동일 영상 내의 축척을 얼마나 고르게 나타낼 수 있는가를 나타낸다.
③ 주기 해상도는 동일 지역에 대한 영상을 얼마나 자주 얻을 수 있는가를 나타낸다.
④ 공간 해상도는 하나의 화소가 나타내는 최소 지상 면적을 말한다.

해설

방사 또는 복사해상도(Radiometric Resolution)
① 인공위성 관측센서에서 수집한 영상이 얼마나 다양한 값을 표현할 수 있는가를 나타낸다.
② 예를 들어 한 픽셀을 8bit로 표현하는 경우 그 픽셀이 내재하고 있는 정보를 총 256개로 분류할수 있다는 의미가 된다.

42 수치표고모형(DEM) 자료를 이용하여 제작할 수 있는 산출물이 아닌 것은? [21년 1회 측기]

① 음영기복도
② 토지피복도
③ 3차원 지세도
④ 지형 경사도

해설

토지피복도(Land Cover Map, 土地被覆圖)는 지구표면의 물질을 도면으로 나타낸 것으로 토지피복은 나무, 논, 밭, 잔디, 아스팔트, 맨땅, 물 등으로 구분되는 지구표면의 물리적 물질을 말한다.

43 다음 수계망을 Strahler 방법으로 계산하면 ○으로 표시되는 부분의 합류 후 하천은 몇 차수인가? (단, 물의 흐름은 화살표방향으로 흐른다.) [21년 1회 측기]

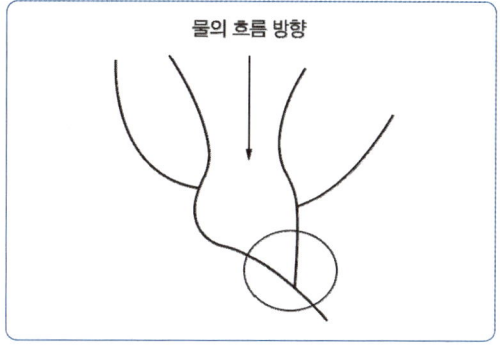

① 1차수   ② 2차수
③ 3차수   ④ 4차수

해설

하천차수(Stream order)는 하천의 상대적인 위치에 따라 지류 및 본류에 매기는 등급을 말한다. 1945년 Horton에 의해 제시되었다.
1952년 Strahler는 하천차수를 매기는 방법을 제안했다. 최초의 지류에는 차수 1을 부여하고, 같은 차수의 하천이 만나면 합류된 이후의 하천은 차수를 한 단계 올리는 방법으로 하천차수를 매긴다. 예를 들어 2차 하천과 2차하천이 만나면 3차 하천이 되지만, 1차 하천과 2차 하천이 만나면 계속 2차 하천이다.

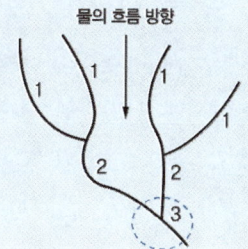

Answer 41 ② 42 ② 43 ③

44 지리정보시스템(GIS)의 응용 기법 중 하나로써 공간상에 나타난 연속적인 기복의 변화를 수치적으로 표현하는 방법은?

[21년 1회 측기]

① DXF
② FM
③ DEM
④ AM

해설
수치표고모형(Digital Elevation Model : DEM)
DEM은 지형의 연속적인 기복변화를 일정한 크기의 격자간격으로 표현한 것으로 공간상의 연속적인 기복변화를 수치적인 행렬의 격자형태로 표현한다.

45 자료의 보간법 중 최근린(nearest neighbor) 보간법에 대한 설명으로 틀린 것은?

[21년 1회 측기]

① 자료값 중 최대값과 최소값이 손실되지 않는다.
② 다른 보간법에 비해 계산속도가 빠르다.
③ 원래의 자료 값을 평균하거나 변환하지 않고 그대로 이용한다.
④ 가장 가까운 4개의 기지 값의 거리에 따라 경중률을 계산한다.

해설
④ 가장 가까운 4개의 기지 값의 거리에 따라 경중률을 계산하는 방법은 쌍1차 보간(Bi-linear Interpolation)이다.

Answer 44 ③ 45 ④

자료 오차

제1절 입력 자료의 질에 따른 오차

(1) 위치정확도에 따른 오차
(2) 속성정확도에 따른 오차
(3) 논리적 일관성에 따른 오차
(4) 완결성에 따른 오차
(5) 자료변천과정에 따른 오차

제2절 Database 구축 시 발생하는 오차

(1) 절대위치자료 생성 시 기준점의 오차
(2) 위치자료 생성 시 발생되는 항공사진 및 위성영상의 정확도에 따른 오차
(3) 점의 조정 시 정확도 불균등에 따른 오차
(4) 디지타이징 시 발생되는 점양식, 흐름양식에 의해 발생되는 오차
(5) 좌표변환 시 투영법에 따른 오차

(6) 항공사진판독 및 위성영상으로 분류되는 속성오차

(7) 사회자료 부정확성에 따른 오차

(8) 지형분할을 수행하는 과정에서 발생되는 편집오차

(9) 자료처리 시 발생되는 오차

CHAPTER 06 문제 및 해설

01 DGPS 측량의 정확도에서 무시할 수 있는 오차는? [2012년 산업기사 1회]

① 시차(時差)에 의한 영향
② 위성궤도정보의 정확도
③ 전리층과 대류권의 영향
④ 수신기 내부오차와 방해전파

해설

GPS의 오차
① 구조적인 오차
  ㉠ 전리층, 대류권의 지연오차
  ㉡ 위성시계, 궤도의 오차
  ㉢ 다중경로오차
② S/A
③ DOP
④ Cycle Slip
∴ 그러므로 시차와는 무관하다.

02 DOP(Dilution Of Precision)에 대한 설명으로 틀린 것은? [2012년 산업기사 2회]

① 위성관측에 좋은 조건에서는 나쁜 조건에 비해 DOP값이 작다.
② DOP는 시간과는 무관한 위치, 높이의 함수로 표현된다.
③ DOP값은 수신기들의 위치와 수신기의 시계오차를 계산하여 구할 수 있다.
④ DOP는 위성의 기하학적 배치상태가 정밀도에 어떻게 영향을 주는가를 추정할 수 있는 척도이다.

해설

기하학적(위성의 배치상황) 원인에 의한 오차 후 교회법에 있어서 기준점의 배치가 정확도에 영향을 주는 것과 마찬가지로 GPS의 오차는 수신기, 위성들 간의 기하학적 배치에 따라 영향을 받는데, 이때 측량정확도의 영향을 표시하는 계수로 DOP(Dilution of precision : 정밀도 저하율)이 사용된다.

DOP의 종류
① Geometric DOP : 기하학적 정밀도 저하율
② Positon DOP : 위치 정밀도 저하율 (위도, 경도, 높이)
③ Horizontal DOP : 수평 정밀도 저하율(위도, 경도)
④ Vertical DOP : 수직 정밀도 저하율(높이)
⑤ Relative DOP : 상대 정밀도 저하율
⑥ Time DOP : 시간 정밀도 저하율

03 GIS 데이터베이스의 오차 중에서 자료를 처리하는 과정에서 발생하는 오차가 아닌 것은? [2012년 산업기사 3회]

① 지리오차   ② 입력오차
③ 편집오차   ④ 분석오차

해설

입력 자료의 질에 따른 오차	Database 구축 시 발생하는 오차
① 위치정확도에 따른 오차 ② 속성정확도에 따른 오차 ③ 논리적 일관성에 따른 오차 ④ 완결성에 따른 오차 ⑤ 자료변천과정에 따른 오차	① 절대위치자료 생성 시 기준점의 오차 ② 위치자료 생성 시 발생되는 항공사진 및 위성영상의 정확도에 따른 오차 ③ 점의 조정 시 정확도 불균등에 따른 오차

Answer 01 ① 02 ② 03 ①

④ 디지타이징 시 발생되는 점 양식, 흐름양식에 의해 발생되는 오차
⑤ 좌표변환 시 투영법에 따른 오차
⑥ 항공사진판독 및 위성영상으로 분류되는 속성오차
⑦ 사회자료 부정확성에 따른 오차
⑧ 지형분할을 수행하는 과정에서 발생되는 편집오차
⑨ 자료처리 시 발생되는 오차

04 지리정보체계의 구축 시 실세계의 참값과 구축된 시스템의 값을 비교 분석하고 카파계수를 계산함으로써 오차의 정도를 알아내는 방법은? [2012년 산업기사 3회]

① 오차행렬 ② 카파행렬
③ 표본행렬 ④ 검증행렬

해설

① **오차행렬** : 클래스에 할당된 표본 단위의 수를 표현한 정방형 행렬
수치지도 상(또는 양상분류결과)의 임의의 위치에서 지도에 기입된 속성값을 확인하고, 현장검사에 의한 참값을 파악하여 오차행렬을 구성하며 사용자 정확도, 제작자 정확도, 전체 정확도 등을 계산할 수 있다. 이 때 우연에 의해 옳게 분류될 경우의 수를 제거하여 보정하는 Kappa계수를 계산하여 오차의 정도를 알아낸다.

05 GPS 오차의 종류가 아닌 것은? [2013년 산업기사 1회]

① 관성오차
② 위성 시계오차
③ 대기조건에 의한 오차
④ 다중전파경로에 의한 오차

해설

구조적 원인에 의한 오차
① 위성시계오차
② 위성궤도오차
③ 전리층과 대류권의 전파지연
④ 수신기에서 발생하는 오차
　㉠ 전파적 잡음
　㉡ 다중경로오차

06 위성에서 송출된 신호가 수신기에 하나 이상의 경로를 통해 수신될 때 발생하는 현상을 무엇이라 하는가? [2013년 산업기사 1회]

① 전리층 편의 ② 대류권 지연
③ 다중경로   ④ 위성궤도 편의

해설

전파의 다중경로(Multipath)에 의한 오차
다중경로오차는 GPS 위성으로 직접 수신된 전파 이외에 부가적으로 주위의 지형, 지물에 의한 반사된 전파로 인해 발생하는 오차로서 측위에 영향을 미친다.
① 다중경로는 금속제 건물, 구조물과 같은 커다란 반사적 표면이 있을 때 일어난다.
② 다중경로의 결과로서 수신된 GPS 신호는 처리될 때 GPS 위치의 부정확성을 제공
③ 다중경로가 일어나는 경우를 최소화하기 위하여 미션 설정, 수신기, 안테나 설계 시에 고려한다면 다중경로의 영향을 최소화할 수 있다.
④ GPS 신호시간의 기간을 평균하는 것도 다중경로의 영향을 감소시킨다.
⑤ 가장 이상적인 방법은 다중경로의 원인이 되는 장애물에서 멀리 떨어져서 관측하는 방법이다.

Answer 04 ① 05 ① 06 ③

07 디지타이징 시 (가)와 같이 입력되어야 할 선분이 (나)와 같이 입력된 오류를 무엇이라 하는가?

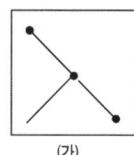 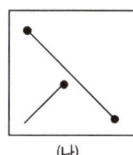
(가)   (나)

① Overshoot   ② Undershoot
③ Spike   ④ Dangle Node

해설

② Overshooting, Undershooting, Spike : 디지타이징할 때 작업자의 실수에 의하여 발생되는 오차이다.
  ㉠ Overshooting : 교차점을 지나 선이 끝나는 경우
  ㉡ Undershooting : 교차점을 만나지 못하고 선이 끝나는 경우
  ㉢ Spike : 교차점에서 두 개의 선분이 만나는 과정에서 생기는 오차
  ㉣ 디지타이징 오차는 형태에 따라 일반적으로 소프트웨어를 이용하여 자동수정이 가능한 것과 오차 각각에 대하여 수작업을 통한 수정을 요구하는 것이 있다.

08 다음 중 자료의 입력과정에서 발생하는 오류와 관계없는 것은? [2015년 산업기사 2회]

① 공간정보가 불완전하거나 중복된 경우
② 공간정보의 위치가 부정확한 경우
③ 공간정보가 좌표로 표현된 경우
④ 공간정보가 왜곡된 경우

해설

1. 입력 자료의 질에 따른 오차
   ① 위치정확도에 따른 오차
   ② 속성정확도에 따른 오차
   ③ 논리적 일관성에 따른 오차
   ④ 완결성에 따른 오차

⑤ 자료변천과정에 따른 오차

2. Database 구축 시 발생하는 오차
   ① 절대위치자료 생성 시 기준점의 오차
   ② 위치자료 생성 시 발생되는 항공사진 및 위성영상의 정확도에 따른 오차
   ③ 점의 조정 시 정확도 불균등에 따른 오차
   ④ 디지타이징 시 발생되는 점양식, 흐름양식에 의해 발생되는 오차
   ⑤ 좌표변환 시 투영법에 따른 오차
   ⑥ 항공사진판독 및 위성영상으로 분류되는 속성 오차
   ⑦ 사회자료 부정확성에 따른 오차
   ⑧ 지형분할을 수행하는 과정에서 발생되는 편집 오차
   ⑨ 자료처리 시 발생되는 오차

09 지리정보시스템(GIS) 데이터로 사용되는 수치지형도의 오류가 아닌 것은?

[22년 기사 1회]

① 두 개의 등고선이 상호 교차
② 인접 지적필지 경계 불일치
③ 삼각점 높이값 미입력
④ 표고점 높이값 누락

해설

공간데이터 오차 발생원인
공간데이터를 수집하는 과정은 여러 단계와 많은 사람들에 의해서, 또 다른 기술을 이용하여 구축 되며, 또한 다른 데이터 모델로 표현되기도 한다. 따라서 공간데이터에서 나타나는 오차의 발생원인은 여러유형으로 나타날 수 있다
• 지적필지간 경계 불일치는 수치지형도가 아닌 지적도에서 발생하는 오류이다.

Answer 07 ② 08 ③ 09 ②

10 절대적인 정확성과 정밀성을 지닌 공간 데이터는 존재하지 않으며 항상 오차를 포함하고 있다. 공간 데이터의 오차 발생 및 그 유형에 대한 설명으로 옳지 않은 것은?

[21년 2기]

① 일반적으로 공간 데이터에 나타나는 오차는 크게 원시자료, 데이터 수치화와 지도 편집과정, 데이터 처리과정과 분석 단계에서 발생한다.
② 오차 발생 유형의 특성을 토대로 분류되는 오차로는 원래부터 잠재적으로 지니고 있는 내재적 오차(inherent Errors)와 구축과정에서 발생하는 작동적 오차(operational errors)로 범주화 할 수 있다.
③ 공간 데이터의 수집 단계에서 발생하는 오차는 일반적으로 그 다음 단계로 옮겨지면 누적되지 않는다.
④ 서로 다른 출처, 포맷, 축척, 정확도 수준의 수치 데이터들이 하나의 시스템 환경에 통합되어 작동되기 때문에 상당한 오차가 내재되어 있음에도 불구하고 특별한 경우가 아니면 사용자들은 오차로 인한 문제점을 거의 알지 못하게 된다.

해설
공간데이터의 수집 단계에서 발생하는 오차는 일반적으로 그 다음 단계로 옮겨지면 누적된다. 그러므로 GIS 자료의 정확도에 영향을 미친다.

Answer 10 ③

CHAPTER 07 GIS의 표준화 및 응용

제1절 GIS의 표준화

GIS 표준은 다양하게 변화하는 GIS 데이터를 정의하고 만들거나 응용하는 데 있어서 발생되는 문제점을 해결하기 위하여 정의되었다. GIS 표준화는 보통 7가지 영역으로 분류될 수 있다.

1) 표준화의 필요성

(1) **비용 절감** : 지리정보시스템(GIS)은 그 특성상 대용량의 자료를 사용하며 효율적인 자료 교환이 불가능하다면 데이터 공유가 매우 어려울 뿐만 아니라 공통 데이터의 중복 보관 및 관리로 인해 막대한 경제적 손실을 가져온다.

(2) **접근 용이성** : GIS 구축에 사용되는 총비용 중 수치데이터베이스 구축에만 약 75%의 비용이 사용되는 것을 감안하면 한 번 수집된 정보를 재활용하는 것은 매우 중요하다. 기존 데이터를 다른 목적을 위해 재사용할 수 있게 하기 위해서는 기존에 구축되어 있는 모든 데이터에 쉽게 접근할 수가 있어야 하며, 이를 위해서는 공간정보에 대한 표준화가 반드시 필요하다.

(3) **상호 연계성** : 기존의 GIS 환경 하에서 시스템간의 연동조건 및 상호교환을 필요로 하는 표준적인 정보항목 등을 정의하여 다양한 시스템에서 GIS 상호 연동성을 확보할 수 있게 하는 것이 필요하다.

(4) **활용의 극대화** : 지리정보는 사회간접(infrastructure) 자본의 성격이 강하므로 앞으로 정부, 자치단체뿐만 아니라 일반 기업과 개인의 지리정보 사용이 기하급수적으로 증가할 것이다. 따라서 장기적으로 보았을 때 지리정보에 대한 표준화가 선행되어야 한다.

2) 표준화 요소

표준이란 개별적으로 얻어질 수 없는 것들을 공통적인 특성을 바탕으로 일반화하여 다수의 동의를 얻어 규정하는 것으로 GIS 표준은 다양하게 변화하는 GIS 데이터를 정의하고 만들거나 응용하는데 있어서 발생되는 문제점을 해결하기 위해 정의되었다. GIS 표준화는 보통 다음의 7가지 영역으로 분류될 수 있다.

(1) **Data Model의 표준화** : 공간데이터의 개념적이고 논리적인 틀이 정의된다.

(2) **Data Content의 표준화** : 다양한 공간 현상에 대하여 데이터 교환에 대해 필요한 데이터를 얻기 위한 공간 현상과 관련 속성 자료들이 정의된다.

(3) **Data Collection의 표준화** : 공간데이터를 수집하기 위한 방법을 정의한다.

(4) **Location Reference의 표준화** : 공간데이터의 정확성, 의미, 공간적 관계 등을 객관적인 기준(좌표체계, 투영법, 기준점 등)에 의해 정의된다.

(5) **Data Quality의 표준화** : 만들어진 공간데이터가 얼마나 유용하고 정확한지, 의미가 있는지에 대한 검증 과정으로 정의된다.

(6) **Meta Data의 표준화** : 사용되는 공간데이터의 의미, 맥락, 내외부적 관계 등에 대한 정보로 정의된다.

(7) **Data Exchange의 표준화** : 만들어진 공간데이터가 Exchange 또는 Transfer 되기 위한 데이터 모델구조, 전환방식 등으로 정의된다.

3) 표준화의 특성

(1) **다양한 분야와의 결합**

GIS 표준은 다양한 분야와 GIS가 결합되어 구현된다. 즉, 전산, 토목, 지리, 전자공학, 측지분야 등 다양한 분야의 기술과 표준이 결합되어 GIS 표준을 구성하며 이들 간에는 상호 연계성이 있으므로, 각 기술 방법론에 관련 표준들이 영향을 받게 된다.

(2) 공간정보구축 범주에서 수행

GIS 표준은 그 표준화 활동자체가 중요한 의미를 지니지만, 공간정보구축이라는 커다란 범주 내에서 수행되고 있다. 따라서 표준의 제정 및 사용은 직접 공간정보 구축과제에 연결되어 적용된다. 예를 들면 주요 GIS 표준들이 수치지도 제작 및 유통 등에 적용되어 활용되고 있다.

(3) 넓은 범주 분야 표준에 의존

GIS 표준에 적용되는 방법, 기술 등은 넓은 범주의 정보기술분야 표준에 의존하거나 크게 영향을 받는 경향이 있다. 기존에는 정보기술분야 표준에 의존하거나 GIS 분야가 개별적인 발전 추세를 가지고 있었으나 다른 정보기술분야의 표준이 GIS 표준에 반영, 적용되고 있다. 즉 DBMS 표준, 객체환경 표준, 개방환경 표준, 네트워크 표준 등 대표적인 정보기술분야 표준을 토대로 GIS 표준이 제정되고 있다.

제2절 GIS의 표준화 기구

1) SDTS(Spatial Date Transfer Standard : 공간자료교환표준)

공간자료교환표준(Spatial Data Transfer Standard, SDTS)은 공간자료를 서로 다른 컴퓨터 시스템 간에 정보의 누락 없이 자료를 주고 받을 수 있게 해주는 방법이다. 이는 자료교환표준으로서 공간자료, 속성, 위치체계, 자료의 질, 자료 사전, 기타 메타데이터 등을 모두 포함하는 표준이다.

SDTS는 미국 USGS를 중심으로 연구가 진행되어 90년대 초에 연방표준국(National Institute of Standard Technology, NIST)에서 표준으로 채택하였다. 중립적인 규정이며 모듈화되어 있고, 지속적으로 갱신이 가능하며, 적용에 있어서 매우 탄력적인 일종의 "열린 시스템" 표준이다.

(1) SDTS의 구성요소(components)

SDTS는 기본규정(base specification) 1-3 부문과 다중 프로파일(multiple profiles) 4-7 부문으로 구성되어 있다. 기본규정은 공간자료의 교환을 위한 컨텐츠, 구조, 형식(format) 등에 관한 개념적 모델과 구체적인 규정들을 정하고 있고, 다중 프로파일은 SDTS를 특정 타입의 자료에 적용하기 위한 특정 규칙(rules)과 형식들을 정하고 있다.

제1부문(Part 1) : 논리적 규정(logical specification) - 세 개의 주요 장(section)으로 구성되어 있으며 SDTS의 개념적 모델과 SDTS 공간객체 타입, 자료의 질에 관한 보고서에서 담아야 할 구성요소, SDTS 전체 모듈에 대한 설계(layout)를 담고 있다.

제2부문(Part 2) : 공간적 객체들(spatial features) - 공간객체들에 관한 카달로그와 관련된 속성에 관한 내용을 담고 있다. 범용 공간객체에 관한 용어 정의를 포함하는데 이는 자료의 교환시 적합성(compatibility)을 향상시키기 위한 것이다. 내용은 주로 중-소 축척의 지형도 및 수자원도에서 통상 이용되는 공간객체에 국한되어 있다.

제3부문(Part 3) : ISO 8211 코딩화(ISO 8211 encoding) - 일반 목적의 파일교환표준(ISO 8211) 이용에 대한 설명을 하고 있다. 이는 교환을 위한 SDTS 파일세트(filesets)의 생성에 이용된다.

제4부문(Part 4) : 위상벡터 프로파일(topological vector profile, TVP) - TVP는 SDTS 프로파일 중에서 가장 처음 고안된 것으로서 기본규정(1-3 부문)이 어떻게 특정 타입의 데이터에 적용되는지를 정하고 있다. 위상학적 구조를 갖는 선형(linear), 면형(area) 자료의 이용에 국한되어 있다.

제5부문(Part 5) : 래스터 프로파일 및 추가형식(raster profile & extensions, RP) - RP는 2차원의 래스터 형식 영상과 그리드 자료에 이용된다. ISO의 BIIF(Basic Image Interchange Format), GeoTIFF(Georeferenced Tagged Information File Format) 형식과 같은 또 다른 이미지 파일 포맷도 수용한다.

제6부문(Part 6) : 점 프로파일(point profile, PP) - PP는 지리학적 점 자료에 관한 규정을 제공한다. 이는 제4부문 TVP를 일부 수정하여 적용한 것으로서 TVP의 규정과 유사하다.

제7부문(Part 7) : CAD 및 드래프트 프로파일(CAD and draft profiles) - CADD는 벡터 기반의 지리자료가 CAD 소프트웨어에서 표현될 때 사용하는 규정이다. CADD와 GIS 간의 자료의 호환시 자료의 손실을 막기 위하여 고안된 규정이다. 가장 최근에 추가된 프로파일이다.

2) 메타데이터(meta data) 표준

메타데이터(meta data)란 데이터에 관한 데이터로서 데이터의 구축과 이용 확대에 따른 상호 이해와 호환의 폭을 넓히기 위하여 고안된 개념이다. 메타데이터는 데이터에 관한 다양한 측면을 서술하는 매우 중요한 자료로서 이에 관하여 표준화가 활발히 진행되고 있다.

미국 연방지리정보위원회(Federal Geographic Data Committee)에서는 디지털 지형공간 메타데이터에 관한 내용표준(Content Standard for Digital Geospatial Metadata)을 정하고 있는데 여기에서는 메타데이터의 논리적 구조와 내용에 관한 표준을 정하고 있다. 총 11개의 장으로 구성되어 있으며 7개의 주요장(main section)과 3개의 보조장(supporting section)으로 이루어져 있다. 이 중 제1장(개요)과 제7장(메타데이터 참조정보)은 반드시 포함하도록 하고 있으며 나머지 장들은 권고사항으로 되어 있다.

- 제1장 : 식별정보(identification information) - 인용, 자료에 대한 묘사, 제작시기, 공간영역, 키 워드, 접근제한, 사용제한, 연락처 등
- 제2장 : 자료의 품질 정보(data quality information) - 속성정보 정확도, 논리적 일관성, 완결성, 위치정보 정확도, 계통(lineage) 정보 등
- 제3장 : 공간자료 구성정보(spatial data organization information) - 간접 공간참조자료(주소체계), 직접 공간참조자료, 점과 벡터객체 정보, 위상관계, 래스터 객체 정보 등
- 제4장 : 공간좌표정보(spatial reference information) - 평면 및 수직 좌표계
- 제5장 : 사상과 속성정보(entity & attribute information) - 사상타입, 속성 등
- 제6장 : 배포정보(distribution information) - 배포자, 주문방법, 법적 의무, 디지털 자료 형태 등
- 제7장 : 메타데이터 참조정보(metadata reference information) - 메타데이터 작성 시기, 버전, 메타데이터 표준이름, 사용제한, 접근 제한 등
- 제8장 : 인용정보(citation information) - 출판일, 출판시기, 원 제작자, 제목, 시리즈 정보 등
- 제9장 : 시간 정보(time period information) - 일정시점, 다중시점, 일정 시기 등
- 제10장 : 연락 정보(contact information) - 연락자, 연락기관, 주소 등

3) ISO/TC 211

국제표준기구(International Organization for Standard)는 1994년에 GIS 표준기술위원회(Technical Committee 211)를 구성하여 표준작업을 진행하고 있다.

공식명칭은 Geographic Information/Geomatics으로써 TC211 위원회(이하 ISO/TC 211)는 수치화된 지리정보분야의 표준화를 위한 기술위원회이며 지구의 지리적 위치와 직·간접적으로 관계가 있는 객체나 현상에 대한 정보표준규격을 수립함에 그 목적을 두고 있다.

(1) 5개의 작업그룹(Working Group)으로 구성

① Framework and reference model(WG1)
② Geospatial data models and operators(WG2)
③ Geospatial data administration(WG3)
④ Geospatial services(WG4)
⑤ Profiles and functional standards(WG5)

4) CEN/TC 287

CEN/TC 287은 ISO/TC 211 활동이 시작되기 이전에 유럽의 표준화 기구를 중심으로 추진된 유럽의 지리정보표준화기구이다. ISO/TC 211과 CEN/TC 287은 일찍부터 상호 합의문서와 표준초안 등을 공유하고 있으며, CEN/TC 287의 표준화 성과는 ISO/TC 211에 의하여 많은 부분이 참조되었다.

(1) 구성

CEN/TC 287에는 표준화 작업을 위한 4개의 WG와 5개의 프로젝트 팀을 운영하고 있다.
① WG1 : 지리정보에서 표준화 프레임. PT(Project Team)4 관여」
② WG2 : 지리정보의 모델과 활용. PT1, PT5가 관여
③ WG3 : 지리정보의 전송. PT2가 관여
④ WG4 : 지리정보에 대한 위치참조체계. PT3이 관여

5) OGC(OpenGIS Consortium)

1994년 8월 설립되었으며, GIS 관련 기관과 업체를 중심으로 하는 비영리 단체이다. principal, associate, strategic, technical, university 회원으로 구분된다. 대부분의 GIS 관련 소프트웨어, 하드웨어 업계와 다수의 대학이 참여하고 있다.

ORACLE, SUN, ESRI, Microsoft, USGS, NIMA 등등

(1) 실무 조직 구성

기술위원회(technical committee)에 core task force, domain task force, revision task force 등 3개의 테스크 포스(task force)가 있다.
이곳에서 OpenGIS 추상명세와 구현명세의 RFP 개발 및 검토 그리고 최종 명세서 개발 작업을 담당하고 있다.

제3절 국내표준화기구

1) 산업자원부 기술표준원 ISO TC 211 KOREA

국내 ISO TC 211 전문위원회(기술표준원)는 ISO/TC 211의 국가대표단체(National Body)로 되어 있으며 기술표준원의 규격 제정은 WTO의 TBT(Agreement on Technical Barriers to Trade) 협정과 관련되어 시급한 제정이 요구되는 규격을 대상으로 하고 있다.

(1) 주요활동

산자부의 KS-X 표준화 활동은 기술에 관련되는 기술적 사항에서부터 기초적 자재의 물품 통일에 이르는 산업분야 전반을 대상으로 하는 표준이다. 또한, ISO/TC 211 국제 표준기구와의 협력을 위하여 한국을 대표하는 창구역할을 담당하고 있다. 기술표준원 고시 "한국산업규격 제정 예고"와 관련된 제정이 있다.

2) 한국정보통신기술협회(TTA)

(1) 한국정보통신기술협회는 통신사업자, 산업체, 학계, 연구기관 및 단체 등의 상호협력과 유대를 강화하고, 국내외 정보통신분야의 최신기술 및 표준에 관한 각종 정보를 수집, 조사, 연구하여, 이를 보급, 활용하게 하며 정보통신관련 표준화에 관한 업무를 효율적으로 추진하기 위하여 1988년 설립되었다.

(2) 1999년 7월 표준화 운영위원회의 개편작업에 의하여 기존의 전산망 분과위원회 내에 부속되었던 국가지리정보체계(국가GIS) 연구위원회가 그 특성과 중요도를 감안하여 국가 GIS 프로젝트그룹(PG03)으로 새롭게 개편되었다.

(3) 산하에 정보구축 실무반, 정보유통 실무반, 정보활용 실무반을 두고 국가지리정보의 효율적 구축, 원활한 유통 및 활용을 위한 관련 표준화 작업을 수행하고 있다.

① **주요 활동** : 정보통신 관련 표준의 작성 및 보급, 국내외 정보통신 관련 최신기술 및 표준화 정보의 수집, 조사, 연구, 번역과 출판 및 보급, 정보통신 관련 기술 및 표준의 연구개발과 보급, 정보통신 관련 국제기구 연구체제 및 국내 연구단의 구성과 운영, 정보통신기술 및 표준화 관련 국제협력 등

② **조직** : 표준화 관련한 조직으로는 통신망기술위원회 등 10개의 기술위원회와 국가 GIS 프로젝트 그룹 등 4개의 PG로 구성되어 있으며, 특히 국가GIS 프로젝트 그룹은 구축, 유통, 활용의 3개 실무반으로 구성하여 1999년 개편함으로써 실질적인 표준화활동이 이뤄질 수 있게 되었다.

제4절 수치지도

수치지도(digital map)는 computer 그래픽 기법을 이용하여 수치지도작성 작업규칙에 따라 지도요소를 항목별로 구분하여 데이터베이스화 하고 이용목적에 따라 지도를 자유로이 변경해서 사용할 수 있도록 전산화한 지도이다.

1) 수치지도의 특징

(1) 특정 x, y 좌표계에 기반을 두고 각종 지형지물을 점, 선, 면으로 표현
(2) 상호 변환이 가능

2) 수치지도의 수록 정보(표준코드)

(1) 수치지도의 수록정보는 수치지도작성 작업규칙에 근거하여 제작하며 약 750개 코드로 구성되어 있다.

(2) 표준코드

국토지형자료 데이터베이스 구축용이 및 자료의 호환성을 위해 일정한 형식으로 구성된 코드이며, 도엽코드, 레이어코드, 지형코드로 구분된다.
① 도엽코드 : 축척별(1/500 ~ 1/50,000, 7종), 도곽별로 구성
② 레이어코드 : 레이어코드는 9개로 분류하고 1 ~ 9까지 순차적으로 코드를 부여함
③ 지형코드 : 지형코드는 수직구조로서 대·중·소의 세 분류로 구분되어 분류별로 코드를 부여함

3) 수치지도제작

(1) 자료취득 방법

① 항공사진에 의한 방법
② 위성영상에 의한 방법
③ 기존종이 지도에 의한 방법
④ 현장조사에 의한 방법

(2) 수치지도 제작과정(순서)

일반적 순서는 다음과 같으나 작업규칙의 공정순서는 따로 있음

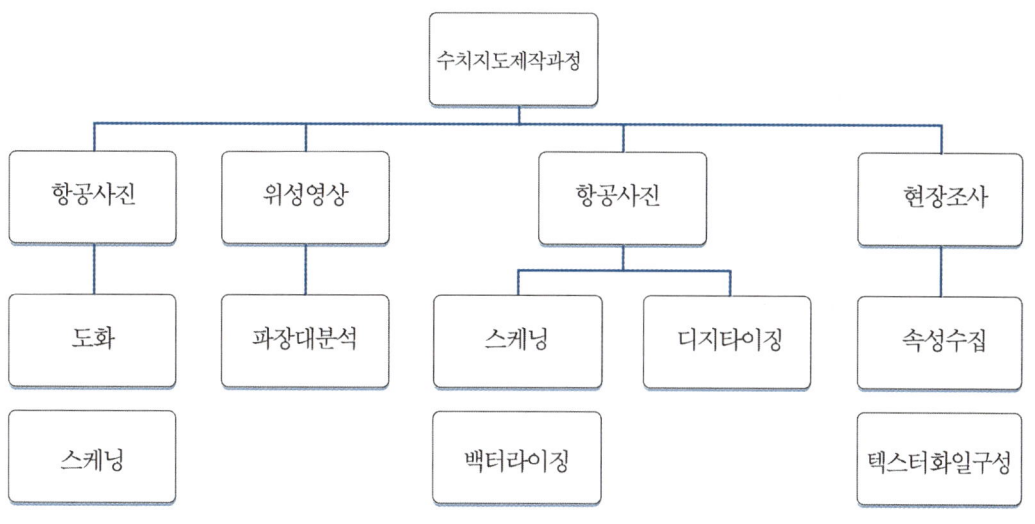

※ 1/1,000은 항공사진의 해석도화에 의한 신규제작이 대부분이나 1/5,000 이하는 기본지도 원장을 스캐닝하여 제작함

(3) 수치지도 제작체계

① **입력체계** : 디지타이저 또는 스캐너에 의해 도면이나 영상정보를 수치화하여 자기테이프 또는 하드디스크에 기록
② **편집체계** : 입력된 수치자료를 x, y 플로터, 레이저 플로터 등의 출력장치를 이용하여 출력

제5절 주요 용어

1) 기본지리정보 구축

국가지리정보 수요자가 광범위하므로 다양하게 GIS를 활용할 수 있도록 가장 기본이 되고 공통적으로 사용되는 지리정보구축 및 제공을 목적으로 실시하고 있으며 국가공간정보기반의 확충과 디지털 국토실현을 위해 교통, 수자원, 지형 등의 기본지리정보가 필수적이라 할 수 있다.

기본지리정보의 구성 요소 : 해양, 지적, 기준점, 지형, 시설물, 공간영상, 수자원, 교통, 행정, 통계 등

2) 도화(Plotting)

도화란 사진기준점측량 성과 등을 이용하여 대상지역의 각종 지형, 지물을 도화기에 의해 측정·묘사하는 실내 작업을 말한다.

3) 수치도화

항공사진 또는 위성영상자료를 이용하여 지형·지물에 관련된 정보를 수치데이터 형식으로 수집하고 기록하는 작업을 말한다.

4) 정위치 편집

세부측량의 결과로 얻어진 지형·지물의 수치데이터에 대해서 관측위치확인자료 등 현장 상황을 참고로 지형·지물 등에 대한 내용을 보완 편집하고 각종 주기를 포함한 표준코드를 부가하여 편집완료데이터를 작성하는 작업을 말한다.

5) 구조화 편집

정위치 편집된 지형지물을 기하학적, 논리적 형태의 데이터를 구축하기 위하여 자료 간의 지리적 및 논리적 상관관계를 유지하기 위하여 구성하는 작업을 말한다.

6) 개방형GIS(OpenGIS)

서로 다른 분야에서 생성, 분산, 저장된 다양한 형태의 공간자료를 사용자가 접근하여 처리할 수 있는 지리정보체계이다. 따라서 상이한 분야의 지리자료 사이에서 나타나는 상호운용성 문제를 해결할 수 있을 뿐만 아니라 광역통신망을 통하여 지리자료의 분산처리를 가능하게 하는 객체지향적 사양을 제시한다.

7) OGC(OpenGIS Consortium)

OpenGIS는 1994년 8월 25일 설립된 이후 공공 및 민간단체를 중심으로 협회를 구축해 왔으며 프로젝트 수행을 통해 GIS의 표준 컴포넌트 사양을 개발하는 민간단체이다.

• 서로 다른 개발 환경에서 생산되는 컴포넌트들이 상호 운용성을 가질 수 있도록 프로그래머를 위한 개발 사양을 제정하는 것을 목표로 하고 있으며 현재 17개의 추상 사양이 발표되었다.

8) Desktop GIS

Desktop GIS는 Desktop PC상에서 사용자들이 손쉽게 GIS 자료의 도호와 일정 수준의 공간분석을 수행할 수 있는 기술을 말한다. 최근 개인용 컴퓨터의 급속한 성능 향상과 GIS 관련 컴퓨터기술의 발달은 데스크탑 GIS의 일반화에 크게 기여하고 있다. 또한 GIS를 위한 기초 자료인 수치지도를 포함한 디지털 지도의 온라인 유통으로 일반인들의 데스크탑 GIS에 대한 수요가 증대하고 있다.

9) Professional GIS

Professional GIS는 강력한 공간분석기능과 지도제작기능을 제공하므로 응용프로그램을 개발하는 개발도구로 사용되며 워크스테이션 이상의 플랫폼에서 운영된다.

10) Enterprise GIS

Enterprise GIS는 부서단위의 Department GIS와 대비되는 개념으로 초기 Enterprise 개념은 단순한 조직 간의 자료의 공유, 즉 특정부서에서 GIS를 이용하여 많은 공간정보를 수집하고 이를 가공 처리하여 새로운 정보가 생성되면서 이러한 정보를 조직 간에 원활히 공유하기 위하여 도입되었다.

Enterprise GIS는 전사적인 조직이 공간데이터에 대한 접근을 필요로 하고 그러한 조직이 필요로 하는 공간데이터의 활용은 현재 운용되고 있는 핵심적인 업무 데이터와 통합되고 있으며 업무처리에 공간적인 분석을 추가하는 것이다.

11) Component GIS

부품을 조립하여 물건을 완성하는 것과 같은 방식으로 특정 목적의 지리정보체계를 적절한 컴포넌트의 조합으로 구현하는 지리정보체계로서 컴포넌트 기술은 1990년대 초부터 발전하고 있는 소프트웨어 엔지니어링 방법론으로서 component 또는 custom control 재사용을 위한 기본적인 단위로 사용하여 소프트웨어를 개발하는 방법이다. 컴포넌트 기술은 응용프로그램 개발 기간을 단축시키고 소프트웨어의 개발과 유지를 위한 비용을 최소화시킬 수 있다.

12) Temporal GIS

Temporal GIS는 지리현상의 공간적 분석에서 시간의 개념을 도입하여 시간의 변화에 따른 공간변화를 분석하는 체계를 말한다.

13) Virtual GIS

래스터자료를 다루는 GIS 소프트웨어에서 마치 높은 하늘에서 실제 지형을 보는 듯하게 영상면에 구현해낼 뿐만 아니라 그렇게 표현된 3차원 영상으로 각종 GIS 분석을 가능하게 해주는 소프트웨어를 말한다.

14) 3D GIS

실세계와 유사한 공간 데이터 모델에 대한 사용자들의 요구에 따라 기존의 2차원 평면형태의 공간정보의 제공 및 분석이 아닌 3차원의 입체적인 공간정보의 제공과 공간분석을 수행하기 위한 기능을 제공하는 것을 말하며 3차원 GIS는 네트워크 및 인터넷 기술의 발달, 영상처리 기술의 발달에 힘입어 미래의 각광받는 기술로 주목받고 있다.

15) 4D GIS

4D GIS는 3D 모델링 기술에 시간개념을 적용하여 인공시설물의 3차원 정보를 구축하고 GIS 및 증강현실기술을 연동하여 시공간정보를 저장, 처리, 가공, 분석하는 GIS 시스템을 말한다.

16) video GIS

현장에서 직접 실시간적인 지형공간정보의 수집과 관측을 위해 비디오 등의 장비에 입력된 기록들과 GPS로부터 대상물의 위치정보데이터를 시각적으로 획득 및 분석하는 GIS를 말한다.

17) internet GIS(Web GIS)

인터넷 기술의 발전과 웹 이용의 엄청난 증가는 수많은 정보통신분야에 새로운 길을 열어주고 있으며 GIS에 있어서도 새로운 방향을 제시하였으며 인터넷 GIS는 인터넷의 WWW(World Wide Web) 구현 기술을 GIS와 결합하여 인터넷 또는 인트라넷 환경에서 지리정보의 입력, 수정, 조작, 분석, 출력 등의 작업을 처리하여 네트워크 환경에서 서비스를 제공할 수 있도록 구축된 시스템을 말한다.

18) Mobil GIS

Mobil GIS는 휴대폰 Mobil 단말기 등 휴대용 단말기를 이용하여 언제 어디서나 공간과 관련되는 자료를 수정, 저장, 분석, 출력할 수 있는 컴퓨터응용시스템이다.

19) 유비쿼터스(Ubiquitous)

유비쿼터스란 사용자가 네트워크나 컴퓨터를 의식하지 않고 장소에 상관없이 언제 어디서나 자유롭게 네트워크에 접속할 수 있는 정보통신환경이다.

20) 지형지물의 유일식별자(Unique Feature identifier : UFID)

지형지물 유일식별자(UFID : Unique Feature Identifier)는 주민등록번호처럼 우리나라의 국토를 구성하고 있는 도로, 건물 및 하천 등의 모든 인공적 및 자연적 지형지물에 단일식별자를 부여함으로써 해당 지형지물을 관리하는 기관은 물론, 물류, 금융 등 각종 산업분야에 매우 중요한 역할을 하게 된다.

21) RFID(Radio Frequency IDentification)

IC칩과 무선을 통해 식품, 동물, 사물 등 다양한 개체의 정보를 관리할 수 있는 차세대 인식 기술로 RFID는 생산에서 판매에 이르는 전과정의 정보를 초소형칩(IC칩)에 내장시켜 이를 무선주파수로 추적할 수 있도록 한 기술로서, '전자태그' 혹은 '스마트 태그', '전자 라벨', '무선식별' 등으로 불린다.

22) 엔티티(entity)

Entity는 지형지물의 실세계상 개체로 다른 것과 구별할 수 있는 식별 가능한 기술의 요소로서, 예를 들면 도로, 건물, 사람, 물체, 사상 등을 말한다.

23) 객체(Object)

속성자료에 의해 표현되는 현상으로 객체지향프로그래밍에서 자료나 절차를 구성하는 기본 요소이며 작성, 조작 및 수정을 위하여 단일 요소로 취급되는 문자, 치수, 선, 원과 같은 하나 이상의 기본체 또는 도면 요소라고도 한다.

24) 클래스(Class)

Element의 속성 값으로 일반적으로 Primary 또는 Construction으로 구성되며 같은 속성, 조건, 방법, 관계 및 의미를 공유하는 객체들의 집합에 대한 기술이다.

25) 질의(Query)

Query는 데이터베이스에 저장된 데이터를 프로그램에서 조회하기 위한 명령어라고 생각하면 된다. 즉 자료기반에서 자료의 변경 없이 자료를 검색하고 선택하는 연산이다.

26) 표준질의어(Standard Query Language : SQL)

표준질의어는 관계형 DBMS에서 자료를 만들고 조회할 수 있는 도구로서 IBM에 의하여 개발된 표준질의어로 광범위하게 사용되는 비과정질의어의 대표적인 예이다.

27) Interface(호환, 인터페이스, 접촉)

서로 다른 두 기능 사이에서 서로 대화하는 방법으로 즉 사람이 컴퓨터를 사용하는 방식을 사람-기계 인터페이스라고 한다. 컴퓨터에서 마우스, 키보드, 모니터 등과 같은 주변장치를 사용하기 위해서는 표준화된 방법으로 컴퓨터와 주변장치가 대화를 하여야 하는데 이러한 상호간의 대화방식을 인터페이스라고 한다.

28) TIGER(Topologically Integrated Geographic Encoding and Referencing System)

U.S.Census Bureau에서 인구조사를 위해 개발한 벡터형 파일 형식으로 위상구조를 포함한다.

29) TIFF(Tagged image File Format)

꼬리표(Tag) 붙은 화상 파일 형식이라는 뜻으로 미국의 앨더스사와 마이크로소프트사가 공동 개발한 래스터 파일 형식으로 자료를 압축 및 복원할 때 3가지의 RLC, 2가지의 2차원 코딩방식, LZW Format의 6가지 중의 1가지를 택할 수 있다. LZW는 가장 보편적으로 사용되고 있는 컬러 및 흑백영상을 압축시키는 기법이다.

30) Data Base

데이터베이스란 연계성을 낮은 자료의 집합으로 복수의 적용업무를 지원할 수 있도록 복수 사용자의 용무에 호응해서 데이터를 받아들이고 저장 공급하기 위하여 일정한 구조에 따라 편성된 데이터 집합을 말한다. 데이터베이스는 업무시스템 운영을 위한 기반자료로서 사용목적에 의해 구체적인 설계가 이루어지고 구축되어진다.

31) 데이터베이스관리체계(Database Management System : DBMS)

데이터베이스관리체계는 자료의 저장, 검색, 변화를 조작하는 특별한 소프트웨어를 가지고 있는 전산기 프로그램이다.

32) 관계형 데이터베이스관리체계(Relation Database Management System : RDBMS)

Relation Database Management System의 약어로 2차원 행과 열로서 자료를 조작하고 접근하는 데이터베이스 체계이다. 계층형과 네트워크형(망형) 데이터 모델에서는 데이터들 간의 주종관계를 표시하기 위하여 포인터를 이용하는데 이 경우 검색할 때 포인터를 연속적으로 추적해야 하므로 효율성이 나빠지므로 이를 극복한 데이터 모델이다.

33) 객체관계형 데이터베이스관리체계(Object Relation Database Magement System : ORDBMS)

Object Relation Database Magement System의 약어로서 관계형 체계에 새로운 객체 저장 능력을 추가하고 있는 체계로서 관계형과 객체지향형의 장점을 고루 살린 진보된 방식의 체계이다. 이러한 개념은 전통적인 필드데이터는 물론 시계열데이터, 지형공간데이터와 같은 복잡한 객체데이터, 오디오 및 영상 등 다양한 바이너리 미디어를 통합하여 복잡한 분석과 데이터 처리 등을 실행할 수 있다.

34) 의사결정지원체계(Decision-marking Support System : DMSS)

공통된 의사결정이 어려운 경우 해석적 모형과 같은 결정탐색 과정을 도입하여 의사결정에 도움을 줄 수 있는 체계이다.

35) 전문가체계(Expert System)

체계 내에서 그들의 요구를 정형화시키는 방법을 정확히 알지 못하는 비전문가를 위하여 전문가의 지식이나 경험을 전산기체계 내에 배치함으로써 이용이 용이하도록 설계한 체계이다.

36) 중첩(Overlay)

각각의 자료집단이 주어진 기본도를 기초로 좌표계의 통일이 되면 둘 또는 그 이상의 자료관측에 대하여 분석될 수 있으며, 이 기법을 중첩 또는 합성이라 한다.

37) 커버리지(Coverge)

컴퓨터 내부에서는 모든 정보가 이진법의 수치 형태로 표현되고 저장되기 때문에 수치지형도라 불리는데 그 명칭을 Digital Map, Layer 또는 Digital Layer라고도 하며, 커버리지 또한 지도를 Digital화한 형태의 컴퓨터상의 지도를 말한다.

일반적으로 GIS 커버리지는 토지이용도, 식생도와 같은 하나의 중요한 주제도를 말한다.

레이어와 커버리지 모두 수치화된 지도형태를 갖지만 수치화된 도형자료만을 나타낸 것이 레이어이고 도형자료와 관련된 속성데이터를 함께 갖는 수치지형도를 커버리지라 한다.

38) 층(Layer)

한 주제를 다루는 데 중첩되는 다양한 자료들로 한 커버리지의 자료파일을 말한다.

39) 노드(Node)

점의 특수한 형태로 무차원이며, 위상적 연결이나 끝점을 나타낸다.

40) 스파게티 모형

초기의 자료저장방식으로 백터자료구조에서 공간정보를 저장하는 자료 모형·점·선·다각형을 단순좌표 목록으로 저장하기 때문에 위상관계가 정의되지 못하는 구조이다.
점은 x, y좌표로 나타나며, 선은 좌표들의 나열에 의해 표현된다. 공간정보는 고유의 구조를 가지지 않는 좌표의 나열로 국수가락처럼 길게 연결되어 있다하여 스파게티 자료구조라 한다.

41) 위상관계(Topology)

공간관계를 정의하는 데 쓰이는 수학적 방법으로서 입력된 자료의 위치를 좌표값으로 인식하고 각각의 자료 간의 정보를 상대적 위치로 저장하며, 선의 방향, 특성들 간의 관계, 연결성, 인접성, 영역 등을 정의하는 것을 의미한다. 점, 선, 면 각각에 대한 상호관계가 기록된 테이블이 구성되어야 하며, 이를 위해 면위상, 점위상, 선위상, 선좌표 테이블 등의 종합적인 정보가 필요하다.

42) BIL(Band Interleaved by Line)

영상자료는 테이프 혹은 다른 매체에 의해 여러 가지 방식으로 저장된다. BIL 형식은 주어진 선에 대해 모든 자료의 파장대는 연속적으로 파일 내에 저장된다.

43) BSQ(Band Sequential)

영상자료의 저장 형식으로 각 파장대는 분리된 파일을 포함하고 있으며, 단일파장대가 쉽게 읽혀지고 보여질 수 있고, 다중파장대는 원하는 목적에 따라 불러올 수 있다.

44) BIP(BandInterleaved by Pixel)

BIP 형식에서는 각 파장대의 값들이 주어진 영상소(Pixel) 내에서 순서적으로 배열되며, 영상소는 테이프에 연속적으로 배열된다. 이러한 BIP 형식은 구식 방법이므로 오늘날 거의 사용되지 않는다.

45) 공간분석방법

공간분석은 공간상의 점, 선, 면에 대하여 점자료의 공간분석에는 최근린방법, 쿼드렛방법이 이용되며, 선자료의 공간분석에는 망분석과 도표이론방법 및 프랙틀 차원이 활용된다. 또한 면자료의 공간분석은 공간적 자동관계와 공간적 상호작용 등이 이용된다.

46) 쿼드랫방법

점 표현 양식을 관측하는 가장 간단한 방법은 한 영역 내의 밀도나 면적 내에 존재하는 점의 수를 세는 것이며, 식물 생태학과 지리학에서 광범위하게 사용되어 왔고, 다른 문제의 적용에도 사용되어 오고 있다.

47) 최근린방법

점 기호 사이의 거리에 기초한 공간적 접근방법이다.

48) 망분석(Network)

선자료를 표현하는 방식 중 하나인 회로는 경로가 폐합된 형태를 가지며 순환성을 가진다. 연결의 성질을 가장 잘 특성화한 것이 조직망이며, 조직망에 대한 관측방법은 교통학 분야에서 많은 연구가 진행되어 왔다.

49) 프랙틀(Fractal)

프랙틀은 자기 자신을 계속 축소 복제하여 무한히 이어지는 성질로 수학적으로 정의는 가능하나 끝은 알 수 없다. GIS 공간분석에서 복소수 공간상의 사물을 표현하는 데 쓰인다.

50) DXF(Drawing Exchange Format)

서로 다른 그래픽 설계 프로그램간의 도면파일을 교환하는데 업계표준으로 사용되는 파일 형식이다. 당초 Auto Desk사가 자사의 AutoCAD 외부 파일 형식으로 개발하였으나 세계적으로 활용도가 높아짐에 따라 그 규격을 공개함으로써 도면파일의 표준으로 자리매김하게 되었다. DXF는 지리정보시스템에서 사용되기에는 적합하지 않은 데이터포맷이어서 보다 효율적인 포맷으로의 전환이 필요하다.

51) SDTS(Spatial Data Transfer Standard)

국가지리정보체계(NGIS)를 구성함에 있어 지리정보시스템 간 위성벡터데이터 형식의 지리정보교환을 위한 공통데이터 교환 포맷을 말한다. 미국 연방정부에서 1992년 7월 29일 9년간의 연구 끝에 서로 다른 하드웨어, 소프트웨어, 운영체제들 간의 지리공간자료의 공유를 교환표준 승인하였다. 오스트레일리아, 뉴질랜드, 한국에서 국가표준으로 정하고 있다.

52) 수치지도(Digital Map : DM)

수치지도는 컴퓨터 그래픽기법을 이용하여 사전에 규정에 따라 지도요소를 항목별로 구분하여 데이터베이스화하고 이용목적에 따라 지도를 자유로이 변경해서 사용할 수 있도록 전산화한 지도이다.

53) 메타데이터(Meta Data)

메타데이터란 자료에 대한 이력서로써 실제 자료는 아니지만 자료에 따라 유용한 정보를 목록화하여 제공함으로써 지리정보에 대한 이해를 높이고 정보의 활용을 촉진하는 중요한 기능을 담당하고 있다. 사용자가 자료의 획득 및 사용에 도움을 주기 위한 자료의 내용, 논리적인 관계와 특징, 기초자료의 정확도, 경계 등을 포함한 자료의 특성을 설명하는 자료로 방대한 데이터의 공유 및 사용을 원활하게 하는 것을 목적으로 한다.(Index의 역할)

54) 표준코드(Standard Code)

수치지도의 호환성을 확보하기 위하여 일정한 형식으로 구성된 코드를 말하며, 크게 도형코드, 레이어코드, 지형코드로 구분된다.

01 GIS 표준화에 대한 설명으로 옳지 않은 것은?

[2014년 기사 2회]

① SDTS는 GIS 표준 포맷의 대표적인 예이다.
② 경제적이고 효율적인 GIS 구축이 가능하다.
③ 하나의 기관에서 구축한 데이터를 많은 기관들이 공유하여 사용할 수 있다.
④ 하드웨어(H/W)나 소프트웨어(S/W)에 따라 이용 가능한 포맷을 달리한다.

해설

표준화
표준이란 개별적으로 얻어질 수 없는 것들을 공통적인 특성을 바탕으로 일반화하여 다수의 동의를 얻어 규정하는 것으로 GIS 표준은 다양하게 변화하는 GIS 데이터를 정의하고 만들거나 응용하는 데 있어서 발생되는 문제점을 해결하기 위해 정의되었다. GIS 표준화는 보통 다음의 7가지 영역으로 분류될 수 있다.

표준화 요소
① Data Model의 표준화
② Data Content의 표준화
③ Data Collection의 표준화
④ Location Reference의 표준화
⑤ Data Quality의 표준화
⑥ Meta data의 표준화
⑦ Data Exchange의 표준화

02 디지타이징에 의한 수치지도 제작 시 발생할 수 있는 오차유형이 아닌 것은?

[2010년 기사 1회]

① 종이지도 신축에 의한 위치오차
② 세선화(thinning) 과정에서의 형상 오차
③ 선분 교차점에서의 교차미달(undershooting) 현상
④ 인접 다각형의 경계선 중복 부분에서의 갭(gap) 발생

해설

디지타이징 및 벡터편집에서의 오류유형
① Undershoot(못미침)
② Overshoot(튀어나옴)
③ Spike(스파이크)
④ Sliver Polygon(슬리버 폴리곤)
⑤ 폴리곤 형성에서 라벨 부여 오류
⑥ Overlapping(점, 선의 중복)

03 수치지도의 등고선 레이어를 이용하여 수치지형모델을 생성할 경우 필요한 자료처리 방법은?

[2010년 기사 3회]

① 보간법
② 일반화 기법
③ 분류법
④ 자료압축법

Answer 01 ④ 02 ② 03 ①

> [해설]
> **1. 보간법**
> 영상처리에서 주어진 원래의 영상을 확대하는 경우 원래의 영상지역보다 더 넓은 지역에서는 고도자료와 같은 값을 할당받지 못한 픽셀들이 존재하는데 이를 홀(Hole)이라 한다. 이럴 경우 홀이라는 빈 공간(픽셀)에 적당한 데이터 값들을 할당하여 사용하는 처리 방법을 보간법이라 한다.

04 수치지도 제작에 있어서 도화된 데이터를 표준분류 체계에 따라 구분하여 지형지물의 공간정보와 속성정보를 연계시키는 작업을 무엇이라 하는가? [2013년 기사 3회]

① 구조화편집
② 정위치편집
③ 세선화편집
④ 일반화편집

> [해설]
> | | |
> |---|---|
> | 정위치 편집 | 세부측량의 결과로 얻어진 지형, 지물의 수치 데이터에 대해서 관측위치 확인자료 등 현장상황을 참고로 지형, 지물 등에 대한 내용을 보완 편집하고 각종 주기를 포함한 표준코드를 부가하여 편집 완료데이터를 작성하는 작업 |
> | 구조화 편집 | 수치지도 제작에 있어서 도화된 데이터를 표준분류 체계에 따라 구분하여 지형지물의 공간정보와 속성정보를 연계시키는 작업 |

05 TIN(Triangular Irregular Network)에 대한 설명으로 틀린 것은? [2014년 기사 2회]

① 어떠한 연속 필드에도 적용할 수 있다.
② 측정한 점의 값은 보존되지 않는다.
③ 델로니 삼각망(Delaunay triangulation)으로 분할한다.
④ 수치표고모델(DTM : Digital Terrain Model)을 구성하는 방법 중 하나이다.

> [해설]
> **불규칙 삼각망**
> (TIN : Trianglulated Irregular Network)
> 불규칙 삼각망은 불규칙하게 배치되어 있는 지형점으로부터 삼각망을 생성하여 삼각형 내의 표고를 삼각평면으로부터 보간하는 DEM의 일종이다. 벡터 위상구조를 가지며 다각형 네트워크를 이루고 있는 순수한 위상구조와 개념적으로 유사하다.
>
> **불규칙 삼각망(TIN)을 사용하면**
> ㉠ 기복의 변화가 작은 지역에서 절점수를 적게 함
> ㉡ 기복의 변화가 심한 지역에서 절점수를 증가시킴
> ㉢ 자료량 조절이 용이하다.
> ㉣ 중요한 위상형태를 필요한 정확도에 따라 해석
> ㉤ 경사가 급한 지역에 적당
> ㉥ 선형 침식이 많은 하천지형의 적용에 특히 유용
> ㉦ 격자형 자료의 단점인 해상력 저하, 해상력 조절, 중요한 정보 상실 가능성 해소

06 수치고도모형(Digital Elevation Model)의 생성방법이 아닌 것은? [2014년 기사 3회]

① 단일 고해상도 위성영상을 좌표변환하여 생성한다.
② 항공라이다에서 취득한 3차원 좌표를 격자화하여 생성한다.
③ 위성 SAR 영상에 Radar Interferometry 기법을 적용하여 생성한다.
④ 중복항공영상에 영상정합을 통해 생성한 3차원 좌표를 격자화하여 생성한다.

> [해설]
> 위성영상을 이용한 DEM을 작성하는 경우에는 우선적으로 서로 다른 위치에서 촬영된 좌우 영상에 대한 기하보정을 수행해야 한다. 이후 기하보정 결과에 대해 스테레오 매칭 기법을 적용해 좌우 영상의 대응점을 구한 후 대응점의 시차를 측정해 대응점 표고를 구한다. 그러므로 DEM 제작을 위해서는 영상의 각 격자에 대한 지상좌표를 알아야 하며 이를 위해서는 영상의 각 격자에 동일한 점을 찾는 지도매칭이 선행되어야 한다. 그러므로 단일 고해상도 위성영상을 좌표 변환하여 생성하는 것은 생성방법이 아니다.

Answer 04 ① 05 ② 06 ①

07 편위수정을 거친 사진을 집성하여 만든 사진지도는? [2015년 기사 1회]

① 중심투영 사진지도
② 약조정집성 사진지도
③ 반조정집성 사진지도
④ 조정집성 사진지도

해설

사진지도의 종류
① **약조정집성 사진지도** : 카메라의 경사에 의한 변위, 지표면의 비고에 의한 변위를 수정하지 않고 사진 그대로 접합한 지도
② **반조정집성 사진지도** : 일부만 수정한 지도
③ **조정집성 사진지도** : 카메라의 경사에 의한 변위를 수정하고 축척도 조정한 지도
④ **정사투영 사진지도** : 카메라의 경사, 지표면의 비고를 수정하고 등고선도 삽입된 지도

08 수치사진측량(digital photogrammetry)에서 상호표정의 자동화를 위해 요구되는 기법은? [2015년 기사 1회]

① 디지타이징
② 좌표등록
③ 영상정합
④ 직접표정

해설

영상정합(Image Matching)
영상정합은 입체영상 중 한 영상의 한 위치에 해당하는 실제의 대상물이 다른 영상의 어느 위치에 형성되었는가를 발견하는 작업으로서 상응하는 위치를 발견하기 위해서 유사성 관측을 이용한다. 이는 사진측정학이나 로봇 비전(Robot Vision) 등에서 3차원 정보를 추출하기 위해 필요한 주요 기술이며 수치사진측량학에서는 입체영상에서 수치표고모형을 생성하거나 항공삼각측량에서 점이사(Point Transfer)를 위해 적용된다.

09 수치정사영상(digital ortho image)을 제작하기 위해 직접적으로 필요한 자료가 아닌 것은? [2015년 기사 1회]

① 수치지도
② 수치표고모델(DEM)
③ 외부표정요소
④ 촬영된 원래 영상

해설

1. **수치지도(digital map)**
   수치지도는 컴퓨터 그래픽 기법을 이용하여 수치지도작성 작업규칙에 따라 지도요소를 항목별로 구분하여 데이터베이스화하고 이용 목적에 따라 지도를 자유로이 변경해서 사용할 수 있도록 전산화한 지도이다. 수치지도작성이라 함은 각종 지형공간정보를 취득하여 전산시스템에서 처리할 수 있는 형태를 말한다.

2. **수치지도의 특징**
   ① 특정 x, y좌표계에 기반을 두고 각종 지형지물을 점, 선, 면으로 표현
   ② 상호 변환이 가능

10 디지털 카메라로 취득된 항공사진을 이용하여 수치지도를 제작하고자 할 때 사용되는 도화기로 적합한 것은? [2015년 기사 3회]

① 기계식 도화기
② 전자식 도화기
③ 해석도화기
④ 수치도화기

해설

디지털 카메라로 취득된 항공사진을 이용하여 수치지도를 제작하고자 할 때 사용되는 도화기는 수치도화기이다.

Answer 07 ④ 08 ③ 09 ① 10 ④

11 지리정보시스템(GIS)의 주요 자료원으로 거리가 먼 것은? [2014년 기사 1회]

① 수치지도 ② 주민등록 데이터베이스
③ GPS 데이터 ④ 현장 조사자료

해설
주민등록 데이터베이스는 지리정보시스템(GIS)의 주요 자료원으로 거리가 멀다.

12 지리정보시스템(GIS)의 자료기반구축에 대한 설명으로 틀린 것은? [2014년 기사 1회]

① 자료 구축을 위해 각종 도면이나 대장 보고서 등을 활용할 수 있다.
② 위성영상 및 스캐닝한 도면에서 얻어진 자료를 이용하여 구축할 수 있다.
③ 수치지도는 자료량이 많은 래스터 방식보다 벡터방식이 적합하다.
④ 자료 구축의 해상력 측면에서는 벡터방식보다 래스터방식이 적합하다.

해설
1. 벡터자료
  ㉠ 보다 압축된 자료구조를 제공하며 따라서 데이터 용량의 축소가 용이하다.
  ㉡ 복잡한 현실세계의 묘사가 가능하다.
  ㉢ 위상에 관한 정보가 제공되므로 관망분석과 같은 다양한 공간분석이 가능하다.
  ㉣ 그래픽의 정확도가 높다.
  ㉤ 그래픽과 관련된 속성정보의 추출 및 일반화, 갱신 등이 용이하다.
2. 래스터자료
  ㉠ 자료구조가 간단하다.
  ㉡ 여러 레이어의 중첩이나 분석이 용이하다.
  ㉢ 자료의 조작과정이 매우 효과적이고 수치영상의 질을 향상시키는 데 매우 효과적이다.
  ㉣ 수치이미지 조작이 효율적이다.
  ㉤ 다양한 공간적 편의가 격자의 크기와 형태가 동일한 까닭에 시뮬레이션이 용이하다.

13 지리정보시스템(GIS)으로 구축한 데이터의 위치와 실제 검측한 위치가 아래 표와 같을 때 GIS 데이터의 거리 오차는? [2014년 기사 1회]

항목	X(m)	Y(m)
GIS 데이터상의 위치	20	10
실제 데이터 위치(참값)	22	12

① 약 2.2m ② 약 2.8m
③ 약 3.2m ④ 약 3.6m

해설
$$거리오차 = \sqrt{(\Delta x)^2 + (\Delta y)^2}$$
$$= \sqrt{(22-20)^2 + (12-10)^2}$$
$$= 2.8m$$

14 수치지형도에 대한 설명으로 옳지 않은 것은? [2014년 기사 1회]

① 수치지형도란 지표면상의 각종 공간정보를 일정한 축척에 따라 기호나 문자, 속성으로 표시하여 정보시스템에서 분석, 편집 및 입·출력할 수 있도록 제작된 것을 말한다.
② 수치지형도 작성이란 각종 지형공간정보를 취득하여 전산시스템에서 처리할 수 있는 형태로 제작하거나 변환하는 일련의 과정을 말한다.
③ 정위치 편집이란 지리조사 및 현지측량에서 얻어진 자료를 이용하여 도화 데이터 또는 지도입력 데이터를 수정 및 보완하는 작업을 말한다.
④ 구조화 편집이란 지형도상에 기본도 도곽, 도엽명, 사진도곽 및 번호를 표기하는 작업을 말한다.

Answer 11 ② 12 ④ 13 ② 14 ④

[해설]

수치지형도작성 작업규정 제2조(용어의 정의)
1. "수치지형도"란 측량 결과에 따라 지표면 상의 위치와 지형 및 지명 등 여러 공간정보를 일정한 축척에 따라 기호나 문자, 속성 등으로 표시하여 정보시스템에서 분석, 편집 및 입·출력할 수 있도록 제작된 것(정사영상지도는 제외한다)을 말한다.
2. "수치지형도 작성"이란 각종 지형공간정보를 취득하여 전산시스템에서 처리할 수 있는 형태로 제작하거나 변환하는 일련의 과정을 말한다.
3. "정위치 편집"이란 지리조사 및 현지측량에서 얻어진 자료를 이용하여 도화 데이터 또는 지도입력 데이터를 수정·보완하는 작업을 말한다.
4. "구조화 편집"이란 데이터 간의 지리적 상관관계를 파악하기 위하여 지형·지물을 기하학적 형태로 구성하는 작업을 말한다.

15 지리정보시스템(GIS)에서 지형의 상태를 나타내는 수치표고 자료형태로 맞지 않는 것은? [2014년 기사 2회]

① DLG(Digital Line Graph)
② DEM(Digital Elevation Model)
③ DSM(Digital Surface Model)
④ DTM(Digital Terrain Model)

[해설]

DTM(Digital Terrain Model)
㉠ 지형의 표고뿐만 아니라 지표상의 다른 속성도 포함하며 측량 및 원격탐사와 연관이 깊다.
㉡ 지형의 다른 속성까지 포함하므로 자료가 복잡하고 대용량의 정보를 가지고 있으며, 여러 가지 속성을 레이어를 이용하여 다양한 정보제공이 가능하다.
㉢ DTM은 표현방법에 따라 DEM과 DSM으로 구별된다. 즉 DTM=DEM+DSM이다.

DEM(Digital Elevation Model)
㉠ 지형의 높이를 단순히 수치의 형태로 표현한 모델을 말하며, 자료의 취득은 측량 및 사진측정 등으로 취득한다.
㉡ 자료가 단순하기 때문에 정보의 용량이 적고 사용처는 주로 절토량, 성토량 등의 토량계산에 이용된다.

DSM(Digital Surface Model)
㉠ 지표면 위의 시설물이나 나무 등을 포함하는 표면을 표현하는 일정한 간격의 격자마다 수치로 기록하는 모델이다.

16 지리정보자료의 정확도 향상을 위한 방법으로 옳지 않은 것은? [2014년 기사 3회]

① 신뢰도가 높은 자료와 낮은 자료의 혼합사용
② 정확도 검증과정의 채택
③ 품질관리 규정의 마련 및 준수
④ 속성정보 수집의 객관성 확보

[해설]

지리정보자료의 정호가도 향상 방안
① 자료의 검증과정 채택
② 작업 단계별 정확도 검증
③ 정확도가 높은 자료와 낮은 자료의 혼합 사용 금지
④ 자료의 특성을 고려한 자료의 조작과 처리
⑤ 자료사용에 있어 신중한 의사 결정
⑥ 분석결과에 따른 부정확성에 관한 명시
⑦ 품질관리 규정의 마련 및 준수
⑧ 속성정보수집의 객관성 확보

17 지형도, 항공사진을 이용하여 대상자의 3차원 좌표를 취득하여 불규칙한 지형을 기하학적으로 재현하고 수치적으로 해석하므로 경관해석, 노선선정, 택지조성, 환경설계 등에 이용되는 것은? [2014년 기사 3회]

① 원격탐사   ② 도시정보체계
③ 정사사진   ④ 수치지형모델

[해설]

수치지형모형(Digital Terrain Model)
공간상에 나타난 불규칙한 지형의 변화를 수치적으로 표현하는 방법을 수치지형모형이라 한다. 수치지형모형(DTM)은 표고뿐만 아니라 지표의 다른 속성도 포함되어 있으나 표고에 관한 정보를 다루는 경우에는 수치고도모형이라 하는 차이점이 있다. 수치고도모형은 현장

Answer 15 ① 16 ① 17 ④

측량과 사진측정학과 관련이 있고 수치지형모형은 측량뿐만 아니라 원격탐사 및 자연 사회과학과 밀접한 관련이 있다.

종류
① DEM : 수치표고모형(3차원 지모 표현)
② DSM : 수치표면모형(지모와 지물 표현)
③ DTM : 수치지형모형(DEM+속성)

18 수치지도 제작에 사용되는 용어에 대한 설명으로 틀린 것은? [2015년 기사 1회]

① 도곽이라 함은 일정한 크기에 따라 분할된 지도의 가장자리에 그려진 경계선을 말한다.
② 좌표라 함은 좌표계상에서 지형·지물의 위치를 수학적으로 나타낸 값을 말한다.
③ 수치지도작성이라 함은 각종 지형공간정보를 취득하여 전산시스템에서 처리할 수 있는 형태로 제작 또는 변환하는 일련의 과정을 말한다.
④ 메타데이터(metadata)라 함은 작성된 수치지도의 결과가 목적에 부합하는지 여부를 판단하는 기준 데이터를 말한다.

[해설]
메타데이터(metadata)
메타데이터는 데이터베이스, 레이어, 속성, 공간 형상과 관련된 정보로서 데이터에 대한 데이터로서 정확한 정보를 유지하기 위해 일정주기로 수정 및 갱신을 하여야 한다. 메타데이터란 실제데이터는 아니지만 데이터의 내용, 품질, 조건 및 특징 등을 저장한 데이터로서 데이터의 이력을 말한다.

19 지도투영은 지구의 둥근 표면 전체 또는 일부분을 평면상에 나타내는 것으로 여러 투영법이 개발되었다. 만약 주어진 수치지도의 좌표계가 UTM(Universal Transverse Mercator)이라면, 이 수치지도의 좌표단위는? [2012년 기사 1회]

① 인치   ② 센티미터
③ 피트   ④ 미터

[해설]
UTM(Universal Transverse Mercator)
① UTM 좌표에서 거리좌표는 m 단위로 표시하며 종좌표에서는 N을, 횡좌표에서는 E를 붙인다.
② 각 종대마다 좌표원점의 값을 북반구에서 횡좌표 500,000mE, 종좌표 0mN(남반구에서는 10,00,000N)으로 주면 북반구에서 종좌표는 적도에서 0mN, 80° N에서 10,000,000mN이다.
③ 남반구에서는 80° S에서 적도까지의 거리는 10,000,000m로 나타난다.
④ 80° N과 80° S간 전 지역의 지도는 UTM 좌표로 표시하며 80° N 이북과 80° S 이남의 양극지역의 전 지역의 지도는 국제극심입체좌표(UPS)로 표시함으로써 전 세계를 일관된 좌표계로 나타낼 수 있다.

20 수치지도 작성의 기준시점은 원시자료 또는 조사자료의 취득시점과 일치하여야 한다는 지리정보 품질요소 중 어느 항목에 대한 설명인가? [2012년 기사 1회]

① 정보의 완전성   ② 논리적 일관성
③ 시간정확도   ④ 주제정확도

[해설]
지리정보데이터 품질 요소
데이터셋이 제품 사양 기준을 얼마나 잘 만족하고 있는지 설명되어야 한다.
① **정보의 완전성** : 지형지물의 유무와 지형지물의 속성 및 관계

Answer 18 ④ 19 ④ 20 ③

② **논리적 일관성** : 데이터 구조·속성 및 관계의 논리적 원칙의 준수 정도(데이터 구조는 개념적, 논리적, 물리적이 될 수 있다.)
③ **위치 정확도** : 지형지물의 위치 정확도
④ **시간 정확도** : 시간 속성 및 지형지물의 시간 관계 정확도
⑤ **주제 정확도** : 정량적, 비정량적 속성의 정확도와 지형지물과 지형지물 관계의 분류 정확도

21 GIS의 특징에 대한 설명으로 가장 옳지 않은 것은? [2012년 기사 2회]

① 지리정보처리는 자료의 입력, 자료의 관리, 자료의 분석, 자료의 출력 등의 단계로 구분할 수 있다.
② 사용자의 요구에 맞는 지도를 쉽게 제작할 수 있다.
③ 자료의 통계적 분석이 가능하며 분석결과에 맞는 지도의 제작이 가능하다.
④ 일반적으로 자료가 수치적으로 구성되므로 출력물의 축척 변경이 어렵다.

해설
GIS 특징
① 기존의 도면으로부터 자료 획득
② 특수지도를 쉽게 제작
③ 지료의 통계적 분석이 원활, 통계제작에 유리
④ GIS 자료가 수치적으로 구성되어 축척변경이 용이하다.

22 GIS의 지형분석에서 불규칙하게 분포된 위치에서의 표고를 추출하여 이들 위치관계를 삼각형 형태로 연결하여 지형을 표현하는 방식은? [2012년 기사 2회]

① Overlay 방식   ② Grid 방식
③ TIN 방식   ④ 보간 방식

해설
불규칙 삼각망(TIN : Triangulated Irregular Network)
불규칙 삼각망은 불규칙하게 배치되어 있는 지형점으로부터 삼각망을 생성하여 삼각형 내의 표고를 삼각평면으로부터 보간하는 DEM의 일종이다. 벡터위상구조를 가지며 다각형 Network를 이루고 있는 순수한 위상구조와 개념적으로 유사하다.

23 지형도, 항공사진을 이용하여 대상지의 3차원 좌표를 취득하여 불규칙한 지형을 기하학적으로 재현하고 수치적으로 해석하므로 경관해석, 노선선정, 택지조성, 환경설계 등에 이용되는 것은? [2012년 기사 2회]

① 원격탐사   ② 도시정보체계
③ 정사사진   ④ 수치지형모델

해설
지표면상에서 규칙 및 불규칙적으로 관측된 불연속점의 3차원 좌표값을 보간법 등의 자료 처리과정을 통하여 불규칙한 지형을 기하학적으로 재현하고 수치적으로 해석하는 것이 수치지형모형(DTM) 또는 표고만을 다루는 면에서는 수치고도모형(DEM)이라 한다.

24 GIS 구축의 의의(목적)에 대한 설명으로 틀린 것은? [2012년 기사 2회]

① 공간정보의 효율적 관리 수단
② 객관적 분석을 통한 공간의사 결정
③ 공간정보 구축 및 활용 시장의 축소
④ 공간정보 이용자의 범위 확대

해설
GIS 기대 효과
① 관리 및 처리 방안의 수립
② 효율적 관리
③ 이용가능한 자료의 구축
④ 합리적 공간 분석
⑤ 투자 및 조사의 중복 극소화
⑥ 수집한 자료의 용이한 결합

Answer 21 ④ 22 ③ 23 ④ 24 ③

25 수치지형도에서 얻을 수 없는 정보는?
[2012년 기사 2회]

① 표고 자료
② 도로의 선형
③ 수계 정보
④ 필지 정보

해설
필지에 대한 정보는 지적에서 다룬다.

26 TIN에 대한 설명으로 옳지 않은 것은?
[2012년 기사 3회]

① 등고선 자료로부터 DEM을 제작하는 데 사용된다.
② 불규칙 표고 자료로부터 등고선을 제작하는 데 사용된다.
③ 격자형 DEM보다 데이터 용량은 크지만 더욱 정확하게 지형을 표현할 수 있다.
④ 삼각형 외접원 안에 다른 점이 포함되지 않도록 하는 델로니 삼각망을 주로 사용한다.

해설

불규칙 삼각망
(TIN : Trianglulated Irregular Network)
불규칙 삼각망은 불규칙하게 배치되어 있는 지형점으로부터 삼각망을 생성하여 삼각형 내의 표고를 삼각평면으로부터 보간하는 DEM의 일종이다. 벡터위상구조를 가지며 다각형 Network를 이루고 있는 순수한 위상구조와 개념적으로 유사하다.

27 디지타이징에 의한 수치지도 제작 시 발생할 수 있는 오차 유형이 아닌 것은?
[2013년 기사 2회]

① 종이지도 신축에 의한 위치 오차
② 세선화(Thinning) 과정에서의 형상 오차
③ 선분교차점에서의 교차 미달(Undershooting) 및 초과(Overshooting) 현상
④ 인접 다각형의 경계선 중복부분에서의 갭(Gap) 발생

해설

1. **벡터화 변환**
   일반적으로 벡터화를 위한 변환 과정은 전처리 단계, 벡터화 단계, 후처리 단계를 거치게 된다.
   1) **전처리 단계**
      벡터화 관계로 가기 위한 선형단계로 Filtering과 Thinning의 두 단계를 거친다.
      ① Filtering 단계 : 격자 영상에 생긴 Noise를 제거하고 연속적이지 않은 외곽선에 대해 연속적으로 이어주는 영상처리 과정이다.
      ② Thinning 단계 : Filtering 단계를 거친 격자 영상에서 하나의 패턴을 가늘고 긴 선과 같은 표현으로 세선화하는 과정이다.
   2) **벡터화 단계**
      전처리 단계를 거친 격자 영상을 벡터화 하는 단계이다. 컴퓨터로 전처리 단계를 거친 영상에 벡터화시킨다.
   3) **후처리 단계**
      벡터화 단계를 통해 얻은 데이터는 모양이 매끄럽지 못하고 울퉁불퉁하거나 과도한 vertex나 spike 등의 문제점이 나타나게 된다. 이러한 문제점을 해결하고 경계선을 매끄럽게 하기 위하여 과도한 vertex와 spike를 제거하여야 한다.
      또한 결과물에 Topology를 생성시키는 과정으로서 전체 객체를 점, 선, 면의 단위 원소로 분류하여 각각의 원소에 대하여 형상, 인접성, 계급성에 관한 정보를 파악하고 각각의 원소 간의 관계를 효율적으로 정리하는 단계이다.

28 지형 표현 방법 중 불규칙 삼각망 자료모형(TIN)에 대한 설명으로 옳은 것은?
[2013년 기사 2회]

① 표고값을 갖는 같은 크기의 격자들로 구성된 레이어이다.
② 지형 특성에 따라 자료의 적정 밀도가 변화한다.
③ 중첩분석이 쉽고 호환성이 뛰어나 표고모형 중 가장 널리 쓰인다.
④ 정사영상 제작에 적합하며 음영기복도 제작에는 부적합하다.

Answer 25 ④ 26 ③ 27 ② 28 ②

해설

불규칙 삼각망
(不規則三角網, Triangulated Irregular Network)
불규칙 삼각망은 불규칙하게 배치되어 있는 지형점으로부터 삼각망을 생성하여 삼각형 내의 표고를 삼각평면으로부터 보간하는 DEM의 일종이다. 벡터위상 구조를 가지며 다각형 Network를 이루고 있는 순수한 위상 구조와 개념적으로 유사하다.
㉠ 기복의 변화가 작은 지역에서 절점수를 적게 함
㉡ 기복의 변화가 심한 지역에서 절점수를 증가시킴
㉢ 자료량 조절이 용이하다.
㉣ 중요한 위상형태를 필요한 정확도에 따라 해석
㉤ 경사가 급한 지역에 적당하다.
㉥ 선형 침식이 많은 하천지형의 적용에 특히 유용하다.
㉦ 격자형 자료의 단점인 해상력 저하, 해상력 조절, 중요한 정보 상실 가능성 해소

29 수치지도의 등고선 레이어를 이용하여 수치지형모델을 생성할 경우 필요한 자료처리 방법은?
[2013년 기사 2회]

① 보간법　　② 일반화기법
③ 분류법　　④ 자료압축법

해설

보간이란 그 수가 유한한 관측치로부터 관측점 이외의 지점에 위치한 임의점에 대한 값을 추정하는 방법을 말한다. 즉, 구하고자 하는 점의 높이값을 그 주변의 주어진 자료와 좌표값으로부터 **보간함수**를 적용하여 추정 계산하는 것이다.

30 지리정보시스템의 이용 효과 중 거리가 먼 것은?
[2013년 기사 3회]

① 수치화된 자료에 대한 다양한 분석이 가능하다.
② DB 체계를 통하여 자료를 더욱 간편하게 사용하고 자료 입수도 용이하다.
③ 투자 및 조사의 중복을 극대화할 수 있다.
④ 수집한 자료는 다른 여러 자료와 유용하게 결합할 수 있다.

해설

지리정보 시스템의 이용 효과	① 수치화된 자료에 대한 다양한 분석이 가능하다. ② DB 체계를 통하여 자료를 더욱 간편하게 사용하고 자료 입수도 용이하다. ③ 투자 및 조사의 중복을 극소화할 수 있다. ④ 수집한 자료는 다른 여러 자료와 유용하게 결합할 수 있다. ⑤ 관리 및 처리 방안의 수립이 가능하다. ⑥ 효율적으로 관리할 수 있다.

31 디지타이징에 의한 수치지도 제작 시 발생할 수 있는 오차 유형이 아닌 것은?
[2013년 기사 3회]

① 종이지도 신축에 의한 위치 오차
② 세선화(Thinning) 과정에서의 형상 오차
③ 선분 교차점에서의 교차 미달(Undershooting) 현상
④ 인접 다각형의 경계선 중복 부분에서의 갭(gap) 발생

해설

디지타이징 및 벡터편집에서의 오류유형
① Undershoot(못미침)
② Overshoot(튀어나옴)
③ Spike(스파이크)
④ Sliver Polygon(슬리버 폴리곤)
⑤ 폴리곤 형성에서 라벨부여 오류
⑥ Overlapping(점·선의 중복)
⑦ Thinning

32 수치표고모델(DEM)만을 이용하여 할 수 있는 작업과 거리가 먼 것은?
[2013년 기사 3회]

① 음영기복도 제작
② 토지피복 분석
③ 가시도 분석
④ 물의 흐름방향 분석

Answer 29 ① 30 ③ 31 ② 32 ②

> **해설**
>
> 수치표고모델(DEM) 응용 분야
> ① 도로의 부지 및 댐의 위치 선정
> ② 수문 정보체계 구축
> ③ 등고선도와 시선도
> ④ 절토량과 성토량의 산정
> ⑤ 조경설계 및 계획을 위한 입체적인 표현
> ⑥ 지형의 통계적 분석과 비교
> ⑦ 경사도, 사면방향도, 경사 및 단면의 계산과 음영기복도 제작
> ⑧ 경관 또는 지형형성과정의 영상모의 관측
> ⑨ 수치지형도 작성에 필요한 표고정보와 지형정보를 다루는 속성
> ⑩ 군사적 목적의 3차원 표현

33 우리나라에서 용도지역지구의 관리를 포함한 도시계획업무를 지원하고 도시계획관련 각종 의사결정을 지원해주는 국가공간정보 응용 정보시스템은? [2012년 산업기사 3회]

① 온나라 ② LMIS
③ UPIS ④ KOPSS

> **해설**
>
> UPIS(Urban Planning Information System)
> 도시계획정보체계는 국민의 재산권과 밀접히 관련된 도시 내 토지의 필지별 도시계획정보(도로·공원지정 등)를 입안·결정·집행 등의 과정별로 전산화해 인터넷으로 투명하게 제공하고 행정기관의 도시계획과 관련한 의사결정을 지원하는 시스템이다. 이를 통해 국민은 자기 소유토지에 도로·공원 등이 들어서는지 등을 시·군·구청에 가지 않고도 인터넷을 통해 알 수 있게 된다.

34 자료의 수집 및 취득 시 지형공간정보체계를 이용함으로써 기대할 수 있는 효과에 대한 설명으로 거리가 먼 것은? [2012년 산업기사 3회]

① 투자 및 조사의 중복을 최소화할 수 있다.
② 분업과 합작을 통하여 자료의 수치화 작업을 용이하게 해준다.
③ 상호간의 자료 공유와 입수가 쉽지 않으므로 보안성이 좋아진다.
④ 자료기반과 전산망 체계를 통하여 자료를 더욱 간편하게 사용하게 한다.

> **해설**
>
> **지형공간정보체계의 특징 및 기대효과**
>
> | 특징 | 기대효과 |
> |---|---|
> | ① 대량의 정보를 저장하고 관리할 수 있어 복잡한 정보분석에 유용하다. | ① 정책 일관성 확보 |
> | ② 원하는 정보를 쉽게 찾아볼 수 있으며 복잡한 정보의 분류에 유용하다. | ② 최신정보 이용 및 과학적 정책결정 |
> | ③ 새로운 정보의 추가와 수정이 용이하다. | ③ 업무의 신속성 및 비용절감 |
> | ④ 지도의 축소 및 확대가 자유롭다. | ④ 합리적 도시계획 |
> | ⑤ 자료의 중첩을 통하여 종합적 정보의 획득이 용이하다. | ⑤ 일상 업무 지원 |
> | ⑥ 적합한 입지선정이 용이 | |

35 GIS에서 표준화가 필요한 이유에 대한 설명으로 거리가 먼 것은? [2013년 산업기사 2회]

① 서로 다른 기관 간 데이터의 복제를 방지하고 데이터의 보안을 유지하기 위하여
② 데이터의 제작 시 사용된 하드웨어(H/W)나 소프트웨어(S/W)에 구애받지 않고 손쉽게 데이터를 사용하기 위하여
③ 표준 형식에 맞추어 하나의 기관에서 구축한 데이터를 많은 기관들이 공유하여 사용할 수 있으므로

Answer 33 ③ 34 ③ 35 ①

④ 데이터의 공동 활용을 통하여 데이터의 중복 구축을 방지함으로써 데이터 구축비용을 절약하기 위하여

해설

표준화
표준이란 개별적으로 얻어질 수 없는 것들을 공통적인 특성을 바탕으로 일반화하여 다수의 동의를 얻어 규정하는 것으로 GIS표준은 다양하게 변화하는 GIS데이터를 정의하고 만들거나 응용하는 데 있어서 발생되는 문제점을 해결하기 위해 정의되었다. GIS 표준화는 보통 다음의 7가지 영역으로 분류될 수 있다.

표준화 요소
① Data Model의 표준화
② Data Content의 표준화
③ Data Collection의 표준화
④ Location Reference의 표준화
⑤ Data Quality의 표준화
⑥ Meta data의 표준화
⑦ Data Exchange의 표준화

36 수치표고모델(DEM)의 응용분야라고 보기 어려운 것은? [2013년 산업기사 3회]

① 아파트 단지별 세입자 비율 조사
② 가시권 분석
③ 수자원 정보체계 구축
④ 절토량 및 성토량 계산

해설

수치표고모델(DEM)의 응용분야
① 도로의 부지 및 댐의 위치 선정
② 수문 정보체계 구축
③ 등고선도와 시선도
④ 절토량과 성토량의 산정
⑤ 조경설계 및 계획을 위한 입체적인 표현
⑥ 지형의 통계적 분석과 비교
⑦ 경사도, 사면방향도, 경사 및 단면의 계산과 음영기복도 제작
⑧ 경관 또는 지형형성과정의 영상모의 관측

⑨ 수치지형도 작성에 필요한 표고정보와 지형정보를 다 이루는 속성
⑩ 군사적 목적의 3차원 표현

37 지리정보자료의 구축에 있어서 표준화의 장점이라 볼 수 없는 것은? [2013년 산업기사 3회]

① 경제적이고 효율적인 시스템 구축 가능
② 서로 다른 시스템이나 사용자 간의 자료 호환 가능
③ 자료 구축에 대한 중복 투자 방지
④ 불법복제로 인한 저작권 피해의 방지

해설

GIS의 표준화는 각기 다른 사용목적으로 구축된 다양한 자료에 대한 접근의 용이성을 극대화하기 위해 필요하다.

장점	요소
① 서로 다른 기관이나 사용자 간에 자료를 공유	① 데이터 모델의 표준화
② 자료구축을 위한 비용 감소	② 데이터 내용의 표준화
③ 사용자 편의 증진	③ 데이터 수집의 표준화
④ 자료구축의 중복성 방지	④ 데이터 질의 표준화
⑤ 경제적이고 효율적인 시스템 구축 가능	⑤ 위치기준의 표준화
⑥ 효율적 관리 및 활용	⑥ 메타데이트의 표준화
	⑦ 데이터 교환의 표준화

38 GIS에서 표준화가 필요한 이유로 가장 거리가 먼 것은? [2015년 산업기사 3회]

① 데이터의 공동 활용을 통하여 데이터의 중복구축을 방지함으로써 데이터 구축비용을 절약한다.
② 표준 형식에 맞추어 하나의 기관에서 구축한 데이터를 많은 기관들이 공유하여 사용할 수 있다.
③ 서로 다른 기관 안에 데이터 유출의 방지 및 데이터의 보안을 유지하기 위하여 필요하다.
④ 데이터 제작 시 사용된 하드웨어나 소프트웨어에 구애받지 않고 손쉽게 데이터를 사용할 수 있다.

Answer 36 ① 37 ④ 38 ③

해설
표준화 표준이란 개별적으로 얻어질 수 없는 것들을 공통적인 특성을 바탕으로 일반화하여 다수의 동의를 얻어 규정하는 것으로 GIS 표준은 다양하게 변화하는 GIS 데이터를 정의하고 만들거나 응용하는 데 있어서 발생되는 문제점을 해결하기 위해 정의되었다. GIS 표준화는 보통 다음의 7가지 영역으로 분류될 수 있다.

39 지리정보시스템(GIS)의 표준화에 대한 설명으로 옳지 않은 것은? [22년 기사 1회]

① SDTS는 GIS 표준 포맷의 예이다.
② 경제적이고 효율적인 GIS 구축이 가능하다.
③ 하나의 기관에서 구축한 데이터를 많은 기관들이 공유하여 사용할 수 있다.
④ 하드웨어(H/W)나 소프트웨어(S/W)에 따라 이용 가능한 포맷을 달리한다.

해설
공간자료교환형식(SDTS: Spatial Data Transfer Standard) 1. 공간자료교환형식의 개념 　공간자료교환형식은 국가지리정보체계에서 구성하고 있는 각각의 GIS 위식벡터 데이터형식의 처리정보교환을 위한 공통의 자료교환 형식이다. SDTS는 모든 종류의 공간자료들을 서로 변환할 수 있도록 하는 표준으로 우리나라에서는 정보통신부에서 표준분과위원회를 구성하여 한국표준을 제정하였다. 2. 공간자료교환형식의 특징 　① 자료의 공유로 비용이 감소하고 편리한 접근이 가능 　② 서로 다른 시스템 사이의 호환성(compatibility)과 운영방안을 제고하여 소프트웨어 비용절감, 작업 효율 향상, 적용성(applicability) 확대가능 　③ 작업의 요구에 따라 쉽게 이용되며 작업 흐름이 향상

40 국토교통부에서 제공하는 3차원 공간정보 서비스 오픈플랫폼의 명칭은? [22년 기사 1회]

① 브이월드
② 위성기준점서비스
③ 항공사진서비스
④ 구글 3D

해설
공간정보 오픈플랫폼(브이월드) 브이월드는 국토교통부가 2012년부터 인터넷으로 제공하고 있는 국가 공간 정보 서비스이다. 브이월드는 3차원 지도와 함께 국토관리, 지역개발, 농림, 해양수산 등 다양한 분야에서 공간정보를 제공하고 있다. 브이월드는 3D지도, 부동산, 토지 등 방대한 국가공간정보를 국민에게 제공하는 웹 기반의 오픈플랫폼이다. 구글지도보다 뛰어난 해상도를 자랑하는 3D 지도서비스뿐만 아니라 공시지가, 지적도 등 다양한 행정정보를 제공함으로써 국내 각 기관들에게 각광을 받고 있다 1. 목적 누구나 쉽게 공간정보를 활용하여 신산업을 창출할 수 있도록 국가공간정보를 통합하여 제공하는 오픈플랫폼 서비스가 필요

41 수치지도의 등고선 레이어를 이용하여 수치표고모델(DEM)을 생성할 경우 필요한 자료처리 방법은? [22년기사1회]

① 보간법
② 일반화 기법
③ 분류법
④ 자료압축법

해설
DEM 수치표고모델은 수치고도모델이라고도 하며 평면좌표(X,Y)와 높이(Z)를 관측하여 작성한다. 이 모델에서 사용

Answer 39 ④ 40 ① 41 ①

하는 높이값은 실제 공간이 아닌 순수한 땅의 높이를 가정한 지표의 표고이다. DEM은 공간상에서 건물과 나무와 같은 구조물과 인위적인 요소를 제외하고 지표면 자체에 나타난 연속적인 기복변화를 수치적으로 표현하여 모델링 한 것이다.
수치표고모델의 제작을 위해서 특정한 평면좌표(X,Y)에 해당하는 높이(Z)값을 지정하기 위하여 등고선의 높이값에서 보간법을 사용하여 높이값을 추정할 수 있다.

42 수치화된 공간정보 데이터의 관리 및 활용 편의를 위해 제공되는 데이터의 제작, 정의 및 이력과 관련된 정보를 무엇이라 하는가?

[22년 1회 측기]

① 헤더 데이터(header data)
② 오픈 데이터(open data)
③ 이력 데이터(history data)
④ 메타 데이터(meta data)

해설

메타데이터(meta data)
메타데이터(meta data)란 데이터에 관한 데이터로서 데이터의 구축과 이용 확대에 따른 상호 이해와 호환성의 폭을 넓히기 위하여 고안된 개념이다. 메타데이터는 데이터에 관한 다양한 측면을 서술하는 매우 중요한 자료로서 이에 관하여 표준화가 활발히 진행되고 있다. 미국 연방지리정보위원회(FGDC Federal Geographic Data Committee)에서는 디지털 지형공간 메타데이터에 관한 내용표준(Content Standard for Digital Geospatial Metadata)을 정하고 있는데 여기에서는 메타데이터의 논리적 구조와 내용에 관한 표준을 정하고 있다.
현재 메타데이터의 표준으로 사용되고 있는 것은 미국의 FGDC(Federal Geographic Data Committe)표준, ISO/TC211표준(International Organization for Standard)/Technical Committe 211:국제표준기구GIS 표준기술위원회), CEN/TC287(유럽표준화기구) 표준 등을 들 수 있다.

43 국가공간정보기반(NSDI)의 구성 요소가 아닌 것은?

[22년 기사 1회]

① 공간정보 기술
② 공간정보 관련 표준
③ 공간정보 방법
④ 공간정보 관련 법제도

해설

국가공간정보기반[National Spatial Data Infrastructure, 國家空間情報基盤]
국가적인 측면에서 공간정보를 취득, 처리, 저장, 배포하는데 필요한 정책, 기술 및 인적 자원 등에 대한 총체적인 개념으로 한국의 NSDI는 6개 요소로 구성된다.
① 기본공간데이터
② 공간정보 메타데이터 및 접근
③ 공간정보 표준
④ 공간정보 기술
⑤ 인적자원
⑥ 공간정보 활용 및 산업지원을 위한 법, 조직, 협력체계 등

44 불규칙삼각망(TIN)에 대한 설명으로 옳지 않은 것은?

[22년 기사 1회]

① 적은 자료로서 복잡한 지형을 효율적으로 나타낼 수 있다.
② 세 점으로 연결된 불규칙 삼각형으로 구성된 삼각망이다.
③ 격자구조로서 연결성이나 위상정보가 존재하지 않는다.
④ TIN모형을 이용하여 경사의 크기(gradient)나 경사의 방향(aspect)을 계산할 수 있다.

해설

불규칙삼각망(TIN ; Triangulated Irregular Network)
불규칙삼각망은 불규칙하게 배치되어 있는 지형점으로부터 삼각망을 생성하여 삼각형 내의 표고를 삼각평면으로부터 보간하는 DEM의 일종이다.
벡터위상구조를 가지며 다각형 Network를 이루고있는 순수한 위상구조와 개념적으로 유사하다.

Answer 42 ④ 43 ③ 44 ③

불규칙 삼각망의 특성
① 기복의 변화가 적은 지역에서 절점 수를 적게 하고 기복의 변화가 심한 지역에서 절점 수를 증가시킴으로써 데이터의 전체적인 양을 줄일 수 있다.
② 격자형 자료는 해상력이 낮아지는 데서 기인하는 중요한 정보의 상실 가능성과 해상력 조절의 어려움, 기준격자축 이외의 방향에 대한 연산의 어려움 등을 가지고 있는데 이같은 단점을 불규칙삼각망 구조에서 보완할 수 있다.
③ 자료파일 생성을 위해 처리과정이 복잡하다는 단점이 있으나 일단 TIN 파일이 생성된 후에는 효율적인 압축기법을 사용할 수 있다.
④ TIN은 격자보다 적은 데이터 용량을 이용하여 훨씬 정확하게 지형을 표현할 수 있으며 손쉬운 자료의 편집과 실시간 지표면의 모델링 등 다양한 기능을 제공한다.

45 지리정보시스템(GIS)의 DB구축 및 활용이 개인컴퓨팅 환경에 얽매이지 않고 웹(web)을 통해 사회 다수의 이용자에게 제공되는 GIS환경은? [22년 기사 1회]

① Institutional GIS   ② Internet GIS
③ GNSS   ④ Project GIS

해설

internet GIS (Web GIS)	인터넷 기술의 발전과 웹 이용의 엄청난 증가는 수많은 정보통신 분야에 새로운 길을 열어 주고 있으며 GIS에 있어서도 새로운 방향을 제시하였으며 인터넷 GIS는 인터넷의 WWW(World Wide Web) 구현 기술을 GIS와 결합하여 인터넷 또는 인트라넷 환경에서 지리정보의 입력, 수정, 조작, 분석, 출력 등의 작업을 처리하여 네트워크 환경에서 서비스를 제공할 수 있도록 구축된 시스템을 말한다. 인터넷GIS는 인터넷을 통한 공간정보의 유통을 위해 개발된 GIS환경으로 다른 자료원에서 구축된 자료를 인터넷을 통해 검색, 가공, 제공할 수 있다.

Mobil GIS	Mobil GIS는 휴대폰 Mobil 단말기 등 휴대용 단말기를 이용하여 언제 어디서나 공간과 관련되는 자료를 수집,저장,분석,출력할수 있는 컴퓨터 응용시스템이다. 모바일GIS는 별도의 시공간적 제약 없이 공간정보와 관련된 자료를 유무선 통신망을 이용하여 위치기반의 필요정보를 제공받을 수 있도록 개발된 GIS환경이다.
Professional GIS	Professional GIS 는 강력한 공간분석 기능과 지도제작 기능을 제공하므로 응용프로그램을 개발하는 개발도구로 사용되며 워크스테이션 이상의 플랫폼에서 운영된다.

46 수치표고모델(DEM)에 대한 설명으로 틀린 것은? [22년 기사 1회]

① 격자의 구성 상태에 따라 정규격자형과 불규칙격자형으로 구분할 수 있다.
② 불규칙삼각망은 모든 DEM 점들을 서로 연결하여 형성한 삼각형들의 집합체를 말한다.
③ 정규격자에 의한 등고선 작성은 격자점 사이에 급격한 경사지나 블록한 지형 혹은 오목한 지형이 있을 경우의 표현에 불규칙격자형보다 적합하다.
④ 정규격자형은 작업 지역을 일정한 간격으로 구분하여 각 모서리 점의 표고를 표시하는 방법이다.

해설

수치표고모형(Digital Elevation Model : DEM)
DEM은 지형의 연속적인 기복변화를 일정한 크기의 격자간격으로 표현한 것으로 공간상의 연속적인 기복변화를 수치적인 행렬의 격자형태로 표현한다. 수치표고모형은 표고데이터의 집합일 뿐만 아니라 임의의 위치에서 표고를 보간할 수 있는 모델을 말한다. 공간상에 나타난 불규칙한 지형의 변화를 수치적으로 표현하는 방법을 수치표고모형이라 한다. DEM은 규칙적인 간격

Answer 45 ② 46 ③

으로 표본지점이 추출된 래스터 형태의 데이터모델이다. DEM은 DTM중에서 표고를 특화한 모델이다. 급격한 지형변화가 있는 지역에 정규격자형보다 불규칙격자형을 사용하면 더욱 세밀하게 등고선을 작성할 수 있다.

47 우리나라의 3차원공간정보 서비스인 브이월드에서 제공하는 정보가 아닌 것은?
[22년 2기]

① 지적도
② 도로명주소건물
③ 3차원 건물 및 지형
④ 범죄발생지점 위치정보

해설

공간정보 오픈플랫폼(브이월드)
국토교통부에서 2012년부터 운영중인 2차원 및 3차원 공간정보 데이터를 API(Application Program Interface)방식으로 민간에 무료로 제공하는 공간정보 플랫폼으로 국토, 산업, 교통, 문화 등 다양한 분야에서 공간정보를 제공한다.
브이월드는 3D지도, 부동산, 토지 등 방대한 국가공간정보를 국민에게 제공하는 웹 기반의 오픈플랫폼이다. 구글지도보다 뛰어난 해상도를 자랑하는 3D 지도서비스 뿐만 아니라 공시지가,지적도 등 다양한 행정정보를 제공함으로써 국내 각 기관들에게 각광을 받고 있다.

48 종이지도를 수치화하는 과정에서 왜곡을 보정하기 위해 스캔한 데이터를 늘리거나 줄이는 것을 무엇이라 하는가?
[22년 2기]

① 와핑(warping)
② 벡터라이징(vectorizing)
③ 디지타이징(digitizing)
④ 포지셔닝(positioning)

해설

영상와핑 (image warping)	왜곡을 줄이거나 보정하기 위하여 영상을 늘리거나 줄이는 것
영상 페더링 (image feathering)	두개의 영상이 중첩된 지역에서 두 데이터 값을 섞어 하나의 데이터값에서 다른 데이터값으로 점진적으로 변화하게끔 하는 과정, 두 이미지 간의 접합점이 보이는 것을 감소시켜준다.
히스토그램 평활화 (histogram equalization)	좁은 영역에 분포하는 픽셀의 값을 모든 값에 골고루 분포하도록 재배치하여 영상의 집중도를 증대시키는 것
포지셔닝 (positioning)	마케팅 목표를 효과적으로 달성하기 위하여, 기업·제품·상표 등의 마케팅 대상이 잠재 고객들에게 긍정적으로 인식되도록 하는 일

49 메타데이터의 주요 역할과 가장 거리가 먼 것은?
[22년 2기]

① 데이터 셋이 특정한 목적에 적합한지에 관한 정보
② 데이터 셋의 자료처리 속도 향상에 관한 정보
③ 데이터 셋을 처리하고 사용하는데 필요한 정보
④ 현재 존재하는 자료의 상태(자료 모델, 품질, 시간적 유효성 등)를 문서화하는데 필요한 정보

해설

메타데이터의 특징

이력서	데이터에 대한 정보로서 데이터의 내용, 품질, 조건 및 기타 특성에 대한 정보를 포함하는 정보의 이력서, 즉 데이터의 이력서라 할 수 있다.

Answer 47 ④ 48 ① 49 ②

제공	① 메타데이터는 작성한 실무자가 바뀌더라도 변함없는 데이터의 기본 체계를 유지하게 함으로써 시간이 지나도 일관성 있는 데이터를 사용자에게 제공이 가능 ② 정보의 공유를 극대화하며 데이터의 원활한 교환을 지원하기 위한 프레임을 제공한다. ③ 데이터를 목록화(Indexing)하기 때문에 사용에 편리한 정보를 제공한다 ④ 정보공유의 극대화를 도모하며 데이터의 교환을 원활히 지원하기 위한 틀을 제공한다 ⑤ 최근에는 데이터에 대한 목록을 체계적이고 표준화된 방식으로 제공함으로써 데이터의 공유화를 촉진한다.
특징	① 대용량의 공간 데이터를 구축하는 데 비용과 시간을 절감할 수 있다. ② 데이터의 특성과 내용을 설명하는 일종의 데이터로서 데이터의 양이 방대하다. ③ 데이터의 직접적인 접근이 용이하지 않을 경우 데이터를 참조하기 위한 보조 데이터로서 많이 사용된다.

50 시간과 장소에 구애받지 않고 언제 어디서나 정보통신망에 접속하여 다양한 정보서비스를 활용할 수 있는 기술이나 환경을 뜻하는 용어는? [22년 2기]

① 빅데이터(big data)
② 증강현실(augmented reality)
③ 가상현실(virtual reality)
④ 유비쿼터스(ubiquitous)

해설

1. 유비쿼터스(Ubiquitous)
① 유비쿼터스는 '동시에 도처에 존재한다'('언제 어디에나 존재한다'라는 의미를 가지고 있는 라틴어이다.
② 사용자가 컴퓨터나 네트워크를 의식하지 않는 상태에서 장소에 구애 받지 않고 자유롭게 네트워크에 접속할 수 있는 환경을 의미한다.

2. Augmented Reality
증강현실(Augmented Reality, AR)은 눈으로 보는 현실세계와 부가적인 정보가 부여된 가상세계를 합쳐 하나의 영상으로 보여주는 가상현실의 하나로서 실세계에 3차원의 가상물체를 겹쳐서 보여주는 기술이다.

3. Virtual World
가상세계(Virtual World)는 현실과는 다른 공간, 시대, 문화적 배경, 등장인물, 사회 제도 등을 디자인해 놓고, 그 속에서 살아가는 메타버스기술이다.

51 다음 중 3차원 도시표현이 가능한 모델이 아닌 것은? [22년 2회 측기]

① CityGML
② ECW
③ 3DF-GML
④ KML

해설

ECW는 래스터 형식의 2차원 이미지 파일포멧이다.

1. GML (Geography Markup Language)
GML은 지리적 특성을 표현하기 위한 XML 문법이다. GML은 인터넷에서 지리 데이터 송수신을 위한 개방된 교환 포맷임과 동시에 지리데이터 시스템을 위한 모델링 언어로써 사용된다. 문법에 기반한 대부분의 XML과 같이 두 부분으로 나눠져 있다.

2. KML(Keyhole Markup Language)
KML은 현재 또는 미래의 웹 기반의 2차원과 3차원 브라우저에서 지리 데이터의 주기와 가시화를 위한 XML 기반의 스키마이다. KML은 Google 어스, Google 지도 및 기타 응용 프로그램에 표시하기 위해 점, 선, 이미지, 다각형 및 모델과 같은 지형 기능을 모델링하고 저장하기 위한 XML 문법 및 파일 형식이다.

3. ECW(영상압축):[Enhanced Compressed Wavelet]
ER-Mapper를 개발한 호주의 Earth Resource Mapping사에서 개발한 압축 형식이다. ECW는 평균 10:1~50:1 정도의 압축 효율을 보여주고, 특정한 영역의 선택적 압축 해제 기법을 사용하고 있어 기존의 압축 기법과는 다른 특징을 갖고 있다.

Answer 50 ④ 51 ②

52 도로명 또는 우편번호와 같은 GIS 데이터를 이용하여 경위도 또는 X, Y 등과 같은 좌표로 변환하는 것을 무엇이라고 하는가?

[21년 4회 측기]

① Geocoding
② GeoVisualization
③ Address Matching
④ Dynamic Segmentation

해설

지오코딩(Geocoding : 위치정보지정)
- 주소 또는 연결된 도로단편의 지리적 좌표를 도출하기 위해 도로주소 또는 다른 지리적 요소를 도로데이터자료에 대응하여 매치시키는 소프트웨어 프로세스
- 래스터 이미지를 고쳐 실세계 지도 투영이나 좌표계에 일치시키는 처리. 지리좌표(경위도 혹은 직각좌표)를 GIS에서 사용 가능하도록 X-Y의 디지털 형태로 만드는 과정. 좌표계를 갖지 않은 요소(예를 들어 도로체계로 표현되는 주소)에 위치를 부여하는 작업 등
- 지리 좌표(경위도 혹은 직각 좌표)를 지리 정보 시스템(GIS)이나 컴퓨터로 사용 가능하도록 X-Y의 디지털 형태로 만드는 과정. 좌표계를 갖지 않은 도로에 위치를 부여하는 작업 등이 그 예이다.

53 사물인터넷(internet of things)의 정의로 가장 적합한 것은?

[21년 4회 측기]

① 인공지능 컴퓨터와 로봇에 의하여 사람의 노동력이 최소화 될 수 있도록 하는 기술이나 환경
② 시간과 장소에 구애받지 않고, 언제 어디서나 원하는 정보에 접근할 수 있는 기술이나 환경
③ 세상에 존재하는 유형 혹은 무형의 객체들이 다양한 방식으로 서로 연결되어 새로운 서비스를 제공하는 기술이나 환경
④ GNSS와 GIS를 결합하여 4차원 정보관리를 할 수 있는 기술이나 환경

해설

Internet of Things
사물인터넷(Internet of Things)은 세상에 존재하는 유형 혹은 무형의 객체들이 다양한 방식으로 서로 연결되어 개별 객체들이 제공하지 못했던 새로운 서비스를 제공하는 것을 말한다. 사물인터넷(Internet of Things)은 단어의 뜻 그대로 '사물들(things)'이 '서로 연결된(Internet)' 것 혹은 '사물들로 구성된 인터넷'을 말한다. 기존의 인터넷이 컴퓨터나 무선 인터넷이 가능했던 휴대전화들이 서로 연결되어 구성되었던 것과는 달리, 사물인터넷은 책상, 자동차, 가방, 나무, 애완견 등 세상에 존재하는 모든 사물이 연결되어 구성된 인터넷이라 할 수 있다.

54 메타데이터에 대한 설명 중 옳지 않은 것은?

[21년 4회 측기]

① 공간자료 호환을 위한 표준 포맷을 의미한다.
② 데이터에 대한 특성과 내용을 설명한다.
③ 데이터의 검색을 위한 참조자료로 이용된다.
④ 지리정보시스템(GIS) 자료의 원활한 공급과 활용을 위해 필요하다.

해설

메타데이터(meta data)
메타데이터란 데이터에 대한 데이터를 의미하는 것으로 정보의 내용, 품질, 조건 및 기타 특성을 기술하는 정보로서 수치공간정보의 중복생산을 방지하고 수많은 사용자들 사이의 원활한 정보유통을 위하여 표준화를 실시하고 있으며, 데이터의 내용에도 표준화를 지원한다.

55 공간정보를 효과적으로 표현하기 위한 방법으로 복잡한 공간정보를 약속된 형태로 단순화하여 표현하는 방법은?

[21년 2기]

① 심볼화   ② 체계화
③ 수치화   ④ 최소화

Answer 52 ① 53 ③ 54 ① 55 ①

해설

symbol(기호, 부호, 도식기호(圖式記號))
지형, 지물을 지도상에 표시하기 위하여 정해놓은 기호

심볼화
공간정보를 효과적으로 표현하기 위한 방법으로 복잡한 공간정보를 약속된 형태로 단순화하여 표현하는 방법

해설

공간정보 오픈플랫폼(브이월드)
브이월드는 3D지도, 부동산, 토지 등 방대한 국가공간정보를 국민에게 제공하는 웹 기반의 오픈플랫폼이다. 구글지도보다 뛰어난 해상도를 자랑하는 3D 지도서비스뿐만 아니라 공시지가, 지적도 등 다양한 행정정보를 제공함으로써 국내 각 기관들에게 각광을 받고 있다.

56 수치지도 제작에 사용되는 용어에 대한 설명으로 틀린 것은? [21년 2기]

① 좌표는 좌표계 상에서 지형·지물의 위치를 수학적으로 나타낸 값을 말한다.
② 도곽은 일정한 크기에 따라 분할된 지도의 가장자리에 그려진 경계선을 말한다.
③ 메타데이터(metadata)는 작성된 수치지도의 결과가 목적에 부합하는지 여부를 판단하는 기준 데이터를 말한다.
④ 수치지도작성은 각종 지형공간정보를 취득하여 전산시스템에서 처리 할 수 있는 형태로 제작 또는 변환하는 일련의 과정이다.

해설

메타데이터(metadata)
작성된 수치지도의 체계적인 관리와 편리한 검색·활용을 위하여 수치지도의 이력 및 특징 등을 기록한 자료를 말한다.

57 우리나라 국토교통부에서 2012년부터 OpenAPI 방식으로 3차원 공간정보를 서비스하고 있는 시스템은? [21년 2회 측기]

① 케이오픈맵
② 브이월드
③ 구글맵
④ 오픈스트리트맵

58 유비쿼터스(ubiquitous)의 정의로 가장 적합한 것은? [21년 2측기]

① 시간과 장소에 구애받지 않고 언제 어디서나 원하는 정보에 접근할 수 있는 기술이나 환경
② 인공지능 컴퓨터와 로봇에 의하여 사람의 노동력이 최소화 될 수 있는 기술이나 환경
③ 사람들이 편안하고 행복하게 살 수 있는 복지사회 구현을 위한 이상적 기술이나 환경
④ GNSS와 GIS를 결합하여 4차원 정보관리를 할 수 있는 기술이나 환경

해설

유비쿼터스(Ubiquitous)
① 유비쿼터스는 '동시에 도처에 존재한다' 라는 의미를 가지고 있는 라틴어이다.
② 사용자가 컴퓨터나 네트워크를 의식하지 않는 상태에서 장소에 구애 받지 않고 자유롭게 네트워크에 접속할 수 있는 환경을 의미한다.
③ 유비쿼터스화는 유비쿼터스 컴퓨팅과 유비쿼터스 네트워크를 기반으로 물리공간을 지능화함과 동시에 물리공간에 펼쳐진 각종 사물들을 네트워크로 연결시키려는 노력으로 정의할 수 있다.

59 OGC Web Service(OWS) 중 WPS(Web Processing Service)에서 지원하는 연산(Operation)이 아닌 것은? [21년 2회 측기]

① GetCapabilities
② DescribeProcess
③ GetCoverage
④ Execute

Answer 56 ③ 57 ② 58 ① 59 ③

해설

WPS Operation

요청	응답	설명
GetCapabilities	XML	서비스 가능한 Process에 대한 메타정보를 XML로 반환
DescribeProcess	XML	Process에 대한 상세정보(input, output, 사용가능 포맷 등) 제공
Execute	XML	WPS가 제공하는 프로세스들 중 하나를 실행하고 결과를 반환

60 위성영상의 전반에 걸쳐 불규칙한 잡음(speckle noise)이 발생하여 이를 보정하고자 할 때, 다음 중 가장 적합한 방법은?
[21년 1회 측기]

① 밴드간 비연산처리
② 공간필터링
③ 히스토그램 확장
④ 주성분 분석 변환

해설

공간필터링
필터링이란 격자데이터에 생긴 여러 형태의 잡음(Noise)을 윈도우(필터)를 이용하여 제거하고, 연속적이지 않은 외곽선을 연속적으로 이어주는 영상처리의 과정이다.

61 구축한 지리정보시스템(GIS) 데이터의 품질을 검사하기 위해서는 데이터를 샘플링 하여야 한다. 모집단을 보다 동질적인 몇 개의 층으로 나누고 이러한 가증으로부터 단순 무작위 표본 추출을 하는 방법은? [21년 1회 측기]

① 단순 무작위 샘플링 (simple random sampling)
② 계통 샘플링 (systematic sampling)
③ 층화 계통 비정렬 샘플링(stratified systematic unaligned sampling)
④ 층화 무작위 샘플링(stratified random sampling)

해설

층화 무작위 샘플링(stratified random sampling)
층화추출법(層化抽出法, Stratified sampling)은 모집단을 먼저 중복되지 않도록 층으로 나눈 다음 각 층에서 표본을 추출하는 방법이다. 층을 나눌 때 층내는 동질적(homogeneous), 층간은 이질적(heterogeneous) 특성을 가지도록 하면 적은 비용으로 더 정확한 추정을 할 수 있으며, 전체 모집단뿐만 아니라 각 층의 특성에 대한 추정도 할 수 있다는 장점이 있다. 각 층으로부터 표본을 추출할 때 단순임의 추출방법을 쓸 수도 있고 계통추출법(systematic sampling) 등 다른 추출방법을 쓸 수도 있다. 또 필요에 따라 각 층을 다시 하위층으로 나누어 추출하는 다단계 층화 추출을 하기도 한다.

62 최근 발전하고 있는 기술 및 서비스 분야 중 지리정보시스템(GIS)과 직접적인 관련성이 가장 적은 것은? [21년 1회 측기]

① ITS(intelligent transport system)
② NFC(near field communication)
③ LBS(location based service)
④ Telematics

해설

LBS
LBS는 휴대폰, PDA 등 다양한 정보단말의 위치를 인식하여 사용자의 위치와 관련된 정보를 제공하는 서비스로 정의될 수 있다.

Answer 60 ③ 61 ④ 62 ②

지능형교통체계(ITS)
지능형교통체계는 도로, 차량, 신호시스템 등 기존 교통체계의 구성요소에 전자, 제어, 통신 등 첨단기술을 접목시켜 교통시설의 효율을 높이고, 안전을 증진하기 위한 차세대 교통 시스템이다.

텔레메틱스(Telematics)
자동차와 무선통신을 결합한 새로운 개념의 차량 무선인터넷 서비스

NFC(near field communication)
가까운 거리에서 무선데이터를 주고 받는 통신기술이다.

63 지리정보자료의 내용이나 품질, 상태, 제작시점, 제작자, 소유권자, 좌표체계 등 특성에 관한 제반사항을 나타내는 부가 자료는?

[21년 1회 측기]

① 메타데이터
② 속성데이터
③ 공간데이터
④ 이력데이터

〔해설〕

메타데이터(meta data)
메타데이터(meta data)란 데이터에 관한 데이터로서, 데이터의 구축과 이용 확대에 따른 상호 이해와 호환의 폭을 넓히기 위하여 고안된 개념이다. 메타데이터는 데이터에 관한 다양한 측면을 서술하는 매우 중요한 자료로서 이에 관하여 표준화가 활발히 진행되고 있다.

64 수치지도에서 단일 식별자(UFID: unique feature identification)의 활용에 대한 설명으로 옳지 않은 것은? [21년 1회 측기]

① 구체적인 지형·지물의 변경에 관한 최신 정보를 다양한 사용자들로부터 얻을 수 있다.
② 지형·지물에 대한 최신 정보를 다른 축척의 데이터에서 제공되는 동일한 지형·지물의 변경을 바로 연계시켜 전달해 줄 수 있다.
③ 사용자가 일부 처리 작업한 공간데이터를 완전히 대체시키는 것이 아니라 최신 내용만을 변경할 수 있게 해준다.
④ 데이터에 대한 일관성이 높아지고 모든 변경사항의 역추적을 방지할 수 있다.

〔해설〕

지형지물 전자식별자(UFID)
지형지물 전자식별자(UFID)는 개별적으로 관리되는 지형지물에 대해 위치정보, 도로, 건물, 하천 등의 지형지물 종류, 지형지물 관리기관, 기타 속성 정보 등을 나타내는 유일한 단일식별자를 부여함으로써, 도로, 건물 등의 인공적 지형지물과 하천 등의 자연적 지형지물을 포괄하는 모든 지형지물을 체계적으로 관리 및 활용할 수 있도록 해준다.

Answer   63 ①   64 ④

ENGINEER SURVEYING GEO-SPATIAL INFORMATION

PART 05

측량학

CHAPTER 01   거리측량
CHAPTER 02   수준측량
CHAPTER 03   트랜싯(각) 측량
CHAPTER 04   트래버스 다각측량
CHAPTER 05   삼각/삼변측량
CHAPTER 06   지형측량(Topographic Surverying)
CHAPTER 07   측량관련법규

CHAPTER 01 거리측량

제1절 개요

거리측량은 두 점간의 거리를 직접 또는 간접으로 측량하는 것을 말한다. 측량에서 말하는 거리는 수평거리(D), 경사거리(L), 수직거리(H)이며, 경사거리를 관측하여 수평거리로 환산하여 사용한다.

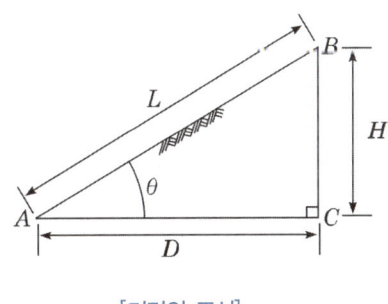

[거리의 표시]

제2절 분류

1 직접 거리측량

줄자(Tape), 체인(Chain), 보측(By Pacing), 측간(Measuring Rope) 등으로 직접 거리를 관측하는 것을 말한다.

2 간접 거리측량

수평표척(Substance Bar), 평판 앨리데이드, 음측, 시거법, 직교기선법, 전자파거리측정법, 초장기선 전파간섭계(VLBI), 사진측량, GPS 등이 있다.

제3절 기계

1 줄자(Tape)

(1) 인바 테이프(Invar Tape)

테이프 중 정밀도가 가장 높으며 삼각측량의 기선관측에 사용된다.

(2) 강철 테이프(Steel Tape)

정밀한 거리측량에 사용된다.

(3) 베줄자(Cloth Tape)

간단한 거리측량에 사용되며 신축이 심하여 정밀측량에는 부적당하다.

(4) 대자(죽척)

온도나 습기에 대한 신축 오차가 작아서 주로 습지나 늪지에서 주로 사용된다.

② 체인(Chain)

1link = 20cm, 1Chain = 100link(20m)

③ 폴울(pole)

측점의 표시, 측선의 방향결정, 측선의 연장 등에 사용된다.

④ 보측계(보수계 : Pedemeter)

원거리 측정 시 이용되며, 정밀도는 1/50~1/100 정도를 얻을 수 있다.

⑤ 초장기선 전파간섭계(V.L.B.I)

지구상에서 1,000~10,000km 정도 떨어진 거리를 한 조의 전파계를 설치하여, 전파원으로부터 나온 전파를 수신하여 2개의 간섭계에 도달한 전파의 시간차를 관측하여 거리를 측정한다.

⑥ 토털 스테이션(total station)

각도와 거리를 함께 측정할 수 있는 측량기로 전자식 데오돌라이트(electronic theodolite)와 광파측거기(EDM : electro-optical instruments)가 하나의 기기로 통합되어 있어 측정한 자료를 빠른 시간 안에 처리하고 결과를 출력하는 전자식 측거·측각기이다. 종류에는 광파측거기에 측각 기능을 부가한 광파측거기 주체형과 광학식 데오돌라이트에 광파측거기를 부착한 광학식 세오돌라이트 주체형, 전자식 데오돌라이트에 광파측거기를 부착한 전자식 세오돌라이트 주체형이 있다.

(1) 특징

① 전자식 데오돌라이트(electronic theodolite)와 광파측거기(EDM : electro-optical instruments)가 하나의 기기로 통합되어 있어 측정한 자료를 빠른 시간 안에 처리하고 결과를 출력하는 전자식 측거·측각기이다.

② 거리·수평·연직각을 동시에 관측할 수 있다.
③ 관측된 데이터가 자동적으로 저장되고 지형도 제작이 가능하다.
④ 정확하고 재빠른 측정이 가능하다.

(2) 구조

① 구조는 망원경의 상하 이동으로 생기는 연직각을 측정하는 연직각 검출부
② 본체의 좌우 회전으로 생기는 수평각을 측정하는 수평각 검출부
③ 본체의 중심부에서 프리즘까지의 거리를 측정하는 거리측정부
④ 본체의 수평을 측정하고 보정하는 틸팅 센서의 4가지 구조로 되어 있다.

(3) 종류

① 토털 스테이션의 종류로는 광파측거기에 측각 기능을 부가한 광파측거기 주체형
② 광학식 데오돌라이트에 광파측거기를 부착한 광학식 데오돌라이트 주체형
③ 전자식 세오돌라이트에 광파측거기를 부착한 전자식 데오돌라이트 주체형이 있다.

7 전자파 거리측량(EDM : Electromagnetic Distance Measurement)

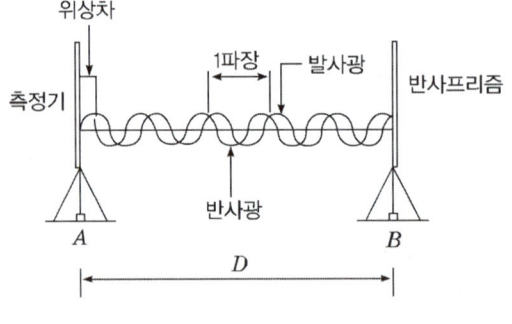

[전자파 거리측정기의 원리]

1) 광파거리측량기

측점에서 세운 기계로부터 발사하여 이것을 목표점의 반사경에서 반사하여 돌아오는 반사파의 위상과 발사파의 위상차로부터 거리를 구하는 기계

2) 전파거리측량기

측점에 세운 주국으로부터 목표점의 종국에 대한 극초단파를 변조 고주파로 하여 반사하고 되돌아오는 반사파의 위상과 발사파의 위상차로부터 거리를 구하는 기계

3) 전자파 거리측량기 보정

굴절률에 영향을 주는 온도, 기압, 습도보정과 경사보정 등을 한다.

4) 전자파 거리측량기 오차

(1) 거리에 비례하는 오차 : 광속도의 오차, 광변조 주파수의 오차, 굴절률의 오차

(2) 거리에 비례하지 않는 오차 : 위상차 관측의 오차, 기계 정수 및 반사경 정수의 오차

5) 광파거리측량기와 전파거리측량기의 비교

항목	광파거리측량기	전파거리측량기
정확도	±(5mm+5ppm)	±(15mm+5ppm)
특징	① 정확도가 높다. ② 데오돌라이트나 트랜싯에 부착하여 사용 가능하며, 무게가 가볍고 조작이 간편하고 신속하다. ③ 안개, 비, 눈 등의 기상조건에 대한 영향을 받는다.	① 안개, 비, 눈 등의 기상조건에 대한 영향을 받지 않는다. ② 장거리 측정에 적합 ③ 움직이는 장애물, 지면의 반사파 등의 영향을 받는다.
최소조작인원	1명(목표점에 반사경 설치했을 경우)	2명(주국, 종국 각 1명)
관측가능거리	단거리용 : 5km 이내 중거리용 : 60km 이내	장거리용 : 30~150km
조작시간	한 변 10~20분	한 변 20~30분

8 수평표척(Substence bar)

수직표척의 눈금이 잘 보이지 않을 경우에 사용하며, 거리가 멀어지면 측각의 정밀도가 크게 떨어지므로 정밀관측에서는 거의 사용하지 않는다.

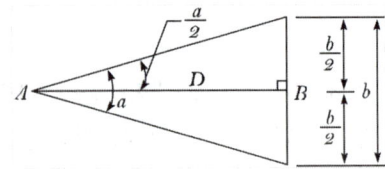

[수평표척]

$$D = \frac{\frac{b}{2}}{\tan\frac{a}{2}} = \frac{b}{2}\cot\frac{a}{2}$$

D : 수평거리 b : 수평표척의 길이
a : 수평 표척 양끝을 시준한 사잇각(수평각)

1) 거리관측 정밀도에 영향을 주는 것

(1) 트랜싯각 관측 정도

트랜싯으로는 높은 정밀도를 기대할 수 없으므로 정확한 값을 얻으려면 1″ 읽기 데오돌라이트로 여러 번 반복하여 평균값을 사용

9 NNSS, GPS의 비교

항목	N.N.S.S (Navy Navigation Satellite System)	G.P.S(Global Positioning System)
개발시기	1950년대(1964년 실용화)	NNSS의 개량 발전형(1973년대)
궤 도	극궤도운동	원궤도운동
고 도	약 1,075km	약 20,183km
거리관측법	인공위성전파의 도플러 효과 이용	전파의 도달소요시간 이용 (위성으로부터 거리관측)
이용좌표계	WGS-72	WGS-84
구 성	위성 5개	총 위성 31개(6개의 궤도에 4개씩의 위성을 가지고 있으며 보조위성 7개 포함)
정확도	수 m	$10^{-6} \sim 10^{-7}$
응 용	선박의 항법, 측지기준점	• 범세계 위치결정체계 • 3차원 위치결정 가능 • 선박, 항공기, 로켓의 항법원조, 지각변동의 관측 등

1) GPS

정확한 위치를 알고 있는 위성에서 발사된 전파를 수신하여 관측점까지의 소요시간을 관측함으로써 관측점의 위치를 결정

2) GPS의 특징

(1) 고정밀도 측량이 가능하다.

(2) 날씨에 영향을 받지 않으며, 야간 관측도 가능하다.

(3) 장거리 측량에 이용된다.

(4) 관측점 간의 시통이 필요하지 않다.

제4절 거리측량방법

1 거리의 약측법

1) 보측

(1) 가장 간단한 방법

(2) 수평거리(D) : 보폭 × 보수

2) 음측

수평거리(D) : $V \times t$ 여기서, $V = (331 \pm 0.6 \cdot S)$

3) 시각에 의한 방법

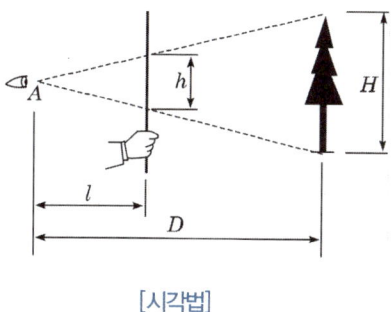

[시각법]

비례식으로 $H : D = h : l$ ∴ $D = \dfrac{l}{h} H$

4) 앨리데이드에 의한 방법

② 직접 거리측량

1) 평지에서의 거리측량

A, B 두 점간의 수평거리를 줄자 or 전자기파 거리측량기(EDM) 등으로 관측하는 방법

2) 경사지에서의 거리측량

(1) 비탈거리(L)를 측정하여 수평거리(D)로 환산하는 방법

① L과 θ를 측정했을 경우
$$D = L\cos\theta$$
② L과 H를 측정했을 경우
$$D = \sqrt{L^2 - H^2} = L - \dfrac{H^2}{2L}$$

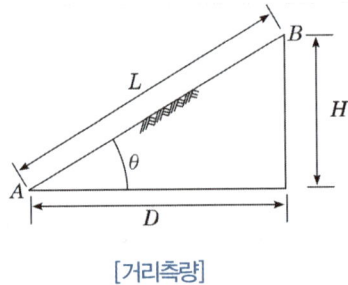

[거리측량]

3) 장애물이 있을 때의 거리측량

(1) 두 측점에 접근할 수 있을 때

△ABC∽△CDE 이므로

△$AB : DE = BC : CD$ ∴ $AB = \dfrac{BC}{CD} \times DE$

또는 $AB : DE = AC : CE$ ∴ $AB = \dfrac{AC}{CE} \times DE$

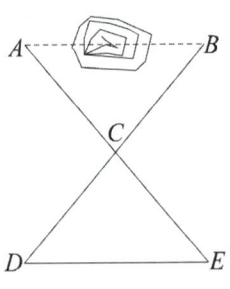

(2) 두 측점 중 한 측점에만 접근이 가능한 경우

$$\triangle ABC \backsim \triangle BCD$$

$$AB : BC = BC : BD \quad \therefore AB = \frac{BC^2}{BD}$$

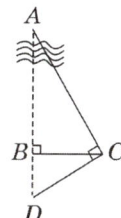

(3) 두 측점에 접근이 곤란한 경우

① $AB : CD = AP : CP$

$$\therefore AB = \frac{AP}{CP} \times CD$$

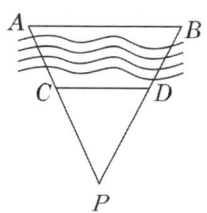

제5절 거리측량 순서

1 측량 순서

계획 → 답사 → 선점 → 골격측량 → 세부측량 → 계산

2 골격측량

측점과 측점 사이의 관계위치를 정하는 작업

[골격측량의 특징 및 방법]

구 분	특 징	관측방법
방사법	측량 구역 내에 장애물이 없고 한 측점에서 각 측점의 위치를 결정하는 방법이며 좁은 지역의 측량에 이용	
삼각구분법	측량 구역에 장애물이 없고 투시가 잘 되며 소규모지역에 이용	
수선구분법	측량구역의 경계선상에 장애물이 있을 때 이용하는 방법	
계선법 (전진법)	측량구역의 면적이 넓고 중앙에 장애물이 있을 때 적당하며 대각선 투시가 곤란할 때 이용하는 방법이다.	

3 세부측량

(1) 지거측량

① 측정하려고 하는 어떤 한 점에서 측선에 내린 수선의 길이를 지거라고 한다.
② 지거는 되도록 짧아야 한다.
③ 일반적으로 수직거리를 이용하며 정밀을 요할 때는 사지거를 이용한다.

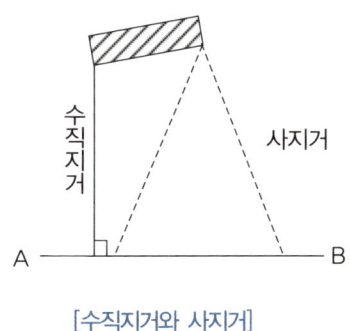

[수직지거와 사지거]

제6절 거리측량의 오차 및 보정

1 관측값과 기준값의 차이에 따른 오차의 분류

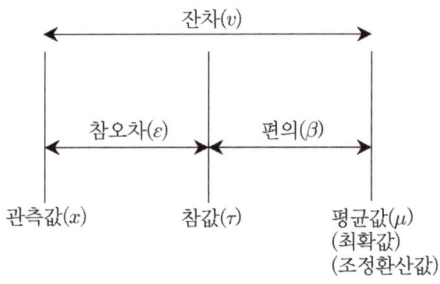

참오차(Ture Error)	측량에서는 참값은 존재는 하나 계산할수 있거나 절대 알수 있는 것이 아니기 때문에 참오차도 계산 할수 없다. 참값은 계산할수 없으나 잔차는 계산할수 있다. 그러므로 측량에서는 오차 대신에 잔차(편차)를 사용한다 $$\varepsilon = x - \tau (관측값 - 참값)$$
잔차(Residual Error)	최확값은 참값에 가까운 값으로 조정환산값이라고도 한다 $$v = x - \mu (관측값 - 최확값)$$
편의(Bias)	$\beta = \mu - \tau (최확값 - 참값)$
평균(Mean)	자료 전체의 특징을 하나의 수로 나타낸 것을 이 자료의 대푯값이라고 한다. 대표값에는 평균, 중앙값, 최빈값이 있으나 이중에서 가장많이 쓰이는 것이 평균이다 $$평균(m) = \frac{x_1 + x_2 + x_3 + \cdots x_n}{n} = \frac{1}{n}\sum x_i$$

분산(σ^2) (variance)	각 측정값(x)을 평균값(μ)에서 뺀 잔차(v)를 각각 제곱한 후 더해서 산술 평균 한 값. 즉 잔차의 제곱의 합을 산술 평균한값 (n-1나누는 이유는 n개의 측정값 중 참값을 모르기 때문에 n 개중 1개를 최적 값으로 사용하고 n-1개에 대해서 평균 분산을 구한 것으로 이해하여 n-1로 나눈것을 의미한다,즉 표본관측값의 수 n으로 나눠주면 모집단의 분산 정도를 실제보다 작게 나타나게 되므로 과소평가되는 경향을 갖기 때문이다) $$\sigma^2 = \pm \frac{[vv]}{n-1}$$
평균제곱근오차 (RMSE: Root Mean Square Error)	밀도함수(정규분포곡선 전체면적)의 68.26% 잔차의 제곱을 산술평균한 값(분산)의 제곱근 평균제곱근오차는 표준편차와 같은 의미로 사용 $$\sigma = \pm \sqrt{\frac{[vv]}{n-1}}$$
표준편차 (Standard Deviation)	표준편차는 얼마나 흩어진 정도를 숫자로 표시한 것.(산포도) 독립관측값의 정밀도의 척도로 분산의 제곱근 $$\sigma = \pm \sqrt{\frac{[vv]}{n-1}}$$
표준오차 (Standard Error)	조정환산값(평균값)의 정밀도의 척도로 표준편차를 관측횟수의 제곱근($\sqrt{n}$)으로 나눈 값. 즉, 표본평균값들에 대한 표준편차는 단 측정에 대한 표준편차를 $\sqrt{n}$ 으로 나눈 값과 같다.이 값을 표준오차 또는 평균에 대한 표준오차라 한다 $$\sigma_m = \pm \frac{\sigma}{\sqrt{n}} = \pm \sqrt{\frac{[vv]}{n(n-1)}}$$
확률오차 (Probable Error)	밀도함수(정규분포곡선 전체면적)의 50%(표준편차의 67.45%) $$\gamma = \pm 0.6745 \sqrt{\frac{[vv]}{n(n-1)}}$$

② 오차의 종류

1) 정오차(Constant Error : 누적오차, 누차, 고정오차)

(1) 일정한 크기와 일정한 방향으로 생기는 오차로서 오차의 원인이 분명하며 측량 후 조정이 가능하다.

(2) 정오차는 측정횟수에 비례한다.
$E_1 = a \cdot n$ (E_1 : 정오차, a : 1회 측정 시 정오차, n : 측정(관측) 횟수)

2) 우연오차(Accidental Error : 부정오차, 상차, 우차)

(1) 오차의 발생 원인이 불명확한 오차로서 서로 상쇄되기도 하므로 상차라고도 한다.
(2) 최소제곱법에 의한 확률 법칙에의 추정이 가능하다.
(3) 우연오차는 측정 횟수의 제곱근에 비례한다.

$$E_2 = \pm b\sqrt{n} \quad (b : 우연오차, \ n : 측정(관측) 횟수)$$

3) 착오(Mistake : 과실)

관측자의 부주의에 의해서 발생하는 오차로서 기록 및 계산의 잘못, 눈금 읽기의 잘못, 숙련 부족 등을 말한다.

3 관측값의 처리

1) 평균제곱근 오차와 확률오차

(1) **경중률**(무게 : P) : 관측값의 신뢰정도를 표시하는 값

① 경중률은 관측횟수(n)에 비례한다.
$$(P_1 : P_2 : P_3 = n_1 : n_2 : n_3)$$

② 경중률은 평균제곱오차(m)의 제곱에 반비례한다.
$$(P_1 : P_2 : P_3 = \frac{1}{m_1^2} : \frac{1}{m_2^2} : \frac{1}{m_3^2})$$

③ 경중률은 정밀도(R)의 제곱에 비례한다.
$$(P_1 : P_2 : P_3 = R_1^2 : R_2^2 : R_3^2)$$

④ 직접수준측량에서 오차는 노선거리(S)의 제곱근($\sqrt{S}$)에 비례한다.
$$(m_1 : m_2 : m_3 = \sqrt{S_1} : \sqrt{S_2} : \sqrt{S_3})$$

⑤ 직접수준측량에서 경중률은 노선거리(S)에 반비례한다.
$$(P_1 : P_2 : P_3 = \frac{1}{S_1} : \frac{1}{S_2} : \frac{1}{S_3})$$

⑥ 간접수준측량에서 오차는 노선거리(S)에 비례한다.

$$(m_1 : m_2 : m_3 = S_1 : S_2 : S_3)$$

⑦ 간접수준측량에서 경중률은 노선거리(S)의 제곱에 반비례한다.

$$(P_1 : P_2 : P_3 = \frac{1}{S_1^2} : \frac{1}{S_2^2} : \frac{1}{S_3^2})$$

2) 최확값, 평균제곱근 오차, 확률오차, 정밀도 산정

구 분 항 목	경중률(P)이 일정한 경우 (경중률을 고려하지 않은 경우)	경중률(P)이 다른 경우 (경중률을 고려한 경우)
최확값(L_0)	$L_0 = \dfrac{l_1 + l_2 + \cdots + l_n}{n}$ $= \dfrac{[l]}{n}$	$L_0 = \dfrac{P_1 l_1 + P_2 l_2 + \cdots + P_n l_n}{P_1 + P_2 \cdots + P_n}$ $= \dfrac{[Pl]}{[P]}$
평균제곱근오차, (중등표준) 오차(m_0)	① 1회 관측(개개의 관측값)에 대한 $m_0 = \pm \sqrt{\dfrac{VV}{n-1}}$ ② n개의 관측값(최확값)에 대한 $m_0 = \pm \sqrt{\dfrac{VV}{n(n-1)}}$	① 1회 관측(개개의 관측값)에 대한 $m_0 = \pm \sqrt{\dfrac{PVV}{n-1}}$ ② n개의 관측값(최확값)에 대한 $m_0 = \pm \sqrt{\dfrac{PVV}{[P](n-1)}}$
확률오차(r_0)	① 1회 관측(개개의 관측값)에 대한 $r_0 = \pm 0.6745 \cdot m_0$ ② n개의 관측값(최확값)에 대한 $r_0 = \pm 0.6745 \cdot m_0$	① 1회 관측(개개의 관측값)에 대한 $r_0 = \pm 0.6745 \cdot m_0$ ② n개의 관측값(최확값)에 대한 $r_0 = \pm 0.6745 \cdot m_0$
정밀도(R)	① 1회 관측(개개의 관측값)에 대한 $R = \dfrac{m_0}{l}$ or $\dfrac{r_0}{l}$ ② n개의 관측값(최확값)에 대한 $R = \dfrac{m_0}{L_0}$ or $\dfrac{r_0}{L_0}$	① 1회 관측(개개의 관측값)에 대한 $R = \dfrac{m_0}{l}$ or $\dfrac{r_0}{l}$ ② n개의 관측값(최확값)에 대한 $R = \dfrac{m_0}{L_0}$ or $\dfrac{r_0}{L_0}$

> **⚠ 기본부터 알고 넘어가기**
>
> (1) 최확값
>   측량을 반복하여 참값(정확치)에 도달하는 값
>
> (2) 평균제곱근 오차(표준오차, 중등오차)
>   잔차의 제곱을 산술평균한 값의 제곱근을 평균제곱근 오차(RMSE)라 하며 밀도함수 전체의 68.26%인 범위가 곧 평균제곱근 오차가 된다.
>
> (3) 확률오차(Probable Error)
>   밀도함수 전체의 50% 범위를 나타내는 오차로서 표준오차의 승수가 0.6745인 오차이다.
>   즉, 확률오차는 표준오차의 67.45%를 나타낸다.

제7절 정오차 보정

정오차의 보정	보정량	정확한 길이(실제길이)	기호설명
1. 줄자의 길이가 표준 길이와 다를 경우 (테이프의 특성값)	$C_u = \pm L \times \dfrac{\Delta l}{l}$	$L_0 = L \pm C_u$ $= L \pm \left(L \times \dfrac{\Delta l}{l}\right)$	L : 관측길이 l : Tape의 길이 Δl : Tape의 특성값 (Tape의 늘어남(+)과 줄어듦(−) 량)
2. 온도에 대한 보정	$C_t = L \cdot a(t - t_0)$	$L_0 = L \pm C_t$	L : 관측길이 a : 선 팽창계수 t_0 : 표준온도(15℃) t : 관측 시의 온도
3. 경사에 대한 보정	$C_i = -\dfrac{h^2}{2L}$	$L_0 = L \pm C_i$ $= L - \dfrac{h^2}{2L}$	L : 관측길이 h : 고저차
4. 평균해수면에 대한 보정(표고보정)	$C_k = -\dfrac{L \cdot H}{R}$	$L_0 = L - C_k$	R : 지구의 곡률반경 H : 표고 L : 관측길이
5. 장력에 대한 보정	$C_p = \pm \dfrac{L}{A \cdot E}(P - P_0)$	$L_0 = L \pm C_p$	L : 관측길이 A : 테이프단면적(cm²) P : 관측 시의 장력 P_0 : 표준장력(10kg) E : 탄성계수(kg/cm²)
6. 처짐에 대한 보정	$C_s = -\dfrac{L}{24}\left(\dfrac{Wl}{P}\right)^2$	$L_0 = L - C_s$	L : 관측길이 W : 테이프의 자중(cm²) P : 장력(kg) l : 등간격 길이

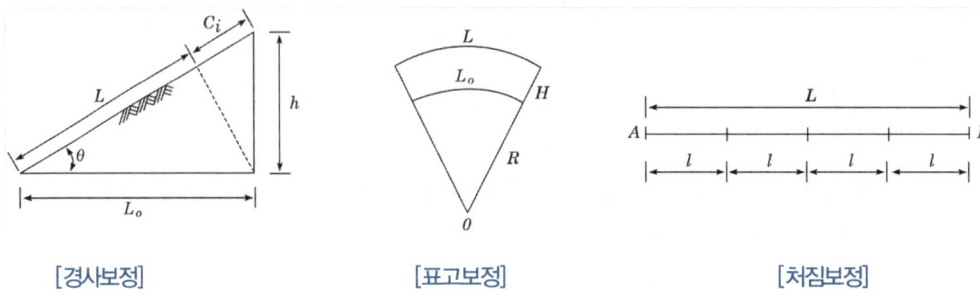

[경사보정]　　　　　[표고보정]　　　　　[처짐보정]

제8절 부정오차 전파법칙

1 각 구간거리가 다르고 평균제곱근 오차가 다른 경우

$$l = l_1 + l_2 + l_3 + \cdots\cdots + l_n$$

$$M = \pm \sqrt{m_1^2 + m_2^2 + m_3^2 + \cdots + m_n^2}$$

$l = l_1, l_2, l_3, \cdots\cdots l_n$: 구간최확값

l : 전구간 최확길이

M : 최확값의 평균제곱근오차

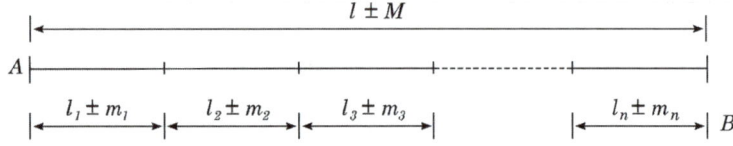

2 평균제곱근 오차가 일정한 경우

$$M = \pm \sqrt{m_1^2 + m_2^2 + m_3^2 + \cdots + m_n^2}$$

$$= \pm m \sqrt{n}$$

m : 한 구간 평균제곱근오차

n : 관측횟수

3 면적 관측 시 최확치 및 평균제곱근 오차의 합

$$A = x \cdot y$$
$$M = \pm \sqrt{(y \cdot m_1)^2 + (x \cdot m_2)^2}$$

x, y : 구간최확치
m_1, m_2 : 구간평균제곱근 오차

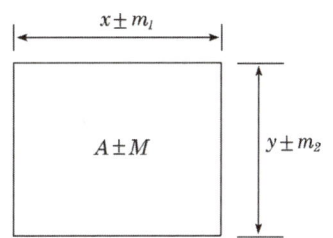

제9절 실제거리, 도상거리, 축척, 면적과의 관계

1 실제거리와 축척과의 관계

$$축척 = \frac{1}{m} = \frac{도상거리}{실제거리} \quad \therefore 실제거리 = 도상거리 \times m$$

2 실제면적과 축척과의 관계

$$축척 = \left(\frac{1}{m}\right)^2 = \left(\frac{도상거리}{실제거리}\right)^2 = \frac{도상면적}{실제면적}$$

$$\therefore 실제면적 = 도상면적 \times m^2$$

3 부정길이가 있을 때 실제면적

$$실제면적 = 관측면적 \times \frac{(부정길이)^2}{(표준길이)^2}$$

4 축척과 단위면적과의 관계

$$a_2 = (\frac{m_2}{m_1})^2 \times a_1$$

여기서, a_1 : 주어진 단위면적
 a_2 : 구하고자 하는 단위면적
 m_1 : 주어진 단위면적의 축척분모
 m_2 : 구하고자 하는 단위면적의 축척분모

CHAPTER 01 문제 및 해설

01 실제 두 점 사이의 거리 40m가 도상에서 2mm로서 표시될 때 축척은?

[2010년 기사 1회]

① 1/10,000 ② 1/20,000
③ 1/25,000 ④ 1/30,000

해설

$$M = \frac{1}{m} = \frac{도상거리}{실제거리} = \frac{0.002}{40} = \frac{1}{20,000}$$

02 어떤 기선을 4구간으로 나누어 측량한 결과가 다음과 같을 때 전체 거리에 대한 확률오차는?

[2010년 기사 1회]

$L_1 = 29.5512 \pm 0.0014\text{m}$
$L_2 = 29.8837 \pm 0.0012\text{m}$
$L_3 = 29.3363 \pm 0.0015\text{m}$
$L_4 = 29.4488 \pm 0.0015\text{m}$

① ±0.0028m ② ±0.0021m
③ ±0.0015m ④ ±0.0014m

해설

$$M = \pm\sqrt{m_1^2 + m_2^2 + \cdots m_n^2}$$
$$= \pm\sqrt{0.0014^2 + 0.0012^2 + 0.0015^2 + 0.0015^2}$$
$$= \pm 0.0028\text{m}$$

03 D = 20m, 수평각 $\alpha = 80°$, $\beta = 70°$, 연직각 V = 40°를 측정하였다. 기점 P의 높이 H는? (단, A, B, C점은 동일 평면인 지상에 있고 P점은 목표점이다.) [2010년 기사 1회]

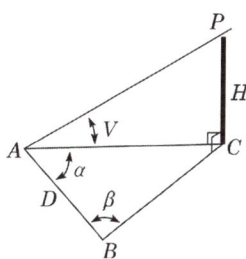

① 31.54m ② 44.80m
③ 49.07m ④ 58.48m

해설

$$\frac{20}{\sin 30°} = \frac{\overline{AC}}{\sin 70°} \quad \therefore \overline{AC} = 37.59\text{m}$$

$$\tan V = \frac{H}{\overline{AC}}$$

$$H = \overline{AC}\tan V = 37.59 \times \tan 40° = 31.54\text{m}$$

[별해]

$$\frac{H}{\sin 40} = \frac{37.59}{\sin 50}$$

$$H = \frac{\sin 40}{\sin 50} \times 37.59 = 31.54\text{m}$$

Answer 01 ② 02 ① 03 ①

04 다각노선의 각 절점에서 기계점의 설치 오차는 없고 목표점의 설치 오차가 11mm, 방향관측 오차를 최대 10″로 한다면 절점 간의 거리는 최소 몇 m 이상이어야 하는가? (단, 각 절점 간의 거리는 동일한 것으로 한다.) [2010년 기사 1회]

① 110m ② 150m
③ 227m ④ 254m

해설
$\dfrac{\Delta h}{D} = \dfrac{\theta''}{\rho''}$ 에서
$D = \dfrac{\rho''}{\theta''} \Delta h = \dfrac{206,265''}{10''} \times 0.011 = 227m$

05 아래 그림과 같이 관측된 거리를 최소제곱법으로 조정하기 위한 관측방정식으로 옳은 것은? (단, 단위는 m) [2010년 기사 1회]

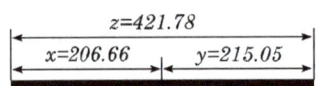

① $v_x = \hat{x} - 206.66$
   $v_y = \hat{y} - 215.05$
   $v_z = \hat{x} + \hat{y} - 421.78$

② $v_x = \hat{x} + 206.66$
   $v_y = \hat{y} + 215.05$
   $v_z = \hat{x} + \hat{y} - 421.78$

③ $v_x = \hat{x} - 206.66$
   $v_y = \hat{y} - 215.05$
   $v_z = \hat{x} + \hat{y} + 421.78$

④ $v_x = \hat{x} + 206.66$
   $v_y = \hat{y} + 215.05$
   $v_z = \hat{x} + \hat{y} + 421.78$

해설
$\overline{x_1} + \overline{x_2} = \overline{x_3}$ 에서 각각의 관측방정식은
$\overline{x} = x + v_x$
$\overline{y} = y + v_y$
$\overline{z} = z + v_z \to (\overline{x} + \overline{y})$
$\quad = z + v_z$ 잔차항으로 정리하면
$v_x = \overline{x} - 206.66$
$v_y = \overline{y} - 215.05$
$v_z = \overline{x} + \overline{y} - 421.78$

06 거리관측에서 경사면 60m의 거리를 측정한 경우 경사보정량이 2cm로 될 때 양끝의 고저차는? [2010년 기사 2회]

① 1.55m ② 2.05m
③ 2.55m ④ 3.05m

해설
경사보정 $C_i = -\dfrac{h^2}{2L}$ 에서
$h = \sqrt{2L \times C_i} = \sqrt{2 \times 60 \times 0.02} = 1.55m$

07 강철테이프에 의한 거리측정값의 보정에 있어서 처짐에 대한 보정량 계산과 거리가 먼 것은? [2010년 기사 3회]

① 단위중량 ② 지점 간의 거리
③ 프아송 비 ④ 장력

해설
보정량$(C_S) = -\dfrac{L}{24}\left(\dfrac{wl}{p}\right)^2$

여기서 L : 관측길이
p : 장력(kg)
w : 테이프의 자중(cm^2)
l : 등간격 길이

Answer 04 ③ 05 ① 06 ① 07 ③

08 전자파 거리측량기의 위상차 관측방법이 아닌 것은?
[2011년 기사 1회]

① 위상지연방법   ② 위상변위방법
③ 진폭변조방법   ④ 디지털 측정법

해설
전자파 거리측정기로 측정하고자 하는 2점 간에 전자파를 왕복시키면 반사하여 되돌아오는 전자파의 위상은 거리에 상응하여 현장에서 거리측량을 실시하는 것으로 지형에 좌우되는 일 없이 거리를 측정할 수 있다.

09 A점(-1750m, -2132m)에서 B점까지의 거리는 500m이고, 방향각이 135°라면 B점의 좌표는?
[2011년 기사 3회]

① (-354m, 354m)
② (354m, -354m)
③ (-1396m, -2133m)
④ (-2104m, -1778m)

해설
B점의 직각좌표(XB, YB)는
$X_B = X_A + l\cos\theta = -1750 + 500 \times \cos 135°$
$≒ -2104m$
$Y_B = Y_A + l\sin\theta = -2132 + 500 \times \sin 135°$
$≒ -1778m$

10 다음 중 마라톤 코스와 같은 표면거리를 측정할 수 있는 기기로 가장 적합한 것은?
[2011년 기사 3회]

① 중량이 작은 강철자
② 기선에서 검정된 자전거
③ 초장기선 간섭계(VLBI)
④ 유리섬유테이프

해설
① 수평, 수직, 경사거리 : 강철자, 테이프, EDM
② 곡면거리 : 커브미터, 윤정계
③ 기선 : 검정된 자전거

11 평균고도 300m의 두 지점 A, B간의 기선의 길이를 관측하였더니 수평거리가 400.423m이었다면 평균해수면상에 투영한 $\overline{AB}$의 거리는? (단, 지구의 반경은 6,400km로 가정한다.)
[2011년 기사 3회]

① 400.135m   ② 400.235m
③ 400.335m   ④ 400.404m

해설
표고보정$(C_n) = -\left(\dfrac{H}{R}\right)D$
여기서 H : 평균표고, R : 지구반경,
D : 임의지역의 수평거리
$C_n = -\left(\dfrac{300}{6400 \times 1000}\right) \times 400.423$
$= -0.019m$
$\therefore \overline{AB} = 400.423 - 0.019 = 400.404m$

12 아래와 같이 기지점 A, B, C에서 출발하여 교점 P의 좌표를 구하기 위한 다각측량을 행하였다. 교점 P의 좌표의 최확값(X_0, Y_0)은?
[2011년 기사 3회]

측선	거리 (km)	X_0	Y_0
A→P	2.0	+25.28	-51.87
B→P	1.0	+25.39	-51.76
C→P	0.5	+25.35	-51.72

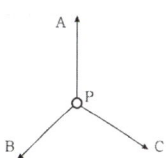

① $X_0 = +25.34m$, $Y_0 = -51.78m$
② $X_0 = +25.35m$, $Y_0 = -51.75m$
③ $X_0 = +25.32m$, $Y_0 = -51.82m$
④ $X_0 = +25.32m$, $Y_0 = -51.75m$

Answer 08 ③ 09 ④ 10 ② 11 ④ 12 ②

해설

$$P_1 : P_2 : P_3 = \frac{1}{S_1} : \frac{1}{S_2} : \frac{1}{S_3}$$
$$= \frac{1}{2.0} : \frac{1}{1.0} : \frac{1}{0.5} = 1 : 2 : 4$$

최확값$(H_P) = \frac{P_1 H_1 + P_2 H_2 + P_3 H_3}{P_1 + P_2 + P_3}$

$$X_0 = \frac{(1 \times 25.28) + (2 \times 25.39) + (4 \times 25.35)}{1 + 2 + 4}$$
$$= +25.35m$$

$$Y_0 = \frac{(1 \times 51.87) + (2 \times 51.76) + (4 \times 51.72)}{1 + 2 + 4}$$
$$= -51.75m$$

13 광파거리측량기에 대한 설명으로서 옳지 않은 것은? [2012년 기사 3회]

① 광파거리측량기는 인바(Invar)척에 비하여 기복이 많은 지역의 거리관측에 유리하다.
② 광파거리측량기의 변조주파수의 변화에 따라 생기는 오차는 관측거리에 비례한다.
③ 광파거리측량기의 변조파장이 긴 것은 짧은 것에 비하여 정확도가 높다.
④ 광파거리측량기의 정수는 비교기선장에서 비교 측량하여 구한다.

해설

광파거리측량기와 전파거리측량기의 비교

항목	광파거리측량기	전파거리측량기
정확도	±(5mm+5ppm)	±(5mm+5ppm)
최소 조작인원	1명 (목표점에 반사경 설치)	2명 (주국, 종국 각 1명)
기상조건	안개, 비, 눈 등 기후에 영향을 많이 받는다.	기후의 영향을 받지 않는다.
방해물	두 점간의 시준만 되면 가능	장애물(송전선, 자동차, 고압선 부근은 좋지 않다.)
관측가능 거리	짧다(1m~4km)	길다(100m~60km)
한변조작 시간	10~20분	20~30분
대표기종	Geodimeter	Tellurometer

광파거리측량기의 변조파장이 긴 것은 짧은 것에 비하여 정확도가 낮다.

14 50m에 대하여 11cm 늘어난 줄자로 두 점 간의 거리를 관측하여 42.48m의 관측값을 얻었다면 실제 거리는? [2013년 기사 1회]

① 42.39m ② 42.43m
③ 42.57m ④ 42.63m

해설

실제길이 $= \frac{관측길이 \times 부정길이}{표준길이}$

$$= \frac{42.48 \times 50.11}{50} = 42.573m$$

15 거리측량을 줄자로 할 때 정오차로 볼 수 없는 것은? [2013년 기사 1회]

① 줄자의 처짐으로 인한 오차
② 관측 시의 온도가 검정 시의 온도와 달라 발생하는 오차
③ 줄자의 길이가 표준길이와 달라 발생하는 오차
④ 관측 시 바람이 불어 줄자가 흔들려 발생하는 오차

해설

정오차의 원인	① 테이프의 길이가 표준 길이와 다를 때(줄자의 특성값 보정) ② 측정 시의 온도가 표준 온도와 다를 때 (온도 보정) ③ 측정 시의 장력이 표준 장력과 다를 때 (장력 보정) ④ 강철 테이프를 사용할 경우, 측점과 측점 사이의 간격이 너무 멀어서 자중으로 처질 때(처짐 보정) ⑤ 줄자가 기준면상의 길이로 되어 있지 않을 경우(표고 보정) ⑥ 경사지를 측정할 때에 테이프가 수평이 되지 않을 때(경사 보정) ⑦ 테이프가 바람이나 초목에 걸려서 일직선이 되도록 당겨지지 못했을 때

Answer 13 ③ 14 ③ 15 ④

PART 05 측량학

16 전자파거리측량기(EDM)에서 발생되는 오차 중 거리에 비례하여 나타나는 것은?

[2013년 기사 2회]

① 위상차 측정오차
② 반사프리즘의 구심오차
③ 반사프리즘 정수의 오차
④ 변조주파수의 오차

해설

거리에 비례하는 오차	거리에 비례하지 않는 오차
① 광속도의 오차 ② 광변조 주파수의 오차 ③ 굴절률의 오차	① 위상차 관측의 오차 ② 기계정수 및 반사경 정수의 오차

17 거리를 측정할 때에 발생하는 오차 중에서 정오차가 아닌 것은?

[2014년 기사 1회]

① 눈금을 잘못 읽었을 때 발생하는 오차
② 표준온도와 관측 시 온도 차에 의해 발생하는 오차
③ 표준줄자와의 차이에 의하여 발생하는 오차
④ 줄자의 처짐(sag)으로 발생하는 오차

해설

정오차의 보정	보정량	정확한 길이 (실제길이)
줄자길이가 표준길이와 다를 경우	$C_u = \pm L \times \frac{\Delta l}{l}$	$L_o = L \pm C_u$ $= L \pm \left(L \times \frac{\Delta l}{l} \right)$
온도에 대한 보정	$C_t = L \cdot a(t - t_o)$	$L_o = L \pm C_t$
경사에 대한 보정	$C_i = -\frac{h^2}{2L}$	$L_o = L \pm C_i$ $= L - \frac{h^2}{2L}$
평균해수면에 대한 보정(표고보정)	$C_k = -\frac{L \cdot H}{R}$	$L_o = L - C_k$
장력에 대한 보정	$C_p = \pm \frac{L}{A \cdot E}(P - P_o)$	$L_o = L \pm C_p$
처짐에 대한 보정	$C_s = -\frac{L}{24}\left(\frac{wl}{P}\right)^2$	$L_o = L - C_s$

L : 관측길이 l : Tape의 길이
Δl : Tape의 특성값(Tape의 늘음(+)과 줄음(−)량)
a : Tape의 팽창계수 h : 고저차
t_o : 표준온도(15℃) t : 관측 시의 온도
R : 지구의 곡률반경 H : 표고
L : 관측길이 P : 관측 시의 장력
A : 테이프 단면적(cm^2)
P_o : 표준장력(10kg) E : 탄성계수(kg/cm^2)
w : 테이프의 자중(cm^2) l : 등간격 길이

18 30m의 줄자로 잰 거리가 218.10m이었다. 그런데 이 줄자가 표준보다 5cm 늘어나 있는 것이었다면 실제거리는?

[2014년 기사 1회]

① 215.74m   ② 217.74m
③ 218.46m   ④ 219.46m

해설

$$\text{실제거리} = \frac{\text{부정길이}}{\text{표준길이}} \times \text{관측길이}$$

$$= \frac{30.05}{30} \times 218.10 = 218.46m$$

19 다음 오차에 대한 설명 중 옳지 않은 것은?

[2010년 기사 1회]

① 측량에 수반되는 오차는 정오차, 우연오차, 착오 등으로 분류할 수 있다.
② 줄자에서 장력에 의한 것과 온도변화에 의한 오차는 정오차이다.
③ 줄자를 잡아당길 때 수평으로 되지 않아 발생하는 오차는 정오차이다.
④ 확률오차 r_0와 표준편차 σ 사이에는 $\sigma = 0.6745 r_0$의 관계식이 성립된다.

해설

확률오차(r_0) = $0.6745 m_0$
여기서, m_0 : 평균 제곱근 오차(표준오차)

Answer 16 ④ 17 ① 18 ③ 19 ④

20 측량의 오차를 최소화하기 위한 가장 좋은 방법은?
[2010년 기사 1회]

① 골조측량과 세부측량을 병행하여 하는 것이 좋다.
② 먼저 골조측량을 하고 세부측량을 하는 것이 좋다.
③ 먼저 세부측량을 하고 골조측량을 하는 것이 좋다.
④ 순서와는 무관하게 관측이 쉬운 것부터 하는 것이 좋다.

해설
측량순서 : 계획 및 준비 → 답사 → 선점 및 조표 → 골조측량 → 세부측량 → 지형도

21 줄자에 의한 거리 관측 시 발생한 오차와 이를 보정하기 위한 조치로 옳지 않은 것은?
[2010년 기사 1회]

① 두 지점 사이의 경사오차 – 두 지점 사이의 높이차를 관측한다.
② 줄자의 길이오차 – 표준척과 사용한 줄자의 길이를 비교한다.
③ 줄자의 처짐오차 – 거리 관측 시 관측지역의 중력을 관측한다.
④ 장력에 따른 오차 – 거리 관측 시 줄자 한쪽에 용수철 저울을 달아 장력을 관측한다.

해설
정오차 보정
① 줄자의 길이가 표준길이와 다를 경우 (테이프의 특성값)
② 온도에 대한 보정
③ 경사에 대한 보정
④ 평균해수면에 대한 보정(표고보정)
⑤ 장력에 대한 보정
⑥ 처짐에 대한 보정(C_s)

$$C_s = \frac{L}{24} \cdot \frac{W^2 \ell^2}{P^2}$$

여기서, C_s : 처짐보정량
L : 관측길이(m)
P : 장력(kg)
w : 줄자 자중(g/m)
ℓ : 줄자 받침 간격 길이(m)

22 1회 거리측정에서의 정오차가 c라고 하면 같은 상황에서 같은 기기로 4회 측정하였을 경우 생기는 정오차의 크기는?
[2010년 기사 2회]

① c ② 2c
③ 4c ④ 16c

해설
정오차 $(E) = \delta \cdot n$ 그러므로 정오차 = 4c

23 경중률에 관한 설명으로 옳지 않은 것은?
[2010년 기사 3회]

① 경중률은 관측횟수에 비례한다.
② 경중률은 노선거리에 반비례한다.
③ 경중률은 확률오차의 제곱에 비례한다.
④ 경중률은 표준편차의 제곱에 반비례한다.

해설
1. 경중률이란 관측방법, 관측횟수 및 관측거리, 관측기계의 종류 등에 따른 가중치, 즉 무게의 정도를 말한다.
   ㉮ 같은 구간을 관측횟수를 다르게 했을 경우의 경중률은 관측횟수에 비례한다.
   ㉯ 관측치에 대한 평균제곱근오차의 경중률은 평균제곱근오차(표준편차)의 제곱에 반비례한다.
   ㉰ 경중률은 정밀도(R)의 제곱에 비례한다.
   $(P_1 : P_2 : P_3 = R_1^2 : R_2^2 : R_3^2)$

Answer 20 ② 21 ③ 22 ③ 23 ③

㉔ 직접수준측량에서 오차는 노선거리(S)의 제곱근($\sqrt{S}$)에 비례한다.
$$(m_1 : m_2 : m_3 = \sqrt{S_1} : \sqrt{S_2} : \sqrt{S_3})$$
㉕ 직접수준측량에서 경중률은 노선거리(S)에 반비례한다.
$$(P_1 : P_2 : P_3 = \frac{1}{S_1} : \frac{1}{S_2} : \frac{1}{S_3})$$
㉖ 간접수준측량에서 오차는 노선거리(S)에 비례한다.
$$(m_1 : m_2 : m_3 = S_1 : S_2 : S_3)$$
㉗ 간접수준측량에서 경중률은 노선거리(S)의 제곱에 반비례한다.
$$(P_1 : P_2 : P_3 = \frac{1}{S_1^2} : \frac{1}{S_2^2} : \frac{1}{S_3^2})$$

2. 확률오차(Porbable Error)
밀도함수 전체의 50% 범위를 나타내는 오차로서 표준오차의 승수가 0.6745인 오차이다. 즉, 확률오차는 표준오차의 67.45%를 나타낸다.

24 아래 그림과 같이 관측된 거리를 최소제곱법으로 조정하기 위한 조건방정식으로 옳은 것은? [2010년 기사 3회]

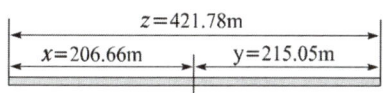

① $v_z = -v_x + v_y + 0.07$
② $v_z = v_x + v_y - 0.07$
③ $v_z = v_x - v_y + 0.07$
④ $v_z = -v_x - v_y - 0.07$

해설
관측오차 : $206.66 + 215.05 - 421.78 = -0.07$
보정 : $v_x + v_y - v_z = 0.07$
∴ $v_z = v_x + v_y - 0.07$

25 줄자를 사용하여 거리관측을 한 결과가 50m이었다. 이때 줄자의 중앙이 초목으로 인하여 직선으로부터 50cm 떨어지게 굽어졌다면 거리오차의 크기는? [2010년 기사 3회]

① 0.05m ② 0.04m
③ 0.02m ④ 0.01m

해설
거리오차 : $\frac{0.5}{50} = 0.01\text{m}$
굴절보정 $= \frac{h^2}{2L} \times 2 = \frac{0.5^2}{2 \times 2.5} \times 2 = 0.01\text{m}$

26 직육면체인 저수탱크의 용적을 구하고자 한다. 밑변 a, b와 높이 h에 대한 측정결과가 다음과 같을 때 부피오차는? [2011년 기사 1회]

a = 40.00±0.05m, b = 10.00±0.03m,
h = 20.00±0.02m

① ±10m³ ② ±21m³
③ ±27m³ ④ ±34m³

해설
$V = abh$
오차전파 법칙에 의해
$\Delta V = \pm \sqrt{(bh)^2 \times m_1^2 + (ah)^2 \times m_2^2 + (ab)^2 \times m_3^2}$
$= \pm \sqrt{(10 \times 20)^2 \times 0.05^2 + (40 \times 20)^2 \times 0.03^2 + (40 \times 10)^2 \times 0.02^2}$
$= 27.20\text{m}^3$

Answer 24 ② 25 ④ 26 ③

27 우연오차의 성질에 대한 설명으로 옳지 않은 것은? [2011년 기사 2회]

① 큰 오차가 생길 확률은 작은 오차가 생길 확률보다 작다.
② 같은 크기의 정(+)오차와 부(−)오차의 발생 확률은 같다.
③ 우연오차는 부호와 크기가 규칙적으로 나타난다.
④ 매우 큰 오차는 거의 발생하지 않는다.

해설

1. 오차의 종류
   ① 과실(착오, 과대오차)
   관측자의 미숙과 부주의에 의해 일어나는 오차로서 눈금읽기나 야장기입을 잘못한 경우에 주의를 하면 방지할 수 있다.
   ② 정오차(계통오차, 누차)
   일정한 관측값이 일정한 조건하에서 같은 크기와 같은 방향으로 발생되는 오차
   ③ 부정오차(우연오차, 상차)
   일어나는 원인이 확실치 않고 관측할 때 조건이 순간적으로 변화하기 때문에 원인을 알 수 없는 오차

2. 부정오차 가정조건
   ① 극히 작은 오차는 발생하지 않는다.
   ② 작은 오차는 큰 오차보다 나타나는 빈도가 크다.
   ③ 정오차(+)와 부오차(−)는 거의 같은 확률로 나타난다.
   ④ 모든 오차들은 확률법칙을 따른다.

28 측량성과에 대하여 조정 계산한 결과에서 좌표의 표준오차가 얼마라고 말할 때 이와 관련이 있는 오차는? [2011년 기사 3회]

① 부정오차 ② 정오차
③ 착오   ④ 실수

해설

오차의 종류
① 과실(Mistake) : 잘못과 부주의로 측량작업에 과오를 초래하는 것
② 정오차(Systematic Error) : 일정한 크기와 일정한 방향으로 나타나는 오차
③ 부정오차(Random Error) : 예측할 수 없이 불의로 일어나는 오차로서 확률법칙에 의하여 처리되는 오차

29 1회 관측에서 ±2mm의 우연오차가 발생하였다면 4회 관측하였을 때의 우연오차는? [2012년 기사 3회]

① ±2.0mm   ② ±3.0mm
③ ±4.0mm   ④ ±8.0mm

해설

$M = \pm \delta \sqrt{n} = \pm 2mm \sqrt{4} = \pm 4.0mm$

30 30m 줄자를 사용하여 2점 간의 거리를 관측한 결과가 270m이었다. 30m에 대한 우연오차가 ±2mm라면 2점 간의 거리에 대한 우연오차는? [2014년 기사 3회]

① ±18″   ② ±15″
③ ±9″   ④ ±6″

해설

우연오차 $E = \pm \delta \sqrt{n} = \pm 2\sqrt{9} = \pm 6''$

$\therefore n = \dfrac{270}{30} = 9회$

31 직사각형 지역의 면적을 측량하기 위하여 X, Y의 길이를 관측한 결과가 X=50.26m±0.016m, Y=38.54m±0.005m일 때, 이 면적에 대한 표준오차(평균 제곱근 오차)는? [2015년 기사 1회]

① ±0.33m²   ② ±0.45m²
③ ±0.56m²   ④ ±0.67m²

Answer 27 ③ 28 ① 29 ③ 30 ④ 31 ④

해설

$$M = \pm\sqrt{(ym_1)^2 + (xm_2)^2}$$
$$= \pm\sqrt{(38.54 \times 0.016)^2 + (50.26 \times 0.005)^2}$$
$$= \pm 0.665 m^2$$

32 정밀도와 정확도에 대한 설명으로 옳지 않은 것은?   [2015년 기사 2회]

① 정확도는 관측값이 목표값에 얼마나 접근하느냐의 정도에 따라 결정된다.
② 정밀도는 관측집단의 편차 크기에 따라 결정된다.
③ 착오와 정오차가 없다면 정밀도를 정확도의 척도로 사용할 수 있다.
④ 확률오차(r_o)와 표준편차(m_o) 사이에는 $m_o = \pm 0.6745\ r_o$의 관계가 있다.

해설

① 표준편차(Standard Deviation) : 독립관측값의 정밀도의 척도
$$\sigma = \pm\sqrt{\frac{[vv]}{n-1}}$$

② 표준오차(Standard Error) : 조정환산값(평균값)의 정밀도의 척도
$$\sigma = \pm\sqrt{\frac{[vv]}{n(n-1)}}$$

③ 확률오차(Probable Error) : 밀도함수의 50%(확률오차는 표준오차의 67.45%를 나타낸다.)
$$\gamma = \pm 0.6745\sqrt{\frac{[vv]}{n(n-1)}}$$

33 길이 50m인 줄자를 사용하여 1,250m를 관측할 경우 50m에 대한 관측오차가 ±5mm라면 전체 거리에서 발생하는 오차는?   [2015년 기사 2회]

① ±10mm   ② ±20mm
③ ±25mm   ④ ±30mm

해설

① 측정횟수 $n = \frac{1250}{50} = 25$
② 우연오차 $= \pm\delta\sqrt{n} = \pm 5\sqrt{25} = \pm 25mm$

34 직사각형인 지역의 각 변을 측량하여 a = 17.43±0.01m, b = 10.72±0.05m의 값을 얻었다. 면적오차는 얼마인가?   [2010년 기사 1회]

① ±0.01m²   ② ±0.05m²
③ ±0.88m²   ④ ±0.99m²

해설

오차전파법칙에서
$$M = \pm\sqrt{(l_2 \cdot m_1)^2 + (l_1 \cdot m_2)^2}$$
$$= \pm\sqrt{(10.72 \times 0.01)^2 + (17.43 \times 0.05)^2}$$
$$= \pm 0.88 m^2$$

35 30m에 대하여 6mm 늘어나 있는 줄자로 정사각형의 지역을 측량한 결과 면적이 62500m² 이였다. 실제면적은?   [2010년 기사 2회]

① 62,525   ② 62,513
③ 62,488   ④ 62,475

해설

$$실제면적 = \left(\frac{부정길이}{표준길이}\right)^2 \times 관측면적$$
$$= \left(\frac{30.006}{30}\right)^2 \times 62500 = 62,525 m^2$$

Answer 32 ④ 33 ③ 34 ③ 35 ①

36 정방형 토지의 면적을 구하기 위하여 30m 줄자로 변의 길이를 관측하고 면적을 계산한 결과 1024m²이었다. 그러나 줄자가 기준자와 비교하여 3cm 늘어나 있었다면 이 토지의 실제면적은? [2012년 기사 3회]

① 1025.05m²　② 1026.05m²
③ 1027.05m²　④ 1028.05m²

해설

실제면적 = $\dfrac{(부정길이)^2 \times 관측면적}{(표준길이)^2}$

$= \dfrac{(30.03)^2 \times 1024}{(30)^2}$

$= 1,026.049 m^2$

$= 1,026.05 m^2$

37 최소제곱법의 관측방정식이 AX = L + V와 같은 행렬식의 형태로 표시될 때, 이 행렬식을 풀기 위한 정규방정식과 미지수 행렬 X로 옳은 것은? (단, 관측의 경중률은 동일하다.) [2015년 기사 1회]

① $A^T AX = L$, $X = (A^T A)^{-1} L$
② $AA^T X = L$, $X = (A^T A)^{-1} L$
③ $AA^T X = A^T L$, $X = (AA^T)^{-1} A^T L$
④ $A^T AX = A^T L$, $X = (A^T A)^{-1} A^T L$

해설

중량이 단위중량(單位重量, unit weight)이라고 하면 정규방정식은 다음과 같은 행렬로 표시할 수 있다.
$A^T AX = A^T L$
여기서, $A^T A$는 정규방정식에서 미지수에 대한 계수행렬이다. 양변에 $(A^T A)^{-1}$을 곱하고 정리하면 미지수 행렬 X를 다음과 같이 구할 수 있다.
$(A^T A)^{-1}(A^T A)X = (A^T A)^{-1} A^T L$
$IX = (A^T A)^{-1} A^T L$
$X = (A^T A)^{-1} A^T L$

만일, 측정값이 각각 다른 중량을 갖는다면 다음과 같다.
$X = (A^T WA)^{-1} A^T WL$
여기서, W는 중량행렬로서 대각선 행렬이다.

38 A, B의 표고가 각각 802 m, 826 m이고 A, B의 도상수평거리가 20 mm일 때 A점으로부터 820 m 등고선까지의 도상거리는? [22년 기사 1회]

① 30 mm　② 25 mm
③ 20 mm　④ 15 mm

해설

$(826-802) : 20 = (820-802) : x$

$x = \dfrac{820-802}{826-802} \times 20 = 15 mm$

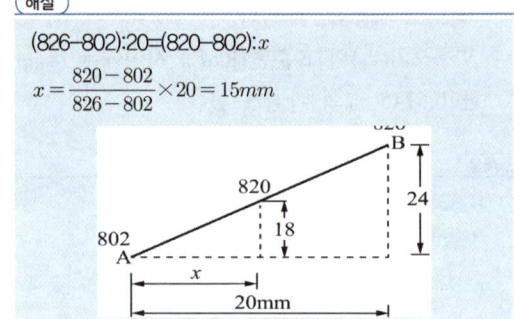

39 측점 A, B의 좌표가 각각 A(390, 0), B(0, 780)일 때 측선AB의 방위각은? (단, 좌표의 단위는 m 이다.) [22년 기사 1회]

① 102°56′56″
② 108°20′12″
③ 116°33′54″
④ 121°20′15″

해설

$V_A^B = \tan^{-1}\left(\dfrac{\Delta Y}{\Delta X}\right)$

$= \tan^{-1}\dfrac{780-0}{0-390}$

$= 63°26'6''(2상한)$

$V_A^B = 180° - 63°26'06'' = 116°33'54''$

Answer 36 ② 37 ④ 38 ④ 39 ③

40 직사각형 모양의 토지를 거리측량하여 가로 106.85 m와 세로 89.34 m를 얻었다. 각각의 거리관측값에 ±10 cm의 오차가 있었다면 면적의 오차는?(22년기사1회)

① ±0.90 m² ② ±1.39 m²
③ ±14.01 m² ④ ±139.28 m²

[해설]
면적오차 =
$\sqrt{(106.85 \times 0.01)^2 + (89.34 \times 0.01)^2} = \pm 1.39 m^2$

41 P_1의 좌표가 (-2000 m, 1000 m)이고, P_2의 좌표가 (-1250 m, 2299 m)일 때 $\overline{P_1P_2}$의 방위각은? [22년 2기]

① 30°00′03″
② 59°59′57″
③ 210°00′03″
④ 239°59′57″

[해설]
방위각 = $\tan^{-1}(\frac{\Delta y}{\Delta x})$
= $\tan^{-1}(\frac{1,299}{750}) = 59°59'57''$ (1상한)

42 30 m의 줄자를 사용하여 2점간의 거리를 관측한 결과가 270 m이었다. 30 m에 대한 우연오차가 ±2 mm 라면 2점간의 거리에 대한 우연오차는? [22년 2기]

① ±18 mm ② ±15 mm
③ ±9 mm   ④ ±6 mm

[해설]
측정횟수 = $\frac{270}{30} = 9$ 에서
우연오차 = $\pm 2\sqrt{9} = \pm 6mm$

43 기상보정 장치가 없는 광파측량기로 거리를 관측하여 1200.00 m를 얻었다. 이때 대기의 굴절률이 1000375 이었다면 기상보정을 한 거리는? (단, 이 측량기가 채용한 표준굴절률은 1.000325 이다.) [22년 2기]

① 1199.94 m ② 1199.99 m
③ 1200.01 m ④ 1200.06 m

[해설]
빛이 대기중을 통과할 때 기온, 기압에 의해서 그 속도가 변화하므로 기온, 기압 또는 기상보정치를 설정하여 정확한 관측을 할 수 있다.
현재 관측거리(L) = $l \times (1+K_a)$ 에서
$1,200 = 1.000375 \times l$ 이므로
$l = 1,199.550169$ 이고
보정거리(L) = $l \times 1.000325 = 1199.94m$

44 갑, 을 두 사람이 동일조건하에 AB 거리를 측정하여 다음 결과를 얻었을 때 최확값은? [갑 : 32994±0.008 m, 을 : 33.003±0.004 m] [22년 2기]

① 32.997 m
② 33.001 m
③ 33.005 m
④ 33.009 m

[해설]
$P_1 : P_2 = \frac{1}{8^2} : \frac{1}{4^2}$ 에서 $P_1 : P_2 = 1 : 4$ 이므로
최확값
= $\frac{P_1h_1 + P_2h_2}{P_1+P_2} = \frac{1 \times 32.994 + 4 \times 33.003}{1+4} = 33.001m$

Answer 40 ② 41 ② 42 ④ 43 ① 44 ②

45 A, B, C, D점에서 P점의 높이를 수준측량을 실시한 결과가 표와 같을 때, P점의 최확값은?
[22년 2기]

경로	관측값	노선거리
A → P	40.242 m	2 km
B → P	40.239 m	3 km
C → P	40.234 m	5 km
D → P	40.237 m	4 km

① 40.219 m ② 40.229 m
③ 40.239 m ④ 40.249 m

해설

$P_1 : P_2 : P_3 : P_4 = \frac{1}{2} : \frac{1}{3} : \frac{1}{5} : \frac{1}{4}$ 에서

$P_1 : P_2 : P_3 : P_4 = 30 : 20 : 12 : 15$

최확값

$= \frac{P_1 h_1 + P_2 h_2 + P_3 h_3 + P_4 h_4}{P_1 + P_2 + P_3 + P_4}$

$= 40 + \frac{30 \times 0.242 + 20 \times 0.239 + 12 \times 0.234 + 15 \times 0.237}{30 + 20 + 12 + 15}$

$= 40.239$

46 그림과 같이 관측된 거리를 최소제곱법으로 조정하기 위한 관측방정식을 행렬로 표시한 것으로 옳은 것은?
[21년 4기]

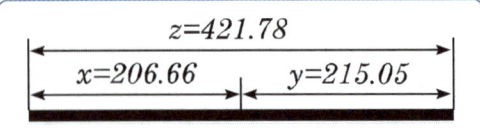

① $\begin{bmatrix} -1 & -1 \\ 1 & 0 \\ 0 & 1 \end{bmatrix} \begin{bmatrix} \hat{x} \\ \hat{y} \end{bmatrix} = \begin{bmatrix} 421.78 \\ 206.66 \\ 215.05 \end{bmatrix} + \begin{bmatrix} v_z \\ v_x \\ v_y \end{bmatrix}$

② $\begin{bmatrix} 1 & 1 \\ 1 & 0 \\ 0 & 1 \end{bmatrix} \begin{bmatrix} \hat{x} \\ \hat{y} \end{bmatrix} = \begin{bmatrix} 421.78 \\ 206.66 \\ 215.05 \end{bmatrix} + \begin{bmatrix} v_z \\ v_x \\ v_y \end{bmatrix}$

③ $\begin{bmatrix} 1 & 1 \\ -1 & 0 \\ 0 & -1 \end{bmatrix} \begin{bmatrix} \hat{x} \\ \hat{y} \end{bmatrix} = \begin{bmatrix} 421.78 \\ 206.66 \\ 215.05 \end{bmatrix} + \begin{bmatrix} v_z \\ v_x \\ v_y \end{bmatrix}$

④ $\begin{bmatrix} -1 & -1 \\ 1 & 0 \\ 0 & -1 \end{bmatrix} \begin{bmatrix} \hat{x} \\ \hat{y} \end{bmatrix} = \begin{bmatrix} 421.78 \\ 206.66 \\ 215.05 \end{bmatrix} + \begin{bmatrix} v_z \\ v_x \\ v_y \end{bmatrix}$

해설

$mA_n nX_1 = mL_1 + mV_1$

여기서, m : 직선방정식의 수
n : 미지값수

$3A_2 2X_1 = 3L_1 + 3V_1$

여기서, X : 미지값
L : 관측값
V : 잔차

$A = \begin{bmatrix} 11 \\ 10 \\ 01 \end{bmatrix}, X = \begin{bmatrix} \hat{x} \\ \hat{y} \end{bmatrix}$

$L = \begin{bmatrix} 421.78 \\ 206.66 \\ 215.05 \end{bmatrix}, V = \begin{bmatrix} v_z \\ v_x \\ v_y \end{bmatrix}$

관측방정식을 행렬로 표시하면

$\begin{bmatrix} 1 & 1 \\ 1 & 0 \\ 0 & 1 \end{bmatrix} \begin{bmatrix} \hat{x} \\ \hat{y} \end{bmatrix} = \begin{bmatrix} 421.78 \\ 206.66 \\ 215.05 \end{bmatrix} + \begin{bmatrix} v_z \\ v_x \\ v_y \end{bmatrix}$

1행 1열 : $(1 \times x) + (1 \times y) = 421.78$
1행 2열 : $(1 \times x) + (0 \times y) = 206.66$
1행 3열 : $(0 \times x) + (1 \times y) = 215.05$

47 광파거리측량기에 대한 설명으로 옳지 않은 것은?
[21년 4회 측기]

① 광파거리측량기는 줄자에 비하여 기복이 많은 지역의 거리관측에 유리하다.
② 광파거리측량기의 변조주파수의 변화에 따라 생기는 오차는 관측거리에 비례한다.
③ 광파거리측량기의 변조파장이 긴 것이 짧은 것에 비하여 정확도가 높다.
④ 광파거리측량기의 정수는 비교기선장에서 비교측량하여 구한다.

Answer 45 ③ 46 ② 47 ③

해설

구분	광파거리측량기	전파거리측량기
정의	측점에서 세운 기계로부터 빛을 발사하여 이것을 목표점의 반사경에 반사하여 돌아오는 반사파의 위상을 이용하여 거리를 구하는 기계광파거리측량기의 변조파장이 긴 것은 짧은 것에 비하여 정확도가 낮다.	측점에 세운 주국에서 극초단파를 발사하고 목표점의 종국에서는 이를 수신하여 변조고주파로 반사하여 각각의 위상차로 거리를 구하는 기계

48 A의 좌표(X_1, Y_1)가 (-2000m, 1000m)이고, B까지의 거리가 1500m, AB의 방위각이 60°이었다면 B의 좌표는? [21년 4기]

① (-1250m, 2299m)
② (-701m, 1750m)
③ (-2299m, 1250m)
④ (-1750m, 701m)

해설

$B_x = -2,000 + 1,500 \times \cos 60° = -1,250m$
$B_y = 1,000 + 1,500 \times \sin 60° = 2,299m$

49 1회 거리측정에서의 정오차가 ε이라고 하면 같은 조건에서 같은 기기로 4회 측정하였을 경우에 생기는 정오차의 크기는? [21년 4기]

① ε
② 2ε
③ 4ε
④ 16ε

해설

정오차=오차(δ)×관측횟수(n)이므로 정오차는 4ε이다.

50 거리측정에서 줄자로 한번 측정할 때의 오차가 ±0.01m이다. 450m의 거리를 50m 줄자로 9회로 나누어 측정했을 때 오차는? [21년 4기]

① ±0.07m
② ±0.09m
③ ±0.05m
④ ±0.03m

해설

측정횟수(n)=9회
우연오차=$\pm\delta\sqrt{n} = 0.01\sqrt{9} = \pm 0.03m$

51 전파거리측량기보다 광파거리측량기가 많이 이용되는 이유로 틀린 것은? [21년 2기]

① 비교적 정확도가 높다.
② 1인 측량이 가능하다.
③ 기상조건의 영향을 받지 않는다.
④ 조작이 간편하여 신속하게 측정할 수 있다.

해설

구 분	광파거리 측량기	전파거리 측량기
정확도	±(5mm+5ppm)	±(15mm+5ppm)
장 점	①정확도가 높다. ②데오돌라이트나 트랜시트에 부착하여 사용 가능하며, 무게가 가볍고 조작이 간편하고 신속하다. ③움직이는 장애물의 영향을 받지 않는다.	①안개, 비, 눈 등의 기상조건에 대한 영향을 받지 않는다. ②장거리 측정에 적합
단 점	①안개, 비, 눈 등의 기상조건에 대한 영향을 받는다.	①단거리 관측시 정확도가 비교적 낮다. ②움직이는 장애물, 지면의 반사파 등의 영향을 받는다.
최소조작인원	1명(목표점에 반사경 설치했을 경우)	2명(주국, 종국 각 1명)

Answer 48 ① 49 ③ 50 ④ 51 ③

52 ABCD구역에 대해 각 변의 거리를 관측하여 그림과 같은 결과를 얻었다면 면적은? (단, 거리의 단위는 m 이다.) [21년 2기]

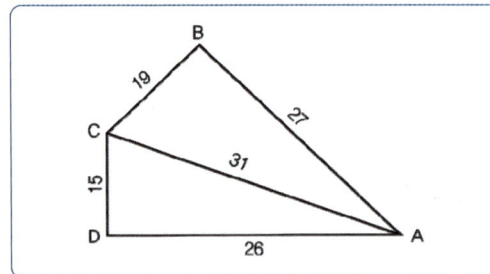

① 648.88m²   ② 548.88m²
③ 448.88m²   ④ 348.88m²

해설

$$A = \sqrt{S(S-a)(S-b)(S-c)}$$
$$A_1 = \sqrt{38.5(38.5-19)(38.5-27)(38.5-31)}$$
$$= 254.46 m^2$$
$$A_2 = \sqrt{36(36-31)(36-26)(36-15)}$$
$$= 194.42 m^2$$
$$\therefore A = 254.46 + 194.42 = 448.88 m^2$$
$$S = \frac{1}{2}(a+b+c)$$
$$S_1 = \frac{1}{2}(19+27+31) = 38.5$$
$$S_2 = \frac{1}{2}(31+26+15) = 36$$

53 오차와 관련된 설명으로 틀린 것은? [21년 2기]

① 표준편차는 착오와 정오차를 보정하기 위한 값이다.
② 정오차는 누적오차라고도 하며 원인이 분명하여 보정이 가능하다.
③ 우연오차는 오차가 일정하게 누적되지 않는 오차이다.
④ 줄자의 장력 차이에 따른 오차는 정오차에 해당한다.

해설

표준편차(Standard Deviation)
표준편차는 얼마나 흩어진 정도를 숫자로 표시한 것. 표준편차는 잔차의 제곱의 합을 산술평균하고 이 값에 제곱근을 취하여 구한 값으로 부정오차를 추정하기 위한 값이다.
독립관측값의 정밀도의 척도로 분산의 제곱근
$$\sigma = \pm\sqrt{\frac{[vv]}{n-1}}$$

54 어느 각을 8회 관측하여 평균제곱근오차 ±0.7″를 얻었다. 같은 조건으로 관측하여 ±0.3″이하의 평균제곱근오차를 얻기 위해서는 최소 몇 회 이상 측정하여야 하는가? [21년 2기]

① 18회   ② 24회
③ 32회   ④ 44회

해설

$$M = \pm\delta\sqrt{n}$$
$$M = \pm 0.7\sqrt{8} = \pm 0.3\sqrt{n}$$
$$n = (\frac{0.7}{0.3}\sqrt{8})^2 = 43.6 ≒ 44회$$
or)
경중률은 평균제곱근 오차의 제곱에 반비례하므로
$$8 : x = \frac{1}{0.7^2} : \frac{1}{0.3^2} = \frac{1}{0.49} : \frac{1}{0.09} = 2.04 : 11.11$$
$$x = \frac{8 \times 11.11}{2.04} = 43.6 ≒ 44회$$

55 30m에 대하여 6mm 늘어나 있는 줄자로 정사각형의 지역을 측량한 결과 면적이 62500m² 이었다면 실제면적은? [21년 1회 측기]

① 62525m²   ② 62513m²
③ 62488m²   ④ 62475m²

Answer 52 ③   53 ①   54 ④   55 ①

해설

실제 면적 = 측정면적 × $\left(\dfrac{측정길이}{표준길이}\right)^2$

$= 62,500 \times \left(\dfrac{30.006}{30}\right)^2$

$= 62,525 m^2$

56 전자파 거리 측량기(EDM)에서 발생되는 오차 중 거리에 비례하여 나타나는 것은?

[21년 1회 측기]

① 위상차 측정 오차
② 반사프리즘의 구심오차
③ 반사 프리즘 정수의 오차
④ 변조주파수의 오차

해설

전자파거리 측량기 오차

거리에 비례하는 오차	광속도의 오차, 광변조 주파수의 오차, 굴절률의 오차
거리에 비례하지 않는 오차	위상차 관측 오차, 기계정수 및 반사경 정수의 오차

57 그림과 같이 "사과길"로부터 은행건물의 위치를 정확히 알고자 다음과 같은 측량결과를 얻었다. CD의 거리는? (단, ∠EAB=62°, AB=6m, BC=10m, ∠ABC=∠ADC=90°)

[21년 1회 측기]

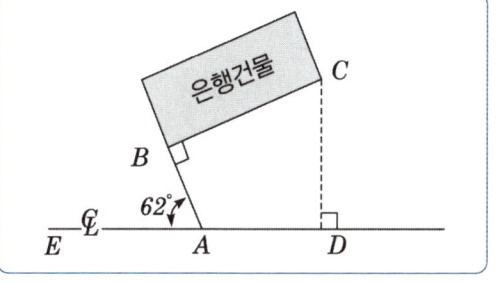

① 9.99m
② 10.23m
③ 11.88m
④ 11.76m

해설

$\overline{CD} = \overline{CC'} + \overline{C'D} = \overline{CC'} + \overline{BE'}$
$= \overline{BC}\sin 28° + \overline{AB}\sin 62°$
$= 10 \times \sin 28° + 6 \times \sin 62° = 9.99m$

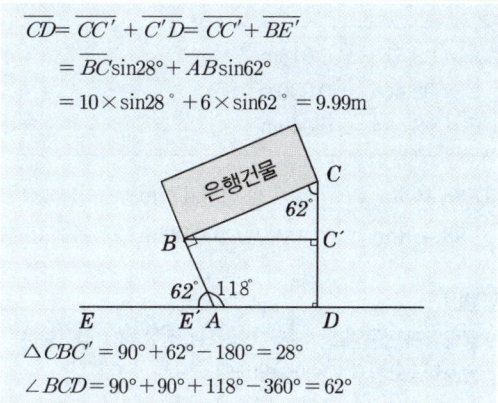

△$CBC' = 90° + 62° - 180° = 28°$
∠$BCD = 90° + 90° + 118° - 360° = 62°$

58 오차에 대한 설명으로 틀린 것은?

[21년 1회 측기]

① 과대오차는 관측자의 부주의나 측량방법을 잘못 적용함으로써 나타나는 과실 또는 착오의 결과이다.
② 크기와 방향을 알 수 있는 오차를 정오차라 한다.
③ 정오차는 항상 발생하는 오차로 상차라고도 한다.
④ 우연오차는 발생빈도, 크기, 부호 등을 알 수 없는 무작위성 오차이다.

해설

부정오차(우연오차, 상차; Random Error)
일어나는 원인이 확실치 않고 관측할 때 조건이 순간적으로 변화하기 때문에 원인을 찾기 힘들거나 알 수 없는 오차를 말한다. 때때로 부정오차는 서로 상쇄되므로 상차라고도 하며, 부정오차는 대체로 확률법칙에 의해 처리되는데 최소제곱법이 널리 이용된다. 우연오차는 측정 횟수의 제곱근에 비례한다.
$E_2 = \pm \delta\sqrt{n}$
($E_2 =$ 우연오차 $\delta :$ 우연오차 $n :$ 측정(관측)횟수)

Answer 56 ④ 57 ④ 58 ③

59. 동일 조건으로 기선측정을 하여 다음과 같은 결과를 얻었을 때 최확값은?

[21년 1회 측기]

```
A = 98.475 ± 0.015m
B = 98.464 ± 0.030m
C = 98.484 ± 0.045m
```

① 98.468m ② 98.474m
③ 98.478m ④ 98.484m

해설

경중률계산(동일조건에서 거리를 측정했을때 경중률은 평균제곱오차의 자승에 반비례)

$P_A : P_B : P_C = \dfrac{1}{1.5^2} : \dfrac{1}{3.0^2} : \dfrac{1}{4.5^2}$

$= \dfrac{1}{2.25} : \dfrac{1}{9} : \dfrac{1}{20.25}$

$= 0.44 : 0.11 : 0.05$

$L_0 = 98.400 + \dfrac{0.44 \times 0.075 + 0.11 \times 0.064 + 0.05 \times 0.084}{0.44 + 0.11 + 0.05}$

$= 98.474m$

Answer 59 ②

CHAPTER 02 수준측량

제1절 수준측량의 정의 및 용어

수준측량(Leveling)이란 지구상에 있는 여러 점들 사이의 고저차를 관측하는 것으로 고저측량이라고도 한다.

1 수준측량의 용어

1) 수평면(Level surface)

지구 표면이 물로 덮여 있을 때 만들어지는 형상의 표면, 즉 정지된 해수면 및 그 면상의 각 점에 있어서 중력방향에 수직인 곡면

2) 수평선(Level line)

지구의 중심을 포함한 평면과 수평선이 교차하는 곡선으로 수평면에 평행한 곡선이다.

3) 지평면(Horizontal Plane)

수평면상의 한 점에서 접하는 평면

4) 지평선(Horizontal line)

수평면의 한 점에서 접하는 접선

5) 기준면(Datum Level)

높이의 기준이 되는 수평면을 말하며, 평균해수면을 기준면으로 하며 ±0으로 정한다.

6) 수준원점(Original Bench Mark)

실제측량에 이용할 수 없으므로 수준측량에 기준이 되는 점을 정해 놓고, 기준면으로부터 정확한 높이를 측정하여 정해 놓은 점(높이 26.6871m로 인천 인하대학교에 설치되어 있다.)

7) 수준점(Bench Mark)

수준원점을 출발하여 표고를 정확하게 측정해서 표시해 둔 점을 말하며, 우리나라 국도 및 주요도로에 따라 1등 수준점은 4km, 2등은 2km마다 설치되어 있다.

8) 표고(Elevation : 지반고)

기준면으로부터 어느 측점까지의 수직거리

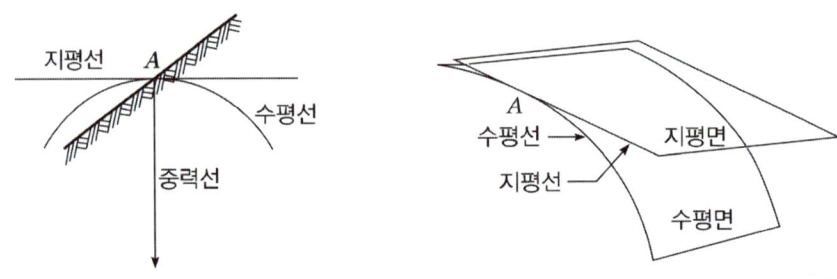

9) 후시(B.S : Back Sight)

표고를 알고 있는 점 A(기지점)에 세운 표척눈금의 읽음값

10) 전시(F.S : Fore Sight)

표고를 알고자 하는 점(미지점)에 세운 표척눈금의 읽음값

11) 중간점(I.P : Intermediate Point)

표척을 세운 점의 표고만을 구하고자 전시만 취하는 점

12) 이기점(T.P : Turning Point)

기계를 옮길 때 한 점에서 전시와 후시를 함께 취하는 점

13) 지반고(G.H : Ground Height)

기준면으로부터 어느 측점까지의 연직거리(H_A, H_B)

$$G.H = I.H - F.S$$

14) 기계고(I.H : Instrument Height)

지표면으로부터 망원경 시준선까지의 높이

$$I.H = G.H + B.S$$

제2절 수준측량의 분류

1 측량방법에 따른 분류

1) 직접 수준측량

레벨을 사용하여 2점에 세운 표척의 눈금차로부터 직접 고저차를 구하는 것을 말하며, 일반적으로 널리 사용된다.

2) 간접 수준측량

    (1) 삼각 수준측량 → 트랜싯 또는 데오돌라이트 사용

    (2) 스타디아 수준측량 → 평판과 트랜싯 사용

    (3) 기압 수준측량

    (4) 평판 앨리데이드에 의한 수준측량

    (5) 항공사진측량

3) 교호수준측량

노선 중에 강이나 하천, 계곡 등 레벨을 측점 중간에 설치할 수 없는 경우에 사용된다.

4) 약수준측량

핸드레벨 등으로 정밀을 요하지 않는 점간의 고저차를 구하는 측량

2 측량목적에 따른 분류

1) 고저차 수준측량

단순히 두 점 사이의 고저차를 구하는 측량

2) 단면 수준측량

(1) 종단측량

도로, 철도 등과 같이 일정한 선을 따라 측점의 높이와 거리를 관측하여 종단면도를 작성하는 측량(종단면도 야장기입 : 측점, 추가거리, 지반고, 계획고, 절토고, 성토고, 구배)

(2) 횡단측량

노선 위의 각 측점에서 그 노선의 직각방향으로 고저차를 관측하여 횡단면도를 작성하는 측량(횡단면도 야장기입 : 측점, 절토면적, 성토면적, 비탈구배, 용지폭)

제3절 직접 수준측량

1 수준측량 방법

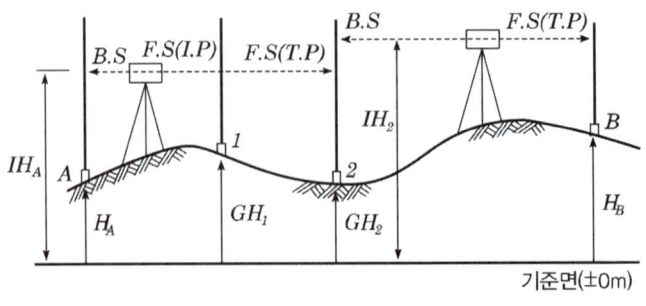

[직접수준측량]

1) 고저차 계산

   (1) 두 점간의 고저차(H)

   $$H = B.S - F.S$$

   (2) 여러 구간으로 나눌 경우

   ① 고차식 : $H = \sum B.S - \sum F.S$

   ② 기고식·승강식 : $H = \sum B.S - \sum T.P$

   ③ 교호수준측량 : $H = \dfrac{1}{2}\{(a_1 - b_1) + (a_2 - b_2)\}$

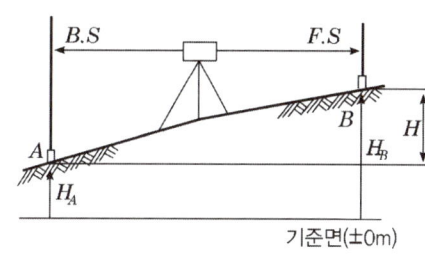

[직접수준측량]

2) 임의점 지반고 계산 $H_B = H_A \pm H$

2 야장기입방법

(1) **고차식** : 가장 간단한 방법으로 B.S와 F.S만 있으면 된다.

(2) **기고식** : 가장 많이 사용하며, 중간점이 많을 경우 편리하나 완전한 검산을 할 수 없는 것이 결점이다.

(3) **승강식** : 완전한 검사로 정밀측량에 적당하나, 중간점이 많으면 계산이 복잡하고, 시간과 비용이 많이 소요된다.

3 전시와 후시의 거리를 같게 함으로써 제거되는 오차

(1) 레벨의 조정이 불완전(시준선이 기포관축과 평행하지 않을 때)할 때
   (시준축오차 : 오차가 가장 크다.)

(2) 지구의 곡률오차(구차)와 빛의 굴절오차(기차)를 제거한다.

(3) 초점나사를 움직이는 오차가 없으므로 그로 인해 생기는 오차를 제거한다.

4 직접 수준측량의 주의사항

(1) 수준측량은 반드시 왕복측량을 원칙으로 하며, 노선은 다르게 한다.

(2) 정확도를 높이기 위하여 전시와 후시의 거리는 같게 한다.

(3) 이기점(T.P)은 1mm까지, 그 밖의 점에서는 5mm 또는 1cm 단위까지 읽는 것이 보통이다.

(4) 직접 수준측량의 시준거리

　① 적당한 시준거리 : 40~60m(60m가 표준)

　② 최단거리는 3m이며, 최장거리 100~180m 정도이다.

(5) 눈금오차(영점오차) 발생 시 소거방법

　① 기계를 세운 표척이 짝수가 되도록 한다.

　② 이기점(T.P)이 홀수가 되도록 한다.

　③ 출발점에 세운 표척을 도착점에 세운다.

제4절 간접 수준측량

1 앨리데이드에 의한 수준측량

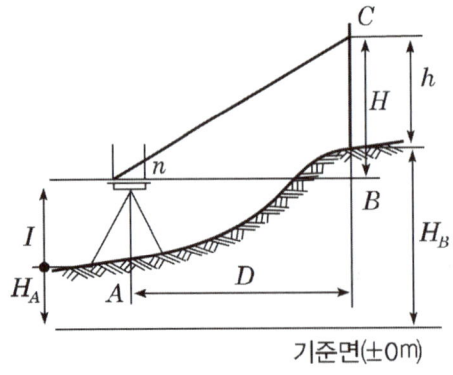

H_A : A점의 표고
H_B : B점의 표고
$H : \dfrac{n}{100}D$
I : 기계고
h : 시준고

[앨리데이드에 의한 수준측량]

(1) $H_B = H_A + I + H - h$(전시인 경우)

(2) 두 지점의 고저차($H_B - H_A$) = $I + H - h$(전시인 경우)

2 교호수준측량

전시와 후시를 같게 취하는 것이 원칙이나 2점 간에 강·호수·하천 등이 있으면 중앙에 기계를 세울 수 없을 때 양 지점에 세운 표척을 읽어 고저차를 2회 산출하여 평균하며 높은 정밀도를 필요로 할 경우에 이용된다.

1) 교호수준측량을 할 경우 소거되는 오차

(1) 레벨의 기계오차(시준축 오차)

(2) 관측자의 읽기 오차

(3) 지구의 곡률에 의한 오차(구차)

(4) 광선의 굴절에 의한 오차(기차)

2) 두 점의 고저차

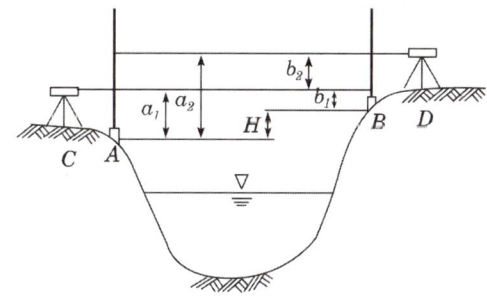

[교호수준측량]

$$H = \frac{(a_1 - b_1) + (a_2 - b_2)}{2} = \frac{(a_1 + a_2) - (b_1 + b_2)}{2}$$

3) 임의점(B점)의 지반고

$$H_B = H_A \pm H$$

제5절 레벨의 구조

1 망원경

1) 대물렌즈

목표물의 상은 망원경 통 속에 맺어야 하고, 합성렌즈를 사용하여 구면수차와 색수차를 제거

- (1) **구면수차** : 광선의 굴절 때문에 광선이 한 점에서 만나지 않아 상이 선명하게 되지 않는 현상
- (2) **색수차** : 조준할 때 조정에 따라 여러 색(청색, 적색)이 나타나는 현상

2) 접안렌즈

십자선 위에 와 있는 물체의 상을 확대하여 측정자의 눈에 선명하게 보이게 하는 역할을 한다.

3) 망원경의 배율

$$배율(확대율) = \frac{대물렌즈의\ 초점거리}{접안렌즈의\ 초점거리}(망원경의\ 배율은\ 20 \sim 30배)$$

2 기포관

1) 기포관의 구조

알코올이나 에테르와 같은 액체를 넣어서 기포를 남기고 양단을 막은 것

2) 기포관의 감도

감도란 기포 한 눈금(2mm)이 움직이는 데 대한 중심각을 말하며, 중심각이 작을수록 감도는 좋다.

- (1) 기포관이 구비해야 할 조건
    - ① 곡률반지름이 클 것

② 관의 곡률이 일정해야 하고, 관의 내면이 매끈해야 함
③ 액체의 점성 및 표면장력이 작을 것
④ 기포의 길이가 클 것

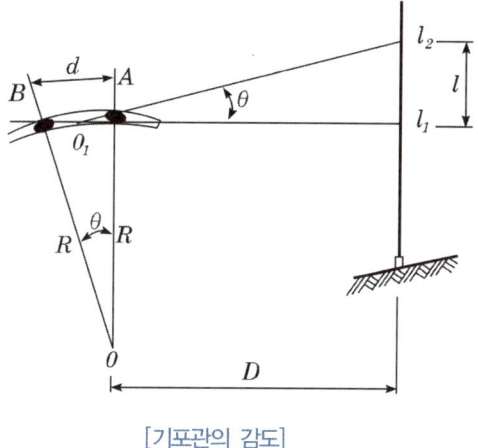

[기포관의 감도]

(2) 감도 측정

$R : d = D : l$

$R = \dfrac{d}{l} D$

(여기서, d는 기포관의 이동거리인데 만약 몇 눈금이 나오면 $n \cdot d$가 된다)

$\theta = \dfrac{d}{R} = \dfrac{l}{D}$ (라디안)이고

$\theta = n\theta''$이므로

기포관의 감도로 표시하면

$\theta'' = \dfrac{\theta}{n}$에서

$\theta'' = \dfrac{\frac{l}{D}}{n} = \dfrac{l}{n \cdot D} \cdot e''$

(라디안 $= \dfrac{180°}{\pi} = \dfrac{180°}{3.1415926} = 57.2958° = 3437.74677' = 206265''$)

D : 수평거리 d : 기포 한 눈금의 크기(2mm)
R : 기포관리의 곡률반경 ρ'' : 1라디안 초수(20626'')
θ'' : 감도(측각오차) l : 위치오차(측거오차)
n : 기포의 이동눈금수 m : 축척의 분모수

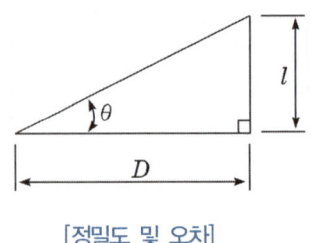

[정밀도 및 오차]

제6절 레벨의 조정

1 조정 조건

(1) 시준선과 기포관축을 평행하게 할 것(C//L) → (가장 엄밀해야 한다.)
(2) 기포관축을 기계의 연직축에 직각으로 할 것(L⊥V)

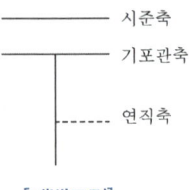

[레벨조건]

2 항정법(레벨의 조정)

(1) 기포관이 중앙에 있을 때 시준선을 수평으로 하는 것(시//기)

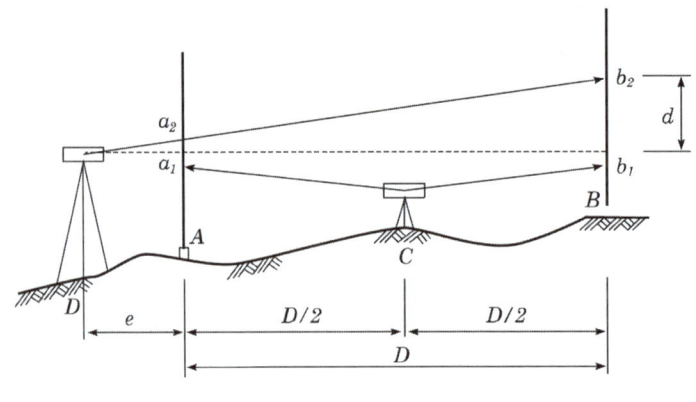

[항정법(말뚝 조정법)]

① 조정량$(d) = \dfrac{D+e}{D}\{(a_1 - b_1) - (a_2 - b_2)\}$

⚠ 기본부터 알고 넘어가기

$\rho° : 360° = R : 2\pi R$

$\rho° = \dfrac{360°}{2\pi R} \times R = \dfrac{180}{\pi} = \dfrac{180°}{3.1415926} = 57.2958°$

$\rho' = e° \times 60' = 3437.74677'$

$\rho'' = e° \times 60' \times 60'' = 206265'$

$\theta : l = \rho° : R$

$\theta = \dfrac{l}{R} \times \rho°$

$l = \dfrac{\theta}{\rho°} \times R$

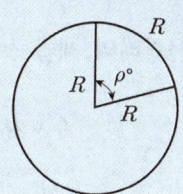

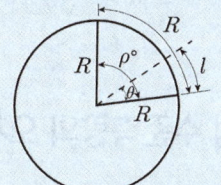

제7절 수준측량의 오차와 정밀도

1. 우리나라 기본 수준측량의 오차 허용범위

구 분	1등 수준측량	2등 수준측량	비 고
왕복차	2.5mm√L	5.0mm√L	왕복했을 때 L은 노선거리(km)
환폐합차	2.0mm√L	5.0mm√L	

2. 하천측량

4km에 대한 오차허용범위 : 유조부 10mm
　　　　　　　　　　　　　무조부 15mm
　　　　　　　　　　　　　급류부 20mm

3 정밀도

오차는 노선거리의 제곱근에 비례한다.

$$E = C\sqrt{L}$$

$$C = \frac{E}{\sqrt{L}}$$

E : 수준측량 오차의 합
C : 1km에 대한 오차
L : 노선거리(km)

4 직접 수준측량의 오차 조정

1) 동일 기지점의 왕복관측 또는 다른 표고기준점에 폐합한 경우

(1) 각 측점 간의 거리에 비례하여 배분한다.

(2) 각 측점의 조정량 : $\dfrac{\text{조정할 측점까지의 추가거리}}{\text{총 거리}(\Sigma L)} \times \text{폐합오차}$

(3) 각 측점의 최확값 = 각 측점의 관측값 ± 조정량

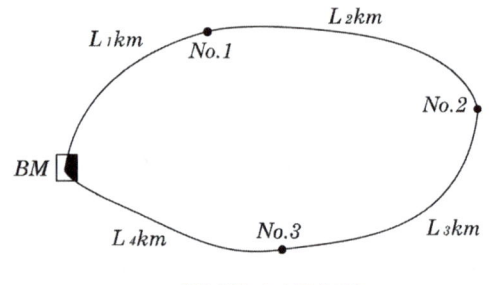

[환폐합의 수준측량]

2) 두 점간의 직접 수준측량의 오차조정

두 점간의 거리를 2개 이상의 다른 노선을 따라 측량한 경우에는 경중률을 고려한 최확값을 산정한다.

(1) 경중률(P)은 거리에 반비례한다.

$$P_1 : P_2 : P_3 = \frac{1}{S_1} : \frac{1}{S_2} : \frac{1}{S_3}$$

(2) P점 표고의 최확값

$$L_o = \frac{P_1 H_1 + P_2 H_2 + P_3 H_3}{P_1 + P_2 + P_3} = \frac{\sum P \cdot H}{\sum P}$$

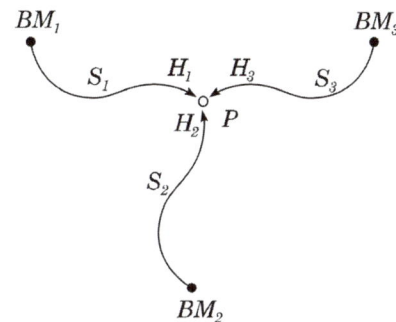

문제 및 해설

01 수준측량의 활용분야에 해당하지 않는 것은? [2010년 기사 1회]

① 지형도 작성을 위한 등고선 측량
② 노선의 종·횡단 측량
③ 터널의 중심선 측량
④ 기준점 설치를 위한 삼각측량

해설
삼각측량
삼각측량은 다각측량, 지형측량, 지적측량 등 기타 각종 측량에서 기준점의 위치를 삼각법으로 정밀하게 결정하기 위하여 실시하는 측량방법이다.

02 수준측량의 관측값으로부터 표고계산을 한 결과이다. 각 측점의 표고 중 틀리게 계산된 측점은? (단, 측점 No.1의 표고는 10.000m)
[2010년 기사 1회]

측점	후시(m)	전시(m)	표고(m)
No.1	1.865		10.000
No.2		0.237	11.628
No.3	2.332	1.075	10.790
No.4		1.562	11.250

① No.1 ② No.2
③ No.3 ④ No.4

해설

기계고	지반고
10+1.865=11.865	10.000
	11.865-0.237=11.628
10.790+2.332\13.122	11.865-1.075=10.790
	13.122-1.526=11.560

$H_{NO.4}$
$= N_{NO.1} + \sum 후시 - \sum 전시$
$= 10 + (1.865 + 2.332) - (1.075 + 1.562)$
$= 11.56m$

03 수준측량 시 중간점이 많은 경우 가장 많이 사용하는 야장기입법은? [2010년 기사 1회]

① 고차식
② 승강식
③ 양차식
④ 기고식

해설
야장기입방법
① **고차식** : 가장 간단한 방법으로 B.S와 F.S만 있으면 된다.
② **기고식** : 가장 많이 사용하며, 중간점이 많을 경우 편리하나 완전한 검산을 할 수 없는 것이 결점이다.
③ **승강식** : 완전한 검사로 정밀 측량에 적당하나, 중간점이 많으면 계산이 복잡하고, 시간과 비용이 많이 소요된다.

Answer 01 ④ 02 ④ 03 ④

04 교호수준측량에 대한 설명 중 옳지 않은 것은? [2010년 기사 2회]

① 교호수준측량은 도하수준측량 방법 중 하나이다.
② 표척에 목표판을 붙이고 이를 아래, 위로 움직여 레벨의 시준선과 일치시킨 후 눈금을 읽는다.
③ 교호수준측량이 가능한 양안의 거리는 2km 정도까지이다.
④ 시준선은 수면으로부터 약 3m 이상 떨어져야 한다.

[해설]
교호수준측량
전시와 후시를 같게 취하는 것이 원칙이나 2점 간에 강·호수·하천 등이 있으면 중앙에 기계를 세울 수 없을 때 양지점에 세운 표척을 읽어 고저차를 2회 산출하여 평균하며 높은 정밀도를 필요로 할 경우에 이용된다.

교호수준측량을 할 경우 소거되는 오차
① 레벨의 기계 오차(시준축 오차)
② 관측자의 읽기 오차
③ 지구의 곡률에 의한 오차(구차)
④ 광선의 굴절에 의한 오차(기차)

05 아래 그림과 같이 4점($P_1 \sim P_4$)의 표고를 결정하기 위하여 2점의 기지수준점 (H_A, H_B)에 연결하는 8노선($x_1 \sim x_8$)의 수준측량을 실시하였다. 이때 조건식의 수는 몇 개인가? [2010년 기사 2회]

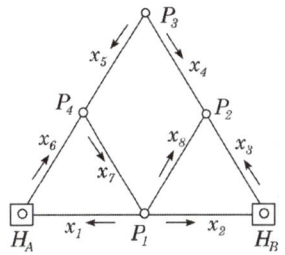

① 5개 ② 4개 ③ 3개 ④ 2개

[해설]
조건식수 = 관측수 − (측점수 − 표고기지점수)
= 8 − (6 − 2) = 4

06 레벨을 점검하기 위해 그림과 같이 C점에 설치하여 A, B 양 표척의 값을 읽었다. 그리고 레벨을 BA 연장선상의 D점에 세우고 A, B 양 표척의 값을 읽었다. 이 점검은 무엇을 알아보기 위한 것인가? [2010년 기사 2회]

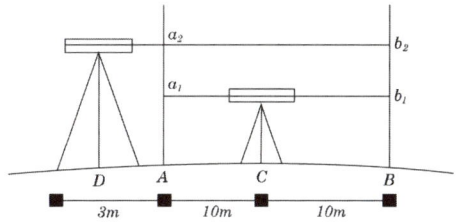

① 시준선과 연직선이 직교하는지의 여부
② 기포관축과 연직축이 수평한지의 여부
③ 시준선과 기포관축이 직교하는지의 여부
④ 시준선과 기포관축이 수평한지의 여부

[해설]
항정법(Peg Adjustment)
평탄한 지반을 골라 약 100mm 정도 떨어진 두 점에 말뚝을 박고 수준척을 세운 다음 두 점의 중간 및 연장선상에 레벨을 세우고 관측하여 레벨을 조정하는 방법이다. 즉 시준점과 기포관측이 수평한지 여부를 점검한다.

07 그림과 같은 수준측량에서 B점의 표고는? (단, $H_A = 50.0$m) [2010년 기사 2회]

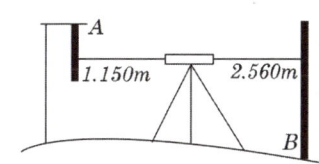

① 42.590m ② 46.290m
③ 48.590m ④ 51.410m

Answer 04 ③ 05 ② 06 ④ 07 ②

해설

$H_B = 50 + (-1.15) - 2.56 = 46.29m$

08 측량결과가 표와 같을 때 P점의 표고는?

[2010년 기사 3회]

측점	측점의 표고	측량방향	고저차	거리
A	20.14m	A → P	+1.53m	2.5km
B	24.03m	B → P	-2.33m	4.0km
C	19.89m	C → P	+1.94m	2.0km

① 21.75m ② 21.72m
③ 21.70m ④ 21.68m

해설

$P_1 : P_2 : P_3 = \dfrac{1}{P_1} : \dfrac{1}{P_2} : \dfrac{1}{P_3}$

$= \dfrac{1}{2.5} : \dfrac{1}{4.0} : \dfrac{1}{2.0} = 0.4 : 0.25 : 0.5$

$M_A = 20.14 + 1.53 = 21.67$
$M_B = 24.03 - 2.33 = 21.70$
$M_C = 19.89 + 1.94 = 21.83$

$H_0 = \dfrac{P_1 h_1 + P_2 h_2 + P_3 h_3}{P_1 + P_2 + P_3}$

$= \dfrac{0.67 \times 0.4 + 0.7 \times 0.25 + 0.83 \times 0.5}{0.4 + 0.25 + 0.5}$

$= 0.746$

$\therefore 21 + 0.746 = 21.75$

09 수준측량에서 전시와 후시의 거리를 같게 하는 것이 좋은 가장 큰 이유는?

[2010년 기사 3회]

① 레벨의 시준선 오차 소거
② 망원경의 시야 변경
③ 표척의 눈금오차 소거
④ 표척의 기울기 오차 소거

해설

전시와 후시의 거리를 같게 함으로서 제거되는 오차
① 레벨의 조정이 불완전(시준선이 기포관축과 평행하지 않을 때)할 때
  (시준축 오차 : 오차가 가장 크다.)
② 지구의 곡률오차(구차)와 빛의 굴절오차(기차)를 제거한다.
③ 초점나사를 움직이는 오차가 없으므로 그로 인해 생기는 오차를 제거한다.

10 수준측량에 의해 관측되는 표고는 어떤 것을 기준으로 한 높이인가? [2010년 기사 3회]

① 회전타원체   ② 구면
③ 지오이드   ④ 베셀타원체

해설

표고는 평균해수면을 기준으로 한다.

11 삼각 수준 측량에서 대기의 굴절에 의한 오차와 지구의 곡률에 의한 오차의 조정은?

[2010년 기사 3회]

① 관측치에 기차와 구차는 모두 낮게 조정한다.
② 관측치에 기차와 구차는 모두 높게 조정한다.
③ 관측치에 기차는 낮게 구차는 높게 조정한다.
④ 관측치에 기차는 높게 구차는 낮게 조정한다.

해설

① **구차(球差)** : 지구의 곡률에 의한 오차로서 + 보정(높게)한다.

$h_1 = +\dfrac{D^2}{2R}$

② **기차(氣差)** : 광선(빛)의 굴절에 따른 오차로서 -보정(낮게)한다.

$h_2 = -\dfrac{KD^2}{2R}$

③ **양차** : 구차와 기차를 합한 것

$h = h_1 + h_2 = \dfrac{1-K}{2R}D^2$

여기서, R : 지구반경
    K : 빛의 굴절계수(0.12~0.14)

Answer 08 ① 09 ① 10 ③ 11 ③

12 수준측량의 용어에 대한 설명으로 틀린 것은? [2011년 기사 1회]

① 우리나라에서 기준면으로 사용하는 평균해수면은 남한 전체 해수면 높이를 평균한 값을 사용한다.
② 기준면으로부터의 연직거리를 표고라 한다.
③ 수준면은 정지된 해수면을 육지까지 연장하여 얻은 곡면으로 위치에너지가 0인 지오이드면과 동일하다.
④ 수준노선이 서로 연결되어 하나의 다각형 또는 원으로 폐합된 것을 수준환이라 한다.

해설
우리나라 표고는 인천만의 평균해수면을 기준면으로 한다.

13 수준측량에서 전시와 후시의 시준거리를 같게 하여 관측하였을 경우에도 소거되지 않은 오차는? [2011년 기사 1회]

① 지구곡률에 따른 오차
② 대기굴절에 따른 오차
③ 표척눈금 부정확에 의한 오차
④ 시준축이 기포관축에 평행하지 않을 때의 오차

해설
전시와 후시의 거리를 같게 함으로써 제거되는 오차
① 레벨의 조정이 불완전(시준선이 기포관축과 평행하지 않을 때)할 때
② 지구의 곡률오차(구차)와 빛의 굴절오차(기차)를 제거한다.
③ 초점나사를 움직이는 오차가 없으므로 그로 인해 생기는 오차를 제거한다.

14 수준측량에 사용되는 용어에 대한 설명으로 옳은 것은? [2011년 기사 2회]

① 전시는 전후의 측량을 연결할 때 사용한다.
② 후시는 기지의 측점에 세운 표척의 읽음값이다.
③ 기계고는 지면에서부터 망원경 중심까지의 높이이다.
④ 수준면은 각 측점에서 지오이드면과 직교하는 모든 점을 잇는 곡면이다.

해설
① 후시(B.S : Back Sight)
  표고를 알고 있는 점 A(기지점)에 세운 표척눈금의 읽음값
② 전시(F.S : Fore Sight)
  표고를 알고자 하는 점(미지점)에 세운 표척눈금의 읽음값
③ 중간점(I.P : Intermediate Point)
  표척을 세운 점의 표고만을 구하고자 전시만 취하는 점
④ 이기점(T.P : Turning Point)
  기계를 옮길 때 한 점에서 전시와 후시를 함께 취하는 점
⑤ 지반고(G.H : Ground Height)
  지표면으로부터 어느 측점까지의 연직거리(HA, HB)
  G.H = I.H − F.S
⑥ 기계고(I.H : instrument Height)
  지표면으로부터 망원경 시준선까지의 높이
  I.H = G.H + B.S

15 정밀한 수준측량에서 수준 표척의 전후 거리를 되도록 같게 하는 이유와 거리가 먼 것은? [2011년 기사 2회]

① 지구의 곡률로 인한 오차를 소거한다.
② 광선의 굴절로 인한 오차를 소거한다.
③ 기계의 조정불량에 의한 오차를 소거한다.
④ 과대오차를 소거하여 계산을 용이하게 하기 위해서이다.

Answer 12 ① 13 ③ 14 ② 15 ④

해설

전시와 후시의 거리를 같게 함으로써 제거되는 오차
① **시준축 오차** : 시준선이 기포관축과 평행하지 않을 때
② **구차** : 지구의 곡률오차
③ **기차** : 빛의 굴절오차
④ 초점나사를 움직이는 오차가 없으므로 인해 생기는 오차를 제거한다.

16 수준측량에서 발생하는 기계적 오차가 아닌 것은?
[2011년 기사 3회]

① 표척눈금의 부정확
② 표척 이음부의 불완전
③ 삼각대의 느슨함에 따른 기기장치의 불완전
④ 표척의 기울기에 따른 오차

해설

기계오차
1) 레벨의 오차
　① 레벨의 침하로 인한 오차
　② 시준선축과 기포관축이 평행이 아닐 때
　③ 태양의 직사광선으로 인한 오차
　④ 기포의 감도
2) 표척의 오차
　① 표척의 영점 오차
　② 표척에 부착된 기포관의 굴정 불안정으로 인한 오차
　③ 표척의 침하나 경사로 인한 오차
　④ 표척눈금의 불균등으로 인한 오차
　⑤ 표척이음새의 불량으로 인한 오차
　⑥ 표척 읽음의 오차

17 수준측량에 대한 설명 중 옳지 않은 것은?
[2011년 기사 3회]

① 레벨은 가능한 한 두 표척을 잇는 직선상에 세워야 한다.
② 레벨과 후시 및 전시 표척과의 거리는 되도록 같게 한다.
③ 1등 수준측량에서는 표척의 아래쪽 20cm 이하는 읽지 않는다.
④ 수준점간의 편도관측의 측점수는 홀수로 하는 것이 좋다.

해설

수준측량 시 주의사항
① 왕복측량을 원칙으로 한다.
② 왕복 시 노선은 다르게 한다.
③ 전시와 후시의 거리는 같게 한다.
④ 기계를 세운 표척이 짝수가 되도록 한다. (눈금 오차 소거)
⑤ 이기점이 홀수가 되도록 한다.

18 직접수준측량의 용어에 대해 잘못 설명한 것은?
[2011년 기사 3회]

① 표고를 이미 알고 있는 점에 세운 수준척 눈금의 읽음을 후시라 한다.
② 표고를 알고자 하는 곳에 세운 수준척 눈금의 읽음을 전시라 한다.
③ 측량 도중 레벨을 옮겨 세우기 위하여 한 측점에서 전·후시를 동시에 읽을 때 그 측점을 이기점이라 한다.
④ 망원경의 시준선의 표고를 지반고라 한다.

해설

용어
① **후시(B.S : Back Sight)**
　표고를 알고 있는 점 A(기지점)에 세운 표척 눈금의 읽음값
② **전시(F.S : Fore Sight)**
　표고를 알고자 하는 점(미지점)에 세운 표척 눈금의 읽음값
③ **중간점(I.P : Intermediate Point)**
　표척을 세운 점의 표고만을 구하고자 전시만 취하는 점
④ **이기점(T.P : Turning Point)**
　기계를 옮길 때 한 점에서 전시와 후시를 함께 취하는 점

Answer 16 ④　17 ④　18 ④

⑤ **지반고**(G.H : Ground Height)
  지표면으로부터 어느 측점까지의 연직거리(HA, HB)
  G.H=I.H−F.S
⑥ **기계고**(I.H : Instrument Height)
  지표면으로부터 망원경 시준선까지의 높이
  I.H=G.H+B.S

19 직접 수준측량에 있어서 전시와 후시의 시준거리를 같게 하는 이유로 거리가 먼 것은? [2012년 기사 3회]

① 시준선이 기포관축과 평행하지 않는 경우의 오차가 소거된다.
② 지구의 곡률오차가 소거된다.
③ 빛의 굴절오차가 소거된다.
④ 연직축 오차가 소거된다.

해설

전시와 후시의 거리를 같게 함으로써 제거되는 오차
① 레벨의 조정이 불완전(시준선이 기포관축과 평행하지 않을 때)할 때(시준축오차 : 오차가 가장 크다.)
② 지구의 곡률오차(구차)와 빛의 굴절오차(기차)를 제거한다.
③ 초점나사를 움직이는 오차가 없으므로 그로 인해 생기는 오차를 제거한다.

20 교호 수준측량 결과에 따른 B점의 표고는?(단, A점의 표고는 100.000m이고, $a_1=2.214$m, $a_2=4.324$m, $b_1=1.678$m, $b_2=3.860$m, $d_1=d_2$) [2012년 기사 3회]

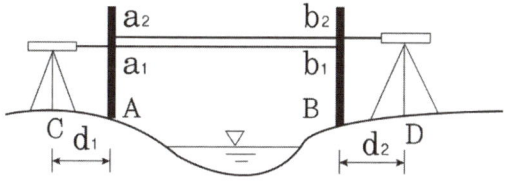

① 100.450m   ② 100.500m
③ 101.000m   ④ 101.500m

해설

$$\Delta H = \frac{1}{2}(a_1-b_1)+(a_2-b_2)$$
$$= \frac{1}{2}(2.214-1.678)+(4.324-3.860)$$
$$= 0.5\text{m}$$
$$H_B = H_A + \Delta H$$
$$= 100.00 + 0.5$$
$$= 100.500\text{m}$$
$$\Delta H = \frac{1}{2}(a_1+a_2)-(b_1+b_2) = 0.5\text{m}$$

21 수준측량의 결과가 표와 같을 때, No.3의 지반고(G)와 No.4의 기계고(h)는? [2013년 기사 1회]

측점	후시	전시		비고
		이기점	중간점	
BM.1	0.243			
No.1	1.543	1.356		
No.2	2.483	1.020		BM.1의 지반고=10.000m
No.3			1.324	
No.4	1.854	1.350		
No.5			2.435	

① G=10.569m, h=12.397m
② G=10.569m, h=12.423m
③ G=9.106m, h=13.052m
④ G=9.203m, h=9.052m

해설

측점	후시	전시		기계고	지반고
		이기점	중간점		
BM.1	0.243			10+0.243 =10.243	10m
No.1	1.543	1.356		8.887+1.543 =10.430	10+0.243− 1.356=8.887
No.2	2.483	1.020		9.41+2.483 =11.893	8.887+1.543 −1.020=9.41

Answer 19 ④ 20 ② 21 ①

No.3		1.324		9.41 + 2.483 − 1.324 = 10.569
No.4	1.854	1.350	10.543 + 1.854 = 12.397	9.41 + 2.483 − 1.350 = 10.543
No.5		2.435		10.543 + 1.854 − 2.435 = 9.962

기계오차 (Instrumental error)	레벨의 오차	① 레벨의 침하로 인한 오차 ② 시준선축과 기포관축이 평행이 아닐 때 ③ 태양의 직사광선으로 인한 오차 ④ 기포의 감도
	표척의 오차	① 표척의 영점 오차 ② 표척에 부착된 기포관의 굴절불 안정으로 인한 오차 ③ 표척의 침하나 경사로 인한 오차 ④ 표척눈금의 불균등으로 인한 오차 ⑤ 표척이음새의 불량으로 인한 오차 ⑥ 표척 읽음의 오차
자연오차 (Natural error)		① 지구곡률에 의한 오차 ② 굴절에 의한 오차 ③ 온도변화에 의한 오차 ④ 바람에 의한 오차 ⑤ 지구의 중력에 의한 오차
개인오차 (Personal error)		① 기포가 중앙에 있지 않는 오차 ② 시차(時差)에 의한 오차 ③ 표척을 잘못 읽음으로 인한 오차 ④ 표척조정의 잘못에 의한 오차 ⑤ 목표물설치의 잘못에 의한 오차

22 수준측량과 관련된 설명으로 옳지 않은 것은?
[2013년 기사 1회]

① 수준점은 평균해수면을 기준으로 정확히 높이를 계산하여 표시한 점이다.
② 1등수준점은 10km마다, 2등수준점은 5km마다 국도변을 따라 설치한다.
③ 수준점은 높이에 대한 성과만을 갖는다.
④ 레벨을 사용하여 두 지점에 세운 표척의 눈금을 읽어 직접적으로 고저차를 구하는 방법을 직접수준측량이라 한다.

[해설]
1등수준점은 4km마다, 2등수준점은 약 2km마다 국도변을 따라 설치한다.

23 수준측량에서 발생하는 기계적 오차가 아닌 것은?
[2013년 기사 2회]

① 삼각대의 느슨함에 따른 기기장치의 불완전
② 표척의 기울기에 따른 오차
③ 표척 이음부의 불완전
④ 표척눈금의 부정확

24 큰 계곡이나 하천을 횡단하여 수준측량을 할 경우에 사용하는 수준측량의 방법으로 가장 알맞은 것은?
[2013년 기사 3회]

① 간접 수준측량   ② 교호 수준측량
③ 시거 수준측량   ④ 종단 수준측량

[해설]
교호 수준측량
노선 중에 강이나 하천, 계곡 등이 있어 레벨을 측점 중간에 설치할 수 없는 경우에 사용된다.

25 그림과 같은 수준측량 결과에 따른 B점의 지반고는? (단, A점의 지반고는 30m이다.)
[2014년 기사 1회]

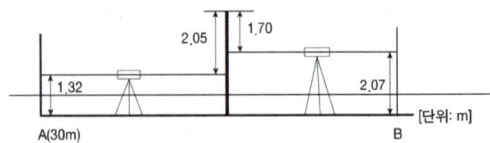

① 28.90m   ② 29.60m   ③ 33.74m   ④ 37.14m

[해설]
$H_B = 30 + 1.32 - (-2.05) + (-1.7) - 2.07$
$= 29.6m$

Answer 22 ② 23 ② 24 ② 25 ②

26
수준측량을 한 결과로부터 아래와 같은 값을 얻었다. 각 측점의 계산된 표고 중 틀린 것은? (단, 측점 No.1의 표고는 10.000m 이다.)
[2014년 기사 2회]

측점	후시(m)	전시(m)	표고(m)
No.1	1.865		10.000
No.2		0.112	11.753
No.3		0.237	11.628
No.4	2.332	1.075	10.790
No.5		1.562	11.250

① No.2 ② No.3
③ No.4 ④ No.5

해설

측점	후시(m)	전시(m)	기계고	표고(m)
No.1	1.865		10.000+1.865 =11.865	10.000
No.2		0.112		11.865−0.112 =11.753
No.3		0.237		11.865−0.237 =11.628
No.4	2.332	1.075	10.790+2.332 =13.122	11.865−1.075 =10.790
No.5		1.562		13.122−1.562 =11.560

27
후시(B.S)=1.67m, 전시(F.S)=1.32m 일 때 미지점이 310.50m의 지반고를 갖는다면 기지점의 지반고는? [2014년 기사 2회]

① 309.18m ② 310.15m
③ 311.35m ④ 312.17m

해설
$H_B = H_A + 후시 - 전시$에서
$H_A = H_B - 후시 + 전시$
$= 310.5 - 1.67 + 1.32 = 310.15m$

28
교호수준측량을 실시하여 그림과 같은 결과를 얻었다면 B점의 표고는? (단, 단위는 m이다.)
[2014년 기사 3회]

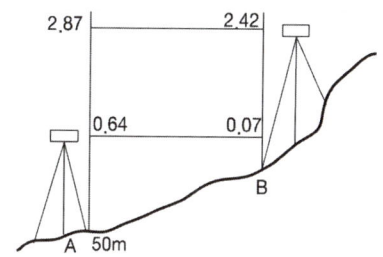

① 50.45m ② 50.51m
③ 50.57m ④ 50.58m

해설
$$h = \frac{(2.87+0.64)-(2.42+0.07)}{2} = 0.51$$
$$H_B = H_A + h = 50 + 0.51 = 50.51m$$

29
수준측량에서 5m 표척 상단이 후방으로 30cm 기울어져 있다. 표척의 읽음값이 4m이었다면 이 관측값에 대한 오차는?
[2014년 기사 3회]

① 약 0.7cm ② 약 1.5cm
③ 약 3.0cm ④ 약 6.0cm

해설

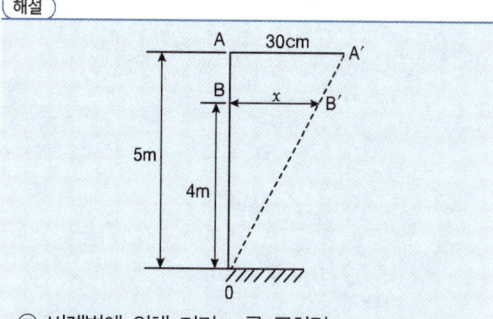

㉠ 비례법에 의해 거리 x를 구하면
$5 : 0.3 = 4 : x$
$\therefore x = \frac{4}{5} \times 0.3 = 0.24m$

Answer 26 ④ 27 ② 28 ② 29 ①

ⓒ 피타고라스 정리에 의하여 OB'를 구하면
$$OB' = \sqrt{OB^2 + x^2} = \sqrt{4^2 + 0.24^2}$$
$$= 4.007m$$
ⓒ 4m를 읽는 경우 거리오차는
$$OB' - OB = 4.007 - 4 = 0.007m = 0.7cm$$

30 레벨을 점검하기 위해 그림과 같이 C점에 설치하여 A, B 양 표척의 값을 읽었다. 그리고 레벨을 BA 연장선상의 D점에 세우고 A, B 양 표척의 값을 읽었다. 이 점검은 무엇을 알아보기 위한 것인가? [2015년 기사 1회]

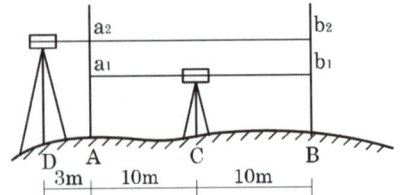

① 시준선과 연직선이 직교하는지의 여부
② 기포관축과 연직축이 수평한지의 여부
③ 시준선과 기포관축이 직교하는지의 여부
④ 시준선과 기포관축이 수평한지의 여부

해설

항정법(레벨의 조정)
기포관이 중앙에 있을 때 시준선을 수평으로 하는 것(시준선//기포관축)

31 교호수준측량 결과에 따른 B점의 표고는? (단, A점의 표고는 50.000m이고, $a_1 = 2.214m$, $a_2 = 4.324m$, $b_1 = 1.678m$, $b_2 = 3.860m$, $d_1 = d_2$) [2015년 기사 1회]

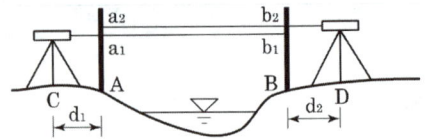

① 49.500m ② 49.964m
③ 50.500m ④ 52.146m

해설

$$h = \frac{(a_1 + a_2) - (b_1 + b_2)}{2}$$
$$= \frac{(2.214 + 4.324) - (1.678 + 3.860)}{2} = 0.500m$$
$$H_B = H_A + h = 50 + 0.500 = 50.500m$$

32 수준측량에 있어서 AB 두 점간의 표고차를 구하기 위하여 (a), (b), (c) 코스로 측량한 결과가 표와 같다면 두 점간의 표고차는?

[2015년 기사 2회]

구분	관측 표고차(m)	거리(km)
(a)	18.584	4
(b)	18.588	2
(c)	18.582	4

① 18.582m ② 18.584m
③ 18.586m ④ 18.588m

해설

직접수준측량에서 경중률은 노선거리에 반비례한다.
$$P_1 : P_2 : P_3 = \frac{1}{4} : \frac{1}{2} : \frac{1}{4} = 1 : 2 : 1$$
$$최확값 = \frac{P_1 H_1 + P_2 H_2 + P_3 H_3}{P_1 + P_2 + P_3}$$
$$= \frac{18.584 \times 1 + 18.588 \times 2 + 18.582 \times 1}{1 + 2 + 1} = 18.586m$$

Answer 30 ④ 31 ③ 32 ③

33 두 점간의 고저차를 구하기 위하여 경사거리 30.0m±0.2m, 경사각 15°30′의 값을 얻었다. 경사거리와 경사각이 고저차 결정의 독립변수로 작용할 때 고저차의 오차는? (단, 각측량에는 오차가 없는 것으로 가정한다.) [2015년 기사 3회]

① ±5.3cm ② ±10.5cm
③ ±15.8cm ④ ±27.6cm

해설

1. 높이계산 :
   $H = D\sin a = 30 \times \sin 15°30′ = 8.02m$

2. 높이에 대한 표준오차 계산
   $H = D\sin a$에서 $\dfrac{\partial H}{\partial D} = \sin a$

   $\dfrac{\partial H}{\partial a} = D \cdot \cos a$

   $\therefore \Delta H = \sqrt{(\dfrac{\partial H}{\partial D})^2 \cdot md^2 + (\dfrac{\partial H}{\partial a})^2 \cdot ma^2}$
   $= \sqrt{\sin a^2 \cdot md^2 + D \cdot \cos a^2 \cdot ma^2}$
   $= \sqrt{(\sin 15°30′)^2 \times 0.2^2 + 30 \times (\cos 15°30′)^2}$
   $= \pm 5.28cm$

34 우리나라 2등 수준측량의 왕복관측값의 허용오차는 얼마인가? (단, L은 km 단위의 편도 거리이다.) [2011년 기사 1회]

① $2.5\sqrt{L}$ mm
② $5.0\sqrt{L}$ mm
③ $10.0\sqrt{L}$ mm
④ $20.0\sqrt{L}$ mm

해설
1등 수준측량 허용오차 $2.5mm\sqrt{S}$
2등 수준측량 허용오차 $5mm\sqrt{S}$

35 수준측량의 용어에 대한 설명으로 틀린 것은? [22년 기사 1회]

① 전시 : 표고를 구하려는 점에 세운 표척의 눈금을 읽은 값
② 이기점 : 기계를 옮기기 위하여 어떠한 점에서 전시와 후시를 모두 취하는 점
③ 중간점 : 어떤 지점의 표고를 알기 위하여 표척을 세워 전시만을 취하는 점
④ 후시 : 측량해 나가는 방향을 기준으로 기계의 후방을 시준한 값

해설

㉠ 중간점(I.P) : 표척을 세운 점의 표고만을 구하고자 전시만 취하는 점
㉡ 전시(F.S) : 표고를 알고자 하는 점(미지점)에 세운 표척의 읽음 값
㉢ 후시(B.S) : 표고를 알고 있는 점(기지점)에 세운 표척의 읽음 값
㉣ 기계고(I.H) : 기준면에서 망원경 시준선까지의 높이
㉤ 이기점(T.P) : 기계를 옮길 때 한 점에서 전시와 후시를 함께 취하는 점

36 P점의 표고를 결정하기 위하여 수준점 A, B, C로부터 수준측량을 한 결과로 아래와 같은 관측값을 얻었다. P점 표고의 최확값은? [22년 기사 1회]

수준점	거리	P점의 표고
A	4 km	136.783 m
B	3 km	136.770 m
C	2 km	136.776 m

① 136.772 m
② 136.776 m
③ 136.778 m
④ 136.783 m

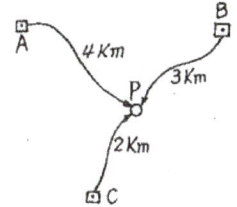

Answer 33 ① 34 ② 35 ④ 36 ②

> **해설**
>
> 경중률은 노선거리에 반비례하므로
> $P_1 : P_2 : P_3 = \frac{1}{4} : \frac{1}{3} : \frac{1}{2} = 3 : 4 : 6$
>
> $\frac{P_1 h_1 + P_2 h_2 + P_3 h_3}{P_1 + P_2 + P_3} = \frac{0.783 \times 3 + 0.770 \times 4 + 0.776 \times 6}{3+4+6}$
> $= 0.776m$ 이므로
> P점 표고의 최확값 $= 136 + 0.776 = 136.776m$

37 직접 수준측량에 있어서 전시와 후시의 시준거리를 같게 하는 이유로 거리가 먼 것은?   [22년 기사 1회]

① 연직축 오차가 소거된다.
② 빛의 굴절오차가 소거된다.
③ 지구의 곡률오차가 소거된다.
④ 시준선이 기포관축과 평행하지 않는 경우의 오차가 소거된다.

> **해설**
>
> 수준측량에서 전시와 후시의 거리를 같게 함으로서 제거되는 오차
> ① 레벨의 조정이 불완전(시준선이 기포관축과 평행하지 않을 때)할때의 오차
>   (시준축오차 : 오차가 가장 크다)
> ② 지구의 곡률오차(구차)와 빛의 굴절오차(기차)
> ③ 초점나사를 움직이는 오차가 없으므로 그로 인해 생기는 오차

38 수준측량에 사용되는 용어에 대한 설명으로 옳은 것은?   [22년 2기]

① 수준면은 각 측점에서 지오이드면과 직교하는 모든 점을 잇는 곡면이다.
② 어느 지점의 표고만을 알기 위하여 전시만을 취하는 점을 이기점이라 한다.
③ 기계고는 지면에서부터 망원경 중심까지의 높이이다.
④ 후시는 기지의 측점에 세운 표척의 읽음값이다.

> **해설**
>
> | | |
> |---|---|
> | 수평면(수준면)
(Level surface) | • 모든 점에서 연직방향과 수직인 면으로 수평면은 곡면이며 회전타원체와 유사하다.
• 정지하고 있는 해수면 또는 지오이드면은 수평면의 좋은 예이다 |
> | 기계고(I.H) | • 기준면에서 망원경 시준선까지의 높이 |
> | 후시(B.S) | • 지반고를 알고 있는 기지점에 세운 표척의 읽음 값 |
> | 전시(F.S) | • 구하려고 하는 지점에 세운 표척의 읽음값 |
> | 이기점(T.P) | • 전시와 후시의 연결점으로 전시를 관측한 후 이 점을 기준으로 기계를 옮긴 후 이 전시점을 후시로 하여 기계고를 새로 얻기 위한 점으로 이점이라고도 함 |
> | 중간점(I.P) | • 전시의 일종으로 전시만을 읽어 표고를 관측하는 점
• 중간점에 오차가 발생하여도 다른 측량할 지역에 영향을 주지 않음 |

39 그림과 같은 교호수준측량에서 B점의 표고는? (단, A점의 표고=18.645 m, a=3.453 m, b=3.124 m, c=1194 m, d=0.765 m이다.)   [22년 2기]

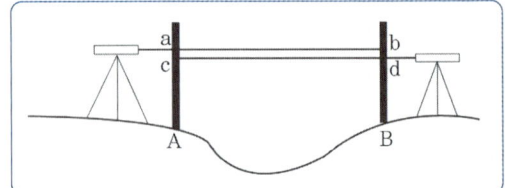

① 18.695 m
② 18.974 m
③ 19.024 m
④ 19.074 m

Answer 37 ① 38 ④ 39 ④

해설

$$h = \frac{(a_1+a_2)-(b_1+b_2)}{2}$$
$$= \frac{(3.453+1.194)-(3.124+0.765)}{2} = 0.379m$$
$$H_B = H_A + h = 18.645 + 0.379 = 19.024m$$

40 수준측량 결과가 그림과 같을 때, 이 지역의 계획고를 50 m로 하기 위한 토량은? (단, 측점의 단위는 m) [22년 2기]

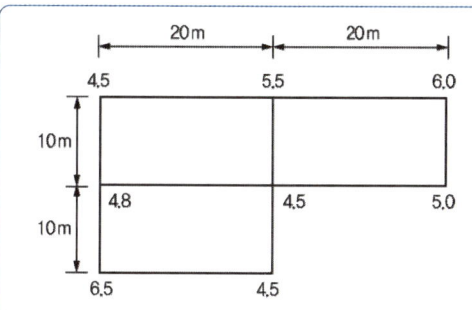

① 절토량 30 m³
② 절토량 20 m³
③ 성토량 20 m³
④ 성토량 30 m³

해설

$$V = \frac{A}{4}(\Sigma h_1 + 2\Sigma h_2 + 3\Sigma h_3 + 4\Sigma h_4)$$
$$= \frac{10\times 20}{4}(26.5 + 2\times 10.3 + 3\times 4.5) = 3,030 m^3$$

$\Sigma h_1 = 4.5 + 6.0 + 5.0 + 4.5 + 6.5 = 26.5$
$\Sigma h_2 = 5.5 + 4.8 = 10.3$
$\Sigma h_3 = 4.5$

계획고에 따른 토량 = $10 \times 20 \times 5 \times 3 = 3,000 m^3$
$3,000 - 3,030 = -30 m^3$ 이므로 $30 m^3$ 절토해야 한다.

41 다음 표척의 읽음값으로 옳은 것은? [21년 4기]

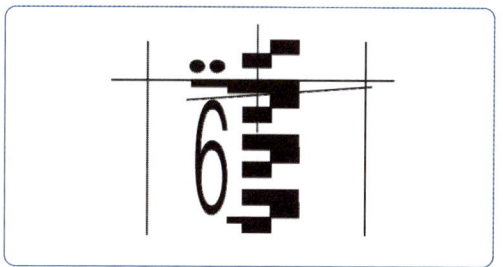

① 2.6m ② 2.7m
③ 6.0m ④ 6.5m

해설

표척에서
점 두 개는 2미터이고
숫자6은 0.6미터라고 읽는다

42 수준측량에서 전시와 후시의 거리를 같게 하는 것이 좋은 가장 큰 이유는? [21년 2기]

① 레벨의 시준선 오차 소거
② 망원경의 시야 변경
③ 표척의 눈금오차 소거
④ 표척의 기울기 오차 소거문박

해설

전시와 후시의 거리를 같게 함으로서 제거되는 오차
(1) 레벨의 조정이 불완전(시준선이 기포관축과 평행하지 않을 때)할 때
  (시준축오차 : 오차가 가장 크다.)
(2) 지구의 곡률오차(구차)와 빛의 굴절오차(기차)를 제거한다.
(3) 초점나사를 움직이는 오차가 없으므로 그로 인해 생기는 오차를 제거한다.

Answer 40 ① 41 ① 42 ①

43 그림과 같이 교호수준측량을 실시하였을 때 B점의 표고는? (단, a_1=0.64m, a_2=2.87m, b_1=0.07m, b_2=2.42m)

[21년 2기]

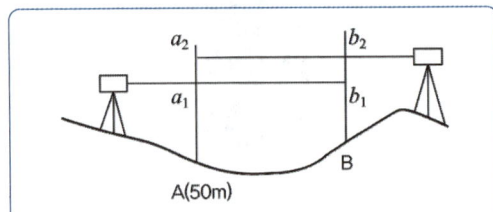

① 49.49m ② 50.51m
③ 50.85m ④ 52.29m

해설

$$h \therefore = \frac{(a_1-b_1)+(a_2-b_2)}{2} = \frac{(a_1+a_2)-(b_1+b_2)}{2}$$
$$= \frac{(0.64+2.87)-(0.07+2.42)}{2}$$
$$= 0.51$$
$$\therefore H_B = 50+0.51 = 50.51m$$

44 직접수준측량으로 편도 8km를 측량하여 ±20mm의 오차가 발생하였다면, 편도 2km를 관측할 경우에 발생할 수 있는 오차는?

[21년 1회 측기]

① ±20mm ② ±10mm
③ ±5mm   ④ ±2.5mm

해설

직접수준측량의 오차는 노선 왕복거리의 평방근에 비례하므로
$\sqrt{8} : 20 = \sqrt{2} : x$
$x = \frac{\sqrt{2}}{\sqrt{8}} \times 20 = \pm 10mm$

45 그림과 같은 수준측량에서 P점의 표고는?

[21년 1회 측기]

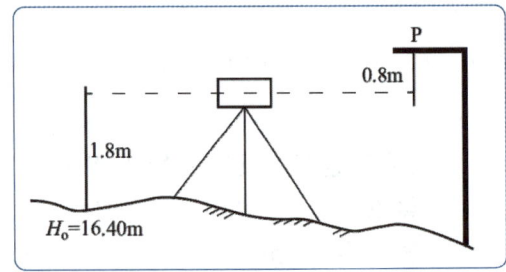

① 17.4 m ② 18.0 m
③ 18.4 m ④ 19.0 m

해설

$PH = 16.4 + 1.8 + 0.8 = 19m$

Answer 43 ② 44 ② 45 ④

CHAPTER 03 트랜싯(각) 측량

제1절 각 측량의 일반

1 각의 단위

1) 60진법

원주를 360등분할 때 그 한 호에 대한 중심각을 1도(Degree)라 하며, 도, 분, 초로 나타낸다.

2) 100진법

원주를 400등분할 때 그 한 호에 대한 중심각을 1그레이드(Grade)로 정하며, grade, centi grade, centi centi grade로 나타낸다.

3) 호도법

원의 크기에 관계없이 원의 반경과 같은 원호를 포함하는 중심각을 1라디안(Radian)이라 한다.

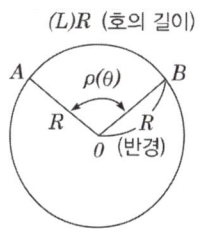

[호도와 각도]

2 단위의 상호관계

1) 도와 그레이드

(1) 도 : 1직각 = 90° grade : 1직각 = 100grade

(2) 1grade = 100centi grade = $\dfrac{90°}{100}$ = 0.9° = 54′

(3) 90° = 100grade

2) 호도와 각도

(1) 1개의 원에 있어서 중심각과 그것에 대한 호의 길이는 서로 비례하므로 반경 R과 같은 길이의 호 $\widehat{AB}$를 잡고 이것에 대한 중심각을 ρ로 잡으면,

$$\frac{R}{2\pi R} = \frac{\rho°}{360°}$$

$$\therefore \rho° = \frac{180°}{\pi} \equiv \frac{180°}{3.1415926} = 57.2958°$$

$$\rho' = \rho° \times 60' = 3437.74677'$$

$$\rho'' = \rho' \times 60'' = 206265''$$

(2) 반경 R인 원에 있어서 호의 길이 L에 대한 중심각 θ는

$$\theta = \frac{L}{R} \, (radian)$$ 이것을 도, 분, 초로 고치면

$$\theta° = \frac{L}{R}\rho°, \ \theta' = \frac{L}{R}\rho', \ \theta'' = \frac{L}{R}\rho''$$

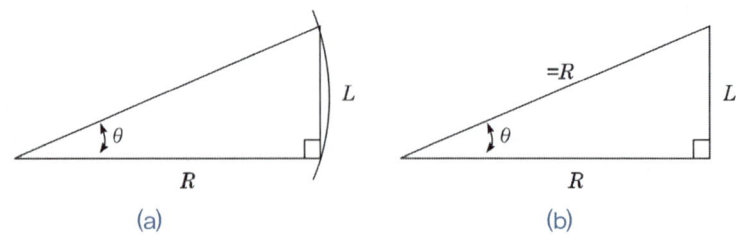

(a)　　　　　　　　(b)

(3) 각오차(θ'')가 있으면 거리(D)에 따른 위치오차(l)가 생긴다.

(2) 내용에서 $\theta'' = \dfrac{L}{R} \cdot \rho''$에서 R 대신 D, L 대신 l로 하면

$$\theta'' = \frac{l}{D} \cdot \rho''$$

θ : 각(방향)오차 D : 수평거리 ρ'' : 206265″ l : 위치오차

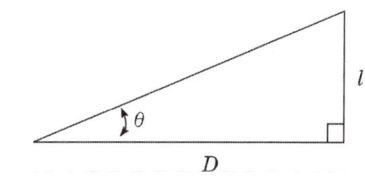

※ 수준측량 참조

제2절 트랜싯의 조정

1 트랜싯의 조정 조건

(1) 기포관축과 연직축은 직교해야 한다. (L⊥V)
(2) 시준선과 수평축은 직교해야 한다. (C⊥H)
(3) 수평축과 연직축은 직교해야 한다. (H⊥V)
   ※ 트랜싯의 3축 : 연직축, 수평축, 시준축

※ 트랜싯의 3축 : 연직축, 수평축, 시준축

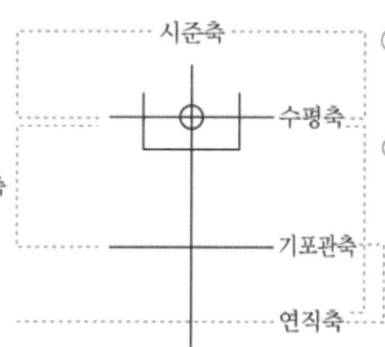

[수평축, 기포관축, 시준선축, 연직축]

2 트랜싯의 6조정

(1) 제1조정 : 평반기포관의 조정(평반기포관축 ⊥ 연직축)

(2) 제2조정 : 십자종선의 조정(십자종선 ⊥ 수평축)

(3) 제3조정 : 수평축(지주)의 조정(수평축 ⊥ 연직축)

(4) 제4조정 : 십자횡선의 조정(십자횡선 // 수평축)

(5) 제5조정 : 망원경 기포관의 조정(망원경 기포관축 // 시준선)

(6) 제6조정 : 연직분도원의 조정
(망원경 기포관의 기포가 중앙에 있을 때 연직분도원 0°와 버니어의 0은 일치해야 한다.)

① 수평각 측정 시 필요한 조정 : 제1조정 ~ 제3조정
② 연직각 측정 시 필요한 조정 : 제4조정 ~ 제6조정

제3절 수평각 관측

1 단측법

(1) 관측방법 : 1개의 각을 1회 관측하는 방법으로 가장 간단하다.

(2) 측정각 : 종독 - 초독

(3) 각 관측의 정도는 방향각법과 동일하다.

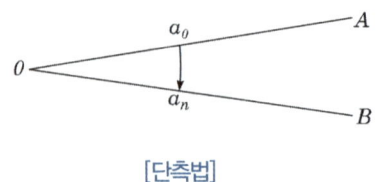

[단측법]

2 배각법(반복법)

1) 관측방법

1개의 각을 2회 이상 반복 관측하여 그 평균값을 얻는 방법이다.

2) 각 관측의 정도

(1) n배각 관측 시 1각에 포함되는 시준오차 $m_1 = \pm \sqrt{\dfrac{2a^2}{n}}$

(2) n배각 관측 시 1각에 포함되는 읽기오차 $m_2 = \pm \sqrt{\dfrac{2\beta^2}{n^2}}$

(3) 1각에 생기는 배각 관측 오차 $m = \pm \sqrt{\dfrac{2}{n}\left(a^2 + \dfrac{\beta^2}{n}\right)}$

   a : 시준오차 β : 읽기오차 n : 관측횟수(배각수)

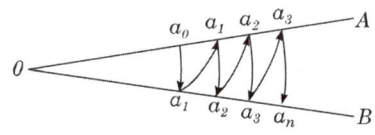

[배각(반복)법]

3) 배각법의 특징

(1) 배각법은 방향수가 적은 경우에는 편리하나 삼각측량과 같이 많은 방향이 있는 경우는 적합하지 않다.
(2) 눈금의 부정에 의한 오차를 최소로 하기 위하여 n회의 반복결과가 360°에 가깝게 해야 한다.
(3) 내축과 외축을 이용하므로 내축과 외축의 연직선에 대한 불일치에 의하여 오차가 생기는 경우가 있다.
(4) 배각법은 방향각법과 비교하여 읽기오차의 영향을 작게 받는다.(읽음 오차가 $\dfrac{1}{n}$로 됨)

3 방향각법

1) 관측방법

어떤 시준방향을 기준으로 한 측점 주위에 여러 개의 각이 있을 때 측정하는 방법

2) 특징

반복법에 비하여 시간이 절약되며 3등 이하의 삼각측량에 이용된다.

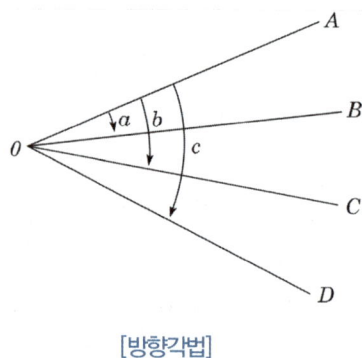

[방향각법]

3) 각 관측의 정도

(1) 1방향에 생기는 오차 $m_1 = \pm \sqrt{a^2 + \beta^2}$

(2) 각 관측(2방향의 차)의 오차 $m_2 = \pm \sqrt{2(a^2 + \beta^2)}$

(3) n회 관측한 평균값에 있어서의 오차 $m = \pm \sqrt{\dfrac{2}{n}(a^2 + \beta^2)}$

   a : 시준오차 β : 읽기오차 n : 관측횟수

④ 각 관측법

(1) 수평각 관측방법 중 가장 정확한 값을 얻을 수 있으며, 1등 삼각측량에 이용된다.

(2) 관측각의 총수 $= \dfrac{1}{2}S(S-1)$ S : 방향선수

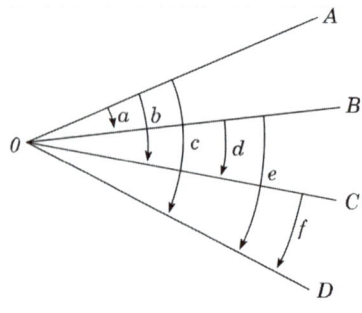

[각 관측법]

제4절 각 관측오차

1 정오차의 원인과 처리방법

1) 조정이 완전하지 않기 때문에 생기는 오차

오차의 종류	원인	처리방법
시준축 오차	시준축과 수평축이 직교하지 않기 때문에 생기는 오차	망원경을 정·반위로 관측하여 평균을 취한다.
수평축 오차	수평축이 연직축에 직교하지 않기 때문에 생기는 오차	망원경을 정·반위로 관측하여 평균을 취한다.
연직축 오차	연직축이 연직이 되지 않기 때문에 생기는 오차	소거불능

2) 기계의 구조상 결점에 따른 오차

오차의 종류	원인	처리방법
회전축의 편심오차 (내심오차)	기계의 수평회전축과 수평분도원의 중심이 불일치	180° 차이가 있는 2개(A, B)의 버니어의 읽음값을 평균한다.
시준선의 편심오차 (외심오차)	시준선이 기계의 중심을 통과하지 않기 때문에 생기는 오차	망원경을 정·반위로 관측하여 평균을 취한다.
분도원의 눈금오차	눈금 간격이 균일하지 않기 때문에 생기는 오차	버니어의 0의 위치를 $\dfrac{180°}{n}$ 씩 옮겨가면서 대회관측을 한다.

2 각의 최확치 및 조정

1) 각 관측의 최확치

(1) 어느 일정한 각을 관측한 경우

$$L_o(최확치) = \frac{[a]}{n} \qquad (n : 관측횟수, \ [a] : a_1 + a_2 + ... + a_n)$$

(2) 관측횟수(n)를 다르게 하였을 경우의 최확치

① 경중률은 관측횟수(n)에 비례($P \propto n$)

② $P_1 : P_2 : P_3 = n_1 : n_2 : n_3$

③ $L_0(최확치) = \dfrac{[P\ l]}{[P]}$

(3) 관측횟수를 같게 하였을 경우

① 성립조건 : $\alpha + \beta = \gamma$

② 오차(w) : $(\alpha + \beta) - \gamma$

③ 조정량(d) : $\dfrac{w}{n} = \dfrac{w}{3}$

④ $(\alpha + \beta)$와 γ를 비교하여 큰 쪽에는 (−), 작은 쪽에는 (+) 한다.
　w : 오차, d : 조정량, α, β, γ : 관측각, n : 관측횟수

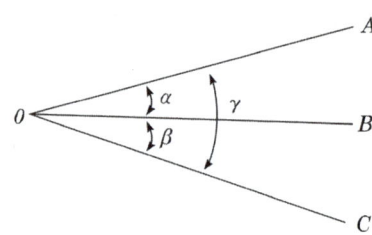

CHAPTER 03 문제 및 해설

01 임의지점 P_1의 좌표가 (-2,000m, 1,000m)이고, 다른 지점 P_2의 좌표가 (-1,250m, 2,299m)일 때 $\overline{P_1P_2}$의 방위각은?

[2010년 기사 1회]

① 30°00′03″
② 59°59′57″
③ 210°00′03″
④ 239°59′57″

해설

방위각

$$= \tan^{-1}\frac{Y_{P_2} - Y_{P_1}}{X_{P_2} - X_{P_1}}$$

$$= \tan^{-1}\frac{2299 - 1000}{-1250 - (-2000)} = 59°59′57″$$

02 삼각망 구성에 있어서 가장 정밀도가 높은 삼각망은?

[2010년 기사 1회]

① 유심 삼각망
② 사변형 삼각망
③ 단열 삼각망
④ 종합 삼각망

해설

사변형 삼각망

사각형의 형태로 삼각점을 설치하고, 대각선 방향으로 시준선을 설정하여, 한 변에 대한 기선과 각 관측점에서 2개 각, 즉 총 8개 각을 관측하는 삼각망이다.

특징

① 조건식의 수가 가장 많기 때문에 가장 높은 정확도를 얻을 수 있다.
② 이 망은 조정이 복잡하고 피복 면적이 적으며, 많은 노력과 시간 그리고 경비가 많이 요구된다는 단점이 있다.
③ 높은 정확도를 필요로 하는 삼각 측량이나 기선 삼각망 등에 사용된다.

03 A점의 좌표가 (-152.32m, -216.22m), B점의 좌표가 (231.11m, 30.21m)일 때 AB측선의 방향각은?

[2010년 기사 3회]

① 32°43′44″
② 42°44′44″
③ 57°15′44″
④ 57°16′16″

해설

$$\theta = \tan^{-1}\frac{\Delta y}{\Delta x}$$

$$= \tan^{-1}\frac{246.43}{383.43} = 32°43′44″$$

(1상한)

Answer 01 ② 02 ② 03 ①

04 B점에서 편심관측을 아래 그림과 같이 행하였다. $\angle \gamma_1$, $\angle \gamma_2$는 얼마인가? (단, B : 기지점, $S_1=2000m$, $S_2=1000m$, $e=0.1m$, $T'=80°$, $P=330°$이다.)

[2011년 기사 1회]

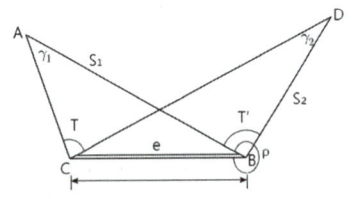

① $\gamma_1=3''$, $\gamma_2=6''$
② $\gamma_1=5''$, $\gamma_2=10''$
③ $\gamma_1=10''$, $\gamma_2=20''$
④ $\gamma_1=15''$, $\gamma_2=30''$

해설

sin 법칙에 의해

$\gamma_1 = 206265'' \times \dfrac{0.1}{2000} \times \sin 30°$
$\quad = 5''$

$\gamma_2 = 206265'' \times \dfrac{0.1}{1000} \times \sin(360° - 330° + 80°)$
$\quad = 10''$

05 각 측정기의 조정이 완전한 경우 성립조건이 아닌 것은?

[2011년 기사 2회]

① 시준선은 수평분도원과 직각이다.
② 시준선은 연직축과 직각을 이룬다.
③ 수평축은 연직분도원과 직각이다.
④ 연직축은 수평분도원과 직각이다.

해설

트랜싯의 구조는 수준기축 수직축 수평축 시준선 축이 직교가 되어야 한다.
연직축오차 - 기포관과 연직축이 수직(제1조정)
시준축오차 - 시준축과 수평축이 수직(제2조정)
수평축오차 - 수평축과 연직축이 수직(제3조정)

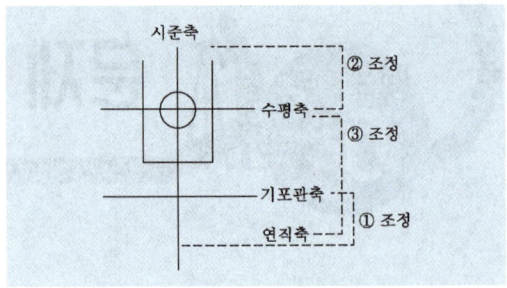

06 트래버스 측량에서 폐합오차를 분배하는 컴퍼스 법칙과 트랜싯 법칙에 대한 설명으로 옳지 않은 것은?

[2012년 기사 3회]

① 컴퍼스 법칙은 거리의 정도와 각 관측의 정밀도가 거의 같을 경우에 사용된다.
② 컴퍼스 법칙은 각 측선의 길이에 비례하여 배분하는 방법이다.
③ 트랜싯 법칙은 거리의 오차를 평균 배분하는 방법이다.
④ 트랜싯 법칙은 각 측량의 정밀도가 거리측량의 정밀도보다 좋을 경우에 이용된다.

해설

트랜싯 법칙
트랜싯 법칙은 위거, 경거의 오차를 각 측선의 위거 및 경거에 비례하여 배분하는 방법으로 각 측량의 정밀도가 거리의 정밀도보다 높을 때 이용된다.

07 다각측량에 대한 설명으로 옳지 않은 것은?

[2013년 기사 1회]

① 다각측량은 삼각측량과 같이 높은 정확도를 요하지는 않는다.
② 일반적으로 트래버스 중 결합트래버스의 정확도가 가장 높다.
③ 폐합오차 조정 시 각 관측의 정도가 거리관측의 정도보다 높으면 컴퍼스 법칙을 적용한다.
④ 횡거란 측선의 중점에서 자오선에 내린 수선의 길이이며 그 2배가 배횡거이다.

Answer 04 ② 05 ① 06 ③ 07 ③

해설

트랜싯 법칙	각 관측의 정밀도가 거리의 정밀도보다 좋은 경우에는 트랜싯 법칙을 적용한다.
컴퍼스의 법칙	각 관측의 정밀도와 거리의 정밀도가 같은 경우에 이용된다.

08 각 측량기에서 기계점검이나 테스트 시 직교의 조건을 확인하여야 하는 3개의 축에 속하지 않은 것은? [2013년 기사 2회]

① 편심축 ② 시준축
③ 수평축 ④ 연직축

해설

트랜싯의 조정 조건
① 기포관축과 연직축은 직교해야 한다. ($L \perp V$)
② 시준선과 수평축은 직교해야 한다. ($C \perp H$)
③ 수평축과 연직축은 직교해야 한다. ($H \perp V$)
※ 트랜싯의 3축 : 연직축, 수평축, 시준축

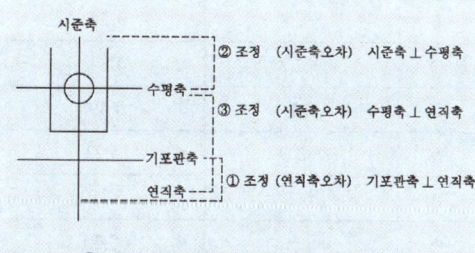

[수평축, 기포관측, 시준축, 연직축]

09 각 측정기의 조정이 완전한 경우 성립조건이 아닌 것은? [2015년 기사 2회]

① 시준선은 수평분도원과 직각이다.
② 시준선은 연직축과 직각을 이룬다.
③ 수평축은 연직분도원과 직각이다.
④ 연직축은 수평분도원과 직각이다.

해설

트랜싯의 6조정
1. 수평각 측정 시 필요한 조정
   ① 제1조정(평반기포관의 조정 : 연직축오차) : 평반기포관축은 연직축에 직교해야 한다.
   ② 제2조정(십자종선의 조정 : 시준축오차) : 십자종선은 수평축에 직교해야 한다.
   ③ 제3조정(수평축의 조정 : 수평축오차) : 수평축은 연직축에 직교해야 한다.

2. 연직각 측정 시 필요한 조정
   ① 제4조정(십자횡선의 조정) : 십자선의 교점은 정확하게 망원경의 중심(광축)과 일치하고 십자횡선은 수평축과 평행해야 한다.
   ② 제5조정(망원경기포관의 조정) : 망원경에 장치된 기포관축과 시선은 평행해야 한다.
   ③ 제6조정(연직분도원 버니어 조정) : 시준선은 수평(기포관의 기포가 중앙)일 때 연직분도원의 0°가 버니어의 0과 일치해야 한다.

10 한 개의 각을 10회 측정하여 표와 같이 오차가 발생하였다. 평균 제곱근 오차(표준편차)는? [2011년 기사 1회]

번호	1	2	3	4	5
오차	3.8″	1.5″	−2.0″	0.0″	4.3″

번호	6	7	8	9	10
오차	−1.8″	−2.2″	−0.7″	−3.9″	−2.3″

① 1.75″ ② 2.75″
③ 3.75″ ④ 4.75″

해설

$$\text{표준편차} = \pm\sqrt{\frac{[VV]}{n-1}} = \pm\sqrt{\frac{68.25}{10-1}} = 2.75''$$

$$[VV] = 3.8^2 + 1.5^2 + (-2.0)^2 + 0.0^2 + 4.3^2 + (-1.8)^2$$
$$+ (-2.2)^2 + (-0.7)^2 + (-3.9)^2 + (-2.3)^2$$
$$= 68.25$$

Answer 08 ① 09 ① 10 ②

11 각측정기의 수평축이 연직축과 직교하지 않는 기계로 측정할 때의 오차소거법에 대한 설명으로 옳은 것은? [2011년 기사 2회]

① 망원경의 정위 및 반위의 관측결과를 평균한다.
② 소거가 불가능하다.
③ 눈금판을 재조정한다.
④ 직교에 대한 편차를 구하여 더한다.

해설

망원경 정·반 관측으로 제거되는 오차에는 시준축오차, 수평축오차, 시준축 편심오차(외심오차)가 있다.

망원경 정·반 관측 시 소거가능 오차
① **시준축 오차** : 시준축과 수평축이 직교하지 않기 때문에 생기는 오차
② **수평축 오차** : 수평축이 연직축에 직교하지 않기 때문에 생기는 오차
③ **시준선 편심오차(외심오차)** : 시준선이 기계의 중심을 통하지 않기 때문에 생기는 오차
(※ 연직축 오차 : 연직축이 연직하지 않기 때문에 생기는 오차는 소거 불가능하다. 시준할 두 점의 고저차가 연직각으로 5° 이하일 때에는 큰 오차가 발생하지 않는다.)

12 어느 지점의 각을 8회 관측하여 평균제곱근 오차 ±0.7″를 얻었다. 같은 조건으로 관측하여 ±0.3″의 평균제곱근오차를 얻기 위해서는 몇 회 측정하여야 하는가?

[2014년 기사 1회]

① 18회　　② 24회
③ 32회　　④ 44회

해설

경중률은 평균제곱근오차의 제곱에 반비례하므로

$8 : x = \dfrac{1}{0.7^2} : \dfrac{1}{0.3^2} = 2.04 : 11.11$

$\therefore x = \dfrac{8 \times 11.11}{2.04} = 43.56 ≒ 44회$

13 어느 1개의 각을 10회 관측하여 표와 같이 오차가 발생하였다면 평균 제곱근 오차는?

[2015년 기사 3회]

번호	1	2	3	4	5
오차	3.8″	1.5″	−2.0″	0.0″	4.3″

번호	6	7	8	9	10
오차	−1.8″	−2.2″	0.7″	−3.9″	2.3″

① 1.75″　　② 2.75″
③ 3.75″　　④ 4.75″

해설

구분	관측값	v^2
1	3.8″	14.44
2	1.5	2.25
3	−2.0	4.0
4	0.0	0
5	4.3	18.49
6	−1.8	3.24
7	−2.2	4.84
8	0.7	0.49
9	−3.9	15.21
10	2.3	5.29
계		68.25

최확값(L_0)

$= \dfrac{3.8+1.5-2.0+4.3-1.8-2.2+0.7-3.9+2.3}{10}$

$= 2.7″$

평균자승오차(M_0) $= \sqrt{\dfrac{v^2}{n-1}}$

$= \sqrt{\dfrac{68.25}{10-1}} = 2.75$

Answer 11 ① 12 ④ 13 ②

PART 05 측량학

14 수평각 관측에서 수평축과 시준축이 직교하지 않음으로써 일어나는 각 오차의 소거 방법으로 옳은 것은? [2010년 기사 3회]

① 정·반위관측
② 반복법 관측
③ 방향각법 관측
④ 조합각 관측법

해설

조정이 완전하지 않기 때문에 생기는 오차

오차의 종류	원인	처리방법
시준축 오차	시준축과 수평축이 직교하지 않기 때문에 생기는 오차	망원경을 정·반위로 관측하여 평균을 취한다.
수평축 오차	수평축이 연직축에 직교하지 않기 때문에 생기는 오차	망원경을 정·반위로 관측하여 평균을 취한다.
연직축 오차	연직축이 연직이 되지 않기 때문에 생기는 오차	소거불능

15 그림에서 ∠AOB, ∠BOC, ∠AOC를 관측한 결과가 표와 같을 때, ∠AOC의 최확값은? [22년 기사 1회]

각	관측값	관측회수
AOB	23°46′00″	1
BOC	59°14′27″	3
AOC	83°01′07″	4

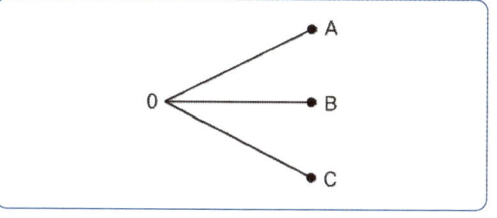

① 83°01′05″
② 83°01′03″
③ 83°01′01″
④ 83°00′59″

해설

조건부 관측에서 경중률은 관측횟수에 반비례한다

$P_1 : P_2 : P_3 = \dfrac{1}{1} : \dfrac{1}{3} : \dfrac{1}{4} = 12 : 4 : 3$

∠AOB + ∠BOC − ∠AOC = −40″

조정량 = $\dfrac{오차}{경중률의 합} ×$ 조정할 각의 경중률 에서

∠AOB의 조정량 = $\dfrac{-40}{12+4+3} × 12 = -25″$

∠BOC의 조정량 = $\dfrac{-40}{12+4+3} × 4 = -8″$

∠AOC의 조정량 = $\dfrac{-40}{12+4+3} × 3 = -6″$

∠AOC의 최확값 = 83°01′07″ − 6″ = 83°01′01″

16 A점에서 2 km 떨어져 있는 B점을 관측할 때 각도에 15″의 각 오차가 있다면 B점에서의 위치오차는? [22년 기사 1회]

① 20.8 cm
② 19.7 cm
③ 14.5 cm
④ 11.5 cm

해설

$\dfrac{각오차}{\rho''} = \dfrac{위치오차}{관측거리}$ 에서

위치오차 = $\dfrac{15''}{206,265''} × 2,000 = 0.145m = 14.5cm$

17 각관측 장비의 기계오차 중 망원경을 정·반으로 관측하여 평균값을 취함으로써 소거되는 오차가 아닌 것은? [22년 2기]

① 연직축 오차
② 시준축 오차
③ 수평축 오차
④ 편심오차

Answer 14 ④ 15 ③ 16 ③ 17 ①

해설

트랜싯의 조정(수평각 측정시 필요한 조정)

제1조정 (평반기포관의 조정·연직축오차)		평반기포관축은 연직축에 직교해야 한다.
	원인	연직축이 연직이 되지 않기 때문에 생기는 오차
	처리방법	소거불능
제2조정 (십자종선의 조정 : 시준축오차)		십자종선은 수평축에 직교해야 한다.
	원인	시준축과 수평축이 직교하지 않기 때문에 생기는 오차
	처리방법	망원경을 정·반위로 관측하여 평균을 취한다.
제3조정 (수평축의 조정 : 수평축오차)		수평축은 연직축에 직교해야 한다.
	원인	수평축이 연직축에 직교하지 않기 때문에 생기는 오차
	처리방법	망원경을 정·반위로 관측하여 평균을 취한다.

18 시준거리 30m에 대하여 표척눈금 읽음값의 차가 15cm, 기포의 이동거리가 0.2cm라면 기포관의 곡률반지름은? [21년 4기]

① 2.0m
② 3.0m
③ 4.0m
④ 6.0m

해설

$\theta'' = \frac{l}{nD}\rho'' = \frac{0.015}{1 \times 30} \times 206,265'' = 1'43''$

기포관 1눈금의 크기가 0.2cm이므로 n=1

$R = \frac{d}{\theta''}\rho'' = \frac{0.002}{1'43''} \times 206,265'' = 4.0m$

d = 기포관 눈금의 크기

19 각 관측 기기의 조정조건으로 옳지 않은 것은? [21년 4기]

① 기포관축이 수직축에 수평이어야 한다.
② 시준축은 수평축에 직교하여야 한다.
③ 수평축은 연직축에 직교하여야 한다.
④ 망원경의 위치가 회전축에 편심되지 않아야 한다.

해설

트랜싯의 6조정
1. 수평각 측정 시 필요한 조정
   ① 제1조정(평반기포관의 조정 : 연직축오차) : 평반기포관축은 연직축에 직교해야 한다.
   ② 제2조정(십자종선의 조정 : 시준축오차) : 십자종선은 수평축에 직교해야 한다.
   ③ 제3조정(수평축의 조정 : 수평축오차) : 수평축은 연직축에 직교해야 한다.

20 동일한 정밀도로 각을 관측하여 $a = 39°19'40''$, $\beta = 52°25'29''$, $\gamma = 91°45'00''$를 얻었다면 γ의 최확값은? [21년 2기]

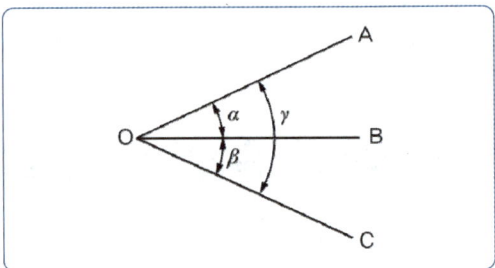

① 91°44'57''
② 91°44'59''
③ 91°45'01''
④ 91°45'03''

Answer 18 ③ 19 ① 20 ④

해설

$\alpha + \beta = \gamma$

$39°19'40'' + 52°25'29'' - 91°45' = 0°0'9''$

조정량 $= \dfrac{9}{3} = 3''$

$\alpha = 39°19'40'' - 3'' = 39°19'37''$

$\beta = 52°25'29'' - 3'' = 52°25'26''$

$\gamma = 91°45' + 3'' = 91°45'03''$

21 $\overline{AB}$ 의 방위각이 166°29'45", $\overline{AB}$의 역 방위각은? [21년 1회 측기]

① 13°30'15"
② 103°30'15"
③ 283°30'15"
④ 346°29'45"

해설

$V_a^b = 166°29'45''$

$V_b^a = 166°29'45'' + 180° = 346°29'45''$

Answer 21 ④

트래버스 다각측량

제1절 트래버스의 특징

여러 개의 측점을 연결하여 생긴 다각형의 각 변의 길이와 방위각을 순차로 측정하고, 그 결과에서 각 변의 위거, 경거를 계산하여 이 점들의 좌표를 결정하여 도상기준점의 위치를 결정하는 측량을 말한다.

1 특징

(1) 삼각점이 멀리 배치되어 있어 좁은 지역에 세부측량의 기준이 되는 점을 추가 설치할 경우에 편리하다.
(2) 복잡한 시가지나 지형의 기복이 심하여 시준이 어려운 지역의 측량에 적합하다.
(3) 선로(도로, 하천, 철도)와 같이 좁고 긴 곳의 측량에 적합하다.
(4) 거리와 각을 관측하여 도식해법에 의하여 모든 점의 위치를 결정할 경우 편리하다.
(5) 삼각측량과 같이 높은 정도를 요구하지 않는 골조측량에 이용한다.

제2절 트래버스의 종류

1 폐합 트래버스

기지점에서 출발하여 원래의 기지점으로 폐합시키는 트래버스로 측량 결과가 검토는 되나 결합다각형보다 정확도가 낮아 소규모 지역의 측량에 좋다.

2 개방 트래버스

임의의 점에서 임의의 점으로 끝나는 트래버스로 측량 결과의 점검이 안 되어 노선측량의 답사에는 편리한 방법이다. 시작되는 점과 끝나는 점 간의 아무런 조건이 없다.

3 결합 트래버스

기지점에서 출발하여 다른 기지점으로 결합시키는 방법으로 대규모 지역의 정확성을 요하는 측량에 이용한다.

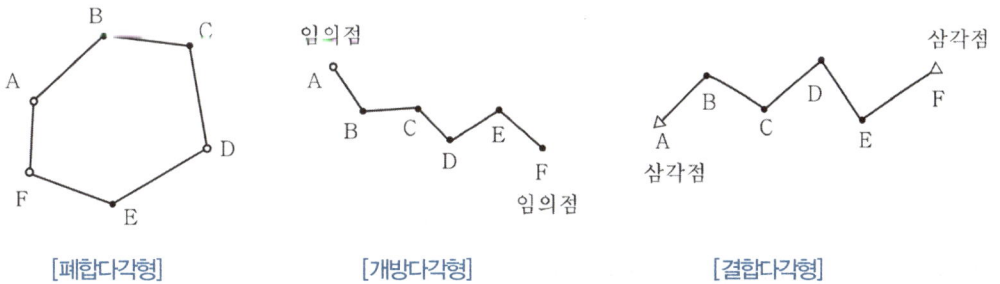

[폐합다각형]　　　　[개방다각형]　　　　[결합다각형]

제3절 트래버스의 수평각 관측

1 교각법(direct angle method)

어떤 측선이 그 앞의 측선과 이루는 각을 관측하는 것을 교각법이라 한다.

2 편각법(deflection angle method)

각 측선이 그 앞 측선의 연장과 이루는 각을 관측하는 방법

3 방위각법(azimuth, full circle method)

각 측선이 일정한 기준선인 자오선과 이루는 각을 우회로 관측하는 방법

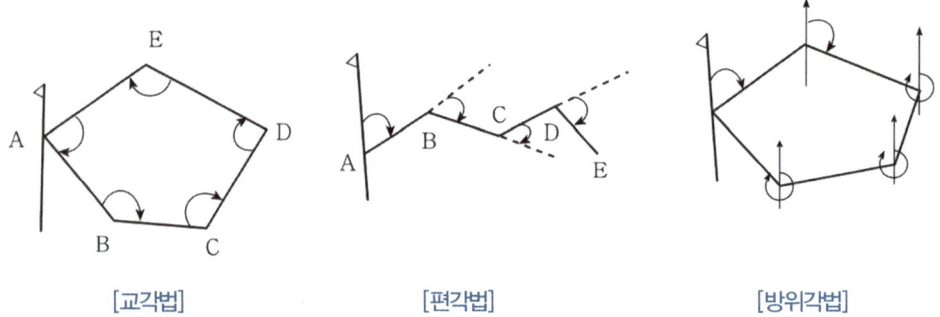

[교각법]   [편각법]   [방위각법]

제4절 측각오차의 조정방법

1 폐합 트래버스의 경우

1) 내각 측정 시

$$E = [a] - 180(n-2)$$

2) 외각 측정 시

$$E = [a] - 180(n+2)$$

3) 편각 측정 시

$$E = [a] - 360$$

여기서, E : 폐합 트래버스 오차, [a] : 각의 총합, n : 각의 수

2 결합 트래버스의 경우

$$E = W_a - W_b + [a] - 180(n-1)$$

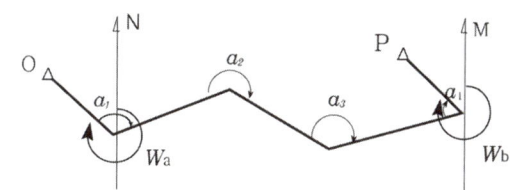

$$E = W_a - W_b + [a] - 180(n-1)$$

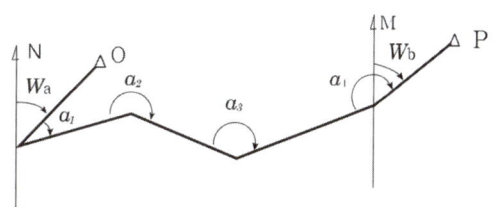

$$E = W_a - W_b + [a] - 180(n+1)$$

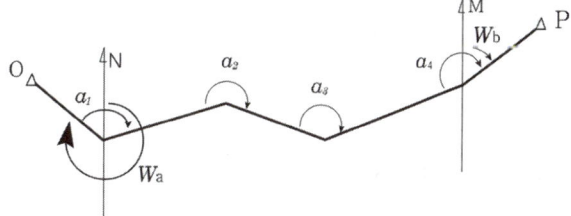

$$E = W_a - W_b + [a] - 180(n-3)$$

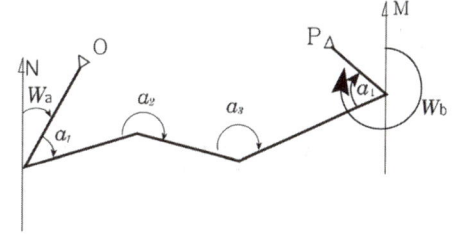

여기서, E : 각오차 W_a : L측선의 방위각 W_b : M측선의 방위각

[a] : $a_1 + a_2 + a_3 + \cdots\cdots + a_n$ n : 측각수

제5절 측각오차의 허용범위

1 시가지

$$20''\sqrt{n} \sim 30''\sqrt{n}$$

2 평지

$$30''\sqrt{n} \sim 60''\sqrt{n}$$

3 산지

$$90''\sqrt{n} \quad \text{(여기서, n : 변의 수)}$$

제6절 방위각의 계산

1 교각법에 의한 방위각 계산

임의의 측선의 방위각 = 전 측선의 방위각 + 180°±교각(우측각 : −, 좌측각 : +)

2 편각법에 의한 방위각 계산

임의의 측선의 방위각 = 전 측선의 방위각 ± 편각(우회전각 : +, 좌회전각 : −)

3 역방위각법에 의한 방위각 계산

역방위각 = 방위각+180°

[주의]
- 방위각 계산에서 방위각이 360°가 넘으면 360°를 뺀다.
- 방위각 계산에서 방위각이 (−)값이 나오면 360°를 더한다.

제7절 방위 계산

NS축을 기준으로 하여 90°보다 작은 각을 말한다.

방위각	상한	방위	방위각
0°~90°	1상한	N(0°~90°) E	$a = \theta_1$
90°~180°	2상한	S(0°~90°) E	$a = 180° - \theta_2$
180°~270°	3상한	S(0°~90°) W	$a = 180° + \theta_3$
270°~360°	4상한	N(0°~90°) W	$a = 360° - \theta_4$

제8절 위거 및 경거의 계산

1 위거(Latitude)

측선에서 NS선의 차이

$$L_{AB} = AB \cdot \cos\theta$$

2 경거(Departure)

측선에서 EW선의 차이

$$D_{AB} = AB \cdot \sin\theta$$

3 위거와 경거를 알 경우 거리와 방위각을 계산

1) AB의 거리

$$AB = \sqrt{(X_B - X_A)^2 + (Y_B - Y_A)^2}$$

2) AB의 방위각

$$\tan\theta = \frac{\Delta Y}{\Delta X} = \frac{Y_B - Y_A}{X_B - X_A}$$

$$\theta = \tan^{-1}\frac{\Delta Y}{\Delta X}$$

제9절 폐합오차와 폐합비

각 측선의 위거의 대수화와 경거의 대수화는 각각 0이 되어야 하는데 거리 및 각도 측정 때문에 0이 되지 않는다. 이것을 폐합오차라고 한다.

1 폐합오차

$$E = \sqrt{(\Delta l)^2 + (\Delta d)^2}$$

여기서, E : 폐합오차, Δl : 위거오차, Δd : 경거오차

2 폐합비

$$R = \frac{E}{\sum L} \text{ 또는}$$

$$\text{폐합비} = \text{측선의 } \frac{\text{폐합오차}}{\text{총길이}}$$

제10절 트래버스의 조정

1 컴퍼스의 법칙

각 관측의 정밀도와 거리의 정밀도가 같은 경우에 이용된다.

$$\varepsilon_l = \frac{l_1}{\sum l} \times \Delta l$$

$$\varepsilon_d = \frac{l_1}{\sum l} \times \Delta d$$

여기서, ε_l : 위거 조정량, l_1 : 그 측선의 길이, $\sum l$: 총 길이,
Δl : 위거오차, ε_d : 경거 조정량, Δd : 경거 오차

2 트랜싯의 법칙

각 관측의 정밀도가 거리의 정밀도보다 좋은 경우에 해당된다.

$$\varepsilon_l = \frac{L_1}{|L|} \times \Delta l$$

$$\varepsilon_d = \frac{D_1}{|D|} \times \Delta d$$

여기서, ε_l : 위거 조정량, L_1 : 그 측선의 위거, $|L|$: 위거 절대치의 합,
ε_d : 경거 조정량, D_1 : 그 측선의 경거, $|D|$: 경거 절대치의 합,
Δl : 위거 오차, Δd : 경거 오차

제11절 트래버스 측량의 면적 계산

(1) 첫 측선의 배횡거=첫 측선의 경거

(2) 임의의 측선의 배횡거=전 측선의 배횡거+전 측선의 경거+그 측선의 경거

(3) 마지막 측선의 배횡거=마지막 측선의 경거(부호 반대)

(4) 배면적=|∑(배횡거×위거)|

(5) 면적 = $\dfrac{|배면적|}{2}$

제10절 트래버스 측량의 허용오차

(1) 시가지 : $\dfrac{1}{5,000} \sim \dfrac{1}{10,000}$

(2) 평지 : $\dfrac{1}{1,000} \sim \dfrac{1}{2,000}$

(3) 산지 및 임야지 : $\dfrac{1}{500} \sim \dfrac{1}{1,000}$

(4) 산악지 : $\dfrac{1}{300} \sim \dfrac{1}{1,000}$

CHAPTER 04 문제 및 해설

01 다각측량에서 1각의 오차가 10″인 5개의 각이 있을 경우 각 오차의 총합은?

[2010년 기사 1회]

① 10″   ② 22″
③ 25″   ④ 50″

해설

$M = \pm m\sqrt{n} = \pm 10\sqrt{5} = \pm 22''$

02 트래버스 측량에서 거리와 각의 관측정확도를 균등하게 유지하려고 한다. 600m의 거리를 ±(5mm+10ppm XL)mm의 EDM으로 측량한 경우에 필요한 각의 오차한계는? (단, L은 km)

[2010년 기사 1회]

① ±1.5″   ② ±2.6″
③ ±5.3″   ④ ±7.4″

해설

광파측거기(EDM) 제작회사에서는 정확도 표현은 ±$(a+bD)$ppm으로 표시한다. 여기서, a는 거리에 비례하지 않은 오차이며, bD는 거리에 비례하는 오차의 표현이다.
그러므로 표준오차는

$M = \pm\sqrt{5^2 + (10\times 0.6)^2} = \pm 7.8\text{mm}$

$\dfrac{\Delta h}{D} = \dfrac{\theta''}{\rho''}$ 에서 $\theta'' = \dfrac{\Delta h}{D}\rho''$

$= \dfrac{0.0078}{600} \times 206{,}265'' = \pm 2.6''$

03 다음 그림과 같은 결합 트래버스의 측각오차식은?(단, [a] : 측각($a_1 \sim a_n$)의 총합)

[2010년 기사 1회]

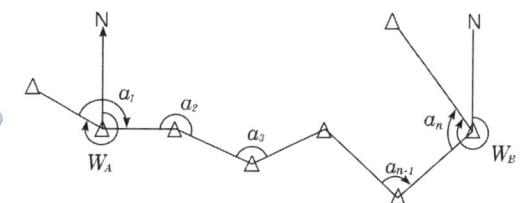

① $E_a = W_A - W_B + [a] - 180°(n-1)$
② $E_a = W_A - W_B + [a] - 180°(n+1)$
③ $E_a = W_A - W_B + [a] - 180°(n-3)$
④ $E_a = W_A - W_B + [a] - 180°(n+3)$

해설

Wa>180, Wb<180 Ea : Wa−Wb+[a]−180(n+1)
Wa<180, Wb>180 Ea : −180(n−3)
Wa>180, Wb>180
Wa<180, Wb<180 Ja : −180(n−1)

04 트래버스 측량을 위한 선점 시 고려할 사항에 대한 설명으로 옳지 않은 것은?

[2010년 기사 2회]

① 각과 거리관측의 정확도가 균형을 이루도록 한다.
② 측점은 견고한 지반 위에 안전하게 보존토록 하고 세부측량 시 이용이 편리하도록 한다.
③ 측점 간의 거리는 될 수 있는 한 등거리로 한다.
④ 트래버스 노선은 될 수 있는 한 폐합 트래버스가 되도록 한다.

Answer 01 ② 02 ② 03 ① 04 ④

[해설]

선점 시 유의사항
① 지반이 튼튼한 장소일 것
② 측점 간 거리는 가능한 한 같게 하고 큰 고저차가 없을 것
③ 변의 길이는 될 수 있는 대로 길게 하고, 측점의 수를 적게 하는 것이 좋다. 변의 길이는 30~200m 정도로 한다.
④ 측점을 찾기 쉽고 안전하게 보존될 수 있는 장소를 택할 것
⑤ 세부측량 시 편리하도록 할 것
⑥ 트래버스 노선은 현장상황과 요구하는 정확도를 고려하여 망을 구성하여야 한다.

05 결합 트래버스 측량에 있어서 노선상이 4km가 되는 장소에서 폐합비의 제한이 1/500,000일 경우 허용되는 폐합오차는? [2010년 기사 2회]

① 1.25cm ② 1.00cm
③ 0.80cm ④ 0.60cm

[해설]

폐합비 $= \dfrac{\text{폐합오차}}{\Sigma L}$, $\dfrac{1}{500,000} = \dfrac{e}{4,000}$

그러므로 $e = \dfrac{4,000}{5,000,000} = 0.008\text{m} = 0.8\text{cm}$

06 트래버스에서 수평각 관측에 관한 설명으로 옳지 않은 것은? (여기서 n : 변의 수) [2010년 기사 2회]

① 폐합 트래버스의 편각의 합은 $180°(n-2)$이다.
② 교각이란 어느 관측선이 그 앞의 관측선과 이루는 각을 말한다.
③ 편각이란 해당측선이 앞 측선의 연장선과 이루는 각을 말한다.
④ 교각법은 한 각의 잘못을 발견하였을 경우에도 다른 각에 관계없이 재관측할 수 있다.

[해설]

폐합 트래버스 각오차(E_a)
내각관측시 : $E_a = [a] - 180°(n-2)$
외각관측시 : $E_a = [a] - 180°(n+2)$
편각관측시 : $E_a = [a] - 360°$

07 외각의 합이 3600°인 폐합 트래버스의 변의 수는? [2010년 기사 2회]

① 16변 ② 18변
③ 20변 ④ 22변

[해설]

외각의 합 $= 180(n+2)$
 $3600 = 180(n+2)$에서
∴ $n = 18$변

08 기지점 A, B 사이를 결합 트래버스 측량한 결과, X좌표의 폐합차 = 0.20m, Y좌표의 폐합차 = +0.15m, 노선길이 = 2750.00m를 얻었다. 이 결합 트래버스의 정밀도는? [2010년 기사 2회]

① 1/7857
② 1/11000
③ 1/18333
④ 1/19000

[해설]

폐합비 $= \dfrac{\text{폐합오차}}{\text{전거리}} = \dfrac{\sqrt{(\Delta l)^2 + (\Delta d)^2}}{\Sigma l}$

$= \dfrac{\sqrt{0.2^2 + 0.15^2}}{27500} = \dfrac{1}{11,000}$

Answer 05 ③ 06 ① 07 ② 08 ②

09 폐합 트래버스 측량에서 임의 측선에 대한 방위각을 계산하기 위한 방법으로 틀린 것은? [2010년 기사 3회]

① 시계방향으로 진행할 경우 내각 관측 시
= 하나 앞 측선의 방위각 + 180 − 내각
② 시계방향으로 진행할 경우 외각 관측 시
= 하나 앞 측선의 방위각 + 180 + 외각
③ 반시계방향으로 진행할 경우 내각 관측 시
= 하나 앞 측선의 방위각 + 180 − 내각
④ 반시계방향으로 진행할 경우 외각 관측 시
= 하나 앞 측선의 방위각 + 180 − 외각

[해설]
방위각의 계산
① 교각법에 의한 방위각 계산
임의의 측선의 방위각 = 전 측선의 방위각 + 180°±교각(우측각 : −, 좌측각 : +)
② 편각법에 의한 방위각 계산
임의의 측선의 방위각 = 전 측선의 방위각 ± 편각(우회전 각 : +, 좌회전 각 : −)
③ 역 방위각법에 의한 방위각 계산
역 방위각 = 방위각 + 180°

※ 주의
① 방위각 계산에서 방위각이 360°가 넘으면 360°를 뺀다.
② 방위각 계산에서 방위각이 (−)값이 나오면 360°를 더한다.

10 어느 지역의 폐합 트래버스 측량에 있어서 아래와 같은 측량결과를 얻었을 때 측선 CD의 배횡거는 얼마인가? [2011년 기사 1회]

측선	위거(m)	경거(m)
AB	+22.48	+35.72
BC	−18.94	+19.62
CD	−38.57	−35.15
DA	+35.03	−20.19

① 58.88m ② 75.53m
③ 77.82m ④ 97.45m

[해설]
AB측선의 배횡거
= 35.72(그 측선의 경거)
BC측선의 배횡거
= 35.72 + 35.72 + 19.62 = 91.06
(전측선의 배횡거 + 전측선의 경거 + 그 측선의 경거)
CD측선의 배횡거
= 91.06 + 19.62 − 35.15 = 75.53
(전측선의 배횡거 + 전측선의 경거 + 그 측선의 경거)

11 노선길이 2km의 결합트래버스에서 폐합비의 제한을 1/5000로 할 때 허용되는 위치의 폐합차는? [2011년 기사 2회]

① 0.2m ② 0.4m
③ 0.6m ④ 0.8m

[해설]
폐합비 = $\dfrac{오차}{전거리}$ 에서

$\dfrac{1}{5000} = \dfrac{E}{2000}$

$E = 0.4m$

12 트래버스 측량에 있어서 어느 방향선의 자북방위각을 측정하여 216°25′을 얻고 이 지점의 자침의 편각이 서편 6°40′이었다. 이 방향선의 진방위각은? [2011년 기사 2회]

① 116° 55′ ② 119° 45′
③ 209° 45′ ④ 223° 05′

[해설]
진북방위각(a) = a_m(자북방위각) − 서편차
진북방위각 = 216°25′ − 6°40′ = 209°45′

Answer 09 ③ 10 ② 11 ② 12 ③

13 트래버스 측량에서 A, B, C점에 대하여 위거(L)와 경거(D)를 계산하여 L_{AB} =80.0m, D_{AB} = 20.0m, L_{BC} = -40.0m, D_{BC} = 30.0m (단, L_{AB} : AB측선의 위거, D_{AB} : AB측선의 경거)의 결과를 얻었다. AC의 거리는?   [2011년 기사 2회]

① 61.454m ② 61.789m
③ 62.073m ④ 64.031m

해설

측선	위거(m)	경거(m)	합위거	합경거	측점
A-B	80	20			A
B-C	-40	30	80	20	B
A-C			40	50	C

AC의 거리= $\sqrt{40^2+50^2}$ = 64.031m 또는 AC= $\sqrt{(80-40)^2+(20+30)^2}$ = 64.031m

14 트래버스 측량의 각 관측에서 오차가 생겼을 때, 허용범위 안에 있을 경우의 오차배분에 대한 설명으로 옳지 않은 것은?

[2011년 기사 3회]

① 각 관측의 정확도가 같을 때는 오차를 각의 대소에 관계없이 등분하여 배분한다.
② 각 관측의 경중률이 다를 경우에는 그 오차를 경중률을 고려하여 배분한다.
③ 각 관측은 경중률이 같을 경우에는 각의 크기에 비례하여 배분한다.
④ 변길이의 역수에 비례하여 각 관측각에 배분한다.

해설

경중률이 같을 때에는 오차를 각의 대소에 관계없이 등배분한다.

15 평탄한 지역에서 9변형의 트래버스 측량을 행하여 2′40″의 측각오차가 있었다. 이 오차의 처리방법으로 옳은 것은? (단, 평탄지의 폐합오차를 $60''\sqrt{n}$ 으로 본다.)

[2012년 기사 3회]

① 오차가 너무 크므로 재측한다.
② 각각의 각(角)에 등분으로 배분한다.
③ 각각의 변에 비례하여 배분한다.
④ 각각의 각의 크기에 비례하여 배분한다.

해설

평탄지의 폐합오차= $60''\sqrt{n}$ = $60''\sqrt{9}$
= 180″ = 3′00″

관측오차가 2′40″로 허용(폐합)오차 3′00″ 내에 있으므로 각관측 정도가 동일한 경우에는 각의 크기에 관계없이 등배분한다.

16 트래버스의 전측선장이 900m일 때 폐합비를 1/5000로 하기 위한 축척 1/500 도면에서의 폐합오차는?   [2013년 기사 3회]

① 0.36mm ② 0.46mm
③ 0.56mm ④ 0.66mm

해설

폐합오차 $E = \sqrt{(\Delta l)^2+(\Delta d)^2}$

폐합비 = 정도 = $\dfrac{E}{\Sigma L}$

$\dfrac{1}{5,000} = \dfrac{E}{900}$ 에서

$E = \dfrac{900}{5,000}$ = 0.18m = 180mm

축척 $\dfrac{1}{500}$ 도면에서 폐합비

$M = \dfrac{도상거리}{실제거리}$

$\dfrac{1}{500} = \dfrac{도상거리}{180}$

∴ 도상거리(도상폐합비) = $\dfrac{180}{500}$ = 0.36mm

Answer 13 ④ 14 ③ 15 ② 16 ①

17 트래버스 측량에서 위거오차 +0.035m, 경거오차 -0.124m이고, 전 측선의 길이는 2680m이다. 폐합비의 허용범위를 1/20,000로 할 때 오차의 처리방법은?

[2014년 기사 1회]

① 각만 재측량하여야 한다.
② 거리만 재측량하여야 한다.
③ 각과 거리를 재측량하여야 한다.
④ 폐합오차의 조정으로 처리한다.

해설

폐합오차
$E = \sqrt{\Delta l^2 + \Delta d^2} = \sqrt{0.035^2 + 0.124^2}$
$\qquad = 0.1288\text{m}$

폐합비
$R = \dfrac{E}{\Sigma L} = \dfrac{0.1288}{2,680} ≒ \dfrac{1}{20,807} < \dfrac{1}{20,000}$

폐합비가 허용치보다 작으므로 폐합오차의 조정으로 한다.

18 폐합트래버스 측량의 결과값이 아래 표와 같을 때 측선 CD의 배횡거는?

[2014년 기사 2회]

측선	위거(m)	경거(m)
AB	+65.39	+83.57
BC	-34.57	+19.68
CD	-65.43	-40.60
DA	+34.61	-62.65

① 83.57m ② 115.90m
③ 165.90m ④ 186.82m

해설

측선	위거(m)	경거(m)	배횡거
AB	+65.39	+83.57	83.57
BC	-34.57	+19.68	83.57+83.57+19.68 =186.82
CD	-65.43	-40.60	186.82+19.68+(-40.60) =165.90
DA	+34.61	-62.65	165.90-40.60-62.65 =62.65

19 트래버스 측량을 실시하는 주요 목적으로 옳은 것은?

[2015년 기사 1회]

① 방위각 계산
② 좌표의 결정
③ 면적의 계산
④ 방향의 결정

해설

1. **트래버스 측량**
   여러 개의 측점을 연결하여 생긴 다각형의 각 변의 길이와 방위각을 순차로 측정하고, 그 결과에서 각 변의 위거, 경거를 계산하여 이 점들의 좌표를 결정하여 도상 기준점의 위치를 결정하는 측량을 말한다.

20 폐합 트래버스 측량 결과가 표와 같을 때, 폐합 트래버스의 면적은? [2015년 기사 2회]

측선	위거(m)	경거(m)
AB	212.83	180.41
BC	-385.47	206.27
CA	172.64	-386.68

① 56,721.54m² ② 113,443.09m²
③ 226,886.16m² ④ 161,874.64m²

Answer 17 ④ 18 ③ 19 ② 20 ①

해설

측선	위거(m)	경거(m)
AB	212.83	180.41
BC	−385.47	206.27
CA	172.64	−386.68

배횡거	배면적
180.41	180.41×212.83 =38,396.67
180.41+180.41+206.27 =567.09	567.09×(−385.47) =−218,596.18
386.68	386.68×172.64 =66,756.44
	배면적=−113,443.07
	면적= $\frac{113,443.07}{2}$ =56,721.54

1. 배횡거
   면적을 계산할 때 횡거를 그대로 사용하면 분수가 생겨서 불편하므로 계산의 편리상 횡거를 2배 하는데 이를 배횡거라 한다.
   ① 제1측선의 배횡거 : 그 측선의 경거
   ② 임의 측선의 배횡거 : 앞 측선의 배횡거+ 앞 측선의 경거+그 측선의 경거
   ③ 마지막 측선의 배횡거 : 그 측선의 경거 (부호는 반대)

2. 면적
   ① 배면적=배횡거×위거
   ② 면적= $\frac{배면적}{2}$

21 트래버스 측량에 있어서 어느 방향선의 자북방위각을 측정하여 216°25′을 얻고 이 지점의 자침 편각이 서편 6°40′이었다면 이 방향선의 진방위각은? [2015년 기사 2회]

① 116°55′ ② 119°45′
③ 209°45′ ④ 223°05′

해설
진방위각=자북방위각−자침편각
=216°25′−6°40′=209°45′

22 A점에서 B점을 연결하는 결합트래버스에서 A점의 좌표가 X_A=69.30m, Y_A=123.56m이고 B점의 좌표가 X_B=153.47m, Y_B=636.22m일 때 AB 간 위거의 총합이 +84.30m, 경거의 총합이 +512.60m일 때 폐합오차는? [2014년 기사 2회]

① 0.14m ② 0.24m
③ 0.34m ④ 0.44m

해설
합위거의 차
= $X_B - X_A$ = 153.47 − 69.30 = 84.17m
합경거의 차
= $Y_B - Y_A$ = 636.22 − 123.56 = 512.66m
폐합오차
= $\sqrt{(\Delta x)^2 + (\Delta y)^2}$
= $\sqrt{(84.17-84.30)^2 + (512.66-512.60)^2}$
= 0.14m

23 다각측량에서 트래버스망을 위하여 선점할 때 유의할 사항에 대한 설명으로 옳지 않은 것은? [22년기사1회]

① 정확도가 요구되는 경우에 측점 선정은 개방트래버스가 되도록 한다.
② 측량표가 안전하게 보존될 수 있는 곳으로 한다.
③ 측점은 앞으로의 세부측량에 편리한 곳으로 한다.
④ 측점은 관측할 때 지장이 없는 곳으로 한다.

Answer 21 ③ 22 ① 23 ①

PART 05 측량학

해설

일반적으로 트래버스의 정확도는 결합트래버스 – 왕복트래버스 –개방트래버스 순이므로 높은 정확도가 요구되는 측점의 경우 결합트래버스가 되도록 한다.

결합트래버스	기지점에서 출발하여 다른 기지점으로 결합시키는 방법으로 대규모 지역의 정확성을 요하는 측량에 이용한다.
폐합트래버스	기지점에서 출발하여 원래의 기지점으로 폐합시키는 트래버스로 측량결과가 검토는 되나 결합다각형보다 정확도가 낮아 소규모 지역의 측량에 좋다.
개방트래버스	임의의 점에서 임의의 점으로 끝나는 트래버스로 측량결과의 점검이 안 되어 노선측량의 답사에는 편리한 방법이다. 시작되는 점과 끝나는 점 간의 아무런 조건이 없다.

24 폐합트래버스 전체 관측선의 총 길이가 24 km일 때, 폐합비를 1/6000로 제한하기 위한 도상 최대 폐합오차는? (단, 도면축척 =1:500)　　　　　　　　[22년 기사 1회]

① 0.8 mm　　② 1.6 mm
③ 2.4 mm　　④ 2.8 mm

해설

폐합비 $= \dfrac{오차}{\sum L} = \dfrac{1}{m}$

폐합오차 $= \dfrac{\sum L}{m} = \dfrac{2,400}{6,000} = 0.4m$ 에서

$\dfrac{0.4}{500} = 0.0008m = 0.8mm$

25 트래버스측량에서 위거오차 +0035 m, 경거오차 −0.124 m일 때, 폐합비의 허용범위가 1/20,000라면 오차의 처리방법은?
　　　　　　　　[22년 2기]

① 각만 재측량 하여야 한다.
② 거리만 재측량 하여야 한다.
③ 각과 거리를 재측량 하여야 한다.
④ 폐합오차의 조정으로 처리한다.

해설

폐합오차
$= \sqrt{\triangle x^2 + \triangle y^2} = \sqrt{0.035^2 + (-0.124)^2} = 0.129m$

폐합허용범위
$= 측선길이 \times 폐합비 = 2,680 \times \dfrac{1}{20,000} = 0.134m$

폐합오차가 폐합허용오차범위 이내이므로 폐합오차를 조정하여 처리한다.

26 다음 중 정확도가 가장 높은 트래버스의 형태는?　　　　　　　　[22년 2기]

① 개방 트래버스
② 폐합 트래버스
③ 결합 트래버스
④ 정확도는 트래버스 종류와는 무관하다.

해설

폐합 트래버스 (Closed traverse)	• 소규모 지역의 측량에 적합 임의의 한 점에서 출발하여 마지막에 다시 시작점에 폐합되는 트래버스
결합 트래버스 (decisive traverse)	• 측량을 시작할 때 아는 점인 기지점에서 출발하여 다른 기지점에 결합시키는 방법 • 대규모 지역의 정확성을 요하는 측량에 이용

Answer 24 ① 25 ④ 26 ③

개방 트래버스 (open traverse)	• 아무 점에서나 출발하여 아무런 관계나 조건이 없는 다른 점에서 끝나는 트래버스 • 마지막 관측점의 오차를 판단할 수 없으므로 오차조정이 불가능하고 가장 정확도가 낮은 방법

27 그림에서 교각 ∠A, ∠B, ∠C, ∠D의 크기가 다음과 같을 때 cd측선의 방위각은?

[21년 4기]

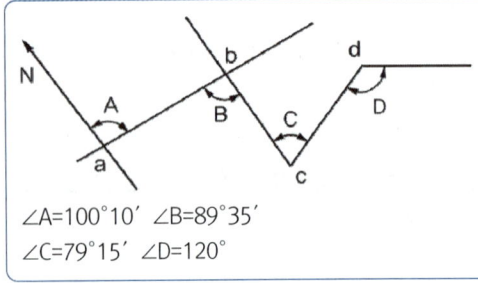

∠A=100°10′ ∠B=89°35′
∠C=79°15′ ∠D=120°

① 00°10′
② 89°50′
③ 180°10′
④ 269°50′

해설

$V_A^B = 0° + ∠A = 100°10′$
$V_B^C = V_A^B + 180° - ∠B =$
  $100°10′ + 180° - 89°35′ = 190°35′$
$V_C^D = V_B^C + 180° + ∠C =$
  $190°35′ + 180° + 79°15′ = 89°50′$

28 그림과 같이 다각측량을 수행한 경우 측선 $\overline{CD}$의 역방위각은? (단, $\overline{AB}$ 측선의 방위각 ($α_{AB}$)은 70°이다.)

[21년 2기]

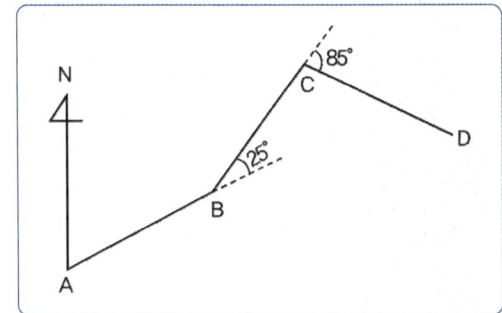

① 45°
② 130°
③ 180°
④ 310°

해설

$V_B^C = 70° - 25° = 45°$
$V_C^D = 45° + 85° = 130°$
$V_D^C = 130° + 180° = 310°$

29 트래버스측량의 각 관측에서 오차가 생겼을 때, 허용범위 안에 있을 경우의 오차배분에 대한 설명으로 옳지 않은 것은?

[21년 2기]

① 각 관측의 정확도가 같을 때는 오차를 각의 대소에 관계없이 등분하여 배분한다.
② 각 관측의 경중률이 다를 경우에는 그 오차를 경중률을 고려하여 배분한다.
③ 각 관측은 경중률이 같을 경우에는 각의 크기에 비례하여 배분한다.
④ 변길이의 역수에 비례하여 각 관측각에 배분한다.

해설

각 관측은 경중률이 같을 경우에는 각의 크기에 관계없이 등배분한다.

Answer 27 ② 28 ④ 29 ③

30 트래버스측량의 결과가 표와 같을 때, 폐합오차는?

[21년 1회 측기]

측점	위거(m)		경거(m)	
	N(+)	S(−)	E(+)	W(−)
A	130.25		110.50	
B		75.63	40.30	
C		110.56		100.25
D	55.04			50.00

① 1.05m ② 1.15m
③ 1.75m ④ 1.95m

해설

측점	위거(m)		경거(m)	
	N(+)	S(−)	E(+)	W(−)
A	130.25		110.50	
B		75.63	40.30	
C		110.56		100.25
D	55.04			50.00
소계	185.29	186.19	150.80	150.25

$\triangle L =$ 185.29−186.19 = −0.90
$\triangle D =$ 150.8−15025 = 0.55

$E = \sqrt{(\triangle L)^2 + (\triangle D)^2}$
$= \sqrt{0.9^2 + 0.55^2}$
$= 1.054m$

Answer 30 ①

CHAPTER 05 삼각/삼변측량

제1절 삼각측량의 정의

1 정의

삼각측량은 삼각형의 변과 각을 측정하여 삼각법의 이론에 의하여 제점의 평면위치를 결정하는 측량이다. 삼각측량은 다각, 지형측량 등의 골격이 되는 기준점인 삼각점의 위치를 정현비례법칙(sin 법칙)으로 정밀하게 결정하기 위한 측량방법이며 높은 정확도를 기대할 수 있다.

2 삼각측량의 분류

1) 대지(측지) 삼각측량

지구의 곡률을 고려하여 정확한 값을 구하려는 측량으로 삼각점의 위도, 경도, 높이를 구하여 지구상의 위치를 결정한다.

2) 평면(소지) 삼각측량

지구의 표면을 평면으로 간주하고 실시하는 측량이며 100만분의 1의 정도로 측량할 경우에는 반경 11km 이내의 범위를 평면으로 간주하는 삼각측량이다.

제2절 삼각측량의 원리

1 수평(평면) 위치결정

거리(기선, a)와 각만 관측하여 sin 법칙으로 각 변을 구한다.

$$\frac{a}{\sin A} = \frac{b}{\sin B} = \frac{c}{\sin C}$$

$$\therefore b = \frac{\sin B}{\sin A}a$$

$$c = \frac{\sin C}{\sin A}a$$

- $\log b = \log a + \log \sin \angle B - \log \sin \angle A$

  $= \log a + \log \sin \angle B + co \log \sin \angle A$

- $\log c = \log a + \log \sin \angle C - \log \sin \angle A$

  $= \log a + \log \sin \angle C + co \log \sin \angle A$

소구변장 = $\dfrac{\text{수구변의 sin 대각}}{\text{기지변의 sin 대각}} \times$ 기지변장

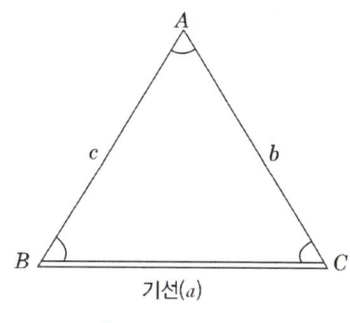

[삼각측량의 원리]

제3절 삼각측량의 일반

1 삼각점

[삼각점의 등급 및 평균변장]

구분 등급	평균변장	교각(협각)	삼각점수
대삼각본점(1등 삼각점)	30km	약 60°	400점
대삼각보점(2등 삼각점)	10km	30°~120°	2401점
소삼각 1등점(3등 삼각점)	5km	25°~130°	6297점
소삼각 2등점(4등 삼각점)	2.5km	15° 이상	25349점

2 삼각망의 종류

1) 단삼각망

(1) 삼각형 한 개로 이루어진 삼각망
(2) 특수한 경우에 사용

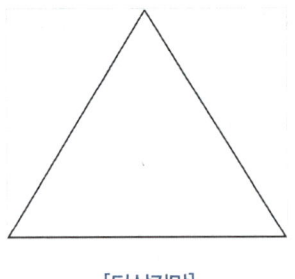

[단삼각망]

2) 단열삼각망

(1) 폭이 좁고 거리가 먼 지역에 적합
(2) 노선, 하천, 터널측량 등에 이용
(3) 거리에 비해 관측수가 적다.
(4) 측량이 신속하고 경비가 적게 든다.
(5) 조건식이 적어 정도가 가장 낮다.

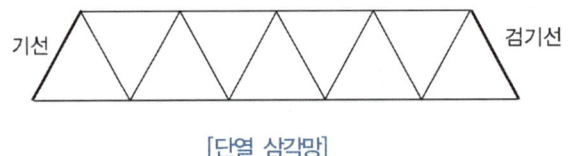

[단열 삼각망]

3) 사변형 삼각망

(1) 조건식의 수가 가장 많아 정도가 가장 높다.
(2) 시간과 비용이 많이 든다.
(3) 조정이 복잡하고 포함면적이 적다.
(4) 기선삼각망에 이용한다.

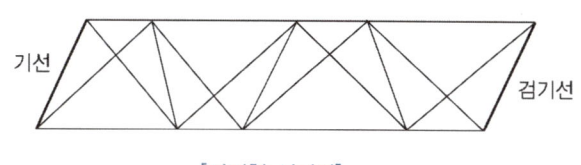

[사변형 삼각망]

4) 유심 다각망

(1) 넓은 지역에 이용한다.
(2) 동일 측점수에 비해 포함면적이 가장 넓다.
(3) 농지측량 및 평탄한 지역에 사용
(4) 정도는 단열삼각망보다는 높으나 사변형보다는 낮다.

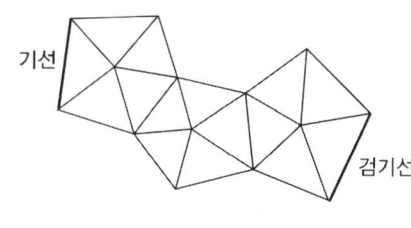

[유심 삼각망]

제4절 삼각측량의 작업 순서

1 작업 순서(기지삼각점을 이용한 순서)

계획 → 답사 → 선점 → 조표 → 관측 → 계산 → 정리

2 선점

1) 기선삼각망의 선점

(1) 측량의 정밀도, 경제성을 고려하여 위치를 선정
(2) 기선설치 위치

① 평탄한 곳이 좋으며, 경사는 $\frac{1}{25}$ 이하

② 기선장 : 평균변장의 $\frac{1}{10}$ 정도로 한다.

(3) 검기선

① 삼각형수는 15~20개마다 설치(보통 기선의 20배 정도)

② 우리나라 1등 삼각 검기선은 200km마다 설치

③ 우리나라의 검기선은 13개이며, 가장 긴 것은 평양기선(약 4,625km), 가장 짧은 것은 안동기선(약 2km)이다.

(4) 기선 확대

① **1회 확대** : 3배 이내

② **2회 확대** : 8배 이내, 10배 이상은 하지 말 것

③ **확대횟수** : 3회 이내

2) 삼각점 선점

(1) 되도록 측점수가 적고 세부측량에 이용가치가 커야 한다.

(2) 삼각형은 정삼각형에 가까울수록 좋으나 1개의 내각은 30°~120° 이내로 한다.

(3) 삼각점의 위치는 다른 삼각점과 시준이 잘 되어야 한다.

(4) 많은 나무의 벌채를 요하거나 높은 측표를 요하는 기점을 가능한 한 피한다.

(5) 미지점은 최소 3개, 최대 5개의 기지점에서 정·반 양방향으로 시통이 되도록 한다.

(6) 지반이 견고하여 이동이나 침하가 되지 않는 곳

제 5 절 편심관측

1 측편심(귀심)관측과 계산

1) 편심요소

귀심(편심) 거리와 귀심(편심) 각

2) 기계설치점의 편심 계산

(1) $\triangle P_1 CD$에 sin 법칙을 이용하면 x_1이 구해진다.

$$\frac{e}{\sin x_1} = \frac{S_1'}{\sin(360-\phi)} \qquad \therefore x_1 = \frac{e}{S_1'}\sin(360-\phi)\rho''$$

(2) $\triangle P_2 CD$에 sin 법칙을 이용하면 x_2가 구해진다.

$$\frac{e}{\sin x_2} = \frac{S_2'}{\sin(360-\phi+t)} \qquad \therefore x_2 = \frac{e}{S_2'}\sin(360-\phi+t)\rho''$$

위 식 (1)과 (2)에서 e는 S_1'와 S_2'에 비해 미소하므로 $S_1' = S_1$, $S_2' = S_2$가 된다.

$$\therefore x_1'' = \frac{e}{S_1}\sin(360°-\phi)\rho'' \quad \therefore x_2'' = \frac{e}{S_2}\sin(360°-\phi+t)\rho''$$

$T + x_1'' = t + x_2''$ 이므로 $\therefore T = t + x_2'' - x_1''$

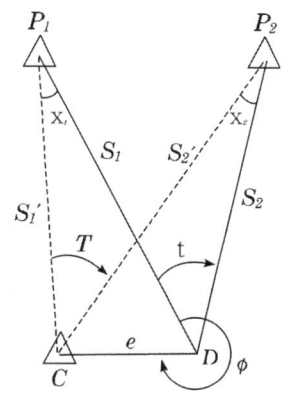

[편심관측]

3) 시준점의 편심계산

$$T = T' - x$$

$$\frac{e}{\sin x} = \frac{s}{\sin \phi}$$

$$\sin x = \frac{e}{s}\sin \phi$$

$$x = \frac{e}{S}\sin \phi \; : \rho''$$

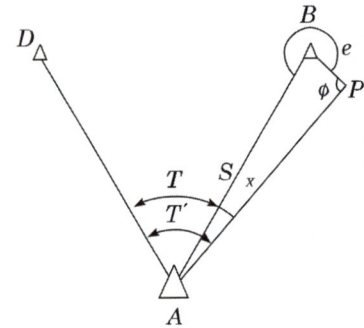

[시준점의 편심관측]

제6절 삼각망의 조정

1 각관측 3조건

(1) 각 조건 : 삼각망 중 3각형의 내각의 합은 180°가 될 것

(2) 변 조건 : 삼각망 중 한 변의 길이는 계산 순서에 관계없이 동일해야 한다.

(3) 측점 조건 : 한 측점의 둘레에 있는 모든 각을 합한 것은 360°이다.

2 조건식의 계산

(1) 조건식의 총 수 : $K_1 = B + A - 2P + 3 =$ 각 + 변 + 점조건식의 수

(2) 각 조건식의 수 : $K_2 = L - P + 1$

(3) 변 조건식의 수 : $K_3 = B + L - 2P + 2$

(4) 측점 조건식의 수 : $K_4 = A' - L' + 1$

= 조건식의 총수 - (각 조건식의 수 + 변 조직의 수)

L : 변의 수, P : 삼각점의 수, B : 기선수, A : 각의 수
A' : 그 측점(한 측점)에서 관측한 한 각의 수
L' : 그 측점(한 측점)에서 펼친 변의 수

제7절 삼각측량의 오차

1 구차(球差)

지구의 곡률에 의한 오차로서 +보정(높게)한다.

$$h_1 = +\frac{D^2}{2R}$$

2 기차(氣差)

광선(빛)의 굴절에 따른 오차로서 −보정(낮게)한다.

$$h_2 = -\frac{KD^2}{2R}$$

3 양차

구차와 기차를 합한 것

$$h = h_1 + h_2 = \frac{1-K}{2R}D^2$$

여기서, R : 지구반경, K : 빛의 굴절계수(0.12~0.14)

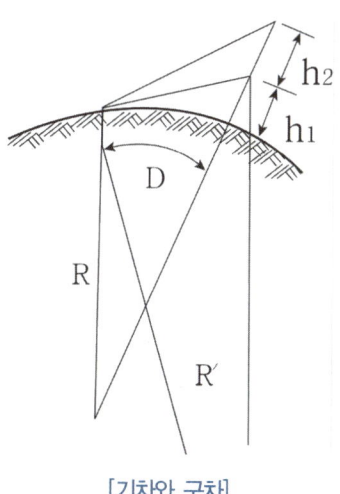

[기차와 구차]

제8절 삼각점 성과표의 이용

1 좌표계

기본 삼각점의 위치는 평면직각좌표(서, 중, 동부, 동해원점)가 사용된다.

2 성과표의 내용

(1) 삼각점의 등급과 번호 및 명칭
(2) 측점 및 시준점
(3) 방향각(T)
(4) 진북방향각(자오선 수차)
(5) 평면직각좌표(X, Y)
(6) 위도 및 경도
(7) 삼각점의 표고(H)
(8) 측점간의 거리의 대수

제9절 삼변측량

삼각측량에서 수평각을 관측하는 대신 3변의 길이를 관측하여 삼각점의 위치를 결정해 왔으나 근래에 와서 전파나 광파를 이용한 전자파 거리측정기가 발달하여 높은 정밀도로 중·장거리를 정확히 관측하여 수평 위치를 관측하는 삼변측량이 많이 이용되고 있다.

1 삼변측량의 특징

(1) 수평각 대신 변장을 관측하여 삼각점의 위치를 구하는 측량이다.
(2) 기선장을 직접 관측함으로써 기선삼각망의 확대가 필요없다.
(3) 조건식 수가 적고, 관측값의 기상 보정이 난해한 점이 있다.
(4) 변장만을 측정하여 삼각망을 짤 수 있다.

② 수평위치결정 방법

1) cosine 제2법칙

(1) $\cos A = \dfrac{b^2 + c^2 - a^2}{2bc}$

(2) $\cos B = \dfrac{a^2 + c^2 - b^2}{2ac}$

(3) $\cos C = \dfrac{a^2 + b^2 - c^2}{2ab}$

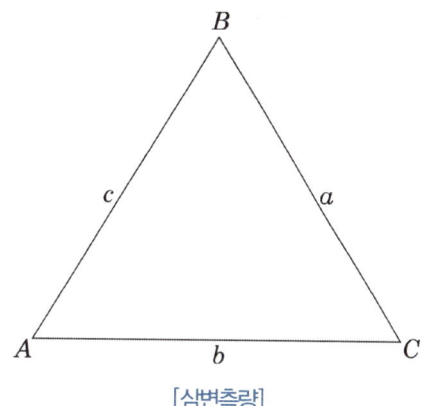

[삼변측량]

2) 반각공식

(1) $\sin \dfrac{A}{2} = \sqrt{\dfrac{(s-b)(s-c)}{bc}}$

(2) $\cos \dfrac{A}{2} = \sqrt{\dfrac{s(s-a)}{bc}}$

(3) $\tan \dfrac{A}{2} = \sqrt{\dfrac{(s-b)(s-c)}{s(s-a)}}$

3) 면적조건

$\sin A = \dfrac{2}{bc} \sqrt{s(s-a)(s-b)(s-c)}$

단, $s = \dfrac{1}{2}(a + b + c)$

CHAPTER 05 문제 및 해설

01 삼각 및 삼변측량에 대한 설명으로 옳지 않은 것은? [2010년 기사 1회]

① 삼각망의 조건식수는 삼변망의 조건식수보다 많다.
② 삼변측량의 계산에는 코사인(cos) 제2법칙을 사용한다.
③ 기하학적 도형조건으로 인해 삼변측량은 삼각측량 방법을 완전히 대신할 수 있다.
④ 삼각망의 조정 시 필요한 조건으로 측점조건, 각조건, 변조건 등이 있다.

02 삼각측량에서 삼각점을 설치할 때 내각이 60°에 가깝도록 범위를 정하는 이유는? [2010년 기사 2회]

① 변의 길이를 sine법칙에 의하여 계산하므로 각이 지니는 오차가 변에 미치는 영향을 작게 하기 위하여
② 정삼각형에서 각 조건의 가정이 성립되어 정확한 보정이 이루어지기 때문에
③ 정삼각형에 가깝게 배치를 해야 피복면적이 넓고 보기가 좋으므로
④ 과거에 삼각함수표 사용 시 60° 근방의 값을 구하기가 좋았으므로

[해설]
삼각형의 변장을 계산할 때 세 내각이 60°에 가까우면 측각 및 계산상의 오차 영향을 작게 할 수 있다.

sin	1초의 표차	sin	1초의 표차	sin	1초의 표차
5°	24	25°	4.5	60°	1.2
10°	12	30°	3.6	70°	0.7
15°	7.9	40°	2.6	80°	0.4
20°	5.8	50°	1.8	90°	0

03 삼각측량에서 C점의 좌표는 얼마인가? (단, AB의 거리 = 10cm, 좌표의 단위는 m) [2010년 기사 2회]

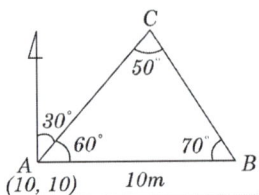

① (20.63 , 17.14)
② (16.14 , 20.63)
③ (20.63 , 16.14)
④ (17.14 , 16.14)

[해설]
$$\frac{10}{\sin 50} = \frac{x}{\sin 70}$$
$$x = \frac{\sin 70}{\sin 50} \times 10 = 12.27$$
$$C_x = 10 + 12.27 \times \cos 30° = 20.63$$
$$C_y = 10 + 12.27 \times \sin 30° = 16.14$$

Answer 01 ③ 02 ① 03 ③

04 삼각망 중에서 가장 정확도가 높은 망은?

[2010년 기사 2회]

① 유심 삼각망
② 사변형 삼각망
③ 단열 삼각망
④ 망의 종류와 정확도는 무관하다.

해설
사변형 삼각망
① 조건식의 수가 가장 많아 정도가 가장 높다.
② 시간과 비용이 많이 든다.
③ 조정이 복잡하고 포함면적이 적다.
④ 기선 삼각망에 이용한다.

05 조정이 복잡하고 포괄면적이 작으며 시간과 비용이 많이 요하는 것이 단점이나 정확도가 가장 높은 삼각망은? [2010년 기사 3회]

① 단열 삼각망   ② 유심 삼각망
③ 사변형 삼각망   ④ 결합 삼각망

해설
삼각망의 종류
① **단열 삼각망** : 폭이 좁고 거리가 먼 지역에 적합, 조건수가 적어 정확도가 낮다.
② **유심망** : 동일 측정수에 비해 표면적이 넓고, 단열 삼각방보다는 정확도가 높으나 사변형보다는 낮다.
③ **사변형망** : 기선 삼각망에 이용, 조정이 복잡하고 포함 면적이 적으며, 시간과 비용이 많이 든다.

06 다음 삼각망에서 조건식의 총수는 얼마인가?

[2011년 기사 1회]

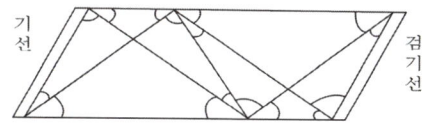

① 10   ② 9
③ 8   ④ 7

해설
조건식 총수
$a+B-2p+3=16+2-(2\times6)+3=9$개

07 삼각측량에서 1, 2, 3, 4등 삼각점 또는 기설의 기준삼각점으로부터 실시한 기준삼각측량의 기준삼각점 간 거리는 약 얼마 정도를 표준으로 하는가? [2011년 기사 1회]

① 10km   ② 1.5km
③ 500m   ④ 200m

해설
1등 삼각점은 30km 정도
2등 삼각점은 10km 정도
3등 삼각점은 5km 정도
4등 삼각점은 1.5km 정도마다 설치한다.
정도가 서로 다른 삼각점을 이용하여 삼각측량을 실시할 경우 정도는 등급이 낮은 삼각점의 정도를 표준으로 하여야 한다.

08 삼변측량이 삼각측량방법을 완전히 대신하기 어려운 이유로 옳은 것은?

[2011년 기사 1회]

① 삼변측량에서 변의 수가 증가함에 따라 많은 양의 보조기선측량이 필요하다.
② 삼변측량에서 삼각형의 변만 관측되면 기하학적 도형조건이 성립하지 않는다.
③ 삼변측량에서 삼각측량에 비해 장거리를 관측하기 위해서는 관측탑과 같은 복잡한 시설이 필요하다.
④ 삼변측량은 관측장비의 정밀도를 확신하기 어렵다.

Answer 04 ② 05 ③ 06 ② 07 ② 08 ②

해설

삼변측량의 특징
삼각측량은 삼각형의 변과 각을 측정하여 삼각법의 이론에 의하여 제점의 평면위치를 결정하는 측량이며 삼변측량은 수평각을 관측하는 대신 3변의 길이를 관측하여 삼각점의 위치를 결정하는 측량으로 최근에는 거리 측정기기가 발달하여 높은 정밀도의 삼변측량이 많이 이용되고 있다.
① 대삼각망의 기선장을 기선삼각망에 의한 기선확대 없이 직접 관측한다.
② 각과 변장을 관측하여 삼각망을 형성한다.
③ 변장만으로 삼각망을 형성한다.

---

09 삼각망을 구성하는 데 있어서 내각을 작게 하는 것이 좋지 않은 이유를 가장 잘 설명한 것은?
[2011년 기사 1회]

① 한 삼각형에 있어서 작은 각이 있으면 반드시 다른 각 중에서 큰 각이 있기 때문이다.
② 경도, 위도 또는 좌표계산이 불편하기 때문이다.
③ 한 기지변으로부터 타변을 sine 법칙으로 구할 때 오차가 많이 생기기 때문이다.
④ 측각하기가 불편하기 때문이다.

해설
① 변의 길이를 sine 법칙에 의하여 계산하므로 각이 지니는 오차가 변에 미치는 영향을 작게 하기 위하여
② 삼각형의 변장을 계산할 때 세 내각이 60도에 가까우면 측각 및 계산상의 오차 영향을 작게 할 수 있다.

sin	1초의 표차	sin	1초의 표차	sin	1초의 표차
5°	24	25°	4.5	60°	1.2
10°	12	30°	3.6	70°	0.7
15°	7.9	40°	2.6	80°	0.4
20°	5.8	50°	1.8	90°	0

---

10 A, B, C 세 점에서 삼각수준측량에 의해 P점 높이를 구한 결과 각각 365.13m, 365.19m, 365.02m이었다. 그 거리가 $\overline{AP} = \overline{BP} = 2km$, $\overline{CP} = 3km$일 때 P점의 최확값은?
[2011년 기사 2회]

① 365.125m ② 365.113m
③ 365.100m ④ 366.086m

해설
$$P_1 : P_2 : P_3 = \frac{1}{S_1} : \frac{1}{S_2} : \frac{1}{S_3}$$
$$= \frac{1}{2} : \frac{1}{2} : \frac{1}{3} = 3 : 3 : 2$$

최확값(H_P) = $\dfrac{P_1 H_1 + P_2 H_2 + P_1 H_2}{P_1 + P_2 + P_3}$

$= \dfrac{(0.13 \times 3) + (0.19 \times 3) + (0.02 \times 2)}{3+3+2}$

$= 0.125$

따라서 최확값 = 365 + 0.125 = 365.125m

---

11 그림과 같은 삼각망에서 CD의 방위는?
[2011년 기사 2회]

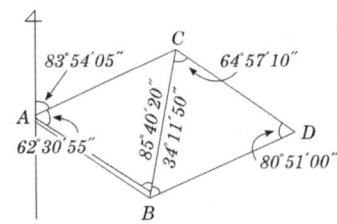

① S 12°51′50″ E ② S 12°11′50″ W
③ S 23°51′10″ E ④ S 23°45′30″ W

해설
AC 방위각 = 83°54′05″
CD 방위각 = 83°54′05″ + 180°
$\qquad - (64°57′10″ + 31°48′45″)$
$\qquad = 167°8′10″$
2상한이므로
180° − 167°8′10″ = S 12°51′50″E

Answer 09 ③ 10 ① 11 ①

12 다음 중 삼각망의 정확도가 높은 순서대로 나열된 것은? [2011년 기사 2회]

① 단열 삼각망 > 유심 삼각망 > 사변형 삼각망
② 사변형 삼각망 > 유심 삼각망 > 단열 삼각망
③ 유심 삼각망 > 단열 삼각망 > 사변형 삼각망
④ 사변형 삼각망 > 단열삼각망 > 유심 삼각망

해설

삼각망의 종류에는 폭이 좁고 거리가 먼 지역에 적합한 단열 삼각망, 동일 측정수에 비해 표면적이 넓고, 단열보다는 정도가 높으나 사변형보다는 낮은 유심망, 마지막으로 기선삼각망에 이용되고, 조정이 복잡하고 포함면적이 적으며, 시간과 비용이 많이 드는 사변형망이 있다.

13 삼변측량에 대한 설명으로 틀린 것은? [2011년 기사 3회]

① 삼변측량에 의한 좌표계산은 기지점이 2개 이상인 경우는 두 좌표로부터 방향각이 결정되기 때문에 좌표계산에는 편리하다.
② 삼변측량은 관측값에 비하여 조건식이 많아 조정이 복잡한 것이 단점이다.
③ 삼변측량은 코사인 제2법칙, 반각공식을 이용하여 변으로부터 각을 결정한다.
④ 삼변측량은 조건방정식과 관측방정시에 이하여 조정할 수 있다.

해설

삼변측량의 특징
① 수평각 대신 변장을 관측하여 삼각점의 위치를 구하는 측량이다.
② 기선장을 직접 관측함으로써 기선 삼각망의 확대가 필요없다.
③ 관측기계는 Tellurometer 및 Geodimeter 등이 많이 쓰인다.
④ 조건식 수가 적고, 관측값의 기상 보정이 난해한 점이 있다.
⑤ 변장만을 측정하여 삼각망을 짤 수 있다.

14 삼각측량의 단열 삼각망은 보통 어느 측량에 많이 사용되는가? [2011년 기사 3회]

① 광대한 지역의 지형도를 작성하기 위한 골조측량
② 노선, 하천조사 측량을 하기 위한 골조측량
③ 복잡한 지형측량을 하기 위한 골조측량
④ 시가지와 같은 정밀을 요하는 골조측량

해설

① **단열삼각망** : 폭이 좁고 긴 지역에 적합. 도로, 하천, 철도 등
② **유심삼각망** : 측점수에 비해 포함 면적이 넓어 평야지에 많이 이용
③ **사변형 삼각망** : 조건수식이 많아 높은 정확도를 얻을 수 있다. 기선삼각망에 이용

15 삼각망 구성에 있어서 가장 정밀도가 높은 삼각망은? [2012년 기사 3회]

① 유심 삼각망   ② 사변형 삼각망
③ 단열 삼각망   ④ 종합 삼각망

해설

삼각망의 종류
① **단열삼각망**
폭이 좁고 먼 거리의 두 점간 위치 결정 또는 하천측량이나 노선측량에 적당하나, 조건수가 적어 정도가 낮다.
② **유심삼각망**
넓은 지역(농지측량)에 적당. 동일 측정수에 비해 표면적이 넓고, 단열삼각망보다는 정도가 높으나 사변형보다는 낮다.
③ **사변형망**
기선삼각망에 이용. 시가지와 같은 정밀을 요하는 골격측량에 사용. 조정이 복잡하고 포함면적이 작으며, 시간과 비용이 많이 든다. 정밀도가 가장 높다.

Answer 12 ② 13 ② 14 ② 15 ②

16 삼각측량에서 각 관측의 오차가 같을 경우, 이 오차가 변의 길이에 미치는 영향에 대한 설명으로 옳은 것은? [2013년 기사 1회]

① 각이 작을수록 영향이 작다.
② 각이 작을수록 영향이 크다.
③ 각의 크기에 관계없이 영향은 일정하다.
④ 각의 크기는 변 길이에 아무런 영향이 없다.

해설

삼각측량에서 각 관측의 오차가 같을 경우 각이 작을수록 변의 길이에 미치는 영향은 크다.

sin	1초의 표차	sin	1초의 표차	sin	1초의 표차
5°	24	25°	4.5	60°	1.2
10°	12	30°	3.6	70°	0.7
15°	7.9	40°	2.6	80°	0.4
20°	5.8	50°	1.8	90°	0

17 삼각망 조정계산의 조건에 대한 설명이 틀린 것은? [2013년 기사 3회]

① 어느 한 측점 주위에 형성된 모든 각의 합은 360°이어야 한다.
② 삼각망의 각 삼각형의 내각의 합은 180° 이어야 한다.
③ 한 측점에서 측정한 여러 각의 합은 그 전체를 한 각으로 관측한 각과 같다.
④ 한 개 이상의 독립된 다른 경로에 따라 계산된 삼각형의 어느 한 변의 길이는 그 계산경로에 따라 달라야 한다.

해설

각관측 3조건

각 조건	삼각망 중 3각형의 내각의 합은 180°가 될 것
변 조건	삼각망 중 한 변의 길이는 계산 순서에 관계없이 동일해야 한다.
측점조건	한 측점의 둘레에 있는 모든 각을 합한 것은 360°이다.

18 다음 중 삼각망 정확도가 높은 순서대로 나열된 것은? [2013년 기사 3회]

① 단열 삼각망 > 유심 삼각망 > 사변형 삼각망
② 사변형 삼각망 > 유심 삼각망 > 단열 삼각망
③ 유심 삼각망 > 단열 삼각망 > 사변형 삼각망
④ 사변형 삼각망 > 단열 삼각망 > 유심 삼각망

해설

사변형 삼각망	(1) 조건식의 수가 가장 많아 정도가 가장 높다. (2) 시간과 비용이 많이 든다. (3) 조정이 복잡하고 포함 면적이 작다. (4) 기선 삼각망에 이용한다.
유심 다각망	(1) 넓은 지역에 이용한다. (2) 동일 측점수에 비해 포함 면적이 가장 넓다. (3) 농지 측량 및 평탄한 지역에 사용 (4) 정도는 단열삼각망보다는 높으나 사변형보다는 낮다.
단열 삼각망	(1) 폭이 좁고 거리가 먼 지역에 적합 (2) 노선, 하천, 터널 측량 등에 이용 (3) 거리에 비해 관측수가 적다. (4) 측량이 신속하고 경비가 적게 든다. (5) 조건식이 적어 정도가 가장 낮다.

19 단열삼각망의 조정계산과정에 속하지 않는 조정은 무엇인가? [2014년 기사 1회]

① 각조건 조정   ② 측점조건 조정
③ 변조건 조정   ④ 방향각 조정

해설

단열삼각망의 조정계산은
① 각조건 조정
② 방향각 조건 조정
③ 변조건 조정 순으로 한다.

관측각의 조정

각조건	삼각형의 내각의 합은 180°가 되어야 한다. 즉 다각형의 내각의 합은 180°(n−2)이어야 한다.
점조건	한 측점 주위에 있는 모든 각의 합은 반드시 360°가 되어야 한다.
변조건	삼각망 중에서 임의의 한 변의 길이는 계산 순서에 관계없이 항상 일정하여야 한다.

Answer 16 ② 17 ④ 18 ② 19 ②

20 삼각측량에 의한 관측 결과가 그림과 같을 때, C점의 좌표는? (단, AB의 거리 = 10m, 좌표의 단위 : m) [2014년 기사 2회]

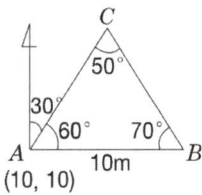

① (20.63, 17.13) ② (16.13, 20.63)
③ (20.63, 16.13) ④ (17.13, 16.13)

해설

$$\frac{10}{\sin 50°} = \frac{x}{\sin 70°}$$
$$x = \frac{\sin 70° \times 10}{\sin 50°} = 12.27m$$
$$X_C = X_A + l \times \cos V = 10 + 12.27 \times \cos 30°$$
$$= 20.63m$$

21 그림과 같이 삼각측량을 실시하였다. 이때 P점의 좌표는? (단, Ax = 81.847m, Ay = -30.460m, θ_{AB} = 163°20′00″, ∠BAP = 60°, $\overline{AP}$ = 600.00m) [2015년 기사 1회]

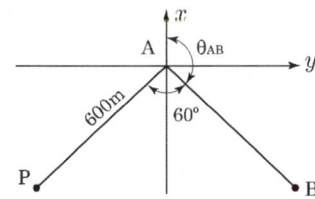

① P_x = -354.577m, P_y = -442.205m
② P_x = -466.884m, P_y = -329.898m
③ P_x = -466.884m, P_y = -442.205m
④ P_x = -354.577m, P_y = -329.898m

해설

$$P_x = A_x + 거리 \times \cos V_A^P$$
$$= 81.847 + 600 \times \cos 223°20′$$
$$= -354.577m$$
$$P_y = A_y + 거리 \times \sin V_A^P$$
$$= -30.460 + 600 \times \sin 223°20′$$
$$= -442.205m$$

22 그림과 같은 삼각망에서 CD의 방위는? [2015년 기사 3회]

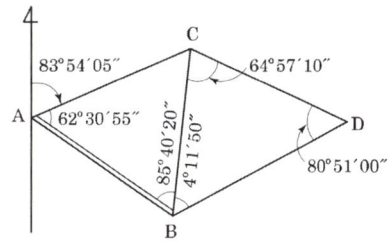

① S 12°51′50″ E ② S 12°11′50″ W
③ S 23°51′10″ E ④ S 23°45′30″ W

해설

$$V_C^D = 83°54′05″ + 180° - (31°48′45″ + 64°57′10″)$$
$$= 167°8′10″$$
∴ CD의 방위 = S 12°51′50″ E

23 삼각수준측량에 있어서 정밀도를 1 : 30,000로 제한하면 지구 곡률과 대기 굴절을 고려하지 않아도 되는 최대 시준 거리는 약 몇 m 이내인가? (단, 지구 곡률반지름 : 6,370km, 광선의 굴절계수 : 0.13) [2011년 기사 3회]

① 22m ② 244m
③ 488m ④ 699m

Answer 20 ③ 21 ① 22 ① 23 ③

해설

$$기차 = +\frac{S^2}{2R}, \ 구차 = -\frac{KS^2}{2R}$$

$$양차 = \frac{S^2(1-K)}{2R} 에서$$

$$정도 = \frac{오차}{수평거리} = \frac{양차(h)}{수평거리(S)}$$

$$= \frac{\frac{S^2}{2R}(1-K)}{S} = \frac{1}{30,000}$$

$$\Rightarrow \frac{S}{2R}(1-K) = \frac{1}{30,000}$$

$$\therefore S = \frac{1}{30,000} \times \frac{2R}{1-K}$$

$$= \frac{1}{30,000} \times \frac{2 \times 6,370 \times 1,000}{1-0.13}$$

$$= 488.12m$$

24 삼각망의 특징에 대한 설명으로 옳지 않은 것은? [22년 기사 1회]

① 단열삼각망은 같은 거리에 대하여 측점수가 가장 적으므로 측량은 간단하여 경제적이나 조건식의 수가 적어서 정확도가 낮다.
② 사변형삼각망은 조건식의 수가 많아서 다른 삼각망에 비해 정확도가 높다.
③ 유심삼각망은 면적이 넓고 광대한 지역의 측량에 좋다.
④ 사변형삼각망은 폭이 좁고 길이가 긴 도로, 하천, 철도 등의 측량을 시행할 경우에 주로 사용된다.

해설

사변형삼각망	① 조건식의 수가 가장 많아 정도가 가장 높다. ② 시간과 비용이 많이 든다. ③ 조정이 복잡하고 포함 면적이 작다. ④ 기선 삼각망에 이용한다.
유심다각망	① 넓은 지역에 이용한다. ② 동일 측점수에 비해 포함 면적이 가장 넓다. ③ 농지 측량 및 평탄한 지역에 사용 ④ 정도는 단열삼각망보다는 높으나 사변형보다는 낮다.
단열삼각망	① 폭이 좁고 거리가 먼 지역에 적합 ② 노선, 하천, 터널 측량 등에 이용 ③ 거리에 비해 관측수가 적다. ④ 측량이 신속하고 경비가 적게 든다. ⑤ 조건식이 적어 정도가 가장 낮다.

25 삼각망을 구성하는데 있어서 내각을 작게 하는 것이 좋지 않은 이유에 대한 설명으로 옳은 것은? [22년 기사 1회]

① 측각하기가 불편하기 때문이다.
② 경도, 위도 또는 좌표계산이 불편하기 때문이다.
③ 한 삼각형에 있어서 작은 각이 있으면 반드시 다른 각 중에서 큰 각이 있기 때문이다.
④ 한 기지변으로부터 타변을 sine 법칙으로 구할 때 오차가 많이 생기기 때문이다.

해설

삼각망에서 내각을 60°에 가깝게 정하는 이유는 타변을 구할 때 측각이 갖는 오차가 변장에 미치는 영향을 최소화 하기 위함이다.

26 삼각망의 형태 중 유심다각망에 대한 설명으로 옳은 것은? [22년 2기]

① 폭이 넓고 거리가 먼 지역에 적합하다.
② 동일 측점수에 비하여 포함면적이 가장 넓다.
③ 조건식의 수가 가장 많아 정확도가 가장 높다.
④ 거리에 비하여 관측수가 적어 측량이 신속하고 측량비가 적게 든다.

Answer 24 ④ 25 ④ 26 ②

해설

종류	특징
단열 삼각망	• 폭이 좁고 긴 길이의 지역에 적합 • 주로 노선, 하천, 터널측량 등에 이용 • 거리에 비해 관측수가 적으므로 신속한 측량과 저렴한 비용
유심 다각망	• 측점 수에 비하여 넓은 표면적을 포함 • 농지측량, 도시계획지 등 방대한 지역의 측량에 적합
사변 형망	• 기선삼각망에 이용 • 조건식의 수가 가장 많아 높은 정확도 • 조정이 복잡하고 포함 면적이 적으며 시간과 비용이 많이 소요

• 정확도: 단열삼각망 < 유심다각망 < 사변형망

27 B점에서 P점 및 Q점을 시준할 수 없어 A점에 기계를 세우고 편심관측을 하여 T=125°, a=63°, e=9 m, $S_1=S_1'$=2 km, $S_2=S_2'$=3 km를 얻었다면 ∠PBQ(b)의 값은? [22년 2기]

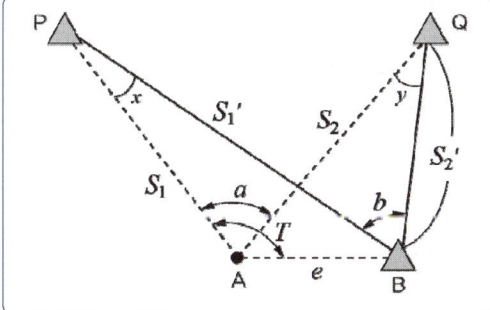

① 63°05′34″
② 63°03′34″
③ 62°56′26″
④ 62°54′26″

해설

$\triangle APB$: $\dfrac{S_1'}{\sin(T)} = \dfrac{e}{\sin x}$ 이므로

$\sin x = \dfrac{9 \times \sin(125)}{2,000}$ 이고

$\sin^{-1}\left(\dfrac{9 \times \sin(125)}{2,000}\right) = 0°12′40″$

$\triangle AQB$: $\dfrac{S_2'}{\sin(T-a)} = \dfrac{e}{\sin y}$ 이므로

$\sin y = \dfrac{9 \times \sin(125-63)}{3,000}$ 이고

$\sin^{-1}\left(\dfrac{9 \times \sin(62)}{3,000}\right) = 0°9′6″$

$a+x = b+y$ 이므로
$63° + 0°12′40″ = b + 0°9′6″$에서 $b = 63°3′34″$

28 삼각 및 삼변측량에 대한 설명으로 옳지 않은 것은? [21년 4회 측기][21년 4기]

① 삼각망의 조건식수는 삼변망의 조건식수보다 많다.
② 삼변측량의 계산에는 코사인(cos) 제2법칙을 사용한다.
③ 삼각망의 조정시 필요한 조건으로 측점조건, 각조건, 변조건 등이 있다.
④ 기하학적 도형조건으로 인해 삼변측량은 삼각측량 방법을 완전히 대신할 수 있다.

해설

삼각측량	삼변측량
① 광대한 지역의 측량에 적합 ② 산지 등 기복이 많은 곳에 적합 ③ 같은 정도의 기준점 배치에 편리 ④ 조건식이 많아 조정이 복잡하나 정도가 높다. ⑤ 각 단계에서 정확도 점검이 가능하다. ⑥ 내각의 크기는 30° 이상 120° 이하가 되어야 한다. ⑦ 기선설치에 어려움이 있고 관측거리에 한계가 있다.	삼변측량은 수평각을 관측하는 대신 3변의 길이를 관측한후 cosine 제2법칙을 이용하여 삼각형의 내각을 구하는 방법이므로 삼각측량 방법을 완전히 대신 할 수는 없다.

Answer 27 ② 28 ④

29 평균거리 2km에 대한 삼각측량에서 시준점의 편심에 대한 영향이 11″일 경우에 이에 의한 편심거리는? [21년 4기]

① 약 0.11m
② 약 0.22m
③ 약 0.42m
④ 약 0.81m

해설

$\theta'' = \dfrac{\Delta l}{D}\rho''$ 에서

$\Delta l = \dfrac{D \times \theta''}{\rho''} = \dfrac{2,000 \times 11''}{206,265''} = 0.10666 ≒ 0.11m$

30 삼각점 A에 기계를 설치하여 삼각점 B를 시준하여 각 T를 관측하고자 하였으나 장애물로 인해 B로부터 e만큼 떨어진 위치의 점 P를 관측하여 T′ = 60°30′를 얻었다면 각 T는? (단, S=2km, e=5m, $\phi = 310°20'$) [21년 2기]

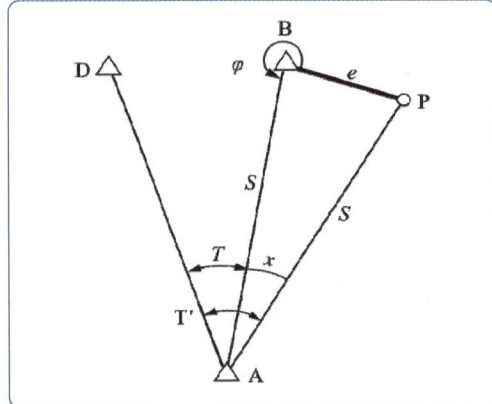

① 60°16′33″
② 60°23′27″
③ 60°29′27″
④ 60°36′33″

해설

$\dfrac{2,000}{\sin(360° - 310°20')} = \dfrac{5}{\sin x}$

$x'' = \sin^{-1}\dfrac{\sin 49°40' \times 5}{2,000} = 0°6'33.09''$

∴ $T = T' - x$
$= 60°30' - 0°6'33.09'' = 60°23'27''$

31 수평각관측 방법에 대한 설명으로 옳지 않은 것은? [21년 2기]

① 단각법은 하나의 각을 1번 관측하는 것으로 시준오차와 읽기오차가 발생된다.
② 배각법은 방향각법에 비해 읽기오차가 크다.
③ 조합각 관측법(각관측법)은 수평각 관측법 중 가장 정확한 값을 얻을 수 있다.
④ 방향각법은 한 측점 주위의 각이 많을 경우 이용하는 방법이다.

해설

배각법
① 배각법은 방향수가 적은 경우에는 편리하나 삼각측량과 같이 많은 방향이 있는 경우는 적합하지 않다.
② 눈금의 부정에 의한 오차를 최소로 하기 위하여 n회의 반복결과가 360°에 가깝게 해야 한다.
③ 내축과 외축을 이용하므로 내축과 외축의 연직선에 대한 불일치에 의하여 오차가 생기는 경우가 있다.
④ 배각법은 방향각법과 비교하여 읽기오차의 영향을 작게 받는다. (읽음 오차가 $\dfrac{1}{n}$로 됨)

32 그림과 같이 삼각측량을 실시하였다. 이 때 P점의 좌표는? [21년 1회 측기]

Ax=81.847m,
Ay=−30.460m,
$\overline{AP}$=600.00m,
α=163°20′00″,
∠BAP=60°00′00″

Answer 29 ① 30 ② 31 ② 32 ①

① Px = -354.577m, Py = -442.205m
② Px = -466.884m, Py = -329.898m
③ Px = -466.884m, Py = -442.205m
④ Px = -354.577m, Py = -329.898m

[해설]

$V_a^p = 163°20' + 60° = 223°20'$
$P_X = 81.847 + 600 \times \cos 223°20' = -354.577m$
$P_Y = -30.460 + 600 \times \sin 223°20' = -442.205m$

33 조정이 복잡하고 포괄면적이 적으며 시간이 많이 요구되는 단점이 있으나 정확도가 가장 높은 삼각망은? [21년 1회 측기]

① 단열삼각망
② 유심삼각망
③ 결합삼각망
④ 사변형 삼각망

[해설]

사변형삼각쇄(망)(chain of quadrilaterals)
① 조건식의 수가 가장 많아 정밀도가 가장 높다.
② 기선삼각망에 이용된다.
③ 삼각점 수가 많아 측량시간이 많이 걸리며 계산과 조정이 복잡하다.

Answer 33 ④

CHAPTER 06 지형측량(Topographic Surveying)

제1절 개요

1 정의

지형측량(Topographic Surverying)은 지표면상의 자연 및 인공적인 지물·지모의 형태와 수평, 수직의 위치관계를 측정하여 일정한 축척과 도식으로 표현한 지도를 지형도(Topographic map)라 하며 지형도를 작성하기 위한 측량을 말한다.

> ⚠ 기본부터 알고 넘어가기
> 1) 지물(地物)
>   지표면 위의 인공적인 시설물, 즉 교량, 도로, 철도, 하천, 호수, 건축물 등
> 2) 지모(地貌)
>   지표면 위의 자연적인 토지의 기복상태, 즉 산정, 구릉, 계곡, 평야 등

2 지도의 종류

1) 일반도(General map)

(1) 국토기본도 : 1/5,000, 1/10,000, 1/25,000, 1/50,000
우리나라의 대표적인 국토기본도는 1/50,000(위도차 15′, 경도차 15′)

(2) 토지이용도 : 1/25,000

(3) 지세도 : 1/250,000

(4) 대한민국 전도 : 1/1,000,000

2) 주제도(Thematic map)

어느 특정한 주제를 강조하여 표현한 지도로서 일반도를 기초로 한다.
도시계획도, 토지이용도, 지질도, 토양도, 산림도, 관광도, 교통도, 통계도, 국토개발계획도 등이 있다.

3) 특수도(Specifc map)

특수한 목적에 사용되는 지도

(1) **지도표현방법에 의한 분류** : 사진지도, 입체모형지도, 지적도, 대권항법도, 항공도, 해도, 천기도 등이 있다.

(2) **지도제작방법에 따른 분류** : 실측도, 편집도, 집성도로 구분

제2절 지형의 표시법

1 지형도에 의한 지형표시법

1) 자연적 도법

(1) **영선법(우모법, Hachuring)** : "게바"라 하는 단선상(短線狀)의 선으로 지표의 기본을 나타내는 것으로, 게바의 사이, 굵기, 방향 등에 의하여 지표를 표시하는 방법

(2) 음영법(명암법, Shading) : 태양광선이 서북쪽에서 45°로 비친다고 가정하여 지표의 기복을 도상에서 2~3색 이상으로 채색하여 지형을 표시하는 방법

2) 부호적 도법

(1) 점고법(Spot Height System) : 지표면상의 표고 또는 수심을 숫자에 의하여 지표를 나타내는 방법으로 하천, 항만, 해양 등에 주로 이용

(2) 등고선법(Contour System) : 동일표고의 점을 연결한 것으로 등고선에 의하여 지표를 표시하는 방법으로 토목공사용으로 가장 널리 사용

(3) 채색법(Layer System) : 같은 등고선의 지대를 같은 색으로 채색하여 높이의 변화를 나타나게 하는 방법으로 지리관계의 지도에 주로 사용

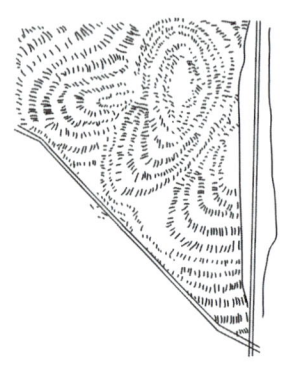

[영선법(우모법)]

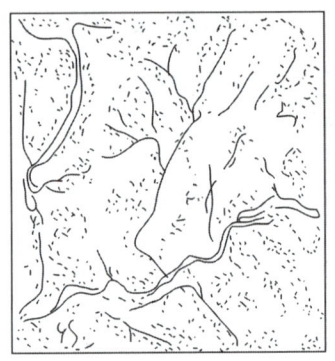

[음영법(명암법)]

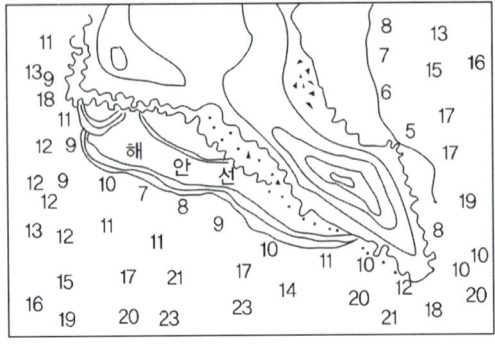

[점고법]

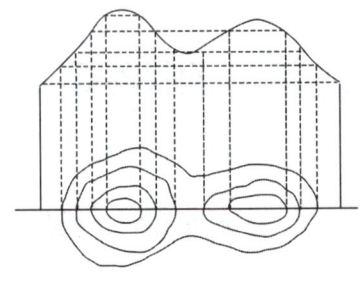

[등고선법]

제3절 등고선(Contour Line)

1 등고선의 종류와 간격

등고선 종류 \ 축척	기 호	1/5,000	1/10,000	1/25,000	1/50,000
계곡선	굵은 실선	25	25	50	100
주곡선	가는 실선	5	5	10	20
간곡선	가는 파선	2.5	2.5	5	10
조곡선(보조곡선)	가는 점선	1.25	1.25	2.5	5

2 등고선의 성질

(1) 동일 등고선상에 있는 모든 점은 같은 높이이다.

(2) 등고선은 반드시 도면 안이나 밖에서 서로가 폐합한다.[그림 (a)]

(3) 지도의 도면 내에서 폐합되면 가장 가운데 부분은 산꼭대기(산정) 또는 凹지(요지)가 된다.[그림 (b)]

(4) 등고선은 도중에 없어지거나 엇갈리거나[그림 (c)] 합쳐지거나[그림 (d)] 갈라지지 않는다.[그림 (e)]

(5) 높이가 다른 두 등고선은 동굴이나 절벽의 지형이 아닌 곳에서는 교차하지 않는다.

(6) 등고선은 경사가 급한 곳에서는 간격이 좁고 완만한 경사에서는 넓다.[그림 (g)]

(7) 최대경사의 방향은 등고선과 직각으로 교차한다.[그림 (h)]

(8) 분수선(능선)과 곡선(유하선)은 등고선과 직각으로 만난다.

(9) 2쌍의 등고선의 볼록부가 상대할 때는 볼록부를 나타낸다.

(10) 동등한 경사의 지표에서 양 등고선의 수평거리는 같다.

(11) 같은 경사의 평면일 때는 나란한 직선이 된다.

(12) 등고선이 능선을 직각방향으로 횡단한 다음 능선 다른 쪽을 따라 거슬러 올라간다.

(13) 등고선의 수평거리는 산꼭대기 및 산 밑에서는 크고 산중턱에서는 작다.

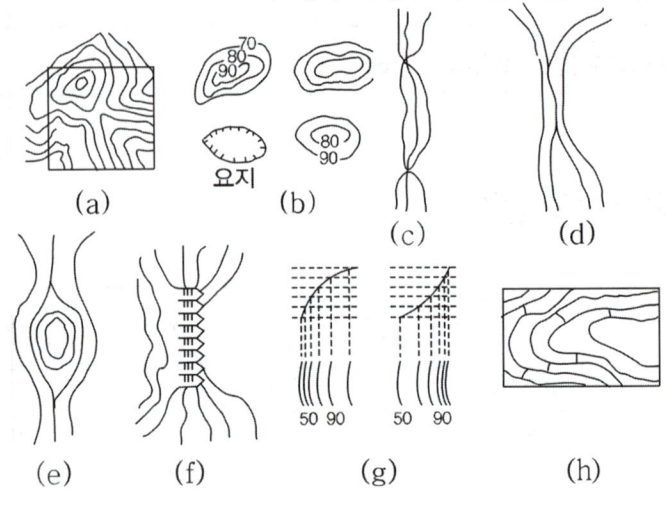

[등고선의 성질]

3 등고선도의 이용

(1) 노선의 도상 선정
(2) 성토, 절토의 범위 결정
(3) 집수면적의 측정
(4) 산의 체적 측정
(5) 댐의 유수량 측정
(6) 지형의 경사 분석

4 지성선(Topographical Line)

지표는 많은 凸선, 凹선, 경사변환선, 최대경사선으로 이루어졌다고 생각할 때 이 평면의 접합부, 즉 접선으로 말하며 지세선이라고도 한다.

(1) **능선(凸선), 분수선** : 지표면의 높은 곳을 연결한 선으로 빗물이 이것을 경계로 좌우로 흐르게 되므로 분수선, 능선이라 한다.

(2) **계곡선(凹선), 합수선** : 지표면이 낮거나 움푹 패인 점을 연결한 선으로 합수선, 합곡선 이라 한다.

(3) 경사변환선 : 동일 방향의 경사면에서 경사의 크기가 다른 두 면의 접합선(등고선 수평 간격이 뚜렷하게 달라지는 경계선)

(4) 최대경사선 : 지표의 임의의 한 점에 있어서 그 경사가 최대로 되는 방향을 표시한 선을 최대경사선이라 한다. 등고선에 직각으로 교차하며 물이 흐르는 방향이라는 의미에서 유하선이라고도 한다.

5 등고선에 의한 지형을 읽는 방법

(1) 안부(고개) : 능선과 곡선이 교차하는 곳을 말하며, 교통로가 되는 고개부분을 안부라고 한다.

(2) 계곡 : 계곡의 종단 경사는 상류가 급하고 하류가 완만하기 때문에 등고선 거리는 상류가 좁고 하류가 넓으며 凹선으로 표시한다.

(3) 볼록(凸형) 사면 : 등고선 간의 거리가 저위부에서는 좁고, 고위부에서 넓은 사면

(4) 오목(凹형) 사면 : 등고선 간의 거리가 저위부에서는 넓고, 고위부에서 좁은 사면

(5) 등경사면 : 등고선 상호의 거리가 같은 사면

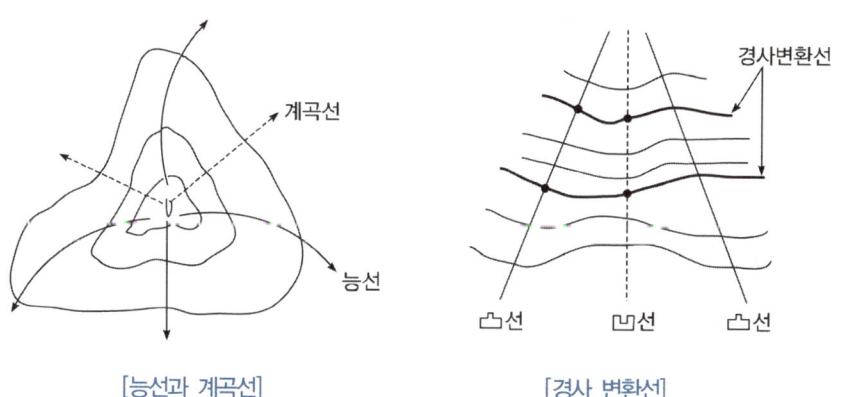

[능선과 계곡선]   [경사 변환선]

제4절 등고선의 측정방법 및 지형도의 이용

1 지형측량의 작업 순서

측량계획 → 답사 및 선점 → 기준점(골조) 측량 → 세부측량 → 측량원도 작성 → 지도편집

1) 측량계획, 답사 및 선점 시 유의사항

(1) 측량범위, 축척, 도식 등을 결정한다.
(2) 지형도 작성을 위해서 가능한 자료를 수집한다.
(3) 작업의 용이성, 시간, 비용, 정밀도 등을 고려하여 선점한다.
(4) 날씨 등의 외적 조건의 변화를 고려하여 여유 있는 작업 일지를 취한다.
(5) 측량의 순서, 측량지역의 배분 및 연결방법 등에 대해 작업원 상호의 사전조정을 한다.
(6) 가능한 한 초기에 오차를 발견할 수 있는 작업방법과 계산방법을 택한다.

② 등고선 측정방법

1) 기지점의 표고를 이용한 계산법

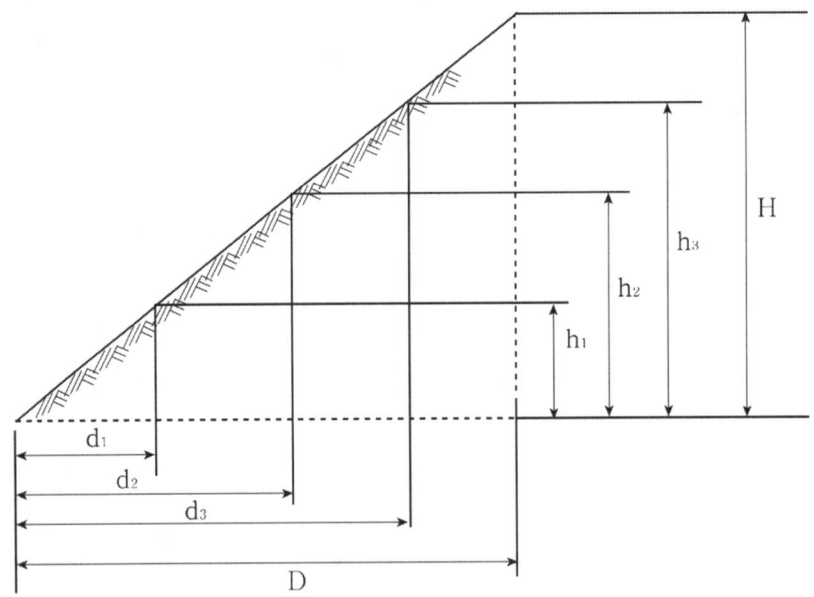

$D : H = d_1 : h_1$ $\therefore d_1 = \dfrac{D}{H} \times h_1$

$D : H = d_2 : h_2$ $\therefore d_2 = \dfrac{D}{H} \times h_2$

$D : H = d_3 : h_3$ $\therefore d_3 = \dfrac{D}{H} \times h_3$

2) 목측에 의한 방법

3) 방안법(점고법)

4) 종단점법

5) 횡단점법

3 지형도의 이용 암기 방 위 경 거 단 면 체

1) ㉠향결정

2) ㉠치결정

3) ㉠사결정

   ① 경사$(i) = \dfrac{H}{D} \times 100(\%)$

   ② 경사각$(\theta) = \tan^{-1} \dfrac{H}{D}$

4) ㉠리결정

5) ㉠면도작성

6) ㉠적계산

7) ㉠적계산

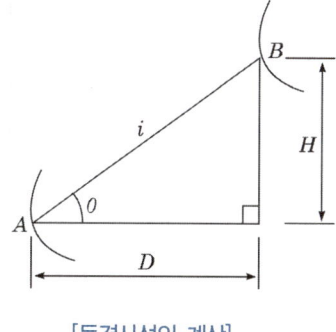

[등경사선의 계산]

기본부터 알고 넘어가기

평판측량의 3요소
1. 정준(Leveling up)
   평판을 수평으로 맞추는 작업(수평 맞추기)
2. 구심, 치심(Centering)
   평판상(도상)의 측점과 지상의 측점을 일치시키는 작업(중심 맞추기)
3. 표정(Orientation)
   평판을 일정한 방향으로 고정시키는 작업을 말하며, 평판측량의 오차 중 가장 큰 영향을 끼친다. (방향 맞추기)

기본부터 알고 넘어가기

평판측량의 방법
1. 방사법(Method of Radiation : 사출법)
   한 측점에 평판을 세워 그 점 주위에 목표점의 방향과 거리를 측정하는 방법으로 측량구역 안에 장애물이 없고 비교적 좁은 구역에 적합하다.

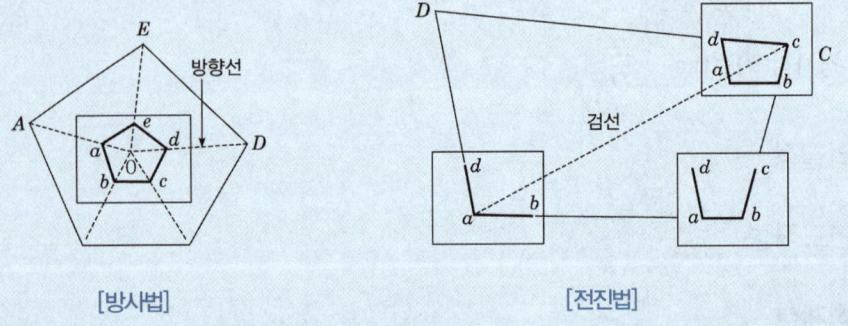

[방사법]　　　　　　　　　　　　[전진법]

2. 전진법(Method of Traversing : 도선법, 절측법)
   측량구역에 장애물이 중앙에 있어 시준이 곤란할 때, 측량구역이 길고 좁을 때 측점마다 평판을 세워가며 측량하는 방법이다.
3. 교회법(Method of intersection)
   넓은 지역에서 세부도근측량이나 소축척의 세부측량에 적합한 방법이다.
   1) 전방교회법
      알고 있는 기지점에 평판을 세워서 미지점을 구하는 방법으로 전방에 장애물이 있어 직접 거리를 측정할 수 없을 때 편리하다.

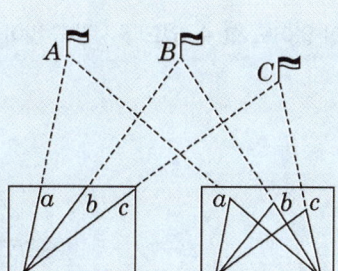

[전방 교회법]

2) 측량교회법

기지의 두 점을 이용하여 미지의 한 점을 구하는 방법으로 도로 및 하천변의 여러 점의 위치를 측정할 때 편리한 방법이다.

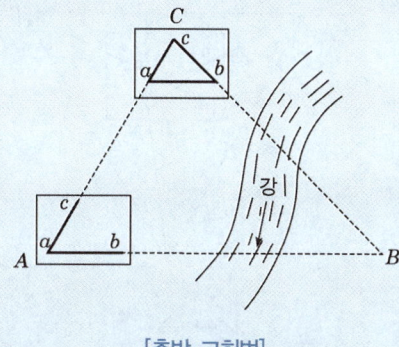

[측방 교회법]

3) 후방교회법

미지점에 평판을 세워 기지의 2점 또는 3점을 이용하여 현재 평판이 세워져 있는 평판의 위치(미지점)를 도면상에서 구하는 방법이다.

(1) 3점 문제처리방법 및 특징

① 레어만의 방법 : 경험만 있으면 신속하게 작업할 수 있어서 많이 이용되는 방법
  ㉠ 구하려는 점이 △abc 내부에 있을 때 한 점의 위치는 시오삼각형 안에 있다. (1)
  ㉡ 구하려는 점이 △abc 밖에 있고, a, b, c를 지나는 외접원 안에 있을 경우 그 점은 중앙 방향선을 기준으로 시오삼각형의 반대쪽에 있다. (2)
  ㉢ 구하려는 점이 외접원 밖에 있고 ∠mm 안에 있을 경우 그 점은 중앙 방향선을 기준으로 시오삼각형의 반대쪽에 있다. (3)
  ㉣ 구하려는 점이 외접원 밖에 있고 삼각형의 한 변에 대할 때에는 그 점은 중앙 방향선을 기준으로 시오삼각형의 같은 쪽에 있다. (4)
  ㉤ 구하려는 점이 원주 위(외접원상)에 있을 때 평판의 표정 오차가 발생하여도 시오삼각형은 생기지 않는다.

② 베셀법 : 경험이 없어도 할 수 있으나 시간이 많이 걸리며 정확한 위치를 구할 수 있다.

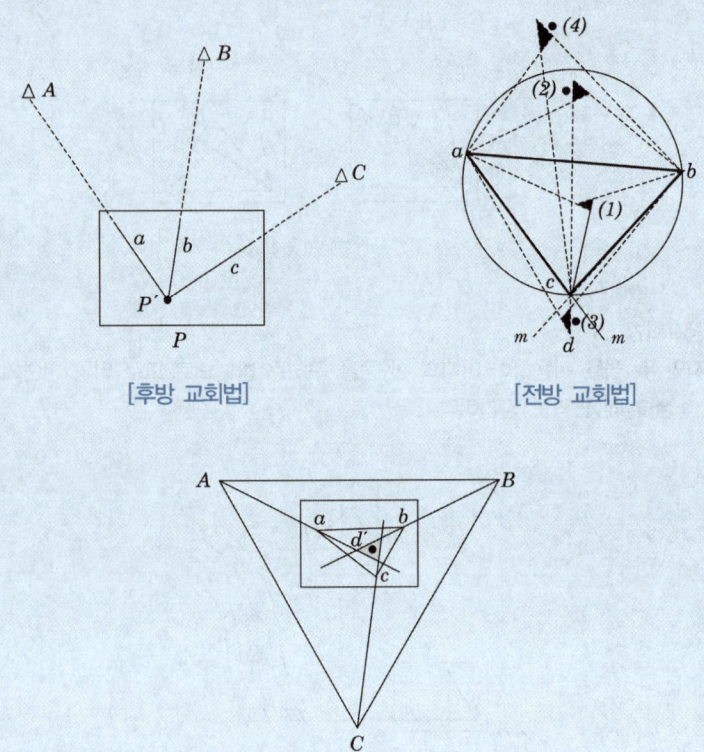

[후방 교회법]　　　　　　[전방 교회법]

[시오삼각형]

4. 교회법의 주의사항
   (1) 교각은 30°~150° 사이에 있도록 한다.(90°일 때가 가장 이상적인 교각이다.)
   (2) 시오삼각형의 내접원 직경은 도상에서 5mm 이내가 되도록 한다.
   (3) 방향선의 길이는 도상 10cm 이내, 망원경 앨리데이드인 경우 17cm 이내가 되도록 한다.
   (4) 방향선의 수는 3방향 이상이 되도록 한다.
   (5) 시오삼각형의 내접원의 지름이 0.3~0.5mm(0.4mm)이면 그 중심이 정확한 위치(구점)가 된다.(시오삼각형 무시)

CHAPTER 06 문제 및 해설

01 지형을 지물과 지모로 분류할 때 지모에 해당되는 것은? [2010년 기사 1회]

① 건물 ② 하천
③ 구릉 ④ 시가지

해설

지모(Relief Features of Landform)
① 지모는 산악의 형상, 토지의 기복상황 등과 같은 지표면의 형상을 말한다.
② 대축척지도에서는 일반적으로 수평곡선으로 표시하나 소축척지도에서는 등고선, 영선법, 음영법 등의 표현법이 쓰이기도 한다.
③ 지형과 같은 의미로 쓰이기도 한다.

02 아래의 축척별 등고선 간격으로 옳지 않은 것은? [2010년 기사 1회]

	축척	주곡선	계곡선	간곡선	조곡선
(1)	1 : 500	1.0m	5.0m	0.5m	0.25m
(2)	1 : 1,000	1.0m	5.0m	0.5m	0.25m
(3)	1 : 2,500	5.0m	25.0m	2.5m	1.25m
(4)	1 : 5,000	5.0m	25.0m	2.5m	1.25m

① (1) ② (2)
③ (3) ④ (4)

해설

축척	1/500	1/1,000	1/2,500	1/5,000	1/10,000	1/25,000	1/50,000
주곡선	1.0m	1.0m	2.0m	5.0m	5.0m	10.0m	20.0m
간곡선	0.5m	0.5m	1.0m	2.5m	2.5m	5.0m	10.0m
조곡선	0.25m	0.25m	0.5m	1.25m	1.25m	2.5m	5.0m
계곡선	5.0m	5.0m	10.0m	25.0m	25.0m	50.0m	100m

03 지형측량의 결과인 등고선도의 이용과 가장 거리가 먼 것은? [2010년 기사 2회]

① 지적도의 작성
② 노선의 도상선정
③ 성토, 절토의 범위결정
④ 집수면적의 측정

해설

등고선도의 이용
① 노선의 도상선정
② 성토, 절토의 범위결정
③ 집수면적의 측정
④ 댐의 유수량
⑤ 지형의 경사
⑥ 산의 체적

04 등고선의 성질에 대한 설명으로 옳지 않은 것은? [2010년 기사 2회]

① 등고선은 도면 내외에서 폐합하는 곡선이다.
② 높이가 다른 두 등고선은 동굴이나 절벽과 같은 지형에서는 교차한다.
③ 등고선은 최대경사방향과 직각으로 교차한다.
④ 등고선은 경사가 급한 곳에서는 간격이 넓고, 완만한 경사에서는 좁다.

Answer 01 ③ 02 ③ 03 ① 04 ④

> **[해설]**
> **등고선의 성질**
> ① 동일 등고선상에 있는 모든 점은 같은 높이이다.
> ② 등고선은 도면 내·외에서 폐합하는 폐곡선이다.
> ③ 지도의 도면 내에서 폐합하는 경우 등고선의 내부에 산정 또는 분지가 있다.
> ④ 두 쌍의 등고선의 볼록부가 상대할 때는 볼록부를 나타낸다.
> ⑤ 높이가 다른 두 등고선은 동굴이나 절벽의 지형이 아닌 곳에서는 교차하지 않으며, 동굴이나 절벽은 반드시 두 점에서 교차한다.

05 등고선의 성질에 대한 설명으로 옳지 않은 것은?   [2010년 기사 3회]

① 등고선과 최대 경사선은 수직을 이룬다.
② 등고선은 교차하거나 합쳐지지 않는다.
③ 경사가 같은 곳에서는 등고선 간의 간격도 같다.
④ 등고선은 도면의 안 또는 밖에서 반드시 폐합한다.

> **[해설]**
> **등고선의 성질**
> ① 동일 등고선상에 있는 모든 점은 같은 높이이다.
> ② 등고선은 반드시 도면 안이나 밖에서 서로가 폐합한다.
> ③ 등고선은 도중에 없어지거나, 엇갈리거나, 합쳐지거나, 갈라지지 않는다.
> ④ 등고선은 경사가 급한 곳에서는 간격이 좁고 완만한 경사에서는 넓다.
> ⑤ 최대경사의 방향은 등고선과 직각으로 교차한다.
> ⑥ 동등한 경사의 지표에서 양 등고선의 수평거리는 같다.
> ⑦ 같은 경사의 평면일 때는 나란한 직선이 된다.

06 등고선 간격이 2m인 지형도에서 94m 등고선상의 A점과 128m 등고선상의 B점을 연결하여 기울기 8/100의 도로를 개설하였다면 AB 간 도로의 실제길이는 약 얼마인가?   [2010년 기사 3회]

① 420m   ② 422m   ③ 424m   ④ 426m

> **[해설]**
> 경사$(i) = \dfrac{H}{D}$, $\dfrac{8}{100} = \dfrac{34}{D}$
> $\therefore D = \dfrac{34 \times 100}{8} = 425m$
> 경사각 $\tan\theta = \dfrac{H}{D}$ 에서
> $\theta = \tan^{-1}\dfrac{H}{D} = \tan^{-1}\dfrac{34}{425} = 4°34'26.12''$
> AB간 도로 실제거리
> $x = \dfrac{D}{\cos\theta} = \dfrac{425}{\cos 4°34'26.12''}$
> $= 426.357m ≒ 426m$
>
>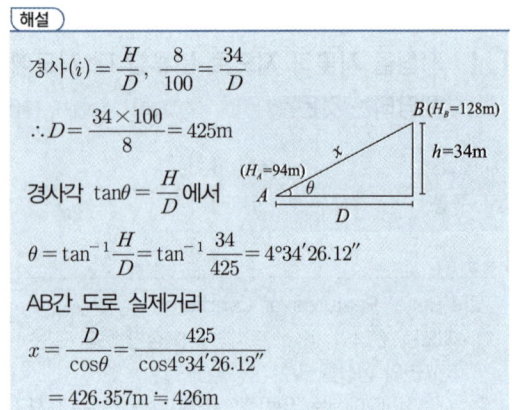

07 그림과 같이 사력댐을 건설하고자 한다. 사력댐 상단의 높이가 100m이고, 기울기는 상하류방향 모두 1:1이라고 할 때, 대략적인 성토범위로 가장 적절히 표시된 것은?   [2010년 기사 3회]

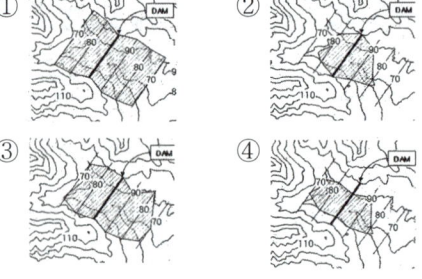

> **[해설]**
> **등고선의 성질**
> ① V자형 : 능선
> ② A자형 : 계곡선
> ③ M자형 : 하천합류지점

Answer   05 ②   06 ④   07 ②

08 축척 1 : 500 지형도를 기초로 하여 축척 1 : 3,000의 지형도를 제작하고자 한다. 1 : 3,000 지형도 1도엽은 1 : 500 지형도를 몇 매 포함한 것인가? [2011년 기사 1회]

① 45매 ② 40매 ③ 36매 ④ 25매

해설

축척비 $= \dfrac{3000}{500} = 6$배

면적비 $=$ 가로 $\times$ 세로 $= 6 \times 6 = 36$매

09 등고선의 종류와 지형도의 축척에 따른 등고선의 간격에 대한 설명으로 틀린 것은?
[2011년 기사 2회]

① 주곡선은 지형표시의 기본이 되는 곡선으로 가는 실선을 사용하여 나타낸다.
② 등고선의 간격은 측량의 목적 및 지역의 넓이, 작업에 관련된 경제성, 토지의 현황, 도면의 축척, 도면의 읽기 쉬운 정도 등을 고려하여 결정한다.
③ 계곡선은 등고선의 수 및 표고를 쉽게 읽도록 주곡선 5개마다 굵게 표시한 곡선으로 굵은 실선을 사용하며 축척 1 : 50,000지형도의 경우에 간격이 50m이다.
④ 간곡선은 주곡선의 $\dfrac{1}{2}$ 간격으로 삽입한 곡선으로 가는 파선으로 나타내며 축척 1 : 25,000 지형도에서는 5m 간격이다.

해설

구분	표시	1/5,000	1/10,000	1/25,000	1/50,000
주곡선	가는실선	5	5	10	20
간곡선	가는파선	2.5	2.5	5	10
조곡선	가는 짧은파선	1.25	1.25	2.5	5
계곡선	굵은실선	25	25	50	100

10 등고선에 대한 설명으로 틀린 것은?
[2011년 기사 2회]

① 등고선 간의 최단거리 방향은 최대 경사방향을 나타낸다.
② 높이가 다른 등고선은 절대로 서로 교차하지 않는다.
③ 등고선이 도면 내에서 폐합하는 경우 등고선의 내부에는 산꼭대기 또는 분지가 있다.
④ 등고선은 분수선과 직각으로 만난다.

해설

등고선의 성질
① 동일 등고선상에 있는 모든 점은 같은 높이이다.
② 등고선은 도면 내나 외에서 폐합하는 폐곡선이다.
③ 지도의 도면 내에서 폐합하는 경우 등고선의 내부에 산꼭대기(산정) 또는 분지가 있다.
④ 높이가 다른 두 등고선은 동굴이나 절벽을 제외하고는 교차하지 않는다.
⑤ 등고선은 급경사에서 간격이 좁고 완경사지에서 간격이 넓어진다.

11 등고선에 관한 설명으로 옳지 않은 것은?
[2011년 기사 3회]

① 주곡선은 지형을 나타내는 기본이 되는 곡선으로 간격은 축척에 따라 다르게 결정된다.
② 간곡선은 주곡선 간격의 1/2로 표시하며, 주곡선만으로는 지모의 상태를 명시할 수 없는 장소에 가는 파선으로 나타낸다.
③ 조곡선은 간곡선 간격의 1/2로 표시하는데, 표현이 부족한 곳에 가는 실선으로 나타낸다.
④ 계곡선은 지모의 상태를 파악하고 등고선의 고저차를 쉽게 판독할 수 있도록 주곡선 5개마다 굵은 실선으로 나타낸다.

Answer 08 ③ 09 ③ 10 ② 11 ③

해설

1. 등고선의 종류 및 간격

종류 \ 축척	1/5,000	1/10,000	1/25,000	1/50,000
주곡선	5	5	10	20
간곡선	2.5	2.5	5	10
조곡선	1.25	1.25	2.5	5
계곡선	25	25	50	100

2. 표시방법
① 주곡선 : 가는 실선
② 간곡선 : 파선
③ 조곡선 : 점선
④ 계곡선 : 주곡선 5개마다 굵은 실선

12 1 : 25,000의 지형측량에서 등고선을 그리기 위하여 결정한 측점의 도상위치오차가 1.0mm, 높이의 오차가 2.5m, 그 지점의 경사각을 10°라 할 때 표고의 최대 이동량은 약 얼마인가? [2011년 기사 3회]

① 17m ② 7m
③ 5m ④ 4m

해설

$dl = 25,000 \times 0.001 = 25m$

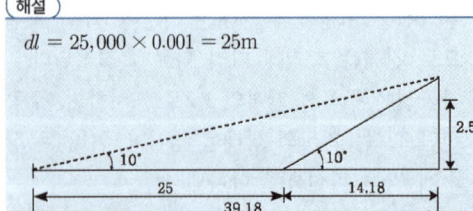

$\tan 10° = \dfrac{2.5}{x}$

$x = \dfrac{2.5}{\tan 10°} = 14.18m$

$l = dl + x = 25 + 14.18 = 39.18$

표고의 최대이동량은

$\tan 10° = \dfrac{dH}{39.18}$

$\therefore dH = \tan 10° \times 39.18$
$= 6.9m$
$\fallingdotseq 7m$

별해)

$\dfrac{1}{25,000} = \dfrac{1.0mm}{위치오차}$

위치오차 = 25mm

최대높이오차(dH) $= h + \triangle H \cdot \tan\theta$
$= 2.5 + 25 \times \tan 10°$
$= 7m$

13 등고선의 특성에 관한 설명으로 옳은 것은? [2012년 기사 3회]

① 최대 경사선은 등고선과 직각 방향이다.
② 높이가 다른 등고선은 어떠한 경우에도 겹치지 않는다.
③ 등고선은 지도 안에서 폐합되지 않으면 지도의 밖에서도 만나지 않는다.
④ 등고선의 간격이 넓을수록 급한 경사를 이룬다.

해설

등고선의 성질
① 동일 등고선상에 있는 모든 점은 같은 높이이다.
② 등고선은 도면 내나 외에서 폐합하는 폐곡선이다.
③ 지도의 도면 내에서 폐합하는 경우 등고선의 내부에 산꼭대기(산정) 또는 분지가 있다.
④ 높이가 다른 두 등고선은 동굴이나 절벽을 제외하고는 교차하지 않는다.
⑤ 등고선은 급경사에서 간격이 좁고 완경사지에서 간격이 넓어진다.

14 일반적으로 주곡선의 등고선 간격을 결정하는 데 가장 중요한 요소는? [2013년 기사 1회]

① 도면의 축척
② 지역의 넓이
③ 지형의 상태
④ 내업에 필요한 시간

Answer 12 ② 13 ① 14 ①

해설

등고선 종류	기호	1/5,000	1/10,000	1/25,000	1/50,000
주곡선	가는실선	5	5	10	20
간곡선	가는파선	2.5	2.5	5	10
조곡선(보조곡선)	가는점선	1.25	1.25	2.5	5
계곡선	굵은실선	25	25	50	100

* 주곡선의 등고선 간격을 결정하는 데는 도면의 축척이 가장 중요한 요소이다.

15 축척 1 : 5,000 지형도에서 그림과 같이 주곡선상의 두 점 A, B 사이의 도상거리가 2cm인 경우 이 두 점 사이의 실제 경사는?

[2013년 기사 2회]

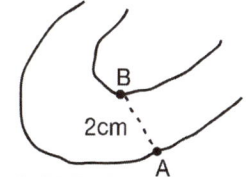

① 1% ② 5%
③ 10% ④ 25%

해설

$\dfrac{1}{m} = \dfrac{l}{L}$

$L = m \cdot l = 5,000 \times 0.02 = 100\text{m}$

$\therefore$ 경사$(i) = \dfrac{h}{D} \times 100\% = \dfrac{5}{100} \times 100\% = 5\%$

1 : 5,000에서 주곡선 간격은 5m

축척 등고선	1/5,000	1/10,000	1/25,000	1/50,000
주곡선	5	5	10	20
간곡선	2.5	2.5	5	10
조곡선	1.25	1.25	2.5	5
계곡선	25	25	50	100

16 1 : 5,000 지형도의 주곡선 간격은?

[2013년 기사 2회]

① 1m ② 5m
③ 10m ④ 20m

해설

축척 등고선	1/5,000	1/10,000	1/25,000	1/50,000
주곡선	5	5	10	20
간곡선	2.5	2.5	5	10
조곡선	1.25	1.25	2.5	5
계곡선	25	25	50	100

17 지형측량에서 동일방향의 경사면에서 경사의 크기가 다른 두 면의 접선(평면교선)을 무엇이라 하는가?

[2013년 기사 3회]

① 능선 ② 계곡선
③ 경사변환선 ④ 최대경사선

해설

지성선

지표는 많은 凸선, 凹선, 경사변환선, 최대경사선으로 이루어졌다고 생각할 때 이 평면의 접합부, 즉 접선을 말하며 지세선이라고도 한다.

능선(凸선), 분수선	지표면의 높은 곳을 연결한 선으로 빗물이 이것을 경계로 좌우로 흐르게 되므로 V자형으로 표시
계곡선(凹선), 합수선	지표면이 낮거나 움푹 패인 점을 연결한 선으로 합수선, 곡선 또는 합곡선이라고 한다. Y자형으로 표시
경사변환선	동일 방향의 경사면에서 경사의 크기가 다른 두 면의 접합선(등고선 수평간격이 뚜렷하게 달라지는 경계선)
최대경사선	㉠ 지표의 임의의 한 점에 있어서 그 경사가 최대로 되는 방향을 표시한 선 ㉡ 등고선에 직각으로 교차한다. ㉢ 물이 흐르는 방향이라는 의미에서 유하선이라고도 한다.

Answer 15 ② 16 ② 17 ③

18. 지형의 표시방법 중 부호적 도법에 속하지 않은 것은?
[2014년 기사 1회]

① 음영법(shading system)
② 단채법(layer system)
③ 점고법(spot system)
④ 등고선법(contour system)

해설

부호적 도법
① **점고법**(Spot height system) : 지표면상의 표고 또는 수심을 숫자에 의하여 지표를 나타내는 방법으로 하천, 항만, 해양 등에 주로 이용
② **등고선법**(Contour System) : 동일표고의 점을 연결한 것으로 등고선에 의하여 지표를 표시하는 방법으로 토목공사용으로 가장 널리 사용
③ **채색법**(Layer System) : 같은 등고선의 지대를 같은 색으로 채색하여 높을수록 진하게, 낮을수록 연하게 칠하여 높이의 변화를 나타내며 지리관계의 지도에 주로 사용

19. 축척 1 : 25,000인 우리나라 지형도의 한 도엽의 크기(경도×위도)는?
[2014년 기사 2회]

① 1.25′×1.25′
② 2.5′×2.5′
③ 7.5′×7.5′
④ 15.0′×15.0′

해설

수치지도작성 작업규칙 제5조 (도엽코드 및 도곽의 크기)
① 수치지도의 도엽코드 및 도곽의 크기는 수치지도의 위치검색, 다른 수치지도와의 접합 및 활용 등을 위하여 경위도(經緯度)를 기준으로 분할된 일정한 형태와 체계로 구성하여야 한다.
② 수치지도의 각 축척에 따른 도엽코드 및 도곽의 크기는 별표와 같다.

축척	도엽코드 및 도곽의 크기
1/50,000	-도엽코드 : 경위도를 1° 간격으로 분할한 지역에 대하여 다시 15′씩 16등분하여 하단 위도 두 자리 숫자와 좌측경도의 끝자리 숫자를 합성한 뒤 해당 코드를 추가하여 구성한다. -도곽의 크기 : 15′×15′
1/25,000	-도엽코드 : 1/50,000 도엽을 4등분하여 1/50,000 도엽코드 끝에 한 자리 코드를 추가하여 구성한다. -도곽의 크기 : 7′30″×7′30″
1/10,000	-도엽코드 : 1/50,000 도엽을 25등분하여 1/50,000 도엽코드 끝에 두 자리 코드를 추가하여 구성한다. -도곽의 크기 : 3′×3′
1/5,000	-도엽코드 : 1/50,000 도엽을 100등분하여 1/50,000 도엽코드 끝에 세 자리 코드를 추가하여 구성한다. -도곽의 크기 : 1′30″×1′30″
1/2,500	-도엽코드 : 1/25,000 도엽을 100등분하여 1/25,000 도엽코드 끝에 두 자리 코드를 추가하여 구성한다. -도곽의 크기 : 45″×45″
1/1,000	-도엽코드 : 1/10,000 도엽을 100등분하여 1/10,000 도엽코드 끝에 두 자리 코드를 추가하여 구성한다. -도곽의 크기 : 18″×18″
1/500	-도엽코드 : 1/1,000 도엽을 4등분하여 1/1,000 도엽코드 끝에 한 자리 코드를 추가하여 구성한다. -도곽의 크기 : 9″×9″

Answer 18 ① 19 ③

20 등고선의 종류와 지형도의 축척에 따른 등고선의 간격에 대한 설명으로 틀린 것은?

[2014년 기사 3회]

① 주곡선은 지형표시의 기본이 되는 곡선으로 가는 실선을 사용한다.
② 등고선의 간격은 측량의 목적 및 지역의 넓이, 작업에 관련한 경제성, 토지의 현황, 도면의 축척, 도면의 읽기 쉬운 정도 등을 고려하여 결정한다.
③ 계곡선은 등고선의 수 및 표고를 쉽게 읽도록 주곡선 5개마다 굵게 표시한 곡선으로 굵은 실선을 사용하며 축척 1 : 50,000 지형도의 경우에는 간격이 50m이다.
④ 간곡선은 주곡선의 1/2 간격으로 삽입한 곡선으로 가는 파선으로 나타내며 축척 1 : 25,000 지형도에서는 5m 간격이다.

해설

1. 등고선의 종류
  ㉠ 주곡선 : 지형을 표시하는 데 가장 기본이 되는 곡선으로 가는 실선으로 표시
  ㉡ 간곡선 : 주곡선 간격의 $\frac{1}{2}$ 간격으로 그리는 곡선으로 완경사지나 주곡선만으로 지모를 명시하기 곤란한 장소에 가는 파선으로 표시
  ㉢ 조곡선 : 간곡선 간격의 $\frac{1}{2}$ 간격으로 그리는 곡선으로 불규칙한 지형을 표시
  (주곡선 간격의 $\frac{1}{4}$ 간격으로 그리는 곡선)
  ㉣ 계곡선 : 주곡선 5개마다 1개씩 그리는 곡선으로 표고의 읽음을 쉽게 하고 지모의 상태를 명시하기 위해 굵은 실선으로 표시

2. 등고선의 간격

축척 종류	기호	1/5,000	1/10,000	1/25,000	1/50,000
주곡선	가는 실선	5	5	10	20
간곡선	가는 파선	2.5	2.5	5	10
조곡선 (보조곡선)	가는 점선	1.25	1.25	2.5	5
계곡선	굵은 실선	25	25	50	100

21 등고선에 대한 설명으로 틀린 것은?

[2015년 기사 1회]

① 등고선은 절벽, 동굴과 같은 지형에서는 서로 교차하기도 한다.
② 경사가 급할수록 등고선의 간격이 좁다.
③ 경사가 같으면 등고선 간격이 같고 서로 평행하다.
④ 등고선은 최대경사선과는 직교하고 분수선과는 평행하다.

해설

등고선의 성질
① 동일 등고선상에 있는 모든 점은 같은 높이이다.
② 등고선은 반드시 도면 안이나 밖에서 서로가 폐합한다.
③ 지도의 도면 내에서 폐합되면 가장 가운데 부분은 산꼭대기(산정) 또는 요지(요지)가 된다.
④ 등고선은 도중에 없어지거나 엇갈리거나 합쳐지거나 갈라지지 않는다.
⑤ 높이가 다른 두 등고선은 동굴이나 절벽의 지형이 아닌 곳에서는 교차하지 않는다.
⑥ 등고선은 경사가 급한 곳에서는 간격이 좁고 완만한 경사에서는 넓다.
⑦ 최대경사의 방향은 등고선과 직각으로 교차한다.
⑧ 분수선(능선)과 곡선(유하선)은 등고선과 직각으로 만난다.
⑨ 2쌍의 등고선의 볼록부가 상대할 때는 볼록부를 나타낸다.
⑩ 동등한 경사의 지표에서 양 등고선의 수평거리는 같다.
⑪ 같은 경사의 평면일 때는 나란한 직선이 된다.
⑫ 등고선이 능선을 직각방향으로 횡단한 다음 능선 다른 쪽을 따라 거슬러 올라간다.

Answer 20 ③ 21 ④

22 지형도 및 수치지형도에 대한 설명으로 옳지 않은 것은? [2015년 기사 3회]

① 지형도는 지표면상의 자연적 또는 인공적인 지형의 수평 또는 수직의 상호위치관계를 관측하여 그 결과를 일정한 축척과 도식으로 도면에 나타낸 것이다.
② 지형도상에 표시되는 요소로 지형에는 지물과 지모가 있다.
③ 수치지형도의 축척은 일정하기 때문에 확대 및 축소하여 다양한 축척의 지형도를 만들 수 없다.
④ 수치지형도의 지형 및 지물은 레이어로 구분된다.

[해설]
① 수치지형도(數値地形圖)는 수치지도의 하나로서 등고선을 이용하여 땅의 기복, 형태, 수계의 배열 등의 지형을 정확하고 상세하게 나타낸 지도를 컴퓨터에서 사용할 수 있게 수치형태로 변환한 것을 말한다. 수치지형도는 정보처리시스템을 이용하여 분석, 편집 및 입력·출력할 수 있도록 제작된 지도를 말한다.
② 수치지도(數値地圖)는 이러한 지도상의 지형·지물·지명 등의 각종 지형정보 기타 이와 관련된 사항을 수치화한 후 전산시스템을 이용하여 이를 분석·편집 및 입·출력할 수 있도록 제작된 수치지형도·수치주제도 등을 말한다.
③ "수치지형도작성"이라 함은 수치지도작성작업규칙에 의거 컴퓨터를 이용한 지형도 입력 등 지형·지물을 수치데이터로 취득하고 목적에 따라 편집하는 것을 말한다.

23 등고선 간의 최단 거리 방향이 의미하는 것은? [2015년 기사 2회]

① 최소 경사 방향을 표시한다.
② 최대 경사 방향을 표시한다.
③ 상향 경사를 표시한다.
④ 하향 경사를 표시한다.

[해설]
등고선 간의 최단 거리 방향은 최대 경사 방향을 표시한다.

24 1 : 50,000 국가기본도 1도엽이 차지하는 지상의 면적(범위)는? [2010년 기사 3회]

① 1′ × 1′
② 3′ × 3′
③ 7.5′ × 7.5′
④ 15′ × 15′

[해설]

	1/50,000	1/25,000	1/10,000	1/5,000
도곽 크기	15′×15′	7′30″×7′30″	3′×3′	1′30″×1′30″
	1/2,500	1/1,000	1/500	
	45′×45′	8″×18″	9″×9″	

25 축척 1 : 50,000 지형측량에서 등고선의 관측위치오차가 도상에서 0.5mm, 실제높이오차가 1.0m, 토지의 경사가 15°일 때 표고의 최대오차는? [2010년 기사 1회]

① 7.3m
② 7.5m
③ 7.7m
④ 7.9m

[해설]
$dl = 50,000 \times 0.5 = 25,000\text{mm} = 25\text{m}$

$\tan 15° = \dfrac{dh}{dl'} = \dfrac{1.0}{dl}$

$dl' = \dfrac{1.0}{\tan 15°} = 3.73\text{m}$

$\therefore \varepsilon = dl + dl' = 25 + 3.73 = 28.73\text{m}$

$\tan 15° = \dfrac{dh}{28.73}$

$\therefore dh = \tan 15° \times 28.73 = 7.7\text{m}$

Answer 22 ③ 23 ② 24 ④ 25 ③

26 연속적인 측량이 가능한 토털스테이션을 사용하여 등고선을 측정하는 방법에 대한 설명으로 옳지 않은 것은? [22년 기사 1회]

① 측점으로부터의 기계고를 측정한다.
② 프리즘의 높이는 임의로 하여 수시로 변경하는 것이 편리하다.
③ 토털스테이션을 추적모드(traking mode)로 설정하고 측정할 등고선의 높이를 입력한다.
④ 높이를 알고 있는 측점에 토털스테이션을 설치하거나, 기준점을 관측하여 측점의 높이를 결정한다.

[해설]
토탈스테이션을 사용한 등고선 측정방법
① 측점의 표고와 기계고를 측정하여 시준선의 높이를 결정한다.
② 프리즘의 높이를 시준선에 맞추어 설치한다.
③ 토탈스테이션을 추적모드로 설정하고 측정할 등고선의 높이를 입력한다.
④ 측정할 등고선의 높이값에 도달할 때까지 프리즘을 이동시키면서 관측한다.
프리즘은 관측상 불가피한 경우가 아니면 기계고의 높이에서 변경하지 않는 것이 좋다.

27 지형의 표시방법에 속하지 않는 것은? [22년 2기]

① 횡단점법   ② 등고선법
③ 음영법   ④ 점고법

[해설]
지형도에 의한 지형의 표현방법
1. 자연도법

영선법	영선법이라고도 하며, 게바라고 하는 선을 이용하여 지표의 기복을 표현하는 기법으로 게바의 길이, 간격, 굵기에 따라 기복의 크고 작음을 표현한다.
음영법	태양광이 비친다고 가정하여 지표의 기복에 대해 그 명암을 색으로 표현하여 제작한 지형표현방법

2. 부호도법

점고법	지표면상 임의 점의 높이를 지도 위에 숫자로 표현하여 높이를 표현하는 방법으로 하천과 해안과 같이 육지가 아닌 지역에서 점의 높이 혹은 깊이를 표현하는 방법이다.
등고선법	등고선은 같은 높이의 표고를 연결한 선이라는 의미로 지표의 높낮이를 표현하는 비교적 정확한 지형의 표현방법이다.
채색법	단채법이라고도 하며 대상부분을 구분하고 색을 입혀 높이의 변화를 쉽게 인식할 수 있도록 하는 기법

28 지형도 작성에서 지표면이 낮거나 움푹 파인 지점을 연결한 선으로 합수선이라고도 하는 것은? [22년 2기]

① 최대경사선
② 철선(능선)
③ 요선(계곡선)
④ 경사변환선

[해설]
지성선

철선	철선 또는 능선은 지표면의 가장 높은 곳을 연결한 선으로 빗물이 이것을 경계로 하여 좌우로 흐르게 되므로 분수선이라고도 한다.
요선	요선 또는 합수선은 지표면의 가장 낮은 곳을 연결한 선으로 주로 물이 흘러가는 계곡이 형성되는 곳이므로 계곡선이라고도 한다.
경사변환선	지표상에서 경사가 바뀌는 지역을 표현한 선으로 동일 방향의 경사면에서 경사의 크기가 다른 두 면의 교차선이다.
최대경사선	지표의 임의의 한 점에서 그 경사가 최대로 되는 방향을 표시한 선을 말하며 등고선에 직각으로 교차하는 선이다. 이는 물이 흐르는 방향으로 유하선이라고도 한다.

Answer 26 ② 27 ① 28 ③

29. 등고선의 성질에 대한 설명으로 틀린 것은?
[21년 4기]

① 동일 등고선 위에 있는 모든 점의 높이는 같다.
② 등고선의 간격은 완경사지에서 좁고, 급경사지에서는 넓다.
③ 등고선은 도면 안 또는 밖에서 폐합하며 도중에서 소실되지 않는다.
④ 등고선이 도면 내에서 폐합하는 경우 등고선의 내부에는 산정이나 분지가 있다.

해설

등고선의 성질
① 동일 등고선상에 있는 모든 점은 같은 높이이다.
② 등고선은 반드시 도면 안이나 밖에서 서로가 폐합한다.
③ 지도의 도면 내에서 폐합되면 가장 가운데 부분은 산꼭대기(산정) 또는 凹지(요지)가 된다.
④ 등고선은 도중에 없어지거나 엇갈리거나 합쳐지거나 갈라지지 않는다.
⑤ 높이가 다른 두 등고선은 동굴이나 절벽의 지형이 아닌 곳에서는 교차하지 않는다.
⑥ 등고선은 경사가 급한 곳에서는 간격이 좁고 완만한 경사에서는 넓다.

30. 표고가 118m와 145m인 두 점 사이의 수평거리가 250m이며 등경사지일 때, 130m 등고선이 통과하는 통과하는 지점과 118m 표고점의 수평거리는? [21년 4기]

① 9.9m   ② 102m
③ 105m   ④ 111m

해설

$250 : 27 = x : 12$

$x = \dfrac{250 \times 12}{27} = 111m$

31. 해안, 해도의 높이를 표시하는데 주로 사용하는 방법으로 임의의 점의 표고를 숫자로 도상에 나타내는 방법은? [21년 4기]

① 음영법
② 점고법
③ 영선법
④ 등고선법

해설

지형도에 의한 지형표시법

자연적 도법	영선법(우모법) (Hachuring)	"게바"라 하는 단선상(短線上)의 선으로 지표의 기본을 나타내는 것으로 게바의 사이, 굵기, 방향 등에 의하여 지표를 표시하는 방법
	음영법(명암법) (Shading)	태양광선이 서북쪽에서 45°로 비친다고 가정하여 지표의 기복을 도상에서 2~3색 이상으로 채색하여 지형을 표시하는 방법으로 지형의 입체감이 가장 잘 나타나는 방법
부호적 도법	점고법 (Spot height system)	지표면상의 표고 또는 수심을 숫자에 의하여 지표를 나타내는 방법으로 하천, 항만, 해양 등에 주로 이용
	등고선법 (Contour System)	동일표고의 점을 연결한 것으로 등고선에 의하여 지표를 표시하는 방법으로 토목공사용으로 가장 널리 사용
	채색법 (Layer System)	같은 등고선의 지대를 같은 색으로 채색하여 높을수록 진하게, 낮을수록 연하게 칠하여 높이의 변화를 나타내며 지리관계의 지도에 주로 사용

Answer 29 ② 30 ④ 31 ②

32 A점의 표고가 135m, B점의 표고가 113m일 때, 두 점 사이에 130m 등고선을 삽입한다면 이 등고선과 B점 사이의 수평거리는? (단, AB의 수평거리는 250m이고, 등경사 구간이다.) [21년 2기]

① 150.4m
② 170.5m
③ 193.2m
④ 203.9m

해설

$250 : 22 = x : 17$
$x = \dfrac{250 \times 17}{22} = 193.2m$

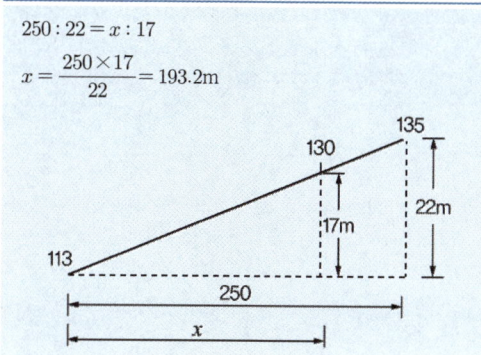

33 축척 1:500 지형도를 이용하여 축척 1:2500의 지형도를 제작하고자 한다. 1:2500 지형도 1도엽은 1:500 지형도를 몇 매 포함한 것인가? [21년 2기]

① 25매
② 36매
③ 40매
④ 45매

해설

축척비 $= \dfrac{2500}{500} = 5$

면적비 $= 5 \times 5 = 25$매

별해)

$(\dfrac{1}{500})^2 : (\dfrac{1}{2500})^2 = \dfrac{(\dfrac{1}{500})^2}{(\dfrac{1}{2500})^2} = \dfrac{2500^2}{500^2} = 25$매

34 등고선의 성질에 대한 설명으로 옳지 않은 것은?

① 등고선은 분기하지 않고 절벽이나 동굴의 지형에서는 교차할 수 있다.
② 동일 등고선 상의 모든 점은 같은 높이에 있다.
③ 등고선은 하천, 호수, 계곡 등에서는 단절되고 도상에서 폐합되지 않는다.
④ 등고선은 능선 또는 계곡선과 직각으로 만난다.

해설

등고선의 성질
(1) 등고선은 반드시 도면 안이나 밖에서 서로가 폐합한다.
(2) 지도의 도면 내에서 폐합되면 가장 가운데 부분을 산꼭대기(산정) 또는 凹지(요지)가 된다.

35 축척 1:25000 지형도 상에서 두 점간의 도상거리가 10 cm 이었다. 이 두 점의 거리가 도상 25 cm로 표현되는 지형도의 축척은? [21년 1회 측기]

① 1:50000
② 1:25000
③ 1:10000
④ 1:5000

해설

$\dfrac{1}{m} = \dfrac{l}{L}$
$L = ml = 25,000 \times 10 = 250,000 cm$
$\dfrac{1}{m} = \dfrac{25}{250,000} = \dfrac{1}{10,000}$

Answer 32 ③ 33 ① 34 ③ 35 ③

36 그림과 같이 사력댐을 건설하고자 한다. 사력댐 상단(진한 선)의 높이가 100m 이고, 기울기는 상 하류 방향 모두 1:1 이라고 할 때, 대략적인 성토범위로 가장 적절히 표시된 것은?

① 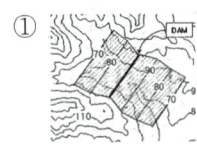 ②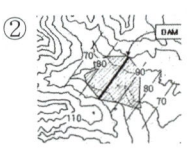

③ 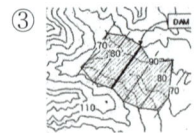 ④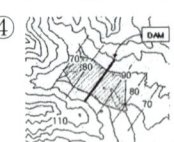

[해설]
댐 상단 높이 100미터에서 상하류방향 모구 1:1 기울기로 표시하였을 때 상단높이 값보다 모두 낮게 표현된 ②번 그림이 성토범위로 가장 적절하다.

37 실제의 면적 $4km^2$인 토지가 지형도에서 면적 $25cm^2$로 표시되었다면 지형도의 축척은?

① 1:4000
② 1:16000
③ 1:25000
④ 1:40000

[정답 ④]
$$\frac{1}{m^2} = \frac{도상면적}{실제면적}$$
$$m^2 = \sqrt{\frac{0.05 \times 0.05}{2000 \times 2000}} = \frac{0.05}{2000} = \frac{1}{40,000}$$

Answer 36 ② 37 ④

CHAPTER 07 측량관계법규

제1절 공간정보의 구축 및 관리 등에 관한 법률 (약칭: 공간정보관리법)

[시행 2025. 2. 21.] [법률 제20341호, 2024. 2. 20., 타법개정]

1. 목적(제1조)

이 법은 측량의 기준 및 절차와 지적공부(地籍公簿)·부동산종합공부(不動産綜合公簿)의 작성 및 관리 등에 관한 사항을 규정함으로써 국토의 효율적 관리 및 국민의 소유권 보호에 기여함을 목적으로 한다.

2. 정의(제2조)

空間情報	"공간정보"란 지상·지하·수상·수중 등 공간상에 존재하는 자연적 또는 인공적인 객체에 대한 위치정보 및 이와 관련된 공간적 인지 및 의사결정에 필요한 정보를 말한다.
측량	법률상의 측량의 정의는 공간상에 존재하는 일정한 점들의 위치를 측정하고 그 특성을 조사하여 도면 및 수치로 표현하거나 도면상의 위치를 현지(現地)에 재현하는 것을 말하며, 측량용 사진의 촬영, 지도의 제작 및 각종 건설사업에서 요구하는 도면작성 등을 포함한다.
기본측량	모든 측량의 기초가 되는 공간정보를 제공하기 위하여 국토교통부장관이 실시하는 측량을 말한다.
공공측량	다음 각 목의 측량을 말한다. 가. 국가, 지방자치단체, 그 밖에 대통령령으로 정하는 기관이 관계 법령에 따른 사업 등을 시행하기 위하여 기본측량을 기초로 실시하는 측량 나. 가목 외의 자가 시행하는 측량 중 공공의 이해 또는 안전과 밀접한 관련이 있는 측량으로서 대통령령으로 정하는 측량

지적측량	"지적측량"이란 토지를 지적공부에 등록하거나 지적공부에 등록된 경계점을 지상에 복원하기 위하여 제21호에 따른 필지의 경계 또는 좌표와 면적을 정하는 측량을 말하며, 지적확정측량 및 지적재조사측량을 포함한다.(제21호. "필지"란 대통령령으로 정하는 바에 따라 구획되는 토지의 등록단위를 말한다.)	
	"지적확정측량"이란 제86조제1항(「도시개발법」에 따른 도시개발사업, 「농어촌정비법」에 따른 농어촌정비사업, 그 밖에 대통령령으로 정하는 토지개발사업)에 따른 사업이 끝나 토지의 표시를 새로 정하기 위하여 실시하는 지적측량을 말한다.	
	"지적재조사측량"이란 「지적재조사에 관한 특별법」에 따른 지적재조사사업에 따라 토지의 표시를 새로 정하기 위하여 실시하는 지적측량을 말한다.	
일반측량	기본측량, 공공측량, 지적측량 외의 측량을 말한다.	
측량기준점	측량의 정확도를 확보하고 효율성을 높이기 위하여 특정 지점을 제6조에 따른 측량기준에 따라 측정하고 좌표 등으로 표시하여 측량 시에 기준으로 사용되는 점을 말한다.	
측량성과	측량을 통하여 얻은 최종 결과를 말한다.	
측량기록	측량성과를 얻을 때까지의 측량에 관한 작업의 기록을 말한다.	
지명(地名)	"지명(地名)"이란 산, 하천, 호수 등과 같이 자연적으로 형성된 지형(地形)이나 교량, 터널, 교차로 등 지물(地物)·지역(地域)에 부여된 이름을 말한다.	
지도	측량 결과에 따라 공간상의 위치와 지형 및 지명 등 여러 공간정보를 일정한 축척에 따라 기호나 문자 등으로 표시한 것을 말하며, 정보처리시스템을 이용하여 분석, 편집 및 입력·출력할 수 있도록 제작된 수치지형도[항공기나 인공위성 등을 통하여 얻은 영상정보를 이용하여 제작하는 정사영상지도(正射映像地圖)를 포함한다]와 이를 이용하여 특정한 주제에 관하여 제작된 지하시설물도·토지이용현황도 등 대통령령으로 정하는 수치주제도(數值主題圖)를 포함한다.	
지적공부	"지적공부"란 토지대장, 임야대장, 공유지연명부, 대지권등록부, 지적도, 임야도 및 경계점좌표등록부 등 지적측량 등을 통하여 조사된 토지의 표시와 해당 토지의 소유자 등을 기록한 대장 및 도면(정보처리시스템을 통하여 기록·저장된 것을 포함한다)을 말한다.	
	연속지적도	지적측량을 하지 아니하고 전산화된 지적도 및 임야도 파일을 이용하여, 도면상 경계점들을 연결하여 작성한 도면으로서 측량에 활용할 수 없는 도면을 말한다.
	부동산종합공부	토지의 표시와 소유자에 관한 사항, 건축물의 표시와 소유자에 관한 사항, 토지의 이용 및 규제에 관한 사항, 부동산의 가격에 관한 사항 등 부동산에 관한 종합정보를 정보관리체계를 통하여 기록·저장한 것을 말한다.
필지	대통령령으로 정하는 바에 따라 구획되는 토지의 등록 단위를 말한다.	
지번	필지에 부여하여 지적공부에 등록한 번호를 말한다.	
지번 부여 지역	지번을 부여하는 단위 지역으로서 동·리 또는 이에 준하는 지역을 말한다.	
지목	토지의 주된 용도에 따라 토지의 종류를 구분하여 지적공부에 등록한 것을 말한다.	
경계점	필지를 구획하는 선의 굴곡점으로서 지적도나 임야도에 도해(圖解) 형태로 등록하거나 경계점좌표등록부에 좌표 형태로 등록하는 점을 말한다.	

3. 측량의 계획 및 기준

1) 측량기본계획 및 시행계획(제5조)

① 국토교통부장관은 다음 각 호의 사항이 포함된 측량기본계획을 5년마다 수립하여야 한다.

> 1. 측량에 관한 기본 구상 및 추진 전략
> 2. 측량의 국내외 환경 분석 및 기술연구
> 3. 측량산업 및 기술인력 육성 방안
> 4. 그 밖에 측량 발전을 위하여 필요한 사항

② 국토교통부장관은 제1항에 따른 측량기본계획에 따라 연도별 시행계획을 수립·시행하고, 그 추진실적을 평가하여야 한다.
③ 국토교통부장관은 제1항에 따른 측량기본계획과 제2항에 따른 연도별 시행계획을 수립하려는 경우 제2항에 따른 평가 결과를 반영하여야 한다.
④ 제2항에 따른 연도별 추진실적 평가의 기준·방법·절차에 관한 사항은 국토교통부령으로 정한다.

2) 측량기준(제6조)

1. 위치는 세계측지계(世界測地系)에 따라 측정한 지리학적 경위도와 높이(평균해수면으로부터의 높이를 말한다. 이하 이 항에서 같다)로 표시한다. 다만, 지도 제작 등을 위하여 필요한 경우에는 직각좌표와 높이, 극좌표와 높이, 지구중심 직교좌표 및 그 밖의 다른 좌표로 표시할 수 있다.
2. 측량의 원점은 대한민국 경위도원점(經緯度原點) 및 수준원점(水準原點)으로 한다. 다만, 섬 등 대통령령으로 정하는 지역에 대하여는 국토교통부장관이 따로 정하여 고시하는 원점을 사용할 수 있다.

3) 측량기준점(제7조)

국가기준점	測量의 정확도(正確度)를 확보(確保)하고 효율성(效率性)을 높이기 위하여 국토교통부장관이 전 국토를 대상으로 주요 지점마다 정한 측량의 기본이 되는 측량기준점	
	㈜주측지기준점	국가측지기준계를 정립하기 위하여 전 세계 초장거리간섭계와 연결하여 정한 기준점
	㈜성기준점	지리학적 경위도, 직각좌표 및 지구중심 직교좌표의 측정 기준으로 사용하기 위하여 대한민국 경위도원점을 기초로 정한 기준점
	㈜통합기준점	지리학적 경위도, 직각좌표, 지구중심 직교좌표, 높이 및 중력 측정의 기준으로 사용하기 위하여 위성기준점, 수준점 및 중력점을 기초로 정한 기준점

	㊥력점	중력 측정의 기준으로 사용하기 위하여 정한 기준점
	㊛자기점 (地磁氣點)	지구자기 측정의 기준으로 사용하기 위하여 정한 기준점
	㊮준점	높이 측정의 기준으로 사용하기 위하여 대한민국 수준원점을 기초로 정한 기준점
	㊮해기준점	우리나라의 영해를 획정(劃定)하기 위하여 정한 기준점(삭제 2021.2.9.)
	㊮로기준점	수로 조사 시 해양에서의 수평위치와 높이, 수심 측정 및 해안선 결정 기준으로 사용하기 위하여 위성기준점과 법 제6조제1항제3호의 기본수준면을 기초로 정한 기준점으로서 수로측량기준점, 기본수준점, 해안선기준점으로 구분한다.(삭제 2021.2.9.)
	㊮각점	지리학적 경위도, 직각좌표 및 지구중심 직교좌표 측정의 기준으로 사용하기 위하여 위성기준점 및 통합기준점을 기초로 정한 기준점
공공기준점	공공측량시행자가 公共測量을 正確하고 效率的으로 시행하기 위하여 國家基準點을 기준으로 하여 따로 정하는 측량기준점	
	공공삼각점	공공측량 시 수평위치의 기준으로 사용하기 위하여 국가기준점을 기초로 하여 정한 기준점
	공공수준점	공공측량 시 높이의 기준으로 사용하기 위하여 국가기준점을 기초로 하여 정한 기준점
지적기준점	특별시장·광역시장·특별자치시장·도지사 또는 특별자치도지사(이하 "시·도지사"라 한다)나 지적소관청이 地籍測量을 正確하고 效率的으로 시행하기 위하여 國家基準點을 기준으로 하여 따로 정하는 측량기준점	
	지적삼각점 (地籍三角點)	지적측량 시 水平位置測量의 基準으로 사용하기 위하여 國家基準點을 기준으로 하여 정한 기준점
	지적삼각 보조점	지적측량 시 水平位置測量의 基準으로 사용하기 위하여 國家基準點과 지적삼각점을 기준으로 하여 정한 기준점
	지적도근점 (地籍圖根點)	지적측량 시 필지에 대한 水平位置測量 基準으로 사용하기 위하여 國家基準點, 지적삼각점, 지적삼각보조점 및 다른 지적도근점을 기초로 하여 정한 기준점

[지적기준점]

4) 측량기준점표지의 설치 및 관리(제8조)

① 측량기준점을 정한 자는 측량기준점표지를 설치하고 관리하여야 한다.
② 제1항에 따라 측량기준점표지를 설치한 자는 대통령령으로 정하는 바에 따라 그 종류와 설치 장소를 국토교통부장관, 관계 시·도지사, 시장·군수 또는 구청장(자치구의 구청장을 말한다. 이하 같다) 및 측량기준점표지를 설치한 부지의 소유자 또는 점유자에게 통지하여야 한다. 설치한 측량기준점표지를 이전·철거하거나 폐기한 경우에도 같다.
③ 삭제 <2020. 2. 18.>
④ 시·도지사 또는 지적소관청은 지적기준점표지를 설치·이전·복구·철거하거나 폐기한 경우에는 그 사실을 고시하여야 한다.
⑤ 특별자치시장, 특별자치도지사, 시장·군수 또는 구청장은 국토교통부령으로 정하는 바에 따라 매년 관할 구역에 있는 측량기준점표지의 현황을 조사하고 그 결과를 시·도지사를 거쳐(특별자치시장 및 특별자치도지사의 경우는 제외한다) 국토교통부장관에게 보고하여야 한다. 측량기준점표지가 멸실·파손되거나 그 밖에 이상이 있음을 발견한 경우에도 같다.
⑥ 제5항에도 불구하고 국토교통부장관은 필요하다고 인정하는 경우에는 직접 측량기준점표지의 현황을 조사할 수 있다.
⑦ 측량기준점표지의 형상, 규격, 관리방법 등에 필요한 사항은 국토교통부령으로 정한다.

4. 기본측량 과 공공측량

1) 기본측량의 실시 등(제12조)

① 국토교통부장관은 기본측량을 하려면 미리 측량지역, 측량기간, 그 밖에 필요한 사항을 시·도지사에게 통지하여야 한다. 그 기본측량을 끝낸 경우에도 같다.
② 시·도지사는 제1항에 따른 통지를 받았으면 지체 없이 시장·군수 또는 구청장에게 그 사실을 통지(특별자치시장 및 특별자치도지사의 경우는 제외한다)하고 대통령령으로 정하는 바에 따라 공고하여야 한다.
③ 기본측량의 방법 및 절차 등에 필요한 사항은 국토교통부령으로 정한다.

2) 공공측량의 실시 등(법 제17조)

① 공공측량은 기본측량성과나 다른 공공측량성과를 기초로 실시하여야 한다.
② 공공측량의 시행을 하는 자(이하 "공공측량시행자"라 한다)가 공공측량을 하려면 국토교통부령으로 정하는 바에 따라 미리 공공측량 작업계획서를 국토교통부장관에게 제출하여야 한다. 제출한 공공측량 작업계획서를 변경한 경우에는 변경한 작업계획서를 제출하

여야 한다.
③ 국토교통부장관은 공공측량의 정확도를 높이거나 측량의 중복을 피하기 위하여 필요하다고 인정하면 공공측량시행자에게 공공측량에 관한 장기 계획서 또는 연간 계획서의 제출을 요구할 수 있다.
④ 국토교통부장관은 제2항 또는 제3항에 따라 제출된 계획서의 타당성을 검토하여 그 결과를 공공측량시행자에게 통지하여야 한다. 이 경우 공공측량시행자는 특별한 사유가 없으면 그 결과에 따라야 한다.
⑤ 공공측량시행자는 공공측량을 하려면 미리 측량지역, 측량기간, 그 밖에 필요한 사항을 시·도지사에게 통지하여야 한다. 그 공공측량을 끝낸 경우에도 또한 같다.
⑥ 시·도지사는 공공측량을 하거나 제5항에 따른 통지를 받았으면 지체 없이 시장·군수 또는 구청장에게 그 사실을 통지하고(특별자치시장 및 특별자치도지사의 경우는 제외한다) 대통령령으로 정하는 바에 따라 공고하여야 한다

3) 공공측량 작업계획서의 제출(시행규칙 제21조)

① 공공측량시행자는 법 제17조제2항에 따라 공공측량을 하기 3일 전에 국토지리정보원장이 정한 기준에 따라 공공측량 작업계획서를 작성하여 국토지리정보원장에게 제출하여야 한다. 공공측량 작업계획서를 변경한 경우에도 또한 같다.
② 공공측량 작업계획서에 포함되어야 할 사항

> 1. 공공측량의 사업명
> 2. 공공측량의 목적 및 활용 범위
> 3. 공공측량의 위치 및 사업량
> 4. 공공측량의 작업기간
> 5. 공공측량의 작업방법
> 6. 사용할 측량기기의 종류 및 성능
> 7. 법 제17조제1항에 따라 사용할 측량성과의 명칭, 종류 및 내용
> 8. 그 밖에 작업에 필요한 사항

③ 국토지리정보원장은 공공측량 작업계획서를 검토한 후 수정할 필요가 있다고 판단하는 경우에는 공공측량시행자에 공공측량 작업계획서를 변경하여 제출할 것을 요구할 수 있다. 이 경우 공공측량시행자는 특별한 사유가 없으면 이에 따라야 한다.
④ 제1항에 따른 공공측량 작업계획서의 작성기준과 그 밖에 공공측량에 필요한 사항은 국토지리정보원장이 정하여 고시한다.

4) 측량의 실시공고(시행령 제12조)

① 법 제12조제2항에 따른 기본측량의 실시공고와 법 제17조제6항에 따른 공공측량의 실시공고는 전국을 보급지역으로 하는 일간신문에 1회 이상 게재하거나 해당 특별시·광역시·특별자치시·도 또는 특별자치도(이하 "시·도"라 한다)의 게시판 및 인터넷 홈페이지에 7일 이상 게시하는 방법으로 하여야 한다.

② 실시공고 사항

1. 측량의 종류
2. 측량의 목적
3. 측량의 실시기간
4. 측량의 실시지역
5. 그 밖에 측량의 실시에 관하여 필요한 사항

5) 측량성과의 고시 (시행령 제13조)

① 법 제13조제1항에 따른 기본측량성과의 고시와 법 제18조제4항에 따른 공공측량성과의 고시는 최종성과를 얻은 날부터 30일 이내에 하여야 한다. 다만, 기본측량성과의 고시에 포함된 국가기준점 성과가 다른 국가기준점 성과와 연결하여 계산될 필요가 있는 경우에는 그 계산이 완료된 날부터 30일 이내에 기본측량성과를 고시할 수 있다.

② 측량성과의 고시 사항

1. 측량의 종류
2. 측량의 정확도
3. 설치한 측량기준점의 수
4. 측량의 규모(면적 또는 지도의 장수)
5. 측량실시의 시기 및 지역
6. 측량성과의 보관 장소
7. 그 밖에 필요한 사항

6) 지도등 간행물의 종류(시행규칙 제13조)

법 제15제1항에 따라 국토지리정보원장이 간행하는 지도나 그 밖에 필요한 간행물(이하 "지도등"이라 한다)의 종류는 다음 각 호와 같다.

1. 축척 1/500, 1/1,000, 1/2,500, 1/5,000, 1/10,000, 1/25,000, 1/50,000, 1/100,000,

1/250,000, 1/500,000 및 1/1,000,000의 지도
2. 철도, 도로, 하천, 해안선, 건물, 수치표고(數値標高) 모형, 공간정보 입체모형(3차원 공간정보), 실내공간정보, 정사영상(正射映像) 등에 관한 기본 공간정보
3. 연속수치지형도 및 축척 1/25,000 영문판 수치지형도
4. 국가인터넷지도, 점자지도, 대한민국전도, 대한민국주변도 및 세계지도
5. 국가격자좌표정보 및 국가관심지점정보
6. 정밀도로지도

7) 기본측량성과의 국외 반출 금지(법 제16조)

① 누구든지 국토교통부장관의 허가 없이 기본측량성과 중 지도등 또는 측량용 사진을 국외로 반출하여서는 아니 된다. 다만, 외국 정부와 기본측량성과를 서로 교환하는 등 대통령령으로 정하는 경우에는 그러하지 아니하다.
② 누구든지 제14조제3항 각 호의 어느 하나에 해당하는 경우에는 기본측량성과를 국외로 반출하여서는 아니 된다. 다만, 국토교통부장관이 국가안보와 관련된 사항에 대하여 과학기술정보통신부장관, 외교부장관, 통일부장관, 국방부장관, 행정안전부장관, 산업통상자원부장관 및 국가정보원장 등 관계 기관의 장과 협의체를 구성하여 국외로 반출하기로 결정한 경우에는 그러하지 아니하다.
③ 제2항 단서에 따른 협의체에는 1인 이상의 민간전문가를 포함하여야 한다.
④ 제2항 단서에 따른 협의체의 구성 및 운영과 제3항에 따른 민간전문가의 자격기준 등에 필요한 사항은 대통령령으로 정한다.
⑤ 제3항에 따른 민간전문가는 「형법」 제127조 및 제129조부터 제132조까지의 규정을 적용할 때에는 공무원으로 본다.

8) 기본측량성과 및 공공측량성과의 국외 반출(시행령 제16조)

① 법 제16조제1항 단서에서 "외국 정부와 기본측량성과를 서로 교환하는 등 대통령령으로 정하는 경우"란 다음 각 호의 경우를 말한다.

1. 대한민국 정부와 외국 정부 간에 체결된 협정 또는 합의에 따라 기본측량성과를 상호 교환하는 경우
2. 정부를 대표하여 외국 정부와 교섭하거나 국제회의 또는 국제기구에 참석하는 자가 자료로 사용하기 위하여 지도나 그 밖에 필요한 간행물(이하 "지도등"이라 한다) 또는 측량용 사진을 반출하는 경우
3. 관광객 유치와 관광시설 홍보를 목적으로 지도등 또는 측량용사진을 제작하여 반출하

는 경우
4. 축척 5만분의 1 미만인 소축척의 지도(수치지형도는 제외한다. 이하 이 조에서 같다)나 그 밖에 필요한 간행물을 국외로 반출하는 경우
5. 축척 2만5천분의 1 또는 5만분의 1 지도로서 「국가공간정보 기본법 시행령」 제24조제3항에 따른 보안성 검토를 거친 지도의 경우(등고선, 발전소, 가스관 등 국토교통부장관이 정하여 고시하는 시설 등이 표시되지 않은 경우로 한정한다)
6. 축척 2만5천분의 1인 영문판 수치지형도로서 「국가공간정보 기본법 시행령」 제24조제3항에 따른 보안성 검토를 거친 지형도의 경우

② 법 제21조제1항 단서에서 "외국정부와 공공측량성과를 서로 교환하는 등 대통령령으로 정하는 경우"란 다음 각 호의 경우를 말한다.

1. 대한민국 정부와 외국 정부 간에 체결된 협정 또는 합의에 따라 공공측량성과를 상호 교환하는 경우
2. 정부를 대표하여 외국 정부와 교섭하거나 국제회의 또는 국제기구에 참석하는 자가 자료로 사용하기 위하여 지도등 또는 측량용 사진을 반출하는 경우
3. 관광객 유치와 관광시설 홍보를 목적으로 지도등 또는 측량용사진을 제작하여 반출하는 경우
4. 축척 5만분의 1 미만인 소축척의 지도나 그 밖에 필요한 간행물을 국외로 반출하는 경우
5. 축척 2만5천분의 1 또는 5만분의 1 지도로서 「국가공간정보 기본법 시행령」 제24조제3항에 따른 보안성 검토를 거친 지도의 경우

5. 일반측량의 실시 등(법률 제22조)

① 일반측량은 기본측량성과 및 그 측량기록, 공공측량성과 및 그 측량기록을 기초로 실시하여야 한다.
② 국토교통부장관은 다음 각 호의 어느 하나에 해당하는 목적을 위하여 필요하다고 인정되는 경우에는 일반측량을 한 자에게 그 측량성과 및 측량기록의 사본을 제출하게 할 수 있다.

1. 측량의 정확도 확보
2. 측량의 중복 배제
3. 측량에 관한 자료의 수집·분석

③ 국토교통부장관은 측량의 정확도 확보 등을 위하여 일반측량에 관한 작업기준을 정할 수 있다.

6. 측량기술자 및 측량업업

1) 측량기술자(법제39조)

① 이 법에서 정하는 측량은 측량기술자가 아니면 할 수 없다.
② 측량기술자는 다음 각 호의 어느 하나에 해당하는 자로서 대통령령으로 정하는 자격기준에 해당하는 자이어야 하며, 대통령령으로 정하는 바에 따라 그 등급을 나눌 수 있다.

> 1. 「국가기술자격법」에 따른 측량 및 지형공간정보, 지적, 측량, 지도 제작, 도화(圖畵) 또는 항공사진 분야의 기술자격 취득자
> 2. 측량, 지형공간정보, 지적, 지도 제작, 도화 또는 항공사진 분야의 일정한 학력 또는 경력을 가진 자

③ 측량기술자는 전문분야를 측량분야와 지적분야로 구분한다.

2) 측량기술자의 의무(법제41조)

① 측량기술자는 신의와 성실로써 공정하게 측량을 하여야 하며, 정당한 사유 없이 측량을 거부하여서는 아니 된다.
② 측량기술자는 정당한 사유 없이 그 업무상 알게 된 비밀을 누설하여서는 아니 된다.
③ 측량기술자는 둘 이상의 측량업자에게 소속될 수 없다.
④ 측량기술자는 다른 사람에게 측량기술경력증을 빌려 주거나 자기의 성명을 사용하여 측량업무를 수행하게 하여서는 아니 된다.

3) 측량업(법 제44조)

1. 측지측량업
2. 지적측량업
3. 그 밖에 항공촬영, 지도제작 등 대통령령으로 정하는 업종
4. 공공측량업
5. 일반측량업
6. 연안조사측량업
7. 항공촬영업
8. 공간영상도화업

9. 영상처리업
10. 수치지도제작업
11. 지도제작업
12. 지하시설물측량업

7. 측량기기 성능검사의 대상 및 주기 등(시행령 제97조)

① 법 제92조제1항에 따라 성능검사를 받아야 하는 측량기기와 검사주기는 다음 각 호와 같다.

> 1. 트랜싯(데오드라이트): 3년
> 2. 레벨: 3년
> 3. 거리측정기: 3년
> 4. 토털 스테이션(total station: 각도·거리 통합 측량기): 3년
> 5. 지엔에스에스(GNSS) 수신기: 3년
> 6. 금속 또는 비금속 관로 탐지기: 3년

② 법 제92조제1항에 따른 성능검사(신규 성능검사는 제외한다)는 제1항에 따른 성능검사 유효기간 만료일 전 1개월부터 성능검사 유효기간 만료일 후 1개월까지의 기간에 받아야 한다.
③ 법 제92조제1항에 따른 성능검사의 유효기간은 종전 유효기간 만료일의 다음 날부터 기산(起算)한다. 다만, 제2항에 따른 기간 외의 기간에 성능검사를 받은 경우에는 그 검사를 받은 날의 다음 날부터 기산한다.

8. 벌칙

3년 이하의 징역 또는 3천만원 이하의 벌금 (입위공)	측량업자나 수로사업자로서 속임수, 위력(威力), 그 밖의 방법으로 측량업 또는 수로사업과 관련된 입찰의 공정성을 해친 자는 3년 이하의 징역 또는 3천만원 이하의 벌금에 처한다.
2년 이하의 징역 또는 2천만원 이하의 벌금 (거부등 외표성검)	1. 측량업의 등록을 하지 아니하거나 거짓이나 그 밖의 부정한 방법으로 측량업의 등록을 하고 측량업을 한 자 2. 성능검사대행자의 등록을 하지 아니하거나 거짓이나 그 밖의 부정한 방법으로 성능검사대행자의 등록을 하고 성능검사업무를 한 자 3. 측량성과를 국외로 반출한 자 4. 측량기준점표지를 이전 또는 파손하거나 그 효용을 해치는 행위를 한 자 5. 고의로 측량성과 또는 수로조사성과를 사실과 다르게 한 자 6. 성능검사를 부정하게 한 성능검사대행자

| 1년 이하의 징역
또는 1천만원 이하의 벌금
(둘비허물 대판대목) | 1. 둘 이상의 측량업자에게 소속된 측량기술자 또는 수로기술자
2. 업무상 알게 된 비밀을 누설한 측량기술자 또는 수로기술자
3. 거짓(허위)으로 다음 각 목의 신청을 한 자

   가. 신규등록 신청
   나. 등록전환 신청
   다. 분할 신청
   라. 합병 신청
   마. 지목변경 신청
   바. 바다로 된 토지의 등록말소 신청
   사. 축척변경 신청
   아. 등록사항의 정정 신청
   자. 도시개발사업 등 시행지역의 토지이동 신청

4. 측량기술자가 아님에도 불구하고 측량을 한 자
5. 지적측량수수료 외의 대가를 받은 지적측량기술자
6. 심사를 받지 아니하고 지도등을 간행하여 판매하거나 배포한 자
7. 다른 사람에게 측량업등록증 또는 측량업등록수첩을 빌려주거나 자기의 성명 또는 상호를 사용하여 측량업무를 하게 한 자
8. 다른 사람의 측량업등록증 또는 측량업등록수첩을 빌려서 사용하거나 다른 사람의 성명 또는 상호를 사용하여 측량업무를 한 자
9. 다른 사람에게 자기의 성능검사대행자 등록증을 빌려 주거나 자기의 성명 또는 상호를 사용하여 성능검사대행업무를 수행하게 한 자
10. 다른 사람의 성능검사대행자 등록증을 빌려서 사용하거나 다른 사람의 성명 또는 상호를 사용하여 성능검사대행업무를 수행한 자
11. 무단으로 측량성과 또는 측량기록을 복제한 자 |

과태료(법률 제111조)

암기 : 성정업검거	300만원 이하	성
	200만원 이하	정:측출보조검
	100만원 이하	업:등폐송
		검:등폐교
		거

300만원 이하	제13조제4항을 위반하여 고시된 측량⑧과에 어긋나는 측량성과를 사용한 자에게는 300만원 이하의 과태료를 부과한다.
200만원 이하	1. ⑳당한 사유 없이 ⓒ량을 방해한 자 5. 정당한 사유 없이 제101조제7항을 위반하여 토지등에의 ⓒ입 등을 방해하거나 거부한 자 3. 정당한 사유 없이 제99조제1항에 따른 ⓒ고를 하지 아니하거나 거짓으로 보고를 한 자 4. 정당한 사유 없이 제99조제1항에 따른 ⓒ사를 거부·방해 또는 기피한 자 2. 제92조제1항을 위반하여 측량기기에 대한 성능검사를 받지 아니하거나 부정한 방법으로 성능ⓒ사를 받은 자
100만원 이하	2. 제44조제5항을 위반하여 측량ⓒ 등록사항의 변경신고를 하지 아니한 자 4. 제48조를 위반하여 측량업의 휴업·ⓒ업 등의 신고를 하지 아니하거나 거짓으로 신고한 자 3. 제46조제1항을 위반하여 측량업자의 지위 ⓒ계 신고를 하지 아니한 자 5. 제93조제1항을 위반하여 성능ⓒ사대행자의 ⓒ록사항 변경을 신고하지 아니한 자 6. 제93조제6항을 위반하여 성능검사대행업무의 ⓒ업신고를 하지 아니한 자 7. 정당한 사유 없이 제98조제2항에 따른 ⓒ육을 받지 아니한 자 1. 제40조제1항을 위반하여 ⓒ짓으로 측량기술자의 신고를 한 자

④ 제1항부터 제3항까지의 규정에 따른 과태료는 대통령령으로 정하는 바에 따라 국토교통부장관, 시·도지사, 대도시 시장 또는 지적소관청이 부과·징수한다.

제 2 절 국가공간정보 기본법 (약칭: 공간정보법)

[시행 2025. 2. 21.] [법률 제20341호, 2024. 2. 20., 타법개정]

1. 목적(법 제1조)

이 법은 국가공간정보체계(관리기관이 구축 및 관리하는 공간정보체계)의 효율적인 구축과 종합적 활용 및 관리에 관한 사항을 규정함으로써 국토 및 자원을 합리적으로 이용하여 국민경제의 발전에 이바지함을 목적으로 한다.

2. 정의((제2조)

공간정보	"공간정보"란 지상·지하·수상·수중 등 공간상에 존재하는 자연적 또는 인공적인 객체에 대한 위치정보 및 이와 관련된 공간적 인지 및 의사결정에 필요한 정보를 말한다.
공간정보 데이터베이스	"공간정보데이터베이스"란 공간정보를 체계적으로 정리하여 사용자가 검색하고 활용할 수 있도록 가공한 정보의 집합체를 말한다.
공간정보체계	"공간정보체계"란 공간정보를 효과적으로 수집·저장·가공·분석·표현할 수 있도록 서로 유기적으로 연계된 컴퓨터의 하드웨어, 소프트웨어, 데이터베이스 및 인적자원의 결합체를 말한다.
관리기관	"관리기관"이란 공간정보를 생산하거나 관리하는 중앙행정기관, 지방자치단체, 「공공기관의 운영에 관한 법률」 제4조에 따른 공공기관(이하 "공공기관"이라 한다), 그 밖에 대통령령으로 정하는 민간기관을 말한다.
국가 공간정보체계	"국가공간정보체계"란 관리기관이 구축 및 관리하는 공간정보체계를 말한다.
국가공간정보 통합체계	"국가공간정보통합체계"란 제19조제3항의 기본공간정보데이터베이스를 기반으로 국가공간정보체계를 통합 또는 연계하여 국토교통부장관이 구축·운용하는 공간정보체계를 말한다.
공간객체 등록번호	"공간객체등록번호"란 공간정보를 효율적으로 관리 및 활용하기 위하여 자연적 또는 인공적 객체에 부여하는 공간정보의 유일식별번호를 말한다.

3. 국가공간정보정책의 추진체계

1) 국가공간정보정책 기본계획의 수립(제6조)

① 정부는 국가공간정보체계의 구축 및 활용을 촉진하기 위하여 국가공간정보정책 기본계획(이하 "기본계획"이라 한다)을 5년마다 수립하고 시행하여야 한다.
② 기본계획에는 다음 각 호의 사항이 포함되어야 한다.

> 1. 국가공간정보체계의 구축 및 공간정보의 활용 촉진을 위한 정책의 기본 방향
> 2. 제19조에 따른 기본공간정보의 취득 및 관리
> 3. 국가공간정보체계에 관한 연구·개발
> 4. 공간정보 관련 전문인력의 양성
> 5. 국가공간정보체계의 활용 및 공간정보의 유통
> 6. 국가공간정보체계의 구축·관리 및 공간정보의 유통 촉진에 필요한 투자 및 재원조달 계획
> 7. 국가공간정보체계와 관련한 국가적 표준의 연구·보급 및 기술기준의 관리

8. 「공간정보산업 진흥법」 제2조제1항제2호에 따른 공간정보산업의 육성에 관한 사항
9. 그 밖에 국가공간정보정책에 관한 사항

③ 관계 중앙행정기관의 장은 제2항 각 호의 사항 중 소관 업무에 관한 기관별 국가공간정보정책 기본계획(이하 "기관별 기본계획"이라 한다)을 작성하여 대통령령으로 정하는 바에 따라 국토교통부장관에게 제출하여야 한다.
④ 국토교통부장관은 제3항에 따라 관계 중앙행정기관의 장이 제출한 기관별 기본계획을 종합하여 기본계획을 수립하고 위원회의 심의를 거쳐 이를 확정한다.
⑤ 제4항에 따라 확정된 기본계획을 변경하는 경우 그 절차에 관하여는 제4항을 준용한다. 다만, 대통령령으로 정하는 경미한 사항을 변경하는 경우에는 그러하지 아니하다.

2) 제5조(국가공간정보위원회)

① 국가공간정보정책에 관한 사항을 심의·조정하기 위하여 국토교통부에 국가공간정보위원회(이하 "위원회"라 한다)를 둔다.
② 위원회는 다음 각 호의 사항을 심의한다.

1. 제6조에 따른 국가공간정보정책 기본계획의 수립·변경 및 집행실적의 평가
2. 제7조에 따른 국가공간정보정책 시행계획(제7조에 따른 기관별 국가공간정보정책 시행계획을 포함한다)의 수립·변경 및 집행실적의 평가
3. 공간정보의 활용 촉진, 유통 및 보호에 관한 사항
4. 국가공간정보체계의 중복투자 방지 등 투자 효율화에 관한 사항
5. 국가공간정보체계의 구축·관리 및 활용에 관한 주요 정책의 조정에 관한 사항
6. 그 밖에 국가공간정보정책 및 국가공간정보체계와 관련된 사항으로서 위원장이 회의에 부치는 사항

③ 위원회는 위원장을 포함하여 30인 이내의 위원으로 구성한다.
④ 위원장은 국토교통부장관이 되고, 위원은 다음 각 호의 자가 된다.

1. 국가공간정보체계를 관리하는 중앙행정기관의 차관급 공무원으로서 대통령령으로 정하는 자
2. 지방자치단체의 장(특별시·광역시·특별자치시·도·특별자치도의 경우에는 부시장 또는 부지사)으로서 위원장이 위촉하는 자 7인 이상
3. 공간정보체계에 관한 전문지식과 경험이 풍부한 민간전문가로서 위원장이 위촉하는 자 7인 이상

⑤ 제4항제2호 및 제3호에 해당하는 위원의 임기는 2년으로 한다. 다만, 위원의 사임 등으로 새로 위촉된 위원의 임기는 전임 위원의 남은 임기로 한다.

⑥ 위원회는 제2항에 따른 심의 사항을 전문적으로 검토하기 위하여 전문위원회를 둘 수 있다.

⑦ 그 밖에 위원회 및 전문위원회의 구성·운영 등에 관하여 필요한 사항은 대통령령으로 정한다.

문제 및 해설

1. 공간정보의 구축 및 관리 등에 관한 법률

01 공간정보의 구축 및 관리에 관한 법률의 제정 목적에 해당되지 않는 것은?

[2010년 기사 1회]

① 국토의 효율적 관리
② 국민의 소유권 보호
③ 해상 교통안전의 기여
④ 측량 및 수로조사의 기술 향상

해설

공간정보의 구축 및 관리에 관한 법률 제1조(목적)
이 법은 측량 및 수로조사의 기준 및 절차와 지적공부·부동산종합공부의 작성 및 관리 등에 관한 사항을 규정함으로써 국토의 효율적 관리와 해상교통의 안전 및 국민의 소유권 보호에 기여함을 목적으로 한다.

02 기본측량성과를 국외로 반출이 불가능한 경우는?

[2010년 기사 1회]

① 축척 5만분의 1 이상의 대축척의 지도를 반출하는 경우
② 관광객 유치를 목적으로 측량용 사진을 제작하여 반출하는 경우
③ 정부를 대표하여 국제회의 또는 국제기구에 참석자가 측량용 사진을 반출하는 경우
④ 축척 2만5천분의 1 지도로서 국가정보원장의 지원을 받아 보안성 검토를 거쳐서 반출 하는 경우

해설

공간정보의 구축 및 관리에 관한 법률 시행령 제16조(기본측량성과의 국외 반출)
아래의 경우 기본측량 성과를 국외로 반출할 수 있다.
① 대한민국 정부와 외국정부 간에 체결된 협정 또는 합의에 따라 기본측량성과를 상호 교환하는 경우
② 정부를 대표하여 외국정부와 교섭하거나 국제회의 또는 국제기구에 참석하는 자가 자료로 사용하기 위하여 지도나 그 밖에 필요한 간행물 (이하 "지도 등"이라 한다.) 또는 측량용 사진을 반출하는 경우
③ 관광객 유치와 관광시설 홍보를 목적으로 지도 등 또는 측량용 사진을 제작하여 반출하는 경우
④ 축척 5만분의 1 미만인 소축척의 지도(수치지형도는 제외한다. 이하 이 항에서 같다.)나 그 밖에 필요한 간행물을 국외로 반출하는 경우
⑤ 축척 2만5천분의 1 또는 5만분의 1 지도로서 「국가공간정보에 관한 법률시행령」 제 24조제3항에 따라 국가정보원장의 지원을 받아 보안성 검토를 거친 경우(등고선, 발전소, 가스관 등 국토교통부장관이 정하여 고시하는 시설 등이 표시되지 아니한 경우로 한정한다.)

Answer 01 ④ 02 ①

03 공간정보의 구축 및 관리에 관한 법률의 벌칙 중 3년 이하의 징역 또는 3,000만원 이하의 벌금에 처하는 경우는? [2010년 기사 1회]

① 속임수, 위력 등으로 측량업 또는 수로사업과 관련된 입찰의 공정성을 해친 자
② 성능검사를 부정하게 한 성능검사대행자
③ 측량기준점표지를 이전 또는 훼손하거나 그 효용을 해치는 행위를 한 자
④ 고의로 측량성과 또는 수로조사 성과를 사실과 다르게 한 자

해설
공간정보의 구축 및 관리에 관한 법률 제107조(벌칙)
측량업자나 수로사업자로서 속임수, 위력, 그밖의 방법으로 측량업 또는 수로사업과 관련된 입찰의 공정성을 해친 자는 3년 이하의 징역 또는 3천만원 이하의 벌금에 처한다.

04 공간정보의 구축 및 관리에 관한 법률상 용어의 정의로 옳은 것은? [2010년 기사 1회]

① 측량이라 함은 공간상에 존재하는 일정한 점들의 위치를 측정하고 그 특성을 조사하여 도면 및 수치로 표현하거나 현지에 재현하는 것을 말하며, 각종 건설 사업에서 요구되는 도면 작성 등은 제외된다.
② 지적측량이란 토지를 지적공부에 등록하거나 지적공부에 등록된 경계점을 지상에 복원하기 위하여 필지의 경계 또는 좌표와 면적을 정하는 측량을 말한다.
③ 공공측량은 지방자치단체 및 대통령이 정하는 기관만이 실시하는 측량을 말한다.
④ 측량성과는 측량에서 얻은 각종 기록과 최종 성과를 말한다.

해설
공간정보의 구축 및 관리에 관한 법률 제2조(정의)
① "측량"이란 공간상에 존재하는 일정한 점들의 위치를 측정하고 그 특성을 조사하여 도면 및 수치로 표현하거나 도면상의 위치를 현지에 재현하는 것을 말하며, 측량용 사진의 촬영, 지도의 제작 및 각종 건설사업에서 요구하는 도면작성 등을 포함한다.
② "공공측량"이란 아래의 측량을 말한다.
 ㉠ 국가, 지방자치단체, 그 밖에 대통령령으로 정하는 기관이 관계법령에 따른 사업 등을 시행하기 위하여 기본측량을 기초로 실시하는 측량
 ㉡ ㉠항목 외의 자가 시행하는 측량 중 공공의 이해 또는 안전과 밀접한 관련이 있는 측량으로서 대통령령으로 정하는 측량
③ "측량성과"란 측량을 통하여 얻은 최종 결과를 말한다.

05 각 좌표계에서의 직각좌표 TM(Transverse Mercator, 횡단 머케이터) 방법으로 표시할 때의 조건으로 옳지 않은 것은?
[2010년 기사 1회]

① X축은 좌표계 원점의 자북선에 일치하도록 한다.
② 진북방향을 정(+)으로 표시한다.
③ Y축은 X축에 직교하는 축으로 한다.
④ 진동방향을 정(+)으로 한다.

해설
공간정보의 구축 및 관리에 관한 법률 시행령 제7조(세계측지계 등)
각 좌표계에서의 직각좌표는 X축은 좌표계 원점의 자오선에 일치하여야 하고, 진북방향을 정(+)으로 표시하며, Y축은 X축에 직교하는 축으로서 진동방향을 정(+)으로, TM(Transverse Mercator, 횡단 머케이터) 방법으로 표시한다.

Answer 03 ① 04 ② 05 ①

06 일반측량업자가 할 수 있는 공공측량의 설계 한정금액은 얼마인가? [2010년 기사 1회]

① 1천만원 이하 ② 2천만원 이하
③ 3천만원 이하 ④ 5천만원 이하

해설

공간정보의 구축 및 관리에 관한 법률 시행령 제34조(측량업의 종류)
일반측량업의 업무내용은 다음과 같다.
공공측량(설계금액이 3천만원 이하인 경우로 한정한다.)으로서 토지 및 지형·지물에 대한 측량, 일반측량으로서 토지 및 지형·지물에 대한 측량, 설계에 수반되는 조사측량과 측량 관련 도면의 작성, 각종 인허가 관련 측량도면 및 설계도서의 작성

07 공공측량성과심사 수탁기관은 성과심사의 신청접수일로부터 통상적으로 며칠 이내에 심사결과를 통지해야 하는가?

[2010년 기사 1회]

① 10일 ② 20일
③ 30일 ④ 60일

해설

공간정보의 구축 및 관리에 관한 법률 시행규칙 제22조(공공측량성과의 심사)
측량성과 심사수탁기관은 성과심사의 신청을 받은 때에는 접수일부터 20일 이내에 심사를 하고 공공측량성과 심사결과서를 작성하여 국토지리정보원장 및 심사신청인에 통지하여야한다.

08 공공측량의 실시공고에 포함되어야 할 사항이 아닌 것은? [2010년 기사 1회]

① 측량의 종류 ② 측량의 목적
③ 측량의 규모 ④ 측량의 실시기간

해설

공간정보의 구축 및 관리에 관한 법률 시행령 제12조(측량의 실시공고)
공공측량의 실시공고에는 측량의 종류, 측량의 목적, 측량의 실시기간, 측량의 실시지역, 그 밖에 측량의 실시에 관하여 필요한 사항이 포함되어야 한다.

09 측량기준점에서 국가기준점에 해당되지 않는 점은? [2010년 기사 1회]

① 지자기점 ② 수로기준점
③ 지적기준점 ④ 통합기준점

해설

공간정보의 구축 및 관리에 관한 법률 시행령 제8조(측량기준점의 구분)
측량기준점은 다음과 같이 구분한다.
① **국가기준점** : 위성기준점, 수준점, 중력점, 통합기준점, 삼각점, 지자기점, 수로기준점, 영해기준점
② **공공기준점** : 공공삼각점, 공공수준점
③ **지적기준점** : 지적삼각점, 지적삼각보조점, 지적도근점

10 토털 스테이션에 대한 성능검사의 주기로 옳은 것은? [2010년 기사 1회]

① 1년 ② 3년에 2회
③ 5년에 2회 ④ 3년

해설

공간정보의 구축 및 관리에 관한 법률 시행령 제97조(성능검사의 대상 및 주기 등)
성능검사를 받아야 하는 측량기기와 검사주기는 다음과 같다.
트랜싯(데오돌라이트) 3년, 레벨 : 3년, 거리측정기 : 3년, 토털 스테이션 : 3년, GPS 수신기 : 3년, 금속관로 탐지기 : 3년

Answer 06 ③ 07 ② 08 ③ 09 ③ 10 ④

11 측량업종은 크게 측지측량업, 지적측량업, 그 밖에 항공촬영, 지도제작 등 대통령령으로 정하는 업종으로 구분할 수 있다. 다음 중 항공촬영, 지도제작 등 대통령령으로 정하는 업종에 해당되지 않는 것은?

[2010년 기사 1회]

① 일반 측량업 ② 수치지도제작업
③ 수로조사측량업 ④ 지하시설물측량업

해설
공간정보의 구축 및 관리에 관한 법률 시행령 제34조(측량업의 종류)
"항공촬영, 지도제작 등 대통령령으로 정하는 업종"은 공공측량업, 일반측량업, 연안조사측량업, 항공촬영업, 공간영상도화업, 영상처리업, 수치지도제작업, 지도제작업, 지하시설물측량업이다.

12 측량의 기준에 관한 설명 중 틀린 것은?

[2010년 기사 1회]

① 측량의 원점은 직각좌표의 원점과 수준원점으로 한다.
② 위치는 세계측지계에 따라 측정한 지리학적 경위도와 평균해수면으로부터의 높이로 표시한다.
③ 수로조사에서 간출지의 높이와 수심은 기본수준면을 기준으로 측량한다.
④ 세계측지계, 측량의 원점값의 결정 및 직각좌표의 기준 등에 필요한 사항은 대통령령으로 정한다.

해설
공간정보의 구축 및 관리에 관한 법률 제6조(측량기준)
측량의 원점은 대한민국 경위도원점 및 수준원점으로 한다. 다만, 섬 등 대통령령으로 정하는 지역에 대하여는 국토교통부장관이 따로 정하여 고시하는 원점을 사용할 수 있다.

13 국토교통부장관은 측량기본계획을 몇 년마다 수립하여야 하는가? [2010년 기사 1회]

① 3년 ② 5년
③ 7년 ④ 10년

해설
공간정보의 구축 및 관리에 관한 법률 제5조(측량 기본계획 및 시행계획)
국토교통부장관은 측량 기본 계획을 5년마다 수립하여야 한다.

14 일반 측량을 시행하는 데 기초로 할 수 없는 자료는? [2010년 기사 1회]

① 기본측량성과 ② 일반측량성과
③ 공공측량성과 ④ 공공측량기록

해설
공간정보의 구축 및 관리에 관한 법률 제22조(일반측량의 실시 등)
일반측량은 기본측량성과 및 그 측량기록, 공공측량성과 및 그 측량기록을 기초로 실시하여야 한다.

15 지명 및 해양지명의 제정, 변경사항을 심의 의결하여 결정하는 위원회는?

[2010년 기사 1회]

① 토지수용위원회 ② 국가지명위원회
③ 중앙지적위원회 ④ 지명변경위원회

해설
공간정보의 구축 및 관리에 관한 법률 제91조(지명의 결정)
지명 및 해양지명의 제정, 변경과 그 밖에 지명 및 해양지명에 관한 중요 사항을 심의·의결하기 위하여 국토교통부에 국가지명위원회를 두고, 시·도에 시·도 지명위원회를 두며, 시·군 또는 구에 시·군·구 지명위원회를 둔다.

Answer 11 ③ 12 ① 13 ② 14 ② 15 ②

16 기본측량의 실시공고는 해당 시·도 또는 특별자치도의 게시판 및 인터넷 홈페이지에 최소 며칠 이상 게시하여야 하는가?
[2010년 기사 1회]

① 3일 ② 7일
③ 15일 ④ 30일

[해설]
공간정보의 구축 및 관리에 관한 법률 시행령 제12조(측량의 실시공고)
기본측량의 실시공고와 공공측량의 실시공고는 전국을 보급지역으로 하는 일간신문에 1회 이상 게재하거나 해당특별시·광역시·도 또는 특별자치도의 게시판 및 인터넷 홈페이지에 7일 이상 게시하는 방법으로 하여야 한다.

17 측량업의 등록 시 특급기술자가 1명 이상 필요한 측량업은?
[2010년 기사 1회]

① 공공측량업 ② 측지측량업
③ 공공영상도화업 ④ 안조사측량업

[해설]
공간정보의 구축 및 관리에 관한 법률 시행령 제36조(측량업의 등록기준)
특급기술자가 1명 이상 필요한 측량업은 측지측량업과 항공촬영업, 지적측량업이다.

18 지리학적 경위도, 직각좌표, 지구중심 직교좌표, 높이 및 중력 측정의 기준으로 사용하기 위하여 위성기준점, 수준점 및 중력점을 기초로 정한 기준점은?
[2010년 기사 1회]

① 삼각점
② 경위도원점
③ 통합기준점
④ 지자기점

[해설]
공간정보의 구축 및 관리에 관한 법률 시행령 제8조(측량기준점의 구분)
통합기준점은 지리학적 경위도, 직각좌표, 지구중심 직교좌표, 높이 및 중력 측정의 기분으로 사용하기 위하여 위성기준점, 수준점 및 중력점을 기초로 정한 기준점이다.

19 공공측량 실시에 대한 설명 중 옳지 않은 것은?
[2010년 기사 2회]

① 공공측량은 기본측량성과나 다른 공공측량성과를 기초로 실시하여야 한다.
② 공공측량시행자는 공공측량을 하려면 미리 공공측량 작업계획서를 제출하여야 한다.
③ 국토관리청장은 공공측량의 정확도를 높이거나 측량의 중복을 피하기 위하여 필요하다고 인정하면 공공측량 시행자에게 공공측량에 관한 장기 계획서 또는 연간계획서의 제출을 요구할 수 있다.
④ 공공측량시행자는 공공측량을 하려면 미리 측량지역, 측량기간, 그 밖에 필요한 사항을 시·도지사에게 통지하여야 한다.

[해설]
공간정보의 구축 및 관리에 관한 법률 제17조(공공측량실시 등)
① 공공측량은 기본측량성과나 다른 공공측량성과를 기초로 실시하여야 한다.
② 공공측량의 시행을 하는 자(이하 "공공측량시행자"라 한다)가 공공측량을 하려면 국토교통부령으로 정하는 바에 따라 미리 공공측량 작업계획서를 국토교통부장관에게 제출하여야 한다. 제출한 공공측량 작업계획서를 변경한 경우에는 변경한 작업계획서를 제출하여야 한다.
③ 국토교통부장관은 공공측량의 정확도를 높이거나 측량의 중복을 피하기 위하여 필요하다고 인정하면 공공측량시행자에게 공공측량에 관한 장기계획서 또는 연간계획서의 제출을 요구할 수 있다.

Answer 16 ② 17 ② 18 ③ 19 ③

④ 국토교통부장관은 제2항 또는 제3항에 따라 제출된 계획서의 타당성을 검토하여 그 결과를 공공측량시행자에게 통지하여야 한다. 이 경우 공공측량시행자는 특별한 사유가 없으면 그 결과에 따라야 한다.
⑤ 공공측량시행자는 공공측량을 하려면 미리 측량지역, 측량기간, 그 밖에 필요한 사항을 시·도지사에게 통지하여야 한다. 그 공공측량을 끝낸 경우에도 또한 같다.
⑥ 시·도지사는 공공측량을 하거나 제5항에 따른 통지를 받았으면 지체없이 시장·군수 또는 구청장에게 그 사실을 통지하고(특별자치도지사의 경우는 제외한다) 대통령령으로 정하는 바에 따라 공고하여야 한다.

20 국토교통부장관은 측량기본계획을 몇 년마다 수립하여야 하는가? [2010년 기사 2회]

① 5년   ② 4년
③ 3년   ④ 2년

해설
공간정보의 구축 및 관리에 관한 법률 제5조
(측량기본계획 및 시행계획)
① 국토교통부장관은 다음 각 호의 사항(수로조사에 관한 사항은 제외한다)이 포함된 측량기본계획을 5년마다 수립하여야 한다.
 1. 측량에 관한 기본 구상 및 추진 전략
 2. 측량의 국내외 환경 분석 및 기술연구
 3. 측량산업 및 기술인력 육성 방안
 4. 그 밖에 측량 발전을 위하여 필요한 사항
② 국토교통부장관은 제1항에 따른 측량기본계획에 따라 연도별 시행계획을 수립·시행하여야 한다.

21 공간정보의 구축 및 관리에 관한 법률에서 사용하는 용어의 정의로 옳지 않은 것은?
[2010년 기사 2회]

① 기본측량이란 모든 측량의 기초가 되는 공간정보를 제공하기 위하여 대통령이 실시하는 측량을 말한다.

② 측량성과란 측량을 통하여 얻은 최종 결과를 말한다.
③ 일반측량이란 기본측량, 공공측량, 지적측량 및 수로측량 외의 측량을 말한다.
④ 측량기록이란 측량성과를 얻을 때까지의 측량에 관한 작업의 기록을 말한다.

해설
공간정보의 구축 및 관리에 관한 법률 제2조(정의)
1. "기본측량"이란 모든 측량의 기초가 되는 공간정보를 제공하기 위하여 국토교통부장관이 실시하는 측량을 말한다.
2. "측량성과"란 측량을 통하여 얻은 최종 결과를 말한다.
3. "일반측량"이란 기본측량, 공공측량, 지적측량 및 수로측량 외의 측량을 말한다.
4. "측량기록"이란 측량성과를 얻을 때까지의 측량에 관한 작업의 기록을 말한다.

22 공공측량의 실시공고에 포함되어야 할 사항이 아닌 것은? [2010년 기사 2회]

① 측량의 종류
② 측량의 목적
③ 측량의 규모(면적 또는 지도의 장수)
④ 측량의 실시기간

해설
공간정보의 구축 및 관리에 관한 법률 시행령 제12조 (측량의 실시공고)
② 제1항에 따른 공고에는 다음 각 호의 사항이 포함되어야 한다.
 1. 측량의 종류
 2. 측량의 목적
 3. 측량의 실시기간
 4. 측량의 실시지역
 5. 그 밖에 측량의 실시에 관하여 필요한 사항

Answer 20 ① 21 ① 22 ③

23 우리나라 측량의 기준에 대한 설명 중 옳지 않은 것은? [2010년 기사 2회]

① 위치는 세계측지계에 따라 측정한 지리학적 경위도와 높이(평균해수면으로부터의 높이)로 표시한다.
② 위치는 지도 제작 등을 위하여 필요한 경우 직각좌표와 높이, 극좌표와 높이, 지구중심 직교좌표 및 그 밖의 다른 좌표로 표시할 수 있다.
③ 측량의 원점은 대한민국 경위도원점 및 수준원점으로 한다.
④ 해안선은 해수면이 약최저저조면에 이르렀을 때의 육지와 해수면과의 경계로 표시한다.

> **해설**
> 공간정보의 구축 및 관리에 관한 법률 제6조 (측량기준)
> 4. 해안선은 해수면이 약최고고조면(약최고고조면 : 일정 기간 조석을 관측하여 분석한 결과 가장 높은 해수면)에 이르렀을 때의 육지와 해수면과의 경계로 표시한다.

24 공공측량성과 심사 시 측량성과 심사수탁기관이 심사결과의 통지기간을 10일 범위에서 연장할 수 있는 경우로 옳지 않은 것은? [2010년 기사 2회]

① 성과심사 대상지역의 측량성과가 오차가 많을 때
② 성과심사 대상지역의 기상악화 및 천재지변 등으로 심사가 곤란할 때
③ 지상현황측량, 수치지도 및 수치표고자료 등의 성과심사량이 면적 10제곱킬로미터 이상 또는 노선 길이 600 킬로미터 이상일 때
④ 지하시설물도 및 수심측량의 심사량이 200킬로미터 이상일 때

> **해설**
> 공간정보의 구축 및 관리에 관한 법률 시행규칙 제22조(공공측량성과의 심사)
> ③ 측량성과 심사수탁기관은 제1항에 따라 성과심사의 신청을 받은 때에는 접수일부터 20일 이내에 심사를 하고 별지 제14호서식의 공공측량성과 심사결과서를 작성하여 국토지리정보원장 및 심사신청인에 통지하여야 한다. 다만, 다음 각 호의 어느 하나에 해당하는 경우에는 심사결과의 통지기간을 10일의 범위에서 연장할 수 있다.
>   1. 성과심사 대상지역의 기상악화 및 천재지변 등으로 심사가 곤란할 때
>   2. 지상현황측량, 수치지도 및 수치표고자료 등의 성과심사량이 면적 10제곱킬로미터 이상 또는 노선 길이 600킬로미터 이상일 때
>   3. 지하시설물도 및 수심측량의 심사량이 200킬로미터 이상일 때
> ④ 공공측량의 성과심사에 필요한 세부기준은 국토지리정보원장이 정하여 고시한다.

25 측량업의 등록을 반드시 취소하여야 하는 사항으로 옳지 않은 것은? [2010년 기사 2회]

① 영업정지기간 중에 계속하여 영업을 한 경우
② 거짓이나 그 밖의 부정한 방법으로 측량업의 등록을 한 경우
③ 정당한 사유없이 측량업의 등록을 한 날부터 1년 이내에 영업을 시작하지 아니하거나 계속하여 1년 이상 휴업한 경우
④ 다른 사람에게 자기의 측량업등록증 또는 측량업등록수첩을 빌려 주거나, 자기의 성명 또는 상호를 사용하여 측량업무를 하게 한 경우

> **해설**
> 공간정보의 구축 및 관리에 관한 법률 제52조 (측량업의 등록취소 등)
> ① 국토교통부장관 또는 시·도지사는 측량업자가 다음 각 호의 어느 하나에 해당하는 경우에는 측량업의 등록을 취소하거나 1년 이내의 기간을 정하여 영업의 정지를 명할 수 있다. 다만, 제2호·제4호·제7

Answer 23 ④ 24 ① 25 ③

호·제8호 또는 제11호에 해당하는 경우에는 측량업의 등록을 취소하여야 한다.
1. 고의 또는 과실로 측량을 부정확하게 한 경우
2. 거짓이나 그 밖의 부정한 방법으로 측량업의 등록을 한 경우
3. 정당한 사유없이 측량업의 등록을 한 날부터 1년 이내에 영업을 시작하지 아니하거나 계속하여 1년 이상 휴업한 경우
4. 제44조제2항에 따른 등록기준에 미달하게 된 경우. 다만, 일시적으로 등록기준에 미달되는 등 대통령령으로 정하는 경우는 제외한다.
5. 제44조제4항을 위반하여 측량업 등록사항의 변경신고를 하지 아니한 경우
6. 지적측량업자가 제45조에 따른 업무 범위를 위반하여 지적측량을 한 경우
7. 제47조 각 호의 어느 하나에 해당하게 된 경우
8. 제49조제1항을 위반하여 다른 사람에게 자기의 측량업등록증 또는 측량업등록수첩을 빌려 주거나 자기의 성명 또는 상호를 사용하여 측량업무를 하게 한 경우
9. 지적측량업자가 제50조를 위반한 경우
10. 제51조를 위반하여 보험가입 등 필요한 조치를 하지 아니한 경우
11. 영업정지기간 중에 계속하여 영업을 한 경우
12. 지적측량업자가 제106조제2항에 따른 지적측량 수수료를 같은 조 제3항에 따라 고시한 금액보다 과다 또는 과소하게 받은 경우
13. 다른 행정기관이 관계 법령에 따라 등록취소 또는 영업정지를 요구한 경우

26 측량업의 종류에 해당하지 않는 것은?

[2010년 기사 2회]

① 기본측량업　　② 공공측량업
③ 연안조사측량업　④ 지적측량업

해설
공간정보의 구축 및 관리에 관한 법률 시행령 제34조(측량업의 종류)
측지측량업, 공공측량업, 일반측량업, 연안조사측량업, 항공촬영업, 공간영상도화업, 영상처리업, 수치지도제작업, 지도제작업, 지하시설물측량업, 지적측량업

27 측량업 등록의 결격 사유가 아닌 것은?

[2010년 기사 2회]

① 파산선고를 받고 복권되지 아니한 자
② 피성년후견인 및 피한정후견인
③ 『국가보안법』 또는 『형법』 제87조부터 제104조까지의 규정을 위반하여 금고 이상의 실형을 선고받고 그 집행이 끝나거나 집행이 면제된 날부터 2년이 지나지 아니한 자
④ 거짓이나 그 밖의 부정한 방법으로 측량업의 등록을 하여 측량업의 등록이 취소된 후 2년이 지나지 아니한 자

해설
공간정보의 구축 및 관리에 관한 법률 제47조 (측량업등록의 결격사유)
1. 피성년후견인 및 피한정후견인
2. 이 법이나 「국가보안법」 또는 「형법」 제87조부터 제104조까지의 규정을 위반하여 금고 이상의 실형을 선고받고 그 집행이 끝나거나(집행이 끝난 것으로 보는 경우를 포함한다) 집행이 면제된 날부터 2년이 지나지 아니한 자
3. 이 법이나 「국가보안법」 또는 「형법」 제87조부터 제104조까지의 규정을 위반하여 금고 이상의 형의 집행유예를 선고받고 그 집행유예기간 중에 있는 자
4. 제52조에 따라 측량업의 등록이 취소된 후 2년이 지나지 아니한 자
5. 임원 중에 제1호부터 제4호까지의 어느 하나에 해당하는 자가 있는 법인

28 측량성과 심사수탁기관이 행하는 지도 등의 심사 사항이 아닌 것은? [2010년 기사 2회]

① 도곽설정, 축척 및 투영
② 측량업용 시설 및 장비
③ 난외(欄外) 표시
④ 주기 및 기호 표시

Answer 26 ① 27 ① 28 ②

해설
공간정보의 구축 및 관리에 관한 법률 시행규칙 제18조(지도 등의 심사사항)
① 법 제15조제3항에 따라 측량성과 심사수탁기관이 지도 등의 심사를 할 때에는 다음 각 호의 사항이 적정한지에 관하여 심사한다.
1. 도곽설정·축척 및 투영
2. 지형·물 및 지명의 표시
3. 주기(注記) 및 기호 표시
4. 난외(欄外) 표시
5. 표준작업방법
6. 그 밖의 표시사항
② 제1항에 따른 심사사항에 대한 세부 기준 등 지도 등의 심사에 필요한 사항은 국토지리정보원장이 정하여 고시한다.

29 기본측량의 실시공고는 누가 하는가?
[2010년 기사 2회]

① 국토교통부장관 ② 행정안전부장관
③ 시·도지사   ④ 국토지리정보원장

해설
공간정보의 구축 및 관리에 관한 법률 제12조(기본측량의 실시 등)
① 국토교통부장관은 기본측량을 하려면 미리 측량지역, 측량기간, 그 밖에 필요한 사항을 시·도지사에게 통지하여야 한다. 그 기본측량을 끝낸 경우에도 같다.
② 시·도지사는 제1항에 따른 통지를 받았으면 지체없이 시장·군수 또는 구청장에게 그 사실을 통지(특별자치도지사의 경우는 제외한다)하고 대통령령으로 정하는 바에 따라 공고하여야 한다.
③ 기본측량의 방법 및 절차 등에 필요한 사항은 국토교통부령으로 정한다.

30 공공측량성과 또는 기록을 복제하거나 사본을 발급 받으려면 누구에게 신청하여야 하는가?
[2010년 기사 2회]

① 공공측량시행자   ② 대한측량협회장
③ 국토지방관리청장 ④ 국립해양조사원장

해설
공간정보의 구축 및 관리에 관한 법률 제19조(공공측량성과의 보관 및 열람 등)
① 국토교통부장관 및 공공측량시행자는 공공측량성과 및 공공측량기록 또는 그 사본을 보관하고 일반인이 열람할 수 있도록 하여야 한다. 다만, 공공측량시행자가 공공측량성과 및 공공측량기록을 보관할 수 없는 경우에는 그 공공측량성과 및 공공측량기록을 국토교통부장관에게 송부하여 보관하게 함으로써 일반인이 열람할 수 있도록 하여야 한다.
② 공공측량성과 또는 공공측량기록을 복제하거나 그 사본을 발급받으려는 자는 국토교통부령으로 정하는 바에 따라 국토교통부장관이나 공공측량시행자에게 그 복제 또는 발급을 신청하여야 한다.
③ 국토교통부장관이나 공공측량시행자는 제2항에 따른 신청내용이 제14조제3항 각 호의 어느 하나에 해당하는 경우에는 공공측량성과나 공공측량기록을 복제하게 하거나 그 사본을 발급할 수 없다.

31 측량기준점을 크게 3가지로 구분할 때에 이에 속하지 않는 것은?
[2010년 기사 2회]

① 국가기준점 ② 지적기준점
③ 공공기준점 ④ 수로기준점

해설
공간정보의 구축 및 관리에 관한 법률 제7조(측량기준점)
① 측량기준점은 다음 각 호의 구분에 따른다.
1. 국가기준점: 측량의 정확도를 확보하고 효율성을 높이기 위하여 국토교통부장관이 전 국토를 대상으로 주요 지점마다 정한 측량의 기본이 되는 측량기준점
2. 공공기준점: 제17조제2항에 따른 공공측량시행자가 공공측량을 정확하고 효율적으로 시행하기 위하여 국가기준점을 기준으로 하여 따로 정하는 측량기준점
3. 지적기준점: 특별시장·광역시장·도지사 또는 특별자치도지사(이하 "시·도지사"라 한다)나 지적소관청이 지적측량을 정확하고 효율적으로 시행하기 위하여 국가기준점을 기준으로 하여 따로 정하는 측량기준점

Answer 29 ③ 30 ① 31 ④

② 제1항에 따른 측량기준점의 구분에 관한 세부사항은 대통령령으로 정한다.

32 지도의 정의에 포함되는 수치주제도의 종류가 아닌 것은? [2010년 기사 2회]

① 지하시설물도 ② 토양도
③ 재해지도   ④ 통계지도

[해설]
공간정보의 구축 및 관리에 관한 법률 시행령 제4조(수치주제도의 종류)
법 제2조제10호에 따른 수치주제도(數値主題圖)의 종류는 별표 1과 같다.
토지이용현황도, 지하시설물도, 도시계획도, 국토이용계획도, 토지적성도, 도로망도, 지하수맥도, 하천현황도, 수계도, 산림이용기본도, 자연공원현황도, 생태자연도, 지질도, 토양도, 임상도, 토지피복도, 식생도, 관광지도, 풍수재해보험관리지도, 재해지도

33 기본측량의 실시공고는 해당 특별시·광역시·도 또는 특별자치도의 게시판 및 인터넷 홈페이지에 며칠 이상 게시하여야 하는가? [2010년 기사 2회]

① 30일 ② 21일
③ 14일 ④ 7일

[해설]
공간정보의 구축 및 관리에 관한 법률 시행령 제12조(측량의 실시공고)
① 법 제12조제2항에 따른 기본측량의 실시공고와 법 제17조제6항에 따른 공공측량의 실시공고는 전국을 보급지역으로 하는 일간신문에 1회 이상 게재하거나 해당 특별시·광역시·도 또는 특별자치도(이하 "시·도"라 한다)의 게시판 및 인터넷 홈페이지에 7일 이상 게시하는 방법으로 하여야 한다.
② 제1항에 따른 공고에는 다음 각 호의 사항이 포함되어야 한다.

1. 측량의 종류
2. 측량의 목적
3. 측량의 실시기간
4. 측량의 실시지역
5. 그 밖에 측량의 실시에 관하여 필요한 사항

34 측량기기인 토털 스테이션(Total Station)과 지피에스(GPS) 수신기의 성능검사 주기는 몇 년인가? [2010년 기사 2회]

① 1년 ② 2년
③ 3년 ④ 5년

[해설]
공간정보의 구축 및 관리에 관한 법률 시행령 제97조 (성능검사의 대상 및 주기 등)
① 법 제92조제1항에 따라 성능검사를 받아야 하는 측량기기와 검사주기는 다음 각 호와 같다.
 1. 트랜싯(데오돌라이트) : 3년
 2. 레벨 : 3년
 3. 거리측정기 : 3년
 4. 토털 스테이션 : 3년
 5. 지피에스(GPS) 수신기 : 3년
 6. 금속관로 탐지기 : 3년
② 제1항에 따른 성능검사 주기는 최초의 성능검사를 받아야 하는 날의 다음날부터 기산(起算)하고, 이후에는 검사유효기간 만료일 전 31일 이내에 성능검사를 받아야 한다.

35 시·도 지명위원회는 지명을 심의, 결정한 사항을 최대 며칠 이내에 국가지명위원회에 보고하여야 하는가? [2010년 기사 2회]

① 7일 이내
② 10일 이내
③ 15일 이내
④ 30일 이내

Answer 32 ④ 33 ④ 34 ③ 35 ③

> [해설]
>
> 공간정보의 구축 및 관리에 관한 법률 시행령 제95조(보고)
> 법 제91조제3항에 따른 보고는 국토교통부령으로 정하는 바에 따라 심의·결정한 날부터 15일 이내에 하여야 한다.

36 일반측량성과 및 일반측량기록 사본의 제출을 요구할 수 있는 경우의 목적에 해당되지 않는 것은? [2010년 기사 3회]

① 측량의 기술 개발
② 측량의 정확도 확보
③ 측량의 중복 배제
④ 측량에 관한 자료의 수집·분석

> [해설]
>
> 공간정보의 구축 및 관리에 관한 법률 제22조 (일반측량의 실시 등)
> ① 일반측량은 기본측량성과 및 그 측량기록, 공공측량성과 및 그 측량기록을 기초로 실시하여야 한다.
> ② 국토교통부장관은 다음 각 호의 어느 하나에 해당하는 목적을 위하여 필요하다고 인정되는 경우에는 일반측량을 한 자에게 그 측량성과 및 측량기록의 사본을 제출하게 할 수 있다.
>   1. 측량의 정확도 확보
>   2. 측량의 중복 배제
>   3. 측량에 관한 자료의 수집·분석

37 공간정보의 구축 및 관리에 관한 법률 제정의 목적과 관련이 없는 것은? [2010년 기사 3회]

① 측량 및 수로조사의 기준 및 절차와 지적공부의 작성 및 관리 등에 관한 사항을 규정
② 국민의 소유권 보호에 기여하기 위하여
③ 국토의 효율적인 관리와 해상교통의 안전을 위하여
④ 측량업자의 권익 향상

> [해설]
>
> 공간정보의 구축 및 관리에 관한 법률 제1조(목적)
> 이 법은 측량 및 수로조사의 기준 및 절차와 지적공부(地籍公簿)·부동산종합공부의 작성 및 관리 등에 관한 사항을 규정함으로써 국토의 효율적 관리와 해상교통의 안전 및 국민의 소유권 보호에 기여함을 목적으로 한다.

38 우리나라 기준점에 대한 설명으로 옳지 않은 것은? [2010년 기사 3회]

① 대한민국 수준원점은 인천광역시에 있다.
② 대한민국 경위도원점의 높이는 26.6871m이다.
③ 대한민국 경위도원점은 서울특별시에 있다.
④ 대한민국 경위도원점은 경도, 위도, 원방위각의 값으로 나타낸다.

> [해설]
>
> 공간정보의 구축 및 관리에 관한 법률 시행령 제7조 (세계측지계 등) ② 법 제6조제1항에 따른 대한민국 경위도원점(經緯度原點) 및 수준원점(水準原點)의 지점과 그 수치는 다음 각 호와 같다.
>
> 1. 대한민국 경위도원점
>   가. 지점 : 경기도 수원시 영통구 원천동 111번지(국토지리정보원에 있는 대한민국 경위도원점 금속표의 십자선 교점)
>   나. 수치
>   1) 경도 : 동경 127도 03분 14.8913초
>   2) 위도 : 북위 37도 16분 33.3659초
>   3) 원방위각 : 165°03′44.538″(원점으로부터 진북을 기준으로 오른쪽 방향으로 측정한 우주측지관측센터에 있는 위성기준점 안테나 참조점 중앙)
>
> 2. 대한민국 수준원점
>   가. 지점 : 인천광역시 남구 용현동 253번지(인하공업전문대학에 있는 원점표석 수정판의 0 눈금선 중앙점)
>   나. 수치 : 인천만 평균해수면의 높이로부터 26.6871미터 높이

Answer 36 ① 37 ④ 38 ③

39 기본측량성과의 검증을 위해 검증을 의뢰 받은 기본측량성과 검증기관은 며칠 이내에 검증 결과를 국토지리정보원장에게 제출하여야 하는가? [2010년 기사 3회]

① 10일 ② 20일
③ 30일 ④ 60일

해설
공간정보의 구축 및 관리에 관한 법률 시행규칙 제11조(기본측량성과의 검증)
① 법 제13조 제2항에 따라 국토지리정보원장이 기본측량성과 검증기관에 기본측량성과의 검증을 의뢰하는 경우에는 검증에 필요한 관련 자료를 제공하여야 한다.
② 제1항에 따라 검증을 의뢰받은 기본측량성과 검증기관은 30일 이내에 검증 결과를 국토지리정보원장에게 제출하여야 한다.
③ 기본측량성과의 검증절차, 검증방법 및 검증비용 등에 관한 사항은 국토지리정보원장이 정하여 고시한다.

40 공공측량시행자는 공공측량성과를 얻은 경우에는 지체없이 그 사본을 누구에게 제출하여야 하는가? [2010년 기사 3회]

① 국토교통부장관
② 시·도지사
③ 행정안전부장관
④ 측량협회장

해설
공간정보의 구축 및 관리에 관한 법률 제18조(공공측량성과의 심사)
① 공공측량시행자는 공공측량성과를 얻은 경우에는 지체없이 그 사본을 국토교통부장관에게 제출하여야 한다.

41 지명을 심의·의결하여 결정하는 곳은? [2010년 기사 3회]

① 토지수용위원회 ② 국가지명위원회
③ 중앙지적위원회 ④ 지명변경위원회

해설
공간정보의 구축 및 관리에 관한 법률 제91조(지명의 결정)
① 지명 및 해양지명의 제정, 변경과 그 밖에 지명 및 해양지명에 관한 중요사항을 심의·의결하기 위하여 국토교통부에 국가지명위원회를 두고, 시·도에 시·도 지명위원회를 두며, 시·군 또는 구(자치구를 말한다. 이하 같다)에 시·군·구 지명위원회를 둔다.
② 지명은 「지방자치법」이나 그 밖의 다른 법령에서 정한 것 외에는 국가지명위원회의 심의·의결로 결정하고 국토교통부장관이 그 결정 내용을 고시하여야 한다.

42 GPS 수신기에 대한 측량기기 성능기준에 대한 설명으로 옳지 않은 것은? [2010년 기사 3회]

① 1급 수신기의 주파수 수신대역수는 2주파, 측정거리는 10km 이상이다.
② 1급 수신기는 10km 이상의 측정거리에서 5mm ±1ppm·D의 정밀도를 가져야 한다.
③ 2급 수신기는 10km 이하의 측정거리에서 5mm ±2ppm·D의 정밀도를 가져야 한다.
④ 2급 수신기의 주파수 수신대역수는 2주파, 측정거리는 10km 이하이다.

해설
공간정보의 구축 및 관리에 관한 법률 시행규칙 제102조(성능기준)

		항목			
	등급	수신대역수	측정거리	정밀도	정밀도 : 기선의 표준편차
GPS 수신기	1급	2주파	10킬로미터 이상	5밀리미터 ±1ppm·D	
	2급	1주파	10킬로미터 이하	5밀리미터 ±2ppm·D	

Answer 39 ③ 40 ① 41 ② 42 ④

43 측량업의 종류로 옳지 않은 것은?
[2010년 기사 3회]

① 지하시설물측량업 ② 공간영상도화업
③ 연안조사측량업   ④ 영상지도제작업

> **해설**
>
> 공간정보의 구축 및 관리에 관한 법률 시행규칙 제34조(측량업의 종류) ① 법 제44조제1항제3호에 따른 "항공촬영, 지도제작 등 대통령령으로 정하는 업종"이란 다음 각 호와 같다.
> 1. 측지측량업
> 2. 공공측량업
> 3. 일반측량업
> 4. 연안조사측량업
> 5. 항공촬영업
> 6. 공간영상도화업
> 7. 영상처리업
> 8. 수치지도제작업
> 9. 지도제작업
> 10. 지하시설물측량업
> 11. 지적측량업

44 공공측량에 관한 설명으로 옳지 않은 것은?
[2010년 기사 3회]

① 선행된 공공측량의 성과를 기초로 측량을 실시할 수 있다.
② 선행된 기본측량의 성과를 기초로 측량을 실시할 수 있다.
③ 공공측량의 측량성과를 교부받고자 하는 자는 국토지리 정보원장에게만 신청할 수 있다.
④ 공공측량시행자는 공공측량을 하려면 미리 측량지역, 측량기간, 그 밖에 필요한 사항을 시·도지사에게 통지하여야 한다.

> **해설**
>
> 공간정보의 구축 및 관리에 관한 법률 제17조(공공측량의 실시 등)
> ① 공공측량은 기본측량성과나 다른 공공측량성과를 기초로 실시하여야 한다.

45 "측량기록"의 법적인 용어 정의로 옳은 것은?
[2010년 기사 3회]

① 측량을 통하여 얻은 최종 결과
② 측량기본계획 수립의 작업 기록
③ 측량성과를 얻을 때까지의 측량에 관한 작업의 기록
④ 측량 외업에서의 작업 기록

> **해설**
>
> 공간정보의 구축 및 관리에 관한 법률 제2조(정의)
> 이 법에서 사용하는 용어의 뜻은 다음과 같다.
> 9. "측량기록"이란 측량성과를 얻을 때까지의 측량에 관한 작업의 기록을 말한다.

46 기본측량의 실시공고는 해당 특별시·광역시·도 또는 특별자치도의 게시판 및 인터넷 홈페이지에 며칠 이상 게시하여야 하는가?
[2010년 기사 3회]

① 3일   ② 7일
③ 15일   ④ 30일

> **해설**
>
> 공간정보의 구축 및 관리에 관한 법률 시행령 제12조(측량의 실시공고)
> ① 법 제2조제2항에 따른 기본측량의 실시공고와 법 제17조제6항에 따른 공공측량의 실시공고는 전국을 보급지역으로 하는 일간신문에 1회 이상 게재하거나 해당 특별시·광역시·도 또는 특별자치도(이하 "시·도"라 한다)의 게시판 및 인터넷 홈페이지에 7일 이상 게시하는 방법으로 하여야 한다.

Answer 43 ④ 44 ③ 45 ③ 46 ②

47 공간정보의 구축 및 관리에 관한 법률상의 용어 정의로 옳지 않은 것은?

[2010년 기사 3회]

① 일반측량이란 기본측량 및 공공측량에서 제외된 측량을 말한다.
② 수로측량이란 해양의 수심·지구자기·중력·지형·지질의 측량과 해안선 및 이에 딸린 토지의 측량을 말한다.
③ 지적측량이란 토지를 지적공부에 등록하거나 지적공부에 등록된 경계점을 지상에 복원하기 위하여 필지의 경계 또는 좌표와 면적을 정하는 측량을 말한다.
④ 기본측량이란 모든 측량의 기초가 되는 공간정보를 제공하기 위하여 국토교통부장관이 실시하는 측량을 말한다.

해설
공간정보의 구축 및 관리에 관한 법률 제2조(정의)
이 법에서 사용하는 용어의 뜻은 다음과 같다.
2. "기본측량"이란 모든 측량의 기초가 되는 공간정보를 제공하기 위하여 국토교통부장관이 실시하는 측량을 말한다.
4. "지적측량"이란 토지를 지적공부에 등록하거나 지적공부에 등록된 경계점을 지상에 복원하기 위하여 제21호에 따른 필지의 경계 또는 좌표와 면적을 정하는 측량을 말한다.
5. "수로측량"이란 해양의 수심·지구자기(地球磁氣)·중력·지형·지질의 측량과 해안선 및 이에 딸린 토지의 측량을 말한다.
6. "일반측량"이란 기본측량, 공공측량, 지적측량 및 수로측량 외의 측량을 말한다.

48 기본측량성과 및 공공 측량성과의 고시에 필수적 사항이 아닌 것은? [2010년 기사 3회]

① 측량성과의 보관 장소
② 설치한 측량기준점의 수
③ 측량실시의 시기 및 지역
④ 측량실시의 기관 및 측량자

해설
공간정보의 구축 및 관리에 관한 법률 시행령 제13조(측량성과의 고시)
① 법 제13조제1항에 따른 기본측량성과의 고시와 법 제18조제4항에 따른 공공측량성과의 고시는 최종성과를 얻은 날부터 30일 이내에 하여야 한다.
② 제1항에 따른 측량성과의 고시에는 다음 각 호의 사항이 포함되어야 한다.
1. 측량의 종류
2. 측량의 정확도
3. 설치한 측량기준점의 수
4. 측량의 규모(면적 또는 지도의 장수)
5. 측량실시의 시기 및 지역
6. 측량성과의 보관 장소
7. 그 밖에 필요한 사항

49 공공측량에 관한 공공측량 작업계획서를 작성하여야 하는 자는? [2010년 기사 3회]

① 측량협회   ② 공공측량시행자
③ 측량업자   ④ 국토지리정보원장

해설
공간정보의 구축 및 관리에 관한 법률 제17조(공공측량의 실시 등)
① 공공측량은 기본측량성과나 다른 공공측량성과를 기초로 실시하여야 한다.
② 공공측량의 시행을 하는 자(이하 "공공측량시행자"라 한다)가 공공측량을 하려면 국토교통부령으로 정하는 바에 따라 미리 공공측량 작업계획서를 국토교통부장관에게 제출하여야 한다. 제출한 공공측량 작업계획서를 변경한 경우에는 변경한 작업계획서를 제출하여야 한다.

Answer 47 ① 48 ④ 49 ②

50 측량기준점표지를 이전 또는 파손하거나 그 효용을 해치는 행위를 한자에 대한 벌칙은?
[2010년 기사 3회]

① 1년 이하의 징역 또는 1천만원 이하의 벌금
② 2년 이하의 징역 또는 2천만원 이하의 벌금
③ 3년 이하의 징역 또는 3천만원 이하의 벌금
④ 300만원 이하의 과태료

해설

공간정보의 구축 및 관리에 관한 법률 제108조 (벌칙)
다음 각 호의 어느 하나에 해당하는 자는 2년 이하의 징역 또는 2천만원 이하의 벌금에 처한다.
1. 제9조제1항을 위반하여 측량기준점표지를 이전 또는 파손하거나 그 효용을 해치는 행위를 한 자
⑤ 공공측량시행자는 공공측량을 하려면 미리 측량지역, 측량기간, 그 밖에 필요한 사항을 시·도지사에게 통지하여야 한다. 그 공공측량을 끝낸 경우에도 또한 같다.

공간정보의 구축 및 관리에 관한 법률 제19조 (공공측량성과의 보관 및 열람 등)
② 공공측량성과 또는 공공측량기록을 복제하거나 그 사본을 발급받으려는 자는 국토교통부령으로 정하는 바에 따라 국토교통부장관이나 공공측량시행자에게 그 복제 또는 발급을 신청하여야 한다.

51 측량기기의 검사주기에 관한 사항으로 틀린 것은?
[2011년 기사 1회]

① 트랜싯(데오돌라이트) : 3년
② 레벨 : 3년
③ 토털 스테이션 : 3년
④ 지피에스(GPS)수신기 : 2년

해설

공간정보의 구축 및 관리에 관한 법률 시행령 제97조(성능검사의 대상 및 주기 등)
① 법 제92조제1항에 따라 성능검사를 받아야 하는 측량기기와 검사주기는 다음 각 호와 같다.
1. 트랜싯(데오돌라이트) : 3년
2. 레벨 : 3년
3. 거리측정기 : 3년
4. 토털 스테이션 : 3년
5. 지피에스(GPS) 수신기 : 3년
6. 금속관로 탐지기 : 3년
② 제1항에 따른 성능검사 주기는 최초의 성능검사를 받아야 하는 날의 다음날부터 기산(起算)하고, 이후에는 검사유효기간 만료일 전 31일 이내에 성능검사를 받아야 한다.

52 측량기준점의 구분에 해당되지 않는 점은?
[2011년 기사 1회]

① 국가기준점 ② 연안기준점
③ 지적기준점 ④ 공공기준점

해설

공간정보의 구축 및 관리에 관한 법률 제7조 (측량기준점)
① 측량기준점은 다음 각 호의 구분에 따른다.
1. 국가기준점 : 측량의 정확도를 확보하고 효율성을 높이기 위하여 국토교통부장관이 전 국토를 대상으로 주요 지점마다 정한 측량의 기본이 되는 측량기준점
2. 공공기준점 : 제17조제2항에 따른 공공측량시행자가 공공측량을 정확하고 효율적으로 시행하기 위하여 국가기준점을 기준으로 하여 따로 정하는 측량기준점
3. 지적기준점 : 특별시장·광역시장·도지사 또는 특별자치도지사(이하 "시·도지사"라 한다.)나 지적소관청이 지적측량을 정확하고 효율적으로 시행하기 위하여 국가기준점을 기준으로 하여 따로 정하는 측량기준점
② 제1항에 따른 측량기준점의 구분에 관한 세부 사항은 대통령령으로 정한다.

Answer 50 ② 51 ④ 52 ②

53 측량기준점표지를 파손하거나 그 효용을 해치는 행위를 한 자에 대한 벌칙 기준은?
[2011년 기사 1회]

① 3년 이하의 징역 또는 3천만원 이하의 벌금
② 2년 이하의 징역 또는 2천만원 이하의 벌금
③ 1년 이하의 징역 또는 1천만원 이하의 벌금
④ 300만원 이하의 과태료

해설

공간정보의 구축 및 관리에 관한 법률 제108조 (벌칙)
다음 각 호의 어느 하나에 해당하는 자는 2년 이하의 징역 또는 2천만원 이하의 벌금에 처한다.
1. 제9조제1항을 위반하여 측량기준점표지를 이전 또는 파손하거나 그 효용을 해치는 행위를 한 자
2. 고의로 측량성과 또는 수로조사성과를 사실과 다르게 한 자
3. 제16조 또는 제21조를 위반하여 측량성과를 국외로 반출한 자
4. 제44조를 위반하여 측량업의 등록을 하지 아니하거나 거짓이나 그 밖의 부정한 방법으로 측량업의 등록을 하고 측량업을 한 자
5. 제54조를 위반하여 수로사업의 등록을 하지 아니하거나 거짓이나 그 밖의 부정한 방법으로 수로사업의 등록을 하고 수로사업을 한 자
6. 제92조제1항에 따른 성능검사를 부정하게 한 성능검사대행자
7. 제93조제1항을 위반하여 성능검사대행자의 등록을 하지 아니하거나 거짓이나 그 밖의 부정한 방법으로 성능검사대행자의 등록을 하고 성능검사업무를 한 자

54 측량기기의 성능검사의 기준에 관한 설명으로 옳은 것은?
[2011년 기사 1회]

① 한국국토정보공사는 성능검사를 위한 적합한 시설과 장비를 갖추고 성능검사대행자가 실시하는 검사를 받아야 한다.
② 국가교정업무 전담기관의 교정을 받은 측량기기로서 국토교통부장관이 성능검사 기준에 적합하다고 인정한 경우는 성능검사를 받은 것으로 본다.
③ 측량업자는 2년 이상 경과한 장비에 대하여 국토교통부장관이 실시하는 성능검사를 받아야 한다.
④ 측량기기 성능검사는 측량기기 성능검사대행자와 대한측량협회에서 실시한다.

해설

공간정보의 구축 및 관리에 관한 법률 제92조 (측량기기의 검사)
① 측량업자는 트랜싯, 레벨, 그 밖에 대통령령으로 정하는 측량기기에 대하여 5년의 범위에서 대통령령으로 정하는 기간마다 국토교통부장관이 실시하는 성능검사를 받아야 한다. 다만, 「국가표준기본법」 제14조에 따라 국가교정업무 전담기관의 교정검사를 받은 측량기기로서 국토교통부장관이 제4항에 따른 성능검사 기준에 적합하다고 인정한 경우에는 성능검사를 받은 것으로 본다.
② 제58조에 따른 한국국토정보공사는 성능검사를 위한 적합한 시설과 장비를 갖추고 자체적으로 검사를 실시하여야 한다.
③ 제93조에 따라 성능검사대행자로 등록한 자는 제1항에 따른 국토교통부장관의 성능검사업무를 대행할 수 있다.
④ 성능검사의 기준, 방법 및 절차 등에 필요한 사항은 국토교통부령으로 정한다.

55 공간정보산업협회의 설립에 대한 설명으로 잘못된 것은?
[2011년 기사 1회]

① 측량기술자와 측량업자는 측량에 관한 기술의 향상과 측량제도의 건전한 발전을 위하여 측량협회를 설립할 수 있다.
② 측량협회는 법인으로 한다.
③ 측량협회는 주된 사무소와 소재지에서 설립등기를 함으로써 설립한다.
④ 협회를 설립하려는 자는 공간정보기술자 200명 이상 또는 공간정보사업자 10분의 1 이상을 발기인으로 하여 정관을 작성한 후 창립총회의 의결을 거쳐 국토교통부장관의 인가를 받아야 한다.

Answer 53 ② 54 ② 55 ④

> [해설]
>
> 공간정보산업진흥법 제24조(공간정보산업협회의 설립)
> ① 공간정보사업자와 공간정보기술자는 공간정보산업의 건전한 발전과 구성원의 공동이익을 도모하기 위하여 공간정보산업협회(이하 "협회"라 한다)를 설립할 수 있다. 〈개정 2014. 6. 3.〉
> ② 협회는 법인으로 한다.
> ③ 협회는 주된 사무소의 소재지에서 설립등기를 함으로써 성립한다. 〈신설 2014. 6. 3.〉
> ④ 협회를 설립하려는 자는 공간정보기술자 300명 이상 또는 공간정보사업자 10분의 1 이상을 발기인으로 하여 정관을 작성한 후 창립총회의 의결을 거쳐 국토교통부장관의 인가를 받아야 한다. 〈신설 2014. 6. 3.〉
> ⑤ 협회는 다음 각 호의 업무를 행한다.
> 〈개정 2014. 6. 3., 2016. 3. 22.〉
>   1. 공간정보산업에 관한 연구 및 제도 개선의 건의
>   2. 공간정보사업자의 저작권·상표권 등의 보호활동 지원에 관한 사항
>   3. 공간정보 등 관련 기술에 관한 각종 자문
>   4. 공간정보기술자의 교육 등 전문인력의 양성
>   5. 다음 각 목의 사업
>   가. 회원의 업무수행에 따른 입찰, 계약, 손해배상, 선급금 지급, 하자보수 등에 대한 보증사업
>   나. 회원에 대한 자금의 융자
>   다. 회원의 업무수행에 따른 손해배상책임에 관한 공제사업 및 회원에 고용된 사람의 복지향상과 업무상 재해로 인한 손실을 보상하는 공제사업
>   6. 이 법 또는 다른 법률의 규정에 따라 협회가 위탁받아 수행할 수 있는 사업
>   7. 그 밖에 협회의 설립목적을 달성하는데 필요한 사업으로서 정관으로 정하는 사업민법」 중 사단법인에 관한 규정을 준용한다.

56 공간정보의 구축 및 관리에 관한 법률에서의 측량의 정의로 가장 적합한 것은?

[2011년 기사 1회]

① 공간상의 위치와 지명 등 여러 공간정보를 일정한 축척에 따라 기호나 문자 등으로 표시하는 것을 말하며, 정보처리시스템을 이용하여 분석, 편집 및 입력·출력할 수 있도록 수치지형도나 수치주제도를 제작하는 과정이다.
② 해상교통안전, 해양의 보전·이용개발, 해양관할권의 확보 및 해양재해예방을 목적으로 하는 수로측량·해양관측·항로조사 및 해양지명조사를 말한다.
③ 토지를 지적공부에 등록하거나 지적공부에 등록된 경계점을 지상에 복원하기 위하여 필지의 경계 또는 좌표와 면적을 정하는 제반의 작업을 말한다.
④ 공간상에 존재하는 일정한 점들의 위치를 측정하고 그 특성을 조사하여 도면 및 수치로 표현하거나 도면상의 위치를 현지에 재현하는 것을 말한다.

> [해설]
>
> 공간정보의 구축 및 관리에 관한 법률 제2조(정의)
> 이 법에서 사용하는 용어의 뜻은 다음과 같다.
> 1. "측량"이란 공간상에 존재하는 일정한 점들의 위치를 측정하고 그 특성을 조사하여 도면 및 수치로 표현하거나 도면상의 위치를 현지(現地)에 재현하는 것을 말하며, 측량용 사진의 촬영, 지도의 제작 및 각종 건설사업에서 요구하는 도면작성 등을 포함한다.

Answer 56 ④

57 측량업의 등록기준 중 아래의 표와 같은 장비기준을 요구하는 측량업은?

[2011년 기사 1회]

1. 데오돌라이트(1급 이상) 2조 이상
2. 레벨(1급, 인바제표척 포함) 1조 이상
3. 거리측정기(2급 이상) 1조 이상 또는 GPS 수신시(1급) 2조 이상

① 측지측량업   ② 공공측량업
③ 일반측량업   ④ 공간영상도화업

해설
공간정보의 구축 및 관리에 관한 법률 시행령 제36조(측량업의 등록기준)
① 측량업의 등록기준은 별표 8과 같다.
② 항공촬영업의 등록을 하려는 자는 별표 8의 등록기준을 갖추는 외에 「항공법」에 따른 항공기사용사업의 등록을 하여야 한다.

58 측량업자의 지위를 승계하는 자는 그 사유가 발생한 날부터 며칠 이내에 국토교통부장관 또는 시도지사에게 신고하여야 하는가?

[2011년 기사 1회]

① 30일   ② 40일
③ 50일   ④ 60일

해설
공간정보의 구축 및 관리에 관한 법률 제46조(측량업자의 지위 승계)
① 측량업자가 그 사업을 양도하거나 사망한 경우 또는 법인인 측량업자의 합병이 있는 경우에는 그 사업의 양수인·상속인 또는 합병 후 존속하는 법인이나 합병에 따라 설립된 법인은 종전의 측량업자의 지위를 승계한다.
② 제1항에 따라 측량업자의 지위를 승계한 자는 그 승계 사유가 발생한 날부터 30일 이내에 대통령령으로 정하는 바에 따라 국토교통부장관 또는 시·도지사에게 신고하여야 한다.

59 다음 중 측량성과의 고시내용이 아닌 것은?

[2011년 기사 1회]

① 측량의 종류   ② 측량의 정확도
③ 측량성과의 보관장소   ④ 측량작업의 방법

해설
공간정보의 구축 및 관리에 관한 법률 시행령 제13조(측량성과의 고시)
① 법 제13조제1항에 따른 기본측량성과의 고시와 법 제18조제4항에 따른 공공측량성과의 고시는 최종성과를 얻은 날부터 30일 이내에 하여야 한다.
② 제1항에 따른 측량성과의 고시에는 다음 각 호의 사항이 포함되어야 한다.
1. 측량의 종류
2. 측량의 정확도
3. 설치한 측량기준점의 수
4. 측량의 규모(면적 또는 지도의 장수)
5. 측량실시의 시기 및 지역
6. 측량성과의 보관 장소
7. 그 밖에 필요한 사항

60 측량의 실시공고에 대한 사항으로 (   ) 안에 알맞은 것은?

[2011년 기사 1회]

공공측량의 실시공고는 전국을 보급지역으로 하는 일간신문에 1회 이상 게재하거나, 해당 특별시·광역시 또는 특별자치도의 게시판 및 인터넷 홈페이지에 (   )일 이상 게시하는 방법으로 하여야 한다.

① 7일   ② 14일
③ 15일   ④ 30일

해설
공간정보의 구축 및 관리에 관한 법률 시행령 제12조(측량의 실시공고)
① 법 제12조제2항에 따른 기본측량의 실시공고와 법 제17조제6항에 따른 공공측량의 실시공고는 전국을 보급지역으로 하는 일간신문에 1회 이상 게재하거나 해당 특별시·광역시·도 또는 특별자치도(이하 "시·도"라 한다.)의 게시판 및 인터넷 홈페이지에 7일 이상 게시하는 방법으로 하여야 한다.

Answer 57 ① 58 ① 59 ④ 60 ①

61 기본측량성과 등을 활용한 지도 등을 간행하여 판매하거나 배포하려는 자는 간행물의 발행에 앞서 원칙적으로 누구의 심사를 받아야 하는가?

[2011년 기사 1회]

① 국토지리정보원장
② 행정안전부장관
③ 시·도지사
④ 국토교통부장관

해설
공간정보의 구축 및 관리에 관한 법률 제15조 (기본측량성과 등을 사용한 지도 등의 간행)
① 국토교통부장관은 기본측량성과 및 기본측량기록을 사용하여 지도나 그 밖에 필요한 간행물(이하 "지도 등"이라 한다.)을 간행(정보처리시스템을 통한 전자적 기록 방식에 따른 정보 제공을 포함한다. 이하 같다)하여 판매하거나 배포할 수 있다. 다만, 국가안보를 해칠 우려가 있는 사항으로서 대통령령으로 정하는 사항은 지도등에 표시할 수 없다.
② 국토교통부장관은 제1항에 따라 간행한 지도등 중에서 국토교통부령으로 정하는 요건에 적합한 것을 기본도로 지정할 수 있다.
③ 기본측량성과, 기본측량기록 또는 제1항에 따라 간행한 지도 등을 활용한 지도 등을 간행하여 판매하거나 배포하려는 자(제17조제2항에 따른 공공측량시행자는 제외한다.)는 그 지도 등에 대하여 국토교통부령으로 정하는 바에 따라 국토교통부장관의 심사를 받아야 한다.

62 공간정보의 구축 및 관리에 관한 법률에서 "수로측량"의 정의로 옳은 것은?

[2011년 기사 1회]

① 국가에 포함되는 해양을 등록 관리하기 위하여 경계 또는 좌표와 면적을 결정하는 측량을 말한다.
② 해상교통안전, 해양의 보전·이용·개발, 해양관할권의 확보 및 해양재해 예방을 목적으로 하는 해양관측·항로조사 등을 말한다.
③ 기본측량을 기초로 해양에서 이루어지는 측량을 말한다.
④ 해양의 수심·지구자기·중력·지형·지질의 측량과 해안선 및 이에 딸린 토지의 측량을 말한다.

해설
공간정보의 구축 및 관리에 관한 법률 제2조(정의)
이 법에서 사용하는 용어의 뜻은 다음과 같다.
5. "수로측량"이란 해양의 수심·지구자기(地球磁氣)·중력·지형·지질의 측량과 해안선 및 이에 딸린 토지의 측량을 말한다.

63 공공측량의 측량성과 또는 측량기록을 복제하거나 그 사본의 교부를 받고자 하는 자는 원칙적으로 어디에 신청을 하는가?

[2011년 기사 1회]

① 공공측량 작업기관
② 국토교통부장관이나 공공측량시행자
③ 공공측량 성과심사수탁기관
④ 시장 또는 군수

해설
공간정보의 구축 및 관리에 관한 법률 시행규칙 제12조(측량성과 등의 복제 신청) 법 제14조제2항 또는 제19조제2항에 따라 측량성과나 측량기록을 복제하거나 그 사본을 발급받으려는 자는 별지 제7호 서식의 측량성과 등의 복제신청서 또는 별지 제8호서식의 측량성과 등의 사본발급신청서를 국토지리정보원장이나 공공측량시행자에게 제출하여야 한다.

64 공공측량성과 심사수탁기관은 특별한 사유가 없는 한 성과심사 신청 접수일로부터 며칠 이내 심사결과서를 통지해야 하는가?

[2011년 기사 1회]

① 10일 이내
② 15일 이내
③ 20일 이내
④ 30일 이내

Answer 61 ④ 62 ④ 63 ② 64 ③

해설

공간정보 구축 및 관리에 관한 법률 시행규칙 제22조(공공측량성과의 심사)
③ 측량성과 심사수탁기관은 제1항에 따라 성과심사의 신청을 받은 때에는 접수일부터 20일 이내에 심사를 하고 별지 제14호서식의 공공측량성과 심사결과서를 작성하여 국토지리정보원장 및 심사신청인에 통지하여야 한다. 다만, 다음 각 호의 어느 하나에 해당하는 경우에는 심사결과의 통지기간을 10일의 범위에서 연장할 수 있다.
1. 성과심사 대상지역의 기상악화 및 천재지변 등으로 심사가 곤란할 때
2. 지상현황측량, 수치지도 및 수치표고자료 등의 성과심사량이 면적 10제곱킬로미터 이상 또는 노선 길이 600킬로미터 이상일 때
3. 지하시설물도 및 수심측량의 심사량이 200킬로미터 이상일 때

65 공공측량성과의 심사에서 측량성과 심사수탁기관은 성과심사의 신청접수일로부터 통상적으로 며칠 이내에 심사결과를 통지하여야 하는가? [2011년 기사 2회]

① 10일   ② 20일
③ 30일   ④ 60일

해설

공간정보 구축 및 관리에 관한 법률 시행규칙 제22조(공공측량성과의 심사)
③ 측량성과 심사수탁기관은 제1항에 따라 성과심사의 신청을 받은 때에는 접수일부터 20일 이내에 심사를 하고 별지 제14호서식의 공공측량성과 심사결과서를 작성하여 국토지리정보원장 및 심사신청인에 통지하여야 한다. 다만, 다음 각 호의 어느 하나에 해당하는 경우에는 심사결과의 통지기간을 10일의 범위에서 연장할 수 있다.
1. 성과심사 대상지역의 기상악화 및 천재지변 등으로 심사가 곤란할 때
2. 지상현황측량, 수치지도 및 수치표고자료 등의 성과심사량이 면적 10제곱킬로미터 이상 또는 노선 길이 600킬로미터 이상일 때
3. 지하시설물도 및 수심측량의 심사량이 200킬로미터 이상일 때

66 공공측량의 실시공고에 포함되어야 할 사항이 아닌 것은? [2011년 기사 2회]

① 측량의 종류   ② 측량의 목적
③ 측량의 규모   ④ 측량의 실시기간

해설

공간정보의 구축 및 관리에 관한 법률 시행령 제12조(측량의 실시공고)
① 법 제12조제2항에 따른 기본측량의 실시공고와 법 제17조제6항에 따른 공공측량의 실시공고는 전국을 보급지역으로 하는 일간신문에 1회 이상 게재하거나 해당 특별시·광역시·도 또는 특별자치도(이하 "시·도"라 한다.)의 게시판 및 인터넷 홈페이지에 7일 이상 게시하는 방법으로 하여야 한다.
② 제1항에 따른 공고에는 다음 각 호의 사항이 포함되어야 한다.
1. 측량의 종류
2. 측량의 목적
3. 측량의 실시기간
4. 측량의 실시지역
5. 그 밖에 측량의 실시에 관하여 필요한 사항

67 측량업의 종류에 해당되지 않는 것은? [2011년 기사 2회]

① 지적측량업   ② 지하시설물측량업
③ 연안조사측량업   ④ 특수측량업

해설

공간정보의 구축 및 관리에 관한 법률 시행령 제34조(측량업의 종류)
측량업의 종류별 업무 내용(제34조제2항 관련)
① 측지 측량업
① 일반 측량업
② 연안조사 측량업
③ 영상 처리업
④ 수치지도 제작업

Answer 65 ② 66 ③ 67 ④

⑤ 지도 제작업
⑥ 지하시설물 측량업
⑦ 지적 측량업

68 지적도에 등록된 경계점의 정밀도를 높이기 위하여 작은 축척을 큰 축척으로 변경하여 등록하는 것을 무엇이라 하는가?
[2011년 기사 2회]

① 축척변경 ② 등록전환
③ 분할   ④ 축척재등록

해설
공간정보의 구축 및 관리에 관한 법률 제83조 (축척변경)
① 축척변경에 관한 사항을 심의·의결하기 위하여 지적소관청에 축척변경위원회를 둔다.
② 지적소관청은 지적도가 다음 각 호의 어느 하나에 해당하는 경우에는 토지소유자의 신청 또는 지적소관청의 직권으로 일정한 지역을 정하여 그 지역의 축척을 변경할 수 있다.
  1. 잦은 토지의 이동으로 1필지의 규모가 작아서 소축척으로는 지적측량성과의 결정이나 토지의 이동에 따른 정리를 하기가 곤란한 경우
  2. 하나의 지번부여지역에 서로 다른 축척의 지적도가 있는 경우
  3. 그 밖에 지적공부를 관리하기 위하여 필요하다고 인정되는 경우

69 다음 중 가장 무거운 기준의 벌칙을 받는 자는?
[2011년 기사 2회]

① 입찰의 공정성을 해친 자
② 측량기준점표지를 파손한 자
③ 측량업 등록을 하지 아니하고 측량업을 영위한 자
④ 측량성과를 위조한 자

해설
공간정보의 구축 및 관리에 관한 법률 제107조 (벌칙)
측량업자나 수로사업자로서 속임수, 위력(威力), 그 밖의 방법으로 측량업 또는 수로사업과 관련된 입찰의 공정성을 해친 자는 3년 이하의 징역 또는 3천만원 이하의 벌금에 처한다.

70 측량기기의 성능검사 대상과 주기로 옳은 것은?
[2011년 기사 2회]

① 레벨 및 거리측정기 : 4년
② GPS 수신기 : 3년
③ 토털 스테이션 : 2년
④ 금속관로탐지기 : 1년

해설
공간정보의 구축 및 관리에 관한 법률 시행령 제97조(성능검사의 대상 및 주기 등)
① 법 제92조제1항에 따라 성능검사를 받아야 하는 측량기기와 검사주기는 다음 각 호와 같다.
  1. 트랜싯(데오돌라이트) : 3년
  2. 레벨 : 3년
  3. 거리측정기 : 3년
  4. 토털 스테이션 : 3년
  5. 지피에스(GPS) 수신기 : 3년
  6. 금속관로 탐지기 : 3년
② 제1항에 따른 성능검사 주기는 최초의 성능검사를 받아야 하는 날의 다음날부터 기산(起算)하고, 이후에는 검사유효기간 만료일 전 31일 이내에 성능검사를 받아야 한다.

Answer 68 ① 69 ① 70 ②

71 그림과 같은 평면도의 받침판 표지를 갖고 있는 국가기준점은? [2011년 기사 2회]

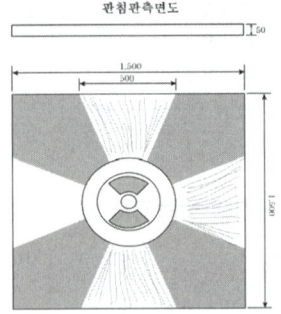

① 위성기준점　② 통합기준점
③ 삼각점　　　④ 수준점

해설
공간정보 구축 및 관리에 관한 법률 시행규칙 제3조(측량기준점표지의 형상) 참조

72 공공측량 작업계획서에 포함되어야 할 사항과 거리가 먼 것은? (단, 그 밖에 작업에 필요한 사항은 제외) [2011년 기사 2회]

① 공공측량의 투입 인력 명단
② 공공측량의 위치 및 사업량
③ 공공측량의 사업명
④ 사용할 측량기기의 종류 및 성능

해설
공간정보 구축 및 관리에 관한 법률 시행규칙 제21조(공공측량 작업계획서의 제출)
① 공공측량시행자는 법 제17조제2항에 따라 공공측량을 하기 30일 전에 국토지리정보원장이 정한 기준에 따라 공공측량 작업계획서를 작성하여 국토지리정보원장에게 제출하여야 한다. 공공측량 작업계획서를 변경한 경우에도 또한 같다.
② 제1항에 따른 공공측량 작업계획서에 포함되어야 할 사항은 다음 각 호와 같다.
  1. 공공측량의 사업명
  2. 공공측량의 목적 및 활용 범위
  3. 공공측량의 위치 및 사업량
  4. 공공측량의 작업기간
  5. 공공측량의 작업방법
  6. 사용할 측량기기의 종류 및 성능
  7. 법 제17조제1항에 따라 사용할 측량성과의 명칭, 종류 및 내용
  8. 그 밖에 작업에 필요한 사항

73 측량의 기준에 대한 설명으로 틀린 것은? [2011년 기사 2회]

① 측량의 원점은 대한민국 경위도원점 및 수준원점으로 한다.
② 위치는 세계측지계에 따라 측정한 지리학적 경위도와 높이로 표시한다.
③ 해안선은 해수면이 약최저저조면에 이르렀을 때의 육지와 해수면과의 경계로 표시한다.
④ 세계측지계, 측량의 원점 값의 결정 및 직각좌표의 기준 등에 필요한 사항은 대통령령으로 정한다.

해설
공간정보의 구축 및 관리에 관한 법률 제6조 (측량기준)
① 측량의 기준은 다음 각 호와 같다.
  1. 위치는 세계측지계(世界測地系)에 따라 측정한 지리학적 경위도와 높이(평균해수면으로부터의 높이를 말한다. 이하 이 항에서 같다)로 표시한다. 다만, 지도 제작 등을 위하여 필요한 경우에는 직각좌표와 높이, 극좌표와 높이, 지구중심 직교좌표 및 그 밖의 다른 좌표로 표시할 수 있다.
  2. 측량의 원점은 대한민국 경위도원점(經緯度原點) 및 수준원점(水準原點)으로 한다. 다만, 섬 등 대통령령으로 정하는 지역에 대하여는 국토교통부장관이 따로 정하여 고시하는 원점을 사용할 수 있다.
  3. 수로조사에서 간출지(干出地)의 높이와 수심은 기본수준면(일정 기간 조석을 관측하여 분석한 결과 가장 낮은 해수면)을 기준으로 측량한다.

Answer　71 ②　72 ①　73 ③

4. 해안선은 해수면이 약최고고조면(略最高高潮面 : 일정 기간 조석을 관측하여 분석한 결과 가장 높은 해수면)에 이르렀을 때의 육지와 해수면과의 경계로 표시한다.
② 해양수산부장관은 수로조사와 관련된 평균해수면, 기본수준면 및 약최고고조면에 관한 사항을 정하여 고시하여야 한다.
③ 제1항에 따른 세계측지계, 측량의 원점 값의 결정 및 직각좌표의 기준 등에 필요한 사항은 대통령령으로 정한다.

74 다음 중 용어에 대한 정의로 옳지 않은 것은? [2011년 기사 2회]

① 기본측량이란 국토개발을 위한 기초 자료가 되는 공간정보를 제공하기 위하여 대통령이 실시하는 측량을 말한다.
② 공공측량이란 국가, 지방자치단체, 그 밖에 대통령령으로 정하는 기관이 관계 법령에 따른 사업 등을 시행하기 위하여 기본측량을 기초로 실시하는 측량을 말한다.
③ 지적측량이란 토지를 지적공부에 등록하거나 지적공부에 등록된 경계점을 지상에 복원하기 위해 시행하는 측량을 말한다.
④ 수로측량이란 해양의 수심·지구자기·중력·지형·지질의 측량과 해안선 및 이에 토지의 측량을 말한다.

[해설]
공간정보의 구축 및 관리에 관한 법률 제2조 정의
2. "기본측량"이란 모든 측량의 기초가 되는 공간정보를 제공하기 위하여 국토교통부장관이 실시하는 측량을 말한다.

75 측량의 기준인 세계측지계의 기준요건으로 틀린 것은? [2011년 기사 2회]

① 장반경 : 6,378,137m
② 편평률 : 1/298.257222101
③ 회전타원체의 중심이 지구의 질량중심과 일치할 것
④ 회전타원체의 장축이 지구의 자전축과 일치할 것

[해설]
공간정보의 구축 및 관리에 관한 법률 시행령 제7조(세계측지계 등)
① 법 제6조제1항에 따른 세계측지계(世界測地系)는 지구를 편평한 회전타원체로 상정하여 실시하는 위치측정의 기준으로서 다음 각 호의 요건을 갖춘 것을 말한다.
  1. 회전타원체의 장반경(長半徑) 및 편평률(扁平率)은 다음 각 목과 같을 것
    가. 장반경 : 6,378,137미터
    나. 편평률 : 298.257222101분의 1
  2. 회전타원체의 중심이 지구의 질량중심과 일치할 것
  3. 회전타원체의 단축(短軸)이 지구의 자전축과 일치할 것

76 공공측량시행자가 공공측량 작업계획서를 제출해야 하는 시기에 대한 기준은? [2011년 기사 2회]

① 공공측량을 하기 10일 전
② 공공측량을 하기 20일 전
③ 공공측량을 하기 30일 전
④ 공공측량을 하기 40일 전

[해설]
공간정보 구축 및 관리에 관한 법률 시행규칙 제21조(공공측량 작업계획서의 제출)
① 공공측량시행자는 법 제17조제2항에 따라 공공측량을 하기 30일 전에 국토지리정보원장이 정한 기준에 따라 공공측량 작업계획서를 작성하여 국토지리정보원장에게 제출하여야 한다. 공공측량 작업계획서를 변경한 경우에도 또한 같다.

Answer 74 ① 75 ④ 76 ③

77 기본측량의 실시 공고에 포함되어야 하는 사항으로 옳은 것은? [2011년 기사 2회]

① 측량의 정확도
② 측량성과의 보관 장소
③ 설치한 측량기준점의 수
④ 측량의 실시지역

해설

공간정보의 구축 및 관리에 관한 법률 시행령 제12조(측량의 실시공고)
① 법 제12조제2항에 따른 기본측량의 실시 공고와 법 제17조제6항에 따른 공공측량의 실시공고는 전국을 보급지역으로 하는 일간신문에 1회 이상 게재하거나 해당 특별시·광역시·도 또는 특별자치도(이하 "시·도"라 한다.)의 게시판 및 인터넷 홈페이지에 7일 이상 게시하는 방법으로 하여야 한다.
② 제1항에 따른 공고에는 다음 각 호의 사항이 포함되어야 한다.
  1. 측량의 종류
  2. 측량의 목적
  3. 측량의 실시기간
  4. 측량의 실시지역
  5. 그 밖에 측량의 실시에 관하여 필요한 사항

78 기본측량성과 및 기본측량기록을 사용한 지도나 그 밖에 필요한 간행물(지도 등) 또는 측량용 사진을 국외로 반출하고자 할 경우 원칙적으로 누구의 허가를 받아야 하는가? [2011년 기사 2회]

① 대통령
② 행정안전부장관
③ 국토교통부장관
④ 시·도지사

해설

공간정보의 구축 및 관리에 관한 법률 제16조 (기본측량성과의 국외 반출 금지)
① 누구든지 국토교통부장관의 허가 없이 기본측량성과 중 지도 등 또는 측량용 사진을 국외로 반출하여서는 아니 된다. 다만, 외국 정부와 기본측량성과를 서로 교환하는 등 대통령령으로 정하는 경우에는 그러하지 아니하다.
② 누구든지 제14조제3항 각 호의 어느 하나에 해당하는 경우에는 기본측량성과를 국외로 반출하여서는 아니 된다.

79 공간정보의 구축 및 관리에 관한 법률에서 정하는 측량(수로조사 제외)을 할 수 있는 기술자에 해당되지 않는 자는? [2011년 기사 2회]

① 측량 및 지형공간정보기사
② 지도제작기능사
③ 도화기능사
④ 고등학교 졸업자로 2년의 측량업무를 수행한 자

해설

공간정보의 구축 및 관리에 관한 법률 제39조 (측량기술자)
① 이 법에서 정하는 측량(수로측량은 제외한다. 이하 이 절에서 같다)은 측량기술자가 아니면 할 수 없다.
② 측량기술자는 다음 각 호의 어느 하나에 해당하는 자로서 대통령령으로 정하는 자격기준에 해당하는 자이어야 하며, 대통령령으로 정하는 바에 따라 그 등급을 나눌 수 있다.
  1. 「국가기술자격법」에 따른 측량 및 지형공간정보, 지적, 측량, 지도 제작, 도화(圖畵) 또는 항공사진 분야의 기술자격 취득자
  2. 측량, 지형공간정보, 지적, 지도 제작, 도화 또는 항공사진 분야의 일정한 학력 또는 경력을 가진 자

Answer 77 ② 78 ③ 79 ④

80 공간정보의 구축 및 관리에 관한 법률의 제정 목적과 거리가 먼 것은? [2011년 기사 3회]

① 국토의 효율적 관리
② 국민의 소유권 보호
③ 해상 교통안전의 기여
④ 측량 및 수로조사의 기술 향상

해설

공간정보의 구축 및 관리에 관한 법률 제정 목적 (법 제1조)
이 법은 측량 및 수로조사의 기준 및 절차와 지적공부(地籍公簿)·부동산종합공부(不動産綜合公簿)의 작성 및 관리 등에 관한 사항을 규정함으로써 국토의 효율적 관리와 해상교통의 안전 및 국민의 소유권 보호에 기여함을 목적으로 한다.

81 측량성과의 고시에 포함되어야 하는 사항이 아닌 것은? [2012년 기사 1회]

① 측량의 정확도
② 설치한 측량기준점의 수
③ 측량의 비용
④ 측량성과의 보관 장소

해설

공간정보의 구축 및 관리에 관한 법률 시행령
제13조(측량성과의 고시)
① 법 제13조제1항에 따른 기본측량성과의 고시와 법 제18조제4항에 따른 공공측량성과의 고시는 최종성과를 얻은 날부터 30일 이내에 하여야 한다.
② 제1항에 따른 측량성과의 고시에는 다음각 호의 사항이 포함되어야 한다.
 1. 측량의 종류
 2. 측량의 정확도
 3. 설치한 측량기준점의 수
 4. 측량의 규모(면적 또는 지도의 장수)
 5. 측량실시의 시기 및 지역
 6. 측량성과의 보관 장소
 7. 그 밖에 필요한 사항

82 국가공간정보체계의 효율적인 구축과 종합적 활용 및 관리에 관한 사항을 규정함으로써 국토 및 자원을 합리적으로 이용하여 국민경제의 발전에 이바지함을 목적으로 하는 것은? [2012년 기사 1회]

① 국토기본법
② 공간정보산업진흥법
③ 국가공간정보에 관한 법률
④ 국토의 계획 및 이용에 관한 법률

해설

국가공간정보에 관한 법률
제1조 (목적)
이 법은 국가공간정보체계의 효율적인 구축과 종합적 활용 및 관리에 관한 사항을 규정함으로써 국토 및 자원을 합리적으로 이용하여 국민경제의 발전에 이바지함을 목적으로 한다.

83 지형·지물의 변동에 관하여 공공측량시행자가 건설공사를 착공한 때와 완공한 때에 통보하여야 하는 기한으로 옳은 것은? [2012년 기사 1회]

① 건설공사를 착공한 때에는 30일 이내, 완공한 때에는 60일 이내
② 건설공사를 착공한 때에는 60일 이내, 완공한 때에는 30일 이내
③ 건설공사를 착공한 때에는 60일 이내, 완공한 때에는 90일 이내
④ 건설공사를 착공한 때에는 90일 이내, 완공한 때에는 60일 이내

해설

공간정보 구축 및 관리에 관한 법률 시행규칙
제7조(지형·지물의 변동에 관한 통보 등)
① 영 제11조제1항에 따른 지형·지물의 변동에 관한 통보는 별지 제5호 서식에 따른다.

Answer 80 ④ 81 ③ 82 ③ 83 ①

② 공공측량시행자는 영 제11조제3항에 따른 건설공사를 착공한 때에는 30일 이내에, 완공한 때(준공을 의미하며, 도로·철도·도시철도 및 고속철도 건설공사의 경우에는 부분완공한 때를 포함한다)에는 60일 이내에 다음 각 호의 내용을 국토지리정보원장에게 통보하여야 한다.
  1. 건설공사를 착공한 때 : 공사의 개요, 건설공사 위치도(축척이 2만5천분의 1 이상인 지도에 표시하여야 한다)
  2. 건설공사를 완공한 때 : 공사의 내용, 준공도면, 현지 지형·지물 조사자료
③ 제2항에 따른 준공도면 등에 대한 세부적인 작성방법과 그 밖에 필요한 사항은 국토지리정보원장이 정하여 고시한다.

84 공공측량의 실시에 대한 설명으로 옳은 것은?   [2012년 기사 1회]

① 기본측량성과만을 기초로 실시한다.
② 기본측량성과나 일반측량성과를 기초로 실시한다.
③ 기본측량성과나 다른 공공측량성과를 기초로 실시한다.
④ 다른 공공측량성과나 일반측량성과를 기초로 실시한다.

해설
공간정보의 구축 및 관리에 관한 법률
제17조(공공측량의 실시 등)
  ① 공공측량은 기본측량성과나 다른 공공측량성과를 기초로 실시하여야 한다.

85 국가기준점에 해당되지 않는 것은?   [2012년 기사 1회]

① 위성기준점   ② 수준점
③ 통합기준점   ④ 지적삼각점

해설
공간정보의 구축 및 관리에 관한 법률 시행령 제8조(측량기준점의 구분)
측량기준점은 다음과 같이 구분한다.
① **국가기준점** : 우주측지기준점, 위성기준점, 수준점, 중력점, 통합기준점, 삼각점, 지자기점, 수로기준점, 영해기준점
② **공공기준점** : 공공삼각점, 공공수준점
③ **지적기준점** : 지적삼각점, 지적삼각 보조

86 측량업자인 법인이 파산 또는 합병 외의 사유로 해산한 경우에는 법인의 청산인이 사실이 발생한 날부터 최대 며칠 이내에 그 사실을 신고하여야 하는가? [2012년 기사 2회]

① 10일   ② 15일
③ 30일   ④ 60일

해설
공간정보의 구축 및 관리에 관한 법률 제48조(측량업의 휴업·폐업 등 신고)
다음 각 호의 어느 하나에 해당하는 자는 국토교통부령으로 정하는 바에 따라 국토교통부장관 또는 시·도지사에게 해당 각 호의 사실이 발생한 날부터 30일 이내에 그 사실을 신고하여야 한다.
1. 측량업자인 법인이 파산 또는 합병 외의 사유로 해산한 경우 : 해당 법인의 청산인
2. 측량업자가 폐업한 경우 : 폐업한 측량업자
3. 측량업자가 30일을 넘는 기간 동안 휴업하거나, 휴업 후 업무를 재개한 경우 : 해당 측량업자

87 공공측량성과 심사수탁기관은 성과심사의 신청을 받은 때에는 특별한 사유가 없는 경우에 접수일로부터 며칠 이내에 심사를 하여야 하는가?   [2012년 기사 2회]

① 7일   ② 10일
③ 20일   ④ 30일

Answer 84 ③   85 ④   86 ③   87 ③

[해설]

공간정보 구축 및 관리에 관한 법률 시행규칙 제22조(공공측량성과의 심사)

③ 측량성과 심사수탁기관은 제1항에 따라 성과심사의 신청을 받은 때에는 접수일부터 20일 이내에 심사를 하고 별지 제14호서식의 공공측량성과 심사결과서를 작성하여 국토지리정보원장 및 심사신청인에 통지하여야 한다. 다만, 다음 각 호의 어느 하나에 해당하는 경우에는 심사결과의 통지기간을 10일의 범위에서 연장할 수 있다.
1. 성과심사 대상지역의 기상악화 및 천재지변 등으로 심사가 곤란할 때
2. 지상현황측량, 수치지도 및 수치표고자료 등의 성과심사량이 면적 10제곱킬로미터 이상 또는 노선 길이 600킬로미터 이상일 때
3. 지하시설물도 및 수심측량의 심사량이 200킬로미터 이상일 때

88 국토교통부장관은 5년마다 측량기본계획을 수립하는데 그에 따른 측량기본계획에 해당되지 않는 것은? [2012년 기사 2회]

① 측량에 관한 기본 구상 및 추진 전략
② 국가공간정보체계의 활용 및 공간정보의 유통
③ 측량의 국내외 환경 분석 및 기술연구
④ 측량산업 및 기술인력 육성 방안

[해설]

공간정보의 구축 및 관리에 관한 법률 제5조 (측량기본계획 및 시행계획)

① 국토교통부장관은 다음 각 호의 사항(수로조사에 관한 사항은 제외한다)이 포함된 측량기본계획을 5년마다 수립하여야 한다.
1. 측량에 관한 기본 구상 및 추진 전략
2. 측량의 국내외 환경 분석 및 기술연구
3. 측량산업 및 기술인력 육성 방안
4. 그 밖에 측량 발전을 위하여 필요한 사항
② 국토교통부장관은 제1항에 따른 측량기본계획에 따라 연도별 시행계획을 수립·시행하여야 한다.

89 주기적인 측량기본계획에 포함되어야 할 사항과 거리가 먼 것은? [2013년 기사 1회]

① 측량에 관한 기본 구상 및 추진 전략
② 측량산업 및 기술인력 육성 방안
③ 측량의 국내외 환경 분석 및 기술연구
④ 세계측량기구의 가입 및 협력 방안

[해설]

공간정보의 구축 및 관리에 관한 법률 제5조 (측량기본계획 및 시행계획)

① 국토교통부장관은 다음 각 호의 사항(수로조사에 관한 사항은 제외한다)이 포함된 측량기본계획을 5년마다 수립하여야 한다.
1. 측량에 관한 기본 구상 및 추진 전략
2. 측량의 국내외 환경 분석 및 기술연구
3. 측량산업 및 기술인력 육성 방안
4. 그 밖에 측량 발전을 위하여 필요한 사항
② 국토교통부장관은 제1항에 따른 측량기본계획에 따라 연도별 시행계획을 수립·시행하여야 한다.

90 측량기준점표지를 이전 또는 파손하거나 그 효용을 해치는 행위를 한 자에 대한 벌칙 기준은? [2013년 기사 1회]

① 1년 이하의 징역 또는 1천만원 이하의 벌금
② 2년 이하의 징역 또는 2천만원 이하의 벌금
③ 3년 이하의 징역 또는 3천만원 이하의 벌금
④ 300만원 이하의 과태료

[해설]

공간정보의 구축 및 관리에 관한 법률 제108조 (벌칙)

다음 각 호의 어느 하나에 해당하는 자는 2년 이하의 징역 또는 2천만원 이하의 벌금에 처한다.
1. 제9조제1항을 위반하여 측량기준점표지를 이전 또는 파손하거나 그 효용을 해치는 행위를 한 자
2. 고의로 측량성과 또는 수로조사성과를 사실과 다르게 한 자
3. 제16조 또는 제21조를 위반하여 측량성과를 국외로 반출한 자

Answer 88 ② 89 ④ 90 ②

4. 제44조를 위반하여 측량업의 등록을 하지 아니하거나 거짓이나 그 밖의 부정한 방법으로 측량업의 등록을 하고 측량업을 한 자
5. 제54조를 위반하여 수로사업의 등록을 하지 아니하거나 거짓이나 그 밖의 부정한 방법으로 수로사업의 등록을 하고 수로사업을 한 자
6. 제92조제1항에 따른 성능검사를 부정하게 한 성능검사대행자
7. 제93조제1항을 위반하여 성능검사대행자의 등록을 하지 아니하거나 거짓이나 그 밖의 부정한 방법으로 성능검사대행자의 등록을 하고 성능검사업무를 한 자

91 우리나라 측량의 기준이 되는 세계측지계의 요건으로 옳지 않은 것은?

[2013년 기사 2회]

① 회전타원체의 장반경은 6,378,137미터일 것
② 회전타원체의 중심이 지구의 질량중심과 일치할 것
③ 회전타원체의 장축(長軸)이 지구의 자전축과 일치할 것
④ 회전타원체의 편평률은 298.257222분의 1일 것

해설

공간정보의 구축 및 관리에 관한 법률 시행령 제7조(세계측지계 등)
① 법 제6조제1항에 따른 세계측지계(世界測地系)는 지구를 편평한 회전타원체로 상정하여 실시하는 위치측정의 기준으로서 다음 각 호의 요건을 갖춘 것을 말한다.
 1. 회전타원체의 장반경(張半徑) 및 편평률(扁平率)은 다음 각 목과 같을 것
  가. 장반경 : 6,378,137미터
  나. 편평률 : 298.257222101분의 1
 2. 회전타원체의 중심이 지구의 질량중심과 일치할 것
 3. 회전타원체의 단축(短軸)이 지구의 자전축과 일치할 것

92 측량의 실시공고에 대한 사항으로 ( )에 알맞은 것은?

[2013년 기사 2회]

> 공공측량의 실시공고는 전국을 보급지역으로하는 일간신문에 1회 이상 게재하거나, 해당 특별시·광역시·도 또는 특별자치도의 게시판 및 인터넷 홈페이지에 ( )일 이상 게시하는 방법으로 하여야 한다.

① 7일   ② 14일
③ 15일   ④ 30일

해설

공간정보의 구축 및 관리에 관한 법률 시행령 제12조(측량의 실시공고)
① 법 제12조제2항에 따른 기본측량의 실시공고와 법 제17조제6항에 따른 공공측량의 실시공고는 전국을 보급지역으로 하는 일간신문에 1회 이상 게재하거나 해당 특별시·광역시·도 또는 특별자치도(이하 "시·도"라 한다)의 게시판 및 인터넷 홈페이지에 7일 이상 게시하는 방법으로 하여야 한다.

93 기본측량성과나 기본측량기록의 복제나 사본 발급이 제한되는 경우는?

[2013년 기사 2회]

① 개인의 요청에 의해 발급을 제한하는 경우
② 국가안보나 그 밖에 국가의 중대한 이익을 해칠 우려가 있다고 인정되는 경우
③ 전산처리에 의해 기록·유지되고 있는 경우
④ 공공측량과 일반측량의 성과가 연계되어 있는 경우

해설

공간정보의 구축 및 관리에 관한 법률 제14조 (기본측량성과의 보관 및 열람 등)
① 국토교통부장관은 기본측량성과 및 기본측량기록을 보관하고 일반인이 열람할 수 있도록 하여야 한다.
② 기본측량성과나 기본측량기록을 복제하거나 그 사본을 발급받으려는 자는 국토교통부령으로 정하는 바에 따라 국토교통부장관에게 그 복제 또는 발급을 신청하여야 한다.

Answer 91 ③ 92 ① 93 ②

③ 국토교통부장관은 제2항에 따른 신청 내용이 다음 각 호의 어느 하나에 해당하는 경우에는 기본측량성과나 기본측량기록을 복제하게 하거나 그 사본을 발급할 수 없다.
  1. 국가안보나 그 밖에 국가의 중대한 이익을 해칠 우려가 있다고 인정되는 경우
  2. 다른 법령에 따라 비밀로 유지되거나 열람이 제한되는 등 비공개사항으로 규정된 경우

94 아래 공공측량의 정의 중 밑줄 친 대통령령으로 정하는 측량이란 일정 기준의 측량 중 국토교통부장관이 지정하여 고시하는 측량을 의미한다. 이에 해당되지 않는 것은?

[2013년 기사 2회]

> 공공측량이란 다음 각 목의 측량을 말한다.
> ① 국가, 지방자치단체, 그 밖에 대통령령으로 정하는 기관이 관계 법령에 따른 사업 등을 시행하기 위하여 기본측량을 기초로 실시하는 측량
> ② 가목 외의 자가 시행하는 측량 중 공공의 이해 또는 안전과 밀접한 관련이 있는 측량으로 대통령령으로 정하는 측량

① 측량실시지역의 면적이 1제곱킬로미터 이상인 기준점 측량, 지형측량 및 평면 측량
② 국토교통부장관이 발행하는 지도의 축척과 같은 숙척의 지도제작
③ 촬영지역의 면적이 1제곱킬로미터 이상인 측량용 사진의 촬영
④ 측량노선의 길이가 5킬로미터 이상인 기준점 측량

[해설]
공간정보의 구축 및 관리에 관한 법률 시행령 제3조(공공측량)
법 제2조제3호나목에서 "대통령령으로 정하는 측량"이란 다음 각 호의 측량 중 국토교통부장관이 지정하여 고시하는 측량을 말한다.

1. 측량실시지역의 면적이 1제곱킬로미터 이상인 기준점측량, 지형측량 및 평면측량
2. 측량노선의 길이가 10킬로미터 이상인 기준점측량
3. 국토교통부장관이 발행하는 지도의 축척과 같은 축척의 지도 제작
4. 촬영지역의 면적이 1제곱킬로미터 이상인 측량용 사진의 촬영
5. 지하시설물 측량
6. 인공위성 등에서 취득한 영상정보에 좌표를 부여하기 위한 2차원 또는 3차원의 좌표측량
7. 그 밖에 공공의 이해에 특히 관계가 있다고 인정되는 사설철도 부설, 간척 및 매립사업 등에 수반되는 측량

95 공공측량시행자가 공공측량 작업계획서를 제출해야 하는 시기에 대한 기준은?

[2013년 기사 3회]

① 공공측량을 하기 10일 전
② 공공측량을 하기 20일 전
③ 공공측량을 하기 30일 전
④ 공공측량을 하기 40일 전

[해설]
공간정보 구축 및 관리에 관한 법률 시행규칙 제21조(공공측량 작업계획서의 제출)
① 공공측량시행자는 법 제17조제2항에 따라 공공측량을 하기 30일 전에 국토지리정보원이 정한 기준에 따라 공공측량 작업계획서를 작성하여 국토지리정보원장에게 제출하여야 한다. 공공측량 작업계획서를 변경한 경우에도 또한 같다.
② 제항에 따른 공공측량 작업계획서에 포함되어야 할 사항은 다음 각 호와 같다.
  1. 공공측량의 사업명
  2. 공공측량의 목적 및 활용 범위
  3. 공공측량의 위치 및 사업량
  4. 공공측량의 작업기간
  5. 공공측량의 작업방법
  6. 사용할 측량기기의 종류 및 성능
  7. 법 제17조제1항에 따라 사용할 측량성과의 명칭, 종류 및 내용
  8. 그 밖에 작업에 필요한 사항

Answer 94 ④ 95 ③

96 공간정보의 구축 및 관리에 관한 법률의 기본측량에 대한 정의로 옳은 것은?

[2013년 기사 3회]

① 기본측량은 모든 측량의 기초가 되는 공간정보를 제공하기 위하여 국토교통부장관이 실시하는 측량이다.
② 기본측량은 국가기관에서 시행하는 측량이다.
③ 기본측량은 국토개발사업을 위하여 기본적으로 수행하여야 하는 측량이다.
④ 기본측량은 국가기관의 위탁을 받은 민간인이 시행하는 측량이다.

해설

공간정보의 구축 및 관리에 관한 법률 제2조(정의)
이 법에서 사용하는 용어의 뜻은 다음과 같다.
1. "측량"이란 공간상에 존재하는 일정한 점들의 위치를 측정하고 그 특성을 조사하여 도면 및 수치로 표현하거나 도면상의 위치를 현지(現地)에 재현하는 것을 말하며, 측량용 사진의 촬영, 지도의 제작 및 각종 건설사업에서 요구하는 도면작성 등을 포함한다.
2. "기본측량"이란 모든 측량의 기초가 되는 공간정보를 제공하기 위하여 국토교통부장관이 실시하는 측량을 말한다.

97 아래와 같은 기본측량성과의 국외 반출 금지 조항에서 밑줄친 부분에 해당되지 않는 것은?

[2013년 기사 3회]

누구든지 국토교통부장관의 허가 없이 기본측량성과 중 지도나 그 밖에 필요한 간행물(이하 지도등) 또는 측량용 사진을 국외로 반출하여서는 아니 된다. 다만, 외국 정부와 기본측량성과를 서로 교환하는 등 대통령령으로 정하는 경우에는 그러하지 아니하다.

① 대한민국 정부와 외국정부 간에 체결된 협정 또는 합의에 의하여 상호 교환하는 경우
② 축척 5만분의 1 이상의 대축척으로 제작된 지도를 국외로 반출하는 경우
③ 정부를 대표하여 외국 정부와 교섭하거나 국제회의 또는 국제기구에 참석하는 자가 자료로 사용하기 위하여 반출하는 경우
④ 관광객의 유치와 관광시설의 선전을 목적으로 제작된 지도를 국외로 반출하는 경우

해설

공간정보의 구축 및 관리에 관한 법률 시행령 제16조(기본측량성과의 국외 반출)
법 제16조제1항 단서 및 제21조제1항 단서에서 "외국 정부와 기본측량성과를 서로 교환하는 등 대통령령으로 정하는 경우"란 다음 각 호의 경우를 말한다.
1. 대한민국 정부와 외국 정부 간에 체결된 협정 또는 합의에 따라 기본측량성과를 상호 교환하는 경우
2. 정부를 대표하여 외국 정부와 교섭하거나 국제회의 또는 국제기구에 참석하는 자가 자료로 사용하기 위하여 지도나 그 밖에 필요한 간행물(이하 "지도 등"이라 한다) 또는 측량용 사진을 반출하는 경우
3. 관광객 유치와 관광시설 홍보를 목적으로 지도 등 또는 측량용 사진을 제작하여 반출하는 경우
4. 축척 5만분의 1 미만인 소축척의 지도(수치지형도는 제외한다. 이하 이 항에서 같다)나 그 밖에 필요한 간행물을 국외로 반출하는 경우
5. 축척 2만5천분의 1 또는 5만분의 1 지도로서 「국가공간정보에 관한 법률 시행령」 제24조제3항에 따라 국가정보원장의 지원을 받아 보안성 검토를 거친 경우(등고선, 발전소, 가스관 등 국토교통부장관이 정하여 고시하는 시설 등이 표시되지 아니한 경우로 한정한다)

98 측량기기의 성능검사대상과 주기로 옳은 것은?

[2014년 기사 1회]

① 레벨 및 거리측정기 : 1년
② GPS 수신기 : 2년
③ 토털 스테이션 : 3년
④ 금속관로탐지기 : 4년

Answer 96 ① 97 ② 98 ③

> [해설]
>
> 공간정보의 구축 및 관리에 관한 법률 시행령 제97조(성능검사의 대상 및 주기 등)
> ① 법 제92조제1항에 따라 성능검사를 받아야 하는 측량기기와 검사주기는 다음 각 호와 같다.
>   1. 트랜싯(데오돌라이트) : 3년
>   2. 레벨 : 3년
>   3. 거리측정기 : 3년
>   4. 토털 스테이션 : 3년
>   5. 지피에스(GPS) 수신기 : 3년
>   6. 금속관로 탐지기 : 3년
> ② 제1항에 따른 성능검사 주기는 최초의 성능검사를 받아야 하는 날의 다음 날부터 기산(起算)하고, 이후에는 검사유효기간 만료일 전 31일 이내에 성능검사를 받아야 한다.

99 일반측량을 한 자에게 그 측량성과 및 측량기록의 사본을 제출하게 할 수 있는 경우가 아닌 것은? [2014년 기사 1회]

① 측량의 정확도 확보
② 측량의 중복 배제
③ 측량에 관한 자료의 수집 · 분석
④ 공공측량성과의 보안 유지

> [해설]
>
> 공간정보의 구축 및 관리에 관한 법률 제22조(일반측량의 실시 등)
> ① 일반측량은 기본측량성과 및 그 측량기록, 공공측량성과 및 그 측량기록을 기초로 실시하여야 한다.
> ② 국토교통부장관은 다음 각 호의 어느 하나에 해당하는 목적을 위하여 필요하다고 인정되는 경우에는 일반측량을 한 자에게 그 측량성과 및 측량기록의 사본을 제출하게 할 수 있다.
>   1. 측량의 정확도 확보
>   2. 측량의 중복 배제
>   3. 측량에 관한 자료의 수집 · 분석

100 다음 중 기본측량성과의 국외 반출에서 "외국정부와 기본측량성과를 서로 교환하는 등 대통령령으로 정하는 경우"에 해당되는 경우가 아닌 것은? [2014년 기사 2회]

① 대한민국 정부와 외국 정부 간에 체결된 협정 또는 합의에 따라 기본측량성과를 상호 교환하는 경우
② 국제회의 또는 국제기구에 참석하는 자가 자료로 사용하기 위하여 측량용 사진을 반출하는 경우
③ 관광객 유치와 관광시설 홍보를 목적으로 측량용 사진을 반출하는 경우
④ 축척 5만분의 1 미만인 소축척 수치지형도를 국외로 반출하는 경우

> [해설]
>
> 공간정보의 구축 및 관리에 관한 법률 시행령 제16조(기본측량성과의 국외 반출)
> 법 제16조제1항 단서 및 제21조제1항 단서에서 "외국정부와 기본측량성과를 서로 교환하는 등 대통령령으로 정하는 경우"란 다음 각 호의 경우를 말한다.
>   1. 대한민국 정부와 외국 정부 간에 체결된 협정 또는 합의에 따라 기본측량성과를 상호 교환하는 경우
>   2. 정부를 대표하여 외국 정부와 교섭하거나 국제회의 또는 국제기구에 참석하는 자가 자료로 사용하기 위하여 지도나 그 밖에 필요한 간행물(이하 "지도 등"이라 한다) 또는 측량용 사진을 반출하는 경우
>   3. 관광객 유치와 관광시설 홍보를 목적으로 지도 등 또는 측량용 사진을 제작하여 반출하는 경우
>   4. 축척 5만분의 1 미만인 소축척의 지도(수치지형도는 제외한다. 이하 이 항에서 같다)나 그 밖에 필요한 간행물을 국외로 반출하는 경우
>   5. 축척 2만5천분의 1 또는 5만분의 1 지도로서 「국가공간정보에 관한 법률 시행령」 제24조제3항에 따라 국가정보원장의 지원을 받아 보안성 검토를 거친 경우(등고선, 발전소, 가스관 등 국토교통부장관이 정하여 고시하는 시설 등이 표시되지 아니한 경우로 한정한다)

Answer 99 ④ 100 ④

101 일반측량을 시행하는 데 기초로 할 수 없는 자료는? [2014년 기사 2회]

① 기본측량성과 ② 일반측량성과
③ 공공측량성과 ④ 공공측량기록

해설

공간정보의 구축 및 관리에 관한 법률 제22조 (일반측량의 실시 등)
① 일반측량은 기본측량성과 및 그 측량기록, 공공측량성과 및 그 측량기록을 기초로 실시하여야 한다.
② 국토교통부장관은 다음 각 호의 어느 하나에 해당하는 목적을 위하여 필요하다고 인정되는 경우에는 일반측량을 한 자에게 그 측량성과 및 측량기록의 사본을 제출하게 할 수 있다.
1. 측량의 정확도 확보
2. 측량의 중복 배제
3. 측량에 관한 자료의 수집·분석

102 기본측량의 실시공고는 해당 특별시·광역시·도 또는 특별자치도 또는 특별자치도의 게시판 및 인터넷 홈페이지에 며칠 이상 게시하여야 하는가? [2014년 기사 3회]

① 30일 ② 21일
③ 14일 ④ 7일

해설

공간정보의 구축 및 관리에 관한 법률 시행령 제12조(측량의 실시공고)
① 법 제12조제2항에 따른 기본측량의 실시공고와 법 제17조제6항에 따른 공공측량의 실시공고는 전국을 보급지역으로 하는 일간신문에 1회 이상 게재하거나 해당 특별시·광역시·도 또는 특별자치도(이하 "시·도"라 한다)의 게시판 및 인터넷 홈페이지에 7일 이상 게시하는 방법으로 하여야 한다.
② 제1항에 따른 공고에는 다음 각 호의 사항이 포함되어야 한다.
1. 측량의 종류
2. 측량의 목적
3. 측량의 실시기간
4. 측량의 실시지역
5. 그 밖에 측량의 실시에 관하여 필요한 사항

103 일반측량성과 및 일반측량기록 사본의 제출을 요구할 수 있는 경우에 해당되지 않는 것은? [2014년 기사 3회]

① 측량의 기술 개발을 위하여
② 측량의 정확도 확보를 위하여
③ 측량의 중복 배제를 위하여
④ 측량에 관한 자료의 수집·분석을 위하여

해설

공간정보의 구축 및 관리에 관한 법률 제22조 (일반측량의 실시 등)
① 일반측량은 기본측량성과 및 그 측량기록, 공공측량성과 및 그 측량기록을 기초로 실시하여야 한다.
② 국토교통부장관은 다음 각 호의 어느 하나에 해당하는 목적을 위하여 필요하다고 인정되는 경우에는 일반측량을 한 자에게 그 측량성과 및 측량기록의 사본을 제출하게 할 수 있다.
1. 측량의 정확도 확보
2. 측량의 중복 배제
3. 측량에 관한 자료의 수집·분석

104 다음 중 측량업 등록의 결격사유에 해당되지 않는 것은?

① 피성년후견인 또는 피한정후견인
② 국가보안법 위반으로 금고 이상의 실형 선고자
③ 측량업의 등록이 취소된 후 3년이 지난 자
④ 측량업의 등록이 취소된 후 1년이 지난 임원을 둔 법인

Answer 101 ② 102 ④ 103 ① 104 ③

해설

공간정보의 구축 및 관리에 관한 법률 제47조 (측량업등록의 결격사유)

다음 각 호의 어느 하나에 해당하는 자는 측량업의 등록을 할 수 없다.
1. 피성년후견인 또는 피한정후견인
2. 이 법이나 국가보안법 또는 형법 제87조부터 제104조까지의 규정을 위반하여 금고 이상의 실형을 선고받고 그 집행이 끝나거나(집행이 끝난 것으로 보는 경우를 포함한다) 집행이 면제된 날부터 2년이 지나지 아니한 자
3. 이 법이나 국가보안법 또는 형법 제87조부터 제104조까지의 규정을 위반하여 금고 이상의 형의 집행유예를 선고받고 그 집행유예기간 중에 있는 자
4. 제52조에 따라 측량업의 등록이 취소된 후 2년이 지나지 아니한 자
5. 임원 중에 제1호부터 제4호까지의 어느 하나에 해당하는 자가 있는 법인

105 측량성과 심사수탁기관이 지도 등의 심사를 할 때에 적정여부에 대한 심사사항이 아닌 것은? [2015년 기사 1회]

① 도곽설정·축척 및 투영
② 지형·지물 및 지명의 표시
③ 주기 및 기호 표시
④ 판매가격

해설

공간정보의 구축 및 관리 등에 관한 법률 시행규칙 제18조(지도 등의 심사사항)

① 법 제15조제3항에 따라 측량성과 심사수탁기관이 지도 등의 심사를 할 때에는 다음 각 호의 사항이 적정한지에 관하여 심사한다.
1. 도곽설치·축척 및 투영
2. 지형·지물 및 지명의 표시
3. 주기(注記) 및 기호 표시
4. 난외(欄外) 표시
5. 표준작업방법
6. 그 밖의 표시사항

② 제1항에 따른 심사사항에 대한 세부 기준 등 지도 등의 심사에 필요한 사항은 국토지리정보원장이 정하여 고시한다.

106 모든 측량의 기초가 되는 공간정보를 제공하기 위하여 국토교통부장관이 실시하는 측량을 무엇이라 하는가? [2015년 기사 1회]

① 국가측량
② 기본측량
③ 기초측량
④ 공공측량

해설

공간정보의 구축 및 관리 등에 관한 법률 제2조 (정의)

이 법에서 사용하는 용어의 뜻은 다음과 같다.
1. "측량"이란 공간상에 존재하는 일정한 점들의 위치를 측정하고 그 특성을 조사하여 도면 및 수치로 표현하거나 도면상의 위치를 현지(現地)에 재현하는 것을 말하며, 측량용 사진의 촬영, 지도의 제작 및 각종 건설사업에서 요구하는 도면작성 등을 포함한다.
2. "기본측량"이란 모든 측량의 기초가 되는 공간정보를 제공하기 위하여 국토교통부장관이 실시하는 측량을 말한다.
3. "공공측량"이란 다음 각 목의 측량을 말한다.
   가. 국가, 지방자치단체, 그 밖에 대통령령으로 정하는 기관이 관계 법령에 따른 사업 등을 시행하기 위하여 기본측량을 기초로 실시하는 측량
   나. 가목 외의 자가 시행하는 측량 중 공공의 이해 또는 안전과 밀접한 관련이 있는 측량으로서 대통령령으로 정하는 측량

Answer 105 ④ 106 ②

107 대통령령으로 정하는 공공측량에 해당되지 않는 것은?
[2015년 기사 2회]

① 측량노선의 길이가 10킬로미터인 기준점측량
② 측량지역의 길이가 0.5킬로미터인 지하시설물 측량
③ 측량실시지역의 면적이 1제곱킬로미터인 평면 측량
④ 촬영지역 면적이 0.5제곱킬로미터인 측량용 사진촬영

해설
공간정보의 구축 및 관리에 관한 법률 시행령 제3조(공공측량)
법 제2조제3호나목에서 "대통령령으로 정하는 측량"이란 다음 각 호의 측량 중 국토교통부장관이 지정하여 고시하는 측량을 말한다. 〈개정 2013.3.23.〉
1. 측량실시지역의 면적이 1제곱킬로미터 이상인 기준점측량, 지형측량 및 평면측량
2. 측량노선의 길이가 10킬로미터 이상인 기준점측량
3. 국토교통부장관이 발행하는 지도의 축척과 같은 축척의 지도 제작
4. 촬영지역의 면적이 1제곱킬로미터 이상인 측량용 사진의 촬영
5. 지하시설물 측량
6. 인공위성 등에서 취득한 영상정보에 좌표를 부여하기 위한 2차원 또는 3차원의 좌표측량
7. 그 밖에 공공의 이해에 특히 관계가 있다고 인정되는 사설철도 부설, 간척 및 매립사업 등에 수반되는 측량

108 공간정보의 구축 및 관리에 관한 법률의 벌칙 중 3년 이하의 징역 또는 3000만원 이하의 벌금에 처하는 경우는?
[2015년 기사 2회]

① 속임수, 위력 등으로 측량업 또는 수로사업과 관련된 입찰의 공정성을 해친 자
② 성능검사를 부정하게 한 성능검사대행자
③ 측량기준점표지를 이전 또는 훼손하거나 그 효용을 해치는 행위를 한 자
④ 고의로 측량성과 또는 수로조사 성과를 사실과 다르게 한 자

해설
공간정보의 구축 및 관리에 관한 법률 제107조 (벌칙)
측량업자로서 속임수, 위력(威力), 그 밖의 방법으로 측량업 또는 수로사업과 관련된 입찰의 공정성을 해친 자는 3년 이하의 징역 또는 3천만원 이하의 벌금에 처한다.

109 공공측량성과의 심사에 관한 설명으로 옳지 않은 것은?
[2015년 기사 3회]

① 공공측량성과의 제출 및 심사에 필요한 사항은 대통령령으로 정한다.
② 국토교통부장관은 심사 결과 공공측량성과가 적합하다고 인정되면 대통령령으로 정하는 바에 따라 그 측량성과를 고시하여야 한다.
③ 국토교통부장관은 공공측량성과의 사본을 받았으면 지체없이 그 내용을 심사하여 그 결과를 해당 공공측량시행자에게 통지하여야 한다.
④ 공공측량시행자는 공공측량성과를 얻은 경우에는 지체없이 그 사본을 국토교통부장관에게 제출하여야 한다.

해설
공간정보의 구축 및 관리에 관한 법률 제18조 (공공측량성과의 심사)
① 공공측량시행자는 공공측량성과를 얻은 경우에는 지체 없이 그 사본을 국토교통부장관에게 제출하여야 한다.〈개정 2013.3.23.〉
② 국토교통부장관은 필요하다고 인정하면 공공측량시행자에게 공공측량기록의 사본을 제출하도록 할 수 있다.〈개정 2013.3.23.〉
③ 국토교통부장관은 제1항에 따라 공공측량성과의 사본을 받았으면 지체 없이 그 내용을 심사하여 그 결과를 해당 공공측량시행자에게 통지하여야 한다.〈개정 2013.3.23.〉

Answer 107 ④ 108 ① 109 ①

④ 국토교통부장관은 제3항에 따른 심사 결과 공공측량성과가 적합하다고 인정되면 대통령령으로 정하는 바에 따라 그 측량성과를 고시하여야 한다. 〈개정 2013.3.23.〉
⑤ 공공측량성과의 제출 및 심사에 필요한 사항은 국토교통부령으로 정한다.

110 공공측량 작업계획서를 제출할 때 포함되지 않아도 되는 사항은? [2015년 기사 3회]

① 공공측량의 시행자의 규모
② 공공측량의 위치 및 사업량
③ 공공측량의 목적 및 활용 범위
④ 사용할 측량기기의 종류 및 성능

해설

공간정보의 구축 및 관리에 관한 법률 시행규칙 제21조(공공측량 작업계획서의 제출)
① 공공측량시행자는 법 제17조제2항에 따라 공공측량을 하기 3일 전에 국토지리정보원장이 정한 기준에 따라 공공측량 작업계획서를 작성하여 국토지리정보원장에게 제출하여야 한다. 공공측량 작업계획서를 변경한 경우에도 또한 같다. 〈개정 2015.6.4.〉
② 제1항에 따른 공공측량 작업계획서에 포함되어야 할 사항은 다음 각 호와 같다.
1. 공공측량의 사업명
2. 공공측량의 목적 및 활용 범위
3. 공공측량의 위치 및 사업량
4. 공공측량의 작업기간
5. 공공측량의 작업방법
6. 사용할 측량기기의 종류 및 성능
7. 법 제17조제1항에 따라 사용할 측량성과의 명칭, 종류 및 내용
8. 그 밖에 작업에 필요한 사항

111 국토교통부장관은 측량기본계획을 몇 년마다 수립하여야 하는가? [2015년 기사 3회]

① 1년   ② 3년
③ 5년   ④ 10년

해설

공간정보의 구축 및 관리에 관한 법률 제5조 (측량기본계획 및 시행계획)
① 국토교통부장관은 다음 각 호의 사항(수로조사에 관한 사항은 제외한다)이 포함된 측량기본계획을 5년마다 수립하여야 한다. 〈개정 2013.3.23.〉
1. 측량에 관한 기본 구상 및 추진 전략
2. 측량의 국내외 환경 분석 및 기술연구
3. 측량산업 및 기술인력 육성 방안
4. 그 밖에 측량 발전을 위하여 필요한 사항

112 성능검사를 받아야 하는 측량기기와 검사 주기가 옳은 것은? [2015년 기사 3회]

① 레벨 : 2년
② 토털 스테이션 : 1년
③ 금속관로 탐지기 : 4년
④ 지피에스(GPS) 수신기 : 3년

해설

공간정보의 구축 및 관리에 관한 법률 시행령 제97조(성능검사의 대상 및 주기 등)
① 법 제92조제1항에 따라 성능검사를 받아야 하는 측량기기와 검사주기는 다음 각 호와 같다.
1. 트랜싯(데오돌라이트) : 3년
2. 레벨 : 3년
3. 거리측정기 : 3년
4. 토털 스테이션 : 3년
5. 지피에스(GPS) 수신기 : 3년
6. 금속관로 탐지기 : 3년

113 일반측량은 어떤 측량성과 및 측량기록을 기초로 실시하는가? [2011년 기사 2회]

① 기본측량·공공측량 성과 및 그 측량기록
② 지형측량성과 및 측량기록
③ 도근측량성과 및 측량기록
④ 삼각측량성과 및 측량기록

Answer 110 ① 111 ③ 112 ④ 113 ①

> **[해설]**
> **일반측량의 실시(법 제22조)**
> 일반측량은 기본측량성과 및 그 측량기록, 공공측량성과 및 그 측량기록을 기초로 실시하여야 한다.

114 우리나라 측량의 기준으로서 위치 측정의 기준인 세계측지계에 대한 설명으로 옳지 않은 것은? [2011년 기사 3회]

① 지구를 편평한 회전타원체로 상정하여 실시하는 위치측정의 기준이다.
② 극지방의 지오이드가 회전타원체면과 일치하여야 한다.
③ 회전타원체의 단축이 지구의 자전축과 일치하여야 한다.
④ 회전타원체의 장반경은 6,378,137미터이다.

> **[해설]**
> **세계측지계의 위치측정 기준(시행령 제7조)**
> 1. 회전타원체의 장반경(長半徑) 및 편평률(扁平率)은 다음 각 목과 같을 것
>   가. 장반경 : 6,378,137미터
>   나. 편평률 : 298.257222101분의 1
> 2. 회전타원체의 중심이 지구의 질량중심과 일치할 것
> 3. 회전타원체의 단축(短軸)이 지구의 자전축과 일치할 것

115 공공측량 작업계획서에 포함되어야 할 사항이 아닌 것은? [2011년 기사 3회]

① 사용할 측량기기의 종류 및 성능
② 공공측량의 작업방법
③ 공공측량의 사업명
④ 공공측량의 성과심사 수탁기관

> **[해설]**
> **공공측량 작업계획서에 포함되어야 할 사항 (시행규칙 제21조)**
> 1. 공공측량의 사업명
> 2. 공공측량의 목적 및 활용 범위
> 3. 공공측량의 위치 및 사업량
> 4. 공공측량의 작업기간
> 5. 공공측량의 작업방법
> 6. 사용할 측량기기의 종류 및 성능
> 7. 법 제17조제1항에 따라 사용할 측량성과의 명칭, 종류 및 내용
> 8. 그 밖에 작업에 필요한 사항

116 측량기기의 성능검사대행자 등록의 결격사유에 해당되지 않는 것은? [2011년 기사 3회]

① 피한정후견인
② 폐업 후 3년이 경과되지 아니한 법인
③ 임원 중 금치산자가 있는 법인
④ 등록이 취소된 후 2년이 경과되지 아니한 자

> **[해설]**
> **측량기기의 성능검사대행자 등록의 결격사유 (법 제94조)**
> 1. 피성년후견인 또는 피한정후견인
> 2. 이 법을 위반하여 징역의 실형을 선고받고 그 집행이 종료(집행이 종료된 것으로 보는 경우를 포함한다.)되거나 집행이 면제된 날부터 2년이 경과되지 아니한 자
> 3. 이 법을 위반하여 징역형의 집행유예를 선고받고 그 유예기간 중에 있는 자
> 4. 제96조제1항에 따라 등록이 취소된 후 2년이 경과되지 아니한 자
> 5. 임원 중에 제1호부터 제4호까지의 어느 하나에 해당하는 자가 있는 법인

117 공공측량의 정의에서 "대통령령으로 정하는 공공측량"에 속하지 않는 것은? [2011년 기사 3회]

① 측량 노선의 길이가 1킬로미터 이상인 기준점 측량
② 국토교통부장관이 발행하는 지도의 축척과 같은 축척의 지도 제작

Answer 114 ② 115 ④ 116 ② 117 ①

③ 지하시설물 측량
④ 인공위성 등에서 취득한 영상정보에 좌표를 부여하기 위한 2차원 또는 3차원의 좌표측량

해설

대통령령으로 정하는 공공측량(시행령 제3조)
1. 측량실시지역의 면적이 1제곱킬로미터 이상인 기준점측량, 지형측량 및 평면측량
2. 측량노선의 길이가 10킬로미터 이상인 기준점측량
3. 국토교통부장관이 발행하는 지도의 축척과 같은 축척의 지도 제작
4. 촬영지역의 면적이 1제곱킬로미터 이상인 측량용 사진의 촬영
5. 지하시설물 측량
6. 인공위성 등에서 취득한 영상정보에 좌표를 부여하기 위한 2차원 또는 3차원의 좌표측량
7. 그 밖에 공공의 이해에 특히 관계가 있다고 인정되는 사설철도 부설, 간척 및 매립사업 등에 수반되는 측량

118 기본측량의 실시공고에 포함하여야 할 사항이 아닌 것은? [2011년 기사 3회]

① 측량의 종류
② 측량의 목적
③ 측량의 성과 보관 장소
④ 측량의 실시지역

해설

기본측량 및 공공측량의 실시공고에 포함하여야 할 사항(시행령 제12조)
1. 측량의 종류
2. 측량의 목적
3. 측량의 실시기간
4. 측량의 실시지역
5. 그 밖에 측량의 실시에 관하여 필요한 사항

119 공공측량성과를 사용하여 지도 등을 간행하여 판매하려는 공공측량시행자는 해당 지도 등의 필요한 사항을 발매일 며칠 전까지 누구에게 통보하여야 하는가? [2012년 기사 3회]

① 7일 전, 국토관리청장
② 7일 전, 국토지리정보원장
③ 15일 전, 국토관리청장
④ 15일 전, 국토지리정보원장

해설

제24조(공공측량성과 등의 간행)
영 제17조제1항에 따라 공공측량성과를 사용하여 지도 등을 간행하여 판매하려는 공공측량시행자는 같은 조 제2항에 따라 해당 지도 등의 크기 및 매수, 판매가격 산정서류를 첨부하여 해당 지도 등의 발매일 15일 전까지 국토지리정보원장에게 통보하여야 한다.

120 기본측량성과 검증기관의 인력 및 장비 보유 기준으로 옳은 것은? [2015년 기사 2회]

① 특급기술자 1인 이상
② 중급기술자 2인 이상
③ 도화기능사 1인 이상
④ GPS 수신기(1급) : 3대 이상

해설

기본측량성과 검증기관의 인력 및 장비 보유기준

기술인력	장비
1. 특급기술자 : 2명 이상 2. 고급기술자 : 3명 이상 3. 중급기술자 : 3명 이상 4. 초급기술자 : 1명 이상 5. 정보처리기사 자격취득자 : 1명 이상 6. 고급기능사 　가. 도화기능사 : 2명 이상 　나. 지도제작기능사 : 3명 이상	1. GPS 수신기(1급) : 3대 이상 2. 토털 스테이션(1급) : 1대 이상 3. 레벨(1급, 인바표척 포함) : 1대 이상 4. 해석도화기 : 1대 이상 5. 출력장치 : 1대 이상 6. 자동독취기(스캐너) : 1대 이상 7. 수치지도 입력·출력 및 GPS 데이터 처리 소프트웨어 : 1식

Answer 118 ③ 119 ④ 120 ④

2. 수치지도 작성 작업 규칙

01 1 : 25,000 및 1 : 50,000 지형도 도식적 용규정에서 지류의 표시원칙으로 잘못된 것은?
[2010년 기사 1회]

① 지류계와 지류 기호로 표시한다.
② 기호는 도곽 하변에 대하여 수직으로 표시한다.
③ 잡초지를 포함한 거친 땅으로써 경지로 사용되지 않는 토지는 초지 기호로 표시한다.
④ 일반적으로 도상에서 5mm²인 것에 대하여 표시한다.

해설

1/25,000 지형도 도식적용규정 제116조(표시원칙) 09년 12월 이전 규정 적용
① 지류는 지류계와 지류기호로 표시한다.
② 지류기호는 답, 전, 과수원, 뽕나무밭, 대밭, 풀밭, 삼림 등의 기호로써 구분하고 기호와 기호 사이의 간격은 도식에 의한다.
③ 기호는 도곽하변에 대하여 직립하도록 표시한다.
④ 도상에서 5mm 평방인 것에 대하여 표시하고 지도의 표현상 필요할 때에는 5mm 평방 미만인 것도 독립기호로서 2.0mm 간격으로 표시한다.

02 등고선에 의하여 표현되는 것은?
[2010년 기사 2회]

① 지물 ② 지류
③ 지모 ④ 지상

해설

① **지물** : 지표면 위의 인위적 물체, 즉 하천, 호수, 도로, 철도, 건축물 등
② **지모** : 지표면 위의 자연적인 토지의 기복상태, 즉 산정, 구릉, 계곡, 평야 등 지표면의 기복상태를 말한다. 지모의 표현은 등고선에 의하여 등고선은 주곡선, 간곡선, 조곡선, 계곡선으로 구분하여 표시한다.
③ **지류(地流)는 식물이 자라고 있는 땅의 상태 또는 식물의 종류** : 지류(支流)는 다른 강이나 개울에 합류하면서도 바다로 직접적으로 흐르지 않는 물줄기를 가리킨다. 지천(支川)이라고도 한다. 오른쪽 지류와 왼쪽 지류로 나뉘며, 강독과 비슷하게 언제나 하류의 관점에서 적용된다. 지류의 반대말은 분류이며, 이는 주류로부터 흐르는 강의 줄기를 말한다.

03 1 : 25,000 지형도의 조곡선(助曲線) 간격에 대한 설명으로 옳은 것은?
[2010년 기사 2회]

① 2m이다.
② 5m이다.
③ 주곡선 간격의 1/2이다.
④ 주곡선 간격의 1/4이다.

해설

등고선의 종류	기호	등고선간격		
		1/10,000	1/25,000	1/50,000
계곡선	굵은 실선	25m	50m	100m
주곡선	가는 실선	5m	10m	20m
간곡선	가는 파선	2.5m	5m	10m
조곡선	가는 점선	1.25m	2.5m	5m

Answer 01 ③ 02 ③ 03 ④

04 1 : 50,000 지형도 도식적용규정에서 수부에 대한 세칙으로 옳지 않은 것은?

[2010년 기사 3회]

① 수애선은 바다에 있어서는 만조 시의 실제모습을 표시한다.
② 폭포는 높이 5m 이상을 표시한다.
③ 하천의 유수방향을 독도하기 어려울 경우에는 기호로서 표시한다.
④ 댐은 그 높이가 10m 이상, 길이가 도상 2mm 이상되는 것만 표시한다.

해설

1 : 25,000 및 1 : 50,000 지형도 도식적용규정
제11조(수부의 정의) 수부는 하천, 바다, 육지의 물 등과 관련한 모든 표시사항, 만조 시 해안선 및 이에 관련되는 각종 표시사항을 포함한다.
제12조(수애선) 수애선은 하천, 호수 등에서는 평상 시의 수위를 기준으로 실제 모습을 표시하고, 바다에서는 만조 시의 수위를 기준으로 실제 모습을 표시하고 그 사항에 영향이 없는 미세한 형태의 표시는 생략할 수 있다.
제16조(폭포)
① 폭포는 지도상 높이가 0.2mm 이상인 경우 표시하며, 이에 해당되는 폭포가 여러 개 있는 경우 낙차의 폭, 수량 및 관광대상 등을 고려하여 취사 선택한다.
② 폭포의 폭이 지도상에서 0.5mm 이하인 경우 기호로 표시하고 0.5mm 이상의 것은 실폭과 동일하게 연속 기호로 표시한다.
③ 인지도가 높은 것은 기호와 함께 그 명칭을 표기한다.
제17조(유수방향)
① 유수방향은 하천, 건천, 수로 등의 물이 흐르는 방향을 표시하는 것으로 상·하류 방향의 식별이 어려운 경우에 표시한다.
② 하천의 폭이 협소하여 유수 방향 기호를 표시하기 어려운 경우 하천 바깥쪽에 하천 선 기호와 평행하게 가까운 위치에 표시한다.

제23조(댐)
① 댐은 발전, 상수도, 농공업용수 등으로 물을 저장할 목적으로 만든 시설물을 말하며 지도상 높이가 0.12mm 이상, 지도상 길이가 1.0mm 이상되는 것만 표시한다.
② 지도상 길이 2.0mm 이하인 경우는 소기호로, 그 이상은 대기호로 사용하고 댐 상부가 도로를 겸하고 있는 경우 도로기호는 생략한다.

05 1 : 50,000 지형도의 도엽의 구획으로 옳은 것은?

[2011년 기사 1회]

① 경위도차 1분 30초
② 경위도차 7분 30초
③ 경위도차 15분
④ 경위도차 30분

해설

도엽코드

축척	도곽의 크기
1/50,000	15′×15′
1/25,000	7′30″×7′30″
1/10,000	3′×3′
1/5,000	1′30″×1′30″
1/2,500	45″×45″
1/1,000	18″×18″
1/500	9″×9″

수치지도 작성 작업 규칙
제5조(도엽코드 및 도곽의 크기)
① 수치지도의 도엽코드 및 도곽의 크기는 수치지도의 위치검색, 다른 수치지도와의 접합 및 활용 등을 위하여 경위도(經緯度)를 기준으로 분할된 일정한 형태와 체계로 구성하여야 한다.
② 수치지도의 각 축척에 따른 도엽코드 및 도곽의 크기는 별표와 같다.

Answer 04 ② 05 ③

06 1 : 5,000 지형도 제작 시 바다에서의 수애선은 어느 시기의 수위를 기준으로 하는가?

[2011년 기사 2회]

① 측량 당시의 수위
② 간조시의 수위
③ 평균해수면의 수위
④ 만조시의 수위

해설

1. 수애선(水涯線) 측량
   ① 수면과 하안(河岸)과의 경계선을 수애선이라 한다.
   ② 수애선은 하천수위의 변화에 따라 변동하는 것으로 평수위(平水位)에 의하여 정해진다.
   ③ 평수위는 어떤 기간 계속하여 관측한 수위 가운데 1/2은 그 수위보다 높고 다른 1/2은 낮은 수위이다.
   ④ 수애선 측량에는 동시관측에 의한 방법과 수심측량에 의한 방법이 있다.
2. 1 : 25,000 및 1 : 50,000 지형도 도식적용 규정

제11조(수부의 정의) 수부는 하천, 바다, 육지의 물 등과 관련한 모든 표시 사항, 만조 시 해안선 및 이에 관련되는 각종 표시 사항을 포함한다.

제12조(수애선) 수애선은 하천, 호수 등에서는 평상시의 수위를 기준으로 실제 모습을 표시하고, 바다에서는 만조시의 수위를 기준으로 실제 모습을 표시하고 그 사항에 영향이 없는 미세한 형태의 표시는 생략할 수 있다.

07 공간정보의 구축 및 관리에 관한 법률에서 규정하는 수치주제도에 속하지 않는 것은?

[2014년 기사 3회]

① 지하시설물도   ② 행정구역도
③ 수치지적도   ④ 토지피복도

해설

수치주제도의 종류(제4조 관련)
1. 지하시설물도
2. 토지이용현황도
3. 토지적성도
4. 국토이용계획도
5. 도시계획도
6. 도로망도
7. 수계도
8. 하천현황도
9. 지하수맥도
10. 행정구역도
11. 산림이용기본도
12. 임상도
13. 지질도
14. 토양도
15. 식생도
16. 생태·자연도
17. 자연공원현황도
18. 토지피복지도
19. 관광지도
20. 풍수해보험관리지도
21. 재해지도

Answer 06 ④ 07 ③

3. 지도도식 규칙

01 지도도식 규칙에 따라 외도곽 바깥쪽에 표시되는 것으로 옳지 않은 것은?

[2010년 기사 1회]

① 도엽명 및 도엽번호
② 지형지물 및 행정구역 경계
③ 인접지역 및 행정구역 색인
④ 편집연도 및 수정연도

[해설]
지도도식 규칙 제8조(지도의 표시방법)
지도의 내도곽 안쪽에는 지형·지물·지명 및 행정구역 경계 등과 그에 관한 주기를 표시하고, 외도곽 바깥쪽에는 도엽명, 도엽번호, 인접지역 색인, 행정구역, 색인, 범례, 발행자, 편집연도, 수정연도, 인쇄연도 및 축척 등을 표시한다.

02 지도의 난외주기에 표시할 사항이 아닌 것은?

[2010년 기사 3회]

① 지도의 도곽   ② 도엽의 명칭
③ 발행자   ④ 지번

[해설]
난외주기는 지도 도곽의 퓨시와 지도 구성에 필요한 여러 사항을 말하며 도곽 주위에 표시하여 일련의 원칙에 따라 배치, 표현된다.
도엽명, 도엽번호, 도곽, 인접도엽표, 발행자, 축척, 범례 등

03 지도도식규칙에 따라 지도의 외도곽 바깥쪽에 표시되는 것이 아닌 것은?

[2011년 기사 1회]

① 인쇄연도 및 축척
② 행정구역경계
③ 도엽명 및 도엽번호
④ 편집연도

[해설]
지도도식규칙
제8조(지도의 표시방법) 지도의 내도곽 안쪽에는 지형·지물·지명 및 행정구역경계 등과 그에 관한 주기를 표시하고, 외도곽 바깥쪽에는 도엽명·도엽번호·인접지역 색인·행정구역색인·범례·발행자·편집연도·수정연도·인쇄연도 및 축척 등을 표시한다.[전문개정 2002.7.24]

04 지도도식규칙에 대한 설명으로 옳지 않은 것은?

[2011년 기사 2회]

① 측량성과를 이용하여 간행하는 지도의 도식에 관한 기준을 정한 것이다.
② 기본측량 및 공공측량의 성과로서 지도를 간행하는 경우에 적용한다.
③ 기본측량 및 공공측량 성과를 간접으로 이용하는 지도간행물에는 적용하지 않는다.
④ 군사용의 지도와 그 간행물에 대하여는 적용하지 않을 수 있다.

[해설]
지도도식규칙
제1조(목적)
이 규칙은 측량법 제23조제1항 및 제35조의2의 규정에 의한 측량성과를 이용하여 간행하는 지도의 도식에 관한 기준을 정하여 지형·지물 및 지명 등을 나타내는

Answer 01 ② 02 ④ 03 ② 04 ③

기호나 문자 등의 표시방법의 통일을 기함으로써 지도의 정확하고 쉬운 판독에 이바지함을 목적으로 한다. 〈개정 2002.7.24〉

제2조(적용범위)
① 이 규칙은 다음 각 호의 1에 해당하는 경우에 이를 적용한다. 다만, 군사용의 지도와 그 간행물에 대하여는 적용하지 아니할 수 있다.
  1. 기본측량 및 공공측량의 성과로서 지도를 간행하는 경우 〈개정 2002.7.24〉
  2. 기본측량 및 공공측량의 성과를 직접 또는 간접으로 이용하여 지도에 관한 간행물을 발간하는 경우

05 지도 등의 판매가격을 결정하고 판매·배포 및 그 밖의 세부사항을 결정하는 자는?

[2011년 기사 2회]

① 국토교통부장관
② 국토지리정보원장
③ 서울특별시장, 광역시장 또는 도지사
④ 시장, 군수

[해설]
시행규칙 제14조(지도 등의 판매 및 배포)
① 법 제15조제3항에 따라 지도 등을 판매하거나 배포하려는 자는 「국가를 당사자로 하는 계약에 관한 법률」에 따라 국토지리정보원장과 계약을 체결하여야 한다.
② 지도 등의 판매·배포, 그 밖의 세부 사항은 국토지리정보원장이 정하여 고시한다.

06 등고선에 의하여 표현되는 것은?

[2011년 기사 2회]

① 지상
② 지모
③ 지류
④ 지물

[해설]
지도도식규칙 제5조(등고선)
지모의 표현은 등고선에 의하며 등고선은 주곡선, 간곡선, 조곡선 및 계곡선으로 구분하여 표시한다.

07 국토지리정보원장이 간행하는 지도나 그 밖에 필요한 간행물의 종류가 아닌 것은?

[2011년 기사 3회]

① 축척 1/2,500의 지도
② 축척 1/20,000의 지도
③ 철도, 도로, 하천, 해안선, 건물, 수치표고모델, 정사 영상 등에 관한 기본 공간정보
④ 3차원 공간정보

[해설]
공간정보의 구축 및 관리 등에 관한 법률 시행규칙 제13조(지도등 간행물의 종류)
법 제15조제1항에 따라 국토지리정보원장이 간행하는 지도나 그 밖에 필요한 간행물(이하 "지도등"이라 한다)의 종류는 다음 각 호와 같다. 〈개정 2014.1.17., 2015.6.4.〉
1. 축척 1/500, 1/1,000, 1/2,500, 1/5,000, 1/10,000, 1/25,000, 1/50,000, 1/100,000, 1/250,000, 1/500,000 및 1/1,000,000의 지도
2. 철도, 도로, 하천, 해안선, 건물, 수치표고(數値標高), 공간정보 입체모형(3차원 공간정보), 실내공간정보, 정사영상(正射映像) 등에 관한 기본 공간정보
3. 삭제 〈2015.6.4〉
4. 연속수치지형도 및 축척 1/25,000 영문판 수치지형도
5. 국가인터넷지도, 전자지도, 대한민국전도, 대한민국주변도 및 세계지도
6. 국가격자좌표정보 및 국가관심지점정보

Answer 05 ② 06 ② 07 ②

08 지도도식규칙을 따르지 않아도 되는 경우는?
[2012년 기사 3회]

① 군사훈련을 위한 군사용 지도
② 기본측량의 성과로서 지도를 간행하는 경우
③ 공공측량의 성과를 간접 이용하여 지도에 관한 간행물을 발간하는 경우
④ 기본측량의 성과를 직접 이용하여 지도에 관한 간행물을 발간하는 경우

해설

지도도식규칙
제1조(목적)
이 규칙은 측량법 제23조제1항 및 제35조의2의 규정에 의한 측량성과를 이용하여 간행하는 지도의 도식에 관한 기준을 정하여 지형·지물 및 지명 등을 나타내는 기호나 문자 등의 표시방법의 통일을 기함으로써 지도의 정확하고 쉬운 판독에 이바지함을 목적으로 한다.
〈개정 2002.7.24〉

제2조(적용범위)
① 이 규칙은 다음 각 호의 1에 해당하는 경우에 이를 적용한다. 다만, 군사용의 지도와 그 간행물에 대하여는 적용하지 아니할 수 있다.
　1. 기본측량 및 공공측량의 성과로서 지도를 간행하는 경우 〈개정 2002.7.24〉
　2. 기본측량 및 공공측량의 성과를 직접 또는 간접으로 이용하여 지도에 관한 간행물을 발간하는 경우

09 다음 중 지도도식규칙을 적용하지 아니할 수 있는 경우는?
[2013년 기사 3회]

① 기본측량 및 공공측량의 성과로서 지도를 간행하는 경우
② 기본측량 및 공공측량의 성과를 직접으로 이용하여 지도에 관한 간행물을 발간하는 경우
③ 기본측량 및 공공측량의 성과를 간접으로 이용하여 지도에 관한 간행물을 발간하는 경우
④ 기본측량 및 공공측량의 성과를 이용하여 군용의 지도와 간행물을 발간하는 경우

해설

지도도식규칙 제2조(적용 범위)
① 이 규칙은 다음 각 호의 1에 해당하는 경우에 이를 적용한다. 다만, 군사용의 지도와 그 간행물에 대하여는 적용하지 아니할 수 있다.
　1. 기본측량 및 공공측량의 성과로서 지도를 간행하는 경우
　2. 기본측량 및 공공측량의 성과를 직접 또는 간접으로 이용하여 지도에 관한 간행물을 발간하는 경우

10 1 : 50,000 지형도에서 직각좌표의 주기는 몇 km마다 표시하여야 하는가?
[2015년 기사 1회]

① 0.5km　　② 1km
③ 2km　　　④ 4km

해설

지형도 도식적용규정 제208조(지리좌표 및 직각좌표의 주기)
① 내도곽의 네 개의 모서리와 각 변에 지리좌표 및 직각좌표의 수치를 각각 기입한다.
　1. 1 : 5,000 - 500m 단위로 각각 분할하여, 1호 실선의 짧은 선
　2. 1 : 10,000 - 1′ 단위로 각각 분할하여, 1호 실선의 짧은 선
　3. 1 : 25,000 - 지리좌표는 2′ 30″ 단위로 분할하여 3호 실선으로 표시하며, 직각좌표는 1km 단위로 각각 분할하여 짧은 선으로 표시한다.
　4. 1 : 50,000 - 지리좌표는 5′ 단위로 분할하여 1호 실선의 짧은 선으로 표시하며, 직각좌표는 1km마다 3호선 실선으로 표시한다.
② 육지로부터 멀리 떨어져 있는 섬을 삽입도로서 다른 도엽 안에 포함시킬 경우에도 제1항의 요령에 준한다.
③ 직각좌표의 원점표기는 동부원점, 중부원점, 서부원점, 동해원점 중 해당 지형도 제작에 기준한 것을 표기한다.

Answer　08 ①　09 ④　10 ②

11 다음의 기본측량성과의 국외 반출 금지 조항에서 밑줄 친 경우에 해당되지 않는 것은?
[22년 기사 1회]

> 누구든지 국토교통부장관의 허가 없이 기본측량성과 중 지도등 또는 측량용 사진을 국외로 반출하여서는 아니 된다. 다만, 외국 정부와 기본측량성과를 서로 교환하는 등 <u>대통령령으로 정하는 경우</u>에는 그러하지 아니하다.

① 항공사진측량에 의하여 제작된 축척 1:25000인 수치지형도를 국외로 반출하는 경우
② 대한민국 정부와 외국 정부 간에 체결된 협정 또는 합의에 따라 기본측량성과를 상호 교환하는 경우
③ 정부를 대표하여 외국 정부와 교섭하거나 국제회의에 참석하는 자가 자료로 사용하기 위하여 측량용 사진을 반출하는 경우
④ 관광객 유치와 관광시설 홍보를 목적으로 측량용 사진을 제작하여 반출하는 경우

해설

「공간정보의 구축 및 관리 등에 관한 법률 시행령」
제16조(기본측량성과 및 공공측량성과의 국외 반출)
① 법 제16조제1항 단서에서 "외국 정부와 기본측량성과를 서로 교환하는 등 대통령령으로 정하는 경우"란 다음 각 호의 경우를 말한다. 〈개정 2022. 1. 18.〉

1. 대한민국 정부와 외국 정부 간에 체결된 협정 또는 합의에 따라 기본측량성과를 상호 교환하는 경우
2. 정부를 대표하여 외국 정부와 교섭하거나 국제회의 또는 국제기구에 참석하는 자가 자료로 사용하기 위하여 지도나 그 밖에 필요한 간행물(이하 "지도등"이라 한다) 또는 측량용 사진을 반출하는 경우
3. 관광객 유치와 관광시설 홍보를 목적으로 지도등 또는 측량용사진을 제작하여 반출하는 경우
4. 축척 5만분의 1 미만인 소축척의 지도(수치지형도는 제외한다. 이하 이 조에서 같다)나 그 밖에 필요한 간행물을 국외로 반출하는 경우
5. 축척 2만5천분의 1 또는 5만분의 1 지도로서 「국가공간정보 기본법 시행령」 제24조제3항에 따른 보안성 검토를 거친 지도의 경우(등고선, 발전소, 가스관 등 국토교통부장관이 정하여 고시하는 시설 등이 표시되지 않은 경우로 한정한다)
6. 축척 2만5천분의 1인 영문판 수치지형도로서 「국가공간정보 기본법 시행령」 제24조제3항에 따른 보안성 검토를 거친 지형도의 경우

12 측량기술자의 의무에 대한 기준으로 옳지 않은 것은?
[22년 기사 1회]

① 측량기술자는 다른 사람에게 측량기술 경력증을 빌려 주거나 자기의 성명을 사용하여 측량업무를 수행하게 하여서는 아니 된다.
② 측량기술자는 정당한 사유 없이 그 업무상 알게 된 비밀을 누설하여서는 아니 된다.
③ 측량기술자는 신의와 성실로써 공정하게 측량을 실시해야 하며, 정당한 사유 없이 측량을 거부하여서는 아니 된다.
④ 측량기술자는 셋 이상의 측량업자에게 소속될 수 없다.

정답 [④]

해설

「공간정보의 구축 및 관리 등에 관한 법률」
제41조(측량기술자의 의무)
① 측량기술자는 신의와 성실로써 공정하게 측량을 하여야 하며, 정당한 사유 없이 측량을 거부하여서는 아니 된다.
② 측량기술자는 정당한 사유 없이 그 업무상 알게 된 비밀을 누설하여서는 아니 된다.
③ 측량기술자는 둘 이상의 측량업자에게 소속될 수 없다.
④ 측량기술자는 다른 사람에게 측량기술경력증을 빌려 주거나 자기의 성명을 사용하여 측량업무를 수행하게 하여서는 아니 된다.

Answer 11 ① 12 ④

13 "정당한 사유없이 측량의 실시를 방해한 자"에 대한 벌칙 기준은? [22년 기사 1회]

① 3년 이하의 징역 또는 3000만원 이하의 벌금에 처한다.
② 2년 이하의 징역 또는 2000만원 이하의 벌금에 처한다.
③ 1년 이하의 징역 또는 1000만원 이하의 벌금에 처한다.
④ 200만원 이하의 과태료에 처한다.

해설

「공간정보의 구축 및 관리 등에 관한 법률」
제111조(과태료)

구분	내용
300만원 이하	성
200만원 이하	정:측출보조검
100만원 이하	업:등폐송 검:등폐교 거

300만원 이하	제13조제4항을 위반하여 고시된 측량성과에 어긋나는 측량성과를 사용한 자에게는 300만원 이하의 과태료를 부과한다.
200만원 이하	1. 정당한 사유 없이 측량을 방해한 자 5. 정당한 사유 없이 제101조제7항을 위반하여 토지등에의 출입 등을 방해하거나 거부한 자 3. 정당한 사유 없이 제99조제1항에 따른 보고를 하지 아니하거나 거짓으로 보고를 한 자 4. 정당한 사유 없이 제99조제1항에 따른 조사를 거부·방해 또는 기피한 자 2. 제92조제1항을 위반하여 측량기기에 대한 성능검사를 받지 아니하거나 부정한 방법으로 성능검사를 받은 자
100만원 이하	2. 제44조제5항을 위반하여 측량업 등록사항의 변경신고를 하지 아니한 자 4. 제48조를 위반하여 측량업의 휴업·폐업 등의 신고를 하지 아니하거나 거짓으로 신고한 자 3. 제46조제1항을 위반하여 측량업자의 지위 승계 신고를 하지 아니한 자 5. 제93조제1항을 위반하여 성능검사대행자의 등록사항 변경을 신고하지 아니한 자 6. 제93조제6항을 위반하여 성능검사대행업무의 폐업신고를 하지 아니한 자 7. 정당한 사유 없이 제98조제2항에 따른 교육을 받지 아니한 자 1. 제40조제1항을 위반하여 거짓으로 측량기술자의 신고를 한 자

④ 제1항부터 제3항까지의 규정에 따른 과태료는 대통령령으로 정하는 바에 따라 국토교통부장관, 시·도지사, 대도시 시장 또는 지적소관청이 부과·징수한다.

14 "측량성과"의 용어 정의로 옳은 것은? [22년 기사 1회]

① 측량결과물을 얻을 때까지의 측량에 관한 작업의 기록
② 측량기본계획 수립에 따른 사업 목표
③ 측량을 통하여 얻은 최종 결과
④ 측량 외업에 직접 취득한 관측 결과

해설

「공간정보의 구축 및 관리등에 관한 법률」
제2조(정의)
8. "측량성과"란 측량을 통하여 얻은 최종 결과를 말한다.
9. "측량기록"이란 측량성과를 얻을 때까지의 측량에 관한 작업의 기록을 말한다.

15. 기본측량성과 검증기관의 인력 및 장비 보유기준으로 옳은 것은? [22년 기사 1회]

① 토털스테이션(1급) : 2대 이상
② GPS수신기(1급) : 3대 이상
③ 특급기술자 : 1인 이상
④ 중급기술자 : 2인 이상

해설

■ 공간정보의 구축 및 관리 등에 관한 법률 시행령
[별표 4] 〈개정 2023. 11. 7.〉
기본측량성과 검증기관의 인력·장비 보유기준(제14조 제1항 관련)

장점	단점
• 정량, 정성적 측량 가능 • 동적 측량 가능(X, Y, Z, T) • 정확도 균일 • 접근하기 어려운 대상물 측량 가능 • 분업화에 의한 작업능률성 높음 • 축척변경 용이 • 넓을수록 경제적	• 시설비용이 많이 든다. • 피사체 식별이 난해한 경우도 있음 • 기상 영향 받음

기술인력	장비
1. 특급기술인: 2명 이상 2. 고급기술인: 3명 이상 3. 중급기술인: 3명 이상 4. 초급기술인: 1명 이상 5. 정보처리기사 자격취득자: 1명 이상 6. 고급기능사 　가. 도화기능사: 2명 이상 　나. 지도제작기능사: 3명 이상	1. 지엔에스에스(GNSS) 수신기(1급): 3대 이상 2. 토털 스테이션(1급): 1대 이상 3. 레벨(1급, 인바표척 포함): 1대 이상 4. 도화기: 1대 이상 5. 출력장치: 1대 이상 6. 자동독취기(스캐너): 1대 이상 7. 수치지도 입력·출력 및 지엔에스에스(GNSS) 데이터 처리 소프트웨어: 1식

16. 국가기준점 중 지리학적 경위도, 직각좌표, 지구중심 직교좌표, 높이 및 중력 측정의 기준으로 사용하기 위하여 위성기준점, 수준점 및 중력점을 기초로 정한 기준점은? [22년 기사 1회]

① 우주측지기준점
② 통합기준점
③ 지자기점
④ 삼각점

해설

「공간정보의 구축 및 관리등에 관한 법률 시행령」
제8조(측량기준점의 구분)

		測量의 정확도(正確度)를 확보(確保)하고 효율성(效率性)을 높이기 위하여 국토교통부장관이 전 국토를 대상으로 주요 지점마다 정한 측량의 기본이 되는 측량기준점
국가기준점	㉤주측지기준점	국가측지기준계를 정립하기 위하여 전 세계 초장거리간섭계와 연결하여 정한 기준점
	㉥성기준점	지리학적 경위도, 직각좌표 및 지구중심 직교좌표의 측정 기준으로 사용하기 위하여 대한민국 경위도원점을 기초로 정한 기준점
	㉦합기준점	지리학적 경위도, 직각좌표, 지구중심 직교좌표, 높이 및 중력 측정의 기준으로 사용하기 위하여 위성기준점, 수준점 및 중력점을 기초로 정한 기준점
	㉧력점	중력 측정의 기준으로 사용하기 위하여 정한 기준점
	㉨자기점 (地磁氣點)	지구자기 측정의 기준으로 사용하기 위하여 정한 기준점
	㉪준점	높이 측정의 기준으로 사용하기 위하여 대한민국 수준원점을 기초로 정한 기준점
	㉫각점	지리학적 경위도, 직각좌표 및 지구중심 직교좌표 측정의 기준으로 사용하기 위하여 위성기준점 및 통합기준점을 기초로 정한 기준점

Answer 15 ② 16 ②

17 측량업의 등록을 반드시 취소하여야 하는 경우에 해당되지 않는 것은? [22년 2기]

① 과실로 측량을 부정확하게 한 경우
② 영업정지기간 중에 계속하여 영업을 한 경우
③ 거짓이나 그 밖의 부정한 방법으로 측량업의 등록을 한 경우
④ 관련법을 위반하여 측량업자가 측량기술자의 국가기술자격증을 대여 받은 사실이 확인된 경우

해설

측량업의 등록취소 (제52조)

측량업 영업의 정지 🗝 고과 수요업 보성 휴변

1. 고의 또는 과실로 측량을 부정확하게 한 경우
13. 지적측량업자가 제106조 제2항에 따른 지적측량 수수료를 같은 조 제3항에 따라 고시한 금액보다 과다 또는 과소하게 받은 경우
14. 다른 행정기관이 관계 법령에 따라 등록취소 또는 영업정지를 요구한 경우
6. 지적측량업자가 제45조에 따른 업무 범위를 위반하여 지적측량을 한 경우
10. 제51조를 위반하여 보험가입 등 필요한 조치를 하지 아니한 경우
9. 지적측량업자가 제50조(성실의무)를 위반한 경우
3. 정당한 사유 없이 측량업의 등록을 한 날부터 1년 이내에 영업을 시작하지 아니하거나 계속하여 1년 이상 휴업한 경우
5. 제44조 제4항을 위반하여 측량업 등록사항의 변경신고를 하지 아니한 경우

측량업 등록 취소 🗝 영미대결 거부취

11. 영업정지기간 중에 계속하여 영업을 한 경우
4. 제44조 제2항에 따른 등록기준에 미달하게 된 경우. 다만, 일시적으로 등록기준에 미달되는 등 대통령령으로 정하는 경우는 제외한다.

15. 「국가기술자격법」 제15조제2항을 위반하여 측량업자가 측량기술자의 국가기술자격증을 대여 받은 사실이 확인된 경우
8. 제49조 제1항을 위반하여 다른 사람에게 자기의 측량업등록증 또는 측량업등록수첩을 빌려 주거나 자기의 성명 또는 상호를 사용하여 측량업무를 하게 한 경우
7. 제47조(측량업등록의 결격사유) 각 호의 어느 하나에 해당하게 된 경우. 다만, 측량업자가 같은 조 제5호에 해당하게 된 경우로서 그 사유가 발생한 날부터 3개월 이내에 그 사유를 해소한 경우는 제외한다.
2. 거짓이나 그 밖의 부정한 방법으로 측량업의 등록을 한 경우
14. 다른 행정기관이 관계 법령에 따라 등록취소를 요구한 경우

18 측량업 등록을 취소하여야 하는 경우가 아닌 것은? [21년 2기]

① 다른 사람에게 자기의 성명 또는 상호를 사용하여 측량업무를 하게 한 경우
② 측량업의 등록을 한 날부터 3개월 이내에 영업을 시작하지 아니한 경우
③ 영업정지기간 중에 계속하여 영업을 한 경우
④ 거짓이나 그 밖의 부정한 방법으로 측량업의 등록을 한 경우

해설

상동

19 벌칙기준에 따라 200만원 이하의 과태료에 처할 수 있는 자는? [22년 2기]

① 부정한 방법으로 측량업의 등록을 한 자
② 부정한 방법으로 성능검사를 받은 자
③ 부정한 방법으로 성능검사대행자의 등록을 하고 성능검사업무를 한 자
④ 고의로 측량성과를 사실과 다르게 한 자

Answer 17 ① 18 ① 19 ②

해설

2년 이하의 징역 또는 2천만원 이하의 벌금 ㉠㉡㉢ ㉣㉤㉥	1. 측량업의 등록을 하지 아니하거나 ㉮짓이나 그 밖의 ㉯정한 방법으로 측량업의 ㉰록을 하고 측량업을 한 자 2. 성능검사대행자의 등록을 하지 아니하거나 ㉮짓이나 그 밖의 ㉯정한 방법으로 성능검사대행자의 ㉰록을 하고 성능검사업무를 한 자 3. 측량성과를 국㉱로 반출한 자 4. 측량기준점㉲지를 이전 또는 파손하거나 그 효용을 해치는 행위를 한 자 5. 고의로 측량㉳과 를 사실과 다르게 한 자 6. 성능㉴사를 부정하게 한 성능검사대행자
300만원 이하	제13조제4항을 위반하여 고시된 측량㉳과에 어긋나는 측량성과를 사용한 자에게는 300만원 이하의 과태료를 부과한다.
200만원 이하	1. ㉵당한 사유 없이 ㉶량을 방해한 자 5. 정당한 사유 없이 제101조제7항을 위반하여 토지등에의 ㉷입 등을 방해하거나 거부한 자 3. 정당한 사유 없이 제99조제1항에 따른 ㉸고를 하지 아니하거나 거짓으로 보고를 한 자 4. 정당한 사유 없이 제99조제1항에 따른 ㉹사를 거부·방해 또는 기피한 자 2. 제92조제1항을 위반하여 측량기기에 대한 성능검사를 받지 아니하거나 부정한 방법으로 성능㉴사를 받은 자

20 기본측량의 실시공고는 해당 특별시·광역시·특별자치시·도 또는 특별자치도의 게시판 및 인터넷 홈페이지에 최소 며칠 이상 게시하여야 하는가? [22년 2기]

① 3일 ② 7일
③ 15일 ④ 30일

해설

「공간정보의 구축 및 관리 등에 관한 법률 시행령」
제12조(측량의 실시공고)
① 법 제12조제2항에 따른 기본측량의 실시공고와 법 제17조제6항에 따른 공공측량의 실시공고는 전국을 보급지역으로 하는 일간신문에 1회 이상 게재하거나 해당 특별시·광역시·특별자치시·도 또는 특별자치도(이하 "시·도"라 한다)의 게시판 및 인터넷 홈페이지에 7일 이상 게시하는 방법으로 하여야 한다.

21 공간정보의 구축 및 관리 등에 관한 법률에 따른 용어의 정의로 옳지 않은 것은?
[22년 2기]

① 기본측량이란 모든 측량의 기초가 되는 공간정보를 제공하기 위하여 국토교통부장관이 실시하는 측량을 말한다.
② 일반측량이란 기본측량, 공공측량 및 지적측량 외의 측량을 말한다.
③ 측량이란 공간상에 존재하는 일정한 점들의 위치를 측정하고 그 특성을 조사하여 도면 및 수치로 표현하거나 도면상의 위치를 현지(現地)에 재현하는 것을 말하며, 측량용 사진의 촬영, 지도의 제작 및 각종 건설사업에서 요구하는 도면작성 등을 포함한다.
④ 측량기록이란 측량을 통하여 얻은 최종 결과를 말한다.

해설

「공간정보의 구축 및 관리 등에 관한 법률」
제2조(정의)이 법에서 사용하는 용어의 뜻은 다음과 같다.
1. "측량"이란 공간상에 존재하는 일정한 점들의 위치를 측정하고 그 특성을 조사하여 도면 및 수치로 표현하거나 도면상의 위치를 현지(現地)에 재현하는 것을 말하며, 측량용 사진의 촬영, 지도의 제작 및 각종 건설사업에서 요구하는 도면작성 등을 포함한다.

Answer 20 ② 21 ④

2. "기본측량"이란 모든 측량의 기초가 되는 공간정보를 제공하기 위하여 국토교통부장관이 실시하는 측량을 말한다.
6. "일반측량"이란 기본측량, 공공측량 및 지적측량 외의 측량을 말한다.
9. "측량기록"이란 측량성과를 얻을 때까지의 측량에 관한 작업의 기록을 말한다.

22 공공측량 작업계획서에 포함되어야 할 사항이 아닌 것은? [22년 2기]

① 공공측량의 사업명
② 공공측량의 작업방법
③ 공공측량의 성과심사 수탁기관
④ 사용할 측량기기의 종류 및 성능

해설

「공간정보의 구축 및 관리 등에 관한 법률 시행규칙」
제21조(공공측량 작업계획서의 제출)
① 공공측량시행자는 법 제17조제2항에 따라 공공측량을 하기 3일 전에 국토지리정보원장이 정한 기준에 따라 공공측량 작업계획서를 작성하여 국토지리정보원장에게 제출하여야 한다. 공공측량 작업계획서를 변경한 경우에도 또한 같다.
② 제1항에 따른 공공측량 작업계획서에 포함되어야 할 사항은 다음 각 호와 같다.

1. 공공측량의 사업명
2. 공공측량의 목적 및 활용 범위
3. 공공측량의 위치 및 사업량
4. 공공측량의 작업기간
5. 공공측량의 작업방법
6. 사용할 측량기기의 종류 및 성능
7. 법 제17조제1항에 따라 사용할 측량성과의 명칭, 종류 및 내용
8. 그 밖에 작업에 필요한 사항

23 측량의 기준에 관한 설명으로 틀린 것은? [21년 4기]

① 위치는 세계측지계로 표시한다.
② 측량의 원점은 대한민국 경위도 원점 및 수준원점으로 한다.
③ 지도제작을 위하여 필요한 경우에는 직각좌표와 높이로 표시할 수 있다.
④ 독도를 제외한 우리나라 전 지역은 동일한 측량 원점을 사용한다.

해설

공간정보의 구축 및 관리 등에 관한 법률 제6조 (측량기준)
① 측량의 기준은 다음 각 호와 같다. 〈개정 2013. 3. 23.〉

1. 위치는 세계측지계(世界測地系)에 따라 측정한 지리학적 경위도와 높이(평균해수면으로부터의 높이를 말한다. 이하 이 항에서 같다)로 표시한다. 다만, 지도 제작 등을 위하여 필요한 경우에는 직각좌표와 높이, 극좌표와 높이, 지구중심 직교좌표 및 그 밖의 다른 좌표로 표시할 수 있다.
2. 측량의 원점은 대한민국 경위도원점(經緯度原點) 및 수준원점(水準原點)으로 한다. 다만, 섬 등 대통령령으로 정하는 지역에 대하여는 국토교통부장관이 따로 정하여 고시하는 원점을 사용할 수 있다.

공간정보의 구축 및 관리 등에 관한 법률 시행령 제6조(원점의 특례)
법 제6조제1항제2호 단서에서 "섬 등 대통령령으로 정하는 지역"이란 다음 각 호의 지역을 말한다.

1. 제주도
2. 울릉도
3. 독도
4. 그 밖에 대한민국 경위도원점 및 수준원점으로부터 원거리에 위치하여 대한민국 경위도원점 및 수준원점을 적용하여 측량하기 곤란하다고 인정되어 국토교통부장관이 고시한 지역

Answer 22 ③ 23 ④

24. 공간정보의 구축 및 관리 등에 관한 법률에서 규정하는 수치주제도에 속하지 않는 것은?
[21년 4기]

① 수치지적도
② 지하시설물도
③ 토지피복지도
④ 행정구역도

해설

공간정보의 구축 및 관리 등에 관한 법률 시행령 [별표 1] 수치주제도의 종류(제4조 관련)

1. 토지이용현황도
2. 지하시설물도
3. 도시계획도
4. 국토이용계획도
5. 토지적성도
6. 도로망도
7. 지하수맥도
8. 하천현황도
9. 수계도
10. 산림이용기본도
11. 자연공원현황도
12. 생태·자연도
13. 지질도
14. 토양도
15. 임상도
16. 토지피복지도
17. 식생도
18. 관광지도
19. 풍수해보험관리지도
20. 재해지도
21. 행정구역도
22. 제1호부터 제21호까지에 규정된 것과 유사한 수치주제도 중 관련 법령상 정보유통 및 활용을 위하여 정확도의 확보가 필수적이거나 공공목적상 정확도의 확보가 필수적인 것으로서 국토교통부장관이 정하여 고시하는 수치주제도

25. 측량업의 종류로 옳지 않은 것은?
[21년 4기]

① 지하시설물측량업
② 공간영상도화업
③ 연안조사측량업
④ 영상지도제작업

해설

공간정보의 구축 및 관리 등에 관한 법률 시행령 제34조(측량업의 종류)

1. 측지측량업
2. 지적측량업
3. 그 밖에 항공촬영, 지도제작 등 대통령령으로 정하는 업종
"항공촬영, 지도제작 등 대통령령으로 정하는 업종"이란 다음 각 호와 같다.

측량업 (측공일연항 공영수지지지)
1. 공공측량업
2. 일반측량업
3. 연안조사측량업
4. 항공촬영업
5. 공간영상도화업
6. 영상처리업
7. 수치지도제작업
8. 지도제작업
9. 지하시설물측량업

26. 심사를 받지 않고 지도 등을 간행하여 판매하거나 배포한 자에 대한 벌칙기준은?
[21년 4기]

① 3년 이하의 징역 또는 3천만원 이하의 벌금
② 2년 이하의 징역 또는 2천만원 이하의 벌금
③ 1년 이하의 징역 또는 1천만원 이하의 벌금
④ 300만원 이하의 과태료

해설

공간정보의 구축 및 관리 등에 관한 법률 제109조(벌칙)

3년 이하의 징역 또는 3천만원 이하의 벌금 (임위공) | 측량업자로서 속임수, 위력(威力), 그 밖의 방법으로 측량업과 관련된 입찰의 공정성을 해친 자는 3년 이하의 징역 또는 3천만원 이하의 벌금에 처한다.

Answer 24 ① 25 ④ 26 ③

2년 이하의 징역 또는 2천만원 이하의 벌금
㉮㉯㉰ ㉱㉲㉳

1. 측량업의 등록을 하지 아니하거나 ㉮짓이나 그 밖의 ㉯정한 방법으로 측량업의 ㉰록을 하고 측량업을 한 자
2. 성능검사대행자의 등록을 하지 아니하거나 ㉮짓이나 그 밖의 ㉯정한 방법으로 성능검사대행자의 ㉰록을 하고 성능검사업무를 한 자
3. 측량성과를 국㉱로 반출한 자
4. 측량기준점㉲지를 이전 또는 파손하거나 그 효용을 해치는 행위를 한 자
5. 고의로 측량㉳과를 사실과 다르게 한 자
6. 성능㉳사를 부정하게 한 성능검사대행자

27 공공측량성과의 고시는 최종성과를 얻은 날로부터 며칠 이내에 하여야 하는가?
[21년 4기]

① 3일
② 15일
③ 30일
④ 60일

해설
공간정보의 구축 및 관리 등에 관한 법률 시행령 제13조(측량성과의 고시)
① 법 제13조제1항에 따른 기본측량성과의 고시와 법 제18조제4항에 따른 공공측량성과의 고시는 최종성과를 얻은 날부터 30일 이내에 하여야 한다. 다만, 기본측량성과의 고시에 포함된 국가기준점 성과가 다른 국가기준점 성과와 연결하여 계산될 필요가 있는 경우에는 그 계산이 완료된 날부터 30일 이내에 기본측량성과를 고시할 수 있다.

28 국토교통부장관이 일반측량을 한 자에게 그 측량성과 및 측량기록의 사본을 제출하게 할 수 있는 경우의 해당 목적이 아닌 것은?
[21년 4기]

① 측량의 중복 배제
② 측량의 보안 유지
③ 측량의 정확도 확보
④ 측량에 관한 자료의 수집·분석

해설
공간정보의 구축 및 관리 등에 관한 법률 제22조(일반측량의 실시 등)
② 국토교통부장관은 다음 각 호의 어느 하나에 해당하는 목적을 위하여 필요하다고 인정되는 경우에는 일반측량을 한 자에게 그 측량성과 및 측량기록의 사본을 제출하게 할 수 있다.
1. 측량의 정확도 확보
2. 측량의 중복 배제
3. 측량에 관한 자료의 수집·분석

29 국토교통부장관은 측량기본계획을 몇 년마다 수립하여야 하는가?
[21년 2기]

① 1년
② 3년
③ 5년
④ 10년

해설
공간정보의 구축 및 관리 등에 관한 법률 제5조(측량기본계획 및 시행계획) ① 국토교통부장관은 다음 각 호의 사항이 포함된 측량기본계획을 5년마다 수립하여야 한다. 〈개정 2013. 3. 23., 2020. 2. 18.〉

1. 측량에 관한 기본 구상 및 추진 전략
2. 측량의 국내외 환경 분석 및 기술연구
3. 측량산업 및 기술인력 육성 방안
4. 그 밖에 측량 발전을 위하여 필요한 사항

Answer 27 ③ 28 ② 29 ③

30 정당한 사유 없이 측량의 실시를 방해한 자에 대한 처분 기준으로 옳은 것은?

[21년 2기]

① 3년 이하의 징역 또는 3천만원 이하의 벌금
② 2년 이하의 징역 또는 2천만원 이하의 벌금
③ 1년 이하의 징역 또는 1천만원 이하의 벌금
④ 200만원 이하의 과태료

해설

300만원 이하	제13조제4항을 위반하여 고시된 측량성과에 어긋나는 측량성과를 사용한 자에게는 300만원 이하의 과태료를 부과한다.
200만원 이하	1. 정당한 사유 없이 측량을 방해한 자 5. 정당한 사유 없이 제101조제7항을 위반하여 토지등에의 출입 등을 방해하거나 거부한 자 3. 정당한 사유 없이 제99조제1항에 따른 보고를 하지 아니하거나 거짓으로 보고를 한 자 4. 정당한 사유 없이 제99조제1항에 따른 조사를 거부·방해 또는 기피한 자 2. 제92조제1항을 위반하여 측량기기에 대한 성능검사를 받지 아니하거나 부정한 방법으로 성능검사를 받은 자

31 공공측량시행자는 공공측량을 하기 며칠 전에 공공측량 작업계획서를 제출하여야 하는가?

[21년 2기]

① 3일   ② 7일
③ 15일 ④ 30일

해설

공간정보의 구축 및 관리 등에 관한 법률 시행규칙 제21조(공공측량 작업계획서의 제출)
① 공공측량시행자는 법 제17조제2항에 따라 공공측량을 하기 3일 전에 국토지리정보원장이 정한 기준에 따라 공공측량 작업계획서를 작성하여 국토지리정보원장에게 제출하여야 한다. 공공측량 작업계획서를 변경한 경우에도 또한 같다.

32 기본측량성과를 국외로 반출할 수 없는 경우는?

[21년 2기]

① 축척 5백분의1 이상의 대축척의 지도를 반출하는 경우
② 관광객 유치를 목적으로 측량용 사진을 제작하여 반출하는 경우
③ 정부를 대표하여 국제회의 또는 국제기구에 참석자가 자료로 사용하기 위하여 측량용 사진을 반출하는 경우
④ 대한민국 정부와 외국 정부 간에 체결된 협정 또는 합의에 따라 기본측량성과를 상호 교환하는 경우

해설

공간정보의 구축 및 관리 등에 관한 법률 시행령 제16조(기본측량성과 및 공공측량성과의 국외 반출)
① 법 제16조제1항 단서에서 "외국 정부와 기본측량성과를 서로 교환하는 등 대통령령으로 정하는 경우"란 다음 각 호의 경우를 말한다. 〈개정 . 2022. 1. 18.〉

1. 대한민국 정부와 외국 정부 간에 체결된 협정 또는 합의에 따라 기본측량성과를 상호 교환하는 경우
2. 정부를 대표하여 외국 정부와 교섭하거나 국제회의 또는 국제기구에 참석하는 자가 자료로 사용하기 위하여 지도나 그 밖에 필요한 간행물(이하 "지도등"이라 한다) 또는 측량용 사진을 반출하는 경우
3. 관광객 유치와 관광시설 홍보를 목적으로 지도등 또는 측량용사진을 제작하여 반출하는 경우
4. 축척 5만분의 1 미만인 소축척의 지도(수치지형도는 제외한다. 이하 이 조에서 같다)나 그 밖에 필요한 간행물을 국외로 반출하는 경우
5. 축척 2만5천분의 1 또는 5만분의 1 지도로서 「국가공간정보 기본법 시행령」 제24조제3항에 따른 보안성 검토를 거친 지도의 경우(등고선, 발전소, 가스관 등 국토교통부장관이 정하여 고시하는 시설 등이 표시되지 않은 경우로 한정한다)
6. 축척 2만5천분의 1인 영문판 수치지형도로서 「국가공간정보 기본법 시행령」 제24조제3항에 따른 보안성 검토를 거친 지형도의 경우

Answer 30 ④ 31 ① 32 ①

33 공공측량시행자는 작업을 시행하기 며칠 전까지 공공측량 작업계획서를 제출하여야 하는가? [21년 1회 측기]

① 3일　　② 7일
③ 15일　　④ 30일

해설
공간정보의 구축 및 관리 등에 관한 법률 시행규칙 제21조(공공측량 작업계획서의 제출)
① 공공측량시행자는 법 제17조제2항에 따라 공공측량을 하기 3일 전에 국토지리정보원장이 정한 기준에 따라 공공측량 작업계획서를 작성하여 국토지리정보원장에게 제출하여야 한다. 공공측량 작업계획서를 변경한 경우에도 또한 같다.

34 공간정보의 구축 및 관리 등에 관한 법률상 용어의 정의로 옳은 것은? [21년 1회 측기]

① 지번이란 작성된 지적도의 등록번호를 말한다.
② 측량성과는 측량에서 얻은 각종 기록과 최종 성과를 말한다.
③ 지적측량이란 토지를 지적공부에 등록하거나 지적공부에 등록된 경계점을 지상에 복원하기 위하여 필지의 경계 또는 좌표와 면적을 정하는 측량을 말한다.
④ 측량이라 함은 공간상에 존재하는 일정한 점들의 위치를 측량하고 그 특성을 조사하여 도면 및 수치로 표현하거나 도면상의 위치를 현지에 재현하는 것을 말하며, 각종 건설 사업에서 요구되는 도면작성 등은 제외된다.

해설
공간정보의 구축 및 관리 등에 관한 법률
제2조(정의) 이 법에서 사용하는 용어의 뜻은 다음과 같다. 〈개정 2020. 2. 18.〉
1. "측량"이란 공간상에 존재하는 일정한 점들의 위치를 측정하고 그 특성을 조사하여 도면 및 수치로 표현하거나 도면상의 위치를 현지(現地)에 재현하는 것을 말하며, 측량용 사진의 촬영, 지도의 제작 및 각종 건설사업에서 요구하는 도면작성 등을 포함한다
4. "지적측량"이란 토지를 지적공부에 등록하거나 지적공부에 등록된 경계점을 지상에 복원하기 위하여 제21호에 따른 필지의 경계 또는 좌표와 면적을 정하는 측량을 말하며, 지적확정측량 및 지적재조사측량을 포함한다.
8. "측량성과"란 측량을 통하여 얻은 최종 결과를 말한다
22. "지번"이란 필지에 부여하여 지적공부에 등록한 번호를 말한다.

35 국토교통부장관이 수립하여야 하는 측량기본계획의 수립 주기로 옳은 것은? [21년 1회 측기]

① 3년　　② 5년
③ 7년　　④ 10년

해설
공간정보의 구축 및 관리 등에 관한 법률
제5조(측량기본계획 및 시행계획) ① 국토교통부장관은 다음 각 호의 사항이 포함된 측량기본계획을 5년마다 수립하여야 한다.
1. 측량에 관한 기본 구상 및 추진 전략
2. 측량의 국내외 환경 분석 및 기술연구
3. 측량산업 및 기술인력 육성 방안
4. 그 밖에 측량 발전을 위하여 필요한 사항

36 고의로 측량성과를 사실과 다르게 한 자에 대한 벌칙 기준으로 옳은 것은? [21년 1회 측기]

① 3년 이하의 징역 또는 3000만원 이하의 벌금
② 2년 이하의 징역 또는 2000만원 이하의 벌금
③ 1년 이하의 징역 또는 1000만원 이하의 벌금
④ 200만원 이하의 과태료

Answer 33 ①　34 ③　35 ②　36 ②

> **해설**
>
> 2년 이하의 징역 또는 2천만원 이하의 벌금 ㉡(㉮㉯㉰㉱㉲㉳㉴)
>
> 1. 측량업의 등록을 하지 아니하거나 ㉮짓이나 그 밖의 ㉯정한 방법으로 측량업의 ㉰록을 하고 측량업을 한 자
> 2. 성능검사대행자의 등록을 하지 아니하거나 ㉮짓이나 그 밖의 ㉯정한 방법으로 성능검사대행자의 ㉰록을 하고 성능검사업무를 한 자
> 3. 측량성과를 국㉱로 반출한 자
> 4. 측량기준점㉲지를 이전 또는 파손하거나 그 효용을 해치는 행위를 한 자
> 5. 고의로 측량㉳과를 사실과 다르게 한 자
> 6. 성능㉴사를 부정하게 한 성능검사대행자

37 기본측량성과 중 지도등 또는 측량용 사진을 국토교통부장관의 허가 없이 국외로 반출할 수 있는 '대통령령으로 정해진 경우'에 해당되지 않는 것은? [21년 1회 측기]

① 정부를 대표하여 외국 정부와 교섭하거나 국제회의 또는 국제기구에 참석하는 자가 자료로 사용하기 위하여 반출하는 경우
② 대한민국 정부와 외국정부간에 체결된 협정 또는 합의에 의하여 상호 교환하는 경우
③ 관광객의 유치와 관광시설의 선전을 목적으로 제작된 지도를 국외로 반출하는 경우
④ 5만분의 1 이상의 축척으로 제작된 지도를 국외로 반출하는 경우

> **해설**
>
> 축척 5만분의 1 미만인 소축척의 지도나 그 밖에 필요한 간행물을 국외로 반출하는 경우

38 측량기기와 성능검사 주기가 옳게 짝지어진 것은? [21년 1회 측기]

① 토털 스테이션 - 1년
② GPS 수신기 - 2년
③ 거리측정기 - 3년
④ 레벨 - 5년

> **해설**
>
> 공간정보의 구축 및 관리 등에 관한 법률 시행령 제97조(성능검사의 대상 및 주기 등) ① 법 제92조제1항에 따라 성능검사를 받아야 하는 측량기기와 검사주기는 다음 각 호와 같다. 〈개정 2021. 1. 5.〉
>
> 1. 트랜싯(데오드라이트): 3년
> 2. 레벨: 3년
> 3. 거리측정기: 3년
> 4. 토털 스테이션(total station: 각도 · 거리 통합 측량기): 3년
> 5. 지피에스(GPS) 수신기: 3년
> 6. 금속 또는 비금속 관로 탐지기: 3년

Answer 37 ④ 38 ③

PART

06

CBT 모의고사

제1회 모의고사
제2회 모의고사
제3회 모의고사
제4회 모의고사
제5회 모의고사
제6회 모의고사

"구민사는 당신의 합격을 응원합니다

제1회 측량 및 지형공간정보

제1과목 | 측지학 및 위성측위시스템

01 지구좌표계에 관한 설명으로 옳지 않은 것은?

① 경위도좌표계는 지구상의 절대적 위치를 표시하는 데 일반적으로 널리 사용되는 곡면상의 좌표계이다.
② 평면직교좌표계란 측량범위가 크지 않은 일반적인 측량에 많이 이용되는 좌표계이다.
③ UTM(Universal Transverse Mercator)좌표계는 적도를 종축, 지구 자전축을 횡축으로 하며 지구를 회전타원체로 보고 지구 전체를 위도 6°씩 60개의 구역, 경도 8°씩 20개의 구역으로 나눈다.
④ UPS(Universal Polar Stereographic)좌표계는 UTM좌표체계를 적용할 수 없는 극지방의 위치관계를 나타내기 위하여 만들어진 좌표계이다.

[해설]
2. 종대
① 지구 전체를 경도 6°씩 60개 구역으로 나누고, 각 종대의 중앙자오선과 적도의 교점을 원점으로 하여 원통도법인 횡메르카토르 투영법으로 등각투영한다.
3. 횡대
① 종대에서 위도는 남북 80°까지만 포함시킨다.
② 횡대는 8°씩 20개 구역으로 나누어 C(80°S~72°S)~X(72°N~80°N)까지(단, I, O는 제외) 20개의 알파벳 문자로 표현한다.

02 다음 중 VLBI에 대한 설명으로 틀린 것은?

① 전파간섭계를 이용한 것으로 전파망원경의 거리가 가까울수록 좋은 공간해상도를 갖는다.
② 공간해상도는 두 물체를 분리하여 볼 수 있는 최소각을 의미한다.
③ 일반적으로 수백 km 이상의 범위에서 직접 측정이 유효하다.
④ 높은 정확도를 가지며 정밀측량, 지각변동의 관측 등을 목적으로 이용된다.

[해설]
1. 초장기선간섭계(超長基線干涉計) : 초장기선간섭계는 동일 전파원으로부터 천체에서 복사되는 잡음 전파를 2개의 안테나에서 독립적으로 동시에 수신하여 전파가 도달되는 지연 시간차를 관측함으로써 두 점 사이의 거리를 구하는 것이다. 수십 광년의 거리에서 전파강도가 강한 점원이나, 부근 다른 전파원이 없는 준성을 선택한다.

① VLBI의 원리 : VLBI는 서로 연결되지 않은 전파 망원경을 이용한다. 즉 각각의 전파망원경이 수신한 전파신호를 특수한 자기테이프에 기록한 후 그 테이프를 한 곳에 모아 전파신호를 컴퓨터를 써서 간섭시킴으로써 천체의 정확한 위치 및 화상을 얻는다. 지구로부터 멀리 떨어져 있는 전파는 평행하게 2개의 안테나에 도달한다고 가정한다.
② VLBI의 활용
㉠ 전파관측망은 시시각각 변하는 지각운동을 밀리미터까지 분석할 수 있어 한반도, 제주도 및 일본 열도와의 거리, 한반도와 일본의 크기 등은 물론 지각변동에 따른 지진연구

Answer 01 ③ 02 ①

에 쓰인다.
ⓛ VLBI는 전파망원경의 위치를 ± mm 정도로 정확하게 측정할 수 있어, 지구자전의 측정, 대륙이동의 측정, 측지원점(測地原點) 결정 등 지구과학분야에서도 매우 중요한 위치를 차지하고 있다.

지심을 포함하는 평면과 지표면의 교선, 즉 두 지점을 지나는 대원의 일부이다.
② 타원체 표면상에 주어진 두 점 사이에서 최단거리를 갖도록 그려지는 선을 측지선이라 한다.
③ 타원체상의 측지선은 수직절선의 일종으로 볼 수 있으나 단순한 수직절선과는 달리 이중곡률(二重曲率, double curvature)을 갖는 곡선이다. 대부분의 경우 측지선은 두 개의 수직절선 사이에 놓여있게 되며 두 수직절선 사이의 각을 2 : 1의 비율로 분할한다.
④ 측지선이 동일평행권 또는 동일자오선상에 있는 경우에는 그러하지 않다.
⑤ 측지선은 직접 관측할 수 없으며 오직 측지선으로 이루어진 삼각형에 관한 계산을 행할 수 있다.

03 다음 중 DGPS에 의해서 보정되지 않는 오차는?

① 전리층 지연오차
② 위성시계오차
③ 사이클 슬립
④ 위성궤도오차

해설

② Cycle Slip의 처리
 ㉠ 자료 전처리 단계에서 검출하여 처리하여야 한다.
 ㉡ 정밀 기선처리 프로그램을 이용하여 처리할 수 있다.
 ㉢ 관성항법장치(INS) 등의 보조장치를 활용한다.
 ㉣ OTF(On The Fly) 기법을 활용한다.

04 측지선(geodesic)에 대한 설명으로 옳지 않은 것은?

① 지구면상 두 점을 잇는 최단거리가 되는 곡선을 측지선이라 한다.
② 타원체상 곡선과 측지선의 길이의 차는 극히 미소하여 일반적으로 무시할 수 있다.
③ 측지선은 미분기하학으로 구할 수 있으나 직접 관측하여 구하는 것이 더욱 정확하다.
④ 측지선은 두 개의 평면곡선의 교각을 2 : 1로 분할하는 성질이 있다.

해설

측지선(測地線, geodetic line)
① 지표상 두 지점 간의 최단거리선으로서 두 지점과

05 관측점들의 고도차에 존재하는 물질의 인력이 중력에 미치는 영향을 보정하는 것은?

① 계기보정
② 고도보정
③ 지형보정
④ 부게보정

해설

중력보정의 종류
① 고도보정(高度補正) : 관측점 사이의 고도차가 중력에 미치는 영향을 제거하는 보정
 ㉠ 프리-에어보정(free air correction) : 관측점 사이에 존재하는 물질의 인력을 고려하지 않고 고도차만을 고려하는 보정
 ㉡ 부게보정(Bouger correction) : 관측점들의 고도차가 존재하는 물질의 인력이 중력에 미치는 영향을 보정하는 것

06 국제 횡 메르카토르 좌표계(UTM 좌표계)에 대한 설명으로 옳지 않은 것은?

① 지구를 6° 경도대로 나누어 이 경도대마다 각각 투영한 도법이다.
② 극 지역에는 따로 UPS 좌표계를 사용한다.

Answer 03 ③ 04 ③ 05 ④ 06 ③

③ 왜곡 없는 투영이 가능하다.
④ 중앙경선상의 축척계수를 0.9996으로 하면, 중앙경선에서 동서로 각각 약 180km 떨어진 곳에서 축척계수가 1.0000이 된다.

[해설]

UTM(Universal Transvers Mercator) 좌표
① 종대
  ㉠ 지구전체를 경도 6°씩 60개 구역으로 나누고, 각 종대의 중앙자오선과 적도의 교점을 원점으로 하여 원통도법인 횡메르카토르 투영법으로 등각투영한다.
  ㉡ 각 종대는 180°W 자오선에서 동쪽으로 6° 간격으로 1~60까지 번호를 붙인다.
  ㉢ 중앙자오선에서의 축척계수는 0.9996m이다.
  (축척계수 : $\frac{평면거리}{구면거리} = \frac{s}{S} = 0.9996$)
② 횡대
  ㉠ 종대에서 위도는 남북 80°까지만 포함시킨다.
  ㉡ 횡대는 8°씩 20개 구역으로 나누어 C(80°S~72°S)~X(72°N~80°N)까지(단 I,O는 제외) 20개의 알파벳문자로 표현한다.
  ㉢ 결국 종대 및 횡대는 경도 6°×위도 8°의 구형 구역으로 구분된다.

07 지구의 운동과 관련된 설명으로 옳지 않은 것은?

① 지구가 태양을 기준으로 한 번 자전하는 시간을 1태양일이라 한다.
② 지구가 항성을 기준으로 한 번 자전하는 시간을 1항성일이라 한다.
③ 1태양일과 1항성일의 차이가 나는 것은 지구의 공전 때문이다.
④ 지구의 자전운동은 항성의 연주시차, 별빛의 광행차, 별빛의 시선속도의 연주변화 등으로 증명된다.

[해설]
② 자전 : 지구는 하루에 한 번씩 지축을 중심으로 회전하고 있고, 태양을 기준으로 한 번 자전하는 시간을 1태양일이라 하며, 24시간으로 정한다. 지구가 항성을 기준으로 한 번 자전하는 시간을 1항성일이라 하고, 23시간 56분 4초이며, 차이가 나는 이유는 지구의 공전 때문이다. 지구가 하루에 한 번씩 지축을 중심으로 회전하고 있으며, 지구의 자전운동으로 밤과 낮이 생기고, 천구의 일주운동이 생기게 되는 운동을 말한다.
③ 공전 : 지구는 태양을 중심으로 지축이 궤도면에 대하여 기울어져 회전운동을 하는 데 그 결과 계절의 변화, 일조시간의 변화, 기온의 변화, 태양의 남중고도의 변화 등의 현상이 생긴다. 공전운동은 항성의 연주시차, 별빛의 광행차, 별빛의 시선속도의 연주시차 등으로 증명된다.

08 GPS 신호의 오차에 관한 설명이 틀린 것은?

① 대류권 오차는 수학적 모델링을 통하여 감소시킬 수 있다.
② 안테나 위상중심 변동은 차분법에 의해 감소시킬 수 있다.
③ 높은 건물이나 나무에서 떨어져 관측함으로써 다중경로 오차를 줄일 수 있다.
④ 전리층 오차는 이중주파수의 사용으로 감소시킬 수 있다.

[해설]
④ 위상중심(Phase Center) : 위성과 안테나 간의 거리를 관측하는 안테나의 기준점을 말하는데 실제 안테나 패치가 설치된 물리적 위상중심의 위치와 위상측정이 이루어지는 전기적 위상중심점의 위치는 위성의 고도와 수신신호의 방위각에 따라 변화하게 되므로 이를 PCV(위상신호가변성)라 하며, 이로부터 얻은 안테나 오프셋값을 실측에 적용함으로써 고정밀 GPS 측량이 가능하다.

Answer 07 ④ 08 ②

09 극심입체투영법에 의해 위도 80° 이상 양극지역의 지도좌표를 표시하는 데 사용되는 것은?

① UPS 좌표 ② 3차원 극좌표
③ UTM 좌표 ④ 가우스크뤼거 좌표

해설

2. UPS 좌표(Universal Polar Stereographic Coordinate)
① 남북위 80~90°의 양극지역의 좌표 표시에 사용한다.
② 극심 입체 투영법에 의한다.
③ 양극을 원점으로 하는 평면직각좌표계를 사용한다.
④ 축척계수 : 극에서 0.9940m이다.
⑤ 거리좌표는 m 단위로 나타낸다.
⑥ 좌표의 종축은 경도 0° 및 180°인 자오선이고, 횡축은 90°W 및 90°E인 자오선이다.
⑦ 원점의 좌표값은 횡좌표 2,000,000mE, 종좌표 2,000,000mN이며, 도북은 북극을 지나는 180° 자오선(남극에서는 0° 자오선)과 일치한다.

10 장반경이 6378532m, 단반경이 6356752m인 타원체의 편평률(flattening)은?

① 398.25 ② 297.25
③ 0.003426 ④ 0.003415

해설

$$P = \frac{a-b}{a} = \frac{6378532 - 6356752}{6378532} = 0.003415$$

11 다음 중 지리좌표에 해당하지 않는 것은?

① 측지위도 ② 경도
③ 시간 ④ 높이

해설

경위도좌표(지리좌표)
지구상 절대적 위치를 표시하는 데 가장 널리 쓰인다. 경도((Longitude):λ)와 위도(Latitude):θ)에 의한 좌표

(λ, θ)로 수평위치를 나타낸다.
① 3차원 위치표시를 위해서는 타원체면으로부터의 높이, 즉 표고를 이용한다.
② 본초자오선과 적도의 교점을 원점(0, 0)으로 한다.
③ 경도는 본초자오선으로부터 적도를 따라 그 지점의 자오선까지 잰 각거리로 동서쪽으로 0°~180°까지 재며, 천문경도와 측지경도로 구분한다.
④ 위도는 자오선을 따라 적도에서 어느 지점까지 관측한 최소각거리로서 "어느 지점의 연직선(또는 타원체의 법선)이 적도면과 이루는 각"으로 정의되고, 0°~90°까지 관측하며, 천문위도, 측지위도, 지심위도, 화성위도로 구분된다.

12 다음의 GNSS 측위 중 가장 높은 정확도를 기대할 수 있는 것은?

① 정지 측위
② 키네마틱 측위
③ RTK 측위
④ 단독 측위

해설

1. 정지측량
GPS 측량기를 사용하여 기초측량 또는 세부측량을 하고자 하는 때에는 정지측량(Static)방법에 의한다. 정지측량방법은 2개 이상의 수신기를 각측점에 고정하고 양측점에서 동시에 4개 이상의 위성으로부터 신호를 30분이상 수신하는 방식이다

13 지구자기의 변화에 해당되지 않는 것은?

① 일변화 ② 부게이상
③ 영년변화 ④ 자기폭풍

해설

1. 지자기의 변화
지자기의 변화는 하루를 주기로 하는 일변화와 수십년 내지 수백 년에 걸친 영년변화 및 갑작스럽고도 큰 변화인 자기풍으로 나눌 수 있다.

Answer 09 ① 10 ④ 11 ③ 12 ① 13 ②

14. GNSS 관측 도중 장애물 등으로 인하여 GNSS 신호의 수신이 일시적으로 단절되는 현상은?

① 사이클 슬립(cycle slip)
② SA(Selective Availability)
③ AS(Anti Spoofing)
④ 모호 정수(Ambiguity)

[해설]
2. Cycle Slip
사이클 슬립은 GPS 반송파위상추적회로에서 반송파 위상값을 순간적으로 놓침으로 인해 발생하는 오차, 사이클 슬립은 반송파 위상데이터를 사용하는 정밀위치측정분야에서는 매우 큰 영향을 미칠 수 있으므로 사이클 슬립의 검출은 매우 중요하다.

15. RINEX 형식이 포함할 수 있는 내용으로 거리가 먼 것은?

① GPS 위성의 C/A코드 의사거리
② GLONASS 위성의 항법 메시지
③ GEO(Geostationary) 위성의 항법 메시지
④ IKONOS 위성의 항법 메시지

[해설]
1. 세 종류의 위성
 - GEO(Geostationary Earth Orbit) : 정지 궤도 위성
 - LEO(Low Earth Orbit) : 저 지구 궤도
 - MEO(Medium Earth Orbit) : 중지구 궤도

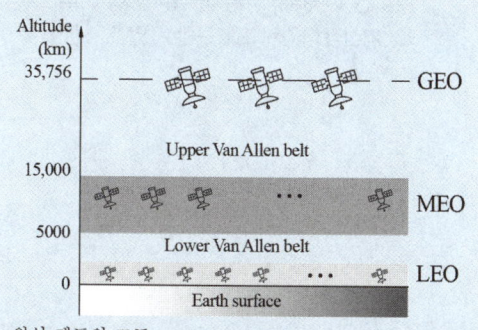
위성 궤도의 고도

IKONOS 고해상도 위성영상
IKONOS 고해상도 위성영상을 이용한 토지피복 분류

16. 다음의 설명 중 옳지 않은 것은?

① 천체의 고도, 방위각 및 시각을 관측하여 미지점의 경위도 및 방위각을 결정하는 것을 천문측량이라 한다.
② 측지학적 3차원 위치결정이란 경도, 위도 및 높이를 산정하여 측지학적 좌표계를 결정하는 것이다.
③ 지상으로부터 발사 또는 방사된 전자파를 인공위성으로 탐지하여 해석함으로써 지구자원 및 환경을 해결할 수 있는 것을 GNSS측량이라 한다.
④ 지구곡률을 고려한 반지름 11km 이상인 지역의 측량에는 측지학의 지식을 필요로 한다.

[해설]
원격탐측이란 지상이나 항공기 및 인공위성 등의 탑재기(Platform)에 설치된 탐측기(Sensor)를 이용하여 지표, 지상, 지하, 대기권 및 우주공간의 대상들에서 반사 혹은 방사되는 전자기파를 탐지하고 이들 자료로부터 토지, 환경 및 자원에 대한 정보를 얻어 이를 해석하는 기법이다.

17. 중력의 영년변화(secular variation) 원인과 거리가 먼 것은?

① 대기 물질의 변화
② 만유인력상수의 변동
③ 지구의 형상과 질량의 변화
④ 지구 전체적인 질량분포의 일반적인 변동

[해설]
중력은 항상성(恒常性)이 높은 물리량의 하나이지만 장기간에 걸쳐서 서서히 변화하고 있는데 이를 중력의 경년변화(經年變化)라고 한다. 이러한 중력변화의

Answer 14 ① 15 ④ 16 ③ 17 ①

원인은
① 만유인력상수의 변동
② 지구의 형상과 질량의 변화
③ 지구 전체적인 질량분석(質量分析)의 일반적인 변동
④ 지표 부근의 질량분포상황의 변화로 대기의 대순환,강수(降水),침식,빙하의 해빙과 이동 등의 기상학적변동과 지진,화산활동,퇴적작용,지각변동 등의 지질학적 변동이다

18 GNSS 신호가 대기권을 통과할 때의 현상으로 옳은 것은?

① 일반적으로 전리층지연 효과가 대류층지연 효과보다 작게 나타난다.
② 이중주파수 수신데이타를 이용하면 전리층지연 효과의 제거가 가능하다.
③ 대기에 포함되어 있는 수증기량은 지연효과에 영향을 주지 않는다.
④ 대기 중에 있는 질소나 산소는 신호지연에 영향을 주지 않는다.

해설
전리층과 대류권의 전파지연
㉠ 전리층 : 지표면에서 70~1000km 사이의 충전된 입자들이 포함된 층
㉡ 대류권 : 지표면상 10km까지 이르는 것으로 지구의 기후형태에 의한 층
㉢ 전리층, 대류권에서 위성신호의 전파속도지연과 경로의 굴절오차
이러한 전리층으로 인한 지연오차는 이중주파수 수신데이터를 이용해서 전리층 지연효과의 제거를 한다

19 탄성파를 이용하여 파악하는 주요 사항으로 옳은 것은?

① 지표상 두 점간 거리의 정밀 측정
② 인공위성을 이용한 지구상 점의 좌표 측정
③ 지질구조의 파악
④ 파고의 측정

해설
탄성파 측량
물체에 외력을 가했다가 외력을 제거했을 때 원상태로 돌아올 수 있는 상태에서 변형의 비율은 외력에 비례한다(Hook의 법칙). Hook의 법칙이 적용되는 고체를 탄성체라 하며 탄성체에 충격을 주어 급격한 변형을 일으키면 변형은 파장이 되어 주위로 전파되는데 이 파를 탄성파라 한다. 탄성파에는 실체파라고 하는 종파(縱波 : P파), 횡파(橫波 : S파), 지표상의 관측자에게는 탄성체 표면에만 전달되는 표면파(表面波 : L파)의 3종류가 있다. 탄성파 측량에 의한 지하물질탐사방법에는 낮은 곳은 굴절법, 깊은 곳은 반사법을 이용한다. 탄성파를 이용하여 지반조사,금속,비금속광산에서 복잡한 지질구조조사 등에 사용되고 있다.

20 GNSS 자료처리에 의하여 직접적으로 획득할 수 있는 성과가 아닌 것은?

① 기선장
② 경도
③ 위도
④ 정표고

해설
1. 측지위성(GNSS)
  ① 궤도위성 : GPS, GLONASS, GALILEO 등
  ② 정지위성 : WASS, EGNOS, MASA 등
2. 지구관측위성
  ① 저해상도 위성 : LANDSAT, SPOT, KOMPSAT-1 등
  ② 고해상도 위성 : IKONOS, KOMPSAT-2, Quick Bird 등 GPS위성 기준점 측량을 통해 위도, 경도, 기선장,타원체고를 구할수 있다.

Answer 18 ② 19 ③ 20 ④

제2과목 | 응용측량

21 캔트가 C인 노선의 곡선부에서 속도와 반지름을 모두 3배로 할 때 변화된 캔트는?

① C/3 ② 1.5C
③ 3C ④ 9C

[해설]
$C = \dfrac{SV^2}{gR}$ 에서 $C = \dfrac{3^2}{3} = 3$이므로 3C이다.

22 수애선(水涯線) 및 수애선 측량에 관한 설명으로 옳지 않은 것은?

① 심천측량에 의한 방법을 이용할 때에는 수위의 변화가 적은 시기에 심천측량을 행하여 하천의 횡·단면도를 먼저 만든다.
② 수애선은 하천 수위에 따라 변동하는 것으로 최저수위에 의하여 정해진다.
③ 수면과 하안과의 경계선을 수애선이라 한다.
④ 수애선 측량에는 심천측량에 의한 방법과 동시관측에 의한 방법이 있다.

[해설]
② 수애선은 하천수위의 변화에 따라 변동하는 것으로 평수위에 의해 정해진다.

23 노선측량에서 곡선을 설치할 때 가장 먼저 결정하여야 할 것은?

① T.L.(접선길이) ② C.L.(곡선길이)
③ B.C.(곡선시점) ④ R(곡선반지름)

[해설]
단곡선 설치 순서
① 단곡선의 반경(R), 접선(2방향), 교선점(D), 교각(I)을 정한다.
② 단곡선의 반경(R)과 교각(I)으로부터 접선길이(TL), 곡선길이(CL), 외할(E) 등을 계산하여 단곡선시점

24 그림과 같은 토지의 한 변 BC=50m상의 고정점 D와 AC=46m상의 점 E를 연결하여 △ABC의 면적을 2등분(m : n = 1 : 1)하기 위한 AE의 길이는?

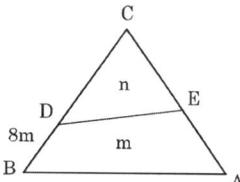

① 18.6m ② 20.8m
③ 21.2m ④ 27.8m

[해설]
$\dfrac{n}{n+m} = \dfrac{CD \times CE}{CB \times CA}$ 에서
$CE = \dfrac{CB \times CA}{CD} \cdot \dfrac{n}{n+m}$
$= \dfrac{50 \times 46}{42} \times \dfrac{1}{1+1} = 27.38$
$\therefore EA = CA - CE = 46 - 27.38 = 18.62m$

25 그림과 같은 5각형 토지 ABCDE를 동일 면적의 사각형 토지로 만들기 위해 DC의 연장선 상에 경계점 F를 설치하고자 한다. $\overline{AC}$=40m, $\overline{BC}$=25m, ∠ACB=30°, ∠BCF=80°라 할 때 $\overline{CF}$의 거리는?

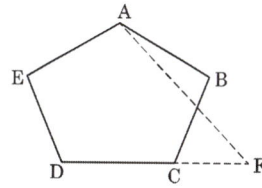

Answer 21 ③ 22 ② 23 ④ 24 ① 25 ④

① 12.7m ② 12.9m
③ 13.1m ④ 13.3m

해설

① △ABC의 면적 $= \frac{1}{2} \times \overline{AC} \times \overline{BC} \times \sin 30°$
$= \frac{1}{2} \times 40 \times 25 \times \sin 30° = 250$

② △ACF의 면적 $= \frac{1}{2} \times \overline{AC} \times \overline{CF} \times \sin 110°$
$= \frac{1}{2} \times 40 \times \overline{CF} \times \sin 110°$
$= 18.79 \times \overline{CF}$

③ △ABC와 △ACF의 면적이 같아야 하므로
①=②에서 $250 = 18.79 \times \overline{CF}$
$\therefore \overline{CF} = \frac{250}{18.79} = 13.3m$

26 곡선시점의 위치가 No.120+1250m이고, 반지름이 350m인 단곡선상 No.122 중심말뚝에 대한 편각은?(단, 중심말뚝 간의 거리는 20m이다.)

① 0°36′50″
② 1°38′13″
③ 2°15′03″
④ 3°53′16″

해설

$\delta_1 = 1718.87' \times \frac{l_1}{R} = 1718.87' \times \frac{7.5}{350}$
$= 0°36'49.98''$

$\delta = 1718.87' \times \frac{l}{R} = 1718.87' \times \frac{20}{350}$
$= 1°38'13.27''$

$\therefore$ No.122에 대한 편각 $= \delta_1 + \delta$
$= 0°36'49.98'' + 1°38'13.27''$
$= 2°15'03''$

27 그림과 같은 절토단면이 있다. 각 점의 좌표와 경사를 이용하여 계산한 단면의 면적은? (단, 좌표 및 거리의 단위는 m이다.)

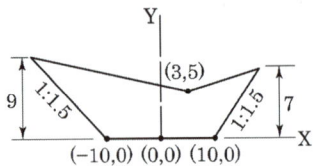

① 256m² ② 215m²
③ 193m² ④ 186m²

해설

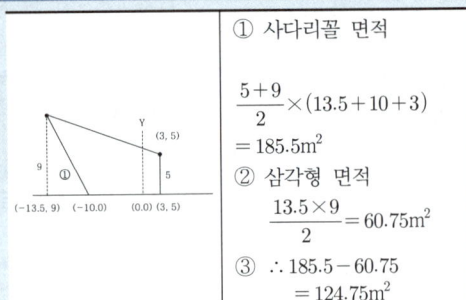	① 사다리꼴 면적 $\frac{5+9}{2} \times (13.5 + 10 + 3)$ $= 185.5m^2$ ② 삼각형 면적 $\frac{13.5 \times 9}{2} = 60.75m^2$ ③ $\therefore 185.5 - 60.75$ $= 124.75m^2$
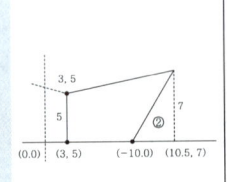	① 사다리꼴 면적 $\frac{5+7}{2} \times ((3+(10-3)) + (10.5-3))$ $= \frac{12}{2} \times 17.5 = 105m^2$ ② 삼각형면적 $\frac{10.5 \times 7}{2} = 36.75m^2$ ③ $\therefore 105 - 36.75$ $= 68.25m^2$
횡단면적	$124.75 + 68.25 = 193m^2$

방법 2)
* 간이계산법(좌표계산법)

Answer 26 ③ 27 ③

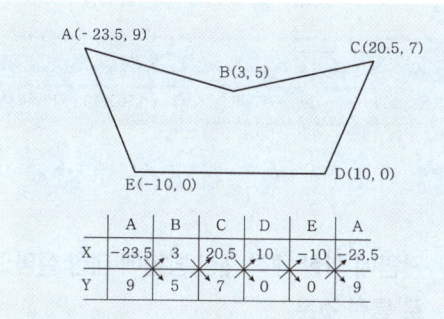

$\sum \searrow = (-23.5 \times 5) + (3 \times 7) +$
$(20.5 \times 0) + (10 \times 0) + (-10 \times 9)$
$= -186.5$
$\sum \nearrow = (9 \times 3) + (5 \times 20.5) + (7 \times 10) + (0 \times 10)$
$= 199.5$
$2A = -186.5 - 199.5 = -386$
면적은 (−)값이 없으므로
$\therefore A = \dfrac{386}{2} = 193\text{m}^2$

28 도로의 종단곡선을 2차 포물선으로 설치하려고 한다. 이때 종단 경사가 상·하향 모두 4%라면 종단곡선의 시점과 시점으로부터 24m 떨어진 지점의 높이차(D)는?

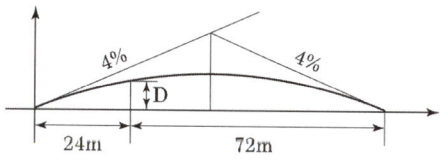

① 0.15m   ② 0.24m
③ 0.72m   ④ 0.96m

해설

구배선의 계획고
$H_B' = H_A + \dfrac{m}{100} \cdot x$
$= 0 + \dfrac{4}{100} \times 24 = 0.96\text{m}$

종단곡선의 계획고
$H_B = H_B' - y = H_B' - \dfrac{m-(-n)}{2L} \times x^2$

$= 0.96 - \dfrac{0.04-(-0.04)}{2 \times 96} \times 24^2 = 0.72\text{m}$

29 하천의 유량관측방법이 아닌 것은?

① 월류부에 의한 방법
② 유량곡선에 의한 방법
③ 하천기울기에 의한 방법
④ 유출계수와 강우강도에 의한 방법

해설

하천의 유량관측방법(流量觀測方法)
① 부자(浮子)에 의한 유량관측
② 하천(河川) 기울기를 이용하는 유량관측
③ 유량곡선(流量曲線)에 의한 유량관측
④ 월류부(越流部)에 의한 유량관측

30 도로 기점으로부터 1500m 지점에 교점이 있고, 반지름 R = 100m, 교각 I = 90°인 단곡선을 설치할 때, 곡선 시점까지의 추가거리는?

① 800m   ② 1000m
③ 1200m   ④ 1400m

해설

$BC = IP - TL$
$= IP - R\tan\dfrac{I}{2}$
$= 1500 - 100 \times \tan 45 = 1400\text{m}$

31 하천측량에서 관측한 수위에 대한 설명으로 옳지 않은 것은?

① 최고수위는 어떤 기간에 있어서 가장 높은 수위를 말한다.
② 평균수위는 어떤 기간의 관측수위를 합계하여 관측횟수로 나눈 것을 말한다.
③ 갈수위는 하천의 수위 중에서 1년을 통하여 355

Answer 28 ③ 29 ④ 30 ④ 31 ④

일간 이보다 내려가지 않는 수위를 말한다.
④ 평수위는 어떤 기간에 있어서 관측수위가 일정하게 유지되는 최대 기간 동안의 수위를 말한다.

해설

하천의 수위

평수위(OWL)	어느 기간의 수위 중 이것보다 높은 수위와 낮은 수위의 관측수가 똑같은 수위로 일반적으로 평균수위보다 약간 낮은 수위. 1년을 통해 185일은 이보다 저하하지 않는 수위 ① 수애선은 수면과 하안과의 경계선 ② 수애선은 하천수위의 변화에 따라 변동하는 것으로 평수위에 의해 정해짐.

32 2500m²의 정사각형 면적을 ±01m²까지 정확히 구하기 위하여 관측하여야 할 한 변의 최대 오차는?

① ±2mm ② ±1.5mm
③ ±1mm ④ ±0.5mm

해설

정사각형의 면적을 A, 한변의 길이를 l이라 하면
$A = l \times l = l^2$
$\therefore l = \sqrt{A} = \sqrt{2500} = 50m$
$\dfrac{dA}{A} = 2\dfrac{dl}{l}$ 에서
$dl = \dfrac{dA \cdot l}{2A} = \dfrac{0.1 \times 50}{2 \times 2500} = 0.001m = 1mm$

33 터널 내의 좌표 A(1478m, 920m), B(2048m, 340m), 높이 A(96.56m), B(15146m)인 A, B점을 연결하는 터널을 연결할 때, 이 터널의 경사거리는?

① 518m ② 651m
③ 815m ④ 855m

해설

$\overline{AB} = \sqrt{\triangle x^2 + \triangle y^2 + \triangle z^2}$
$= \sqrt{(2048-1478)^2 + (340-920)^2 + (151.46-96.56)^2}$
$= \sqrt{324,900 + 336,400 + 3,014.01}$
$= 815.05m$

34 단면에 의한 체적 계산 방법에 대한 설명으로 틀린 것은?

① 양단면평균법은 간편하기 때문에 실제 토공량 산정에 자주 이용되고 있다.
② 중앙단면법은 횡단면의 간격이 불규칙하고 단면적의 변화가 크지 않은 경우 유리하다.
③ 각주공식에 의한 체적산정은 참값에 가장 가까운 값을 나타낸다.
④ 일반적으로 토공량 산정값을 비교하면 체적의 크기가 중앙단면법 > 각주공식 > 양단면평균법의 순서가 된다.

해설

단면법에 의해 구해진 토량은 일반적으로 양단면평균법(과다) > 각주공식(정확) > 중앙단면법(과소)을 갖는다.

35 측위망원경에 의해 수평각을 측정하여 H′=80°이었다. 주망원경과 측위망원경의 시준선 간의 거리 OC=OC′=010m이고, 시준선까지의 거리 AO=35.77m, BO=23.10m 이었다면 실제 수평각(H)은?

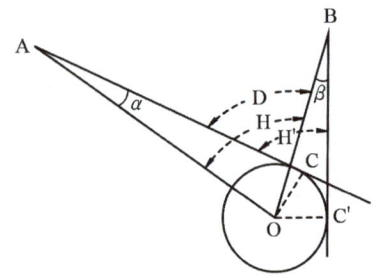

Answer 32 ③ 33 ③ 34 ④ 35 ②

① 79°55′44″
② 80°05′16″
③ 80°11′05″
④ 80°15′25″

[해설]

sin법칙에 의해
$\alpha = \sin^{-1} \times \dfrac{0.1}{35.77} \times \sin 90° = 0°09'36.64''$
$\beta = \sin^{-1} \times \dfrac{0.1}{23.10} \times \sin 90° = 0°14'52.92''$
$\alpha + H = \beta + H'$ 에서
$H = \beta + H' - \alpha$
$= 0°14'52.92'' + 80° - 0°09'36.64''$
$= 80°05'16''$

36. 하천측량에서 유속관측에 관한 설명으로 옳지 않은 것은?

① 유속관측은 유속계와 같은 기계관측과 부자(浮子)에 의한 관측 등이 있다.
② 같은 단면 내에서는 수심이나 위치에 상관없이 유속의 분포는 일정하다.
③ 유속계의 방법은 주로 평수위시가 좋고 부자의 방법은 홍수시에 많이 이용된다.
④ 일반적으로 하천이나 수로의 유속은 기울기, 크기, 수량, 유로의 형태, 풍향 등에 따라 변한다.

[해설]

1. 하천측량에서 유속관측
   ① 유속관측은 유속계와 같은 기계관측과 부자(浮子)에 의한 관측 등이 있다.
   ② 같은 단면 내에서는 수심이나 위치에 상관하여 유속의 분포는 다르다.
   ③ 유속계의 방법은 주로 평수위시가 좋고 부자의 방법은 홍수시에 많이 이용된다.
   ④ 일반적으로 하천이나 수로의 유속은 기울기, 크기, 수량, 유로의 형태, 풍향 등에 따라 변한다.

37. 노선측량의 순서로 옳은 것은?

① 답사→예측→실측→공사측량→도상계획
② 도상계획→실측→예측→답사→공사측량
③ 도상계획→답사→예측→실측→공사측량
④ 답사→도상계획→실측→예측→공사측량

[해설]

1. 노선측량 작업과정

도상계획	지형도상에서 한 두 개의 계획노선을 선정한다.
현장답사	도상계획노선에 따라 현장 답사를 한다
예측	답사에 의하여 유망한 노선이 결정되면 그 노선을 더욱 자세히 조사하기 위하여 트래버스측량과 주변에 대한 측량을 실시한다
도상선정	예측이 끝나면 노선의 기울기, 곡선, 토공량, 터널과 같은 구조물의 위치와 크기, 공사비 등을 고려하여 가장 바람직한 노선을 지형도 위에 기입하는 단계이다.
현장실측	도상에서 선정된 최저노선을 지상에 측설하는 것이다.

38. 터널의 준공을 위한 변형조사측량과 가장 거리가 먼 것은?

① 중심측량 ② 고저측량
③ 단면측량 ④ 삼각측량

[해설]

변형조사측량은 중심측량, 단면측량, 고저측량이다. 터널완성 후 변형조사측량 중 고저측량은 터널의 고저측량의 기준을 어디에 잡는가 하는 것은 여러 가지가 있지만 철도의 경우는 시공기면을, 수로 터널과 같이 역아치인 인버트(invert)가 있는 경우는 인버트의 중심을, 도로 터널에서는 arch crown 및 포장의 중심을 고저측량의 기준으로 한다. 이 측량도 중심선측량과 같이 20m 간격으로 level을 사용하여 고저측량을 하고 터널의 기울기가 소정의 기울기로 되어 있는가를 점검한다.

Answer 36 ② 37 ③ 38 ④

터널의 이동관 관측의 경우는 판정하고 싶은 위치에 도벨을 설치하고 그 높이의 변화를 기록하여 둔다.

39 터널측량의 순서로 옳은 것은?

① 예측 - 답사 - 지표설치 - 지하설치
② 예측 - 지하설치 - 지표설치 - 답사
③ 답사 - 지표설치 - 지하설치 - 예측
④ 답사 - 예측 - 지표설치 - 지하설치

해설

터널측량의 순서
노선선정 → 갱외측량 → 갱내외 연결측량 → 갱내측량 → 내공단면측량 → 터널변위계측

터널측량의 작업 순서

답사(踏査)	미리 실내에서 개략적인 계획을 세우고 현장 부근의 지형이나 지질을 조사하여 터널의 위치를 예정한다
예측(豫測)	답사의 결과에 따라 터널위치를 약측에 의하여 지표에 중심선을 미리 표시하고 다시 도면상에 터널을 설치할 위치를 검토한다
지표설치 (地表設置)	예측의 결과 정한 중심선을 현지의 지표에 정확히 설정하고 이때 갱문이나 수갱의 위치를 결정하고 터널의 연장도 정밀히 관측한다
지하설치 (地下設置)	지표에 설치된 중심선을 기준으로 하고 갱문에서 굴삭을 시작하고 굴삭이 진행함에 따라 갱내의 중심선을 설정하는 작업을 한다

40 노선측량 중 편각법에 의한 원곡선 설치에 있어서 필요 없는 요소는?

① 시단현(l_1)
② 중앙종거(M)
③ 곡선반지름(R)
④ 종단현에 대한 편각(δ_n)

해설

편각에 의한 방법

시단현편각 $\delta_1 = \dfrac{90°}{\pi} \times \dfrac{l_1}{R} = 1718.87' \dfrac{l_1}{R}$

종간현편각 $\delta_2 = 1718.87' \dfrac{l_2}{R}$

말뚝간격에 의한 편각 $\delta = 1718.87' \dfrac{l}{R}$

제3과목 | 사진측량 및 원격탐사

41 항공사진은 어떤 투영에 의한 지형·지물의 상인가?

① 중심투영
② 등적투영
③ 평행투영
④ 정사투영

해설

항공사진은 중심투영이고, 지도는 정사투영이다.
중심투영 : 일반적인 사진의상은 피사체(대상물)로부터 반사된 광선이 렌즈중심으로 직진하여 평면인 필름면에 투영되어 상이 나타난다. 이와 같은 투영을 중심투영(central projection)이라 하며, 사진은 중심투영상(中心投影像)이다.

42 상호표정에 사용하는 요소가 아닌 것은?

① λ(축척계수)
② K(Z축에 대한 회전)
③ ϕ(Y축에 대한 회전)
④ ω(X축에 대한 회전)

해설

외부표정(Exterior Orientation)
① 상호표정(Relative Orientation)
  ㉠ 5개의 표정인자($K, \phi, \omega, b_y, b_z$) 사용
  ㉡ 종시차(P_y) 소거

Answer 39 ④ 40 ② 41 ① 42 ①

43 사진측량의 내부표정에서 사용 가능한 방법은?

① 3차원 상사 변환
   (3-dimensional similarity transformation)
② 의사 부등각 사상 변환
   (pseudo affine transformation)
③ 공면조건(coplanarity condition)
④ 공선조건(collinearity condition)

해설
1. 내부표정이란 도화기의 투영기에 촬영 시와 동일한 광학관계를 갖도록 장착시키는 작업으로 기계좌표로부터 지표좌표를 구한 다음 사진좌표를 구하는 단계적 표정을 말한다.
2. 내부표정 좌표조정 변환식
   ① Helmert 변환 : 2차원 회전, 원점의 평행 이동량, 축척을 보정한 변환이며, 기계좌표계로부터 지표좌표계를 구하는 데 이용된다.
   ② 2차원 등각 사상 변환(Conformal Transformation) : 직교기계좌표로부터 관측된 지표좌표를 사진좌표로 변환할 때 이용되며 축척변환, 회전변환, 평행변위 3단계로 이루어진다.
   ③ 2차원 부등각 사상 변환(Affine Transformation) : 비직교기계좌표로부터 관측된 지표좌표를 사진좌표로 변환할 때 이용된다.

44 내부표정에 대한 설명 중 옳지 않은 것은?

① 3차원 Similarity(유사성) 변환을 사용한다.
② 내부표정을 수행하면, 사진상의 모든 점의 위치를 사진좌표계로 표현할 수 있다.
③ 기계좌표와 사진좌표계와의 기하학적 관계를 수립한다.
④ 사진상에 나타난 사진지표(Fiducial Marks)를 측정해야 한다.

해설
내부표정(Inner Orientation)
① 사진의 주점을 투영기의 중심에 일치
② 초점거리(f)의 조정
③ 건판신축, 대기굴절, 지구곡률, 렌즈왜곡의 보정

45 초점거리가 150mm이고 사진축척이 1 : 10,000인 수직 항공사진에서 탑(Tower)의 높이를 계산하려고 한다. 주점에서 탑의 밑부분까지 거리가 9cm, 탑의 꼭대기까지 거리가 10cm일 때 이 탑의 실제 높이는?

① 10m   ② 15m
③ 100m ④ 150m

해설
$\dfrac{1}{m} = \dfrac{f}{H}$ 이므로

$H = mf = 10,000 \times 0.15 = 1,500$

$h = \dfrac{H}{P_a + \Delta P} \cdot \Delta P$

$= \dfrac{1,500}{9 + (10-9)} \times (10-9) = 150m$

46 항공사진 카메라의 초점거리 150mm, 촬영경사 4°로 평지를 촬영하였다. 이 사진의 주점으로부터 등각점까지의 거리는?

① 4.1mm   ② 4.4mm
③ 5.2mm   ④ 5.4mm

해설
$\overline{mj} = f \cdot \tan\dfrac{I}{2} = 0.15 \times \tan\dfrac{4°}{2}$

$= 0.0052m = 5.2mm$

47 항공라이다시스템에 대한 설명 중 옳지 않은 것은?

① 항공레이저 스캐너와 GPS/INS 시스템으로 구성된다.
② 지표면에 대한 3차원 좌표정보를 취득하는 시스템이다.
③ 항공사진측량보다 기상조건의 영향을 적게 받는다.
④ 극초단파를 사용하는 수동적 센서 시스템이다.

해설

1. 항공라이다측량(LiDAR : Light Detection And Ranging) : 항공라이다측량은 항공레이저 측량시스템을 항공기에 탑재하여 레이저를 주사하고 그 지점에 대한 3차원 위치좌표를 취득하는 측량방법을 말한다. 라이다측량은 광학적 시스템이 아니므로 기상조건과 일조량의 영향을 덜 받고 밤낮에 상관없이 측량이 가능하다. 또한 극초단파(레이저)를 사용하는 능동적 센서 시스템이다.

48 GPS/INS 통합시스템에 대한 설명으로 옳은 것은?

① GPS/INS는 가상 기준점을 이용한 GPS 측량 기법이다.
② GPS/INS를 이용하면 항공기에서 중력이상을 측정할 수 있다.
③ GPS/INS는 항공기에서 직접 수치표고모델을 생성하는 장비이다.
④ GPS/INS를 이용하면 항공사진측량에서 지상기준점측량 비용을 절감할 수 있다.

해설

1. GPS/INS(관성항법시스템) : INS(Inertial Navigation System)는 차량, 항공기 등에 관성측량기를 장착해 관측자의 현재 위치를 측량하고 진로를 알려주는 정밀항법장치로서 각(角) 가속도를 측정하여 시간에 대한 연속적인 적분을 수행해 위치와 속도, 진행방향을 계산해내는 시스템으로서 GPS와 달리 본체에 설치된 센서를 통해 측량하는 방법이다.

49 항공사진 도화작업에서 표정(orientation)에 관한 설명으로 틀린 것은?

① 내부표정 - 초점거리의 조정 및 주점의 일치
② 상호표정 - 7개의 표정인자(λ, ϕ, Ω, K, C_x, C_y, C_z)
③ 절대표정 - 축척, 경사의 조정 및 위치의 결정
④ 접합표정 - 모델 간, Strip 간의 접합요소

해설

② 상호표정 : 지상과의 관계는 고려하지 않고 좌우사진의 양 투영기에서 나오는 광속이 촬영 당시 촬영면에 이루어지는 종시차(ϕ)를 소거하여 목표지형물의 상대위치를 맞추는 작업
  ㉠ 비행기의 수평회전을 재현해 주는 (K, b_y)
  ㉡ 비행기의 전후 기울기를 재현해 주는 (ϕ, b_z)
  ㉢ 비행기의 좌우 기울기를 재현해 주는 (ω)
  ㉣ 과잉수정계수 (o, c, f) = $\frac{1}{2}\left(\frac{h^2}{d^2}-1\right)$
  ㉤ 상호표정인자 : (K, ϕ, ω, b_y, b_z)

③ 절대표정 : 상호표정이 끝난 입체모델을 지상기준점(피사체기준점)을 이용하여 지상좌표(피사체좌표계)와 일치하도록 하는 작업
  ㉠ 축척의 결정
  ㉡ 수준면(표고, 경사)의 결정
  ㉢ 위치(방위)의 결정
  ㉣ 절대표정인자 : λ, ϕ, ω, K, b_x, b_y, b_z(7개의 인자로 구성)

50 한 코스에 대하여 한 개의 촬영점으로부터 다음 촬영점까지의 종방향 실거리를 의미하는 것은?

① 촬영기선길이   ② 종중복도
③ 촬영코스길이   ④ 주점기선길이

해설

촬영기선(撮影基線 : air base)길이와 촬영횡기선(撮影橫基線)길이
한 코스(경로)의 촬영중 한 개의 촬영점에서 다음 촬영점까지의 실제거리 또는 임의의 사진 주점과 다음

Answer 47 ① 48 ④ 49 ② 50 ①

사진의 주점사이의 거리를 촬영기선길이라한다. 촬영경로 간격을 나타내는 C를 촬영횡기선(撮影橫基線)길이라 한다

$B = ma(1 - \dfrac{p}{100})$

$C = ma(1 - \dfrac{q}{100})$

주점기선(主點基線)길이

주점기선(主點基線)길이는 인접하는 중복사진에서 첫째 사진주점과 둘째 사진의 주점간의 사진상에서의 길이이다

$b_0 = a(1 - \dfrac{p}{100})$

51. 전자기파의 파장대를 파장이 짧은 것부터 순서대로 나열한 것은?

① 자외선 ⇒ 청색 ⇒ 녹색 ⇒ 적색
② 적색 ⇒ 자외선 ⇒ 청색 ⇒ 녹색
③ 자외선 ⇒ 적색 ⇒ 녹색 ⇒ 청색
④ 적색 ⇒ 녹색 ⇒ 청색 ⇒ 자외선

[해설]
전자파는 파장이 짧은 것부터 순서대로 r선, X선, 자외선(紫外線:ultraviolet), 가시광선(可視光線:visible), 적외선(赤外線:infrared), 전파(電波) 가시광(눈에 보이는)은 인간의 눈에 파장이 긴 쪽으로부터 순서대로 빨강(red), 주황(orange), 노랑(yellow), 녹색(green), 파랑(blue), 보라색(violet)의 무지개 색으로 보인다.

52. 절대표정에 대한 설명으로 옳지 않은 것은?

① 한 입체모델에서 수평위치 기준점 2점, 수직위치 기준점 3점이면 절대표정이 가능하다.
② 지상기준점이 없는 경우는 횡접합점(tie point)과 공면조건식으로 절대표정을 수행한다.
③ 상호표정으로 생성된 3차원 모델과 지상좌표계의 기하학적 관계를 수립한다.
④ 절대표정을 수행하면 횡접합점(tie point)에 대한 지상점 좌표를 계산할 수 있다.

[해설]
절대표정(Absolute Orientation)

절대표정은 대지표정이라고도 하며 상호표정이 끝난 입체모형을 지상 기준점을 이용하여 대상물의 공간상 좌표계와 일치시키는 작업으로 입체모형(model)2점의 X,Y좌표와 3점의 높이(Z)좌표가 필요하므로 최소한 3점의 표정점이 필요하다. 모델좌표를 이용하여 절대좌표를 구하는 단계적 표정을 말한다.
㉮ 축척의 결정
㉯ 수준면(표고, 경사)의 결정
㉰ 위치(방위)의 결정
㉱ 절대표정인자: $\lambda, \phi, \omega, k, b_x, b_y, b_z$ (7개의 인자로 구성)

53. 회전주기가 일정한 위성을 이용한 원격탐사(remote sensing)의 특징으로 옳지 않은 것은?

① 짧은 기간 내에 넓은 지역을 동시에 관측할 수 있으며 반복관측이 가능하다.
② 회전주기가 일정하므로 원하는 지점 및 시기에 관측이 용이하다.
③ 관측이 좁은 시야각으로 얻어진 영상은 정사투영에 가깝다.
④ 탐사된 자료가 즉시 이용될 수 있으며 재해, 환경문제 해결에 편리하다.

[해설]
원격탐사(Remote Sensing)의 특징
1) 짧은 시간에 넓은 지역을 동시에 측정할 수 있으며 반복측정이 가능하다.
2) 다중파장대에 의한 지구표면 정보획득이 용이하며 측정자료가 기록되어 판독이 자동적이고 정량화가 가능하다.
3) 회전주기가 일정하므로 원하는 지점 및 시기에 관측하기가 어렵다.
4) 관측이 좁은 시야각으로 얻어진 영상은 정사투영에 가깝다.
5) 탐사된 자료가 즉시 이용될 수 있으므로 재해, 환경문제 해결에 편리하다.

54 사진측량에 대한 설명으로 옳지 않은 것은?

① 정량적인 관측은 물론 정성적 해석이 가능하다.
② 사진을 이용하여 임의 지점의 평면위치와 높이를 동시에 측정할 수 있다.
③ 지상에서 촬영한 사진은 사용할 수 없다.
④ 소규모 범위의 측량에는 비경제적이다.

해설

사진측량의 특징	
장점	1) 정량적 및 정성적 측정이 가능하다. 2) 정확도가 균일하다. 3) 동체측정에 의한 현상보존이 가능하다. 4) 접근하기 어려운 대상물의 측정도 가능하다. 5) 축척변경도 가능하다. 6) 분업화로 작업을 능률적으로 할 수 있다. 7) 경제성이 높다. 8) 4차원의 측정이 가능하다. 9) 비지형측량이 가능하다.
단점	1) 좁은 지역에서는 비경제적이다. 2) 기재가 고가이다(시설 비용이 많이 든다). 3) 피사체에 대한 식별의 난해가 있다(지명, 행정경계 건물명, 음영에 의하여 분별하기 힘든 곳 등의 측정은 현장의 작업으로 보충측량이 요구된다).

55 촬영고도가 800m, 초점거리가 153mm, 중복도가 65.2%로 연직 촬영된 한 쌍의 항공사진이 있다, 대상물의 높이차가 1m일 때 발생되는 사진에서의 시차차는? (단, 사진의 크기는 23cm × 23cm 이다.)

① 0.01mm
② 0.02mm
③ 0.1mm
④ 0.2mm

해설

$$\Delta P = \frac{b_0}{H}h = \frac{a(1-\frac{p}{100})}{H} \times 1$$
$$= \frac{0.23(1-\frac{65.2}{100})}{800} \times 1$$
$$= 0.0001m = 0.1mm$$

56 사진지표가 없는 일반 사진기로 촬영된 사진에 대하여 해석적 사진측량을 수행할 경우 정밀좌표측정기의 기계좌표와 지상좌표 간의 변환식으로 가장 적합한 것은?

① 투영 변환식
② 직접선형 변환식
③ 부등각사상 변환식
④ 선형등각사상 변환식

해설

비측량용 사진기는 물리적 사진기 매개변수를 정확하게 결정할수 없기 때문에 비측량용 사진기의 해석모델로는 직접선형변환식(Direct Linear Transformation)이 많이 사용된다.
직접선형변환의 경우 영상좌표와 대상물 공간좌표사이의 기하학적 관계를 선형함수로서 모델링한다.
즉, 직접선형변환의 매개변수들을 이용하여 물리적 사진기의 매개변수를 구하는 것이 가능하다.
• 등각사상변환 : 변환 후에도 좌표계의 모양이 변하지 않으며 축척.회전.이동의 세가지 변환이 이루어 진다
• 부등각사상변환 : 부등각사상변환은 선형왜곡보정에 이용된다.

57 상호표정에 대한 설명으로 옳은 것은?

① 평면(x, z)방향 시차를 소거하는 것
② 높이(z)방향 시차를 소거하는 것
③ 횡(x)방향 시차를 소거하는 것
④ 종(y)방향 시차를 소거하는 것

해설

상호표정	지상과의 관계는 고려하지 않고 좌우사진의 양투영기에서 나오는 광속이 촬영당시 촬영면에 이루어 지는 종시차(ϕ)를 소거하여 목표 지형물의 상대위치를 맞추는 작업 ① 5개의 표정인자 : K, ϕ, ω, by, bz

Answer 54 ③ 55 ③ 56 ② 57 ④

58 수동적 감지기(passive sensor) 중 지표로부터 반사되는 전자기파를 렌즈와 반사경으로 집광하여 필터를 통해 분광한 다음 파장별로 구분하여 각각의 영상을 기록하는 감지기는?

① INS
② PAN
③ MSS
④ SAR

[해설]
다중분광센서(MSS)는 지표로부터 방사되는 전자기파를 렌즈와 반사경으로 집광하여 필터를 통해 분광한 다음 파장대별로 구분하여 각각의 영상을 테이프에 기록하는 장치이다.

활용
영상분류에 의한 농업, 식물학, 지형학, 환경감시, 지리학, 지상자원분석, 지형이용계획, 수자원분석 등에 활용된다.

59 지형적 조건이 동일하고 항공사진의 축척이 같을 때 기복변위량이 가장 작게 나타나는 사진은?

① 보통각사진
② 광각사진
③ 초광각사진
④ 경사사진

[해설]
기복변위(Relief Displacement)
지표면에 기복이 있을 경우 연직으로 촬영하여도 축척은 동일하지 않으며 사진면에서 연직점을 중심으로 방사상의 변위가 생기는데 이를 기복변위라 한다. 즉, 대상물의 높이에 의해 생기는 사진 영상에의 위치 변위를 말한다.

$$\triangle r = \frac{f}{H}\frac{h}{f}r = \frac{h}{H}r$$

$$\triangle r\, max = \frac{f}{H}r\, max$$

여기서, $\triangle r$: 변위량, h : 비고, H : 비행고도
r : 화면 연직점에서의 거리
$r\, max$: 최대화면 연직점에서의 거리

사용 카메라에 의한 분류

종류	렌즈의 화각	화면 크기 (cm)	용도	비고
초광각 사진	120°	23×23	소축척도화용	완전평지에 이용
광각 사진	90°	23×23	일반도화, 사진판독용	• 경제적 • 일반도화
보통각 사진	60°	18×18	산림조사용	• 산악지대 • 도심지 촬영 • 정면도 제작
협각 사진	약 60° 이하		특수한 대축척 도화용	특수한 평면도 제작

60 다음 중 조정집성 영상지도 제작에 가장 적합한 영상(사진)은?

① 경사사진
② 초광각사진
③ 파노라믹사진
④ 정사사진

[해설]
항공사진과 지도는 지표면이 평탄한 곳에서는 지도와 사진이 같으나 지표면에 높낮이가 있는 경우는 사진의 형상이 다르다. 중심투영으로 인한 지형상의 왜곡을 보정하여 정사사진을 제작한다.

사진지도의 종류

종류	특징
약조정집성 사진지도	카메라의 경사에 의한 변위, 지표면의 비고에 의한 변위를 수정하지 않고 사진 그대로 접합한 지도
반조정집성 사진지도	일부만 수정한 지도
조정집성 사진지도	카메라의 경사에 의한 변위를 수정하고 축척도 조정한 지도
정사투영 사진지도	카메라의 경사, 지표면의 비고를 수정하고 등고선도 삽입된 지도

Answer 58 ③ 59 ① 60 ④

제4과목 | 지리정보시스템

61 아래 두 테이블을 합집합(union)한 결과로 옳은 것은?

ID	type	color	size	age
1	a	blue	big	ole
6	g	dun	huge	young

ID	type	color	size	age
2	c	green	big	young
4	d	black	big	older

①
ID	type	color	size	age
1	a	blue	big	old
6	g	dun	huge	young
2	c	green	big	young
4	d	black	big	older

②
ID	color	size
1	blue	big
5	mauve	tiny

③
ID	color	size
2	green	big
3	red	small
4	black	big
6	dun	huge
7	ecru	small

④
ID	type	color	size	age
1	a	blue	big	old
2	b	dun	tiny	old
3	b	dun	tiny	old
4	a	blue	big	old

해설

연산기능의 특성
① 교차(Interset : A and B) : 첫 번째 커버리지 A형상에 두 번째 커버리지 B형상을 교차시키는 경우로 그 결과 커버리지 B형상은 커버리지 B 안에 있는 형상들만 나타나게 된다.
② 결합(Union : A or B) : 커버리지 A와 커버리지 B를 결합시키면 두 커버리지 간에 겹치거나 부분적으로 교차하는 모든 형상들이 포함된 산출 커버리지가 나타나게 된다.

62 다음은 지리정보시스템(GIS)의 구성요소 중 무엇에 대한 설명인가?

- GIS 데이터의 구축, 조작을 포함한 대부분의 기능을 수행한다.
- GIS 업무를 수행하기 위해 전산기에 내려지는 명령어의 집합을 말한다.

① 소프트웨어
② 하드웨어
③ 네트워크
④ 자료

해설

소프트웨어(Software)
토지정보체계의 자료를 입력, 출력, 관리하기 위해 프로그램인 소프트웨어가 반드시 필요하며 자료입력 및 검색을 위한 입력 소프트웨어, 입력된 각종 정보를 저장 및 관리하는 관리 소프트웨어 그리고 데이터베이스의 분석결과를 출력할 수 있는 출력소프트웨어로 구성된다.
각종 정보를 저장/분석/출력할 수 있는 기능을 지원하는 도구로서 정보의 입력 및 중첩기능, 데이터베이스 관리기능, 질의 분석, 시각화 기능 등의 주요 기능을 갖는다.

63 불규칙 삼각망(TIN : Triangulated Irregular Network)에 대한 설명으로 옳지 않은 것은?

① TIN은 불규칙한 3차원 점들을 삼각형으로 연결하여 지형을 표현한 것이다.
② 수치지도의 등고선 자료로부터 TIN을 만들 수 있다.
③ 격자 형태로 고도를 표현하는 수치모형이다.
④ TIN은 벡터구조로서 위상관계를 갖는다.

Answer 61 ① 62 ① 63 ③

[해설]
2. 불규칙 삼각망(TIN : Triangulated Irregular Network)은 불규칙하게 배치되어 있는 지형점으로부터 삼각망을 생성하여 삼각형 내의 표고를 삼각평면으로부터 보간하는 DEM의 일종이다. 벡터위상구조를 가지며 다각형 Network를 이루고 있는 순수한 위상구조와 개념적으로 유사하다.

64 다음 중 관계형 데이터베이스를 위한 대표적인 언어는?

① SQL ② DLL
③ DLG ④ COGO

[해설]
표준 질의어(Standard Query Language : SQL)
표준 질의어는 관계형 DBMS에서 자료를 만들고 조회할 수 있는 도구로서 IBM에 의하여 개발된 표준 질의어로 광범위하게 사용되는 비과정 질의어의 대표적인 예이다.

65 종이지도로부터 지리정보시스템(GIS) 데이터베이스에 저장될 자료를 생성하려 한다. 종이지도가 컴퓨터로 편집 가능한 수치영상으로 변환되는 단계는?

① 스캐닝 ② 벡터 변환
③ 구조화 편집 ④ 정위치 편집

[해설]
① 스캐닝 : 스캐너라는 장비를 이용하여 도형자료를 입력시키는 것으로 스캐너는 광학주사기를 이용하여 일정한 파장의 광선을 지도에 주사하여 반사되는 값에 수치값을 부여하여 컴퓨터에 저장시킴으로써 기존의 지도를 영상(Image)의 형태로 만드는 방식이다.
② 구조화 : 어떤 부분적 요소나 내용이 서로 관련하여 통일적 조직체계를 이루거나 이루게 함

66 지리정보시스템(GIS)에서 데이터베이스관리시스템(DBMS)의 개념을 적용함으로써 얻어지는 특징이 아닌 것은?

① 서로 연관된 자료 간의 자동적인 갱신이 가능하다.
② 도형자료와 속성자료 간에 물리적으로 명확한 관계가 정의될 수 있다.
③ 자료의 중앙제어가 가능하므로 자료의 보안성과 데이터베이스의 신뢰도를 높일 수 있다.
④ 공간객체 간에 위치의 연관성을 구현하는데 위상관계의 정립이 불가능하다.

[해설]
데이터베이스관리시스템은 데이터베이스를 지원하는 물리적인 시스템으로 데이터베이스를 생성, 관리, 제공하는 집합이라고 할 수 있다.
① 중앙제어장치로 운용 가능
② 효율적인 자료호환으로 사용자가 편리함
③ 저장된 자료의 형태에 관계없이 데이터의 독립성
④ 새로운 응용프로그램 개발의 용이성
⑤ 신뢰도 보호 및 일관성 유지
⑥ 중복된 자료 감소 및 높은 수정 방안 제시
⑦ 다양한 응용프로그램에서 다른 목적으로 편집 및 저장

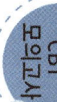

67 조사되지 않은 점에 대한 속성값을 주변의 기지점으로부터 예측하는 작업을 무엇이라 하는가?

① 보간
② 디지타이징
③ 정합
④ 모형화

[해설]
보간법(補間法, interpolation method)
주어진 기준점들로부터 정보를 받아 다른 기준점 사이에 놓여 있는 임의 공간의 위치값을 추정하는 것으로서 내삽법(內揷法)이라고도 한다.

Answer 64 ① 65 ① 66 ④ 67 ①

68 수치표고모델(DEM)과 식생지도를 중첩분석하여 표고에 따른 식생분포를 분석하고자 한다. 대상지역에서 침엽수림이 분포하는 지역 중 표고 100m 이상인 지역의 비율은? (단, 픽셀 해상도는 100m이다.)

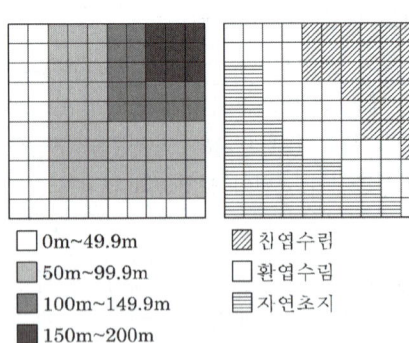

① 100% ② 94%
③ 88%   ④ 76%

해설

$$비율(\%) = \frac{표고\ 100\ 이상\ 지역에서\ 침엽수림\ 픽셀수}{침엽수림이\ 분포하는\ 지역의\ 픽셀수}$$
$$\times 100 = \frac{25-3}{29} \times 100 = 75.9\%$$

69 지리정보시스템(GIS)의 분석방법 중 교통로와 시가지 확장 사이의 관계를 설명하기 위해 사용하는 방법으로 가장 적합한 것은?

① 점사상과 선사상의 중첩
② 선사상과 면사상의 중첩
③ 면사상과 점사상의 중첩
④ 면사상과 면사상의 중첩

해설

중첩 분석 : 2개 이상의 레이어를 합성하여 점, 선, 면의 도형, 위상 및 속성 데이터를 재구축한다. 점과 면, 선과 면, 면과 면의 세 가지 경우의 중첩이 가능하다.
② 면사상과 선사상의 중첩
  ㉠ 선사상은 면사상과 중첩될 수 있는데 분석 이후 선사상은 입력된 선사상과 면사상의 속성을 동시에 포함
  ㉡ 선이 면의 경계에서 분할된다.
  ㉢ 선과 면과의 교점을 포함하여 분단된 선이 어느 면에 속하는가를 나타내는 표가 만들어진다.

70 지리정보시스템(GIS)에서 사용되는 관계형데이터베이스 모형의 특징에 대한 설명으로 옳지 않은 것은?

① 테이블 방식으로 데이터가 설계, 구축 및 관리된다.
② 데이터간의 위계가 없는 대신 개별 데이터 테이블 등이 존재한다.
③ 두 개 이상의 테이블이 공유하는 공통필드를 키(Key) 필드라고 한다.
④ 테이블의 수가 상대적으로 적어 저장 용량을 적게 차지한다.

해설

관계형 데이터베이스관리시스템(RDBMS : Relationship DataBase Management System)

개요	① 데이터를 표로 정리하는 경우 행(row)은 데이터 묶음이 되고 열(Column)은 속성을 나타내는 이차원의 도표로 구성된다. 이와 같이 표현하고자 하는 대상의 속성들을 묶어 하나의 행(row)을 만들고, 행들의 집합으로 데이터를 나타내는 것이 관계형 데이터베이스이다. ② 영역들이 갖는 계층구조를 제거하여 시스템의 유연성을 높이기 위해서 만들어진 구조이다.

71 지리정보시스템(GIS)의 자료특성에 대한 설명중 틀린 것은?

① 벡터(Vector)자료는 점(point), 선(line), 면(polygon) 자료구조로 단순화하여 좌표를 통해 실세계의 지형지물을 표현한 자료로 수치지도가 이에 속한다.

Answer 68 ④ 69 ② 70 ④ 71 ④

② 래스터(raster)자료는 균등하게 분할된 격자모델로 최소 단위인 화소(pixel)또는 셀(cell)로 구성된 자료로 항공영상, 위성 영상이 대표적이다.
③ 속성정보는 지도상의 특성이나 질, 지형지물의 관계 등을 문자나 숫자형태로 나타낸 자료로 대장, 보고서 등이 이에 속한다.
④ 위치정보는 절대위치정보만으로 구성되며 영상이나 지도 위의 점, 선, 면의 형상을 나타내는 자료이다.

[해설]

공간정보는 지상·지하·수상·수중 등 공간상에 존재하는 자연적 또는 인공적인 객체에 대한 위치정보 및 이와 관련된 공간적 인지 및 의사결정에 필요한 정보를 말한다.

위치정보	절대위치정보	절대위치정보는 지상,지하,해양,공중 등 지구공간 및 우주공간에서의 위치의 기준이 되며, 절대 변하지 않는 실제 공간에서의 위치정보로 경·위도 및 표고 등을 말한다.
	상대위치정보	상대위치정보는 모형공간(model space)에서의 위치로 임의의 기준으로부터 결정되는 위치 또는 위상관계를 부여하는 기준으로서 가변성을 지니고 있으며 주변 정세에 따라 변할 수 있는 관계적 위치를 말한다.

72 항공사진측량에 의한 수치지형도 제작과정으로 옳은 것은?

① 계획→촬영→수치도화→기준점 측량→현지조사→정위치편집→구조화 편집→활용
② 계획→촬영→현지조사→기준점 측량→수치도화→정위치편집→구조화 편집→활용
③ 계획→촬영→기준점 측량→수치도화→현지조사→정위치편집→구조화 편집→활용
④ 계획→촬영→기준점 측량→수치도화→정위치편집→현지조사→구조화 편집→활용

[해설]

항공사진측량에 의한 수치지형도 제작과정
촬영계획→사진촬영→기준점 측량→수치도화→현지조사→정위치편집→구조화 편집→활용

73 다음 두 테이블을 join한 결과로 옳은 것은?

ID	type
1	a
2	b
3	b
4	a

type	color	size	age
a	blue	big	old
b	dun	tiny	old

①

ID	type	color	size	age
1	a	blue	big	old
4	d	black	big	older
6	g	dun	huge	young
2	c	green	big	young

②

ID	type	color	size	age
1	a	blue	big	old
2	b	dun	tiny	old
3	b	dun	tiny	old
4	a	blue	big	old

③

ID	color	size
1	blue	big
5	mauve	tiny

④

ID	color	size
2	green	big
3	red	small
4	black	big
6	dun	huge
7	ecru	small

[해설]

두 테이블을 join하면 두 커버리지 간에 겹치거나 부분적으로 교차하는 모든 형상들이 포함된 산출 커버리지가 생긴다.

74 지리정보데이터 파일 형식(format) 중 나머지 파일 형식과 성격이 다른 하나는?

① Shape 포맷
② GIF 포맷
③ TIFF 포맷
④ JPEG 포맷

Answer 72 ③ 73 ② 74 ①

해설

벡터자료의 파일형식	래스터 자료 파일 형식
• Shape 파일형식 • Coverage 파일형식 • CAD 파일형식 • DLG 파일형식 • VPF 파일형식 • TIGER 파일형식	• TIFF(Tagged Image File Format) • GeoTiff • JPEG(Joint Photographic Experts Group) • GIF(Graphics Interchange Format) • PCX • BMP(Microsoft Windows Device Independent Bitmap) • PNG(Portable Network Graphic)

75 인터넷을 기반으로 모든 사물을 연결하여 사람과 사물, 사물과 사물 간의 정보를 상호 소통하는 지능형 기술 및 서비스는?

① web GIS
② mobile internet
③ IoT(Internet of Things)
④ UIS(Urban Information System)

해설

사물인터넷(Internet of Things)
1. 사물인터넷(InternetofThings)은 세상에 존재하는 유형 혹은 무형의 객체들이 다양한 방식으로 서로 연결되어 개별 객체들이 제공하지 못했던 새로운 서비스를 제공하는 것을 말한다. 사물인터넷(Internet of Things)은 단어의 뜻 그대로 '사물들(things)'이 '서로 연결된(Internet)' 것 혹은 '사물들로 구성된 인터넷' 을 말한다. 기존의 인터넷이 컴퓨터나 무선 인터넷이 가능했던 휴대전화들이 서로 연결되어 구성되었던 것과는 달리, 사물인터넷은 책상, 자동차, 가방, 나무, 애완견 등 세상에 존재하는 모든 사물이 연결되어 구성된 인터넷이라 할 수 있다.

76 지리정보시스템(GIS) 자료를 공간자료와 속성자료로 구분할 때 공간자료에 해당되는 것은?

① 관거 재질   ② 관거 매설 년도
③ 관거 관리 이력   ④ 관거 위치

해설

특성정보	공간(도형)정보	공간정보는 좌표체계를 기준으로 하여 지형지물의 위치와 모양을 나타내는 정보로 위치정보를 이용하여 대상을 가시화시킨 것으로 지형도상의 수치적 설명으로 특정한 지도요소를 설명하는 정보를 말한다.
	영상정보	센서(지상 및 항공사진기, 일반사진기, 수치사진기, 스캐너, Radar, 레이저 등)에 의해 얻은 사진 등으로 인공위성에서 직접 취득한 수치영상과 항공사진측량에서 획득한 사진을 디지타이징 또는 스캐닝하여 컴퓨터에 적합하도록 변환된 정보를 말한다.
	속성정보	도형이나 영상속에 있는 내용 등으로 대상물의 성격이나 그와 관련된 사항들을 기술하는 자료이며, 지형도상의 특성이나 지질, 지형, 지물의 관계를 말한다. 지적정보에서 필지의 소유자나 지목 등을 말한다.

77 공간 및 속성 정보의 시공간적인 변화에 대한 질의, 분석, 시각화와 이를 통한 시공간 변화 추정 및 활용이 가능한 지리정보시구템(GPS) 분야는?

① Web GIS   ② Business GIS
③ Temporal GIS   ④ Enterprise GIS

해설

TemporalGIS (시공간 지아이에스)	GIS에 구축된 정보의 공간적 변화가 갱신되고 있으나, 인간과 환경의 상호 관련된 지리 현상의 공간적 분석에서 시간의 개념을 도입하여 시간의 변화에 따른 공간 변화를 이해하는 방법으로, 현재는 DBMS 분야를 중심으로 시공간 GIS에 대한 연구가 주목을 받고 있다. 시공간 GIS는 지리 현상의 공간적 분석에서 시간의 개념을 도입하여, 시간의 변화에 따른 공간 변화를 이해하기 위한 방법이다.

Answer 75 ③ 76 ④ 77 ③

78 티센(Thiessen) 다각형에 대한 설명으로 옳지 않은 것은?

① 버퍼분석에 의해 나오는 다각형을 말한다.
② Voronoi 다각형이라고도 하며, 공간보간법의 일종이다.
③ 다각형 내의 모든 위치에서 다각형이 포함하는 점까지의 거리가 가장 가깝도록 설정된다.
④ 이차원의 공간에서 특정 지점과 가장 인접한 지점의 속성값을 이용하여 속성값을 추정한다.

> **해설**
>
> **티센다각형(Thiessen Polygon)**
> 티센다각형은 아래 그림에 표시하는 바와 같이 등거리 연산자를 사용하여 원의 방사방향으로 원을 확대할 때, 상호의 원이 교차하는 등거리 분할선에 의하여 주어진다. 이 방법을 브르노이 분할(Voronoi Tessellation)이라고 한다. 티센다각형에 의한 점보간은 최근린보간법으로서 다각형 내에서는 다각형 내의 관측치와 동일한 값을 적용한다.
>
>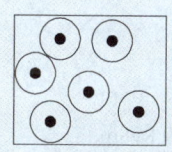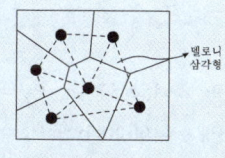
> (a) 등거리 연산자   b) 티센다각형
> [티센다각형의 생성]

79 수치지도의 등고선 레이어를 이용하여 수치표고모델(DEM)을 생성할 경우 필요한 방법은?

① 보간법
② 일반화 기법
③ 분류법
④ 자료압축법

> **해설**
>
> **보간법**
> 영상 처리에서 주어진 원래의 영상을 확대하는 경우 원래의 영상지역보다 더 넓은 지역에서는 고도자료와 같은 값을 할당 받지 못한 픽셀이 존재하는데 이를 홀(Hole)이라 한다. 이럴 경우 홀이라는 빈공간(픽셀)에 적당한 데이터 값들을 할당하여 사용하는 처리 방법을 보간법이라 한다. DEM(Digital Elevation Model) 구축에서 보간법은 표고가 측정되지 않은 지역의 표고를 추정하는데 사용되며, DEM구축을 위하여 필요한 모든 지점의 표고를 원 자료에서 모두 측정하는 것은 비용 및 시간적 측면에서 비효율적이다. 따라서 원 자료로부터 적당한 표본 지점들의 표고를 직접 측정하고, 그 외 지점들의 표고는 이들 표본 표고점들로부터 보간에의해 구하는 방법이 일반적이다.

80 지리정보시스템(GIS)의 자료처리 및 구축을 위한 일반적인 작업과정을 순서대로 나열한 것은?

① 자료수집 - 자료입력 - 자료처리 - 자료조작 및 분석 - 출력
② 자료수집 - 자료조작 및 분석 - 자료처리 - 자료입력 - 출력
③ 자료입력 - 자료수집 - 출력 - 자료처리 - 자료조작 및 분석
④ 자료입력 - 자료수집 - 자료조작 및 분석 - 자료처리 - 출력

> **해설**
>
>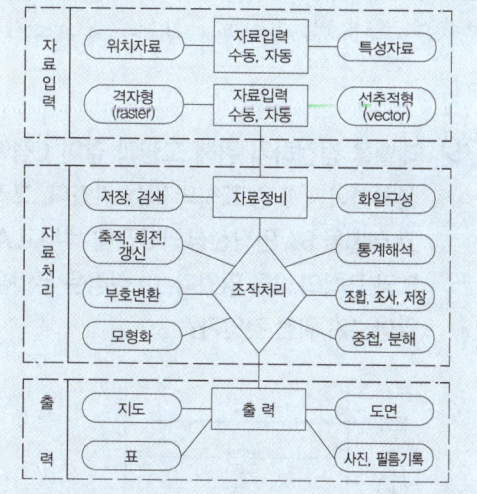
>
> 자료수집 ⇨ 자료입력 ⇨ 자료처리 ⇨ 자료 조작 및 분석 ⇨ 출력

Answer 78 ① 79 ① 80 ①

제5과목 | 측량학

81 삼각측량의 기선에 대한 설명으로 틀린 것은?

① 공공측량에서의 기선설치는 필수 요소이다.
② 기지점이 하나도 없는 경우는 기선을 설치한다.
③ 기선의 위치선정은 부근 삼각점에 연결이 가능한 곳을 선정한다.
④ 기선 확대는 1회 3~4배로 하고 횟수는 2회 정도로 한정한다.

[해설]

기선삼각망의 선점
① 측량의 정밀도, 경제성을 고려하여 위치를 선정
② 기선 설치 위치
  ㉠ 평탄한 곳이 좋으며, 경사는 $\frac{1}{25}$ 이하
  ㉡ 기선장 : 평균변장의 $\frac{1}{10}$ 정도로 한다.
③ 검기선
  ㉠ 삼각형수는 15~20개마다 설치(보통 기선의 20배 정도)
  ㉡ 우리나라 1등 삼각 검기선은 200km마다 설치
  ㉢ 우리나라의 검기선은 13개이며, 가장 긴 것은 평양기선(약 4.625km), 가장 짧은 것은 안동기선(약 2km)

82 레벨을 점검하기 위해 그림과 같이 C점에 설치하여 A, B 양 표척의 값을 읽었다. 그리고 레벨을 BA 연장선상의 D점에 세우고 A, B 양 표척의 값을 읽었다. 이 점검은 무엇을 알아보기 위한 것인가?

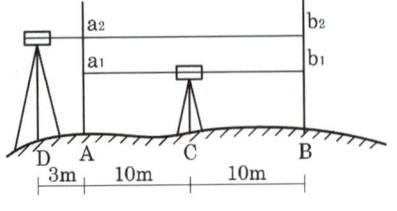

① 시준선과 연직선이 직교하는지의 여부
② 기포관축과 연직축이 수평한지의 여부
③ 시준선과 기포관축이 직교하는지의 여부
④ 시준선과 기포관축이 수평한지의 여부

[해설]

항정법(레벨의 조정) : 기포관이 중앙에 있을 때 시준선을 수평으로 하는 것(시준선//기포관축)

83 그림과 같이 삼각측량을 실시하였다. 이때 P점의 좌표는? (단, A_x=81.847m, A_y=-30.460m, θ_{AB}=163°20'00", ∠BAP=60°, $\overline{AP}$=600.00m)

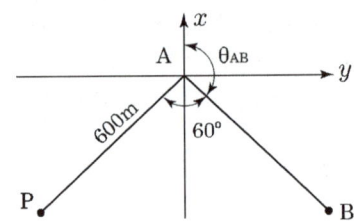

① P_x = -354.577m, P_y = -442.205m
② P_x = -466.884m, P_y = -329.898m
③ P_x = -466.884m, P_y = -442.205m
④ P_x = -354.577m, P_y = -329.898m

[해설]

$P_x = A_x + 거리 \times \cos V_A^P$
$= 81.847 + 600 \times \cos 223°20'$
$= -354.577m$
$P_y = A_y + 거리 \times \sin V_A^P$
$= -30.460 + 600 \times \sin 223°20'$
$= -442.205m$

Answer 81 ① 82 ④ 83 ①

84 기포관의 감도가 30″인 레벨로 거리가 100m 떨어진 표척을 관측할 때 기포관의 눈금 1/2에 의한 수준오차는?

① 7.3mm   ② 8.0mm
③ 9.4mm   ④ 14.2mm

해설

$\theta'' = \dfrac{l}{nD} \times \rho''$ 에서

수준오차$(l) = \dfrac{nD}{\rho''} \times \theta''$

$= \dfrac{0.5 \times 100}{206265''} \times 30'' = 0.0073m = 7.3mm$

85 각 측정기의 조정이 완전한 경우 성립조건이 아닌 것은?

① 시준선은 수평분도원과 직각이다.
② 시준선은 연직축과 직각을 이룬다.
③ 수평축은 연직분도원과 직각이다.
④ 연직축은 수평분도원과 직각이다.

해설

트랜싯의 6조정
1. 수평각 측정 시 필요한 조정
① 제1조정(평반기포관의 조정 : 연직축오차) : 평반기포관축은 연직축에 직교해야 한다.
② 제2조정(십자종선의 조정 : 시준축오차) : 십자종선은 수평축에 직교해야 한다.
③ 제3조정(수평축의 조정 : 수평축오차) : 수평축은 연직축에 직교해야 한다.

86 1 : 50,000 지도상에서 어느 산정으로부터 산기슭까지의 수평거리를 관측하니 46mm이었다. 산정의 표고가 454m, 산기슭의 표고가 12m일 때 이 사면의 경사는?

① $\dfrac{1}{2.7}$ ② $\dfrac{1}{4.0}$
③ $\dfrac{1}{5.2}$ ④ $\dfrac{1}{9.2}$

해설

$\dfrac{1}{m} = \dfrac{\text{도상거리}}{\text{실제거리}} \rightarrow \dfrac{1}{50,000} = \dfrac{0.046}{L}$

$L = 50,000 \times 0.046 = 2,300m$

경사도 $= \dfrac{\text{높이}}{\text{수평거리}} = \dfrac{454-12}{2,300} = \dfrac{1}{5.2}$

87 최소제곱법의 관측방정식이 AX = L+V와 같은 행렬식의 형태로 표시될 때, 이 행렬식을 풀기 위한 정규방정식과 미지수 행렬 X로 옳은 것은? (단, 관측의 경중률은 동일하다.)

① $A^TAX = L$, $X = (A^TA)^{-1}L$
② $AA^TX = L$, $X = (A^TA)^{-1}L$
③ $AA^TX = A^TL$, $X = (AA^T)^{-1}A^TL$
④ $A^TAX = A^TL$, $X = (A^TA)^{-1}A^TL$

해설

중량이 단위중량(單位重量, unit weight)이라고 하면 정규방정식은 다음과 같은 행렬로 표시할 수 있다.

$A^TAX = A^TL$

여기서, A^TA는 정규방정식에서 미지수에 대한 계수 행렬이다. 양변에 $(A^TA)^{-1}$을 곱하고 정리하면 미지수 행렬 X를 다음과 같이 구할 수 있다.

$(A^TA)^{-1}(A^TA)X = (A^TA)^{-1}A^TL$

$IX = (A^TA)^{-1}A^TL$

$X = (A^TA)^{-1}A^TL$

만일, 측정값이 각각 다른 중량을 갖는다면 다음과 같다.

$X = (A^TWA)^{-1}A^TWL$

여기서, W는 중량행렬로서 대각선 행렬이다.

88 두 점간의 고저차를 구하기 위하여 경사거리 300m±0.2m, 경사각 15°30′의 값을 얻었다. 경사거리와 경사각이 고저차 결정의 독립변수로 작용할 때 고저차의 오차는? (단, 각측량에는 오차가 없는 것으로 가정한다.)

① ±5.3cm   ② ±10.5cm
③ ±15.8cm   ④ ±27.6cm

Answer 84 ①   85 ①   86 ③   87 ④   88 ①

> 해설
>
> 1. 높이계산 :
> $H = D\sin a = 30 \times \sin 15°30' = 8.02m$
> 2. 높이에 대한 표준오차 계산
> $H = D\sin a$에서 $\frac{\partial H}{\partial D} = \sin a$
>
> $\frac{\partial H}{\partial a} = D \cdot \cos a$
>
> $\therefore \Delta H = \sqrt{(\frac{\partial H}{\partial D})^2 \cdot md^2 + (\frac{\partial H}{\partial a})^2 \cdot ma^2}$
> $= \sqrt{\sin a^2 \cdot md^2 + D \cdot \cos a^2 \cdot ma^2}$
> $= \sqrt{(\sin 15°30')^2 \times 0.2^2 + 30 \times (\cos 15°30')^2}$
> $= \pm 5.28cm$

89 A점을 출발하여 B점까지 3개의 노선을 통하여 수준측량을 실시하였다. A, B 2점 간의 고저차에 대한 최확값은?

구분	노선 고저차	노선길이
1	4.285m	2km
2	4.290m	3km
3	4.287m	4km

① 4.290m ② 4.289m
③ 4.288m ④ 4.287m

> 해설
>
> 1. 경중률은 거리에 반비례한다.
> $P_1 : P_2 : P_3 = \frac{1}{2} : \frac{1}{3} : \frac{1}{4} = 12 : 8 : 6 = 6 : 4 : 3$
> 2. 최확값
> $L_0 = \frac{P_1 H_1 + P_2 H_2 + P_3 H_3}{P_1 + P_2 + P_3}$
> $= \frac{6 \times 4.285 + 4 \times 4.290 + 3 \times 4.287}{6 + 4 + 3}$
> $= 4.287m$

90 표와 같은 폐합트래버스 측량결과에서 BC의 위거와 경거의 누락되었다면, BC의 거리는? (단, 오차는 없는 것으로 가정한다.)

측선	조정위거(m)	조정경거(m)
AB	−17.45	98.84
BC	29.90	89.37
CD	79.91	−45.82
DE	−8.81	−144.55
EA	−83.55	2.16

① 19.2m
② 34.75m
③ 39.70m
④ 53.95m

> 해설
>
> 위거 = 65.4+34.65−65.3 = 34.75
> 경거 = 83.7−40.4−62.5 = 19.2
> $\overline{BC} = \sqrt{\Delta x^2 + \Delta y^2} = \sqrt{34.75^2 + 19.2^2} = 39.70m$

91 전파거리측량기보다 광파거리측량기가 많이 이용되는 이유로 틀린 것은?

① 정확도가 높다.
② 1인 측량이 가능하다.
③ 기상조건의 영향을 받지 않는다.
④ 전파거리측량기에 비해 조작시간이 짧다.

> 해설
>
> 2) Geodimeter와 Tellurrometer의 비교
>
> | 구분 | 광파거리 측량기 | 전파거리 측량기 |
> |---|---|---|
> | 정의 | 측점에서 세운 기계로부터 빛을 발사하여 이것을 목표점의 반사경에 반사하여 돌아오는 반사파의 위상을 이용하여 거리를 구하는 기계 | 측점에 세운 주국에서 극초단파를 발사하고 목표점의 종국에서는 이를 수신하여 변조고주파로 반사하여 각각의 위상차이로 거리를 구하는 기계 |
> | 장점 | ① 정확도가 높다. ② 데오돌라이트나 트랜시트에 부착하여 사용 가능하며, 무게가 가볍고 조작이 간편하고 신속하다. ③ 움직이는 장애물의 영향을 받지 않는다. | ① 안개, 비, 눈 등의 기상조건에 대한 영향을 받지 않는다. ② 장거리 측정에 적합 |

Answer 89 ④ 90 ③ 91 ③

단점	① 안개, 비, 눈 등의 기상조건에 대한 영향을 받는다.	① 단거리 관측시 정확도가 비교적 낮다. ② 움직이는 장애물, 지면의 반사파 등의 영향을 받는다.
최소조작 인원	1명(목표점에 반사경 설치했을 경우)	2명(주국, 종국 각 1명)

92 A와 B 두 지점간의 고저차를 구하기 위해 (1), (2) 및 (3)의 각각의 노선을 따라 직접 수준 측량을 실시하여 아래 표와 같은 결과를 얻었다. 두 점간 높이차의 최확값은?

노선번호	관측결과	수준노선길이
(1)	12.330m	2.0km
(2)	12.345m	1.0km
(3)	12.340m	1.0km

① 12.336m ② 12.338m
③ 12.340m ④ 12.345m

[해설]
경중률은 노선거리에 반비례한다
$p_1 : p_2 : p_3 = \frac{1}{2} : \frac{1}{1} : \frac{1}{1} = 1 : 2 : 2$
최확값 $= 12.3 + \frac{0.03 \times 1 + 0.045 \times 2 + 0.04 \times 2}{1+2+2}$
$= 12.340m$

93 등고선의 성질에 대한 설명으로 옳지 않은 것은?

① 등고선은 도면 내외에서 폐합하는 곡선이다.
② 등고선은 최대경사방향과 직각으로 교차한다.
③ 등고선은 경사가 급한 곳에서는 간격이 좁고, 완만한 경사에서는 넓다.
④ 높이가 다른 두 등고선은 어떠한 경우에도 서로 교차하지 않는다.

[해설]
등고선의 성질
① 동일 등고선 상에 있는 모든 점은 같은 높이이다.
② 등고선은 반드시 도면 안이나 밖에서 서로 폐합한다.
③ 는 凹지(요지)가 된다.
④ 등고선은 도중에 없어지거나, 엇갈리거나, 합쳐지거나, 갈라지지 않는다.
⑤ 높이가 다른 두 등고선은 동굴이나 절벽의 지형이 아닌 곳에서는 교차하지 않는다.
⑥ 등고선은 경사가 급한 곳에서는 간격이 좁고 완만한 경사에서는 넓다.
⑦ 최대경사의 방향은 등고선과 직각으로 교차한다.
⑧ 분수선(능선)과 곡선(유하선)은 등고선과 직각으로 만난다.

94 그림과 같은 편심관측에서 $S_1 = 3km$, $S_2 = 2km$, $e = 0.2m$, $Ø = 120°$, $T = 60°$일 때, T'는?

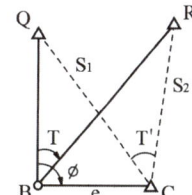

① 59°59′54″ ② 60°00′00″
③ 60°00′06″ ④ 60°00′12″

[해설]
$x_1 = \frac{e \cdot \sin\phi}{S_1}\rho''$
$= \sin^{-1}\frac{0.2 \times \sin 120°}{3.000} = 11.91''$
$x_2 = \frac{e \cdot \sin(\phi - T)}{S_2}\rho''$
$= \sin^{-1}\frac{0.2 \times \sin(120° - 60°)}{2.000} = 17.86''$

따라서
$T' = T + x_1 - x_2 = 60° + 11.91'' - 17.86'' = 59°59'54'$
이다.

Answer 92 ③ 93 ④ 94 ①

95 정밀한 수준 측량에서 수준 표척의 전·후 거리를 되도록 같게 하는 이유와 거리가 먼 것은?

① 지구의 곡률로 인한 오차를 소거한다.
② 광선의 굴절로 인한 오차를 소거한다.
③ 기계의 조정불량에 의한 오차를 소거한다.
④ 과대오차를 소거하여 계산을 용이하게 하기 위해서이다.

해설

전시와 후시의 거리를 같게 함으로서 제거되는 오차
(1) 레벨의 조정이 불완전(시준선이 기포관축과 평행하지 않을 때)할 때
   (시준축오차 : 오차가 가장 크다.)
(2) 지구의 곡률오차(구차)와 빛의 굴절오차(기차)를 제거한다.
(3) 초점나사를 움직이는 오차가 없으므로 그로 인해 생기는 오차를 제거한다.

96 삼각측량에 의한 관측 결과가 그림과 같을 때, C점의 좌표는? (단, AB의 거리=10m, 좌표의 단위 : m)

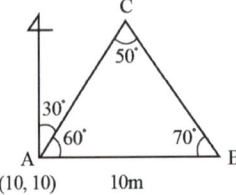

① (6.13, 10.62) ② (10.62, 6.13)
③ (16.13, 20.62) ④ (20.62, 16.13)

해설

전시와 후시의 거리를 같게 함으로서 제거되는 오차
(1) 레벨의 조정이 불완전(시준선이 기포관축과 평행하지 않을 때)할 때
   (시준축오차 : 오차가 가장 크다.)
(2) 지구의 곡률오차(구차)와 빛의 굴절오차(기차)를 제거한다.
(3) 초점나사를 움직이는 오차가 없으므로 그로 인해 생기는 오차를 제거한다.

97 그림의 다각측량에서 측선 CD의 방위각은?

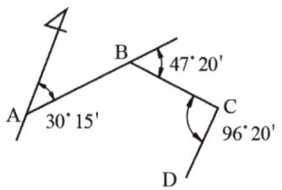

① 173°50′ ② 161°10′
③ 159°40′ ④ 157°30′

해설

$\overline{BC}$방위각 $= 30°10' + 47°20' = 77°30'$
$\overline{AB}$방위각 $= 30°10'$
$\overline{CD}$방위각 $= 77°30' + 180° - 96°20' = 161°10'$

98 삼각형의 내각을 서로 다른 경중률(P)로 관측하여 다음과 같은 결과를 얻었다. $\angle A$의 최확값은?

$\angle A = 40°31'25''$, $P_A = 2$
$\angle B = 72°15'36''$, $P_B = 1$
$\angle C = 67°13'23''$, $P_C = 5$

① 40°31′18″ ② 40°31′20″
③ 40°31′22″ ④ 40°31′24″

해설

조건부관측에서 경중률은 관측횟수에 반비례한다.
$P_1 : P_2 : P_3 = \frac{1}{2} : \frac{1}{1} : \frac{1}{5} = 5 : 10 : 2$
$(\angle A + \angle B + \angle C) - 180°$
$= (40°31'25'' + 72°15'36'' + 67°13'23'') - 180° = 24''$
조정량계산 $= \frac{오차}{경중률의 합} \times$ 조정할각의 경중률
$\angle A = \frac{24''}{5+10+2} \times 5 = 7.06'' ≒ 7''$
$\angle B = \frac{24''}{5+10+2} \times 10 = 14.12'' ≒ 14'$

Answer 95 ④ 96 ④ 97 ② 98 ①

$\angle C = \dfrac{24''}{5+10+2} \times 2 = 2.82'' ≒ 3'$

그러므로 24초가 크니까 각 각에 "−"한다.
$\angle A = 40°31'25'' − 7'' = 40°31'18''$
$\angle B = 72°15'36'' − 14'' = 72°15'22''$
$\angle C = 67°13'23'' − 3'' = 67°13'20''$
$\therefore \angle A + \angle B + \angle C = 180°$

99 다각측량을 통한 결과에 대한 설명으로 옳지 않은 것은?

① 방위각 330°, 거리 100m에 대한 경거의 값은 −50m이다.
② 위거, 경거의 오차가 각각 3cm, 4cm일 때 폐합오차는 5cm이다.
③ 측선 총거리가 100m 폐합오차 0.05m일 때 정확도는 1/3000이다.
④ 각 측정의 정확도가 같을 때에는 오차를 각의 크기에 관계없이 동일하게 배분한다.

[해설]
① $Y = 100 \times \sin 330° = -50m$
② 폐합오차 $= \sqrt{3^2 + 4^2} = 5cm$
③ 폐합비 $= \dfrac{폐합오차}{총거리} = \dfrac{0.05}{100} = \dfrac{1}{2000}$

100 수준측량에서 5m 표척 상단이 후방으로 30cm기울어져 있다. 표척의 읽음값이 4m이었다면 이 관측값에 대한 오차는?

① 약 0.7cm
② 약 1.5cm
③ 약 3.0cm
④ 약 6.0cm

[해설]
비례법에 의해 거리 x를 구하면
$4 : x = 5 : 0.3$
$x = \dfrac{4 \times 0.3}{5} = 0.24m$
$OB' = \sqrt{4^2 + 0.24^2} = 4.007m$

4m를 읽는 경우 거리 오차는
$OB' − OB = 4.007 − 4 = 0.007m = 0.7cm$

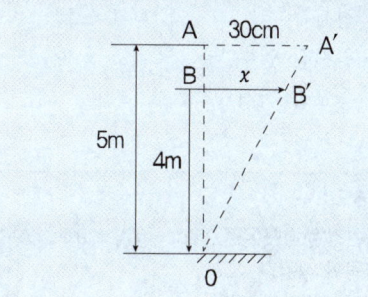

Answer 99 ③   100 ①

제2회 측량 및 지형공간정보

제1과목 | 측지학 및 위성측위시스템

01 GPS 위성의 궤도를 계산하기 위한 궤도정보에 포함되지 않는 것은?

① 궤도의 장반경
② 궤도의 경사각
③ 궤도의 원지점 인수
④ 궤도의 승교점 적경

해설

케플러의 6요소
① 궤도장반경(軌道長半徑, semi-major axis : A) : 궤도타원의 장반경
② 궤도이심률(軌道離心率, eccentricity : e) : 궤도타원의 이심률
③ 궤도경사각(軌道傾斜角, inclination angle : i) : 궤도면과 적도면의 교각
④ 승교점적경(昇交點赤經, right ascension of acsending node : h) : 궤도가 남에서 북으로 지나는 점의 적경(승교점 : 위성이 남에서 북으로 갈 때의 천구적도와 천구상 인공위성궤도의 교점)
⑤ 근지점 인수(近地點引數, argument of perigee : g) 또는 근지점 적경 : 승교점에서 근지점까지 궤도면을 따라 천구북극에서 볼 때 반시계방향으로 잰 각거리
⑥ 근점이각(近點離角, satellite anomaly : v) : 근지점에서 위성까지의 각거리, 진근점이각, 이심근점이각, 평균근점이각의 세 가지가 있다.

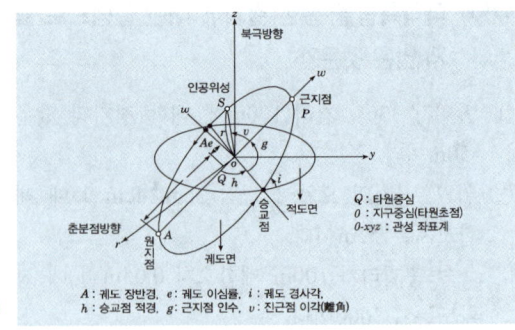

02 현재 운용 중인 GPS에서 사용할 수 있는 수신자료가 아닌 것은?

① C/A   ② L1
③ L2   ④ E6

해설

1. GPS 신호(반송파, Carrier) : GPS 신호는 군사용을 위한 P코드, 민간용으로 사용되는 C/A코드 및 항법메시지 등의 측량계산용 신호가 각기 다른 주파수를 가진 L1 및 L2파의 2개 전파에 실려 지상으로 방송되며, L1 및 L2파는 코드 신호 및 항법 메시지를 운반한다고 하여 반송파(Carrier Wave)라 한다.

03 다음 중 GPS 다중경로 오차를 줄이기 위한 측량방법으로 거리가 먼 것은?

① 이중 주파수 수신기를 설치한다.
② 관측시간을 길게 설정한다.
③ 오차 요인을 가진 장소를 피해 안테나를 설치한다.
④ 각 위성 신호에 대하여 칼만 필터를 적용한다.

Answer 01 ③ 02 ④ 03 ①

[해설]

ⓒ 다중경로오차

GPS 위성으로부터 직접 수신된 전파 이외에 부가적으로 주위의 지형, 지물에 의한 반사된 전파로 인해 발생하는 오차
- 다중경로는 보통 금속제 건물, 구조물과 같은 커다란 반사적 표면이 있을 때 일어난다.
- 다중경로의 결과로서 수신된 GPS의 신호는 처리될 때 GPS 위치의 부정확성을 제공한다.
- 다중경로가 일어나는 경우를 최소화하기 위하여 미션 설정, 안테나, 수신기 설계 시에 고려한다면 다중경로의 영향을 최소화할 수 있다.
- GPS 신호시간의 기간을 평균하는 것도 다중경로의 영향을 감소시킨다.
- 각 위성 신호에 대하여 칼만 필터를 적용한다.
- 가장 이상적인 방법은 다중경로의 원인이 되는 장애물에서 멀리 떨어져 관측하는 것이다.

04 특정 지점의 지오이드고가 −10m이고 타원체고가 10m일 때 정표고는? (단, 연직선 편차는 0으로 가정한다.)

① -20m ② 0m
③ 10m ④ 20m

[해설]

정표고 = 타원체고−지오이드고
= 10−(−10) = 20m

05 반지름 6,400km인 구면상에서 구면삼각형의 면적이 1,429,772km²일 때 구과량은?

① 1° ② 2°
③ 3° ④ 4°

[해설]

정표고 = 타원체고−지오이드고
= 10−(−10) = 20m

06 어느 지점의 자침 편각이 W 65°이고 복각은 N 57°일 때 설명으로 옳은 것은?

① 이 지점에서 진북은 자침의 N극보다 서쪽으로 6.5°방향이다.
② 이 지점에서 진북은 자침의 N극보다 동쪽으로 6.5°방향이다.
③ 이 지점에서 자침의 N극은 수평선보다 6.5° 기운다.
④ 이 지점에서 자침의 S극은 수평선보다 6.5° 기운다.

[해설]

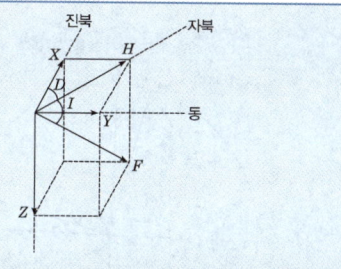

여기서, F : 전자장
H : 수평분력(X : 진북방향 성분,
         Y : 동서방향 성분)
Z : 연직분력   D : 편각
I : 복각

07 GPS 신호에 포함된 항법메시지에서 제공되는 정보가 아닌 것은?

① 궤도정보 ② 위성시계보정계수
③ 위성상태 ④ 전리층 지연량

[해설]

GPS에서 측위계산에 필요한 위성궤도정보와 관련된 데이터를 항법메시지라고 한다. GPS 신호에 포함된 항법메시지에서 제공되는 정보는 자기 자신의 궤도정보, 모든 위성의 궤도정보, 전리층 보정계수, 위성시계의 보정계수, 위성상태 등이 있다.

Answer 04 ④ 05 ② 06 ② 07 ④

08 북 자기극에서의 복각은?

① 90° ② 45°
③ 30° ④ 0°

해설

지자기(地磁氣)의 이상(異常)
지구의 자장과 거의 일치하는 쌍극자를 지구중심에 위치시킬 때 쌍극자의 연장선이 지표와 만나는 점을 지자기극(地磁氣極, geomagnetic equator)이라 한다. 지자기극은 $\theta=0°$, $180°$인 점이며, $\theta=90°$되는 지점들을 지자기극이라 한다. 지자기극에서 수평분력 H는 영, 연직분력 Z는 최대로, 복각 I는 ±90°가 되며, 지자기적도에서 수평분력 H는 최대, 연직분력 Z는 영이 된다.

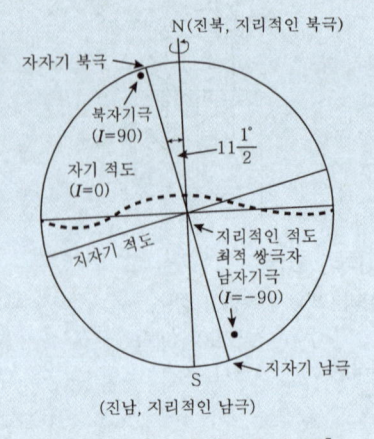

[지리적 극과 지자기극 및 자기극]

09 GPS 측위 방식에 관한 설명으로 옳지 않은 것은?

① 단독측위 시 많은 수의 위성을 동시에 관측할 때 위성의 궤도정보 오차는 측위결과에 영향이 거의 없다.
② DGPS는 미지점과 기지점에서 동시에 관측을 실시하여 양 측점에서 관측한 정보를 모두 해석함으로써 미지점의 위치를 결정한다.
③ RTK-GPS는 관측하는 전 과정 동안 모든 수신기에서 최소 4개 이상의 위성들로부터 송신되는 위성신호를 모두 동시에 수신하여야 한다.
④ RTK-GPS는 공공측량 시 3, 4급 기준점측량에 적용할 수 있다.

해설

단독측위 시 많은 수의 위성을 동시에 관측할 때 위성의 궤도정보 오차는 측위결과에 영향을 미친다.

10 GNSS 수신기의 기종은 달라도 수신된 관측 자료를 기종에 관계없이 공통의 형식(format)으로 변환시켜 사용하는 자료 형식은?

① IONEX ② RINEX
③ SINEX ④ RTCM

해설

Rinex(GPS자료 공통포맷형식)
RINEX(Receiver Independent Exchange Format : 수신기독립변환형식)는 GPS 데이터의 호환을 위한 표준화된 공통형식으로서 서로 다른 종류의 GPS수신기를 사용하여 관측하여도 기선해석이 가능하게 하는 자료형식으로 전 세계적인 표준이다.

11 중력이상에 관한 설명으로 옳지 않은 것은?

① 중력이상이란 보정된 기준면의 중력값과 표준중력의 차를 나타낸다.
② 밀도가 큰 물질이 지하에 있을 때는 음(-)값을 갖는다.
③ 중력이상의 주된 원인은 지하의 밀도가 고르게 분포되어 있지 않기 때문이다.
④ 중력이상을 해석함으로써 지하 구조나 지하 광물체의 탐사에 이용된다.

해설

중력이상의 종류
중력이상이란 중력보정을 통하여 기준면에서의 중력값으로 보정된 중력값에서 표준중력값을 뺀 값이다. 즉 실제 관측중력값에서 표준중력식에 의해 계산한 중력

Answer 08 ① 09 ① 10 ② 11 ②

값을 뺀 것이다.

중력측량의 특징
① 중력이상 = 중력실측값 – 이론실측값
② 중력이상(+) = 질량이 여유있는 지역
③ 중력이상(−) = 질량이 부족한 지역
④ 중력 = 만유인력 + 지구자체의 원심력
⑤ 단위 : gel, cm/sec^2
⑥ 기준점 : 동독포츠담, 981,247gel

12 관측점 사이의 고도차에 존재하는 물질의 인력이 중력에 미치는 영향을 고려하는 보정은?

① 자유고도(free-air)보정
② 위도 보정
③ 부게(Bouguer) 보정
④ 계기 보정

해설

중력보정의 종류
중력의 변화량을 제거시키는 것을 重力補正(gravity correction)이라 한다.

고도보정	관측점 사이의 고도차가 중력에 미치는 영향을 제거하는 보정 • 프리-에어보정(free air correction) 관측점 사이에 존재하는 물질의 인력을 고려하지 않고 고도차만을 고려하는 보정 • 부게보정(Bouger correction) 관측점들의 고도차가 존재하는 물질의 인력이 중력에 미치는 영향을 보정하는 것

13 GNSS 단독측위의 정확도에 영향을 미치는 요소가 아닌 것은?

① 위성 궤도정보의 정확성
② 관측 위성의 배치
③ 전리층과 대류권의 영향
④ 위성의 의사 잡음 부호

해설

1. 구조적인 오차

종류	특징
위성시계 오차	GPS 위성에 내장되어 있는 시계의 부정확성으로 인해 발생
위성궤도 오차	위성궤도정보의 부정확성으로 인해 발생
대기권 전파지연	위성신호의 전리층, 대류권 통과시 전파지연오차(약 2m)
전파적 잡음	수신기 자체에서 발생하며 PRN 코드 잡음과 수신기 잡음이 합쳐져서 발생
다중경로 (Multipath)	다중경로오차는 GPS 위성으로 직접 수신된 전파 이외에 부가적으로 주위의 지형, 지물에 의한 반사된 전파로 인해 발생하는 오차로서 측위에 영향을 미친다.

14 측지선에 대한 설명으로 옳은 것은?

① 자오선과 항상 일정한 방위각을 갖는 지표상의 선
② 지구면(곡면)상의 두 점을 지나는 최단거리인 곡선
③ 지구중심을 포함하는 임의의 평면과 지평선의 교선
④ 적도와 나란한 평면과 지표면의 교선

해설

측지선 (測地線)	지표상 두 점간의 최단거리선으로서 시심과 지표상 두 점을 포함하는 평면과 지표면의 교선 즉 지표상의 두 점을 포함하는 대원의 일부이다.
항정선 (航程線)	자오선과 항상 일정한 각도를 유지하는 지표의 선으로서 그 선 내의 각 점에서 방위각이 일정한 곡선이다
자오선 (子午線)	지구상 자오선은 양극을 지나는 대원의 북극과 남극 사이의 절반으로 중심각 180°의 대원호를 말한다. 자오선은 적도와 직교하며 무수히 많다(자오선(子午線)은 경선(經線)).
묘유선 (卯酉線)	타원체상 한 점의 법선을 포함하여 그 점을 지나는 자오면과 직교하는 평면과 타원체면의 교선을 묘유선

15 지자기 측정에 대한 설명 중 옳지 않은 것은?

① 지자기는 위치에 따라 그 방향과 크기가 다르다.
② 지자기의 방향과 자오선이 이루는 각을 편각이라 한다.
③ 지자기의 방향과 수평면이 이루는 각을 복각이라 한다.
④ 지자기의 자오선 방향 강도를 수직분력, 묘유선 방향 강도를 수평분력이라고 한다.

해설

지자기 3요소

편각	수평분력 H가 진북과 이루는 각. 지자기의 방향과 자오선이 이루는 각
복각	전자장 F와 수평분력 H가 이루는 각. 지자기의 방향과 수평면이 이루는 각
수평분력	전자장 F의 수평성분. 수평면 내에서의 지자기장의 크기(지자기의 강도)를 말하며, 지자기의 강도를 전자력의 수평방향의 성분을 수평분력, 연직방향의 성분을 연직분력이라 한다.

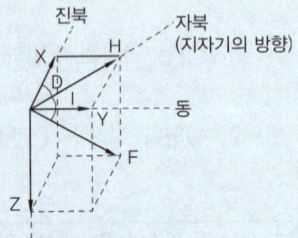

여기서, F : 전자장
H : 수평분력(X : 진북방향 성분,
Y : 동서방향 성분)
Z : 연직분력
D : 편각
I : 복각

16 GNSS에 의한 위치결정 시 사용되는 위성 관측법은?

① 전파 관측법   ② 카메라 관측법
③ 음파 관측법   ④ 레이저 관측법

해설

GPS(Global Position System : 전지구 위치 파악 시스템)
GPS는 인공위성을 이용한 범세계적 위치결정체계로 정확한 위치를 알고 있는 위성에서 발사한 전파를 수신하여 관측점까지의 소요시간을 관측함으로써 관측점의 위치를 구하는 체계이다. 즉 GPS 측량은 위치가 알려진 다수의 위성을 기지점으로 하여 수신기를 설치한 미지 점의 위치를 결정하는 후방교회법(Resection methoid)에 의한 측량방법이다.

17 GNSS 측량에 있어 기준점 선점을 위한 고려사항과 가장 거리가 먼 것은?

① 인접 기준점과 시통이 잘되는 지점 선정
② 전파의 다중경로 발생 예상지점 회피
③ 임계 고도각 유지 가능 지역 선정
④ 주파수 단절 예상지점 회피

해설

GNSS측량에 있어 기준점 선점을 위한 고려사항
① 인접기준점과 시통과 무관하다.
② 전파의 다중경로 발생 예상지점은 피해야 한다.
③ 임계고도각 유지 가능 지역 선정
④ 주파수 단절 예상지점은 피해야 한다.

18 실측된 중력값을 기준면의 값으로 보정하는 중력보정에 해당되지 않는 것은?

① 지형보정   ② 방사보정
③ 고도보정   ④ 부게보정

해설

1. 중력보정의 종류
  ① 고도보정(高度補正)
    ㉠ 프리-에어 보정(free air correction)
    ㉡ 부게 보정(Bouger correction)
  ② 지형 보정(地形補正, topographic 또는 terrain correction)
  ③ 에트뵈스 보정(Eötvös correction)

Answer 15 ④ 16 ① 17 ① 18 ②

④ 조석 보정(潮汐補正, earth tide correction)
⑤ 위도 보정(緯度補正, latitude correction)
⑥ 대기보정(大氣補正, airmass correction)
⑦ 지각균형 보정(地殼均衡補正, isostatic correction)
⑧ 계기 보정(計器補正, drift correction)

19 GNSS 측량에서 수평 측위 정밀도와 관련되는 위성의 정도 저하율(DOP)은?

① PDOP ② TDOP
③ HDOP ④ VDOP

해설

1. DOP의 종류
   ① Geometric DOP : 기하학적 정밀도 저하율
   ② Position DOP : 위치 정밀도 저하율(위도, 경도, 높이)
   ③ Horizontal DOP : 수평 정밀도 저하율(위도, 경도)
   ④ Vertical DOP : 수직 정밀도 저하율(높이)
   ⑤ Relative DOP : 상대 정밀도 저하율
   ⑥ Time DOP : 시간

20 GNSS 측위의 계통적 오차(정오차) 요인이 아닌 것은?

① 위성의 시계오차 ② 위성의 궤도오차
③ 전리층 지연오차 ④ 관측 잡음오차

해설

구조적인 오차

종류	특징
위성시계 오차	GPS 위성에 내장되어 있는 시계의 부정확성으로 인해 발생
위성궤도 오차	위성궤도정보의 부정확성으로 인해 발생
대기권전파 지연	위성신호의 전리층, 대류권 통과시 전파지연오차(약 2m)
전파적 잡음	수신기 자체에서 발생하며 PRN 코드 잡음과 수신기 잡음이 합쳐져서 발생

관측 잡음오차는 정오차가 아니다.

제2과목 | 응용측량

21 그림과 같은 도로건설의 절취단면 면적은?

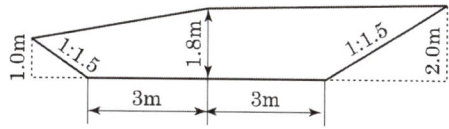

① $13.95\,\mathrm{m}^2$ ② $15.95\,\mathrm{m}^2$
③ $16.95\,\mathrm{m}^2$ ④ $17.95\,\mathrm{m}^2$

해설

$\dfrac{1+1.8}{2}\times 4.5 = 6.3\,\mathrm{m}^2$ $\dfrac{1.8+2.0}{2}\times 6 = 11.4\,\mathrm{m}^2$

$\dfrac{1.5\times 1}{2}=0.75\,\mathrm{m}^2$ $\dfrac{2\times 3}{2}=3\,\mathrm{m}^2$

$6.3-0.75=5.55\,\mathrm{m}^2$ $11.4-3=8.4\,\mathrm{m}^2$

$\therefore 5.55+8.4=13.95\,\mathrm{m}^2$

22 삼각형 ABC의 좌표가 표와 같을 때 토지의 면적은? (단위 : m)

측점	X	Y
A	40	30
B	20	70
C	90	100

① $4,700\,\mathrm{m}^2$ ② $3,700\,\mathrm{m}^2$
③ $2,700\,\mathrm{m}^2$ ④ $1,700\,\mathrm{m}^2$

해설

합위거	합경거	$(X_{i+1}-X_{i-1})\times Y_i$	배면적
x_1	y_1	$(x_2-x_3)\times y_1$	$(20-90)\times 30=-2,100$
x_2	y_2	$(x_3-x_1)\times y_2$	$(90-40)\times 70=3,500$
x_3	y_3	$(x_1-x_2)\times y_3$	$(40-20)\times 100=2,000$
		배면적	3,400
		면적	$\dfrac{3,400}{2}=1,700\,\mathrm{m}^2$

Answer 19 ③ 20 ④ 21 ① 22 ④

23 그림과 같이 200mm 하수관을 묻었을 때 측점 A의 관저계획고는 5316m이고, AB구간의 설치 기울기는 1/200, BC구간의 설치기울기는 1/250일 때, 측점 C의 관저계획고는?

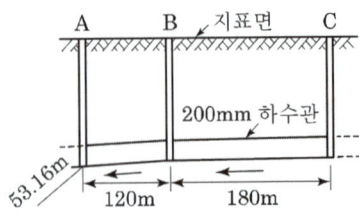

① 54.35m ② 54.48m
③ 54.51m ④ 54.54m

해설

거리＝구배×(계획고(B)－계획고(A))
∴계획고(B)
$= \dfrac{거리}{구배} + A = \dfrac{120}{200} + 53.16 = 53.76m$
∴계획고(C)$= \dfrac{180}{250} + 53.76 = 54.48m$

24 해양에서 수심측량을 할 경우 음향측심 장비로부터 취득한 수심의 보정 방법이 아닌 것은?

① 음속보정   ② 조석보정
③ 흘수보정   ④ 방사보정

해설

향측심(音響測深)의 보정(補正)
① 음속도(音速度)의 보정: 음향 표적법, 음속도계법, 계산법, 보정도법
② 흘수(吃水) 보정
③ 조고(潮高) 보정
④ 기준면(基準面)의 선택(選擇)

25 하천 수위 중 제방의 축조, 교량의 건설 또는 배수공사 등 치수목적에 주로 이용되는 수위는?

① 최저수위
② 평균최고수위
③ 평균수위
④ 평수위

해설

하천의 수위
① 최고수위(HWL), 최저수위(LWL): 어떤 기간에 있어서 최고, 최저수위로 연단위 혹은 월단위의 최고, 최저로 구한다.
② 평균최고수위(NHWL), 평균최저수위(NLWL): 연과 월에 있어서의 최고, 최저의 평균수위로, 평균최고수위는 제방, 교량, 배수 등의 치수 목적에 사용하며 평균최저수위는 수운, 선항, 수력발전의 수리 목적에 사용한다.

26 경관평가에 있어서 시준선과 시설물 축선이 이루는 수평시각(θ)의 범위로 시설물 전체의 형상을 인식할 수 있고, 경관의 주제로서 적당한 경관을 얻을 수 있는 범위는?

① $0° < \theta \leq 5°$ ② $5° < \theta \leq 10°$
③ $10° < \theta \leq 30°$ ④ $50° < \theta \leq 60°$

해설

시설물 전체의 수평시각(θ_H)에 의한 방법
① $0° \leq \theta_H \leq 10°$: 주위 환경과 일체가 되고 경관의 주제로서 대상에서 벗어남
② $10° < \theta_H \leq 30°$: 시설물의 전체형상 인식, 경관의 주제로서 적당
③ $30° < \theta_H \leq 60°$: 시설물의 시계 중에 차지하는 비율이 크고 강조된 경관을 말한다.
④ $60° < \theta_H$: 시설물 자체가 시야의 대부분을 차지하며 압박감 느낌

Answer 23 ② 24 ④ 25 ② 26 ③

27 터널의 지상측량에 속하지 않는 것은?

① 지표중심선 측량
② 전 구간에 걸친 지형측량
③ 지상수준측량
④ 터널 내 중심선측량

해설
터널의 지상측량
① 갱외기준점(坑外基準點) 측량
② 중심선측량(中心線測量)
③ 고저측량(高低測量)
④ 전 구간에 걸친 지형측량

28 철도에서 곡선반지름이 500m인 단곡선을 80km/h의 주행속도로 설계할 때 캔트(cant)는? (단, 궤간=15m, 중력가속도=9.8m/s2)

① 90cm
② 15cm
③ 7cm
④ 4cm

해설
$$C = \frac{SV^2}{Rg} = \frac{1.5 \times (\frac{80,000}{60 \times 60})^2}{9.8 \times 500}$$
$$= 0.15m = 15cm$$

29 다음의 경관 중에서 인식대상의 주체에 관한 분류로 거리가 먼 것은?

① 자연 경관
② 인공 경관
③ 생태 경관
④ 터널 경관

해설
인식대상(認識對象)의 주체(主體)에 관한 분류
① 자연경관(natural viewscape) : 인공이 가해지지 않은 경치로서 산, 하천, 바다, 자연녹지 등
② 인공경관(artificial viewscape)
  ㉠ 조경 : 인공요소를 가한 경치(정원, 공원, 인공녹지, 도시경관, 시설물 경관 등)
  ㉡ 장식경 : 대상물에 미의식을 강조시켜 생활공간을 미화하는 실내외 장식
③ 생태경관(ecological viewscape)
  ㉠ 생태경 : 자연생태 그대로의 경관
  ㉡ 관상경 : 인공적 요소를 더한 경관[관상수(觀賞樹), 관상견(觀賞犬)]

30 터널 내에서 기준점으로 사용되는 중심말뚝으로 차량 등에 파손되지 않도록 견고하게 설치하는 것은?

① 스터럽(stirrup)
② 다보(dowel)
③ 쇼란(shoran)
④ 양수표(water gauge)

해설
갱내(坑內)에서의 중심말뚝은 차량등에 의하여 파괴되지 않도록 견고하게 만들어야 한다. 보통은 도벨이라는 기준점을 설치한다.

31 지하시설물 측량의 대상이 아닌 것은?

① 도시기준점
② 상수도
③ 가스관
④ 하수도

해설
지하시설물 측량의 대상
상수도, 하수도, 가스, 통신, 전력, 송유관, 난방열관 등

32 단곡선에서 교각 I = 90°, 외할 E = 8284m일 때, 곡선길이(C.L)는?

① 157m
② 165m
③ 235m
④ 314m

해설
$$E = R(\sec\frac{I}{2} - 1)$$
$$R = \frac{E}{(\sec\frac{I}{2} - 1)} = \frac{82.84}{\frac{1}{\cos 45°} - 1} = 200m$$
$$CL = 0.01745RI = 0.01745 \times 200 \times 90 = 314.1m$$

Answer 27 ④ 28 ② 29 ④ 30 ② 31 ① 32 ④

33 해저지질구조해석을 위한 음파탐사의 기록 정확도에 기인하는 잡음(noise)의 종류가 아닌 것은?

① 송파기의 잡음 ② 전기적 잡음
③ 수파기의 잡음 ④ 선체의 잡음

해설

음향 측심기에 의한 방법	원리	$D = \frac{1}{2}V \cdot t$ 여기서, D : 수심 V : 수중속도 t : 시간차
	구조	기록기 — 수신기 — 송신기 — 수파기 — 송파기 수신음파 송신음파
	음속도 보정 (音速度補正)	① 음향표적법 ② 음속도계법 ③ 계산법
	흘수보정 (吃水補正)	송수파기는 수면으로부터 일정한 깊이(吃水)에 잠겨있으므로 음향 측심기록에 이 흘수량을 더해 주어야 한다
	조고보정 (潮高補正)	해수면의 높이는 조석의 영향 때문에 수시로 변화므로 측량시의 조석의 높이를 고려하여 음향측심기록에 보정을 가하여야 한다 조고보정량=조석의 높이-기본수준면의 높이

34 노선의 종단면도에 계획선을 계획할 때 고려사항에 대한 설명으로 옳지 않은 것은?

① 계획경사는 요구에 맞도록 설치한다.
② 절토는 성토와 대략 같게 되도록 한다.
③ 경사와 곡선은 가능한 병설하도록 한다.
④ 절토는 성토로 유용할 수 있도록 운반거리를 고려한다.

해설
1. 종단면도에 계획선을 계획할 때 고려사항
   ① 계획경사는 요구에 맞도록 설치한다.
   ② 절토는 성토와 대략 같게 되도록 한다.
   ③ 경사와 곡선은 가능한 병설을 피하도록 한다.
   ④ 절토는 성토로 유용할 수 있도록 운반거리를 고려한다.
2. 노선조건
   ① 가능한 직선으로 할 것
   ② 가능한 한 경사가 완만할 것
   ③ 토공량이 적고 절토와 성토가 짧은 구간에서 균형을 이룰 것
   ④ 절토의 운반거리가 짧을 것
   ⑤ 배수가 완전 할 것

35 다음 중 노선측량에서 구조물의 장소에 대해서 지형도와 종단면도를 작성하는 측량은?

① 세부측량 ② 조사측량
③ 설계측량 ④ 공사측량

해설
노선측량 세부 작업과정
– 노선선정(路線選定)
– 계획조사측량(計劃調査測量)
– 실시설계측량(實施設計測量)
– 세부측량(細部測量)
– 용지측량(用地測量)
– 공사측량(工事測量)

36 완화곡선의 성질에 대한 설명으로 옳은 것은?

① 시점에 있는 캔트는 원곡선의 캔트와 같다.
② 완화곡선은 직선부와 직선부 사이에 설치하는 완충곡선이다.
③ 곡선반지름은 완화곡선의 시점과 종점에서 무한대에 접근한다.
④ 완화곡선의 접선은 시점에서는 직선, 종점에서는 원호에 접한다.

Answer 33 ① 34 ③ 35 ① 36 ④

완화곡선의 특징	① 곡선반경은 완화곡선의 시점에서 무한대, 종점에서 원곡선 R로 된다. ② 완화곡선의 접선은 시점에서 직선. 종점에서 원호에 접한다. ③ 완화곡선에 연한 곡선반경의 감소율은 캔트는 같다. ④ 완화곡선의 종점의 캔트와 원곡선 시점의 캔트는 같다. ⑤ 완화곡선은 이정의 중앙을 통과한다.

37 해저면 영상조사(Side Scan Sonar)의 활용분야가 아닌 것은?

① 심부 지층 조사
② 인공 어초 조사
③ 해저 케이블 조사
④ 수중 이상체 조사

해설

해저면 영상조사(Side Scan Sonar)

해저면 영상조사는 해저면에 직각방향으로 배를 끌면서 비스듬이 음파를 보내서 그 반사파를 이용하여 해저면을 형상화 하는 음향장비(acoustic instrument)이다. 음파의 송수파기는 선미의 케이블로 수중에서 견인하므로 선박의 rolling, pitching 영향을 적게하여 안정된 관측을 할 수 있는 이점이 있다. 측면주사음향측심기는 침선, 장애물, 해저전선, 해저파이프라인, 어초 등의 물체나 구축물의 확인 등의 조사에 활용할수 있다. 해저의 탐사폭은 100m부터 30km 까지 다양하다.

해저면 영상조사(Side Scan Sonar)의 활용분야
① 인공 어초 조사
② 해저 케이블 조사
③ 수중 이상체 조사

38 설계도나 시방서에 따라 시공에 필요한 점의 위치나 경사를 현지에 측설하는 측량작업은?

① 공사측량
② 계획조사측량
③ 실시설계측량
④ 준공측량

해설

노선측량 세부 작업과정	
– 노선선정(路線選定) – 계획조사측량(計劃調査測量) – 실시설계측량(實施設計測量) – 세부측량(細部測量) – 용지측량(用地測量)	
공사측량 (工事測量)	기준점 확인 . 중심선 검측 . 검사관측
	인조점 확인 및 복원 . 가인조점 등의 설치
	검사관측: 중심말뚝의 검사관측, TBM (가고저기준점 : Temporary Bench Mark)과 중심 말뚝의 높이의 검사관측을 실시한다.
	가인조점 등의 설치: 필요하면, TBM을 500m 이내에 1개 정도로 설치한다. 또, 중요한 보조말뚝의 외측에 인조점을 설치하고, 토공의 기준틀, 콘크리트 구조물의 형간의 위치 측량 등을 실시한다.

39 그림과 같이 폭 200m의 하천이 있어서 P 및 Q에 레벨을 세우고 교호 수준 측량을 하였다. A점으로부터 D점까지의 각 측점에서 전후 표척의 표고차가 표와 같을 때, D점의 표고는? (단, A점의 표고 = 2545m)

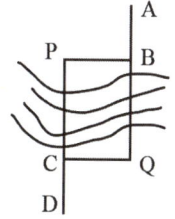

측점	시점 → 종점	표고차
Q	$A \to B$	-0.512m
	$B \to C$	-0.229m
P	$C \to B$	$+0.267$m
	$D \to C$	-0.636m

① 2.401m ② 2.411m
③ 2.421m ④ 2.431m

Answer 37 ① 38 ① 39 ③

해설

$H_B = H_A + h = 2.545 - 0.512 = 2.033m$

BC 간의 고저차 $= -\dfrac{1}{2}(0.229 + 0.267)$

$= -0.248m$

$H_C = H_B + h = 2.033 - 0.248 = 1.785m$

$H_D = H_C + h = 1.785 + 0.636 = 2.421m$

40 정사각형으로 조성 계획인 부지에서 가로를 2m 짧게 하고 세로를 8m 길게 하여 면적을 측정한 결과 600m²이었다면 원계획에 따른 정사각형 부지의 한 변의 길이는?

① 8m ② 12m
③ 18m ④ 22m

해설

$(x-2)(x+8) = 600$

$x^2 + 8x - 2x - 16 = 600$

$x^2 + 6x - 616 = 0$

근의공식

$x = \dfrac{-b \pm \sqrt{b^2 - 4ac}}{2a}$

$= \dfrac{-6 \pm \sqrt{36 + 2464}}{2}$

$= \dfrac{-6 + 50}{2} = \dfrac{44}{2} = 22m$

$x = \dfrac{-6 - \sqrt{36 + 2464}}{2} = -\dfrac{56}{2} = -28$

(거리는 -가 없기 때문에)

제3과목 | 사진측량 및 원격탐사

41 공간해상도가 높은 영상을 이용하여 해상도가 낮은 영상의 해상도를 높이는 기법은?

① 영상 융합
② 영상 모자이크
③ 영상 피라미드
④ 영상 기하 보정

해설

영상 융합(Image Fusion)
컬러영상의 고해상도와 저해상도의 이미지를 하나의 영상으로 만들기 위해 하나 또는 두 개 이상의 위성영상을 이용 또는 융합, 재배열하여 새로운 정보를 얻는 방법으로 영상 융합을 통해 개선된 영상으로부터 영상면에 존재하는 정보를 최대한으로 얻음으로써 자료의 모호함을 감소, 신뢰성 확보 및 분류의 개선을 할 수 있다.

42 평탄지를 축척 1:20,000로 촬영한 연직사진이 있다. 촬영에 사용한 카메라의 초점거리가 15cm, 사진의 크기가 23cm×23cm, 종중복도 60%일 때 기선고도비는?

① 0.51 ② 0.61
③ 0.71 ④ 0.81

해설

기선고도비

$\left(\dfrac{B}{H}\right) = \dfrac{m \cdot a \left(1 - \dfrac{p}{100}\right)}{m \cdot f}$

$= \dfrac{0.23 \left(1 - \dfrac{60}{100}\right)}{0.15} = 0.61$

Answer 40 ④ 41 ① 42 ②

43 상호표정요소를 계산하기 위하여 측정하여야 할 공액점의 최소 개수는?

① 2개 ② 3개
③ 4개 ④ 5개

[해설] 상호표정을 하기 위해서는 최소 5점의 표정점이 있으면 가능하지만 일반적으로 Z까지 포함해 대칭형으로 6점을 취한다.

44 편위수정을 거친 사진을 집성하여 만든 사진지도는?

① 중심투영 사진지도
② 약조정집성 사진지도
③ 반조정집성 사진지도
④ 조정집성 사진지도

[해설] 사진지도의 종류
① 약조정집성 사진지도 : 카메라의 경사에 의한 변위, 지표면의 비고에 의한 변위를 수정하지 않고 사진 그대로 접합한 지도
② 반조정집성 사진지도 : 일부만 수정한 지도
③ 조정집성 사진지도 : 카메라의 경사에 의한 변위를 수정하고 축척도 조정한 지도
④ 정사투영 사진지도 : 카메라의 경사, 지표면의 비고를 수정하고 등고선도 삽입된 지도

45 초점거리 210mm, 사진크기 18cm×18cm, 종중복도 60%일 때 기선고도비는?

① 0.34 ② 0.47
③ 0.51 ④ 0.70

[해설] 기선고도비

$$\frac{B}{H} = \frac{ma(1-\frac{p}{100})}{mf}$$

$$= \frac{0.18 \times 0.4}{0.21} = 0.34$$

46 해석적 항공삼각측량의 방법 중 정밀좌표관측기로 관측한 블록 내의 사진좌표를 이용하여 직접 절대좌표를 구하는 방법은?

① 독립모델법 ② 다항식조정법
③ 사진조정법 ④ 광속조정법

[해설] ③ 광속조정법(Bundle Adjustment) : 상좌표를 사진좌표로 변환시킨 다음 사진좌표(photo coordinate)로부터 직접 절대좌표(absolute coordinate)를 구하는 것으로 종횡접합모형(block) 내의 각 사진상에 관측된 기준점, 접합점의 사진좌표를 이용하여 최소제곱법으로 각 사진의 외부표정요소 및 접합점의 최확값을 결정하는 방법이다.

47 디지털 카메라로 취득된 항공사진을 이용하여 수치지도를 제작하고자 할 때 사용되는 도화기로 적합한 것은?

① 기계식 도화기
② 전자식 도화기
③ 해석도화기
④ 수치도화기

[해설] 디지털 카메라로 취득된 항공사진을 이용하여 수치지도를 제작하고자 할 때 사용되는 도화기는 수치도화기이다.

Answer 43 ④ 44 ④ 45 ① 46 ④ 47 ④

48 보통각 항공카메라의 사용 목적으로 가장 적합한 것은?

① 삼림 조사용
② 소축척 도화용
③ 일반도화, 판독용
④ 토지이용현황도 도화용

> **해설**
>
> | 종류 | 렌즈의 화각 | 필름의 길이(m) | 용도 | 비고 |
> |---|---|---|---|---|
> | 초광각 사진 | 120° | 80 | 소축척 도화용 | 완전평지에 이용 |
> | 광각 사진 | 90° | 120 | 일반도화, 사진판독용 | 경제적, 일반도화 |
> | 보통각 사진 | 60° | 120 | 산림조사용 | 산악지대, 도심지 촬영, 정면도 제작 |
> | 협각 사진 | 약 60° 이하 | | 특수한 대축척 도화용 | 특수한 평면도 제작 |

49 촬영고도 1,500m, 180km/h로 비행하는 항공기에서 카메라의 노출시간이 1/250초이었다면 이때 사진상에 나타난 영상의 흔들림(image movement)량은? (단, 카메라의 초점거리는 150mm이다.)

① 0.01mm   ② 0.02mm
③ 0.03mm   ④ 0.04mm

> **해설**
>
> $\dfrac{1}{m} = \dfrac{f}{H}$ 이므로 $\dfrac{0.15}{1,500} = \dfrac{1}{10,000}$
>
> $T_l = \dfrac{\Delta S \cdot m}{V}$ 에서
>
> $\Delta S = \dfrac{T_l \times V}{m} = \dfrac{\frac{1}{250} \times \frac{180,000}{3600}}{10,000}$
>
> $= 0.00002\text{m} = 0.02\text{mm}$

50 고해상도 전정색(흑백) 공간영상자료와 저해상도 다중분광(컬러) 공간영상자료를 배합하여 고해상도 컬러영상을 제작하는 해상도병합(Resolution Fusion)기법이 아닌 것은?

① 색상공간모델 변환(IHS Transform)
② 주성분분석 변환(Principal Component Analysis Transform)
③ 브로비 변환(brovey Transform)
④ 퓨리에 변환(Fourier Transform)

> **해설**
>
> 2. 해상도병합(Resolution Fusion) 기법
>   1) 색상공간모형 변환방법(Color Space Model)
>   2) 브로비 변환(Brovey Transform)
>   3) 주성분분석(Principal Component Analysis) OR PCA(Principal Component Analysis) 융합기법
>   4) 태슬드 캡 변환(Tasseled Cap Transform)
>   ㅁ 색변환(LUT Trasform)
>   ㅂ 최소상관변환(Decorrelation Stretching)
>
> 3. 수치영상변환 방법
>   1) 푸리에 변환(Fourier Transforms)
>   ① 시간에 대한 함수를 주파수에 대한 함수로 변환
>   ② 이 변환을 통해 미분이나 적분을 쉽게 계산이 가능하다

51 사진의 표정을 위해서 인위적인 기준점인 대공표지를 지상에 설치할 때 사진상에서 대공표지의 일반적인 크기는?

① 약 0.1μm   ② 약 1μm
③ 약 30μm   ④ 약 100μm

> **해설**
>
> 대공표지(對空標識)
> 대공표지의 설치장소는 천정으로부터 45도 이내에 장해물이 없어야 하며, 대공표지판에 그림자가 생기지 않도록 지면에서 약 30cm 높게 수평으로 고정한다.

Answer 48 ① 49 ② 50 ④ 51 ③

대공표지(對空標識)는 일반적으로 사진상에서 사진축척분모수에 대하여 $30\mu m$ 정도의 크기이다.

52 광각사진기를 이용하여 수직 촬영한 경우 결과가 그림과 같을 때 건물의 높이는? (단, 촬영고도 = 500m, r = 10cm, △r = 1cm)

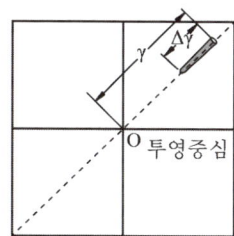

① 4m   ② 10m
③ 20m   ④ 50m

해설

$$\Delta r = \frac{h}{H} \cdot r$$

$$h = \frac{H}{r}\Delta r = \frac{500}{0.1} \times 0.01 = 50m$$

53 평탄한 지면을 초점거리 150mm, 사진크기 23cm×23cm로 촬영한 연직항공사진이 있다. 촬영고도 1800m, 종중복도 60%로 촬영한 경우, 연속된 10매의 사진에서 입체시 가능한 부분의 실제면적은?

① 27.5km²   ② 28.9km²
③ 30.5km²   ④ 45.7km²

해설

사진 1매의 유효면적

$$A_0 = (ma)^2 = \frac{H^2}{f^2} \times a^2 = \frac{1800^2}{0.15^2} \times 0.23^2$$

$$= 7,617,600m^2 = 7.62km^2$$

단촬영코스의 유효면적

$$A_2 = (ma)^2(1-\frac{p}{100}) = 7.62 \times (1-\frac{60}{100}) = 3.05km^2$$

단촬영코스의 모델수 $M_1 = D-1$
여기서 D 는 사진매수
$M_1 = D-1 = 10-1 = 9$
전체유효면적은
$A = A_2 \times M_1 = 3.05 \times 9 = 27.45km^2$

54 항공사진측량에 대한 설명 중 옳지 않은 것은?

① 스트립이 2개 이상이면 복 스트립이라 한다.
② 블록은 스트립이 횡방향으로 접합된 형태이다.
③ 스트립은 항공사진을 촬영 진행방향으로 연속하여 접합된 형태이다.
④ 블록이 3개 이상인 것을 스트립이라 한다.

해설

strip : 사진이 종방향으로 접합된 모형 즉 항공사진을 촬영 진행방향으로 연속하여 접합된 형태이다.
block : 사진이 종횡방향으로 접합된 모형 즉 스트립이 횡방향으로 접합된 형태이다.

55 비행고도 3000m에서 수직으로 촬영된 사진에서 표고 120m인 지점이 주점으로부터 5cm 되는 곳에 위치하여 있다면 고저차에 의한 상(像)의 편위량은?

① 1mm   ② 2mm
③ 3mm   ④ 4mm

해설

$$\Delta P = \frac{h}{H} \times b_0 = \frac{120}{3,000} \times 0.05 = 0.002m = 2mm$$

56 사진측량에서 표정에 관한 설명 중 옳은 것은?

① 회전요소만을 사용하여 상호표정을 수행할 수도 있다.
② 상호표정에서 모델 내에 적절히 배치된 4점에 종시차가 없으면 종시차는 모두 소거되었다고 할 수 있다.

Answer 52 ④ 53 ① 54 ④ 55 ② 56 ①

③ 절대표정은 6개의 변환요소를 결정하는 과정이다.
④ 표정단계 중 절대표정은 지상기준점을 필요로 하지 않는다.

해설

표정

사진상 임의의 점과 대응되는 땅의 점과의 상호관계를 정하는 방법으로 지형의 정확한 입체모델을 기하학적으로 재현하는 과정을 말한다.

내부 표정	내부표정이란 도화기의 투영기에 촬영당시와 똑같은 상태로 양화건판을 정착시키는 작업이다. ① 주점의 위치결정 ② 화면거리(f)의 조정 ③ 건판의 신축측정, 대기굴절, 지구곡률보정, 렌즈수차 보정
상호 표정	지상과의 관계는 고려하지 않고 좌우사진의 양투영기에서 나오는 광속이 촬영당시 촬영면에 이루어지는 종시차(ϕ)를 소거하여 목표 지형물의 상대위치를 맞추는 작업
절대 표정	상호표정이 끝난 입체모델을 지상 기준점(피사체 기준점)을 이용하여 지상좌표에(피사체 좌표계)와 일치하도록 하는 작업으로 입체모형(model)2점의 X,Y좌표와 3점의 높이(Z)좌표가 필요하므로 최소한 3점의 표정점이 필요하다. ㉮ 축척의 결정 ㉯ 수준면(표고, 경사)의 결정 ㉰ 위치(방위)의 결정 ㉱ 절대표정인자 : $\lambda, \phi, \omega, k, b_x, b_y, b_z$(7개의 인자로 구성)

57 사진측량의 특징에 대한 설명으로 틀린 것은?

① 지상측량보다 정확도가 월등히 높다.
② 정량적 및 정성적 측정이 가능하다.
③ 축척이 작을수록 경제적이다.
④ 분업화에 따라 능률적이다.

해설

사진측량의 장·단점

장점	단점

① 정량적 및 정성적 측정이 가능하다.
② 정확도가 균일하다.
  ㉠ 평면(X, Y) 정도 : $(10 \sim 30)\mu \times$촬영축척의 분모수(M)
  $= \left(\dfrac{10}{1,000} \sim \dfrac{30}{1,000}\right)mm \cdot M$
  ㉡ 높이(H) 정도 : $\left(\dfrac{1}{10,000} \sim \dfrac{2}{10,000}\right) \times$촬영고도($H$)
  여기서 $1\mu = \dfrac{1}{1,000}$(mm)
  M : 촬영축척의 분모수
  H : 촬영고도
③ 동체측정에 의한 현상보존이 가능하다.
④ 접근하기 어려운 대상물의 측정도 가능하다.
⑤ 축척변경도 가능하다.
⑥ 분업화로 작업을 능률적으로 할 수 있다.
⑦ 경제성이 높다.
⑧ 4차원의 측정이 가능하다.
⑨ 비지형 측량이 가능하다.
	① 좁은 지역에서는 비경제적이다.
	② 기자재가 고가이다.(시설비용이 많이 든다.)
	③ 피사체에 대한 식별의 난해가 있다.(지명, 행정 경계 건물명, 음영에 의하여 분별하기 힘든 곳 등의 측정은 현장의 작업으로 보충측량이 요구된다.)
	④ 기상조건에 영향을 받는다.
	⑤ 태양고도 등에 영향을 받는다.

58 지역 1, 2, 3에 대해서 LANDSAT-7의 3번과 4번의 밴드의 화소값을 구한 결과가 표와 같다. 각 지역의 정규화식생지수(NDVI)로 옳은 것은?

화소값 \ 지역	1	2	3
밴드 3 (가시광선, Red)	100	100	20
밴드 4 (근적외선, NIR)	100	250	15

① 지역 1=0 지역 2=0.43, 지역 3=-0.14
② 지역 1=0 지역 2=-0.43, 지역 3=0.14
③ 지역 1=1 지역 2=2.5, 지역 3=0.75

Answer 57 ① 58 ①

④ 지역 1=1 지역 2=0.44, 지역 3=1.33

[해설]

$$NDVI = \frac{\exists R - VIS}{\exists R + VIS}$$

여기서, NIR : 근적외역의 관측치
VIS : 가시역의 관측치
(분광되고 있는 경우는 적색역)

1지역 $= \frac{100-100}{100+100} = 0$

2지역 $= \frac{250-100}{250+100} = 0.43$

3지역 $= \frac{15-20}{15+20} = -0.14$

식생지표(植生指標)란 기상위성이나 지구관측위성의 화상 자료로부터 지구규모의 식생분포 상황을 파악하기 위한 것이다.

59 항공사진의 수치영상을 이용한 상호표정시 입체영상에서 공액점을 자동으로 측정하기 위해 사용되는 기법은?

① 영상 모자이크
② 영상접합
③ 보간법
④ 편위수정

[해설]

영상정합(Image Matching)은 입체영상 중 한 영상의 한 위치에 해당하는 실제의 객체가 다른 영상의 어느 위치에 형성되어 있는가를 발견하는 작업으로서 상응하는 위치를 발견하기 위해 유사성 측정을 하는 것이다.

60 촬영스트립의 길이가 4km라고 하면 몇 매의 사진을 촬영해야 하는가? (단, 사진축척 1:10000, 종중복도 60%, 사진크기 21cm×21cm)

① 4매
② 5매
③ 6매
④ 7매

[해설]

$m : 10,000$, $p : 60\%$, $a : 21cm$

2장의 입체 영상에서 종방향으로 유효길이

$B = ma(1 - \frac{p}{100}) = 10,000 \times 0.21 \times (1 - \frac{60}{100}) = 840m$

전체 길이를 유효길이로 나누면

사진매수 $= \frac{\text{전체길이}}{B} = \frac{4,000}{840} = 4.76 ≒ 5$매

제4과목 | 지리정보시스템

61 GIS의 응용기법 중 하나로서 공간상에 나타난 연속적인 기복의 변화를 수치적으로 표현하는 방법은?

① DXF
② FM
③ DEM
④ AM

[해설]

지표면상에서 규칙 및 불규칙적으로 관측된 불연속점의 3차원 좌표값을 보간법 등의 자료처리과정을 통하여 불규칙한 지형을 기하학적으로 재현하고 수치적으로 해석하는 것이 수치지형모형(DTM) 또는 표고만을 다루는 면에서는 수치고도모형(DEM)이라 한다.

62 래스터 자료의 보간법 중 최근린보간법(nearest neighbor)에 대한 설명으로 틀린 것은?

① 자료값 중 최대값과 최소값이 손실되지 않는다.
② 다른 보간법에 비해 계산속도가 빠르다.
③ 원래의 자료값을 평균하거나 변환하지 않고 그대로 이용한다.
④ 가장 가까운 4개의 기지값의 거리에 따라 경중률을 계산한다.

Answer 59 ② 60 ② 61 ③ 62 ④

해설

최근린보간법은 최단거리에 있는 관측치를 사용하여 보관하는 방법으로 입력격자상 가장 가까운 영상소의 밝기를 이용하여 출력격자로 변환하는 방법이다.

63 지형을 저장하고 표현할 수 있는 데이터 구조 중 라이다(LiDAR) 원시 자료의 데이터 구조를 설명하고 있는 것은?

① 점(Point) 위치에 대해 데이터 값을 기록
② 불규칙삼각망(TIN)
③ 수치표고모델
④ 등고선

해설

항공라이다측량시스템은 지표(surface)에 있는 산이나 골짜기, 산림 등의 자연지형과 택지 및 도로, 빌딩이나 다리 등의 인공지물로 이루어지는 지형지물을 항공기의 위치 및 자세가 정확하게 얻어지는 센서로부터 레이저를 발사하여 거리를 측정하고 그 수치를 측량좌표계 등으로 나타낸 계측기라 할 수 있다. 항공라이다측량은 항공레이저측량시스템을 항공기에 탑재하여 레이저를 주사하고 그 지점에 대한 3차원 위치좌표를 취득하는 측량방법을 말한다. Laser Radar 혹은 LIDAR, LiDAR라고도 한다.

64 그림과 같은 A 벡터 레이어에서 B 벡터 레이어를 만들었다면 공간연산 기법으로 옳은 것은?

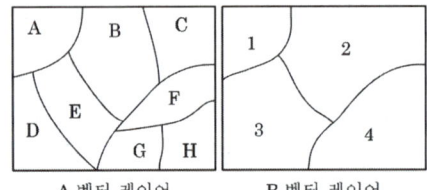

① reclassify
② dissolve
③ intersection
④ buffer

해설

② dissolve : 디졸브는 동일한 속성값을 갖는 폴리곤에 대해 이름을 다시 부여하는 데 사용되기도 하는데 디졸브는 맵조인이나 제반 레이어를 합치는 과정에서 발생한 불필요한 폴리곤의 경계선을 제거하는 과정이다. 예를 들어 동일한 토지이용코드를 갖는 지역이 2개 이상의 폴리곤으로 불필요하게 분리된 경우 불필요한 선들을 제거하고 폴리곤의 숫자를 축소해 보다 효율적인 공간자료구조와 위상구조를 가질 수 있다.

65 지리정보시스템(GIS) 공간객체 타입 중 구조가 다른 것은?

① 선분(line segment) ② 연속선분(string)
③ 격자셀(grid cell)   ④ 호(arc)

해설

선(Line) : 두 점을 이은 선
① 선분(Line Segment) : 두 점간 직선연결
② 호(Arc) : 수학적 함수로 정의되는 곡선의 일부
③ 절선(String) : 여러 개 선분의 모임
④ 사슬(Chain) : 두 절점을 잇는 서로 교차하지 않는 지향성 선분 또는 호의 모임
⑤ 링크(Link) : 두 절점 간의 연결
⑥ 고리(Ring) : 서로 교차하지 않는 Chain, String, Link 또는 Arc로 이루어진 폐합망

66 수치지형도에서 얻을 수 없는 정보는?

① 표고 정보   ② 도로 선형
③ 수계 정보   ④ 필지 정보

해설

커버리지(Coverge)

컴퓨터 내부에서는 모든 정보가 이진법의 수치 형태로 표현되고 저장되기 때문에 수치지형도라 불리는데 그 명칭을 Digital Map, Layer 또는 Digital Layer라고도 하며, 커버리지 또한 지도를 Digital화한 형태의 컴퓨터상의 지도를 말한다. 일반적으로 GIS 커버리지는 토지이용도, 식생도와 같

Answer 63 ① 64 ② 65 ③ 66 ④

은 하나의 중요한 주제도를 말한다. 레이어와 커버리지 모두 수치화된 지도형태를 갖지만 수치화된 도형자료만을 나타낸 것이 레이어이고 도형자료와 관련된 속성데이터를 함께 갖는 수치지형도를 커버리지라 한다.

67 객체지향형 데이터베이스관리시스템의 특징이 아닌 것은?

① 자료의 갱신이 용이하다.
② 자료뿐만 아니라 자료의 구성을 위한 방법론도 저장이 가능하다.
③ 지도의 정보를 도형과 속성으로 나누어 유형별로 테이블에 저장한다.
④ 객체는 독립된 동질성을 가진 개체이며, 상속성을 갖는다.

해설

③ OO-DBMS(Object Orientation-DBMS, 객체지향형 DBMS) : 각각의 데이터를 유형별로 모듈화시켜 복잡한 데이터를 쉽게 처리시키는 최초 자료기반 관리체계
㉠ 장점
　ⓐ 복잡한 데이터를 쉽게 처리가능
㉡ 단점
　ⓐ 자료 간의 관계성 처리능력 감소

68 지리정보시스템(GIS)을 구축하고 활용하기 위한 기본적인 구성요소를 세 가지로 구분할 때 거리가 먼 것은?

① 공간분석기술　② 공간데이터베이스
③ 소프트웨어　　④ 하드웨어

해설

지리정보시스템(GIS) 3대 구성요소 :
공간데이터베이스, 하드웨어, 소프트웨어
지리정보시스템(GIS) 5대 구성요소 :
공간데이터베이스, 하드웨어, 소프트웨어, 인적 자원, 방법

69 지리정보시스템(GIS)의 지형분석에서 불규칙하게 분포된 위치에서의 표고를 추출하여 이들 위치관계를 삼각형 형태로 연결하여 지형을 표현하는 방식은?

① Overlay 방식
② Grid 방식
③ TIN 방식
④ Buffer 방식

해설

불규칙 삼각망(TIN : Trianglulated Irregular Network)
불규칙하게 배치되어 있는 지형점으로부터 삼각망을 생성하여 삼각형 내의 표고를 삼각평면으로부터 보간하는 DEM의 일종이다. 벡터위상구조를 가지며 다각형 Network를 이루고 있는 순수한 위상구조와 개념적으로 유사하다.

70 종이지도를 수치지도와 벡터 기반의 중첩분석을 실시하기 위한 방법으로 가장 적합한 것은?

① 스캐닝 후 영상 도면으로 사용
② 스캐닝 후 벡터라이징 작업으로 선형 입력
③ 컴퓨터 마우스를 이용하여 수동적으로 입력
④ 도면을 디지털 촬영 후 사진측량방법으로 취득

해설

㉡ 벡터화 과정
벡터화 과정을 크게 나누면 전처리 단계(Pre-Processing), 벡터화 단계(Raster to Vector Conversion), 후처리 단계(Post-Processing)로 나눌 수 있다.
전처리 과정은 불필요한 요소들을 제거하는 필터링 단계(Filtering)와 격자의 골격을 형성하는 세선화 단계(Thinning)로 이루어진다.

Answer　67 ③　68 ①　69 ③　70 ②

71 여러 개의 레이어를 이용한 공간분석 기능을 수행한 결과가 그림과 같을 때 사용한 공간분석 편집 기능으로 옳은 것은?

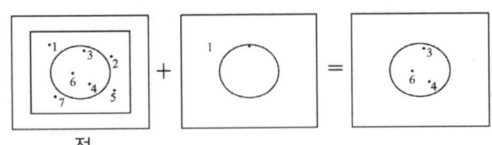
점

① Update
② Split
③ Clip
④ Erase

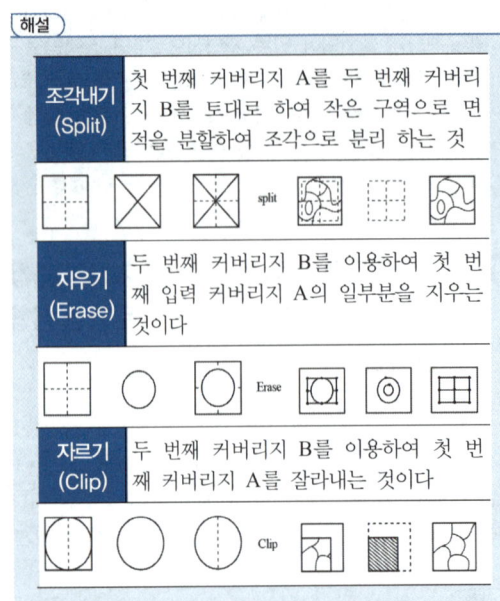

72 공간정보의 표현기법 중 래스터데이터(Raster data)의 특징이 아닌 것은?

① 격자형의 영역에서 x, y축을 따라 일련의 셀들이 존재한다.
② 각 셀들이 속성 값을 가지므로 이들 값에 따라 셀들을 분류하거나 다양하게 표현한다.
③ 인공위성에 의한 이미지, 항공영상에 의한 이미지, 스캐닝을 통해 얻어진 이미지 데이터들이다.
④ 3차원과 같은 입체적인 지도 디스플레이 표현은 불가능하다.

해설

	벡터자료	래스터자료
장점	• 보다 압축된 자료구조를 제공하며 따라서 데이터 용량의 축소가 용이하다. • 복잡한 현실세계의 묘사가 가능하다. • 위상에 관한 정보가 제공되므로 관망분석과 같은 다양한 공간분석이 가능하다. • 그래픽의 정확도가 높다. • 그래픽과 관련된 속성정보의 추출 및 일반화, 갱신 등이 용이하다.	• 자료구조가 간단하다. • 여러 레이어의 중첩이나 분석이 용이하다. • 자료의 조작과정이 매우 효과적이고 수치영상의 질을 향상시키는데 매우 효과적이다. • 수치이미지 조작이 효율적이다. • 다양한 공간적 편의가 격자의 크기와 형태가 동일한 까닭에 시뮬레이션이 용이하다.

73 그림에서 [A]와 [B]를 이용한 래스터 계산 결과인 [C]를 위한 논리연산자로 옳은 것은?

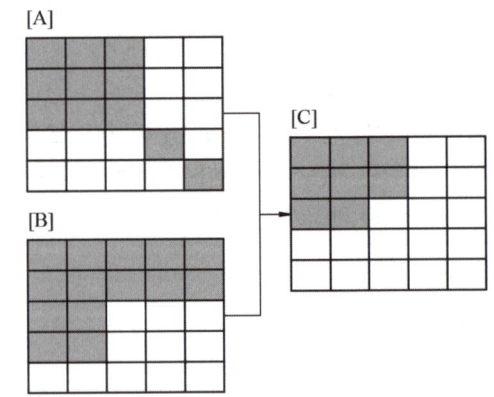

① A or B
② A xor B
③ A not B
④ A and B

Answer 71 ③ 72 ④ 73 ④

[해설]

Boolean logic을 적용한 정보의 추출

A AND B		A,B 교차하는 부분만 나타난다
A XOR B		두 개사상이 존재하는 곳은 포함하고 교차지점은 포함 안함
A NOT B		B를 포함하지 않는 모든 A부분
A OR B		A,B모든 부분

74 지리정보시스템(GIS)의 공간분석에서 선형의 공간객체 특성을 이용한 네트워크(Network)분석 기능과 거리가 먼 것은?

① 수계에서의 공해물질 추적
② 하나의 지점에서 다른 지점으로 이동시 최적 경로의 선정
③ 창고나 보급소, 경찰서, 소방서와 같은 주요 시설물의 위치 선정
④ 특정 주거지역의 면적 산정과 인구 파악을 통한 인구 밀도의 계산

[해설]

네트워크분석	① 현실세계에는 사람, 에너지, 물자, 정보 등의 흐름을 가능하게 하는 도로, 케이블, 파이프라인 등의 하부구조(Infrastructure)가 존재하는데, 이러한 하부구조는 GIS 분석과정에서 네트워크(Network)로 모델링 가능 ⑥ 네트워크 분석을 통해 • 최단경로(Shortest Route) : 주어진 기원지와 목적지를 잇는 최단거리의 경로 분석 • 최소비용경로(Least Cost Route) : 기원지와 목적지를 연결하는 네트워크상에서 최소의 비용으로 이동하기 위한 경로를 탐색할 수 있고,

네트워크분석	⑦ 이외에 차량경로 탐색과 교통량 할당(Traffic Allocation) 문제 등 다양한 분야에서 이용될 수 있음

75 건축, 전기, 설비, 통신 등 도면 자동화를 통해 구축된 수치지도를 바탕으로 지상 및 지하의 각종 시설물을 시스템 상에 구축하여 지원하는 시스템은?

① AM(Automated Mapping)
② TIS(Transportation Information System)
③ FM(Facility Management)
④ KML(Keyhole Markup Language)

[해설]

도면자동화 및 시설물관리시스템 (AM/FM : Automated Mapping and Facility Management)	• 도면작성 자동화 • 상하수도시설관리, 통신시설관리 등에 활용

76 위상관계(Topology)를 설명하는 보기의 그림 중 특성이 다른 것은?

①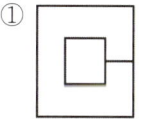
②
③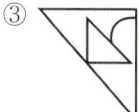
④

[해설]

보기에서 ① ② ④의 그림은 2개의 면(polygom)으로 구성되어 있고, 보기 ③의 그림은 3개의 면으로 구성되어 있다. 그러므로 그 특성이 다르다.

Answer 74 ④ 75 ③ 76 ③

77 지리정보시스템(GIS)에서 속성값을 이용한 조건 검색 중 2015년도 인구수가 4,000명 이상, 5,000명 이하인 지역을 검색하기 위한 조건식으로 옳은 것은? (단 , 2015년도 인구수 필드 이름 : pop2015)

① (pop2015>=4,000) or (pop2015<=5,000)
② (pop2015>=4,000) not (pop2015<=5,000)
③ (pop2015>=4,000) xor (pop2015<=5,000)
④ (pop2015>=4,000) and (pop2015<=5000)

해설

Boolean logic을 적용한 정보의 추출

A AND B	(A∩B)	A,B 교차하는 부분만 나타난다
A XOR B	(A⊕B)	두 개사상이 존재하는 곳은 포함하고 교차지점은 포함 안함
A NOT B	(A−B)	B를 포함하지 않는 모든 A부분
A OR B	(A∪B)	A,B모든 부분

78 1:1000 수치지도를 만든 후, 데이터의 정확도검증을 위해 10개의 지점에 대해 수치지도상에서 측정한 좌표와 현장에서 검증한 좌표의 오차 크기가 아래와 같을 때 위치정확도(RMSE)는?

> 0.18m, 0.15m, 0.16m, 0.13m, 0.14m,
> 0.14m, 0.13m, 0.16m, 0.14m, 0.13m

① ±0.09m   ② ±0.11m
③ ±0.13m   ④ ±0.15m

해설

위치정확도

$$= \sqrt{\frac{v^2}{n-1}}$$

$$= \sqrt{\frac{0.18^2+0.15^2+0.16^2+0.13^2+0.14^2+0.14^2+0.13^2+0.16^2+0.14^2+0.13^2}{10-1}}$$

$$= 0.15m$$

79 래스터데이터에 대한 설명으로 옳지 않은 것은?

① 자료구조가 간단하여 중첩 분석에 유리하다.
② 벡터데이터를 래스터데이터로 변환시 공간적 부정확성 이 증대된다.
③ 셀 단위로 저장 및 관리되기 때문에 출력의 품질이 우수하다.
④ 부분의 항공 및 위성영상은 래스터데이터로 취득 및 제공된다.

해설

벡터와 래스터데이터 구조

	벡터자료	래스터자료
장점	• 보다 압축된 자료구조를 제공하며 따라서 데이터 용량의 축소가 용이하다. • 복잡한 현실세계의 묘사가 가능하다. • 위상에 관한 정보가 제공되므로 관망분석과 같은 다양한 공간분석이 가능하다. • 그래픽의 정확도가 높다. • 그래픽과 관련된 속성정보의 추출 및 일반화, 갱신 등이 용이하다.	• 자료구조가 간단하다. • 여러 레이어의 중첩이나 분석이 용이하다. • 자료의 조작과정이 매우 효과적이고 수치영상의 질을 향상시키는데 매우 효과적이다. • 수치이미지 조작이 효율적이다. • 다양한 공간적 편의가 격자의 크기와 형태가 동일한 까닭에 시뮬레이션이 용이하다.

Answer 77 ④ 78 ④ 79 ③

80 도형자료의 점, 선, 면, 위치 등에 대하여 양이나 크기와 관계없이 형상이나 공간적 위치관계를 규정하는 것을 무엇이라고 하는가?

① 위상설정 ② 위치설정
③ 종속설정 ④ 도형설정

해설

위상구조

정의: 위상이란 도형 간의 공간상의 상관관계를 의미하는데 위상은 특정변화에 의해 불변으로 남는 기하학적 속성을 다루는 수학의 한 분야로 위상모델의 전제조건으로는 모든 선의 연결성과 폐합성이 필요하다.

제5과목 | 측량학

81 등고선에 대한 설명으로 틀린 것은?

① 등고선은 절벽, 동굴과 같은 지형에서는 서로 교차하기도 한다.
② 경사가 급할수록 등고선의 간격이 좁다.
③ 경사가 같으면 등고선 간격이 같고 서로 평행하다.
④ 등고선은 최대경사선과는 직교하고 분수선과는 평행하다.

해설

등고선의 성질
① 동일 등고선상에 있는 모든 점은 같은 높이이다.
② 등고선은 반드시 도면 안이나 밖에서 서로 폐합한다.
③ 지도의 도면 내에서 폐합되면 가장 가운데 부분은 산꼭대기(산정) 또는 凹지(요지)가 된다.
④ 등고선은 도중에 없어지거나 엇갈리거나 합쳐지거나 갈라지지 않는다.
⑤ 높이가 다른 두 등고선은 동굴이나 절벽의 지형이 아닌 곳에서는 교차하지 않는다.
⑥ 등고선은 경사가 급한 곳에서는 간격이 좁고 완만한 경사에서는 넓다.
⑦ 최대경사의 방향은 등고선과 직각으로 교차한다.
⑧ 분수선(능선)과 곡선(유하선)은 등고선과 직각으로 만난다.

82 교호수준측량 결과에 따른 B점의 표고는? (단, A점의 표고는 50000m이고, a_1=2.214m, a_2=4.324m, b_1=1.678m, b_2=3.860m, $d_1=d_2$)

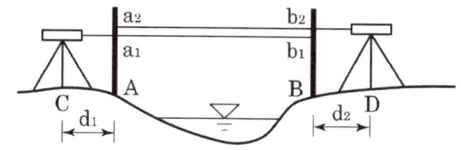

① 49.500m ② 49.964m
③ 50.500m ④ 52.146m

해설

$$= \frac{(2.214+4.324)-(1.678+3.860)}{2} = 0.500\text{m}$$

$$H_B = H_A + h = 50 + 0.500 = 50.500\text{m}$$

83 어떤 다각형의 전측선장이 900m이고 폐합비를 1/600로 한다면 축척 1:500 도상에서 허용 폐합오차는?

① 1mm ② 3mm
③ 5mm ④ 10mm

해설

$R = \dfrac{E}{\sum L}$ 에서 $\dfrac{1}{600} = \dfrac{E}{900}$

$\therefore E = \dfrac{900}{600} = 1.5\text{m}$

$\dfrac{1}{m} = \dfrac{도상거리}{실제거리}$ 에서 $\dfrac{1}{500} = \dfrac{도상거리}{1.5}$

$\therefore 도상거리 = \dfrac{1.5}{500} = 0.003\text{m} = 3\text{mm}$

Answer 80 ① 81 ④ 82 ③ 83 ②

84 정밀도와 정확도에 대한 설명으로 옳지 않은 것은?

① 정확도는 관측값이 목표값에 얼마나 접근하느냐의 정도에 따라 결정된다.
② 정밀도는 관측집단의 편차 크기에 따라 결정된다.
③ 착오와 정오차가 없다면 정밀도를 정확도의 척도로 사용할 수 있다.
④ 확률오차(ro)와 표준편차(mo) 사이에는 mo=±0.6745 ro의 관계가 있다.

> 해설
> ① 표준편차(Standard Deviation):
>   독립관측값의 정밀도의 척도
> $$\sigma = \pm \sqrt{\frac{[vv]}{n-1}}$$
> ② 표준오차(Standard Error):
>   조정환산값(평균값)의 정밀도의 척도
> $$\sigma = \pm \sqrt{\frac{[vv]}{n(n-1)}}$$
> ③ 확률오차(Probable Error):
>   밀도함수의 50%
> $$\gamma = \pm 0.6745 \sqrt{\frac{[vv]}{n(n-1)}}$$

85 그림과 같이 관측된 거리를 최소제곱법으로 조정하기 위한 관측방정식을 행렬로 표시한 것으로 옳은 것은?

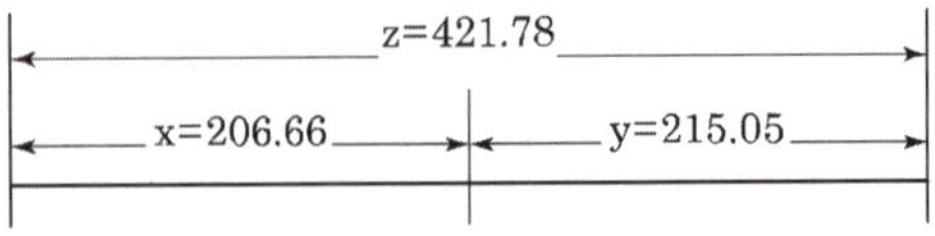

```
|←————————— z=421.78 —————————→|
|←——— x=206.66 ———|——— y=215.05 ———→|
```

① $\begin{bmatrix} -1 & -1 \\ 1 & 0 \\ 0 & 1 \end{bmatrix} \begin{bmatrix} \hat{x} \\ \hat{y} \end{bmatrix} = \begin{bmatrix} 421.78 \\ 206.66 \\ 215.05 \end{bmatrix} + \begin{bmatrix} v_z \\ v_x \\ v_y \end{bmatrix}$

② $\begin{bmatrix} 1 & 1 \\ 1 & 0 \\ 0 & 1 \end{bmatrix} \begin{bmatrix} \hat{x} \\ \hat{y} \end{bmatrix} = \begin{bmatrix} 421.78 \\ 206.66 \\ 215.05 \end{bmatrix} + \begin{bmatrix} v_z \\ v_x \\ v_y \end{bmatrix}$

③ $\begin{bmatrix} 1 & 1 \\ -1 & 0 \\ 0 & -1 \end{bmatrix} \begin{bmatrix} \hat{x} \\ \hat{y} \end{bmatrix} = \begin{bmatrix} 421.78 \\ 206.66 \\ 215.05 \end{bmatrix} + \begin{bmatrix} v_z \\ v_x \\ v_y \end{bmatrix}$

④ $\begin{bmatrix} -1 & -1 \\ 1 & 0 \\ 0 & -1 \end{bmatrix} \begin{bmatrix} \hat{x} \\ \hat{y} \end{bmatrix} = \begin{bmatrix} 421.78 \\ 206.66 \\ 215.05 \end{bmatrix} + \begin{bmatrix} v_z \\ v_x \\ v_y \end{bmatrix} 1$

> 해설
> ① 표준편차(Standard Deviation):
>   독립관측값의 정밀도의 척도
> $$\sigma = \pm \sqrt{\frac{[vv]}{n-1}}$$
> ② 표준오차(Standard Error): 조정환산값(평균값)의 정밀도의 척도
> $$\sigma = \pm \sqrt{\frac{[vv]}{n(n-1)}}$$
> ③ 확률오차(Probable Error):
>   밀도함수의 50%
> $$\gamma = \pm 0.6745 \sqrt{\frac{[vv]}{n(n-1)}}$$

86 삼각측량에서 삼각점의 위치 선정에 관한 주의사항으로 옳지 않은 것은?

① 각 점이 서로 잘 보여야 한다.
② 측점 수는 될 수 있는 대로 적게 한다.
③ 계속해서 연결되는 작업에 편리하여야 한다.
④ 삼각형은 될 수 있는 대로 직각삼각형으로 구성한다.

> 해설
> 삼각점의 위치 선정
> ① 각 점이 서로 잘 보일 것
> ② 삼각형의 내각은 60°에 가깝게 하는 것이 좋으나 1개의 내각은 30~120° 이내로 한다.
> ③ 표지와 기계가 움직이지 않을 견고한 지점일 것
> ④ 가능한 한 측점수가 적고 세부측량에 이용가치가 커야 한다.
> ⑤ 벌목을 많이 하거나 높은 시준탑을 세우지 않아도 관측할 수 있는 점일 것

Answer 84 ④ 85 ② 86 ④

87 그림과 같은 삼각망에서 CD의 방위는?

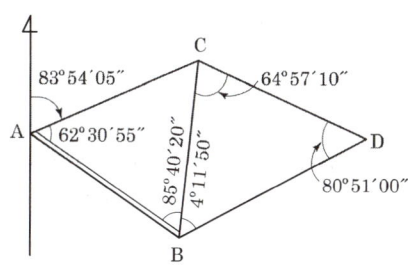

① S 12°51′50″ E ② S 12°11′50″ W
③ S 23°51′10″ E ④ S 23°45′30″ W

해설

$V_C^D = 83°54′05″ + 180° - (31°48′45″ + 64°57′10″)$
$= 167°8′10″$
∴ CD의 방위 = S 12°51′ 50″ E

88 축척 1 : 50,000 지형도에서 2점의 거리가 80cm이었고 축척을 모르는 다른 지형도상에서는 동일한 2점 간의 거리가 28cm이었다면 지형도의 축척은?

① 약 1 : 5,000   ② 약 1 : 7,000
③ 약 1 : 10,000 ④ 약 1 : 14,000

해설

$\dfrac{1}{50000} = \dfrac{0.08}{L}$
∴ $L = 4,000$m
$\dfrac{1}{x} = \dfrac{0.28}{4,000} = \dfrac{1}{14,286} ≒ \dfrac{1}{14,000}$

89 강 주변의 표고를 결정하기 위하여 교호수준측량을 실시하여 다음 결과를 얻었다. A점의 표고가 56.867m일 때 B점의 표고는? (단, a1=1.465m, a2=0308m, b1=3.274m, b2=1.047m)

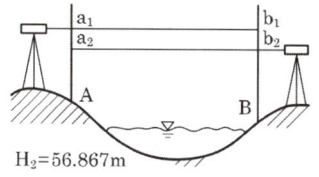

① 55.583m   ② 55.593m
③ 58.141m   ④ 58.131m

해설

$h = \dfrac{(1.465 + 0.308) - (3.274 + 1.047)}{2}$
$= -1.274$m
∴ $H_B = H_A + h = 56.867 - 1.274 = 55.593$m

90 댐의 집수구역 표시로 가장 적합한 것은?

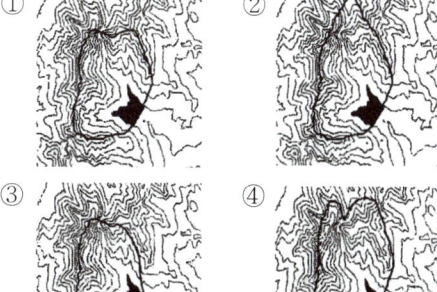

해설

댐의 집수구역이란 빗물이 댐으로 흘러드는 지역으로서 주변의 능선(최대경사선)을 있는 선으로 둘러싸인 구역을 말한다. ① 그림은 최대경사선(능선)지역을 연결하므로 집수구역을 정확하게 표현하였다.

91 전자기파 거리측량기의 거리관측오차 중, 거리에 비례하는 오차는?

① 위상차 관측의 오차
② 광변조 주파수의 오차
③ 기계상수, 반사경 상수의 오차

Answer 87 ① 88 ④ 89 ② 90 ① 91 ②

④ 거리관측기와 반사경의 기준점이 지상에서 벗어남에 의한 오차

해설

(2) 전자파거리 측량기 오차

거리에 비례하는 오차	광속도의 오차, 광변조 주파수의 오차, 굴절률의 오차
거리에 비례하지 않는 오차	위상차 관측 오차, 기계정수 및 반사경 정수의 오차

92 같은 경중률로 어느 두 점의 거리를 10회 측량한 결과, 평균값이 10045m이고, 잔차제곱의 합이 0.0579m, 잔차의 합이 -0.10m이었다면 평균제곱근오차(RMSE)는?

① ±0.05m ② ±0.08m
③ ±0.13m ④ ±0.15m

해설

$m_0 = \pm\sqrt{\dfrac{[VV]}{n-1}} = \pm\sqrt{\dfrac{0.0579}{10-1}} = \pm 0.08m$

93 그림에서 교각 ∠A, ∠B, ∠C, ∠D의 크기가 다음과 같을 때 cd측선의 방위각은?

∠A=100°10′ ∠B=89°35′
∠C=79°15′   ∠D=120°

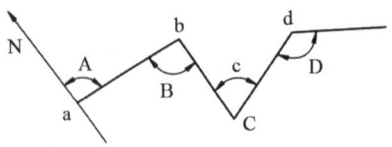

① 00°10′   ② 180°10′
③ 89°50′   ④ 269°50′

해설

$V_B^C = V_A^B + 180° - ∠B$
$= 100°10′ + 180° - 89°35′ = 190°35′$
$V_C^D = V_B^C + 180° + ∠C$
$= 190°35′ + 180° + 79°15′ = 89°50′$

94 30m 줄자로 어떤 거리를 관측하였더니 300m이었다. 이때 줄자가 표준길이보다 15cm가 짧은 것이었다면 관측거리의 정확한 값은?

① 299.85m   ② 299.98m
③ 300.15m   ④ 301.05m

해설

실제거리 = $\dfrac{부정거리}{표준거리} \times 관측거리$
$= \dfrac{30 - 0.015}{30} \times 300$
$= 299.85m$

95 트래버스 측량에서 폐합오차를 분배하는 컴퍼스 법칙과 트랜싯 법칙에 대한 설명으로 옳지 않은 것은?

① 컴퍼스 법칙은 거리의 정도와 각 관측의 정밀도가 거의 같을 경우에 사용된다.
② 컴퍼스 법칙은 각 측선의 길이에 비례하여 배분하는 방법이다.
③ 트랜싯 법칙은 위거와 경거의 크기에 비례하여 폐합오차를 배분하는 방법이다.
④ 트랜싯 법칙은 거리 측량의 정밀도가 각측량의 정밀도보다 좋을 경우에 이용된다.

해설

폐합오차의 조정

폐합오차를 합리적으로 배분하여 트래버스가 폐합하도록 하는데 오차의 배분방법은 다음 두 가지가 있다.
(1) 컴퍼스법칙
 각관측과 거리관측의 정밀도가 같을 때 조정하는 방법으로 각측선길이에 비례하여 폐합오차를 배분

Answer 92 ② 93 ③ 94 ① 95 ④

한다.
(2) 트랜싯법칙
각관측의 정밀도가 거리관측의 정밀도 보다 높을 때 조정하는 방법으로 위거, 경거의 크기에 비례하여 폐합오차를 배분한다.

96 레벨을 조정하기 위하여 그림과 같이 설치하여 BC=CD=50m, AB=10m일 때 B에서의 관측값이 b1=1262m, b2=1.726m, D에서의 관측값이 d1=1.745m, d2=2.245m일 때 조정량은?

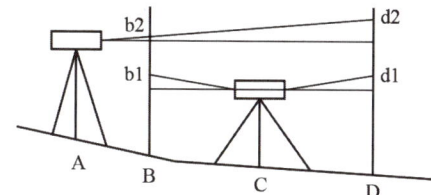

① 0.0001rad
② 0.0004rad
③ 0.0007rad
④ 0.0009rad

해설

조정량$(d) = \dfrac{D+e}{D}\left[(a_1-b_1)-(a_2-b_2)\right]$

$= \dfrac{100+10}{100}\left[(1.262-1.745)-(1.726-2.245)\right]$

$= 0.0396m$

시준오차$(e) = \dfrac{(a_1-b_1)-(a_2-b_2)}{d_1+d_2}$

$= \dfrac{(1.262-1.745)-(1.726-2.245)}{50+50}$

$= 0.00036 = 0.0004 rad$

$e < 0.00005 rad$이므로 이 레벨은 조정을 안해도 된다.
(보통 경동레벨의 경우 ±0.00005rad, 즉 10m당 0.5mm의 높이오차에 해당됨)

97 평균제곱근 오차에 대한 설명으로 틀린 것은?

① 잔차의 제곱을 산술평균한 값의 제곱근
② 독립관측값인 경우에는 분산의 제곱근
③ 표준편차와 같은 의미로 사용
④ 밀도함수 전체의 99.7% 범위

해설

평균제곱근오차(RMSE : 표준편차)
① 잔차의 제곱을 산술평균한 값의 제곱근을 말한다.
② 관측값들 상호간의 편차를 의미하는 표준편차와 같은 의미로 사용한다.
③ 밀도함수 68.26% 범위에서 잔차의 제곱을 산술평균한 값의 제곱근을 말한다.

98 수준측량에 사용되는 용어에 대한 설명으로 옳은 것은?

① 전시는 전후의 측량을 연결할 때 사용한다.
② 후시는 기지의 측점에 세운 표척의 읽음값이다.
③ 기계고는 지면에사부터 망원경 중심까지의 높이이다.
④ 수준면은 각 측점에서 지오이드면과 직교하는 모든 점을 잇는 곡면이다.

해설

표고(Elevation)	국가 수준기준면으로부터 그 점까지의 연직거리
전시(Fore sight)	표고를 알고자 하는 점(미지점)에 세운 표척의 읽음 값
후시(Back sight)	표고를 알고 있는 점(기지점)에 세운 표척의 읽음 값
기계고 (Instrument height)	기준면에서 망원경 시준선까지의 높이

Answer 96 ② 97 ④ 98 ②

99 조정이 복잡하고 포괄면적이 적으며 시간이 많이 요구되는 단점이 있으나 정확도가 가장 높은 삼각망은?

① 단열삼각망 ② 유심삼각망
③ 결합삼각망 ④ 사변형삼각망

해설

지적삼각점의 망구성

지적삼각점은 유심다각망(有心多角網)·삽입망(挿入網)·사각망(四角網)·삼각쇄(三角鎖) 또는 삼변(三邊) 이상의 망으로 구성하여야 한다.

| 사각망
(사변형
삼각망) | ① 사각형의 각 정점을 연결하여 구성한 삼각망이다.
② 조건식의 수가 가장 많아 정밀도가 가장 높다. |  |

100 그림과 같이 삼각형에서 A점과 B점의 좌표가 각각 (1,000m, 1,000m), (1,400m, 1,500m)이고 a = 1,500.00m, b = 1,200.00m일 때, 삼변측량을 위한 관측방정식으로 옳은 것은?

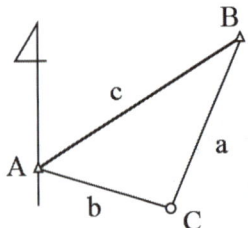

① $1,200+v_a = \sqrt{(1,500-x_c)^2+(1,400-y_c)^2}$,
   $1,500+v_a = \sqrt{(1,000-x_c)^2+(1,000-y_c)^2}$

② $1,200+v_a = \sqrt{(1,400-x_c)^2+(1,500-y_c)^2}$,
   $1,500+v_a = \sqrt{(1,000-x_c)^2+(1,000-y_c)^2}$

③ $1,500+v_a = \sqrt{(1,500-x_c)^2+(1,400-y_c)^2}$,
   $1,200+v_a = \sqrt{(1,000-x_c)^2+(1,000-y_c)^2}$

④ $1,500+v_a = \sqrt{(1,400-x_c)^2+(1,500-y_c)^2}$,
   $1,200+v_a = \sqrt{(1,000-x_c)^2+(1,000-y_c)^2}$

해설

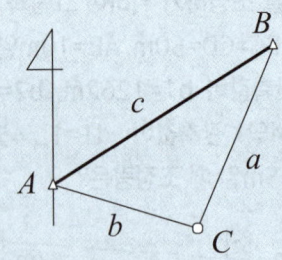

삼변측량을 하기위한 기본조건

$K_{ij} + V_{ij} = \sqrt{(x_j-x_i)^2+(y_j-y_i)^2}$

$1,500+V_a = \sqrt{(1,400-x_c)^2+(1,500-y_c)^2}$

$1,200+V_b = \sqrt{(1,000-x_c)^2+(1,000-y_c)^2}$

Answer 99 ④ 100 ④

측량 및 지형공간정보

제1과목 | 측지학 및 위성측위시스템

01 지오이드(geoid)에 대한 설명으로 틀린 것은?

① 지오이드는 중력장이론에 따라 물리적으로 정의한다.
② 지오이드는 장기간에 걸쳐 조금씩 변화한다.
③ 모든 지점에서 지구타원체의 수직선과 지오이드의 연직선은 일치한다.
④ 일반적으로 육지에서의 지오이드면은 지구타원체면보다 높다.

해설

2. 지오이드의 특징
  ① 지오이드면은 평균해수면과 일치하는 등포텐셜면으로 일종의 수면이다.
  ② 어느 점에서나 중력방향에 수직이다.
  ③ 지형의 영향 또는 지각밀도의 불균일로 인하여 타원체에 비하여 다소의 기복이 있는 불규칙한 면이다.
  ④ 고저측량은 지오이드면을 표고 0으로 하여 관측한다.
  ⑤ 높이가 0이므로 위치에너지도 0이다.
  ⑥ 타원체의 법선과 지오이드 연직선의 불일치로 연직선 편차가 생긴다.
  ⑦ 대륙에서는 지각의 인력 때문에 지구타원체보다 높고 해양에서는 낮다.

02 다음 중 표고를 결정하기 위해 수행하여야 하는 측량으로 짝지어진 것은?

① 다각측량, 중력측량
② 수준측량, 중력측량
③ 수준측량, 지자기측량
④ 다각측량, 지자기측량

해설

① 수준측량(水準測量) : 지표면상에 있는 점들의 고저차를 관측하는 것을 말한다. 고저(高低)측량, 레벨측량이라고도 한다. 수직 위치결정은 기준면에 대한 한 점의 높이(표고)결정 및 한 점에 대한 다른 점의 수직위치결정과 지표 아래의 지하 깊이측량, 수심측량, 공간상의 높이측량이 있다.
② 중력측량(重力測量) : 중력측량은 지구를 완전한 타원체로 가정한 이론적인 값과 실측한 값의 차이를 구함으로써 지구의 형태를 연구하는 측지학적 분야, 중력장 내에서 각 지역의 밀도변화에 의한 중력의 차이를 구함으로써 지하구조 및 자원탐사에 이용되는 지형, 지질학적 분야 및 지구의 평균 중력값의 정밀측량에 의한 태양계의 역학적 관계를 규명하는 천문학 분야에서 중요한 역할을 한다.

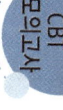

03 다음 중 지구의 공전으로 인하여 발생하는 현상이 아닌 것은?

① 계절의 변화
② 일조 시간의 변화
③ 태양 남중고도의 변화
④ 인공위성의 궤도가 서편하는 현상

Answer 01 ③ 02 ② 03 ④

해설
지구의 자전 및 공전의 증거 지구가 하루에 한 번씩 지축을 중심으로 회전하고 있으며 지구의 자전운동으로 밤과 낮이 생기고 천구의 일주운동이 생기게 되는 운동을 자전운동이라 한다. 지구가 태양을 중심으로 회전하는 운동을 지구의 공전이라 한다.

지구 자전의 증거	지구 공전의 증거
• 천구의 일주 운동 • 밤과 낮이 생긴다. • 운동하는 물체가 전향력이 생긴다 : 코리올리의 효과 • 자유낙체가 동편한다. • 조석이 하루에 두 번씩 일어난다. • 인공위성궤도가 서편한다. • 푸코진자의 회전	• 계절변화 • 일조시간의 변화 • 태양남중고도 변화 • 1항성일과 1태양일의 차이 • 항성의 연주시차 • 별빛의 광행차 • 별빛의 시선속도의 연주변화 • 식운성의 광행시간 효과 • 균시차(시태양시-평균태양시)

04 지자기측량에 대한 설명 중 옳지 않은 것은?

① 편각이란 지자기의 방향과 자오선이 이루는 각이다.
② 복각이란 지자기의 방향과 수평면이 이루는 각이다.
③ 수평분력이란 지자기의 수평면에 대한 성분이다.
④ 지자기의 극은 지구의 극과 완전히 일치한다.

해설
지자기 3요소 ① 편각 : 수평분력 H가 진북과 이루는 각. 지자기의 방향과 자오선이 이루는 각 ② 복각 : 전자장 F와 수평분력 H가 이루는 각. 지자기의 방향과 수평면이 이루는 각 ③ 수평분력 : 전자장 F의 수평성분. 수평면 내에서의 지자기장의 크기(지자기의 강도)를 말하며, 지자기의 강도는 전자력의 수평방향 성분을 수평분력, 연직방향의 성분을 연직분력이라 한다.

05 타원체에 대한 설명으로 옳지 않은 것은?

① 회전타원체는 한 타원체의 지축을 중심으로 회전하여 생긴 입체타원체이다.
② 지구타원체는 지오이드를 회전시켜 지구의 형으로 규정한 타원체이다.
③ 준거타원체는 어느 지역의 측지측량계의 기준이 되는 타원체이다.
④ 국제타원체는 전 세계적으로 측지측량계를 통일하기 위한 지구타원체이다.

해설
타원체의 종류 ① 회전타원체 : 한 타원의 주축을 중심으로 회전하여 생기는 입체타원체 ② 지구타원체 : 부피와 모양이 실제 지구와 가장 가까운 회전타원체 ③ 준거타원체 : 어느 측량지역의 대지측량계의 기준이 되는 지구타원체 ④ 국제타원체 : 국제측지학회 및 지구물리학연합총회에서 결정된 타원체. 1979년 IUGG 총회에서 국제적인 측량 및 측지작업에는 하나의 통일된 지구타원체값을 사용하기로 의결

06 우리나라의 지형도에서 사용하고 있는 평면좌표의 투영법은?

① 등각투영
② 등적투영
③ 등거투영
④ 복합투영

해설
가우스크뤼거도법[Gauss–Kruger's projection 또는 Transverse Mercator projection : TM(횡메르카토르도법)] 회전타원체에서 평면으로 횡축등각원통도법에 의하여 투영하는 방법으로서 오늘날 횡메르카토르 투영법(TM : Transverse Mercator projection)으로 불리고 있다. 1912년 크뤼거가 발표하였으나 이것은 가우스 등각도법의 확장으로서 가우스-크뤼거도법이라고 한다.

Answer 04 ④ 05 ② 06 ①

07 지상의 고정된 위치에서 중력측정을 할 때 측정결과를 보정할 사항이 아닌 것은?

① 고도 보정
② 지형 보정
③ 에트베스 보정
④ 아이소스타시 보정

해설
① 고도 보정 : 관측점 사이의 고도차가 중력에 미치는 영향을 제거하는 보정
  ㉠ 프리-에어 보정(free air correction) : 관측점 사이에 존재하는 물질의 인력을 고려하지 않고 고도차만을 고려하는 보정
  ㉡ 부게 보정(Bouger correction) : 관측점들의 고도차가 존재하는 물질의 인력이 중력에 미치는 영향을 보정하는 것
② 지형 보정 : 실제지형은 능선이나 계곡 등의 불규칙한 형태를 이루고 있으므로 이러한 지형영향을 고려한 보정
③ 에트베스 보정 : 지구에 대한 동체의 상대운동의 영향에 의한 중력 효과를 보정하는 것
④ 지각균형 보정(아이소스타시 보정) : 표준중력식은 지표면으로부터 같은 거리에 있는 지표면하의 밀도는 균일하다는 가정 아래 계산된 것이지만 지각균형설에 의하면 밀도는 일정하지 않기 때문에 이에 대한 보정이 필요하며 이것을 지작균형보정이라 한다.

08 지구타원체면상에서 위도가 적도에 가까워짐에 따른 중력의 변화에 대한 설명으로 옳은 것은?

① 일반적으로 증가한다.
② 일반적으로 감소한다.
③ 위도에 관계없이 일정하다.
④ 경도에 따라 증가하기도 하고 감소하기도 한다.

해설
지구타원체면상에서 위도가 적도에 가까워짐에 따른 중력의 변화는 일반적으로 감소한다.

09 GPS 코드 신호의 이중 차분(Double Differencing)을 이용하여 정지측위를 실시하는 경우 필요한 위성의 최소 개수는?

① 2개   ② 4개
③ 6개   ④ 8개

해설
② 이중위상차(Double Phase Difference)
  ㉠ 두 개의 위성과 두 대의 수신기를 이용하여 각각의 위성에 대한 수신기 간 1중차끼리의 차이값
  ㉡ 두 개의 위성에 대하여 두 대의 수신기로 관측함으로써 같은 양으로 존재하는 수신기의 시계오차를 소거한 상태
  ㉢ 일반적으로 최소 4개의 위성을 관측하여 3회의 이중차를 측정하여 기선해석을 하는 것이 통례임

10 항공측량부분의 GNSS 응용에서 GNSS의 단점을 보완할 수 있는 장치로서 촬영비행기의 위치를 구하는 데 많이 활용되고 있는 것은?

① 레이저스캐너(LIDAR)
② 관성항법장치(INS)
③ HRV 센서
④ MSS 센서

해설
1) 관성항법장치(INS)
INS란 무기체계의 각가속도(角加速度)·가속도를 측정, 시간에 대한 연속적인 적분을 수행해 무기체계의 위치와 속도, 진행방향을 계산하는 장치로서 GPS와 달리 필요한 정보를 외부의 도움 없이 본체 내에 설치된 센서들을 통해 얻는다.
INS는 자이로스코프·가속도계·컴퓨터 장치들로 구성돼 있으며 자이로스코프와 가속도계는 3차원 공간정보 계산을 위해 기본적으로 3개씩 내장되고 있다.

Answer 07 ③ 08 ② 09 ② 10 ②

11 DGPS에 대한 설명으로 옳지 않은 것은?

① DGPS에서는 2개의 수신기에 관측된 자료를 사용한다.
② DGPS 측량은 실시간 위치결정이 불가능하다.
③ 기선의 길이가 길수록 DGPS의 정확도는 낮다.
④ 일반적으로 DGPS가 단독측위보다 정확하다.

해설

DGPS (Differential GPS)
답) DGPS는 상대측위 방식의 GPS 측량기법으로서 이미 알고 있는 기지점 좌표를 이용하여 오차 최대한 줄여서 이용하기 위한 위치결정방식으로 기지점에 기준국용 GPS 수신기를 설치하며 위성을 관측하여 각 위성의 의사거리 보정값을 구한 뒤 이를 이용하여 이동국용 GPS 수신기의 위치결정오차를 개선하는 위치결정형태.
1. GPS의 원리
　1) 기지국 GPS (Reference station)
　　기지점에 설치하는 GPS로서 기지점의 위치 데이터, 인공위성에 의해 측정된 위치 데이터와의 차이값을 계산, 위치보정데이터를 생성하여 이동국 GPS로 송신.
　2) 이동국 GPS (Mobile Station)
　　기지국으로부터 송신된 위치보정데이터, 인공위성에 의해 측정된 위치데이터를 합성 현 지점이 정확한 위치 표시.

12 양극(남극, 북극)의 좌표를 표시하기 위해 고안된 독립된 좌표계는?

① 극좌표
② UTM좌표
③ 3차원 직각좌표
④ UPS좌표

해설

UPS 좌표(Universal Polar Stereographic Coordinate)
위도 80° 이상의 양극지역 좌표를 표시하는 데 이용한다. UPS 좌표는 국제극심입체투영법에 의한 것이며 UTM 좌표의 상사투영법과 같은 특성을 지닌다.

13 다중경로(멀티패스)오차를 줄일 수 있는 방법으로 적합하지 않은 것은?

① 높은 고도로부터의 위성의 신호를 수신한다.
② 안테나로 들어오는 위성신호의 앙각(mask angle)을 낮춘다.
③ 안테나의 설치환경(위치)을 잘 선택한다.
④ Choke ring 안테나와 같이 ground plane이 장착된 안테나를 사용한다.

해설

다중경로(멀티패스)오차를 줄일 수 있는 방법

안테나에 의한 방법	① 쵸크링(choke ring)안테나를 이용하여 신호의 방사를 방지하거나, 특수한 안테나의 설계 및 배치가 효과적인 방법이다. ② 다중경로의 영향은 디지털 필터, 광밴드(wide-band)안테나, 전파흡수소재를 사용한 안테나, 그라운드 플레인(ground plane), 최신의 쵸크링 안테나 등을 사용하여 감소시킬 수 있다.
수신기 기술의 개선에 의한 방법	상관기의 폭을 좁히거나, 다중경로추정을 위해 지연 감지회로를 확장하거나, 스트로브 상관기술(strove correlator)을 적용한 다중경로의 제거 등을 고려할 수 있다.
신호 및 자료처리에 의한 방법	신호 및 자료처리에 의한 방법에 의하여 감소 시킬 수 있다. 가장 효과적인 방법은 다중경로가 발생할 요인을 가진 장소를 피해서 안테나를 설치하는 것이다.

14 중력측정에 대한 설명으로 옳은 것은?

① 측정중력을 평균 해수면에서의 중력값으로 보정해야 한다.
② 측정중력을 위도에 따른 표면장력으로 환산하여야 한다.
③ 측정중력을 보정할 필요 없이 그대로 사용한다.
④ 중력측정 시 관측시간을 기록할 필요는 없다.

Answer 11 ② 12 ④ 13 ② 14 ①

해설

重力測量(gravity survey)

지구의 표면이나 주위에서 측량을 하는 경우 그 기기들은 여러 가지 물리적인 힘의 영향을 받는다. 지구의 표면에서 존재하는 것으로 가장 쉽게 느낄 수 있는 힘이 중력이며 지구상의 모든 물체는 중력에 의해 지구의 중심 방향으로 끌리고 있다. 즉 표고를 알고 있는 지점(수준점)에서 중력에 의한 변화현상(길이 또는 시간)을 측정하는 것이다. 지구상에서 높이를 결정하는 기준은 지오이드로서 높이가 같은 점이 결국 등v[텐셜이 되고 이것을 수준면이라 한다. 이 수준면을 확장하면 지구의 형을 구할수 있다. 지구의 형상에 가장 가까운 등포텐셜면이 지오이드이다. 등퍼텐셜면(equipontential surface)은 중력퍼텐셜이 일정한 값을 갖는 면을 말한다.

15 위성 측량에서 위성의 케플러 궤도요소의 개수는?

① 3개　　② 4개
③ 5개　　④ 6개

해설

위성의 궤도요소

행성과 위성 등의 궤도를 표현하기 위한 수치의 조합을 궤도요소(orbital element)라한다. 여러 가지 궤도요소가 있을 수 있으나 지구위성의 경우 독립궤도요소의 수는 6이다. 대표적인 것으로 케플러의 6요소가 있다. 지구를 돌고 있는 인공위성을 예로 생각하면 인공위성은 지구 외에 달과 태양의 인력을 받으면서 운동하고 있다. 그러나 일반적으로 달과 태양의 영향은 매우 작아서 이것을 무시하면 인공위성은 지구를 포함한 평면상을 일정한 규칙에 따라 운동한다. 이 평면을 軌道面이라 한다. 반면 천구상에서 천체의 위치를 나타내기 위한 좌표계에 赤道座標系(equatorial coordinate system)가 있다. 적도좌표계에서는 천체의 위치를 赤經(right ascension)과 赤緯(declination)로 표시한다.

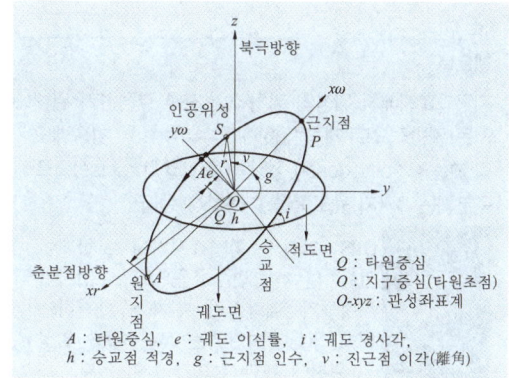

A : 타원중심,　e : 궤도 이심률,　i : 궤도 경사각,
h : 승교점 적경,　g : 근지점 인수,　v : 진근점 이각(離角)

16 신속정지측위(rapid static positioning)에 대한 설명으로 옳은 것은?

① 신속하게 이동하며 측위하는 기법을 말한다.
② 수신기를 자동차에 탑재하여 이동하며 측위하는 것을 말한다.
③ 정적 상대측위 기법의 일종이다.
④ 일반적으로 단독측위 기법을 기반으로 한다.

해설

Rapid Static Positioning (신속정지 위치 결정방식)

정지위치결정방식과 거의 동일하지만 정지측량의 개선된 방법으로 정지측량이 1시간 이상의 관측시간이 필요한 반면 10km 이내의 거리에서 5분 15분 정도의 관측시간으로 1ppm의 정밀도를 구할수 있는 측량방법이다. 5개 이상의 위성의 위상관측량을 이용하여 결정하는 방법이며, 코드정보를 이용하면 시간을 단축할 수 있다.
신속정지측위(rapid static positioning)방법도 정적 상대측위 기법의 일종이다.

17 지구좌표계에서 위성의 위치와 속도를 결정하기 위해 일반적으로 이용하는 궤도력이 아닌 것은?

① 천체력(또는 개략력)　② 정밀력
③ 율리우스력　　　　　④ 방송궤도력

Answer 15 ④　16 ③　17 ③

> **해설**
>
> **궤도력**
>
> 지구좌표계에서 위성의 위치와 속도를 결정하기 위해서는 일반적으로 개략력(槪略曆 : almanac), 방송궤도력(放送曆 : broadcast), 정밀력(精密曆 : precise)으로 구분되는 3가지 궤도력을 이용하게 된다.
>
> | | |
> |---|---|
> | 개략력
(槪略曆
:Almanac) | GPS 위성의 항법메시지에 포함되어 있는 일련의 변수묶음으로, 수신기가 위성들의 대략적인 위치를 계산하는 데에 쓰인다. 여기에는 모든 GPS 위성의 위치에 대한 정보가 들어 있다. |
> | 방송궤도력
(放送曆 :
broadcast) | 시간에 따른 천체의 궤적을 기록한 것으로, 각각의 GPS 위성으로부터 송신되는 항법메시지에는 앞으로의 궤도에 대한 예측값이 들어 있다. 형식은 매 30초마다 기록되어 있으며 16개의 Keplerian element로 구성되어 있다. |
> | 정밀력
(精密曆 :
precise) | 정밀력은 일정한 간격의 시점 마다의 위성의 위치와 속도로 구성되어 있다. 일반적인 시간간격은 15분이며, 미국의 국립측지국(National Imagery and Mapping Agency :NGS)에 의해 제안된 자료형식(data format)이 널리 사용되고 있다 |

18 자기 폭풍의 주요 원인으로 옳은 것은?

① 달의 공전
② 태양면의 폭발
③ 해양 지각 변동
④ 지구 내부 물질의 분포

> **해설**
>
> **지자기의 변화**
>
> 地磁氣의 變化는 하루를 주기로 하는 日變化와 수십 년 내지 수백년에 걸친 永年變化 및 갑작스럽고도 큰 변화인 磁氣風으로 나눌 수 있다.
>
> | | |
> |---|---|
> | 日變化 | 주로 태양에 의한 자외선, X선, 전자 등의 플라스마(Plasma)로 인하여 지구 상층부의 대기권이 이온화되고, 전류가 생성되어 전자장이 유도됨으로서 생기는 변화로서, 24시간 주기로 변화한다. |
> | 永年變化 | 일변화에 비해 변화량이 크며, 수십 년 내지 수백 년에 걸쳐 변화한다. 영년변화의 원인은 맨틀이나 외핵의 운동에 의한 지구 내부의 지자기장 변화에 있는 것으로 생각된다. |
> | 磁氣風
(자기폭풍) | 주로 태양의 흑점의 변화에 의하여 발생하며 주기가 약 27일이다. 자기풍은 극지방에서 발생하는 경우가 많으며 적도지방에서 보다 강도가 크다. 즉 위도가 높아짐에 따라 지자력의 강도가 크다 |

19 지구의 적도 반지름 $a = 6,375$km, 극 반지름 $b = 6,350$km라고 할 때 지구의 편평률은?

① $\dfrac{1}{310}$ ② $\dfrac{1}{290}$
③ $\dfrac{1}{280}$ ④ $\dfrac{1}{255}$

> **해설**
>
> $$\text{편평률} = \frac{a-b}{a}$$
> $$= \frac{6375-6350}{6375} = \frac{1}{255}$$

20 UTM 좌표계에 대한 설명으로 옳은 것은?

① 각 구역은 서쪽방향으로 10°간격으로 1부터 번호를 붙인다.
② 지구 전체를 경도 6°씩 60구역으로 나눈다.
③ 위도는 6° 간격으로 남북으로 20등분하여 나눈다.
④ 위도 80° 이상의 양극지역의 좌표를 표시하기 위한 좌표계이다.

> **해설**
>
> **UTM 좌표(Universal Transverse Mercator Coordinate)**
> UTM 좌표는 국제횡메르카토르 투영법에 의하여 표현되는 좌표계이다. 적도를 횡축, 자오선을 종축으로 한다. 투영방식, 좌표변환식은 TM과 동일하나 원점에서

Answer 18 ② 19 ④ 20 ②

축척계수를 0.9996으로 하여 적용범위를 넓혔다.
① 지구 전체를 경도 6°씩 60개 구역으로 나누고, 각 종대의 중앙자오선과 적도의 교점을 원점으로 하여 원통도법인 횡메르카토르 투영법으로 등각투영한다.
② 각 종대는 180°W 자오선에서 동쪽으로 6° 간격으로 1~60까지 번호를 붙인다.
③ 중앙자오선에서의 축척계수는 0.9996m이다(축척계수 : $\frac{평면거리}{구면거리} = \frac{s}{S} = 0.9996$).
④ 종대에서 위도는 남북 80°까지만 포함시킨다.
⑤ 횡대는 8°씩 20개 구역으로 나누어 C(80°S~72°S)~X(72°N~80°N)까지(단, I, O는제외) 20개의 알파벳 문자로 표현한다.
⑥ 결국 종대 및 횡대는 경도 6°×위도 8°의 구형구역으로 구분된다.
⑦ 우리나라는 51~52종대와 S~T횡대에 속한다.

51 : 120° ~ 126° E (중앙자오선 123° E)	S : 32° ~ 40° N
52 : 126° ~ 132° E (중앙자오선 129° E)	T : 40° ~ 48° N

제2과목 | 응용측량

21 토털 스테이션(total station)을 이용한 단곡선 설치에 있어서 가장 널리 사용되는 편리한 방법은?

① 좌표법
② 중앙종거법
③ 지거설치법
④ 종거에 의한 설치법

[해설]
토털 스테이션(total station)을 이용한 단곡선 설치에 있어서 가장 널리 사용되는 편리한 방법은 좌표법이다.

22 사다리꼴 토지의 밑변 AD에 평행한 직선 PP′에 의해 면적을 2등분(m : n = 1 : 1) 하고자 할 때 PP′의 거리는?

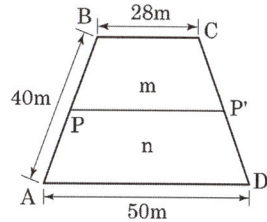

① 37.0m
② 38.7m
③ 40.5m
④ 42.5m

[해설]
$$PP' = \sqrt{\frac{m(AD)^2 + n(BC)^2}{m+n}}$$
$$= \sqrt{\frac{1\times(50)^2 + 1(28)^2}{1+1}} = 40.5m$$

23 터널 내에서 차량 등에 의하여 파손되지 않도록 콘크리트 등을 이용하여 만든 중심말뚝을 무엇이라 하는가?

① 도갱(導坑)
② 레벨(level)
③ 자이로(gyro)
④ 도벨(dowel)

[해설]
도벨(dowel)
① 갱내에서의 중심말뚝은 차량 등에 의하여 파괴되지 않도록 견고하게 만들어야 한다.
② 통 도벨이라 하는 기준점을 설치한다.
③ 도벨은 노반을 사방 30cm, 깊이 30~40cm 정도 파내어 그 안에 콘크리트를 넣어 목괴를 묻어서 만든다.

Answer 21 ① 22 ③ 23 ④

24 다각측량에 의하여 결정한 터널입구의 좌표값이 다음과 같다. 터널의 중심선 AB의 방향각 α 및 수평거리 l은? [터널입구 A : (597.48m, 4398.95m), 터널입구 B : (679.24m, 6327.53m)]

① $\alpha=87°34'21''$, $l=1930$m
② $\alpha=87°34'21''$, $l=1832$m
③ $\alpha=85°32'23''$, $l=1930$m
④ $\alpha=85°32'23''$, $l=1832$m

해설

$$\overline{AB}= \sqrt{\Delta x^2 + \Delta y^2}$$
$$= \sqrt{(679.24-597.48)^2 + (6327.53-4398.95)^2}$$
$$= \sqrt{81.76^2 + 1928.58^2} = 1,930.3\text{m}$$
$$\theta = \tan^{-1}\frac{\Delta y}{\Delta x} = \tan^{-1}\frac{1928.58}{81.76}$$
$$= 87°34'20.87'' (1상환)$$
$$V_a^b = 87°34'21''$$

25 터널측량에 관한 설명으로 옳지 않은 것은?

① 터널측량을 크게 나누어 터널 외 측량, 터널 내 측량, 터널 내·외 연결측량으로 구분한다.
② 터널 내에서 중심말뚝을 콘크리트 등을 이용하여 견고하게 만든 것을 자이로(gyro)라고 한다.
③ 터널 내 측량의 측점은 보통 천장에 설치한다.
④ 터널 내의 측량에는 기계의 십자선과 표척 등에 조명이 필요하다.

해설

도벨(dowel) 설치
① 갱내에서의 중심말뚝은 차량 등에 의하여 파괴되지 않도록 견고하게 만들어야 한다.
② 보통 도벨이라 하는 기준점을 설치한다.
③ 도벨은 노반을 사방 30cm, 깊이 30~40cm 정도 파내어 그 안에 콘크리트를 넣어 목괴를 묻어서 만든다.

26 클로소이드(clothoid) 곡선에 대한 설명으로 옳지 않은 것은?

① 완화곡선의 일종이다.
② 곡률이 곡선의 길이에 비례한다.
③ 고속도로의 완화곡선에 적합하다.
④ 철도의 종단곡선 설치에 가장 효과적이다.

해설

완화곡선의 종류
① 클로소이드 : 고속도로에 많이 사용된다.
② 렘니스케이트 : 시가지 철도에 많이 사용된다.
③ 3차 포물선 : 철도에 많이 사용된다.
④ sine 체감곡선 : 고속철도에 사용된다.

27 철도의 곡선부에서 뒷바퀴가 앞바퀴보다 안쪽을 지나게 되므로 직선부보다 넓은 폭이 필요하게 되는데 이 넓히는 양을 무엇이라고 하는가?

① 캔트(cant)
② 슬랙(slack)
③ 전도
④ 횡거

해설

① 캔트(cant) : 곡선부를 통과하는 차량이 원심력이 발생하여 접선 방향으로 탈선하려는 것을 방지하기 위해 바깥쪽 노면을 안쪽 노면보다 높이는 정도를 말하며 편경사라고 한다.
$$C = \frac{SV^2}{Rg}$$
② 슬랙(slack) : 차량과 레일이 꼭 끼어서 서로 힘을 입게 되면 때로는 탈선의 위험도 생긴다. 이러한 위험을 막기 위해서 레일 안쪽을 움직여 곡선부에서는 궤간을 넓힐 필요가 있다. 이 넓인 치수를 말한다. 확폭이라고도 한다.
$$\varepsilon = \frac{L^2}{2R}$$

Answer 24 ① 25 ② 26 ④ 27 ②

28 어떤 지점에서 조석관측을 수행하였을 경우 연이은 두 고조 또는 두 저조의 높이가 다르게 나타나게 되는데 이런 현상을 무엇이라고 하는가?

① 일조부등 ② 평균고조간격
③ 평균저조간격 ④ 반일주조

해설
일조부등(diurnal inequility)
일조부등이란 1일 2회 조석(tide)에서 잇따르는 2개의 고조 및 2개의 저조의 조위가 다른 것을 말한다. 2개의 고조 중 조위가 높은 것을 고고조(higher high water, HHW), 낮은 것을 저고조(lower high water, LHW)라 하며 2개의 저조 중 조위가 높은 것을 고저조(higher low water, HLW), 낮은 것을 저저조(lower low water, LLW)라 한다.

29 그림과 같은 토지분할에서 면적비 n : m = 1 : 1이 되기 위한 AD의 길이는? (단, a = 27.2m, AB = 52m, AC = 46m)

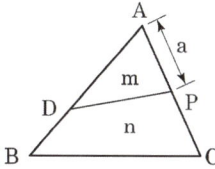

① 40.24m ② 42.35m
③ 43.97m ④ 46.72m

해설
$\triangle ABC : \triangle ADP = (m+n) : m$ 으로 분할
$\dfrac{\triangle ADP}{\triangle ABC} = \dfrac{m}{m+n} = \dfrac{AP \times AD}{AB \times AC}$
$\therefore AD = \dfrac{AB \times AC}{AP} \cdot \dfrac{m}{m+n}$
$= \dfrac{52 \times 46}{27.2} \times \dfrac{1}{1+1} = 43.97m$

30 하천측량에서 수준측량작업과 거리가 먼 것은?

① 거리표설치
② 종단 및 횡단측량
③ 심천측량
④ 유속측량

해설
하천측량(河川測量)에서의 고저측량(高低測量)은 거리표(距離標)설치, 종횡단측량(縱橫斷測量), 심천측량(深淺測量)을 총칭하여 말한다.

31 경관평가를 규정하는 기본적인 요소에서 시점과 주시대상물의 위치계수를 결정하는 수평경관각 $10° < \theta_H \leq 30°$의 범위에 대한 설명으로 옳은 것은?

① 구조물 자신의 시야의 대부분을 점유하게 되고, 구조물에 의한 압박감을 느끼게 된다.
② 구조물이 시계 중에 점유된 비율이 크게 되고, 구조물이 강조된 경관으로 얻어진다.
③ 구조물의 전체상을 인식할 수 있고, 경관의 주체로 적당하다.
④ 구조물은 도시환경과 일체가 되어 경관의 주체로서 대상이 되지 않는다.

해설
경관 평가요인의 정량화
(1) 관점과 주시대상물의 위치 관계에 기인하는 요인
① 수평시각(θ H)에 의한 방법
 • $0° \leq \theta H \geq 10°$: 주위환경과 일체가 되고 경관의 주체로서 대상에서 벗어난다.
 • $10° < \theta H \leq 30°$: 시설물의 전체 형상 인식할 수 있고 경관의 주제로서 적당하다.
 • $30° < \theta H \leq 60°$: 시설물의 視界 중에 차지하는 비율은 크고 강조된 경관을 얻는다.
 • $60° < \theta H$: 시설물 자체가 시야의 대부분을 차지하게 되고 시설물에 대한 압박감을 느끼게 시작한다.

Answer 28 ① 29 ③ 30 ④ 31 ③

32 그림과 같은 구릉지에서 5m 간격의 등고선으로 둘러싸인 부분의 단면적이 $A_1 = 3800m^2$, $A_2 = 1900m^2$, $A_3 = 1800m^2$, $A_4 = 850m^2$, $A_5 = 350m^2$이라 할 때 각주공식에 의한 구릉지의 토량은?

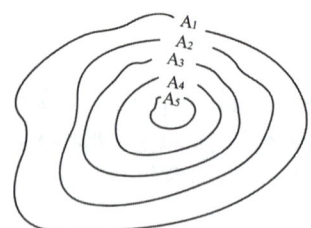

① 11,400m³ ② 22,500m³
③ 31,250m³ ④ 33,800m³

해설

$$V = \frac{h}{3}\{A_0 + A_n + 4\sum A_{홀수} + 2\sum A_{나머지짝수}\}$$
$$= \frac{5}{3}\{3,800 + 350 + 4 \times (1900 + 850) + 2 \times (1,800)\}$$
$$= 31,250 m^3$$

33 하천의 양수표 설치장소로 적당하지 않은 곳은?

① 하상과 하안이 안전하고 세굴과 퇴적이 생기지 않는 곳
② 상하류 약 100m 정도가 직선인 곳
③ 지천과 합류하는 곳
④ 수위가 교각 및 그 밖의 구조물로 인하여 영향을 받지 않는 곳

해설

수위 관측소 및 (水位觀測所) 양수표(量水標: water guage) 설치 장소
① 하안(河岸)과 하상(河床)이 안전하고 세굴이나 퇴적이 되지 않은 장소
② 상하류의 길이 약 100m 정도의 직선 일 것
③ 유속의 변화가 크지 않아야 한다.
④ 수위가 교각이나 기타 구조물에 영향을 받지 않은 장소
⑤ 홍수 때는 관측소의 유실,이동 및 파손될 염려가 없는 장소
⑥ 평시는 홍수때보다 수위표가 쉽게 읽을수 있는 장소
⑦ 지천의 합류점 및 분류점으로 수위의 변화가 생기지 않은 장소
⑧ 양수표의 영점위치는 최저수위 밑에 있고, 양수표 눈금의 최고위는 최고홍수위보다 높아야 한다.
⑨ 양수표는 평균해수면의 표고를 측정해 둔다.
⑩ 어떠한 갈수시에도 양수표가 노출되지 않는 장소
⑪ 수위가 급변하지 않는 장소
⑫ 양수표는 하천에 연하여 5~10km 마다 배치한다.

34 하천측량 시 평면측량에서 유제부(뚝이 있는 제방)의 측량 범위로 옳은 것은?

① 홍수가 영향을 주는 구역보다 약간 넓게 측량한다.
② 제외지의 전부와 제내지의 300m 이내까지 측량한다.
③ 홍수 시에 물이 흐르는 맨 옆에서 약 100m까지 측량한다.
④ 하구에서부터 상류의 홍수피해가 미치는 지점까지 측량한다.

해설

평면측량 범위

유제부	제외지 범위 전부와 제내지의 300m이내.
무제부	홍수가 영향을 주는 구역보다 약간 넓게 측량한다. (홍수시에 물이 흐르는 맨 옆에서 100m까지)
홍수방지공사가 목적인 하천공사	하구에서부터 상류의 홍수피해가 미치는 지점까지.
사방공사	수원지까지
선박운행을 위한 하천 계수가 목적일 때	하류는 하구까지

Answer 32 ③ 33 ③ 34 ②

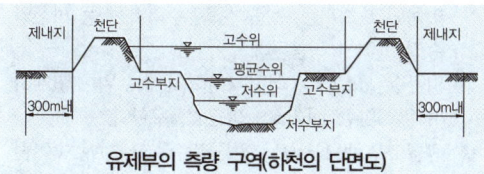
유제부의 측량 구역(하천의 단면도)

35 하천의 유속측정에서 수면으로부터 0.2h, 0.6h, 0.8h 깊이의 유속(m/s)이 각각 0.562, 0.497, 0.364 이었다. 계산된 평균유속이 0.463m/s 이었다면 계산방법은? (단, h : 하천의 수심)

① 1점법　　② 2점법
③ 3점법　　④ 4점법

해설
1) 1점법(Vm) :
   수면으로부터 수심 $0.6H$
2) 2점법(Vm) :
   $\dfrac{V_{0.2}+V_{0.8}}{2} = \dfrac{0.562+0.364}{2} = 0.463\,\text{m/sec}$
3) 3점법(Vm) :
   $\dfrac{V_{0.2}+2V_{0.6}+V_{0.8}}{4}$
4) 4점법(Vm) :
   $\dfrac{1}{5}\left\{V_{0.2}+V_{0.4}+V_{0.6}+V_{0.8}+\dfrac{1}{2}\left(V_{0.2}+\dfrac{1}{2}V_{0.8}\right)\right\}$

36 터널 입구를 연결하는 다각측량을 실시하여 A(50m, 80m), B(−100m, −200m)를 얻었다. AB측선의 방위각은?

① 40°25′12″　　② 61°49′17″
③ 170°20′08″　　④ 241°49′17″

해설
$\theta = \tan^{-1}\dfrac{\Delta y}{\Delta x}$
$= \tan^{-1}\dfrac{-200-80}{-100-50} = 61°49′17″\,(3상한)$
$V_a^b = 180° + 61°49′17″ = 241°49′17″$

37 그림은 사각형 격자의 교점에서 절토고이다. 절토량은 얼마인가? (단, 구역의 크기는 가로 20m, 세로 10m로 동일하다.)

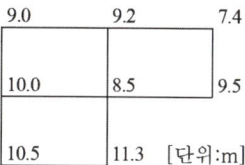

① 1,357m³　　② 2,424m³
③ 5,580m³　　④ 6,530m³

해설
$V = \dfrac{A}{4}(\sum h_1 + 2\sum h_2 + 3\sum h_3 + 4\sum h_4)$
$= \dfrac{10\times 20}{4}\{(9.0+7.4+9.5+11.3+10.5)+(2\times(9.2+10.0))+(3\times 8.5)\}$
$= \dfrac{10\times 20}{4}(47.7+2\times 19.2+3\times 8.5)$
$= 5,580\,\text{m}^2$

38 그림과 같이 수직 터널로에서 고저측량을 행하는 경우 지하 B점의 표고는? (단, 지상 A점의 표고는 72.38m이다.)

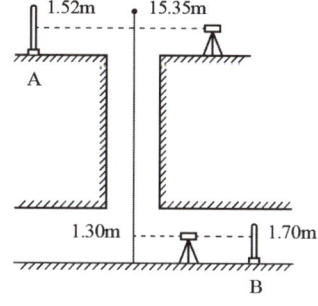

① 57.73m　　② 58.15m
③ 58.95m　　④ 61.53m

해설
$H_B = 72.38 + 1.52 - 15.35 + 1.30 - 1.70 = 58.15\,m$
여기서, 승하면(↑) "+" 값 강하면(↓) "−" 값을 갖는다.

Answer　35 ②　36 ④　37 ③　38 ②

39 지하시설물 측량에 관한 설명으로 옳지 않은 것은?

① 지표면상에 노출된 지하시설물은 측량하지 않는다.
② 지하시설물의 위치, 깊이, 서로 떨어진 거리 등을 측량한다.
③ 지하시설물에 대한 탐사간격은 20m 이하로 한다.
④ 지하시설물이란 상하수도, 가스, 통신 등을 위해 지하에 매설된 시설물을 의미한다.

해설

지하 시설물 측량
지하에 설치, 매설된 시설물을 효율적이고 체계적으로 유지, 관리하기 위하여 지하시설물에 대한 조사, 탐사 및 위치측량과 이에 따르는 도면제작 및 데이터베이스 구축까지 하는 측량은 지하시설물 측량이다.

지하시설물 탐사작업의 순서
① 작업계획수립
② 자료의 수집 및 편집
③ 지표면상에 노출된 지하시설물의 조사
④ 관로조사 등 지하시설물에 대한 탐사
⑤ 지하시설물 원도의 작성
⑥ 작업조서의 작성

40 어떤 기간 동안의 수위 중 이것보다 높은 수위와 낮은 수위의 관측횟수가 같은 수위를 나타내는 것은?

① 평수위   ② 평균수위
③ 평균고수위   ④ 평균저수위

해설

① 최고수위(H.W.L) 및 최저수위(L.W.L) : 어떤 기간에 있어서 최고·최저의 수위로 연단위나 월단위의 최고·최저로 구분한다.
② 평균최고수위(N.H.W.L) 및 평균최저수위(N.L.W.L) : 연과 월에 있어서의 최고·최저의 평균을 나타낸다. 최고는 제방, 교량 배수 등의 치수 목적 등에 이용되고 최저는 수운, 선항, 수력발전 등 하천의 수리 목적에 이용된다.
③ 평균수위(M.W.L) : 어떤 기간의 관측수위를 합계하여 관측횟수로 나누어 평균치를 구한다.
④ 평균고수위(M.H.W.L), 평균저수위(M.L.W.L) : 어떤 기간에 있어서의 평균수위 이상, 평균수위 이하의 수위를 평균한 것
⑤ 평수위(O.W.L) : 어느 기간의 수위 중 이것보다 높은 수위와 낮은 수위의 관측횟수가 똑같은 수위로 일반적으로 평수위보다 약간 낮은 수위(1년을 통하여 185일은 이것보다 내려가지 않는 수위)

제3과목 | 사진측량 및 원격탐사

41 위성영상의 영상분류(image classification)에 대한 설명으로 옳은 것은?

① 위성영상의 질(quality)을 표준화하여 등급을 정하는 것이다.
② 영상향상(image enhancement)을 위한 전처리 과정에 적용된다.
③ 다양한 위성영상들을 좌표계에 맞추어 구역별로 나누는 것이다.
④ 무감독분류에서는 사전학습자료(training data)를 이용하지 않는다.

해설

1. 분류(classification) 방법
   ① 감독분류(監督分類, Supervised classi-fication) : 서로 대응하는 대상물(클래스)의 화상 가운데 명확한 화상영역으로부터 자료(traning date)를 추출하여 모집단의 특징(통계량)을 추정하고 있다. 이러한 분류방법을 유감독분류라 한다. 지상검정자료(Ground Truth Data)를 샘플로 이용하여 분류하는 방법이다. 대표적인 것에는 최대확률(우도)법이 있다.

Answer 39 ① 40 ① 41 ④

② 무감독분류(無監督分類, Unsupervised classification) : 화상에 포함되는 대상물이 별로 분명하지 않을 때는 무작위 추출된 화소자료를 클러스터링(clustering) 등의 방법으로 비교적 균질하다고 생각될 수 있는 그룹으로 분할하고 각각을 분류클래스로 한다. 이것을 트레이닝 자료로 하여 클래스 모집단의 특징을 추정한다. 이것을 무감독추정이라 하고 이것을 이용한 방법을 무감독분류라 한다. 영상의 스펙트럼 특징만을 이용하고 현지조사자료를 사용하지 않고 분류하는 방법이다. 대표적인 것에는 클러스터(cluster) 분석이 있다.

42 인공위성을 이용한 원격탐사의 특징으로 틀린 것은?

① 다중파장대에 의한 지구표면의 정보획득이 용이하다.
② 회전주기가 일정하므로 원하는 지점 및 시기에 관측하기 쉽다.
③ 짧은 시간 내에 넓은 지역을 동시에 관측할 수 있으며, 반복 관측이 가능하다.
④ 관측이 좁은 시야각으로 행하여지므로 얻어진 영상은 정사투영에 가깝다.

해설

1. 원격탐측의 특징
   ① 짧은 시간에 넓은 지역을 동시에 측정할 수 있으며 반복측정이 가능하다.
   ② 다중파장대에 의한 지구표면 정보획득이 용이하며 측정자료가 기록되어 판독이 자동적이고 정량화가 가능하다.
   ③ 회전주기가 일정하므로 원하는 지점 및 시기에 관측하기가 어렵다.
   ④ 관측이 좁은 시야각으로 얻어진 영상은 정사투영에 가깝다.
   ⑤ 탐사된 자료가 즉시 이용될 수 있으므로 재해, 환경문제 해결에 편리하다.

43 다음 중 상업용 위성으로 1m의 공간해상도를 갖는 위성은?

① KOMPSAT-1 ② IKONOS
③ SPOT-5   ④ LANDSAT

해설

각종 인공위성영상의 공간해상도

SPOT 1호 (프랑스)	전정색 : 10m
	다중분광 : 20m
SPOT 2, 3호 HRV(프랑스)	전정색 : 10m
	다중분광 : 20m
SPOT 5호 (프랑스)	스펙트럼 밴드 : 10×10m
	SWIR 밴드 : 20×10m
	전정색 : 2.5×2.5m
LANDSAT 1, 2호(미국)	MSS : 80m
	TM : 30m
LANDSAT 7호(미국)	MSS : 80m
	열적외선 밴드 : 60×60m
QUICKBIRD-2 (미국)	다중분광 : 0.61m
IKONOS(미국)	다중분광 : 1m
IRS-1C(인도)	전정색 : 5m
KOMPSAT-2 (아리랑 : 한국)	전정색 : 1m
	다중분광 : 4m

44 인공위성에서 촬영된 다중분광센서(MSS) 영상의 활용으로 가장 적합한 것은?

① 입체 시각화에 의한 지형분석
② 영상분류에 의한 토지이용 분석
③ 대축척 수치지도 제작
④ 야간이나 악천후 중 재해 모니터링

해설

다중분광센서(MSS : Multi Spectral Scanner)
MSS(다중파장대 주사기)는 지표로부터 방사되는 전자기파를 렌즈와 반사경으로 집광하여 필터를 통해 분광한 다음 파장대별로 구분하여 각각의 영상을 테이프에 기록하는 장치이다.

Answer 42 ② 43 ② 44 ②

MSS 영상은 토지이용분석, 지상자원분석, 수자원분석, 환경감시, 지상자원분석, 해양학, 지형학 등에 응용되고 있다.

45 SAR(Synthetic Aperture Radar)에 대한 설명으로 틀린 것은?

① 야간에도 데이터 획득이 가능하다.
② 측면방향으로 데이터를 획득할 수 있다.
③ DEM 생성이 가능하다.
④ 수동적 광학센서를 사용한다.

[해설]
1. 고해상도 영상레이더(Synthetic Aperture Radar, SAR)
   레이더 원리를 이용한 능동적 방식으로 영상의 취득에 필요한 에너지를 감지기에서 직접 지표면 또는 대상물에 발사하여, 반사되어 오는 마이크로파를 기록하여, 영상을 생성하는 능동적인 감지기이다.
2. SAR의 특징
   ① 구름, 안개, 비, 연무 등의 기상조건에 영향을 받지 않는다.
   ② 야간에도 영상을 취득할 수 있다.

46 축척이 서로 다른 두 장의 광각사진(A, B) 상에 10m인 교량이 각각 1mm(A)와 2mm(B)로 나타났다면 두 사진 A, B의 축척비(A : B)는?

① 2 : 1   ② 4 : 1
③ 1 : 2   ④ 1 : 4

[해설]
$\dfrac{1}{m} = \dfrac{f}{H} = \dfrac{l}{L}$ 에서

$\dfrac{0.001}{10} : \dfrac{0.002}{10} = 0.0001 : 0.0002 = 1 : 2$

47 그림과 같은 수계 밴드에서 아래 통계값을 얻을 수 있는 트레이닝 필드로 적합하지 않은 것은?

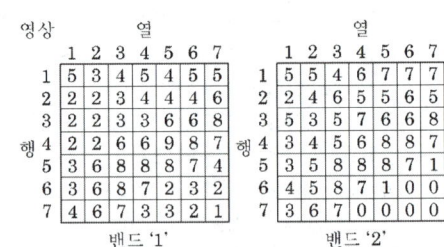

통계값 수계 밴드 '1' (최소 : 1, 최대 : 3)
       밴드 '2' (최소 : 0, 최대 : 1)

① 수계 트레이닝 필드   ② 수계 트레이닝 필드

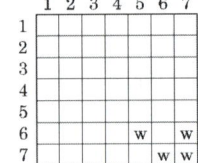 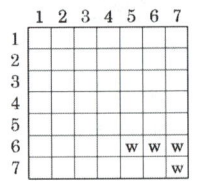

③ 수계 트레이닝 필드   ④ 수계 트레이닝 필드

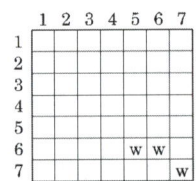 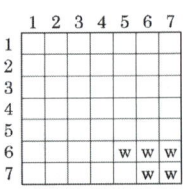

[해설]
보기 ②, ③, ④번은 밴드 2를 수계에 대한 공간분석으로서 0, 1 값만으로 수계를 추출하도록 유도하여 수계 W를 0, 1로 추출 가능하다. 보기 ①은 밴드 1에 대한 공간분석으로 수계 W를 1, 2, 3에 적용할 경우 3이 최대값으로 포함되어야 한다. 3이 포함되지 않아 수계 W를 추출할 수 없다. 그러므로, ①번 수계 트레이닝 필드에서는 통계값을 얻는 데 부적합하다.

Answer 45 ④ 46 ③ 47 ①

48 다중분광 스캐너 중 Pushbroom 스캐너에 대한 설명으로 옳은 것은?

① 위성경로에 직각방향으로 빗자루로 쓸듯이 관측하는 스캐너
② 센서가 감지하는 분광범위가 가시광선에서 열적외선에 이르는 스캐너
③ 회전하는 거울과 고체형 탐지기를 결합하여 지표면을 관측하는 스캐너
④ 선형으로 배열된 전하결합소자(CCD)를 이용하여 한 번에 한 라인 전체를 기록하는 스캐너

해설

1. Pushbroom 스캐너
   ① 모든 스캔라인은 모든 배열에 의해 동시에 관측
   ② 배열형태의 감지기는 비행방향에 수직한 방향으로 스캔
   ③ 일반적으로 선행배열은 CCD로 구성
   ④ 단일 배열을 10,000CCD 이상으로 구성
   ⑤ 개별감지기는 각각 단일 해상도 셀의 방사량을 감지
   ⑥ 경사관측을 통한 입체영상 취득이 용이하다.
   ⑦ 각각의 라인이 중심투영인 항공사진의 기하와 유사하다.

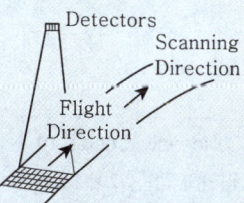

2. Whiskbroom 스캐너
   ① 비행라인에 수직한 스캔라인을 가로질러 지형을 스캔하는 회전거울을 이용
   ② 특정 파장대에서 최대감도를 갖는 일단의 감지기 이용
   ③ 연속적인 스캔라인은 2차원 영상을 구상
   ④ 플랫폼 양쪽 방향에서 반복적으로 스캔

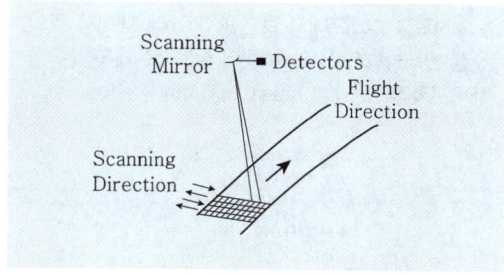

49 아래 그래프는 측량용 항공사진기의 방사 렌즈 왜곡을 나타내고 있다. 사진좌표가 x=6cm, y=−8cm인 점에서 왜곡량은? (단, 주점의 사진좌표는 x=0, y=0이다.)

① 주점 방향으로 $5\mu m$
② 주점 방향으로 $10\mu m$
③ 주점 반대방향으로 $5\mu m$
④ 주점 반대방향으로 $10\mu m$

해설

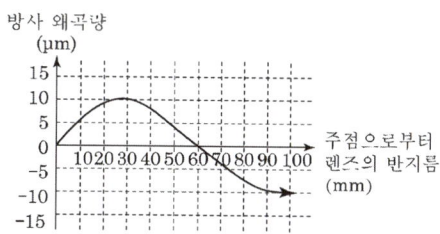

주점의 사진좌표가 (0,0)이고 지도로 확대했을 때 A-B 중점에서 X축 6cm, Y축 −8cm 방향으로 이동되었다고 볼 때 원점과의 거리(방사거리)는 $r = \sqrt{6^2 + 8^2} = 10cm$, 즉 100mm이다. 원점과 주점은

Answer 48 ④ 49 ②

일치하므로 그래프에서 보면 100mm에 대해서 양의 주점 반대방향으로 10μm 벗어났으므로 왜곡량은 반대로 주점방향으로 10μm로 이동하여야 한다.

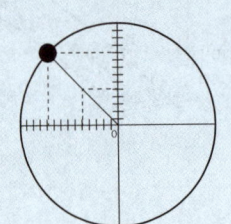

50 평탄한 지형이 촬영된 연직사진에서 촬영에 사용한 카메라의 초점거리가 150mm, 사진 크기 23cm×23cm, 종중복도 60%인 경우의 기선고도비는? (단, 사진의 축척은 1:10000 이다.)

① 0.61
② 0.83
③ 0.92
④ 1.04

해설

기선고도비 $= \dfrac{B}{H} = \dfrac{ma(1-\dfrac{P}{100})}{mf} = \dfrac{a(1-\dfrac{P}{100})}{f}$ 에서

$= \dfrac{0.23(1-\dfrac{60}{100})}{0.15} = 0.61$

51 과고감(vertical exaggeration)에 대한 설명으로 옳지 않은 것은?

① 항공사진을 입체시 하면 산지는 실제보다 높게 돌출되어 보인다.
② 과고감으로 인하여 평탄한 지형의 지형판독이 어렵게 된다.
③ 항공사진을 입체시 하면 사면의 경사는 실제 경사보다 급한 느낌을 준다.
④ 항공사진을 입체시할 때 과고감은 촬영에 사용한 렌즈의 초점거리, 사진의 중복도에 따라 변한다.

해설

과고감 (Vertical Exaggeration)	항공사진을 입체시하는 경우 산의 높이 등이 실제보다 과장되어 보이는 현상을 말한다. 평면축척에 대하여 수직 축척이 크게 되기 때문에 실제 도형보다 산이 더 높게 보인다. ① 항공사진은 평면축척에 비해 수직축척이 크므로 다소 과장되어 나타난다. ② 대상물의 고도, 경사율 등을 반드시 고려해야 한다. ③ 과고감은 필요에 따라 사진판독 요소로 사용될 수 있다. ④ 과고감은 사진의 기선고도비와 이에 상응하는 입체시의 기선고도비의 불일치에 의해서 발생한다. ⑤ 과고감은 촬영고도 H에 대한 촬영기선길이 B와의 비인 기선고도비 B/H에 비례한다.

52 광속조정법(Bundle Adjustment)을 이용하여 항공삼각측량을 수행할 경우, 사진 3장이 중복된 부분에서 2점에 대한 지상좌표와 각각의 사진좌표를 측정할 경우 생성되는 공선조건식의 수는?

① 4개
② 6개
③ 12개
④ 24개

해설

공선조건(Collinearity Condition)
공간상의 임의의 점과 그에 대응되는 사진상의 점 및 사진기의 투영중심이 동일 직선상에 있어야 할 조건을 말한다. 입체사진측량에서 1점에 대하여 2개의 공선조건식이 얻어지므로 2점에 대해서는 식은 4개가 된다. 그런데 사진이 3장이므로 4×3=12개 따라서 식은 총 12개가 된다. 공선조건식은 아래와 같다.

Answer 50 ① 51 ② 52 ③

53 항공라이다의 특성에 대한 설명으로 옳지 않은 것은?

① GNSS, INS, Laser Scanner로 구성된다.
② 레이저펄스가 반사된 지점의 반사강도 및 파형을 제공한다.
③ 송전선의 3차원 위치 모델 생성을 가능하게 한다.
④ 극초단파를 발사한 후 반사되어 돌아오는 시간을 관측하여 3차원 DEM을 구축한다.

[해설]

항공레이저측량 시스템은 지표(surface)에 있는 산이나 골짜기, 산림등의 자연지형과 택지 및 도로, 빌딩이나 다리등의 인공지물로 이루어지는 지형지물을 항공기의 위치 및 자세가 정확하게 얻어지는 센서로부터 레이저를 발사하여 거리를 측정하고 그 수치를 측량좌표계등으로 나타낸 계측기라 할 수 있다. 항공레이저측량은 항공레이저측량시스템을 항공기에 탑재하여 레이저를 주사하고 그 지점에 대한 3차원 위치좌표를 취득하는 측량방법을 말한다.Laser Radar 혹은 LIDAR, LiDAR이라고도 한다
1. 특징
  1) 항공사진측량에 비하여 작업속도나 경제적인 면에서 매우 유리하다.
  2) 재래식 항측기법의 적용이 어려운 산림,수목 및 늪지대 등의 지형도 제작에 유용하다.
  3) 기상조건에 좌우 되지않는다.
  4) 산림이나 수목시내에도 투과율이 높다.
  5) 자료취득및처리과정이 수치방식으로 이루어 진다.
  6) 저고도 비행에서만 가능하다.
  7) 능선이나 계곡 및 등 지형의 경사가 심한 지역에서는 정확도가 저하되는 단점이 있다.

54 카메라의 검정 데이터(calibration data)에 해당되는 것은?

① 사진지표의 좌표값   ② 연직점의 좌표
③ 대기 보정량   ④ 사진축척

[해설]
사진기 검정 데이터(Calibration data)
① 카메라의 초점거리
② 주점의 좌표(Principal Point Of Autocollimation)
③ 사진지표(Fiducial Marks)
④ 방사거리값(Radial Distance Value)
⑤ 방사왜곡값(Radial Distortion Value)등

55 다중 해상도 수치표고모형(DEM) 생성이 가능한 표고점 추출 방법은?

① 격자 표고점 추출
② 무작위 표고점 추출
③ 동적 표고점 추출
④ 점진적 표고점 추출

[해설]
점진적 표고점추출방법은 지형의 기복이 심한 곳일수록 표본지점의 수를 늘려서 점의 밀도를 높이는 방법으로 표본지점의 밀도는 지형의 복잡성에 비례한다고 볼수 있다.그러므로 다중 해상도 수치표고모형(DEM) 생성이 가능한 표고점 추출 방법은 점진적 표고점추출방법이다.

56 가시광 분광반사도와 근적외 분광반사도에 의하여 정규식생지수(NDVI : normalized difference vegetation index)를 구하는 식은?

① NDVI = $\dfrac{가시광분광반사도 - 근적외분광반사도}{가시광분광반사도 + 근적외분광반사도}$

② NDVI = $\dfrac{근적외분광반사도 - 가시광분광반사도}{근적외분광반사도 + 가시광분광반사도}$

③ NDVI = $\dfrac{가시광분광반사도 + 근적외분광반사도}{가시광분광반사도 - 근적외분광반사도}$

④ NDVI = $\dfrac{근적외분광반사도 + 가시광분광반사도}{근적외분광반사도 - 가시광분광반사도}$

Answer 53 ④ 54 ① 55 ④ 56 ②

해설

식생지표(植生指標)란 기상위성이나 지구관측위성의 화상자료로부터 지구규모의 식생분포 상황을 파악하기 위한 것이다. 일반적으로 다음과 같은 정규화식생지표(正規化植生指標;NDVI;Normalized Difference Vegtation Index)가 많이 이용된다.

$$NDVI = \frac{근적외분광반사도 - 가시광분광반사도}{근적외분광반사도 + 가시광분광반사도}$$

57 초점거리 150mm, 사진의 크기 23cm×23cm의 카메라를 사용하여 촬영고도 4,500m에서 촬영된 평지의 연직사진이 있다. 1 : 25000 지형도 상에서 서로 이웃하는 두 사진의 주점간 거리가 966mm이었다면 사진의 종중복도는?

① 55% ② 60%
③ 65% ④ 70%

해설

$f = 150mm$, $a = 230mm$, $H = 4500m$
$b_0 = 96.6mm$, 지도축척 = 25,000

지도의 축척이 25,000이므로 촬영점에서의 실제 기선길이 $B = m \times b_0 = 25,000 \times 0.0966m = 2.415m$

사진의 축척은
$$M = \frac{1}{m} = \frac{l}{L} = \frac{f}{H} = \frac{0.15m}{4,500m} = \frac{1}{30,000}$$

그러므로 촬영 종기선 길이
$B = ma(1 - \frac{p}{100})$ 이므로

$p = (1 - \frac{B}{m_{사진} \times a}) \times 100$
$= (1 - \frac{2,415}{30000 \times 0.23}) \times 100 = 65\%$

58 항공삼각측량의 조정방법으로 사진을 기본단위로 하며 정확도가 가장 높은 것은?

① 다항식조정법(Polynomial Adjustment)
② 광속조정법(Bundle Adjustment)
③ 독립모형법(Independent Model Triangu-lation)
④ 부등각사상변환법(Affine Transformation)

해설

1. 광속조정법(Bundle Adjustment)
   광속조정법은 상좌표를 사진좌표로 변환시킨 다음 사진좌표(photo coordinate)로부터 직접절대좌표(absolute coordinate)를 구하는 것으로 종횡접합모형(block)내의 각 사진상에 관측된 기준점,접합점의 사진좌표를 이용하여 최소제곱법으로 각 사진의 외부표정요소 및 접합점의 최확값을 결정하는 방법이다. 광속조정법은 다수의 광속을 공선조건에 따라 표정한다. 각 점의 사진 좌표가 관측점으로 이용되며 이 방법은 세가지 방법중 가장 조정능력이 높은 방법이다. 각 사진의 6개 외부표정요소 $(X_0, Y_0, Z_0, \omega, \phi, \kappa)$가 미지수가 되며 광속이 공선조건에 의해 동시에 해가 구하여 진다.

59 항공사진과 지도의 투영에 대한 설명으로 옳은 것은?

① 항공사진은 중심투영, 지도는 정사투영이다.
② 항공사진은 정사투영, 지도는 중심투영이다.
③ 항공사진과 지도는 모두 중심투영이다.
④ 항공사진과 지도는 모두 정사투영이다.

해설

항공사진은 중심투영이고, 지도는 정사투영이다.

중심투영	일반적인 사진의 상은 피사체(대상물)로부터 반사된 광선이 렌즈중심으로 직진하여 평면인 필름면에 투영되어 상이 나타난다. 이와 같은 투영을 중심투영(central projection)이라 하며, 사진은 중심투영상(中心投影像)이다.
정사투영	항공사진과 지도는 지표면이 평탄한 곳에서는 지도와 사진이 같으나 지표면에 높낮이가 있는 경우는 사진의 형상이 다르다. 중심투영으로 인한 지형상의 왜곡을 보정하여 정사사진을 제작한다.

Answer 57 ③ 58 ② 59 ①

60 초점거리 152mm인 카메라를 이용하여 2°의 경사로 평지를 촬영한 항공사진이 있다. 이 항공사진의 최대 경사선 상에서 등각점과 연직점 간의 깊이는?

① 2.0mm ② 2.4mm
③ 2.7mm ④ 4.8mm

해설

$$\overline{nj} = f\tan\frac{i}{2} = 152 \times \tan\frac{2}{2} = 2.7mm$$

제4과목 | 지리정보시스템

61 독도를 대축척 수치지형도로 제작할 경우 적용하여야 하는 우리나라 평면직각좌표계 원점은?

① 38° N, 125° E ② 38° N, 127° E
③ 38° N, 129° E ④ 38° N, 131° E

해설

평면직각좌표의 원점

명칭	경도	위도	투영원점의 가산수치	원점의 축척계수
서부원점	동경 125°	북위 38°		1.0000
중부원점	동경 127°	북위 38°	X_N 600,000m Y_E 200,000m	1.0000
동부원점	동경 129°	북위 38°		1.0000
동해원점	동경 131°	북위 38°		1.0000

62 다음 중 위상정보에 관한 설명으로 틀린 것은?

① 공간상에 존재하는 공간객체의 길이, 면적 등의 계산을 가능하게 한다.
② 공간객체 형태(Shape)에 관한 정보만을 제공하므로 제반 분석을 매우 빠르게 한다.
③ 공간상에 존재하는 객체의 형태(Shape), 인접성, 연결성에 관한 정보를 제공한다.
④ 다양한 공간분석을 가능하게 한다.

해설

1. 위상구조의 특징
   ① 토지정보시스템에서 매우 유용한 데이터구조로서 점, 선, 면으로 객체 간의 공간관계를 파악할 수 있다.
   ② 벡터데이터의 기본적인 구조로 점으로 표현되며 객체들은 점들을 직선으로 연결하여 표현할 수 있다.
   ③ 토폴로지는 폴리곤 토폴로지, 아크 토폴로지, 노드 토폴로지로 구분된다.
   ④ 점, 선, 폴리곤으로 나타낸 객체들이 위상구조를 갖게 되면 주변객체들 간의 공간상에서의 관계를 인식할 수 있다.
   ⑤ 폴리곤 구조는 형상과 인접성, 계급성의 세 가지 특성을 지닌다.
   ⑥ 관계형 데이터베이스를 이용하여 다량의 속성자료를 공간객체와 연결할 수 있으며 용이한 자료의 검색 또한 가능하다.
   ⑦ 공간객체의 인접성과 연결성에 관한 정보는 많은 분야에서 위상정보를 바탕으로 분석이 이루어진다.

63 벡터(Vector)방식의 데이터 모형에 대한 설명으로 틀린 것은?

① 위치를 표시하기 위해 불연속적인 선이나 점을 이용한다.
② 벡터 모형의 모든 객체는 수학적 위치값을 갖는다.
③ 대상물들은 점, 선, 면 요소로 형성된다.
④ 대상 지역 모든 곳의 정보를 담고 있다.

[해설]
1. 벡터 자료구조 : 기호, 도형, 문자 등으로 인식할 수 있는 형태를 말하며 객체들의 지리적 위치를 크기와 방향으로 나타낸다.
2. 기본 요소
   ① 점(Point) : 점은 차원이 존재하지 않으며 대상물의 지점 및 장소를 나타내고 기호를 이용하여 공간형상을 표현한다.
   ② 선(Line) : 선은 가장 간단한 형태로 1차원 대상물은 두 점을 연결한 직선이다. 대축척(면사상), 소축척(선사상)으로 지적도, 임야도의 경계선을 나타내는데 효과적이다. Arc, String, Chain이라는 다양한 용어로도 사용된다.
   ③ 면 : 면은 경계선 내의 영역을 정의하고 면적을 가지며, 호수, 삼림을 나타내고 지적도의 필지, 행정구역이 대표적이다.

64 다음 중 마케팅 및 상권분석과 같은 분야의 대표적인 GIS 활용사례라 할 수 있는 것은?

① LBS ② gCRM
③ 내비게이션 ④ 포털 지도서비스

[해설]
CRM을 도입할 때 구축된 고객정보를 GIS의 환경 내에서 추출하고, 세부시장의 잠재력에 대한 평가를 수행해 마케팅 역량을 극대화하는 시스템이다. g-CRM은 지리정보시스템(GIS)과 고객관계관리(CRM)의 합성어이다. 즉, 지리정보시스템(GIS) 기술을 고객관계관리(CRM)에 접목시킨 것으로 주거형태, 주변상권 등 고객정보 중 지리적인 요소를 포함시켜 마케팅을 보다 정교하게 구사할 수 있다는 장점이 있다.

65 지리정보시스템(GIS)에 대한 설명으로 옳지 않은 것은?

① 공간객체에 연계된 속성정보로 구축되었다.
② 저장, 갱신, 관리, 분석 및 출력이 가능하도록 구성된 체계이다.
③ 공간적으로 배열된 형태의 자료를 처리한다.
④ 일반적으로 숫자나 문자를 처리하는 정보시스템이다.

[해설]
지리정보체계(Geographic Information System : GIS)
지리정보체계는 지구상의 모든 지점에 관련된 현상과 관계된 정보를 처리하는 지리정보체계로서 지리정보를 효과적으로 수집, 저장, 조작, 분석, 표현할 수 있도록 서로 유기적으로 연계된 컴퓨터의 하드웨어, 소프트웨어, 자료기반 및 인적 자원의 결합체라 할 수 있다.

66 구축된 GIS 데이터를 현장에서 확인하려고 한다. 둘레가 8km인 호수의 현황을 A, B 두 명이 확인하는 데 소요되는 최소 시간은? (단, A는 1분에 550m, B는 1분에 450m의 거리를 이동하며, 중복하여 확인하지 않는다.)

① 6분 ② 8분
③ 10분 ④ 12분

[해설]
A는 1분에 550m, B는 1분에 450m이므로 1분에 550+450=1000m
$\therefore$ 최소시간 $= \dfrac{8,000}{1,000} = 8$분

67 수치화된 공간정보 데이터의 관리 및 활용 편의를 위해 제공되는 데이터의 제작, 정의 및 이력과 관련된 정보를 무엇이라 하는가?

① 헤더 데이터(header data)
② 오픈 데이터(open data)
③ 이력 데이터(history data)
④ 메타 데이터(meta data)

[해설]
메타 데이터(meta data)
메타 데이터란 실제데이터는 아니지만 데이터베이스,

Answer 64 ② 65 ④ 66 ① 67 ④

레이어, 속성, 공간 형상 등과 관련된 데이터의 내용, 품질, 조건 및 특징 등을 저장한 데이터로서 데이터에 관한 데이터로 데이터의 이력을 말한다. 정확한 정보를 유지하기 위해 수정 및 갱신을 하여야 한다.

68 속성분류 정확도를 평가하기 위하여 참조데이터와 샘플데이터를 정리한 결과가 표와 같을 때, 전체 정확도는?

샘플 데이터	참조데이터			계
	class A	class B	class C	
class A	2	1	0	3
class B	1	5	1	7
class C	0	0	4	4
계	3	6	5	14

① 21.4% ② 35.7%
③ 50.0% ④ 78.6%

해설

데이터의 전체 정확도
PCC(Percent Correctly Classified) 지수
$$PCC = \frac{S_d}{n} \times 100\%$$
$$= \frac{11}{14} \times 100 = 78.6\%$$
$S_d = 2 + 5 + 4 = 11$
$n = 14$
여기서, S_d : 대각선값의 합, n : 합계

69 국토교통부에서 다양한 공간정보를 서비스하는 오픈 플랫폼을 무엇이라 하는가?

① 브이월드
② 위성기준점서비스
③ 항공사진서비스
④ 구글 3D

해설

브이월드(Vworld)
정부에서 운영 중인 공간정보 오픈 플랫폼. '한국형 구글어스'로 고품질 3D를 기반으로 국가, 지자체 등 공공기관이 보유한 다양한 공간정보와 행정정보를 웹을 통해 제공한다. 국민 누구나 브이월드에 접속하면 오픈 플랫폼의 정보를 열람할 수 있으며, 정보를 활용하여 새로운 서비스를 개발하려는 사람은 제공된 Open-API를 통해 자유롭게 활용할 수 있다.

70 구축한 지리정보시스템(GIS) 데이터의 품질을 검사하기 위해서는 데이터를 샘플링 하여야 한다. 모집단을 보다 동질적인 몇 개의 층으로 나누고 이러한 각층으로부터 단순 무작위표본추출을 하는 방법은?

① 단순무작위샘플링(simple random sampling)
② 계통샘플링(systematic sampling)
③ 층화계통비정렬샘플링(stratified systematic unaligned sampling)
④ 층화무작위샘플링(stratified random sampling)

해설

샘플링(표집) 설계(계획)
① 단순무작위샘플링(simple random sampling)
   모집단을 불규칙적으로 분포한 x,y를 단순 무작위 표본추출을 하는 방법
② 계통샘플링(systematic sampling)
   모집단을 규칙적으로 분포한 x,y좌표를 이용해 A지점을 선택을 하는 방법
③ 층화계통 비정렬샘플링(stratified systematic unaligned sampling)
   체계적인 간격을 가진 층화기법과 단순무작의(임의성)표집을 통합한 기법이다.
④ 층화무작위 샘플링(stratified random sampling)
   우연히 한쪽에 치우친 표본이 뽑힐 가능성을 줄이기 위하여 모집단을 여러 층(strata)으로 나눈 뒤 각 층에서 무작위 추출을 하는 방법으로 모집단이 인종과 같은 것일 때, 수가 적은 인종집단은 표집 시 포함되지 않을 수 있으므로, 각 집단이 차지하는 비율을 구하고, 그 값이 따라 집단 내에서 각각

Answer 68 ④ 69 ① 70 ④

의 표본을 선출하는 것으로 층화를 통해 표본의 대표성이 높아지고, 층별 특성을 파악할 수 있다. 그러나 층화를 위해서는 많은 정보가 필요하고, 층화가 너무 복잡하거나 잘못된 경우에는 오히려 표본 오차가 커질 수 있다.

해설
① ABCEG = 3+3+5+4=15
② ACEG = 7+5+4=16
③ ACFG = 7+3+8=18
④ ABCFG = 3+3+3+8=17

71 선형 벡터 데이터 구조가 아닌 것은?

① 아크(arc)   ② 노드(node)
③ 체인(chain) ④ 폴리라인(polyline)

해설
벡터구조의 기본요소
1. 점(Point)
   점은 차원이 존재하지 않으며 대상물의 지점 및 장소를 나타내고 기호를 이용하여 공간형상을 표현한다.
2. 선(Line)
   선(Line)은 가장 간단한 형태로 1차원 대상물은 두 점을 연결한 직선이다. 대축척(면사상), 소축척(선사상)으로 지적도, 임야도의 경계선을 나타내는 데 효과적이다. Arc, String, Chain이라는 다양한 용어로도 사용된다.
3. 면(area)
   면은 경계선 내의 영역을 정의하고 면적을 가지며, 호수, 삼림을 나타내고 지적도의 필지, 행정구역이 대표적이다.

73 지리정보시스템(GIS)에 활용되는 데이터 구조 중 코드화하기 쉬우며 열과 행으로 저장되는 데이터 구조는?

① 외부 데이터   ② 래스터 데이터
③ 내부 데이터   ④ 벡터 데이터

해설
래스터자료
래스터 자료구조는 매우 간단하며 일정한 격자간격의 셀이 데이터의 위치와 그 값을 표현하므로 격자데이터라고도 하며 도면을 스캐닝하여 취득한 자료와 위상영상자료들에 의하여 구성된다. 래스터구조는 구현의 용이성과 단순한 파일구조에도 불구하고 정밀도가 셀의 크기에 따라 좌우되며 해상력을 높이면 자료의 크기가 방대해진다. 각 셀들의 크기에 따라 데이터의 해상도와 저장크기가 달라지게 되는데 셀 크기가 작으면 작을수록 보다 정밀한 공간현상을 잘 표현 할 수 있다.

72 그림은 다익스트라(Dijkstra) 알고리즘을 이용한 최단비용경로 계산의 사례이다. A점에서 출발하여 G지점에 도착하는 최소비용경로는? (단, 숫자는 지점 간 소요비용)

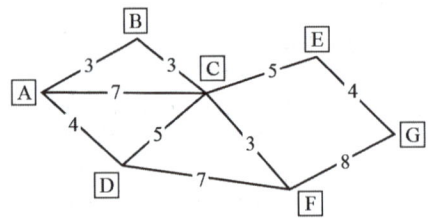

① ABCEG   ② ACEG
③ ACFG   ④ ABCFG

74 수치표고모형(DEM)으로부터 얻을 수 있는 자료로 거리가 먼 것은?

① 경사도
② 교통량 분포
③ 향(aspect) 계산
④ 등고선

해설
수치표고모형(Digital Elevation Model : DEM)
DEM은 지형의 연속적인 기복변화를 일정한 크기의 격자간격으로 표현한 것으로 공간상의 연속적인 기복변화를 수치적인 행렬의 격자형태로 표현한다. 수치표고모형은 표고데이터의 집합일 뿐만 아니라 임의의 위치에서 표고를 보간할 수 있는 모델을 말한다. 공간

Answer 71 ② 72 ① 73 ② 74 ②

상에 나타난 불규칙한 지형의 변화를 수치적으로 표현하는 방법을 수치표고모형이라 한다. DEM은 규칙적인 간격으로 표본지점이 추출된 래스터 형태의 데이터모델이다. DEM은 DTM 중에서 표고를 특화한 모델이다.

75 메타데이터에 대한 설명 중 옳지 않은 것은?

① 공간자료 호환을 위한 표준 포맷을 의미한다.
② 데이터에 대한 특성과 내용을 설명한다.
③ 데이터의 검색을 위한 참조자료로 이용된다.
④ GIS 자료의 원활한 공급과 활용을 위해 필요하다.

해설

메타데이터(Metadata)
㉠ 데이터에 대한 정보로서 데이터의 내용, 품질, 조건 및 기타 특성에 대한 정보를 포함하는 정보의 이력서, 즉 데이터의 이력서라 할 수 있다.
㉡ 메타데이터는 작성한 실무자가 바뀌더라도 변함없는 데이터의 기본체계를 유지하게 함으로써 시간이 지나도 일관성 있는 데이터를 사용자에게 제공할 수 있다.
㉢ 정보의 공유를 극대화하며 데이터의 원활한 교환을 지원하기 위한 프레임을 제공한다.
㉣ 데이터를 목록화(Indexing)하기 때문에 사용에 편리한 정보를 제공한다.
㉤ 정보공유의 극대화를 도모하며 데이터의 교환을 원활히 지원하기 위한 틀을 제공한다.

76 다음 중 데이터베이스의 발전단계를 순서대로 열거한 것은?

㉮ 객체-관계형 데이터베이스
㉯ 계층형 데이터베이스
㉰ 관계형 데이터베이스
㉱ 파일 시스템

① ㉱→㉯→㉰→㉮
② ㉱→㉰→㉯→㉮
③ ㉱→㉰→㉮→㉯
④ ㉯→㉰→㉮→㉱

해설

데이터베이스의 발전단계
파일시스템 ⇨ DBMS(DataBase Management System)
계층(계급)형 데이터 모델(Hierarchical Data Model)
네트워크(관망)형 데이터 모델(Network Data Model)
관계형 데이터베이스관리시스템(RDBMS:Relationship DataBase Management System)
객체지향형 데이터베이스관리체계(OODBMS:Object Oriented DataBase Management System)
객체-관계형 데이터베이스관리체계(ORDBMS:Object Relational DataBase Management System)

77 지리정보시스템(GIS)의 공간분석 기능 중 속성이 같을 때 폴리곤의 경계선을 제거하여 하나의 폴리곤으로 생성시켜주는 것은?

① Merge   ② CliP
③ Dissolve   ④ Intersect

해설

Dissolve	디졸브는 맵조인이나 제반 레이어를 합치는 과정에서 발생한 불필요한 폴리곤의 경계선을 제거하여 폴리곤의 숫자를 축소해서 보다 효율적인 공간자료와 위상구조를 가질수있도록 만드는 과정이며 동일한 속성값을 갖는 폴리곤에 대해 이름을 다시 부여하는 데 사용되기도 한다.
Eliminate	여러 개의 레이어를 중첩하거나 맵조인 등에 의하여 서로 다른 레이어가 합쳐지는 경우에 슬리버와 같은 작고 가느다란 형태의 불필요한 폴리곤들이 형성 되는 경우에 엘리미네이트 과정을 통하여 불필요한 슬리버를 제거하는 과정을 말한다.

78 특정 목적을 위해 특정한 속성의 크기를 관측단위로 하며 면적, 거리 및 방향의 왜곡은 고려하지 않고 제작하는 지도는?

① 기복도(Relief map)
② 통계지도(Cartogram)
③ 유선도(Flow map)
④ 지형도(Topographic map)

Answer 75 ① 76 ① 77 ③ 78 ②

해설

통계지도

각종 통계 자료를 기초로 점, 선, 면, 색, 도형 등을 이용하여 지도화한 것

1. 통계지도의 종류

   통계 지도는 표현 방법에 따라 점지도, 등치선도, 단계 구분도, 도형 표현도, 유선도 등으로 구분하며, 통계 자료의 성격에 따라 적합한 형식을 사용한다. 통계 지도는 수집·분석한 자료를 시각적으로 나타내므로 지리적 현상의 변화와 공간적 분포 및 지역 간의 관계를 쉽게 파악할 수 있음.

79 논리연산(AND) 처리 후 ㉠~㉣의 결과값을 순서대로 바르게 표시한 것은?

```
1 1 0     1 1 0
1 1 0     0 1 0
0 0 1     1 0 1
      ↓ AND ↓
    ㉠        
    ㉡        
    ㉢    ㉣  
```

① 0-1-0-0
② 0-1-0-1
③ 1-0-1-0
④ 1-0-0-1

해설

AND	• AND연산은 입력레이어에 대응하는 셀들의 개별적인 값들을 곱으로 연산한다. $1 \times 0 = 0$, $1 \times 1 = 1$
OR	• 입력레이어에 대응하는 셀들의 개별적인 값들을 더하기로 연산한다. $1 + 0 = 1$
NOT	• 논리부정. • 조건값은 반대값을 만든다
XOR	• 입력레이어에 대응하는 셀들의 개별적인 값들을 더하기로 연산한다. $1 + 0 = 1$

80 표와 같은 위상구조 테이블에 적합한 데이터는?

polygon	arc 수	list of arc
A	2	$-L_1, L_2$
B	3	$-L_3, -L_2, L_4$
C	1	$-L_4$

arc	from node	to node	Left polygon	Right polygon
L_1	n_1	n_3	A	0
L_2	n_1	n_3	B	A
L_3	n_3	n_1	B	0
L_4	n_2	n_2	C	B

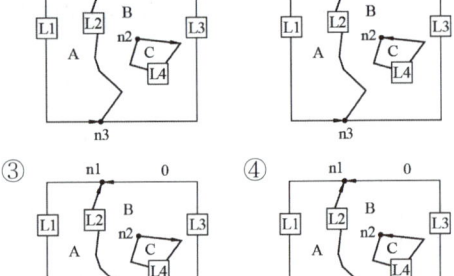

해설

위상은 점, 선, 면 각각에 대하여 위상테이블에 나누어 기록한다.

① 점은 각 점에서 연결되는 선을 기록한다.
② 선은 각 선의 시작점과 종료점을 기록한다.
③ 면은 면을 형성하는 선을 기록한다.

B polygon안에 C polygon의 L_4의 방향은 같은 방향이므로 부호는 "−"로 해야 한다(그래야 면적이 빠질수 있다).

Answer 79 ④ 80 ②

제5과목 | 측량학

81 어느 지형도상에서 임의의 면적을 축척 1 : 1,000으로 측정하였더니 8,000m²이었다. 이 지형도의 실제 축척이 1 : 1,500이라면 면적은?

① 3,555m² ② 5,333m²
③ 12,000m² ④ 18,000m²

해설)

$$a_2 = \left(\frac{m_2}{m_1}\right)^2 \cdot a_1 = \left(\frac{1500}{1000}\right)^2 \times 8000$$
$$= 18,000 m^2$$

82 축척과 도면의 크기에 대한 설명으로 옳은 것은?

① 축척 1 : 500 도면을 축척 1 : 1,000으로 축소하였을 때 도면의 크기는 2배가 된다.
② 축척 1 : 600 도면을 축척 1 : 200으로 확대하였을 때 도면의 크기는 1/3이 된다.
③ 축척 1 : 600 도면을 축척 1 : 300으로 확대하였을 때 도면의 크기는 2배가 된다.
④ 축척 1 : 500 도면을 축척 1 : 1,000으로 축소하였을 때 도면의 크기는 1/4이 된다.

해설)

축척비 $= \frac{1,000}{500} = 2$배

면적비 = 가로×세로 = 2×2 = 4배

∴ 도면의 크기는 $\frac{1}{4}$이 된다.

83 줄자로 40m를 관측할 때, 양단의 고저차가 42cm이었다면 수평거리의 보정값은?

① -1.2mm ② -2.2mm
③ -3.3mm ④ -4.4mm

해설)

$$C_i = -\frac{h^2}{2L} = -\frac{0.42^2}{2 \times 40} = -0.0022 cm$$
$$= -2.2 mm$$

84 각 관측에서 망원경을 정·반으로 관측하여 평균하여도 소거되지 않는 오차의 원인은?

① 시준축과 수평축이 직교하지 않는다.
② 연직축이 정확히 연직선에 있지 않다.
③ 수평축이 연직축에 직교하지 않는다.
④ 회전축에 대하여 망원경의 위치가 편심되어 있다.

해설)

오차의 종류	원인	처리방법
시준축 오차	시준축과 수평축이 직교하지 않기 때문에 생기는 오차	망원경을 정·반 위로 관측하여 평균을 취한다.
수평축 오차	수평축이 연직축에 직교하지 않기 때문에 생기는 오차	망원경을 정·반 위로 관측하여 평균을 취한다.
연직축 오차	연직축이 연직이 되지 않기 때문에 생기는 오차	소거불능

85 1 : 5,000 지형도의 주곡선 간격은 축척분모의 얼마로 하고 있는가?

① 1/1,000 ② 1/2,000
③ 1/2,500 ④ 1/3,000

해설)

일반적으로 등고선 간격은 축척분모수의 $\frac{1}{2,000}$로 한다.

Answer 81 ④ 82 ④ 83 ② 84 ② 85 ②

86 직사각형 토지의 가로, 세로를 줄자(tape)로 관측하여 37.8m와 28.9m를 얻었다. 이때 줄자의 공차가 30m에 대하여 47cm이었다면 이로 인하여 생길 수 있는 면적의 최대오차는? (단, 거리관측의 오차는 길이에 비례한다.)

① 0.003m²   ② 0.03m²
③ 2.74m²   ④ 3.4m²

해설

$\frac{dA}{A} = 2\frac{dl}{l}$ 에서

$dA = \frac{2dl}{l} \times A = \frac{2 \times 0.047}{30} \times 1090.42 = 3.41 m^2$

$A = 37.8 \times 28.9 = 1092.42 m^2$

87 기선측량용 강철줄자는 정오차 보정을 위한 검정표를 가지고 있다. 이 항목에 포함이 되지 않는 사항은?

① 선팽창계수   ② 단위길이당 무게
③ 상수(특성값)   ④ 줄자의 두께

해설

정오차의 보정
① 줄자의 길이가 표준길이와 다를 경우(테이프의 특성값)
② 온도에 대한 보정
③ 경사에 대한 보정
④ 평균해수면에 대한 보정(표고보정)
⑤ 장력에 대한 보정
⑥ 처짐에 대한 보정

88 지형도 및 수치지형도에 대한 설명으로 옳지 않은 것은?

① 지형도는 지표면상의 자연적 또는 인공적인 지형의 수평 또는 수직의 상호위치관계를 관측하여 그 결과를 일정한 축척과 도식으로 도면에 나타낸 것이다.
② 지형도상에 표시되는 요소로 지형에는 지물과 지모가 있다.
③ 수치지형도의 축척은 일정하기 때문에 확대 및 축소하여 다양한 축척의 지형도를 만들 수 없다.
④ 수치지형도의 지형 및 지물은 레이어로 구분된다.

해설

① 수치지형도(數値地形圖)는 수치지도의 하나로서 등고선을 이용하여 땅의 기복, 형태, 수계의 배열 등의 지형을 정확하고 상세하게 나타낸 지도를 컴퓨터에서 사용할 수 있게 수치형태로 변환한 것을 말한다. 수치지형도는 정보처리시스템을 이용하여 분석, 편집 및 입력·출력할 수 있도록 제작된 지도를 말한다.

89 등고선 간의 최단 거리 방향이 의미하는 것은?

① 최소 경사 방향을 표시한다.
② 최대 경사 방향을 표시한다.
③ 상향 경사를 표시한다.
④ 하향 경사를 표시한다.

해설

등고선 간의 최단 거리 방향은 최대 경사 방향을 표시한다.

90 거리관측에 있어서 표준자보다 3cm 줄어든 50m의 줄자를 사용하여 관측한 결과가 600m이었다면 실제 거리는?

① 599.64m   ② 599.68m
③ 599.72m   ④ 599.76m

해설

실제거리 = $\frac{부정거리}{표준거리} \times 관측거리$

$= \frac{49.97}{50} \times 600 = 599.64m$

Answer 86 ④ 87 ④ 88 ③ 89 ② 90 ①

91 등고선의 성질에 대한 설명으로 옳지 않은 것은?

① 등고선과 최대 경사선은 수직을 이룬다.
② 등고선은 어떤 경우라도 교차하거나 합쳐지지 않는다.
③ 경사가 같은 곳에서는 등고선 간의 간격도 같다.
④ 등고선은 도면의 안 또는 밖에서 반드시 폐합한다.

해설

등고선의 성질
(1) 동일 등고선상에 있는 모든 점은 같은 높이이다.
(2) 등고선은 반드시 도면 안이나 밖에서 서로가 폐합한다.
(3) 지도의 도면 내에서 폐합되면 가장 가운데 부분을 산꼭대기(산정) 또는 凹지(요지)가 된다.
(4) 등고선은 도중에 없어지거나, 엇갈리거나 합쳐지거나 갈라지지 않는다.
(5) 높이가 다른 두 등고선은 동굴이나 절벽의 지형이 아닌 곳에서는 교차하지 않는다.
(6) 등고선은 경사가 급한 곳에서는 간격이 좁고 완만한 경사에서는 넓다.
(7) 최대경사의 방향은 등고선과 직각으로 교차한다.

92 직육면체인 저수탱크의 부피를 구하기 위하여 밑변 a, b와 높이 h에 대한 관측 결과가 다음과 같을때 부피오차는? (a=40.00m ±0.05m, b=10.00m±0.03m, h=20.00m ±0.02m)

① $±27m^3$ ② $±21m^3$
③ $±14m^3$ ④ $±10m^3$

해설

1. 체적계산
$V = a \cdot b \cdot h = 40 \times 10 \times 20 = 8,000 m^3$

2. 체적오차계산
$\Delta v = ± \sqrt{(bh)^2 m_1^2 + (ah)^2 m_2^2 + (ab)^2 m_3^2}$
$= ± \sqrt{(10 \times 20)^2 \times 0.05^2 + (40 \times 20)^2 \times 0.03^2 + (40 \times 10)^2 \times 0.02^2}$
$= ± 27.2 F^3$

93 수평각관측 방법에 대한 설명으로 옳지 않은 것은?

① 단각법은 하나의 각을 1번 관측하는 것으로 시준오차와 읽기오차가 발생된다.
② 배각법은 방향각법에 비해 읽기오차가 크다.
③ 조합각 관측법(각관측법)은 수평각 관측법 중 가장 정확한 값을 얻을 수 있다.
④ 방향각법은 한 측점 주위의 각이 많을 경우 이용하는 방법이다.

해설

수평각측정 방법

단측법	1개의 각을 1회 관측하는 방법으로 수평각측정법 중 가장 간단하며 관측결과가 좋지 않다.
배각법	하나의 각을 2회 이상 반복 관측하여 누적된 값을 평균하는 방법으로 이중축을 가진 트랜싯의 연직축오차를 소거하는 데 좋고 아들자의 최소눈금 이하로 정밀하게 읽을 수 있다. ① 배각법은 방향수가 적은 경우에는 편리하나 삼각측량과 같이 많은 방향이 있는 경우는 적합하지 않다. ② 눈금의 부정에 의한 오차를 최소로 하기 위하여 n회의 반복결과가 360°에 가깝게 해야 한다. ③ 내축과 외축을 이용하므로 내축과 외축의 연직선에 대한 불일치에 의하여 오차가 생기는 경우가 있다. ④ 배각법은 방향각법과 비교하여 읽기오차의 영향을 작게 받는다. (읽음 오차가 $\frac{1}{n}$로 됨)

94 지형도 작성에서 지표면이 낮거나 움푹 팬 지점을 연결한 선으로 합수선이라고도 하는 것은?

① 최대경사선   ② 철선(능선)
③ 요선(계곡선)   ④ 경사변환선

해설

지성선(Topographical Line)
지표는 많은 凸선, 凹선, 경사변환선, 최대경사선으로 이루어졌다고 생각할 때 이 평면의 접합부, 즉 접선을 말하며 지세선이라고도 한다.

능선(凸선), 분수선	지표면의 높은 곳을 연결한 선으로 빗물이 이것을 경계로 좌우로 흐르게 되므로 분수선 또는 능선이라 한다
계곡선(凹선), 합수선	지표면이 낮거나 움푹패인 점을 연결한 선으로 합수선 또는 합곡선이라 한다.
경사변환선	동일 방향의 경사면에서 경사의 크기가 다른 두 면의 접합선. (등고선 수평간격이 뚜렷하게 달라지는 경계선)
최대경사선	지표의 임의의 한 점에 있어서 그 경사가 최대로 되는 방향을 표시한 선으로 등고선에 직각으로 교차하며 물이 흐르는 방향이라는 의미에서 유하선이라고도 한다.

95 최소제곱법에 관한 설명으로 틀린 것은?

① 관측방정식으로 구한 최확값이 조건방정식으로 구한 것에 비해 정확하다.
② 관측방정식의 수는 관측횟수와 같다.
③ 조건방정식의 수는 잉여관측횟수(자유도)와 같다.
④ 잔차의 제곱의 합이 최소가 되도록 최확값을 정하는 조정법이다.

해설

principle of least squares(최소제곱법의 원리)
최소제곱법의 기본조건은 같은 정밀도로 측정된 측정값에서는 오차의 제곱의 합이 최소일 때 최확값을 얻을 수 있으며, 동일한 경중률의 관측값에 대하여 잔차의 제곱의 합이 최소가 되어야 하며 이를 최소제곱법의 원리라 한다.
① 관측방정식은 관측된 값을 직접 사용하여 실제로 관측한 수와 똑같은 수의 식이 만들어진다.
② 조건방정식의 총수는 미지수의 수보다 적거나 같다. 미지수는 관측방정식을 충족시켜야 하는 동시

에 기하학적 조건도 만족시켜야 한다. 즉, 조건방정식의 수는 잉여관측횟수(자유도)와 같다.

96 축척 1:25000의 지형도에서 963m의 산 정상으로부터 423m의 산 밑까지 거리가 95mm이었다면 사면의 경사는?

① $\frac{1}{7.4}$ ② $\frac{1}{6.4}$
③ $\frac{1}{5.4}$ ④ $\frac{1}{4.4}$

해설

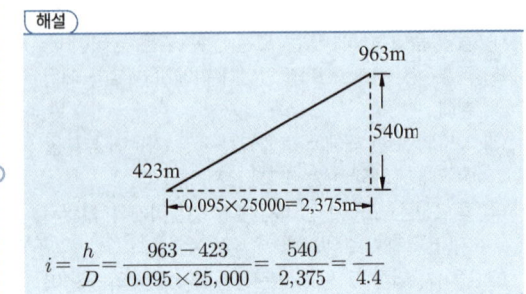

$$i = \frac{h}{D} = \frac{963 - 423}{0.095 \times 25,000} = \frac{540}{2,375} = \frac{1}{4.4}$$

97 한 측점에서 7개의 방향선 사이의 각을 각관측법(조합각 관측법)으로 관측하였다. 이때 총 각관측수는?

① 12 ② 17
③ 21 ④ 24

해설

$$관측각수 = \frac{1}{2}S(S-1)$$
$$= \frac{1}{2} \times 7(7-1) = 21개$$

98 축척 1 : 25000인 우리나라 지형도의 한 도엽의 크기(경도×위도)는?

① 1.25′×1.25′ ② 2.5′×2.5′
③ 7.5′×7.5′ ④ 15.0′×15.0′

Answer 95 ① 96 ④ 97 ③ 98 ③

해설

도엽코드

축척	도곽의 크기
1/50,000	15′×15′
1/25,000	7′30″×7′30″
1/10,000	3′×3′
1/5,000	1′30″×1′30″
1/2,500	45″×45″
1/1,000	18″×18″
1/500	9″×9″

99 북쪽을 X축으로 하는 좌표계에서 P_1과 P_2의 좌표가 $x_1 = -11,328.58\text{m}$, $y_1 = -4,891.49\text{m}$, $x_2 = -11,616.10\text{m}$, $y_2 = -5,240.83\text{m}$일 때 $\overline{P_1 P_2}$의 평면거리 S와 방향각 T는?

① S=549.73m, T=129°27′21″
② S=452.44m, T=50°32′40″
③ S=549.73m, T=309°27′21″
④ S=452.44m, T=230°32′40″

해설

$$\text{방향각}(T) = \tan^{-1}\left(\frac{Y_B - Y_A}{X_B - X_A}\right)$$
$$= \tan^{-1}\frac{-5,240.83-(-4,891.49)}{-11,616.10-(-11,328.58)}$$
$$= \tan^{-1}\frac{-349.34}{-287.52}$$
$$= 50°32′39.59″ (3상환)$$

방향각 $= 180° + 50°32′39.59″ = 230°32′39.59″$

$$\text{수평거리}(S) = \sqrt{(\Delta Y)^2 + (\Delta X)^2}$$
$$= \sqrt{(349.34)^2 + (287.52)^2}$$
$$= 452.44\text{m}$$

100 등고선의 특성에 관한 설명으로 옳은 것은?

① 최대 경사선은 등고선과 직각 방향이다.
② 높이가 다른 등고선은 어떠한 경우에도 겹치지 않는다.
③ 등고선은 지도 안에서 폐합되지 않으면 지도의 밖에서도 만나지 않는다.
④ 등고선의 간격이 넓을수록 급한 경사를 이룬다.

해설

등고선의 성질
① 동일 등고선상에 있는 모든 점은 같은 높이이다.
② 등고선은 도면 내나 외에서 폐합하는 폐곡선이다.
③ 지도의 도면 내에서 폐합하는 경우 등고선의 내부에 산꼭대기(산정) 또는 분지가 있다.
④ 높이가 다른 두 등고선은 동굴이나 절벽을 제외하고는 교차하지 않는다.
⑤ 등고선은 급경사에서 간격이 좁고 완경사지에서 간격이 넓어진다.

Answer 99 ④ 100 ①

제4회 측량 및 지형공간정보

| 제1과목 | 측지학 및 위성측위시스템 |

01 서편각이 +30°인 어느 지점에서 나침반의 자침이 그림과 같을 때 진북방향을 가리키는 것은?

① N 60° W ② N 30° W
③ N 30° E ④ N 60° E

해설
나침반의 자침이 그림과 같을 때 진북방향을 가리키는 것은 N 30° W이다. 서편각은 W, 동편각은 E방향이다.

02 어느 구면 삼각형에서 구과량이 30″이었다. 이 구면 삼각형의 면적이 0355m²이라면 구의 반지름은?

① 39.8m ② 42.3m
③ 49.4m ④ 60.0m

해설

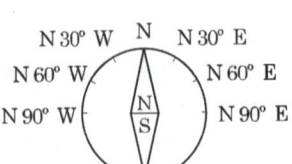

$\varepsilon = \dfrac{A}{R^2}\rho''$ 에서

$R = \sqrt{\dfrac{A}{\varepsilon}\rho''} = \sqrt{\dfrac{0.355}{30''} \times 206265''} = 49.4\text{m}$

03 통합기준점 설치를 위한 GPS 기준점 측량 시 연속 관측 시간은?

① 2시간
② 4시간
③ 6시간
④ 8시간

해설
GPS 작업규정 제12조(관측의 실시)
GPS 측량은 다음과 같은 관측 조건으로 실시한다.
1. GPS 측량은 Session 모두 정적간섭측위방법으로 실시한다.
2. GPS 측량시간 등은 다음과 같다.

구 분	2등 기준점 측량	3등 기준점 측량
Session 수	1 이상	1 이상
Session 관측시간	8시간 이상	4시간 이상
데이터 취득 간격	30초	30초
Session의 중복	2점 이상	2점 이상

04 기준점 측량과 같이 매우 높은 정밀도를 필요로 할 때 사용하는 방법으로서 두 개 또는 그 이상의 수신기를 사용하여 보통 1시간 이상 관측하는 GPS 현장관측방법은?

① 정지측량(static 관측방법)
② 이동측량(kinematic 관측방법)
③ 신속정지측량(rapid static 관측방법)
④ RTK(Real Time Kinematic)

Answer 1 ② 2 ③ 3 ④ 4 ①

해설

정지측량(Static Survey)
① 가장 일반적인 방법으로 하나의 GPS기선을 두 개의 수신기로 측정하는 방법이다.
② 측점 간의 좌표차이는 WGS84 지심좌표계에 기초한 3차원 X, Y, Z를 사용하여 계산되며, 지역 좌표계에 맞추기 위하여 변환하여야 한다.
③ 수신기 중 한 대는 기지점에 설치, 나머지 한 대는 미지점에 설치하여 위성신호를 동시에 수신하여야 하는데 관측시간은 관측 조건과 요구 정밀도에 달려 있다.
④ 관측시간이 최저 45분 이상 소요되고 10km±2ppm 정도의 측량정밀도를 가지고 있으며 적어도 4개 이상의 관측위성이 동시에 관측될 수 있어야 한다.
⑤ 장거리 기선장의 정밀측량 및 기준점 측량에 주로 이용된다.
⑥ 정지측량에서는 반송파의 위상을 이용하여 관측점 간의 기선벡터를 계산한다.
⑦ 장시간의 관측을 하여야 하며 장거리 정밀측정에 정확도가 높고 효과적이다.

05 고정밀 GPS 측위에서 이중 주파수 관측데이터를 사용하는 주요 이유는?

① 다중경로의 최소화
② 대류권 지연의 최소화
③ 전리층 효과의 최소화
④ 수신기 시간오차의 최소화

해설
GPS 오차 원인 중 L_1 신호와 L_2 신호의 굴절 비율의 상이함을 이용하여 L_1, L_2의 선형 조합을 통해 보정이 가능한 것은 전리층 지연오차를 최소화하는 것이다.

06 하나의 관측방정식에서 다른 관측방정식을 빼는 차분법 중 사이클 슬립(cycle slips)의 문제를 가장 잘 해결할 수 있는 GPS 측량방법은?

① 단순 차분
② 2중 차분
③ 3중 차분
④ 4중 차분

해설

삼중차(삼중위상차 : Triple Phase Difference)
① 한 개의 위성에 대하여 어떤 시각의 위상적산치(측정치)와 다음 시각의 적산치와의 차이 값으로 적분 위상차라고도 한다.
② 반송파의 모호정수(불명확상수)를 소거하기 위하여 일정시간 간격으로 이중차의 차이값을 측정하는 것을 말한다.
③ 즉, 일정시간 동안의 위성거리 변화를 뜻하며 파장의 정수배의 불명확을 해결하는 방법으로 이용된다.

07 지표면상 구면삼각형의 3개 각을 관측한 결과, ∠A=51°30′, ∠B=65°40′, ∠C=63°35′이었다면 구면삼각형의 면적은? (단, 지구반지름 R=6,370km이며, 측각오차는 없는 것으로 가정한다.)

① 531,149.9km²
② 590,166.5km²
③ 642,342.4km²
④ 718,633.4km²

해설
$$\varepsilon = (A+B+C) - 180°$$
$$= (51°30' + 65°40' + 63°35') - 180° = 45'$$
$$\varepsilon'' = \frac{F}{R^2}\rho'' \text{에서}$$
$$F = \frac{\varepsilon''}{\rho''} \times R^2 = \frac{2,700''}{206265''} \times 6,370^2$$
$$= 531,149.88\text{km}^2$$

08 다음 중 천문좌표계가 아닌 것은?

① 지평좌표계
② 적도좌표계
③ 황도좌표계
④ 3차원 직각좌표계

해설

천문좌표계
① 지평좌표(방위각-고저각 좌표계)
② 적도좌표계

Answer 5 ③ 6 ③ 7 ① 8 ④

③ 황도좌표계
④ 은하좌표계

09 GPS의 여러 오차 중 DGPS 기법으로 제거 되지 않는 것은?

① 의사거리 측정오차
② 위성의 궤도정보 오차
③ 전리층에 의한 지연
④ 대류권에 의한 지연

해설

DGPS 방식은 기준국 GPS에서 방송되는 위치보정신호를 각 이동국에서 단순 수신하는 것으로 DGPS를 적용하면 정확도가 좋아지는 이유는 기지점과 미지점에서 측정한 결과로부터 공통오차를 상쇄시킬 수 있기 때문이다. 상쇄되는 오차는 다음과 같다.
① GPS 위성의 궤도정보 오차
② SA에 의해 코드에 부여된 오차(2000년 이전)
③ 전리층 신호지연
④ 대류권 신호지연

10 지구 표면의 거리(지름) 100km 까지를 평면으로 간주했다면 허용 정밀도는 약 얼마인가? (단, 지구의 반지름은 6370km이다.)

① 1/50000
② 1/100000
③ 1/500000
④ 1/1000000

해설

$$\frac{d-D}{D} = \frac{1}{12}\left(\frac{D}{R}\right)^2 = \frac{1}{12}\left(\frac{100}{6370}\right)^2 = \frac{1}{48,692} ≒ \frac{1}{50,000}$$

11 GNSS의 특징에 대한 설명으로 틀린 것은?

① 날씨와 무관하게 측정이 가능하다.
② 24시간 연속적으로 측정이 가능하다.
③ 실내외에서 모두 측정이 가능하다.
④ 전 지구적으로 측정이 가능하다.

해설

GPS의 특징
① 지구상 어느 곳에서나 이용할 수 있다.
② 기상에 관계없이 위치결정이 가능하다.
③ 측량기법에 따라 ~mm~수십m까지 다양한 정확도를 가지고 있다.
④ 측량거리에 비하여 상대적으로 높은 정확도를 지니고 있다.
⑤ 하루 24시간 어느 시간에서나 이용이 가능하다.
⑥ 사용자가 무제한 사용할 수 있으며 신호 사용에 따른 부담이 없다.
⑦ 다양한 측량기법이 제공되어 목적에 따라 적당한 기법을 선택할 수 있으므로 경제적이다.
⑧ 3차원측량을 동시에 할수 있다.
⑨ 기선 결정의 경우 두 측점간의 시통에 관계가 없다.
⑩ 세계측지기준계(WGS84)좌표계를 사용하므로 지역기준계를 사용할 시에는 다소 번거로움이 있다.

12 우리나라에 설치된 수준점에 대한 설명으로 옳은 것은?

① 평균해수면으로부터의 높이를 나타낸다.
② 도로의 시점을 기준으로 나타낸다.
③ 만조면으로부터의 높이를 나타낸다.
④ 삼각점으로부터의 높이를 나타낸다.

해설

1. 수준원점
    ① 높이의 기준으로 평균해수면을 알기 위하여 토지조사당시 검조장 설치(1911년)
    ② 검조장 설치위치 : 청진, 원산, 목포, 진남포, 인천(5개소)
    ③ 1963년 일등수준점을 신설하여 현재 사용
    ④ 위치 : 인천광역시 남구 용현동 253번지(인하대학교 교정)
    ⑤ 표고 : 인천만의 평균해수면으로부터 26.6871m

13 우리나라 지도제작을 위해 사용하는 횡축메르카토르(TM) 도법에서 채택하고 있는 각 좌표계에 대한 좌표원점에서의 축척계수는?

① 0.9996
② 0.9999
③ 1.0000
④ 1.0005

Answer 9 ① 10 ① 11 ③ 12 ① 13 ③

해설

[별표 2] 〈개정 2015.6.1.〉
직각좌표의 기준(제7조제3항 관련)
1. 직각좌표계 원점

명칭	원점의 경위도	투영원점의 가산(加算) 수치	원점축척계수	적용 구역
서부 좌표계	경도: 동경 125° 00′ 위도: 북위 38° 00′	X(N) 600,000m Y(E) 200,000m	1.0000	동경 124°~126°
중부 좌표계	경도: 동경 127° 00′ 위도: 북위 38° 00′	X(N) 600,000m Y(E) 200,000m	1.0000	동경 126°~128°
동부 좌표계	경도: 동경 129° 00′ 위도: 북위 38° 00′	X(N) 600,000m Y(E) 200,000m	1.0000	동경 128°~130°
동해 좌표계	경도: 동경 131° 00′ 위도: 북위 38° 00′	X(N) 600,000m Y(E) 200,000m	1.0000	동경 130°~132°

14 중력이상에 대한 설명으로 옳지 않은 것은?

① 중력이상이란 실제 관측 중력값에서 표준중력식에 의해 계산한 중력값을 뺀 것이다.
② 지오이드의 요철, 지하구조의 결정 등에 이용된다.
③ 일반적으로 실측 중력값과 계산식에 의한 이론 중력값은 일치하지 않는다.
④ 중력이상이 (+)이면 그 부근에 밀도가 작고 가벼운 물질이 존재한다.

해설

1. 중력측량의 특징
① 중력이상=중력실측값-이론실측값
② 중력이상(+)=질량이 여유있는 지역
③ 중력이상(-)=질량이 부족한 지역
④ 중력 = 만유인력 + 지구자체의 원심력
⑤ 단위: gel, cm/sec2
⑥ 기준점: 동독포츠담, 981,247gel

15 한 변의 길이가 10km인 구면 정삼각형에 대한 구과량은? (단, 구의 반지름은 6370km로 가정)

① 0.1″ ② 0.2″
③ 1.0″ ④ 2.0″

해설

구과량(ε) $= \dfrac{A}{R^2} \cdot \rho'' = \dfrac{\dfrac{ab}{2}\sin\alpha}{R^2}\rho''$

$= \dfrac{\dfrac{10 \times 10}{2} \times \sin 60°}{6370^2} \times 206265''$

$= 0.2''$

여기서, A : 구면(평면) 삼각형의 면적
R : 지구의 평균곡률반경(6370km)
ρ'' : $\dfrac{180°}{\pi} = 206265''$

16 다음 중 DGPS에 의해서 보정되지 않는 오차는?

① 전리층 지연 오차
② 위성시계오차
③ 사이클 슬립
④ 위성궤도오차

해설

DGPS 방식은 기준국 GPS에서 방송되는 위치보정신호를 각 이동국에서 단순 수신하는 것으로 DGPS를 적용하면 정확도가 좋아지는 이유는 기지점과 미지점에서 측정한 결과로부터 공통오차를 상쇄시킬 수 있기 때문이다. 상쇄되는 오차는 다음과 같다
① GPS위성의 궤도정보 오차
② SA에 의해 코드에 부여된 오차(2000년 이전)
③ 전리층 신호지연
④ 대류권 신호지연

17 평균표고가 700m인 두 점의 거리가 3,000902m라면 이 두 점에 대한 평균해수면 상의 거리는? (단, 지구는 반지름 $R=$ 6,370km인 구로 가정)

① 3,000.572m
② 3,000.525m
③ 3,000.180m
④ 2,999.098m

Answer 14 ④ 15 ② 16 ③ 17 ①

해설

표고보정$(C_n) = -\left(\dfrac{H}{R}\right)D$

여기서, H : 평균표고, R : 지구반경,
D : 임의지역의 수평거리

$C_n = -\left(\dfrac{700}{6370 \times 1000}\right) \times 3000.902$
$= -0.330\text{m}$

따라서, $\overline{AB} = 3000.902 - 0.330 = 3000.572\text{m}$

18 다음 설명 중 옳지 않은 것은?

① 측지학은 지구내부의 특성, 지구의 형상 및 운동을 결정하는 측정과 지구표면상 점간의 위치관계를 선정하는 측량에 기본이 되는 학문이다.
② 지각변동의 측정, 항로 등의 측량은 평면측량으로 한다.
③ 측지측량은 지구의 곡률을 고려한 정밀한 측량이다.
④ 측지학은 물리학적 측지학과 기하학적 측지학으로 구분할 수 있다.

해설
지각의 변동 측정, 항로 측량은 3차원 위치결정 시스템으로 측량한다.

19 지구 전체를 하나의 단일 좌표계로 표시하고자 할 때 매우 편리한 좌표계로서 인공위성에 의한 지구상의 위치 결정에 사용되는 좌표계는?

① 국제평면직각좌표 ② 3차원 직각좌표
③ 평면직각좌표   ④ 극좌표

해설
3차원 좌표계
간상 한 점의 위치를 3차원으로 표시하기 위한 좌표계로는 3차원 직교좌표, 3차원 사교좌표 등이 있다.

20 GPS 위성신호에 대한 설명으로 틀린 것은?

① GPS의 반송파에는 L1 반송파와 L2 반송파가 있다.
② 모든 GPS 위성은 똑같은 주파수로 전파를 송신한다.
③ L1 반송파에는 C/A코드와 P코드가 탑재되어 있다.
④ L2 반송파에는 정밀궤도력 정보가 포함되어 있다.

해설
GPS 신호는 군사용을 위한 P코드, 민간용으로 사용되는 C/A코드 및 항법메시지 등의 측량 계산용 신호가 각기 다른 주파수를 가진 L1 및 L2파의 2개 전파에 실려 지상으로 방송되며, L1 및 L2파는 코드 신호 및 항법 메시지를 운반한다고 하여 반송파(Carrier Wave)라 한다.

제2과목 | 응용측량

21 체적측량에 있어서 관측된 수평 및 수직거리 x, y, z의 거리오차를 dx, dy, dz라 하고 거리관측의 정확도가 K로 동일하다고 할 때, 다음 중 체적관측의 정확도는?

① $\dfrac{1}{3}K$ ② $1K$
③ $3K$ ④ $9K$

해설

$\dfrac{dv}{V} = \dfrac{dz}{Z} + \dfrac{dy}{Y} + \dfrac{dx}{X}\left(\dfrac{dz}{Z} = \dfrac{dy}{Y} = \dfrac{dx}{X} = \dfrac{dl}{L}\right)$이라고 할 때)

$\dfrac{dV}{V} = 3 \cdot \dfrac{dl}{l}$

여기서, V : 체적, dV : 체적오차,
$\dfrac{dl}{l}$: 거리관측 허용 정확도

∴ 체적의 정확도는 거리측량 정확도의 3배가 된다.

Answer 18 ② 19 ② 20 ④ 21 ③

22 다음 수로측량의 기준에 대한 설명으로 틀린 것은?

① 좌표계는 세계측지계를 사용한다.
② 수심은 기본수준면으로부터의 깊이로 표시한다.
③ 해안선은 해면이 약최저저조면에 달하였을 때의 육지와 해면과의 경계로 표시한다.
④ 투영법은 국제횡메르카토르도법(UTM)을 원칙으로 한다.

해설

측량의 기준은 다음 각 호와 같다.
① 위치는 세계측지계(世界測地系)에 따라 측정한 지리학적 경위도와 높이(평균해수면으로부터의 높이를 말한다. 이하 이 항에서 같다)로 표시한다. 다만, 지도제작 등을 위하여 필요한 경우에는 직각좌표와 높이, 극좌표와 높이, 지구중심 직각좌표 및 그 밖의 다른 좌표로 표시할 수 있다.
② 측량의 원점은 대한민국경위도원점 및 수준원점으로 한다. 다만, 섬 등 대통령령으로 정하는 지역에 대하여는 국토교통부장관이 따로 정하여 고시하는 원점을 사용할 수 있다.
③ 수로조사에서 간출지(干出地)의 높이와 수심은 기본수준면(일정기간 조석을 관측하여 분석한 결과 가장 낮은 해수면)을 기준으로 측량한다.
④ 해안선은 해수면이 약최고고조면(略最高高潮面) : 일정기간 조석을 관측하여 분석한 결과 가장 높은 해수면)에 이르렀을 때의 육지와 해수면과의 경계로 표시한다.

23 하천측량에서 합류점, 분류점이나 만곡이 심한 장소로 높은 정확도가 요구되는 곳의 삼각망 구성으로 가장 좋은 것은?

① 유심삼각망
② 단열삼각망
③ 단삼각망
④ 사변형 삼각망

해설

사변형 삼각망
① 조건식의 수가 가장 많아 정도가 가장 높다.
② 시간과 비용이 많이 든다.
③ 조정이 복잡하고 포함 면적이 작다.
④ 기선 삼각망에 이용한다.

24 수위관측소의 설치장소로 적당하지 않은 곳은?

① 잠류(潛流), 역류(逆流)가 없는 곳
② 유속이 너무 빠르거나 느리지 않은 곳
③ 직선의 상류에서 곡선의 하류로 연결되는 곳
④ 구조물에 의하여 수위에 영향을 받지 않는 곳

해설

수위관측소의 설치 장소
① 하상과 하안이 세굴, 퇴적이 안 되는 곳
② 상·하류가 100m 가량 직선인 곳
③ 수위가 교각 등 구조물의 영향을 받지 않는 곳
④ 홍수 때에도 쉽게 양수표를 읽을 수 있는 곳
⑤ 홍수 때 관측소가 유실, 파손될 염려가 없는 곳
⑥ 지천의 합류점과 같이 불규칙한 변화가 없는 곳
⑦ 양수표 : 5~10km마다 배치

25 곡선반지름 200m, 레일간격 1,067mm일 때 설계속도 100km/h에 대한 캔트(cant)는? (단, 중력가속도 g=98m/s2)

① 12cm
② 22cm
③ 32cm
④ 42cm

해설

$$캔트(C) = \frac{V^2 S}{gR} = \frac{(\frac{100km}{h})^2}{9.8m/sec^2 \times 200} \times 1,067$$

$$= \frac{(\frac{100 \times 1,000}{60 \times 60})^2}{9.8 \times 200} \times 1,067$$

$$= 0.42m = 42cm$$

Answer 22 ③ 23 ④ 24 ③ 25 ④

26 교각 I=32°36′인 2개의 선간에 최소반지름 Ro=180m의 렘니스케이트(Lemniscate) 곡선을 측설하려고 할 때, 접선길이는?

① 101.803m ② 102.400m
③ 104.164m ④ 105.400m

해설

동경(動徑) : $Z(r_0) = 3R_0 \sin\dfrac{I}{3}$

$= 3 \times 180 \times \sin\dfrac{32°36'}{3} = 101.803$

접선길이($\overline{OD}$) = △ODK에서 sin법칙에 의해

$\dfrac{\overline{OK}}{\sin(90° - \dfrac{I}{2})} = \dfrac{\overline{OD}}{\sin(90° + \dfrac{I}{3})}$ 에서

$\overline{OD} = \dfrac{\sin(90° + \dfrac{I}{3})}{\sin(90° - \dfrac{I}{2})} \cdot Z$

$= \dfrac{\sin(90° + \dfrac{32°36'}{3})}{\sin(90° - \dfrac{32°36'}{2})} \times 101.803$

$= \dfrac{0.9821}{0.9598} \times 101.803 = 104.168\text{m}$

별해)

접선길이(T) = $r_0 \times \dfrac{\cos\dfrac{I}{3}}{\cos\dfrac{I}{2}}$

$= 101.803 \times \dfrac{\cos 10°52'}{\cos 16°18'}$

$= 104.164\text{m}$

27 댐의 저수면 높이를 100m로 할 때 각주공식에 의한 저수량은? (단, 60m 미만의 저수량은 고려하지 않는다.)

등고선(m)	60	70	80	90	100
면적(m²)	100	200	600	1000	1200

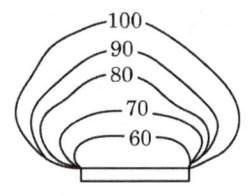

① 24333.3m³ ② 32534.6m³
③ 39781.4m³ ④ 42468.7m³

해설

$V_0 = \dfrac{h}{3}\{A_0 + A_n + 4(A_1 + A_3) + 2(A_2 + A_4)\}$

$= \dfrac{10}{3}\{100 + 1,200 + 4(200 + 1,000) + 2(600)\}$

$= 24,333.3\text{m}^3$

28 하천측량에 있어서 심천측량을 실시하는 단계는?

① 평면측량 ② 종단측량
③ 횡단측량 ④ 골조측량

해설

① 횡단측량(橫斷測量) : 횡단측량은 200m마다의 거리표를 기준으로 하여 그 선상의 고저(수애말뚝을 포함)를 측량하는 것으로 좌안(左岸)을 기준으로 한다. 횡단측량에는 쇠줄자(steel tape), level, transit을 이용하여 거리와 고저차를 관측한다. 횡단측량과 심천측량의 결과에서부터 횡단면도를 작성한다.
② 심천측량(深淺測量) : 심천측량은 하천의 수심 및 유수부분의 하저상황을 조사하고 횡단면도를 제작하는 측량이다. 유수의 실태를 파악하기 위해 하상의 물질을 동시에 채취하는 것이 보통이다.

29 터널측량에 관한 설명으로 옳지 않은 것은?

① 터널의 중심선 측량은 삼각측량 또는 트래버스측량으로 행한다.
② 터널 내의 측량에서는 기계의 십자선 또는 표척에 조명이 필요하다.

Answer 26 ③ 27 ① 28 ③ 29 ③

③ 터널 내의 곡선 설치는 일반적으로 편각법을 사용한다.
④ 터널측량은 터널 외 측량, 터널 내 측량, 터널 내외 연결측량으로 나눌 수 있다.

해설
터널 내의 곡선 설치는 작업 중 절우(切羽)의 중심을 찾는 데는 현길이를 허용하는 범위에서 되도록 길게 잡아 현편거(弦偏距), 접선편거(接線偏距)를 산출하고 이것을 사용하여 현편거법(弦偏距法), 접선편거법(接線偏距法)을 적용한다.

30 양단면 평균법에 따라 체적을 구하고자 한다. 두 단면 $A_1 = 25m^2$, $A_2 = 40m^2$와 구간거리 $\ell = 20 \pm 02m$을 측정하였을 때, 체적오차는? (단, 면적의 오차는 무시)

① $\pm 4.0 m^3$ ② $\pm 6.5 m^3$
③ $\pm 9.8 m^3$ ④ $\pm 12.0 m^3$

해설
$$V = \frac{1}{2}(A_1 + A_2) \cdot l$$
$$= \frac{1}{2}(25 + 40) \times 0.2$$
$$= \pm 6.5 m^3$$

31 클로소이드 곡선의 반지름 R = 20m, 곡선길이 L = 5m일 때 클로소이드의 매개변수 A는?

① 5m   ② 10m
③ 15m   ④ 20m

해설
$$A = \sqrt{RL} = \sqrt{20 \times 5} = 10m$$

32 교각 I = 60°, 곡선 반지름 R = 150m, 노선의 기점에서 교점까지의 추가거리가 22160m일 때 시단현의 편각은? (단, 중심말뚝 간격은 20m)

① 0°57′18″
② 2°51′53″
③ 3°26′35″
④ 4°41′17″

해설
$$TL = R\tan\frac{I}{2} = 150 \times \tan\frac{60°}{2} = 86.6m$$
$BC = 221.60 - 86.60 = 135$
시단현길이 : 140 - 135 = 5m
$$\delta_1 = 1718.87' \times \frac{l_1}{R} = 1718.87' \times \frac{5}{150} = 0°57'18''$$

33 곡선반지름이 200m인 원곡선을 설치하고자 한다. 도로의 시점에서 교점까지의 거리는 3245m이며 교점부근에 장애물이 있어 그림과 같이 점 A, B에서의 각을 관측하였을 때, 도로시점으로부터 원곡선시점까지의 거리는?

① 184.3m
② 251.7m
③ 157.9m
④ 286.4m

해설
$$TL = R\tan\frac{I}{2} = 200 \times \tan\frac{40°}{2} = 72.79m$$
$BC = $ 총연장 $- TL = 324.5 - 72.79 = 251.71 m$
$I = (180° - 170°) + (180° - 150°) = 40°$

Answer 30 ② 31 ② 32 ① 33 ②

34 그림과 같은 구릉지에서 간격 5m의 등고선에 쌓인 부분의 단면적이 A1=4000㎡, A2=2000㎡, A3=1800㎡, A4=900㎡, A5=300㎡라고 할 때 각주공식에 의한 이 구릉지의 토량은? (단, 정상은 편평한 것으로 가정한다.)

① 30,000㎥
② 32,500㎥
③ 35,000㎥
④ 36,500㎥

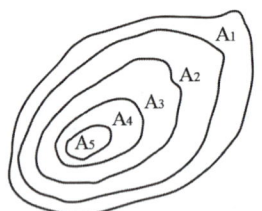

해설

$$V = \frac{h}{3}\{A_0 + A_4 + 4(A_1 + A_3) + 2(A_2)\}$$
$$= \frac{5}{3}\{4,000 + 300 + 4(2,000 + 900) + 2(1,800)\}$$
$$= 32,500 m^3$$

35 다음 중 도면이 곡선으로 둘러싸인 면적을 계산하는 데 적당한 방법은?

① 삼변법
② 좌표법
③ 구적기법
④ 삼사법에 의한 방법

해설

구적기(구적기:planimeter)
불규칙한 직선 또는 곡선으로 이루어진 도면 위의 면적을 재는 데 쓰는 기계를 말한다.

36 다음 중 지하매설물의 측량방법에 해당되지 않는 것은?

① 전자 유도 측량
② 지중레이더 측량
③ 음파 측량
④ 관성 측량

해설

GPS/INS(관성항법시스템)
INS(Inertial Navigation System : 관성항법시스템)는 차량, 항공기 등에 관성측량기를 장착해 관측자의 현재위치를 측량하고 진로를 알려주는 정밀항법장치로서 각(角)가속도를 측정하여 시간에 대한 연속적인 적분을 수행해 위치와 속도, 진행방향을 계산해내는 시스템으로서 GPS와 달리 본체에 설치된 센서를 통해 측량하는 방법이다.

37 수평 및 수직거리를 동일한 정확도로 관측하여 9,000㎥의 체적을 정확히 산출하려고 한다. 체적오차를 ±09㎥ 이하로 하기 위한 거리관측의 최대 허용 정밀도는?

① 1/100000
② 1/90000
③ 1/30000
④ 1/10000

해설

$$\frac{dV}{V} = 3\frac{dl}{l} \text{에서}$$
$$\frac{dl}{l} = \frac{1}{3} \times \frac{dV}{V} = \frac{1}{3} \times \frac{0.9}{9000} = \frac{1}{30,000}$$

38 지적측량 중에서 도시계획, 농지개량 등에 의해 토지를 구획 정리하기 위해 실시되는 측량으로 세부측량에서도 정확하게 실시되는 측량은?

① 지적 확정 측량
② 경계 정정 측량
③ 경계 감정 측량
④ 분할 측량

Answer 34 ② 35 ③ 36 ④ 37 ③ 38 ①

> **해설**
>
> 공간정보 구축 및 관리에 관한 법률 제2조 정의 4의2. "지적확정측량"이란 제86조제1항(「도시개발법」에 따른 도시개발사업, 「농어촌정비법」에 따른 농어촌정비사업, 그 밖에 대통령령으로 정하는 토지개발사업)에 따른 사업이 끝나 토지의 표시를 새로 정하기 위하여 실시하는 지적측량을 말한다.

39 일반철도에서 직선과 곡선사이에 삽입되는 완화곡선의 식으로 가장 적합한 것은?

① $\dfrac{1}{R} = C \cdot L$
② $y = \dfrac{x^3}{6RX}$
③ $\rho^2 = a^2 \sin 2\delta$
④ $y = \dfrac{x^2}{2R}$

> **해설**
>
> 일반철도에서 직선과 곡선사이에 삽입되는 완화곡선의 식은 다음과 같다.
> $y = \dfrac{x^3}{6RX}$

40 곡선반지름 300m, 교각 45°인 원곡선의 곡선길이는?

① 235.62m
② 249.32m
③ 270.66m
④ 290.34m

> **해설**
>
> 곡선길이(L) = $0.0174533 \times R \times I$에서
> $= 0.0174533 \times 300 \times 45°$
> $= 235.62m$

제3과목 | 사진측량 및 원격탐사

41 사진의 주점(principal point)을 계산하기 위하여 직접적으로 이용되는 것은?

① 사진지표
② 초점거리
③ 노출중심
④ 사진의 번호

> **해설**
>
> 양화필름의 4개 지표를 건판지지기의 유리에 있는 4개의 지표와 일치시켜 사진주점과 투영기의 중심점 일치

42 초점거리 210mm인 카메라로 평지를 촬영하였을 때 주점 기선의 길이가 73mm이었다. 인접사진과의 종중복도는? (단, 사진의 크기는 23cm×23cm이다.)

① 76%
② 68%
③ 53%
④ 48%

> **해설**
>
> $b_0 = a(1 - \dfrac{p}{100})$ 이므로
> $p = (1 - \dfrac{b_0}{a}) \times 100 = (1 - \dfrac{0.073}{0.23}) \times 100 = 68\%$

43 위성영상처리 과정 중 전처리(preprocessing)에 속하는 것은?

① 수치지형모델(DTM) 생성 및 지도제작
② 영상분류와 판독
③ 방사보정과 대기보정
④ 영상자료 전송 및 압축

> **해설**
>
> 방사량 왜곡 및 기하학적 왜곡을 보정하는 공정을 전처리(Preprocessing)라고 한다. 방사량 보정은 태양고도, 지형경사에 따른 그림자, 대기의 불안정 등으로 인한 보정을 하는 것이고 기하학적 보정이란 센서의 기하 특성에 의한 내부 왜곡의 보정, 플랫폼 자세에 의한 보정, 지구의 형상에 의한 외부 왜곡에 대한 보정을 말한다.

44 항공사진의 특수 3점으로 옳게 짝지어진 것은?

① 지표점, 종접합점, 횡접합점
② 표정점, 연직점, 등각점

Answer 39 ② 40 ① 41 ① 42 ② 43 ③ 44 ③

③ 주점, 연직점, 등각점
④ 부점, 주점, 연직점

> **해설**
> **항공사진의 특수 3점**
> ① 주점(Principal Point) : 주점은 사진의 중심점이라고도 한다. 주점은 렌즈 중심으로부터 화면(사진면)에 내린 수선의 발을 말하며 렌즈의 광축과 화면이 교차하는 점이다.
> ② 연직점(Nadir Point)
> ㉠ 렌즈 중심으로부터 지표면에 내린 수선의 발을 말하고 N을 지상연직점(피사체연직점), 그 선을 연장하여 화면(사진면)과 만나는 점을 화면연직점(n)이라 한다.
> ㉡ 주점에서 연직점까지의 거리 $(\overline{mn}) = f \tan i$
> ③ 등각점(Isocenter)
> ㉠ 주점과 연직점이 이루는 각을 2등분한 점으로 또한 사진면과 지표면에서 교차되는 점을 말한다.
> ㉡ 주점에서 등각점까지의 거리 $(\overline{mj})$
> $= f \cdot \tan \dfrac{i}{2}$

45 다음 중 항공사진측량에서 정의하는 산악지역으로 가장 적합한 것은?

① 산이 차지하는 면적이 한 사진의 60% 이상인 지역
② 산이 차지하는 면적이 한 사진의 70% 이상인 지역
③ 사진에서 지형의 고저차가 촬영고도의 5% 이상인 지역
④ 사진에서 지형의 고저차가 촬영고도의 10% 이상인 지역

> **해설**
> 사진측량에서 산악지역은 한 모델 또는 사진상의 비고차가 10% 이상인 지역을 말한다. 산악지역이나 고층 빌딩이 밀집된 시가지 촬영방법은 10~20% 이상 중복도를 높여 촬영하거나 2단 촬영한다.

46 수치사진측량(digital photogrammetry)에서 상호표정의 자동화를 위해 요구되는 기법은?

① 디지타이징
② 좌표등록
③ 영상정합
④ 직접표정

> **해설**
> **영상정합(Image Matching)**
> 영상정합은 입체영상 중 한 영상의 한 위치에 해당하는 실제의 대상물이 다른 영상의 어느 위치에 형성되었는가를 발견하는 작업으로서 상응하는 위치를 발견하기 위해서 유사성 관측을 이용한다. 이는 사진측정학이나 로봇 비전(Robot Vision) 등에서 3차원 정보를 추출하기 위해 필요한 주요 기술이며 수치사진측량학에서는 입체영상에서 수치표고모형을 생성하거나 항공삼각측량에서 점이사(Point Transfer)를 위해 적용된다.

47 센서에 대한 해상도 중 관측된 에너지를 얼마나 자세히 정량화하는가를 나타내는 용어로, 기록 bit 수에 의해 평가하는 해상도는?

① 공간해상도(spatial resolution)
② 분광해상도(spectral resolution)
③ 방사해상도(radiometric resolution)
④ 주기해상도(temporal resolution)

> **해설**
> ① 분광해상도(Spectral Resolution) : 가시광선에서 근적외선까지 구분할 수 있는 능력으로서 스펙트럼 내에서 센서가 반응하는 특정 전자기파장대의 수와 이 파장대의 크기를 말한다.
> ② 반사 또는 복사해상도(Radiometric Resolution) : 인공위성 관측센서에서 수집한 영상이 얼마나 다양한 값을 표현할 수 있는가를 나타낸다.

Answer 45 ④ 46 ③ 47 ③

48 입체시된 항공사진상에서의 과고감에 대한 설명으로 옳은 것은?

① 실제 지형의 기복과 동일하게 나타난다.
② 촬영 위도에 따라 실제 지형의 기복보다 과소할 수도 과대할 수도 있다.
③ 실제 지형의 기복보다 과소하게 나타난다.
④ 실제 지형의 기복보다 과대하게 나타난다.

[해설]
과고감
지표면의 기복을 과장하여 나타낸 것으로 낮고 평평한 지역에서의 지형판독에 도움이 되는 반면 경사면의 경사는 실제보다 급하게 보이므로 오판에 주의해야 한다.

49 레이더영상에서 대상지역이 완전히 평탄하고 지구곡률을 고려하지 않는다면 부각(depression angle)이 50°일 때 입사각(incident angle)은?

① 30° ② 35°
③ 40° ④ 45°

[해설]
빛의 반사할 때(Reflection) 입사각(Incident angle)과 반사각(Reflected angle)은 같다.

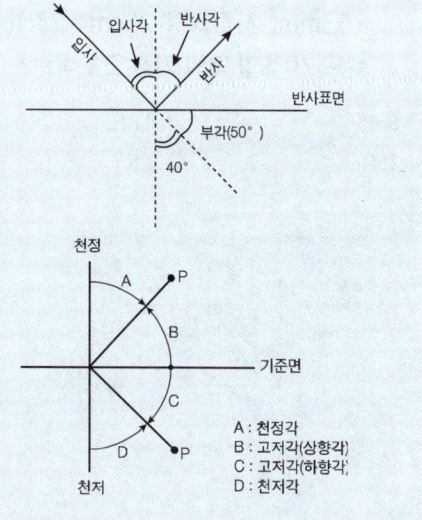

입사각(incident angle) = 90° − 50° = 40°

50 다음 중 촬영된 한 장의 사진 내에서 사진축척의 변화량이 최소가 되기 위한 조건은?

① 지표면의 고저 변화가 없고 촬영고도가 일정할 때
② 수직사진으로 촬영하고 촬영고도가 일정할 때
③ 지표면의 고저 변화가 없고 수직사진으로 촬영할 때
④ 항사 사진 전체 지역의 축척은 일정

[해설]

촬영방향에 의한 분류

수직 사진	㉠ 광축이 연직선과 거의 일치하도록 카메라의 경사가 3° 이내의 기울기로 촬영된 사진 ㉡ 항공사진 측량에 의한 지형도 제작 시에는 거의 수직사진에 의한 촬영
경사 사진	광축이 연직선 또는 수평선에 경사지도록 촬영한 경사각 3° 이상의 사진으로 지평선이 사진에 나타나는 고각도 경사사진과 사진이 나타나지 않는 저각도 경사사진이 있다. ㉠ 고각도 경사사진 : 3° 이상으로 지평선이 나타난다. ㉡ 저각도 경사사진 : 3° 이상으로 지평선이 나타나지 않는다.
수평 사진	광축이 수평선에 거의 일치하도록 지상에서 촬영한 사진

51 원격탐사에서 SAR와 같은 능동형 센서의 특징으로 틀린 것은?

① 취득된 영상에는 다중분광영상 자료가 포함된다.
② 날씨의 영향을 비교적 적게 받는다.
③ 밤에도 촬영이 가능하다.
④ 위성체의 에너지 소모가 수동형 센서보다 많다.

[해설]
1. SAR(Synthetic Aperture Radar) : 고해상도영상레이더
레이더 원리를 이용한 능동적 방식으로 영상의 취득에 필요한 에너지를 감지기에서 직접 지표면 또는 대상물에 발사하여 반사되어 오는 마이크로파를 기록하여 영상을 생성하는 능동적인 감지기이다.

Answer 48 ④ 49 ③ 50 ③ 51 ①

2. SAR의 특징
   1) 구름, 안개, 비, 연무 등의 기상조건에 영향을 받지 않는다.
   2) 야간에도 영상을 취득할 수 있다.

52 편위수정에 있어서 만족해야 할 3가지 조건이 아닌 것은?

① 기하학적 조건
② 광학적 조건
③ 샤임프러그 조건
④ 템플릿 조건

해설

1. 편위수정을 하기 위한 조건
   (1) 기하학적 조건(소실점 조건)
       필름을 경사지게 하면 필름의 중심과 편위수정기의 렌즈중심은 달라지므로 이것을 바로잡기 위하여 필름을 움직여 주지 않으면 안 된다. 이것을 소실점 조건이라 한다.
   (2) 광학적 조건(Newton의 조건)
       광학적 경사보정은 경사편위수정기(Rectifier)라는 특수한 장비를 사용하여 확대배율을 변경하여도 항상 예민한 영상을 얻을 수 있도록 $1/a + 1/b = 1/f$의 관계를 가지도록 하는 조건을 말하며 Newton의 조건이라고도 한다.
   (3) 샤임플러그 조건(Scheimpflug)
       편위수정기는 사진면과 투영면이 나란하지 않으면 선명한 상을 맺지 못하는 것으로 이것을 수정하여 화면과 렌즈주점과 투영면의 연장이 항상 한 선에서 일치하도록 하면 투영면상의 상은 선명하게 상을 맺는다. 이것을 샤임플러그 조건이라 한다.

53 대공표지에 대한 설명으로 옳지 않은 것은?

① 대공표지의 상공은 45°이상의 각도로 열어 두어야 한다.
② 대공표지에 쓰이는 재료는 합판, 알루미늄, 합성수지, 직물 등이 사용된다.
③ 그 위치가 촬영 후에 확인되는 다른점으로부터 쉽게 편심 관측되는 점은 생략 가능하다.
④ 주위가 녹색이나 검을 경우는 회백색의 광택색이어야 한다.

해설

대공 표지

표지란 사진측량을 실시하는 데 있어 관측할 점이나 대상물을 사진상에서 쉽게 식별하기 위해 사진촬영 전에 설치하는 것을 말한다. 대공표지는 자연점으로는 정확도를 얻을 수 없는 경우 지상의 표정기준점은 그 위치가 사진상에 명료하게 나타나도록 사진을 촬영하기 전에 대공표지(Air Target, Signal-Point)를 설치할 필요가 있다.

(1) 대공표지의 재질은 주로 내구성이 강한 베니어 합판, 알루미늄판, 합성수지판을 이용한다.
(2) 대공표지 한 변의 최소크기 $d = \dfrac{M}{T}[m]$이다.
   여기서, T : 축척에 따른 상수
   M : 사진축척 분모수
(3) 설치장소는 천장으로부터 45° 이내에 장애물이 없어야 하며, 대공표지판에 그림자가 생기지 않게 하기 위하여 지면에서 30cm 높게 수평으로 고정한다.

54 축척 1:10000 으로 촬영한 연직사진에 대하여 촬영에 사용한 사진기의 초점거리 153mm, 사진크기 23cm×23cm, 종중복도 70%일 때의 기선 고도비는?

① 0.45
② 0.85
③ 1.40
④ 2.85

해설

$$기선고도비 = \frac{B}{H} = \frac{ma(1 - \frac{p}{100})}{mf}$$

$$= \frac{0.23(1 - \frac{70}{100})}{0.153} = 0.45$$

Answer 52 ④ 53 ④ 54 ①

55 항공사진 측량에 의한 지형도 제작 시 필수적인 공정이 아닌 것은?

① 기준점 측량
② 사진촬영
③ 세부도화
④ 지자기 측량

해설

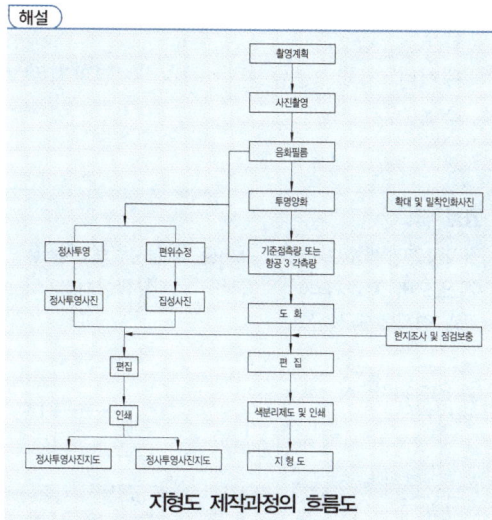

지형도 제작과정의 흐름도

56 원격탐사 센서의 분류 중에 수동방식의 센서가 아닌 것은?

① Radar
② MSS
③ Camera
④ Hyper spectral

해설

Sensor(탐측기)

감지기는 전자기파(electromagnetic wave)를 수집하는 장비로서 수동적 감지기와 능동적 감지기로 대별된다. 受動方式(passive sensor)은 태양광의 반사 또는 대상물에서 복사되는 전자파를 수집하는 방식이고, 能動方式(active sensor)은 대상물에 전자파를 쏘아 그 대상물에서 반사되어 오는 전자파를 수집하는 방식이다.

수동적탐측기	비주사방식	비영상방식	지자기측량		
			중력측량		
			기타		
		영상방식	단일사진기		
			다중파장대사진기		
	주사방식	영상면주사방식	TV사진기(vidicon 사진기)		
			고체주사기		
		대상물면주사방식	다중파장대주사기	Analogue방식	
				Digital방식	MSS
					TM
					HRV
			극초단파주사기(microwave radiometer)		
능동적탐측기	비주사방식		Laser spectrometer		
			Laser 거리측량기		
	주사방식		레이더		
		SLAR	RAR(Rear Aperture Radar)		
			SAR(Synthetic Aperture Radar)		

57 다음의 측량기법(장비) 중 야간에는 자료획득이 불가능한 것은?

① LIDAR
② GPS
③ MSS
④ SAR

해설

MSS는 수동적 센서이며 야간에는 자료 취득이 불가능하다.

58 입체사진측량에서 입체상의 변화에 대한 설명으로 옳지 않은 것은?

① 눈의 위치가 약간 높아짐에 따라 입체상은 더 높게 보인다.
② 렌즈의 초점거리가 긴 쪽의 사진이 짧은 쪽의 사진보다 더 낮게 보인다.
③ 입체상은 촬영기선이 긴 경우가 촬영기선이 짧은 경우보다 더 낮게 보인다.
④ 낮은 촬영고도로 촬영한 사진이 높은 고도로 촬영한 경우보다 더 높게 보인다.

Answer 55 ④ 56 ① 57 ③ 58 ③

[해설]

중복사진을 명시거리에서 왼쪽의 사진을 왼쪽 눈, 오른쪽의 사진을 오른쪽 눈으로 보면 좌우의 상이 하나로 융합되면서 입체감을 얻게 된다. 이것을 입체시 또는 정입체시라 한다.

입체상의 변화

렌즈의 초점거리 변화에 의한 변화	렌즈의 초점거리가 긴 사진이 짧은 사진보다 더 낮게 보인다.
촬영기선의 변화에 의한 변화	촬영기선이 긴 경우 짧은 때보다 높게 보인다.
촬영고도의 차에 의한 변화	촬영고도가 낮은 사진이 높은 사진보다 더 높게 보인다.
눈을 옆으로 돌렸을 때의 변화	눈을 좌우로 움직여 옆에서 바라볼 때 항공기의 방향선상에서 움직이면 눈이 움직이는 쪽으로 기울어져 보인다.
눈의 높이에 따른 변화	눈의 위치가 높아짐에 따라 입체상은 더 높게 보인다.

59 카메라 중 동일한 촬영고도에서 촬영했을 때 가장 많은 대상물을 포함할 수 있는 카메라는?

① 협각카메라
② 보통각카메라
③ 광각카메라
④ 초광각카메라

[해설]

사용 카메라에 의한 분류

종류	렌즈의 화각	화면크기 (cm)	용도	비고
초광각 사진	120°	23×23	소축척도화용	완전평지에 이용
광각 사진	90°	23×23	일반도화, 사진판독용	• 경제적 • 일반도화
보통각 사진	60°	18×18	산림조사용	• 산악지대 • 도심지 촬영 • 정면도 제작
협각 사진	약 60° 이하		특수한 대축척 도화용	특수한 평면도 제작

60 원격탐사의 일반적인 영상처리 순서로 옳게 나열된 것은?

① 데이터 입력→변환처리→전처리→분류처리→출력
② 데이터 입력→전처리→변환처리→분류처리→출력
③ 데이터 입력→분류처리→변환처리→전처리→출력
④ 데이터 입력→분류처리→전처리→변환처리→출력

[해설]

영상처리

원격탐측에 의한 자료는 대부분 화상자료로 취급할 수 있으며 자료처리에 있어서도 디지털화상처리계에 의해 영상을 해석한다.

㉠ 영상처리순서

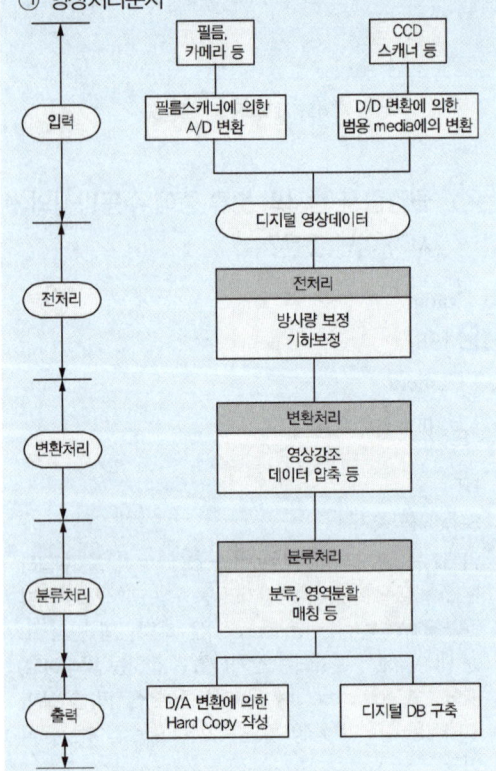

Answer 59 ④ 60 ②

제4과목 | 지리정보시스템

61 단순한 tree 구조를 가지고 있으며 데이터의 갱신은 쉽지만 검색과정이 폐쇄적인 데이터베이스는?

① 객체지향형 데이터베이스
② 네트워크형 데이터베이스
③ 계층형 데이터베이스
④ 관계형 데이터베이스

해설

DBMS 모형의 종류
① H-DBMS(Hierarchical-DBMS, 계급형 DBMS) : 트리구조의 모형으로서 가장 위의 계급을 root(근원)이라 하고, root 역시 레코드 형태를 가지며 모든 레코드는 1:1 또는 1:n의 관계를 갖는다.
  ㉠ 장점
    ⓐ 이해와 갱신이 쉽다.
    ⓑ 다량의 자료에서 필요한 정보를 신속하게 추출할 수 있다.
  ㉡ 단점
    ⓐ 각각의 객체는 단 하나만의 근본 레코드를 갖는다.
    ⓑ 키필드가 아닌 필드에서는 검색이 불가능하다.

62 수치지도 제작에 사용되는 용어에 대한 설명으로 틀린 것은?

① 도곽이라 함은 일정한 크기에 따라 분할된 지도의 가장자리에 그려진 경계선을 말한다.
② 좌표라 함은 좌표계상에서 지형·지물의 위치를 수학적으로 나타낸 값을 말한다.
③ 수치지도작성이라 함은 각종 지형공간정보를 취득하여 전산시스템에서 처리할 수 있는 형태로 제작 또는 변환하는 일련의 과정을 말한다.

④ 메타데이터(metadata)라 함은 작성된 수치지도의 결과가 목적에 부합하는지 여부를 판단하는 기준 데이터를 말한다.

해설

메타데이터(metadata)
메타데이터는 데이터베이스, 레이어, 속성, 공간 형상과 관련된 정보로서 데이터에 대한 데이터로서 정확한 정보를 유지하기 위해 일정주기로 수정 및 갱신을 하여야 한다. 메타데이터란 실제데이터는 아니지만 데이터의 내용, 품질, 조건 및 특징 등을 저장한 데이터로서 데이터의 이력을 말한다.

63 그림은 셀에 대한 국소저항값이다. 보기에서 음영 표시한 셀에서 국소저항이 5인 셀로 이동할 때의 최소비용경로는?

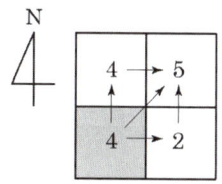

① → N → E
② → E → N
③ → NE
④ → NW

해설

최소비용경로는 북동(NE)방향이다.

64 격자형(Raster) 지리공간자료의 저장 포맷으로 가장 적당한 것은?

① Tiff
② JPG
③ DXF
④ Geotiff

해설

래스터 자료 파일 형식
– TIFF(Tagged Image File Format)
– GeoTiff
– JPEG(Joint Photographic Experts Group)

Answer 61 ③ 62 ④ 63 ① 64 ④

65 두 격자자료의 입력값이 각각 1과 1일 때, 각 논리연산자 AND, OR, XOR에 의한 결과는? (단, AND, OR, XOR의 순서이고, 참일 때 1이고 거짓일 때 0이다.)

① 1-0-1
② 1-1-0
③ 0-1-0
④ 0-1-1

해설

래스터 기반의 지리자료 처리과정에서 중첩분석은 논리 또는 산술연산자를 사용한다.

AND	입력 레이어에 대응하는 셀들의 개별적인 값들을 곱으로 연산 $1 \times 1 = 1$
OR	• 입력 레이어에 대응하는 셀들의 개별적인 값들을 더하기로 연산 • OR은 2의 출력셀 값을 1로 재분류한다. $1+1=2 \rightarrow$ 재분류 : $2=1 \rightarrow \therefore 1$
XOR	• 입력 레이어에 대응하는 셀들의 개별적인 값들을 더하기로 연산 • XOR은 2를 0의 출력셀 값으로 재분류한다. $1+1=2 \rightarrow$ 재분류 : $2=0 \rightarrow \therefore 0$

66 다음 중 지리정보의 형태를 도형정보와 속성정보로 구분할 때 도로와 관련된 속성정보에 해당되지 않는 것은?

① 도로 형상
② 도로 길이
③ 포장 재질
④ 준공 일자

해설

도로형상은 도형정보에 속한다.

67 대상물에 대한 공간정보 구축 시 일반적인 도형정보 표현방법으로 가장 거리가 먼 것은?

① 행정구역 – 면(Polygon)
② 저수지 – 면(Polygon)
③ 소화전 – 면(Polygon)
④ 교량 – 면(Polygon)

해설

1. 벡터 자료구조 : 기호, 도형, 문자 등으로 인식할 수 있는 형태를 말하며 객체들의 지리적 위치를 크기와 방향으로 나타낸다.
2. 기본 요소
   ① 점(Point) : 점은 차원이 존재하지 않으며 대상물의 지점 및 장소를 나타내고 기호를 이용하여 공간형상을 표현한다.
   ② 선(Line) : 선은 가장 간단한 형태로 1차원 대상물은 두 점을 연결한 직선이다. 대축척(면사상), 소축척(선사상)으로 지적도, 임야도의 경계선을 나타내는 데 효과적이다. Arc, String, Chain이라는 다양한 용어로도 사용된다.
      ⊙ Arc : 곡선을 형성하는 점들의 자취를 의미한다.
      ⓒ String : 연속적인 Line segments를 의미한다.
      ⓒ Chain : 시작노드와 끝노드에 대한 위상정보를 가지며 자체꼬임이 허용되지 않은 위상기본요소를 의미한다.
   ③ 면 : 면은 경계선 내의 영역을 정의하고 면적을 가지며, 호수, 삼림을 나타내고 지적도의 필지, 행정구역이 대표적이다.

68 공간정보 자료 형식 중 하나인 벡터데이터에서 연결선(polyline)으로 체인에서 방향이 바뀌는 지점을 나타내는 용어로서 체인상에서 좌표 라벨을 부여받는 점은?

① 레이어(Layer)
② 커버리지(Coverage)
③ 노드(Node)
④ 버텍스(Vertex)

해설

버텍스(Vertex)

버텍스는 chain상에서 좌표라벨을 부여받는 점이다. 즉, Chain에서 방향이 바뀌는 지점이다. Node(선분의 끝점)와는 명확히 다르다.

Answer 65 ② 66 ① 67 ③ 68 ④

69 지리정보시스템(GIS) 데이터베이스에 관한 설명으로 옳지 않은 것은?

① 레코드는 필드를 구성하는 각각의 항목을 말한다.
② 데이터베이스는 초기 구축과 유지관리비용이 높다.
③ 파일베이스 방식에서 데이터베이스 방식으로 발전하였다.
④ GIS에서는 일반적으로 동일 길이 레코드 방식보다는 가변길이 레코드 방식을 선호한다.

해설
데이터 파일은 기록(Record), 영역(Field), 검색자(Key) 세 가지로 구성된다.
① 기록(Record) : 하나의 주제에 관한 자료를 저장한다. 기록은 표에서 행(row)이라고 하며 학생 개개인에 관한 정보를 보여주고 성명, 학년, 전공, 학점의 네 개 필드로 구성되어 있다.
② 영역(Field) : 레코드를 구성하는 각각의 항목에 관한 것을 의미한다. 필드는 성명, 학년, 전공, 학점의 네 개 필드로 구성된다.
③ 검색자(Key) : 파일에서 정보를 추출할 때 쓰이는 필드로서 키로서 사용되는 필드를 키필드라 한다. 표에서는 이름을 검색자로 볼 수 있으며, 그 외의 영역들은 속성영역(Attribute field)이라고 한다.

70 종이도면을 디지타이징할 때 발생하는 오류 중 지적필지가 아니면서 경계부분에서 조각부분이 발생하여 필지로 오인되는 형태의 오류는?

① Overshoot
② Sliver ploygon
③ Undershoot
④ Label 입력오류

해설
Digitizer입력에 따른 오차

구분	내용
Undershoot (못미침)	교차점이 만나지 못하고 선이 끝나는 것
Overshoot (튀어나옴)	교차점을 지나 선이 끝나는 것
Spike (스파이크)	교차점에서 두 개의 선분이 만나는 과정에서 생기는 것
Sliver Polygon (슬리버 폴리곤)	두 개 이상의 Coverage에 대한 오버레이로 인해 Polygon의 경계에 흔히 생기는 작은 영역의 Feature
Overlapping (점, 선의 중복)	점, 선이 이중으로 입력되어 있는 상태
Hangling Node (매달림, 연결선)	한쪽 끝이 다른 연결점이나 절점에 완전히 연결되지 않은 상태의 연결선

71 도형의 위상관계 성질에 해당하지 않는 것은?

① 포함성
② 연결성
③ 동질성
④ 인접성

해설
위상구조 분석	각 공간객체 사이의 관계가 인접성, 연결성, 포함성 등의 관점에서 묘사되며, 스파게티 모델에 비해 다양한 공간분석이 가능하다. ① 인접성(Adjacency) ② 연결성(Connectivity) ③ 포함성(Containment)

72 토지의 이용, 개발, 행정, 다목적 지적 등 토지자원에 관련된 문제 해결을 위한 정보 분석체계는?

① 환경정보체계(EIS)
② 토지정보체계(LIS)
③ 위성측위체계(GNSS)
④ 시설물정보체계(FMS)

Answer 69 ① 70 ② 71 ③ 72 ②

해설

국방정보체계 (NDIS ; Nation Defence Information System)	DTM(Digital Terrain Modeling)을 활용한 가시도 분석, 국방 행정 관련 정보 자료 기반, 작전정보 구축 등에 활용
토지정보체계 (LIS ; Land Information System)	다목적 국토정보, 토지이용 계획 수립, 지형 분석 및 경관 정보 추출, 토지부동산 관리, 지적정보 구축에 활용
도시정보체계 (UIS ; Urban Information System)	도시 현황 파악, 도시계획, 도시 정비, 도시기반시설 관리, 도시행정, 도시 방재 등의 분야에 활용

73 다음 중 지리정보시스템(GIS)의 주요 기능이 아닌 것은?

① 자료처리
② 자료출력
③ 자료복원
④ 자료관리

해설

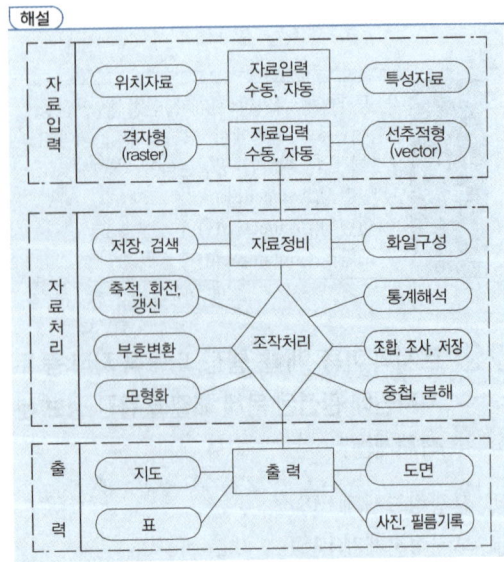

74 공간정보 데이터는 객체들의 위치뿐만 아니라 객체상호간의 상호인접성, 연결성, 근접성 등 공간적 상호관계에 대한 정보도 함께 정의 되는 과정은?

① 객체설정
② 공간설정
③ 위상설정
④ 참조설정

해설

위상구조 분석	각 공간객체 사이의 관계가 인접성, 연결성, 포함성 등의 관점에서 묘사되며, 스파게티 모델에 비해 다양한 공간분석이 가능하다. ① 인접성(Adjacency) ② 연결성(Connectivity) ③ 포함성(Containment)

75 수치지도 제작 · 편집과정에 대한 설명으로 틀린 것은?

① 정위치 편집은 지리조사 및 현지 보완측량 결과를 입력하여 해석도화 자료를 수정 · 보완하는 작업이다
② 해석도화는 사진 상에 나타난 지형의 표면을 일정한 축척으로 수치지도화 하는 작업이다.
③ 도면제작편집은 지도형식의 도면으로 출력하기 위하여 표준도식에 의하여 편집하는 작업이다.
④ 구조화 편집은 정위치 편집된 지형에 대해 3차원 형태로 시각화하는 작업이다.

해설

구조화 편집
수치도면제작에서 도형자료와 속성자료를 연계시키기 위한 일련의 작업으로 공간객체를 조합하여 기하모델로 보정하는 것을 구조화편집이라 한다
구조화 편집은 데이터간의 상관관계를 파악하기 위하여 정위치 편집된 지형에 대해 기하학적인 형태로 구성하여야 한다.

Answer 73 ③ 74 ③ 75 ④

76 지리정보시스템(GIS)의 자료구조 중 벡터형 자료구조의 특징으로 틀린 것은?

① 복잡한 현실세계의 묘사가 가능하다.
② 도형정보의 정확도가 높다.
③ 도형정보와 관련된 속성정보의 추출 및 일반화, 갱신 등이 용이하다.
④ 자료구조가 비교적 단순하다.

해설

벡터와 래스터데이터 구조

	벡터자료
정의	벡터 자료구조는 기호, 도형, 문자 등으로 인식할 수 있는 형태를 말하며 객체들의 지리적 위치를 크기와 방향으로 나타낸다.
장점	• 보다 압축된 자료구조를 제공하며 따라서 데이터 용량의 축소가 용이하다. • 복잡한 현실세계의 묘사가 가능하다. • 위상에 관한 정보가 제공되므로 관망분석과 같은 다양한 공간분석이 가능하다. • 그래픽의 정확도가 높다. • 그래픽과 관련된 속성정보의 추출 및 일반화, 갱신 등이 용이하다.

77 위성영상의 전반에 걸쳐 불규칙한 잡음(speckle noise)이 발생하여 이를 보정하고자 할 때, 다음 중 가장 적합한 방법은?

① 밴드간 비연산처리
② 공간 필터링
③ 히스토그램 확장
④ 주성분 분석 변환

해설

전처리 단계	필터링	필터링이란 격자데이터에 생긴 여러 형태의 잡음(Noise)을 윈도우(필터)를 이용하여 제거하고, 연속적이지 않은 외곽선을 연속적으로 이어주는 영상처리의 과정이다

전처리 단계	세선화	세선화란 격자데이터의 형태를 제대로 반영하면서 대상물의 추출에 별로 영향을 주지 않는 격자를 제거하여 두께가 하나의 격자, 즉 1인 호소로써 격자데이터의 특징적인 골격을 형성하는 작업을 의미한다. 즉, 이전 단계인 필터링에서 불필요한 격자들과 같은 잡음을 제거한 후 해당 격자의 선형을 가늘고 긴 선과 같은 형상으로 만드는 세선화하는 것을 말한다.

78 다음 그림은 6×6 화소 크기의 래스터 데이터를 수치적으로 표현한 것이다. 이 데이터를 중앙값 방법(Median Method)을 적용하여 2×2 화소 크기의 데이터로 영상재배열(resampling)하였을 때의 결과로 옳은 것은?

3	5	1	3	2	2
3	3	3	2	2	2
2	2	2	2	2	2
2	1	2	2	1	3
2	3	2	2	2	2
2	2	2	3	3	3

①
3	2
3	3

②
3	2
2	3

③
2	2
2	3

④
2	2
2	2

해설

6×6 화소를 2×2화소 크기의 데이터로 중앙값 방법을 적용하여 재배열하기 위해서는 3×3화소 크기로 나눈 각 구역의 중앙값을 구해야 한다.

3	5	1
3	3	3
2	2	2

1,2,2,2,3,3,3,3,5 중 중앙값은 3

Answer 76 ④ 77 ② 78 ②

3	2	2
2	2	2
2	2	2

2,2,2,2,2,2,2,2,2 중 중앙값은 2

2	1	3
2	3	2
2	2	2

1,2,2,2,2,2,2,3,3 중 중앙값은 2

2	1	3
2	3	2
3	3	3

1,2,2,2,3,3,3,3,3 중 중앙값은 3

따라서 정답은

3	2
2	3

79 지리정보시스템(GIS)의 자료형식에 관한 설명으로 틀린 것은?

① 래스터 자료형식은 위상관계가 정의되지 않는다.
② 벡터 자료형식은 점, 선, 면으로 구성되어 있다.
③ 벡터 자료형식에서 선과 면 데이터는 반드시 폐합되어야 한다.
④ 래스터 자료형식의 자료압축방법에는 chain code, run-length code 등이 있다.

해설

벡터 구조

	벡터자료
정의	벡터 자료구조는 기호, 도형, 문자 등으로 인식할 수 있는 형태를 말하며 객체들의 지리적 위치를 크기와 방향으로 나타낸다.
장점	• 보다 압축된 자료구조를 제공하며 따라서 데이터 용량의 축소가 용이하다. • 복잡한 현실세계의 묘사가 가능하다. • 위상에 관한 정보가 제공되므로 관망분석과 같은 다양한 공간분석이 가능하다. • 그래픽의 정확도가 높다. • 그래픽과 관련된 속성정보의 추출 및 일반화, 갱신 등이 용이하다.

80 지리정보시스템(GIS)에서 커버리지(coverage) 또는 레이어(layer)에 대한 설명으로 틀린 것은?

① 단일주제와 관련된 데이터 세트를 의미한다.
② 공간자료와 속성자료를 갖고 있는 수치지도를 의미한다.
③ 균등한 특성을 갖는 래스터정보의 기본요소를 의미한다.
④ 하나의 인공위성 영상에 포함되는 지상의 면적을 의미하기도 한다.

해설

① 레이어는 한 주제를 다루는 데 중첩되는 다양한 자료로 한 커버리지의 자료파일을 말한다. 레이어와 커버리지 모두 수치화된 지도형태를 갖지만 수치화된 도형자료만을 나타낸 것이 레이어이고 도형자료와 관련된 속성 데이터를 함께 갖는 수치지도를 커버리지라고 한다. 커버리지는 점, 선, 면, 주기(Annotation)로 구성되어 있다.

② Coverage
컴퓨터 내부에서는 모든 정보가 이진법의 수치 형태로 표현되고 저장되기 때문에 수치지도라 불리는데 그 명칭을 Digital Map, Layer 또는 Digital Layer라고도 하며 커버리지 또한 지도를 Digital화 한 형태의 컴퓨터상의 지도를 말한다.

제5과목 | 측량학

81 트래버스 측량을 실시하는 주요 목적으로 옳은 것은?

① 방위각 계산   ② 좌표의 결정
③ 면적의 계산   ④ 방향의 결정

해설

1. 트래버스 측량 : 여러 개의 측점을 연결하여 생긴 다각형의 각 변의 길이와 방위각을 순차로 측정하고,

Answer 79 ③ 80 ③ 81 ②

그 결과에서 각 변의 위거, 경거를 계산하여 이 점들의 좌표를 결정하여 도상 기준점의 위치를 결정하는 측량을 말한다.

82 삼각점 간 거리가 3km일 때 관측한 수평각의 허용오차를 3″까지 구한다면 관측점 및 시준점의 편심을 고려하지 않아도 되는 한도는?

① 2.1cm ② 2.3cm
③ 4.4cm ④ 8.7cm

해설

$$\theta'' = \frac{l}{D} \cdot \rho''$$

여기서, θ : 각(방향) 오차, D : 수평거리, ρ'' : 20626 5″, l : 위치오차

$$l = \frac{D}{\rho''}\theta'' = \frac{300,000}{206265} \times 3'' = 4.36\text{cm}$$

83 공공측량 작업계획서에 포함되어야 할 사항이 아닌 것은?

① 공공측량의 사업명
② 공공측량의 작업방법
③ 공공측량의 성과심사 수탁기관
④ 사용할 측량기기의 종류 및 성능

해설

공간정보의 구축 및 관리 등에 관한 법률 시행규칙 제21조(공공측량 작업계획서의 제출)
② 제1항에 따른 공공측량 작업계획서에 포함되어야 할 사항은 다음 각 호와 같다.
 1. 공공측량의 사업명
 2. 공공측량의 목적 및 활용 범위
 3. 공공측량의 위치 및 사업량
 4. 공공측량의 작업기간
 5. 공공측량의 작업방법
 6. 사용할 측량기기의 종류 및 성능
 7. 법 제17조제1항에 따라 사용할 측량성과의 명

칭, 종류 및 내용
 8. 그 밖에 작업에 필요한 사항

84 길이 50m인 줄자를 사용하여 1,250m를 관측할 경우 50m에 대한 관측오차가 ±5mm라면 전체 거리에서 발생하는 오차는?

① ±10mm ② ±20mm
③ ±25mm ④ ±30mm

해설

① 측정횟수 $n = \frac{1250}{50} = 25$
② 우연오차 $= \pm \delta\sqrt{n} = \pm 5\sqrt{25} = \pm 25\text{mm}$

85 지형도에 의한 지형의 표시방법에 속하지 않는 것은?

① 횡단점법
② 등고선법
③ 음영법
④ 점고법

해설

지형도에 의한 지형표시법
1. 자연적 도법
  ① 영선법(우모법, Hachuring) : '게바'라 하는 단선상(短線上)의 선으로 지표의 기본을 나타내는 것으로 게바의 사이, 굵기, 방향 등에 의하여 지표를 표시하는 방법
  ② 음영법(명암법, Shading) : 태양광선이 서북쪽에서 45°로 비친다고 가정하여 지표의 기복을 도상에서 2~3색 이상으로 채색하여 지형을 표시하는 방법으로 지형의 입체감이 가장 잘 나타나는 방법
2. 부호적 도법
  ① 점고법(Spot height system) : 지표면상의 표고 또는 수심을 숫자에 의하여 지표를 나타내는 방법으로 하천, 항만, 해양 등에 주로 이용

Answer 82 ③ 83 ③ 84 ③ 85 ①

② 등고선법(Contour System) : 동일표고의 점을 연결한 것으로 등고선에 의하여 지표를 표시하는 방법으로 토목공사용으로 가장 널리 사용
③ 채색법(Layer System) : 같은 등고선의 지대를 같은 색으로 채색하여 높을수록 진하게, 낮을수록 연하게 칠하여 높이의 변화를 나타내며 지리관계의 지도에 주로 사용

86 대통령령으로 정하는 공공측량에 해당되지 않는 것은?

① 측량노선의 길이가 10킬로미터인 기준점측량
② 측량지역의 길이가 0.5킬로미터인 지하시설물측량
③ 측량실시지역의 면적이 1제곱킬로미터인 평면측량
④ 촬영지역 면적이 0.5제곱킬로미터인 측량용 사진촬영

해설

공간정보의 구축 및 관리에 관한 법률 시행령 제3조 (공공측량)

법 제2조 제3호 나목에서 "대통령령으로 정하는 측량"이란 다음 각 호의 측량 중 국토교통부장관이 지정하여 고시하는 측량을 말한다. 〈개정 2013.3.23.〉
1. 측량실시지역의 면적이 1제곱킬로미터 이상인 기준점측량, 지형측량 및 평면측량
2. 측량노선의 길이가 10킬로미터 이상인 기준점측량
3. 국토교통부장관이 발행하는 지도의 축척과 같은 축척의 지도 제작
4. 촬영지역의 면적이 1제곱킬로미터 이상인 측량용 사진의 촬영
5. 지하시설물 측량
6. 인공위성 등에서 취득한 영상정보에 좌표를 부여하기 위한 2차원 또는 3차원의 좌표측량
7. 그 밖에 공공의 이해에 특히 관계가 있다고 인정되는 사설철도 부설, 간척 및 매립사업 등에 수반되는 측량

87 그림과 같이 기선 D=20m, 수평각 α=80°, β=70°, 연직각 V=40°를 관측하였다. P의 높이 H는? (단, A, B, C점은 동일평면인 지상에 있고 P점은 목표점이다.)

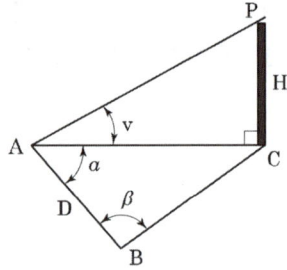

① 31.54m ② 44.80m
③ 49.07m ④ 58.48m

해설

$$\frac{20}{\sin 30°} = \frac{x}{\sin 70°}$$

$$x = \frac{\sin 70°}{\sin 30°} \times 20 = 37.59\text{m}$$

$$\frac{H}{\sin 40°} = \frac{37.59}{\sin 50°}$$

$$\therefore H = \frac{\sin 40°}{\sin 50°} \times 37.59 = 31.54\text{m}$$

88 정방형 토지의 면적을 구하기 위하여 30m 줄자로 변의 길이를 관측하고 면적을 계산한 결과 1,024m²이었다. 그러나 줄자가 기준자와 비교하여 5cm 늘어나 있었다면 이 토지의 실제 면적은?

① 1025.4m² ② 1026.4m²
③ 1027.4m² ④ 1028.4m²

해설

$$\left(\frac{부정거리}{실제거리}\right)^2 = \frac{실제면적}{관측면적}$$

$$실제면적 = \frac{부정거리^2}{실제거리^2} \times 관측면적$$

Answer 86 ④ 87 ① 88 ③

$$= \frac{30.05^2}{30^2} \times 1024 = 1027.4 \text{m}^2$$

89 공공측량성과의 심사에 관한 설명으로 옳지 않은 것은?

① 공공측량성과의 제출 및 심사에 필요한 사항은 대통령령으로 정한다.
② 국토교통부장관은 심사 결과 공공측량성과가 적합하다고 인정되면 대통령령으로 정하는 바에 따라 그 측량성과를 고시하여야 한다.
③ 국토교통부장관은 공공측량성과의 사본을 받았으면 지체없이 그 내용을 심사하여 그 결과를 해당 공공측량시행자에게 통지하여야 한다.
④ 공공측량시행자는 공공측량성과를 얻은 경우에는 지체없이 그 사본을 국토교통부장관에게 제출하여야 한다.

해설

공간정보의 구축 및 관리에 관한 법률 제18조(공공측량성과의 심사)
① 공공측량시행자는 공공측량성과를 얻은 경우에는 지체 없이 그 사본을 국토교통부장관에게 제출하여야 한다.〈개정 2013.3.23.〉
② 국토교통부장관은 필요하다고 인정하면 공공측량시행자에게 공공측량기록의 사본을 제출하도록 할 수 있다.〈개정 2013.3.23.〉
③ 국토교통부장관은 제1항에 따라 공공측량성과의 사본을 받았으면 지체 없이 그 내용을 심사하여 그 결과를 해당 공공측량시행자에게 통지하여야 한다.〈개정 2013.3.23.〉
④ 국토교통부장관은 제3항에 따른 심사 결과 공공측량성과가 적합하다고 인정되면 대통령령으로 정하는 바에 따라 그 측량성과를 고시하여야 한다.〈개정 2013.3.23.〉
⑤ 공공측량성과의 제출 및 심사에 필요한 사항은 국토교통부령으로 정한다.

90 축척 1:300 지형도를 기초로 하여 같은 크기의 축척 1:5000지형도를 만들 때 필요한 축척 1:300 지형도는?

① 약 17매
② 약 144매
③ 약 289매
④ 약 582매

해설

$\frac{5,000}{300} = 16.667 ≒ 17$

면적비는 축척$(\frac{1}{m})^2$에 비례한다.

∴ $17^2 = 289$매

[다른 방법]
면적비 $= (\frac{5,000}{3000})^2 = 277.8$매 $= 278$매

91 경사면을 따라 거리를 관측할 때 경사에 의한 최대 오차가 1/1000 이라면, 경사각(α)의 최대 허용 오차는? (단, 경사에 의한 최대 오차 $= \frac{BB'}{AB} = \frac{1}{1000}$)

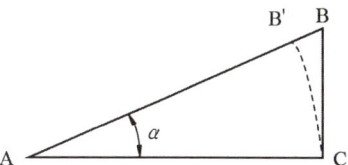

① $0°00'34''$
② $1°34'40''$
③ $2°33'42''$
④ $3°34'42''$

해설

$$\text{정도} = \frac{\text{오차}}{\text{거리}} = \frac{\frac{h^2}{2L}}{L} = \frac{h^2}{2L^2} = \frac{1}{1,000}$$

$\sin\alpha = \frac{h}{L} = \frac{\overline{BC}}{\overline{AB}}$ 에서

$\sin^2\alpha = \frac{h^2}{L^2}$ 이므로

$\frac{h^2}{L^2} = \frac{2}{1,000} = \sin^2\alpha$

∴ $\alpha = \sin^{-1}\sqrt{\frac{2}{1,000}} = 2°33'47.52''$

Answer 89 ① 90 ③ 91 ③

92 측량기준점의 국가기준점에 대한 설명으로 옳은 것은?

① 수준점 : 수로조사 시 해양에서의 수평위치와 높이, 수심 측정 및 해안선 결정 기준으로 사용하기 위하여 정한 기준점
② 중력점 : 지구자기 측정의 기준으로 사용하기 위하여 정한 기준점
③ 통합기준점 : 지리학적 경위도, 직각좌표 및 지구중심 직교좌표의 측정 기준으로 사용하기 위하여 대한민국 경위도원점을 기초로 정한 기준점
④ 삼각점 : 지리학적 경위도, 직각좌표 및 지구중심 직교좌표 측정의 기준으로 사용하기 위하여 위성기준점 및 통합기준점을 기초로 정한 기준점

해설

해설)국가기준점
공간정보의 구축 및 관리 등에 관한 법률 시행령 제8조 (측량기준점의 구분)

국가기준점	측량의 정확도를 확보하고 효율성을 높이기 위하여 국토교통부장관이 전 국토를 대상으로 주요 지점마다 정한 측량의 기본이 되는 측량기준점
㈜주측지 기준점	국가측지기준계를 정립하기 위하여 전 세계 초장거리간섭계와 연결하여 정한 기준점
㈜성기준점	지리학적 경위도, 직각좌표 및 지구중심 직교좌표의 측정 기준으로 사용하기 위하여 대한민국 경위도원점을 기초로 정한 기준점
㈜합기준점	지리학적 경위도, 직각좌표, 지구 중심 직교좌표, 높이 및 중력 측정의 기준으로 사용하기 위하여 위성기준점, 수준점 및 중력점을 기초로 정한 기준점
중력점	중력 측정의 기준으로 사용하기 위하여 정한 기준점
㈜자기점 (地磁氣點)	지구자기 측정의 기준으로 사용하기 위하여 정한 기준점
㈜준점	높이 측정의 기준으로 사용하기 위하여 대한민국 수준원점을 기초로 정한 기준점

㈜해기준점	우리나라의 영해를 획정(劃定)하기 위하여 정한 기준점(삭제 2021.2.9.)
㈜로기준점	수로조사 시 해양에서의 수평 위치와 높이, 수심 측정 및 해안선 결정 기준으로 사용하기 위하여 위성기준점과 법 제6조 제1항 제3호의 기본수준면을 기초로 정한 기준점으로서 수로측량기준점, 기본수준점, 해안선기준점으로 구분한다.(삭제 2021.2.9.)
㈜각점	지리학적 경위도, 직각좌표 및 지구중심 직교좌표 측정의 기준으로 사용하기 위하여 위성기준점 및 통합기준점을 기초로 정한 기준점

93 그림과 같은 수준측량 결과에 따른 B점의 지반고는? (단, A점의 지반고는 30m이다.)

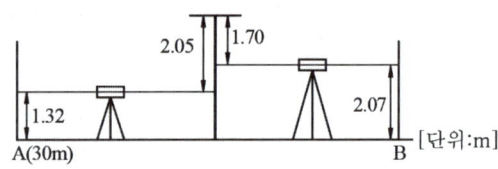

① 28.90m
② 29.60m
③ 33.74m
④ 37.14m

해설

$H_B = H_A + i + 2.05 - 1.7 - 2.07$
$\quad = 30 + 1.32 + 2.05 - 1.7 - 2.07 = 29.60m$

94 1회 관측에서 ±4mm의 우연오차가 발생하였다면 4회 관측하였을 때의 우연오차는?

① ±2.0mm
② ±3.0mm
③ ±4.0mm
④ ±8.0mm

해설

$m_1 : \sqrt{n_1} = m_2 : \sqrt{n_2}$
$m_2 = \dfrac{\sqrt{n_2}}{\sqrt{n_1}} \times m_2 = \dfrac{\sqrt{4}}{\sqrt{1}} \times 4 = ±8.0mm$

Answer 92 ④ 93 ② 94 ④

95
국가공간정보 기본법에 따라 "공간정보를 효율적으로 관리 및 활용하기 위하여 자연적 또는 인공적 객체에 부여하는 공간정보의 유일식별번호"로 정의되는 것은?

① 유일정보번호 ② 객체고유등록번호
③ 공간객체등록번호 ④ 객체관리번호1

해설

공간정보 기본법 제2조 (정의)

공간정보	"공간정보"란 지상·지하·수상·수중 등 공간상에 존재하는 자연적 또는 인공적인 객체에 대한 위치정보 및 이와 관련된 공간적 인지 및 의사결정에 필요한 정보를 말한다.
공간객체등록번호	"공간객체등록번호"란 공간정보를 효율적으로 관리 및 활용하기 위하여 자연적 또는 인공적 객체에 부여하는 공간정보의 유일식별번호를 말한다.

96
세계측지계로의 지도제작 시 사용되는 직각좌표계 투영원점 가산수치로 옳은 것은?

① X(N): 600,000m, Y(E): 200,000m
② X(N): 500,000m, Y(E): 200,000m
③ X(N): 600,000m, Y(E): 100,000m
④ X(N): 500,000m, Y(E): 100,000m

해설

[별표 2] 〈개정 2015.6.1.〉
직각좌표의 기준(제7조제3항 관련)
1. 직각좌표계 원점

명칭	원점의 경위도	투영원점의 가산(加算) 수치	원점축척계수	적용 구역
서부좌표계	경도: 동경 125° 00′ 위도: 북위 38° 00′	X(N) 600,000m Y(E) 200,000m	1.0000	동경 124°~126°
중부좌표계	경도: 동경 127° 00′ 위도: 북위 38° 00′	X(N) 600,000m Y(E) 200,000m	1.0000	동경 126°~128°
동부좌표계	경도: 동경 129° 00′ 위도: 북위 38° 00′	X(N) 600,000m Y(E) 200,000m	1.0000	동경 128°~130°
동해좌표계	경도: 동경 131° 00′ 위도: 북위 38° 00′	X(N) 600,000m Y(E) 200,000m	1.0000	동경 130°~132°

97
축척 1 : 5000 지형도에서 면적 8km²의 토지에 대한 도상면적은?

① $0.0032m^2$ ② $0.032m^2$
③ $0.32m^2$ ④ $32m^2$

해설

$$\left(\frac{1}{m}\right)^2 = \frac{도상면적}{실제면적}$$

$$도상면적 = \frac{8,000,000}{5,000^2} = 0.32m^2$$

98
연속적인 측량이 가능한 토털스테이션을 사용하여 등고선을 측정하는 방법에 대한 설명으로 옳지 않은 것은?

① 측점으로부터의 기계고를 측정한다.
② 프리즘의 높이는 임의로 하여 수시로 변경하는 것이 편리하다.
③ 토털스테이션을 추적모드(tracking mode)로 설정하고 측정할 등고선의 높이를 입력한다.
④ 높이를 알고 있는 측점에 토털스테이션을 설치하거나, 기준점을 관측하여 측점의 높이를 결정한다.

해설

토털스테이션(Total Station)
각노와 거리를 동시에 관측할 수 있는 기능이 함께 갖추어져 있는 측량기로서 전자식 테오도라이트와 광파거리측량기를 조합한 측량기이다. 마이크로세서에서 자료를 짧은 시간에 처리하거나 표시하고, 결과를 출력하는 전자식 거리 및 각 측정기기이다.
프리즘의 높이를 임의로 변경하게 되면 정확한 높이값을 관측할 수 없다.

99
측량기본계획은 몇 년마다 수립하여야 하는가?

① 2년 ② 3년
③ 5년 ④ 10년

Answer 95 ③ 96 ① 97 ③ 98 ②

> **[해설]**
> 공간정보의 구축 및 관리 등에 관한 법률 제5조 (측량 기본계획 및 시행계획)
> ① 국토교통부장관은 다음 각 호의 사항(수로조사에 관한 사항은 제외한다)이 포함된 측량기본계획을 5년마다 수립하여야 한다.
> 1. 측량에 관한 기본 구상 및 추진 전략
> 2. 측량의 국내외 환경 분석 및 기술연구
> 3. 측량산업 및 기술인력 육성 방안
> 4. 그 밖에 측량 발전을 위하여 필요한 사항

100 우리나라 측량의 기준으로써 위치 측정의 기준인 세계측지계에 대한 설명으로 옳지 않은 것은?

① 지구를 편평한 회전타원체로 상정하여 실시하는 위치측정의 기준이다.
② 극지방의 지오이드가 회전타원체 면과 일치하여야 한다.
③ 회전타원체의 단축이 지구의 자전축과 일치하여야 한다.
④ 회전타원체의 중심이 지구의 질량중심과 일치하여야 한다.

> **[해설]**
> 공간정보의 구축 및 관리 등에 관한 법률 시행령」 제7조(세계측지계 등)
> ① 법 제6조제1항에 따른 세계측지계(世界測地系)는 지구를 편평한 회전타원체로 상정하여 실시하는 위치측정의 기준으로서 다음 각 호의 요건을 갖춘 것을 말한다.
> 1. 회전타원체의 장반경(長半徑) 및 편평률(扁平率)은 다음 각 목과 같을 것
>   가. 장반경: 6,378,137미터
>   나. 편평률: 298.257222101분의 1
> 2. 회전타원체의 중심이 지구의 질량중심과 일치할 것
> 3. 회전타원체의 단축(短軸)이 지구의 자전축과 일치할 것

Answer 99 ③ 100 ②

제5회 측량 및 지형공간정보

제1과목 | 측지학 및 위성측위시스템

01 지자기 측량에서 필요한 보정이 아닌 것은?

① 지자기장의 일변화 및 기계오차에 의한 보정
② 태양 고도각 보정
③ 기준점 보정
④ 온도 보정

해설

1. 지자기 보정 : 지자기장의 위치변화에 따른 보정과 지자기장의 일변화 및 기계오차에 의한 시간적 변화에 따른 보정 및 기준점보정, 온도보정 등이 있다.
   ① 자기장의 위치에 따른 보정 : 위도보정으로서 수학적인 표현은 복잡하기 때문에 전세계적으로 관측된 지자기장의 표준값을 등자기선으로 표시한 자기분포도를 사용한다.
   ② 관측시간에 따른 보정 : 관측장소 부근의 일변화 곡선을 작성하여 보정하는 것
   ③ 기준점 보정 : 관측장비에 충격을 가하든가 하면 자침의 평행위치는 쉽게 변하므로 관측구역 부근에 기준점을 설정하고 1일 수회 기준점에 돌아와 동일한 관측값을 얻는지 확인하여 보정을 하여야 한다.

02 다음의 GPS를 이용한 측량방법 중 가장 정밀한 위치결정 방법으로 기준점측량이나 학술목적으로 주로 사용되는 방법은?

① 정지(Static) 측량
② 이동(Kinematic) 측량
③ 네트워크 RTK(Real Time Kinematic) 측량
④ RTK(Real Time Kinematic) 측량

해설

정지측량(Static Surveying) : 2대 이상의 GPS 수신기를 이용하여 1대는 고정점에, 다른 1대는 미지점에 동시에 수신기를 설치하여 관측하는 기법이다.
① 3대 이상의 수신기를 이용하여 기지점과 미지점을 동시에 관측한다.(세션 관측)
② 각 수신기의 데이터 수신시간은 최소 30분 이상 관측한다.
③ 정밀 기준점측량에 사용하며, 오차의 크기는 cm 정도이다.

03 지구를 반지름이 6,400km인 구(球)라고 가정했을 때 위도 30°, 경도 60°, 높이(h) 0m인 지점의 지심직각좌표계상 좌표값 중 z 좌표는? (단, 지구의 회전축을 z축으로 한다.)

① 2,520km
② 3,200km
③ 5,217km
④ 6,400km

해설

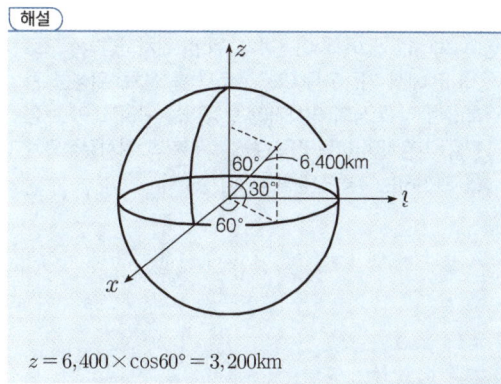

$z = 6,400 \times \cos 60° = 3,200 \text{km}$

Answer 1 ② 2 ① 3 ②

04 L1 반송파에 탑재된 신호가 아닌 것은?

① P코드 ② C/A코드
③ 항법메시지 ④ CM코드

해설

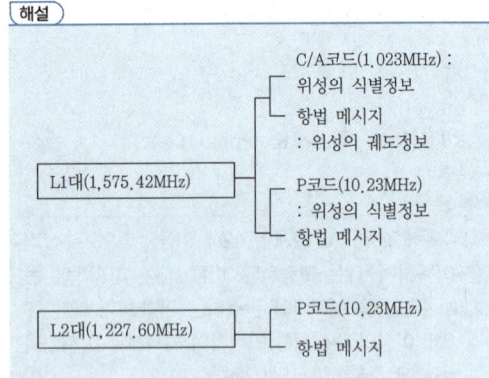

05 DGPS 측위에 대한 설명 중 틀린 것은?

① 위치를 알고 있는 기지점과 위치를 모르는 미지점에서 동시에 관측한다.
② 동시에 수신 가능한 위성이 최소한 4개가 필요하다.
③ 기지점과 미지점의 거리가 길수록 측위정확도가 높다.
④ 기지점과 미지점에서의 오차가 유사할 것이라는 가정을 이용한다.

해설

DGPS(Differential GPS)
DGPS는 이미 알고 있는 기지점좌표를 이용하여 오차를 최대한 줄여서 이용하기 위한 위치결정방식으로 기지점에서 기준국용 GPS 수신기를 설치, 위성을 관측하여 각 위성의 의사거리 보정값을 구하고 이 보정값을 이용하여 이동국용 GPS 수신기의 위치결정오차를 개선하는 위치결정방식이다.

06 성과표에서 삼각점 A에 대한 진북방향각이 $\alpha = +0°16'42''$일 때 시준점 B에 대한 방향각이 $75°32'51''$라면 AB 측선의 방위각은?

① $75°16'09''$ ② $75°49'33''$
③ $255°16'09''$ ④ $255°49'33''$

해설

AB 측선의 방위각
= B에 대한 방향각 − A에 대한 진북방향각
= $75°32'51'' - 0°16'42'' = 75°16'09''$

07 GPS 측량의 기준좌표계인 WGS 84(World Geodetic System 1984)에 대한 설명으로 옳지 않은 것은?

① 전 세계적으로 측정해 온 지구의 중력장과 지구 모양을 근거로 해서 만들어진 좌표계이다.
② X축은 국제시보국(BIH)에서 정의한 본초자오선과 평행한 평면이 지구 적도면과 교차하는 선이다.
③ Y축은 X축과 Z축이 이루는 평면에 서쪽으로 수직인 방향으로 정의된다.
④ Z축은 1984년 국제시보국(BIH)에서 채택한 평균극축(CTP)과 평행하다.

해설

WGS 84(World Geodetic System 1984)
① 원점은 지구의 질량중심이다.
② Z축은 CTP의 BIH의 자전축과 평행한 방향이다.
③ X축은 적도면과 그리니치 자오선이 교차하는 방향이다.
④ Y축은 Z축과 X축이 이루는 평면에 동쪽으로 수직인 방향이다.
⑤ CTP 방향선에 직교하고 지구중심을 지나는 면이 적도면이다.

Answer 4 ④ 5 ③ 6 ① 7 ③

08 경도 0°인 그리니치(Greenwich) 자오선에 대한 평균태양시인 세계시에 해당되지 않는 것은?

① UT0 ② UT1
③ UT2 ④ UT3

해설

세계시(世界時)
표준시의 세계적인 표준시간대는 경도 0도인 영국의 그리니치를 중심으로 하며 그리니치 자오선에 대한 평균태양시를 세계시라 한다.(서경)
$UT = LST - a_{m.s} + \lambda + 12^h$ (세계시=지방시-평균태양시 적경+관측점의 경도+12시간)
한편, 지구의 자전운동은 극운동과 계절적 변화의 영향으로 항상 균일한 것은 아니다. 이러한 영향을 고려하지 않는 세계시를 UT0라 한다.
- UT0 : 이러한 영향을 고려하지 않는 세계시. 전세계가 같은 시간이다.
- UT1 : 극 운동을 고려한 세계시. 전세계가 다른 시간이다.
- UT2 : UT1에 계절변화를 고려한 것으로 전세계가 다른 시각이다.
$UT2 = UT1 + \Delta_S = UT0 + \Delta\lambda + \Delta_S$

09 GPS의 활용분야와 가장 관계가 먼 것은?

① 지각변동 관측
② 실내 건축인테리어
③ 측지기준망의 설정
④ 지형공간정보 획득 및 시설물 유지관리

해설

GPS의 활용분야
① 측지측량 분야 ② 해상측량 분야
③ 교통 분야   ④ 지도제작 분야
⑤ 항공 분야   ⑥ 우주 분야
⑦ 레저 스포츠 분야
⑧ 군사용
⑨ GIS 및 DB 구축 등

10 GNSS에서 두 개의 주파수를 사용하는 주된 이유는?

① 전리층의 효과를 제거(보정)하기 위해
② 수신기 오차를 제거(보정)하기 위해
③ 시계오차를 제거(보정)하기 위해
④ 다중 반사를 제거(보정)하기 위해

해설

1. 전리층 오차
   전리층 오차는 이중주파수의 사용으로 감소시킬 수 있다. 즉 2개의 주파수로 방송되는 이유는 위성 궤도와 지표면 중간에 있는 전리층의 영향을 보정하기 위함이다.(L_2파: 전리층 지연량 보정기능)

11 지자기측량에 관한 설명으로 옳지 않은 것은?

① 지자기는 그 방향과 크기를 구함으로써 결정된다.
② 지자기의 3요소란 수평분력, 편각 및 복각을 말한다.
③ 북반구에서 복각은 음(-)의 값으로 나타난다.
④ 편각이란 진북과 수평분력이 이루는 각을 말한다.

해설

지자기측량
지자기 측량은 중력측량과 함께 지하측량에 많이 이용되는 측량으로, 중력측량은 지하물질의 밀도 차이가 원인이 되지만, 시사기 측량은 지하물질의 자성의 차이가 원인이 된다. 북반구에서는 자침의 N 극은 수평면의 아래 쪽을 향하여 복각 I 는 양의 값이며, 남반구에서는 이와 반대가 되어 음의 값이다
⇨ 지자기 3요소

편각	수평분력 H가 진북과 이루는 각. 지자기의 방향과 자오선이 이루는 각
복각	전자장 F와 수평분력 H가 이루는 각. 지자기의 방향과 수평면과 이루는 각
수평분력	전자장 F의 수평성분. 수평면 내에서의 지자기장의 크기(지자기의 강도)를 말하며, 지자기의 강도를 전자력의 수평방향의 성분을 수평분력, 연직방향의 성분을 연직분력이라 한다.

Answer 8 ④ 9 ② 10 ① 11 ③

12 해안선을 결정하기 위한 기준면으로 사용되는 것은?

① 평균해수면 ② 평균최저간조면
③ 약최고고조면 ④ 텔루로이드면

해설

표고의 기준	내 용
육지표고 기준	평균해수면 (중등조위면, Mean Sea Level : MSL)
해저수심, 간출암 (干出岩) 의 높이, 저조선 (低潮線)	평균최저간조면 (Mean Lowest Low Level : MLLW)
해안선 (海岸線)	해면이 평균최고고조면(Mean Highest High Water Level : MHHW)에 달하였을 때 육지와 해면의 경계로 표시한다.

[해안선과 수심]

13 위도 38°, 경도 127°인 지점의 묘유선의 곡률반지름(N)이 2300km, 타원체고(h)가 130m 이었다. 이 지점의 3차원 직각좌표중 Y 좌표값은 약 얼마인가?

① 1447549m ② 2447549m
③ 3447549m ④ 4447549m

해설

$X_Q = (N+H)\cos\phi\cos\lambda$
$\quad = (2,300,000+130) \times \cos 38° \times \cos 127°$
$\quad = -1,090,806.1m$

$Y_Q = (N+H)\cos\phi\sin\lambda$
$\quad = (2,300,000+130) \times \cos 38° \times \sin 127°$
$\quad = 1,447,548.6m$

$Z_Q = \{N(1-e^2)+H\}\sin\phi$

14 지구의 곡률로부터 생기는 길이의 오차를 1/2000000까지 허용할 때, 평면을 간주할 수 있는 범위의 반지름은? (단, 지구의 곡률 반지름은 6370km로 한다.)

① 22.0km ② 15.0km
③ 10.2km ④ 7.8km

해설

평면으로 간주할 수 있는 범위
$(D) = \sqrt{\dfrac{12 \cdot R^2}{m}} = \sqrt{\dfrac{12 \times 6,370^2}{2,000,000}} = 15.6km$

지름이 15.6km이므로 반지름 7.8km까지를 평면으로 보고 측량한다.

15 GPS에서 사용하고 있는 좌표계는?

① NDA84 ② PZ30
③ WGS84 ④ BESSEL

해설

WGS 84 좌표
WGS 84는 여러관측장비를 가지고 전세계적으로 측정해온 중력측량으로 중력장과 지구형상을 근거로 만들어진 지심좌표계이다.
① 지구의 질량중심에 위치한 좌표원점과 X, Y, Z축으로 정의되는 좌표계이다.
② Z축은 1984년 BIH(국제시보국)에서 채택한 지구자전축과 평행하다.
③ X축은 BIH에서 정의한 본초자오선과 평행한 평면이 지구 적도선과 교차하는선이다.
④ Y축은 X축과 Z축이 이루는 평면에 동쪽으로 수직인 방향이다.

Answer 12 ③ 13 ① 14 ④ 15 ③

16 UTM좌표에 대한 설명이 틀린 것은?

① 지구전체를 경도6°씩 60개의 구역으로 나누고 각 종대의 중앙자오선과 적도의 교점을 원점으로 한다.
② 원통도법인 횡축메르카토르(TM)투영법으로 등각투영 한다.
③ 종대에서 위도는 남·북위 70°까지만 포함시키며 다시 7°간격으로 20구역으로 나눈다.
④ 좌표의 표시는 중앙자오선과 적도를 종축과 횡축으로 정하여 미터(m)로 표기한다.

해설

UTM좌표

UTM좌표는 국제횡메르카토르 투영법에 의하여 표현되는 좌표계이다. 적도를 횡축, 자오선을 종축으로 한다. 투영방식, 좌표변환식은 TM과 동일하나 원점에서 축척계수를 0.9996으로하여 적용범위를 넓혔다.

① 종대
  ㉠ 지구전체를 경도 6°씩 60개구역으로 나누고, 각 종대의 중앙자오선과 적도의 교점을 원점으로 하여 원통도법인 횡메르카토르 투영법으로 등각투영 한다.
  ㉡ 각 종대는 180°W자오선에서 동쪽으로 6°간격으로 1~60까지 번호를 붙인다.
  ㉢ 중앙자오선에서의 축척계수는 0.9996m이다.
  (축척계수: $\dfrac{평면거리}{구면거리} = \dfrac{s}{S} = 0.9996$)

17 나침반의 침로를 일정하게 유지하였을 때 항적은 그 선내의 어느 곳에서든 항상 자오선에 대해 일정한 방위각을 갖는 선형이 되는데 이를 무엇이라 하는가?

① 측지선
② 묘유선
③ 항정선
④ 연직선

해설

| 항정선
(航程線,
等方位線,
斜航線,
rhumb line,
loxodrome) | 자오선과 항상 일정한 각도를 유지하는 지표의 선으로서 그 선내의 각 점에서 방위각이 일정한 곡선이다. 한 점에서 출발한 등방위선은 극으로 갈수록 나선 모양으로 수렴(收斂)하게 되며 항공기나 선박이 항상 일정한 방위로 항행을 계속한다면 그 궤적은 등방위선을 이루게 되며 결국에는 북극 또는 남극에 도달하게 될 것이다. |

18 지역타원체와 세계타원체 간와 3차원 좌표 변환과 관련이 없는 것은?

① Transverse Mercator 방법
② 표준 Molodensky 변환방법
③ Molodensky-Badekas 모델에 의한 7변수
④ Bursa-Wolf 모델에 의한 7변수

해설

좌표변환방법

7Parameter 방법	7개의 변환계수를 적용하여 상이한 두 직각 좌표 간의 변환
MRE 방법 (회귀다항식법)	MRE방법은 Tokyo Datum(우리나라 포함)을 WGS84로 변환하는 식이며 좌표 보정량을 구하여 Tokyo Datum에 기준한 좌표값에 더해주면 WGS84 좌표계를 얻을 수 있다.
Molodensky 방법	WGS84 및 Bessel 타원체의 준거한 경위도 좌표 편차량(Δλ, ΔY, ΔH)을 도출하여 Molodensky 변환식으로 도출하고 이를보정하여 변환을 수행한다.

19 지표면상의 구면 삼각형 △ABC의 세 각을 관측한 결과 ∠A = 51°30′, ∠B = 65°35′, ∠C = 64°25′ 이었다면 구면 삼각형의 면적은? (단, 지구반지름 R = 6,350km이며, 측각오차는 없는 것으로 가정한다.)

① 1,055,640.6km²
② 1,269,987.6km²
③ 1,298,366.4km²
④ 1,596,427.4km²

[해설]

구과량$(\varepsilon) = (A+B+C) + 180°$
$= (51°30′ + 65°35′ + 64°25′) + 180°$
$= 1°30′00″$
$= 5400″$

$A = \dfrac{R^2 \varepsilon}{\rho″} = \dfrac{6350^2 \times 5400″}{206265″} = 1055639.59 \text{km}^2$

20 GNSS 측량 방법 중 〈보기〉가 설명하고 있는 방법은?

〈보기〉
이 방법은 기존의 Network RTK GNSS측량 방식이 기지국에 1대, 이동국에 1대, 총 2대의 수신기를 필요로 했던 방식을 상시관측소를 기준국으로 사용함으로써 1대의 수신기와 블루투스 통신이 가능한 1대의 휴대전화로 실시간 위성측량이 가능하다.

① DGPS
② SLR
③ Pseudo Kinematic
④ VRS

[해설]

VRS(Virtual Reference Stations : 가상기지국)VRS는 위치기반서비스를 하기 위해 GPS 위성수신방식과 GPS 기지국으로부터 얻은 정보를 통합하여 임의의 지점에서 단말기 또는 휴대폰을 통하여 그 지점에서 정보를 얻기 위한 가상의 기지국을 말한다.

제2과목 | 응용측량

21 하천의 유속측정에 있어서 수면으로부터 수심(H)의 0.2H, 0.6H, 0.8H인 지점의 유속이 각각 12.783m/s, 12.863m/s, 1.821m/s일 때 3점법에 의한 평균유속은?

① 12.321m/s
② 12.421m/s
③ 12.833m/s
④ 12.933m/s

[해설]

① 1점법(V_m) : 수면으로부터 수심 0.6H
② 2점법(V_m) : $\dfrac{V_{0.2} + V_{0.8}}{2}$
③ 3점법(V_m) : $\dfrac{V_{0.2} + 2V_{0.6} + V_{0.8}}{4}$
④ 4점법(V_m) :
$\dfrac{1}{5}\left\{V_{0.2} + V_{0.4} + V_{0.6} + V_{0.8} + \dfrac{1}{2}(V_{0.2} + \dfrac{1}{2}V_{0.8})\right\}$

∴ 3점법 = $\dfrac{12.783 + 2 \times 12.863 + 12.821}{4}$
$= 12.8325 \text{m/sec}$

22 교각 60°, 곡선반지름 150m인 단곡선을 설치할 때, 직선과 원곡선 사이에 완화곡선을 설치하면 완화곡선의 길이는? (단, 완화곡선 매개변수는 120m이다.)

① 5.3m
② 53m
③ 9.6m
④ 96m

[해설]

$A^2 = RL$에서 $L = \dfrac{A^2}{R} = \dfrac{120^2}{150} = 96$m

23 도로의 종단면도에 기입하는 사항이 아닌 것은?

① 추가말뚝의 추가거리, 측점 간의 거리
② 계획고, 지반고

Answer 19 ① 20 ④ 21 ③ 22 ④ 23 ④

③ 절·성토고, 계획선의 경사
④ 절·성토 단면적, 절·성토량

해설
종단면도에 기입하는 사항
① 관측점 위치
② 관측점 간의 수평거리
③ 각 관측점의 기점에서의 누가거리
④ 각 관측점의 지반고 및 고저기준점의 높이
⑤ 관측점에서의 계획고
⑥ 지반고와 계획고의 차(성토, 절토별)
⑦ 계획선의 경사

24 표고와 면적을 측량한 결과가 그림과 같았다면 전체 토공량은? (단, 각 구역의 크기는 동일하고, 기준면의 표고는 0m이다.)

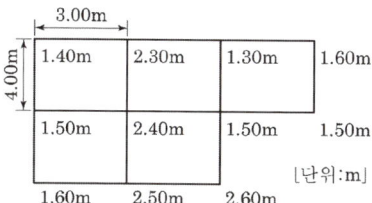

① 110m³
② 114m³
③ 119m³
④ 120m³

해설
$\sum h_1 = 1.4+1.6+1.5+2.6+1.6 = 8.7$
$\sum h_2 = 2.3+1.3+2.5+1.5 = 7.6$
$\sum h_3 = 1.5$
$\sum h_4 = 2.4$
$V = \dfrac{A}{4}(\sum h_1 + 2\sum h_2 + 3\sum h_3 + 4\sum h_4)$
$= \dfrac{4 \times 3}{4}(8.7+2\times 7.6+3\times 1.5+4\times 2.4) = 114\text{m}^3$
(단, $A = a \times b$)

25 각 구간의 평균유속이 표와 같을 때, 그림과 같은 단면을 갖는 하천의 유량은?

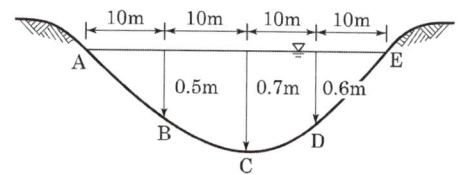

단면	A-B	B-C	C-D	D-E
평균유속(m/s)	0.05	0.3	0.35	0.06

① 4.38m3/s
② 4.83m3/s
③ 5.38m3/s
④ 5.83m3/s

해설
$Q = A \cdot V_m = (2.5\times 0.05)+(6\times 0.3)+(6.5\times 0.35)+(3\times 0.06) = 4.38\text{m}^3/\sec$
참고) $2.5 = 10\times 0.5 \div 2$
$6 = 0.5+0.7\times 10 \div 2$
$6.5 = 0.7+0.6\times 10 \div 2$
$3 = 10\times 0.6 \div 2$

26 하천측량에서 평균유속을 3점법으로 구하고자 할 때의 공식으로 옳은 것은? (단, $V_m =$ 평균유속, V02, V0.4, V0.6, V0.8=수면에서 수심의 20%, 40%, 60%, 80% 되는 곳의 유속)

① $V_m = \dfrac{V_{0.2}+V_{0.6}+V_{0.8}}{3}$
② $V_m = \dfrac{V_{0.2}+V_{0.4}+V_{0.8}}{3}$
③ $V_m = \dfrac{V_{0.2}+2V_{0.6}+V_{0.8}}{4}$
④ $V_m = \dfrac{V_{0.4}+2V_{0.6}+V_{0.8}}{4}$

해설
① 1점법(V_m) : 수면으로부터 수심 0.6H

Answer 24 ② 25 ① 26 ③

② 2점법(V_m): $\dfrac{V_{0.2}+V_{0.8}}{2}$

③ 3점법(V_m): $\dfrac{V_{0.2}+2V_{0.6}+V_{0.8}}{4}$

④ 4점법(V_m):
$\dfrac{1}{5}\left\{V_{0.2}+V_{0.4}+V_{0.6}+V_{0.8}+\dfrac{1}{2}(V_{0.2}+\dfrac{1}{2}V_{0.8})\right\}$

27 교각 I=60°, 외할 E=15m로 단곡선을 설치하고자 할 때 곡선길이는?

① 110.52m ② 101.52m
③ 55.70m   ④ 45.70m

[해설]
$E=R(\sec\dfrac{I}{2}-1)$에서

$R=\dfrac{E}{\sec\dfrac{I}{2}-1}=\dfrac{E}{\dfrac{1}{\cos\dfrac{I}{2}}-1}=\dfrac{15}{\dfrac{1}{\cos 30°}-1}=96.96\,m$

$CL=0.01745RI$
$=0.01745\times 96.96\times 60°=101.52\,m$

28 하천측량에 대한 설명으로 옳지 않은 것은?

① 평균수위는 어떤 기간의 관측수위를 합하여 관측횟수로 나누어 평균한 수위이다.
② 하천 횡단면 직선 내 평균 유속을 구하는 데 2점법을 사용하는 경우 수면으로부터 수심의 2/10, 8/10 지점의 유속을 관측하여 평균한다.
③ 하천측량에 수준측량을 할 때의 거리표는 하천의 중심에 직각의 방향으로 설치하는 것을 원칙으로 한다.
④ 수위관측소의 위치는 지천의 합류점 및 분류점으로 수위의 변화가 활발한 곳이 적당하다.

[해설]
수위관측소(水位觀測所) 및 양수표(量水標, water guage) 설치 장소
① 하안(河岸)과 하상(河床)이 안전하고 세굴이나 퇴적이 되지 않은 장소
② 상·하류의 길이 약 100m 정도의 직선일 것
③ 유속의 변화가 크지 않아야 한다.
④ 수위가 교각이나 기타 구조물에 영향을 받지 않는 장소
⑤ 홍수 때는 관측소의 유실, 이동 및 파손될 염려가 없는 장소
⑥ 평시는 홍수 때보다 수위표를 쉽게 읽을 수 있는 장소
⑦ 지천의 합류점 및 분류점으로 수위의 변화가 생기지 않는 장소
⑧ 양수표의 영점 위치는 최저수위 밑에 있고, 양수표 눈금의 최고위는 최고홍수위보다 높아야 한다.

29 지하시설물 관측방법에서 원래 누수를 찾기 위한 기술로 수도관로 중 PVC 또는 플라스틱관을 찾는 데 이용되는 관측방법은?

① 음파관측법   ② 전기관측법
③ 자장관측법   ④ 탄성파관측법

[해설]
① 전자유도 측량방법: 지표로부터 매설된 금속관로 및 케이블 관측과 탐침을 이용하여 공관로나 비금속관로를 관측할 수 있는 방법으로, 장비가 저렴하고 조작이 용이하며 운반이 간편하여 지하시설물 측량기법 중 가장 널리 이용되는 방법이다.
② 지중레이더 측량기법: 전자파의 반사 성질을 이용하여 지하시설물을 측량하는 방법이다.
③ 음파 측량기법: 전자유도 측량방법으로 측량이 불가능한 비금속 지하시설물에 이용하는 방법으로 물이 흐르는 관 내부에 음파 신호를 보내면 관 내부에 음파가 발생된다. 이때 수신기를 이용하여 발생된 음파를 측량하는 기법이다.

30 수로가 비교적 직선이고 단면적도 규칙적이며 하상이 평평한 상태에서의 평균유속에 대한 설명으로 옳은 것은?

① 하상의 표면에 상관없이 평균유속의 위치는 같다.

Answer 27 ② 28 ④ 29 ① 30 ④

② 일반적으로 평균유속의 위치는 수면으로부터 수심(H)의 0.2H~0.3H 사이에 존재한다.
③ 하상의 표면이 조잡할수록 평균유속의 위치는 낮아지고 평활할수록 높아진다.
④ 수면으로부터 평균유속까지의 깊이는 수심과 하천 폭의 비가 증가함에 따라서 커진다.

[해설]

평균유속을 구하는 방법

1점법	수면으로부터 수심 0.6H되는 곳의 유속 $V_m = V_{0.6}$
2점법	수심 0.2H, 0.8H 되는 곳의 유속 $V_m = \frac{1}{2}(V_{0.2} + V_{0.8})$
3점법	수심 0.2H, 0.6H, 0.8H되는 곳의 유속 $V_m = \frac{1}{4}(V_{0.2} + 2V_{0.6} + V_{0.8})$
4점법	이것은 수심 1.0m 내외의 장소에서 적당하다. $V_m = \frac{1}{5}\{(V_{0.2} + V_{0.4} + V_{0.6} + V_{0.8}) + \frac{1}{2}(V_{0.2} + \frac{V_{0.8}}{2})\}$

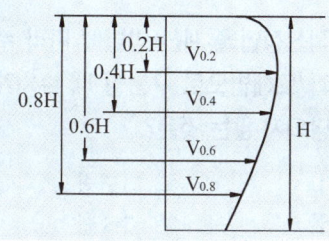

31 지거간 간격이 5m로 같고, 각 지거가 y_1 = 2.8m, y_2 = 9.4m, y_3 = 11.6m, y_4 = 13.8m, y_5 = 6.4m로 이루어진 도형의 면적은? (단, Simpson 제1법칙에 의한다.)

① 208.7m²　　② 370.5m²
③ 469.2m²　　④ 545.2m²

[해설]
$$A = \frac{d}{3}\{y_1 + y_n + 4(\sum^y 짝수) + 2(\sum^y 홀수)\}$$

$$= \frac{5}{3}\{2.8 + 6.4 + 4(9.4 + 13.8) + 2(11.6)\} = 208.7m^2$$

32 곡선반지름 200m의 곡선에 캔트 038m를 붙인 노선의 설계속도는? (단, 레일간격 D=1.067m)(중력가속도(g): (9.8m/sec)

① 45.11km/h　　② 72.21km/h
③ 95.11km/h　　④ 102.21km/h

[해설]
$$C = \frac{SV^2}{Rg}$$
$$V = \sqrt{\frac{Rg}{S}C} = \sqrt{\frac{200 \times 9.8 \times 0.38}{1.067}}$$
$$= 26.42 \times 3600 = 95,113m/h = 95.11km/h$$

33 노선의 기점에서 교점까지의 거리가 136895km이고 교점에서 곡선시점까지의 거리가 173m이며 곡선길이가 337m이다. 중심말뚝을 20m 간격으로 설치할 때, 단곡선의 시단현과 종단현의 길이는?

① 시단현 15m, 종단현 13m
② 시단현 13m, 종단현 15m
③ 시단현 18m, 종단현 19m
④ 시단현 19m, 종단현 18m

[해설]
$B.C = IP - TL = 136,895 - 173 = 136,722m$
$l_1 = 136,740 - 136,722 = 18m$
$E.C = B.C + CL = 136,722 + 337 = 137,059$
$l_2 = 137,059 - 137,040 = 19m$

34 클로소이드의 매개변수 A=150m, 곡선 반지름 R=250m일 때, 곡선 길이는?

① 60m　　② 70m
③ 80m　　④ 90m

Answer 31 ① 32 ③ 33 ③ 34 ④

해설

매개변수$(A^2) = RL$

$L = \dfrac{A^2}{R} = \dfrac{150^2}{250} = 90m$

35 지리학적 경위도, 직각좌표, 지구 중심 직교좌표, 높이 및 중력 측정의 기준으로 사용하기 위하여 위성기준점, 수준점 및 중력점을 기초로 정한 기준점은?

① 통합기준점   ② 삼각점
③ 중력점   ④ 위성기준점

해설

위성기준점	지리학적 경위도, 직각좌표 및 지구 중심 직교좌표의 측정 기준으로 사용하기 위하여 대한민국 경위도원점을 기초로 정한 기준점
통합기준점	지리학적 경위도, 직각좌표, 지구 중심 직교좌표, 높이 및 중력 측정의 기준으로 사용하기 위하여 위성기준점, 수준점 및 중력점을 기초로 정한 기준점
삼각점	지리학적 경위도, 직각좌표 및 지구 중심 직교좌표 측정의 기준으로 사용하기 위하여 위성기준점 및 통합기준점을 기초로 정한 기준점

36 그림의 면적을 심프슨 제2법칙을 이용하여 구한 값은? (단, 지거의 간격은 5m로 일정하다)

① 92.25㎡
② 93.25㎡
③ 94.25㎡
④ 95.25㎡

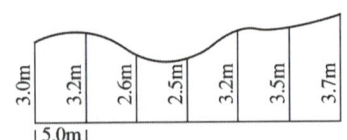

해설

$A = \dfrac{3}{8}d[y_0 + y_n + 3(y_1 + y_2 + y_4 + y_5 \cdots) + 2(y_3 + y_6 \cdots)]$

$= \dfrac{3}{8} \times 5[(3.0 + 3.7) + 3(3.2 + 2.6 + 3.2 + 3.5) + 2(2.5)]$

$= \dfrac{15}{8}(49.2) = 92.25 m^2$

37 하천의 유량조사를 위한 수위관측소의 위치선정시 고려사항에 대한 설명으로 틀린 것은?

① 유로 및 하상 변동이 적은 곳이어야 한다.
② 흐름과 유속의 변화가 뚜렷이 나타나야 한다.
③ 홍수 등에 의한 유실, 이동 및 파손의 위험이 없어야 한다.
④ 교각이나 기타 구조물에 의하여 수위에 영향을 받지 않아야 한다.

해설

양수표(수위관측소)의 설치 장소
① 하상과 하안이 세굴, 퇴적이 안 되는 곳
② 상·하류가 100m 가량 직선인 곳
③ 수위가 교각 등 구조물의 영향을 받지 않는 곳
④ 홍수 때에도 쉽게 양수표를 읽을 수 있는 곳
⑤ 홍수 때 관측소가 유실, 파손될 염려가 없는 곳
⑥ 지천의 합류점과 같이 불규칙한 변화가 없는 곳
⑦ 양수표 : 5~10km마다 배치

38 면적산정법을 계산 방법에 따라 수치계산법과 도해법으로 구분할 때 수치계산법에 해당되지 않는 것은?

① 삼사법   ② 단면법
③ 방안법   ④ 좌표법

해설

방안법은 일정 면적을 갖는 방안지를 지도위에 대고 어떤 지역중에 포함되어 있는 방안수를 세어서 면적을 관측하는 방법을 말한다.

39 그림과 같이 2중 부자를 이용하여 관측하고자 할 때 평균유속을 직접 관측하기 위해서 수면에 있는 부자와 수중에 있는 부자간의 간격(ℓ)으로 적당한 길이는?

Answer   35 ①   36 ①   37 ②   38 ③   39 ④

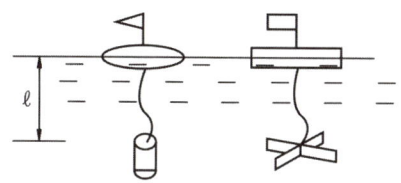

① 수심의 20% 깊이
② 수심의 40% 깊이
③ 수심의 50% 깊이
④ 수심의 60% 깊이

해설

이중부자(二重浮子)
표면부자에 실이나 금침(金針) 또는 가는 쇠줄을 수중부자와 연결하는 것으로서 수중부자의 중량 및 실의 길이를 사감하여 원하는 수심에 흐르도록 조절한다. 수중부자는 수면에서 수심 $\frac{3}{5}$ 인 곳에 가라앉혀서 직접평균유속을 구할 때 사용한다. 정확한 값은 얻을 수 없다.
그러므로 수심의 $100 \times \frac{3}{5} = 60\%$ 깊이이다.

40 클로소이드의 매개변수 $A=60m$이고, 곡선길이가 40m인 클로소이드 곡선의 반지름은?

① 60m   ② 90m
③ 120m ④ 150m

해설

매개변수$(A^2) = RL$
$L = \dfrac{A^2}{R} = \dfrac{60^2}{40} = 90m$

제3과목 | 사진측량 및 원격탐사

41 지형을 저장하고 표현할 수 있는 데이터 구조 중 라이다(LiDAR) 원시 자료의 데이터 구조를 설명하고 있는 것은?

① 점(Point) 위치에 대해 데이터 값을 기록
② 불규칙삼각망(TIN)
③ 수치표고모델
④ 등고선

해설

항공라이다측량시스템은 지표(surface)에 있는 산이나 골짜기, 산림 등의 자연지형과 택지 및 도로, 빌딩이나 다리 등의 인공지물로 이루어지는 지형지물을 항공기의 위치 및 자세가 정확하게 얻어지는 센서로부터 레이저를 발사하여 거리를 측정하고 그 수치를 측량좌표계 등으로 나타낸 계측기라 할 수 있다. 항공라이다측량은 항공레이저측량시스템을 항공기에 탑재하여 레이저를 주사하고 그 지점에 대한 3차원 위치좌표를 취득하는 측량방법을 말한다. Laser Radar 혹은 LIDAR, LiDAR라고도 한다.

42 공간데이터의 중첩분석에서 음영부분(A+B+C=)의 특성을 맞게 설명한 것은?

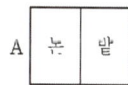 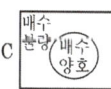

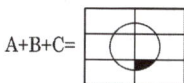

① 모래질 밭이며 배수가 불량한 지역
② 점토질 밭이며 배수가 양호한 지역
③ 자갈인 밭이며 배수가 양호한 지역
④ 점토질 밭이며 배수가 불량한 지역

해설

공간데이터의 중첩분석에서 음영부분(A+B+ C=)의 특성은 점토질 밭이며 배수가 양호한 지역이다.

Answer 40 ② 41 ① 42 ②

43 독도를 대축척 수치지형도로 제작할 경우 적용하여야 하는 우리나라 평면직각좌표계 원점은?

① 38° N, 125° E
② 38° N, 127° E
③ 38° N, 129° E
④ 38° N, 131° E

해설

평면직각좌표의 원점

명칭	경도	위도	투영원점의 가산수치	원점의 축척계수
서부 원점	동경 125°	북위 38°	X_N 600,000m Y_E 200,000m	1.0000
중부 원점	동경 127°	북위 38°		1.0000
동부 원점	동경 129°	북위 38°		1.0000
동해 원점	동경 131°	북위 38°		1.0000

44 수치지형도에서 얻을 수 없는 정보는?

① 표고 정보
② 도로 선형
③ 수계 정보
④ 필지 정보

해설

커버리지(Coverge)
컴퓨터 내부에서는 모든 정보가 이진법의 수치 형태로 표현되고 저장되기 때문에 수치지형도라 불리는데 그 명칭을 Digital Map, Layer 또는 Digital Layer라고도 하며, 커버리지 또한 지도를 Digital화한 형태의 컴퓨터상의 지도를 말한다.
일반적으로 GIS 커버리지는 토지이용도, 식생도와 같은 하나의 중요한 주제도를 말한다. 레이어와 커버리지 모두 수치화된 지도형태를 갖지만 수치화된 도형자료만을 나타낸 것이 레이어이고 도형자료와 관련된 속성데이터를 함께 갖는 수치지형도를 커버리지라 한다.

45 공간데이터베이스 내에 저장되는 객체가 갖는 정보로서 객체 간 공간상의 위치나 관계성을 좀 더 정량적으로 구현하기 위한 것은?

① 도형정보
② 속성정보
③ 메타정보
④ 위상정보

해설
1. 위상구조 : 위상이란 도형 간의 공간상의 상관관계를 의미하는데 위상은 특정변화에 의해 불변으로 남는 기하학적 속성을 다루는 수학의 한 분야로 위상모델의 전제조건으로는 모든 선의 연결성과 폐합성이 필요하다.

46 다음 중 마케팅 및 상권분석과 같은 분야의 대표적인 GIS 활용사례라 할 수 있는 것은?

① LBS
② gCRM
③ 내비게이션
④ 포털 지도서비스

해설
CRM을 도입할 때 구축된 고객정보를 GIS의 환경 내에서 추출하고, 세부시장의 잠재력에 대한 평가를 수행해 마케팅 역량을 극대화하는 시스템이다. g-CRM은 지리정보시스템(GIS)과 고객관계관리(CRM)의 합성어이다. 즉, 지리정보시스템(GIS) 기술을 고객관계관리(CRM)에 접목시킨 것으로 주거형태, 주변상권 등 고객정보 중 지리적인 요소를 포함시켜 마케팅을 보다 정교하게 구사할 수 있다는 장점이 있다.

47 지리정보시스템(GIS)의 지형분석에서 불규칙하게 분포된 위치에서의 표고를 추출하여 이들 위치관계를 삼각형 형태로 연결하여 지형을 표현하는 방식은?

① Overlay 방식
② Grid 방식
③ TIN 방식
④ Buffer 방식

Answer 43 ④ 44 ④ 45 ④ 46 ② 47 ③

> **해설**
>
> **불규칙 삼각망**(TIN : Triangulated Irregular Network)
> 불규칙하게 배치되어 있는 지형점으로부터 삼각망을 생성하여 삼각형 내의 표고를 삼각평면으로부터 보간하는 DEM의 일종이다. 벡터위상구조를 가지며 다각형 Network를 이루고 있는 순수한 위상구조와 개념적으로 유사하다.

48 원활한 의료서비스 제공을 위해서 발생가능 환자 수, 지원가능 의사 및 병동의 수 등을 고려하여 각각의 병원에 지원 지역을 지정하고자 할 경우에 적용할 수 있는 가장 적절한 GIS 분석 방법은?

① 근접 계산
② 최적경로 탐색
③ 영향권 생성
④ 네트워크 할당

> **해설**
>
> 초연결지능망은 초연결과 지능망이라는 두 가지 개념을 합친 네트워크이다. 초연결이란 IoT(사물인터넷)의 확산에 따라 모든 사람, 사물이 항상 연결되어 있으면서 초고화질(UHD), TV, 홀로그램, 빅 데이터 등 고용량 콘텐츠를 소화할 수 있는 망을 가리킨다. 또 지능망은 네트워크 스스로 상황을 인지, 판단해 보안성이나 속도, 실시간 등 그때 그때 수요에 맞춰 최적화된 방식으로 가용자원을 할당, 제공하는 네트워크를 뜻한다.

49 수치화된 공간정보 데이터의 관리 및 활용 편의를 위해 제공되는 데이터의 제작, 정의 및 이력과 관련된 정보를 무엇이라 하는가?

① 헤더 데이터(header data)
② 오픈 데이터(open data)
③ 이력 데이터(history data)
④ 메타 데이터(meta data)

> **해설**
>
> **메타 데이터(meta data)**
> 메타 데이터란 실제데이터는 아니지만 데이터베이스, 레이어, 속성, 공간 형상 등과 관련된 데이터의 내용, 품질, 조건 및 특징 등을 저장한 데이터로서 데이터에 관한 데이터로 데이터의 이력을 말한다. 정확한 정보를 유지하기 위해 수정 및 갱신을 하여야 한다.

50 공간정보의 표현기법 중 래스터데이터(Raster data)의 특징이 아닌 것은?

① 격자형의 영역에서 x, y축을 따라 일련의 셀들이 존재한다.
② 각 셀들이 속성값을 가지므로 이들 값에 따라 셀들을 분류하거나 다양하게 표현한다.
③ 인공위성에 의한 이미지, 항공영상에 의한 이미지, 스캐닝을 통해 얻어진 이미지 데이터들이다.
④ 3차원과 같은 입체적인 지도 디스플레이 표현은 불가능하다.

> **해설**
>
> | | 벡터자료 | 래스터자료 |
> |---|---|---|
> | 장점 | • 보다 압축된 자료구조를 제공하며 따라서 데이터 용량의 축소가 용이하다.
• 복잡한 현실세계의 묘사가 가능하다.
• 위상에 관한 정보가 제공되므로 관망분석과 같은 다양한 공간분석이 가능하다.
• 그래픽의 정확도가 높다.
• 그래픽과 관련된 속성정보의 추출 및 일반화, 갱신 등이 용이하다. | • 자료구조가 간단하다.
• 여러 레이어의 중첩이나 분석이 용이하다.
• 자료의 조작과정이 매우 효과적이고 수치영상의 질을 향상시키는데 매우 효과적이다.
• 수치이미지 조작이 효율적이다.
• 다양한 공간적 편의가 격자의 크기와 형태가 동일한 까닭에 시뮬레이션이 용이하다. |

51 지리정보시스템(GIS) 데이터의 유통과 변환이 가능하도록 데이터의 포맷 등 형식을 동일한 방식으로 규정하는 것은?

① 데이터의 계통화
② 데이터의 표준화
③ 데이터의 정렬
④ 데이터의 객관화

[해설]

표준화

표준이란 개별적으로 얻어질 수 없는 것을 공통적인 특성을 바탕으로 일반화하여 다수의 동의를 얻어 규정하는 것으로 GIS표준은 다양하게 변화하는 GIS데이터를 정의하고 만들거나 응용하는 데 있어서 발생되는 문제점을 해결하기 위해 정의되었다. GIS 표준화는 보통 다음의 7가지 영역으로 분류될 수 있다.

52 구축한 지리정보시스템(GIS) 데이터의 품질을 검사하기 위해서는 데이터를 샘플링하여야 한다. 모집단을 보다 동질적인 몇 개의 층으로 나누고 이러한 각층으로부터 단순 무작위표본추출을 하는 방법은?

① 단순무작위샘플링(simple random sampling)
② 계통샘플링(systematic sampling)
③ 층화계통비정렬샘플링(stratified systematic unaligned sampling)
④ 층화무작위샘플링(stratified random sampling)

[해설]

샘플링(표집) 설계(계획)

① 단순무작위샘플링(simple random sampling)
  모집단을 불규칙적으로 분포한 x,y를 단순 무작위 표본추출을 하는 방법
② 계통샘플링(systematic sampling)
  모집단을 규칙적으로 분포한 x,y좌표를 이용해 A 지점을 선택을 하는 방법
③ 층화계통 비정렬샘플링(stratified systematic unaligned sampling)
  체계적인 간격을 가진 층화기법과 단순무작위(임의성)표집을 통합한 기법이다.
④ 층화무작위 샘플링(stratified random sampling)
  우연히 한쪽에 치우친 표본이 뽑힐 가능성을 줄이기 위하여 모집단을 여러 층(strata)으로 나눈 뒤 각 층에서 무작위 추출을 하는 방법으로 모집단이 인종과 같은 것일 때, 수가 적은 인종집단은 표집 시 포함되지 않을 수 있으므로, 각 집단이 차지하는 비율을 구하고, 그 값에 따라 집단 내에서 각각의 표본을 선택하는 것으로 층화를 통해 표본의

대표성이 높아지고, 층별 특성을 파악할 수 있다. 그러나 층화를 위해서는 많은 정보가 필요하고, 층화가 너무 복잡하거나 잘못된 경우에는 오히려 표본 오차가 커질 수 있다.

53 건축, 전기, 설비, 통신 등 도면 자동화를 통해 구축된 수치지도를 바탕으로 지상 및 지하의 각종 시설물을 시스템 상에 구축하여 지원하는 시스템은?

① AM(Automated Mapping)
② TIS(Transportation Information System)
③ FM(Facility Management)
④ KML(Keyhole Markup Language)

[해설]

도면자동화 및 시설물관리시스템 (AM/FM : Automated Mapping and Facility Management)	• 도면작성 자동화 • 상하수도시설관리, 통신시설관리 등에 활용
기상정보시스템 (MIS : Meteorological Information System)	기상변동추적 및 일기예보, 기상정보의 실시간처리, 태풍경로추적 및 피해예측 등에 활용
국방정보체계 (NDIS : Nation Defence Information System)	DTM(Digital Terrain Modeling)을 활용한 가시도 분석, 국방행정 관련정보자료기반, 작전정보구축 등에 활용

54 위상관계(Topology)를 설명하는 보기의 그림 중 특성이 다른 것은?

①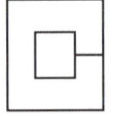
②
③
④

[해설]

보기에서 ① ② ④의 그림은 2개의 면(polygom)으로

Answer 52 ④ 53 ③ 54 ③

구성되어 있고, ③의 그룹은 3개의 면으로 구성되어 있다.

55 지리정보시스템(GIS)에 활용되는 데이터 구조 중 코드화하기 쉬우며 열과 행으로 저장되는 데이터 구조는?

① 외부 데이터
② 래스터 데이터
③ 내부 데이터
④ 벡터 데이터

해설

	래스터자료
정의	래스터 자료구조는 매우 간단하며 일정한 격자 간격의 셀이 데이터의 위치와 그 값을 표현하므로 격자데이터라고도 하며 도면을 스캐닝 하여 취득한 자료와 위상영상자료들에 의하여 구성된다. 래스터구조는 구현의 용이성과 단순한 파일 구조에도 불구하고 정밀도가 셀의 크기에 따라 좌우되며 해상력을 높이면 자료의 크기가 방대해진다. 각 셀들의 크기에 따라 데이터의 해상도와 저장크기가 달라지게 되는데 셀 크기가 작으면 작을수록 보다 정밀한 공간현상을 잘 표현할 수 있다.

56 수치표고모형(DEM)으로부터 얻을 수 있는 자료로 거리가 먼 것은?

① 경사도
② 교통량 분포
③ 향(aspect) 계산
④ 등고선

해설

수치표고모형(Digital Elevation Model : DEM)
DEM은 지형의 연속적인 기복변화를 일정한 크기의 격자간격으로 표현한 것으로 공간상의 연속적인 기복변화를 수치적인 행렬의 격자형태로 표현한다. 수치표고모형은 표고데이터의 집합일 뿐만 아니라 임의의 위치에서 표고를 보간할 수 있는 모델을 말한다. 공간상에 나타난 불규칙한 지형의 변화를 수치적으로 표현하는 방법을 수치표고모형이라 한다. DEM은 규칙적인 간격으로 표본지점이 추출된 래스터 형태의 데이터모델이다. DEM은 DTM 중에서 표고를 특화한 모델이다.

① 도로의 부지 및 댐의 위치 선정
② 수문 정보체계 구축
③ 등고선도와 시선도
④ 절토량과 성토량의 산정
⑤ 조경설계 및 계획을 위한 입체적인 표현
⑥ 지형의 통계적 분석과 비교
⑦ 경사도, 사면방향도, 경사 및 단면의 계산과 음영기복도 제작
⑧ 경관 또는 지형형성과정의 영상모의 관측
⑨ 수치지형도 작성에 필요한 표고정보와 지형정보를 다 이루는 속성
⑩ 군사적 목적의 3차원 표현

57 래스터데이터에 대한 설명으로 옳지 않은 것은?

① 자료구조가 간단하여 중첩 분석에 유리하다.
② 벡터데이터를 래스터데이터로 변환시 공간적 부정확성이 증대된다.
③ 셀 단위로 저장 및 관리되기 때문에 출력의 품질이 우수하다.
④ 부분의 항공 및 위성영상은 래스터데이터로 취득 및 제공된다.

해설

벡터와 래스터데이터 구조

	래스터자료
장점	• 자료구조가 간단하다. • 여러 레이어의 중첩이나 분석이 용이하다. • 자료의 조작과정이 매우 효과적이고 수치영상의 질을 향상시키는데 매우 효과적이다. • 수치이미지 조작이 효율적이다 • 다양한 공간적 편의가 격자의 크기와 형태가 동일한 까닭에 시뮬레이션이 용이하다.
단점	• 압축되어 사용되는 경우가 드물며 지형관계를 나타내기가 훨씬 어렵다. • 주로 격자형의 네모난 형태로 가지고 있기 때문에 수작업에 의해서 그려진 완화된 선에 비해서 미관상 매끄럽지 못하다. • 위상정보의 제공이 불가능하므로 관망해석과 같은 분석기능이 이루어질 수 없다. • 좌표변환을 위한 시간이 많이 소요된다.

Answer 55 ② 56 ② 57 ③

58 도형자료의 점, 선, 면, 위치 등에 대하여 양이나 크기와 관계없이 형상이나 공간적 위치 관계를 규정하는 것을 무엇이라고 하는가?

① 위상설정
② 위치설정
③ 종속설정
④ 도형설정

해설

위상구조	
정의	위상이란 도형 간의 공간상의 상관관계를 의미하는데 위상은 특정변화에 의해 불변으로 남는 기하학적 속성을 다루는 수학의 한 분야로 위상모델의 전제조건으로는 모든 선의 연결성과 폐합성이 필요하다.
분석	각 공간객체 사이의 관계가 인접성, 연결성, 포함성 등의 관점에서 묘사되며, 스파게티 모델에 비해 다양한 공간분석이 가능하다. 최적경로선정을 위한 관망분석에서는 위상구조의 연결성을 주로 활용한다.

59 지리정보시스템(GIS)의 공간분석 기능 중 속성이 같을 때 폴리곤의 경계선을 제거하여 하나의 폴리곤으로 생성시켜주는 것은?

① Merge
② CliP
③ Dissolve
④ Intersect

해설

중첩을 통한 레이어 편집	
Dissolve	디졸브는 맵조인이나 제반 레이어를 합치는 과정에서 발생한 불필요한 폴리곤의 경계선을 제거하여 폴리곤의 숫자를 축소해서 보다 효율적인 공간자료와 위상구조를 가질수있도록 만드는 과정이며 동일한 속성값을 갖는 폴리곤에 대해 이름을 다시 부여하는 데 사용되기도 한다.
Eliminate	여러 개의 레이어를 중첩하거나 맵조인 등에 의하여 서로 다른 레이어가 합쳐지는 경우에 슬리버와 같은 작고 가느다란 형태의 불필요한 폴리곤들이 형성 되는 경우에 엘리미네이트 과정을 통하여 불필요한 슬리버를 제거하는 과정을 말한다.

60 특정 목적을 위해 특정한 속성의 크기를 관측단위로 하며 면적, 거리 및 방향의 왜곡은 고려하지 않고 제작하는 지도는?

① 기복도(Relief map)
② 통계지도(Cartogram)
③ 유선도(Flow map)
④ 지형도(Topographic map)

해설

통계지도
각종 통계 자료를 기초로 점, 선, 면, 색, 도형 등을 이용하여 지도화한 것

1. 통계지도의 종류
  통계 지도는 표현 방법에 따라 점지도, 등치선도, 단계 구분도, 도형 표현도, 유선도 등으로 구분하며, 통계 자료의 성격에 따라 적합한 형식을 사용한다. 통계 지도는 수집·분석한 자료를 시각적으로 나타내므로 지리적 현상의 변화 및 공간적 분포 및 지역 간의 관계를 쉽게 파악할 수 있음

구분	특징
점지도	통계 자료를 일정한 단위의 점으로 바꾸어 표현(밀도, 공간적 분포 표현에 적합)
등치선도	같은 수치(값)의 지점을 선으로 연결하여 표현
단계 구분도	통계값을 몇 개의 단계로 나눈 후 각 단계마다 색이나 농도를 달리하여 표현
도형 표현도	막대, 원, 사각형 등의 각종 도형을 이용하여 통계값의 크기를 지역별로 표현
유선도	선의 방향과 굵기의 변화를 통해서 사람이나 물자의 이동량과 경로를 표현

Answer 58 ① 59 ③ 60 ②

제4과목 | 지리정보시스템

61 그림은 6×6 화소 크기의 래스터데이터를 수치적으로 표현한 것이다. 이 데이터를 중간값 방법(Median Method)을 사용하여 2×2 화소 크기의 데이터로 만든 결과로 옳은 것은?

2	1	3	2	1	3
2	3	2	2	2	2
3	3	3	2	2	2
2	1	3	2	1	3
2	4	2	2	4	4
3	3	3	2	2	2

①
3	2
3	2

②
2	3
2	2

③
2	2
2	3

④
2	2
2	2

해설

중앙값 방법(Median Method)
영상결함을 제거하는 기법으로 어떤 영상소의 주변의 값을 작은 값부터 재배열한 후 가장 중앙이 값을 새로운 값으로 설정 후 치환하는 방법이다.

2	1	3
2	3	2
3	3	3
→ 1 2 2 2 3 3 3 3 3

2	1	3
2	2	2
2	2	2
→ 1 2 2 2 2 2 2 2 3

2	1	3
2	4	2
3	3	3
→ 1 2 2 2 3 3 3 3 4

2	1	3
2	4	4
2	2	2
→ 1 2 2 2 2 2 3 4 4

따라서, 새로 생성되는 2×2영상소는

3	2
3	2

62 지리정보시스템(GIS)에서 분산처리시스템의 장점과 거리가 먼 것은?

① 연산속도 향상 ② 자원공유
③ 효율성 ④ 창조성

해설

1. 분산처리시스템의 목적 : 자원 공유, 연산 속도 향상, 신뢰도 향상, 컴퓨터 통신
2. 분산처리시스템의 장·단점
   ① 장점
      ㉠ 통신 용이
      ㉡ 장치 공유, 데이터 공유
      ㉢ 중앙 컴퓨터 과부하 줄임
      ㉣ 컴퓨터의 위치를 몰라도 자원 사용 가능
      ㉤ 시스템의 점진적 확장 가능
   ② 단점
      ㉠ 중앙집중형 시스템에 비해 소프트웨어 개발이 어려움
      ㉡ 보안 문제 발생
      ㉢ 설계 복잡

63 지리정보시스템(GIS)자료를 도형자료와 속성자료로 구분할 때, 도형자료에 해당되는 것은?

① 관거 재질
② 관거 형상
③ 관거 매설 연도
④ 관거 관리 이력

Answer 61 ① 62 ④ 63 ②

해설

1. 위치자료(positional data)
   ① 절대위치 : 실제공간의 위치(예 : 경도, 위도, 좌표, 표고)
   ② 상대위치 : model 공간의 위치(임의의 기준으로부터 결정되는 위치, 예 : 설계도)
2. 특성자료(descriptive data)
   ① 도형자료(graphic data) : 위치자료를 이용한 대상의 가시화
   ② 영상자료(image data) : 센서(scanner, Lidar, laser, 항공사진기 등)에 의해 취득된 사진
   ③ 속성자료(attributive data) : 도형이나 영상 속의 내용

64 특정 지도 객체나 사용자가 지정하는 지점으로부터 일정 거리 내에 존재하는 영역을 분석하여 표시하는 분석은?

① 지표 분석(surface analysis)
② 근접성 분석(proximity analysis)
③ 버퍼링 분석(buffering analysis)
④ 네트워크 분석(network analysis)

해설

1. Buffer Analysis
   ① 버퍼분석은 공간적 근접성을 정의할 때 이용되는 것으로서 점, 선, 면 또는 면주변에 지정된 범위의 면사상으로 구성
   ② 버퍼분석을 위해서는 먼저 버퍼존의 정의가 필요
   ③ 버퍼존은 입력사상과 버퍼를 위한 거리를 지정한 이후 생성

65 격자 구조(Raster) 자료를 압축 저장하는 방법이 아닌 것은?

① Run-length code 기법
② Chain code 기법
③ Quadtree 기법
④ Polynomial 기법

해설

격자 구조(Raster) 자료를 압축 저장하는 방법
① Run-length 코드기법(연속분할부호, 連續分割符號)
② Quadtree 기법(사지수형, 四枝樹型)
③ Block 코드기법(블록부호)
④ Chain 코드기법(사슬부호)

66 자료교환을 위한 형식에 대한 설명으로 옳은 것은?

① TIFF : 모든 수치지도가 지원하며 자료교환에 가장 많이 쓰는 형식
② DXF : Autodesk사에서 AutoCAD 자료의 호환을 위하여 개발한 형식
③ SIF : 미국의 국가공간정보표준형식
④ DLG : Intergraph사에서 개발한 자료교환형식

해설

1. DXF
   ① Autodesk사에서 AutoCAD 자료의 호환을 위하여 개발한 형식
   ② DXF 파일형식은 GIS 관련 소프트웨어뿐만 아니라 원격탐사소프트웨어에서도 사용할 수 있음
2. TIFF(Tagged Image File Format)
   ① 꼬리표(Tag) 붙은 화상 파일형식이라는 뜻으로 미국의 앨더스사와 마이크로소프트사가 공동 개발한 래스터 파일형식으로 자료를 압축 및 복원할 때 3가지의 RLC, 2가지의 2차원 코딩 방식, LZW Format의 6가지 중 1가지를 택할 수 있다.
   ② LZW는 가장 보편적으로 사용되고 있는 컬러 및 흑백영상을 압축시키는 기법이다.
3. DLG 파일형식
   ① Digital Line Graph의 약자로서 U.S. Geological Survey에서 지도학적 정보를 표현하기 위해 고안한 디지털벡터파일형식
   ② DLG는 ASCII 문자형식으로 구성

Answer 64 ③ 65 ④ 66 ②

67 지리정보시스템(GIS) 분석 방법 중 유클리디언 거리 공식을 이용하는 방법은?

① 면사상 중첩 분석
② 버퍼 분석
③ 선사상 중첩 분석
④ 인접성 분석

해설

버퍼분석(Buffer Analysis)
① 버퍼분석은 공간적 근접성(Spatial Proxi- mity)을 정의할 때 이용되는 것으로서 점, 선, 면 또는 면 주변에 지정된 범위의 면사상으로 구성
② 버퍼분석을 위해서는 먼저 버퍼 존(Buffer Zone)의 정의가 필요
③ 버퍼 존은 입력사상과 버퍼를 위한 거리(Buffer Distance)를 지정한 이후 생성
④ 일반적으로 거리는 단순한 직선거리인 유클리디언 거리(Euclidian Distance) 이용
⑤ 입력된 자료의 점으로부터 직선거리를 계산하여 이를 버퍼 존으로 표현하는데, 다음과 같은 유클리디언 거리 계산공식에 의해 버퍼 존 형성
• 두 점 사이의 거리
$= \sqrt{(x_1 - x_2)^2 + (y_1 - y_2)^2}$

68 다음 중 위상정보에 관한 설명으로 틀린 것은?

① 벡터 데이터 구조의 활용을 위해 부가되는 정보이다.
② 위상구조의 대표적인 구조는 스파게티 구조로 공간분석 시 효과적이다.
③ 공간상에 존재하는 객체의 형태(shape), 인접성, 연결성에 관한 정보를 제공한다.
④ 다양한 공간분석을 가능하게 한다.1

해설

1. 위상구조 : 위상이란 도형 간의 공간상의 상관관계를 의미하는데 위상은 특정변화에 의해 불변으로 남는 기하학적 속성을 다루는 수학의 한 분야로 위상모델의 전제조건으로는 모든 선의 연결성과 폐합성이 필요하다.

69 불 논리(Boolean Logic)를 이용하여 속성과 공간적 특성에 대한 자료를 검색(검게 채색된 부분)하는 방법이 잘못 짝지어진 것은?

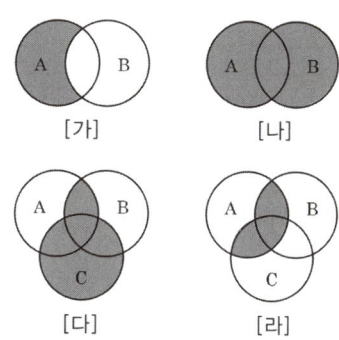

① [가] - A NOT B
② [나] - A OR B
③ [다] - (A NOT B) OR C
④ [라] - A AND (B OR C)

해설

A AND B	A B	A, B 교차하는 부분만 나타난다.
A XOR B	A B	두 개 사상이 존재하는 곳은 포함하고 교차지점은 포함 안 함
A NOT B	A B	B를 포함하지 않는 모든 A부분
A OR B	A B	A, B 모든 부분

Answer 67 ② 68 ② 69 ③

70 〈입력 값〉을 이용하여 〈출력결과〉를 얻기 위한 비교연산자로 옳은 것은?

12	13	8	9	9
12	13	9	9	10
22	24	16	17	17
23	24	18	18	19
25	26	20	18	19

비교연산자 →

1	1			
1	1			
		1	1	1
		1	1	1
			1	1

① (입력 값>=10) and (입력값 <=20)
② (입력 값>=10) or (입력값 <=20)
③ (입력 값>10) and (입력값 <20)
④ (입력 값>10) or (입력값 <20)

[해설]

AND	• AND연산은 입력레이어에 대응하는 셀들의 개별적인 값들을 곱으로 연산한다. $1 \times 0 = 0$
OR	• 입력레이어에 대응하는 셀들의 개별적인 값들을 더하기로 연산한다. $1 + 0 = 1$
NOT	• 논리부정. • 조건값은 반대값을 만든다.
XOR	• 입력레이어에 대응하는 셀들의 개별적인 값들을 더하기로 연산한다. $1 + 0 = 1$

71 지리정보시스템(GIS) 데이터 입력에 사용할 수 있는 장치가 아닌 것은?

① 드럼 스캐너   ② 디지타이저
③ 터치 스크린   ④ 잉크젯 플로터

[해설]

Touchscreen
스마트폰의 인기를 대변하는 터치스크린. 손가락의 터치로 상하 움직임이 가능하고, 엄지와 검지로 화면을 확대할 수 있다.
역의 매표기나 은행의 ATM에는 화면으로 원하는 명령을 내리는 터치스크린이라고 불리는 것이 있다. 손가락으로 화면을 가볍게 터치하는 것으로 기계를 조작할 수 있어서 이전의 버튼식보다 간편하고 다양한 명령을 내릴 수 있어서 편리하다. 최근에는 개인용 기기인 자동차 내비게이션이나 휴대용 게임기 등에도 터치스크린이 사용되고 있다.

72 이미 알고 있는 값을 이용하여 알려지지 않은 지점에 대한 속성값을 추정하는 Spline, Kriging 등의 방식을 무엇이라 하는가?

① 추이분석(trend)   ② 내삽(interpolation)
③ 외삽(extrapolation) ④ 회귀분석(regression)

[해설]

Extrapolation (외삽)	공간상에서 추출된 결과를 관측된 면적의 외부를 확장시키는 작업. 표본추출지역의 경계를 벗어난 지점에 대한 값을 추정하는 기법을 말한다.
Interpolation (내삽)	이미 속성값을 알고 있는 일정 지역 내에서 특정지점의 속성값을 알기 위하여 사용되는 것

73 아래의 표고점 자료로부터 PXY(160, 150) 지점의 표고(z)는? (단, 평면(z = ax + by + c)으로 보간(interpolation))

[표고점 자료=(x, y, z)]
(100, 100, 500)
(200, 100, 300)
(150, 300, 400)

① 380   ② 400
③ 420   ④ 440

[해설]
$500 = 100a + 100b + c$ ·········1
$300 = 200a + 100b + c$ ·········2
$400 = 150a + 300b + c$ ·········3
식2 − 식1 하면
$-200 = 100a$
∴ $a = -2$
식2 × 3 − 식3

Answer 70 ③ 71 ④ 72 ② 73 ①

$900 = 600a + 300b + 3c$
$400 = 150a + 300b + c$

$500 = 450a + 2c$　$a = -2$ 대입하면
$500 = -900 + 2c$
$2c = 1400$
$\therefore c = 700$
식1이나 식2 식3에
$a = -2, c = 700$을 대입하면
$500 = -200 + 100b + 700$
$300 = -400 + 100b + 700$
$400 = -300 + 300b + 700$
위식에서 $b = 0$이라는 것을 알 수 있다.
$\therefore z = ax + by + c$에 a, b, c 를 각각 대입하면
$z = -2x + 0y + 700$ 에서 $P_{xy}(160, 150)$을 대입하면
$z = -2 \times 160 + 0 \times 150 + 700$
$ = -320 + 700$
$ = 380$

74 다음의 도형 정보 중 공간사상이 다른 것은?

① 절대 표고를 표시한 점
② 소방차의 출동 경로
③ 전력선로
④ 도로의 중심선

해설

정보의 분류		
위치정보	절대위치정보 (absolute positional information)	실제공간에서의 위치(예: 경도, 위도, 좌표, 표고)정보를 말하며 지상, 지하, 해양, 공중 등의 지구공간 또는 우주공간에서의 위치기준이 된다
	상대위치정보 (relative positional information)	모형공간(model space)에서의 위치(임의의 기준으로부터 결정되는 위치·예: 설계도)정보를 말하는 것으로서 상대적 위치 또는 위상관계를 부여하는 기준이 된다

75 조직 내 많은 부서가 공동으로 필요로 하는 다양한 지리정보를 손쉽게 취급할 수 있도록 클라이언트-서버 기술을 바탕으로 시스템을 통합시키는 GIS 기술을 무엇이라 하는가?

① Professional GIS　② Internet GIS
③ Component GIS　④ Enterprise GIS

해설

Enterprise GIS	과거 독립시스템 또는 한 부서에서 국부적으로 이용하던 GIS시스템을 LAN 및 WAN 등의 네트워크를 통해 한 기관의 전체부서 또는 한 지역내 관련기관에서 모두 운영하는 개념으로 데이터의 공유를 근간으로 부서와 조직의 경계를 넘어서는 시스템 통합차원의 GIS기술이다

76 폴리곤 레이어를 대상으로 전체 범위 중 공통 지역의 도형과 속성을 추출하는 중첩분석 기능은?

① Intersection　② Difference
③ Identity　④ Merge

해설

교차 (Interset : A and B) (교집합 : 겹치는 거)	첫 번째 커버리지 A형상에 두 번째 커버리지 B형상을 교차시키는 경우로, 그 결과 커버리지 B형상은 그대로 유지되지만, 커버리지 A형상은 커버리지 B 안에 있는 형상들만 나타나게 된다.

결합 (Union : A or B) (합집합 : 다 합한거)	커버리지 A와 커버리지 B를 결합시키면 두 커버리지 간에 겹치거나 부분적으로 교차하는 모든 형상들이 포함된 산출 커버리지가 나타나게 된다.

Answer　74 ①　75 ④　76 ①

| 동일성 (Identity) | 첫 번째 입력 커버리지 A의 모든 형상들은 그대로 유지되지만 커버리지 B의 형상은 커버리지 A안에 있는 형상들만 나타나게 된다. |

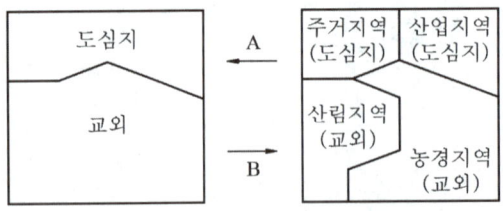

77 공간분석의 유형중 속성자료 분석과정에서 A,B 과정으로 알맞은 것은?

① A : 일반화, B : 세분화
② A : 세분화, B : 일반화
③ A : 교차화, B : 세분화
④ A : 일반화, B : 교차화

[해설]

속성자료 분석

질의	질의기능은 작업자가 부여하는 조건에 따라 속성데이터베이스에서 정보를 추출하는 것이다.
분류 (classification)	• 분류는 사용자의 필요에 따라서 일정기준에 맞추어 GIS자료를 나누는 것으로 모든 GIS자료는 어떤 형태로든 분류가 가능하다. • 분류는 일정기준에 따라 세분화하는 과정이므로 세분화(specification)라고도 한다.
일반화 (generalization)	• 일반화(generalization)는 나누어진 항목을 합쳐서 분류항목을 줄이는 것이고 반대로 나누어진 분류를 필요에 따라 보다 세분하는 것을 세분화(specification)라고 한다

78 사용자의 특정 요구에 적합하도록 지도를 디자인하는 과정과 거리가 먼 것은?

① selection(취사선택)
② classification(분류)
③ globalization(세계화)
④ symbolization(부호화)

[해설]

분류 (classification)	• 분류는 사용자의 필요에 따라서 일정기준에 맞추어 GIS자료를 나누는 것으로 모든 GIS자료는 어떤 형태로든 분류가 가능하다. • 분류는 일정기준에 따라 세분화 하는 과정이므로 세분화(specification) 라고도 한다
취사선택 (selection)	
부호화 (symbolization)	지리적 사상을 나타내는 표현도식으로서 점,선,면의 특징을 나타내는 도형요소이다. 예를 들어 선의 심볼은 arc feature로 나타내고, 마크심볼은 점을, 쉐이드 심볼은 면을, 텍스트 심볼은 주석을 나타낸다. 심볼은 색상, 크기, 패턴과 그 외의 여러 가지 특징으로 나타내며, GIS는 많은 다양한 심볼을 디스플레이 하기 위해 점,선,면 등을 갖추고 있다. 지형도상에 표현되는 내용 및 그 표시방법을 등을 정하고 지형도의 규격에 대한 통일을 도모할 목적으로 만들어진 형식을 말한다.

79 지리정보시스템(GIS)의 가장 기본적인 구성요소와 거리가 먼 것은?

① 데이터베이스
② 소프트웨어
③ 하드웨어
④ 네트워크

Answer 77 ① 78 ③ 79 ④

해설
GIS의 구성 요소

하드웨어 (Hardware)	지형공간정보체계를 운용하는 데 필요한 컴퓨터와 각종 입/출력장치 및 자료관리 장치를 말하며 하드웨어의 범주에는 데스크탑 PC, 워크스테이션뿐만 아니라 스캐너, 프린터, 플로터, 디지타이저를 비롯한 각종 주변 장치들을 포함한다.
소프트웨어 (Software)	지리정보체계의 자료를 입력, 출력, 관리하기 위해 프로그램인 소프트웨어가 반드시 필요하며 크게 세종류로 구분하면 먼저 하드웨어를 구동시키고 각종 주변 장치를 제어 할수 있는 운영체계(Operating system:OS), 지리정보체계의 자료구축과 자료입력 및 검색을 위한 입력 소프트웨어, 지리정보체계의 엔진을 탑재하고 있는 자료처리 및 분석 소프트웨어로 구성된다. 소프트웨어는 각종 정보를 저장/분석/출력할 수 있는 기능을 지원하는 도구로서 정보의 입력 및 중첩기능, 데이터베이스 관리기능, 질의 분석, 시각화 기능 등의 주요 기능을 갖는다.
데이터베이스 (Database)	지리정보체계는 많은 자료를 입력하거나 관리하는 것으로 이루어지고 입력된 자료를 활용하여 토지정보체계의 응용시스템을 구축할 수 있으며 이러한 자료들은 속성정보(각종 공부와 대장)와 도형정보(지적도, 임야도, 지하시설물도, 도시계획도 등)로 분류된다.
인적자원 (Man Power)	전문 인력은 지리정보체계의 구성요소 중에서 가장 중요한 요소로서 데이터(data)를 구축하고 실제 업무에 활용하는 사람으로, 전문적인 기술을 필요로 하므로 이에 전념할 수 있는 숙련된 전담요원과 기관을 필요로 하며 시스템을 설계하고 관리하는 전문 인력과 일상 업무에 지리정보체계를 활용하는 사용자 모두가 포함된다.
Application (방법)	특정한 사용자 요구를 지원하기 위해 자료를 처리하고 조작하는 활동 즉 응용 프로그램들을 총칭하는 것으로 특정 작업을 처리하기 위해 만든 컴퓨터프로그램을 의미한다. 하나의 공간문제를 해결하고 지역 및 공간관련 계획수립에 대한 솔류션을 제공하기위한 GIS시스템은 그 목표 및 구체적인 목적에 따라 적용되는 방법론이나 절차, 구성, 내용 등이 달라지게 된다.

80 다음이 공통적으로 설명하는 단어는?

- 공간자료로부터 추가적인 의미를 추출하기 위하여 원 자료로부터 다른 형태의 자료로 조작하는 것
- 관심 대상지역의 공간자료를 선택적으로 검색하고 통계를 계산하여 지도화 하는 것

① 공간분석 ② 네트워크분석
③ 위상분석 ④ 통계분석

해설
공간분석

공간분석의 수행은 입력된 자료를 가공하여 분석에 필요한 자료로 변환한 이후 공간 질의(spatial Query)와 탐색과정을 통해 속성 자료 테이블에서 필요한 자료를 불러들여 각종 연산 기법을 통해 원하는 결과물을 얻기 위한 것

제5과목 | 측량학

81 측량성과 심사수탁기관이 지도 등의 심사를 할 때에 적정여부에 대한 심사사항이 아닌 것은?

① 도곽설정·축척 및 투영
② 지형·지물 및 지명의 표시
③ 주기 및 기호 표시
④ 판매가격

해설
공간정보의 구축 및 관리 등에 관한 법률 시행규칙 제 18조(지도 등의 심사사항)

① 법 제15조제3항에 따라 측량성과 심사수탁기관이 지도 등의 심사를 할 때에는 다음 각 호의 사항이 적정한지에 관하여 심사한다.
1. 도곽설치·축척 및 투영
2. 지형·지물 및 지명의 표시

Answer 80 ① 81 ④

3. 주기(注記) 및 기호 표시
4. 난외(欄外) 표시
5. 표준작업방법
6. 그 밖의 표시사항
② 제1항에 따른 심사사항에 대한 세부 기준 등 지도 등의 심사에 필요한 사항은 국토지리정보원장이 정하여 고시한다.

82 모든 측량의 기초가 되는 공간정보를 제공하기 위하여 국토교통부장관이 실시하는 측량을 무엇이라 하는가?

① 국가측량
② 기본측량
③ 기초측량
④ 공공측량

[해설]
공간정보의 구축 및 관리 등에 관한 법률 제2조(정의)
이 법에서 사용하는 용어의 뜻은 다음과 같다.
1. "측량"이란 공간상에 존재하는 일정한 점들의 위치를 측정하고 그 특성을 조사하여 도면 및 수치로 표현하거나 도면상의 위치를 현지(現地)에 재현하는 것을 말하며, 측량용 사진의 촬영, 지도의 제작 및 각종 건설사업에서 요구하는 도면작성 등을 포함한다.
2. "기본측량"이란 모든 측량의 기초가 되는 공간정보를 제공하기 위하여 국토교통부장관이 실시하는 측량을 말한다.
3. "공공측량"이란 다음 각 목의 측량을 말한다.
   가. 국가, 지방자치단체, 그 밖에 대통령령으로 정하는 기관이 관계 법령에 따른 사업 등을 시행하기 위하여 기본측량을 기초로 실시하는 측량
   나. 가목 외의 자가 시행하는 측량 중 공공의 이해 또는 안전과 밀접한 관련이 있는 측량으로서 대통령령으로 정하는 측량

83 1 : 50,000 지형도에서 직각좌표의 주기는 몇 km마다 표시하여야 하는가?

① 0.5km
② 1km
③ 2km
④ 4km

[해설]
지형도 도식적용규정 제208조(지리좌표 및 직각좌표의 주기)
① 내도곽의 네 개의 모서리와 각 변에 지리좌표 및 직각좌표의 수치를 각각 기입한다.
1. 1 : 5,000 - 500m 단위로 각각 분할하여, 1호 실선의 짧은 선
2. 1 : 10,000 - 1′ 단위로 각각 분할하여, 1호 실선의 짧은 선
3. 1 : 25,000 - 지리좌표는 2′ 30″ 단위로 분할하여 3호 실선으로 표시하여, 직각좌표는 1km 단위로 각각 분할하여 짧은 선으로 표시한다.
4. 1 : 50,000 - 지리좌표는 5′ 단위로 분할하여 1호 실선의 짧은 선으로 표시하며, 직각좌표는 1km마다 3호선 실선으로 표시한다.

84 기본측량성과 검증기관의 인력 및 장비 보유 기준으로 옳은 것은?

① 특급기술자 1인 이상
② 중급기술자 2인 이상
③ 도화기능사 1인 이상
④ GPS 수신기(1급) : 3대 이상

[해설]
기본측량성과 검증기관의 인력 및 장비 보유기준

기술인력	장비

1. 특급기술자 : 2명 이상
2. 고급기술자 : 3명 이상
3. 중급기술자 : 3명 이상
4. 초급기술자 : 1명 이상
5. 정보처리기사 자격취득자 : 1명 이상
6. 고급기능사
  가. 도화기능사 : 2명 이상
  나. 지도제작기능사 : 3명 이상
	1. GPS 수신기(1급) : 3대 이상
	2. 토털 스테이션(1급) : 1대 이상
	3. 레벨(1급, 인바표척 포함) : 1대 이상
	4. 해석도화기 : 1대 이상
	5. 출력장치 : 1대 이상
	6. 자동독취기(스캐너) : 1대 이상
	7. 수치지도 입력·출력 및 GPS 데이터 처리 소프트웨어 : 1식

Answer 82 ② 83 ② 84 ④

85 측량기준점을 크게 3가지로 구분할 때, 그 분류로 옳은 것은?

① 삼각점, 수준점, 지적점
② 위성기준점, 수준점, 삼각점
③ 국가기준점, 공공기준점, 지적기준점
④ 국가기준점, 공공기준점, 일반기준점

해설

공간정보의 구축 및 관리에 관한 법률 제7조(측량기준점)
① 측량기준점은 다음 각 호의 구분에 따른다.〈개정 2013.3.23.〉
1. 국가기준점 : 측량의 정확도를 확보하고 효율성을 높이기 위하여 국토교통부장관 및 국토교통부장관이 전 국토를 대상으로 주요 지점마다 정한 측량의 기본이 되는 측량기준점
2. 공공기준점 : 제17조제2항에 따른 공공측량시행자가 공공측량을 정확하고 효율적으로 시행하기 위하여 국가기준점을 기준으로 하여 따로 정하는 측량기준점
3. 지적기준점 : 특별시장·광역시장·특별자치시장·도지사 또는 특별자치도지사(이하 "시·도지사"라 한다)나 지적소관청이 지적측량을 정확하고 효율적으로 시행하기 위하여 국가기준점을 기준으로 하여 따로 정하는 측량기준점
② 제1항에 따른 측량기준점의 구분에 관한 세부 사항은 대통령령으로 정한다.

86 다음 중 공공측량에 관한 설명으로 가장 적합한 것은?

① 토지를 지적공부에 등록하거나 지적공부에 등록된 경계점을 지상에 복원하기 위한 측량
② 모든 측량의 기초가 되는 공간정보를 제공하기 위하여 국토교통부장관이 실시하는 측량
③ 공공의 이해 또는 안전과 밀접한 관련이 있는 측량으로서 대통령령으로 정하는 측량
④ 순수 학술연구나 군사 활동을 위한 측량

해설

공간정보의 구축 및 관리에 관한 법률 제2조(정의)
이 법에서 사용하는 용어의 뜻은 다음과 같다.〈개정 2013.7.17.〉
1. "측량"이란 공간상에 존재하는 일정한 점들의 위치를 측정하고 그 특성을 조사하여 도면 및 수치로 표현하거나 도면상의 위치를 현지(現地)에 재현하는 것을 말하며, 측량용 사진의 촬영, 지도의 제작 및 각종 건설사업에서 요구하는 도면작성 등을 포함한다.
2. "기본측량"이란 모든 측량의 기초가 되는 공간정보를 제공하기 위하여 국토교통부장관이 실시하는 측량을 말한다.
3. "공공측량"이란 다음 각 목의 측량을 말한다.
  가. 국가, 지방자치단체, 그 밖에 대통령령으로 정하는 기관이 관계 법령에 따른 사업 등을 시행하기 위하여 기본측량을 기초로 실시하는 측량
  나. 가목 외의 자가 시행하는 측량 중 공공의 이해 또는 안전과 밀접한 관련이 있는 측량으로서 대통령령으로 정하는 측량

87 공공측량 작업계획서를 제출할 때 포함되지 않아도 되는 사항은?

① 공공측량의 시행자의 규모
② 공공측량의 위치 및 사업량
③ 공공측량의 목적 및 활용 범위
④ 사용할 측량기기의 종류 및 성능

해설

공간정보의 구축 및 관리에 관한 법률 시행규칙 제21조(공공측량 작업계획서의 제출)
① 공공측량시행자는 법 제17조제2항에 따라 공공측량을 하기 3일 전에 국토지리정보원장이 정한 기준에 따라 공공측량 작업계획서를 작성하여 국토지리정보원장에게 제출하여야 한다. 공공측량 작업계획서를 변경한 경우에도 또한 같다.〈개정 2015.6.4.〉
② 제1항에 따른 공공측량 작업계획서에 포함되어야 할 사항은 다음 각 호와 같다.
1. 공공측량의 사업명
2. 공공측량의 목적 및 활용 범위
3. 공공측량의 위치 및 사업량
4. 공공측량의 작업기간

Answer 85 ③ 86 ③ 87 ①

5. 공공측량의 작업방법
6. 사용할 측량기기의 종류 및 성능
7. 법 제17조제1항에 따라 사용할 측량성과의 명칭, 종류 및 내용
8. 그 밖에 작업에 필요한 사항

88 국토교통부장관은 측량기본계획을 몇 년마다 수립하여야 하는가?

① 1년 ② 3년
③ 5년 ④ 10년

해설

공간정보의 구축 및 관리에 관한 법률 제5조(측량기본계획 및 시행계획)
① 국토교통부장관은 다음 각 호의 사항(수로조사에 관한 사항은 제외한다)이 포함된 측량기본계획을 5년마다 수립하여야 한다. 〈개정 2013.3.23.〉
1. 측량에 관한 기본 구상 및 추진 전략
2. 측량의 국내외 환경 분석 및 기술연구
3. 측량산업 및 기술인력 육성 방안
4. 그 밖에 측량 발전을 위하여 필요한 사항

89 기본측량성과의 국외 반출 금지의 예외 조항으로 "외국 정부와 기본측량성과를 서로 교환하는 등 대통령령으로 정하는 경우"에 해당되지 않는 것은?

① 정부를 대표하여 외국 정부와 교섭하거나 국제회의 또는 국제기구에 참석하는 자가 자료로 사용하기 위하여 지도나 그 밖에 필요한 간행물 또는 측량용 사진을 반출하는 경우
② 관광객 유치와 관광시설 홍보를 목적으로 지도나 그 밖에 필요한 간행물 또는 측량용 사진을 제작하여 반출하는 경우
③ 축척 1/50,000 미만인 소축척의 수치지형도를 국외로 반출하는 경우
④ 축척 1/25,000 또는 1/50,000 지도로서 국가정보원장의 지원을 받아 보안성 검토를 거친 경우(등고선, 발전소, 가스관 등 국토교통부장관이 정하여 고시하는 시설 등이 표시되지 아니한 경우로 한정한다.)

해설

공간정보의 구축 및 관리에 관한 법률 제16조(기본측량성과의 국외 반출 금지)
① 누구든지 국토교통부장관의 허가 없이 기본측량성과 중 지도 등 또는 측량용 사진을 국외로 반출하여서는 아니 된다. 다만, 외국 정부와 기본측량성과를 서로 교환하는 등 대통령령으로 정하는 경우에는 그러하지 아니하다.

공간정보의 구축 및 관리에 관한 법률 시행령 제16조(기본측량성과 및 공공측량성과의 국외 반출)
① 법 제16조제1항 단서에서 "외국 정부와 기본측량성과를 서로 교환하는 등 대통령령으로 정하는 경우"란 다음 각 호의 경우를 말한다. 〈개정 2013.3.23., 2014.1.17.〉
1. 대한민국 정부와 외국 정부 간에 체결된 협정 또는 합의에 따라 기본측량성과를 상호 교환하는 경우
2. 정부를 대표하여 외국 정부와 교섭하거나 국제회의 또는 국제기구에 참석하는 자가 자료로 사용하기 위하여 지도나 그 밖에 필요한 간행물(이하 "지도 등"이라 한다) 또는 측량용 사진을 반출하는 경우
3. 관광객 유치와 관광시설 홍보를 목적으로 지도 등 또는 측량용 사진을 제작하여 반출하는 경우
4. 축척 5만분의 1 미만인 소축척의 지도(수치지형도는 제외한다. 이하 이 조에서 같다)나 그 밖에 필요한 간행물을 국외로 반출하는 경우
5. 축척 2만5천분의 1 또는 5만분의 1 지도로서 「국가공간정보에 관한 법률 시행령」 제24조제3항에 따라 국가정보원장의 지원을 받아 보안성 검토를 거친 경우(등고선, 발전소, 가스관 등 국토교통부장관이 정하여 고시하는 시설 등이 표시되지 아니한 경우로 한정한다)
6. 축척 2만5천분의 1인 영문판 수치지형도로서 「국가공간정보에 관한 법률 시행령」 제24조제3항에 따른 보안성 검토를 거친 경우

Answer 88 ③ 89 ③

90 측량성과 심사수탁기관은 공공측량성과 심사의 신청을 받은 때에는 접수일로부터 20일 이내에 심사를 하여야 한다. 다만, 특정한 경우에 통지기간을 10일의 범위에서 연장할 수 있는데, 이 특정한 경우에 해당되지 않는 것은?

① 지상현황측량, 수치지도 및 수치표고자료 등의 성과심사량이 노선 길이 600km 인 경우
② 지하시설물도의 심사량이 200km인 경우
③ 성과심시 대상지역의 기상악화 및 천재지변 등으로 심사가 곤란한 경우
④ 지상현황측량, 수치지도 및 수치표고자료 등의 성과심사량이 면적 $5km^2$인 경우

해설

공간정보의 구축 및 관리 등에 관한 법률 시행규칙 제22조(공공측량성과의 심사)
② 측량성과 심사수탁기관은 제1항에 따라 제출된 공공측량성과 자료에 대하여 보완 또는 확인이 필요하다고 인정하는 때에는 제1항에 따른 신청인에게 그 보완 또는 확인 등의 필요한 조치를 하게 할 수 있다.
③ 측량성과 심사수탁기관은 제1항에 따라 성과심사의 신청을 받은 때에는 접수일부터 20일 이내에 심사를 하고 별지 제14호서식의 공공측량성과 심사결과서를 작성하여 국토지리정보원장 및 심사신청인에 통지하여야 한다. 다만, 다음 각 호의 어느 하나에 해당하는 경우에는 심사결과의 통지기간을 10일의 범위에서 연장할 수 있다.
1. 성과심사 대상지역의 기상악화 및 천재지변 등으로 심사가 곤란할 때
2. 지상현황측량, 수치지도 및 수치표고자료 등의 성과심사량이 면적 10제곱킬로미터 이상 또는 노선길이 600킬로미터 이상일 때
3. 지하시설물도 및 수심측량의 심사량이 200킬로미터 이상일 때

91 측량기기의 성능검사 대상과 주기로 옳은 것은?

① 레벨 및 거리측정기 : 1년
② GPS 수신기 : 2년
③ 토털 스테이션 : 3년
④ 금속관로탐지기 : 4년

해설

공간정보의 구축 및 관리 등에 관한 법률 시행령 제97조(성능검사의 대상 및 주기 등)
① 법 제92조제1항에 따라 성능검사를 받아야 하는 측량기기와 검사주기는 다음 각 호와 같다.
1. 트랜싯(데오드라이트): 3년
2. 레벨: 3년
3. 거리측정기: 3년
4. 토털 스테이션: 3년
5. 지피에스(GPS) 수신기: 3년
6. 금속관로 탐지기: 3년
② 법 제92조제1항에 따른 성능검사(신규 성능검사는 제외한다)는 제1항에 따른 성능검사 유효기간 만료일 2개월 전부터 유효기간 만료일까지의 기간에 받아야 한다. 〈개정 2015.6.1.〉
③ 법 제92조제1항에 따른 성능검사의 유효기간은 종전 유효기간 만료일의 다음 날부터 기산(起算)한다. 다만, 제2항에 따른 기간 외의 기간에 성능검사를 받은 경우에는 그 검사를 받은 날의 다음 날부터 기산한다.

92 측량업자로서 속임수, 위력, 그 밖의 방법으로 측량업과 관련된 입찰의 공정성을 해친 자에 대한 벌칙 기준은?

① 3년 이하의 징역 또는 3천만 원 이하의 벌금
② 2년 이하의 징역 또는 2천만 원 이하의 벌금
③ 1년 이하의 징역 또는 1천만 원 이하의 벌금
④ 300만 원 이하의 과태료

해설

공간정보의 구축 및 관리 등에 관한 법률 제107조(벌칙)
측량업자로서 속임수, 위력(威力), 그 밖의 방법으로

Answer 90 ④ 91 ③ 92 ①

측량업 또는 수로사업과 관련된 입찰의 공정성을 해친 자는 3년 이하의 징역 또는 3천만원 이하의 벌금에 처한다.

93 공공측량시행자는 공공측량 작업계획서를 작업시행 며칠 전까지 제출하여야 하는가?

① 3일 ② 7일
③ 15일 ④ 30일

해설

공간정보의 구축 및 관리 등에 관한 법률 시행규칙 제21조(공공측량 작업계획서의 제출)
① 공공측량시행자는 법 제17조제2항에 따라 공공측량을 하기 3일 전에 국토지리정보원장이 정한 기준에 따라 공공측량 작업계획서를 작성하여 국토지리정보원장에게 제출하여야 한다. 공공측량 작업계획서를 변경한 경우에도 또한 같다. 〈개정 2015.6.4.〉

94 「측량기준점표지를 이전 또는 파손하거나 그 효용을 해치는 행위를 한 자」에 대한 벌칙 기준은?

① 1년 이하의 징역 또는 1천만원 이하의 벌금
② 2년 이하의 징역 또는 2천만원 이하의 벌금
③ 3년 이하의 징역 또는 3천만원 이하의 벌금
④ 300만원 이하의 과태료

해설

공간정보의 구축 및 관리 등에 관한 법률 제108조(벌칙) 다음 각 호의 어느 하나에 해당하는 자는 2년 이하의 징역 또는 2천만원 이하의 벌금에 처한다.
1. 제9조제1항을 위반하여 측량기준점표지를 이전 또는 파손하거나 그 효용을 해치는 행위를 한 자
2. 고의로 측량성과 또는 수로조사성과를 사실과 다르게 한 자
3. 제16조 또는 제21조를 위반하여 측량성과를 국외로 반출한 자
4. 제44조를 위반하여 측량업의 등록을 하지 아니하거나 거짓이나 그 밖의 부정한 방법으로 측량업의 등록을 하고 측량업을 한 자

5. 제54조를 위반하여 수로사업의 등록을 하지 아니하거나 거짓이나 그 밖의 부정한 방법으로 수로사업의 등록을 하고 수로사업을 한 자
6. 제92조제1항에 따른 성능검사를 부정하게 한 성능검사대행자
7. 제93조제1항을 위반하여 성능검사대행자의 등록을 하지 아니하거나 거짓이나 그 밖의 부정한 방법으로 성능검사대행자의 등록을 하고 성능검사업무를 한 자

95 일반측량을 실시할 때 기초로 할 수 없는 것은?

① 기본측량성과 ② 일반측량성과
③ 공공측량성과 ④ 공공측량기록

해설

공간정보의 구축 및 관리 등에 관한 법률 제22조(일반측량의 실시 등)
① 일반측량은 기본측량성과 및 그 측량기록, 공공측량성과 및 그 측량기록을 기초로 실시하여야 한다.
② 국토교통부장관은 다음 각 호의 어느 하나에 해당하는 목적을 위하여 필요하다고 인정되는 경우에는 일반측량을 한 자에게 그 측량성과 및 측량기록의 사본을 제출하게 할 수 있다. 〈개정 2013.3.23.〉
1. 측량의 정확도 확보
2. 측량의 중복 배제
3. 측량에 관한 자료의 수집·분석
③ 국토교통부장관은 측량의 정확도 확보 등을 위하여 일반측량에 관한 작업기준을 정할 수 있다.

96 다음 중 용어에 대한 정의로 옳지 않은 것은?

① 기본측량이란 국토개발을 위한 기초 자료가 되는 공간정보를 제공하기 위하여 대통령이 실시하는 측량을 말한다.
② 공공측량이란 국가, 지방자치단체, 그 밖에 대통령령으로 정하는 기관이 관계 법령에 따른 사업 등을 시행하기 위하여 기본측량을 기초로 실시하는 측량을 말한다.

Answer 93 ① 94 ② 95 ② 96 ①

③ 지적측량이란 토지를 지적공부에 등록하거나 지적공부에 등록된 경계점을 지상에 복원하기 위해 시행하는 측량을 말한다.
④ 지적확정측량이란 「도시개발법」에 따른 도시개발사업, 「농어촌정비법」에 따른 농어촌정비사업, 그 밖에 대통령령으로 정하는 토지개발사업)에 따른 사업이 끝나 토지의 표시를 새로 정하기 위하여 실시하는 지적측량을 말한다.

[해설]
공간정보의 구축 및 관리 등에 관한 법률 제2조(정의)

기본측량	"기본측량"이란 모든 측량의 기초가 되는 공간정보를 제공하기 위하여 국토교통부장관이 실시하는 측량을 말한다.

97 지도나 그 밖에 필요한 간행물(이하 "지도등"이라 표현)의 간행심사에 대한 설명으로 옳지 않은 것은?

① 기본측량 성과 등을 활용하여 지도등을 간행하여 판매하거나 배포하려는 자는 국토교통부장관의 심사를 받아야 한다.
② 지도 등을 간행하려는 자는 사용한 기본측량성과 또는 측량기록을 지도등에 명시하여야 한다.
③ 측량성과 심사수탁기관이 지도등의 심사를 할 때에는 도로, 철도 등 주요 지형·지물의 표시 등이 적정한지 여부를 심사한다.
④ 심사를 받고 간행한 지도등을 수정하여 간행할 경우에는 수정간행한 지도의 사본제출 등의 절차를 생략할 수 있다.

[해설]
공간정보의 구축 및 관리 등에 관한 법률 시행규칙 제17조(지도등의 간행심사)
① 법 제15조제3항에 따라 지도등을 간행하기 위하여 심사를 받으려는 자는 별지 제9호서식의 지도등 간행심사 신청서에 다음 각 호의 서류를 첨부하여 영 제104조제1항에 따른 측량성과 심사수탁기관에 제출하여야 한다. 이 경우 수탁기관은 심사를 받으려는 자가 법인이면 「전자정부법」 제36조제1항에 따른 행정정보의 공동이용을 통하여 법인 등기사항증명서를 확인하여야 한다. 〈개정 2011.4.11.〉
1. 표준작업방법서 1부
2. 성과심사용 간행물 2부
3. 삭제 〈2015.6.4.〉
4. 삭제 〈2011.4.11.〉
② 제1항에 따라 심사를 받고 지도등을 간행한 자는 그 지도등을 수정하여 간행한 경우에는 수정간행한 지도등의 사본을 측량성과 심사수탁기관에 제출하여야 한다. 〈개정 2015.6.4.〉
③ 측량성과 심사수탁기관은 제2항에 따라 제출받은 지도등에 적정하지 아니한 사항이 있을 때에는 그 간행자에게 보완을 요청할 수 있다. 〈신설 2015.6.4.〉

98 공공측량성과 심사수탁기관은 특별한 사유가 없는 한 성과심사 신청 접수일로부터 며칠이내에 심사결과서를 통지해야 하는가?

① 10일 이내   ② 15일 이내
③ 20일 이내   ④ 30일 이내

[해설]
「공간정보의 구축 및 관리 등에 관한 법률 시행규칙」 제22조(공공측량성과의 심사)
① 법 제18조에 따라 공공측량시행자는 별지 제13호서식의 공공측량성과 심사신청서에 공공측량성과 자료를 첨부하여 측량성과 심사수탁기관에 제출하여야 한다.
② 측량성과 심사수탁기관은 제1항에 따라 제출된 공공측량성과 자료에 대하여 보완 또는 확인이 필요하다고 인정하는 때에는 제1항에 따른 신청인에게 그 보완 또는 확인 등의 필요한 조치를 하게 할 수 있다.
③ 측량성과 심사수탁기관은 제1항에 따라 성과심사의 신청을 받은 때에는 접수일부터 20일 이내에 심사를 하고 별지 제14호서식의 공공측량성과 심사결과서를 작성하여 국토지리정보원장 및 심사신청인에게 통지하여야 한다. 다만, 다음 각 호의 어느 하나에 해당하는 경우에는 심사결과의 통지기간을 10일의 범위에서 연장할 수 있다.

Answer 97 ④ 98 ③

1. 성과심사 대상지역의 기상악화 및 천재지변 등으로 심사가 곤란할 때
2. 지상현황측량, 수치지도 및 수치표고자료 등의 성과심사량이 면적 10제곱킬로미터 이상 또는 노선 길이 600킬로미터 이상일 때
3. 지하시설물도 및 수심측량의 심사량이 200킬로미터 이상일 때
④ 공공측량의 성과심사에 필요한 세부기준은 국토지리정보원장이 정하여 고시한다.

99 측량업의 등록을 반드시 취소하여야 하는 경우에 해당되지 않는 것은?

① 다른 사람에게 자기의 측량업등록증 또는 측량업등록수첩을 빌려 주거나, 자기의 성명 또는 상호를 사용하여 측량업무를 하게 한 경우
② 정당한 사유 없이 측량업의 등록을 한 날부터 1년 이내에 영업을 시작하지 아니하거나 계속하여 1년 이상 휴업한 경우
③ 거짓이나 그 밖의 부정한 방법으로 측량업의 등록을 한 경우
④ 영업정지기간 중에 계속하여 영업을 한 경우

해설

공간정보의 구축 및 관리 등에 관한 법률 제52조(측량업의 등록취소 등)

① 국토교통부장관, 시·도지사는 측량업자가 다음 각 호의 어느 하나에 해당하는 경우에는 측량업의 등록을 취소하거나 1년 이내의 기간을 정하여 영업의 정지를 명할 수 있다. 다만, 제2호·제4호·제7호·제8호·제11호 또는 제14호에 해당하는 경우에는 측량업의 등록을 취소하여야 한다. 〈개정 2013.3.23., 2014.6.3.〉

1. 고의 또는 과실로 측량을 부정확하게 한 경우
2. 거짓이나 그 밖의 부정한 방법으로 측량업의 등록을 한 경우
3. 정당한 사유 없이 측량업의 등록을 한 날부터 1년 이내에 영업을 시작하지 아니하거나 계속하여 1년 이상 휴업한 경우
4. 제44조제2항에 따른 등록기준에 미달하게 된 경우. 다만, 일시적으로 등록기준에 미달되는 등 대통령령으로 정하는 경우는 제외한다.
5. 제44조제4항을 위반하여 측량업 등록사항의 변경

신고를 하지 아니한 경우
6. 지적측량업자가 제45조에 따른 업무 범위를 위반하여 지적측량을 한 경우
7. 제47조 각 호의 어느 하나에 해당하게 된 경우
8. 제49조제1항을 위반하여 다른 사람에게 자기의 측량업등록증 또는 측량업등록수첩을 빌려 주거나 자기의 성명 또는 상호를 사용하여 측량업무를 하게 한 경우
9. 지적측량업자가 제50조를 위반한 경우
10. 제51조를 위반하여 보험가입 등 필요한 조치를 하지 아니한 경우
11. 영업정지기간 중에 계속하여 영업을 한 경우
12. 지적측량업자가 제106조제2항에 따른 지적측량수수료를 같은 조 제3항에 따라 고시한 금액보다 과다 또는 과소하게 받은 경우
13. 다른 행정기관이 관계 법령에 따라 등록취소 또는 영업정지를 요구한 경우
14. 「국가기술자격법」 제15조제2항을 위반하여 측량업자가 측량기술자의 국가기술자격증을 대여받은 사실이 확인된 경우

100 공간정보를 체계적으로 정리하여 사용자가 검색하고 활용할 수 있도록 가공한 정보의 집합체로 정의되는 것은?

① 공간정보데이터베이스
② 국가공간정보통합체계
③ 공간정보관리시스템
④ 공간정보체계

해설

공간정보	"공간정보"란 지상·지하·수상·수중 등 공간상에 존재하는 자연적 또는 인공적인 객체에 대한 위치정보 및 이와 관련된 공간적 인지 및 의사결정에 필요한 정보를 말한다.
공간정보데이터베이스	"공간정보데이터베이스"란 공간정보를 체계적으로 정리하여 사용자가 검색하고 활용할 수 있도록 가공한 정보의 집합체를 말한다.
공간정보체계	"공간정보체계"란 공간정보를 효과적으로 수집·저장·가공·분석·표현할 수 있도록 서로 유기적으로 연계된 컴퓨터의 하드웨어, 소프트웨어, 데이터베이스 및 인적자원의 결합체를 말한다.

Answer 99 ② 100 ①

제1과목 | 측지학 및 위성측위시스템

01 임의 지점에서 GPS 관측을 수행하여 타원체고(h) 59.543m를 획득하였다. 그 지점의 지구중력장 모델로부터 계산한 지오이드고(N)가 2309m이었다면 정표고(H)는?

① −61.852m
② −57.234m
③ 57.234m
④ 61.852m

[해설]
정표고 = 타원체고 − 지오이드고
= 59.543 − 2.309 = 57.234m

02 GPS시에 대한 설명으로 옳지 않은 것은?

① GPS시는 위성에 탑재된 원자시계가 나타내는 시각이다.
② GPS시와 UTC(Coordinated Universal Time : 협정세계시)의 차이는 윤초의 삽입으로 증가한다.
③ GPS시는 1980년 1월 6일 0시 UTC로부터 시작하였다.
④ GPS시는 국제원자시와 정확하게 일치한다.

[해설]
GPS시(GPS Time)
① GPS시는 위성에 탑재된 세슘 원자시계가 나타내는 시각이다.
② GPS 위성전용 시간시스템이다.
③ 국제원자시(TAI : International Atomic Time)와 정확하게 19초 늦는다.(국제원자시는 원자진동을 기준으로 한 시간시스템으로 일상적으로 사용하고 있는 시각임)
④ GPS시는 1980년 1월 6일 0시 UTC로부터 시작하였다.
⑤ GPS시와 UTC(Coordinated Universal Time : 협정세계시)의 차이는 윤초의 삽입으로 증가한다.(협정세계시는 지구자전과 원자시를 타협한 시간시스템으로 일상적으로 사용하고 있는 시각이다)

03 중력보정 중 관측점을 중심으로 지형이 높은 곳은 깎고 낮은 곳은 채워서 평탄하게 했을 때의 값으로 보정하는 것은?

① 지형보정
② 고도보정
③ 부게보정
④ 아이소스타시보정

[해설]
④ 지형보정(地形補正) : 실제 지형은 능선이나 계곡 등의 불규칙한 형태를 이루고 있으므로, 이러한 지형의 영향을 보정하는 것을 지형보정이라 한다.

04 GPS의 오차에 대한 설명으로 틀린 것은?

① GPS의 오차에는 위성시계오차, 대기굴절오차, 수신기 오차 등이 있다.
② 위성의 위치오차는 위성의 배치상태의 오차를 말하며 측점의 좌표계산에는 영향을 주지 않는다.
③ 안테나의 높이 측정오차와 구심오차는 안테나의 중심과 위상중심의 차이에서 발생하는 오

Answer 1 ③ 2 ④ 3 ① 4 ②

차를 말한다.
④ 위성의 기하학적 배치상태가 정밀도에 어떻게 영향을 주는가를 추정할 수 있는 하나의 척도로 DOP(Dilution Of Precision)를 사용한다.

해설

위성의 배치상태에 의한 오차
① GPS 관측지역의 상공을 지나는 위성의 기하학적 배치상태에 따라 측위의 정확도가 달라지는데 이를 DOP(Dilution of Pre-cision)라 한다.(정밀도 저하율)
② 3차원 위치의 정확도는 PDOP에 따라 달라지는데 PDOP는 4개의 관측위성들이 이루는 사면체의 체적이 최대일 때 가장 정확도가 좋으며 이때는 관측자의 머리 위에 다른 3개의 위성이 각각 120°를 이룰 때이다.
③ DOP는 값이 작을수록 정확한데 10l 가장 정확하고 5까지는 실용상 지장이 없다.
④ DOP의 종류
  ㉠ GDOP : 기하학적 정밀도 저하율
  ㉡ PDOP : 위치 정밀도 저하율
  ㉢ HDOP : 수평 정밀도 저하율
  ㉣ VDOP : 수직 정밀도 저하율
  ㉤ RDOP : 상대 정밀도 저하율
  ㉥ TDOP : 시간 정밀도 저하율

05 GPS 방송궤도력에서 제공하는 정보로 옳은 것은?

① 위성과 수신기 사이의 거리
② 위성의 위치정보
③ 대기 중 습도정보
④ 수신기의 시계오차

해설

GPS를 이용할 때 GPS 위성궤도정보는 가장 중요한 기본 데이터이다. 일반적으로 궤도정보는 위성으로부터 전송되는 항법메시지에 포함된 궤도정보, 즉 방송력을 이용한다. 방송력은 5개 지상관제국에서 작성한 추적데이터를 사용하여 미국 본토의 주관제국에서 계산한 후 각 위성에 uplode한 것이다.

06 다음 중 중력보정에 해당되지 않는 것은?

① 조석보정   ② 수평보정
③ 위도보정   ④ 고도보정

해설

중력보정의 종류
① 고도보정(高度補正)
  ㉠ 프리-에어보정(free air correction)
  ㉡ 부게보정(Bouger correction)
② 지형보정(地形補正, topographic 또는 terrain correction)
③ 에트베스보정(Eotvos correction)
④ 조석보정(潮汐補正, earth tide correction)
⑤ 위도보정(緯度補正, latitude correction)
⑥ 대기보정(大氣補正, airmass correction)
⑦ 지각균형보정(地殼均衡補正, isostatic correction)
⑧ 계기보정(計器補正, drift correction)

07 지상에서 인공위성의 위치를 관측하는 방법에 대한 설명으로 틀린 것은?

① 전파의 속도를 이용하여 관측
② 전파의 도플러 효과를 이용하여 관측
③ 레이저의 왕복시간을 이용하여 관측
④ 하나의 관측점에서 촬영된 사진상의 위성과 그 배경에 있는 별들의 각, 거리를 관측

해설

사진상의 위성과 그 배경에 있는 별들의 각과 거리로써는 인공위성의 위치를 관측할 수 없다.

08 지구 내부의 원인에 의하여 자기장이 오랜 세월을 두고 변화하는 것을 가리키는 용어는?

① 일변화   ② 영년변화
③ 자기변화   ④ 월변화

해설

지자기(地磁氣)의 변화(變化)
지자기는 쌍극자 자장과 비쌍극자 자장에 의한 지자

Answer 5② 6② 7④ 8②

기 이상 외에도 한 측점에서의 지자기는 오랜 세월을 두고 관측한 결과 일정하지 않고 시간에 따라 변화하고 있음을 알 수 있다. 지자기의 변화는 하루를 주기로 하는 일변화(日變化)와 수십 년 내지 수백 년에 걸친 영년변화(永年變化) 및 갑작스럽고도 큰 변화인 자기풍으로 나눌 수 있다.

09 GPS 신호에서 C/A 코드는 1023Mbps로 이루어져 있다. GPS 신호의 전파 속도를 200,000km/s로 가정했을 때 코드 1비트 사이의 간격은 약 몇 m인가?

① 약 1.96m ② 약 19.6m
③ 약 196m ④ 약 1960m

해설

$f = \dfrac{1}{T} = 1.023 \text{MHz} = 1.023 \times 10^6 \text{Hz}$

$V = 200,000 \text{km/sec}$

$S = V \cdot T = 200,000,000 \times \dfrac{1}{1.023 \times 10^6}$

$= 195.5 \text{m}$

10 구면삼각형에 대한 설명으로 틀린 것은?

① 구면상에서 삼각형 내각의 합은 180°보다 크고 540°보다는 작다.
② 구과량은 구면삼각형 내각의 합이 180°보다 큰 값으로 항상 (+)이다.
③ 구면삼각형의 두 점간의 거리는 대원의 호장(호의 길이)이 된다.
④ 구과량은 면적에 반비례한다.

해설

$BC = IP - TL = IP - R \tan \dfrac{I}{2} = 1500 - 100 \times \tan 45$

$= 1400m$

11 모호정수(cycle ambiguity)를 결정하여 고정해(fixing solution)를 산출하는 이유는?

① 측위정확도를 향상시킬 수 있기 때문이다.
② 대기효과를 제거할 수 있기 때문이다.
③ 사이클슬립을 방지할 수 있기 때문이다.
④ 수신기의 갑작스러운 이동을 막을 수 있기 때문이다.

해설

간섭측위에 의한 위상차 측정

정적간섭측위(Static Positioning)를 통하여 기선해석을 하는데 사용하는 방법으로서 두 개의 기지점에 GPS 수신기를 설치하고 위상차를 측정하여 기선의 길이와 방향을 3차원 백터량으로 결정하는데 다음과 같은 위상차 차분기법을 통하여 기선해석 품질을 높인다.

구 분	특 징
일중위상차: Single Phace Difference)	① 한개의 위성과 두 대의 수신기를 이용한 위성과 수신기간의 거리측정치(행로차) ② 동일위성에 대한 측정치이므로 위성의 궤도오차와 원자시계에 의한 오차가 소거된 상태 ③ 그러나 수신기의 시계오차는 포함되어 있는 상태임
이중위상차: Double Phace Difference)	① 두 개의 위성과 두 대의 수신기를 이용하여 각각의 위성에 대한 수신기간 1중차 끼리의 차이값 ② 두 개의 위성에 대하여 두 대의 수신기로 관측함으로서 같은량으로 존재하는 수신기의 시계오차를 소거한 상태 ③ 일반적으로 최소 4개의 위성을 관측하여 3회의 이중차를 측정하여 기선해석을 하는 것이 통례임
삼중위상차: Triple Phace Difference)	① 한 개의 위성에 대하여 어떤시각의 위상적산치(측정치)와 다음시각의 적산치와의 차이값을 적분위상차라고도 한다. ② 반송파의 모호정수(불명확수)를 소거하기 위하여 일정시간 간격으로 이중차의 차이값을 측정하는 것을 말한다. ③ 즉, 일정시간 동안의 위성거리 변화를 뜻하며 파장의 정수배의 불명확을 해결하는 방법으로 이용된다.

Answer 9 ③ 10 ④ 11 ①

12 다음 중 위치기반서비스(LBS)를 위한 실시간 위치결정과 거리가 먼 것은?

① GPS ② GLONASS
③ GALILEO ④ LANDSAT

해설
위치 기반 서비스(LBS, Location-Based Service)는 휴대 전화나 지피에스(GPS, 위성 항법 장치)가 달린 사물의 위치를 정확하게 파악해 그 지점에서의 위치 정보를 제공하는 서비스를 뜻한다. 이를 위해서는 GPS를 이용해 위도, 경도 등을 정확히 알아내는 위치 측정 기술과 지아이에스(GIS, 지리 정보 시스템)가 필요하다. 일반적으로 위도, 경도는 그냥 숫자에 불과하지만, GIS를 이용하여 '시청역 6번 출구' 또는 '시청 광장' 등 위치 정보로 바꿔 준다.
위치 기반 서비스는 많은 분야에 응용이 가능해 내비게이션, 친구 찾기, 날씨 정보, 교통 정보 등 다양한 분야에서 활용되고 있다.
예를 들어, 등산이나 물놀이를 하다가 위험에 처했을 때 단말기의 응급버튼을 누르면 주변에 있는 구조 기관에 연결되어 구조를 받을 수 있고, 단말기의 사용자가 위치해 있는 장소의 날씨나 기상 특보 등도 알 수 있다.

13 UTM좌표에 대한 설명이 틀린 것은?

① 지구전체를 경도 6°씩 60개의 구역으로 나누고 각 종대의 중앙자오선과 적도의 교점을 원점으로 한다.
② 원통도법인 횡축메르카토르(TM)투영법으로 등각투영 한다.
③ 종대에서 위도는 남·북위 70°까지만 포함시키며 다시 7°간격으로 20구역으로 나눈다.
④ 좌표의 표시는 중앙자오선과 적도를 종축과 횡축으로 정하여 미터(m)로 표기한다.

해설
UTM좌표
UTM좌표는 국제횡메르카토르 투영법에 의하여 표현되는 좌표계이다. 적도를 횡축, 자오선을 종축으로 한다. 투영방식, 좌표변환식은 TM과 동일하나 원점에서 축척계수를 0.9996으로하여 적용범위를 넓혔다.
(1) 종대
① 지구전체를 경도 6°씩 60개 구역으로 나누고, 각 종대의 중앙자오선과 적도의 교점을 원점으로 하여 원통도법인 횡메르카토르 투영법으로 등각투영 한다.
② 각 종대는 180°W자오선에서 동쪽으로 6°간격으로 1~60까지 번호를 붙인다.
③ 중앙자오선에서의 축척계수는 0.9996m이다.
(축척계수 : $\frac{평면거리}{구면거리} = \frac{s}{S} = 0.9996$)

14 다음의 설명 중 옳지 않은 것은?

① 천체의 고도, 방위각 및 시각을 관측하여 미지점의 경위도 및 방위각을 결정하는 것을 천문측량이라 한다.
② 측지학적 3차원 위치결정이란 경도, 위도 및 높이를 산정하여 측지학적 좌표계를 결정하는 것이다.
③ 지상으로부터 발사 또는 방사된 전자파를 인공위성으로 탐지하여 해석함으로써 지구자원 및 환경을 해결할 수 있는 것을 GNSS측량이라 한다.
④ 지구곡률을 고려한 반지름 11km 이상인 지역의 측량에는 측지학의 지식을 필요로 한다.

15 GNSS에 의한 위치결정 시 사용되는 위성 관측법은?

① 전파 관측법 ② 카메라 관측법
③ 음파 관측법 ④ 레이저 관측법

해설
GPS(Global Position System : 전지구 위치 파악 시스템)
GPS는 인공위성을 이용한 범세계적 위치결정체계로 정확한 위치를 알고 있는 위성에서 발사한 전파를 수신하여 관측점까지의 소요시간을 관측함으로써 관측점의 위치를 구하는 체계이다. 즉 GPS 측량은 위치가

Answer 12 ④ 13 ③ 14 ③ 15 ①

알려진 다수의 위성을 기지점으로 하여 수신기를 설치한 미지 점의 위치를 결정하는 후방교회법(Resection methoid)에 의한 측량방법이다.

16 신속정지측위(rapid static positioning)에 대한 설명으로 옳은 것은?

① 신속하게 이동하며 측위하는 기법을 말한다.
② 수신기를 자동차에 탑재하여 이동하며 측위하는 것을 말한다.
③ 정적 상대측위 기법의 일종이다.
④ 일반적으로 단독측위 기법을 기반으로 한다.

해설

Rapid Static Positioning (신속정지 위치 결정방식)
정지위치결정방식과 거의 동일하지만 정지측량의 개선된 방법으로 정지측량이 1시간 이상의 관측시간이 필요한 반면 10km 이내의 거리에서 5분 15분 정도의 관측시간으로 1ppm의 정밀도를 구할수 있는 측량방법이다. 5개 이상의 위성의 위상관측량을 이용하여 결정하는 방법이며, 코드정보를 이용하면 시간을 단축할 수 있다.
신속정지측위(rapid static positioning)방법도 정적 상대측위 기법의 일종이다.

17 GNSS 측량 방법 중 〈보기〉가 설명하고 있는 방법은?

〈보기〉
이 방법은 기존의 Network RTK GNSS측량 방식이 기지국에 1대, 이동국에 1대, 총 2대의 수신기를 필요로 했던 방식을 상시관측소를 기준국으로 사용함으로써 1대의 수신기와 블루투스 통신이 가능한 1대의 휴대전화로 실시간 위성측량이 가능하다.

① DGPS
② SLR
③ Pseudo Kinematic
④ VRS

해설

VRS(Virtual Reference Stations : 가상기지국)VRS는 위치기반서비스를 하기 위해 GPS 위성수신방식과 GPS 기지국으로부터 얻은 정보를 통합하여 임의의 지점에서 단말기 또는 휴대폰을 통하여 그 지점에서 정보를 얻기 위한 가상의 기지국을 말한다.

18 GNSS 자료처리에 의하여 직접적으로 획득할 수 있는 성과가 아닌 것은?

① 기선장   ② 경도
③ 위도   ④ 정표고

해설

1. 측지위성(GNSS)
   ① 궤도위성 : GPS, GLONASS, GALILEO 등
   ② 정지위성 : WASS, EGNOS, MASA 등
2. 지구관측위성
   ① 저해상도 위성 : LANDSAT, SPOT, KOMPSAT-1 등
   ② 고해상도 위성 : IKONOS, KOMPSAT-2, Quick Bird 등
GPS위성 기준점 측량을 통해 위도, 경도, 기선장.타원체고를 구할수 있다.

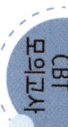

19 GNSS 측위의 계통적 오차(정오차) 요인이 아닌 것은?

① 위성의 시계오차
② 위성의 궤도오차
③ 전리층 지연오차
④ 관측 잡음오차

해설

구조적인 오차

종류	특징
위성시계 오차	GPS 위성에 내장되어 있는 시계의 부정확성으로 인해 발생
위성궤도 오차	위성궤도정보의 부정확성으로 인해 발생

Answer   16 ③   17 ④   18 ④   19 ④

종류	특징
대기권 전파지연	위성신호의 전리층, 대류권 통과시 전파지연오차(약 2m)
전파적 잡음	수신기 자체에서 발생하며 PRN 코드 잡음과 수신기 잡음이 합쳐져서 발생
다중경로 (Multipath)	다중경로오차는 GPS 위성으로 직접 수신된 전파 이외에 부가적으로 주위의 지형, 지물에 의한 반사된 전파로 인해 발생하는 오차로서 측위에 영향을 미친다. ① 다중경로는 금속제 건물, 구조물과 같은 커다란 반사적 표면이 있을 때 일어난다.

관측 잡음오차는 정오차가 아니다.

20 UTM 좌표계에 대한 설명으로 옳은 것은?

① 각 구역은 서쪽방향으로 10°간격으로 1부터 번호를 붙인다.
② 지구 전체를 경도 6°씩 60구역으로 나눈다.
③ 위도는 6° 간격으로 남북으로 20등분하여 나눈다.
④ 위도 80° 이상의 양극지역의 좌표를 표시하기 위한 좌표계이다.

[해설]

UTM 좌표(Universal Transverse Mercator Coordinate)
UTM 좌표는 국제횡메르카토르 투영법에 의하여 표현되는 좌표계이다. 적도를 횡축, 자오선을 종축으로 한다. 투영방식, 좌표변환식은 TM과 동일하나 원점에서 축척계수를 0.9996으로 하여 적용범위를 넓혔다.
① 지구 전체를 경도 6°씩 60개 구역으로 나누고, 각 종대의 중앙자오선과 적도의 교점을 원점으로 하여 원통도법인 횡메르카토르 투영법으로 등각투영한다.
② 각 종대는 180°W 자오선에서 동쪽으로 6° 간격으로 1~60까지 번호를 붙인다.
③ 중앙자오선에서의 축척계수는 0.9996m이다
(축척계수 : $\frac{평면거리}{구면거리} = \frac{s}{S} = 0.9996$).
④ 종대에서 위도는 남북 80°까지만 포함시킨다.
⑤ 횡대는 8°씩 20개 구역으로 나누어 C(80°S~

72°S)~X(72°N~80°N)까지(단, I, O는 제외) 20개의 알파벳 문자로 표현한다.
⑥ 결국 종대 및 횡대는 경도 6°×위도 8°의 구형구역으로 구분된다.
⑦ 우리나라는 51~52종대와 S~T횡대에 속한다.

51 : 120° ~ 126° E (중앙자오선 123° E)	S : 32° ~ 40° N
52 : 126° ~ 132° E (중앙자오선 129° E)	T : 40° ~ 48° N

제2과목 | 응용측량

21 터널측량에 대한 설명으로 옳지 않은 것은?

① 터널 내의 곡선설치는 일반적으로 지상에서와 같이 편각법에 의해 행한다.
② 터널 내 측량은 터널 내 중심선측량과 터널 내 수준측량으로 나눌 수 있다.
③ 터널의 중심선측량은 삼각측량 또는 트래버스측량으로 행한다.
④ 터널 내 측량에서는 기계의 십자선 및 표척 등에 조명이 필요하다.

[해설]
① 터널이 직선인 경우는 트랜싯을 이용하여 중심선을 연장하지만, 곡선인 경우는 정확한 곡선설치를 해야 한다.
② 갱내는 협소하므로 현편거법이나 트래버스측량에 의해 설치한다.
③ 트래버스측량에 의한 방법에는 내접다각형법과 외접다각형법이 있다.

Answer 20 ② 21 ①

22 터널측량의 일반적인 작업공정 순서로 옳은 것은?

① 지형측량 - 터널 외 기준점 측량 - 세부측량 - 터널 내 측량 - 준공측량
② 세부측량 - 터널 외 기준점 측량 - 터널 내 측량 - 지형측량 - 준공측량
③ 지형측량 - 세부측량 - 터널 외 기준점 측량 - 터널 내 측량 - 준공측량
④ 세부측량 - 터널 내 측량 - 지형측량 - 준공측량 - 터널 외 기준점 측량

해설
지형측량 – 갱외 기준점 측량 – 세부측량 – 갱내 측량 – 작업갱 측량 – 준공측량

23 하천의 유속측정을 위하여 그림과 같이 표면부자를 수면에 띄우고 A점을 출발하여 B점을 통과하는 데 소요되는 시간은 2분 20초이었다. AB 두 점 사이의 거리가 205m일 때 유속은? (단, 큰 하천에 대한 보정계수는 0.9임)

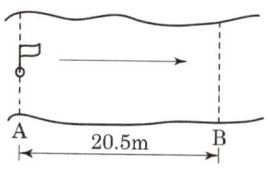

① 0.113m/s ② 0.132m/s
③ 0.146m/s ④ 0.163m/s

해설
실제유속
$(V_s) = m/sec = 20.5/140 = 0.146 m/sec$
부자고가 0.9이므로
$V_m = 0.9 \times V_s = 0.9 \times 0.146 = 0.1314 m/sec$

24 매개변수 A=150m인 클로소이드에 접속되는 원곡선의 반지름이 250m라고 할 때 단위 클로소이드 길이(l)는?

① 0.571000 ② 0.600000
③ 1.258000 ④ 1.666667

해설
곡선반경$(R) = \dfrac{A^2}{L} = \dfrac{A}{l} = \dfrac{L}{2\tau} = \dfrac{A}{\sqrt{2\tau}}$ 에서
$l = \dfrac{A}{R} = \dfrac{150}{250} = 0.6$

25 터널공사에서 시공 중에 주로 실시하는 측량은?

① 지형 측량 ② 변위 측량
③ 터널 내 측량 ④ 완공 측량

해설

지형측량 (地形測量)	항공사진측량, 기준점측량, 평판측량 등으로 터널의 노선 선정이나 지형의 경사 등을 조사하는 측량이다.
갱외기준점 측량 (坑外基準點 測量)	삼각 또는 다각측량 및 수준측량에 의해 굴삭을 위한 측량의 기준점 설치 및 중심선 방향의 설치를 하는 측량이다.
세부측량 (細部測量)	평판측량과 수준측량으로 갱구 및 터널 가설설계에 필요한 상세한 지형도 작성을 위한 측량이다.
갱내측량 (坑內測量)	다각측량과 수준측량에 의해 설계중심선의 갱내에의 설정 및 굴삭, 지보공(支保工), 형틀 설치 등을 위한 측량이다.
작업갱측량 (作業坑測量)	갱내기준점설치를 위한 측량이다.
준공측량 (竣工測量)	도로, 철도, 수로 등 터널사용목적에 따라 터널 형상을 제작하기 위한 측량이다.

Answer 22 ① 23 ② 24 ② 25 ③

26 그림과 같은 단면의 면적은?

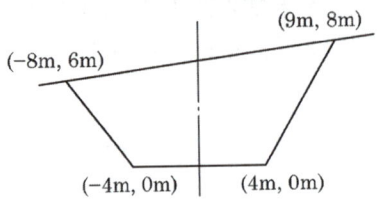

① 78m²
② 80m²
③ 87m²
④ 90m²

해설

합위거 (x)	합경거 (y)	$(X_{i+1}-x_{i-1})\times y$	배면적
$X_1(-8)$	$Y_1(6)$	$(x_2-x_4)\times y_1$	$(9-(-4))\times 6=78$
$X_2(9)$	$Y_2(8)$	$(x_3-x_1)\times y_2$	$(4-(-8))\times 8=96$
$X_3(4)$	$Y_3(0)$	$(x_4-x_2)\times y_3$	$(-4-9)\times 0=0$
$X_4(-4)$	$Y_4(0)$	$(x_1-x_3)\times y_4$	$(-8-4)\times 0=0$
		배면적	$=174$
		면적$=\dfrac{174}{2}=87m^2$	

27 터널 내의 천정에 측점 A, B가 그림과 같이 설치되었다고 할 때 두 점의 고저차 H는? (단, 관측 경사거리=1005m, 수직각=30°25′30″)

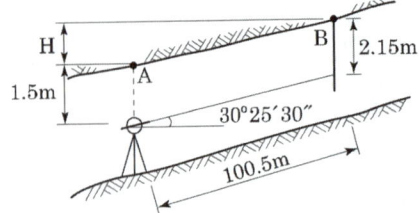

① 51.54m
② 59.67m
③ 87.31m
④ 103.31m

해설
$h=100.5\times\sin30°25'30''=50.89m$
$H=2.15+50.89-1.5=51.54m$

28 노선측량의 기점에서 교점(I.P)까지의 추가거리가 308.15m이고, 곡선반지름이 300m, 교각(I)이 50°일 때 시단현의 길이는? (단, 중심말뚝 간격은 20m이다.)

① 8.26m
② 8.55m
③ 11.25m
④ 11.74m

해설
$TL=R\tan\dfrac{I}{2}=300\times\tan\dfrac{50°}{2}=139.89m$
$BC=308.15-139.89=168.26m$
$l_1=180-168.26=11.74m$

29 토지의 면적계산에 사용되는 심프슨 제2법칙은 그림과 같은 포물선 AMNB의 면적(빗금친 부분)을 사각형 ABCD 면적의 얼마로 가정해서 유도한 공식인가?

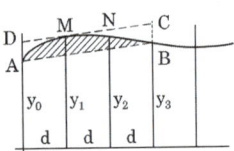

① 3/8
② 1/2
③ 3/4
④ 7/8

해설
심프슨 제2법칙
도형의 3구간을 한 조로 하여 면적을 계산함으로써 실제 지형에 가깝게 면적을 구할 수 있다는 장점이 있다. 따라서 구하고자 하는 도형을 3의 배수로 나누어야 한다.
ABCDE의 면적(A)
=사다리꼴 ABDE(A1)+곡선부분 BCD(A2)

Answer 26 ③ 27 ① 28 ④ 29 ③

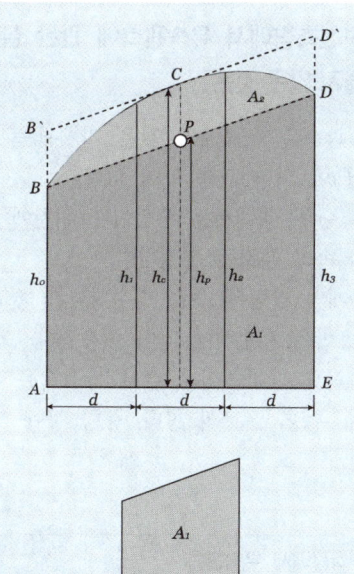

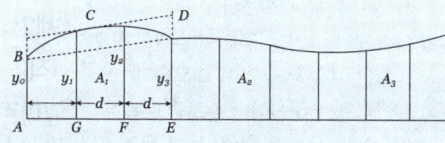

$$A_1 = (3d \times \frac{y_0 + y_3}{2})$$

$$A_2 = \frac{3}{4}3d(h_c - h_p)$$
$$= \frac{3}{4}\left\{3d \cdot (\frac{h_1 + h_2}{2} - \frac{h_0 + h_3}{2})\right\}$$

전체면적(A)
$$A = 3d \cdot \frac{h_0 + h_3}{2} + \frac{3}{4}\left\{3d \cdot (\frac{h_1 + h_2}{2} - \frac{h_0 + h_3}{2})\right\}$$
$$= \frac{3}{8}d(h_0 + 3h_1 + 3h_2 + h_3)$$

30 달, 태양 등의 기조력과 기압, 바람 등에 의해서 일어나는 해수면의 주기적 승강현상을 연속 관측하는 것은?

① 조석관측
② 조류관측
③ 대기관측
④ 해양관측

해설

조석관측(潮汐觀測)

해수면의 승강을 관측하는 것을 조석관측(潮汐觀測) 또는 검조(檢潮)라 한다. 어느 지점의 조석양상을 제대로 파악하기 위해서는 적어도 1년 이상 연속 관측하여야 한다. 조석관측은 여러 가지 조석현상은 물론, 정확한 평균해수면을 구함으로써 지각변동의 검출, 지진예지 등에도 중요한 자료를 제공한다.

조석현상은 지구, 달, 태양 등의 상대 위치에 따른 기조력에 의해 발생되는 바다 표면의 주기적 상승, 하강을 말한다. 세계의 여러 지역에서 조석은 만조와 간조가 약 24시간 50분마다 2회씩 일어나는 반일주조와, 만조와 간조가 1회씩 일어나는 일주조 형태로 발생하게 된다. 조석의 특성을 결정하는 것은 달과 태양의 위치 · 지구의 자전 · 해안선의 모양 · 수심 및 위도 등이 있다.

31 하천의 심천측량(深淺測量)에 관한 설명으로 옳지 않은 것은?

① 하천의 수심 및 유수 부분의 하저상황을 조사한다.
② 유수의 실태를 파악하기 위해 하상의 물질을 동시에 채취하는 것이 일반적이다.
③ 레드(lead)로 관측이 불가능한 얕은 수심의 경우 음향측심기를 사용한다.
④ 심천측량에서 하천 폭이 넓고 수심이 깊은 경우에는 배를 이용하여 심천측량을 행한다.

해설

레드(lead)로 관측이 불가능한 깊은 수심의 경우 음향측심기(音響깊이測量器)를 사용한다. 음향깊이측량기는 수상(水上)에서 수저(水底)로 향하여 초음파를 발사하여 하저에서 반사하여 돌아올 때까지의 시간을 관측하여 수심을 관측하게 된다.

Answer 30 ① 31 ③

32 다음 중 경사 약 30°의 경사 터널의 시점과 종점의 고저차를 가장 정밀하고 간편하게 구할 수 있는 방법은?

① 토털스테이션으로 경사와 경사거리를 측정하여 고저차를 구한다.
② 경사계로 경사를 구하고 줄자로 사거리를 측정하여 고저차를 구한다.
③ 레벨과 표척을 이용한 수준측량에 의해 고저차를 구한다.
④ 기압계에 의하여 고저차를 구한다.

해설
경사 터널의 시점과 종점의 고저차를 가장 정밀하고 간편하게 구할 수 있는 방법은 토털스테이션으로 경사와 경사거리를 측정하여 고저차를 구한다.

33 그림의 면적을 심프슨 제2법칙을 이용하여 구한 값은? (단, 지거의 간격은 5m로 일정하다)

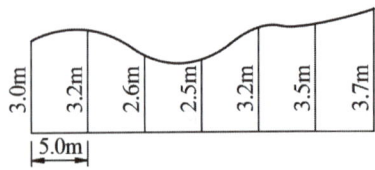

① 92.25㎡
② 93.25㎡
③ 94.25㎡
④ 95.25㎡

해설
$$A = \frac{3}{8}d[y_0 + y_n + 3(y_1 + y_2 + y_4 + y_5..) + 2(y_3 + y_6..)]$$
$$= \frac{3}{8} \times 5[(3.0 + 3.7 + 3(3.2 + 2.6 + 3.2 + 3.5) + 2(2.5)]$$
$$= \frac{15}{8}(49.2) = 92.25 m^2$$

34 하천측량에서 유속관측에 관한 설명으로 옳지 않은 것은?

① 유속관측은 유속계와 같은 기계관측과 부자(浮子)에 의한 관측 등이 있다.
② 같은 단면 내에서는 수심이나 위치에 상관없이 유속의 분포는 일정하다.
③ 유속계의 방법은 주로 평수위시가 좋고 부자의 방법은 홍수시에 많이 이용된다.
④ 일반적으로 하천이나 수로의 유속은 기울기, 크기, 수량, 유로의 형태, 풍향 등에 따라 변한다.

해설
1. 하천측량에서 유속관측
   ① 유속관측은 유속계와 같은 기계관측과 부자(浮子)에 의한 관측 등이 있다.
   ② 같은 단면 내에서는 수심이나 위치에 상관하여 유속의 분포는 다르다.
   ③ 유속계의 방법은 주로 평수위시가 좋고 부자의 방법은 홍수시에 많이 이용된다.
   ④ 일반적으로 하천이나 수로의 유속은 기울기, 크기, 수량, 유로의 형태, 풍향 등에 따라 변한다.

35 완화곡선의 성질에 대한 설명으로 옳은 것은?

① 시점에 있는 캔트는 원곡선의 캔트와 같다.
② 완화곡선은 직선부와 직선부 사이에 설치하는 완충곡선이다.
③ 곡선반지름은 완화곡선의 시점과 종점에서 무한대에 접근한다.
④ 완화곡선의 접선은 시점에서는 직선, 종점에서는 원호에 접한다.

Answer 32 ① 33 ① 34 ② 35 ④

해설 — 완화곡선의 특징

① 곡선반경은 완화곡선의 시점에서 무한대, 종점에서 원곡선 R로 된다.
② 완화곡선의 접선은 시점에서 직선에, 종점에서 원호에 접한다.
③ 완화곡선에 연한 곡선반경의 감소율은 캔트는 같다.
④ 완화곡선의 종점의 캔트와 원곡선 시점의 캔트는 같다.
⑤ 완화곡선은 이정의 중앙을 통과한다.

36 터널 입구를 연결하는 다각측량을 실시하여 A(50m, 80m), B(-100m, -200m)를 얻었다. AB측선의 방위각은?

① 40°25′12″
② 61°49′17″
③ 170°20′08″
④ 241°49′17″

해설

$$\theta = \tan^{-1}\frac{\Delta y}{\Delta x}$$
$$= \tan^{-1}\frac{-200-80}{-100-50} = 61°49′17″ (3상한)$$
$$V_a^b = 180° + 61°49′17″ = 241°49′17″$$

37 클로소이드의 매개변수 $A=60m$이고, 곡선길이가 40m인 클로소이드 곡선의 반지름은?

① 60m
② 90m
③ 120m
④ 150m

해설

매개변수 $(A^2) = R \times L$에서
반지름 $(R) = \dfrac{A^2}{L} = \dfrac{60^2}{40} = 90m$

38 노선측량 중 편각법에 의한 원곡선 설치에 있어서 필요 없는 요소는?

① 시단현(l_1)
② 중앙종거(M)
③ 곡선반지름(R)
④ 종단현에 대한 편각(δ_n)

해설 — 편각에 의한 방법

시단현 편각 $\delta_1 = \dfrac{90°}{\pi} \times \dfrac{l_1}{R} = 1718.87′\dfrac{l_1}{R}$

종간현 편각 $\delta_2 = 1718.87′\dfrac{l_2}{R}$

말뚝간격에 의한 편각 $\delta = 1718.87′\dfrac{l}{R}$

39 정사각형으로 조성 계획인 부지에서 가로를 2m 짧게 하고 세로를 8m 길게 하여 면적을 측정한 결과 600m²이었다면 원계획에 따른 정사각형 부지의 한 변의 길이는?

① 8m
② 12m
③ 18m
④ 22m

해설

$(x-2)(x+8) = 600$
$x^2 + 8x - 2x - 16 = 600$
$x^2 + 6x - 616 = 0$

근의공식

$$x = \frac{-b \pm \sqrt{b^2 - 4ac}}{2a}$$
$$= \frac{-6 \pm \sqrt{36 + 2464}}{2}$$
$$= \frac{-6 + 50}{2} = \frac{44}{2} = 22m$$

$$x = \frac{-6 - \sqrt{36 + 2464}}{2} = -\frac{56}{2} = -28$$

(거리는 −가 없기 때문에)

Answer 36 ④ 37 ② 38 ② 39 ④

40 어떤 기간 동안의 수위 중 이것보다 높은 수위와 낮은 수위의 관측횟수가 같은 수위를 나타내는 것은?

① 평수위 ② 평균수위
③ 평균고수위 ④ 평균저수위

해설
⑤ 평수위(O.W.L) : 어느 기간의 수위 중 이것보다 높은 수위와 낮은 수위의 관측횟수가 똑같은 수위로 일반적으로 평균수위보다 약간 낮은 수위(1년을 통하여 185일은 이것보다 내려가지 않는 수위)
⑥ 저수위 : 1년을 통하여 275일은 이것보다 내려가지 않는 수위

제3과목 | 사진측량 및 원격탐사

41 위성영상 중 지표면의 온도분포를 분석할 수 있는 것은?

① Landsat 위성의 TM 영상
② Landsat 위성의 RBV 영상
③ SPOT 위성의 HRV 영상
④ 아리랑 위성의 EOC 영상

해설
LANDSAT 위성은 지구관측을 위한 최초의 민간목적 원격탐사위성으로 1972년에 1호 위성이 발사되었으며 그 이후 LANDSAT 2, 3, 4, 5호가 차례로 발사에 성공했으나 LANDSAT 6은 궤도 진입에 실패하였으며 LANDSAT 7호가 1999년 4월에 발사되었다. LANDSAT 1, 2, 3, 4호는 임무를 끝내고 운영이 중단되었고, 현재는 LANDSAT 5, 7호만 운용 중에 있다. LANDSAT 시리즈는 20여년 동안 Thematic Mapper(TM), Multispectral Scanner(MSS)를 탑재하여 오랜 시간 동안의 지구환경의 변화된 모습을 볼 수 있다.

42 사진측량의 내부표정에서 사용 가능한 방법은?

① 3차원 상사 변환
   (3-dimensional similarity transformation)
② 의사 부등각 사상 변환
   (pseudo affine transformation)
③ 공면조건(coplanarity condition)
④ 공선조건(collinearity condition)

해설
1. 내부표정이란 도화기의 투영기에 촬영 시와 동일한 광학관계를 갖도록 장착시키는 작업으로 기계좌표로부터 지표좌표를 구한 다음 사진좌표를 구하는 단계적 표정을 말한다.
2. 내부표정 좌표조정 변환식
   ① Helmert 변환 : 2차원 회전, 원점의 평행 이동량, 축척을 보정한 변환이며, 기계좌표계로부터 지표좌표계를 구하는 데 이용된다.
   ② 2차원 등각 사상 변환(Conformal Transformation) : 직교기계좌표로부터 관측된 지표좌표를 사진좌표로 변환할 때 이용되며 축척변환, 회전변환, 평행변위 3단계로 이루어진다.
   ③ 2차원 부등각 사상 변환(Affine Transformation) : 비직교기계좌표로부터 관측된 지표좌표를 사진좌표로 변환할 때 이용된다.

43 항공사진 측량 시 표정기준점(또는 지상기준점)의 선정 조건으로 틀린 것은?

① 사진상의 명료한 점
② 상공에서 보이는 점
③ 시간적인 변화가 없는 점
④ 경사변환선상의 점 또는 가상점

해설
기준점(표정점)의 선점
① 표정점은 X, Y, H가 동시에 정확하게 결정되는 점을 선택
② 상공에서 잘 보이면서 명료한 점 선택
③ 시간적 변화가 없는 점
④ 급한 경사와 가상점을 사용하지 않는 점

Answer 40 ① 41 ① 42 ② 43 ④

⑤ 헐레이션(Halation)이 발생하지 않는 점 선택
⑥ 지표면에서 기준이 되는 높이의 점

44 고층빌딩이 밀집된 도심지나 험준한 산악지역의 사진촬영 시 정확도를 높이기 위해서 가장 이상적인 카메라는?

① 초광각 카메라   ② 보통각 카메라
③ 광각 카메라   ④ 사각 카메라

해설

종류	렌즈의 화각	화면크기 (cm)	용도	비고
초광각 사진	120°	23×23	소축척 도화용	완전평지에 이용
광각 사진	90°	23×23	일반도화, 사진판독용	경제적
보통각 사진	60°	18×18	산림조사용	산악지대 도심지촬영 정면도제작
협각 사진	약 60° 이하		특수한 대축척 도화용	특수한 정면도제작

45 영상처리 필터 중 경계추출에 가장 적합한 필터는?

① 중간값 필터(median filter)
② 저역통과 필터(low-pass filter)
③ 라플라시안 필터(Laplacian filter)
④ 가우시안 필터(Gaussian filter)

해설

① Laplacian filter
  ㉠ Laplacian은 가장 간단한 isotropic derivative operator이자, 선형 미분자이다.
  ㉡ Laplacian 필터는 2차 미분계수(기울기는 1차 미분계수)이고, 회전에 대해 불변인 함수인데 이는 불연속성(예 : 점, 선, 경계(edge))이 있는 방향에 민감하지 않다는 뜻이다.
  ㉢ Laplacian 연산자는 보통 영상에서 점, 선, 경계

를 강조하고, 일정하거나 변화하는 지역은 감춰 버린다.
② median filter(중앙값 필터) : 이웃 화소값의 순서를 정해 중앙값을 취하는 중앙값 필터는 영상에서 잡음, 특히 산탄 잡음(shot noise : 영상과 아무 관계가 없는 밝기값)을 제거하는 데 효과적이다.
③ 저역통과 필터(low-pass filter) : 고주파수 부분을 완화하거나 차단하는 등의 영상강조 방법을 저주파수 또는 저대역 필터(low pass filter)라고 한다. 가장 간단한 저주파수 필터(LFF : Low Frequency Filter)는 특정 입력화소의 밝기값과 입력화소를 둘러싸고 있는 화소들을 평가하여 회선의 평균이 되는 새로운 출력 밝기값을 구한다.
④ 가우시안 필터(Gaussian filter) : 임펄스 응답이 가우스의 오차 함수형을 나타내는 필터. 파형 전송의 하나의 이상 회로로서 흔히 참조된다. 인디셜 응답(indicial response)은 오버슈트를 발생하지 않으므로 펄스의 전송 회로에 적합하다.

46 원격탐사센서의 기하학적 특성 중 순간시야각(IFOV) 20mrad의 의미는?

① 1,000m 고도에서 촬영한 화소의 지상 투영면적이 2.0×2.0m
② 1,000m 고도에서 촬영한 화소의 지상 투영면적이 2.0×2.0km
③ 10,000m 고도에서 촬영한 화소의 지상 투영면적이 2.0×2.0m
④ 10,000m 고도에서 촬영한 화소의 지상 투영면적이 2.0×2.0km

해설

순간시야각(IFOV : Instantaneous Field Of View, 瞬間視野角)

공간정보(공간 분해능)를 파악하는 열화상 장비의 기능에 대해 설명하는 일종의 규격을 말한다. 일반적으로 IFOV는 mRad(밀리라디안) 단위의 각도로 표시된다. 렌즈를 통해 검출기에서 투사되면 IFOV가 주어진 거리에서 볼 수 있는 물체의 크기를 제시한다. IFOV 측정이란 주어진 거리에서 측정할 수 있는 가장 작은 물체를 설명하는 열화상 장비의 측정 분해능을 말한다.

Answer 44 ② 45 ③ 46 ①

주사기의 지상 분해능의 척도로서 자료를 기록하는 최소 관측 시야 단위로서 순간 시야각에 대응하는 지표의 관측 최소 면적 단위를 화소라 한다. 1회 주사로 얻어지는 전체 범위에 해당하는 각도는 시야각이라 부른다.

47 센서의 순간시야각(IFOV : Instantaneous Field Of View)이 25mrad(milli-radian)이고 비행고도(AGL)가 16,000m일 때 화소 크기는?

① 40m×40m ② 64m×64m
③ 400m×400m ④ 640m×640m

해설

표면영역(화소의 크기)

$B = A \times C = \dfrac{2.5}{1,000} \times 16,000 = 40m$

$\therefore B = 40m \times 40m$

milli-radian $= \dfrac{1}{1,000}$ radian

48 보통각 항공카메라의 사용 목적으로 가장 적합한 것은?

① 삼림 조사용 ② 소축척 도화용
③ 일반도화, 판독용 ④ 토지이용현황도 도화용

해설

종류	렌즈의 화각	필름의 길이(m)	용도	비고
초광각 사진	120°	80	소축척 도화용	완전평지에 이용
광각 사진	90°	120	일반도화, 사진판독용	경제적, 일반도화
보통각 사진	60°	120	산림조사용	산악지대, 도심지 촬영, 정면도 제작
협각 사진	약 60° 이하		특수한 대축척 도화용	특수한 평면도 제작

49 상호표정을 수행하는 방법이 아닌 것은?

① 공면조건을 이용하는 방법
② 종시차를 소거하는 방법
③ 그루버의 기계적 방법
④ 지상기준점을 이용하는 방법

해설

상호표정(相互標定)

① 해석적 상호표정방법에는 공면조건(共面條件)을 이용하는 방법과 종시차(縱視差)를 소거하는 방법이 있으며, 이 두 방법에 의한 상호표정은 3차원 가상좌표인 입체모형좌표(model coordinate)를 형성하게 된다. 공선조건을 이용하는 방법은 사진의 노출점의 위치와 경사를 공간후방교회법(space resection)에 의해 결정하는 방법으로 입체모형좌표를 형성하지는 않는다.
② 기계적 상호표정방법에는 그루버법(Gruber's method)에 의한 평탄지의 상호표정이 있다.

50 카메라의 초점거리 153mm, 촬영경사 3grade로 평지를 촬영한 항공사진이 있다. 이 사진에서 주점으로부터 최대 경사선 상의 등각점까지의 길이는?

① 1.8mm ② 3.6mm
③ 5.8mm ④ 6.4mm

해설

주점에서 등각점까지의 거리(mn)=

$f \tan \dfrac{i}{2} = 0.153 \times \tan \dfrac{2°42'}{2} = 0.0036m = 3.6mm$

호도법 (radian)	반경 r인 원에서 원주상에 길이 r인 원호(圓弧)를 잡았을 때 중심각의 크기를 라디안 혹은 1호도라 한다. 따라서 원을 일주(一周)하는 각도 360°는 2π 라디안이고, 반원의 각도 180°는 π 라디안이다. 따라서 90°는 $\dfrac{\pi}{2}$ 이다.

Answer 47 ① 48 ② 49 ④ 50 ②

도	그레이드
원 = 360° 1° = 60′ 1직각 = 90° 1′ = 60″	원 = 400g 1g = 100c 1직각 = 100g 1c = 100cc
도와 그레이드의 상호관계	$\alpha° : \beta g = 90 : 100$이므로 100grade(g) = 90° 1g = 100centi grade(c) = 0.9° = 54′ 1c(센티그레이드) = 100centi centi grade(cc) = 54′ = 3240″

51 다음 중 탑재된 센서로 경사관측이 불가능한 위성은?

① SPOT 위성
② KOMPSAT 위성
③ IRS 위성
④ Landsat 위성

해설

Landsat 위성: Landsat MSS는 거울이 비행방향직하부의 지표면을 스캔하는 광학시스템으로 경사관측은 불가능하다
Landsat TM 센서 시스템은 가시광선,근적외선,중적외선 및 열적외선 영역에서의 에너지를 기록하는 휘스크브룸 빙식의 광학센스 시스템으로 경사관측은 불가능하다

52 격자형(Raster) 지리공간자료의 저장 포맷으로 가장 적당한 것은?

① Tiff
② JPG
③ DXF
④ Geotiff

53 사진측량에서 모델(model)에 대한 설명으로 옳은 것은?

① 한 장의 사진을 의미한다.
② 편위수정된 사진을 의미한다.
③ 어느 지역을 대표할 만한 사진을 의미한다.
④ 한 쌍의 중복된 사진으로 입체시 되는 부분을 의미한다.

해설

모델(model)은 다른 위치로부터 촬영되는 2매 1조의 입체사진으로부터 만들어지는 지역을 말한다. 즉, 한 쌍의 중복된 사진으로 입체시 되는 부분을 의미한다.

54 사진지표가 없는 일반 사진기로 촬영된 사진에 대하여 해석적 사진측량을 수행할 경우 정밀좌표측정기의 기계좌표와 지상좌표 간의 변환식으로 가장 적합한 것은?

① 투영 변환식
② 직접선형 변환식
③ 부등각사상 변환식
④ 선형등각사상 변환식

해설

비측량용 사진기는 물리적 사진기 매개변수를 정확하게 결정할수 없기 때문에 비측량용 사진기의 해석모델로는 직접선형변환식(Direct Linear Transformation)이 많이 사용된다.
직접선형변환의 경우 영상좌표와 대상물 공간좌표사이의 기하학적 관계를 선형함수로서 모델링한다.
즉,직접선형변환의 매개변수들을 이용하여 물리적 사진기의 매개변수를 구하는 것이 가능하다.
등각사상변환 : 변환 후에도 좌표계의 모양이 변하지 않으며 축척,회전,이동의 세가지 변환이 이루어 진다
부등각사상변환 : 부등각사상변환은 선형왜곡보정에 이용된다.

Answer 51 ④ 52 ④ 53 ④ 54 ②

55 사진측량에서 표정에 관한 설명 중 옳은 것은?

① 회전요소만을 사용하여 상호표정을 수행할 수도 있다.
② 상호표정에서 모델 내에 적절히 배치된 4점에 종시차가 없으면 종시차는 모두 소거되었다고 할 수 있다.
③ 절대표정은 6개의 변환요소를 결정하는 과정이다.
④ 표정단계 중 절대표정은 지상기준점을 필요로 하지 않는다.

해설

표정	사진상 임의의 점과 대응되는 땅의 점과의 상호관계를 정하는 방법으로 지형의 정확한 입체모델을 기하학적으로 재현하는 과정을 말한다.
내부표정	내부표정이란 도화기의 투영기에 촬영당시와 똑같은 상태로 양화건판을 정착시키는 작업이다. ① 주점의 위치결정 ② 화면거리(f)의 조정 ③ 건판의 신축측정, 대기굴절, 지구곡률보정, 렌즈수차 보정
상호표정	지상과의 관계는 고려하지 않고 좌우사진의 양투영기에서 나오는 광속이 촬영당시 촬영면에 이루어지는 종시차(ϕ)를 소거하여 목표지형물의 상대위치를 맞추는 작업 ㉮ 비행기의 수평회전을 재현해 주는 (k, by) ㉯ 비행기의 전후 기울기를 재현해 주는 (ϕ, bz) ㉰ 비행기의 좌우 기울기를 재현해 주는 (ω) ㉱ 과잉수정계수 $(o, c, f) = \dfrac{1}{2}\left(\dfrac{h^2}{d^2} - 1\right)$ ㉲ 상호표정인자 : (k, ϕ, w, by, bz)
절대표정	상호표정이 끝난 입체모델을 지상 기준점(피사체 기준점)을 이용하여 지상좌표에(피사체좌표계)와 일치하도록 하는 작업으로 입체모형(model)2점의 X,Y좌표와 3점의 높이(Z)좌표가 필요하므로 최소한 3점의 표정점이 필요하다. ㉮ 축척의 결정 ㉯ 수준면(표고, 경사)의 결정 ㉰ 위치(방위)의 결정 ㉱ 절대표정인자 : $\lambda, \phi, \omega, k, b_x, b_y, b_z$ (7개의 인자로 구성)

56 가시광 분광반사도와 근적외 분광반사도에 의하여 정규식생지수(NDVI : normalized difference vegetation index)를 구하는 식은?

① $NDVI = \dfrac{\text{가시광분광반사도} - \text{근적외분광반사도}}{\text{가시광분광반사도} + \text{근적외분광반사도}}$

② $NDVI = \dfrac{\text{근적외분광반사도} - \text{가시광분광반사도}}{\text{근적외분광반사도} + \text{가시광분광반사도}}$

③ $NDVI = \dfrac{\text{가시광분광반사도} + \text{근적외분광반사도}}{\text{가시광분광반사도} - \text{근적외분광반사도}}$

④ $NDVI = \dfrac{\text{근적외분광반사도} + \text{가시광분광반사도}}{\text{근적외분광반사도} - \text{가시광분광반사도}}$

해설

식생지표(植生指標)란 기상위성이나 지구관측위성의 화상자료로부터 지구규모의 식생분포 상황을 파악하기 위한 것이다. 일반적으로 다음과 같은 정규화식생지표(正規化植生指標)(NDVI;Normalized Difference Vegtation Index)가 많이 이용된다

$NDVI = \dfrac{\text{근적외분광반사도} - \text{가시광분광반사도}}{\text{근적외분광반사도} + \text{가시광분광반사도}}$

Answer 55 ① 56 ②

57 다음 중 절대표정요소를 구할 수 있는 경우는?

① 동일 직선상에 위치한 5개의 수직기준점
② 동일 직선상에 위치한 3개의 수평기준점
③ 동일 직선상에 위치하지 않은 5개의 수직기준점과
④ 동일 직선상에 위치하지 않은 4개의 3차원 지상기준점

[해설]

절대표정	절대표정은 대지표정이라고도 하며 상호표정이 끝난 입체모형을 지상 기준점을 이용하여 대상물의 공간상 좌표계와 일치시키는 작업이다. 모델좌표를 이용하여 절대좌표를 구하는 단계적 표정을 말한다. (1) 대상물 3차원 좌표를 얻기 위한 조정법 대상물 3차원 좌표를 얻기 위한 조정의 기본단위로는 블록, 스트립, 모델, 광속이 이용되며 실공간 3차원 좌표를 얻기 위한 조정법에는 다항식법, 독립모델법, 광속법, DLT 방법 등이 있다.

58 다음 중 조정집성 영상지도 제작에 가장 적합한 영상(사진)은?

① 경사사진
② 초광각사진
③ 파노라믹사진
④ 정사사진

[해설]

항공사진과 지도는 지표면이 평탄한 곳에서는 지도와 사진이 같으나 지표면에 높낮이가 있는 경우는 사진의 형상이 다르다. 중심투영으로 인한 지형상의 왜곡을 보정하여 정사사진을 제작한다.

사진지도의 종류

종류	특징
약조정집성 사진지도	카메라의 경사에 의한 변위, 지표면의 비고에 의한 변위를 수정하지 않고 사진 그대로 접합한 지도
반조정집성 사진지도	일부만 수정한 지도
조정집성 사진지도	카메라의 경사에 의한 변위를 수정하고 축척도 조정한 지도
정사투영 사진지도	카메라의 경사, 지표면의 비고를 수정하고 등고선도 삽입된 지도

59 촬영스트립의 길이가 4km라고 하면 몇 매의 사진을 촬영해야 하는가? (단, 사진축척 60. 1 : 10000, 종중복도 60%, 사진크기 21cm× 21cm)

① 4매　　② 5매
③ 6매　　④ 7매

[해설]

$m : 10,000, \ p : 60\%, \ a : 21cm$

2장의 입체 영상에서 종방향으로 유효길이

$B = ma(1 - \dfrac{p}{100}) = 10,000 \times 0.21 \times (1 - \dfrac{60}{100}) = 840m$

전체 길이를 유효길이로 나누면

사진매수 $= \dfrac{전체길이}{B} = \dfrac{4,000}{840} = 4.76 ≒ 5매$

60 초점거리 152mm인 카메라를 이용하여 2°의 경사로 편지를 촬영한 항공사진이 있다. 이 항공사진의 최대 경사선 상에서 등각점과 연직점 간의 깊이는?

① 2.0mm　　② 2.4mm
③ 2.7mm　　④ 4.8mm

[해설]

$\overline{nj} = f \tan \dfrac{i}{2} = 152 \times \tan \dfrac{2}{2} = 2.7mm$

Answer　57 ④　58 ④　59 ②　60 ③

제4과목 | 지리정보시스템

61 지리정보시스템(GIS)의 분석기능 중 버퍼 분석(Buffer Analysis)에 대한 설명으로 옳은 것은?

① 점, 선 또는 면형에서 일정거리 안의 지역을 둘러싸는 폴리곤 구역을 생성하는 기법이다.
② 서로 다른 여러 개의 레이어로부터 도형자료나 속성자료를 추출하기 위한 기법이다.
③ 상호 연결된 선형의 객체를 이용하여 최적 경로 계산을 위한 기법이다.
④ 유역분석, 가시권 분석, 3차원 가시화에 사용되는 기법이다.

[해설]
② Buffer Analysis
  ㉠ 버퍼분석은 공간적 근접성을 정의할 때 이용되는 것으로서 점, 선, 면 또는 면 주변에 지정된 범위의 면사상으로 구성
  ㉡ 버퍼분석을 위해서는 먼저 버퍼존의 정의가 필요
  ㉢ 버퍼존은 입력사상과 버퍼를 위한 거리를 지정한 이후 생성
  ㉣ 일반적으로 거리는 단순한 직선거리인 Euclidian Distance(유클리드 거리) 이용

62 지리정보시스템(GIS)의 자료처리 단계를 순서대로 바르게 표시한 것은?

① 자료의 수치화 - 자료조작 및 관리 - 응용분석 - 출력
② 자료조작 및 관리 - 자료의 수치화 - 응용분석 - 출력
③ 자료의 수치화 - 응용분석 - 자료조작 및 관리 - 출력
④ 자료조작 및 관리 - 응용분석 - 자료의 수치화 - 출력

[해설]
GIS 자료 처리 순서 : 자료의 수치화 – 자료조작 및 관리 – 응용분석 – 출력

* 자료의 부호화 : 자료의 수치화
* 자료의 조작 및 관리 : 자료의 주비 및 뷰석

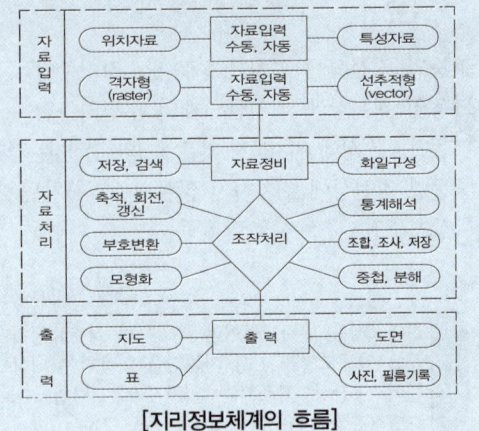

[지리정보체계의 흐름]

63 공간데이터의 중첩분석에서 음영부분(A+B+C=)의 특성을 맞게 설명한 것은?

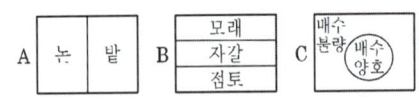

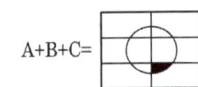

① 모래질 밭이며 배수가 불량한 지역
② 점토질 밭이며 배수가 양호한 지역
③ 자갈인 밭이며 배수가 양호한 지역
④ 점토질 밭이며 배수가 불량한 지역

[해설]
공간데이터의 중첩분석에서 음영부분(A+B+C=)의 특성은 점토질 밭이며 배수가 양호한 지역이다.

64 지리정보시스템(GIS)이 CAD 시스템과 차별화되는 주요 기능은?

① 대용량의 그래픽 정보를 다룬다.
② 필요한 도형정보만을 추출할 수 있다.
③ 다양한 축척으로 자료를 출력할 수 있다.
④ 위상구조를 바탕으로 공간분석 능력을 갖추었다.

Answer 61 ① 62 ① 63 ② 64 ④

해설

위상구조

위상이란 도형 간의 공간상의 상관관계를 의미하는데 위상은 특정변화에 의해 불변으로 남는 기하학적 속성을 다루는 수학의 한 분야로 위상모델의 전제조건으로는 모든 선의 연결성과 폐합성이 필요하다.

65 다음 중 수치표고모델(DEM)의 활용분야와 가장 거리가 먼 것은?

① 건설 ② 군사
③ 생명과학 ④ 지구과학

해설

수치표고모델(DEM)의 활용분야
① 도로의 부지 및 댐의 위치 선정
② 수문 정보체계 구축
③ 등고선도와 시선도
④ 절토량과 성토량의 산정
⑤ 조경설계 및 계획을 위한 입체적인 표현
⑥ 지형의 통계적 분석과 비교
⑦ 경사도, 사면방향도, 경사 및 단면의 계산과 음영 기복도 제작
⑧ 경관 또는 지형형성과정의 역사모의 관측
⑨ 수치지형도 작성에 필요한 표고정보와 지형정보를 다 이루는 속성
⑩ 군사적 목적의 3차원 표현

66 공간데이터베이스 내에 저장되는 객체가 갖는 정보로서 객체 간 공간상의 위치나 관계성을 좀 더 정량적으로 구현하기 위한 것은?

① 도형정보 ② 속성정보
③ 메타정보 ④ 위상정보

해설

1. 위상구조 : 위상이란 도형 간의 공간상의 상관관계를 의미하는데 위상은 특정변화에 의해 불변으로 남는 기하학적 속성을 다루는 수학의 한 분야로 위상모델의 전제조건으로는 모든 선의 연결성과 폐합성이 필요하다.

67 격자(Raster) 자료구조에 대한 설명으로 옳은 것은?

① 격자의 크기보다 작은 객체의 표현도 가능하다.
② 격자의 크기가 작을수록 객체의 형태를 자세히 나타낼 수 있다.
③ 격자의 크기가 클수록 표현되는 자료는 보다 상세한 반면, 컴퓨터 저장용량은 증가한다.
④ 격자의 크기가 작아지면 이에 비례하여 자료의 양이 감소한다.

해설

래스터 자료구조

래스터 자료구조는 매우 간단하며 일정한 격자간격의 셀이 데이터의 위치와 그 값을 표현하므로 격자데이터라고도 하며 도면을 스캐닝하여 취득한 자료와 위상영상자료들에 의하여 구성된다. 래스터구조는 구현의 용이성과 단순한 파일구조에도 불구하고 정밀도가 셀의 크기에 따라 좌우되며 해상력을 높이면 자료의 크기가 방대해진다. 각 셀들의 크기에 따라 데이터의 해상도와 저장크기가 달라지게 되는데 셀 크기가 작으면 작을수록 보다 정밀한 공간현상을 잘 표현할 수 있다.

68 지리정보시스템(GIS)의 일반적인 자료처리 단계를 순서대로 바르게 나열한 것은?

① 자료의 수치화 – 자료조작 및 관리 – 응용·분석 – 출력
② 자료조작 및 관리 – 자료의 수치화 – 응용·분석 – 출력
③ 자료의 수치화 – 응용·분석 – 자료조작 및 관리 – 출력
④ 자료조작 및 관리 – 응용·분석 – 자료의 수치화 – 출력

해설

지리정보시스템(GIS)의 일반적인 자료처리 단계
자료의 수치화 – 자료조작 및 관리 – 응용·분석 – 출력

Answer 65 ③ 66 ④ 67 ② 68 ①

69 원활한 의료서비스 제공을 위해서 발생가능 환자 수, 지원가능 의사 및 병동의 수 등을 고려하여 각각의 병원에 지원 지역을 지정하고자 할 경우에 적용할 수 있는 가장 적절한 GIS 분석 방법은?

① 근접 계산
② 최적경로 탐색
③ 영향권 생성
④ 네트워크 할당

해설
지리정보시스템(GIS)의 일반적인 자료처리 단계
자료의 수치화 – 자료조작 및 관리 – 응용·분석 – 출력

70 불규칙삼각망(TIN)에 대한 설명으로 옳지 않은 것은?

① 적은 자료로서 복잡한 지형을 효율적으로 나타낼 수 있다.
② 세 점으로 연결된 불규칙 삼각형으로 구성된 삼각망이다.
③ 격자구조로서 연결성이나 위상정보가 존재하지 않는다.
④ TIN모형을 이용하여 경사의 크기(gradient)나 경사의 방향(aspect)을 계산할 수 있다.

해설
불규칙삼각망(TIN ; Triangulated Irregular Network)
불규칙삼각망은 불규칙하게 배치되어 있는 지형점으로부터 삼각망을 생성하여 삼각형 내의 표고를 삼각평면으로부터 보간하는 DEM의 일종이다. 벡터위상구조를 가지며 다각형 Network를 이루고 있는 순수한 위상구조와 개념적으로 유사하다.

71 보다 적은 자료량으로 지형지물의 특성을 간편하게 표현하기 위해 선형의 특징 점을 남기고 불필요한 버텍스(vertex)를 삭제하는 일반화 기법은?

① 단순화
② 완만화
③ 축약처리
④ 정리처리

해설
단순화 (Simplification)
• 선을 구성하는 좌표점 중 불필요한 잉여점을 제거하는 것
• 원래 좌표 쌍들의 부분집합의 선택을 포함하는 단순화.

72 지리정보시스템(GIS) 데이터의 유통과 변환이 가능하도록 데이터의 포맷 등 형식을 동일한 방식으로 규정하는 것은?

① 데이터의 계통화
② 데이터의 표준화
③ 데이터의 정렬
④ 데이터의 객관화

해설
표준화
표준이란 개별적으로 얻어질 수 없는 것들을 공통적인 특성을 바탕으로 일반화하여 다수의 동의를 얻어 규정하는 것으로 GIS표준은 다양하게 변화하는 GIS데이터를 정의하고 만들거나 응용하는 데 있어서 발생되는 문제점을 해결하기 위해 정의되었다. GIS 표준화는 보통 다음의 7가지 영역으로 분류될 수 있다.
1. 표준화 요소
 • Data Model의 표준화
 • Data Content의 표준화
 • Data Collection의 표준화
 • Location Reference의 표준화
 • Data Quality의 표준화
 • Meta data의 표준화
 • Data Exchange의 표준화

Answer 69 ④ 70 ③ 71 ① 72 ②

73 폴리곤 레이어를 대상으로 전체 범위 중 공통 지역의 도형과 속성을 추출하는 중첩분석 기능은?

① Intersection
② Difference
③ Identity
④ Merge

해설

교차(Interset: A and B) (교집합: 겹치는 거)	첫 번째 커버리지 A형상에 두 번째 커버리지 B형상을 교차시키는 경우로, 그 결과 커버리지 B형상은 그대로 유지되지만, 커버리지 A형상은 커버리지 B 안에 있는 형상들만 나타나게 된다.

결합(Union): A or B) (합집합: 다 합한거)	커버리지 A 와 커버리지 B를 결합시키면 두 커버리지 간에 겹치거나 부분적으로 교차하는 모든 형상들이 포함된 산출 커버리지가 나타나게 된다
동일성 (Identity)	첫 번째 입력 커버리지 A의 모든 형상들은 그대로 유지되지만 커버리지B의 형상은 커버리지 A안에 있는 형상들만 나타나게 된다

74 지리정보시스템(GIS) 자료를 공간자료와 속성자료로 구분할 때 공간자료에 해당되는 것은?

① 관거 재질
② 관거 매설 년도
③ 관거 관리 이력
④ 관거 위치

해설

	공간 (도형) 정보	공간정보는 좌표체계를 기준으로 하여 지형지물의 위치와 모양을 나타내는 정보로 위치정보를 이용하여 대상을 가시화시킨 것으로 지형도상의 수치적 설명으로 특정한 지도요소를 설명하는 정보를 말한다.
특성정보	영상정보	센서(지상 및 항공사진기,일반사진기,수치사진기,스캐너,Radar,레이저 등)에 의해 얻은 사진 등으로 인공위성에서 직접 취득한 수치영상과 항공사진측량에서 획득한 사진을 디지타이징 또는 스캐닝하여 컴퓨터에 적합하도록 변환된 정보를 말한다.
	속성정보	도형이나 영상속에 있는 내용 등으로 대상물의 성격이나 그와 관련된 사항들을 기술하는 자료이며,지형도상의 특성이나 지질,지형,지물의 관계를 말한다.지적정보에서 필지의 소유자나 지목 등을 말한다

75 위상관계(Topology)를 설명하는 보기의 그림 중 특성이 다른 것은?

①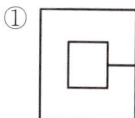
②
③
④

해설

인접성	인접성은 어떠한 객체에 대하여 접하고 있는 위치를 표현하는데 사용된다.
연결성	연결성은 연결된 전체 객체의 연결정보를 표현하는데 사용된다.
포함성	포함성은 다각형 내부에 포함되는 상관관계를 표현하는데 사용된다.

①②④는 포함되는 상관관계를 나타내고 있지만 ③은 하나의 노드를 사이로 서로 인접된 속성을 표현한 것이다.

Answer 73 ① 74 ④ 75 ③

76. 다음 중 데이터베이스의 발전단계를 순서대로 열거한 것은?

㉮ 객체-관계형 데이터베이스
㉯ 계층형 데이터베이스
㉰ 관계형 데이터베이스
㉱ 파일 시스템

① ㉱→㉯→㉰→㉮
② ㉱→㉰→㉯→㉮
③ ㉱→㉰→㉮→㉯
④ ㉯→㉰→㉮→㉱

해설

데이터베이스의 발전단계
파일시스템 ⇨ DBMS(DataBase Management System)
계층(계급)형 데이터 모델(Hierarchical Data Model)
네트워크(관망)형 데이터 모델(Network Data Model)
관계형 데이터베이스관리시스템(RDBMS : Relationship DataBase Management System)
객체지향형 데이터베이스관리체계(OODBMS : Object Oriented DataBase Management System)
객체-관계형 데이터베이스관리체계 (ORDBMS : Object Relational DataBase Management System)

77. 다음이 공통적으로 설명하는 단어는?

- 공간자료로부터 추가적인 의미를 추출하기 위하여 원 자료로부터 다른 형태의 자료로 조작하는 것
- 관심 대상지역의 공간자료를 선택적으로 검색하고 통계를 계산하여 지도화 하는 것

① 공간분석   ② 네트워크분석
③ 위상분석   ④ 통계분석

해설

공간분석
공간분석의 수행은 입력된 자료를 가공하여 분석에 필요한 자료로 변환한 이후 공간 질의(spatial Query)와 탐색과정을 통해 속성 자료 테이블에서 필요한 자료를 불러들여 각종 연산 기법을 통해 원하는 결과물을 얻기 위한 것

78. 지리정보시스템(GIS)의 자료처리 및 구축을 위한 일반적인 작업과정을 순서대로 나열한 것은?

① 자료수집 - 자료입력 - 자료처리 - 자료조작 및 분석 - 출력
② 자료수집 - 자료조작 및 분석 - 자료처리 - 자료입력 - 출력
③ 자료입력 - 자료수집 - 출력 - 자료처리 - 자료조작 및 분석
④ 자료입력 - 자료수집 - 자료조작 및 분석 - 자료처리 - 출력

해설

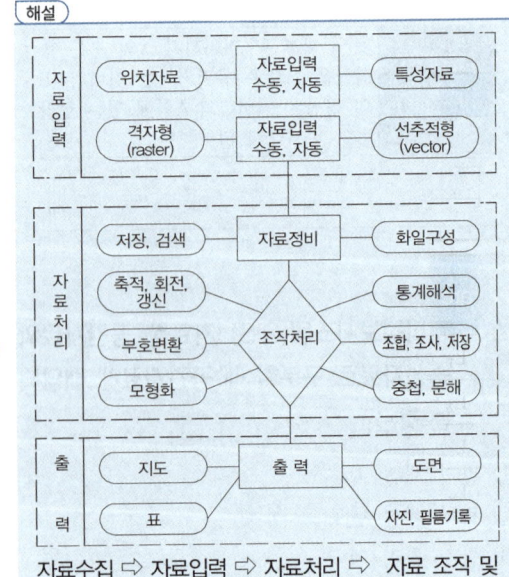

자료수집 ⇨ 자료입력 ⇨ 자료처리 ⇨ 자료 조작 및 분석 ⇨ 출력

Answer 76 ① 77 ① 78 ①

79 도형자료의 점, 선, 면, 위치 등에 대하여 양이나 크기와 관계없이 형상이나 공간적 위치관계를 규정하는 것을 무엇이라고 하는가?

① 위상설정 ② 위치설정
③ 종속설정 ④ 도형설정

해설

위상구조

정의	위상이란 도형 간의 공간상의 상관관계를 의미하는데 위상은 특정변화에 의해 불변으로 남는 기하학적 속성을 다루는 수학의 한 분야로 위상모델의 전제조건으로는 모든 선의 연결성과 폐합성이 필요하다.
분석	각 공간객체 사이의 관계가 인접성, 연결성, 포함성 등의 관점에서 묘사되며, 스파게티 모델에 비해 다양한 공간분석이 가능하다. 최적경로선정을 위한 관망분석에서는 위상구조의 연결성을 주로 활용한다.

80 표와 같은 위상구조 테이블에 적합한 데이터는?

polygon	arc 수	list of arc
A	2	$-L_1, L_2$
B	3	$-L_3, -L_2, L_4$
C	1	$-L_4$

arc	from node	to node	Left polygon	Right polygon
L_1	n_1	n_3	A	0
L_2	n_1	n_3	B	A
L_3	n_3	n_1	B	0
L_4	n_2	n_2	C	B

①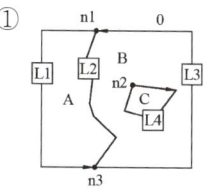
②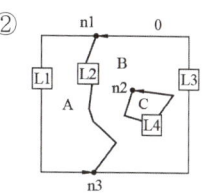
③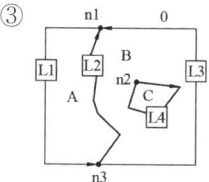
④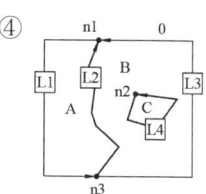

해설

위상은 점, 선, 면 각각에 대하여 위상테이블에 나누어 기록한다.
① 점은 각 점에서 연결되는 선을 기록한다.
② 선은 각 선의 시작점과 종료점을 기록한다.
③ 면은 면을 형성하는 선을 기록한다.
B polygon안에 C polygon의 L4의 방향은 같은 방향이므로 부호는 "-"로 해야 한다(그래야 면적이 빠질수 있다)

제5과목 | 측량학

81 국가기준점 중 지리학적 경위도, 직각좌표, 지구중심 직교좌표, 높이 및 중력 측정의 기준으로 사용하기 위하여 위성기준점, 수준점 및 중력점을 기초로 정한 기준점은?

① 위성기준점
② 중력점
③ 통합기준점
④ 삼각점

해설

통합기준점: 지리학적 경위도, 직각좌표, 지구중심 직교좌표, 높이 및 중력 측정의 기준으로 사용하기 위하여 위성기준점, 수준점 및 중력점을 기초로 정한 기준점

Answer 79 ① 80 ② 81 ③

82. 해안, 해도의 높이를 표시하는데 주로 사용하는 방법으로 임의의 점의 표고를 숫자로 도상에 나타내는 방법은?

① 점고법
② 음영법
③ 영선법
④ 등고선법

해설

지형도에 의한 지형표시법
1. 부호적 도법
   ① 점고법(Spot Height System) : 지표면상의 표고 또는 수심을 숫자에 의하여 지표를 나타내는 방법으로 하천, 항만, 해양 등에 주로 이용
   ② 등고선법(Contour System) : 동일표고의 점을 연결한 것으로 등고선에 의하여 지표를 표시하는 방법으로 토목공사용으로 가장 널리 사용
   ③ 채색법(Layer System) : 같은 등고선의 지대를 같은 색으로 채색하여 높이의 변화를 나타나게 하는 방법으로 지리관계의 지도에 주로 사용

83. 토털 스테이션(TS)을 사용하여 길이 6,500m인 측선을 관측할 때 거리에는 오차가 없고 방향에 5″의 오차가 발생하였다면 이로 인한 위치 오차는?

① 15.2cm
② 15.8cm
③ 16.4cm
④ 16.9cm

해설

정밀도(R) = $\frac{l}{D} = \frac{a''}{\rho''} = \frac{1}{m}$ 에서

$l = \frac{a''}{\rho''} \times D = \frac{5''}{206265''} \times 6500$
$= 0.158m = 15.8cm$

84. 기본측량의 실시공고에서 포함되어야 하는 사항이 아닌 것은?

① 측량의 실시기간   ② 측량의 실시금액
③ 측량의 종류   ④ 측량의 목적

해설

공간정보의 구축 및 관리에 관한 법률 시행령 제12조 (측량의 실시공고)
① 법 제12조제2항에 따른 기본측량의 실시공고와 법 제17조제6항에 따른 공공측량의 실시공고는 전국을 보급지역으로 하는 일간신문에 1회 이상 게재하거나 해당 특별시·광역시·특별자치시·도 또는 특별자치도(이하 "시·도"라 한다)의 게시판 및 인터넷 홈페이지에 7일 이상 게시하는 방법으로 하여야 한다. 〈개정 2013.6.11.〉
② 제1항에 따른 공고에는 다음 각 호의 사항이 포함되어야 한다.
1. 측량의 종류
2. 측량의 목적
3. 측량의 실시기간
4. 측량의 실시지역
5. 그 밖에 측량의 실시에 관하여 필요한 사항

85. 폐합트래버스측량 결과가 표와 같을 때, 폐합트래버스의 면적은?

측선	위거(m)	경거(m)
AB	212.83	180.41
BC	−385.47	206.27
CA	172.64	−386.68

① 56,721.54m²   ② 113,443.09m²
③ 226,886.16m²   ④ 161,874.64m²

해설

측선	위거(m)	경거(m)
AB	212.83	180.41
BC	-385.47	206.27
CA	172.64	-386.68

Answer 82 ① 83 ② 84 ② 85 ①

배횡거	배면적
180.41	180.41×212.83 =38,396.67
180.41+180.41+206.27 =567.09	567.09×(-385.47) =-218,596.18
386.68	386.68×172.64 =66,756.44
	배면적=-113,443.07
	면적=$\frac{113,443.07}{2}$ =56,721.54

이므로

1. 배횡거: 면적을 계산할 때 횡거를 그대로 사용하면 분수가 생겨서 불편하므로 계산의 편리상 횡거를 2 배하는데 이를 배횡거라 한다.
   ① 제1측선의 배횡거: 그 측선의 경거
   ② 임의 측선의 배횡거: 앞 측선의 배횡거+앞 측선의 경거+그 측선의 경거
   ③ 마지막 측선의 배횡거: 그 측선의 경거(부호는 반대)
2. 면적
   ① 배면적=배횡거×위거
   ② 면적=$\frac{배면적}{2}$

86 수준측량에 있어서 AB 두 점간의 표고차를 구하기 위하여 (a), (b), (c) 코스로 측량한 결과가 표와 같다면 두 점간의 표고차는?

구분	관측 표고차(m)	거리(km)
(a)	18.584	4
(b)	18.588	2
(c)	18.582	4

① 18.582m
② 18.584m
③ 18.586m
④ 18.588m

해설
직접수준측량에서 경중률은 노선거리에 반비례한다.
$$P_1 : P_2 : P_3 = \frac{1}{4} : \frac{1}{2} : \frac{1}{4} = 1 : 2 : 1$$
$$최확값 = \frac{P_1 H_1 + P_2 H_2 + P_3 H_3}{P_1 + P_2 + P_3}$$
$$= \frac{18.584 \times 1 + 18.588 \times 2 + 18.582 \times 1}{1+2+1}$$
$$= 18.586m$$

87 성능검사를 받아야 하는 측량기기와 검사 주기가 옳은 것은?

① 레벨 : 2년
② 토털 스테이션 : 1년
③ 금속관로 탐지기 : 4년
④ 지피에스(GPS) 수신기 : 3년

해설
공간정보의 구축 및 관리에 관한 법률 시행령 제97조 (성능검사의 대상 및 주기 등)
① 법 제92조제1항에 따라 성능검사를 받아야 하는 측량기기와 검사주기는 다음 각 호와 같다.
1. 트랜싯(데오돌라이트) : 3년
2. 레벨 : 3년
3. 거리측정기 : 3년
4. 토털 스테이션 : 3년
5. 지피에스(GPS) 수신기 : 3년
6. 금속관로 탐지기 : 3년

88 어느 1개의 각을 10회 관측하여 표와 같이 오차가 발생하였다면 평균 제곱근 오차는?

번호	1	2	3	4	5
오차	3.8″	1.5″	-2.0″	0.0″	4.3″
번호	6	7	8	9	10
오차	-1.8″	-2.2″	0.7″	-3.9″	2.3″

① 1.75″
② 2.75″
③ 3.75″
④ 4.75″

Answer 86 ③ 87 ④ 88 ②

해설

구분	관측값	최확값	진차(v)	v^2
1	3.8″	2.7″	1.1	1.21
2	1.5		-1.2	1.44
3	-2.0		-4.7	22.09
4	0.0		-2.7	7.29
5	4.3		1.6	2.56
6	-1.8		-4.5	20.25
7	-2.2		-4.9	24.01
8	0.7		-2.0	4.0
9	-3.9		-6.6	43.56
10	2.3		-0.4	0.16
계				126.57

최확값(L_0)

$= \dfrac{3.8+1.5-2.0+4.3-1.8-2.2+0.7-3.9+2.3}{10}$

$= 2.7″$

평균자승오차(M_0) $= \sqrt{\dfrac{v^2}{n(n-1)}}$

$= \sqrt{\dfrac{126.57}{10(10-1)}} = 1.185$

89 그림에서 ∠AOB, ∠BOC, ∠AOC를 관측한 결과가 표와 같을 때, ∠AOC의 최확값은?

각	관측값	관측횟수
AOB	23°46′00″	1
BOC	59°14′27″	3
AOC	83°01′07″	4

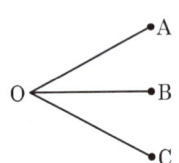

① 83°01′05″ ② 83°01′03″
③ 83°01′01″ ④ 83°00′59″

해설

1. 조건: ∠AOB+∠BOC=∠AOC
2. 오차
   23°46′00″+59°14′27″−83°01′07″=−40″
   오차가 큰 각에 (−), 작은 각에 (+)를 해 준다.
3. 경중률 : 조건부 관측이므로 경중률은 관측횟수에 반비례한다.
   $P_1 : P_2 : P_3 = \dfrac{1}{1} : \dfrac{1}{3} : \dfrac{1}{4} = 12 : 4 : 3$
4. 보정량
   $\angle AOB = \dfrac{40}{12+4+3} \times 12 = 25″$
   $\angle BOC = \dfrac{40}{12+4+3} \times 4 = 8″$
   $\angle AOC = \dfrac{40}{12+4+3} \times 3 = 6″$
5. 조정각
   ∠AOB = 23°46′00″+25″ = 23°46′25″
   ∠BOC = 59°14′27″+8″ = 59°14′35″
   ∠AOC = 83°01′07″−6″ = 83°01′01″
6. 검산
   ∠AOB+∠BOC=∠AOC
7. 최확값
   ∠AOC = 83°01′01″

90 공공측량 측량성과의 고시사항에 포함되지 않는 것은?

① 측량의 종류
② 측량의 정확도
③ 측량성과의 보관장소
④ 측량성과의 보존기간

해설

공간정보의 구축 및 관리 등에 관한 법률 시행규칙 제13조(측량성과의 고시)

② 제1항에 따른 측량성과의 고시에는 다음 각 호의 사항이 포함되어야 한다.
1. 측량의 종류
2. 측량의 정확도
3. 설치한 측량기준점의 수
4. 측량의 규모(면적 또는 지도의 장수)
5. 측량실시의 시기 및 지역

Answer 89 ③ 90 ④

6. 측량성과의 보관 장소
7. 그 밖에 필요한 사항

91 그림과 같이 편심관측을 하여 S1 = 2000m, S2 = 1000m, e = 01m, T´ = 120°, ψ = 330°의 결과를 얻었을 때, ∠X1, ∠X2는?

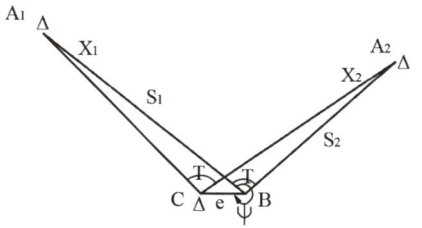

① $X_1 = 3''$, $X_2 = 6''$
② $X_1 = 5''$, $X_2 = 10''$
③ $X_1 = 10''$, $X_2 = 20''$
④ $X_1 = 15''$, $X_2 = 30''$

해설

① △A_1CB에서 x_1 계산

$$\frac{e}{\sin x_1} = \frac{S_1}{\sin(360° - \theta)}$$

$$\sin x_1 = \frac{e \times \sin(360° - \theta)}{S_1}$$

$$x_1 = \sin^{-1}\frac{e \times (\sin 360° - \theta)}{S_1}$$

$$= \sin^{-1}\frac{0.1 \times \sin(360° - 330°)}{2,000}$$

$$= 0°\ 00'5.16''$$

② △A_2CB에서 x_2 계산

$$\frac{e}{\sin x_2} = \frac{S_2}{\sin(360° - \theta + T')}$$

$$\sin x_2 = \frac{e \times \sin(360° - \theta + T')}{S_2}$$

92 삼각 및 삼변측량에 대한 설명으로 옳지 않은 것은?

① 삼각망의 조건식수는 삼변망의 조건식수보다 많다.
② 삼변측량의 계산에는 코사인(cos) 제2법칙을 사용한다.
③ 삼각망의 조정 시 필요한 조건으로 측점조건, 각조건, 변조건 등이 있다.
④ 기하학적 도형조건으로 인해 삼변측량은 삼각 측량 방법을 완전히 대신할 수 있다.

해설

삼각측량	삼변측량
① 광대한 지역의 측량에 적합	① 삼각,삼변측량을 병용하여 정도 향상이 가능하다.
② 산지 등 기복이 많은 곳에 적합	② 한점에서 복수의 변을 연속관측하여 조건식 수를 늘리고 기상보정을 하여 정확도향상이 가능하다.
③ 같은 정도의 기준점 배치에 편리	
④ 조건식이 많아 조정이 복잡하나 정도가 높다.	
⑤ 각 단계에서 정확도 점검이 가능하다.	③ 변장만으로도 삼각망을 구성할수있다.
⑥ 내각의 크기는 30°이상 120°이하가 되어야 한다.	④ 기선삼각망의 확대과 정이 필요없다.
⑦ 기선설치에 어려움이 있고 관측거리에 한계가 있다.	⑤ 기지점이 두점이면 두 좌표로부터 방향각이 결정되므로 좌표계산이 편리 하다.

93 국가공간정보에 관한 법률에 의한 정의로 옳지 않은 것은?

① 공간정보체계란 공간정보를 효율적으로 관리 및 활용하기 위하여 자연적 또는 인공적 객체에 부여하는 공간정보의 유일식별번호를 말한다.
② 공간정보란 지상·지하·수상·수중 등 공간상에 존재하는 자연적 또는 인공적인 객체에 대한 위치정보 및 이와 관련된 공간적 인지 및 의사결정에 필요한 정보를 말한다.

Answer 91 ② 92 ④ 93 ①

③ 공간정보데이터베이스란 공간정보를 체계적으로 정리하여 사용자가 검색하고 활용할 수 있도록 가공한 정보의 집합체를 말한다.
④ 국가공간정보체계란 관리기관이 구축 및 관리하는 공간정보체계를 말한다.

해설

공간정보체계	공간정보를 효과적으로 수집·저장·가공·분석·표현할 수 있도록 서로 유기적으로 연계된 컴퓨터의 하드웨어, 소프트웨어, 데이터베이스 및 인적자원의 결합체를 말한다.

94 삼각측량에 의한 관측 결과가 그림과 같을 때, C점의 좌표는? (단, AB의 거리=10m, 좌표의 단위 : m)

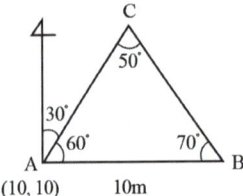

① (6.13, 10.62) ② (10.62, 6.13)
③ (16.13, 20.62) ④ (20.62, 16.13)

해설

$\overline{AC} = \dfrac{\sin 70°}{\sin 50°} \times 10 = 12.27m$
$C_x = A_x + \overline{AC} \times \cos V_a^c$
$\quad = 10 + 12.27 \times \cos 30° = 20.62m$
$C_y = A_y + \overline{AC} \times \sin V_a^c$
$\quad = 10 + 12.27 \times \sin 30° = 16.13m$

95 레벨을 조정하기 위하여 그림과 같이 설치하여 BC=CD=50m, AB=10m일 때 B에서의 관측값 b1=1262m, b2=1.726m, D에서의 관측값이 d1=1.745m, d2=2.245m일 때 조정량은?

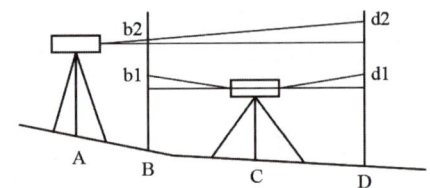

① 0.0001rad ② 0.0004rad
③ 0.0007rad ④ 0.0009rad

해설

조정량$(d) = \dfrac{D+e}{D}[(a_1-b_1)-(a_2-b_2)]$
$\quad = \dfrac{100+10}{100}[(1.262-1.745)-(1.726-2.245)]$
$\quad = 0.0396m$

시준오차$(e) = \dfrac{(a_1-b_1)-(a_2-b_2)}{d_1+d_2}$
$\quad = \dfrac{(1.262-1.745)-(1.726-2.245)}{50+50}$
$\quad = 0.00036 = 0.0004rad$

$e < 0.00005rad$ 이므로 이 레벨은 조정을 안해도 된다
(보통 경동레벨의 경우
$\pm 0.00005rad$, 즉 $10m$당 $0.5mm$의 높이오차에 해당됨)

96 축척 1:25000의 지형도에서 963m의 산 정상으로부터 423m의 산 밑까지 거리가 95mm이었다면 사면의 경사는?

① $\dfrac{1}{7.4}$ ② $\dfrac{1}{6.4}$
③ $\dfrac{1}{5.4}$ ④ $\dfrac{1}{4.4}$

해설

$i = \dfrac{h}{D} = \dfrac{963-423}{0.095 \times 25,000} = \dfrac{540}{2,375} = \dfrac{1}{4.4}$

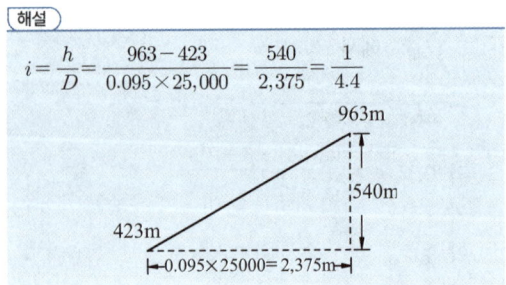

Answer 94 ④ 95 ② 96 ④

97 공간정보를 체계적으로 정리하여 사용자가 검색하고 활용할 수 있도록 가공한 정보의 집합체로 정의되는 것은?

① 공간정보데이터베이스
② 국가공간정보통합체계
③ 공간정보관리시스템
④ 공간정보체계

해설

공간정보	"공간정보"란 지상·지하·수상·수중 등 공간상에 존재하는 자연적 또는 인공적인 객체에 대한 위치정보 및 이와 관련된 공간적 인지 및 의사결정에 필요한 정보를 말한다.
공간정보 데이터베이스	"공간정보데이터베이스"란 공간정보를 체계적으로 정리하여 사용자가 검색하고 활용할 수 있도록 가공한 정보의 집합체를 말한다.
공간정보체계	"공간정보체계"란 공간정보를 효과적으로 수집·저장·가공·분석·표현할 수 있도록 서로 유기적으로 연계된 컴퓨터의 하드웨어, 소프트웨어, 데이터베이스 및 인적자원의 결합체를 말한다.
국가공간정보 통합체계	"국가공간정보통합체계"란 제19조제3항의 기본공간정보데이터베이스를 기반으로 국가공간정보체계를 통합 또는 연계하여 국토교통부장관이 구축·운용하는 공간정보체계를 말한다.

98 수준측량에서 5m 표척 상단이 후방으로 30cm 기울어져 있다. 표척의 읽음값이 4m이었다면 이 관측값에 대한 오차는?

① 약 0.7cm
② 약 1.5cm
③ 약 3.0cm
④ 약 6.0cm

해설

비례법에 의해 거리 x를 구하면
$4 : x = 5 : 0.3$
$x = \dfrac{4 \times 0.3}{5} = 0.24m$
$OB' = \sqrt{4^2 + 0.24^2} = 4.007m$
$4m$를 읽는 경우 거리 오차는
$OB' - OB = 4.007 - 4 = 0.007m = 0.7cm$

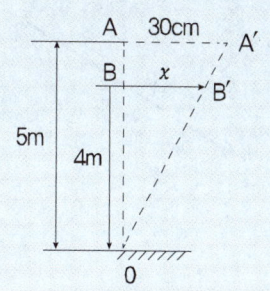

99 그림과 같이 삼각형에서 A점과 B점의 좌표가 각각 (1,000m, 1,000m), (1,400m, 1,500m)이고 $a = 1,50000m$, $b = 1,200.00m$일 때, 삼변측량을 위한 관측방정식으로 옳은 것은?

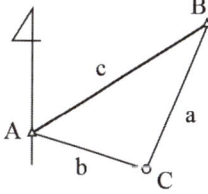

① $1,200 + v_a = \sqrt{(1,500 - x_c)^2 + (1,400 - y_c)^2}$,
  $1,500 + v_b = \sqrt{(1,000 - x_c)^2 + (1,000 - y_c)^2}$

② $1,200 + v_a = \sqrt{(1,400 - x_c)^2 + (1,500 - y_c)^2}$,
  $1,500 + v_b = \sqrt{(1,000 - x_c)^2 + (1,000 - y_c)^2}$

③ $1,500 + v_a = \sqrt{(1,500 - x_c)^2 + (1,400 - y_c)^2}$,
  $1,200 + v_b = \sqrt{(1,000 - x_c)^2 + (1,000 - y_c)^2}$

④ $1,500 + v_a = \sqrt{(1,400 - x_c)^2 + (1,500 - y_c)^2}$,
  $1,200 + v_b = \sqrt{(1,000 - x_c)^2 + (1,000 - y_c)^2}$

Answer 97 ① 98 ① 99 ④

해설

삼변측량을 하기 위한 기본조건

$K_{ij} + V_{ij} = \sqrt{(x_j - x_i)^2 + (y_j - y_i)^2}$

$1,500 + V_a = \sqrt{(1,400 - x_c)^2 + (1,500 - y_c)^2}$

$1,200 + V_b = \sqrt{(1,000 - x_c)^2 + (1,000 - y_c)^2}$

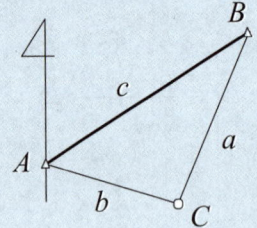

100 등고선의 특성에 관한 설명으로 옳은 것은?

① 최대 경사선은 등고선과 직각 방향이다.
② 높이가 다른 등고선은 어떠한 경우에도 겹치지 않는다.
③ 등고선은 지도 안에서 폐합되지 않으면 지도의 밖에서도 만나지 않는다.
④ 등고선의 간격이 넓을수록 급한 경사를 이룬다.

해설

등고선의 성질
① 동일 등고선상에 있는 모든 점은 같은 높이이다.
② 등고선은 도면 내나 외에서 폐합하는 폐곡선이다.
③ 지도의 도면 내에서 폐합하는 경우 등고선의 내부에 산꼭대기(산정) 또는 분지가 있다.
④ 높이가 다른 두 등고선은 동굴이나 절벽을 제외하고는 교차하지 않는다.
⑤ 등고선은 급경사에서 간격이 좁고 완경사지에서 간격이 넓어진다.

Answer 100 ①

ENGINEER SURVEYING GEO-SPATIAL INFORMATION

PART 07

2019
과년도 기출 문제 및 해설

기사 2019년 3월 3일 시행
기사 2019년 4월 27일 시행
기사 2019년 9월 21일 시행

ENGINEER SURVEYING ✚ GEO-SPATIAL INFORMATION

" 구민사는 당신의 합격을 응원합니다

측량 및 지형공간정보

2019년 3월 3일 기사

제1과목 | 측지학 및 위성측위시스템

01 극에서 적도 지방으로 갈수록 중력의 변화에 대한 설명으로 옳은 것은?

① 적도 지방으로 갈수록 감소한다.
② 적도 지방으로 갈수록 증가한다.
③ 중위도까지는 감소하다가 이후 증가한다.
④ 중위도까지는 증가하다가 이후 감소한다.

해설

중력측량
지구의 표면에서 존재하는 것으로 가장 쉽게 느낄 수 있는 힘의 중력이며, 지구상의 모든 물체는 중력에 의해 지구 중심방향으로 끌리고 있다. 중력은 만유인력법칙에 의해 지구표면으로 낙하하는 물체의 낙하속도의 증가율로서 중력가속도를 말하며 이 중력이 미치는 범위를 중력장이라 한다. 중력측량은 지구를 타원체로 가정한 이론적인 값과 실측한 값의 차이를 구하여 지구의 형태를 연구하는 측지학적 분야, 지하구조 및 자원탐사에 이용되는 지질학적 분야, 태양계의 역학적 관계를 규명하는 천문학분야 등에 중요역할을 한다.
• 중력의 단위 : gal(cm/sec^2) (Galilei를 기념하기 위하여 그 이름의 첫 자를 딴 것이다)

1. 중력변화(중력의 經年變化)의 원인
중력은 항상성이 높은 물리량의 하나이지만 장기간에 걸쳐서 서서히 변화하고 있는데 이를 중력의 경년변화라 한다. 중력은 만유인력과 지구 자전에 의한 원심력이 합성된 것으로 적도에 가까울수록 중력은 감소하며 물리학적 측지학에 속한다.

02 위도 36°16′11″, 경도 127°12′7″에서 3차원 직각좌표의 X, Y좌표는?
(단, 묘유면 곡률반경 ν = 6384.80km, 타원체고 h = 2000m)

① X = 4084.25km, Y = 5405.95km
② X = 4085.25km, Y = 5406.95km
③ X = −4085.25km, Y = 5406.95km
④ X = −3113.40km, Y = 4101.47km

해설

$X_Q = (N+H)\cos\phi\cos\lambda$
$= (6,384,800+2,000)\times\cos36°16′11″\times\cos127°12′7″$
$= -3,113.40\text{km}$
$Y_Q = (N+H)\cos\phi\sin\lambda$
$= (6,384,800+2,000)\times\cos36°16′11″\times\sin127°12′7″$
$= +4,101.47\text{km}$
$Z_Q = \{N(1-e^2)+H\}\sin\phi$

Answer 01 ① 02 ④

경위도, 표고와 3차원 직교좌표

1. 경도, 위도, 표고좌표(λ, ϕ, H)의 3차원직교좌표(X, Y, Z)로의 변환

3차원직교좌표원점과 일치하는 지구타원체면에 대하여 타원체 표면 상의 한 점 $P(\lambda,\phi,0)$의 직교좌표 (X_P, Y_P, Z_P)는 다음 식으로 구한다.	$X_P = N\cos\phi\cos\lambda$ $Y_P = N\cos\phi\sin\lambda$ $Z_P = N(1-e^2)\sin\phi$

여기서 N은 묘유선곡률반경(radius of curvature in prime vertical)으로 타원체의 장반경(a), 이심률 $e^2 = \dfrac{a^2-b^2}{a^2}$ 일 때,

$N = \dfrac{a}{\sqrt{1-e^2\sin^2\phi}}$ 이다(그림에서 $N = PI$ 이다).

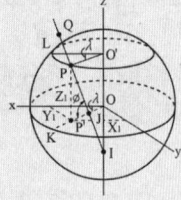
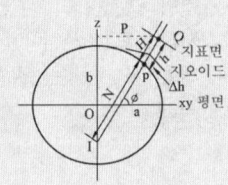

타원체 면으로부터 높이 H인 곳에 있는 한 점 $Q(\lambda, \phi, H)$의 3차원직교좌표(X_Q, Y_Q, Z_Q)는 다음 식으로 구한다.	$X_Q = (N+H)\cos\phi\cos\lambda$ $Y_Q = (N+H)\cos\phi\sin\lambda$ $Z_Q = \{N(1-e^2)+H\}\sin\phi$

여기서 H는 타원체면기준높이(ellpsoidal height)이므로 지오이드기준높이, 즉 표고(elevation)를 h, 타원체면에 대한 지오이드의 높이(geoidal height)를 Δh라 하면 $H = h + \Delta h$ 가 된다.

2. 3차원직교좌표(X, Y, Z)의 경도, 위도, 표고로서의 변환

타원체의 장반경 a, 단반경 b일 때 지구타원체는 $\dfrac{X^2+Y^2}{a^2} + \dfrac{Z^2}{b^2} = 1$로 표시되며 직교좌표$(X, Y, Z)$을 다음 식을 이용하여 경위도좌표$(\lambda,\phi,H)$로 환산할 수 있다	$\lambda = \tan^{-1}\left(\dfrac{Y}{X}\right)$ $\phi = \tan^{-1}\dfrac{Z+(e')^2 b\sin^3\theta}{P-e^2 a\cos^3\theta}$ $H = \dfrac{p}{\cos\phi}$

여기서, $p = \sqrt{X^2+Y^2}$
$(e')^2 = \dfrac{a^2-b^2}{b^2}$
$\theta = 90° - \phi = \tan^{-1}\left(\dfrac{Za}{Pb}\right)$

---

03. GNSS측량에서 이중주파수(dual frequency)를 채택하고 있는 가장 큰 이유는?

① 다중경로(multipath)오차를 제거할 수 있다.
② 전리층지연 효과를 제거할 수 있다.
③ 대기 온도의 영향을 제거할 수 있다.
④ 전파방해에 대응할 수 있다.

해설

2개의 주파수로 방송되는 이유는 위성궤도와 지표면 중간에 있는 전리층의 영향을 보정하기 위함이다.

1. 전리층 지연

① 전리층은 지상 100km 정도부터 1,000km 정도 사이에 존재하는 층으로서 GPS 전파에 영향을 미치는 곳은 지상 200km 이상에 있는 F2층이라는 부분이다.
② 전리층 중 200km에서 250km 부근에서 전리층 전자밀도로 정하는 플라즈마 주파수(Plasma Frequency)의 양을 의미하는 fp가 최대가 된다. 그 지역을 F2층 임계주파수라 하며 모든 전리층은 각각의 임계주파수를 가지고 있다.
③ 전리층에서는 태양 자외선에 의해 대기분자가 전자와 이온으로 분리된다.
④ GPS 전파는 전리층을 지나면서 Code 신호는 느려지고 반송파는 빨라지는 등 속도가 변화하므로 측량오차를 일으키게 된다.

2. 대류권 지연

① 대류권은 지표면에서 지상 80km 정도까지의 영역이다.
② 대류권의 건조공기는 안정된 분포를 보이기 때문에 보정이 비교적 용이하지만 수증기는 기상조건에 따라 분포가 달라져 보정이 어렵다.
③ 대류권 굴절오차는 중성자로 구성된 대기의 영향에 따라 위성신호가 굴절하여 야기되는 오차를 말한다.
④ 일반적으로 GPS 측량에서는 표준기상을 가정하여 계산된 대류권 지연량을 이용하여 보정한다.
⑤ 대부분의 기선해석 소프트웨어는 관측점에 대한 온도, 기압, 습도를 입력하여 대류권 지연을 계산한다.

Answer 03 ②

04 GPS를 이용한 기준점 측량에서 관측 전·후에 측정한 관측점에서 ARP(Antenna Reference Point)까지의 경사거리가 각각 147.2cm와 147.4cm이었고 안테나 반지름이 16.5cm이었다. ARP를 기준으로 APC(Antenna Phase Center)의 오프셋 높이방향으로 +1.32cm라면 기선해석에 사용해야할 안테나 고는?

① 145.053cm   ② 145.981cm
③ 147.693cm   ④ 148.622cm

해설

연직거리 $= \sqrt{경사거리^2 - 반경^2}$
$= \sqrt{147.3^2 - 16.5^2} = 146.373$cm

ARP에서 APC까지의 거리 $= 1.32$cm

∴ 안테나고 $= ARP거리 + 옵셋거리$
$= 146.373 + 1.32 = 147.693$cm

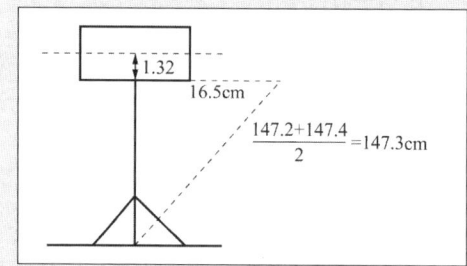

05 표고를 결정하기 위해 수행하여야 하는 측량으로 짝지어진 것은?

① 다각측량, 중력측량
② 수준측량, 중력측량
③ 수준측량, 지자기측량
④ 다각측량, 지자기측량

해설

수준측량
수준측량(Leveling)이란 지구상에 있는 여러 점들 사이의 고저차를 관측하는 것으로 고저측량이라고도 한다.

중력측량
지구의 표면에서 존재하는 것으로 가장 쉽게 느낄 수 있는 힘의 중력이며, 지구상의 모든 물체는 중력에 의해 지구 중심방향으로 끌리고 있다. 중력은 만유인력법칙에 의해 지구표면으로 낙하하는 물체의 낙하속도의 증가율로서 중력가속도를 말하며 이 중력이 미치는 범위를 중력장이라 한다. 중력측량은 지구를 타원체로 가정한 이론적인 값과 실측한 값의 차이를 구하여 지구의 형태를 연구하는 측지학적 분야, 지하구조 및 자원탐사에 이용되는 지질학적 분야, 태양계의 역학적관계를 규명하는 천문학분야 등에 중요역할을 한다.

• 중력의 단위 : gal(cm/sec²) (Galilei를 기념하기 위하여 그 이름의 첫 자를 딴 것이다)

06 다음 중 위성의 궤도 요소에 속하지 않는 것은?

① 궤도 경사각
② 승교점 적경
③ 궤도타원의 장반경
④ 위성과 수신기 사이의 의사거리

해설

1) 케플러의 6요소
   궤도의 모양과 크기를 결정하는 요소
   ㉠ 궤도 장반경(軌道長半徑, semimajor axis : A) : 궤도타원의 장반경
   ㉡ 궤도 이심률(軌道離心率, eccentricity : e) : 궤도타원의 이심률

2) 궤도면의 방향(공간위치)을 결정하는 요소
   ㉠ 궤도 경사각(軌道傾斜角, inclination angle : I) : 궤도면과 적도면의 교각
   ㉡ 승교점 적경(昇交點赤經, right ascension of acsending node: h) : 궤도가 남에서 북으로 지나는 점의 적경(昇交點 : 위성궤도와 천구적도의 교점)

Answer 04 ③ 05 ② 06 ④

3) 궤도면의 장축방향 결정 요소
   ㉠ 근지점 인수(近地點引數, argument of perigee : g) 또는 근지점 적경 : 승교점에서 근지점까지 궤도면을 따라 천구북극에서 볼 때 반시계방향으로 잰 각거리

4) 기타
   ㉠ 근점이각(近點離角, satellite anomaly : v) : 근지점에서 위성까지의 각거리. 진근점이각, 이심근점이각, 평균근점이각의 세 가지가 있다.

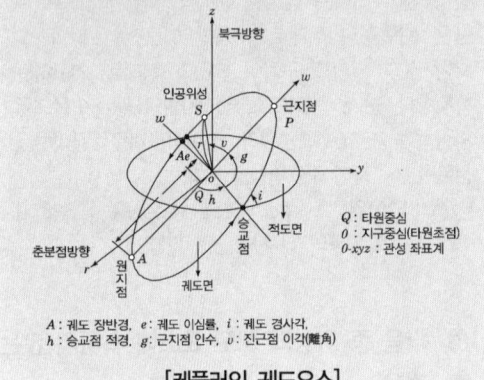

[케플러의 궤도요소]

07 반송파(carrier)의 모호정수(ambiguity)가 포함되어 있지 않은 관측치는?

① 단일차분위상차
② 이중차분위상차
③ 삼중차분위상차
④ 무차분 위상

해설

일중위상차 (Single Phase Difference)	① 한 개의 위성과 두 대의 수신기를 이용한 위성과 수신기 간의 거리측정차 (행로차) ② 동일위성에 대한 측정치이므로 위성의 궤도오차와 원자시계에 의한 오차가 소거된 상태 ③ 그러나 수신기의 시계오차는 포함되어 있는 상태임
이중위상차 (Double Phase Difference)	① 두 개의 위성과 두 대의 수신기를 이용하여 각각의 위성에 대한 수신기 간 1중차끼리의 차이값 ② 두 개의 위성에 대하여 두 대의 수신기로 관측함으로써 같은 양으로 존재하는 수신기의 시계오차를 소거한 상태 ③ 일반적으로 최소 4개의 위성을 관측하여 3회의 이중차를 측정하여 기선해석을 하는 것이 통례임
삼중위상차 (Triple Phase Difference)	① 한 개의 위성에 대하여 어떤 시각의 위상적산치(측정치)와 다음 시각의 적산치와의 차이값을 적분위상차라고도 한다. ② 반송파의 모호정수(불명확 상수)를 소거하기 위하여 일정시간 간격으로 이중차의 차이값을 측정하는 것을 말한다. ③ 일정 시간 동안의 위성거리 변화를 뜻하며 파장의 정수배의 불명확을 해결하는 방법으로 이용된다.

08 지오이드와 타원체면과의 거리를 무엇이라고 하는가?

① 표고
② 정표고
③ 타원체고
④ 지오이드고

해설

높이의 종류

(1) 標高(Elevation) : 지오이드면, 즉 정지된 평균해수면과 물리적지표면 사이의 고저차
(2) 正標高(Orthometric Height) : 물리적 지표면에서 지오이드까지의 고저차
(3) 지오이드고(Geoidal Height) : 타원체와 지오이드와 사이의 고저차를 말한다.
(4) 楕圓體高(Ellipsoidal Height) : 준거 타원체상에서 물리적지표면까지의 고저차를 말하며 지구를 이상적인 타원체로 가정한 타원체면으로부터 관측지점까지의 거리이며 실제 지구표면은 울퉁불퉁한 기복을 가지므로 실제높이(표고)는 타원체고가 아닌 평균해수면(지오이드)으로부터 연직선 거리이다.

Answer 07 ③ 08 ④

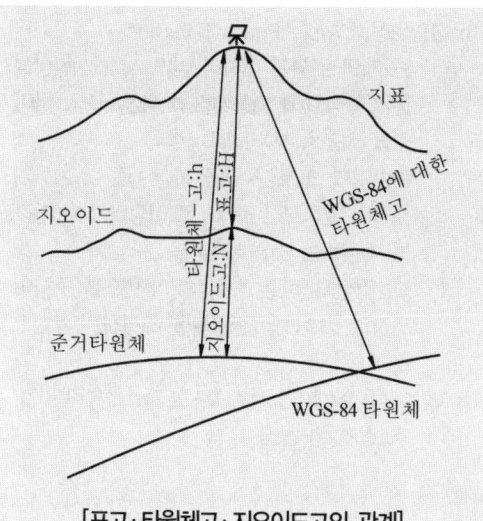

[표고·타원체고·지오이드고의 관계]

09 지자기 측량에서 수평면 내에 작용하는 지자기력의 크기를 의미하는 것은?

① 편각
② 복각
③ 수평분력
④ 수직분력

해설

지자기의 3요소

1. 偏角(Declination) : D
   (1) 수평분력 H가 진북과 이루는 각
   (2) 지자기의 방향과 자오선이 이루는 각
   (3) 진북을 기준으로 시계방향을 (+)로 한다.
   (4) 우리나라의 경우 약 −5°~−6°의 편각을 가진다.

2. 伏角(Inclination) : I
   (1) 전자장 F와 수평분력 H가 이루는 각
   (2) 수평면을 기준으로 시계방향을 (+)로 함

3. 水平分力(Horizontal Intensity)
   (1) 전자장 F벡터를 수평면(XY) 내로 투영한 수평성분
   (2) 전자장 F로부터 수평분력 H와 연직분력 Z로 나누어진다.

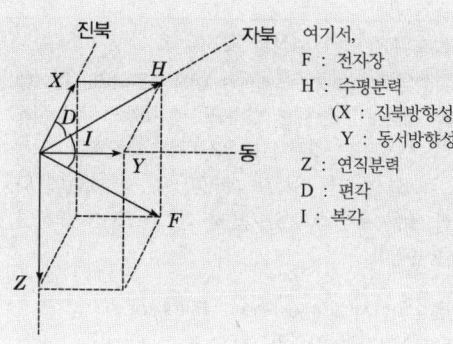

여기서,
F : 전자장
H : 수평분력
　　(X : 진북방향성분,
　　 Y : 동서방향성분)
Z : 연직분력
D : 편각
I : 복각

10 GNSS측량에서 위성으로부터 송신되어 측위에 이용되는 신호는?

① 전파
② 음파
③ 가시광선
④ 적외선

해설

GPS는 인공위성을 이용한 범세계적 위치결정체계로 정확한 위치를 알고 있는 위성에서 발사한 전파를 수신하여 관측점까지의 소요시간을 관측함으로써 관측점의 위치를 구하는 체계이다. 즉 GPS 측량은 위치가 알려진 다수의 위성을 기지점으로 하여 수신기를 설치한 미지 점의 위치를 결정하는 후방교회법(Resection methoid)에 의한 측량방법이다.

11 차분(Differencing)을 이용한 GNSS측량에 대한 설명으로 옳지 않은 것은?

① 공통된 위성으로부터 수신된 신호는 같은 궤도오차를 가진다.
② 하나의 수신기에서 수신된 여러 위성에 대한 관측값은 동일한 수신기 시계오차를 가진다.
③ 기지점과 미지점간의 거리가 짧다면 대기효과는 비슷하게 나타난다.
④ 단일차분에 의해서 위성과 수신기의 시계오차를 동시에 제거할 수 있다.

Answer 09 ③　10 ①　11 ④

해설

간섭측위에 의한 위상차 측정
정적간섭측위(Static Positioning)를 통하여 기선해석을 하는데 사용하는 방법으로서 두개의 기지점에 GPS 수신기를 설치하고 위상차를 측정하여 기선의 길이와 방향을 3차원 벡터량으로 결정하는데 다음과 같은 위상차 차분기법을 통하여 기선해석 품질을 높인다.

1) 일중위상차(Single Phase Difference)
   1. 수신기간 일중위상차
      ① 한 개의 위성과 두 대의 수신기를 이용한 위성과 수신기간의 거리측정차 (행로차)
      ② 동일위성에 대한 측정치이므로 위성의 궤도오차와 원자시계에 의한 오차가 소거된 상태
      ③ 그러나 수신기의 시계오차는 포함되어 있는 상태임
   2. 위성 간 일중위상차
      ① 두 개의 위성과 한 대의 수신기를 이용한 위성과 수신기간의 거리측정차 (행로차)
      ② 다른 위성에 대한 측정치이므로 위성의 궤도오차와 수신기의 시계에 의한 오차가 소거된 상태
      ③ 그러나 위성 시계오차는 포함되어 있는 상태임

2) 이중위상차(Double Phase Difference)
   ① 두 개의 위성과 두 대의 수신기를 이용하여 각각의 위성에 대한 수신기간 1중차 끼리의 차이값
   ② 두 개의 위성에 대하여 두 대의 수신기로 관측함으로서 같은 양으로 존재하는 수신기의 시계오차를 소거한 상태
   ③ 일반적으로 최소 4개의 위성을 관측하여 3회의 이중차를 측정하여 기선해석을 하는 것이 통례임

3) 삼중위상차(Triple Phase Difference)
   ① 한 개의 위성에 대하여 어떤 시각의 위상적산치(측정치)와 다음시각의 적산치와의 차이값을 적분위상차라고도 한다.
   ② 반송파의 모호정수(불명확상수)를 소거하기 위하여 일정시간 간격으로 이중차의 차이 값을 측정하는 것을 말한다.
   ③ 즉, 일정시간동안의 위성거리 변화를 뜻하며 파장의 정수배의 불명확을 해결하는 방법으로 이용된다.
   ④ 위성, 수신기의 시계오차 소거와 정수 바이어스 소거 된 상태

12 중력관측점과 지오이드면 사이의 질량을 고려한 중력이상은?

① 고도 이상
② 부게 이상
③ 프리에어 이상
④ 위도 이상

해설

重力異常(gravity anomary)
중력이상이란 중력보정을 통하여 기준면에서의 중력값으로 보정된 중력값에서 표준중력값을 뺀 값이다. 즉 실제 관측중력값에서 표준중력식에 의해 계산한 중력값을 뺀 것이다. 중력이상의 주원인은 지하의 지질밀도가 고르게 분포되어 있지 않기 때문이다.

① 후리-에어(free-air) 이상
   • 후리-에어 이상은 관측된 중력값으로부터 위도보정과 후리-에어보정을 실시한 중력값에서 기준점에서의 표준중력값을 뺀 값이다.
   • 후리-에어 이상은 관측점과 지오이드 사이의 물질에 대한 영향을 고려하지 않았기 때문에 고도가 높은 점일수록 양(+)으로 증가한다.

② 부게 이상
   • 부게 이상은 지하의 물질 및 질량분포를 구하는데 목적이다.

Answer 12 ②

- 중력관측점과 지오이드면 사이의 질량을 고려한 중력이상으로 지형보정을 실시하느냐 하지 않느냐에 따라 두 가지로 나누어진다.
- 후리—에어 이상에 부게 보정 및 지형보정을 더하여 얻는 이상은 부게 이상이다.
- 후리—에어 이상에 부게 보정을 더하여 얻는 이상은 단순 부게 이상이다.
- 고도가 높을수록 (−)로 감소한다.

③ 지각 균형 이상
- 지각 균형 이상은 지질광물의 분포상태에 따른 밀도 차의 영향을 고려한 이상이다.
- 부게 이상에 지각균형보정을 더하여 얻는 이상이다.

13 지각 변동(운동)의 결정과 같이 정밀한 위치결정을 위하여 GNSS측량을 이용하는 경우에 대한 설명으로 틀린 것은?

① 오차를 제거하기 위하여 일반적으로 차분된 관측치를 사용한다.
② 정밀한 위치결정을 위하여 코드 신호를 사용한다.
③ 상용보다는 학술용 자료처리 프로그램을 사용한다.
④ 정확한 궤도정보인 정밀궤도력을 사용한다.

[해설]
정밀한 위치결정을 위하여 반송파신호를 사용한다.

14 지구의 물리적 형상을 나타내는 것으로 평균해수면을 육지까지 연장한 곡면을 무엇이라고 하는가?

① GRS80 타원체
② WGS84 타원체
③ 지오이드
④ 물리적 지표면

[해설]
1. 지오이드(Geoid)
   정지된 해수면을 육지까지 연장하여 지구 전체를 둘러쌌다고 가상한 곡면을 지오이드(geoid)라 한다. 지구타원체는 기하학적으로 정의한데 비하여 지오이드는 중력장 이론에 따라 물리학적으로 정의한다.

2. 지오이드의 특징
   ① 지오이드면은 평균해수면과 일치하는 등포텐셜면으로 일종의 수면이다.
   ② 지오이드면은 대륙에서는 지각의 인력 때문에 지구타원체보다 높고 해양에서는 낮다.
   ③ 고저측량은 지오이드면을 표고 0으로 하여 관측한다.
   ④ 타원체의 법선과 지오이드 연직선의 불일치로 연직선 편차가 생긴다.
   ⑤ 지형의 영향 또는 지각내부밀도의 불균일로 인하여 타원체에 비하여 다소 기복이 있는 불규칙한 면이다.
   ⑥ 지오이드는 어느 점에서나 표면을 통과하는 연직선은 중력방향에 수직이다.
   ⑦ 지오이든 타원체면에 대하여 다소 기복이 있는 불규칙한 면을 갖는다.
   ⑧ 높이가 0이므로 위치에너지도 0이다.

15 지진파에 대한 설명 중 틀린 것은?

① S파는 고체와 액체 상태를 모두 통과한다.
② 지진파에는 P파, S파, L파가 있다.
③ P파는 지진파 중 가장 빠르다.
④ L파는 지표면을 따라 전파하는 표면파이다.

[해설]

종류	진동방향	속도 및 도달시간	특징
종파 (P파)	진행방향과 일치	- 속도 7~8km/sec - 도달시간 0분	- 모든 물체에 전파 - 아주 작은 폭
횡파 (S파)	진행방향과 직각	- 속도 3~4km/sec - 도달시간 8분	- 고체 내에서만 전파 - 보통 폭
표면파 (L파)	수평 및 수직	속도 3 km/sec	- 지표면에 진동 - 아주 큰 폭

Answer 13 ② 14 ③ 15 ①

16. 구면삼각형에서 내각의 합이 180°를 넘게 되는데 그 차를 무엇이라 하는가?

① 세차   ② 균시차
③ 구과량   ④ 연직선편차

해설

구면 삼각형	① 지표상 세 점을 지나는 세 개의 대원을 세 변으로 하는 삼각형 ② 구면삼각형의 내각의 합은 180도보다 크다. ③ 측량대상 지역이 넓은 경우 곡면각 성질이 필요하다. ④ 구면삼각형의 세 변의 길이는 대원호의 중심각과 같은 각거리이다.	
구과량	① 구면삼각형의 내각의 합이 180도가 넘으며 이 차이를 구과량이라 한다 ($180° + \varepsilon$(구과량)). ② 구과량(ε) = $\frac{A}{R^2} \cdot \rho''$ 여기서, A : 구면(평면)삼각형의 면적 R : 지구의 평균곡률반경(6370km) $\rho'' = \frac{180°}{\pi} = 206265''$ ③ 한 변의 길이가 20km 이상일 때 n 다각형의 내각의 합은 $180°(n-2)$ 보다 반드시 크게 나타난다. ④ 구면삼각형의 구과량은 그 삼각형의 면적에 비례하고 지구 평균반경의 제곱에 반비례한다.	구면삼각형과 평면삼각형

17. 다음 용어에 대한 설명으로 틀린 것은?

① 적도(equator) : 지구중심을 지나 자전축에 직교하는 평면과 지표면의 교선
② 위도(latitude) : 지표면상 한 점이 자오선과 이루는 각
③ 평행선(parallels) : 적도와 나란한 평면과 지표면과의 교선
④ 경도(longitude) : 그리니치를 지나는 자오선을 본초 자오선으로 하고 자오면이 만드는 적도면 상의 각 거리

해설

경도	경도는 본초자오선과 적도의 교점을 원점(0, 0)으로 한다. 경도는 본초자오선으로부터 적도를 따라 그 지점의 자오선까지 잰 최소 각거리로 동서쪽으로 0° ~ 180°까지 나타내며, 측지경도와 천문경도로 구분한다.	
	측지경도	본초자오선과 타원체상의 임의 자오선이 이루는 적도상 각거리를 말한다.
	천문경도	본초자오선과 지오이드상의 임의 자오선이 이루는 적도상 각거리를 말한다.
위도	위도(φ)란 지표면상의 한 점에서 세운 법선이 적도면을 0°로 하여 이루는 각으로서 남북위 0° ~ 90°로 표시한다. 위도는 자오선을 따라 적도에서 어느 지점까지 관측한 최소 각거리로서 어느 지점의 연직선 또는 타원체의 법선이 적도면과 이루는 각으로 정의되고, 0° ~ 90°까지 관측하며, 경도 1°에 대한 적도상 거리, 즉 위도 0°의 거리는 약 111km, 1'은 1.85km, 1''는 30.88m이다.	
	측지위도	지구상 한 점에서 회전타원체의 법선이 적도면과 이루는 각으로 측지분야에서 많이 사용한다.
	천문위도	지구상 한 점에서 지오이드의 연직선(중력방향선)이 적도면과 이루는 각을 말한다.
	지심위도	지구상 한 점과 지구중심을 맺는 직선이 적도면과 이루는 각을 말한다.
	화성위도	지구중심으로부터 장반경(a)을 반경으로 하는 원과 지구상 한 점을 지나는 종선의 연장선과 지구중심을 연결한 직선이 적도면과 이루는 각을 말한다.

18. 물리학적 측지학에 속하지 않는 것은?

① 탄성파 측정   ② 지자기 측정
③ 중력 측정   ④ 사진 측정

해설

측지학은 지구 내부의 특성, 지구의 형상 및 운동을 결정하는 측량과 지구표면상에 있는 모든 점들 간의 상호위치관계를 산정하는 측량의 가장 기본적인 학문이다.

Answer 16 ③ 17 ② 18 ④

기하학적 측지학	물리학적 측지학
① 측지학적 3차원 위치결정	① 지구의 형상 해석
② 길이 및 시간의 결정	② 지구의 극운동과 자전운동
③ 수평위치 결정	③ 지각변동 및 균형
④ 높이의 결정	④ 대륙의 부동
⑤ 지도제작	⑤ 해양의 조류
⑥ 면적 및 체적의 산정	⑥ 지구의 열측정
⑦ 천문측량	⑦ 지구의 조석 측량
⑧ 위성측량	⑧ 중력측량
⑨ 해양측량	⑨ 지자기측량
⑩ 사진측량	⑩ 탄성파측량

19 GNSS측량방법 중 가장 정밀한 위치결정 방법으로 기준점측량이나 학술목적으로 주로 사용되는 방법은?

① 정지(Static)측량
② 이동(Kinematic)측량
③ 네트워크 RTK(Real Time Kinematic)측량
④ RTK(Real Time Kinematic)측량

해설

지적재조사 측량 규정 제2조(정의) 이 규정에서 사용하는 용어의 정의는 다음과 같다.
5. "위성측량"이란 위성을 이용한 위성항법시스템(GNSS ; Global Navigation Satellite System)으로 위치를 정하기 위한 측량을 말한다.
6. "네트워크 RTK 위성측량"이란 3점 이상의 기지점(국토지리정보원에서 운영하는 상시관측소)에서 관측한 자료를 이용하여 계산한 보정정보와 일필지 경계점에 설치한 위성수신기에서 관측한 자료를 이용하여 실시간 기선해석을 통해 일필지 경계점의 위치를 결정하는 측량을 말한다.
7. "단일기준국 RTK 위성측량"이란 기지점(통합기준점 및 지적기준점)에 설치한 위성수신기(기준국)로부터 수신된 보정정보와 일필지 경계점에 설치한 위성수신기에서 관측한 자료를 이용하여 실시간 기선해석을 통해 일필지 경계점의 위치를 결정하는 측량을 말한다.
8. "정지측위(Static) 위성측량"이란 기지점(위성기준점 및 통합기준점) 및 지적기준점에 설치한 위성수신기에서 관측한 자료를 이용하여 기선해석 및 조정계산 등을 통해 지적기준점의 위치를 결정하는 측량을 말한다.
9. "토털스테이션측량"이란 기지점(통합기준점 및 지적기준점)에 설치한 토털스테이션에 의하여 기지점과 일필지 경계점 간의 수평각, 연직각 및 거리를 측정하여 일필지 경계점의 위치를 결정하는 측량을 말한다.

20 수준점을 이용하여 미지점의 정표고를 결정하기 위해 GPS levelling을 실시하였다. 수준점과 미지점 사이의 거리가 약 150m, 수준점의 정표고가 67.248m, 타원체고가 42.357m이고 미지점의 타원체고가 72.835m 라고 할 때 미지점의 정표고는?

① 47.977m
② 97.726m
③ 147.944m
④ 197.357m

해설

GPS Levelling에서
지오이드고 = 타원체고 − 정표고
= 42.357 − 67.248
= −24.891m
미지점의 정표고 = 미지점의 타원체고 − 지오이드고
= 72.835 − (−24.891)
= 97.726m

Answer 19 ① 20 ②

제2과목 | 응용측량

21 하천의 수위 중 저수위에 대한 설명으로 옳은 것은?

① 1년을 통하여 355일, 이것보다 내려가지 않는 수위
② 1년을 통하여 275일, 이것보다 내려가지 않는 수위
③ 1년을 통하여 185일, 이것보다 내려가지 않는 수위
④ 1년을 통하여 125일, 이것보다 내려가지 않는 수위

해설

하천의 수위

최고수위(HWL), 최저수위(LWL)	어떤 기간에 있어서 최고, 최저수위로 연 단위 혹은 월 단위의 최고, 최저로 구한다.
평균최고수위(NHWL), 평균최저수위(NLWL)	연과 월에 있어서의 최고, 최저의 평균수위, 평균최고수위는 제방, 교량, 배수 등의 치수 목적에 사용하며 평균최저수위는 수운, 선항, 수력발전의 수리 목적에 사용한다.
평균수위(MWL)	어떤 기간의 관측수위의 총합을 관측 횟수로 나누어 평균치를 구한 수위
평균고수위(MHWL), 평균저수위(MLWL)	어떤 기간에 있어서의 평균수위 이상 수위들이 평균수위 및 어떤 기간에 있어서의 평균수위 이하 수위들의 평균 수위
최다수위(Most Frequent Water Level)	일정기간 중 제일 많이 발생한 수위
평수위(OWL)	어느 기간의 수위 중 이것보다 높은 수위와 낮은 수위의 관측수가 똑같은 수위로 일반적으로 평균수위보다 약간 낮은 수위. 1년을 통해 185일은 이보다 저하하지 않는 수위 ① 수애선은 수면과 하안과의 경계선 ② 수애선은 하천수위의 변화에 따라 변동하는 것으로 평수위에 의해 정해짐.
저수위	1년을 통해 275일은 이보다 저하하지 않는 수위
갈수위	1년을 통해 355일은 이보다 저하하지 않는 수위
고수위	2~3회 이상 이보다 적어지지 않는 수위
지정수위	홍수시에 매시 수위를 관측하는 수위
통보수위	지정된 통보를 개시하는 수위
경계수위	수방(水防)요원의 출동을 필요로 하는 수위

22 하천 측량에 대한 설명 중 옳지 않은 것은?

① 수위 관측소의 위치는 지천의 합류점 및 분류점으로서 수위의 변화가 뚜렷한 곳이 적당하다.
② 하천측량에서 수준측량을 할 때의 거리표는 하천의 중심에 직각 방향으로 설치한다.
③ 심천측량은 하천의 수심 및 유수수분의 하저 상황을 조사하고 횡단면도를 제작하는 측량을 말한다.
④ 하천 측량 시 처음에 할 일은 도상 조사로 유로 상황, 지역면적, 지형지물, 토지이용 상황 등을 조사하여야 한다.

해설

수위 관측소(水位觀測所) 및 양수표(量水標 : water guage) 설치 장소

① 하안(河岸)과 하상(河床)이 안전하고 세굴이나 퇴적이 되지 않은 장소
② 상하류의 길이 약 100m 정도의 직선 일 것
③ 유속의 변화가 크지 않아야 한다.
④ 수위가 교각이나 기타 구조물에 영향을 받지 않은 장소
⑤ 홍수 때는 관측소의 유실, 이동 및 파손될 염려가 없는 장소
⑥ 평시는 홍수때보다 수위표가 쉽게 읽을 수 있는 장소
⑦ 지천의 합류점 및 분류점으로 수위의 변화가 생기지 않은 장소
⑧ 양수표의 영점위치는 최저수위 밑에 있고, 양수표 눈금의 최고위는 최고홍수위보다 높아야 한다.

Answer 21 ② 22 ①

⑨ 양수표는 평균해수면의 표고를 측정해 둔다.
⑩ 어떠한 갈수 시에도 양수표가 노출되지 않는 장소
⑪ 수위가 급변하지 않는 장소
⑫ 양수표는 하천에 연하여 5~10km 마다 배치한다.

23 그림과 같은 토지의 한 변 BC = 52m 위의 점 D와 AC = 46m 위의 점 E를 연결하여 △ABC의 면적을 이등분하기 위한 AE의 길이는? (단, $m : n$ = 1 : 1, BD = 8m)

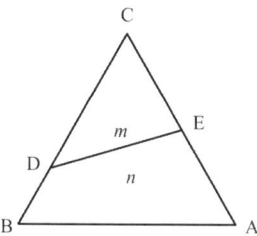

① 15.2m
② 18.8 m
③ 27.2m
④ 29.8m

[해설]
$$CE = \frac{AC \times BC}{CD} \cdot \frac{m}{m+n}$$
$$= \frac{46 \times 52}{52-8} \times \frac{1}{1+1} = 27.2$$
$$\therefore AE = AC - CE = 46 - 27.2 = 18.8m$$

24 노면폭 15m의 도로를 설계하기 위하여 그림과 같은 횡단면도를 얻었을 때 필요한 용지폭 B는? (단, a = 2m, 경사도는 1 : 1.5 로 한다.)

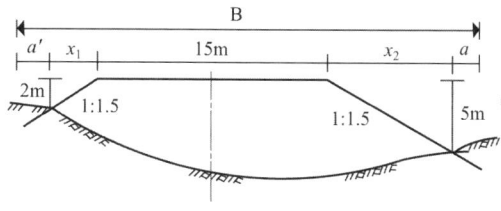

① 18.5m
② 20.1m
③ 26.0m
④ 29.5m

[해설]
$$용지폭 = a + x_1 + 15 + x_2 + a$$
$$= 2 + (1.5 \times 2) + 15 + (5 \times 1.5) + 2$$
$$= 29.5m$$

25 터널측량에서 지상 측점과 터널 내부의 측점이 일치하도록 하는 측량을 무엇이라 하는가?

① 지하수준 측량
② 지하 측량
③ 터널 내의 연결측량
④ 지상 측량

[해설]
갱내외의 연결측량
1) 공사계획이 부적당할 때 그 계획을 변경하기 위하여
2) 갱내외의 측점의 위치관계를 명확히 해두기 위해서
3) 갱내에서 재변이 일어났을 때 갱외에서 그 위치를 알기 위해서

26 매개변수 A=150m인 클로소이드에 접속되는 원곡선의 반지름인 250m일 때 단위 클로소이드 길이(l)는?

① 0.571000
② 0.600000
③ 1.258000
④ 1.666667

[해설]
$$A = \sqrt{RL} = l \cdot R$$
$$l = \frac{A}{R} = \frac{150}{250} = 0.6$$

Answer 23 ② 24 ④ 25 ③ 26 ②

27 해안선 측량을 위한 방법에 속하지 않는 것은?

① 토탈스테이션 측량
② GNSS 측량
③ 항공레이저 측량
④ 해저면영상조사 측량

해설

해안선측량(Cost Line Survey)
해안선측량은 해안선의 형상과 그 종별을 확인하여 도면화하기 위한 측량으로 해안선 부근의 육상지형, 소도, 간출암, 저조선(간출선) 등도 함께 관측하는 것이 일반적이다. 해안선 및 부근 지형은 일반적으로 사진측량에 의함을 원칙으로 하며 사진측량에 의할 수 없는 경우에는 실측(토탈스테이션 측량, 항공레이저 측량, GNSS 측량 등)에 의한다.

28 단곡선 설치에 있어서 교점에 접근할 수 없어 그림과 같이 접선 위의 임의의 점 A', B'에서 접선과 이루는 각 α, β와의 거리 L를 관측하였다. 곡선시점(A)을 정하기 위한 $\overline{AA'}$ 거리는? (단, $\alpha = 23°$, $\beta = 55°$, L = 120m, 곡선반지름 =100m)

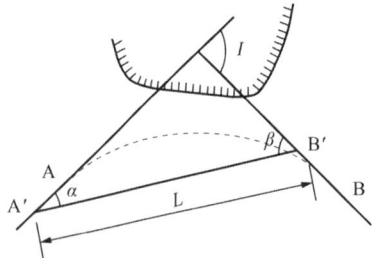

① 9.76m   ② 19.52m
③ 31.16m ④ 62.32m

해설

$I = 23° + 55° = 78°$

$TL = R\tan\dfrac{I}{2} = 100 \times \tan\dfrac{78°}{2} = 80.97m$

$\overline{A'I} = \dfrac{\sin 55°}{\sin 102°} \times 120 = 100.49m$

$\therefore \overline{A'A} = \overline{A'I} - TL = 100.49 - 89.97 = 19.52m$

29 보기의 터널측량 작업내용을 순서대로 열거한 것으로 가장 적합한 것은?

〈보기〉
㉠ 터널 중심선의 지상 설치
㉡ 터널 단면측량
㉢ 터널 외 기준점 설치
㉣ 터널 중심선의 지하 설치

① ㉠ - ㉢ - ㉣ - ㉡
② ㉠ - ㉣ - ㉡ - ㉢
③ ㉢ - ㉡ - ㉣ - ㉠
④ ㉢ - ㉠ - ㉣ - ㉡

해설

지형측량 (地形測量)	항공사진측량, 기준점측량, 평판측량 등으로 터널의 노선 선정이나 지형의 경사 등을 조사하는 측량
갱외기준점측량 (坑外基準點測量)	삼각 또는 다각측량 및 수준측량에 의해 굴착을 위한 측량의 기준점설치 및 중심선 방향의 설치를 하는 측량
세부측량 (細部測量)	평판측량과 수준측량으로 갱구 및 터널가설계에 필요한 상세한 지형도 작성을 위한 측량
갱내측량 (坑內測量)	다각측량과 수준측량에 의해 설계중심선의 갱내에의 설정 및 굴삭, 지보공(支保工), 형틀 설치 등을 위한 측량
작업갱측량 (作業坑測量)	갱내 기준점설치를 위한 측량
준공측량 (竣工測量)	도로, 철도, 수로 등 터널사용목적에 따라 터널 형상을 제작하기 위한 측량

30 그림과 같이 곡선으로 둘러싸인 지역의 심프슨(simpson) 제1법칙에 의한 면적은? (단, 단위는 m이다.)

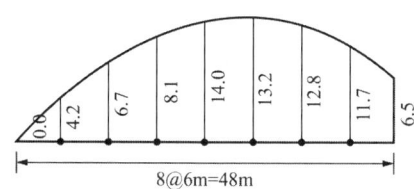

① 222.3m²
② 444.6m²
③ 666.3m²
④ 888.2m²

[해설]

$$A = \frac{d}{3}{y_0 + y_n + 4(y_1+y_3+...+y_{n-1})$$
$$+ 2(y_2+y_4+...+y_{n-2})\}$$
$$= \frac{d}{3}\{y_0 + y_n + 4(\Sigma_y \text{홀수}) + 2(\Sigma_y \text{짝수})\}$$
$$= \frac{d}{3}\{y_1 + y_n + 4(\Sigma_y \text{짝수}) + 2(\Sigma_y \text{홀수})\}$$
$$= \frac{6}{3}[0+6.5+4(4.2+8.1+13.2+11.7)$$
$$+2(6.7+14+12.8)]$$
$$= 444.6m^2$$

31 수심이 H인 어느 하천의 유량측정을 위하여 수심과 유속을 관측한 결과가 표와 같다. 2구간(좌안으로부터의 거리 10 ~ 20m 구간)의 유량은?

[수심관측표] (단위 : m)

좌안으로부터의 거리	0	10	20	30
수심	0	2.4	3.0	0

[유속관측표] (단위 : m/s)

구간 \ 관측수심	0.2H	0.6H	0.8H
2구간(10 ~ 20m)	2.0	1.4	0.6

① 34.45m³/s
② 36.45m³/s
③ 38.45m³/s
④ 40.45m³/s

[해설]

면적 (A)를 구하면
$$A = \frac{2.4+3.0}{2} \times 10 = 27m^2$$

유속은 문제에 말이 없으므로 다 사용하는 3점법계산
$$V_m = \frac{1}{4}[V_{0.2} + 2V_{0.6} + V_{0.8}]$$
$$= \frac{1}{4}[2.0+(2\times 1.4)+0.6]$$
$$= 1.35m/s$$

유량$(Q) = A \cdot V = 27 \times 1.35 = 36.45m^3/s$

수심관측을 기준으로 하천 단면

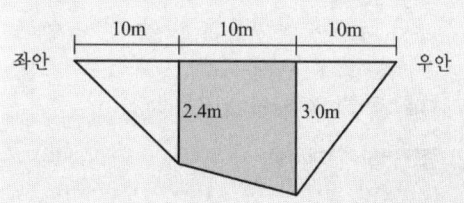

32 노선의 중심 말뚝에 대하여 횡단측량을 실시한 결과 단면 1의 면적 $A_1 = 90m^2$, 단면 2의 면적 $A_2 = 120m^2$이었다면 단면 1-2간의 토량은? (단, 중심말뚝의 간격은 20m이다.)

① 2100m³
② 2500m³
③ 3100m³
④ 3500m³

[해설]

$$V_0 = \frac{h}{2}(A_1+A_2)$$
$$= \frac{20}{2}(90+120)$$
$$= 2,100m^3$$

Answer 30 ② 31 ② 32 ①

33 도로 종단측량에 의한 종단면도 작성에서 기입사항과 거리가 먼 것은?

① 측점간의 수평거리
② 각 측점의 지반고 및 B.M.점의 높이
③ 횡단방향 지반고 및 중심말뚝간의 거리
④ 측점에서의 계획고

해설

종단측량
종단측량은 중심선에 설치된 관측점 및 변화점에 박은 중심말뚝, 추가말뚝 및 보조말뚝을 기준으로 하여 준심선의 지반고를 측량하고 연직으로 토지를 절단하여 종단면도를 만드는 측량이다.

1) 종단면도 작성
 외업이 끝나면 종단면도를 작성한다. 수직축척은 일반적으로 수평축척보다 크게 잡으며 고저차를 명확히 알아볼 수 있도록 한다.

2) 종단면도 기재사항
 ① 관측점 위치
 ② 관측점간의 수평거리
 ③ 각 관측점의 기점에서의 누가거리
 ④ 각 관측점의 지반고 및 고저기준점(BM)의 높이
 ⑤ 관측점에서의 계획고
 ⑥ 지반고와 계획고의 차(성토 절토별)
 ⑦ 계획선의 경사

34 터널측량에 대한 설명으로 옳지 않은 것은?

① 터널 내의 곡선설치는 일반적으로 편각법에 의해 행한다.
② 터널 내 측량은 터널 내 중심선측량과 터널 내 수준측량으로 나눌 수 있다.
③ 터널의 중심선측량은 삼각측량 또는 트래버스 측량으로 행한다.
④ 터널 내 측량에서는 기계의 십자선 및 표척 등에 조명이 필요하다.

해설

단곡선설치
(1) 편각법에 의한 단곡선설치
 철도, 도로 등의 곡선 설치에 가장 일반적인 방법이며, 다른 방법에 비해 정확하나 반경이 적을 때 오차가 많이 발생한다.
 ① 편각현장법 : 교점의 위치는 트랜시트로 편각을 재고 줄자로 거리를 재어서 측설하는 방법으로 편각을 재어 교각을 구한다.
 ② 현각현장법 : BC 또는 EC로부터 시준에 장애가 있는 경우에 많이 사용하며 보통 편각현장법과 병용하여 사용한다.

(2) 중앙종거법
 곡선반경이 작은 도심지 곡선설치에 유리하며 기설곡선의 검사나 정정에 편리하다. 일반적으로 1/4법이라고도 한다.

(3) 접선편거 및 현편거법
 트랜싯을 사용하지 못할 때 폴과 테이프로 설치하는 방법으로 지방도로에 이용되며 정밀도는 다른 방법에 비해 낮다.

(4) 접선에서 지거를 이용하는 방법
 양접선에 지거를 내려 곡선을 설치하는 방법으로 터널 내의 곡선설치와 산림지에서 벌채량을 줄일 경우에 적당한 방법이다.

35 다음 중 수로기준점이 아닌 것은?

① 수로측량기준점 ② 해안선기준점
③ 기본수준점   ④ 영해기준점

해설

공간정보의 구축 및 관리 등에 관한 법률 제8조 (측량기준점의 구분) ① 법 제7조 제1항에 따른 측량기준점은 다음 각 호의 구분에 따른다.

1. 국가기준점
 가. 우주측지기준점 : 국가측지기준계를 정립하기 위하여 전 세계 초장거리간섭계와 연결하여 정한 기준점

나. **위성기준점** : 지리학적 경위도, 직각좌표 및 지구중심 직교좌표의 측정 기준으로 사용하기 위하여 대한민국 경위도원점을 기초로 정한 기준점

다. **수준점** : 높이 측정의 기준으로 사용하기 위하여 대한민국 수준원점을 기초로 정한 기준점

라. **중력점** : 중력 측정의 기준으로 사용하기 위하여 정한 기준점

마. **통합기준점** : 지리학적 경위도, 직각좌표, 지구중심 직교좌표, 높이 및 중력 측정의 기준으로 사용하기 위하여 위성기준점, 수준점 및 중력점을 기초로 정한 기준점

바. **삼각점** : 지리학적 경위도, 직각좌표 및 지구중심 직교좌표 측정의 기준으로 사용하기 위하여 위성기준점 및 통합기준점을 기초로 정한 기준점

사. **지자기점(地磁氣點)** : 지구자기 측정의 기준으로 사용하기 위하여 정한 기준점

아. **수로기준점** : 수로조사 시 해양에서의 수평위치와 높이, 수심 측정 및 해안선 결정 기준으로 사용하기 위하여 위성기준점과 법 제6조 제1항 제3호의 기본수준면을 기초로 정한 기준점으로서 수로측량기준점, 기본수준점, 해안선기준점으로 구분한다.

자. **영해기준점** : 우리나라의 영해를 획정(劃定)하기 위하여 정한 기준점

36 노선측량에 곡선을 설치할 때 가장 먼저 결정하여야 할 것은?

① T.L.(접선길이)   ② C.L.(곡선길이)
③ B.C.(곡선시점)   ④ R(곡선반지름)

[해설]
단곡선 설치과정
① 단곡선의 반경(R), 접선2방향, 교선점(D), 교각(I)를 정한다.
② 단곡선의 반경(R)과 교각(I)로부터 접선길이(TL), 곡선길이(CL), 외할(E) 등을 계산하여 단곡선시점(BC), 곡선중점(SP)의 위치를 결정한다.

③ 시단현과 종단현의 길이를 구하고 중심말뚝의 위치를 정한다.
이상의 순서에 따라서 계산을 하여 교선점(IP)말뚝, 역(役)말뚝, 중심(中心)말뚝을 설치하면 된다.

37 단곡선 설치에 있어 도로기점에서 교점까지의 거리가 415.23m, 곡선반지름이 250m, 교각이 41°00′일 때 시단현에 대한 편각은?
(단, 중심말뚝의 간격은 20m이다.)

① 1°05′25″   ② 1°12′04″
③ 2°05′25″   ④ 2°12′04″

[해설]
$TL = R\tan\dfrac{I}{2} = 250 \times \tan\dfrac{41°}{2} = 93.47\text{m}$

$BC = IP - TL = 415.23 - 93.47 = 321.76\text{m}$

$l_1 = 340 - 321.76 = 18.24$

$\delta = 1718.87′ \times \dfrac{l_1}{R} = 1718.87′ \times \dfrac{18.24}{250} = 2°5′25″$

38 하천측량에서 2점법으로 평균유속을 구할 때 선택해야 할 지점을 알맞은 것은?

① 수심(H)의 0.2H, 0.8H인 지점
② 수심(H)의 0.4H, 0.6H인 지점
③ 수심(H)의 0.3H, 0.7H인 지점
④ 수심(H)의 0.5H, 0.9H인 지점

[해설]
평균유속을 구하는 방법
㉠ 1점법 : 수면으로부터 수심 0.6H되는 곳의 유속
$V_m = V_{0.6}$
㉡ 2점법 : 수심 0.2H, 0.8H되는 곳의 유속
$V_m = \dfrac{1}{2}(V_{0.2} + V_{0.8})$

Answer 36 ④　37 ③　38 ①

ⓒ 3점법 : 수심 0.2H, 0.6H, 0.8H되는 곳의 유속

$$V_m = \frac{1}{4}(V_{0.2} + 2V_{0.6} + V_{0.8})$$

ⓔ 4점법 : 수심 1.0m 내외의 장소에서 적당하다.

$$V_m = \frac{1}{5}\left\{(V_{0.2} + V_{0.4} + V_{0.6} + V_{0.8}) + \frac{1}{2}\left(V_{0.2} + \frac{V_{0.8}}{2}\right)\right\}$$

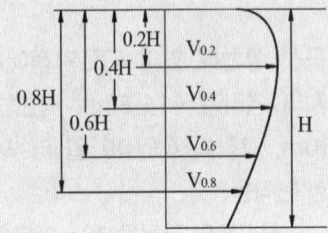

39 지하시설물에 대한 탐사 공정 순서로 옳은 것은?

> ㉠ 작업계획 수립
> ㉡ 관로조사 등 지하시설물에 대한 탐사
> ㉢ 지표면상에 노출된 지하시설물에 대한 조사
> ㉣ 지하시설물 원도의 작성
> ㉤ 자료 수집 및 편집
> ㉥ 작업조서의 작성

① ㉠ → ㉡ → ㉢ → ㉣ → ㉤ → ㉥
② ㉠ → ㉡ → ㉤ → ㉣ → ㉢ → ㉥
③ ㉠ → ㉤ → ㉢ → ㉡ → ㉣ → ㉥
④ ㉠ → ㉤ → ㉣ → ㉢ → ㉡ → ㉥

해설

지하시설물 탐사 공정순서
① 작업계획
② 자료수집 및 편집
③ 지표면상에 노출된 지하시설물에 대한 탐사
④ 관로조사 등 지하시설물에 대한 탐사
⑤ 지하시설물 원도의 작성
⑥ 작업조서의 작성

40 완화곡선에 대한 설명으로 틀린 것은?

① 곡선반지름은 완화곡선의 시점에서 무한대이다.
② 완화곡선의 접선은 시점에서 직선에 접한다.
③ 완화곡선의 접선은 종점에서 원호에 접한다.
④ 완화곡선 종점의 캔트는 원곡선의 캔트와 역수 관계이다.

해설

완화곡선의 특징
① 곡선반경은 완화곡선의 시점에서 무한대, 종점에서 원곡선 R로 된다.
② 완화곡선의 접선은 시점에서 직선에 종점에서 원호에 접한다.
③ 완화곡선에 연한 곡선반경의 감소율은 캔트는 같다.
④ 완화곡선의 종점의 캔트와 원곡선 시점의 캔트는 같다.
⑤ 완화곡선은 이정의 중앙을 통과한다.

제3과목 | 사진측량 및 원격탐사

41 항공사진측량의 사진축척에 영향을 미치는 요소가 아닌 것은?

① 초점거리 ② 촬영고도
③ 평균표고 ④ 사진크기

해설

항공사진측량의 사진축척에 영향을 미치는 요소
① 평균표고
② 촬영고도
③ 초점거리
$$\frac{1}{m} = \frac{f}{H}$$

Answer 39 ③ 40 ④ 41 ④

42 항공사진 측량 시 지상기준점(또는 표정기준점)의 선점 조건으로 틀린 것은?

① 사진 상의 명료한 점
② 상공에서 보이는 점
③ 시간적인 변화가 없는 점
④ 경사변환선 상의 점 또는 가상점

해설

기준점(표정점)의 선점
① 표정점은 X, Y, H가 동시에 정확하게 결정되는 점을 선택
② 상공에서 잘 보이면서 명료한 점 선택
③ 시간적 변화가 없는 점
④ 급한 경사와 가상점을 사용하지 않는 점
⑤ 헐레이션(Halation)이 발생하지 않는 점 선택
⑥ 지표면에서 기준이 되는 높이의 점

43 길이가 23km인 1개 촬영경로(코스)를 촬영하는데 필요한 모델의 수는? (단, 사진축척 : 1 : 10000, 종중복도 : 60%, 사진크기 : 23cm×23cm이다.)

① 25   ② 30
③ 50   ④ 51

해설

$$종모델수 = \frac{S_1}{B} = \frac{S_1}{ma(1-\frac{p}{100})}$$

$$= \frac{23,000}{10,000 \times 0.23(1-\frac{60}{100})}$$

$$= 25 모델$$

44 항공사진 도화작업에서 표정(orientation)에 관한 설명으로 틀린 것은?

① 내부표정 – 초점거리의 조정 및 주점의 일치
② 상호표정 – 7개의 표정인자(λ, ϕ, Ω, K, C_X, C_Y, C_Z)
③ 절대표정 – 축척, 경사의 조정 및 위치의 결정
④ 접합표정 – 모델간, Strip간의 접합요소

해설

① **내부표정** : 도화기의 투영기에 촬영 당시와 똑같은 상태로 양화건판을 정착시키는 작업이다.
  ㉠ 주점의 위치결정
  ㉡ 화면거리(f)의 조정
  ㉢ 건판의 신축측정, 대기굴절, 지구곡률 보정, 렌즈수차 보정

② **상호표정** : 지상과의 관계는 고려하지 않고 좌우사진의 양투영기에서 나오는 광속이 촬영당시 촬영면에 이루어지는 종시차(y-parallax : P_y)를 소거하여 목표 지형물의 상대위치를 맞추는 작업
  회전인자 : κ, ψ, ω
  평행인자 : b_y, b_z
  ㉠ 비행기의 수평회전을 재현해 주는 (κ, b_y)
  ㉡ 비행기의 전후 기울기를 재현해 주는 (ϕ, b_z)
  ㉢ 비행기의 좌우 기울기를 재현해 주는 (ω)
  ㉣ 과잉수정계수 $(o, c, f) = \frac{1}{2}\left(\frac{h^2}{d^2}-1\right)$
  ㉤ 상호표정인자 : (κ, ϕ, ω, b_y, b_z)

③ **절대표정** : 상호표정이 끝난 입체모델을 지상 기준점(피사체 기준점)을 이용하여 지상좌표에(피사체좌표계)와 일치하도록 하는 작업으로 입체모형(model)2점의 X, Y좌표와 3점의 높이(Z)좌표가 필요하므로 최소한 3점의 표정점이 필요하다.
  ㉠ 축척의 결정
  ㉡ 수준면(표고, 경사)의 결정
  ㉢ 위치(방위)의 결정
  ㉣ 절대표정인자 : λ, ϕ, ω, κ, b_x, b_y, b_z
  (7개의 인자로 구성)

Answer 42 ④ 43 ① 44 ②

④ 접합표정 : 한 쌍의 입체사진 내에서 한쪽의 표정인자는 전혀 움직이지 않고 다른 한쪽만을 움직여 그 다른 쪽에 접합시키는 표정법을 말하며, 삼각측정에 사용한다.
  ㉠ 7개의 표정인자 결정(κ, ϕ, ω, λ, c_x, c_y, c_z)
  ㉡ 모델 간, 스트립 간의 접합요소 결정
      (축척, 미소변위, 위치 및 방위)

45 항공삼각측량 조정법 중 정확도가 가장 높은 것은?

① 독립모델(모형)법
② 스트립법(다항식법)
③ 번들조정법(광속법)
④ 도해법

[해설]

항공삼각측량의 조정방법

1. **다항식조정법(Polynomial method)**
   다항식 조정법은 촬영경로 즉 종접합모형(Strip)을 기본단위로 하여 종횡접합모형 즉 블록을 조정하는 것으로 촬영경로마다 접합표정 또는 개략의 절대표정을 한 후 복수촬영경로에 포함된 기준점과 접합표정을 이용하여 각 촬영경로의 절대표정을 다항식에 의한 최소제곱법으로 결정하는 방법이다.

2. **독립모델조정법**
   (Independent Model Triangulation : IMT)
   독립입체모형법(Independent Model Triangulation : IMT)은 입체모형(Model)을 기본단위로 하여 접합점과 기준점을 이용하여 여러 모델의 좌표를 조정하는 방법에 의하여 절대좌표를 환산하는 방법

3. **광속조정법(Bundle Adjustment)**
   광속조정법은 상좌표를 사진좌표로 변환시킨 다음 사진좌표(photo coordinate)로부터 직접 절대좌표(absolute coordinate)를 구하는 것으로 종횡접합모형(block)내의 각 사진상에 관측된 기준점, 접합점의 사진좌표를 이용하여 최소

제곱법으로 각 사진의 외부표정요소 및 접합점의 최확값을 결정하는 방법이다.
① 광속법은 사진(Photo)을 기본단위로 사용하여 다수의 광속(Bundle)을 공선조건에 따라 표정한다.
② 각 점의 사진좌표가 관측값으로 이용되며, 이 방법은 세 가지 방법 중 가장 조정능력이 높은 방법이다.
③ 각 사진의 6개 외부표정요소(X_o, Y_o, Z_o, ω, ϕ, K)가 미지수가 된다.
④ 외부표정요소뿐만 아니라 주점거리, 주점위치 변위, 렌즈 왜곡 및 필름 신축 등에 관련된 내부표정요소를 미지수로 조정하는 방법을 자체검정에 의한 광속법 또는 증가변수에 의한 광속법이라 한다.
⑤ 자체검정을 한 광속법은 독립입체모형법보다 높은 정확도를 얻을 수 있다.

4. **DTL 방법(Direct Linear Transformation : DLT)**
   광속조정법의 변형인 DLT방법은 상좌표로부터 사진좌표를 거치지 않고 11개의 변수를 이용하여 직접절대 좌표를 구할 수 있다.

46 초점거리 15cm, 촬영경사각 2.7° 인 평탄한 토지를 촬영한 항공사진이 있다. 이 사진에서 최대경사선상 연직점과 주점의 거리는?

① 4.3mm
② 6.0mm
③ 7.1mm
④ 7.9mm

[해설]

주점과 연직점과의 거리
$f \tan i = 150mm \times \tan 2.7° = 7.07mm$

Answer 45 ③ 46 ③

47 절대표정을 위한 기준점의 개수와 배치로 적합하지 않은 것은?
(단, ○는 수직기준점(Z), □는 수평기준점(X, Y), △는 3차원기준점(X, Y, Z)을 의미하며 대상지역은 거의 평면에 가깝다고 가정한다.)

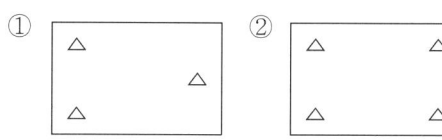

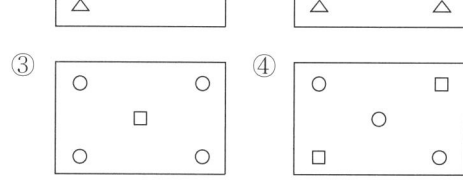

해설

절대표정
상호표정이 끝난 입체모델을 지상 기준점(피사체 기준점)을 이용하여 지상좌표에(피사체좌표계)와 일치하도록 하는 작업으로 입체모형(model)2점의 X, Y좌표와 3점의 높이(Z)좌표가 필요하므로 최소한 3점의 표정점이 필요하다.
㉮ 축척의 결정
㉯ 수준면(표고, 경사)의 결정
㉰ 위치(방위)의 결정
㉱ 절대표정인자 : $\lambda, \phi, \omega, k, b_x, b_y, b_z$
(7개의 인자로 구성)

절대표정을 위한 기준점 배치
- 삼각점(□ : x, y)은 블록주변(외곽)에 배치하는 것이 좋다.
- 수준점(○ : z)은 블록의 처음, 중간, 마지막에 횡방향으로 설치한다.
- 일반적으로 절대표정에 필요한 표정점은 2점의 삼각(X, Y)좌표와 3점의 높이(수준점 : Z)좌표가 필요하므로 최소한 3점의 표정점이 필요하다.

48 아래와 같은 영상을 분석하기 위해 산림지역의 트레이닝 필드를 선정하였다. 트레이닝 필드로부터 산출되는 각 밴드의 평균값은?

[영상]

행\열	1	2	3	4	5	6	7
1	5	3	4	5	4	5	5
2	2	2	3	4	4	4	6
3	2	2	3	3	6	6	8
4	2	2	6	6	9	8	7
5	3	6	8	8	8	7	4
6	3	6	8	7	2	3	2
7	4	6	7	3	3	2	1

밴드 '1'

행\열	1	2	3	4	5	6	7
1	5	5	4	6	7	7	7
2	2	4	6	5	5	6	5
3	5	3	5	7	6	6	8
4	3	5	6	8	8	6	7
5	3	5	8	8	7	1	1
6	4	5	8	7	1	0	0
7	3	6	7	0	0	0	0

밴드 '2'

[산림지역 트레이닝 필드]

행\열	1	2	3	4	5	6	7
1		F			F	F	
2					F		
3							
4	F	F					
5							
6							
7							

① 밴드 '1'=5.2, 밴드 '2'=3.3
② 밴드 '1'=3.3, 밴드 '2'=5.2
③ 밴드 '1'=1.6, 밴드 '2'=1.2
④ 밴드 '1'=1.2, 밴드 '2'=1.6

Answer 47 ③ 48 ②

[해설]

밴드 1합 = 3+4+5+4+2+2 = 20

∴ 평균 = $\frac{20}{6}$ = 3.3

밴드 2합 = 5+7+7+5+3+4 = 31

∴ 평균 = $\frac{31}{6}$ = 5.2

49 표고 1000m에서 촬영한 축척 1 : 5000의 편위수정 사진이 있다. 지상연직점으로부터 400m 떨어진 곳에 있는 표고 100m의 산정(山頂)을 찍었을 경우 사진상의 기복변위는?

① 5mm ② 6mm
③ 7mm ④ 8mm

[해설]

$\Delta r = \frac{h}{H}r = \frac{100}{1,000} \times 400 = 40m$

$\frac{1}{m} = \frac{l}{L}$

$\frac{1}{5,000} = \frac{l}{40}$

$l = \frac{40}{5,000} = 0.008m = 8mm$

50 항공사진측량에서 사진의 크기가 23cm×23cm이고 카메라의 초점거리가 15cm, 촬영고도가 4500m일 때 사진 한 장이 포함하는 면적은?

① 47.6km² ② 52.8km²
③ 94.6km² ④ 95.2km²

[해설]

$A_0 = (ma)^2 = (30,000 \times 0.23)^2$
  $= 47,610,000m^2 = 47.6km^2$

$\frac{1}{m} = \frac{f}{H} = \frac{0.15}{4,500} = \frac{1}{30,000}$

51 사진측량 도화기의 C-계수(C-factor)에 관한 설명으로 옳은 것은?

① 도화기의 시간당 작업량을 나타내는 계수이다.
② 도화기의 도화 작업 면적에 따른 계수이다.
③ 도화 지역 내의 지형의 비고를 결정하기 위한 값이다.
④ C-계수를 이용하여 촬영고도에 따른 적정 등고선 간격을 구할 수 있다.

[해설]

촬영고도

$H = C \times \Delta h$

여기서, H : 촬영고도
    C : C계수
    (도화기의 성능과 정도를 표시하는 상수)
    Δh : 최소등고선의 간격

52 항공사진을 입체시 할 경우에 발생하는 과고감과 관련이 없는 요소는?

① 기선길이 ② 중복도
③ 초점거리 ④ 지구곡률

[해설]

카메론효과(Cameron Effect)와 과고감 (Vertical Exaggeration)

카메론효과 (Cameron Effect)	항공사진으로 도로변 상공 위의 항공기에서 주행 중인 차량을 연속하여 촬영하여 이것을 입체화시켜 볼 때 차량이 비행방향과 동일방향으로 주행하고 있다면 가라앉아 보이고, 반대방향으로 주행하고 있다면 부상(浮上 : 떠는 것)하여 보인다. 또한 뜨거나 가라앉는 높이는 차량의 속도에 비례하고 있다. 이와 같이 이동하는 피사체가 뜨거나 가라앉아 보이는 현상을 카메론효과라고 한다.

Answer 49 ④ 50 ① 51 ④ 52 ④

과고감 (Vertical Exaggeration)	항공사진을 입체시하는 경우 산의 높이 등이 실제보다 과장되어 보이는 현상을 말한다. 평면축척에 대하여 수직 축척이 크게 되기 때문에 실제 도형보다 산이 더 높게 보인다. ① 항공사진은 평면축척에 비해 수직축척이 크므로 다소 과장되어 나타난다. ② 대상물의 고도, 경사율 등을 반드시 고려해야 한다. ③ 과고감은 필요에 따라 사진판독요소로 사용될 수 있다. ④ 과고감은 사진의 기선고도비와 이에 상응하는 입체시의 기선고도비의 불일치에 의해서 발생한다. ⑤ 과고감은 촬영고도 H에 대한 촬영기선길이 B와의 비인 기선고도비 B/H에 비례한다.

53 공선조건식에 대한 설명으로 옳지 않은 것은?

① 지상점, 영상점, 투영중심이 하나의 직선상에 존재한다는 조건이다.
② 한 장의 사진에서 충분한 지상기준점이 주어진다면, 외부표정요소를 계산할 수 있다.
③ 한 장의 사진에서 내부 및 외부표정요소가 주어진다면, 영상점에 투영된 지상점의 좌표를 계산할 수 있다.
④ 한 장의 사진에서 내부 및 외부표징요소가 주어진다면, 지상점이 투영된 사진 상의 좌표를 계산할 수 있다.

[해설]
공선조건(collinearity condition)
사진 상의 한 점 (x, y)과 사진기의 투영중심[촬영중심 (X_o, Y_o, Z_o)] 및 대응하는 공간상(지상)의 한 점 (X_p, Y_p, Z_p)]이 동일직선상에 존재하는 조건을 공선조건이라 한다.

[특징]
① 사진측량의 가장 기본이 되는 원리로서 대상물과 영상 사이의 수학적 관계를 말한다.

② 공선조건에는 사진기의 6개 자유도를 내표 : 세 개의 평행이동과 세 개의 회전
③ 중심투영에서 벗어나는 상태는 공선조건의 계통적 오차로 모델링된다.
④ 공선조건은 상호표정, 절대표정, 항공삼각측량의 번들조정에 이용된다.

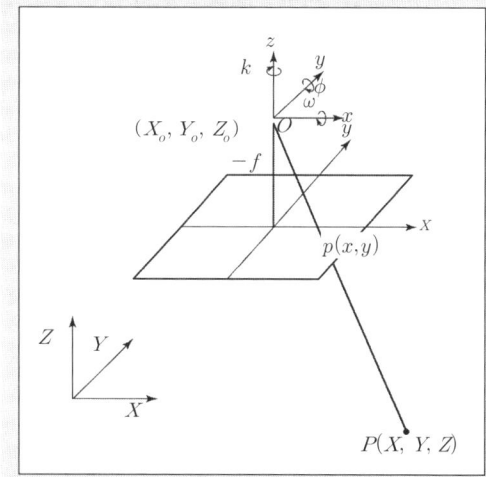

54 항공사진 또는 위성영상의 기하보정 과정에서 최종 결과영상을 제작하는데 필요한 재배열(resampling) 방법 중 원천영상자료의 화소값의 변경을 방지할 수 있고 가장 계산이 빠른 방법은?

① Non-linear Interpolation
② Bilinear Interpolation
③ Bicubic Interpolation
④ Nearest-neighbor Interpolation

[해설]
1. **가장 인접한 이웃 화소 보간법 (Nearest Neighbor interpolation)**
   - 출력 화소로 생성된 주소에 가장 가까운 원시 화소를 출력 화소로 할당하는 원리

Answer 53 ③ 54 ④

- 처리속도가 빠르기는 한데, 영상을 바뀌게 하는 커다란 요소가 된다는 단점
- 새로운 화소값을 계산될 수 없어서 그만큼 입력 화소 안에 찾아야 한다는 그 문제 때문에 오류가 존재
- 하나의 입력 화소에 대응하는 출력 화소들의 수가 크면 클수록 영상의 질이 저하

2. 양선형 보간법(Bilinear interpolation)
   - 새롭게 생성된 화소의 값이 네 개의 가장 가까운 화소들에 가중치를 곱한 값이 됨
   - 가중치는 선형적으로 결정되어지며, 각각 가중치는 각각의 존재하는 화소로부터의 거리에 정비례
   - 가장 인접한 이웃화소 보간법보다 더 매끄러운 영상이 생성
   - 3개에 이르는 화소 보간법이라는 계산시간 때문에 가장 이웃 화소보간법 보다는 상당히 많은 계산이 요구

3. 3차 회선 보간법(cubic – interpolation)
   - 4×4의 이웃화소를 참조하여 보간하는 방법
   - 양선형 보간법보다 화질은 더 좋아지나 계산시간이 더 소요

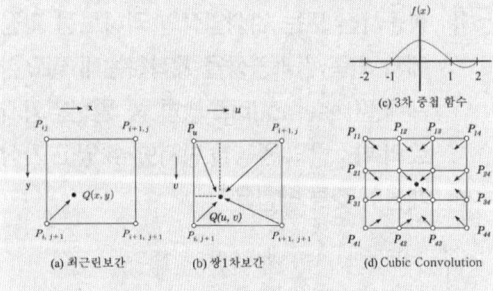

[영상데이터의 보간]

55 원격탐사(Remote Sensing)의 자료변환 시스템 순서로 가장 적절한 것은?

① 자료수집 – 라디오 메트릭 보정 – 자료압축 – 판독 및 응용
② 자료수집 – 자료압축 – 자료변환 – 판독 및 응용
③ 자료변환 – 라디오 메트릭 보정 – 자료수집 판독 및 응용
④ 자료압축 – 자료수집 – 자료변환 – 판독 및 응용

해설

원격탐사의 자료변환시스템 과정
자료수집→ 라디오 메트릭보정 → 자료압축 → 판독 및 응용

56 항공사진측량의 특징에 대한 설명으로 틀린 것은?

① 날씨 및 기상조건에 관계없이 측량이 가능하다.
② 넓은 지역에 대한 경제적이고 효율적인 측량방법이다.
③ 외업에 대한 시간이 짧고 동일 모델 내의 정확도가 균일하다.
④ 지형의 제약에 따른 접근이 어려운 곳의 측량이 가능하다.

해설

항공사진측량의 장·단점
1. 사진측량의 장점
   ① 정량적 및 정성적 측정이 가능하다.
   ② 정확도가 균일하다.
      ㉠ 평면(X, Y) 정도 : $(10\sim30)\mu \times$촬영축척의 분모수(m)
      ㉡ 높이(H) 정도 :
         $(\dfrac{1}{10,000} \sim \dfrac{1}{15,000}) \times$ 촬영고도(H)

Answer 55 ① 56 ①

여기서, $1\mu = \dfrac{1}{1,000}(mm)$

m : 촬영축척의 분모수
H : 촬영고도

③ 동체측정에 의한 현상보존이 가능하다.
④ 접근하기 어려운 대상물의 측정도 가능하다.
⑤ 축척변경도 가능하다.
⑥ 분업화로 작업을 능률적으로 할 수 있다.
⑦ 경제성이 높다.
⑧ 4차원의 측정이 가능하다.
⑨ 비지형측량이 가능하다.

2. 사진측량의 단점
① 좁은 지역에서는 비경제적이다.
② 기자재가 고가이다.(시설 비용이 많이 든다.)
③ 피사체에 대한 식별의 난해가 있다.(지명, 행정경제 건물명, 음영에 의하여 분별하기 힘든 곳 등의 측정은 현장의 작업으로 보충측량이 요구된다.)
④ 기상조건에 영향을 받는다.
⑤ 태양고도 등에 영향을 받는다.

57 위성영상의 특성을 나타내기 위한 해상도에 해당되지 않는 것은?

① 분광해상도(spectral resolution)
② 복사해상도(radiometric resolution)
③ 위상해상도(topology resolution)
④ 주기해상도(temporal resolution)

[해설]

위성영상의 해상도

① **공간해상도**(Spatial Resolution or Geometric Resolution) 또는 Spatial Resolution이라고도 한다. 인공위성영상을 통해 모양이나 배열의 식별이 가능한 하나의 영상소의 최소 지상면적을 뜻한다. 일반적으로 한 영상소의 실제 크기로 표현된다.
센서에 의해 하나의 화소(pixel)가 나타낼 수 있는 지상면적, 또는 물체의 크기를 의미하는 개념으로서 공간해상도의 값이 작을수록 지형 지물의 세밀한 모습까지 확인이 가능하고 이 경우 해상도는 높다고 할 수 있다. 예를 들어 1m 해상도란 이미지의 한 pixel이 1m×1m의 가로, 세로 길이를 표현한다는 의미로 1m정도 크기의 지상 물체가 식별가능함을 나타낸다. 따라서 숫자가 작아질수록 지형지물의 판독성이 향상됨을 의미한다.

② **분광해상도**(Spectral Resolution) : 가시광선에서 근적외선까지 구분할 수 있는 능력으로서 스펙트럼 내에서 센서가 반응하는 특정 전자기 파장대의 수와 이 파장대의 크기를 말한다. 센서가 감지하는 파장대의 수와 크기를 나타내는 말로서 좀 더 많은 밴드를 통해 물체에 대한 다양한 정보를 획득할수록 분광해상도가 높다라고 표현된다. 즉 인공위성에 탑재된 영상수집센서가 얼마나 다양한 분광파장영역을 수집할 수 있는가를 나타낸다. 예를 들어 어떤 위성은 Red, Green, Blue 영역에 해당하는 가시광선 영역의 영상만 얻지만 어떤 위성은 가시광선영역을 포함하여 근적외, 중적외, 열적외 등 다양한 분광영역의 영상을 수집할 수 있다. 그러므로 분광해상도가 좋을수록 영상의 분석적 이용 가능성이 높아진다.

③ **방사 또는 복사해상도**(Radiometric Resolution) : 인공위성 관측센서에서 수집한 영상이 얼마나 다양한 값을 표현할 수 있는가를 나타낸다. 예를 들어 한 픽셀을 8bit로 표현하는 경우 그 픽셀이 내재하고 있는 정보를 총 256개로 분류할 수 있다는 의미가 된다. 즉 그 픽셀이 표현하는 지상 물체가 물인지, 나무인지, 건축물인지 256개의 성질로 분류할 수 있다는 것이다. 반면에 한 픽셀을 11bit로 표현한다면 그 픽셀이 내재하고 있는 정보를 총 2048개로 분류 할 수 있다는 것이므로 8bit인 경우 단순히 나무로 분류된 픽셀이 침엽수인지, 활엽수인지, 건강한지, 병충해가 있는지 등으로 자세하게 분류할 수 있다는 것이다. 따라서 방사해상도가 높으면 위성영상의 분석정밀도가 높다는 의미이다.

Answer 57 ③

④ **시간 또는 주기해상도**(Temporal Resolution) : 지구상 특정지역을 얼마만큼 자주 촬영가능한 지를 나타낸다. 어떤 위성은 동일한 지역을 촬영하기 위해 돌아오는데 16일이 걸리고 어떤 위성은 4일이 걸리기도 한다. 주기 해상도가 짧을수록 지형변이 양상을 주기적이고 빠르게 파악할 수 있으므로 데이터베이스 축적을 통해 향후의 예측을 위한 좋은 모델링 자료를 제공한다고 할 수 있다.

58 위성영상 중 지표면의 온도분포를 분석할 수 있는 것은?

① Landsat 위성의 TM 영상
② Landsat 위성의 RBV영상
③ SPOT 위성의 HRV 영상
④ 아리랑 위성의 EOC영상

해설

① IKONOS
Space Imaging사의 CARTERRA Product 중에서 1m급의 고해상도 영상을 제공하는 IKONOS는 1999년 4월에 처음 1호가 발사되었으나 궤도진입에 실패하였고, 곧바로 IKONOS-2호를 1999년 9월에 발사하여 궤도 진입에 성공하였다. IKONOS-2는 최초의 상업용 고해상도 위성으로 1m 해상도의 Panchromatic 센서와 4m 해상도의 Multispectral 센서를 탑재하였다. IKONOS는 "image"라는 뜻의 그리스어로부터 유래된 말로 센서와 위성체의 회전이 가능하여 원하는 지역을 최고의 해상도로 취득할 수 있다. 또한 Panchromatic과 Multispectral 영상을 사용하여 1m Pan-Sharpened 영상을 만들 수 있다. IKONOS 위성에 탑재된 센서는 초점거리 10m의 Kodak 디지털 카메라로서 전정색 영상을 위한 13,500개의 선형 CCD array와 다중분광영상을 위한 3,375개의 선형 photodiode array로 구성되어 있다.
다중분광영상의 밴드는 LANDSAT 위성의 TM 센서 밴드 1~4와 같다. 정밀한 GCP(RMSE : 20cm(수평), 60cm(수직))를 사용하여 정확한 위치 정보와 DEM, Map 제작에 가장 적합한 영상으로 농업, 지도제작,

각 지방자치단체의 업무, 기름 및 가스탐사, 시설물 관리, 응급대응, 자원관리, 통신, 관광, 국가방위, 보험, 뉴스 수집 등 많은 분야에서 활용되고 있다.

② LANDSAT
LANDSAT은 지구관측을 위한 최초의 민간목적 원격탐사 위성으로 1972년에 1호 위성이 발사되었으며 그 이후 LANDSAT 2, 3, 4, 5호가 차례로 발사에 성공했으나 LANDSAT 6호는 궤도 진입에 실패하였다. 최근에는 LANDSAT 7호가 1999년 4월에 발사되었으며, 현재 1, 2, 3, 4호는 임무를 끝내고 운영이 중단되었고, 현재는 5,7호만 운용 중에 있다. LANDSAT 시리즈는 20여년 동안 Thematic Mapper(TM), Multispectral Scanner(MSS)를 탑재하여 오랜 시간 동안의 지구 환경의 변화된 모습을 볼 수 있다.
LANDSAT 7호는 LANDSAT Series의 일환으로 발사되어 현재 지구 관측을 하고 있으며 TM 센서를 보다 발전시킨 ETM+(Enhanced Thermal Mapper Plus) 센서를 탑재하고 있는데 TM과 비교할 때 Thermal Band의 해상도가 120m에서 60m로 향상되어 보다 정밀한 지구 관측이 용이해졌고 15m 해상도의 Panchromatic Band(전파장 영역)가 추가되어 다양한 방법에 의한 지구 관측이 용이하고 더 좋은 영상을 제공할 수 있게 되었다.

③ SPOT
SPOT 위성은 프랑스 CNES(Centre National d'Etudes Spatiales) 주도하에 1, 2, 3, 4, 5호가 발사되었으며, 이 중 1, 2, 4, 5가 운용 중이지만 지상관제센터에서 관제할 수 있는 위성의 수가 3대이기 때문에 영상은 2, 4, 5호의 영상만을 획득하고 있다. SPOT 1, 2, 3에는 HRV(High Resolution Visible) 센서가 2대씩 탑재되어 10m의 해상도로 지구관측을 하기 때문에 주로 지도제작을 주목적으로 하고 있다. 그리고 20m의 Multi-Spectral 센서도 탑재하여 3Band의 다중분광모드로 지구관측을 할 수 있다. SPOT 4호는 이전의 SPOT과 제원은 비슷하나 다중분광모드에 중적외선 밴드를 추가한 HRVIR (High Resolution Visible and InfraRed) 센서 2대가 탑재되었으며, 농작물 및 환경변화를 매일 관측하기 위한 목적으로 Vegetation 센서가 추가되었다. SPOT 5호는 2002년 5월에 발사되어 운영 중이며,

Answer 58 ①

SPOT 5호는 공간해상력을 향상시킨 HRG(High Resolution Geometry) 센서 2대를 탑재하여 5m의 공간해상도와 Resampling을 할 경우 2.5m의 해상도를 가지고, Multi-Spectral에서는 가시광선 및 근적외선의 3밴드에서 10m, 중적외선 밴드는 20m의 공간해상도의 영상을 공급하고 있다.
④ NOAA
NOAA 위성의 해상력은 1km(직하방), 6km(가장자리), IFOV=1.4m rad이며 오늘날 두 개의 위성이 운용되고 있다.

59 수치사진측량기법으로 DEM(Digital Elevation Model)을 자동으로 생성하려고 할 때, 다음 중 가장 적합한 영상은?

① 팬크로매틱 영상
② 에피폴라 영상
③ 경사영상
④ 모자이크 영상

해설

에피폴라 기하(Epipolar Geometry)
최근 수치사진측량기술이 발달함에 따라 입체사진에서 공액점을 찾는 공정은 점차 자동화되어가고 있으며 공액요소 결정에 에피폴라 기하(Epipolar Geometry)를 이용한다.

Epipolar Line
① 공액요소에 대한 중요한 제약은 에필폴라선이다.
② 에피폴라선(e', e'')은 영상평면과 에피폴라 평면의 교차점이다.
③ 에피폴라선은 탐색공간을 많이 감소시킨다.
④ 에피폴라선은 주로 사진좌표계의 X축에 평행하지 않다.

Epipolar Plane
① 에피폴라선과 에피롤라 평면은 공액요소 결정에 이용된다.
② 에피폴라 평면은 투영중심 O_1, O_2와 지상점 P에 의해 정의된다.

③ 공액점 결정에 적용하기 위해서는 수치영상의 행(Row)과 에피폴라선이 평행이 되도록 하는데 이러한 입체상(Stereo Pairs)을 정규화영상(Normalized Images)이라고 한다.

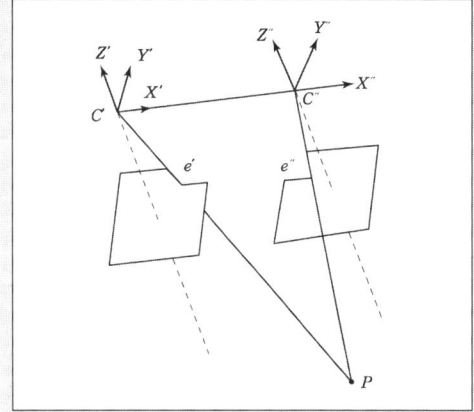

60 원격탐사 플랫폼에서 지상물체의 특성을 탐지하고 기록하기 위해 이용하는 전자기 복사에너지 중 파장이 긴 것부터 짧은 것의 순서로 옳게 나열된 것은?

① Visible Blue-Visible Red-Visible Green
② Visible Red-Visible Green-Visible Blue
③ Visible Blue-Mid Infrared-Thermal Infrared
④ Visible Red-Mid Infrared-Thermal Infrared

해설
Visible Red(파장 700mm)
Visible Green(파장 546.1mm)
Visible Blue(파장 435.8mm)

Answer 59 ② 60 ②

제4과목 | 지리정보시스템

61 지리정보시스템(GIS)이 CAD 시스템과 차별화되는 주요 기능은?

① 대용량의 그래픽 정보를 다룬다.
② 필요한 도형정보만을 추출할 수 있다.
③ 다양한 축척으로 자료를 출력할 수 있다.
④ 위상구조를 바탕으로 공간분석 능력을 갖추었다.

해설

GIS(Geographic Information System)
전 국토의 지리공간정보를 디지털화하여 수치지도(Digital Map)로 작성하고 다양한 정보통신기술을 통해 재해·환경·시설물·국토공간 관리와 행정서비스에 활용하고자 하는 첨단정보 시스템이다. 공간상 위치를 점유하는 지리자료(Geographic data)와 이에 관련된 속성자료(Attribute data)를 통합하여 처리한다. 이는 RFID(전자태그를 사물에 부착하여 사물의 주위상황을 인지하고 기존 IT시스템과 실시간으로 정보교환 및 처리할 수 있는 기술)기술, GPS기술, LBS기술 등을 기반 기술로 한다. GIS는 토지정보 관리, 시설물 관리, 교통, 도시계획 및 관리, 환경, 농업, 재해 및 재난 분야 등에서 다양하게 활용되고 있다.

GIS의 특징
1) 지리정보처리는 자료의 입력, 자료의 분석, 자료의 출력의 3단계로 구분할 수 있다.
2) 사용자의 요구에 맞는 지도를 쉽게 제작할 수 있다.
3) 자료의 통계적 분석이 가능하며 분석결과에 맞는 지도의 제작이 가능하다.
4) 일반적으로 자료가 수치적으로 구성되므로 축척변경이 용이하다.
5) 자료의 수치화 작업을 용이하게 해 준다.
6) 수집한 자료는 다른 여러 자료와 유용하게 결합할 수 있다.
7) DB 체계를 통하여 자료를 더욱 간편하게 사용할 수 있고 자료 입수도 용이하다.
8) 정보의 보안성은 향상되나 투자의 중복을 줄일 수 있다.

컴퓨터 지원 설계
(computer-aided design, CAD : 컴퓨터지원설계)
CAD는 개념설계·기본설계·상세설계 등에 컴퓨터를 이용하는 시스템이다. 도면을 작성할 때 종래와 같이 제도대에서 한 장 한 장 그리는 것이 아니라 데이터베이스의 정보를 컴퓨터 단말기의 화상을 보면서 합성하여 설계해나가기 때문에 작업시간과 노력이 절약될 뿐 아니라 고속화와 품질 및 신뢰성의 향상을 가져 온다. CAD는 입력장치, 컴퓨터의 중앙처리장치와 외부기억장치, 출력장치로 구성되어 있다.
입력장치로는 키보드·전자펜·화상입력장치 등이 있다. 출력장치에는 자동제도기, 플로터(plotter), 하드카피 장치 등이 있다. 설계의 대상에는 기계, 각종 부품, 프린트기판, 건축구조물, 배선배관, 금형을 포함하여 다양한 분야가 있다. 특히 '다품종소량생산'의 설계는 CAD가 맡고 있어 제품 수명의 단축화에 대응하는 데 중요한 역할을 한다. 예컨대 의장(意匠) 설계에 CAD를 사용하여 그 데이터를 가공에 이용하고 있다.

62 지리정보시스템(GIS)의 자료형태 중 래스터 자료형태에 대한 설명으로 틀린 것은?

① TIFF : GeoTIFF 파일 형식은 실좌표를 포함한다.
② GIF : 최대 256가지 색이 사용될 수 있는데 실제로 사용되는 색의 수에 따라 파일의 크기가 결정된다.
③ Coverage : 위상관계로 연결된 대상물로 구성되고 각각의 대상물은 속성정보를 포함할 수 있다.
④ DEM : USGS에서 제정한 형식이며 일반적으로 모든 형태의 수치표고모형을 말하기도 한다.

Answer 61 ④ 62 ③

해설

도형자료만을 수치로 나타내면 Layer라고 하고 도형자료와 관련 속성을 함께 지닌 수치지도를 커버리지(Coverage)라 한다.

1. 커버리지(Coverage)
   ① ArcInfo에서 벡터자료 저장의 기본단위를 이루는 수치지도. 커버리지는 그래픽 요소(즉 점·선·면)인 3개의 기본 형식으로 지도자료를 저장한다.
   ② 지리적인 데이터베이스에서 자료(예를 들면, 흙, 토지피복, 도로, 도시지역)의 한 개의 주제 또는 레이어

2. 레이어(layer)
   특별한 주제와 관계된 자료를 포함하고 있는 지리 데이터베이스의 부분 집합

63 벡터구조로서 지형데이터의 표현을 위한 위상을 갖추고 있는 수치표고자료의 표현 방식은?

① 불규칙삼각망(TIN)
② 수치고도모형(DEM)
③ 수치표면모형(DSM)
④ 수치선형그래프(DLG)

해설

불규칙삼각망(不規則三角網, Triangulated Irregular Network : TIN)

불규칙삼각망은 불규칙하게 배치되어 있는 지형점으로부터 삼각망을 생성하여 삼각형 내의 표고를 삼각평면으로부터 보간하는 DEM의 일종이다. 벡터데이터 모델로 위상구조를 가지며 표본 지점들은 X, Y, Z 값을 가지고 있으며 다각형 Network를 이루고 있는 순수한 위상구조와 개념적으로 유사하다.
① 기복의 변화가 작은 지역에서 절점수를 적게 함
② 기복의 변화가 심한 지역에서 절점수를 증가시킴
③ 자료량 조절이 용이하다.

④ 중요한 위상형태를 필요한 정확도에 따라 해석
⑤ 경사가 급한 지역에 적당하고 선형 침식이 많은 하천지형의 적용에 특히 유용
⑥ TIN을 활용하여 방향, 경사도 분석, 3차원 입체 지형생성 등 다양한 분석을 수행한다.
⑦ 격자형 자료의 단점인 해상력 저하, 해상력 조절, 중요한 정보 상실 가능성 해소

64 복합 조건문(composite selection)으로 공간자료를 선택하고자 할 때, 다음 중 어떠한 경우에도 가장 많은 결과가 선택되는 것은? (단, 각 항목은 0이 아님)

① (Area < 400000 AND (LandUse=80 AND AdminCode=12))
② (Area < 400000 OR (LandUse=80 OR AdminCode=12))
③ (Area < 400000 AND (LandUse=80 OR AdminCode=12))
④ (Area < 400000 OR (LandUse=80 AND AdminCode=12))

해설

불 논리(Boolean logic)를 적용한 정보의 추출

A AND B		A, B 교차하는 부분만 나타난다.
A XOR B		두 개 사상이 존재하는 곳은 포함하고 교차지점은 포함 안 함
A NOT B		B를 포함하지 않는 모든 A부분
A OR B		A, B 모든 부분

Answer 63 ① 64 ②

(A AND B) OR C		A, B 교차하는 부분과 C를 포함한 모든 부분
A AND (B OR C)		A, B, C 교차하는 부분만 나타난다.

```
2 1 3
2 4 2   → 1 2 2 2 ③ 3 3 3 4
3 3 3

2 1 3
2 4 4   → 1 2 2 2 ② 2 3 4 4
2 2 2
```

따라서, 새로 생성되는 2×2 영상소는
```
3 2
3 2
```

65 그림은 6×6 화소 크기의 래스터데이터를 수치적으로 표현한 것이다. 이 데이터를 중간값 방법(Median Method)을 사용하여 2×2 화소 크기의 데이터를 만든 결과로 옳은 것은?

```
2 1 3 2 1 3
2 3 2 2 2 2
3 3 3 2 2 2
2 1 3 2 1 3
2 4 2 2 4 4
3 3 3 2 2 2
```

① ``` 3 2
     3 2 ```
② ``` 2 3
     2 2 ```
③ ``` 2 2
     2 3 ```
④ ``` 2 2
     2 2 ```

해설

중앙값 방법(Median Method)
영상결함을 제거하는 기법으로 어떤 영상소의 주변의 값을 작은 값부터 재배열한 후 가장 중앙의 값을 새로운 값으로 설정 후 치환하는 방법이다.

```
2 1 3
2 3 2   → 1 2 2 2 ③ 3 3 3 3
3 3 3

2 1 3
2 2 2   → 1 2 2 2 ② 2 2 2 3
2 2 2
```

66 디지타이징에 의한 수치지도 제작 시 발생할 수 있는 오차유형이 아닌 것은?

① 종이지도 신축에 의한 위치 오차
② 세선화(Thinning) 과정에의 형상 오차
③ 선분 교차점에서의 교차 미달(Undershooting) 및 초과(Overshooting) 현상
④ 인접 다각형의 경계선 중복 부분에서의 갭(Gap) 발생

해설

디지타이징 입력에 따른 오류 유형
벡터데이터의 편집과정에서 발생하는 오류는 오버슈터, 언더슈터, 슬리버, 노드의 부재, 선의 중복, 불필요한 노드가 발생한다.

Overshoot (기준선 초과 오류)	교차점을 지나서 연결선이나 절점이 끝나기 때문에 발생하는 오류. 이런 경우 편집소프트웨어에서 Trim과 같이 튀어나온 부분을 삭제하는 명령을 사용하여 수정한다.
Undershoot (기준선 미달 오류)	교차점을 미치지 못하는 연결선이나 절점으로 발생하는 오류. 이런 경우 편집소프트웨어에서 Extend와 같은 완전연결을 해주는 명령을 사용하여 수정한다.
Spike (스파이크)	교차점에서 두 개의 선분이 만나는 과정에서 잘못된 좌표가 입력되어 발생하는 오차. 이런 경우 엉뚱한 좌표가 입력된 점을 제거하고 적절한 좌표값을 가진 점을 입력한다.

Answer 65 ① 66 ②

Sliver Polygon (슬리버 폴리곤)	하나의 선으로 입력되어야 할 곳에 두 개의 선으로 약간 어긋나게 입력되어 가늘고 긴 불편한 폴리곤을 형성한 상태의 오차(선 사이의 틈). 폴리곤 생성을 부정확하게 만든 선을 제거하여 폴리곤 생성을 새로 한다.
Overlapping (점, 선 중복)	주로 영역의 경계선에서 점 선이 이중으로 입력되어 발생하는 오차로 중복된 점, 선은 삭제한다. 중복되어 있는 점, 선을 제거함으로써 수정할 수 있다.
Dangle (댕글)	매달린 노드의 형태로 발생하는 오류로 오버슈트와 언더슈트와 같은 형태로 한쪽 끝이 다른 연결선이나 절점에 연결되지 않는 상태의 오차. 이것은 폴리곤이 폐합되어야 할 곳에서 Undershoot 되어 발생하는 것이므로 이런 부분을 찾아서 수정해 주어야 한다.

67 두 격자 자료의 입력 값이 각각 0과 1일 때, 각 논리연산자 OR, XOR, AND, NAND의 결과를 순서대로 옳게 표현한 것은?
(단, 참일 때 1, 거짓일 때 0)

① 0-1-0-1　　② 1-1-0-1
③ 1-0-0-1　　④ 0-1-1-1

해설

OR	두 연산항 중 어느 하나 이상이 True이면 무조건 True, 모두 False이면 False가 된다. 비트연산인 경우는 어느 한 비트 이상이 1이면 1이며, 나머지 경우는 모두 0이 된다.
XOR	한 연산항이 True이고 다른 연산항이 False 일때만 True가 되며, 나머지의 경우는 모두 False가 된다. 비트연산인 경우는 한 비트가 0일 때 다른 비트가 1일때만 1이 되고, 나머지 경우는 모두 0이 된다.
AND	두 연산항 중 어느 하나 이상이 False이면 무조건 False, 모두 True이면 True가 된다. 비트연산인 경우는 두 비트가 1인 경우만 1이며, 나머지 경우는 모두 0이 된다.
NAND	두 연산항 중 어느 하나가 False이면 무조건 True이고, 모두 True이면 False가 된다. 비트연산인 경우는 두 비트가 1인 경우에만 0이며, 나머지 경우는 모두 1이 된다.

68 지리정보시스템(GIS)이 운영되기 위해서는 위치, 시간, 속성 등의 요소가 고려되어야 하며, 그 중 시간은 부가적인 요소이지만 위치는 필수 불가결한 요소이다. 다음 중 정보에 위치를 할당하는 작업을 지칭하기 위해 통상적으로 사용되는 용어는?

① Geomatics　　② Geo-Science
③ Matching　　④ Georeferenece

해설

georeferencing(지리 좌표화)
1) 지리 좌표화는 좌표계를 사용하는 지리적인 공간상 실제 위치데이터 처리이다.
2) georeferencing이란 영상이나 일반적인 데이터베이스 정보에 좌표를 부여하는 과정이다.
3) address geocoding은 georeferencing의 일부이다.
4) 영상의 georeferencing에서는 주로 지상기준점을 활용한다.

데이텀(datum)은 지구의 크기와 형태, 좌표체계의 기준점과 방향 등을 정의한 것으로써 지리참조(georeferencing)에서는 수직과 수평의 위치 결정과 관련한 기준점을 일컫는다. 지리참조란 특정한 좌표계의 공간구조 내에서 현실세계를 이루는 구성요소들의 위치를 표현하는 것을 의미한다.

Answer 67 ② 68 ④

69 벡터데이터 저장 방식에 대한 설명으로 옳은 것은?

① 점, 선, 면을 단순한 좌표목록으로 저장하며 위상관계가 정의되지 않고 XY좌표로 데이터를 저장하는 스파게티(Spaghetti)모형 방식
② 동일한 속성값을 개별적으로 저장하는 대신 하나의 run에 해당되는 속성값이 한 번만 저장되고 run의 길이와 위치가 저장되는 Run-length code 방식
③ 대상 지역에 하나 이상의 속성이 존재할 경우 4개의 동일한 면적으로 나누고, 이를 하나의 속성값만 남을 때까지 반복하여 저장하는 Quadtree 방식
④ 대상지역 공간객체의 경계를 시작점부터 각 방향에 대한 수치로 임의 부여하면서 표시하고 저장하는 Chain code 방식

해설
벡터데이터 저장 방식
점, 선, 면을 단순한 좌표목록으로 저장하며 위상관계가 정의되지 않고 XY좌표로 데이터를 저장하는 스파게티(Spaghetti)모형 방식

70 다음이 공통적으로 설명하는 단어는?

- 공간자료로부터 추가적인 의미를 추출하기 위하여 원자료로부터 다른 형태의 재료로 조작하는 것
- 관심 대상지역의 공간자료를 선택적으로 검색하고 통계를 계산하여 지도화하는 것

① 공간분석 ② 네트워크 분석
③ 위상분석 ④ 통계분석

해설
공간분석
공간분석은 GIS와 다른 정보시스템과의 가장 큰 차이점은 다양한 공간 데이터를 분석하여 부가가치가 높은 유용한 정보를 추출해내는 공간분석 기능이라 볼 수 있다. GIS에서 이루어지는 분석은 공간 데이터를 대상으로 하기 때문에 공간분석이라 일컬어진다. 공간분석이란 데이터베이스로부터 유용한 정보를 추출하기 위해 사용하는 기법으로 공간 데이터에 가치를 부여하거나 공간데이터를 유용한 정보로 바꾸는 과정이라 할 수 있다. 공간분석은 데이터베이스 내에 들어있는 공간 데이터와 속성 데이터를 이용하여 현실세계에서 발생하는 각종문제를 해결하는 데 도움을 줄 수 있는 정보를 생성하는 매우 중요한 기법이다.

71 수치지형모형(DTM)으로부터 추출할 수 있는 정보로 가장 거리가 먼 것은?

① 경사 분석도 ② 가시권 분석도
③ 사면방향도 ④ 토지이용현황도

해설
DTM(Digital Terrain Model)
① 지형의 표고뿐만 아니라 지표상의 다른 속성도 포함하며 측량 및 원격탐사와 연관이 깊다.
② 지형의 다른 속성까지 포함하므로 자료가 복잡하고 대용량의 정보를 가지고 있으며, 여러 가지 속성을 레이어를 이용하여 다양한 정보제공이 가능하다.
③ DTM은 표현방법에 따라 DEM과 DSM으로 구별된다. 즉 DTM = DEM + DSM이다.

DTM의 활용
① 도로의 부지 및 댐의 위치 선정
② 수문 정보체계 구축
③ 등고선도와 시선도
④ 절토량과 성토량의 산정
⑤ 조경설계 및 계획을 위한 입체적인 표현
⑥ 지형의 통계적 분석과 비교
⑦ 경사도, 사면방향도, 경사 및 단면의 계산과 음영기복도 제작

Answer 69 ① 70 ① 71 ④

⑧ 경관 또는 지형형성과정의 영상모의 관측
⑨ 수치지형도 작성에 필요한 표고정보와 지형정보를 다 이루는 속성
⑩ 군사적 목적의 3차원 표현

72 지리정보시스템(GIS)의 중첩분석방법 중 교통로와 도시팽창지역 사이의 관계를 설명하기 위하여 사용하는 방법으로 가장 적합한 것은?

① 폴리곤 간의 중첩
② 폴리곤과 점의 중첩
③ 점과 점의 중첩
④ 폴리곤과 선의 중첩

해설

점과 폴리곤의 중첩
점과 폴리곤의 중첩기능을 통해 특정한 새가 특정 유형의 식생을 선호하는지에 대한 정보를 파악할 수 있다. 야생 생물학자는 갈색 머리를 가진 특정한 새가 서식하는 특정한 식생이 있는가를 파악하고자 하는 경우 생물학자는 식생을 분류한 폴리곤 커버리지 위에 새들의 서식지를 위치화 한다.

선형상과 폴리곤의 중첩
간선도로(철도와 고속도로 도로망 등)와의 중첩 후에는 교통네트워크와 시가지 확장과의 강한 공간적 관계를 파악하게 되는데 이와 같이 선과 폴리곤의 중첩을 통해 시가지 확장 패턴과 관련된 가설을 수립할 수 있다.

폴리곤과 폴리곤의 중첩
중첩에 대한 전통적인 접근은 폴리곤으로 표현된 하나의 커버리지 위에 또 다른 커버리지의 폴리곤을 중첩시키는 것이다. 일례로 증가하는 인구를 수용하면서도 가능한 한 농업을 위해 최고의 토양 질을 보존하도록 단지 계획과 토지이용계획을 수립하려고 하는 경우 폴리곤과의 중첩을 이용하는 대표적인 사례라고 볼 수 있다.

73 지리정보시스템(GIS) 자료 취득방법 중 어느 것에 대한 설명인가?

- 국가기본도를 비롯한 지형도를 제작하는 가장 일반적인 방법이다.
- 정확도가 높고 균일하며 대규모 지역의 재료생성에 유용하다.
- 정성적 측량이 가능하고 접근하기 어려운 지역의 관측이 가능하다.

① 지상측량　　② 항공사진측량
③ GNSS 측량　　④ 레이저 측량

해설

항공사진측량
사진측량(Photogrammetry)은 사진영상을 이용하여 피사체에 대한 정량적(위치, 형상, 크기 등의 결정) 및 정성적(자원과 환경현상의 특성 조사 및 분석) 해석을 하는 학문이다.
① 정량적 해석 : 위치, 형상, 크기 등의 결정
② 정성적 해석 : 자원과 환경현상의 특성 조사 및 분석

1. 사진측량의 장점
   ① 정량적 및 정성적 측정이 가능하다.
   ② 정확도가 균일하다.
      ㉠ 평면(X, Y) 정도 : $(10\sim30)\mu\times$촬영축척의 분모수(m)
      ㉡ 높이(H) 정도 : $(\dfrac{1}{10,000}\sim\dfrac{1}{15,000})\times$촬영고도(H)

      여기서, $1\mu=\dfrac{1}{1,000}$(mm)

      m : 촬영축척의 분모수
      H : 촬영고도
   ③ 동체측정에 의한 현상보존이 가능하다.
   ④ 접근하기 어려운 대상물의 측정도 가능하다.
   ⑤ 축척변경도 가능하다.
   ⑥ 분업화로 작업을 능률적으로 할 수 있다.
   ⑦ 경제성이 높다.
   ⑧ 4차원의 측정이 가능하다.
   ⑨ 비지형 측량이 가능하다.

Answer 72 ④ 73 ②

⑩ 소축척의 측량일수록 경제적이다.(대축척은 보다 높은 정확도를 요구하므로 소척에 비해 지형도 제작이 고가이다.)

2. 사진측량의 단점
① 좁은 지역에서는 비경제적이다.
② 기자재가 고가이다.(시설 비용이 많이 든다.)
③ 피사체에 대한 식별의 난해가 있다.(지명, 행정경제 건물명, 음영에 의하여 분별하기 힘든 곳 등의 측정은 현장의 작업으로 보충측량이 요구된다.)
④ 기상조건에 영향을 받는다.
⑤ 태양고도 등에 영향을 받는다.

74 지리정보시스템(GIS)에서 자료 분류 기준의 특성에 대한 설명으로 틀린 것은?

① Nominal 변수 : 토지이용항목과 같이 특정한 순서 없이 명칭으로 구분된다.
② Ordinal 변수 : 하천차수와 같이 고유등급이 있는 서로 분리된 항목으로 구분된다.
③ Interval 변수 : 섭씨온도와 같이 자연적인 연속성이 있는 항목으로 구분된다.
④ Ratio 변수 : Ordinal 변수와 같은 의미를 가지고 있으며 절대적인 시작점으로 구분된다.

해설

1. 명목척도(Nominal scale)
토지이용항목과 같이 특정한 순서 없이 명칭으로 구분된다.
명목 척도는 단순히 분류하기 위해서 측정 대상의 속성이나 부호나 수치를 부여하는 것을 의미한다. 변수 속성의 차이점과 유사점에 따라서 범주화하게 된다. 사용는 숫자는 변수를 구분하기 위해서 사용한 것이기 때문에 대상의 특징이 다른 것을 의미할 뿐 계산은 불가능하다. 대상의 서열과 간격들은 알 수 없다.

2. 서열척도(Ordinal scale)
하천차수와 같이 고유등급이 있는 서로 분리된 항목으로 구분된다.
서열 척도는 변수의 속성뿐만 아니라 서열이나 순위를 매길 수 있지만 동일하지는 않다. 높고 낮음을 알 수 있기 때문에 서열화가 가능하고 서열의 간격은 동일하지 않다. 변수끼리는 서로 비교가 가능하다. 예를 들어서 성적이 1등인 학생과 2등인 학생의 차이와 2등인 학생과 3등인 학생의 차이는 같지 않을 수 있다. 등수는 순서를 의미하게 된다.

3. 등간척도(Interval scale)
섭씨온도와 같이 자연적인 연속성이 있는 항목으로 구분된다. 등간 척도는 변수의 서열이 가능하고 등 간격으로도 순서화가 가능하다.
서열 측정과 달리 등 간격은 같다.
절대 0값이 없기 때문에 사칙연산이 불가능하지만 계산(+, -)은 가능하다. 성적이 89점, 90점에서 1점과 90점, 91점에서의 1점 차이는 같다.

4. 비율척도(Ratio scale)
자료값의 구간 차이를 나타내면서 동시에 비율로도 나타낼 수 있다.
비율 척도는 변수의 서열, 등 간격뿐만 아니라 절대 0점을 갖는다. 절대 0점이 있기 때문에 사칙연산이 가능하고 절대 0점은 '없다'를 의미한다. 200만원의 소득이 있는 사람이 100만원의 소득이 있는 사람보다 2배 많다고 할 수 있다.

75 지리정보시스템(GIS)의 표준화에 대한 설명으로 옳지 않은 것은?

① SDTS는 GIS 표준 포맷의 예이다.
② 경제적이고 효율적인 GIS 구축이 가능하다.
③ 하나의 기관에서 구축한 데이터를 많은 기관들이 공유하여 사용할 수 있다.
④ 하드웨어(H/W)나 소프트웨어(S/W)에 따라 이용 가능한 포맷을 달리한다.

Answer 74 ④ 75 ④

해설

1. 표준화의 필요성
   ① **비용절감** : 지리정보시스템(GIS)은 그 특성상 대용량의 자료를 사용하며 효율적인 자료 교환이 불가능하다면 데이터 공유가 매우 어려울 뿐만 아니라 공통 데이터의 중복 보관 및 관리로 인해 막대한 경제적 손실을 가져온다.
   ② **접근용이성** : GIS 구축에 사용되는 총비용 중 수치데이터베이스 구축에만 약 75%의 비용이 사용되는 것을 감안하면 한 번 수집된 정보를 재활용하는 것은 매우 중요하다. 기존 데이터를 다른 목적을 위해 재사용할 수 있게 하기 위해서는 기존에 구축되어 있는 모든 데이터에 쉽게 접근할 수가 있어야 하며, 이를 위해서는 공간정보에 대한 표준화가 반드시 필요하다.
   ③ **상호연계성** : 기존의 GIS 환경 하에서 시스템간의 연동조건 및 상호교환을 필요로 하는 표준적인 정보항목 등을 정의하여 다양한 시스템에서 GIS 상호 연동성을 확보할 수 있게 하는 것이 필요하다.
   ④ **활용의 극대화** : 지리정보는 사회간접(infrastructure) 자본의 성격이 강하므로 앞으로 정부, 자치단체뿐만 아니라 일반 기업과 개인의 지리정보 사용이 기하급수적으로 증가할 것이다. 따라서 장기적으로 보았을 때 지리정보에 대한 표준화가 선행되어야 한다.

2. 표준화의 특성
   ① **다양한 분야외의 결합** : GIS 표준은 다양한 분야와 GIS가 결합되어 구현된다. 즉, 전산, 토목, 지리, 전자공학, 측지분야 등 다양한 분야의 기술과 표준이 결합되어 GIS 표준을 구성하며 이들 간에는 상호 연계성이 있으므로, 각 기술 방법론에 관련 표준들이 영향을 받게 된다.
   ② **공간정보구축 범주에서 수행** : GIS 표준은 그 표준화 활동자체가 중요한 의미를 지니지만, 공간정보구축이라는 커다란 범주 내에서 수행되고 있다. 따라서 표준의 제정 및 사용은 직접 공간정보 구축과제에 연결되어 적용된다. 예를 들면 주요 GIS 표준들이 수치지도 제작 및 유통 등에 적용되어 활용되고 있다.

   ③ **넓은 범주분야 표준에 의존** : GIS 표준에 적용되는 방법, 기술 등은 넓은 범주의 정보기술분야 표준에 의존하거나 크게 영향을 받는 경향이 있다. 기존에는 정보기술분야 표준에 의존하거나 GIS 분야가 개별적인 발전 추세를 가지고 있었으나 다른 정보기술분야의 표준이 GIS 표준에 반영, 적용되고 있다. 즉 DBMS 표준, 객체환경 표준, 개방환경 표준, 네트워크 표준 등 대표적인 정보기술분야 표준을 토대로 GIS 표준이 제정되고 있다.

76 래스터데이터(격자자료) 구조에 대한 설명으로 옳지 않은 것은?

① 셀의 크기에 관계없이 컴퓨터에 저장되는 자료의 양은 일정하다.
② 셀의 크기는 해상도에 영향을 미친다.
③ 셀의 크기에 의해 지리정보의 위치정확성이 결정된다.
④ 연속면에서 위치의 변화에 따라 속성들의 점진적인 현상 변화를 효과적으로 표현할 수 있다.

해설

벡터자료
① **정의** : 벡터 자료구조는 기호, 도형, 문자 등으로 인식할 수 있는 형태를 말하며 객체들의 지리적 위치를 크기와 방향으로 나타낸다.
② **장점**
   - 보다 압축된 자료구조를 제공하며 따라서 데이터 용량의 축소가 용이하다.
   - 복잡한 현실세계의 묘사가 가능하다.
   - 위상에 관한 정보가 제공되므로 관망분석과 같은 다양한 공간분석이 가능하다.
   - 그래픽의 정확도가 높다.
   - 그래픽과 관련된 속성정보의 추출 및 일반화, 갱신 등이 용이하다.
③ **단점**
   - 자료구조가 복잡하다.
   - 여러 레이어의 중첩이나 분석에 기술적으로 어려움이 수반된다.

Answer 76 ①

- 각각의 그래픽 구성요소는 각기 다른 위상 구조를 가지므로 분석에 어려움이 크다.
- 그래픽의 정확도가 높은 관계로 도식과 출력에 비싼 장비가 요구된다.
- 일반적으로 값비싼 하드웨어와 소프트웨어가 요구되므로 초기비용이 많이 든다.

래스터자료

① 정의 : 래스터 자료구조는 매우 간단하며 일정한 격자간격의 셀이 데이터의 위치와 그 값을 표현하므로 격자데이터라고도 하며 도면을 스캐닝하여 취득한 자료와 위상영상자료들에 의하여 구성된다. 래스터구조는 구현의 용이성과 단순한 파일구조에도 불구하고 정밀도가 셀의 크기에 따라 좌우되며 해상력을 높이면 자료의 크기가 방대해진다. 각 셀들의 크기에 따라 데이터의 해상도와 저장크기가 달라지게 되는데 셀 크기가 작으면 작을수록 보다 정밀한 공간현상을 잘 표현 할 수 있다.

② 장점
- 자료구조가 간단하다.
- 여러 레이어의 중첩이나 분석이 용이하다.
- 자료의 조작과정이 매우 효과적이고 수치영상의 질을 향상시키는데 매우 효과적이다.
- 수치이미지 조작이 효율적이다
- 다양한 공간적 편의가 격자의 크기와 형태가 동일한 까닭에 시뮬레이션이 용이하다.

③ 단점
- 압축되어 사용되는 경우가 드물며 지형관계를 나타내기가 훨씬 어렵다.
- 주로 격자형의 네모난 형태로 가지고 있기 때문에 수작업에 의해서 그려진 완화된 선에 비해서 미관상 매끄럽지 못하다
- 위상정보의 제공이 불가능하므로 관망해석과 같은 분석기능이 이루어질 수 없다.
- 좌표변환을 위한 시간이 많이 소요된다.

77 유비쿼터스(ubiquitous)의 정의로 가장 적합한 것은?

① 시간과 장소에 구애받지 않고 언제 어디서나 원하는 정보에 접근할 수 있는 기술이나 환경
② 인공지능 컴퓨터와 로봇에 의하여 사람의 노동력이 최소화될 수 있는 기술이나 환경
③ 사람들이 편안하고 행복하게 살 수 있는 복지사회 구현을 위한 이상적 기술이나 환경
④ GNSS와 GIS를 결합하여 4차원 정보관리를 할 수 있는 기술이나 환경

해설

유비쿼터스(Ubiquitous) 정의
① 유비쿼터스(Ubiquitous)는 '동시에 도처에 존재한다'라는 의미를 가지고 있는 라틴어 어원의 단어이다.
② 사용자가 컴퓨터나 네트워크를 의식하지 않는 상태에서 장소에 구애 받지 않고 자유롭게 네트워크에 접속할 수 있는 환경을 의미한다.
③ 유비쿼터스화는 유비쿼터스컴퓨팅과 유비쿼터스네트워크를 기반으로 물리공간을 지능화함과 동시에 물리공간에 펼쳐진 각종 사물들을 네트워크로 연결시키려는 노력으로 정의할 수 있다.

78 지리정보시스템(GIS)에 대한 설명 중 틀린 것은?

① 인간의 의사결정능력의 지원에 필요한 지리정보의 관측과 수집에서부터 보존과 분석, 출력에 이르기까지 일련의 조작을 위한 정보시스템이다.
② 격자방식을 통해 벡터방식에 비해 정확한 경계선 추출이 가능하다.
③ 지리정보는 GIS에서 대상으로 하는 모든 정보를 의미한다.
④ 지리정보의 대표적인 항목은 지리적 위치, 관련 속성정보, 공간적 관계, 시간이다.

Answer 77 ① 78 ②

해설

1. 지리정보체계
  (Geofraphic Information System ; GIS)
지리정보체계는 지구상의 모든 지점에 관련된 현상과 관계된 정보를 처리하는 지리정보체계로서 지리정보를 효과적으로 수집, 저장, 조작, 분석, 표현할 수 있도록 서로 유기적으로 연계된 컴퓨터의 하드웨어, 소프트웨어, 자료기반 및 인적 자원의 결합체라 할 수 있다.

2. GIS의 특징
1) 지리정보처리는 자료의 입력, 자료의 분석, 자료의 출력의 3단계로 구분할 수 있다.
2) 사용자의 요구에 맞는 지도를 쉽게 제작할 수 있다.
3) 자료의 통계적 분석이 가능하며 분석결과에 맞는 지도의 제작이 가능하다.
4) 일반적으로 자료가 수치적으로 구성되므로 축척변경이 용이하다.
5) 자료의 수치화 작업을 용이하게 해 준다.
6) 수집한 자료는 다른 여러 자료와 유용하게 결합할 수 있다.
7) DB 체계를 통하여 자료를 더욱 간편하게 사용할 수 있고 자료 입수도 용이하다.
8) 정보의 보안성은 향상되나 투자의 중복을 줄일 수 있다.

79 GIS소프트웨어 중에서 오픈소스 소프트웨어에 해당되는 것은?

① ArcGIS Desktop   ② AutoCAD Map 3D
③ GRASS GIS   ④ GeoMedia

해설

[오픈소스의 종류]

1. Open EV
리눅스(Linux) 환경을 위해 설계, 윈도우에서도 작동하도록 구현된 GIS뷰어 애플리케이션, 화면랜드링 언어로서 OpenGL을 이용하고 있으므로 뛰어난 랜터링 성능을 제공할 수 있지만 실행 가능한 플랫폼 환경에 제약을 받는 다는 것이 단점이다.

2. MapGuide Open Source
사용자가 웹 지도애플리케이션을 빠르게 개발할 수 있도록 하는 웹 기반의 플랫폼이다.

3. UMN Mapserver
미국의 미네소타대학에서 개발, 인터넷 GIS서버로 가장 큰 개발자 및 사용자커뮤니티를 가지고 있다.

4. GRASS(Graphic Resources Analysis Support System)
상업용 GIS부문에 없는 성능을 제공하기 위해 1982년에 미육군에서 프로젝트 시작, 래스터, 벡터 자료를 이용한 분석과 원격탐사를 위한 시스템이다. GDAL과 OGR 라이브러리를 이용하여 광범위한 포맷을 가져올 수 있다.
GRASS(Geographic Resources Analysis Support System)는 지리 데이터의 처리, 이미지 프로세싱, 원격 탐사, 환경 모델링, 지리정보 데이터의 시각적 모델링, 지도 제작 등의 용도로 사용되는 오픈(open) GIS 프로그램이다. 최초의 GRASS는 USACERL(United States Army Construction Engineering Research Laboratory)에서 군사적인 용도의 토지관리와 환경계획을 위한 도구로 개발되었으며 USACERL에서 지원을 중단한 이후로는 미국 Baylor 대학의 GRASS 연구팀(Baylor University GRASS Research Group)에 의해 주도적으로 개발되었다.

5. OSSIM(Open Sourse Software Image Map)
래스터 저작도구로서 Intellgence Data System에 의해 개발, 고성능 래스터데이터 저장과 저작기능(OSSIM)이 이용된다.

6. QGIS(Quantum GIS)
리눅스환경에서 개발된 GIS시각화 도구이다. 벡터 데이터소스인 PostGIS와 Shape파일을 지원하며 DEM, ArcGrid, ERDAS, SDTS, GeoTiff 등의 래스터포맷을 지원한다. Quantum GIS(줄여서 QGIS)는 공간 데이터 조회, 편집, 분석 기능들을 제공하는 대표적인 오픈소스 데스크탑 지리정보시스템(GIS) 소프트웨어이다.

Answer 79 ③

7. Post GIS

PostgreSQL DBMS를 공간데이터 처리가 가능하도록 확장한 시스템으로 모든 다른 오픈소스 GIS 툴을 위한 표준공간 데이터베이스가 될 수 있는 장점이 있다.

PostGIS는 객체 관계형 데이터베이스 시스템인 PostgreSQL의 확장 프로그램으로, 데이터베이스에 GIS(지리정보 시스템) 객체를 저장할 수 있게 해줍니다. PostGIS는 GiST 기반 R-Tree 공간 인덱스를 지원하며, GIS 객체의 분석 및 공간 처리를 위한 기능을 포함하고 있다.

[Open Source Software]

오픈소스 소프트웨어(Open Source Software), OSS라고도 한다. 소프트웨어의 설계도에 해당하는 소스코드를 인터넷 등을 통하여 무상으로 공개하여 누구나 그 소프트웨어를 개량하고, 이것을 재배포할 수 있도록 하는 것 또는 그런 소프트웨어를 말한다.

이에 대하여 오픈소스의 개념은, 소스코드를 공개하여 유용한 기술을 공유함으로써 전 세계의 누구나 자유롭게 소프트웨어의 개발·개량에 참여할 수 있게 하는 것이 우수한 소프트웨어를 만드는 데 도움이 된다는 생각에 바탕을 두고 있다.

오픈소스(Open Source)는 좋은 기술이나 소스를 만천하에 공개하여 인간세상을 널리 이롭게 하는 것으로 즉, 오픈소스(Open Source)란 소프트웨어의 설계도에 해당하는 소스코드를 인터넷을 통해 누구나 무상으로 사용할 수 있도록 공개하는 것을 말한다.

---

80 다음과 같은 데이터에 대한 위상구조 테이블로 적합한 것은?

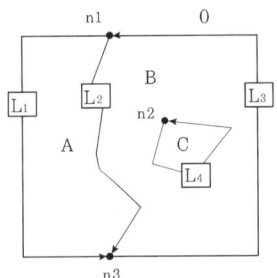

①
polygon	arc 수	list of arc
A	2	L_1, L_2
B	3	L_3, L_2, L_4
C	1	L_4

②
polygon	arc 수	list of arc
A	2	$-L_1, L_2$
B	3	$-L_3, -L_2, L_4$
C	1	$-L_4$

③
polygon	arc 수	list of arc
A	2	$-L_1, L_2$
B	3	$-L_3, -L_2, L_4$
C	1	L_4

④
polygon	arc 수	list of arc
A	3	$-L_1, L_2, L_1$
B	4	$-L_3, -L_2, L_4$
C	2	$-L_4, L_4$

해설

1. 면 위상구조

polygon	arc 수	list of arc
A	2	$-L_1, L_2$
B	3	$-L_3, -L_2, L_4$
C	1	$-L_4$

Answer 80 ③

2. 링크테이블(선 위상)

arc	시작노드 (from node)	종점노드 (to node)	좌측면 (Left polygon)	우측면 (Right polygon)
L_1	n_1	n_3	A	0
L_2	n_1	n_3	B	A
L_3	n_3	n_1	B	0
L_4	n_2	n_2	C	B

제5과목 | 측량학

81 전자파 거리 측정기를 사용하여 측정한 결과가 아래와 같고, 이때 교차의 제한을 (10 + D×2)mm(여기서, D : km 단위)로 할 경우 다음 중 옳은 것은? (단, D=4km)

1회 : 4021.542m,   2회 : 4021.544m
3회 : 4021.549m,   4회 : 4021.554m

① 1회만 재측한다.
② 4회만 재측한다.
③ 2회와 3회를 재측한다.
④ 재측할 필요가 없다.

해설

교차의 제한 값 = (10 + 4 × 2) = 18mm

최확값

$$= \frac{(0.542 \times 1) + (0.544 \times 2) + (0.549 \times 3) + (0.554 \times 4)}{1+2+3+4}$$

$$= \frac{5.493}{10} = 0.549m$$

교차의 제한 값 = (10+4×2) = 18mm이고, 1회(7mm), 2회(5mm), 3회(0mm), 4회(5mm)로 모두 교차 제한 값 이내이므로 재측할 필요가 없다.

	관측값	최확값	잔차(V)mm	비고
1회	4021.542	4021.549	-7	
2회	4021.544		-5	
3회	4021.549		0	
4회	4021.554		+5	

82 A, B 2점간의 고저차를 구하고자 그림과 같이 ㉠, ㉡, ㉢ 노선을 직접수준측량을 한 결과 다음과 같다. B점 표고의 최확값은?

관측결과	노선의 길이
㉠ 32.234m	2km
㉡ 32.245m	1km
㉢ 32.234m	2km

① 32.239m
② 32.240m
③ 32.241m
④ 32.245m

해설

경중률은 노선거리에 반비례한다.

$$P_1 : P_2 : P_3 = \frac{1}{2} : \frac{1}{1} : \frac{1}{2} = 1 : 2 : 1$$

$$L_0 = \frac{1 \times 32.234 + 2 \times 32.245 + 1 \times 32.24}{1+2+1}$$

$$= 32.241m$$

83 직사각형 지역의 면적을 측량하기 위하여 가로(X), 세로(Y)의 길이를 관측한 결과가 X=50.26±0.016m, Y=38.54±0.005m 일 때, 면적에 대한 표준오차(평균 제곱근 오차)는?

① ±0.33m²
② ±0.45m²
③ ±0.56m²
④ ±0.67m²

Answer 81 ④ 82 ③ 83 ④

해설

$$M = \sqrt{(X_2 \cdot m_1)^2 + (X_1 \cdot m_2)^2}$$
$$= \sqrt{(50.26 \times 0.005)^2 + (38.54 \times 0.016)^2}$$
$$= \pm 0.67 m^2$$

84 각 측량기에서 기계점검이나 테스트 시 직교의 조건을 확인하여야 하는 3개의 축에 속하지 않는 것은?

① 편심축
② 시준축
③ 수평축
④ 연직축

해설

[수평각조정]
① 제1조정(평반기포관의 조정 : 연직축오차) : 평반기포관축은 연직축에 직교해야 한다.
  • 원인 : 연직축이 연직이 되지 않기 때문에 생기는 오차
  • 처리방법 : 소거불능
② 제2조정(십자종선의 조정 : 시준축오차) : 십자종선은 수평축에 직교해야 한다.
  • 원인 : 시준축과 수평축이 직교하지 않기 때문에 생기는 오차
  • 처리방법 : 망원경을 정·반위로 관측하여 평균을 취한다.
③ 제3조정(수평축의 조정 : 수평축오차) : 수평축은 연직축에 직교해야 한다.
  • 원인 : 수평축이 연직축에 직교하지 않기 때문에 생기는 오차
  • 처리방법 : 망원경을 정·반위로 관측하여 평균을 취한다.

[연직각조정]
① 제4조정 : 회전축의편심오차 : 내심오차 (십자횡선의 조정) :
십자선의 교점은 정확하게 망원경의 중심(광축)과 일치하고 십자횡선은 수평축과 평행해야 한다.
  • 원인 : 기계의 수평회전축과 수평분도원의 중심이 불일치
  • 처리방법 : 180° 차이가 있는 2개(A, B)의 버니어의 읽음값을 평균한다.

② 제5조정 : 시준선의 편심오차 : 외심오차 (망원경기포관의 조정) : 망원경에 장치된 기포관축(수준기)과 시준선은 평행해야 한다.
  • 원인 : 시준선이 기계의 중심을 통과하지 않기 때문에 생기는 오차
  • 처리방법 : 망원경을 정·반위로 관측하여 평균을 취한다.
③ 제6조정 : 분도원의눈금오차(연직분도원 버니어 조정) : 시준선은 수평(기포관의 기포가 중앙)일 때 연직분도원의 0°가 버니어의 0과 일치해야 한다.
  • 원인 : 눈금 간격이 균일하지 않기 때문에 생기는 오차
  • 처리방법 : 버니어의 0의 위치를 $\frac{180°}{n}$ 씩 옮겨가면서 대회관측을 한다.

85 지형도 및 수치지형도에 대한 설명으로 옳지 않은 것은?

① 지형도는 지표면 상의 자연적 또는 인공적인 지형의 수평 또는 수직의 상호위치관계를 관측하여 그 결과를 일정한 축척과 도식으로 도면에 나타낸 것이다.
② 지형도상에 표시되는 요소로 지형에는 지물과 지모가 있다.
③ 수치지형도의 축척은 일정하며 확대 및 축소하여 다양한 축척의 지형도를 만들기 어렵다.
④ 수치지형도의 지형 및 지물은 레이어로 구분된다.

해설

지형도 및 수치지형도
① 지형도는 지표면 상의 자연적 또는 인공적인 지형의 수평 또는 수직의 상호위치관계를 관측하여 그 결과를 일정한 축척과 도식으로 도면에 나타낸 것이다.
② 지형도상에 표시되는 요소로 지형에는 지물과 지모가 있다.

Answer 84 ① 85 ③

③ 수치지형도의 축척은 확대 및 축소하여 다양한 축척의 지형도를 만들기 쉽다.
④ 수치지형도의 지형 및 지물은 레이어로 구분 된다.

86 30m의 줄자로 잰 거리가 218.13m 이었다. 그런데 이 줄자가 표준보다 5cm 늘어나 있는 것이었다면 실제거리는?

① 214.49m
② 217.77m
③ 218.49m
④ 221.77m

해설

실제거리 = $\dfrac{부정거리}{표준거리} \times 관측거리$

= $\dfrac{30.05}{30} \times 218.13 = 218.49m$

87 삼각점 A에 기계를 설치하고 그림과 같이 B와 C를 관측하려 하는데 장애물 때문에 C를 시준할 수 없으므로 P를 관측하여 T′ = 48° 34′ 26″를 얻었다면 T는?
(단, e = 5m, S = 1267.65m, k=278° 18′ 05″)

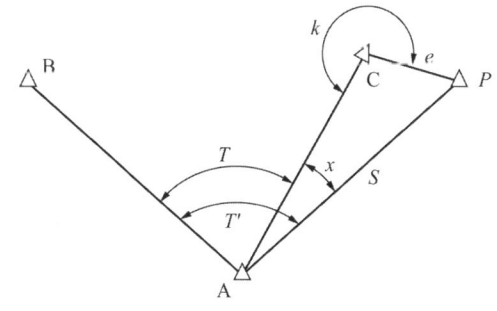

① 48°24′14″
② 48°21′01″
③ 48°15′55″
④ 48°04′37″

해설

$\dfrac{e}{\sin x} = \dfrac{S}{\sin(360° - \phi)}$

$\dfrac{5}{\sin x} = \dfrac{1267.65}{\sin(360° - 278° 18′ 05″)}$

$x = \sin^{-1} \dfrac{\sin 81° 41′ 55″ \times 5}{1267.65}$

$= 0° 13′ 25″$

[DAB(보정각) 계산]
$T = T' - x$
$\therefore T = 48° 34′ 26″ - 0° 13′ 25″$
$= 48° 21′ 01″$

88 점 C와 D의 평면좌표를 구하기 위하여 기지삼각점 A, B로부터 사변형삼각망에 의한 삼각측량을 실시하였다. 변조정에 앞서 각 조정 실시에 필요한 최소한의 조건식이 아닌 것은?

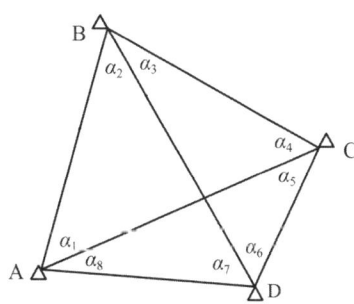

① $\alpha_1 + \alpha_2 = \alpha_5 + \alpha_6$
② $\alpha_1 + \alpha_3 + \alpha_5 + \alpha_7 = 180°$
③ $\alpha_3 + \alpha_4 = \alpha_7 + \alpha_8$
④ $\sum_{i=1}^{8} \alpha_i = 360°$

Answer 86 ③ 87 ② 88 ②

해설

각조건(제1조정)
$a_1 + a_2 = a_5 + a_6$
$a_3 + a_4 = a_7 + a_8$
$\sum_{i=1}^{8} a = 360°$

89 수준측량에서 2km 구간을 왕복한 결과, 관측오차가 7mm 발생하였다면 처리방법으로 옳은 것은? (단, 수준측량의 허용오차 $= \pm 2.5\sqrt{L}$ mm)

① 오차가 크므로 재측하여야 한다.
② 큰 오차가 발생했다고 생각되는 곳에 분배한다.
③ 허용오차 안에 들어가므로 그대로 인정한다.
④ 결과를 평균하여 고저차를 결정한다.

해설

수준측량의 허용오차
$= \pm 2.5\text{mm}\sqrt{L} = \pm 2.5\sqrt{2 \times 2} = 5\text{mm}$
여기서, L은 편도거리 km
허용오차가 5mm 이므로 관측오차가 7mm이니까 이것은 재측하여야 한다.

90 트래버스 측량에 의해서 높은 정확도가 요구되는 기준점의 위치를 결정하는 가장 좋은 방법은?

① 삼각점에서 다른 삼각점에 결합하는 트래버스
② 삼각점에서 동일 삼각점에 폐합하는 트래버스
③ 정확도가 높은 삼각점에서 출발하는 개방 트래버스
④ 임의 점에서 삼각점으로 결합되는 트래버스

해설

삼각점과 다른 삼각점을 연결하여 결합하는 트래버스측량은 정확도 높다.

91 등고선의 성질에 대한 설명으로 옳지 않은 것은?

① 등고선 간의 최단거리 방향은 그 지표면의 경사변환선을 의미하며 등고선에 평행하다.
② 등고선은 등경사지에서는 등간격이며 등경사의 평면인 지표에서 등간격의 평행선을 이룬다.
③ 급경사지에서는 완경사지보다 등고선의 간격이 좁다.
④ 동일 등고선상의 모든 점은 같은 높이다.

해설

등고선의 성질
(1) 동일 등고선상에 있는 모든 점은 같은 높이이다.
(2) 등고선은 반드시 도면 안이나 밖에서 서로가 폐합한다.
(3) 지도의 도면 내에서 폐합되면 가장 가운데 부분을 산꼭대기(산정) 또는 凹지(요지)가 된다.
(4) 등고선은 도중에 없어지거나, 엇갈리거나 합쳐지거나 갈라지지 않는다.
(5) 높이가 다른 두 등고선은 동굴이나 절벽의 지형이 아닌 곳에서는 교차하지 않는다.
(6) 등고선은 경사가 급한 곳에서는 간격이 좁고 완만한 경사에서는 넓다.
(7) 최대경사의 방향은 등고선과 직각으로 교차한다.
(8) 분수선(능선)과 곡선(유하선)은 등고선과 직각으로 만난다.
(9) 2쌍의 등고선의 볼록부가 상대할 때는 볼록부를 나타낸다.
(10) 동등한 경사의 지표에서 양 등고선의 수평거리는 같다.
(11) 같은 경사의 평면일 때는 나란한 직선이 된다.
(12) 등고선이 능선을 직각방향으로 횡단한 다음 능선 다른 쪽을 따라 거슬러 올라간다.
(13) 등고선의 수평거리는 산꼭대기 및 산밑에서는 크고 산중턱에서는 작다.

Answer 89 ① 90 ① 91 ①

92 그림과 같은 결합 트래버스의 각측량 오차는?

(단, $\omega_a = 20°01'27''$, $\omega_b = 310°48'31''$, 교각의 합 $[a] = 830°47'24''$)

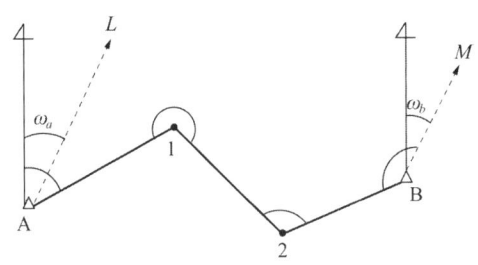

① 2″ ② 10″
③ 20″ ④ 30″

해설

$E_a = w_a - w_b + \sum a - 180°(n-1)$
$= 20°01'27'' - 310°48'31'' + 830°47'24'' - 180°(4-1)$
$= 20''$

93 표고가 118m와 145m인 두 점 사이의 수평거리가 250m이며 등경사지일 때, 130m 등고선이 통과하는 지점과 118m 표고점의 수평거리는?

① 9.9m ② 102m
③ 105m ④ 111m

해설

$250 : 27 = x : 12$
$x = \dfrac{250 \times 12}{27} = 111\text{m}$

94 삼각점간 거리가 3km일 때 관측한 수평각의 허용오차를 2″까지 허용한다면 시준점의 편심을 고려하지 않아도 되는 한도는?

① 2.1cm ② 2.9cm
③ 4.4cm ④ 8.7cm

해설

$\dfrac{l}{L} = \dfrac{\theta''}{\rho''}$ 에서

$l = \dfrac{\theta''}{\rho''}L = \dfrac{2}{206265} \times 300{,}000 = 2.9\text{cm}$

95 공공측량성과심사 수탁기관은 성과심사의 신청접수일로부터 통상적으로 며칠 이내에 심사결과를 통지해야 하는가?

① 10일 ② 20일
③ 30일 ④ 60일

해설

공간정보의 구축 및 관리 등에 관한 법률 시행규칙 제22조(공공측량성과의 심사) ① 법 제18조에 따라 공공측량시행자는 별지 제13호서식의 공공측량성과 심사신청서에 공공측량성과 자료를 첨부하여 측량성과 심사수탁기관에 제출하여야 한다.
② 측량성과 심사수탁기관은 제1항에 따라 제출된 공공측량성과 자료에 대하여 보완 또는 확인이 필요하다고 인정하는 때에는 제1항에 따른 신청인에게 그 보완 또는 확인 등의 필요한 조치를 하게 할 수 있다.
③ 측량성과 심사수탁기관은 제1항에 따라 성과심사의 신청을 받은 때에는 접수일부터 20일 이내에 심사를 하고 별지 제14호서식의 공공측량성과 심사결과서를 작성하여 국토지리정보원장 및 심사신청인에 통지하여야 한다. 다만, 다음 각 호의 어느 하나에 해당하는 경우에는 심사결과의 통지기간을 10일의 범위에서 연장할 수 있다.
1. 성과심사 대상지역의 기상악화 및 천재지변 등으로 심사가 곤란할 때

Answer 92 ③ 93 ④ 94 ② 95 ②

2. 지상현황측량, 수치지도 및 수치표고자료 등의 성과심사량이 면적 10제곱킬로미터 이상 또는 노선 길이 600킬로미터 이상일 때
3. 지하시설물 및 수심측량의 심사량이 200킬로미터 이상일 때
④ 공공측량의 성과심사에 필요한 세부기준은 국토지리정보원장이 정하여 고시한다.

96 측량업의 종류에 해당하지 않는 것은?

① 기본측량업 ② 공공측량업
③ 연안조사측량업 ④ 지적측량업

[해설]

공간정보의 구축 및 관리 등에 관한 법률 제44조(측량업의 등록) ① 측량업은 다음 각 호의 업종으로 구분한다.
1. 측지측량업
2. 지적측량업
3. 그 밖에 항공촬영, 지도제작 등 대통령령으로 정하는 업종

공간정보의 구축 및 관리 등에 관한 법률 시행령 제34조(측량업의 종류) ① 법 제44조 제1항 제3호에 따른 "항공촬영, 지도제작 등 대통령령으로 정하는 업종"이란 다음 각 호와 같다.
1. 공공측량업
2. 일반측량업
3. 연안조사측량업
4. 항공촬영업
5. 공간영상도화업
6. 영상처리업
7. 수치지도제작업
8. 지도제작업
9. 지하시설물측량업
② 측량업의 종류별 업무 내용은 별표 7과 같다.

97 측량기준에서 국토교통부장관이 따로 정하여 고시하는 원점을 사용할 수 있는 '섬 등 대통령령으로 정하는 지역'에 해당되지 않는 곳은?

① 울릉도 ② 거제도
③ 독도 ④ 제주도

[해설]

공간정보의 구축 및 관리 등에 관한 법률 제6조(측량기준) ① 측량의 기준은 다음 각 호와 같다. 〈개정 2013. 3. 23.〉
1. 위치는 세계측지계(世界測地系)에 따라 측정한 지리학적 경위도와 높이(평균해수면으로부터의 높이를 말한다. 이하 이 항에서 같다)로 표시한다. 다만, 지도 제작 등을 위하여 필요한 경우에는 직각좌표와 높이, 극좌표와 높이, 지구중심 직교좌표 및 그 밖의 다른 좌표로 표시할 수 있다.
2. 측량의 원점은 대한민국 경위도원점(經緯度原點) 및 수준원점(水準原點)으로 한다. 다만, 섬 등 대통령령으로 정하는 지역에 대하여는 국토교통부장관이 따로 정하여 고시하는 원점(제주도, 울릉도, 독도)을 사용할 수 있다.
3. 수로조사에서 간출지(干出地)의 높이와 수심은 기본수준면(일정 기간 조석을 관측하여 분석한 결과 가장 낮은 해수면)을 기준으로 측량한다.
4. 해안선은 해수면이 약최고고조면(略最高高潮面: 일정 기간 조석을 관측하여 분석한 결과 가장 높은 해수면)에 이르렀을 때의 육지와 해수면과의 경계로 표시한다.

98 공공측량시행자는 공공측량을 하기 며칠 전에 공공측량 작업계획서를 제출하여야 하는가?

① 3일 ② 7일
③ 15일 ④ 30일

Answer 96 ① 97 ② 98 ①

[해설]

공간정보의 구축 및 관리 등에 관한 법률 시행규칙 제21조(공공측량 작업계획서의 제출) ① 공공측량 시행자는 법 제17조 제2항에 따라 공공측량을 하기 3일 전에 국토지리정보원장이 정한 기준에 따라 공공측량 작업계획서를 작성하여 국토지리정보원장에게 제출하여야 한다. 공공측량 작업계획서를 변경한 경우에도 또한 같다. 〈개정 2015. 6. 4.〉
② 제1항에 따른 공공측량 작업계획서에 포함되어야 할 사항은 다음 각 호와 같다.
1. 공공측량의 사업명
2. 공공측량의 목적 및 활용 범위
3. 공공측량의 위치 및 사업량
4. 공공측량의 작업기간
5. 공공측량의 작업방법
6. 사용할 측량기기의 종류 및 성능
7. 법 제17조 제1항에 따라 사용할 측량성과의 명칭, 종류 및 내용
8. 그 밖에 작업에 필요한 사항

99 공간정보의 구축 및 관리 등에 관한 법률의 제정 목적과 거리가 먼 것은?

① 국토의 효율적 관리
② 국민의 소유권 보호
③ 해상 교통안전의 기여
④ 공간정보 구축 및 관리 기술의 향상

[해설]

공간정보의 구축 및 관리 등에 관한 법률 제1조(목적) 이 법은 측량 및 수로조사의 기준 및 절차와 지적공부(地籍公簿)·부동산종합공부(不動産綜合公簿)의 작성 및 관리 등에 관한 사항을 규정함으로써 국토의 효율적 관리와 해상교통의 안전 및 국민의 소유권 보호에 기여함을 목적으로 한다.

100 국가공간정보 기본법에 따라 "지상·지하·수상·수중 등 공간상에 존재하는 자연적 또는 인공적인 객체에 대한 위치정보와 이와 관련된 공간적 인지 및 의사결정에 필요한 정보"로 정의되는 것은?

① 지리정보 ② 속성정보
③ 공간정보 ④ 지형정보

[해설]

국가공간정보 기본법 제2조(정의) 이 법에서 사용하는 용어의 뜻은 다음과 같다.
1. "공간정보"란 지상·지하·수상·수중 등 공간상에 존재하는 자연적 또는 인공적인 객체에 대한 위치정보 및 이와 관련된 공간적 인지 및 의사결정에 필요한 정보를 말한다.
2. "공간정보데이터베이스"란 공간정보를 체계적으로 정리하여 사용자가 검색하고 활용할 수 있도록 가공한 정보의 집합체를 말한다.
3. "공간정보체계"란 공간정보를 효과적으로 수집·저장·가공·분석·표현할 수 있도록 서로 유기적으로 연계된 컴퓨터의 하드웨어, 소프트웨어, 데이터베이스 및 인적자원의 결합체를 말한다.

Answer 99 ④ 100 ③

2019년 4월 27일 기사

제1과목 | 측지학 및 위성측위시스템

01 거리의 허용정밀도가 $1/10^6$일 때 지구의 곡률을 고려하여야 하는 측량구역 범위로 옳은 것은? (단, 지구반지름 R = 6370km)

① 반지름=22km, 면적=400km² 이상인 지역
② 반지름=11km, 면적=400km² 이상인 지역
③ 지름=22km, 면적=100km² 이상인 지역
④ 지름=11km, 면적=100km² 이상인 지역

[해설]

평면측량 (plane surveying)
① 지구의 곡률을 고려하지 않은 측량으로,
② 거리측량의 허용정밀도가 1/1,000,000 이내인 범위
③ 지구의 곡률반경이 11km 이내인 지역
④ 면적이 약 400km² 이내인 지역을 평면으로 취급한다.
  ㉠ 거리허용오차
  $$(d-D) = \frac{D^3}{12 \cdot R^2}$$
  ㉡ 허용정밀도
  $$\left(\frac{d-D}{D}\right) = \frac{D^2}{12 \cdot R^2} = \frac{1}{m} = M$$
  ㉢ 평면으로 간주할 수 있는 범위
  $$(D) = \sqrt{\frac{12 \cdot R^2}{m}}$$

평면으로 간주할 수 있는 범위
$$(D) = \sqrt{\frac{12 \cdot R^2}{m}} = \sqrt{\frac{12 \times 6{,}370^2}{1{,}000{,}000}} = 22\text{km}$$
지름이 22km이므로 반지름 11km까지를 평면으로 보고 측량한다.
① 거리허용오차
$$(d-D) = \frac{D^3}{12 \cdot R^2} = \frac{22^3}{12 \times 6370^2} = 0.000022\text{km}$$
$$= 22\text{mm}$$
② 허용정밀도
$$\left(\frac{d-D}{D}\right) = \frac{D^2}{12 \cdot R^2} = \frac{1}{m} = \frac{22^2}{12 \times 6370^2} \fallingdotseq \frac{1}{1{,}000{,}000}$$

02 GPS 측량의 기준좌표계인 WGS84에 대한 설명으로 옳지 않은 것은?

① 전 세계적으로 측정해온 지구의 중력장과 지구 모양을 근거로 해서 만들어진 좌표계이다.
② X축은 국제시보국(BIH)에서 정의한 본초자오선과 평행한 평면이 지구 적도면과 교차하는 선이다.
③ Y축은 X축과 Z축이 이루는 평면에 서쪽으로 수직인 방향(서쪽으로 90°)으로 정의된다.
④ Z축은 1984년 국제시보국(BIH)에서 채택한 평균극축(CTP)과 평행하다.

[해설]

WGS84 특징
① 미국에 의해 구축된 세계좌표계의 하나이다.
② 좌표계의 원점은 지구의 질량 중심이다.
(지심좌표계)

Answer 01 ② 02 ③

③ 1984년 이전까지는 지구중력의 관점에서 정해진 지구타원체 모델인 WGS72가 사용되었다.
④ WGS84의 기준타원체는 IAG(국제측지학회)에서 권고치인 GRS80을 사용하였고 제원을 살펴보면 다음과 같다.
  ㉠ 장반경(a) : 6,378,137m
  ㉡ 단반경(b) : 6,356,752m
  ㉢ 편평률(f) : 1/298.257
⑤ 좌표계
  ㉠ X축은 BIH에서 정의한 본초자오선과 평행한 평면이 지구 적도면과 교차하는 선이다.
  ㉡ Z축은 1984년 국제시보국에서 채택한 지구 자전축과 평행하다.
  ㉢ Y축은 X축으로부터 적도면을 따라 동쪽으로 수직인 방향으로 정의된다.

03 지구의 자전축이 황도면의 수직방향에 대하여 약 23.5° 기울기를 가지고 약 26,000년을 주기로 회전하는 현상은?

① 장동(nutation)
② 세차(precession)
③ 균시차(equation of time)
④ 일주운동(diurnal motion)

해설

지구의 자전과 공전
지구는 태양을 중심으로 하는 타원 위를 1년(365.24일)에 한 바퀴 돈다. 이 타원의 이심률은 0.01675이고, 대개 반지름 1.5 × 10⁸km의 원운동을 하고 있다고 생각하면 된다. 자세히 보면 지구의 공전운동은 달이나 다른 행성의 영향을 받아 복잡한 양상을 띤다. 지구의 공전궤도면은 지구의 자전축과 약 66.5°의 기울기를 갖는다.
이 때문에 1년 동안에 봄·여름·가을·겨울 4계절이 생긴다. 지구의 자전주기는 23시간 56분이지만, 태양의 공전운동 때문에 태양이 어떤 지점에서 남중하고 그 다음 남중할 때까지는 약 24시간이 걸린다. 이 태양 운동에 바탕을 두고 하루를 결정한 것을 태양일이라 하고 1년간 태양일의 평균을 평균태양일이라 하며 24시간으로 정해져 있다. 현재 천구에서의 자전축의 방향은 북극성을 향하고 있다. 그러나 지구가 완전한 구대칭이 아니라 적도 부근이 볼록해 있기 때문에 달과 태양으로부터 짝힘을 받아 지구의 자전축 방향은 **약 2만 6000년 주기로 공전축의 둘레를 공전과 같은 방향으로 회전운동을** 하고 있다. 이것을 세차운동이라 한다. 이 세차운동 중에는 16년 주기 등의 주기가 짧고 진폭이 작은 운동이 있는데, 이것을 장동(章動)이라 한다. 세차운동이나 장동은 팽이의 회전운동에서도 관찰할 수 있다. 이러한 운동은 천구상의 별의 위치를 기준으로 해서 관찰한 지구의 회전운동이다.

04 극심입체투영법에 의해 위도 80°이상 양극지역의 지도 좌표를 표시하는데 사용되는 것은?

① UPS좌표
② 3차원극좌표
③ UTM좌표
④ 가우스크뤼거좌표

해설

UPS 좌표(Universal Polar Stereographic Coordinate)
위도 80° 이상의 양극지역 좌표를 표시하는 데 이용한다. UPS 좌표는 국제극심입체투영법에 의한 것이며 UTM 좌표의 상사투영법과 같은 특성을 지닌다.
① 양극을 원점으로 평면직각좌표계를 사용하며 거리좌표는 m로 표시한다.
② 종축은 경도 0° 및 180°인 자오선, 횡축은 90°E인 자오선이다.
③ 원점의 좌표값은(횡좌표 2,000,000mN, 종좌표 2,000,000mN)이다.
④ 도북은 북극을 지나는 180° 자오선(남극에서는 0° 자오선)과 일치한다.

Answer 03 ② 04 ①

05 항공 및 해상 중력관측의 경우 이동 중 관측을 실시하게 되므로 관측기기의 속도에 의한 영향을 보정하기 위한 것은?

① 아이소스타시 보정 ② 프리에어 보정
③ 에트뵈스 보정 ④ 부게 보정

해설

중력보정	실측된 중력값을 기준면(지오이드 또는 평균해수면) 상의 중력값으로 보정하는 것
고도보정	관측점 사이의 고도차가 중력에 미치는 영향을 제거하는 보정 • 프리-에어보정(free air correction) : 관측점 사이에 존재하는 물질의 인력을 고려하지 않고 고도차만을 고려하는 보정 • 부게보정(Bouger correction) : 관측점들의 고도차가 존재하는 물질의 인력이 중력에 미치는 영향을 보정하는 것
지형보정	실제지형은 능선이나 계곡 등의 불규칙한 형태를 이루고 있으므로 이러한 지형영향을 고려한 보정을 지형보정이라 한다.
에토베스 보정	지구에 대한 동체의 상대운동의 영향에 의한 중력효과를 보정하는 것을 에토베스보정이라 한다.
조석보정	달과 태양의 인력에 의하여 지구 자체가 주기적으로 변형하는 지구 조석현상은 중력값에도 영향을 주게 되고 이 중력효과를 보정하는 것을 조석보정이라 한다.
위도보정	위도차에 의한 영향을 제거하는 것을 위도보정이라 한다.
대기보정	측점의 고도변화에 따른 대기질량의 효과를 고려하여야 하는데 이를 대기보정이라 한다.
지각균형보정補正 (isostatic correction)	표준중력식은 지표면으로부터 같은 거리에 있는 지표면하의 밀도는 균일하다는 가정 아래 계산된 것이지만 지각균형설에 의하면 밀도는 일정하지 않기 때문에 이에 대한 보정이 필요하며 이것을 지각균형보정이라 한다.

계기보정	스프링 크립현상으로 생기는 중력의 시간에 따른 변화를 보정하는 것을 계기보정이라 한다.

06 GNSS측량의 오차에 대한 설명으로 틀린 것은?

① GNSS의 오차에는 위성시계 오차, 대기 굴절 오차, 수신기 오차 등이 있다.
② 위성의 위치오차는 위성의 배치상태의 오차를 말하며 측점의 좌표계산에는 영향을 주지 않는다.
③ 안테나의 높이 측정오차와 구심오차는 안테나의 중심과 위상중심의 차이에서 발생하는 오차를 말한다.
④ 위성의 기하학적 배치상태가 정밀도에 주는 영향을 추정할 수 있는 척도로 DOP(Dilution Of Precision)를 사용한다.

해설

• 정밀도 저하율(DOP, Dilution of Precision) : GPS 관측지역의 상공을 지나는 위성의 기하학적 배치상태에 따라 측위의 정확도가 달라지는데 이를 DOP라 한다.

2. 종류
   ① GDOP : 기하학적 정밀도 저하율
   ② PDOP : 위치 정밀도 저하율
   ③ HDOP : 수평 정밀도 저하율
   ④ VDOP : 수직 정밀도 저하율
   ⑤ RDOP : 상대 정밀도 저하율
   ⑥ TDOP : 시간 정밀도 저하율

3. 특징
   ① 3차원 위치의 정확도는 PDOP에 따라 달라지는데 PDOP는 4개의 관측위성이 이루는 정사면체의 체적이 최대일 때 가장 정확도 좋으며 최대 체적일 때 GDOP, PDOP 등이 최소가 된다. 이 때는 관측자의 머리 위에 다른 3개의 위성이 각각 120°를 이룰 때이다.
   ② DOP는 값이 작을수록 정확한데 1이 가장 정확하고 5까지는 실용상 지장이 없다. 10 이상의 경우는 좋은 조건이 아니다.

Answer 05 ③ 06 ②

07 GNSS 반송파 위상추적회로에서 반송파 위상관측값에 순간적인 손실이 발생하는 현상을 무엇이라 하는가?

① AS ② Cycle Slip
③ SA ④ VRS

해설

Cycle Slip
사이클슬립은 GPS반송파위상 추적회로에서 반송파위상치의 값을 순간적으로 놓침으로 인해 발생하는 차. 사이클슬립은 반송파 위상데이터를 사용하는 정밀위치측정분야 에서는 매우 큰 영향을 미칠 수 있으므로 사이클슬립의 검출은 매우 중요하다.

원인	처리
① GPS안테나 주위의 지형지물에 의한 신호 단절 높은 신호 잡음 ③ 낮은 신호 강도 ④ 낮은 위성의 고도각 ⑤ 사이클슬립은 이동측량에서 많이 발생	① 수신회로의 특성에 의해 파장의 정수배 만큼 점프하는 특성 ② 데이터 전처리 단계에서 사이클슬립을 발견, 편집가능 ③ 기선해석 소프트웨어에서 자동처리

08 위성 측위 시스템이 아닌 것은?

① GPS ② GLONASS
③ EDM ④ Galileo

해설

전 세계 위성항법시스템 현황

소유국	시스템 명	목적	운용연도	운용궤도	위성수
미국	GPS	전지구위성항법	1995	중궤도	31기 운용중
러시아	GLONASS	전지구위성항법	2011	중궤도	24
EU	Galileo	전지구위성항법	2012	중궤도	30
중국	COMPASS (Beidou)	전지구위성항법 (중국 지역위성항법)	2011	중궤도 정지궤도	30 5
일본	QZSS	일본주변 지역위성항법	2010	고타원궤도	3
인도	IRNSS	인도주변 지역위성항법	2010	정지궤도 고타원궤도	3 4

09 UTM(Universal Transverse Mercator Projection) 좌표계에서 사용하는 원점의 축척계수는?

① 1.0000 ② 1.0001
③ 0.9999 ④ 0.9996

해설

UTM 좌표(Universal Transverse Mercator Coordinate)
UTM 좌표는 국제횡메르카토르 투영법에 의하여 표현되는 좌표계이다. 적도를 횡축, 자오선을 종축으로 한다. 투영방식, 좌표변환식은 TM과 동일하나 원점에서 축척계수를 0.9996으로 하여 적용범위를 넓혔다.

① 지구 전체를 경도 6°씩 60개 구역으로 나누고, 각 종대의 중앙자오선과 적도의 교점을 원점으로 하여 원통도법인 횡메르카토르 투영법으로 등각 투영한다.
② 각 종대는 180°W 자오선에서 동쪽으로 6° 간격으로 1∼60까지 번호를 붙인다.
③ 중앙자오선에서의 축척계수는 0.9996m이다.

(축척계수 : $\dfrac{\text{평면거리}}{\text{구면거리}} = \dfrac{s}{S} = 0.9996$)

④ 종대에서 위도는 남북 80°까지만 포함시킨다.
⑤ 횡대는 8°씩 20개 구역으로 나누어 C(80°S∼72°S)∼X(72°N∼80°N)까지(단, I, O는 제외) 20개의 알파벳 문자로 표현한다.
⑥ 결국 종내 및 횡대는 경도 6°×위도 8°의 구형 구역으로 구분된다.
⑦ 우리나라는 51∼52종대와 S∼T횡대에 속한다.
⑧ UTM 좌표에서 거리좌표는 m 단위로 표시하며 종좌표에서는 N을, 횡좌표에서는 E를 붙인다.
⑨ 각 종대마다 좌표원점의 값을 북반구에서 횡좌표 500,000mE, 종좌표 0mN(남반구에서는 10,00,000N)으로 주면 북반구에서 종좌표는 적도에서 0mN, 80°N에서 10,000,000mN이다.
⑩ 남반구에서는 80°S에서 적도까지의 거리는 10,000,000m로 나타난다.
⑪ 80°N과 80°S간 전 지역의 지도는 UTM 좌표로 표시하며 80°N 이북과 80°S 이남의양극지역의 전 지역의 지도는 국제극심입체좌표(UPS)로 표시

Answer 07 ② 08 ③ 09 ④

함으로써 전 세계를 일관된 좌표계로 나타낼 수 있다.

51 : 120°~126° E (중앙자오선 123° E)	S : 32°~40° N
52 : 126°~132° E (중앙자오선 129° E)	T : 40°~48° N

10 기종이 서로 다른 GNSS 수신기를 혼합하여 관측하였을 경우 수집된 GNSS 데이터의 기선해석이 용이하도록 고안된 세계 표준의 GNSS 데이터의 자료형식은?

① RINEX
② DXF
③ DWG
④ RTCM

[해설]

Rinex(GPS자료 공통포맷형식)
RINEX(Receiver Independent Exchange Format : 수신기독립변환형식)는 GPS 데이터의 호환을 위한 표준화된 공통형식으로서 서로 다른 종류의 GPS수신기를 사용하여 관측하여도 기선해석이 가능하게 하는 자료형식으로 전 세계적인 표준이다.

1. RINEX의 특징
(1) 신기의 출력형식과 포맷은 제조사에 따라 각각 다르기 때문에 기선해석이 불가능하여 이를 해결하기 위한 공통형식으로 사용되는 것이 RINEX형식이다.
(2) 공통형식으로 미국의 NGS(National Geodetic Survey) 포맷도 있다.
(3) 최근 일반측량 S/W에도 RINEX 형식의 변환 프로그램이 포함되어 시판된다.
(4) 1996년부터 GPS의 공통형식으로 사용하고 있으며 향후에도 RINEX형식에 의한 데이터 교환이 주류가 될 것이다.

2. RINEX의 구성
(1) 자료처리 및 컴퓨터 관련기기 간의 통신을 위해 고안된 세계 표준코드인 ASCII(American Standard Code for Information Interchange) 형식으로 구성

(2) 헤더 부분과 데이터 부분으로 구성되며 RINEX 파일의 종류는 관측데이터, 항법메시지, 기상데이터파일이 있다.

11 GNSS 단독측위에서 4개 위성의 관측점 좌표 x, y에 대한 Cofactor 행렬의 대각선 요소가 각각 σ_{xx} = 0.75, σ_{yy} = 1.13일 때 관측점의 수평정확도 저하율(HDOP)은?

① 0.85
② 1.36
③ 1.51
④ 1.88

[해설]

$$HDOP = \sqrt{(\sigma_{xx}^2 + \sigma_{yy}^2)}$$
$$= \sqrt{0.75^2 + 1.13^2}$$
$$= 1.36$$

$$GDOP = \sqrt{(\sigma_{xx}^2 + \sigma_{yy}^2 + \sigma_{zz}^2 + \sigma_{tt}^2)}$$
$$PDOP = \sqrt{(\sigma_{xx}^2 + \sigma_{yy}^2 + \sigma_{zz}^2)}$$
$$TDOP = \sigma_{tt}$$
$$HDOP = \sqrt{(\sigma_{xx}^2 + \sigma_{yy}^2)}$$
$$VDOP = \sigma_{zz}$$

12 중력관측점과 지오이드면 사이의 질량을 고려한 중력이상을 무엇이라 하는가?

① 부게 이상
② 프리에어 이상
③ 지각균형 이상
④ 지구자기 이상

[해설]

중력 이상(gravity anomary)
중력 이상이란 중력보정을 통하여 기준면에서의 중력값으로 보정된 중력값에서 표준중력값을 뺀 값이다. 즉 제 관측중력값에서 표준중력식에 의해 계산한 중력값을 뺀 것이다. 중력이상의 주원인은 지하의 지질밀도가 고르게 분포되어 있지 않기 때문이다.
① 후리-에어(free-air) 이상
 • 후리 에어 이상은 관측된 중력값으로부터 위도보정과 후리-에어보정을 실시한 중력값에서 기준점에서의 표준중력값을 뺀 값이다.

Answer 10 ① 11 ② 12 ①

- 후리-에어 이상은 관측점과 지오이드 사이의 물질에 대한 영향을 고려하지 않기 때문에 고도가 높은 점일수록 양(+)으로 증가한다.

② 부게 이상
- 부게 이상은 지하의 물질 및 질량분포를 구하는데 목적이다.
- 중력관측점과 지오이드면 사이의 질량을 고려한 중력이상으로 지형보정을 실시하느냐 하지 않느냐에 따라 두 가지로 나누어진다.
- 후리-에어 이상에 부게 보정 및 지형보정을 더하여 얻는 이상은 부게 이상이다.
- 후리-에어 이상에 부게 보정을 더하여 얻는 이상은 단순 부게 이상이다.
- 고도가 높을수록 (-)로 감소한다.

③ 지각 균형 이상
- 지각 균형 이상은 지질광물의 분포상태에 따른 밀도 차의 영향을 고려한 이상이다.
- 부게 이상에 지각균형보정을 더하여 얻는 이상이다.

13 GPS 위성측량에 관한 설명으로 틀린 것은?

① S.A(선택적 부가오차)의 해제로 절대측위의 정확도가 향상되었다.
② 수신기 시계의 오차가 없다면 3대의 위성신호를 사용하여도 위치결정이 가능하다.
③ GPS 위성은 위성마다 각각 자기의 코드신호를 선송한다.
④ 위성과 수신기 간의 거리측정의 정확도는 C/A 코드를 사용하거나 L_1 반송파를 사용하거나 차이가 없다.

해설

구분		특징
코드 신호 측정 방식	의의	위성에서 발사한 코드와 수신기에서 미리 복사된 코드를 비교하여 두코드가 완전히 일치할때 까지 걸리는 시간을 관측하여 여기에 전파속도를 곱하여 거리를 구하는데 이때 시간에 오차가 포함되어 있으므로 의사거리(Pseudo range)라 한다.
	공식	$R = [(X_R - X_S)^2 + (Y_R - Y_S)^2 + (-Z_S)^2]^{1/2} + \delta t \cdot c$ 여기서, R : 위성과수신기 사이의 거리 X, Y, Z : 위성의 좌표값 X_R, Y_R, Z_R : 수신기의 좌표값 δt : GPS와 수신기간의 시각 동기오차 C : 전파속도
	특징	① 동시에 4개 이상의 위성신호를 수신해야 함 ② 단독측위(1점측위, 절대측위)에 사용되며 이때허용오차는 5~15m ③ 2대 이상의 GPS를 사용하는 상대측위 중 코드 신호만을 해석하여 측정하는 GPS(Differential GPS) 측위 시 사용되며 허용오차는 약 1m 내외임
반송 파신 측정 방식	의의	위성에서 보낸 파장과 지상에서 수신된 파장의 위상차를 관측하여 거리를 계산한다.
	공식	$R = (N + \frac{\phi}{2\pi}) \cdot \lambda + C(dT + dt)$ 여기서, R : 위성과 수신기 사이의 거리 λ : 반송파의 파장 N : 위성과 수신기간의 반송파의 개수 ϕ : 위상각 C : 전파속도 $dT + dt$: 위성과 수신기의 시계오차

Answer 13 ④

반송파신호측정방식	특징	① 반송파신호측정방식은 일명 간섭측위라하여 전파의 위상차를 관측하는 방식인데 수신기에 마지막으로 수신되는 파장의 위상을 정확히 알 수 없으므로 이를 모호정수(Ambiguity) 또는 정수치편기(bias)라고 한다. ② 본 방식은 위상차를 정확히 계산하는 방법이 매우 중요한데 그 방법으로 1중차, 2중차, 3중차의 단계를 거친다. ③ 일반적으로 수신기 1대만으로는 정확한 Ambiguity를 결정할 수 없으며 최소 2대 이상의 수신기로부터 정확한 위상차를 관측한다. ④ 후처리용 정밀기준점 측량 및 RTK법과 같은 실시간이동측량에 사용된다.

14 VRS(virtual reference station)를 활용한 GNSS 측량에 대한 설명으로 틀린 것은?

① 코드데이터 기반으로 측량을 수행한다.
② 중앙국과의 무선통신이 가능해야 한다.
③ 중앙국에서 계산된 오차를 이용하여 위치를 결정하는 기법이다.
④ 실시간 측위가 가능하다.

해설

VRS
(Virtual Reference Station, 가상기준점 방식)
- 개념 : 네트워크 RTK(Network Real Time Kinematic)의 한 방법으로, GPS 상시관측소들로 이루어진 기준국 이용해 계통적 오차를 분리하고 모델링하여, 네트워크 내부 임의의 위치에서 관측된 것과 같은 가상기점을 생성하고, 이 가상기준점(VRS)과 이동국과의 RTK를 통하여 정밀한 이동국의 위치를 결정하는 측량방법이다.
- VRS 측량의 흐름
1. 현재 이동국의 GPS의 개략적인 위치를 VRS 서버에 전송

2. 이동국 주변에 있는 3개의 상시관측소 정보를 이용해서 계통적 오차를 제거하고 이에 위치보정값을 이동국에 전송
3. VRS서버로부터 전송받은 위치보정값을 이용하여 RTK 측량을 실시

15 통합기준점을 GNSS측량을 통해 관측을 실시할 경우에 준수하여야 할 사항에 대한 설명으로 옳지 않은 것은?

① GNSS측량은 정적간섭측위방식으로 실시한다.
② 위성 고도각은 15° 이상의 것을 사용한다.
③ 관측시간은 연속으로 8시간을 표준으로 한다.
④ 동시 수신 위성은 최소 6개 이상이 되도록 한다.

해설

통합기준점측량 작업규정 제17조(GNSS관측)
통합기준점에 대한 GNSS관측은 다음과 같이 실시하여야 한다.
① GNSS관측은 관측망도 및 관측계획에 따라 실시한다.
② GNSS위성의 최신 운행정보·위성배치 및 사용하는 위성기준점의 운용 상황을 수집·확인하는 등 적정한 관측조건을 갖춘 상태에서 관측을 실시한다.
③ 사용하고자 하는 위성기준점의 가동상황을 관측전후에 확인한다.
④ 통합기준점의 지반침하 등을 고려하여 설치완료 10일이 경과한 후 침하량을 파악하여 지반침하가 없는 경우에 관측을 실시한다.
⑤ 장비의 이상 유무 등을 관측 전에 확인하고, 필요시 관측 중에도 수시로 확인한다.
⑥ **GNSS관측은 정적간섭측위방식으로 실시한다.**
⑦ GNSS측량기기를 설치할 때에는 GNSS안테나 등의 기계적 중심이 통합기준점의 수평면에서의 중심과 일 연직선상에 위치하도록 치심에 세심한 주의를 기울이고, 이때 정준대를 설치하는 개소는 수평이 되게 하고 관측 전과 관측 후에 치심상황을 점검한다.

Answer 14 ① 15 ④

⑧ GNSS안테나의 높이는 강권척을 사용하여 통합기준점 표지의 중심에서 안테나 참조점(ARP)까지 연직향으로 정확한 값이 되도록 관측 전과 관측 후에 각각 3회 측정하고 당해 측정값을 확인할 수 있도록 사진을 촬영한다.

⑨ 통합기준점 GNSS관측은 단위다각형마다 또는 통합기준점마다 실시하고 관측시간 등은 다음을 표준으로 한다.

구분		비고
연속관측시간	8시간	KST기준으로 09시 이후 관측을 시작하고 익일 09시 이전에 관측을 종료
세션수	1	
데이터 취득간격	30초	

⑩ GNSS관측에 사용하는 GNSS위성은 다음 각 호와 같은 조건으로 한다.
1. 고도각 15도 이상의 GNSS위성 사용
2. 작동상태(health status)가 정상인 GNSS 위성 사용
3. 4개 이상의 위성을 동시에 사용

⑪ GNSS관측데이터는 기록매체에 저장하고, 다른 기록매체에 1부를 별도 작성한다.

⑫ GNSS관측시의 안테나 높이나 기타 필요하다고 인정되는 사항을 GNSS관측기록부에 기록한다. GNSS관측 시 조정기를 사용하여 관측점에 대한 입력정보가 원시데이터에 기록되도록 하고, GNSS관측 사진을 촬영한다.

⑭ 방위표를 설치하기 위한 GNSS관측은 제1항부터 제9항까지의 규정을 준용하여 해당 통합기준점과 동시 관측한다. 다만, 연속관측시간은 2시간으로 한다.

⑮ 모든 GNSS관측데이터는 RINEX포맷으로 변환(이하 "관측RINEX데이터"라 한다)하여 전산기록매체에 저장한다.

16 지구 자기의 북반구에서는 북극으로 갈수록 자침의 남극 쪽을 무겁게 하거나 길게 하는데 그 이유로 가장 알맞은 것은?

① 북으로 갈수록 편각이 작아지므로
② 북으로 갈수록 편각이 커지므로
③ 북으로 갈수록 복각이 작아지므로
④ 북으로 갈수록 복각이 커지므로

[해설]
북으로 갈수록 복각이 커지므로 지구 자기의 북반구에서는 북극으로 갈수록 자침의 남극 쪽을 무겁게 하거나 길게 하는데 그 이유다.

17 지표면상 구면삼각형의 각을 관측한 결과 ∠A=50°20′, ∠B=66°25′, ∠C=64°35′ 이었다면 지구의 곡률반지름이 6250km라고 할 때, 구면삼각형 ABC의 면적은?

① 266,000km²
② 422,000km²
③ 909,025km²
④ 944,000km²

[해설]
$$\epsilon'' = \frac{A}{R^2}\rho''$$
$$A = \frac{\epsilon''}{\rho''} \times R^2 = \frac{4800''}{206265''} \times 6250^2 = 909,025 km^2$$
$$\epsilon'' = (50°20' + 66°25' + 64°35') - 180° = 1°20'$$
$$= 4,800''$$

18 천문좌표계에 속하지 않는 것은?

① 지평좌표
② 적도좌표
③ 경위도좌표
④ 황도좌표

Answer 16 ④ 17 ③ 18 ③

[해설]

천문좌표계

① **지평좌표(방위각-고저각 좌표계)**
  ㉠ 관측자를 중심으로 천체의 위치를 가장 간략하게 표시하는 좌표계이다.
  ㉡ 관측자의 위치에 따라 방위각(A), 고저각(h)이 변하는 단점이 있다.

② **적도좌표계**
  ㉠ 천구상 위치를 천구도면을 기준으로 적경(α)과 적위(δ) 또는 시간각(H)과 적위(δ)로 나타내는 좌표계이다.
  ㉡ 시간과 장소에 관계없이 좌표값이 일정하고, 정확도가 높아 가장 널리 이용된다.
  ㉢ 특별한 시설이 없으면 천체를 나타내지 못하는 단점이 있다.

③ **황도좌표계**
  ㉠ 태양계 내의 천체의 운동을 설명하는 데 편리하다.
  ㉡ 이는 태양계의 모든 천체의 궤도면이 지구의 궤도면과 거의 일치하며 천구상에서 황도 가까운 곳에 나타나기 때문이다. (황도를 기준으로 함)

④ **은하좌표계**
  ㉠ 은하계의 중간 평면을 은하적도로 하여 은경, 은위로 위치 표현한다.
  ㉡ 은하적도는 천구적도에 비해 63° 기울어져 있다.
  ㉢ 은하계 내의 천구 위치나 은하계와 연관 있는 현상을 설명할 때 편리하다.

19 자석으로 진북을 결정할 때 필요한 지구자기의 요소는?

① 복각
② 편각
③ 수평자기력
④ 연직자기력

[해설]

지자기(地磁氣)의 3요소

지자기는 방향과 크기를 가진 양으로 벡타량이며 그 방향과 크기를 구함으로서 정해진다. 지자기는 지구가 가지고 있는 자기와 그 자장에서 일어나는 여러 현상이며, 지구 각 지점의 자장은 지자기 3요소

(편각, 복각, 수평분력) 등에 의해 결정된다. 지구표면의 한 점에서 지자기장은 전자장 F로부터 수평분력 H와 연직분력 Z로 나누어지며, 수평분력은 진북방향성분과 동서방향성분으로 나눌 수 있다.

편각(偏角, Declination) : D	(1) 수평분력 H가 진북과 이루는 각 (2) 지자기의 방향과 자오선이 이루는 각 (3) 진북을 기준으로 시계방향을 (+)로 한다. (4) 우리나라의 경우 약 −5° ~ −6°의 편각을 가진다.
복각(伏角, Inclination) : I	(1) 전자장 F와 수평분력 H가 이루는 각 (2) 수평면을 기준으로 시계방향을 (+)로 함
수평분력 (水平分力, Horizontal Intensity)	(1) 전자장 F벡터를 수평면(X, Y) 내로 투영한 수평성분 (2) 전자장 F로부터 수평분력 H와 연직분력 Z로 나누어진다. (3) 수평분력은 진북방향성분 X와 동서방향성분 Y로 나누어진다.

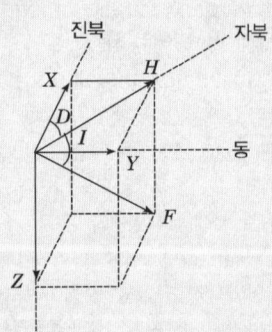

여기서, F : 전자장
H : 수평분력(X : 진북방향 성분, Y : 동서방향 성분)
Z : 연직분력
D : 편각
I : 복각

Answer 19 ②

20 다음 중 물리학적 측지학에 속하지 않는 것은?

① 지오이드 모델 결정
② 중력측정
③ 시각의 결정
④ 지구내부 물질조사

해설

지학은 지구 내부의 특성, 지구의 형상 및 운동을 결정하는 측량과 지구표면상에 있는 모든 점들 간의 상호위치관계를 산정하는 측량의 가장 기본적인 학문이다.

기하학적 측지학	물리학적 측지학
① 측지학적 3차원 위치 결정	① 지구의 형상 해석
② 길이 및 시간의 결정	② 지구의 극운동 및 자전 운동
③ 수평위치 결정	③ 지각변동 및 균형
④ 높이의 결정	④ 지구의 열 측정
⑤ 지도제작	⑤ 대륙의 부동
⑥ 면적 및 체적의 산정	⑥ 해양의 조류
⑦ 천문측량	⑦ 지구의 조석 측량
⑧ 위성측량	⑧ 중력측량
⑨ 해양측량	⑨ 지자기 측량
⑩ 사진측량	⑩ 탄성파측량

제2과목 | 응용측량

21 그림에서 V지점에 해당하는 종단곡선(Vertical curve) 상의 계획고(Elevation)는? (단, 종단곡선은 2차포물선이고, A점의 계획고=65.50m)

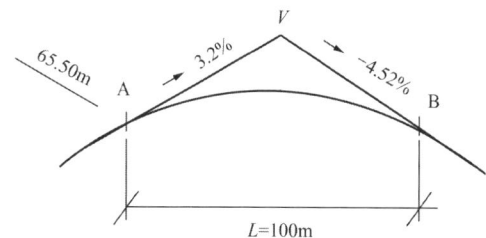

① 66.14m
② 66.57m
③ 66.83m
④ 67.49m

해설

1. 구배선의 계획고
$$H_{V'} = H_A + \frac{m}{100}x = 65.5 + \frac{3.2}{100} \times 50 = 67.1m$$

2. 종단곡선의 계획고
$$H_V = H_{V'} - y$$
$$= H_{V'} - \frac{m-(-n)}{2L} \cdot x^2$$
$$= 67.1 - \frac{0.032-(-0.045)}{2 \times 100} \times 50^2$$
$$= 66.14m$$

Answer 20 ③ 21 ①

22 노선측량에서 단곡선의 곡선반지름 R = 100m, 교각 I = 60°라면 옳지 않은 것은?

① 장현(L) = 120m
② 외할(E) = 15.5m
③ 중앙종거(M) = 13.4m
④ 접선장(T.L) = 57.7m

해설

$$장현(L) = 2R\sin\frac{I}{2} = 2 \times 100 \times \sin 30° = 100m$$

$$외할(E) = R(\sec\frac{I}{2} - 1) = 100(\frac{1}{\cos 30°} - 1) = 15.5m$$

$$중앙종거(M) = R(1 - \cos\frac{I}{2}) = 100(1 - \cos 30°)$$
$$= 13.4m$$

$$접선장(TL) = R\tan\frac{I}{2} = 100 \times \tan 30° = 57.7m$$

23 하천 횡단면의 연직선에서 평균유속을 구하기 위하여 1점법을 사용할 때 옳은 것은?

① 수면에서 수심의 2/10 지점의 유속을 측정하여 그 값을 평균유속으로 한다.
② 수면에서 수심의 4/10 지점의 유속을 측정하여 그 값을 평균유속으로 한다.
③ 수면에서 수심의 6/10 지점의 유속을 측정하여 그 값을 평균유속으로 한다.
④ 수면에서 수심의 8/10 지점의 유속을 측정하여 그 값을 평균유속으로 한다.

해설

1) 1점법(Vm) : 수면으로부터 수심 $0.6H$

2) 2점법(Vm) : $\dfrac{V_{0.2} + V_{0.8}}{2}$

3) 3점법(Vm) : $\dfrac{V_{0.2} + 2V_{0.6} + V_{0.8}}{4}$

4) 4점법(Vm) :
$\dfrac{1}{5}\{V_{0.2} + V_{0.4} + V0.6 + V0.8 + \dfrac{1}{2}(V0.2 + \dfrac{1}{2}V_{0.8})\}$

24 노선측량 중 시공측량에서 속하지 않는 것은?

① 용지측량
② 중심점 인조측량
③ 시공기준틀 설치측량
④ 준공검사 조사측량

해설

노선측량 세부 작업과정

노선선정 (路線選定)	도상선정
	종단면도 작성
	현지답사
계획조사측량 (計劃調査測量)	지형도 작성
	비교노선의 선정
	종단면도 작성
	횡단면도 작성
	개략노선의 결정
실시설계측량 (實施設計測量)	지형도 작성
	중심선의 선정
	중심선 설치(도상)
	다각측량
	중심선설치(현지)
	고저측량 / 고저측량
	고저측량 / 종단면도 작성
세부측량 (細部測量)	구조물의 장소에 대해서, 지형도(축척 종 1/500~1/100)와 종횡단면도(축적 종 1/100, 횡 1/500~1/100)를 작성한다.
용지측량 (用地測量)	횡단면도에 계획단면을 기입하여 용지 폭을 정하고, 축척 1/500 또는 1/600로 용지도를 작성한다.
공사측량 (工事測量)	기준점 확인·중심선 검측·검사관측
	인조점 확인 및 복원·가인조점 등의 설치

Answer 22 ① 23 ③ 24 ①

25 곡선반지름 R = 100m 되는 원곡선을 속도 100km/h로 주행할 때의 캔트(cant)는? (단, 궤간은 1.067m 이다.)

① 약 110mm
② 약 740mm
③ 약 840mm
④ 약 940mm

[해설]

$$C = \frac{SV^2}{Rg} = \frac{1.067 \times (\frac{100,000m}{3600})^2}{9.81 \times 100} = 0.84m = 840mm$$

26 하천측량에서 평면측량의 범위 및 거리에 대한 설명으로 옳지 않은 것은?

① 유제부에서의 측량범위는 제외지 전부와 제내지 100m 이내로 한다.
② 무제부에서의 측량범위는 과거 최대홍수위선 이상까지로 한다.
③ 홍수 방지 공사가 목적인 하천 공사에서는 하구에서부터 상류의 홍수 피해가 미치는 지점까지로 한다.
④ 선박 운행을 위한 하천 개수가 목적일 때 하류는 하구까지로 한다.

[해설]

평면측량 범위	
유제부	제외지 범위 전부와 제내지의 300m 이내
무제부	홍수가 영향을 주는 구역보다 약간 넓게 측량한다. (홍수 시에 물이 흐르는 맨 옆에서 100m까지)
홍수방지공사가 목적인 하천공사	하구에서부터 상류의 홍수피해가 미치는 지점까지
사방공사	수원지까지
선박운행을 위한 하천 계수가 목적일 때	하류는 하구까지

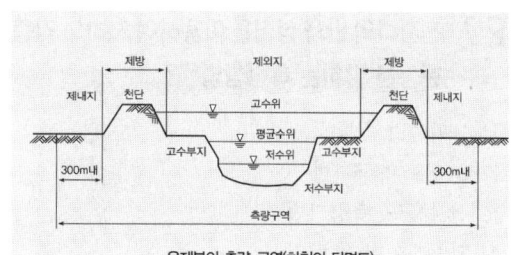

유제부의 측량 구역(하천의 단면도)

27 직사각형의 토지를 가로, 세로 방향으로 관측하여 65.45m, 58.55m를 얻었다. 길이의 측정값을 각각 ±1cm의 표준오차로 유지할 때 면적의 표준오차는?

① ±0.77m²
② ±0.88m²
③ ±1.50m²
④ ±1.76m²

[해설]

$$M = \sqrt{(X_2 \cdot m_1)^2 + (X_1 \cdot m_2)^2}$$
$$= \sqrt{(65.45 \times 0.01)^2 + (58.55 \times 0.01)^2}$$
$$= 0.88m^2$$

28 원곡선 설치에 있어서 곡선 반지름 R = 250m, 교각 I = 130°일 때, 곡선길이(C.L)는?

① C.L = 553.25m
② C.L = 567.23m
③ C.L = 570.25m
④ C.L = 575.23m

[해설]

$$CL = 0.0174533RI$$
$$= 0.0174533 \times 250 \times 130° = 567.23m$$

Answer 25 ③ 26 ① 27 ② 28 ②

29 전자파의 반사 성질을 이용하여 지하의 각종 현상을 밝히는 측량방법은?

① 음파측량기법
② GNSS 측량기법
③ 전자유도 측량기법
④ 지중레이더 측량기법

해설

전자유도 측량 방법	지표로부터 매설된 금속관로 및 케이블 관측과 탐침을 이용하여 공관로나 비금속관로를 관측할 수 있는 방법으로, 장비가 저렴하고 조작이 용이하며 운반이 간편하여 지하시설물 측량기법 중 가장 널리 이용되는 방법이다.
지중레이더 측량 기법	지중레이더 측량기법은 전자파의 반사의 성질을 이용하여 지하시설물을 측량하는 방법이다.
음파 측량기법	전자유도 측량방법으로 측량이 불가능한 비금속 지하시설물에 이용하는 방법으로 물이 흐르는 관 내부에 음파 신호를 보내면 관 내부에 음파가 발생된다. 이때 수신기를 이용하여 발생된 음파를 측량하는 기법이다.
지표 투과 레이더(GPR) 탐사법	수십 MH_Z~수 GH_Z 주파수 대역의 전자기파를 이용하여 전자기파의 반사 및 회절 현상 등을 측정하고 이를 해석하여 지하구조의 파악 및 지하시설물을 측량하는 기법이다.

30 그림의 면적을 Simpson 제2법칙으로 구한 값은? (단, 지거는 일정)

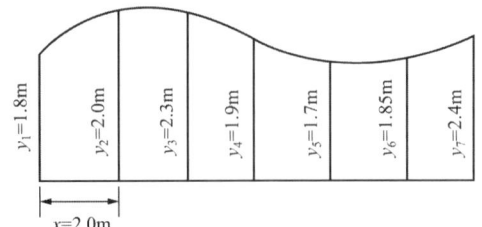

① 11.20m²
② 13.66m²
③ 21.20m²
④ 23.66m²

해설

$A_0 = \frac{3}{8}d[y_0 + y_n + 3(y_1 + y_2 + y_4 + y_5 + \ldots + y_{n-2} + y_{n-1})$
$\quad + 2(y_3 + y_6 + \ldots + y_{n-3})]$
$= \frac{3 \times 2.0}{8}[1.8 + 2.4 + 3(2.0 + 2.3 + 1.7 + 1.85) + 2(1.9)]$
$= 23.66m^2$

31 다음 중 터널측량 작업순서로 옳은 것은?

① 예측 → 지표설치 → 답사 → 지하설치
② 답사 → 예측 → 지표설치 → 지하설치
③ 예측 → 답사 → 지하설치 → 지표설치
④ 답사 → 지표설치 → 예측 → 지하설치

해설

터널측량의 작업

답사(踏査)	미리 실내에서 개략적인 계획을 세우고 현장 부근의 지형이나 지질을 조사하여 터널의 위치를 예정한다.
예측(豫測)	답사의 결과에 따라 터널위치를 약측에 의하여 지표에 중심선을 미리 표시하고 다시 도면상에 터널을 설치할 위치를 검토한다.
지표설치 (地表設置)	예측의 결과 정한 중심선을 현지의 지표에 정확히 설정하고 이때 갱문이나 수갱의 위치를 결정하고 터널의 연장도 정밀히 관측한다.
지하설치 (地下設置)	지표에 설치된 중심선을 기준으로 하고 갱문에서 굴삭을 시작하고 굴삭이 진행됨에 따라 갱내의 중심선을 설정하는 작업을 한다.

Answer 29 ④ 30 ④ 31 ②

과년도 기출문제 및 해설

32 제방의 축조, 교량의 건설, 배수공사 등 주로 치수(治水) 목적에 이용되는 수위는?

① 평균최저수위 ② 평균수위
③ 평균최고수위 ④ 경계수위

[해설]

하천의 수위

최고수위(HWL), 최저수위(LWL)	어떤 기간에 있어서 최고, 최저수위로 연단위 혹은 월단위의 최고, 최저로 구한다.
평균최고수위 (NHWL), 평균최저수위 (NLWL)	연과 월에 있어서의 최고, 최저의 평균수위, 평균최고수위는 제방, 교량, 배수 등의 치수 목적에 사용하며 평균최저수위는 수운, 선항, 수력발전의 수리 목적에 사용한다.
평균수위(MWL)	어떤 기간의 관측수위의 총합을 관측횟수로 나누어 평균치를 구한 수위
평균고수위 (MHWL), 평균저수위 (MLWL)	어떤 기간에 있어서의 평균수위 이상 수위들이 평균수위 및 어떤 기간에 있어서의 평균수위 이하 수위들의 평균수위
최다수위 (Most Frequent Water Level)	일정기간 중 제일 많이 발생한 수위
평수위(OWL)	어느 기간의 수위 중 이것보다 높은 수위와 낮은 수위의 관측수가 똑같은 수위로 일반적으로 평균수위보다 약간 낮은 수위. 1년을 통해 185일은 이보다 저하하지 않는 수위 ① 수애선은 수면과 하안과의 경계선 ② 수애선은 하천수위의 변화에 따라 변동하는 것으로 평수위에 의해 정해짐
저수위	1년을 통해 275일은 이보다 저하하지 않는 수위
갈수위	1년을 통해 355일은 이보다 저하하지 않는 수위
고수위	2~3회 이상 이보다 적어지지 않는 수위
지정수위	홍수시에 매시 수위를 관측하는 수위
통보수위	지정된 통보를 개시하는 수위
경계수위	수방(水防)요원의 출동을 필요로 하는 수위

33 측점 A, B, C의 좌표가 아래와 같을 때 토지(△ABC)의 면적은?

측점	X	Y
A	30m	50m
B	10m	90m
C	60m	100m

① 550m²   ② 1100m²
③ 2200m² ④ 4400m²

[해설]

합위거 (x)	합경거 (y)	$(X_{i+1} - X_{i-1}) \times y$	배면적
X_1	Y_1	$(x_2 - x_4) \times y_1$	$(10-60) \times 50 = -2,500$
X_2	Y_2	$(x_3 - x_1) \times y_2$	$(60-30) \times 90 = 2,700$
X_3	Y_3	$(x_4 - x_2) \times y_3$	$(30-10) \times 100 = 2,000$
			배면적 = 2,200
			면적 = $\frac{2,200}{2} = 1,100 m^2$

34 어떤 지점에서 조석관측을 수행하였을 경우 연이은 두 고조 또는 두 저조의 높이가 다르게 나타나게 되는데 이런 현상을 무엇이라고 하는가?

① 평균고조간격
② 평균저조간격
③ 반일주조
④ 일조부등

[해설]

일조부등(dailyinequality, diurnalinequality, 日潮不等)

1일에 2회의 만조와 간조가 있는 경우 그 높이 및 연이은 만조간의 시간차를 말한다. 높은 쪽의 만조를 고고조, 낮은 쪽을 저고조, 높은 쪽의 간조를 고저조, 낮은 쪽을 저저조라 한다. 일조부등이 가장 큰 시기의 조석을 회귀조라 하며, 가장 작은 시간의 조석을

Answer 32 ③ 33 ② 34 ④

분점조라 한다. 반일주조(semidiurnaltide)에서 연달아 생기는 2개의 고조(highwater) 및 2개의 저조(lowwater)가 같은 날일지라도 조위가 다른 것을 말한다. 이것은 조류(tidalcurrent)에도 적용된다. 일조부등의 원인은 다음과 같다.
① 달이 지구를 1회 공전하는 데 실제 약 24시간 50분이 소요되므로 매일 밀물과 썰물이 오는 시각이 약 50분씩 더 소요된다.
② 지구의 자전축이 약 23.5° 기울어져 있으므로 달이 지구를 공전할 때 생기는 인력의 세기가 두 번의 밀물과 썰물시 동일하지 않기 때문이다.

35 수로측량 기간 동안 실시하는 30일 이상부터 1년 미만까지의 조석관측은?

① 단기조석관측
② 장기조석관측
③ 연속조석관측
④ 상시조석관측

[해설]

수로측량 업무규정 제6조(수로기준점 등의 측량구분)법 제8조제1항1호 중 수로조사와 영해획정을 위한 기준점 등의 측량구분은 다음 각 호와 같다.
1. "수로측량기준점"이란 수로조사시 해양에서의 수평위치 측량의 기준으로 사용하기 위하여 위성기준점을 기초로 정한 국가기준점을 말한다.
2. "기본수준점조사"란 해양관측 업무규정 제12조 제10항을 준용한다.
3. "해안선기준점측량"이란 수로조사 시 해안선의 위치 측량을 위하여 위성기준점과 기본수준점을 기초로 당해 해안선기준점에 대한 수평위치와 높이 측정의 기준을 정하기 위하여 실시하는 측량을 말한다.
4. "영해기준점측량"이란 우리나라의 영해를 획정하기 위하여 당해 영해기준점에 대한 수평위치와 높이 측정의 기준을 정하기 위하여 실시하는 측량을 말한다.

5. "GNSS 측량"이란 관측하고자 하는 점에 GNSS 수신기를 설치하고 GNSS 위성으로부터 전파를 수신하여 관측하고자 하는 점의 측지학적 좌표를 결정하는 작업을 말한다.
6. "단기조석관측"이란 수로측량기간 동안 실시하는 30일 이상부터 1년 미만의 조석관측을 말한다.
7. "선점"이란 기준점 설치에 필요한 조건과 밀도를 고려하여 기준점의 위치를 선정하는 작업을 말한다.
8. "매설"이란 기준점 표지를 매설표준도에 의거하여 현장에 설치하는 작업을 말한다.
9. "관측"이란 GNSS 측량방법에 의한 좌표값, 조석관측에 의한 높이값을 산출·결정하기 위한 측량작업을 말한다.
10. "계산"이란 관측된 성과를 계산식 및 프로그램을 이용하여 산출하는 전 과정을 말한다.
11. "정리"라 함은 계산된 성과를 일정한 양식으로 작성하는 과정을 말한다.

36 터널 내 측량에 대한 설명으로 옳지 않은 것은?

① 터널 내 수준점은 터널 내 작업에 의하여 파손되지 않고 측량에 편리한 장소에 설치한다.
② 다보(dowel)는 터널 내부의 기준점 설치를 위해 사용되는 적외선 장비를 말한다.
③ 역 로드(rod)란 천정에 고저기준점을 만들 경우 표척을 반대로 사용하는 것을 말한다.
④ 터널 내 고저측량 시 표척과 레벨에 조명이 필요하다.

[해설]

도벨(dowel) 설치
① 갱내에서의 중심말뚝은 차량 등에 의하여 파괴되지 않도록 견고하게 만들어야 한다.
② 보통 도벨이라 하는 기준점을 설치한다.
③ 도벨은 노반을 사방 30cm, 깊이 30~40cm정도 파내어 그 안에 콘크리트를 넣어 목괴를 묻어서 만든다.

Answer 35 ① 36 ②

37 터널공사에 터널 내의 기준점설치에 사용되는 방법으로만 연결된 것은?

① 삼각측량, 평판측량
② 평판측량, 트래버스측량
③ 트래버스측량, 수준측량
④ 수준측량, 삼각측량

[해설]
터널공사에 터널 내의 기준점설치에 사용되는 방법으로는 트래버스측량과 수준측량으로 한다.

38 하천수위 중 갈수위에 대한 설명으로 옳은 것은?

① 1년을 통하여 275일간은 이보다 내려가지 않는 수위
② 수년간 저수위 및 고수위를 평균한 수위
③ 어느 기간 중 가장 많이 일어난 수위
④ 1년을 통하여 355일간은 이보다 내려가지 않는 수위

[해설]

하천의 수위

최고수위(HWL), 최저수위(LWL)	어떤 기간에 있어서 최고, 최저수위로 연단위 혹은 월단위의 최고, 최저로 구한다.
평균최고수위(NHWL), 평균최저수위(NLWL)	연간 월에 있어서의 최고, 최저의 평균수위, 평균최고수위는 제방, 교량, 배수 등의 치수 목적에 사용하며 평균최저수위는 수운, 선항, 수력발전의 수리 목적에 사용한다.
평균수위(MWL)	어떤 기간의 관측수위의 총합을 관측횟수로 나누어 평균치를 구한 수위
평균고수위(MHWL), 평균저수위(MLWL)	어떤 기간에 있어서의 평균수위 이상 수위들이 평균수위 및 어떤 기간에 있어서의 평균수위 이하 수위들의 평균수위
최다수위(Most Frequent Water Level)	일정기간 중 제일 많이 발생한 수위
평수위(OWL)	어느 기간의 수위 중 이것보다 높은 수위와 낮은 수위의 관측수가 똑같은 수위로 일반적으로 평균수위보다 약간 낮은 수위. 1년을 통해 185일은 이보다 저하하지 않는 수위. ① 수애선은 수면과 하안과의 경계선 ② 수애선은 하천수위의 변화에 따라 변동하는 것으로 평수위에 의해 정해짐.
저수위	1년을 통해 275일은 이보다 저하하지 않는 수위
갈수위	1년을 통해 355일은 이보다 저하하지 않는 수위
고수위	2~3회 이상 이보다 적어지지 않는 수위
지정수위	홍수시에 매시 수위를 관측하는 수위
통보수위	지정된 통보를 개시하는 수위
경계수위	수방(水防)요원의 출동을 필요로 하는 수위

39 기존 노선에서 구곡선의 교각(I = 40°)과 두 접선은 유지하면서 그림과 같이 새로운 곡선을 설치하려고 할 때, 구곡선의 곡선중점과 새로운 곡선의 곡선중점 간의 이동거리 (e)는? (단, 구곡선의 반지름 R_1 = 250m, 새로운 곡선의 반지름 R_2 = 300m)

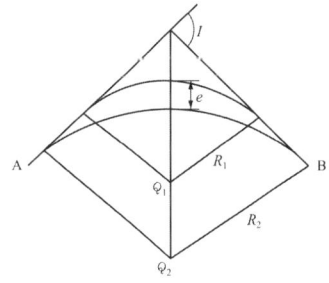

① 3.209m
② 5.235m
③ 4.439m
④ 6.028m

[해설]

$$구곡선(E_0) = R_0(\sec\frac{I}{2} - 1)$$
$$신곡선(E_N) = R_N(\sec\frac{I}{2} - 1)$$

Answer 37 ③ 38 ④ 39 ①

곡선의 중심을 내측으로 e 만큼 옮겼다고 하면,

$R_0(\sec\frac{I}{2}-1)+e=R_N(\sec\frac{I}{2}-1)$

$250(\frac{1}{\cos20°}-1)+e=300(\frac{1}{\cos20°}-1)$

$=16.044+e=19.253$

$\therefore e=19.253-16.044=3.209m$

40 그림과 같이 삼각형(ABC)을 면적비 m : n 으로 분할할 경우 BD의 길이는?

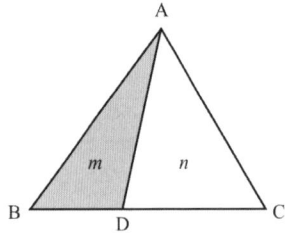

① $BD=\frac{m+n}{n}BC$

② $BD=\frac{m+n}{m}BC$

③ $BD=\frac{m}{m+n}BC$

④ $BD=\frac{n}{m+n}BC$

(해설)

$BD=\frac{m}{m+n}\cdot BC$

제3과목 | 사진측량 및 원격탐사

41 식물의 성장 상태를 조사하기 위하여 가장 적합한 사진은?

① 팬크로 사진
② 적외선 사진
③ 천연색 사진
④ 레이더 사진

(해설)

필름에 의한 분류

팬크로 사진	일반적으로 가장 많이 사용되는 흑백 사진이며 가시광선($0.4\mu m \sim 0.75\mu m$)에 해당하는 전자파로 이루어진 사진
적외선 사진	㉠ 적외선을 이용하여 지도 작성, 지질, 토양, 수자원 및 산림조사, 재해조사 등의 판독에 이용되는 사진 ㉡ 물은 적외선을 전부 흡수하기 때문에 적외선 사진에서는 까맣게 나타나므로 해안선, 수로 등을 선명하게 구별할 수 있다(온대 혼합수림 판독에 효과적임). ㉢ 식물의 성장 상태를 조사하기 위하여 가장 적합한 사진
위색 사진	식물의 잎은 적색, 그 외는 청색으로 나타나며 생물 및 식물의 연구조사 등에 이용
팬인플러 사진	팬크로 사진과 적외선 사진 중간에 속하며 적외선용 필름과 황색 필터를 사용
천연색 사진	천연색 사진을 이용하여 조사, 판독용 등에 이용된다.

42 아날로그 항공사진에서 주점의 위치를 알기 위해 필요한 것은?

① 주점거리
② 사진지표
③ 수준기
④ 촬영고도

Answer 40 ③ 41 ② 42 ②

[해설]

특수3점	특징
주점 (Principal Point)	주점은 사진의 중심점이라고도 한다. 주점은 렌즈중심으로부터 화면(사진면)에 내린 수선의 발을 말하며 렌즈의 광축과 화면이 교차하는 점이다.
연직점 (Nadir Point)	㉠ 렌즈중심으로부터 지표면에 내린 수선의 발을 말하고 N을 지상연직점(피사체연직점), 그 선을 연장하여 화면(사진면)과 만나는 점을 화면연직점(n)이라 한다. ㉡ 주점에서 연직점까지의 거리(mn)= $f\tan i$
등각점 (Isocenter)	㉠ 주점과 연직점이 이루는 각을 2등분한 점으로 또한 사진면과 지표면에서 교차되는 점을 말한다. ㉡ 주점에서 등각점까지의 거리(mn)= $f\tan\dfrac{i}{2}$

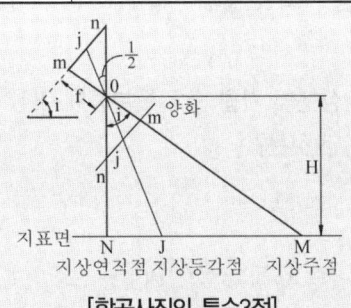

[항공사진의 특수3점]

43 항공사진의 표정을 위한 2차원 좌표변환식 중 등각사상변환식의 종류로 옳지 않은 것은?

① 회전변환 ② 보간변환
③ 축척변환 ④ 평행이동변환

[해설]
등각사상변환(等角寫像變換) : conformal transformation
등각사상변환은 변환 후에도 좌표계의 모양이 변하지 않으며 이 변환을 위해서는 최소한 2점 이상의 좌표를 알고 있어야 한다.

2차원 등각사상변환은 축척변환(scaling), 회전(rotation), 평행변위(translation)의 3단계로 이루어 지며 변환의 영향은 위치 및 방향의 간단한 변환에서 각 좌표축에 대하여 일정한 크기의 축척변환(모양의 변화는 없음) 및 모양의 변화, 비선형차수에 의한 크기 변환까지 변환한다.

44 입체도화기에서 항공사진을 절대표정(absolute orientation)을 할 때의 동일한 직선상에 위치하지 않는 최소 기준점의 수는?

① 2점의 평면좌표 및 3점의 표고좌표
② 3점의 평면좌표 및 3점의 표고좌표
③ 2점의 평면좌표 및 2점의 표고좌표
④ 3점의 평면좌표 및 4점의 표고좌표

[해설]
㉠ **내부표정** : 도화기의 투영기에 촬영 당시와 똑같은 상태로 양화건판을 정착시키는 작업이다.
 ⓐ 주점의 위치결정
 ⓑ 화면거리(f)의 조정
 ⓒ 건판의 신축측정, 대기굴절, 지구곡률보정, 렌즈수차 보정
㉡ **상호표정** : 지지상과의 관계는 고려하지 않고 좌우사진의 양투영기에서 나오는 광속이 촬영 당시 촬영면에 이루어지는 종시차(y-parallax : P_y)를 소거하여 목표 지형물의 상대위치를 맞추는 작업
회전인자 : κ, ϕ, ω
평행인자 : b_y, b_z
 ⓐ 비행기의 수평회전을 재현해 주는 (K, b_y)
 ⓑ 비행기의 전후 기울기를 재현해 주는 (ϕ, b_z)
 ⓒ 비행기의 좌우 기울기를 재현해 주는 (ω)
 ⓓ 과잉수정계수 (o, c, f) = $\dfrac{1}{2}\left(\dfrac{h^2}{d^2}-1\right)$
 ⓔ 상호표정인자 : K, ϕ, ω, b_y, b_z
㉢ **절대표정** : 상호표정이 끝난 입체모델을 지상기준점(피사체 기준점)을 이용하여 지상좌표에 피사체 좌표계와 일치하도록 하는 작업으로 입체

Answer 43 ② 44 ①

모형(model) 2점의 X, Y좌표와 3점의 높이 Z 좌표가 필요하므로 최소한 3점의 표정점이 필요하다.
ⓐ 축척의 결정
ⓑ 수준면(표고, 경사)의 결정
ⓒ 위치(방위)의 결정
ⓓ 절대표정인자 : $\lambda,\ \phi,\ \omega,\ K,\ b_x,\ b_y,\ b_z$
(7개의 인자로 구성)
ⓔ **접합표정** : 한 쌍의 입체사진 내에서 한쪽의 표정인자는 전혀 움직이지 않고 다른 한쪽만을 움직여 그 다른 쪽에 접합시키는 표정법을 말하며, 삼각측정에 사용한다.
ⓐ 7개의 표정인자 결정 : $\lambda,\ \phi,\ \omega,\ K,\ c_x,\ c_y,\ c_z$
ⓑ 모델 간, 스트립 간의 접합요소 결정 : 축척, 미소변위, 위치 및 방위

45 항공사진의 기복변위에 관한 설명으로 틀린 것은?

① 기복변위는 중심투영으로 인하여 생긴다.
② 변위량은 촬영고도에 비례한다.
③ 변위량은 지형지물의 비고에 비례한다.
④ 변위량은 연직점에서 상이 생기는 거리에 비례한다.

해설

기복변위(Relief Displacement)
지표면에 기복이 있을 경우 연직으로 촬영하여도 축척은 동일하지 않으며 사진면에서 연직점을 중심으로 방사상의 변위가 생기는데 이를 기복변위라 한다. 즉, 대상물의 높이에 의해 생기는 사진 영상의 위치 변위를 말한다.

$\Delta r = \dfrac{f}{H}\dfrac{h}{f}r = \dfrac{h}{H}r,\ \Delta r_{max} = \dfrac{f}{H}r_{max}$

여기서, Δr : 변위량, h : 비고, H : 비행고도, r : 화면 연직점에서의 거리, r_{max} : 최대화면 연직점에서의 거리

㉠ 기복변위의 특징
ⓐ 비행고도(H)가 증가하거나 비고(h)가 감소하면 변위량(Δr)이 감소한다.

ⓑ 비고가 작아지기 위한 조건
비고 $h = \dfrac{H}{b_0}\Delta P = \dfrac{H}{a(1-\dfrac{p}{100})}\Delta P$ 이므로
비고는 중복도에 반비례한다.
ⓒ 비행고도가 커지기 위한 조건
축척 $M = \dfrac{1}{m} = \dfrac{f}{H} \rightarrow H = f \cdot m$ 이므로 초점거리가 증가할수록(협각사진으로 갈수록) 비행고도는 증가한다.
ⓓ 그러므로 중복도가 증가하거나 초점거리가 증가할수록(광각에서 협각으로 갈수록) 기복변위가 감소한다.
㉡ 기복변위의 활용
ⓐ 기복변위량을 고려하여 대축척도면 작성 시 중복도를 증가시키기도 한다.
ⓑ 기복변위공식을 응용하면 사진면에 나타난 탑, 굴뚝, 건물 등의 높이를 구할 수 있다.

46 영상분류 기법 중 감독분류에 대한 설명이 아닌 것은?

① 표본 설정 단계에서 감독자의 개입이 불필요하다.
② 관심있는 분류 항목을 대표할 수 있는 표본을 기준으로 영상을 분류한다.
③ 정확하고 신뢰성 있는 표본 설정이 이루어져야 분류 정확도가 높다.
④ 원격탐사 영상의 정량적인 분석도구로 사용된다.

해설

감독분류와 무감독분류
원격탐사로 얻어지는 다중스펙트럼 영상의 특정 공간을 영역 분할하여 분류하면 토지이용, 식생, 토양, 지질 등의 주제도가 얻어진다. 분류 방법은 크게 두 가지로 나눌 수 있다.
1) **감독분류**(supervised classification)
① 지상검증자료(Ground Truth Data)를 샘플로 이용하여 분류하는 방법

Answer 45 ② 46 ①

② 대표적인 것에는 최대우도(확률)법(maximum likelihood estimation)이 있다.
③ 최대우도추정법(最大尤度推定法)이란 특정공간에서 모집단을 확률밀도 함수형으로 가정한 다음 그 트레이닝 자료가 추출되는 확률(우도)을 가장 높일 수 있는 분포밀도의 통계량(평균이나 분산 등)을 모집단의 통계량으로 하는 방법
④ 모집단의 특성을 편중되지 않고 나타낼 수 있는 트레이닝자료를 추출할 필요가 있다.
⑤ 화상에 어떠한 대상물이 포함되고 있는가를 사전에 알아둘 필요가 있다.

2) 무감독분류(unsupervised classification)
① 화상에 포함되는 대상물이 별로 분명하지 않을 때 이용.
② 영상의 스펙트럼 특징만을 이용하고 현지 자료조사를 사용하지 않고 분류하는 방법
③ 무작위 추출된 화소자료를 클러스터링 등의 방법으로 비교적 균질하다고 생각될 수 있는 그룹으로 분할하고 각각을 분류 클래스로 한다.
④ 이것을 트레이닝 자료로 하여 클래스 모집단의 특징을 추정하는 것을 무감독추정이라 하고 이것을 이용하는 방법을 무감독분류라 한다.
⑤ 대표적인 것은 클러스터(cluster)분석이 있다.
⑥ 클러스터링이란 유사한 특징을 가진 자료를 "비슷한 동지"로서 그룹화하는 방법

47 숲 지역에서 수치표고모형(DEM) 데이터를 추출하기 위한 방법 중 가장 정확도가 높은 방법은?

① 항공사진측량 ② 항공레이저측량
③ 기존수치지도측량 ④ 위성영상자료이용

해설

항공레이저측량
항공레이저측량 시스템은 지표(surface)에 있는 산이나 골짜기, 산림 등의 자연지형과 택지 및 도로, 빌딩이나 다리 등의 인공지물로 이루어지는 지형지물을 항공기의 위치 및 자세가 정확하게 얻어지는 극초단파를 사용하는 능동적 센서로부터 레이저를 발사하여 거리를 측정하고 그 수치를 측량좌표계 등으로 나타낸 계측기라 할 수 있다. 항공레이저측량은 항공레이저측량시스템을 항공기에 탑재하여 레이저를 주사하고 그 지점에 대한 3차원 위치좌표를 취득하는 측량방법을 말한다. Laser Radar 혹은 LIDAR, LiDAR이라고도 한다.

시스템 구성	항공레이저측량 시스템은 전자광학식 거리측정기능과 빔 스캐닝 기능을 보유한 레이저거리측정장치와 거리를 측정한 레이저광이 언제(시간정보), 어디에서(위치정보), 어떻게(자세정조)발사되었는가를 구하기 위한 GPS/IMU장치 및 각각의 기기를 제어하여 취득한 자료를 기록하는 기록제어장치로 구성된다. 서버시스템으로 비디오카메라, 디지털카메라 등이 사용가능하다.
특징	1) 항공사진측량에 비하여 작업속도나 경제적인 면에서 매우 유리하다. 2) 재래식 항측기법의 적용이 어려운 산림, 수목 및 늪지대 등의 지형도 제작에 유용하다. 3) 기상조건에 좌우 되지 않는다. 4) 산림이나 수목지대에도 투과율이 높다. 5) 자료취득 및 처리과정이 수치방식으로 이루어진다. 6) 저고도 비행에서만 가능하다. 7) 능선이나 계곡 및 등 지형의 경사가 심한 시역에서는 성확도가 저하되는 단점이 있다.

48 원격탐사 센서 중 센서 자체에서 발사한 신호의 반사강도와 위상을 관측하여 지표면의 2차원 영상을 얻는 방식은?

① TM(thematic mapper)
② RVB(return beam vidicon)
③ MSS(multi spectral scanner)
④ SAR(synthetic aperture radar)

Answer 47 ② 48 ④

해설

1. SAR(Synthetic Aperture Radar) : 고해상도 영상레이더

   레이더 원리를 이용한 능동적 방식으로 영상의 취득에 필요한 에너지를 감지기에서 직접 지표면 또는 대상물에 발사하여 반사되어 오는 마이크로파를 기록하여 영상을 생성하는 능동적인 감지기이다.

2. SAR의 특징
   1) 구름, 안개, 비, 연무 등의 기상조건에 영향을 받지 않는다.
   2) 야간에도 영상을 취득할 수 있다.

49 사진의 편위수정을 통하여 제거되는 것은?

① 경사변위 ② 기복변위
③ 대상물 비교 ④ 시차

해설

편위수정(Rectification)

편위수정은 비행기로 사진을 촬영할 때 항공기의 동요나 경사로 인하여 사진 상의 약간의 변위가 생기는 현상과 축척이 일정하지 않은 경사와 축척을 수정하여 변위량이 없는 수직사진으로 작성한 작업을 말한다. 즉 항공사진의 음화를 촬영할 때와 똑같은 상태(경사각과 촬영고도)로 놓고 지면과 평행한 면에 이것을 투영함으로서 수정할 수 있으며 기하학적 조건, 광학적 조건, 샤임플러그 조건이 필요하다.

편위수정의 원리

편위수정기는 매우 정확한 대형기계로서 배율(축척)을 변화시킬 수 있을 뿐만 아니라 원판과 투영판의 경사도 자유로이 변화시킬 수 있도록 되어 있으며 보통 4개의 표정점이 필요하다. 편위수정기의 원리는 렌즈, 투영면, 화면(필름면)의 3가지 요소에서 항상 선명한 상을 갖도록 하는 조건을 만족시키는 방법이다.

50 항공사진 축척이 1:10000이고 비행코스 방향의 중복도 60%, 비행코스간의 중복도 30%일 때 23cm×23cm인 사진 1매의 유효모델 면적은?

① 11.89km² ② 4.76km²
③ 1.48km² ④ 2.14km²

해설

$$A_0 = (ma)^2 (1-\frac{P}{100})(1-\frac{q}{100})$$
$$= (10,000 \times 0.23)^2 (1-\frac{60}{100})(1-\frac{30}{100})$$
$$= 1,481,200 m^2 = 1.481 km^2$$

51 비행고도가 기준면으로부터 2000m, 비행속도가 360km/h일 때, 탑재된 사진기의 초점거리가 150mm, 촬영노출시간이 1/250sec이다. 기준면으로부터 표고가 500m인 지역을 촬영할 경우, 사진 상의 허용 흔들림 량은?

① 20µm ② 30µm
③ 40µm ④ 50µm

해설

$T_l = \frac{\triangle s \cdot m}{V}$ 에서

$\triangle s = \frac{V}{m} T_l$

$= \frac{360 \times 1,000 \times \frac{1}{3,600}}{10,000} \times \frac{1}{250}$

$= 0.00004 m \times 1,000,000$

$= 40 \mu m$

$(1 \mu m = 1,000,000 m)$

$M = \frac{1}{m} = \frac{f}{H} = \frac{0.15}{2000-500} = \frac{1}{10,000}$

Answer 49 ① 50 ③ 51 ③

52 입체도화기에 의해 등고선을 그릴 때 등고선 높이의 오차를 등고선 간격(등거리)의 1/2 이하로 하기 위한 측정 시차 차의 최대 오차는? (단, 사진축척 1/35000, 카메라의 초점거리 15cm, 사진크기 23cm×23cm, 중복도 60%, 등고선 간격 5m이다.)

① 0.15mm ② 0.06mm
③ 0.02mm ④ 0.04mm

해설

$H : h = r : \triangle r$

$\triangle r = \dfrac{h}{H} r$

$= \dfrac{2.5}{5250} \times 0.092$

$= 0.0000438m = 0.04mm$

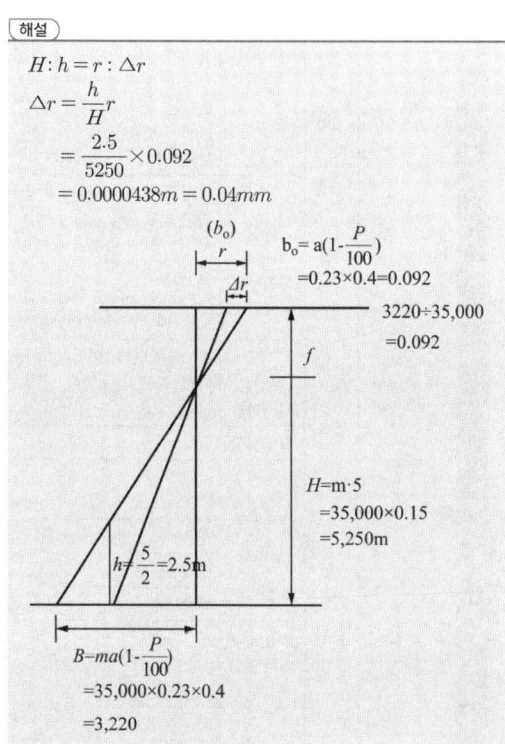

$b_o = a(1 - \dfrac{P}{100})$
$= 0.23 \times 0.4 = 0.092$

$3220 \div 35,000$
$= 0.092$

$H = m \cdot 5$
$= 35,000 \times 0.15$
$= 5,250m$

$h = \dfrac{5}{2} = 2.5m$

$B = ma(1 - \dfrac{P}{100})$
$= 35,000 \times 0.23 \times 0.4$
$= 3,220$

해설

전자파의 특징

r선		• 원자핵반응에서 생성된다. • 방사성 물질의 감마방사는 저고도 항공기에 의해 감지된다.(태양광으로부터의 입사광은 공기에 흡수)
x선		• 병원에서 진단을 목적으로 쓰인다. • 입사광은 공기에 의해 흡수되어 원격탐측에 이용되지 않음
ultraviolet (자외선)		• 피부를 그을리는 주요 원인 • 공기 중의 수증기에 흡수되기 쉬우므로 RS에서는 저고도 항공기에 의한 이용 외는 거의 사용되지 않는다. • 가시광선의 보라색부분을 벗어난 부분을 말한다. • 지표상의 몇몇 물질, 주로 바위 혹은 광물질은 자외선을 비출 경우 가시광선을 방사하거나 형광현상을 보인다.
visible (가시광선)		• 우리가 평소 빛이라고 칭한다. • 인간의 눈에 파장이 긴 쪽으로부터 순서대로 빨강, 주황, 노랑, 녹색, 파랑, 남색, 보라색의 이른바 무지개색으로 보인다. • 파장범위 : $0.4\mu m \sim 0.7\mu m$ • 인간의 눈으로 감지할 수 있는 영역
적외선	근적외선	• 식물에 포함된 염록소(클로로필)에 매우 잘 반응하기 때문에 식물의 활성도 조사에 사용
	단파장 적외선	• 식물의 함수량에 반응하기 때문에 근적외선과 함께 식생조사에 사용 • 지질판독조사에 사용
	중적외선	• 특수한 광물자원에 반응하기 때문에 지질조사에도 사용
	열적외선	• 수온이나 지표온도 등의 온도 측정에 사용

53 다음의 전자파 파장 중에서 가시광선 영역에 속하는 것은?

① $0.3\mu m \sim 0.4\mu m$
② $0.3mm \sim 0.4mm$
③ $0.4\mu m \sim 0.7\mu m$
④ $0.4mm \sim 0.7mm$

Answer 52 ④ 53 ③

	서브밀리미터파	
전파	마이크로파	• 전자레인지에 쓰인다. • 레이더 또는 마이크로파 복사에 이용
	초단파	• 구름이나 비를 투과하므로 이를 이용한 RS를 전천후형 RS라 한다. • 지표면의 평탄도, 함수량과 같은 표면의 성질에 관한 정보 제공
	단파	
	중파	
	장파	
	초장파	

54 원격탐사의 자료변환 시스템에서 발생할 수 있는 기하학적인 오차나 왜곡의 원인이 아닌 것은?

① 센서의 기하학적 특성에 기인한 오차
② 인공위성의 크기에 기인한 오차
③ 플랫폼의 자세에 기인한 오차
④ 지표의 기복에 기인한 오차

해설

전처리

전처리	복사량 보정	센서 보정	광학계 특성 기인보정	
			광전 변환계 특성기인	
		태양 고도 보정		
		지형 보정	지표면의 법선 벡터와	
			광로 복사성 분을	

		대기 보정	복사전달 방정식을 이용	
			현장 참자료를 이용	
			기타방법	
전처리	기하 보정 (Geometri Correction)	기하 왜곡	센서내부 왜곡	• 센서의 기하 특성에 의한 왜곡 • 센서의 메커니즘에 의한 왜곡
			센서외부 왜곡	플랫폼의 자세나 지구곡률 또는 지형에 의한 왜곡, 화상 투영방식의 기하학에 기인하는 왜곡, 이것은 다시 플랫폼에 기인하는 왜곡과 대상물(지구의 자전 등)에 기인하는왜곡으로 나누어진다.
			화상 투영면 처리방법	영상투영면의 처리방법 (영상좌표계의 정의 방법)에 의해 기하왜곡의 표현이 달라진다. 기계식 스캐너(mechanical scanner) 또는 레이더 영상의 왜곡
			지도 투영법 의기하학	지도투영법에 따라 기하학적 왜곡의 표현이 달라진다.
		순서	입력영상	
			보정방법 결정	
			보정식 결정	계통적보정
				비계통적보정
				병용보정
			보정방법, 식타당성 검토	
			재배열, 내삽	최근린
				공일차
				공삼차
			출력영상	

Answer 54 ②

55 과고감에 대한 설명으로 틀린 것은?

① 입체 시할 때 평면축척보다 수직축척이 크게 나타나는 현상이다.
② 입체 시할 때 눈의 위치가 약간 높아지면 과고감이 더 커진다.
③ 과고감은 동일 촬영조건 시 종중복도에 비례한다.
④ 과고감은 기선 고도비에 비례한다.

해설

카메론효과(Cameron Effect)와 과고감(Vertical Exaggeration)

카메론효과 (Cameron Effect)	항공사진으로 도로변 상공 위의 항공기에서 주행 중인 차량을 연속하여 촬영하여 이것을 입체화시켜 볼 때 차량이 비행방향과 동일 방향으로 주행하고 있다면 가라앉아 보이고, 반대방향으로 주행하고 있다면 부상(浮上 : 떠는 것)하여 보인다. 또한 뜨거나 가라앉는 높이는 차량의 속도에 비례하고 있다. 이와 같이 이동하는 피사체가 뜨거나 가라앉아 보이는 현상을 카메론효과라고 한다.
과고감 (Vertical Exaggeration)	항공사진을 입체 시하는 경우 산의 높이 등이 실제보다 과장되어 보이는 현상을 말한다. 평면축척에 대하여 수직 축척이 크게 되기 때문에 실제 도형보다 사이 더 높게 보인다. ① 항공사진은 평면축척에 비해 수직축척이 크므로 다소 과장되어 나타난다. ② 대상물의 고도, 경사율 등을 반드시 고려해야 한다. ③ 과고감은 필요에 따라 사진판독요소로 사용될 수 있다. ④ 과고감은 사진의 기선고도비와 이에 상응하는 입체시의 기선 고도비의 불일치에 의해서 발생한다. ⑤ 과고감은 촬영고도 H에 대한 촬영기선길이 B와의 비인 기선 고도비 B/H에 비례한다.

56 표고 570m의 지점을 초점거리가 210mm의 카메라로 기준면으로부터 고도 5820m에서 촬영된 사진의 축척은?

① 1 : 15000
② 1 : 19000
③ 1 : 20000
④ 1 : 25000

해설

$$\frac{1}{m} = \frac{f}{H \pm h} = \frac{0.21}{5820 - 570} = \frac{1}{25,000}$$

57 항공사진측량용 광각 카메라에 대한 설명으로 옳지 않은 것은?

① 렌즈 피사각이 120° 정도이다.
② 초점거리가 152mm 정도이다.
③ 사진크기가 23cm × 23cm이다.
④ 일반도화 및 판독에 적합하다.

해설

사용 카메라에 의한 분류

종류	렌즈의 화각	초점 거리 (mm)	화면 크기 (cm)	용도	비고
초광각 사진	120°	88	23×23	소축척도화용	완전평지에 이용
광각 사진	90°	152~153	23×23	일반도화, 사진판독용	• 경제적 • 일반도화
보통각 사진	60°	210	18×18	산림조사용	• 산악지대 • 도심지 촬영 • 정면도 제작
협각 사진	약 60° 이하			특수한 대축척 도화용	특수한 평면도 제작

Answer 55 ③ 56 ④ 57 ①

58 항공사진의 판독 순서로 옳은 것은?

- ㉠ 판독
- ㉡ 촬영과 사진의 작성
- ㉢ 촬영계획
- ㉣ 정리
- ㉤ 판독기준의 작성
- ㉥ 현지조사

① ㉢-㉡-㉤-㉠-㉥-㉣
② ㉢-㉥-㉡-㉤-㉠-㉣
③ ㉢-㉤-㉡-㉠-㉥-㉣
④ ㉢-㉥-㉤-㉡-㉠-㉣

[해설]
항공사진의 판독 순서
촬영계획 → 촬영과 사진의 작성 → 판독기준의 작성 → 판독 → 현지조사 → 정리

59 항공삼각측량에 조정방법에 따라 정확도가 높은 것부터 낮은 순서로 나열된 것은?

① 기계법 - 도해법 - 해석적 방법
② 도해법 - 기계법 - 해석적 방법
③ 해석적 방법 - 도해법 - 기계법
④ 해석적 방법 - 기계법 - 도해법

[해설]
항공삼각측량에 조정방법에 따라 정확도가 높은 것부터 낮은 순서는 해석적 방법 - 기계법 - 도해법

60 상호표정요소를 계산하기 위하여 측정하여야 할 공액점의 최소 개수는?

① 2개
② 3개
③ 4개
④ 5개

[해설]
상호표정을 하기 위해서는 최소 5점의 표정점이 있으면 가능 하지만 일반적으로 Z까지 포함해 대칭형으로 6점을 취한다.

제4과목 | 지리정보시스템

61 지리정보시스템(GIS)에서 도로에 대한 데이터베이스를 구축할 때, 도로포장 일자, 포장 종류, 차로 수, 보수 일자와 같은 정보를 무엇이라 하는가?

① 위상 정보
② 지리적 위치
③ 공간적 관계
④ 속성 정보

[해설]

위치정보	절대위치정보 (absolute positional information)	실제공간에서의 위치(. 경도, 위도, 좌표, 표고)정보를 말하며 지상, 지하, 해양, 공중 등의 지구공간 또는 우주공간에서의 위치기준이 된다.
	상대위치정보 (relative positional information)	모형공간(model space)에서의 위치(임의의 기준으로부터 결정되는 위치 . 설계도)정보를 말하는 것으로서 상대적 위치 또는 위상관계를 부여하는 기준이 된다.
특성정보	도형정보 (graphic information)	도형정보(圖形情報, graphic formation)는 지도에 표현되는 수치적 설명으로 지도의 특정한 지도요소를 의미한다. GIS에서는 이러한 도형정보를 컴퓨터의 모니터나 종이 등에 나타내는 도면으로 표현하기 위해 사용한다. 도형정보는 점, 선, 면 등의 형태나 영상소, 격자셀 등의 격자형, 그리고 기호 또는 주석과 같은 형태로 입력되고 표현된다.
	영상정보 (image information)	센서(scanner, Lidar, laser, 항공사진기 등)에 의해 취득된 사진 등으로 인공위성에서 직접 얻어진 수치영상이나 항공기를 통하여 얻어진 항공사진상의 정보를 수치화하여 컴퓨터에 입력한 정보를 말한다.
	속성정보 (attribute information)	지도상의 특성이나 질, 지형. 지물의 관계 등을 나타내는 정보로서 문자와 숫자가 조합된 구조로 행렬의 형태로 저장 된다.

Answer 58 ① 59 ④ 60 ④ 61 ④

62 수치지도의 속성정확도 검증을 위하여 다음과 같은 오차행렬을 작성하였다. 오차행렬로부터 알 수 있는 것이 아닌 것은?

구분		검증데이터			합
		수계	초지	농경지	
수치지도	수계	75	15	10	100
	초지	20	120	60	200
	농경지	5	15	80	100
합		100	150	150	400

① 전체정확도는 275/400=68.8%이다.
② 수계는 사용자정확도와 제작자정확도가 같다.
③ 농경지의 제작자정확도가 초지의 제작자정확도에 비해 높다.
④ 농경지의 사용자정확도는 80.0%이다.

해설

1. **데이터의 전체 정확도**

   PCC(Percent Correctry Classified)지수

   $PCC = \dfrac{S_d}{n} \times 100\%$

   $= \dfrac{275}{400} \times 100 = 68.75\%$

   $S_d = 75 + 120 + 80 = 275$

   $n = 400$

   S_d : 대각선 값의 합
   n : 합계

2. **사용자 정확도**

   사용자의 정확도 $= \dfrac{R_i}{R_t} \times 100\%$

   R_i = 행에서 정확하게 분류된 표본
   R_t = 행에서 표본의 총수

   위임오차(error of commission)
   = 100 − 사용자 정확도

   ① 수계 사용자 정확도

   $\dfrac{75}{100} \times 100 = 75.0\%$

구분		검증데이터			합
		수계	초지	농경지	
수치지도	수계	**75**	15	10	**100**
	초지	20	120	60	200
	농경지	5	15	80	100
합		100	150	150	400

   ② 초지 사용자 정확도

   $\dfrac{120}{200} \times 100 = 60\%$

구분		검증데이터			합
		수계	초지	농경지	
수치지도	수계	75	15	10	100
	초지	20	**120**	60	**200**
	농경지	5	15	80	100
합		100	150	150	400

   ③ 농경지 사용자 정확도

   $\dfrac{80}{100} \times 100 = 80\%$

구분		검증데이터			합
		수계	초지	농경지	
수치지도	수계	75	15	10	100
	초지	20	120	60	200
	농경지	5	15	**80**	**100**
합		100	150	150	400

3. **생산자의 정확도**

   생산자의 정확도 $= \dfrac{C_i}{C_t} \times 100\%$

   C_i = 열에서 정확하게 분류된 표본
   C_t = 열에서 표본의 총수

   누락오차(error of omission)
   = 100 − 생산자 정확도

Answer 62 ③

① 수계 생산자 정확도

$$\frac{75}{100} \times 100 = 75\%$$

② 초지 생산자 정확도

$$\frac{120}{150} \times 100 = 80\%$$

③ 농경지 생산자 정확도

$$\frac{80}{150} \times 100 = 53.3\%$$

63 다음 중 지리정보와 가장 거리가 먼 것은?

① 지역별 연평균 강우량 정보
② 행정구역별 인구밀도 정보
③ 직업군별 평균소득 정보
④ 대상지역의 경사도 분포 정보

해설

GIS(Geographic Information System)
전 국토의 지리공간정보를 디지털화하여 수치지도(Digital Map)로 작성하고 다양한 정보통신기술을 통해 재해·환경·시설물·국토공간 관리와 행정서비스에 활용하고자 하는 첨단정보 시스템이다. 공간상 위치를 점유하는 지리자료(Geographic data)와 이에 관련된 속성자료(Attribute data)를 통합하여 처리한다. 이는 RFID(전자태그를 사물에 부착하여 사물의 주위상황을 인지하고 기존 IT시스템과 실시간으로 정보교환 및 처리할 수 있는 기술)기술, GPS기술, LBS기술 등을 기반 기술로 한다. GIS는 **토지정보 관리, 시설물 관리, 교통, 도시계획 및 관리, 환경, 농업, 재해 및 재난 분야** 등에서 다양하게 활용되고 있다.

64 우리나라에서 구축 및 운영 중인 다양한 공간정보시스템과 관련된 용어에 대한 설명으로 틀린 것은?

① KLIS : 한국국토유지관리시스템
② NSDI : 국가공간정보포털
③ VWORLD : 공간정보 오픈플랫폼
④ UPIS : 도시계획 통합 정보서비스

해설

UPIS(Urban Planning Information System) : 도시계획 정보체계	도시계획정보체계는 국민의 재산권과 밀접히 관련된 도시 내 토지의 필지별 도시계획정보(도로·공원지정 등)를 입안·결정·집행 등의 과정별로 전산화해 인터넷으로 투명하게 제공하고 행정기관의 도시계획과 관련한 의사결정을 지원하는 시스템이다. 이를 통해 국민은 자기 소유 토지에 도로·공원 등이 들어서는지 등을 시·군·구청에 가지 않고도 인터넷을 통해 알 수 있게 된다.
KLIS (Korea Land Information System) : 한국토지정보 시스템	한국토지정보시스템(KLIS)은 행정자치부(현, 행정안전부)의 필지중심토지정보시스템(PBLIS)과 국토교통부의 토지관리정보체계(LMIS)를 보완하여 하나의 시스템으로 통합구축하고, 토지대장의 문자(속성)정보를 연계 활용하여 토지와 관련한 각종 공간·속성·법률자료 등의 체계적 통합·관리의 목적을 가진 종합적 정보체계로 2006년 4월 전국 구축이 완료되었다.
NSDI : 국가공간 정보포털	'공간정보 검색' 메뉴를 통해 땅에 대한 지도를 다양한 형태로 볼 수 있고 '부동산정보 통합열람' 메뉴는 토지이용계획 열람을 할 수 있어요. '종합증명서 열람/발급'은 토지에 대한 정보를 종합적으로 볼 수 있네요.
VWORLD : 공간정보 오픈플랫폼	정부가 2012년 12월 10년간 축적한 공간정보를 기반으로 구축한 오픈플랫폼을 지칭한 것

Answer 63 ③ 64 ①

1. 공간정보 오픈플랫폼(브이월드)
   브이월드는 3D지도, 부동산, 토지 등 방대한 국가 공간정보를 국민에게 제공하는 웹 기반의 오픈 플랫폼이다. 구글지도 보다 뛰어난 해상도를 자랑하는 3D 지도서비스 뿐만 아니라 공시지가, 지적도 등 다양한 행정정보를 제공함으로써 국내 각 기관들에게 각광을 받고 있다.

2. 목적
   누구나 쉽게 공간정보를 활용하여 신산업을 창출할 수 있도록 국가공간정보를 통합하여 제공하는 오픈플랫폼 서비스가 필요

3. 전망
   1) 비용절감효과
      그동안 대부분의 기관들은 구글지도를 유료로 사용하였으나 브이월드로 대체하게 되면 상당한 비용절감 효과를 볼 수 있게 된다. 이를 위하여 앞으로 민간 기업들이 쉽게 공간정보를 활용할 수 있도록 소스가 공개될 예정이다.
   2) 고정밀, 다양한 정보 제공
      고해상도의 3차원 실사영상으로 건물을 재현하고 건물면적은 물론, 공시지가 등의 행정정보도 확인 가능하다. 따라서 국가차원에서 데이터 분석 등에 활용될 수 있다. 또한 "국가공간정보통합체계"를 통해 25개 정부기관들의 정보를 통합하여 행정에 공간정보의 활용도를 높일 계획이다.

65 지리정보시스템(GIS)의 벡터자료를 구성하는 요소에 대한 설명이다. 다음 중 설명하는 요소가 다른 것은?

① 최소 3개 이상의 선으로 폐합되는 2차원 객체의 표현으로 폭과 길이의 개념이 존재한다.
② 다수 좌표(X, Y)의 집합으로 아크(arc), 체인(chain), 스트링(string)의 용어로 표현된다.
③ 두 개 이상의 점 사상으로 표현되는 선형으로 1차원 객체를 표현한다.
④ 선형 네트워크를 생성하기 위해서 자료구조에 포인터(pointer)를 삽입해야 한다.

해설

구분	내용
Point	점은 차원이 존재하지 않으며 대상물의 지점 및 장소를 나타내고 기호를 이용하여 공간형상을 표현한다. • 기하학적 위치를 나타내는 0차원 또는 무차원 정보 • 절점(node)은 점의 특수한 형태로 0차원이고 위상적 연결이나 끝점을 나타낸다. • 최근린방법 : 점 사이의 물리적 거리를 관측 • 사지수(quadrat)방법 : 대상영역의 하부면적에 존재하는 점의 변이를 분석
Line	선(Line)은 가장 간단한 형태로 1차원 대상물은 두 점을 연결한 직선이다. 대축척(면사상), 소축척(선사상)으로 지적도, 임야도의 경계선을 나타내는 데 효과적이다. Arc, String, Chain이라는 다양한 용어로도 사용된다. • 1차원 표현으로 두 점 사이 최단거리를 의미 • 형태 : 문자열(string), 호(arc), 사슬(chain)등이 있다. • 문자열(string) : 연속적인 line segment(두 점을 연결한 선)를 의미하며 1차원적 요소이다. • 호(arc) : 수학적 함수로 정의 되는 곡선을 형성하는 점의 궤적 • 사슬(chain) : 각 끝점이나 호가 상관성이 없을 경우 직접적인 연결 즉 체인은 시작노드와 끝노드에 대한 위상정보를 가지며 자치꼬임이 허용되지 않은 위상기본요소를 의미한다.
Area	면은 경계선 내의 영역을 정의하고 면적을 가지며, 호수, 삼림을 나타내고 지적도의 필지, 행정구역이 대표적이다. • 면(面, area) 또는 면적(面積)은 한정되고 연속적인 2차원적 표현 • 모든 면적은 다각형으로 표현

66 어떤 위치의 속성을 그 위치에서 가장 가까운 지점의 값으로 지정할 수 있도록 구역을 설정하는 점대면 보간방법으로, 강우량 자료 보간에 많이 쓰이는 방법은?

① 역거리경중법
② Kriging
③ Thiessen polygon
④ TIN

Answer 65 ① 66 ③

> [해설]
>
> **티센다각형(Thiesen Polygon)**
> 티센다각형은 아래 그림에 표시하는 바와 같이 등거리 연산자를 사용하여 원의 방사방향으로 원을 확대할 때, 상호의 원이 교차하는 등거리 분할선에 의하여 주어진다. 이 방법을 보로노이 분할(Voronoi Tessellation)이라고 한다. 티센다각형에 의한 점 보간은 최근린보간법으로서 다각형 내에서는 다각형 내의 관측치와 동일한 값을 적용한다.
>
>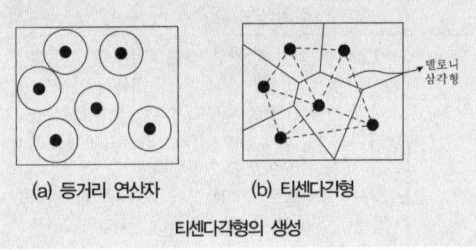
>
> (a) 등거리 연산자   (b) 티센다각형
>
> 티센다각형의 생성

② 자료의 시작점에서 동서남북으로 방향을 이동하는 단위거리를 통해서 표현하는 기법이다.
③ 각 방향은 동쪽이 0, 북쪽은 1, 서쪽은 2, 남쪽은 3등 숫자로 방향을 정의한다.
④ 픽셀의 수는 상첨자로 표시한다.

67 〈보기〉의 체인 코드 형식으로 표현된 래스터데이터로 옳은 것은?

[보기]
$(0, 3, 0^2, 3, 2, 3, 2^2, 1^3)$

① 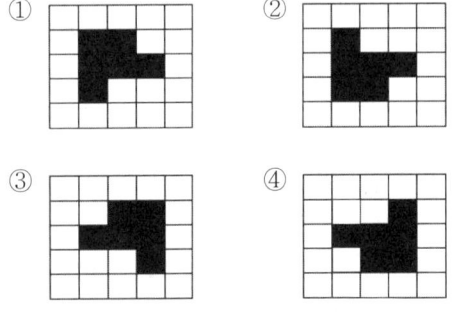 ②

③ ④

> [해설]
>
> **Chain 코드기법(사슬부호)**
> ① Chain 코드기법은 대상지역에 해당하는 격자들의 연속적인 연결상태를 파악하여 동일한 지역의 정보를 제공하는 방법이다.

68 부울 논리(Boolean Logic)를 이용하여 속성과 공간적 특성에 대한 자료를 검색(검게 채색된 부분)하는 방법이 잘못 짝지어진 것은?

[가] [나]

[다] [라]

① [가] – A NOT B
② [나] – A OR B
③ [다] – (A NOT B) OR C
④ [라] – A AND (B OR C)

> [해설]
>
>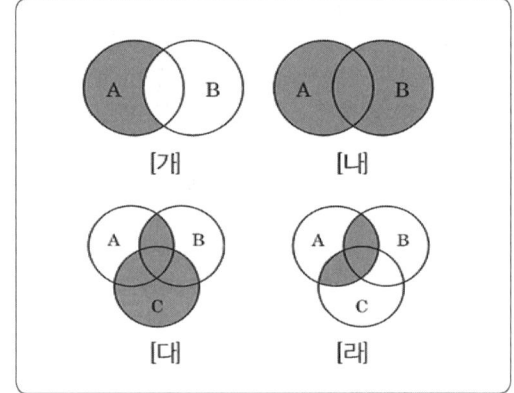
>
> Boolean logic을 적용한 정보의 추출
>
> | | | |
> |---|---|---|
> | A AND B | | A, B 교차하는 부분만 나타낸다. |
> | A XOR B | | 두 개사상이 존재하는 곳은 포함하고 교차지점은 포함 안함 |
> | A NOT B | | B를 포함하지 않는 모든 A부분 |

Answer 67 ② 68 ③

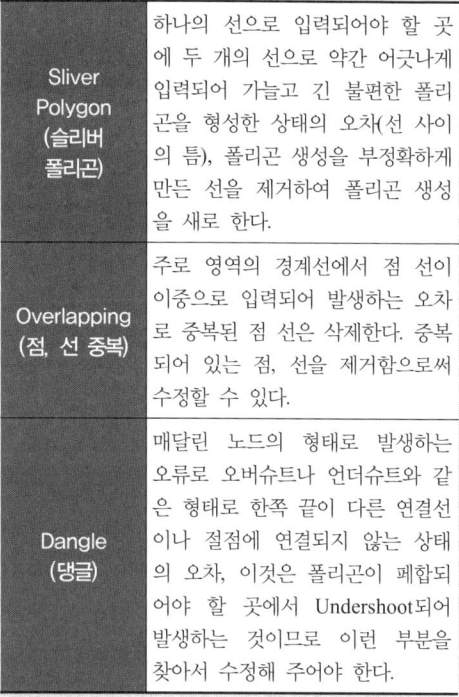

69 부정확한 디지타이징 때문에 발생하는 위상오차로 한쪽 끝이 다른 연결점이나 절점(Node)에 완전히 연결되지 않은 상태의 연결선을 무엇이라 하는가?

① Dangle
② Loop
③ Spike
④ Topology

70 지리정보시스템(GIS) 분석 방법 중 유클리디언 거리 공식을 이용하는 방법은?

① 면 사상 중첩 분석
② 버퍼 분석
③ 선 사상 중첩 분석
④ 인접성 분석

⑤ 즉, 입력된 자료의 점으로부터 직선거리를 계산하여 이를 버퍼 존으로 표현하는데, 다음과 같은 유클리디언 거리 계산공식에 의해 버퍼 존 형성
- 두 점 사이의 거리
$$= \sqrt{(x_1 - x_2)^2 + (y_1 - y_2)^2}$$

⑥ 버퍼 존은 입력사상별로 원형, 선형, 면형 등 다양한 형태로 표현 가능
- 점사상 주변에 버퍼 존을 형성하는 경우 점사상의 중심에서부터 동일한 거리에 있는 지역을 버퍼 존으로 설정
- 면사상 주변에 버퍼 존을 형성하는 경우 면사상의 중심이 아니라 면사상의 경계에서부터 지정된 거리에 있는 지점을 면형으로 연결하여 버퍼 존으로 설정

71 기하학적 객체를 생생하게 묘사하는 과정으로 추상적 현상의 표현들을 시각화할 때, 보는 사람의 관점에서 어떤 것이 어떻게 작동하는지 이해하기 위해 실세계를 단순화시키는 것을 의미하는 것은?

① searching ② conversing
③ printing   ④ modeling

[해설]
데이터모델이란 실세계를 추상화시켜 표현하는 것으로, 데이터모델링은 실세계를 추상화시키는 일련의 과정이라고 볼 수 있다. 실세계의 지리공간을 GIS의 데이터베이스로 구축하는 과정은 추상화 수준에 따라 개념적 모델링 → 논리적 모델링 → 물리적 모델링의 세단계로 나누어 질수 있다.

GIS 모델링 목적
① 공간 현상들을 일반화하여 이해하기 쉽도록 한다.
② 실세계의 다양한 현상들을 이해하고 파악하는 데 유용하다.

72 지리정보시스템(GIS)의 영상이나 일반적인 데이터베이스 정보에 좌표를 부여하는 과정을 의미하는 것은?

① composition
② coordinated linkage
③ georeferencing
④ geoprocessing

[해설]
1. Georeferencing
Desktop ArcInfo에서는 이미지 데이터에 대한 지리보정을 georeferencing이라는 이름으로 제공한다. Georeferencing은 georeferencing 툴바(한글 메뉴를 사용하면 지리보정)를 선택하여 사용할 수 있다. 툴바에서 양쪽에 화살표 모양의 버튼을 클릭한 후 이미지의 원하는 지역을 클릭하여 대상 지점으로 옮기는 작업을 하거나 또는 이미 좌표값을 알고 있다면 절대값을 부여하는 방법으로 이미지에 대한 좌표값을 부여할 수 있다.

2. 지오태깅(geotagging) 또는 지오코딩(geocoding)
지오태깅 또는 지오코딩이란 사진에 GPS데이터를 넣는 것을 말한다. 디지털 사진에는 눈에 보이지 않지만 카메라종류, 촬영시각, 촬영조건들이 기록되어 있다. 여기에 GPS 데이터, 즉 좌표값과 높이 등을 입력 추가하는 것을 지오태깅, 지오코딩이라 한다. 이렇게 사진에 위치, 시간 등이 모두 기록되어 있으면, 전자지도상에 표시가 용이하고, 위성영상과 연동된 구글어스에서 표시할 수도 있어서 확대, 축소, 방향, 고도를 자유롭게 변경해가면서 볼 수 있게 된다. 특히, 갈림길, 샘터, 산장, 화장실 등 중요지형지물을 정확히 표시할 수 있고, 식생조사와 기록에도 유용할 것으로 생각된다.

Answer 71 ④ 72 ③

73 지리정보시스템(GIS)에 표준화가 필요한 이유로 가장 거리가 먼 것은?

① 서로 다른 기관 간에 데이터 유출의 방지 및 데이터의 보안을 유지하기 위하여
② 데이터의 제작 시 사용된 하드웨어(H/W)나 소프트웨어(S/W)에 구애받지 않고 손쉽게 데이터를 사용하기 위하여
③ 하나의 기관에 구축한 데이터를 많은 기관들의 공유해 사용하기 위하여
④ 데이터의 공동 활용을 통하여 데이터의 중복 구축을 방지함으로써 데이터 구축비용을 절약하기 위하여

해설

표준화
표준이란 개별적으로 얻어질 수 없는 것들을 공통적인 특성을 바탕으로 일반화하여 다수의 동의를 얻어 규정하는 것으로 GIS표준은 다양하게 변화하는 GIS데이터를 정의하고 만들거나 응용하는데 있어서 발생되는 문제점을 해결하기 위해 정의되었다.

1. 표준화의 필요성

비용절감	지리정보시스템(GIS)은 그 특성상 대용량의 자료를 사용하며 효율적인 자료교환이 불가능하다면 데이터 공유가 매우 어려울 뿐만 아니라 공통 데이터의 중복 보관 및 관리로 인해 막대한 경제적 손실을 가져온다.
접근 용이성	GIS 구축에 사용되는 총비용 중 수치데이터베이스 구축에만 약 75%의 비용이 사용되는 것을 감안 하면 한 번 수집된 정보를 재활용하는 것은 매우 중요하다. 기존 데이터를 다른 목적을 위해 재사용할 수 있게 하기 위해서는 기존에 구축되어 있는 모든 데이터에 쉽게 접근할 수가 있어야 하며, 이를 위해서는 공간정보에 대한 표준화가 반드시 필요하다.
상호 연계성	기존의 GIS 환경 하에서 시스템간의 연동조건 및 상호교환을 필요로 하는 표준적인 정보항목 등을 정의하여 다양한 시스템에서 GIS 상호 연동성을 확보할 수 있게 하는 것이 필요하다
활용의 극대화	지리정보는 사회간접(infrastructure) 자본의 성격이 강하므로 앞으로 정부, 자치단체뿐만 아니라 일반 기업과 개인의 지리정보 사용이 기하급수적으로 증가할 것이다. 따라서 장기적으로 보았을 때 지리정보에 대한 표준화가 선행되어야 한다.

74 데이터베이스 설계의 시작점인 개념적 데이터 모델링에서 가장 널리 이용하는 방법으로 객체 - 관계 모형(E - R model)이 있다. 다음 중에 E - R model의 구성요소가 아닌 것은?

① 보호(protection)
② 관계(relation)
③ 속성(attributes)
④ 개체(entity)

해설

데이터 모델링 과정
현실세계를 표현하는 가장 추상화 수준이 높은 개념적 데이터모델에서 추상화 단계가 가장 낮은 구체적인 물리적 데이터 모델로 단계화할 수 있다.

Answer 73 ① 74 ①

[다이어그램: 데이터베이스 설계 단계]

- 요구사항 분석 → 조직의 업무 및 기능의 수행을 위한 데이터 요구분석
- 개념 모델링 →
  - 조직전체 정보의 요구사항 표현
  - 개체-관계 데이터 모델: E-R모델(Entity-Relationship model)
  - E-R모델의 구성요소: 개체(entity), 속성(attributes), 관계(relation)
- 논리 모델링 →
  - 업무요건을 명확히 하는 상세한 모델
  - 정규화
  - 계층(계급)형 데이터 모델(Hierarchical Data Model)
  - 네트워크(관망)형 데이터 모델(Network Data Model)
  - 관계형 데이터베이스관리시스템(RDBMS: Relationship Data Base Management System)
  - 객체지향형 데이터베이스관리체계(OODBMS: Object Oriented Data Base Management System)
- 물리 모델링 →
  - DBMS에 적합한 데이터 모델
  - 반정규화
- 데이터베이스 구현 →
  - 물리모델의 데이터베이스 구현
  - 성능을 고려한 구현

75 등치선도(isarithmic map)에 대한 설명으로 옳지 않은 것은?

① 등치선도란 동일한 값을 지니는 점을 연결한 선으로 만들어진 지도이다.
② 능고선, 등온선, 등입선, 등우량선 등이 포함된다.
③ 자연현상이 공간상에 연속적으로 변화하는 경우에 적합하다.
④ 일명 단계구분도(choropleth map)라고도 한다.

해설

등치선도 [sarithmicmap, 等値線圖]
표면고도를 등고선으로 나타내는 방식에 기초하여 통계적 표면을 지도로 나타낸 것.
등치선도로 표현되는 것으로는 인구밀도·평균소득·경작지면적·평균지가와 전체 강수량 중에서 차지하는 강우량의 비율 등이다. 등고선의 표현 방식에 기초하므로, 등고선의 수치로 지형의 높낮이를 알 수 있다. 따라서 등치선도의 기본적인 개념은 기복이 있는 표면을 선이라는 기호로 나타낸다는 점이다.

1. **활용**
   등치선도의 기법을 활용할 경우 공간상에서 다양한 변이를 나타내고 있는 현상에 대해서 총체적인 형상을 보여줄 수 있다. 또한 기법이 유연적이어서 정확도에 쉽게 적응할 수 있고, 컴퓨터를 이용하여 쉽게 작성할 수 있다.

2. **분류**
   등치선도의 분류는 이소메트릭 맵(isometricmap)과 이소플레트 맵(isoplethmap)으로 구분한다. 이소메트릭 맵은 실제 지점에서 일어나고 있는 현상을 실측하여 수집한 것이고, 이소플레트 맵은 주어진 지역 전체에 나타나는 현상을 측정한 다음 그 자료를 평균화한 수치를 이용하여 지도로 나타낸 것이다.

3. **사용**
   이소메트릭 맵은 온도·고도·강수 등 실제 관측자료나 비율·평균·분산과 같은 통계값을 사용하며, 이소플레트 맵은 주어진 단위 지역 내에서 일어나는 자료를 바탕으로 하여 비율이나 밀도로 변환시켜 이용한다. 등치선도를 구축하기 위한 3가지 기본적인 요소는 조정점, 보간법, 등치선 간의 간격이다. 조정점(controlpoint)이란 가상된 통계표면상에 Z의 값을 가지고 있는 지점을 말하며, 보간법(interpolation)이란 각 조정점의 Z값을 토대로 하여 등치선을 정확히 배치하는 것이고, 등치선의 간격이란 등치선 간이 수평적인 간격이 표면의 상대적인 경사도를 나타내는 것이다.

Answer 75 ④

76 래스터(raster) 데이터의 특징으로 옳지 않은 것은?

① 격차의 크기 조절로 자료용량의 조절이 가능하다.
② 자료의 데이터구조가 매우 복잡하며, 자료의 생성이 어렵다.
③ 다양한 공간적 편의가 격자 형태로 나타나며, 자료의 조작과정이 용이하다.
④ 래스터자료는 주로 네모난 형태를 가지기 때문에 벡터자료에 비해 미관상 매끄럽지 못하다.

해설

	벡터자료	래스터자료
정의	벡터 자료구조는 기호, 도형, 문자 등으로 인식할 수 있는 형태를 말하며 객체들의 지리적 위치를 크기와 방향으로 나타낸다.	래스터 자료구조는 매우 간단하며 일정한 격자간격의 셀이 데이터의 위치와 그 값을 표현하므로 격자데이터라고도 하며 도면을 스캐닝 하여 취득한 자료와 위상영상자료들에 의하여 구성된다. 래스터구조는 구현의 용이성과 단순한 파일구조에도 불구하고 정밀도가 셀의 크기에 따라 좌우되며 해상력을 높이면 자료의 크기가 방대해진다. 각 셀들의 크기에 따라 데이터의 해상도와 저장크기가 달라지게 되는데 셀 크기가 작으면 작을수록 보다 정밀한 공간현상을 잘 표현 할 수 있다.
장점	• 보다 압축된 자료구조를 제공하며 따라서 데이터 용량의 축소가 용이하다. • 복잡한 현실세계의 묘사가 가능하다. • 위상에 관한 정보가 제공되므로 관망분석과 같은 다양한 공간분석이 가능하다. • 그래픽의 정확도가 높다. • 그래픽과 관련된 속성정보의 추출 및 일반화, 갱신 등이 용이하다.	• 자료구조가 간단하다. • 여러 레이어의 중첩이나 분석이 용이하다. • 자료의 조작과정이 매우 효과적이고 수치영상의 질을 향상시키는데 매우 효과적이다 • 수치이미지 조작이 효율적이다 • 다양한 공간적 편의가 격자의 크기와 형태가 동일한 까닭에 시뮬레이션이 용이하다.
단점	• 자료구조가 복잡하다. • 여러 레이어의 중첩이나 분석에 기술적으로 어려움이 수반된다. • 각각의 그래픽 구성요소는 각기 다른 위상구조를 가지므로 분석에 어려움이 크다. • 그래픽의 정확도가 높은 관계로 도식과 출력에 비싼 장비가 요구된다. • 일빈직으로 값비싼 하드웨어와 소프트웨어가 요구되므로 초기비용이 많이 든다.	• 압축되어 사용되는 경우가 드물며 지형관계를 나타내기가 훨씬 어렵다. • 주로 격자형의 네모난 형태로 가지고 있기 때문에 수작업에 의해서 그려진 완화된 선에 비해서 미관상 매끄럽지 못하다 • 위상정보의 제공이 불가능하므로 관망해석과 같은 분석기능이 이루어질 수 없다. • 좌표변환을 위한 시간이 많이 소요된다.

77 SQL(Structured Query Language)의 데이터 조작문(DML)에 해당하지 않는 것은?

① DROP ② UPDATE
③ INSERT ④ SELECT

Answer 76 ② 77 ①

해설

언어	해당SQL	내용
DDL:Data Definition Language		데이터의 구조를 정의하며 새로운 테이블을 만들고, 기존의 테이블을 변경/삭제하는 등의 데이터를 정의하는 역할을 한다.
	CREATE	새로운 테이블을 생성한다.
	ALTER	기존의 테이블을 변경(수정)한다.
	DROP	기존의 테이블을 삭제한다.
	RENAME	테이블의 이름을 변경한다.
	TURNCATE	테이블을 잘라낸다.
DML:Data Mainpulation Language		데이터를 조회하거나 변경하며 새로운 데이터를 삽입/변경/삭제 하는 등의 데이터를 조작하는 역할을 한다.
	SELECT	기존의 데이터를 검색한다.
	INSERT	새로운 데이터를 삽입한다.
	UPDATE	기존의 데이터를 변경(갱신)한다.
	DELETE	기존의 데이터를 삭제한다.
DCL:Data Control Language		데이터베이스를 제어·관리하기 위하여 데이터를 보호하기 위한 보안, 데이터 무결성, 시스템 장애시 회복, 다중사용자의 동시접근 제어를 통한 트랜잭션관리 등에 사용되는 SQL이다.
	GRANT	권한을 준다(권한부여)
	REVOKE	권한을 제거한다.(권한해제)
	COMMIT	데이터 변경 완료
	ROLLBACK	데이터 변경 취소

78 수치표고모델(DEM)만을 이용하여 얻을 수 있는 자료들로만 짝지어진 것은?

① 표고분석도, 역세권 분석도
② 사면방향도, 경사도에 대한 분석도
③ 수계도, 토지피복도
④ 가시권에 대한 분석도, 도로망도

해설

수치표고모형(Digital Elevation Model : DEM)
DEM은 지형의 연속적인 기복변화를 일정한 크기의 격자간격으로 표현한 것으로 공간상의 연속적인 기복변화를 수치적인 행렬의 격자형태로 표현한다. 수치표고모형은 표고데이터의 집합일 뿐만 아니라 임의의 위치에서 표고를 보간할 수 있는 모델을 말한다. 공간상에 나타난 불규칙한 지형의 변화를 수치적으로 표현하는 방법을 수치표고모형이라 한다. DEM은 규칙적인 간격으로 표본지점이 추출된 래스터 형태의 데이터모델이다. DEM은 DTM 중에서 표고를 특화한 모델이다.
① 도로의 부지 및 댐의 위치 선정
② 수문 정보체계 구축
③ 등고선도와 시선도
④ 절토량과 성토량의 산정
⑤ 조경설계 및 계획을 위한 입체적인 표현
⑥ 지형의 통계적 분석과 비교
⑦ 경사도, 사면방향도, 경사 및 단면의 계산과 음영기복도 제작
⑧ 경관 또는 지형형성과정의 영상모의 관측
⑨ 수치지형도 작성에 필요한 표고정보와 지형정보를 다 이루는 속성
⑩ 군사적 목적의 3차원 표현

Answer 78 ② 79 ④

79 수치지형모델의 DEM과 TIN에 대한 설명으로 틀린 것은?

① 수치표고모델(DEM)은 규칙적인 격자망에 표고를 표현한다.
② GPS로 취득한 지형자료를 이용할 경우엔 TIN 방법이 유리하다.
③ DEM방법은 사진측량에 의한 자동 디지타이징에 의한 지형자료 취득 시에 유리하다.
④ 지역적인 변화가 심한 복잡한 지형을 표현할 때에는 DEM이 유리하다.

해설

수치표고 모형 (Digital Elevation Model : DEM)	DEM은 지형의 연속적인 기복변화를 일정한 크기의 격자간격으로 표현한 것으로 공간상의 연속적인 기복변화를 수치적인 행렬의 격자형태로 표현한다. 수치표고모형은 표고데이터의 집합일 뿐만 아니라 임의의 위치에서 표고를 보간할 수 있는 모델을 말한다. 공간상에 나타난 불규칙한 지형의 변화를 수치적으로 표현하는 방법을 수치표고모형이라 한다. DEM은 규칙적인 간격으로 표본지점이 추출된 래스터 형태의 데이터모델이다. DEM은 DTM 중에서 표고를 특화한 모델이다. ① 도로의 부지 및 댐의 위치 선정 ② 수문 정보체계 구축 ③ 등고선도와 시선도 ④ 절토량과 성토량의 산정 ⑤ 조경설계 및 계획을 위한 입체적인 표현 ⑥ 지형의 통계적 분석과 비교 ⑦ 경사도, 사면방향도, 경사 및 단면의 계산과 음영기복도 제작 ⑧ 경관 또는 지형형성과정의 영상 모의 관측 ⑨ 수치지형도 작성에 필요한 표고정보와 지형정보를 다 이루는 속성 ⑩ 군사적 목적의 3차원 표현
불규칙 삼각망 (不規則三角網, Triangulated Irregular Network : TIN)	불규칙삼각망은 불규칙하게 배치되어 있는 지형점으로부터 삼각망을 생성하여 삼각형 내의 표고를 삼각평면으로부터 보간하는 DEM의 일종이다. 벡터데이터 모델로 위상구조를 가지며 표본 지점들은 X, Y, Z 값을 가지고 있으며 다각형 Network를 이루고 있는 순수한 위상구조와 개념적으로 유사하다. ① 기복의 변화가 작은 지역에서 절점수를 적게 함 ② 기복의 변화가 심한 지역에서 절점수를 증가시킴 ③ 자료량 조절이 용이하다. ④ 중요한 위상형태를 필요한 정확도에 따라 해석 ⑤ 경사가 급한 지역에 적당하고 선형 침식이 많은 하천지형의 적용에 특히 유용 ⑥ TIN을 활용하여 방향, 경사도 분석, 3차원 입체지형생성 등 다양한 분석을 수행한다. ⑦ 격자형 자료의 단점인 해상력 저하, 해상력 조절, 중요한 정보 상실 가능성 해소

80 데이터간의 상관관계를 파악하기 위해서 위상구조를 가진 형태로 구성하는 것을 무엇이라고 하는가?

① 연속편집
② 정위치편집
③ 구조화편집
④ 공간정보편집

해설

1. **정위치 편집**
현지조사측량에서 얻어진 성과 및 자료를 이용하여 수치도화데이터를 수정하는 작업이 정위치 편집이다. 정위치 편집이란 원래의 의미는 새로이 측량등으로 보완된 전자지도(수치도면)를 기존 전자지도와 병합함에 있어서 그 정확성을 담보하는 일련의 데이터통합구축과정을 의미한다.

Answer 80 ③

이러한 정위치 편집과정은 측량 등으로 보완된 데이터의 정확한 도면병합뿐만 아니라 레이어 코드등의 속성코드를 정확히 통합하는 과정과 기록된 비도형정보(텍스트)의 정위치입력 등도 이 범주에 포함된다.

2. **구조화 편집**

수치도면제작에서 도형자료와 속성자료를 연계시키기 위한 일련의 작업으로 공간객체를 조합하여 기하모델로 보정하는 것을 구조화편집이라 한다.

구조화편집은 데이터간의 지리적 상관관계를 파악하기 위하여 정위치 편집된 지형, 지물을 기하학적 형태로 구성하는 작업을 말한다. 구조화편집이란 여러 개의 도면을 병합하는 과정에서 인접도면간의 도형구조를 병합하는 일련의 과정을 의미한다. 이러한 구조화편집은 수치도면을 구성하는 선(Line)과 면(Polygon)의 기하구조와 위상(Topology)논리구조를 연결하는 작업과 인접도면 경계간의 접합작업 등이 있으며, 나아가 도면접합시의 경계 내의 비도형정보(텍스트)를 단일화하는 작업도 구조화편집에 포함된다고 볼 수 있다. 여기서 위상(Topology)은 선과 면의 연속성을 의미한다.

제5과목 | 측량학

81 토털스테이션이 많이 활용되는 측량작업과 가장 거리가 먼 것은?

① 종·횡단 측량이 필요한 노선측량
② 고정밀도를 요하는 정밀 측량 및 지각변동관측 측량
③ 지형측량과 같이 많은 점의 평면 및 표고좌표가 필요한 측량
④ 거리와 각을 동시에 관측하면 작업효율이 높아지는 트래버스량

해설

Total Station

Total Station은 관측된 데이터를 직접 휴대용 컴퓨터 기기(전자평판)에 저장하고 처리할 수 있으며 3차원 지형정보 획득 및 데이터 베이스의 구축 및 지형도 제작까지 일괄적으로 처리할 수 있는 측량기계이다.

(1) Total Station의 특징
 ① 거리, 수평각 및 연직각을 동시에 관측할 수 있다.
 ② 관측된 데이터가 전자평판에 자동 저장되고 직접처리가 가능하다.
 ③ 시간과 비용을 줄일 수 있고 정확도를 높일 수 있다.
 ④ 지형도 제작이 가능하다.
 ⑤ 수치데이터를 얻을 수 있으므로 관측자료 계산 및 다양한 분야에 활용할 수 있다.

82 삼각형 3변의 길이가 그림과 같을 때 삼각형의 ∠A, ∠B로 옳은 것은?

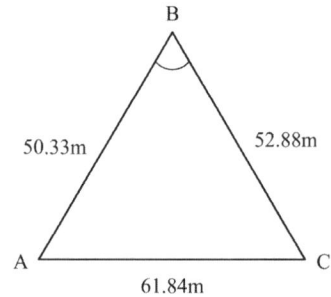

① ∠A=50°06′32″, ∠B=72°35′25″
② ∠A=54°08′20″, ∠B=69°34′25″
③ ∠A=55°06′20″, ∠B=73°34′25″
④ ∠A=55°08′20″, ∠B=69°34′25″

해설

$$\angle A = \cos^{-1}\frac{a^2+b^2-c^2}{2ab}$$
$$= \cos^{-1}\frac{50.33^2+61.84^2-52.88^2}{2\times 50.33\times 61.84}$$
$$= 55°6′20″$$
$$\angle B = \cos^{-1}\frac{50.33^2+52.88^2-61.84^2}{2\times 50.33\times 52.88}$$
$$= 73°34′25″$$

Answer 81 ② 82 ③

83
기지점 A, B, C에서 출발하여 교점 P의 좌표를 구하기 위한 다각측량을 하였다. 교점 P의 최확값(x_0, y_0)은? (단, X_p, Y_p는 각 측점으로부터 계산한 P점의 좌표)

측선	거리[km]	X_p[m]	Y_p[m]
A → P	2.0	+25.39	−51.87
B → P	1.0	+25.35	−51.76
C → P	0.5	+25.28	−51.72

① $x_0 = +25.34$m, $y_0 = -51.78$m
② $x_0 = +25.35$m, $y_0 = -51.75$m
③ $x_0 = +25.32$m, $y_0 = -51.82$m
④ $x_0 = +25.32$m, $y_0 = -51.75$m

【해설】
㉠ 경중률은 노선길이에 반비례
$$P_A : P_B : P_C = \frac{1}{2} : \frac{1}{1} : \frac{1}{0.5}$$
$$= 20\left(\frac{1}{20} : \frac{1}{10} : \frac{1}{5}\right) = 1 : 2 : 4$$

㉡ 최확값(x_0)
$$= \frac{P_A \times h_A + P_B \times h_B + P_C \times h_C}{P_A + P_B + P_C}$$
$$= \frac{1 \times 25.39 + 2 \times 25.35 + 4 \times 25.28}{1+2+4}$$
$$= 25.32m$$

㉢ 최확값(y_0)
$$= \frac{P_A \times h_A + P_B \times h_B + P_C \times h_C}{P_A + P_B + P_C}$$
$$= \frac{1 \times 51.87 + 2 \times 51.76 + 4 \times 51.72}{1+2+4}$$
$$= -51.75m$$

84
동일한 사람이 20″독 토털스테이션과 1′독 토털스테이션을 사용하여 각 측량을 할 때, 관측값에 대한 무게(weight : 경중률)의 비는? (단, 기타 조건은 동일한 것으로 가정한다.)

① 1 : 9 ② 1 : 3
③ 3 : 1 ④ 9 : 1

【해설】
경중률은 오차의 제곱에 반비례하므로
$$\frac{1}{20^2} : \frac{1}{60^2} = \frac{1}{400} : \frac{1}{3600} = 9 : 1$$

85
거리측량에서 착오(錯誤)에 대한 설명으로 옳지 않은 것은?

① 기록 또는 계산의 오류가 원인이 된다.
② 착오는 오차론에서 주로 취급하고 있다.
③ 눈금의 읽음 과실도 그 원인 중의 하나이다.
④ 일반적으로 착오를 먼저 제거한 다음에 정오차를 보정한다.

【해설】

성질에 의한 오차의 분류

과실 (착오, 과대오차 ; Blunders, Mistakes)	관측자의 미숙과 부주의에 의해 일어나는 오차로서 눈금읽기나 야장기입을 잘못한 경우를 포함하며 주의를 하면 방지할 수 있다.
정오차 (계통오차, 누차 ; Constant, Systematic Error)	일정한 관측값이 일정한 조건하에서 같은 크기와 같은 방향으로 발생되는 오차를 말하며 관측횟수에 따라 오차가 누적되므로 누차라고도 한다. 이는 원인과 상태를 알면 제거할 수 있다. 정오차는 측정횟수에 비례한다. $E_1 = n \cdot \delta$ (E_1 = 정오차, δ = 1회측정시 누적오차, n = 측정(관측)횟수)

Answer 83 ④ 84 ④ 85 ②

정오차 (계통오차, 누차; Constant, Systematic Error)	① 기계적 오차 : 관측에 사용되는 기계의 불안전성 때문에 생기는 오차 ② 물리적 오차 : 관측 중 온도변화, 광선굴절 등 자연현상에 의해 생기는 오차 ③ 개인적 오차 : 관측자 개인의 시각, 청각, 습관 등에 생기는 오차
부정오차 (우연오차, 상차; Random Error)	• 일어나는 원인이 확실치 않고 관측할 때 조건이 순간적으로 변화하기 때문에 원인을 찾기 힘들거나 알 수 없는 오차를 말한다. 때때로 부정오차는 서로 상쇄되므로 상차라고도 하며, 부정오차는 대체로 확률법칙에 의해 처리되는데 최소제곱법이 널리 이용된다. • 우연오차는 측정 횟수의 제곱근에 비례한다. $E_2 = \pm \delta \sqrt{n}$ (E_2 = 우연오차 δ : 우연오차 n : 측정(관측)횟수)

86 다각측량에 대한 설명으로 옳지 않은 것은?

① 다각측량은 삼각측량과 비교하여 정확도가 낮은 편이다.
② 일반적으로 트래버스 중 결합트래버스의 정확도가 가장 높다.
③ 각 관측의 정도가 거리관측의 정도보다 높으면 컴퍼스법칙을 적용한다.
④ 횡거란 측선의 중점에서 자오선에 내린 수선의 길이이며 그 2배가 배횡거이다.

해설

컴퍼스 법칙 (방위각법)	각 관측의 정도가 거리관측의 정도가 거의 같을 때 사용 $C = -\dfrac{e}{L} \times l$ 각 측선장에 비례하여 배분 측선장이 긴 것부터 순차로 배분 C는 각 측선의 종선차 또는 횡선차에 배분할 센티미터 단위의 수치, e는 종선오차 또는 횡선오차, L은 각 측선장의 총합계, l은 각 측선의 측선장을 말한다.

트랜싯 법칙 (배각법)	각 관측의 정도가 거리관측의 정도보다 높을 때 사용 $T = -\dfrac{e}{L} \times l$ 각 측선의 종선차 또는 횡선차 길이에 비례하여 배분 종선차 및 횡선차가 긴 것부터 배분 T는 각 측선의 종선차 또는 횡선차에 배분할 센티미터 단위의 수치, e는 종선오차 또는 횡선오차, L은 종선차 또는 횡선차의 절대치의 합계, l은 각 측선의 종선차 또는 횡선차를 말한다.

87 동일한 각을 관측 횟수를 다르게 적용하여 얻은 결과가 표와 같을 때, 각의 최확값은?

구분	관측 횟수	관측값
A	2	42°28′40″
B	4	42°28′46″
C	6	42°28′48″

① 42°28′44″ ② 42°28′46″
③ 42°28′48″ ④ 42°28′50″

해설

① 어느 일정한 각을 관측 횟수를 다르게 했을 때의 경중률(P)은 관측 횟수(N)에 비례하므로
$P_1 : P_2 : P_3 = N_1 : N_2 : N_3 = 2 : 4 : 6$
② 최확치(L_0)
$L_0 = \dfrac{P_1 l_1 + P_2 l_2 + P_3 l_3}{P_1 + P_2 + P_3}$
$= 42°28′ + \dfrac{(40″ \times 2) + (46″ \times 4) + (48″ \times 6)}{2+4+6}$
$= 42°28′ + 46″ = 42°28′46″$

88 지형자료를 취득하기 위한 측량방법이 아닌 것은?

① 토털스테이션측량 ② GNSS측량
③ INS측량 ④ 항공사진측량

해설

GPS / INS(관성항법시스템)

INS(Inertial Navigation System : 관성항법시스템)는 차량, 항공기 등에 관성측량기를 장착해 관측자의 현재위치를 측량하고 진로를 알려주는 정밀항법장치로서 각(角)가속도를 측정하여 시간에 대한 연속적인 적분을 수행해 위치와 속도, 진행방향을 계산해내는 시스템으로서 GPS와 달리 본체에 설치된 센서를 통해 측량하는 방법이다.

1. 관성측량기의 원리
    (1) 회전축을 중심으로 균형을 유지해 차체가 기준좌표로부터 얼마나 틀어져 있는지를 확인함으로써 본체의 진행방향을 계측한다.
    (2) 자이로스코프와 가속도계는 3차원 공간정보 계측을 위해 3개씩 내장되어 있다.

2. INS의 구성
    (1) 자이로스코프 : 기준좌표를 설정하고 본체의 진행방향을 계측
    (2) 가속도계 : X, Y, Z 방향가속도를 계측
    (3) 컴퓨터장치 : 관측치에 대한 전산처리과정을 통해 위치를 측량한다.

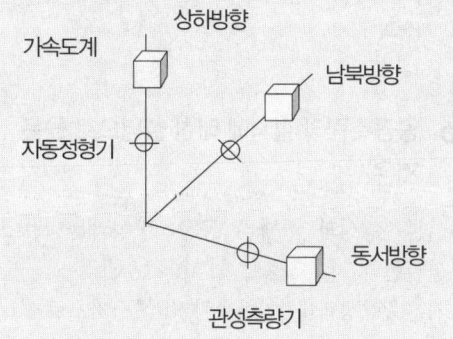

89 수준측량에서 전시거리와 후시거리를 같게 하는 가장 주요한 이유는?

① 개인습관에 대한 오차가 소거된다.
② 기계오차와 지구곡률 오차가 소거된다.
③ 표척의 침하에 의한 오차가 소거된다.
④ 표척의 기울기에 대한 오차가 소거된다.

해설

전시와 후시의 거리를 같게 함으로써 제거되는 오차
① 시준축오차 : 시준선이 기포관축과 평행하지 않을 때
② 구차 : 지구의 곡률오차
③ 기차 : 빛의 굴절오차
④ 초점나사를 움직이는 오차가 없음으로 인해 생기는 오차를 제거

90 그림과 같은 트래버스 측량에서 CD측선의 방위각은?

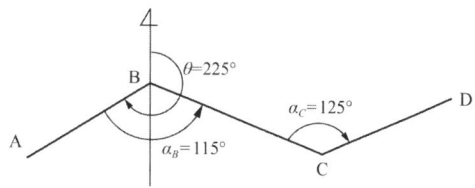

① 55°
② 135°
③ 170°
④ 255°

해설

$V_B^C = 225° - 115° = 110°$

$V_C^D = 110° + 180° + 125° = 55°$

91 그림과 같이 담장 PQ가 있어 P점에서 표척을 거꾸로 세워 관측하여 그림과 같은 결과를 얻었다. B점의 표고는? (단, A점의 표고는 135.00m이다.)

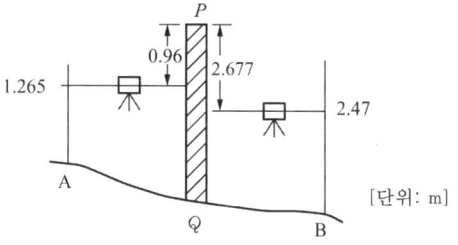

① 132.078m
② 132.470m
③ 133.125m
④ 133.215m

Answer 89 ② 90 ① 91 ①

해설

$$H_B = H_A + i - (-0.96) - 2.677 - 2.47$$
$$= 135 + 1.265 + 0.96 - 2.677 - 2.47$$
$$= 132.078m$$

92 삼각점 A에 기계를 설치하고 삼각점 B가 시준 되지 않아 점 P를 관측하여 T′ = 68°32′15″를 얻었을 때 보정각 T는?
(단, S = 1.3km, e = 5m, φ = 302°56′)

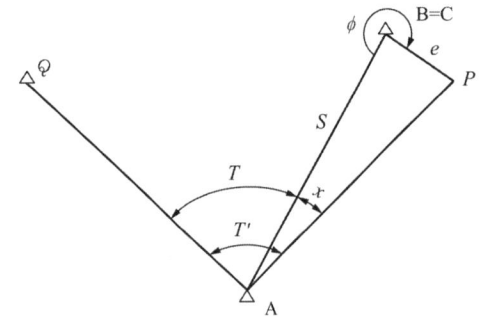

① 68°21′09″ ② 68°48′07″
③ 69°21′10″ ④ 69°48′07″

해설

$$\frac{e}{\sin x} = \frac{S}{\sin(360° - 302°56′)}$$
$$x = \sin^{-1}\frac{5}{1,300} \times \sin 57°4′ = 0°11′5″$$
$$T = T′ - x$$
$$= 68°32′15″ - 0°11′6″ = 68°21′9″$$

93 지형을 지물과 지모로 분류할 때 지모에 해당되는 것은?

① 건물
② 빌딩
③ 구릉
④ 시가지

해설

지형의 구분

지물(地物)	지표면 위의 인공적인 시설물. 즉, 교량, 도로, 철도, 하천, 호수, 건축물 등
지모(地貌)	지표면 위의 자연적인 토지의 기복상태. 즉, 산정, 구릉, 계곡, 평야 등

94 지형측량의 결과인 등고선도의 이용과 가장 거리가 먼 것은?

① 지적도의 작성
② 노선의 도상선정
③ 성토, 절토의 범위 결정
④ 집수면적의 측정

해설

등고선도의 이용
① 노선의 도상선정
② 성토, 절토의 범위결정
③ 집수면적의 측정
④ 산의 체적
⑤ 댐의 유수량
⑥ 지형의 경사

95 공공측량의 실시에 대한 설명으로 옳은 것은?

① 기본측량성과나 다른 공공측량성과를 기초로 실시한다.
② 기본측량성과나 일반측량성과를 기초로 실시한다.
③ 기본측량성과만을 기초로 실시한다.
④ 다른 공공측량성과나 일반측량성과기초로 실시한다.

Answer 92 ① 93 ③ 94 ① 95 ①

해설

공간정보의 구축 및 관리 등에 관한 법률 제17조 (공공측량의 실시 등) ① 공공측량은 기본측량성과 나 다른 공공측량성과를 기초로 실시하여야 한다.
② 공공측량의 시행을 하는 자(이하 "공공측량시행자"라 한다)가 공공측량을 하려면 국토교통부령으로 정하는 바에 따라 미리 공공측량 작업계획서를 국토교통부장관에게 제출하여야 한다. 제출한 공공측량 작업계획서를 변경한 경우에는 변경한 작업계획서를 제출하여야 한다. 〈개정 2013. 3. 23.〉
③ 국토교통부장관은 공공측량의 정확도를 높이거나 측량의 중복을 피하기 위하여 필요하다고 인정하면 공공측량시행자에게 공공측량에 관한 장기 계획서 또는 연간 계획서의 제출을 요구할 수 있다. 〈개정 2013. 3. 23.〉
④ 국토교통부장관은 제2항 또는 제3항에 따라 제출된 계획서의 타당성을 검토하여 그 결과를 공공측량시행자에게 통지하여야 한다. 이 경우 공공측량시행자는 특별한 사유가 없으면 그 결과에 따라야 한다. 〈개정 2013. 3. 23.〉
⑤ 공공측량시행자는 공공측량을 하려면 미리 측량지역, 측량기간, 그 밖에 필요한 사항을 시·도지사에게 통지하여야 한다. 그 공공측량을 끝낸 경우에도 또한 같다.
⑥ 시·도지사는 공공측량을 하거나 제5항에 따른 통지를 받았으면 지체 없이 시장·군수 또는 구청장에게 그 사실을 통지하고(특별자치시장 및 특별자치도지사의 경우는 제외한다) 대통령령으로 정하는 바에 따라 공고하여야 한다.

96 측량기준점을 크게 3가지로 구분할 때에 이에 속하지 않는 것은?

① 국가기준점
② 지적기준점
③ 공공기준점
④ 수로기준점

해설

공간정보의 구축 및 관리 등에 관한 법률 제7조 (측량기준점) ① 측량기준점은 다음 각 호의 구분에 따른다. 〈개정 2012. 12. 18., 2013. 3. 23.〉
 1. 국가기준점 : 측량의 정확도를 확보하고 효율성을 높이기 위하여 국토교통부장관 및 해양수산부장관이 전 국토를 대상으로 주요 지점마다 정한 측량의 기본이 되는 측량기준점
 2. 공공기준점 : 제17조 제2항에 따른 공공측량시행자가 공공측량을 정확하고 효율적으로 시행하기 위하여 국가기준점을 기준으로 하여 따로 정하는 측량기준점
 3. 지적기준점 : 특별시장·광역시장·특별자치시장·도지사 또는 특별자치도지사(이하 "시·도지사"라 한다)나 지적소관청이 지적측량을 정확하고 효율적으로 시행하기 위하여 국가기준점을 기준으로 하여 따로 정하는 측량기준점
② 제1항에 따른 측량기준점의 구분에 관한 세부 사항은 대통령령으로 정한다.

97 국토지리정보원장이 간행하는 지도나 그 밖에 필요한 간행물의 종류가 아닌 것은?

① 축척 1/600, 1/1500, 1/20000, 1/200000 및 1/2000000의 지도
② 국가인터넷지도, 점자지도, 대한민국전도, 대한민국주변도 및 세계지도
③ 철도, 도로, 하천, 해안선, 건물, 수치표고 모형, 실내공간정보, 정사영상 등에 관한 기본 공간정보
④ 국가격자좌표정보 및 국가관심지점정보

해설

공간정보의 구축 및 관리 등에 관한 법률 시행규칙 제13조(지도등 간행물의 종류) 법 제15조제1항에 따라 국토지리정보원장이 간행하는 지도나 그 밖에 필요한 간행물(이하 "지도등"이라 한다)의 종류는 다음 각 호와 같다.

Answer 96 ④ 97 ①

1. 축척 1/500, 1/1,000, 1/2,500, 1/5,000, 1/10,000, 1/25,000, 1/50,000, 1/100,000, 1/250,000, 1/500,000 및 1/1,000,000의 지도
2. 철도, 도로, 하천, 해안선, 건물, 수치표고(數値標高) 모형, 공간정보 입체모형(3차원 공간정보), 실내공간정보, 정사영상(正射映像) 등에 관한 기본 공간정보
3. 삭제 〈2015. 6. 4.〉
4. 연속수치지형도 및 축척 1/25,000 영문판 수치지형도
5. 국가인터넷지도, 점자지도, 대한민국전도, 대한민국주변도 및 세계지도
6. 국가격자좌표정보 및 국가관심지점정보

98 그림과 같은 평면도의 받침판 표지를 갖고 있는 국가기준점은?

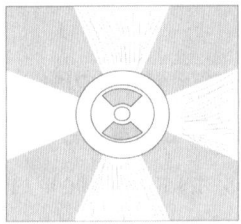

① 위성기준점
② 통합기준점
③ 삼각점
④ 수준점

해설

통합기준점 표지
1) '가'형(단위 : 밀리미터)

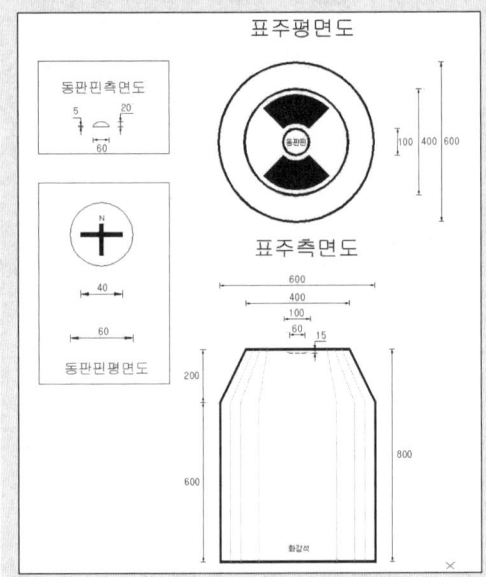

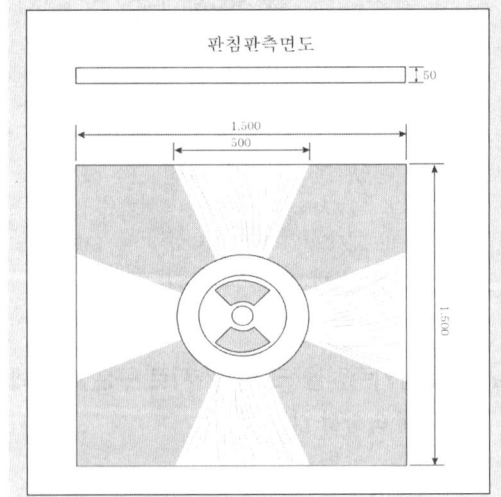

Answer 98 ②

99
다음 중 국가공간정보체계의 효율적인 구축과 종합적 활용 및 관리에 관한 사항을 규정함으로써 국토 및 자원을 합리적으로 이용하여 국민경제의 발전에 이바지함을 목적으로 하는 것은?

① 국토기본법
② 공간정보산업 진흥법
③ 국가공간정보 기본법
④ 국토의 계획 및 이용에 관한 법률

[해설]
공간정보기본법 제조(목적) 이 법은 국가공간정보체계의 효율적인 구축과 종합적 활용 및 관리에 관한 사항을 규정함으로써 국토 및 자원을 합리적으로 이용하여 국민경제의 발전에 이바지함을 목적으로 한다.

100
측량기준점표지를 파손하거나 그 효용을 해치는 행위를 한 자에 대한 벌칙기준은?

① 3년 이하의 징역 또는 3천만원 이하의 벌금
② 2년 이하의 징역 또는 2천만원 이하의 벌금
③ 1년 이하의 징역 또는 1천만원 이하의 벌금
④ 300만원 이하의 과태료

[해설]

2년 이하의 징역 또는 2천만원 이하의 벌금 (거무등 외표성검)	1. 측량업의 등록을 하지 아니하거나 거짓이나 그 밖의 부정한 방법으로 측량업의 등록을 하고 측량업을 한 자 2. 성능검사대행자의 등록을 하지 아니하거나 거짓이나 그 밖의 부정한 방법으로 성능검사대행자의 등록을 하고 성능검사업무를 한 자 3. 수로사업의 등록을 하지 아니하거나 거짓이나 그 밖의 부정한 방법으로 수로사업의 등록을 하고 수로사업을 한 자 4. 측량성과를 국외로 반출한 자 5. 측량기준점표지를 이전 또는 파손하거나 그 효용을 해치는 행위를 한 자 6. 고의로 측량성과 또는 수로조사성과를 사실과 다르게 한 자 7. 성능검사를 부정하게 한 성능검사대행자
1년 이하의 징역 또는 1천만원 이하의 벌금 (둘비허율 대판대복)	1. 둘 이상의 측량업자에게 소속된 측량기술자 또는 수로기술자 2. 업무상 알게 된 비밀을 누설한 측량기술자 또는 수로기술자 3. 거짓(허위)으로 다음 각 목의 신청을 한 자 　가. 신규 등록 신청 　나. 등록전환 신청 　다. 분할 신청 　라. 합병 신청 　마. 지목변경 신청 　바. 바다로 된 토지의 등록말소 신청 　사. 축척변경 신청 　아. 등록사항의 정정 신청 　자. 도시개발사업 등 시행지역의 토지이동 신청 4. 측량기술자가 아님에도 불구하고 측량을 한 자 5. 지적측량수수료 외의 대가를 받은 지적측량기술자 6. 심사를 받지 아니하고 지도 등을 간행하여 판매하거나 배포한 자 7. 다른 사람에게 측량업등록증 또는 측량업등록수첩을 빌려 주거나 자기의 성명 또는 상호를 사용하여 측량업무를 하게 한 자 8. 다른 사람의 측량업등록증 또는 측량업등록수첩을 빌려서 사용하거나 다른 사람의 성명 또는 상호를 사용하여 측량업무를 한 자 9. 다른 사람에게 자기의 성능검사대행자 등록증을 빌려 주거나 자기의 성명 또는 상호를 사용하여 성능검사대행업무를 수행하게 한 자 10. 다른 사람의 성능검사대행자 등록증을 빌려서 사용하거나 다른 사람의 성명 또는 상호를 사용하여 성능검사대행업무를 수행한 자 11. 무단으로 측량성과 또는 측량기록을 복제한 자 12. 해양수산부장관의 승인을 받지 아니하고 수로도서지를 복제하거나 이를 변형하여 수로도서지와 비슷한 제작물을 발행한 자

Answer 99 ③ 100 ②

제1과목 | 측지학 및 위성측위시스템

01 다음 중 GPS 신호가 아닌 것은?

① L1 반송파 ② P 코드
③ C/A 코드 ④ K 반송파

해설

신호	구분	내용
반송파 (Carrier)	L1	• 주파수1, 575.42MHz (154×10.23MHz), 파장19cm • C/A code와 P code 변조 가능
	L2	• 주파수1, 227.60MHz (120×10.23MHz), 파장24cm • P code만 변조 가능
코드 (Code)	P code	• 반복주기 7일인 PRN code (Pseudo Random Noise code) • 주파수 10.23MHz, 파장 30m (29.3m)
	C/A code	• 반복주기 : 1ms (milli-second)로 1.023Mbps로 구성된 PPN code • 주파수 1.023MHz, 파장 300m (293m)
Navigation Message		GPS위성의 궤도, 시간, 기타 System Parameter들을 포함하는 Data bit • 측위계산에 필요한 정보 • 위성탑재 원자시계 및 전리층보정을 위한 Parameter 값 • 위성궤도정보 • 타위성의 항법메시지 등을 포함 • 위성궤도정보에는 평균근점각, 이심률, 궤도장반경, 승교점적경, 궤도경사각, 근지점 인수 등 기본적 인량 및 보정항이 포함

02 반지름 2m인 구면상의 구면삼각형 면적이 0.213m²일 때 이 구면삼각형의 구과량은?

① 1°02′32″ ② 2°03′14″
③ 3°03′04″ ④ 4°12′09″

해설

$$\epsilon'' = \frac{F}{R^2}\rho'' = \frac{0.213}{2^2} \times 206265'' = 3°3'3.61''$$

03 연속적으로 측정한 일련의 GNSS 관측(또는 관측단위)을 무엇이라고 하는가?

① 단독측위 ② session
③ DGPS ④ PDOP

해설

세션이란 2대 혹은 그 이상의 GPS 수신기를 가지고 동시에 관측하여 자료를 수집하는 일련의 관측을 말한다. 일련의 관측이란, 1시간부터 수 시간에 걸쳐 정수치 바이어스(Bias)를 확정하기 충분한 수의 자료를 취득하기 위한 것으로, 이를 근거로 기선결과를 얻을 수 있다. 예를 들어, 1시간 관측 후 장비를 철수하였다가 다시 1시간 관측하였다면, 처음관측을 세션 1이라 하고 다음번 관측을 세션 2라 일컫는 것이 보통이며 높은 정도를 필요로 하는 측량에서는 여러 세션의 관측을 하여 얻어진 수개의 기선 해를 평균하여 성과로 한다.

Answer 01 ④ 02 ③ 03 ②

04 지구의 질량을 계산하기 위하여 지구의 반지름, 중력가속도 외에 필요한 요소는?
(단, 지구는 자전하지 않는 완전구체로 가정)

① 지구의 부피
② 만유인력 상수
③ 지구 자전 각속도
④ 지구 원심력의 크기

해설

인력 $F = \dfrac{G \cdot M \cdot m}{r^2}$

$M = \dfrac{G \cdot m}{F \cdot r^2}$

여기서, G : 만유인력상수
M : A물질의 질량
m : B물질(상대)질량
r : 두 물체 사이의 거리
F : 인력(당기는 힘 : 두 물체사이의 당기는 힘)

05 UTM 좌표에 대한 설명으로 옳지 않은 것은?

① 중앙자오선에서의 축척계수는 0.9996이다.
② 우리나라는 51S와 52S의 지역대에 속한다.
③ 경도는 8°, 위도는 6°로 분할하여 나타낸다.
④ 위도 80°S부터 80°N까지의 지역을 나타낸다.

해설

UTM 좌표
(Universal Transverse Mercator Coordinate)
UTM 좌표는 국제횡메르카토르 투영법에 의하여 표현되는 좌표계이다. 적도를 횡축, 자오선을 종축으로 한다. 투영방식, 좌표변환식은 TM과 동일하나 원점에서 축척계수를 0.9996으로 하여 적용범위를 넓혔다.

① 지구 전체를 경도 6°씩 60개 구역으로 나누고, 각 종대의 중앙자오선과 적도의 교점을 원점으로 하여 원통도법인 횡메르카토르 투영법으로 등각투영한다.
② 각 종대는 180°W 자오선에서 동쪽으로 6° 간격으로 1~60까지 번호를 붙인다.
③ 중앙자오선에서의 축척계수는 0.9996m이다.
  (축척계수 : $\dfrac{평면거리}{구면거리} = \dfrac{s}{S} = 0.9996$)
④ 종대에서 위도는 남북 80°까지만 포함시킨다.
⑤ 횡대는 8°씩 20개 구역으로 나누어 C(80°S~72°S)~X(72°N~80°N)까지(단, I, O는 제외) 20개의 알파벳 문자로 표현한다.
⑥ 결국 종대 및 횡대는 경도 6°×위도 8°의 구형구역으로 구분된다.
⑦ 우리나라는 51~52종대와 S~T횡대에 속한다.
⑧ UTM에서 거리좌표는 m 단위로 표시하며 종좌표에는 N, 횡좌표에는 E를 붙인다.
⑨ 각 종대마다 좌표원점의 값을 북반구에서 횡좌표 500,000mE, 종좌표 0mN(남반구에서는 10,000,000N)으로 주면 북반구에서 종좌표는 적도에서 0mN, 80°N에서 10,000,000mN이고,
⑩ 남반구에서는 80°S에서 적도까지의 거리는 10,000,000m로 나타난다.
⑪ 80°N과 80°S 간 전 지역의 지도는 UTM 좌표로 표시하며 80°N 이북과 80°S 이남의 양극지역의 전 지역의 지도는 국제극심입체좌표(UPS)로 표시함으로써 전 세계를 일관된 좌표계로 나타낼 수 있다.

51 : 120° ~ 126° E (중앙자오선 123° E)	S : 32° ~ 40° N
52 : 126° ~ 132° E (중앙자오선 129° E)	T : 40° ~ 48° N

Answer 04 ② 05 ③

06 GNSS 시스템 및 좌표계에 대한 설명으로 옳지 않은 것은?

① GNSS 시스템은 우주부문, 제어부문 및 사용자 부문으로 구성된다.
② WGS84 타원체의 요소와 GRS80 타원체의 요소는 완전히 일치한다.
③ WGS84 기준계는 지구질량 중심을 원점으로 한다.
④ GPS 제어국(control station)은 주제어국(master control station)과 감시국(monitor station)으로 구성되어 있다.

해설

WGS84와 ITRF좌표계
WGS84좌표계는 TRANSIT위성의 도플러 관측으로 구축된 반면, ITRF좌표계는 SLR과 VLBI관측을 기초로 하고 있다. 이러한 관측방정식의 차이로 인해 TRANSIT 기준점의 위치정밀도는 1~2m인 반면, ITRF 기준점의 위치정밀도는 cm의 수준으로 추정되고 있다.

좌표계	ITRF계	WGS-84계
설명	국제적, 과학적으로 가장 신뢰받는 좌표계	GPS에서 채택된 좌표계
좌표계 종류	지심직교좌표계	지심측지좌표계
준거 타원체 장반경 편평률	직교좌표이므로 정의되지 않음(경의도 표시에는 GRS80 타원체를 권장)	a : 6378137m p : 1/298.257222
기준점	VLBI, SLR, LLR, DORIS	GPS추적국 GPS위성
높이의 기준		WGS84타원체
작성자	IERS (국제지구회전사업)	미국 국방성

07 GNSS 측위에 대한 설명 중 틀린 것은?

① 절대(단독)측위의 경우 최소 4개의 가시위성(visible satellite)이 필요하다.
② 상대측위 방법을 사용하면 관측시간은 단축되나 높은 측위정확도 확보는 어렵다.
③ 상대측위는 기준국이 필요하다.
④ 절대(단독)측위는 기준국이 필요 없다.

해설
상대측위 방법을 사용하면 관측시간은 단축되나 높은 측위정확도를 확보할 수 있다.

08 특정 지점의 지오이드고가 −10m이고 타원체고가 10m일 때 정표고는? (단, 연직선 편차는 0으로 가정한다.)

① −20m ② 0m
③ 10m   ④ 20m

해설
정표고 = 타원체고 − 지오이드고
      = 10 − (−10) = 20m

09 깊은 곳의 광물탐사를 하기 위한 탄성파 측정 방법은?

① 굴절법 ② 굴착법
③ 충격법 ④ 반사법

해설

탄성파의 주요 특징
① 탄성파(지진파)측정은 자연지진이나 인공지진(화약에 의한 폭발로 발생)의 지진파로 지하구조를 탐사하는 것으로 굴절법과 반사법이 있다
② 굴절법(Refraction) : 지표면으로부터 낮은 곳의 측정
③ 반사법(Reflection) : 지표면으로부터 깊은 곳의 측정
④ 지진이 일어났을 때 지진계에 기록되는 순서는 종파(P파) − 횡파(S파) − 표면파(L파)이다.

Answer 06 ② 07 ② 08 ④ 09 ④

10 지구의 공전으로 인하여 생기는 현상은?

① 운동하는 물체에 전향력이 생긴다.
② 1 태양일과 1 항성일이 차이가 난다.
③ 조석이 하루에 2번씩 일어난다.
④ 인공위성의 궤도가 서편한다.

해설

지구의 운동

지구의 운동에는 지구축의 주위를 회전하는 자전과 태양의주위를 회전하는 공전 그리고 지구의 자전축이 황도면의 수직선에 대하여 23.5도의 각거리를 가지고 회전하는 세차 운동이 있으며 이러한 운동은 시간과 계절의 변화, 일조시간의 변화 등 여러 가지 현상의 원인이 되고 있다.

자전	공전(公轉)
지구는 하루에 한번 씩 지축을 중심으로 회전하고 있고, 태양을 기준으로 한번 자전하는 시간을 1태양일이라 하며 24시간으로 정한다. 지구가 항성을 기준으로 한번 자전 하는 시간을 1항성일이라 하고 23시간 56분 4초이며, 차이가 나는 이유는 지구의 공전 때문이다.	지구는 태양을 중심으로 지축이 궤도면에 대하여 기울어져서 회전운동을 하는데 그 결과 계절의 변화, 일조시간의 변화, 태양의 남중고도의 변화 등의 현상이 생긴다.

11 GPS 코드 신호의 이중차분(Double Differencing)을 이용하여 정지측위를 실시하는 경우 필요한 위성의 최소 개수는?

① 2개 ② 3개
③ 4개 ④ 5개

해설

1. 정지측량
GPS 측량기를 사용하여 기초측량 또는 세부측량을 하고자 하는 때에는 정지측량(Static)방법에 의한다. 정지측량방법은 2개 이상의 수신기를 각측점에 고정하고 양측점에서 동시에 4개 이상의 위성으로 부터 신호를 30분 이상 수신하는 방식이다

2. 이동측량(Kinematic)
GPS 측량기를 사용하여 이동측량(Kinematic)방법에 의하여 지적도근측량 또는 세부측량을 하고자 하는 경우의 관측은 다음의 기준에 의한다.
① 기지점(지적측량기준점)에 기준국을 설치하고 측량성과를 구하고자 하는 지적도근점 등에 GPS 측량기를 순차적으로 이동하며 관측을 실시할 것
② 이동 및 관측은 GPS 측량기의 초기화 작업을 한 후 실시하며, 이동 중에 전파수신의 단절 등이 된 때에는 다시 초기화 작업을 한 후 실시할 것

12 다음 중 위성의 케플러 궤도요소가 아닌 것은?

① 궤도의 장반경 ② 이심률
③ 위성의 질량   ④ 궤도 경사각

해설

케플러의 6요소
① 궤도의 모양과 크기를 결정하는 요소
  ㉠ 궤도 장반경(軌道長半徑, semimajor axis : A) : 궤도타원의 장반경
  ㉡ 궤도 이심률(軌道離心率, eccentricity : e) : 궤도타원의 이심률
② 궤도면의 방향(공간위치)을 결정하는 요소
  ㉠ 궤도 경사각(軌道傾斜角, inclination angle : I) : 궤도면과 적도면의 교각
  ㉡ 승교점 적경(昇交點赤經, right ascension of acsending node: h) : 궤도가 남에서 북으로 지나는 점의 적경(昇交點 : 위성궤도와 천구적도의 교점)

Answer 10 ② 11 ③ 12 ③

③ 궤도면의 장축방향 결정 요소
  ㉠ 근지점 인수(近地點引數, argument of perigee : g) 또는 근지점 적경 : 승교점에서 근지점까지 궤도면을 따라 천구북극에서 볼 때 반시계방향으로 잰 각거리
④ 기타
  ㉠ 근점이각(近點離角, satellite anomaly : v) : 근지점에서 위성까지의 각거리, 진근점이각, 이심근점이각, 평균근점이각의 세 가지가 있다.

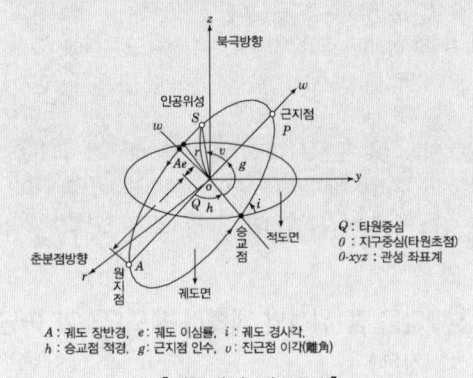

[케플러의 궤도요소]

13. 모호정수(cycle ambiguity)를 결정하여 고정해(fixing solution)를 산출하는 이유는?

① 측위정확도를 향상시킬 수 있기 때문이다.
② 대기효과를 제거할 수 있기 때문이다.
③ 사이클 슬립을 방지할 수 있기 때문이다.
④ 수신기의 갑작스러운 이동을 막을 수 있기 때문이다.

해설

[불명확 상수(Ambiguity : 모호정수, 미지정수)]
반송파 신호측정방식은(일명 간섭측량이라 하며) 전파의 위상차를 관측하는 방식인데 수신기에 마지막으로 수신되는 파장의 위상을 정확히 알 수 없으므로 이를 모호정수, 미지정수라고 한다.

---

1) 반송파 위상란 위성과 수신기간의 거리에 해당하는 양을 파수로 표시한 것
2) 반송파를 이용한 거리 계산
   지상에서 수신된 파장, 위성에서 보낸 파장의 위상차를 관측 거리 계산. 불명확상수의 정확한 결정이 GPS 정확도를 좌우하며 위상차 최초의 문제 해결을 위해 OTF기법이 못 사용

[불명확상수]
1) 불명확상수의 결정
   ① 불명확상수는 고정도 위치 결정에서 정확도 향상의 가장 중요한 요소
   ② 정지상태 초기화작업 선행
   ③ 항공분야 활용 초기화작업 선행 이어질 필요 없다.
   ④ GPS 항측 시 이동안테나의 초기화가 지상에서 이루어지지 않으면 그 반면 Ambiguity 비행 중 결정
   ⑤ 비행 중, 이동 중 Ambiguity 처리법을 OTF, OTW라 한다.
2) 불명확상수를 처리하는 기법
   ① 기하학적 방법
   ② 코드와 반송파의 조합
   ③ 불확실 정수 검색법
   ④ 불확실 정수 조합기법

14. 수십 억 광년 떨어져 있는 준성(Quasar)에서 방사되는 전파를 지구상 복수의 전파망원경(안테나)으로 동시에 수신하여 관측점의 위치좌표를 고정밀로 구하는 방법은?

① VLBI
② SLR
③ GPS
④ LiDAR

Answer 13 ① 14 ①

[해설]

VLBI(Very Long Baseline Interferometer)
VLBI(VeryLong Baseline Interferometer)는 각종 인공위성의 위치 측정이나 우주공간의 항성 또는 행성들로부터의 도래파 신호를 수신 분석하는 수단으로 응용되는 두 개의 이웃 수신용 안테나가 아주 멀리 이격된 기저선(Baseline)을 이용한 전파간섭계측정 첨단기술이다.

두 안테나가 동시에 수신된 전파를 시각 부호와 함께 광대역 디지털 기록계에 기록 자기테이프 저장한 후 정밀측정으로 두 안테나 위치간의 지연 시간차를 구하여 거리를 측정한다.

15 성과표에서 삼각점 A에 대한 진북방향각이 a = +0°16′42″ 일 때 시 준점 B에 대한 방향각이 75°32′51″라면 AB 측선의 방위각은?

① 75°16′09″ ② 75°49′33″
③ 255°16′09″ ④ 255°49′33″

[해설]

V_a^b = 도북방위각 – 진북방향각
     = 75°32′51″ – 0°16′42″ = 75°16′09″

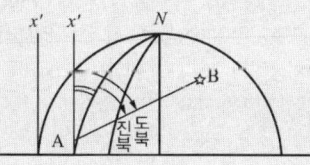

16 지구면 위의 두 점간 최단거리선으로 지심과 지표상의 두 점을 포함하는 평면과 지표면의 교선은?

① 측지선
② 자오선
③ 측량선
④ 항정선

[해설]

측지선	지표상 두 점 간의 최단거리선으로서 지심과 지표상 두 점을 포함하는 평면과 지표면의 교선 즉 지표상의 두 점을 포함하는 대원의 일부이다.
항정선	자오선과 항상 일정한 각도를 유지하는 지표의 선으로서 그 선 내의 각점에서 방위각이 일정한 곡선이다.
자오선과 묘유선	지구상 자오선은 양극을 지나는 대원의 북극과 남극사이의 절반으로 중심각 180도의 대원호를 말한다. 자오선은 적도와 직교하며 무수히 많다(子午線은經線) 타원체상 한 점의 법선을 포함하여 그 점을 지나는 자오선과 직교하는 평면과 타원체면의 교선을 묘유선.

17 중력이상의 주된 원인은?

① 화산폭발
② 태양과 달의 인력
③ 지구의 자전 및 공전
④ 지구내부의 물질분포

[해설]

1. 중력변화(중력의 經年變化)의 원인
중력은 항상성이 높은 물리량의 하나이지만 장기간에 걸쳐서 서서히 변화하고 있는데 이를 중력이 경년변화라 한다. 중력은 만유인력과 지구자전에 의한 원심력이 합성된 것으로 **적도에 가까울수록 중력은 감소하며 물리학적 측지학에 속한다.**

2. 중력이상(gravity anomaly)
중력이상이란 중력보정을 통하여 기준면에서의 중력값으로 보정된 중력값에서 표준중력값을 뺀 값이다. 즉 실제 관측중력값에서 표준중력식에 의해 계산한 중력값을 뺀 것이다. 중력 이상의 주원인은 지하의 지질밀도가 고르게 분포되어 있지 않기 때문이다.

중력이상 = 중력 실측값 – 이론 실측값
중력이상(+) = 질량이 여유 있는 지역
중력이상(–) = 질량이 부족한 지역

Answer 15 ① 16 ① 17 ④

밀도가 큰 물질이 지표 가까이 있을 때는 (+)값, 반대인 경우는 (-)값을 갖는다.
중력이상에 의해 지표 밑의 상태를 측정할 수 있다.

18 측지좌표계를 정의하는 데 필요한 요소가 아닌 것은?

① 좌표 원점 ② 좌표축 방향
③ 타원체 형상 ④ 지오이드

해설

지리좌표(geographic coordinates)
지표 위에 있는 어떤 점을 기준타원체면으로 투영하고 역으로 기준타원체면 위의 점을 이에 대응되는 지표상의 위치로 역투영하여 할 경우가 많이 있다. 이와 같이 기준타원체면으로 투영된 어느 점의 위치를 경도, 위도, 높이(평균해면으로부터)로 표시하는 방법을 지리좌표(地理座標 : geographic coordinates) 또는 측지좌표(測地座標 : geodetic coordinates)라 한다. 이 방법은 헬머트에 의해 고안되었으며 현재까지 가장 보편적으로 사용되는 좌표계이다.
그림에서 점 P'는 지표상의 한 점 P가 기준타원체면으로 투영된 점이고 선분 $PP'N$은 점 P를 통하여 기준타원체면에 수직인 선으로 N에서 Z축과 만난다. 연직거리 $PP'(h)$는 타원체고(ellipsoidal height)를 나타낸다.

① 타원체의 중심을 통과하여 회전축(Z축)에 직각인 평면을 적도면이라 할 때 타원체의 수직인 선 $PP'N$과 적도면과의 낀 각을 점 P의 측지위도(geodetic latitude) 또는 타원체위도(ellipsoidal latitude)라 하고 ϕ로 표기 한다.
② 그리니치 천문대를 통과하는 기준자오면(Greenwich meridian plane)으로부터 점 P를 통과하는 자오면까지의 낀 각을 적도면에서 시계방향으로 잰 각을 점 P의 측지경도 또는 타원체경도(Geodetic longitute or ellipsoidal longitude)라 하며 λ로 표시한다.
③ 따라서 점 P의 타원체 좌표는 (λ, ϕ)로 표시하며 P의 위치는 (λ, ϕ, h)로 표시한다.

④ 위도 ϕ는 적도를 0°로 하여 남극, 북극까지 각각 $\pm 90°$까지 표시하며 경도 λ는 기준자오면을 0°로 하여 동, 서 각각 $\pm 180°$로 구분된다.

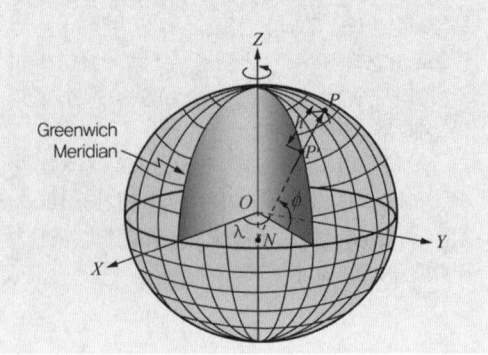

19 GNSS 단독측위에서의 정확도에 대한 설명으로 틀린 것은?

① 대류권의 수증기 양이 적을수록 정확도가 높다.
② 전리층의 전하량이 적을수록 정확도가 높다.
③ 위성의 궤도가 정확할수록 정확도가 높다.
④ 위성의 배치가 천정방향에 집중될수록 정확도가 높다.

해설

1. 정밀도 저하율(DOP, Dilution of Precision) : GPS 관측지역의 상공을 지나는 위성의 기하학적 배치상태에 따라 측위의 정확도가 달라지는데 이를 DOP라 한다.

2. 종류
   ① GDOP : 기하학적 정밀도 저하율
   ② PDOP : 위치 정밀도 저하율
   ③ HDOP : 수평 정밀도 저하율
   ④ VDOP : 수직 정밀도 저하율
   ⑤ RDOP : 상대 정밀도 저하율
   ⑥ TDOP : 시간 정밀도 저하율

Answer 18 ④ 19 ④

3. 특징
① 3차원 위치의 정확도는 PDOP에 따라 달라지는데 PDOP는 4개의 관측위성이 이루는 정사면체의 체적이 최대일 때 가장 정확도가 좋으며 최대체적일 때 GDOP, PDOP 등이 최소가 된다. 이때는 관측자의 머리 위에 다른 3개의 위성이 각각 120°를 이룰 때이다.
② DOP는 값이 작을수록 정확한데 1이 가장 정확하고 5까지는 실용상 지장이 없다. 10 이상의 경우는 좋은 조건이 아니다.

$$V = \frac{A}{3}(\Sigma h_1 + 2\Sigma h_2 + 3\Sigma h_3 + 4\Sigma h_4 + 8\Sigma h_8)$$

$$= \frac{\frac{10 \times 20}{2}}{3}\{1.2 + 22.4 + 6 + 8 + 16\} = 1786.7 m^3$$

$1 \Sigma h_1 = 1.2$
$2 \Sigma h_2 = 2(1.5 + 1.6 + 1.4 + 1.9 + 1.8 + 1.6 + 1.4) = 22.4$
$3 \Sigma h_3 = 3 \times 2.0 = 6$
$4 \Sigma h_4 = 4 \times 2 = 8$
$8 \Sigma h_8 = 8 \times 2.0 = 16$

20 현재 우리나라 측량에서 채택하고 있는 지구타원체는?

① 베셀타원체 ② GRS80타원체
③ WGS84타원체 ④ 헤이포드타원체

[해설]
현재 우리나라 측량에서 채택하고 있는 지구타원체는 GRS80타원체이다.

제2과목 | 응용측량

21 그림과 같은 지역의 측량결과에 의한 전체 토공량은?
(단, 각 구역의 크기는 동일하다.)

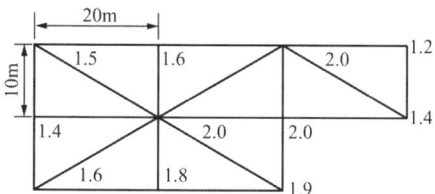

① 1760.0m³ ② 1779.5m³
③ 1786.7m³ ④ 3573.3m³

[해설]

22 하천측량에서 저수위란 1년을 통하여 며칠간 이보다 내려가지 않는 수위를 의미하는가?

① 95일 ② 135일
③ 185일 ④ 275일

[해설]
(1) 최고수위(H.W.L) 최저수위(L.W.L) : 어떤 기간에 있어서 최고·최저의 수위로 년단위나 월단위의 최고·최저로 구분한다.
(2) 평균최고수위(N.H.W.L) 및 평균최저수위(N.L.W.L) : 년과 월에 있어서의 최고·최저의 평균을 나타낸다. 최고는 제방, 교량, 배수 등의 치수목적 등에 이용되고 최저는 수운, 선항, 수력발전 등 하천의 수리목적에 이용된다.
(3) 평균수위(M.W.L) : 어떤 기간의 관측수위를 합계하여 관측횟수로 나누어 평균치를 구한다.
(4) 평균고수위(M.H.W.L), 평균저수위(M.L.W.L) : 어떤 기간에 있어서의 평균수위 이상, 평균수위 이하의 수위를 평균한 것.
(5) 평수위(O.W.L) : 어느 기간의 수위 중 이것보다 높은 수위와 낮은 수위의 관측횟수가 RHr 같은 수위로 일반적으로 평수위 보다 약간 낮은 수위(1년을 통하여 185일은 이것보다 내려가지 않는 수위)
(6) 저수위 : 1년을 통하여 275일은 이것보다 내려가지 않는 수위.

Answer 20 ② 21 ③ 22 ④

(7) 갈수위 : 1년을 통하여 355일은 이것보다 내려가지 않는 수위.
(8) 고수위 : 2~3회 이상 이보다 적어지지 않는 수위.
(9) 최다수위(Most Frequent Water Level) : 일정기간 중 제일 많이 생긴 수위
(10) 지정수위 : 홍수 시에 매시 수위를 관측하는 수위.
(11) 경계수위 : 수방(水防)요원의 출동을 요하는 수위.
(12) 통보수위 : 지정된 통보를 개시하는 수위.

23 터널측량의 특징에 대한 설명으로 옳지 않은 것은?

① 측점표시는 일반적으로 천장에 설치하는 경우가 많다.
② 일반적으로 정밀도가 다른 측량보다 높은 경우가 많다.
③ 관측에 사용되는 장비는 망원경의 십자선에 대한 조명이 필요하다.
④ 터널 내의 트래버스 측량은 개방 트래버스일 경우가 많다.

해설

터널측량이란 도로, 철도 및 수로 등을 지형 및 경제적 조건에 따라 산악의 지하나 수저를 관통시키고자 터널의 위치선정 및 시공을 하기 위한 측량을 말하며 일반적으로 갱내가 협소하여 정밀도가 다른 측량 보다 높지는 않은 편이다.

24 대축척인 지적도를 작성하는 데에는 일반적으로 기존의 삼각점만으로는 충분하지 않다. 이때 필요한 기준점 설치를 위한 기초측량에 해당되지 않는 것은?

① 지적도근측량
② 세부측량
③ 지적삼각보조측량
④ 지적삼각측량

해설

• 기초측량 : 지적삼각측량, 지적삼각보조측량, 지적도근측량
세부측량은 기초측량 실시하여 기준점을 설치한 후 행하여지는 측량이다.

25 클로소이드에 관한 설명 중 틀린 것은?

① 클로소이드는 곡률이 곡선의 길이에 비례하는 곡선이다.
② 클로소이드는 주로 철도의 완화곡선으로 사용된다.
③ 클로소이드는 나선의 일종이다.
④ 모든 클로소이드는 닮은꼴이다.

해설

클로소이드 성질
① 클로소이드는 나선의 일종이다.
② 모든 클로소이드는 닮은꼴이다.(상사성이다.)
③ 단위가 있는 것도 있고 없는 것도 있다.
④ τ는 30°가 적당하다.
⑤ 확대율을 가지고 있다.
⑥ τ는 라디안으로 구한다.

완화곡선의 종류	① 클로소이드 : 고속도로에 많이 사용된다. ② 렘니스케이트 : 시가지 철도에 많이 사용된다. ③ 3차 포물선 : 철도에 많이 사용된다. ④ sine 체감곡선 : 고속철도

26 터널측량 중 지상측량에 속하지 않는 것은?

① 지표중심선측량
② 터널 외 기준점측량
③ 지상 수준측량
④ 터널 내 중심선측량

Answer 23 ② 24 ② 25 ② 26 ④

해설

터널측량은 지상측량, 지하측량, 갱내외 연결측량으로 나누어지며 터널 내 중심선 측량은 지하측량에 속한다.

해설

$\triangle h = 1.76 + 100 \times (\sin -20°) - 1.5 = -33.94m$
$\triangle h = a + (\sin 20° \times 100) - b$
$= 1.5 + (\sin 20° \times 100) - 1.76 = 33.94m$

27 종단곡선을 원곡선으로 설치할 때, 상향 기울기 $\frac{5}{1000}$ 와 하향기울기 $\frac{35}{1000}$ 가 반지름 3000m의 곡선 중에서 교차한다면 곡선시점에서 교점까지의 거리는?

① 120m   ② 75m
③ 60m   ④ 30m

해설

$L = \frac{R}{2}(m \pm n)$
$= \frac{3000}{2} \times (\frac{5}{1000} + \frac{35}{1000})$
$= 60m$

28 그림과 같은 터널 내의 고저차 측량에서 아래와 같은 결과를 얻었다. 두 점간의 고저차는?

- a : 1.50m, b : 1.76m
- 경사거리 S : 100m, 연직각 α : -20°

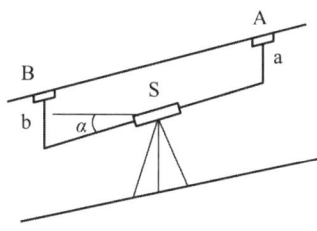

① 33.94m   ② 34.46m
③ 37.46m   ④ 49.74m

29 수면에서 수심(h)의 0.2h, 0.4h, 0.6h, 0.8h 지점의 유속을 $V_{0.2}$, $V_{0.4}$, $V_{0.6}$, $V_{0.8}$ 이라 할 때 3점법에 의한 평균유속을 구하는 계산식은?

① $V_m = \frac{1}{3}(V_{0.2} + V_{0.4} + V_{0.8})$

② $V_m = \frac{1}{3}(V_{0.2} + V_{0.6} + V_{0.8})$

③ $V_m = \frac{1}{4}(V_{0.2} + V_{0.4} + V_{0.8})$

④ $V_m = \frac{1}{4}(V_{0.2} + 2V_{0.6} + V_{0.8})$

해설

1) 1점법(약 5% 정도의 오차가 있음)
   $V_m = V_{0.6}$

2) 2점법(약 2% 정도의 오차가 있음)
   $V_m = \frac{1}{2}(V_{0.2} + V_{0.8})$

3) 3점법 (약 0.5% 정도의 오차가 있음)
   $V_m = \frac{1}{4}(V_{0.2} + 2V_{0.6} + V_{0.8})$

4) 4점법
   $V_m = \frac{1}{5}\{(V_{0.2} + V_{0.4} + V_{0.6} + V_{0.8}) + \frac{1}{2}(V_{0.2} + \frac{V_{0.8}}{2})\}$

30 우리나라에서 바다의 수심을 결정하기 위해 사용되는 기준면은?

① 평균해면   ② 기본수준면
③ 약최고고조면   ④ 평균저조면

Answer 27 ③ 28 ① 29 ④ 30 ②

해설

높이의 기준

위치	세계측지계(世界測地系)에 따라 측정한 지리학적 경위도와 높이(평균해면으로 부터의 높이를 말한다. 이하 이 항에서 같다)로 표시한다. 다만 지도제작 등을 위하여 필요한 경우에는 직각좌표와 높이, 극좌표와 높이, 지구중심 직교좌표 및 그 밖의 다른 좌표로 표시할 수 있다.
측량의 원점	대한민국 경위도원점(經緯度原點) 및 수준원점(水準原點)으로 한다. 다만 섬 등 대통령령으로 정하는 지역에 대하여는 국토해양부장관이 따로 정하여 고시하는 원점을 사용할 수 있다.
간출지(干出地)의 높이와 수심	수로조사에서 간출지(干出地)의 높이와 수심은 기본수준면(일정 기간 조석을 관측하여 분석한 결과 가장 낮은 해수면)을 기준으로 측량한다.
해안선	해수면이 약최고고조면(略最高高潮面: 일정 기간 조석을 관측하여 분석한 결과 가장 높은 해수면)에 이르렀을 때의 육지와 해수면과의 경계로 표시한다.

31 그림과 같은 토지의 단면적(A)을 구하는 식으로 옳은 것은?

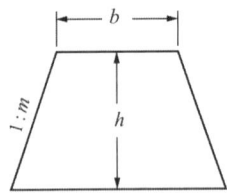

① $A = (b+mh)h$
② $A = (b+m)h$
③ $A = \frac{1}{2}(b+2m)h$
④ $A = \frac{1}{2}(b+2mh)h$

해설

수평 단면(지반이 수평인 경우)

$d_1 = d_2 = \frac{w}{2} + sh$

$A = c(w+sh)$

$A = (b+mh)h$

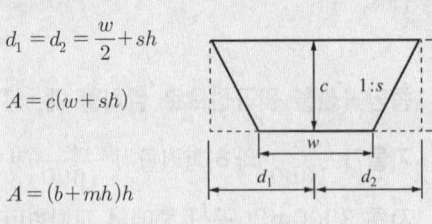

32 원곡선을 설치할 때, 곡선의 길이가 104.72m이고, 곡선의 반지름이 100m라면 곡선시점과 곡선종점간의 곡선길이와 직선길이의 차이는?

① 4.72m ② 6.46m
③ 10.87m ④ 18.10m

해설

$$L - l = \frac{L^3}{24R^2} = \frac{104.72^3}{24 \times 100^2} = 4.78m$$

33 그림과 같은 5각형 ABCDE를 동일면적의 사각형 AFDE로 만들기 위해 DC의 연장선에 경계점 F를 설치하였다. BC=30m, ∠ACB=35°, ∠BCF=83° 일 때 CF의 거리는?

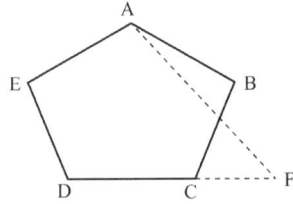

① 15.5m ② 19.5m
③ 20.0m ④ 23.3m

Answer 31 ① 32 ① 33 ②

해설

① △ABC의 면적 $= \frac{1}{2} \times \overline{AC} \times \overline{BC} \times \sin35°$
$= \frac{1}{2} \times \overline{AC} \times 30 \times \sin35°$
$= \overline{AC} \times 8.6$

② △ACF의 면적 $= \frac{1}{2} \times \overline{AC} \times \overline{CF} \times \sin118°$
$= \frac{1}{2} \times \overline{AC} \times \overline{CF} \times \sin118°$
$= 0.44 \times \overline{CF} \times \overline{AC}$

③ △ABC와 △ACF의 면적이 같아야 하므로
①=②에서 $\overline{AC} \times 8.6 = \overline{AC} \times \overline{CF} \times 0.44$
∴ $\overline{CF} = \frac{\overline{AC} \times 8.6}{\overline{AC} \times 0.44} = 19.5m$

34 단곡선 설치 방법 중 접선과 현이 이루는 각을 이용하여 곡선을 설치하는 방법은?

① 지거법
② 편각법
③ 중앙종거법
④ 종거에 의한 설치법

해설

단곡선 설치 방법
1) 편각법 : 접선과 현이 이루는 각을 이용하는 곡선 설치 방법은 편각법이다. 다른 방법에 비해 정확하여 가장 널리 이용된다.
2) 중앙종거법 : 반경이 적은 도심지 곡선 설치 및 기설곡선 검정에 이용된다.
3) 지거법 : 터널 및 산림지역의 채벌량을 줄일 경우 적당하다.
4) 접선편거 및 현편거 : 폴과 줄자만으로 곡선 설치, 정도가 낮아 지방도 곡선 설치에 이용된다.

35 수위 관측소 설치 시 고려사항으로 옳지 않은 것은?

① 상·하류 약 100m 정도는 직선이며, 유속변화가 적은 곳
② 홍수가 발생되었을 때, 관측소의 유실, 이동, 파손될 염려가 없는 곳
③ 수위표를 쉽게 읽을 수 있는 곳
④ 주변에 비하여 수위의 변화가 뚜렷하게 생기는 곳

해설

유량측정 장소선정
① 측수작업(測水作業)이 쉽고 하저(河底)의 변화가 없는 곳
② 잠류(潛流)와 역류(逆流)가 없고, 유수의 상태가 균일한 곳
③ 윤변(潤邊)의 성질이 균일하고 상·하류를 통하여 횡단면의 형상이 차(差)가 없는 곳
④ 유수방향이 최대방향과 일정한 곳
⑤ 비교적 유신(流身)이 직선이고 갈수류(渴水流)가 없는 곳
⑥ 교량이나 다른 구조물의 영향을 받지 않는 곳
⑦ 합류에 의하여 불규칙한 영향을 받지 않는 곳
⑧ 와류와 역류가 발생하지 않는 곳

36 아래 표는 어느 노선의 구간별 토량계산 결과이다. 구간 1~4까지의 누가토량은?

구간	절토량(m^3)	성토량(m^3)
1	100	200
2	300	
3	400	100
4	250	

① $750m^3$
② $1050m^3$
③ $1350m^3$
④ $1400m^3$

Answer 34 ② 35 ④ 36 ①

해설

평면측량 범위

구간	절토량(m³)	성토량(m³)
1	100	200
2	300	
3	400	100
4	250	
합계	1,050	300
누가토량	1,050 − 300 = 750	

37 하천측량의 일반적인 측량범위에 대한 설명으로 옳지 않은 것은?

① 제방이 없는 하천의 경우는 과거 홍수에 영향을 받았던 구역보다 약간 좁게 한다.
② 제방이 있는 경우는 제외지 전부와 제내지 300m 이내로 한다.
③ 종방향 범위는 하류의 경우에는 바다와 접하는 하구까지로 한다.
④ 종방향 범위의 상류는 홍수피해가 미치는 지점까지 또는 수원지까지 측량한다.

해설

평면측량 범위

유제부	제외지 범위 전부와 제내지의 300m 이내
무제부	홍수가 영향을 주는 구역보다 약간 넓게 측량한다. (홍수 시에 물이 흐르는 맨 옆에서 100m까지)
홍수방지공사가 목적인 하천공사	하구에서부터 상류의 홍수피해가 미치는 지점까지
사방공사	수원지까지
선박운행을 위한 하천 계수가 목적일 때	하류는 하구까지

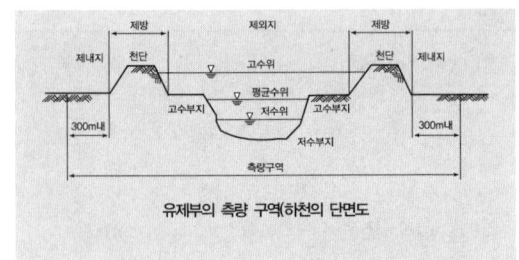

유제부의 측량 구역(하천의 단면도)

38 교점(I.P.)이 도로의 기점으로부터 400m의 위치에 있고, 교각(I) = 30°, 중심말뚝 간격(ℓ) = 15m, 외할(E) = 5.00m라면 시단현의 길이는?

① 12.98m ② 17.46m
③ 17.84m ④ 22.06m

해설

$E = R(\sec\frac{I}{2} - 1)$에서

$R = \dfrac{E}{\sec\dfrac{I}{2} - 1} = \dfrac{5}{\sec 15 - 1} = 141.739m$

$T.L = R\tan\dfrac{I}{2} = 141.739 \times \tan 15 = 37.979$

$B.C = $ 총길이 $- T.L = 400 - 37.979 = 362.021m$

$l_1 = N_0 24 + 2.021$
    $= 15 - 2.021 = 12.979m$

39 다음 곡선 중 수평곡선에 속하지 않는 것은?

① 단곡선
② 복곡선
③ 종단곡선
④ 완화곡선

Answer 37 ① 38 ① 39 ③

[해설]

곡선
① 수평곡선(Horizontal curve)
  ㉠ 원곡선(Circular curve)
    ⓐ 단곡선(Simple curve)
    ⓑ 복심곡선(Compound curve)
    ⓒ 반향곡선(Reverse curve)
    ⓓ 배향곡선(Hairpin curve)
  ㉡ 완화곡선(Transition curve)
    ⓐ 클로소이드(Clothoid) : 고속도로
    ⓑ 렘니스케이트(Lemniscate) : 시가지 지하철
    ⓒ 3차 포물선(Cubic curve) : 철도
    ⓓ sin체감곡선 : 고속철도
② 종단곡선(Vertical curve)
  ㉠ 원곡선(Circular curve) : 철도
  ㉡ 2차 포물선(Parabola) : 도로

40 수로측량의 한 종류로 수로조사 성과심사의 대상에 해당되는 측량은?

① 터널측량   ② 지적측량
③ 해안선측량 ④ 노선측량

[해설]

해안선 측량[ShoreLineSurveying, 海岸線測量]
삼각 측량, 다각 측량, 수위 관측 등을 통해 해안선의 형상과 그 성질을 조사하는 측량으로 수로소사 성과심사할 때 해안선 측량으로 한다.

Hydrographic Surveying[수로측량(水路測量)]
해안선의 형상, 지형점, 암초의 위치와 높이, 바다의 심천 해저지형, 저질, 해수간만의 유동상태 등의 측량과 조사를 실시하여, 그 성과를 수로서지에 의하여 항해 안전에 이용함은 물론 해양의 이용 개발 및 보전 등과 해양관할권 확보를 위하여 해상자기, 해저지형, 해상중력, 해저지층 등을 조사하는 측량 및 관측을 말한다. 「공간정보의 구축 및 관리 등에 관한 법률」 제2조에서는 해양의 수심·지구자기(地球磁氣)·중력·지형·지질의 측량과 해안선 및 이에 딸린 토지의 측량으로 정의하고 있다.

제3과목 | 사진측량 및 원격탐사

41 일반적 원격탐사 영상의 해상도 중에 센서가 기록 가능한 전자기 스펙트럼의 파장 범위를 의미하는 것은?

① 분광해상도(spectral resolution)
② 방사해상도(radiometric resolution)
③ 공간해상도(spatial resolution)
④ 주기해상도(temporal resolution)

[해설]

위성영상의 해상도

공간해상도(Spatial Resolution or Geometric Resolution)
Spatial Resolution이라고도 한다. 인공위성영상을 통해 모양이나 배열의 식별이 가능한 하나의 영상소의 최소 지상면적을 뜻한다. 일반적으로 한 영상소의 실제 크기로 표현된다. 센서에 의해 하나의 화소(pixel)가 나타낼 수 있는 지상면적, 또는 물체의 크기를 의미하는 개념으로서 공간해상도의 값이 작을수록 지형 지물의 세밀한 모습까지 확인이 가능하고 이 경우 해상도는 높다고 할 수 있다. 예를 들어 1m 해상도란 이미지의 한 pixel 이 1m×1m의 가로, 세로 길이를 표현한다는 의미로 1m정도 크기의 지상물체가 식별 가능함을 나타낸다. 따라서 숫자가 작아질수록 지형지물의 판독성이 향상됨을 의미한다.

분광해상도(Spectral Resolution)
가시광선에서 근적외선 까지 구분할 수 있는 능력으로서 스펙트럼 내에서 센서가 반응하는 특정 전자기파장대의 수와 이 파장대의 크기를 말한다. 센서가 감지하는 파장대의 수와 크기를 나타내는 말로서 좀 더 많은 밴드를 통해 물체에 대한 다양한 정보를 획득할수록 분광해상도가 높다고 표현된다. 즉 인공위성에 탑재된 영상수집 센서가 얼마나 다양한 분광파장영역을 수집할 수 있는가를 나타낸다. 예를 들어 어떤 위성은 Red, Green, Blue 영역에 해당하는 가시광선 영역의 영상만 얻지만 어떤 위성은 가시광선영역을 포함하여 근적외, 중적외,

Answer 40 ③ 41 ①

열적외 등 다양한 분광영역의 영상을 수집할 수 있다. 그러므로 분광해상도가 좋을수록 영상의 분석적 이용 가능성이 높아진다.

방사 또는 복사해상도(Radiometric Resolution)

인공위성 관측센서에서 수집한 영상이 얼마나 다양한 값을 표현할 수 있는가를 나타낸다.
예를 들어 한 픽셀을 8bit로 표현하는 경우 그 픽셀이 내재하고 있는 정보를 총 256개로 분류할 수 있다는 의미가 된다. 즉 그 픽셀이 표현하는 지상물체가 물인지, 나무인지, 건축물인지 256개의 성질로 분류할 수 있다는 것이다. 반면에 한 픽셀을 11bit로 표현한다면 그 픽셀이 내재하고 있는 정보를 총 2048개로 분류 할수 있다는 것이므로 8bit인 경우 단순히 나무로 분류된 픽셀이 침엽수인지, 활엽수인지, 건강한지, 병충해가 있는지 등으로 자세하게 분류할 수 잇다는 것이다. 따라서 방사해상도가 높으면 위성영상의 분석정밀도가 높다는 의미이다.

시간 또는 주기해상도(Temporal Resolution)

지구상 특정지역을 얼마만큼 자주 촬영가능한지를 나타낸다. 어떤 위성은 동일한 지역을 촬영하기 위해 돌아오는데 16일이 걸리고 어떤 위성은 4일이 걸리기도 한다. 주기 해상도가 짧을수록 지형변이 양상을 주기적이고 빠르게 파악할 수 있으므로 데이터베이스 축척을 통해 향후의 예측을 위한 좋은 모델링 자료를 제공한다고 할 수 있다.

42 공간을 크기와 모양이 다양한 삼각형으로 분할하여 생성된, 공간자료구조의 일종으로 경사와 경사방향을 설정하고, 효율적으로 지형의 높낮이와 음영을 표현할 수 있는 방법은?

① DEM(Digital Elevation Model)
② DGM(Digital Geographic Model)
③ TIN(Triangulated Irregular Network)
④ TRN(Triangulated Regular Network)

해설

| 불규칙삼각망 (不規則三角網, Triangulated Irregular Network : TIN) | 불규칙삼각망은 불규칙하게 배치되어 있는 지형점으로부터 삼각망을 생성하여 삼각형 내의 표고를 삼각평면으로부터 보간하는 DEM의 일종이다. 벡터데이터 모델로 위상구조를 가지며 표본 지점들은 X, Y, Z 값을 가지고 있으며 다각형 Network를 이루고 있는 순수한 위상구조와 개념적으로 유사하다. ① 기복의 변화가 작은 지역에서 절점수를 적게 함 ② 기복의 변화가 심한 지역에서 절점수를 증가시킴 ③ 자료량 조절이 용이하다. ④ 중요한 위상형태를 필요한 정확도에 따라 해석 ⑤ 경사가 급한 지역에 적당하고 선형 침식이 많은 하천지형의 적용에 특히 유용 ⑥ TIN을 활용하여 방향, 경사도 분석, 3차원 입체지형생성 등 다양한 분석을 수행한다. ⑦ 격자형 자료의 단점인 해상력 저하, 해상력 조절, 중요한 정보 상실 가능성 해소 |

43 초점거리 150mm, 사진의 크기 23cm×23cm의 카메라를 사용하여 촬영고도 4500m에서 평지에 대한 연직사진을 촬영하였다. 서로 이웃하는 2장의 사진에서 두 주점 간의 거리가 1 : 25000 지형도 상에서 82.8mm였다면 사진의 종중복도는?

① 55% ② 60%
③ 65% ④ 70%

Answer 42 ③ 43 ④

해설

$\dfrac{1}{m} = \dfrac{1}{25000}$ 지형도에서 $b_0 = 82.8$mm

b_0를 실제거리로 환산

$\dfrac{1}{25000} = \dfrac{82.8}{실제거리}$

실제거리$(B_0) = 25000 \times 82.8 = 2070,000$mm $= 2070$m

$B_0 = ma\left(1 - \dfrac{p}{100}\right)$

$p = \left(1 - \dfrac{B_0}{ma}\right) \times 100 = \left(1 - \dfrac{2070}{30000 \times 0.23}\right) \times 100 = 70\%$

$\dfrac{1}{m} = \dfrac{f}{H} = \dfrac{0.15}{4500} = \dfrac{1}{30,000}$

44 절대표정에 필요한 최소 기준점의 조합으로 옳은 것은?

① 3점의 (x, y, z)좌표 및 2점의 z좌표
② 2점의 (x, y, z)좌표 및 1점의 z좌표
③ 3점의 (x, y)좌표 및 2점의 z좌표
④ 2점의 (x, y)좌표 및 2점의 z좌표

해설

절대표정(absolute orientation)
① 절대표정은 대지표정이라고도 한다.
② 상호표정이 끝난 입체모형을 대상물공간(또는 지상)의 기준점을 이용하여 대상물공간 좌표계와 일치하도록 하는 작업이다.
③ 절대표정은 2차원이나 3차원 가상좌표로부터 절대좌표를 구함으로서 사진 상의 상과 대상물 공간이 상사관계를 이루게 하는 작업이다.
④ 절대표정은 첫째 축척의 결정, 둘째 수준면의 결정, 셋째 위치의 결정 순서로 한다.
⑤ 절대표정에서는 $\kappa, \phi, \Omega, X, Y, Z, \lambda$의 7개 표정인 가 필요하다.
⑥ 입체모형(Model) 2점의 X, Y 좌표와 3점의 높이(Z) 좌표가 필요하므로 최소한 3점의 표정점이 필요하다.
⑦ 7개의 표정요소를 최소제곱법으로 결정하기 위해서는 적어도 3개의 기준점이 필요하다.

45 다음 중 ( ) 안에 알맞은 것은?

> 엄밀 수직항공사진에서는 연직점, 등각점 및 ( )가/이 1점에 일치한다.

① 사진자료
② 지상기준점
③ 주점
④ 표정점

해설

엄밀 수직사진은 주점, 연직점, 등각점이 한 점에 일치되는 사진이며 경사각도가 0°이다.

항공사진의 특수 3점

특수3점	특징
주점 (Principal Point)	주점은 사진의 중심점이라고도 한다. 주점은 렌즈중심으로부터 화면(사진면)에 내린 수선의 발을 말하며 렌즈의 광축과 화면이 교차하는 점이다.
연직점 (Nadir Point)	㉠ 렌즈중심으로부터 지표면에 내린 수선의 발을 말하고 N을 지상연직점(피사체연직점), 그 선을 연장하여 화면(사진면)과 만나는 점을 화면연직점(n)이라 한다. ㉡ 주점에서 연직점까지의 거리(mn) $= f \tan i$
등각점 (Isocenter)	㉠ 주점과 연직점이 이루는 각을 2등분한 점으로 또한 사진면과 지표면에서 교차되는 점을 말한다. ㉡ 주점에서 등각점까지의 거리(mn) $= f \tan \dfrac{i}{2}$

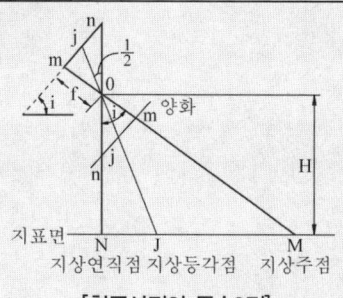

[항공사진의 특수3점]

Answer 44 ② 45 ③

46 대공표지에 대한 설명 중 옳은 것은?

① 대공표지는 반드시 촬영 전에 설치하여야 한다.
② 대공표지는 천정으로부터 15° 이상의 시계를 확보하여야 한다.
③ 대공표지의 크기는 사진상 $10\mu m$ 정도의 크기가 되도록 한다.
④ 대공표지의 대상에는 자연점, 기준점, 자침점 등이 있다.

해설

대공 표지
표지란 사진측량을 실시하는 데 있어 관측할 점이나 대상물을 사진 상에서 쉽게 식별하기 위해 사진 촬영 전에 설치하는 것을 말한다. 대공표지는 자연점으로는 정확도를 얻을 수 없는 경우 지상의 표정기준점은 그 위치가 사진 상에 명료하게 나타나도록 사진을 촬영하기 전에 대공표지(Air Target, Signal-Point)를 설치할 필요가 있다.

(1) 대공표지의 재질은 주로 내구성이 강한 베니어 합판, 알루미늄판, 합성수지판을 이용한다.
(2) 대공표지 한 변의 최소크기 $d = \dfrac{M}{T}$[m]이다.

 여기서, T : 축척에 따른 상수
  M : 사진축척 분모 수

(3) 설치장소는 천장으로부터 45° 이내에 장애물이 없어야 하며, 대공표지판에 그림자가 생기지 않게 하기 위하여 지면에서 30cm 높게 수평으로 고정한다.

47 항공사진측량의 표정에 관한 설명 중 옳지 않은 것은?

① 기복변위식을 사용하여 상호표정요소를 구할 수 있다.
② 공선조건식을 사용하여 외부표정요소를 구할 수 있다.
③ 사진지표(fiducial mark)를 이용하여 내부표정을 수행할 수 있다.
④ 지상기준점을 이용하여 외부표정요소를 구할 수 있다.

해설

내부표정	내부표정이란 도화기의 투영기에 촬영 당시와 똑같은 상태로 양화건판을 정착시키는 작업이다. ① 주점의 위치결정 ② 화면거리(f)의 조정 ③ 건판의 신축측정, 대기굴절, 지구곡률 보정, 렌즈수차 보정
상호표정	지상과의 관계는 고려하지 않고 좌우사진의 양투영기에서 나오는 광속이 촬영 당시 촬영면에 이루어지는 종시차(ϕ)를 소거하여 목표 지형물의 상대위치를 맞추는 작업 ㉮ 비행기의 수평회전을 재현해 주는 (K, b_y) ㉯ 비행기의 전후 기울기를 재현해 주는 (ϕ, b_z) ㉰ 비행기의 좌우 기울기를 재현해 주는 (ω) ㉱ 과잉수정계수 (o, c, f) $= \dfrac{1}{2}\left(\dfrac{h^2}{d^2} - 1\right)$ ㉲ 상호표정인자 : $(K, \phi, \omega, b_y, b_z)$

Answer 46 ① 47 ①

절대표정	상호표정이 끝난 입체모델을 지상 기준점(피사체 기준점)을 이용하여 지상좌표에 (피사체좌표계)와 일치하도록 하는 작업으로 입체모형(model)2점의 X, Y좌표와 3점의 높이(Z)좌표가 필요하므로 최소한 3점의 표정점이 필요하다. ㉮ 축척의 결정 ㉯ 수준면(표고, 경사)의 결정 ㉰ 위치(방위)의 결정 ㉱ 절대표정인자 : $\lambda, \phi, \omega, k, b_x, b_y, b_z$ (7개의 인자로 구성)
접합표정	한 쌍의 입체사진 내에서 한쪽의 표정인자는 전혀 움직이지 않고 다른 한쪽만을 움직여 그 다른 쪽에 접합시키는 표정법을 말하며, 삼각측정에 사용한다. ㉮ 7개의 표정인자 결정 $(\lambda, k, \omega, \phi, c_x, c_y, c_z)$ ㉯ 모델간, 스트립간의 접합요소 결정 (축척, 미소변위, 위치 및 방위)

기복변위식을 사용하여 상호표정요소를 구할 수 없다.

48 원격탐사의 정보처리 흐름으로 옳은 것은?

① 자료수집 → 자료변환 → 방사보정 → 기하보정 → 판독응용 → 자료보관
② 자료수집 → 방사보정 → 기하보정 → 자료변환 → 판독응용 → 자료보관
③ 자료수집 → 자료변환 → 판독응용 → 기하보정 → 방사보정 → 자료보관
④ 자료수집 → 방사보정 → 자료변환 → 기하보정 → 판독응용 → 자료보관

해설

영상처리
원격탐측에 의한 자료는 대부분 화상자료로 취급할 수 있으며 자료처리에 있어서도 디지털화상 처리계에 의해 영상을 해석한다.

영상처리순서

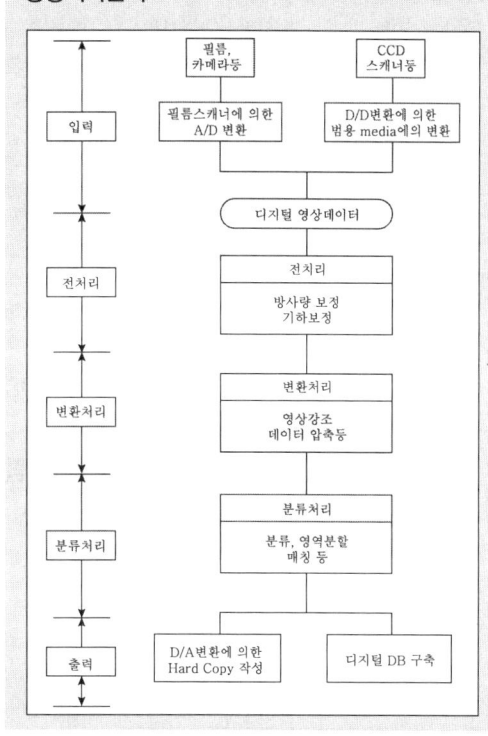

49 편위수정기로 항공사진을 해석적인 방법에 의하여 편위수정을 할 때 필요한 최소 평면 기준점의 개수는?

① 1 ② 4
③ 6 ④ 9

해설

편위수정(Rectification)
편위수정은 비행기로 사진을 촬영할 때 항공기의 동요나 경사로 인하여 사진상의 약간의 변위가 생기는 현상과 축척이 일정하지 않은 경사와 축척을 수정하여 변위량이 없는 수직사진으로 작성한 작업을 말한다. 즉 항공사진의 음화를 촬영할 때와 똑같은 상태(경사각과 촬영고도)로 놓고 지면과 평행한 면에 이것을 투영함으로서 수정할 수 있으며 기하학적 조건, 광학적 조건, 샤임플러그 조건이 필요하다.

Answer 48 ① 49 ②

편위수정의 원리

편위수정기는 매우 정확한 대형기계로서 배율(축척)을 변화시킬 수 있을 뿐만 아니라 원판과 투영판의 경사도 자유로이 변화시킬 수 있도록 되어 있으며 보통 **4개의 표정점**이 필요하다. 편위수정기의 원리는 렌즈, 투영면, 화면(필름면)의 3가지 요소에서 항상 선명한 상을 갖도록 하는 조건을 만족시키는 방법이다.

50 어떤 지역 영상의 일부 화소값이다. 3×3 원도우 크기의 평활화 필터(smoothing filter)를 적용한 결과로 옳은 것은?
(단, 평균화 연산에 의하면, 계산은 반올림하여 결정한다.)

4	1	5	5	6
4	4	5	6	6
5	4	7	10	10
0	9	10	9	10
6	8	9	10	10

①
4	5	7
5	7	8
6	8	9

②
3	4	4
4	4	5
4	5	7

③
4	6	6
5	7	7
7	8	9

④
5	7	7
7	8	9
8	9	10

해설

평활화 필터(Smoothing Filter)
영상에서 한 화소의 주변 화소들에 윈도우를 씌워서 이웃 화소들 중에서 평균화 연산값을 출력 영상에 출력하는 필터링을 말한다.

4	1	5		1	5	5		5	5	6	
4	4	5	→39/9 =4.3	4	5	6	→47/9 =5.2	5	6	6	→60/9 =6.7=7
5	4	7		4	7	10		7	10	10	

4	4	5		4	5	6		5	6	6	
5	4	7	→48/9 =5.3	4	7	10	→64/9 =7.1	7	10	10	→73/9 =8.1
0	9	10		9	10	9		10	9	10	

5	4	7		4	7	10		7	10	10	
0	9	10	→58/9 =6.4	9	10	9	→76/9 =8.4	10	9	10	→85/9 =9.4
6	8	9		8	9	10		9	10	10	

∴ 3×3 크기로 적용한 결과

4	5	7
5	7	8
6	8	9

51 항공사진측량에서 역입체 시에 대한 설명으로 옳은 것은?

① 정입체시가 되는 한 쌍의 사진을 90° 회전시켜 입체시하면 역입체시가 된다.
② 정입체시가 되는 한 쌍의 사진을 180° 회전시켜 입체시하면 역입체시가 된다.
③ 정입체시가 되는 한 쌍의 사진을 좌우를 바꾸어 입체시하면 역입체시가 된다.
④ 정입체시가 되는 양화필름 대신 음화필름을 사용하여 입체시하면 역입체시가 된다.

해설

중복사진을 명시거리에서 왼쪽의 사진을 왼쪽 눈, 오른쪽의 사진을 오른쪽 눈으로 보면 좌우의 상이 하나로 융합되면서 입체감을 얻게 된다. 이것을 입체시 또는 정입체시라 한다.

Answer 50 ① 51 ③

정입체시	어느 대상물을 택하여 찍은 중복사진을 명시거리(약 25cm 정도)에서 왼쪽의 사진을 왼쪽 눈으로, 오른쪽 사진을 오른쪽 눈으로 보면 좌우의 상이 하나로 융합되면서 입체감을 얻게 되는데 이 현상을 입체시 또는 정입체시라 한다.
역입체시	입체시 과정에서 높은 것이 낮게, 낮은 것이 높게 보이는 현상이다. ① 정입체시할 수 있는 사진을 오른쪽과 왼쪽 위치를 바꿔 놓을 때 ② 여색입체사진을 청색과 적색의 색안경을 좌우로 바꿔서 볼 때 ③ 멀티플렉스의 모델을 좌우의 색안경을 교환해서 입체시할 때
여색입체시	여색입체사진이 오른쪽은 적색, 왼쪽은 청색으로 인쇄되었을 때 왼쪽에 적색, 오른쪽에 청색의 안경으로 보아야 바른 입체시가 된다.

52 항공사진측량의 고려사항에 대한 설명으로 틀린 것은?

① 비고차가 촬영고도의 20%를 초과할 경우에는 2단 촬영을 한다.
② 표정점은 각 모델당 최소한 평면 좌표만을 알고 있는 3개의 점이 필요하다.
③ 카메라 선정에 있어서 동일 촬영 고도의 경우에는 광각 카메라가 보통각 카메라보다 축척은 작지만 경제적이다.
④ 산악지역이나 고층빌딩이 밀집된 곳에서는 사각 부분을 없애기 위하여 중복도를 높인다.

해설

횡중복도	① 촬영 진행방향에 직각으로 중복시키며 보통 30%, 최소한 5% 이상 중복을 주어 촬영한다. ② 산악지역(사진 상에 고저차가 촬영고도의 10% 이상인 지역)이나 고층빌딩이 밀집한 시가지는 10~20% 이상 중복도를 높여서 촬영하거나 2단 촬영을 한다.(사각부분을 없애기 위함)
표정점 배치 (Distribution of Points)	일반적으로 대지표정(절대표정)에 필요로 하는 최소 표정점은 삼각점(x, y) 2점과 수준점(z) 3점이며, 스트립 항공삼각측량인 경우 표정점은 각 코스 최초의 모델(중복부)에 3점, 최후의 모델이 최소한 2점, 중간에 2점을 둔다.

53 해석적 항공삼각측량 방법이 아닌 것은?

① 광속조정법 ② 멀티플렉스법
③ 다항식조정법 ④ 독립모형조정법

해설

1. 다항식조정법(Polynomial method)
다항식 조정법은 촬영경로 즉 종접합모형(Strip)을 기본단위로 하여 종횡접합모형 즉 블록을 조정하는 것으로 촬영경로마다 접합표정 또는 개략의 절대표정을 한 후 복수촬영경로에 포함된 기준점과 접합표정을 이용하여 각 촬영경로의 절대표정을 다항식에 의한 최소제곱법으로 결정하는 방법이다.

2. 독립모델조정법
  (Independent Model Triangulation; IMT)
독립입체모형법(Independent Model Triangulation; IMT)은 입체모형(Model)을 기본단위로 하여 접합점과 기준점을 이용하여 여러 모델의 좌표를 조정하는 방법에 의하여 절대좌표를 환산하는 방법

3. 광속조정법(Bundle Adjustment)
광속조정법은 상좌표를 사진좌표로 변환시킨 다음 사진좌표(photo coordinate)로부터 직접절대좌표(absolute coordinate)를 구하는 것으로 종횡접합

Answer 52 ② 53 ②

모형(block)내의 각 사진상에 관측된 기준점, 접합점의 사진좌표를 이용하여 최소제곱법으로 각 사진의 외부표정요소 및 접합점의 최확값을 결정하는 방법이다.

54 초점거리 15cm인 카메라를 이용하여 지면으로부터 촬영고도 3150m로 촬영한 연직사진이 있다. 이 사진의 크기가 23cm×23cm이면 1장의 사진에 촬영되는 지역의 면적은?

① 23.3km² ② 25.2km²
③ 32.5km² ④ 111.1km²

해설

$$A = (ma)^2 = \left(\frac{H}{f}a\right)^2$$
$$= \left(\frac{3150}{0.15} \times 0.23\right)^2 = 23,328,900 m^2 = 23.3 km^2$$

55 인공위성을 이용한 원격탐사의 특징으로 틀린 것은?

① 다중 파장대에 의한 지구 표면의 정보획득이 용이하다.
② 회전주기가 일정하므로 원하는 지점 및 시기에 관측하기 쉽다.
③ 짧은 시간 내에 넓은 지역을 동시에 관측할 수 있으며, 반복 관측이 가능하다.
④ 관측이 좁은 시야각으로 행하여지므로 얻어진 영상은 정사투영에 가깝다.

해설

원격탐측(Remote sensing)
원격탐측이란 지상이나 항공기 및 인공위성 등의 탑재기(Platform)에 설치된 탐측기(Sensor)를 이용하여 지표, 지상, 지하, 대기권 및 우주공간의 대상들에서 반사 혹은 방사되는 전자기파를 탐지하고 이들 자료로부터 토지, 환경 및 자원에 대한 정보

를 얻어 이를 해석하는 기법이다.
㉠ 짧은 시간에 넓은 지역을 동시에 측정할 수 있으며 반복측정이 가능하다.
㉡ 다중파장대에 의한 지구표면 정보획득이 용이하며 측정자료가 기록되어 판독이 자동적이고 정량화가 가능하다.
㉢ 회전주기가 일정하므로 원하는 지점 및 시기에 관측하기가 어렵다.
㉣ 관측이 좁은 시야각으로 얻어진 영상은 정사투영에 가깝다.
㉤ 탐사된 자료가 즉시 이용될 수 있으므로 재해, 환경문제 해결에 편리하다.

56 원격탐사에 이용되고 있는 센서의 측정방식에 대한 설명으로 틀린 것은?

① 센서는 영상획득방식에 따라 프레임방식과 스캐닝방식으로 구분할 수 있다.
② 수동적 방식은 태양광의 반사 및 대상물에서 복사되는 전자파를 수집하는 방식이다.
③ 프레임방식에는 across track(whiskbroom)방식과 along track(pushbroom)방식이 있다.
④ 능동적 방식은 대상물에 전자파를 쏘아 그 대상물에서 반사되어 오는 전자파를 수집하는 방식이다.

해설

다중분광 스캐너(MSS : Multi Spectrum Scanner)는 Pushbroom Scanner와 Optical Mechanical Scanner로 구분된다.

Answer 54 ① 55 ② 56 ③

57 항공사진측량에서 정의하는 산악지역으로 가장 적합한 것은?

① 산이 차지하는 면적이 한 사진의 60% 이상인 지역
② 산이 차지하는 면적이 한 사진의 70% 이상인 지역
③ 사진에서 지형의 고저차가 촬영고도의 5% 이상인 지역
④ 사진에서 지형의 고저차가 촬영고도의 10% 이상인 지역

해설

종류	
종중복도	촬영 진행방향에 따라 중복시키는 것으로 보통 60%, 최소한 50% 이상 중복을 주어야 한다. 종중복도(p) $= \dfrac{p_1m_1 + m_1m_2 + m_2p_2}{a} \times 100(\%)$ 여기서, $p_1m_1 = p_1m_2 - m_1m_2$ m_1, m_2 : 주점기선길이(b_0) a : 화면크기(사진크기)
횡중복도	① 촬영 진행방향에 직각으로 중복시키며 보통 30%, 최소한 5% 이상 중복을 주어 촬영한다. ② 산악지역(사진 상에 고저차가 촬영고도의 10% 이상인 지역)이나 고층빌딩이 밀집한 시가지는 10~20% 이상 중복도를 높여서 촬영하거나 2단 촬영을 한다.(사각부분을 없애기 위함)

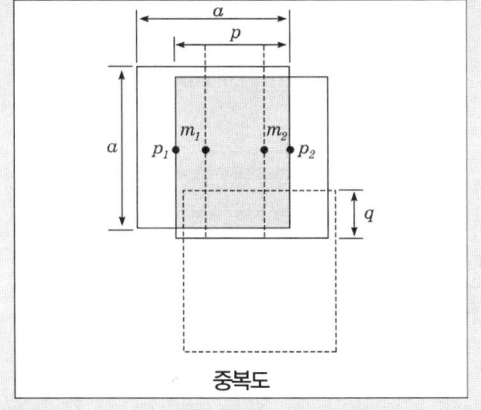

중복도

58 내부표정에 대한 설명으로 틀린 것은?

① 도화기의 투영중심과 사진주점을 맞추는 작업이다.
② 도화기의 카메라 초점거리를 촬영카메라의 초점거리에 맞추는 작업이다.
③ 도화작업 중 제일 먼저 하는 작업이다.
④ 내부표정의 미비한 점은 상호표정에서 바로잡는다.

해설

종류	특징
내부표정	내부표정이란 도화기의 투영기에 촬영 당시와 똑같은 상태로 양화건판을 정착시키는 작업이다. ① 주점의 위치 결정 ② 화면거리(f)의 조정 ③ 건판의 신축측정, 대기굴절, 지구곡률 보정, 렌즈수차 보정
상호표정	지상과의 관계는 고려하지 않고 좌우사진의 양 투영기에서 나오는 광속이 촬영 당시 촬영면에 이루어지는 종시차(y-Parallax : Py)를 소거하여 목표 지형물의 상대위치를 맞추는 작업 ① 비행기의 수평회전을 재현해 주는 (k, b_y) ② 비행기의 전후 기울기를 재현해 주는 (ϕ, b_z) ③ 비행기의 좌우 기울기를 재현해 주는 (ω)
절대표정	상호표정이 끝난 입체모델을 지상기준점(피사체기준점)을 이용하여 지상좌표(피사체좌표계)와 일치하도록 하는 작업으로 입체모형(Model) 2점의 X, Y좌표와 3점의 높이 제트(Z)좌표가 필요하므로 최소한 3점의 표정점이 필요하다. ① 축척의 결정 ② 수준면(표고, 경사)의 결정 ③ 위치(방위)의 결정 ④ 절대표정인자 : $\lambda, \phi, \omega, k, b_x, b_y, b_z$ (7개의 인자로 구성)

Answer 57 ④ 58 ④

종류	특징

접합표정	한 쌍의 입체사진 내에서 한쪽의 표정인자는 전혀 움직이지 않고 다른 한쪽만을 움직여 그 다른 쪽에 접합시키는 표정법을 말하며, 삼각측정에 사용한다.
	① 7개의 표정인자 결정
	   ($\lambda, \phi, \omega, k, c_x, c_y, c_z$)
	② 모델 간, 스트립 간의 접합요소 결정
	   (축척, 미소변위, 위치 및 방위)

59 초점거리 120mm인 사진기로 촬영고도 1200m에서 종중복도 60%, 횡중복도 30%로 가로 30km, 세로 25km인 지역을 촬영하려고 한다. 사진의 크기가 23cm×23cm일 때 입체모델의 수는?
(단, 촬영은 가로 방향으로 한다.)

① 112모델 ② 127모델
③ 128모델 ④ 528모델

해설

$$종모델수 = \frac{S_1}{B} = \frac{S_1}{ma(1-\frac{p}{100})}$$
$$= \frac{30,000}{10,000 \times 0.23 \times (1-\frac{60}{100})} = 32.6 = 33모델$$

$$횡모델수 = \frac{S_2}{C} = \frac{S_2}{ma(1-\frac{q}{100})}$$
$$= \frac{25,000}{10,000 \times 0.23 \times (1-\frac{30}{100})} = 15.5 = 16모델$$

총모델수 $= 33 \times 16 = 528$모델

$$\frac{1}{m} = \frac{f}{H} = \frac{0.12}{1200} = \frac{1}{10,000}$$

60 평탄한 토지를 촬영고도 2500m로부터 초점거리가 153mm인 카메라로 촬영한 수직사진에서 사진의 연직 점으로부터 120mm 떨어진 위치에 굴뚝의 상단이 촬영되어 있고 그 기복변위가 3mm였다면 굴뚝의 높이는?

① 32.5m ② 40.5m
③ 55.5m ④ 62.5m

해설

$$\Delta r = \frac{h}{H}r 에서$$
$$h = \frac{\Delta r}{r} \times H = \frac{0.003}{0.12} \times 2500 = 62.5m$$

제4과목 | 지리정보시스템

61 지형지물의 체계적인 관리와 효과적인 검색 및 활용을 위하여 다른 데이터베이스와의 연계 또는 지형지물 간의 상호참조가 가능하도록 수치지도의 지형지물에 부여되는 고유 코드로, 사람의 주민등록번호와 같은 역할을 하는 것은?

① 지형코드 ② ASCII 코드
③ 유일식별자(UFID) ④ DB 레코드

해설

지형지물 전자식별자
(UFID : Unique Feature Identifier)
공간정보참조체계는 이러한 주민등록번호와 같은 개념으로 건물이나 도로와 같은 각종 시설물에 고유등록번호(UFID, Unique Feature IDentifier)를 부여하고 다양한 공간정보를 연계하여 통합적으로 관리하는 체계를 말한다.

Answer 59 ④ 60 ④ 61 ③

62 지리정보시스템(GIS)의 자료구조 형태가 다른 것은?

① 비트맵 형태의 수치표고모델(DEM)
② CAD 형태의 수치지형도
③ TIFF 형태의 항공사진
④ JPEG 형태의 위성영상

해설

DXF(Drawing eXchange Format)
DXF(Drawing eXchange Format)는 서로 다른 CAD 프로그램 간에 설계도면 파일을 교환하는데 사용되는 파일 형식으로 지리정보시스템의 도형자료의 포맷은 여러 가지 종류가 존재하는데 서로 포맷이 다른 도형정보를 교환하는 데 필요한 파일형식이다. DXF파일 형식은 Auto Desk사가 AutoCAD 외부파일형식으로 개발하였으나 세계적으로 활용도가 높아짐에 따라 공통의 파일 형식으로 활용도를 높이고자 규격을 공개하여 지금은 도형자료를 상호 이용할 수 있도록 정착된 공통 파일 형식이다.

63 지리정보시스템(GIS)의 일반적인 자료처리 단계를 순서대로 바르게 나열한 것은?

① 자료의 수치화 → 응용분석 → 출력 → 자료 조작 및 관리
② 자료조작 및 관리 → 자료의 수치화 → 응용분석 → 출력
③ 자료조작 및 관리 → 응용분석 → 출력 → 자료의 수치화
④ 자료의 수치화 → 자료조작 및 관리 → 응용분석 → 출력

해설
자료의수치화 → 자료조작 및 관리 → 응용분석 → 출력

64 지리정보시스템(GIS)의 이용 효과와 거리가 먼 것은?

① 수치화된 자료에 대한 다양한 분석이 가능하다.
② DB 체계를 통하여 자료를 더욱 간편하게 사용하고 자료 입수도 용이하다.
③ 투자 및 조사의 중복을 극대화할 수 있다.
④ 수집한 자료는 다른 여러 자료와 유용하게 결합할 수 있다.

해설

지리정보시스템(GIS)의 특징 및 기대효과

특징	기대효과
① 대량의 정보를 저장하고 관리할 수 있어 복잡한 정보분석에 유용하다.	① 정책 일관성 확보
② 원하는 정보를 쉽게 찾아볼 수 있으며 복잡한 정보의 분류에 유용하다.	② 최신정보 이용 및 과학적 정책결정
③ 새로운 정보의 추가와 수정이 용이하다	③ 업무의 신속성 및 비용 절감
④ 지도의 축소 및 확대가 자유롭다.	④ 합리적 도시계획
⑤ 자료의 중첩을 통하여 종합적 정보의 획득이 용이하다.	⑤ 일상 업무 지원
⑥ 적합한 입지선정이 용이	

65 지리정보시스템(GIS)에서 사용되는 관계형 데이터베이스 관리 시스템에 대한 설명으로 틀린 것은?

① 테이블의 구성이 자유롭다.
② 모형 구성이 단순하고 이해가 빠르다.
③ 정보를 추출하기 위한 질의의 형태에 제한이 없다.
④ 테이블의 수가 상대적으로 적어 저장용량을 적게 차지한다.

Answer 62 ② 63 ④ 64 ③ 65 ④

해설

관계형 데이터베이스관리시스템
(RDBMS : Relationship DataBase Management System)

개요	① 데이터를 표로 정리하는 경우 행(row)은 데이터 묶음이 되고 열(Column)은 속성을 나타내는 이차원의 도표로 구성된다. 이와 같이 표현하고자 하는 대상의 속성들을 묶어 하나의 행(row)을 만들고, 행들의 집합으로 데이터를 나타내는 것이 관계형데이터베이스이다. ② 영역들이 갖는 계층구조를 제거하여 시스템의 유연성을 높이기 위해서 만들어진 구조이다. ③ 데이터의 무결성, 보안, 권한, 록킹(Locking) 등 이전의 응용분야에서 처리해야 했던 많은 기능들을 지원한다. ④ 관계형 데이터 모델은 모든 데이터 들을 테이블과 같은 형태로 나타내며 데이터베이스를 구축하는 가장 전형적인 모델이다. ⑤ 관계형데이터베이스에서는 개체의 속성을 나타내는 필드 모두를 키필드로 지정할 수 있다.
특징	① 데이터 구조는 릴레이션(relation)으로 표현된다. 릴레이션이란 테이블의 열(Column)과 행(row)의 집합을 말한다. ② 테이블에서 열(Column)은 속성(attribute), 행(row)은 튜플(tuple)이라 한다. ③ 테이블의 각 칸에는 하나의 속성값만 가지며, 이 값은 더 이상 분해될수 없는 원자값(automic value)이다. ④ 하나의 속성이 취할수 있는 같은 유형의 모든 원자값의 집합을 그 속성의 도메인(domain)이라 하며 정의된 속성값은 도메인으로부터 값을 취해야 한다. ⑤ 튜플을 식별할수 있는 속성의 집합인 키(key)는 테이블의 각 열을 정의하는 행들의 집합인 기본키(PK : primary key)와 같은 테이블이나 다른 테이블의 기본키를 참조하는 외부키(FK : foreign key)가 있다. ⑥ 관계형데이터모델은 구조가 간단하여 이해하기 쉽고 데이터 조작적 측면에서도 매우 논리적이고 명확하다는 장점이 있다. ⑦ 상이한 정보 간 검색, 결합, 비교, 자료 가감 등이 용이하다. ⑧ 데이터를 2차원의 테이블 형태로 저장한다.

66 공간데이터의 중첩분석에서 음영부분 (A+B+C)의 특성을 맞게 설명한 것은?

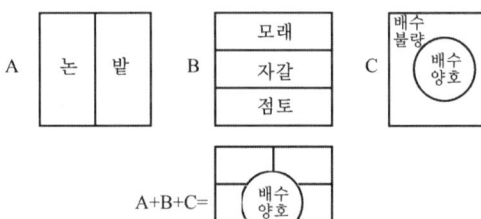

① 모래질 밭이며 배수가 불량한 지역
② 점토질 밭이며 배수가 양호한 지역
③ 자갈인 밭이며 배수가 양호한 지역
④ 점토질 밭이며 배수가 불량한 지역

해설
점토질 밭이며 배수가 양호한 지역이다.

67 지형을 3차원으로 수치화하여 표현하는 다양한 방법 중 지표면뿐만 아니라 식생, 인공지물 등의 형상을 일정한 평면좌표 간격으로 표현하는 방법은?

① DEM(Digital Elevation Model)
② DSM(Digital Surface Model)
③ TIN(Triangulated Irregular Network)
④ DTM(Digital Terrain Model)

Answer 66 ② 67 ②

해설

수치표고모형(Digital Elevation Model : DEM)
① DEM은 지형의 연속적인 기복변화를 일정한 크기의 격자간격으로 표현한 것으로 공간상의 연속적인 기복변화를 수치적인 행렬의 격자형태로 표현한다.
② 수치표고모형은 표고데이터의 집합일 뿐만 아니라 임의의 위치에서 표고를 보간할 수 있는 모델을 말한다.
③ 공간상에 나타난 불규칙한 지형의 변화를 수치적으로 표현하는 방법을 수치표고모형이라 한다.
④ DEM은 규칙적인 간격으로 표본지점이 추출된 래스터 형태의 데이터모델이다.
⑤ DEM은 DTM 중에서 표고를 특화한 모델이다.
⑥ 복잡한 지형에서는 밀도가 높은 표고자료가 필요하고 단순지형에서는 밀도가 낮은 표고자료의 획득이 바람직하나 격자방식에서는 그러한 지형의 특성에 따른 자료획득이 불가능하다.
⑦ 작은 격자의 크기를 선택했을 때 상대적으로 자료량이 늘어남으로 단순한 지표면의 경우에도 실제로는 필요이상의 자료를 가지게 된다.
⑧ 큰 격자를 사용했을 때 자료의 크기는 적어지나 변이가 심한 지표면의 상태를 정확히 나타낼 수 없다.

수치표면모델DSM(Digital Surface Model)
① DEM과 유사한 개념의 지형모델로 DSM 등이 있다.
② DSM은 일정한 크기의 격자간격으로 연속적인 기복변화를 표현한다는 점에서 DEM과 동일하다. 그러나 DEM은 자연적인 지형의 변화를 표현하는데 반해 DSM은 건물, 수목, 인공구조물 등의 높이 까지 반영한 연속적인 변화를 표현한다는 점에서 차이가 있다.
③ DSM은 DEM과 중첩해 흔히 건물이나 수목의 높이 추출, 지표변화 관찰 등에 활용이 가능하고, 동일한 좌표에 대한 DSM의 고도값에서 DEM의 고도값을 빼면 간단히 구할 수 있다.

DTM(Digital Terrain Model)
① 지형의 표고뿐만 아니라 벡터데이터 모델로 지표상의 다른 속성도 포함하며 측량 및 원격탐사와 연관이 깊다.
② 지형의 다른 속성까지 포함하므로 자료가 복잡하고 대용량의 정보를 가지고 있으며, 여러 가지 속성을 레이어를 이용하여 다양한 정보제공이 가능하다.
③ DTM은 표현방법에 따라 DEM과 DSM으로 구별된다.
즉 DTM = DEM + DSM이다.

불규칙삼각망
(不規則三角網, Triangulated Irregular Network : TIN)
① 불규칙삼각망은 불규칙하게 배치되어 있는 지형점으로부터 삼각망을 생성하여 삼각형 내의 표고를 삼각평면으로부터 보간하는 DEM의 일종이다.
② 벡터데이터 모델로 위상구조를 가지며 표본 지점들은 X, Y, Z값을 가지고 있으며 다각형 Network를 이루고 있는 순수한 위상구조와 개념적으로 유사하다.
③ 격자방식과 비교하여 비교적 적은 지점에서 추출된 표고 데이터를 이용하여 개략적으로 전반적인 지형의 형태를 나타낼 수 있다.
④ TIN은 기존의 점 데이터로 분포된 수치표고자료를 이용하여 삼각형의 면 데이터로 변환한 다음 보간식을 도출하여 DEM을 만들 수 있다.
⑤ 위상구조를 가질 수 있어 공간분석에도 활용할 수 있다는 장점이 있다.

68 공간 관계를 명시적으로 정의하는 것으로서, 인접, 연결, 포함, 근접으로 표현되는 지리적 도형 간 관계를 나타내는 것은?

① location
② attribute
③ topology
④ database

Answer 68 ③

해설

정의	위상이란 도형 간의 공간상의 상관관계를 의미하는데 위상은 특정변화에 의해 불변으로 남는 기하학적 속성을 다루는 수학의 한 분야로 위상모델의 전제조건으로는 모든 선의 연결성과 폐합성이 필요하다.
분석	각 공간객체 사이의 관계가 인접성, 연결성, 포함성 등의 관점에서 묘사되며, 스파게티 모델에 비해 다양한 공간분석이 가능하다.
	인접성 (Adjacency): 관심대상 사상의 좌측과 우측에 어떤 사상이 있는지를 정의하고 두 개의 객체가 서로 인접하는지를 판단한다.
	연결성 (Connectivity): 특정 사상이 어떤 사상과 연결되어 있는지를 정의하고 두 개 이상의 객체가 연결되어 있는지를 파악한다.
	포함성 (Containment): 특정 사상이 다른 사상의 내부에 포함되느냐 혹은 다른 사상을 포함하느냐를 정의한다.

69 지리정보시스템(GIS)의 주요 구성요소와 거리가 먼 것은?

① 자료(data)
② 인력(human)
③ 공공 기관(public institution)
④ 기술(software와 hardware)

해설

하드웨어 (Hardware)	지형공간정보체계를 운용하는 데 필요한 컴퓨터와 각종 입/출력장치 및 자료관리장치를 말하며 하드웨어의 범주에는 데스크탑 PC, 워크스테이션뿐만 아니라 스캐너, 프린터, 플로터, 디지타이저를 비롯한 각종 주변 장치들을 포함한다.
소프트웨어 (Software)	지리정보체계의 자료를 입력, 출력, 관리하기 위해 프로그램인 소프트웨어가 반드시 필요하며 크게 세 종류로 구분하면 먼저 하드웨어를 구동시키고 각종 주변 장치를 제어할 수 있는 운영체계(Operating system : OS), 지리정보체계의 자료구축과 자료입력 및 검색을 위한 입력 소프트웨어, 지리정보체계의 엔진을 탑재하고 있는 자료처리 및 분석 소프트웨어로 구성된다. 소프트웨어는 각종 정보를 저장/분석/출력할 수 있는 기능을 지원하는 도구로서 정보의 입력 및 중첩기능, 데이터베이스 관리기능, 질의 분석, 시각화 기능 등의 주요 기능을 갖는다.
데이터베이스 (Database)	지리정보체계는 많은 자료를 입력하거나 관리하는 것으로 이루어지고 입력된 자료를 활용하여 토지정보체계의 응용시스템을 구축할 수 있으며 이러한 자료들은 속성정보(각종 공부와 대장)와 도형정보(지적도, 임야도, 지하시설물도, 도시계획도 등)로 분류된다.
인적자원 (Man Power)	전문 인력은 지리정보체계의 구성요소 중에서 가장 중요한 요소로서 데이터(data)를 구축하고 실제 업무에 활용하는 사람으로, 전문적인 기술을 필요로 하므로 이에 전념할 수 있는 숙련된 전담요원과 기관을 필요로 하며 시스템을 설계하고 관리하는 전문 인력과 일상 업무에 지리정보체계를 활용하는 사용자 모두가 포함된다.
Application (방법)	특정한 사용자 요구를 지원하기 위해 자료를 처리하고 조작하는 활동 즉 응용 프로그램들을 총칭하는 것으로 특정 작업을 처리하기 위해 만든 컴퓨터프로그램을 의미한다. 하나의 공간문제를 해결하고 지역 및 공간관련 계획수립에 대한 솔루션을 제공하기위한 GIS시스템은 그 목표 및 구체적인 목적에 따라 적용되는 방법론이나 절차, 구성, 내용 등이 달라지게 된다.

Answer 69 ③

70 메타데이터의 참조정보에 포함되지 않는 것은?

① 제작시기와 연락처정보
② 공간자료의 구성정보
③ 데이터 활용정보
④ 공간좌표정보

해설

메타데이터의 기본요소

제1장	식별정보 (identification information)	인용, 자료에 대한 묘사, 제작시기, 공간영역, 키 워드, 접근제한, 사용제한, 연락처 등
제2장	자료의 질 정보 (data quality information)	속성정보 정확도, 논리적 일관성, 완결성, 위치정보 정확도, 계통(lineage) 정보 등
제3장	공간자료 구성정보 (spatial data organization information)	간접 공간참조자료 (주소체계), 직접 공간참조자료, 점과 벡터 객체 정보, 위상관계, 래스터 객체 정보 등
제4장	공간좌표정보 (spatial reference information)	평면 및 수직 좌표계
제5장	사상과 속성정보 (entity & attribute information)	사상타입, 속성 등
제6장	배포정보 (distribution information)	배포사, 주문방법, 법적 의무, 디지털 자료형태 등
제7장	메타데이터 참조정보 (metadata reference information)	메타데이타 작성 시기, 버전, 메타데이터 표준이름, 사용제한, 접근 제한 등
제8장	인용정보(citation)	출판일, 출판시기, 원제작자, 제목, 시리즈 정보 등
제9장	제작시기 (time period)	일정시점, 다중시점, 일정 시기 등
제10장	연락처(contact)	연락자, 연락기관, 주소 등

71 다음 중 지리정보시스템(GIS)의 공간 검색 방법과 사례가 잘못 연결된 것은?

① 인접성 분석 - 1번 국도에 접하는 토지들의 소유자들은 누구인가?
② 포함관계 분석 - 1~3번 필지를 포함하는 도시는 어디인가?
③ 연결관계 분석 - 인구가 100만 이상인 도시는 어디에 위치해 있는가?
④ 네트워크 분석 - A시와 B시를 연결하는 최적 경로는 무엇인가?

해설

위상이란 각 공간객체 사이의 관계가 인접성, 연결성, 포함성 등의 관점에서 묘사되며, 스파게티 모델에 비해 다양한 공간분석이 가능하다.

인접성 (Adjacency)	관심대상 사상의 좌측과 우측에 어떤 사상이 있는지를 정의하고 두 개의 객체가 서로 인접하는지를 판단한다.
연결성 (Connectivity)	특정 사상이 어떤 사상과 연결되어 있는지를 정의하고 두 개 이상의 객체가 연결되어 있는지를 파악한다.
포함성 (Containment)	특정 사상이 다른 사상의 내부에 **포함되느냐** 혹은 다른 사상을 **포함하느냐**를 정의한다.

72 관계형 자료모델(Relation Data Model)의 기본 구조요소와 거리가 가장 먼 것은?

① Sort(소트)
② Record(레코드)
③ Attribute(속성)
④ Table(테이블)

Answer 70 ③ 71 ③ 72 ①

해설

관계형 데이터베이스관리시스템
(RDBMS : Relationship DataBase Management System)

① 데이터 구조는 릴레이션(relation)으로 표현된다. 릴레이션(relation)이란 테이블의 열(Column)과 행(row)의 집합을 말한다
② 테이블(table : 도표)에서 열(Column)은 속성(attribute), 행(row)은 튜플(tuple)이라 한다 (파일처리방식에서 행(row)은 레코드(record), 열(Column)은 필드(field)라 한다.)
③ 테이블의 각 칸에는 하나의 속성값만 가지며, 이 값은 더 이상 분해될 수 없는 원자값(automic value)이다.
④ 하나의 속성이 취할 수 있는 같은 유형의 모든 원자값의 집합을 그 속성의 도메인(domain)이라 하며 정의된 속성값은 도메인으로부터 값을 취해야 한다.
⑤ 튜플을 식별할 수 있는 속성의 집합인 키(key)는 테이블의 각 열을 정의하는 행들의 집합인 기본키(PK : primary key)와 같은 테이블이나 다른 테이블의 기본 키를 참조하는 외부키(FK : foreign key)가 있다.
⑥ 관계형데이터모델은 구조가 간단하여 이해하기 쉽고 데이터 조작적 측면에서도 매우 논리적이고 명확하다는 장점이 있다.
⑦ 상이한 정보 간 검색, 결합, 비교, 자료가감 등이 용이하다.

---

73 주어진 Sido 테이블에 대해 아래와 같은 SQL 문에 의해 얻어지는 결과는?

SQL 〉 SELECT Do FROM Sido WHERE POP 〉 3,000,000
Table : Sido

Do	AREA	PERIMETER	POP
강원도	1.61E + 10	8.28E+05	1,431,101
경기도	1.61E + 10	8.65E+05	8,713,789
서울특별시	6.08E+0.8	1.69E+05	9,631,898
충청남도	7.44E+09	7.57E+05	1,407,975

①
Do	AREA	PERIMETER	POP
경기도	1.61E + 10	8.65E+05	8,713,789
서울특별시	6.08E+0.8	1.69E+05	9,631,898

②
Do	AREA	PERIMETER
경기도	1.61E + 10	8.65E+05
서울특별시	6.08E+0.8	1.69E+05

③
Do	AREA
경기도	1.61E + 10
서울특별시	6.08E+0.8

④
Do
경기도
서울특별시

해설

SQL 〉 SELECT Do FROM Sido WHERE POP 〉 3,000,000

Do
경기도
서울특별시

---

74 지리정보시스템(GIS)의 자료입력 방식 중 스캐너를 이용한 자료값이 8비트 형태를 가질 때 기록되는 수치값의 범위는?

① 1 ~ 256
② 0 ~ 255
③ 1 ~ 2048
④ 0 ~ 2047

Answer 73 ④ 74 ②

해설

비트(bit)	① 비트(bit)는 이진법으로 나타내는 수를 뜻하는 binary digit의 줄임말로, 컴퓨터가 "정보를 처리하는 데이터의 최소 단위"를 말하는 것이다. ② 전기가 나간 상태 즉 off 상태일 때를 '0', 전기가 들어온 상태 즉 on 상태일 때를 '1'이라고 하면, 컴퓨터는 '0'과 '1'로써 모든 정보를 처리하여 나타내게 된다. ③ 이 때 '켜짐(on)'이나 '꺼짐(off)', '0'이나 '1'로 표현되는 단위를 비트(bit)라고 하는 것이고, '0' 과 '1' 만을 사용하기 때문에 컴퓨터는 2진법을 사용한다는 것이다. ④ 1개의 bit는 2^1 즉, 2개의 정보를, 2개의 bit는 2^2 (=2×2) 즉, 4개를, 3개의 bit는 2^3 (=2×2×2) 즉, 8개의 정보를 ⋮ 8bit로는 모두 2^8 (=2×2×2×2×2×2×2×2), 모두 256가지의 정보를 나타낼 수 있는 것이다.
바이트 (byte)	① 여러개의 비트를 묶어 정보를 표시하게 되는데 이렇게 일정한 단위로 묶은 비트의 모임을 바이트(byte)라고 하는 것이다. ② bit가 8개 모인 묶음 하나를 1byte라고 한다. 즉, 8bit = 1byte. ③ 영문자 또는 숫자 한 개는 1byte. 공란(Space) 한 칸도 1byte로 기억. 한글 및 한자는 한 글자가 2byte(=16bit)이다. ④ 주소와 문자 표현의 최소단위이다.

75 구축된 GIS데이터를 현장에서 확인하려고 한다. 둘레가 8km인 호수의 현황을 A, B 두 명이 확인하는데 소요되는 최소 시간은? (단, A는 1분에 550m, B는 1분에 450m의 거리를 이동하며, 중복하여 확인하지 않는다.)

① 6분　　② 8분
③ 10분　　④ 12분

해설

A가 1초에 움직이는 거리 $= \dfrac{550}{60} = 9.167m$

B가 1초에 움직이는 거리 $= \dfrac{450}{60} = 7.500m$

A와 B가 1초에 움직이는 거리 $= 9.167 + 7.5 = 16.667m$

총거리 8000m를 A와 B가 함께 관측하면

$\dfrac{8000}{16.667} = 479.99$초

$\therefore \dfrac{479.99}{60} = 7.9998$분 $= 8$분

76 수치표고모델(DEM)로부터 얻을 수 있는 자료들로만 짝지어진 것은?

① 경사면의 방향분석도, 경사도에 대한 분석도
② 수계도, 토지피복도
③ 가시권에 대한 분석도, 도로망도
④ 표고분석도, 역세권분석도

해설

수치표고모형(Digital Elevation Model : DEM)
DEM은 지형의 연속적인 기복변화를 일정한 크기의 격자간격으로 표현한 것으로 공간상의 연속적인 기복변화를 수치적인 행렬의 격자형태로 표현한다. 수치표고모형은 표고데이터의 집합일 뿐만 아니라 임의의 위치에서 표고를 보간할 수 있는 모델을 말한다. 공간상에 나타난 불규칙한 지형의 변화를 수치적으로 표현하는 방법을 수치표고모형이라 한다. DEM은 규칙적인 간격으로 표본지점이 추출된 래스터 형태의 데이터모델이다. DEM은 DTM 중에서 표고를 특화한 모델이다.
① 도로의 부지 및 댐의 위치 선정
② 수문 정보체계 구축
③ 등고선도와 사선도
④ 절토량과 성토량의 산정
⑤ 조경설계 및 계획을 위한 입체적인 표현
⑥ 지형의 통계적 분석과 비교
⑦ 경사도, 사면방향도, 경사 및 단면의 계산과 음영기복도 제작
⑧ 경관 또는 지형형성과정의 영상모의 관측

Answer 75 ②　76 ①

⑨ 수치지형도 작성에 필요한 표고정보와 지형정보를 다 이루는 속성
⑩ 군사적 목적의 3차원 표현

77 공간분석 기능 중 하나인 네트워크 분석(network analysis)을 이용한 분석과 가장 거리가 먼 것은?

① 지형 분석
② 자원할당 분석
③ 접근성 분석
④ 최단경로 분석

해설

중첩분석(Overlay Analysis)
① GIS가 일반화되기 이전의 중첩분석 : 많은 기준을 동시에 만족시키는 장소를 찾기 위해 불이 비치는 탁자 위에 투명한 중첩 지도를 겹치는 작업을 통해 수행
② 중첩을 통해 다양한 자료원을 통합하는 것은 GIS의 중요한 분석 능력으로 주로 **적지선정**에 이용된다.
③ 이러한 중첩분석은 벡터자료뿐 아니라 래스터자료도 이용할 수 있는데, 일반적으로 벡터자료를 이용한 중첩분석은 면형자료를 기반으로 수행
④ 다양한 공간객체를 표현하고 있는 레이어를 중첩하기 위해서는 좌표체계의 동일성이 전제되어야 함

버퍼분석(Buffer Analysis)
① 버퍼분석(Buffer Analysis)은 공간적 근접성(Spatial Proximity)을 정의할 때 이용되는 것으로서 점, 선, 면 또는 면 주변에 지정된 범위의 면사상으로 구성
② 버퍼분석을 위해서는 먼저 버퍼 존(Buffer Zone)의 정의가 필요
③ 버퍼 존은 입력사상과 버퍼를 위한 거리(Buffer Distance)를 지정한 이후 생성
④ 일반적으로 거리는 단순한 직선거리인 유클리디언 거리(Euclidian Distance) 이용

네트워크 분석(Network Analysis)
① 현실세계에는 사람, 에너지, 물자, 정보 등의 흐름을 가능하게 하는 도로, 케이블, 파이프라인 등의 하부구조(Infrastructure)가 존재하는데, 이러한 하부구조는 GIS 분석과정에서 네트워크(Network)로 모델링 가능
② 네트워크형 벡터자료는 특정 사물의 **이동성** 또는 **흐름의 방향성**(Flow Direction)을 제공
③ 대부분의 GIS 시스템은 위상모델로 표현된 벡터자료의 연결된 선사상인 네트워크 분석을 지원
④ 네트워크 분석을 통해
 • **최단경로**(Shortest Route) : 주어진 기원지와 목적지를 잇는 최단거리의 경로 분석
 • **최소비용경로**(Least Cost Route) : 기원지와 목적지를 연결하는 네트워크상에서 최소의 비용으로 이동하기 위한 경로를 탐색할 수 있다.

78 지도를 일반화 하는 개념 중 대상물들을 속성과 속성값에 따라 순서를 정하고, 비교하여 같은 종류끼리 묶는 작업에 대한 정의로 옳은 것은?

① 단순화(simplification)
② 과장(exaggeration)
③ 기호화(symbolization)
④ 분류(classification)

해설

속성자료 분석	
질의	질의기능은 작업자가 부여하는 조건에 따라 속성데이터베이스에서 정보를 추출하는 것이다.
분류 (classification)	분류는 사용자의 필요에 따라서 일정기준에 맞추어 GIS자료를 나누는 것으로 모든 GIS자료는 어떤 형태로든 분류가 가능하다. 분류는 일정기준에 따라 세분화하는 과정이므로 세분화(specification)라고도 한다.

Answer 77 ① 78 ④

일반화 (generalization)	일반화(generalization)는 나누어진 항목을 합쳐서 분류항목을 줄이는 것이고 반대로 나누어진 분류를 필요에 따라 보다 세분하는 것을 세분화(specification)라고 한다.

79 지리정보시스템(GIS) 자료구조 중 실세계를 규칙적인 모양으로 공간분할 하여 나타내는 것은?

① 외부 데이터 ② 래스터 데이터
③ 내부 데이터 ④ 벡터 데이터

해설

	벡터자료	래스터자료
정의	벡터 자료구조는 기호, 도형, 문자 등으로 인식할 수 있는 형태를 말하며 객체들의 지리적 위치를 크기와 방향으로 나타낸다.	래스터 자료구조는 매우 간단하며 일정한 격자간격의 셀이 데이터의 위치와 그 값을 표현하므로 격자데이터라고도 하며 도면을 스캐닝 하여 취득한 자료와 위상영상자료들에 의하여 구성된다. 래스터구조는 구현의 용이성과 단순한 파일구조에도 불구하고 정밀도가 셀의 크기에 따라 좌우되며 해상력을 높이면 자료의 크기가 방대해진다. 각 셀들의 크기에 따라 데이터의 해상도와 저장크기가 달라지게 되는데 셀 크기가 작으면 작을수록 보다 정밀한 공간현상을 잘 표현 할 수 있다.

80 보간법 중 입력 격자상에서 가장 가까운 영상소의 값을 이용하여 출력 격자로 변환시키는 방법은?

① 최근린보간법 ② 공일차보간법
③ 공이차보간법 ④ 공삼차보간법

해설

격자배열면 보간

(1) 쌍1차 보간(Bi-linear Interpolation)
내삽점 주위 4점의 영상소 값을 이용하여 구하고자 하는 영상소 값을 선형식으로 내삽한다. 이 방식에는 원자료가 흠이 나는 결점이 있으나 평균하기 때문에 Smoothing(평활화) 효과가 있다.

(2) 쌍3차 보간(Bi-cuvic Interpolation)
내삽하고 싶은 점 주위의 16개 관측점의 영상소 값을 이용하여 구하는 영상소값을 3차 함수를 이용하여 내삽한다. 이 방식에는 원자료가 흠이 나는 결점이 있으나 영상의 평활화와 동시에 선명성의 효과가 있어 고화질이 얻어진다.

(3) 최근린보간법(Nearest Neighbor)
최단거리에 있는 관측치를 사용하여 보관하는 방법으로 입력 격자상 가장 가까운 영상소의 밝기를 이용하여 출력격자로 변환하는 방법이다.

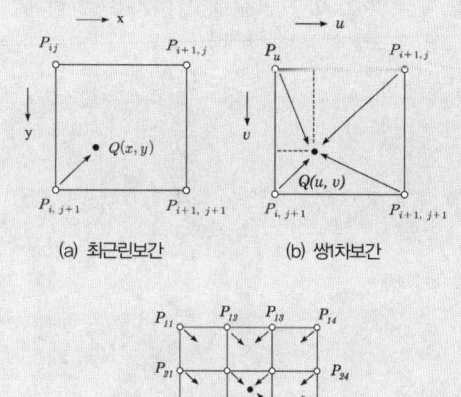

(a) 최근린보간   (b) 쌍1차보간

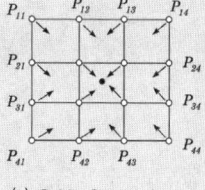

(c) Cubic Convolution

Answer 79 ② 80 ①

제5과목 | 측량학

81 축척과 도면의 크기에 대한 설명으로 옳은 것은?

① 축척 1:500 도면을 축척 1:1000으로 변경하면 도면의 크기는 2배가 된다.
② 축척 1:600 도면을 축척 1:200으로 변경하면 도면의 크기는 $\frac{1}{3}$이 된다.
③ 축척 1:600 도면을 축척 1:300으로 변경하면 도면의 크기는 2배가 된다.
④ 축척 1:500 도면을 축척 1:1000으로 변경하면 도면의 크기는 $\frac{1}{4}$이 된다.

해설

① 축척 1:500의 도면을 축척 1:1000로 축소했을 때 도면의 크기는 1/4이 된다.
축척비 = $\frac{1}{m} = \frac{500}{1000} = \frac{1}{2}$
면적비 = $(\frac{1}{2})^2 = \frac{1}{4}$

② 축척 1:600의 도면을 축척 1:200으로 확대했을 때 도면의 크기는 1/4배가 된다.
축척비 = $\frac{600}{200} = 3$
면적비 = $3 \times 3 = 9$배

③ 축척 1:600의 도면을 축척 1:300으로 변경(확대)하면 도면의 크기는 4배가 된다.
축척비 = $\frac{600}{300} = 2$
면적비 = $2 \times 2 = 4$배

별해)
$(\frac{1}{300})^2 : (\frac{1}{600})^2 = \frac{(\frac{1}{300})^2}{(\frac{1}{600})^2} = (\frac{600}{300})^2 = 4$배

④ 축척 1:500의 도면을 축척 1:1000로 축소했을 때 도면의 크기는 1/4이 된다.
축척비 = $\frac{1}{m} = \frac{500}{1000} = \frac{1}{2}$
면적비 = $(\frac{1}{2})^2 = \frac{1}{4}$

82 거리측량을 줄자로 할 때 정오차로 볼 수 없는 것은?

① 관측 시 바람이 불어 줄자가 흔들려 발생하는 오차
② 관측 시의 온도가 검정시의 온도와 달라 발생하는 오차
③ 줄자의 길이가 표준길이와 달라 발생하는 오차
④ 줄자의 처짐으로 인한 오차

해설

정오차의 보정	보정량	정확한 길이 (실제길이)
줄자의 길이가 표준 길이와 다를 경우 (테이프의 특성값)	$C_u = \pm L \times \frac{\Delta l}{l}$	$L_o = L \pm C_u$ $= L \pm (L \times \frac{\Delta l}{l})$
기호설명	L : 관측길이 l : Tape의 길이 Δl : Tape의 특성값 (Tape의 늘음(+)과 줄음(−)량)	
정오차의 보정	보정량	정확한 길이 (실제길이)
온도에 대한 보정	$C_t = L \cdot a(t - t_o)$	$L_o = L \pm C_t$
기호설명	L : 관측길이 a : Tape의 팽창계수 t_o : 표준온도(15℃) t : 관측시의 온도	
정오차의 보정	보정량	정확한 길이 (실제길이)
경사에 대한 보정	$C_i = -\frac{h^2}{2L}$	$L_o = L \pm C_i$ $= L - \frac{h^2}{2L}$
기호설명	L : 관측길이 h : 고저차	

Answer 81 ④ 82 ①

정오차의 보정	보정량	정확한 길이 (실제길이)
평균해수면에 대한 보정(표고보정)	$C_k = -\dfrac{L \cdot H}{R}$	$L_o = L - C_k$
기호설명	R : 지구의 곡률반경 H : 표고 L : 관측길이	

정오차의 보정	보정량	정확한 길이 (실제길이)
장력에 대한 보정	$C_P = \pm \dfrac{L}{A \cdot E}(P - P_O)$	$L_O = L \pm C_P$
기호설명	L : 관측길이 A : 테이프단면적(cm^2) P : 관측시의 장력 P_0 : 표준장력(10kg) E : 탄성계수(kg/cm^2)	

정오차의 보정	보정량	정확한 길이 (실제길이)
처짐에 대한 보정	$C_s = -\dfrac{L}{24}\left(\dfrac{wl}{P}\right)^2$	$L_o = L - C_s$
기호설명	L : 관측길이 W : 테이프의 자중(cm^2) P : 장력(kg) l : 등간격 길이	

관측 시 바람이 불어 줄자가 흔들려 발생하는 오차는 부정오차다.

83 두 점의 평면직각좌표계의 북방을 기준으로 계산되는 측선의 방향을 무엇이라 하는가?

① 도북 방위각
② 진북 방향각
③ 진북 방위각
④ 자북 방위각

[해설]

	교각	전 측선과 그 측선이 이루는 각
	편각	각 측선이 그 앞 측선의 연장선과 이루는 각
	방향각	도북방향을 기준으로 어느 측선까지 시계방향으로 잰 각
수평각	방위각	① 자오선을 기준으로 어느 측선까지 시계방향으로 잰각 ② 방위각도 일종의 방향각 ③ 자북방위각, 역방위각
	진북방향각 (자오선수차)	① 도북을 기준으로 한 도북과 자북의 사이각 ② 진북방향각은 삼각점의 원점으로부터 동쪽에 위치시 (−), 서쪽에 위치시(+)를 나타낸다. ③ 좌표원점에서 동서로 멀어질수록 진북방향각이 커진다. ④ 방향각, 방위각, 진북방향각의 관계 방위각(α) = 방향각(T) − 자오선수차($\pm \Delta \alpha$)

84 직사각형 토지의 가로, 세로를 줄자(tape)로 관측하여 37.8m, 28.9m를 얻었다. 이때 줄자의 공차가 30m에 대하여 4.7cm이었다면 이로 인하여 생길 수 있는 면적의 최대오차는? (단, 거리관측의 오차는 길이에 비례한다.)

① $0.003m^2$
② $0.03m^2$
③ $2.74m^2$
④ $3.4m^2$

Answer 83 ① 84 ④

해설

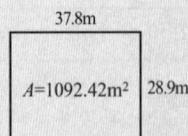

원면적
줄자의 공차가 30m에 대하여 4.7cm
가로 ; 37.8는 30m에 대하여 1.26배 ⇨
$$4.7 \times 1.26 = 5.922 cm$$
세로 : 28.9는 30m에 대하여 0.96배 ⇨
$$4.7 \times 0.96 = 4.512 cm$$

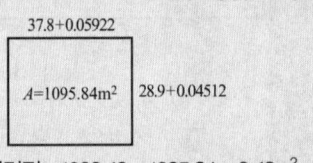

원면적 - 계산면적 = 1092.42 - 1095.84 = 3.42m²

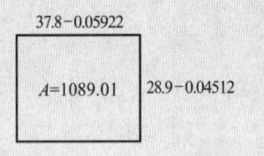

원면적-계산면적 = 1092.42 - 1082.01 = 3.41m²
∴ 면적의 최대오차 : ±3.4m²

85 삼각측량을 실시하여 A점(1000m, 1600m), B점(3300m, 3100m), ∠BAC = 62°의 결과를 얻었다면 측선 AC의 방위각(α_{AC})은?

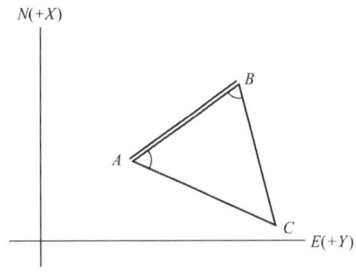

① 33°6′41″ ② 56°53′19″
③ 95°6′41″ ④ 118°53′19″

해설

$$\theta = \tan^{-1} \frac{\triangle y}{\triangle x}$$
$$= \tan^{-1} \frac{3100-1600}{3300-1000} = \tan^{-1} \frac{1500}{2300} = 33°06'40.83''$$
$$V_a^b = 33°06'40.83''$$
$$V_a^c = 33°06'40.83'' + 62° = 95°06'41''$$

86 트래버스측량에 있어서 방위각이 300°일 때 계산된 위거가 50m이었다면, 측선의 거리는?

① 25m ② 43m
③ 80m ④ 100m

해설

측선의 거리 = 거리
위거 = 거리 × cos V
$$거리 = \frac{위거}{\cos V} = \frac{50}{\cos 300} = 100m$$

87 점을 출발하여 B점까지 3개의 노선을 통해 수준측량을 실시하였다. A, B 2점간의 고저차에 대한 최확값은?

구분	노선 고저차	노선길이
1	4.285m	2km
2	4.290m	3km
3	4.287m	4km

① 4.290m ② 4.289m
③ h4.288m ④ 4.287m

해설

$$P_1 : P_2 : P_3 = \frac{1}{2} : \frac{1}{3} : \frac{1}{4} = 6 : 4 : 3$$
$$L_0 = \frac{4.285 \times 6 + 4.290 \times 4 + 4.287 \times 3}{6+4+3} = 4.287m$$

Answer 85 ③ 86 ④ 87 ④

88 오차의 종류 중 확률론과 최소제곱법으로 소거해야 하는 오차는?

① 과오
② 우연오차
③ 정오차
④ 기계오차

해설

오차의 종류
(1) 정오차 또는 누차(Constant Error : 누적오차, 누차, 고정오차)
 ① 오차 발생 원인이 확실하여 일정한 크기와 일정한 방향으로 생기는 오차
 ② 측량후 조정이 가능하다.
 ③ 정오차는 측정횟수에 비례한다.
  $E_1 = n \cdot \delta$
  (E_1 = 정오차, δ = 1회측정시 누적오차, n = 측정(관측)횟수)
(2) 우연오차(Accidental Error : 부정오차, 상차, 우차)
 ① 오차의 발생 원인이 명확하지 않아 소거 방법도 어렵다.
 ② 최소제곱법의 원리로 오차를 배분하며 오차론에서 다루는 오차를 우연오차라 한다.
 ③ 우연오차는 측정 횟수의 제곱근에 비례한다.
  $E_2 = \pm \delta \sqrt{n}$
  (E_2 = 우연오차, δ: 우연오차, n : 측정(관측)횟수)
(3) 착오(Mistake : 과실)
 ① 관측자의 부주의에 의해서 발생하는 오차
 ② 예: 기록 및 계산의 착오, 눈금 읽기의 잘못, 숙련 부족 등

89 A점(-1750m, -2132m)에서 B점까지의 거리는 300m이고 방위각이 120°이라면 B점의 좌표는? (단, 소수점 이하의 값은 버림)

① (-354m, -398m)
② (-1900m, -1872m)
③ (296m, -233m)
④ (-1778m, 1958m)

해설

$B_X = -1750 + 300 \times \cos 120° = -1900\text{m}$
$B_Y = -2132 + 300 \times \sin 120° = -1872\text{m}$

90 등고선의, 성질에 대한 설명으로 옳은 것은?

① 등고선은 동굴과 절벽에서는 교차할 수 있다.
② 등고선은 지표의 최대경사선 방향과 평행하다.
③ 등고선은 도면 내에서는 폐합하지만 도면 외에서는 폐합하지 않는다.
④ 등고선의 간격이 좁다는 것은 지표의 경사가 완만하다는 것을 뜻한다.

해설

등고선의 성질
(1) 동일 등고선상에 있는 모든 점은 같은 높이이다.
(2) 등고선은 반드시 도면 안이나 밖에서 서로가 폐합한다.
(3) 지도의 도면 내에서 폐합되면 가장 가운데 부분을 산꼭대기(산정) 또는 凹지(요지)가 된다.
(4) 등고선은 도중에 없어지거나, 엇갈리거나 합쳐지거나 갈라지지 않는다.
(5) 높이가 다른 두 등고선은 동굴이나 절벽의 지형이 아닌 곳에서는 교차하지 않는다.
(6) 등고선은 경사가 급한 곳에서는 간격이 좁고 완만한 경사에서는 넓다.
(7) 최대경사의 방향은 등고선과 직각으로 교차한다.
(8) 분수선(능선)과 곡선(유하선)은 등고선과 직각으로 만난다.
(9) 2쌍의 등고선의 볼록부가 상대할 때는 볼록부를 나타낸다.
(10) 동등한 경사의 지표에서 양 등고선의 수평거리는 같다.
(11) 같은 경사의 평면일 때는 나란한 직선이 된다.
(12) 등고선이 능선을 직각방향으로 횡단한 다음 능선 다른 쪽을 따라 거슬러 올라간다.
(13) 등고선의 수평거리는 산꼭대기 및 산 밑에서는 크고 산중턱에서는 작다.

Answer 88 ② 89 ② 90 ①

91 각 측량에서 발생될 수 있는 연직축 오차의 조정 방법으로 옳은 것은?

① 망원경을 정위, 반위로 측정하여 평균값을 취한다.
② 연직축과 수평 기포관 축의 직교를 조정한다.
③ 180°의 차이가 있는 두 개의 수평각 표시기의 각을 읽어 평균한다.
④ 수평축과 시준축의 직교를 조정한다.

해설

오차의 종류	원 인	처리방법
시준축 오차	시준축과 수평축이 직교하지 않기 때문에 생기는 오차	망원경을 정·반위로 관측하여 평균을 취한다.
수평축 오차	수평축이 연직축에 직교하지 않기 때문에 생기는 오차	망원경을 정·반위로 관측하여 평균을 취한다.
연직축 오차	연직축이 연직이 되지 않기 때문에 생기는 오차	소거불능(연직축과 수평 기포관 축의 직교를 조정)

92 수준측량에 의해 관측되는 표고의 기준은?

① 회전타원체   ② 베셀타원체
③ 지오이드   ④ 지표면

해설

표고의 기준
(1) 육지표고기준 : 평균해수면 (중등조위면, Mean Sea Level; MSL)
(2) 해저수심, 간출암의 높이, 저조선 : 평균최저간조면(Mean Lowest Low Level; MLLW)
(3) 해안선 : 해면이 평균 최고고조면(Mean Highest High Water Level ; MHHW)에 달하였을 때 육지와 해면의 경계로 표시한다.

[해안선과 수심]

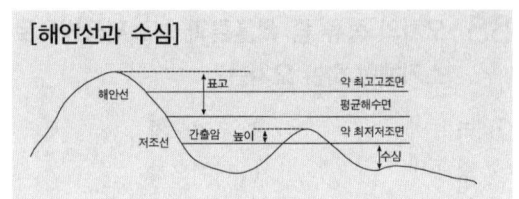

93 경사지에 위치한 A점의 표고가 37.65m, B점의 표고가 53.25m일 때, 두 점 사이의 도상길이는 68.5mm이다. $\overline{AB}$ 선상에 위치한 표고 40.00m인 지점과 A점의 도상거리는?

① 7.8mm
② 8.5mm
③ 10.3mm
④ 15.2mm

해설

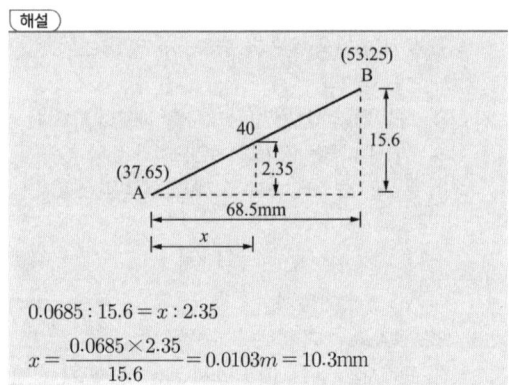

$0.0685 : 15.6 = x : 2.35$

$x = \dfrac{0.0685 \times 2.35}{15.6} = 0.0103m = 10.3mm$

Answer 91 ② 92 ③ 93 ③

94 D점의 평면좌표를 구하기 위하여 그림과 같이 기지삼각점 A, B, C로부터 삼각측량을 하였다. 다음 중 이용 가능한 변방정식은? (단, 각의 명칭은 그림에 따르면, 일반적인 명칭부여 방법과 다를 수 있음)

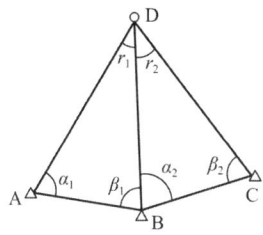

① $\dfrac{\overline{AB}}{\overline{BC}} = \dfrac{\sin\alpha_1 \sin\alpha_2}{\sin\beta_1 \sin\beta_2}$

② $\dfrac{\overline{AB}}{\overline{BC}} = \dfrac{\sin\beta_1 \sin\beta_2}{\sin\alpha_1 \sin\alpha_2}$

③ $\dfrac{\overline{AB}}{\overline{BC}} = \dfrac{\sin\gamma_1 \sin\beta_2}{\sin\alpha_1 \sin\gamma_2}$

④ $\dfrac{\overline{AB}}{\overline{BC}} = \dfrac{\sin\alpha_1 \sin\gamma_2}{\sin\gamma_1 \sin\beta_2}$

해설

변방정식

$\dfrac{\overline{AB}}{\overline{BC}} = \dfrac{\sin\gamma_1 \sin\beta_2}{\sin\alpha_1 \sin\gamma_2}$

95 공공측량 작업계획서에 포함되어야 할 사항과 거리가 먼 것은? (단, 그 밖에 작업에 필요한 사항은 제외)

① 공공측량의 투입 인력 명단
② 공공측량의 위치 및 사업량
③ 공공측량의 사업명
④ 사용할 측량기기의 종류 및 성능

해설

공간정보의 구축 및 관리 등에 관한 법률 시행 제21조(공공측량 작업계획서의 제출) ① 공공측량시행자는 법 제17조 제2항에 따라 공공측량을 하기 3일 전에 국토지리정보원장이 정한 기준에 따라 공공측량 작업계획서를 작성하여 국토지리정보원장에게 제출하여야 한다. 공공측량 작업계획서를 변경한 경우에도 또한 같다. 〈개정 2015. 6. 4.〉
② 제1항에 따른 공공측량 작업계획서에 포함되어야 할 사항은 다음 각 호와 같다.
 1. 공공측량의 사업명
 2. 공공측량의 목적 및 활용 범위
 3. 공공측량의 위치 및 사업량
 4. 공공측량의 작업기간
 5. 공공측량의 작업방법
 6. 사용할 측량기기의 종류 및 성능
 7. 법 제17조 제1항에 따라 사용할 측량성과의 명칭, 종류 및 내용
 8. 그 밖에 작업에 필요한 사항
③ 국토지리정보원장은 공공측량 작업계획서를 검토한 후 수정할 필요가 있다고 판단하는 경우에는 공공측량시행자에 공공측량 작업계획서를 변경하여 제출할 것을 요구할 수 있다. 이 경우 공공측량시행자는 특별한 사유가 없으면 이에 따라야 한다.
④ 제1항에 따른 공공측량 작업계획서의 작성기준과 그 밖에 공공측량에 필요한 사항은 국토지리정보원장이 정하여 고시한다.

96 다음 중 기본측량성과의 필수적인 고시 내용이 아닌 것은?

① 측량의 종류
② 측량의 정확도
③ 측량성과의 보관 장소
④ 측량 작업의 방법

해설

공간정보의 구축 및 관리 등에 관한 법률 시행령 제13조(측량성과의 고시) ① 법 제13조 제1항에 따른 기본측량성과의 고시와 법 제18조 제4항에 따른 공공측량성과의 고시는 최종성과를 얻은 날부터 30일 이내

Answer 94 ③ 95 ① 96 ④

에 하여야 한다. 다만, 기본측량성과의 고시에 포함된 국가기준점 성과가 다른 국가기준점 성과와 연결하여 계산될 필요가 있는 경우에는 그 계산이 완료된 날부터 30일 이내에 기본측량성과를 고시할 수 있다. 〈개정 2014. 1. 17.〉

② 제1항에 따른 측량성과의 고시에는 다음 각 호의 사항이 포함되어야 한다.
1. 측량의 종류
2. 측량의 정확도
3. 설치한 측량기준점의 수
4. 측량의 규모(면적 또는 지도의 장수)
5. 측량실시의 시기 및 지역
6. 측량성과의 보관 장소
7. 그 밖에 필요한 사항

97 아래와 같이 정의되는 용어로 옳은 것은?

> 공간정보를 체계적으로 정리하여 사용자가 검색하고 활용할 수 있도록 가공한 정보의 집합체를 말한다.

① 공간정보체계
② 공간객체등록
③ 공간정보데이터베이스
④ 국가공간정보통합체계

해설

공간정보기본법 제2조(정의) 이 법에서 사용하는 용어의 뜻은 다음과 같다.
1. "공간정보"란 지상·지하·수상·수중 등 공간상에 존재하는 자연적 또는 인공적인 객체에 대한 위치정보 및 이와 관련된 공간적 인지 및 의사결정에 필요한 정보를 말한다.
2. "공간정보데이터베이스"란 공간정보를 체계적으로 정리하여 사용자가 검색하고 활용할 수 있도록 가공한 정보의 집합체를 말한다.
3. "공간정보체계"란 공간정보를 효과적으로 수집·저장·가공·분석·표현할 수 있도록 서로 유기적으로 연계된 컴퓨터의 하드웨어, 소프트웨어, 데이터베이스 및 인적자원의 결합체를 말한다.

4. "관리기관"이란 공간정보를 생산하거나 관리하는 중앙행정기관, 지방자치단체, 「공공기관의 운영에 관한 법률」 제4조에 따른 공공기관(이하 "공공기관"이라 한다), 그 밖에 대통령령으로 정하는 민간기관을 말한다.
5. "국가공간정보체계"란 관리기관이 구축 및 관리하는 공간정보체계를 말한다.
6. "국가공간정보통합체계"란 제19조 제3항의 기본공간정보데이터베이스를 기반으로 국가공간정보체계를 통합 또는 연계하여 국토교통부장관이 구축·운용하는 공간정보체계를 말한다.
7. "공간객체등록번호"란 공간정보를 효율적으로 관리 및 활용하기 위하여 자연적 또는 인공적 객체에 부여하는 공간정보의 유일식별번호를 말한다.

98 측량기준점에서 국가기준점에 해당되지 않는 것은?

① 공공삼각점
② 수로기준점
③ 통합기준점
④ 지자기점

해설

국가기준점[암기] 우리가 위통심하면 중자를 모아 수영을 수삼 번 해라

측량의 정확도를 확보하고 효율성을 높이기 위하여 국토교통부장관 및 해양수산부장관이 전 국토를 대상으로 주요 지점마다 정한 측량의 기본이 되는 측량기준점

우주측지 기준점	국가측지기준계를 정립하기 위하여 (전 세계 초장거리간섭계)와 연결하여 정한 기준점
위성기준점	(지리학적 경위도, 직각좌표 및 지구중심 직교좌표의 측정) 기준으로 사용하기 위하여 (대한민국 경위도원점)을 기초로 정한 기준점
통합기준점	(지리학적 경위도, 직각좌표, 지구중심 직교좌표, 높이 및 중력 측정)의 기준으로 사용하기 위하여 (위성기준점, 수준점 및 중력점)을 기초로 정한 기준점

Answer 97 ③ 98 ①

중력점	(중력 측정)의 기준으로 사용하기 위하여 정한 기준점
자기점(地磁氣點)	(지구자기 측정)의 기준으로 사용하기 위하여 정한 기준점
수준점	(높이 측정)의 기준으로 사용하기 위하여 (대한민국 수준원점)을 기초로 정한 기준점
영해기준점	우리나라의 영해를 획정(劃定)하기 위하여 정한 기준점
수로기준점	수로 조사 시 (해양에서의 수평위치와 높이, 수심 측정 및 해안선 결정) 기준으로 사용하기 위하여 (위성기준점과 법 제6조제1항제3호의 기본수준면)을 기초로 정한 기준점으로서 ㉠수로측량기준점, ㉡기본수준점, ㉢해안선기준점으로 구분한다.
삼각점	(지리학적 경위도, 직각좌표 및 지구중심 직교좌표 측정)의 기준으로 사용하기 위하여 (위성기준점 및 통합기준점)을 기초로 정한 기준점

99 공간정보의 구축 및 관리 등에 관한 법률 제정의 목적으로 옳지 않은 것은?

① 국토의 효율적 관리
② 해상교통의 안전에 기여
③ 국민의 소유권 보호에 기여
④ 업부의 규제와 경비절감에 기여

[해설]

공간정보의 구축 및 관리 등에 관한 법률 제1조(목적)
이 법은 측량 및 수로조사의 기준 및 절차와 지적공부(地籍公簿)·부동산종합공부(不動産綜合公簿)의 작성 및 관리 등에 관한 사항을 규정함으로써 국토의 효율적 관리와 해상교통의 안전 및 국민의 소유권 보호에 기여함을 목적으로 한다.

100 공간정보의 구축 및 관리 등에 관한 법률의 벌칙 중 3년 이하의 징역 또는 3천만원 이하의 벌금에 처하는 경우는?

① 성능검사를 부정하게 한 성능검사대행자
② 속임수, 위력 등으로 측량업 또는 수로사업과 관련된 입찰의 공정성을 해친 자
③ 측량기준점표지를 이전 또는 훼손하거나 그 효용을 해치는 행위를 한 자
④ 고의로 측량성과 또는 수로조사 성과를 사실과 다르게 한 자

[해설]

3년 이하의 징역 또는 3천만원 이하의 벌금 암기 (임위공)	측량업자나 수로사업자로서 **속임**수, **위**력(威力), 그 밖의 방법으로 측량업 또는 수로사업과 관련된 입찰의 **공**정성을 해친 자는 3년 이하의 징역 또는 3천만원 이하의 벌금에 처한다.
2년 이하의 징역 또는 2천만원 이하의 벌금 암기 (거부등 외표성검)	1. 측량업의 등록을 하지 아니하거나 **거**짓이나 그 밖의 **부**정한 방법으로 측량업의 **등**록을 하고 측량업을 한 자 2. 성능검사대행자의 등록을 하지 아니하거나 **거**짓이나 그 밖의 **부**정한 방법으로 성능검사대행자의 **등**록을 하고 성능검사업무를 한 자 3. 수로사업의 등록을 하지 아니하거나 **거**짓이나 그 밖의 **부**정한 방법으로 수로사업의 **등**록을 하고 수로사업을 한 자 4. 측량성과를 국**외**로 반출한 자 5. 측량기준점**표**지를 이전 또는 파손하거나 그 효용을 해치는 행위를 한 자 6. 고의로 측량**성**과 또는 수로조사성과를 사실과 다르게 한 자 7. 성능**검**사를 부정하게 한 성능검사대행자

Answer 99 ④ 100 ②

ENGINEER SURVEYING GEO-SPATIAL INFORMATION

PART 07

2020 과년도 기출 문제 및 해설

- 기사 2020년 6월 13일 시행
- 기사 2020년 8월 22일 시행
- 기사 2020년 9월 27일 시행

"구민사는 당신의 합격을 응원합니다

측량 및 지형공간정보

2020년 6월 13일 기사[1·2회 통합]

제1과목 | 측지학 및 위성측위시스템

01 GNSS 측량 시 고려해야 할 사항에 대한 설명으로 옳지 않은 것은?

① 3차원 위치결정을 위해서는 4개 이상의 위성 신호를 관측하여야 한다.
② 임계 고도각(앙각)은 15도 이상을 유지하는 것이 좋다.
③ DOP 값이 3이하인 경우는 관측을 하지 않는 것이 좋다.
④ 철탑이나 대형 구조물, 고압선의 아래 지점에서는 관측을 피하여야 한다.

해설

GNSS에 의한 지적측량규정 제8조(이동측량)
① GNSS측량기를 사용하여 지적도근측량 또는 세부측량을 하고자 하는 경우에는 단일기준국 실시간 이동측량 또는 다중기준국 실시간 이동측량에 의한다.
② 단일기준국 실시간 이동측량(Single-RTK) 및 다중기준국 실시간 이동측량(Network-RTK)으로 실시할 경우 기준은 다음 각 호와 같다.
  1. 관측전 이동국 GNSS측량기의 초기화 작업을 완료할 것
  2. 관측 중 위성신호의 단절 또는 통신장치의 이상으로 보정정보를 안정적으로 수신할 수 없는 경우 이동국 GNSS측량기를 재초기화 할 것
  3. GNSS측량기 안테나를 기준으로 고도각 15°이상에 정상 작동중인 GNSS위성이 5개 이상일 것
  4. GNSS측량기에 표시하는 PDOP이 3 이상이거나 위치정밀도가 수평 ±3cm 이상 또는 수직 ±5cm 이상인 경우 관측을 중지할 것
  5. 1, 2회의 관측치가 제5항제4호의 오차 이내일 경우에는 1회 관측치를 기준으로 결과부를 작성
  6. 지역좌표를 구하고자 할 경우에는 GNSS측량기에서 제공하는 소프트웨어를 이용하여 좌표변환 계산방법에 의할 것

02 GNSS 측량 방법 중 〈보기〉가 설명하고 있는 방법은?

〈보기〉
이 방법은 기존의 Network RTK GNSS 측량방식이 기지국에 1대, 이동국에 1대, 총 2대의 수신기를 필요로 했던 방식을 상시관측소를 기준국으로 사용함으로써 1대의 수신기와 블루투스 통신이 가능한 1대의 휴대전화로 실시간 위성측량이 가능하다.

① VRS   ② SLR
③ DGPS ④ Pseudo Kinematic

해설

VRS(Virtual Reference Station, 가상기준점 방식)
네트워크 RTK(Network Real Time Kinematic)의 한 방법으로, GPS 상시관측소들로 이루어진 기준국망 이용해 계통적 오차를 분리하고 모델링하여, 네트워크 내부 임의의 위치에서 관측된 것과 같은 가상기준점을 생성하고, 이 가상기준점(VRS)과 이동국과의 RTK를 통하여 정밀한 이동국의 위치를

Answer 01 ③ 02 ①

결정하는 측량방법이다.

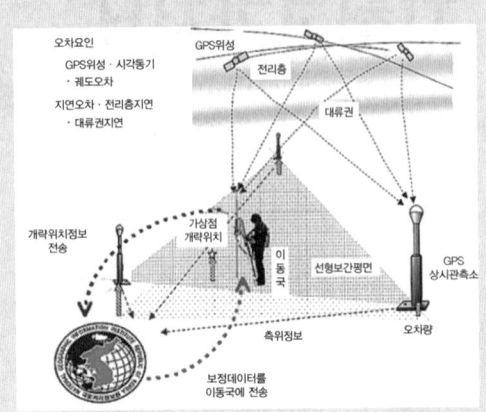

VRS 측량의 흐름
1. 현재 이동국의 GPS의 개략적인 위치를 VRS서 버에 전송
2. 이동국 주변에 있는 3개의 상시관측소 정보를 이용해서 계통적 오차를 제거하고 이에 위치보 정값을 이동국에 전송
3. VRS서버로부터 전송받은 위치보정값을 이용 하여 RTK 측량을 실시

03 표고 336.42m의 평탄지에서 거리 450m 를 평균해면상의 값으로 보정하려고 할 때 보정량은? (단, 지구반지름은 6370km로 가정한다.)

① −2.38cm   ② −2.56cm
③ 1.28cm   ④ 3.28cm

해설

$$표고보정(C_h) = -\frac{L \cdot H}{R} = -\frac{450 \times 336.42}{6{,}370{,}000}$$
$$= -0.02376m = -2.376cm$$

04 다음 설명 중 옳지 않은 것은?

① 측지학은 지구내부의 특성, 지구의 형상 및 운동을 결정하는 측정과 지구표면상 점간의 위치관계를 선정하는 측량에 기본이 되는 학문이다.
② 지각변동의 측정, 항로 등의 측량은 평면측량으로 한다.
③ 측지측량은 지구의 곡률을 고려한 정밀한 측량이다.
④ 측지학은 물리학적 측지학과 기하학적 측지학으로 구분할 수 없다.

해설

측지측량 (geodetic surveying)	① 지구의 곡률을 고려한 정밀한 측량으로서 지구의 형상과 크기를 구하는 측량이며, ② 측량정밀도가 1/1,000,000일 경우 ③ 지구의 곡률반경이 11km 이상인 지역 ④ 면적이 약 400km² 이상인 지역을 측지(대지) 측량이라 한다. ㉠ 기하학적 측지학: 지구 표면상에 있는 모든 점들 간의 상호 위치관계를 결정하는 것 ㉡ 물리학적 측지학: 지구 내부의 특성, 지구의 형상 및 크기를 결정하는 것
평면측량 (plane surveying)	① 지구의 곡률을 고려하지 않은 측량으로서, ② 거리측량의 허용정밀도가 1/1,000,000 이내인 범위 ③ 지구의 곡률반경이 11km 이내인 지역 ④ 면적이 약 400km² 이내인 지역을 평면으로 취급한다. ㉠ 거리허용오차 $(d-D) = \dfrac{D^3}{12 \cdot R^2}$ ㉡ 허용정밀도 $\left(\dfrac{d-D}{D}\right) = \dfrac{D^2}{12 \cdot R^2} = \dfrac{1}{m} = M$ ㉢ 평면으로 간주할 수 있는 범위 $(D) = \sqrt{\dfrac{12 \cdot R^2}{m}}$

Answer 03 ① 04 ②

05 GNSS의 방송궤도력에서 제공하는 정보로 옳은 것은?

① 위성과 수신기 사이의 거리
② 위성의 위치정보
③ 대기 중 습도 정보
④ 수신기의 시계오차

해설

궤도력

지구좌표계에서 위성의 위치와 속도를 결정하기 위해서는 일반적으로 개략력(槪略歷 : almanac), 방송궤도력(放送歷 : broadcast), 정밀력(精密歷 : precise)으로 구분되는 3가지 궤도력을 이용한다.

개략력(槪略歷 :Almanac)	GPS 위성의 항법메시지에 포함되어 있는 일련의 변수묶음으로, 수신기가 위성들의 대략적인 위치를 계산하는 데에 쓰인다. 여기에는 모든 GPS 위성의 위치에 대한 정보가 들어 있다. 정확도는 낮지만 수신기를 통한 위성 탐색이 용이하며, 가시 위성의 분포도의 작성과 같은 계획작업에 사용할 목적으로 제공되고 있다.
방송궤도력 (放送歷 : broadcast)	시간에 따른 천체의 궤적을 기록한 것으로, 각각의 GPS 위성으로부터 송신되는 항법메시지에는 앞으로의 궤도에 대한 예측값이 들어 있다. 형식은 매 30초마다 기록되어 있으며 16개의 Keplerian element로 구성되어 있다. GPS위성을 제어하는 감시국의 관측을 기초로 하여 만들어진 것이다. 최신의 관측자료로부터 위성의 궤도정보가 계산된다. 방송궤도력에는 **위성정보, 궤도정보, 위성시각정보**가 포함되어 있다
정밀력(精密歷 : precise)	정밀력은 일정한 간격의 시점마다의 위성의 위치와 속도로 구성되어 있다. 일반적인 시간간격은 15분이며, 미국의 국립측지국(National Imagery and Mapping Agency : NGS)에 의해 제안된 자료형식(data format)이 널리 사용되고 있다. 공식적인 정밀력은 미해군군사센터가 국립화상지도국과 협력하여 생산하고 있으며, 기본적인 자료는 GPS 관제부분의 확장된 추적망을 통해 관측된 것이다. 정밀력은 일정한 간격의 시점마다의 **위성의 위치와 속도**로 구성되어 있다.

궤도력의 정밀도

력	정도	비고
개략력	수 km	데이터의 갱신 시기에 의존
방송 궤도력	1 m	1m 이하
정밀력	0.05 ~ 0.20m	정밀력이 가능할 때까지의 일 수에 의존

06 GPS 위성과 수신기 간의 거리를 측정할 수 있는 재원과 관계가 먼 것은?

① P 코드
② C/A 코드
③ L1 반송파
④ E1 신호

해설

GPS 신호

GPS신호는 C/A코드, P코드 및 항법메시지 등의 측위 계산용 신호가 각기 다른 주파수를 가진 L1 및 L2 파의 2개 전파에 실려 지상으로 방송이 되며 L1/L2파는 코드신호 및 항법메시지를 운반한다고 하여 반송파(Carrier Wave)라 한다.

신호	구분	내용
반송파 (Carrier)	L1	• 주파수1, 575.42MHz(154× 10.23MHz), 파장 19cm • C/A code와 P code 변조 가능
	L2	• 주파수1, 227.60MHz(120× 10.23MHz), 파장 24cm • P code만 변조 가능
코드 (Code)	P code	• 반복주기 7일인 PRN code (Pseudo Random Noise code) • 주파수 10.23MHz, 파장 30m(29.3m)
	C/A code	• 반복주기: 1ms (milli-second)로 1.023Mbps로 구성된 PPN code • 주파수 1.023MHz, 파장 300m (293m)

Answer 05 ② 06 ④

신호	구분	내용
Navigation Message		GPS위성의 궤도, 시간, 기타 System Parameter들을 포함하는 Data bit
		• 측위계산에 필요한 정보 - 위성탑재 원자시계 및 전리층보정을 위한 Parameter 값 - 위성궤도정보 - 타위성의 항법메시지 등을 포함
		• 위성궤도정보에는 평균 근점각, 이심률, 궤도장반경, 승교점적경, 궤도경사각, 근지점인수 등 기본적 인량 및 보정항이 포함

07 중력이상에 대한 설명으로 옳지 않은 것은?

① 중력이상이란 실제 관측 중력값에서 표준 중력식에 의해 계산한 중력값을 뺀 것이다.
② 지오이드의 요철, 지하구조의 결정 등에 이용된다.
③ 일반적으로 실측 중력값과 계산식에 의한 이론 중력값은 일치하지 않는다.
④ 중력이상이 (+)이면 그 부근에 밀도가 작고 가벼운 물질이 존재한다.

[해설]

지구의 표면에서 존재하는 것으로 가장 쉽게 느낄 수 있는 힘의 중력이며, 지구상의 모든 물체는 중력에 의해 지구 중심방향으로 끌리고 있다. 중력은 만유인력법칙에 의해 지구표면으로 낙하하는 물체의 낙하속도의 증가율로서 **중력가속도**를 말하며 이 중력이 미치는 범위를 **重力場**이라 한다. 중력측량은 지구를 타원체로 가정한 이론적인 값과 실측한 값의 차이를 구하여 지구의 형태를 연구하는 **測地學적 분야**, 지하구조 및 자원탐사에 이용되는 **地質學적분야**, 태양계의 역학적관계를 규명하는 **天文學분야**등에 중요역할을 한다.
중력의 단위 : $gal(cm/sec^2)$ (Galilei를 기념하기 위하여 그 이름의 첫 자를 딴 것이다.)

1. 중력변화(중력의 經年變化)의 원인
중력은 항상성이 높은 물리량의 하나이지만 장기간에 걸쳐서 서서히 변화하고 있는데 이를 중력의 경년변화라 한다. 중력은 만유인력과 지구자전에 의한 원심력이 합성된 것으로 **적도에 가까울수록 중력은 감소**하며 물리학적 측지학에 속한다.

2. 重力異常(gravity anomaly)
중력이상이란 중력보정을 통하여 기준면에서의 중력값으로 보정된 중력값에서 표준중력값을 뺀 값이다. 즉 실제 관측중력값에서 표준중력식에 의해 계산한 중력값을 뺀 것이다. **중력이상의 주원인은 지하의 지질밀도가 고르게 분포되어 있지 않기 때문이다.**
중력이상 = 중력실측값 – 이론실측값
중력이상(+) = 질량이 여유 있는 지역
중력이상(–) = 질량이 부족한 지역
밀도가 큰물질이 지표 가까이 있을때는 (+)값 반대인경우는 (–)값을 갖는다.
중력이상에 의해 지표 밑의 상태를 측정할 수 있다.

08 GNSS 관측의 정오차와 가장 거리가 먼 것은?

① 수신기 시계 오차
② 위성 시계 오차
③ 위상 관측 오차
④ 전리층과 대류권에 의한 오차

[해설]

구조적인 오차

종류	특징
위성시계오차	GPS 위성에 내장되어 있는 시계의 부정확성으로 인해 발생
위성궤도오차	위성궤도정보의 부정확성으로 인해 발생
대기권전파 지연	위성신호의 전리층, 대류권 통과시 전파지연오차(약 2m)
전파적 잡음	수신기 자체에서 발생하며 PRN 코드잡음과 수신기 잡음이 합쳐져서 발생

Answer 07 ④ 08 ③

종류	특징
다중경로 (Multipath)	다중경로오차는 GPS 위성으로 직접 수신된 전파 이외에 부가적으로 주위의 지형, 지물에 의한 반사된 전파로 인해 발생하는 오차로서 측위에 영향을 미친다. ① 다중경로는 금속제 건물, 구조물과 같은 커다란 반사적 표면이 있을 때 일어난다. ② 다중경로의 결과로서 수신된 GPS 신호는 처리될 때 GPS 위치의 부정확성을 제공 ③ 다중경로가 일어나는 경우를 최소화하기 위하여 미션 설정, 수신기, 안테나 설계시에 고려한다면 다중경로의 영향을 최소화할 수 있다. ④ GPS 신호시간의 기간을 평균하는 것도 다중경로의 영향을 감소시킨다. ⑤ 가장 이상적인 방법은 다중경로의 원인이 되는 장애물에서 멀리 떨어져서 관측하는 방법이다. ⑥ 다중경로에 따른 영향은 위상측정방식보다 코드측정방식에서 더 크다.

09 L2 반송파의 주파수가 약 1.2GHz라고 할 때, L2반송파의 파장은 약 얼마인가? (단, 빛의 속도는 3.0×10^8 m/s이다.)

① 5m ② 2.5m
③ 0.5m ④ 0.25m

[해설]

$$(파장)\lambda = \frac{(속도)V}{(주파수)f}$$

$\lambda = \frac{c}{f}$ 에서

$= \frac{3.0 \times 10^8}{1.2 GHz}$

$= \frac{3.0 \times 10^8}{1.2 \times 10^9}$

$= 0.25m$

10 삼각점측량을 GPS측량에 의하여 작업할 때의 기선해석에 대한 설명으로 옳지 않은 것은?

① 기선해석의 결과는 FLOAT해에 의한다.
② GPS위성의 궤도요소는 정밀력 또는 방송력에 의한다.
③ 기선해석의 방법은 세션(session)마다 단일기선해석에 의한다.
④ 사이클슬립(cycle slip)의 편집은 원칙적으로 기선해석프로그램에 의하여 자동편집하나, 수동편집을 할 수도 있다.

[해설]

GNSS에 의한 지적측량규정
제10조(기선해석) 지적위성측량에 의한 기선해석은 다음 각 호의 기준에 의한다.
1. 당해 관측지역의 가장 가까운 위성기준점(최소 2점 이상) 또는 세계좌표를 이미 알고 있는 측량기준점을 기점으로 하여 인접하는 기지점 또는 소구점을 순차적으로 각 성분의 교차(ΔX, ΔY, ΔZ)를 해석할 것
2. 기지점과 소구점간의 거리가 50킬로미터를 초과하는 경우에는 정밀궤도력에 의하고 기타는 방송궤도력을 이용할 수 있음
3. 제2호의 기준에도 불구하고 고정밀 자료처리 소프트웨어를 사용할 경우에는 초신속 또는 신속 궤도력을 이용할 수 있음
4. 기선해석의 방법은 세션별로 실시하되 단일기선 해석방법에 의할 것
5. 기선해석시에 사용되는 단위는 미터단위로 하고 계산은 소수점이하 셋째자리까지 할 것
6. 2주파 이상의 관측데이터를 이용하여 처리할 경우에는 전리층 보정을 할 것
7. 기선해석의 결과는 **고정해에 의하며**, 그 결과를 기초로 소프트웨어에서 제공하는 형식으로 기선해석계산부를 작성할 것

Answer 09 ④ 10 ①

11 측지원점(Geodetic Datum)을 결정하기 위한 매개변수가 아닌 것은?

① 원점에서의 지오이드고
② 원점으로부터 최초 삼각측량의 기선에 이르는 방위각
③ 원점에서 중앙 자오선의 연직선 편차
④ 원점의 표준 중력

[해설]

測地原子(測地原點要素)

測地測量原點은 삼각측량에 있어서 출발점으로 출발점의 경도, 위도, 방위각, 지오이드 높이 및 기준타원체의 요소를 測地原點要素 또는 測地原子라 한다. 측량에서 위치결정은 측량의 원점을 이용하는데 이 원점의 측지원자 즉 경도, 위도, 방위각, 지오이드 높이, 준거타원체의 요소가 결정되어 점의 위치 결정이 가능하다.

1. 測地原點要素
 1) 타원체요소 : 적도반경 a와 扁平率 f
 2) 경위도좌표 : 경도 λ와 위도 φ
 3) 지오이드높이(표고) : h
 4) 방위각 : a_0
 5) 연직선편차

12 우리나라가 속해 있는 UTM 좌표구역 52S에서 좌표 원점의 위치는?

① 동경 125°와 적도
② 동경 125°와 위도 38°
③ 동경 129°와 적도
④ 동경 129°와 위도 38°

[해설]

UTM 좌표(Universal Transverse Mercator Coordinate)

UTM 좌표는 국제횡메르카토르 투영법에 의하여 표현되는 좌표계이다. 적도를 횡축, 자오선을 종축으로 한다. 투영방식, 좌표변환식은 TM과 동일하나 원점에서 축척계수를 0.9996으로 하여 적용범위를 넓혔다.

① 지구 전체를 경도 6°씩 60개 구역으로 나누고, 각 종대의 중앙자오선과 적도의 교점을 원점으로 하여 원통도법인 횡메르카토르 투영법으로 등각투영한다.
② 각 종대는 180°W 자오선에서 동쪽으로 6° 간격으로 1~60까지 번호를 붙인다.
③ 중앙자오선에서의 축척계수는 0.9996m이다 (축척계수 : $\frac{평면거리}{구면거리} = \frac{s}{S} = 0.9996$).
④ 종대에서 위도는 남북 80°까지만 포함시킨다.
⑤ 횡대는 8°씩 20개 구역으로 나누어 C(80°S~72°S)~X(72°N~80°N)까지(단, I, O는 제외) 20개의 알파벳 문자로 표현한다.
⑥ 결국 종대 및 횡대는 경도 6°×위도 8°의 구형구역으로 구분된다.
⑦ 우리나라는 51~52종대와 S~T횡대에 속한다.
 1) UTM 좌표에서 거리좌표는 m 단위로 표시하며 종좌표에서는 N을, 횡좌표에서는 E를 붙인다.
 2) 각 종대마다 좌표원점의 값을 북반구에서 횡좌표 500,000mE, 종좌표 0mN(남반구에서는 10,00,000N)으로 주면 북반구에서 종좌표는 적도에서 0mN, 80°N에서 10,000,000mN이고,
 3) 남반구에서는 80°S에서 적도까지의 거리는 10,000,000m로 나타난다.
 4) 80°N과 80°S간 전 지역의 지도는 UTM 좌표로 표시하며 80°N 이북과 80°S 이남의 양극지역의 전 지역의 지도는 국제극심입체좌표(UPS)로 표시함으로써 전 세계를 일관된 좌표계로 나타낼 수 있다.

51 : 120°~126° E (중앙자오선 123° E)	S : 32°~40° N
52 : 126°~132° E (중앙자오선 129° E)	T : 40°~48° N

Answer 11 ④ 12 ③

13 고정점으로부터 50km 떨어져 있는 미지점의 좌표를 GNSS관측으로 결정하려고 한다. 다음 중 가장 우수한 결과를 확보할 수 있는 조건은?

① 고정국 및 미지점에 각각 1주파용 수신기 및 안테나로 관측하고 위성궤도력은 보통력을 사용한다.
② 고정국 및 미지점에 각각 2주파용 수신기 및 안테나로 관측하고 위성궤도력은 정밀력을 사용한다.
③ 고정국은 1주파용 수신기 및 안테나, 미지점은 2주파용 수신기 및 안테나로 관측하고 위성궤도력은 보통력을 사용한다.
④ 고정국은 2주파용 수신기 및 안테나, 미지점은 1주파용 수신기 및 안테나로 관측하며 위성궤도력은 정밀력을 사용한다.

[해설]

궤도력의 정밀도

력	정도	비고
개략력	수 km	데이터의 갱신시기에 의존
방송궤도력	1 m	1m 이하
정밀력	0.05 ~ 0.20m	정밀력이 가능할 때까지의 일 수에 의존

관측은 1주파 보다 2주파용 수신기와 안테나로 관측하는 것이 정도가 높고 궤도력은 보통력보다 정밀력이 정도가 높다.

14 지진파가 도달하지 않는 부분을 무엇이라 하는가?

① 레만면 ② 모호면
③ 암영대 ④ 구텐베르그 면

[해설]

모호면 (Moho plane)	1909년 옛 유고슬라비아 지구물리학자인 모호로비치치는 진원의 깊이가 50km 이내인 천발지진의 기록을 연구하던 중, 진원에서 가까운 관측소에는 진원에서 직접 전달된 P파만 기록되지만, 진원에서 먼 관측소에는 진원에서 직접 전달된 P파 외에도 이보다 빨리 전달된 P'파가 있다는 것을 확인했다. 이러한 현상은 지구 내부에 P'파의 속도를 빠르게 하는 또 다른 층이 있기 때문이라고 해석한 그는 지진파의 속도가 급격히 증가하는 경계면의 존재를 밝혀냈다. 이 면은 상부의 지각과 하부의 맨틀을 구분하는 기준면으로 발견자의 이름을 따서 모호로비치치 불연속면 또는 간단히 모호면이라고 한다.
구텐베르크 불연속면	구텐베르크 불연속면은 맨틀과 핵사이의 경계를 나타내는 불연속면이다. 줄여서 구텐베르크면이라고도 한다. 1914년 독일의 지구과학자 베노 구텐베르크는 진앙에서 각거리 103도 내에서 P파와 S파가 모두 관측되지만 진앙으로부터 각거리 103도에서 142도 사이에서는 P파와 S파가 도달하지 않고 미약한 P파만 관측된다는 사실을 발견하였다. 이때 103도에서 142도 사이의 지역을 특정진앙에 대해 암영대라 한다. 암영대는 지하 2900km 깊이에 불연속면이 존재하기 때문에 P파가 크게 굴절하여 각거리 142도 이상인 지역으로는 전파되고 S파는 전파되지 못하기 때문에 나타난다. 이 사실에서 이 불연속면 아래의 물질은 S파가 통과하지 못하는 액체 상태라는 것을 알아내었다.

Answer 13 ② 14 ③

레만 불연속면	레만 불연속면은 지구의 내핵과 외핵 사이의 불연속면을 말한다. 줄여서 레만면이라고도 한다. 핵은 지진계가 발달함에 따라 두 부분으로 구성되어 있음이 밝혀졌다. 1936년 덴마크의 지진학자 잉에 레만은 뉴질랜드의 불러 지방 근처에서 발생한 지진 기록을 분석하여 암영대 내의 110도 부근에 약한 P파가 도달하는 것을 발견하여 깊이 5100km 부근에 불연속면이 존재함을 주장하였다. 이것을 근거로 핵은 액체 상태인 외핵과 고체상태의 내핵의 두 부분으로 구성되어 있으며, 이들 P파는 내핵의 표면에서 반사되었거나 굴절되어 온 것으로 설명하였다.
암영대[暗影帶] (shadow zone)	지진이 발생했을 때 지진이 관측되지 않는 지역을 말한다. 지진파가 지구 내부를 지나면서 불연속면을 만났을 때, 반사와 굴절을 통해 지표에서 다시 관찰되고, 이를 통해 **진앙**과 **진원** 또는 지구내부구조를 알 수 있다. 지진파는 지구 내부를 통과하는 실체파와 표면을 흐르는 표면파로 나뉘는데, 실체파가 진앙을 지구 중심까지 수선을 내렸을 때 일정 각에 들어있는 지역에서 관측되지 않았다. 이 지역을 암영대 하는데, 103~142°를 P파 암영대, 103° 이상을 S파 암영대라 한다. 이 암영대의 존재를 통해 지구 내부의 외핵이 액체라고 추정하고 있다.

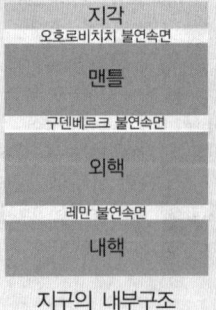

지구의 내부구조

15 지자기관측에 대한 설명으로 틀린 것은?

① 지자기방향이 자오선과 이루는 각을 편각이라 한다.
② 지자기방향이 수평면과 이루는 각을 복각이라 한다.
③ 지자기 강도의 연직방향성분을 연직분력이라 한다.
④ 북을 향하여 아래쪽으로 기우는 복각을 (−)로 표시한다.

해설

지자기의 3요소

지자기는 방향과 크기를 가진 량으로 벡타량이며 그 방향과 크기를 구함으로서 정해진다.
지자기는 지구가 가지고 있는 자기와 그 자장에서 일어나는 여러 현상이며, 지구 각 지점의 자장은 편각, 복각, 수평분력 등 지자기 3요소에 의해 결정된다. 지구표면의 한점에서 지자기장은 전자장F로부터 수평분력H와 연직분력Z로 나누어지며, 수평분력은 진북방향성분과 동서방향성분으로 나눌 수 있다.

편각 (Declination) : D	• 수평분력 H가 진북과 이루는 각 • 지자기의 방향과 자오선이 이루는 각 • 진북을 기준으로 시계방향을 (+)로 한다. • 우리나라의 경우 약 −5°~ −6°의 편각을 가진다.
복각 (Inclination) : I	• 전자장 F와 수평분력 H가 이루는 각 • 수평면을 기준으로 시계방향을 (+)로 함
수평분력 (Horizontal Intensity)	• 전자장 F벡터를 수평면(XY) 내로 투영한 수평성분 • 전자장 F로부터 수평분력 H와 연직분력 Z로 나누어진다. • 수평분력은 진북방향성분 X와 동서방향성분 Y로 나누어진다.

Answer 15 ④

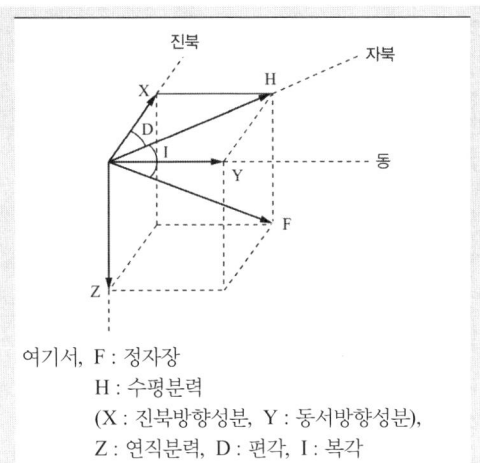

여기서, F : 전자장
H : 수평분력
(X : 진북방향성분, Y : 동서방향성분),
Z : 연직분력, D : 편각, I : 복각

16 극현재 운용되고 있는 GPS 위성의 궤도 경사각은?

① 50°   ② 55°
③ 63°   ④ 72°

[해설]

구성 요소		특징
우주 부문	구성	31개의 GPS 위성
	기능	측위용 전파 상시 방송, 위성궤도정보, 시각신호 등 측위계산에 필요한 정보 방송 ① 궤도형상 : 원궤도 ② 궤도면수 : 6개면 ③ 위성수 : 1궤도면에 4개 위성 (24개 + 보조위성 7개) = 31개 ④ 궤도경사각 : 55° ⑤ 궤도고도 : 20,183km ⑥ 사용좌표계 : WGS84 ⑦ 회전주기 　: 11시간 58분(0.5항성일) 　: 1항성일은 23시간 56분 4초 ⑧ 궤도간 이격 : 60도 ⑨ 기준발진기 　0.23MHz : 세슘원자시계 2대 　　　　　: 루비듐원자시계 2대
제어 부문		1개의 주제어국, 5개의 추적국 및 3개의 지상안테나(Up Link 안테나 : 전송국)
		주제어국 : 추적국에서 전송된 정보를 사용하여 궤도요소를 분석한 후 신규궤도요소, 시계보정, 항법메시지 및 컨트롤 명령정보, 전리층 및 대류층의 주기적 모형화 등을 지상안테나를 통해 위성으로 전송함
	기능	추적국 : GPS 위성의 신호를 수신하고 위성의 추적 및 작동상태를 감독하여 위성에 대한 정보를 주제어국으로 전송함
		전송국 : 주관제소에서 계산된 결과치로서 시각보정값, 궤도보정치를 사용자에게 전달할 메시지 등을 위성에 송신하는 역할
		① 주제어국 　: 콜로라도 스프링스(Colorad Springs) 　－미국 콜로라도주 ② 추적국 　: 어센션(Ascension Is)－대서양 　: 디에고 가르시아(Diego Garcia) 　　－인도양 　: 콰잘레인(Kwajalein Is)－태평양 　: 하와이(Hawaii)－태평양 ③ 3개의 지상안테나 (전송국) : 　갱신자료 송신

17 우리나라의 삼각점 성과표 상에 기재되어 있지 않은 사항은?

① 평면 직각좌표   ② 표고
③ 관측 방향각   ④ 경도와 위도

[해설]

삼각점
삼각점이란 토지의 형상, 경계, 면적 등을 정확하게 결정하거나 각종 시설물의 설계와 시공에 관련

Answer 16 ② 17 ③

된 위치결정을 하기 위하여 측량을 실시할 때에 그 기준이 되는 점으로서 전국에 일정한 분포로 등급별 삼각망을 형성하고 그 지점에 삼각점을 매설하여 경위와 위도, 높이, 직각좌표, 진북방향과 거리를 관측하고 그 결과를 성과표로 작성하여, 각종 GIS사업, 시설물 관리, 수치지형도 제작, 공공측량, 일반측량, 지적측량 등 각종 국토건설계획 및 시공, 유지 관리 시 이용할 수 있도록 그 성과표를 제공합니다. 현재 전국에 16,000여개의 삼각점이 설치, 관리되고 있습니다.

구면삼각형과 평면삼각형

구과량
① 구면삼각형의 내각의 합이 180도가 넘으며 이 차이를 구과량이라 한다.
$(180°+\varepsilon(\text{구과량}))$
② 구과량$(\varepsilon) = \dfrac{A}{R^2} \cdot \rho''$

여기서,
A : 구면(평면) 삼각형의 면적
R : 지구의 평균곡률반경(6370km)
$\rho'' : \dfrac{180°}{\pi} = 206265''$

③ 한 변의 길이가 20km 이상일 때 n다각형의 내각의 합은 $180°(n-2)$보다 반드시 크게 나타난다.
④ 구면삼각형의 구과량은 그 삼각형의 면적에 비례하고 지구 평균반경의 제곱에 반비례한다.

18 구과량(A)과 구면삼각형 면적(B)의 관계로 옳은 것은? (단, α는 비례상수)

① $A = \alpha \sqrt{B}$
② $A = \alpha \cdot B$
③ $A = \dfrac{\alpha}{B}$
④ $A = \alpha \cdot B^2$

해설

구면삼각형
① 지표상 세점을 지나는 세 개의 대원을 세 변으로 하는 삼각형
② 구면삼각형의 내각의 합은 180도보다 크다.
③ 측량대상 지역이 넓은 경우 곡면각 성질이 필요하다.
④ 구면삼각형의 세 변의 길이는 대원호의 중심각과 같은 각거리이다.

19 다음 중 지구좌표에 속하지 않는 것은?

① 지평좌표
② 경위도좌표
③ UTM좌표
④ UPS좌표

해설

천문좌표계

지평좌표 (방위각– 고저각 좌표계)
① 관측자를 중심으로 천체의 위치를 가장 간략하게 표시하는 좌표계이다.
② 관측자의 위치에 따라 방위각(A), 고저각(h)이 변하는 단점이 있다.

Answer 18 ② 19 ①

적도좌표계	① 천구상 위치를 천구 적도면을 기준으로 적경(α)과 적위(δ) 또는 시간각(H)과 적위(δ)로 나타내는 좌표계이다. ② 시간과 장소에 관계없이 좌표값이 일정하고, 정확도가 높아 가장 널리 이용된다. ③ 특별한 시설이 없으면 천체를 나타내지 못하는 단점이 있다.
황도좌표계	① 태양계내의 천체의 운동을 설명하는데 편리하다. ② 이는 태양계의 모든 천체의 궤도면이 지구의 궤도면과 거의 일치하며 천구상에서 황도 가까운 곳에 나타나기 때문이다(황도를 기준으로 함).
은하좌표	① 은하계의 중간 평면을 은하적도로 하여 은경, 은위로 위치 표현한다. ② 은하 적도는 천구적도에 비해 63°기울어져 있다. ③ 은하계내의 천구 위치나 은하계와 연관 있는 현상을 설명할 때 편리하다.

20 다음 중 설명이 틀린 것은?

① 태양이 천구상의 어느 한 점에서 출발하여 다시 그 지점에 돌아오는데 걸리는 시간을 항성년이리 한다.
② 태양이 춘분점을 출발하여 다시 춘분점으로 돌아오는데 걸리는 시간을 회귀년이라 한다.
③ 지구가 태양을 기준으로 한번 자전하는 시간을 1태양일이라 한다.
④ 지구가 항성을 기준으로 한번 자전하는 시간을 1항성시라 한다.

해설

TIME	내 용
항성시(恒星時) (Local Sidereal Time : LST)	항성일은 춘분점이 연속해서 같은 자오선을 두 번 통과하는 데 걸리는 시간이다(23시간56분4초). 이 항성일을 24등분하면 항성시가 된다. 즉 춘분점을 기준으로 관측된 시간을 항성시라 한다. 항성시 = 춘분점의 시간각 (H_V) = 적경(a) + 시간각(H)
태양시 (太陽時) (Solar Time)	시태양시 (時太陽時) apparent solar time	춘분점 대신 시태양을 사용한 항성시이며 태양의 시간각에 12시간을 더한 것으로 하루의 기점은 자정이 된다. 시태양시= 태양의 시간각+12^h
	평균태양시 (平均太陽時) local mean time	시태양시의 불편을 없애기 위하여 천구적도상을 1년간 일정한 평균각속도로 동쪽으로 운행하는 가상적인 태양, 즉 평균태양의 시간각으로 평균태양시를 정의하며 이것이 우리가 쓰는 상용시이다. 평균태양시=평균태양의 시간각 + 12^h
	균시차 (均時差) equation of time	시태양시와 평균태양시 사이의 차를 균시차라 한다. 균시차=시태양시 - 평균태양시

Answer 20 ④

지구의 운동	
자전	공전(公轉)
4. 지구의 공전으로 인하여 1태양일과 1항성일의 차이가 발생한다.	4.1 恒星年 : 지구의 공전 주기를 말하며 태양이 황도를 한바퀴 도는 시간을 1항성년이라 하며 365.2564일이고, 시간은 365일6시간9분9.5초이다.
5. 지구의 자전은 뉴턴역학에 근거하는 방법이며 코리올리효과와 후코진자로 입증 될 수 있다.	5.1 回歸年 : 태양이 춘분점을 출발하여 다시 춘분점으로 돌아오는 시간을 1회귀년이라 하며 365.2422일이고 시간으로는 365일5시간48분46초이다. 1회귀년이 1항성년보다 짧은 원인은 지구의 세차운동으로 춘분점이 동에서 서로 약50초 이동하기 때문이다.
6. 歲差 : 지구의 자전축이 황도(黃道)면의 수직방향 주위를 각반경과 주기를 가지고 회전하는 현상이다.	6. 年周時差 : 지구공전궤도의 양끝에서 항성에 그은 두직선이 이루는 각과 동일한데 이것을 항성의 연주시차라.
7. 章動 : 황도경사의 영향으로 태양과 달은 적도면의 위와 아래로 움직이므로 지구적도부의 융기부에 작용하는 회전능률도 주기적으로 변한다. 이처럼 자전축이 흔들리는 현상을 장동이라 한다.	7. 光行差 : 운동하고 있는 관측자에게는 별이 있는 참된 방향보다 조금 기울어진 방향으로 별빛이 오는 것처럼 보이는 현상이다.

제2과목 | 응용측량

21 노선측량의 순서로 옳은 것은?

① 도상계획 → 답사 → 예측 → 실측 → 공사측량
② 도상계획 → 실측 → 예측 → 답사 → 공사측량
③ 답사 → 예측 → 실측 → 공사측량 → 도상계획
④ 답사 → 도상계획 → 실측 → 예측 → 공사측량

해설

노선측량 작업과정

도상계획	지형도상에서 한 두 개의 계획노선을 선정한다.
형장답사	도상계획노선에 따라 현장 답사를 한다.
예 측	답사에 의하여 유망한 노선이 결정되면 그 노선을 더욱 자세히 조사하기 위하여 트래버스측량과 주변에 대한 측량을 실시한다.
도상선정	예측이 끝나면 노선의 기울기, 곡선, 토공량, 터널과 같은 구조물의 위치와 크기, 공사비 등을 고려하여 가장 바람직한 노선을 지형도 위에 기입하는 단계이다.
현장실측	도상에서 선정된 최저노선을 지상에 측설하는 것이다.

22 교각 $I = 60°$, 외할 $E = 15m$로 원곡선을 설치할 때 원곡선의 곡선길이는?

① 110.52m ② 101.54m
③ 55.70m   ④ 45.70m

해설

외할$(E) = R \cdot (\sec \dfrac{I}{2} - 1)$에서

$R = \dfrac{E}{\sec \dfrac{I}{2} - 1}$

$= \dfrac{15}{\sec 30° - 1}$

Answer 21 ① 22 ②

$$= \frac{15}{\frac{1}{\cos 30°} - 1} = 96.96\text{m}$$

$C.L = 0.01745RI$

$= 0.0174533 \times 96.96 \times 60$

$= 101.54\text{m}$

23 해양의 수심·지구자기·중력·지형·지질의 측량과 해안선 및 이에 딸린 토지의 측량을 무엇이라고 하는가?

① 지적측량　　② 수로측량
③ 일반측량　　④ 공공측량

해설

공간정보의 구축 및 관리 등에 관한 법률 제2조(정의) 이 법에서 사용하는 용어의 뜻은 다음과 같다.
1. "측량"이란 공간상에 존재하는 일정한 점들의 위치를 측정하고 그 특성을 조사하여 도면 및 수치로 표현하거나 도면상의 위치를 현지(現地)에 재현하는 것을 말하며, 측량용 사진의 촬영, 지도의 제작 및 각종 건설사업에서 요구하는 도면작성 등을 포함한다.
2. "기본측량"이란 모든 측량의 기초가 되는 공간정보를 제공하기 위하여 국토교통부장관이 실시하는 측량을 말한다.
3. "공공측량"이란 다음 각 목의 측량을 말한다.
  가. 국가, 지방자치단체, 그 밖에 대통령령으로 정하는 기관이 관계 법령에 따른 사업 등을 시행하기 위하여 기본측량을 기초로 실시하는 측량
  나. 가목 외의 자가 시행하는 측량 중 공공의 이해 또는 안전과 밀접한 관련이 있는 측량으로서 대통령령으로 정하는 측량
4. "지적측량"이란 토지를 지적공부에 등록하거나 지적공부에 등록된 경계점을 지상에 복원하기 위하여 제21호에 따른 필지의 경계 또는 좌표와 면적을 정하는 측량을 말하며, 지적확정측량 및 지적재조사측량을 포함한다.
4의2. "지적확정측량"이란 제86조제1항에 따른 사업이 끝나 토지의 표시를 새로 정하기 위하여 실시하는 지적측량을 말한다.
4의3. "지적재조사측량"이란 「지적재조사에 관한 특별법」에 따른 지적재조사사업에 따라 토지의 표시를 새로 정하기 위하여 실시하는 지적측량을 말한다.
5. "수로측량"이란 해양의 수심·지구자기(地球磁氣)·중력·지형·지질의 측량과 해안선 및 이에 딸린 토지의 측량을 말한다.

24 그림과 같은 삼각형의 꼭지점 A로부터의 밑변을 향해서 직선으로 a:b:c=5:3:2의 비율로 면적을 분할하기 위한 BP, PQ의 거리는? (단, BC=150m)

① BP=75m, PQ=45m
② BP=75m, PQ=50m
③ BP=85m, PQ=45m
④ BP=85m, PQ=50m

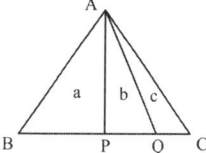

해설

$BP = \frac{m}{m+n} \times BC = \frac{5}{5+5} \times 150 = 75\text{m}$

$BQ = \frac{m}{m+n} \times BC = \frac{8}{8+2} \times 150 = 120\text{m}$

$\therefore PQ = BQ - BP = 120 - 75 = 45\text{m}$

or)

$PQ = \frac{m}{m+n} \times BC = \frac{3}{7+3} \times 150 = 45\text{m}$

25 그림과 같은 터널 내의 수준측량에서 측점 A의 표고를 50m, I.H=1.15m, H.P=0.56m, α=30°00′, 두 점간의 경사거리 s′=20m일 때 천정에 설치한 B점의 표고는?

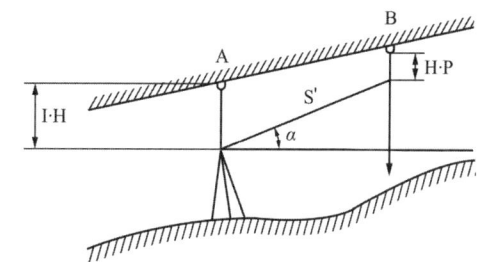

Answer 23 ② 24 ① 25 ③

① 9.41m ② 10.04m
③ 59.41m ④ 60.04m

[해설]
$Gb = H_A - ih + (\sin 30° \times 20) + 0.56$
$= 50 - 1.15 + 10 + 0.56$
$= 59.41m$

26 지하시설물측량의 일반적인 절차로 옳은 것은?

① 작업계획 및 준비→시설물의 위치측량→조사→탐사→지하시설물 원도 작성
② 작업계획 및 준비→조사→탐사→시설물의 위치측량→지하시설물 원도 작성
③ 조사→작업계획 및 준비→탐사→시설물의 위치측량→지하시설물 원도 작성
④ 조사→탐사→작업계획 및 준비→시설물의 위치측량→지하시설물 원도 작성

[해설]

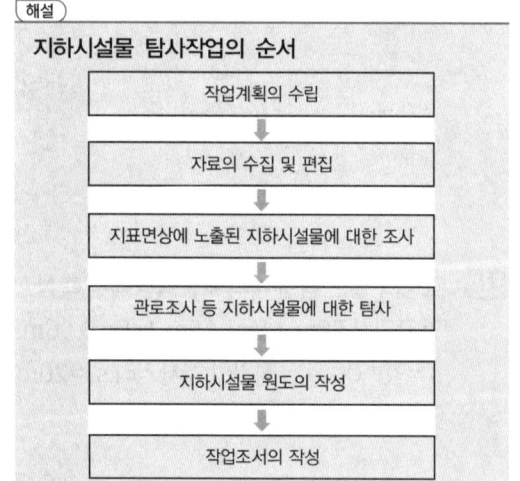

지하시설물 탐사작업의 순서
작업계획의 수립 → 자료의 수집 및 편집 → 지표면상에 노출된 지하시설물에 대한 조사 → 관로조사 등 지하시설물에 대한 탐사 → 지하시설물 원도의 작성 → 작업조서의 작성

27 캔트가 C인 노선의 곡선부에서 속도와 반지름을 모두 3배로 할 때 변화된 캔트는?

① $\dfrac{C}{3}$ ② 1.5C
③ 3C ④ 9C

[해설]
$C = \dfrac{SV^2}{Rg} = \dfrac{3^2}{3} = 3$
V와 R을 '3배로' 하면 C는 '3'배 증가한다.

28 노선의 기점에서 500m인 지점에 교점(I.P.)이 있다. 곡선반지름 $R=120m$, 교각 $I=30°$ 이면 원곡선 시점에서 시단현의 길이와 시단현에 대한 편각은?
(단, 중심선 간격은 20m 이다.)

① 시단현 = 7.85m, 편각 = 1°52′27″
② 시단현 = 7.85m, 편각 = 2°54′02″
③ 시단현 = 12.15m, 편각 = 1°52′27″
④ 시단현 = 12.15m, 편각 = 2°54′02″

[해설]
$TL = R\tan\dfrac{I}{2} = 120 \times \tan\dfrac{30}{2} = 32.15m$
$EC = 총거리 - TL = 500 - 32.15 = 467.85m$
시단현길이 $= 480 - 467.85 = 12.15m$
$\delta_1 = 1718.87′ \times \dfrac{l_1}{R}$
$= 1718.87′ \times \dfrac{12.15}{120} = 2°54′2.14″$

29 그림과 같이 A, B 두 지점을 연결하는 직선 터널을 건설하고자 할 때 $\overline{AB}$ 측선의 방위각은?

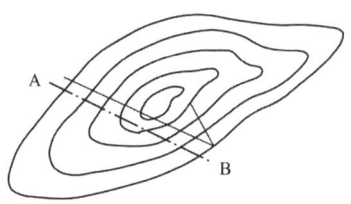

Answer 26 ② 27 ③ 28 ④ 29 ④

구분	X(N)	Y(E)
A	1200.52m	830.70m
B	1755.30m	667.85m

① 16°21′33″ ② 73°38′27″
③ 106°21′33″ ④ 343°38′27″

해설

$$\theta = \tan^{-1}\frac{\Delta y}{\Delta x}$$
$$= \tan^{-1}\frac{667.85 - 830.70}{1755.30 - 1200.52}$$
$$= \tan^{-1}\frac{-162.85}{554.78} = 16°21'32.62'' (4상한)$$
$$\therefore V_a^b = 360° - 16°21'32.62'' = 343°38'27.3''$$

30
사변형의 면적을 구하기 위하여 실측한 결과가 그림과 같을 때 사각형의 면적은?

① 196.2 m²
② 300.2 m²
③ 319.2 m²
④ 469.4 m²

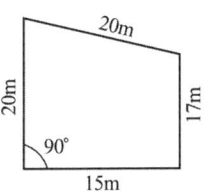

해설

$$A_1 = \frac{1}{2}ab \cdot \sin a$$
$$= \frac{1}{2} \times 20 \times 15 \times \sin 90°$$
$$= 150 m^2$$
$$A_2 = \sqrt{s(s-a)(s-b)(s-c)}$$
$$= \sqrt{31(31-20)(31-17)(31-25)}$$
$$= 169.2 m^2$$
$$\therefore A = 150 + 169.2 = 319.2 m^2$$
$$x = \sqrt{20^2 + 15^2} = 25m$$
$$s = \frac{1}{2}(a+b+c)$$
$$= \frac{1}{2}(20+17+25) = 31$$

31
하천측량에서 수위관측소의 설치장소에 대한 조건으로 옳지 않은 것은?

① 하상과 하안이 안전하고 세굴이나 퇴적이 생기지 않는 장소일 것
② 상·하류 약 100m 정도의 직선인 장소일 것
③ 잔류 및 역류가 없는 장소일 것
④ 하저의 변화가 뚜렷한 장소일 것

해설

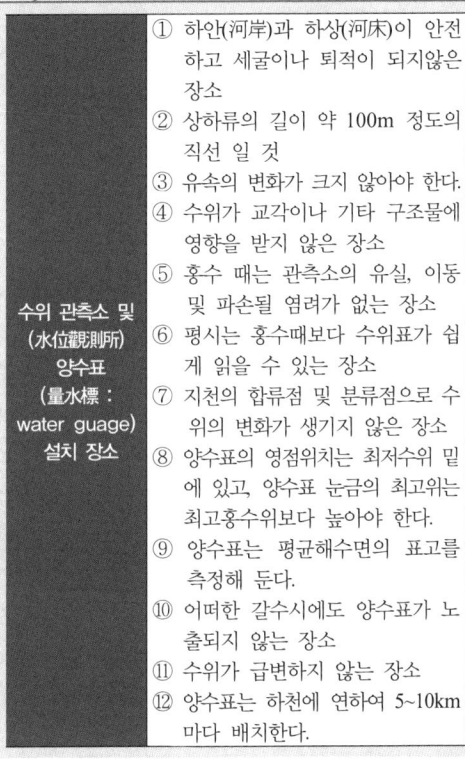

| 수위 관측소 및 (水位觀測所) 양수표 (量水標 : water guage) 설치 장소 | ① 하안(河岸)과 하상(河床)이 안전하고 세굴이나 퇴적이 되지않은 장소
② 상하류의 길이 약 100m 정도의 직선 일 것
③ 유속의 변화가 크지 않아야 한다.
④ 수위가 교각이나 기타 구조물에 영향을 받지 않은 장소
⑤ 홍수 때는 관측소의 유실, 이동 및 파손될 염려가 없는 장소
⑥ 평시는 홍수때보다 수위표가 쉽게 읽을 수 있는 장소
⑦ 지천의 합류점 및 분류점으로 수위의 변화가 생기지 않은 장소
⑧ 양수표의 영점위치는 최저수위 밑에 있고, 양수표 눈금의 최고위는 최고홍수위보다 높아야 한다.
⑨ 양수표는 평균해수면의 표고를 측정해 둔다.
⑩ 어떠한 갈수시에도 양수표가 노출되지 않는 장소
⑪ 수위가 급변하지 않는 장소
⑫ 양수표는 하천에 연하여 5~10km 마다 배치한다. |

32
다음 중 축척과 면적에 대한 설명으로 옳은 것은?

① 축척 1:500 도면을 축척 1:1000으로 축소했을 때 도면의 크기는 $\frac{1}{4}$로 된다.
② 축척 1:1000 도면을 1:500으로 확대했을 때 도면의 크기가 2배가 된다
③ 축척 1:500 도면상의 면적은 실제면적의 $\frac{1}{25000}$이다.
④ 지상 1km² 면적을 도면상에서 4cm²로 표시했을 때 축척은 1:5000 이다.

Answer 30 ③ 31 ④ 32 ①

[해설]
① $(\frac{500}{1,000})^2 = (\frac{1}{2})^2 = \frac{1}{4}$
② $(\frac{1000}{500})^2 = 2^2 = 4$배
③ $(\frac{1}{500})^2 = \frac{1}{250,000}$
④ $\frac{0.02m}{1,000m} = \frac{1}{50,000}$

33 수직 터널에 의하여 터널 내외 연결측량에 대한 설명으로 옳지 않은 것은?

① 깊은 수직 터널에 있어서는 강선(피아노선)에 50~60kg이 되는 추를 단다.
② 깊은 수직 터널에서는 보통 철선, 동선을 사용하며, 얕은 수직 터널에서는 강선을 사용한다.
③ 수직 터널 밑에서 수선의 위치를 결정하는 데는 수선이 완전히 정지하지 않을 경우에는 수선 진동의 위치를 평균값으로 그 위치로 삼는 것이 적당하다.
④ 수직 터널 밑에는 물이나 기름을 담은 통을 설치하고, 내린 추가 그 통 속에서 동요하지 않게 한다.

[해설]
① 추를 드리울 때는, 깊은 수직터널에서는 피아노선을 사용하며, 얕은 수직갱(垂直坑)에서는 보통 철선(鐵線), 강선(鋼線), 황동선(黃銅線) 등이 사용된다.
② 추의 중량(重量)은 얕은 수직갱(垂直坑)에서는 5kg 이하, 깊은 수직갱(垂直坑)에서는 50~60kg에 이른다.
③ 수직갱(垂直坑)의 바닥에는 물 또는 기름을 넣은 탱크를 설치하고 그 속에 추를 넣어 진동하는 것을 방지한다.

34 3점법으로 하천의 평균유속을 구하기 위하여 수면에서 수심의 20%, 60%, 80% 깊이의 유속을 측정한 결과가 0.56m/s, 0.49m/s, 0.36m/s이었다면 평균유속은?

① 0.480m/s
② 0.475m/s
③ 0.470m/s
④ 0.443m/s

[해설]
$V_m = \frac{1}{4}(V_{0.2} + 2V_{0.6} + V_{0.8})$
$= \frac{1}{4}(0.56 + 2 \times 0.49 + 0.36)$
$= 0.475$m/s

1점법	수면으로부터 수심 0.6H되는 곳의 유속 $V_m = V_{0.6}$
2점법	수심 0.2H, 0.8H 되는 곳의 유속 $V_m = \frac{1}{2}(V_{0.2} + V_{0.8})$
3점법	수심 0.2H, 0.6H, 0.8H되는 곳의 유속 $V_m = \frac{1}{4}(V_{0.2} + 2V_{0.6} + V_{0.8})$
4점법	이것은 수심 1.0m 내외의 장소에서 적당하다. $V_m = \frac{1}{5}\{(V_{0.2} + V_{0.4} + V_{0.6} + V_{0.8}) + \frac{1}{2}(V_{0.2} + \frac{V_{0.8}}{2})\}$

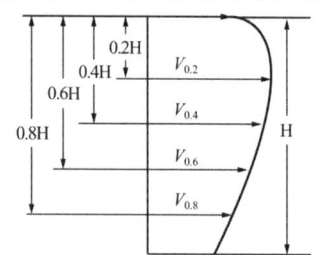

35 하천의 유속 및 유량 관측 방법이 아닌 것은?

① 월류부에 의한 방법
② 수위-유량곡선에 의한 방법
③ 하천기울기에 의한 방법
④ 유출계수와 강우강도에 의한 방법

Answer 33 ② 34 ② 35 ④

해설
유량관측 방법
① 부자(浮子)에 의한 유량관측(流量觀測)
② 하천(河川) 기울기를 이용하는 유량관측
③ 유량곡선(流量曲線)에 의한 유량관측
④ 월류부(越流部)에 의한 유량관측

36 하천측량에서 거리표 설치와 고저측량에 관한 설명으로 틀린 것은?

① 제방이 있는 경우 거리표는 하천의 중심에 직각방향으로 양안에 설치한다.
② 거리표는 반드시 기점으로부터 하천의 우안을 따라 500m 간격으로 설치한다.
③ 횡단측량은 양안의 거리표를 기준으로 그 선상의 고저를 측량한다.
④ 하천측량에서의 고저측량 작업은 거리표 설치, 종단 및 횡단측량, 심천측량 등을 포함한다.

해설
거리표(距離標) 설치
① 하천의 중심에 직각 방향으로 설치한다.
② 양안(兩岸)의 제방(堤防) 법견(法肩 : 어깨견)에 설치한다.
③ 하구(河口) 또는 간천(幹川)의 합류점(合流點)에 설치한 기점에서 하천의 중심을 따라서 100~200m 마다 설치한다.
④ 석표 : 1km마다 매립한다.

37 그림은 사각형 격자의 교점에서 절토고이다. 절토량은 얼마인가? (단, 구역의 크기는 가로 20m, 세로 10m로 동일하다.)

① 1357m³
② 2424m³
③ 5580m³
④ 6530m³

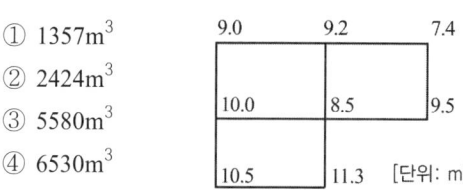
[단위: m]

해설
사각형 체적
$$(V_1) = \frac{A}{4}(\sum h_1 + 2\sum h_2 + 3\sum h_3)$$
$$= \frac{10 \times 20}{4}(9.0 + 7.4 + 9.5 + 11.3 + 10.5$$
$$+ 2(9.2 + 10.0) + 3(8.5))$$
$$= \frac{200}{4}(47.7 + 38.4 + 25.5)$$
$$= 5,580 m^3$$

38 클로소이드 곡선에 대한 설명으로 틀린 것은?

① 곡선길이가 커지면 이정량(shift)도 커진다.
② 곡선길이에 비례하여 곡선반지름이 감소한다.
③ 곡선길이에 비례하여 캔트(cant)가 감소한다.
④ 접선각(τ)이 일정한 경우 곡선 반지름(R)을 크게 하기 위해서는 큰 파라메타(A)를 사용한다.

해설
(1) 클로소이드 공식

매개변수(A)	$A = \sqrt{RL} = l \cdot R = L \cdot r = \frac{L}{\sqrt{2\tau}}$ $= \sqrt{2\tau} \cdot R$ $A^2 = RL = \frac{L^2}{2\tau} = 2\tau R^2$
곡률반경(R)	$R = \frac{A^2}{L} = \frac{A}{l} = \frac{L}{2\tau} = \frac{A}{2l}$
곡선장(L)	$L = \frac{A^2}{R} = \frac{A}{r} = 2\tau R = A\sqrt{2\tau}$
접선각(τ)	$\tau = \frac{L}{2R} = \frac{L^2}{2A^2} = \frac{A^2}{2R^2}$

(2) 클로소이드 성질

클로소이드 성질	① 클로소이드는 나선의 일종이다. ② 모든 클로소이드는 닮은꼴이다. (상사성이다.) ③ 단위가 있는 것도 있고 없는 것도 있다. ④ τ는 30°가 적당하다. ⑤ 확대율을 가지고 있다. ⑥ τ는 라디안으로 구한다.

Answer 36 ② 37 ③ 38 ③

곡선부를 통과하는 차량이 원심력이 발생하여 접선 방향으로 탈선하려는 것을 방지하기 위해 바깥쪽 노면을 안쪽노면보다 높이는 정도를 말하며 편경사라고 한다.	차량과 레일이 꼭 끼어서 서로 힘을 입게 되면 때로는 탈선의 위험도 생긴다. 이러한 위험을 막기 위해서 레일 안쪽을 움직여 곡선부에서는 궤간을 넓힐 필요가 있다. 이 넓인 차수를 말한다. 확폭이라고도 한다.
캔트 : $C = \dfrac{SV^2}{Rg}$ 여기서, c : 캔트 S : 궤간 V : 차량속도 R : 곡선반경 g : 중력가속도	슬랙: $\epsilon = \dfrac{L^2}{2R}$ 여기서, ϵ : 확폭량 L : 차량 앞바퀴에서 뒷 바퀴까지의 거리 R : 차선 중심선의 반경

39 도로의 노선측량에서 종단면도에 기재되지 않는 사항은?

① 용지의 경계 ② 절토 및 성토고
③ 계획고   ④ 곡선 및 경사

해설

종단측량
종단측량은 중심선에 설치된 관측점 및 변화점에 박은 중심말뚝, 추가말뚝 및 보조말뚝을 기준으로 하여 중심선의 지반고를 측량하고 연직으로 토지를 절단하여 종단면도를 만드는 측량이다

1) 종단면도 작성
외업이 끝나면 종단면도를 작성한다. 수직축척은 일반적으로 수평축척보다 크게 잡으며 고저차를 명확히 알아 볼 수 있도록 한다.

2) 종단면도 기재사항
① 관측점 위치
② 관측점간의 수평거리
③ 각 관측점의 기점에서의 누가거리
④ 각 관측점의 지반고 및 고저기준점(BM)의 높이
⑤ 관측점에서의 계획고
⑥ 지반고와 계획고의 차(성토 절토 별)
⑦ 계획선의 경사

40 우리나라는 평균적으로 하루 중에 두 번 발생하는 고조 및 저조의 높이가 다르게 나타나는데 이러한 조석현상을 무엇이라 하는가?

① 일조부등   ② 월조간격
③ 회귀조   ④ 혼합조

해설

일조부등(diurnal inequality 또는 daily inequality)
반일주조의 바다에서 두 번의 만조와 간조 중 한번은 크게, 한번은 작게 일어나는 현상.
두 번의 만조와 두 번의 간조 중 큰 만조는 고고조 (HHW, higher high water), 작은 만조를 저고조 (LHW, lower high water)라 하고 큰 간조를 저저조(LLW, lowwer low water), 작은 간조를 고저조 (HLW, higher low water)라 한다.
일조부등이 가장 큰 시기의 조석을 회귀조라 하며, 가장 작은 시기의 조석을 분점조라 한다.
회귀조에서 달은 북 또는 남에 위치하여 불규칙적인 일조부등이 발생하는 때이며, 분점조는 달이 적도에 위치하여 힘이 균형적으로 작용하여 규칙적인 일조부등을 발생시키게 된다.
달이 지구를 1 회 공전하는데 약 24시간 50분이 소요되어 매일 만조와 간조가 2번씩 12시간 25분가량의 텀으로 존재하게 된다.
이때 지구의 자전축이 기울어 있기 때문에(약 23.5도) 달이 지구를 공전할 때 생기는 인력의 크기는 두번의 만조와 간조에서 다르게 나타난다.

반일주조
12시간 25분의 주기를 가지는 조석. 하루에 두 번의 만조와 간조가 일어난다.

일주조
주기가 24시간 50분인 조석. 하루 한 번의 만조와 간조가 일어난다. 따라서 일조부 등이 존재하지 않는다.

Answer 39 ① 40 ①

제3과목 | 사진측량 및 원격탐사

41 수동적 센서(passive sensor)로 지표로부터 반사되는 전자기파를 렌즈와 반사경으로 집광하여 필터를 통해 분광한 후 파장별로 구분하여 각각의 영상을 기록하는 감지기는?

① SAR ② Laser
③ MSS ④ SLAR

[해설]

다중분광센서(MSS : Multi Spectral Scanner)
MSS(다중파장대 주사기)는 지표로부터 방사되는 전자기파를 렌즈와 반사경으로 집광하여 필터를 통해 분광한 다음 파장대 별로 구분하여 각각의 영상을 테이프에 기록하는 장치이다.
MSS영상은 토지이용분석, 지상자원 분석, 수자원분석, 환경감시, 지상자원 분석, 해양학, 지형학 등에 응용되고 있다.

SAR(Synthetic Aperture Radar) :
고해상도영상레이더
레이더 원리를 이용한 능동적 방식으로 영상의 취득에 필요한 에너지를 감지기에서 직접 지표면 또는 대상물에 발사하여 반사되어 오는 마이크로파를 기록하여 영상을 생성하는 능동적인 감지기이다.
1. SAR의 특징
 1) 구름, 안개, 비, 연무 등의 기상조건에 영향을 받지 않는다.
 2) 야간에도 영상을 취득할 수 있다.

42 항공사진의 촬영 요령에 대한 설명으로 옳지 않은 것은?

① 촬영경로는 노선을 구분하여 직선코스로 한다.
② 광범위한 지역은 동서 직선방향으로 코스를 정한다.
③ 동일 코스내의 인접사진 간의 중복도는 60% 정도로 한다.
④ 인접 코스간의 중복도는 평지에서 50%, 산지에서 20% 정도로 한다.

[해설]

종중복도	촬영 진행방향에 따라 중복시키는 것으로 보통 60%, 최소한 50% 이상 중복을 주어야 한다.
횡중복도	① 촬영 진행방향에 직각으로 중복시키며 보통 30%, 최소한 5% 이상 중복을 주어 촬영한다. ② 산악지역(사진상에 고저차가 촬영고도의 10% 이상인 지역)이나 고층빌딩이 밀접한 시가지는 10~20% 이상 중복도를 높여서 촬영하거나 2단 촬영을 한다.(사각부분을 없애기 위함)
촬영코스	① 촬영코스는 촬영지역을 완전히 덮고 코스 사이의 중복도를 고려하여 결정한다. ② 일반적으로 넓은 지역을 촬영할 경우에는 동서방향으로 직선코스를 취하여 계획한다. ③ 도로, 하천과 같은 선형 물체를 촬영할 때는 이것에 따른 직선코스를 조합하여 촬영한다. ④ 지역이 남북으로 긴 경우는 남북방향으로 촬영코스를 계획하며 일반적으로 코스 길이의 연장은 보통 30km를 한도로 한다.

43 항공사진 상에서 축척을 구하는데 필요하지 않은 것은?

① 카메라 초점거리 ② 사진의 크기
③ 촬영고도 ④ 표고

[해설]

사진축척

기준면에 대한 축척	$M = \dfrac{1}{m} = \dfrac{f}{H} = \dfrac{l}{L}$ 여기서, M : 축척분모수 H : 촬영고도 f : 초점거리
기준면에 대한 축척	$M = \dfrac{1}{m} = \left(\dfrac{f}{H \pm h}\right)$

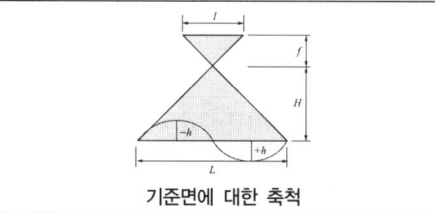

기준면에 대한 축척

Answer 41 ③ 42 ④ 43 ②

44 그림은 상호표정작업에서 6개 표정점의 종시차 이동현상을 표시한 것이다. 사용한 표정인자는?

① ω
② b_x
③ b_y
④ ϕ

[해설]

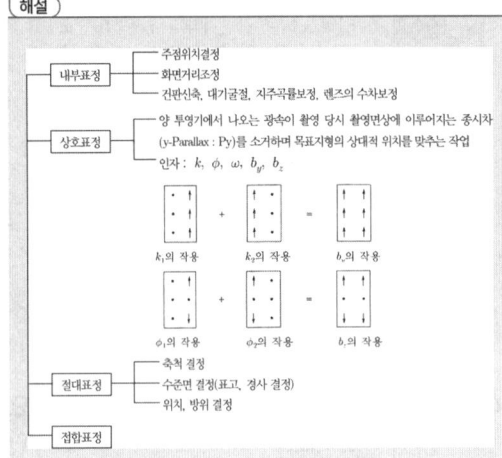

45 항공사진측량의 특징에 대한 설명으로 옳지 않은 것은?

① 사진은 충실히 촬영시점의 상황을 재현한다.
② 측량대상지역에 대한 촬영고도가 같을 경우 광각사진이 보통각사진보다 축척이 크다.
③ 대상물에 직접 접근할 필요가 없기 때문에 산악지역 등의 측량에 적합하다.
④ 단시일에 넓은 지역을 촬영할 수 있기 때문에 성과에 동시성이 있고 균일한 정밀도를 유지시킬 수 있다.

[해설]
① 촬영고도가 같은 경우 광각 사진의 축척은 보통각 사진의 축척보다 작다. 그러나 1장의 사진에 넣은 면적은 크다.

② 촬영 축척이 같으면 촬영고도는 광각사진쪽이 보통각 사진보다 낮다. 그러나 촬영된 면적은 같다.
③ 광각 사진의 화각은 보통각 사진의 화각보다 크다.
④ 광각사진의 초점거리는 보통각 사진의 초점거리보다 짧다.

항공사진 촬영용 사진기의 성능

종류	화각	초점거리(mm)
초광각사진기	120°	88
보통각사진기	60°	210
광각사진기	90°	150

46 해석적 항공삼각측량 방법 중 정밀좌표관측기로 관측한 블록 내의 사진좌표를 이용하여 직접 절대좌표를 구하는 방법은?

① 독립모델법
② 다항식조정법
③ 사진조정법
④ 광속조정법

[해설]
1. **다항식조정법(Polynomial method)**
다항식 조정법은 촬영경로 즉 종접합모형(Strip)을 기본단위로 하여 종횡접합모형 즉 블록을 조정하는 것으로 촬영경로마다 접합표정 또는 개략의 절대표정을 한 후 복수촬영경로에 포함된 기준점과 접합표정을 이용하여 각 촬영경로의 절대표정을 다항식에 의한 최소제곱법으로 결정하는 방법이다.

2. **독립모델조정법**
(Independent Model Triangulation : IMT)
독립입체모형법(Independent Model Triangulation : IMT)은 입체모형(Model)을 기본단위로 하여 접합점과 기준점을 이용하여 여러 모델의 좌표를 조정하는 방법에 의하여 절대좌표를 환산하는 방법

3. **광속조정법(Bundle Adjustment)**
광속조정법은 상좌표를 사진좌표로 변환시킨 다음 사진좌표(photo coordinate)로부터 직접 절대좌표(absolute coordinate)를 구하는 것으로 종횡접합모형(block)내의 각 사진상에 관측된 기

Answer 44 ③ 45 ② 46 ④

준점 접합점의 사진좌표를 이용하여 최소제곱법으로 각 사진의 외부표정요소 및 접합점의 최확값을 결정하는 방법이다.

4. **DTL 방법(Direct Linear Transformation : DLT)**
광속조정법의 변형인 DLT방법은 상좌표로부터 사진좌표를 거치지 않고 11개의 변수를 이용하여 직접절대 좌표를 구할 수 있다.

47 해석적 내부표정에서 Affine변환식으로 보정할 수 없는 현상은?

① 좌표축이 회전된 경우
② X축과 Y축의 축척이 서로 다른 경우
③ 좌표 원점이 평행 이동된 경우
④ 곡면을 평면으로 보정할 경우

해설

내부표정
내부표정이란 도화기의 투영기에 촬영시와 동일한 광학관계를 갖도록 장착시키는 작업으로 기계좌표로부터 지표좌표를 구한 다음 사진좌표를 구하는 단계적 표정으로서 좌표 변환식은 다음과 같다.

1) 내부표정 좌표조정 변환식
① Helmert 변환
  2차원 회전, 원점의 평행 이동량, 축척을 보정한 변환이며, 기계좌표계로부터 지표좌표계를 구하는 데 이용된다.
② 2차원 등각 사상변환(Conformal Transformation)
  직교기계좌표로부터 관측된 지표좌표를 사진좌표로 변환할 때 이용되며 축척변환, 회전변환, 평행변위 3단계로 이루어진다.
③ 2차원 부등각 사상변환(Affine Transformation)
  비직교기계좌표로부터 관측된 지표좌표를 사진좌표로 변환할 때 이용된다. 부등각사상변환은 등각사상변환에 대한 축척에서 x, y방향에 대해 축척인자가 다른 미소한 차이를 갖는 변환으로 실제모양은 변화하지만 평행선은 부등각사상변환 후에도 평행을 유지한다. 부등각사상변환은 두 좌표계의 회전에 의해 비직교성에 의한 각(δ)이 발생하지만 각(δ)은 매우 미소하므로 $\sin\delta = \delta$, $\cos\delta = 1$로 보아도 된다.

$$\begin{cases} x = \alpha_1 x'' + b_1 y'' + x_0 \\ y = \alpha_2 x'' + b_2 y'' + y_0 \end{cases}$$

여기서, 미지수(α_1, α_2, b_1, b_2, x, y)가 6개이므로 6개의 변수변환이라고도 하며 최소한 3개 이상의 기지점을 필요로 한다.

48 영상의 재배열 방법 중 주위 16개의 화소값을 이용하여 보간하는 방법은?

① pearest neighbor interpolation
② cubic convolution interpolation
③ bilinear interpolation
④ proximal interpolation

해설

격자배열면 보간
(1) 쌍1차 보간(Bi-linear Interpolation)
  내삽점 주위 4점의 영상소 값을 이용하여 구하고자 하는 영상소 값을 선형식으로 내삽한다. 이 방식에는 원자료가 흠이 나는 결점이 있으나 평균하기 때문에 Smoothing(평활화) 효과가 있다.
(2) 쌍3차 보간(Bi-cuvic Interpolation)
  내삽하고 싶은 점 주위의 16개 관측점의 영상소 값을 이용하여 구하는 영상소값을 3차 함수를 이용하여 내삽한다. 이 방식에는 원자료가 흠이 나는 결점이 있으나 영상의 평활화와 동시에 선명성의 효과가 있어 고화질이 얻어진다.
(3) 최근린보간법(Nearest Neighbor)
  최단거리에 있는 관측치를 사용하여 보관하는 방법으로 입력 격자상 가장 가까운 영상소의 밝기를 이용하여 출력격자로 변환하는 방법이다.

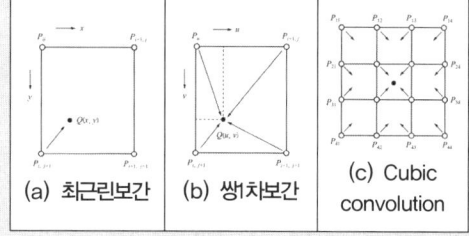

(a) 최근린보간   (b) 쌍차보간   (c) Cubic convolution

Answer 47 ④ 48 ②

49 원격탐사(remote sensing)에 관한 설명으로 옳지 않은 것은?

① 센서에 의한 지구표면의 정보취득이 쉽고, 관측자료가 수치화되어 판독이 자동적이고 정량화가 가능하다.
② 정보수집 장치인 센서로는 MSS(multispectral scanner), RBV(return beam vidicon) 등이 있다.
③ 원격탐사는 원거리에 있는 대상물과 현상에 관한 정보(전자스펙트럼)를 해석하여 토지, 환경 및 자원문제를 해결하는 학문이다.
④ 원격탐사는 정사투영을 위하여 인공위성에 의해서만 촬영되는 특수한 기법이다.

해설

원격탐사(Remote Sensing)의 특징
1) 짧은 시간에 넓은 지역을 동시에 측정할 수 있으며 반복측정이 가능하다.
2) 다중파장대에 의한 지구표면 정보획득이 용이하며 측정자료가 기록되어 판독이 자동적이고 정량화가 가능하다.
3) 회전주기가 일정하므로 원하는 지점 및 시기에 관측하기가 어렵다.
4) 관측이 좁은 시야각으로 얻어진 영상은 정사투영에 가깝다.
5) 탐사된 자료가 즉시 이용될 수 있으므로 재해, 환경문제 해결에 편리하다.

50 촬영고도 6000m에서 초점거리 20.0cm의 사진기로 평탄지를 찍은 연직사진이 있다. 이 사진 상에 찍혀있는 비고(比高) 400m인 지대의 사진축적은?

① 1:22000
② 1:25000
③ 1:28000
④ 1:31000

해설

$$\frac{1}{m} = \frac{f}{H-h} = \frac{0.2}{6{,}000 - 400} = \frac{1}{28{,}000}$$

51 항공사진 촬영에서 투영중심점을 지나는 중력방향의 직선이 사진면과 만나는 점은?

① 연직점
② 주점
③ 등각점
④ 부점

해설

특수3점	특징
주점 (Principal Point)	주점은 사진의 중심점이라고도 한다. 주점은 렌즈중심으로부터 화면(사진면)에 내린 수선의 발을 말하며 렌즈의 광축과 화면이 교차하는 점이다.
연직점 (Nadir Point)	㉠ 렌즈중심으로부터 지표면에 내린 수선의 발을 말하고 N을 지상연직점(피사체연직점), 그 선을 연장하여 화면(사진면)과 만나는 점을 화면연직점(n)이라 한다. ㉡ 주점에서 연직점까지의 거리(mn)$= f \tan i$
등각점 (Isocenter)	㉠ 주점과 연직점이 이루는 각을 2등분한 점으로 또한 사진면과 지표면에서 교차되는 점을 말한다. ㉡ 주점에서 등각점까지의 거리(mn) $= f \tan \dfrac{i}{2}$

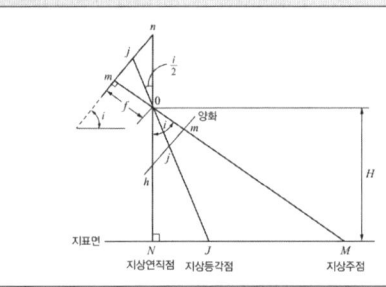

52 항공사진에서 공선조건을 어긋나게 하는 요소가 아닌 것은?

① 대기의 굴절률
② 지표면의 기복
③ 필름의 편평도
④ 렌즈왜곡

해설

항공사진에서 공선조건을 어긋나게 하는 요소
CCD(Charge Coupled Device : "전자의 눈", 사람의 눈", "사진기의 필름"과 같은 역할을 하는 반도체 소자)

영상 왜곡

영상측량의 함수모델은 영상점과 렌즈의 중심 및 대상점이 일직선을 이룬다고 가정하는 공선조건식(Collinearity Equation)을 근거로 한다. 그러나 실제로 카메라 렌즈가 완전하지 못하며, 대상점으로부터 사면으로 진행하는 광선이 일직선이 아닐수도 있으므로 상좌표에 대한 검정이 반드시 수행되어야 하며, 이 밖에도 필름의 신축 및 평면도, 대기의 굴절 등이 고려 될 수 있으나 CCD 카메라의 경우 필름을 사용하지 않기 때문에 필름의 신축은 고려할 필요가 없다.

렌즈왜곡은 방사방향왜곡(Radial Distortion)과 접선방향왜곡(Tangential Distortion)으로 구분 할 수 있다.

53 식물의 분광반사특성에 대한 설명으로 옳지 않은 것은?

① 식물의 가시광선 반사율은 잎의 엽록소에 영향을 받는다.
② 식물의 근적외선 반사율은 잎의 세포구조에 영향을 받는다.
③ 식물의 잎에 수분이 많을수록 근적외선 반사율이 높아진다.
④ 식물은 가시광선보다 근적외선의 반사율이 높다.

해설

전자파

전자파의 원래 명칭은 전기자기파로서 이것을 줄여서 전자파라고 부른다. 전기 및 자기의 흐름에서 발생하는 일종의 전자기에너지로서 전기장과 자기장이 반복하여 파도처럼 퍼져나가기 때문에 전자파라 부른다. 전자파는 파장이 짧은 것부터 순서대로 r선, x선, 자외선, 가시광선, 적외선, 전파로 분류 한다. 전자파는 파장이 짧을수록 입자적 성질이 강해서 직진성과 지향성이 강하다. **적외선은 물에서 흡수되기 때문에 식물의 잎에 수분이 많을수록 반사율이 낮아진다.**

전자파의 특징

r선		원자핵반응에서 생성된다. 방사성 물질의 감마방사는 저고도 항공기에 의해 감지된다. (태양광으로 부터의 입사광은 공기에 흡수)
r선		원자핵반응에서 생성된다. 방사성 물질의 감마방사는 저고도 항공기에 의해 감지된다. (태양광으로 부터의 입사광은 공기에 흡수)
x선		병원에서 진단을 목적으로 쓰인다. 입사광은 공기에 의해 흡수되어 원격탐측에 이용되지 않음.
ultraviolet (자외선)		피부를 그을리는 주요원인 공기중의 수증기에 흡수되기 쉬우므로 RS에서는 저고도 항공기에 의한 이용 외는 거의 사용되지 않는다. 가시광선의 보라색부분을 벗어난 부분을 말한다. 지표상의 몇몇 물질, 주로 바위 혹은 광물질은 자외선을 비출 경우 가시광선을 방사하거나 형광현상을 보인다.
visible (가시광선)		우리가 평소 빛이라고 칭한다. 인간의 눈에 파장이 긴쪽으로부터 순서대로 빨강(red), 주황(orange), 노랑(yellow), 녹색(green), 파랑(blue), 남색(indigo), 보라색(violet)의 이른바 무지개 색으로 보인다. 파장범위 : $0.4\mu m \sim 0.7\mu m$ 인간의 눈으로 감지할 수 있는 영역
infrared (적외선)	근적외선	식물에 포함된 엽록소(클로로필)에 매우 잘 반응하기 때문에 식물의 활성도 조사에 사용. **적외선은 물에서 흡수되기 때문에 식물의 잎에 수분이 많을수록 반사율이 낮아 진다.**

Answer 53 ③

infrared (적외선)	단파장 적외선	식물의 함수량에 반응하기 때문에 근적외선과 함께 식생조사에 사용 지질판독조사에 사용
	중적외선	특수한 광물자원에 반응하기 때문에 지질조사에도 사용
	열적외선	수온이나 지표온도 등의 온도 측정에 사용
propagation (전파)	서브밀리메터파	
	마이크로파	전자레인지에 쓰인다. 레이더 또는 마이크로파복사에 이용
	초단파	구름이나 비를 투과하므로 이를 이용한 RS를 전천후형 RS라 한다. 지표면의 평탄도,함수량과 같은 표면의 성질에 관한정보 제공
	단파	
	중파	
	장파	
	초장파	

54 격자(Raster)형태의 지리정보자료를 기하학적으로 보정하고 재배열하려한다. 재배열방법으로 최근린내삽법을 이용할 경우에 그림에서 x위치의 영상좌표로 역변환된 지리좌표에 할당해야할 픽셀값은?

① 11
② 12
③ 13
④ 14

10	13	14
13	12 ×	11
11	14	12

[해설]
① 최근린 내삽법은 내삽점 또는 보간점에 가장 가까운 관측점의 영상 값(화소 값)을 구하고자 하는 영상 값(화소 값)으로 함
② ×는 12 값이 제일 가깝다.

55 실개구레이더(Real Aperture Radar)에서 전파의 방사 후 수신되기까지의 시간이 3×10^{-7}초라면 거리방향해상도(range resolution)는?
(단, 전파의 속도는 300000km/초 이다.)

① 10m
② 15m
③ 40m
④ 45m

[해설]
거리 방향 해상도 = 전파속도 × 레이더 방사 후 되돌아오는 시간(수신시간)
= 300,000,000m/sec × 0.0000003sec = 90m(왕복)
$\therefore \frac{90}{2} = 45m$

OR)
거리방향 해상도 = 전파속도 × 수신시간($\frac{1}{2}$)
= 300,000,000m/sec × 0.0000015sec = 45m

거리방향 해상도
$= \frac{전파속도 \times 방사후 수신까지의 시간}{2}$
$= \frac{300,000 km/sec \times (3 \times 10^{-7})sec}{2}$
$= 0.045 km = 45m$

56 축척 1:20000의 항공사진을 180km/h로 촬영할 경우, 최대 허용 흔들림의 범위를 0.02mm로 한다면, 최장노출시간은?

① $\frac{1}{50}$초
② $\frac{1}{75}$초
③ $\frac{1}{125}$초
④ $\frac{1}{150}$초

[해설]
$T_l = \frac{\Delta s.m}{V}$
$= \frac{0.02 \times 20,000}{180 \times 1,000,000 \times \frac{1}{3,600}}$
$= \frac{1}{125}$초

Answer 54 ② 55 ④ 56 ③

57 초점거리 15.3cm의 카메라로 촬영된 연직사건의 평지 사진축적은 1:25000이었다. 주점으로부터 60.4mm 떨어진 지점에서 평지로부터의 비고 100m에 의한 기복변위는?

① 1.6mm ② 2.3mm
③ 3.0mm ④ 5.7mm

해설

$$\Delta r = \frac{h}{H}r = \frac{100}{3825} \times 0.0604 = 0.00157m = 1.58mm$$

$$\frac{1}{m} = \frac{f}{H}$$

$$H = mf = 25,000 \times 0.153 = 3,825m$$

58 공간해상도가 높은 영상을 이용하여 해상도가 낮은 영상의 해상도를 높이는 기법은?

① 영상 융합 ② 영상 모자이크
③ 영상 피라미드 ④ 영상 기하보정

해설

1. 영상융합(image fusion)

일반적으로 영상 자료의 처리는 삼원색(RGB : Red, Green, Blue)에 의한 False Color 방법이 많이 사용되고 있는데 이러한 방식의 색체계를 RGB 색체계라고 한다. 그러나, 영상 처리에 사용되는 색 체계가 실제로 이것 하나만 있는 것은 아니다. 물론 RGB 색체계만큼이나 많은 사용 빈도를 가지는 것은 아니지만, 특수한 목적의 작업을 위해 IHS나 CYMK 등의 색체계가 사용되어 지기도 한다. 이중 Image Fusion 기법에서 사용되는 색체계인 IHS 색체계는 어떤 색상을 규정할 때 삼원색의 혼합 정도를 나타내지 않고, 그 색의 **명도(Intensity), 색도(Hue), 채도(Saturation)**의 조합으로서 나타내는 방식을 취하고 있다.

1) 색 체계 변환

영상 융합 작업을 위한 가장 첫번째 단계는 일단 컬러 영상으로부터 명도, 채도, 색도의 3가지 요소를 추출해 내는 것이다. 이 과정은 RGB 색 체계로 이루어져 있는 Landsat TM 컬러 영상을 HIS 색 체계로 변환시켜 줌으로써 쉽게 수행할 수 있다.

2) 명도(Intensity) 영상의 교체

일단 영상의 3가지 요소가 추출되면 이들 중 영상의 해상도와 형태를 결정하는 명도 부분을 보다 해상도가 높은 SPOT 영상으로 대체한다.

3) 색 체계 역변환

이와 같은 상태에서 3요소를 다시 RGB 색 체계로 변환하면 우리가 원하는 바와 같이 해상도가 향상된 컬러 영상을 만들어낼 수 있다.

2. 클러스터링(clustering)

하나의 아이템 그 자체로는 구성요소로 인식하기에 너무 작은 소재들을 동일한 소재나 색 또는 질감들끼리 유일한 단위로 알아볼 수 있도록 모아 시각적인 효과를 주는 기법이다.

59 동서 30km, 남북 20km인 대상지역을 초점거리 150mm인 항공측량카메라를 이용하여 비행고도 6000m에서 촬영하였을 때, 입체모델수는? (단, 사진크기는 23cm×23cm, 종중복도 60%, 회중복도 30%, 촬영은 동서방향으로 한다.)

① 24 ② 30
③ 36 ④ 42

해설

$$종모델수 = \frac{S_1}{B} = \frac{30,000}{40,000 \times 0.23 \times (1-\frac{60}{100})}$$

$$= 8.15 = 9 \, model$$

$$횡모델수 = \frac{S_2}{C} = \frac{20,000}{40,000 \times 0.23 \times (1-\frac{30}{100})}$$

$$= 3.1 = 4 \, model$$

$$입체모델수 = 9 \times 4 = 36 \, model$$

$$\frac{1}{m} = \frac{f}{H} = \frac{0.15}{6000} = \frac{1}{40,000}$$

Answer 57 ① 58 ① 59 ③

60 과고감에 대한 설명으로 옳지 않은 것은?

① 과고감은 기선고도비(B/H)에 반비례한다.
② 입체시 할 때 과장되어 보이는 정도이다.
③ 과고감은 같은 카메라로 촬영 시 종중복도에 반비례한다.
④ 평면축척보다 수직축적이 크기 때문에 산이 더 높게 보인다.

해설

카메론효과(Cameron Effect)와 과고감(Vertical Exaggeration)

카메론효과 (Cameron Effect)	항공사진으로 도로변 상공 위의 항공기에서 주행중인 차량을 연속하여 촬영하여 이것을 입체화시켜 볼 때 차량이 비행방향과 동일방향으로 주행하고 있다면 가라앉아 보이고, 반대방향으로 주행하고 있다면 부상(浮上 : 떠는것)하여 보인다. 또한 뜨거나 가라앉는 높이는 차량의 속도에 비례하고 있다. 이와 같이 이동하는 피사체가 뜨거나 가라앉아 보이는 현상을 카메론효과라고 한다.
과고감 (Vertical Exaggeration)	항공사진을 입체시하는 경우 산의 높이 등이 실제보다 과장되어 보이는 현상을 말한다. 평면축척에 대하여 수직 축척이 크게 되기 때문에 실제 도형보다 산이 더 높게 보인다. ① 항공사진은 평면축척에 비해 수직축척이 크므로 다소 과장되어 나타난다. ② 대상물의 고도, 경사율 등을 반드시 고려해야 한다. ③ 과고감은 필요에 따라 사진판독 요소로 사용될 수 있다. ④ 과고감은 사진의 기선고도비와 이에 상응하는 입체시의 기선고도비의 불일치에 의해서 발생한다. ⑤ 과고감은 촬영고도 H에 대한 촬영기선길이 B와의 비인 기선고도비 B/H에 비례한다.

제4과목 | 지리정보시스템

61 벡터구조와 비교할 때 래스터구조의 특징에 대한 설명으로 옳지 않은 것은?

① 자료의 구조가 단순하다.
② 레이어의 중첩이나 분석이 용이하다.
③ 속성정보의 추출 및 갱신이 용이하다.
④ 그래픽의 정확도가 낮다.

해설

벡터자료와 래스터자료의 장단점

	벡터자료	래스터자료
정의	벡터 자료구조는 기호, 도형, 문자 등으로 인식할 수 있는 형태를 말하며 객체들의 지리적 위치를 크기와 방향으로 나타낸다.	래스터 자료구조는 매우 간단하며 일정한 격자간격의 셀이 데이터의 위치와 그 값을 표현하므로 격자데이터라고도 하며 도면을 스캐닝하여 취득한 자료와 위상영상 자료들에 의하여 구성된다. 래스터구조는 구현의 용이성과 단순한 파일구조에도 불구하고 정밀도가 셀의 크기에 따라 좌우되며 해상력을 높이면 자료의 크기가 방대해진다. 각 셀들의 크기에 따라 데이터의 해상도와 저장크기가 달라지게 되는데 셀 크기가 작으면 작을수록 보다 정밀한 공간현상을 잘 표현 할 수 있다.

Answer 60 ① 61 ③

	벡터자료	래스터자료
장점	- 보다 압축된 자료구조를 제공하며 따라서 데이터 용량의 축소가 용이하다. - 복잡한 현실세계의 묘사가 가능하다. - 위상에 관한 정보가 제공되므로 관망분석과 같은 다양한 공간분석이 가능하다. - 그래픽의 정확도가 높다. - 그래픽과 관련된 속성정보의 추출 및 일반화, 갱신 등이 용이하다.	- 자료구조가 **간**단하다. - 여러 레이어의 중**첩**이나 분석이 용이하다. - **자**료의 조작과정이 매우 효과적이고 수치영상의 질을 향상시키는 데 매우 효과적이다. - **수**치이미지 조작이 효율적이다. - 다양한 **공**간적 편의가 격자의 크기와 형태가 동일한 까닭에 시뮬레이션이 용이하다.
단점	- 자료구조가 복잡하다. - 여러 레이어의 중첩이나 분석에 기술적으로 어려움이 수반된다. - 각각의 그래픽 구성요소는 각기 다른 위상구조를 가지므로 분석에 어려움이 크다. - 그래픽의 정확도가 높은 관계로 도식과 출력에 비싼 장비가 요구된다. - 일반적으로 값비싼 하드웨어와 소프트웨어가 요구되므로 초기비용이 많이 든다.	- 압축되어 **사**용되는 경우가 드물며 **지**형관계를 나타내기가 훨씬 어렵다. - 주로 격자형의 네모난 형태로 가지고 있기 때문에 수작업에 의해서 그려진 완화된 **선**에 비해서 미관상 매끄럽지 못하다. - 위**상**정보의 제공이 불가능하므로 관망해석과 같은 분석기능이 이루어질 수 없다. - 좌표변환을 위한 시간이 많이 소요된다.

62 그림과 같이 래스터데이터 A,B 가 있다. 논리연산 (A="forest") xor (B < 5)에 의한 결과로 옳은 것은?

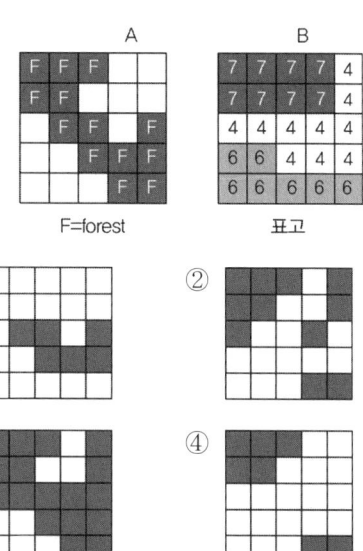

해설

A격자의 조건은 A="Forest"이므로 A격자에서 Forest인 지역을 1로 아닌 지역을 0으로 둔다.	B격자의 조건은 B < 5이므로 B격자에서 4인 지역을 1로 아닌 지역을 0으로 둔다.	XOR 조건에 맞게 A XOR B로 풀어 주면 다음과 같다. XOR은 두 개 사상이 존재하는 것은 포함하고 교차지점은 포함 안 함.

공간분석을 위한 부울 연산

논리곱 (AND)			논리합 (OR)			논리부정 (NOT)		배타적 논리합 (XOR)		
A	B	A·B	A	B	A+B	A	A'	A	B	A+B
0	0	0	0	0	0	0	1	0	0	0
0	1	0	0	1	1	1	0	0	1	1
1	0	0	1	0	1			1	0	1
1	1	1	1	1	1			1	1	0

Answer 62 ②

63 지리정보시스템(GIS)에서 사용하는 수치지도를 제작하는 일반적인 방법이 아닌 것은?

① 항공사진을 촬영하여 수치지도 제작
② 항공사진 필름을 고감도 복사기로 인쇄하여 수치지도 제작
③ 인공위성데이터를 이용하여 수치지도 제작
④ 디지타이저를 이용하여 종이지도를 수치지도로 제작

[해설]

수치지도란 위치정보와 공간정보를 전산시스템을 활용하여 디지털형태로 수치화한 지도로 다양한 저장매체에 저장할 수 있는 전자지도이다. 우리가 일상생활에서 활용하는 도로지도, 관광안내도 등은 대부분의 지도들이 바로 수치지도를 기본으로 제작된 지도이다.
수치지도 작성을 위한 자료취득 방법
① 사진 또는 영상 정보를 이용한 자료 취득
② 측량기기를 이용한 현지측량
③ 지형, 지물의 속성, 지명, 행정경계 등을 취득하기 위한 현지조사
④ 기존에 제작된 지도를 이용한 자료 취득

64 메타데이터(metadata)의 요소 중 데이터의 제목, 지리적 범위 및 자료 획득방법 등에 관한 정보는?

① 식별정보(identification information)
② 자료품질정보(data quality information)
③ 공간참조정보(spatial reference information)
④ 배포정보(distribution information)

[해설]

메타데이터(meta data)

메타데이터(meta data)란 데이터에 관한 데이터로서 데이터의 구축과 이용 확대에 따른 상호 이해와 호환의 폭을 넓히기 위하여 고안된 개념이다. 메타데이터는 데이터에 관한 다양한 측면을 서술하는 매우 중요한 자료로서 이에 관하여 표준화가 활발

히 진행되고 있다. 미국 연방지리정보위원회(FGDC:(Federal Geographic Data Committee)에서는 디지털 지형공간 메타데이터에 관한 내용표준(Content Standard for Digital Geospatial Metadata)을 정하고 있는데 여기에서는 메타데이터의 논리적 구조와 내용에 관한 표준을 정하고 있다. 현재 메타데이터의 표준으로 사용되고 있는 것은 미국의 FGDC(Federal Geographic Data Committe) 표준, ISO/TC211표준(International Organization for Standard)/Technical Committe 211:국제표준기구 GIS표준기술위원회), CEN/TC287(유럽표준화기구) 표준 등을 들 수 있다.

1. 구성요소

구분	내용
개요 및 자료 소개	데이터의 명칭, 개발자, 지리적 영역 및 내용 등
자료품질	위치 및 속성의 정확도, 완전성, 일관성 등
자료의 구성	자료를 코드화하기 위하여 이용된 래스터 및 벡터와 같은 모델
공간참조를 위한 정보	사용된 지도 투영법, 변수, 좌표계 등
형상 및 속성 정보	지리정보와 수록 방식
정보를 얻는 방법	관련된 기관, 획득형태, 정보의 가격 등
참조정보	작성자, 일시 등

제1장	식별정보 (identification information)	인용, 자료에 대한 묘사, 제작시기, 공간영역, 키 워드, 접근제한, 사용제한, 연락처 등
제2장	자료의 질 정보 (data quality information)	속성정보 정확도, 논리적 일관성, 완결성, 위치정보 정확도, 계통(lineage) 정보 등
제3장	공간자료 구성정보 (spatial data organization information)	간접 공간참조자료(주소체계), 직접 공간참조자료, 점과 벡터객체 정보, 위상관계, 래스터 객체 정보 등
제4장	공간좌표정보 (spatial reference information)	평면 및 수직 좌표계
제5장	사상과 속성정보 (entity & attribute information)	사상타입, 속성 등
제6장	배포정보 (distribution information)	배포자, 주문방법, 법적 의무, 디지털 자료형태 등

Answer 63 ② 64 ①

제7장	메타데이터 참조정보 (metadata reference information)	메타데이터 작성 시기, 버전, 메타데이터 표준이름, 사용제한, 접근 제한 등
제8장	인용정보 (citation)	출판일, 출판시기, 원 제작자, 제목, 시리즈 정보 등
제9장	제작시기 (time period)	일정시점, 다중시점, 일정시기 등
제10장	연락처 (contact)	연락자, 연락기관, 주소 등

65 수치지형도에 대한 설명으로 옳지 않은 것은?

① 수치지형도란 지표면 상의 각종 공간정보를 일정한 축적에 따라 기호나 문자, 속성으로 표시하여 정보시스템에서 분석, 편집 및 입·출력할 수 있도록 제작된 것을 말한다.
② 수치지형도 작성이란 각종 지형공간정보를 취득하여 전산시스템에서 처리할 수 있는 형태로 제작하거나 변환하는 일련의 과정을 말한다.
③ 정위치편집이란 지리조사 및 현지측량에서 얻어진 자료를 이용하여 도화 테이프 또는 지도입력 데이터를 수정 및 보완하는 작업을 말한다.
④ 구조화편집이란 지형도 상에 기본도 도곽, 도엽명, 사진도곽 및 번호를 표시하는 작업을 말한다.

[해설]
수치지형도 작성 작업규정 제2조(용어의 정의) 이 규정에서 사용하는 용어의 정의는 다음 각 호와 같다.
1. "수치지형도"란 측량 결과에 따라 지표면 상의 위치와 지형 및 지명 등 여러 공간정보를 일정한 축척에 따라 기호나 문자, 속성 등으로 표시하여 정보시스템에서 분석, 편집 및 입력·출력할 수 있도록 제작된 것(정사영상지도는 제외한다)을 말한다.

2. "수치지형도 작성"이란 각종 지형공간정보를 취득하여 전산시스템에서 처리할 수 있는 형태로 제작하거나 변환하는 일련의 과정을 말한다.
3. "정위치편집"이란 지리조사 및 현지측량에서 얻어진 자료를 이용하여 도화 데이터 또는 지도입력 데이터를 수정·보완하는 작업을 말한다.
4. "구조화편집"이란 데이터 간의 지리적 상관관계를 파악하기 위하여 지형·지물을 기하학적 형태로 구성하는 작업을 말한다.

66 A집에 2명, B집에 1명, C집에 3명, D집에 4명 등 A, B, C, D 4개의 지점에 10명의 사람이 있다. 10명 모두가 모일 경우 사람들의 총 이동거리를 최소로 할 수 있는 지점의 좌표는?

[각 집의 위치 좌표]=A(2,2), B(4,3), C(6,5), D(2, 7)

① (1.4, 1.7) ② (1.4, 5.0)
③ (3.4, 1.7) ④ (3.4, 5.0)

[해설]
무게중심을 구하는 문제
A집에 2명 : (2,2) (2,2)
B집에 1명 : (4,3)
C집에 3명 : (6,5) (6,5) (6,5)
D집에 4명 : (2,7) (2,7) (2,7) (2,7)
$x = 2+2+4+6+6+6+2+2+2+2 = 34$
$y = 2+2+3+5+5+5+7+7+7+7 = 50$
$\therefore x = \dfrac{34}{10} = 3.4,$
$y = \dfrac{50}{10} = 5.0$

별해
지점 E의 좌표를 (x,y)라 할 때 A, B, C, D집에 있는 사람들의 최단걸음이므로
$2(x-2)+1(x-4)+3(x-6)+4(x-2)=0$
$2(y-2)+1(y-3)+3(y-5)+4(y-7)=0$
$\therefore 10x = 34 \quad x = 3.4$
$\quad 10y = 50 \quad y = 5.0$

Answer 65 ④ 66 ④

67 수치지형모델(DTM)을 활용하는 분야로 가장 거리가 먼 것은?

① 상권의 소비특성분석
② 음영기복
③ 적지분석
④ 도로설계의 절성토

해설

수치표고모형 (Digital Elevation Model : DEM)	DEM은 지형의 연속적인 기복변화를 일정한 크기의 격자간격으로 표현한 것으로 공간상의 연속적인 기복변화를 수치적인 행렬의 격자형태로 표현한다. 수치표고모형은 표고데이터의 집합일 뿐만 아니라 임의의 위치에서 표고를 보간 할 수 있는 모델을 말한다. 공간상에 나타난 불규칙한 지형의 변화를 수치적으로 표현하는 방법을 수치표고모형이라 한다. DEM은 규칙적인 간격으로 표본지점이 추출된 **래스터 형태의 데이터모델**이다. DEM은 DTM 중에서 표고를 특화한 모델이다. ① 도로의 부지 및 댐의 위치 선정 ② 수문 정보체계 구축 ③ 등고선도와 시선도 ④ 절토량과 성토량의 산정 ⑤ 조경설계 및 계획을 위한 입체적인 표현 ⑥ 지형의 통계적 분석과 비교 ⑦ 경사도, 사면방향도, 경사 및 단면의 계산과 음영기복도 제작 ⑧ 경관 또는 지형형성과정의 영상 모의 관측 ⑨ 수치지형도 작성에 필요한 표고정보와 지형정보를 다 이루는 속성 ⑩ 군사적 목적의 3차원 표현
수치표면모델 DSM (Digital Surface Model)	DEM과 유사한 개념의 지형모델로 DSM등이 있다. DSM은 일정한 크기의 격자간격으로 연속적인 기복변화를 표현한다는 점에서 DEM과 동일하다. 그러나 DEM은 자연적인 지형의 변화를 표현하는데 반해 DSM은 건물, 수목, 인공구조물 등의 높이 까지 반영한 연속적인 변화를 표현한다는 점에서 차이가 있다. DSM은 DEM과 중첩해 흔히 건물이나 수목의 높이 추출, 지표변화 관찰 등에 활용이 가능하고, 동일한 좌표에 대한 DSM의 고도값에서 DEM의 고도값을 빼면 간단히 구할 수 있다.
DTM (Digital Terrain Model)	① 지형의 표고뿐만 아니라 지표상의 다른 속성도 포함하며 측량 및 원격탐사와 연관이 깊다. ② 지형의 다른 속성까지 포함하므로 자료가 복잡하고 대용량의 정보를 가지고 있으며, 여러 가지 속성을 레이어를 이용하여 다양한 정보제공이 가능하다. ③ DTM은 표현방법에 따라 DEM과 DSM으로 구별된다. 즉 DTM = DEM + DSM이다.

68 입체영상 중 하나의 영상에서 특정한 위치에 해당하는 실체의 객체가 다른 영상의 어느 위치에 촬영되어 있는지를 발견하는 작업은?

① 감독분류(supervised classification)
② 영상정합(image matching)
③ 공간필터링(spatial filtering)
④ 영상재배열(image resampling)

해설

영상정합(Image Matching)
영상정합(Image Matching)은 입체영상 중 한 영상의 한 위치에 해당하는 실제의 객체가 다른 영상의 어느 위치에 형성되어 있는가를 발견하는 작업으로서 상응하는 위치를 발견하기 위해 유사성 측정을 하는 것이다.

분류(classification)방법
(1) 감독분류(Supervised classification)
서로 대응하는 대상물(클래스)의 화상가운데 명확한 화상영역으로부터 자료(traning date)를 추출하여 모집단의 특징(통계량)을 추정하고 있다. 이러한 분류방법을 유감독분류라 한다. 지상검정자료(Ground Truth Data)를 샘플로 이용하여 분류 하는 방법이다 대표적인 것에는 최대확률(우도)법이 있다.
(2) 무감독분류(Unsupervised classification)
화상에 포함되는 대상물이 별로 분명하지 않을 때는 무작위 추출된 화소 자료를 클러스터링(clustering) 등의 방법으로 비교적 균질하다고 생각 될 수 있는 그룹으로 분할하고 각각을 분류 클래스로 한다. 이것

Answer 67 ① 68 ②

을 트레이닝자료로 하여 클래스 모집단의 특징을 추정한다. 이것을 무감독추정이라하고 이것을 이용한 방법을 무감독분류라 한다.
영상의 스펙트럼 특징만을 이용하고 현지조사자료를 사용하지 않고 분류하는 방법이다. 대표적인 것에는 클러스터(cluster)분석이 있다.

영상융합(image fusion)
일반적으로 영상 자료의 처리는 삼원색(RGB : Red, Green, Blue)에 의한 False Color 방법이 많이 사용되고 있는데 이러한 방식의 색체계를 RGB 색체계라고 한다. 그러나, 영상 처리에 사용되는 색체계가 실제로 이것 하나만 있는 것은 아니다. 물론 RGB 색체계만큼이나 많은 사용 빈도를 가지는 것은 아니지만, 특수한 목적의 작업을 위해 IHS나 CYMK 등의 색체계가 사용되어 지기도 한다. 이중 Image Fusion 기법에서 사용되는 색체계인 IHS 색체계는 어떤 색상을 규정할 때 삼원색의 혼합 정도를 나타내지 않고, 그 색의 **명도**(Intensity), **색도**(Hue), **채도**(Saturation)의 조합으로서 나타내는 방식을 취하고 있다.

69 관계형 데이터베이스를 위한 산업 표준으로 사용되고 있으며, 처리단위가 집합적인 언어로 모든 관계를 대수식으로 표현할 수 있는 언어는?

① SQL ② JAVA
③ QGIS ④ Python

해설

SQL(Structured Query Language)
데이터베이스로부터 정보를 얻거나 갱신하기 위한 표준대화식 프로그래밍 언어를 말하며 SQL이라는 이름은 "Structured Query Language"의 약자이며 "sequel(시퀄)"이라고 발음 한다.

1. SQL(Structured Query Language)의 장점
1) 제품으로부터 독립적이다.
2) 컴퓨터시스템간의 이식성이 높아 SQL을 지원하는DBMS는 퍼스널 컴퓨터부터 워크스테이션 및 대형컴퓨터에 이르기까지 모든 컴퓨터 시스템에서 운용이 가능하다.

3) 미국표준협회(American National Standards Institute, ANSI)와 국제표준화기구(國際標準化機構, International Organization for Standardization)에서 표준으로 인정받고 있다.
4) SQL의 문장 구조는 영어 같은 일반 언어와 구조가 유사하여 배우고 이해하기가 용이하다.
5) SQL은 상호 대화형언어이면서 저장된 자료를 조회 할 수 있는 기능도 있다.
6) 자료 조회 시 다중의 뷰(view)제공기능을 갖기 때문에 데이터베이스의 내용물과 구조를 여러 사용자에게 서로 다른 뷰로서 보여 줄 수 있다.
7) 동적(dynamic)의 데이터정의가 가능하여 SQL을 사용하면 사용자가 데이터베이스를 조회하고 있는 동안에도 데이터베이스의 구조를 변경하거나 확장 할 수 있다.

70 지리정보시스템(GIS)을 이용한 공간모델링에서 모델링 결과의 불확실성을 평가하기 위해 주로 사용하는 방법은?

① 경제성 분석 ② 타당성 분석
③ 민감도 분석 ④ 분산 분석

해설

민감도 분석(sensitivity analysis, 민감도 분석)
한 모형에서 **파라미터**(parameter)가 불확실할 때, 이 파라미터가 취할 수 있는 가능한 값들을 모두 대입해 파라미터의 변화에 따라 결괴기 이떻게 되는가를 분석하는 것을 말한다. 속성데이터의 오차를 관리하기위한 더욱 실용적인 접근법은 지리적 분석의 결과를 조정하기 위한 민감도분석을 사용한다. 민감도 분석은 공간문제 해결모델의 매개변수에 대한 종속성(subjectivity)과 변동(variability)을 처리하는 동적모델링기법이다.

1. 민감도분석의 목적
① 불확실성의 합당한 범위를 초과하는 출력값에 대해 그 모델을 검사하는 것이다.
② 모델의 매개적인 입력값을 변화시킴으로서 상이하지만 여전히 동등하게 유효한 시나리어가 만들어 진다.

Answer 69 ① 70 ③

③ 일을 반복적으로 수행한 GIS는 이런 유형의 검사가 효과적이다.
④ 민감도분석은 변수값의 변화에 반응하는 모델링결과의 변동을 평가한다.
⑤ 민감도분석에 사용되는 변수값의 범위는 논리적 대안의 범위를 나타낸다.

71 그림은 셀에 대한 국소저항값이다. 음영 표시한 셀에서 국소저항이 5인 셀로 이동할 때의 최소비용경로는?

① → N → E
② → E → N
③ → NE
④ → NW

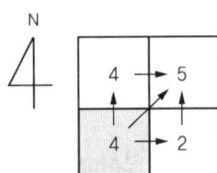

[해설]
방향에 값을 더하면 된다.
① 북쪽에서 동쪽 4+5=9
② 동쪽에서 북쪽 2+5=7
③ 북동쪽(대각선) 5
④ 북쪽에서 서쪽 = 국소저항이 5인 셀로 이동 안 했음

72 다음 중 DBMS의 기본적인 기능과 거리가 먼 것은?

① 정밀한 그래픽 생성
② 효율적인 데이터 저장
③ 대용량 데이터 관리
④ 신속한 데이터 검색

[해설]

	파일처리방식	DBMS
개념	파일(File)은 기본적으로 유사한 성질이나 관계를 가진 자료의 집합으로 데이터 파일은 Record, Field, Key의 세 가지로 구성된다. 파일처리방식은 파일 처리 방식에 의한 데이터 베이스와 응용프로그램 간의 연결은 응용프로그램에서 자료에 관한 사항을 직접 관리하기 때문에 자료의 저장 및 관리가 중복적이고 비효율적이며 처리속도가 늦다는 단점이 있다	DBMS는 자료의 저장, 조작, 검색, 변화를 처리하는 특별한 소프트웨어를 사용하는 컴퓨터 프로그램의 일종으로 정보의 저장과 관리와 같은 정보관리를 목적으로 하는 프로그램으로 파일처리방식의 단점을 보완하기 위해 도입되었으며 자료의 중복을 최소화하여 검색시간을 단축시키며 작업의 효율성을 향상시키게 된다.
장점	파일관리 시스템은 별도의 시스템 구입을 필요하지 않은 장점	① 시스템개발 비용 감소 ② 보안향상 ③ 표준화 ④ 중복의 최소화 ⑤ 데이터의 독립성 향상 ⑥ 데이터의 무결성 유지 ⑦ 데이터의 일관성 유지
단점	① 무결성유지 어려움 ② 중복데이터와 독립성 문제 (데이터의 독립성을 지원하지 못한다) ③ 데이터 접근 어려움 ④ 동시성 제어 불가 (다수의 사용자 환경을 지원하지 못한다) ⑤ 보안 문제 (사용자 접근을 제어하는 보안체제가 미흡하다) ⑥ 회복 불가	① 위험부담을 최소화 하기 위해 효율적인 백업과 회복기능을 갖추어야 한다. ② 중앙집약적인 위험 부담 ③ 시스템 구성의 복잡성 ④ 운영비의 증대

Answer 71 ③ 72 ①

73 지리정보시스템(GIS) 공간객체 타입 중 구조가 다른 것은?

① 선분(line segment)
② 연속선분(string)
③ 격자셀(grid cell)
④ 호(arc)

해설

벡터 데이터 모델의 기본요소
(1) 점(Point)
점은 차원이 존재하지 않으며 대상물의 지점 및 장소를 나타내고 기호를 이용하여 공간형상을 표현한다.
(2) 선(Line)
선은 가장 간단한 형태로 1차원 대상물은 두 점을 연결한 직선이다. 대축척(면사상), 소축척(선사상)으로 지적도, 임야도의 경계선을 나타내는 데 효과적이다. Arc, String, Chain 이라는 다양한 용어로도 사용된다.
① Arc : 곡선을 형상하는 점들의 자치를 의미한다.
② String : 연속적인 Line segments를 의미한다.
③ Chain : 시작노드와 끝노드에 대한 위상정보를 가지며 자치꼬임이 허용되지 않은 위상기본요소를 의미한다.
(3) 면
면은 경계선 내의 영역을 정의하고 면적을 가지며, 호수, 삼림을 나타내고 지적도의 필지, 행정구역이 대표적이다.

74 벡터 데이터 모델에서 속성정보가 가질 수 있는 척도가 아닌 것은?

① 서열척도
② 등간척도
③ 비율척도
④ 가치척도

해설

측정의 척도의 종류

명목척도 (nominal scale)	단순히 이름으로 구별만 가능한 것
서열척도 (ordinal scale)	순서는 구별되지만 등간,비율과 같이 연산은 되지 않는다.
등간척도 (interval scale)	값 사이에 간격이 일정하지만 +, - 연산은 되지만 *, / 는 되지 않는다.
비율척도 (ratio scale)	등간척도인 동시에 *, / 도 성립된다.

75 지리정보시스템(GIS) 데이터베이스의 관리 및 구축 시 적용하는 DBMS방식의 내용으로 옳지 않은 것은?

① 파일처리방식의 단점을 보완한 방식이다.
② DBMS 프로그램은 독립적으로 운영될 수 있다.
③ 데이터베이스와 사용자 간 모든 자료의 흐름을 조정하는 중앙제어역할이 가능하다.
④ DBMS 프로그램은 자료의 신뢰와 동시 사용을 위하여 단일 프로그램으로 구성된다.

해설

DBMS 방식의 장점
DBMS 방식이 파일처리 방식과 비교하여 가지는 상대적인 장점은 다음과 같다.
1. 중앙제어의 기능을 갖는다.
2. 여러 사용자가 자료의 공유 및 활용이 가능하도록 융통성을 부여한다.
3. 응용프로그램은 자료의 물리적 저장 형태와는 무관하게 독립성이 보장되어 운용된다.
4. DBMS에서 제공되는 서비스 기능을 이용하여 새로운 응용프로그램의 개발이 가능하다.
5. 다양한 데이터의 검색기능이 손쉽게 구현될 수 있다.
6. 별도 프로그램의 개발 없이도 복잡하고 수준 높은 분석이 가능하다.
7. 데이터베이스의 신뢰도를 보호하고 일관성을 유지하기 위한 기능과 공정도 제공할 수 있다.

Answer 73 ③ 74 ④ 75 ④

8. 기존의 파일처리 방식에서는 별도의 데이터 파일이 사용목적에 따라 분리되어 사용되므로 이로 인한 자료의 중복저장과 함께 많은 저장 공간이 요구된다.
9. DBMS는 자료의 중복이 불가피한 경우에도 중복을 최대한 감소시키고 경제적이고 효율성 높은 자료의 갱신 방안을 제시할 수 있다는 장점이 있다.
10. 다양한 양식의 자료 제공이 가능하여 중복출력을 최대한 줄일 수 있다.

DBMS 방식의 단점
DBMS방식이 파일처리방식과 비교하여 상대적으로 가지는 단점
1. 높은 비용이 요구된다. (하드웨어와 소프트웨어의 비용이 많이 소요된다.)
2. 자료의 획득과 관리에 있어서 추가적인 비용부담을 초래한다.
3. 파일처리 방식에 비하여 상대적으로 시스템의 구성이 복잡하므로 이로 인한 자료의 손실 가능성이 높다.
4. 자료의 손실이 발생할 경우 시스템의 회복이 어렵다.(백업과 회복기능을 필수)
5. 이러한 문제점 때문에 또 다른 비용 상승의 요인이 된다.
6. 자료의 관리 및 저장이 응용프로그램을 사용함으로써 자료의 손실이나 시스템의 작동 불능이 될 수 있는 중앙 집약적인 위험부담이 크다.

76 지리정보시스템(GIS)의 공간분석 기능 중 중첩기능에 대한 설명으로 옳지 않은 것은?

① 중첩연산 대상 레이어들은 동일 공간을 포함하여야 한다.
② 벡터 중첩연산은 래스터 중첩연산에 비하여 빠르다.
③ 중첩연산은 산술연산 뿐만 아니라 논리연산도 가능하다.
④ 공간데이터 뿐만 아니라 속성데이터도 중첩연산이 가능하다.

해설

중첩분석 (Overlay Analysis)	2개 이상의 레이어를 합성하여 점, 선, 면의 도형, 위상 및 속성 데이터를 재구축한다. 점과 면, 선과 면, 면과 면의 세가지 경우의 중첩이 가능하다. ① GIS가 일반화되기 이전의 중첩분석 : 많은 기준을 동시에 만족시키는 장소를 찾기 위해 불이 비치는 탁자 위에 투명한 중첩 지도를 겹치는 작업을 통해 수행 ② 중첩을 통해 다양한 자료원을 통합하는 것은 GIS의 중요한 분석 능력으로 주로 적지선정에 이용된다. ③ 이러한 중첩분석은 벡터자료뿐 아니라 래스터자료도 이용할 수 있는데, 일반적으로 벡터자료를 이용한 중첩분석은 면형자료를 기반으로 수행 ④ 다양한 공간객체를 표현하고 있는 레이어를 중첩하기 위해서는 좌표체계의 동일성이 전제되어야 함
중첩의 유형 — 점과 폴리곤의 중첩	점과 폴리곤의 중첩기능을 통해 특정한 새가 특정 유형의 식생을 선호하는지에 대한 정보를 파악할 수 있다. 야생 생물학자는 갈색 머리를 가진 특정한 새가 서식하는 특정한 식생이 있는가를 파악하고자 하는 경우 생물학자는 식생을 분류한 폴리곤 커버리지 위에 새들의 서식지를 위치화한다.
중첩의 유형 — 선형상과 폴리곤의 중첩	간선도로(철도와 고속도로,도로망 등)와의 중첩 후에는 교통네트워크와 시가지 확장과의 강한 공간적 관계를 파악하게 되는데 이와 같이 선과 폴리곤의 중첩을 통해 시가지 확장 패턴과 관련된 가설을 수립할 수 있다.
중첩의 유형 — 폴리곤과 폴리곤의 중첩	중첩에 대한 전통적인 접근은 폴리곤으로 표현된 하나의 커버리지 위에 또 다른 커버리지의 폴리곤을 중첩시키는 것이다. 일례로 증가하는 인구를 수용하면서도 가능한 한 농업을 보존하도록 최고의 토양 질을 보존하기 위해 단지 계획과 토지이용계획을 수립하려고 하는 경우 폴리곤과 폴리곤의 중첩을 이용하는 대표적인 사례라고 볼 수 있다.

Answer 76 ②

77. 지하시설물 데이터베이스(DB) 구축 후의 효율적인 유지관리 방안으로 가장 거리가 먼 것은?

① 관리체계가 구축된 후 변화들에 대한 신속하고 지속적인 모니터링
② 지하시설물의 DB는 항상 현재성 유지
③ 사용자들의 추가적인 요구사항 반영
④ 전산체계의 갱신, 운영, 관리의 신기술 체험을 위한 주기적인 시스템 재개발

해설

지하시설물 데이터베이스구축 후의 효율적인 유지관리 방안
① 관리체계가 구축 된 후 변화들에 대한 신속하고 지속적인 모니터링
② 지하시설물 DB는 항상 현재성 유지
③ 사용자들의 추가적인 요구사항 반영

78. 데이터 형식 중 지리정보시스템(GIS)에서 사용하는 도형정보나 수치지도의 호환을 위하여 사용되는 형식이 아닌 것은?

① ASCII형식
② DXF형식
③ SDTS형식
④ SHP형식

해설

Spatial Data Transfer Standard: SDTS
공간자료 교환표준(Spatial Data Transfer Standard, SDTS)은 공간자료를 서로 다른 컴퓨터 시스템간에 정보의 누락 없이 자료를 주고받을 수 있게 해주는 방법이다. 이는 자료 교환표준으로서 공간자료, 속성, 위치체계, 자료의 질, 자료 사전, 기타 메타데이터 등을 모두 포함하는 표준이다.
SDTS는 미국 USGS를 중심으로 연구가 진행되어 90년대 초에 연방표준국(National Institute of Standard Technology, NIST)에서 표준으로 채택하였다. 중립적인 규정이며 모듈화 되어 있고, 지속적으로 갱신이 가능하며, 적용에 있어서 매우 탄력적인 일종의 "열린 시스템" 표준이다.

DXF(Drawing Exchange file Format) 파일의 구조
오토캐드용 자료 파일을 다른 그래픽 체계에서 사용될 수 있도록 만든 ASCII(American Standard Code for Information Interchange) 형태의 그래픽 자료 파일 형식이다
① 서로 다른 CAD 프로그램 간에 설계도면파일을 교환하는 데 사용하는 파일 형식
② Auto Desk사에서 제작한 ASCII 코드 형태이다.
③ DXF 파일구성은 : 헤더 섹션, 테이블 섹션, 블록 섹션, 엔티티 섹션
④ 도형자료만의 교환에 있어서는 속성자료와 연계 없이 점, 선, 면의 형태와 좌표만을 고려하면 되므로 단순한 포맷의 변환이 될 수 있다.

Shapefile
Shapefile은 DXF와 위상모형의 중간포맷으로 도형과 속성으로 나누어 공간정보를 저장할 수 있는 비위상구조의 데이터포맷으로 미국의 ESRI사에서 개발되었다. Shapefile은 SDE(Spatial Database Engine)나 ArcGIS 등 상용 GIS 소프트웨어와 공간 데이터베이스 엔진에서 공통적으로 지원하고 있는 공간데이터 포맷 중의 하나이며, 그 구조가 완전히 공개된 Open Format이다.

Shapefile의 유형

파일유형	기능
.shp	지리요소의 공간정보(도형정보)를 저장하는 파일
.shx	지리요소의 공간정보 인덱스를 저장하는 파일
.dbf	지리정보의 속성정보를 저장하는 파일
.sbn .sbx	- 지리요소의 공간인덱스를 저장하는 파일 - spatial join 등의 기능 수행 - theme의 "shape"필드에 대한 인덱스 생성 시 필요
.ain .aih	- 속성테이블에서 활성화된 필드의 속성인덱스를 저장하는 파일 - 테이블 간의 링크 수행시 생성

DXF, Shape, 위상모형의 비교

	DXF	SHP	위상구조
도형정보	점, 선, 면	점, 선, 면	점, 선, 면
표현정보	X, Y 좌표	길이, 넓이	길이, 넓이, 포함관계
속성정보		문자이용	문자이용
위상정보			인접성, 연결성, 포함성

Answer 77 ④ 78 ①

79 지리정보시스템(GIS)의 분석방법 중 교통로와 시가지 확장 사이의 관계를 설명하기 위해 사용하는 방법으로 가장 적합한 것은?

① 점 사상과 선 사상의 중첩
② 선 사상과 면 사상의 중첩
③ 면 사상과 점 사상의 중첩
④ 면 사상과 면 사상의 중첩

해설

중첩의 유형	
점과 폴리곤의 중첩	점과 폴리곤의 중첩기능을 통해 특정한 새가 특정 유형의 식생을 선호하는지에 대한 정보를 파악할 수 있다. 야생 생물학자는 갈색 머리를 가진 특정한 새가 서식하는 특정한 식생이 있는가를 파악하고자 하는 경우 생물학자는 식생을 분류한 폴리곤 커버리지 위에 새들의 서식지를 위치화 한다.
선형상과 폴리곤의 중첩	간선도로(철도와 고속도로 도로망 등)와의 중첩 후에는 교통네트워크와 시가지 확장과의 강한 공간적 관계를 파악하게 되는데 이와 같이 선과 폴리곤의 중첩을 통해 시가지 확장 패턴과 관련된 가설을 수립할 수 있다.
폴리곤과 폴리곤의 중첩	중첩에 대한 전통적인 접근은 폴리곤으로 표현된 하나의 커버리지 위에 또 다른 커버리지의 폴리곤을 중첩시키는 것이다. 일례로 증가하는 인구를 수용하면서도 가능한 한 농업을 위해 최고의 토양 질을 보존하도록 단지계획과 토지이용계획을 수립하려고 하는 경우 폴리곤과의 중첩을 이용하는 대표적인 사례라고 볼 수 있다.

80 지리정보시스템(GIS)의 자료처리 단계를 순서대로 바르게 표시한 것은?

① 자료의 수치화 – 자료조작 및 관리 – 응용분석 – 출력
② 자료조작 및 관리 – 자료의 수치화 – 응용분석 – 출력
③ 자료의 수치화 – 응용분석 – 자료조작 및 관리 – 출력
④ 자료조작 및 관리 – 응용분석 – 자료의 수치화 – 출력

해설

지리정보시스템(GIS)의 자료처리 단계 과정
자료의 수치화 ⇒ 자료의 조작 및 관리 ⇒ 응용분석 ⇒ 출력

제5과목 | 측량학

81 축척 1 : 5000 지형도에서 면적 8km²의 토지에 대한 도상면적은?

① 0.0032m²
② 0.016m²
③ 0.32m²
④ 1.6m²

해설

$\left(\dfrac{1}{m}\right)^2 = \dfrac{도상면적}{실제면적}$

$\left(\dfrac{1}{5000}\right)^2 = \dfrac{도상면적}{800,000}$

도상면적 $= \dfrac{8,000,000}{5,000^2} = 0.32m^2$

82 경중률에 관한 설명으로 옳지 않은 것은?

① 경중률은 관측횟수에 비례한다.
② 경중률은 노선거리에 반비례한다.
③ 경중률은 확률오차의 제곱에 비례한다.
④ 경중률은 표준편차의 제곱에 반비례한다.

해설

경중률(무게, 중량값, 비중)
경중률이란 일반적으로 측정할 경우 동일한 정밀도로 측정하는 경우와 서로 상이한 정밀도로 측정하는 경우가 있다. 정밀도를 서로 상이하게 측정하는 경우에 최확값을 구할 때 정밀도를 고려하는 적용계수를 경중률(Weight)이라고 하는데, 관측값의 신뢰도를 나타내며 다음과 같은 성질을 가진다. 즉 경중률은 특정 측정값과 이와 연관된 다른 측정값에 대한 상대적인 신뢰성을 표현하는 척도이다.

Answer 79 ② 80 ① 81 ③ 82 ③

경중률과 관측횟수의 관계	경중률은 관측횟수(N)에 비례한다. $P_1 : P_2 : P_3 = N_1 : N_2 : N_3$	
경중률과 노선거리의 관계	경중률은 노선거리(S)에 반비례한다. $P_1 : P_2 : P_3 = \dfrac{1}{S_1} : \dfrac{1}{S_2} : \dfrac{1}{S_3}$	
경중률과 평균제곱근 오차의 관계	경중률은 평균제곱근 오차(m)의 제곱에 반비례한다. $P_1 : P_2 P_3 = \dfrac{1}{m_1^2} : \dfrac{1}{m_2^2} : \dfrac{1}{m_3^2}$	
경중률과 정밀도의 관계	경중률은 정밀도의 제곱에 비례한다. ($P_1 : P_2 : P_3 = R_1^2 : R_2^2 : R_3^2$)	
직접 수준측량	직접 수준측량에서 오차는 노선거리(S)의 제곱근 $\sqrt{S}$에 비례한다. $(m_1 : m_2 : m_3 = \sqrt{S_1} : \sqrt{S_2} : \sqrt{S_3})$	
	직접 수준측량에서 경중률은 노선거리(S)에 반비례한다. $(P_1 : P_2 : P_3 = \dfrac{1}{S_1} : \dfrac{1}{S_2} : \dfrac{1}{S_3})$	
간접 수준측량	간접 수준측량에서 오차는 노선거리(S)에 비례한다. $(m_1 : m_2 : m_3 = S_1 : S_2 : S_3)$	
	간접 수준측량에서 경중률은 노선거리(S)의 제곱에 반비례한다. $(P_1 : P_2 : P_3 = \dfrac{1}{S_1^2} : \dfrac{1}{S_2^2} : \dfrac{1}{S_3^2})$	
평균제곱근오차 (Root Mean Square Error : RMSE)	밀도함수의 68.26% 잔차의 제곱을 산술평균한 값의 제곱근 평균제곱근오차는 표준편차와 같은 의미로 사용 $\sigma = \pm \sqrt{\dfrac{[vv]}{n-1}}$	
표준편차 (Standard Deviation)	독립관측값의 정밀도의 척도 $\sigma = \pm \sqrt{\dfrac{[vv]}{n-1}}$	
표준오차 (Standard Error)	조정환산값(평균값)의 정밀도의 척도로 표준편차를 관측횟수의 제곱근 ($\sqrt{n}$)으로 나눈 값 $\sigma = \pm \sqrt{\dfrac{[vv]}{n(n-1)}}$	
확률오차 (Probable Error)	밀도함수의 50%(표준편차의 67.45%) $\gamma = \pm 0.6745 \sqrt{\dfrac{[vv]}{n(n-1)}}$	

83 일반적으로 주곡선의 등고선 간격을 결정하는데 가장 중요한 요소는?

① 도면의 축척
② 지역의 넓이
③ 지형의 상태
④ 내업에 필요한 시간

해설

등고선 간격 결정 시 고려사항
① 도면(지도) 축척
② 지형도 사용 목적
③ 측량 시간과 경비
④ 지형의 형태
⑤ 세부 지형지물의 표현 가능정도

84 트래버스 측량의 조정에서 컴퍼스 법칙에 의한 조정방법에 대한 설명으로 옳은 것은?

① 각 측량의 정밀도가 거리 측량의 정밀도보다 높을 때 적용되는 방법이다.
② 거리 측량의 정밀도가 각 측량의 정밀도보다 높을 때 적용되는 방법이다.
③ 위거와 경거의 폐합(결합)오차를 각 측선에 이르는 위거(또는 경거)의 크기에 비례하여 그 조정량을 구한다.
④ 위거와 경거의 폐합(결합)오차를 각 측선에 거리에 비례하여 그 조정량을 구한다.

해설

폐합오차의 조정 방법

배각법 (트랜싯법칙)	각 측선의 종선차(위거) 또는 횡선차(경거) 길이에 비례하여 배분 $T = -\dfrac{e}{|L|} \times l$ 여기서, T = 각 측선의 종·횡선차에 배분할 센티미터 단위의 수치(조정량) e = 종선오차 또는 횡선오차 $|L|$ = 종선차(위거) 또는 횡선차(경거)의 절대치의 합계 l = 각 측선의 종선차 또는 횡선차

Answer 83 ① 84 ④

| 방위각법
(컴퍼스법칙) | 각 측선장에 비례하여 배분할 것

$$C = -\frac{e}{\sum L} \times l$$

여기서,
C : 각 측선의 종·횡선차에 배분할 수치(조정량)
e : 종·횡선오차
$\sum L$: 측선장의 총합계
l : 각 측선의 측선장 |

85 미지수 x, y를 포함하고 있는 다음과 같은 비선형방정식이 있다. 최소제곱조정을 위하여 초기값을 x=1, y=1이라고 가정할 경우 첫 번째 반복(iteration)에 의한 x, y의 추정값은?

$$F(x,y) : x + y - 2y^2 = -4$$
$$G(x,y) : x^2 + y^2 = 8$$

① $x = 2.25$, $y = 2.75$ ② $x = 2.35$, $y = 2.85$
③ $x = 2.25$, $y = 2.95$ ④ $x = 2.15$, $y = 2.65$

86 각관축 장비의 조정에 대한 설명으로 옳지 않은 것은?

① 기포관축과 수평축은 직교해야 한다.
② 수평축과 연직축은 직교해야 한다.
③ 수평축과 시준축은 직교해야 한다.
④ 기포관축과 연직축은 직교해야 한다.

[해설]
⇒ 트랜싯의 조정 조건
① 기포관축과 연직축은 직교해야 한다.($L \perp V$)
   : 1조정(연직축오차 : 평반기포관의 조정)
② 시준선과 수평축은 직교해야 한다.($C \perp H$)
   : 2조정(시준축오차 : 십자종선의 조정)
③ 수평축과 연직축은 직교해야 한다.($H \perp V$)
   : 3조정(수평축오차 : 수평축의 조정)

※ 트랜싯의 3축 : 연직축, 수평축, 시준축

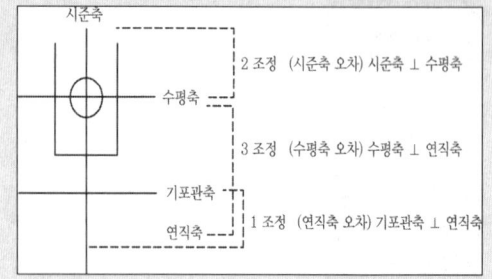

※ 트랜싯의 제6조정

수평각 측정	① 제1조정 : 평반기포관의 조정 (평반기포관축⊥연직축) : 연직축 오차 ② 제2조정 : 십자종선의 조정 (십자종선⊥수평축) : 시준축 오차 ③ 제3조정 : 수평축(지주)의 조정 (수평축⊥연직축) : 수평축 오차
연직각 측정	④ 제4조정 : 십자횡선의 조정 (십자횡선//수평축) ⑤ 제5조정 : 망원경 기포관의 조정 (망원경 기포관축//시준선) ⑥ 제6조정 : 연직분도원의 조정 (망원경 기포관의 기포가 중앙에 있을 때 연직분도원 0°와 버니어의 0은 일치해야 한다.)

87 삼각측량에 의한 관측 결과가 그림과 같을 때, C점의 좌표는? (단, AB의 거리 =10m, 좌표의 단위 : m)

① (6.13, 10.62)
② (10.62, 6.13)
③ (16.13, 20.62)
④ (20.62, 16.13)

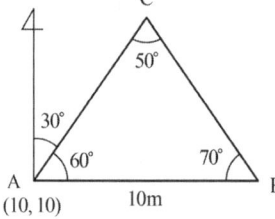

[해설]
$$\overline{AC} = \frac{\sin 70°}{\sin 50°} \times 10 = 12.27m$$
$$C_X = 10 + 12.27 \times \cos 30° = 20.62m$$
$$C_Y = 10 + 12.27 \times \sin 30° = 16.13m$$

Answer 85 ① 86 ① 87 ④

88 다음과 같은 수준측량 성과에서 측점 4의 지반고는?

[단위 : m]

측점	후시	전시 T.P	전시 I.P	지반고
1	0.95			10.00
2			1.05	
3	0.35	0.30		
4			0.90	
5		1.00		

① 9.90m ② 10.00m
③ 10.10m ④ 10.65m

해설

측점	후시	전시 T.P	전시 I.P	기계고	지반고
1	0.95			10+0.95=10.95	10.00
2			1.05		10.95−1.05=9.90
3	0.35	0.30		10.65+0.35=11.00	10.95−0.30=10.65
4			0.90		11−0.90=10.10
5		1.00			11−1.00=10.00

89 줄자로 40m를 관측할 때, 양단의 고저차가 42cm 이었다면 수평거리의 보정값은?

① −1.2mm ② −2.2mm
③ −3.3mm ④ −4.4mm

해설

$$C_i = -\frac{h^2}{2L} = -\frac{0.42^2}{2 \times 40} = -0.0022m = -2.2mm$$

90 그림과 같이 편심관측을 하여 S_1=2000m, S_2=1000m, e=0.1m, T'=120°, ψ=330° 의 결과를 얻었을 때 $\angle X_1$, $\angle X_2$는?

① $\angle X_1$=3″, $\angle X_2$=6″
② $\angle X_1$=5″, $\angle X_2$=10″
③ $\angle X_1$=10″, $\angle X_2$=20″
④ $\angle X_1$=15″, $\angle X_2$=30″

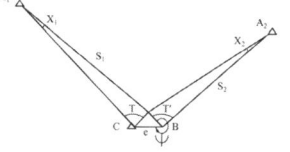

해설

$$\frac{e}{\sin x_1} = \frac{S_1}{\sin(360° - 330°)}$$

$$x_1 = \sin^{-1}\frac{0.1 \times \sin 30°}{2,000} = 0°0'5.16''$$

$$\frac{e}{\sin x_2} = \frac{S_2}{\sin(360° - 330° + 120°)}$$

$$x_2 = \sin^{-1}\frac{0.1 \times \sin 150°}{1,000} = 0°0'10.31''$$

91 트래버스 측량의 각 관측에서 허용범위 이내의 오차가 발생하였을 경우의 오차배분에 대한 설명으로 옳지 않은 것은?

① 각 관측의 정확도가 같을 때는 오차를 각의 대소에 관계없이 등분하여 배분한다.
② 각 관측은 경중률이 같을 경우에는 각의 크기에 비례하여 배분한다.
③ 각 관측은 경중률이 다를 경우에는 그 오차를 경중률을 고려하여 배분한다.
④ 변길이의 역수에 비례하여 각각의 관측각에 배분한다.

해설

트래버스측량의 각 관측에서 허용범위 이내의 오차 배분
① 각 관측의 정확도가 같을 때는 각의 크기에 관계없이 등배분한다.
② 각 관측의 경중률이 다를 경우에는 경중률에 반비례하여 배분한다.
③ 각 관측의 경중률이 다를 경우에는 그 오차를 경중률을 고려하여 배분한다.
④ 변 길이의 역수에 비례하여 배분한다.

92 등고선에 대한 설명으로 틀린 것은?

① 등고선은 절벽, 동굴과 같은 지형에서는 서로 교차하기도 한다.
② 경사가 급할수록 등고선의 간격이 좁다.
③ 경사가 같으면 등고선의 간격이 일정하다.

Answer 88 ③ 89 ② 90 ② 91 ② 92 ④

④ 등고선은 최대경사선과는 직교하고 분수선과는 평행하다.

해설

등고선의 성질
(1) 동일 등고선상에 있는 모든 점은 같은 높이이다.
(2) 등고선은 반드시 도면 안이나 밖에서 서로가 폐합한다.
(3) 지도의 도면 내에서 폐합되면 가장 가운데 부분을 산꼭대기(산정) 또는 凹지(요지)가 된다.
(4) 등고선은 도중에 없어지거나, 엇갈리거나 합쳐지거나 갈라지지 않는다.
(5) 높이가 다른 두 등고선은 동굴이나 절벽의 지형이 아닌 곳에서는 교차하지 않는다.
(6) 등고선은 경사가 급한 곳에서는 간격이 좁고 완만한 경사에서는 넓다.
(7) 최대경사의 방향은 등고선과 직각으로 교차한다.
(8) 분수선(능선)과 곡선(유하선)은 등고선과 직각으로 만난다.
(9) 2쌍의 등고선의 볼록부가 상대할 때는 볼록부를 나타낸다.
(10) 동등한 경사의 지표에서 양 등고선의 수평거리는 같다.
(11) 같은 경사의 평면일 때는 나란한 직선이 된다.
(12) 등고선이 능선을 직각방향으로 횡단한 다음 능선 다른 쪽을 따라 거슬러 올라간다.
(13) 등고선의 수평거리는 산꼭대기 및 산밑에서는 크고 산중턱에서는 작다.

93 레벨을 조정하기 위하여 그림과 같이 설치하여 BC=CD=50m, AB=10m일 때 B에서의 관측값이 b_1=1.262m, b_2=1.726m, D에서의 관측값이 d_1=1.745m, d_2=2.245m일 때 조정량은?

① 0.0001 rad
② 0.0004 rad
③ 0.0007 rad
④ 0.0009 rad

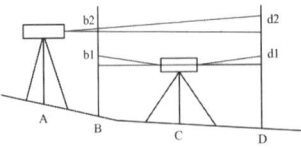

해설

$$조정량(d) = \frac{D+e}{D}\{(b_1-d_1)-(b_2-d_2)\}$$
$$= \frac{100+10}{100}\{(1.262-1.745)-(1.726-2.245)\}$$
$$= \frac{110}{100}(-0.483-(-0.519))$$
$$= 0.0396m$$

θ를 라디안(θ)으로
$\Delta l = R\theta$ 에서
$\theta = \frac{\Delta l}{R} = \frac{0.0396}{110}$
$= 0.00036\,rad$
$\therefore ≒ 0.0004\,rad$

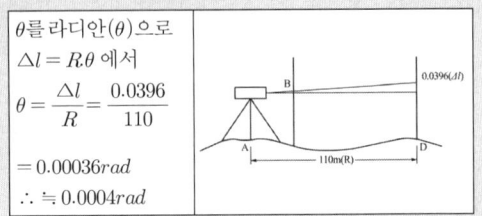

94 수준측량의 오차 중 정오차가 아닌 것은?

① 표척눈금이 정확하지 않을 때 오차
② 표척의 영눈금 오차
③ 시차에 의한 오차
④ 시준선 오차

해설

정오차	우연(부정)오차
① 지구 곡률에 의한 오차 ② 광선 굴절에 의한 오차 ③ 표척눈금 부정에 의한 오차 ④ 지반 연약으로 인한 오차 ⑤ 표척을 연직으로 안 세웠을 때의 경사 오차	① 시차로 인한 오차 ② 기포의 이동(둔감)에 의한 오차 ③ 진동, 지진에 의한 오차 ④ 대물경의 출입에 의한 오차 ⑤ 레벨 조정, 불안전에 의한 오차 ⑥ 일광 직사로 인한 오차

Answer 93 ② 94 ③

95 「공간정보의 구축 및 관리 등에 관한 법률」 제정의 목적에 해당되는 것은?

① 국제적 기준의 측량 기술 확보에 기여
② 공간정보의 활용 향상에 기여
③ 국민의 소유권 보호에 기여
④ 측량업자의 권익 향상에 기여

해설

공간정보의 구축 및 관리 등에 관한 법률 제1조 (목적) 이 법은 측량의 기준 및 절차와 지적공부(地籍公簿)·부동산종합공부(不動産綜合公簿)의 작성 및 관리 등에 관한 사항을 규정함으로써 국토의 효율적 관리 및 국민의 소유권 보호에 기여함을 목적으로 한다. 〈개정 2013. 7. 17., 2020. 2. 18.〉

96 공공측량의 정의에 대한 설명 중 아래의 "각 호의 측량"에 대한 기준으로 옳지 않은 것은?

> 「대통령령으로 정하는 측량」이란 다음 각 호의 측량 중 국토교통부장관이 지정하여 고시하는 측량을 말한다.

① 측량실시지역의 면적이 1제곱킬로미터 이상인 기준점측량, 지형측량 및 평면측량
② 촬영지역의 면적이 10제곱킬로미터 이상인 측량용 사진의 촬영
③ 국토교통부장관이 발행하는 지도의 축척과 같은 축척의 지도 제작
④ 인공위성 등에서 취득한 영상정보에 좌표를 부여하기 위한 2차원 또는 3차원의 좌표측량

해설

공간정보의 구축 및 관리 등에 관한 법률 제2조 (정의) 이 법에서 사용하는 용어의 뜻은 다음과 같다. 〈개정 2020. 2. 18.〉
1. "측량"이란 공간상에 존재하는 일정한 점들의 위치를 측정하고 그 특성을 조사하여 도면 및 수치로 표현하거나 도면상의 위치를 현지(現地)에 재현하는 것을 말하며, 측량용 사진의 촬영, 지도의 제작 및 각종 건설사업에서 요구하는 도면작성 등을 포함한다.
2. "기본측량"이란 모든 측량의 기초가 되는 공간정보를 제공하기 위하여 국토교통부장관이 실시하는 측량을 말한다.
3. "공공측량"이란 다음 각 목의 측량을 말한다.
   가. 국가, 지방자치단체, 그 밖에 대통령령으로 정하는 기관이 관계 법령에 따른 사업 등을 시행하기 위하여 기본측량을 기초로 실시하는 측량
   나. 가목 외의 자가 시행하는 측량 중 공공의 이해 또는 안전과 밀접한 관련이 있는 측량으로서 대통령령으로 정하는 측량

공간정보의 구축 및 관리 등에 관한 법률 시행령 제3조(공공측량) 법 제2조 제3호 나목에서 "대통령령으로 정하는 측량"이란 다음 각 호의 측량 중 국토교통부장관이 지정하여 고시하는 측량을 말한다.
1. 측량실시지역의 면적이 1제곱킬로미터 이상인 기준점측량, 지형측량 및 평면측량
2. 측량노선의 길이가 10킬로미터 이상인 기준점측량
3. 국토교통부장관이 발행하는 지도의 축척과 같은 축척의 지도 제작
4. 촬영지역의 면적이 1제곱킬로미터 이상인 측량용 사진의 촬영
5. 지하시설물 측량
6. 인공위성 등에서 취득한 영상정보에 좌표를 부여하기 위한 2차원 또는 3차원의 좌표측량
7. 그 밖에 공공의 이해에 특히 관계가 있다고 인정되는 사설철도 부설, 간척 및 매립사업 등에 수반되는 측량

97 직각좌표의 기준 중 동해좌표계의 적용구역으로 옳은 것은?

① 동경 126°~128°
② 동경 128°~130°
③ 동경 130°~132°
④ 동경 132°~134°

Answer 95 ③ 96 ② 97 ③

[해설]

■ 공간정보의 구축 및 관리 등에 관한 법률 시행령 [별표 2] 〈개정 2015.6.1.〉
직각좌표의 기준(제7조제3항 관련)

1. 직각좌표계 원점

명칭	원점의 경위도	투영원점의 가산(加算)수치	원점 축척계수	적용 구역
서부 좌표계	경도: 동경 125° 00′ 위도: 북위 38° 00′	X(N) 600,000m Y(E) 200,000m	1.0000	동경 124°~126°
중부 좌표계	경도: 동경 127° 00′ 위도: 북위 38° 00′	X(N) 600,000m Y(E) 200,000m	1.0000	동경 126°~128°
동부 좌표계	경도: 동경 129° 00′ 위도: 북위 38° 00′	X(N) 600,000m Y(E) 200,000m	1.0000	동경 128°~130°
동해 좌표계	경도: 동경 131° 00′ 위도: 북위 38° 00′	X(N) 600,000m Y(E) 200,000m	1.0000	동경 130°~132°

비고)
가. 각 좌표계에서의 직각좌표는 다음의 조건에 따라 T·M(Transverse Mercator, 횡단 머케이터) 방법으로 표시하고, 원점의 좌표는 (X=0, Y=0)으로 한다.
  1) X축은 좌표계 원점의 자오선에 일치하여야 하고, 진북방향을 정(+)으로 표시하며, Y축은 X축에 직교하는 축으로서 진동방향을 정(+)으로 한다.
  2) 세계측지계에 따르지 아니하는 지적측량의 경우에는 가우스상사이중투영법으로 표시하되, 직각좌표계 투영원점의 가산(加算)수치를 각각 X(N) 500,000미터(제주도지역 550,000미터), Y(E) 200,000m로 하여 사용할 수 있다.
나. 국토교통부장관은 지리정보의 위치측정을 위하여 필요하다고 인정할 때에는 직각좌표의 기준을 따로 정할 수 있다. 이 경우 국토교통부장관은 그 내용을 고시하여야 한다.
2. 지적측량에 사용되는 구소삼각지역의 직각좌표계 원점

98 공간정보를 체계적으로 정리하여 사용자가 검색하고 활용할 수 있도록 가공한 정보의 집합체로 정의되는 것은?

① 공간정보데이터베이스
② 국가공간정보통합체계
③ 공간정보관리시스템
④ 공간정보체계

[해설]

공간정보기본법 제2조(정의) 이 법에서 사용하는 용어의 뜻은 다음과 같다. 〈개정 2012. 12. 18., 2013. 3. 23., 2014. 6. 3.〉
1. "공간정보"란 지상·지하·수상·수중 등 공간상에 존재하는 자연적 또는 인공적인 객체에 대한 위치정보 및 이와 관련된 공간적 인지 및 의사결정에 필요한 정보를 말한다.
2. "공간정보데이터베이스"란 공간정보를 체계적으로 정리하여 사용자가 검색하고 활용할 수 있도록 가공한 정보의 집합체를 말한다.
3. "공간정보체계"란 공간정보를 효과적으로 수집·저장·가공·분석·표현할 수 있도록 서로 유기적으로 연계된 컴퓨터의 하드웨어, 소프트웨어, 데이터베이스 및 인적자원의 결합체를 말한다.
4. "관리기관"이란 공간정보를 생산하거나 관리하는 중앙행정기관, 지방자치단체, 「공공기관의 운영에 관한 법률」 제4조에 따른 공공기관(이하 "공공기관"이라 한다), 그 밖에 대통령령으로 정하는 민간기관을 말한다.
5. "국가공간정보체계"란 관리기관이 구축 및 관리하는 공간정보체계를 말한다.
6. "국가공간정보통합체계"란 제19조 제3항의 기본공간정보데이터베이스를 기반으로 국가공간정보체계를 통합 또는 연계하여 국토교통부장관이 구축·운용하는 공간정보체계를 말한다.
7. "공간객체등록번호"란 공간정보를 효율적으로 관리 및 활용하기 위하여 자연적 또는 인공적 객체에 부여하는 공간정보의 유일식별번호를 말한다.

Answer 98 ①

99 고의로 측량성과를 사실과 다르게 한 자에 대한 벌칙 기준은?

① 3년 이하의 징역 또는 3천만원 이하의 벌금
② 2년 이하의 징역 또는 2천만원 이하의 벌금
③ 1년 이하의 징역 또는 1천만원 이하의 벌금
④ 3백만원 이하의 과태료

[해설]

공간정보의 구축 및 관리 등에 관한 법률 제109조: 벌칙

3년 이하의 징역 또는 3천만원 이하의 벌금
[암기] (암위공)

측량업자나 수로사업자로서 속**임**수, **위**력(威力), 그 밖의 방법으로 측량업 또는 수로사업과 관련된 입찰의 **공**정성을 해친 자는 3년 이하의 징역 또는 3천만원 이하의 벌금에 처한다.

2년 이하의 징역 또는 2천만원 이하의 벌금
[암기] (거부등 외표성검)

1. 측량업의 등록을 하지 아니하거나 **거**짓이나 그 밖의 **부**정한 방법으로 측량업의 **등**록을 하고 측량업을 한 자
2. 성능검사대행자의 등록을 하지 아니하거나 **거**짓이나 그 밖의 **부**정한 방법으로 성능검사대행자의 **등**록을 하고 성능검사업무를 한 자
3. 수로사업의 등록을 하지 아니하거나 **거**짓이나 그 밖의 **부**정한 방법으로 수로사업의 **등**록을 하고 수로사업을 한 자
4. 측량성과를 국**외**로 반출한 자
5. 측량기준점**표**지를 이전 또는 파손하거나 그 효용을 해치는 행위를 한 자
6. 고의로 측량**성**과 또는 수로조사성과를 사실과 다르게 한 자
7. 성능**검**사를 부정하게 한 성능검사대행자

1년 이하의 징역 또는 1천만원 이하의 벌금
[암기] (둘비하을 대관대복)

1. **둘** 이상의 측량업자에게 소속된 측량기술자 또는 수로기술자
2. 업무상 알게 된 **비**밀을 누설한 측량기술자 또는 수로기술자
3. 거짓(**하**위)으로 다음 각 목의 신청을 한 자

| 가. 신규등록 신청 |
| 나. 등록전환 신청 |
| 다. 분할 신청 |
| 라. 합병 신청 |
| 마. 지목변경 신청 |
| 바. 바다로 된 토지의 등록말소 신청 |
| 사. 축척변경 신청 |
| 아. 등록사항의 정정 신청 |
| 자. 도시개발사업 등 시행지역의 토지이동 신청 |

4. 측량기술자가 아님에도 **불**구하고 측량을 한 자
5. 지적측량수수료 외의 **대**가를 받은 지적측량기술자
6. 심사를 받지 아니하고 지도등을 간행하여 **판**매하거나 배포한 자
7. 다른 사람에게 측량업등록증 또는 측량업등록수첩을 **빌려주거나(대여)** 자기의 성명 또는 상호를 사용하여 측량업무를 하게 한 자
8. 다른 사람의 측량업등록증 또는 측량업등록수첩을 **빌려서(대여)** 사용하거나 다른 사람의 성명 또는 상호를 사용하여 측량업무를 한 자
9. 다른 사람에게 자기의 성능검사대행자 등록증을 **빌려(대여)** 주거나 자기의 성명 또는 상호를 사용하여 성능검사대행업무를 수행하게 한 자
10. 다른 사람의 성능검사대행자 등록증을 **빌려서(대여)** 사용하거나 다른 사람의 성명 또는 상호를 사용하여 성능검사대행업무를 수행한 자
11. 무단으로 측량성과 또는 측량기록을 **복**제한 자
12. 해양수산부장관의 승인을 받지 아니하고 수로도서지를 **복**제하거나 이를 변형하여 수로도서지와 비슷한 제작물을 발행한 자

Answer 99 ②

100 공공측량시행자는 공공측량성과를 얻은 경우에는 지체 없이 그 사본을 누구에게 제출하여야 하는가?

① 국토교통부장관
② 시·도지사
③ 행정안전부장관
④ 공간정보산업협회장

해설

공간정보의 구축 및 관리 등에 관한 법률 제18조 (공공측량성과의 심사)
① 공공측량시행자는 공공측량성과를 얻은 경우에는 지체 없이 그 사본을 **국토교통부장관**에게 제출하여야 한다.
② 국토교통부장관은 필요하다고 인정하면 공공측량시행자에게 공공측량기록의 사본을 제출하도록 할 수 있다. 〈개정 2013. 3. 23.〉
③ 국토교통부장관은 제1항에 따라 공공측량성과의 사본을 받았으면 지체 없이 그 내용을 심사하여 그 결과를 해당 공공측량시행자에게 통지하여야 한다. 〈개정 2013. 3. 23.〉
④ 국토교통부장관은 제3항에 따른 심사 결과 공공측량성과가 적합하다고 인정되면 대통령령으로 정하는 바에 따라 그 측량성과를 고시하여야 한다. 〈개정 2013. 3. 23.〉
⑤ 공공측량성과의 제출 및 심사에 필요한 사항은 국토교통부령으로 정한다.

Answer 100 ①

측량 및 지형공간정보
2020년 8월 22일 기사

제1과목 | 측지학 및 위성측위시스템

01 관측자가 이동국(관측점)의 GNSS만을 운용하며, 기준국(GNSS 상시관측소)들로부터 생성된 관측오차정보 데이터를 무선인터넷으로 수신받아 실시간 정밀위치 측정을 수행하는 GNSS측량 방식은?

① 정지측량
② 네트워크 RTK측량
③ 이동측량
④ Fast-static측량

해설

지적위성측량	GNSS(Global Navigation Satellite System : 위성항법시스템) 측량기를 사용하여 실시하는 지적측량을 말한다.
다중기준국 실시간 이동측량 (Network-RTK)	3점 이상의 위성기준점을 이용하여 산출한 보정정보와 이동국이 수신한 GNSS 반송파 위상 신호를 실시간 기선해석을 통해 이동국의 위치를 결정하는 측량을 말한다.
단일기준국 실시간 이동측량 (Single-RTK)	기지점(통합기준점 및 지적기준점)에 설치한 GNSS 측량기로부터 수신된 보정정보와 이동국이 수신한 GNSS 반송파 위상 신호를 실시간 기선해석을 통해 이동국의 위치를 결정하는 측량을 말한다.
정지측량 (Static)	위성수신기를 관측지점에 일정시간 동안 고정하여 연속적으로 위성데이터를 취득한 후 기선해석 및 조정계산을 수행하는 측량방법을 말한다.
토털스테이션 측량	기지점(통합기준점 및 지적기준점)에 설치한 토털스테이션에 의하여 기지점과 경계점 간의 수평각, 연직각 및 거리를 측정하여 소구점의 위치를 결정하는 측량을 말한다.

02 천문좌표계에서 어떤 시각의 별의 위치를 적경(a)과 적위(δ)로 나타내는 좌표는?

① 지평좌표
② 황도좌표
③ 적도좌표
④ 시각좌표

해설

천문좌표계

지평좌표 (방위각-고저각 좌표계)	① 관측자를 중심으로 천체의 위치를 가장 간략하게 표시하는 좌표계이다. ② 관측자의 위치에 따라 방위각(A), 고저각(h)이 변하는 단점이 있다.
적도좌표계	① 천구상 위치를 천구 적도면을 기준으로 적경(α)과 적위(δ) 또는 시간각(H)과 적위(δ)로 나타내는 좌표계이다. ② 시간과 장소에 관계없이 좌표값이 일정하고, 정확도가 높아 가장 널리 이용된다. ③ 특별한 시설이 없으면 천체를 나타내지 못하는 단점이 있다.

Answer 01 ② 02 ③

황도좌표계	① 태양계 내의 천체의 운동을 설명하는데 편리하다. ② 이는 태양계의 모든 천체의 궤도면이 지구의 궤도면과 거의 일치하며 천구상에서 황도 가까운 곳에 나타나기 때문이다(황도를 기준으로 함).
은하좌표	① 은하계의 중간 평면을 은하적도로 하여 은경, 은위로 위치 표현한다. ② 은하 적도는 천구적도에 비해 63° 기울어져 있다. ③ 은하계내의 천구 위치나 은하계와 연관 있는 현상을 설명할 때 편리하다.

03 GPS 신호의 기본 주파수는 얼마인가?

① 1.023MHz   ② 10.23MHz
③ 102.3MHz   ④ 1023MHz

해설

GPS 신호

GPS신호는 C/A코드, P코드 및 항법메시지 등의 측위 계산용 신호가 각기다른 주파수를 가진 L1 및 L2 파의 2개 전파에 실려 지상으로 방송이 되며 L1/L2파는 코드신호 및 항법메시지를 운반한다고 하여 반송파(Carrier Wave)라 한다.

신호	구분	내용
반송파 (Carrier)	L1	• 주파수1, 575.42MHz (154×10.23MHz), 파장19cm • C/A code와 P code 변조 가능
	L2	• 주파수1, 227.60MHz (120×10.23MHz), **파장24cm** • P code만 변조 가능
코드 (Code)	P code	• 반복주기 7일인 PRN code (Pseudo Random Noise code) • 주파수 10.23MHz, 파장 30m (29.3m)
	C/A code	• 반복주기 : 1ms (milli-second)로 1.023Mbps로 구성된 PPN code • 주파수 1.023MHz, 파장 300m (293m)

04 우리나라의 표고기준에 관한 설명 중 틀린 것은?

① 다년간 조석 관측한 결과를 평균 조정한 평균 해수면을 이용하여 그 위치를 지상에 영구표석으로 설치하여 수준원점으로 삼았다.
② 우리나라의 수준원점의 표고는 26.6871m이다.
③ 해저수심은 평균최고 만조면을 기준으로 한다.
④ 우리나라 수준원점은 인하공업전문대학 내에 있다.

해설

공간정보의 구축 및 관리 등에 관한 법 제6조 측량기준

1) 측량기준은 다음 각 호와 같다.
  ① 位置는 세계측지계(世界測地系)에 따라 측정한 지리학적 경위도와 높이(평균해면으로 부터의 높이를 말한다. 이하 이 항에서 같다)로 표시한다. 다만 지도제작 등을 위하여 필요한 경우에는 직각좌표와 높이, 극좌표와 높이, 지구중심 직교좌표 및 그 밖의 다른 좌표로 표시 할 수 있다.
  ② 測量의 原點은 대한민국 경위도원점(經緯度原點) 및 수준원점(水準原點)으로 한다. 다만 섬 등 대통령령으로 정하는 지역에 대하여는 국토해양부장관이 따로 정하여 고시 하는 원점을 사용 할 수 있다.
  ③ 수로조사에서 간출지(干出地)의 높이와 수심은 기본수준면(일정 기간 조석을 관측하여 분석한 결과 가장 낮은 해수면)을 기준으로 측량한다.(삭제 2020.2.18.)
  ④ 해안선은 해수면이 약최고고조면(略最高潮面 : 일정 기간 조석을 관측하여 분석한 결과 가장 높은 해수면)에 이르렀을 때의 육지와 해수면과의 경계로 표시한다.(삭제 2020.2.18.)

표고의 기준	내 용
육지표고기준	평균해수면(승눙소위년, Mean Sea Level : MSL)
해저수심, 간출암(干出岩)의 높이, 저조선(低潮線)	평균최저간조면(Mean Lowest Low Level : MLLW)

Answer 03 ② 04 ③

표고의 기준	내 용
해안선(海岸線)	해면이 평균최고고조면(Mean Highest High Water Level : MHHW)에 달하였을 때 육지와 해면의 경계로 표시한다.

해설

$$f = \frac{1}{T} = 1.023 \text{MHz}$$
$$= 1.023 \times 10^6 \text{Hz}$$
$$V = 200,000 \text{km/sec}$$
$$S = V \cdot T$$
$$= 200,000,000 \times \frac{1}{1.023 \times 10^6}$$
$$= 195.5 \text{m}$$

05 GPS 위성의 궤도 형태로 옳은 것은?

① 타원
② 쌍곡선
③ 포물선
④ 8자 형태

해설

구성요소		특징
우주부문	구성	31개의 GPS 위성
	기능	측위용 전파 상시 방송, 위성궤도정보, 시각신호 등 측위계산에 필요한 정보 방송 ① 궤도형상 : 원궤도 ② 궤도면수 : 6개면 ③ 위성수 : 1궤도면에 4개 위성 (24개+보조위성 7개) = 31개 ④ 궤도경사각 : 55° ⑤ 궤도고도 : 20,183km ⑥ 사용좌표계 : WGS84 (지구중심좌표계) ⑦ 회전주기 : 11시간 58분(0.5항성일) : 1항성일은 23시간 56분 4초 ⑧ 궤도간 이격 : 60도 ⑨ 기준발진기 : 10.23MHz : 세슘원자시계 2대 : 류비듐 원자시계 2대

06 GPS 신호에서 C/A 코드는 1.023Mbps로 이루어져 있다. GPS 신호의 전파 속도를 200000km/s로 가정 했을 때 코드 1bit 사이의 간격은 약 몇 m인가?

① 약 1.96m
② 약 19.6m
③ 약 196m
④ 약 1960m

07 지구의 공전에 의한 현상으로 옳은 것은?

① 태양의 남중고도의 변화가 생긴다.
② 밤과 낮이 생긴다.
③ 조석현상이 생긴다.
④ 운동하는 물체에 전향력이 생긴다.

해설

지구(地球)의 운동(運動)

지구의 운동에는 지구축의 주위를 회전하는 자전과 태양의 주위를 회전하는 공전 그리고 지구의 자전축이 황도면의 수직선에 대하여 23.5도의 각거리를 가지고 회전하는 세차 운동이 있으며 이러한 운동은 시간과 계절의 변화, 일조시간의 변화 등 여러 가지 현상의 원인이 되고 있다.

자전	공전
지구는 하루에 한 번씩 지축을 중심으로 회전하고 있고, 태양을 기준으로 한 번 자전하는 시간을 1태양일이라 하며 24시간으로 정한다. 지구가 항성을 기준으로 한 번 자전하는 시간을 1항성일이라 하고 23시간 56분 4초이며, 차이가 나는 이유는 지구의 공전 때문이다.	지구는 태양을 중심으로 지축이 궤도면에 대하여 기울어져서 회전운동을 하는데 그 결과 계절의 변화, 일조시간의 변화, 태양의 남중고도의 변화 등의 현상이 생긴다.

Answer 05 ① 06 ③ 07 ①

자전	공전
1. 지구가 하루에 한 번씩 지축을 중심으로 회전하고 있으며 지구의 자전운동으로 밤과 낮이 생기고 천구의 일주운동이 생기게 되는 운동을 말한다.	1. 공전으로 인하여 계절, 일조시간, 기온의 변화, 태양의남중고도에 대한 변화가 발생
2. 지구가 태양을 중심으로 한 번 자전하는 시간을 1태양일이라 하며 시간으로는 24시간을 말한다.	2. 태양은 황도를 따라 이동하며 주기를 1년으로 하고 있으므로 태양의 적위는 +23.5도(하지)에서 -23.5도(동지) 사이를 매일 약간씩 이동한다.
3. 지구가 항성을 기준으로 한 번 자전하는 시간을 1항성일이라 하며 시간으로는 23시간56분4초이다.	3. 공전운동은 항성의 연주시차, 별빛의 광행차, 별빛의 시선속도의 연주시차 등으로 증명된다.

08 항정선(rhumb line)에 대한 설명으로 틀린 것은?

① 자오선과 항상 일정한 각도를 유지하는 지표선이다.
② 방위각이 일정한 등방위선이다.
③ 한 점에서 출발한 항정선은 나선형의 곡선을 그리게 된다.
④ 항정선은 보통 평행권과 일치하므로 등위도선이라고도 한다.

해설

항정선(등방위선, 사항선, rhumb line, loxodrome)
자오선과 항상 일정한 각도를 유지하는 지표의 선으로서 그 선내의 각 점에서 방위각이 일정한 곡선이다. 한 점에서 출발한 등방위선은 극으로 갈수록 나선 모양으로 수렴(收斂)하게 되며 항공기나 선박이 항상 일정한 방위로 항행을 계속한다면 그 궤적은 등방위선을 이루게 되며 결국에는 북극 또는 남극에 도달하게 될 것이다.
(1) 선박이 나침반의 침로를 일정하게 유지하면서 항해 하는 것은 가장 간편한 航法이다

(2) 나침반의 침로를 일정하게 유지 했을 경우 배의 항적은 그 선내의 어느 곳에서든 항상 자오선에 대하여 일정한 방위각을 갖는 선행이 되는데 이것을 航程線이라 한다.
(3) 航行用 海圖로 많이 사용되는 메르카토르도법에는 자오선이 평행하게 나타나므로 航程線은 직선으로 표시된다.
(4) 航程線은 실제로 지구상의 최단거리인 大圓이 되지 않으며 계속 연장해 갈 경우 極 쪽을 향해 휘어 감기는 나선형을 이룬다.

09 다음 중 중력보정에 속하지 않는 것은?

① 고도보정
② 아이소스타시보정
③ 경도보정
④ 부게보정

해설

중력의 보정(gravity correction)

중력보정	내용
고도보정 (高度補正)	관측점 사이의 고도차가 중력에 미치는 영향을 제거하는 것
① 프리에어보정 (freeair correction)	물질의 인력을 고려하지 않고 고도차만을 고려하여 보정, 즉 관측값으로부터 기준면 사이에 질량을 무시하고 기준면으로부터 높이(또는 깊이)의 영향을 고려하는 보정
	관측된 중력값 + 고도차 = 프리에어보정
② 부게보정 (Bouguer correction)	관측점들의 고도차가 존재하는 물질의 인력이 중력에 미치는 영향을 보정하는 것, 즉 물질의 인력을 고려하는 보정. 측정점과 지오이드면 사이에 존재하는 물질이 중력에 미치는 영향에 대한 보정을 말한다.
	관측된 중력값 + 고도차 + 물질의 인력 = 프리에어보정

Answer 08 ④ 09 ③

중력보정	내용
지형보정 (topographic 또는 terrain correction)	지형보정은 관측점과 기준면 사이에 일정한 밀도의 물질이 무한히 퍼져 있는 것으로 가정하여 보정하는 것이지만 실제지형은 능선이나 계곡 등의 불규칙한 형태를 이루고 있으므로 이러한 지형영향을 고려한 보정을 지형보정이라 한다. 지형보정은 측점주위의 높음과 낮음에 관계없이 보정값을 관측값에 항상 +해주어야 한다. 관측된 중력값 + 고도차 + 물질의 인력 + 실제지형 = 지형보정
에트베스보정 (Eotvos correction)	선박이나 항공기 등의 이동체에서 중력을 관측하는 경우에 이동체 속도의 동, 서방향성분은 지구자전축에 대한 자전각속도의 상대적인 증감효과를 일으켜서 원심가속도의 변화를 가져온다. 지구에 대한 이동체의 상대운동의 영향에 의한 중력효과를 보정하는 것
조석보정 (earth tide correction)	달과 태양의 인력에 의하여 지구 자체가 주기적으로 변형하는 지구 조석현상은 중력값에도 영향을 주게 되고 이것을 보정하는 것
위도보정 (latitude correction)	지구의 적도반경과 극반경 차이에 의하여 적도에서 극으로 갈수록 중력이 커지므로 위도차에 의한 영향을 제거하는 것
대기보정 (airmass correction)	대기에 의한 중력의 영향보정
지각균형보정 (isostatic correction)	지각균형성에 의하면 밀도는 일정하지 않기 때문에 이를 보정하는 것 관측된 중력값 + 고도차 + 물질의 인력 + 실제지형 + 지각균형설 = 지각균형보정
계기보정 (drift correction)	스프링 크리프현상으로 생기는 중력의 시간에 따른 변화를 보정

10 구면삼각형의 면적이 1377km², 지구의 곡선반지름이 6370km일 때 구과량은?

① 7″ ② 16″
③ 23″ ④ 30″

해설

$$\epsilon'' = \frac{A}{R^2}\rho'' = \frac{1377}{6370^2} \times 206265'' = 6.99 = 7''$$

11 UTM좌표계에 대한 설명으로 옳은 것은?

① 각 구역은 서쪽방향으로 10°간격으로 1부터 번호를 붙인다.
② 지구 전체를 경도 6°씩 60구역으로 나눈다.
③ 위도는 6° 간격으로 남북으로 20등분하여 나눈다.
④ 위도 80°이상의 양극지역의 좌표를 표시하기 위한 좌표계이다.

해설

UTM 좌표(Universal Transverse Mercator Coordinate)
UTM 좌표는 국제횡메르카토르 투영법에 의하여 표현되는 좌표계이다. 적도를 횡축, 자오선을 종축으로 한다. 투영방식, 좌표변환식은 TM과 동일하나 원점에서 축척계수를 0.9996으로 하여 적용범위를 넓혔다.
① 지구 전체를 경도 6°씩 60개 구역으로 나누고, 각 종대의 중앙자오선과 적도의 교점을 원점으로 하여 원통도법인 횡메르카토르 투영법으로 등각투영한다.
② 각 종대는 180° W 자오선에서 동쪽으로 6° 간격으로 1~60까지 번호를 붙인다.
③ 중앙자오선에서의 축적계수는 0.9996m이다.
(축척계수 = $\frac{평면거리}{구면거리} = \frac{s}{S} = 0.9996$)
④ 종대에서 위도는 남북 80°까지만 포함시킨다.
⑤ 횡대는 8°씩 20개 구역으로 나누어 C(80°S~72°S)~X(72°N~80°N)까지(단, I, O는 제외) 20개의 알파벳 문자로 표현한다.
⑥ 결국 종대 및 횡대는 경도 6°×위도 8°의 구형 구역으로 구분된다.
⑦ 우리나라는 51~52종대와 S~T횡대에 속한다.
㉠ UTM 좌표에서 거리좌표는 m 단위로 표시하며 종좌표에서는 N을, 횡좌표에서는 E를 붙인다.
㉡ 각 종대마다 좌표원점의 값을 북반구에서 횡좌표 500,000mE, 종좌표 0mN(남반구에서는

Answer 10 ① 11 ②

10,00,000N)으로 주면 북반구에서 종좌표는 적도에서 0mN, 80° N에서 10,000,000mN이고,
ⓒ 남반구에서는 80° S에서 적도까지의 거리는 10,000,000m로 나타난다.
ⓔ 80° N과 80° S간 전 지역의 지도는 UTM 좌표로 표시하며 80° N 이북과 80° S 이남의양극 지역의 전 지역의 지도는 국제극심입체좌표(UPS)로 표시함으로써 전 세계를 일관된 좌표계로 나타낼 수 있다.

| 51 : 120°~126° E (중앙자오선 123° E) | S : 32°~40° N |
| 52 : 126°~132° E (중앙자오선 129° E) | T : 40°~48° N |

12 중력이상에 대한 설명 중 옳은 것은?

① 실측 중력값과 이론 중력값은 일반적으로 일치하는 경우가 많다.
② 중력이상은 실측 중력값에서 이론 중력값을 뺀 값을 말한다.
③ 중력측정은 높이 측정에만 이용된다.
④ 후리에어 보정은 지형보정, 고도보정을 한 후 관측점의 위도에 따라 정해지는 표준중력을 뺀 값이다.

해설
1. 중력변화(중력의 經年變化)의 원인
중력은 항상성이 높은 물리량의 하나이지만 장기간에 걸쳐서 서서히 변화하고 있는데 이를 중력의 경년변화라 한다. 중력은 만유인력과 지구자전에 의한 원심력이 합성된 것으로 **적도에 가까울수록 중력은 감소하며 물리학적 측지학에 속한다.**
2. **重力異常**(gravity anomary)
중력이상이란 중력보정을 통하여 기준면에서의 중력값으로 보정된 중력값에서 표준중력값을 뺀 값이다. 즉 실제 관측중력값에서 표준중력식에 의해 계산한 중력값을 뺀 것이다. 중력이상의 주원인은 지하의 지질밀도가 고르게 분포되어 있지 않기 때문이다.
중력이상=중력실측값-이론실측값
중력이상(+)=질량이 여유있는 지역
중력이상(-)=질량이 부족한 지역

밀도가 큰 물질이 지표 가까이 있을 때는 (+)값 반대인 경우는 (-)값을 갖는다.
중력이상에 의해 지표 밑의 상태를 측정할 수 있다.

13 지구의 반지름이 6370km이고, 지구를 평면이라고 가정할 때 거리 오차의 정밀도가 $1/10^6$이면 허용 거리오차는?

① 10.7m ② 6.3m
③ 2.2m ④ 0.1m

해설
㉠ 허용정밀도 $\left(\dfrac{d-D}{D}\right) = \dfrac{D^2}{12 \cdot R^2} = \dfrac{1}{m} = M$

ⓒ 거리허용오차
$(d-D) = \dfrac{D^3}{12 \cdot R^2} = \dfrac{22^3}{12 \times 6370^2} = 0.000022\text{km}$
$= 2.2\text{cm}$

ⓒ 평면으로 간주할 수 있는 범위
$(D) = \sqrt{\dfrac{12 \cdot R^2}{m}} = \sqrt{\dfrac{12 \times 6370^2}{1,000,000}} = 22\text{km}$

14 GNSS의 오차요인 중에서 DGPS기법으로 상쇄되는 오차가 아닌 것은?

① 위성의 궤도 정보 오차
② 전리층에 의한 신호지연
③ 대류권에 의한 신호 지연
④ 전파의 간섭

해설
DGPS는 GPS에 의해 결정한 오차를 줄이는 기술로, 이미 알고 있는 기지점의 좌표를 이용하여 오차를 최소한 소거시켜 관측점의 위치정확도를 높이기 위한 위치결정방식이다.
DGPS에 의해 소거되는 오차
① 전리층 오차
② 위성시계오차
③ 위성궤도오차

Answer 12 ② 13 ③ 14 ④

15 지자기에 대한 설명으로 옳지 않은 것은?

① 지자기는 스칼라양이다.
② 편각은 지자기의 방향과 자오선과의 각이다.
③ 복각은 지자기의 방향과 수평면과의 각이다.
④ 수평분력이란 수평면내에서의 자기장의 크기이다.

해설

지자기 측량은 중력측량과 함께 지하측량에 많이 이용되는 측량으로, 중력측량은 지하물질의 밀도 차이가 원인이 되지만, 지자기 측량은 지하물질의 자성의 차이가 원인이 된다. 북반구에서는 자침의 N 극은 수평면의 아래쪽을 향하여 복각 I 는 양의 값이며, 남반구에서는 이와 반대가 되어 음의 값이다.

➪ 지자기 3요소

편각	수평분력 H가 진북과 이루는 각. 지자기의 방향과 자오선이 이루는 각
복각	전자장 F와 수평분력 H가 이루는 각. 지자기의 방향과 수평면과 이루는 각
수평분력	전자장 F의 수평성분. 수평면 내에서의 지자기장의 크기(지자기의 강도)를 말하며, 지자기의 강도를 전자력의 수평방향의 성분을 수평분력, 연직방향의 성분을 연직분력이라 한다.

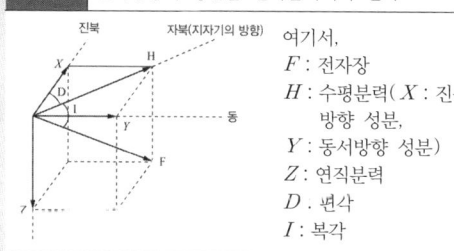

여기서,
F : 전자장
H : 수평분력(X : 진북방향 성분,
Y : 동서방향 성분)
Z : 연직분력
D : 편각
I : 복각

16 GPS의 공식 기준좌표계는?

① ITRS
② ITRF
③ GRS80
④ WGS84

해설

구성 요소		특징
우주 부문	구성	31개의 GPS 위성
	기능	측위용 전파 상시 방송, 위성궤도정보, 시각신호 등 측위계산에 필요한 정보 방송 ① 궤도형상 : 원궤도 ② 궤도면수 : 6개면 ③ 위성수 : 1궤도면에 4개 위성 (24개 + 보조위성 7개) = 31개 ④ 궤도경사각 : 55° ⑤ 궤도고도 : 20,183km ⑥ 사용좌표계 : WGS84 (지구중심좌표계) ⑦ 회전주기 : 11시간 58분(0.5항성일) : 1항성일은 23시간 56분 4초 ⑧ 궤도간 이격 : 60도 ⑨ 기준발진기 : 10.23MHz 　: 세슘원자시계 2대 　: 류비듐원자시계 2대

17 통합기준점 설치를 위한 GPS 기준점 측량 시 연속 관측 시간은?

① 1시간
② 2시간
③ 4시간
④ 8시간

해설

GPS에 의한 기준점측량 작업규정제12조(관측의 실시) GPS측량은 다음과 같은 관측 조건으로 실시한다.

1. GPS측량은 Session 모두 정적간섭측위방법으로 실시한다.
2. GPS측량에 사용하는 위성은 다음과 같다.
  가. 고도각은 원칙적으로 15° 이상일 것
  나. 위성의 작동 상태가 정상일 것
  다. 동시 수신 위성수는 4개 이상일 것
3. GPS측량은 관측 착수전에 최신의 위성궤도정보를 기초로 관측 계획표를 작성한다.
4. GPS측량의 입력단위 및 자리수는 다음표와 같으며, 표고점 및 편심점의 GPS측량을 포함한다.

Answer 15 ① 16 ④ 17 ④

항목	단위	자리수	비고
경·위도	도·분·초 (GRS80)	1	자동입력기능이 있는 기종은 자동입력
타원체고	m (GRS80)	1	〃
안테나고	m	0.001	

5. GPS측량은 Session단위로 실시한다.
6. GPS측량 시간 등은 다음과 같다.

구분	2등 기준점 측량	3등 기준점 측량
Session수	1 이상	1 이상
Session관측시간	8시간 이상	4시간 이상
데이터취득간격	30초	30초
Session의 중복	2점 이상	2점 이상

18 GNSS 간섭측위 방법 중 위성 시계오차와 수신기 시계오차를 상쇄시킬 수 있고 관측시간이 길지만 모호징수(ambiguity)가 소거될 수 있는 반송파 위상 조합 방법은?

① 수신기간 단일차분위상차
② 위성간 단일차분위상차
③ 이중차분위상차
④ 삼중차분위상차

[해설]
간섭측위에 의한 위상차 측정
정적간섭측위(Static Positioning)를 통하여 기선해석을 하는데 사용하는 방법으로서 두개의 기지점에 GPS 수신기를 설치하고 위상차를 측정하여 기선의 길이와 방향을 3차원 벡터량으로 결정하는데 다음과 같은 위상차 차분기법을 통하여 기선해석 품질을 높인다.

구 분	특 징
일중위상차 : Single Phace Difference)	1. 수신기간 일중위상차 ① 한개의 위성과 두 대의 수신기를 이용한 위성과 수신기간의 거리측정차(행로차) ② 동일위성에 대한 측정치이므로 위성의 궤도오차와 원자시계에 의한 오차가 소거된 상태 ③ 그러나 **수신기의 시계오차는 포함되어 있는 상태임** 2. 위성 간 일중위상차 ① 두개의 위성과 한 대의 수신기를 이용한 위성과 수신기간의 거리측정차(행로차) ② 다른위성에 대한 측정치이므로 위성의 궤도오차와 수신기의시계에 의한 오차가 소거된 상태 ③ 그러나 **위성 시계오차는 포함되어 있는 상태임**
이중위상차 : Double Phace Difference)	① 두 개의 위성과 두 대의 수신기를 이용하여 각각의 위성에 대한 수신기간 1중차 끼리의 차이값 ② 두개의 위성에 대하여 두 대의 수신기로 관측함으로서 같은양으로 존재하는 수신기의 시계오차를 소거한 상태 ③ 일반적으로 최소 4개의 위성을 관측하여 3회의 이중차를 측정하여 기선해석을 하는 것이 통례임
삼중위상차 : Triple Phace Difference)	① 한 개의 위성에 대하여 어떤 시각의 위상 적산치(측정치)와 다음시각의 적산치와의 차이 값을 적분위상차라고도 한다. ② 반송파의 모호정수(불명확상수)를 소거하기 위하여 일정시간 간격으로 이중차의 차이 값을 측정하는 것을 말한다. ③ 즉, 일정시간동안의 위성거리 변화를 뜻하며 파장의 정수배의 불명확을 해결하는 방법으로 이용된다. ④ 위성 수신기의 시계오차 소거와 정수 바이어스 소거 된 상태

19 GNSS 위성측위에서 3차원 위치결정에 필요한 최소 위성 수는?

① 1개
② 2개
③ 4개
④ 6개

> [해설]

GPS관측 위성수
3차원위치결정 = 위치(x,y,z) + 시간(t)으로 4개의 미지수 결정을 위해 4개의 위성이 필요하다.
RTK 위치결정은 5개의 위성이 필요하다.

20 지진파의 종류가 아닌 것은?

① P파
② L파
③ S파
④ V파

> [해설]

탄성파(지진파)의 종류
탄성파는 탄성체에 충격으로 급격한 변형을 주었을 때 생기는 파로 종파, 횡파, 표면파의 3종류가 있다. 지진이 일어났을 때 지진계에 기록되는 순서 : P파 → S파 → L파

종류	진동방향	속도 및 도달시간	특징
P파 (종파)	진행방향과 일치	① 속도 7~8km/sec ② 도달시간 0분	① 모든 물체에 전파 ② 아주 작은 폭
S파 (횡파)	진행방향과 직각	① 속도 3~4km/sec ② 도달시간 8분	① 고체 내에서만 전파 ② 보통 폭
L파 (표면파)	수평 및 수직	① 속도 3km/sec	① 지표면에 진동 ② 아주 큰 폭

제2과목 | 응용측량

21 노선측량의 작업순서로 옳은 것은?

① 실시설계측량 - 노선선정 - 계획조사측량 - 용지측량 - 세부측량 - 공사측량
② 노선선정 - 계획조사측량 - 용지측량 - 세부측량 - 실시설계측량 - 공사측량
③ 실시설계측량 - 용지측량 - 노선선정 - 계획조사측량 - 세부측량 - 공사측량
④ 노선선정 - 계획조사측량 - 실시설계측량 - 세부측량 - 용지측량 - 공사측량

> [해설]

노선측량 세부 작업과정

노선선정 (路線選定)	도상선정
	종단면도 작성
	현지답사
계획조사측량 (計劃調査測量)	지형도 작성
	비교노선의 선정
	종단면도 작성
	횡단면도 작성
	개략노선의 결정
실시설계측량 (實施設計測量)	지형도 작성
	중심선의 선정
	중심선 설치(도상)
	다각측량
	중심선설치(현지)
고저측량	고저측량
	종단면도 작성
세부측량 (細部測量)	구조물의 장소에 대해서, 지형도(축척 종 1/500~1/100)와 종횡단면도(축척 종 1/100, 횡 1/500~1/100)를 작성한다.
용지측량 (用地測量)	횡단면도에 계획단면을 기입하여 용지 폭을 정하고, 축척 1/500 또는 1/600로 용지도를 작성한다.
공사측량 (工事測量)	기준점 확인, 중심선 검측, 검사관측
	인조점 확인 및 복원, 가인조점 등의 설치

22 터널 내 중심선 측량과 가장 거리가 먼 것은?

① 중심선 도입측량과 중심말뚝 설치
② 터널 내 고저측량
③ 터널변형 측정
④ 터널 내 곡선설치

> [해설]

터널의 중심선측량의 목적
터널측량에 있어서는 방향과 고저, 특히 방향의 오차는 영향이 크므로 되도록 직접구하여 터널을 굴진하기 위한 방향을 구하는 것과 동시에 정확한 거리를 찾아내는 것이 목적이다.
터널변형측정은 터널 중심선 측량과는 무관하다.

Answer 20 ④ 21 ④ 22 ③

23 노선의 종단면도에 계획선을 계획할 때 고려사항에 대한 설명으로 옳지 않은 것은?

① 계획경사는 요구에 맞도록 설치한다.
② 절토는 성토와 대략 같게 되도록 한다.
③ 경사와 곡선은 가능한 병설하도록 한다.
④ 절토는 성토로 유용할 수 있도록 운반거리를 고려한다.

해설

1. 종단면도에 계획선을 계획할 때 고려사항
   ① 계획경사는 요구에 맞도록 설치한다.
   ② 절토는 성토와 대략 같게 되도록 한다.
   ③ 경사와 곡선은 가능한 병설을 피하도록 한다.
   ④ 절토는 성토로 유용할 수 있도록 운반거리를 고려한다.

2. 노선조건
   ① 가능한 직선으로 할 것
   ② 가능한 한 경사가 완만할 것
   ③ 토공량이 적고 절토와 성토가 짧은 구간에서 균형을 이룰 것
   ④ 절토의 운반거리가 짧을 것
   ⑤ 배수가 완전 할 것

24 도로계획선의 설정을 위해 중심선을 따라 20m 간격으로 종단측량을 실시한 결과가 표와 같다. 측점 No.1을 시점으로 하고 No.5를 종점으로 하는 도로계획선의 기울기와 No.3의 절 + 성토고는?

측점	No.1	No.2	No.3	No.4	No.5
지반고(m)	75.7	74.5	73.5	72.5	76.5

① 기울기 = 0.8%, 절토고 = 2.25m
② 기울기 = 0.8%, 성토고 = 2.25m
③ 기울기 = 1%, 절토고 = 2.6m
④ 기울기 = 1%, 성토고 = 2.6m

해설

$i = \dfrac{h}{D} \times 100$
$= \dfrac{0.8}{80} \times 100$
$= +1\%(상향)$

$80 : 0.8 = 40 : x$
$x = \dfrac{0.8 \times 40}{80} = 0.4m$

기준인 $N01$의 표고값 75.7m에서 위로 0.4m인 지점까지가(75.7+0.4= 76.1) $N03$의 표고가 되니까 76.1m까지 성토해야 된다.
∴ $N03$의 표고 73.5m에서 $N03$의 계획선표고 76.1m의 차이는 2.6m
∴ 성토 : 76.1 − 73.5 = 2.6m

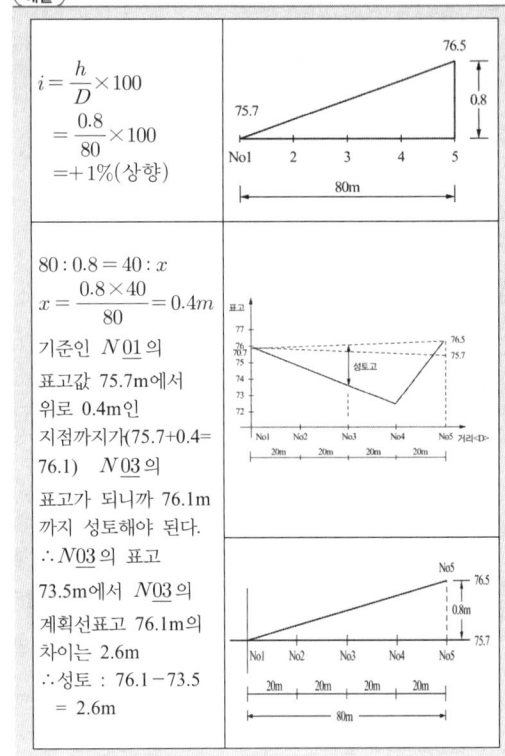

25 노선측량에서 곡선반지름 200m의 단곡선에서 캔트가 0.38m이었다면 노선의 설계 속도는? (단, 레일간격 D = 1.067m)

① 26.42km/h
② 72.21km/h
③ 95.11km/h
④ 158.52km/h

해설

$C = \dfrac{SV^2}{Rg}$

$V = \sqrt{\dfrac{CRg}{S}}$
$= \sqrt{\dfrac{0.38 \times 200 \times 9.8}{1.067}} = 26.42 \text{km/sec}$

Answer 23 ③ 24 ④ 25 ③

26 하천측량 중 유속관측에 관한 설명으로 옳지 않은 것은?

① 유속관측은 유속계에 의한 방법, 부자에 의한 방법, 하천기울기를 이용한 방법 등이 있다.
② 관측 장소의 상·하류 유로는 일정한 단면을 갖고 있으며 관측이 편리한 곳을 선정하여 관측한다.
③ 수위의 변화에 의해 하천 횡단면 형상이 급변하지 않고 토질이 양호한 곳을 선정하여 관측한다.
④ 곡류부로서 흐름의 변화가 다양하고, 하상의 요철이 많은 곳을 선정하여 관측한다.

[해설]

유량관측
유량관측은 하천과 기타 수로의 각종 수위에 대하여 유속을 관측하고, 이것에 기인하여 각 수위에 대한 유량을 계산하며 수위와 유량과의 관계를 정리하여 하천계획과 Dam 기타 계획 등 기초자료를 작성하는 데 목적이 있다.
1) 유량·유속의 관측장소
 ① 관측장소의 상·하류의 유로는 일정한 단면을 갖는 곳
 ② 관측이 편리해야한다.
 ③ 직류부로서 흐름이 일정해야한다.
 ④ 하상의 요철이 적고 하상경사가 일정해야한다.
 ⑤ 수위의 변화에 의해 하천 횡단면 형상이 급변하지 않아야 한다.
 ⑥ 지질이 양호하고 하상이 안정하여 세굴, 퇴적이 일어나지 않아야 한다.

27 유토곡선의 특성에 대한 설명으로 옳지 않은 것은?

① 곡선이 하향인 구간은 절토구간이고, 상향인 구간은 성토구간이다.
② 곡선의 저점은 성토에서 절토로, 정점은 절토에서 성토로 바뀌는 점이다.
③ 평행선(기선)에서 곡선의 지점이나 정점까지 종거는 절토에서 성토로 운반되는 전토량을 의미한다.
④ 유토곡선과 평행선(기선)의 교차점은 성토량과 절토량이 거의 같은 평형상태를 나타낸다.

[해설]

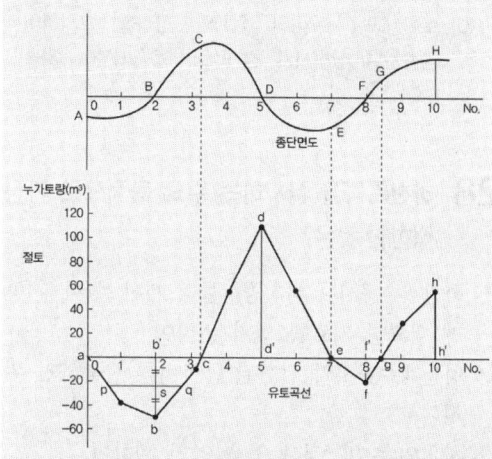

1. **유토곡선의 성질**
(1) 유토곡선의 하향구간은 성토구간, 상향구간은 절토구간이다.
(2) 유토곡선의 극대치는 절토에서 성토로 옮기는 점이고, 극소치는 성토에서 절토로 옮기는 점을 표시한다.
(3) 유토곡선의 극대점토량에서 극소점토량을 빼고 남는 것이 사토량이다.
(4) 기선(곡선과 평행선)이 교차하는 점, 즉 c,e,g는 절토량과 성토량이 거의 같은 평형상태를 나타낸다.
(5) 기선에서 임의의 평행선을 그었을 때 인접하는 교차점 사이의 토량은 절토량과 성토량이 균형을 이룬다.(즉 a∼c 구간, c∼e구간, e∼g구간)
(6) 평형선에서 곡선의 극대점이나 극소점까지의 높이는 절토에서 성토로 운반되는 전토량을 나타낸다(즉, a∼c 구간에서는 bb', c∼e구간에서는 dd', e∼g구간에서는 ff'가 전토량을 의미한다).
(7) AH구간에서 사토량은 hh'가 된다

Answer 26 ④ 27 ①

(8) 절토와 성토의 평균운반거리는 유토곡선토량의 $\frac{1}{2}$점 간의 거리로 한다(즉, AC구간의 평균운반거리는 bb'의 $\frac{1}{2}$점인 s점을 통과하는 평행선의 길이 pq이다).
(9) Mass curve로 운반장비를 선정함으로써 경제적인 시공이 가능하다.
(10) 토취장과 사토장의 위치와 거리를 고려하여 평행선을 상하시켜 경제적인 토공배분이 가능하다.

28 하천측량을 실시하는 주요 목적으로 가장 적합한 것은?

① 하천개수공사나 하천공작물의 계획, 설계, 시공에 필요한 자료를 얻기 위하여
② 하천개수공사와 관련된 공사비를 산출하기 위하여
③ 하천의 수위, 경사 등을 알기 위하여
④ 하천의 종·횡단면도를 얻기 위하여

[해설]
하천측량(河川測量)
하천 개수공사나 하천 공작물의 계획, 설계, 시공에 필요한 자료를 얻기 위하여 실시하는 측량을 하천측량이라 한다. 하천측량에서는 하천의 형상, 수위, 심천단면, 기울기, 유속 및 지형, 지물의 위치를 측량하여 평면도, 종단면도, 횡단면도 등을 작성한다.

29 다음 중 3점법에 의한 유속 계산을 위하여 관측하여야 할 수심 위치가 아닌 것은?
(단, 수심은 수면으로부터 H이다.)

① 0.2H
② 0.4H
③ 0.6H
④ 0.8H

[해설]
평균유속을 구하는 방법

1점법	수면으로부터 수심 0.6H되는 곳의 유속 $V_m = V_{0.6}$
2점법	수심 0.2H, 0.8H 되는 곳의 유속 $V_m = \frac{1}{2}(V_{0.2} + V_{0.8})$
3점법	수심 0.2H, 0.6H, 0.8H되는 곳의 유속 $V_m = \frac{1}{4}(V_{0.2} + 2V_{0.6} + V_{0.8})$
4점법	이것은 수심 1.0m 내외의 장소에서 적당하다. $V_m = \frac{1}{5}\left\{(V_{0.2} + V_{0.4} + V_{0.6} + V_{0.8}) + \frac{1}{2}\left(V_{0.2} + \frac{V_{0.8}}{2}\right)\right\}$

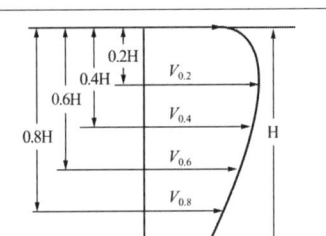

30 하천측량에 대한 설명으로 옳지 않은 것은?

① 평균수위는 어떤 기간의 관측수위를 합하여 관측횟수로 나누어 평균한 수위이다.
② 하천 횡단면 직선 내 평균 유속을 구하는데 2점법을 사용하는 경우 수면으로부터 수심의 2/10, 8/10 지점의 유속을 관측하여 평균한다.
③ 하천측량에 수준측량을 할 때의 거리표는 하천의 중심에 직각의 방향으로 설치하는 것을 원칙으로 한다.
④ 수위관측소의 위치는 지천의 합류점 및 분류점으로 수위의 변화가 활발한 곳이 적당하다.

Answer 28 ① 29 ② 30 ④

[해설]

수위 관측소(水位觀測所) 및 양수표(量水標 : water guage) 설치 장소
① 하안(河岸)과 하상(河床)이 안전하고 세굴이나 퇴적이 되지 않은 장소
② 상하류의 길이 약 100m 정도의 직선일 것
③ 유속의 변화가 크지 않아야 한다.
④ 수위가 교각이나 기타 구조물에 영향을 받지 않은 장소
⑤ 홍수 때는 관측소의 유실, 이동 및 파손될 염려가 없는 장소
⑥ 평시는 홍수 때보다 수위표가 쉽게 읽을 수 있는 장소
⑦ 지천의 합류점 및 분류점으로 수위의 변화가 생기지 않은 장소
⑧ 양수표의 영점위치는 최저 수위 밑에 있고, 양수표 눈금의 최고위는 최고 홍수위 보다 높아야 한다.
⑨ 양수표는 평균해수면의 표고를 측정해 둔다.
⑩ 어떠한 갈수 시에도 양수표가 노출되지 않는 장소
⑪ 수위가 급변하지 않는 장소
⑫ 양수표는 하천에 연하여 5~10km 마다 배치한다.

31 터널 외 기준점 측량에 대한 설명으로 옳지 않은 것은?

① 터널입구 부근은 대개 지형이 나쁘고 좁은 장소가 많으므로 인조점을 설치한다.
② 측량의 정확도를 높이기 위해 터널 외 기준점 설치시 후시를 가능한 길게 잡는 것이 좋다.
③ 고저측량용 기준점은 터널 입구 부근과 떨어진 곳에 2개소 이상 설치하는 것이 좋다.
④ 터널 외 기준점 측량은 작업터널 완성 후 터널 내 단면 변형 관측을 위해 수행한다.

[해설]

터널 외 기준점 측량
① 터널 입구 부근에 인조점(引照點)을 설치한다.
② 측량의 정확도를 높이기 위해 가능한 후시를 길게 잡는다.
③ 고저측량용 기준점은 터널 입구 부근과 떨어진 곳에 2개소 이상 설치하는 것이 좋다.
④ 기준점을 서로 관련시키기 위해 기준점이 시통되는 곳에 보조삼각점을 설치한다.

32 터널 내 수준측량에서 지형이 급경사인 경우에 가장 적당한 방법은?

① 토털스테이션을 사용하는 방법
② 클리노미터에 의한 방법
③ 기압계를 사용하는 방법
④ 레벨을 사용하는 방법

[해설]

Total Station
Total Station은 관측된 데이터를 직접 휴대용 컴퓨터기기(전자평판)에 저장하고 처리할 수 있으며 3차원 지형정보 획득 및 데이터베이스의 구축 및 지형도 제작까지 일괄적으로 처리할 수 있는 측량기계이다.

Total Station의 특징
① 거리, 수평각 및 연직각을 동시에 관측할 수 있다.
② 관측된 데이터가 전자평판에 자동 저장되고 직접처리가 가능하다
③ 시간과 비용을 줄일 수 있고 정확도를 높일 수 있다.
④ 지형도 제작이 가능하다.
⑤ 수치데이터를 얻을 수 있으므로 관측자료 계산 및 다양한 분야에 활용할 수 있다.

33 다음 중 수로측량의 종류가 아닌 것은?

① 항만측량   ② 항로측량
③ 지적측량   ④ 연안해역조사

Answer 31 ④ 32 ① 33 ③

[해설]

공간정보의 구축 및 관리 등에 관한 법 제2조(정의) 이 법에서 사용하는 용어의 뜻은 다음과 같다. 〈개정 2020. 2. 18.〉

1. "측량"이란 공간상에 존재하는 일정한 점들의 위치를 측정하고 그 특성을 조사하여 도면 및 수치로 표현하거나 도면상의 위치를 현지(現地)에 재현하는 것을 말하며, 측량용 사진의 촬영, 지도의 제작 및 각종 건설사업에서 요구하는 도면작성 등을 포함한다.
2. "기본측량"이란 모든 측량의 기초가 되는 공간정보를 제공하기 위하여 국토교통부장관이 실시하는 측량을 말한다.
3. "공공측량"이란 다음 각 목의 측량을 말한다.
   가. 국가, 지방자치단체, 그 밖에 대통령령으로 정하는 기관이 관계 법령에 따른 사업 등을 시행하기 위하여 기본측량을 기초로 실시하는 측량
   나. 가목 외의 자가 시행하는 측량 중 공공의 이해 또는 안전과 밀접한 관련이 있는 측량으로서 대통령령으로 정하는 측량
4. "지적측량"이란 토지를 지적공부에 등록하거나 지적공부에 등록된 경계점을 지상에 복원하기 위하여 제21호에 따른 필지의 경계 또는 좌표와 면적을 정하는 측량을 말하며, 지적확정측량 및 지적재조사측량을 포함한다.
4의2. "지적확정측량"이란 제86조제1항에 따른 사업이 끝나 토지의 표시를 새로 정하기 위하여 실시하는 지적측량을 말한다.
4의3. "지적재조사측량"이란 「지적재조사에 관한 특별법」에 따른 지적재조사사업에 따라 토지의 표시를 새로 정하기 위하여 실시하는 지적측량을 말한다.
5. "수로측량"이란 해양의 수심·지구자기(地球磁氣)·중력·지형·지질의 측량과 해안선 및 이에 딸린 토지의 측량을 말한다. 삭제 〈2020. 2. 18.〉

34 어떤 횡단면도의 도상면적이 $29.8cm^2$이었다. 가로와 세로의 축척이 각각 $\frac{1}{50}$, $\frac{1}{10}$이라면 실제 면적은?

① $1.49cm^2$ ② $2.98cm^2$
③ $7.45cm^2$ ④ $3.68cm^2$

[해설]

$$\frac{1}{m_1} \times \frac{1}{m_2} = \frac{도상면적}{실제면적}$$

$$\frac{1}{50} \times \frac{1}{10} = \frac{29.8cm^2}{실제면적}$$

실제면적 $= 50 \times 10 \times 29.8 = 14,900 cm^2 = 1.49m^2$

35 그림과 같이 200mm 하수관을 묻었을 때 측점 A의 관저계획고는 53.16m이고, AB구간의 설치 기울기는 1/200, BC구간의 설치기울기는 1/250일 때, 측점 C의 관저계획고는?

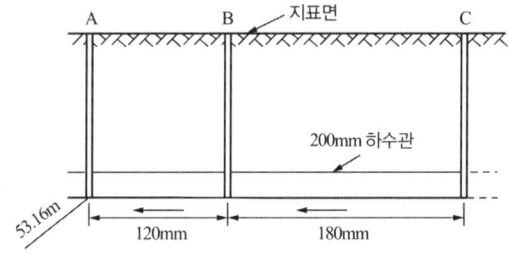

① 54.35m ② 54.48m
③ 54.51m ④ 54.54m

[해설]

거리 = 구배 × (계획고(B) − 계획고(A))

$\therefore B(계획고) = \frac{거리}{구배} + A = \frac{120}{200} + 53.16 = 53.76m$

$\therefore C(계획고) = \frac{180}{250} + 53.76 = 54.48m$

Answer 34 ① 35 ②

36 해안선의 형상과 종별을 확인하여 도면화 하기 위한 해안선의 기준은?

① 평균해수면
② 약최고고조면
③ 약최저저조면
④ 해저수심의 기준면

해설

공간정보의 구축 및 관리 등에 관한 법 제6조 측량기준

1) 측량기준은 다음 각 호와 같다.
① 位置는 세계측지계(世界測地系)에 따라 측정한 지리학적 경위도와 높이(평균해면으로 부터의 높이를 말한다. 이하 이 항에서 같다)로 표시한다. 다만 지도제작 등을 위하여 필요한 경우에는 직각좌표와 높이, 극좌표와 높이, 지구중심 직교좌표 및 그 밖의 다른 좌표로 표시할 수 있다.
② 測量의 原點은 대한민국 경위도원점(經緯度原點) 및 수준원점(水準原點)으로 한다. 다만 섬 등 대통령령으로 정하는 지역에 대하여는 국토해양부장관이 따로 정하여 고시 하는 원점을 사용할 수 있다.
③ 수로조사에서 간출지(干出地)의 높이와 수심은 기본수준면(일정 기간 조석을 관측하여 분석한 결과 가장 낮은 해수면)을 기준으로 측량한다.(삭제 2020.2.18.)
④ 해안선은 해수면이 약최고고조면(略最高高潮面 : 일정 기간 조석을 관측하여 분석한 결과 가장 높은 해수면)에 이르렀을 때의 육지와 해수면과의 경계로 표시한다.(삭제 2020.2.18.)

37 그림과 같이 반지름 R=300m의 단곡선을 설치하기 위하여 P, Q 두 점간 거리(b)와 α, β의 두 각을 관측하였다. P점의 위치가 No.100+7.50m이라면 곡선시점 A의 위치는? (단, b = 450.60m이고, α = 38° 15′, β = 80°30′ 이다.)

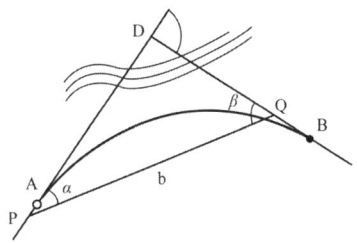

① No.99+15.50m
② No.100+7.64m
③ No.100+21.50m
④ No.101+3.52m

해설

$$\overline{DP} = \frac{\sin\beta}{\sin(\alpha+b-180°)} \times b = \frac{\sin80°30′}{\sin61°15′} \times 450.6$$

$$= 506.91\text{m}$$

$$TL = R\tan\frac{I}{2} = 300 \times \tan\frac{118°45′}{2} = 506.77\text{m}$$

$$P - N_0 100 + 7.5 = 2007.5\text{m}$$

$$IP = P + DP = 2007.5 + 506.91 = 2,514.41\text{m}$$

$$BC = IP - TL$$

$$= 2,514.41 - 506.77$$

$$= 2,007.64m = \underline{N_0}100 + 7.64\text{m}$$

Answer 36 ② 37 ②

38 그림과 같은 삼각형의 꼭지점 A로부터 밑변을 향해서 직선으로 m:n = 2:8의 비율로 면적을 분할하려면 BD의 거리는?
(단, BC = 300m로 한다.)

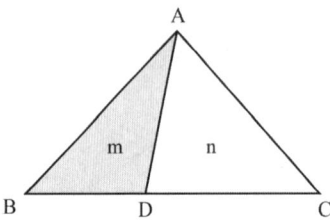

① 30m ② 60m
③ 90m ④ 120m

해설

$$BD = \frac{m}{m+n} \times BC = \frac{2}{2+8} \times 300 = 60m$$

39 종단곡선의 상향기울기가 m = $\frac{2.5}{1000}$ 이고, 하향기울기가 m = $-\frac{40}{1000}$ 일 때 곡선반지름이 2000m이면 곡선길이(L)는?

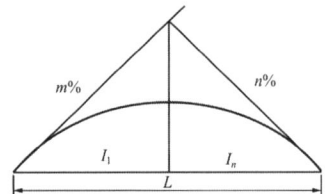

① 18.75m ② 42.5m
③ 45.2m   ④ 85m

해설

$$L = R(m-n)$$
$$= 2,000\left[\frac{2.5}{1000} - \left(-\frac{40}{1000}\right)\right] = 85m$$

40 수평거리를 동일한 정확도로 관측하여 1000m² 의 면적에 대한 면적산정 오차가 ±0.1m² 이하가 되도록 하려면 거리관측의 허용정확도는?

① 1/5000   ② 1/10000
③ 1/20000 ④ 1/25000

해설

$\frac{dA}{A} = 2\frac{dl}{l}$ 에서

$$\frac{dl}{l} = \frac{1}{2}\frac{dA}{A} = \frac{1}{2} \times \frac{0.1}{1000} = \frac{1}{20,000}$$

제3과목 | 사진측량 및 원격탐사

41 횡접합점에 대한 설명으로 옳은 것은?

① 인접 스트립을 연결하기 위한 점이다.
② 지상측량을 실시하여 좌표를 구한다.
③ 대공표지를 설치하여야 한다.
④ 상호표정에 사용된다.

해설

보조기준점

(1) 종접합점

좌표해석이나 항공삼각측량 과정에서 접합표정에 의한 스트립 형성(Strip Formation)을 위해 사용되는 점이다.

① 항공 삼각측량 과정에서 스트립을 형성하기 위해 사용되는 점
② 도화시 각 모델마다 절대 표정의 기준이 되며 도화된 도면의 접합 기준점으로도 사용한다.
③ Pass Point는 우선 각사진의 주점 부근에 점 강를 그 상하 양측에 대체로 주점기선길이와 같은 길인 장소에 점 a,c 를 선점한다.

④ a, b, c는 항공삼각측량에 X,Y,H의 좌표값이 관측되고 항공삼각측량의 모델접합이나 코스접합에 사용된다.
⑤ 종접합점에는 상·중심·하 접합점이 있다.
⑥ a,b는 Wing Point c는 Central Point라고도 한다.

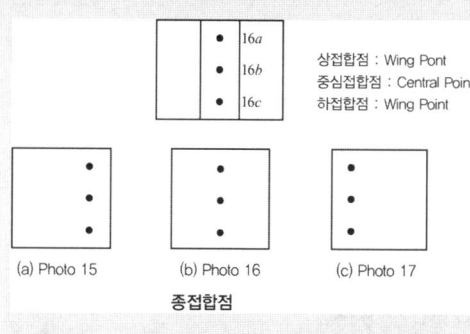

(2) 횡접합점

좌표해석이나 항공삼각측량 과정 중 종접합점(Strip)에 연결시켜 블록(Block, 종접합모형) 사이의 횡중복 부분 중심에 위치한다.
① 항공삼각측량 과정 중 스트립을 인접 스트립에 연결시켜 블록을 형성하기 위한 점이다.
② 입체모형의 종방향이나 횡방향 접합시 이용되는 접합점을 횡접합점이라 한다.

42 사진의 주점(principal point)을 계산하기 위하여 직접적으로 이용되는 것은?

① 사진지표
② 초섬서리
③ 노출중심
④ 사진의 번호

해설

사진 지표[Fiducial Mark, 寫眞地表]
사진의 네 모서리 또는 네 변의 중앙에 있는 표시. 이같이 사진 상에서 서로 마주 보는 지표를 잇는 두 선의 교점이 사진의 중심점으로 결정된다.

43 항공사진에 대한 설명으로 틀린 것은?

① 연직사진이 아니면 도화할 수 없다.
② 산악지 같은 지형의 상은 변형되어 찍힌다.
③ 촬영각도가 기울어지면 같은 사진 내에서도 축척이 일정하지 않다.
④ 주점, 연직점, 등각점의 특수 3점이 있다.

해설

항공사진에 대한 설명
① 산악지 같은 지형의 상은 변형되어 나타난다.
② 촬영각도가 기울어지면 같은 사진 내에서도 축척이 일정하지 않다.
③ 주점, 연직점, 등각점의 특수3점이 있다.
④ 연직사진이 아니라도 도화할 수 있다.

44 원격탐사와 관련된 용어로 거리가 먼 것은?

① LANDSAT
② HRV
③ VRS
④ SPOT

해설

VRS(Virtual Reference Station, 가상기준점 방식) 네트워크 RTK(Network Real Time Kinematic)의 한 방법으로, GPS 상시관측소들로 이루어진 기준국망 이용해 계통적 오차를 분리하고 모델링하여, 네트워크 내부 임의의 위치에서 관측된 것과 같은 가상기순섬을 생성하고, 이 가상기준점(VRS)과 이동국과의 RTK를 통하여 정밀한 이동국의 위치를 결정하는 측량방법이다.

45 촬영고도 6350m, 사진(I)의 주점기선길이가 67mm, 사진(II)의 주점기선길이가 70mm일 때 시차차가 1.37mm인 댐의 높이는?

① 147m
② 137m
③ 127m
④ 107m

Answer 42 ① 43 ① 44 ③ 45 ③

해설

$$\triangle P = \frac{h}{H}b_0$$

$$h = \frac{H}{b}\triangle P = \frac{H}{\frac{I+II}{2}}\triangle P$$

$$= \frac{6,350,000}{\frac{67+70}{2}} \times \triangle P = 127,000\text{mm} = 127\text{m}$$

46 원격탐사(Remote Sensing)자료의 일반적인 처리 순서로 알맞은 것은?

① 분류처리 - 전처리 - DB구축 - GIS통합 - 자료수집 - 강조처리
② 분류처리 - 전처리 - GIS통합 - DB구축 - 자료수집 - 강조처리
③ 자료수집 - 전처리 - 강조처리 - 분류처리 - DB구축 - GIS통합
④ 자료수집 - 분류처리 - 강조처리 - 전처리 - DB구축 - GIS통합

해설

원격탐사 자료의 일반적인 처리 순서
자료수집 ⇨ 전처리 ⇨ 강조처리 ⇨ 분류처리 ⇨ DB구축 ⇨ GIS통합

47 편위수정 조건이 아닌 것은?

① 샤임 플러그 조건   ② 광학적 조건
③ 로세다 조건   ④ 기하학적 조건

해설

편위수정(Rectification)
편위수정은 비행기로 사진을 촬영할 때 항공기의 동요나 경사로 인하여 사진 상의 약간의 변위가 생기는 현상과 축척이 일정하지 않은 경사와 축척을 수정하여 변위량이 없는 수직 사진으로 작성한 작업을 말한다. 즉 항공사진의 음화를 촬영할 때와 똑같은 상태(경사각과 촬영고도)로 놓고 지면과 평행한 면에 이것을 투영함으로서 수정할 수 있으며 기하학적조건, 광학적조건, 샤임플러그 조건이 필요하다.

1) **편위수정의 원리**
편위수정기는 매우 정확한 대형기계로서 배율(축척)을 변화 시킬 수 있을 뿐만아니라 원판과 투영판의 경사도 자유로이 변화시킬 수 있도록 되어 있으며 보통4개의 표정점이 필요하다. 편위수정기의 원리는 렌즈, 투영면, 화면(필름면)의 3가지 요소에서 항상 선명한 상을 갖도록 하는 조건을 만족시키는 방법이다.

2) **편위수정을 하기위한 조건**

기하학적조건 (소실점조건)	필름을 경사지게 하면 필름의 중심과 편위수정기의 렌즈중심은 달라지므로 이것을 바로 잡기 위하여 필름을 움직여 주지 않으면 안 된다. 이것을 소실점조건이라 한다.
광학적조건 (Newton의 조건)	광학적경사보정은 경사편위수정기(Rectifier)라는 특수한 장비를 사용하여 확대배율을 변경하여도 향상 예민한 영상을 얻을 수 있도록 $\frac{1}{a}+\frac{1}{b}=\frac{1}{f}$의 관계를 가지도록 하는 조건을 말하며 Newton의 조건이라고도 한다.
샤임플르그조건 (Scheimpflug)	편위수정기는 사진면과 투영면이 나란하지 않으면 선명한 상을 맺지 못하는 것으로 이것을 수정하여 화면과 렌즈주점과 투영면의 연장이 항상 한선에서 일치하도록 하면 투영면상의 상은 선명하게 상을 맺는다. 이것을 샤임플르그조건이라 한다.

48 초점거리 150mm인 항공사진 카메라를 사용하여 촬영경사 4.5°로 평지를 촬영하였을 때 사진에서 최대경사선상의 연직점과 주점간의 거리는?

① 6mm   ② 12mm
③ 18mm   ④ 24mm

해설

연지점과 주점간 거리
$= f \cdot \tan i = 150 \times \tan 4.5° = 11.8\text{mm}$

Answer 46 ③ 47 ③ 48 ②

49 지형의 특성에 따라 서로 다른 밀도로 표고점을 취득하여 DEM을 생성하는 방법은?

① 격자 표고점 추출
② 점진적 표고점 추출
③ 동적 표고점 추출
④ 무작위 표고점 추출

해설

사진측량을 통한 수치지형데이터 취득에서 표본 추출방법
① 규칙적 단면
② 규칙적 그리드
　규칙적 간격으로 단면을 따라서 표본지점을 추출하거나 규칙적인 간격의 그리드 형태로 표본지점을 추출하는 방법은 지형의 특성을 고려하지 않고 표본지점들이 추출되므로 지형의 기복이 심하지 않는 지역에서는 과다하게 많은 표본지점이 추출될 수 있는 반면에 기복의 변화가 심한 지역에서는 지형의 기복을 정확하게 표현할 수 없다는 문제점을 안고 있다.
③ 선택적 단면
④ 점진적 표본추출(progressive sampling)
　지형의 기복이 심한 곳일수록 표본지점의 수를 늘려서 점의 밀도를 높이는 방법으로 표본지점의 밀도는 지형의 복잡성에 비례한다고 볼 수 있다. 점진적 표본추출은 먼저 낮은 밀도의 표본추출방법을 적용한 후 그에 따른 정확도를 분석한 다음 점진적으로 고밀도의 표본추출 방법을 연속적으로 수행해 나가는 것이다. 따라서 단위밀도는 한 단계씩 고밀도로 진행될 때 마다 두 배로 증가한다. 그러나 이 방법의 경우 지형의 단절된 부분을 정확하게 표현하기 위해서는 너무 많은 점들을 필요로 한다. 따라서 지형의 불연속성이 심한 지역에서는 지형의 단절된 부분만을 선택적으로 추출하는 방법이 선호된다.
⑤ 복합식 표본추출
　선택적 표본추출방법과 점진적 표본추출방법을 복합한 표본추출방법이 효과적이다. 이 방법은 지형의 기복변화가 심한 지역은 선택적 표본추출방법을 적용하고, 나머지 지역에는 점진적 표본추출방법을 적용하는 것이다. 이 방법의 경우 비교적 높은 정확도를 가진 데이터를 취득할 수 있으나 인위적인 조정이 필요하므로 부분적으로만 자동화가 가능하다.
　최근에는 수치사진측량을 이용하여 수치지형데이터를 획득하고 있다. 이는 기존의 해석식 도화와는 달리 위성영상을 처리하여 수치지형데이터를 획득하는 것이다.

50 공면조건을 이용하여 결정할 수 있는 표정은?

① 내부표정　　　② 상호표정
③ 절대표정　　　④ 접합표정

해설

내부표정	내부표정이란 도화기의 투영기에 촬영시와 동일한 광학관계를 갖도록 장착시키는 작업으로 기계좌표로부터 지표좌표를 구한 다음 사진좌표를 구하는 단계적 표정으로서 좌표 변환식은 다음과 같다. (1) 내부표정 좌표조정 변환식 ① Helmert 변환 　2차원 회전, 원점의 평행 이동량, 축척을 보정한 변환이며, 기계좌표계로부터 지표좌표계를 구하는 데 이용된다. ② 2차원 등각 사상변환(Conformal Transformation) 　직교기계좌표로부터 관측된 지표좌표를 사진좌표로 변환할 때 이용되며 축척변환, 회전변환, 평행변위 3단계로 이루어진다. ③ 2차원 부등각 사상변환(Affine Transformation) 　비직교기계좌표로부터 관측된 지표좌표를 사진좌표로 변환할 때 이용된다.
상호표정	상호표정은 대상물과의 관계를 고려하지 않고 좌우사진의 양 투영기에서 나오는 광속이 이루는 종시차를 소거하여 입체모형 전체가 완전입체시 되도록 하는 작업으로 상호표정을 완료하면 3차원 입체모형좌표를 얻을 수 있다. 즉, 상호표정은 사진의 경사 및 투영위치의 이동을 조정하여 입체상을 만드는 작업이다. 상호표정이란 항공기가 촬영 당시에 가지고 있던 기울기를 도화기에 그대로 재현시키는 과정이다. 사진좌표로부터 사진기 좌표를 구한 다음 모델좌표를 구하는 단계적 표정으로서 좌표변환식은 다음 조건을 이용한다.

Answer 49 ② 50 ②

(1) 상호표정 좌표조정 변환식
① 공선조건(Collinearity Condition)
공간상의 임의의 점(X,Y,Z)과 그에 대응되는 사진상의 점(x.y) 및 사진기의 투영중심(X_0, Y_0, Z_0)이 동일 직선상에 있어야 할 조건을 말한다.
입체사진측량에서 **2개 이상의 공선조건**이 얻어지므로 대상물 3차원 좌표를 결정할 수 있다.
② 공면조건(Coplanarity Condition)
두 개의 투영중심과 공간상의 임의점 p의 두상점이 동일평면상에 있기 위한 조건을 말한다.

51 종중복도 70%, 횡중복도 40%일 때, 촬영 종기선 길이와 촬영 횡기선 길이의 비는?

① 7 : 4 ② 4 : 7
③ 2 : 1 ④ 1 : 2

[해설]
$B : C = (1 - \frac{70}{100}) : (1 - \frac{40}{100}) = 0.3 : 0.6 = 1 : 2$

52 사진의 크기 23cm × 23cm인 카메라로 촬영고도 1000m에서 촬영한 사진의 면적이 21.16km²이었다면 카메라의 초점거리는?

① 5cm   ② 21cm
③ 25cm ④ 30cm

[해설]
$A = (ma)^2 = (\frac{H}{f}a)^2$
$f = \sqrt{\frac{(Ha)^2}{A}} = \sqrt{\frac{(1 \times 0.00023)^2}{21.16}} = 0.00005km = 5cm$

53 인공위성의 영상과 같이 좁은 시야각으로 얻어진 영상의 투영은 어느 것에 가깝다고 볼 수 있는가?

① 정사투영 ② 중심투영
③ 사각투영 ④ 이중투영

[해설]
원격탐측(Remote sensing)
원격탐측이란 지상이나 항공기 및 인공위성 등의 탑재기(Platform)에 설치된 탐측기(Sensor)를 이용하여 지표, 지상, 지하, 대기권 및 우주공간의 대상들에서 반사 혹은 방사되는 전자기파를 탐지하고 이들 자료로부터 토지, 환경 및 자원에 대한 정보를 얻어 이를 해석하는 기법이다.
① 특징
㉠ 짧은 시간에 넓은 지역을 동시에 측정할 수 있으며 반복측정이 가능하다.
㉡ 다중파장대에 의한 지구표면 정보획득이 용이하며 측정자료가 기록되어 판독이 자동적이고 정량화가 가능하다.
㉢ 회전주기가 일정하므로 원하는 지점 및 시기에 관측하기가 어렵다.
㉣ 관측이 좁은 시야각으로 얻어진 영상은 정사투영에 가깝다.
㉤ 탐사된 자료가 즉시 이용될 수 있으므로 재해, 환경문제 해결에 편리하다.

54 어느 모델의 상호표정 직후 X-방향의 기선 길이 bx가 225.0mm일 때, 지상거리 471.0m간격의 지상기준점 A, B에 대하여 모델상 거리가 398.9mm이었다면, 축척 1 : 1200으로 도화하기 위해서는 bx를 얼마로 수정하여야 하는가?

① 217.8mm ② 221.4mm
③ 225.1mm ④ 228.7mm

해설

$$\frac{1}{m} = \frac{l}{L} = \frac{0.3989}{471} = \frac{1}{1180}$$

$\frac{1}{1180}$ 일때 모델상거리가 398.9mm인 것을 $\frac{1}{1200}$ 바꾸면

$$\frac{1}{1200} = \frac{x}{471}$$

$$x = \frac{471}{1200} = 0.3925m = 392.5mm$$

398.9mm 일 때 bx가 225mm 이므로
398.9 : 225 = 392.5 : x

$$x = \frac{225 \times 392.5}{398.9} = 221.39mm$$

55 사진 크기와 촬영고도가 같을 때, A카메라의 초점거리는 88mm, B카메라의 초점거리는 152mm라면 A카메라에 의한 촬영면적은? (단, B카메라에 의한 촬영면적 = S)

① 0.3S   ② 0.6S
③ 1.7S   ④ 3S

해설

$$A = (ma)^2 = (\frac{H}{f}a)^2$$

$$A : B = (\frac{1}{88})^2 : (\frac{1}{152})^2 = \frac{1}{7744} : \frac{1}{23104}$$

$$= 0.000129 : 0.000043 = 3 : 1$$

$$\therefore A = 3B = 3S$$

56 아래와 같이 영상을 분석하기 위해 산림지역의 트레이닝 필드를 선정하였다. 트레이닝 필드로부터 취득되는 각 밴드의 통계값으로 옳은 것은?

[영상]

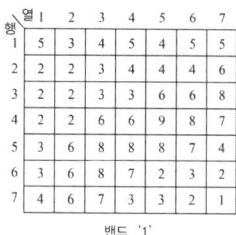
밴드 '1'

밴드 '2'

[산림지역 트레이닝 필드]

① 밴드 '1'의 화소값 : 최소값 = 1, 최대값 = 5
  밴드 '2'의 화소값 : 최소값 = 3, 최대값 = 7
② 밴드 '1'의 화소값 : 최소값 = 2, 최대값 = 5
  밴드 '2'의 화소값 : 최소값 = 2, 최대값 = 7
③ 밴드 '1'의 화소값 : 최소값 = 3, 최대값 = 5
  밴드 '2'의 화소값 : 최소값 = 3, 최대값 = 7
④ 밴드 '1'의 화소값 : 최소값 = 3, 최대값 = 5
  밴드 '2'의 화소값 : 최소값 = 3, 최대값 = 7

해설

통계값
밴드 "1"의 화소값 : 최소값=2, 최대 값=5
밴드 "2"의 화소값 : 최소값=3, 최대 값=7

Answer 55 ④ 56 ③

57 SAR(Synthetic Aperture Radar)영상에서 반사강도에 영향을 주는 요소가 아닌 것은?

① 관측기하
② 지표면의 거칠기
③ 유전상수
④ 태양빛

해설

SAR(Synthetic Aperture Radar)
SAR(Synthetic Aperture Radar)는 microwave를 이용하는 능동센서(Radar)이다. 이 영역은 크게 RAR(Real Aperture Radar)와 SAR로 나눌 수 있다. SAR 기법이 도입된 가장 큰 이유는 플랫폼의 비행방향(azimuth direction)으로 관측되는 자료의 해상도 개선이다.
마이크로파 원격탐사는 플랫폼이 비행하는 방향(azimuth direction)에 직각인 방향(range direction)으로 한 쪽 또는 양쪽으로 마이크로파를 쏘고, 대상물체(target)에서 되돌아오는 후방산란파(backscattering) 신호를 2차원 영상(2D image)으로 기록하는 기법이다.
SAR(Synthetic Aperture Radar)는 능동적 센서로 태양광에 의존하지 않아 밤에도 영상 촬영이 가능하다. 또한 구름이 대기중에 존재하더라도 영상을 취득 할 수 있으며 광학적 탐측기에 의해 취득된 영상에 비해 영상의 기하학적 구성이 복잡할 뿐 아니라 영상의 시각적 효과도 양호하지 못하다.

58 대공표지에 관한 설명으로 옳은 것은?

① 지면보다 주로 낮게 설치한다.
② 대공표지로 사용되는 재료는 콘크리트로 규정되어 있다.
③ 상공은 천정으로부터 15° 정도의 시계를 확보할 수 있어야 한다.
④ 지상에 적당한 장소가 없을 때에는 수목 또는 지붕위에 설치할 수 있다.

해설

대공 표지(對空標識)
표지란 사진측량을 실시하는 데 있어 관측할 점이나 대상물을 사진상에서 쉽게 식별하기 위해 사진 촬영 전에 설치하는 것을 말한다. 대공표지는 자연점으로는 정확도를 얻을 수 없는 경우 지상의 표정 기준점은 그 위치가 사진상에 명료하게 나타나도록 사진을 촬영하기 전에 대공표지(Air Target, Signal −Point)를 설치할 필요가 있다.

(1) 대공표지의 재질은 주로 내구성이 강한 베니어 합판, 알루미늄판, 합성수지판을 이용한다.
(2) 대공표지 한 변의 최소크기 $d = \dfrac{M}{T}[m]$이다.
　여기서, T : 축척에 따른 상수
　　　　　M : 사진축척 분모수
(3) 설치장소는 천장으로부터 45° 이내에 장애물이 없어야 하며, 대공표지판에 그림자가 생기지 않게 하기 위하여 지면에서 30cm 높게 수평으로 고정한다.
(4) 대공표지(對空標識)는 일반적으로 사진상에서 사진축척분모수에 대하여 $30\mu m$ 정도의 크기이다.
(5) 지상에 적당한 장소가 없을 때에는 수목 또는 지붕 위에 설치할 수 있다.

59 사진 판독의 요소에 해당하지 않는 것은?

① 색조, 모양
② 과고감, 상호위치 관계
③ 형상, 음영
④ 촬영날짜, 촬영고도

Answer　57 ④　58 ④　59 ④

[해설]

사진판독 요소

주요소	색조(Tone Color)	피사체(대상물)가 갖는 빛의 반사에 의한 것으로 수목의 종류를 판독하는 것을 말한다.
	모양(Pattern)	피사체(대상물)의 배열상황에 의하여 판별하는 것으로 사진상에서 볼 수 있는 식생, 지형 또는 지표상의 색조 등을 말한다.
	질감(Texture)	색조, 형상, 크기, 음영 등의 여러 요소의 조합으로 구성된 조밀, 거칠음, 세밀함 등으로 표현하며 초목 및 식물의 구분을 나타낸다.
	형상(Shape)	개체나 목표물의 구성, 배치 및 일반적인 형태를 나타낸다.
	크기(Size)	어느 피사체(대상물)가 갖는 입체적, 평면적인 넓이와 길이를 나타낸다.
	음영(Shadow)	판독 시 빛의 방향과 촬영 시의 빛의 방향을 일치시키는 것이 입체감을 얻는 데 용이하다
보조요소	상호 위치 관계(Location)	어떤 사진상이 주위의 사진상과 어떠한 관계가 있는가 파악하는 것으로 주위의 사진상과 연관되어 성립되는 것이 일반적인 경우이다.
	과고감(Vertical Exaggeration)	과고감은 지표면의 기복을 과장하여 나타낸 것으로 낮고 평평한 지역에서의 지형판독에 도움이 되는 반면 경사면의 경사는 실제보다 급하게 보이므로 오판에 주의해야 한다.

60 입체상의 과고감에 대한 설명으로 옳지 않은 것은?

① 기선길이가 짧은 경우가 긴 경우보다 더 커진다.
② 렌즈의 초점거리가 짧은 경우가 긴 경우보다 더 커진다.
③ 낮은 촬영고도로 촬영한 경우가 높은 경우보다 더 커진다.
④ 눈의 위치가 약간 높아짐에 따라 더 커진다.

[해설]

① 입체상의 변화

렌즈의 초점거리 변화에 의한 변화	렌즈의 초점거리가 긴 사진이 짧은 사진보다 더 낮게 보인다.
촬영기선의 변화에 의한 변화	촬영기선이 긴 경우 짧은 때보다 높게 보인다.
촬영고도의 차에 의한 변화	촬영고도가 낮은 사진이 높은 사진보다 더 높게 보인다.
눈을 옆으로 돌렸을 때의 변화	눈을 좌우로 움직여 옆에서 바라볼 때 항공기의 방향선상에서 움직이면 눈이 움직이는 쪽으로 기울어져 보인다.
눈의 높이에 따른 변화	눈의 위치가 높아짐에 따라 입체상은 더 높게 보인다.

② 카메론 효과(Cameron Effect)와 과고감(Vertical Exaggeration)

카메론 효과(Cameron Effect)	항공사진으로 도로변 상공 위의 항공기에서 주행 중인 차량을 연속하여 촬영하여 이것을 입체화시켜 볼 때 차량이 비행방향과 동일방향으로 주행하고 있다면 가라앉아 보이고, 반대방향으로 주행하고 있다면 부상(浮上: 뜨는 것)하여 보인다. 또한 뜨거나 가라앉는 높이는 차량의 속도에 비례하고 있다. 이와 같이 이동하는 피사체가 뜨거나 가라앉아 보이는 현상을 카메론 효과라고 한다.
과고감(Vertical Exaggeration)	항공사진을 입체시하는 경우 산의 높이 등이 실제보다 과장되어 보이는 현상을 말한다. 평면축척에 대하여 수직 축척이 크게 되기 때문에 실제 도형보다 산이 더 높게 보인다. ① 항공사진은 평면축척에 비해 수직축척이 크므로 다소 과장되어 나타난다. ② 대상물의 고도, 경사율 등을 반드시 고려해야 한다. ③ 과고감은 필요에 따라 사진판독요소로 사용될 수 있다. ④ 과고감은 사진의 기선고도비와 이에 상응하는 입체시의 기선고도비의 불일치에 의해서 발생한다. ⑤ 과고감은 촬영고도 H에 대한 촬영기선길이 B와의 비인 기선고도비 B/H에 비례한다.

Answer 60 ①

제4과목 | 지리정보시스템

61 데이터베이스 관리 시스템에서 정보를 묘사할 때 의미를 가지는 가장 작은 단위는?

① 필드
② 파일
③ 테이블
④ 레코드

해설

데이터 파일의 구성요소

구성	내용
기록 (Record)	하나의 주제에 관한 자료를 저장한다. 기록은 아래 표에서 행(row)이라고 하며 학생 개개인에 관한 정보를 보여주고 성명, 학년, 전공, 학점의 네 개 필드로 구성되어 있다.
항목 (Field)	레코드를 구성하는 각각의 항목에 관한 것을 의미한다. 필드는 성명, 학년, 전공, 학점의 네 개 필드로 구성되어 있다.
키(Key)	파일에서 정보를 추출할 때 쓰이는 필드로서 키로써 사용되는 필드를 키필드라 한다. 표에서는 이름을 검색자로 볼 수 있으며 그 외의 영역들은 속성영역(Attribute field)이라고 한다.

62 지리정보시스템(GIS)을 구축하고 활용하기 위한 기본적인 구성요소를 세 가지로 구분할 때 거리가 먼 것은?

① 공간데이터베이스
② 하드웨어
③ 소프트웨어
④ 공간분석기술

해설

GIS의 구성요소

하드웨어 (Hardware)	지형공간정보체계를 운용하는 데 필요한 컴퓨터와 각종 입/출력장치 및 자료관리 장치를 말하며 하드웨어의 범주에는 데스크탑 PC, 워크스테이션뿐만 아니라 스캐너, 프린터, 플로터, 디지타이저를 비롯한 각종 주변 장치들을 포함한다.
소프트웨어 (Software)	지리정보체계의 자료를 입력, 출력, 관리하기 위해 프로그램인 소프트웨어가 반드시 필요하며 크게 세종류로 구분하면 먼저 하드웨어를 구동시키고 각종 주변 장치를 제어 할수 있는 운영체계(Operating system:OS), 지리정보체계의 자료구축과 자료입력 및 검색을 위한 입력 소프트웨어, 지리정보체계의 엔진을 탑재하고 있는 자료처리 및 분석 소프트웨어로 구성된다. 소프트웨어는 각종 정보를 저장/분석/출력할 수 있는 기능을 지원하는 도구로서 정보의 입력 및 중첩기능, 데이터베이스 관리기능, 질의 분석, 시각화 기능 등의 주요 기능을 갖는다.
데이터베이스 (Database)	지리정보체계는 많은 자료를 입력하거나 관리하는 것으로 이루어지고 입력된 자료를 활용하여 토지정보체계의 응용시스템을 구축할 수 있으며 이러한 자료들은 속성정보(각종 공부와 대장)와 도형정보(지적도, 임야도, 지하시설물도, 도시계획도 등)로 분류된다.
인적자원 (Man Power)	전문 인력은 지리정보체계의 구성요소 중에서 가장 중요한 요소로서 데이터(data)를 구축하고 실제 업무에 활용하는 사람으로, 전문적인 기술을 필요로 하므로 이에 전념할 수 있는 숙련된 전담요원과 기관을 필요로 하며 시스템을 설계하고 관리하는 전문 인력과 일상 업무에 지리정보체계를 활용하는 사용자 모두가 포함된다.
Application (방법)	특정한 사용자 요구를 지원하기 위해 자료를 처리하고 조작하는 활동 즉 응용 프로그램들을 총칭하는 것으로 특정 작업을 처리하기 위해 만든 컴퓨터프로그램을 의미한다. 하나의 공간문제를 해결하고 지역 및 공간관련 계획수립에 대한 솔루션을 제공하기위한 GIS시스템은 그 목표 및 구체적인 목적에 따라 적용되는 방법론이나 절차, 구성, 내용 등이 달라지게 된다.

63 메타데이터(metadata)에 속하는 항목들로 이루어진 것은?

① 도로명, 건물명
② 데이터 품질정보, 데이터 연혁정보
③ 레이어코드, 지형코드
④ 지물(地物)의 X, Y 좌표

Answer 61 ① 62 ④ 63 ②

해설

메타데이터(Meta Data)

수록된 데이터의 내용, 품질, 조건 및 특징 등을 저장한 데이터로서 데이터에 관한 데이터 즉, 데이터의 이력서라 할 수 있다. 메타데이터는 작성한 실무자가 바뀌더라도 변함없는 데이터의 기본체계를 유지하게 함으로써 시간이 지나도 일관성 있는 데이터를 사용자에게 제공 가능하도록 하며, 데이터를 목록화하기 때문에 사용상의 편리성을 도모한다. 따라서 메타데이터는 정보의 공유를 극대화하며 데이터의 원활한 교환을 지원하기 위한 프레임을 제공한다. 현재 메타데이터의 표준으로 사용되고 있는 것은 미국의 FGDC(Federal Geographic Data Committe)표준, ISO/TC211표준(International Organization for Standard)/ Technical Committe 211:국제표준기구GIS표준기술위원회), CEN/TC287 (유럽표준화기구) 표준 등을 들 수 있다.

(1) 메타데이터의 기본요소

제1장	식별정보 (identification information)	인용, 자료에 대한 묘사, 제작시기, 공간영역, 키 워드, 접근제한, 사용제한, 연락처 등
제2장	자료의 질 정보 (data quality information)	속성정보 정확도, 논리적 일관성, 완결성, 위치정보 정확도, 계통(lineage) 정보 등
제3장	공간자료 구성정보 (spatial data organization information)	간접 공간참조자료(주소체계), 직접 공간참조자료, 점과 벡터객체 정보, 위상관계, 래스터 객체 정보 등
제4장	공간좌표정보 (spatial reference information)	평면 및 수직 좌표계
제5장	사상과 속성정보 (entity & attribute information)	사상타입, 속성 등
제6장	배포정보 (distribution information)	배포자, 주문방법, 법적 의무, 디지털 자료형태 등
제7장	메타데이터 참조정보 (metadata reference information)	메타데이타 작성 시기, 버전, 메타데이터 표준이름, 사용제한, 접근 제한 등
제8장	인용정보 (citation information)	출판일, 출판시기, 원 제작자, 제목, 시리즈 정보 등
제9장	제작시기 (time period information)	일정시점, 다중시점, 일정 시기 등
제10장	연락처 (contact information)	연락자, 연락기관, 주소 등

64 다음 중 디지타이징 작업에서 발생하는 오류가 아닌 것은?

① Spline
② Overshoot
③ Undershoot
④ Spike

해설

디지타이징 입력에 따른 오류 유형

벡터데이터의 편집과정에서 발생하는 오류는 오버슈터, 언더슈터, 슬리버, 노드의 부재, 선의 중복, 불필요한 노드가 발생한다.

Overshoot (기준선 초과 오류)	교차점을 지나서 연결선이나 절점이 끝나기 때문에 발생하는 오류, 이런 경우 편집소프트웨어에서 Trim과 같이 튀어나온 부분을 삭제하는 명령을 사용하여 수정한다.
Undershoot (기준선 미달 오류)	교차점을 미치지 못하는 연결선이나 절점으로 발생하는 오류, 이런 경우 편집소프트웨어에서 Extend와 같은 완전연결을 해주는 명령을 사용하여 수정한다.
Spike (스파이크)	교차점에서 두 개의 선분이 만나는 과정에서 잘못된 좌표가 입력되어 발생하는 오차, 이런 경우 엉뚱한 좌표가 입력된 점을 제거하고 적절한 좌표값을 가진 점을 입력한다.
Sliver Polygon (슬리버 폴리곤)	하나의 선으로 입력되어야 할 곳에 두 개의 선으로 약간 어긋나게 입력되어 가늘고 긴 불편한 폴리곤을 형성한 상태의 오차(선 사이의 틈), 폴리곤 생성을 부정확하게 만든 선을 제거하여 폴리곤 생성을 새로 한다.

Answer 64 ①

Overlapping (점, 선 중복)	주로 영역의 경계선에서 점 선이 이중으로 입력되어 발생하는 오차로 중복된 점 선은 삭제한다. 중복되어 있는 점, 선을 제거함으로써 수정할 수 있다.
Dangle (댕글)	매달린 노드의 형태로 발생하는 오류로 오버슈트나 언더슈트와 같은 형태로 한 쪽끝이 다른 연결선이나 절점에 연결되지 않는 상태의 오차, 이것은 폴리곤이 폐합되어야 할 곳에서 Undershoot되어 발생하는 것이므로 이런 부분을 찾아서 수정해 주어야 한다.

65 지리정보시스템(GIS) 프로그램에서 DEM을 제작하고자 한다. 1:5000 수치지형도를 이용하여 DEM을 제작하는데 있어서 필요하지 않은 레이어는?

① 실폭하천 ② 건물
③ 등고선   ④ 해안선

해설

수치표고모형 (Digital Elevation Model : DEM)	DEM은 지형의 연속적인 기복변화를 일정한 크기의 격자간격으로 표현한 것으로 공간상의 연속적인 기복변화를 수치적인 행렬의 격자형태로 표현한다. 수치표고모형은 표고데이터의 집합일 뿐만 아니라 임의의 위치에서 표고를 보간할 수 있는 모델을 말한다. 공간상에 나타난 불규칙한 지형의 변화를 수치적으로 표현하는 방법을 수치표고 모형이라 한다. DEM은 규칙적인 간격으로 표본지점이 추출된 **래스터 형태의 데이터모델**이다. DEM은 DTM 중에서 표고를 특화한 모델이다. ① 도로의 부지 및 댐의 위치 선정 ② 수문 정보체계 구축 ③ 등고선도와 시선도 ④ 절토량과 성토량의 산정 ⑤ 조경설계 및 계획을 위한 입체적인 표현 ⑥ 지형의 통계적 분석과 비교 ⑦ 경사도, 사면방향도, 경사 및 단면의 계산과 음영기복도 제작 ⑧ 경관 또는 지형형성과정의 영상모의 관측 ⑨ 수치지형도 작성에 필요한 표고정보와 지형정보를 다 이루는 속성 ⑩ 군사적 목적의 3차원 표현

66 항공사진, 인공위성 영상의 기준점자료를 이용하여 영상소를 재배열할 경우에 사용되는 보간법 중 입력 격자에서 가장 가까운 임상소의 밝기 값을 이용하여 출력격자로 변환시키는 방법은?

① 최근린보간법
② 공일차보간법
③ 공이차보간법
④ 공삼차보간법

해설

(1) 쌍1차 보간(Bi-linear Interpolation)
내삽점 주위 4점의 영상소 값을 이용하여 구하고자 하는 영상소 값을 선형식으로 내삽한다. 이 방식에는 원자료가 흠이 나는 결점이 있으나 평균하기 때문에 Smoothing(평활화) 효과가 있다.

(2) 쌍3차 보간(Bi-cuvic Interpolation)
내삽하고 싶은 점 주위의 16개 관측점의 영상소 값을 이용하여 구하는 영상소값을 3차 함수를 이용하여 내삽한다. 이 방식에는 원자료가 흠이 나는 결점이 있으나 영상의 평활화와 동시에 선명성의 효과가 있어 고화질이 얻어진다

(3) 최근린보간법(Nearest Neighbor)
최단거리에 있는 관측치를 사용하여 보관하는 방법으로 입력 격자상 가장 가까운 영상소의 밝기를 이용하여 출력격자로 변환하는 방법이다.

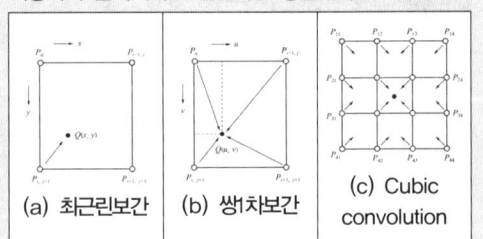

(a) 최근린보간 (b) 쌍1차보간 (c) Cubic convolution

67 지리정보시스템(GIS)에서 사용되는 벡터 자료의 기본 요소가 아닌 것은?

① Polygon ② Point
③ Line   ④ Grid

Answer 65 ② 66 ① 67 ④

해설

벡터 데이터 모델의 기본요소

(1) 점(Point)
점은 차원이 존재하지 않으며 대상물의 지점 및 장소를 나타내고 기호를 이용하여 공간형상을 표현한다.

(2) 선(Line)
선은 가장 간단한 형태로 1차원 대상물은 두 점을 연결한 직선이다. 대축척(면사상), 소축척(선사상)으로 지적도, 임야도의 경계선을 나타내는 데 효과적이다. Arc, String, Chain 이라는 다양한 용어로도 사용된다.
① Arc : 곡선을 형상하는 점들의 자취를 의미한다.
② String : 연속적인 Line segments를 의미한다.
③ Chain : 시작노드와 끝노드에 대한 위상정보를 가지며 자치꼬임이 허용되지 않은 위상기본요소를 의미한다.

(3) 면
면은 경계선 내의 영역을 정의하고 면적을 가지며, 호수, 삼림을 나타내고 지적도의 필지, 행정구역이 대표적이다.

68 지리정보시스템(GIS) 자료 구조에서 벡터(vector)구조의 위상모델(Topology Model)에 대한 특징과 거리가 먼 것은?

① 인접성 ② 포함성
③ 체계성 ④ 연결성

해설

위상구조

정의	위상이란 도형 간의 공간상의 상관관계를 의미하는데 위상은 특정변화에 의해 불변으로 남는 기하학적 속성을 다루는 수학의 한 분야로 위상모델의 전제조건으로는 모든 선의 연결성과 폐합성이 필요하다.
분석	각 공간객체 사이의 관계가 인접성, 연결성, 포함성 등의 관점에서 묘사되며, 스파게티 모델에 비해 다양한 공간분석이 가능하다. 최적 경로선정을 위한 관망분석에서는 위상구조의 연결성을 주로 활용한다.
분석	인접성(Adjacency)	사용자가 중심으로 하는 개체의 형상 좌우에 어떤 개체가 인접하고 그 존재가 무엇인지를 나타내는 것이며 이러한 인접성으로 인해 지리정보의 중요한 상대적인 거리나 포함여부를 알 수 있게 된다. 예를 들어 폐수배출업소가 밀집한 지역에 가까운 하천은 그렇지 않은 하천에 비하여 상대적으로 많은 오염물질이 유입된다는 것은 이러한 인접성을 근거로 판단 될 수 있다.
	연결성(Connectivity)	지리정보의 3가지 요소의 하나인 선(Line)이 연결되어 각 개체를 표현할 때 노드(Node)를 중심으로 다른 체인과 어떻게 연결되는지를 표현한다. 예를 들어 시가지의 지하시설물인 상수도나 하수도의 관거 부하량의 계산이나 상류하천에서 하류하천으로 유입되는 유량의 계산 등에 이용될 수 있다.
	포함성(Containment)	특정한 폴리곤에 또 다른 폴리곤이 존재할 때 이를 어떻게 표현할지는 지리정보의 분석 기능에 중요한 하나이며 특정지역을 분석할 때, 특정지역에 포함된 다른 지역을 분석할 때 중요하다. 예를 들어 경기도의 인구를 산정하기 위해서는 경기도에 포함된 시와 군의 인구를 합산해야 하며, 각각의 시와 군의 인구는 시·군에 포함된 리와 동의 인구를 합산하여 얻어질 수 있다.

69 아래와 같은 지리정보시스템(GIS)의 활용 분야에 대한 설명으로 옳은 것은?

> 도시계획 및 도시화 현상에서 발생하는 인구, 자원 및 교통의 관리, 건물면적, 지명 등에 관한 자료를 다루는 체계로서 도시현상파악 및 도시계획, 도시정비를 효과적으로 할 수 있다.

① FM(Facility Management)
② UIS(Urban Information System)
③ TIS(Transportation Information System)
④ EIS(Environment Information System)

Answer 68 ③ 69 ②

해설

도시정보체계(UIS: Urban Information System)

도시정보체계는 도시계획 및 도시화 현상에서 발생하는 인구, 자원 및 교통관리, 건물면적, 지명, 환경변화 등에 관한 자료를 다루는 체계이다. 도시정보체계란 도시지역의 속성정보와 도형정보를 데이터베이스화하여 통일적으로 관리함으로써, 시(구)업무를 효율적으로 지원할 수 있는 기능과 소프트웨어를 갖춘 전산체계이다.

도시정보체계 기대효과

도시정보체계는 접근성이 편리하므로 정확한 데이터를 활용하여 종합적이고 시각적인 의사결정을 할 수 있어 상수도업무, 하수도업무, 녹지업무, 도로업무, 도시계획업무 등 유기기관과의 연계가 가능하다.

① 도시행정업무를 총괄적으로 관리할 수 있다.
② 각종 도시계획을 효율적이고 과학적으로 수립 가능하다.
③ 효율적인 도시관리 및 행정서비스향상의 정보기반구축으로 시설물을 입체적으로 관리 할수 있다.
④ 도시행정업무를 체계적으로 지원할 수 있다.

사지수형(Quadtree) 기법	⊙ 사지수형(Quadtree) 기법은 Run-length코드 기법과 함께 많이 쓰이는 자료압축기법이다. ⓒ 크기가 다른 정사각형을 이용하여 Runlength 코드보다 더 많은 자료의 압축이 가능하다. ⓒ 전체 대상지역에 대하여 하나 이상의 속성이 존재할 경우 전체 지도는 4개의 동일한 면적으로 나누어지는데 이를 Quadrant라 한다.
블록코드(Block Code)기법	⊙ Run-length 코드기법에 기반을 둔 것으로 정사각형으로 전체 객체의 형상을 나누어 데이터를 구축하는 방법 ⓒ 자료구조는 원점으로부터의 좌표 및 정사각형의 한 변의 길이로 구성되는 세 개의 숫자만으로 표시가 가능
체인코드(Chain Code)기법	⊙ 대상지역에 해당하는 격자들의 연속적인 연결상태를 파악하여 동일한 지역의 정보를 제공하는 방법 ⓒ 자료의 시작점에서 동서남북으로 방향을 이동하는 단위거리를 통해서 표현하는 기법 ⓒ 각 방향은 동쪽은 0, 북쪽은 1, 서쪽은 2, 남쪽은 3등 숫자로 방향을 정의한다. ② 픽셀의 수는 상첨자로 표시한다. ⑩ 압축효율은 높으나 객체간의 경계부분이 이중으로 입력되어야 하는 단점이 있다.

70 레스터 자료의 압축방법이 아닌 것은?

① 체인코드(Chain Code)
② 포인트코드(Point Code)
③ 런 렝스코드(Run-Length Code)
④ 블록코드(Block Code)

해설

Run-length 코드기법	⊙ 각 행마다 왼쪽에서 오른쪽으로 진행하면서 동일한 수치를 갖는 셀들을 묶어 압축시키는 방법 ⓒ Run이란 하나의 행에서 동일한 속성값을 갖는 격자를 말한다. ⓒ 동일한 속성값을 개별적으로 저장하는 대신 하나의 Run에 해당되는 속성값이 한 번만 저장되고 Run의 길이와위치가 저장되는 방식이다.

71 지리정보시스템(GIS) 데이터의 유통과 변환이 가능하도록 데이터의 포맷 등 형식을 동일한 방식으로 규정하는 것은?

① 데이터의 계통화
② 데이터의 표준화
③ 데이터의 정렬
④ 데이터의 객관화

해설

데이터의 표준화

1. 정의

표준화란 다양한 사용자들이 다양한 자원을 함께 공유하려는 합리적이고 효율적인 의도가 반영된 것이라고 볼 수 있다. 표준화란 개념은 개별적으로는 얻어질 수 없는 것들을 공통적인 특성을 바탕으로 일반화하여 다수의 동의를 얻어 규정한 것을 말한다. 국제표준화기구인 ISO와 IEC에 따르면 표준화란 실제적 혹은 잠재적인 문제들에 대하여 주어진 상황에서 최선의 질서를 이루기 위해 공통적이

Answer 70 ② 71 ②

거나 혹은 반복적으로 적용할 수 있는 규정을 제정하는 활동이라고 정의하고 있다.

2. GIS에서의 표준화 유형

GIS에서 표준화는 기능적 측면에서 응용표준화, 데이터 표준화, 기술 표준화, 전문적 숙련 표준화로 분류할 수 있다.

1) 응용 표준화
  응용 표준화는 특정한 법률적 필요(환경영향평가, 토지이용계획 등)나 또는 응용분야에서 상당한 통제와 관리를 필요로 하는 정부 기관에 의해 마련된 것이다. 즉 응용 표준화는 GIS사용을 위한 지침을 제공 하는 것이다.

2) 데이터의 표준화
  데이터의 표준화는 가장 널리 인식되는 표준화로서 현존하는 많은 표준들이 이 유형에 해당된다. 데이터 표준화는 데이터 교환 표준과 메타데이터의 표준화를 마련하고 있다.

3) 기술 표준
  기술표준은 GIS에서 컴퓨터 기술사용의 다양한 측면들을 포함한다. 예를 들면 하드웨어, 소프트웨어(OS, 프로그래밍 언어, 그래픽 인터페이스, DBMS 등), 시스템 프로토콜 등과 같은 것들을 포함한다.

4) 전문적 숙련 표준
  전문적 숙련 표준은 GIS와 관련된 과업을 수행하고 기술을 사용하는 사람의 전문적 능력에 인증과 자격 부여 및 GIS에서 학술적 프로그램에 대한 권한과 관련된 규칙들이 포함된다.

72 지형지물의 검색, 관리 및 재해방지, 물류, 부동산관리 등 지리정보의 다양한 활용을 위하여 지도상의 핵심 지형지물에 부여하는 고유번호를 무엇이라 하는가?

① RFID
② UFID
③ 메타데이타
④ 도엽번호

해설

UFID(Unique Feature identifier : 공간정보참조체계)
UFID라는 명칭의 뜻은 유일하다는 뜻의 유니크(Unique)와 객체라는 의미의 피쳐(Feature), 그리고 아이덴티피어(identifier)가 합쳐진 이름입니다. 공간정보를 효율적으로 관리, 활용하기 위해 인공적 객체에 부여하는 공간정보의 유일 식별자라는 뜻으로 주민등록번호를 건물에 부여한다고 생각하면 된다.
디지털 콘텐츠, 사물 따위에 대하여 고유하게 부여하는 문자나 부호. 예를 들어 지리 정보 시스템에서 건물, 도로, 하천 따위에 부여하는 고유 번호가 있다.

73 지적도(parcels)에서 면적(area, m^2)이 100을 초과하는 대지의 소유자(owner)를 알려고 할 때, SQL(Structured Query Language) 질의문으로 옳은 것은?

① SELECT owner FROM area GT 100 WHERE parcels
② SELECT area GT 100 FROM owner WHERE parcels
③ SELECT owner FROM parcels WHERE area > 100
④ SELECT parcels FROM owner WHERE area > 100

해설

1. SQL(Structure Query Language)명령어

SELECT(선택컬럼)	소유자(Owner)
FROM(테이블)	지적도(Parcels)
WHERE(조건값)	면적(Area) > 100m^2

그러므로 SELECT owner FROM parcels WHERE area > 100m^2

SELECT(선택컬럼)	c.name, c.address
FROM(테이블)	customers
WHERE(조건값)	state="GA" AND c.incom > 50000 AND city="ATHENS"

Answer 72 ② 73 ③

74 지형을 저장하고 표현할 수 있는 데이터 구조 중 라이다(LiDAR) 원시 자료의 데이터 구조를 설명하고 있는 것은?

① 불규칙삼각망(TIN)
② 연속된 선으로 표현되는 등고선
③ 인접 지형의 데이터로부터 보관된 좌표
④ 점(Point) 위치에 대해 데이터 값을 기록

해설

항공레이저측량(LiDAR : Light Ddetction And Ranging)
항공레이저측량 시스템은 지표(surface)에 있는 산이나 골짜기, 산림 등의 자연지형과 택지 및 도로, 빌딩이나 다리 등의 인공지물로 이루어지는 지형지물을 항공기의 위치 및 자세가 정확하게 얻어지는 센서로부터 레이저를 발사하여 거리를 측정하고 그 수치를 측량좌표계 등으로 나타낸 계측기라 할 수 있다. 항공레이저측량은 항공레이저측량시스템을 항공기에 탑재하여 레이저를 주사하고 그 지점에 대한 3차원 위치좌표를 취득하는 측량방법을 말한다.
Laser Radar 혹은 LIDAR, LiDAR이라고도 한다.

75 지리정보시스템(GIS)의 공간 및 속성자료 분석기능 중 여러 가지 다른 종류의 객체를 합쳐서 상위수준의 클래스로 만드는 기능으로써 대축척 지도로부터 소축척 지도를 만드는 과정에도 적용되는 기능은?

① 일반화(generalization)
② 추출(retrieval)
③ 분류(classification)
④ 중첩(overlay)

해설

속성자료 분석

질의	질의기능은 작업자가 부여하는 조건에 따라 속성데이터베이스에서 정보를 추출하는 것이다.

분류 (classification)	분류는 사용자의 필요에 따라서 일정기준에 맞추어 GIS자료를 나누는 것으로 모든 GIS자료는 어떤 형태로든 분류가 가능하다. 분류는 일정기준에 따라 세분화하는 과정이므로 세분화(specification)라고도 한다.
일반화 (generalization)	일반화(generalization)는 나누어진 항목을 합쳐서 분류항목을 줄이는 것이고 반대로 나누어진 분류를 필요에 따라 보다 세분하는 것을 세분화(specification)라고 한다.

76 부울(Boolcan) 논리를 적용한 레이어의 중첩에서 그림의 빗금친 부분과 같은 논리연산을 바르게 나타낸 것은?

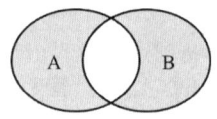

① A AND B
② A OR B
③ A XOR B
④ A NOT B

해설

Boolean logic을 적용한 정보의 추출

연산	벤다이어그램	설명
A AND B	A AND B	A,B 교차하는 부분만 나타낸다
A XOR B	A XOR B	두 개 사상이 존재하는 곳은 포함하고 교차지점은 포함 안함
A NOT B	A NOT B	B를 포함하지 않는 모든 A부분
A OR B	A OR B	A,B모든 부분

Answer 74 ④ 75 ① 76 ③

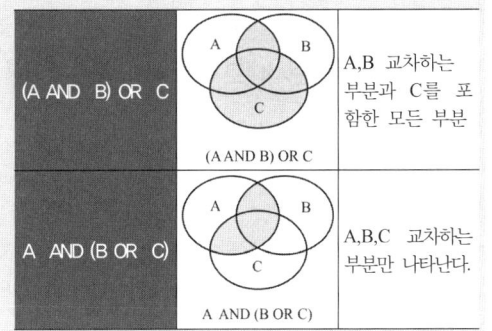

77 지리정보시스템(GIS)에서 공간자료와 속성자료의 통합해석에 이용되는 다양한 기능에 대한 설명으로 틀린 것은?

① 분류란 자료들을 일정한 기준에 맞추어 결합시키는 과정이다.
② 인접성은 특정한 위치의 주변 영역에 대한 특성을 평가하는데 사용된다.
③ 논리적인 중첩은 각각의 레이어에 대한 자료값들의 사칙연산을 의미한다.
④ 연결성은 공간 객체 사이의 연결에 대한 정보로서 서로 연결된 지역의 공간 객체들의 특징을 파악하는 것이다.

해설

도형과 속성의 통합분석
도형과 속성의 통합분석으로는 중첩분석, 공간보간, 지형모델링, 연결성분석, 지역분석, 측정 등 여섯 가지를 들 수 있다.

중첩	중첩은 서로 다른 레이어의 정보의 합성을 의미하는 것으로 ① 레이어의 가공과 생성 ② 도형정보와 속성정보의 결합을 통하여 현실세계의 다양한 문제를 해결하기 위한 의사결정을 지원 할 수 있다.
공간보간	공간상에 알려진 표고값이나 속성값을 이용하여 표고나 속성값이 알려지지 않은 지점에 대한 값을 추정하는 것으로 ① 대상지역의 크기와 형태 ② 추정하려는 속성값의 특징 등 여러 조건에 따라 적합한 보간 방식이 적용되어야 한다.
지형모델링	지형의 변이를 수치데이터 형태로 연속적 또는 불연속적으로 표현한 수치표고 자료를 이용해 다양한 지형의 변이를 파악하고 임의 지점의 지형을 추정하여 정량화 하는 것이다.
연결성 분석	연결성분석은 ① 연속성이나 ② 근접성 ③ 관망과 ④ 확산 기능 등을 가지나 대표적인 기능은 관망분석을 들 수 있다.
지역분석 (neighborhood analysis)	지역분석은 특정위치를 애워싸고 있는 주변지역의 특성을 추출하는 것을 의미한다. 지역분석에는 ① 하나 이상의 분석 대상 위치의 설정과 ② 주변지역의 명시, ③ 지역 내 객체에 대해 적용될 기능의 세 가지의 사항이 명시되어야 한다.
측정	측정기능은 GIS에서 기본적인 기능으로서 ① 공간객체간의 거리나 면적, ② 또는 공간객체가 지닌 속성에 대한 값의 분포나 평균값, 편차 등을 계산 하는데 사용될 수 있다.

78 지도투영은 지구의 둥근 표면 전체 또는 일부분을 평면상에 나타내는 것으로 여러 투영법이 개발되었다. 만약 주어진 수치지도의 좌표계가 UTM(Universal Transverse Mercator)이라면, 이 수치지도의 좌표단위는?

① 인치
② 센치미터
③ 피트
④ 미터

Answer 77 ③ 78 ④

해설

UTM 좌표(Universal Transverse Mercator Coordinate)
UTM 좌표는 국제횡메르카토르 투영법에 의하여 표현되는 좌표계이다. 적도를 횡축, 자오선을 종축으로 한다. 투영방식, 좌표변환식은 TM과 동일하나 원점에서 축척계수를 0.9996으로 하여 적용범위를 넓혔다.

① 지구 전체를 경도 6°씩 60개 구역으로 나누고, 각 종대의 중앙자오선과 적도의 교점을 원점으로 하여 원통도법인 횡메르카토르 투영법으로 등각투영한다.
② 각 종대는 180°W 자오선에서 동쪽으로 6° 간격으로 1~60까지 번호를 붙인다.
③ 중앙자오선에서의 축척계수는 0.9996m이다.

$$(축척계수 = \frac{평면거리}{구면거리} = \frac{s}{S} = 0.9996)$$

④ 종대에서 위도는 남북 80°까지만 포함시킨다.
⑤ 횡대는 8°씩 20개 구역으로 나누어 C(80°S~72°S)~X(72°N~80°N)까지(단, I, O는 제외) 20개의 알파벳 문자로 표현한다.
⑥ 결국 종대 및 횡대는 경도 6°×위도 8°의 구형 구역으로 구분된다.
⑦ 우리나라는 51~52종대와 S~T횡대에 속한다.
 1) UTM 좌표에서 거리좌표는 m 단위로 표시하며 종좌표에서는 N을, 횡좌표에서는 E를 붙인다.
 2) 각 종대마다 좌표원점의 값을 북반구에서 횡좌표 500,000mE, 종좌표 0mN(남반구에서는 10,00,000N)으로 주면 북반구에서 종좌표는 적도에서 0mN, 80°N에서 10,000,000mN이고,
 3) 남반구에서는 80°S에서 적도까지의 거리는 10,000,000m로 나타난다.
 4) 80°N과 80°S간 전 지역의 지도는 UTM 좌표로 표시하며 80°N 이북과 80°S 이남의양극지역의 전 지역의 지도는 국제극심입체좌표(UPS)로 표시함으로써 전 세계를 일관된 좌표계로 나타낼 수 있다.

| 51 : 120°~126° E (중앙자오선 123° E) | S : 32°~40° N |
| 52 : 126°~132° E (중앙자오선 129° E) | T : 40°~48° N |

79 지리정보시스템(GIS)의 일반적인 자료처리 단계를 순서대로 바르게 나열한 것은?

① 자료의 수치화 - 자료조작 및 관리 - 응용·분석 - 출력
② 자료조작 및 관리 - 자료의 수치화 - 응용·분석 - 출력
③ 자료의 수치화 - 응용·분석 - 자료조작 및 관리 - 출력
④ 자료조작 및 관리 - 응용·분석 - 자료의 수치화 - 출력

해설

GIS의 일반적 자료처리 과정
자료의 수치화 ⇨ 자료조작 및 관리 ⇨ 응용·분석 ⇨ 출력

80 위성 모형을 통하여 얻을 수 있는 공간분석으로 적절하지 않은 것은?

① 중첩 분석
② 인접성 분석
③ 네트워크 분석
④ 주성분 분석

해설

위상구조분석		각 공간객체 사이의 관계가 인접성, 연결성, 포함성 등의 관점에서 묘사되며, 스파게티 모델에 비해 다양한 공간분석이 가능하다.
	인접성 (Adjacency)	사용자가 중심으로 하는 개체의 형상 좌우에 어떤 개체가 인접하고 그 존재가 무엇인지를 나타내는 것이며 이러한 인접성으로 인해 지리정보의 중요한 상대적인 거리나 포함여부를 알 수 있게 된다.

Answer 79 ① 80 ④

연결성 (Connectivity)	지리정보의 3가지 요소의 하나인 선(Line)이 연결되어 각 개체를 표현할 때 노드(Node)를 중심으로 다른 체인과 어떻게 연결되는지를 표현한다.
포함성 (Containment)	특정한 폴리곤에 또 다른 폴리곤이 존재할 때 이를 어떻게 표현할지는 지리정보의 분석 기능에 중요한 하나이며 특정지역을 분석할 때, 특정지역에 포함된 다른 지역을 분석할 때 중요하다.

제5과목 | 측량학

81 삼각망의 정확도가 높은 순서대로 옳게 나열된 것은?

① 단열 삼각망 > 유심 삼각망 > 사변형 삼각망
② 사변형 삼각망 > 유심 삼각망 > 단열 삼각망
③ 유심 삼각망 > 단열 삼각망 > 사변형 삼각망
④ 사변형 삼각망 > 단열 삼각망 > 유심 삼각망

해설

삼각망의 종류

단열삼각쇄 (망) (single chain of tringles)	① 폭이 좁고 길이가 긴 지역에 적합하다. ② 노선·하천·터널 측량 등에 이용한다. ③ 거리에 비해 관측수가 적다. ④ 측량이 신속하고 경비가 적게 든다. ⑤ 조건식의 수가 적어 정도가 낮다.
유심삼각쇄 (망) (chain of central points)	① 동일 측점에 비해 포함면적이 가장 넓다. ② 넓은 지역에 적합하다. ③ 농지측량 및 평탄한 지역에 사용된다. ④ 정도는 단열삼각망보다 좋으나 사변형보다 적다.
사변형삼각쇄 (망) (chain of quadrilaterals)	① 조건식의 수가 가장 많아 정밀도가 가장 높다. ② 기선삼각망에 이용된다. ③ 삼각점 수가 많아 측량시간이 많이 걸리며 계산과 조정이 복잡하나
정밀도	삼각망의 정밀도는 사변형 > 유심 > 단열 순이다.

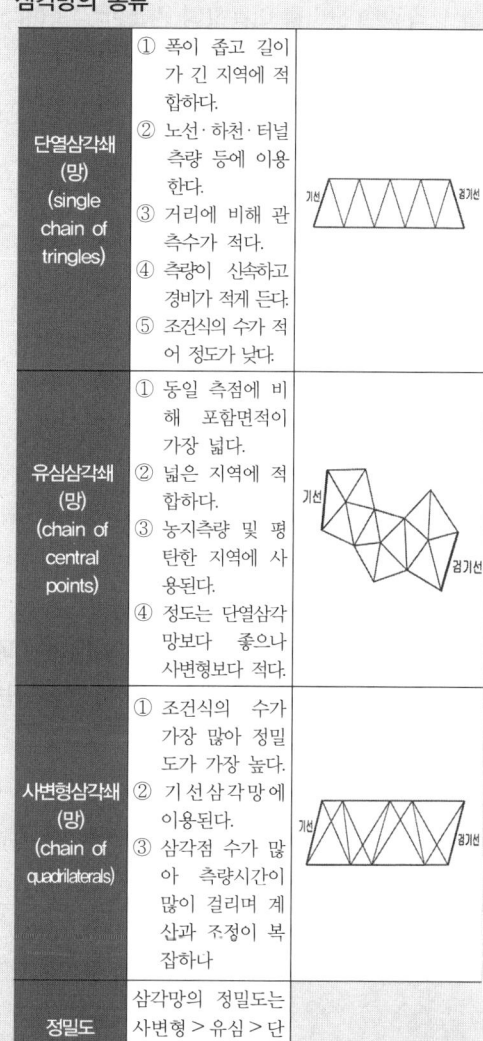

Answer 81 ②

82 다음의 관측값은 동일한 각(∠x)을 3대의 각관측 장비를 이용하여 관측한 결과이다. 이 결과에 따른 각 (∠x)의 최확값은?

$$\angle x_1 = 45°05'\ 30''\pm 1.2$$
$$\angle x_1 = 45°05'\ 30''\pm 1.2$$
$$\angle x_1 = 45°05'\ 30''\pm 1.2$$

① 45°05′11″   ② 45°05′21″
③ 45°05′31″   ④ 45°05′41″

[해설]
경중률은 평균제곱근 오차의 제곱에 반비례

$$p_1 : p_2 : p_3 = \frac{1}{1.2^2} : \frac{1}{2.4^2} : \frac{1}{1.8^2} = 0.69 : 0.17 : 0.31$$

$$\text{최확값} = 45°05' + \frac{0.69 \times 30'' + 0.17 \times 35'' + 0.31 \times 31''}{0.69 + 0.17 + 0.31}$$
$$= 45°05'31''$$

83 하천, 항만, 해양 등의 심천을 나타내는 데 측점에 숫자로 기입하여 고저를 표시하는 지형의 표시방법은?

① 점고법   ② 영선법
③ 음영법   ④ 등고선법

[해설]

지형도에 의한 지형표시법

자연적 도법	영선법 (우모법) (Hachuring)	"게바"라 하는 단선상(短線上)의 선으로 지표의 기본을 나타내는 것으로 게바의 사이, 굵기, 방향등에 의하여 지표를 표시하는 방법
	음영법 (명암법) (Shading)	태양광선이 서북쪽에서 45°로 비친다고 가정하여 지표의 기복을 도상에서 2~3색 이상으로 채색하여 지형을 표시하는 방법으로 지형의 입체감이 가장 잘 나타나는 방법이다.
부호적 도법	점고법 (Spot height system)	지표면상의 표고 또는 수심을 숫자에 의하여 지표를 나타내는 방법으로 하천, 항만, 해양 등에 주로 이용
	등고선법 (Contour System)	동일표고의 점을 연결한 것으로 등고선에 의하여 지표를 표시하는 방법으로 토목공사용으로 가장 널리 사용
부호적 도법	채색법 (Layer System)	같은 등고선의 지대를 같은색으로 채색하여 높을수록 진하게 낮을수록 연하게 칠하여 높이의 변화를 나타내며 지리관계의 지도에 주로 사용

84 토털스테이션(TS)을 이용하여 100m 떨어진 위치의 측점을 각 관측 하였을 때 6″의 관측오차가 발생하였다면 측점의 위치오차는?

① 2.4mm
② 2.9mm
③ 3.6mm
④ 4.2mm

[해설]

$$\text{정밀도}(R) = \frac{l}{D} = \frac{a''}{\rho''} = \frac{1}{m} \text{에서}$$

$$l = \frac{a''}{\rho''} \times D = \frac{6''}{206265} \times 100 = 2.9\text{mm}$$

Answer 82 ③ 83 ① 84 ②

85 큰 계곡이나 하천을 횡단하여 수준측량을 할 경우에 사용하는 수준측량의 방법으로 가장 알맞은 것은?

① 간접 수준측량
② 교호 수준측량
③ 시거 수준측량
④ 종단 수준측량

해설

교호수준측량
전시와 후시를 같게 취하는 것이 원칙이나 2점간에 강·호수·하천 등이 있으면 중앙에 기계를 세울 수 없을 때 양지점에 세운 표척을 읽어 고저차를 2회 산출하여 평균하며 높은 정밀도를 필요로 할 경우에 이용된다.

(1) 교호 수준측량을 할 경우 소거되는 오차

교호 수준측량을 할 경우 소거되는 오차	① 레벨의 기계오차(시준축 오차) ② 관측자의 읽기오차 ③ 지구의 곡률에 의한 오차(구차) ④ 광선의 굴절에 의한 오차(기차)

86 B, C, D점에서 그림과 같이 ①~④의 각을 관측하였다. BC의 거리가 120.00m일 때, CD의 거리는?

〈관측 각〉
① 72°30′
② 75°10′
③ 68°15′
④ 59°20′

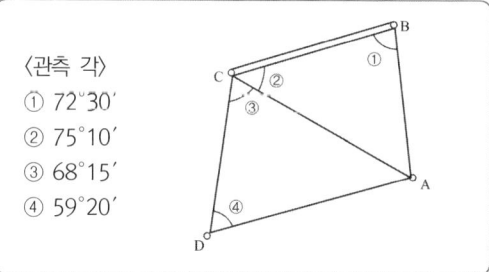

① 197.1m
② 198.3m
③ 202.4m
④ 215.3m

해설

$\overline{CA} = \dfrac{\sin 72°30′}{\sin 32°20′} \times 120 = 213.98m$

$\overline{CD} = \dfrac{\sin 52°25′}{\sin 59°20′} \times 213.98 = 197.1m$

87 콘크리트 구조물의 부피를 계산하기 위해 가로(l), 세로(w), 높이(h)를 측정한 결과가 l = 30 ± 0.02m, w = 15 ± 0.03m, h = 20 ± 0.05m일 때 구조물의 부피 오차는?

① ±0.27m³
② ±1.25m³
③ ±6.82m³
④ ±29.43m³

해설

$V = abh$ 공식에서 오차전파법칙을 적용하여 용적오차를 구하면 다음과 같다

$\Delta V = \pm \sqrt{(bh)^2 \cdot m_1^2 + (ah)^2 \cdot m_2^2 + (ab)^2 \cdot m_3^2}$

$= \pm \sqrt{(15 \times 20)^2 \times 0.02^2 + (30 \times 20)^2 \times 0.03^2 + (30 \times 15)^2 \times 0.05^2}$

$= \pm 29.43 m^3$

88 자동레벨의 조정 조건이 아닌 것은?

① 원형기포관의 접평면이 연직축과 직교하여야 한다.
② 십자횡선이 수평이어야 한다.
③ 시준선이 항상 수평이어야 한다.
④ 망원경 기포관축이 시준선과 수직하여야 한다.

해설

레벨의 조정
(1) 가장 엄밀해야 할 것(가장 중요시해야 할 것)
  ① 기포관축 // 시준선
  ② 기포관축 // 시준선 = 시준축오차(전시와 후시의 거리를 같게 취함으로서 소거)
(2) 기포관을 조정해야 하는 이유
  기포관축을 연직축에 직각으로 할 것

89 등고선에 관한 설명으로 옳지 않은 것은?

① 간곡선은 주곡선 간격의 1/2로 표시하며, 주곡선만으로는 지모의 상태를 명시할 수 없는 장소에 가는 파선으로 나타낸다.
② 조곡선은 간곡선 간격의 1/2로 표시하는데, 표현이 부족한 곳에 가는 실선으로 나타낸다.

Answer 85 ② 86 ① 87 ④ 88 ④ 89 ②

③ 계곡선은 지모의 상태를 파악하고 등고선의 고저치를 쉽게 판독할 수 있도록 주곡선 5개마다 굵은 실선으로 나타낸다.
④ 주곡선은 지형을 나타내는 기본이 되는 곡선으로 간격은 축척에 따라 다르게 결정된다.

[해설]

(1) 등고선의 종류

주곡선	지형을 표시하는데 가장 기본이 되는 곡선으로 가는실선으로 표시
간곡선	주곡선 간격의 $\frac{1}{2}$ 간격으로 그리는 곡선으로 완경사지나 주곡선만으로 지모를 명시하기 곤란한 장소에 가는 파선으로 표시
조곡선	간곡선 간격의 $\frac{1}{2}$ 간격으로 그리는 곡선으로 불규칙한 지형을 표시 (주곡선 간격의 $\frac{1}{4}$ 간격으로 그리는 곡선)
계곡선	주곡선 5개마다 1개씩 그리는 곡선으로 표고의 읽음을 쉽게 하고 지모의 상태를 명시하기위해 굵은 실선으로 표시

(2) 등고선의 간격

축척 등고선 종류	기호	1/5,000	1/10,000	1/25,000	1/50,000
주 곡 선	가는실선	5	5	10	20
간 곡 선	가는파선	2.5	2.5	5	10
조 곡 선 (보조곡선)	가는점선	1.25	1.25	2.5	5
계 곡 선	굵은실선	25	25	50	100

90 거리를 측정할 때에 발생하는 오차 중에서 정오차가 아닌 것은?

① 표준온도와 관측 시 온도 차에 의해 발생하는 오차
② 표준줄자와의 길이 차이에 의하여 발생하는 오차
③ 눈금을 잘못 읽었을 때 발생하는 오차
④ 줄자의 처짐(sag)으로 발생하는 오차

[해설]

오차의 원인	내용
정오차의 원인	① 테이프의 길이가 표준 길이와 다를 때 (줄자의 특성값 보정) ② 측정시의 온도가 표준 온도와 다를 때 (온도 보정) ③ 측정시의 장력이 표준 장력과 다를 때 (장력 보정) ④ 강철 테이프를 사용할 경우, 측점과 측점 사이의 간격이 너무 멀어서 자중으로 처질 때(처짐 보정) ⑤ 줄자가 기준면상의 길이로 되어 있지 않을 경우(표고 보정) ⑥ 경사지를 측정할 때에 테이프가 수평이 되지 않을 때(경사 보정) ⑦ 테이프가 바람이나 초목에 걸려서 일직선이 되도록 당겨지지 못했을 때
우연오차 의 원인	① 테이프의 눈금을 정확히 읽지 못하거나, 전수가 테이프의 눈금을 정확히 지상에 옮기지 못하였을 때(특히, 경사에서 오차가 크다.) ② 온도가 측정 중에 자주 변할 때 ③ 측정 중 장력을 일정하게 유지하지 못했을 때 ④ 눈금의 끝수를 정확히 읽을 수 없을 때
착오차의 원인	착오는 오독, 오기, 누락 등에 의하여 크기와 방향이 일정치 않고 예측이 불가하므로 신중한 업무 수행과 확인 작업으로 소거하여야 한다. ① 측침의 이동 ② 눈금의 오독 ③ 측정 횟수의 오차

91 광파기(거리측정기)의 기계정수를 검사하기 위해 아래 그림과 같이 거리를 측정하였다. 기계정수 K를 구하는 방법은?

① K = S1 − (S2 + S3)
② K = (S1 + S2 + S3) / S1
③ K = (S2 + S3) / S1
④ K = S1 / (S2 + S2)

[해설]

K = S1 − (S2 + S3)

Answer 90 ③ 91 ①

92
기지의 수준점 A, B간에 수준측량을 실시하여 (1)점을 신설하고 표와 같은 관측결과를 얻었다. (1)점의 지반고는? (단, A점 지반고 = 135.674m, B점 지반고 = 143.512m)

구간	거리	표고차
A → (1)	2.0km	+9.374m
(1) → B	1.2km	−1.512m

① 145.033m   ② 145.036m
③ 145.044m   ④ 145.048m

해설

B점 측정값 = 135.674+9.374−1.512=143.536m
∴ 오차=143.512−143.536=−0.024m
3.2 : −0.024 = 2.0 : x
$x = \dfrac{-0.024 \times 2.0}{3.2} = -0.015m$ (1번 보정값)
(1)번 관측치 145.048m에서 보정값 − 0.015
∴ 145.048−0.015=145.033m(보정된값)

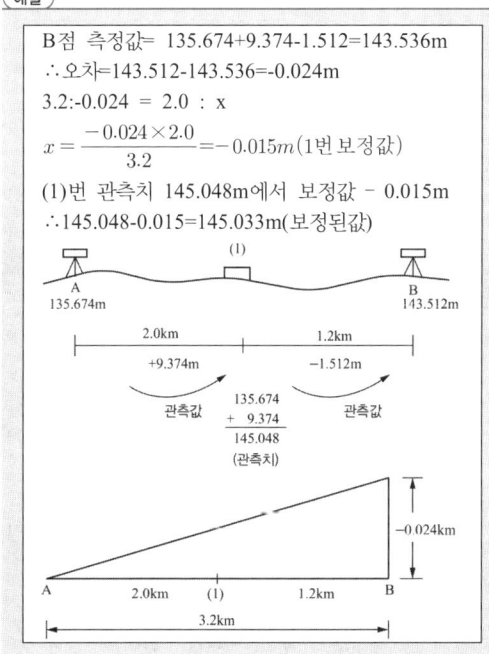

93
축척 1 : 50000 지형도에서 거리가 8.0cm인 두 지점이 다른 지형도 상에서는 거리가 28cm이었다면 이 지형도의 축척은?

① 약 1 : 5000   ② 약 1 : 7000
③ 약 1 : 10000 ④ 약 1 : 14000

해설

$\dfrac{1}{50,000} : 8 = \dfrac{1}{m} : 28$

$\dfrac{8}{m} = \dfrac{28}{50,000}$

$m = \dfrac{8 \times 50,000}{28} = \dfrac{1}{14,285} ≒ \dfrac{1}{14,000}$

94
길이 50m인 줄자를 사용하여 1250m를 관측하였다. 50m 관측에 대한 오차가 ±5mm라면 전체 거리에서 발생하는 오차는?

① ±10mm   ② ±20mm
③ ±25mm   ④ ±30mm

해설

측정횟수 $n = \dfrac{1250}{50} = 25$회
우연오차 $= \pm \delta \sqrt{n} = 5\sqrt{25} = \pm 25mm$

95
측량업종은 크게 측지측량업, 지적측량업, 그 밖에 항공촬영, 지도제작 등 대통령령으로 정하는 업종으로 구분할 수 있다. 다음 중 항공촬영, 지도제작 등 대통령령으로 정하는 업종에 해당되지 않는 것은?

① 일반측량업
② 수치지도제작업
③ 수로조사업
④ 지하시설물측량업

해설

공간정보관리법 제44조(측량업의 등록)
① 측량업은 다음 각 호의 업종으로 구분한다.
 1. 측지측량업
 2. 지적측량업
 3. 그 밖에 항공촬영, 지도제작 등 대통령령으로 정하는 업종

Answer 92 ① 93 ④ 94 ③ 95 ③

② 측량업을 하려는 자는 업종별로 대통령령으로 정하는 기술인력·장비 등의 등록기준을 갖추어 국토교통부장관, 시·도지사 또는 대도시 시장에게 등록하여야 한다. 다만, 한국국토정보공사는 측량업의 등록을 하지 아니하고 제1항제2호의 지적측량업을 할 수 있다. 〈개정 2013. 3. 23., 2014. 6. 3., 2020. 2. 18.〉

③ 국토교통부장관, 시·도지사 또는 대도시 시장은 제2항에 따른 측량업의 등록을 한 자(이하 "측량업자"라 한다)에게 측량업등록증 및 측량업 등록수첩을 발급하여야 한다. 〈개정 2013. 3. 23., 2020. 2. 18.〉

④ 측량업자는 등록사항이 변경된 경우에는 국토교통부장관, 시·도지사 또는 대도시 시장에게 신고하여야 한다.

공간정보관리법 시행령 제34조(측량업의 종류)

① 법 제44조제1항제3호에 따른 "항공촬영, 지도제작 등 대통령령으로 정하는 업종"이란 다음 각 호와 같다.
1. 공공측량업
2. 일반측량업
3. 연안조사측량업
4. 항공촬영업
5. 공간영상도화업
6. 영상처리업
7. 수치지도제작업
8. 지도제작업
9. 지하시설물측량업

96 우리나라의 측량기준으로 세계측지계에 따른 직각좌표에 대한 설명으로 틀린 것은?

① 서부좌표계, 중부좌표계, 동부좌표계, 동해좌표계가 있다.
② 각 좌표계에서의 직각좌표는 가우스상사 이중투영법으로 표시한다.
③ X축은 좌표계 원점의 자오선에 일치한다.
④ 투영원점의 가산 수치는 X(N) 600000m, Y(E) 200000m이다.

해설

■ 공간정보의 구축 및 관리 등에 관한 법률 시행령 [별표 2] 〈개정 2015.6.1.〉

직각좌표의 기준(제7조 제3항 관련)

1. 직각좌표계 원점

명칭	원점의 경위도	투영원점의 가산(加算)수치	원점 축척계수	적용 구역
서부좌표계	경도: 동경 125° 00′ 위도: 북위 38° 00′	X(N) 600,000m Y(E) 200,000m	1.0000	동경 124°~126°
중부좌표계	경도: 동경 127° 00′ 위도: 북위 38° 00′	X(N) 600,000m Y(E) 200,000m	1.0000	동경 126°~128°
동부좌표계	경도: 동경 129° 00′ 위도: 북위 38° 00′	X(N) 600,000m Y(E) 200,000m	1.0000	동경 128°~130°
동해좌표계	경도: 동경 131° 00′ 위도: 북위 38° 00′	X(N) 600,000m Y(E) 200,000m	1.0000	동경 130°~132°

비고)
가. 각 좌표계에서의 직각좌표는 다음의 조건에 따라 T·M(Transverse Mercator, 횡단 머케이터) 방법으로 표시하고, 원점의 좌표는 (X=0, Y=0)으로 한다.
  1) X축은 좌표계 원점의 자오선에 일치하여야 하고, 진북방향을 정(+)으로 표시하며, Y축은 X축에 직교하는 축으로서 진동방향을 정(+)으로 한다.
  2) 세계측지계에 따르지 아니하는 지적측량의 경우에는 가우스상사이중투영법으로 표시하되, 직각좌표계 투영원점의 가산(加算)수치를 각각 X(N) 500,000미터(제주도지역 550,000미터), Y(E) 200,000m로 하여 사용할 수 있다.
나. 국토교통부장관은 지리정보의 위치측정을 위하여 필요하다고 인정할 때에는 직각좌표의 기준을 따로 정할 수 있다. 이 경우 국토교통부장관은 그 내용을 고시하여야 한다.

2. 지적측량에 사용되는 구소삼각지역의 직각좌표계 원점

Answer 96 ②

97 국가공간정보 기본법에서 사용하는 용어 중 공간정보데이터베이스의 정의로 옳은 것은?

① 공간정보를 효과적으로 수집·저장·가공·분석·표현할 수 있도록 서로 유기적으로 연계된 컴퓨터의 하드웨어, 소프트웨어 및 인적자원의 결합체를 말한다.
② 공간정보를 효율적으로 관리 및 활용하기 위하여 자연적 또는 인공적 객체에 부여하는 공간정보의 식별체계를 말한다.
③ 공간정보를 체계적으로 할 수 있도록 가공한 정보의 집합체를 말한다.
④ 지상·지하·수상·수중 등 공간상에 존재하는 자연적 또는 인공적인 객체에 대한 위치정보 및 이와 관련된 공간적 인지 및 의사결정에 필요한 정보를 말한다.

[해설]
공간정보기본법 제2조(정의) 이 법에서 사용하는 용어의 뜻은 다음과 같다.
1. "공간정보"란 지상·지하·수상·수중 등 공간상에 존재하는 자연적 또는 인공적인 객체에 대한 위치정보 및 이와 관련된 공간적 인지 및 의사결정에 필요한 정보를 말한다.
2. **"공간정보데이터베이스"란 공간정보를 체계적으로 정리하여 사용자가 검색하고 활용할 수 있도록 가공한 정보의 집합체를 말한다.**
3. "공간정보체계"란 공간정보를 효과적으로 수집·저장·가공·분석·표현할 수 있도록 서로 유기적으로 연계된 컴퓨터의 하드웨어, 소프트웨어, 데이터베이스 및 인적자원의 결합체를 말한다.
4. "관리기관"이란 공간정보를 생산하거나 관리하는 중앙행정기관, 지방자치단체, 「공공기관의 운영에 관한 법률」 제4조에 따른 공공기관(이하 "공공기관"이라 한다), 그 밖에 대통령령으로 정하는 민간기관을 말한다.
5. "국가공간정보체계"란 관리기관이 구축 및 관리하는 공간정보체계를 말한다.
6. "국가공간정보통합체계"란 제19조제3항의 기본공간정보데이터베이스를 기반으로 국가공간정보체계를 통합 또는 연계하여 국토교통부장관이 구축·운용하는 공간정보체계를 말한다.
7. "공간객체등록번호"란 공간정보를 효율적으로 관리 및 활용하기 위하여 자연적 또는 인공적 객체에 부여하는 공간정보의 유일식별번호를 말한다.

98 공공측량시행자가 공공측량 작업계획서를 제출해야 하는 시기에 대한 기준은?

① 공공측량을 하기 3일 전
② 공공측량을 하기 10일 전
③ 공공측량을 하기 30일 전
④ 공공측량을 하기 90일 전

[해설]
공간정보관리법 시행규칙 제21조(공공측량 작업계획서의 제출)
① 공공측량시행자는 법 제17조제2항에 따라 공공측량을 하기 **3일 전**에 국토지리정보원장이 정한 기준에 따라 공공측량 작업계획서를 작성하여 국토지리정보원장에게 제출하여야 한다. 공공측량 작업계획서를 변경한 경우에도 또한 같다.
② 제1항에 따른 공공측량 작업계획서에 포함되어야 할 사항은 다음 각 호와 같다.
  1. 공공측량의 사업명
  2. 공공측량의 목적 및 활용 범위
  3. 공공측량의 위치 및 사업량
  4. 공공측량의 작업기간
  5. 공공측량의 작업방법
  6. 사용할 측량기기의 종류 및 성능
  7. 법 제17조제1항에 따라 사용할 측량성과의 명칭, 종류 및 내용
  8. 그 밖에 작업에 필요한 사항
③ 국토지리정보원장은 공공측량 작업계획서를 검토한 후 수정할 필요가 있다고 판단하는 경우에는 공공측량시행자에 공공측량 작업계획서를 변경하여 제출할 것을 요구할 수 있다. 이 경우 공공측량시행자는 특별한 사유가 없으면 이에 따라야 한다.

Answer 97 ③ 98 ①

④ 제1항에 따른 공공측량 작업계획서의 작성기준과 그 밖에 공공측량에 필요한 사항은 국토지리정보원장이 정하여 고시한다.

99 측량기준점의 구분에 해당되지 않는 것은?

① 국가기준점
② 지적기준점
③ 공공기준점
④ 연안기준점

〔해설〕

공간정보관리법 제7조(측량기준점)
① 측량기준점은 다음 각 호의 구분에 따른다.
〈개정 2020. 2. 18.〉
1. 국가기준점 : 측량의 정확도를 확보하고 효율성을 높이기 위하여 국토교통부장관이 전 국토를 대상으로 주요 지점마다 정한 측량의 기본이 되는 측량기준점
2. 공공기준점 : 제17조제2항에 따른 공공측량시행자가 공공측량을 정확하고 효율적으로 시행하기 위하여 국가기준점을 기준으로 하여 따로 정하는 측량기준점
3. 지적기준점 : 특별시장·광역시장·특별자치시장·도지사 또는 특별자치도지사(이하 "시·도지사"라 한다)나 지적소관청이 지적측량을 정확하고 효율적으로 시행하기 위하여 국가기준점을 기준으로 하여 따로 정하는 측량기준점
② 제1항에 따른 측량기준점의 구분에 관한 세부사항은 대통령령으로 정한다.

100 아래와 같은 기본측량성과의 국외 반출 금지 조항에서 밑줄 친 부분에 해당되지 않는 것은?

누구든지 국토교통부장관의 허가 없이 기본측량성과 중 지도나 그 밖에 필요한 간행물(이하 지도등) 또는 측량용 사진을 국외로 반출하여서는 아니 된다. 다만, <u>외국 정부와 기본측량성과를 서로 교환하는 등 대통령령으로 정하는 경우</u>에는 그러지 아니하다.

① 대한민국 정부와 외국 정부 간에 체결된 협정 또는 합의에 따라 기본측량성과를 상호 교환하는 경우
② 축척 5천분의 1이상의 대축척으로 제작된 지도를 국외로 반출하는 경우
③ 정부를 대표하여 외국 정부와 교섭하거나 국제회의 또는 국제기구에 참석하는 자가 자료로 사용하기 위하여 반출하는 경우
④ 관광객의 유치와 관광시설의 홍보를 목적으로 제작하여 반출하는 경우

〔해설〕

공간정보의 구축 및 관리 등에 관한 법률 제16조 (기본측량성과의 국외 반출 금지)
① 누구든지 국토교통부장관의 허가 없이 기본측량성과 중 지도등 또는 측량용 사진을 국외로 반출하여서는 아니 된다. 다만, 외국 정부와 기본측량성과를 서로 교환하는 등 대통령령으로 정하는 경우에는 그러하지 아니하다.
〈개정 2013. 3. 23.〉
② 누구든지 제14조제3항 각 호의 어느 하나에 해당하는 경우에는 기본측량성과를 국외로 반출하여서는 아니 된다. 다만, 국토교통부장관이 국가안보와 관련된 사항에 대하여 과학기술정보통신부장관, 외교부장관, 통일부장관, 국방부장관, 행정안전부장관, 산업통상자원부장관 및 국가정보원장 등 관계 기관의 장과 협의체를 구성하여 국외로 반출하기로 결정한 경우에는 그러하지 아니하다.

Answer 99 ④ 100 ②

공간정보의 구축 및 관리 등에 관한 법률 시행령 제16조(기본측량성과 및 공공측량성과의 국외 반출)

① 법 제16조제1항 단서에서 "외국 정부와 기본측량성과를 서로 교환하는 등 대통령령으로 정하는 경우"란 다음 각 호의 경우를 말한다.
  1. 대한민국 정부와 외국 정부 간에 체결된 협정 또는 합의에 따라 기본측량성과를 상호 교환하는 경우
  2. 정부를 대표하여 외국 정부와 교섭하거나 국제회의 또는 국제기구에 참석하는 자가 자료로 사용하기 위하여 지도나 그 밖에 필요한 간행물(이하 "지도등"이라 한다) 또는 측량용 사진을 반출하는 경우
  3. 관광객 유치와 관광시설 홍보를 목적으로 지도등 또는 측량용사진을 제작하여 반출하는 경우
  4. 축척 5만분의 1 미만인 소축척의 지도(수치지형도는 제외한다. 이하 이 조에서 같다)나 그 밖에 필요한 간행물을 국외로 반출하는 경우
  5. 축척 2만5천분의 1 또는 5만분의 1 지도로서 「국가공간정보에 관한 법률 시행령」 제24조제3항에 따라 국가정보원장의 지원을 받아 보안성 검토를 거친 경우(등고선, 발전소, 가스관 등 국토교통부장관이 정하여 고시하는 시설 등이 표시되지 아니한 경우로 한정한다)
  6. 축척 2만5천분의 1인 영문판 수치지형도로서 「국가공간정보에 관한 법률 시행령」 제24조제3항에 따른 보안성 검토를 거친 경우

② 법 제21조제1항 단서에서 "외국정부와 공공측량성과를 서로 교환하는 등 대통령령으로 정하는 경우"란 다음 각 호의 경우를 말한다. 〈신설 2014. 1. 17.〉
  1. 대한민국 정부와 외국 정부 간에 체결된 협정 또는 합의에 따라 공공측량성과를 상호 교환하는 경우
  2. 정부를 대표하여 외국 정부와 교섭하거나 국제회의 또는 국제기구에 참석하는 자가 자료로 사용하기 위하여 지도 등 또는 측량용 사진을 반출하는 경우
  3. 관광객 유치와 관광시설 홍보를 목적으로 지도등 또는 측량용사진을 제작하여 반출하는 경우
  4. 축척 5만분의 1 미만인 소축척의 지도나 그 밖에 필요한 간행물을 국외로 반출하는 경우
  5. 축척 2만5천분의 1 또는 5만분의 1 지도로서 「국가공간정보에 관한 법률 시행령」 제24조제3항에 따라 국가정보원장의 지원을 받아 보안성 검토를 거친 경우

측량 및 지형공간정보
2020년 9월 27일 기사

제1과목 | 측지학 및 위성측위시스템

01 다음 설명 중 옳지 않은 것은?

① 천문측량에 의한 경·위도 측정은 관측점마다 독립적으로 이루어진다.
② 지구상의 위치는 지리학적 경·위도 및 준거타원체상으로부터의 높이로 표시된다.
③ 목적하는 측량의 정확도에 따라서 지구를 평면으로 가정할 수 있다.
④ 지구상의 위치는 직각좌표나 극좌표 등으로 표시하기도 한다.

해설

측량의 기준

측량학은 지구 및 우주공간상에 존재하는 제점간의 상호위치 관계와 그 특성을 해석하는 것으로서 위치결정, 도면화와 도형해석, 생활공간의 개발과 유지관리에 필요한 자료 제공, 정보체계의 정량화, 자연환경 친화를 위한 경관의 관측 및 평가 등을 통하여 쾌적한 생활환경의 창출에 기여하는 학문으로서 측량법상 그 기준을 정하여 정확성을 확보함으로서 효율적인 각종 측량을 실시할 수 있다.

1. 공간정보의 구축 및 관리 등에 관한 법 제6조 측량기준
   1) 측량기준은 다음 각 호와 같다.
      ① 位置는 세계측지계(世界測地系)에 따라 측정한 **지리학적 경위도와 높이**(평균해면으로부터의 높이를 말한다. 이하 이 항에서 같다)로 표시한다. 다만 지도제작 등을 위하여 필요한 경우에는 직각좌표와 높이, 극좌표와 높이, 지구중심 직교좌표 및 그 밖의 다른 좌표로 표시할 수 있다.
      ② 測量의 原點은 대한민국 경위도원점(經緯度原點) 및 수준원점(水準原點)으로 한다. 다만, 섬 등 대통령령으로 정하는 지역에 대하여는 국토해양부장관이 따로 정하여 고시하는 원점을 사용할 수 있다.

02 중력이상에 대한 설명으로 틀린 것은?

① 일반적으로 실측중력값과 계산식에 의한 이론적 중력값은 일치한다.
② 중력이상이 (+)이면 그 지점 부근에 무거운 물질이 있는 것으로 추정할 수 있다.
③ 중력이상값은 실측중력값에서 이론중력값을 뺀 값으로 계산된다.
④ 중력이상으로 지표면 밑의 상태를 추정할 수 있다.

해설

중력이상(gravity anomaly)

중력이상이란 중력보정을 통하여 기준면에서의 중력값으로 보정된 중력값에서 표준중력값을 뺀 값이다. 즉 실제 관측중력값에서 표준중력식에 의해 계산한 중력값을 뺀 것이다. 중력이상의 주원인은 지하의 지질밀도가 고르게 분포되어 있지 않기 때문이다.

중력 이상	내용
gravity anomaly	중력이상이란 중력보정을 통하여 기준면에서의 중력값으로 보정된 중력값에서 표준중력값을 뺀 값이다. 즉 실제 관측중력값에서 표준중력식에 의해 계산한 중력값을 뺀 것이다. **중력이상의 주원인은 지하의 지질밀도가 고르게 분포되어 있지 않기 때문이다.**

Answer 01 ② 02 ①

중력 이상	내용
프리-에어 이상 (freeair anomaly)	• 관측된 중력값으로부터 위도보정과 프리-에어보정을 실시한 중력값에서 기준점에서의 표준중력값을 뺀 값이다. (프리에어보정+위도보정)-표준중력값= freeair anomaly • 프리-에어 이상은 관측점과 지오이드 사이의 물질에 대한 영향을 고려하지 않았기 때문에 고도가 높은 점일수록 (+)로 증가한다.
부게 이상 (Bouguer anomaly)	• 중력관측점과 지오이드면 사이의 질량을 고려한 중력 이상이다. • 부게 이상은 지하의 물질 및 질량분포를 구하는 데 목적이 있다. • 프리-에어 이상에 부게보정 및 지형보정을 더하여 얻는 이상이다. 프리에어이상 + 부게보정 = simple bouguer anomaly 프리에어이상 + 부게보정 + 지형보정 = bouguer anomaly • 고도가 높을수록 (-)로 감소한다.
지각균형 이상 (地殼均衡異常)	• 지질광물의 분포상태에 따른 밀도차의 영향을 고려한 이상이다. • 부게 이상에 지각균형보정을 더하여 얻는 이상이다. 부게이상 + 지각균형보정 = isostatic anomaly

03 탄성파 측량에 대한 설명으로 틀린 것은?

① 탄성파 측량은 굴절법과 반사법이 있다.
② 탄성파의 전파속도 관측으로 지반탐사가 가능하다.
③ 탄성파에는 전자기파와 내면파 2종류가 있다.
④ 탄성파는 탄성체에 충격으로 급격한 변형을 주었을 때 생기는 파이다.

해설

탄성파 측량
물체에 외력을 가했다가 외력을 제거했을 때 원상태로 돌아올 수 있는 상태에서 변형의 비율은 외력에 비례한다(Hook의 법칙). Hook의 법칙이 적용되는 고체를 탄성체라 하며 탄송체에 충격을 주어 급격한 변형을 일으키면 변형은 파장이 되어 주위로 전파 되는데 이 파를 탄성파라한다. 탄성파에는 실체파라고 하는 종파(縱波 : P파), 횡파(橫波 : S파), 지표상의 관측자에게는 탄성체 표면에만 전달되는 표면파(表面波 : L파)의 3종류가 있다.

탄성파의 주요 특징
① 탄성파(지진파)측정은 자연지진이나 인공지진(화약에 의한 폭발로 발생)의 지진파로 지하구조를 탐사하는 것으로 굴절법과 반사법이 있다
② 굴절법(Refraction) : 지표면으로부터 낮은 곳의 측정
③ 반사법(Reflection) : 지표면으로부터 깊은 곳의 측정
④ 지진이 일어났을때 지진계에 기록되는 순서는 종파(P파) – 횡파(S파) –표면파(L파)이다.

지진파의 종류 및 특징

종류	진동방향	속도 및 도달시간	특징
종파 (P파)	진행방향과 일치	- 속도 7~8km/sec - 도달시간 0분	- 모든 물체에 전파 - 아주 작은 폭
횡파 (S파)	진행방향과 직각	- 속도 3~4km/sec - 도달시간 8분	- 고체 내에서만 전파 - 보통 폭
표면파 (L파)	수평 및 수직	속도 3km/sec	- 지표면에 진동 - 아주 큰 폭

04 하나의 관측방정식에서 다른 관측방정식을 빼는 차분법 중 사이클 슬립(cycle slip)의 문제를 가장 잘 해결할 수 있는 방법은?

① 단순 차분
② 2중 차분
③ 3중 차분
④ 4중 차분

해설

간섭측위에 의한 위상차 측정
정적간섭측위(Static Positioning)를 통하여 기선해석을 하는데 사용하는 방법으로서 두개의 기지점에 GPS 수신기를 설치하고 위상차를 측정하여 기선의 길이와 방향을 3차원 백터량으로 결정하는데 다음과 같은 위상차 차분기법을 통하여 기선해석 품질을 높인다.

구 분	특 징
일중위상차 : Single Phace Difference)	1. 수신기간 일중위상차 ① 한개의 위성과 두 대의 수신기를 이용한 위성과 수신기간의 거리측정차(행로차) ② 동일위성에 대한 측정치이므로 위성의 궤도오차와 원자시계에 의한 오차가 소거된 상태 ③ 그러나 수신기의 시계오차는 포함되어 있는 상태임 2. 위성 간 일중위상차 ① 두개의 위성과 한 대의 수신기를 이용한 위성과 수신기간의 거리측정차(행로차) ② 다른위성에 대한 측정치이므로 위성의 궤도오차와 수신기의시계에 의한 오차가 소거된 상태 ③ 그러나 위성 시계오차는 포함되어 있는 상태임
이중위상차 : Double Phace Difference)	① 두 개의 위성과 두 대의 수신기를 이용하여 각각의 위성에 대한 수신기간 1중차 끼리의 차이값 ② 두 개의 위성에 대하여 두 대의 수신기로 관측함으로서 같은 량으로 존재하는 수신기의 시계오차를 소거한 상태 ③ 일반적으로 최소 4개의 위성을 관측하여 3회의 이중차를 측정하여 기선해석을 하는 것이 통례임
삼중위상차 : Triple Phace Difference)	① 한 개의 위성에 대하여 어떤 시각의 위상적산치(측정치)와 다음 시각의 적산치와의 차이 값을 적분위상차라고도 한다. ② 반송파의 모호정수(불명확상수)를 소거하기 위하여 일정시간 간격으로 이중차의 차이 값을 측정하는 것을 말한다. ③ 즉, 일정시간 동안의 위성거리 변화를 뜻하며 파장의 정수배의 불명확을 해결하는 방법으로 이용된다. ④ 위성. 수신기의 시계오차 소거와 정수 바이어스 소거 된 상태

05 어느 구면 삼각형이 구과량 30″이고, 면적이 0.355m²이라면 구의 반지름은?

① 39.8m ② 42.3m
③ 49.4m ④ 60.0m

해설

$$\epsilon'' = \frac{A}{R^2}\rho''$$

$$R = \sqrt{\frac{\rho''}{\epsilon''} \times A} = \sqrt{\frac{206265}{30} \times 0.355} = 49.4m$$

06 측지학에서 사용하는 투영에 대한 설명으로 옳은 것은?

① 동서보다 남북이 긴 지역에는 원뿔투영을 주로 사용한다.
② 대축척 지형도 제작에는 주로 등각투영을 사용한다.
③ 투영은 왜곡 없이 구면을 평면으로 나타내는 것이다.
④ 투영면 상의 거리는 실제 거리와 일치한다.

해설

투영(投影 : Projection)
지구본을 여러 조각으로 나누어 전개시킬수록 지표에 대한 왜곡은 적을 것이나 연속적인 지표면의 모습을 나타내기 곤란한 문제를 갖게 된다. 따라서 투영법에 의해 어느 정도의 왜곡을 감안한 연속성 있는 지도를 제작한다.

등적도법	(1) 거리의 왜곡이 발생하며, 지구의 형상 유지가 불가능하다. (2) 경선과 위선의 교차는 등각이 아니다. (3) 정량적 주제도 작성에서 중요하다. (인구밀도 표현은 면적이 데이터로 나타내지기 때문에 등적성 유지가 중요)
등각도법	(1) 점들 주위의 각이 유지되고 적은 지역의 형상이 유지된다. (2) 경선은 위선과 등각으로 교차하고, 한 점으로부터 모든 방향으로의 축척은 동일하나 한 점에서 다른 지점으로의 축척은 변한다. (3) 소모 면적에서는 형상성이 유지되나 대륙과 같이 넓은 면적의 형상은 상당히 왜곡된다. (4) 정사투영에서 면적이 왜곡된다.

Answer 05 ③ 06 ②

등거리 도법	(1) 대원상의 거리가 유지되는 도법이다. (2) 한 점에서 다른 지점들 간, 또는 몇 점에서 다른 점까지의 거리는 실제거리로 유지되나 모든 점들에서 다른 모든 점들 간의 진거리는 유지되지 않는다. 즉, 전체적이지 못하다. (3) 진거리를 따라서 축척은 일정하다.
방위도법	(1) 하나의 중심점에서 모든 다른 점들 간의 진방향을 나타낸다. (2) 중심점이외의 점들에서 다른 점들 간의 방향 또는 방위는 부정확하다. (3) 방위는 지표상에서 두 점간의 방향 관계로 항법에서 매우 중요하다. (4) 왜곡의 크기와 분포 결정방법 ① 기하학적 형상에 의한 방법 ② Tissot의 지표값에 의한 방법

偏角 (Declination) : D	(1) 수평분력 H가 진북과 이루는 각 (2) 지자기의 방향과 자오선이 이루는 각 (3) 진북을 기준으로 시계방향을 (+)로 한다. (4) 우리나라의 경우 약 $-5° \sim -6°$의 편각을 가진다.
伏角 (Inclination) : I	(1) 전자장 F와 수평분력 H가 이루는 각 (2) 수평면을 기준으로 시계방향을 (+)로 함
水平分力 (Horizontal Intensity)	(1) 전자장 F벡터를 수평면(XY)내로 투영한 수평성분 (2) 전자장 F로부터 수평분력 H와 연직분력 Z로 나누어진다. (3) 수평분력은 진북방향성분 X와 동서방향성분 Y로 나누어진다.

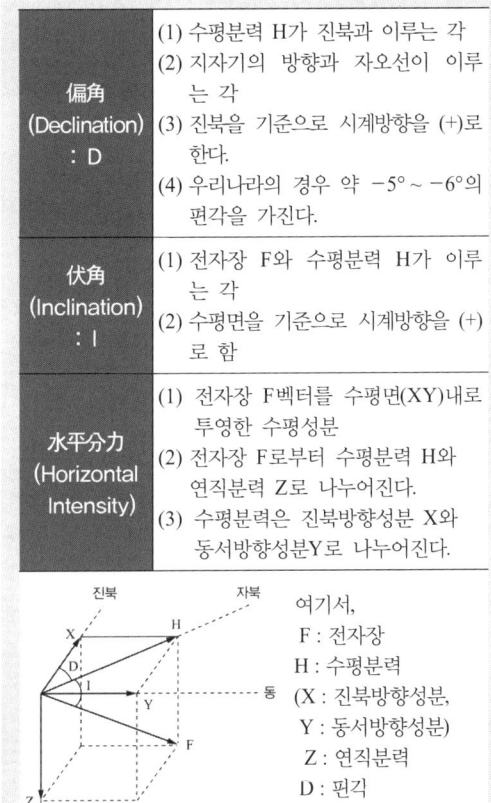

여기서,
F : 전자장
H : 수평분력
(X : 진북방향성분,
Y : 동서방향성분)
Z : 연직분력
D : 편각
I : 복각

07 지자기측량에 관한 설명으로 옳지 않은 것은?

① 지자기는 그 방향과 크기를 구함으로써 결정된다.
② 지자기의 3요소란 수평분력, 편각 및 복각을 말한다.
③ 북반구에서 복각은 음(-)의 값으로 나타난다.
④ 편각이란 진북과 수평분력이 이루는 각을 말한다.

해설

지자기의 3 요소
지자기는 방향과 크기를 가진 량으로 벡타량이며 그 방향과 크기를 구함으로서 정해진다.
지자기는 지구가 가지고 있는 자기와 그 자장에서 일어나는 여러 현상이며, 지구 각 지점의 자장은 편각, 복각, 수평분력 등 지자기 3요소에 의해 결정된다. 지구표면의 한 점에서 지자기장은 전자장F로부터 수평분력H와 연직분력 Z로 나누어지며, 수평분력은 진북방향성분과 동서방향성분으로 나눌 수 있다.

08 반송파(carrier)에 대한 미지의 수로서, 위성과 수신기 안테나 간 온전한 파장의 개수를 무엇이라 하는가?

① 모호정수
② AS(anti-spoofing)
③ 다중경로
④ 삼중차

해설

불명확 상수(Ambiguity : 모호정수, 미지정수)
반송파 신호측정방식은(일명 간섭측량이라 하며) 전파의 위상차를 관측하는 방식인데 수신기에 마지막으로 수신되는 파장의 위상을 정확히 알 수 없으므로 이를 모호정수, 미지정수라고 한다.
1. 반송파 위상란 위성과 수신기간의 거리에 해당하는 양을 파수로 표시한 것

Answer 07 ③ 08 ①

2. 반송파를 이용한 거리 계산
지상에서 수신된 파장, 위성에서 보낸 파장의 위상차를 관측 거리 계산. 불명확상수의 정확한 결정이 GPS 정확도를 좌우하며 위상차 최초의 문제해결을 위해 OTF기법이 못 사용
1) 불명확상수의 결정
① 불명확상수는 고정도 위치 결정에서 정확도 향상의 가장 중요한 요소
② 정지 상태 초기화작업 선행
③ 항공분야 활용 초기화작업 선행 이어질 필요 없다.
④ GPS 항측 시 이동안테나의 초기화가 지상에서 이루어지지 않으면 그 반면 Ambiguity 비행중 결정
⑤ 비행 중, 이동 중 Ambiguity 처리법을 OTF, OTW라 한다.
2) 불명확상수를 처리하는 기법
① 기하학적 방법
② 코드와 반송파의 조합
③ 불확실 정수 검색법
④ 불확실 정수 조합기법

09 GNSS 단독측위의 정확도에 영향을 미치는 요소가 아닌 것은?

① 위성 궤도정보의 정확성
② 관측 위성의 배치
③ 전리층과 대류권의 영향
④ 위성의 의사 잡음 부호

해설

절대관측방법(단독측량, 1점측량)
4개 이상의 위성으로부터 수신한 신호 가운데 C/A 코드를 이용해 실시간 처리로 수신기 위치 결정 방법으로 GNSS 단독측위의 정확도에 영향을 미치는 요소
① 위성 궤도정보의 정확성
② 관측 위성의 배치
③ 전리층과 대류권의 영향

10 GNSS를 이용한 단독측위에 대한 설명으로 틀린 것은?

① GNSS 수신기 한 대로 위치결정을 할 수 있다.
② 실시간으로 현재 위치를 파악할 수 있다.
③ 코드 신호를 이용하여 산출된 의사거리를 사용하여 위치를 결정한다.
④ 우주공간부터 항공, 해상, 해저, 지상, 지하등 어느 곳을 막론하고 사용이 가능하다.

해설

절대관측방법(단독측량, 1점 측량)
GPS 측량방법에는 단독측량방법(절대관측방법 또는 1점측량)와 상대측량방법(간섭측량)이 있다. 단독측량방법은 가장 일반적이고 기초적인 응용단계로 계산된 위치 정확도의 오차는 5~15m로 선박, 자동차, 항공기의 항법에 이용되므로 측량 범위에 속하지 않으며, 일반적으로 GPS측량이라함은 최소 2대 이상의 수신기에 의한 상대측량방법을 의미한다.
4개 이상의 위성으로부터 수신한 신호 가운데 C/A 코드를 이용해 실시간 처리로 수신기 위치 결정 방법
① 지구상에 있는 사용자의 위치를 결정하는 방법
② 위성신호수신 즉시 수신기의 위치를 계산한다.
③ GPS의 가장 일반적이고 기초적인 응용단계
④ 계산된 위치의 정확도가 낮다 (15~25m의 오차)
⑤ 선박, 자동차, 항공기 등의 항법에 이용

11 위도 38°, 경도 127°인 지점의 묘유선의 곡률반지름(N)이 2300km, 타원체고(H)가 130m이었다면 이 지점의 3차원 직각좌표중 X 좌표 값은?

① -1090806m
② -2090806m
③ +1090806m
④ +2090806m

해설

타원체 표면으로부터 높이 H인 어느 한점 $Q=(\lambda, \phi, H)$인 3차원직교좌표(X_Q, Y_Q, Z_Q)는?

Answer 09 ④ 10 ④ 11 ①

$X_Q = (N+H)\cos\phi\cos\lambda$

$Y_Q = (N+H)\cos\phi\sin\lambda$

$X_Q = (2,300,000+130)\cos38°\times\cos127°$

$\quad = -1,090,806.804m$

$X_P = N\cos\phi\cos\lambda$

$Y_P = N\cos\phi\sin\lambda$

$Z_P = N(1-e^2)\sin\phi$

$N = \dfrac{a}{\sqrt{1-e^2\sin^2\phi}}$

$e^2 = \dfrac{a^2-b^2}{a^2}$

---

2) 이동국 GPS (Mobile Station)
   기지국으로부터 송신된 위치보정데이터, 인공위성에 의해 측정된 위치데이터를 합성 현 지점이 정확한 위치 표시

2. DGPS의 특징
1) DGPS는 기존광학장비보다 시통과 거리의 제한이 매우 적다.
2) 야간관측, 기상조건에 영향을 받지 않는다.
3) 1인 측량이 가능하다.
4) 야장이 필요 없으며 컴퓨터에 의한 자동처리가 가능
5) 위치를 알고 있는 기지점과 위치를 모르는 미지점에서 동시에 관측한다.
6) 동시에 수신 가능한 위성이 최소한 4개 필요하다.
7) 기지점과 미지점에서의 오차가 유사할 것이라는 가정을 이용한다.
8) 기지점과 미지점의 거리가 갈수록 측위정확도가 낮다.

12 DGPS에 대한 설명으로 옳지 않은 것은?

① DGPS 측량은 실시간 위치결정이 불가능하다.
② 일반적으로 DGPS가 단독측위보다 정확하다.
③ DGPS에서는 2개의 수신기에 관측된 자료를 사용한다.
④ 기선의 길이가 길수록 DGPS의 정확도는 낮다.

해설

DGPS(Differential GPS)
DGPS는 상대측위 방식의 GPS 측량기법으로서 이미 알고 있는 기지점 좌표를 이용하여 오차 최대한 줄여서 이용하기 위한 위치결정방식으로 기지점에 기준국용 GPS 수신기를 설치하며 위성을 관측하여 각 위성의 의사거리 보정값을 구한 뒤 이를 이용하여 이동국용 GPS 수신기의 위치결정오차를 개선하는 위치결정형태

1. GPS의 원리
1) 기지국 GPS (Reference station)
   기지점에 설치하는 GPS로서 기지점의 위치 데이터, 인공위성에 의해 측정된 위치 데이터와의 차이값을 계산, 위치보정데이터를 생성하여 이동국 GPS로 송신

13 GPS 궤도와 관련되 설명 중 틀린 것은?

① GPS 위성의 궤도는 타원 형태이다.
② GPS 위성의 회전주기는 약 12시간이다.
③ GPS 위성의 고도는 약 2000km이다.
④ GPS 위성궤도의 경사각은 적도면에 대하여 55°이다.

해설

구성 요소		특징
우주 부문	구성	31개의 GPS 위성
	기능	측위용 전파 상시 방송, 위성궤도정보, 시각신호 등 측위계산에 필요한 정보 방송 ① 궤도형상 : 원궤도 ② 궤도면수 : 6개면 ③ 위성수 : 1궤도면에 4개 위성(24개 +보조위성 7개) = 31개 ④ 궤도경사각 : 55° ⑤ 궤도고도 : 20,183km ⑥ 사용좌표계 : WGS84 ⑦ 회전주기 : 11시간 58분(0.5항성일) 　　　　 : 1항성일은 23시간 56분 4초 ⑧ 궤도간 격격 : 60도 ⑨ 기준발진기 : 10.23MHz 　　　　 : 세슘원자시계 2대 　　　　 : 류비듐원자시계 2대

Answer 12 ① 13 ③

구성요소		특징
제어 부문	구성	1개의 주제어, 5개의 추적국 및 3개의 지상안테나(Up Link 안테나 : 전송국)
	기능	주제어국 : 추적국에서 전송된 정보를 사용하여 궤도요소를 분석한 후 신규궤도요소, 시계보정, 항법메시지 및 컨트롤 명령정보, 전리층 및 대류층의 주기적 모형화 등을 지상안테나를 통해 위성으로 전송함
		추적국 : GPS 위성의 신호를 수신하고 위성의 추적 및 작동상태를 감독하여 위성에 대한 정보를 주제어국으로 전송함
		전송국 : 주관제소에서 계산된 결과치로서 시각보정값, 궤도보정치를 사용자에게 전달할 메시지 등을 위성에 송신하는 역할
		① 주제어국 : 콜로라도 스프링스(Colorad Springs) – 미국 콜로라도주 ② 추적국 : 어센션(Ascension Is) – 대서양 : 디에고 가르시아(Diego Garcia) – 인도양 : 콰잘레인(Kwajalein Is) – 태평양 : 하와이(Hawaii) – 태평양 ③ 3개의 지상안테나 (전송국) : 갱신자료 송신
사용자 부문	구성	GPS 수신기 및 자료처리 S/W
	기능	위성으로부터 전파를 수신하여 수신점의 좌표나 수신점 간의 상대적인 위치관계를 구한다. 사용자부문은 위성으로부터 전송되는 신호정보를 수신할 수 있는 GPS 수신기와 자료처리를 위한 소프트웨어로서 위성으로부터 전송되는 시간과 위치정보를 처리하여 정확한 위치와 속도를 구한다. ① GPS 수신기 위성으로부터 수신한 항법데이터를 사용하여 사용자 위치/속도를 계산한다. ② 수신기에 연결되는 GPS 안테나 GPS 위성신호를 추적하며 하나의 위성신호만 추적하고 그 위성으로부터 다른 위성들의 상대적인 위치에 관한 정보를 얻을 수 있다.

14 다음의 (A), (B)의 명칭으로 옳은 것은?

GNSS 측량을 통해 얻어지는 높이값(A)과 이 높이값(A)과 지오이드고와의 차이를 통하여 구해지는 높이값(B)

① (A) 비고, (B) 타원체고
② (A) 정표고, (B) 타원체고
③ (A) 타원체고, (B) 비고
④ (A) 타원체고, (B) 정표고

해설

GPS를 이용한 측량방법은 3차원의 좌표를 매우 정확하게 계산할 수 있는 획기적인 기술이지만 GPS에서 측정한 **타원체고**는 지오이드에 대하여 지심타원체를 기준으로 결정되어 평균 해수면으로부터의 표고와 다르기 때문에 보다 정밀한 측량을 위하여 높이값에 대한 계산이 필요하며 GPS를 실용화하기 위해서는 정확한 지오이드고가 산정되어야 한다.

1. GPS 측량에서 Geoid를 고려해야 하는 이유

1) 종래 삼각점의 좌표는 지역적인 준거타원체나 범지구 타원체에 준거하여 삼각 삼변 및 트래버스 측량으로 결정하고, 수준점의 좌표인 표고는 지오이드와 일치한다고 기정한 평균 해수면에 준거하여 Spirit Leveling 에 의한 역표고, 정표고, 정규표고를 결정한다.
2) GPS에 의해 측정되는 타원체고는 지오이드에 대하여 수학적으로 가장 근사한 가상적 이면인 지심타원체를 기준 관측한다.
3) GPS 측량으로부터 결정된 좌표들은 기존의 평면 직각 좌표로 변환하기 위하여 파라 메타들을 사용하지만 표고는 등포테셜면의 지오이드에 준거하고 있지 않으므로 일반적으로 표고값이 일정하지 않다.
4) 따라서 GPS에 의한 표고 결정은 지오이드가 결정되지 않는 지역에서는 적용 할 수 없으므로 GPS Leveling을 실용화하기 위해서는 정밀한 Geoid의 결정이 필요하다.

정표고 = 타원체고 – 지오이드고

Answer 14 ④

15 GNSS의 주요구성 중 궤도와 시각 결정을 위한 위성 추적을 담당하는 부분은?

① 우주 부분 ② 제어 부분
③ 사용자 부분 ④ 위성 부분

해설

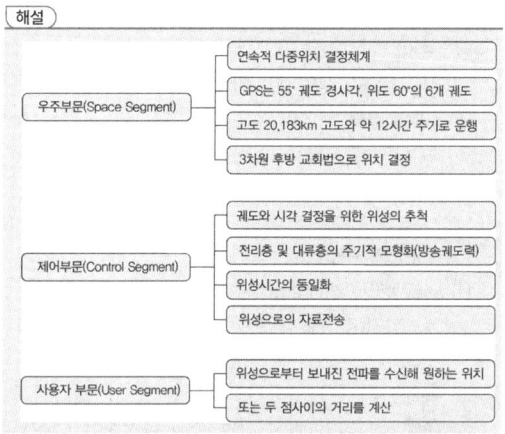

16 관측한 타원체의 장반경(a)이 6400km, 단반경(b)이 6300km라면 타원체의 편평률은?

① $\dfrac{1}{1.02}$ ② $\dfrac{1}{63}$
③ $\dfrac{1}{63.5}$ ④ $\dfrac{1}{64}$

해설

$$p = \frac{a-b}{a} = \frac{6400-6300}{6400} = \frac{1}{64}$$

17 중력이상을 보정할 때 관측값으로부터 기준면사이의 질량을 무시하고 기준면으로부터 높이(또는 깊이)의 영향을 고려하여 실시하는 보정은?

① 부게보정(Bouguer correction)
② 에토베스보정(Eotvos correction)
③ 지각균형보정(Isostatic correction)
④ 후리-에어보정(Free-air correction)

해설

중력의 보정(gravity correction)
실측된 중력값을 기준면(지오이드 또는 평균해수면)상의 중력값으로 보정하는 것

중력보정	내용
gravity correction	실측된 중력값을 기준면(지오이드 또는 평균해수면)상의 중력값으로 보정하는 것
고도보정 (高度補正)	관측점 사이의 고도차가 중력에 미치는 영향을 제거하는 것
① 프리에어보정 (freeair correction)	물질의 인력을 고려하지 않고 고도차만을 고려하여 보정, 즉 관측값으로부터 기준면 사이에 질량을 무시하고 기준면으로부터 높이(또는 깊이)의 영향을 고려하는 보정 관측된 중력값+고도차 = 프리에어보정
② 부게보정 (Bouguer correction)	관측점들의 고도차가 존재하는 물질의 인력이 중력에 미치는 영향을 보정하는 것, 즉 물질의 인력을 고려하는 보정. 측점과 지오이드면 사이에 존재하는 물질이 중력에 미치는 영향에 대한 보정을 말한다. 관측된 중력값+고도차+ 물질의인력 = 프리에어보정
지형보정 (topographic 또는 terrain correction)	지형보정은 관측점과 기준면 사이에 일정한 밀도의 물질이 무한히 퍼져 있는 것으로 가정하여 보정하는 것이지만 실제 지형은 능선이나 계곡 등의 불규칙한 형태를 이루고 있으므로 이러한 지형영향을 고려한 보정을 지형보정이라 한다. 지형보정은 측점주위의 높음과 낮음에 관계없이 보정값을 관측값에 항상 +해주어야 한다. 관측된 중력값+고도차+물질의 인력+실제지형 = 지형보정

Answer 15 ② 16 ④ 17 ④

에트베스보정 (Eotvos correction)	선박이나 항공기 등의 이동체에서 중력을 관측하는 경우에 이동체 속도의 동, 서방향성분은 지구자전축에 대한 자전각속도의 상대적인 증감효과를 일으켜서 원심가속도의 변화를 가져온다. 지구에 대한 이동체의 상대운동의 영향에 의한 중력효과를 보정하는 것
조석보정 (earth tide correction)	달과 태양의 인력에 의하여 지구자체가 주기적으로 변형하는 지구조석현상은 중력값에도 영향을 주게 되고 이것을 보정하는 것
위도보정 (latitude correction)	지구의 적도반경과 극반경 차이에 의하여 적도에서 극으로 갈수록 중력이 커지므로 위도차에 의한 영향을 제거하는 것
대기보정 (airmass correction)	대기에 의한 중력의 영향보정
지각균형보정 (isostatic correction)	지각균형성에 의하면 밀도는 일정하지 않기 때문에 이를 보정하는 것 관측된 중력값+고도차+물질의 인력+실제지형+지각균형설 = 지각균형보정
계기보정 (drift correction)	스프링 크리프현상으로 생기는 중력의 시간에 따른 변화를 보정

18 RINEX 형식이 포함할 수 있는 내용으로 거리가 먼 것은?

① GPS 위성의 C/A코드 의사거리
② GLONASS 위성의 항법 메시지
③ GEO(Geostationary) 위성의 항법 메시지
④ IKONOS 위성의 항법 메시지

해설

Rinex(GPS자료 공통포맷형식)
RINEX(Receiver Independent Exchange Format : 수신기독립변환형식)는 GPS 데이터의 호환을 위한 표준화된 공통형식으로서 서로 다른 종류의 GPS수신기를 사용하여 관측하여도 기선해석이 가능하게 하는 자료형식으로 전 세계적인 표준이다.

1. RINEX의 특징
(1) 수신기의 출력형식과 포맷은 제조사에 따라 각각 다르기 때문에 기선해석이 불가능하여 이를 해결하기 위한 공통형식으로 사용되는 것이 RINEX형식이다.
(2) 공통형식으로 미국의 NGS(National Geodetic Survey) 포맷도 있다.
(3) 최근 일반측량 S/W에도 RINEX 형식의 변환 프로그램이 포함되어 시판된다.
(4) 1996년부터 GPS의 공통형식으로 사용하고 있으며 향후에도 RINEX형식에 의한 데이터 교환이 주류가 될 것이다.

2. RINEX의 구성
(1) 자료처리 및 컴퓨터 관련기기 간의 통신을 위해 고안된 세계 표준코드인 ASCII(American Standard Code for Information Interchange) 형식으로 구성
(2) 헤더 부분과 데이터 부분으로 구성되며 RINEX 파일의 종류는 관측데이터, 항법메시지, 기상데이터파일이 있다.
(3) 변환되는 공통자료는 의사거리, 위상자료, 도플러자료 등이다.

위성항법시스템 구축 현황
전 세계 위성항법시스템 현황

소유국	시스템 명	목적	운용연도	운용궤도	위성수
미국	GPS	전지구 위성항법	1995	중궤도	31기 운용중
러시아	GLONASS	전지구 위성항법	2011	중궤도	24
EU	Galileo	전지구 위성항법	2012	중궤도	30
중국	COMPASS (Beidou)	전지구 위성항법 (중국 지역 위성항법)	2011	중궤도 정지궤도	30 5
일본	QZSS	일본주변 지역위성항법	2010	고타원궤도	3
인도	IRNSS	인도주변 지역위성항법	2010	정지궤도 고타원궤도	3 4

Answer 18 ④

IKONOS

IKONOS 위성의 장점은 고해상도와 높은 위치 정확도에 있으며 흑백영상은 1m이고, 컬러영상의 지상해상도는 4m이다.

IKONOS : Space Imaging사의 CARTERRA Product 중에서 1m급의 고해상도 영상을 제공하는 IKONOS는 1999년 4월에 처음 1호가 발사되었으나 궤도진입에 실패하였고, 곧바로 IKONOS-2호를 1999년 9월에 발사하여 궤도 진입에 성공하였다. IKONOS-2는 최초의 상업용 고해상도 위성으로 1m 해상도의 Panchromatic 센서와 4m 해상도의 Multispectral 센서를 탑재하였다.

IKONOS는 "image"라는 뜻의 그리스어로부터 유래된 말로 센서와 위성체의 회전이 가능하여 원하는 지역을 최고의 해상도로 취득할 수 있다.

또한 Panchromatic과 Multispectral 영상을 사용하여 1m Pan-Sharpened 영상을 만들 수 있다. IKONOS 위성에 탑재된 센서는 초점거리 10m의 Kodak 디지털 카메라로서 전정색 영상을 위한 13,500개의 선형 CCD array와 다중분광영상을 위한 3,375개의 선형 photodiode array로 구성되어 있다.

다중분광영상의 밴드는 LANDSAT 위성의 TM 센서 밴드 1~4와 같다. 정밀한 GCP(RMSE : 20cm(수평), 60cm(수직))를 사용하여 정확한 위치 정부와 DEM, Map 제작에 가장 적합한 영상으로 농업, 지도제작, 각 지방자치단체의 업무, 기름 및 가스탐사, 시설물 관리, 응급대응, 자원관리, 통신, 관광, 국가방위, 보험, 뉴스 수집 등 많은 분야에서 활용되고 있다.

기하학적 측지학	물리학적 측지학
① 측지학적 3차원 위치 결정	① 지구의 형상 해석
② 길이 및 시간의 결정	② 지구의 극운동 및 자전운동
③ 수평위치 결정	③ 지각변동 및 균형
④ 높이의 결정	④ 지구의 열 측정
⑤ 지도제작	⑤ 대륙의 부동
⑥ 면적 및 체적의 산정	⑥ 해양의 조류
⑦ 천문측량	⑦ 지구의 조석 측량
⑧ 위성측량	⑧ 중력측량
⑨ 해양측량	⑨ 지자기 측량
⑩ 사진측량	⑩ 탄성파측량

20 항정선(rhumb line)에 대한 설명으로 옳은 것은?

① 자오선과 항상 일정한 각도를 유지하는 지표의 선
② 양극을 지나는 대원의 북극과 남극 사이의 절반으로 중심각이 180°의 대원호
③ 지표상 두 점간의 최단거리로 지심과 지표상 두 점을 포함하는 평면과 지표면의 교선
④ 지구타원체상 한 점의 법선을 포함하며 그 점을 지나는 자오면과 직교하는 평면과 타원체면과의 교선

[해설]

항정선(등방위선,사항선, rhumb line, loxodrome)
자오선과 항상 일정한 각도를 유지하는 지표의 선으로서 그 선내의 각 점에서 방위각이 일정한 곡선이다. 한 점에서 출발한 등방위선은 극으로 갈수록 나선 모양으로 수렴(收斂)하게 되며 항공기나 선박이 항상 일정한 방위로 항행을 계속한다면 그 궤적은 등방위선을 이루게 되며 결국에는 북극 또는 남극에 도달하게 될 것이다.
(1) 선박이 나침반의 침로를 일정하게 유지하면서 항해 하는 것은 가장 간편한 航法이다
(2) 나침반의 침로를 일정하게 유지 했을 경우 배의 항적은 그 선내의 어느 곳에서든 항상 자오선에 대하여 일정한 방위각을 갖는 선행이 되는데 이것을 航程線이라 한다.

19 다음 중 기하학적 측지학에 속하지 않는 것은?

① 위성측지　② 중력측정
③ 3차원 위치결정　④ 시의 결정

[해설]

측지학은 지구 내부의 특성, 지구의 형상 및 운동을 결정하는 측량과 지구표면상에 있는 모든 점들 간의 상호위치관계를 산정하는 측량의 가장 기본적인 학문이다.

Answer 19 ②　20 ①

(3) 航行用 海圖로 많이 사용되는 메르카토르도법에는 자오선이 평행하게 나타나므로 航程線은 직선으로 표시된다.
(4) 航程線은 실제로 지구상의 최단거리인 大圓이 되지 않으며 계속 연장해갈 경우 極 쪽을 향해 휘어 감기는 나선형을 이룬다.

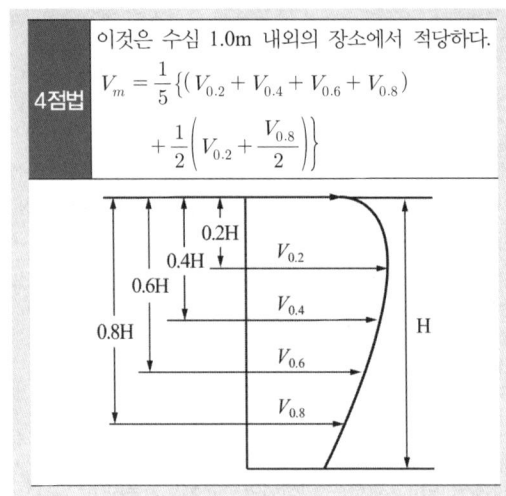

제2과목 | 응용측량

21 수심이 H인 하천의 유속 측정에서 수면부터 0.2H, 0.4H, 0.6H, 0.8H인 곳의 유속이 각각 0.565m/s, 0.514m/s, 0.450m/s, 0.385m/s 이었다면, 2점법에 의한 평균 유속은?

① 0.450m/s ② 0.475m/s
③ 0.482m/s ④ 0.508m/s

해설

$$V_m = \frac{1}{2}(V_{0.2} + V_{0.8})$$
$$= \frac{1}{2}(0.565 + 0.385) = 0.475 m/s$$

평균유속을 구하는 방법

1점법	수면으로부터 수심 0.6H되는 곳의 유속 $V_m = V_{0.6}$
2점법	수심 0.2H, 0.8H 되는 곳의 유속 $V_m = \frac{1}{2}(V_{0.2} + V_{0.8})$
3점법	수심 0.2H, 0.6H, 0.8H되는 곳의 유속 $V_m = \frac{1}{4}(V_{0.2} + 2V_{0.6} + V_{0.8})$

22 노선측량 작업에서 중심선 설치를 하는 단계의 측량은?

① 공사측량 ② 예비측량
③ 조사측량 ④ 실시설계측량

해설

노선측량 세부 작업과정

노선선정 (路線選定)	도상선정
	종단면도 작성
	현지답사
계획조사측량 (計劃調査測量)	지형도 작성
	비교노선의 선정
	종단면도 작성
	횡단면도 작성
	개략노선의 결정
실시설계측량 (實施設計測量)	지형도 작성
	중심선의 선정
	중심선 설치(도상)
	다각측량
	중심선설치(현지)
고저 측량	고저측량
	종단면도 작성

Answer 21 ② 22 ④

세부측량 (細部測量)	구조물의 장소에 대해서, 지형도(축척 종 1/500~1/100)와 종횡단면도(축적 종 1/100, 횡 1/500~1/100)를 작성한다.
용지측량 (用地測量)	횡단면도에 계획단면을 기입하여 용지폭을 정하고, 축척 1/500 또는 1/600로 용지도를 작성한다.
공사측량 (工事測量)	기준점 확인, 중심선 검측, 검사관측 인조점 확인 및 복원, 가인조점 등의 설치

23 하구 심천측량에 관한 설명으로 옳지 않은 것은?

① 하구 심천측량은 하구 부근 하저 및 해저의 지형을 조사한다.
② 하구의 항만시설, 해안보전시설의 설계 자료로 사용된다.
③ 조위를 관측하고 실측한 수심을 기본수준면을 기준으로 하는 수심으로 보정하여 심천측량의 정확도를 높인다.
④ 해안에서는 일반적으로 수심 100m 되는 앞바다까지를 측량구역으로 한다.

해설

심천측량(深淺測量)
하천의 수심 및 유수부분의 하저 상황을 조시하고 횡단면도를 제작하는 측량

심천측량에 사용되는 기계, 기구	① 로드(측간) : 수심이 얕은(5m 이내인) 곳에서 사용; (1~2m의 경우에 효과적) ② 레드(측추) : 유속이 그리 크지 않은 곳에서 사용하며 로프 끝부분에 3~5kg (최대 13kg)의 은등의 추를 붙여서 사용하고, 5m이상시 사용 ③ 음향 측심기(수압측심기) : 수심이 깊고, 유속이 빠른 장소 보통 30m되는 곳에서 사용하며, 오차는 0.5% 정도 생긴다. 레드(측추)로 관측이 불가능한 경우에 사용하며 최근 전자 기술의 발달에 의하여 아주 높은 정확도를 얻을 수 있다. ④ 배(측량선) : 하천폭이 넓고, 수심이 깊은 경우에 사용

하천의 심천측량	하천폭이 넓고 수심이 얕은 경우 양안 거리표를 시준한 선상에 수면말뚝을 박고 와이어로 길이 5~10m마다 수심을 관. ① 하천폭이 넓고 수심이 깊은 경우 ▶ B점에서 트랜싯으로 관측한 경우 (전방교회법) $\overline{AP_1} = AB \cdot \tan\alpha_1$ $\overline{AP_2} = AB \cdot \tan\alpha_2$ ▶ P(배)에서 육분의(Sextant)로 관측한 경우(후방교회법) $AP_1 = AB \cdot \cot\beta_1$ $AP_2 = AB \cdot \cot\beta_2$

24 유량측정 장소 선정 시의 만족시킬 조건으로 옳지 않은 것은?

① 측정개소 전후의 유로는 일정한 단면을 가지고 있는 곳이 좋다.
② 합류에 의하여 불규칙한 영향을 받지 않는 곳이 좋다.
③ 지질이 연약하여 세굴, 퇴적이 활발한 곳이 좋다.
④ 와류와 역류가 생기지 않는 곳이 좋다.

해설

수위 관측소 및(水位觀測所) 양수표(量水標 : water guage) 설치 장소
① 하안(河岸)과 하상(河床)이 안전하고 세굴이나 퇴적이 되지 않은 장소
② 상하류의 길이 약 100m 정도의 직선 일 것
③ 유속의 변화가 크지 않아야 한다.
④ 수위가 교각이나 기타 구조물에 영향을 받지 않은 장소
⑤ 홍수 때는 관측소의 유실, 이동 및 파손될 염려가 없는 장소
⑥ 평시는 홍수때보다 수위표가 쉽게 읽을 수 있는 장소
⑦ 지천의 합류점 및 분류점으로 수위의 변화가 생기지 않은 장소
⑧ 양수표의 영점위치는 최저수위 밑에 있고, 양수표 눈금의 최고위는 최고홍수위 보다 높아야 한다.

Answer 23 ④ 24 ③

⑨ 양수표는 평균해수면의 표고를 측정해 둔다.
⑩ 어떠한 갈수 시에도 양수표가 노출되지 않는 장소
⑪ 수위가 급변하지 않는 장소
⑫ 양수표는 하천에 연하여 5~10km 마다 배치한다.

25 터널 내 A, B점의 좌표가 (1328m, 810m), (1734m, 589m)이고 높이가 각각 86.3m, 112.4m인 A, B점을 연결하는 터널을 굴진할 때 이 터널의 경사거리는?

① 341.5m ② 363.1m
③ 463.0m ④ 470.2m

해설

경사거리
$= \sqrt{\triangle X^2 + \triangle Y^2 + \triangle Z^2}$
$= \sqrt{(1734-1328)^2 + (589-810)^2 + (112.4-86.3)^2}$
$= 463m$

26 지하시설물 측량방법의 하나로 전자기파를 사용하여 전자기파의 반사와 회절 현상 등을 측정하고 이를 해석하여 지하구조 및 시설물 등을 관측하는 방법은?

① 탄성파 굴절법 탐사 ② 전자유도 탐사
③ 음파 탐사 ④ GPR 탐사

해설

지하시설물 측량기법

전자유도측량 방법	지표로부터 매설된 금속관로 및 케이블 관측과 탐침을 이용하여 공관로나 비금속관로를 관측할 수 있는 방법으로, 장비가 저렴하고 조작이 용이하며 운반이 간편하여 지하시설물 측량기법 중 가장 널리 이용되는 방법이다.
GPR (Ground Penetrating Radar, 지중 레이더) 지중레이더 측량 기법	지중레이더 측량기법은 전자파의 반사의 성질을 이용하여 지하시설물을 측량하는 방법이다. GPR (Ground Penetrating Radar, 지중 레이더)은 지중으로 전자파를 안테나로부터 방사하여 지중으로부터 반사되어져 오는 전자파를 수신하여 지하에 매설되어 있는 물체를 탐사하는 장비이다. GPR은 지중의 가스나 수도 파이프 등의 금속 물체 뿐 만 아니라 비금속 예를 들면 폴리에틸렌, 콘크리트, 암반 또는 공동 등도 탐지가 가능하다. 반사 수신된 전자파의 판독기술과 탐지 숙련도는 매설된 물체 예를 들면 가스관, 수도관 기타 파이프를 효율적이고 정확하게 파악할 수 있게 해준다.
음파 측량기법	전자유도 측량방법으로 측량이 불가능한 비금속 지하시설물에 이용하는 방법으로 물이 흐르는 관 내부에 음파 신호를 보내면 관 내부에 음파가 발생된다. 이때 수신기를 이용하여 발생된 음파를 측량하는 기법이다.

27 수로도지에 속하지 않는 것은?

① 해도 ② 영해기점도
③ 해저지형도 ④ 경계점좌표등록부

해설

공간정보의 구축 및 관리 등에 관한 법률 제2조 (정의) 이 법에서 사용하는 용어의 뜻은 다음과 같다.
13. "수로도지(水路圖誌)"란 다음 각 목의 도면을 말한다.
가. 항해용으로 사용되는 해도(海圖)
나. 해양영토 관리, 해양경계 획정 등에 필요한 정보를 수록한 영해기점도
다. 연안정보를 수록한 연안특수도
라. 해저지형과 해저지질의 특성을 나타낸 해저지형도
마. 해저지층분포도, 지구자기도, 중력도 등 해양기본도(基本圖)
바. 조류(潮流)와 해류(海流)의 정보를 수록한 조류 및 해류도
사. 해양재해를 줄이기 위한 해안침수 예상도
아. 그 밖에 수로조사성과를 수록한 각종 주제도 (主題圖)

Answer 25 ③ 26 ④ 27 ④

28
신설도로의 구간 No.10과 No.10+10m 사이에 도록 20m, 성토고 1m, 양단의 성토기울기 1:1.5인 단편으로 도로를 건설하고자 할 때 이 구간의 성토량은? (단, 단면의 크기는 일정하다.)

① 207 m³
② 215 m³
③ 414 m³
④ 430 m³

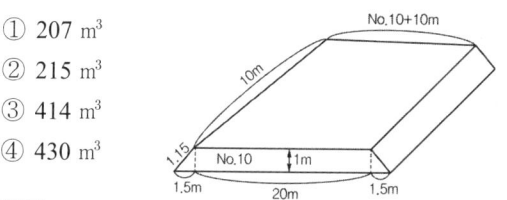

해설

$\dfrac{20+23}{2} \times 1 \times 10 = 215 \text{m}^3$
높이 길이

기울기 1:1.5는
앞의 1은 면적 위의 1.5는 수평

다른 방법
1. 구간 성토량
2. $\sum h_1 = 1$
   $\sum h_2 = 1$
   $\sum h_3 = 1.15$
   $\sum h_4 = 1.15$

$V = \dfrac{A}{4}[\sum h_1 + 2\sum h_2 + 3\sum h_3 + 4\sum h_4]$
$= \dfrac{10 \times 20}{4}[1 + 1 + 1.15 + 1.15] = 215\text{m}^3$

29 다음 중 면적을 계산할 수 없는 경우는?

① 삼각형에서 세 변의 길이를 아는 경우
② 사각형에서 네 변의 길이를 아는 경우
③ 오각형에서 각 꼭지점의 좌표를 아는 경우
④ 정육각형에서 변의 길이를 아는 경우

해설

경계선이 직선으로 된 경우의 면적 계산

삼사법	밑변과 높이를 관측하여 면적을 구하는 방법	$A = \dfrac{1}{2}ah$	
이변법	두변의 길이와 그 사잇각(협각)을 관측하여 면적을 구하는 방법	$A = \dfrac{1}{2}ab\sin\gamma$ $= \dfrac{1}{2}ac\sin\beta$ $= \dfrac{1}{2}bc\sin\alpha$	
삼변법	삼각변의 3변 a, b, c를 관측하여 면적을 구하는 방법	$A = \sqrt{S(S-a)(S-b)(S-c)}$ $S = \dfrac{1}{2}(a+b+c)$	
좌표법		$(X_{i+1} - X_{i-1}) \times y$ 배면적	
	X_1	Y_1	$(x_2 - x_4) \times y_1 =$
	X_2	Y_2	$(x_3 - x_1) \times y_2 =$
	X_3	Y_3	$(x_4 - x_2) \times y_3 =$
	X_4	Y_4	$(x_1 - x_3) \times y_4 =$

$A = \dfrac{1}{2}\Sigma y_i(x_{i+1} - x_{i-1}) = \dfrac{1}{2}\Sigma x_i(y_{i+1} - y_{i-1})$

사각형에서 네 변의 길이로 면적을 계산할 수 없다.

30 고속도로의 완화곡선으로 주로 사용하는 것은?

① 단곡선
② 3차원포물선
③ 렘니스케이트 곡선
④ 클로소이드 곡선

Answer 28 ② 29 ② 30 ④

[해설]

완화곡선의 특징	① 곡선반경은 완화곡선의 시점에서 무한대, 종점에서 원곡선 R로 된다. ② 완화곡선의 접선은 시점에서 직선에 종점에서 원호에 접한다. ③ 완화곡선에 연한 곡선반경의 감소율은 캔트는 같다. ④ 완화곡선의 종점의 캔트와 원곡선 시점의 캔트는 같다. ⑤ 완화곡선은 이정의 중앙을 통과한다.
완화곡선의 종류	① 클로소이드 : 고속도로 ② 렘니스케이트 : 시가지 철도 ③ 3차 포물선 : 철도 ④ sine 체감곡선 : 고속철도

31 단곡선 설치에서 교각이 60°, 반지름이 100m이고 곡선시점까지의 거리가 120.85m일 때 곡선종점까지의 추가거리는?

① 275.87 m ② 225.57 m
③ 215.87 m ④ 105.57 m

[해설]
$CL = 0.01745RI$
$= 0.0174533 \times 100 \times 60 = 104.72m$
$EC = BC + CL$
$= 120.85 + 104.72 = 225.57m$

32 터널 양쪽 입구의 중심선상에 기준점을 설치하고 이 두 점의 좌표를 구하여 터널을 굴진하기 위한 방향을 맞춤과 동시에 정확한 거리를 찾아내는 것이 목적이 터널측량은?

① 수심측량 ② 수준측량
③ 중심선측량 ④ 지형측량

[해설]

지표 중심선 측량

중심선 측량은 터널 양쪽 입구의 중심선상에 기준점을 설치하고 이 두 점의 좌표를 구하여 터널을 굴진하기 위한 방향을 맞춤과 동시에 정확한 거리를 찾아내는 것이 목적인 측량이다.

직접측설법	거리가 짧고 장애물이 없는 곳에서 pole 또는 트랜싯으로 중심선을 측설한 후 Steel Tape에 의해 직접 재는 방법
트래버스에 의한 법	장애물이 있을 때 갱내의 양단의 점을 연결하는 Traverse를 만들어 좌표를 구하고, 좌표로부터 거리 및 방향을 계산하는 방법 ㉮ $\overline{AB}$ 거리 = $\sqrt{(\Sigma L)^2 + (\Sigma D)^2}$ 또는 $\overline{AB} = \sqrt{(X_B - X_A)^2 + (Y_B - Y_A)^2}$ ㉯ AB방위각(θ)= $\tan^{-1}\frac{\Sigma D}{\Sigma L}$ 또는 $\tan^{-1}\frac{Y_B - Y_A}{X_B - X_A}$
삼각측량에 의한 법	터널길이가 길 때, 장애물로 인하여 위의 방법이 불가능할 때 사용

33 계산된 완화곡선의 캔트(cant)가 C일 때, 계산시 사용한 속도와 반지름을 모두 2배로 증가시킬 때, 캔트는?

① 2C ② 4C
③ 6C ④ 8C

[해설]
$C = \frac{SV^2}{gR} = \frac{S(2^2)}{2g} = 2C$

34 다중빔음향측심기의 장비점검 및 보정시에 평탄한 해저에서 동일한 측심선을 따라 왕복측량을 실시하여 조사선의 좌측 및 우측의 기울기 차이로 발생하는 오차를 보정하는 것은?

Answer 31 ② 32 ③ 33 ① 34 ①

① 롤보정 ② 피치보정
③ 헤딩보정 ④ 시간보정

해설

제26조(장비점검 및 시험탐사) ① 수심측량을 실시하기 전에 장비의 점검 및 보정(Calibration 또는 Bar-check 등)을 실시하여야 한다.
② 다중빔의 경우 다음 각 호의 사항에 대한 장비점검 및 보정을 실시한다.
1. 다중빔 시스템의 구성 및 성능은 다음 표 이상이어야 한다.

구성기기		측정정도	출력간격	시간지연
위치 측정기 (Position)		수평위치의 오차정도 ±1m	0.1초 이내	Time delay 검보정 적용
방위 측종 (Heading)		0.2도 이내	0.1초 이내	0.1초 이내 보정
선박 움직임 보정 장비	롤, 피치	0.05도	0.05초 이내	0.5초 이내 보정
	히브	10cm		
수중음속도계		0.06m/s	1m 단위 이내	

2. 위치측정기, 방위측정장비, 음향측심기 및 선박움직임보정장비, 수중음속도계 장비의 정상작동여부를 확인하여야 한다.
3. 다중빔 구성기기의 상대위치(수평위치, 수직위치)는 1cm 정도까지 측정하여 기록을 유지하여야 한다.
4. 해황, 저질, 수심, 속력 등에 따라 변화하는 유효측량(swath)폭을 확인하여야 한다.
③ 점검 및 보정은 가급적 조류의 흐름이 최소화되는 양호한 해상상태에서 다음과 같이 실시하여야 한다.
1. 다중빔음향측심기의 경우 4가지 항목(Time latency, Pitch, Heading, Roll)에 대해 정확한 보정 값을 산출하여 적용한다.
2. 보정 값을 산출하기 위해 동일 지점에서 3회 이상 실시하여야 한다.
3. 측량시작 전, 선박움직임보정장비 및 음향측심기의 이동·재설치 등이 발생할 경우 제1호 및 제2호에 따른 점검 및 보정을 재실시하여야 한다.
④ 보정 값 산출은 다음과 같이 실시하여야 한다.
1. 음속관측을 시행하고 적용한 후 검보정을 실시하여야 한다.
2. Time latency : 경사가 심하거나 목표물이 있는 지형에서 그 위로 측심선을 그은 후 동일 측심선에 대해 동일방향, 다른 속도(약 2배 차이)로 항해한 후 측심 방향과 평행한 보정 라인을 그은 후 보정을 실시한다.
3. Pitch : 굴곡지형, 경사가 심하거나 인공구조물 등이 있는 지형에서 그 위로 측심선을 그은 후 동일 측심선을 반대방향, 동일속도로 측량하고 측심 방향과 평행한 보정 라인을 그은 후 보정을 실시한다.
4. Yaw(Heading) : 목표물이 있는 지형에서 목표물을 가운데 두고 평행한 측심선을 그은 후 다른 측심선을 동일방향, 동일속도로 측량하고, 측심 방향과 평행한 보정 라인을 그은 후 보정을 실시한다. 단, 송수파기를 경사지게 설치한 경우 목표물을 중심으로 반대방향, 동일속도로 다른 측심선을 왕복 측량하고 보정한다.
5. Roll : 평탄한 해저에서 그 위로 측심선을 그은 후 동일 측심선을 반대방향, 동일속도로 측량하고, 측심 방향과 직각인 보정 라인을 그은 후 보정을 실시한다.
6. 2~5 순서로 Time delay 0.1초, Pitch 바이어스 0.5°, Yaw 바이어스 0.5°, Roll 바이어스 0.1° 이내에 보정값이 도달할 때까지 반복 실시한다.

35 원곡선 설치를 위한 측점위치의 좌표가 표와 같을 경우 원곡선의 시점으로부터 원곡선상 처음 중심선(P_1)까지의 편각은?

측점위치	X(m)	Y(m)
원곡선의 시점	117.441	117.441
교점	150.000	150.000
원곡선상 처음 중심점(P_1)	123.030	124.452

① 3°26′20″ ② 6°26′20″
③ 45°00′00″ ④ 51°26′20″

Answer 35 ②

[해설]

1. (시점-교점)방위각
$\theta = \tan^{-1}\dfrac{\Delta y}{\Delta x} = \tan^{-1}\dfrac{32.559}{32.559} = 45°$ (1상한)
$V_{시}^{교} = 45°$

2. (시점-P_1)방위각
$\theta = \tan^{-1}\dfrac{\Delta y}{\Delta x} = \tan^{-1}\dfrac{7.011}{5.589} = 51°26'20.37''$ (1상한)
$V_{시}^{P_1} = 51°26'20''$
∴ 편각 $= 51°26'20'' - 45° = 6°26'20''$

원곡선설치 망도

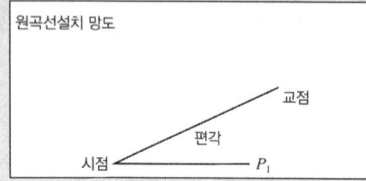

36 터널공사를 위하여 그림과 같이 천정에 측점을 설치하고 a=1.75m, b=1.58m, 경사거리 S=35m, α=17°45′을 관측하였을 때 A, B 두 점 간의 고저차는?

① 10.50 m
② 10.67 m
③ 10.84 m
④ 13.83 m

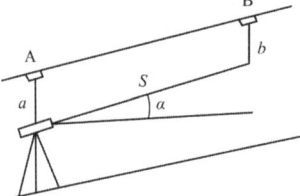

[해설]
$\Delta h = \sin 17°45' \times 35 + 1.58 - 1.75 = 10.5\text{m}$

37 지거의 간격이 3m로 등간격이고 각 지거가 y_1=3.8m, y_2=8.5m, y_3=10.4m, y_4=11.8m, y_5=5.9m이라면 심프슨 제1법칙을 이용하여 구한 면적은?

① 58.4m²   ② 78.6m²
③ 111.7m²   ④ 150.3m²

[해설]

심프슨 제1법칙
$= \dfrac{d}{3}[y_0 + y_n + 4(y_1 + y_3 + ... + y_{n-1}) + 2(y_2 + y_4 + ... + y_{n-2})]$
$= \dfrac{d}{3}[y_0 + y_n + 4(\Sigma_y \text{ 홀수}) + 2(\Sigma_y \text{ 짝수})]$
$= \dfrac{d}{3}[y_1 + y_n + 4(\Sigma_y \text{ 짝수}) + 2(\Sigma_y \text{ 홀수})]$
$= \dfrac{3}{3}[3.8 + 5.9 + 4(8.5 + 11.8) + 2(10.4)]$
$= 111.7\text{m}^2$

38 그림과 같이 면적을 m : n으로 분할하고자 할 때 $\overline{BD}$의 길이를 구하기 위한 식으로 옳은 것은?

① $\dfrac{m}{m+n}\overline{BC}$
② $\dfrac{n}{m+n}\overline{BC}$
③ $\dfrac{m+n}{m}\overline{BC}$
④ $\dfrac{m+n}{n}\overline{BC}$

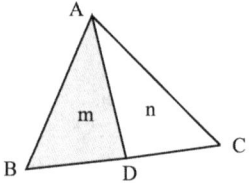

[해설]
$\triangle ABC : \triangle ABP = (m+n) : m$으로 분할
$\dfrac{\triangle ABP}{\triangle ABC} = \dfrac{m}{m+n} = \dfrac{BP}{BC}$
∴ $BP = \dfrac{m}{m+n} \cdot BC$

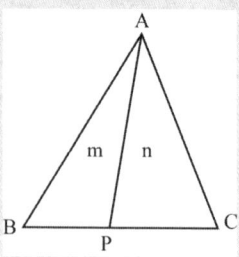

39 노선측량에서 종단면도를 작성할 때, 표기사항이 아닌 것은?

① 측점의 계획고   ② 측점의 계획단면적
③ 측점 간 수평거리   ④ 측점의 지반고

Answer 36 ① 37 ③ 38 ① 39 ②

해설

1. 종단측량
종단측량은 중심선에 설치된 관측점 및 변화점에 박은 중심말뚝, 추가말뚝 및 보조말뚝을 기준으로 하여 중심선의 지반고를 측량하고 연직으로 토지를 절단하여 종단면도를 만드는 측량이다.

1) 종단면도 작성
외업이 끝나면 종단면도를 작성한다. 수직축척은 일반적으로 수평축척보다 크게 잡으며 고저차를 명확히 알아볼 수 있도록 한다.

2) 종단면도 기재사항
① 관측점 위치
② 관측점간의 수평거리
③ 각 관측점의 기점에서의 누가거리
④ 각 관측점의 지반고 및 고저기준점(BM)의 높이
⑤ 관측점에서의 계획고
⑥ 지반고와 계획고의 차(성토 절토 별)
⑦ 계획선의 경사

40 하천측량에 대한 설명 중 옳지 않은 것은?

① 골조측량을 위해 트래버스 측량을 실시할 경우에는 결합 트래버스가 되도록 한다.
② 수애선은 평수위에 의하여 정해진다.
③ 수위표 설치 시 유속변동이 심한 곳에 설치한다.
④ 종단측량은 하천의 양안에 설치한 거리표, 수위표, 수문 등의 높이를 관측한다.

해설

수위 관측소 및 (水位觀測所) 양수표 (量水標 : water guage) 설치 장소	① 하안(河岸)과 하상(河床)이 안전하고 세굴이나 퇴적이 되지 않은 장소 ② 상하류의 길이 약 100m 정도의 직선 일 것 ③ 유속의 변화가 크지 않아야 한다. ④ 수위가 교각이나 기타 구조물에 영향을 받지 않은 장소 ⑤ 홍수 때는 관측소의 유실, 이동 및 파손될 염려가 없는 장소 ⑥ 평시는 홍수때보다 수위표가 쉽게 읽을 수 있는 장소 ⑦ 지천의 합류점 및 분류점으로 수위의 변화가 생기지 않은 장소 ⑧ 양수표의 영점위치는 최저수위 밑에 있고, 양수표 눈금의 최고위는 최고홍수위보다 높아야 한다. ⑨ 양수표는 평균해수면의 표고를 측정해 둔다. ⑩ 어떠한 갈수시에도 양수표가 노출되지 않는 장소 ⑪ 수위가 급변하지 않는 장소 ⑫ 양수표는 하천에 연하여 5~10km 마다 배치한다.

제3과목 | 사진측량 및 원격탐사

41 해석적 내부표정에 사용되는 부등각사상변환(affine transformation)은? (단, X, Y는 사진좌표, x, y는 관측좌표, x_0, y_0는 원점미소변위, a, b는 미지계수를 나타낸다.)

① $X = a_1x^2 + a_2y^2 + x_0$,
   $Y = b_1x^2 + b_2y^2 + y_0$
② $X = a_1x + a_2y + x_0$,
   $Y = b_1x + b_2y + y_0$
③ $X = a_1x + a_2y + a_3xy + x_0$,
   $Y = b_1x + b_2y + b_3xy + y_0$
④ $X = a_1x + a_2y + a_3xy + a_4x^2 + a_5y^2 + x_0$,
   $Y = b_1x + b_2y + b_3xy + b_4x^2 + b_5y^2 + y_0$

해설

2차원 부등각 사상변환(Affine Transformation)
Affine 변환은 비직교인 기계좌표로부터 관측된 지표좌표를 사진좌표로 변환할 때 이용된다. 또한 helmert 변환과 자주 사용되어 선형왜곡보정에 이용된다. Affine 변환은 2차원 등각사상변환에 대한 축척에서 x, y 방향에 대해 축척인자가 다른 미소한 차이를 갖는 변환으로 비록 실제 모양은 변화하지만 평행선은 affine 변환 후에도 평행을 유지한다.

Answer 40 ③ 41 ②

Affine Transformation(2차원 부등각사상변환)은 축척변환(scale), 원점 이동량(translation), 회전변환(rotation) 등 3개의 미지변수가 주로 고려되는데 변수를 고려하여 일반화한 Affine Transformation 식은 다음과 같다.

$x' = a_1 x'' - a_2 y'' + x_0$
$y' = b_1 x'' - b_2 y'' + y_0$

위·식에서 미지수 $a_1, b_1, a_2, b_2, x_0, y_0$ 를 갖고 있으므로 **6변수 변환**이라고 한다.

42 시차(parallax)에 대한 설명으로 옳은 것은?

① 종시차는 주점기선의 차를 반영한다.
② 종시차는 물체의 수평위치 차를 반영한다.
③ 횡시차는 물체의 고저 차를 반영한다.
④ 횡시차가 없어야 입체시가 된다.

해설

시차(Parallax)
한 쌍의 사진 상에 있어서 동일점에 대한 상점이 연직한 상태에서 만나게 되는 한 점에서 생기는 시차의 X성분을 횡시차(X-parallax)px, Y성분을 종시차(y-parallax) py라 한다.
① 입체모델에서 표고가 높은 곳이 낮은 곳보다 시차가 더 크다.
② 시차는 촬영기선을 기준으로 비행방향 성분을 횡시차, 비행방향에 직각인 성분을 종시차라 한다.
③ 종시차가 존재하는 대상물은 입체시가 되지 않는다.
④ 횡시차는 물체의 고저 차를 반영한다.

1) 시차(ΔP) = $\dfrac{h}{H} b_0$

2) $h = \dfrac{H}{P_a + \Delta P} \cdot \Delta P$

43 주점(principal point)에 대한 설명으로 옳은 것은?

① 카메라 렌즈의 중심으로부터 지표면에 내린 연직선이 렌즈 중심을 통과하여 사진면과 만나는 점
② 사진의 중심점으로서 렌즈의 중심으로부터 사진면에 내린 수선이 만나는 점
③ 사진면에 직교되는 광선과 연직선이 이루는 각을 2등분하는 광선이 사진면에 마주치는 점
④ 렌즈의 중심으로부터 지표면에 내린 수선의 발

해설

특수3점	특징
주점 (Principal Point)	주점은 사진의 중심점이라고도 한다. 주점은 렌즈중심으로부터 화면(사진면)에 내린 수선의 발을 말하며 렌즈의 광축과 화면이 교차하는 점이다.
연직점 (Nadir Point)	㉠ 렌즈중심으로부터 지표면에 내린 수선의 발을 말하고 N을 지상연직점(피사체연직점), 그 선을 연장하여 화면(사진면)과 만나는 점을 화면연직점(n)이라 한다. ㉡ 주점에서 연직점까지의 거리(mn) $= f \tan i$
등각점 (Isocenter)	㉠ 주점과 연직점이 이루는 각을 2등분한 점으로 또한 사진면과 지표면에서 교차되는 점을 말한다. ㉡ 주점에서 등각점까지의 거리(mn) $= f \tan \dfrac{i}{2}$

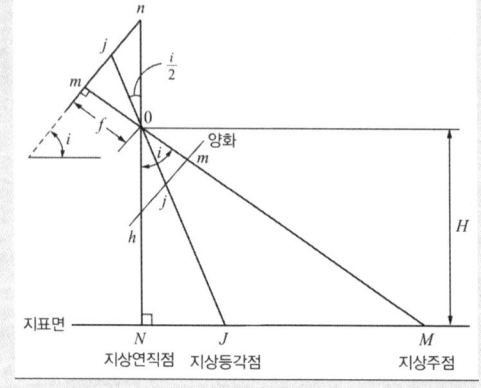

44 항공 라이다시스템에 대한 설명 중 옳지 않은 것은?

① 항공레이저스캐너와 GPS/INS 시스템으로 구성된다.
② 지표면에 대한 3차원 좌표정보를 취득하는 시스템이다.
③ 항공사진측량보다 기상조건의 영향을 적게 받는다.
④ 극초단파를 사용하는 수동적 센서 시스템이다.

해설

항공레이저측량
항공레이저측량 시스템은 지표(surface)에 있는 산이나 골짜기, 산림등의 자연지형과 택지 및 도로, 빌딩이나 다리 등의 인공지물로 이루어지는 지형지물을 항공기의 위치 및 자세가 정확하게 얻어지는 **극초단파를 사용하는 능동적 센서로**부터 레이저를 발사하여 거리를 측정하고 그 수치를 측량좌표계 등으로 나타낸 계측기라 할 수 있다. 항공레이저측량은 항공레이저측량시스템을 항공기에 탑재하여 레이저를 주사하고 그 지점에 대한 3차원 위치좌표를 취득하는 측량방법을 말한다. Laser Radar 혹은 LIDAR, LiDAR이라고도 한다.

1. 시스템구성
항공레이저측량 시스템은 전자광학식 거리측정기능과 빔 스캐닝기능을 보유한 **레이저거리측정장치**와 거리를 측정한 레이저광이 언제(시간정보), 어디에서(위치정보), 어떻게(자세정조)발사되었는가를 구하기 위한 **GPS/IMU장치** 및 각각의 기기를 제어하여 취득한 자료를 기록하는 **기록제어장치**로 구성된다. 서버시스템으로 **비디오카메라, 디지털카메라** 등이 사용가능하다.

2. 특징
1) 항공사진측량에 비하여 작업속도나 경제적인 면에서 매우 유리하다.
2) 재래식 항측기법의 적용이 어려운 산림, 수목 및 늪지대 등의 지형도 제작에 유용하다.
3) 기상조건에 좌우 되지 않는다.
4) 산림이나 수목지대에도 투과율이 높다.
5) 자료취득 및 처리과정이 수치방식으로 이루어진다.
6) 저고도 비행에서만 가능하다.
7) 능선이나 계곡 및 등 지형의 경사가 심한 지역에서는 정확도가 저하되는 단점이 있다.

45 지역 1, 2, 3에 대해서 LANDSAT-7의 3번과 4번 밴드의 화소값을 구한 결과가 표와 같다. 각 지역의 정규화식생지수(NDVI)로 옳은 것은?

화소값 \ 지역	1	2	3
밴드 3 (가시광선, Red)	100	100	20
밴드 4 (근적외선, NIR)	100	250	15

① 지역 1= 0, 지역2 = 0.43, 지역 3 = −0.14
② 지역 1= 0, 지역2 = −0.43, 지역 3 = 0.14
③ 지역 1= 1, 지역2 = 2.5, 지역 3 = 0.75
④ 지역 1= 1, 지역2 = 0.44, 지역 3 = 1.33

해설

식생지표(植生指標)란 기상위성이나 지구관측위성의 화상자료로부터 지구규모의 식생분포 상황을 파악하기 위한 것이다. 일반적으로 다음과 같은 정규화식생지표(正規化植生指標 : (NDVI ; Normalized Difference Vegtation Index)가 많이 이용된다.

$$NDVI = \frac{근적외분광반사도 - 가시광분광반사도}{근적외분광반사도 + 가시광분광반사도}$$

$$NDVI = \frac{NIR - VIS}{NIR + VIS}$$

여기서,
NIR : 근적외역의 관측치
VIS : 가시역의 관측치(분광되고 있는 경우는 적색역)

1지역 $= \frac{100-100}{100+100} = 0$

2지역 $= \frac{250-100}{250+100} = 0.43$

3지역 $= \frac{15-20}{15+20} = -0.14$

Answer 44 ④ 45 ①

46 그림과 같은 영상을 분석하기 위해 산림지역의 트레이닝 필드를 선정하였다. 영상에 대응하는 7×7의 지역에 대해 사변형 분류법(parallelepiped classification)을 적용하여 산림지역으로 분류된 결과로 옳은 것은? (단, 검게 칠해진 지역이 산림지역이다.)

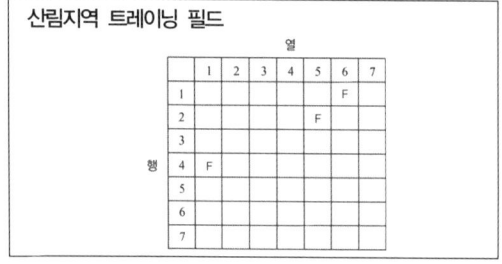

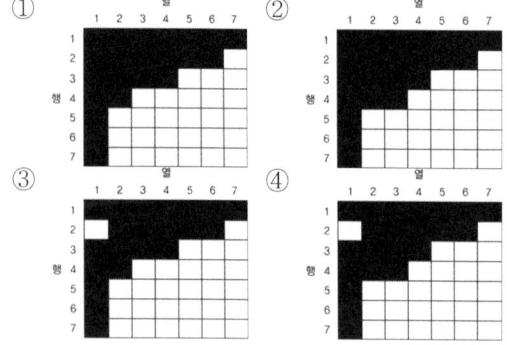

47 영상을 모자이크할 경우에 모자이크된 영상내에서 경계선이 보이게 된다. 이 경계선을 중심으로 일정한 폭을 설정하여 영상을 부드럽게 처리할 수 있는 방법은?

① 영상 와핑(image warping)
② 영상 페더링(image feathering)
③ 영상 스트레칭(image stretching)
④ 히스토그램 평활화(histogram equalization)

해설

영상 와핑(image warping)
와핑이란 사전적 의미는 휘어지거나 왜곡하다라는 뜻을 가지고 있는데 일반적으로 영상시스템에서 우리가 말하는 warping은 영상을 x축, y축, 회전, 스케일 등을 이용하여 보정이나 찌그러진 이미지를 정규화하기 위한 처리방법 또는 기법을 말한다. 즉 사진의 왜곡이나 조정에러, 공간자료의 한 세트를 다른 세트의 자료와 일치시키기 위해 이루어지는 진행과정을 말한다.

Answer 46 ③ 47 ②

48 다음 중 Pushbroom 스캐닝 방식의 센서는?

① SPOT 위성의 HRV 센서
② LANDSAT 위성의 ETM+ 센서
③ NOAA 위성의 AVHRR 센서
④ RADARSAT 위성의 SAR센서

해설

1. Pushbroom 스캐너
   ① 모든 스캔라인은 모든 배열에 의해 동시에 관측
   ② 배열형태의 감지기는 비행방향에 수직한 방향으로 스캔
   ③ 일반적으로 선행배열은 CCD로 구성
   ④ 단일 배열을 10,000 CCD 이상으로 구성
   ⑤ 개별감지기는 각각 단일 해상도 셀의 방사량을 감지
   ⑥ 경사관측을 통한 입체영상 취득이 용이하다
   ⑦ 각각의 라인이 중심투영인 항공사진의 기하와 유사하다.

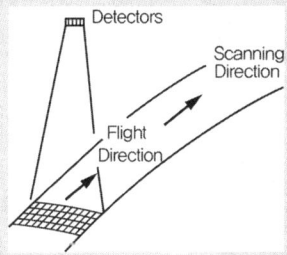

2. Whiskbroom 스캐너
   ① 비행라인에 수직한 스캔라인을 가로 질러 지형을 스캔하는 회전거울 이용
   ② 특정 파장대에서 최대감도를 갖는 일단의 감지기 이용
   ③ 연속적인 스캔라인은 2차원 영상을 구상
   ④ 플랫폼 양쪽 방향에서 반복적으로 스캔

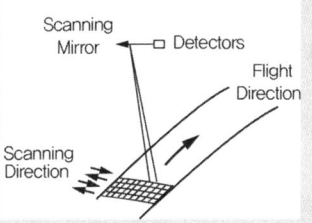

49 원격탐사 영상의 해상도 중 영상의 개개화소가 표현 가능한 지상의 면적을 의미하는 것은?

① 분광해상도(spectral resolution)
② 방사해상도(radiometric resolution)
③ 공간해상도(spatial resolution)
④ 주기해상도(temporal resolution)

해설

위성영상의 해상도

다양한 위성영상 데이터가 가지는 특징들은 해상도(Resolution)이라는 기준을 사용하여 구분이 가능하다. 위성영상 해상도에는 공간해상도, 분광해상도, 시간 또는 주기 해상도, 반사 또는 복사해상도로 분류 된다.

공간해상도 (Spatial Resolution or Geometric Resolution)

Spatial Resolution 이라고도 한다. 인공위성영상을 통해 모양이나 배열의 식별이 가능한 하나의 영상소의 최소 지상면적을 뜻한다. 일반적으로 한 영상소의 실제 크기로 표현된다.

센서에 의해 하나의 화소(pixel)가 나타낼 수 있는 지상면적, 또는 물체의 크기를 의미하는 개념으로서 공간해상도의 값이 작을수록 지형 지물의 세밀한 모습까지 확인이 가능하고 이 경우 해상도는 높다고 할 수 있다 예를 들어 1m 해상도란 이미지의 한 pixel 이 1m×1m의 가로, 세로 길이를 표현한다는 의미로 1m정도 크기의 지상물체가 식별가능함을 나타낸다. 따라서 숫자가 작아질수록 지형지물의 판독성이 향상됨을 의미한다.

분광해상도(Spectral Resolution)

가시광선에서 근적외선 까지 구분할 수 있는 능력으로서 스펙트럼(spectrum:일반적으로 빛은 여러 **파장**의 빛이 합쳐져 있는데(중첩), 파장에 따른 성분의 분포를 스펙트럼이라고 한다.) 내에서 센서가 반응하는 특정 전자기파장대의 수와 이 파장대의 크기를 말한다.

센서가 감지하는 파장대의 수와 크기를 나타내는 말로서 좀 더 많은 밴드를 통해 물체에 대한 다양

Answer 48 ① 49 ③

한 정보를 획득할수록 분광해상도가 높다라고 표현된다. 즉 인공위성에 탑재된 영상수집 센서가 얼마나 다양한 분광파장영역을 수집할 수 있는가를 나타낸다. 예를 들어 어떤 위성은 Red, Green, Blue 영역에 해당하는 가시광선 영역의 영상만 얻지만 어떤 위성은 가시광선영역을 포함하여 근적외, 중적외, 열적외 등 다양한 분광영역의 영상을 수집할 수 있다. 그러므로 분광해상도가 좋을수록 영상의 분석적 이용 가능성이 높아진다.

방사 또는 복사해상도(Radiometric Resolution)

인공위성 관측센서에서 수집한 영상이 얼마나 다양한 값을 표현할 수 있는가를 나타낸다.
예를 들어 한 픽셀을 8bit로 표현하는 경우 그 픽셀이 내재하고 있는 정보를 총 256개로 분류할 수 있다는 의미가 된다. 즉 그 픽셀이 표현하는 지상물체가 물인지, 나무인지, 건축물인지 256개의 성질로 분류할 수 있다는 것이다. 반면에 한 픽셀을 11bit로 표현한다면 그 픽셀이 내재하고 있는 정보를 총 2048개로 분류 할 수 있다는 것이므로 8bit인 경우 단순히 나무로 분류된 픽셀이 침엽수인지, 활엽수인지, 건강한지, 병충해가 있는지 등으로 자세하게 분류할 수 잇다는 것이다. 따라서 방사해상도가 높으면 위성영상의 분석정밀도가 높다는 의미이다.

시간 또는 주기해상도(Temporal Resolution)

지구상 특정지역을 얼마만큼 자주 촬영가능한지를 나타낸다. 어떤 위성은 동일한 지역을 촬영하기 위해 돌아오는데 16일이 걸리고 어떤 위성은 4일이 걸리기도 한다. 주기 해상도가 짧을수록 지형변이 양상을 주기적이고 빠르게 파악할 수 있으므로 데이터베이스 축적을 통해 향후의 예측을 위한 좋은 모델링 자료를 제공한다고 할 수 있다.

50 과고감(vertical exaggeration)에 대한 설명으로 옳지 않은 것은?

① 항공사진을 입체시 하면 산지는 실제보다 높게 돌출되어 보인다.
② 과고감으로 인하여 산악지형보다는 평탄한 지형의 지형판독이 어렵게 된다.
③ 항공사진을 입체시 하면 사면의 경사는 실제 경사보다 급한 느낌을 준다.
④ 항공사진을 입체시할 때 과고감은 촬영에 사용한 렌즈의 초점거리, 사진의 중복도에 따라 변한다.

해설

카메론효과(Cameron Effect)와 과고감(Vertical Exaggeration)

카메론효과 (Cameron Effect)	항공사진으로 도로변 상공 위의 항공기에서 주행중인 차량을 연속하여 촬영하여 이것을 입체화시켜 볼 때 차량이 비행방향과 동일방향으로 주행하고 있다면 가라앉아 보이고, 반대방향으로 주행하고 있다면 부상(浮上 : 떠는것)하여 보인다. 또한 뜨거나 가라앉는 높이는 차량의 속도에 비례하고 있다. 이와 같이 이동하는 피사체가 뜨거나 가라앉아 보이는 현상을 카메론효과라고 한다.
과고감 (Vertical Exaggeration)	항공사진을 입체 시하는 경우 산의 높이 등이 실제보다 과장되어 보이는 현상을 말한다. 평면축척에 대하여 수직 축척이 크게 되기 때문에 실제 도형보다 산이 더 높게 보인다. ① 항공사진은 평면축척에 비해 수직축척이 크므로 다소 과장되어 나타난다. ② 대상물의 고도, 경사율 등을 반드시 고려해야 한다. ③ 과고감은 필요에 따라 사진판독요소로 사용될 수 있다. ④ 과고감은 사진의 기선고도비와 이에 상응하는 입체시의 기선고도비의 불일치에 의해서 발생한다. ⑤ 과고감은 촬영고도 H에 대한 촬영기선길이 B와의 비인 기선고도비 B/H에 비례한다.

Answer 50 ②

51 항공사진측량에 대한 설명으로 옳지 않은 것은?

① 소규모 지역을 대상으로 하는 경우에는 소요비용이 증가할 수 있다.
② 행정경계, 지명, 도로명, 지번 등의 정보는 현장측량을 통해 보완해야 한다.
③ 시간의 변화에 따른 대상물의 변화와 같은 4차원 정보 취득에는 적용이 곤란하다.
④ 구름, 바람, 조도, 적설 등의 영향이 있다.

해설

항공사진측량
사진측량(Photogrammetry)은 사진영상을 이용하여 피사체에 대한 정량적(위치, 형상, 크기 등의 결정) 및 정성적(자원과 환경현상의 특성 조사 및 분석) 해석을 하는 학문이다.
① **정량적 해석** : 위치, 형상, 크기 등의 결정
② **정성적 해석** : 자원과 환경현상의 특성 조사 및 분석

사진측량의 장·단점

장점	단점
① 정량적 및 정성적 측정이 가능하다. ② 정확도가 균일하다. ㉠ 평면(X, Y) 정도 : $(10 \sim 30)\mu \times$ 촬영축척의 분모수(M) $= \left(\dfrac{10}{1,000} \sim \dfrac{30}{1,000}\right)$ mm·M	① 좁은 지역에서는 비경제적이다. ② 기자재가 고가이다. (시설비용이 많이 든다.)

장점	단점
㉡ 높이(H) 정도 : $\left(\dfrac{1}{10,000} \sim \dfrac{2}{10,000}\right) \times$ 촬영고도(H) 여기서, $1\mu = \dfrac{1}{1,000}$ (mm) M : 촬영축척의 분모수 H : 촬영고도 ③ 동체측정에 의한 현상보존이 가능하다. ④ 접근하기 어려운 대상물의 측정도 가능하다. ⑤ 축척변경도 가능하다. ⑥ 분업화로 작업을 능률적으로 할 수 있다. ⑦ 경제성이 높다. ⑧ 4차원의 측정이 가능하다. ⑨ 비지형 측량이 가능하다. ⑩ 소축척의 측량일수록 경제적이다.(대축척은 보다 높은 정확도를 요구하므로 소척에 비해 지형도 제작이 고가이다.)	③ 피사체에 대한 식별의 난해가 있다.(지명, 행정경계 건물명, 음영에 의하여 분별하기 힘든 곳 등의 측정은 현장의 작업으로 보충측량이 요구된다.) ④ 기상조건에 영향을 받는다. ⑤ 태양고도 등에 영향을 받는다.

Answer 51 ③

52 초점거리 210mm의 항공사진이 15°의 경사각을 가지고 있을 때 사진에서 연직점(nadir point)과 주점(principal point)의 거리는?

① 56.3 mm ② 76.3 mm
③ 96.3 mm ④ 121.3 mm

해설
주점과 연직점의 거리
$f \tan i = 0.21 \times \tan 15° = 0.05626m = 56.3mm$

53 표고 300인 지역을 초점거리 150mm인 카메라로 표고 3000m에서 항공사진측량한 경우에 이 지역의 사진축척은?

① 1:20000 ② 1:30000
③ 1:15000 ④ 1:18000

해설
$$\frac{1}{m} = \frac{f}{H \pm h} = \frac{0.15}{3000-300} = \frac{1}{18,000}$$

54 공간해상도가 높은 전정색 영상과 공간해상도가 낮은 칼라(다중분광)영상을 합성하여 공간해상도가 높은 칼라영상을 만드는데 사용하는 영상처리방법은?

① Fourier 변환
② 영상융합(image fusion) 또는 해상도융합(resolution merge)변환
③ NDVI(normalized difference vegetation index)변환
④ 공간 필터링(spatial filtering)

해설
영상융합(image fusion)(해상도 병합 혹은 영상접합)
영상융합은 일반적으로 둘 혹은 그 이상의 서로 다른 영상면들을 이용하여 새로운 영상면을 생성함으로써 영상의 효과를 극대화시켜 영상분류(Classification)의 정확도를 향상시키는데 사용되는 기법이다. 영상융합을 통해 개선된 영상으로부터 영상면에 존재하는 정보를 최대한으로 얻음으로써 자료의 모호함을 감소, 신뢰성 확보 및 분류의 개선을 할 수 있다.

1. 영상융합의 유형
  1) 광학영상간의 융합으로 고해상도의 전 정색영상과 저해상도의 다중분광영상을 융합하여 공간해상도와 분광해상도를 향상시킨다.
  2) 광학영상과 레이더영상간의 융합으로 레이더 위성영상의 정밀한 지형공간정보에 의한 지형의 기복을 상세히 표현하거나 DEM 의 정확도 향상에 효과적으로 기여한다.
  (예: 광학영상인 Landsat TM과 RADARSAT 의 레이더영상과의 융합)

55 항공사진측량을 통해 촬영한 한 장의 사진에서 대상물의 지상좌표로부터 사진좌표를 결정하기 위해 필요한 요소로 알맞은 것은?

① 편위수정 요소와 상호표정 요소
② 편위수정 요소와 절대표정 요소
③ 내부표정 요소와 편위수정 요소
④ 내부표정 요소와 외부표정 요소

해설
표정요소(標定要素 : Element's of Orientation)
사진측량에서 항공사진을 촬영당시의 기하학적 조건으로 재현 하는 것으로서 크게 내부표정과 외부표정이 있다.
촬영된 사진의 주점을 입체도화기의 지지기(photo carrier)중심에 일치시키고 사진기의 초점거리를 도화기의 초점거리에 맞추는 작업을 "기계적 내부표정", 상좌표(image coordinate)로부터 사진좌표(photo coordinate)를 구하는 수치처리를 "해석적 내부표정"이라 한다. **내부표정요소**는 사진면에 대한 상축투영중심의 위치를 정하기 위해 필요한 두 개의 요소, 즉 사진 주점의 위치와 화면거리를 말한다.
외부표정은 사진좌표계를 소요의 좌표계로 전환하는 표정으로 **외부표정요소**는 $(X_O, Y_O, Z_O, \kappa, \phi, \omega)$이

Answer 52 ① 53 ④ 54 ② 55 ④

며, 외부표정에는 상호표정, 접합표정, 절대표정이 등이 있다.

56 표정작업중 렌즈 왜곡, 대기굴절, 지구곡률 등의 보정이 이루어지는 것은?

① 내부표정 ② 절대표정
③ 상호표정 ④ 접합표정

해설

1. 내부표정
촬영당시의 광속의 기하 상태를 재현하는 작업으로 기준점 위치, 렌즈의 왜곡, 사진기의 초점거리와 사진의 주점을 결정하여 부가적으로 사진의 오차를 보정하여 사진좌표의 정확도를 향상시키는 것을 말한다.

2. 상호표정
상호표정은 양 투영기에서 나오는 광속이 촬영당시 촬영면에 이루어지는 종시차를 소거하여 목표 지형물의 상대위치를 맞추는 작업으로 종시차는 종접합점을 기준으로 제거한다. 상호표정은 내부표정에서 얻어진 사진좌표를 이용하여 모델좌표를 얻기 위한 과정이다. 그러므로 입체도화기에 의한 표정 작업에서 일반적으로 오차의 파급효과가 가장 큰 것은 상호표정이다.

3. 절대표정
절대표정(대지표정)은 상호표정이 끝난 한 쌍의 입체사진 모델에 대하여 축척의 결정, 수준면의 결정, 위치의 결정을 하는 작업이다.

4. 접합표정
한 쌍의 입체사진 내에서 한 쪽의 표정인자는 전혀 움직이지 않고 다른 한쪽만 움직여 그 다른 쪽에 접속시키는 작업을 말한다.

57 상호표정에 대한 설명으로 옳은 것은?

① 평면(x, z)방향 시차를 소거하는 것
② 높이(z)방향 시차를 소거하는 것
③ 횡(x)방향 시차를 소거하는 것
④ 종(y)방향 시차를 소거하는 것

해설

내부표정	내부표정이란 도화기의 투영기에 촬영당시와 똑같은 상태로 양화건판을 정착시키는 작업이다. ① 주점의 위치결정 ② 화면거리(f)의 조정 ③ 건판의 신축측정, 대기굴절, 지구곡률보정, 렌즈수차 보정
상호표정	지상과의 관계는 고려하지 않고 좌우사진의 양투영기에서 나오는 광속이 촬영당시 촬영면에 이루어지는 종시차(Y-parallax)를 소거하여 목표 지형물의 상대위치를 맞추는 작업. 상호표정은 한 쌍의 중복사진에 대한 상대적인 기하학적관계를 수립한다. 상호표정은 적어도 5쌍 이상의 Tie Points가 필요하다. 사진좌표로부터 사진기 좌표를 구한 다음 모델좌표를 구하는 단계적 표정. **상호표정은 사진의 경사 및 투영위치의 이동을 조정하여 입체상을 만드는 작업이다.** 상호표정이란 항공기가 촬영 당시에 가지고 있던 기울기를 도화기에 그대로 재현시키는 과정이다. ㉮ 비행기의 수평회전을 재현해 주는 (k, by) ㉯ 비행기의 전후 기울기를 재현해 주는 (ϕ, bz) ㉰ 비행기의 좌우 기울기를 재현해 주는 (ω) ㉱ 과잉수정계수 $(o, c, f) = \frac{1}{2}\left(\frac{h^2}{d^2} - 1\right)$ ㉲ 상호표정인자 : (k, ϕ, w, by, bz)

58 절대표정에서 결정되는 것으로 옳은 것은?

① 축척, 수준면, 위치
② 촬영점의 위치, 회전각, 주점
③ 초점거리, 렌즈왜곡, 대기보정
④ 입체사진의 기선길이, 회전각, 중복도

Answer 56 ① 57 ④ 58 ①

해설

절대 표정	상호표정이 끝난 입체모델을 지상 기준점(피사체 기준점)을 이용하여 지상좌표에(피사체 좌표계)와 일치하도록 하는 작업으로 입체모형(model)2점의 X, Y좌표와 3점의 높이(Z)좌표가 필요하므로 최소한 3점의 표정점이 필요하다. ㉮ 축척의 결정 ㉯ 수준면(표고, 경사)의 결정 ㉰ 위치(방위)의 결정 ㉱ 절대표정인자 : $\lambda, \phi, \omega, k, b_x, b_y, b_z$ (7개의 인자로 구성)
접합 표정	한쌍의 입체사진 내에서 한쪽의 표정인자는 전혀 움직이지 않고 다른 한쪽만을 움직여 그 다른 쪽에 접합시키는 표정법을 말하며, 삼각측정에 사용한다. ㉮ 7개의 표정인자 결정 ($\lambda, k, \omega, \phi, c_x, c_y, c_z$) ㉯ 모델간, 스트립간의 접합요소 결정 (축척, 미소변위, 위치 및 방위)

59 항공사진의 판독에 관한 설명으로 옳지 않은 것은?

① 판독의 기초가 되는 것은 사진 상의 형상, 음영 및 색조 등이다.
② 지표면의 기복에 대한 판독은 입체시로 하여야 한다.
③ 사진판독에 있어서 표정점의 배치는 가장 중요한 요소이다.
④ 판독하려고 하는 지방의 지방적 특색에 대하여 지식을 갖고 있어야 한다.

해설

사진판독은 사진면으로부터 얻어진 여러 가지 피사체(대상물)의 정보 중 특성을 목적에 따라 적절히 해석하는 기술로서 이것을 기초로 하여 대상체를 종합분석함으로써 피사체(대상물) 또는 지표면의 형상, 지질, 식생, 토양 등의 연구수단으로 이용하고 있다.

사진판독 요소

요소	분류	특징
주요소	색조	피사체(대상물)가 갖는 빛의 반사에 의한 것으로 수목의 종류를 판독하는 것을 말한다.
	모양	피사체(대상물)의 배열상황에 의하여 판별하는 것으로 사진상에서 볼 수 있는 식생, 지형 또는 지표상의 색조 등을 말한다.
	질감	색조, 형상, 크기, 음영 등의 여러 요소의 조합으로 구성된 조밀, 거칠음, 세밀함 등으로 표현하며 초목 및 식물의 구분을 나타낸다.
	형상	개체나 목표물의 구성, 배치 및 일반적인 형태를 나타낸다.
	크기	어느 피사체(대상물)가 갖는 입체적, 평면적인 넓이와 길이를 나타낸다.
	음영	판독 시 빛의 방향과 촬영 시의 빛의 방향을 일치시키는 것이 입체감을 얻는 데 용이하다.
보조 요소	상호 위치 관계	어떤 사진상이 주위의 사진상과 어떠한 관계가 있는가 파악하는 것으로 주위의 사진상과 연관되어 성립되는 것이 일반적인 경우이다.
	과고감	과고감은 지표면의 기복을 과장하여 나타낸 것으로 낮고 평평한 지역에서의 지형판독에 도움이 되는 반면 경사면의 경사는 실제보다 급하게 보이므로 오판에 주의해야 한다.

Answer 59 ③

60 초점거리가 15cm, 사진크기 23cm×23cm인 광각사진기로 종중복도 70%, 노출점간 최소 소요시간 30초, 촬영고도 2000m로 촬영하고자 한다면 항공기 운항속도는?

① 110.4 km/h
② 158.6 km/h
③ 186.5 km/h
④ 200.8 km/h

해설

$\dfrac{1}{m} = \dfrac{f}{H} = \dfrac{0.15}{2000} = \dfrac{1}{13,333} \fallingdotseq \dfrac{1}{13,000}$

$B = ma\left(1 - \dfrac{p}{100}\right) = 13,333 \times 0.23 \left(1 - \dfrac{70}{100}\right) = 919.977\,\text{m}$

$T_S = \dfrac{B}{V} = \dfrac{919,977\,\text{mm}}{110,400,000 \times \dfrac{1}{3,600}} = 29.99 = 30\,\text{초}$

$V = \dfrac{B}{T_S} = \dfrac{919.977}{30 \times \dfrac{1}{3.6}} = 110.397\,\text{km/sec}$

제4과목 | 지리정보시스템

61 다음과 같은 절차를 따르는 보간법은?

1. 가장 근접한 두 개의 샘플링 지점을 연결한다.
2. 연결된 선을 수직으로 이등분한다.
3. 이등분선의 연장선을 구한다.
4. 연장선으로부터 폴리곤을 형성한다.

① 지표 분석(surface analysis)
② 인접성 분석(proximity analysis)
③ 네트워크 분석(network analysis)
④ 티센폴리곤 분석(Thiessen polygon analysis)

해설

불규칙삼각망(TIN ; Trianglulated Irregular Network)
불규칙삼각망은 불규칙하게 배치되어 있는 지형점으로부터 삼각망을 생성하여 삼각형 내의 표고를 삼각평면으로부터 보간하는 DEM의 일종이다.

벡터위상구조를 가지며 다각형 Network를 이루고 있는 순수한 위상구조와 개념적으로 유사하다.

(1) 특성
- 기복의 변화가 적은 지역에서 절점 수를 적게 하고 기복의 변화가 심한 지역에서 절점 수를 증가시킴으로써 데이터의 전체적인 양을 줄일 수 있다.
- 격자형 자료는 해상력이 낮아지는 데서 기인하는 중요한 정보의 상실 가능성과 해상력 조절의 어려움, 기준격자축 이외의 방향에 대한 연산의 어려움 등을 가지고 있는데 이같은 단점을 불규칙삼각망 구조에서 보완할 수 있다.
- 자료파일 생성을 위해 처리과정이 복잡하다는 단점이 있으나 일단 TIN 파일이 생성된 후에는 효율적인 압축기법을 사용할 수 있다.
- TIN은 격자보다 적은 데이터 용량을 이용하여 훨씬 정확하게 지형을 표현할 수 있으며 손쉬운 자료의 편집과 실시간 지표면의 모델링 등 다양한 기능을 제공한다.

(2) 삼각망의 생성
불규칙하게 배치된 지형점으로부터 어떤 규칙에 따라 어떻게 자동적으로 삼각망을 형성하는가 하는 문제이다. TIN에서는 그림(a)와 같이 등거리연산자를 각각의 지형점에 채택하여 그림(b)와 같이 원을 넓혀 가면서 교선을 만듦으로써 다각형을 생성한다. 이 교선은 양쪽 지형점으로부터 등거리에 있다. 이 다각형을 티센다각형(Thiessn Polygon)이라 하고 이러한 분할을 브르노이분할(Vorroni Tessellation)이라고 한다.

그 후 다각형의 한 변을 공유하는 지형점끼리를 연결하면 삼각망이 만들어진다. 이러한 삼각형을 델로니삼각형(Delaunay Triangle)이라고 한다. 3점을 연결하는 원 내에는 다른 점은 들어오지 않게 된다.

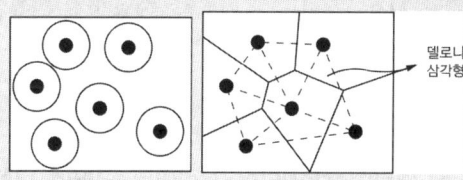

(a) 등거리 연산자   (b) 티센다각형
티센다각형의 생성

Answer 60 ① 61 ④

62 NGIS(National GIS)의 추진배경으로 적합하지 않은 것은?

① 지리정보시스템(GIS)의 중복투자 방지 및 공동구축에 대한 필요성 제기
② 국가차원에서 지리정보시스템(GIS)의 주도적 추진 필요성 제기
③ 통신망의 보안관리 필요성 증대
④ 지도와 도면을 사용하는 행정업무의 자동화 필요성 증대

해설

NGIS(National Geographic Information System)

개념	국가지리정보체계는 국가경쟁력 강화와 행정생산성 제고 등에 기반이 되는 사회간접자본이라는 전제하에 국가차원에서 국가표준을 설정하고, 기본공간정보(국토교통부장관은 지형·해안선·행정경계·도로 또는 철도의 경계·하천경계·지적, 건물 등 인공구조물의 공간정보, 그 밖에 대통령령으로 정하는 주요 공간정보를 기본공간정보로 선정하여 관계 중앙행정기관의 장과 협의한 후 이를 관보에 고시하여야 한다.) 데이터베이스를 구축하며, GIS 관련 기술개발을 지원하여 GIS 활용기반과 여건을 성숙시켜 국토공간관리, 재해관리, 대민서비스 등 국가정책 및 행정 그리고 공공분야에서의 활용을 목적으로 한다.
계획의 필요성	(1) 급변하는 정보기술 발전과 지리정보 활용 여건 변화에 부응하는 새로운 전략 모색 (2) NGIS 추진 실적을 평가하여 문제점 도출 후, 국가지리정보의 구축 및 활용 촉진을 위한 정책방향 제시 (3) 공공기관 간 지리정보 구축의 중복투자 방지 (4) 상호 연계를 통한 국가지리정보 활용가치 극대화

63 벡터(Vector)방식의 데이터 모형에 대한 설명으로 틀린 것은?

① 선으로 나타나는 객체의 경우 둘 또는 그 이상의 좌표와 선분으로 구성된다.
② 벡터 모형의 모든 객체는 수학적 위치값을 갖는다.
③ 대상물들은 점, 선, 면 요소로 형성된다.
④ 대상 지역 모든 곳의 정보를 담고 있다.

해설

	벡터자료	래스터자료 ㉡첩이 ㉯㉰하여 ㉲을 세워야 ㉳㉴선이 ㉵하지 않는다
정의	벡터 자료구조는 기호, 도형, 문자 등으로 인식할 수 있는 형태를 말하며 객체들의 지리적 **위치를 크기와 방향으로** 나타낸다.	래스터 자료구조는 매우 간단하며 일정한 격자간격의 셀이 데이터의 위치와 그 값을 표현하므로 격자데이터라고도 하며 도면을 스캐닝 하여 취득한 자료와 위상영상 자료들에 의하여 구성된다. 래스터구조는 구현의 용이성과 단순한 파일구조에도 불구하고 정밀도가 셀의 크기에 따라 좌우되며 해상력을 높이면 자료의 크기가 방대해진다. 각 셀들의 크기에 따라 데이터의 해상도와 저장크기가 달라지게 되는데 셀 크기가 작으면 작을수록 보다 정밀한 공간현상을 잘 표현 할 수 있다.
장점	- 보다 압축된 자료구조를 제공하며 따라서 데이터 용량의 축소가 용이하다. - 복잡한 현실세계의 묘사가 가능하다. - 위상에 관한 정보가 제공되므로 관망분석과 같은 다양한 공간분석이 가능하다.	- 자료구조가 ㉠단하다. - 여러 레이어의 중㉡이나 분석이 용이하다. - ㉯료의 조작과정이 매우 효과적이고 수치영상의 질을 향상시키는 데 매우 효과적이다. - ㉰치이미지 조작이 효율적이다.

Answer 62 ③ 63 ④

	벡터자료	래스터자료
		㉮첩이 ㉯수하여 ㉰을 세워야 ㉱㉲㉳이 ㉴하지 않는다
장점	- 그래픽의 정확도가 높다. - 그래픽과 관련된 속성정보의 추출 및 일반화, 갱신 등이 용이하다.	- 다양한 ㉵간적 편의가 격자의 크기와 형태가 동일한 까닭에 시뮬레이션이 용이하다.
단점	- 자료구조가 복잡하다. - 여러 레이어의 중첩이나 분석에 기술적으로 어려움이 수반된다. - 각각의 그래픽 구성요소는 각기 다른 위상구조를 가지므로 분석에 어려움이 크다. - 그래픽의 정확도가 높은 관계로 도식과 출력에 비싼 장비가 요구된다. - 일반적으로 값비싼 하드웨어와 소프트웨어가 요구되므로 초기비용이 많이 든다.	- 압축되어 ㉶용되는 경우가 드물며 ㉷형관계를 나타내기가 훨씬 어렵다. - 주로 격자형의 네모난 형태로 가지고 있기 때문에 수작업에 의해서 그려진 완화된 ㉸에 비해서 미관상 매끄럽지 못하다. - 위㉹정보의 제공이 불가능하므로 관망해석과 같은 분석기능이 이루어질 수 없다. - 좌표변환을 위한 시간이 많이 소요된다.

해설

Kriging Interpolation

크리깅은 보간점에서의 속성값을 알기 위해 이미 값을 알고 있는 주의 표본의 속성값들의 선형조합으로 그 값을 예측하는 지구 통계학적 기법이다. 이 방법은 Danny Krige가 새로운 금맥을 찾기 위해 여러 공간적 정보를 지구통계적기법에 최초로 적용하여 사용하면서 그 이름을 따서 Kriging이라 불리게 되었다.

(1) 크리깅의 종류

Simple Kriging (단순크리깅)	단순크리깅은 예측오차를 최소로 하는 가중값을 구해 보간점의 속성값을 예측하는 경우로 가중값 계산과정이 비교적 간단하다.
Ordinary Kriging (정규크리깅)	크리깅 추정식이 편향되지 않으면서 오차분산을 최소로 하는 경우를 정규크리깅이라 한다.
Block Kriging (구역크리깅)	구역크리깅은 원하는 구역에 대해 하나의 크리깅 방정식을 세워 값을 예측하는 방법이다.
Co-Kriging (공동크리깅)	공동크리깅은 두가지 이상의 변수의 선형조합을 사용해 알려지지 않은 보간점의 속성값을 예측하는 크리깅을 말한다.
Universal Kriging (일반크리깅)	일반크리깅은 공간적으로 변화하거나 특정한 경향을 갖는 평균을 제거하지 않고 크리깅 가중값을 계산하는 기법이다.

64 크리깅(kriging)보간법에 대한 설명으로 틀린 것은?

① 토양이나 지질, 수문과 관련된 현상의 공간적 변이의 크기를 정량화하는데 활용된다.
② 지역화된 변수(regionalized variables) 이론에 토대를 두고 있다.
③ 표본지점들간의 Z값의 변이가 거리에 따라 어느 정도 방향성을 갖는 것을 전제로 하고 있다.
④ Simple 크리깅, Ordinary 크리깅, Spatial 크리깅으로 분류된다.

65 다음과 같은 문제점을 해결하기 위한 노력과 거리가 먼 것은?

- 수많은 업체가 개별적인 소프트웨어를 활용하여 GIS 데이터를 구축함으로써 시스템 간 호환성이 결여됨
- 기관별로 상이한 소프트웨어와 데이터포맷을 사용하여 상호간 데이터의 전송, 활용이 어려움

① 표준코드 지정
② 자료 포맷의 표준화
③ ISO/TC211 활동
④ 자료 출처의 다양화

Answer 64 ④ 65 ④

해설

1. ISO/TC 211

국제표준기구(International Organization for Standard)는 1994년에 GIS 표준기술위원회(Technical Committee 211)를 구성하여 표준작업을 진행하고 있다.

공식명칭은 Geographic Information/Geometics으로서 TC 211 위원회(이하 ISO/TC 211)는 수치화된 지리정보분야의 표준화를 위한 기술위원회이며 지구의 지리적 위치와 직·간접적으로 관계가 있는 객체나 현상에 대한 정보 표준 규격을 수립함에 그 목적을 두고 있다.

지리정보시스템 및 관련 기술의 표준을 검토하는 국제표준화기구(ISO)의 기술 위원회. 업무구조 및 참조모델을 담당하는 작업반 WG1, 지리공간 데이터 모델과 운영자를 담당하는 WG2, 지리공간 데이터를 담당하는 WG3, 지리공간 서비스를 담당하는 WG4 및 프로파일 및 기능에 관한 제반 표준을 담당하는 WG5로 구성되어 있다.

1) 5개의 작업그룹(Working Group)으로 구성

Framework and reference model(WG1)	업무구조 및 참조모델을 담당
Geospatial data models and operators(WG2)	지리공간데이터 모델과 운영자 담당
Geospatial data administration(WG3)	지리공간데이터를 담당
Geospatial services(WG4)	지리공간서비스를 담당
Profiles and functional standards(WG5)	프로파일 및 기능에 관한 제반 표준 담당

2. 산업자원부 기술표준원 ISO TC 211 KOREA

국내 ISO TC 211 전문위원회(기술표준원)는 ISO/TC211의 국가대표단체(National Body)로 되어 있으며 기술표준원의 규격 제정은 WTO의 TBT(Agreement on Technical Barriers to Trade) 협정과 관련되어 시급한 제정이 요구되는 규격을 대상으로 하고 있다.

(1) 주요활동

산자부의 KS-X 표준화 활동은 기술에 관련되는 기술적 사항에서부터 기초적 자재의 물품 통일에 이르는 산업분야 전반을 대상으로 하는 표준이다. 또한, ISO/TC211 국제표준기구와의 협력을 위하여 한국을 대표하는 창구역할을 담당하고 있다. 기술표준원 고시 "한국산업규격 제정예고"와 관련된 제정이 있다.

---

66 그림의 빗금친 부분의 결과가 나타나기 위한 공간연산은?

① (A−B) ∩ (B−A)
② (A ∪ B) − A
③ (A−B) ∪ (B−A)
④ (A ∪ B) − B

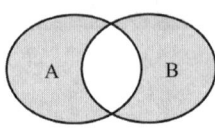

해설

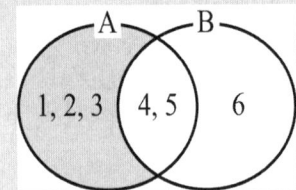

∩ : 교집합(AND)
∪ : 합집합(OR)
A−B : 차집합

두 집합 A={1, 2, 3, 4, 5}, B={4, 5, 6}를 생각해 보자.

1) 합집합 (A∪B) = {1, 2, 3, 4, 5, 6}
2) 교집합 (A∩B) = {4, 5}
3) 차집합 (A−B) = {1, 2, 3}
   (B−A) = {6}
∴ (A−B)∪(B−A) = {1, 2, 3, 6}

Answer 66 ③

67. 논리연산(AND) 처리 후 ㉠~㉣의 결과값이 순서대로 (㉠-㉡-㉢-㉣) 바르게 표시된 것은?

1	1	0
1	1	0
0	0	1

1	1	0
0	1	0
1	0	1

AND

㉠		㉡
㉢		㉣

① 1-1-0-1
② 1-0-1-0
③ 1-0-0-1
④ 0-1-0-0

해설

공간분석을 위한 부울 연산

논리곱(AND)		논리합(OR)		논리부정(NOT)		배타적 논리합(XOR)		
A	B	A×B	A	B	A+B	A	A'	A	B	A+B
0	0	0	0	0	0	0	1	0	0	0
0	1	0	0	1	1	1	0	0	1	1
1	0	0	1	0	1			1	0	1
1	1	1	1	1	1			1	1	0

68. 지리정보시스템(GIS)에 대한 설명으로 틀린 것은?

① 다양한 공간분석 기능과 모델링을 통해 고부가가치의 정보를 추출하여 의사결정을 지원할 수 있다.
② 자료입력 방식 중 래스터방식이 벡터방식에 비해 정확하게 경계선을 추출할 수 있다.
③ 공간 데이터와 속성 데이터 이외에도 다양한 데이터 유형을 통합하여 사용이 가능하다.
④ 지형공간정보를 구성하는 속성정보는 위치에 관련된 정성적인 자료 및 정량적인 자료를 포함한다.

해설

GIS[Geographic Information System]
일반 지도와 같은 지형정보와 함께 지하시설물 등 관련 정보를 인공위성으로 수집, 컴퓨터로 작성해 검색, 분석할 수 있도록 한 복합적인 지리정보시스템이다. 국토계획 및 도시계획, 수자원관리, 통신·교통망 가설, 토지관리, 지하매설물 설치 등의 분야에서 필요성이 강조되고 있다.
GIS가 운용되는 분야는 구체적으로 기상항공 정보분석, 상·하수도망, 통신망, 전력망, 도시가스망, 도로 등 지상·지하 시설물 설치 및 관리, 공장부지, 농작물 재배지역, 산업단지선정 등이다.

지리정보시스템(GIS)의 필요성 및 효과
① 자료중복조사 방지 및 분산관리
② 다양한 공간분석기능과 모델링을 통해 고부가가치의 정보 추출
③ 통계담당 부서와 각 전문부서 간 업무의 유기적 관계 구축
④ 시간적, 공간적 자료의 부족, 개념 및 기준의 불일치로 인한 신뢰도 저하 해소
⑤ 공간상에 나타나는 문제들에 대한 의사결정을 지원할 수 있는 정보나 지식 창출

벡터 자료구조는 기호, 도형, 문자 등으로 인식할 수 있는 형태를 말하며 객체들의 지리적 **위치를 크기와 방향으로** 나타낸다. 래스터 자료구조는 매우 간단하며 일정한 격자간격의 셀이 데이터의 위치와 그 값을 표현하므로 격자데이터라고도 하며 도면을 스캐닝하여 취득한 자료와 위상영상자료들에 의하여 구성된다. 자료입력방식에서 벡터방식이 래스터 방식에 비해 정확하게 경계선을 추출할 수 있다.

Answer 67 ③ 68 ②

	벡터자료	래스터자료 ㉓㉠이 ㉙㉗하여 ㉡을 세워야 ㉦㉨㉓이 ㉥하지 않는다
정의	벡터 자료구조는 기호, 도형, 문자 등으로 인식할 수 있는 형태를 말하며 객체들의 지리적 위치를 크기와 방향으로 나타낸다.	래스터 자료구조는 매우 간단하며 일정한 격자간격의 셀이 데이터의 위치와 그 값을 표현하므로 격자데이터라고도 하며 도면을 스캐닝 하여 취득한 자료와 위상영상자료들에 의하여 구성된다. 래스터구조는 구현의 용이성과 단순한 파일구조에도 불구하고 정밀도가 셀의 크기에 따라 좌우되며 해상력을 높이면 자료의 크기가 방대해진다. 각 셀들의 크기에 따라 데이터의 해상도와 저장크기가 달라지게 되는데 셀 크기가 작으면 작을수록 보다 정밀한 공간현상을 잘 표현 할 수 있다.
장점	- 보다 압축된 자료구조를 제공하며 따라서 데이터 용량의 축소가 용이하다. - 복잡한 현실세계의 묘사가 가능하다. - 위상에 관한 정보가 제공되므로 관망분석과 같은 다양한 공간분석이 가능하다. - 그래픽의 정확도가 높다. - 그래픽과 관련된 속성정보의 추출 및 일반화, 갱신 등이 용이하다.	- 자료구조가 ㉓단하다. - 여러 레이어의 중㉠이나 분석이 용이하다. - ㉗료의 조작과정이 매우 효과적이고 수치영상의 질을 향상시키는데 매우 효과적이다. - ㉤치이미지 조작이 효율적이다. - 다양한 ㉢간적 편의가 격자의 크기와 형태가 동일한 까닭에 시뮬레이션이 용이하다.
단점	- 자료구조가 복잡하다. - 여러 레이어의 중첩이나 분석에 기술적으로 어려움이 수반된다. - 각각의 그래픽 구성요소는 각기 다른 위상구조를 가지므로 분석에 어려움이 크다. - 그래픽의 정확도가 높은 관계로 도식과 출력에 비싼 장비가 요구된다. - 일반적으로 값비싼 하드웨어와 소프트웨어가 요구되므로 초기비용이 많이 든다.	- 압축되어 ㉙용되는 경우가 드물며 ㉗형관계를 나타내기가 훨씬 어렵다. - 주로 격자형의 네모난 형태로 가지고 있기 때문에 수작업에 의해서 그려진 완화된 ㉡에 비해서 미관상 매끄럽지 못하다. - 위㉣정보의 제공이 불가능하므로 관망해석과 같은 분석기능이 이루어질 수 없다. - 좌표변환을 위한 시간이 많이 소요된다.

69 다음 중 관계형 데이터베이스를 위한 대표적인 언어는?

① SQL   ② DLL
③ DLG   ④ COGO

해설

SQL(Structured Query Language)
데이터베이스로부터 정보를 얻거나 갱신하기 위한 표준대화식 프로그래밍 언어를 말하며 SQL이라는 이름은 "Structured Query Language"의 약자이며 "sequel (시퀄)"이라고 발음 한다.

1. **SQL(Structured Query Language)의 장점**
   1) 제품으로부터 독립적이다.
   2) 컴퓨터시스템간의 이식성이 높아 SQL을 지원하는 DBMS는 퍼스널 컴퓨터부터 워크스테이션 및 대형컴퓨터에 이르기까지 모든 컴퓨터 시스템에서 운용이 가능하다
   3) **미국표준협회**(American National Standards Institute, ANSI)와 **국제표준화기구**(國際標準化機構

Answer 69 ①

International Organization for Standardization)에서 표준으로 인정받고 있다.
4) SQL의 문장 구조는 영어 같은 일반 언어와 구조가 유사하여 배우고 이해하기가 용이하다
5) SQL은 상호 대화형언어이면서 저장된 자료를 조회할수 있는 기능도 있다
6) 자료 조회시 다중의 뷰(view)제공기능을 갖기 때문에 데이터베이스의 내용물과 구조를 여러 사용자에게 서로 다른 뷰로서 보여 줄수 있다
7) 동적(dynamic)의 데이터정의가 가능하여 SQL을 사용하면 사용자가 데이터베이스를 조회하고 있는 동안에도 데이터베이스의 구조를 변경하거나 확장할 수 있다.

70 지리정보시스템(GIS) 데이터 입력

① 드럼 스캐너
② 잉크젯 플로터
③ 디지타이저
④ 터치스크린

[해설]

하드웨어(Hardware)		• 컴퓨터와 각종 입/출력장치 및 자료 관리장치 • 데스크탑 PC, 워크스테이션. 스캐너, 프린터, 플로터, 디지타이저 등 주변장치들
하드웨어(Hardware)	입력장치	디지타이저, 스캐너, 키보드
	저장장치	자기디스크, 자기테이프(magnetic tape), 개인용 컴퓨터, 워크스테이션
	출력장치	플로터(plotter), 프린터, 모니터

71 실세계에 존재하고 있는 지형·지물(feature)을 지리정보시스템(GIS)에서 활용 가능한 객체(object)로 변환하는 것은?

① 추상화(abstraction)
② 일반화(generalization)
③ 세분화(segmentation)
④ 통합화(integration)

[해설]

속성자료 분석

질의	질의기능은 작업자가 부여하는 조건에 따라 속성데이터베이스에서 정보를 추출하는 것이다.
분류(classification)	분류는 사용자의 필요에 따라서 일정기준에 맞추어 GIS자료를 나누는 것으로 모든 GIS자료는 어떤 형태로든 분류가 가능하다. 분류는 일정기준에 따라 세분화하는 과정이므로 세분화(specification)라고도 한다
일반화(generalization)	일반화(generalization)는 나누어진 항목을 합쳐서 분류항목을 줄이는 것이고 반대로 나누어진 분류를 필요에 따라 보다 세분하는 것을 세분화(specification)라고 한다.

추상화(abstraction)

추상화란 구체적인 것을 감추고 보고 싶어하는 전체적인 특성을 드러내는 것이다. 소프트웨어 개발에서의 추상화란 인터페이스(좁게는 컴퓨터 및 소프트웨어 조작 방식을 말하며 넓게는 서로 다른 두 물체 사이에서 상호간 대화하는 방법을 의미한다)에 의존하고, 구체적인 구현에는 의존하지 않는 것을 말하는 것으로, 함수를 기본적인 추상화 방법으로 사용한다. 즉 함수의 이름을 통해서 구체적으로 하는 일을 추상화 시켜서 나타낸다는 뜻이다.
실세계에 존재하고 있는 개체(feature)를 지리정보시스템 (GIS)에서 활용 가능한 객체(object)로 변환하는 과정을 추상화라 한다.

72 지리정보자료의 내용, 품질, 조건, 기타 다양한 특징을 설명하는 자료에 관한 배경정보를 무엇이라 하는가?

① 메타데이터
② 데이터생산사양
③ 데이터모델
④ 위상구조

Answer 70 ② 71 ① 72 ①

73 수치표고모형(DEM)만을 이용하여 할 수 있는 작업과 거리가 먼 것은?

① 음영기복도 제작
② 토지피복 분석
③ 가시도 분석
④ 물의 흐름방향 분석

해설

수치표고모형(Digital Elevation Model : DEM)
DEM은 지형의 연속적인 기복변화를 일정한 크기의 격자간격으로 표현한 것으로 공간상의 연속적인 기복변화를 수치적인 행렬의 격자형태로 표현한다. 수치표고모형은 표고데이터의 집합일 뿐만 아니라 임의의 위치에서 표고를 보간할 수 있는 모델을 말한다. 공간상에 나타난 불규칙한 지형의 변화를 수치적으로 표현하는 방법을 수치표고모형이라 한다. DEM은 규칙적인 간격으로 표본지점이 추출된 래스터 형태의 데이터모델이다. DEM은 DTM 중에서 표고를 특화한 모델이다.
① 도로의 부지 및 댐의 위치 선정
② 수문 정보체계 구축
③ 등고선도와 시선도
④ 절토량과 성토량의 산정
⑤ 조경설계 및 계획을 위한 입체적인 표현
⑥ 지형의 통계적 분석과 비교
⑦ 경사도, 사면방향도, 경사 및 단면의 계산과 음영기복도 제작
⑧ 경관 또는 지형형성과정의 영상모의 관측
⑨ 수치지형도 작성에 필요한 표고정보와 지형정보를 다 이루는 속성
⑩ 군사적 목적의 3차원 표현

해설

1. 메타데이터(meta data)
메타데이터(meta data)란 데이터에 관한 데이터로서 데이터의 구축과 이용 확대에 따른 상호 이해와 호환의 폭을 넓히기 위하여 고안된 개념이다. 메타데이터는 데이터에 관한 다양한 측면을 서술하는 매우 중요한 자료로서 이에 관하여 표준화가 활발히 진행되고 있다.
미국 연방지리정보위원회(FGDC : Federal Geographic Data Committee)에서는 디지털 지형공간 메타데이터에 관한 내용표준(Content Standard for Digital Geospatial Metadata)을 정하고 있는데 여기에서는 메타데이터의 논리적 구조와 내용에 관한 표준을 정하고 있다.
현재 메타데이터의 표준으로 사용되고 있는 것은 미국의 FGDC(Federal Geographic Data Committe) 표준, ISO/TC211표준(International Organization for Standard)/Technical Committe 211 : 국제표준기구GIS표준기술위원회), CEN/TC287(유럽표준화기구) 표준 등을 들 수 있다.

2. 메타데이터의 특징
① 데이터에 대한 정보로서 데이터의 내용, 품질, 조건 및 기타 특성에 대한 정보를 포함하는 정보의 이력서, 즉 데이터의 이력서라 할 수 있다.
② DB구축과정에 대한 정보를 관리하는 내부 메타데이터와 구축한 DB를 외부에 공개하는 외부 메타데이터로 구분한다.
③ 대용량의 공간 데이터를 구축하는 데 비용과 시간을 절감할 수 있다.
④ 데이터의 특성과 내용을 설명하는 일종의 데이터로서 데이터의 양이 방대하다.
⑤ 데이터의 직접적인 접근이 용이하지 않을 경우 데이터를 참조하기 위한 보조데이터로서 많이 사용된다.

Answer 73 ②

74 다음이 설명하고 있는 것으로 옳은?

- 공간자료 사이의 관련성을 나타내는 것
- 점, 선, 면들로 구성된 지형, 지물들이 서로 어떻게 관계하는지에 대한 명확한 정의

① 계층구조　　② 자료구조
③ 위상구조　　④ 벡터구조

해설

스파게티 자료구조	정의	객체들 간에 정보를 갖지 못하고 국수가락처럼 좌표들이 길게 연결되어 있어 스파게티 자료구조라고 하며 비선형데이터구조라고도 한다.
	특징	① 상호 연관성에 관한 정보가 없어 인접한 객체들의 특징과 관련성, 연결성을 파악하기가 힘들다. ② 객체가 좌표에 의한 그래픽 형태(점,선,면적)로 저장되며 위상관계를 정의하지 않는다. ③ 경계선을 다각형으로 구축할 경우에는 각각구분되어 입력되므로 중복되어 기록된다. ④ 스파게티 자료구조는 하나의 점(X, Y좌표)을 기본으로 하고 있어 구조가 간단하다. ⑤ 자료구조가 단순하여 파일의 용량이 작은 장점이 있다. ⑥ 객체들 간의 공간관계가 설정되지 않아 공간분석에 비효율적이다.
위상구조	정의	위상이란 도형 간의 공간상의 상관관계를 의미하는데 위상은 특정변화에 의해 불변으로 남는 기하학적 속성을 다루는 수학의 한 분야로 위상모델의 전제조건으로는 모든 선의 연결성과 폐합성이 필요하다.
	특징	① 지리정보시스템에서 매우 유용한 데이터 구조로서 점, 선, 면으로 객체 간의 공간관계를 파악할 수 있다. ② 벡터데이터의 기본적인 구조로 점으로 표현되며 객체들은 점들을 직선으로 연결하여 표현할 수 있다. ③ 토폴로지는 폴리곤 토폴로지, 아크 토폴로지, 노드 토폴로지로 구분된다. ④ 점, 선, 폴리곤으로 나타낸 객체들이 위상구조를 갖게 되면 주변객체들 간의 공간상에서의 관계를 인식할 수 있다. ⑤ 폴리곤 구조는 형상(Shape)과 인접성(Neighborhood), 계급성(Hierarchy)의 세 가지 특성을 지닌다. ⑥ 관계형 데이터베이스를 이용하여 다량의 속성자료를 공간객체와 연결할 수 있으며 용이한 자료의 검색 또한 가능하다. ⑦ 공간객체의 인접성과 연결성에 관한 정보는 많은 분야에서 위상정보를 바탕으로 분석이 이루어진다.
	분석	각 공간객체 사이의 관계가 인접성, 연결성, 포함성 등의 관점에서 묘사되며, 스파게티 모델에 비해 다양한 공간분석이 가능하다.
	인접성 (Adjacency)	사용자가 중심으로 하는 개체의 형상 좌우에 어떤 개체가 인접하고 그 존재가 무엇인지를 나타내는 것이며 이러한 인접성으로 인해 지리정보의 중요한 상대적인 거리나 포함여부를 알 수 있게 된다.
	연결성 (Connectivity)	지리정보의 3가지 요소의 하나인 선(Line)이 연결되어 각 개체를 표현할 때 노드(Node)를 중심으로 다른 체인과 어떻게 연결되는지를 표현한다.
	포함성 (Containment)	특정한 폴리곤에 또 다른 폴리곤이 존재할 때 이를 어떻게 표현할지는 지리정보의 분석 기능에 중요한 하나이며 특정지역을 분석할 때, 특정지역에 포함된 다른 지역을 분석할 때 중요하다.

Answer 74 ③

75 다음 중 지리정보자료와 거리가 먼 것은?

① 지역별 연평균 강우량 정보
② 행정구역별 인구밀도 정보
③ 대상지역의 경사도분포 정보
④ 직업군별 평균소득 정보

해설

GIS(Geographic Information System)
전 국토의 지리공간정보를 디지털화하여 수치지도(Digital Map)로 작성하고 다양한 정보통신기술을 통해 재해·환경·시설물·국토공간 관리와 행정서비스에 활용하고자 하는 첨단정보 시스템이다. 공간상 위치를 점유하는 지리자료(Geographic data)와 이에 관련된 속성자료(Attribute data)를 통합하여 처리한다. 이는 RFID(전자태그를 사물에 부착하여 사물의 주위상황을 인지하고 기존 IT시스템과 실시간으로 정보교환 및 처리할 수 있는 기술)기술, GPS기술, LBS기술 등을 기반 기술로 한다. GIS는 토지정보 관리, 시설물 관리, 교통, 도시계획 및 관리, 환경, 농업, 재해 및 재난 분야 등에서 다양하게 활용되고 있다.

1. **GIS의 특징**
   1) 지리정보처리는 자료의 입력, 자료의 분석, 자료의 출력의 3단계로 구분할 수 있다.
   2) 사용자의 요구에 맞는 지도를 쉽게 제작할 수 있다.
   3) 자료의 통계적 분석이 가능하며 분석결과에 맞는 지도의 제작이 가능하다.
   4) 일반적으로 자료가 수치적으로 구성되므로 축척변경이 용이하다.
   5) 자료의 수치화 작업을 용이하게 해 준다.
   6) 수집한 자료는 다른 여러 자료와 유용하게 결합할 수 있다.
   7) DB 체계를 통하여 자료를 더욱 간편하게 사용할 수 있고 자료 입수도 용이하다.
   8) **정보의 보안성은 향상되나 투자의 중복을 줄일 수 있다.**

76 보다 적은 자료량으로 지형지물의 특성을 간편하게 표현하기 위해 선형의 특징점을 남기고 불필요한 버텍스(vertex)를 삭제하는 일반화 기법은?

① 단순화   ② 완만화
③ 축약처리   ④ 정리처리

해설

벡터기반의 일반화	
단순화 (Simplification)	단순화는 원래의 선이 나타내는 특징이나 형태를 유지하기 위한 점들을 선정하여 특징을 표현하는 데 있어서 의미가 크지 않은 잉여점을 제거해주는 과정을 의미한다. 즉 선을 구성하는 좌표점 중 불필요한 잉여점을 제거하는 것을 의미한다. 원래 좌표 쌍들의 부분집합의 선택을 포함하는 단순화.
유선화 (Smoothing) 원만화	유선화는 선의 가장 중요한 특징점만을 취득하여 좌표쌍들의 위치 재조정이나 이동에 의하여 선을 유선형으로 변화시키는 과정을 말한다. 즉 선의 중요한 특징점들을 이용해 선을 유선형으로 변화하는 것. 어떤 작은 혼란으로부터 벗어나 평탄화하기 위하여 좌표쌍들을 재배치하거나 평행 이동하는 것(원만화)
융합 (Amalgamation)	융합은 지도에 나타난 세부적인 내용을 축척의 변화에 따라 하나의 영역으로 합치는 것이다. 즉 전체 영역의 특징을 단순화하여 표시하는 것. 작은 요소들을 보다 큰 지도요소로 결합하는
축약(Collapse) (분해)	축약은 규모나 공간상의 범위표시를 축소하는 것을 축약이라 한다. 즉 지형이나 공간상의 범위 표시를 축소하는 것. 면 또는 선 요소들을 점 요소들로 분해시키는 것.

Answer 75 ④ 76 ①

벡터기반의 일반화	
정리(Refinement) 정제	정리는 시각적 표현을 실제지역과 일치시키기 위해 기하학적으로 배열과 형태를 바꾸거나 조정하는 것을 말한다. 즉 기하학적인 배열과 형태를 바꾸어 시각적 조정효과를 가져오는 것으로 예를 들면 선을 부드럽게 하거나 모서리부분의 사각화, 등고선이나 강이 교차되는 지점을 바로잡는 것 등을 들 수 있다. 정리는 유사한 특징이 너무 많거나 축척에 따라 표현이 곤란할 정도로 작은 지역에서 면적이나 길이를 비교하여 기준 이하의 공간정보를 삭제하는 것을 말한다. 요소들의 군집중에서 보다 작은 요소들을 버리는 것(정제)
집단화 (Aggregation) 군집화	집단화는 매우 근접하거나 인접한 지형지물을 새로운 형태의 지형지물로 묶는 것을 말한다. 즉 근접하거나 인접한 지형지물을 하나로 합치는 것. 점 요소들을 보다 높은 계층으로 그룹화하는 것(군집화)
합침 (Merge, Combination)	합침은 축척의 변화에 따른 세부적인 객체의 특성을 유지하는 것이 불가능 하더라도 선형과 같은 전체적인 패턴을 유지하는 것을 의미한다. 즉 축척의 변화시 전체적인 대표성 있는 패턴을 유지하는 것 평행선 요소들에 보통 적용되는 결합(merging)
재배치 (Displacement) 혹은 이동	재배치는 겹치는 지역에 대하여 상대적으로 중요성이 떨어지는 지역의 위치를 변경하거나 지역의 범위를 조정해 지도에 표시된 객체의 공간적 위치를 보다 명확히 나타내는 것을 의미한다. 즉 면의 겹치는 지역 등을 삭제하여 지도의 명확성을 높이는 것 명확성을 얻기 위하여 요소들의 위치를 평행 이동하는 것(이동)
분류 (classification)	오브젝트들을 동일하거나 비슷한 특성들을 공유하는 요소들의 범위 속으로 그룹화 하는 것

77 SQL의 표준 구문으로 적합한 것은?

① SELECT "item명" FROM "table명" WHERE "조건절"
② SELECT "table명" FROM "item명" WHERE "조건절"
③ SELECT "조건절" FROM "table명" WHERE "item"
④ SELECT "item명" FROM "조건절" WHERE "table명"

해설

속성데이터베이스 질의(SQL)은 3개의 주요연산을 사용한다.

SELECT	이 연산은 테이블의 지정된 열에 있는 자료항목들을 추출한다.
PROJECT	이 연산은 테이블의 지정된 행에 있는 자료항목들을 추출한다.
JOIN (또는 RELATIONAL JOIN)	이 연산은 테이블의 공통 행에 있는 값에 기초하여 두 테이블을 연결한다.

SQL은 SELECT문 언어를 사용하는데 가장 기본적인 형태

SELECT	이름, 학번
FROM	학생
WHERE	학과 = 지리학과 AND 출생년도 = 73년

SQL 문에서 데이터를 정렬하는 방법은 SELECT 문의 ORDER BY 절을 사용한다.

【형식】
  SELECT ....
  FROM 테이블명
  [WHERE 조건]
  [ORDER BY {컬럼, 표현식}[ASC : DESC]]
여기서 ASC : 오름차순 소팅(디폴트)
       DESC : 내림차순 소팅

Answer 77 ①

78 다음의 ( )에 공통으로 들어갈 용어로 옳은 것은?

> 종이지도나 영상자료로부터 객체정보를 추출하고 GIS에 입력하기 위해서 ( )작업을 수행한다. ( )작업은 사람에 의해 수동으로 진행되기 때문에 많은 시간과 노력이 필요하다는 단점이 있지만, 비교적 작업과정이 단순하기 때문에 소규모 GIS프로젝트에서 활용되고 있다.

① 스캐닝(scanning)
② 디지타이징(digitizing)
③ 원격탐사(remote sensing)
④ GPS(global positioning system)

해설

구분	Digitizer(수동방식)	Scanner(자동방식)
정의	전기적으로 민감한 테이블을 사용하여 종이로 제작된 지도자료를 컴퓨터에 의하여 사용할 수 있는 수치자료로 변환하는 데 사용되는 장비로서 도형자료(도표, 그림, 설계도면)를 수치화하거나 수치화하고 난 후 즉시 자료를 검토할 때나 이미 수치화된 자료를 도형적으로 기록 하는 데 쓰이는 장비를 말한다.	위성이나 항공기에서 자료를 직접 기록하거나 지도 및 영상을 수치로 변환시키는 장치로서 사진 등과 같이 종이에 나타나 있는 정보를 그래픽 형태로 읽어들여 컴퓨터에 전달하는 입력 장치를 말한다.
특징	① 도면이 훼손마멸 등으로 스캐닝 작업으로 경계의 식별이 곤란할 경우와 도면의 상태가 양호하더라도 도곽 내에 필지수가 적어 스캐닝 작업이 비효율적인 도면은 디지타이징 방법으로 작업을 할 수 있다. ② 디지타이징 작업을 할 경우에는 데이터 취득이 완료 될 때까지 도면을 움직이거나 제거하여서는 아니 된다.	① 밀착스캔이 가능한 최선의 스캐너 선정하여야 한다. ② 스캐닝 방법에 의하여 작업할 도면은 보존상태가 양호한 도면을 대상으로 하여야 한다. ③ 스캐닝 작업을 할 경우에는 스캐너를 충분히 예열하여야 한다. ④ 벡터라이징 작업을 할 경우에는 경계점간 연결되는 선은 굵기가 0.1mm가 되도록 환경을 설정하여야 한다. ⑤ 벡터라이징은 반드시 수동으로 하여야 하며 경계점을 명확히 구분할 수 있도록 확대한 후 작업을 실시하여야 한다.
장점	• 수동식이므로 정확도가 높음 • 필요한 정보를 선택 추출 가능 • 내용이 다소 불분명한 도면이라도 입력이 가능	• 작업시간의 단축 • 자동화된 작업과정 • 자동화로 인한 인건비 절감
단점	• 작업 시간이 많이 소요됨 • 인건비 증가로 인한 비용 증대	• 저가의 장비사용 시 에러 발생 • 벡터구조로의 변환 필수 • 변환 소프트웨어 필요

Answer 78 ②

79 축척 1:5000 수치지형도에서 얻을 수 없는 정보는?

① 표고 정보
② 도로 선형
③ 수계 정보
④ 필지 정보

[해설]
수치지형도에서 얻을 수 있는 정보
① 표고 정보
② 도로 선형
③ 수계 정보
필지정보는 지적도에서 얻을 수 있다.

80 표면에서 표본추출된 표고점들을 선택적으로 연결하여 형성된 겹치지 않는 부정형의 삼각형으로 이루어진 모자이크 식으로 표현하는 방법은?

① TIN
② DEM
③ GRID
④ MESH

[해설]

수치표고모형 (Digital Elevation Model : DEM)	DEM은 지형의 연속적인 기복변화를 일정한 크기의 격자간격으로 표현한 것으로 공간상의 연속적인 기복변화를 수치적인 행렬의 격자형태도 표현한다. 수치표고모형은 표고데이터의 집합일 뿐만 아니라 임의의 위치에서 표고를 보간할 수 있는 모델을 말한다. 공간상에 나타난 불규칙한 지형의 변화를 수치적으로 표현하는 방법을 수치표고모형이라 한다. DEM은 규칙적인 간격으로 표본지점이 추출된 **래스터 형태의 데이터모델**이다. DEM은 DTM 중에서 표고를 특화한 모델이다.
수치표고모형 (Digital Elevation Model : DEM)	① 도로의 부지 및 댐의 위치 선정 ② 수문 정보체계 구축 ③ 등고선도와 시선도 ④ 절토량과 성토량의 산정 ⑤ 조경설계 및 계획을 위한 입체적인 표현 ⑥ 지형의 통계적 분석과 비교 ⑦ 경사도, 사면방향도, 경사 및 단면의 계산과 음영기복도 제작 ⑧ 경관 또는 지형형성과정의 영상 모의 관측 ⑨ 수치지형도 작성에 필요한 표고정보와 지형정보를 다 이루는 속성 ⑩ 군사적 목적의 3차원 표현
불규칙삼각망 (不規則三角網, Triangulated Irregular Network : TIN)	불규칙삼각망은 불규칙하게 배치되어 있는 지형점으로부터 삼각망을 생성하여 삼각형 내의 표고를 삼각평면으로부터 보간하는 DEM의 일종이다. 벡터데이터 모델로 위상구조를 가지며 표본 지점들은 X, Y, Z 값을 가지고 있으며 다각형 Network를 이루고 있는 순수한 위상구조와 개념적으로 유사하다. ① 기복의 변화가 작은 지역에서 절점수를 적게 함 ② 기복의 변화가 심한 지역에서 절점수를 증가시킴 ③ 자료량 조절이 용이하다. ④ 중요한 위상형태를 필요한 정확도에 따라 해석 ⑤ 경사가 급한 지역에 적당하고 선형 침식이 많은 하천지형의 적용에 특히 유용 ⑥ TIN을 활용하여 방향, 경사도 분석, 3차원 입체지형생성 등 다양한 분석을 수행한다. ⑦ 격자형 자료의 단점인 해상력 저하, 해상력 조절, 중요한 정보 상실 가능성 해소

Answer 79 ④ 80 ①

제5과목 | 측량학

81 하천이나 항만, 해안 등을 심천측량하고 측점에 숫자를 기입하여 그 높이를 표시하는 방법은?

① 점고법
② 음영법
③ 영선법
④ 등고선법

해설

지형도에 의한 지형표시법		
자연적 도법	영선법 (우모법) (Hachuring)	"게바"라 하는 단선상(短線上)의 선으로 지표의 기본을 나타내는 것으로 게바의 사이, 굵기, 방향등에 의하여 지표를 표시하는 방법
	음영법 (명암법) (Shading)	태양광선이 서북쪽에서 45°로 비친다고 가정하여 지표의 기복을 도상에서 2~3색 이상으로 채색하여 지형을 표시하는 방법으로 지형의 입체감이 가장 잘 나타나는 방법이다
부호적 도법	점고법 (Spot height system)	지표면상의 표고 또는 수심을 숫자에 의하여 지표를 나타내는 방법으로 하천, 항만, 해양 등에 주로 이용
	등고선법 (Contour System)	동일표고의 점을 연결한 것으로 등고선에 의하여 지표를 표시하는 방법으로 토목공사용으로 가장 널리 사용
	채색법 (Layer System)	같은 등고선의 지대를 같은 색으로 채색하여 높을수록 진하게 낮을수록 연하게 칠하여 높이의 변화를 나타내며 지리관계의 지도에 주로 사용

82 A의 좌표가 (145.32m, 256.22), B의 좌표가 (-251.11m, -140.21m)일 때 AB의 방위각은?

① 45
② 135
③ 225
④ 315

해설

$$\theta = \tan^{-1}\frac{\Delta y}{\Delta x}$$
$$= \tan^{-1}\frac{-140.21-256.22}{-251.11-145.32} = 45° \text{ (3상한)}$$
$$\therefore V_A^B = 180 + 45 = 225°$$

83 도심지에서 20개의 측점을 트래버스 측량한 결과로 각오차가 50″ 발생했다. 이 오차의 처리가 옳은 것은? (단, 도심지의 각 측량 허용오차는 ±30″$\sqrt{N}$이며, 각 측량의 정확도는 일정하다.)

① 관측 각의 크기에 반비례하여 분배한다.
② 측선의 길이에 비례하여 분배한다.
③ 등분배한다.
④ 재측한다.

해설

허용오차=±30$\sqrt{N}$ =±30$\sqrt{20}$ = 134.16″
각 오차(50″) 허용오차 이내 이므로 각의 크기에 관계없이 등배분한다.

84 평균 표고 1000m인 지표면에서 AB의 경사거리가 1500m이고, 두 점의 고저차가 150m일 때, 평균해면상에서 AB의 수평거리는? (단, 지구반지름은 6370km이다.)

① 1493.89 m
② 1493.25 m
③ 1492.89 m
④ 1492.25 m

Answer 81 ① 82 ③ 83 ③ 84 ④

해설

수평거리 $= \sqrt{1500^2 - 150^2} = 1492.481156\,m$

표고보정 $C_n = -\dfrac{DH}{R} = -\dfrac{1492.481156 \times 1000}{6,370,000} = 0.23$

평균해면상의 수평거리 $= 1492.48 - 0.23 = 1492.25\,m$

표고보정 $C_n = -\dfrac{DH}{R}$
여기서, C_n : 표고보정량, H : 평균표고, R : 지구반경, D : 임의 지역의 수평거리

85 삼각측량에서 삼각점의 위치 선정에 관한 주의사항으로 옳지 않은 것은?

① 각 점이 서로 잘 보여야 한다.
② 측점 수는 될 수 있는 대로 적게 한다.
③ 계속해서 연결되는 작업에 편리하여야 한다.
④ 삼각형은 될 수 있는 대로 직각삼각형으로 구성한다.

해설

기선 및 삼각점 선점시 유의사항	
기선	① 되도록 평탄 할 것 ② 기선의 양끝이 서로 잘 보이고 기선위의 모든 점이 잘 보일 것 ③ 부근의 삼각점에 연결하는데 편리할 것 ④ 기선의 길이는 삼각망의 변장과 거의 같아야 하므로 만일 이러한 길이를 쉽게 얻을수 없는 경우는 기선을 증대시키는 데 적당할 것
삼각점	① 각 점이 서로 잘 보일 것 ② 삼각형의 내각은 60°에 가깝게 하는 것이 좋으나 1개의 내각은 30~120° 이내로 한다. ③ 표지와 기계가 움직이지 않을 견고한 지점일 것 ④ 가능한 측점수가 적고 세부측량에 이용 가치가 커야 한다. ⑤ 벌목을 많이 하거나 높은 시준탑을 세우지 않아도 관측할 수 있는 점일 것

86 주로 지역 내의 지성선상의 위치와 표고를 실측 도시하여 이것을 기초로 현지에서 지형을 관찰하면서 등고선을 삽입하는 방법으로 비교적 소축척 산지에 이용되는 방법은?

① 좌표점법(사각형 분할법)
② 종단점법(기준점법)
③ 횡단점법
④ 직접법

해설

등고선의 측정 방법	
기지점의 표고를 이용한 계산법	$D : H = d_1 : h_1$ $\therefore d_1 = \dfrac{D}{H} \times h_1$ $D : H = d_2 : h_2$ $\therefore d_2 = \dfrac{D}{H} \times h_2$ $D : H = d_3 : h_3$ $\therefore d_3 = \dfrac{D}{H} \times h_3$
목측에 의한 방법	현장에서 목측에 의해 점의 위치를 대충 결정하여 그리는 방법으로 1/10,000 이하의 소축척의 지형 측량에 이용되며 많은 경험이 필요하다.
방안법 (좌표점고법)	각교점의 표고를 측정하고 그 결과로부터 등고선을 그리는 방법으로 지형이 복잡한 곳에 이용한다.
종단점법	지형상 중요한 지성선위의 여러 개의 측선에 대하여 거리와 표고를 측정하여 등고선을 그리는 방법으로 비교적 소축척의 산지등의 측량에 이용
횡단점법	노선측량의 평면도에 등고선을 삽입할 경우에 이용되며 횡단측량의 결과를 이용하여 등고선을 그리는 방법이다.

87 50m 줄자로 두 점간의 거리를 측정한 결과 175m이었다. 이 50m 줄자가 표준척보다 3cm 짧다고 할 때 두 점간의 실제의 거리는?

① 173.950 m ② 174.895 m
③ 175.105 m ④ 176.256 m

Answer 85 ④ 86 ② 87 ②

해설

실제거리
$= \dfrac{\text{부정거리}}{\text{표준거리}} \times \text{관측거리} = \dfrac{49.97}{50} \times 175 = 174.895\text{m}$

88 전자파 거리 측량기에 대한 설명으로 옳지 않은 것은?

① 전파 거리 측량기는 광파 거리 측량기보다 1변 관측의 조작시간이 짧다.
② 전파 거리 측량기는 광파 거리 측량기보다 장거리용으로 주로 사용된다.
③ 전파 거리 측량기는 광파 거리 측량기보다 안개나 비 등의 기후에 비교적 영향을 받지 않는다.
④ 전파 거리 측량기의 최소 조작 인원은 2명이며 광파 거리 측량기는 1명으로도 가능하다.

해설

EDM(전자기파 거리 측정기)
가시광선, 적외선, 레이저광선 및 극초단파 등의 전자기파를 이용하여 거리를 관측하는 방법이다.

구분	광파거리 측량기	전파거리 측량기
정의	측점에서 세운 기계로부터 빛을 발사하여 이것을 목표점의 반사경에 반사하여 돌아오는 반사파의 위상을 이용하여 거리를 구하는 기계	측점에 세운 주국에서 극초단파를 발사하고 목표점의 종국에서는 이를 수신하여 변조고주파로 반사하여 각각의 위상차로 거리를 구하는 기계
정확도	±(5mm+5ppm)	±(15mm+5ppm)
대표 기종	Geodimeter	Tellurometer

구분	광파거리 측량기	전파거리 측량기
장점	① 정확도가 높다. ② 데오돌라이트나 트랜시트에 부착하여 사용 가능하며, 무게가 가볍고 조작이 간편하고 신속하다. ③ 움직이는 장애물의 영향을 받지 않는다.	① 안개, 비, 눈 등의 기상조건에 대한 영향을 받지 않는다. ② 장거리 측정에 적합
단점	① 안개, 비, 눈 등의 기상조건에 대한 영향을 받는다.	① 단거리 관측시 정확도가 비교적 낮다. ② 움직이는 장애물, 지면의 반사파 등의 영향을 받는다.
최소조작인원	1명(목표점에 반사경 설치했을 경우)	2명(주국, 종국 각 1명)
관측가능거리	단거리용 : 5km 이내 중거리용 : 60km 이내	장거리용 : 30~150km
조작시간	한변 10~20분	한변 20~30분

89 그림과 같이 수준측량을 실시한 결과 A의 표척눈금이 3.560m, A의 표고 H_A=100.00m 이고, B의 표고 H_B=101.110m 이었다. B점의 표척 눈금은?

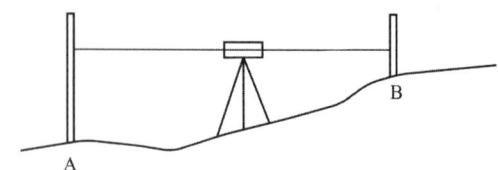

① 1.245m ② 2.450m
③ 3.000m ④ 3.004m

Answer 88 ① 89 ②

[해설]

$H_B = H_A + I - h$
$h = H_A + I - H_B$
$= 100 + 3.560 - 101.110 = 2.450\text{m}$

90 등고선의 종류와 지형도의 축척에 따른 등고선의 간격에 대한 설명으로 틀린 것은?

① 축척 1:50000 지형도에서 계곡선은 50m 간격이다.
② 주곡선은 지형표시의 기본이 되는 곡선으로 가는 실선을 사용하여 나타낸다.
③ 등고선의 간격은 측량의 목적 및 지역의 넓이, 작업에 관련한 경제성, 토지의 현황, 도면의 축척, 도면의 읽기 쉬운 정도 등을 고려하여 결정한다.
④ 간곡선은 주곡선의 $\frac{1}{2}$ 간격으로 삽입한 곡선으로 가는 파선으로 나타내며 축척 1:25000 지형도에서는 5m 간격이다.

[해설]

(1) 등고선의 종류

주곡선	지형을 표시하는데 가장 기본이 되는 곡선으로 가는실선으로 표시
간곡선	주곡선 간격의 $\frac{1}{2}$ 간격으로 그리는 곡선으로 완경사지나 주곡선만으로 지모를 명시하기 곤란한 장소에 가는 파선으로 표시
조곡선	간곡선 간격의 $\frac{1}{2}$ 간격으로 그리는 곡선으로 불규칙한 지형을 표시 (주곡선 간격의 $\frac{1}{4}$ 간격으로 그리는 곡선)
계곡선	주곡선 5개마다 1개씩 그리는 곡선으로 표고의 읽음을 쉽게 하고 지모의 상태를 명시하기위해 굵은 실선으로 표시

(2) 등고선의 간격

축척 등고선 종류	기호	1/5,000	1/10,000	1/25,000	1/50,000
주곡선	가는 실선	5	5	10	20
간곡선	가는 파선	2.5	2.5	5	10
조곡선 (보조곡선)	가는 점선	1.25	1.25	2.5	5
계곡선	굵은 실선	25	25	50	100

91 오차론에 의해 처리되며 확률변수에 대한 수치적 값을 의미하는 오차는?

① 착오
② 누차
③ 정오차
④ 우연오차

[해설]

성질에 의한 오차의 분류

과실 (착오, 과대오차; Blunders, Mistakes)	관측자의 미숙과 부주의에 의해 일어나는 오차로서 눈금읽기나 야장기입을 잘못한 경우를 포함하며 주의를 하면 방지할 수 있다.
정오차 (계통오차, 누차; Constant, Systematic Error)	일정한 관측값이 일정한 조건하에서 같은 크기와 같은 방향으로 발생되는 오차를 말하며 관측횟수에 따라 오차가 누적되므로 누차라고도 한다. 이는 원인과 상태를 알면 제거할 수 있다. 정오차는 측정횟수에 비례한다. $$E_1 = n \cdot \delta$$ (여기서, δ : 1회 측정시 누적오차, n : 측정횟수)

Answer 90 ① 91 ④

정오차 (계통오차, 누차; Constant, Systematic Error)	① 기계적 오차 : 관측에 사용되는 기계의 불안전성 때문에 생기는 오차 ② 물리적 오차 : 관측 중 온도변화, 광선굴절 등 자연현상에 의해 생기는 오차 ③ 개인적 오차 : 관측자 개인의 시각, 청각, 습관 등에 생기는 오차	경중률과 관측횟수의 관계	경중률은 관측횟수(N)에 비례한다. $P_1:P_2:P_3 = N_1:N_2:N_3$
		경중률과 노선거리의 관계	경중률은 노선거리(S)에 반비례한다. $P_1:P_2:P_3 = \dfrac{1}{S_1}:\dfrac{1}{S_2}:\dfrac{1}{S_3}$
		경중률과 평균제곱근 오차의 관계	경중률은 평균제곱근 오차(m)의 제곱에 반비례한다. $P_1:P_2 P_3 = \dfrac{1}{m_1^2}:\dfrac{1}{m_2^2}:\dfrac{1}{m_3^2}$
부정오차 (우연오차, 상차; Random Error)	일어나는 원인이 확실치 않고 관측할 때 조건이 순간적으로 변화하기 때문에 원인을 찾기 힘들거나 알 수 없는 오차를 말한다. 때때로 부정오차는 서로 상쇄되므로 상차라고도 하며, 부정오차는 대체로 확률법칙에 의해 처리되는데 최소제곱법이 널리 이용된다. 우연오차는 측정횟수의 제곱근에 비례한다. $E_2 = \pm \delta\sqrt{n}$	경중률과 정밀도의 관계	경중률은 정밀도의 제곱에 비례한다. $(P_1:P_2:P_3 = R_1^2:R_2^2:R_3^2)$
		직접 수준측량	직접 수준측량에서 오차는 노선거리(S)의 제곱근 $\sqrt{S}$에 비례한다. $(m_1:m_2:m_3 = \sqrt{S_1}:\sqrt{S_2}:\sqrt{S_3})$ 직접 수준측량에서 경중률은 노선거리(S)에 반비례한다. $(P_1:P_2:P_3 = \dfrac{1}{S_1}:\dfrac{1}{S_2}:\dfrac{1}{S_3})$
		간접 수준측량	간접 수준측량에서 오차는 노선거리(S)에 비례한다. $(m_1:m_2:m_3 = S_1:S_2:S_3)$ 간접 수준측량에서 경중률은 노선거리(S)의 제곱에 반비례한다. $(P_1:P_2:P_3 = \dfrac{1}{S_1^2}:\dfrac{1}{S_2^2}:\dfrac{1}{S_3^2})$

92 경중률(weight)에 대한 설명 중 틀린 것은?

① 관측값의 신뢰도를 나타낸다.
② 관측회수에 반비례한다.
③ 관측거리에 반비례한다.
④ 평균제곱근오차의 제곱에 반비례한다.

해설

경중률(무게, 중량값, 비중)
경중률이란 일반적으로 측정할 경우 동일한 정밀도로 측정하는 경우와 서로 상이한 정밀도로 측정하는 경우가 있다. 정밀도를 서로 상이하게 측정하는 경우에 최확값을 구할 때 정밀도를 고려하는 적용계수를 경중률(Weight)이라고 하는데, 관측값의 신뢰도를 나타내며 다음과 같은 성질을 가진다. 즉 경중률은 특정 측정값과 이와 연관된 다른 측정값에 대한 상대적인 신뢰성을 표현하는 척도이다.

93 왕복관측 값의 교차 한계를 $\pm 5.0\sqrt{S}$ mm로 하는 수준측량에서 편도 8km를 왕복 관측하였다면 교차의 허용 한계는? (단, S:관측거리(편도)km 단위)

① ±5.6 mm
② ±7.0 mm
③ ±14.1 mm
④ ±20.0 mm

해설

교차허용한계
$\pm 5.0\sqrt{S} = \pm 5.0\sqrt{8} = 14.1$ mm

Answer 92 ② 93 ③

94 삼각망 조정계산이 조건에 대한 설명이 틀린 것은?

① 어느 한 측점 주위에 형성된 모든 각의 합은 360°이어야 한다.
② 삼각망에서 각 삼각형의 내각의 합은 180°이어야 한다.
③ 한 측점에서 측정한 여러 각의 합은 그 전체를 한 각으로 관측한 각과 같다.
④ 한 개의 이상의 독립된 다른 경로에 따라 계산된 삼각형의 한 변의 길이는 경로에 따라 고유의 값을 갖는다.

[해설]

삼각망조정
지적삼각망을 형성하는 각 삼각형에서 각 측정은 다음 3가지 조건이 만족되어야 한다.
① 하나의 측점 주위에 있는 모든 각의 합은 360°가 되어야 한다.
② 삼각망 중 임의의 한 변의 길이는 계산 순서에 관계없이 어느 변에서 계산해도 같아야 한다.
③ 삼각망 중 삼각형 내각의 합은 180°가 되어야 한다.(다각형 내각의 합은 $(n-2) \times 180°$) 지적삼각망의 조정 조건은 아래와 같다.

삼각망 조정 조건

각 조건	각 다각형의 내각의 합은 $180(n-2)$이다. 각 조건식의 수 $= S - P + 1$ 여기서, S : 변의 총수 P : 삼각점의 수 n : 각의 수
측점 조건 (점 조건)	① 한 측점에서 측정한 여러 각의 합은 그들 각을 한 각으로 하여 측정한 값과 같다. ② 점방정식 : 한 측점 둘레에 있는 모든 각을 합한 값은 360°이다. 측점조건식의 수 $= w - l + 1$ 여기서, w : 한 점 주위의 각의 수 l : 한 측점에서 나간 변의 수
변조건	삼각망 중의 임의의 한 변의 길이는 계산해 가는 순서와 관계없이 같은 값이어야 한다. 변조건식의 수 $= B + S - 2P + 2$ 여기서, B : 기선의 수 S : 변의 총수 P : 삼각점의 수
조건식의 총수	조건식의 총수 = 점조건+각조건+변조건 $= B + \alpha - 2P + 3$ 여기서, B : 기선의 수 α : 관측각의 총수 P : 삼각점의 수

95 기본측량성과 및 공공측량성과의 고시에 필수적 사항이 아닌 것은?

① 측량성과의 보관 장소
② 설치한 측량기준점의 수
③ 측량실시의 시기 및 지역
④ 측량실시의 기관 및 측량자

[해설]

공간정보의 구축 및 관리 등에 관한 법률 시행령 제12조(측량의 실시공고) ① 법 제12조제2항에 따른 기본측량의 실시공고와 법 제17조제6항에 따른 공공측량의 실시공고는 전국을 보급지역으로 하는 일간신문에 1회 이상 게재하거나 해당 특별시·광역시·특별자치시·도 또는 특별자치도(이하 "시·도"라 한다)의 게시판 및 인터넷 홈페이지에 7일 이상 게시하는 방법으로 하여야 한다. 〈개정 2013. 6. 11.〉
② 제1항에 따른 공고에는 다음 각 호의 사항이 포함되어야 한다.
1. 측량의 종류
2. 측량의 목적
3. 측량의 실시기간
4. 측량의 실시지역
5. 그 밖에 측량의 실시에 관하여 필요한 사항
공간정보의 구축 및 관리 등에 관한 법률 시행령 제13조(측량성과의 고시) ① 법 제13조제1항에 따른 기본측량성과의 고시와 법 제18조제4항에 따른 공공측량성과의 고시는 최종성과를 얻은 날부터

Answer 94 ④ 95 ④

30일 이내에 하여야 한다. 다만, 기본측량성과의 고시에 포함된 국가기준점 성과가 다른 국가기준점 성과와 연결하여 계산될 필요가 있는 경우에는 그 계산이 완료된 날부터 30일 이내에 기본측량성과를 고시할 수 있다. 〈개정 2014. 1. 17.〉
② 제1항에 따른 측량성과의 고시에는 다음 각 호의 사항이 포함되어야 한다.
1. 측량의 종류
2. 측량의 정확도
3. 설치한 측량기준점의 수
4. 측량의 규모(면적 또는 지도의 장수)
5. 측량실시의 시기 및 지역
6. 측량성과의 보관 장소
7. 그 밖에 필요한 사항

96 국가공간정보 기본법에서 다음과 같이 정의 되는 것은?

> 공간정보를 효과적으로 수집·저장·가공·분석·표현 할 수 있도록 서로 유기적으로 연계된 컴퓨터의 하드웨어, 소프트웨어, 데이터베이스 및 인적자원의 결합체를 말한다.

① 공간정보데이터베이스
② 국가공간정보통합체계
③ 공간정보체계
④ 공간객체

해설

국가공간정보기본법 제2조(정의) 이 법에서 사용하는 용어의 뜻은 다음과 같다. 〈개정 2012. 12. 18., 2013. 3. 23., 2014. 6. 3.〉
1. "공간정보"란 지상·지하·수상·수중 등 공간상에 존재하는 자연적 또는 인공적인 객체에 대한 위치정보 및 이와 관련된 공간적 인지 및 의사결정에 필요한 정보를 말한다.
2. "공간정보데이터베이스"란 공간정보를 체계적으로 정리하여 사용자가 검색하고 활용할 수 있도록 가공한 정보의 집합체를 말한다.
3. "공간정보체계"란 공간정보를 효과적으로 수집·저장·가공·분석·표현할 수 있도록 서로 유

기적으로 연계된 컴퓨터의 하드웨어, 소프트웨어, 데이터베이스 및 인적자원의 결합체를 말한다.
4. "관리기관"이란 공간정보를 생산하거나 관리하는 중앙행정기관, 지방자치단체, 「공공기관의 운영에 관한 법률」 제4조에 따른 공공기관(이하 "공공기관"이라 한다), 그 밖에 대통령령으로 정하는 민간기관을 말한다.
5. "국가공간정보체계"란 관리기관이 구축 및 관리하는 공간정보체계를 말한다.
6. "국가공간정보통합체계"란 제19조제3항의 기본공간정보데이터베이스를 기반으로 국가공간정보체계를 통합 또는 연계하여 국토교통부장관이 구축·운용하는 공간정보체계를 말한다.
7. "공간객체등록번호"란 공간정보를 효율적으로 관리 및 활용하기 위하여 자연적 또는 인공적 객체에 부여하는 공간정보의 유일식별번호를 말한다.

97 다음 중 국가기준점에 속하지 않는 것은?

① 지자기점
② 지적삼각점
③ 통합기준점
④ 영해기준점

해설

공간정보의 구축 및 관리 등에 관한 법률 제7조(측량기준점) ① 측량기준점은 다음 각 호의 구분에 따른다.

국가기준점	측량의 정확도를 확보하고 효율성을 높이기 위하여 국토교통부장관이 전 국토를 대상으로 주요 지점마다 정한 측량의 기본이 되는 측량기준점
우주측지기준점	국가측지기준계를 정립하기 위하여 전 세계 초장거리간섭계와 연결하여 정한 기준점
위성기준점	지리학적 경위도, 직각좌표 및 지구 중심 직교좌표의 측정 기준으로 사용하기 위하여 대한민국 경위도원점을 기초로 정한 기준점

Answer 96 ③ 97 ②

통합기준점	지리학적 경위도, 직각좌표, 지구중심 직교좌표, 높이 및 중력 측정의 기준으로 사용하기 위하여 위성기준점, 수준점 및 중력점을 기초로 정한 기준점
중력점	중력 측정의 기준으로 사용하기 위하여 정한 기준점
지자기점 (地磁氣點)	지구자기 측정의 기준으로 사용하기 위하여 정한 기준점
수준점	높이 측정의 기준으로 사용하기 위하여 대한민국 수준원점을 기초로 정한 기준점
영해기준점	우리나라의 영해를 획정(劃定)하기 위하여 정한 기준점
수로기준점	수로조사 시 해양에서의 수평 위치와 높이, 수심 측정 및 해안선 결정 기준으로 사용하기 위하여 위성기준점과 법 제6조 제1항 제3호의 기본수준면을 기초로 정한 기준점으로서 수로측량기준점, 기본수준점, 해안선기준점으로 구분한다.
삼각점	지리학적 경위도, 직각좌표 및 지구중심 직교좌표 측정의 기준으로 사용하기 위하여 위성기준점 및 통합기준점을 기초로 정한 기준점
공공기준점	제17조 제2항에 따른 공공측량 시행자가 공공측량을 정확하고 효율적으로 시행하기 위하여 국가기준점을 기준으로 하여 따로 정하는 측량기준점
공공삼각점	공공측량 시 수평 위치의 기준으로 사용하기 위하여 국가기준점을 기초로 하여 정한 기준점
공공수준점	공공측량 시 높이의 기준으로 사용하기 위하여 국가기준점을 기초로 하여 정한 기준점
지적기준점	특별시장·광역시장·특별자치시장·도지사 또는 특별자치도지사(이하 "시·도지사"라 한다)나 지적소관청이 지적측량을 정확하고 효율적으로 시행하기 위하여 국가기준점을 기준으로 하여 따로 정하는 측량기준점
지적삼각점 (地籍三角點)	지적측량 시 수평 위치 측량의 기준으로 사용하기 위하여 국가기준점을 기준으로 하여 정한 기준점
지적삼각보조점	지적측량 시 수평 위치 측량의 기준으로 사용하기 위하여 국가기준점과 지적삼각점을 기준으로 하여 정한 기준점
지적도근점 (地籍圖根點)	지적측량 시 필지에 대한 수평위치 측량 기준으로 사용하기 위하여 국가기준점, 지적삼각점, 지적삼각보조점 및 다른 지적도근점을 기초로 하여 정한 기준점

98 다음 중 그 사유가 발생한 날부터 30일 이내에 신고하지 않아도 되는 것은?

① 측량업자의 지위를 승계한 경우
② 지점의 소재지가 변경된 경우
③ 측량업등록증을 분실하여 재발급하는 경우
④ 측량업자인 법인이 파산 또는 합병 외의 사유로 해산한 경우

해설

10일	령 제35조 측량업의 등록 측량업의 등록신청을 받은 국토교통부장관 또는 시·도지사는 신청 받은 날부터 **10일 이내**에 법 제44조에 따른 등록기준에 적합한지와 법 제47조 각 호의 결격사유가 없는지를 심사한 후 적합하다고 인정할 때에는 측량업등록부에 기록하고, **측량업등록증과 측량업등록수첩**을 발급하여야 한다.
10일	령 제35조 측량업의 등록 국토교통부장관 또는 시·도지사는 법 제44조제2항에 따라 등록을 하였을 때에는 이를 해당 기관의 **게시판이나 인터넷 홈페이지에 10일 이상 공고**하여야 한다.

Answer 98 ③

10일	령 제41조(손해배상책임의 보장) 지적측량업자는 지적측량업 등록증을 발급받은 날부터 10일 이내에 보증설정을 하여야 하며, 보증설정을 하였을 때에는 이를 증명하는 서류를 등록한 시·도지사에게 제출하여야 한다.
	보험금액 1. 지적측량업자 : 1억원 2. 한국국토정보공사 : 20억원
30일	시행령 제37조(등록사항의 변경) 측량업의 등록을 한 자는 등록사항이 변경된 날부터 30일 이내에 변경신고를 하여야 한다. 다만, 기술인력 및 장비에 해당하는 사항을 변경한 때에는 그 변경이 있은 날부터 90일 이내에 변경신고를 하여야 한다.
	해당사항 1. 주된 영업소 또는 지점의 소재 2. 상호 3. 대표자 및 임원 4. 기술능력 및 장비
30일	법 제46조(측량업자의 지위 승계) 측량업자의 지위를 승계한 자는 그 승계 사유가 발생한 날부터 30일 이내에 대통령령으로 정하는 바에 따라 국토교통부장관, 또는 시·도지사에게 신고하여야 한다.
30일	법 제48조(측량업의 휴업·폐업 등 신고) 측량업의 등록을 한 자는 국토교통부장관 또는 시·도지사에게 휴업·폐업 발생한 날부터 30일 이내에 그 사실을 신고하여야 한다. (수로사업 동일)
	해당사항 1. 측량업자인 법인이 파산 또는 합병 외의 사유로 해산한 경우 : 해당 법인의 청산인 2. 측량업자가 폐업한 경우 : 폐업한 측량업자 3. 측량업자가 30일을 넘는 기간 동안 휴업하거나, 휴업 후 업무를 재개한 경우 : 해당 측량업자
30일	법 제53조(등록취소 등의 처분 후 측량업자의 업무 수행 등) 측량의 발주자는 측량업자로부터 등록취소 또는 영업정지 통지를 받거나 등록취소 또는 영업정지의 처분이 있은 사실을 안 날부터 30일 이내에만 그 측량에 관한 계약을 해지할 수 있다. (특별한 사유가 있는 경우를 제외)

공간정보의 구축 및 관리 등에 관한 법률 시행령 제38조(등록증 등의 재발급) 측량업자는 측량업등록증 또는 측량업등록수첩을 잃어버리거나 헐어서 못 쓰게 되었을 때에는 국토교통부장관 또는 시·도지사에게 재발급을 신청할 수 있다.

공간정보의 구축 및 관리 등에 관한 법률 시행규칙 제49조(등록증 등의 재발급 신청) 영 제38조에 따른 측량업등록증 또는 측량업등록수첩을 재발급받으려는 자는 별지 제42호서식을 작성하여 영 제35조제1항에 따라 등록한 기관에 제출하여야 한다.

99 공간정보의 구축 및 관리 등에 관한 법률 상 용어에 대한 설명으로 옳지 않은 것은?

① 지번이란 작성된 지적도의 등록번호를 말한다.
② 측량성과란 측량을 통하여 얻은 최종 결과를 말한다.
③ 측량이란 공간상에 존재하는 일정한 점들의 위치를 측정하고 그 특성을 조사하여 도면 및 수치를 표현하거나 도면상의 위치를 현지에 재현하는 것을 말한다.
④ 지적측량이란 토지를 지적공부에 등록하거나 지적공부에 등록된 경계점을 지상에 복원하기 위하여 필지의 경계 또는 좌표와 면적을 측량을 말한다.

해설

공간정보의 구축 및 관리 등에 관한 법률 제2조(정의) 이 법에서 사용하는 용어의 뜻은 다음과 같다.
1. "측량"이란 공간상에 존재하는 일정한 점들의 위치를 측정하고 그 특성을 조사하여 도면 및 수치로 표현하거나 도면상의 위치를 현지(現地)에 재현하는 것을 말하며, 측량용 사진의 촬영, 지도의 제작 및 각종 건설사업에서 요구하는 도면작성 등을 포함한다.
2. "기본측량"이란 모든 측량의 기초가 되는 공간정보를 제공하기 위하여 국토교통부장관이 실시하는 측량을 말한다.

Answer 99 ①

3. "공공측량"이란 다음 각 목의 측량을 말한다.
   가. 국가, 지방자치단체, 그 밖에 대통령령으로 정하는 기관이 관계 법령에 따른 사업 등을 시행하기 위하여 기본측량을 기초로 실시하는 측량
   나. 가목 외의 자가 시행하는 측량 중 공공의 이해 또는 안전과 밀접한 관련이 있는 측량으로서 대통령령으로 정하는 측량
4. "지적측량"이란 토지를 지적공부에 등록하거나 지적공부에 등록된 경계점을 지상에 복원하기 위하여 제21호에 따른 필지의 경계 또는 좌표와 면적을 정하는 측량을 말하며, 지적확정측량 및 지적재조사측량을 포함한다.
4의2. "지적확정측량"이란 제86조제1항에 따른 사업이 끝나 토지의 표시를 새로 정하기 위하여 실시하는 지적측량을 말한다.
4의3. "지적재조사측량"이란 「지적재조사에 관한 특별법」에 따른 지적재조사사업에 따라 토지의 표시를 새로 정하기 위하여 실시하는 지적측량을 말한다.
20. "토지의 표시"란 지적공부에 토지의 소재·지번(地番)·지목(地目)·면적·경계 또는 좌표를 등록한 것을 말한다.
21. "필지"란 대통령령으로 정하는 바에 따라 구획되는 토지의 등록단위를 말한다.
22. "지번"이란 필지에 부여하여 지적공부에 등록한 번호를 말한다.
23. "지번부여지역"이란 지번을 부여하는 단위지역으로서 동·리 또는 이에 준하는 지역을 말한다.
24. "지목"이란 토지의 주된 용도에 따라 토지의 종류를 구분하여 지적공부에 등록한 것을 말한다.
25. "경계점"이란 필지를 구획하는 선의 굴곡점으로서 지적도나 임야도에 도해(圖解) 형태로 등록하거나 경계점좌표등록부에 좌표 형태로 등록하는 점을 말한다.
26. "경계"란 필지별로 경계점들을 직선으로 연결하여 지적공부에 등록한 선을 말한다.
27. "면적"이란 지적공부에 등록한 필지의 수평면상 넓이를 말한다.
28. "토지의 이동(異動)"이란 토지의 표시를 새로 정하거나 변경 또는 말소하는 것을 말한다.

100 국토교통부장관은 특정 목적을 위하여 필요하다고 인정되는 경우에 일반측량을 한 자에게 측량성과 및 측량기록의 사본 제출을 요구할 수 있다. 다음 중 그 목적에 해당되지 않는 것은?

① 측량의 중복 배제
② 측량성과 심사의 편의
③ 측량의 정확도 확보
④ 측량에 관한 자료의 수집·분석

[해설]
공간정보의 구축 및 관리 등에 관한 법률 제22조(일반측량의 실시 등) ① 일반측량은 기본측량성과 및 그 측량기록, 공공측량성과 및 그 측량기록을 기초로 실시하여야 한다.
② 국토교통부장관은 다음 각 호의 어느 하나에 해당하는 목적을 위하여 필요하다고 인정되는 경우에는 일반측량을 한 자에게 그 측량성과 및 측량기록의 사본을 제출하게 할 수 있다. 〈개정 2013. 3. 23.〉

1. 측량의 정확도 확보
2. 측량의 중복 배제
3. 측량에 관한 자료의 수집·분석

③ 국토교통부장관은 측량의 정확도 확보 등을 위하여 일반측량에 관한 작업기준을 정할 수 있다.

Answer 100 ②

ENGINEER SURVEYING GEO-SPATIAL INFORMATION

PART 07

2021
과년도 기출 문제 및 해설

기사 2021년 3월 7일 시행
기사 2021년 5월 15일 시행
기사 2021년 9월 12일 시행

측량 및 지형공간정보

2021년 3월 7일 기사

제1과목 | 측지학 및 위성측위시스템

01 국제 횡 메르카토르 좌표계(UTM좌표계)에 대한 설명으로 옳지 않은 것은?

① 지구를 6° 경도대로 나누어 이 경도대마다 각각 투영한 도법이다.
② 극 지역에는 따로 UPS 좌표계를 사용한다.
③ 왜곡 없는 투영이 가능하다.
④ 중앙경선 상의 축척계수를 0.9996으로 하면, 중앙 경선 상의 동서로 각각 약 180km 떨어진 곳에서 축척 계수가 1.0000이 된다.

[해설]

UTM 좌표(Universal Transverse Mercator Coordinate)

UTM 좌표는 국제횡메르카토르 투영법에 의하여 표현되는 좌표계이다. 적도를 횡축, 자오선을 종축으로 한다. 투영방식, 좌표변환식은 TM과 동일하나 원점에서 축척계수를 0.9996으로 하여 적용범위를 넓혔다.

① 지구 전체를 경도 6°씩 60개 구역으로 나누고, 각 종대의 중앙자오선과 적도의 교점을 원점으로 하여 원통도법인 횡메르카토르 투영법으로 등각투영한다.
② 각 종대는 180°W 자오선에서 동쪽으로 6° 간격으로 1~60까지 번호를 붙인다.
③ 중앙자오선에서의 축척계수는 0.9996m이다
(축척계수 : $\frac{평면거리}{구면거리} = \frac{s}{S} = 0.9996$).

④ 종대에서 위도는 남북 80°까지만 포함시킨다.
⑤ 횡대는 8°씩 20개 구역으로 나누어 C(80°S~72°S) ~ X(72°N ~ 80°N)까지(단, I, O는 제외) 20개의 알파벳 문자로 표현한다.
⑥ 결국 종대 및 횡대는 경도 6°×위도 8°의 구형 구역으로 구분된다.
⑦ 우리나라는 51~52종대와 S~T횡대에 속한다.

- UTM 좌표에서 거리좌표는 m 단위로 표시하며 종좌표에서는 N을, 횡좌표에서는 E를 붙인다.
- 각 종대마다 좌표원점의 값을 북반구에서 횡좌표 500,000mE, 종좌표 0mN(남반구에서는 1,000,000N)으로 주면 북반구에서 종좌표는 적도에서 0mN, 80°N에서 10,000,000mN이고,
- 남반구에서는 80°S에서 적도까지의 거리는 10,000,000m로 나타난다.
- 80°N과 80°S 간 전 지역의 지도는 UTM 좌표로 표시하며 80°N 이북과 80°S 이남의 양극 지역의 전 지역의 지도는 국제극심입체좌표(UPS)로 표시함으로써 전 세계를 일관된 좌표계로 나타낼 수 있다.

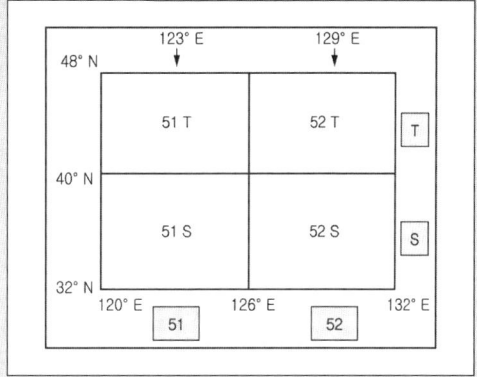

Answer 01 ③

| 51 : 120° ~ 126° E (중앙자오선 123° E) | S : 32° ~ 40° N |
| 52 : 126° ~ 132° E (중앙자오선 129° E) | T : 40° ~ 48° N |

02 지구의 자전축 기울기가 바뀌게 되는 현상으로 춘분점이 황도를 따라 매년 약 50″씩 서쪽으로 이동하게 되는 것은?

① 세차운동
② 장동
③ 공전
④ 연주운동

[해설]

지구의 운동(地球의 運動)

지구의 운동에는 지구축의 주위를 회전하는 자전과 태양의주위를 회전하는 공전 그리고 지구의 자전축이 황도면의 수직선에 대하여 23.5도의 각거리를 가지고 회전하는 세차 운동이 있으며 이러한 운동은 시간과 계절의 변화, 일조시간의 변화 등 여러 가지 현상의 원인이 되고 있다.

자전	공전(公轉)
지구는 하루에 한 번씩 지축을 중심으로 회전하고 있고, 태양을 기준으로 한번 자전하는 시간을 1태양일이라 하며 24시간으로 정한다. 지구가 항성을 기준으로 한 번 자전하는 시간을 1항성일이라 하고 23시간 56분 4초이며, 차이가 나는 이유는 지구의 공전 때문이다.	지구는 태양을 중심으로 지축이 궤도면에 대하여 기울어져서 회전운동을 하는데 그 결과 계절의 변화, 일조시간의 변화, 태양의 남중고도의 변화 등의 현상이 생긴다.
歲差 : 지구의 자전축이 황도(黃道)면의 수직 방향 주위를 각 반경과 주기를 가지고 회전하는 현상이다.	年周時差 : 지구 공전궤도의 양 끝에서 항성에 그은 두 직선이 이루는 각과 동일한데 이것을 항성의 연주시차라

자전	공전(公轉)
章動 : 황도경사의 영향으로 태양과 달의 적도면의 위와 아래로 움직이므로 지구 적도부의 융기부에 작용하는 회전능률도 주기적으로 변한다. 이처럼 자전축이 흔들리는 현상을 장동이라 한다.	光行差 : 운동하고 있는 관측자에게는 별이 있는 참된 방향보다 조금 기울어진 방향으로 별빛이 오는 것처럼 보이는 현상이다.

03 GNSS 측량에 대한 설명으로 옳지 않은 것은?

① 인공위성의 전파를 수신하여 위치를 결정하는 시스템이다.
② 우천 시에도 위치 결정이 가능하다.
③ 수신점의 높이를 결정하는데 이용될 수 있다.
④ 2점 이상 관측 시 수신점 간 시통이 되지 않으면 위치를 결정할 수 없다.

[해설]

GPS측량의 장·단점

장점	① 관측의 정밀도가 높다. ② 기준점 간 시통이 필요하지 않다. ③ 장거리를 신속하게 측량할 수 있다. ④ 주야간 관측이 가능하고 기상조건에 영향을 받지 않는다. ⑤ 측량의 소요시간이 기존 방법보다 효율적이다. ⑥ 3차원 측정 및 동체 측정이 가능하다.
단점	① 장비가 고가이다. ② 위성의 궤도 정보가 필요하다. ③ 전리층 및 대류권에 대한 정보가 필요하다. ④ 도심지의 고층건물 등에 의한 오차 발생 확률이 높다. ⑤ 수목이나 건물 등에 의한 상공 장애가 발생하면 관측의 정밀도가 낮다.

Answer 02 ① 03 ④

04
GPS 위성으로 부터 전송되는 L_1대의 신호 주파수가 1575.42MHz일 때 L_1 신호 10,000 파장의 거리는?
(단, 광속(c) = 299,792,458m/s이다.)

① 1320.17m ② 1902.94m
③ 3254.00m ④ 20257.67m

해설

$\lambda = \dfrac{c}{f}$ (λ : 파장, c : 광속도, f : 주파수)

MH_z를 H_z 단위로 환산하면

$\lambda = \dfrac{299,792,458}{1,575.42 \times 10^6} = 0.190293672$m

∴ L_1 신호 10,000 파장 거리
$= 10,000 \times 0.190293672 = 1902.94$m

05
GPS 오차 원인 중 L_1 신호와 L_2 신호의 굴절 비율이 상이함을 이용하여 L_1/L_2의 선형 조합을 통해 보정이 가능한 것은?

① 전리층 지연 오차
② 위성 시계 오차
③ GPS 안테나의 구심 오차
④ 다중 경로 오차

해설

L_1, L_2 두 개의 주파수를 사용하는 것은 전리층의 전파 지연이 주파수의 2승에 역비례함을 이용하여 그 전파 지연을 교정하기 위함이다.

06
평면측량에서 허용오차를 10^{-6}로 한다면 반지름 몇 km까지의 범위를 평면으로 간주할 수 있는가?
(단, 지구의 반지름은 6370km로 가정)

① 반지름 30km ② 반지름 11km
③ 반지름 8km   ④ 반지름 6km

해설

평면으로 간주할 수 있는 범위

$D = \sqrt{\dfrac{12 \cdot R^2}{m}} = \sqrt{\dfrac{12 \times 6,370^2}{1,000,000}} = 22$km

지름이 22km이므로 반지름 11km까지를 평면으로 보고 측량한다.

① 거리허용오차($d-D$)
$= \dfrac{D^3}{12 \cdot R^2} = \dfrac{22^3}{12 \times 6370^2} = 0.000022$km $= 22$mm

② 허용정밀도$\left(\dfrac{d-D}{D}\right)$
$= \dfrac{D^2}{12 \cdot R^2} = \dfrac{1}{m} = \dfrac{22^2}{12 \times 6370^2} ≒ \dfrac{1}{1,000,000}$

07
우리나라의 직각좌표계에서 사용하고 있는 지도 투영법은?

① TM(Transverse Mercator) 투영
② 람베르트 정각 원추 투영
③ 카시니 투영
④ 심사 투영

해설

가우스 – 크르거도법

회전타원체에서 평면으로 횡축등각원통도법에 의하여 투영하는 방법으로서 오늘날 휙메르카투르도법(TM : Transverse Mercator)으로 불리고 있다. 1912년 크뤼거가 발표하였으나 이것은 가우스 등각도법의 확장으로서 가우스-크르거도법이라고 한다. 1929년 독일에서 채용 후 많은 나라에서 대, 중축척의 지도와 측량 좌표계용으로 사용되고 있다. 이 도법은 원점을 적도 상에 놓고 중앙경도선을 y축, 적도를 x축으로 한 투영으로 중앙경도선으로부터 넓지 않은 범위에 한정하여 사용한다. 넓은 지역에 대해서는 지구를 분할하여 지구 각각에 중앙경도선을 설정하여 투영한다. 원점에서 축척 계수는 0.9996이다.

Answer 04 ② 05 ① 06 ② 07 ①

08 GNSS 측량 시 시계 오차가 소거된 3차원 위치결정을 위해 필요로 하는 최소 위성의 수는?

① 4대 ② 5대
③ 6대 ④ 7대

해설

GPS 측량 중 1점 측위의 방법으로 시간 오차가 제거된 3차원 위치를 결정할 때, 동시 관측이 요구되는 최소 위성 수는 4대이다. 4개 이상의 위성을 관측하여 원하는 수신기의 위치와 시각동기 오차를 결정하고 항법, 근사적인 위치결정, 실시간 위치결정 등에 이용된다.

09 위성전파가 장애물로 인해 차폐되는 등의 이유로 위상측정이 중단되어 발생하는 오차를 무엇이라 하는가?

① 사이클 슬립 ② 대류권 지연
③ 시계 오차   ④ 전리층 지연

해설

1. Cycle Slip의 원인
   ① GPS 안테나 주위의 지형, 지물에 의한 신호 차단으로 발생
   ② 비행기의 커브 회전 시 동체에 의한 위성 시야의 차단
   ③ 높은 신호 잡음
   ④ 낮은 신호 강도(Signal Strength)
   ⑤ 낮은 위성의 고도각
   ⑥ 사이클 슬립은 이동측량에서 많이 발생

2. Cycle Slip의 처리
   ① 수신 회로의 특성에 의해 파장의 정수배만큼 점프하는 특성
   ② 데이터의 전 처리 단계에서 사이클 슬립을 발견, 편집 가능
   ③ 기선해석 소프트웨어에서 자동처리
   ④ 사이클 슬립을 소거하기 위한 방법은 원자시계 레이저 고도계, 관성 항행 장치(INS)와 같은 보호장치의 활용이다.

10 다음 중 측지학에서 다루는 분야와 가장 거리가 먼 것은?

① 3차원 위치의 결정
② 지구의 형상과 크기
③ 지구의 중력장
④ 지구 내부의 물질규명

해설

측지학은 지구 내부의 특성, 지구의 형상 및 운동을 결정하는 측량과 지구 표면상에 있는 모든 점들 간의 상호 위치 관계를 산정하는 측량의 가장 기본적인 학문이다.

기하학적 측지학	① 측지학적 3차원 위치결정 ② 길이 및 시간의 결정 ③ 수평위치 결정 ④ 높이의 결정 ⑤ 지도제작 ⑥ 면적 및 체적의 산정 ⑦ 천문측량 ⑧ 위성측량 ⑨ 해양측량 ⑩ 사진측량
물리학적 측지학	① 지구의 형상 해석 ② 지구의 극운동 및 자전운동 ③ 지각변동 및 균형 ④ 지구의 열 측정 ⑤ 대륙의 부동 ⑥ 해양의 조류 ⑦ 지구의 조석 측량 ⑧ 중력측량 ⑨ 지자기 측량 ⑩ 탄성파측량

Answer 08 ① 09 ① 10 ④

11 어느 지점의 자침 편각이 W 6.5°이고 복각은 N 57°일 때 설명으로 옳은 것은?

① 이 지점에서 진북은 자침의 N극보다 서쪽에서 6.5° 방향이다.
② 이 지점에서 진북은 자침의 N극보다 동쪽에서 6.5° 방향이다.
③ 이 지점에서 자침의 N극은 수평선보다 6.5° 기운다.
④ 이 지점에서 자침의 S극은 수평선보다 6.5° 기운다.

해설

지자기 3요소

지구표면의 한점에서 지자기장의 각 요소는 전자장 F로부터 수평분력 H와 연직분력 Z로 나누어 지며, 수평분력은 진북방향성분 X과 남북방향 성분 Y로 나누어진다. 이 때 전자장 F와 수평분력 H가 이루는 각을 복각 I라 하고 수평분력 H가 진북과 이루는 각을 편각 D라 한다. 편각, 복각, 수평분력을 지자기 3요소라 한다(우리나라 자침편차는 서편(W) 4°~9° 이다.).

① 偏角(declination : D) : 수평분력 H가 진북과 이루는 각
② 伏角(inclination : I) : 전자장 F와 수평분력 H가 이루는 각
③ 수평분력(전자장 F의 수평 성분)

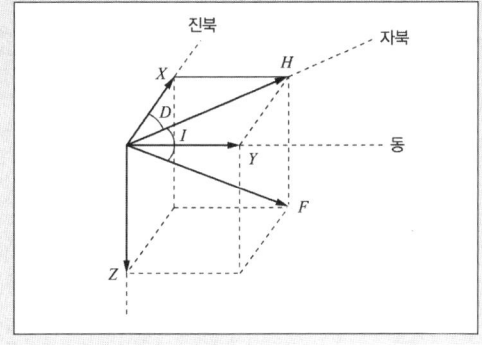

여기서, F : 전자장
H : 수평분력(X : 진북방향 성분, Y : 동서방향 성분)
Z : 연직분력
D : 편각
I : 복각

12 지표면상 구면삼각형의 각을 관측한 결과 ∠A = 50°10′, ∠B = 66°35′, ∠C = 64°15′이었다면 이 구면삼각형 ABC의 면적은? (단, 지구의 곡률반지름이 5m이다.)

① 0.736m²   ② 0.636m²
③ 0.536m²   ④ 0.436m²

해설

$$\epsilon'' = \frac{A}{R^2}\rho$$

$$A = \frac{\epsilon''}{\rho''} \times R^2 = \frac{3600''}{206265''} \times 5^2 = 0.436 \text{m}^2$$

$$\epsilon'' = (50°10' + 66°35' + 64°15') - 180° = 1° = 3,600''$$

13 직교하는 세 개의 축 방향에 대한 길이로 공간상의 한 점의 좌표를 결정하는 좌표계는?

① 3차원 사교 좌표계   ② 3차원 직교 좌표계
③ 2차원 직교 좌표계   ④ 2차원 사교 좌표계

해설

Three Dimensional Cartesian Coordinate
(3차원 직교좌표, 3차원 직각좌표)

지구 전체를 하나의 단일 좌표계로 표시하고자 할 때, 매우 편리한 좌표계로서 지심직각좌표(Geocentric Coordinates) 또는 타원체좌표(Spheroidal Coordinates) 라고도 한다. 이 좌표계는 인공위성에 의한 지구상의 위치 결정이나 또는 서로 다른 기준 타원체간의 좌표 변환 시에 많이 사용된다. 3차원 직각좌표계에서는 2차원 때와 마찬가지로 원점으로부터 각 축 방향의 성분의 길이로 위치를 표현한다.

Answer 11 ② 12 ④ 13 ②

14 지자기측량에서 필요한 보정이 아닌 것은?

① 지자기장의 일변화 및 기계 오차 보정
② 태양 고도각 보정
③ 기준점 보정
④ 온도 보정

해설

1. **지자기 보정**
   지자기보정은 지자기장의 위치변화에 따른 보정과 지자기장의 일변화 및 기계 오차의 의한 시간적 변화에 따른 보정 및 기준점보정, 온도보정 등이 있다.
   ① 지자기장의 위치에 따른 보정
      위도보정으로서 수학적인 표현은 복잡하기 때문에 전 세계적으로 관측된 지자기장의 표준값을 등자기선으로 표시한 자기분포도를 사용한다.
   ② 관측시간에 따른 보정
      관측장소 부근의 일변화곡선을 작성하여 보정하는 것
   ③ 기준점보정
      관측 장비에 충격을 가하든가 하면 자침의 평형 위치는 쉽게 변하므로 관측 구역 부근에 기점을 설정하고 1일 수회 기준점에 돌아와 동일한 관측값을 얻는지 확인하여 보정을 하여야 한다.

2. **지자기 이상**
   지구의 자장과 거의 일치하는 쌍극자를 지구 중심에 놓은 상태와 실측결과의 차이를 비쌍극자장 또는 지자기 이상이라 한다. 현재, 비쌍극자장의 원인은 정확하게 규명되지 않았지만, 코어와 맨틀 경계부에서의 유체의 운동에 의한 것을 생각하고 있다.
   * 쌍극자의 축이 지구의 자전축과 11.5°의 각을 이루고 있다.

15 중력의 영년변화(secular variation) 원인과 거리가 먼 것은?

① 대기 물질의 변화
② 만유인력상수의 변동
③ 지구의 형상과 질량의 변화
④ 지구 전체적인 질량분포의 일반적인 변동

해설

지구의 표면에서 존재하는 것으로 가장 쉽게 느낄 수 있는 힘의 중력이며, 지구상의 모든 물체는 중력에 의해 지구 중심방향으로 끌리고 있다. 중력은 만유인력법칙에 의해 지구표면으로 낙하하는 물체의 낙하속도의 증가율로서 중력가속도를 말하며 이 중력이 미치는 범위를 중력장이라 한다. 중력측량은 지구를 타원체로 가정한 이론적인 값과 실측한 값의 차이를 구하여 지구의 형태를 연구하는 측지학적 분야, 지하구조 및 자원탐사에 이용되는 지질학적 분야, 태양계의 역학적 관계를 규명하는 천문학분야 등에 중요역할을 한다.

중력의 단위 : gal(cm/sec²)(Galilei를 기념하기 위하여 그 이름의 첫 자를 딴 것이다)

1. **중력변화(중력의 經年變化)의 원인**
   ① 중력은 항상성이 높은 물리량의 하나이지만 장기간에 걸쳐서 서서히 변화하고 있는데 이를 중력의 경년변화라 한다. 중력은 만유인력과 지구자전에 의한 원심력이 합성된 것으로 적도에 가까울수록 중력은 감소하며 물리학적 측지학에 속한다.
   • 만유인력상수의 변동
   • 지구의 형상과 질량의 변화
   • 지구 전체적인 질량분포의 일반적인 변동
   • 지표 부분의 질량분포상황 변화로 대기의 대순환, 강수, 침식, 빙하의 해빙과 이동 등의 기상학적 변동과 지진, 화산활동, 퇴적작용, 압밀작용, 지각변동의 지질학적 변동이다.

Answer 14 ② 15 ①

16 GPS 신호에 포함되어 있지 않은 것은?

① C/A 코드
② P 코드
③ 방송궤도력
④ 정밀궤도력

[해설]

GPS 신호

GPS신호는 C/A코드, P코드 및 항법메시지 등의 측위 계산용 신호가 각기 다른 주파수를 가진 L1 및 L2 파의 2개 전파에 실려 지상으로 방송이 되며 L1/L2파는 코드신호 및 항법메시지를 운반한다고 하여 반송파(Carrier Wave)라 한다.

신호	구분	내용
반송파 (Carrier)	L1	• 주파수 1,575.42MHz (154×10.23MHz), 파장 19cm • C/A code와 P code 변조 가능
	L2	• 파수 1,227.60MHz (120×10.23MHz), 파장 24cm • P code만 변조 가능
코드 (Code)	P code	• 반복주기 7일인 PRN code (Pseudo Random Noise code) • 주파수 10.23MHz, 파장 30m(29.3m)
	C/A code	• 반복주기 : 1ms(milli-second)로 1.023Mbps로 구성된 PPN code • 주파수 1.023MHz, 파장 300m(293m)
Navigation Message		GPS위성의 궤도, 시간, 기타 System Parameter들을 포함하는 Data bit
		측위 계산에 필요한 정보 • 위성 탑재 원자시계 및 전리층 보정을 위한 Parameter 값 • 위성 궤도 정보 • 타 위성의 항법 메시지 등을 포함
		위성 궤도 정보에는 평균 근점각, 이심률, 궤도 장반경, 승교점적경, 궤도경사각, 근지점인수 등 기본적 인량 및 보정항이 포함

17 DGPS측위에 대한 설명으로 옳지 않은 것은?

① 위치를 알고 있는 기지점과 위치를 모르는 미지점에서 동시에 관측한다.
② 동시에 수신 가능한 위성이 4개 필요하다
③ 기지점과 미지점의 거리가 길수록 측위 정확도가 높다.
④ 기지점과 미지점에서의 오차가 유사할 것이라는 가정을 이용한다.

[해설]

DGPS(Differential GPS)는 상대측위방식의 GPS 측량기법으로 이미 알고 있는 기지점 좌표를 이용하여 오차를 최대한 줄여서 이용하기 위한 위치결정방식으로 기점에서 기준국용 GPS 수신기를 설치하여 위성을 관측하여 각 위성의 의사거리 보정값을 구한 뒤 이를 이용하여 이동국용 GPS 수신기의 위치 및 정오차를 개선하는 위치결정 형태이다.

1. **GPS의 원리**
   ① 기지국 GPS(Reference station)
   기지점에 설치하는 GPS로서 기지점의 위치 데이터, 인공위성에 의해 측정된 위치 데이터와의 차이값을 계산, 위치보정데이터를 생성하여 이동국 GPS로 송신
   ② 이동국 GPS(Mobile Station)
   기지국으로부터 송신된 위치보정데이터, 인공위성에 의해 측정된 위치데이터를 합성 현 지점이 정확한 위치 표시.

2. **DGPS의 특징**
   ① DGPS는 기존 광학장비보다 시통과 거리의 제한이 매우 적다.
   ② 야간관측, 기상조건에 영향을 받지 않는다.
   ③ 1인 측량이 가능하다.
   ④ 야장이 필요 없으며 컴퓨터에 의한 자동 처리가 가능
   ⑤ 위치를 알고 있는 기지점과 위치를 모르는 미지점에서 동시에 관측한다.
   ⑥ 동시에 수신 가능한 위성이 최소한 4개 필요하다.

Answer 16 ④ 17 ③

⑦ 기지점과 미지점에서의 오차가 유사할것이라는 가정을 이용한다.
⑧ 기지점과 미지점의 거리가 길수록 측위정확도가 낮다.

18 측지학에서는 중력을 나타내는 1Gal과 같은 것은?

① $1kg \cdot m/s^2$
② $1kg \cdot cm/s^2$
③ $1cm/s^2$
④ $1m/s^2$

해설

지구의 표면에서 존재하는 것으로 가장 쉽게 느낄 수 있는 힘의 중력이며, 지구상의 모든 물체는 중력에 의해 지구 중심방향으로 끌리고 있다. 중력은 만유인력법칙에 의해 지구표면으로 낙하하는 물체의 낙하속도의 증가율로서 중력가속도를 말하며 이 중력이 미치는 범위를 중력장이라 한다. 중력측량은 지구를 타원체로 가정한 이론적인 값과 실측한 값의 차이를 구하여 지구의 형태를 연구하는 측지학적 분야, 지하구조 및 자원탐사에 이용되는 지질학적분야, 태양계의 역학적관계를 규명하는 천문학분야등에 중요역할을 한다

중력의 단위 : gal(cm/sec^2)(Galilei를 기념하기 위하여 그 이름의 첫 자를 딴 것이다.)

① 중력변화(중력의 경년변화)의 원인
중력은 항상성이 높은 물리량의 하나이지만 장기간에 걸쳐서 서서히 변화하고 있는데 이를 중력의 경년변화라 한다. 중력은 만유인력과 지구자전에 의한 원심력이 합성된 것으로 적도에 가까울수록 중력은 감소하며 물리학적 측지학에 속한다

19 GNSS 측량에 대한 설명으로 옳지 않은 것은?

① GNSS는 위치를 알고 있는 위성에서 발사한 전파를 수신하여 소요시간을 관측함으로써 미지점의 위치를 구하는 인공위성을 이용한 범지구 위치결정 체계이다.
② GNSS의 구성은 우주부문, 제어부문, 사용자 부문으로 나눌 수 있다.
③ GNSS에서 정밀도 저하율(DOP)의 수치가 클수록 정확하다.
④ GPS에 이용되는 좌표 체계는 WGS 84를 이용하고 있으며 WGS 84의 원점은 지구 질량중심이다.

해설

기하학적(위성의 배치상황) 원인에 의한 오차
후방교회법에 있어서 기준점의 배치가 정확도에 영향을 주는 것과 마찬가지로 GPS의 오차는 수신기, 위성들 간의 기하학적 배치에 따라 영향을 받는데, 이때 측량정확도의 영향을 표시하는 계수로 DOP (Dilution of precision : 정밀도 저하율)가 사용된다.

1. DOP의 종류
  ① Geometric DOP : 기하학적 정밀도 저하율
  ② Positon DOP : 위치 정밀도 저하율 (위도, 경도, 높이)
  ③ Horizontal DOP : 수평 정밀도 저하율 (위도, 경도)
  ④ Vertical DOP : 수직 정밀도 저하율(높이)
  ⑤ Relative DOP : 상대 정밀도 저하율
  ⑥ Time DOP : 시간 정밀도 저하율

2. DOP의 특징
  ① 수치가 작을수록 정확하다.
  ② 지표의 가장 좋은 배치상태를 1로 한다.
  ③ 5까지는 실용상 지장이 없으나 10 이상인 경우 좋지 않다.
  ④ 수신기를 중심으로 4개 이상의 위성이 정사면체 이룰 때 최적의 체적이 되며 GDOP, PDOP가 최소가 된다.

Answer 18 ③ 19 ③

3. 시통성(Visibility)

양호한 GDOP라 하더라도 산, 건물 등으로 인해 위성의 전파경로 시계확보가 되지 않는 경우 좋은 측량 결과를 얻을 수 없는데, 이처럼 위성의 시계확보와 관련된 문제를 시통성이라 한다.

20 다음 중 위치기반서비스(LBS)를 위한 실시간 위치결정과 거리가 먼 것은?

① GPS
② GLONASS
③ GALILEO
④ LANDSAT

해설

전 세계 위성항법 시스템 현황

소유국	시스템 명	목적	운용연도	운용궤도	위성수
미국	GPS	전지구위성항법	1995	중궤도	31기 운용중
러시아	GLONASS	전지구위성항법	2011	중궤도	24
EU	Galileo	전지구위성항법	2012	중궤도	30
중국	COMPASS (Beidou)	전지구위성항법 (중국 지역위성항법)	2011	중궤도 정지궤도	30 5
일본	QZSS	일본주변 지역위성항법	2010	고타원궤도	3
인도	IRNSS	인도주변 지역위성항법	2010	정지궤도 고타원궤도	3 4

제2과목 | 응용측량

21 하천의 유속측정을 위하여 표면부자를 수면에 띄우고 A점의 출발하여 B점을 통과하는데 소요되는 시간은 1분 20초이고 두 점 사이의 거리가 20.5m 일 때 유속은? (단, 하천에 대한 보정계수는 0.9임)

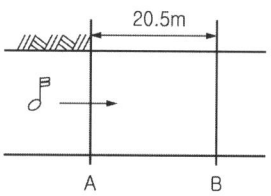

① 0.11m/s ② 0.13m/s
③ 0.23m/s ④ 0.26m/s

해설

실제유속($V_s = \dfrac{m}{\sec} = \dfrac{20.5}{80} = 0.256 \text{m/sec}$)

보정계수는 0.90이므로

$V_m = 0.9 V_s = 0.9 \times 0.256 = 0.23 \text{m/sec}$

22 곡선 시점까지의 추가거리가 550m이고 중심 말뚝 간격이 20m, 교각이 60°, 곡선 반지름이 200m일 때 종단현의 편각은?

① 2°47′04″ ② 2°51′53″
③ 2°55′05″ ④ 2°59′55″

해설

① 곡선장(CL)

$CL = 0.0174533 R \cdot I = 0.0174533 \times 200 \times 60°$
$= 209.44 \text{m}$

② E.C = B.C + CL = 550 + 209.44 = 759.44m

③ 종단현 길이 = 759.44 − 740 = 19.44mrm

④ 종단편각 : 종단현에 대한 편각

$\delta_2 = 1718.87′ \times \dfrac{19.44}{200} = 2°47′04″$

Answer 20 ④ 21 ③ 22 ①

23 지하시설물 측량에 관한 설명으로 옳지 않은 것은?

① 지표면상에 노출된 지하시설물은 측량하지 않는다.
② 지하시설물의 위치, 깊이, 서로 떨어진 거리 등을 측량한다.
③ 지하시설물에 대한 탐사 간격은 20m 이하로 한다.
④ 지하시설물이란 상·하수도, 가스, 통신 등을 위해 지하에 매설된 시설물을 의미한다.

해설

지하시설물 측량이란 지하에 설치/매설된 시설물을 효율적이고 체계적으로 유지/관리하기 위하여 지하시설물에 대한 조사, 탐사 및 위치측량과 이에 따른 도면 제작 및 데이터베이스구축까지를 말한다.

1. 지하시설물 종류
   ① 상수도 시설
   ② 하수도 시설
   ③ 가스 시설
   ④ 통신 시설
   ⑤ 전기 시설
   ⑥ 송유관 시설
   ⑦ 난방열관 시설

2. 관로조사 등 지하시설물에 대한 심사
   ① 탐사자는 지하시설물을 그 종류별로 구분하여 탐사하여야 한다.
   ② 탐사자는 금속관로·비금속관로·케이블 등 지하시설물의 재질에 따라 적합한 탐사방법을 선택하여야 한다.
   ③ 탐사자는 지하시설물의 중심선을 기준으로 하여 그 평면 위치 및 깊이를 탐사하여야 한다. 이 경우 탐사 오차의 허용범위는 별표와 같다.
   ④ 지하시설물에 대한 탐사 간격은 20미터 이하로 한다. 다만, 다음 각호의 1에 해당하는 경우에는 탐사 간격에 관계 없이 반드시 탐사를 실시하여야 한다.
   - 지하시설물의 지름 또는 재질이 변경되는 경우
   - 지하시설물이 교차·분기하거나 상태가 바뀌는 경우
   - 지하시설물이 곡선 구간인 경우
   - 지하시설물에 각종 제어장치 또는 밸브가 있는 경우
   - 지하시설물 경사 변화의 수직 폭이 별표의 탐사 오차의 허용범위 중 깊이 기준을 초과하는 경우
   - 기타 국립지리원장이 탐사가 필요하다고 인정하는 경우

24 수위표에 관한 설명으로 옳지 않은 것은?

① 수위표의 영점은 갈수위 이하까지 표시하고 상단은 평수위보다 조금 높게 측정할 수 있도록 한다.
② 수위표의 영점 표고는 그 관측소의 수준기표로부터 측정하고 수준기표의 표고는 부근의 국가수준점에 결부시킨다.
③ 수위표에는 원칙적으로 5cm 단위의 눈금을 붙인다.
④ 하구 부근이나 이수, 치수의 중요한 점, 또는 관측하기 불편한 곳에는 자기수위표를 설치한다.

해설

**수위 관측소(水位觀測所) 및
양수표(量水標 : water guage) 설치 장소**

① 하안(河岸)과 하상(河床)이 안전하고 세굴이나 퇴적이 되지 않은 장소
② 상하류의 길이 약 100m 정도의 직선일 것
③ 유속의 변화가 크지 않아야 한다.
④ 수위가 교각이나 기타 구조물에 영향을 받지 않은 장소
⑤ 홍수 때는 관측소의 유실, 이동 및 파손될 염려가 없는 장소
⑥ 평시는 홍수때보다 수위표가 쉽게 읽을수 있는 장소

Answer 23 ① 24 ①

⑦ 지천의 합류점 및 분류점으로 수위의 변화가 생기지 않은 장소
⑧ 양수표의 영점 위치는 최저 수위 밑에 있고, 양수표 눈금의 최고위는 최고 홍수위 보다 높아야 한다.
⑨ 양수표는 평균해수면의 표고를 측정해 둔다.
⑩ 어떠한 갈수 시에도 양수표가 노출되지 않는 장소
⑪ 수위가 급변하지 않는 장소
⑫ 양수표는 하천에 연하여 5~10km 마다 배치한다.

25 실제의 면적 4km²인 토지가 지형도에서 면적 25cm²로 표시되었다면 지형도의 축척은?

① 1 : 4000
② 1 : 16000
③ 1 : 25000
④ 1 : 40000

[해설]

$$\frac{1}{m^2} = \frac{도상면적}{실제면적}$$

$$m^2 = \sqrt{\frac{0.05 \times 0.05}{2000 \times 2000}} = \frac{0.05}{2000} = \frac{1}{40,000}$$

26 클로소이드 공식으로 옳지 않은 것은?
(단, R : 곡선반지름, L : 곡선길이, A : 파라메타, τ : 접선각)

① $R = \dfrac{A^2}{L}$
② $L = 2\tau R$
③ $\tau = \dfrac{L^2}{2A^2}$
④ $A = \dfrac{L^2}{2\tau}$

[해설]

클로소이드(clothoid) 곡선

곡률이 곡선장에 비례하는 곡선을 클로소이드 곡선이라 한다. 곡선길이가 일정할 때 곡선 반지름이 크면 접선각은 작아진다.

① 클로소이드 공식

매개변수(A)	$A = \sqrt{RL} = l \cdot R = L \cdot r = \dfrac{L}{\sqrt{2\tau}}$ $= \sqrt{2\tau} \cdot R$ $A^2 = RL = \dfrac{L^2}{2\tau} = 2\tau R^2$
곡률반경(R)	$R = \dfrac{A^2}{L} = \dfrac{A}{l} = \dfrac{L}{2\tau} = \dfrac{A}{2\tau}$
곡선장(L)	$L = \dfrac{A^2}{R} = \dfrac{A}{r} = 2\tau R = A\sqrt{2\tau}$
접선각(τ)	$\tau = \dfrac{L}{2R} = \dfrac{L^2}{2A^2} = \dfrac{A^2}{2R^2}$

27 깊이 100m, 지름 5m인 수직 터널에서 터널 내외를 연결하는 데 가장 적합한 방법은?

① 계선법
② 삼각구분법
③ pole과 지거에 의한 방법
④ 트랜싯과 수선에 의한 방법

[해설]

깊은 수갱	얕은 수갱
① 피아노선(강선)	① 철선, 동선, 황동선
② 추의 중량 : 50~60kg	② 추의 중량 : 5kg

• 수갱 밑에 물 또는 기름을 넣은 탱크를 설치하고 그 속에 추를 넣어 진동하는 것을 막는다.
• 추가 진동하므로 직각방향으로 수선 진동의 위치를 10회 이상 관측해서 평균값을 정지점으로 한다.
• 하나의 수갱(Shuft)에서 두 개의 추를 달아 이것에 의하여 연직면을 결정하고 그 방위각을 지상에서 측정하여 지하의 측량에 연결하는 것

깊이가 100m인 깊은 수직터널이므로 트랜싯과 추선을 이용하는 것이 타당하다

Answer 25 ④ 26 ④ 27 ④

28 단곡선 설치시 곡선 반지름 R = 350m, 교각 I = 70°일 때 접선 길이(T.L.)는?

① 235.7m
② 250.7m
③ 245.1m
④ 265.1m

해설
$$TL = R \cdot \tan\frac{I}{2} = 350 \times \tan\frac{70°}{2} = 245.07m$$

29 하나의 터널을 완성하기 위해서는 계획, 설계, 시공 등의 작업과정을 거쳐야 하는데 다음 중 터널 외 기준점 설치 후 터널의 시공과정 중에 이루어지는 측량은?

① 터널 내 측량
② 터널 외 기준점 측량
③ 세부 측량
④ 지형 측량

해설

터널측량의 세분	
지형측량 (地形測量)	항공사진측량, 기준점측량, 평판측량 등으로 터널의 노선 선정이나 지형의 경사 등을 조사하는 측량
갱외기준점측량 (坑外基準點測量)	삼각 또는 다각측량 및 수준측량에 의해 굴삭을 위한 측량의 기준점설치 및 중심선 방향의 설치를 하는 측량
세부측량 (細部測量)	평판측량과 수준측량으로 갱구 및 터널가설계에 필요한 상세한 지형도 작성을 위한 측량
갱내측량 (坑內測量)	다각측량과 수준측량에 의해 설계중심선의 갱내에 설정 및 굴삭, 지보공(支保工), 형틀 설치 등을 위한 측량
작업갱측량 (作業坑測量)	갱내 기준점 설치를 위한 측량
준공측량 (竣工測量)	도로, 철도, 수로 등 터널사용목적에 따라 터널 형상을 제작하기 위한 측량

30 단곡선 설치 시 그림과 같이 교각(I) 관측이 어려워 ∠AA′B′, ∠BB′A′을 측정한 값이 141°40′과 98°20′이었다면 교각(I)는?

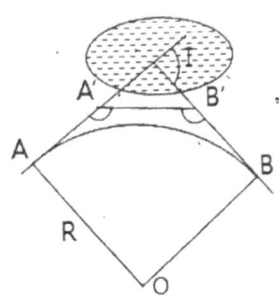

① 60°
② 90°
③ 120°
④ 150°

해설
$$180° - 141°40' = 38°20'$$
$$180° - 98°20' = 81°40'$$
$$I = 38°20' + 81°40' = 120°$$

31 그림과 같이 터널 단면의 좌표(x, y)를 측정하였을 때 이 좌표에 의한 터널의 내공단면적은? (단, 단위 : m)

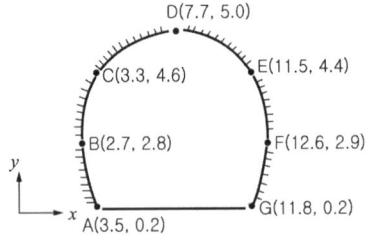

① 41.12m²
② 45.25m²
③ 82.23m²
④ 90.50m²

Answer 28 ② 29 ① 30 ③ 31 ①

[해설]

	3.5	2.7	3.3	7.7	11.5	12.6	11.8	3.5
	0.2	2.8	4.6	5.0	4.4	2.9	0.2	0.2
$\sum\searrow$	9.8+12.42+16.5+33.88+33.35+2.52+2.36 = 110.83							
$\sum\nearrow$	0.54+9.24+35.42+57.5+55.44+34.22+0.7 = 193.06							
배면적	82.23							
면적	$\frac{82.23}{2} = 41.115 m^2$							

32 종단곡선을 설치하기 위하여 상향기울기 $+\frac{4.5}{1000}$와 하향기울기 $-\frac{35}{1000}$가 반지름 2000m의 원곡선 중에서 만날 경우에 곡선시점 20m 떨어져 있는 지점의 종거 y값은?

① 0.1m
② 0.4m
③ 0.6m
④ 1.0m

[해설]

$l = \frac{R}{2}\left(\frac{m}{1,000} - \frac{n}{1,000}\right) = \frac{2,000}{2}\left(\frac{4.5}{1,000} - \frac{-35}{1,000}\right)$

$= 1,000\left(\frac{4.5}{1,000} + \frac{35}{1,000}\right) = 1,000 \times \frac{39.5}{1,000}$

$= 39.5m$

$y = \frac{x^2}{2R} = \frac{20^2}{2 \times 2,000} = 0.1m$

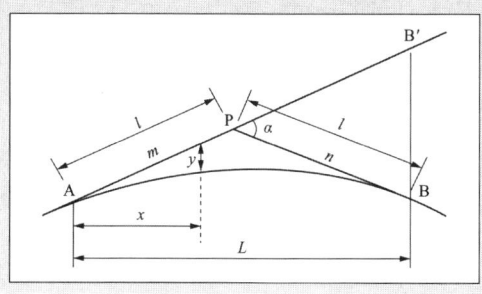

33 그림과 같은 지역에서 절토량과 성토량이 균형을 이루는 표고는?
(단, 각 격자의 크기는 동일하다.)

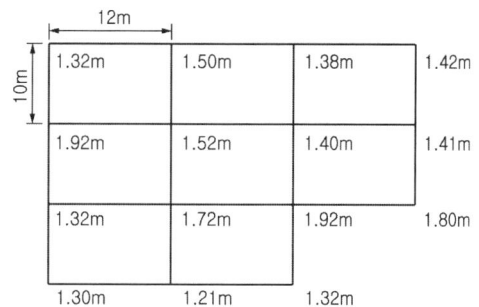

① 1468.8m
② 1468.0m
③ 1.53m
④ 1.50m

[해설]

$V = \frac{A}{4}(\sum h_1 + 2\sum h_2 + 3\sum h_3 + 4\sum h_4)$

$= \frac{10 \times 12}{4}\{(7.16) + (2 \times 8.75) + (3 \times 1.92) + (4 \times 4.64)\}$

$= 1,469.4 m^3$

$\sum h_1 = 1.32 + 1.42 + 1.8 + 1.32 + 1.3 = 7.16$
$\sum h_2 = 1.5 + 1.38 + 1.42 + 1.21 + 1.32 + 1.92 = 8.75$
$\sum h_3 = 1.92$
$\sum h_4 = 1.52 + 1.4 + 1.72 = 4.6$

평균표고$(h_0) = \frac{V}{nA} = \frac{1,469.4}{8 \times 120} = 1.53m$

34 노선측량의 순서로 옳은 것은?

A : 실시설계측량
B : 공사 측량
C : 도상 계획 및 답사
D : 계획 조사측량

① B → C → D → A
② C → B → D → A
③ C → D → A → B
④ D → A → B → C

Answer 32 ① 33 ③ 34 ③

[해설]

노선측량 작업과정
- 노선선정(路線選定)
- 계획조사측량(計劃調査測量)
- 실시설계측량(實施設計測量)
- 세부측량(細部測量)
- 용지측량(用地測量)
- 공사측량(工事測量)

35 수심이 H인 하천에서 수면으로부터 0.2H, 0.4H, 0.6H, 0.8H인 지점의 유속이 각각 0.58m/s, 0.57m/s, 0.51m/s, 0.36m/s 였다면 3점법에 의한 평균 유속은?

① 0.45m/s ② 0.49m/s
③ 0.50m/s ④ 0.52m/s

[해설]

3점법(Vm) = $\frac{1}{4}\{0.57 + (2 \times 0.51) + 0.369\}$
= 0.487m/sec

① 1점법(Vm) : 수면으로부터 수심 $0.6H$
② 2점법(Vm) : $\frac{V_{0.2} + V_{0.8}}{2}$
③ 3점법(Vm) : $\frac{V_{0.2} + 2V_{0.6} + V_{0.8}}{4}$
④ 4점법(Vm) : $\frac{1}{5}\{V_{0.2} + V_{0.4} + V_{0.6} + V_{0.8} + \frac{1}{2}(V_{0.2} + \frac{1}{2}V_{0.8})\}$

36 하천측량에 있어서 심천측량을 실시하는 단계는?

① 평면측량 ② 종단측량
③ 횡단측량 ④ 골조측량

[해설]

1. **횡단측량(橫斷測量)**
   ① 200m마다의 거리표를 기준으로 하며, 간격은 소하천은 5m, 대하천은 10~20m마다 좌안을 기준으로 측량을 실시한다.
   ② 축척 : 종(높이) $\frac{1}{100}$, 횡(폭) $\frac{1}{1,000}$
   ③ 좌안 : 물이 흐르는 방향에서 볼 때 좌측

2. **심천측량(深淺測量)**
   심천측량은 하천의 수심 및 유수 부분의 하저 상황을 조사하고 횡단면도를 제작하는 측량이다.
   수심측량은 원칙적으로 횡단측량의 실시와 동시에 시행하는 것이나 때에 따라서는 수심측량만 단독으로 실시하는 경우도 있다.

   ① 심천측량에 사용되는 기계, 기구
   ㉠ 로드(측간) : 수심이 얕은(5m 이내인) 곳에서 사용(1~2m의 경우에 효과적)
   ㉡ 레드(측추) : 유속이 그리 크지 않은 곳에서 사용하며 로프 끝부분에 3~5kg(최대 13kg)의 은 등의 추를 붙여서 사용하고, 5m 이상 시 사용
   ㉢ 음향 측심기(수압측심기) : 수심이 깊고, 유속이 빠른 장소 보통 30m되는 곳에서 사용하며, 오차는 0.5% 정도 생긴다. 레드(측추)로 관측이 불가능한 경우에 사용하며 최근 전자 기술의 발달에 의하여 아주 높은 정확도를 얻을 수 있다.
   ㉣ 배(측량선) : 하천 폭이 넓고, 수심이 깊은 경우에 사용

   ② 하천의 심천측량
   하천폭이 넓고 수심이 얕은 경우 양안 거리표를 시준한 선상에 수면 말뚝을 박고 와이어로 길이 5~10m마다 수심을 관측

Answer 35 ② 36 ③

37 지하시설물의 관측 방법으로 원래는 누수를 찾기 위한 기술로 PVC 또는 플라스틱관 등과 같은 비금속 수도관로를 찾는데 주로 이용되는 방법은?

① 전자(electronic) 탐사법
② 자기(magnetic) 탐사법
③ 음파(acoustic) 탐사법
④ 탄성파(seismic) 탐사법

[해설]

지하시설물 측량기법

전자유도 측량 방법	지표로부터 매설된 금속관로 및 케이블 관측과 탐침을 이용하여 공관로나 비금속관로를 관측할 수 있는 방법으로, 장비가 저렴하고 조작이 용이하며 운반이 간편하여 지하시설물 측량기법 중 가장 널리 이용되는 방법이다.
GPR (Ground Penetrating Radar, 지중 레이더) 지중레이더 측량 기법	지중레이더 측량기법은 전자파의 반사의 성질을 이용하여 지하시설물을 측량하는 방법이다. GPR(Ground Penetrating Radar, 지중 레이더)은 지중으로 전자파를 안테나로부터 방사하여 지중으로부터 반사되어져 오는 전자파를 수신하여 지하에 매설되어 있는 물체를 탐사하는 장비이다. GPR은 지중의 가스나 수도파이프 등의 금속 물체뿐만 아니라 비금속 예를 들면 폴리에틸렌, 콘크리트, 암반 또는 공동 등도 탐지가 가능하다. 반사 수신된 전자파의 판독기술과 탐지 숙련도는 매설된 물체 예를 들면 가스관, 수도관 기타 파이프를 효율적이고 정확하게 파악할 수 있게 해준다.
음파 측량기법	전자유도 측량방법으로 측량이 불가능한 비금속 지하시설물에 이용하는 방법으로 물이 흐르는 관 내부에 음파 신호를 보내면 관 내부에 음파가 발생된다. 이때 수신기를 이용하여 발생된 음파를 측량하는 기법이다.

38 100m² 정사각형 토지의 면적을 0.2m²까지 정확하게 구하기 위해서는 1변의 길이를 최대 몇 cm 까지 정확하게 관측하여야 하는가?

① 0.5cm ② 1.0cm
③ 1.5cm ④ 2.0cm

[해설]

$\dfrac{dA}{A} = 2\dfrac{dl}{A}$ 에서

$dl = \dfrac{0.2 \times 10}{2 \times 100} = 0.01m = 1cm$

39 토량 계산에 있어 양단면의 차가 심할 때 산출된 토량의 일반적인 대소 관계로 옳은 것은? (단, 양단면 평균법을 A, 중앙 단면법을 B, 각주 공식을 C로 한다.)

① A > B > C   ② A > C = B
③ A = C > B   ④ A > C > B

[해설]

양단면평균법 (End area formula)	$V = \dfrac{1}{2}(A_1 + A_2) \cdot l$ 여기서, A_1, A_2 : 양끝단면적 A_m : 중앙단면적 l : A_1에서 A_2까지의 길이
중앙단면법 (Middle area formula)	$V = A_m \cdot l$
각주공식 (Prismoidal formula)	$V = \dfrac{l}{6}(A_1 + 4A_m + A_2)$

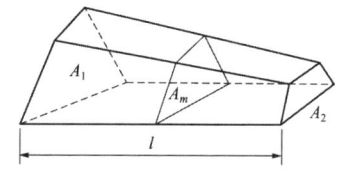

양단면평균법(과대) > 각주공식(정확) > 중앙단면법(과소)

40 지상 및 지하시설물 등에 대한 지도 및 도면 등 제반 정보를 수치 입력하여 효율적으로 운영 관리하는 종합적인 관리체계를 무엇이라 하는가?

① AM(Automated Mapping)
② FM(Facilities Management)
③ CAD(Computer Aided Design)
④ SIS(Surveying Information System)

해설

수치지도제작 및 지도정보시스템 : DM/MIS (Digital Mapping/Map Information System)	• 중소축척 지도제작 • 각종 주제도 제작에 활용
도면자동화 및 시설물관리시스템 : AM/FM (Automated Mapping and Facility Management)	• 도면작성 자동화 • 상하수도시설관리, 통신시설관리 등에 활용
측량정보시스템 : SIS (Surveying Information System)	• 측지정보, 사진측량정보, 원격탐사정보를 체계화하는 데 활용

제3과목 | 사진측량 및 원격탐사

41 절대 표정(absolute orientation)에 최소 기준점의 구성으로 옳은 것은?

① 2점의 (x, y, z) 좌표 및 1점의 (z) 좌표
② 2점의 (x, y) 좌표 및 1점의 (z) 좌표
③ 2점의 (x, y, z) 좌표
④ 3점의 (x, y) 좌표 및 2점의 (z) 좌표

해설

절대표정

상호표정이 끝난 입체모델을 지상 기준점(피사체 기준점)을 이용하여 지상좌표에(피사체좌표계)와 일치하도록 하는 작업으로 입체모형(model) 2점의 X, Y좌표와 3점의 높이 (Z)좌표가 필요하므로 최소한 3점의 표정점이 필요하다.

① 축척의 결정
② 수준면(표고, 경사)의 결정
③ 위치(방위)의 결정
④ 절대표정인자 : $\lambda, \phi, \omega, k, b_x, b_y, b_z$ (7개의 인자로 구성)

42 항공삼각측량에 대한 설명으로 옳은 것은?

① 직접 항공기를 이용하여 지상을 촬영하는 작업을 말한다.
② 항공사진에 포함되는 지역의 기준점을 지상에서 직접 삼각측량 하는 작업을 말한다.
③ 도화기를 사용하여 요구하는 지역의 지형지물을 지정된 축척으로 묘사하는 실내작업을 말한다.
④ 도화기 또는 좌표측정기에 의하여 항공사진상에서 측정된 구점의 모델좌표 또는 사진 좌표를 지상기준점 및 GNSS/INS 외부 표정요소를 기준으로 지상좌표로 전환시키는 작업을 말한다.

해설

항공삼각측량

한 쌍의 중복된 사진으로부터 각 점의 3차원 절대 좌표를 측정하기 위해서는 최소한 2개의 평면 기준점과 3개의 표고 기준점이 요구된다. 이들 기준점을 획득하기 위해 필요한 모든 점을 측량하는 것을 전면 지상 기준점 측량(Full Ground Control Point Survey)이라고 하는데, 대규모의 항공 사진들을 이용하여 작업을 수행하는 경우 이러한 전면 지상 기준점 측량 작업은 엄청난 시간과 노력, 비용의 소요를 가져온다.

Answer 40 ② 41 ① 42 ④

따라서, 실제의 작업에서는 소수의 지상 기준점에 대해서만 측량을 실시하고 나머지 점들에 대해서는 측정된 지상 기준점의 좌표와, 도화기 등의 정밀 좌표 측정기에 얻어진 사진 좌표나 모델 좌표 또는 스트립 좌표 들을 이용하여 수학적 계산으로 절대 좌표를 결정하게 되는데 이러한 방식을 항공 삼각 측량이라고 한다.

1. 항공삼각측량의 장점
   ① 실내 작업으로 지상기준점을 얻을 수 있다.
   ② 측량 대상지역 내로 진입하는 것을 최소화 할 수 있다.
   ③ 지상측량이 어려운 지역의 측량을 최소화 할 수 있다.
   ④ 항공삼각측량을 통하여, 실제 관측된 GCP 의 정밀도를 검정할 수 있다.

2. 항공삼각측량의 활용
   ① 도화기에서 모델의 절대표정을 위한 지상기준점 제공 (bridging)
   ② 필지경계점 좌표 계산
   ③ DEM 제작
   ④ 기계구조물(선박, 항공기) 정밀 위치측량
   ⑤ 항공삼각측량은 건물의 높이, 3차원 위치, 지형의 경사도 등을 알 수 있다.

43 사진기 검정자료(calibration certificate)로부터 직접 얻을 수 없는 정보는?

① 초점거리 ② 렌즈의 왜곡량
③ 등각점   ④ 주점

[해설]

사진기 검정 데이터(Calibration data)
① 카메라의 초점거리
② 주점의 좌표(Principal Point Of Autocollimation)
③ 사진지표(Fiducial Marks)
④ 방사거리값(Radial Distance Value)
⑤ 방사왜곡값(Radial Distortion Value)
⑥ 렌즈의 왜곡량 등

44 60%의 종중복도로 촬영된 5장의 연속된 항공사진에서 가운데(3번째) 사진에 나타나는 종접합점의 최대 갯수는?

① 3점   ② 6점
③ 9점   ④ 12점

[해설]

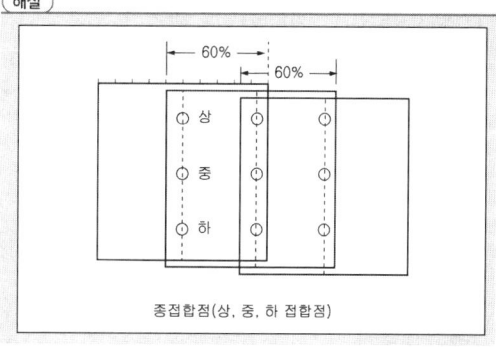

종접합점(상, 중, 하 접합점)

45 공액 조건에 대한 설명으로 옳지 않은 것은?

① 영상정합을 수행할 때 검색범위를 줄여준다.
② 공액면은 2개의 투영중심과 하나의 지상점으로 정의된다.
③ 공액선은 공액면과 각각의 영상면의 교선을 의미한다.
④ 하나의 지상점에 대응하는 각각의 영상에서 공액선은 항상 서로 평행하다.

[해설]

에피폴라 기하(Epipolar Geometry)
최근 수치사진측량기술이 발달함에 따라 입체사진에서 공액점을 찾는 공정은 점차 자동화되어가고 있으며 공액요소 결정에 에피폴라 기하를 이용한다.

Answer 43 ③ 44 ③ 45 ④

Epipolar Line	① 공액요소에 대한 중요한 제약은 에피폴라선이다. ② 에피폴라선(e', e'')은 영상평면과 에피폴라 평면의 교차점이다. ③ 에피폴라선은 탐색공간을 많이 감소시킨다. ④ 공액점은 에피폴라선상에 반드시 있어야 한다. ⑤ 에피폴라선은 주로 사진좌표계의 X축에 평행하지 않다.
6.Epipolar Plane	① 에피폴라선과 에피폴라 평면은 공액요소 결정에 이용된다. ② 에피폴라 평면은 투영중심 O_1, O_2 와 지상점 P에 의해 정의된다. ③ 공액점 결정에 적용하기 위해서는 수치영상의 행(Row)과 에피폴라선이 평행이 되도록 하는데 이러한 입체상(Stereo Pairs)을 정규화영상(Normalized Images)이라고 한다.

46 수치항공사진 또는 위성영상을 집성(mosaic) 할 때 인접 부분을 이어붙인 자국이 없이 원래 한 장의 사진이었던 것처럼 부드럽고 미려하게 처리하는 작업은?

① 재배열(resampling)
② 영상 페더링(feathering)
③ 경사보정(orthorectification)
④ 경계정합(edge matching)

해설

1. 영상 와핑(image warping)

2. 영상 페더링(image feathering)
두 개의 데이터 세트가 중첩된 지역에서 데이터 값을 섞어 하나의 데이터 값에서 다른 데이터 값으로 점진적으로 변화("feather")하게끔 하는 과정 feathering은 두 개 이상의 이미지들 간의 봉합점이 보이는 것을 감소시켜 줌

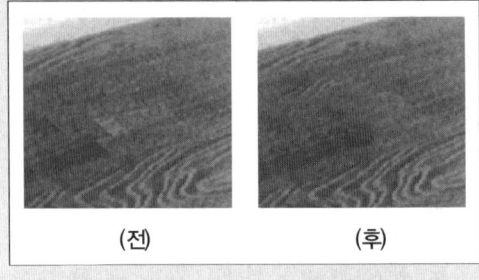

(전) (후)

3. 영상 스트레칭(image stretching)

(전) (후)

4. 히스토그램 평활화(histogram equalization)
좁은 영역에 분포하는 픽셀의 값을 가능한 모든 값에 골고루 분포하도록 재배치하여 영상의 집중도를 증대시키는 방법

(전) (후)

(전) (후)

Answer 46 ②

47 촬영 시 사진기의 경사, 지표면의 비고를 수정하였을 뿐만 아니라 등고선이 삽입된 사진지도는?

① 중심투영 사진지도
② 정사 투영 사진지도
③ 조정 집성 사진 지도
④ 약집성 사진지도

[해설]

편위수정(Rectification)
편위수정은 비행기로 사진을 촬영할 때 항공기의 동요나 경사로 인하여 사진 상의 약간의 변위가 생기는 현상과 축척이 일정하지 않은 경사와 축척을 수정하여 변위량이 없는 수직사진으로 작성한 작업을 말한다. 즉 항공사진의 음화를 촬영할 때와 똑같은 상태(경사각과 촬영고도)로 놓고 지면과 평행한 면에 이것을 투영함으로써 수정할 수 있으며 기하학적 조건, 광학적 조건, 샤임플러그 조건이 필요하다.

1. **편위수정의 원리**
편위수정기는 매우 정확한 대형기계로서 배율(축척)을 변화 시킬 수 있을 뿐만아니라 원판과 투영판의 경사도 자유로이 변화시킬 수 있도록 되어 있으며 보통 4개의 표정점이 필요하다. 편위수정기의 원리는 렌즈, 투영면, 화면(필름면)의 3가지 요소에서 항상 선명한 상을 갖도록 하는 조건을 만족시키는 방법이다.

2. **사진지도**
사진을 집성하여 지도처럼 만든 것으로 일반지도에서는 표현할수 없는 여러 가지 정보를 파악할 수 있어 조사용으로 유용하다
① 약조정집성사진지도(Uncontrolled Mosaic Photo Map)
   편위수정기에 의한 편위수정을 거치지않은 사진을 집성하여 만든 사진지도
② 반조정집성사진지도
   (Semi Controlled Mosaic Photo Map)
   편위수정기에 의한 편위수정을 일부만을 수정하여 집성한 사진지도
③ 조정집성사진지도
   (Controlled Mosaic Photo Map)
   편위수정기에 의한 편위수정을 거친 사진을 집성한 사진지도
④ 정사투영사진지도(Ortho Photo Map)
   정밀입체도화기와 연동시킨 정사투영기에 의해 사진의 경사,지표면의 비고를 수정하여 등고선을 삽입한 사진지도

48 상호표정 인자로 옳게 짝지어진 것은?

① bx, by, bz, κ, ϕ
② by, bz, κ, ω, ϕ
③ bx, by, bz, λ, ϕ
④ bx, bz, κ, λ, ϕ

[해설]

상호표정
상호표정은 비행기가 촬영 당시에 가지고 있던 기울기의 위치를 도화기상에서 그대로 재현하는 과정을 말하며 상호표정은 지상과의 관계는 고려하지 않고 좌우 사진의 양투영기에서 나오는 광속이 촬영 당시 촬영면에 이루어지는 종시차(ϕ)를 소거하여 목표 지형물의 상대 위치를 맞추는 작업이다.
상호표정은 사진의 경사 및 투영위치의 이동을 조정하여 입체상을 만드는 작업이다. 상호표정이란 항공기가 촬영 당시에 가지고 있던 기울기를 도화기에 그대로 재현시키는 과정이다.

① 비행기의 수평 회전을 재현해 주는 (k, by)
② 비행기의 전후 기울기를 재현해 주는 (ϕ, bz)
③ 비행기의 좌우 기울기를 재현해 주는 (ω)
④ 과잉수정계수(o, c, f) = $\frac{1}{2}\left(\frac{h^2}{d^2}-1\right)$
⑤ 상호표정인자 : (k, ϕ, w, by, bz)

Answer 47 ② 48 ②

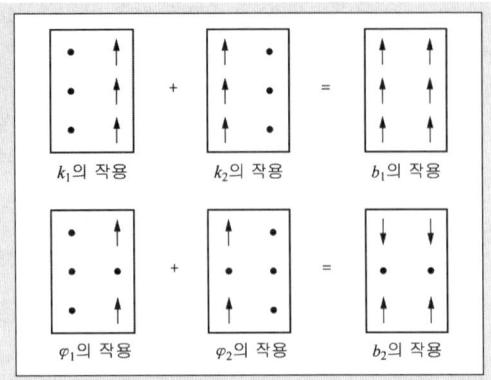

k_1의 작용 + k_2의 작용 = b_y의 작용
φ_1의 작용 + φ_2의 작용 = b_z의 작용

49 원격탐사를 위한 정지궤도위성의 고도는?

① 약 500km
② 약 1,000km
③ 약 20,000km
④ 약 36,000km

해설

탑재기	고도(km)	감지기	목적
지상탐측차	0~0.03	분광계	지상검증자료
헬리콥터	0.1~2	사진기,TV 사진기	조사, 항측
비행선	0.5~3	사진기,기타 감지기 (적재능력이 크다)	조사, 항측
저고도항공기	2~10	사진기,주사기 등	조사, 항측
고고도항공기	20~40	사진기	조사, 광역조사
원궤도위성	200~1,000	사진기,TV사진기	정기지구관측
정지위성	35,000~35,800	망원사진기	정점지구관측

50 연직사진의 경우 사진 좌표계(x, y)와 지상 좌표계 (X, Y)가 그림과 같이 구성되었다. 지상좌표를 사진좌표계로 변환하기 위한 3차원 회전행렬로 옳은 것은?

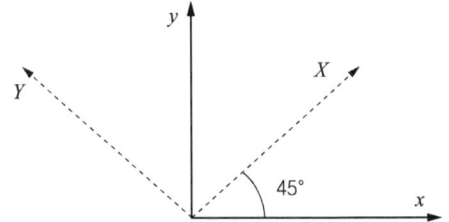

① $R = \begin{vmatrix} 1/\sqrt{2} & -1/\sqrt{2} & 0 \\ 1/\sqrt{2} & 1/\sqrt{2} & 0 \\ 0 & 0 & 1 \end{vmatrix}$

② $R = \begin{vmatrix} 1/\sqrt{2} & 1/\sqrt{2} & 0 \\ -1/\sqrt{2} & 1/\sqrt{2} & 0 \\ 0 & 0 & 1 \end{vmatrix}$

③ $R = \begin{vmatrix} 1/\sqrt{2} & 1/\sqrt{2} & 0 \\ 1/\sqrt{2} & -1/\sqrt{2} & 0 \\ 0 & 0 & 1 \end{vmatrix}$

④ $R = \begin{vmatrix} 1/\sqrt{2} & 1/\sqrt{2} & 0 \\ 0 & 1 & 0 \\ 1/\sqrt{2} & 1/\sqrt{2} & 0 \end{vmatrix}$

해설

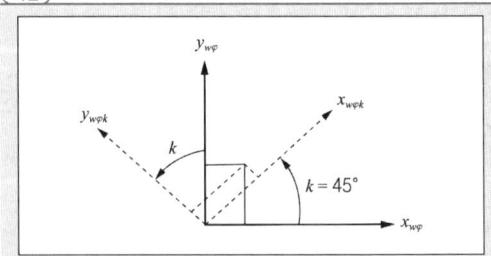

X, Y, Z축 회전에 따른 각 회전행렬은 다음과 같다.

X축에 대한 회전(ω)시 $\begin{vmatrix} x \\ y \\ z \end{vmatrix} = \begin{vmatrix} 1 & 0 & 0 \\ 0 & \cos(\omega) & \sin(\omega) \\ 0 & -\sin(\omega) & \cos(\omega) \end{vmatrix} \begin{vmatrix} X \\ Y \\ Z \end{vmatrix}$

Answer 49 ④ 50 ①

Y축에 대한 회전(ϕ)시 $\begin{vmatrix} x \\ y \\ z \end{vmatrix} = \begin{vmatrix} \cos(\phi) & 0 & \sin(\phi) \\ 0 & 1 & 0 \\ -\sin(\phi) & 0 & \cos(\phi) \end{vmatrix} \begin{vmatrix} X \\ Y \\ Z \end{vmatrix}$

Z축에 대한 회전(κ)시 $\begin{vmatrix} x \\ y \\ z \end{vmatrix} = \begin{vmatrix} \cos(\kappa) & \sin(\kappa) & 0 \\ -\sin(\kappa) & \cos(\kappa) & 0 \\ 0 & 0 & 1 \end{vmatrix} \begin{vmatrix} X \\ Y \\ Z \end{vmatrix}$

(X, Y, Z : 지상좌표 x, y, z : 사진좌표)

그림을 참조하면 Z축을 기준으로 −45° 회전되어 있으므로 회전행렬

$R = \begin{vmatrix} \cos(-45) & \sin(-45) & 0 \\ -\sin(-45) & \cos(-45) & 0 \\ 0 & 0 & 1 \end{vmatrix} = \begin{vmatrix} \frac{1}{\sqrt{2}} & -\frac{1}{\sqrt{2}} & 0 \\ \frac{1}{\sqrt{2}} & \frac{1}{\sqrt{2}} & 0 \\ 0 & 0 & 1 \end{vmatrix}$

51 주점 거리가 160 mm인 사진기로 비고 640m 지점의 대상물을 1 : 12000의 사진 축척으로 촬영한 연직 사진이 있다면 촬영고도는?

① 2360m ② 2160m
③ 2560m ④ 2600m

해설

$\frac{1}{m} = \frac{f}{H-h}$

$H = (mf) + h = (12{,}000 \times 0.16) + 640 = 2{,}560\text{m}$

52 [영상]을 분석하여 아래와 같은 [통계값]을 얻을 수 있는 트레이닝 필드로 적합하지 않은 것은?

	1	2	3	4	5	6	7
1	5	3	4	5	4	5	5
2	2	2	3	4	4	4	6
3	2	2	3	3	6	6	8
4	2	2	6	6	9	8	7
5	3	6	8	8	7	4
6	3	6	8	7	2	3	2
7	4	6	7	3	2	1

밴드 '1'

	1	2	3	4	5	6	7
1	5	5	4	6	7	7	7
2	2	4	6	5	5	6	5
3	5	3	5	7	6	5	8
4	3	4	5	6	8	8	7
5	3	5	8	8	7	1
6	4	5	8	7	1	0	0
7	3	6	7	0	0	0	0

밴드 '2'

[통계값]
수계 밴드 "1" : 최소 : 1 ; 최대 : 3
수계 밴드 "2" : 최소 : 0 ; 최대 : 1

①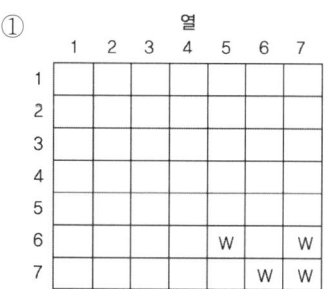

②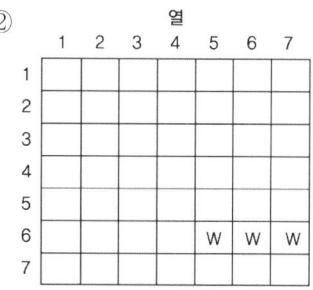

Answer 51 ③   52 ④

③
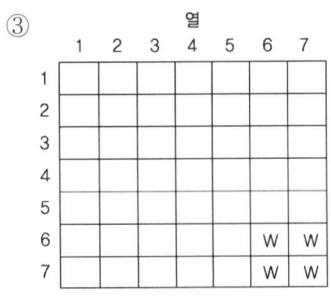

④

열						
1	2	3	4	5	6	7

(빈 격자표에서 6행 3, 4열에 W, 7행 5열에 W)

[해설]

밴드	영상분석	
영상분석 (밴드 "1" : 1, 2, 3)	① 3(없다) ③ 다 있다	② 1(없다) ④ 다 있다
영상분석 (밴드 "2" : 0, 1)	① 다 있다 ③ 1(없다)	② 다 있다 ④ 다 있다

영상분석(밴드 1, 2) 동시만족은 ④번이다

53 원격탐사(remote sensing)의 정의로 가장 적합한 것은?

① 지상에서 대상물체에 전파를 발생시켜 그 반사파를 이용하여 관측하는 측량방법이다.
② 센서를 이용하여 지표의 대상물에서 반사 또는 방사되는 전자 스펙트럼을 관측하고 이들의 자료를 이용하여 대상물이나 현상에 관한 정보를 얻는 기법이다.
③ 우주에 산재하여 있는 물체들의 고유 스펙트럼을 이용하여 각각의 구성성분을 지상의 레이더망으로 수집 처리하는 기법이다.
④ 우주에서 찍은 중복된 사진을 이용하여 지상에서 항공사진의 처리와 같은 방법으로 판독하는 작업이다.

[해설]

원격탐측이란 지상이나 항공기 및 인공위성 등의 탑재기(Platform)에 설치된 탐측기(Sensor)를 이용하여 지표, 지상, 지하, 대기권 및 우주공간의 대상들에서 반사 혹은 방사되는 전자기파를 탐지하고 이들 자료로부터 토지, 환경 및 자원에 대한 정보를 얻어 이를 해석하는 기법이다.

[특징]
① 짧은 시간에 넓은 지역을 동시에 측정할 수 있으며 반복측정이 가능하다.
② 다중파장대에 의한 지구표면 정보획득이 용이하며 측정자료가 기록되어 판독이 자동적이고 정량화가 가능하다.
③ 회전주기가 일정하므로 원하는 지점 및 시기에 관측하기가 어렵다.
④ 관측이 좁은 시야각으로 얻어진 영상은 정사투영에 가깝다.
⑤ 탐사된 자료가 즉시 이용될 수 있으므로 재해, 환경문제 해결에 편리하다.

54 사진측량에서 Z좌표(높이)의 정확도를 높이는 방법과 거리가 먼 것은?

① 축척이 큰 사진을 사용한다.
② 사진좌표의 정확도를 높인다.
③ 촬영고도가 높은 사진을 사용한다.
④ 기선고도비가 큰 모델을 사용한다.

[해설]

촬영고도가 높은 사진은 소축척 지형도로 제작되므로 Z좌표의 정확도를 높이는 방법과는 거리가 멀다.

Answer 53 ② 54 ③

55
동서 20km, 남북 10km의 장방형 지역을 촬영한 1개 모형의 피복면적이 20km² 라면 필요한 사진의 수는?
(단, 안전율은 30% 이다.)

① 7장 ② 10장
③ 13장 ④ 20장

해설

$$사진매수 = \frac{F}{A_0}(1+안전율)$$
$$= \frac{20 \times 10}{20}(1+\frac{30}{100})$$
$$= 13매$$

56
2차원 쿼드트리(quadtree)에 대한 설명으로 옳지 않은 것은?

① 공간 자기유사성의 원리(spatial autocorrelation principle)를 이용하고 있다.
② 같은 레벨에 있는 사각형 노드는 같은 면적을 가진다.
③ 인접한 자료가 멀리 저장되어 비효율적이다.
④ 자료는 노드와 포인터로 저장된다.

해설

사지수형(Quadtree) 기법

① 사지수형(Quadtree) 기법은 Run-length코드 기법과 함께 많이 쓰이는 자료압축기법이다.
② 크기가 다른 정사각형을 이용하여 Runlength 코드보다 더 많은 자료의 압축이 가능하다.
③ 크기가 다른 정사각형을 이용하며, 공간을 4개의 동일한 면적으로 분할하는 작업을 하나의 속성값이 존재할 때까지 반복하는 래스터자료 압축방법
④ 전체 대상지역에 대하여 하나 이상의 속성이 존재할 경우 전체 지도는 4개의 동일한 면적으로 나누어지는데 이를 Quadrant라 한다.

⑤ 공간 자기유사성의 원리(spatial autocorrelation principle)를 이용하고 있다.
⑥ 같은 레벨에 있는 사각형 노드는 같은 면적을 가진다.
⑦ 자료는 노드와 포인터로 저장된다.

57
디지털사진측량 또는 원격탐사 자료의 처리 중 이용 가능한 영상자료의 재배열(resampling) 방법이 아닌 것은?

① 변위 내삽법(displacement interpolation)
② 최근린(nearest neighbor) 내삽법
③ 공일차 내삽법(bilinear interpolation)
④ 3차 회선(cubic convolution) 내삽법

해설

영상기하보정 – 재배열, 보간방법

기하학적 보정을 위한 좌표변환식이 결정되면 입력되는 자료를 변환식에 맞추어 변환한 후 새로운 영상자료를 출력하게 된다. 이때 새로이 결정되는 좌표는 정수가 아니라 실수로 나오게 된다. 이러한 경우에 수치 영상의 각 화소값이 이루는 연속성을 가정하여 새로운 좌표가 가질 화소값을 결정하는 방법을 재배열이라 하며, 대표적인 세 가지 방법이 있다.

1. **최근린보간법(Nearest Neighbor)**
   ① 최단거리에 있는 관측지를 사용하여 보관하는 방법으로 입력 격자상 가장 가까운 영상소의 밝기를 이용하여 출력격자로 변환하는 방법이다.
   ② 원래의 자료값을 다른 방법들처럼 평균하지 않고 바꾼다. 그러므로 자료값의 최대값과 최소값이 손실되지 않는다.
   ③ 다른 보간법에 비해 계산하기 쉽고 빠르다.
   ④ 다른 보간법에 비해 최근린 보간법의 데이터는 GIS 적용이 용이하다.

Answer 55 ③ 56 ③ 57 ①

2. 쌍1차 보간(Bilinear Interpolation)

내삽점 주위 4점의 영상소 값을 이용하여 구하고자 하는 영상소 값을 선형식으로 내삽한다. 이 방식에는 원자료가 흠이 나는 결점이 있으나 평균하기 때문에 Smoothing(평활화) 효과가 있다.

3. 쌍3차 보간(Bi-cuvic Interpolation)

내삽하고 싶은 점 주위의 16개 관측점의 영상소 값을 이용하여 구하는 영상소값을 3차 함수를 이용하여 내삽한다. 이 방식에는 원자료가 흠이 나는 결점이 있으나 영상의 평활화와 동시에 선명성의 효과가 있어 고화질이 얻어진다.

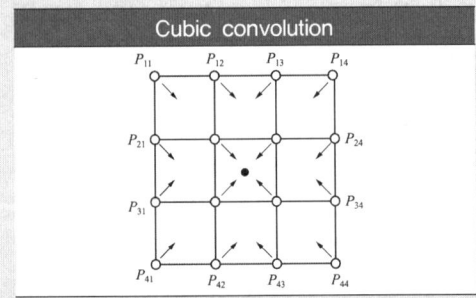

기기에 의한 입체시

입체경	렌즈식 입체경과 반사식 입체경이 있다.
여색입체시	왼쪽에 적색, 오른쪽에 청색의 안경으로 보면 입체감을 얻는다.
편광입체시	편광입체시법은 서로 직교하는 진동면을 갖는 2개의 편광광선이 1개의 편광면을 통과할 때 그 편광면의 진동방향과 일치하는 진행방향의 광선만 통과하고 여기에 직교하는 광선은 통과하지 못하는 편광의 성질을 이용하는 방법이다
순동입체시	순동법은 영화와 같이 망막상의 잔상을 이용하여 입체시각을 얻는 방법이다
역입체시	입체시 과정에서 높은 것이 낮게, 낮은 것이 높게 보이는 현상이다. ① 정입체시할 수 있는 사진을 오른쪽과 왼쪽 위치를 바꿔 놓을 때 ② 여색입체사진을 청색과 적색의 색안경을 좌우로 바꿔서 볼때 ③ 멀티플렉스의 모델을 좌우의 색안경을 교환해서 입체시할 때

59 원격탐사에 사용되는 센서 중 수동형 센서(passive sensor)에 해당되는 것은?

① 레이저스캐너(laser scanner)
② 다중 분광스캐너(multispectral scanner)
③ 레이더 고도계(radar altimeter)
④ 영상 레이더(SLAR)

능동감지기(Active Sensor, 能動感知器)

원격 탐사 감지기(sensor)의 한 종류로서 영상 정보를 취득하기 위해 전자파 복사 에너지원을 자체적으로 탑재하는 감지기. 이와 상반되는 감지기는 수동 감지기로서 자체 광원을 가지고 있지 않아 전적으로 태양광에 의존함으로 수동 감지기라고 불린다.

58 파장의 특정 방향성 분만을 통과시키는 광학 원리를 이용하여 입체 시를 하는 방법은?

① 편광 입체 시
② 여색 입체 시
③ 육안 입체 시
④ 렌즈식 입체 시

Answer 58 ① 59 ②

일반적인 광학 카메라는 수동 감지기 분류되며, 합성 개구 레이더(SAR)와 같이 감지기에 자체 전자기파를 가지고 있는 감지기가 능동 감지기로 분류된다. 군사적인 목적에서 볼 때, 구름이나 야간에도 영상의 취득이 가능한 능동 감지기의 효용은 점차 증대되고 있다. 반면 자체 전원을 유지해야 함으로 인공위성에서는 수동 감지기를 사용하는 경우보다 위성의 수명이 짧다는 단점이 있다.

| 다중분광센서 (MSS : Multi Spectral Scanner) | MSS(다중파장대 주사기)는 지표로부터 방사되는 전자기파를 렌즈와 반사경으로 집광하여 필터를 통해 분광한 다음 파장대 별로 구분하여 각각의 영상을 테이프에 기록하는 장치이다. MSS 영상은 토지이용 분석, 지상 자원 분석, 수자원 분석, 환경감시, 지상자원분석, 해양학, 지형학 등에 응용되고 있다 |

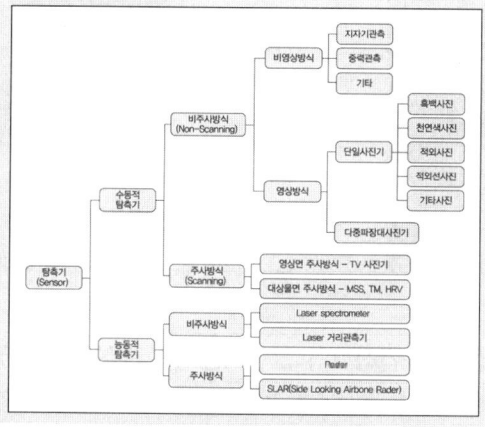

60 평탄한 지면을 초점거리 150mm, 사진크기 23cm×23cm로 촬영한 연직항공사진이 있다. 촬영고도 1800m, 종중복도 60%로 촬영한 경우, 연속된 10매의 사진에서 입체시 가능한 부분의 실제 면적(모델 면적)은?

① $27.5km^2$ ② $28.9km^2$
③ $30.5km^2$ ④ $45.7km^2$

[해설]
1모델의 유효 면적(A_0)
$$A_0 = (ma)^2(1-\frac{p}{100})$$
$$= (\frac{H}{f}a)^2(1-\frac{p}{100})$$
$$= (\frac{1800}{0.15}\times 0.23)^2(1-\frac{60}{100})$$
$$= 3,047,040 m^2$$
$$= 3.047 km^2$$

연속 10장의 입체면적(A)
$A = 3.047 \times (10-1) = 27.423 km^2$

• 스트립 구성에 있어서 면적산정은 사진 매수에서 한 장을 뺀 부분의 면적이 입체면적이 된다.

제4과목 | 지리정보시스템

61 수치지도에서 단일 식별자(UFID : unique feature identification)의 활용에 대한 설명으로 옳지 않은 것은?

① 구체적인 지형·지물의 변경에 관한 최신 정보를 다양한 사용자들로부터 얻을 수 있다.
② 지형·지물에 대한 최신 정보를 다른 축척의 데이터에서 제공되는 동일한 지형·지물의 변경을 바로 연계시켜 전달해 줄 수 있다.
③ 사용자가 일부 처리 작업한 공간데이터를 완전히 대체시키는 것이 아니라 최신 내용만을 변경할 수 있게 해준다.
④ 데이터에 대한 일관성이 높아지고 모든 변경사항의 역추적을 방지할 수 있다.

Answer 60 ① 61 ④

해설

지형지물 전자식별자(UFID)

지형지물 전자식별자(UFID)는 개별적으로 관리되는 지형지물에 대해 위치정보, 도로, 건물, 하천 등의 지형지물 종류, 지형지물 관리기관, 기타 속성 정보 등을 나타내는 유일한 단일식별자를 부여함으로써, 도로, 건물 등의 인공적 지형지물과 하천 등의 자연적 지형지물을 포괄하는 모든 지형지물을 체계적으로 관리 및 활용할 수 있도록 해준다.
따라서 UFID는 주민등록번호처럼 우리나라의 국토를 구성하고 있는 도로, 건물 및 하천 등의 모든 인공적 및 자연적 지형지물에 단일식별자를 부여함으로써 해당 지형지물을 관리하는 기관은 물론, 물류, 금융 등 각종 산업분야에 매우 중요한 역할을 하게 된다.
이미 선진국인 영국에서는 국가 지도제작기관인 오드넌스 서베이(Ordnance Survey)에 의해 지형지물에 대한 식별자가 활용되고 있으나 이는 유비쿼터스 세상을 위한 준비는 아니었다.
그러나 정보통신기술이 활발히 보급된 우리나라는 지리정보를 미래지향적으로 구현하기 위해 유비쿼터스 기반 지리정보 식별자의 도입이 활발히 논의되었으며 현재 개념연구를 거쳐 기술개발 단계에 접어든 상태다.
국내에서도 건설교통부가 각 정부기관에서 구축된 전 국토의 수치지도와 각종 주제도의 지형지물을 체계적으로 관리·활용하기 위해 지형지물 전자식별자(UFID : Unique Feature IDentifier) 활용 기술개발연구를 진행하고 있으며 이 연구에는 인하대, 한국과학기술원, 부산대와 한국공간정보통신이 참여하고 있다.

62 주제도에 대한 설명으로 가장 적합한 것은?

① 다른 지도의 기반이 되는 지도이다.
② 주로 국토지리정보원에서 제작한다.
③ 특정한 지리 정보를 제공 위한 지도이다.
④ 지형과 지물을 포함하여 법률로 지정된 도식과 축척에 맞추어 그린 지도이다.

해설

주제도(thematic map, 主題圖)

특정 주제를 나타내는 것을 목적으로 만들어진 지도. 지도는 사용 목적에 따라 크게 일반도(general map)와 주제도(thematic map)로 분류한다.

일반도	① 일반도는 지도에서 지도가 기본적으로 표시해야할 것들을 나타낸 일반적인 지도를 말하며, 보통 지형·토지이용·수계·도로·철도·취락·주요 시설 등이 표현된다. ② 대표적으로 각종 지형도(地形圖)와 전도(全圖)들이 있다.
주제도	① 주제도는 특정한 주제를 중점적으로 표현하는 것을 목적으로 작성된 지도로 특수도(特殊圖)라고도 한다. ② 일반도가 많은 사람들이 일반적인 목적으로 참조하는 지도라면, 주제도는 특정한 주제에 대해 보다 자세한 내용을 효과적으로 보여주는 지도라 할 수 있다. ③ 보통 주제도는 일반도를 바탕으로 특정 목적에 맞게 축척 등 여러 지도 요소들을 변형 및 가공하여 만들어진다. ④ 주제도의 대표적인 예로 지질도·해도·하천도·기후도·일기도·도로지도·관광지도·항공지도·역사지도·지적도(地籍圖)·토지이용도·식생분포도·인구분포도를 비롯한 각종 통계지도 등이 있다.

63 공간정보의 표현기법 중 래스터 데이터(Raster date)의 특징이 아닌 것은?

① 3차원과 같은 입체적인 지도 디스플레이 표현은 불가능하다.
② 격자형의 영역에서 x, y축을 따라 일련의 셀들이 존재한다.
③ 각 셀들이 속성 값을 가지므로 이들 값에 따라 셀들을 분류하거나 다양하게 표현한다.
④ 인공위성에 의한 이미지, 항공영상에 의한 이미지, 스캐닝을 통해 얻어진 이미지 데이터들이다.

Answer 62 ③ 63 ①

해설

래스터 자료구조

래스터 자료구조는 매우 간단하며 일정한 격자 간격의 셀이 데이터의 위치와 그 값을 표현하므로 격자 데이터라고도 하며 도면을 스캐닝하여 취득한 자료와 위상영상자료들에 의하여 구성된다. 래스터구조는 구현의 용이성과 단순한 파일구조에도 불구하고 정밀도가 셀의 크기에 따라 좌우되며 해상력을 높이면 자료의 크기가 방대해진다. 각 셀들의 크기에 따라 데이터의 해상도와 저장 크기가 달라지게 되는데 셀 크기가 작으면 작을수록 보다 정밀한 공간 현상을 잘 표현할 수 있다.

장점	① 간단한 자료구조를 가지고 있으며 중첩에 대한 조작이 용이하여 매우 효과적이다. ② 수치이미지 조작이 효율적이다. ③ 자료의 조작과정이 매우 효과적이고 수치영상의 질을 향상시키는 데 매우 효과적이다. ④ 다양한 공간적 편의가 격자형태로 나타난다.
단점	① 위상적인 관계 설정이 어렵다. ② 주로 격자형의 네모난 형태를 가지고 있기 때문에 수작업에 의해서 그려진 완화된 선에 비해서 미관상 매끄럽지 못하다. ③ 데이터의 용량이 크다. ④ 압축되어 사용되는 경우가 드물며 지형관계를 나타내기가 훨씬 어렵다.

64 래스터 자료와 비교할 때, 벡터 자료의 특징에 대한 설명으로 옳지 않은 것은?

① 자료구조의 효율적 축약이 가능하다.
② 위상관계를 나타낼 수 있다.
③ 선형 자료의 연결이 매끄럽지 못하다.
④ 자료구조가 복잡하다.

해설

	벡터자료	래스터자료
정의	벡터 자료구조는 기호, 도형, 문자 등으로 인식할 수 있는 형태를 말하며 객체들의 지리적 위치를 크기와 방향으로 나타낸다.	래스터 자료구조는 매우 간단하며 일정한 격자간격의 셀이 데이터의 위치와 그 값을 표현하므로 격자데이터라고도 하며 도면을 스캐닝 하여 취득한 자료와 위상영상자료들에 의하여 구성된다. 래스터구조는 구현의 용이성과 단순한 파일구조에도 불구하고 정밀도가 셀의 크기에 따라 좌우되며 해상력을 높이면 자료의 크기가 방대해진다. 각 셀들의 크기에 따라 데이터의 해상도와 저장 크기가 달라지게 되는데 셀 크기가 작으면 작을수록 보다 정밀한 공간현상을 잘 표현 할 수 있다.
장점	• 보다 압축된 자료구조를 제공하며 따라서 데이터 용량의 축소가 용이하다. • 복잡한 현실세계의 묘사가 가능하다. • 위상에 관한 정보가 제공되므로 관망분석과 같은 다양한 공간분석이 가능하다. • 그래픽의 정확도가 높다. • 그래픽과 관련된 속성정보의 추출 및 일반화, 갱신 등이 용이하다.	• 자료구조가 간단하다. • 여러 레이어의 중첩이나 분석이 용이하다. • 자료의 조작과정이 매우 효과적이고 수치영상의 질을 향상시키는데 매우 효과적이다. • 수치이미지 조작이 효율적이다. • 다양한 공간적 편의가 격자의 크기와 형태가 동일한 까닭에 시뮬레이션이 용이하다.
단점	• 자료구조가 복잡하다. • 여러 레이어의 중첩이나 분석에 기술적으로 어려움이 수반된다. • 각각의 그래픽 구성요소는 각기 다른 위상구조를 가지므로 분석에 어려움이 크다. • 그래픽의 정확도가 높은 관계로 도식과 출력에 비싼 장비가 요구된다. • 일반적으로 값비싼 하드웨어와 소프트웨어가 요구되므로 초기비용이 많이 든다.	• 압축되어 사용되는 경우가 드물며 지형관계를 나타내기가 훨씬 어렵다. • 주로 격자형의 네모난 형태로 가지고 있기 때문에 수작업에 의해서 그려진 완화된 선에 비해서 미관상 매끄럽지 못하다. • 위상정보의 제공이 불가능하므로 관망해석과 같은 분석기능이 이루어질 수 없다. • 좌표변환을 위한 시간이 많이 소요된다.

Answer 64 ③

65 지리정보시스템(GIS)에서 자료 분석을 위해 지도요소를 중첩할 때 각각의 중첩되는 요소 하나하나를 무엇이라 하는가?

① 테마 ② 스키마
③ 레이어 ④ 지오코드

해설

layer(레이어, 층)
GIS의 구축을 위하여 컴퓨터에 입력된 모든 지리정보는 적절한 출력을 통하여 지도와 동일한 형태 및 특성을 가질 수 있으며 기존 지도의 기능을 할 수 있다. 이렇게 컴퓨터를 이용하여 생성된 지도를 수치지도라 한다. 컴퓨터 내부에서는 모든 정보가 이진법의 수치형태로 표현되고 저장되기 때문에 수치지도라 불린다. 영어로는 digital map, layer, coverage, 혹은 digital layer라고 일컬어지며, 일반적으로 레이어라는 표현이 사용된다. 구체적으로 본다면 도형정보만을 수치로 나타낸 것을 레이어라고 하고 도형정보와 관련 속성정보를 함께 갖는 수치지도를 커버리지라고 한다.

66 지리정보시스템(GIS) 데이터베이스를 다양한 종류의 자료를 통합하여 구축할 경우에 고려하여야 할 사항으로 옳지 않은 것은?

① 자료의 표준화
② 자료의 신뢰성
③ 자료의 중복성 증대
④ 자료관리의 효율성 향상

해설

표준화
표준이란 개별적으로 얻어질 수 없는 것들을 공통적인 특성을 바탕으로 일반화하여 다수의 동의를 얻어 규정하는 것으로 GIS표준은 다양하게 변화하는 GIS데이터를 정의하고 만들거나 응용하는데 있어서 발생되는 문제점을 해결하기 위해 정의되었다.

① 표준화의 필요성

비용절감	지리정보시스템(GIS)은 그 특성상 대용량의 자료를 사용하며 효율적인 자료 교환이 불가능하다면 데이터 공유가 매우 어려울 뿐만 아니라 공통 데이터의 중복 보관 및 관리로 인해 막대한 경제적 손실을 가져온다.
접근 용이성	GIS 구축에 사용되는 총비용 중 수치데이터 베이스 구축에만 약 75%의 비용이 사용되는 것을 감안하면 한 번 수집된 정보를 재활용하는 것은 매우 중요하다. 기존 데이터를 다른 목적을 위해 재사용할 수 있게 하기 위해서는 기존에 구축되어 있는 모든 데이터에 쉽게 접근할 수가 있어야 하며, 이를 위해서는 공간정보에 대한 표준화가 반드시 필요하다.
상호 연계성	기존의 GIS 환경 하에서 시스템간의 연동조건 및 상호교환을 필요로 하는 표준적인 정보 항목 등을 정의하여 다양한 시스템에서 GIS 상호 연동성을 확보할 수 있게 하는 것이 필요하다.
활용의 극대화	지리정보는 사회간접(infrastructure) 자본의 성격이 강하므로 앞으로 정부, 자치단체뿐만 아니라 일반 기업과 개인의 지리정보 사용이 기하급수적으로 증가할 것이다. 따라서 장기적으로 보았을 때 지리정보에 대한 표준화가 선행되어야 한다.

67 지리 정보자료의 내용이나 품질, 상태, 제작 시점, 제작자, 소유권자, 좌표 체계 등 특성에 관한 제반 사항을 나타내는 부가 자료는?

① 메타 데이터
② 속성 데이터
③ 공간 데이터
④ 이력 데이터

Answer 65 ③ 66 ③ 67 ①

해설

메타데이터(meta data)

메타데이터(meta data)란 데이터에 관한 데이터로서 데이터의 구축과 이용 확대에 따른 상호 이해와 호환의 폭을 넓히기 위하여 고안된 개념이다. 메타데이터는 데이터에 관한 다양한 측면을 서술하는 매우 중요한 자료로서 이에 관하여 표준화가 활발히 진행되고 있다. 미국 연방지리정보위원회(FGDC : Federal Geographic Data Committee)에서는 디지털 지형공간 메타데이터에 관한 내용표준(Content Standard for Digital Geospatial Metadata)을 정하고 있는데 여기에서는 메타데이터의 논리적 구조와 내용에 관한 표준을 정하고 있다.

현재 메타데이터의 표준으로 사용되고 있는 것은
① 미국의 FGDC
   (Federal Geographic Data Committe)표준,
② ISO/TC211표준(International Organization for Standard)/Technical Committe 211 :
   국제표준 기구 GIS 표준 기술 위원회),
③ CEN/TC287(유럽표준화기구) 표준 등을 들 수 있다.

기본요소

개요 및 자료소개 (Identification)	수록된 데이터의 명칭, 개발자, 데이터의 지리적 영역 및 내용, 다른 이용자의 이용가능성, 가능한 데이터의 획득방법 등을 위한 규칙이 포함된다.
자료 품질 (Quality)	자료가 가진 위치 및 속성의 정확도, 완전성, 일관성, 정보의 출처, 자료의 생성방법 등을 나타낸다.
자료의 구성 (Organization)	자료의 코드화(Encoding)에 이용된 데이터 모형(벡터나 격자 모형 등), 공간상의 위치 표시방법(위도나 경도를 이용하는 직접적인 방법이나 거리의 주소나 우편번호 등을 이용하는 간접적인 방법 등)에 관한 정보가 서술된다.
공간참조를 위한 정보(Spatial Reference)	사용된 지도 투영법, 변수 좌표계에 관련된 제반 정보를 포함한다.
형상 및 속성 정보 (Entity & Attribute Informatioin)	수록된 공간 객체와 관련된 지리정보와 수록방식에 관하여 설명한다.
정보 획득 방법	정보의 획득과 관련된 기관, 획득 형태, 정보의 가격에 대한 사항을 설명한다.
참조정보(Metadata Reference)	메타데이터의 작성자 및 일시 등을 포함한다.

68 지리정보시스템(GIS)의 주요 자료원으로 거리가 먼 것은?

① 주민등록 데이터베이스
② 원격탐사 자료
③ 현장 조사자료
④ 수치 지도

해설

GIS(Geographic Information System)

전 국토의 지리공간정보를 디지털화하여 수치지도(Digital Map)로 작성하고 다양한 정보통신기술을 통해 재해·환경·시설물·국토 공간 관리와 행정서비스에 활용하고자 하는 첨단정보 시스템이다. 공간상 위치를 점유하는 지리자료(Geographic data)와 이에 관련된 속성자료(Attribute data)를 통합하여 처리한다. 이는 RFID(전자태그를 사물에 부착하여 사물의 주위상황을 인지하고 기존 IT시스템과 실시간으로 정보교환 및 처리할 수 있는 기술)기술, GPS기술, LBS기술 등을 기반 기술로 한다. GIS는 토지정보 관리, 시설물 관리, 교통, 도시계획 및 관리, 환경, 농업, 재해 및 재난 분야 등에서 다양하게 활용되고 있다.

Answer 68 ①

① GIS의 주요 자료원
  ㉠ 원격탐사 자료
  ㉡ 항공사진 자료
  ㉢ 현장조사 자료
  ㉣ 수치 지도

69 자료의 보간법 중 최근린(nearest neighbor) 보간법에 대한 설명으로 틀린 것은?

① 자료값 중 최대값과 최소값이 손실되지 않는다.
② 다른 보간법에 비해 계산속도가 빠르다.
③ 원래의 자료 값을 평균하거나 변환하지 않고 그대로 이용한다.
④ 가장 가까운 4개의 기지 값의 거리에 따라 경중률을 계산한다.

해설

격자배열면 보간

① 쌍1차 보간(Bilinear Interpolation)
 내삽점 주위 4점의 영상소 값을 이용하여 구하고자 하는 영상소 값을 선형식으로 내삽한다. 이 방식에는 원자료가 흠이 나는 결점이 있으나 평균하기 때문에 Smoothing(평활화) 효과가 있다.

② 쌍3차 보간(Bicuvic Interpolation)
 내삽하고 싶은 점 주위의 16개 관측점의 영상소 값을 이용하여 구하는 영상소값을 3차 함수를 이용하여 내삽한다. 이 방식에는 원자료가 흠이 나는 결점이 있으나 영상의 평활화와 동시에 선명성의 효과가 있어 고화질이 얻어진다.

③ 최근린보간법(Nearest Neighbor)
 최단거리에 있는 관측치를 사용하여 보관하는 방법으로 입력 격자상 가장 가까운 영상소의 밝기를 이용하여 출력격자로 변환하는 방법이다.

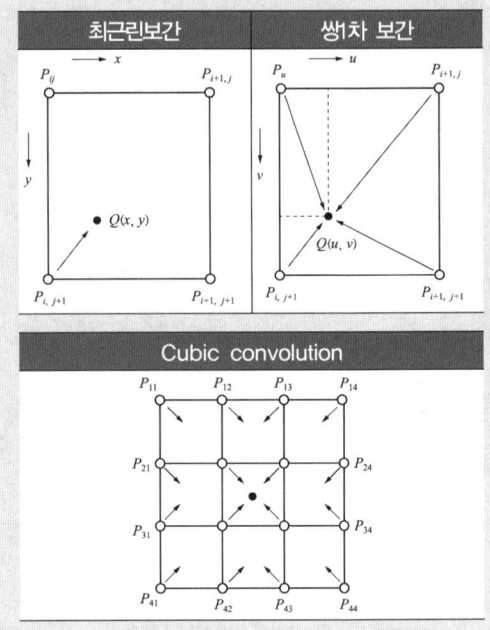

70 최근 발전하고 있는 기술 및 서비스 분야 중 지리정보시스템(GIS)과 직접적인 관련성이 가장 적은 것은?

① ITS(intelligent transport system)
② NFC(near field communication)
③ LBS(location based service)
④ Telematics

해설

LBS

LBS는 휴대폰, PDA 등 다양한 정보단말의 위치를 인식하여 사용자의 위치와 관련된 정보를 제공하는 서비스로 정의될 수 있다. 위치기반서비스는 3세대 이동통신서비스 중 사용자에게는 매력적인 서비스의 하나로 인식되고 있으며 이동형 데이터베이스의 단점인 사용자의 친화성 부족을 극복할 수 있는 서비스로 기대되고 있다.
이동전화의 작은 화면과 불편한 입력 방식은 화상정보의 이용에 커다란 제약이 되고 있으나 사용자의 위치정보에 기반할 경우 불필요한 단계를 생략하고 즉각적인 이용이 가능한 서비스로 구현이 되기 때문이다.

Answer 69 ④ 70 ②

유비쿼터스(Ubiquitous)

유비쿼터스는 '언제 어디에나 존재한다'는 뜻의 라틴어로, 사용자가 컴퓨터나 네트워크를 의식하지 않고 장소에 상관없이 자유롭게 네트워크에 접속할 수 있는 환경을 말한다. 컴퓨터 관련 기술이 생활 구석구석에 스며들어 있음을 뜻하는 '퍼베이시브 컴퓨팅(pervasive computing)'과 같은 개념이다.

지능형교통체계(ITS)

지능형교통체계는 도로, 차량, 신호시스템 등 기존 교통체계의 구성요소에 전자, 제어, 통신 등 첨단기술을 접목시켜 교통시설의 효율을 높이고, 안전을 증진하기 위한 차세대 교통시스템이다. 즉 지능형 교통시스템은 사람이 두뇌의 조절과 제어기능에 의해 신체가 움직이듯이 기존의 교통시스템에 인공지능을 갖추어 정보를 제공하고, 그 정보를 통하여 교통시설이 상황에 따라 자동제어되어 이용자에게 최대한 편의를 제공하는 시스템이다.

텔레메틱스(Telematics)

① 자동차와 무선통신을 결합한 새로운 개념의 차량 무선인터넷 서비스
② '통신'(telecommunication)과 '정보'(informatics)의 합성어
③ 자동차 안에서 이메일을 주고받고 인터넷을 통해 각종 정보도 검색할 수 있음
④ 무선을 이용한 음성 및 데이터 통신과 인공위성을 이용한 위치정보 시스템을 기반으로 자동차 내부와 외부 또는 차량간 통신시스템을 이용해 정보를 주고 받음
⑤ 텔렉스, 비디오 텍스, 팩시밀리등과 같은 사용자 중심의 서비스를 제공하는 기술

71 지리정보시스템(GIS)의 응용 기법 중 하나로써 공간상에 나타난 연속적인 기복의 변화를 수치적으로 표현하는 방법은?

① DXF
② FM
③ DEM
④ AM

[해설]

수치표고모형(Digital Elevation Model : DEM)

① DEM은 지형의 연속적인 기복변화를 일정한 크기의 격자 간격으로 표현한 것으로 공간상의 연속적인 기복변화를 수치적인 행렬의 격자형태로 표현한다.
② 수치표고모형은 표고데이터의 집합일 뿐만 아니라 임의의 위치에서 표고를 보간할 수 있는 모델을 말한다.
③ 공간상에 나타난 불규칙한 지형의 변화를 수치적으로 표현하는 방법을 수치표고모형이라 한다.
④ DEM은 규칙적인 간격으로 표본지점이 추출된 래스터 형태의 데이터모델이다.
⑤ DEM은 DTM 중에서 표고를 특화한 모델이다.
⑥ 복잡한 지형에서는 밀도가 높은 표고자료가 필요하고 단순지형에서는 밀도가 낮은 표고자료의 획득이 바람직하나 격자방식에서는 그러한 지형의 특성에 따른 자료획득이 불가능하다.
⑦ 작은 격자의 크기를 선택했을 때 상대적으로 자료량이 늘어남으로 단순한 지표면의 경우에도 실제로는 필요 이상의 자료를 가지게 된다.
⑧ 큰 격자를 사용했을 때 자료의 크기는 적어지나 변이가 심한 지표면의 상태를 정확히 나타낼 수 없다.

72 지리정보시스템(GIS) 자료를 공간 자료와 속성 자료로 구분할 때 공간 자료에 해당되는 것은?

① 관거 재질
② 관거 매설 년도
③ 관거 관리 이력
④ 관거 위치

Answer 71 ③ 72 ④

[해설]

위치정보	절대위치정보 (absolute positional information)	실제공간에서의 위치(예: 경도, 위도, 좌표, 표고)정보를 말하며 지상,지하,해양, 공중 등의 지구공간 또는 우주공간에서의 위치기준이 된다.
	상대위치정보 (relative positional information)	모형공간(model space)에서의 위치(임의의 기준으로부터 결정되는 위치·예: 설계도)정보를 말하는 것으로서 상대적 위치 또는 위상관계를 부여하는 기준이 된다.
특성정보	도형정보 (graphic information)	도형정보(圖形情報, graphic information)는 지도에 표현되는 수치적 설명으로 지도의 특정한 지도요소를 의미한다. GIS에서는 이러한 도형정보를 컴퓨터의 모니터나 종이 등에 나타내는 도면으로 표현하기 위해 사용한다. 도형정보는 점, 선, 면 등의 형태나 영상소, 격자셀 등의 격자형, 그리고 기호 또는 주석과 같은 형태로 입력되고 표현된다.
	영상정보 (image information)	센서(scanner, Lidar, laser, 항공사진 등)에 의해 취득된 사진 등으로 인공위성에서 직접 얻어진 수치영상이나 항공기를 통하여 얻어진 항공사진상의 정보를 수치화 하여 컴퓨터에 입력된 정보를 말한다.
	속성정보 (attribute information)	지도상의 특성이나 질, 지형·지물의 관계 등을 나타내는 정보로서 문자와 숫자가 조합된 구조로 행렬의 형태로 저장 된다.

73 규칙적인 셀(cell)의 격자에 의하여 형상을 묘사하는 자료구조는?

① 래스터자료 구조
② 벡터자료 구조
③ 속성자료 구조
④ 필지자료 구조

[해설]

① 벡터자료 구조
   벡터 자료구조는 기호, 도형, 문자 등으로 인식 할 수 있는 형태를 말하며 객체들의 지리적 위치를 크기와 방향으로 나타낸다.

② 래스터데이터 구조
   래스터 자료구조는 매우 간단하며 일정한 격자 간격의 셀이 데이터의 위치와 그 값을 표현하므로 격자데이터라고도 하며 도면을 스캐닝 하여 취득한 자료와 위상영상자료들에 의하여 구성된다. 래스터구조는 구현의 용이성과 단순한 파일구조에도 불구하고 정밀도가 셀의 크기에 따라 좌우되며 해상력을 높이면 자료의 크기가 방대해진다. 각 셀들의 크기에 따라 데이터의 해상도와 저장크기가 달라지게 되는데 셀 크기가 작으면 작을수록 보다 정밀한 공간현상을 잘 표현할 수 있다.

74 다음 수계망을 Strahler 방법으로 계산하면 ○으로 표시되는 부분의 합류 후 하천은 몇 차수인가? (단, 물의 흐름은 화살표 방향으로 흐른다.)

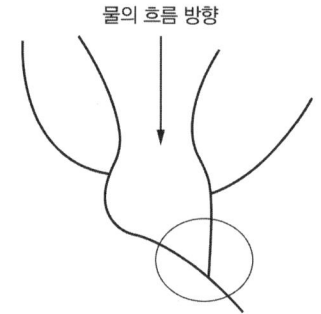

① 1차수   ② 2차수
③ 3차수   ④ 4차수

[해설]

하천차수(Stream order)는 하천의 상대적인 위치에 따라 지류 및 본류에 매기는 등급을 말한다. 1945년 Horton에 의해 제시되었다.
1952년 Strahler는 하천차수를 매기는 방법을 제안했다. 최초의 지류에는 차수 1을 부여하고, 같은 차수의 하천이 만나면 합류된 이후의 하천은 차수를 한 단계 올리는 방법으로 하천차수를 매긴다.

Answer 73 ① 74 ③

예를 들어 2차 하천과 2차 하천이 만나면 3차 하천이 되지만, 1차 하천과 2차 하천이 만나면 계속 2차 하천이다.

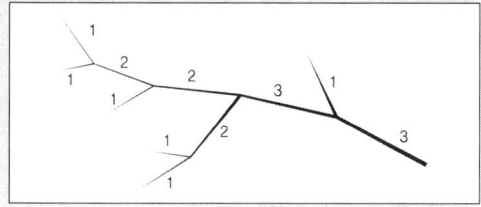

75 수치표고모형(DEM) 자료를 이용하여 제작할 수 있는 산출물이 아닌 것은?

① 음영기복도
② 토지피복도
③ 3차원 지세도
④ 지형 경사도

해설

수치표고모형(Digital Elevation Model : DEM)
DEM은 지형의 연속적인 기복 변화를 일정한 크기의 격자 간격으로 표현한 것으로 공간상의 연속적인 기복 변화를 수치적인 행렬의 격자 형태로 표현한다. 수치 표고모형은 표고 데이터의 집합일 뿐만 아니라 임의의 위치에서 표고를 보간할 수 있는 모델을 말한다. 공간상에 나타난 불규칙한 지형의 변화를 수치적으로 표현하는 방법을 수치 표고모형이라 한다. DEM은 규칙적인 간격으로 표본지점이 추출된 래스터 형태의 데이터모델이다. DEM은 DTM 중에서 표고를 특화한 모델이다.
① 도로의 부지 및 댐의 위치 선정
② 수문 정보체계 구축
③ 등고선도와 시선도
④ 절토량과 성토량의 산정
⑤ 조경설계 및 계획을 위한 입체적인 표현
⑥ 지형의 통계적 분석과 비교
⑦ 경사도, 사면방향도, 경사 및 단면의 계산과 음영기복도 제작
⑧ 경관 또는 지형형성과정의 영상모의 관측
⑨ 수치지형도 작성에 필요한 표고정보와 지형정보를 다 이루는 속성
⑩ 군사적 목적의 3차원 표현

76 구축한 지리정보시스템(GIS) 데이터의 품질을 검사하기 위해서는 데이터를 샘플링하여야 한다. 모집단을 보다 동질적인 몇 개의 층으로 나누고 이러한 가층으로부터 단순 무작위 표본 추출을 하는 방법은?

① 단순 무작위 샘플링(simple random sampling)
② 계통 샘플링(systematic sampling)
③ 층화 계통 비정렬 샘플링(stratified systematic unaligned sampling)
④ 층화 무작위 샘플링(stratified random sampling)

해설

통계학에서 층화추출법(層化抽出法, Stratified sampling)은 모집단을 먼저 중복되지 않도록 층으로 나눈 다음 각 층에서 표본을 추출하는 방법이다. 층을 나눌 때 층 내는 동질적(homogeneous), 층간은 이질적(heterogeneous) 특성을 가지도록 하면 적은 비용으로 더 정확한 추정을 할 수 있으며, 전체 모집단뿐만 아니라 각 층의 특성에 대한 추정도 할 수 있다는 장점이 있다. 각 층으로부터 표본을 추출할 때 단순임의 추출방법을 쓸 수도 있고 계통추출법(systematic sampling) 등 다른 추출방법을 쓸 수도 있다. 또 필요에 따라 각 층을 다시 하위층으로 나누어 추출하는 다단계 층화 추출을 하기도 한다.

장점	① 단순임의 추출보다 신뢰성이 높은 추정치를 구할 수 있다. 각 층을 동질적으로 묶어 층화함으로써 층화 추출에서 구한 추정치의 분산이 단순임의추출법으로 구한 추정의 분산이 단순임의추출로 구한 추정치의 분산보다 적어지기 때문에 보다 신뢰성이 높은 추정치를 구할 수 있다. ② 비용 절감 및 자료분석이 용이하다. 비용을 줄일 수 있음은 물론 자료정리나 분석이 용이한 이유는 층화추출에 의해 표본으로 선택된 단위만을 조사하기 때문이다. ③ 각 층에 대한 추정치를 부수적으로 구할 수 있다. 이는 각 층을 동일성을 갖는 집단으로 구분하여 층화하기 때문에 각 층이 하나의 대상이 되는 경우가 있다. 이러한 경우 각 층에 대한 부수적인 자료를 구할 수 있다.

Answer 75 ② 76 ④

단점	① 방대한 모집단의 경우 목록작성의 어려움 모집단의 크기가 너무도 큰 경우 목록을 작성하는 경우는 표본 추출을 하는 것보다 어려울 때가 많다. ② 정확한 정보 필요 적절하게 층을 나누기 위해서는 모집단 각 층에 대한 정확한 정보를 필요로 한다. ③ 층화의 어려움 층화추출에서 가장 중요한 층 내에 동질성과 층 간에 이질성을 갖추어야 하는 문제에서 이는 이론상으로는 쉬울 수 있으나 이를 실질적으로 층화하는 과정에서는 어려움을 동반하는 경우가 많다.
벡터화 단계	세션화 단계를 거친 격자데이터는 벡터화가 가능하게 된다.
후처리 단계	자동적 방법이나 혹은 수동적 방법을 사용하여 벡터화 단계를 마치고 벡터 데이터가 생성이 되면 모양이 매끄럽지 않고, 과도한 Vertex나 Spike 등의 문제가 발생한다. 혹은 작업자의 실수로 인한 오류들이 발생할 수 있다. 즉, 결과물의 위상(Topology)을 생성하는 과정에서 점, 선, 면의 객체들의 오류를 효율적으로 정리하여야 한다. 불필요한 Vertex나 Node를 삭제하거나 수정하여 정확히 시작점과 끝점을 폐합 처리한다.

77 위성영상의 전반에 걸쳐 불규칙한 잡음(speckle noise)이 발생하여 이를 보정하고자 할 때, 다음 중 가장 적합한 방법은?

① 밴드간 비연산 처리
② 공간 필터링
③ 히스토그램 확장
④ 주성분 분석 변환

해설

자료변환

전처리 단계	필터링	필터링이란 격자데이터에 생긴 여러 형태의 잡음(Noise)을 윈도우(필터)를 이용하여 제거하고, 연속적이지 않은 외곽선을 연속적으로 이어주는 영상처리의 과정이다
	세션화	세션화란 격자데이터의 형태를 제대로 반영하면서 대상물의 추출에 별로 영향을 주지 않는 격자를 제거하여 두께가 하나의 격자, 즉 1인 호소로써 격자데이터의 특징적인 골격을 형성하는 작업을 의미한다. 즉, 이전 단계인 필터링에서 불필요한 격자들과 같은 잡음을 제거한 후 해당 격자의 선형을 가늘고 긴 선과 같은 형상으로 만드는 세션화하는 것을 말한다.

78 위성영상의 해상도에 대한 설명으로 틀린 것은?

① 분광 해상도는 스펙트럼 내에서 센서가 반응하는 특정 전자기 파장대의 수와 이 파장대의 크기를 말한다.
② 방사 해상도는 동일 영상 내의 축척을 얼마나 고르게 나타낼 수 있는가를 나타낸다.
③ 주기 해상도는 동일 지역에 대한 영상을 얼마나 자주 얻을 수 있는가를 나타낸다.
④ 공간 해상도는 하나의 화소가 나타내는 최소·지상 면적을 말한다.

해설

위성영상의 해상도

1. 공간해상도
(Spatial Resolution or Geomatric Resolution)
① Spatial Resolution이라고도 한다.
② 인공위성영상을 통해 모양이나 배열의 식별이 가능한 하나의 영상소의 최소 지상면적을 뜻한다.
③ 일반적으로 한 영상소의 실제 크기로 표현된다.

Answer 77 ② 78 ②

④ 센서에 의해 하나의 화소(pixel)가 나타낼 수 있는 지상면적, 또는 물체의 크기를 의미하는 개념으로서 공간해상도의 값이 작을수록 지형 지물의 세밀한 모습까지 확인이 가능하고 이경우 해상도는 높다고 할 수 있다.
⑤ 예를 들어 1m 해상도란 이미지의 한 pixel이 1m×1m의 가로, 세로 길이를 표현한다는 의미로 1m 정도 크기의 지상물체가 식별 가능함을 나타낸다.
⑥ 따라서 숫자가 작아질수록 지형지물의 판독성이 향상됨을 의미한다.

2. 분광해상도(Spectral Resolution)
① 가시광선에서 근적외선 까지 구분할 수 있는 능력으로서 스펙트럼 내에서 센서가 반응하는 특정 전자기파장대의 수와 이 파장대의 크기를 말한다.
② 센서가 감지하는 파장대의 수와 크기를 나타내는 말로서 좀 더 많은 밴드를 통해 물체에 대한 다양한 정보를 획득할수록 분광해상도가 높다라고 표현된다.
③ 즉 인공위성에 탑재된 영상수집 센서가 얼마나 다양한 분광파장영역을 수집할 수 있는가를 나타낸다.
④ 영상이 가지고 있는 밴드 수, 밴드폭을 의미하며, 분광해상도가 높을수록 지표물의 종류, 특성, 상태 등을 파악하는데 훨씬 유용하며, 미세한 분광반사특성의 차이 즉 분광반사곡선이 유사한 물질을 구별할수 있는 가능성이 높아진다.

3. 방사 또는 복사해상도(Radiometric Resolution)
① 인공위성 관측센서에서 수집한 영상이 얼마나 다양한 값을 표현할 수 있는가를 나타낸다.
② 예를 들어 한 픽셀을 8bit로 표현하는 경우 그 픽셀이 내재하고 있는 정보를 총 256개로 분류할 수 있다는 의미가 된다.
③ 즉 그 픽셀이 표현하는 지상물체가 물인지, 나무인지, 건축물인지 256개의 성질로 분류할 수 있다는 것이다

④ 반면에 한 픽셀을 11bit로 표현한다면 그 픽셀이 내재하고 있는 정보를 총 2048개로 분류 할 수 있다는 것이므로 8bit인 경우 단순히 나무로 분류된 픽셀이 침엽수인지, 활엽수인지, 건강한지, 병충해가 있는지 등으로 자세하게 분류할 수 있다는 것이다.
⑤ 따라서 방사해상도가 높으면 위성영상의 분석정밀도가 높다는 의미이다

4. 시간 또는 주기해상도(Temporal Resolution)
① 지구상 특정지역을 얼마만큼 자주 촬영 가능한지를 나타낸다. 어떤 위성은 동일한 지역을 촬영하기 위해 돌아오는데 16일이 걸리고 어떤 위성은 4일이 걸리기도 한다.
② 주기 해상도가 짧을수록 지형변이 양상을 주기적이고 빠르게 파악할 수 있으므로 데이터베이스 축척을 통해 향후의 예측을 위한 좋은 모델링 자료를 제공한다고 할 수 있다.

79 지리정보시스템(GIS)의 자료구조에 대한 설명으로 틀린 것은?

① 점은 하나의 노드로 구성되어 있고, 노드의 위치는 좌표를 표현한다.
② 선은 2개의 노드와 수 개의 버텍스(vertex)로 구성되어 있고, 노드 혹은 버텍스(vertex)는 체인으로 연결된다.
③ 면은 하나 이상의 노드와 수 개의 버텍스로 구성되어 있고, 노드 혹은 버텍스는 체인으로 연결된다.
④ TIN은 연속적인 삼각면으로 지표면을 표현하는 것으로 각 삼각면의 중앙점에서 해당 지점의 고도값을 표현한다.

Answer 79 ④

해설

벡터구조의 기본 요소

점 (Point)	점은 차원이 존재하지 않으며 대상물의 지점 및 장소를 나타내고 기호를 이용하여 공간형상을 표현한다.
선 (Line)	선(Line)은 가장 간단한 형태로 1차원 대상물은 두 점을 연결한 직선이다. 대축척(면사상), 소축척(선사상)으로 지적도, 임야도의 경계선을 나타내는 데 효과적이다. Arc, String, Chain이라는 다양한 용어로도 사용된다.
면 (area)	면은 경계선 내의 영역을 정의하고 면적을 가지며, 호수, 삼림을 나타내고 지적도의 필지, 행정구역이 대표적이다.

불규칙삼각망(不規則三角網, Triangulated Irregular Network : TIN)

① 불규칙삼각망은 불규칙하게 배치되어 있는 지형점으로부터 삼각망을 생성하여 삼각형 내의 표고를 삼각 평면으로부터 보간하는 DEM의 일종이다.
② 벡터데이터 모델로 위상구조를 가지며 표본 지점들은 X, Y, Z값을 가지고 있으며 다각형 Network를 이루고 있는 순수한 위상구조와 개념적으로 유사하다.
③ 격자방식과 비교하여 비교적 적은 지점에서 추출된 표고 데이터를 이용하여 개략적으로 전반적인 지형의 형태를 나타낼 수 있다.
④ TIN은 기존의 점 데이터로 분포된 수치표고자료를 이용하여 삼각형의 면 데이터로 변환한 다음 보간식을 도출하여 DEM을 만들 수 있다.
⑤ 위상구조를 가질 수 있어 공간분석에도 활용할 수 있다는 장점이 있다.

80 화재나 응급 시 소방차나 구급차의 운전 경로 또는 항공기의 운항 경로 등의 최적 경로를 결정하는데 가장 적합한 공간분석방법은?

① 관망 분석　　② 중첩 분석
③ 버퍼링 분석　④ 근접성 분석

해설

벡터데이터의 분석기법

1. **중첩분석(Overlay Analysis)**
   ① GIS가 일반화되기 이전의 중첩분석 : 많은 기준을 동시에 만족시키는 장소를 찾기 위해 불이 비치는 탁자 위에 투명한 중첩 지도를 겹치는 작업을 통해 수행
   ② 중첩을 통해 다양한 자료원을 통합하는 것은 GIS의 중요한 분석 능력으로 주로 적지 선정에 이용됨
   ③ 이러한 중첩분석은 벡터자료뿐 아니라 래스터자료도 이용할 수 있는데, 일반적으로 벡터자료를 이용한 중첩분석은 면형자료를 기반으로 수행
   ④ 다양한 공간객체를 표현하고 있는 레이어를 중첩하기 위해서는 좌표체계의 동일성이 전제되어야 함

2. **버퍼분석(Buffer Analysis)**
   ① 버퍼분석(Buffer Analysis)은 공간적 근접성(Spatial Proximity)을 정의할 때 이용되는 것으로서 점, 선, 면 또는 면 주변에 지정된 범위의 면사상으로 구성
   ② 버퍼분석을 위해서는 먼저 버퍼 존(Buffer Zone)의 정의가 필요
   ③ 버퍼 존은 입력사상과 버퍼를 위한 거리(Buffer Distance)를 지정한 이후 생성
   ④ 일반적으로 거리는 단순한 직선거리인 유클리디언 거리(Euclidian Distance) 이용

3. **네트워크 분석(Network Analysis)**
   ① 현실세계에는 사람, 에너지, 물자, 정보 등의 흐름을 가능하게 하는 도로, 케이블, 파이프라인 등의 하부구조(Infrastructure)가 존재하는데, 이러한 하부구조는 GIS 분석과정에서 네트워크(Network)로 모델링 가능
   ② 네트워크형 벡터자료는 특정 사물의 이동성 또는 흐름의 방향성(Flow Direction)을 제공
   ③ 대부분의 GIS 시스템은 위상모델로 표현된 벡터자료의 연결된 선사상인 네트워크 분석을 지원

Answer 80 ①

④ 네트워크 분석을 통해
  ㉠ 최단경로(Shortest Route) : 주어진 기원지와 목적지를 잇는 최단거리의 경로 분석
  ㉡ 최소비용경로(Least Cost Route) : 기원지와 목적지를 연결하는 네트워크상에서 최소의 비용으로 이동하기 위한 경로를 탐색할 수 있다

제5과목 | 측량학

81 그림과 같이 사력댐을 건설하고자 한다. 사력댐 상단(진한 선)의 높이가 100m이고, 기울기는 상 하류 방향 모두 1 : 1 이라고 할 때, 대략적인 성토범위로 가장 적절히 표시된 것은?

①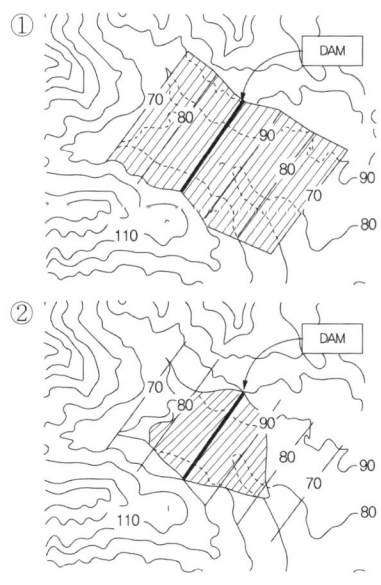

②

③

④

82 $\overline{AB}$ 의 방위각이 $166°29'45''$, $\overline{AB}$의 역방위각은?

① $13°30'15''$
② $103°30'15''$
③ $283°30'15''$
④ $346°29'45''$

해설

$V_a^b = 166°29'45''$

$V_b^a = 166°29'45'' + 180° = 346°29'45''$

83 동일 조건으로 기선측정을 하여 다음과 같은 결과를 얻었을 때 최확값은?

A = 98.475 ± 0.015m   B = 98.464 ± 0.030m
C = 98.484 ± 0.045m

① 98.468m ② 98.474m
③ 98.478m ④ 98.484m

Answer 81 ② 82 ④ 83 ②

[해설]

경중률계산(동일조건에서 거리를 측정했을 때 경중률은 평균제곱오차의 자승에 반비례)

$$P_A : P_B : P_C = \frac{1}{0.015^2} : \frac{1}{0.030^2} : \frac{1}{0.045^2}$$
$$= 4,444 : 1,111 : 494$$
$$L_0 = 98 + \frac{0.475 \times 4,444 + 0.464 \times 1,111 + 0.484 \times 494}{4,444 + 1,111 + 494}$$
$$= 98 + 0.4737 = 98.474m$$

84 축척 1 : 25000 지형도 상에서 두 점 간의 도상거리가 10cm이었다. 이 두 점의 거리가 도상 25cm로 표현되는 지형도의 축척은?

① 1 : 50000
② 1 : 25000
③ 1 : 10000
④ 1 : 5000

[해설]

$$\frac{1}{m} = \frac{l}{L}$$
$$L = ml = 25,000 \times 10 = 250,000cm$$
$$\frac{1}{m} = \frac{25}{250,000} = \frac{1}{10,000}$$

85 오차에 대한 설명으로 틀린 것은?

① 과대오차는 관측자의 부주의나 측량방법을 잘못 적용함으로써 나타나는 과실 또는 착오의 결과이다.
② 크기와 방향을 알 수 있는 오차를 정오차라 한다.
③ 정오차는 항상 발생하는 오차로 상차라고도 한다.
④ 우연오차는 발생빈도, 크기, 부호 등을 알 수 없는 무작위성 오차이다.

[해설]

성질에 의한 오차의 분류

① 과실(착오, 과대오차 : Blunders, Mistakes)
관측자의 미숙과 부주의에 의해 일어나는 오차로서 눈금읽기나 야장기입을 잘못한 경우를 포함하며 주의를 하면 방지할 수 있다.

② 정오차(계통오차, 누차 : Constant, Systematic Error)
일정한 관측값이 일정한 조건하에서 같은 크기와 같은 방향으로 발생되는 오차를 말하며 관측횟수에 따라 오차가 누적되므로 누차라고도 한다. 이는 원인과 상태를 알면 제거할 수 있다.
정오차는 측정횟수에 비례한다.

$$E_1 = n \cdot \delta$$

(E_1 : 정오차, δ : 1회 측정 시 누적오차, n : 측정(관측)횟수)

㉠ 기계적 오차 : 관측에 사용되는 기계의 불안전성 때문에 생기는 오차
㉡ 물리적 오차 : 관측 중 온도변화, 광선굴절 등 자연현상에 의해 생기는 오차
㉢ 개인적 오차 : 관측자 개인의 시각, 청각, 습관 등에 생기는 오차

③ 부정오차(우연오차, 상차 : Random Error)
일어나는 원인이 확실치 않고 관측할 때 조건이 순간적으로 변화하기 때문에 원인을 찾기 힘들거나 알 수 없는 오차를 말한다. 때때로 부정오차는 서로 상쇄되므로 상차라고도 하며, 부정오차는 대체로 확률법칙에 의해 처리되는데 최소제곱법이 널리 이용된다.
우연오차는 측정 횟수의 제곱근에 비례한다.

$$E_2 = \pm \delta \sqrt{n}$$

(E_2 : 우연오차, δ : 우연오차, n : 측정(관측)횟수)

Answer 84 ③ 85 ③

86
조정이 복잡하고 포괄면적이 적으며 시간이 많이 요구되는 단점이 있으나 정확도가 가장 높은 삼각망은?

① 단열 삼각망
② 유심 삼각망
③ 결합 삼각망
④ 사변형 삼각망

> **해설**
> **삼각망의 종류**
> 1. **단열삼각쇄(망)(single chain of tringles)**
>   ① 폭이 좁고 길이가 긴 지역에 적합하다.
>   ② 노선·하천·터널 측량 등에 이용한다.
>   ③ 거리에 비해 관측수가 적다.
>   ④ 측량이 신속하고 경비가 적게 든다.
>   ⑤ 조건식의 수가 적어 정도가 낮다.
>
>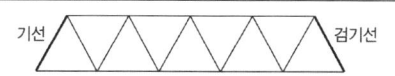
>
> 2. **유심삼각쇄(망)(chain of central points)**
>   ① 동일 측점에 비해 포함면적이 가장 넓다.
>   ② 넓은 지역에 적합하다.
>   ③ 농지측량 및 평탄한 지역에 사용된다.
>   ④ 정도는 단열삼각망보다 좋으나 사변형보다 적다.
>
>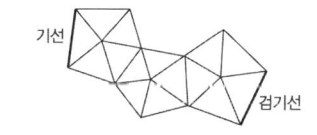
>
> 3. **사변형삼각쇄(망)(chain of quadrilaterals)**
>   ① 조건식의 수가 가장 많아 정밀도가 가장 높다.
>   ② 기선삼각망에 이용된다.
>   ③ 삼각점 수가 많아 측량시간이 많이 걸리며 계산과 조정이 복잡하다.
>
>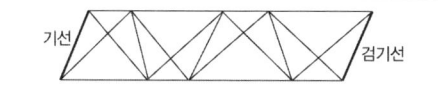
>
> 4. **정밀도**
> 삼각망의 정밀도는 사변형 > 유심 > 단열 순이다.

87
그림과 같은 수준측량에서 P점의 표고는?

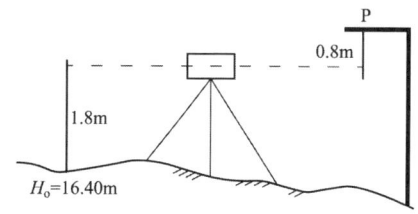

① 17.4m
② 18.0m
③ 18.4m
④ 19.0m

> **해설**
> $PH = 16.4 + 1.8 + 0.8 = 19m$

88
등고선의 성질에 대한 설명으로 옳지 않은 것은?

① 등고선은 분기하지 않고 절벽이나 동굴의 지형에서는 교차할 수 있다.
② 동일 등고선 상의 모든 점은 같은 높이에 있다.
③ 등고선은 하천, 호수, 계곡 등에서는 단절되고 도상에서 폐합되지 않는다.
④ 등고선은 능선 또는 계곡선과 직각으로 만난다.

> **해설**
> **등고선의 성질**
> ① 동일 등고선상에 있는 모든 점은 같은 높이이다.
> ② 등고선은 반드시 도면 안이나 밖에서 서로가 폐합한다.
> ③ 지도의 도면 내에서 폐합되면 가장 가운데 부분을 산꼭대기(산정) 또는 凹지(요지)가 된다.
> ④ 등고선은 도중에 없어지거나, 엇갈리거나 합쳐지거나 갈라지지 않는다.
> ⑤ 높이가 다른 두 등고선은 동굴이나 절벽의 지형이 아닌 곳에서는 교차하지 않는다.
> ⑥ 등고선은 경사가 급한 곳에서는 간격이 좁고 완만한 경사에서는 넓다.
> ⑦ 최대경사의 방향은 등고선과 직각으로 교차한다.
> ⑧ 분수선(능선)과 곡선(유하선)은 등고선과 직각으로 만난다.

Answer 86 ④ 87 ④ 88 ③

⑨ 2쌍의 등고선의 볼록부가 상대할 때는 볼록부를 나타낸다.
⑩ 동등한 경사의 지표에서 양 등고선의 수평거리는 같다.
⑪ 같은 경사의 평면일 때는 나란한 직선이 된다.
⑫ 등고선이 능선을 직각방향으로 횡단한 다음 능선 다른 쪽을 따라 거슬러 올라간다.
⑬ 등고선의 수평거리는 산꼭대기 및 산밑에서는 크고 산중턱에서는 작다.

89 그림과 같이 "사과길"로부터 은행 건물의 위치를 정확히 알고자 다음과 같은 측량 결과를 얻었다. CD의 거리는? (단, ∠EAB = 62°, AB = 6m, BC = 10m, ∠ABC = ∠ADC = 90°)

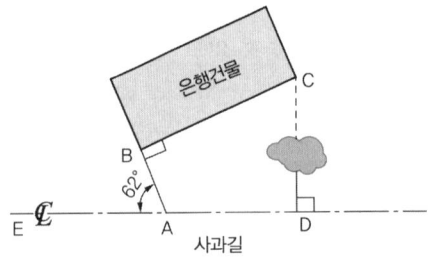

① 9.99m
② 10.23m
③ 11.88m
④ 11.76m

해설

$\overline{CD} = \overline{CC'} + \overline{C'D} = \overline{CC'} + \overline{BE'}$
$= \overline{BC}\sin28° + \overline{AB}\sin62°$
$= 10 \times \sin28° + 6 \times \sin62° = 9.99m$

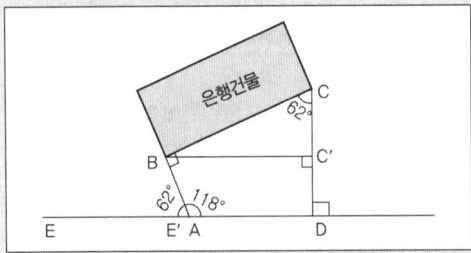

△$CBC' = 90° + 62° - 180° = 28°$
∠$BCD = 90° + 90° + 118° - 360° = 62°$

90 직접수준측량으로 편도 8km를 측량하여 ±20mm의 오차가 발생하였다면, 편도 2km를 관측할 경우에 발생할 수 있는 오차는?

① ±20mm
② ±10mm
③ ±5mm
④ ±2.5mm

해설

직접수준측량의 오차는 노선 왕복거리의 평방근에 비례하므로

$\sqrt{8} : 20 = \sqrt{2} : x$
$x = \frac{\sqrt{2}}{\sqrt{8}} \times 20 = \pm 1mm$

91 그림과 같이 삼각측량을 실시하였다. 이 때 P점의 좌표는?

Ax = 81.847m,
Ay = -30.460m,
$\overline{AP}$ = 600.00m,
α = 163°20′00″,
∠BAP = 60°00′00″

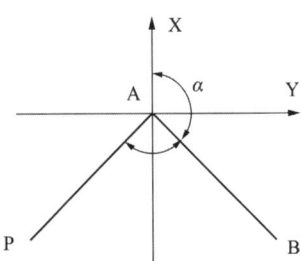

① Px = -354.577m, Py = -442.205m
② Px = -466.884m, Py = -329.898m
③ Px = -466.884m, Py = -442.205m
④ Px = -354.577m, Py = -329.898m

Answer 89 ① 90 ② 91 ①

해설

$V_a^p = 163°20' + 60° = 223°20'$

$P_X = 81.847 + 600 \times \cos223°20' = -354.577m$

$P_Y = -30.460 + 600 \times \sin223°20' = -442.205m$

92 트래버스측량의 결과가 표와 같을 때, 폐합오차는?

측점	위거(m) N(+)	위거(m) S(−)	경거(m) E(+)	경거(m) W(−)
A	130.25		110.50	
B		75.63	40.30	
C		110.56		100.25
D	55.04			50.00

① 1.05m ② 1.15m
③ 1.75m ④ 1.95m

해설

$E = \sqrt{(\Delta L)^2 + (\Delta D)^2} = \sqrt{0.9^2 + 0.55^2} = 1.054m$

93 전자파 거리 측량기(EDM)에서 발생되는 오차 중 거리에 비례하여 나타나는 것은?

① 위상차 측정 오차
② 반사프리즘의 구심 오차
③ 반사 프리즘 정수의 오차
④ 변조 주파수의 오차

해설

전자파거리 측량기 오차

거리에 비례하는 오차	• 광속도의 오차 • 광변조 주파수의 오차 • 굴절률의 오차
거리에 비례하지 않는 오차	• 위상차 관측 오차 • 기계정수 및 반사경 정수의 오차

94 30m에 대하여 6mm 늘어나 있는 줄자로 정사각형의 지역을 측량한 결과 면적이 62,500m²이었다면 실제면적은?

① 62,525m² ② 62,513m²
③ 62,488m² ④ 62,475m²

해설

실제 면적 = 측정면적 × $\left(\dfrac{측정길이}{표준길이}\right)^2$

$= 62,500 \times \left(\dfrac{30.006}{30}\right)^2$

$= 62,525m^2$

95 측량기기와 성능검사 주기가 옳게 짝지어진 것은?

① 토털 스테이션 – 1년
② GPS 수신기 – 2년
③ 거리측정기 – 3년
④ 레벨 – 5년

해설

공간정보의 구축 및 관리 등에 관한 법률 시행령 제97조(성능검사의 대상 및 주기 등)

① 법 제92조제1항에 따라 성능검사를 받아야 하는 측량기기와 검사주기는 다음 각 호와 같다. 〈개정 2021. 1. 5.〉
 1. 트랜싯(데오드라이트) : 3년
 2. 레벨 : 3년
 3. 거리측정기 : 3년
 4. 토털 스테이션(total station : 각도·거리 통합 측량기) : 3년
 5. 지피에스(GPS) 수신기 : 3년
 6. 금속 또는 비금속 관로 탐지기 : 3년

② 법 제92조제1항에 따른 성능검사(신규 성능검사는 제외한다)는 제1항에 따른 성능검사 유효기간 만료일 2개월 전부터 유효기간 만료일까지의 기간에 받아야 한다. 〈개정 2015. 6. 1.〉

Answer 92 ① 93 ④ 94 ① 95 ③

③ 법 제92조제1항에 따른 성능검사의 유효기간은 종전 유효기간 만료일의 다음 날부터 기산(起算)한다. 다만, 제2항에 따른 기간 외의 기간에 성능검사를 받은 경우에는 그 검사를 받은 날의 다음 날부터 기산한다. 〈신설 2015. 6. 1.〉

96 기본측량성과 중 지도 등 또는 측량용 사진을 국토교통부 장관의 허가 없이 국외로 반출할 수 있는 '대통령령으로 정해진 경우'에 해당되지 않는 것은?

① 정부를 대표하여 외국 정부와 교섭하거나 국제회의 또는 국제기구에 참석하는 자가 자료로 사용하기 위하여 반출하는 경우
② 대한민국 정부와 외국정부간에 체결된 협정 또는 합의에 의하여 상호 교환하는 경우
③ 관광객의 유치와 관광시설의 선전을 목적으로 제작된 지도를 국외로 반출하는 경우
④ 5만분의 1 이상의 축척으로 제작된 지도를 국외로 반출하는 경우

해설

공간정보의 구축 및 관리 등에 관한 법률 시행령 제16조(기본측량성과 및 공공측량성과의 국외 반출)

① 법 제16조제1항 단서에서 "외국 정부와 기본측량성과를 서로 교환하는 등 대통령령으로 정하는 경우"란 다음 각 호의 경우를 말한다. 〈개정 2013. 3. 23., 2014. 1. 17.〉
  1. 대한민국 정부와 외국 정부 간에 체결된 협정 또는 합의에 따라 기본측량성과를 상호 교환하는 경우
  2. 정부를 대표하여 외국 정부와 교섭하거나 국제회의 또는 국제기구에 참석하는 자가 자료로 사용하기 위하여 지도나 그 밖에 필요한 간행물(이하 "지도등"이라 한다) 또는 측량용 사진을 반출하는 경우
  3. 관광객 유치와 관광시설 홍보를 목적으로 지도 등 또는 측량용 사진을 제작하여 반출하는 경우
  4. 축척 5만분의 1 미만인 소축척의 지도(수치지형도는 제외한다. 이하 이 조에서 같다)나 그 밖에 필요한 간행물을 국외로 반출하는 경우
  5. 축척 2만5천분의 1 또는 5만분의 1 지도로서 「국가공간정보에 관한 법률 시행령」 제24조 제3항에 따라 국가정보원장의 지원을 받아 보안성 검토를 거친 경우(등고선, 발전소, 가스관 등 국토교통부장관이 정하여 고시하는 시설 등이 표시되지 아니한 경우로 한정한다)
  6. 축척 2만5천분의 1인 영문판 수치지형도로서 「국가공간정보에 관한 법률 시행령」

② 법 제21조제1항 단서에서 "외국정부와 공공측량성과를 서로 교환하는 등 대통령령으로 정하는 경우"란 다음 각 호의 경우를 말한다. 〈신설 2014. 1. 17.〉
  1. 대한민국 정부와 외국 정부 간에 체결된 협정 또는 합의에 따라 공공측량성과를 상호 교환하는 경우
  2. 정부를 대표하여 외국 정부와 교섭하거나 국제회의 또는 국제기구에 참석하는 자가 자료로 사용하기 위하여 지도 등 또는 측량용 사진을 반출하는 경우
  3. 관광객 유치와 관광시설 홍보를 목적으로 지도 등 또는 측량용 사진을 제작하여 반출하는 경우
  4. 축척 5만분의 1 미만인 소축척의 지도나 그 밖에 필요한 간행물을 국외로 반출하는 경우
  5. 축척 2만5천분의 1 또는 5만분의 1 지도로서 「국가공간정보에 관한 법률 시행령」 제24조 제3항에 따라 국가정보원장의 지원을 받아 보안성 검토를 거친 경우

Answer 96 ④

97 고의로 측량성과를 사실과 다르게 한 자에 대한 벌칙 기준으로 옳은 것은?

① 3년 이하의 징역 또는 3,000만원 이하의 벌금
② 2년 이하의 징역 또는 2,000만원 이하의 벌금
③ 1년 이하의 징역 또는 1,000만원 이하의 벌금
④ 200만원 이하의 과태료

[해설]

벌칙(법률 제109조)
1. 3년 이하의 징역 또는 3천만 원 이하의 벌금
   측량업자로서 속임수, 위력(威力), 그 밖의 방법으로 측량업 또는 수로사업과 관련된 입찰의 공정성을 해친 자는 3년 이하의 징역 또는 3천만원 이하의 벌금에 처한다.
2. 2년 이하의 징역 또는 2천만 원 이하의 벌금
   ① 측량업의 등록을 하지 아니하거나 거짓이나 그 밖의 부정한 방법으로 측량업의 등록을 하고 측량업을 한 자
   ② 성능검사대행자의 등록을 하지 아니하거나 거짓이나 그 밖의 부정한 방법으로 성능검사대행자의 등록을 하고 성능검사업무를 한 자
   ③ 측량성과를 국외로 반출한 자
   ④ 측량기준점표지를 이전 또는 파손하거나 그 효용을 해치는 행위를 한 자
   ⑤ 고의로 측량성과를 사실과 다르게 한 자
   ⑥ 성능검사를 부정하게 한 성능검사대행자

98 국토교통부장관이 수립하여야 하는 측량 기본계획의 수립 주기로 옳은 것은?

① 3년　　② 5년
③ 7년　　④ 10년

[해설]

공간정보의 구축 및 관리 등에 관한 법률 제5조(측량 기본계획 및 시행계획)
① 국토교통부장관은 다음 각 호의 사항이 포함된 측량 기본계획을 5년마다 수립하여야 한다. 〈개정 2020. 2. 18.〉
  1. 측량에 관한 기본 구상 및 추진 전략
  2. 측량의 국내외 환경 분석 및 기술연구
  3. 측량산업 및 기술인력 육성 방안
  4. 그 밖에 측량 발전을 위하여 필요한 사항
② 국토교통부장관은 제1항에 따른 측량기본계획에 따라 연도별 시행계획을 수립·시행하고, 그 추진실적을 평가하여야 한다. 〈개정 2013. 3. 23., 2019. 12. 10.〉
③ 국토교통부장관은 제1항에 따른 측량기본계획과 제2항에 따른 연도별 시행계획을 수립하려는 경우 제2항에 따른 평가 결과를 반영하여야 한다. 〈신설 2019. 12. 10.〉
④ 제2항에 따른 연도별 추진실적 평가의 기준·방법·절차에 관한 사항은 국토교통부령으로 정한다.

99 공간정보의 구축 및 관리 등에 관한 법률상 용어의 정의로 옳은 것은?

① 지번이란 작성된 지적도의 등록번호를 말한다.
② 측량성과는 측량에서 얻은 각종 기록과 최종 성과를 말한다.
③ 지적측량이란 토지를 지적공부에 등록하거나 지적공부에 등록된 경계점을 지상에 복원하기 위하여 필지의 경계 또는 좌표와 면적을 정하는 측량을 말한다.
④ 측량이라 함은 공간상에 존재하는 일정한 점들의 위치를 측량하고 그 특성을 조사하여 도면 및 수치로 표현하거나 도면상의 위치를 현지에 재현하는 것을 말하며, 각종 건설 사업에서 요구되는 도면작성 등은 제외된다.

Answer 97 ② 98 ② 99 ③

해설

공간정보의 구축 및 관리 등에 관한 법률 제2조(정의)

이 법에서 사용하는 용어의 뜻은 다음과 같다.
〈개정 2020. 2. 18.〉
1. "측량"이란 공간상에 존재하는 일정한 점들의 위치를 측정하고 그 특성을 조사하여 도면 및 수치로 표현하거나 도면상의 위치를 현지(現地)에 재현하는 것을 말하며, 측량용 사진의 촬영, 지도의 제작 및 각종 건설사업에서 요구하는 도면작성 등을 포함한다.
4. "지적측량"이란 토지를 지적공부에 등록하거나 지적공부에 등록된 경계점을 지상에 복원하기 위하여 제21호에 따른 필지의 경계 또는 좌표와 면적을 정하는 측량을 말하며, 지적확정측량 및 지적재조사측량을 포함한다.
4의2. "지적확정측량"이란 제86조제1항에 따른 사업이 끝나 토지의 표시를 새로 정하기 위하여 실시하는 지적측량을 말한다.
4의3. "지적재조사측량"이란 「지적재조사에 관한 특별법」에 따른 지적재조사사업에 따라 토지의 표시를 새로 정하기 위하여 실시하는 지적측량을 말한다.
8. "측량성과"란 측량을 통하여 얻은 최종 결과를 말한다.
22. "지번"이란 필지에 부여하여 지적공부에 등록한 번호를 말한다.

100 공공측량 시행자는 작업을 시행하기 며칠 전까지 공공측량 작업계획서를 제출하여야 하는가?

① 3일 ② 7일
③ 15일 ④ 30일

해설

공간정보의 구축 및 관리 등에 관한 법률 시행규칙 제21조(공공측량 작업계획서의 제출)

① 공공측량시행자는 법 제17조제2항에 따라 공공측량을 하기 3일 전에 국토지리정보원장이 정한 기준에 따라 공공측량 작업계획서를 작성하여 국토지리정보원장에게 제출하여야 한다. 공공측량 작업계획서를 변경한 경우에도 또한 같다. 〈개정 2015. 6. 4.〉
② 제1항에 따른 공공측량 작업계획서에 포함되어야 할 사항은 다음 각 호와 같다.
 1. 공공측량의 사업명
 2. 공공측량의 목적 및 활용 범위
 3. 공공측량의 위치 및 사업량
 4. 공공측량의 작업기간
 5. 공공측량의 작업방법
 6. 사용할 측량기기의 종류 및 성능
 7. 법 제17조제1항에 따라 사용할 측량성과의 명칭, 종류 및 내용
 8. 그 밖에 작업에 필요한 사항
③ 국토지리정보원장은 공공측량 작업계획서를 검토한 후 수정할 필요가 있다고 판단하는 경우에는 공공측량시행자에 공공측량 작업계획서를 변경하여 제출할 것을 요구할 수 있다. 이 경우 공공측량시행자는 특별한 사유가 없으면 이에 따라야 한다.

Answer 100 ①

측량 및 지형공간정보

2021년 5월 15일 기사

제1과목 | 측지학 및 위성측위시스템

01 다음 설명 중 옳지 않은 것은?

① 측지학이란 지구내부의 특성, 지구의 형상 및 운동을 결정하는 특성과 지구표면상 점간의 상호위치관계를 결정하는 학문이다.
② 지각변동의 조사, 항로 등의 측량은 평면측량으로 실시한다.
③ 측지측량은 지구의 곡률을 고려한 정밀한 측량이다.
④ 측지학은 지구의 특성 결정을 위한 물리측지학과 위치결정을 위한 기하측지학으로 나눌 수 있다.

[해설]

측지학은 지구 내부의 특성, 지구의 형상 및 운동을 결정하는 측량과 지구 표면상에 있는 모든 점들 간의 상호 위치 관계를 산정하는 측량의 가장 기본적인 학문이다.

기하학적 측지학	① 측지학적 3차원 위치결정 ② 길이 및 시간의 결정 ③ 수평위치 결정 ④ 높이의 결정 ⑤ 지도제작 ⑥ 면적 및 체적의 산정 ⑦ 천문측량 ⑧ 위성측량 ⑨ 해양측량 ⑩ 사진측량
물리학적 측지학	① 지구의 형상 해석 ② 지구의 극운동 및 자전운동 ③ 지각변동 및 균형 ④ 지구의 열 측정 ⑤ 대륙의 부동 ⑥ 해양의 조류 ⑦ 지구의 조석 측량 ⑧ 중력측량 ⑨ 지자기 측량 ⑩ 탄성파측량

측지측량 測地測量 (geodetic surveying)	① 지구의 곡률을 고려한 정밀한 측량으로서 지구의 형상과 크기를 구하는 측량이며, ② 측량정밀도가 1/1,000,000일 경우 ③ 지구의 곡률반경이 11km 이상인 지역 ④ 면적이 약 400km² 이상인 지역을 측지(대지) 측량이라 한다. ㉠ 기하학적 측지학 : 지구표면상에 있는 모든 점들 간의 상호 위치관계를 결정하는 것 ㉡ 물리학적 측지학 : 지구 내부의 특성, 지구의 형상 및 크기를 결정하는 것

Answer 01 ②

02 RINEX 파일에 대한 설명으로 틀린 것은?

① RINEX는 GNSS 수신기 기종에 따라 기록 방식이 달라 이를 통일하기 위해 만든 표준 파일형식이다.
② 헤더부분에는 관측점명, 안테나높이, 관측 날짜, 수신기명 등 파일에 대한 정보가 들어간다.
③ RINEX 파일로 변환하였을 경우 자료처리의 신뢰도를 높이기 위해 사용자가 편집할 수 없도록 되어 있다.
④ 의사거리와 반송파 관측데이터를 모두 기록한다.

해설

Rinex(GPS자료 공통포맷형식)

RINEX(Receiver Independent Exchange Format : 수신기독립변환형식)는 GPS 데이터의 호환을 위한 표준화된 공통형식으로서 서로 다른 종류의 GPS수신기를 사용하여 관측하여도 기선해석이 가능하게 하는 자료형식으로 전 세계적인 표준이다.

1. RINEX의 특징
   ① 수신기의 출력형식과 포맷은 제조사에 따라 각각 다르기 때문에 기선해석이 불가능하여 이를 해결하기 위한 공통형식으로 사용되는 것이 RINEX형식이다.
   ② 공통형식으로 미국의 NGS(National Geodetic Survey) 포맷도 있다.
   ③ 최근 일반측량 S/W에도 RINEX 형식의 변환프로그램이 포함되어 시판된다.
   ④ 1996년부터 GPS의 공통형식으로 사용하고 있으며 향후에도 RINEX형식에 의한 데이터 교환이 주류가 될 것이다.

2. RINEX의 구성
   ① 자료처리 및 컴퓨터 관련기기 간의 통신을 위해 고안된 세계 표준코드인 ASCII(American Standard Code for Information Interchange) 형식으로 구성
   ② 헤더 부분과 데이터 부분으로 구성되며 RINEX 파일의 종류는 관측데이터, 항법메시지, 기상데이터파일이 있다.
   ③ 변환되는 공통자료는 의사거리, 위상 자료, 도플러 자료 등이다.

03 UTM좌표계에 관한 설명으로 옳지 않은 것은?

① 적도를 횡축, 지구 자전축을 종축으로 한다.
② 지구를 회전타원체로 보고 지구 전체를 경도 6°씩 60개의 구역, 위도 8°씩 20개의 구역으로 나눈다.
③ 각 종대의 중앙자오선과 적도의 교점을 원점으로 하여 횡메르카도르 투영법으로 등각투영한다.
④ 84°N이북과 87°S이남의 양극지역의 지도는 국제극심입체좌표(UPS)로 표시한다.

해설

UTM 좌표(Universal Transverse Mercator Coordinate)

UTM 좌표는 국제횡메르카토르 투영법에 의하여 표현되는 좌표계이다. 적도를 횡축, 자오선을 종축으로 한다. 투영방식, 좌표변환식은 TM과 동일하나 원점에서 축척계수를 0.9996으로 하여 적용범위를 넓혔다.

① 지구 전체를 경도 6°씩 60개 구역으로 나누고, 각 종대의 중앙자오선과 적도의 교점을 원점으로 하여 원통도법인 횡메르카토르 투영법으로 등각투영한다.
② 각 종대는 180°W 자오선에서 동쪽으로 6° 간격으로 1~60까지 번호를 붙인다.
③ 중앙자오선에서의 축척계수는 0.9996m이다
   (축척계수 = $\dfrac{평면거리}{구면거리} = \dfrac{s}{S} = 0.9996$).
④ 종대에서 위도는 남북 80°까지만 포함시킨다.
⑤ 횡대는 8°씩 20개 구역으로 나누어 C(80°S~72°S)~X(72°N~80°N)까지(단, I, O는제외) 20개의 알파벳 문자로 표현한다.
⑥ 결국 종대 및 횡대는 경도 6°×위도 8°의 구형 구역으로 구분된다.

Answer 02 ③ 03 ①

⑦ 우리나라는 51~52종대와 S~T횡대에 속한다.
- UTM 좌표에서 거리좌표는 m 단위로 표시하며 종좌표에서는 N을, 횡좌표에서는 E를 붙인다.
- 각 종대마다 좌표원점의 값을 북반구에서 횡좌표 500,000mE, 종좌표 0mN(남반구에서는 1,000,000N)으로 주면 북반구에서 종좌표는 적도에서 0mN, 80°N에서 10,000,000mN이고,
- 남반구에서는 80°S에서 적도까지의 거리는 10,000,000m로 나타난다.
- 80°N과 80°S간 전 지역의 지도는 UTM 좌표로 표시하며 80°N 이북과 80°S 이남의 양극지역의 전 지역의 지도는 국제극심입체좌표(UPS)로 표시함으로써 전 세계를 일관된 좌표계로 나타낼 수 있다.

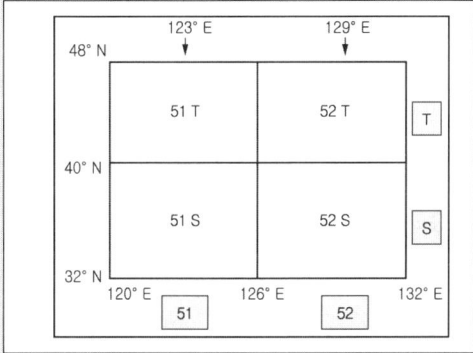

51 : 120° ~ 126° E (중앙자오선 123° E)	S : 32° ~ 40° N
52 : 126° ~ 132° E (중앙자오선 129° E)	T : 40° ~ 48° N

04 반송파(carrier)의 모호정수(ambiguity)가 포함되어 있지 않은 관측치는?

① 단일 차분 위상차
② 이중 차분 위상차
③ 삼중 차분 위상차
④ 무차분 위상

해설

간섭측위에 의한 위상차 측정
정적간섭측위(Static Positioning)를 통하여 기선해석을 하는데 사용하는 방법으로서 두 개의 기지점에 GPS 수신기를 설치하고 위상차를 측정하여 기선의 길이와 방향을 3차원 백터량으로 결정하는데 다음과 같은 위상차 차분 기법을 통하여 기선해석 품질을 높인다.

1. **일중위상차(Single Phace Difference)**
   ① 수신기간 일중위상차
      ㉠ 한 개의 위성과 두 대의 수신기를 이용한 위성과 수신 기간의 거리측정차(행로차)
      ㉡ 동일위성에 대한 측정치이므로 위성의 궤도오차와 원자시계에 의한 오차가 소거된 상태
      ㉢ 그러나 수신기의 시계오차는 포함되어 있는 상태임
   ② 위성 간 일중위상차
      ㉠ 두개의 위성과 한 대의 수신기를 이용한 위성과 수신기간의 거리측정차(행로차)
      ㉡ 다른위성에 대한 측정치이므로 위성의 궤도오차와 수신기의시계에 의한 오차가 소거된 상태
      ㉢ 그러나 위성 시계오차는 포함되어 있는 상태임

2. **이중이상차(Double Phace Difference)**
   ① 두 개의 위성과 두 대의 수신기를 이용하여 각각의 위성에 대한 수신기간 1중차끼리의 차이값
   ② 두개의 위성에 대하여 두 대의 수신기로 관측함으로서 같은량으로 존재하는 수신기의 시계오차를 소거한 상태
   ③ 일반적으로 최소 4개의 위성을 관측하여 3회의 이중차를 측정하여 기선해석을 하는 것이 통례임

3. **삼중위상차(Triple Phace Difference)**
   ① 한개의 위성에 대하여 어떤시각의 위상적산치(측정치)와 다음시각의 적산치와의 차이값을 적분위상차라고도 한다

Answer 04 ③

② 반송파의 모호 정수(불명확 상수)를 소거하기 위하여 일정 시간 간격으로 이중 차의 차이 값을 측정하는 것을 말한다.
③ 즉, 일정 시간 동안의 위성 거리 변화를 뜻하며 파장의 정수배의 불명확을 해결하는 방법으로 이용된다.
④ 위성 수신기의 시계 오차 소거와 정수 바이어스 소거된 상태

05 우리나라의 지형도에서 사용하고 있는 평면 좌표의 투영법은?

① 등각투영 ② 등적투영
③ 등거투영 ④ 복합투영

해설

투영(投影 : Projection)

지구본을 여러 조각으로 나누어 전개시킬수록 지표에 대한 왜곡은 적을 것이나 연속적인 지표면의 모습을 나타내기 곤란한 문제를 갖게 된다. 따라서 투영법에 의해 어느 정도의 왜곡을 감안한 연속성 있는 지도를 제작한다.

1. 등적도법
   ① 거리의 왜곡이 발생하며, 지구의 형상 유지가 불가능하다.
   ② 경선과 위선의 교차는 등각이 아니다.
   ③ 정량적 주제도 작성에서 중요하다.
      (인구밀도 표현은 면적이 데이터로 나타내지기 때문에 등적성 유지가 중요)

2. 등각도법
   ① 점들 주위의 각이 유지되고 적은 지역의 형상이 유지된다.
   ② 경선은 위선과 등각으로 교차하고, 한 점으로부터 모든 방향으로의 축척은 동 일하나 한 점에서 다른 지점으로의 축척은 변한다.
   ③ 소모 면적에서는 형상성이 유지되나 대륙과 같이 넓은 면적의 형상은 상당히 왜곡된다.
   ④ 정사투영에서 면적이 왜곡된다.

3. 등거리도법
   ① 대원상의 거리가 유지되는 도법이다.
   ② 한 점에서 다른 지점들 간, 또는 몇 점에서 다른 점까지의 거리는 실제 거리로 유지되나 모든 점들에서 다른 모든 점들 간의 진거리는 유지되지 않는다. 즉, 전체적이지 못하다.
   ③ 진거리를 따라서 축척은 일정하다.

4. 방위도법
   ① 하나의 중심점에서 모든 다른 점들 간의 진 방향을 나타낸다.
   ② 중심점 이외의 점들에서 다른 점들 간의 방향 또는 방위는 부정확하다.
   ③ 방위는 지표상에서 두 점간의 방향 관계로 항법에서 매우 중요하다.
      • 왜곡의 크기와 분포 결정방법
        – 기하학적 형상에 의한 방법
        – Tissot의 지표값에 의한 방법

06 위성의 궤도요소가 아닌 것은?

① 승교점의 적경   ② 궤도 경사각
③ 궤도의 장반경   ④ 관측 지점의 경위도

해설

케플러의 6요소

1. 궤도의 모양과 크기를 결정하는 요소
   ① 궤도장반경(軌道長半徑, semi-major axis : A)
      : 궤도타원의 장반경
   ② 궤도이심률(軌道離心率, eccentricity : e) :
      궤도타원의 이심률

2. 궤도면의 방향(공간 위치)을 결정하는 요소
   ① 궤도경사각(軌道傾斜角, inclination angle : i)
      : 궤도면과 적도면의 교각
   ② 승교점적경(昇交點赤經, right ascension of acsending node : h) : 궤도가 남에서 북으로 지나는 점의 적경(승교점 : 위성이 남에서 북으로 갈 때의 천구적도와 천구상 인공위성궤도의 교점)

Answer 05 ① 06 ④

3. 궤도면의 장축방향 결정요소
   ① 근지점 인수(近地點引數, argument of perigee : g) 또는 근지점 적경 : 승교점에서 근지점까지 궤도면을 따라 천구북극에서 볼 때 반시계방향으로 잰 각거리

4. 기타(궤도상 위성의 위치 결정)
   ① 근점이각(近點離角, satellite anomaly : v) : 근지점에서 위성까지의 각거리, 진근점이각, 이심근점이각, 평균근점이각의 세 가지가 있다.

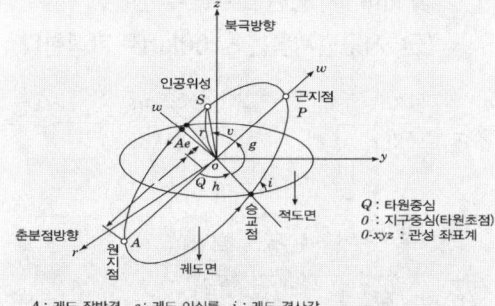

1. gravity anomaly
중력이상이란 중력보정을 통하여 기준면에서의 중력값으로 보정된 중력값에서 표준중력값을 뺀 값이다. 즉 실제 관측중력값에서 표준중력식에 의해 계산한 중력값을 뺀 것이다. 중력이상의 주원인은 지하의 지질밀도가 고르게 분포되어 있지 않기 때문이다.

2. 프리-에어 이상(freeair anomaly)
① 관측된 중력값으로부터 위도보정과 프리-에어보정을 실시한 중력값에서 기준점에서의 표준중력값을 뺀 값이다.

> (프리에어보정 + 위도보정) – 표준중력값

② 프리-에어 이상은 관측점과 지오이드 사이의 물질에 대한 영향을 고려하지 않았기 때문에 고도가 높은 점일수록 (+)로 증가한다.

3. 부게 이상(Bouguer anomaly)
① 중력관측점과 지오이드면 사이의 질량을 고려한 중력 이상이다.
② 부게 이상은 지하의 물질 및 질량분포를 구하는 데 목적이 있다.
③ 프리-에어 이상에 부게보정 및 지형보정을 더하여 얻는 이상이다.

> • 프리에어이상 + 부게보정
>   = simple bouguer anomaly
> • 프리에어이상 + 부게보정 + 지형보정
>   = bouguer anomaly

④ 고도가 높을수록 (–)로 감소한다.

4. 지각균형 이상(地殼均衡異常)
① 지질광물의 분포상태에 따른 밀도차의 영향을 고려한 이상이다.
② 부게 이상에 지각균형보정을 더하여 얻는 이상이다.

> 부게이상 + 지각균형보정
> = isostatic anomaly

07 실제 관측된 중력값과 기준중력식에 의한 이론값과의 차이를 무엇이라 하는가?

① 중력 차이
② 중력 이상
③ 중력 변화
④ 중력 상수

해설

重力異常(gravity anomaly)
중력이상이란 중력보정을 통하여 기준면에서의 중력값으로 보정된 중력값에서 표준중력값을 뺀 값이다. 즉 실제 관측중력값에서 표준중력식에 의해 계산한 중력값을 뺀 것이다. 중력이상의 주원인은 지하의 지질밀도가 고르게 분포되어 있지 않기 때문이다.

Answer 07 ②

08 중력 및 중력장에 관한 설명으로 옳지 않은 것은?

① 중력은 만유인력에 의한 힘과 지구 자전에 의한 원심력의 합력으로 나타난다.
② 중력의 크기는 적도지방이 극지방보다 크다.
③ 중력은 단위 질량에 작용하는 힘이다.
④ 중력장 내에서 같은 점에 위치하는 모든 질량체는 같은 중력값(중력가속도)을 갖게 된다.

해설

지구의 표면에서 존재하는 것으로 가장 쉽게 느낄 수 있는 힘의 중력이며, 지구상의 모든 물체는 중력에 의해 지구 중심방향으로 끌리고 있다. 중력은 만유인력법칙에 의해 지구표면으로 낙하하는 물체의 낙하속도의 증가율로서 중력가속도를 말하며 이 중력이 미치는 범위를 중력장이라 한다. 중력측량은 지구를 타원체로 가정한 이론적인 값과 실측한 값의 차이를 구하여 지구의 형태를 연구하는 측지학적 분야, 지하구조 및 자원탐사에 이용되는 지질학적 분야, 태양계의 역학적 관계를 규명하는 천문학 분야 등에 중요역할을 한다.
중력의 단위 : gal(cm/sec²)(Galilei를 기념하기 위하여 그 이름의 첫 자를 딴 것이다)
① 중력변화(중력의 經年變化)의 원인
중력은 항상성이 높은 물리량의 하나이지만 장기간에 걸쳐서 서서히 변화하고 있는데 이를 중력의 경년변화라 한다. 중력은 만유인력과 지구 자전에 의한 원심력이 합성된 것으로 적도에 가까울수록 중력은 감소하며 물리학적 측지학에 속한다.
② 중력이상(gravity anomaly)
중력이상이란 중력보정을 통하여 기준면에서의 중력값으로 보정된 중력값에서 표준중력값을 뺀 값이다. 즉 실제 관측중력값에서 표준중력식에 의해 계산한 중력값을 뺀 것이다. 중력 이상의 주원인은 지하의 지질밀도가 고르게 분포되어 있지 않기 때문이다.

• 중력이상 = 중력실측값 − 이론실측값
• 중력이상(+) = 질량이 여유있는 지역
• 중력이상(−) = 질량이 부족한 지역

밀도가 큰물질이 지표 가까이 있을때는 (+)값 반인경우는 (−)값을 갖는다
중력이상에 의해 지표 밑의 상태를 측정할 수 있다.

09 측량 시 지구의 곡률을 고려하지 않을 경우에 허용오차가 $1/10^5$이면 반지름을 최대 몇 km까지 평면으로 볼 수 있는가? (단, 지구반지름은 6400km로 가정한다.)

① 약 11km ② 약 22km
③ 약 35km ④ 약 45km

해설

평면으로 간주할 수 있는 범위

$$(D) = \sqrt{\frac{12 \cdot R^2}{m}} = \sqrt{\frac{12 \times 6,400^2}{100,000}} = 70km$$

$$\therefore 반지름 = \frac{70}{2} = 35km$$

평면측량(plane surveying)

① 지구의 곡률을 고려하지 않은 측량으로서,
② 거리측량의 허용정밀도가 1/1,000,000 이내인 범위
③ 지구의 곡률반경이 11km 이내인 지역
④ 면적이 약 400km² 이내인 지역을 평면으로 취급한다.

㉠ 거리허용오차 $(d-D) = \dfrac{D^3}{12 \cdot R^2}$

㉡ 허용정밀도 $\left(\dfrac{d-D}{D}\right) = \dfrac{D^2}{12 \cdot R^2} = \dfrac{1}{m} = M$

㉢ 평면으로 간주할 수 있는 범위

$$(D) = \sqrt{\frac{12 \cdot R^2}{m}}$$

Answer 08 ② 09 ③

10 반지름 1.5m인 구면상의 구면삼각형 면적이 0.349m²일 때 구면삼각형의 구과량은?

① 6°43′14″ ② 7°53′14″
③ 8°53′14″ ④ 9°43′14″

[해설]

$$\epsilon'' = \frac{A}{R^2}\rho = \frac{0.349}{1.5^2} \times 206265'' = 8°53'14''$$

11 GNSS 측위의 계통적 오차(정오차) 요인이 아닌 것은?

① 위성의 시계 오차
② 위성의 궤도 오차
③ 전리층 지연 오차
④ 관측 잡음 오차

[해설]

종류	특징
위성시계 오차	GPS 위성에 내장되어 있는 시계의 부정확성으로 인해 발생
위성궤도 오차	위성 궤도 정보의 부정확성으로 인해 발생
대기권 전파지연	위성신호의 전리층, 대류권 통과 시 전파지연 오차(약 2m)
전파적 잡음	수신기 자체에서 발생하며 PRN 코드 잡음과 수신기 잡음이 합쳐져서 발생
다중경로 (Multipath)	다중경로오차는 GPS 위성으로 직접 수신된 전파 이외에 부가적으로 주위의 지형, 지물에 의한 반사된 전파로 인해 발생하는 오차로서 측위에 영향을 미친다. ① 다중경로는 금속제 건물, 구조물과 같은 커다란 반사적 표면이 있을 때 일어난다. ② 다중경로의 결과로서 수신된 GPS 신호는 처리될 때 GPS 위치의 부정확성을 제공 ③ 다중경로가 일어나는 경우를 최소화하기 위하여 미션 설정, 수신기, 안테나 설계시에 고려한다면 다중경로의 영향을 최소화할 수 있다. ④ GPS 신호시간의 기간을 평균하는 것도 다중경로의 영향을 감소시킨다. ⑤ 가장 이상적인 방법은 다중경로의 원인이 되는 장애물에서 멀리 떨어져서 관측하는 방법이다. ⑥ 다중경로에 따른 영향은 위상측정방식보다 코드측정방식에서 더 크다

12 GNSS에 의한 위치결정에 있어서 가장 중요한 관측요소로 옳은 것은?

① 위성과 수신기 사이의 거리
② 위성신호의 전송 데이터양
③ 위성과 수신기 사이의 각
④ 위성과 수신기의 안테나 길이

[해설]

PseudoRange 의사거리(類似距離)

C/A코드나 P코드를 사용하여 Delay-Lockloop에 의해 측정된 위성과 수신기의 안테나 사이의 위상거리로서 수신기의 시계에 의한 오차와 대기층에 대한 전파지역이 포함되어 있다. 단독 위치결정에서는 4개의 위성 거리를 관측하여 구해지는데 거리는 전파가 위성을 출발한 시각과 수신기에 도착한 시각의 차로 구하여 얻어진다.

이 거리는 일차적으로 수신기 시계에 포함된 오차와 이차적으로 위성 시계에 포함된 오차, 대기의 영향 오차 등을 포함하고 있으며 이와 같은 오차들은 위성과 수신기 사이의 거리에 포함되므로 이를 의사거리라 한다. 의사거리의 정확도는 코드(C/A-코드나 파-코드)에 따라 좌우된다. C/A-코드 의사거리는 여러 가지 요소에 따라 약 ±100m의 정확도를 갖는 수신기 위치를 산출한다. 파-코드 의사거리는 약 ±30m의 정확도를 갖는 위치에 제공된다.

Answer 10 ③ 11 ④ 12 ①

13 다음의 RTK-GPS에 의한 지형측량방법의 설명 중 옳지 않은 것은?

① RTK-GPS에 의한 지형측량 시 기준점과 관측점 간의 시통이 양호한 경우에는 상공 시계의 확보가 필요 없다.
② RTK-GPS에 의한 지형측량 시 기준점과 관측점 간에는 관측데이터를 전송하기 위한 통신장치가 필요하다.
③ RTK-GPS에 의한 지형측량 시 관측점의 위치가 즉시 결정되기 때문에 현장에서 휴대용 PC 상에 측정결과를 표기하여 확인하는 것이 가능하다.
④ RTK-GPS에 의한 지형측량 시 RTK-GPS로 구한 타원체고에 대하여는 지오이드고를 정하여 지오이드면으로부터의 높이로 변환하는 것이 필요하다.

[해설]
RTK-GPS 관측
기준이 되는 관측점(이하 고정점이라 한다.)과 구점(求点)이 되는 관측점(이하 이동점이라고 한다.)에 설치한 GPS 측량기로 동시에 GPS 위성으로부터의 신호를 수신하고, 고정점에서 취득한 신호를 무선장치 등을 이용해 이동점에 전송하여, 이동점에서 즉시 기선해석을 실시함으로써 위치를 결정하는 측량 GPS 관측에 있어 상공시계 확보는 필수적 요소이다. 관측점 간의 시통은 위치결정에 영향을 주지 않는다.

14 지구자기가 생기는 주된 원인으로 옳은 것은?

① 멘틀과 외핵의 밀도차이 때문이다.
② U^{238}의 붕괴 때문이다.
③ 내핵이 고체이기 때문이다.
④ 외핵이 액체이기 때문이다.

[해설]
지구자기가 생기는 주된 원인은 액체인 외핵과 맨틀의 운동에 의한 것이다

15 GPS 위성으로부터 전송되는 L2 신호의 주파수가 1227.60MHz일 때 L2 신호 30000파장의 거리는? (단, 광속 c = 299792458m/s)

① 36,803m
② 36,828m
③ 73,263m
④ 1,228,450m

[해설]
$\lambda = \dfrac{c}{f}$ (λ : 파장, c : 광속도, f : 주파수)
MHz를 Hz 단위로 환산하면
$\lambda = \dfrac{299,792,458}{1,227.60 \times 10^6} = 0.244210213m$

∴ L_1 신호 10,000 파장거리
$= 300,000 \times 0.244210213$
$= 73,263m$

16 지구의 자전으로 인한 현상에 대한 설명으로 틀린 것은?

① 북반구에서는 자유낙하물체가 동편한다.
② 운동하는 물체에 전향력이 생긴다.
③ 조석이 하루에 두 번씩 일어난다.
④ 인공위성의 궤도가 동편한다.

[해설]
지구의 운동
지구의 운동에는 지구 축의 주위를 회전하는 자전과 태양의 주위를 회전하는 공전 그리고 지구의 자전 축이 황도면의 수직선에 대하여 23.5도의 각거리를 가지고 회전하는 세차 운동이 있으며 이러한 운동은 시간과 계절의 변화, 일조시간의 변화 등 여러 가지 현상의 원인이 되고 있다.

Answer 13 ① 14 ④ 15 ③ 16 ④

1. **자전(rotation 또는 spin) (서 ⇨ 동)**
   지구는 하루에 한번씩 지축을 중심으로 회전하고 있고, 태양을 기준으로 한번 자전하는 시간을 1태양일이라하며 24시간으로 정한다. 지구가 항성을 기준으로 한번 자전하는 시간을 1항성일 이라하고 23시간 56분 4초이며, 차이가 나는 이유는 지구의 공전 때문이다
   ① 지구가 하루에 한 번씩 지축을 중심으로 회전하고 있으며 지구의 자전운동으로 밤과 낮이 생기고 천구의 일주운동이 생기게 되는 운동을 말한다.
   ② 지구가 태양을 중심으로 한번 자전하는 시간을 1태양일이라 하며 시간으로는 24시간을 말한다.
   ③ 지구가 항성을 기준으로 한번 자전하는 시간을 1항성일이라 하며 시간으로는 23시간 56분 4초이다.
   ④ 지구의 공전으로 인하여 1태양일과 1항성일의 차이가 발생한다.
   ⑤ 지구의 자전은 뉴턴역학에 근거하는 방법이며 코리올리효과와 후코진자로 입증 될 수 있다.
   ⑥ 歲差 : 지구의 자전축이 황도(黃道)면의 수직방향 주위를 각반경과 주기를 가지고 회전하는 현상이다.
   ⑦ 장동(章動) : 황도경사의 영향으로 태양과 달은 적도면의 위와 아래로 움직이므로 지구 적도부의 융기부에 작용하는 회전능률도 주기적으로 변한다. 이처럼 자전축이 흔들리는 현상을 장동이라 한다.

2. **공전(公轉)**
   지구는 태양을 중심으로 지축이 궤도면에 대하여 기울어져서 회전운동을 하는데 그 결과 계절의 변화, 일조시간의 변화, 태양의 남중 고도의 변화 등의 현상이 생긴다.
   ① 공전으로 인하여 계절, 일조시간, 기온의 변화, 태양의 남중고도에 대한 변화가 발생
   ② 태양은 황도를 따라 이동하며 주기를 1년으로 하고 있으므로 태양의 적위는 +23.5도 (하지)에서 -23.5도(동지) 사이를 매일 약간씩 이동한다.

③ 공전운동은 항성의 연주시차, 별빛의 광행차, 별빛의 시선속도의 연주시차 등으로 증명된다.
④ 1 항성년 : 지구의 공전주기를 말하며 태양이 황도를 한바퀴 도는 시간을 1 항성년이라 하며 365.2564일이고, 시간은 365일 6시간 9분 9.5초이다.
⑤ 1 회귀년 : 태양이 춘분점을 출발하여 다시 춘분점으로 돌아오는 시간을 1 회귀년이라 하며 365.2422일이고 시간으로는 365일 5시간 48분 46초이다. 1 회귀년이 1 항성년 보다 짧은 원인은 지구의 세차 운동으로 춘분점이 동에서 서로 약 50초 이동하기 때문이다.
⑥ 年周時差 : 지구공전 궤도의 양 끝에서 항성에 그은 두 직선이 이루는 각과 동일한데 이것을 항성의 연주시차다.
⑦ 光行差 : 운동하고 있는 관측자에게는 별이 있는 참된 방향보다 조금 기울어진 방향으로 별빛이 오는 것처럼 보이는 현상이다.

17 GPS 위성에 대한 설명으로 틀린 것은?

① 위성이 지구를 한 바퀴 공전할 때 지구는 반 바퀴 자전한다.
② 위성의 고도는 정지궤도위성의 고도보다 낮다.
③ 하나의 궤도면에 3개의 위성이 등간격을 이루도록 설계되어 있다.
④ 북극점 혹은 남극점에서도 가시위성(visible satellite)이 존재한다.

Answer 17 ③

해설

구성요소		특징
우주부문	구성	31개의 GPS위성
	기능	측위용 전파 상시 방송, 위성 궤도 정보, 시각 신호 등 측위 계산에 필요한 정보 방송 ① 궤도형상 : 원궤도 ② 궤도면수 : 6개면 ③ 위성수 : 1궤도면에 4개 위성 (24개 + 보조위성 7개) = 31개 ④ 궤도경사각 : 55° ⑤ 궤도고도 : 20,183km ⑥ 사용좌표계 : WGS84 ⑦ 회전주기 : 11시간58분(0.5 항성일) : 1항성일은 23시간 56분 4초 ⑧ 궤도간이격 : 60도 ⑨ 기준발진기 : 10.23MHz : 세슘원자시계 2대 : 류비듐원자시계 2대

18 지진파의 종류가 아닌 것은?

① S파
② L파
③ P파
④ γ파

해설

탄성파의 종류

종류	진동방향	속도 및 도달시간	특징
종파 (P파)	진행방향과 일치	• 속도 7~8km/sec • 도달시간 0분	• 모든 물체에 전파 • 아주 작은 폭
횡파 (S파)	진행방향과 직각	• 속도 3~4km/sec • 도달시간 8분	• 고체 내에서만 전파 • 보통 폭
표면파 (L파)	수평 및 수직	• 속도 3km/sec	• 지표면에 진동 • 아주 큰 폭

19 지각 변동(운동)의 결정과 같이 정밀한 위치 결정을 위하여 GNSS 측량을 이용하는 경우에 대한 설명으로 틀린 것은?

① 오차를 제거하기 위하여 일반적으로 차분된 관측치를 사용한다.
② 정밀한 위치결정을 위하여 반송파보다는 코드 신호를 사용한다.
③ 상용보다는 학술용 자료처리 프로그램을 사용한다.
④ 정확한 궤도정보인 정밀궤도력을 사용한다.

해설

GPS 측위 원리

GPS를 이용한 측위 방법에는 코드 신호 측정방식과 반송파 신호 측정방식이 있으며 코드 신호에 의한 방법은 위성과 수신기간의 전파 도달 시간차를 이용하여 위성과 수신기간의 거리를 구하며, 반송파 신호에 의한 방법은 위성으로부터 수신기에 도달되는 전파의 위상을 측정하는 간섭법을 이용하여 거리를 구한다.

1. 코드 신호 측정 방식

① 의의 : 위성에서 발사한 코드와 수신기에서 미리 복사된 코드를 비교하여 두 코드가 완전히 일치할 때까지 걸리는 시간을 관측하여 여기에 전파속도를 곱하여 거리를 구하는데 이때 시간에 오차가 포함되어 있으므로 의사거리(Pseudo range)라 한다.

② 공식
$$R = [(X_R - X_S)^2 + (Y_R - Y_S)^2 + (-Z_S)^2]^{1/2} + \delta t \cdot c$$

여기서, R : 위성과 수신기 사이의 거리
X, Y, Z : 위성의 좌표값
X_R, Y_R, Z_R : 수신기의 좌표값
δt : GPS와 수신기간의 시각 동기 오차
C : 전파속도

Answer 18 ④ 19 ②

③ 특징
　㉠ 동시에 4개 이상의 위성신호를 수신해야 함
　㉡ 단독 측위(1점 측위, 절대 측위)에 사용되며 이 때 허용오차는 5~15m
　㉢ 2대 이상의 GPS를 사용하는 상대 측위 중 코드 신호만을 해석하여 측정하는 DGPS (Differential GPS)측위 시 사용되며 허용오차는 약 1m 내외임

2. 반송파신호측정방식
　① 의의 : 위성에서 보낸 파장과 지상에서 수신된 파장의 위상차를 관측하여 거리를 계산한다.
　② 공식
　$R = (N + \dfrac{\phi}{2\pi}) \cdot \lambda + C(dT + dt)$

　　여기서, R : 위성과 수신기 사이의 거리
　　　　　λ : 반송파의 파장
　　　　　N : 위성과 수신기간의 반송파의 개수
　　　　　ϕ : 위상각
　　　　　C : 전파속도
　　　　　$dT + dt$: 위성과 수신기의 시계오차

　③ 특징
　㉠ 반송파신호측정방식은 일명 간섭측위라 하여 전파의 위상차를 관측하는 방식인데 수신기에 마지막으로 수신되는 파장의 위상을 정확히 알수없으므로 이를 모호정수(Ambiguity) 또는 정수치편기(bias)라고 한다
　㉡ 본 방식은 위상차를 정확히 계산하는 방법이 매우 중요한데 그 방법으로 1중차, 2중차, 3중차의 단계를 거친다.
　㉢ 일반적으로 수신기 1대만으로는 정확한 Ambiguity를 결정할 수 없으며 최소 2대 이상의 수신기로부터 정확한 위상차를 관측한다.
　㉣ 후처리용 정밀기준점 측량 및 RTK법과 같은 실시간 이동 측량에 사용된다.

20 지심 좌표 방식으로 GPS 위성 측량에서 쓰이는 좌표계는?

① UTM 좌표
② WGS84 좌표
③ 천문 좌표
④ 베셀 좌표

해설

구성요소		특 징
우주부문	구성	31개의 GPS위성
	기능	측위용 전파 상시 방송, 위성궤도 정보, 시각신호 등 측위 계산에 필요한 정보 방송 ① 궤도형상 : 원궤도 ② 궤도면수 : 6개면 ③ 위성수 : 1궤도면에 4개 위성 (24개 + 보조위성 7개) = 31개 ④ 궤도경사각 : 55° ⑤ 궤도고도 : 20,183km ⑥ 사용좌표계 : WGS84 ⑦ 회전주기 : 11시간 58분(0.5 항성일) : 1항성일은 23시간 56분 4초 ⑧ 궤도간이격 : 60도 ⑨ 기준발진기 : 10.23MHz : 세슘원자시계 2대 : 류비듐원자시계 2대

제2과목 | 응용측량

21 도로의 경관 계획 시 고려사항으로 거리가 먼 것은?

① 지역 경관과 조화를 이루도록 한다.
② 자연환경의 손상을 최대한 억제하도록 한다.
③ 내부 경관과 외부 경관을 동시에 고려하여야 한다.
④ 도로선형의 부드러움을 위해 종단과 횡단에 곡선을 많이 삽입한다.

Answer 20 ② 21 ④

해설

도로의 경관
도로 건설은 최근 입체화 직선화 되므로 국토 조형적 의미가 크고, 경관적 배려가 중요하다.

경관계획 설계과정	1단계	기존의 지물, 역사적 유물 등을 고려하여 도로의 통과 예정지 및 주변에 존재하는 경관의 주 대상, 부 대상, 주요시점을 검색하고 가장 좋은 시점 위치를 찾는다.
	2단계	상기의 좋은 관점을 포함한 노선과 선형이 선택되고 조망점이 설정된다.
	3단계	시점장으로서의 도로공간과 휴게시설의 정돈과 경계처리에 질이 떨어지는 도로요소를 수정하고 가로수의 도입으로 혼란한 가로경관에 통일감을 주도록 한다.
도로경관 계획의 고려사항		① 자연의 손상을 최대한 억제하고 지역 경관과의 조화를 이루도록 한다. ② 시점을 도로 안에 두는 내부경관과 시점을 도로 밖에 두는 외부경관을 고려하여야 한다.
선형설계		① 지역의 경관을 고려하여 투시형태 상의 시각적 연속성 및 부드러움을 고려한다. ② 선형의 급변을 최대한 피한다.

22 그림과 같은 등고선의 체적계산 공식으로 옳은 것은? (단, 등고선 간격은 h, 이고, A_4는 편평한 것으로 가정한다.

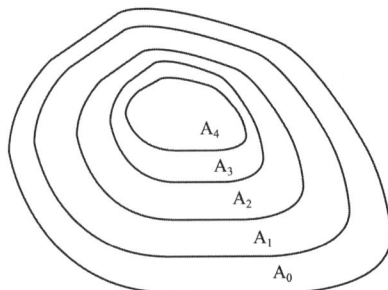

① $V_0 = \dfrac{h}{2}[A_0 + A_4 + 3(A_1 + A_2 + A_3)]$

② $V_0 = \dfrac{h}{2}[A_0 + A_4 + 4(A_1 + A_3) + 2(A_2)]$

③ $V_0 = \dfrac{h}{3}[A_0 + A_4 + 3(A_1 + A_2 + A_3)]$

④ $V_0 = \dfrac{h}{3}[A_0 + A_4 + 4(A_1 + A_3) + 2(A_2)]$

해설

등고선법
토량 산정, Dam, 저수지의 저수량 산정

$V_0 = \dfrac{h}{3}\{A_0 + A_n + 4(A_1 + A_3) + 2(A_2 + A_4)\}$

여기서, $A_0, A_1, A_2\cdots$: 각 등고선 높이에 따른 면적
n : 등고선 간격

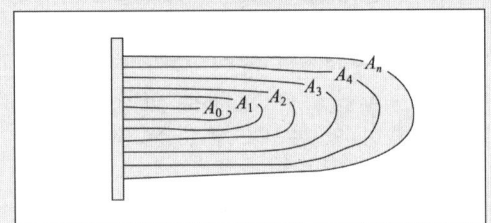

Answer 22 ④

23. 터널완성 후의 변형조사측량 중 고저측량에 대한 설명으로 틀린 것은?

① 철도의 경우는 시공기면을 기준으로 한다.
② 수로 터널과 같이 인버트(invert)가 있는 경우는 인버트의 최상단을 기준으로 한다.
③ 도로 터널에서는 arch crown을 기준으로 한다.
④ 일반적으로 중심점의 높이는 중심선측량과 같이 20m 간격으로 관측한다.

해설

고저측량

① 터널 고저측량의 기준

철도	시공기면 (施工基面)
수로 터널과 같이 인버트(invert)가 있는 경우	인버트의 중심
도로 터널	arch crown 및 포장의 중심

② 중심선 측량과 같이 20m 간격으로 level을 사용하여 고저측량을 하고 터널의 기울기가 소정의 기울기로 되어 있는가를 점검한다.
③ 터널의 이동관측의 경우는 판정하고 싶은 위치에 도벨을 설치하고 그 높이의 변화를 기록하여 둔다.

24. 심프슨법칙에 대한 설명으로 틀린 것은?

① 심프슨법칙을 이용하는 경우, 지거 간격은 균등하게 하여야 한다.
② 심프슨의 제1법칙을 1/3법칙이라고도 한다.
③ 심프슨의 제2법칙을 3/8법칙이라고도 한다.
④ 심프슨의 제2법칙은 사다리꼴 2개를 1조로 하여 3차 포물선으로 생각하여 면적을 구한다.

해설

경계선이 곡선으로 된 경우의 면적 계산

1. **심프슨 제1법칙**
   ① 지거간격을 2개씩 1개조로 하여 경계선을 2차 포물선으로 간주
   ② A = 사다리꼴(ABCD) + 포물선(BCD)
   $= \frac{d}{3} y_0 + y_n + 4(y_1 + y_3 + ... + y_{n-1})$
   $+ 2(y_2 + y_4 + ... + y_{n-2})$
   $= \frac{d}{3} y_0 + y_n + 4(\Sigma_y \text{ 홀수}) + 2(\Sigma_y \text{ 짝수})$
   $= \frac{d}{3} y_1 + y_n + 4(\Sigma_y \text{ 짝수}) + 2(\Sigma_y \text{ 홀수})$
   ③ n(지거의 수)은 짝수이어야 하며, 홀수인 경우 끝의 것은 사다리꼴 공식으로 계산하여 합산

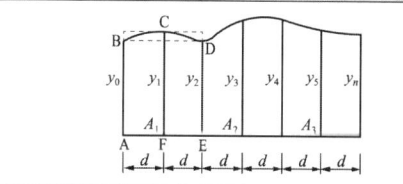

2. **심프슨 제2법칙**
   ① 지거 간격을 3개씩 1개조로 하여 경계선을 3차 포물선으로 간주
   ② $= \frac{3}{8} d y_0 + y_n$
   $+ 3(y_1 + y_2 + y_4 + y_5 + ... + y_{n-2} + y_{n-1})$
   $+ 2(y_3 + y_6 + ... + y_{n-3})$
   ③ n-1이 3배 수여야 하며, 3배수를 넘을 때에는 나머지는 사다리꼴 공식으로 계산하여 합산

Answer 23 ② 24 ④

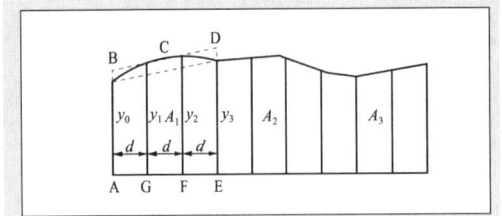

25 설계도나 시방서에 따라 시공에 필요한 점의 위치나 경사를 현지에 측설하는 측량은?

① 공사측량
② 계획조사측량
③ 실시설계측량
④ 준공측량

해설

세부측량 (細部測量)	구조물의 장소에 대해서, 지형도(축척 종 1/500~1/100)와 종횡단면도(축적 종 1/100, 횡 1/500~1/100)를 작성한다.
용지측량 (用地測量)	횡단면도에 계획단면을 기입하여 용지 폭을 정하고, 축척 1/500 또는 1/600로 용지도를 작성한다. 용지폭 말뚝을 설치할 때는 중심선에 직각인 방향을 구하는 것에 주의해야 한다. 구점의 요구 정확도에 따라 직각기 혹은 트랜시트, 레벨(수평분도원이 부착된 것)을 이용하여 방향을 구하고, 관측에는 천줄자 또는 쇠줄자 등을 이용하든가, 시거측량이나 관측봉을 이용하는 방법을 취한다.
공사측량 (工事測量)	검사관측: 중심말뚝의 검사관측, TBM (가고저기준점: Temporary Bench Mark)과 중심 말뚝의 높이의 검사관측을 실시한다.
	가인조점 등의 설치: 필요하면, TBM을 500m 이내에 1개 정도로 설치한다. 또, 중요한 보조말뚝의 외측에 인조점을 설치하고, 토공의 기준틀, 콘크리트 구조물의 형간의 위치 측량 등을 실시한다.

26 달, 태양 등의 기조력과 기압, 바람 등에 의해서 일어나는 해수면의 주기적 승강현상을 연속 관측하는 것은?

① 조석관측
② 조류관측
③ 대기관측
④ 해양관측

해설

해양조석(海洋潮汐: Sea Tide)
해양조석은 주로 달과 태양의 만유인력에 의하여 해수면이 주기적으로 승강(昇降)하는 현상을 말한다.
조석은 해수면의 승강과 함께 조류(潮流: tidal current)를 일으키며, 그 파장과 주기는 일반적인 풍파(風波)나 놀에 비하여 훨씬 크다.
조석은 달-태양-지구의 천체역학(天體力學)의 기조력(起潮力: 지구의 각 점에 조석을 일으키는 힘)에 의한 강제파(强制波)이므로 달-태양-지구의 위치 관계에 따라 기조력의 크기를 비교적 정확하게 알 수 있다.

조석 관측(tidal observation, 潮汐觀測)
천체에 의하여 일어나는 해면의 주기적인 승강인 조석(tide)의 조위를 시간별로 연속하여 관측하는 것을 말한다. 조석관측은 조석의 예보, 수심 및 높이 결정 등 각종 기준면의 결정, 해황 변동, 조석특성 파악 등을 목적으로 실시한다.

27 해양지질학적 기초자료를 획득하기 위하여 음파 또는 탄성파 탐사장비를 이용하여 음향상 및 지층 분포를 조사하는 작업을 무엇이라고 하는가?

① 해저 지층탐사
② 해상 중력 관측
③ 해저지형측량
④ 해상 지자기 관측

Answer 25 ① 26 ① 27 ①

해설

해저지층탐사

해저 지층탐사란 해상용 지층 탐사기를 이용하여 해저면 하부의 지층에 대한 정보를 획득하는 조사 작업을 말한다.
지층탐사에는 천부지층탐사와 심부지층 탐사가 있다.
천부지층탐사는 해저지층탐사 중 고주파수대역(2KHz)의 음원을 사용한 조사 작업을 말하며, 심부지층탐사는 해저지층탐사 중 저주파수대역(1KHz 이하)의 음원을 사용한 조사 작업을 말한다.
해저지층탐사는 해상에서 조사를 수행해야 하므로 물에서 효과적으로 전파될 수 있는 음파를 이용하여 탐사를 수행한다.
밀도가 다른 지층을 통과하는 음파는 속도변화가 발생하는데 이것을 감지하면 실제 지층과 유사한 단면 영상을 제작할 수 있다. 제작된 지층 단면은 습곡, 단층과 같은 지질구조를 보여주므로 해저지형의 형성 과정을 연구하거나 자원을 탐사하는데 활용된다.

28 터널의 천장에 두 점의 측점을 관측하여 기계고(IH)가 −1.45m, 시준고(h)가 −1.60m, 경사거리(S)가 42.50m, 연직각(상향)이 15°30′이었다면 두 점의 고저차는?

① 8.31m
② 11.21m
③ 11.51m
④ 14.41m

해설

$\triangle H = h_2 + (l \cdot \sin\alpha) - h_1$
$= 1.6 + (42.5 \times \sin 15°30') - 1.45$
$= 11.51\text{m}$

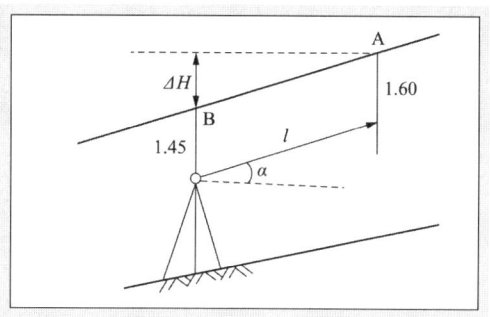

29 하천측량의 일반적인 작업순서로 옳은 것은?

① 도상조사 → 현지조사 → 평면측량 → 수준측량 → 유량측량
② 도상조사 → 현지조사 → 유량측량 → 수준측량 → 평면측량
③ 현지조사 → 도상조사 → 유량측량 → 평면측량 → 수준측량
④ 현지조사 → 유량측량 → 도상조사 → 수준측량 → 평면측량

해설

하천측량의 순서
도상 조사 → 자료 조사 → 현지 조사 → 평면 측량 → 수준 측량 → 유량 측량

30 그림과 같은 노선 단면에서 여유폭을 포함하는 용지의 폭은?
(단, 여유폭 = 0.5m로 한다.)

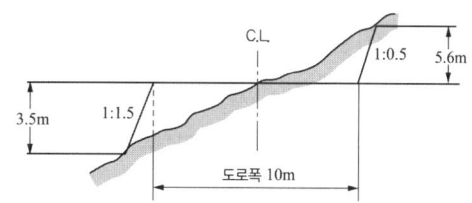

① 18.05m
② 19.05m
③ 23.53m
④ 24.53m

Answer 28 ③ 29 ① 30 ②

> [해설]
> 노선 단면의 여유폭
> $0.5 + (1.5 \times 3.5) + 10 + (0.5 \times 5.6) + 0.5 = 19.05m$

31 완화곡선에 대한 설명으로 옳지 않은 것은?

① 완화곡선의 곡선반지름은 시점에서 무한대, 종점에서 원곡선의 반지름으로 된다.
② 완화곡선의 접선은 시점에서 원호에, 종점에서 직선에 접한다.
③ 클로소이드의 형식에는 S형, 복합형, 기본형 등이 있다.
④ 모든 클로소이드는 닮은꼴이며 클로소이드의 요소에는 길이의 단위가 있는 것과 단위가 없는 것이 있다.

> [해설]
> 완화곡선의 특징
> ① 곡선반경은 완화곡선의 시점에서 무한대, 종점에서 원곡선 R로 된다.
> ② 완화곡선의 접선은 시점에서 직선에, 종점에서 원호에 접한다.
> ③ 완화곡선에 연한 곡선반경의 감소율은 캔트의 증가율과 같다.
> ④ 완화곡선의 종점의 캔트와 원곡선 시점의 캔트는 같다.
> ⑤ 완화곡선은 이정의 중앙을 통과한다.
> ⑥ 완화곡선의 곡률은 시점에서 0, 종점에서 $\frac{1}{R}$이다.

32 하천측량에서 수위관측소를 설치할 경우 고려사항으로 틀린 것은?

① 관측소의 위치는 그 상·하류의 상당한 범위까지 하안과 하상이 안전하고 세굴이나 퇴적이 되지 않아야 한다.
② 상·하류의 길이 약 100m 정도의 구간은 직선이고 유속의 변화가 작은 곳이 좋다.
③ 지천의 합류점 또는 분류점으로 수위의 변화가 뚜렷한 곳이어야 한다.
④ 평상시에는 홍수 때보다 수위표를 쉽게 읽을 수 있는 곳이어야 한다.

> [해설]
> 수위 관측소(水位觀測所) 및
> 양수표(量水標 : water guage) 설치 장소
> ① 하안(河岸)과 하상(河床)이 안전하고 세굴이나 퇴적이 되지않은 장소
> ② 상하류의 길이 약 100m 정도의 직선일 것
> ③ 유속의 변화가 크지 않아야 한다.
> ④ 수위가 교각이나 기타 구조물에 영향을 받지 않은 장소
> ⑤ 홍수 때는 관측소의 유실, 이동 및 파손될 염려가 없는 장소
> ⑥ 평시는 홍수때보다 수위표가 쉽게 읽을 수 있는 장소
> ⑦ 지천의 합류점 및 분류점으로 수위의 변화가 생기지 않은 장소
> ⑧ 양수표의 영점위치는 최저수위 밑에 있고, 양수표 눈금의 최고위는 최고홍수위보다 높아야 한다.
> ⑨ 양수표는 평균해수면의 표고를 측정해 둔다.
> ⑩ 어떠한 갈수 시에도 양수표가 노출되지 않는 장소
> ⑪ 수위가 급변하지 않는 장소
> ⑫ 양수표는 하천에 연하여 5~10km마다 배치한다.

33 하천측량의 수위관측에서 양수표에 대한 설명으로 옳지 않은 것은?

① 영(0) 눈금은 최저수위보다 높다.
② 양수표의 최고수위는 최대 홍수위보다 높다.
③ 검조장의 평균해면 표고로 측정한다.
④ 홍수 뒤에는 부근 수준점과 연결하여 표고를 확인한다.

Answer 31 ② 32 ③ 33 ①

[해설]

수위 관측소(水位觀測所) 및 양수표(量水標 : water guage) 설치 장소

① 하안(河岸)과 하상(河床)이 안전하고 세굴이나 퇴적이 되지않은 장소
② 상하류의 길이 약 100m 정도의 직선일 것
③ 유속의 변화가 크지 않아야 한다
④ 수위가 교각이나 기타 구조물에 영향을 받지 않은 장소
⑤ 홍수 때는 관측소의 유실, 이동 및 파손될 염려가 없는 장소
⑥ 평시는 홍수때보다 수위표가 쉽게 읽을수 있는 장소
⑦ 지천의 합류점 및 분류점으로 수위의 변화가 생기지 않은 장소
⑧ 양수표의 영점위치는 최저수위 밑에 있고, 양수표 눈금의 최고위는 최고홍수위보다 높아야 한다.
⑨ 양수표는 평균해수면의 표고를 측정해 둔다.
⑩ 어떠한 갈수 시에도 양수표가 노출되지 않는 장소
⑪ 수위가 급변하지 않는 장소
⑫ 양수표는 하천에 연하여 5~10km마다 배치한다.

34 면·체적 측량에 관한 설명 중 틀린 것은?

① 구적기에 의한 방법은 도면의 축척과 신축 등으로 인하여 직접법에 비해 정확도가 다소 떨어진다.
② 각주공식은 다각형인 양단면이 평행인 경우에 중앙의 면적을 구한 후 심프슨 제2법칙을 적용하여 구한다.
③ 다각측량에서 폐합다각형 내의 면적은 배횡거법으로 구할 수 있다.
④ 산지에서의 정지작업 또는 매립용량, 저수지 담수량의 체적산정 등에는 등고선법이 사용된다.

[해설]

체적측량

① 단면법 : 도로, 철도, 수로의 절·성토량

양단면평균법 (End area formula)	$V = \frac{1}{2}(A_1 + A_2) \cdot l$ 여기서, A_1, A_2 : 양끝단면적 A_m : 중앙단면적 $l : A_1$ 에서 A_2 까지의길이
중앙단면법 (Middle area formula)	$V = A_m \cdot l$
각주공식 (Prismoidal formula)	$V = \frac{l}{6}(A_1 + 4A_m + A_2)$

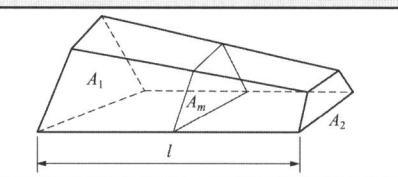

② 점고법 : 정지작업의 토공량 산정 (넓은 지역의 택지공사)
③ 등고선법 : 토량 산정, Dam, 저수지의 저수량 산정

35 토털스테이션(total station)을 이용한 단곡선 설치에 있어서 가장 널리 사용되는 편리한 방법은?

① 종거에 의한 설치법
② 중앙종거법
③ 지거설치법
④ 좌표법

Answer 34 ② 35 ④

해설

단곡선(Simple curve) 설치 방법

편각 설치법	철도, 도로 등의 곡선 설치에 가장 일반적인 방법이며, 다른 방법에 비해 정확하나 반경이 적을 때 오차가 많이 발생한다.
중앙종거법	곡선반경이 작은 도심지 곡선설치에 유리하며 기설곡선의 검사나 정정에 편리하다. 일반적으로 1/4법이라고도 한다.
접선편거 및 현편거법	트랜싯을 사용하지 못할 때 폴과 테이프로 설치하는 방법으로 지방도로에 이용되며 정밀도는 다른 방법에 비해 낮다.
접선에서 지거를 이용하는 방법	양접선에 지거를 내려 곡선을 설치하는 방법으로 터널 내의 곡선설치와 산림지에서 벌채량을 줄일 경우에 적당한 방법이다.

• 토털 스테이션을 이용한 단곡선 설치에 있어서 가장 널리 사용되는 편리한 방법은 좌표법이다.

해설

갱내 외의 연결측량

한 개의 수직갱에 의한 방법	1개의 수직갱으로 연결할 경우에는 수직갱에 2개의 추를 매달아서 이것에 의해 연직면을 정하고 그 방위각을 지상에서 관측하여 지하의 측량을 연결한다.
두 개의 수직갱에 의한 방법	2개의 수직갱구에 각각 1개씩 수선 AE를 정한다. 이 A·E를 기정 및 폐합점으로 하고 지상에서는 A, 6, 7, 8, E, 갱내에서는 A, 1, 2, 3, 4, E의 다각측량을 실시한다.

깊은 수갱	얕은 수갱
① 피아노선(강선)	① 철선, 동선, 황동선
② 추의 중량 : 50~60kg	② 추의 중량 : 5kg

• 수갱 밑에 물 또는 기름을 넣은 탱크를 설치하고 그 속에 추를 넣어 진동하는 것을 막는다.
• 추가 진동하므로 직각방향으로 수선 진동의 위치를 10회 이상 관측해서 평균값을 정지점으로 한다.
• 하나의 수갱(Shuft)에서 두 개의 추를 달아 이것에 의하여 연직면을 결정하고 그 방위각을 지상에서 측정하여 지하의 측량에 연결하는 것

36 터널 내외 연결측량에 관한 설명으로 옳지 않은 것은?

① 1개의 수직 터널에 의한 연결측량방법은 정렬법과 삼각법이 있다.
② 선단에 추를 달아 수직선을 내리고 추의 흔들림을 막기 위해 물 또는 기름통에 넣는다.
③ 얕은 수직 터널에서는 보통 철선, 강선, 황동선이 이용되며 깊은 수직 터널에서는 피아노선이 이용된다.
④ 수직 터널이 한 개인 경우 수직 터널에 한 개의 수선을 내리고 이 수선의 길이와 방위를 관측한다.

37 직선과 반지름(R)이 500m인 원곡선 사이에 3차 포물선에 의한 150m 길이의 완화곡선을 설치할 경우에 완화곡선 시점 A(B.T.C)로부터 주접선상 100m인 지점에서 완화곡선 위의 C점까지 수직거리 y는?

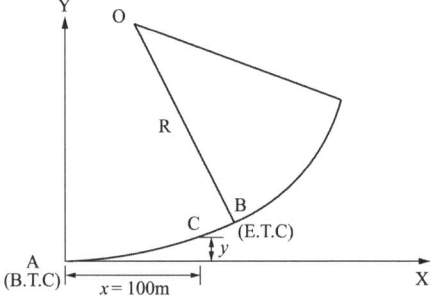

① 0.22m   ② 1.75m
③ 2.22m   ④ 2.75m

Answer 36 ④ 37 ③

[해설]

$$y = \frac{x^3}{6RX} = \frac{100^3}{6 \times 500 \times 150} = 2.22\text{m}$$

38 반지름이 100m, 교각이 55°20′일 때 접선길이(T.L)는?

① 40.34m ② 52.43m
③ 60.34m ④ 72.43m

[해설]

$$TL = R\tan\frac{I}{2} = 100 \times \tan\frac{55°20′}{2} = 52.43\text{m}$$

39 측량결과에 의하여 그림과 같이 절토고를 얻었다면 절토량은? (단, 각 분할된 구역은 가로×세로 = 20m×10m로 동일하다.)

① 1375m³ ② 1425m³
③ 1475m³ ④ 1525m³

[해설]

$$V = \frac{A}{4}(\sum h_1 + 2\sum h_2 + 3\sum h_3)$$
$$= \frac{20 \times 10}{4}\{(8.7) + (2 \times 7.4) + (3 \times 2.0)\}$$
$$= 1,475.0\text{m}^3$$

$\sum h_1 = 2.0 + 1.4 + 1.6 + 1.7 + 2.0 = 8.7$
$\sum h_2 = 1.5 + 1.6 + 1.8 + 2.5 = 7.4$
$\sum h_3 = 2.0$

40 하천의 유속측정에서 수면으로부터 수심 (H)이 0.2H, 0.6H, 0.8H인 지점에서 관측한 유속이 0.541m/s, 0.417m/s, 0.355m/s 일 때 2점법으로 구한 평균유속은?

① 0.479m/s ② 0.448m/s
③ 0.433m/s ④ 0.386m/s

[해설]

$$2점법(Vm) = \frac{V_{0.2} + V_{0.8}}{2}$$
$$= \frac{0.541 + 0.355}{2} = 0.448\text{m/s}$$

① 1점법(Vm) : 수면으로부터 수심 $0.6H$
② 2점법(Vm) : $\dfrac{V_{0.2} + V_{0.8}}{2}$
③ 3점법(Vm) : $\dfrac{V_{0.2} + 2V_{0.6} + V_{0.8}}{4}$
④ 4점법(Vm) : $\dfrac{1}{5}\{V_{0.2} + V_{0.4} + V_{0.6} + V_{0.8}$
　　　　　　　　　$+ \dfrac{1}{2}(V_{0.2} + \dfrac{1}{2}V_{0.8})\}$

제3과목 | 사진측량 및 원격탐사

41 SAR(Synthetic Aperture Radar)에 대한 설명으로 틀린 것은?

① 야간에도 데이터 획득이 가능하다.
② 측면방향으로 데이터를 획득할 수 있다.
③ DEM 생성이 가능하다.
④ 수동적 광학 센서를 사용한다.

[해설]

SAR(Synthetic Aperture Radar)

SAR(Synthetic Aperture Radar)는 microwave를 이용하는 능동센서(Radar)이다. 이 영역은 크게 RAR(Real Aperture Radar)와 SAR로 나눌 수 있다. SAR 기법이 도입된 가장 큰 이유는 플랫폼의 비행 방향(azimuth direction)으로 관측되는 자료의 해상도 개선이다.
마이크로파 원격탐사는 플랫폼이 비행하는 방향(azimuth direction)에 직각인 방향(range direction)으로 한 쪽 또는 양쪽으로 마이크로파를 쏘고, 대상

Answer 38 ② 39 ③ 40 ② 41 ④

물체(target)에서 되돌아오는 후방산란파(backs-cattering) 신호를 2차원 영상(2D image)으로 기록하는 기법이다.
SAR(Synthetic Aperture Radar)는 능동적 센서로 태양광에 의존하지 않아 밤에도 영상 촬영이 가능하다. 또한 구름이 대기 중에 존재하더라도 영상을 취득할 수 있으며 광학적 탐측기에 의해 취득된 영상에 비해 영상의 기하학적 구성이 복잡할 뿐 아니라 영상의 시각적 효과도 양호하지 못하다.
SAR는 레이더파를 지표면에 주사하여 반사파로부터 2차원 영상을 얻는 센서이므로 광학적 탐측기에 의해 취득되는 다중분광영상 자료가 포함되지 않는다.

42 항공사진 또는 위성영상을 지상기준점(GCP)을 이용해 왜곡된 영상의 좌표와 실제 지표 좌표를 연계하여 영상의 좌표를 지도 좌표계와 일치 시키는 과정을 무엇이라 하는가?

① 대기보정(Atmospheric Correction)
② 방사량보정(Radiometric Correction)
③ 시스템보정(System Correction)
④ 기하보정(Geometric Correction)

[해설]
① 방사량보정
   방사량 보정(Radiometric Correction)에는 센서의 감도 특성에 기인하는 주변 감광의 보정, 광전변환계의 특성에 기인하는 보정, 태양의 고도 각 보정, 지형적 반사특성 보정, 대기의 흡수, 산란 등에 의한 대기보정 등이 있다.

② 기하보정(Geometri Correction)
   영상에 포함되는 기하 왜곡은 영상에서의 각 픽셀 위치 좌표와 지도 좌표계에서의 대상 지물 좌표와의 차이로 알 수 있다. 기하보정은 센서의 기하특성에 의한 내부 왜곡의 보정, 탑재기의 자세에 의한 왜곡 및 지형 또는 지구의 형상에 의한 외부왜곡, 영상투영면에 의한 왜곡 및 지도 투영법 차이에 의한 왜곡 등을 보정하는 것을 말한다.

43 항공사진의 특수 3점이 아닌 것은?

① 지표점   ② 연직점
③ 등각점   ④ 주점

[해설]

특수3점	특징
주점 (Principal Point)	주점은 사진의 중심점이라고도 한다. 주점은 렌즈 중심으로부터 화면(사진면)에 내린 수선의 발을 말하며 렌즈의 광축과 화면이 교차하는 점이다.
연직점 (Nadir Point)	① 렌즈 중심으로부터 지표면에 내린 수선의 발을 말하고 N을 지상연직점(피사체연직점), 그 선을 연장하여 화면(사진면)과 만나는 점을 화면연직점(n)이라 한다. ② 주점에서 연직점까지의 거리(mn) $= f\tan i$
등각점 (Isocenter)	① 주점과 연직점이 이루는 각을 2등분한 점으로 또한 사진면과 지표면에서 교차되는 점을 말한다. ② 주점에서 등각점까지의 거리(mn) $= f\tan\dfrac{i}{2}$

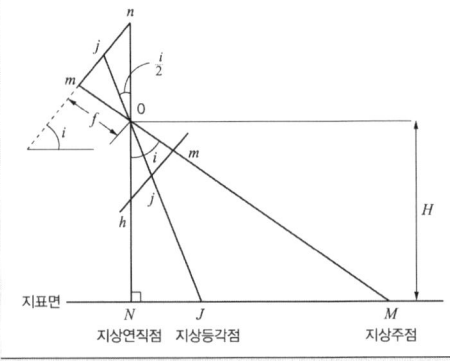

Answer 42 ④ 43 ①

44 절대표정이 완전히 끝났을 때 사진모델과 실제지형의 관계로 옳은 것은?

① 합동 ② 상사
③ 상반 ④ 일치

[해설]

절대표정(absolute orientation)
① 절대표정은 대지표정이라고도 한다.
② 상호표정이 끝난 입체모형을 대상물 공간(또는 지상)의 기준점을 이용하여 대상물 공간 좌표계와 일치하도록 하는 작업이다.
③ 절대표정은 2차원이나 3차원 가상좌표로부터 절대좌표를 구함으로서 사진상의 상과 대상물 공간이 상사 관계를 이루게 하는 작업이다.
④ 절대표정은 첫째 축척의 결정, 둘째 수준면의 결정, 셋째 위치의 결정순서로 한다.
⑤ 절대표정에서는 κ, ϕ, Ω, X, Y, Z, λ의 7개 표정인자 필요하다.
⑥ 입체모형(Model) 2점의 X, Y 좌표와 3점의 높이(Z) 좌표가 필요하므로 최소한 3점의 표정점이 필요하다.
⑦ 7개의 표정요소를 최소제곱법으로 결정하기 위해서는 적어도 3개의 기준점이 필요하다.

45 상호표정의 불완전 모형(incomplete model)을 설명한 것으로 가장 적합한 것은?

① 입체모형에서 회전인자를 사용할 수 없는 모형
② 입체모형에서 공면조건이 없는 모형
③ 입체모형에서 일부가 구름 등으로 가려져 상호표정에 필요한 6점을 이상적으로 배치할 수 없는 모형
④ 입체모형에서 평행변위부 수정을 위하여 기계적 방법을 사용하여야 하는 모형

[해설]
입체 모형의 일부가 구름이나 수면으로 가려져 상호표정에 필요한 6점을 이상적으로 배치할 수 없는 모형을 상호표정의 불완전모형이라 한다.

46 상호표정과 관련이 없는 것은?

① 종시차 제거 ② 모델 좌표계
③ 지상기준점   ④ 공액점

[해설]

상호표정
상호표정은 대상물과의 관계를 고려하지 않고 좌우사진의 양 투영기에서 나오는 광속이 이루는 종시차를 소거하여 입체모형 전체가 완전입체 시 되도록 하는 작업으로 상호표정을 완료하면 3차원 입체모형좌표를 얻을 수 있다. 즉, 상호표정은 사진의 경사 및 투영 위치의 이동을 조정하여 입체상을 만드는 작업이다. 상호표정이란 항공기가 촬영 당시에 가지고 있던 기울기를 도화기에 그대로 재현시키는 과정이다. 사진좌표로부터 사진기 좌표를 구한 다음 모델좌표를 구하는 단계적 표정으로서 좌표변환식은 다음 조건을 이용한다.

1. **상호표정 좌표조정 변환식**
   ① 공선조건(Collinearity Condition)
      공간상의 임의의 점(X, Y, Z)과 그에 대응되는 사진상의 점(x, y) 및 사진기의 투영중심(X_0, Y_0, Z_0)이 동일 직선상에 있어야 할 조건을 말한다.
      입체사진측량에서 2개 이상의 공선조건이 얻어지므로 대상물 3차원 좌표를 결정할 수 있다.
   ② 공면조건(Coplanarity Condition)
      두 개의 투영중심과 공간상의 임의점 p의 두상점이 동일평면상에 있기 위한 조건을 말한다.

Answer 44 ② 45 ③ 46 ③

47 사진의 크기와 촬영고도가 같을 경우에 초광각 카메라에 의한 촬영지역의 면적은 광각카메라로 찍은 경우의 약 몇 배가 되는가?

① 2배
② 3배
③ 6배
④ 9배

해설

$A_{초} : A_{광} = (ma)^2 : (ma)^2$
$= (\frac{H}{f}a)^2 : (\frac{H}{f}a)^2$
$= \frac{1}{88^2} : \frac{1}{153^2} = 3.1 : 1$

종류	렌즈의 화각	초점거리 (mm)	화면크기 (cm)	용도	비고
초광각 사진	120°	88	23×23	소축척 도화용	완전평지에 이용
광각 사진	90°	152~153	23×23	일반도화, 사진판독용	・경제적 ・일반도화
보통 각사진	60°	210	18×18	산림조사용	・산악지대 ・도심지 촬영 ・정면도 제작

48 항공라이다(LiDAR)의 특성으로 틀린 것은?

① 능동센서이므로 야간에도 측량이 가능하다.
② 레이저펄스가 반사된 지점의 3차원 좌표 및 반사강도를 제공한다.
③ 산림지역의 순수한 지표면의 DEM 생성이 가능하다.
④ 지하매설물에 대한 탐지가 가능하다.

해설

항공레이저측량
항공레이저측량 시스템은 지표(surface)에 있는 산이나 골짜기, 산림 등의 자연지형과 택지 및 도로, 빌딩이나 다리 등의 인공지물로 이루어지는 지형지물을 항공기의 위치 및 자세가 정확하게 얻어지는 극초단파를 사용하는 능동적 센서로부터 레이저를 발사하여 거리를 측정하고 그 수치를 측량좌표계 등으로 나타낸 계측기라 할 수 있다. 항공레이저측량은 항공레이저측량시스템을 항공기에 탑재하여 레이저를 주사하고 그 지점에 대한 3차원 위치좌표를 취득하는 측량방법을 말한다. Laser Radar 혹은 LIDAR, LiDAR이라고도 한다.

〈특징〉
① 항공사진 측량에 비하여 작업속도나 경제적인 면에서 매우 유리하다.
② 재래식 항측기법의 적용이 어려운 산림, 수목 및 늪지대 등의 지형도 제작에 유용하다.
③ 기상조건에 좌우되지 않는다.
④ 산림이나 수목지대에도 투과율이 높다.
⑤ 자료 취득 및 처리 과정이 수치 방식으로 이루어진다.
⑥ 저고도 비행에서만 가능하다.
⑦ 능선이나 계곡 및 등 지형의 경사가 심한 지역에서는 정확도가 저하되는 단점이 있다.

49 사진측량용 카메라와 일반 카메라를 비교하였을 때 사진측량용 카메라에 대한 설명으로 옳지 않은 것은?

① 해상력과 선명도가 높다.
② 거대하고 중량이 크다.
③ 렌즈의 지름이 크다.
④ 셔터 속도가 느리다.

Answer 47 ② 48 ④ 49 ④

해설

측량용 사진기와 촬영용 항공기의 특징

분류	특징
측량용 사진기	① 초점길이가 길다. ② 화각이 크다. ③ 렌즈 지름이 크다. ④ 거대하고 중량이 크다. ⑤ 해상력과 선명도가 높다. ⑥ 셔터의 속도는 1/100~1/1,000초이다. ⑦ 파인더로 사진의 중복도를 조정한다. ⑧ 수차가 극히 적으며 왜곡수차가 있더라도 보정판을 이용하여 수차를 제거한다.
촬영용 항공기	① 안정성이 좋을 것 ② 조작성이 좋을 것 ③ 시계가 좋을 것 ④ 항공거리가 길 것 ⑤ 이륙거리가 짧을 것 ⑥ 상승속도가 클 것 ⑦ 상승한계가 높을 것 ⑧ 요구되는 속도를 얻을 수 있을 것

50 축척 1 : 50000 지형도에서 종방향×횡방향 = 18cm×36cm의 도화 구역이 있다. 이것을 촬영 축척 1 : 20000, 종중복도 60%, 횡중복도 30%, 사진의 크기 23cm×23cm로 촬영할 경우에 사진 수는? (단, 촬영코스 수를 계산하는 정밀계산에 의한다.)

① 36장 ② 33장
③ 30장 ④ 27장

해설

① 종 모델수 $(D) = \dfrac{S_1}{B} = \dfrac{50,000 \times 0.18}{20,000 \times 0.23(1 - \dfrac{60}{100})}$

$= \dfrac{9,000}{1,840} = 4.89 ≒ 5$모델

② 횡 모델수 $(D') = \dfrac{S_2}{c} = \dfrac{50,000 \times 0.36}{20,000 \times 0.23(1 - \dfrac{30}{100})}$

$= \dfrac{18,000}{3,220} = 5.59 ≒ 6$모델

③ 사진매수 $= (D+1) \times D' = (5+1) \times 6 = 36$매

51 위성영상의 지상수신소에서 사용자에게 공급하는 위성영상자료의 포맷이 아닌 것은?

① SIF(Standard Interchange Format)
② BIL(Band Interleaved by Line)
③ BSQ(Band SeQuential)
④ HDF(Hierarchical Data Format)

해설

래스터자료 포맷 방법

① BIL(Band Interleaved by Line) : 라인별 영상
한 개 라인 속에 한 밴드 분광값을 나열한 것을 밴드순으로 정렬하고 그것을 전체 라인에 대해 반복하며 {[(픽셀번호순), 밴드순], 라인번호순}이다. 주어진 선에 대한 모든 자료의 파장대를 연속적으로 파일 내에 저장하는 형식이다. BIL 형식에 있어 파일 내의 각 기록은 단일 파장대에 대해 열의 형태인 자료의 격자형 입력선을 포함하고 있다.

② BSQ(Band Se Quential) 밴드별 영상
밴드별로 이차원 영상 데이터를 나열한 것으로 {[(픽셀(화소)번호순), 라인번호순], 밴드순}이다. 각 파장대는 분리된 파일을 포함하여 단일 파장대가 쉽게 읽혀지고 보일 수 있으며 다중파장대는 목적에 따라 불러올 수 있다.

Answer 50 ① 51 ①

③ BIP(Band Interleaved by Pixel) : 픽셀별 영상 한 개 라인 중의 하나의 화소 분광값을 나열한 것을 그 라인의 전체 화소에 대해 정열하고 그것을 전체 라인에 대해 반복하며 [(밴드순, 픽셀 번호순), 라인번호순]이다. 각 파장대의 값들이 주어진 영상소 내에서 순서적으로 배열되며 영상소는 저장장치에 연속적으로 배열된다. 구형이므로 거의 사용되지 않는다.

52 공선조건식에 포함되지 않는 것은?

① 초점거리
② 주점의 위치
③ 촬영점의 좌표
④ 사진지표의 좌표

해설

공선조건(Collinearity Condition)
사진상의 한 점(x, y)과 사진기의 투영중심(촬영중심) (X_o, Y_o, Z_o) 및 대응하는 공간상(지상)의 한 점(X_p, Y_p, Z_p)이 동일직선상에 있어야 하는 조건을 공선조건이라 한다.

① 공선조건의 원리
사진기의 투영중심과 p의 상점 및 대상물 사이에는 다음과 같은 관계가 성립한다.

$$\begin{vmatrix} X_p - X_o \\ Y_p - Y_o \\ Z_p - Z_o \end{vmatrix} = R \begin{vmatrix} x \\ y \\ -f \end{vmatrix} = \begin{vmatrix} a_{11}x + a_{12}y - a_{13}f \\ a_{21}x + a_{22}y - a_{23}f \\ a_{31}x + a_{32}y - a_{33}f \end{vmatrix}$$

② 공선조건식

공선조건식은 $\dfrac{x}{X_p} = \dfrac{y}{Y_p} = \dfrac{-f}{Z_p}$ 이므로 위 식에 대입하면

$x = \dfrac{-f}{Z_p} \times X_p$

$= x_0 - f \dfrac{a_{11}(X_p - X_o) + a_{12}(Y_p - Y_o) + a_{13}(Z_p - Z_o)}{a_{31}(X_p - X_o) + a_{32}(Y_p - Y_o) + a_{33}(Z_p - Z_o)}$

$y = \dfrac{-f}{Z_p} \times Y_p$

$= y_0 - f \dfrac{a_{21}(X_p - X_o) + a_{22}(Y_p - y_o) + a_{23}(Z_p - Z_o)}{a_{31}(X_p - X_o) + a_{32}(Y_p - y_o) + a_{33}(Z_p - Z_o)}$

이 공선 조건식은 3점의 지상 기준점을 이용하여 투영중심 O의 좌표(X_o, Y_o, Z_o)와 표정인자(k, ϕ, ω)를 구하는 공간 후방 교회법과 공간 전방 교회법에 의해 결정된 6개의 외부표정인자와 상점(x, y)을 이용하여 새로운 지상점의 좌표(X, Y, Z)를 구하는 공간 전방 교회법에 이용된다.
(여기서, 지상점의 좌표(X, Y, Z), 내부표정 요소(x_0, f), 외부표정 요소$(a_{11}, a_{12} \cdots X_0, Y_0, Z_0)$)

53 센서의 순간시야각(IFOV)이 1.5mrad(milli radians)이고, 촬영 고도가 1000m일 때 지상 공간 해상도로 옳은 것은?

① 0.15m × 0.15m
② 1.5m × 1.5m
③ 15m × 15m
④ 150m × 150m

해설

1,000m 고도에서 촬영한 화소의 지상 투영면적이 1.5×1.5m

순간 시야각
[IFOV : instantaneous field of view, 瞬間視野角]

순간 시야각은 공간정보(공간 분해능)를 파악하는 열화상 장비의 기능에 대해 설명하는 일종의 규격을 말한다. 일반적으로 IFOV는 밀리라디안(mRAD) 단위의 각도로 표시된다. 렌즈를 통해 검출기에서 투사되면 IFOV가 주어진 거리에서 볼 수 있는 물체의 크기를 제시한다. IFOV 측정이란 주어진 거리에서 측정 할수 잇는 가장 작은 물체를 설명하는 열화상 장비의 측정분해능을 말한다.
주사기의 지상 분해능의 척도로서 자료를 기록하는 최소 관측 시야 단위. 통상 mrad을 단위로 사용한다. 순간 시야각에 대응하는 지표의 관측 최소면적 단위를 화소라 한다. 1회 주사로 얻어지는 전체 범위에 해당하는 각도는 시야각이라 부른다.

Answer 52 ④ 53 ②

54 수치도화기(디지털 도화기)에 가장 적합한 입체시 방법은?

① 편광 입체 시
② 순동 입체 시
③ 여색 입체 시
④ 컬러 입체 시

해설

기기에 의한 입체시
① 입체경 : 렌즈식 입체경과 반사식 입체경이 있다.
② 여색 입체 시 : 왼쪽에 적색, 오른쪽에 청색의 안경으로 보면 입체감을 얻는다.
③ 편광 입체 시 : 편광입체시법은 서로 직교하는 진동면을 갖는 2개의 편광광선이 1개의 편광면을 통과할 때 그 편광면의 진동방향과 일치하는 진행방향의 광선만 통과하고 여기에 직교하는 광선은 통과하지 못하는 편광의 성질을 이용하는 방법이다.
편광 입체 시는 수치도화기(디지털 도화기)에 가장 적합한 입체시 방법이다.
④ 순동 입체 시 : 순동법은 영화와 같이 망막상의 잔상을 이용하여 입체시각을 얻는 방법이다
⑤ 역 입체 시 : 입체시 과정에서 높은 것이 낮게, 낮은 것이 높게 보이는 현상이다.
　㉠ 정 입체 시할 수 있는 사진을 오른쪽과 왼쪽 위치를 바꿔 놓을 때
　㉡ 여색 입체 사진을 청색과 적색의 색안경을 좌우로 바꿔서 볼 때
　㉢ 멀티플렉스의 모델을 좌우의 색안경을 교환해서 입체 시할 때
⑥ 컴퓨터상에서의 입체 시
⑦ 컬러 입체 시

55 촬영고도 1500m에서 평탄지를 촬영한 두 연직사진 상에서 2점 간의 시차차를 측정하니 4mm이었다면 이 2점 간의 비고 차는? (단, 카메라의 초점거리 153mm, 종중복도 60%, 사진의 크기 23cm×23cm)

① 19.6m　② 32.6m
③ 39.2m　④ 65.2m

해설

$$b_0 = a(1 - \frac{p}{100}) = 0.23(1 - \frac{60}{100}) = 0.092$$

$$h = \frac{H}{b_0} \times \Delta P = \frac{1500}{0.092} \times 0.004 = 65.2m$$

56 사진측량의 특징에 대한 설명으로 틀린 것은?

① 정량적 및 정성적 측량이 가능하다.
② 동적인 대상물의 측량이 가능하다.
③ 작업의 자동화로 과정이 단순하고 현장에서 오류를 발견하기 쉽다.
④ 해상도만 만족하면 축척변경이 용이하다.

해설

사진측량의 장·단점
1. 장점
　① 정량적 및 정성적 측정이 가능하다.
　② 정확도가 균일하다.
　　㉠ 평면(X, Y) 정도
　　　(10~30)μ×촬영축척의 분모수(m)
　　　$= (\frac{10}{1,000} \sim \frac{30}{1,000})$mm·M
　　㉡ 높이(H) 정도
　　　$(\frac{1}{10,000} \sim \frac{2}{10,000})$×촬영고도(H)
　　여기서, $1\mu = \frac{1}{1,000}$(mm)
　　　M : 촬영축척의 분모수
　　　H : 촬영고도

Answer　54 ①　55 ④　56 ③

③ 동체측정에 의한 현상보존이 가능하다.
④ 접근하기 어려운 대상물의 측정도 가능하다.
⑤ 축척변경도 가능하다.
⑥ 분업화로 작업을 능률적으로 할 수 있다.
⑦ 경제성이 높다.
⑧ 4차원의 측정이 가능하다.
⑨ 비지형측량이 가능하다.
⑩ 소축척의 측량일수록 경제적이다(대축척은 높은정확도를 요구하므로 소축척에 비해 지형도제작이 고가이다).

2. 단점
① 좁은 지역에서는 비경제적이다.
② 기자재가 고가이다.(시설 비용이 많이 든다.)
③ 피사체에 대한 식별의 난해가 있다.(지명, 행정경계, 건물명, 음영에 의하여 분별하기 힘든 곳 등의 측정은 현장의 작업으로 보충측량이 요구된다)
④ 기상조건에 영향을 받는다.
⑤ 태양고도등에 영향을 받는다.

57 아래와 같은 영상을 분석하기 위해 산림지역의 트레이닝 필드를 선정하였다. 트레이닝 필드로부터 산출되는 각 밴드의 평균값은?

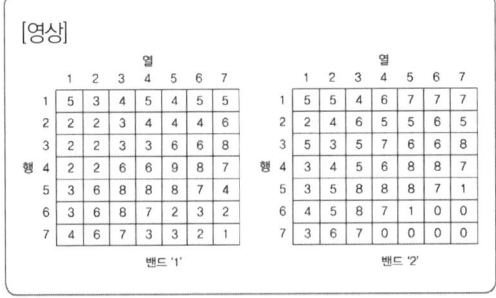

[산림지역 트레이닝 필드]

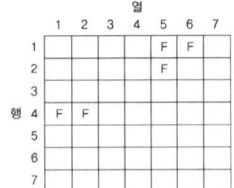

① 밴드 '1' = 5.2, 밴드 '2' = 3.3
② 밴드 '1' = 3.3, 밴드 '2' = 5.2
③ 밴드 '1' = 1.6, 밴드 '2' = 1.2
④ 밴드 '1' = 1.2, 밴드 '2' = 1.6

해설

밴드1 : 최확값(평균) = $\dfrac{2+2+3+4+5+4}{6} = 3.3$

밴드2 : 최확값(평균) = $\dfrac{3+4+5+7+7+5}{6} = 5.2$

58 항공사진측량에서 스트립(Strip)에 관한 설명으로 틀린 것은?

① 촬영진행 방향으로 연속된 모델이다.
② 비행경로와도 유사한 의미로 쓰인다.
③ 한 쌍의 중복된 사진을 의미한다.
④ 스트립이 횡방향으로 결합된 것을 블록(block)이라 한다.

해설

스트립(strip)
① 촬영 진행 방향으로 연속된 모델
② 비행경로와도 유사한 의미로 쓰인다.
③ 스트립이 횡방향으로 결합된 것을 블록(block)이라 한다.
④ 스트립이 2개 이상이면 복스트립이라하며, 이것을 block이라 한다.

• 모델이란 다른 위치로부터 촬영되는 2매 1조의 입체사진으로부터 만들어지는 처리단위(지역)를 말한다.

Answer 57 ② 58 ③

59 표고 300m의 평탄한 지역을 사진축척 1 : 10000으로 촬영한 연직사진의 촬영고도는? (단, 카메라의 초점거리는 15.0cm 이다.)

① 1,500m ② 1,800m
③ 2,000m ④ 2,500m

해설

$$\frac{1}{m} = \frac{f}{H-h}$$
$$H = (mf) + h = 10,000 \times 0.15 + 300 = 1,800m$$

60 원격탐사 플랫폼에서 지상물체의 특성을 탐지하고 기록하기 위해 이용하는 전자기 복사에너지가 파장이 긴 것부터 짧은 것의 순서로 옳게 나열된 것은?

① Visible Blue-Visible Red-Visible Green
② Visible Red-Visible Green-Visible Blue
③ Visible Blue-Mid Infrared-Thermal Infrared
④ Visible Red-Mid Infrared-Thermal Infrared

해설

1. r선
   ① 원자핵반응에서 생성된다
   ② 방사성 물질의 감마방사는 저고도 항공기에 의해 감지된다(태양광으로 부터의 입사과은 공기에 흡수).

2. x선
   ① 병원에서 진단을 목적으로 쓰인다.
   ② 입사광은 공기에 의해 흡수되어 원격탐측에 이용되지 않음

3. ultraviolet(자외선)
   ① 피부를 그을리는 주요 원인
   ② 공기 중의 수증기에 흡수되기 쉬우므로 RS 에서는 저고도 항공기에 의한 이용에는 거의 사용되지 않는다.
   ③ 가시광선의 보라색 부분을 벗어난 부분을 말한다.
   ④ 지표상의 몇몇 물질.주로 바위 혹은 광물질은 자외선을 비출 경우 가시광선을 방사하거나 형광현상을 보인다.

4. visible(가시광선)
   ① 우리가 평소 빛이라고 칭한다.
   ② 인간의 눈에 파장이 긴 쪽으로부터 순서대로 빨강(red), 주황(orange), 노랑(yellow), 녹색(green), 파랑(blue), 남색(indigo), 보라색(violet)의 이른바 무지개색으로 보인다.
   ③ 파장범위 : $0.4\mu m \sim 0.7\mu m$
   ④ 인간의 눈으로 감지할 수 있는 영역

5. infrared(적외선)
   ① 근적외선 : 식물에 포함된 염록소(클로로필)에 매우 잘 반응하기 때문에 식물의 활성도 조사에 사용
   ② 단파장 적외선 : 식물의 함수량에 반응하기 때문에 근적외선과 함께 식생조사에 사용 지질판독조사에 사용
   ③ 중적외선 : 특수한 광물자원에 반응하기 때문에 지질조사에도 사용
   ④ 열적외선 : 수온이나 지표온도 등의 온도 측정에 사용

Answer 59 ② 60 ②

제4과목 | 지리정보시스템

61 절대적인 정확성과 정밀성을 지닌 공간 데이터는 존재하지 않으며 항상 오차를 포함하고 있다. 공간 데이터의 오차 발생 및 그 유형에 대한 설명으로 옳지 않은 것은?

① 일반적으로 공간 데이터에 나타나는 오차는 크게 원시자료, 데이터 수치화와 지도 편집 과정, 데이터 처리과정과 분석 단계에서 발생한다.
② 오차 발생 유형의 특성을 토대로 분류되는 오차로는 원래부터 잠재적으로 지니고 있는 내재적 오차(inherent Errors)와 구축과정에서 발생하는 작동적 오차(operational errors)로 범주화할 수 있다.
③ 공간 데이터의 수집 단계에서 발생하는 오차는 일반적으로 그 다음 단계로 옮기지면 누적되지 않는다.
④ 서로 다른 출처, 포맷, 축척, 정확도 수준의 수치 데이터들이 하나의 시스템 환경에 통합되어 작동되기 때문에 상당한 오차가 내재되어 있음에도 불구하고 특별한 경우가 아니면 사용자들은 오차로 인한 문제점을 거의 알지 못하게 된다.

[해설]
공간데이터의 수집 단계에서 발생하는 오차는 일반적으로 그 다음 단계로 옮기지면 누적된다.

62 OGC Web Service(OWS) 중 WPS(Web Processing Service)에서 지원하는 연산(Operation)이 아닌 것은?

① GetCapabilities
② DescribeProcess
③ GetCoverage
④ Execute

[해설]
OGC WPS Operation Quick Reference
지리정보들에 대한 다양한 처리 서비스(geo-processing[1] service)들을 웹 상에서 정의하고 접근할 수 있도록 하기 위한 인터페이스이며 모든 OGC 표준 웹 서비스들과 상호호환성을 갖도록 정의됨
일반적으로 WPS는 특정 데이터에 직접 바인딩 되어 있지 않으며, 클라이언트에 의해 동적으로 주어지는 데이터 또는 데이터 참조(WFS 결과물 등)들을 입력으로 받아들여 이를 처리하는 프로세스 서비스들로 구성

- WPS는 간단한 계산(버퍼 연산 등)에서부터 복잡한 분석 연산(기후 모델의 생성 등)을 지원하며, 원칙적으로 WPS인터페이스를 기반으로 구현함에 있어 어떠한 제약사항도 없음

WPS Operation

요청	응답	설명
GetCapabilities	XML	서비스 가능한 Process에 대한 메타정보를 XML로 반환
DescribeProcess	XML	Process에 대한 상세정보(input, output, 사용가능 포맷 등) 제공
Execute	XML 등	WPS가 제공하는 프로세스들 중 하나를 실행하고 결과를 반환

- GetCapabilities : 서버에서 구현된 프로세스에 대하여 설명된 메타데이터를 클라이언트에서 요청하여 전송 받는다.
  GetCapabilities 연산자는 각 각의 구현된 Process 모델의 이름과 일반적인 설명을 WPS 표준에서 제공된 형태로 전달받는다.
- DescribeProcess : 이 연산은 서버에서 구현된 프로세스에 대하여 상세한 정보를 클라이언트에서 요청하여 전송받는 것이다.
  전송 내용에는 입력에 대한 요청, 가능한 포맷 그리고 제공 가능한 출력 양식이 정의되어있다.

Answer 61 ③ 62 ③

- Execute : 이 연산은 클라이언트에서 제공되는 입력 파라미터의 값을 이용하여 해당 기능에 대한 연산을 수행하고 제공 가능한 출력 양식으로 출력을 제공하는 기능이다.

63 지리정보시스템(GIS)의 주요 기능과 거리가 먼 것은?

① 자료 처리
② 자료 출력
③ 자료 복원
④ 자료 관리

해설

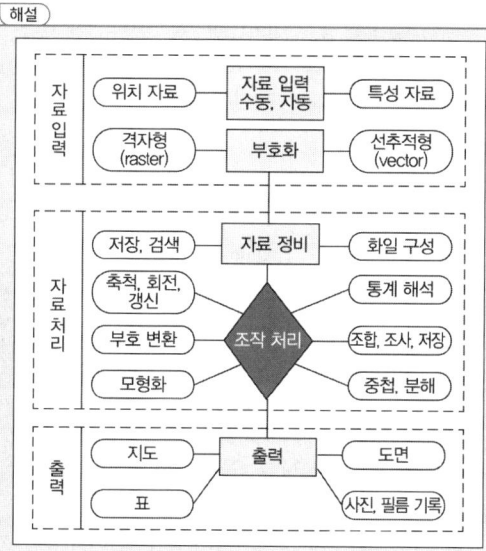

64 래스터데이터(격자자료) 구조에 대한 설명으로 옳지 않은 것은?

① 셀의 크기에 관계없이 컴퓨터에 저장되는 자료의 양은 일정하다.
② 셀의 크기는 해상도에 영향을 미친다.
③ 셀의 크기에 의해 지리정보의 위치 정확성이 결정된다.
④ 연속면에서 위치의 변화에 따라 속성들의 점진적인 현상 변화를 효과적으로 표현할 수 있다.

해설

	벡터자료	래스터자료
정의	벡터 자료구조는 기호, 도형, 문자 등으로 인식할 수 있는 형태를 말하며 객체들의 지리적 위치를 크기와 방향으로 나타낸다.	래스터 자료구조는 매우 간단하며 일정한 격자간격의 셀이 데이터의 위치와 그 값을 표현하므로 격자데이터라고도 하며 도면을 스캐닝하여 취득한 자료와 위상영상자료들에 의하여 구성된다. 래스터구조는 구현의 용이성과 단순한 파일구조에도 불구하고 정밀도가 셀의 크기에 따라 좌우되며 해상력을 높이면 자료의 크기가 방대해진다. 각 셀들의 크기에 따라 데이터의 해상도와 저장 크기가 달라지게 되는데 셀 크기가 작으면 작을수록 보다 정밀한 공간현상을 잘 표현 할 수 있다.
장점	• 보다 압축된 자료구조를 제공하며 따라서 데이터 용량의 축소가 용이하다. • 복잡한 현실세계의 묘사가 가능하다. • 위상에 관한 정보가 제공되므로 관망분석과 같은 다양한 공간분석이 가능하다. • 그래픽의 정확도가 높다. • 그래픽과 관련된 속성정보의 추출 및 일반화, 갱신 등이 용이하다.	• 자료구조가 간단하다. • 여러 레이어의 중첩이나 분석이 용이하다. • 자료의 조작과정이 매우 효과적이고 수치영상의 질을 향상시키는데 매우 효과적이다. • 수치이미지 조작이 효율적이다 • 다양한 공간적 편의가 격자의 크기와 형태가 동일한 까닭에 시뮬레이션이 용이하다.
단점	• 자료구조가 복잡하다. • 여러 레이어의 중첩이나 분석에 기술적으로 어려움이 수반된다. • 각각의 그래픽 구성요소는 각기 다른 위상구조를 가지므로 분석에 어려움이 크다. • 그래픽의 정확도가 높은 관계로 도식과 출력에 비싼 장비가 요구된다. • 일반적으로 값비싼 하드웨어와 소프트웨어가 요구되므로 초기비용이 많이 든다.	• 압축되어 사용되는 경우가 드물며 지형관계를 나타내기가 훨씬 어렵다. • 주로 격자형의 네모난 형태로 가지고 있기 때문에 수작업에 의해서 그려진 완화된 선에 비해서 미관상 매끄럽지 못하다 • 위상정보의 제공이 불가능하므로 관망해석과 같은 분석기능이 이루어질 수 없다. • 좌표변환을 위한 시간이 많이 소요된다.

Answer 63 ③ 64 ①

65 아래 두 테이블을 합집합(union)한 결과로 옳은 것은?

ID	type	color	size	age
1	a	blue	big	old
6	g	dun	buge	young

ID	type	color	size	age
2	c	green	big	young
4	d	black	big	older

①
ID	type	color	size	age
1	a	blue	big	old
6	g	dun	buge	young
2	c	green	big	young
4	d	black	big	older

②
ID	type	color	size	age
1	a	blue	big	young
2	c	blue	big	young
3	d	blue	big	young
4	g	blue	big	young

③
ID	color	size
2	green	big
3	red	small
4	black	big
6	dun	buge
7	ecru	small

④
ID	color	size
1	blue	big
5	mauve	tiny

[해설]

중첩연산의 기능에 따른 분류
중첩시킬때 두 커브리지 간에 연산하는 방법은 여러 가지 유형이 있으며, 연산방법에 따라 산출되는 결과물도 매우 달라진다. 따라서 중첩기능을 수행할 때 주된 관심사는 각 커브리지 상의 형상을 서로 어떻게 관련시켜 나타내고자 하는가를 결정하는 일이다. 연산 기능의 특성은 다음과 같다.

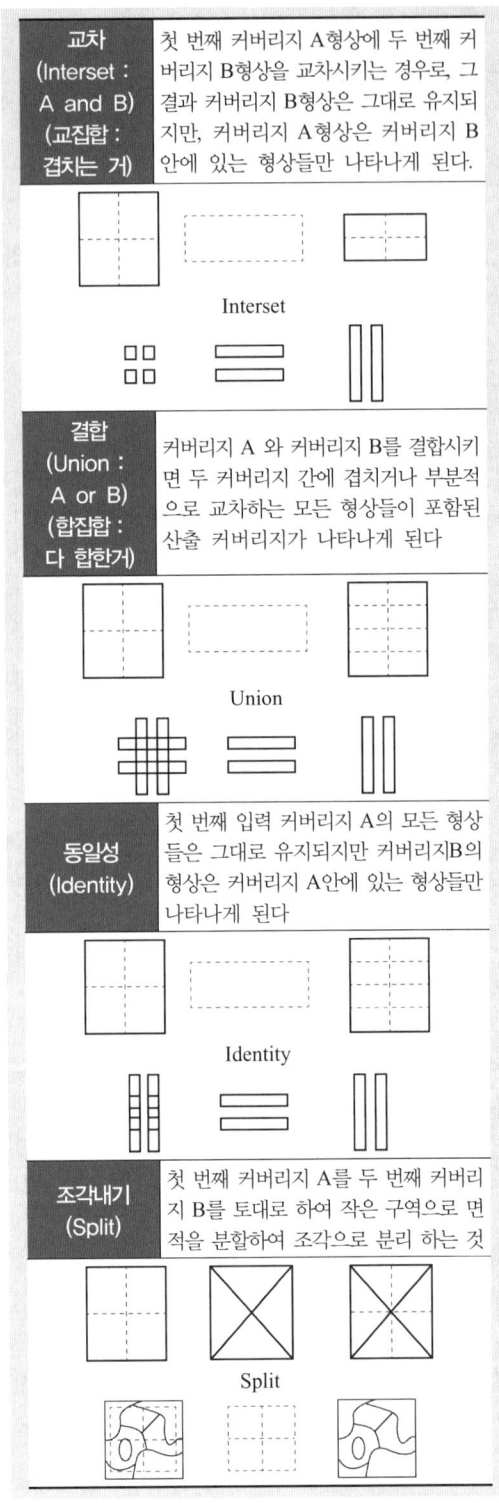

Answer 65 ①

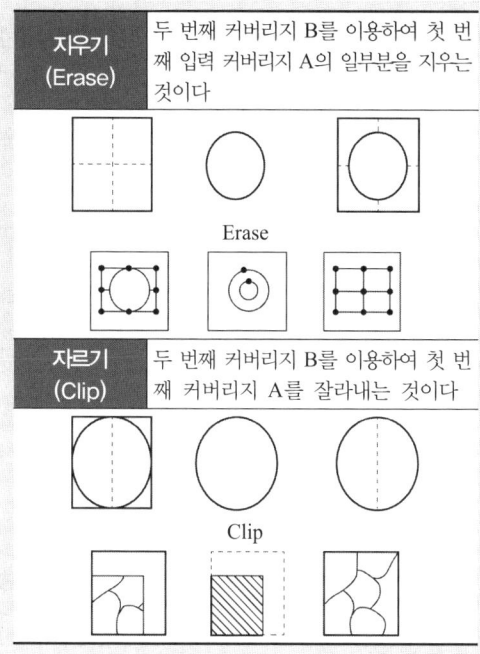

66 다음 중 영상자료의 일반적인 저장방식이 아닌 것은?

① BIL(Band Interleaved by Line)
② BSQ(Band Sequential)
③ BIP(Band Interleaved by Pixel)
④ BIT(Band Interleaved by Time)

해설

래스터자료 포맷 방법
① BIL(Band Interleaved by Line) : 라인별 영상 한 개 라인 속에 한 밴드 분광값을 나열한 것을 밴드순으로 정렬하고 그것을 전체 라인에 대해 반복하며 {[(픽셀번호순), 밴드순], 라인번호순}이다. 즉 각 행(row)에 대한 픽셀자료를 밴드별로 저장한다. 주어진 선에 대한 모든 자료의 파장대를 연속적으로 파일 내에 저장하는 형식이다. BIL 형식에 있어 파일 내의 각 기록은 단일 파장대에 대해 열의 형태인 자료의 격자형 입력선을 포함하고 있다.

② BSQ(Band Se Quential) : 밴드별 영상 밴드별로 이차원 영상 데이터를 나열한 것으로 {[(픽셀(화소)번호순), 라인번호순], 밴드순}이다. 각 파장대는 분리된 파일을 포함하여 단일 파장대가 쉽게 읽혀지고 보일 수 있으며 다중파장대는 목적에 따라 불러올 수 있다. 한 번에 한 밴드의 영상을 저장하는 방식

③ BIP(Band Interleaved by Pixel) : 픽셀별 영상 한 개 라인 중의 하나의 화소 분광값을 나열한 것을 그 라인의 전체 화소에 대해 정열하고 그것을 전체 라인에 대해 반복하며 [[(밴드순, 픽셀번호순), 라인번호순]이다. 각 파장대의 값들이 주어진 영상소 내에서 순서적으로 배열되며 영상소는 저장장치에 연속적으로 배열된다. 구형이므로 거의 사용되지 않는다

각 열(colume)에 대한 픽셀자료를 밴드별로 저장한다.

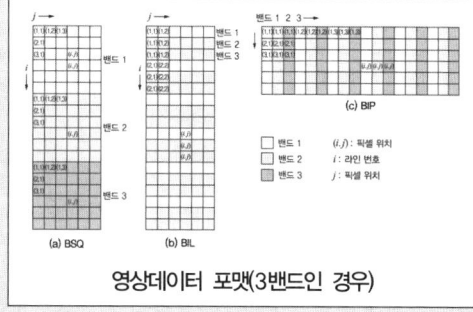

영상데이터 포맷(3밴드인 경우)

67 우리나라 국토교통부에서 2012년부터 OpenAPI 방식으로 3차원 공간정보를 서비스하고 있는 시스템은?

① 케이오픈맵
② 브이월드
③ 구글맵
④ 오픈스트리트맵

Answer 66 ④ 67 ②

해설

공간정보 오픈플랫폼(브이월드)

브이월드는 3D지도, 부동산, 토지 등 방대한 국가 공간정보를 국민에게 제공하는 웹 기반의 오픈 플랫폼이다. 구글지도보다 뛰어난 해상도를 자랑하는 3D 지도서비스 뿐만 아니라 공시지가, 지적도 등 다양한 행정정보를 제공함으로써 국내 각 기관들에게 각광을 받고 있다.

1. 목적

   누구나 쉽게 공간정보를 활용하여 신산업을 창출할 수 있도록 국가공간정보를 통합하여 제공하는 오픈플랫폼 서비스가 필요

2. 전망

   ① 비용절감효과

   그동안 대부분의 기관들은 구글 지도를 유료로 사용하였으나 브이월드로 대체하게 되면 상당한 비용 절감 효과를 볼수 있게 된다. 이를 위하여 앞으로 민간 기업들이 쉽게 공간정보를 활용할 수 있도록 소스가 공개될 예정이다.

   ② 고정밀. 다양한 정보 제공

   고해상도의 3차원 실사영상으로 건물을 재현하고 건물면적은 물론, 공시지가 등의 행정정보도 확인 가능하다. 따라서 국가차원에서 데이터 분석 등에 활용될 수 있다. 또한 "국가공간정보통합체계"를 통해 25개 정부기관들의 정보를 통합하여 행정에 공간정보의 활용도를 높일 계획이다.

3. 구글맵(Google Map)

   글의 지도 애플리케이션(앱) 구글맵
   더버지, 엔가젯 등 정보기술(IT) 전문매체들은 구글의 지도 애플리케이션(앱) 구글맵에서 경유지 설정 기능이 추가된다고 전했다.
   구글은 지도 앱 구글맵(Google Map) 9.21버전을 공개하면서 여러 목적지를 선택할 수 있는 경유지 기능을 추가했다. 기존에는 또 다른 목적지를 추가하려면 처음 설정한 경로를 취소하거나 PC 상의 구글맵 웹사이트를 이용해야 했다.

68 수치지도 제작에 사용되는 용어에 대한 설명으로 틀린 것은?

① 좌표는 좌표계 상에서 지형·지물의 위치를 수학적으로 나타낸 값을 말한다.
② 도곽은 일정한 크기에 따라 분할된 지도의 가장자리에 그려진 경계선을 말한다.
③ 메타데이터(metadata)는 작성된 수치지도의 결과가 목적에 부합하는지 여부를 판단하는 기준 데이터를 말한다.
④ 수치지도 작성은 각종 지형공간정보를 취득하여 전산시스템에서 처리할 수 있는 형태로 제작 또는 변환하는 일련의 과정이다.

해설

수치지도 작성 작업 규칙

① 수치지도

지표면·지하·수중 및 공간의 위치와 지형·지물 및 지명 등의 각종 지형공간정보를 전산시스템을 이용하여 일정한 축척에 따라 디지털 형태로 나타낸 것을 말한다.

② 수치지도 1.0

지리조사 및 현지측량(現地測量)에서 얻어진 자료를 이용하여 도화(圖化) 데이터 또는 지도입력 데이터를 수정·보완하는 정위치 편집 작업이 완료된 수치지도를 말한다.

③ 수치지도 2.0

데이터 간의 지리적 상관관계를 파악하기 위하여 정위치 편집된 지형·지물을 기하학적 형태로 구성하는 구조화 편집 작업이 완료된 수치지도를 말한다.

④ 수치지도 작성

각종 지형공간정보를 취득하여 전산시스템에서 처리할 수 있는 형태로 제작하거나 변환하는 일련의 과정을 말한다.

⑤ 좌표계

공간상에서 지형·지물의 위치와 기하학적 관계를 수학적으로 나타내기 위한 체계를 말한다.

Answer 68 ③

⑥ 좌표
좌표계상에서 지형·지물의 위치를 수학적으로 나타낸 값을 말한다.
⑦ 속성
수치지도에 표현되는 각종 지형·지물의 종류, 성질, 특징 등을 나타내는 고유한 특성을 말한다.
⑧ 도곽(圖廓)
일정한 크기에 따라 분할된 지도의 가장자리에 그려진 경계선을 말한다.
⑨ 도엽코드(圖葉code)
수치지도의 검색·관리 등을 위하여 축척별로 일정한 크기에 따라 분할된 지도에 부여한 일련 번호를 말한다.
⑩ 유일식별자
유일식별자(UFID : unique feature identifier)란 지형·지물의 체계적인 관리와 효과적인 검색 및 활용을 위하여 다른 데이터베이스와의 연계 또는 지형·지물 간의 상호 참조가 가능하도록 수치지도의 지형·지물에 유일하게 부여되는 코드를 말한다.
⑪ 메타데이터(metadata)
작성된 수치지도의 체계적인 관리와 편리한 검색·활용을 위하여 수치지도의 이력 및 특징 등을 기록한 자료를 말한다.
⑫ 품질검사
수치지도가 수치지도의 작성 기준 및 목적에 부합하는지를 판단하는 것을 말한다.

69 유비쿼터스(ubiquitous)의 정의로 가장 적합한 것은?

① 시간과 장소에 구애받지 않고 언제 어디서나 원하는 정보에 접근할 수 있는 기술이나 환경
② 인공지능 컴퓨터와 로봇에 의하여 사람의 노동력이 최소화 될 수 있는 기술이나 환경
③ 사람들이 편안하고 행복하게 살 수 있는 복지 사회 구현을 위한 이상적 기술이나 환경
④ GNSS와 GIS를 결합하여 4차원 정보관리를 할 수 있는 기술이나 환경

해설

1. 유비쿼터스(Ubiquitous)의 정의
   ① 유비쿼터스는 '동시에 도처에 존재한다'라는 의미를 가지고 있는 라틴어이다.
   ② 사용자가 컴퓨터나 네트워크를 의식하지 않는 상태에서 장소에 구애 받지 않고 자유롭게 네트워크에 접속할 수 있는 환경을 의미한다.
   ③ 유비쿼터스화는 유비쿼터스 컴퓨팅과 유비쿼터스 네트워크를 기반으로 물리공간을 지능화함과 동시에 물리공간에 펼쳐진 각종 사물들을 네트워크로 연결시키려는 노력으로 정의할 수 있다.

2. 유비쿼터스 컴퓨팅(Ubiquitous Computing)의 정의
   ① 유비쿼터스 컴퓨팅이란 도로, 다리, 터널, 빌딩, 건물벽 등 모든 물리공간에 보이지 않는 컴퓨터를 집어넣어 모든 사물과 대상이 지능화되고 전자공간에 연결되어 서로 정보를 주고받는 공간을 만드는 개념으로 기존 홈 네트워킹, 모바일 컴퓨팅보다 한 단계 발전된 컴퓨팅 환경을 말한다.
   ② 물리적 공간이 제1공간, 전자공간은 제2공간, 물리공간+전자공간은 제3공간이라고 한다.
   ③ 물리공간에 존재하는 모든 사물들에 다양한 기능을 갖는 컴퓨터와 장치들을 심어 네트워크로 연결하여 기능적 공간적으로 사람·컴퓨터·사물이 하나로 연결될 수 있도록 한 기술적 개념을 말한다.
   ④ 기본이념은 5C(Computing, Communication, Connectivity, Contents, Calm) 구성요소들이 시간과 장소, 네트워크, 미디어, 단말기의 한계를 넘어 전방위성을 보장할 수 있어야 한다.

Answer 69 ①

3. 유비쿼터스 네트워킹(Ubiquitous Networking)의 정의
① 유비쿼터스 네트워킹은 누구든지 언제, 어디서나 통신속도 등의 제약 없이 이용할 수 있고 모든 정보나 콘텐츠를 유통시킬 수 있는 정보통신 네트워크를 의미한다.
② 이러한 유비쿼터스 네트워킹의 구현으로 기존의 정보통신망이나 서비스가 가지고 있었던 여러 가지 제약으로부터 벗어나 이용자가 자유롭게 정보통신서비스를 이용할 수 있도록 한다.

4. 유비쿼터스의 창시자
마크 와이저(Mark Weiser)

70 공간정보를 효과적으로 표현하기 위한 방법으로 복잡한 공간정보를 약속된 형태로 단순화하여 표현하는 방법은?

① 심볼화
② 체계화
③ 수치화
④ 최소화

해설
symbol(기호, 부호, 도식기호(圖式記號))
지형, 지물을 지도상에 표시하기 위하여 정해놓은 기호
• 심볼화
공간정보를 효과적으로 표현하기 위한 방법으로 복잡한 공간정보를 약속된 형태로 단순화하여 표현하는 방법

71 공간데이터베이스 내에 저장되는 객체가 갖는 정보로서 객체 간 공간상의 위치나 관계성을 좀 더 정량적으로 구현하기 위한 것은?

① 도형정보
② 속성정보
③ 메타정보
④ 위상정보

해설
위상구조
1. 정의
위상이란 도형 간의 공간상의 상관관계를 의미하는데 위상은 특정 변화에 의해 불변으로 남는 기하학적 속성을 다루는 수학의 한 분야로 위상모델의 전제조건으로는 모든 선의 연결성과 폐합성이 필요하다.

2. 분석
각 공간객체 사이의 관계가 인접성, 연결성, 포함성 등의 관점에서 묘사되며, 스파게티 모델에 비해 다양한 공간분석이 가능하다. 최적경로선정을 위한 관망분석에서는 위상구조의 연결성을 주로 활용한다.
① 인접성(Adjacency) : 사용자가 중심으로 하는 개체의 형상 좌우에 어떤 개체가 인접하고 그 존재가 무엇인지를 나타내는 것이며 이러한 인접성으로 인해 지리정보의 중요한 상대적인 거리나 포함여부를 알 수 있게 된다.
② 연결성(Connectivity) : 지리정보의 3가지 요소의 하나인 선(Line)이 연결되어 각 개체를 표현할 때 노드(Node)를 중심으로 다른 체인과 어떻게 연결되는지를 표현한다.
③ 포함성(Containment) : 특정한 폴리곤에 또 다른 폴리곤이 존재할 때 이를 어떻게 표현할지는 지리정보의 분석 기능에 중요한 하나이며 특정지역을 분석할 때, 특정지역에 포함된 다른 지역을 분석할 때 중요하다.

72 단순한 tree 구조를 가지고 있으며 데이터의 갱신은 쉽지만 검색과정이 폐쇄적인 데이터베이스는?

① 객체지향형 데이터베이스
② 네트워크형 데이터베이스
③ 계층형 데이터베이스
④ 관계형 데이터베이스

Answer 70 ① 71 ④ 72 ③

해설

계층(계급)형 데이터 모델
(Hierarchical Data Model)

개요	① Hierarchical Data Model은 트리(tree)구조(나무줄기와 같은 구조)를 가지고 있다. ② 계층구조내의 자료들이 논리적으로 관련이 있는 영역으로 나누어 지며 하나의 주된 영역밑에 나머지 영역들이 나뭇가지와 같은 형태로 배열되는 형태로서 데이터베이스를 구성하는 각 레코드가 계층구조 또는 트리구조를 이루는 구조이다. ③ 계층(계급)성 관점에서 학사관리스스템을 구성하는 다섯가지 개체들(학교, 학과, 학생, 교수, 강좌) 간의 관계를 정의한다. ④ 각각의 계층에 속한 레코드의 필드에는 각 개체들의 속성을 나타내도록 하며 이들 속성가운데 하나를 키필드로 설계한다. ⑤ 계층형 모델에서 가장 상위의 계층을 뿌리(root : 근원)라고 하는데, 뿌리도 레코드를 갖는다. ⑥ 뿌리를 제외한 모든계층들의 경우 모든 개체들은 부모-자녀와 같은 관계를 갖는다 ⑦ 모든 레코드는 부모(상위)레코드와 자식(하위)레코드를 가지고 있으며 각각의 객체는 단 하나만의 부모(상위)레코드를 가지고 부모(상위)레코드는 여러 명의 자녀를 가질 수 있다.
장점	① 데이터의 이해와 정보의 갱신이 쉽다. ② 다량의 자료에서 필요한 정보를 신속하게 추출할 수 있다.
단점	① 각각의 객체는 단 하나만의 부모 레코드를 갖는다. ② 속성 필드로는 검색이 불가능하다. ③ 동일한 계층에서의 검색은 부모 레코드를 거치지 않고는 불가능하다. ④ 필요한 정보의 추출을 위해서는 질의 유형이 사전에 결정되어야 한다.

---

73 토지의 이용, 개발, 행정, 다목적 지적 등 토지자원에 관련된 문제 해결을 위한 정보 분석체계는?

① 환경정보체계(EIS)
② 토지정보체계(LIS)
③ 위성측위체계(GNSS)
④ 시설물정보체계(FMS)

해설

LIS(Land Information System)

토지정보	토지정보는 국가 및 공공기관 뿐만 아니라 민간분야에서도 토지와 관련된 정책이나 의사결정, 토지거래, 토지개발, 지상·지하에 설치된 각종 구조물과 시설물의 관리에 기초가 되고 있다. 일반적으로 토지정보는 토지에 관련된 각종 정보를 의미하는 것으로서 토지의 경계, 면적, 특성, 이용실태, 가격 등 토지의 물리적 특성에 대한 정보와 등기, 과세정보 등 법률적·행정적 정보를 포괄한다고 볼 수 있다.
토지정보체계	토지정보체계는 지형분석, 토지의 이용, 개발, 행정, 다목적지적 등 토지자원에 관련된 문제해결을 위한 정보분석체계이다. 즉 토지정보체계(Land Information System)는 토지(Land), 정보(Information), 그리고 체계(System)이라는 개념이 합성된 용어로서 토지정보를 활용하기 위한 시스템의 한 형태이다.

GIS(Geographic Information System)

전 국토의 지리공간정보를 디지털화하여 수치지도(Digital Map)로 작성하고 다양한 정보통신기술을 통해 재해·환경·시설물·국토공간 관리와 행정서비스에 활용하고자 하는 첨단정보 시스템이다. 공간상 위치를 점유하는 지리자료(Geographic data)와 이에 관련된 속성자료(Attribute data)를 통합하여 처리한다. 이는 RFID(전자태그를 사물에 부착하여 사물의 주위상황을 인지하고 기존 IT시스템과 실시간으로 정보교환 및 처리할 수 있는 기술)기술, GPS 기술, LBS 기술 등을 기반 기술로 한다.

Answer 73 ②

GIS는 토지정보 관리, 시설물 관리, 교통, 도시계획 및 관리, 환경, 농업, 재해 및 재난 분야 등에서 다양하게 활용되고 있다.

[GIS의 특징]
① 지리정보처리는 자료의 입력, 자료의 분석, 자료의 출력의 3단계로 구분할 수 있다.
② 사용자의 요구에 맞는 지도를 쉽게 제작할 수 있다.
③ 자료의 통계적 분석이 가능하며 분석결과에 맞는 지도의 제작이 가능하다.
④ 일반적으로 자료가 수치적으로 구성되므로 축척변경이 용이하다.
⑤ 자료의 수치화 작업을 용이하게 해 준다.
⑥ 수집한 자료는 다른 여러 자료와 유용하게 결합할 수 있다.
⑦ DB 체계를 통하여 자료를 더욱 간편하게 사용할 수 있고 자료 입수도 용이하다.
⑧ 정보의 보안성은 향상되나 투자의 중복을 줄일 수 있다.

74 래스터 기반의 지리자료에 관한 설명으로 틀린 것은?

① 범주형 자료(categorical data)는 연산이 불가능하므로 비율자료(ratio data)로 변환해야 한다.
② 셀의 크기와 공간 범위(spatial extent)가 같아야 중첩 연산이 가능하다.
③ 범주형 자료이지만 셀 값은 수치로 표현한다.
④ DEM은 래스터 기반의 지형표고모델이다.

해설

	벡터자료	래스터자료
정의	벡터 자료구조는 기호, 도형, 문자 등으로 인식할 수 있는 형태를 말하며 객체들의 지리적 위치를 크기와 방향으로 나타낸다.	래스터 자료구조는 매우 간단하며 일정한 격자간격의 셀에 데이터의 위치와 그 값을 표현하므로 격자데이터라고도 하며 도면을 스캐닝하여 취득한 자료와 위성영상자료들에 의하여 구성된다. 래스터구조는 구현의 용이성과 단순한 파일구조에도 불구하고 정밀도가 셀의 크기에 따라 좌우되며 해상력을 높이면 자료의 크기가 방대해진다. 각 셀들의 크기에 따라 데이터의 해상도와 저장 크기가 달라지게 되는데 셀 크기가 작으면 작을수록 보다 정밀한 공간현상을 잘 표현 할 수 있다.
장점	• 보다 압축된 자료구조를 제공하며 따라서 데이터 용량의 축소가 용이하다. • 복잡한 현실세계의 묘사가 가능하다. • 위상에 관한 정보가 제공되므로 관망분석과 같은 다양한 공간분석이 가능하다. • 그래픽의 정확도가 높다. • 그래픽과 관련된 속성정보의 추출 및 일반화, 갱신 등이 용이하다.	• 자료구조가 간단하다. • 여러 레이어의 중첩이나 분석이 용이하다. • 자료의 조작과정이 매우 효과적이고 수치영상의 질을 향상시키는데 매우 효과적이다 • 수치이미지 조작이 효율적이다 • 다양한 공간적 편의가 격자의 크기와 형태가 동일한 까닭에 시뮬레이션이 용이하다.
단점	• 자료구조가 복잡하다. • 여러 레이어의 중첩이나 분석에 기술적으로 어려움이 수반된다. • 각각의 그래픽 구성요소는 각기 다른 위상구조를 가지므로 분석에 어려움이 크다. • 그래픽의 정확도가 높은 관계로 도식과 출력에 비싼 장비가 요구된다. • 일반적으로 값비싼 하드웨어와 소프트웨어가 요구되므로 초기비용이 많이 든다.	• 압축되어 사용되는 경우가 드물며 지형관계를 나타내기가 훨씬 어렵다. • 주로 격자형의 네모난 형태로 가지고 있기 때문에 수작업에 의해서 그려진 완화된 선에 비해서 미관상 매끄럽지 못하다 • 위상정보의 제공이 불가능하므로 관망해석과 같은 분석기능이 이루어질 수 없다. • 좌표변환을 위한 시간이 많이 소요된다.

Answer 74 ①

75 다음은 지리정보시스템(GIS)의 구성요소 중 무엇에 대한 설명인가?

- GIS 데이터의 구축, 조작을 포함한 대부분의 기능을 수행한다.
- GIS 업무를 수행하기 위해 전산기에 내려지는 명령어의 집합을 말한다.

① 소프트웨어
② 하드웨어
③ 네트워크
④ 자료

해설

GIS의 구성요소

하드웨어 (Hardware)	지형공간정보체계를 운용하는 데 필요한 컴퓨터와 각종 입/출력장치 및 자료관리장치를 말하며 하드웨어의 범주에는 데스크탑 PC, 워크스테이션뿐만 아니라 스캐너, 프린터, 플로터, 디지타이저를 비롯한 각종 주변 장치들을 포함한다.
소프트웨어 (Software)	지리정보체계의 자료를 입력, 출력, 관리하기 위해 프로그램인 소프트웨어가 반드시 필요하며 크게 세종류로 구분하면 먼저 하드웨어를 구동시키고 각종 주변 장치를 제어할 수 있는 운영체제(Operating system : OS), 지리정보체계의 자료구축과 자료입력 및 검색을 위한 입력 소프트웨어, 지리정보체계의 엔진을 탑재하고 있는 자료처리 및 분석 소프트웨어로 구성된다. 소프트웨어는 각종 정보를 저장/분석/출력할 수 있는 기능을 지원하는 도구로서 정보의 입력 및 중첩기능, 데이터베이스 관리기능, 질의 분석, 시각화 기능 등의 주요 기능을 갖는다.
데이터베이스 (Database)	지리정보체계는 많은 자료를 입력하거나 관리하는 것으로 이루어지고 입력된 자료를 활용하여 토지정보체계의 응용시스템을 구축할 수 있으며 이러한 자료들은 속성정보(각종 공부와 대장)와 도형정보(지적도, 임야도, 지하시설물도, 도시계획도 등)로 분류된다.
인적자원 (Man Power)	전문 인력은 지리정보체계의 구성요소 중에서 가장 중요한 요소로서 데이터(data)를 구축하고 실제 업무에 활용하는 사람으로, 전문적인 기술을 필요로 하므로 이에 전념할 수 있는 숙련된 전담요원과 기관을 필요로 하며 시스템을 설계하고 관리하는 전문 인력과 일상 업무에 지리정보체계를 활용하는 사용자 모두가 포함된다.
Application (방법)	특정한 사용자 요구를 지원하기 위해 자료를 처리하고 조작하는 활동 즉 응용 프로그램들을 총칭하는 것으로 특정 작업을 처리하기 위해 만든 컴퓨터 프로그램을 의미한다. 하나의 공간문제를 해결하고 지역 및 공간관련 계획수립에 대한 솔루션을 제공하기위한 GIS시스템은 그 목표 및 구체적인 목적에 따라 적용되는 방법론이나 절차, 구성, 내용 등이 달라지게 된다.

76 그림은 10m 해상도의 수치표고모형(DEM)의 격자를 나타낸다. 선형보간법에 의한 P점의 높이값은?
(단, 격자간격은 10m×10m이다.)

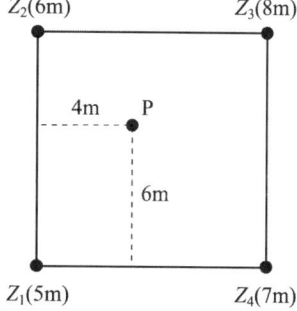

① 6.0m
② 6.2m
③ 6.4m
④ 6.6m

해설

$$Z_m = (\frac{5-6}{10}) \times 4 + 6 = 5.6$$

$$Z_n = (\frac{7-8}{10}) \times 4 + 8 = 7.6$$

$$P = (\frac{7.6-5.6}{10}) \times 4 + 5.6 = 6.4m$$

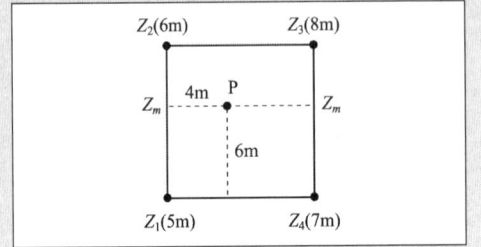

77 실세계의 지리공간을 GIS의 데이터베이스로 구축하는 과정을 추상화 수준에 따라 개념적 모델, 논리적 모델, 물리적 모델의 세 단계로 분류할 때, 논리적 모델에 대한 설명으로 옳은 것은?

① 컴퓨터에서의 실행 여부나 데이터베이스와 관련 없이 독립적이다.
② 데이터베이스의 실행을 염두에 두고 데이터가 보다 공식화된 언어로 기록된다.
③ 추상화 단계가 가장 낮은 모델이며, 인간의 인지적 관점에서 실세계를 보는 것이다.
④ 컴퓨터에서 실제로 운영되는 형태의 모델로 데이터의 물리적 저장을 의미한다.

해설

데이터모델이란 실세계를 추상화시켜 표현하는 것으로, 데이터모델링은 실세계를 추상화시키는 일련의 과정이라고 볼 수 있다. 실세계의 지리공간을 GIS의 데이터베이스로 구축하는 과정은 추상화 수준에 따라 개념적 모델링 → 논리적 모델링 → 물리적 모델링의 세 단계로 나누어질 수 있다.

개념적 모델링	개념적 모델이란 실세계에 대한 사람들의 인지를 나타낸 것으로, 이 단계에서 데이터의 추상화란 실세계에 대한 사람들의 인지수준에 관한 정보를 담는 것이다. 개념적 모델링도 데이터베이스 디자인 과정의 일부이지만 컴퓨터에서의 실행 여부와는 관련이 없으며 데이터베이스와도 독립적이다.
논리적 모델링	논리적 모델은 개념적 모델과는 달리 특정한 소프트웨어에 의존적이다. 최근에 논리적 모델의 하나로 등장한 대표적인 모델이 객체-지향모델이다. 논리적 모델은 흔히 데이터베이스 모델 또는 수행모델(ImpleMentation Model)이라고 불린다.
물리적 모델링	물리적 데이터 모델은 컴퓨터에서 실제로 운영되는 형태의 모델로, 컴퓨터에서 데이터의 물리적 저장을 의미한다. 즉, 데이터가 기록되는 포맷, 기록되는 순서, 접근경로 등을 나타내는 것으로 하드웨어와 소프트웨어에 의존적이다. 따라서 물리적 데이터 모델은 시스템프로그래머나 데이터베이스관리자 들에 의해 의도된다.

78 격자(Raster)구조에서 벡터(Vector)구조로 변환하는 벡터화에 대한 일반적인 과정을 순서대로 나열한 것은?

〈보기〉
가. 노이즈 제거(noise removal)
나. 후처리 단계(post processing)
다. 세선화(thinning)
라. 벡터화 단계(vectorization)

① 가-나-다-라
② 가-다-라-나
③ 라-가-나-다
④ 라-다-나-가

Answer 77 ② 78 ②

과년도 기출문제 및 해설

해설

자료변환

부호화(Coding)는 각종 도형 자료를 컴퓨터 언어로 변환시켜 컴퓨터가 직접 조정할 수 있는 형태로 바꾸어 준 형태를 의미하는 것으로 벡터 방식의 자료와 격자 방식의 자료가 있다.

① 벡터화(Vectorization)
  ㉠ 벡터 자료는 선추적 방식이라 부르는 지역 단위의 경계선을 수치 부호화하여 저장하는 방식으로 래스터 자료에 비해 정확하게 경계선 설정이 가능하기 때문에 망이나 등고선과 같은 선형 자료 입력에 주로 이용하는 방식이다.
  격자에서 벡터 구조로 변환하는 것으로 동일한 수치 값을 갖는 격자들은 하나의 폴리곤을 이루게 되며, 격자가 갖는 수치 값은 해당 폴리곤의 속성으로 저장한다.
  ㉡ 벡터화 과정
  벡터화 과정을 크게 나누면 전처리 단계(Pre-Processing), 벡터화 단계(Raster to Vector Conversion), 후처리 단계(Post-Processing)로 나눌 수 있다.
  전처리 과정은 불필요한 요소들을 제거하는 필터링 단계(Filtering)와 격자의 골격을 형성하는 세선화 단계(Thinning)로 이루어진다.

전처리 단계	필터링	필터링이란 격자데이터에 생기 여러 형태의 잡음(Noise)을 윈도우(필터)를 이용하여 제거하고, 연속적이지 않은 외곽선을 연속적으로 이어주는 영상처리의 과정이다.
	세선화	세선화란 격자데이터의 형태를 제대로 반영하면서 대상물의 추제에 별로 영향을 주지 않는 격자를 제거하여 두께가 하나의 격자, 즉 1화소로써 격자데이터의 특징적인 골격을 형성하는 작업을 의미한다. 즉, 이전 단계인 필터링에서 불필요한 격자들과 같은 잡음을 제거한 후 해당 격자의 선형을 가늘고 긴 선과 같은 형상으로 만드는 세선화하는 것을 말한다.
벡터화 단계		세선화 단계를 거친 격자데이터는 벡터화가 가능하게 된다.
후처리 단계		자동적 방법이나 혹은 수동적 방법을 사용하여 벡터화 단계를 마치고 벡터 데이터가 생성이 되면 모양이 매끄럽지 않고, 과도한 Vertex나 Spike 등의 문제가 발생한다. 혹은 작업자의 실수로 인한 오류들이 발생할 수 있다. 즉, 결과물의 위상(Topology)을 생성하는 과정에서 점, 선, 면의 객체들의 오류를 효율적으로 정리하여야 한다. 불필요한 Vertex나 Node를 삭제하거나 수정하여 정확히 시작점과 끝점을 폐합 처리한다.

79 관계형 데이터 모델에서 하나의 속성이 취할 수 있는 같은 유형의 모든 원자값의 집합을 의미하는 용어는?

① 튜플(tuple)
② 속성(attribute)
③ 릴레이션(relation)
④ 도메인(domain)

해설

1. 관계형 데이터베이스의 릴레이션 구조

학번(NO)	이름(NAME)	학년(YEAR)	전공(MAJOR)
89072	이순신	3	CD
89073	홍길동	2	CD
89074	임꺽정	4	ID
89075	장보고	2	ED

릴레이션은 표로 표현 한 것으로 릴레이션 스키마와 릴레이션 인스턴스로 구성된다. 학번, 이름, 학년, 전공은 각각 속성이라 하고 전체를 릴레이션 스키마라 한다. 속성 아래의 모든 데이터를 튜플이라 하고 전체를 릴레이션 인스턴스라 한다. 릴레이션 스키마와 릴레이션 인스턴스를 릴레이션이라 한다.

Answer 79 ④

2. 관계형 데이터베이스의 기본 구조

일반적 개념	모델링	DB객체
데이터집합(Relation) 관계집합(Relationship set)	개체집합 (Entity Set)	테이블(Table)
관계집합 중 어떤 행(Row)	튜플(Tuple) 엔티티(Entity)	레코드(Record)
관계집합 중 어떤 열(Column)	속성(Attribute)	필드(Field)

① 개체(entity)
  관계형 데이터베이스에서 개체(entity)는 표현하려는 유형, 무형의 실체로써 서로 구별되는 것을 의미한다. 하나의 개체는 하나 이상의 속성(attribute)으로 구성되고 각 속성은 그 개체의 특성이나 상태를 설명한다. 학생(student) 테이블을 살펴보자.

  ㉠ 관계형 데이터베이스에서는 테이블의 관계를 릴레이션(relation)이라 한다.
  ㉡ 속성(attribute)은 데이터의 가장 작은 논리적인 단위로 학번, 이름, 학년, 전공이 해당하고 개체가 가질 수 있는 특성을 나타내며 필드(field)라고도 한다. 또한 레코드는 튜플(tuple)이라 한다.
  ㉢ 학생 테이블에서 가질 수 있는 실질적인 값을 개체 인스턴스(entity instance)라고 하고 이것들의 집합을 개체 집합(entity set)이라 한다.

② 관계(Relationship)
  ㉠ 모든 엔트리(Entry)는 단일값을 가짐
  ㉡ 각 열(Column)은 유일한 이름을 가지며 순서 무의미
  ㉢ 테이블의 모든 행(Row = Tuple)은 동일하지 않으며 순서 무의미

③ 속성(Attribute)
  ㉠ 테이블의 열(Column)을 나타냄
  ㉡ 자료의 이름을 가진 최소 논리적 단위 : 객체의 성질, 상태 기술
  ㉢ 일반 File의 항목(Item, Field)에 해당
  ㉣ 엔티티의 특성과 상태 기술
  ㉤ 속성의 이름은 달라야 함

④ 튜플(Tuple) = 엔티티(Entity)
  ㉠ 테이블의 행(Row)
  ㉡ 연관된 몇 개의 속성으로 구성
  ㉢ 개념 정보 단위
  ㉣ 일반 File의 레코드(Record)에 해당
  ㉤ 튜플변수(Tuple Variable) : 튜플을 가리키는 변수. 모든 튜플의 집합을 도메인으로 하는 변수

⑤ 도메인(Domain)
  ㉠ 각 속성이 가질 수 있도록 허용된 값들의 집합
  ㉡ 속성 명과 도메인 명이 반드시 동일할 필요는 없음
  ㉢ 모든 릴레이션에서 모든 속성들의 도메인은 원자적(Atomac)이어야 함
  ㉣ 원적도메인 : 도메인의 원소가 더 이상 나누어질 수 없는 단일체를 나타냄

⑥ 릴레이션(Relation)
  ㉠ 파일 시스템에서 파일과 같은 개념
  ㉡ 중복된 튜플을 포함하지 않는다.
  ㉢ 릴레이션 = 튜플(엔티티)의 집합
  ㉣ 속성(Attribute) 간에는 순서가 없다.
  ㉤ Relation Scheme
     = 속성들의 집합(Attribute Set)

80 디지타이징을 통해 도형을 입력하는 과정에서 작업자의 실수에 의해 발생하는 오차가 아닌 것은?

① Spike
② Overshooting
③ Undershooting
④ Pseudo items

Answer 80 ④

해설

디지타이징 입력에 따른 오류 유형

벡터데이터의 편집과정에서 발생하는 오류는 오버슈터, 언더슈터, 슬리버, 노드의 부재, 선의 중복, 불필요한 노드가 발생한다.

Overshoot (기준선 초과 오류)	교차점을 지나서 연결선이나 절점이 끝나기 때문에 발생하는 오류, 이런 경우 편집소프트웨어에서 Trim과 같이 튀어나온 부분을 삭제하는 명령을 사용하여 수정한다.
Undershoot (기준선 미달 오류)	교차점을 미치지 못하는 연결선이나 절점으로 발생하는 오류, 이런 경우 편집소프트웨어에서 Extend와 같은 완전연결을 해주는 명령을 사용하여 수정한다.
Spike (스파이크)	교차점에서 두 개의 선분이 만나는 과정에서 잘못된 좌표가 입력되어 발생하는 오차, 이런 경우 엉뚱한 좌표가 입력된 점을 제거하고 적절한 좌표값을 가진 점을 입력한다.
Sliver Polygon (슬리버 폴리곤)	하나의 선으로 입력되어야 할 곳에 두 개의 선으로 약간 어긋나게 입력되어 가늘고 긴 불편한 폴리곤을 형성한 상태의 오차(선 사이의 틈), 폴리곤 생성을 부정확하게 만든 선을 제거하여 폴리곤 생성을 새로 한다.
Overlapping (점, 선 중복)	주로 영역의 경계선에서 점 선이 이중으로 입력되어 발생하는 오차로 중복된 점 선은 삭제한다. 중복되어 있는 점, 선을 제거함으로써 수정할 수 있다.
Dangle (댕글)	매달린 노드의 형태로 발생하는 오류로 오버슈트나 언더슈트와 같은 형태로 한쪽 끝이 다른 연결선이나 절점에 연결되지 않는 상태의 오차, 이것은 폴리곤이 폐합되어야 할 곳에서 Undershoot 되어 발생하는 것이므로 이런 부분을 찾아서 수정해 주어야 한다.

제5과목 | 측량학

81 그림과 같이 교호수준측량을 실시하였을 때 B점의 표고는? (단, $a_1 = 0.64$m, $a_2 = 2.87$m, $b_1 = 0.07$m, $b_2 = 2.42$m)

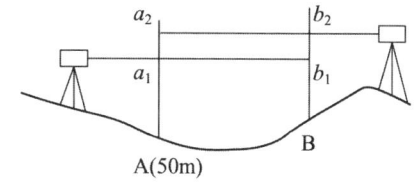

① 49.49m ② 50.51m
③ 50.85m ④ 52.29m

해설

$$h = \frac{(a_1 - b_1) + (a_2 - b_2)}{2} = \frac{(a_1 + a_2) - (b_1 + b_2)}{2}$$
$$= \frac{(0.64 + 2.87) - (0.07 + 2.42)}{2}$$
$$= 0.51$$
$$\therefore H_B = 50 + 0.51 = 50.51\text{m}$$

82 어느 각을 8회 관측하여 평균제곱근오차 ±0.7″를 얻었다. 같은 조건으로 관측하여 ±0.3″ 이하의 평균제곱근오차를 얻기 위해서는 최소 몇 회 이상 측정하여야 하는가?

① 18회 ② 24회
③ 32회 ④ 44회

해설

$M = \pm \delta \sqrt{n}$
$M = \pm 0.7 \sqrt{8} = \pm 0.3 \sqrt{n}$
$n = (\frac{0.7}{0.3} \sqrt{8})^2 = 43.6 ≒ 44$회

Answer 81 ② 82 ④

[다른 해설]

경중률은 평균 제곱근 오차의 제곱에 반비례하므로

$$8 : x = \frac{1}{0.7^2} : \frac{1}{0.3^2} = \frac{1}{0.49} : \frac{1}{0.09} = 2.04 : 11.11$$

$$x = \frac{8 \times 11.11}{2.04} = 43.6 ≒ 44회$$

83 수준측량에서 전시와 후시의 거리를 같게 하는 것이 좋은 가장 큰 이유는?

① 레벨의 시준선 오차 소거
② 망원경의 시야 변경
③ 표척의 눈금오차 소거
④ 표척의 기울기 오차 소거

[해설]

전시와 후시의 거리를 같게 함으로서 제거되는 오차
① 레벨의 조정이 불완전(시준선이 기포관축과 평행하지 않을 때)할 때
  (시준축오차 : 오차가 가장 크다.)
② 지구의 곡률오차(구차)와 빛의 굴절오차(기차)를 제거한다.
③ 초점나사를 움직이는 오차가 없으므로 그로 인해 생기는 오차를 제거한다.

84 동일한 정밀도로 각을 관측하여 $\alpha = 39°19'40''$, $\beta = 52°25'29''$, $\gamma = 91°45'00''$를 얻었다면 γ의 최확값은?

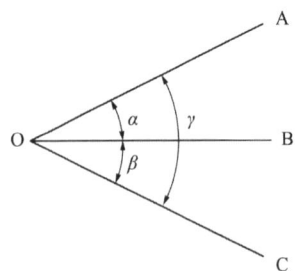

① $91°44'57''$
② $91°44'59''$
③ $91°45'01''$
④ $91°45'03''$

[해설]

$\alpha + \beta = \gamma$

$39°19'40'' + 52°25'29'' - 91°45' = 0°0'9''$

조정량 $= \frac{9}{3} = 3$

$\alpha = 39°19'40'' - 3'' = 39°19'37''$
$\beta = 52°25'29'' - 3'' = 52°25'26'$
$\gamma = 91°45' + 3'' = 91°45'03''$

85 오차와 관련된 설명으로 틀린 것은?

① 표준편차는 착오와 정오차를 보정하기 위한 값이다.
② 정오차는 누적오차라고도 하며 원인이 분명하여 보정이 가능하다.
③ 우연오차는 오차가 일정하게 누적되지 않는 오차이다.
④ 줄자의 장력 차이에 따른 오차는 정오차에 해당한다.

[해설]

표준편차 (Standard Deviation)	• 표준편차는 얼마나 흩어진 정도를 숫자로 표시한 것. • 독립관측값의 정밀도의 척도로 분산의 제곱근 • $\sigma = \pm \sqrt{\frac{[vv]}{n-1}}$
표준오차 (Standard Error)	• 조정환산값(평균값)의 정밀도의 척도로 표준편차를 관측횟수의 제곱근($\sqrt{n}$)으로 나눈 값. 즉, 표본평균값들에 대한 표준편차는 단 측정에 대한 표준편차를 $\sqrt{n}$으로 나눈 값과 같다. 이 값을 표준오차 또는 평균에 대한 표준오차라 한다. • $\sigma_m = \pm \frac{\sigma}{\sqrt{n}} = \pm \sqrt{\frac{[vv]}{n(n-1)}}$

Answer 83 ① 84 ④ 85 ①

86 트래버스측량의 각 관측에서 오차가 생겼을 때, 허용범위 안에 있을 경우의 오차배분에 대한 설명으로 옳지 않은 것은?

① 각 관측의 정확도가 같을 때는 오차를 각의 대소에 관계없이 등분하여 배분한다.
② 각 관측의 경중률이 다를 경우에는 그 오차를 경중률을 고려하여 배분한다.
③ 각 관측은 경중률이 같을 경우에는 각의 크기에 비례하여 배분한다.
④ 변길이의 역수에 비례하여 각 관측각에 배분한다.

[해설]
각 관측은 경중률이 같을 경우에는 각의 크기에 관계없이 등배분한다.

87 수평각관측 방법에 대한 설명으로 옳지 않은 것은?

① 단각법은 하나의 각을 1번 관측하는 것으로 시준오차와 읽기오차가 발생된다.
② 배각법은 방향각법에 비해 읽기오차가 크다.
③ 조합각 관측법(각관측법)은 수평각 관측법 중 가장 정확한 값을 얻을 수 있다.
④ 방향각법은 한 측점 주위의 각이 많을 경우 이용하는 방법이다.

[해설]

수평각측정 방법

단측법	1개의 각을 1회 관측하는 방법으로 수평각측정법 중 가장 간단하며 관측결과가 좋지 않다.
배각법	하나의 각을 2회 이상 반복 관측하여 누적된 값을 평균하는 방법으로 이중축을 가진 트랜싯의 연직축오차를 소거하는 데 좋고 아들자의 최소눈금 이하로 정밀하게 읽을 수 있다. ① 배각법은 방향수가 적은 경우에는 편리하나 삼각측량과 같이 많은 방향이 있는 경우는 적합하지 않다. ② 눈금의 부정에 의한 오차를 최소로 하기 위하여 n회의 반복결과가 360°에 가깝게 해야 한다. ③ 내축과 외축을 이용하므로 내축과 외축의 연직선에 대한 불일치에 의하여 오차가 생기는 경우가 있다. ④ 배각법은 방향각법과 비교하여 읽기오차의 영향을 작게 받는다.(읽음 오차가 $\frac{1}{n}$로 됨)
방향각법	어떤 시준 방향을 기준으로 하여 각 시준 방향에 이르는 각을 차례로 관측하는 방법, 배각법에 비해 시간이 절약되고 3등삼각측량에 이용된다.
조합각 관측법	수평각 관측방법 중 가장 정확한 방법으로 1등삼각측량에 이용된다. 여러 개의 방향선의 각을 차례로 방향각법으로 관측하여 얻어진 여러 개의 각을 최소제곱법에 의해 최확값을 결정한다. ① 측각 총수, 조건식 총수 • 측각 총수 $= \frac{1}{2}N(N-1)$ • 조건식 총수 $= \frac{1}{2}(N-1)(N-2)$ 여기서, N : 방향 수

Answer 86 ③ 87 ②

88 그림과 같이 다각측량을 수행한 경우 측선 $\overline{CD}$의 역방위각은? (단, $\overline{AB}$ 측선의 방위각(α_{AB})은 70°이다.)

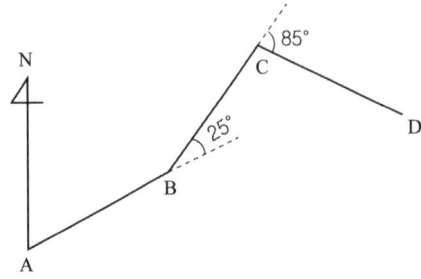

① 45° ② 130°
③ 180° ④ 310°

[해설]

$V_B^C = 70° - 25° = 45°$

$V_C^D = 45° + 85° = 130°$

$V_D^C = 130° + 180° = 310°$

89 등고선의 성질에 대한 설명으로 옳지 않은 것은?

① 등고선은 도면 내외에서 폐합하는 곡선이다.
② 등고선은 최대경사방향과 직각으로 교차한다.
③ 등고선은 경사가 급한 곳에서는 간격이 좁고, 완만한 경사에서는 넓다.
④ 높이가 다른 두 등고선은 어떠한 경우에도 서로 교차하지 않는다.

[해설]

등고선의 성질
① 동일 등고선상에 있는 모든 점은 같은 높이이다.
② 등고선은 반드시 도면 안이나 밖에서 서로가 폐합한다.
③ 지도의 도면 내에서 폐합되면 가장 가운데 부분을 산꼭대기(산정) 또는 凹지(요지)가 된다.
④ 등고선은 도중에 없어지거나, 엇갈리거나 합쳐지거나 갈라지지 않는다.
⑤ 높이가 다른 두 등고선은 동굴이나 절벽의 지형이 아닌 곳에서는 교차하지 않는다.
⑥ 등고선은 경사가 급한 곳에서는 간격이 좁고 완만한 경사에서는 넓다.
⑦ 최대경사의 방향은 등고선과 직각으로 교차한다.
⑧ 분수선(능선)과 곡선(유하선)은 등고선과 직각으로 만난다.
⑨ 2쌍의 등고선의 볼록부가 상대할 때는 볼록부를 나타낸다.
⑩ 동등한 경사의 지표에서 양 등고선의 수평거리는 같다.
⑪ 같은 경사의 평면일 때는 나란한 직선이 된다.
⑫ 등고선이 능선을 직각방향으로 횡단한 다음 능선 다른 쪽을 따라 거슬러 올라간다.
⑬ 등고선의 수평거리는 산꼭대기 및 산밑에서는 크고 산 중턱에서는 작다.

90 축척 1 : 500 지형도를 이용하여 축척 1 : 2500의 지형도를 제작하고자 한다. 1 : 2500 지형도 1도엽은 1 : 500 지형도를 몇 매 포함한 것인가?

① 25매 ② 36매
③ 40매 ④ 45매

[해설]

축척비 $= \dfrac{2500}{500} = 5$

면적비 $= 5 \times 5 = 25$매

[다른 해설]

$\left(\dfrac{1}{500}\right)^2 : \left(\dfrac{1}{2500}\right)^2 = \dfrac{\left(\dfrac{1}{500}\right)^2}{\left(\dfrac{1}{2500}\right)^2} = \dfrac{2500^2}{500^2} = 25$매

Answer 88 ④ 89 ④ 90 ①

91 ABCD구역에 대해 각 변의 거리를 관측하여 그림과 같은 결과를 얻었다면 면적은? (단, 거리의 단위는 m이다.)

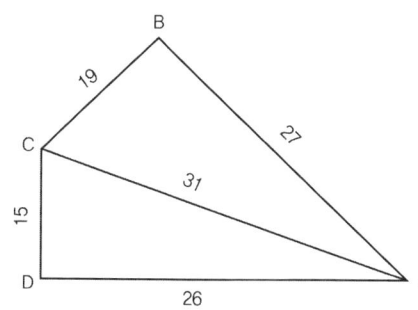

① 648.88m²
② 548.88m²
③ 448.88m²
④ 348.88m²

해설

$A = \sqrt{S(S-a)(S-b)(S-c)}$

$A_1 = \sqrt{38.5(38.5-19)(38.5-27)(38.5-31)}$
$= 254.46\text{m}^2$

$A_2 = \sqrt{36(36-31)(36-26)(36-15)} = 194.42\text{m}^2$

$\therefore A = 254.46 + 194.42 = 448.88\text{m}^2$

$S = \dfrac{1}{2}(a+b+c)$

$S_1 = \dfrac{1}{2}(19+27+31) = 38.5$

$S_2 = \dfrac{1}{2}(31+26+15) = 36$

92 전파거리 측량기보다 광파거리 측량기가 많이 이용되는 이유로 틀린 것은?

① 비교적 정확도가 높다.
② 1인 측량이 가능하다.
③ 기상조건의 영향을 받지 않는다.
④ 조작이 간편하여 신속하게 측정할 수 있다.

해설

구 분	광파거리 측량기	전파거리 측량기
정 의	측점에서 세운 기계로부터 빛을 발사하여 이것을 목표점의 반사경에 반사하여 돌아오는 반사파의 위상을 이용하여 거리를 구하는 기계	측점에 세운 주국에서 극초단파를 발사하고 목표점의 종국에서는 이를 수신하여 변조고주파로 반사하여 각각의 위상 차이로 거리를 구하는 기계
정확도	±(5mm+5ppm)	±(15mm+5ppm)
대표기종	Geodimeter	Tellurometer
장점	① 정확도가 높다. ② 데오돌라이트나 트랜시트에 부착하여 사용 가능하며, 무게가 가볍고 조작이 간편하고 신속하다. ③ 움직이는 장애물의 영향을 받지 않는다.	① 안개, 비, 눈 등의 기상조건에 대한 영향을 받지 않는다. ② 장거리 측정에 적합
단점	① 안개, 비, 눈 등의 기상조건에 대한 영향을 받는다.	① 단거리 관측시 정확도가 비교적 낮다. ② 움직이는 장애물 지면의 반사파 등의 영향을 받는다.
최소조작인원	1명(목표점에 반시경 설치했을 경우)	2명(주국, 종국 각 1명)
관측가능거리	단거리용 : 5km 이내 중거리용 : 60km 이내	장거리용 : 30~150km
조작시간	한변 10~20분	한변 20~30분

Answer 91 ③ 92 ③

93 삼각점 A에 기계를 설치하여 삼각점 B를 시준하여 각 T를 관측하고자 하였으나 장애물로 인해 B로부터 e만큼 떨어진 위치의 점 P를 관측하여 T' = 60°30'를 얻었다면 각 T는? (단, S = 2km, e = 5m, ϕ = 310°20')

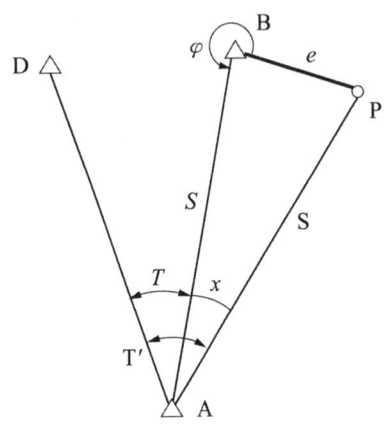

① 60°16′33″
② 60°23′27″
③ 60°29′27″
④ 60°36′33″

해설

$$\frac{2,000}{\sin(360° - 310°20')} = \frac{5}{\sin x}$$

$$x'' = \sin^{-1}\frac{\sin 49°40' \times 5}{2,000} = 0°6'33.09''$$

$$\therefore T = T' - x$$
$$= 60°30' - 0°6'33.09'' = 60°23'27''$$

94 A점의 표고가 135m, B점의 표고가 113m 일 때, 두 점 사이에 130m 등고선을 삽입한다면 이 등고선과 B점 사이의 수평거리는? (단, AB의 수평거리는 250m이고, 등경사 구간이다.)

① 150.4m
② 170.5m
③ 193.2m
④ 203.9m

해설

$250 : 22 = x : 17$

$x = \dfrac{250 \times 17}{22} = 193.2m$

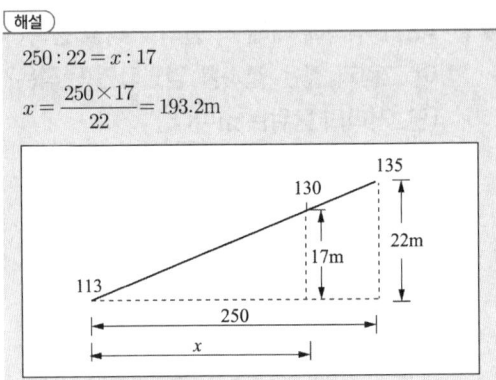

95 측량업 등록을 취소하여야 하는 경우가 아닌 것은?

① 다른 사람에게 자기의 성명 또는 상호를 사용하여 측량업무를 하게 한 경우
② 측량업의 등록을 한 날부터 3개월 이내에 영업을 시작하지 아니한 경우
③ 영업정지기간 중에 계속하여 영업을 한 경우
④ 거짓이나 그 밖의 부정한 방법으로 측량업의 등록을 한 경우

해설

측량업의 등록취소 (제52조)
① 국토교통부장관, 해양수산부장관 또는 시·도지사는 측량업자가 다음 각 호의 어느 하나에 해당하는 경우에는 측량업의 등록을 취소하거나 1년 이내의 기간을 정하여 영업의 정지를 명할 수 있다. 다만, 제2호·제4호·제7호·제8호·제11호 또는 제15호에 해당하는 경우에는 측량업의 등록을 취소하여야 한다. 〈개정 2018.4.17〉

측량업 영업의 정지
1. 고의 또는 과실로 측량을 부정확하게 한 경우
13. 지적측량업자가 제106조 제2항에 따른 지적측량 수수료를 같은 조 제3항에 따라 고시한 금액보다 과다 또는 과소하게 받은 경우
14. 다른 행정기관이 관계 법령에 따라 등록취소 또는 영업정지를 요구한 경우

Answer 93 ② 94 ③ 95 ②

6. 지적측량업자가 제45조에 따른 업무 범위를 위반하여 지적측량을 한 경우
10. 제51조를 위반하여 보험가입 등 필요한 조치를 하지 아니한 경우
9. 지적측량업자가 제50조(성실의무)를 위반한 경우
3. 정당한 사유 없이 측량업의 등록을 한 날부터 1년 이내에 영업을 시작하지 아니하거나 계속하여 1년 이상 휴업한 경우
5. 제44조 제4항을 위반하여 측량업 등록사항의 변경신고를 하지 아니한 경우
12. 제52조 제3항에 따른 임원의 직무정지 명령을 이행하지 아니한 경우

측량업 등록 취소

11. 영업정지기간 중에 계속하여 영업을 한 경우
4. 제44조 제2항에 따른 등록기준에 미달하게 된 경우. 다만, 일시적으로 등록기준에 미달되는 등 대통령령으로 정하는 경우는 제외한다.
15. 「국가기술자격법」 제15조제2항을 위반하여 측량업자가 측량기술자의 국가기술자격증을 대여받은 사실이 확인된 경우
8. 제49조 제1항을 위반하여 다른 사람에게 자기의 측량업등록증 또는 측량업등록수첩을 빌려주거나 자기의 성명 또는 상호를 사용하여 측량업무를 하게 한 경우
7. 제47조(측량업등록의 결격사유) 각 호의 어느 하나에 해당하게 된 경우. 다만, 측량업자가 같은 조 제5호에 해당하게 된 경우로서 그 사유가 발생한 날부터 3개월 이내에 그 사유를 해소한 경우는 제외한다.

> 법 제47조(측량업등록의 결격사유) 다음 각 호의 어느 하나에 해당하는 자는 측량업의 등록을 할 수 없다. 〈개정 2013.7.17, 2015.12.29〉
> 1. 피성년후견인 또는 피한정후견인
> 2. 이 법이나 「국가보안법」 또는 「형법」 제87조부터 제104조까지의 규정을 위반하여 금고 이상의 실형을 선고받고 그 집행이 끝나거나(집행이 끝난 것으로 보는 경우를 포함한다) 집행이 면제된 날부터 2년이 지나지 아니한 자
> 3. 이 법이나 「국가보안법」 또는 「형법」 제87조부터 제104조까지의 규정을 위반하여 금고 이상의 형의 집행유예를 선고받고 그 집행유예기간 중에 있는 자
> 4. 제52조에 따라 측량업의 등록이 취소(제47조제1호에 해당하여 등록이 취소된 경우는 제외한다)된 후 2년이 지나지 아니한 자
> 5. 임원 중에 제1호부터 제4호까지의 어느 하나에 해당하는 자가 있는 법인

2. 거짓이나 그 밖의 부정한 방법으로 측량업의 등록을 한 경우
14. 다른 행정기관이 관계 법령에 따라 등록취소를 요구한 경우

96 기본측량성과를 국외로 반출할 수 없는 경우는?

① 축척 5백분의1 이상의 대축척의 지도를 반출하는 경우
② 관광객 유치를 목적으로 측량용 사진을 제작하여 반출하는 경우
③ 정부를 대표하여 국제회의 또는 국제기구에 참석자가 자료로 사용하기 위하여 측량용 사진을 반출하는 경우
④ 대한민국 정부와 외국 정부 간에 체결된 협정 또는 합의에 따라 기본측량성과를 상호 교환하는 경우

[해설]

공간정보의 구축 및 관리 등에 관한 법률
제16조(기본측량성과의 국외 반출 금지)
① 누구든지 국토교통부장관의 허가 없이 기본측량성과 중 지도 등 또는 측량용 사진을 국외로 반출하여서는 아니 된다. 다만, 외국 정부와 기본측량성과를 서로 교환하는 등 대통령령으로 정하는 경우에는 그러하지 아니하다.
〈개정 2013. 3. 23.〉

Answer 96 ①

② 누구든지 제14조제3항 각 호의 어느 하나에 해당하는 경우에는 기본측량성과를 국외로 반출하여서는 아니 된다. 다만, 국토교통부장관이 국가안보와 관련된 사항에 대하여 과학기술정보통신부장관, 외교부장관, 통일부장관, 국방부장관, 행정안전부장관, 산업통상자원부장관 및 국가정보원장 등 관계 기관의 장과 협의체를 구성하여 국외로 반출하기로 결정한 경우에는 그러하지 아니하다. 〈개정 2017. 7. 26.〉

③ 제2항 단서에 따른 협의체에는 1인 이상의 민간전문가를 포함하여야 한다. 〈신설 2017. 10. 24.〉

④ 제2항 단서에 따른 협의체의 구성 및 운영과 제3항에 따른 민간전문가의 자격기준 등에 필요한 사항은 대통령령으로 정한다. 〈개정 2017. 10. 24.〉

⑤ 제3항에 따른 민간전문가는 「형법」 제127조 및 제129조부터 제132조까지의 규정을 적용할 때에는 공무원으로 본다. 〈신설 2017. 10. 24.〉

공간정보의 구축 및 관리 등에 관한 법률 시행령 제16조(기본측량성과 및 공공측량성과의 국외 반출)

① 법 제16조제1항 단서에서 "외국 정부와 기본측량성과를 서로 교환하는 등 대통령령으로 정하는 경우"란 다음 각 호의 경우를 말한다. 〈개정 2013. 3. 23., 2014. 1. 17.〉

1. 대한민국 정부와 외국 정부 간에 체결된 협정 또는 합의에 따라 기본측량성과를 상호교환하는 경우
2. 정부를 대표하여 외국 정부와 교섭하거나 국제회의 또는 국제기구에 참석하는 자가 자료로 사용하기 위하여 지도나 그 밖에 필요한 간행물(이하 "지도등"이라 한다) 또는 측량용 사진을 반출하는 경우
3. 관광객 유치와 관광시설 홍보를 목적으로 지도등 또는 측량용사진을 제작하여 반출하는 경우
4. 축척 5만분의 1 미만인 소축척의 지도(수치지형도는 제외한다. 이하 이 조에서 같다)나 그 밖에 필요한 간행물을 국외로 반출하는 경우
5. 축척 2만5천분의 1 또는 5만분의 1 지도로서 「국가공간정보에 관한 법률 시행령」 제24조제3항에 따라 국가정보원장의 지원을 받아 보안성 검토를 거친 경우(등고선, 발전소, 가스관 등 국토교통부장관이 정하여 고시하는 시설 등이 표시되지 아니한 경우로 한정한다)
6. 축척 2만5천분의 1인 영문판 수치지형도로서 「국가공간정보에 관한 법률 시행령」 제24조제3항에 따른 보안성 검토를 거친 경우

② 법 제21조제1항 단서에서 "외국정부와 공공측량성과를 서로 교환하는 등 대통령령으로 정하는 경우"란 다음 각 호의 경우를 말한다. 〈신설 2014. 1. 17.〉

1. 대한민국 정부와 외국 정부 간에 체결된 협정 또는 합의에 따라 공공측량성과를 상호교환하는 경우
2. 정부를 대표하여 외국 정부와 교섭하거나 국제회의 또는 국제기구에 참석하는 자가 자료로 사용하기 위하여 지도등 또는 측량용 사진을 반출하는 경우
3. 관광객 유치와 관광시설 홍보를 목적으로 지도등 또는 측량용 사진을 제작하여 반출하는 경우
4. 축척 5만분의 1 미만인 소축척의 지도나 그 밖에 필요한 간행물을 국외로 반출하는 경우
5. 축척 2만5천분의 1 또는 5만분의 1 지도로서 「국가공간정보에 관한 법률 시행령」 제24조제3항에 따라 국가정보원장의 지원을 받아 보안성 검토를 거친 경우

97 공공측량시행자가 지형·지물의 변동사항을 통보하여야 하는 건설공사의 종류 및 규모 기준으로 틀린 것은? (단, 각 건설공사의 종류는 각각의 관련법규에 따른 규정을 충족하는 사업이다.)

① 도시개발사업 중 면적이 5만제곱미터 이상인 것
② 산업단지개발 사업 중 면적이 5만제곱미터 이상인 것
③ 길이 1킬로미터 이상의 도로건설사업
④ 하천공사 중 그 공사 구간이 하천 중심 길이로 5킬로미터 이상인 것

Answer 97 ④

해설

공간정보의 구축 및 관리 등에 관한 법률 제11조 (지형·지물의 변동사항 통보 등)

③ 제17조제2항에 따른 공공측량시행자는 지형·지물의 변동을 유발할 수 있는 건설공사 중 대통령령으로 정하는 종류 및 규모의 건설공사를 착공할 때에는 그 착공사실을, 완공하였을 때에는 그 지형·지물의 변동사항을 국토교통부장관에게 통보하여야 한다.

⑤ 제3항에 따른 지형·지물의 변동을 유발하는 건설공사에 대한 통보에 필요한 사항은 국토교통부령으로 정한다.

공간정보의 구축 및 관리 등에 관한 법률 시행규칙 제7조(지형·지물의 변동에 관한 통보 등)

④ 법 제11조제3항에 따라 공공측량시행자가 통보해야 하는 건설공사의 종류 및 규모는 별표 3과 같다.

공간정보의 구축 및 관리 등에 관한 법률 시행령 [별표 3] 지형·지물의 변동을 유발할 수 있는 건설공사의 종류 및 규모(제11조제4항 관련)

구분	건설공사의 종류 및 규모
1. 도시의 개발	가. 「도시개발법」 제2조제1항제2호에 따른 도시개발사업 중 면적이 5만제곱미터 이상인 것
	나. 「도시 및 주거환경정비법」 제2조제2호에 따른 정비사업 중 면적이 5만제곱미터 이상인 것
	다. 「국토의 계획 및 이용에 관한 법률」 제2조제10호에 따른 도시·군계획시설사업 중 다음의 시설에 관한 사업 1) 운하 2) 유통업무설비로서 부지면적이 5만제곱미터 이상인 것 3) 주차장시설로서 부지면적이 5만제곱미터 이상인 것 4) 시장으로서 부지면적이 5만제곱미터 이상인 것
	라. 「주택법」 제15조제1항에 따른 대지조성사업 중 면적이 5만제곱미터 이상인 것
	마. 「택지개발촉진법」 제7조제1항에 따른 택지개발사업 또는 「공공주택 특별법」 제2조제3호 가목에 따른 공공주택지구조성사업 중 면적이 5만제곱미터 이상인 것
	바. 「물류시설의 개발 및 운영에 관한 법률」 제2조제9호에 따른 물류단지개발사업 또는 「유통산업발전법」 제2조제16호에 따른 공동집배송센터 조성사업 중 면적이 5만제곱미터 이상인 것
	사. 「여객자동차 운수사업법」 제2조제5호에 따른 여객자동차터미널 설치공사 중 부지면적이 5만제곱미터 이상인 것
	아. 「물류정책기본법」 제2조제4호에 따른 물류터미널 및 물류단지 중 부지면적이 5만제곱미터 이상인 것
	자. 「교육기본법」 제9조에 따른 학교의 설치공사 중 부지면적이 5만제곱미터 이상인 것
	차. 「농어촌정비법」 제2조제10호 및 제55조에 따른 생활환경정비사업의 농어촌마을 건설사업 및 농어촌마을 재개발사업 중 택지조성면적이 5만제곱미터 이상인 것
2. 산업입지 및 산업단지의 조성	가. 「산업입지 및 개발에 관한 법률」 제2조제9호에 따른 산업단지개발사업 중 면적이 5만제곱미터 이상인 것
	나. 「산업집적활성화 및 공장설립에 관한 법률」 제2조제1호에 따른 공장의 설립으로서 조성면적이 5만제곱미터 이상인 것
	다. 「도시개발법」 제2조제1항제2호에 따른 도시개발사업으로서 공업용지 조성사업 중 면적이 5만제곱미터 이상인 것
	라. 「산업기술단지 지원에 관한 특례법」 제2조에 따른 산업기술단지의 조성사업 중 면적이 5만제곱미터 이상인 것
	마. 「연구개발특구의 육성에 관한 특별법」 제2조제1호 및 제4조에 따른 연구개발특구의 조성사업 중 면적이 5만제곱미터 이상인 것

구분	건설공사의 종류 및 규모
3. 항만의 건설	가.「어촌·어항법」제2조제5호 또는 제6호에 따른 어항시설 또는 어항개발사업 중 조성면적이 5만제곱미터 이상인 것. 다만, 공유수면매립이 수반되는 경우에는 조성면적 중 매립면적이 3만제곱미터 이상인 것
	나.「항만법」제2조제5호에 따른 항만시설의 건설공사 중 조성면적이 5만제곱미터 이상인 것. 다만, 공유수면매립이 수반되는 경우에는 조성면적 중 매립면적이 3만제곱미터 이상인 것
	다.「신항만건설 촉진법」제2조제2호가목에 해당하는 신항만건설사업 중 조성면적이 5만제곱미터 이상인 것. 다만, 공유수면매립이 수반되는 경우에는 조성면적 중 매립면적이 3만제곱미터 이상인 것
4. 도로의 건설	「도로법」제2조제1호,「국토의 계획 및 이용에 관한 법률」제2조제13호에 따른 도로의 건설사업으로서 길이 1킬로미터 이상의 도로건설사업
5. 수자원의 개발	가.「댐건설 및 주변지역지원 등에 관한 법률」제2조제1호에 따른 댐 또는「하천법」제2조제3호에 따른 하천시설 중 하구둑의 설치공사로서 만수면적이 200만제곱미터 이상이거나 총 저수용량이 2천만세제곱미터 이상인 것
	나.「농어촌정비법」제2조제6호에 따른 농업생산기반시설 중 만수면적이 200만제곱미터 이상이거나 총저수용량이 2천만세제곱미터 이상인 저수지·보 또는 유지의 조성
6. 철도(도시철도를 포함한다)의 건설	가.「철도의 건설 및 철도시설 유지관리에 관한 법률」제2조제1호 또는「국토의 계획 및 이용에 관한 법률」제2조제6호에 따른 철도의 건설사업 중 길이 1킬로미터 이상이거나 철도시설의 면적이 5만제곱미터 이상인 것. 다만,「철도사업법」제2조제5호에 따른 전용철도를 공장 안에 설치하는 경우는 제외한다.
	나.「도시철도법」제2조제2호에 따른 도시철도의 건설사업 중 길이 1킬로미터 이상이거나 도시철도시설(부지를 포함한다)의 면적이 5만제곱미터 이상인 것
	다.「궤도운송법」제2조제7호에 따른 궤도사업 또는 같은 조 제9호의 전용궤도의 길이가 1킬로미터 이상이거나 궤도용지(궤도시설의 면적을 포함한다)의 면적이 5만제곱미터 이상인 것

구분	건설공사의 종류 및 규모
6. 철도(도시철도를 포함한다)의 건설	라.「철도의 건설 및 철도시설 유지관리에 관한 법률」제2조제2호에 따른 고속철도의 건설사업 중 길이 1킬로미터 이상이거나 철도시설의 면적이 5만제곱미터 이상인 것
7. 공항의 건설	「공항시설법」제2조제9호 및 제10호에 따른 공항개발사업 및 비행장개발사업 중 다음의 어느 하나에 해당하는 사업 1) 공항시설 또는 비행장시설의 신설에 관한 사업 2) 그 밖에 면적이 5만제곱미터 이상인 사업
8. 하천의 이용 및 개발	「하천법」제2조제2호에 따른 하천구역 또는 같은 법 제10조에 따른 하천구역에서의 같은 법 제2조제5호에 따른 하천공사 중 그 공사구간이 하천중심길이로 1킬로미터 이상인 것
9. 개간 및 공유수면의 매립	가.「공유수면 관리 및 매립에 관한 법률」제2조제4호에 따른 공유수면매립 중 면적이 5만제곱미터 이상인 것
	나.「농어촌정비법」제2조제5호에 따른 간척사업 또는 개간사업 중 면적이 5만제곱미터 이상인 것
10. 관광단지의 개발	가.「관광진흥법」제2조제6호 및 제7호에 따른 관광지 및 관광단지의 조성사업 중 면적이 5만제곱미터 이상인 것
	나.「자연공원법」제2조제9호에 따른 공원사업 중 조성면적 또는 같은 법 제18조제1항제3호에 따른 공원마을지구의 면적이 5만제곱미터 이상인 것
	다.「국토의 계획 및 이용에 관한 법률」제2조제11호에 따른 도시·군계획사업 중 유원지에 설치되는 시설면적이 5만제곱미터 이상인 것
	라.「도시공원 및 녹지 등에 관한 법률」제2조제4호에 따른 공원시설의 설치사업 중 공원시설 면적의 합계가 5만제곱미터 이상인 것
11. 특정 지역의 개발	가.「지역 개발 및 지원에 관한 법률」제2조제3호에 따른 지역개발사업 중 면적이 5만제곱미터 이상인 것
	나.「경제자유구역의 지정 및 운영에 관한 특별법」제2조제1호에 따른 경제자유구역에서 실시되는 개발사업
	다.「인천국제공항공사법」제10조제1항제1호에 따른 인천국제공항의 개발사업

구분	건설공사의 종류 및 규모
12. 체육시설의 설치	가. 「체육시설의 설치·이용에 관한 법률」 제2조제1호에 따른 체육시설의 설치공사 중 총용지면적이 5만제곱미터 이상인 것
	나. 「경륜·경정법」 제2조제1호·제2호에 따른 경륜 또는 경정시설의 설치사업 중 총용지면적이 5만제곱미터 이상인 것
	다. 「청소년활동진흥법」 제10조제1호에 따른 청소년수련시설의 설치사업 중 총용지면적이 5만제곱미터 이상인 것
	라. 「한국마사회법」 제4조에 따른 경마장 설치사업 중 총용지면적이 5만제곱미터 이상인 것
13. 폐기물 처리시설의 설치	「폐기물관리법」 제2조제8호에 따른 폐기물처리시설 중 매립시설의 조성면적이 5만제곱미터 이상인 것

98 공공측량시행자는 공공측량을 하기 며칠 전에 공공측량 작업계획서를 제출하여야 하는가?

① 3일 ② 7일
③ 15일 ④ 30일

[해설]

공간정보의 구축 및 관리 등에 관한 법률 시행규칙 제21조(공공측량 작업계획서의 제출)
① 공공측량시행자는 법 제17조제2항에 따라 공공측량을 하기 3일 전에 국토지리정보원장이 정한 기준에 따라 공공측량 작업계획서를 작성하여 국토지리정보원장에게 제출하여야 한다. 공공측량 작업계획서를 변경한 경우에도 또한 같다. 〈개정 2015. 6. 4.〉
② 제1항에 따른 공공측량 작업계획서에 포함되어야 할 사항은 다음 각 호와 같다.
 1. 공공측량의 사업명
 2. 공공측량의 목적 및 활용 범위
 3. 공공측량의 위치 및 사업량
 4. 공공측량의 작업기간
 5. 공공측량의 작업방법
 6. 사용할 측량기기의 종류 및 성능
 7. 법 제17조제1항에 따라 사용할 측량성과의 명칭, 종류 및 내용
 8. 그 밖에 작업에 필요한 사항

99 정당한 사유 없이 측량의 실시를 방해한 자에 대한 처분 기준으로 옳은 것은?

① 3년 이하의 징역 또는 3천만원 이하의 벌금
② 2년 이하의 징역 또는 2천만원 이하의 벌금
③ 1년 이하의 징역 또는 1천만원 이하의 벌금
④ 300만원 이하의 과태료

[해설]

벌칙(법률 제109조)
• 3년 이하의 징역 또는 3천만원 이하의 벌금
 측량업자로서 속임수, 위력(威力), 그 밖의 방법으로 측량업과 관련된 입찰의 공정성을 해친 자는 3년 이하의 징역 또는 3천만원 이하의 벌금에 처한다.
• 2년 이하의 징역 또는 2천만원 이하의 벌금
 1. 측량업의 등록을 하지 아니하거나 거짓이나 그 밖의 부정한 방법으로 측량업의 등록을 하고 측량업을 한 자
 2. 성능검사대행자의 등록을 하지 아니하거나 거짓이나 그 밖의 부정한 방법으로 성능검사대행자의 등록을 하고 성능검사업무를 한 자
 3. 측량성과를 국 외로 반출한 자
 4. 측량기준점 표지를 이전 또는 파손하거나 그 효용을 해치는 행위를 한 사
 5. 고의로 측량 성과를 사실과 다르게 한 자
 6. 성능 검사를 부정하게 한 성능검사대행자
• 1년 이하의 징역 또는 1천만원 이하의 벌금
 1. 둘이상의 측량업자에게 소속된 측량기술자
 2. 업무상 알게 된 비밀을 누설한 측량기술자
 3. 거짓(허위)으로 다음 각 목의 신청을 한 자
  가. 신규등록 신청
  나. 등록전환 신청
  다. 분할 신청
  라. 합병 신청
  마. 지목변경 신청
  사. 축척변경 신청

Answer 98 ① 99 ④

바. 바다로 된 토지의 등록말소 신청
아. 등록사항의 정정 신청
자. 도시개발사업 등 시행지역의 토지이동 신청
4. 측량기술자가 아님에도 불구하고 측량을 한 자
5. 지적측량수수료 외의 대가를 받은 지적측량기술자
6. 심사를 받지 아니하고 지도 등을 간행하여 판매하거나 배포한 자
7. 다른 사람에게 측량업등록증 또는 측량업등록수첩을 빌려주거나 자기의 성명 또는 상호를 사용하여 측량업무를 하게 한 자
8. 다른 사람의 측량업등록증 또는 측량업등록수첩을 빌려서 사용하거나 다른 사람의 성명 또는 는 상호를 사용하여 측량업무를 한 자
9. 다른 사람에게 자기의 성능검사대행자 등록증을 빌려주거나 자기의 성명 또는 상호를 사용하여 성능검사대행업무를 수행하게 한 자
10. 다른 사람의 성능검사대행자 등록증을 빌려서 사용하거나 다른 사람의 성명 또는 상호를 사용하여 성능검사대행업무를 수행한 자
11. 무단으로 측량성과 또는 측량기록을 복제한 자

과태료(영 제105조)
• 300만원 이하의 과태료
① 다음 각 호의 어느 하나에 해당하는 자에게는 300만원 이하의 과태료를 부과한다.
  1. 정당한 사유 없이 측량을 방해한 자
  2. 정당한 사유 없이 제101조제7항을 위반하여 토지등에의 출입 등을 방해하거나 거부한 자
  3. 정당한 사유 없이 제99조제1항에 따른 보고를 하지 아니하거나 거짓으로 보고를 한 자
  4. 정당한 사유 없이 제99조제1항에 따른 조사를 거부·방해 또는 기피한 자
  5. 제44조제4항을 위반하여 측량업 등록사항의 변경신고를 하지 아니한 자
  6. 제48조를 위반하여 측량업의 휴업·폐업 등의 신고를 하지 아니하거나 거짓으로 신고한 자
  7. 제46조제2항을 위반하여 측량업자의 지위 승계 신고를 하지 아니한 자
  8. 제93조제1항을 위반하여 성능검사대행자의 등록사항 변경을 신고하지 아니한 자
  9. 제93조제3항을 위반하여 성능검사대행업무의 폐업신고를 하지 아니한 자
  10. 제92조제1항을 위반하여 측량기기에 대한 성능 검사를 받지 아니하거나 부정한 방법으로 성능검사를 받은 자
  11. 제13조제4항을 위반하여 고시된 측량 성과에 어긋나는 측량성과를 사용한 자
  12. 제50조제2항을 위반하여 본인, 배우자 또는 직계 존속·비속이 소유한 토지에 대한 지적측량을 한 자
  13. 제40조제1항을 위반하여 거짓으로 측량기술자의 신고를 한 자
② 제1항에 따른 과태료는 대통령령으로 정하는 바에 따라 국토교통부장관, 시·도지사 또는 지적소관청이 부과·징수한다.

100 국토교통부장관은 측량기본계획을 몇 년마다 수립하여야 하는가?

① 1년 ② 3년
③ 5년 ④ 10년

해설

공간정보의 구축 및 관리 등에 관한 법률 제5조(측량기본계획 및 시행계획)
① 국토교통부장관은 다음 각 호의 사항이 포함된 측량기본계획을 5년마다 수립하여야 한다. 〈개정 2013. 3. 23., 2020. 2. 18.〉
  1. 측량에 관한 기본 구상 및 추진 전략
  2. 측량의 국내외 환경 분석 및 기술연구
  3. 측량산업 및 기술인력 육성 방안
  4. 그 밖에 측량 발전을 위하여 필요한 사항
② 국토교통부장관은 제1항에 따른 측량기본계획에 따라 연도별 시행계획을 수립·시행하고, 그 추진실적을 평가하여야 한다. 〈개정 2013. 3. 23., 2019. 12. 10.〉
③ 국토교통부장관은 제1항에 따른 측량기본계획과 제2항에 따른 연도별 시행계획을 수립하려는 경우 제2항에 따른 평가 결과를 반영하여야 한다. 〈신설 2019. 12. 10.〉
④ 제2항에 따른 연도별 추진실적 평가의 기준·방법·절차에 관한 사항은 국토교통부령으로 정한다.

Answer 100 ③

측량 및 지형공간정보

2021년 9월 12일 기사

| 제1과목 | 측지학 및 위성측위시스템 |

01 거리 측량 정밀도를 $1/10^8$까지 허용할 때 지구 표면을 평면으로 고려할 수 있는 거리의 한계는? (단, 지구의 곡선반지름은 6,370km로 한다.)

① 약 1.1km ② 약 7km
③ 약 11km ④ 약 22km

[해설]
평면으로 간주할 수 있는 범위(D)

$$\sqrt{\frac{12 \cdot R^2}{m}} = \sqrt{\frac{12 \times 6{,}370^2}{100{,}000{,}000}} = 2.2\text{km}$$

$$\therefore \frac{D}{2} = \frac{2.2}{2} = 1.1\text{km}$$

02 중력이상에 대한 설명으로 옳지 않은 것은?

① 일반적으로 실측값과 계산식에 의한 이론적 중력값은 일치하지 않는다.
② 중력이상이 (+)이면 그 지점 부근에 무거운 물질이 있다.
③ 표준 중력값에서 기준면 환산 실측 중력값을 뺀 값이다.
④ 중력이상에 의해 지표면 아래의 상태를 추정할 수 있다.

[해설]

중력 이상(gravity anomaly)
중력 이상이란 실제 관측중력값에서 표준중력식에 의해 계산한 중력값을 뺀 것이다.

중력 이상	・실측 중력값 − 표준(이론) 중력 값 ・중력 이상(+) : 질량이 여유인 지역으로 무거운 물질이 있다는 것을 의미한다. ・중력 이상(−) : 질량이 부족한 지역으로 가벼운 물질이 있다는 것을 의미한다.
중력 이상의 주된 원인	・지하의 지질밀도가 고르게 분포되어 있지 않기 때문 ・밀도가 큰 물질이 지표 가까이 있을 때는 (+)값, 반대인 경우는 (−)값을 갖는다. ・중력 이상에 의해 지표 밑의 상태를 측정할 수 있다.

중력 이상	내 용
프리-에어 이상 (freeair anomaly)	・관측된 중력값으로부터 위도보정과 프리-에어 보정을 실시한 중력값에서 기준점에서의 표준중력값을 뺀 값이다. ・프리-에어 이상은 관측점과 지오이드 사이의 물질에 대한 영향을 고려하지 않기 때문에 고도가 높은 점일수록 (+)로 증가한다.
부게 이상 (Bouguer anomaly)	・중력관측점과 지오이드면 사이의 질량을 고려한 중력 이상이다. ・부게 이상은 지하의 물질 및 질량분포를 구하는 데 목적이 있다. ・프리-에어 이상에 부게보정 및 지형보정을 더하여 얻은 이상이다. ・고도가 높을수록 (−)로 감소한다.
지각균형 이상 (地殼均衡異常)	・지질광물의 분포상태에 따른 밀도차의 영향을 고려한 이상이다. ・부게 이상에 지각균형보정을 더하여 얻은 이상이다.

Answer 01 ① 02 ③

03 기준타원체로부터 지오이드 면까지의 수직 거리를 무엇이라 하는가?

① 지오이드고 ② 정표고
③ 타원체고 ④ 동표고

해설

높이의 종류
① 표고(標高, Elevation)
   지오이드면, 즉 정지된 평균해수면과 물리적 지표면 사이의 고저차
② 정표고(正標高, Orthometric Height)
   물리적 지표면에서 지오이드까지의 고저차
③ 지오이드고(Geoidal Height)
   타원체와 지오이드와 사이의 고저차를 말한다.
④ 타원체고(楕圓體高, Ellipsoidal Height)
   준거 타원체상에서 물리적 지표면까지의 고저차를 말하고 지구를 이상적인 타원체로 가정한 타원체면으로부터 관측지점까지의 거리이며 실제 지구표면은 울퉁불퉁한 기복을 가지므로 실제 높이(표고)는 타원체고가 아닌 평균해수면(지오이드)으로부터 연직선 거리이다.

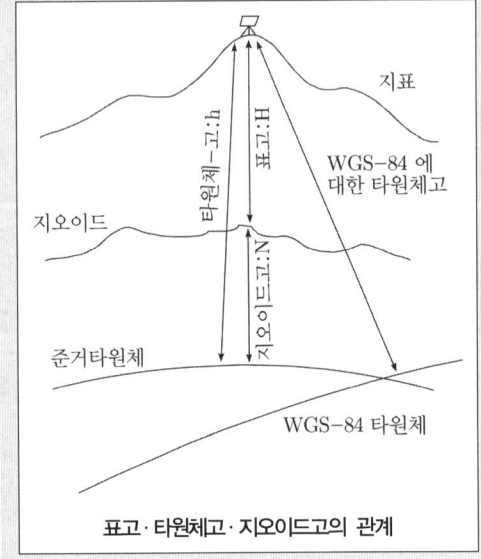

표고 · 타원체고 · 지오이드고의 관계

04 다음 중 DGPS에 의해서 보정되지 않는 오차는?

① 전리층오차 ② 위성 시계 오차
③ 사이클 슬립 ④ 위성 궤도 오차

해설

DGPS 방식은 기준국 GPS에서 방송되는 위치보정신호를 각 이동국에서 단순 수신하는 것으로 DGPS를 적용하면 정확도가 좋아지는 이유는 기지점과 미지점에서 측정한 결과로부터 공통오차를 상쇄시킬 수 있기 때문이다. 상쇄되는 오차는 다음과 같다.
① GPS 위성의 궤도정보 오차
② GPS 위성의 시계오차
③ 전리층 신호 지연
④ 대류권 신호 지연
⑤ SA에 의해 코드에 부여된 오차(2000년 이전)

05 반지름이 5000km인 구(球)에서 수평거리 10km에 대한 곡률오차는?

① 0.05km ② 0.04km
③ 0.03km ④ 0.01km

해설

구차$(h_1) = \dfrac{S^2}{2R} = \dfrac{10^2}{2 \times 5000} = 0.01\text{km}$

06 위성의 기하학적 배치 상태가 수신기 위치의 정확도에 미치는 영향을 나타내는 척도는?

① 다중경로(Multipath)
② DOP(Dilution of Precision)
③ 사이클 슬립(Cycle Slip)
④ 선택적 부과오차(S/A)

Answer 03 ① 04 ③ 05 ④ 06 ②

해설

위성의 배치상태에 따른 오차

① 정밀도저하율(DOP(Dilution of Precision))
GPS관측지역의 상공을 지나는 위성의 기하학적 배치상태에 따라 측위의 정확도가 달라지는데 이를 DOP(Dilution of Precision)이라 한다 (정밀도 저하율).

종류	① GDOP : 기하학적 정밀도 저하율 ② PDOP : 위치 정밀도 저하율 ③ HDOP : 수평 정밀도 저하율 ④ VDOP : 수직 정밀도 저하율 ⑤ RDOP : 상대 정밀도 저하율 ⑥ TDOP : 시간 정밀도 저하율
특징	① 3차원위치의 정확도는 PDOP에 따라 달라지는데 PDOP은 4개의 관측위성들이 이루는 사면체의 체적이 최대일때 가장 정확도가 좋으며 이때는 관측자의 머리위에 다른 3개의 위성이 각각 120°를 이룰 때이다. ② DOP은 값이 작을수록 정확한데 1이 가장 정확하고 5까지는 실용상 지장이 없다.

07 GNSS 절대 측위에서 HDOP와 VDOP가 2.3과 3.7이고 예상되는 관측 데이터의 정확도(σ)가 ±2.5m일 때 예상할 수 있는 수평 위치 정확도(σ_H)와 수직 위치 정확도는(σ_V)는?

① $\sigma_H = \pm 5.75m$, $\sigma_V = \pm 9.25m$
② $\sigma_H = \pm 4.8m$, $\sigma_V = \pm 6.20m$
③ $\sigma_H = \pm 1.48m$, $\sigma_V = \pm 8.51m$
④ $\sigma_H = \pm 0.92m$, $\sigma_V = \pm 1.48m$

해설

$GDOP = \sqrt{(\sigma_{xx}^2 + \sigma_{yy}^2 + \sigma_{zz}^2 + \sigma_{tt}^2)}$
$PDOP = \sqrt{(\sigma_{xx}^2 + \sigma_{yy}^2 + \sigma_{zz}^2)}$
$TDOP = \sigma_{tt}$
$HDOP = \sqrt{(\sigma_{xx}^2 + \sigma_{yy}^2)}$
$VDOP = \sigma_{zz}$
$HDOP = 2.3$

$VDOP = 3.7$
관측데이터 정확도(σ)가 2.5m이므로
수평 위치 정확도(σH) = 2.3×2.5 = ±5.75m
수직 위치 정확도(σV) = 3.7×2.5 = ±9.25m

08 GNSS 측량에 대한 설명으로 옳지 않은 것은?

① GNSS 측량은 관측 가능한 기상 및 시간의 제약이 매우 적다.
② 도심지내 GNSS 측량에서는 다중경로에 주의해야 한다.
③ GNSS 측량에서는 3차원 좌표값을 직접 얻기 때문에 안테나 높이를 관측할 필요가 없다.
④ GNSS 측량에서는 수신점 간의 시통이 없어도 기선벡터를 구할 수 있으므로 시통을 염려할 필요가 없다.

해설

GPS의 특징

GPS 측량 시스템은 인공위성을 이용한 범지구 위치 측정시스템으로 정확한 위치를 알고 있는 위성에서 발사한 전파를 수신하고 관측점까지 소요시간을 측정하여 위치를 구하며 GPS의 특징은
① 지구상 어느 곳에서나 이용할 수 있다.
② 기상상태와 시간적 제약에 관계없이 관측의 수행이 가능하다.
③ 측량기법에 따라 수mm~수십m까지 다양한 정확도를 가지고 있다.
④ 측량거리에 비하여 상대적으로 높은 정확도를 지니고 있다.
⑤ 하루 24시간 어느 시간에서나 이용이 가능하다.
⑥ 사용자가 무제한 사용할 수 있으며 신호 사용에 따른 부담이 없다.
⑦ 다양한 측량기법이 제공되어 목적에 따라 적당한 기법을 선택할 수 있으므로 경제적이다.
⑧ 3차원측량을 동시에 할 수 있다.
⑨ 지형여건과 관계없으며, 또한 측점 간 상호시통이 되지 않아도 관계없다.

Answer 07 ① 08 ③

⑩ 1인 측량이 가능하여 인력이 적게 소요되고, 측정작업이 간단하다.

09 지구의 모양이 완전구체로 되어 있다며 지구의 편평률은?

① 1
② 1/100
③ 1/299
④ 0

해설

$$P = \frac{a-b}{a}$$

10 다음 중 2차원 좌표로 올바르게 짝지어진 것은?

① 원주좌표, 구면좌표
② 원·원좌표, 원·방사선좌표
③ 구면좌표, 원·원좌표
④ 원주좌표, 원·방사선좌표

해설

2차원 좌표계	3차원 좌표계
① 평면직교좌표	① 3차원 직교좌표
② 평면사교좌표	② 3차원 사교좌표
③ 2차원 극좌표	③ 원주좌표
④ 원·방사선좌표	④ 구면좌표
⑤ 원·원좌표	⑤ 3차원 직교곡선좌표
⑥ 쌍곡선·쌍곡선좌표	

11 다음 중 GNSS 측량의 계통적 오차(정오차)에 해당하지 않는 것은?

① 위성의 시계 오차
② 위성의 궤도 오차
③ 전리층 지연 오차
④ 관측 잡음 오차

해설

구조적인 오차

종류	특징
위성시계 오차	GPS 위성에 내장되어 있는 시계의 부정확성으로 인해 발생
위성궤도 오차	위성궤도정보의 부정확성으로 인해 발생
대기권 전파지연	위성신호의 전리층, 대류권 통과 시 전파지연오차(약 2m)
전파적 잡음	수신기 자체에서 발생하며 PRN 코드잡음과 수신기 잡음이 합쳐져서 발생
다중경로 (Multipath)	다중경로오차는 GPS 위성으로 직접 수신된 전파 이외에 부가적으로 주위의 지형, 지물에 의한 반사된 전파로 인해 발생하는 오차로서 측위에 영향을 미친다. ① 다중경로는 금속제 건물, 구조물과 같은 커다란 반사적 표면이 있을 때 일어난다. ② 다중경로의 결과로서 수신된 GPS 신호는 처리될 때 GPS 위치의 부정확성을 제공 ③ 다중경로가 일어나는 경우를 최소화하기 위하여 미션 설정, 수신기, 안테나 설계시에 고려한다면 다중경로의 영향을 최소화할 수 있다. ④ GPS 신호시간의 기간을 평균하는 것도 다중경로의 영향을 감소시킨다. ⑤ 가장 이상적인 방법은 다중경로의 원인이 되는 장애물에서 멀리 떨어져서 관측하는 방법이다. ⑥ 다중경로에 따른 영향은 위상측정방식보다 코드측정방식에서 더 크다.

12 다음 중 GPS 위성신호가 아닌 것은?

① L1 반송파
② E5 반송파
③ P 코드
④ C/A 코드

> [해설]

GPS 신호

GPS신호는 C/A코드, P코드 및 항법메시지 등의 측위 계산용 신호가 각기 다른 주파수를 가진 L1 및 L2 파의 2개 전파에 실려 지상으로 방송이 되며 L1/L2파는 코드신호 및 항법메시지를 운반한다고 하여 반송파(Carrier Wave)라 한다.

신호	구분	내용
반송파 (Carrier)	L1	• 주파수 1,575.42MHz (154×10.23MHz), 파장 19cm • C/A code와 P code 변조 가능
	L2	• 파수 1,227.60MHz (120×10.23MHz), 파장 24cm • P code만 변조 가능
코드 (Code)	P code	• 반복주기 7일인 PRN code (Pseudo Random Noise code) • 주파수 10.23MHz, 파장 30m(29.3m)
	C/A code	• 반복주기 : 1ms(milli-second)로 1.023Mbps로 구성된 PPN code • 주파수 1.023MHz, 파장 300m(293m)
Navigation Message		GPS위성의 궤도, 시간, 기타 System Parameter들을 포함하는 Data bit
		측위계산에 필요한 정보 • 위성탑재 원자시계 및 전리층보정을 위한 Parameter값 • 위성 궤도 정보 • 타 위성의 항법메시지 등을 포함
		위성궤도정보에는 평균근점각, 이심률, 궤도장반경, 승교점적경, 궤도경사각, 근지점인수등 기본적인량 및 보정항이 포함

13 세계 각국에서는 보다 정확하고 시공을 초월한 측위 환경에 대한 수요가 증가함에 따라 각국 고유의 측위 위성시스템(GNSS)을 개발·구축하고 있다. 이와 관련이 없는 것은?

① Galileo   ② BeiDou
③ SPOT   ④ GLONASS

> [해설]

위성항법시스템 구축 현황

소유국	시스템 명	목적	운용연도	운용궤도	위성수
미국	GPS	전지구위성항법	1995	중궤도	31기 운용중
러시아	GLONASS	전지구위성항법	2011	중궤도	24
EU	Galileo	전지구위성항법	2012	중궤도	30
중국	COMPASS (Beidou)	전지구위성항법 (중국 지역위성항법)	2011	중궤도 정지궤도	30 5
일본	QZSS	일본주변 지역위성항법	2010	고타원궤도	3
인도	IRNSS	인도주변 지역위성항법	2010	정지궤도 고타원궤도	3 4

14 지자기 측정의 3요소로 올바르게 짝지어진 것은?

① 편각, 복각, 수평분력
② 복각, 연직각, 수평분력
③ 복각, 수평각, 연직분력
④ 편각, 복각, 연직분력

Answer 13 ③ 14 ①

해설

지자기 3요소

편각	수평분력 H가 진북과 이루는 각. 지자기의 방향과 자오선이 이루는 각
복각	전자장 F와 수평분력 H가 이루는 각. 지자기의 방향과 수평면과 이루는 각
수평분력	전자장 F의 수평성분. 수평면 내에서의 지자기장의 크기(지자기의 강도)를 말하며, 지자기의 강도를 전자력의 수평방향의 성분을 수평분력, 연직방향의 성분을 연직분력이라 한다.

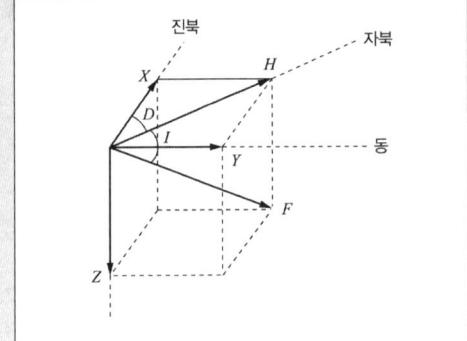

여기서, F : 전자장
H : 수평분력(X : 진북방향 성분,
　　　　　　Y : 동서방향 성분)
Z : 연직분력
D : 편각
I : 복각

15 관측점들의 고도차에 존재하는 물질의 인력이 중력에 미치는 영향을 보정하는 중력보정을 무엇이라 하는가?

① 지형 보정
② 부게 보정
③ 기계 보정
④ 프리에어 보정

해설

중력보정(gravity correction)
실측된 중력값을 기준면(지오이드 또는 평균해수면)상의 중력값으로 보정하는 것

1. gravity correction
　실측된 중력값을 기준면(지오이드 또는 평균해수면)상의 중력값으로 보정하는 것

2. 고도보정(高度補正)
　관측점 사이의 고도차가 중력에 미치는 영향을 제거하는 것
　① 프리에어 보정(freeair correction)
　　물질의 인력을 고려하지 않고 고도차만을 고려하여 보정. 즉 관측값으로부터 기준면 사이에 질량을 무시하고 기준면으로부터 높이(또는 깊이)의 영향을 고려하는 보정

　　관측된 중력값 + 고도차 = 프리에어 보정

　② 부게 보정(Bouguer correction)
　　관측점들의 고도차가 존재하는 물질의 인력이 중력에 미치는 영향을 보정하는 것. 즉 물질의 인력을 고려하는 보정. 측정점과 지오이드면 사이에 존재하는 물질이 중력에 미치는 영향에 대한 보정을 말한다.

　　관측된 중력값 + 고도차 + 물질의 인력
　　　　　　　　　= 부게 보정

3. 지형보정
　(topographic 또는 terrain correction)
　지형보정은 관측점과 기준면 사이에 일정한 밀도의 물질이 무한히 퍼져 있는 것으로 가정하여 보정하는 것이지만 실제 지형은 능선이나 계곡 등의 불규칙한 형태를 이루고 있으므로 이러한 지형 영향을 고려한 보정을 지형보정이라 한다. 지형보정은 측점 주위의 높음과 낮음에 관계없이 보정값을 관측값에 항상 +해주어야 한다.

　　관측된 중력값 + 고도차 + 물질의 인력 +
　　　　실제지형 = 지형보정

Answer 15 ②

4. 에트베스보정(Eotvos correction)

선박이나 항공기 등의 이동체에서 중력을 관측하는 경우에 이동체 속도의 동, 서방향 성분은 지구자전축에 대한 자전각 속도의 상대적인 증감효과를 일으켜서 원심가속도의 변화를 가져온다. 지구에 대한 이동체의 상대운동의 영향에 의한 중력효과를 보정하는 것

5. 조석보정(earth tide correction)

달과 태양의 인력에 의하여 지구 자체가 주기적으로 변형하는 지구 조석 현상은 중력값에도 영향을 주게 되고 이것을 보정하는 것

6. 위도보정(latitude correction)

지구의 적도반경과 극반경 차이에 의하여 적도에서 극으로 갈수록 중력이 커지므로 위도 차에 의한 영향을 제거하는 것

7. 대기보정(airmass correction)

대기에 의한 중력의 영향보정

8. 지각균형보정(isostatic correction)

지각균형성에 의하면 밀도는 일정하지 않기 때문에 이를 보정하는 것

> 관측된 중력값 + 고도차 + 물질의 인력 + 실제지형 + 지각균형설 = 지각균형보정

9. 계기보정(drift correction)

스프링 크리프 현상으로 생기는 중력의 시간에 따른 변화를 보정

16 우리나라에서 채택하고 있는 세계측지계의 기준타원체로 옳은 것은?

① WGS72
② Bessel
③ WGS84
④ GRS80

해설

구측량법	구분	신측량법
동경측지계	측지기준계	세계측지계
벳셀타원체	지구형상	GRS80타원체
수평면	평면 위치 기준	타원체면
평균해면	수직 위치	평균해면
경도	위치표현	3차원직교좌표
위도		극좌표
직각좌표		직각좌표
표고		표고
천문측량	경위도원점	VLBI
경도		경도
위도		위도
3개평면 직각좌표원점	평면투영원점	4개평면 직각좌표원점
(서, 중, 동)		(서, 중, 동, 동)
공공측량표준작업규정TM		복수투영법YM
(지도도식규칙)		

17 GNSS 측량을 통해 수집된 공통 데이터 형식인 RINEX 파일에 해당되지 않는 것은?

① O(관측) 파일
② N(항법메시지) 파일
③ M(기상) 파일
④ S(측위해) 파일

해설

RINEX 포맷

① 관측자료 파일
② 항법메시지 파일
③ 기상자료 파일
④ GLONASS 항법메시지 파일을 포함한 4개의 ASCⅡ파일로 구성되어 있다

18 탄성파 측량에 대한 설명 중 옳지 않은 것은?

① 외핵과 내핵의 경계를 알아내기 위하여 반사법을 이용한다.
② 단층과 같은 지질 구조는 탄성파 측량에 의해 알아낼 수 있다.
③ 굴절법은 지표면으로부터 낮은 곳을 대상으로 한다.
④ 반사법은 지표면으로부터 깊은 곳을 대상으로 한다.

해설

탄성파측량(Seicmic Surveying)
물체에 외력을 가했다가 외력을 제거했을 때 원상태로 돌아올 수 있는 상태에서 변형의 비율은 외력에 비례한다(Hook의 법칙). Hook의 법칙이 적용되는 고체를 단성체라 하며 탄송체에 충격을 주어 급격한 변형을 일으키면 변형은 파장이 되어 주위로 전파 되는데 이 파를 탄성파라한다. 탄성파에는 실체파라고 하는 종파(縱波 : P파), 횡파(橫波 : S파), 지표상의 관측자에게는 탄성체 표면에만 전달되는 표면파(表面波 : L파)의 3종류가 있다.

탄성파의 주요 특징

① 탄성파(지진파)측정은 자연지진이나 인공지진(화약에 의한 폭발로 발생)의 지진파로 지하구조를 탐사하는 것으로 굴절법과 반사법이 있다.
② 굴절법(Refraction) : 지표면으로부터 낮은 곳의 측정
③ 반사법(Reflection) : 지표면으로부터 깊은 곳의 측정
④ 지진이 일어났을 때 지진계에 기록되는 순서는 종파(P파) - 횡파(S파) - 표면파(L파) 이다.

19 경위도에 관한 설명으로 옳지 않은 것은?

① 본초자오면과 지표상 한점을 지나는 자오면이 만드는 적도면상 각거리를 측지경도라고 한다.
② 지표면상 한 점에 세운 법선이 적도면과 이루는 각을 측지위도라고 한다.
③ 본초자오선과 어느 지점의 천문자오선 사이의 적도면에서 잰 각거리를 천문경도라 한다.
④ 지구상 한 점에서의 지오이드에 대한 연직선이 적도면과 이루는 각거리를 지심위도라 한다.

해설

1. 경도
경도는 본초자오선과 적도의 교점을 원점(0, 0)으로 한다. 경도는 본초자오선으로부터 적도를 따라 그 지점의 자오선까지 잰 최소 각거리로 동서쪽으로 0°~180까지 나타내며, 측지경도와 천문경도로 구분한다.
① 측지경도 : 본초자오선과 타원체상의 임의 자오선이 이루는 적도상 각거리를 말한다.
② 천문경도 : 본초자오선과 지오이드상의 임의 자오선이 이루는 적도상 각거리를 말한다.

2. 위도
위도(φ)란 지표면상의 한 점에서 세운 법선이 적도면을 0°로 하여 이루는 각으로서 남북위 0°~90°로 표시한다. 위도는 자오선을 따라 적도에서 어느 지점까지 관측한 최소 각거리로서 어느 지점의 연직선 또는 타원체의 법선이 적도면과 이루는 각으로 정의되고, 0°~90°까지 관측하며, 경도 1°에 대한 적도상 거리, 즉 위도 0°의 거리는 약 111km, 1′은 1.85km, 1″는 30.88m이다.
① 측지위도 : 지구상 한 점에서 회전타원체의 법선이 적도면과 이루는 각으로 측지분야에서 많이 사용한다.
② 천문위도 : 지구상 한 점에서 지오이드의 연직선(중력방향선)이 적도면과 이루는 각을 말한다.
③ 지심위도 : 지구상 한 점과 지구중심을 맺는 직선이 적도면과 이루는 각을 말한다.

④ 화성위도 : 지구 중심으로부터 장반경(a)을 반경으로 하는 원과 지구상 한 점을 지나는 종선의 연장선과 지구 중심을 연결한 직선이 적도면과 이루는 각을 말한다.

20 UTM좌표계에 대한 설명이 옳지 않은 것은?

① 지구 전체를 경도 6°씩 60개의 구역으로 나누고 각 종대의 중앙자오선과 적도의 교점을 원점으로 한다.
② 횡축메르카토르(TM) 투영법을 사용한다.
③ 종대에서 위도는 남·북위 70°까지만 포함시키며 다시 7° 간격으로 20구역으로 나눈다.
④ 좌표의 표시는 중앙자오선과 적도를 종축과 횡축으로 정하여 미터(m)로 표기한다.

해설

UTM 좌표(Universal Transverse Mercator Coordinate)

UTM 좌표는 국제횡메르카토르 투영법에 의하여 표현되는 좌표계이다. 적도를 횡축, 자오선을 종축으로 한다. 투영방식, 좌표변환식은 TM과 동일하나 원점에서 축척계수를 0.9996으로 하여 적용 범위를 넓혔다.

① 지구 전체를 경도 6°씩 60개 구역으로 나누고, 각 종대의 중앙자오선과 적도의 교점을 원점으로 하여 원통도법인 횡메르카토르 투영법으로 등각투영한다.
② 각 종대는 180°W 자오선에서 동쪽으로 6° 간격으로 1~60까지 번호를 붙인다.
③ 중앙자오선에서의 축척계수는 0.9996m이다.
 (축척계수 : $\frac{평면거리}{구면거리} = \frac{s}{S} = 0.9996$)
④ 종대에서 위도는 남북 80°까지만 포함시킨다.
⑤ 횡대는 8°씩 20개 구역으로 나누어 C(80°S~72°S)~X(72°N~80°N)까지(단, I, O는제외) 20개의 알파벳 문자로 표현한다.
⑥ 결국 종대 및 횡대는 경도 6°×위도 8°의 구형 구역으로 구분된다.
⑦ 우리나라는 51~52종대와 S~T횡대에 속한다.
- UTM 좌표에서 거리좌표는 m 단위로 표시하며 종좌표에서는 N을, 횡좌표에서는 E를 붙인다.
- 각 종대마다 좌표원점의 값을 북반구에서 횡좌표 500,000mE, 종좌표 0mN(남반구에서는 1,000,000N)으로 주면 북반구에서 종좌표는 적도에서 0mN, 80°N에서 10,000,000mN이고,
- 남반구에서는 80°S에서 적도까지의 거리는 10,000,000m로 나타난다.
- 80°N과 80°S간 전 지역의 지도는 UTM 좌표로 표시하며 80°N 이북과 80°S 이남의 양극지역의 전 지역의 지도는 국제극심입체좌표(UPS)로 표시함으로써 전 세계를 일관된 좌표계로 나타낼 수 있다.

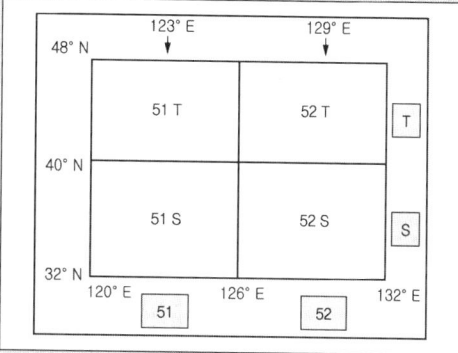

| 51 : 120° ~ 126° E (중앙자오선 123° E) | S : 32° ~ 40° N |
| 52 : 126° ~ 132° E (중앙지오선 129° E) | T : 40° ~ 48° N |

제2과목 | 응용측량

21 해양에서 수심측량을 할 경우 음향측심장비로부터 취득한 수심의 보정이 아닌 것은?

① 방사 보정
② 음속 변화 보정
③ 조석 보정
④ 흘수 보정

Answer 20 ③ 21 ①

[해설]
① 음향측심(音響測深)의 보정(補正)
음향측심기에 의한 관측값을 정확한 수심으로 환산하기 위해서는 측심기 자체의 기차(機差), 음속도 변화, 송수파기의 깊이[흘수(吃水)], 조고(潮高) 등의 영향을 보정하여야 한다.
② 방사보정은 원격탐측에서의 보정이다.

22 그림과 같은 횡단면도의 성토 부분 면적은?

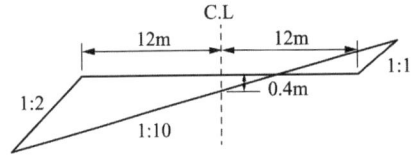

① 10m²
② 16m²
③ 18m²
④ 24m²

[해설]
$A = \frac{1}{2}ah = \frac{1}{2} \times (12+4) \times 2 = 16m^2$

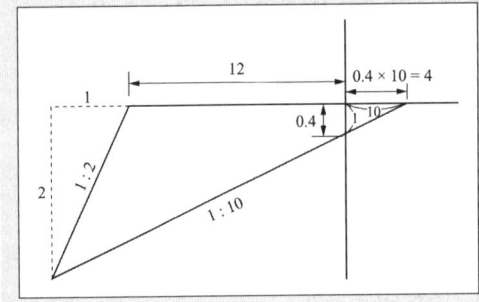

23 터널측량에 관한 설명으로 옳지 않은 것은?
① 터널의 중심선 측량은 삼각측량 또는 트래버스측량으로 행한다.
② 터널 내의 측량에서는 기계의 십자선 또는 표척에 조명이 필요하다.
③ 터널 내의 곡선 설치는 일반적으로 편각법을 사용한다.
④ 터널측량은 외 측량, 터널 내 측량, 터널 내외 연결측량으로 나눌 수 있다.

[해설]
터널 내의 곡선설치는 일반적으로 절선편거법, 현편거법, 트래버스측량을 사용한다.

24 도로의 중심선을 시점 No.0에서 No.7까지 20m씩 종단측량 결과의 일부가 표와 같다. 도로 계획선의 기울기가 상향 1/100이고 No.4에서 지반고와 계획고가 같다고 할 때, No.3의 성토고(A)와 No.5의 절토고(B)는?

구분	표고
No.3	80.7m
No.4	82.0m
No.5	83.6m

① A=1.1m, B=1.4m
② A=1.1m, B=1.8m
③ A=1.5m, B=1.4m
④ A=1.5m, B=1.8m

[해설]

측점	지반고	계획고	성토고 (A)(+)	절토고 (B)(−)
No.3	80.7m	$82 - (\frac{1}{100}) \times 20$ = 81.8m	81.8−80.7 = +1.1m	
No.4	82.0m	82.0m(주어줌)		
No.5	83.6m	$82 + (\frac{1}{100} \times 20)$ = 82.2m		82.2−83.6 = −1.4m

도로 계획선 기울기 상향 1/100
측점 간 거리 : 20m
임의 측점의 계획고
= 첫 측점의 계획고 ± 구배×추가 거리
계획고 − 지반고 = 성토고(+), 절토고(−)

Answer 22 ② 23 ③ 24 ①

25 하천측량에서 평균유속(V_m)을 3점법으로 구하고자 할 때의 공식으로 옳은 것은? (단, $V_{0.2}$, $V_{0.4}$, $V_{0.6}$, $V_{0.8}$ = 수면에서 수심의 20%, 40%, 60% 80%인 곳의 유속)

① $V_m = \dfrac{V_{0.2} + V_{0.6} + V_{0.8}}{3}$

② $V_m = \dfrac{V_{0.2} + V_{0.4} + V_{0.8}}{3}$

③ $V_m = \dfrac{V_{0.2} + 2V_{0.6} + V_{0.8}}{4}$

④ $V_m = \dfrac{V_{0.2} + 2V_{0.4} + V_{0.8}}{4}$

[해설]

① 1점법(V_m) : $V_{0.6}$

② 2점법(V_m) : $\dfrac{V_{0.2} + V_{0.8}}{2}$

③ 3점법(V_m) : $\dfrac{V_{0.2} + 2V_{0.6} + V_{0.8}}{4}$

④ 4점법(V_m) :
$\dfrac{1}{5}\left\{V_{0.2} + V_{0.4} + V_{0.6} + V_{0.8} + \dfrac{1}{2}\left(V_{0.2} + \dfrac{1}{2}V_{0.8}\right)\right\}$

26 터널측량에서 터널 외 지표중심선 측량 방법과 직접적인 관련이 없는 것은?

① 토털스테이션에 의한 직접측량법
② 트래버스 측량에 의한 방법
③ 삼각측량에 의한 방법
④ 레벨에 의한 방법

[해설]

터널 외 지표중심선 측량

직접 측설법	거리가 짧고 장애물이 없는 경우 토털스테이션, 트랜싯 등으로 중심선을 측설한 후 거리를 재는 방법
트래버스에 의한 방법	장애물이 있을 경우 터널의 양단점을 연결하는 트래버스를 구성하여 거리 및 방향을 계산하는 방법
삼각측량에 의한 방법	터널의 길이가 긴 경우 또는 직접측설법, 트래버스 측량이 불가능한 경우

터널 내 수준측량

직접 수준측량	레벨과 표척을 이용하여 직접 고저차를 측량하는 방법
간접 수준측량	경사거리와 연직각을 측정하여 간접적으로 고저 차를 측량하는 방법

27 하천의 수위를 관측하기 위한 관측지점 선정조건으로 옳지 않은 것은?

① 하저의 변화가 적은 지점
② 하상변화가 작고 상·하류가 약 100m~200m 정도가 직선인 지점
③ 평시나 홍수 시에도 관측이 편리한 지점
④ 지천에 의한 특별한 수위 변화가 뚜렷한 지점

[해설]

수위 관측소(水位觀測所) 및 양수표(量水標 : water guage)설치 장소

① 하안(河岸)과 하상(河床)이 안전하고 세굴이나 퇴적이 되지 않은 장소
② 상하류의 길이 약 100m 정도의 직선일 것
③ 유속의 변화가 크지 않아야 한다.
④ 수위가 교각이나 기타 구조물에 영향을 받지 않는 장소
⑤ 홍수 때는 관측소의 유실, 이동 및 파손될 염려가 없는 장소
⑥ 평시는 홍수 때보다 수위표를 쉽게 읽을 수 있는 장소
⑦ 지천의 합류점 및 분류점으로 수위의 변화가 생기지 않는 장소

Answer 25 ③ 26 ④ 27 ④

28 완화곡선에 대한 설명으로 틀린 것은?

① 완화곡선의 접선은 종점에서 원호에 접한다.
② 원곡선과 직선부 사이에 넣는 곡선이다.
③ 완화곡선의 반지름은 시점에서 0이고, 증가하여 일정한 값이 된다.
④ 완화곡선의 종류는 클로소이드, 3차 포물선, 렘니스케이트곡선 등이 있다.

[해설]

완화곡선의 특징
① 곡선반경은 완화곡선의 시점에서 무한대, 종점에서 원곡선 R로 된다.
② 완화곡선의 접선은 시점에서 직선에 종점에서 원호에 접한다.
③ 완화곡선에 연한 곡선반경의 감소율은 캔트는 같다.
④ 완화곡선의 종점의 캔트와 원곡선 시점의 캔트는 같다.
⑤ 완화곡선은 이정의 중앙을 통과한다.

29 도로의 단곡선 설치에 대한 설명으로 옳지 않은 것은?

① 접선에 대한 지거법은 각관측을 하지 않고 줄자를 사용하여 설치하는 방법이다.
② 중앙종거법은 중심말뚝 20m 간격으로 설치할 수 없는 방법이다.
③ 곡선의 최소 반지름 및 최소 곡선길이의 결정은 도로의 설계속도 및 지형여건에 따라 주로 결정된다.
④ 접선편거와 현편거에 의한 설치법은 줄자를 사용하지 않고 각관측으로 설치할 수 있는 방법이다.

[해설]

단곡선 설치 방법
① 편각법 : 접선과 현이 이루는 각을 이용하는 곡선 설치 방법은 편각법이다. 다른 방법에 비해 정확하여 가장 널리 이용된다.
② 중앙종거법 : 곡선반경이 작은 도심지 곡선 설치 및 기설곡선 검정에 이용되며 1/4법이라고 한다.
③ 지거법 : 줄자만으로 곡선중간점을 측설하는 방법. 곡선시점에서 좌표거리에 따른 중간점의 위치를 구하는 방법이다.
④ 접선편거 및 현편거 : 폴과 줄자만으로 곡선 설치. 정도가 낮아 지방도 곡선 설치에 이용된다.

30 그림과 같은 삼각형 토지에서 BC(= 55m) 위의 점 D와 AC(= 40m) 위의 점 E를 연결하여 △ABC의 면적을 2등분할 때 AE의 길이는?

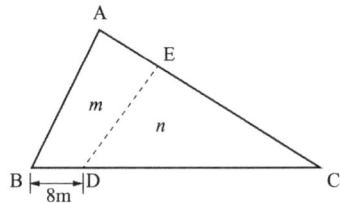

① 16.6m
② 17.7m
③ 20.8m
④ 23.4m

[해설]

$$CE = \frac{AC \times BC}{CD} \times \frac{m}{m+n} = \frac{40 \times 55}{55-8} \times \frac{1}{1+1} = 23.4$$

$\therefore AE = AC - CE = 40 - 23.4 = 16.6m$

[다른 해설]

삼각형의 면적$(F) = \frac{1}{2}absinC$에서

$\frac{1}{2} \times 40 \times 55 \times \sin C = 2 \times \frac{1}{2} \times 47 \times x \times \sin C$이므로

$x = \frac{40 \times 55}{2 \times 47} = 23.4$

$\therefore AE = AC - CE = 40 - 23.4 = 16.6m$

Answer 28 ③ 29 ④ 30 ①

31 수로측량의 기준에 대한 설명으로 틀린 것은?

① 수심은 기본수준면으로부터의 깊이로 표시한다.
② 교량 및 가공선의 높이는 약최저저조면부터의 높이로 표시한다.
③ 노출암, 표고 및 지형은 평균해면부터의 높이로 표시한다.
④ 좌표계는 세계측지계를 사용한다.

해설

측량의 기준	
위치(位置)	세계측지계(世界測地系)에 따라 측정한 지리학적 경위도와 높이(평균해면으로부터의 높이를 말한다. 이하 이 항에서 같다)로 표시한다. 다만 지도제작 등을 위하여 필요한 경우에는 직각좌표와 높이, 극좌표와 높이, 지구중심 직교좌표 및 그 밖의 다른 좌표로 표시할 수 있다.
측량의 원점(測量의 原點)	대한민국 경위도원점(經緯度原點) 및 수준원점(水準原點)으로 한다. 다만 섬 등 대통령령으로 정하는 지역에 대하여는 국토교통부장관이 따로 정하여 고시하는 원점을 사용할 수 있다.
간출지(干出地)의 높이와 수심	수로조사에서 간출지(干出地)의 높이와 수심은 기본수준면(일정 기간 조석을 관측하여 분석한 결과 가장 낮은 해수면)을 기준으로 측량한다.
해안선	해수면이 약최고고조면(略最高高潮面 : 일정 기간 조석을 관측하여 분석한 결과 가장 높은 해수면)에 이르렀을 때의 육지와 해수면과의 경계로 표시한다.

32 얕은 하천에서 표면유속이 0.8m³/s, 하천의 단면적이 16m³일 때, 유량은?

① 12.80m³/s   ② 10.24m³/s
③ 20.00m³/s   ④ 11.52m³/s

해설

유량(Q) = $A \cdot V$(평균유속)
= $A \cdot$ 표면유속 × (0.8 or 0.9)
= 16 × (0.8 × 0.8)
= 10.27m³/s

33 그림과 같은 지역의 계획 표고를 35m로 할 때 절토량은? (단, 단위는 m이고, 각 구역의 크기는 10m × 10m로 동일하다.)

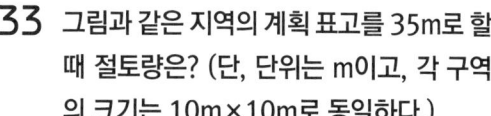

① 1240m³   ② 1140m³
③ 1040m³   ④ 940m³

해설

체적(V) = $\frac{A}{4}(\sum h_1 + 2\sum h_2 + 3\sum h_3 + 4\sum h_4)$
= $\frac{10 \times 10}{4}$(188.7 + 2 × 147.8 + 3 × 38.3 + 4 × 37.6)
= 18740m²

$\sum h1$ = 35.5 + 37.3 + 39.2 + 39.2 + 37.5 = 188.7
$\sum h2$ = 36.2 + 36.8 + 38.4 + 36.4 = 147.8
$\sum h3$ = 38.3
$\sum h4$ = 37.6

계획 표고가 35m일 때
토량 = 10 × 10 × 35 × 5 = 17,500m³ 이므로
18,740 - 17,500 = 1,240m³

Answer 31 ② 32 ② 33 ①

34 단면에 의한 체적 계산 방법에 대한 설명으로 틀린 것은?

① 양단면평균법은 간편하기 때문에 실제 토공량 산정에 자주 이용되고 있다.
② 중앙단면법은 단면적의 변화가 크지 않은 경우에 중앙의 단면을 평균 단면으로 가정하는 방법이다.
③ 각주공식에 의한 체적산정은 심프슨 제1법칙을 적용하여 전토량을 구한다.
④ 일반적으로 토공량 산정값을 비교하면 체적의 크기가 중앙단면법 > 각주공식 > 양단면평균법의 순서가 된다.

해설
단면법에 의해 구해진 토량은 일반적으로 양단면평균법(과대) > 각주공식(정확) > 중앙단면법(과소)을 갖는다.
① 중앙단면법 : $V = A_m \cdot h$ (가장 작다)
② 양단면평균법 : $V = \dfrac{A_1 + A_2}{2} \times h$ (가장 크다)
③ 각주공식 : $V = \dfrac{h}{6}(A_1 + 4A_m + A_2)$
(가장 적합하다)

35 터널의 시점의 좌표가 P(120m, 800m, 75m), 종점의 좌표가 Q(1600m, 600m, 100m)일 때 P로부터 Q로 터널을 굴진할 경우에 경사각은?

① 2°11′19″ ② 2°13′19″
③ 2°53′59″ ④ 3°11′59″

해설
수평거리 $= \sqrt{200^2 + 400^2} = 447.21\text{m}$
고저차(h) $= 100 - 75 = 25\text{m}$
$\theta = \tan^{-1}\dfrac{25}{447.21} = 3°\,11'58.66''$

36 노선측량에서 도로 종단면도에 표시되는 사항이 아닌 것은?

① 관측점의 위치
② 계획선의 경사
③ 절토면적, 성토면적
④ 관측점에서의 계획고

해설
종단면도에 기입하는 사항
① 관측점 위치
② 관측점 간의 수평거리
③ 각 관측점의 기점에서의 누가거리
④ 각 관측점의 지반고 및 고저기준점의 높이
⑤ 관측점에서의 계획고
⑥ 지반고와 계획고의 차(성토, 절토별)
⑦ 계획선의 경사

37 그림과 같이 교각 60°, 곡선반지름 200m인 구원곡선의 교점 P를 제1접선의 방향으로 30m 이동(P → P′)하고, 교각 크기의 B.C위치는 이동이 없이 새로운 원곡선을 설치할 경우 반지름 R′은?

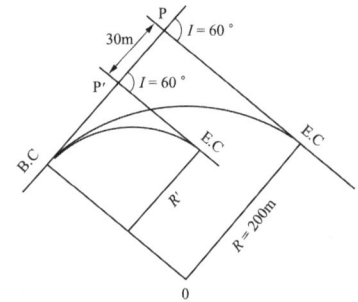

① 85.47m ② 115.47m
③ 125.00m ④ 148.04m

[해설]

접선장 $T.L = R\tan\dfrac{I}{2}$ 이므로

구원곡선 접선장 $= 200 \times \tan\dfrac{60}{2} = 115.47\text{m}$,

신원곡선 접선장 $115.47 - 30 = R'\tan\dfrac{I}{2}$ 이므로,

$R' = \dfrac{115.47 - 30}{\tan 30°} = 148.04\text{m}$

38 교각 I = 90°, 곡선반지름 R = 150m인 단곡선의 교점(I.P.)까지 추가 거리가 1125.5m일 때 곡선시점(B.C)까지의 추가 거리는?

① 775.5m　② 865.5m
③ 975.5m　④ 1065.5m

[해설]

접선장 $T.L = R\tan\dfrac{I}{2} 150 \times \tan 45° = 150\text{m} =$ 이므로

$1,125.5 - 150 = 975.5\text{m}$

39 시설물 측량의 교량측정에서 말뚝설치측량, 우물통설치측량, 형틀설치측량을 무엇이라 하는가?

① 기준점측량
② 상부구조물측량
③ 하부구조물측량
④ 유지관리측량

[해설]

① 상부구조물측량 : PC부재, 트러스, 아치구조물 조립 및 일괄거치측량 등
② 하부구조물측량 : 말뚝설치 측량, 우물통설치 측량, 형틀설치 측량 등
③ 안전유지관리 : 변위계측

40 하천측량에서 합류점, 분류점이나 만곡이 심한 장소로 높은 정확도가 요구되는 곳의 삼각망 구성으로 가장 좋은 것은?

① 유심삼각망
② 사변형삼각망
③ 단열삼각망
④ 단삼각망

[해설]

1. **단열삼각쇄(망)(single chain of tringles)**
   ① 폭이 좁고 길이가 긴 지역에 적합하다.
   ② 노선·하천·터널측량 등에 이용한다.
   ③ 거리에 비해 관측수가 적다.
   ④ 측량이 신속하고 경비가 적게 든다.
   ⑤ 조건식의 수가 적어 정도가 낮다.

2. **유심삼각쇄(망)(chain of central points)**
   ① 동일 측점에 비해 포함면적이 가장 넓다.
   ② 넓은 지역에 적합하다.
   ③ 농지측량 및 평탄한 지역에 사용된다.
   ④ 정도는 단열삼각망보다 좋으나 사변형보다 적다.

3. **사변형삼각쇄(망)(chain of quadrilaterals)**
   ① 조건식의 수가 가장 많아 정밀도가 가장 높다.
   ② 기선삼각망에 이용된다.
   ③ 삼각점 수가 많아 측량시간이 많이 걸리며 계산과 조정이 복잡하다.

제3과목 | 사진측량 및 원격탐사

41 축척 1 : 20000의 항공사진을 150 km/h의 속도로 촬영하였다. 이 때 노출시간이 1/200초 였다면 사진 상의 흔들림량은?

① 0.009mm　② 0.010mm
③ 0.012mm　④ 0.013mm

Answer 38 ③ 39 ③ 40 ② 41 ②

[해설]

$T_l = \dfrac{\triangle s \cdot m}{V}$ 에서

$\triangle s = \dfrac{T_l \cdot V}{m}$

$= \dfrac{\dfrac{1}{200} \times 150 \times 1,000,000 \times \dfrac{1}{3,600}}{20,000}$

$= 0.01mm$

42 GPS/INS 통합시스템에 대한 설명으로 옳은 것은?

① GPS/INS를 이용하면 항공기에서 중력 이상을 측정할 수 있다.
② GPS/INS는 항공기에서 중력 이상을 측정할 수 있다.
③ GPS/INS는 항공기에서 직접 수치표고모델을 생성하는 장비이다.
④ GPS/INS를 이용하면 항공사진측량에서 지상 기준점측량 비용을 절감할 수 있다.

[해설]

1. 관성항법장치(INS)
   INS란 무기체계의 각가속도(角加速度)·가속도를 측정 시간에 대한 연속적인 적분을 수행해 무기체계의 위치와 속도, 진행 방향을 계산하는 장치로서 GPS와 달리 필요한 정보를 외부의 도움 없이 본체 내에 설치된 센서들을 통해 얻는다.
   INS는 자이로스코프·가속도계·컴퓨터 장치들로 구성돼 있으며 자이로스코프와 가속도계는 3차원 공간정보 계산을 위해 기본적으로 3개씩 내장되고 있다.

2. INS의 특징
   INS는 외부 도움 없이 자신의 위치를 결정할 수 있는 특성으로 지형·기상 등에 영향을 받지 않으며 GPS로 구현이 곤란한 자세 정보까지 얻을 수 있어 위치 및 자세 정보를 필요로 하는 무기체계에 필수적 장비다. 또 전파방해 없이 위치·자세를 감지할 수 있어 GPS보다 유용하다는

장점이 있으나 최초위치를 입력해야 하고 이동거리 증가에 따라 위치 오차가 증가됨으로써 이를 주기적으로 보정해 주어야 하는 단점도 가지고 있다. 이러한 단점을 최소화하기 위해 최근에는 GPS와 연동시켜 위치를 보정하는 형태로 발전되고 있다.

43 초점거리 150mm 카메라로 촬영고도 1800m, 촬영기선장 960m로 연직촬영한 입체모델이 있다. A점의 시차를 관측한 결과 기준면(표고 0m)이 시차보다 10mm 더 크게 관측되었다면, 엄밀계산법으로 구한 A점의 표고는?

① 150m ② 175m
③ 200m ④ 225m

[해설]

시차차 관련 공식

- 기준면의 시차가 주어진 경우
  $h = \dfrac{H}{P_a + \triangle P} \cdot \triangle P$

- 기준면의 시차 대신 주점 기선 길이가 주어진 경우
  $h = \dfrac{H}{b_0 + \triangle P} \cdot \triangle P$

- 시차차가 무시할 만큼 작아 간이계산법을 적용하는 경우 $h = \dfrac{H}{b_0} \times \triangle p$

$\dfrac{1}{m} = \dfrac{f}{H} = \dfrac{0.15}{1,800} = \dfrac{1}{12,000}$

촬영기선길이 $B = m \cdot b_0$ 에서

주점기선길이 $b_0 = \dfrac{B}{m} = \dfrac{960}{12,000} = 0.08$

주점 기선 길이가 주어져 있으며 엄밀 계산법에 의한 경우이므로

$h = \dfrac{H}{b_0 + \triangle P} \cdot \triangle P = \dfrac{1,800}{0.08 + 0.01} \times 0.01 = 200m$

Answer 42 ④ 43 ③

44 촬영고도가 3000m의 비행기에서 초점거리가 15cm인 카메라로 촬영한 연직항공사진에서 길이 100m인 교량이 길이는?

① 2.5mm ② 3.0mm
③ 3.5mm ④ 5.0mm

해설

$M = \dfrac{1}{m} = \dfrac{f}{H} = \dfrac{l}{L}$ 에서

$l = \dfrac{f}{H} \cdot L = \dfrac{0.15}{3,000} \times 100 = 0.005m = 5.0mm$

45 위성영상에서 취득하여 보정처리 된 개별 영상을 하나의 영상으로 합치는 과정을 설명한 용어로 옳은 것은?

① 영상 모자이크(Image Mosaic)
② 영상 융합(Image Fusion)
③ 공간 필터링(Spatial Filtering)
④ 영상 해상도 융합(Image Resoultion Merge)

해설

영상모자이크(image mosaic)
영상을 하나의 영상으로 합치는 과정을 영상모자이크라고 한다.

영상융합(image fusion)
(해상도 병합 혹은 영상접합)
영상융합은 일반적으로 둘 혹은 그 이상의 서로 다른 영상면들을 이용하여 새로운 영상면을 생성함으로써 영상의 효과를 극대화시켜 영상분류(Classification)의 정확도를 향상시키는데 사용되는 기법이다. 영상융합을 통해 개선된 영상으로부터 영상면에 존재하는 정보를 최대한으로 얻음으로써 자료의 모호함을 감소, 신뢰성 확보 및 분류의 개선을 할 수 있다.

46 표정점 선정 시 특히 유의해야 할 사항으로 옳지 않은 것은?

① 사진 상에 명확하게 볼 수 있는 점이어야 한다.
② 상공에서 잘 볼 수 있고 평탄한 곳의 점이 좋다.
③ 상공에서 잘 볼 수만 있다면 측선을 연장한 가상점(假想点)이 좋다.
④ 수애선과 같이 시간적으로 변화하는 점은 피해야 한다.

해설

표정점(標定點)의 선점(選點) 시 주의사항
① 표정점은 X, Y, H가 동시에 정확하게 결정될 수 있는 점이어야 한다.
② 사진상에서 명확한 점을 택해야 한다.
③ 촬영점에서 대상물이 잘 볼수 있고 평탄한 곳의 점이 좋다.
④ 수애선과 같이 시간적으로 변하지 않아야 한다.
⑤ 가상상(假想像), 가상점(假想點)을 사용하지 않아야 한다.
⑥ 경사가 급한 대상물면(또는 지표면)이나 경사변환선상(傾斜變換線上)을 택하면 안 된다.
⑦ 표정점은 되도록 원판의 가장자리에서 1cm 이상 떨어져서 나타나는 점을 취하는 것이 바람직하다.
⑧ 표정점은 대상물에서 기준이 되는 높이의 점이어야 한다.

47 사진측량에서 모델의 의미로 옳은 것은?

① 편위 수정된 사진이다.
② 촬영된 한 장의 사진이다.
③ 한 쌍의 사진으로 실체 시 되는 부분이다.
④ 어느 지역을 대표할 만한 사진이다.

해설

모델이란 다른 위치로부터 촬영되는 2매 1조의 입체사진으로부터 만들어지는 처리 단위를 말한다.

Answer 44 ④ 45 ① 46 ③ 47 ③

48 상호표정 요소를 해석적인 방법으로 구할 때 종시 차 방정식의 관측값으로 필요한 자료는?

① 공액점의 y좌표
② 공액점의 x좌표
③ 연직점의 z좌표
④ 연직점의 x좌표

[해설]

상호표정(Relative Orientation)
지상과의 관계는 고려하지 않고 좌우 사진의 양투영기에서 나오는 광속이 촬영 당시 촬영면에 이루어지는 종시차(Y-parallax)를 소거하여 목표 지형물의 상대 위치를 맞추는 작업. 상호표정은 한 쌍의 중복사진에 대한 상대적인 기하학적 관계를 수립한다. 상호표정은 적어도 5쌍 이상의 Tie Points가 필요하다. 사진좌표로부터 사진기 좌표를 구한 다음 모델좌표를 구하는 단계적 표정. 상호표정은 사진의 경사 및 투영 위치의 이동을 조정하여 입체상을 만드는 작업이다. 상호표정이란 항공기가 촬영 당시에 가지고 있던 기울기를 도화기에 그대로 재현시키는 과정이다.

① 비행기의 수평 회전을 재현해 주는 (k, by)
: z(높이)축 주의의 회전
② 비행기의 전후 기울기를 재현해 주는 (ϕ, bz)
: y축 주의의 회전
③ 비행기의 좌우 기울기를 재현해 주는 (ω)
: x축 주의의 회전
④ 상호표정인자
  • 회전요소 : k, ϕ, w
  • 평행요소 : by, bz

49 원격탐사의 일반적인 영상처리 순서로 옳게 나열된 것은?

① 데이터 입력 → 변환처리 → 전처리 → 분류처리 → 출력
② 데이터 입력 → 전처리 → 변환처리 → 분류처리 → 출력
③ 데이터 입력 → 분류처리 → 변환처리 → 전처리 → 출력
④ 데이터 입력 → 분류처리 → 전처리 → 변환처리 → 출력

[해설]

영상처리
원격탐측에 의한 자료는 대부분 화상자료로 취급할 수 있으며 자료처리에 있어서도 디지털화상처리계에 의해 영상을 해석한다.

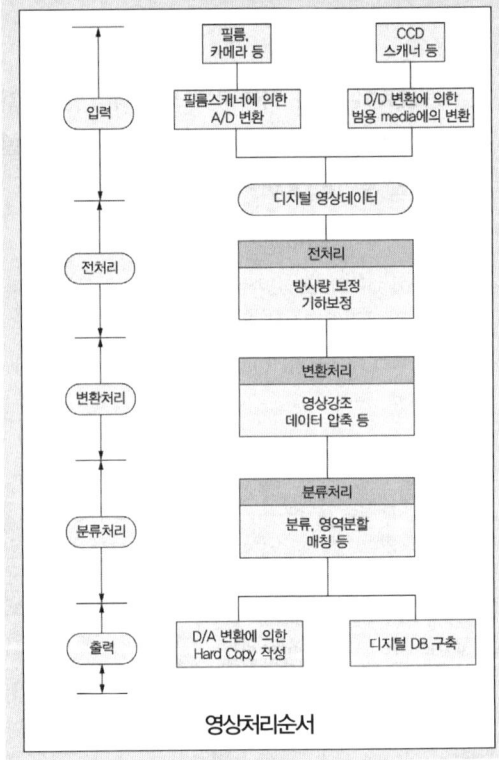

영상처리순서

50 모델좌표계를 지상좌표계로 변환하는 표정은 무엇이며, 이 때 필요한 좌표는?

① 상호표정 - 지상기준점 좌표
② 상호표정 - 공액점 좌표
③ 절대표정 - 지상기준점 좌표
④ 절대표정 - 공액점 좌표

Answer 48 ① 49 ② 50 ③

[해설]

절대표정

절대표정은 대지표정이라고도 하며 상호표정이 끝난 입체모형을 지상 기준점을 이용하여 대상물의 공간상 좌표계와 일치시키는 작업이다. 모델좌표를 이용하여 절대좌표를 구하는 단계적 표정을 말한다.

1. **대상물 3차원 좌표를 얻기 위한 조정법**
   대상물 3차원 좌표를 얻기 위한 조정의 기본단위로는 블록, 스트립, 모델, 광속이 이용되며 실공간 3차원 좌표를 얻기 위한 조정법에는 다항식법, 독립모델법, 광속법, DLT 방법 등이 있다.
   ① Polynomial Method : 종접합모형(Strip)일 경우
   ② Independent Model Triangulation : IMT) : 입체모형(Model)일 경우
   ③ Bundel Adjustment : 사진일 경우
   ④ DLT 법(Direct Liner Transformation)

51 다음의 (   )에 알맞은 것은?

> 엄밀 연직 사진에서는 사진주점, 사진등각점 및 (   ) 가/이 한 점에 일치한다.

① 사진지표(fiducial mark)
② 사진연직점(nadir point)
③ 지상기준점(ground contgrol point)
④ 노출중심점(perspective center)

[해설]
수직사진(엄밀 연직사진)에서는 사진주점, 사진연직점, 사진 등각점은 일치한다

52 2010년에 우리나라에서 개발하여 발사한 천리안위성(COMS)의 임무로 거리가 먼 것은?

① 통신 중계
② 선박 감시
③ 해양 관측
④ 기상 관측

[해설]

COMS(천리안 위성 : Communication, Ocean and Meteorological Satellite)

① 2010년 6월 발사되어 현재 운용 중(설계수명 7년)인 우리의 기술로 개발한 최초의 정지궤도위성이다.
② 위성의 임무는 영문명창인 Communication, Ocean and Meteorological Satellite이 의미하듯 "통신 해양기상위성"이다.
③ 즉, 대한민국 최초의 해양 관측, 기상 관측, 통신 서비스 임무를 수행하는 정지궤도 복합위성으로서, 지구의 적도 상공 36,000km 고도와 동경 128.2도에 위치하면서 해양관측, 기상관측, 통신 서비스 임무를 수행한다.
④ 위성 발사에 성공하면서 대한민국은 세계 최초의 정지궤도 해양관측위성 보유국이자, 미국, 중국, 일본, 유럽 연합(EU), 인도, 러시아에 이어 세계 7번째로 기상관측위성 보유국이 되었다.

53 다음 (   ) 안에 알맞은 말로 짝지어진 것은?

> 촬영고도가 같은 경우 광각사진이 보통각사진보다 축척은 (   ), 한 장의 사진이 포함하는 면적은 (   ).

① 크고, 작다
② 크고, 크다
③ 작고, 작다
④ 작고, 크다

[해설]
촬영고도가 같은 경우 광각사진의 축척은 보통각 사진의 축척보다 작다.

$$A_{보통} : A_{광각} = (ma)^2 : (ma)^2$$
$$= (\frac{Ha}{f})^2 : (\frac{Ha}{f})^2$$
$$= (\frac{H \times 18}{21})^2 : (\frac{H \times 23}{15})^2 = 1 : 3$$

Answer 51 ② 52 ② 53 ④

사용 카메라에 의한 분류

종류	렌즈의 화각	초점거리 (mm)	화면크기 (cm)	용도	비고
초광각 사진	120°	88	23×23	소축척 도화용	완전평지에 이용
광각 사진	90°	152~153	23×23	일반도화, 사진판독용	• 경제적 • 일반도화
보통 각사진	60°	210	18×18	산림조사용	• 산악지대 • 도심지 촬영 • 정면도 제작

54 항공사진 또는 위성영상의 기하보정 과정에서 최종 결과 영상을 제작하는데 필요한 재배열(resampling) 방법 중 원천 영상자료의 화소값의 변경을 방지할 수 있고 가장 계산이 빠른 방법은?

① Non-linear Interpolation
② Bilinear Interpolation
③ Bicubic Interpolation
④ Nearest-neighbor Interpolation

해설

격자배열면 보간
① 쌍1차 보간(Bilinear Interpolation)
내삽점 주위 4점의 영상소 값을 이용하여 구하고자 하는 영상소 값을 선형식으로 내삽한다. 이 방식에는 원자료가 흠이 나는 결점이 있으나 평균하기 때문에 Smoothing(평활화) 효과가 있다.
② 쌍3차 보간(Bicuvic Interpolation)
내삽하고 싶은 점 주위의 16개 관측점의 영상소 값을 이용하여 구하는 영상소값을 3차 함수를 이용하여 내삽한다. 이 방식에는 원자료가 흠이 나는 결점이 있으나 영상의 평활화와 동시에 선명성의 효과가 있어 고화질이 얻어진다.
③ 최근린보간법(Nearest Neighbor)
최단거리에 있는 관측치를 사용하여 보관하는 방법으로 입력 격자상 가장 가까운 영상소의 밝기를 이용하여 출력격자로 변환하는 방법이다.

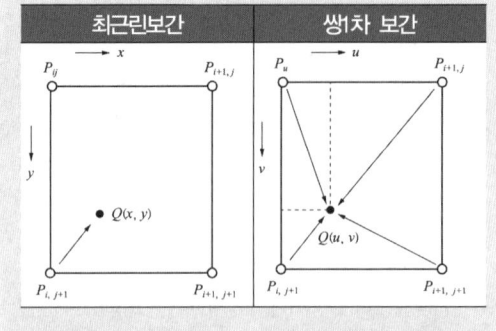

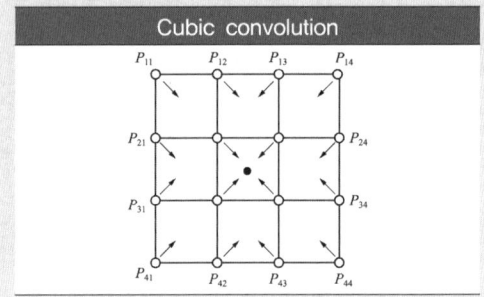

55 입체감을 얻기 위한 입체사진의 조건에 대한 설명으로 옳은 것은?

① 모델형성을 위한 2장의 사진에서 사진축척이 서로 다른 것이 오히려 입체시가 양호하다.
② 기선고도비는 1에 가까울수록 좋다.
③ 한 쌍의 사진을 촬영한 카메라의 광축은 거의 동일평면에 있어야 한다.
④ 2장의 사진에서 축척 차가 10% 정도일 때 가장 효과적인 결과를 얻을 수 있다.

해설

입체사진측량
중복사진을 명시거리에서 왼쪽의 사진을 왼쪽 눈, 오른쪽의 사진을 오른쪽 눈으로 보면 좌우의 상이 하나로 융합되면서 입체감을 얻게 된다. 이것을 입체시 또는 정입체시라 한다.

Answer 54 ④ 55 ③

정입체시	어느 대상물을 택하여 찍은 중복사진을 명시거리(약 25cm 정도)에서 왼쪽의 사진을 왼쪽 눈으로, 오른쪽 사진을 오른쪽 눈으로 보면 좌우의 상이 하나로 융합되면서 입체감을 얻게 되는데 이 현상을 입체시 또는 정입체시라 한다.
역입체시	입체시 과정에서 높은 것이 낮게, 낮은 것이 높게 보이는 현상이다. ① 정입체시할 수 있는 사진을 오른쪽과 왼쪽 위치를 바꿔 놓을 때 ② 여색입체사진을 청색과 적색의 색안경을 좌우로 바꿔서 볼 때 ③ 멀티플렉스의 모델을 좌우의 색안경을 교환해서 입체시할 때
여색입체시	여색입체사진이 오른쪽은 적색, 왼쪽은 청색으로 인쇄되었을 때 왼쪽에 적색, 오른쪽에 청색의 안경으로 보아야 바른 입체시가 된다.
입체사진의 조건	① 1쌍의 사진을 촬영한 카메라의 광축은 거의 동일 평면 내에 있어야 한다. ② 2매의 사진축척은 거의 같아야 한다. ③ 기선고도비가 적당해야 한다. 기선고도비 $= \dfrac{B}{H} = \dfrac{m \cdot a\left(1 - \dfrac{p}{100}\right)}{m \cdot f}$
육안에 의한 입체시의 방법	① 손가락에 의한 방법 ② 스테레오그램에 의한 방법
기구에 의한 입체시	① 입체경 : 렌즈식 입체경과 반사식 입체경이 있다. ② 여색입체 시 : 왼쪽에 적색, 오른쪽에 청색의 안경으로 보면 입체감을 얻는다.

[해설]

에피폴라 기하(Epipolar Geometry)

최근 수치 사진 측량기술이 발달함에 따라 입체사진에서 공액점을 찾는 공정은 점차 자동화되어가고 있으며 공액 요소 결정에 에피폴라 기하(Epipolar Geometry)를 이용한다.

Epipolar Line	① 공액요소에 대한 중요한 제약은 에피폴라선이다. ② 에피폴라선(e', e'')은 영상평면과 에피폴라 평면의 교차점이다. ③ 에피폴라선은 탐색공간을 많이 감소시킨다. ④ 에피폴라선은 주로 사진좌표계의 X축에 평행하지 않다.
Epipolar Plane	① 에피폴라선과 에피폴라 평면은 공액요소 결정에 이용된다. ② 에피폴라 평면은 투영중심 O_1, O_2와 지상점 P에 의해 정의된다. ③ 공액점 결정에 적용하기 위해서는 수치영상의 행(Row)과 에피폴라선이 평행이 되도록 하는데 이러한 입체상(Stereo Pairs)을 정규화 영상(Normalized Images)이라고 한다.

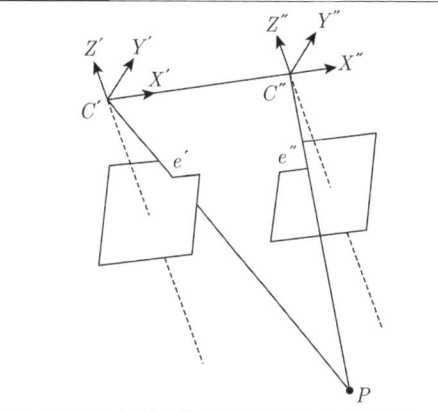

56 영역 기준 영상 정합 시 기준 영역에 대한 탐색 영역의 크기를 줄이기 위해 사용하는 공액점의 제약요소로 가장 적합한 것은?

① 에피폴라 기하 ② 최소제곱 조정
③ 교차 상관계수 ④ 신경망 지수

57 다음 중 탑재된 센서로 경사관측이 불가능한 위성은?

① SPOT 위성 ② KOMPSAT 위성
③ IRS 위성   ④ Landsat 위성

Answer 56 ① 57 ④

[해설]
Landsat에 탑재된 MSS, TM 센서는 경사관측이 불가능하다.

58 정사투영 사진지도의 특징으로 틀린 것은?

① 일반 사진과 도일한 투영법으로 생성된다.
② 사진을 수치형상 모형에 투영하여 생성한다.
③ 지도와 동일한 좌표 체계를 갖는다.
④ 지표면의 비고에 의한 변위가 새겨져 있다.

[해설]

사진지도의 종류

종류	특징
약조정집성사진지도	카메라의 경사에 의한 변위, 지표면의 비고에 의한 변위를 수정하지 않고 사진 그대로 접합한 지도
반조정집성사진지도	일부만 수정한 지도
조정집성사진지도	카메라의 경사에 의한 변위를 수정하고 축척도 조정한 지도
정사투영사진지도	카메라의 경사, 지표면의 비고를 수정하고 등고선도 삽입된 지도

59 수동적 감지기(passive sensor)중 지표로부터 반사되는 전자기파를 렌즈와 반사경으로 집광하여 필터를 통해 분광한 다음 파장별로 구분하여 각각의 영상을 기록하는 감지기는?

① INS ② MSS
③ PAN ④ SAR

[해설]
다중분광센서(MSS : Multi Spectral Scanner)
MSS(다중파장대 주사기)는 지표로부터 방사되는 전자기파를 렌즈와 반사경으로 집광하여 필터를 통해 분광한 다음 파장대 별로 구분하여 각각의 영상을 테이프에 기록하는 장치이다.

지구자원탐사위성으로 LANDSAT에 부착되어 있는 센서로 대상물의 정성적 해석에 이용된다.
MSS 영상은 토지이용 분석, 지상 자원 분석, 수자원 분석, 환경 감시, 해양학, 지형학 등에 응용되고 있다.

60 초점거리가 15mm인 카메라로 비행고도 3,000m에서 촬영한 엄밀수직 항공사진이 있다. 종종복도(overlap)가 60%일 때 한 모델의 유효면적은?
(단, 23cm×23cm의 광각사진이다.)

① 8.46km²
② 15.46km²
③ 18.56km²
④ 33.86km²

[해설]
$$A_2 = (ma)^2 \left(1 - \frac{p}{100}\right)$$
$$= (20,000 \times 0.23)^2 \times \left(1 - \frac{60}{100}\right) = 8.46 \text{km}^2$$
$$\frac{1}{m} = \frac{f}{H} = \frac{0.15}{3,000} = \frac{1}{20,000}$$

제4과목 | 지리정보시스템

61 메타데이터에 대한 설명 중 옳지 않은 것은?

① 공간자료 호환을 위한 표준 포맷을 의미한다.
② 데이터에 대한 특성과 내용을 설명한다.
③ 데이터의 검색을 위한 참조자료로 이용된다.
④ 지리정보시스템(GIS) 자료의 원활한 공급과 활용을 위해 필요하다.

Answer 58 ① 59 ② 60 ① 61 ①

[해설]

메타데이터(meta data)
메타데이터란 데이터에 대한 데이터를 의미하는 것으로 정보의 내용, 품질, 조건 및 기타 특성을 기술하는 정보로서 수치 공간 정보의 중복생산을 방지하고 수많은 사용자들 사이의 원활한 정보 유통을 위하여 표준화를 실시하고 있으며, 데이터의 내용에도 표준화를 지원한다.

메타데이터의 특징

이력서	데이터에 대한 정보로서 데이터의 내용, 품질, 조건 및 기타 특성에 대한 정보를 포함하는 정보의 이력서, 즉 데이터의 이력서라 할 수 있다.
구분	DB구축과정에 대한 정보를 관리하는 내부 메타데이터와 구축한 DB를 외부에 공개하는 외부 메타데이터로 구분한다.
표준	현재 메타데이터의 표준으로 사용되고 있는 것은 ① 미국의 FGDC(Federal Geographic Data Committee : 미국연방지리위원회)표준 ② ISO/TC211표준(International Organization for Standard)/Technical Committee 211 : 국제표준기구/GIS표준기술위원회), ③ CEN/TC287(유럽표준화기구) 표준 등을 들 수 있다.
제공	① 메타데이터는 작성한 실무자가 바뀌더라도 변함없는 데이터의 기본 체계를 유지하게 함으로써 시간이 지나도 일관성 있는 데이터를 사용자에게 제공이 가능하다. ② 정보의 공유를 극대화하며 데이터의 원활한 교환을 지원하기 위한 프레임을 제공한다. ③ 데이터를 목록화(Indexing)하기 때문에 사용에 편리한 정보를 제공한다. ④ 정보공유의 극대화를 도모하며 데이터의 교환을 원활히 지원하기 위한 틀을 제공한다. ⑤ 최근에는 데이터에 대한 목록을 체계적이고 표준화된 방식으로 제공함으로써 데이터의 공유화를 촉진한다.
특징	① 대용량의 공간 데이터를 구축하는 데 비용과 시간을 절감할 수 있다. ② 데이터의 특성과 내용을 설명하는 일종의 데이터로서 데이터의 양이 방대하다. ③ 데이터의 직접적인 접근이 용이하지 않을 경우 데이터를 참조하기 위한 보조데이터로서 많이 사용된다.

62 사물인터넷(internet of things)의 정의로 가장 적합한 것은?

① 인공지능 컴퓨터와 로봇에 의하여 사람의 노동력이 최소화될 수 있도록 하는 기술이나 환경
② 시간과 장소에 구애받지 않고, 언제 어디서나 원하는 정보에 접근할 수 있는 기술이나 환경
③ 세상에 존재하는 유형 혹은 무형의 객체들이 다양한 방식으로 서로 연결되어 새로운 서비스를 제공하는 기술이나 환경
④ GNSS와 GIS를 결합하여 4차원 정보관리를 할 수 있는 기술이나 환경

[해설]

Internet of Things

사물인터넷(Internet of Things)은 세상에 존재하는 유형 혹은 무형의 객체들이 다양한 방식으로 서로 연결되어 개별 객체들이 제공하지 못했던 새로운 서비스를 제공하는 것을 말한다. 사물인터넷(Internet of Things)은 단어의 뜻 그대로 '사물들(things)'이 '서로 연결된(Internet)' 것 혹은 '사물들로 구성된 인터넷'을 말한다. 기존의 인터넷이 컴퓨터나 무선 인터넷이 가능했던 휴대전화들이 서로 연결되어 구성되었던 것과는 달리, 사물인터넷은 책상, 자동차, 가방, 나무, 애완견 등 세상에 존재하는 모든 사물이 연결되어 구성된 인터넷이라 할 수 있다.

63 도로명 또는 우편번호와 같은 GIS 데이터를 이용하여 경위도 또는 X, Y 등과 같은 좌표로 변환하는 것을 무엇이라고 하는가?

① Geocoding
② GeoVisualization
③ Address Matching
④ Dynamic Segmentation

Answer 62 ③ 63 ①

[해설]

지오코딩(Geocoding : 위치정보지정)

① 주소 또는 연결된 도로단편의 지리적 좌표를 도출하기 위해 도로주소 또는 다른 지리적 요소를 도로데이터자료에 대응하여 매치시키는 소프트웨어 프로세스
② 래스터 이미지를 고쳐 실세계 지도 투영이나 좌표계에 일치시키는 처리. 지리좌표(경위도 혹은 직각좌표)를 GIS에서 사용 가능하도록 X-Y의 디지털 형태로 만드는 과정. 좌표계를 갖지 않은 요소(예를 들어 도로체계로 표현되는 주소)에 위치를 부여하는 작업 등.
③ 지리 좌표(경위도 혹은 직각 좌표)를 지리 정보 시스템(GIS)이나 컴퓨터로 사용 가능하도록 X-Y의 디지털 형태로 만드는 과정. 좌표계를 갖지 않은 도로에 위치를 부여하는 작업 등이 그 예이다.

지오코딩 요소

입력자료 (input dataset)	지오코딩을 위해 입력하는 자료를 의미한다. 입력자료는 대체로 주소가 된다.
출력자료 (output dataset)	입력자료에 대한 지리참조코드를 포함한다. 출력자료의 정확도는 입력자료의 정확성에 좌우되므로 입력자료는 가능한 정확해야 한다.
처리알고리즘 (processing algorithm)	공간 속성을 참조자료를 통하여 입력자료의 공간적 위치를 결정한다.
참조자료 (reference dataset)	정확한 위치를 결정하는 지리정보를 담고 있다. 참조자료는 대체로 지오코딩 참조 데이터베이스(geocoding reference dataset)가 사용된다.

64 지리정보시스템(GIS)의 특징에 대한 설명으로 옳지 않은 것은?

① 동적인 공간자료 분석이 가능하다.
② 공간데이터와 속성데이터로 구분할 수 있다.
③ 속성데이터는 점, 선, 면의 유형으로 분류된다.
④ 공간적 위상관계를 이용한 분석이 가능하다.

[해설]

지리정보시스템(GIS)의 특징 및 기대효과

특징	① 대량의 정보를 저장하고 관리할 수 있어 복잡한 정보분석에 유용하다. ② 원하는 정보를 쉽게 찾아볼 수 있으며 복잡한 정보의 분류에 유용하다. ③ 새로운 정보의 추가와 수정이 용이하다. ④ 지도의 축소 및 확대가 자유롭다. ⑤ 자료의 중첩을 통하여 종합적 정보의 획득이 용이하다. ⑥ 적합한 입지선정이 용이 ⑦ 동적인 공간자료 분석이 가능하다. ⑧ 공간데이터와 속성데이터로 구분할 수 있다. ⑨ 공간적위상관계를 이용한 분석이 가능하다.
기대효과	① 정책 일관성 확보 ② 최신정보 이용 및 과학적 정책 결정 ③ 업무의 신속성 및 비용 절감 ④ 합리적 도시계획 ⑤ 일상 업무 지원

65 종이지도로부터 지리정보시스템(GIS) 데이터베이스에 저장될 자료를 생성하려 한다. 종이지도가 컴퓨터로 편집 가능한 영상으로 변환되는 단계는?

① 스캐닝
② 벡터 변화
③ 구조화 편집
④ 정위치 편집

[해설]

Digitizer와 Scanner 장·단점

1. Digitizer(수동방식)
① 정의 : 전기적으로 민감한 테이블을 사용하여 종이로 제작된 지도자료를 컴퓨터에 의하여 사용할 수 있는 수치자료로 변환하는 데 사용되는 장비로서 도형자료(도표, 그림, 설계도면)를 수치화하거나 수치화하고 난 후 즉시 자료를 검토할 때와 이미 수치화된 자료를 도형적으로 기록하는 데 쓰이는 장비를 말한다.

Answer 64 ③ 65 ①

② 특징
  ㉠ 도면이 훼손·마멸 등으로 스캐닝 작업으로 경계의 식별이 곤란할 경우와 도면의 상태가 양호하더라도 도곽내에 필지수가 적어 스캐닝 작업이 비효율적인 도면은 디지타이징 방법으로 작업을 할 수 있다.
  ㉡ 디지타이징 작업을 할 경우에는 데이터 취득이 완료 될 때까지 도면을 움직이거나 제거하여서는 아니 된다.
③ 장점
  ㉠ 수동식이므로 정확도가 높음
  ㉡ 필요한 정보를 선택 추출 가능
  ㉢ 내용이 다소 불분명한 도면이라도 입력이 가능
④ 단점
  ㉠ 작업 시간이 많이 소요됨
  ㉡ 인건비 증가로 인한 비용 증대

2. Scanner(자동방식)
  ① 정의 : 위성이나 항공기에서 자료를 직접 기록하거나 지도 및 영상을 수치로 변환시키는 장치로서 사진 등과 같이 종이에 나타나 있는 정보를 그래픽 형태로 읽어들여 컴퓨터에 전달하는 입력 장치를 말한다.
  ② 특징
    ㉠ 밀착스캔이 가능한 최선의 스캐너 선정하여야 한다.
    ㉡ 스캐닝 방법에 의하여 작업할 도면은 보존상태가 양호한 도면을 대상으로 하여야 한다.
    ㉢ 스캐닝 작업을 할 경우에는 스캐너를 충분히 예열하여야 한다.
    ㉣ 벡터라이징 작업을 할 경우에는 경계점 간 연결되는 선은 굵기가 0.1mm가 되도록 환경을 설정하여야 한다.
    ㉤ 벡터라이징은 반드시 수동으로 하여야 하며 경계점을 명확히 구분할 수 있도록 확대 후 작업을 실시하여야 한다.
  ③ 장점
    ㉠ 자동화된 작업과정
    ㉡ 작업시간의 단축
    ㉢ 자동화로 인한 인건비 절감
  ④ 단점
    ㉠ 저가의 장비사용 시 에러 발생
    ㉡ 벡터구조로의 변환 필수
    ㉢ 변환 소프트웨어 필요

66 도시계획 레이어와 행정구역 레이어를 중첩 분석하여 행정구역 별 도시계획과 같은 결과를 얻었을 때 결과 테이블로 옳은 것은?

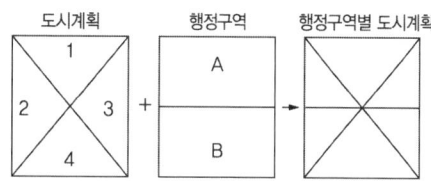

Poly	항목	면적
1	택지	2
2	농지	2
3	상업지	2
4	공업지	2

항목	color	면적
A	서울	4
B	경기	4

①

Poly	항목	행정구역
1A	택지	서울
2A	농지	서울
3A	상업지	서울
2B	농지	경기
3B	상업지	경기
4B	공업지	경기

②

Poly	항목	행정구역	면적
1A	택지	서울	2
2A	농지	서울	1
3A	상업지	서울	1
2B	농지	경기	1
3B	상업지	경기	1
4B	공업지	경기	2

Answer 66 ②

③

Poly1	Poly2	항목	행정구역	면적1	면적2
1	A	택지	서울	2	4
2	A	농지	서울	2	4
3	A	상업지	서울	2	4
2	B	농지	경기	2	4
3	B	상업지	경기	2	4
4	B	공업지	경기	2	4

④

Poly	행정구역 별 도시계획	면적
A	서울(택지, 농지, 상업지)	4
B	경기(농지, 상업지, 공업지)	4

해설

① 도시계획 4개 도형과 행정구역 2개 도형을 중첩 분석한 결과가 6개 도형이므로 결과 속성테이블도 6개의 데이터로 구성되어야 한다.
② 6개의 도형은 도시계획 도형과 행정구역 도형을 바탕으로 생성되었지만 다른 모양을 하고 있으므로 ID값은 새로 부여가 되며 도시계획 ID 1, 2, 3, 4나 행정구역 ID A, B를 그대로 써서는 안되고 1A, 2A 와 같은 형태로 구성되어야 한다.
③ 그리고 6개의 데이터는 도형의 위치에 따른 속성을 그대로 가져와야 하므로 1A의 속성데이터는 A의 행정구역과 1의 도시계획 데이터를 담고 있어야 하고 면적은 새로 계산된 면적으로 입력해야 한다.

67 그림과 같은 A 벡터 레이어에서 B 벡터레이어를 만들었다면 공간연산 기법으로 옳은 것은?

구분	속성	구분	속성
A	공장	E	대지
B	밭	F	과수원
C	밭	G	과수원
C	대지	H	과수원

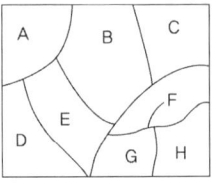
<A 벡터 레이어>

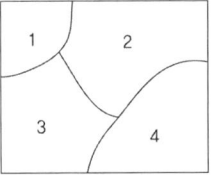
<B 벡터 레이어>

① reclassify
② dissolve
③ intersection
④ buffer

해설

중첩을 통한 레이어 편집	
Clip	클립은 레이어에서 필요한 지역만을 추출하는 것으로 원래의 입력 레이어는 클립레이어에 의하여 정의된 지역에 대한 도형 및 속성정보만을 추출해 새로운 출력레이어를 만들게 되는 과정
Erase	클립레이어의 반대되는 과정으로 레이어가 나타내는 지역 중 임의 지역을 삭제하는 과정으로 전체 레이어에서 분석할 필요가 없는 지역이 지리적으로 정의가 된 경우에는 그러한 지역을 사전에 삭제해서 제반분석에 효율성을 기할 수 있다.

Answer 67 ②

Update	업데이트는 레이어의 어느 한 부분에 대하여 갱신된 자료 또는 편집된 자료로 교체하는 것으로 전체 레이어에 대한 도형정보와 속성정보를 지닌 전체 데이터베이스를 갱신함이 없이 일부 데이터만을 수정·갱신할 수 있어서 매우 효율적이다.
Sprite	스프라이트는 하나의 레이어를 여러 개의 레이어로 분할하는 과정으로 도형정보와 속성정보로 이루어진 하나의 데이터베이스를 나름대로의 기준에 따라 여러 개의 파일이나 데이터베이스로 분리하는데 사용된다.
Mapjoin and Append	맵조인과 어팬드는 스프라이트와 반대되는 개념으로 여러개의 레이어를 하나의 레이어로 합치는 과정으로 맵조인은 여러 개의 레이어가 하나의 레이어로 합쳐지면서 도형정보와 속성정보가 합쳐지고 위상정보도 재정리되는 것이 특징이고, 어팬드는 도형과 속성정보가 합쳐지기는 하지만 위상정보가 재정리되지는 않는다. 그러므로 어팬드는 공간객체의 경우 연결성이나 인접성 등이 재정리되지 않고 위상구조를 가지지 못하므로 선의 길이나 폴리곤의 면적 등 재반분석이 불가능하다.
Dissolve	디졸브는 맵조인이나 제반 레이어를 합치는 과정에서 발생한 불필요한 폴리곤의 경계선을 제거하여 폴리곤의 숫자를 축소해서 보다 효율적인 공간자료와 위상구조를 가질수 있도록 만드는 과정이며 동일한 속성값을 갖는 폴리곤에 대해 이름을 다시 부여하는 데 사용되기도 한다.
Eliminate	여러 개의 레이어를 중첩하거나 맵조인 등에 이하여 서로 다른 레이어가 합치지는 경우에 슬리버와 같은 작고 가느다란 형태의 불필요한 폴리곤들이 형성 되는 경우에 엘리미네이트 과정을 통하여 불필요한 슬리버를 제거하는 과정을 말한다.
MASK	레이어에서 필요한 지역만을 투명하게 만들고 나머지 지역은 불투명하게 추출하는데 사용되는 것
REPLACE	하나의 레이어에 있는 모든 지점이 다른 레이어에서 필요할 때 사용된다.
MOSAIC	서로 인접한 레이어들의 인접부분을 일치시켜 여러 개의 레이어를 하나로 합치는데 유용하다.

68 부울(Boolean)연산을 이용한 지리 속성 정보의 추출 방법이 아닌 것은?

① A and B
② A not B
③ A xor B
④ A xnot B

해설

Boolean logic을 적용한 정보의 추출

A AND B		A, B 교차하는 부분만 나타난다
A XOR B		두 개사상이 존재하는 곳은 포함하고 교차지점은 포함 안함
A NOT B		B를 포함하지 않는 모든 A부분
A OR B		A, B모든 부분
(A AND B) OR C		A, B 교차하는 부분과 C를 포함한 모든 부분
A AND (B OR C)		A, B, C 교차하는 부분만 나타난다.

Answer 68 ④

69 지리정보시스템(GIS)의 데이터베이스구축에 대한 설명으로 틀린 것은?

① 자료 구축을 위해 각종 도면이나 대장, 보고서 등을 활용할 수 있다.
② 위성영상 및 스캐닝한 도면에서 얻어진 자료를 이용하여 구축할 수 있다.
③ 수치지도는 래스터방식보다 벡터방식이 적합하다.
④ 자료 구축의 해상력 측면에서는 벡터방식보다 래스터방식이 적합하다.

해설

GIS의 데이터베이스 구축
① 자료구축을 위해 각종 도면이나 대장, 보고서 등을 활용할 수 있다
② 위성영상 및 스캐닝한 도면에서 얻어진 자료를 이용하여 구축할 수 있다.
③ 수치지도는 래스터방식보다 벡터방식이 적합하다.
④ 자료 구축의 해상력 측면에서는 래스터방식보다 벡터방식이 적합하다.

70 토목 현장의 공사를 위한 토공량 계산, 사면 안정성 분석, 경관 분석 등과 관련된 분석 기법이 아닌 것은?

① 지형 분석
② 경사 분석
③ 가시권 분석
④ 도시성장 패턴 분석

해설
도시성장 패턴분석은 토목현장의 공사를 위한 분석 기법이 아니다.

71 격자(Raster) 자료 구조에 대한 설명으로 옳은 것은?

① 격자의 크기보다 작은 객체의 표현도 가능하다.
② 격자의 크기가 작을수록 객체의 형태를 자세히 나타낼 수 있다.
③ 격자의 크기가 클수록 표현되는 자료는 보다 상세한 반면, 저장용량은 증가한다.
④ 격자의 크기가 작아지면 이에 비례하여 자료의 양이 감소한다.

해설

	벡터자료	래스터자료
정의	벡터 자료구조는 기호, 도형, 문자 등으로 인식할 수 있는 형태를 말하며 객체들의 지리적 위치를 크기와 방향으로 나타낸다.	래스터 자료구조는 매우 간단하며 일정한 격자간격의 셀이 데이터의 위치와 그 값을 표현하므로 격자데이터라고도 하며 도면을 스캐닝 하여 취득한 자료와 위성영상자료들에 의하여 구성된다. 래스터구조는 구현의 용이성과 단순한 파일구조에도 불구하고 정밀도가 셀의 크기에 따라 좌우되며 해상력을 높이면 자료의 크기가 방대해진다. 각 셀들의 크기에 따라 데이터의 해상도와 저장크기가 달라지게 되는데 셀 크기가 작으면 작을수록 보다 정밀한 공간현상을 잘 표현 할 수 있다.
장점	• 보다 압축된 자료구조를 제공하며 따라서 데이터 용량의 축소가 용이하다. • 복잡한 현실세계의 묘사가 가능하다. • 위상에 관한 정보가 제공되므로 관망분석과 같은 다양한 공간분석이 가능하다. • 그래픽의 정확도가 높다. • 그래픽과 관련된 속성정보의 추출 및 일반화, 갱신 등이 용이하다.	• 자료구조가 간단하다. • 여러 레이어의 중첩이나 분석이 용이하다. • 자료의 조작과정이 매우 효과적이고 수치영상의 질을 향상시키는데 매우 효과적이다. • 수치이미지 조작이 효율적이다. • 다양한 공간적 편의가 격자의 크기와 형태가 동일한 까닭에 시뮬레이션이 용이하다.

Answer 69 ④ 70 ④ 71 ②

	벡터자료	래스터자료
단점	• 자료구조가 복잡하다. • 여러 레이어의 중첩이나 분석에 기술적으로 어려움이 수반된다. • 각각의 그래픽 구성요소는 각기 다른 위상구조를 가지므로 분석에 어려움이 크다. • 그래픽의 정확도가 높은 관계로 도식과 출력에 비싼 장비가 요구된다. • 일반적으로 값비싼 하드웨어와 소프트웨어가 요구되므로 초기비용이 많이 든다.	• 압축되어 사용되는 경우가 드물며 지형관계를 나타내기가 훨씬 어렵다. • 주로 격자형의 네모난 형태로 가지고 있기 때문에 수작업에 의해서 그려진 완화된 선에 비해서 미관상 매끄럽지 못하다. • 위상정보의 제공이 불가능하므로 관망해석과 같은 분석기능이 이루어질 수 없다. • 좌표변환을 위한 시간이 많이 소요된다.
자료 수집	• GNSS측량을 통한 좌표 취득	• 항공사진으로부터 수치정사사진의 작성 • 다중밴드 위성영상으로부터 토지피복 분류 • 위성영상의 기하보정 및 영상정합

72 표와 같은 위상구조 테이블에 적합한 데이터는?

polygon	arc 수	list of arc
A	2	-L1, L2
B	3	-L3, -L2, L4
C	1	-L4

arc	from node	to node	Left polygon	Right polygon
L1	n1	n3	A	0
L2	n1	n3	B	A
L3	n3	n1	B	0
L4	n2	n2	C	B

①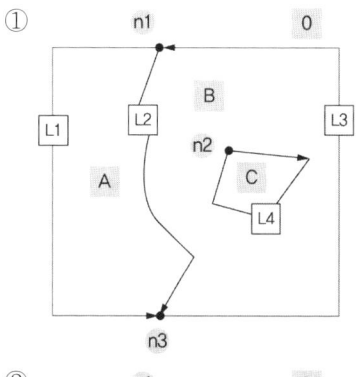

②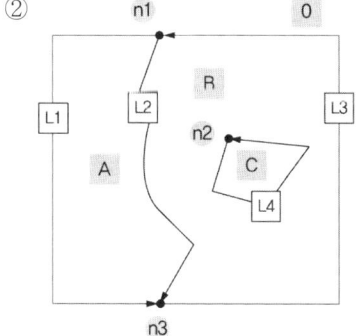

Answer 72 ②

③
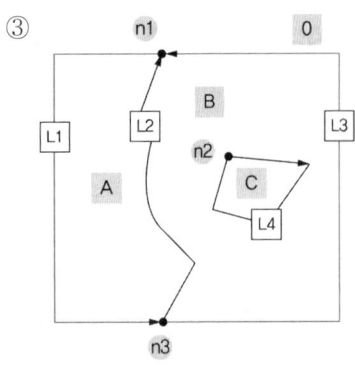

④
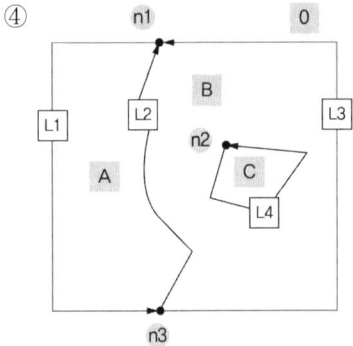

[해설]
위상은 점, 선, 면 각각에 대하여 위상테이블에 나누어 기록한다.
① 점은 각 점에서 연결되는 선을 기록한다.
② 선은 각 선의 시작점과 종료점을 기록한다.
③ 면은 면을 형성하는 선을 기록한다.
B polygon안에 C polygon의 L4의 방향은 같은 방향이므로 부호는 "−"로 해야 한다(그래야 면적이 빠질 수 있다).

73 〈입력 값〉을 이용하여 〈출력결과〉를 얻기 위한 비교연산자로 옳은 것은?

〈입력 값〉

12	13	8	9	9
12	13	9	9	10
22	24	16	17	17
23	24	18	18	19

비교연산자
↓

〈출력결과〉

12	13	8	9	9
12	13	9	9	10
22	24	16	17	17
23	24	18	18	19

① (입력 값 >= 10) and (입력 값 <= 20)
② (입력 값 >= 10) or (입력 값 <= 20)
③ (입력 값 > 10) and (입력 값 < 20)
④ (입력 값 > 10) or (입력 값 < 20)

[해설]

Boolean logic을 적용한 정보의 추출

A AND B	A AND B (벤다이어그램)	A, B 교차하는 부분만 나타난다
A XOR B	A XOR B (벤다이어그램)	두 개사상이 존재하는 곳은 포함하고 교차지점은 포함 안함
A NOT B	A NOT B (벤다이어그램)	B를 포함하지 않는 모든 A부분
A OR B	A OR B (벤다이어그램)	A, B모든 부분

Answer 73 ③

(A AND B) OR C	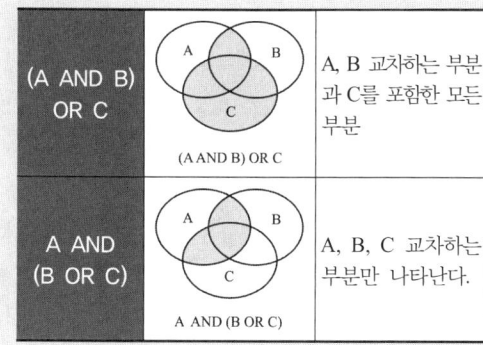	A, B 교차하는 부분과 C를 포함한 모든 부분
A AND (B OR C)		A, B, C 교차하는 부분만 나타난다.

74 지리정보시스템(GIS) 자료관리의 특징으로 볼 수 없는 것은?

① 대량의 정보를 저장하고 관리할 수 있다.
② 원하는 정보를 쉽게 찾아볼 수 있고, 새로운 정보의 추가, 수정이 용이하다.
③ 사용되는 도형자료는 자료의 길이가 일정하다.
④ 필요한 자료의 중첩을 통하여 종합적 정보의 획득이 가능하다.

[해설]

지리정보시스템(GIS)의 특징 및 기대효과

특징	① 대량의 정보를 저장하고 관리할 수 있어 복잡한 정보분석에 유용하다. ② 원하는 정보를 쉽게 찾아볼 수 있으며 복잡한 정보의 분류에 유용하다. ③ 새로운 정보의 추가와 수정이 용이하다. ④ 시노의 축소 및 확대가 자유롭다. ⑤ 자료의 중첩을 통하여 종합적 정보의 획득이 용이하다. ⑥ 적합한 입지선정이 용이하다. ⑦ 동적인 공간자료 분석이 가능하다. ⑧ 공간데이터와 속성데이터로 구분할 수 있다. ⑨ 공간적위상관계를 이용한 분석이 가능하다.
기대 효과	① 정책 일관성 확보 ② 최신정보 이용 및 과학적 정책 결정 ③ 업무의 신속성 및 비용 절감 ④ 합리적 도시계획 ⑤ 일상 업무 지원

75 수치지형모델을 구축하기 위한 자료 취득방법 중 표본추출방식에 대한 설명으로 옳지 않은 것은?

① 임의 방식 : 지형이 넓은 경우 효과적이며, 빠르게 자료를 얻을 수 있는 방법이다.
② 등고선 방식 : 기존의 지형도를 사용하여 자료를 추출하는 경우 효과적인 방법이다.
③ 단면 방식 : 지형을 등간격으로 나누어 각 단면상의 지형점을 추출하는 방식이다.
④ 대상 mesh 방식 : 도로의 등거리 점에서 직교하는 단면이 모여 지형을 근사화시키는 경우 사용하는 방식이다.

[해설]

자료추출방법

격자방식		지형이 넓은 경우에 효과적이며 정사각형, 직사각형, 삼각형의 격자를 사용
등고선방식		기존지형도를 사용할 경우 효과적이며 평면좌표는 자동기록장치를 이용
단면방식		지형도를 등간격의 단면으로 구분 각 단면상의 지형점을 추출하는 방법
임의방식		지형의 산정, 계곡 등의 지성선을 추출할 경우 적합
불규칙삼각망 (TIN)		경사가 급하고 선형침식이 많은 하천지형의 적용에 용이 자료량 조절이 편리하다.

Answer 74 ③ 75 ①

76 벡터 데이터 중 아크(호)들의 연결인 체인에 있어서 아크의 중간에 위치하며 체인에서 방향이 바뀌는 지점을 나타내는 것으로써 체인상에서 좌표 라벨을 부여받은 점의 명칭은?

① 레이어(Layer)
② 커버리지(Coverage)
③ 노드(Node)
④ 버텍스(Vertex)

[해설]

① 레이어(Layer)
한 주제를 다루는데 중첩되는 다양한 자료들로 한 커버리지의 자료파일을 말한다.

② 커버리지(Coverage)
컴퓨터 내부에서는 모든 정보가 이진법의 수치 형태로 표현되고 저장되기 때문에 수치지형도라 불리는데 그 명칭을 Digital Map, Layer 또는 Digital Layer 라고도 하며 커버리지 또한 지도를 Digital 화한 형태의 컴퓨터상의 지도를 말한다. 일반적으로 GIS 커버리지는 토지이용도, 식생도와 같은 하나의 중요한 주제도를 말한다. 레이어와 커버리지 모두 수치화된 지도형태를 갖지만 수치화된 도형자료를 나타낸 것이 레이어이고 도형자료와 관련된 속성데이터를 갖는 수치지형도를 커버리지라 한다.

③ 노드(Node)
노드는 점의 특수한 형태로 무차원이며 위상적 연결이나 끝점을 나타낸다.

④ 버텍스(Vertex)
버텍스는 chain 상에서 좌표라벨을 부여 받은 점이다. 즉 Chain에서 방향이 바뀌는 지점이다 Node(선분의 끝점)와는 명확히 다르다.

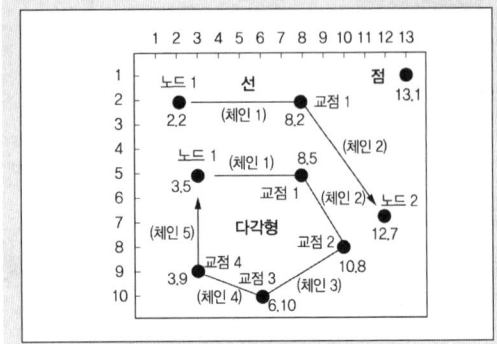

77 관계형 데이터베이스의 관계 스키마(relational schema)에 표현되지 않는 것은?

① 레코드(records)
② 키(key)
③ 관계명(relational names)
④ 속성명(attribute names)

[해설]

관계형 데이터베이스의 기본 구조

일반적 개념	모델링	DB객체
데이터집합(Relation) 관계집합(Relationship set)	개체집합(Entity Set)	테이블(Table)
관계집합 중 어떤 행(Row)	튜플(Tuple) 엔티티(Entity)	레코드(Record)
관계집합 중 어떤 열(Column)	속성(Attribute)	필드(Field)

① 개체(entity)
관계형 데이터베이스에서 개체(entity)는 표현하려는 유형, 무형의 실체로써 서로 구별되는 것을 의미한다. 하나의 개체는 하나 이상의 속성(attribute)으로 구성되고 각 속성은 그 개체의 특성이나 상태를 설명한다. 학생(student) 테이블을 살펴보자.

Answer 76 ④ 77 ①

① 관계형 데이터베이스에서는 테이블의 관계를 릴레이션(relation)이라 한다.
② 속성(attribute)은 데이터의 가장 작은 논리적인 단위로 학번, 이름, 학년, 전공이 해당하고 개체가 가질 수 있는 특성을 나타내며 필드(field)라고도 한다. 또한 레코드는 튜플(tuple)이라 한다.
③ 학생 테이블에서 가질 수 있는 실질적인 값을 개체 인스턴스(entity instance)라고 하고 이것들의 집합을 개체 집합(entity set)이라 한다.

② 관계(Relationship)
  ① 모든 엔트리(Entry)는 단일값을 가짐
  ② 각 열(Column)은 유일한 이름을 가지며 순서 무의미
  ③ 테이블의 모든 행(Row=Tuple)은 동일하지 않으며 순서 무의미

③ 속성(Attribute)
  ① 테이블의 열(Column)을 나타냄
  ② 자료의 이름을 가진 최소 논리적 단위 : 객체의 성질, 상태 기술
  ③ 일반 File의 항목(Item, Field)에 해당
  ④ 엔티티의 특성과 상태 기술
  ⑤ 속성의 이름은 달라야 함

④ 튜플(Tuple) = 엔티티(Entity)
  ① 테이블의 행(Row)
  ② 연관된 몇 개의 속성으로 구성
  ③ 개념 정보 단위
  ④ 일반 File의 레코드(Record)에 해당
  ⑤ 튜플변수(Tuple Variable) : 튜플을 가리키는 변수. 모든 튜플의 집합을 도메인으로 하는 변수

⑤ 도메인(Domain)
  ① 각 속성이 가질 수 있도록 허용된 값들의 집합
  ② 속성 명과 도메인 명이 반드시 동일할 필요는 없음
  ③ 모든 릴레이션에서 모든 속성들의 도메인은 원자적(Atomac)이어야 함
  ④ 원적도메인 : 도메인의 원소가 더 이상 나누어질 수 없는 단일체를 나타냄

⑥ 릴레이션(Relation)
  ① 파일 시스템에서 파일과 같은 개념
  ② 중복된 튜플을 포함하지 않는다.
  ③ 릴레이션=튜플(엔티티)의 집합
  ④ 속성(Attribute)간에는 순서가 없다.
  ⑤ Relation Scheme=속성들의 집합(Attribute Set)

78 쉐이프파일(shapefile)의 필수 파일이 아닌 것은?

① *.shp
② *.sbn
③ *.shx
④ *.dbf

해설

Shapefile의 유형

파일 유형	기능
.shp	지리요소의 공간정보(도형정보)를 저장하는 파일
.shx	지리요소의 공간정보(도형정보) 인덱스를 파일
.dbf	지리요소의 속성정보를 저장하는 파일
.sbn .sbx	• 지리요소의 공간인덱스를 저장하는 파일 • spatial join 등의 기능 수행 • theme의 "shape"필드에 대한 인덱스 생성 시 필요
.ain .aih	• 속성테이블에서 활성화된 필드의 속성 인덱스를 저장하는 파일 • 테이블간의 링크 수행시 생성

Answer 78 ②

79 경사분석에서의 경사를 경사각(°)과 경사율(%)로 표현할 때, 그림에 대한 경사로 옳은 것은?

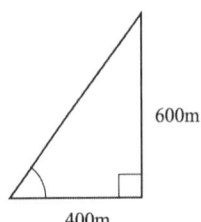

① 경사각 약 34°, 경사율 약 67%
② 경사각 약 34°, 경사율 약 150%
③ 경사각 약 56°, 경사율 약 67%
④ 경사각 약 56°, 경사율 약 150%

해설

$\tan\theta = \dfrac{600}{400}$

$\theta = \tan^{-1}\dfrac{600}{400} = 56°18'35.76$

$i = \dfrac{h}{D} \times 100 = \dfrac{600}{400} \times 100 = 150\%$

80 레스터 데이터의 압축 기법 중 어떤 개체의 경계선을, 그 시작점에서부터 동서남북 방향으로 이동하는 단위 벡터를 사용하여 표현하는 방법은?

① 사지수형 기법
② 블록 코드 기법
③ 체인 코드 기법
④ Run-length 코드 기법

해설

래스터데이터 압축 기법

Run-length 코드기법	① 각 행마다 왼쪽에서 오른쪽으로 진행하면서 동일한 수치를 갖는 셀들을 묶어 압축시키는 방법 ② Run이란 하나의 행에서 동일한 속성값을 갖는 격자를 말한다. ③ 동일한 속성값을 개별적으로 저장하는 대신 하나의 Run에 해당되는 속성값이 한 번만 저장되고 Run의 길이와 위치가 저장되는 방식이다.
사지수형 (Quadtree) 기법	① 사지수형(Quadtree) 기법은 Run-length 코드기법과 함께 많이 쓰이는 자료압축기법이다. ② 크기가 다른 정사각형을 이용하여 Runlength코드보다 더 많은 자료의 압축이 가능하다. ③ 전체 대상지역에 대하여 하나 이상의 속성이 존재할 경우 전체 지도는 4개의 동일한 면적으로 나누어지는데 이를 Quadrant라 한다.
블록코드 (Block Code)기법	① Run-length 코드기법에 기반을 둔 것으로 정사각형으로 전체 객체의 형상을 나누어 데이터를 구축하는 방법 ② 자료구조는 원점으로부터의 좌표 및 정사각형의 한 변의 길이로 구성되는 세 개의 숫자만으로 표시가 가능
체인코드 (Chain Code)기법	① 대상지역에 해당하는 격자들의 연속적인 연결상태를 파악하여 동일한 지역의 정보를 제공하는 방법 ② 자료의 시작점에서 동서남북으로 방향을 이동하는 단위거리를 통해서 표현하는 기법 ③ 각 방향은 동쪽은 0, 북쪽은 1, 서쪽은 2, 남쪽은 3등 숫자로 방향을 정의한다. ④ 픽셀의 수는 상첨자로 표시한다.

Answer 79 ④ 80 ③

제5과목 | 측량학

81 해안, 해도의 높이를 표시하는데 주로 사용하는 방법으로 임의의 점의 표고를 숫자로 도상에 나타내는 방법은?

① 음영법
② 점고법
③ 영선법
④ 등고선법

해설

지형도에 의한 지형표시법
1. 자연적 도법
    ① 영선법(우모법, Hachuring)
    "게바"라 하는 단선상(短線上)의 선으로 지표의 기본을 나타내는 것으로 게바의 사이, 굵기, 방향 등에 의하여 지표를 표시하는 방법
    ② 음영법(명암법, Shading)
    태양광선이 서북쪽에서 45°로 비친다고 가정하여 지표의 기복을 도상에서 2~3색 이상으로 채색하여 지형을 표시하는 방법으로 지형의 입체감이 가장 잘 나타나는 방법

2. 부호적 도법
    ① 점고법(Spot height system)
    지표면상의 표고 또는 수심을 숫자에 의하여 지표를 나타내는 방법으로 하천, 항만, 해양 등에 주로 이용
    ② 등고선법(Contour System)
    동일표고의 점을 연결한 것으로 등고선에 의하여 지표를 표시하는 방법으로 토목공사용으로 가장 널리 사용
    ③ 채색법(Layer System)
    같은 등고선의 지대를 같은 색으로 채색하여 높을수록 진하게, 낮을수록 연하게 칠하여 높이의 변화를 나타내며 지리관계의 지도에 주로 사용

82 각 관측 기기의 조정조건으로 옳지 않은 것은?

① 기포관축이 수직축에 수평이어야 한다.
② 시준축은 수평축에 직교하여야 한다.
③ 수평축은 연직축에 직교하여야 한다.
④ 망원경의 위치가 회전축에 편심되지 않아야 한다.

해설

트랜싯의 6조정
1. 수평각 측정 시 필요한 조정
    ① 제1조정(평반기포관의 조정 : 연직축오차) : 평반기포관축은 연직축에 직교해야 한다.
    ② 제2조정(십자종선의 조정 : 시준축오차) : 십자종선은 수평축에 직교해야 한다.
    ③ 제3조정(수평축의 조정 : 수평축오차) : 수평축은 연직축에 직교해야 한다.

2. 연직각 측정 시 필요한 조정
    ① 제4조정(십자횡선의 조정) : 십자선의 교점은 정확하게 망원경의 중심(광축)과 일치하고 십자횡선은 수평축과 평행해야 한다.
    ② 제5조정(망원경기포관의 조정 : 시준선의 편심오차) : 망원경에 장치된 기포관축과 시준선은 평행해야 한다.
    ③ 제6조정(연직분도원 버니어 조정 : 분도원의 눈금오차) : 시준선은 수평(기포관의 기포가 중앙)일 때 연직분도원의 0°가 버니어의 0과 일치해야 한다.

Answer 81 ② 82 ①

83 그림에서 교각 ∠A, ∠B, ∠C, ∠D의 크기가 다음과 같을 때 cd측선의 방위각은?

∠A = 100°10′   ∠B = 89°35′
∠C = 79°15′   ∠D = 120°

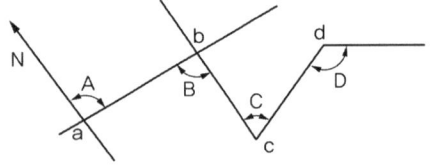

① 00°10′   ② 89°50′
③ 180°10′   ④ 269°50′

해설

$V_A^B = 0° + \angle A = 100°10'$
$V_B^C = V_A^B + 180° - \angle B$
$= 100°10' + 180° - 89°35' = 190°35'$
$V_C^D = V_B^C + 180° + \angle C$
$= 190°35' + 180° + 79°15' = 89°50'$

84 거리측정에서 줄자로 한번 측정할 때의 오차가 ±0.01m이다. 450m의 거리를 50m 줄자로 9회로 나누어 측정했을 때 오차는?

① ±0.07m   ② ±0.09m
③ ±0.05m   ④ ±0.03m

해설

측정횟수(n) = 9회
우연오차 = $±\delta\sqrt{n} = 0.01\sqrt{9} = ±0.03m$

85 다음 표척의 읽음값으로 옳은 것은?

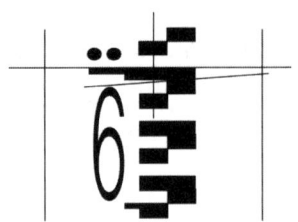

① 2.6m   ② 2.7m
③ 6.0m   ④ 6.5m

해설

표척에서 점 두 개는 2미터이고 숫자 6은 0.6미터 라고 읽는다.
∴ 정답은 2.6m

86 1회 거리측정에서의 정오차가 ε이라고 하면 같은 조건에서 같은 기기로 4회 측정 하였을 경우에 생기는 정오차의 크기는?

① ε ② 2ε
③ 4ε ④ 16ε

해설

정오차 = 오차(δ) × 관측횟수(n)이므로 정오차는 4ε이다.

87 A의 좌표(X_1, Y_1)가 (−2000m, 1000m)이고, B까지의 거리가 1500m, AB의 방위각이 60°이었다면 B의 좌표는?

① (−1250m, 2299m)
② (−701m, 1750m)
③ (−2299m, 1250m)
④ (−1750m, 701m)

해설

$B_x = -2,000 + 1,500\cos60° = -1,250m$
$B_y = 1,000 + 1,500\sin60° = 2,299m$

Answer 83 ② 84 ④ 85 ① 86 ③ 87 ①

88 표고가 118m와 145m인 두 점 사이의 수평거리가 250m이며 등경사지일 때, 130m 등고선이 통과하는 지점과 118m 표고점의 수평거리는?

① 9.9m   ② 102m
③ 105m   ④ 111m

[해설]
$250 : 27 = x : 12$

$x = \dfrac{250 \times 12}{27} = 111m$

89 평균거리 2km에 대한 삼각측량에서 시준점의 편심에 대한 영향이 11″일 경우에 이에 의한 편심거리는?

① 약 0.11m   ② 약 0.22m
③ 약 0.42m   ④ 약 0.81m

[해설]
$\theta'' = \dfrac{\Delta l}{D} \rho''$ 에서

$\Delta l = \dfrac{D \times \theta''}{\rho''} = \dfrac{2,000 \times 11''}{206,265''} = 0.10666 ≒ 0.11m$

90 등고선의 성질에 대한 설명으로 틀린 것은?

① 동일 등고선 위에 있는 모든 점의 높이는 같다.
② 등고선의 간격은 완경사지에서 좁고, 급경사지에서는 넓다.
③ 등고선은 도면 안 또는 밖에서 폐합하며 도중에서 소실되지 않는다.
④ 등고선이 도면 내에서 폐합하는 경우 등고선의 내부에는 산정이나 분지가 있다.

[해설]
등고선의 성질
① 동일 등고선상에 있는 모든 점은 같은 높이이다.
② 등고선은 반드시 도면 안이나 밖에서 서로가 폐합한다.
③ 지도의 도면 내에서 폐합되면 가장 가운데 부분은 산꼭대기(산정) 또는 凹지(요지)가 된다.
④ 등고선은 도중에 없어지거나 엇갈리거나 합쳐지거나 갈라지지 않는다.
⑤ 높이가 다른 두 등고선은 동굴이나 절벽의 지형이 아닌 곳에서는 교차하지 않는다.
⑥ 등고선은 경사가 급한 곳에서는 간격이 좁고 완만한 경사에서는 넓다.
⑦ 최대경사의 방향은 등고선과 직각으로 교차한다.
⑧ 분수선(능선)과 곡선(유하선)은 등고선과 직각으로 만난다.
⑨ 2쌍의 등고선의 볼록부가 상대할 때는 볼록부를 나타낸다.
⑩ 동등한 경사의 지표에서 양 등고선의 수평거리는 같다.
⑪ 같은 경사의 평면일 때는 나란한 직선이 된다.
⑫ 등고선이 능선을 직각 방향으로 횡단한 다음 능선 다른 쪽을 따라 거슬러 올라간다.
⑬ 등고선의 수평거리는 산꼭대기 및 산밑에서는 크고 산중턱에서는 작다.

91 광파거리 측량기에 대한 설명으로 옳지 않은 것은?

① 광파거리 측량기는 줄자에 비하여 기복이 많은 지역의 거리관측에 유리하다.
② 광파거리 측량기의 변조주파수의 변화에 따라 생기는 오차는 관측거리에 비례한다.
③ 광파거리 측량기의 변조파장이 긴 것이 짧은 것에 비하여 정확도가 높다.
④ 광파거리 측량기의 정수는 비교기선장에서 비교측량하여 구한다.

Answer 88 ④   89 ①   90 ②   91 ③

해설

구분	광파거리측량기	전파거리측량기
정의	측점에서 세운 기계로부터 빛을 발사하여 이것을 목표점의 반사경에 반사하여 돌아오는 반사파의 위상을 이용하여 거리를 구하는 기계	측점에 세운 주국에서 극초단파를 발사하고 목표점 종국에서는 이를 수신하여 변조고주파로 반사하여 각각의 위상차이로 거리를 구하는 기계
정확도	±(5mm±5ppm)	±(15mm±5ppm)
대표기종	Geodimeter	Tellurometer
장점	① 정확도가 높다. ② 데오돌라이트나 트랜싯에 부착하여 사용 가능하며, 무게가 가볍고 조작이 간편하고 신속하다. ③ 움직이는 장애물의 영향을 받지 않는다.	① 안개, 비, 눈 등의 기상조건에 대한 영향을 받지 않는다. ② 장거리 측정에 적합하다.
단점	① 안개, 비, 눈 등의 기상조건에 대한 영향을 받는다.	① 단거리 관측 시 정확도가 비교적 낮다. ② 움직이는 장애물 지면의 반사파 등의 영향을 받는다.
최소조작인원	1명(목표점에 반사경 설치했을 경우)	2명(주국, 종국 각 1명)
관측가능거리	단거리용 : 5km 이내 중거리용 : 60km 이내	장거리용 : 30~150km
조작시간	1회 10~20분	1회 20~30분

92 시준거리 30m에 대하여 표척눈금 읽음값의 차가 1.5cm, 기포의 이동거리가 0.2cm 라면 기포관의 곡률반지름은?

① 2.0m ② 3.0m
③ 4.0m ④ 6.0m

해설

$\theta'' = \dfrac{l}{nD}\rho'' = \dfrac{0.015}{1 \times 30} \times 206,265'' = 1'43''$

기포관 1눈금의 크기가 0.2cm이므로 $n=1$

$R = \dfrac{d}{\theta''}\rho'' = \dfrac{0.002}{1'43''} \times 206,265'' = 4.0m$

d : 기포관 눈금의 크기

93 삼각 및 삼변측량에 대한 설명으로 옳지 않은 것은?

① 삼각망의 조건식수는 삼변망의 조건식수보다 많다.
② 삼변측량의 계산에는 코사인(cos) 제2법칙을 사용한다.
③ 삼각망의 조정시 필요한 조건으로 측점조건, 각조건, 변조건 등이 있다.
④ 기하학적 도형조건으로 인해 삼변측량은 삼각측량 방법을 완전히 대신할 수 있다.

해설

삼각측량	① 광대한 지역의 측량에 적합 ② 산지 등 기복이 많은 곳에 적합 ③ 같은 정도의 기준점 배치에 편리 ④ 조건식이 많아 조정이 복잡하나 정도가 높다. ⑤ 각 단계에서 정확도 점검이 가능하다. ⑥ 내각의 크기는 30° 이상 120° 이하가 되어야 한다. ⑦ 기선설치에 어려움이 있고 관측거리에 한계가 있다.
삼변측량	① 광대한 지역의 측량에 적합 ② 산지 등 기복이 많은 곳에 적합 ③ 같은 정도의 기준점 배치에 편리 ④ 조건식이 많아 조정이 복잡하나 정도가 높다. ⑤ 각 단계에서 정확도 점검이 가능하다. ⑥ 내각의 크기는 30° 이상 120° 이하가 되어야 한다. ⑦ 기선설치에 어려움이 있고 관측거리에 한계가 있다.

Answer 92 ③ 93 ④

94 그림과 같이 관측된 거리를 최소제곱법으로 조정하기 위한 관측방정식을 행렬로 표시한 것으로 옳은 것은?

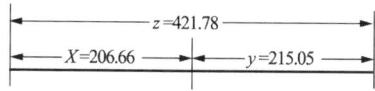

① $\begin{bmatrix} -1 & -1 \\ 1 & 0 \\ 0 & 1 \end{bmatrix} \begin{bmatrix} \hat{x} \\ \hat{y} \end{bmatrix} = \begin{bmatrix} 421.78 \\ 206.66 \\ 215.05 \end{bmatrix} + \begin{bmatrix} v_z \\ v_x \\ v_y \end{bmatrix}$

② $\begin{bmatrix} 1 & 1 \\ 1 & 0 \\ 0 & 1 \end{bmatrix} \begin{bmatrix} \hat{x} \\ \hat{y} \end{bmatrix} = \begin{bmatrix} 421.78 \\ 206.66 \\ 215.05 \end{bmatrix} + \begin{bmatrix} v_z \\ v_x \\ v_y \end{bmatrix}$

③ $\begin{bmatrix} 1 & 1 \\ -1 & 0 \\ 0 & -1 \end{bmatrix} \begin{bmatrix} \hat{x} \\ \hat{y} \end{bmatrix} = \begin{bmatrix} 421.78 \\ 206.66 \\ 215.05 \end{bmatrix} + \begin{bmatrix} v_z \\ v_x \\ v_y \end{bmatrix}$

④ $\begin{bmatrix} -1 & -1 \\ 1 & 0 \\ 0 & -1 \end{bmatrix} \begin{bmatrix} \hat{x} \\ \hat{y} \end{bmatrix} = \begin{bmatrix} 421.78 \\ 206.66 \\ 215.05 \end{bmatrix} + \begin{bmatrix} v_z \\ v_x \\ v_y \end{bmatrix}$

[해설]
1행 1열 : $(1 \times x) + (1 \times y) = 421.78$
1행 2열 : $(1 \times x) + (0 \times y) = 206.66$
1행 3열 : $(0 \times x) + (1 \times y) = 215.05$

95 공공측량성과의 고시는 최종성과를 얻은 날로부터 며칠 이내에 하여야 하는가?

① 3일 ② 15일
③ 30일 ④ 60일

[해설]
공간정보의 구축 및 관리 등에 관한 법률 시행령 제13조(측량성과의 고시)
① 법 제13조제1항에 따른 기본측량성과의 고시와 법 제18조제4항에 따른 공공측량성과의 고시는 최종성과를 얻은 날부터 30일 이내에 하여야 한다. 다만, 기본측량성과의 고시에 포함된 국가기준점 성과가 다른 국가기준점 성과와 연결하여 계산될 필요가 있는 경우에는 그 계산이 완료된 날부터 30일 이내에 기본측량성과를 고시할 수 있다.

96 국토교통부장관이 일반측량을 한 자에게 그 측량성과 및 측량기록의 사본을 제출하게 할 수 있는 경우의 해당 목적이 아닌 것은?

① 측량의 중복 배제
② 측량의 보안 유지
③ 측량의 정확도 확보
④ 측량에 관한 자료의 수집·분석

[해설]
공간정보의 구축 및 관리 등에 관한 법률 제22조(일반측량의 실시 등)
② 국토교통부장관은 다음 각 호의 어느 하나에 해당하는 목적을 위하여 필요하다고 인정되는 경우에는 일반측량을 한 자에게 그 측량성과 및 측량기록의 사본을 제출하게 할 수 있다.
1. 측량의 정확도 확보
2. 측량의 중복 배제
3. 측량에 관한 자료의 수집·분석

97 심사를 받지 않고 지도 등을 간행하여 판매하거나 배포한 자에 대한 벌칙기준은?

① 3년 이하의 징역 또는 3천만원 이하의 벌금
② 2년 이하의 징역 또는 2천만원 이하의 벌금
③ 1년 이하의 징역 또는 1천만원 이하의 벌금
④ 300만원 이하의 과태료

[해설]
공간정보의 구축 및 관리 등에 관한 법률 제109조(벌칙)
다음 각 호의 어느 하나에 해당하는 자는 1년 이하의 징역 또는 1천만원 이하의 벌금에 처한다.
1. 제14조제2항 또는 제19조제2항을 위반하여 무단으로 측량성과 또는 측량기록을 복제한 자
2. 제15조제3항에 따른 심사를 받지 아니하고 지도 등을 간행하여 판매하거나 배포한 자
3. 삭제 〈2020. 2. 18.〉

Answer 94 ② 95 ③ 96 ② 97 ③

4. 제39조제1항을 위반하여 측량기술자가 아님에도 불구하고 측량을 한 자
5. 제41조제2항을 위반하여 업무상 알게 된 비밀을 누설한 측량기술자
6. 제41조제3항을 위반하여 둘 이상의 측량업자에게 소속된 측량기술자
7. 제49조제1항을 위반하여 다른 사람에게 측량업등록증 또는 측량업등록수첩을 빌려주거나 자기의 성명 또는 상호를 사용하여 측량업무를 하게 한 자
8. 제49조제2항을 위반하여 다른 사람의 측량업등록증 또는 측량업등록수첩을 빌려서 사용하거나 다른 사람의 성명 또는 상호를 사용하여 측량업무를 한 자
9. 제50조제3항을 위반하여 제106조제2항에 따른 지적측량수수료 외의 대가를 받은 지적측량기술자
10. 거짓으로 다음 각 목의 신청을 한 자
    가. 제77조에 따른 신규등록 신청
    나. 제78조에 따른 등록전환 신청
    다. 제79조에 따른 분할 신청
    라. 제80조에 따른 합병 신청
    마. 제81조에 따른 지목변경 신청
    바. 제82조에 따른 바다로 된 토지의 등록말소 신청
    사. 제83조에 따른 축척변경 신청
    아. 제84조에 따른 등록사항의 정정 신청
    자. 제86조에 따른 도시개발사업 등 시행지역의 토지이동 신청
11. 제95조제1항을 위반하여 다른 사람에게 자기의 성능검사대행자 등록증을 빌려 주거나 자기의 성명 또는 상호를 사용하여 성능검사대행업무를 수행하게 한 자
12. 제95조제2항을 위반하여 다른 사람의 성능검사대행자 등록증을 빌려서 사용하거나 다른 사람의 성명 또는 상호를 사용하여 성능검사대행업무를 수행한 자

98 측량업의 종류로 옳지 않은 것은?

① 지하시설물측량업 ② 공간영상도화업
③ 연안조사측량업   ④ 영상지도제작업

해설

공간정보의 구축 및 관리 등에 관한 법률 시행령 제34조(측량업의 종류)

① 법 제44조제1항제3호에 따른 "항공촬영, 지도제작 등 대통령령으로 정하는 업종"이란 다음 각 호와 같다.
1. 공공측량업
2. 일반측량업
3. 연안조사측량업
4. 항공촬영업
5. 공간영상도화업
6. 영상처리업
7. 수치지도제작업
8. 지도제작업
9. 지하시설물측량업

99 공간정보의 구축 및 관리 등에 관한 법률에서 규정하는 수치주제도에 속하지 않는 것은?

① 수치지적도
② 지하시설물도
③ 토지피복지도
④ 행정구역도

해설

공간정보의 구축 및 관리 등에 관한 법률 시행령 제4조(수치주제도의 종류)

법 제2조제10호에 따른 수치주제도(數値主題圖)의 종류는 별표 1과 같다.
공간정보의 구축 및 관리 등에 관한 법률 시행령 [별표 1] 수치주제도의 종류(제4조 관련)
- 지하시설물도
- 토지이용현황도

Answer 98 ④ 99 ①

- 토지적성도
- 국토이용계획도
- 도시계획도
- 도로망도
- 수계도
- 하천현황도
- 지하수맥도
- 행정구역도
- 산림이용기본도
- 임상도
- 지질도
- 토양도
- 식생도
- 생태·자연도
- 자연공원현황도

100 측량의 기준에 관한 설명으로 틀린 것은?

① 위치는 세계측지계로 표시한다.
② 측량의 원점은 대한민국 경위도 원점 및 수준원점으로 한다.
③ 지도제작을 위하여 필요한 경우에는 직각좌표와 높이로 표시할 수 있다.
④ 독도를 제외한 우리나라 전 지역은 동일한 측량 원점을 사용한다.

해설

공간정보의 구축 및 관리 등에 관한 법률 제6조(측량기준)

① 측량의 기준은 다음 각 호와 같다.
  〈개정 2013. 3. 23.〉
  1. 위치는 세계측지계(世界測地系)에 따라 측정한 지리학적 경위도와 높이(평균해수면으로부터의 높이를 말한다. 이하 이 항에서 같다)로 표시한다. 다만, 지도 제작 등을 위하여 필요한 경우에는 직각좌표와 높이, 극좌표와 높이, 지구중심 직교좌표 및 그 밖의 다른 좌표로 표시할 수 있다.
  2. 측량의 원점은 대한민국 경위도원점(經緯度原點) 및 수준원점(水準原點)으로 한다. 다만, 섬 등 대통령령으로 정하는 지역에 대하여는 국토교통부장관이 따로 정하여 고시하는 원점을 사용할 수 있다.

공간정보의 구축 및 관리 등에 관한 법률 시행령 제6조(원점의 특례)

법 제6조제1항제2호 단서에서 "섬 등 대통령령으로 정하는 지역"이란 다음 각 호의 지역을 말한다.
1. 제주도
2. 울릉도
3. 독도
4. 그 밖에 대한민국 경위도원점 및 수준원점으로부터 원거리에 위치하여 대한민국 경위도원점 및 수준원점을 적용하여 측량하기 곤란하다고 인정되어 국토교통부장관이 고시한 지역

Answer 100 ④

PART 07

2022 과년도 기출 문제 및 해설

기사 2022년 3월 5일 시행
기사 2022년 4월 24일 시행

ENGINEER SURVEYING ✚ GEO-SPATIAL INFORMATION

" 구민사는 당신의 합격을 응원합니다

측량 및 지형공간정보

2022년 3월 5일 기사

제1과목 | 측지학 및 위성측위시스템

01 연직선편차에 대한 설명으로 옳지 않은 것은?

① 진북방위각과 도북방위각의 차이이다.
② 기준타원체와 지오이드의 차이에 의해 발생한다.
③ 연직선(vertical line)과 법선(normal line)의 차이이다.
④ 측지위도와 천문위도의 차이이다.

해설

타원체	지오이드
1. 기하학적으로 정의	1. 물리학적으로 정의
2. 굴곡이 없는 매끈한 면	2. 불규칙한 면을 갖는다.
3. 지구의 반경, 면적, 표면적, 부피, 삼각측량, 경위도결정, 지도제작 등의 기준	3. 고저(수준)측량은 지오이드면을 표고 0으로 하여 관측한다.
4. 수직선(법선)	4. 연직선(법선)

1. 지오이드면은 대륙에서는 지각의 인력 때문에 지구타원체보다 높고 해양에서는 낮다
2. 타원체의 법선과 지오이드 연직선의 불일치로 연직선 편차가 생긴다. 임의점의 수직선을 기준으로 한 연직선의 차이를 연직선편차(deflection of plumb line), 반대로 연직선을 기준으로 한 수직선의 차이를 수직선편차(deflection of vertical line)라고 하는데 편차 간의 차이는 극히 미소하여 일반적으로 연직선편차로 사용한다

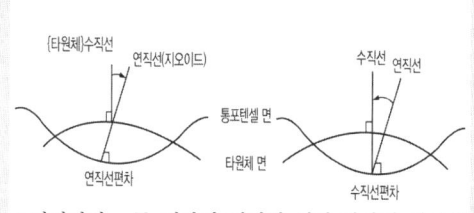

- 연직거리 : 두 점간의 거리의 연직 방향에 있어서의 선분, 곧 그 거리를 연직선으로 정사투영 한 길이
- 법선 : 평면상의 곡선위에 있는 의의의 점의 접선에 수직되는 직선
- 연직선 : 중력의 방향, 곧 수평면과 수직을 이루는 직선
- 연직면 : 연직선을 포함하는 평면

02 중력보정에 대한 설명으로 옳지 않은 것은?

① 고도(elevation)보정 – 지표상의 한점에서 측정된 중력값을 지오이드 면상의 중력값으로 보정하는 것이다.
② 지형(terrain)보정 – 지형이 평평하다는 가성을 보정해 주는 것으로 그 값은 항상 (-)가 된다.
③ 부게(bouger)보정 – 측정점과 지오이드면 사이에 존재하는 물질이 중력에 미치는 영향에 대한 보정이다.
④ 아이소스타시(isostaric)보정 – 아이소스타시 지각균형 이론에 의한 보정이다.

Answer 01 ① 02 ②

[해설]

중력의 보정(gravity correction)

중력보정	내용
gravity correction	실측된 중력값을 기준면(지오이드 또는 평균해수면)상의 중력값으로 보정하는 것
고도보정 (高度補正)	관측점 사이의 고도차가 중력에 미치는 영향을 제거하는 것
① 프리에어보정 (freeair correction)	물질의 인력을 고려하지 않고 고도차만을 고려하여 보정, 즉 관측값으로부터 기준면 사이에 질량을 무시하고 기준면으로부터 높이(또는 깊이)의 영향을 고려하는 보정 관측된 중력값 + 고도차 = 프리에어보정
② 부게보정 (Bouguer correction)	관측점들의 고도차가 존재하는 물질의 인력이 중력에 미치는 영향을 보정하는 것, 즉 물질의 인력을 고려하는 보정. 측정점과 지오이드면 사이에 존재하는 물질이 중력에 미치는 영향에 대한 보정을 말한다. 관측된 중력값 + 고도차 + 물질의 인력 = 부게보정
지형보정 (topographic 또는 terrain correction)	지형보정은 관측점과 기준면 사이에 일정한 밀도의 물질이 무한히 퍼져 있는 것으로 가정하여 보정하는 것이지만 실제지형은 능선이나 계곡 등의 불규칙한 형태를 이루고 있으므로 이러한 지형영향을 고려한 보정을 지형보정이라 한다. 지형보정은 측점주위의 높음과 낮음에 관계없이 보정값을 관측값에 항상 +해주어야 한다. 관측된 중력값 + 고도차 + 물질의 인력 + 실제지형 = 지형보정
에트베스보정 (Eotvos correction)	선박이나 항공기 등의 이동체에서 중력을 관측하는 경우에 이동체 속도의 동, 서방향성분은 지구자전축에 대한 자전속도의 상대적인 증감효과를 일으켜서 원심가속도의 변화를 가져온다. 지구에 대한 이동체의 상대운동의 영향에 의한 중력효과를 보정하는 것
조석보정 (earth tide correction)	달과 태양의 인력에 의하여 지구 자체가 주기적으로 변형하는 지구 조석현상은 중력값에도 영향을 주게 되고 이것을 보정하는 것
위도보정 (latitude correction)	지구의 적도반경과 극반경 차이에 의하여 적도에서 극으로 갈수록 중력이 커지므로 위도차에 의한 영향을 제거하는 것

중력보정	내용
대기보정 (airmass correction)	대기에 의한 중력의 영향보정
지각균형보정 (isostatic correction)	지각균형성에 의하면 밀도는 일정하지 않기 때문에 이를 보정하는 것 관측된 중력값 + 고도차 + 물질의 인력 + 실제지형 + 지각균형설 = 지각균형보정
계기보정 (drift correction)	스프링 크리프현상으로 생기는 중력의 시간에 따른 변화를 보정

03 GNSS 측위 방식에 관한 설명으로 옳지 않은 것은?

① 단독측위 시 많은 수의 위성을 동시에 관측하므로 위성의 궤도정보 오차는 측위결과에 영향이 거의 없어 무시할 수 있다.
② DGPS는 미지점과 기지점에서 동시에 관측을 실시하여 양 측점에서 관측한 정보를 모두 해석함으로써 미지점의 위치를 결정한다.
③ GNSS 이동측량은 관측하는 전 과정동안 모든 수신기에서 최소 4개 이상의 위성들로부터 송신되는 위성신호를 동시에 수신하여야 한다.
④ 네트워크 RTK측량(이동측위법)은 3~4급 공공삼각점측량에 적용할 수 있다.

[해설]

단독측위 시 많은 수의 위성을 동시에 관측하더라도 위성의 궤도정보 오차는 측위결과에 영향을 미친다.

04 인공위성의 케플러 궤도요소에 해당 되지 않는 것은?

① 궤도타원의 장반경 ② 인공위성 질량
③ 근지점 인수 ④ 궤도면 경사각

Answer 03 ① 04 ②

해설

케플러 궤도요소
타원 궤도를 도는 위성 및 행성의 위치와 속도를 정의하는 6가지 요소. 궤도타원의 장반경(semimajor axis), 궤도의 이심률(eccentricity), 궤도면 경사각(inclination), 근지점 인수(argument of periapsis), 근지점 통과 시각(time of periapsis passage), 승교점의 적경(longitude of ascending node)을 말한다.

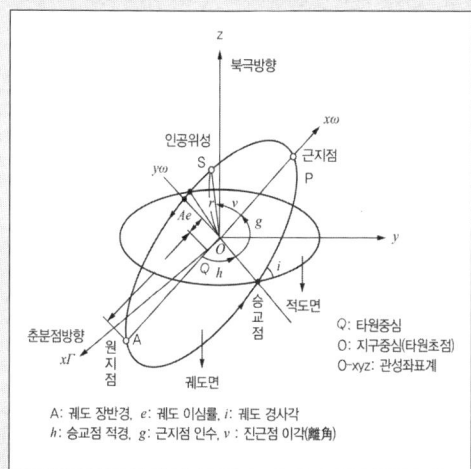

05 다음 중 이론적으로 중력과 만유인력이 같은 지점은?

① 적도
② 북위 45°
③ 남위 45°
④ 북극

해설

적도지방에서는 원심력과 만유인력이 반대 방향이므로 중력의 방향은 지구중심방향과 그 크기는 가장 작습니다.
중위도 지방에서는 원심력과 만유인력이 서로 비스듬이 작용하므로 중력의 방향은 지구중심에서 살짝 빗나간 방향이고 크기는 중간정도가 된다.
극지방에서는 원심력이 작용하지 않으므로(자전축 위에 있으므로)만유인력이 곧 중력이 되며 방향은 지구중심방향, 크기는 최대가 된다.

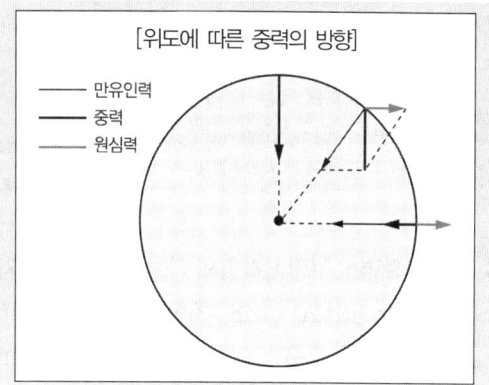

[위도에 따른 중력의 방향]

06 반송파를 이용한 상대측위에 대한 설명으로 옳지 않은 것은?

① 위성과 수신기의 반송파 위상 차이를 이용하여 수신기의 위치를 결정한다.
② 센티미터 수준의 정확도 확보는 정확한 미지정수 결정으로 가능하다.
③ 반송파는 전리층에서 코드의 경우와 반대로 빠르게 진행한다.
④ 반송파는 코드의 경우보다 다중경로 오차가 크다.

해설

반송파신호(반송파위상) 측정방식
(1) 기본 원리
위성에서 송신된 코드신호를 운빈하는 반송파의 위상변화를 이용하는 방법이다. 즉, 위상차를 관측하여 위성과 수신기 간의 거리를 측정한다.

(2) 특징
① 반송파신호(반송파위상) 측정방식은 일명 간섭측위라 하며 전파의 위상차를 관측하는 방식인데 수신기의 마지막으로 수신되는 파장의 위상을 정확히 알 수 없으므로 이를 모호정수(Ambiguity) 또는 정수치 편기라고 한다.
② 반송파신호(반송파위상) 측정방식은 위상차를 정확히 계산하는 방법이 매우 중요한데 그 방법으로 1중차, 2중차, 3중차의 단계를 거친다.

Answer 05 ④ 06 ④

③ 일반적으로 수신기 1대만으로는 정확한 모호정수를 결정할 수 없으며 최소 2대 이상의 수신기로부터 정확한 위상차를 관측한다.
④ 후처리용 정밀 기준점측량 및 RTK법과 같은 실시간 이동측량에 사용된다.

07 지표면상 구면삼각형의 각을 관측한 결과가 ∠A = 50°20′, ∠B = 66°25′, ∠C = 64°35′ 이고 지구의 곡률반지름이 6,250km 라고 할 때, 구면삼각형 ABC의 면적은?

① 266,000km²
② 422,000km²
③ 909,025km²
④ 944,000km²

[해설]
$\varepsilon = (A+B+C-180°)$
$= (50°20′ + 66°25′ + 64°35′) - 180°$
$= 1°20′ = 4,800″$

구면삼각형의 면적(F)
$= \dfrac{\varepsilon \cdot r^2}{\rho″} = \dfrac{6,250^2 \times 4,800}{206,265} = 909,025 km^2$

08 평면직교좌표의 원점에서 동쪽에 있는 A점에서 B점방향의 자북방위각을 관측한 결과가 89°10′25″ 이었다. A점에서의 자침편차가 5°W일 때 진북방위각은?

① 84°10′25″
② 89°05′25″
③ 89°30′25″
④ 94°10′25″

[해설]
진북방위각 = 자북방위각 − 자침편차
= 89°10′25″ − 5° = 84°10′25″

09 측지선에 대한 설명으로 옳지 않은 것은?

① 두 점이 거의 같은 위도 상에 있을 경우에 측지선은 수직절선에 교차할 수도 있다.
② 측지선은 두 수직절선 사이의 각을 2 : 1의 비율로 분할한다.
③ 측지선은 직접 측정하기 어렵다.
④ 측지선은 단일곡률을 갖는 곡선이다.

[해설]
측지선(測地線, geodetic line)
① 지표상 두 지점 간의 최단거리선으로서 두 지점과 지심을 포함하는 평면과 지표면의 교선, 즉 두 지점을 지나는 대원의 일부이다.
② 타원체 표면상에 주어진 두 점 사이에서 최단거리를 갖도록 그려지는 선을 측지선이라 한다.
③ 타원체상의 측지선은 수직절선의 일종으로 볼 수 있으나 단순한 수직절선과는 달리 이중곡률(二重曲率, double curvature)을 갖는 곡선이다. 대부분의 경우 측지선은 두 개의 수직절선사이에 놓여 있게 되며 두 수직절선 사이의 각을 2 : 1의 비율로 분할한다.
④ 측지선이 동일평행권 또는 동일자오선상에 있는 경우에는 그러하지 않다.

10 측지원점을 정의하기 위해 필요한 요소로 거리가 먼 것은?

① 표준중력
② 타원체의 장반경
③ 원방위각
④ 원점의 경도

[해설]
측지원자(측지원자요소)
측지측량원점은 삼각측량에 있어서 출발점으로 출발점의 경도, 위도, 방위각, 지오이드 높이 및 기준 타원체의 요소를 測地原點要素 또는 測地原子라 한다.

Answer 07 ③ 08 ① 09 ④ 10 ①

측량에서 위치결정은 측량의 원점을 이용하는데 이원점의 측지원자 즉 경도, 위도, 방위각, 지오이드고, 준거타원체의 요소가 결정되어 점의 위치결정이 가능하다.

1. 측지원자요소
1) 타원체요소 : 타원체의 장반경 a 와 편평률 f
2) 경위도좌표 : 경도 λ 와 위도 ϕ
3) 지오이드높이(표고) : h
4) 방위각 : a_0
5) 연직선편차

11 자침의 복각에 대한 설명으로 옳지 않은 것은?

① 복각은 자북으로 갈수록 커진다.
② 복각은 진북에서 최대가 된다.
③ 복각은 적도 지방에서는 거의 0에 가깝다.
④ 복각은 지각 내에서 철광이 있으면 비정상적으로 크게 나타난다.

해설

편각	- 나침반의 자침이 가리키는 북쪽인 자북방향과 진북방향이 정확하게 일치하지 않아 발생되는 차 - 진북을 기준으로 시계방향으로 (+)값 반시계방향으로 (-)값 부여 - 우리나라에는 약 $-5°\sim-6°$의 편각 존재
복각	- 나침반 바늘이 누운 정도로 수평면과 자기장의 방향이 이루는 각 - 적도에서는 나침반의 바늘이 수평상태를 유지하지만 극지방으로 갈수록 점차 한쪽 바늘이 기울게 되어 극지방에서는 완전히 바닥을 가리키게 됨
수평분력	- 수평자기력이라고도 함 - 전자장 벡터의 합이 수평면인 XY 평면과 이루는 각 - 수평면 내에서 자기장의 세기에 따라 결정

복각은 수평면과 자기장의 방향이 이루는 각으로 진북과는 관계가 없다. 복각은 적도 지방에서는 0에 가깝지만 극지방으로 갈수록 점차 증가하여 최대가 된다. 철광지대는 자기장에 영향을 주어 지각 내에서 비정상적으로 큰 복각이 나타날 수 있다.

12 GNSS 고정밀 측위에서 사용하는 차분(differencing) 기법에 대한 설명으로 옳지 않은 것은?

① 단순차분은 두 개의 서로 다른 수신기에서 하나의 위성을 동시에 관측할 때 두 개의 수신기에서 수신되는 신호의 순간적인 위상을 측정하여 그들의 차를 구하는 것이다.
② 이중차분은 하나의 위성에 대해 단순차분을 수행하고 동시에 또 다른 위성에 대하여 똑같은 단순차분을 시행한 후 두 방정식의 대수적 차에 의하여 결정하는 방법이다.
③ 이중차분은 미확정 정수를 제거함으로써 사이클 슬립의 문제점을 해결할 수 있다.
④ 삼중차분은 수신기, 위성, 시간이 모두 계산의 주체가 되며, 이중차분을 두 번의 연속된 시간에 대해 두 번 시행하여 그 차를 구하여 얻는 방법이다.

해설

간섭측위에 의한 위상차 측정
정적간섭측위(Static Positioning)를 통하여 기선해석을 하는데 사용하는 방법으로서 두 개의 기지점에 GPS 수신기를 설치하고 위상차를 측정하여 기선의 길이와 방향을 3차원 벡터량으로 결정하는데 다음과 같은 위상차 차분기법을 통하여 기선해석 품질을 높인다.

Answer 11 ② 12 ③

13 GNSS의 3가지 구성요소에 해당하지 않는 것은?

① 우주 부문 ② 사용자 부문
③ 제어(관제) 부문 ④ 장비 부문

해설

GPS의 구성

구분		
우주 부문	구성	31개의 GPS위성
	기능	측위용전파 상시 방송, 위성궤도정보, 시각신호 등 측위 계산에 필요한 정보 방송 ① 궤도형상 : 원궤도 ② 궤도면수 : 6개면 ③ 위성수 : 1궤도면에 4개 위성(24개 + 보조위성7개) = 31개 ④ 궤도경사각 : 55° ⑤ 궤도고도 : 20,183km ⑥ 사용좌표계 : WGS84 ⑦ 회전주기 : 11시간58분(0.5 항성일) : 1항성일은 23시간 56분 4초 ⑧ 궤도간이격 : 60도 ⑨ 기준발진기 : 10.23MHz : 세슘원자시계 2대 : 류비듐원자시계 2대
제어 부문	구성	1개의 주제어국, 5개의 추적국 및 3개의 지상안테나(Up Link 안테나 : 전송국)
	기능	주제어국 : 추적국에서 전송된 정보를 사용하여 궤도요소를 분석한 후 **신규궤도요소, 시계보정, 항법메시지 및 컨트롤 명령 정보, 전리층 및 대류층의 주기적 모형화** 등을 지상안테 나를 통해 위성으로 전송함 추적국 : GPS위성의 신호를 수신하고 **위성의 추적** 및 **작동상태**를 감독하여 위성에 대한 **정보**를 **주제어국**으로 전송함 전송국 : 주관제소에서 계산된 결과로서 **시각보정값, 궤도보정치**를 사용자에게 전달할 메시지등을 **위성**에 송신하는 역할 ① 주제어국 : 콜로라도 스프링스(Colorad Springs) - 미국 콜로라도주 ② 추적국 : 어세션 (Ascension Is) - 대서양 : 디에고 가르시아(Diego Garcia) - 인도양 : 쿠에제린(Kwajalein Is) - 태평양 : 하와이 (Hawaii) - 태평양 ③ 3개의 지상안테나 (전송국) : 갱신자료 송신

구분	특징
일중위상차 : Single Phace Difference	1. 수신기간 일중위상차 ① 한 개의 위성과 두 대의 수신기를 이용한 위성과 수신기간의 거리 측정차(행로차) ② 동일위성에 대한 측정치이므로 위성의 궤도오차와 원자시계에 의한 오차가 소거된 상태 ③ 그러나 수신기의 시계오차는 포함되어 있는 상태임 2. 위성 간 일중위상차 ① 두개의 위성과 한 대의 수신기를 이용한 위성과 수신기간의 거리 측정차(행로차) ② 다른위성에 대한 측정치이므로 위성의 궤도오차와 수신기의 시계에 의한 오차가 소거된 상태 ③ 그러나 위성 시계오차는 포함되어 있는 상태임
이중위상차 : Double Phace Difference	① 두 개의 위성과 두 대의 수신기를 이용하여 각각의 위성에 대한 수신기간 1중차 끼리의 차이값 ② 두 개의 위성에 대하여 두 대의 수신기로 관측함으로서 같은양으로 존재하는 수신기의 시계오차를 소거한 상태 ③ 일반적으로 최소 4개의 위성을 관측하여 3회의 이중차를 측정하여 기선해석을 하는 것이 통례임
삼중위상차 : Triple Phace Difference	① 한 개의 위성에 대하여 어떤 시각의 위상적산치(측정치)와 다음 시각의 적산치와의 차이 값을 적분위상차라고도 한다. ② 반송파의 모호정수(불명확상수)를 소거하기 위하여 일정시간 간격으로 이중차의 차이 값을 측정하는 것을 말한다. ③ 즉, 일정시간 동안의 위성거리 변화를 뜻하며 파장의 정수배의불명확을 해결하는 방법으로 이용된다. ④ 위성. 수신기의 시계오차 소거와 정수 바이어스 소거 된 상태

Answer 13 ④

14 GPS의 군사용 신호를 이용할 수 없도록 제한하는 암호화 체계는?

① Delta Process
② Anti-Spoofing
③ Epsilon Process
④ Selective Abailability

해설

1. 선택적 가용성에 따른 오차(SA : Selective Abailability)/(AS : Anti-Spoofing)
미국방성의 정책적 판단에 의해 인위적으로 GPS 측량의 정확도를 저하시키기 위한 조치로 위성의 시각정보 및 궤도정보 등에 임의의 오차를 부여하거나 송신, 신호형태를 임의 변경하는것을 SA라 하며, 군사적 목적으로 P코드를 암호하는 것을 AS라 한다.
① SA의 해제 : 2000년 5월 1일 해제
② AS(Anti Spoofing : 코드의 암호화, 신호차단) : 군사목적의 P코드를 적의 교란으로부터 방지하기 위하여 암호화시키는 기법

2. 사이클 슬립(Cycle Slip)
사이클 슬립은 GPS 반송파위상추적회로에서 반송파 위상값을 순간적으로 놓침으로 인해 발생하는 오차, 사이클 슬립은 반송파 위상데이터를 사용하는 정밀위치측정분야에서는 매우 큰 영향을 미칠 수 있으므로 사이클 슬립의 검출은 매우 중요하다.

15 GPS 측량의 기준좌표계인 WGS84에 대한 설명으로 옳지 않은 것은?

① 전 세계적으로 측정해온 지구의 중력장과 지구 모양을 근거로 해서 만들어진 좌표계이다.
② X축은 국제시보국(BIH)에서 정의한 본초자오선과 평행한 평면이 지구 적도면과 교차하는 선이다.
③ Y축은 X축과 Z축이 이루는 평면에 서쪽으로 수직인 방향(서쪽으로 90°)으로 정의된다.
④ Z축은 1984년 국제시보국(BIH)에서 채택한 평균극축(CTP)과 평행하다.

해설

WGS84 특징
① 미국에 의해 구축된 세계좌표계의 하나이다.
② 좌표계의 원점은 지구의 질량 중심이다.(지심좌표계)
③ 1984년 이전까지는 지구중력의 관점에서 정해진 지구타원체 모델인 WGS72가 사용되었다.
④ WGS84의 기준타원체는 IAG(국제측지학회)에서 권고치인 GRS80을 사용하였고 제원을 살펴보면 다음과 같다.
  ㉠ 장반경(a) : 6,378,137m
  ㉡ 단반경(b) : 6,356,752m
  ㉢ 편평률(f) : 1/298.257
⑤ 좌표계
  ㉠ X축은 BIH에서 정의한 본초자오선과 평행한 평면이 지구 적도면과 교차하는 선이다.
  ㉡ Z축은 1984년 국제시보국에서 채택한 지구자전축과 평행하다.
  ㉢ Y축은 X축으로부터 적도면을 따라 동쪽으로 수직인 방향으로 정의된다.

16 탄성파를 이용하여 파악하는 주요 사항으로 옳은 것은?

① 지표상 두 점간 거리의 정밀 측정
② 인공위성을 이용한 지구상 점의 좌표 측정
③ 지질구조의 파악
④ 파고의 측정

해설

탄성파 측량
물체에 외력을 가했다가 외력을 제거했을 때 원상태로 돌아올 수 있는 상태에서 변형의 비율은 외력에 비례한다(Hook의 법칙). Hook의 법칙이 적용되는 고체를 탄성체라 하며 탄성체에 충격을 주어 급격한 변형을 일으키면 변형은 파장이 되어 주위로 전파되는데 이 파를 탄성파라 한다. 탄성파에는 실체파라고 하는 종파(縱波 : P파), 횡파(橫波 : S파), 지표상의 관측자에게는 탄성체 표면에만 전달되는 표면파(表面波 : L파)의3종류가 있다. 탄성파 측량에 의한 지하물질탐사방법에는 낮은 곳은 굴절법,

Answer 14 ② 15 ③ 16 ③

깊은 곳은 반사법을 이용한다. 탄성파를 이용하여 지반조사, 금속, 비금속광산에서 복잡한 지질구조 조사 등에 사용되고 있다.

17 GNSS 측량의 특징에 대한 설명으로 옳지 않은 것은?

① 장소에 상관없이 실내·외에서 모두 측량할 수 있다.
② 날씨와 무관하게 측량할 수 있다.
③ 24시간 연속적으로 측량할 수 있다.
④ 전 지구적으로 측량할 수 있다.

해설

GPS(Global Position System : 전지구적 위치 결정시스템)
GPS는 인공위성을 이용한 범세계적 위치결정체계로 정확한 위치를 알고 있는 위성에서 발사한 전파를 수신하여 관측점까지의 소요시간을 관측함으로써 관측점의 위치를 구하는 체계이다. 즉 GPS 측량은 위치가 알려진 다수의 위성을 기지점으로 하여 수신기를 설치한 미지점의 위치를 결정하는 후방교회법(Resection methoid)에 의한 측량방법이다.

GPS의 장·단점

장점	㉠ 관측의 정밀도가 높다. ㉡ 기준점 간 시통이 필요하지 않다. ㉢ 장거리를 신속하게 측량할 수 있다. ㉣ 주야간 관측이 가능하고 기상조건에 영향을 받지 않는다. ㉤ 측량의 소요시간이 기존방법보다 효율적이다. ㉥ 3차원측정 및 동체측정이 가능하다.
단점	㉠ 장비가 고가이다. ㉡ 위성의 궤도정보가 필요하다. ㉢ 전리층 및 대류권에 대한 정보가 필요하다. ㉣ 도심지의 고층건물 등에 의한 오차발생 확률이 높다. ㉤ 수목이나 건물 등에 의한 상공장애가 발생하면 관측의 정밀도가 낮다.

18 우리나라 평면직각좌표계 4개의 중앙 자오선 축척계수는?

① 0.9996
② 0.9999
③ 1.0000
④ 1.0001

해설

명칭	경도	위도	투영원점의 가산수치	원점의 축척계수
서부원점	동경 125°	북위 38°	$X_n = 600,000m$ $Y_E = 200,000m$	1.0000
중부원점	동경 127°	북위 38°		
동부원점	동경 129°	북위 38°		
동해원점	동경 131°	북위 38°		

19 평면측량에서 1/40,000까지 거리의 허용오차를 둔다면 지구를 평면으로 볼 수 있는 한계는 약 얼마인가? (단, 지구의 반지름은 6,370km로 가정한다.)

① 31km
② 65km
③ 98km
④ 110km

해설

$\dfrac{d-D}{D} = \dfrac{1}{12}(\dfrac{D}{R})^2 = \dfrac{1}{40,000}$ 에서

$D = \sqrt{\dfrac{12R^2}{m}} = \sqrt{\dfrac{12 \times 6,370^2}{40,000}} = 110km$

Answer 17 ① 18 ③ 19 ④

20 GNSS 위성신호가 수신기 주변 장애물에 반사되어 취득됨으로 인해 발생하는 관측 오차는?

① 다중경로오차 ② 위성시계오차
③ 위성궤도오차 ④ 수신기오차

[해설]

다중경로(Multipath)
다중경로오차는 GPS 위성으로 직접 수신된 전파 이외에 부가적으로 주위의 지형, 지물에 의해 반사된 전파로 인해 발생하는 오차로서 측위에 영향을 미친다.

제2과목 | 응용측량

21 평지에 길이 50m, 폭 8m인 도로를 건설하기 위해 2m 높이의 성토가 필요하다면 성토경사를 1:1.5로 할 때 필요한 성토량은?

① 467m³   ② 930m³
③ 1100m³ ④ 2200m³

[해설]

성토량(A) = $\frac{8+(8+3+3)}{2} \times 2 \times 50 = 1,100 m^3$

22 수애선(水涯線) 및 수애선 측량에 관한 설명으로 옳지 않은 것은?

① 수면과 하안과의 경계선을 수애선이라 한다.
② 수애선 측량에는 심천측량에 의한 방법과 동시관측에 의한 방법이 있다.
③ 수애선은 하천 수위에 따라 변동하는 것으로 최저수위에 따라 변동하는 것으로 최저수위에 의하여 정해진다.
④ 심천측량에 의한 방법을 이용할 때에는 수위의 변화가 적은 시기에 심천측량을 행하여 하천의 횡단면도를 먼저 만든다.

[해설]

수애선(水涯線) 측량
① 수애선은 수면과 하안과의 경계선
② 수애선은 하천수위의 변화에 따라 변동하는 것으로 평수위에 의해 정해짐.
③ 수애선은 동시관측에 의한 방법과 심천측량에 의한 방법이 있다.
④ 수애선은 평수위에 따른 경계선이다.

23 댐의 장기적 안정성을 조사하기 위한 변위측량에 대한 설명으로 틀린 것은?

① 삼각측량에 의하여 댐의 수평방향의 절대변위를 관측할 수 있다.
② 댐 표면과 부근의 고정점을 이용하여 반복 관측한다.
③ 지형 및 정확도면에서 3개 이상의 고정점을 이용한다.
④ 변위측량의 절대 위치결정에 대한 정확도는 5.0~10.0cm 정도이다.

Answer 20 ① 21 ③ 22 ③ 23 ④

[해설]
댐의 장기적 안정성을 조사하기 위한 변위측량[안전관리측량(安全管理測量)]
① 삼각측량에 의하여 댐의 수평방향의 절대변위를 관측한다.
② 댐 표면과 부근의 고정점을 이용하여 반복 관측한다.
③ 지형 및 정확도면에서 3개 이상의 고정점을 이용한다.
④ 절대 위치결정에 대한 정확도는 0.5~1.0mm 정도이다.
⑤ 연직방향의 절대변위는 댐의 정상 부근이나 밑에 관측할 수 있는 장소에 수준점을 설치하여 레벨로 정밀수준측량을 실시해서 구한다.
⑥ 정확도는 1km의 왕복차가 0.4mm 이내로 하고 있다.

24 다음 중 완화곡선의 종류로만 짝지어진 것은?

① 클로소이드, 3차 포물선, 렘니스케이트 곡선
② 3차 포물선, 렘니스케이트 곡선, 반향곡선
③ 클로소이드, 3차 포물선, 반향곡선
④ 단곡선, 원곡선, 배향곡선

[해설]

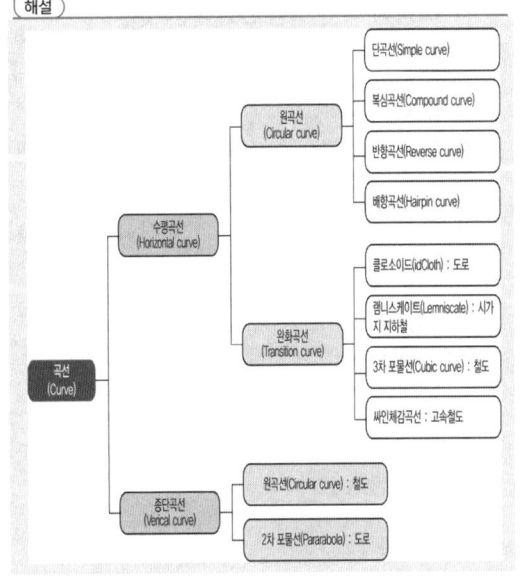

25 그림과 같은 삼각형 ABC의 면적을 1 : 3으로 분할할 경우에 P점의 좌표는?
(단, 좌표의 단위는 m이다.)

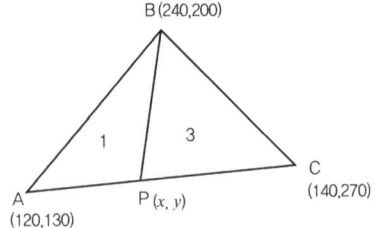

① (125, 165) ② (125, 200)
③ (130, 165) ④ (130, 200)

[해설]
높이가 동일할 경우 삼각형 면적은 밑변의 길이와 비례하므로

$$x = 120 + \frac{(140-120)}{4} = 125$$

$$y = 130 + \frac{(270-130)}{4} = 165 이므로$$

$(x, y) = (125, 165)$

[별해]

$$P_X = \frac{mx_2 + nx_1}{m+n} = \frac{1 \times 140 + 3 \times 120}{1+3} = 125$$

$$P_Y = \frac{my_2 + ny_1}{m+n} = \frac{1 \times 270 + 3 \times 130}{1+3} = 165$$

26 터널 내 고저차 측량에서 A, B 측점이 천정에 설치되어 있을 때 두 점 A, B 간의 경사거리가 30m, 기계고가 1.40m, 시준고 1.35m, 연직각이 +7°라고 하면 A점과 B점의 고저차는?

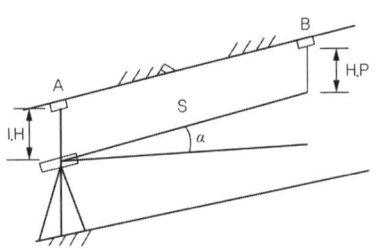

Answer 24 ① 25 ① 26 ④

① 2.5m ② 3.2m
③ 3.5m ④ 3.6m

해설

$H = h + S \cdot \sin\alpha - I.H = 1.35 + 30 \times \sin(7°) - 1.4$
$= 3.6m$

27 철도, 도로 및 수로 등을 건설할 때 토량을 계산하기 위해 가장 적합한 체적 산정 방법은?

① 점고법 ② 등고선법
③ 유토곡선법 ④ 단면법

해설

체적계산

체적계산은 주로 토공량을 산정하는 것으로 토공사에 필요한 체적을 결정하기 위하여 단면법, 점고법, 등고선법 등을 주로 이용한다.

단면법	- 다각형으로 구성된 단면의 면적을 계산하여 체적을 구하는 방법으로 길이가 긴 지역의 체적을 계산하는데 사용된다. - 단면법의 종류로는 각주공식, 양단면 평균법, 중앙단면법이 있다.
점고법	- 장방형 지역의 토공량 계산에 널리 사용되는 방법으로 구획방법에 따라 사분법과 삼분법이 있다.
등고선법	- 등고선에 의한 체적의 계산은 체적을 근사적으로 구하는데 편리한 방법으로 주로 유량이나 저수지의 용량을 결정하는데 이용된다.

28 클로소이드의 매개변수 A = 60m이고, 곡선길이가 40m인 클로소이드 곡선의 반지름은?

① 60m ② 90m
③ 120m ④ 150m

해설

$A^2 = R \cdot L$에서 $R = \dfrac{A^2}{L} = \dfrac{60^2}{40} = 90m$

29 수면으로부터 수심 H인 하천에서 2점법으로 평균 유속을 구할 경우, 유속의 관측 지점은?

① 수면으로부터 0.2H, 0.8H인 지점
② 수면으로부터 0.4H, 0.8H인 지점
③ 수면으로부터 0.2H, 0.6H인 지점
④ 수면으로부터 0.4H, 0.6H인 지점

해설

① 1점법 $(V_m) = V_{0.6}$

② 2점법 $(V_m) = \dfrac{V_{0.2} + V_{0.8}}{2}$

③ 3점법 $(V_m) = \dfrac{V_{0.2} + 2V_{0.6} + V_{0.8}}{4}$

④ 4점법 (V_m)
$= \dfrac{1}{5}{V_{0.2} + V_{0.4} + V_{0.6} + V_{0.8} + \dfrac{1}{2}(V_{0.2} + \dfrac{1}{2}V_{0.8})}$

30 그림에서 V지점에 해당하는 종단곡선상의 계획고는? (단, 종단곡선은 2차 포물선이고, A점의 계획고 = 65.50m)

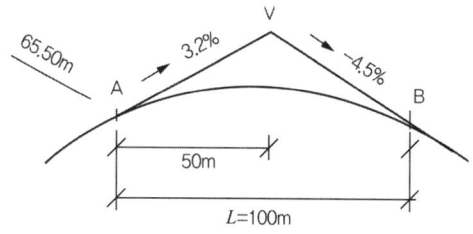

① 66.14m ② 66.57m
③ 66.83m ④ 67.49m

해설

구배선의 계획고(H') = $H_A + \frac{m}{100}x$ 에서

$65.5 + \frac{3.2}{100} \times 50 = 67.1m$

종단곡선의 계획고(H) = $H' - y$ 에서

$y = \frac{m-n}{2L}x^2 = \frac{0.032-(-0.045)}{2 \times 100} \times 50^2 = 0.96m$

이므로

$H = H' - y = 67.1 - 0.96 = 66.14m$

31 4각형 ABCD의 좌표가 아래와 같을 때 □ABCD의 면적은?

A(15.6m, 4.7m) B(26.8m, 17.2m)
C(24.3m, 30.3m) D(5.6m, 18.7m)

① 287.89m²
② 277.89m²
③ 575.78m²
④ 555.77m²

해설

좌표면적 계산법을 이용하면

	X	Y	X_{n+1}	X_{n-1}	Y_n	$(X_{n+1}-X_{n-1}) \times Y_n$
A	15.6	4.7	26.8	5.6	4.7	(26.8−5.6)×4.7 = 99.64
B	26.8	17.2	24.3	15.6	17.2	(24.3−15.6)×17.2 = 149.64
C	24.3	30.3	5.6	26.8	30.3	(5.6−26.8)×30.3 = −642.36
D	5.6	18.7	15.6	24.3	18.7	(15.6−24.3)×18.7 = −162.69
						∑ 555.77

$A = \frac{555.77}{2} = 277.89m^2$

32 하천측량의 종단측량과 횡단측량에 관한 설명으로 틀린 것은?

① 하천중심선에 직각인 방향으로 양안의 제방 어깨 또는 경사면 등에 거리표를 설치한다.
② 종·횡단면도를 작성할 때, 종·횡의 축척을 같게 한다.
③ 수준기표는 국가기준점의 수준점과 결합시킨다.
④ 종단측량은 왕복측량을 원칙으로 한다.

해설

수준기표(Bench Mark): 수준기표는 지반이 침하되지 않고 교통장애가 없는 견고한 장소를 선정하여 양쪽 강기슭 5km마다 설치하며, 수위관측소에는 반드시 수준기표를 설치해야 한다.

거리표(Distance Mark): 거리표는 거리측정의 기준이 되는 것으로 하천의 중심에 직각으로 설치하며 하구 또는 하천의 합류점으로부터 100m 또는 200m마다 설치한다. 거리표는 1km마다 석표를 매설하고 중간에는 나무말뚝을 사용한다.

종단측량	종단측량은 좌우에 설치한 거리표, 양수표, 수문, 기타 중요한 장소의 높이를 관측하는 것으로 반드시 왕복측량을 원칙으로 하며 일반적으로 축척은 1/1000(횡) 및 높이1/100(종)으로 작성한다
횡단측량	횡단측량은 보통 왼쪽 강기슭에 있는 거리표를 기준으로 10~20m간격으로 측량을 실시하며 횡단면도를 제작할 때 일반적으로 축척은 1/1000(횡) 및 1/100(종)으로 작성한다.
수심측량	일반적으로 횡단측량과 함께 실시하지만 수심측량만 단독으로 실시하는 경우도 있다. 비교적 얕은 6m 이하 장소에서는 주로 측간을 사용하고, 30m 정도로 수심이 깊고 유속이 빠른 장소에서는 음향측심기를 이용한다. 하천의 폭이 넓고 수심이 깊은 장소에서는 측량선에 의한 심천측량을 실시한다.

Answer 31 ② 32 ②

33 단곡선설치에서 I = 70°, R=200m 일 때 접선길이(TL)와 외할(E)로 옳은 것은?

① TL=140.04m, E=42.15m
② TL=140.04m, E=44.15m
③ TL=150.15m, E=42.15m
④ TL=150.15m, E=44.15m

[해설]

$T.L = R\tan\dfrac{I}{2}$ 에서

$= 200 \times \tan\dfrac{70}{2} = 140.04m$

$E = R(\sec\dfrac{I}{2} - 1)$ 에서

$= 200 \times (\dfrac{1}{\cos\dfrac{70}{2}} - 1) = 44.15m$

34 해양에서 수심측량을 할 경우에 음향측심 장비로부터 취득한 데이터에서 보정하여야 할 항목이 아닌 것은?

① 굴절오차
② 음속 변화
③ 기계오차
④ 조석

[해설]
음향측심(音響測深)의 보정(補正)
음향측심기에 의한 관측값을 정확한 수심으로 환산하기 위해서는 측심기 자체의 기차(機差), 음속도 변화, 송수파기의 깊이[흘수(吃水)], 조고(潮高) 등의 영향을 보정하여야 한다.

35 반지름이 동일하지 않은 2개의 원곡선이 그 접속점에서 공통접선을 갖고, 이것들의 중심이 공통접선의 반대쪽에 있는 곡선은?

① 활권선
② 고차포물선
③ 반향곡선
④ 복심곡선

[해설]

단곡선	- 1개의 원호로 이루어지는 곡률이 일정한 곡선
복곡선	- 복곡선은 복심곡선이라고도 하며 반지름이 다른 두 개의 원곡선이 한 개의 공통접선을 갖고 접선의 같은 쪽에서 연결된 곡선을 말한다. - 복곡선을 사용하여 도로를 건설하면 접점에서 곡률이 급격하게 변하므로 사용하지 않는 것이 좋다.
반향곡선	- 반향곡선은 반지름이 다른 두 원곡선이 한 개의 공통접선 양쪽에 서로 곡선중심을 가지고 연결하는 곡선이다. - 반향곡선을 사용하면 접점에서 핸들의 급격한 회전이 생기므로 사용하지 않는 것이 좋다.
배향곡선	- 반향곡선을 여러 개 연속으로 배치하여 머리핀 같은 형태를 이루는 곡선으로 일명 머리핀 곡선이라고도 한다. - 배향곡선은 산지에서 기울기를 낮추기 위하여 철도의 스위치백 형태로 주로 사용된다.

36 터널의 양쪽 입구 A와 B를 연결하는 지상 골조측량으로 두 점의 좌표 A(-2357.26m, -1763.26m), B(-1385.78m, -987.33m)와 임의점 P에 대한 $\overline{AP}$의 방위각이 176° 27′32″ 이었다면 ∠PAB는?

① 38°36′49″
② 137°50′39″
③ 151°16′36″
④ 215°04′21″

Answer 33 ② 34 ① 35 ③ 36 ②

해설

∠$PAB = V_A^P - V_A^B$ 에서

$V_A^B = \tan^{-1}(\frac{Y_B - Y_A}{X_B - X_A}) = \tan^{-1}\frac{775.93}{971.48}$

$= 38°36'53''$ (1상한)

이므로 $176°27'32'' - 38°36'53'' = 137°50'39''$

37 교점(IP)의 위치가 기점으로부터 143m, 곡선반지름 100m, 교각 58°인 단곡선을 편각법에 의하여 설치할 때 측점간의 거리를 20m라고 한다면 시단현의 길이는?

① 10.43m ② 11.43m
③ 12.43m ④ 13.43m

해설

$T.L = R\tan\frac{I}{2}$ 에서

$= 100 \times \tan\frac{58}{2} = 55.43$

B.C = I.P − T.L = 143 − 55.43 = 87.57m 에서

No 4 + 7.57m이므로 $l_1 = 20 - 7.57 = 12.43m$

38 노선측량에 대한 설명으로 옳지 않은 것은?

① 완화곡선의 곡선반지름은 완화곡선 시점에서 무한대, 종점에서 원곡선의 반지름으로 된다.
② 도로 곡선부에 편경사를 설치하는 주된 목적은 노면의 배수를 위한 것이다.
③ 완화곡선에 연한 곡선반지름의 감소율은 캔트의 증가율과 같다.
④ 완화곡선의 접선은 시점에서 직선에, 종점에서 원호에 접한다.

해설

캔트(Cant)
곡선부를 통과하는 차량이 원심력이 발생하여 접선 방향으로 탈선하려는 것을 방지하기 위하여 바깥쪽 노면을 안쪽노면보다 놓이는 정도를 편경사라고 한다.

완화곡선의 특징
① 곡선반경은 완화곡선의 시점에서 무한대, 종점에서 원곡선 R과 같다.
② 완화곡선의 접선은 시점에서는 직선에, 종점에서는 원호에 접한다.
③ 완화곡선의 곡선반경의 감소율은 캔트와 같다.
④ 완화곡선 종점의 캔트와 원곡선 시점의 캔트는 같다.

39 축척 1:600 도면에서 측정한 값이 그림과 같을 때 ABCD의 실제면적은?

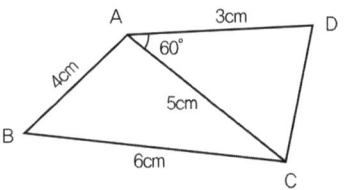

① 16m² ② 59m²
③ 146m² ④ 591m²

해설

$\triangle ACD$의 면적 $= \frac{1}{2}cd \sin A$ 에서

$= \frac{1}{2} \times 3 \times 5 \times \sin 60° = 6.5 cm^2$

$(\frac{1}{m})^2 = \frac{도상면적}{실제면적}$ 에서

실제면적 $= m^2 \times 도상면적$

$= 600^2 \times 6.5 = 2,340,000 cm^2 = 234 m^2$

다른방법 $= (\frac{600}{100})^2 \times 6.5 = 234m^2$ (cm를 m로 환산)

$\triangle ABC$의 면적 $= \sqrt{s(s-a)(s-b)(s-c)}$ 에서

$= \sqrt{7.5(7.5-4)(7.5-5)(7.5-6)} = 9.92 cm^2$

실제면적 $= (\frac{600}{100})^2 \times 9.92 = 357m^2$ (cm를 m로 환산)

$\triangle ABC + \triangle ACD = 357 + 234 = 591m^2$

Answer 37 ③ 38 ② 39 ④

40 해저바닥의 저질채취 방법에 속하지 않는 것은?

① 그랩(grab)
② 드래지(dredge)
③ 코어(core)
④ 채수기(water sampler)

해설

그랩	집게 모양의 해저시료 채취기로 해저를 찍어 해저의 표층 퇴적물을 채취하는 장비
드래지	강철망으로 이루어진 원통 또는 상자형의 그물로 조사선을 이동하면서 해저를 긁어 퇴적물을 채취하는 장비
코어	속이 빈 원통형 실린더를 해저 퇴적물 내로 삽입하여 퇴적물을 채취하는 장비
채수기	채취가 필요한 수심까지 내린 후 해당 수심의 해수를 채취하는 장비

그랩, 드래지, 코어는 저질채취 장비이지만 채수기는 해수를 채취하는 장비이다.

제3과목 | 사진측량 및 원격탐사

41 항공사진 판독의 일반적인 순서를 나열한 것으로 가장 적합한 것은?

a : 촬영계획	b : 판독
c : 판독기준의 작성	d : 지리조사
e : 촬영과 사진의 작성	f : 정리

① a – c – d – e – b – f
② a – e – c – b – d – f
③ c – a – d – b – e – f
④ c – a – e – d – b – f

해설

사진판독의 순서

촬영계획 → 촬영과 사진작성 → 판독기준의 작성 → 판독 → 현지조사(지리조사) → 정리

42 그림과 같이 3×3 크기의 격자(raster)에 이동평균필터(moving average filter)를 적용할 경우 중앙 위치에 새롭게 할당될 픽셀 값은?

3	5	4
7	1	8
9	3	5

① 3 ② 4
③ 5 ④ 6

해설

중앙값 방법(Median Method)

영상결함을 제거하는 기법으로 어떤 영상소의 주변의 값을 작은 값부터 재배열한 후 가장 중앙의 값을 새로운 값으로 설정 후 치환하는 방법이다.

3	5	4
7	1	8
9	3	5

→ 1 3 3 4 5 5 7 8 9

43 대공표지에 대한 설명으로 틀린 것은?

① 대공표지는 사진상에서 정확하게 그 위치를 결정하고자 할 때 설치한다.
② 설치 장소의 상공은 45° 이상의 시계를 확보하여야 한다.
③ 대공표지를 하고자 하는 점이 자연점으로 표지를 설치하지 않고도 사진상에 명료하게 확인되는 경우에는 생략할 수 있다.
④ 대공표지는 항공사진 촬영이 끝나면 즉시 철거하여야 한다.

Answer 40 ④ 41 ② 42 ③ 43 ④

해설

대공표지의 설치

대공표지는 촬영지역에 명확한 지형지물이 없는 경우에 설치하며 설치는 다음에 따른다.

대공표지는 사전에 토지소유자와 협의하여 설치하는 것을 원칙으로 한다.

설치장소는 천정각 45° 이상 시계를 확보할 수 있어야 하며 식별이 용이한 배경을 선택해야 한다.

대공표지는 후속 작업이 완료될 때까지 보존될 수 있도록 내구성이 강한 재질로 제작해야 한다.

설치목적, 비행고도별 지상표본거리, 지형배색, 관측장비 등을 고려하여 대공표지의 형상, 크기, 색을 결정해야 하며 지상에 식별이 명확한 지형지물이 있는 경우 이를 활용할 수 있다.

44 항공사진촬영의 과고감에 대한 설명으로 옳지 않은 것은?

① 촬영기선길이가 같을 때 촬영고도가 낮은 경우에 높은 경우보다 과고감이 크다.
② 렌즈 초점거리가 짧은 경우의 사진이 긴 경우의 사진보다 과고감이 크다.
③ 입체시할 경우에 눈의 위치가 높아짐에 따라 과고감이 커진다.
④ 촬영고도가 같을 때 촬영기선이 짧은 경우가 긴 경우보다 과고감이 크다.

해설

카메론 효과(Cameron Effect) 와 과고감(Vertical Exaggeration)

카메론 효과 (Cameron Effect)	항공사진으로 도로변 상공 위의 항공기에서 주행 중인 차량을 연속하여 촬영하여 이것을 입체화시켜 볼 때 차량이 비행 방향과 동일방향으로 주행하고 있다면 가라앉아 보이고, 반대 방향으로 주행하고 있다면 부상(浮上 : 떠는 것)하여 보인다. 또한 뜨거나 가라앉는 높이는 차량의 속도에 비례하고 있다. 이와 같이 이동하는 피사체가 뜨거나 가라앉아 보이는 현상을 카메론 효과라고 한다.
과고감 (Vertical Exaggeration)	항공사진을 입체시하는 경우 산의 높이 등이 실제보다 과장되어 보이는 현상을 말한다. 평면축척에 대하여 수직 축척이 크게 되기 때문에 실제 도형보다 산이 더 높게 보인다. ① 항공사진은 평면축척에 비해 수직축척이 크므로 다소 과장되어 나타난다. ② 대상물의 고도, 경사율 등을 반드시 고려해야 한다. ③ 과고감은 필요에 따라 사진판독 요소로 사용될 수 있다. ④ 과고감은 사진의 기선고도비와 이에 상응하는 입체시의 기선고도비의 불일치에 의해서 발생한다. ⑤ 과고감은 촬영고도 H에 대한 촬영기선길이 B와의 비인 기선고도비 B/H에 비례한다. ⑥ 기선고도비 $= \dfrac{B}{H} = \dfrac{mb_0}{H} = \dfrac{ma(1-\dfrac{p}{100})}{H}$ $= \dfrac{\dfrac{H}{f}a(1-\dfrac{p}{100})}{H}$ 이므로 촬영고도가 같을 때 촬영기선이 긴 경우가 짧은 경우보다 과고감이 크다.

① 입체상의 변화

렌즈의 초점거리 변화에 의한 변화	렌즈의 초점거리가 긴 사진이 짧은 사진보다 더 낮게 보인다.
촬영기선의 변화에 의한 변화	촬영기선이 긴 경우 짧은 때보다 높게 보인다.
촬영고도의 차에 의한 변화	촬영고도가 낮은 사진이 높은 사진보다 더 높게 보인다.
눈을 옆으로 돌렸을 때의 변화	눈을 좌우로 움직여 옆에서 바라볼 때 항공기의 방향선상에서 움직이면 눈이 움직이는 쪽으로 기울어져 보인다.
눈의 높이에 따른 변화	눈의 위치가 높아짐에 따라 입체상은 더 높게 보인다.

Answer 44 ④

45 해석적인 사진표정 중 내부표정에서 고려해야 할 사항이 아닌 것은?

① 피사체의 표고
② 지구의 곡률
③ 렌즈의 왜곡
④ 대기굴절

해설
내부표정은 도화기의 투영기를 촬영할 때와 똑같은 광학 관계를 갖도록 양화필름을 밀착시켜 사진좌표를 얻기 위한 좌표변환 작업으로 한 장의 사진 내에서 주점조정, 화면거리(초점거리)의 조정, 건판 신축 조정, 대기굴절 및 지구곡률 보정, 렌즈의 수차 등을 보정하는 작업을 수행하며 이동이나 좌표계의 회전이 포함된 6개의 미지수를 사용하여 표정을 수행한다.

46 KOMPSAT(한국형다목적실용위성, 아리랑위성) 중 SAR(Synthetic Aperture Radar) 영상을 제공하는 것은?

① KOMPSAT-1
② KOMPSAT-2
③ KOMPSAT-3
④ KOMPSAT-5

해설
합성개구면레이더(SAR)
아리랑 5호(KOMPSAT-5)는 광학 망원경만 탑재하고 있는 아리랑 2, 3호, 적외선 망원경을 탑재한 아리랑 3A호와는 달리 합성개구면레이더(SAR)을 탑재하고 있다. SAR은 다중촬영모드를 지원하여 낮은 해상도로 넓은 범위를 촬영하거나 좁은 범위를 정밀하게 촬영할 수 있으며, 고주파와 저주파를 모두 사용할 수 있다.
SAR은 광학 망원경 또는 적외선 망원경에 비하여 주야간 및 악천후에 영향이 적을 뿐 아니라 천해 및 지하탐측과 같이 넓은 활용 분야를 가지고 있다.

47 항공사진의 특수 3점으로만 짝지어진 것은?

① 주점, 연직점, 등각점
② 주점, 중심점, 등각점
③ 표정점, 연직점, 등각점
④ 주점, 표정점, 연직점

해설

주점	- 사진의 중심점으로서 렌즈의 중심에서 화면에 내린 수선의 발 - 렌즈의 광축과 사진면이 교차하는 점 - 일반적인 항송사진에서는 사진의 지표가 교차하는 중심점을 사진의 주점으로 사용 - 엄밀수직사진 및 거의 수직사진에서는 주점을 측량의 중심으로 사용
연직점	- 지상 연직점은 렌즈의 중심에서 지표에 내린 수선의 발 - 사진 연직점은 지상 연직점의 연장선과 사진이 만나는 점 - 렌즈 중심을 통과한 연직축과 사진면의 교점 - 불규칙한 지역의 경사사진의 경우 측량의 중심점으로 사용
등각점	- 사진면과 직교하는 광축과 연직선이 이루는 각을 2등분하는 광선이교차하는 점 - 주점과 연직점의 이등분선을 형성 - 완만한 경사지의 경사사진인 경우 등각점을 측량의 중심점으로 사용

48 영상분류(image classification)에서 감독분류(supervised classification)기법을 위해 필수적인 사항은?

① 표본영상 자료
② 좌표변환식
③ 지상측량 성과
④ 수치지도

Answer 45 ① 46 ④ 47 ① 48 ①

[해설]

무감독 분류	- 트레이닝 데이터인 표본영상자료를 사용하지 않고 영상의 특성에 의해서만 분류한 후 실제와 비교 - 자동으로 계산되는 평균값 등을 이용하여 각 픽셀이 어느 분류에 포함되는지 결정 - 반복 작업의 횟수 또는 픽셀 정렬작업의 전후를 비교하여 최종결정
감독 분류	- 분류자가 트레이닝 데이터인 표본 영상 자료를 지정하여 그에 근접한 특징을 갖도록 분류 - 최대우도법(최적분류법)은 가장 많이 이용되는 분류법으로 각 분류에 대한 영상소 자료의 유사성을 구하고 최대우도 분류를 통해 그 영상소를 분류하는 방법

49 다음 전자파의 파장대 중 육지와 수역(물)의 구분이 가장 잘 구분되는 파장대는?

① 녹색 파장대
② 적색 파장대
③ 청색 파장대
④ 근적외선 파장대

[해설]

가시광선	가시광선은 전자기파 중에서 사람의 눈에 보이는 범위의 파장을 가지고 있으며 빨간색에서 보라색으로 갈수록 파장이 짧아진다. 가시광선은 지형도 제작에 주로 활용되며 사진의 판독에도 활용한다.
적외선	빛을 프리즘으로 분산시켰을 때 빨간색의 끝보다 더 바깥쪽에 위치하는 전자기파로 근적외선, 적외선, 원적외선으로 구분된다. 측량에서는 군사, 식생 등의 판독에 주로 사용하며, 이중 근적외선은 육지와 수역 구분에 가장 적합하다.
극초단파	극초단파는 파장의 길이가 짧아 직진성, 반사, 굴절, 간접 등의 성질이 빛과 거의 유사하여 레이더 탐사와 전파 위치 측정 등에 이용된다.

50 영상정합방법의 분류에 속하지 않는 것은?

① 기복기반정합
② 형상기준정합
③ 관계형정합
④ 영역기준정합

[해설]

영역 기준 접합	밝기값 상관법	- 영상을 접합하는 간단한 방법 - 한 영상에서 정의된 대상지역을 다른 영상의 검색영역 상에서 한 점씩 이동하면서 모든 점들에 대해 통계적 유사성을 관측하여 관측값을 계산하는 방법 - 전반적인 영상접합을 수행하기 전에 두 영상에 대하여 에피폴라 정렬을 수행하여 효율성 향상 가능
	최소제곱 접합	- 탐색영역에서 대응점의 위치를 대상영상과 탐색영역의 밝기값들의 함수로 정의하여 대상물의 일치점을 찾아내는 방법
형상기준 접합		- 영상들 사이의 대응점을 찾기 위한 자료로 점, 선, 또는 모서리와 같은 특징을 이용하여 대응하는 특징을 찾아내는 기법
관계형 접합		- 영상에 나타나는 특징을 선이나 영역 등의 부호적 표현을 이용하여 묘사하고 이러한 객체 외에 다른 객체들과의 관계까지도 포함하여 정합을 수행하는 기법

51 항공사진의 중복도에 대한 설명으로 옳은 것은?

① 촬영 진행방향으로 40%, 인접 코스간 30%를 표준으로 한다.
② 촬영 진행방향으로 40%, 인접 코스간 60%를 표준으로 한다.
③ 촬영 진행방향으로 60%, 인접 코스간 30%를 표준으로 한다.
④ 촬영 진행방향으로 60%, 인접 코스간 60%를 표준으로 한다.

Answer 49 ④ 50 ① 51 ③

해설

종중복 (p)	- 비행기의 이동 경로인 촬영방향에 따라 중복시키는 것 - 일반적으로 60% 중복시키고 최소 50% 이상 중복시켜야 함
횡중복 (q)	- 촬영 진행방향의 직각으로 중복시키는 것 - 일반적으로 30% 중복시키고 최소 5% 이상 중복시켜야 함

52 절대표정의 내용이 아닌 것은?

① 축척의 결정
② 수준면의 결정
③ 위치의 결정
④ 종시차의 결정

해설

절대표정

상호표정이 끝난 입체모델을 지상 기준점(피사체 기준점)을 이용하여 지상좌표에(피사체좌표계)와 일치하도록 하는 작업으로 입체모형(model) 2점의 X, Y좌표와 3점의 높이(Z)좌표가 필요하므로 최소한 3점의 표정점이 필요하다.

㉮ 축척의 결정
㉯ 수준면(표고, 경사)의 결정
㉰ 위치(방위)의 결정
㉱ 절대표정인자 : $\lambda, \phi, \omega, x, b_x, b_y, b_z$

53 초점거리 153mm인 카메라로 평탄한 토지를 촬영한 항공사진의 촬영경사가 2°이었다면 주점으로부터 등각점까지의 거리는?

① 1.6mm   ② 2.2mm
③ 2.7mm   ④ 5.3mm

해설

주점에서 등각점까지의 거리

$(mj) = f\tan\dfrac{i}{2} = 153 \times \tan\dfrac{2°}{2} = 2.7mm$

54 초점거리가 서로 다른 2대의 사진기로 취득한 2장의 사진에 대해 공선조건식을 적용하는 경우에 대한 설명으로 옳은 것은?

① 1쌍의 공선조건식에 2개의 초점거리를 평균한 값을 사용한다.
② 1쌍의 공선조건식에 서로 다른 초점거리를 그대로 사용한다.
③ 1쌍의 공선조건식에 왼쪽 사진의 초점거리를 선택하여 사용한다.
④ 1쌍의 공선조건식에 오른쪽 사진의 초점거리를 선택하여 사용한다.

해설

공선조건이란 3차원 공간상의 한 점 $P(X_p, Y_p, Z_p)$에서 출발한 빛이 사진기의 촬영중심 $O(X_o, Y_o, Z_o)$를 통과하여 사진 상의 점인 상점 $p(x,y)$에 맺히게 될 때 이 세 점은 동일 직선 위에 있어야 한다는 조건으로 공선조건을 적용하기 위해서는 각 사진기의 초점거리를 그대로 적용해야 한다.

55 해발 1,200m에서 초점거리 153mm로 촬영한 경사사진에서 최대경사선을 따라 활주로가 촬영되어 있다. 사진 상에서 활주로의 폭이 주점에서 4.5mm, 등각점에서 4.6mm, 연직점에서 4.7mm이었다면 이 활주로의 해발 고도는 약 얼마인가? (단, 활주로의 실제 폭은 34m로 일정하고 경사가 없다.)

① 44m   ② 69m
③ 93m   ④ 116m

해설

경사사진에서 최대경사선을 따라 활주로가 촬영되었다고 하므로 경사사진으로 보면 등각점과 연직점을 이용할 수 있는데 촬영된 사진상의 활주로 폭이 일정하게 나타나므로 등각점을 이용하여 계산

Answer 52 ④ 53 ③ 54 ② 55 ②

$$\frac{1}{m} = \frac{f}{H} = \frac{l}{L} = \frac{0.0046m}{34m} \doteqdot \frac{1}{7,391}$$
$$\frac{f}{H} = \frac{1}{7,391} = \frac{0.153}{H_2}$$
$$H_2 = 1,130.8m$$
$$\therefore H' = H_1 - H_2 = 1,200 - 1,130.8 = 69.2m$$

56 촬영고도 800m에서 촬영한 연직사진에서 건물의 윗부분이 주점으로부터 75mm 떨어져 나타나 있으며, 건물의 기복변위가 7.15mm일 때 건물의 높이는?

① 67.0m ② 76.3m
③ 83.9m ④ 149.2m

해설

$\dfrac{h}{H} = \dfrac{\Delta r}{r}$ 에서

$h = \dfrac{\Delta r}{r} \times H = \dfrac{7.15}{75} \times 800 = 76.3m$

57 항공삼각측량의 조정방법으로 사진을 기본 단위로 하며 정확도가 가장 높은 것은?

① 독립모형법(Independent Model Triangulation)
② 부등각사상변환법(Affine Triangulation)
③ 광속조정법(Bundle Adjustment)
④ 다항식조정법(Polynomial Adjustment)

해설

1. 다항식조정법(Polynomial method)
다항식 조정법은 촬영경로 즉 종접합모형(Strip)을 기본단위로 하여 종횡접합모형 즉 블록을 조정하는 것으로 촬영경로마다 접합표정 또는 개략의 절대표정을 한후 복수촬영경로에 포함된 기준점과 접합표정을 이용하여 각 촬영경로의 절대표정을 다항식에 의한 최소제곱법으로 결정하는 방법이다.
이 방법은 다른 방법에 비해서 필요한 기준점의 수가 많게 되고 정확도도 저하된다. 단, 계산량은 다른 방법에 비해 적게 소요된다.

2. 독립모델조정법 (Independent Model Triangulation : IMT)
독립입체모형법(Independent Model Triangulation : IMT)은 입체모형(Model)을 기본단위로 하여 접합점과 기준점을 이용하여 여러 모델의 좌표를 조정하는 방법에 의하여 절대좌표를 환산하는 방법 복수의 입체모형이 수평위치에 대해서 Helmert 변환식(입체모형당 4개의 미지변수)과 높이에 대해서는 1차변환식(입체모형당 3개의 미지변수)으로 결합된다. 이 방법은 입체모형당 7개의 미지변수가 존재하며 각 점의 입체모형좌표가 관측값으로 취급된다. 다항식법에 의해 기준점의 수가 감소되며 전체적인 정확도가 향상되므로 큰 종횡접합모형조정에 자주 이용된다.

3. 광속조정법(Bundle Adjustment)
광속조정법은 상좌표를 사진좌표로 변환시킨 다음 사진좌표(photo coordinate)로부터 직접 절대좌표(absolute coordinate)를 구하는 것으로 종횡접합모형(block)내의 각 사진상에 관측된 기준점, 접합점의 사진좌표를 이용하여 최소제곱법으로 각 사진의 외부표정요소 및 접합점의 최확값을 결정하는 방법이다. 광속조정법은 다수의 광속을 공선조건에 따라 표정한다. 각 점의 사진 좌표가 관측점으로 이용되며 이 방법은 세 가지 방법 중 가장 조정능력이 높은 방법이다. 각 사진의 6개 외부표정요소 $(X_0, Y_0, Z_0, \omega, \phi, \chi)$가 미지수가 되며 광속이 공선조건에 의해 동시에 해가 구하여 진다.

4. DTL 방법(Direct Linear Transformation:DLT)
광속조정법의 변형인 DLT방법은 상좌표로부터 사진좌표를 거치지 않고 11개의 변수를 이용하여 직접절대 좌표를 구할 수 있다.

58 평균표고 120m인 지형을 초점거리 120mm인 사진기로 촬영고도 3,300m에서 촬영한 항공사진 1장이 포함하는 면적은?
(단, 사진크기는 23cm × 23cm이다.)

① 32.42km² ② 37.15km²
③ 40.01km² ④ 52.35km²

Answer 56 ② 57 ③ 58 ②

[해설]

$m = \dfrac{H}{f}$ 에서 $m = \dfrac{3,300 - 120}{0.12} = 26,500$

사진의 면적 $= a^2 \times m^2 = 0.23^2 \times 26,500^2 = 37.14 km^2$

59 공간을 크기와 모양이 다양한 삼각형으로 분할하여 생성된 공간자료구조의 일종으로 경사와 경사방향을 설정하고, 효율적으로 지형의 높낮이와 음영을 표현할 수 있는 방법은?

① DEM(Digital Elevation Model)
② DGM(Digital Geographic Model)
③ TIN(Triangulated Irregular Network)
④ TRN(Triangulated Regular Network)

[해설]

불규칙삼각망

불규칙삼각망은 불규칙하게 배치되어 있는 지형점으로부터 삼각망을 생성하여 삼각형 내의 표고를 삼각평면으로부터 보간하는 DEM의 일종이다. 벡터데이터 모델로 위상구조를 가지며 표본 지점들은 X, Y, Z값을 가지고 있으며 다각형 Network를 이루고 있는 순수한 위상구조와 개념적으로 유사하다.

① 기복의 변화가 작은 지역에서 절점수를 적게 함
② 기복의 변화가 심한 지역에서 절점수를 증가시킴
③ 자료량 조절이 용이하다.
④ 중요한 위상형태를 필요한 정확도에 따라 해석
⑤ 경사가 급한 지역에 적당하고 선형 침식이 많은 하천지형의 적용에 특히 유용
⑥ TIN을 활용하여 방향, 경사도 분석, 3차원 입체 지형생성 등 다양한 분석을 수행한다.
⑦ 격자형 자료의 단점인 해상력 저하, 해상력 조절, 중요한 정보 상실 가능성 해소

60 회전주기가 일정한 위성을 이용한 원격탐사(remote sensing)의 특징으로 옳지 않은 것은?

① 짧은 기간 내에 넓은 지역을 동시에 관측할 수 있으며 반복관측이 가능하다.
② 회전주기가 일정하므로 원하는 지점 및 시기에 관측이 용이하다.
③ 관측이 좁은 시야각으로 얻어진 영상은 정사투영에 가깝다.
④ 탐사된 자료가 즉시 이용될 수 있으며 재해, 환경문제 해결에 편리하다.

[해설]

원격탐측(Remote sensing)

원격탐측이란 지상이나 항공기 및 인공위성 등의 탑재기(Platform)에 설치된 탐측기(Sensor)를 이용하여 지표, 지상, 지하, 대기권 및 우주공간의 대상들에서 반사 혹은 방사되는 전자기파를 탐지하고 이들 자료로부터 토지, 환경 및 자원에 대한 정보를 얻어 이를 해석하는 기법이다.

㉠ 짧은 시간에 넓은 지역을 동시에 측정할 수 있으며 반복측정이 가능하다.
㉡ 다중파장대에 의한 지구표면 정보획득이 용이하며 측정자료가 기록되어 판독이 자동적이고 정량화가 가능하다.
㉢ 회전주기가 일정하므로 원하는 지점 및 시기에 관측하기가 어렵다.
㉣ 관측이 좁은 시야각으로 얻어진 영상은 정사투영에 가깝다.
㉤ 탐사된 자료가 즉시 이용될 수 있으므로 재해, 환경문제 해결에 편리하다.

Answer 59 ③ 60 ②

제4과목 | 지리정보시스템

61 위상관계(Topology)를 설명하는 보기의 그림 중 특성이 다른 것은?

①  ②

③ 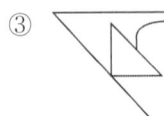 ④

[해설]

인접성	인접성은 어떠한 객체에 대하여 접하고 있는 위치를 표현하는데 사용된다.
연결성	연결성은 연결된 전체 객체의 연결정보를 표현하는데 사용된다.
포함성	포함성은 다각형 내부에 포함되는 상관관계를 표현하는데 사용된다.

①, ②, ④는 포함되는 상관관계를 나타내고 있지만 ③은 하나의 노드를 사이로 서로 인접된 속성을 표현한 것이다.

62 래스터(raster) 데이터의 특징으로 옳지 않은 것은?

① 격자의 크기 조절로 자료용량의 조절이 가능하다.
② 자료의 데이터구조가 매우 복잡하며, 자료의 생성이 어렵다.
③ 다양한 공간적 편의가 격자 형태로 나타나며, 자료의 조작과정이 용이하다.
④ 래스터자료는 주로 네모난 형태를 가지기 때문에 벡터자료에 비해 미관상 매끄럽지 못하다.

[해설]

래스터자료	격자방식이라고 부르며 하나의 셀(cell) 또는 격자 내에 자료형태의 상대적인 양을 기록하여 표현하는 단순한 방식으로 이 격자들을 조합하여 래스터 자료가 된다. 격자의 크기를 작게 하면 세밀한 표현이 가능하지만 자료의 크기는 증가하게 된다.
벡터자료	지역단위의 경계선을 수치부호화하여 저장하는 방식으로 래스터에 비해 정확한 경계선의 설정이 가능하다. 공간자료의 정확한 위치를 나타내기 위하여 점, 선, 면을 사용하여 중요한 특성의 위치를 정확하게 나타낼 수 있다.

63 래스터 기반의 지리자료 처리과정에서 사용되는 국지 인접 연산(또는 초점 연산)에 관한 설명으로 틀린 것은?

① 가장 많이 사용되는 윈도우의 크기는 7×7 셀이다.
② 공간 집합(spatial aggregation)을 위한 연산이다.
③ 잡음(noise)과 결점(defect) 제거를 위한 필터링이다.
④ 경사와 경사방향 결정을 위한 연산이다.

[해설]

공간 보간법(spatial interpolation)

지점의 높이값을 관측을 통해 얻어진 주변지점의 관측값으로부터 보간함수를 적용하여 추정

1) 전역적(global) 보간법
   [근사치적보간법(approximate interpolation)]
   ① 모든 기준점을 하나의 연속함수로 표현하는 방법
   ② 지형의 기복이 심하지 않은 완만한 표면을 생성하는데 적합한 방법이다.

Answer 61 ③ 62 ② 63 ①

③ 각 지점에 대한 고도값을 정확하게 추정하는 것이라기보다는 대상 지역의 전반적인 표면의 경향을 나타내는 것이다.
④ 정밀한 보간법이라기 보다는 근사치적보간법(approximate interpolation)이다.
⑤ 근사치적 보간법은 많은 표본지점들에서 전역적인 경향을 보이고 있으며 이러한 전역적 경향은 완만하게 변화한다는 전제하에서 이루어지고 있다.
⑥ 인구나 오염등과 같은 현상들의 경향을 분석하는데 전역적이며 근사값을 추정하는 보간법으로 경향면분석(polynomial trend surface)이나 푸리에급수법(fourier analysis)을 사용한다.

2) 국지적(local) 보간법
[정밀보간법(exact interpolation)]
① 대상지역 전체를 작은 도면이나 한 구획으로 분할하여 각 구획별로 부합되는 함수를 산출하는 방법
② 실제 표면의 특성을 보다 세부적으로 표현하기 위해 전체 지역을 분할한 후에 분할된 각 구역들을 대상으로 반복적인 알고리즘을 이용하여 추정치를 산출하는 방법이다
③ 전체지역의 표면의 경향을 정확하게 나타내주지 못한다는 단점을 갖고 있으나 지형의 기복이 매우 심한 경우 전역적 보간법에 의해 생성된 표면은 실제 표면과는 상당한 오차가 발생하게 된다.
④ 보다 정밀한 지형기복에 대한 정보를 필요로 하는 경우 국지적보간법을 적용하는 것이 바람직하다
⑤ 국지적보간법은 정밀보간법이라고 하는데 정밀보간법은 생성되는 표면이 모든 표본지점을 통과하기 때문에 정밀하다는 의미를 내포한다.
⑥ 국지적이면서 정밀한 보간법은 DEM추출이나 지질탐사시에 많이 활용
⑦ spline 방법이나 공간 통계를 통해 실측되지 않은 지점의 값을 추정하는 크리깅(kriging)방법이 널리 활용된다

64 입력이 어느 하나라도 1이면 출력이 1이 되고, 입력이 모두 0일 때만 출력이 0이 되는 논리연산자는? (단, 참은 1, 거짓은 0)

① OR
② AND
③ NOT
④ XOR

해설

AND	AND연산은 입력레이어에 대응하는 셀들의 개별적인 값들을 **곱으로** 연산한다. 모든 값이 참일 때 1이 출력되는 연산
	$1 \times 0 = 0$
OR	입력레이어에 대응하는 셀들의 개별적인 값들을 **더하기로** 연산한다. 어느 하나의 값이 참일 때 1이 출력되는 연산
	$1 + 0 = 1$
NOT	논리부정. 조건값은 반대값을 만든다. 값이 참일 때 0이 출력되고 거짓일 때 1이 출력되는 연산
XOR	입력레이어에 대응하는 셀들의 개별적인 값들을 **더하기로** 연산한다. 참인 값이 홀수일 경우 1이 출력되고, 짝수개일 때 0이 출력되는 연산
	$1 + 0 = 1$

65 다음 중 점 자료의 밀도분석 방법과 관련이 있는 것은?

① 방안분석(Quadrat analysis)
② 프랙탈 차원(Fractal dimension)
③ 네트워크 분석(Network analysis)
④ 쿼드트리(Quadtree)

Answer 64 ① 65 ①

[해설]

점 개체의 밀도 분석

방안분석 (quadrat analysis)	방안분석은 점 개체의 분포특성을 일정한 단위 공간에서 나타나는 점의 수를 측정하여 분석하는 방법이다. 점의 밀도가 지역에 따라 차이가 없을 경우 규칙적인 분포라고 할수 있으며, 지역에 따라 점 밀도의 차이가 클 경우는 군집적 분포라고 할수 있다.
커널분석 (kernel analysis)	커널분석은 대상지역의 점 개체의 분포를 토대로 하여 대상지역 전체에 걸친 공간밀도를 추정하는 것이다. 커널밀도함수는 국지적인 공간밀도를 시각적으로 표현할수 있고 개념적 이해가 용이하여 직관적인 해석이 가능하기 때문에 점 데이터의 분포패턴을 시각화 하는데 널리 활용된다.

방안분석(Quadrat Analysis)은 점 자료를 이용하는 것이고 나머지는 선이나 기타 다른 방법입니다.
(점사상의 분포패턴을 선정하였다. 즉 Grieg-Smith 방법을 활용한 방안분석(Quadrat Analysis)과 최근린분석(Nearest-Neighbour Analysis)를 통해 점사상이 갖고 있는 분포패턴의 특성을 찾아낸 다음 이를 변형시키지 않도록 일반화의 기준거리(Threshold)를 설정하여 점사상을 제거하는 방법을 통해 점사상의 일반화를 시도하였다)

66 지리정보시스템(GIS)에서 도로에 대한 데이터베이스를 구축할 때, 도로포장 일자, 포장 종류, 차로 수, 보수 일자와 같은 정보를 무엇이라 하는가?

① 위상 정보
② 지리적 위치
③ 공간적 관계
④ 속성 정보

[해설]

위치 정보	절대위치 정보	실제공간에서의 위치정보를 말하며 지상, 지하, 해양, 공중 등의 지구공간 또는 후주공간에서의 위치기준이 된다.
	상대위치 정보	모형공간에서의 위치정보를 말하는 것으로 상대적 위치 또는 위상관계를 부여하는 기준이 된다.
특성 정보	도형정보	지도에 표현되는 수치적 설명으로 지도의 특정한 지도요소를 의미한다. GIS에서는 이러한 도형 정보를 표현하기 위하여 점, 선, 면 등의 형태나 영상소, 격자셀 등의 격자형, 그리고 기호 또는 주석과 같은 형태로 입력되고 표현된다.
	속성정보	지도상의 특성이나 질, 지형, 지물의 관계 등을 나타내는 정보호서 문자형태로서 격자형으로 처리된다.

67 지리정보시스템(GIS)의 표준화에 대한 설명으로 옳지 않은 것은?

① SDTS는 GIS 표준 포맷의 예이다.
② 경제적이고 효율적인 GIS 구축이 가능하다.
③ 하나의 기관에서 구축한 데이터를 많은 기관들이 공유하여 사용할 수 있다.
④ 하드웨어(H/W)나 소프트웨어(S/W)에 따라 이용 가능한 포맷을 달리한다.

[해설]

공간자료교환형식
(SDTS : Spatial Data Transfer Standard)

1. 공간자료교환형식의 개념

공간자료교환형식은 국가지리정보체계에서 구성하고 있는 각각의 GIS 위삭벡터 데이터형식의 처리정보교환을 위한 공통의 자료교환 형식이다. SDTS는 모든 종류의 공간자료들을 서로 변환할 수 있도록 하는 표준으로 우리나라에서는 정보통신부에서 표준분과위원회를 구성하여 한국표준을 제정하였다.

2. 공간자료교환형식의 특징
① 자료의 공유로 비용이 감소하고 편리한 접근이 가능
② 서로 다른 시스템 사이의 호환성(compatibility)과 운영방안을 제고하여 소프트웨어 비용절감, 작업효율 향상, 적용성(applicability) 확대가능
③ 작업의 요구에 따라 쉽게 이용되며 작업 흐름이 향상

68 다음 중 지리정보시스템(GIS)의 자료출력용 하드웨어가 아닌 것은?

① 모니터
② 플로터
③ 프린터
④ 디지타이저

해설
디지타이저는 벡터형식의 지리자료를 입력하기 위한 입력용 하드웨어이며, 모니터, 플로터, 프린터는 출력용 하드웨어이다.

69 공간정보의 레이어 편집 중 그림과 같이 동일한 데이터를 하나로 합치는 방법은?

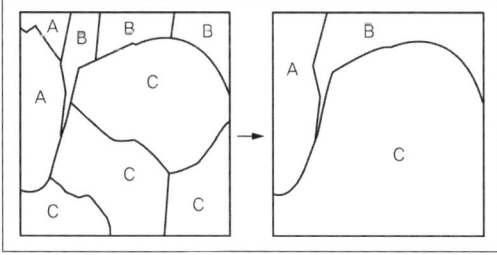

① Dissolve
② Erase
③ Clip
④ Eliminate

해설

Clip	레이어에서 필요한 지역만을 추출하는 것으로 원래의 입력 레이어는 클립레이어에 의하여 정의된 지역에 대한 도형 및 속성정보만을 추출해 새로운 출력레이어를 만들게 되는과정이다
Erase	클립레이어의 반대되는 과정으로 레이어가 나타내는 지역 중 임의 지역을 삭제하는 과정으로 전체 레이어에서 분석할 필요가 없는지역이 지리적으로 정의가 된 경우에는 그러한 지역을 사전에 삭제해서 제반분석에 효율성을 기할 수 있다.
Update	레이어의 어느 한부분에 대하여 갱신된 자료 또는 편집된 자료로 교체하는 것으로 전체 레이어에 대한 도형정보와 속성정보를 지닌 전체 데이터베이스를 갱신함이없이 일부 데이터만을 수정·갱신할 수 있어서 매우 효율적이다.
Sprite	하나의 레이어를 여러개의 레이어로 분할하는 과정으로 도형정보와 속성정보로 이루어진 하나의 데이터베이스를 나름대로의 기준에 따라 여러개의 파일이나 데이터베이스로 분리하는데 사용된다.
Mapjoin and Append	스프리트와 반대되는 개념으로 여러개의 레이어를 하나의 레이어로 합치는 과정으로 맵조인은 여러개의 레이어가하나의 레이어로 합쳐지면서 도형정보와 속성정보가 합쳐지고 위상정보도 재정리되는 것이 특징이고, 어팬드는 도형과 속성정보가 합쳐지기는 하지만 위상정보가 새 정리되지는 않는다. 그러므로 어팬드는 공간객체의 경우 연결성이나 인접성 등이 재정리되지 않고 위상구조를 가지지 못하므로 선의 길이나 폴리곤의 면적 등 재반분석이 불가능 하다.
Dissolve	디졸브는 불필요한 폴리곤의 경계선을 제거하여 폴리곤의 숫자를 축소해서 보다 효율적인 공간자료와 위상구조를 가질수있도록 만드는 과정이며 동일한 속성값을 갖는 폴리곤에 대해 이름을 다시 부여하는 데 사용되기도 한다.

Answer 68 ④ 69 ①

Eliminate	여러 개의 레이어를 중첩하거나 맵조인 등에 의하여 서로 다른 레이어가 합쳐지는 경우에 슬리버와 같은 작고 가는 다란 형태의 불필요한 폴리곤들이 형성되는 경우에 엘리미네이트 과정을 통하여 불필요한 슬리버를 제거하는 과정을 말한다.
Mask	레이어에서 필요한 지역만을 투명하게 만들고 나머지 지역은 불투명하게 추출하는데 사용되는 것이다.
Replace	하나의 레이어에 있는 모든 지점이 다른 레이어에 필요할 때 사용된다.
Mosaic	서로 인접한 레이어들의 인접부분을 일치시켜 여러개의 레이어를 하나로 합치는데 유용하다.

70 국토교통부에서 제공하는 3차원 공간정보 서비스 오픈플랫폼의 명칭은?

① 브이월드
② 위성기준점서비스
③ 항공사진서비스
④ 구글 3D

해설

공간정보 오픈플랫폼(브이월드)
브이월드는 국토교통부가 2012년부터 인터넷으로 제공하고 있는 국가 공간 정보 서비스이다. 브이월드는 3차원 지도와 함께 국토관리, 지역개발, 농림, 해양수산 등 다양한 분야에서 공간정보를 제공하고 있다.
브이월드는 3D지도, 부동산, 토지 등 방대한 국가 공간정보를 국민에게 제공하는 웹 기반의 오픈플랫폼이다. 구글지도보다 뛰어난 해상도를 자랑하는 3D 지도서비스 뿐만 아니라 공시지가, 지적도 등 다양한 행정정보를 제공함으로써 국내 각 기관들에게 각광을 받고 있다.

1. 목적
누구나 쉽게 공간정보를 활용하여 신산업을 창출할 수 있도록 국가공간정보를 통합하여 제공하는 오픈플랫폼 서비스가 필요

2. 전망
1) 비용절감효과
그동안 대부분의 기관들은 구글지도를 유료로 사용하였으나 브이월드로 대체하게 되면 상당한 비용절감 효과를 볼 수 있게 된다. 이를 위하여 앞으로 민간 기업들이 쉽게 공간정보를 활용할 수 있도록 소스가 공개될 예정이다
2) 고정밀, 다양한 정보 제공
고해상도의 3차원 실사영상으로 건물을 재현하고 건물면적은 물론, 공시지가 등의 행정정보도 확인 가능하다. 따라서 국가차원에서 데이터 분석 등에 활용될 수 있다. 또한 "국가공간정보통합체계"를 통해 25개 정부기관들의 정보를 통합하여 행정에 공간정보의 활용도를 높일 계획이다.

71 수치지도의 등고선 레이어를 이용하여 수치표고모델(DEM)을 생성할 경우 필요한 자료처리 방법은?

① 보간법
② 일반화 기법
③ 분류법
④ 자료압축법

해설

DEM
수치표고모델은 수치고도모델이라고도 하며 평면좌표(X, Y)와 높이(Z)를 관측하여 작성한다. 이 모델에서 사용하는 높이값은 실제 공간이 아닌 순수한 땅의 높이를 가정한 지표의 표고이다. DEM은 공간 상에서 건물과 나무와 같은 구조물과 인위적인 요소를 제외하고 지표면 자체에 나타난 연속적인 기복변화를 수치적으로 표현하여 모델링 한 것이다.
수치표고모델의 제작을 위해서 특정한 평면좌표(X, Y)에 해당하는 높이(Z)값을 지정하기 위하여 등고선의 높이값에서 보간법을 사용하여 높이값을 추정할 수 있다.

Answer 70 ① 71 ①

72 수치화된 공간정보 데이터의 관리 및 활용 편의를 위해 제공되는 데이터의 제작, 정의 및 이력과 관련된 정보를 무엇이라 하는가?

(22년 1회 측기)

① 헤더 데이터(header data)
② 오픈 데이터(open data)
③ 이력 데이터(history data)
④ 메타 데이터(meta data)

해설

1. 메타데이터(meta data)
메타데이터(meta data)란 데이터에 관한 데이터로서 데이터의 구축과 이용 확대에 따른 상호 이해와 호환의 폭을 넓히기 위하여 고안된 개념이다. 메타데이터는 데이터에 관한 다양한 측면을 서술하는 매우 중요한 자료로서 이에 관하여 표준화가 활발히 진행되고 있다. 미국 연방지리정보위원회(FGDC Federal Geographic Data Committee)에서는 디지털 지형공간 메타데이터에 관한 내용표준(Content Standard for Digital Geospatial Metadata)을 정하고 있는데 여기에서는 메타데이터의 논리적 구조와 내용에 관한 표준을 정하고 있다.
현재 메타데이터의 표준으로 사용되고 있는 것은 미국의 FGDC(Federal Geographic Data Committe) 표준, ISO/TC211표준(International Organization for Standard)/Technical Committe 211 : 국제표준기구GIS표준기술위원회), CEN/TC287(유럽표준화기구) 표준 등을 들 수 있다.

2. 메타데이터의 특징
① 데이터에 대한 정보로서 데이터의 내용, 품질, 조건 및 기타 특성에 대한 정보를 포함하는 정보의 이력서, 즉 데이터의 이력서라 할 수 있다.
② DB구축과정에 대한 정보를 관리하는 내부 메타데이터와 구축한 DB를 외부에 공개하는 외부 메타데이터로 구분한다.
③ 대용량의 공간 데이터를 구축하는 데 비용과 시간을 절감할 수 있다.
④ 데이터의 특성과 내용을 설명하는 일종의데이터로서 데이터의 양이 방대하다.
⑤ 데이터의 직접적인 접근이 용이하지 않을 경우 데이터를 참조하기 위한 보조데이터로서 많이 사용된다.

제공	① 메타데이터는 작성한 실무자가 바뀌더라도 변함없는 데이터의 기본 체계를 유지하게 함으로써 시간이 지나도 일관성 있는 데이터를 사용자에게 제공이 가능 ② 정보의 공유를 극대화하며 데이터의 원활한 교환을 지원하기 위한 프레임을 제공한다. ③ 데이터를 목록화(Indexing)하기 때문에 사용에 편리한 정보를 제공한다. ④ 정보공유의 극대화를 도모하며 데이터의 교환을 원활히 지원하기 위한 틀을 제공한다. ⑤ 최근에는 데이터에 대한 목록을 체계적이고 표준화된 방식으로 제공함으로써 데이터의 공유화를 촉진한다.

73 다음의 데이터를 이용하여 다양한 분석을 할 때 데이터의 문제점이라 할 수 없는 것은?

행정구역	인구수	년도	자료원
이의동	30,000	2005	주민등록
영화동	52,000	2004	주민등록
장안구	275,000	2003	인구주택총조사

① 행정구역 단계의 불일치
② 년도의 불일치
③ 인구수의 불일치
④ 자료원 불일치

해설

행정구역은 같은 부류(예 : 동단위는 동단위, 읍단위는 읍단위)로 분석되어야 됨.
년도도 같은 년도의 데이터를 이용하여야 되며, 자료원도 통일이 되어야 됨.

Answer 72 ④ 73 ③

74 지리정보시스템(GIS)의 공간분석기능에 대한 설명으로 관계가 옳은 것은?

① 버퍼분석(Buffering Analysis) - 가시권분석, 표면 모델링, 3차원 가시화, 경사도 분석
② 지형분석(Topographic Analysis) - 영향권분석
③ 망분석(Network Analysis) - 연결성, 방향성, 최단경로, 최적경로의 분석
④ 중첩분석(Overlay Analysis) - 거리, 면적, 둘레, 길이, 무게중심 등의 정량적 분석

해설

근린분석	주어진 특정 지점을 둘러싸고 있는 주변 지역의 특성을 평가하는 것으로 공간상에서 주어진 지점과 주변의 객체들이 얼마나 가까운가를 파악하는 것
지형분석	DEM, TIN 등을 이용하여 지형을 분석하는 것으로 지형의 경사도, 음영, 시계, 경사면의 방향, 단면도 등에 관한 분석을 수행하는 것
네트워크 분석	서로 연관되어 연결된 선형 형상물의 연결성과 경로를 분석하는 것으로 도로망, 상하수도 등 서로 연결된 형상물을 분석하는데 사용된다.
버퍼분석	공간적 근접성을 정의할 때 이용되며 점, 선, 면 주변에 지정된 범위를 포함하는 면적의 형태로 구성된다. 버퍼존(buffer zone)은 입력자료와 버퍼를 위한 거리를 지정하여 생성된다.
중첩분석	동일한 좌표체계를 가지는 특정 주제의 자료층을 다른 자료층과 중첩하여 새로운 주제도를 생성하는 공간분석 기법

75 국가공간정보기반(NSDI)의 구성 요소가 아닌 것은?

① 공간정보 기술
② 공간정보 관련 표준
③ 공간정보 방법
④ 공간정보 관련 법제도

해설

국가공간정보기반
[National Spatial Data Infrastructure, 國家空間情報基盤]
국가적인 측면에서 공간정보를 취득, 처리, 저장, 배포하는데 필요한 정책, 기술 및 인적 자원 등에 대한 총체적인 개념으로
한국의 NSDI는 6개 요소로 구성된다.
① 기본공간데이터
② 공간정보 메타데이터 및 접근
③ 공간정보 표준
④ 공간정보 기술
⑤ 인적자원
⑥ 공간정보 활용 및 산업지원을 위한 법, 조직, 협력 체계 등

76 불규칙삼각망(TIN)에 대한 설명으로 옳지 않은 것은?

① 적은 자료로서 복잡한 지형을 효율적으로 나타낼 수 있다.
② 세 점으로 연결된 불규칙 삼각형으로 구성된 삼각망이다.
③ 격자구조로서 연결성이나 위상정보가 존재하지 않는다.
④ TIN모형을 이용하여 경사의 크기(gradient)나 경사의 방향(aspect)을 계산할 수 있다.

해설

불규칙삼각망(TIN : Trianglulated Irregular Network)
불규칙삼각망은 불규칙하게 배치되어 있는 지형점으로부터 삼각망을 생성하여 삼각형 내의 표고를 삼각평면으로부터 보간하는 DEM의 일종이다.
벡터위상구조를 가지며 다각형 Network를 이루고 있는 순수한 위상구조와 개념적으로 유사하다.

불규칙 삼각망의 특성
① 기복의 변화가 적은 지역에서 절점 수를 적게 하고 기복의 변화가 심한 지역에서 절점 수를 증가시킴으로써 데이터의 전체적인 양을 줄일 수 있다.

Answer 74 ③ 75 ③ 76 ③

② 격자형 자료는 해상력이 낮아지는 데서 기인하는 중요한 정보의 상실 가능성과 해상력 조절의 어려움, 기준격자축 이외의 방향에 대한 연산의 어려움 등을 가지고 있는데 이 같은 단점을 불규칙삼각망 구조에서 보완할 수 있다.
③ 자료파일 생성을 위해 처리과정이 복잡하다는 단점이 있으나 일단 TIN 파일이 생성된 후에는 효율적인 압축기법을 사용할 수 있다.
④ TIN은 격자보다 적은 데이터 용량을 이용하여 훨씬 정확하게 지형을 표현할 수 있으며 손쉬운 자료의 편집과 실시간 지표면의 모델링 등 다양한 기능을 제공한다.

데이터 수치화와 지도 편집	① 디지타이징 ② 속성 데이터 입력 ③ 포맷 변환 ④ 지도투영법 변환 ⑤ 레스터 데이터 백터화
데이터 처리과정과 분석	① 계산과정에서 숫자의 반올림 ② 중첩분석 ③ 분류와 재분류 ④ 일반화와 집합화 ⑤ 보간법 ⑥ 부적절한 알고리즘의 사용

• 지적필지 간 경계 불일치는 수치지형도가 아닌 지적도에서 발생하는 오류이다.

77 지리정보시스템(GIS) 데이터로 사용되는 수치지형도의 오류가 아닌 것은?

① 두 개의 등고선이 상호 교차
② 인접 지적필지 경계 불일치
③ 삼각점 높이값 미입력
④ 표고점 높이값 누락

[해설]

공간데이터 오차 발생원인
공간데이터를 수집하는 과정은 여러 단계와 많은 사람들에 의해서, 또 다른 기술을 이용하여 구축되며, 또한 다른 데이터 모델로 표현되기도 한다. 따라서 공간데이터에서 나타나는 오차의 발생원인은 여러 유형으로 나타날 수 있다.

원시자료에 의한 것	① 지도투영법 ② 지도축척 ③ 지도학적 일반화 ④ 지도학적 시각화 ⑤ 형상의 분류와 코딩 ⑥ 지상측량 측정 ⑦ 위성영상 분석 ⑧ 표본 디자인 ⑨ 기존지도의 수명

78 지리정보시스템(GIS)에 대한 설명 중 틀린 것은?

① 인간의 의사결정능력의 지원에 필요한 지리정보의 관측과 수집에서부터 보존과 분석, 출력에 이르기까지 일련의 조작을 위한 정보시스템이다.
② 격자방식을 통해 벡터방식에 비해 정확한 경계선 추출이 가능하다.
③ 지리정보는 GIS에서 대상으로 하는 모든 정보를 의미한다.
④ 지리정보의 대표적인 항목은 지리적 위치, 관련 속성정보, 공간적 관계, 시간이다.

[해설]

래스터자료	격자방식이라고 부르며 하나의 셀(cell) 또는 격자 내에 자료형태의 상대적인 양을 기록하여 표현하는 단순한 방식으로 이 격자들을 조합하여 래스터자료가 된다. 격자의 크기를 작게 하면 세밀한 표현이 가능하지만 자료의 크기는 증가하게 된다.

Answer 77 ② 78 ②

벡터자료	지역단위의 경계선을 수치부호화하여 저장하는 방식으로 래스터에 비해 정확한 경계선의 설정이 가능하다. 공간자료의 정확한 위치를 나타내기 위하여 점, 선, 면을 사용하여 중요한 특성의 위치를 정확하게 나타낼 수 있다.

79 보기가 공통적으로 설명하는 것은?

(22년 1회 측기)

〈보기〉
- 방대한 GIS 자료를 조직화할 필요에 의해 탄생하였다.
- 특별한 주제와 관련된 자료를 포함하는 지리데이터베이스의 부분집합이다.
- 수치지형도에는 철도, 하천, 도로, 주기 등에 이것의 표준코드가 지정되어 있다.

① 도엽
② 레이어
③ 메타데이터
④ 기본지리정보

해설

레이어	레이어는 하나의 물체가 여러 개의 논리적인 객체들로 구성되어 있는 경우 이러한 각각의 객체를 레이어라 한다. 한 주제를 다루는데 중첩되는 다양한 자료들로 한 커버리지의 자료파일을 말한다. 이 중첩자료들은 데이터베이스 내에서 공통된 좌표체계를 가지며 보통 하나의 주제를 갖는다. 예를 들어 지형 레이어는 건물, 도로, 등고선 등의 레이어로 구분하여 도로 레이어는 고속도로, 국도, 지방도 등 여러 종류의 도로가 포함된다.
메타데이터	메타데이터는 데이터에 대한 데이트의 이력으로 자료에 대한 접근을 용이하게 하기 위해 메타데이터가 필요하며 시간과 비용의 낭비를 줄일 수 있다.

기본지리정보	GIS체계는 다양한 분야에서 다양한 형태로 활용되지만 공통적인 기본 자료로 이용되는 지리정보는 거의 비슷하다. 이처럼 다양한 분야에서 공통적으로 사용하는 지리정보를 기본지리정보라고 한다. 그 범위 및 대상은 「국가지리정보체계의 구축 및 활용 등에 관한 법률 시행령」에서 행정구역, 교통, 시설물, 지적, 지형, 해양 및 수자원, 측량기준점, 위성영상 및 항공사진으로 정하고 있다. 2차 국가 GIS 계획에서 기본지리정보 구축을 위한 중점 추진 과제로는 국가기준점 체계 정비, 기본지리정보 구축 시범사업, 기본지리정보 데이터베이스 구축이다.
기본공간정보	국토교통부장관은 행정경계·도로 또는 철도의 경계·하천경계·지형·해안선·지적, 건물 등 인공구조물의 공간정보, 그 밖에 대통령령으로 정하는 주요 공간정보를 기본공간정보로 선정하여 관계 중앙행정기관의 장과 협의한 후 이를 관보에 고시하여야 한다. 1. 기준점(「공간정보의 구축 및 관리 등에 관한 법률」 제8조제1항에 따른 측량기준점표지를 말한다) 2. 지명 3. 정사영상[항공사진 또는 인공위성의 영상을 지도와 같은 정사투영법(正射投影法)으로 제작한 영상을 말한다] 4. 수치표고 모형[지표면의 표고(標高)를 일정간격 격자마다 수치로 기록한 표고 모형을 말한다] 5. 공간정보 입체 모형(지상에 존재하는 인공적인 객체의 외형에 관한 위치정보를 현실과 유사하게 입체적으로 표현한 정보를 말한다) 6. 실내공간정보(지상 또는 지하에 존재하는 건물 등 인공구조물의 내부에 관한 공간정보를 말한다) 7. 그 밖에 위원회의 심의를 거쳐 국토교통부장관이 정하는 공간정보

Answer 79 ②

80
지리정보시스템(GIS)의 DB구축 및 활용이 개인컴퓨팅 환경에 얽매이지 않고 웹(web)을 통해 사회 다수의 이용자에게 제공되는 GIS환경은?

① Institutional GIS ② Internet GIS
③ GNSS ④ Project GIS

해설

internet GIS (Web GIS)	인터넷 기술의 발전과 웹 이용의 엄청난 증가는 수많은 정보통신 분야에 새로운 길을 열어 주고 있으며 GIS에 있어서도 새로운 방향을 제시하였으며 인터넷 GIS는 인터넷의 WWW(World Wide Web) 구현 기술을 GIS와 결합하여 인터넷 또는 인트라넷 환경에서 지리정보의 입력, 수정, 조작, 분석, 출력 등의 작업을 처리하여 네트워크 환경에서 서비스를 제공할 수 있도록 구축된 시스템을 말한다. 인터넷GIS는 인터넷을 통한 공간정보의 유통을 위해 개발된 GIS환경으로 다른 자료원에서 구축된 자료를 인터넷을 통해 검색, 가공, 제공할 수 있다.
Mobil GIS	Mobil GIS는 휴대폰 Mobil 단말기 등 휴대용 단말기를 이용하여 언제 어디서나 공간과 관련되는 자료를 수집, 저장, 분석, 출력할수 있는 컴퓨터 응용시스템이다. 모바일 GIS는 별도의 시공산석 제약 없이 공간정보와 관련된 자료를 유무선 통신망을 이용하여 위치기반의 필요정보를 제공받을 수 있도록 개발된 GIS환경이다.
Professional GIS	Professional GIS 는 강력한 공간분석 기능과 지도제작 기능을 제공하므로 응용프로그램을 개발하는 개발도구로 사용되며 워크스테이션 이상의 플랫폼에서 운영된다.

제5과목 | 측량학

81
삼각망의 특징에 대한 설명으로 옳지 않은 것은?

① 단열삼각망은 같은 거리에 대하여 측점수가 가장 적으므로 측량은 간단하여 경제적이나 조건식의 수가 적어서 정확도가 낮다.
② 사변형삼각망은 조건식의 수가 많아서 다른 삼각망에 비해 정확도가 높다.
③ 유심삼각망은 면적이 넓고 광대한 지역의 측량에 좋다.
④ 사변형삼각망은 폭이 좁고 길이가 긴 도로, 하천, 철도 등의 측량을 시행할 경우에 주로 사용된다.

해설

사변형 삼각망	① 조건식의 수가 가장 많아 정도가 가장 높다. ② 시간과 비용이 많이 든다. ③ 조정이 복잡하고 포함 면적이 작다. ④ 기선 삼각망에 이용한다.
유심 다각망	① 넓은 지역에 이용한다. ② 동일 측점수에 비해 포함 면적이 가장 넓다. ③ 농지 측량 및 평탄한 지역에 사용 ④ 정도는 단열삼각망보다는 높으나 사변형보다는 낮다.
단열 삼각망	① 폭이 좁고 거리가 먼 지역에 적합 ② 노선, 하천, 터널 측량 등에 이용 ③ 거리에 비해 관측수가 적다. ④ 측량이 신속하고 경비가 적게 든다. ⑤ 조건식이 적어 정도가 가장 낮다.

Answer 80 ② 81 ④

82 다각측량에서 트래버스망을 위하여 선점할 때 유의할 사항에 대한 설명으로 옳지 않은 것은?

① 정확도가 요구되는 경우에 측점 선정은 개방 트래버스가 되도록 한다.
② 측량표가 안전하게 보존될 수 있는 곳으로 한다.
③ 측점은 앞으로의 세부측량에 편리한 곳으로 한다.
④ 측점은 관측할 때 지장이 없는 곳으로 한다.

해설
일반적으로 트래버스의 정확도는 결합트래버스 – 왕복트래버스 – 개방트래버스 순이므로 높은 정확도가 요구되는 측점의 경우 결합트래버스가 되도록 한다.

결합트래버스	기지점에서 출발하여 다른 기지점으로 결합시키는 방법으로 대규모 지역의 정확성을 요하는 측량에 이용한다.
폐합트래버스	기지점에서 출발하여 원래의 기지점으로 폐합시키는 트래버스로 측량결과가 검토는 되나 결합다각형보다 정확도가 낮아 소규모 지역의 측량에 좋다.
개방트래버스	임의의 점에서 임의의 점으로 끝나는 트래버스로 측량결과의 점검이 안 되어 노선측량의 답사에는 편리한 방법이다. 시작되는 점과 끝나는 점 간의 아무런 조건이 없다.

83 A, B의 표고가 각각 802m, 826m이고 A, B의 도상수평거리가 20mm일 때 A점으로부터 820m 등고선까지의 도상거리는?

① 30mm
② 25mm
③ 20mm
④ 15mm

해설
$(826-802) : 20 = (820-802) : x$
$x = \dfrac{820-802}{826-802} \times 20 = 15mm$

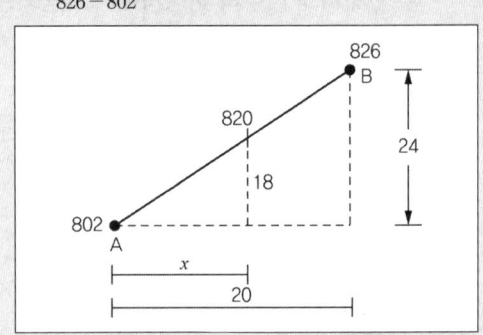

84 수치표고모델(DEM)에 대한 설명으로 틀린 것은?

① 격자의 구성 상태에 따라 정규격자형과 불규칙격자형으로 구분할 수 있다.
② 불규칙삼각망은 모든 DEM 점들을 서로 연결하여 형성한 삼각형들의 집합체를 말한다.
③ 정규격자에 의한 등고선 작성은 격자점 사이에 급격한 경사나 볼록한 지형 혹은 오목한 지형이 있을 경우의 표현에 불규칙격자형보다 적합하다.
④ 정규격자형은 작업 지역을 일정한 간격으로 구분하여 각 모서리 점의 표고를 표시하는 방법이다.

해설
수치표고모형(Digital Elevation Model : DEM)
DEM은 지형의 연속적인 기복변화를 일정한 크기의 격자간격으로 표현한 것으로 공간상의 연속적인 기복변화를 수치적인 행렬의 격자형태로 표현한다. 수치표고모형은 표고데이터의 집합일 뿐만 아니라 임의의 위치에서 표고를 보간할 수 있는 모델을 말한다. 공간상에 나타난 불규칙한 지형의 변화를 수치적으로 표현하는 방법을 수치표고모형이라 한다. DEM은 규칙적인 간격으로 표본지점이 추

Answer 82 ① 83 ④ 84 ③

출된 래스터 형태의 데이터모델이다. DEM은 DTM 중에서 표고를 특화한 모델이다.
급격한 지형변화가 있는 지역에 정규격자형보다 불규칙격자형을 사용하면 더욱 세밀하게 등고선을 작성할 수 있다.

85 폐합트래버스 전체 관측선의 총 길이가 2.4km일 때, 폐합비를 1/6,000로 제한하기 위한 도상 최대 폐합오차는? (단, 도면 축척 = 1 : 500)

① 0.8mm
② 1.6mm
③ 2.4mm
④ 2.8mm

[해설]

폐합비 = $\dfrac{오차}{\sum L} = \dfrac{1}{m}$

폐합오차 = $\dfrac{\sum L}{m} = \dfrac{2,400}{6,000} = 0.4m$ 에서

$\dfrac{0.4}{500} = 0.0008m = 0.8mm$

86 수준측량의 용어에 대한 설명으로 틀린 것은?

① 전시 : 표고를 구하려는 점에 세운 표척의 눈금을 읽은 값
② 이기점 : 기계를 옮기기 위하여 어떠한 점에서 전시와 후시를 모두 취하는 점
③ 중간점 : 어떤 지점의 표고를 알기 위하여 표척을 세워 전시만을 취하는 점
④ 후시 : 측량해 나가는 방향을 기준으로 기계의 후방을 시준한 값

[해설]

㉠ 표고(elevation) : 국가 수준기준면으로부터 그 점까지의 연직거리
㉡ 전시(F.S) : 표고를 알고자 하는 점(미지점)에 세운 표척의 읽음 값
㉢ 후시(B.S) : 표고를 알고 있는 점(기지점)에 세운 표척의 읽음 값
㉣ 기계고(I.H) : 기준면에서 망원경 시준선까지의 높이
㉤ 이기점(T.P) : 기계를 옮길 때 한 점에서 전시와 후시를 함께 취하는 점
㉥ 중간점(I.P) : 표척을 세운 점의 표고만을 구하고자 전시만 취하는 점

87 삼각망을 구성하는데 있어서 내각을 작게 하는 것이 좋지 않은 이유에 대한 설명으로 옳은 것은?

① 측각하기가 불편하기 때문이다.
② 경도, 위도 또는 좌표계산이 불편하기 때문이다.
③ 한 삼각형에 있어서 작은 각이 있으면 반드시 다른 각 중에서 큰 각이 있기 때문이다.
④ 한 기지변으로부터 타변을 sine 법칙으로 구할 때 오차가 많이 생기기 때문이다.

[해설]

삼각망에서 내각을 60°에 가깝게 정하는 이유는 타변을 구할 때 측각이 갖는 오차가 변장에 미치는 영향을 최소화하기 위함이다.

Answer 85 ① 86 ④ 87 ④

88 그림에서 ∠AOB, ∠BOC, ∠AOC를 관측한 결과가 표와 같을 때, ∠AOC의 최확값은?

각	관측값	관측회수
AOB	23°46′00″	1
BOC	59°14′27″	3
AOC	83°01′07″	4

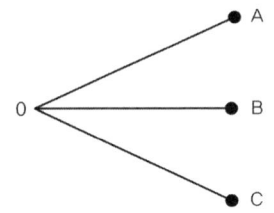

① 83°01′05″
② 83°01′03″
③ 83°01′01″
④ 83°00′59″

해설

조건부 관측에서 경중률은 관측횟수에 반비례한다.

$P_1 : P_2 : P_3 = \dfrac{1}{1} : \dfrac{1}{3} : \dfrac{1}{4} = 12 : 4 : 3$

∠AOB + ∠BOC − ∠AOC = −40″

조정량 = $\dfrac{오차}{경중률의 합} \times$ 조정할각의 경중률에서

∠AOB의 조정량 = $\dfrac{-40}{12+4+3} \times 12 = -25″$

∠BOC의 조정량 = $\dfrac{-40}{12+4+3} \times 4 = -8″$

∠AOC의 조정량 = $\dfrac{-40}{12+4+3} \times 3 = -6″$

∠AOC의 최확값 = 83°01′07″ − 6″ = 83°01′01″

89 연속적인 측량이 가능한 토털스테이션을 사용하여 등고선을 측정하는 방법에 대한 설명으로 옳지 않은 것은?

① 측점으로부터의 기계고를 측정한다.
② 프리즘의 높이는 임의로 하여 수시로 변경하는 것이 편리하다.
③ 토털스테이션을 추적모드(traking mode)로 설정하고 측정할 등고선의 높이를 입력한다.
④ 높이를 알고 있는 측점에 토털스테이션을 설치하거나, 기준점을 관측하여 측점의 높이를 결정한다.

해설

토탈스테이션을 사용한 등고선 측정방법
① 측점의 표고와 기계고를 측정하여 시준선의 높이를 결정한다.
② 프리즘의 높이를 시준선에 맞추어 설치한다.
③ 토탈스테이션을 추적모드로 설정하고 측정할 등고선의 높이를 입력한다.
④ 측정할 등고선의 높이값에 도달할 때까지 프리즘을 이동시키면서 관측한다. 프리즘은 관측상 불가피한 경우가 아니면 기계고의 높이에서 변경하지 않는 것이 좋다.

90 측점 A, B의 좌표가 각각 A(390,0), B(0,780)일 때 측선 AB의 방위각은? (단, 좌표의 단위는 m 이다.)

① 102°56′56″
② 108°20′12″
③ 116°33′54″
④ 121°20′15″

해설

$V_A^B = \tan^{-1}\left(\dfrac{\Delta Y}{\Delta X}\right)$

$= \tan^{-1}\dfrac{780-0}{0-390}$

$= 63°26′6″ (2상한)$

$V_A^B = 180° − 63°26′06″ = 116°33′54″$

Answer 88 ③ 89 ② 90 ③

91 P점의 표고를 결정하기 위하여 수준점 A, B, C로부터 수준측량을 한 결과로 아래와 같은 관측값을 얻었다. P점 표고의 최확값은?

수준점	거리	P점의 표고
A	4km	136.783m
B	3km	136.770m
C	2km	136.776m

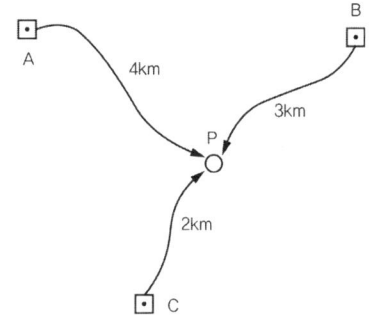

① 136.772m
② 136.776m
③ 136.778m
④ 136.783m

[해설]
경중률은 노선거리에 반비례하므로
$P_1 : P_2 : P_3 = \frac{1}{4} : \frac{1}{3} : \frac{1}{2} = 3 : 4 : 6$

$\frac{P_1 h_1 + P_2 h_2 + P_3 h_3}{P_1 + P_2 + P_3} = \frac{0.783 \times 3 + 0.770 \times 4 + 0.776 \times 6}{3 + 4 + 6}$

$= 0.776m$ 이므로
P점 표고의 최확값 $= 136 + 0.776 = 136.776m$

92 A점에서 2km 떨어져 있는 B점을 관측할 때 각도에 15″의 각 오차가 있다면 B점에서의 위치오차는?

① 20.8cm
② 19.7cm
③ 14.5cm
④ 11.5cm

[해설]
$\frac{각오차}{\rho''} = \frac{위치오차}{관측거리}$ 에서

위치오차 $= \frac{15''}{206,265''} \times 2,000 = 0.145m = 14.5cm$

93 직접 수준측량에 있어서 전시와 후시의 시준거리를 같게 하는 이유로 거리가 먼 것은?

① 연직축 오차가 소거된다.
② 빛의 굴절오차가 소거된다.
③ 지구의 곡률오차가 소거된다.
④ 시준선이 기포관축과 평행하지 않는 경우의 오차가 소거된다.

[해설]
수준측량에서 전시와 후시의 거리를 같게 함으로서 제거되는 오차
① 레벨의 조정이 불완전(시준선이 기포관축과 평행하지 않을 때)할때의 오차
(시준축오차 : 오차가 가장 크다)
② 지구의 곡률오차(구차)와 빛의 굴절오차(기차)
③ 초점나사를 움직이는 오차가 없으므로 그로 인해 생기는 오차

94 직사각형 모양의 토지를 거리측량하여 가로 106.85m와 세로 89.34m를 얻었다. 각각의 거리관측값에 ±1.0cm의 오차가 있었다면 면적의 오차는?

① ±0.90m²
② ±1.39m²
③ ±14.01m²
④ ±139.28m²

Answer 91 ② 92 ③ 93 ① 94 ②

해설

면적오차
$= \sqrt{(106.85 \times 0.01)^2 + (89.34 \times 0.01)^2} = \pm 1.39 m^2$

95 다음의 기본측량성과의 국외 반출 금지 조항에서 밑줄 친 경우에 해당되지 않는 것은?

> 누구든지 국토교통부장관의 허가 없이 기본측량성과 중 지도등 또는 측량용 사진을 국외로 반출하여서는 아니 된다. 다만, 외국 정부와 기본측량성과를 서로 교환하는 등 <u>대통령령으로 정하는 경우</u>에는 그러하지 아니하다.

① 항공사진측량에 의하여 제작된 축척 1:25000인 수치지형도를 국외로 반출하는 경우
② 대한민국 정부와 외국 정부 간에 체결된 협정 또는 합의에 따라 기본측량성과를 상호 교환하는 경우
③ 정부를 대표하여 외국 정부와 교섭하거나 국제회의에 참석하는 자가 자료로 사용하기 위하여 측량용 사진을 반출하는 경우
④ 관광객 유치와 관광시설 홍보를 목적으로 측량용 사진을 제작하여 반출하는 경우

해설

「공간정보의 구축 및 관리 등에 관한 법률 시행령」
제16조(기본측량성과 및 공공측량성과의 국외 반출)
② 법 제21조제1항 단서에서 "외국정부와 공공측량성과를 서로 교환하는 등 대통령령으로 정하는 경우"란 다음 각 호의 경우를 말한다.
1. 대한민국 정부와 외국 정부 간에 체결된 협정 또는 합의에 따라 공공측량성과를 상호 교환하는 경우
2. 정부를 대표하여 외국 정부와 교섭하거나 국제회의 또는 국제기구에 참석하는 자가 자료로 사용하기 위하여 지도등 또는 측량용 사진을 반출하는 경우
3. 관광객 유치와 관광시설 홍보를 목적으로 지도등 또는 측량용사진을 제작하여 반출하는 경우
4. 축척 5만분의 1 미만인 소축척의 지도나 그 밖에 필요한 간행물을 국외로 반출하는 경우
5. 축척 2만5천분의 1 또는 5만분의 1 지도로서 「국가공간정보 기본법 시행령」 제24조제3항에 따른 보안성 검토를 거친 지도의 경우

96 측량기술자의 의무에 대한 기준으로 옳지 않은 것은?

① 측량기술자는 다른 사람에게 측량기술 경력증을 빌려 주거나 자기의 성명을 사용하여 측량업무를 수행하게 하여서는 아니 된다.
② 측량기술자는 정당한 사유 없이 그 업무상 알게 된 비밀을 누설하여서는 아니 된다.
③ 측량기술자는 신의와 성실로써 공정하게 측량을 실시해야 하며, 정당한 사유 없이 측량을 거부하여서는 아니 된다.
④ 측량기술자는 셋 이상의 측량업자에게 소속될 수 없다.

해설

「공간정보의 구축 및 관리 등에 관한 법률」
제41조(측량기술자의 의무)
① 측량기술자는 신의와 성실로써 공정하게 측량을 하여야 하며, 정당한 사유 없이 측량을 거부하여서는 아니 된다.
② 측량기술자는 정당한 사유 없이 그 업무상 알게 된 비밀을 누설하여서는 아니 된다.
③ 측량기술자는 둘 이상의 측량업자에게 소속될 수 없다.
④ 측량기술자는 다른 사람에게 측량기술경력증을 빌려주거나 자기의 성명을 사용하여 측량업무를 수행하게 하여서는 아니 된다.

Answer 95 ① 96 ④

97 "정당한 사유없이 측량의 실시를 방해한 자"에 대한 벌칙 기준은?

① 3년 이하의 징역 또는 3,000만원 이하의 벌금에 처한다.
② 2년 이하의 징역 또는 2,000만원 이하의 벌금에 처한다.
③ 1년 이하의 징역 또는 1,000만원 이하의 벌금에 처한다.
④ 300만원 이하의 과태료에 처한다.

해설

「공간정보의 구축 및 관리 등에 관한 법률」
제111조(과태료)

과태료(영 제105조)	
300만원 이하의 과태료	① 다음 각 호의 어느 하나에 해당하는 자에게는 300만원 이하의 과태료를 부과한다. 1. 정당한 사유 없이 측량을 방해한 자 2. 정당한 사유 없이 제101조제7항을 위반하여 토지등에의 출입 등을 방해하거나 거부한 자 3. 정당한 사유 없이 제99조제1항에 따른 보고를 하지 아니하거나 거짓으로 보고를 한 자 4. 정당한 사유 없이 제99조제1항에 따른 조사를 거부·방해 또는 기피한 자 5. 제44조제4항을 위반하여 측량업 등록사항의 변경신고를 하지 아니한 자 6. 제48조를 위반하여 측량업의 휴업·폐업 등의 신고를 하지 아니하거나 거짓으로 신고한 자 7. 제46조제2항을 위반하여 측량업자의 지위 승계 신고를 하지 아니한 자 8. 제93조제1항을 위반하여 성능검사대행자의 등록사항 변경을 신고하지 아니한 자 9. 제93조제3항을 위반하여 성능검사대행업무의 폐업신고를 하지 아니한 자 10. 제92조제1항을 위반하여 측량기기에 대한 성능검사를 받지 아니하거나 부정한 방법으로 성능검사를 받은 자 11. 제13조제4항을 위반하여 고시된 측량성과에 어긋나는 측량성과를 사용한 자 12. 제50조제2항을 위반하여 본인, 배우자 또는 직계 존속·비속이 소유한 토지에 대한 지적측량을 한 자 13. 제40조제1항을 위반하여 거짓으로 측량기술자의 신고를 한 자
100만원 이하의 과태료	⑫정당한 사유 없이 제98조제2항(② 성능검사대행자 및 그 소속 직원은 측량기기 성능검사의 품질향상과 서비스제고를 위하여 국토교통부령으로 정하는 바에 따라 국토교통부장관이 실시하는 교육을 받아야 한다. <신설 2020. 4. 7.>)에 따른 교육을 받지 아니한 자에게는 100만원 이하의 과태료를 부과한다. <신설 2020. 4. 7.>

98 "측량성과"의 용어 정의로 옳은 것은?

① 측량결과물을 얻을 때까지의 측량에 관한 작업의 기록
② 측량기본계획 수립에 따른 사업 목표
③ 측량을 통하여 얻은 최종 결과
④ 측량 외업에 직접 취득한 관측 결과

해설

「공간정보의 구축 및 관리등에 관한 법률」
제2조(정의)

8. "측량성과"란 측량을 통하여 얻은 최종 결과를 말한다.
9. "측량기록"이란 측량성과를 얻을 때까지의 측량에 관한 작업의 기록을 말한다.

Answer 97 ④ 98 ③

99 기본측량성과 검증기관의 인력 및 장비 보유기준으로 옳은 것은?

① 토털스테이션(1급) : 2대 이상
② GPS수신기(1급) : 3대 이상
③ 특급기술자 : 1인 이상
④ 중급기술자 : 2인 이상

해설

「공간정보의 구축 및 관리등에 관한 법률 시행령」
[별표4호]

기술인력	장비
특급기술인 : 2명 이상 고급기술인 : 3명 이상 중급기술인 : 3명 이상 초급기술인 : 1명 이상 정보처리기사 자격취득자 : 1명 이상 고급기능사 　가. 도화기능사 　　 : 2명 이상 　나. 지도제작기능사 　　 : 3명 이상	GPS수신기(1급) : 3대 이상 토털 스테이션(1급) : 1대 이상 레벨(1급, 인바표척 포함) : 1대 이상 해석도화기 : 1대 이상 출력장치 : 1대 이상 자동독취기(스캐너) : 1대 이상 수치지도 입력·출력 및 GPS 데이터 처리 소프트웨어 : 1식

100 국가기준점 중 지리학적 경위도, 직각좌표, 지구중심 직교좌표, 높이 및 중력 측정의 기준으로 사용하기 위하여 위성기준점, 수준점 및 중력점을 기초로 정한 기준점은?

① 우주측지기준점　② 통합기준점
③ 지자기점　　　　④ 삼각점

해설

「공간정보의 구축 및 관리등에 관한 법률 시행령」
제8조(측량기준점의 구분)
① 법 제7조제1항에 따른 측량기준점은 다음 각 호의 구분에 따른다. 〈개정 2015. 6. 1.〉
1. 국가기준점
　가. 우주측지기준점 : 국가측지기준계를 정립하기 위하여 전 세계 초장거리간섭계와 연결하여 정한 기준점
　나. 위성기준점 : 지리학적 경위도, 직각좌표 및 지구중심 직교좌표의 측정 기준으로 사용하기 위하여 대한민국 경위도원점을 기초로 정한 기준점
　다. 수준점 : 높이 측정의 기준으로 사용하기 위하여 대한민국 수준원점을 기초로 정한 기준점
　라. 중력점 : 중력 측정의 기준으로 사용하기 위하여 정한 기준점
　마. 통합기준점 : 지리학적 경위도, 직각좌표, 지구중심 직교좌표, 높이 및 중력 측정의 기준으로 사용하기 위하여 위성기준점, 수준점 및 중력점을 기초로 정한 기준점
　바. 삼각점 : 지리학적 경위도, 직각좌표 및 지구중심 직교좌표 측정의 기준으로 사용하기 위하여 위성기준점 및 통합기준점을 기초로 정한 기준점
　사. 지자기점(地磁氣點) : 지구자기 측정의 기준으로 사용하기 위하여 정한 기준점

Answer 99 ② 100 ②

측량 및 지형공간정보

2022년 4월 24일 기사

제1과목 | 측지학 및 위성측위시스템

01 다음 중 인공위성의 케플러 궤도요소에 해당하지 않는 것은?

① 강교점
② 궤도면 경사각
③ 궤도타원의 장반경
④ 궤도타원의 이심률

[해설]

케플러의 6요소

(1) 궤도의 모양과 크기를 결정하는 요소
 ① 궤도장반경(軌道長半徑, semi-major axis : A) : 궤도타원의 장반경
 ② 궤도이심률(軌道離心率, eccentricity : e) : 궤도타원의 이심률

(2) 궤도면의 방향(공간위치)을 결정하는 요소
 ① 궤도경사각(軌道傾斜角, inclination angle : i) : 궤도면과 적도면의 교각
 ② 승교점적경(昇交點赤經, right ascension of acsending node : h) : 궤도가 남에서 북으로 지나는 점의 적경(승교점 : 위성이 남에서 북으로 갈 때의 천구적도와 천구상 인공위성 궤도의 교점)

(3) 궤도면의 장축방향 결정요소
 근점점인수(近點點引數, argument of perigee : g) 또는 근지점 적경 : 승교점에서 근지점까지 궤도면을 따라 천구북극에서 볼 때 반시계방향으로 잰 각거리

(4) 기타(궤도상 위성의 위치 결정)
 근점이각(近點離角, satellite anomaly : v) : 근지점에서 위성까지의 각거리, 진근점이각, 이심근점이각, 평균근점이각의 세 가지가 있다.

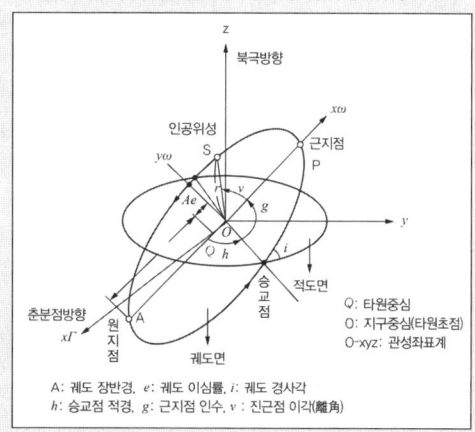

A : 궤도 장반경, e : 궤도 이심률, i : 궤도 경사각
h : 승교점 적경, g : 근지점 인수, v : 진근점 이각(離角)

02 GNSS의 신호가 단절될 때 연속적인 위치 및 자세 결정을 위하여 GNSS와 결합하여 활용하는 시스템은?

① 전자파거리측량기(EDM)
② 관성항법장치(INS)
③ 속도계
④ 나침반

[해설]

GPS/INS(관성항법시스템)

INS(Inertial Navigation System : 관성항법시스템)는 차량, 항공기 등에 관성측량기를 장착해 관측자의 현재위치를 측량하고 진로를 알려주는 정밀항법

Answer 01 ① 02 ②

장치로서 각(角)가속도를 측정하여 시간에 대한 연속적인 적분을 수행해 위치와 속도, 진행방향을 계산해내는 시스템으로서 GPS와 달리 본체에 설치된 센서를 통해 측량하는 방법이다.

원리	(1) 회전축을 중심으로 균형을 유지해 차체가 기준좌표로부터 얼마나 틀어져 있는지를 확인함으로써 본체의 진행방향을 계측한다. (2) 자이로스코프와 가속도계는 3차원 공간정보 계측을 위해 3개씩 내장되어 있다.
구성	(1) 자이로스코프 : 기준좌표를 설정하고 본체의 진행방향을 계측 (2) 가속도계 : X, Y, Z 방향가속도를 계측 (3) 컴퓨터장치 : 관측치에 대한 전산처리과정을 통해 위치를 측량한다.

03 지구의 적도반지름이 6,378km, 극반지름이 6,356km일 때 타원체의 이심률은?

① $\dfrac{1}{10}$ ② $\dfrac{1}{11}$

③ $\dfrac{1}{12}$ ④ $\dfrac{1}{13}$

해설

편심률(제1이심률)(e_1)

$$e_1 = \sqrt{\dfrac{a^2-b^2}{a^2}} = \sqrt{1-\dfrac{b^2}{a^2}} = \sqrt{1-\dfrac{6,356^2}{6,378^2}} \fallingdotseq \dfrac{1}{12}$$

04 GNSS 측량의 다중경로 오차를 줄이기 위한 방법으로 거리가 먼 것은?

① 이중주파수 수신기를 설치한다.
② 관측시간을 길게 설정한다.
③ 오차 요인을 가진 장소를 피해 안테나를 설치한다.
④ 초크링(choke-ring) 안테나를 사용한다.

해설

구조적인 오차

종류	특징
위성시계오차	GPS 위성에 내장되어 있는 시계의 부정확성으로 인해 발생
위성궤도오차	위성궤도정보의 부정확성으로 인해 발생
대기권전파지연	위성신호의 전리층, 대류권 통과 시 전파지연오차(약 2m)
전파적 잡음	수신기 자체에서 발생하며 PRN 코드잡음과 수신기 잡음이 합쳐져서 발생
다중경로 (Multipath)	다중경로오차는 GPS 위성으로 직접 수신된 전파 이외에 부가적으로 주위의 지형, 지물에 의한 반사된 전파로 인해 발생하는 오차로서 측위에 영향을 미친다. ① 다중경로는 금속제 건물, 구조물과 같은 커다란 반사적 표면이 있을 때 일어난다. ② 다중경로의 결과로서 수신된 GPS 신호는 처리될 때 GPS 위치의 부정확성을 제공 ③ 다중경로가 일어나는 경우를 최소화하기 위하여 미션 설정, 수신기, 안테나 설계시에 고려한다면 다중경로의 영향을 최소화할 수 있다. ④ GPS 신호시간의 기간을 평균하는 것도 다중경로의 영향을 감소시킨다. ⑤ 가장 이상적인 방법은 다중경로의 원인이 되는 장애물에서 멀리 떨어져서 관측하는 방법이다. ⑥ 다중경로에 따른 영향은 위상측정방식보다 코드측정방식에서 더 크다.

05
평균 태양시로 정한 표준 시간으로 영국의 그리니치 천문대를 지나는 본초자오선에서의 평균 태양시인 그리니치 평균시를 더욱 정확하고 정밀하게 정의한 표준 시간은?

(22년 2회 측기)

① 역학시(dynamic time)
② 원자시(atomic time)
③ GPS시(GPS time)
④ 세계시(universal time)

해설

TIME		내 용
항성시(恒星時) (Local Sidereal Time : LST)		항성일은 춘분점이 연속해서 같은 자오선을 두 번 통과하는 데 걸리는 시간이다(23시간56분4초). 이 항성일을 24등분하면 항성시가 된다. 즉 춘분점을 기준으로 관측된 시간을 항성시라 한다. 항성시=춘분점의 시간각(H_V) =적경(a)+시간각(H)
태양시(太陽時) (Solar Time)	시태양시(時太陽時) apparent solar time	춘분점 대신 시태양을 사용한 항성시이며 태양의 시간각에 12시간을 더한 것으로 하루의 기점은 자정이 된다. 시태양시=태양의 시간각+12^h
	평균태양시(平均太陽時) local mean tim	시태양시의 불편을 없애기 위하여 천구적도상을 1년간 일정한 평균각속도로 동쪽으로 운행하는 가상적인 태양, 즉 평균태양의 시간각으로 평균 태양시를 정의하며 이것이 우리가 쓰는 상용시이다. 평균태양시=평균태양의 시간각+12^h
	균시차(均時差) equation of time	시태양시와 평균태양시 사이의 차를 균시차라 한다. 균시차 = 시태양시-평균태양시
표준시(標準時) standard time		지방시를 직접 사용하면 불편하므로 이러한 곤란을 해결하기 위하여 경도 15도 간격으로 전 세계에 24개의 시간대를 정하고 각 경도대 내의 모든 지점을 동일한 시간을 사용하도록 하는데 이를 표준시(標準時)라 한다. 우리나라의 표준시는 동경 135도를 기준으로 하고 있다
세계시(世界時) (Universal Time : UT)		표준시의 세계적인 표준시간대는 경도 0도인 영국의 그리니치를 중심으로 하며 그리니치 자오선에 대한 평균태양시를 세계시(世界時)라 한다. 세계시(UT)=LST-적경+서경+12^h
세계시(世界時)		• UT_0 : 이러한 영향을 고려하지 않는 세계시. 전세계가 같은 시간이다. • UT_1 : 극 운동을 고려한 세계시. 전세계가 다른 시간이다. • UT_2 : UT_1에 계절변화를 고려한 것으로 전세계가 다른 시각이다. $UT_2=UT_1+\Delta_S=UT0+\Delta\lambda+\Delta_S$
역표시(曆表時) (Ephemeris Time : ET)		지구는 자전운동뿐만 아니라 공전운동도 불균일하므로 이러한 영향 T를 고려하여 균일하게 만들어 사용한 것을 역표시라 한다. • $ET=UT_2+\Delta\lambda$

06
지구의 자기장 변화와 거리가 먼 것은?

① 영년변화
② 세차변화
③ 일변화
④ 자기폭풍

해설

지자기의 변화

地磁氣의 變化는 하루를 주기로 하는 日變化와 수십 년 내지 수백년에 걸친 永年變化 및 갑작스럽고도 큰 변화인 磁氣風으로 나눌 수 있다.

Answer 05 ④ 06 ②

(1) 日變化
주로 태양에 의한 자외선, X선, 전자 등의 플라스마(Plasma)로 인하여 지구 상층부의 대기권이 이온화되고, 전류가 생성되어 전자장이 유도됨으로서 생기는 변화로서, 24시간 주기로 변화한다.

(2) 永年變化
일변화에 비해 변화량이 크며, 수십 년 내지 수백 년에 걸쳐 변화한다. 영년변화의 원인은 맨틀이나 외핵의 운동에 의한 지구 내부의 지자기장 변화에 있는 것으로 생각된다.

(3) 자기풍(자기폭풍)
주로 태양의 흑점의 변화에 의하여 발생하며 주기가 약 27일이다.
자기풍은 극지방에서 발생하는 경우가 많으며 적도지방에서 보다 강도가 크다. 즉 위도가 높아짐에 따라 지자력의 강도가 크다.

> 세차변화 : 회전운동에 의해 회전축이 비틀어지는 현상. 지구의 자전에 의해서 발생한다.

07 UTM 좌표계에 대한 설명으로 옳지 않은 것은?

① UTM 좌표계 한 구역은 경도 6°×위도 8°이다.
② UTM 좌표계 종축과 횡축은 각각 측지선과 적도이다.
③ 80°N과 80°S 간 전 지역의 지도는 UTM 좌표계로 표시할 수 있다.
④ UTM 좌표계는 횡원통투영법을 사용한다.

[해설]
UTM 좌표(Universal Transverse Mercator Coordinate)
UTM 좌표는 국제횡메르카토르 투영법에 의하여 표현되는 좌표계이다. 적도를 횡축, 자오선을 종축으로 한다. 투영방식, 좌표변환식은 TM과 동일하나 원점에서 축척계수를 0.9996으로 하여 적용범위를 넓혔다.

① 지구 전체를 경도 6°씩 60개 구역으로 나누고, 각 종대의 중앙자오선과 적도의 교점을 원점으로 하여 원통도법인 횡메르카토르 투영법으로 등각투영한다.
② 각 종대는 180°W 자오선에서 동쪽으로 6° 간격으로 1~60까지 번호를 붙인다.
③ 중앙자오선에서의 축척계수는 0.9996m이다
(축척계수 : $\dfrac{평면거리}{구면거리} = \dfrac{s}{S} = 0.9996$).
④ 종대에서 위도는 남북 80°까지만 포함시킨다.
⑤ 횡대는 8°씩 20개 구역으로 나누어 C(80°S~72°S)~X(72°N~80°N)까지(단, I, O는 제외) 20개의 알파벳 문자로 표현한다.
⑥ 결국 종대 및 횡대는 경도 6°×위도 8°의 구형구역으로 구분된다.
⑦ 우리나라는 51~52종대와 S~T횡대에 속한다.
⑧ UTM 좌표에서 거리좌표는 m 단위로 표시하며 종좌표에서는 N을, 횡좌표에서는 E를 붙인다.
⑨ 각 종대마다 좌표원점의 값을 북반구에서 횡좌표 500,000mE, 종좌표 0mN(남반구에서는 10,00,000N)으로 주면 북반구에서 종좌표는 적도에서 0mN, 80°N에서 10,000,000mN이고,
⑩ 남반구에서는 80°S에서 적도까지의 거리는 10,000,000m로 나타난다.
⑪ 80°N과 80°S간 전 지역의 지도는 UTM 좌표로 표시하며 80°N 이북과 80°S 이남의양극지역의 전 지역의 지도는 국제극심입체좌표(UPS)로 표시함으로써 전 세계를 일관된 좌표계로 나타낼 수 있다.

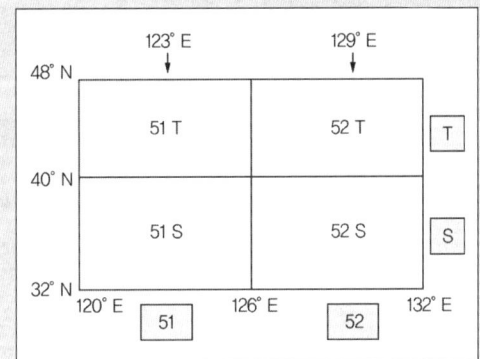

Answer 07 ②

51 : 120° ~ 126° E (중앙자오선 123° E)	S : 32° ~ 40° N
52 : 126° ~ 132° E (중앙자오선 129° E)	T : 40° ~ 48° N

08 GPS에 관한 설명으로 옳지 않은 것은?

① 3차원 측량을 동시에 할 수 있다.
② 약 0.5 항성일의 궤도 주기를 가지고 있다.
③ L1 반송파는 C/A와 P코드 신호를 전송한다.
④ 지구를 크게 3개의 지역으로 분할한 지역 기준계를 사용한다.

해설

GPS(Global Position System : 전지구 위치 파악 시스템)
GPS는 인공위성을 이용한 범세계적 위치결정체계로 정확한 위치를 알고 있는 위성에서 발사한 전파를 수신하여 관측점까지의 소요시간을 관측함으로써 관측점의 위치를 구하는 체계이다. 즉 GPS 측량은 위치가 알려진 다수의 위성을 기지점으로 하여 수신기를 설치한 미지 점의 위치를 결정하는 3차원 후방교회법(Resection methoid)에 의한 측량방법이다.
① 3차원 측량을 동시에 할 수 있다.
② 약 0.5 항성일의 궤도 주기를 가지고 있다.
③ L1 반송파는 C/A와 P코드 신호를 전송한다.
④ 지구를 크게 1개의 지역으로 보고 세계를 하나의 통일된 좌표로 표시하기 위한 목적으로 고안된 세계측지기준계이다

09 GNSS 자료처리에 의하여 직접적으로 획득할 수 있는 성과가 아닌 것은?

① 타원체고
② 경도
③ 위도
④ 정표고

해설

정표고 = 타원체고 – 지오이드고
이므로 GNSS 관측자료에서는 타원체고이므로 정표고를 구할 수는 없다.

10 북 자기극에서의 복각은?

① 90°   ② 45°
③ 30°   ④ 0°

해설

지자기 3대 요소
지구 자기장에는 편각, 복각, 수평분력이 있으며 이를 지자기 3대 요소라고 한다.

편각	자북극과 자남극을 연결하는 직선이 지구 자전축과 정확하게 일치하지 않기 때문에 나침반의 N극은 북극성이 위치한 진북이 아니라 동쪽 혹은 서쪽으로 기울어지며 이때 진북과 자북극 사이에서 발생하는 각도를 편각이라고 한다.
복각	자석의 무게중심을 실로 묶어 매달아 놓으면 북반구에서는 N극이 아래로 기울어지며 남반구에서는 S극이 아래로 기울어지게 되는데 이때 자석의 방향과 수평이 이루는 각을 복각이라고 한다. 복각은 자극으로 갈수록 점점 커져 자북극이나 자남극에서는 90°가 되며 자기적도로 갈수록 점점 작아져 자기적도에서는 0°가 된다.
수평 자기력	지구 지기장은 남반구에서는 N극을 밀어내고 반대로 북반구에서는 N극을 끌어당긴다. 이 덕분에 자침이 항상 남북 방향을 가리키게 되고 위치에 따라서 편각과 복각을 이루게 된다. 이와 같이 자침에 작용하는 지구 자기의 힘이 전자기력인데, 전자기력에는 수평자기력과 연직자기력(수직자기력)이 있다. 연직자기력은 복각을 이루는 힘이기 때문에 수평자기력만 언급하는 것이 일반적이며, 수평자기력은 자기적도에서 가장 크고 자북극과 자남극에서는 작아진다.

Answer 08 ④ 09 ④ 10 ①

11 중력이상에 관한 설명으로 옳지 않은 것은?

① 중력이상이란 보정된 기준면의 중력값과 표준중력의 차를 나타낸다.
② 밀도가 큰 물질이 지하에 있을 때는 음(-) 값을 갖는다.
③ 중력이상의 주된 원인은 지하의 밀도가 고르게 분포되어 있지 않기 때문이다.
④ 중력이상 해석으로 지하 구조와 광물을 탐사할 수 있다.

해설

重力異常(gravity anomaly)
중력이상이란 중력보정을 통하여 기준면에서의 중력값으로 보정된 중력값에서 표준중력값을 뺀 값이다. 즉 실제 관측중력값에서 표준중력식에 의해 계산한 중력값을 뺀 것이다. 중력이상의 주원인은 지하의 지질밀도가 고르게 분포되어 있지 않기 때문이다.
중력이상 = 중력실측값 - 이론실측값
중력이상(+) = 질량이 여유있는 지역
중력이상(-) = 질량이 부족한 지역
밀도가 큰물질이 지표 가까이 있을 때는 (+)값. 반대인 경우는 (-)값을 갖는다.
중력이상에 의해 지표 밑의 상태를 측정할 수 있다.

중력 이상	내 용
gravity anomaly	중력이상이란 중력보정을 통하여 기준면에서의 중력값으로 보정된 중력값에서 표준중력값을 뺀 값이다. 즉 실제 관측중력값에서 표준중력식에 의해 계산한 중력값을 뺀 것이다. **중력이상의 주원인은 지하의 지질밀도가 고르게 분포되어 있지 않기 때문이다.**
프리-에어 이상 (freeair anomaly)	• 관측된 중력값으로부터 위도보정과 프리-에어보정을 실시한 중력값 (프리에어보정+위도보정)-표준중력값 = freeair anomaly • 프리-에어 이상은 관측점과 지오이드 사이의 물질에 대한 영향을 고려하지 않기 때문에 고도가 높은 점일수록 (+)로 증가한다.
부게 이상 (Bouguer anomaly)	• 중력관측점과 지오이드면 사이의 질량을 고려한 중력 이상이다. • 부게 이상은 지하의 물질 및 질량분포를 구하는 데 목적이 있다. • 프리-에어 이상에 부게보정 및 지형보정을 더하여 얻는 이상이다. • 프리에어이상+부게보정 = simple bouguer anomaly • 프리에어이상+부게보정+지형보정 = bouguer anomaly • 고도가 높을수록 (-)로 감소한다.
지각균형 이상 (地殼均衡異常)	• 지질광물의 분포상태에 따른 밀도차의 영향을 고려한 이상이다. • 부게 이상에 지각균형보정을 더하여 얻는 이상이다. 부게 이상+지각균형보정 = isostatic anomaly

12 GNSS 반송파 상대측위 기법에 대한 설명으로 옳지 않은 것은?

① 전파의 위상차를 관측하는 방식으로서 정밀측량에 주로 사용된다.
② 정오차 축소·소거를 위해 차분기법을 사용한다.
③ 수신기 1대를 사용해 모호정수를 결정한 후 위치를 추정한다.
④ 위성과 수신기간 전파의 파장 개수를 측정하여 거리를 계산한다.

Answer 11 ② 12 ③

[해설]

위성에서의 항법신호는 사용자의 수신기에 도달하면서 위성시계와 수신기시계의 불일치, 전리층이나 대류권에서 전파지연으로 인하여 발생하는 시간지연 등에 의해 정확도가 낮아지게 된다. DGPS는 기지점에 정밀한 시계와 수신기를 갖춘 기준국(reference station)을 설치하고 그 지점에서 GPS 신호를 수신하여 기지점의 위치와 GPS 신호를 비교하여 위치오차에 대한 모호정수를 계산할 수 있다. 이 모호정수를 이용하여 주변에서 독립적으로 GPS관측을 수행하는 이동국 GPS에 전송하면 이 동국의 수신기는 보정을 통해 수신중인 위성신호의 오차를 제거할 수 있다.

13 GNSS가 이중주파수를 사용하는 주된 이유는?

① 시계오차 제거
② 대류층 지연효과 제거
③ 전리층 지연효과 제거
④ 다중경로(multipath) 제거

[해설]

위성에서 발생하는 오차	위성시계 오차	- 위성 시계는 매우 정밀하지만 시간 밀림이 발생하여 위치결정결과에 오차발생 가능
	위성궤도 오차	- 항법메시지는 12.5분마다 갱신되어 전송 - 현재보다 이전의 항법메시지 정부를 사용하는 경우 현재 위성의 위치와 실제 위치가 일치하지 않아서 발생 - 보다 정확한 궤도정보와 이력을 별개의 채널을 통해 사용함으로서 오차보정
대기권 전파지연 오차		- 의사거리 오차를 줄이는 데에는 대기권으로 인한 오차를 줄이는 것이 가장 효과적 - 이 오차는 대기권을 통과하는 전파의 시간차 때문에 발생하므로 위성이 머리위에 있을 때 가장 작고 지평선 부근에 있을 때 가장 큼 - 위성신호의 전리층 통과 전파지연
	전리층 오차	- 산란으로 인한 것으로 신호의 주파수에 따라 변화함 - L_1과 L_2채널을 모두 수신하여 전리층 오차를 직접 보정가능 - 전리층 오차는 태양활동에 영향을 받으므로 태양활동 극대기에 전리층 오차가 최대가 됨
	대류권 오차	- 대류권에 존재하는 공기와 수증기에 의해 발생하는 오차 - 전리층 오차보다 빠른 변화 - GPS 위성신호가 통과하는 거리가 고도에 따라 달라지기 때문에 발생 - 수신기의 높이값 오차는 대류권 오차오 kalfwjq한 관계
수신기에서 발생하는 오차	전파적 잡음	- 수신기 자체에서 발생하여 PRN 코드잡음과 수신기 잡음이 합쳐져서 발생
	다중경로 오차 (multi path)	- 수신기 주변에 있는 건물 등의 지형지물 때문에 위성으로부터 방송된 신호가 굴절, 반사되어 발생하는 오차 - 협상관기나 초크 링 안테나 등의 사용하여 오차보정 - 다중경로에 따른 영향은 위상측정방식보다 코드측정방식에서 더 크다.
	신호단절 (cycle slip)	- 수신기에서 위성 신호를 받다가 순간적으로 신호가 끊어져서 발생하는 오차
- 수신기 자체의 잡음		
- 안테나 구심오차		

Answer 13 ③

14 어떤 지점에서 GNSS 측량을 실시한 결과로 타원체고가 153.8m, 정표고가 53.7m 이었다면 이 지점의 지오이드고는?

① 100.1m
② 160.2m
③ 207.5m
④ 241.3m

해설
정표고 = 타원체고 − 지오이드고에서
지오이드고 = 타원체고 − 정표고
지오이드고 = 153.8 − 53.7 = 100.1m

15 지구의 자오선 곡률반지름을 M, 횡(묘유선 방향)의 곡률반지름을 N이라 할 때 평균곡률반지름(R)은?

① $R = \dfrac{M+N}{2}$
② $R = \sqrt{MN}$
③ $R = \dfrac{\sqrt{M^2+N^2}}{2}$
④ $R = \dfrac{2MN}{M+N}$

해설

楕圓體의 幾何學的 要素 (타원체의 기하학적 요소)

1. 지구를 회전타원체로 간주할 때

편평률	$P = \dfrac{a-b}{a} = 1 - \sqrt{1-e^2}$
편심률 (제1이심률) (e_1)	$e_1 = \sqrt{\dfrac{a^2-b^2}{a^2}}$
편심률 (제2이심률) (e_2)	$e_2 = \sqrt{\dfrac{a^2-b^2}{b^2}}$
자오선 곡률반경 (R)	$R = \dfrac{a(1-e^2)}{W}$ $W = \sqrt{1-e^2\sin^2\phi}$ (ϕ는 축지위도)
횡곡률반경 (N)	$N = \dfrac{a}{W} = \dfrac{a}{\sqrt{1-e^2\sin^2\phi}}$
중등곡률반경 (r)	$r = \sqrt{M \cdot N}$
타원방정식의 표준형	$\dfrac{X^2}{a^2} + \dfrac{Y^2}{b^2} = 1$

[적도반경과 극반경]

2. 지구를 구로 간주할 때(측량의 원점에서)

평균곡률반경 (R)	$R = \dfrac{2a+b}{3}$

16 항공 및 해상 중력관측의 경우에 이동 중 관측을 실시하게 되므로 관측기기의 속도에 의한 영향을 보정하기 위한 것은?

① 아이소스타시 보정
② 프리에어 보정
③ 에트뵈스 보정
④ 부게보정

해설

중력의 보정(gravity correction)

중력보정		내용
gravity correction		실측된 중력값을 기준면(지오이드 또는 평균수면)상의 중력값으로 보정하는 것
고도보정 (高度補正)		관측점 사이의 고도차가 중력에 미치는 영향을 제거하는 것
①	프리에어 보정 (freeair correction)	물질의 인력을 고려하지 않고 고도만을 고려하여 보정, 즉 관측값으로부터 기준면 사이에 질량을 무시하고 기준면으로부터 높이(또는 깊이)의 영향을 고려하는 보정 관측된 중력값 + 고도차 = 프리에어보정

Answer 14 ① 15 ② 16 ③

중력보정		내용
②	부게보정 (Bouguer correction)	관측점들의 고도차가 존재하는 물질의 인력이 중력에 미치는 영향을 보정하는 것, 즉 물질의 인력을 고려하는 보정. 측정점과 지오이드면 사이에 존재하는 물질이 중력에 미치는 영향에 대한 보정을 말한다. 관측된 중력값 + 고도차 + 물질의인력 = 부게보정
	지형보정 (topographic 또는 terrain correction)	지형보정은 관측점과 기준면 사이에 일정한 밀도의 물질이 무한히 퍼져 있는 것으로 가정하여 보정하는 것이지만 실제지형은 능선이나 계곡 등의 불규칙한 형태를 이루고 있으므로 이러한 지형영향을 고려한 보정을 지형보정이라 한다. 지형보정은 측점주위의 높음과 낮음에 관계없이 보정값을 관측값에 항상 +해주어야 한다. 관측된 중력값 + 고도차 + 물질의 인력 + 실제지형 = 지형보정
	에트베스보정 (Eotvos correction)	선박이나 항공기 등의 이동체에서 중력을 관측하는 경우에 이동체 속도의 동, 서방향성분은 지구자전축에 대한 자전각속도의 상대적인 증감효과를 일으켜서 원심가속도의 변화를 가져온다. 지구에 대한 이동체의 상대운동의 영향에 의한 중력효과를 보정하는 것
	조석보정 (earth tide correction)	달과 태양의 인력에 의하여 지구 자체가 주기적으로 변형하는 지구 조석현상은 중력값에도 영향을 주게 되고 이것을 보정하는 것
	위도보정 (latitude correction)	지구의 적도반경과 극반경 차이에 의하여 적도에서 극으로 갈수록 중력이 커지므로 위도차에 의한 영향을 제거하는 것
	대기보정(airmass correction)	대기에 의한 중력의 영향보정
	지각균형보정 (isostatic correction)	지각균형성에 의하면 밀도는 일정하지 않기 때문에 이를 보정하는 것 관측된 중력값 + 고도차 + 물질의 인력 + 실제지형 + 지각균형설 = 지각균형보정
	계기보정(drift correction)	스프링 크리프현상으로 생기는 중력의 시간에 따른 변화를 보정

17 DGPS 측량방법을 사용하는 이유에 대한 설명으로 옳은 것은?

① 단독(절대)측위보다 빠른 계산을 위하여
② 단독(절대)측위보다 연속적인 위치 계산을 위하여
③ 단독(절대)측위보다 실내측위 적용성 향상을 위하여
④ 단독(절대)측위보다 정확한 위치를 계산하기 위하여

해설

위성에서의 항법신호는 사용자의 수신기에 도달하면서 위성시계와 수신기시계의 불일치, 전리층이나 대류권에서 전파지연으로 인하여 발생하는 시간지연 등에 의해 정확도가 낮아지게 된다.
DGPS는 기지점에 정밀한 시계와 수신기를 갖춘 기준국(reference station)을 설치하고 그 지점에서 GPS 신호를 수신하여 기지점의 위치와 GPS 신호를 비교하여 위치오차에 대한 모호정수를 계산할 수 있다. 이 모호정수를 이용하여 주변에서 독립적으로 GPS 관측을 수행하는 이동국 GPS에 전송하면 이동국의 수신기는 보정을 통해 수신 중인 위성신호의 오차를 제거할 수 있다.

18 지구의 곡률반지름이 6370km이고 달의 곡률반지름은 1740km일 때, 동일 면적에 대한 달의 구과량은 지구 구과량은 약 몇 배인가?

① 약 9배 ② 약 11배
③ 약 13배 ④ 약 15배

해설

구과량(ϵ) $= \dfrac{F}{r^2}\rho''$ 이므로

$\epsilon_1 = \dfrac{F}{1,740^2}\rho''$ 이고

$\epsilon_2 = \dfrac{F}{6,370^2}\rho''$ 이므로

$\dfrac{\epsilon_1}{\epsilon_2} = \dfrac{6,370^2}{1,740^2} \fallingdotseq 13$

Answer 17 ④ 18 ③

19 우리나라 평면 직각좌표의 원점의 종류로 알맞게 짝지어진 것은?

① 동부, 서부, 중부, 동해 원점
② 동부, 서부, 내부, 중부 원점
③ 동해, 남부, 북부, 중부 원점
④ 서해, 내륙, 중부, 동해 원점

[해설]

「공간정보의 구축 및 관리 등에 관한 법률 시행령」
제7조(세계측지계 등)
③ 법 제6조제1항에 따른 직각좌표의 기준은 별표 2와 같다.
■ 공간정보의 구축 및 관리 등에 관한 법률 시행령[별표 2]
직각좌표계 원점

명칭	원점의 경위도	투영원점의 가산수치	원점축척계수	적용구역
서부 좌표계	경도: 동경 125°00′ 위도: 북위 38°00′	$X(N)$ 600,000m $Y(E)$ 200,000m	1.0000	동경 124°~ 126°
중부 좌표계	경도: 동경 127°00′ 위도: 북위 38°00′	$X(N)$ 600,000m $Y(E)$ 200,000m	1.0000	동경 126°~ 128°
동부 좌표계	경도: 동경 129°00′ 위도: 북위 38°00′	$X(N)$ 600,000m $Y(E)$ 200,000m	1.0000	동경 128°~ 130°
동해 좌표계	경도: 동경 131°00′ 위도: 북위 38°00′	$X(N)$ 600,000m $Y(E)$ 200,000m	1.0000	동경 130°~ 132°

20 천구의 좌표계 중 적도좌표계에 대한 설명으로 옳지 않은 것은? (22년 2회 측기)

① 천구상 위치를 천구의 적도면을 기준으로 하여 적경과 적위로 나타낸다.
② 적경은 춘분점을 기준으로 동쪽으로 0°에서 360°, 또는 0시에서 24시로 표시할 수 있다.
③ 하지점의 적도좌표는 (6^h, +23.5°)이다.
④ 춘분점의 적도좌표는 (0^h, +23.5°)이다.

[해설]

적도좌표계는 천체의 위치를 나타내기 위하여 사용되는 좌표계로 적경과 적위를 사용하여 천체의 위치를 나타낸다. 적도좌표계는 춘분점의 적경을 0^h로 하여 반시계방향으로 적경이 증가하며, 천구의 적도를 기준으로 북극의 적위를 +90°, 남극의 적위를 -90°로 표현한다.

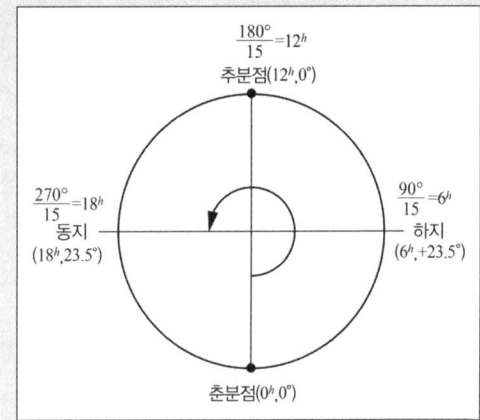

	3월(봄) 춘분	6월(여름) 하지	9월(가을) 추분	12월(겨울) 동지
지구위치	A	B	C	D
태양위치	추분점	하지점	춘분점	동지점
적경	0^h	6^h	12^h	18^h
적위	0°	+23.5°	0°	-23.°5

Answer 19 ① 20 ④

제2과목 | 응용측량

21 매개변수 A=150m인 클로소이드에 접속되는 원곡선의 반지름이 250m일 때 단위 클로소이드 길이(l)는?

① 0.571000 ② 0.600000
③ 1.258000 ④ 1.666667

해설

클로소이드 기본식 $A^2 = RL$에서
$\frac{R}{A} \times \frac{L}{A} = 1$이고, $\frac{R}{A} = r$, $\frac{L}{A} = l$ 이라 하면
$r \cdot l = 1$을 만족시키는 경우를 단위클로소이드라고 한다.
따라서 $\frac{250}{150} \cdot l = 1$ 에서
$l = \frac{150}{250} = 0.600000$

22 단곡선 설치 방법 중 접선과 현이 이루는 각을 이용하여 설치하는 방법으로 정확도가 비교적 높은 방법은?

① 접선에 대한 지거법
② 지거설치법
③ 편각 설치법
④ 장현에서의 종거에 의한 방법

해설

편각법	- 철도, 도로 등의 곡선설치에 사용하는 가장 일반적인 방법 - 비교적 정확한 편이나 반지름이 작을 때 오차가 많이 발생 - 측점 사이의 거리를 20m로 하고 시단현거리 l_1, 종단현거리 l_n에서 편각계산 $\delta_1 = 1718.87' \times \frac{l_1}{R}$ $\delta = 1718.87' \times \frac{20}{R}$ $\delta_n = 1718.87' \times \frac{l_n}{R}$
중앙종거법 (1/4법)	- 곡선의 반지름이나 곡선의 길이가 작은 시가지의 곡선설치와 철도, 도로 등의 기설, 곡선의 검사 및 개정시 편리
지거법	- 양 접선에 지거를 내려 곡선을 설치하는 방법 - 터널 내의 곡선설치와 산림지에서 벌채량을 줄이기 위해 사용

23 터널측량에서의 측점의 위치가 표와 같을 경우 터널 내 곡선의 교각은?

측점위치	N(m)	E(m)
터널 내 원곡선 시점	100.000	100.000
터널 내 원곡선 종점	100.000	350.000
교점	120.000	225.000

① 18°10′50″ ② 28°15′45″
③ 48°10′50″ ④ 71°50′10″

해설

$V_{B.C}^{I.P} = \tan^{-1}\left(\frac{225-100}{120-100}\right) = 80°54'35''$

(1 상한이므로 θ)

$V_{I.P}^{E.C} = \tan^{-1}\left(\frac{350-225}{100-120}\right) = 99°5'25''$

(2 상한이므로 180°θ)

$I = V_{I.P}^{E.C} - V_{B.C}^{I.P} = 99°5'25'' - 80°54'35''$
$= 18°10'50''$

24 100m²의 정사각형 면적을 0.1m²까지 정확하게 구하기 위하여 필요충분한 한 변의 측정거리 단위는?

① 15mm ② 10mm
③ 5mm   ④ 3mm

Answer 21 ② 22 ③ 23 ① 24 ③

해설

$\dfrac{dA}{A} = 2\dfrac{dl}{l}$ 에서

$\dfrac{0.1}{100} = 2 \times \dfrac{dl}{10}$ (면적이 100m²일 때 정사각형 한변의 길이가 10m 이므로)

$dl = \dfrac{0.1 \times 10}{2 \times 100} = 0.005m = 5mm$

25 노선측량의 순서를 도상계획, 예측, 실측 및 공사측량 등으로 시행할 때 다음 설명 중 옳지 않은 것은?

① 실측에서는 중심선 설치, 종횡단측량, 용지측량, 평면측량 등을 실시한다.
② 실측 단계에서 실시하는 용지측량은 노선구역에 대한 지가 보상 문제 등의 자료로 이용된다.
③ 공사측량에서는 실측 과정에서 만들어진 공사도면을 가지고 노선을 시공한다.
④ 예측은 답사에서 얻은 유망한 노선에 대하여 더욱 자세하게 조사한 후 현장에 곡선 설치를 하는 단계이다.

해설

노선측량 작업과정

도상계획	지형도상에서 한 두 개의 계획노선을 선정한다. 도상계획은 일반적으로 1/50,000 지형도에서 선정되며 건설비 및 유지비 등이 가장 적게 들고 직선이면서 평탄하여 공사가 용이하도록 계획한다.
현장답사	도상계획노선에 따라 현장 답사를 한다. 현장답사는 계획노선이 도상에서 계획한 것과 같이 적절한가를 조사하는 동시에 더 유리한 노선이 없는가를 주의하여 조사해야 한다. 조사사항으로는 산정과 계곡의 지형, 지질, 가옥, 토취장, 토사장, 인력공급, 환경영향평가, 경제성을 포함해야 한다.
예측	답사에 의하여 유망한 노선이 결정되면 그 노선을 더욱 자세히 조사하기 위하여 트래버스측량과 주변에 대한 측량을 실시한다. 답사에 의해 유망한 노선이 결정되면 해당 노선을 더욱 자세하게 측량하기 위하여 트래버스측량과 주변에 대한 측량을 실시하는데 이것을 예측이라고 한다. 예측에서는 트래버스의 방향 변환점(I.P)에만 말뚝을 설치하며 중심말뚝과 곡선은 설치하지 않는다.
도상선정	예측이 끝나면 노선의 기울기, 곡선, 토공량, 터널과 같은 구조물의 위치와 크기, 공사비 등을 고려하여 가장 바람직한 노선을 지형도 위에 기입하는 단계이다.
현장실측 및 공사측량	도상에서 선정된 최저노선을 지상에 측설하는 것이다. 이때 노선을 따라 교점(I.P), 곡선시점(B.C) 및 종점(E.C)을 설치하며 노선기점으로 20m간격으로 말뚝을 설치한다.

26 평면좌표 A(1478m, 920m), B(2048m, 340m), 높이 A(95.56m), B(151.46m)인 A, B점을 터널로 연결할 때, 이 터널의 경사거리는?

① 518m
② 651m
③ 815m
④ 855m

해설

경사거리 $= \sqrt{\Delta x^2 + \Delta y^2 + \Delta z^2}$
$= \sqrt{(1478-2048)^2 + (920-340)^2 + (96.56-151.46)^2}$
$= 815m$

Answer 25 ④ 26 ③

27 도로의 종단면도에 기입하는 사항이 아닌 것은?

① 추가말뚝의 추가거리, 측점간의 거리
② 계획고, 지반고
③ 절·성토고, 계획선의 경사
④ 절·성토 단면적, 절·성토량

해설

종단측량

종단측량은 중심선에 설치된 관측점 및 변화점에 박은 중심말뚝, 추가말뚝 및 보조말뚝을 기준으로 하여 준심선의 지반고를 측량하고 연직으로 토지를 절단하여 종단면도를 만드는 측량이다.

1. 종단면도 작성
    외업이 끝나면 종단면도를 작성한다. 수직축척은 일반적으로 수평축척보다 크게 잡으며 고저차를 명확히 알아볼수 있도록 한다.
2. 종단면도 기재사항
    ① 관측점 위치
    ② 관측점간의 수평거리
    ③ 각 관측점의 기점에서의 누가거리
    ④ 각 관측점의 지반고 및 고저기준점(BM)의 높이
    ⑤ 관측점에서의 계획고
    ⑥ 지반고와 계획고의 차(성토 절토 별)
    ⑦ 계획선의 경사

28 유토곡선의 성질에 대한 설명으로 틀린 것은?

① 유토곡선이 하향인 구간은 성토구간이고, 상향인 구간은 절토구간이다.
② 유토곡선의 극대점은 성토에서 절토로 옮기는 점이고, 극소점은 절토에서 성토로 옮기는 점이다.
③ 절토와 성토의 평균운반거리는 유토곡선 토량의 1/2점간의 거리로 한다.
④ 유토곡선에서 총토공량은 유토곡선과 평행선으로 둘러싸인 부분의 면적에 해당한다.

해설

유토곡선

토공에서 성토와 절초의 계획토량, 운반거리 등을 결정하는 것을 토량배분이라 하고 효율적인 토량배분을 위하여 유토곡선과 토적도를 이용한다.

절토 및 성토구간	상승구간은 절토, 하강구간은 성토를 의미
극대점, 극소점	절토와 성토의 경계
산모양, 골모양	산모양은 좌에서 우로, 골모양은 우에서 좌로 토량운반
토량의 과잉 및 부족의 파악	기선위에서 끝나면 과잉토량, 아랫니면 토량부족을 의미

29 어떤 기간 동안의 수위 중 높은 수위와 낮은 수위의 관측횟수가 같은 수위를 나타내는 것은?

① 평수위   ② 평균수위
③ 평균고수위   ④ 평균저수위

해설

최고수위(HHWL) 최저수위(LLWL)	- 어떤 기간에 있어 최고 및 최저 수위 - 년 단위 혹은 월단위의 최고 및 최저수위로 결정
평균최고수위 (NHWL) 평균최저수위 (NLWL)	- 년과 월에 있어서의 최고, 최저의 평균수위 - 평균최고수위는 제방, 교량, 배수 등의 치수목적에 사용 - 평균최저수위는 수운, 선항, 수력발전의 수리 목적에 사용
평균수위 (MHWL)	- 어떤 기간과 관측수위의 총합을 관측횟수로 나누어 평균한 값
평균고수위 (MHWL) 평균저수위 (MLWL)	- 어떤 기간에 있어서의 평균수위 이상 수위들의 평균값 - 어떤 기간에 있어서의 평균수위 이사 수위들의 평균값
최다수위(most frequent water level)	- 일정 기간에 가장 많이 발생한 수위

Answer 27 ④ 28 ② 29 ①

평수위(OWL)	- 어느 기간의 수위 중 이것 보다 높은 수위와 이것 보다 낮은 수위의 관측수가 똑같은 수위 - 일반적으로 평균수위보다 약간 낮은 수위 - 1년 중 185일은 이것 보다 저하되지 않는 수위
저수위	- 1년 중 275일은 이것 보다 저하되지 않는 수위
갈수위	- 1년 중 355일은 이것 보다 저하되지 않는 수위

30 그림과 같은 토지 ABCDE를 동일 면적의 □AEDF 토지로 만들기 위해 DC의 연장선 상에 경계점 F를 설치하고자 한다. $\overline{AC}$ = 40m, $\overline{BC}$ = 25m, ∠ACB= 30°, ∠BCF= 80°라 할 때 $\overline{CF}$의 거리는?

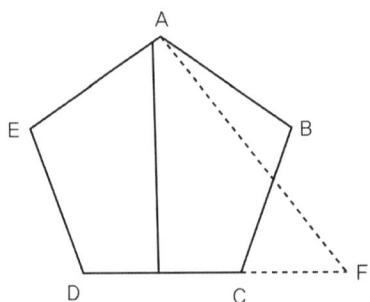

① 12.7m ② 12.9m
③ 13.1m ④ 13.3m

[해설]
△ABC의 면적과 △ACF의 면적이 동일해야 한다
사인법칙에 의해 △ABC에서
$A = \frac{1}{2} \times 40 \times 25 \times \sin(30°) = 250 m^2$
사인법칙에 의해 △ACF에서
$A = \frac{1}{2} \times 40 \times \overline{CF} \times \sin(110°) = 250 m^2$ 에서
$\overline{CF} = \dfrac{250}{\frac{1}{2} \times 40 \times \sin(110°)} = 13.3 m$

31 조석관측을 실시하여 기본수준점을 새로 설치하기 위해 선점할 때의 유의사항으로 옳지 않은 것은?

① 선정지점은 되도록 해안선 인근의 견고한 암반이나 손괴가 쉽지 않도록 가능한 공공용지 등에 선정한다.
② 선점된 기본수준점표 부지의 사용은 부지의 소유자나 관리자의 승낙을 얻어야 한다.
③ 지반 연약지 또는 성토지 등의 사유지를 활용하여 선정한다.
④ 지형의 변화 예상이 적고 현지 상황 등을 조사하여 이용에 편리한 가장 적합한 장소를 선정한다.

[해설]
기본수준점 설치를 위한 조건
① 수류 방향이 일정한 장소
② 조석이 교각, 방파제 등 기타 구조물에 영향을 받지 않는 장소
③ 유실, 세굴, 이동, 파손의 영향이 없는 장소 등

수준척을 사용할 때 주의해야 할 사항
① 수준척은 연직으로 세워야 한다
② 관측자가 수준척의 눈금을 읽을 때에는 표척수로 하여금 수준척이 기계를 향하여 앞뒤로 조금씩 움직이게 하여 제일 작은 눈금을 읽어야 한다
③ 표척수는 수준척의 밑바닥에 흙이 묻지 않도록 하여야 하며 수준척이 이음으로 되어 있을경우에는 측량도중 이음매에서 오차가 발생하지 않도록 주의 하여야 한다
④ 정밀한 수준측량에서나 또는 다른 측량에 중대한 영향을 줄 수 있는 중요한 점에 수준척을 세울 때는 지반의 침하여부에 주의하여야 하며 침하하기 쉬운곳에는 표척대를 놓고 그 위에 수준척을 세워야 한다
⑤ 표척 기울기에 대한 오차는 표척을 앞뒤로 흔들 때의 최솟값을 읽음으로 최소화한다.

Answer 30 ④ 31 ③

32 그림과 같은 좌표를 갖는 □ABCD의 면적은? (단, 단위는 m이다.)

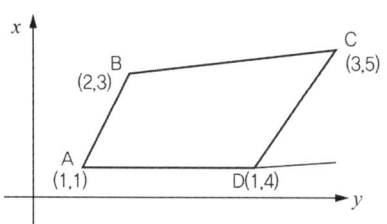

① 2m²
② 3m²
③ 4m²
④ 5m²

해설

	합위거 (x)	합경거 (y)	$(X_{i+1}-x_{i-1}) \times y$	배면적
A	$X_1(1)$	$Y_1(1)$	$(x_2-x_4) \times y_1$	$(2-1) \times 1 = 1$
B	$X_2(2)$	$Y_2(3)$	$(x_3-x_1) \times y_2$	$(3-1) \times 3 = 6$
C	$X_3(3)$	$Y_3(5)$	$(x_4-x_2) \times y_3$	$(1-2) \times 5 = -5$
D	$X_4(1)$	$Y_4(4)$	$(x_1-x_3) \times y_4$	$(1-3) \times 4 = -8$
				배면적 $=6$
				면적 $=\dfrac{6}{2}=3m^2$

33 지하시설물의 탐사방법 중 조사구역을 적당한 격자 간격으로 분할하여 그 격자점에 대한 자력 값을 관측함으로써 지하의 자성체의 분포를 추정하는 방법은?

① 지중레이더탐사법
② 자기탐사법
③ 전자탐사법
④ 탄성파탐사법

해설

지하시설물 측량기법

전자유도측량 (electronic) 방법	지표로부터 매설된 금속관로 및 케이블 관측과 탐침을 이용하여 공관로나 비금속관로를 관측할 수 있는 방법으로, 장비가 저렴하고 조작이 용이하며 운반이 간편하여 지하시설물 측량기법 중 가장 널리 이용되는 방법이다.
GPR (Ground Penetrating Radar) 지중레이더측량 기법	지중레이더 측량기법은 전자파의 반사의 성질을 이용하여 지하시설물을 측량하는 방법이다. GPR(Ground Penetrating Radar, 지중 레이더)은 지중으로 전자파를 안테나로부터 방사하여 지중으로부터 반사되어져 오는 전자파를 수신하여 지하에 매설되어 있는 물체를 탐사하는 장비이다. GPR은 지중의 가스나 수도파이프 등의 금속 물체 뿐 만 아니라 비금속 예를 들면 폴리에틸렌, 콘크리트, 암반 또는 공동 등도 탐지가 가능하다. 반사 수신된 전자파의 판독기술과 탐지 숙련도는 매설된 물체 예를 들면 가스관, 수도관 기타 파이프를 효율적이고 정확하게 파악할 수 있게 해준다.
음파 측량기법 (acoustic)	전자유도 측량방법으로 측량이 불가능한 비금속 지하시설물에 이용하는 방법으로 물이 흐르는 관 내부에 음파 신호를 보내어 관 내부에 음파가 발생된다. 이때 수신기를 이용하여 발생된 음파를 측량하는 기법이다.
자기 탐사법 (Magnetic Detection Method)	지하 자장의 공간적 변화를 관측하여 자성체의 분포를 탐사하는 기법으로 매설물의 전기적 성질의 차이를 관측하여 지하시설물을 탐사하는 방법.

Answer 32 ② 33 ②

34 하천흐름의 유속을 측정하기 위하여 수면으로부터 수심(H)의 0.2H, 0.6H, 0.8H 지점에서 유속을 측정한 결과 각각 0.56m/s, 0.62m/s, 0.42m/s이었을 때 평균유속은?

① 0.533m/s ② 0.540m/s
③ 0.555m/s ④ 0.577m/s

해설

① 1점법 : $V_{0.6}$
② 2점법 : $\frac{1}{2}(V_{0.2} + V_{0.8})$
③ 3점법 : $\frac{1}{4}(V_{0.2} + 2V_{0.6} + V_{0.8})$
④ 4점법 :
$\frac{1}{5}V_{0.2} + V_{0.4} + V_{0.6} + V_{0.8} + \frac{1}{2}(V_{0.2} + \frac{1}{2}V_{0.8})$

유속
$= \frac{1}{4}(V_{0.2} + 2V_{0.6} + V_{0.8})$
$= \frac{1}{4}(0.56 + 2 \times 0.62 + 0.42) = 0.555 m/\sec$

35 노선측량에서 노선을 선정할 때 가장 우선시 되는 것은? (22년 2회 측기)

① 공사기간
② 용지비와 측량비
③ 곡선설치의 난이도
④ 수송량 및 경제성

해설

노선측량(Route survey)

도로, 철도, 운하 등의 교통로의 측량, 수력발전의 도수로 측량, 상하수도의 도수관의 부설에 따른 측량 등 폭이 좁고 길이가 긴 구역의 측량을 말한다. 그러므로 노선의 목적과 종류에 따라 측량도 약간 다르게 된다. 삼각측량 또는 다각측량에 의하여 골조를 정하고 이를 기본으로 지형도를 작성하고 종횡단면도 작성, 토량등도 계산하게 되는 것이다.

1. 노선조건

① 건설비와 유지비가 적게 드는 노선이어야 한다.
② 교통성을 고려하여야 한다.
③ 가능한 직선으로 할 것
④ 가능한 한 경사가 완만할 것
⑤ 토공량이 적고 절토와 성토가 짧은 구간에서 균형을 이룰 것
⑥ 절토의 운반거리가 짧을 것
⑦ 배수가 완전할 것

노선측량에서 노선 선정 시 가장 먼저 고려사항은 수송량과 경제성이다.

36 수준측량 결과가 그림과 같을 때, 이 지역의 계획고를 5.0m로 하기 위한 토량은? (단, 측점의 단위는 m)

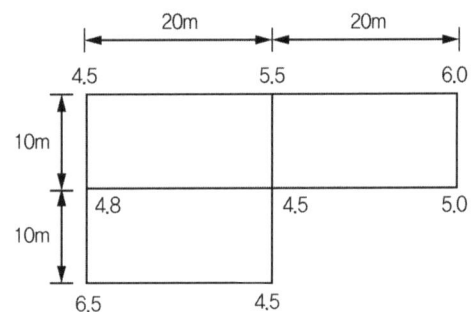

① 절토량 30m³ ② 절토량 20m³
③ 성토량 20m³ ④ 성토량 30m³

해설

$V = \frac{A}{4}(\Sigma h_1 + 2\Sigma h_2 + 3\Sigma h_3 + 4\Sigma h_4)$
$= \frac{10 \times 20}{4}(26.5 + 2 \times 10.3 + 3 \times 4.5) = 3,030 m^3$

$\sum h_1 = 4.5 + 6.0 + 5.0 + 4.5 + 6.5 = 26.5$
$\sum h_2 = 5.5 + 4.8 = 10.3$
$\sum h_3 = 4.5$

계획고에 따른 토량 $= 10 \times 20 \times 5 \times 3 = 3,000 m^3$
$3,000 - 3,030 = -30 m^3$ 이므로 $30 m^3$ 절토해야 한다.

Answer 34 ③ 35 ④ 36 ①

37 하천의 종단측량을 위한 높이 관측에 일반적으로 사용되는 측량 방법은?

① 직접 수준 측량
② 교호 수준 측량
③ 항공 사진 측량
④ 삼각 수준 측량

해설
종단측량

하천의 종단측량은 하천의 양안에 설치된 거리표, 양수표, 수문, 기타 중요한 장소의 표고를 측정하기 위해 실시한다. 하천측량은 **직접 수준측량**을 통해 수준기점에서 다음의 수준기점에 결합하는 방법으로 시행하며 1왕복 이상 관측하여 충분한 정밀도를 확보해야 한다.

거리표(距離標) 설치	① 하천의 중심에서 직각방향으로 설치한다. ② 하천의 한쪽하안에 따라 하구 또는 하천의 합류점으로부터 100 또는 200m마다 설치한다. ③ 표석은 1km마다 매립한다.
종단측량 (縱斷測量)	① 수준기표 : 5km마다 암반에 설치한다. ② 허용오차 : 4km 왕복에서 유조부 10mm, 무조부 15mm, 급류부 20mm ③ 축척 : 종(높이) $\frac{1}{100}$, 횡(거리) $\frac{1}{1,000}$
횡단측량 (橫斷測量)	① 200m마다의 거리표를 기준으로 하며, 간격은 소하천은 5m, 대하천은 10~20m마다 좌안을 기준으로 측량을 실시한다. ② 축척 : 종(높이) $\frac{1}{100}$, 횡(폭) $\frac{1}{1,000}$ ③ 좌안 : 물이 흐르는 방향에서 볼 때 좌측

38 클로소이드 곡선의 중심에서 주접선에 내린 수선의 길이와 접속되는 원곡선의 반지름의 차이를 의미하는 것은?

① 이정량(shift)   ② 접선편거
③ 현편거   ④ 캔트(cant)

해설

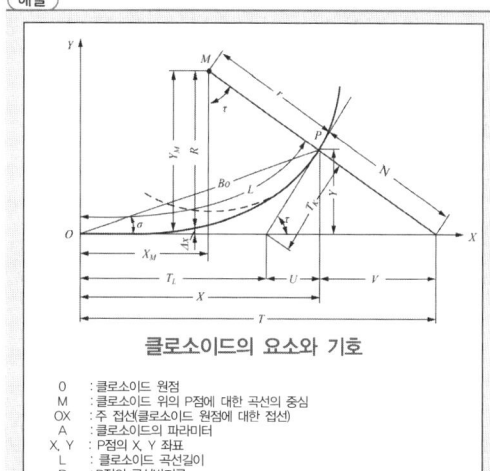

클로소이드의 요소와 기호

O : 클로소이드 원점
M : 클로소이드 위의 P점에 대한 곡선의 중심
OX : 주 접선(클로소이드 원점에 대한 접선)
A : 클로소이드의 파라미터
X, Y : P점의 X, Y 좌표
L : 클로소이드 곡선길이
R : P점의 곡선반지름
Δr : 이정량(Shift)
XM, YM : M점의 X좌표, Y좌표
τ : P점에서의 접선각
σ : P점에서의 극각
TK, TL : 단접선길이, 장접선길이
SO : 동경
N : 법선길이
U : TK의 주 접선에서의 투영길이
V : N의 주 섭선에의 투영길이

이정량(shift) : 클로소이드 곡선의 중심에서 주접선에 내린 수선의 길이와 접하는 원곡선의 반지름의 차

39 선박에서 음향 측심기로 음파를 발신하여 수신할 때까지 걸린 시간이 0.1초 이었다면 수심은? (단, 해수 중의 음파속도는 약 1,500m/s이며, 수면에서 송·수파기까지의 길이는 3m이다.)

① 75m   ② 78m
③ 150m   ④ 153m

Answer 37 ① 38 ① 39 ②

[해설]

$D = \frac{1}{2}vt = \frac{1}{2} \times 1,500 \times 0.1 = 75m$ 에서

수면에서 송수파기까지의 거리가 3m이므로

$75 + 3 = 78m$

---

40 단곡선을 설치하는 데 있어서 교각 90°, 접선길이 90m일 때 곡선 반지름은?

① 90m
② 100m
③ 120m
④ 156m

[해설]

$T.L = R\tan\left(\frac{\theta}{2}\right)$ 에서

$R = \frac{T.L}{\tan\left(\frac{\theta}{2}\right)} = \frac{90}{\tan(45)} = 90m$

제3과목 | 사진측량 및 원격탐사

41 초점거리 15cm, 사진의 크기 23cm × 23cm의 카메라로 촬영된 축척 1:20000의 두 장의 항공사진에서 중복도가 60%일 때, 높이가 30m인 철탑의 기복변위량은? (단, 철탑의 상부는 사진의 주점기선 중앙에 위치하고 있다.)

① 0.23mm
② 0.46mm
③ 0.69mm
④ 0.92mm

[해설]

$\frac{1}{m} = \frac{f}{H}$ 에서 $H = mf = 20,000 \times 0.15 = 3,000m$

$b_0 = a\left(1 - \frac{p}{100}\right) = 0.23\left(1 - \frac{60}{100}\right) = 0.092m$

$\frac{h}{H} = \frac{\Delta r}{r}$ 에서 첨탑의 상부가 주점기선 중앙에 위치하고 있으므로 $r = \frac{0.092}{2} = 0.046m$ 이고

$\Delta r = \frac{h}{H}r = \frac{30}{3,000} \times 0.046m = 0.46mm$

---

42 다음 중 벡터편집프로그램과 결합되어 3차원 도화원도를 제작하고 정사투영영상을 제작할 수 있는 도화기는?

① 디지털 입체도화기
② 해석적 입체도화기
③ 아날로그 입체도화기
④ 하이브리드 입체도화기

[해설]

아날로그 입체도화기	아날로그 입체도화기는 수륜(手輪, Hand Wheel)과 족륜(足輪, Foot Dial)을 조작하여 부점(Floating Mark)을 원하는 위치로 이동하여 도화를 하거나 좌표를 독취한다.
해석적 입체도화기	사진을 과학적으로 혹은 디지털투사기를 이용하여 사진영상을 다른 그래픽 정보와 중첩하여 볼 수 있으며 취득한 데이터의 오류를 검증할 수 있는 방법이다. 사진의 표정 및 오차보정은 컴퓨터 소프트웨어에 의하여 이루어 지는 특징을 가지고 있다. 항공촬영된 양화필름과 기준점 성과를 이용하여 해석도화기에 의해 지형.지물을 수치형태의 데이터로 취득하는 장비이다.

Answer 40 ① 41 ② 42 ①

| 디지털 입체도화기 | 수치사진측량시스템은 사진측량기법과 영상처리(Imqge Processing)을 복합적으로 조합하여 수치지도를 작성하는 장비로 디지털 도화기를 말한다. 모니터 스크린의 영상을 실체 시 하는 방법은 여색관계(Anaglyph)를 이용하는 방법과 편광필터(Polarizing Filter)를 이용하는 2가지 방법이 일반적으로 사용되고 있다. 수치사진 측량시스템에 사용되는 장비에 따라 워크스테이션과 퍼스널컴퓨터의 두 종류로 구분할 수 있다. 워크스테이션은 컴퓨터를 이용한 시스템이 빠른 처리속도와 대규모의 저장용량으로 사진측량의 전 과정을 완벽하게 지원해주는 반면에 PC를 이용하는 시스템은 일정 수준 이하의 제한된 처리 능력 및 용량을 가지고 있다. |

43 한 코스에 대하여 임의의 촬영점으로부터 다음 촬영점까지의 종방향 실거리를 의미하는 것은?

① 촬영기선 길이
② 종중복도
③ 촬영코스 길이
④ 주점기선 길이

[해설]

1코스의 촬영 중 임의의 촬영점으로부터 다음 촬영점까지 종빙향 실세 거리를 촬영 종기선길이라 하고, 코스 간격을 나타내는 C_0를 촬영 횡기선길이라 한다.

주점기선길이$(b_0) = a(1 - \dfrac{p}{100})$

촬영 종기선길이$(B) = mb_0 = ma(1 - \dfrac{p}{100})$

촬영 횡기선길이$(C_0) = ma(1 - \dfrac{q}{100})$

44 우리나라 위성 중 정지궤도를 채택하면서 최초로 기상관측 목적의 센서를 탑재한 위성은?

① 아리랑 위성
② 무궁화 위성
③ 천리안 위성
④ 우리별 위성

[해설]

정지궤도 위성은 인공위성의 지구공전주기와 지구의 자전주기가 같아 지상에서 관측시 정지한 것처럼 보이는 위성을 의미한다. 천리안 위성은 우리나라 정지궤도 기상위성으로 2010년 6월 1호가 발사되었으며 2018년 12월, 2020년 2월 각각 2A호와 2B호가 발사되었다.

우리나라 위성

우리별위성 (KITSAT)	① 1992. 8. 11 초소형 과학위성인 우리별(KITSAT)1호 발사 ② 1993. 9. 26 해상력 400M인 우리별(KITSAT)2호 발사 ③ 1999. 5. 26 우리별3호 발사
무궁화위성 (KOREASET)	① 우리나라 위성통신과 위성방송사업을 담당하기 위해 발사된 통신위성 ② 방송분야와 통신분야의 임무를 수행 ③ 주로 통신을 목적으로 하므로 지구의 자전각 속도와 동일한 각속도로 운동함으로써 정지궤도를 유지

Answer 43 ① 44 ③

위성	설명
아리랑위성 (KOMPSAT)	5월 18일 일본 다네가시마 우주센터에서 발사된 다목적 실용위성 아리랑 3호가 정상궤도에 진입하고 첫 영상을 성공적으로 촬영했습니다. 한국항공우주연구원은 아리랑 3호가 촬영한 해상도 0.7m급 영상을 공개했습니다. 촬영된 아리랑 3호 영상은 아리랑 2호(해상도 1m급)와 비교할 때 지상 물체가 더욱 선명해졌고, 물체 모서리가 명확히 구분되며, 명암도 개선된 것이 특징입니다. 이번 시험 영상 촬영 성공으로 우리나라는 본격적인 서브미터 급 인공위성 영상을 확보할 수 있게 됐습니다. 아리랑 3호는 자세 제어를 통한 급속 기동 촬영 기능을 갖고 있어 능동적으로 원하는 지역의 영상을 확보할 수 있습니다. 항우연은 아리랑 2호가 먼저 광역대를 먼저 촬영한 영상을 분석해 이를 다시 아리랑 3호로 정밀 촬영하는 방식으로 운영해 영상정보 활용 능력을 더욱 높일 계획입니다.
과학기술위성 (STSAT)	① 2003.9.27 우주관측위성인 과학기술위성 1호를 발사 ② 2005년 5월에는 과학기술위성 2호를 발사할 예정(진입실패) ③ 2013.1.31 과학기술위성 3호(나로호) 발사 성공
천리안위성 (COMS)	한국 최초의 통신해양기상위성으로 국내에서 제작된 최초의 정지궤도위성이며, 기상 및 해양관측에 통신중계기능도 겸하는 다목적위성이다. 우리의 기술로 개발한 최초의 정지궤도위성, '천리안위성'이 2010년 6월 27일 발사되었습니다. 천리안 위성은 통신해양기상위성으로, 통신 위성과 해양 관측 위성, 기상 위성의 역할을 모두 하는 위성이다. 천리안 위성이 가진 기능 중 아무래도 기상 부분이 가장 친숙할 것으로 생각된다.

45 지상측량용 사진기를 이용하여 건축물의 3차원 측량을 수행할 경우에 고려하지 않아도 될 사항은?

① 렌즈의 왜곡
② 초점거리
③ 기준점의 정확도
④ Image motion 보정

해설

항공사진측량이 주로 지형도를 제작하기 위해 사용되었다면, 지상사진측량은 문화재 관측이나 구조물 관측에 많이 이용된다.

직각수평촬영	편각수평촬영	수렴수평촬영
사진기의 광축을 수평 또는 직각 방향으로 향하게 하여 평면으로 촬영하는 방법	사진기의 왕축을 서로 교차하여 촬영하는 방법	사진기축을 특정 각도만큼 좌우로 움직여 평행촬영하는 방법

항공사진측량와 지상사진측량의 비교

항목	항공사진측량	지상사진측량
관측방법	후방교회법에 의한 관측	전방교회법에 의한 관측
고려사항	감광도에 중점	렌즈 수차만 작으면 이용 가능
촬영각	광각이 경제적	보통각이 유리
기상영향	기상변화에 민감	기상변화에 의한 영향이 적음
축척변경	축척변경이 용이	축척변경이 불편
정확도	높은 평면정확도/낮은 높이정확도	높은 높이정확도/낮은 평면정확도
대상	대규모 지역에서 경제적	소규모 지역에서 경제적

지상사진측량을 하는 경우에도 항공사진측량과 마찬가지로 렌즈의 왜곡, 카메라의 초점거리, 지상기준점의 정확도를 고려해야 한다.

Answer 45 ④

46 위성을 이용한 원격탐사의 특징에 대한 설명으로 틀린 것은? (22년 2회 측기)

① 짧은 시간 내에 넓은 지역을 동시에 관측할 수 있으면 반복관측이 가능하다.
② 회전주기가 일정하므로 원하는 지점 및 시기에 관측하기 쉽다.
③ 다중 파장대에 의한 지구표면의 정보획득이 용이하고 관측자료가 수치기록 되므로 판독이 자동적이고 정량화가 가능하다.
④ 관측이 좁은 시야각으로 행하여지므로 얻은 영상은 정사투영상에 가깝다.

[해설]

원격탐사(Remote Sensing)
원격탐측이란 지상이나 항공기 및 인공위성 등의 탑재기(Platform)에 설치된 탐측기(Sensor)를 이용하여 지표, 지상, 지하, 대기권 및 우주공간의 대상들에서 반사 혹은 방사되는 전자기파를 탐지하고 이들 자료로부터 토지, 환경 및 자원에 대한 정보를 얻어 이를 해석하는 기법이다.

원격탐사(Remote Sensing)의 특징
1) 짧은 시간에 넓은 지역을 동시에 측정할 수 있으며 반복측정이 가능하다.
2) 다중파장대에 의한 지구표면 정보획득이 용이하며 측정자료가 기록되어 판독이 자동적이고 정량화가 가능하다.
3) 회전주기가 일정하므로 원하는 지점 및 시기에 관측하기가 어렵다.
4) 관측이 좁은 시야각으로 얻어진 영상은 정사투영에 가깝다.
5) 탐사된 자료가 즉시 이용될 수 있으므로 재해, 환경문제 해결에 편리하다.
6) 수치화된 영상자료를 통한 저장과 분석이 용이하다.
7) 정치, 자연환경적인 이유로 접근이 불가능한 지역의 관측이 가능하다.

장점	단점
- 능동적 또는 수동적 에너지를 이용하여 관측 대상에 영향을 주지 않고 대상의 특성을 추출 - 원거리 비접촉 관측이 가능 - 탐측기가 수행 가능한 범위 내에서 대상지역에 대한 전수조사 수행 - 보조자료와 영상처리를 통하여 위치와 속성 및 시간의 변화에 따른 4차원 데이터 생성 - 반복적인 주기에 의한 체계적인 비교 데이터 획득 및 용이한 축척변경 - 자연 또는 사회, 문화 모델링에 주요 데이터로 활용 - 하나의 데이터에서 취득되는 다양한 파장정보는 여러 분야에서 동시에 이용 가능	- 전수조사에 의한 데이터지만 데이터 크기와 처리용량의 한계로 공간적, 분광적, 방사적 제약 발생 - 사용 목적에 따라 적절한 영상 선별이 필요 - 속성 정보나 위치정보는 현지조사, 측량 등 기존의 관측방식에 비해 낮은 정확도로 인식하여 기준 데이터로의 채택은 불가능함 - 영상을 수집하고 처리 및 분석하는 데 많은 비용이 소요되며 처리와 분석에 전문적인 지식이 필요 - 위성의 회전주기가 일정하여 정해진 시간이 다시 지나야만 다시 이전의 관측지점으로 돌아오기 때문에 원하는 시간에 원하는 지점을 관측하기 어려움

47 초점거리 200mm의 카메라로 지상에서 한 변의 길이가 30cm인 대공표지를 사진상에서 30μm 이상의 크기로 나타나게 하고자 할 때, 한계비행고도는?

① 1,500m ② 1,700m
③ 2,000m ④ 2,500m

[해설]

지상에서 한변길이 : $30cm = 0.3m = 30 \times 10^{-2} m$ 이고
$1\mu m = 1$백만분의 $1m$이므로
사진상의 한변의 길이 $30\mu m = 30 \times 10^{-6} m = 3 \times 10^{-5} m$

$$\frac{1}{m} = \frac{도상거리}{지상거리} = \frac{0.00003}{0.3} = \frac{1}{10,000}$$

$\frac{1}{m} = \frac{f}{H}$ 에서
$H = mf = 10,000 \times 0.2 = 2,000 m$

Answer 46 ② 47 ③

48 숲 지역에서 수치고도모형(DEM) 데이터를 추출하기 위한 방법 중 가장 정확도가 높은 방법은?

① 위성영상자료 이용
② 기존수치지도 이용
③ 항공레이저측량
④ 항공사진측량

해설

항공레이저측량
(LiDAR : Light Ddetction And Ranging)

항공레이저측량 시스템은 지표(surface)에 있는 산이나 골짜기, 산림등의 자연지형과 택지 및 도로, 빌딩이나 다리등의 인공지물로 이루어지는 지형지물을 항공기의 위치 및 자세가 정확하게 얻어지는 센서로부터 레이저를 발사하여 거리를 측정하고 그 수치를 측량좌표계등으로 나타낸 계측기라 할 수 있다. 항공레이저측량은 항공레이저측량시스템을 항공기에 탑재하여 레이저를 주사하고 그 지점에 대한 3차원 위치좌표를 취득하는 측량방법을 말한다. Laser Radar 혹은 LIDAR, LiDAR이라고도 한다.

1. 특징
   1) 항공사진측량에 비하여 작업속도나 경제적인 면에서 매우 유리하다.
   2) 재래식 항측기법의 적용이 어려운 산림, 수목 및 늪지대 등의 지형도 제작에 유용하다.
   3) 기상조건에 좌우되지 않는다.
   4) 산림이나 수목지대에도 투과율이 높다.
   5) 자료취득 및 처리과정이 수치방식으로 이루어진다.
   6) 저고도 비행에서만 가능하다.
   7) 능선이나 계곡 및 등 지형의 경사가 심한 지역에서는 정확도가 저하되는 단점이 있다.

49 항공사진측량을 통한 정밀지형도 작성을 위하여 필수적인 자료가 아닌 것은?

(22년 2회측기)

① 지상기준점측량 성과
② 토지이용 정보
③ 내부표정요소
④ 항공사진

해설

항공사진에 의한 지형도제작은 촬영(撮影), 기준점측량(基準點測量), 세부도화(細部圖化)의 세 과정에 의한다.

촬영	촬영은 능률적이며 경제적으로 소요의 정확도에 의한 촬영기선길이, 촬영고도, 소요사진축척을 세워 촬영하여 음화필름을 얻는다. 촬영에서 얻어진 음화필름을 세부도화에 필요한 양화필름과 지상기준점측량에 필요한 밀착인화시진 및 현지조사에 쓸 인화사진을 제작한다.
기준점 측량	세부도화에 필요한 수평위치기준점(planimetric control point) 및 높이기준점좌표(hight control point)를 얻기 위해 지상측량방법에 의하며 경우에 따라 항공삼각측량을 행하여 필요한 점의 좌표를 구한다.
세부도화	세부도화는 정밀입체도화기에 장치한 다음 내부표정, 상호표정을 거쳐 기준점성과를 이용하여 절대표정을 한다.절대표정을 하면 사진상의 상과 대응되는 대상물과 상사관계가 이루어진다. 절대표정이 끝난후 대상의 지형지물을 최종도면축척으로 세부도화를 하므로 측량원도가 작성된다.

Answer 48 ③ 49 ②

지형도 제작과정(입체시에 의한 도화형태)

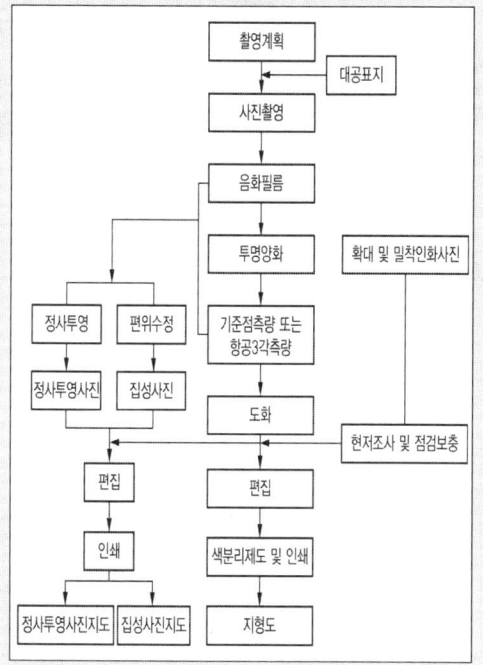

따라서, 실제의 작업에서는 소수의 지상 기준점에 대해서만 측량을 실시하고 나머지 점들에 대해서는 측정된 지상 기준점의 좌표와, 도화기 등의 정밀 좌표 측정기에 얻어진 사진 좌표나 모델 좌표 또는 스트립 좌표 들을 이용하여 수학적 계산으로 절대 좌표를 결정하게 되는데 이러한 방식을 항공삼각 측량이라고 한다.

1. 항공삼각측량의 장점 및 활용

장점	① 실내 작업으로 지상기준점을 얻을 수 있다. ② 측량 대상지역 내로 진입하는 것을 최소화 할 수 있다. ③ 지상측량이 어려운 지역의 측량을 최소화 할 수 있다. ④ 항공삼각측량을 통하여, 실제 관측된 GCP의 정밀도를 검정할 수 있다.
활용	① 도화기에서 모델의 절대표정을 위한 지상기준점 제공 (bridging) ② 필지경계점 좌표 계산 ③ DEM 제작 ④ 기계구조물(선박, 항공기) 정밀 위치측량

50 다음 중 항공삼각측량을 실시하는 이유로 가장 적합한 것은?

① 도화 작업량이 감소한다.
② 사진처리 작업량이 감소한다.
③ 대상지역이 넓을수록 비경제적이다.
④ 지상기준점측량 작업량이 감소한다.

[해설]
항공삼각측량
한 쌍의 중복된 사진으로부터 각 점의 3차원 절대 좌표를 측정하기 위해서는 최소한 2개의 평면 기준점과 3개의 표고 기준점이 요구된다. 이들 기준점을 획득하기 위해 필요한 모든 점을 측량하는 것을 전면 지상 기준점 측량(Full Ground Control Point Survey)이라고 하는데, 대규모의 항공 사진들을 이용하여 작업을 수행하는 경우 이러한 전면 지상 기준점 측량 작업은 엄청난 시간과 노력, 비용의 소요를 가져온다.

51 공간 해상력이 상이한 두 종류 이상의 영상을 합성하여 상대적으로 고해상도인 종합 정보를 포함한 영상을 제작하는 과정을 무엇이라고 하는가? (22년 2회 측기)

① 영상 강조(image enhancement)
② 영상 분류(image classification)
③ 영상 전처리(image preprocessing)
④ 영상 융합(image fusion)

Answer 50 ④ 51 ④

해설

영상 전처리	방사량 왜곡 및 기하학적 왜곡을 보정하는 공정을 전처리라 한다.
영상 강조	화상자료를 해석할 때 해석자가 화상내용을 정확하게 인식할 수 있도록 해석 목적에 따라 화상자료를 가공하는 것
영상 분류	화상에 포함된 여러 가지 대상물의 구별을 목적으로 화소나 비교적 성질이 같은 화소 그룹의 특징에 대응되는 라벨을 지정하는 것이다. 이러한 라벨을 분류 클래스라고 한다.
영상 융합	공간 해상력이 상이한 두 종류 이상의 서로 다른 영상면들을 이용하여 새로운 영상면을 생성함으로써 영상의 효과를 극대화시켜 영상분류의 정확도를 향상시키는 데 사용되는 기법

52 종방향×횡방향이 40km×20km인 토지를 보통각 카메라로 사진크기 18 cm×18 cm, 종중복도 60%, 횡중복도 30%, 축척 1:20000으로 항공사진 촬영을 할 때 필요한 입체모델(model)의 수는?

① 89모델
② 224모델
③ 320모델
④ 560모델

해설

종모델수
$$= \frac{40,000}{0.18 \times 20,000(1-\frac{60}{100})} = 27.7 \rightarrow 28모델(올림한다)$$

횡모델수
$$= \frac{20,000}{0.18 \times 20,000(1-\frac{30}{100})} = 7.9 \rightarrow 8모델(올림한다)$$

총 모델수 = 종모델수 × 횡모델수 = 28 × 8 = 224

53 위성영상 중 지표면의 온도분포를 분석할 수 있는 것은? (22년 2회 측기)

① Landsat 위성의 TM 영상
② Landsat 위성의 RBV 영상
③ STOP 위성의 HRV 영상
④ 아리랑 위성의 EOC 영상

해설

TM 탐측기

TM(Thematic Mapper) 탐측기는 Landsat 4호~8호에 탑재되어 가시광선, 근적외선, 중적외선 및 열적외선 영역에서의 에너지를 기록하는 위스크브룸 방식의 광학센서 시스템이다.

① 지표면의 고분해능 관측목적으로 LANDSAT 4~8호에 탑재
② 파장영역은 7밴드(최근 9밴드 까지 향상)
③ 판독의 정밀도가 MSS보다 높다
④ 주사경(렌즈)의 운동은 MSS와 달리 왕복관측을 한다.
⑤ 세부판독능력이 향상됨

54 항공삼각측량시 평면기준점의 배치가 그림과 같은 경우에 가장 큰 잔차가 남는 지점은?

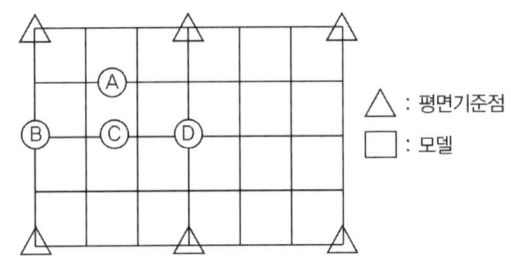

① A
② D
③ C
④ D

Answer 52 ② 53 ① 54 ②

[해설]

절대 표정	상호표정이 끝난 입체모델을 지상 기준점(피사체 기준점)을 이용하여 지상좌표에피사체 좌표계와 일치하도록 하는 작업으로 입체모형(model) 2점의 X, Y좌표와 3점의 높이(Z) 좌표가 필요하므로 최소한 3점의 표정점이 필요하다. ① 축척의 결정 ② 수준면(표고, 경사)의 결정 ③ 위치(방위)의 결정 ④ 절대표정인자 : λ, ϕ, ω, k, b_x, b_y, b_z (7개의 인자로 구성)

절대표정을 위한 기준점 배치
- 삼각점(□ : x, y)은 블록 주변(외곽)에 배치하는 것이 좋다.
- 수준점(○ : z)은 블록의 처음, 중간, 마지막에 횡방향으로 설치한다.
- 일반적으로 절대표정에 필요한 표정점은 2점의 삼각(X, Y)좌표와 3점의 높이(수준점 : Z)좌표가 필요하므로 최소한 3점의 표정점이 필요하다.

55 항공촬영한 한 쌍의 사진을 입체시키는 경우 과고감에 대한 설명으로 옳은 것은?

① 과고감에 의하여 지형의 고저를 분별하기 힘들다.
② 수직방향이 수평방향보다 더 과장되어 보인다.
③ 수평방향이 수직방향보다 더 과장되어 보인다.
④ 실제와 거의 차이가 없다

[해설]

과고감
과고감은 기선과 고도의 비로 높이가 실제의 크기보다 과장되어 보이는 현상을 말하며 기선고도비의 식으로 표현할 수 있다.
지상기복이 잘 나타나지 않는 평평한 지역에서는 경사가 있는 지형을 쉽게 판별하기 어렵지만 과고감을 인위적으로 크게 만들어 주면 과고감이 증가되므로 굴곡을 쉽게 판단할 수 있다.

기선고도비= $\dfrac{B}{H} = \dfrac{am(1-\dfrac{p}{100})}{H}$ 에서

일반적으로 종중복보다 횡중복도가 작으므로 수직방향보다 수평방향의 기선고도비가 크고, 따라서 기선고도비도 크다.

56 녹색 식생의 상대적 분포량과 활동성(activity)을 나타내는 방사측정값인 식생지수(vegetation index)의 특징이 아닌 것은?

① 식생지수는 유효성 및 품질관리를 위하여 구체적인 생물학적 변수와 연관되어야 한다.
② 식생지수는 지형효과 및 토양변이 등에 의해 영향을 줄 수 있는 내부효과를 정규화하여야 한다.
③ 식생지수의 일관된 비교를 위하여 태양각, 촬영각, 대기상태와 같은 외부효과를 정규화하거나 모델링 할 수 있어야 한다.
④ 식생지수는 식물의 생물리적 변수에 대한 민감도를 최소화할 수 있어야 하며 대규모 지역의 식생상태와 비선형적으로 비례하여야 한다.

[해설]

식생지수(vegetation index, 植生指數)
식물의 잎면적, 총량, 지표면 식물들의 상태와 같은 식생의 성질을 예측하거나 평가하는 데 사용되는 수치적인 값
식생지수는 다중채널 원격탐사 관측자료를 사용하여 얻을 수 있다. 식물은 보통 토양보다 근적외선을 더 많이 반사시키므로 근적외광과 적색가시광을 위성 센서로 관측하여 식생과 관련된 다양한 지수를 구할 수 있다. 일반적으로 널리 쓰이는 식생지수로는 정규식생지수(NDVI)가 있다.

1. 산출방법
근적외선 반사율(NIR)과 적색광 반사율(RED)을 이용하는 정규식생지수는 다음과 같이 산출한다.

Answer 55 ② 56 ④

$$NDVI = \frac{NIR - RED}{NIR + RED}$$

2. 특징
① 식생지수는 유효성 및 품질관리를 위하여 구체적인 생물학적 변수와 연관되어야 한다.
② 식생지수는 지형효과 및 토양변이 등에 의해 영향을 줄 수 있는 내부효과를 정규화하여야 한다.
③ 식생지수의 일관된 비교를 위하여 태양각, 촬영각, 대기상태와 같은 외부효과를 정규화하거나 모델링할 수 있어야 한다.
④ 식생지수는 식생분포 및 활력도 분석을 위해 실시하는 것으로 단위가 없는 복사값으로서 녹색식물의 상대적 분포량과 활동성, 엽면적지수, 엽록소 함량 등과 관련된 지표이다.
⑤ 식물은 적색광(RED)파장대에서 낮은 값을 보이고 근적외 파장대에서 높은 값을 보인다.
⑥ 식생지수는 -1에서 1 사이의 값을 가진다.
⑦ 식생지수의 지수가 양수값으로 증가 하면 녹색식물의 증가를 의미한다.
⑧ 식생지수의 지수가 반대로 음수값이 되면 물, 황무지, 얼음, 눈 혹은 구름과 같이 식생이 존재하지 않는 지역을 나타낸다.

57 축척 1:20000의 항공사진을 시속 216km/h로 촬영할 경우에 사진상에서 허용 흔들림이 0.02mm라면 최장노출시간은?

① 1/100초
② 1/125초
③ 1/150초
④ 1/175초

해설

$$T_l = \frac{\Delta Sm}{V} = \frac{2 \times 10^{-5} \times 20,000}{216 \times 1000 \times \frac{1}{3,600}} = \frac{1}{150} \sec$$

58 지상좌표계로 XY-평면좌표가 (50, 50)m인 건물의 모서리가 사진 상의 (9, 11)mm 위치에 나타났다. 사진의 주점의 위치가 (-1, 1)mm이고, 투영중심은 (0, 0, 1,530)m라면 이 사진의 축척은?
(단, 사진좌표계와 지상좌표계의 모든 좌표축의 방향은 일치한다.) (22년 2회 측기)

① 1 : 1000
② 1 : 2000
③ 1 : 5000
④ 1 : 10000

해설

사진의 주점에서 모서리까지 도상거리
$= \sqrt{\Delta x^2 + \Delta y^2} = \sqrt{(9-(-1))^2 + (11-1)^2} = 14.14 mm$
투영중심에서 모서리까지 지상거리
$= \sqrt{\Delta x^2 + \Delta y^2} = \sqrt{50^2 + 50^2} = 70.71 m$
$\frac{1}{m} = \frac{도상거리}{지상거리} = \frac{0.01414}{70.71} = \frac{1}{5,000}$

59 자침점(Prick Point)에 관한 설명으로 틀린 것은? (22년 2회 측기)

① 사진의 중심점으로서 렌즈의 중심으로부터 사진면에 내린 수선이 만나는 점을 말한다.
② 정확하게 분별할 수 있는 자연점이 없는 지역, 예를 들어 산림지역이나 사막지역에 특히 유용하다.
③ 스트립에 있어서 세 사진 중 가운데 사진에서 한 번 자침되면 이들 점을 인접사진에 옮길 필요는 없다.
④ 횡접합점의 자침점은 각 스트립에서의 관측을 동시에 할 수 없으므로 인접스트립에 점이사(Point Transfer)를 한다.

Answer 57 ③ 58 ③ 59 ①

해설

자침점(Prick Point)

자침점(Prick Point)은 종횡접합점의 위치가 인접한 사진에 옮겨진 점 즉 이사점이라고도 하며 연속으로 사진을 접합 시킬 경우 점의 위치를 인접된 사진에 옮겨진 점을 말한다.

① 횡접합점의 자침점은 각 스트립에서의 관측을 동시에 할 수 없으므로 인접스트립에 점이사(Point Transfer)를 한다.
② 정확하게 분별할 수 있는 자연점이 없는 지역, 예를 들어 산림지역이나 사막지역에 특히 유용하다.
③ 스트립에 있어서 세 사진 중 가운데 사진에서 한 번 자침되면 이들 점을 인접사진에 옮길 필요는 없다.

특수3점

주점 (Principal Point)	주점은 사진의 중심점이라고도 한다. 주점은 렌즈중심으로부터 화면(사진면)에 내린 수선의 발을 말하며 렌즈의 광축과 화면이 교차하는 점이다.
연직점 (Nadir Point)	렌즈중심으로부터 지표면에 내린 수선의 발을 말하고 N을 지상연직점(피사체연직점), 그 선을 연장하여 화면(사진면)과 만나는 점을 화면연직점(n)이라 한다.
등각점 (Isocenter)	주점과 연직점이 이루는 각을 2등분한 점으로 또한 사진면과 지표면에서 교차되는 점을 말한다.

60 다음 중 항공레이저측량에서 각속도와 가속도를 측정하는 장치는? (22년2회측기)

① IMU
② GNSS
③ Digital Camera
④ 레이저거리측량장치

해설

GPS/INS(관성항법시스템)

INS(Inertial Navigation System : 관성항법시스템)는 차량, 항공기 등에 관성측량기를 장착해 관측자의 현재위치를 측량하고 진로를 알려주는 정밀항법장치로서 각(角)가속도를 측정하여 시간에 대한 연속적인 적분을 수행해 위치와 속도, 진행방향을 계산해내는 시스템으로서 GPS와 달리 본체에 설치된 센서를 통해 측량하는 방법이다.

원리	(1) 회전축을 중심으로 균형을 유지해 차체가 기준좌표로부터 얼마나 틀어져 있는지를 확인함으로써 본체의 진행방향을 계측한다. (2) 자이로스코프와 가속도계는 3차원 공간 정보 계측을 위해 3개씩 내장되어 있다.
구성	(1) 자이로스코프 : 기준좌표를 설정하고 본체의 진행방향을 계측 (2) 가속도계 : X, Y, Z 방향가속도를 계측 (3) 컴퓨터장치 : 관측치에 대한 전산처리과정을 통해 위치를 측량한다.

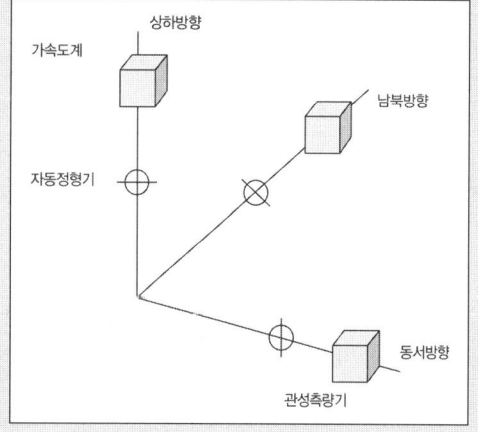

Answer 60 ①

제4과목 | 지리정보시스템

61 다음 중 3차원 도시표현이 가능한 모델이 아닌 것은? (22년 2회 측기)

① CityGML
② ECW
③ 3DF-GML
④ KML

해설

ECW는 래스터 형식의 2차원 이미지 파일포멧이다.

1. GML(Geography Markup Language)
GML은 지리적 특성을 표현하기 위한 XML 문법이다. GML은 인터넷에서 지리 데이터 송수신을 위한 개방된 교환 포맷임과 동시에 지리데이터 시스템을 위한 모델링 언어로써 사용된다. 문법에 기반한 대부분의 XML과 같이 두 부분으로 나눠져 있다.
① 문서의 설명 부분
② 실제 데이터 부분
GML 문서는 GML 스키마를 사용하여 기술된다. 이는 사용자와 개발자에게 포인트, 라인 그리고 폴리곤을 포함하는 일반적인 지리데이터셋을 설명할 수 있도록 한다. 그러나 GML의 개발자들은 GML의 확장을 특화시키는 커뮤니티 지향적인 어플리케이션 스키마를 정의하기 위한 커뮤니티 작업을 상상한다. 어플리케이션 스키마를 사용하여 사용자는 일반적인 포인트, 라인, 폴리곤을 길, 고속도로 그리고 다리로써 참조할 수 있다. 만약 커뮤니티의 모든 사람이 동일한 스키마를 사용하는 것에 대해 동의한다면 데이터를 쉽게 교환할 수 있으며 도로에 대한 라인을 표시할때 도로로 표시할 수 있게 된다.

2.KML(Keyhole Markup Language)
KML은 현재 또는 미래의 웹 기반의 2차원과 3차원 브라우저에서 지리 데이터의 주기와 가시화를 위한 XML 기반의 스키마이다. KML은 Google 어스, Google 지도 및 기타 응용 프로그램에 표시하기 위해 점, 선, 이미지, 다각형 및 모델과 같은 지형 기능을 모델링하고 저장하기 위한 XML 문법 및 파일 형식이다. KML을 사용하여 Google 어스 및 Google 지도의 다른 사용자와 장소 및 정보를 공유할 수 있다. KML은 구글어스에서 사용하기 위해 개발되어졌으며 원래 이름은 Keyhole Earth Viewer이다. Keyhole 사에서 만들어졌으며 이 회사는 2004년에 구글로 인수되었다. 현재 KML은 오픈 GIS 컨소시엄의 국제 표준이다. KML을 표현하고 편집할 수 있는 첫번째 프로그램은 구글어스이며 KML을 지원하는 툴이 다양하게 제공되고 있다.

3. ECW(영상압축)
: [Enhanced Compressed Wavelet]
ER-Mapper를 개발한 호주의 Earth Resource Mapping사에서 개발한 압축 형식이다. ECW는 평균 10:1~50:1 정도의 압축 효율을 보여주고, 특정한 영역의 선택적 압축 해제 기법을 사용하고 있어 기존의 압축 기법과는 다른 특징을 갖고 있다. ECW는 다른 형식과 달리 자신만의 독특한 재귀(Recursion) 기법을 사용하여 대용량 영상 압축 기법 중 유일하게 압축 및 압축 해제를 위한 개발툴을 무료로 시장에 제공하고 있다.

62 다음 그림은 6×6 화소 크기의 래스터 데이터를 수치적으로 표현한 것이다. 이 데이터를 중앙값 방법(Median Method)을 적용하여 2×2 화소 크기의 데이터로 영상재배열(resampling)하였을 때의 결과로 옳은 것은?

3	5	1	3	2	2
3	3	3	2	2	2
2	2	2	2	2	2
2	1	3	2	1	3
2	3	2	2	3	2
2	2	2	3	3	3

①
3	2
3	3

②
3	2
2	3

③
2	2
2	3

④
2	2
2	2

Answer 61 ② 62 ②

[해설]

6×6 화소를 2×2화소 크기의 데이터로 중앙값 방법을 적용하여 재배열하기 위해서는 3×3화소 크기로 나눈 각 구역의 중앙값을 구해야 한다.

3	5	1
3	3	3
2	2	2

1,2,2,2,3,3,3,3,5 중 중앙값은 3

3	2	2
2	2	2
2	2	2

2,2,2,2,2,2,2,2,2 중 중앙값은 2

2	1	3
2	3	2
2	2	2

1,2,2,2,2,2,2,3,3 중 중앙값은 2

2	1	3
2	3	2
3	3	3

1,2,2,2,3,3,3,3,3 중 중앙값은 3

따라서 정답은
3	2
2	3

63
대상물에 대한 공간정보 구축 시 도형 정보 표현방법 중 "면(Polygon)"으로 표현하기에 일반적으로 가장 부적합한 것은?

① 행정구역
② 저수지
③ 소화전
④ 교량

[해설]

벡터구조의 기본요소

구분	내용
Point	점은 차원이 존재하지 않으며 대상물의 지점 및 장소를 나타내고 기호를 이용하여 공간형상을 표현한다. (지적기준점, 송전철탑, 맨홀 등) • 기하학적 위치를 나타내는 0차원 또는 무차원 정보 • 절점(node)은 점의 특수한 형태로 0차원이고 위상적 연결이나 끝점을 나타낸다 • 최근린방법 : 점 사이의 물리적 거리를 관측 • 사지수(quadrat)방법 : 대상영역의 하부면적에 존재하는 점의 변이를 분석
Line	선(Line)은 가장 간단한 형태로 1차원 대상물은 두 점을 연결한 직선이다. 대축척(면사상), 소축척(선사상)으로 지적도, 임야도의 경계선을 나타내는 데 효과적이다. Arc, String, Chain이라는 다양한 용어로도 사용된다. • 1차원 표현으로 두 점 사이 최단거리를 의미 • 형태 : 문자열(string), 호(arc), 사슬(chain) 등이 있다. • 문자열(string) : 연속적인 line segment(두 점을 연결한 선)를 의미하며 1차원적 요소이다. • 호(arc) : 수학적 함수로 정의 되는 곡선을 형성하는 점의 궤적 • 사슬(chain) : 각 끝점이나 호가 상관성이 없을 경우 직접적인 연결 즉 체인은 시작노드와 끝노드에 대한 위상정보를 가지며 자치꼬임이 허용되지 않은 위상기본요소를 의미한다.
Area	면은 경계선 내의 영역을 정의하고 면적을 가지며, 호수, 삼림을 나타내고 지적도의 필지, 행정구역이 대표적이다. • 면(面, area) 또는 면적(面積)은 한정되고 연속적인 2차원적 표현 • 모든 면적은 다각형으로 표현

64
지리정보시스템(GIS)의 구성요소에 대한 설명으로 옳지 않은 것은?

① 하드웨어는 GIS가 운영되는 기본 토대로서, 크게 자료 입력과 자료 처리 및 관리, 자료 출력의 3부문으로 나눌 수 있다.
② GIS 소프트웨어의 기능은 입력, 데이터 관리, 출력 등으로 구분할 수 있다.
③ 지리자료는 공간적인 위치를 나타내는 공간데이터와 형상물의 속성을 나타내는 속성데이터로 구분할 수 있다.
④ 인적 자원은 GIS를 활용하는 사용자만을 의미한다.

Answer 63 ③ 64 ④

해설

GIS의 구성요소

GIS의 3가지 구성요소는 컴퓨터와 데이터베이스, 그리고 이를 운영하는 사용자로 이루어져 있다.

컴퓨터	하드웨어	하드웨어는 입력장치, 처리장치, 출력장치와 저장장치로 구성되어 있다.
	소프트웨어	소프트웨어는 컴퓨터에서 사용하는 각종 프로그램을 지칭하는 용어로 운영체계와 응용프로그램으로 구분할 수 있다. GIS 소프트웨어는 데이터의 입력, 관리, 분석, 출력기능을 가지고 있다.
데이터 베이스		데이터베이스는 자료기반 또는 자료기초라고 하며 지도에서 추출한 도형 및 영상정보, 문헌 조사, 각종 대장 또는 통계자료 등에서 추출한 속성정보가 포함된다. 데이터베이스는 GIS의 가장 핵심적인 요소로서 구축, 유지 및 관리에 가장 많은 시간과 노력, 비용이 소요된다.
조직 및 인력		인력은 데이터를 구축하는 분야는 물론 시스템을 설계하고 관리하는 전문 인력과 GIS를 실제 업무에 활용하는 사용자를 포함한다. GIS 일반 사용자 GIS 활용가 GIS 전문가 로 분류할수 있다

65 사용자의 특정 요구에 적합하도록 지도를 디자인하는 과정과 거리가 먼 것은?

① 선택(selection)
② 분류화(classification)
③ 세계화(globalization)
④ 기호화(symbolization)

해설

지도는 지표의 상황을 축소하여 제작한 것이므로 지표상의 모든 사항을 사실 그대로 표현하기에는 무리가 있다. 따라서 지도로 표현하는 경우 지도의 목적과 이용자에 맞추어 지표상의 사항을 선택, 생략, 기호화, 분류와, 과장화하여 수록해야 한다.

지도 제작 과정 : 지도학적 추상화와 일반화 과정 (선택 ⇨ 분류 ⇨ 단순화 ⇨ 기호화)		
선택 (selection)		사용자의 필요에 따라서 일정 기준에 맞추어 GIS 자료를 선택
분류 (Classification)		사용자의 필요에 따라서 일정 기준에 맞추어 GIS 자료를 나누는 것으로 모든 GIS 자료는 어떤 형태로든 분류가 가능하다. 분류는 일정기준에 따라 세분화하는 과정이므로 세분화(specification)라고도 한다
기호화 (symbolization)	형상적 기호화	다양한 경관의 모습을 실제적인 그림으로 표현
	추상적 기호화	기하학적으로 표현하고, 범례에서 정보 제시

분류	監督分類 (Supervised classification)	서로 대응하는 대상물(클래스)의 화상가운데 명확한 화상영역으로부터 자료(traning date)를 추출하여 모집단의 특징(통계량)을 추정하고 있다. 이러한 분류방법을 유감독분류라 한다. 지상검정자료(Ground Truth Data)를 샘플로 이용하여 분류 하는 방법이다. 대표적인 것에는 최대확률(우도)법이 있다.
	無監督分類 (Unsupervised classification)	화상에 포함되는 대상물이 별로 분명하지 않을때 는 무작위 추출된 화소 자료를 클러스터링(clustering) 등의 방법으로 비교적 균질하다고 생각될 수 있는 그룹으로 분할하고 각각을 분류 클래스로 한다. 이것을 트레이닝자료로 하여 클래스 모집단의 특징을 추정한다, 이것을 무감독추정이라하고 이것을 이용한 방법을 무감독분류라 한다. 영상의 스펙트럼 특징만을 이용하고 현지조사자료를 사용하지 않고 분류하는 방법이다. 대표적인 것에는 클러스터(cluster) 분석이 있다.

Answer 65 ③

66 지리정보시스템(GIS)의 기능을 충분히 발휘하기 위해 구비해야 할 기능으로 틀린 것은? (22년 2회 측기)

① 하나 또는 그 이상의 자료 입력 방식 기능
② 소요 공간관계와 관련된 정보의 저장 및 유지 기능
③ 자료 간의 상관성과 적절한 요소들의 원인 결과 반응을 고려한 모형화 기능
④ 정형화된 단일 방식에 의한 자료 출력 기능

해설

GIS(Geographic Information System)
전 국토의 지리공간정보를 디지털화하여 수치지도(Digital Map)로 작성하고 다양한 정보통신기술을 통해 재해·환경·시설물·국토공간 관리와 행정서비스에 활용하고자 하는 첨단정보 시스템이다. 공간상 위치를 점유하는 지리자료(Geographic data)와 이에 관련된 속성자료(Attribute data)를 통합하여 처리한다. 이는 RFID(전자태그를 사물에 부착하여 사물의 주위상황을 인지하고 기존 IT시스템과 실시간으로 정보교환 및 처리할 수 있는 기술)기술, GPS기술, LBS기술 등을 기반 기술로 한다. GIS는 토지정보 관리, 시설물 관리, 교통, 도시계획 및 관리, 환경, 농업, 재해 및 재난 분야 등에서 다양하게 활용되고 있다.

1. GIS의 특징
1) 지리정보처리는 자료의 입력, 자료의 분석, 자료의 출력의 3단계로 구분할 수 있다.
2) 사용자의 요구에 맞는 지도를 쉽게 제작할 수 있다.
3) 자료의 통계적 분석이 가능하며 분석결과에 맞는 지도의 제작이 가능하다.
4) 일반적으로 자료가 수치적으로 구성되므로 축척변경이 용이하다.
5) 자료의 수치화 작업을 용이하게 해 준다.
6) 수집한 자료는 다른 여러 자료와 유용하게 결합할 수 있다.
7) DB 체계를 통하여 자료를 더욱 간편하게 사용할 수 있고 자료 입수도 용이하다.
8) 정보의 보안성은 향상되나 투자의 중복을 줄일 수 있다.

2. GIS의 기능
1) 공간데이터의 입력, 편집 및 출력기능
2) 공간데이터와 속성데이터의 상호연계 기능
3) 공간데이터베이스 관리 기능
4) 공간적 상호관계 분석기능
5) 중첩분석
6) 지형분석기능

67 시간과 장소에 구애받지 않고 언제 어디서나 정보통신망에 접속하여 다양한 정보서비스를 활용할 수 있는 기술이나 환경을 뜻하는 용어는?

① 빅데이터(big data)
② 증강현실(augmented reality)
③ 가상현실(virtual reality)
④ 유비쿼터스(ubiquitous)

해설

유비쿼터스(Ubiquitous)
1. 유비쿼터스(Ubiquitous)의 정의
① 유비쿼터스는 '동시에 도처에 존재한다''언제 어디에나 존재한다'라는 의미를 가지고 있는 라틴어이다.
② 사용자가 컴퓨터나 네트워크를 의식하지 않는 상태에서 장소에 구애 받지 않고 자유롭게 네트워크에 접속할 수 있는 환경을 의미한다.
③ 유비쿼터스화는 유비쿼터스 컴퓨팅과 유비쿼터스 네트워크를 기반으로 물리공간을 지능화함과 동시에 물리공간에 펼쳐진 각종 사물들을 네트워크로 연결시키려는 노력으로 정의할 수 있다.
④ 컴퓨터 관련 기술이 생활 구석구석에 스며들어 있음을 뜻하는 '퍼베이시브 컴퓨팅(pervasive computing)'과 같은 개념이다.

Answer 66 ④ 67 ④

2. Augmented Reality
증강현실(Augmented Reality, AR)은 눈으로 보는 현실세계와 부가적인 정보가 부여된 가상세계를 합쳐 하나의 영상으로 보여주는 가상현실의 하나로서 실세계에 3차원의 가상물체를 겹쳐서 보여주는 기술이다.
활용분야로서는 AR글래스, 차량용 HUD, AR 원격협업 등이며 사례로는 포켓몬고를 들 수 있다.

3. Virtual World
가상세계(Virtual World)는 현실과는 다른 공간, 시대, 문화적 배경, 등장인물, 사회 제도 등을 디자인해 놓고, 그 속에서 살아가는 메타버스 기술이다.
활용분야로서는 온라인 멀티플레이어 게임, 소셜 가상세계온라인 멀티플레이어 게임 등이며 사례로는 리니지, 제페토, 로블록스를 들 수 있다.

4. 빅 데이터(Big Data)
빅 데이터(영어 : big data)란 기존 데이터베이스 관리도구로 데이터를 수집, 저장, 관리, 분석할 수 있는 역량을 넘어서는 대량의 정형 또는 비정형 데이터 집합 및 이러한 데이터로부터 가치를 추출하고 결과를 분석하는 기술을 의미한다.

> Big Data는 초 대용량(volume), 다양한 형태(variety), 빠른 생성 속도(velocity)와 무한한 가치(value)의 개념을 의미하는 4V로 정의되며, 최근 위치기반 데이터와 연계되어 신성한 동력산업을 선도할 수 있는 새로운 가치를 창출할 것으로 거래되고 있다.

68 지리정보데이터 파일 형식(format) 중 나머지 파일 형식과 성격이 다른 하나는?

① Shapefile 포맷
② GIF 포맷
③ TIFF 포맷
④ JPEG 포맷

해설

벡터자료의 파일형식	래스터 자료 파일 형식
- TIGER 파일형식 - VPF 파일형식 - Shape 파일형식 - Coverage 파일형식 - CAD 파일형식 - DLG 파일형식 - ArcInfo E00 - CGM파일형식	- TIFF(Tagged Image File Format) - GeoTiff - BIIF - JPEG(Joint Photographic Experts Group) - GIF(Graphics Interchange Format) - PCX - BMP(Microsoft Windows Device Independent Bitmap) - PNG(Portable Network Graphic)

69 기본도에 대한 설명으로 틀린 것은?
(22년 2회 측기)

① 전국을 대상으로 제작된다.
② 정해진 규격에 따라 제작된다.
③ 현재 기본도의 축척은 1:1000이다.
④ 정확도가 통일되고 축척이 최대인 것이어야 한다.

해설

기본도(Base map)
측지기본망을 기초로 하여 작성된 도면으로서 지도작성에 기본적으로 필요한 정보를 일정한 축척의 도면위에 등록한 것으로 변동사항과 자료를 수시로 정비하여 최신화시켜 사용될 수 있어야 한다.
기본도(base map)는 국가의 기본이 되는 지형도로 정해진 규격에 따라 동일한 축척과 동일한 정확도로 전국을 표현한 지도를 의미한다.
우리나라의 기본도는 1995년 항공사진측량을 통해 1/25,000의 지형도를 제작하였고 현재는 1/5,000의 수치지도가 제작되어 활용되고 있다.

Answer 68 ① 69 ③

70 차량 내비게이션 시스템을 이용한 길 찾기는 네트워크 분석의 대표적인 예이다. 다음 중에 네트워크 분석을 위한 자료와 가장 관계가 먼 것은?

① 위상적 구조인 도로 구간
② 도로의 속성
③ 보행속도
④ 교차점

해설

네트워크 분석(Network Analysis)
네트워크 분석은 서로 연관되어 연결된 선형 형상물의 연결성과 경로를 분석하는 것으로 일반적으로 절점인 노드와 링크로 구성된다. 링크는 노드를 연결하는 호로서 방향성을 가지고 있으며, 노드가 링크로 연결되는 것을 경로라고 한다.
도로구간, 도로의 속성, 교차점은 링크와 노드를 통해 분석할 수 있다.
① 현실세계에는 사람, 에너지, 물자, 정보 등의 흐름을 가능하게 하는 도로, 케이블, 파이프라인 등의 하부구조(Infrastructure)가 존재하는데, 이러한 하부구조는 GIS 분석과정에서 네트워크(Network)로 모델링 가능
② 네트워크형 벡터자료는 특정 사물의 이동성 또는 흐름의 방향성(Flow Direction)을 제공
③ 대부분의 GIS 시스템은 위상모델로 표현된 벡터자료의 연결된 선사상인 네트워크 분석을 지원
④ 네트워크 분석을 통해
 • 최단경로(Shortest Route) : 주어진 기원지와 목적지를 잇는 최단거리의 경로 분석
 • 최소비용경로(Least Cost Route) : 기원지와 목적지를 연결하는 네트워크상에서 최소의 비용으로 이동하기 위한 경로를 탐색할 수 있다.

71 메타데이터의 주요 역할과 가장 거리가 먼 것은?

① 데이터 셋이 특정한 목적에 적합한지에 관한 정보
② 데이터 셋의 자료처리 속도 향상에 관한 정보
③ 데이터 셋을 처리하고 사용하는데 필요한 정보
④ 현재 존재하는 자료의 상태(자료 모델, 품질, 시간적 유효성 등)를 문서화하는데 필요한 정보

해설

메타데이터의 특징

이력서	데이터에 대한 정보로서 데이터의 내용, 품질, 조건 및 기타 특성에 대한 정보를 포함하는 정보의 이력서, 즉 데이터의 이력서라 할 수 있다.
구분	DB구축과정에 대한 정보를 관리하는 내부 메타데이터와 구축한 DB를 외부에 공개하는 외부 메타데이터로 구분한다.
표준	현재 메타데이터의 표준으로 사용되고 있는 것은 ① 미국의 FGDC(Federal Geographic Data Committe : 미국연방지리위원회)표준 ② ISO/TC211표준(International Organization for Standard)/Technical Committe 211: 국제표준기구/GIS표준기술위원회) ③ CEN/TC287(유럽표준화기구) 표준 등을 들 수 있다.
제공	① 메타데이터는 작성한 실무자가 바뀌더라도 변함없는 데이터의 기본 체계를 유지하게 함으로써 시간이 지나도 일관성 있는 데이터를 사용자에게 제공이 가능 ② 정보의 공유를 극대화하며 데이터의 원활한 교환을 지원하기 위한 프레임을 제공한다. ③ 데이터를 목록화(Indexing)하기 때문에 사용에 편리한 정보를 제공한다 ④ 정보공유의 극대화를 도모하며 데이터의 교환을 원활히 지원하기 위한 틀을 제공한다. ⑤ 최근에는 데이터에 대한 목록을 체계적이고 표준화된 방식으로 제공함으로써 데이터의 공유화를 촉진한다.

Answer 70 ③ 71 ②

특징	① 대용량의 공간 데이터를 구축하는 데 비용과 시간을 절감할 수 있다. ② 데이터의 특성과 내용을 설명하는 일종의 데이터로서 데이터의 양이 방대하다. ③ 데이터의 직접적인 접근이 용이하지 않을 경우 데이터를 참조하기 위한 보조데이터로서 많이 사용된다.

72 지리정보시스템(GIS)이 CAD 시스템과 차별화되는 주요 기능은?

① 대용량의 그래픽 정보를 다룬다.
② 필요한 도형정보만을 추출할 수 있다.
③ 다양한 축척으로 자료를 출력할 수 있다.
④ 위상구조를 바탕으로 공간분석 능력을 갖추었다.

해설

GIS의 자료처리

자료 취득	• 기존 자료 이용(지형도, 주제도, 삼각점 등) • 새로운 자료 취득(항공측량, GPS, RS 영상 등)
자료 입력	• Scanning, Digitizing • 측량 및 통계 • CAD 자료의 변환
자료 조작	• Vector Raster 화 • 역변환 • 도면일치, 분리, 삭제, 편집, 축척변환 등
분석	• 공간자료 분석(다각형, 중첩, 삭제, 영향권 설정, 근린지역 등) • 수치지형도 분석(경사, 하천유역, 단면도, 가시도, 3차원 영상 등) • 망구조분석(최단노선, 적정노선, 시간권역 분석, 유통량 등)
질의	• 지형정보의 속성정보 추출 • 속성자료에 의한 지형요소 추출
출력	• 3차원 그래픽 표현 • 지도제작 • 지도+속성이 포함된 보고서 제작

CAD 파일 형식
1) Autodesk 사의 Auto CAD 소프트웨어에서는 DWG와 DXF 등의 파일형식을 사용
2) 이중에서 DXF 파일형식은 수많은 GIS 관련 소프트웨어뿐만 아니라 원격탐사 소프트웨어에서도 사용할 수 있음
3) DXF 파일은 단순한 ASCII File로서 공간객체의 위상관계를 지원하지 않음

DXF(Drawing Exchange file Format) 파일의 구조
오토캐드용 자료 파일을 다른 그래픽 체계에서 사용될 수 있도록 만든 ASCII(American Standard Code for Information Interchange) 형태의 그래픽 자료 파일 형식이다.

• 서로 다른 CAD 프로그램 간에 설계도면파일을 교환하는 데 사용하는 파일형식
• Auto Desk사에서 제작한 ASCII 코드 형태이다.
• DXF 파일구성은 : 헤더 섹션, 테이블 섹션, 블록 섹션, 엔티티 섹션
• 도형자료만의 교환에 있어서는 속성자료와 연계 없이 점, 선, 면의 형태와 좌표만을 고려하면 되므로 단순한 포맷의 변환이 될 수 있다.
• DXF는 위상구조나 속성자료 관리 등에 있어 자료처리의 한계가 있기 때문에 GIS 데이터로 활용되기에는 제약이 있다.

73 지리정보시스템(GIS)의 자료구조 중 벡터형 자료구조를 래스터형 자료구조와 비교할 때, 벡터형 자료구조의 특징으로 틀린 것은?

① 자료구조가 비교적 단순하다.
② 도형정보의 정확도가 높다.
③ 복잡한 현실세계의 묘사가 가능하다.
④ 도형정보와 관련된 속성정보의 추출 및 일반화, 갱신 등이 용이하다.

Answer 72 ④ 73 ①

[해설]

	래스터데이터	벡터데이터
장점	① 간단한 자료구조를 가지고 있다. ② 중첩에 대한 조작이 용이하다. ③ 자료의 조작과정이 효과적이고, 수치영상의 질을 향상시키는데 효과적이다. ④ 수치이미지 조작이 효율적이다. ⑤ 다양한 공간적 편의가 격자 형태로 나타난다.	① 래스터 데이터에 비하여 압축되어 간결한 형태이다. ② 위상관계를 입력하기가 용이하여, 위상관계를 요구하는 분석에 효과적이다. ③ 수작업에 의하여 완성된 도면과 비슷한 형태의 도형을 제작하는데 적합하다. ④ 망 조직 분석에 효과적이다.
단점	① 압축되어 사용되는 경우가 드물다. ② 지형관계를 나타내기가 어렵다. ③ 주로 격자형의 형태를 가지고 있기 때문에 매끄럽지 못하다. ④ 위상관계 설정이 어렵다. ⑤ 데이터의 용량이 크다.	① 격자형보다 복잡한 구조를 가지고 있다. ② 중첩기능 수행이 어렵고 공간적 편의를 나타내기가 비효율적이다. ③ 수치 이미지 조작이 비효율적이다. ④ 자료의 조작과 영상의 질을 향상시키는 데 효과적이지 못하다.

74 데이터 구조의 하나로 계층 구조를 표현하기에 적합하며, 노드와 노드를 연결하는 링크로 이루어지는 것은?

① 배열(array)
② 큐(que)
③ 트리(tree)
④ 스택(stack)

[해설]

컴퓨터자료 구조

스택 (Stack)	원소의 삽입과 삭제가 한쪽 끝인 톱(top)에서만 이루어지도록 제한하는 특별한 형태의 자료구조이다. 이 자료구조는 가장 나중에 삽입한 원소를 가장 먼저 삭제하는 특성 때문에 후입선출(LIFO:Last In First Out) 리스트라고 한다. 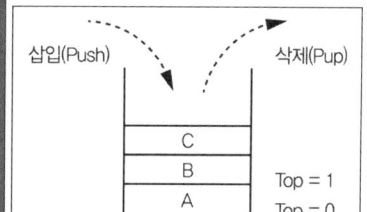
큐 (Queue)	스택과 달리 리스트의 한쪽 끝에서는 삽입작업이 이루어 지고 반대쪽 끝에서는 삭제 작업이 이루어져서 삽입된 순서대로 삭제되는 선입선출(FIFO:First in First out)구조이다. 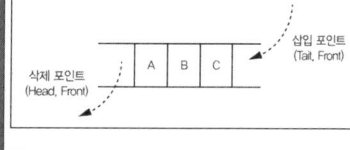
데크 (Deque: Double Ended QUEue)	선형 리스트의 양쪽 끝에서 삽입과 삭제가 가능한 자료구조이다. 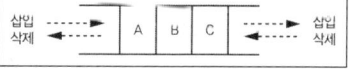
배열	① 배열은 인덱스와 값의 쌍으로 표현된 집합을 의미한다. ② 배열의 요소들은 연속적인 기억장소에 각각 저장되는 동일한 데이터 타입으로 구성된다.

Answer 74 ③

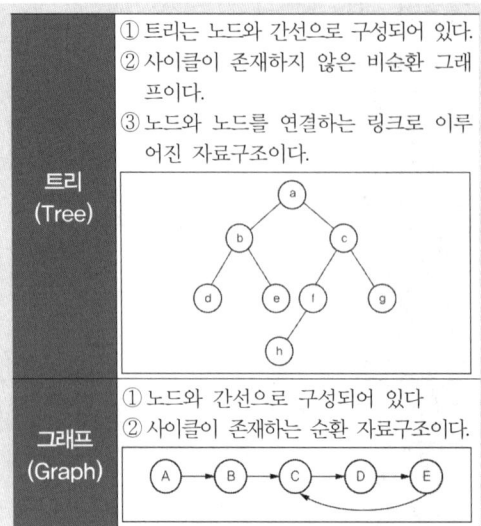

75 종이지도를 수치화하는 과정에서 왜곡을 보정하기 위해 스캔한 데이터를 늘리거나 줄이는 것을 무엇이라 하는가?

① 와핑(warping)
② 벡터라이징(vectorizing)
③ 디지타이징(digitizing)
④ 포지셔닝(positioning)

해설

영상와핑 (image warping)	왜곡을 줄이거나 보정하기 위하여 영상을 늘리거나 줄이는 것
영상 페더링 (image feathering)	두개의 영상이 중첩된 지역에서 두 데이터 값을 섞어 하나의 데이터값에서 다른 데이터값으로 점진적으로 변화하게끔 하는 과정, 두 이미지 간의 접합점이 보이는 것을 감소시켜준다.
히스토그램 평활화 (histogram equalization)	좁은 영역에 분포하는 픽셀의 값을 모든 값에 골고루 분포하도록 재배치하여 영상의 집중도를 증대시키는 것
포지셔닝 (positioning)	마케팅 목표를 효과적으로 달성하기 위하여, 기업·제품·상표 등의 마케팅 대상이 잠재 고객들에게 긍정적으로 인식되도록 하는 일

76 지리정보시스템(GIS)의 데이터베이스에 대한 설명으로 틀린 것은?

① 실세계의 일부를 표현한 것으로 특정한 의미를 갖는 자료의 집합을 의미한다.
② 초기 구축에 많은 비용이 소요되며 지속적인 유지, 관리가 필요하다.
③ 다양한 응용 프로그램에서 다양한 목적으로 편집, 저장될 수 있다.
④ 같은 주제의 자료를 여러 기관에서 중복 구축하여 관리함으로써 품질을 향상시킬 수 있다.

해설

데이터베이스(Database)
데이터베이스는 서로 연관성이 있는 특별한 의미를 갖는 자료의 모임을 의미하며 즉 하나의 조직 안에서 다수의 사용자들이 공동으로 사용할 수 있도록 통합 및 저장되어 있는 운용 자료의 집합을 의미한다. 데이터베이스란 여러 응용시스템들이 공용할수 있도록 통합, 저장된 운영데이터의 집합체라고 정의할수 있다.

데이터베이스(Database)의 특징

실시간 접근성 (real-time accessibility)	데이터베이스는 임의적이고 비정형적인 질의(query)에 대하여 실시간 처리(real-time processing)로 응답할수 있어야 한다.
계속적인 변화 (continuous evolution)	데이터베이스는 새로운 데이터의 삽입(insertion), 기존 데이터의 삭제(deletion), 갱신(update)으로 항상 그 내용이 변할뿐 아니라 변화속에서 실시간으로 현재의 정확한 데이터를 유지해야 된다.
동시공용 (concurrent sharing)	데이터베이스는 서로 다른 목적을 가진 여러 사용자가 동시에 자기가 원하는 데이터에 접근하여 이용할수 있어야 한다.
내용에 의한 참조 (contents reference)	데이터의 참조는 데이터 레코드들의 주소나 위치에 의해서가 아닌 데이터의 내용(data contents), 데이터가 가지고 있는 값(value)에 의한 참조이다.

• 같은 주제의 자료는 단일기관에서 구축하고 관리하여 효율성을 높일 수 있다.

Answer 75 ① 76 ④

77 행정구역도와 버스 노선도를 합성하여 행정구역을 통과하는 버스 노선을 관리하고자 할 때, 가장 적합한 분석 방법은?

① 표면분석
② 중첩분석
③ 경계분석
④ 근린분석

해설

중첩 분석
2개 이상의 레이어를 합성하여 점, 선, 면의 도형, 위상 및 속성 데이터를 재구축한다.
점과 면, 선과 면, 면과 면의 세가지 경우의 중첩이 가능하다.
① 면 사상중첩(면과 면의 중첩)
  - 면과 면의 중첩에 의하여 새로운 폴리곤이 생성된다.
  - 새로이 생성된 폴리곤이 어떤 면과 어떤 면의 중첩인가를 나타내는 표가 만들어 진다
  - 면사상을 포함하는 하나의 주제 레이어를 다른 주제 레이어와 중첩시켜 새로운 주제도를 생성시키는 공간 연산
  - 논리 연산자, 산술 연산자, 통계연산자 등 다양한 연산자를 이용하여 중첩분석을 수행할 수 있음
② 면사상과 선사상의 중첩
  - 선사상은 면사상과 중첩될 수 있는데 분석이후 선사상은 입력된 선사상과 면사상의 속성을 동시에 포함
  - 선이 면의 경계에서 분할된다.
  - 선과 면과의 교점을 포함하여 분단된 선이 어느 면에 속하는 가를 나타내는 표가 만들어 진다.
③ 면 사상과 점사상의 중첩
  - 면사상 위에 점사상을 중첩할 수 있음
  - 면형자료와 점형자료를 중첩을 통해 점사상과 면사상 속성 사이의 공간적 관계에 대한 설명이 가능

78 지리정보시스템(GIS)의 분석 방법 중 유클리디언 거리 공식을 이용하는 방법은?

① 버퍼 분석
② 면 사상 중첩분석
③ 선 사상 중첩분석
④ 점 사상 중첩분석

해설

Buffer Analysis
① 버퍼분석은 공간적 근접성을 정의할 때 이용되는 것으로서 점, 선, 면 또는 면주변에 지정된 범위의 면사상으로 구성
② 버퍼분석을 위해서는 먼저 버퍼존의 정의가 필요
③ 버퍼존은 입력사상과 버퍼를 위한 거리를 지정한 이후 생성
④ 일반적으로 거리는 단순한 직선거리인 Euclidian Distance(유클리드 거리)이용

79 우리나라의 3차원공간정보 서비스인 브이월드에서 제공하는 정보가 아닌 것은?

① 지적도
② 도로명주소건물
③ 3차원 건물 및 지형
④ 범죄발생지점 위치정보

해설

공간정보 오픈플랫폼(브이월드)
국토교통부에서 2012년부터 운영중인 2차원 및 3차원 공간정보 데이터를 API(Application Program Interface)방식으로 민간에 무료로 제공하는 공간정보플랫폼으로 국토, 산업, 교통, 문화등 다양한 분야에서 공간정보를 제공한다.
브이월드는 3D지도, 부동산, 토지 등 방대한 국가 공간정보를 국민에게 제공하는 웹 기반의 오픈플랫폼이다. 구글지도보다 뛰어난 해상도를 자랑하는 3D 지도서비스 뿐만 아니라 공시지가, 지적도 등 다양한 행정정보를 제공함으로써 국내 각 기관들에게 각광을 받고 있다.

Answer 77 ② 78 ① 79 ④

1. 목적
누구나 쉽게 공간정보를 활용하여 신산업을 창출할 수 있도록 국가공간정보를 통합하여 제공하는 오픈플랫폼 서비스가 필요

2. 전망
1) 비용절감효과
그동안 대부분의 기관들은 구글지도를 유로로 사용하였으나 브이월드로 대체하게 되면 상당한 비용절감 효과를 볼수 있게 된다. 이를 위하여 앞으로 민간 기업들이 쉽게 공간정보를 활용할수 있도록 소스가 공개될 예정이다.
2) 고정밀, 다양한 정보 제공
고해상도의 3차원 실사영상으로 건물을 재현하고 건물면적은 물론, 공시지가 등의 행정정보도 확인 가능하다. 따라서 국가차원에서 데이터 분석 등에 활용될 수 있다. 또한 "국가공간정보통합체계"를 통해 25개 정부기관들의 정보를 통합하여 행정에 공간정보의 활용도를 높일 계획이다.

80 지리정보시스템(GIS)에서 객체를 선택하는 방법 중 인터렉티브 공간 선택(Interactive Spatial Selection)에 대한 설명으로 옳은 것은?

① 객체 속성에 대하여 선택조건에 따라 질의언어로 검색하고 선택하는 방법이다.
② 주제도 상에 직접 사용자가 관여하여 선분이나 다각형 또는 원을 그려 포함, 교차되는 객체를 선택하는 방법이다.
③ 데이터의 위상관계를 이용하는 방법으로 포함(containment), 중첩(overlap), 인접(neighborhood) 및 거리함수를 기반으로 한 선택 방법이다.
④ 분류, 재분류, 합병을 통해 공간객체를 선택하는 방법이다.

해설

인터렉티브 공간 선택(Interactive Spatial Selection)이란 주제도 상에 직접 사용자가 관여하여 선분이나 다각형 또는 원을 그려 포함, 교차되는 객체를 선택하는 방법을 말한다.

interactive[ˌɪntərˈæktɪv]
상호적인, 상호작용을 하는 대화형의

제5과목 | 측량학

81 B점에서 P점 및 Q점을 시준할 수 없어 A점에 기계를 세우고 편심관측을 하여 T=125°, a=63°, e=9m, $S_1=S_1'$=2km, $S_2=S_2'$=3km를 얻었다면 ∠PBQ(b)의 값은?

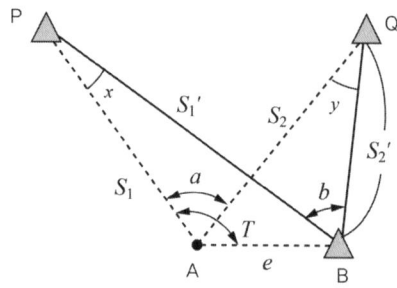

① 63°05′34″
② 63°03′34″
③ 62°56′26″
④ 62°54′26″

해설

$\triangle APB$: $\dfrac{S_1'}{\sin(T)} = \dfrac{e}{\sin x}$ 이므로

$\sin x = \dfrac{9 \times \sin(125)}{2,000}$ 이고

$\sin^{-1}\left(\dfrac{9 \times \sin(125)}{2,000}\right) = 0°12′40″$

$\triangle AQB$: $\dfrac{S_2'}{\sin(T-a)} = \dfrac{e}{\sin y}$ 이므로

Answer 80 ② 81 ②

$\sin y = \dfrac{9 \times \sin(125-63)}{3,000}$ 이고

$\sin^{-1}\left(\dfrac{9 \times \sin(62)}{3,000}\right) = 0°9'6''$

$a+x = b+y$ 이므로

$63° + 0°12'40'' = b + 0°9'6''$ 에서 $b = 63°3'34''$

82 A, B, C, D점에서 P점의 높이를 수준측량을 실시한 결과가 표와 같을 때, P점의 최확값은?

경로	관측값	노선거리
A → P	40.242m	2km
B → P	40.239m	3km
C → P	40.234m	5km
D → P	40.237m	4km

① 40.219m ② 40.229m
③ 40.239m ④ 40.249m

해설

$P_1 : P_2 : P_3 : P_4 = \dfrac{1}{2} : \dfrac{1}{3} : \dfrac{1}{5} : \dfrac{1}{4}$ 에서

$P_1 : P_2 : P_3 : P_4 = 30 : 20 : 12 : 15$

최확값

$= \dfrac{P_1 h_1 + P_2 h_2 + P_3 h_3 + P_4 h_4}{P_1 + P_2 + P_3 + P_4}$

$= 40 + \dfrac{30 \times 0.242 + 20 \times 0.239 + 12 \times 0.234 + 15 \times 0.237}{30 + 20 + 12 + 15}$

$= 40.239$

83 갑, 을 두 사람이 동일조건하에 AB 거리를 측정하여 다음 결과를 얻었을 때 최확값은?
[갑 : 32.994±0.008m, 을 : 33.003±0.004m]

① 32.997m ② 33.001m
③ 33.005m ④ 33.009m

해설

$P_1 : P_2 = \dfrac{1}{8^2} : \dfrac{1}{4^2}$ 에서 $P_1 : P_2 = 1 : 4$ 이므로

최확값

$= \dfrac{P_1 h_1 + P_2 h_2}{P_1 + P_2} = \dfrac{1 \times 32.994 + 4 \times 33.003}{1+4} = 33.001 m$

84 기상보정 장치가 없는 광파측량기로 거리를 관측하여 1200.00m를 얻었다. 이때 대기의 굴절률이 1.000375이었다면 기상보정을 한 거리는? (단, 이 측량기가 채용한 표준굴절률은 1.000325 이다.)

① 1199.94m ② 1199.99m
③ 1200.01m ④ 1200.06m

해설

빛이 대기 중을 통과할 때 기온, 기압에 의해서 그 속도가 변화하므로 기온, 기압 또는 기상보정치를 설정하여 정확한 관측을 할 수 있다.

현재 관측거리$(L) = l \times (1 + K_a)$ 에서

$1,200 = 1.000375 \times l$ 이므로

$l = 1,199.550169$ 이고

보정거리$(L) = l \times 1.000325 = 1199.94 m$

85. 지형도 작성에서 지표면이 낮거나 움푹 파인 지점을 연결한 선으로 합수선이라고도 하는 것은?

① 최대경사선
② 철선(능선)
③ 요선(계곡선)
④ 경사변환선

[해설]

지성선
지성선은 지세선이라고도 하며 지모의 골격이 되는 선을 의미한다.

철선	철선 또는 능선은 지표면의 가장 높은 곳을 연결한 선으로 빗물이 이것을 경계로 하여 좌우로 흐르게 되므로 분수선이라고도 한다.
요선	요선 또는 합수선은 지표면의 가장 낮은 곳을 연결한 선으로 주로 물이 흘러가는 계곡이 형성되는 곳이므로 계곡선이라고도 한다.
경사 변환선	지표상에서 경사가 바뀌는 지역을 표현한 선으로 동일 방향의 경사면에서 경사의 크기가 다른 두 면의 교차선이다.
최대 경사선	지표의 임의의 한 점에서 그 경사가 최대로 되는 방향을 표시한 선을 말하며 등고선에 직각으로 교차하는 선이다. 이는 물이 흐르는 방향으로 유하선이라고도 한다.

86. 30m의 줄자를 사용하여 2점간의 거리를 관측한 결과가 270m이었다. 30m에 대한 우연오차가 ±2mm 라면 2점 간의 거리에 대한 우연오차는?

① ±18mm
② ±15mm
③ ±9mm
④ ±6mm

[해설]

측정횟수 $= \dfrac{270}{30} = 9$에서

우연오차 $= \pm 2\sqrt{9} = \pm 6mm$

87. 그림과 같은 교호수준측량에서 B점의 표고는? (단, A점의 표고 = 18.645m, a = 3.453m, b = 3.124m, c = 1.194m, d = 0.765m이다.)

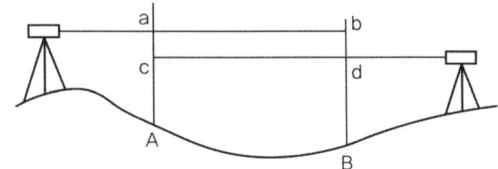

① 18.695m
② 18.974m
③ 19.024m
④ 19.074m

[해설]

$$h = \dfrac{(a_1 + a_2) - (b_1 + b_2)}{2}$$
$$= \dfrac{(3.453 + 1.194) - (3.124 + 0.765)}{2} = 0.379m$$

$H_B = H_A + h = 18.645 + 0.379 = 19.024m$

88. 지형의 표시방법에 속하지 않는 것은?

① 횡단점법
② 등고선법
③ 음영법
④ 점고법

[해설]

지형도에 의한 지형의 표현방법

1. 자연도법
축척과 방위를 정확하고 정밀하게 표현하기 보다는 자연스러운 실제 모양과 비슷하도록 지형을 표현하는 방법

Answer 85 ③ 86 ④ 87 ③ 88 ①

영선법	- 영선법이라고도 하며, 게바라고 하는 선을 이용하여 지표의 기복을 표현하는 기법으로 게바의 길이, 간격, 굵기에 따라 기복의 크고 작음을 표현한다. - 급경사인 경우 게바를 굵고 짧게, 완경사인 경우 가늘고 길게 표시한다. - 지형의 기복은 잘 표현할수 있으나 제도와 제작이 복잡하고 고도가 수치로 표시되지 않으므로 토목공사에서는 잘 활용하지 않는다.
음영법	- 태양광이 비친다고 가정하여 지표의 기복에 대해 그 명암을 색으로 표현하여 제작한 지형표현방법

2. 부호도법
정해진 기호나 기법을 이용하여 평면위치와 높낮이를 표현하는 방법

점고법	- 지표면상 임의 점의 높이를 지도 위에 숫자로 표현하여 높이를 표현하는 방법으로 하천과 해안과 같이 육지가 아닌 지역에서 점의 높이 혹은 깊이를 표현하는 방법이다. - 주로 해도, 하천, 호안, 항만의 심천을 나타낼 때 이용하는 기법이다.
등고선법	- 등고선은 같은 높이의 표고를 연결한 선이라는 의미로 지표의 높낮이를 표현하는 비교적 정확한 지형의 표현방법이다. - 일정한 높이의 수평면으로 지형을 자른다고 가정했을 때 이 자른 면의 둘레를 표현한 선이다. - 오늘날 거의 모든 육상지도를 제작할 때 높이를 표현하기 위해 사용된다.
채색법	- 단채법이라고도 하며 대상부분을 구분하고 색을 입혀 높이의 변화를 쉽게 인식할 수 있도록 하는 기법 - 높거나 깊을수록 짙은 색을 사용하여 높이나 깊이의 판단을 용이하게 한다.

89 다음 중 정확도가 가장 높은 트래버스의 형태는?

① 개방 트래버스
② 폐합 트래버스
③ 결합 트래버스
④ 정확도는 트래버스 종류와는 무관하다.

해설

폐합 트래버스 (Closed traverse)	- 소규모 지역의 측량에 적합 - 임의의 한 점에서 출발하여 마지막에 다시 시작점에 폐합되는 트래버스
결합 트래버스 (decisive traverse)	- 측량을 시작할 때 아는 점인 기지점에서 출발하여 다른 기지점에 결합시키는 방법 - 대규모 지역의 정확성을 요하는 측량에 이용
개방 트래버스 (open traverse)	- 아무 점에서나 출발하여 아무런 관계나 조건이 없는 다른 점에서 끝나는 트래버스 - 마지막 관측점의 오차를 판단할 수 없으므로 오차조정이 불가능하고 가장 정확도가 낮은 방법 - 하천이나 노선의 기준점을 정하는데 사용
트래버스 망 (traverse net))	- 트래버스를 조합한 것으로 넓은 지역에서 높은 정밀도의 기준점 측량에 활용 - 다각형 구성의 모양에 따라 X형, Y형, H형, A형 등으로 구분

90 수준측량에 사용되는 용어에 대한 설명으로 옳은 것은?

① 수준면은 각 측점에서 지오이드면과 직교하는 모든 점을 잇는 곡면이다.
② 어느 지점의 표고만을 알기 위하여 전시만을 취하는 점을 이기점이라 한다.
③ 기계고는 지면에서부터 망원경 중심까지의 높이이다.
④ 후시는 기지의 측점에 세운 표척의 읽음값이다.

Answer 89 ③ 90 ④

해설

수평면(수준면)(Level surface)	- 모든 점에서 연직방향과 수직인 면으로 수평면은 곡면이며 회전타원체와 유사하다. - 정지하고 있는 해수면 또는 지오이드면은 수평면의 좋은 예이다
기계고(I.H)	- 기준면에서 망원경 시준선까지의 높이
후시(B.S)	- 지반고를 알고 있는 기지점에 세운 표척의 읽음 값
전시(F.S)	- 구하려고 하는 지점에 세운 표척의 읽음값
이기점(T.P)	- 전시와 후시의 연결점으로 전시를 관측한 후 이 점을 기준으로 기계를 옮긴 후 이 전시점을 후시로 하여 기계고를 새로 얻기 위한 점으로 이점이라고도 함
중간점(I.P)	- 전시의 일종으로 전시만을 읽어 표고를 관측하는 점 - 중간점에 오차가 발생하여도 다른 측량할 지역에 영향을 주지 않음
지반고(G.H)	- 이미 알고 있는 지반의 표고값 또는 각 측점에서 결정한 기준면에 서부터 기반의 표고
표고차(level difference)	- 표고를 알고 있는 지점에서 시작하여 마지막 관측점 지표면까지의 높이 차

91 P_1의 좌표가 (-2000m, 1000m)이고, P_2의 좌표가 (-1250m, 2299m)일 때 $\overline{P_1P_2}$의 방위각은?

① 30°00′03″
② 59°59′57″
③ 210°00′03″
④ 239°59′57″

해설

방위각 $= \tan^{-1}(\frac{\Delta y}{\Delta x})$
$= \tan^{-1}(\frac{1,299}{750}) = 59°59′57″$ (1상한)

92 트래버스측량에서 위거오차 +0.035m, 경거오차 -0.124m일 때, 폐합비의 허용범위가 1/20,000라면 오차의 처리방법은?

① 각만 재측량 하여야 한다.
② 거리만 재측량 하여야 한다.
③ 각과 거리를 재측량 하여야 한다.
④ 폐합오차의 조정으로 처리한다.

해설

폐합오차
$= \sqrt{\Delta x^2 + \Delta y^2} = \sqrt{0.035^2 + (-0.124)^2} = 0.129m$

폐합허용범위
$=$ 측선길이 $\times$ 폐합비 $= 2,680 \times \frac{1}{20,000} = 0.134m$

폐합오차가 폐합허용오차범위 이내이므로 폐합오차를 조정하여 처리한다.

93 삼각망의 형태 중 유심다각망에 대한 설명으로 옳은 것은?

① 폭이 넓고 거리가 먼 지역에 적합하다.
② 동일 측점수에 비하여 포함면적이 가장 넓다.
③ 조건식의 수가 가장 많아 정확도가 가장 높다.
④ 거리에 비하여 관측수가 적어 측량이 신속하고 측량비가 적게 든다.

해설

종류	특징
단열 삼각망	- 폭이 좁고 긴 길이의 지역에 적합 - 주로 노선, 하천, 터널측량 등에 이용 - 거리에 비해 관측수가 적으므로 신속한 측량과 저렴한 비용
유심 다각망	- 측점 수에 비하여 넓은 표면적을 포함 - 농지측량, 도시계획 등 방대한 지역의 측량에 적합
사변형망	- 기선삼각망에 이용 - 조건식의 수가 가장 많아 높은 정확도 - 조정이 복잡하고 포함 면적이 적으며 시간과 비용이 많이 소요

- 정확도 : 단열삼각망 < 유심다각망 < 사변형망

Answer 91 ② 92 ④ 93 ②

94 각관측 장비의 기계오차 중 망원경을 정·반으로 관측하여 평균값을 취함으로써 소거되는 오차가 아닌 것은?

① 연직축 오차
② 시준축 오차
③ 수평축 오차
④ 편심오차

해설

트랜싯의 6조정

수평각 측정시 필요한 조정	제1조정 (평반기포관의 조정: 연직축 오차)		평반기포관축은 연직축에 직교해야한다.
		원인	연직축이 연직이 되지 않기 때문에 생기는 오차
		처리 방법	소거불능
	제2조정 (십자종선의 조정: 시준축 오차)		십자종선은 수평축에 직교해야 한다.
		원인	시준축과 수평축이 직교하지 않기 때문에 생기는 오차
		처리 방법	망원경을 정·반위로 관측하여 평균을 취한다.
	제3조정 (수평축의 조정: 수평축오차)		수평축은 연직축에 직교해야 한다
		원인	수평축이 연직축에 직교하지 않기 때문에 생기는 오차
		처리 방법	망원경을 정·반위로 관측하여 평균을 취한다.
연직각 측정시 필요한 조정	제4조정 (십자횡선의 조정: 내심오차)		십자선의 교점은 정확하게 망원경의 중심(광축)과 일치하고 십자횡선은 수평축과 평행해야 한다.
		원인	기계의 수평회전축과 수평분도원의 중심이 불일치
		처리 방법	180° 차이가 있는 2개(A, B)의 버니어의 읽음값을 평균한다.
	제5조정 (망원경기포관의 조정: 외심오차)		망원경에 장치된 기포관축(수준기)과 시준선은 평행해야 한다
		원인	시준선이 기계의 중심을 통과하지 않기 때문에 생기는 오차
		처리 방법	망원경을 정·반위로 관측하여 평균을 취한다.
연직각 측정시 필요한 조정	제6조정 (연직분도원 버니어의 조정: 분도원 눈금오차)		시준선은 수평(기포관의 기포가 중앙)일때 연직분도원의 0°가 버니어의 0과 일치해야 한다.
		원인	눈금 간격이 균일하지 않기 때문에 생기는 오차
		처리 방법	버니어의 0의 위치를 $\frac{180°}{n}$ 씩 옮겨가면서 대회관측을 한다.

95 공공측량 작업계획서에 포함되어야 할 사항이 아닌 것은?

① 공공측량의 사업명
② 공공측량의 작업방법
③ 공공측량의 성과심사 수탁기관
④ 사용할 측량기기의 종류 및 성능

해설

「공간정보의 구축 및 관리 등에 관한 법률 시행규칙」
제21조(공공측량 작업계획서의 제출)
① 공공측량시행자는 법 제17조제2항에 따라 공공측량을 하기 3일 전에 국토지리정보원장이 정한 기준에 따라 공공측량 작업계획서를 작성하여 국토지리정보원장에게 제출하여야 한다. 공공측량 작업계획서를 변경한 경우에도 또한 같다.
② 제1항에 따른 공공측량 작업계획서에 포함되어야 할 사항은 다음 각 호와 같다.
1. 공공측량의 사업명
2. 공공측량의 목적 및 활용 범위
3. 공공측량의 위치 및 사업량
4. 공공측량의 작업기간
5. 공공측량의 작업방법
6. 사용할 측량기기의 종류 및 성능
7. 법 제17조제1항에 따라 사용할 측량성과의 명칭, 종류 및 내용
8. 그 밖에 작업에 필요한 사항

Answer 94 ① 95 ③

96 측량의 기준에 대한 설명으로 옳지 않은 것은?

① 위치는 세계측지계에 따라 측정한 지리학적 경위도와 높이(평균해수면으로부터의 높이)로 표시한다.
② 지도 제작 등을 위하여 필요한 경우에는 직각좌표와 높이, 극좌표와 높이, 지구중심 직교좌표 및 그 밖의 다른 좌표로 표시할 수 있다.
③ 측량의 원점은 대한민국 경위도원점 및 수준원점으로 한다.
④ 국토교통부장관이 따로 정하여 고시하는 원점을 사용할 수 있는 지역은 독도가 유일하다.

해설

「공간정보의 구축 및 관리 등에 관한 법률」
제6조(측량기준)
① 측량의 기준은 다음 각 호와 같다.
1. 위치는 세계측지계(世界測地系)에 따라 측정한 지리학적 경위도와 높이(평균해수면으로부터의 높이를 말한다. 이하 이 항에서 같다)로 표시한다. 다만, 지도 제작 등을 위하여 필요한 경우에는 직각좌표와 높이, 극좌표와 높이, 지구중심 직교좌표 및 그 밖의 다른 좌표로 표시할 수 있다.
2. 측량의 원점은 대한민국 경위도원점(經緯度原點) 및 수준원점(水準原點)으로 한다. 다만, 섬 등 대통령령으로 정하는 지역에 대하여는 국토교통부장관이 따로 정하여 고시하는 원점을 사용할 수 있다.

「공간정보의 구축 및 관리 등에 관한 법률 시행령」
제6조(원점의 특례)
법 제6조제1항제2호 단서에서 "섬 등 대통령령으로 정하는 지역"이란 다음 각 호의 지역을 말한다.
1. 제주도
2. 울릉도
3. 독도
4. 그 밖에 대한민국 경위도원점 및 수준원점으로부터 원거리에 위치하여 대한민국 경위도원점 및 수준원점을 적용하여 측량하기 곤란하다고 인정되어 국토교통부장관이 고시한 지역

97 공간정보의 구축 및 관리 등에 관한 법률에 따른 용어의 정의로 옳지 않은 것은?

① 기본측량이란 모든 측량의 기초가 되는 공간정보를 제공하기 위하여 국토교통부장관이 실시하는 측량을 말한다.
② 일반측량이란 기본측량, 공공측량 및 지적측량 외의 측량을 말한다.
③ 측량이란 공간상에 존재하는 일정한 점들의 위치를 측정하고 그 특성을 조사하여 도면 및 수치로 표현하거나 도면상의 위치를 현지(現地)에 재현하는 것을 말하며, 측량용 사진의 촬영, 지도의 제작 및 각종 건설사업에서 요구하는 도면작성 등을 포함한다.
④ 측량기록이란 측량을 통하여 얻은 최종 결과를 말한다.

해설

「공간정보의 구축 및 관리 등에 관한 법률」
제2조(정의) 이 법에서 사용하는 용어의 뜻은 다음과 같다.
1. "측량"이란 공간상에 존재하는 일정한 점들의 위치를 측정하고 그 특성을 조사하여 도면 및 수치로 표현하거나 도면상의 위치를 현지(現地)에 재현하는 것을 말하며, 측량용 사진의 촬영, 지도의 제작 및 각종 건설사업에서 요구하는 도면작성 등을 포함한다.
2. "기본측량"이란 모든 측량의 기초가 되는 공간정보를 제공하기 위하여 국토교통부장관이 실시하는 측량을 말한다.
6. "일반측량"이란 기본측량, 공공측량 및 지적측량 외의 측량을 말한다.
9. "측량기록"이란 측량성과를 얻을 때까지의 측량에 관한 작업의 기록을 말한다.

Answer 96 ④ 97 ④

98 기본측량의 실시공고는 해당 특별시·광역시·특별자치시·도 또는 특별자치도의 게시판 및 인터넷 홈페이지에 최소 며칠 이상 게시하여야 하는가?

① 3일
② 7일
③ 15일
④ 30일

해설

「공간정보의 구축 및 관리 등에 관한 법률 시행령」 제12조(측량의 실시공고)
① 법 제12조제2항에 따른 기본측량의 실시공고와 법 제17조제6항에 따른 공공측량의 실시공고는 전국을 보급지역으로 하는 일간신문에 1회 이상 게재하거나 해당 특별시·광역시·특별자치시·도 또는 특별자치도(이하 "시·도"라 한다)의 게시판 및 인터넷 홈페이지에 **7일** 이상 게시하는 방법으로 하여야 한다.

99 벌칙기준에 따라 300만원 이하의 과태료에 처할 수 있는 자는?

① 부정한 방법으로 측량업의 등록을 한 자
② 부정한 방법으로 성능검사를 받은 자
③ 부정한 방법으로 성능검사대행자의 등록을 하고 성능검사업무를 한 자
④ 고의로 측량성과를 사실과 다르게 한 자

해설

2년 이하의 징역 또는 2천만원 이하의 벌금 ㉮㉯등 ㉰㉱㉲㉳	1. 측량업의 등록을 하지 아니하거나 ㉮짓이나 그 밖의 ㉯정한 방법으로 측량업의 ㉰록을 하고 측량업을 한 자 2. 성능검사대행자의 등록을 하지 아니하거나 ㉮짓이나 그 밖의 ㉯정한 방법으로 성능검사대행자의 ㉰록을 하고 성능검사업무를 한 자 3. 측량성과를 국㉱로 반출한 자 4. 측량기준점㉲지를 이전 또는 파손하거나 그 효용을 해치는 행위를 한 자
	5. 고의로 측량㉳과를 사실과 다르게 한 자 6. 성능㉴사를 부정하게 한 성능검사대행자

과태료(영 제105조)

① 다음 각 호의 어느 하나에 해당하는 자에게는 300만원 이하의 과태료를 부과한다.

300만원 이하의 과태료 ㉮㉯㉰ ㉱㉲㉳ ㉮ 측출보조 ㉯ 등폐승 ㉰ 등폐검	1. **정**당한 사유 없이 **측**량을 방해한 자 2. 정당한 사유 없이 제101조제7항을 위반하여 토지등에의 **출**입 등을 방해하거나 거부한 자 3. 정당한 사유 없이 제99조제1항에 따른 **보**고를 하지 아니하거나 거짓으로 보고를 한 자 4. 정당한 사유 없이 제99조제1항에 따른 **조**사를 거부·방해 또는 기피한 자 5. 제44조제4항을 위반하여 측량업 **등**록사항의 변경신고를 하지 아니한 자 6. 제46조제2항을 위반하여 측량업자의 지위 **승**계 신고를 하지 아니한 자 7. 제93조제1항을 위반하여 성능**검**사대행자의 **등**록사항 변경을 신고하지 아니한 자 8. 제93조제3항을 위반하여 성능검사대행업무의 **폐**업신고를 하지 아니한 자 9. 제92조제1항을 위반하여 측량기기에 대한 성능**검**사를 받지 아니하거나 부정한 방법으로 성능검사를 받은 자 10. 제13조제4항을 위반하여 고시된 측량**성**과에 어긋나는 측량성과를 사용한 자 11. 제50조제2항을 위반하여 본인, 배우자 또는 **직**계 존속·비속이 소유한 토지에 대한 지적측량을 한 자 12. 제40조제1항을 위반하여 **거**짓으로 측량기술자의 신고를 한 자

Answer 98 ② 99 ②

100 측량업의 등록을 반드시 취소하여야 하는 경우에 해당되지 않는 것은?

① 과실로 측량을 부정확하게 한 경우
② 영업정지기간 중에 계속하여 영업을 한 경우
③ 거짓이나 그 밖의 부정한 방법으로 측량업의 등록을 한 경우
④ 관련법을 위반하여 측량업자가 측량기술자의 국가기술자격증을 대여받은 사실이 확인된 경우

[해설]

측량업의 등록취소 (제52조)
① 국토교통부장관, 해양수산부장관 또는 시·도지사는 측량업자가 다음 각 호의 어느 하나에 해당하는 경우에는 측량업의 등록을 취소하거나 1년 이내의 기간을 정하여 영업의 정지를 명할 수 있다. 다만, 제2호·제4호·제7호·제8호·제11호 또는 제15호에 해당하는 경우에는 측량업의 등록을 취소하여야 한다.

측량업 영업의 정지

암기 고과 수요업 보성 휴변

1. **고**의 또는 **과**실로 측량을 부정확하게 한 경우
13. 지적측량업자가 제106조 제2항에 따른 지적측량 **수**수료를 같은 조 제3항에 따라 고시한 금액보다 과다 또는 과소하게 받은 경우
14. 다른 행정기관이 관계 법령에 따라 등록취소 또는 영업정지를 **요**구한 경우
6. 지적측량업자가 제45조에 따른 **업**무 범위를 위반하여 지적측량을 한 경우
10. 제51조를 위반하여 **보**험가입 등 필요한 조치를 하지 아니한 경우
9. 지적측량업자가 제50조(**성**실의무)를 위반한 경우
3. 정당한 사유 없이 측량업의 등록을 한 날부터 1년 이내에 영업을 시작하지 아니하거나 계속하여 1년 이상 **휴**업한 경우
5. 제44조 제4항을 위반하여 측량업 등록사항의 **변**경신고를 하지 아니한 경우
12. 제52조 제3항에 따른 임원의 직무정지 명령을 이행하지 아니한 경우

측량업 등록 취소 암기 영미대결 거부

11. **영**업정지기간 중에 계속하여 영업을 한 경우
4. 제44조 제2항에 따른 등록기준에 **미**달하게 된 경우. 다만, 일시적으로 등록기준에 미달되는 등 대통령령으로 정하는 경우는 제외한다.
15. 「국가기술자격법」 제15조제2항을 위반하여 측량업자가 측량기술자의 국가기술자격증을 **대여**받은 사실이 확인된 경우
8. 제49조 제1항을 위반하여 다른 사람에게 자기의 측량업등록증 또는 측량업등록수첩을 **빌려** 주거나 자기의 성명 또는 상호를 사용하여 측량업무를 하게 한 경우
7. 제47조(측량업등록의 **결**격사유) 각 호의 어느 하나에 해당하게 된 경우. 다만, 측량업자가 같은 조 제5호에 해당하게 된 경우로서 그 사유가 발생한 날부터 3개월 이내에 그 사유를 해소한 경우는 제외한다.

> 법 제47조(측량업등록의 결격사유) 다음 각 호의 어느 하나에 해당하는 자는 측량업의 등록을 할 수 없다. 〈개정 2013.7.17, 2015.12.29〉
> 1. 피성년후견인 또는 피한정후견인
> 2. 이 법이나 「국가보안법」 또는 「형법」 제87조부터 제104조까지의 규정을 위반하여 금고 이상의 실형을 선고받고 그 집행이 끝나거나(집행이 끝난 것으로 보는 경우를 포함한다) 집행이 면제된 날부터 2년이 지나지 아니한 자
> 3. 이 법이나 「국가보안법」 또는 「형법」 제87조부터 제104조까지의 규정을 위반하여 금고 이상의 형의 집행유예를 선고받고 그 집행유예기간 중에 있는 자
> 4. 제52조에 따라 측량업의 등록이 취소(제47조제1호에 해당하여 등록이 취소된 경우는 제외한다)된 후 2년이 지나지 아니한 자
> 5. 임원 중에 제1호부터 제4호까지의 어느 하나에 해당하는 자가 있는 법인

2. **거**짓이나 그 밖의 **부**정한 방법으로 측량업의 등록을 한 경우
14. 다른 행정기관이 관계 법령에 따라 등록취소를 요구한 경우

Answer 100 ①

② 측량업자의 지위를 승계한 상속인이 제47조에 따른 측량업등록의 결격사유에 해당하는 경우에는 그 결격사유에 해당하게 된 날부터 6개월이 지난 날까지는 제1항 제7호를 적용하지 아니한다.

③ 국토교통부장관 또는 시·도지사, 또는 대도시시장은 측량업자가 제47조 제5호에 해당하게 된 경우에는 같은 조 제1호부터 제4호까지의 어느 하나에 해당하는 임원의 직무를 정지하도록 해당 측량업자에게 명할 수 있다.

④ 국토교통부장관 또는 시·도지사는 제1항에 따라 측량업등록을 취소하거나 영업정지의 처분을 하였으면 그 사실을 공고하여야 한다.

⑤ 측량업등록의 취소 및 영업정지 처분에 관한 세부 기준은 국토교통부령으로 정한다.

Answer

저자 소개

[이영수]

- 공학 박사
- 지적 기술사
- 측량 및 지형공간정보 기술사
- 명지대학교 산업대학원 지적GIS학과 졸업(공학석사)
- (전) 대구과학대학교 측지정보과 교수
- (전) 신흥대학 강의
- (현) 공단기 지적직공무원 지적측량·지적전산학 지적법 강의
- (현) 주경야독 인터넷 동영상 강사
- (현) 지적기술사 동영상 강의
- (현) 측량 및 지형공간정보 기술사 동영상 강의
- (현) 지적기사(산업)기사 이론 및 실기 동영상 강의
- (현) 측량 및 지형공간정보기사(산업)기사이론 및 실기 동영상 강의
- (현) 토목기사 측량학 동영상 강의
- (현) (특성화고 토목직공무원)측량학 동영상 강의
- (현) 지적기능사 동영상 강의
- (현) 측량기능사 동영상 강의
- (현) 측량학·응용측량 동영상 강의

[저서]

지적분야	측량 및 지형공간정보 분야
- 지적기술사해설, 예문사 - 지적기술사과년도문제 해설, 예문사 - 지적기사 이론 및 문제해설, 예문사 - 지적산업기사 이론 및 문제해설, 예문사 - 지적기사 과년도 문제해설, 세진사 - 지적산업기사 과년도 문제해설, 세진사 - 지적기사/산업기사 실기 문제해설, 세진사 - 지적측량실무, 세진사 - 지적측량학, 세진사 - 지적전산학, 세진사 - 지적직공무원 지적측량적중예상문제, 세진사 - 지적직공무원 지적전산학적중예상문제, 세진사 - 지적직공무원 지적측량·지적전산학·지적법 단원별기출문제, 고시각 - 지적법 해설, 예문사 - 지적학 해설, 예문사 - 지적기능사, 세진사	- 측량 및 지형공간정보기술사, 예문사 - 측량 및 지형공간정보기사 이론 및 문제해설, 구민사 - 측량 및 지형공간정보산업기사 이론 및 문제해설, 구민사 - 측량 및 지형공간정보기사 과년도 문제해설, 구민사 - 측량 및 지형공간정보산업기사 과년도 문제해설, 구민사 - 측량 및 지형공간정보 실기문제해설, 세진사 - 측량 및 지형공간정보 실무, 구민사 - 측량학, 예문사 - 응용측량, 예문사 - 사진측량 해설, 예문사 - 측량기능사, 예문사

[김도균]

영남대학교 일반대학원 토목공학과 공학석사
영남대학교 일반대학원 토목공학과 공학박사
(현) 경북도립대학교 토목과 교수
측량 및 지형공간정보 기사
토목기사

[저서]
- 지적기사 이론 및 문제 해설, 예문사
- 지적산업기사 이론 및 문제해설, 예문사
- 실용GPS, 도서출판 일일사
- 기본측량학, 도서출판 일일사
- 응용측량, 도서출판 일일사
- 측량 및 지형공간정보기사/산업기사 이론 및 문제해설, 구민사
- 측량 및 지형공간정보기사/산업기사 과년도 문제해설, 구민사

[안재현]

대구과학대학교 측지정보과 졸업
(현) 영주시청 근무
측량 및 지형공간정보 기사
측량 및 지형공간정보 산업기사
지적 기사
지적 산업기사
건설재료 시험 기능사

[저서]
- 측량 및 지형공간정보기사/산업기사 이론 및 문제해설, 구민사
- 측량 및 지형공간정보기사/산업기사 과년도 문제해설, 구민사
- 지적기사/산업기사 과년도 문제해설 공저

[김용현]

인천대학교 토목공학과 졸업
한국국토정보공사 본사 근무
토목기사
지적기사
건설안전기사
측량 및 지형공간정보기술사

[저서]
- 측량 및 지형공간정보기사/산업기사 이론 및 문제해설, 구민사
- 측량 및 지형공간정보기사/산업기사 과년도 문제해설, 구민사

[오건호]

경북대학교 지리학과 졸업(학사)
(전) 영주시청 토지정보과 근무
(현) 달서구청 토지정보과 근무
지적기사·측량 및 지형공간정보 기사
항공사진기능사·지도제작기능사

[저서]
- 지적기사 필기, 세진사
- 지적산업기사 필기, 세진사

측량 및 지형공간정보기사 필기

초판 발행 | 2018년 1월 20일
개정 1판 발행 | 2019년 1월 10일
개정 2판 1쇄 발행 | 2020년 1월 10일
개정 2판 2쇄 발행 | 2021년 1월 5일
개정 3판 발행 | 2022년 1월 10일
개정 4판 발행 | 2023년 1월 10일
개정 5판 발행 | 2024년 1월 25일
개정 6판 발행 | 2026년 1월 25일

지 은 이 | 寅山 이영수·김도균·안재현·김용현·오건호
발 행 인 | 조규백
발 행 처 | 도서출판 구민사
　　　　　　(07293) 서울특별시 영등포구 문래북로 116, 604호(문래동3가 46, 트리플렉스)
전　 화 | (02) 701-7421
팩　 스 | (02) 3273-9642
홈페이지 | www.kuhminsa.co.kr

신고번호 | 제2012-000055호 (1980년 2월 4일)
I S B N | 979-11-6875-614-4　13530

값 45,000원

※ 낙장 및 파본은 구입하신 서점에서 바꿔드립니다.
※ 본서를 허락없이 부분 또는 전부를 무단복제, 게재행위는 저작권법에 저촉됩니다.

CONTENTS
목　　　차

PART 01 측지학 및 위성측위시스템(GPS)
01. 측지학 ·· 4
02. GNSS ·· 29

PART 02 응용측량
01. 노선측량 ·· 46
02. 하천측량 ·· 54
03. 터널측량 ·· 57
04. 경관측량 ·· 58
05. 지하시설물측량 ·· 60
06. 해양측량 ·· 61
07. 면적 및 체적측량 ·· 66

PART 03 사진측량
01. 사진측량 ·· 72

PART 04 GIS

- 01. GIS 총론 ·· 90
- 02. 데이터의 생성 ·· 93
- 03. 데이터의 구조 ·· 94
- 04. 데이터 관리 ·· 101

PART 05 측량학

- 01. 거리측량 ·· 116
- 02. 수준측량 ·· 124
- 03. 각(트랜싯)측량 ·· 128
- 04. 트래버스측량 ·· 133
- 05. 삼각 및 삼변측량 ·· 138
- 06. 지형측량 ·· 142

부록

- 01. 공식모음 ·· 146
- 02. 벌칙 ·· 157
- 03. 각종 요소 ··· 159

Part 1

측지학 및 위성측위시스템(GPS)

Chapter 01_측지학
Chapter 02_GNSS

CHAPTER 01 측지학

1 타원체 종류 암기 회지준국

지구를 표현하는 수학적 방법, 단축 또는 장축을 중심축으로 회전시켜 얻는다

회전타원체	한 타원의 지축을 중심으로 회전하여 생기는 입체타원체
지구타원체	부피와 모양이 실제의 지구와 가장 가까운 회전타원체를 지구의 형으로 규정한 타원체
준거타원체	어느 지역의 대지측량계의 기준이 되는 지구타원체
국제타원체	전세계적으로 대지측량계의 통일을 위해 IUGG(International Association of Geodesy : 국제측지학 및 지구물리학연합)에서 제정한 지구타원체

Question

문제1) 지구상 한 점에서 지오이드에 대한 연직선이 천구의 적도면과 이루는 각으로 지오이드를 기준으로 한 위도는? [18년 3회 측기]

① 측지위도 ② 천문위도 ③ 지심위도 ④ 화성위도

정답 ②

2 타원체와 지오이드의 비교 암기 가타굴매는 반면표부삼경지라 타삼중클우Be지명대고해저면 고지면0측이요 편차는 내부중력타

타원체	지오이드
① 가하학적 타원체이므로 굴곡이 없는 매끈한 면 ② 지구의 반경, 면적, 표면적, 부피, 삼각측량, 위도 결정, 지도제작 등의 기준 ③ 타원체의 크기는 삼각측량 등의 실측이나 중력측정값을 클레로 정리로 이용 ④ 지구타원체의 크기는 세계 각 나라별로 다	① 지오이드면은 평균해수면과 일치하는 등포텐셜면으로 일종의 수면이다. ② 지오이드면은 대륙에서는 지각의 인력 때문에 지구타원체보다 높고 해양에서는 낮다. ③ 고저측량은 지오이드면을 표고 0으로 하여 관측한다.

기하학적 측지학	물리학적 측지학
㉮성측량	㉣력측량
㉴양측량	㉦자기측량
㉱진측량	㉤성파측량

> **Question**
>
> **문제1)** 물리학적 측지학에 해당되는 것은? [18년 2회 기]
>
> ① 3차원 위치 결정　② 중력 측정　③ 사진 측정　④ 위성 측지
>
> **문제2)** 물리학적 측지학에 속하지 않는 것은? [19년 1회 기]
>
> ① 탄성파 측정　② 지자기 측정　③ 중력 측정　④ 사진 측정
>
> **문제3)** 다음 중 기하학적 측지학에 속하지 않는 것은? [20년 4회 측기]
>
> ① 위성측지　② 중력측정　③ 3차원 위치결정　④ 시의 결정
>
> 　　　　　　　　　　　　　　　　　　　　　정답　1. ②　2. ④　3. ②

4 측지측량과 평면측량

측지측량 (geodetic surveying)	① 지구의 곡률을 고려한 정밀한 측량으로서 지구의 형상과 크기를 구하는 측량이며, ② 측량정밀도가 1/1,000,000일 경우 ③ 지구의 곡률반경이 11km 이상인 지역 ④ 면적이 약 400km² 이상인 지역을 측지(대지) 측량이라 한다. 　㉠ 기하학적 측지학 : 지구표면상에 있는 모든 점들 간의 상호 위치관계를 결정하는 것 　㉡ 물리학적 측지학 : 지구 내부의 특성, 지구의 형상 및 크기를 결정하는 것
평면측량 (plane surveying)	① 지구의 곡률을 고려하지 않은 측량으로서, ② 거리측량의 허용정밀도가 1/1,000,000 이내인 범위 ③ 지구의 곡률반경이 11km 이내인 지역 ④ 면적이 약 400km² 이내인 지역을 평면으로 취급한다. 　㉠ 거리허용오차 $(d-D) = \dfrac{D^3}{12 \cdot R^2}$ 　㉡ 허용정밀도 $\left(\dfrac{d-D}{D}\right) = \dfrac{D^2}{12 \cdot R^2} = \dfrac{1}{m} = M$ 　㉢ 평면으로 간주할 수 있는 범위 $(D) = \sqrt{\dfrac{12 \cdot R^2}{m}}$

타원체	지오이드
르며 ㉮리나라에는 종래에는 ⓑessel의 타원체를 사용하였으나 최근 공간정보의 구축 및 관리 등에 관한 법 제6조의 개정에 따라 GRS80 타원체로 그 값이 변경되었다. ⑤ 지구의 형태는 극을 연결하는 직경이 적도 방향의 직경보다 약 42.6km 짧은 회전 타원체로 되어 있다. ⑥ 지구타원체는 지구를 표현하는 수학적 방법으로서 타원체면의 장축 또는 단축을 중심으로 회전시켜 얻을 수 있는 모형이다.	④ 타원체의 법선과 지오이드 연직선의 불일치로 연직선 ㉯가 생긴다. ⑤ 지형의 영향 또는 지각㉰밀도의 불균일로 인하여 타원체에 비하여 다소 기복이 있는 불규칙한 면이다. ⑥ 지오이드는 어느 점에서나 표면을 통과하는 연직선은 ㉱방향에 수직이다. ⑦ 지오이드는 ㉲원체면에 대하여 다소 기복이 있는 ㉳규칙한 면을 갖는다. ⑧ 높이가 0이므로 위치에너지도 0이다. ⑨ 지오이드면은 불규칙한 곡면으로 준거타원체와 거의 일치한다.

Question

문제1) 지오이드에 대한 설명으로 옳은 것은?   [18년 2회 기]

① 평균해면으로 전 지구를 덮었다고 생각할 때의 가상곡면이다.
② 지구의 반지름을 6370km로 본 구면을 말한다.
③ 지구를 회전 타원체로 본 표면이다.
④ 지구 그대로의 표면이다.

문제2) 지오이드와 타원체면과의 거리를 무엇이라고 하는가?   [19년 1회 기]

① 표고   ② 정표고   ③ 타원체고   ④ 지오이드고

정답 1. ①   2. ④

3 측지학의 분류 암기 ㉳㉮)해서 ㉰㉯)지어라 ㉮㉯㉰㉱㉲)를 ㉳㉮㉯㉰㉱㉲)은 ㉮㉯㉰㉱)이라

기하학적 측지학	물리학적 측지학
점들간의 상호위치관계 산정	지구내부의 특성, 지구의 형상 및 운동을 결정
측㉯학적 3차원위치 결정	지구의 ㉯상 해석
길이 및 ㉯간의 결정	지구의 ㉯운동 및 자전운동
수평위치 ㉰정	㉯각변동 및 균형
높이의 결㉰	지구의 ㉯ 측정
㉯도제작	㉯류의 부동
㉯적 및 체적의 산정	해㉯의 조류
㉯문측량	㉯구의 조석 측량

구면삼각형	① 지표상 세점을 지나는 세 개의 대원을 세 변으로 하는 삼각형 ② 구면삼각형의 내각의 합은 180도보다 크다. ③ 측량대상 지역이 넓은 경우 곡면각 성질이 필요하다. ④ 구면삼각형의 세 변의 길이는 대원호의 중심각과 같은 각거리이다.
구과량	① 구면삼각형의 내각의 합이 180도가 넘으며 이 차이를 구과량이라 한다 ($180°+\varepsilon$(구과량)). ② 구과량(ε) = $\dfrac{A}{R^2} \cdot \rho''$ 여기서, A : 구면(평면) 삼각형의 면적 R : 지구의 평균곡률반경(6370km) ρ'' : $\dfrac{180°}{\pi}$ = 206265'' ③ 한 변의 길이가 20km 이상일 때 n다각형의 내각의 합은 $180°(n-2)$보다 반드시 크게 나타난다. ④ 구면삼각형의 구과량은 그 삼각형의 면적에 비례하고 지구 평균반경의 제곱에 반비례한다.

Question

문제1) 다음 설명 중 옳지 않은 것은? [20년 1회 측기]

① 측지학은 지구내부의 특성, 지구의 형상 및 운동을 결정하는 측정과 지구표면상 점간의 위치 관계를 선정하는 측량에 기본이 되는 학문이다.
② 지각변동의 측정, 항로 등의 측량은 평면측량으로 한다.
③ 측지측량은 지구의 곡률을 고려한 정밀한 측량이다.
④ 측지학은 물리학적 측지학과 기하학적 측지학으로 구분할 수 있다.

문제2) 측량의 분류 중 측량 구역이 상대적으로 협소하고 필요로 하는 정밀도에 따라 지구의 곡률을 고려하지 않아도 되는 측량을 무슨 측량이라고 하는가? [18년 2회 기]

① 삼각측량　　② 평면측량　　③ 측지측량　　④ 천문측량

문제3) 구면삼각형에서 내각의 합이 180°을 넘게 되는데 그 치를 무엇이라 하는가? [19년 1회 기]

① 세차　　② 균시차　　③ 구과량　　④ 연직선편차

문제4) 구과량에 대한 설명으로 옳은 것은?(단, A : 구면삼각형의 면적, R : 지구반지름) [20년 3회]

① 구과량을 구하는 식은 $\epsilon = \dfrac{A}{2R}$ 이다.
② 구과량에 의해 사변형삼각망에서 내각의 합이 360°보다 작게 된다.
③ 평면삼각형의 폐합오차는 구과량과 같다.
④ 구과량이란 구면삼각형 내각의 합과 180°와의 차이를 뜻한다.

문제5) 다음 설명 중 옳지 않은 것은? [21년 2기]

① 측지학이란 지구내부의 특성, 지구의 형상 및 운동을 결정하는 특성과 지구표면상 점간의 상호위치관계를 결정하는 학문이다.
② 지각변동의 조사, 항로 등의 측량은 평면측량으로 실시한다.
③ 측지측량은 지구의 곡률을 고려한 정밀한 측량이다.
④ 측지학은 지구의 특성 결정을 위한 물리측지학과 위치결정을 위한 기하측지학으로 나눌 수 있다.

정답 1. ② 2. ② 3. ③ 4. ④ 5. ②

5 높이의 종류 및 표고 기준

표고의 기준	내용
육지표고기준	평균해수면(중등조위면, Mean Sea Level : MSL)
해저수심, 간출암(干出岩)의 높이, 저조선(低潮線)	평균최저간조면(Mean Lowest Low Level : MLLW)
해안선(海岸線)	해면이 평균최고고조면(Mean Highest High Water Level : MHHW)에 달하였을 때 육지와 해면의 경계로 표시한다.

높이의 종류	내용
표고(標高, Elevation)	지오이드면, 즉 정지된 평균해수면과 물리적 지표면 사이의 고저차
정표고(正標高, Orthometric Height)	물리적 지표면에서 지오이드까지의 고저차
지오이드고(Geoidal Height)	타원체와 지오이드와 사이의 고저차를 말한다.
타원체고 (楕圓體高, Ellipsoidal Height)	준거 타원체상에서 물리적 지표면까지의 고저차를 말하고 지구를 이상적인 타원체로 가정한 타원체면으로부터 관측지점까지의 거리이며 실제 지구표면은 울퉁불퉁한 기복을 가지므로 실제높이(표고)는 타원체고가 아닌 평균해수면(지오이드)으로부터 연직선 거리이다.

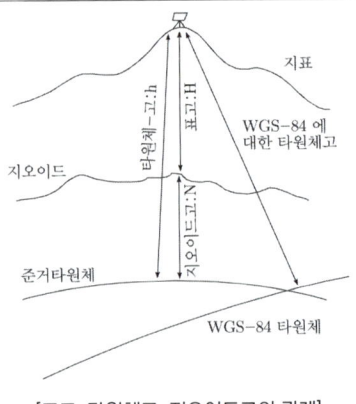

[표고·타원체고·지오이드고의 관계]

> **Question**
>
> **문제1)** 기준타원체로부터 지오이드 면까지의 수직거리를 무엇이라 하는가? [21년 4기]
>
>   ① 지오이드고   ② 정표고   ③ 타원체고   ④ 동표고
>
> **문제2)** 어떤 지점에서 GNSS 측량을 실시한 결과로 타원체고가 153.8 m, 정표고가 53.7 m이었다면 이 지점의 지오이드고는? [22년 2기]
>
>   ① 100.1 m   ② 160.2 m   ③ 207.5 m   ④ 241.3 m
>
> **해설**
>
> 정표고 = 타원체고 − 지오이드고 에서
> 지오이드고 = 타원체고 − 정표고
> 지오이드고 = 153.8 − 53.7 = 100.1m
>
> **정답** 1. ① 2. ①

6 측량기준점

암기 ㉦리가 ㉖㉧이 심하면 ㉗㉘ 모아㊊㊋을 ㊌㊍번 해라

국가기준점		
	측량의 정확도를 확보하고 효율성을 높이기 위하여 국토교통부장관 및 해양수산부장관이 전 국토를 대상으로 주요 지점마다 정한 측량의 기본이 되는 측량기준점	
	㉦주측지 기준점	국가측지기준계를 정립하기 위하여 전 세계 초장거리간섭계와 연결하여 정한 기준점
	㉯성기준점	지리학적 경위도, 직각좌표 및 지구중심 직교좌표의 측정 기준으로 사용하기 위하여 대한민국 경위도원점을 기초로 정한 기준점
	㉰합기준점	지리학적 경위도, 직각좌표, 지구중심 직교좌표, 높이 및 중력 측정의 기준으로 사용하기 위하여 위성기준점, 수준점 및 중력점을 기초로 정한 기준점
	㉱력점	중력 측정의 기준으로 사용하기 위하여 정한 기준점
	㉲자기점 (地磁氣點)	지구자기 측정의 기준으로 사용하기 위하여 정한 기준점
	㉳준점	높이 측정의 기준으로 사용하기 위하여 대한민국 수준원점을 기초로 정한 기준점
	㉴해기준점	우리나라의 영해를 획정(劃定)하기 위하여 정한 기준점(삭제 2021.2.9)
	㉵로기준점	수로 조사 시 해양에서의 수평위치와 높이, 수심 측정 및 해안선 결정 기준으로 사용하기 위하여 위성기준점과 법 제6조제1항제3호의 기본수준면을 기초로 정한 기준점으로서 ㉵로측량기준점, ㉪본수준점, ㉭안선기준점으로 구분한다. (삭제 2021.2.9)
	㉶각점	지리학적 경위도, 직각좌표 및 지구중심 직교좌표 측정의 기준으로 사용하기 위하여 위성기준점 및 통합기준점을 기초로 정한 기준점
공공	공공측량시행자가 공공측량을 정확하고 효율적으로 시행하기 위하여 국가기준점을 기준으로 하여 따로 정하는 측량기준점	

기준점	공공삼각점	공공측량 시 수평위치의 기준으로 사용하기 위하여 국가기준점을 기초로 하여 정한 기준점	
	공공수준점	공공측량 시 높이의 기준으로 사용하기 위하여 국가기준점을 기초로 하여 정한 기준점	
지적기준점		특별시장·광역시장·특별자치시장·도지사 또는 특별자치도지사(이하 "시·도지사"라 한다)나 지적소관청이 지적측량을 정확하고 효율적으로 시행하기 위하여 국가기준점을 기준으로 하여 따로 정하는 측량기준점	
	지적삼각점 (地籍三角點)	지적측량 시 수평위치측량의 기준으로 사용하기 위하여 국가기준점을 기준으로 하여 정한 기준점	⊕ 3
	지적삼각 보조점	지적측량 시 수평위치측량의 기준으로 사용하기 위하여 국가기준점과 지적삼각점을 기준으로 하여 정한 기준점	● 3
	지적도근점 (地籍圖根點)	지적측량 시 필지에 대한 수평위치측량 기준으로 사용하기 위하여 국가기준점, 지적삼각점, 지적삼각보조점 및 다른 지적도근점을 기초로 하여 정한 기준점	○ 2

> **Question**
>
> 문제1) 측량기준점을 구분할 때 국가기준점에 속하지 않는 것은? [20년 6월]
>   ① 위성기준점   ② 지적기준점   ③ 통합기준점   ④ 삼각점
>
> 문제2) 국가기준점 중 지리학적 경위도, 직각좌표, 지구중심 직교좌표, 높이 및 중력 측정의 기준으로 사용하기 위하여 위성기준점, 수준점 및 중력점을 기초로 정한 기준점은? [22년 기사 1회]
>   ① 우주측지기준점   ② 통합기준점   ③ 지자기점   ④ 삼각점
>
> 정답 1. ② 2. ②

7 測量의 原點

1) 平面直角座標原點 암기 셔중동동

명 칭	경 도	적용범위	위 도	투영원점의 가상수치	원점의 축척계수
셔부원점	동경 125°	동경124~126°	북위 38°	X^N : 600,000m Y^E : 200,000m	1.0000
중부원점	동경 127°	동경126~128°	북위 38°		
동부원점	동경 129°	동경128~130°	북위 38°		
동해원점	동경 131°	동경130~132°	북위 38°		

> **Question**
>
> 문제1) 우리나라 평면 직각좌표의 원점은 어떻게 구성되어 있는가? [18년 3회 측기]
>
> ① 서해, 내륙, 중부, 동해 원점   ② 동부, 서부, 내부, 중부 원점
> ③ 동부, 서부, 중부, 동해 원점   ④ 동해, 남부, 북부, 중부 원점
>
> 문제2) 우리나라 평면직각좌표계 4개의 중앙 자오선 축척계수는? [22년 기사 1회]
>
> ① 0.9996   ② 0.9999   ③ 1.0000   ④ 1.0001
>
> 정답 1. ③ 2. ③

2) 經緯度原點 (경위도 원점)

구분	동경	북위	원방위각	원방위각 위치
현재	127°03′14″.8913	37°16′33″.3659	165°03′44.538″	원점으로부터 진북을 기준으로 오른쪽 방향으로 측정한 우주측지관측센터에 있는 위성기준점 안테나 참조점 중앙
원점 소재지	국토지리정보원 내(경기도 수원시 영통구 월드컵로 92(원천동))			
내용	① 1981. 8월~1985. 10월까지 정밀천문측량을 실시하여 완료 ② 경기도 수원시 영통구 월드컵로 92(원천동) 국토지리정보원 내에 설치 ③ 최근에 설치된 경위도 원점은 2002년 1월 1일 관측하여 2003년 1월 1일 고시 ④ 원 방위각은 진북을 기준하여 우회로 측정한 원방위 기준점에 이르는 방위각이다.			

3) 水準原點 (수준 원점)(1963년에 인천에 설치)

험조장	청진, 원산, 진남포, 목포, 인천
위치	인천직할시 남구 용현동 253번지(인하대학교 내)
표고	인천만의 평균해수면으로부터 26.6871m이다.

4) 구(舊)소삼각원점

경기도	㉥흥, ㉙동, ㉖포, ㉭천, ㉗화, ㉘위, ㉑산, ㉒성, ㉤원, ㉕인, ㉠양, ㉣진, ㉓성, ㉜산, ㉟주, ㉚천, ㉛지, ㉔천, ㉝평 (19개 지역)
경상북도	㉓구, ㉘령, ㉗도, ㉙천, ㉠풍, ㉖인, ㉒산, ㉑양 (8개 지역)

구 (舊) 소 삼 각 원 점	망산(間)	126°22′24″.596	37°43′07″.060	경기(강화)
	계양(間)	126°42′49″.124	37°33′01″.124	경기(부천, 김포, 인천)
	조본(m)	127°14′07″.397	37°26′35″.262	경기(성남, 광주)
	가리(間)	126°51′59″.430	37°25′30″.532	경기(안양, 인천, 시흥)
	등경(間)	126°51′32″.845	37°11′52″.885	경기(수원, 화성, 평택)
	고초(m)	127°14′41″.585	37°09′03″.530	경기(용인, 안성)
	율곡(m)	128°57′30″.916	35°57′21″.322	경북(영천, 경산)
	현창(m)	128°46′03″.947	35°51′46″.967	경북(경산, 대구)
	구암(間)	128°35′46″.186	35°51′30″.878	경북(대구, 달성)
	금산(間)	128°17′26″.070	35°43′46″.532	경북(고령)
	소라(m)	128°43′36″.841	35°39′58″.199	경북(청도)

미터	조본원점·고초원점·율곡원점·현창원점.소라원점
간(間)	망산원점·계양원점·가리원점·등경원점·구암원점·금산원점
평면직각 종횡선수치	원점에 대한 평면직종횡선수치는 0으로 한다

5) 특별소삼각원점

목적	1910~1912년 임시토지조사국에서 시가지 지세를 급히 징수하여 재정 수요를 충당할 목적으로 실시
실시지역	㉮산, ㉯주, ㉰주, ㉱주, ㉲주, ㉳경, ㉴진, ㉵령, ㉶남포, ㉷흥, ㉸양, ㉹의주, ㉺주, ㉻포, ㊀산, ㊁남, ㊂성, ㊃산이며 지형상 대삼각측량으로 연결할 수 없는 울릉도에 독립된 원점을 정하였다.
원점	특별소삼각점의 원점은 그 측량지역의 서남단의 삼각점
수치	종횡선 수치의 종선에 1만m, 횡선에 3만m로 가정

8 座標系(Coordinate system)

1) 地球座標系

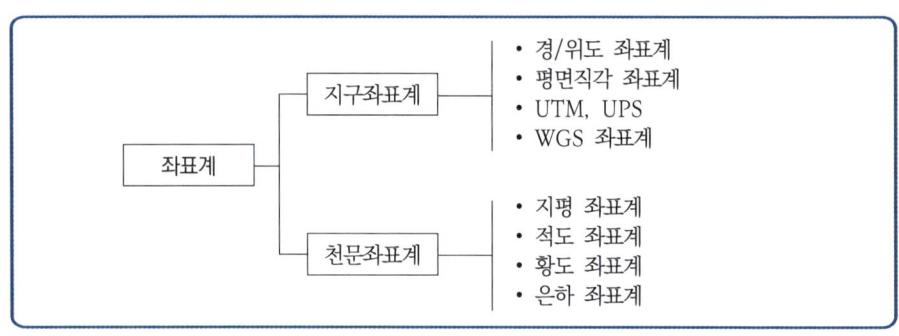

(1) 평면직각좌표(Plane Rectangular Coordinate System)

비교적 소규모측량에서 널리 이용된다. 측량지역의 1점을 택하여 좌표원점을 정하고 그 평면상에서 원점을 지나는 자오선을 X축, 동서방향을 Y축으로 한다.

① 각 지점의 위치는 직각좌표값(x, y)으로 표시되며 경거, 위거라 한다.
② 원점에서 동서로 멀어질수록 자오선과 원점을 지나는 XN(진북)과 평행한 XN'(도북)이 서로 일치하지 않아 자오선수차(r)가 발생한다.

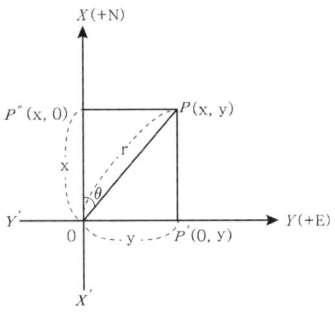

$$P_X = r\cos\theta,\ P_Y = r\sin\theta$$

(2) 경위도좌표(지리좌표)

경도	경도는 본초자오선과 적도의 교점을 원점(0, 0)으로 한다. 경도는 본초자오선으로부터 적도를 따라 그 지점의 자오선까지 잰 최소 각거리로 동서쪽으로 0°~180°까지 나타내며, 측지경도와 천문경도로 구분한다.	
	㉹지경도	본초자오선과 타원체상의 임의 자오선이 이루는 적도상 각거리를 말한다.
	㉺문경도	본초자오선과 지오이드상의 임의 자오선이 이루는 적도상 각거리를 말한다.
위도	위도(φ)란 지표면상의 한 점에서 세운 법선이 적도면을 0°로 하여 이루는 각으로서 남북위 0°~90°로 표시한다. 위도는 자오선을 따라 적도에서 어느 지점까지 관측한 최소 각거리로서 어느 지점의 연직선 또는 타원체의 법선이 적도면과 이루는 각으로 정의되고, 0°~90°까지 관측하며, 경도 1°에 대한 적도상 거리, 즉 위도 0°의 거리는 약 111km, 1'은 1.85km, 1"는 30.88m이다.	
	㉹지위도	지구상 한 점에서 회전타원체의 법선이 적도면과 이루는 각으로 측지분야에서 많이 사용한다.
	㉺문위도	지구상 한 점에서 지오이드의 연직선(중력방향선)이 적도면과 이루는 각을 말한다.
	㉻심위도	지구상 한 점과 지구중심을 맺는 직선이 적도면과 이루는 각을 말한다.
	㉼성위도	지구중심으로부터 장반경(a)을 반경으로 하는 원과 지구상 한 점을 지나는 종선의 연장선과 지구중심을 연결한 직선이 적도면과 이루는 각을 말한다.

> **Question**
>
> 문제1) 다음 용어에 대한 설명으로 틀린 것은? [19년 1회 기]
>   ① 적도(equator) : 지구중심을 지나 자전축에 직교하는 평면과 지표면의 교선
>   ② 위도(latitude) : 지표면상 한 점이 자오선과 이루는 각
>   ③ 평행선(parallels) : 적도와 나란한 평면과 지표면과의 교선
>   ④ 경도(longitude) : 그리니치를 지나는 자오선을 본초 자오선으로 하고 자오면이 만드는 적도면 상의 각 거리
>
> 문제2) 경위도에 관한 설명으로 옳지 않은 것은? [21년 4회 측기]
>   ① 본초자오면과 지표상 한점을 지나는 자오면이 만드는 적도면상 각거리를 측지경도라고 한다.
>   ② 지표면상 한 점에 세운 법선이 적도면과 이루는 각을 측지위도라고 한다.
>   ③ 본초자오선과 어느 지점의 천문자오선 사이의 적도면에서 잰 각거리를 천문경도라 한다.
>   ④ 지구상 한 점에서의 지오이드에 대한 연직선이 적도면과 이루는 각거리를 지심위도라 한다.
>
> **정답** 1. ② 2. ④

(3) UTM 좌표(Universal Transverse Mercator Coordinate)

오선을 종축으로 한다. 투영방식, 좌표변환식은 TM과 동일하나 원점에서 축척계수를 0.9996으로 하여 적용범위를 넓혔다.

① 지구 전체를 경도 6°씩 60개 구역으로 나누고, 각 종대의 중앙자오선과 적도의 교점을 원점으로 하여 원통도법인 횡메르카토르 투영법으로 등각투영한다.
② 각 종대는 180°W 자오선에서 동쪽으로 6° 간격으로 1~60까지 번호를 붙인다.
③ 중앙자오선에서의 축척계수는 0.9996m이다(축척계수 : $\frac{평면거리}{구면거리} = \frac{s}{S} = 0.9996$).
④ 종대에서 위도는 남북 80°까지만 포함시킨다.
⑤ 횡대는 8°씩 20개 구역으로 나누어 C(80°S~72°S)~X(72°N~80°N)까지(단, I, O는 제외) 20개의 알파벳 문자로 표현한다.
⑥ 결국 종대 및 횡대는 경도 6°×위도 8°의 구형구역으로 구분된다.
⑦ 우리나라는 51~52종대와 S~T횡대에 속한다.

| 51 : 120° ~ 126° E (중앙자오선 123° E) | S : 32° ~ 40° N |
| 52 : 126° ~ 132° E (중앙자오선 129° E) | T : 40° ~ 48° N |

⑧ UTM좌표에서 거리좌표는 m단위로 표시하며 종좌표는 N, 횡좌표는 E를 붙인다
⑨ 각 종대마다 좌표원점의 값

북반구	횡좌표	500,000mE				
	종좌표	0mN	적도	0mN	80°N	10,000,000mN
남반구	종좌표	10,000,000mN	적도	10,000,000mN	80°S	0mN
	횡좌표	500,000mE				

- 80°S에서 적도까지의 거리는 10,000,000m로 나타난다

(4) UPS 좌표(Universal Polar Stereographic Coordinate)

위도 80° 이상의 양극지역 좌표를 표시하는 데 이용한다. UPS 좌표는 국제극심입체투영법에 의한 것이며 UTM 좌표의 상사투영법과 같은 특성을 지닌다.
① 양극을 원점으로 평면직각좌표계를 사용하며 거리좌표는 m로 표시한다.
② 종축은 경도 0° 및 180°인 자오선, 횡축은 90°E인 자오선이다.
③ 원점의 좌표값은 (횡좌표 2,000,000mN, 종좌표 2,000,000mN)이다.
④ 도북은 북극을 지나는 180° 자오선(남극에서는 0° 자오선)과 일치한다.

Question

문제1) UTM 좌표에 관한 설명으로 틀린 것은? [18년 3회 측기]

① 한 구역은 경도 6°의 크기이다.
② 거리좌표는 m 단위이다.
③ 극지방으로 갈수록 왜곡이 증가하여 극지방에서는 UPS 좌표를 사용한다.
④ 중앙자오선 상에서의 축척계수는 5.0이다.

문제2) UTM 좌표계에 대한 설명으로 옳지 않은 것은? [18년 1회 측기]

① 세계를 하나의 통일된 좌표로 표시하기 위한 목적으로 고안되었다.
② 좌표지역대의 분할을 위해 위도는 8°, 경도는 6° 간격으로 분할하였다.
③ 중앙자오선에서 축척계수는 0.9996이다.
④ 우리나라의 UTM좌표는 경도 127″와 극지방을 좌표계의 원점으로 하는 55S와 56S 지역대에 속한다.

문제3) UTM좌표계에 우리나라가 속해 있는 UTM도엽 중 52S 구역의 원점은? [18년 2회 기]

① 중앙자오선 동경 125°와 적도
② 중앙자오선 동경 127°와 적도
③ 중앙자오선 동경 129°와 적도
④ 중앙자오선 동경 135°와 적도

문제4) 위도 80° 이상의 양극지역의 좌표를 표시하는데 쓰이며 극심 입체 투영법에 의한 좌표는? [18년 2회 기]

① UTM 좌표 ② UPS 좌표 ③ TM 좌표 ④ 3차원 직교 좌표

문제5) 국제 횡 메르카토르 좌표계(UTM좌표계)에 대한 설명으로 옳지 않은 것은? [21년 1회 측기]

① 지구를 6°경도대로 나누어 이 경도대마다 각각 투영한 도법이다.
② 극 지역에는 따로 UPS 좌표계를 사용한다.
③ 왜곡 없는 투영이 가능하다.
④ 중앙경선 상의 축척계수를 0.9996으로 하면, 중앙경선상의 동서로 각각 약 180km 떨어진 곳에서 축척계수가 1.0000 이 된다.

문제6) UTM좌표계에 관한 설명으로 옳지 않은 것은? [21년 2기]

① 적도를 횡축, 지구 자전축을 종축으로 한다.
② 지구를 회전타원체로 보고 지구 전체를 경도 6°씩 60개의 구역, 위도 8°씩 20개의 구역으로 나눈다.
③ 각 종대의 중앙자오선과 적도의 교점을 원점으로 하여 횡메르카토르 투영법으로 등각투영한다.
④ 84°N 이북과 80°S 이남의 양극지역의 지도는 국제극심입체좌표(UPS)로 표시한다.

문제7) UTM좌표계에 대한 설명이 옳지 않은 것은? [21년 4기]

① 지구전체를 경도 6°씩 60개의 구역으로 나누고 각 종대의 중앙자오선과 적도의 교점을 원점으로 한다.
② 횡축메르카토르(TM) 투영법을 사용한다.
③ 종대에서 위도는 남·북위 70° 까지만 포함시키며 다시 7°간격으로 20구역으로 나눈다.
④ 좌표의 표시는 중앙자오선과 적도를 종축과 횡축으로 정하여 미터(m)로 표기한다.

문제8) UTM 좌표계에 대한 설명으로 옳지 않은 것은? [22년 2기]

① UTM 좌표계 한 구역은 경도 6° × 위도 8°이다.
② UTM 좌표계 종축과 횡축은 각각 측지선과 적도이다.
③ 80°N과 80°S간 전 지역의 지도는 UTM 좌표계로 표시할 수 있다.
④ UTM 좌표계는 횡원통투영법을 사용한다.

정답 1. ④ 2. ④ 3. ③ 4. ② 5. ③ 6. ① 7. ③ 8. ②

---

(5) WGS84 좌표계

WGS84는 지구의 질량중심에 위치한 좌표원점과 X, Y, Z축으로 정의되는 좌표계이며, 주로 위성측량(GPS, SPOT)에서 사용된다.

① 원점은 해양 및 대기를 포함한 지구의 전 질량의 중심
② Z축은 지구자전축과 평행을 이룬다.
③ X축은 본초자오선과 평행한 평면이 지구적도면과 교차하는 선이다.
④ Y축은 X축과 Z축이 이루는 평면에 동쪽으로 수직인 방향으로 정의된다.
⑤ WGS84 타원체의 편평율(扁平率 : flatlening)은 $\dfrac{1}{298.257}$ 이다.

> Question

문제1) GPS 측량의 기준좌표계인 WGS84에 대한 설명으로 옳지 않은 것은? [19년 2회 기]

① 전 세계적으로 측정해온 지구의 중력장과 지구 모양을 근거로 해서 만들어진 좌표계이다.
② X축은 국제시보국(BIH)에서 정의한 본초자오선과 평행한 평면이 지구 적도면과 교차하는 선이다.
③ Y축은 X축과 Z축이 이루는 평면에 서쪽으로 수직인 방향(서쪽으로 90°)으로 정의된다.
④ Z축은 1984년 국제시보국(BIH)에서 채택한 평균극축(CTP)과 평행하다.

문제2) GPS 측량의 기준좌표계인 WGS84에 대한 설명으로 옳지 않은 것은? [22년 기사 1회]

① 전 세계적으로 측정해온 지구의 중력장과 지구 모양을 근거로 해서 만들어진 좌표계이다.
② X축은 국제시보국(BIH)에서 정의한 본초자오선과 평행한 평면이 지구 적도면과 교차하는 선이다.
③ Y축은 X축과 Z축이 이루는 평면에 서쪽으로 수직인 방향(서쪽으로 90°)으로 정의된다.
④ Z축은 1984년 국제시보국(BIH)에서 채택한 평균극축(CTP)과 평행하다.

정답 1. ③ 2. ③

(6) ITRF 좌표계

ITRF는 IERS에서 추천하는 통일좌표계로서 현재 각종 우주측지좌표계로부터 ITRF계 로의 변환파라미터가 주어지고 있다. 국제시보국(BIH)에서 1984년에 국제지구자전관측 사업(IERS)의 결과로서 새로운 BTS를 도입하게 되었고, BTS는 ITRF(지구기준좌표계)로 승계되었다.

㉠ 원점은 지구의 질량 중심이다.
㉡ Z축은 1984년 국제시보국(BIH)에서 채택한 자전축과 평행한 방향이다.
㉢ X축은 적도면과 그리니치 자오선이 교차하는 방향이다.
㉣ Y축은 Z축과 X축이 이루는 평면에 동쪽으로 수직인 방향이다.
㉤ CTP 방향선에 직교하고 지구중심을 지나는 면이 적도면이다.
㉥ 오른손 좌표계이다.
㉦ 지구중심좌표계이 기준이다.
㉧ 상대론을 고려한 SI(국제단위계)축척이 기준이다.
㉨ BIH 1984. 지구기준좌표계의 기준이다.
㉩ 지각에 상대적인 좌표계의 회전과 변위가 없다는 조건이다.

> Question

문제1) 현재 우리나라 측량에서 채택하고 있는 지구타원체는?

① 베셀타원체   ② GRS80타원체   ③ WGS84타원체   ④ 헤이포드타원체

정답 1. ②

(7) 천문좌표계(天文座標系)

종류	중심평면	위치요소	특징
地平	지평면	방위각/고저각	관측자를 중심으로 천체의 위치 표시하는 좌표계 관측자위치에 따라 방/고 변한다 관측지점의 천구자오선은 천정Z와 천극P를 지나는 대원으로 지평선과 북점N및 남점S에서 교차한다 천체 X의 수직권은 Z와 X를 지나는 대원이다 천체 X의 위치는 ∠NOX'와 ∠X'OX 로 나타낸다 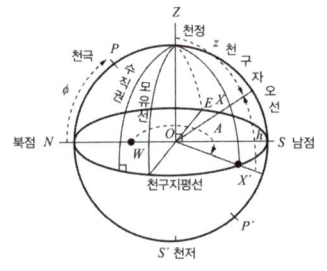 方位角: 자오선의 북점으로부터 지평선을 따라 천체를 지나 수직권의 발 X'까지 잰각거리 ∠NOX'(0°~ 360°) 高低角: 지평선으로부터 천체까지 수직권을 따라 잰각거리 ∠X'OX (0°~ ±90°) 관측자 연직선 위쪽 천구와 만나는 점 천정(Z) 　　　　　　 아래쪽　　　　　　 천저(Z') 관측자(지구중심) 지나며 관측자의 연직선과 직교하는 평면과 천구의 교선인 대원을 천구의 지평선
赤道	천구적도	적경/적위 시간각/적위	천구상의 위치를 천구적도면을 기준으로 해서 적경과 적위 또는 시간각과 적위로 나타내는 좌표계 천체 위치값 시간/장소 일정 정확도 가장 좋다 천구북극/천구남극 천구적도면을 기준 적경/적위, 시간각/적위 좌표계 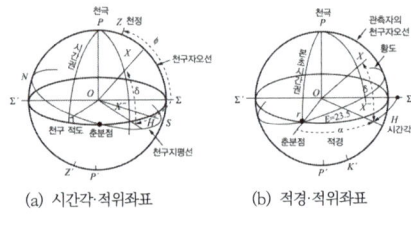 (a) 시간각·적위좌표　　(b) 적경·적위좌표 적경: 본초시간권(춘분점을 지나는 시간권)에서 적도면을 따라 동쪽으로 잰각거리(0^h 24^h) 적위: 적도상 0 도 적도 남북 0~±90도로표시 적도면에서 천체까지 시간권을 따라 잰각거리 시간각: 관측자의 자오선PZΣ에서 천체의 시간권까지 적도를 따라 서쪽으로 잰각거리
黃道	황도	황경/황위	태양계 내 천체운동 설명 황도 일년 중 하늘에서 태양이 움직이는 겉보기궤도 북황극/남황극 황경: 춘분점을 원점 황도 따라 동 잰각거리 (0~360도) 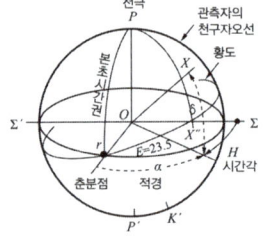 황위: 황도면에서 떨어진 각거리(0~ ±90도) 적도면과황도면의경사각 23.5도로 두분점인 춘분점과 추분점이 만난다 1항성년(恒星年): 태양이 황도를 한바퀴 도는 시간(365일 5시 48분 46초) 1회귀년(回歸年): 태양이 춘분점을 출발하여 다시 춘분점으로 돌아오는 시간(365일 6시 9분 9.5초)

銀河	은하적도	은경/은위	은하계내의 천체운동 설명
			은하계와 연관있는 현상 설명
			은하적도는 천구적도에 대해 63° 기울어짐
			북은경/남은경
			은경 은하중심방향으로부터 은하적도 따라 동쪽으로 잰각(0~360도)
			은위 은하적도로부터 잰각거리(0~ ±90도)

Question

문제1) 천문 좌표계에 해당하지 않는 것은?   [18년 1회 측기]

① 지평 좌표   ② 적도 좌표   ③ 황도 좌표   ④ 극 좌표

문제2) 천문좌표계에 속하지 않는 것은?   [19년 2회 기]

① 지평좌표   ② 적도좌표   ③ 경위도좌표   ④ 황도좌표

문제3) 천문좌표계에서 어떤 시각의 별의 위치를 적경(α)과 적위(δ)로 나타내는 좌표는? [20년 3회 측기]

① 지평좌표   ② 황도좌표   ③ 적도좌표   ④ 시각좌표

문제4) 천구의 좌표계 중 적도좌표계에 대한 설명으로 옳지 않은 것은?   [22년 2회 측기]

① 천구상 위치를 천구의 적도면을 기준으로 하여 적경과 적위로 나타낸다.
② 적경은 춘분점을 기준으로 동쪽으로 0°에서 360°, 또는 0시에서 24시로 표시할 수 있다.
③ 하지점의 적도좌표는 (6^h, +23.5°)이다.
④ 춘분점의 적도좌표는 (0^h, +23.5°)이다.

해설

적도좌표계는 천체의 위치를 나타내기 위하여 사용되는 좌표계로 적경과 적위를 사용하여 천체의 위치를 나타낸다. 적도좌표계는 춘분점의 적경을 0^h로 하여 반시계방향으로 적경이 증가하며, 천구의 적도를 기준으로 북극의 적위를 +90°, 남극의 적위를 -90°로 표현한다.

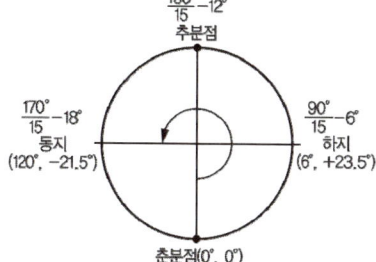

	3월(봄)	6월(여름)	9월(가을)	12월(겨울)
	춘분	하지	추분	동지
지구위치	A	B	C	D
태양위치	춘분점	하지점	추분점	동지점
적경	0°	6°	12°	18°
적위	0°	+23.5°	0°	-23.50°

정답   1. ④   2. ③   3. ③   4. ④

9 時(time)

시(時)는 지구의 자전 및 공전운동 때문에 관측자의 지구상 절대적 위치가 주기적으로 변화함을 표시하는 것으로 원래 하루의 길이는 지구의 자전, 1년은 지구의 공전, 한 주나 한 달은 달의 공전으로부터 정의된다. 시와 경도 사이에는 1시간은 15도의 관계가 있다.

TIME		내용
항성시(恒星時) (Local Sidereal Time : LST)		항성일은 춘분점이 연속해서 같은 자오선을 두 번 통과하는 데 걸리는 시간이다(23시간56분4초).이 항성일을 24등분하면 항성시가 된다. 즉 춘분점을 기준으로 관측된 시간을 항성시라 한다. • LST=춘분점의 시간각 = 적경 + 시간각
태양시(太陽時) (Solar Time)	시태양시 (時太陽時)	춘분점 대신 시태양을 사용한 항성시이며 태양의 시간각에 12시간을 더한 것으로 하루의 기점은 자정이 된다. • 시태양시 = 시태양의 시간각 + 12^h
	평균태양시 (平均太陽時)	시태양시의 불편을 없애기 위하여 천구적도상을 1년간 일정한 평균 각속 도로 동쪽으로 운행하는 가상적인 태양, 즉 평균태양의 시간각으로 평균 태양시를 정의하며 이것이 우리가 쓰는 상용시이다. • 평균태양시 = 평균태양의 시간각 + 12^h
	균시차 (均時差)	시태양시와 평균태양시 사이의 차를 균시차라 한다. • 균시차 = 시태양시 - 평균태양시
세계시 (世界時) (Universal Time : UT)	표준시 (標準時)	지방시를 직접 사용하면 불편하므로 이러한 곤란을 해결하기 위하여 경도 15도 간격으로 전 세계에 24개의 시간대를 정하고 각 경도대 내의 모든 지점을 동일한 시간을 사용하도록 하는데 이를 표준시(標準時)라 한다. 우리나라의 표준시는 동경 135도를 기준으로 하고 있다.
	세계시 (世界時)	표준시의 세계적인 표준시간대는 경도 0도인 영국의 그리니치를 중심으로 하며 그리니치 자오선에 대한 평균태양시를 세계시(世界時)라 한다. • 그리니치 자오선에 대한 평균태양시 • $UT = LST - a_{m.s} + \lambda + 12^h$ (여기서, $a_{m.s}$: 평균태양의 적경, λ : 서경) • UT0 : 이들 영향을 고려하지 않는 세계시, 전세계가 같은 시각이다. • UT1 : 극운동을 고려한 세계시, 전세계가 다른 시각이다. • UT2 : UT1에 계절변화를 고려한 것으로 전세계가 다른 시각이다.
역표시(曆表時) (Ephemeris Time : ET)		지구는 자전운동뿐만 아니라 공전운동도 불균일하므로 이러한 영향 T를 고려하여 균일하게 만들어 사용한 것을 역표시라 한다. • 자전운동, 공전운동의 불균일을 고려한 것 • $ET = UT_2 + \Delta\lambda$

Question

문제1) 균시차를 구하는 식으로 옳은 것은? [18년 2회 기]

① 균시차 = 세계시 - 태양시
② 균시차 = 평균태양시 - 표준시
③ 균시차 = 시태양시 - 평균태양시
④ 균시차 = 항성시 - 세계시

문제2) 다음 중 설명이 틀린 것은? [20년 1회 측기]

① 태양이 천구상의 어느 한 점에서 출발하여 다시 그 지점에 돌아오는데 걸리는 시간을 항성년이라 한다.
② 태양이 춘분점을 출발하여 다시 춘분점으로 돌아오는데 걸리는 시간을 회귀년이라 한다.
③ 지구가 태양을 기준으로 한번 자전하는 시간을 1태양일이라 한다.
④ 지구가 항성을 기준으로 한번 자전하는 시간을 1항성시라 한다.

문제3) 평균 태양시로 정한 표준 시간으로 영국의 그리니치 천문대를 지나는 본초자오선에서의 평균 태양시인 그리니치 평균시를 더욱 정확하고 정밀하게 정의한 표준 시간은? [22년 2회 측기]

① 역학시(dynamic time)
② 원자시(atomic time)
③ GPS시(GPS time)
④ 세계시(universal time)

정답 1. ③ 2. ④ 3. ④

10 중력측량

1) 중력보정

실측된 중력값을 기준면(지오이드 또는 평균해수면)상의 중력값으로 보정하는 것

중력보정		내용
고도보정(高度補正)		관측점 사이의 고도차가 중력에 미치는 영향을 제거하는 것
①	프리에어보정 (freeair correction)	물질의 인력을 고려하지 않고 고도차만을 고려하여 보정, 즉 관측값으로부터 기준면 사이에 질량을 무시하고 기준면으로부터 높이(또는 깊이)의 영향을 고려하는 보정 관측된 중력값+고도차=프리에어보정
②	부게보정 (Bouguer correction)	관측점들의 고도차가 존재하는 물질의 인력이 중력에 미치는 영향을 보정하는 것, 즉 물질의 인력을 고려하는 보정. 측정점과 지오이드면 사이에 존재하는 물질이 중력에 미치는 영향에 대한 보정을 말한다. 관측된 중력값+고도차+물질의인력=프리에어보정
	지형보정 (topographic 또는	지형보정은 관측점과 기준면 사이에 일정한 밀도의 물질이 무한히 퍼져 있는 것으로 가정하여 보정하는 것이지만 실제지형은 능선이나

중력보정	내용
지형보정 (terrain correction)	계곡 등의 불규칙한 형태를 이루고 있으므로 이러한 지형영향을 고려한 보정을 지형보정이라 한다. 지형보정은 측점주위의 높음과 낮음에 관계없이 보정값을 관측값에 항상 +해주어야 한다. 관측된 중력값+고도차+물질의 인력+실제지형=지형보정
에트베스보정 (Eotvos correction)	선박이나 항공기 등의 이동체에서 중력을 관측하는 경우에 이동체 속도의 동, 서방향성분은 지구자전축에 대한 자전각속도의 상대적인 증감효과를 일으켜서 원심가속도의 변화를 가져온다. 지구에 대한 이동체의 상대운동의 영향에 의한 중력효과를 보정하는 것
조석보정 (earth tide correction)	달과 태양의 인력에 의하여 지구 자체가 주기적으로 변형하는 지구 조석현상은 중력값에도 영향을 주게 되고 이것을 보정하는 것
위도보정 (latitude correction)	지구의 적도반경과 극반경 차이에 의하여 적도에서 극으로 갈수록 중력이 커지므로 위도차에 의한 영향을 제거하는 것
대기보정 (airmass correction)	대기에 의한 중력의 영향보정
지각균형보정 (isostatic correction)	지각균형성에 의하면 밀도는 일정하지 않기 때문에 이를 보정하는 것 관측된 중력값+고도차+물질의 인력+실제지형+지각균형설 =지각균형보정
계기보정 (drift correction)	스프링 크리프현상으로 생기는 중력의 시간에 따른 변화를 보정

2) 重力異常(gravity anomary)

중력이상이란 중력보정을 통하여 기준면에서의 중력값으로 보정된 중력값에서 표준중력값을 뺀 값이다. 즉 실제 관측중력값에서 표준중력식에 의해 계산한 중력값을 뺀 것이다. 중력이상의 주원인은 지하의 지질밀도가 고르게 분포되어 있지 않기 때문이다.

중력 이상	내용
프리-에어 이상 (freeair anomaly)	• 관측된 중력값으로부터 위도보정과 프리-에어보정을 실시한 중력값에서 기준점에서의 표준중력값을 뺀 값이다. (프리에어보정 + 위도보정) - 표준중력값 = freeair anomaly • 프리-에어 이상은 관측점과 지오이드 사이의 물질에 대한 영향을 고려하지 않았기 때문에 고도가 높은 점일수록 (+)로 증가한다.
부게 이상 (Bouguer anomaly)	• 중력관측점과 지오이드면 사이의 질량을 고려한 중력 이상이다. • 부게 이상은 지하의 물질 및 질량분포를 구하는 데 목적이 있다. • 프리-에어 이상에 부게보정 및 지형보정을 더하여 얻는 이상이다. •프리에어이상 + 부게보정 = simple bouguer anomaly •프리에어이상 + 부게보정 + 지형보정 = bouguer anomaly • 고도가 높을수록 (-)로 감소한다.

지각균형 이상 (地殼均衡異常)	• 지질광물의 분포상태에 따른 밀도차의 영향을 고려한 이상이다. • 부게 이상에 지각균형보정을 더하여 얻는 이상이다. 부게이상 + 지각균형보정 = isostatic anomaly

중력보정(gravity correction)	중력이상(gravity anomaly)
관측된 중력값 + 기준면상 값으로 보정 = 중력보정	관측된 중력값 - 표준중력값 = gravity anomaly
관측된 중력값 + 고도차 = 프리에어보정	(프리에어보정 + 위도보정) - 표준중력값 = freeair anomaly
관측된 중력값 + 고도차 + 물질의 인력 = 부게보정	프리에어이상 + 부게보정 = simple bouguer anomaly
관측된 중력값 + 고도차 + 물질의 인력 + 실제지형 = 지형보정	프리에어이상 + 부게보정 + 지형보정 = bouguer anomaly
관측된 중력값 + 고도차 + 물질의 인력 + 실제지형 + 지각균형설 = 지각균형보정	부게이상 + 지각균형보정 = isostatic anomaly

Question

문제1) 다음 중 중력의 보정 요소가 아닌 것은? [18년 3회 측기]

① 지형보정　　② 고도보정　　③ 부게보정　　④ 연직각 보정

문제2) 항공 및 해상 중력관측의 경우 이동 중 관측을 실시하게 되므로 관측기기의 속도에 의한 영향을 보정하기 위한 것은? [19년 2회 기]

① 아이소스타시 보정　　② 프리에어 보정
③ 에트뵈스 보정　　④ 부게 보정

문제3) 중력이상을 보정할 때 관측값으로부터 기준면사이의 질량을 무시하고 기준면으로부터 높이(또는 깊이)의 영향을 고려하여 실시하는 보정은? [20년 4회 측기]

① 부게보정(Bouguer correction)
② 에토베스보정(Eotvos correction)
③ 지각균형보정(Isostatic correction)
④ 후리-에어보정(Free-air correction)

문제4) 관측점들의 고도차에 존재하는 물질의 인력이 중력에 미치는 영향을 보정하는 중력보정을 무엇이라 하는가? [21년 4기]

① 지형보정　　② 부게보정　　③ 기계보정　　④ 프리-에어 보정

문제5) 중력이상의 주된 원인이 되는 것은? [18년 3회 측기]

① 지하물질의 밀도 분포
② 대기의 대류 현상
③ 태양과 달의 인력
④ 지구의 공전 운동

문제6) 중력이상에 대한 설명으로 옳지 않은 것은? [18년 2회 기]

① 후리에어보정(free-air correction) : 단순히 높이차만을 계산에 의해 보정
② 후리에어이상(free-air anomaly) : 지형보정, 고도보정을 한 후 관측점의 위도에 따라 정해지는 표준중력값을 뺀 값
③ 부게보정(Bouguer correction) : 높이 h인 면과 지오이드면 사이의 물질에 의한 인력을 뺀 값
④ 부게이상(Bouguer anomaly) : 지형 및 후리에어보정을 한 후 표준중력값을 더한 값

문제7) 중력관측점과 지오이드면 사이의 질량을 고려한 중력이상은? [19년 1회 기]

① 고도이상
② 부게이상
③ 프리에어이상
④ 위도이상

문제8) 중력이상에 대한 설명으로 옳지 않은 것은? [20년 1회 측기]

① 중력이상이란 실제 관측 중력값에서 표준 중력식에 의해 계산한 중력값을 뺀 것이다.
② 지오이드의 요철, 지하구조의 결정 등에 이용된다.
③ 일반적으로 실측 중력값과 계산식에 의한 이론 중력값은 일치하지 않는다.
④ 중력이상이 (+)이면 그 부근에 밀도가 작고 가벼운 물질이 존재한다.

문제9) 측지학에서는 중력을 나타내는 1 Gal과 같은 것은? [21년 1회 측기]

① $1kg \cdot m/s^2$
② $1kg \cdot cm/s^2$
③ $1cm/s^2$
④ $1m/s^2$

해설

중력의 단위: $gal(cm/sec^2)$ (Galilei를 기념하기 위하여 그 이름의 첫 자를 딴 것이다)

문제10) 중력이상에 관한 설명으로 옳지 않은 것은? [22년 2기]

① 중력이상이란 보정된 기준면의 중력값과 표준중력의 차를 나타낸다.
② 밀도가 큰 물질이 지하에 있을 때는 음(-) 값을 갖는다.
③ 중력이상의 주된 원인은 지하의 밀도가 고르게 분포되어 있지 않기 때문이다.
④ 중력이상 해석으로 지하 구조와 광물을 탐사할 수 있다.

정답 1. ④ 2. ③ 3. ④ 4. ② 5. ① 6. ④ 7. ② 8. ④ 9. ③ 10. ②

11 지자기측량

1) 地磁氣의 3 要素

地磁氣는 방향과 크기를 가진 량으로 벡타량이며 그 방향과 크기를 구함으로서 정해진다. 지자기는 지구가 가지고 있는 자기와 그 자장에서 일어나는 여러 현상이며, 지구 각 지점의 자장은 편각, 복각, 수평분력 등 지자기 3요소에 의해 결정된다.

偏角 (Declination) : D	• 수평분력 H 가 진북과 이루는 각 • 지자기의 방향과 자오선이 이루는 각 • 진북을 기준으로 시계방향을 (+)로 한다 • 우리나라의 경우 약 -5°~-6°의 편각을 가진다.	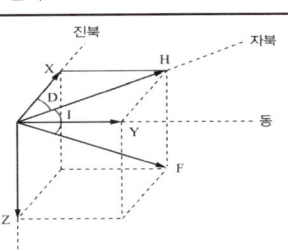
伏角 (Inclination) : I	• 전자장 F와 수평분력 H가 이루는 각 • 수평면을 기준으로 시계방향을 (+)로 함	여기서, F : 전자장, H : 수평분력 (X : 진북방향성분, Y : 동서방향성분), Z : 연직분력, D : 편각, I : 복각
水平分力 (Horizontal Intensity)	• 전자장 F벡터를 수평면(XY)내로 투영한 수평성분 • 전자장 F로부터 수평분력 H와 연직분력 Z로 나누어진다. • 수평분력은 진북방향성분X와 동서방향성분Y로 나누어진다.	

Question

문제1) 지자기의 3요소에 해당되지 않는 것은? [18년 1회 측기]

① 편각　　② 수직각　　③ 복각　　④ 수평분력

문제2) 지자기 측량에서 수평면 내에 작용하는 지자기력의 크기를 의미하는 것은? [19년 1회 기]

① 편각　　② 복각　　③ 수평분력　　④ 수직분력

문제3) 자석으로 진북을 결정힐 때 필요한 지구자기의 요소는? [19년 2회 기]

① 복각　　② 편각　　③ 수평자기력　　④ 연직자기력

문제4) 지자기에 대한 설명으로 옳지 않은 것은? [20년 3회 측기]

① 지자기는 스칼라양이다.
② 편각은 지자기의 방향과 자오선과의 각이다.
③ 복각은 지자기의 방향과 수평면과의 각이다.
④ 수평분력이란 수평면내에서의 자기장의 크기이다.

정답　1. ②　2. ③　3. ②　4. ①

12 彈性波測量(Seicmic Surveying)

물체에 외력을 가했다가 외력을 제거했을때 원상태로 돌아올 수 있는 상태에서 변형의 비율은 외력에 비례한다(Hook의 법칙). Hook의 법칙이 적용되는 고체를 단성체라 하며 탄송체에 충격을 주어 급격한 변형을 일으키면 변형은 파장이 되어 주위로 전파 되는데 이 파를 탄성파라한다. 탄성파에는 실체파라고 하는 종파(縱波 : P파), 횡파(橫波 : S파), 지표상의 관측자에게는 탄성체 표면에만 전달되는 표면파(表面波 : L파)의 3종류가 있다.

1) 탄성파의 종류

(1) 종파(compressional wave 또는 longitudinal wave : 壓縮波, 粗密波, 雙容波)
① 파의 진행에 의해 압축력이 생기므로 압축파, 조밀파, 쌍용파 P파(Primary wave) 라고도 한다.
② 종파는 매질밀도의 증감에 의한 입자운동에 의해 발생되는 파로 입자의 진동방향이 파의 진행방향과 일치한다.
③ 종파는 탄성파 중에서 속도가 가장 빠르며 파괴력이 가장 작다.
④ 종파는 고체, 액체, 기체 중에서도 전파된다.

(2) 횡파(shear wave 또는 transverse wave : 剪斷波, S파)
① 횡파는 파의 진동방향이 진행방향에 직교를 이루는 파이다
② 변형이 전단변형을 가져오므로 전단파라고도 한다
③ 횡파는 고체상태의 매질만 통과한다.

(3) 표면파(surface wave)
표면파는 탄성체의 표면 부근에 전달되는 파로, P파, S파에 비해 느리지만 진폭이 커서 지진에 의한 피해는 대부분 이 표면파에 의한 것이며 표면파에는 Rayleigh파와 Love파가있다.
① Rayleigh파
  - Rayleigh파의 입자의 운동방향은 진행방향에 연직으로 회전운동을 한다.
  - 회전운동은 타원으로 진행방향과 반대로 후퇴하여 역행운동이라 한다.
  - 탄성체의 자유표면만을 따라서 움직인다.
  - Rayleigh파의 속도는 같은 물질속에서 회파의 0.9배이다.
② Rayleigh파
  - 탄성체의 표층에 이질적 성질을 갖는 층이 있는 경우 표층 사이에서 발생하는 파이다.
  - A.E.H.Love(英)의 이름을 따서 붙인 이름이다.
  - 탄성파의 전달속도가 높은 층 위에 전달속도가 낮은 층이 있을 때 관측되는 표면파이다.
  - Rayleigh파는 파의 진행에 직교하여 표면에 평행으로 진동하면서 전파한다.
  - 낮은 속도층의 위·아래면 사이에서 중복반사로 전파된다.

2) 탄성파의 주요 특징

① 탄성파(지진파)측정은 자연지진이나 인공지진(화약에 의한 폭발로 발생)의 지진파로 지하 구조를 탐사하는 것으로 굴절법과 반사법이 있다
② 굴절법(Refraction) : 지표면으로부터 낮은 곳의 측정
③ 반사법(Reflection) : 지표면으로부터 깊은 곳의 측정
④ 지진이 일어났을 때 지진계에 기록되는 순서는 종파(P파) – 횡파(S파) – 표면파(L파)이다.

3) 지진파의 종류 및 특징

종류	진동방향	속도및도달시간	특징
종파(P파)	진행방향과 일치	- 속도 7~8km/sec - 도달시간 0 분	- 모든 물체에 전파 - 아주 작은 폭
횡파(S파)	진행방향과 직각	- 속도 3~4km/sec - 도달시간 8 분	- 고체 내에서만 전파 - 보통 폭
표면파(L파)	수평 및 수직	속도 3km/sec	- 지표면에 진동 - 아주 큰 폭

Question

문제1) 지진파에 대한 설명 중 틀린 것은? [19년 1회 기]

① S파는 고체와 액체 상태를 모두 통과한다.
② 지진파에는 P파, S파, L파가 있다.
③ P파는 지진파 중 가장 빠르다.
④ L파는 지표면을 따라 전파하는 표면파이다.

문제2) 탄성파 측량에 대한 설명으로 틀린 것은?

① 탄성파 측량은 굴절법과 반사법이 있다.
② 탄성파의 전파속도 관측으로 지반담사가 가능하나.
③ 탄성파에는 전자기파와 내면파 2종류가 있다.
④ 탄성파는 탄성체에 충격으로 급격한 변형을 주었을 때 생기는 파이다.

문제3) 깊은 곳의 광물탐사를 하기 위한 탄성파 측정 방법은?

① 굴절법   ② 굴착법   ③ 충격법   ④ 반사법

문제4) 지진파(탄성파)의 종류가 아닌 것은? [20년 3회 측기]

① P파   ② L파   ③ S파   ④ V파

문제5) 탄성파 측량에 대한 설명 중 옳지 않은 것은? [21년 4기]

① 외핵과 내핵의 경계를 알아내기 위하여 반사법을 이용한다.
② 단층과 같은 지질 구조는 탄성파 측량에 의해 알아낼 수 있다.
③ 굴절법은 지표면으로부터 낮은 곳을 대상으로 한다.
④ 반사법은 지표면으로부터 깊은 곳을 대상으로 한다.

문제6) 탄성파를 이용하여 파악하는 주요 사항으로 옳은 것은? [22년 기사1회]

① 지표상 두 점간 거리의 정밀 측정   ② 인공위성을 이용한 지구상 점의 좌표 측정
③ 지질구조의 파악   ④ 파고의 측정

CHAPTER 02 GNSS

1 장·단점

장점	단점
① 고정밀 측량 가능	① 위성의 궤도정보 필요
② 장거리를 신속하게 측량	② 전리층 및 대류권 정보 필요
③ 관측점간의 시통필요 X	③ 우리나라 좌표계에 맞게 변환
④ 기상조건 X, 야간 관측 O	④ 고압선등의 전파에 영향을 받는다.
⑤ XYZ(3차원) 측정 가능	⑤ 시야각이 15° 이상 개방되어야 장애가 없다.
⑥ 움직이는 대상 측정 가능	⑥ 장비가 고가
⑦ 1인 측량 가능하며(인력적게 소요)측량작업 간단 ≠ XY결정에 이용된다.	⑦ 장비사에 따라 소프트웨어 호환이 잘 안된다.

Question

문제1) GNSS 측량에 대한 설명으로 옳지 않은 것은? [21년1회측기]

① 인공위성의 전파를 수신하여 위치를 결정하는 시스템이다.
② 우천시에도 위치 결정이 가능하다.
③ 수신점의 높이를 결정하는데 이용될 수 있다.
④ 2점 이상 관측시 수신점간 시통이 되지 않으면 위치를 결정할 수 없다.

정답 ④

문제2) GNSS에 의한 위치결정에 있어서 가장 중요한 관측요소로 옳은 것은? [21.2기]

① 위성과 수신기 사이의 거리
② 위성신호의 전송데이터 양
③ 위성과 수신기 사이의 각
④ 위성과 수신기의 안테나 길이

정답 ①

문제3) GNSS 측량에 대한 설명으로 옳지 않은 것은? [21.4기]

① GNSS 측량은 관측 가능한 기상 및 시간의 제약이 매우 적다.
② 도심지내 GNSS 측량에서는 다중경로에 주의해야 한다.
③ GNSS 측량에서는 3차원 좌표값을 직접 얻기 때문에 안테나 높이를 관측할 필요가 없다.
④ GNSS 측량에서는 수신점 간의 시통이 없어도 기선벡터를 구할 수 있으므로 시통을 염려할 필요가 없다.

정답 ③

문제4) GNSS 측위 방식에 관한 설명으로 옳지 않은 것은? [22년기사1회]

① 단독측위 시 많은 수의 위성을 동시에 관측하므로 위성의 궤도정보 오차는 측위결과에 영향이 거의 없어 무시할 수 있다.
② DGPS는 미지점과 기지점에서 동시에 관측을 실시하여 양 측점에서 관측한 정보를 모두 해석함으로써 미지점의 위치를 결정한다.
③ GNSS 이동측량은 관측하는 전 과정동안 모든 수신기에서 최소 4개 이상의 위성들로부터 송신되는 위성신호를 동시에 수신하여야 한다.
④ 네트워크 RTK측량(이동측위법)은 3~4급 공공삼각점측량에 적용할 수 있다.

정답 ①

문제5) GNSS 측량의 특징에 대한 설명으로 옳지 않은 것은? [22년기사1회]

① 장소에 상관없이 실내·외에서 모두 측량할 수 있다.
② 날씨와 무관하게 측량할 수 있다.
③ 24시간 연속적으로 측량할 수 있다.
④ 전 지구적으로 측량할 수 있다.

정답 ①

문제6) GNSS 자료처리에 의하여 직접적으로 획득할 수 있는 성과가 아닌 것은? [22년2기]

① 타원체고
② 경도
③ 위도
④ 정표고

정답 ④

2 GPS의 구성요소

구성 요소		특징
우주부문	구성	31개의 GPS 위성
	기능	측위용 전파 상시 방송, 위성궤도정보, 시각신호 등 측위계산에 필요한 정보 방송 ① 궤도형상 : 원궤도 ② 궤도면수 : 6개면 ③ 위성수 : 1궤도면에 4개 위성(24개 + 보조위성 7개) = 31개 ④ 궤도경사각 : 55° ⑤ 궤도고도 : 20,183km ⑥ 사용좌표계 : WGS84(지구중심좌표계) ⑦ 회전주기 : 11시간 58분(0.5항성일) : 1항성일은 23시간 56분 4초 ⑧ 궤도간 이격 : 60도 ⑨ 기준발진기 : 10.23MHz : 세슘원자시계 2대 　　　　　　　　　　　　 : 류비듐원자시계 2대
제어부문	구성	1개의 주제어국, 5개의 추적국 및 3개의 지상안테나(Up Link 안테나 : 전송국)
	기능	주제어국 : 추적국에서 전송된 정보를 사용하여 궤도요소를 분석한 후 신규궤도요소, 시계보정, 항법메시지 및 컨트롤 명령정보, 전리층 및 대류층의 주기적 모형화 등을 지상안테나를 통해 위성으로 전송함 추적국 : GPS 위성의 신호를 수신하고 위성의 추적 및 작동상태를 감독하여 위성에 대한 정보를 주제어국으로 전송함 전송국 : 주관제소에서 계산된 결과치로서 시각보정값, 궤도보정치를 사용자에게 전달할 메시지 등을 위성에 송신하는 역할 ① 주제어국 : 콜로라도 스프링스(Colorad Springs) - 미국 콜로라도주 ② 추적국 : 어세션 섬 (Ascension Is) - 남 대서양 　 (감시국) : 디에고 가르시아(Diego Garcia) - 인도양 　　　　　 : 쿠에제린(Kwajalein Is) - 북 태평양 　　　　　 : 하와이 (Hawaii) - 서 대서양 ③ 3개의 지상안테나 (전송국or관제국) : 어세션 섬, 디에고 가르시아, 쿠에제린에 위치한 감시국과 함께 배치되어 있는 지상관제국은 주로 지상 안테나로 구성되어 있다) : 갱신자료 송신
사용자 부문	구성	GPS 수신기 및 자료처리 S/W
	기능	위성으로부터 전파를 수신하여 수신점의 좌표나 수신점 간의 상대적인 위치관계를 구한다. 사용자부문은 위성으로부터 전송되는 신호정보를 수신할 수 있는 GPS 수신기와 자료처리를 위한 소프트웨어로서 위성으로부터 전송되는 시간과 위치정보를 처리하여 정확한 위치와 속도를 구한다. ① GPS 수신기 　 위성으로부터 수신한 항법데이터를 사용하여 사용자 위치/속도를 계산한다. ② 수신기에 연결되는 GPS 안테나 　 GPS 위성신호를 추적하며 하나의 위성신호만 추적하고 그 위성으로부터 다른 위성들의 상대적인 위치에 관한 정보를 얻을 수 있다.

Question

문제1) 현재 운용되고 있는 GPS 위성의 궤도 경사각은? [20년1회측기]

① 50°
② 55°
③ 63°
④ 72°

정답 ②

문제2) GPS 궤도와 관련되 설명 중 틀린 것은?

① GPS 위성의 궤도는 타원 형태이다.
② GPS 위성의 회전주기는 약 12시간이다.
③ GPS 위성의 고도는 약 2000km 이다.
④ GPS 위성궤도의 경사각은 적도면에 대하여 55° 이다

정답 ③

문제3) GNSS의 주요구성 중 궤도와 시각 결정을 위한 위성 추적을 담당하는 부분은?

① 우주 부분
② 제어 부분
③ 사용자 부분
④ 위성 부분

정답 ②

문제4) GPS 위성의 궤도 형태로 옳은 것은? [20년3회측기]

① 타원
② 쌍곡선
③ 포물선
④ 8자 형태

정답 ①

문제5) GPS의 공식 기준좌표계는? [20년3회측기]

① ITRS
② ITRF
③ GRS80
④ WGS84

정답 ④

문제6) GNSS의 3가지 구성요소에 해당하지 않는 것은? [22년기사1회]

① 우주부문
② 사용자부문
③ 제어(관제)부문
④ 장비부문

정답 ④

문제7) GPS에 관한 설명으로 옳지 않은 것은? [22년2기]

① 3차원 측량을 동시에 할 수 있다.
② 약 0.5 항성일의 궤도 주기를 가지고 있다.
③ L1 반송파는 C/A와 P코드 신호를 전송한다.
④ 지구를 크게 3개의 지역으로 분할한 지역 기준계를 사용한다.

정답 ④

3 GPS 측위 원리

구분		특징
코드신호 측정방식	의의	위성에서 발사한 코드와 수신기에서 미리 복사된 코드를 비교하여 두 코드가 완전히 일치할 때까지 걸리는 시간을 관측하여 여기에 전파속도를 곱하여 거리를 구하는데 이때 시간에 오차가 포함되어 있으므로 의사거리(Pseudo range)라 한다.
	공식	$R = \left[(X_R - X_S)^2 + (Y_R - Y_S)^2 + (Z_R - Z_S)^2\right]^{1/2} + \delta t \cdot C$ 여기서, R : 위성과 수신기 사이의 거리 X_S, Y_S, Z_S : 위성의 좌표값 X_R, Y_R, Z_R : 수신기의 좌표값 δt : GPS와 수신기 간의 시각 동기오차 C : 전파속도
	특징	① 동시에 4개 이상의 위성신호를 수신해야 함 ② 단독 측위(1점 측위, 절대측위)에 사용되며 이때 허용오차는 5~15m ③ 2대 이상의 GPS를 사용하는 상대측위 중 코드 신호만을 해석하여 측정하는 DGPS(Differential GPS) 측위시 사용되며 허용오차는 약 1m 내외임
반송파 신호 측정방식	의의	위성에서 보낸 파장과 지상에서 수신된 파장의 위상차를 관측하여 거리를 계산한다.
	공식	$R = \left(N + \dfrac{\phi}{2\pi}\right) \cdot \lambda + C(dT + dt)$ 여기서, R : 위성과 수신기 사이의 거리 λ : 반송파의 파장 N : 위성과 수신기 간의 반송파의 개수 ϕ : 위상각 C : 전파속도 $dT + dt$: 위성과 수신기의 시계오차
	특징	① 반송파신호측정방식은 일명 간섭측위라 하여 전파의 위상차를 관측하는 방식인데 수신기에 마지막으로 수신되는 파장의 위상을 정확히 알 수 없으므로 이를 모호정수(Ambiguity) 또는 정수치편기(bias)라고 한다.

구분	특징
	② 본 방식은 위상차를 정확히 계산하는 방법이 매우 중요한데 그 방법으로 1중차, 2중차, 3중차의 단계를 거친다. ③ 일반적으로 수신기 1대만으로는 정확한 Ambiguity를 결정할 수 없으며 최소 2대 이상의 수신기로부터 정확한 위상차를 관측한다. ④ 후처리용 정밀기준점 측량 및 RTK법과 같은 실시간 이동측량에 사용된다.

Question

문제1) GPS 위성측량에 관한 설명으로 틀린 것은? [19년2회기]

① S.A(선택적 부가오차)의 해제로 절대측위의 정확도가 향상되었다.
② 수신기 시계의 오차가 없다면 3대의 위성신호를 사용하여도 위치결정이 가능하다.
③ GPS 위성은 위성마다 각각 자기의 코드신호를 전송한다.
④ 위성과 수신기 간의 거리측정의 정확도는 C/A 코드를 사용하거나 L1 반송파를 사용하거나 차이가 없다.

정답 ④

문제2) 모호정수(cycle ambiguity)를 결정하여 고정해(fixing solution)를 산출하는 이유는?

① 측위정확도를 향상시킬 수 있기 때문이다.
② 대기효과를 제거할 수 있기 때문이다.
③ 사이클슬립을 방지할 수 있기 때문이다.
④ 수신기의 갑작스러운 이동을 막을 수 있기 때문이다.

정답 ①

문제3) 지각 변동(운동)의 결정과 같이 정밀한 위치결정을 위하여 GNSS측량을 이용하는 경우에 대한 설명으로 틀린 것은? [21.2기]

① 오차를 제거하기 위하여 일반적으로 차분된 관측치를 사용한다.
② 정밀한 위치결정을 위하여 반송파보다는 코드 신호를 사용한다.
③ 상용보다는 학술용 자료처리 프로그램을 사용한다.
④ 정확한 궤도정보인 정밀궤도력을 사용한다.

정답 ②

문제4) 반송파를 이용한 상대측위에 대한 설명으로 옳지 않은 것은? [22년기사1회]

① 위성과 수신기의 반송파 위상 차이를 이용하여 수신기의 위치를 결정한다.
② 센티미터 수준의 정확도 확보는 정확한 미지정수 결정으로 가능하다.
③ 반송파는 전리층에서 코드의 경우와 반대로 빠르게 진행한다.
④ 반송파는 코드의 경우보다 다중경로 오차가 크다.

정답 ④

문제5) GNSS 반송파 상대측위 기법에 대한 설명으로 옳지 않은 것은? [22년2기]

① 전파의 위상차를 관측하는 방식으로서 정밀측량에 주로 사용된다.
② 정오차 축소·소거를 위해 차분기법을 사용한다.
③ 수신기 1대를 사용해 모호정수를 결정한 후 위치를 추정한다.
④ 위성과 수신기간 전파의 파장 개수를 측정하여 거리를 계산한다.

정답 ③

4 GPS신호

위성에서 송신되는 신호는 대기의 상태에 따라 전파의 속도가 달라지는 것을 보정하기 위하여 파장이 다른 두가지의 전파(L1, L2)를 동시에 수신한다.
- 2개의 반송파 사용이유 : 위성까지의 거리계산에서 "전리층지연시간"을 계산할 수 있도록 하기 위해

신호	구분	내용
반송파	L1	• 주파수1575.42MHz (154×10.23) • C/A code, P code 변조가능
	L2	• 주파수1227.60MHz (120×10.23) • P code만 변조가능
코드	P 코드	• 10.23MHZ • 군용(정밀) • 파장 : 30m
	C/A 코드	• 1.023MHZ • 민간용 • 파장 : 300m

- (C/A코드는 P코드 주파수의 1/10크기)

Question

문제1) P코드의 특성에 대한 설명으로 옳지 않은 것은? [18년1회측기]

① L1 신호에만 실려서 들어온다.
② P코드는 비트율이 높아 의사거리의 정확도가 높다.
③ P코드는 10.23Mbps의 비트율을 가지며, C/A코드는 1.023Mbps의 비트율을 가진다.
④ P코드는 주기의 길이 때문에 P코드 전체를 이용한 측위는 불가능하다.

정답 ①

문제2) GNSS측량에서 이중주파수(dual frequency)를 채택하고 있는 가장 큰 이유는? [19년1회기]

① 다중경로(multipath)오파를 제거할 수 있다.
② 전리층지연 효과를 제거할 수 있다.
③ 대기 온도의 영향을 제거할 수 있다.
④ 전파방해에 대응할 수 있다.

정답 ②

문제3) 다음 중 GPS 신호가 아닌 것은?

① L1 반송파
② P 코드
③ C/A 코드
④ K 반송파

정답 ④

문제4) GPS 신호의 기본 주파수는 얼마인가? [20년3회측기]

① 1.023MHz
② 10.23MHz
③ 102.3MHz
④ 1023MHz

정답 ②

문제5) GPS 오차원인 중 L1신호와 L2신호의 굴절 비율이 상이함을 이용하여 L1/L2의 선형 조합을 통해 보정이 가능한 것은? [21년1회측기]

① 전리층 지연 오차
② 위성시계오차
③ GPS 안테나의 구심오차
④ 다중경로오차

정답 ①

5 궤도 정보(Ephemeris : 위성력)

구분	특징
방송력 (Broadcast Ephemeris) : 방송궤도정보	① GPS 위성이 타 정보와 마찬가지로 지상으로 송신하는 궤도 정보임 ② GPS 위성은 주관제국에서 예측한 궤도력 즉 방송궤도력을 항법메시지의 형태로 사용자에게 전달하는데 이 방송궤도력은 1996년 당시 약 3m의 예측에 의한 오차가 포함되어 있었음 ③ 사전에 계산되어 위성에 입력한 예보궤도로서 실제 운행궤도에 비해 정확도가 떨어짐 ④ 향후의 궤도에 대한 예측치가 들어 있으며 형식은 매 30초마다 기록되어 있으며 16개의 Keplerian element로 구성되어 있음 ⑤ 위성전파를 수신하지 않고도 획득 가능하며 수신하는 순간부터도 사용이 가능하므로 측위결과를 신속히 알 수 있음 ⑥ 방송궤도력을 적용하면 정밀궤도력을 적용하는 것보다 기선결정의 정밀도가 떨어지지만 위성전파를 수신하지 않고도 획득 가능하며 수신하는 순간부터도 사용이 가능하므로 측위 결과를 신속하고 간편하게 알 수 있다.
정밀력 (Precise Ephemeris) : 정밀궤도정보	① 실제위성의 궤적으로서 지상추적국에서 위성전파를 수신하여 계산된 궤도정보임 ② 방송력에 비해 정확도가 높으며 위성관측 후에 정보를 취득하므로 주로 후처리 방식의 정밀기준점측량시 적용됨 ③ 방송궤도력은 GPS 수신기에서 곧바로 취득이 되지만, 정밀궤도력은 별도의 컴퓨터 네트워크를 통하여 IGS(GPS 관측망)로부터 수집하여야 하고 약 11일 정도 기다려야 함 ④ GPS 위성의 정밀궤도력을 산출하기 위한 국제적인 공동연구가 활발히 진행 ⑤ 전세계 약 110개 관측소가 참여하고 있는 국제 GPS 관측망(IGS)이 1994년 1월 발족하여 GPS 위성의 정밀궤도력을 산출하여 공급하고 있다. ⑥ 대덕연구단지 내 천문대 GPS 관측소와 국토지리정보원 내 GPS 관측소가 IGS 관측소로 공식 지정되어 우리나라 대표로 활동

> **Question**
>
> 문제1) GNSS의 방송궤도력에서 제공하는 정보로 옳은 것은?   [18년1회측기]
>
> ① 위성과 수신기 사이의 거리   ② 위성의 위치정보
> ③ 대기 중 습도정보   ④ 수신기의 시계오차
>
> 정답 ②
>
> 문제2) 반송파(carrier)에 대한 미지의 수로서, 위성과 수신기 안테나 간 온전한 파장의 개수를 무엇이라 하는가?
>
> ① 모호정수   ② AS(anti-spoofing)
> ③ 다중경로   ④ 삼중차
>
> 정답 ①

6 간섭측위에 의한 위상차 측정

정적 간섭측위(Static Positioning)를 통하여 기선해석을 하는 데 사용하는 방법으로서 두 개의 기지점에 GPS 수신기를 설치하고 위상차를 측정하여 기선의 길이와 방향을 3차원 벡터량으로 결정하는데 다음과 같은 위상차 차분기법을 통하여 기선해석 품질을 높인다.

구분	특징
일중위상차 (Single Phase Difference)	① 한 개의 위성과 두 대의 수신기를 이용한 위성과 수신기 간의 거리측정차(행로차) ② 동일위성에 대한 측정치이므로 위성의 궤도오차와 원자시계에 의한 오차가 소거된 상태 ③ 그러나 수신기의 시계오차는 포함되어 있는 상태임
이중위상차 (Double Phase Difference)	① 두 개의 위성과 두 대의 수신기를 이용하여 각각의 위성에 대한 수신기간 1중차끼리의 차이값 ② 두 개의 위성에 대하여 두 대의 수신기로 관측함으로써 같은 양으로 존재하는 수신기의 시계오차를 소거한 상태 ③ 일반적으로 최소 4개의 위성을 관측하여 3회의 이중차를 측정하여 기선해석을 하는 것이 통례임
삼중위상차 (Triple Phase Difference)	① 한 개의 위성에 대하여 어떤 시각의 위상적산치(측정치)와 다음 시각의 적산치와의 차이값을 적분위상차라고도 한다. ② 반송파의 모호정수(불명확상수)를 소거하기 위하여 일정시간 간격으로 이중차의 차이값을 측정하는 것을 말한다. ③ 즉, 일정시간 동안의 위성거리 변화를 뜻하며 파장의 정수배의 불명확을 해결하는 방법으로 이용된다.

Question

문제1) 다음 중 모호정수(ambiguity)를 제거하기 위한 GPS 측위 관측신호는? [18년3회측기]

① 차분되지 않은 반송파
② 단일차분된 반송파
③ 이중차분된 반송파
④ 삼중차분된 반송파

정답 ④

문제2) 차분(Differencing)을 이용한 GNSS측량에 대한 설명으로 옳지 않은 것은? [19년1회기]

① 공통된 위성으로부터 수신된 신호는 같은 궤도 오차를 가진다.
② 하나의 수신기에서 수신된 여러 위성에 대한 관측값은 동일한 수신기 시계오차를 가진다.
③ 기지점과 미지점간의 거리가 짧다면 대기효과는 비슷하게 나타난다.
④ 단일차분에 의해서 위성과 수신기의 시계오차를 동시에 제거할 수 있다.

정답 ④

문제3) 하나의 관측방정식에서 다른 관측방정식을 빼는 차분법 중 사이클 슬립(cycle slip)의 문제를 가장 잘 해결할 수 있는 방법은?

① 단순 차분
② 2중 차분
③ 3중 차분
④ 4중 차분

정답 ③

문제4) GNSS 간섭측위 방법 중 위성 시계오차와 수신기 시계오차를 상쇄시킬 수 있고 관측 시간이 길지만 모호징수(ambiguity)가 소거될 수 있는 반송파 위상 조합 방법은? [20년3회측기]

① 수신기간 단일차분위상차
② 위성간 단일차분위상차
③ 이중차분위상차
④ 삼중차분위상차

정답 ④

문제5) GNSS 고정밀 측위에서 사용하는 차분(differencing) 기법에 대한 설명으로 옳지 않은 것은? [22년기사1회]

① 단순차분은 두 개의 서로 다른 수신기에서 하나의 위성을 동시에 관측할 때 두 개의 수신기에서 수신되는 신호의 순간적인 위상을 측정하여 그들의 차를 구하는 것이다.
② 이중차분은 하나의 위성에 대해 단순차분을 수행하고 동시에 또 다른 위성에 대하여 똑같은 단순차분을 시행한 후 두 방정식의 대수적 차에 의하여 결정하는 방법이다.
③ 이중차분은 미확정 정수를 제거함으로써 사이클 슬립의 문제점을 해결할 수 있다.
④ 삼중차분은 수신기, 위성, 시간이 모두 계산의 주체가 되며, 이중차분을 두 번의 연속된 시간에 대해 두 번 시행하여 그 차를 구하여 얻는 방법이다.

정답 ③

7 GPS 오차

1) 구조적인 오차

종류	특징
위성시계오차	GPS 위성에 내장되어 있는 시계의 부정확성으로 인해 발생
위성궤도오차	위성궤도정보의 부정확성으로 인해 발생
대기권전파지연	위성신호의 전리층, 대류권 통과시 전파지연오차(약 2m)
전파적 잡음	수신기 자체에서 발생하며 PRN 코드잡음과 수신기 잡음이 합쳐져서 발생

종류	특징
다중경로 (Multipath)	다중경로오차는 GPS 위성으로 직접 수신된 전파 이외에 부가적으로 주위의 지형, 지물에 의한 반사된 전파로 인해 발생하는 오차로서 측위에 영향을 미친다. ① 다중경로는 금속제 건물, 구조물과 같은 커다란 반사적 표면이 있을 때 일어난다. ② 다중경로의 결과로서 수신된 GPS 신호는 처리될 때 GPS 위치의 부정확성을 제공 ③ 다중경로가 일어나는 경우를 최소화하기 위하여 미션 설정, 수신기, 안테나 설계 시에 고려한다면 다중경로의 영향을 최소화할 수 있다. ④ GPS 신호시간의 기간을 평균하는 것도 다중경로의 영향을 감소시킨다. ⑤ 가장 이상적인 방법은 다중경로의 원인이 되는 장애물에서 멀리 떨어져서 관측하는 방법이다. ⑥ 다중경로에 따른 영향은 위상측정방식보다 코드측정방식에서 더 크다.
다중경로(멀티패스)오차를 줄일 수 있는 방법	
안테나에 의한 방법	① 쵸크링(choke ring)안테나를 이용하여 신호의 방사를 방지하거나, 특수한 안테나의 설계 및 배치가 효과적인 방법이다 ② 다중경로의 영향은 디지털 필터, 광밴드(wide-band)안테나, 전파흡수소재를 사용한 안테나, 그라운드 플레인(ground plane), 최신의 쵸크링 안테나 등을 사용하여 감소시킬 수 있다.
수신기 기술의 개선에 의한 방법	상관기의 폭을 좁히거나, 다중경로추정을 위해 지연 감지회로를 확장하거나, 스트로브 상관기술(strove correlator)을 적용한 다중경로의 제거 등을 고려할 수 있다.
신호 및 자료처리에 의한 방법	신호 및 자료처리에 의한 방법에 의하여 감소 시킬 수 있다. 가장 효과적인 방법은 다중경로가 발생할 요인을 가진 장소를 피해서 안테나를 설치하는 것이다.

2) 선택적 가용성에 따른 오차(SA : SelectiveAbailability)/(AS : Anti-Spoofing)

미국방성의 정책적 판단에 의해 인위적으로 GPS 측량의 정확도를 저하시키기 위한 조치로 위성의 시각정보 및 궤도정보 등에 임의의 오차를 부여하거나 송신, 신호형태를 임의 변경하는것을 SA라 하며, 군사적 목적으로 P코드를 암호하는 것을 AS라 한다.
① SA의 해제 : 2000년 5월 1일 해제
② AS(Anti Spoofing : 코드의 암호화, 신호차단) : 군사목적의 P코드를 적의 교란으로부터 방지하기 위하여 암호화시키는 기법

3) 싸이클 슬립(주파 단절)

원인	처리
① GPS 안테나 주위의 지형지물에 의한 신호 단절 ② 높은 신호 잡음 ③ 낮은 신호 강도 ④ 낮은 위성의 고도각 ⑤ 사이클 슬립은 이동측량에서 많이 발생	① 수신회로의 특성에 의해 파장의 정수배만큼 점프하는 특성 ② 데이터 전처리 단계에서 사이클 슬립을 발견, 편집가능 ③ 기선해석 소프트웨어에서 자동처리

4) DOP

종류	특징
GDOP : 기하학적 PDOP : 위치 HDOP : 수평 VDOP : 수직 RDOP : 상대 TDOP : 시간	① DOP는 위성의 기하학적 배치상태가 정확도에 어떻게 영향을 주는가를 측정하는 척도 ② 정확도를 나타내는 계수 → 수치 ③ 수치가 작을수록 정밀 ④ 가장 배치상태 좋은 DOP수치 → 1 ⑤ 위성의 위치, 높이, 시간에 대한 함수관계 ⑥ DOP수치는 5이상은 좋지 않다.

Question

문제1) 도심지와 같이 장애물이 많은 경우 특히 증대되는 GNSS 관측오차는? [18년3회측기]

① 궤도 오차　　　　　　　　　　② 다중경로 오차
③ 대기 굴절 오차　　　　　　　　④ 전리층 지연 오차

정답 ②

문제2) GNSS의 계통적 오차 중에서 위성에 의하여 발생하는 오차는? [18년1회측기]

① 다중경로 오차　　　　　　　　② 궤도 오차
③ 전리층 굴절 오차　　　　　　　④ 안테나 편심 오차

정답 ②

문제3) GNSS 관측의 정오차와 가장 거리가 먼 것은? [20년1회측기]

① 수신기 시계 오차　　　　　　　② 위성 시계 오차
③ 위상 관측 오차　　　　　　　　④ 전리층과 대류권에 의한 오차

정답 ③

문제4) GNSS 측위의 계통적 오차(정오차) 요인이 아닌 것은? [21.2기]

① 위성의 시계오차
② 위성의 궤도오차
③ 전리층 지연오차
④ 관측 잡음오차

정답 ④

문제5) 사이클 슬립(cycle slip)이 발생하는 경우와 거리가 먼 것은? [18년2회기]

① 높은 지대로 주변에 장애물이 없는 곳에서 측량을 하는 경우
② 태양폭풍에 의해 전리층이 교란된 경우
③ 수신기를 갑자기 이동한 경우
④ 신호가 단절된 경우

정답 ①

문제6) GNSS 반송파 위상추적회로에서 반송파 위상관측값에 순간적인 손실이 발생하는 현상을 무엇이라 하는가? [19년2회기]

① AS
② Cycle Slip
③ SA
④ VRS

정답 ②

문제7) 위성전파가 장애물로 인해 차폐되는 등의 이유로 위상측정이 중단되어 발생하는 오차를 무엇이라 하는가? [21년1회측기]

① 사이클슬립
② 대류권지연
③ 시계오차
④ 전리층지연

정답 ①

문제8) GNSS측량의 오차에 대한 설명으로 틀린 것은? [19년2회기]

① GNSS의 오차에는 위성시계 오차, 대기 굴절 오차, 수신기 오차 등이 있다.
② 위성의 위치오차는 위성의 배치상태의 오차를 말하며 측점의 좌표계산에는 영향을 주지 않는다.
③ 안테나의 높이 측정오차와 구심오차는 안테나의 중심과 위상중심의 차이에서 발생하는 오차를 말한다.
④ 위성의 기하학적 배치상태가 정밀도에 주는 영향을 추정할 수 있는 척도로 DOP(Dilution Of Precision)를 사용한다.

정답 ②

문제9) GNSS 측량에 대한 설명으로 옳지 않은 것은? (21년1회측기)

① GNSS는 위치를 알고 있는 위성에서 발사한 전파를 수신하여 소요시간을 관측함으로써 미지점의 위치를 구하는 인공위성을 이용한 범지구 위치결정체계이다.
② GNSS의 구성은 우주부문, 제어부문, 사용자부문으로 나눌 수 있다.
③ GNSS에서 정밀도 저하율(DOP)의 수치가 클수록 정확하다.
④ GPS에 이용되는 좌표체계는 WGS 84를 이용하고 있으며 WGS 84의 원점은 지구질량 중심이다.

정답 ③

문제10) 위성의 기하학적 배치 상태가 수신기 위치의 정확도에 미치는 영향을 나타내는 척도는? [21.4기]

① 다중경로(Multipath)
② DOP(Dilution of Precision)
③ 사이클 슬립(Cycle Slip)
④ 선택적 부과오차(S/A)

정답 ②

문제11) GNSS 위성신호가 수신기 주변 장애물에 반사되어 취득됨으로 인해 발생하는 관측오차는? [22년기사1회]

① 다중경로오차
② 위성시계오차
③ 위성궤도오차
④ 수신기오차

정답 ①

문제12) GPS의 군사용 신호를 이용할 수 없도록 제한하는 암호화 체계는? [22년기사1회]

① Delta Process
② Anti-Spoofing
③ Epsilon Process
④ Selective Abailability

정답 ②

문제13) GNSS 측량의 다중경로 오차를 줄이기 위한 방법으로 거리가 먼 것은? [22년2기]

① 이중주파수 수신기를 설치한다.
② 관측시간을 길게 설정한다.
③ 오차 요인을 가진 장소를 피해 안테나를 설치한다.
④ 초크링(choke-ring) 안테나를 사용한다.

정답 ①

Part 2

응용측량

Chapter 01_노선측량
Chapter 02_하천측량
Chapter 03_터널측량
Chapter 04_경관측량
Chapter 05_지하시설물측량
Chapter 06_해양측량
Chapter 07_면적 및 체적측량

CHAPTER 01 노선측량

1 분류

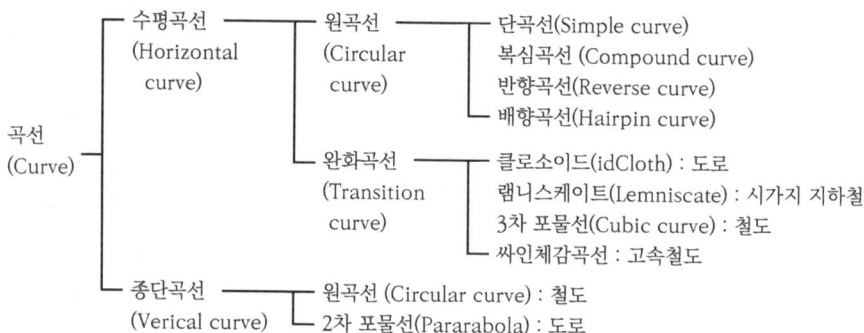

2 노선측량의 작업과정 및 방법 비교

1) 노선측량 작업과정

도상계획	지형도상에서 한 두 개의 계획노선을 선정한다.
현장답사	도상계획노선에 따라 현장 답사를 한다.
예측	답사에 의하여 유망한 노선이 결정되면 그 노선을 더욱 자세히 조사하기 위하여 트래버스측량과 주변에 대한 측량을 실시한다.
도상선정	예측이 끝나면 노선의 기울기, 곡선, 토공량, 터널과 같은 구조물의 위치와 크기, 공사비 등을 고려하여 가장 바람직한 노선을 지형도 위에 기입하는 단계이다.
현장실측	도상에서 선정된 최저노선을 지상에 측설하는 것이다.

2) 노선측량 세부 작업과정

노선선정(路線選定)	도상선정
	종단면도 작성
	현지답사

계획조사측량(計劃調查測量)		지형도 작성
		비교노선의 선정
		종단면도 작성
		횡단면도 작성
		개략노선의 결정
실시설계측량(實施設計測量)		지형도 작성
		중심선의 선정
		중심선 설치(도상)
		다각측량
		중심선설치(현지)
	고저측량	고저측량
		종단면도 작성
세부측량(細部測量)		구조물의 장소에 대해서, 지형도(축척 종 1/500~1/100)와 종횡단면도(축적 종 1/100, 횡 1/500~1/100)를 작성한다.
용지측량(用地測量)		횡단면도에 계획단면을 기입하여 용지 폭을 정하고, 축척 1/500 또는 1/600로 용지도를 작성한다.
공사측량(工事測量)		기준점 확인. 중심선 검측. 검사관측
		인조점 확인 및 복원. 가인조점 등의 설치

3 단곡선의 각부 명칭 및 공식

1) 단곡선의 각부 명칭

B.C	곡선시점(Biginning of curve)
E.C	곡선종점(End of curve)
S.P	곡선중점(Secant Point)
I.P	교점(Intersection Point)
I	교각(Intersetion angle)
∠AOB	중심각(Central angl) : I
R	곡선반경(Radius of curve)
$\widehat{AB}$	곡 선 장(Curve length) : C.L
AB	현 장(Long chord) : C
T.L	접 선 장(Tangent length) : AD, BD
M	중앙종거(Middle ordinate)
E	외 할(External secant)
δ	편각(Deflection angle) : ∠VAG

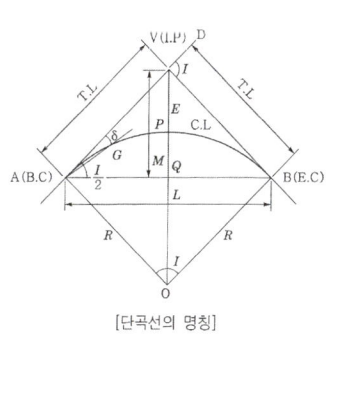

[단곡선의 명칭]

2) 공식

접선장 (Tangent length)	$\tan\dfrac{I}{2} = \dfrac{TL}{R}$ 에서 $TL = R \cdot \tan\dfrac{I}{2}$ $R = \dfrac{TL}{\tan\dfrac{I}{2}} = TL \cdot \cot\dfrac{I}{2}$	

곡선장
(Curve length)
	・원둘레 : $2\pi R$
	・중심각 1°에 대한
	  원둘레의 길이 : $\dfrac{2\pi R}{360°}$
	・$2\pi R : CL = 360° : I°$
	$\therefore CL = \dfrac{\pi}{180°} \cdot R \cdot I°$
	     $= 0.0174533RI°$
	$\therefore CL = \dfrac{\pi}{180° \times 60'} RI'$
	     $= 0.0002909RI'$	

외할 또는 외거
(External secant)
	$\sec\dfrac{I}{2} = \dfrac{OP}{R}$ 에서
	$OP = R \cdot \sec\dfrac{I}{2}$
	$E(S.L) = OP - R$
	         $= R \cdot \sec\dfrac{I}{2} - R$
	         $= R(\sec\dfrac{I}{2} - 1)$	

중앙종거
(Middle ordinate)
	$\cos\dfrac{I}{2} = \dfrac{OD}{R}$ 에서
	$OD = R \cdot \cos\dfrac{I}{2}$
	$M = R - OD$
	     $= R - R \cdot \cos\dfrac{I}{2}$
	     $= R(1 - \cos\dfrac{I}{2})$	

현장 (Long chord)	$\sin\dfrac{I}{2} = \dfrac{\frac{C}{2}}{R} = \dfrac{C}{2R}$ $\therefore C = 2R \cdot \sin\dfrac{I}{2}$	
편각 (Deflection angle)	$\overline{AP} \fallingdotseq \widehat{AP} = l$ 이라면 $l = R2\delta$ $\delta = \dfrac{l}{2R}$ 라디안 $= \dfrac{l}{2R}\left(\dfrac{180°\times 60'}{\pi}\right)$ $= \dfrac{l}{2R} 3437.75'$ $\therefore \delta = 1718.87' \dfrac{l}{R}$	
호(장)길이(CL)와 현(장)길이(L)의 차	$L = CL - \dfrac{L^3}{24R^2}$ $CL - L = \dfrac{CL^3}{24R^2}$	
중앙종거와 곡률반경의 관계	$R^2 - \left(\dfrac{L}{2}\right)^2 = (R-M)^2$ $\therefore R = \dfrac{L^2}{8M} + \dfrac{M}{2}$ (여기서, M의 값이 L의 값에 비해 작으면 $\dfrac{M}{2}$은 무시한다)	
교각(I) = 중심각	$\angle AOB + \angle BPA = 180°$ $\angle I + \angle BPA = 180°$ $\therefore \angle I = \angle AOB$	
곡선시점	$B.C = I.P - T.L$
곡선종점	$E.C = B.C + C.L$
시단현	$l_1 = B.C$점부터 $B.C$ 다음 말뚝까지의 거리
종단현	$l_2 = E.C$점부터 $E.C$ 바로 앞 말뚝까지의 거리

> Question

문제1) 다음의 그림과 같이 A와 B노선 사이에 노선을 계획할 때 P점에 장애물이 있어 C와 D점에서 ∠C, ∠D 및 CD의 거리를 측정하여 아래의 조건으로 단곡선을 설치하고자 한다. 다음 요소들을 계산하시오. (단, 곡선반경 R=100m, $\overline{CD}$=100m, ∠C=30°, ∠D=80°, $\overline{AC}$의 거리는 453.02m이고 중심말뚝 간격은 20m 소수 첫째자리, 각은 초단위)

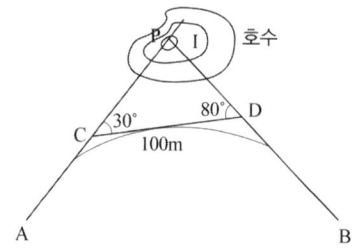

1) 교각(I)
2) 접선장(TL)
3) 곡선장(CL)
4) 곡선부 시점(BC), 곡선부 종점(EC)
5) 시단현, 종단현 길이
6) 시단현 편각, 종단현 편각
7) 20m에 대한 편각

> 해설

1) 교각(I)
   ∠C + ∠D = 30° + 80° = 110°

2) 접선장(TL)
   $$TL = R \cdot \tan\frac{I}{2} = 100 \cdot \tan\frac{110°}{2} = 142.8\text{m}$$

3) 곡선장(CL)
   $CL = 0.01745R \cdot I = 0.01745 \times 100 \times 110° = 192.0\text{m}$

4) 곡선부 시점(BC), 곡선부 종점(EC)
   ① $\overline{CP}$ 거리 = $\dfrac{100}{\sin \angle P} = \dfrac{\overline{CP}}{\sin \angle D}$
   $\overline{CP} = \dfrac{100 \times \sin 80°}{\sin 70°} = 104.80\text{m}$
   ② BC 계산
   총거리 − TL = (453.02 + 104.80) − 142.8 = 415.02m
   (No.20 + 15.02m)
   ③ EC 계산
   $BC + CL$ = 415.02 + 192.0 = 607.02m
   (No.30 + 7.02m)

5) 시단현, 종단현 길이
   $L_1 = 420 - 415.02 = 4.98\text{m}$
   $L_2 = \text{No.}30(600) + 7.02 = 7.02\text{m}$

6) 시단현 편각, 종단현 편각
   ① 시단현에 대한 편각
   $$\delta_1 = 1718.87' \times \frac{4.98}{100} = 1°25'35.98''$$
   ② 종단현에 대한 편각
   $$\delta_2 = 1718.87' \times \frac{7.02}{100} = 2°0'40''$$

7) 20m에 대한 편각
   $$\delta = 1718.87' \times \frac{20}{100} = 5°43'46''$$

4 복심곡선 및 반향곡선

복심곡선 (Compound curve)	반경이 다른 2개의 원곡선이 1개의 공통접선을 갖고 접선의 같은 쪽에서 연결하는 곡선을 말한다. 복심곡선을 사용하면 그 접속점에서 곡률이 급격히 변화하므로 될 수 있는 한 피하는 것이 좋다.
반향곡선 (Reverse curve)	반경이 같지 않은 2개의 원곡선이 1개의 공통접선의 양쪽에 서로 곡선중심을 가지고 연결한 곡선이다. 반향곡선을 사용하면 접속점에서 핸들의 급격한 회전이 생기므로 가급적 피하는 것이 좋다.
배향곡선 (Hairpin curve)	반향곡선을 연속시켜 머리핀 같은 형태의 곡선으로 된 것을 말한다. 산지에서 기울기를 낮추기 위해 쓰이므로 철도에서 Switch Back에 적합하여 산허리를 누비듯이 나아가는 노선에 적용한다.

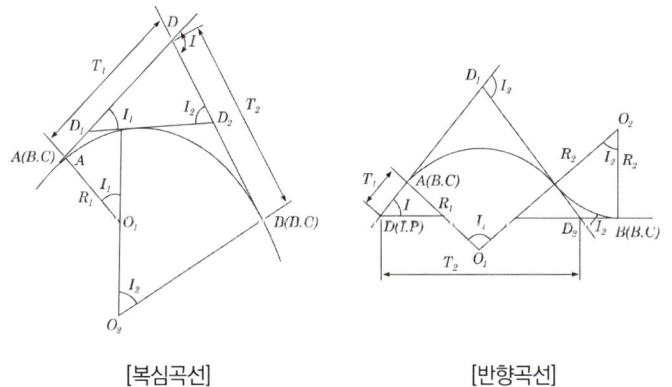

[복심곡선]   [반향곡선]

5 완화곡선

완화곡선의 특징	① 곡선반경은 완화곡선의 시점에서 무한대, 종점에서 원곡선 R로 된다. ② 완화곡선의 접선은 시점에서 직선에, 종점에서 원호에 접한다. ③ 완화곡선에 연한 곡선반경의 감소율은 캔트는 같다. ④ 완화곡선의 종점의 캔트와 원곡선 시점의 캔트는 같다. ⑤ 완화곡선은 이정의 중앙을 통과한다.
완화곡선의 길이	$L = \dfrac{N}{1,000} \cdot C = \dfrac{N}{1,000} \cdot \dfrac{SV^2}{gR}$ 여기서, C : Cant, g : 중력가속도, S : 궤간 거리 N : 완화곡선과 캔트와 비, V : 열차의 속도
이정(f)	$f = \dfrac{L^2}{24R}$
완화곡선의 접선길이	$TL = \dfrac{L}{2} + (R+f)\tan\dfrac{I}{2}$
완화곡선의 종류	① 클로소이드 : 고속도로 ② 렘니스케이트 : 시가지 철도 ③ 3차 포물선 : 철도 ④ sine 체감곡선 : 고속철도

[완화곡선의 종류]

6 클로소이드(clothoid) 곡선

곡률이 곡선장에 비례하는 곡선을 클로소이드 곡선이라 한다.

1) 클로소이드 공식

매개변수(A)	$A = \sqrt{RL} = l \cdot R = L \cdot r = \dfrac{L}{\sqrt{2\tau}} = \sqrt{2\tau} \cdot R$ $A^2 = RL = \dfrac{L^2}{2\tau} = 2\tau R^2$
곡률반경(R)	$R = \dfrac{A^2}{L} = \dfrac{A}{l} = \dfrac{L}{2\tau} = \dfrac{A}{2\tau}$
곡선장(L)	$L = \dfrac{A^2}{R} = \dfrac{A}{r} = 2\tau R = A\sqrt{2\tau}$
접선각(τ)	$\tau = \dfrac{L}{2R} = \dfrac{L^2}{2A^2} = \dfrac{A^2}{2R^2}$

2) 클로소이드 성질

클로소이드 성질	① 클로소이드는 나선의 일종이다. ② 모든 클로소이드는 닮은꼴이다.(상사성이다.) ③ 단위가 있는 것도 있고 없는 것도 있다. ④ τ는 30°가 적당하다. ⑤ 확대율을 가지고 있다 ⑥ τ는 라디안으로 구한다

7 캔트(Cant)와 확폭(Slack)

① 캔트

곡선부를 통과하는 차량이 원심력이 발생하여 접선 방향으로 탈선하려는 것을 방지하기 위해 바깥쪽 노면을 안쪽노면보다 높이는 정도를 말하며 편경사라고 한다.

② 슬랙

차량과 레일이 꼭 끼어서 서로 힘을 입게 되면 때로는 탈선의 위험도 생긴다. 이러한 위험을 막기 위해서 레일 안쪽을 움직여 곡선부에서는 궤간을 넓힐 필요가 있다. 이 넓인 치수를 말한다. 확폭이라고도 한다.

캔트 : $C = \dfrac{SV^2}{Rg}$

여기서, C : 캔트
  S : 궤간
  V : 차량속도
  R : 곡선반경
  g : 중력가속도

슬랙 : $\epsilon = \dfrac{L^2}{2R}$

여기서, ε : 확폭량
  L : 차량 앞바퀴에서 뒷바퀴까지의 거리
  R : 차선 중심선의 반경

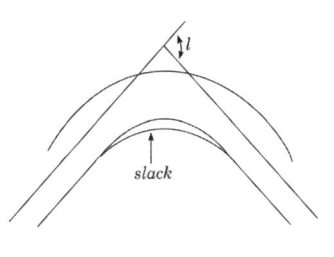

[슬랙]

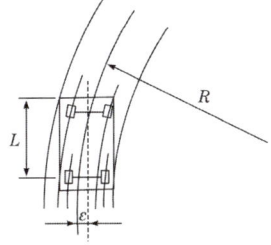

[확도]

CHAPTER 02 하천측량

1 평면측량 범위

유제부	제외지 범위 전부와 제내지의 300m이내.
무제부	홍수가 영향을 주는 구역보다 약간 넓게 측량한다. (홍수시에 물이 흐르는 맨 옆에서 100m까지)
홍수방지공사가 목적인 하천공사	하구에서부터 상류의 홍수피해가 미치는 지점까지.
사방공사	수원지까지
선박운행을 위한 하천 계수가 목적일 때	하류는 하구까지

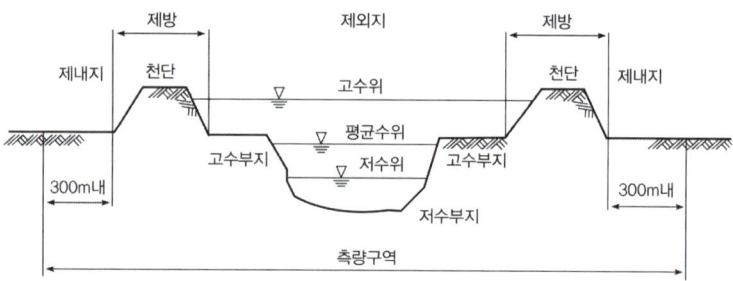

유제부의 측량 구역(하천의 단면도)

2 수위관측

1) 하천의수위

최고수위(HWL), 최저수위(LWL)	어떤 기간에 있어서 최고, 최저수위로 연단위 혹은 월단위의 최고, 최저로 구한다.
평균최고수위(NHWL), 평균최저수위(NLWL)	연과 월에 있어서의 최고, 최저의 평균수위, 평균최고수위는 제방, 교량, 배수 등의 치수 목적에 사용하며 평균최저수위는 수운, 선항, 수력발전의 수리 목적에 사용한다.

평균수위(MWL)	어떤 기간의 관측수위의 총합을 관측횟수로 나누어 평균치를 구한 수위
평균고수위(MHWL), 평균저수위(MLWL)	어떤 기간에 있어서의 평균수위 이상 수위들이 평균수위 및 어떤 기간에 있어서의 평균수위 이하 수위들의 평균수위
최다수위 (Most Frequent Water Level)	일정기간 중 제일 많이 발생한 수위
평수위(OWL)	어느 기간의 수위 중 이것보다 높은 수위와 낮은 수위의 관측수가 똑같은 수위로 일반적으로 평균수위보다 약간 낮은 수위. 1년을 통해 185일은 이보다 저하하지 않는 수위
저수위	1년을 통해 275일은 이보다 저하하지 않는 수위
갈수위	1년을 통해 355일은 이보다 저하하지 않는 수위
고수위	2~3회 이상 이보다 적어지지 않는 수위
지정수위	홍수 시에 매시 수위를 관측하는 수위
통보수위	지정된 통보를 개시하는 수위
경계수위	수방(水防)요원의 출동을 필요로 하는 수위

2) 수위 관측소와 양수표 설치 장소

수위 관측소 및 (水位觀測所) 양수표 (量水標 : water guage) 설치 장소	① 하안(河岸)과 하상(河床)이 안전하고 세굴이나 퇴적이 되지 않은 장소 ② 상하류의 길이 약 100m 정도의 직선 일 것 ③ 유속의 변화가 크지 않아야 한다. ④ 수위가 교각이나 기타 구조물에 영향을 받지 않은 장소 ⑤ 홍수 때는 관측소의 유실, 이동 및 파손될 염려가 없는 장소 ⑥ 평시는 홍수때보다 수위표가 쉽게 읽을수 있는 장소 ⑦ 지천의 합류점 및 분류점으로 수위의 변화가 생기지 않은 장소 ⑧ 양수표의 영점위치는 최저수위 밑에 있고, 양수표 눈금의 최고 위는 최고홍수위보다 높아야 한다. ⑨ 양수표는 평균해수면의 표고를 측정해 둔다 ⑩ 어떠한 갈수 시에도 양수표가 노출되지 않는 장소 ⑪ 수위가 급변하지 않는 장소 ⑫ 양수표는 하천에 연하여 5~10km 마다 배치한다.

3 평균유속을 구하는 방법

1점법	수면으로부터 수심 0.6H되는 곳의 유속 $V_m = V_{0.6}$	
2점법	수심 0.2H, 0.8H 되는 곳의 유속 $V_m = \dfrac{1}{2}(V_{0.2} + V_{0.38})$	
3점법	수심 0.2H, 0.6H, 0.8H되는 곳의 유속 $V_m = \dfrac{1}{4}(V_{0.2} + 2V_{0.6} + V_{0.8})$	
4점법	이것은 수심 1.0m 내외의 장소에서 적당하다. $V_m = \dfrac{1}{5}\left\{(V_{0.2} + V_{0.4} + V_{0.6} + V_{0.8}) + \dfrac{1}{2}\left(V_{0.2} + \dfrac{V_{0.8}}{2}\right)\right\}$	

CHAPTER 03 터널측량

1 터널측량의 작업

답사(踏査)	미리 실내에서 개략적인 계획을 세우고 현장 부근의 지형이나 지질을 조사하여 터널의 위치를 예정한다.
예측(豫測)	답사의 결과에 따라 터널위치를 약측에 의하여 지표에 중심선을 미리 표시하고 다시 도면상에 터널을 설치할 위치를 검토한다.
지표설치 (地表設置)	예측의 결과 정한 중심선을 현지의 지표에 정확히 설정하고 이때 갱문이나 수갱의 위치를 결정하고 터널의 연장도 정밀히 관측한다.
지하설치 (地下設置)	지표에 설치된 중심선을 기준으로 하고 갱문에서 굴삭을 시작하고 굴삭이 진행함에 따라 갱내의 중심선을 설정하는 작업을 한다.

2 터널측량의 세분

지형측량 (地形測量)	항공사진측량, 기준점측량, 평판측량 등으로 터널의 노선 선정이나 지형의 경사 등을 조사하는 측량
갱외기준점측량 (坑外基準點測量)	삼각 또는 다각측량 및 수준측량에 의해 굴삭을 위한 측량의 기준점설치 및 중심선 방향의 설치를 하는 측량
세부측량 (細部測量)	평판측량과 수준측량으로 갱구 및 터널가설계에 필요한 상세한 지형도 작성을 위한 측량
갱내측량 (坑內測量)	다각측량과 수준측량에 의해 설계중심선의 갱내에의 설정 및 굴삭, 지보공(支保工), 형틀 설치 등을 위한 측량
작업갱측량 (作業坑測量)	갱내기준점설치를 위한 측량
준공측량 (竣工測量)	도로, 철도, 수로 등 터널사용목적에 따라 터널 형상을 제작하기 위한 측량

CHAPTER 04 경관측량

2 경관의 분류

1) 인식대상(認識對象)의 주체(主體)에 관한 분류

자연경관 (natural viewscape)	인공이 가해지지 않은 경치로서 산, 하천, 바다, 자연녹지 등
인공경관 (artificial viewscape)	① 조경 : 인공요소를 가한 경치(정원, 공원, 인공녹지, 도시경관, 시설물경관 등) ② 장식경 : 대상물에 미의식을 강조시켜 생활공간을 미화하는 실내외 장식
생태경관 (ecological viewscape)	① 생태경 : 자연생태 그대로의 경관 ② 관상경 : 인공적요소를 더한 경관(관상수(觀賞樹), 관상견(觀賞犬)

2) 경관구성요소(景觀構成要素)에 의한 분류

대상계(對象系)	인식의 대상이 되는 사물로서 사물의규모, 상태, 형상, 배치등
경관장계(京觀場系)	대상을 둘러싼 환경으로 전경(前景), 중경(中景), 배경(背景)에 의한 규모와 상태
시점계(視點系)	인식의 주체가 되는 것으로 생육환경, 건강상태, 연령 및 직업에 관한 시점의 성격
상호성계(相互性系)	대상계, 경관장계 및 시점계를 구성하는 요인과 성격에 관한 상호성을 규명하는 것

3) 시각적인 요소(視覺的要素)에 의한 분류

위치(位置)	고저, 원근, 방향
크기	대소
색(色)과 색감(色感)	명암, 흑백, 적청(赤靑)
형태(形態)	생김새
선(線)	곡선 및 직선
질감(質感)	거칠음, 섬세하고 아름다움
농담(濃淡)	투명과 불투명을 의미한다.

4) 개성적 요소(個性的要素)에 의한 분류

천연적 경관(天然的景觀)	산속의 기암절벽
파노라믹한 경관	넓은 초원이나 바다의 풍경
포위(包圍)된 경관	수목으로 둘러싸인 호수나 들
초점적 경관(焦點的景觀)	계곡, 도로 및 강물
터널적 경관	하늘을 가린 가로수도로
세부적 경관(細部的景觀)	대상물의 부분적인 것으로 나뭇잎, 꽃잎의 생김새
순간적 경관(瞬間的景觀)	안개, 아침이나 저녁노을 등

2 경관 평가요인의 정량화

1) 관점과 주시대상물의 위치 관계에 기인하는 요인

① 수평시각(θH)에 의한 방법

$0° \leq \theta H \leq 10°$	주위환경과 일체가 되고 경관의 주체로서 대상에서 벗어난다.
$10° < \theta H \leq 30°$	시설물의 전체 형상 인식할 수 있고 경관의 주제로서 적당하다.
$30° < \theta H \leq 60°$	시설물의 視界 중에 차지하는 비율은 크고 강조된 경관을 얻는다.
$60° < \theta H$	시설물 자체가 시야의 대부분을 차지하게 되고 시설물에 대한 압박감을 느끼게 시작한다.

② 수직시각(θv)에 의한 방법

$0° \leq \theta v \leq 15°$	시설물이 경관의 주제가 되고 쾌적한 경관으로 인식된다.
$15° < \theta v$	압박감을 느끼고 쾌적한 경관으로 인식되지 못한다.

③ 시설물 1점을 시준할때 시준축과 시설물축선이 이루는 각(α)에 의한 방법

$0° \leq \alpha \leq 10°$	특이한 시설물 경관을 얻고 시점이 높게 된다.
$10° < \alpha \leq 30°$	입체감이 있는 계획이 잘된 경관
$30° < \alpha \leq 90°$	입체감이 없는 평면적인 경관이 된다.

④ 기준점에 대한 시점의 높이에 의한 방법

시점의 위치가 낮은 경우	활동적인 인상을 받는다.
시점의 위치가 높은 경우	정적인 인상이 강하게 된다.

⑤ 시설물과 시점 사이의 거리에 의한 방법

시점이 시설물에 가까울 경우	상세하게 인식되지만 경관의 주제는 시설물의 국부적인 구성부재가 되어 시설물전체의 형상은 영향이 없다.
시점이 멀어질 경우	시설물 전체가 경관의 주제가 된다.

CHAPTER 05 지하시설물측량

1 지하시설물 탐사작업의 순서

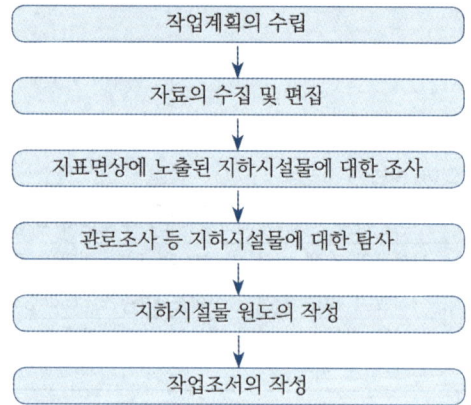

2 지하시설물 측량기법

전자유도측량 방법	지표로부터 매설된 금속관로 및 케이블 관측과 탐침을 이용하여 공관로나 비금속관로를 관측할 수 있는 방법으로, 장비가 저렴하고 조작이 용이하며 운반이 간편하여 지하시설물 측량기법 중 가장 널리 이용되는 방법이다.
지중레이더측량 기법	지중레이더 측량기법은 전자파의 반사의 성질을 이용하여 지하시설물을 측량하는 방법이다.
음파 측량기법	전자유도 측량방법으로 측량이 불가능한 비금속 지하시설물에 이용하는 방법으로 물이 흐르는 관 내부에 음파 신호를 보내면 관 내부에 음파가 발생된다. 이때 수신기를 이용하여 발생된 음파를 측량하는 기법이다.

3 지하시설물 탐사의 정확도

금속관로의 경우	매설깊이가 3.0m 이하인 경우에 한하여 평면위치 20cm, 깊이 30cm 이내이어야 하며, 매설 깊이가 3.0m를 초과하는 경우에는 별도로 정하여 사용할 수 있다.
비금속관로의 경우	매설깊이가 3.0m 이하인 경우에 한하여 평면위치 20cm, 깊이 40cm 이내이어야 하며, 매설 깊이가 3.0m를 초과하는 경우에는 별도로 정하여 사용할 수 있다.

CHAPTER 06 해양측량

1 해도

1) 바다의 기본도

해양에 관한 정보를 총체적으로 수록한 도면으로서 해저지형도, 해저지질구조도, 지자기전자력도, 중력이상도의 네 종류가 있고, 축척에 따라서는 다음과 같은 3가지가 있다.

1 : 200,000 기본도	경제수역 200해리까지를 대상으로 하며, 각종 해양개발계획의 예찰도(豫察圖)로서 적합하다.
1 : 50,000 기본도	해양개발계획을 위한 개찰도(槪察圖)로서 적합.
1 : 10,000 기본도	자원채굴 등의 정사도에 적합하고, 우리나라의 영해의 폭을 결정하는 기준으로 쓰이고, 해저자원 확보와 밀접한 대륙붕분할의 기선으로서도 중요하다.

2) 항해용 해도

총도(總圖 : General Chart)	매우 광대한 해역을 일괄하여 볼 수 있도록 만든 해도로서 원양항해나 해계획수립용으로 사용된다.
원양항해도(遠洋航海圖 : Sailing Chart)	원양항해에 사용되는 해도
근해항해도(近海航海圖 : Coast Navigational Chart)	육지와 가시거리 내에서 항해할 때 사용되는 해도
해안도(海岸圖 : Coast Chart)	연안항해에 사용되는 해도
항박도(港泊圖 : Harbour Plan)	소구역을 대상으로 항만, 어항, 수도 등을 상세하게 세제한 해도

3) 특수해도

수심도, 해저지형도 (水深圖, 海底地形圖 : Bathymetric Chart)	해저지형을 정밀한 등심선이나 음영법으로 표시하여 대륙붕이나 해저 지형특성을 파악하기 쉽도록 제작된 도면으로 해저자원조사 및 개발 등에 적합하다.
어업용도(漁業用圖 : Fishery Chart)	연안 어업에 편의를 제공하기 위하여 일반 항해용해도에 각종 어업에 관한 정보와 규제내용 등을 색별해 인쇄한 도면
전파항법도(電波航法圖 : Electronic Positioning Chart)	일반항해용해도에 전파항법체계의 위치선과 그 번호를 기입한 해도

2 해양측량의 종별 및 내용

종별	내용
해상위치측량(海上位置測量 : Marine Positioning Survey)	해상에서 선박의 위치를 정확하게 결정하기 위한 측량
수심측량(水深測量 : Bathymetric Survey)	해수면으로부터 해저까지의 수심을 결정하기 위한 측량으로 음향측심이라고도 하고, 해상위치측량과 함께 가장 활용도가 높은 측량이다.
해저지형측량(海底地形測量 : Underwater Topographic Survey)	해저지형의 기복을 정확하게 결정하기 위한 측량이다.
해저지질측량(海底地質測量 : Underwater Geological Survey)	해저지질 및 지층구조를 조사하기 위한 측량으로, 일반적으로 음파조사에 의한 방법이 널리 사용된다
조석관측(潮汐觀測 : Tidal Observation)	해수면의 주기적 승강의 정확한 양상을 파악하기 위한 관측으로 연안선박 통행, 수심관측의 기준면 결정 및 해양공사, 육상수준측량의 기준면 설정에 중요하다.
해안선측량(海岸線測量 : Coast LineSurvey)	해안선의 형상과 성질을 조사하는 측량으로 부근의 육상지형, 소도, 간출암, 저조선 등도 함께 측량하여 해안지역의 이용에 중요한 자료를 제공한다.
해도작성을 위한 측량(海圖作成을 위한 測量 : Hydrographic Survey)	일반적으로 수로측량이라고 하며, 측량대상지역과 측량대상에 따라 다음과 같이 구분된다.

1) 해도작성을 위한 측량(海圖作成을 위한 測量 : Hydrographic Survey)

종별	내용
항만측량(港灣測量 : Harbour Survey)	항만 및 그 부근에서 항해의 안전을 목적으로 실시하는 측량
항로측량(航路測量 : Channel or Passage Survey)	항로에 있어서 선박의 안전항행을 목적으로 실시하는 측량
연안측량(沿岸測量 : Coastal Survey)	연안지역에서 선박의 안전항행을 목적으로 실시하는 측량
대양측량(大洋測量 : Oceanic Survey)	대양에서의 선박의 안전항행을 목적으로 실시하는 측량
보정측량(補正測量 : Correction Survey)	해저기복의 국지적 변화에 대응하여 해도를 정비하기 위하여 실시하는 측량
소해측량(掃海測量 : Sweep or Wire Drag Survey)	천초(淺礁), 천퇴(淺堆), 침선(沈船) 등과 같은 장해물을 수색하여 선박의 안전항행을 위한 최대안전수심을 보장하기 위한 측량
해양중력측량(海洋重力測量 : Marine Gravity Survey)	해상 또는 수중에서 중력을 관측하여 해면 지오이드 결정과 같은 해양측지학, 해양지구물리, 해양지각구조 및 자원탐사 등의 자료를 제공하기 위한 측량
해양지자기측량(海洋地磁氣測量 : Marine Magnetic Survey)	해양에 있어서의 지자기의 3요소를 관측하여 항해용 지자기분포도, 해양자원탐사자료 등을 작성하기 위한 측량
해양기준점측량(海洋基準點測量 : Marine Control Survey)	해안부근의 육상지형, 해안선, 도서지방 등의 정확한 위치결정에 필요한 기준점을 설정하기 위한 측량으로 원점측량이라고도 한다.

선박속력시험표측량(船舶速力試驗 標測量 : Male Post Survey)	선박의 정확한 속력을 구하기 위해서 일정한 방향과 거리마다 시험표를 이용하는데 이러한 시험표를 정확히 설치하기 위한 측량

3 해상위치 결정

1) 측량거리 및 목적에 따른 분류

근거리용 항법	재래적인 연안 항법, 근거리용 전파측량 System
중거리용 항법	Radiobeacon, Consol, Decca
장거리용 항법	천문항법, 위성항법, 관성항법, 추측항법, Loran, Omega, Autotape

2) 주요 해상위치 결정체계

지문항법	① 연안의 지물이나 항로표식 등에 의하여 항로위치를 결정하는 방법 ② 연안항법과 추측항법으로 대별됨		
천문항법	① 항성이나 태양 등 천체를 관측하여 선박위치를 결정하는 방법(육분의 이용) ② 원리는 천문측량과 동일 ③ 주로 육분의에 의하며 천정각 거리나 방위각 대신 고도와 시각을 관측		
위성항법	① 인공위성은 지구중력장의 성질을 반영하므로 위성궤도를 정확히 관측하여 지구중력장해석, 지오이드 결정, 수신점의 위치를 구할 수 있는 방법 ② NNSS와 GPS 방식이 있다.		
관성항법	① 관성항법장치에 의하여 출발점으로부터 이동경로에 따른 순간 가속도를 구하여 위치를 결정하는 방법 ② 전파항법, 위성항법과 함께 대양을 항해하는 선박이나 항공기에 널리 사용 ③ 시통성, 기상, 대기 굴절 등과 무관하므로 잠수함 항법으로도 이용 ④ 최근 정확도 향상으로 기준점 측량, 공사측량, 진북자오선 결정, 지구물리 측량에 신속간편하게 적용		
음향항법			
전파항법	유효거리에 의한 분류		
	장거리 방식	유효거리 500해리 이상(Loran-A, Loran-C, Omega, Lanbda)	
	중거리 방식	유효거리 100~500해리(Beacon, Consol, Decca)	
	단거리 방식	유효거리 100해리 이내(Hi-Fix, Raydist......)	
	위치선에 따른 분류		
	방사선 방식	위치선은 무선국 간의 방위선이 된다.	
	원호 방식	두 무선국 간의 거리를 관측한 경우, 위치선은 원호가 되며, 중거리 · 단거리용으로 사용	
	쌍곡선 방식	두 무선국과 다른 하나의 무선국 사이의 거리차를 관측한 경우 쌍곡선이 되면 장거리에 사용	

주파수에 의한 분류	
초장파 방식	초장거리용
장파 방식	장거리용
중파 방식	중거리용
단파 방식	중거리용
초단파 방식	중거리/단거리용

4 수심측량 방법

측추, 측간에 의한 방법		무게추를 매단 줄이나 막대로 직접 재는 방식이고 얕은 바다에서 활용된다.
사진측량에 의한 방법		수질이 아주 투명한 해역에서는 항공사진 또는 수중사진을 활용할 수 있다.
수중측량에 의한 방법		주로 해저 유물탐사 및 고고학적 연구에 응용되는 방법이다.
레이저에 의한 방법		초음파보다 훨씬 분해능이 높은 레이저를 이용하는 방법으로 아직 실용되지는 못함
음향측심기에 의한 방법	원리	$D = \dfrac{1}{2} V \cdot t$ 여기서, D : 수심 　　　　V : 수중속도 　　　　t : 시간차
	구조	(기록기, 수신기, 송신기, 수파기, 송파기, 수신음파, 송신음파)
	음속도 보정 (音速度補正)	① 음향표적법 ② 음속도계법 ③ 계산법
	흘수보정 (吃水補正)	송수파기는 수면으로부터 일정한 깊이(吃水)에 잠겨있으므로 음향측심기록에 이 흘수량을 더해 주어야 한다.
	조고보정 (潮高補正)	해수면의 높이는 조석의 영향 때문에 수시로 변화므로 측량시의 조석의 높이를 고려하여 음향측심기록에 보정을 가하여야 한다. 조고보정량 = 조석의 높이 - 기본수준면의 높이

1) 수심측량기준

기준점측량	측량에 관한 기준점으로 국립지리원 및 국립해양조사원의 기설삼각점을 기준점으로 한다. 1) 주요기준점은 국립지리원의 삼각점 및 국립해양조사원의 수로측량표에 기초하는 삼각점 및 다각점을 기준으로 한다. 2) 수심측량에 필요한 보조기준점은 주요기준점을 기준으로 한다. 3) 주요기준점의 측정은 다각측량에 의한다. 그리고 보조기준점의 측정에는 다각측량, 전방 교회법 또는 후방교회법에 의한다. 단, 후방교회법의 경우는 주요 기준점으로부터의 위치의 선을 병용한다. 4) 다각측량의 절점의 위치계산은 좌표가 기지점에 결합되도록 하는 것으로 한다. 그리고 좌표치의 폐합차는 주요기준점에 대하여는 $20+5rm \sqrt{n}$ cm이내, 보조기준 점에 대하여는 $30+5rm \sqrt{n}$ cm 이내로 한다. 여기서 n은 다각변의 수이다. 5) 교회법에 의한 위치계산은 3개소 이상의 기준점을 써서 행한다. 6) 기준점측량에 사용하는 기기는 필요한 정도를 고려하여 선정한다.
검조	1) 측량구역 내에 기준검조소가 있는 경우에는 이를 사용한다. 2) 측량구역 내에 기준검조소가 없는 경우에는 검조기를 설치하는 것을 원칙으로 한다. 단, 부득이 한 경우에는 검조표척을 설치하여 읽는다. 3) 검조를 실시하는 경우는 검조기록과 검조표척과의 교관측(기준측정이라 함) 등을 다음과 같이 실시한다. ① 검조기록을 이용하기 전에 기기의 작동상황, 기준면의 값 등을 확인한다. ② 고조시 및 저조시에 각각 전후 1시간(10분마다 관측) 표척에 의한 조위측정을 ③ 검조기의 자기펜의 지시시각의 빠름, 늦음 그리고 표척과 기록조위의 비교를 실시한다. 1일 1회 이상 관측하여 기록한다. ④ 검조기록의 0점과 기본수준점표와의 높이차를 얻기 위한 수준측량을 행하는 경우에는 특별시방서의 정하는 바에 따른다.
기본수준면	시공자는 수심의 기준면으로 국립해양조사원이 고시한 기본수준면(약최저 저조면)을 적용하는 것을 원칙으로 해야 한다. 국립해양조사원의 기본수준점표 성과는 조석표 및 국립해양조사원 연보(95년 이전에는 수로연보에 기재 고시하고 있다.

CHAPTER 07 면적 및 체적측량

1 경계선이 직선으로 된 경우의 면적 계산

삼사법	밑변과 높이를 관측하여 면적을 구하는 방법	$A = \dfrac{1}{2}ah$	
이변법	두변의 길이와 그 사잇각(협각)을 관측하여 면적을 구하는 방법	$A = \dfrac{1}{2}ab\sin\gamma$ $= \dfrac{1}{2}ac\sin\beta$ $= \dfrac{1}{2}bc\sin\alpha$	
삼변법	삼각변의 3변 a, b, c를 관측하여 면적을 구하는 방법	$A = \sqrt{S(S-a)(S-b)(S-c)}$ $S = \dfrac{1}{2}(a+b+c)$	

	합위거 (x)	합경거 (y)	$(X_{i+1} - x_{i-1}) \times y$	배면적
좌표법	X_1	Y_1	$(x_2 - x_4) \times y_1 =$	
	X_2	Y_2	$(x_3 - x_1) \times y_2 =$	
	X_3	Y_3	$(x_4 - x_2) \times y_3 =$	
	X_4	Y_4	$(x_1 - x_3) \times y_4 =$	

$$A = \dfrac{1}{2}\Sigma y_i(x_{i+1} - x_{i-1}) = \dfrac{1}{2}\Sigma x_i(y_{i+1} - y_{i-1})$$

좌표에 의한 면적 계산

2 면적 분할법

1) 1변에 평행한 직선에 따른 분할

$\triangle ADE : DBCE = m : n$ 으로 분할

$\dfrac{\triangle ADE}{\triangle ABC} = \dfrac{m}{m+n} = (\dfrac{DE}{BC})^2 = (\dfrac{AD}{AB})^2 = (\dfrac{AE}{AC})^2$

$\therefore AD = AB\sqrt{\dfrac{m}{m+n}}$

$\therefore AE = AC\sqrt{\dfrac{m}{m+n}}$

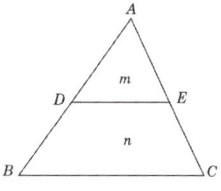

2) 변상의 정점을 통하는 분할

$\triangle ABC : \triangle ADP = (m+n) : m$ 으로 분할

$\dfrac{\triangle ADP}{\triangle ABC} = \dfrac{m}{m+n} = \dfrac{AP \times AD}{AB \times AC}$

$\therefore AD = \dfrac{AB \times AC}{AP} \cdot \dfrac{m}{m+n}$

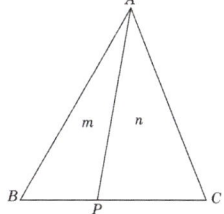

3) 삼각형이 정점(꼭지점)을 통하는 분할

$\triangle ABC : \triangle ABP = (m+n) : m$ 으로 분할

$\dfrac{\triangle ABP}{\triangle ABC} = \dfrac{m}{m+n} = \dfrac{BP}{BC}$

$\therefore BP = \dfrac{m}{m+n} \cdot BC$

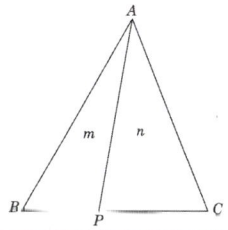

4) 사변형의 분할(밑변의 평행 분할)

$EF = \sqrt{\dfrac{mAD^2 + nBC^2}{m+n}}$

$\therefore AE = AB \cdot \dfrac{AD - EF}{AD - BC}$

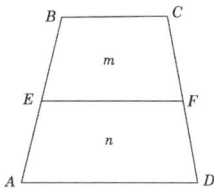

3 체적측량

양단면평균법 (End area formula)	$V = \frac{1}{2}(A_1 + A_2) \cdot l$ 여기서, $A_1 \cdot A_2$: 양끝단면적 　　　A_m : 중앙단면적 　　　l : A_1에서 A_2까지의길이	단면법
중앙단면법 (Middle area formula)	$V = A_m \cdot l$	
각주공식 (Prismoidal formula)	$V = \frac{l}{6}(A_1 + 4A_m + A_2)$	

1) 점고법

직사각형으로 분할하는 경우	① 토량 $V = \frac{A}{4}(\Sigma h_1 + 2\Sigma h_2 + 3\Sigma h_3 + 4\Sigma h_4)$ (단, $A = a \times b$) ② 계획고 $h = \frac{V_0}{nA}$ (단, n : 사각형의 분할개수)	점고법(직사각형)
삼각형으로 분할하는 경우	① 토량 $V_0 = \frac{A}{3}(\Sigma h_1 + 2\Sigma h_2 + 3\Sigma h_3 + 4\Sigma h_4$ 　　　　$+ 5\Sigma h_5 + 6\Sigma h_6 + 7\Sigma h_7 + 8\Sigma h8)$ (단,)$A = \frac{1}{2}a \times b$ ② 계획고 $h = \frac{V_0}{nA}$	점고법(삼각형)

2) 등고선법

토량 산정, 댐, 저수지의 저수량 산정

$V_0 = \frac{h}{3}\{A_0 + A_n + 4(A_1 + A_3) + 2(A_2 + A_4)\}$

여기서, $A_0, A_1, A_2 \cdots$: 각 등고선 높이에 따른
　　　　　　　　　　　　면적
　　　n : 등고선 간격

등고선법

4 관측면적 및 체적의 정확도

1) 관측면적의 정확도

① 거리관측이 동일한 정도가 아닌 경우
- 면적 $(A) = x \cdot y$
- 면적오차 $(dA) = y \cdot dx + x \cdot dy$
- 면적의 정도 $(\dfrac{dA}{A}) = \dfrac{y \cdot dx + x \cdot dy}{x \cdot y}$
  $= \dfrac{dx}{x} + \dfrac{dy}{y}$

(면적의 정도는 거리 정도의 합이다.)

② 거리관측이 동일한 경우(정방형)

$\dfrac{dx}{x} = \dfrac{dy}{y} = \dfrac{dl}{l}$ 일때

면적의 정도 $\dfrac{dA}{A} = 2 \cdot \dfrac{dl}{l}$

(면적의 정도는 거리 관측정도 2배이다.)

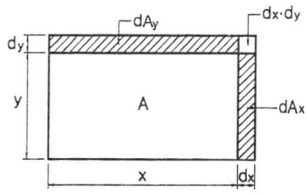

2) 체적의 정확도

$\dfrac{dv}{V} = \dfrac{dz}{Z} + \dfrac{dy}{Y} + \dfrac{dx}{X}$

($\dfrac{dz}{Z} = \dfrac{dy}{Y} = \dfrac{dx}{X} = \dfrac{dl}{L}$ 이라고 할때)

체적의 정도 $\dfrac{dV}{V} = 3 \cdot \dfrac{dl}{l}$

여기서, V : 체적
dV : 체적오차
$\dfrac{dl}{l}$: 거리관측허용 정확도

(체적의 정도는 거리 관측정도의 3배가 된다)

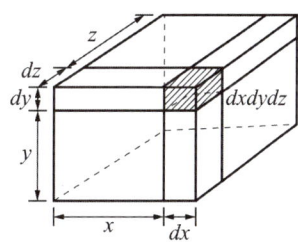

Part 3

사진측량

Chapter 01_사진측량

CHAPTER 01 사진측량

1 사진측량의 장단점

장점	단점

① 정량적 및 정성적 측정이 가능하다.
② 정확도가 균일하다.
 ㉠ 평면(X, Y) 정도 :
 $(10~30)\mu \times$ 촬영축척의 분모수(M)
 $= \left(\dfrac{10}{1,000} \sim \dfrac{30}{1,000}\right) \text{mm} \cdot M$
 ㉡ 높이(H) 정도 :
 $\left(\dfrac{1}{10,000} \sim \dfrac{2}{10,000}\right) \times$ 촬영고도(H)
 여기서, $1\mu = \dfrac{1}{1,000}(\text{mm})$
     M : 촬영축척의 분모수
     H : 촬영고도
③ 동체측정에 의한 현상보존이 가능하다.
④ 접근하기 어려운 대상물의 측정도 가능하다.
⑤ 축척변경도 가능하다.
⑥ 분업화로 작업을 능률적으로 할 수 있다.
⑦ 경제성이 높다.
⑧ 4차원의 측정이 가능하다.
⑨ 비지형 측량이 가능하다.
	① 좁은 지역에서는 비경제적이다.
	② 기자재가 고가이다.(시설비용이 많이 든다.)
	③ 피사체에 대한 식별의 난해가 있다.(지명, 행정경계 건물명, 음영에 의하여 분별하기 힘든 곳 등의 측정은 현장의 작업으로 보충 측량이 요구된다.)
	④ 기상조건에 영향을 받는다.
	⑤ 태양고도 등에 영향을 받는다.

2 사진촬영 계획

1) 사진촬영 순서

㊐영계획 → ㊐영과 사진작성 → ㉘독기준의 작성 → ㉘독→ ㉗지조사→ ㉓리

(1) 사진축척

기준면에 대한 축척	$M = \dfrac{1}{m} = \dfrac{f}{H} = \dfrac{l}{L}$ 여기서, M : 축척분모수 H : 촬영고도 f : 초점거리
기준면에 대한 축척	$M = \dfrac{1}{m} = \left(\dfrac{f}{H \pm h}\right)$

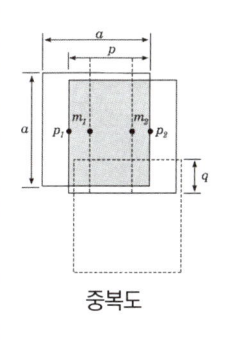

기준면에 대한 축척

(2) 중복도

종중복도	촬영진행 방향에 따라 중복시키는 것으로 보통 60%, 최소한 50% 이상 중복을 주어야 한다. 종중복도$(p) = \dfrac{p_1 m_1 + m_1 m_2 + m_2 p_2}{a} \times 100(\%)$ 여기서, $p_1 m_1 = p_1 m_2 - m_1 m_2$ m_1, m_2 : 주점기선길이(b_0) a : 화면크기(사진크기)
횡중복도	① 촬영진행 방향에 직각으로 중복시키며 보통 30%, 최소한 5% 이상 중복을 주어 촬영한다. ② 산악지역(사진 상에 고저차가 촬영고도의 10% 이상인 지역)이나 고층빌딩이 밀접한 시가지는 10~20% 이상 중복도를 높여서 촬영하거나 2단 촬영을 한다.(사각부분을 없애기 위함)

중복도

(3) 촬영기선장

하나의 촬영코스 중에 하나의 촬영점(셔터를 누른 점)으로부터 다음 촬영점까지의 거리를 촬영기선장이라 한다.

주점기선장(b_0)	$b_0 = a\left(1 - \dfrac{p}{100}\right)$
촬영종기선길이	$B = m \cdot b_0 = m \cdot a\left(1 - \dfrac{p}{100}\right)$
촬영횡기선길이	$C = m \cdot a\left(1 - \dfrac{q}{100}\right)$ 여기서, a : 화면크기, p : 종중복도, q : 횡중복도, m : 축척분모수

(4) 촬영고도 및 촬영코스 등

촬영고도	$H = C \times \Delta h$ 여기서, H : 촬영고도 C : C계수(도화기의 성능과 정도를 표시하는 상수) Δh : 최소등고선의 간격
촬영코스	① 촬영코스는 촬영지역을 완전히 덮고 코스 사이의 중복도를 고려하여 결정한다. ② 일반적으로 넓은 지역을 촬영할 경우에는 동서방향으로 직선코스를 취하여 계획한다. ③ 도로, 하천과 같은 선형 물체를 촬영할 때는 이것에 따른 직선코스를 조합하여 촬영한다. ④ 지역이 남북으로 긴 경우는 남북방향으로 촬영코스를 계획하며 일반적으로 코스 길이의 연장은 보통 30km를 한도로 한다.
표정점 배치 (Distribution of Points)	일반적으로 대지표정(절대표정)에 필요로 하는 최소 표정점은 삼각점(x, y) 2점과 수준점(z) 3점이며, 스트립 항공삼각측량인 경우 표정점은 각 코스 최초의 모델(중복부)에 3점, 최후의 모델이 최소한 2점, 중간에 2점을 둔다.
촬영일시	촬영은 구름이 없는 쾌청일의 오전 10시부터 오후 2시경까지의 태양각이 45° 이상인 경우에 최적이며 계절별로는 늦가을부터 초봄까지가 최적기이다. 우리나라의 연평균 쾌청일수는 80일이다.
촬영카메라 선정	동일촬영고도의 경우 광각 사진기 쪽이 축척은 작지만 촬영면적이 넓고 또한 일정한 구역을 촬영하기 위한 코스 수나 사진매수가 적게 되어 경제적이다.
촬영계획도 작성	기존의 소축척지도(일반적으로 $\frac{1}{50,000}$ 지형도)상에 촬영계획도를 작성하고 축척은 촬영축척의 $\frac{1}{2}$ 정도 지형도로 택하는 것이 적당하다.

(5) 유효 면적

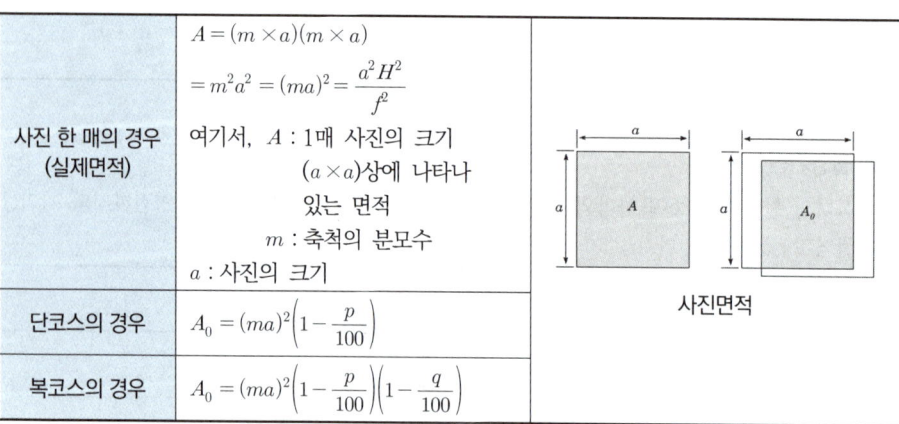

사진 한 매의 경우 (실제면적)	$A = (m \times a)(m \times a)$ $= m^2 a^2 = (ma)^2 = \dfrac{a^2 H^2}{f^2}$ 여기서, A : 1매 사진의 크기 $\quad\quad (a \times a)$상에 나타나 있는 면적 $\quad\quad m$: 축척의 분모수 $\quad\quad a$: 사진의 크기
단코스의 경우	$A_0 = (ma)^2 \left(1 - \dfrac{p}{100}\right)$
복코스의 경우	$A_0 = (ma)^2 \left(1 - \dfrac{p}{100}\right)\left(1 - \dfrac{q}{100}\right)$

사진면적

(6) 사진의 매수 및 지상기준점측량의 작업량

촬영지역의 면적에 의한 사진의 매수	사진의 매수(N) = $\dfrac{F}{A_0}$ 여기서, F : 촬영대상지역의 면적 　　　　A_0 : 촬영유효면적
안전율을 고려할 때 사진의 매수	$N = \dfrac{F}{A_0} \times (1+$안전율$)$
모델수에 의한 사진 매수	종모델수 = $\dfrac{\text{코스길이}}{\text{종기선길이}} = \dfrac{S_1}{B} = \dfrac{S_1}{ma\left(1-\dfrac{p}{100}\right)}$ 횡모델수 = $\dfrac{\text{코스횡길이}}{\text{횡기선길이}} = \dfrac{S_2}{C_0} = \dfrac{S_2}{ma\left(1-\dfrac{q}{100}\right)}$
총모델수	종모델수 × 횡모델수
사진의 매수	(종모델수+1) × 횡모델수
삼각점수	$\left[\begin{array}{l}\text{촬영경로의 종방향길이} \times \{2(\text{촬영경로의 수})+1\} + \\ \text{촬영경로의 횡방향길이} \times 2\end{array}\right]^{Km}$

Question

문제1) 초점거리 88mm인 초광각 사진기로 촬영고도 3,000m에서 종중복도 60%, 횡중복도 30%로 가로 50km, 세로 40km인 지역을 촬영하려고 한다. 사진크기가 23×23cm일 때 촬영계획을 수립하라(단, 안전율 30%).

해설

사진축척(M) = $\dfrac{1}{m} = \dfrac{f}{H} = \dfrac{88mm}{3000m} = \dfrac{0.088}{3000} = \dfrac{1}{34,091}$

촬영기선길이(B) = $ma\left(1-\dfrac{p}{100}\right) = 34091 \times 0.23\left(1-\dfrac{60}{100}\right) = 3136.37m$

촬영횡기선길이(c_0) = $ma\left(1-\dfrac{\delta}{100}\right) = 34091 \times 0.23\left(1-\dfrac{30}{100}\right) = 5,488.65m$

(1) 안전율을 고려한 경우
① 유효면적(A_0) = $(ma)^2\left(1-\dfrac{\rho}{100}\right)\left(1-\dfrac{\delta}{100}\right) = 17.21km^2$
② 사진매수(N) = $\dfrac{F}{A_0} \times 1.3 = \dfrac{50 \times 40}{17.21} \times 1.3 = 157.07 ≒ 158$ 매

(2) 안전율을 고려하지 않은 경우
① 종모델수(D) = $\dfrac{S_1}{B} = \dfrac{50km}{3.136km} = 15.94 ≒ 16$ 모델
② 횡모델수(D') = $\dfrac{S_2}{C_0} = \dfrac{40km}{5.488km} = 7.29 ≒ 8$ 코스
③ 총모델수 = $D \times D' = 16 \times 8 = 128$ 모델
④ 사진매수 = $(D+1) \times D' = (16+1) \times 8 = 136$ 매
⑤ 삼각점수 = 모델수 × 2 = $128 \times 2 = 256$ 점
⑥ 수준측량거리 = $50 \times (2 \times 9 + 1) + (40 \times 2) = 930km$

3 사진촬영

사진촬영 시 고려할 사항	① 높은 고도에서 촬영할 경우는 고속기를 이용하는 것이 좋다. ② 낮은 고도에서의 촬영에서는 노출 중의 편류에 의한 촬영에 주의할 필요가 있다. ③ 촬영은 지정된 촬영경로에서 촬영경로 간격의 10% 이상 차이가 없도록 한다. ④ 고도는 지정고도에서 5% 이상 낮게 혹은 10% 이상 높게 진동하지 않도록 직선상에서 일정한 거리를 유지하면서 촬영한다. ⑤ 앞뒤 사진 간의 회전각(편류각)은 5° 이내, 촬영시의 사진기 경사(tilt)는 3° 이내로 한다.
노출시간	① $T_l = \dfrac{\Delta S \cdot m}{V}$ ② $T_s = \dfrac{B}{V}$ 여기서, T_l : 최장노출시간(sec) 　　　　T_s : 최소노출시간(sec) 　　　　ΔS : 흔들림의 양(mm) 　　　　V : 항공기의 초속 　　　　B : 촬영기선길이$(B) = ma\left(1 - \dfrac{p}{100}\right)$ 　　　　m : 축척분모수

4 사진의 특성

1) 중심투영과 정사투영

항공사진과 지도는 지표면이 평탄한 곳에서는 지도와 사진은 같으나 지표면의 높낮이가 있는 경우에는 사진의 형상이 틀린다. 항공사진은 중심투영이고 지도는 정사투영이다.

중심투영 (Central Projection)	사진의 상은 피사체로부터 반사된 광이 렌즈중심을 직진하여 평면인 필름면에 투영되어 나타나는 것을 말하며 사진을 제작할 때 사용(사진측량의 원리)	
정사투영 (Ortho-Projection)	항공사진과 지형도를 비교하면 같으나, 지표면의 높낮이가 있는 경우에는 평탄한 곳은 같으나 평탄치 않은 곳은 사진의 형상이 다르다. 정사투영은 지도를 제작할 때 사용	정사투영과 중심투영의 비교
왜곡수차 (Distorion)	이론적인 중심투영에 의하여 만들어진 점과 실제점의 변위를 말하며 왜곡수차의 보정방법은 다음과 같다. ① 포로-코페(Porro Koppe)의 방법 ② 보정판을 사용하는 방법 ③ 화면거리를 변화시키는 방법	

2) 항공사진의 특수 3점

주점 (Principal Point)	주점은 사진의 중심점이라고도 한다. 주점은 렌즈중심으로부터 화면(사진면)에 내린 수선의발을 말하며 렌즈의 광축과 화면이 교차하는 점이다.	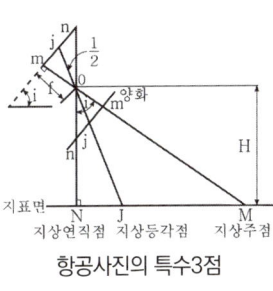
연직점 (Nadir Point)	① 렌즈 중심으로부터 지표면에 내린 수선의 발을 말하고 N을 지상연직점(피사체연직점), 그 선을 연장하여 화면(사진면)과 만나는 점을 화면연직점(n)이라 한다. ② 주점에서 연직점까지의 거리(mn) = $f\tan i$	
등각점 (Isocenter)	주점과 연직점이 이루는 각을 2등분한 점으로 또한 사진면과 지표면에서 교차되는 점을 말한다.	항공사진의 특수3점

3) 기복변위

대상물에 기복이 있는 경우 연직으로 촬영하여도 축척은 동일하지 않되, 사진면에서 연직점을 중심으로 방사상의 변위가 발생하는데 이를 기복변위라 한다.

변위량	$\Delta r = \dfrac{h}{H} \cdot r$	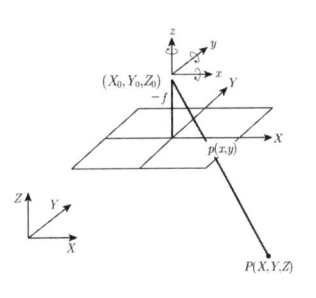
최대변위량	$\Delta r_{max} = \dfrac{h}{H} \cdot \gamma_{max}$ 단, $r_{max} = \dfrac{\sqrt{2}}{2} \cdot a$	기복변위

5 사진의 기하학적 특성

1) 공선조건(collinearity condition)

특징
① 사진측량의 가장 기본이 되는 원리로서 대상물과 영상 사이의 수학적 관계를 말한다. ② 공선조건에는 사진기의 6개 자유도를 내표 : 세 개의 평행이동과 세 개의 회전 ③ 중심투영에서 벗어나는 상태는 공선조건의 계통적 오차로 모델링된다. ④ 공선조건은 상호표정, 절대표정, 항공삼각측량의 번들조정에 이용된다.

2) 공면조건

특징
① 한 쌍의 중복사진에 있어서 그 사진의 투영중심과 대응되는 상점이 동일평면 내에 있기 위한 필요충분조건이다. ② 이때 공유하는 평면을 공액 평면(Epipolar Plane)이라 한다. ③ 공액평면이 사진평면을 절단하여 얻어지는 선을 공액선(Epipolar Line)이라 한다. ④ 공면조건은 상호표정, 절대표정, 항공삼각측량의 광속조정에 이용된다.

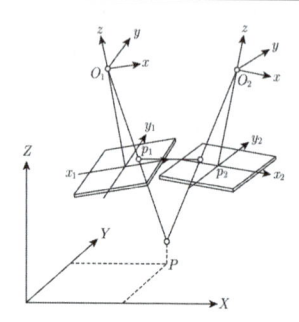

3) 에피폴라 기하(Epipolar Geometry)

Epipolar Line	① 공액요소에 대한 중요한 제약은 에필폴라선이다. ② 에피폴라선(e', e'')은 영상평면과 에피폴라 평면의 교차점이다. ③ 에피폴라선은 탐색공간을 많이 감소시킨다. ④ 에피폴라선은 주로 사진좌표계의 X축에 평행하지 않다.
Epipolar Plane	① 에피폴라선과 에피롤라 평면은 공액요소 결정에 이용된다. ② 에피폴라 평면은 투영중심 O_1, O_2와 지상점 P에 의해 정의된다. ③ 공액점 결정에 적용하기 위해서는 수치영상의 행(Row)과 에피폴라선이 평행이 되도록 하는데 이러한 입체상(Stereo Pairs)을 정규화영상(Normalized Images)이 라고 한다.

6 입체사진측량

정입체시	어느 대상물을 택하여 찍은 중복사진을 명시거리(약 25cm 정도)에서 왼쪽의 사진을 왼쪽 눈으로, 오른쪽 사진을 오른쪽 눈으로 보면 좌우의 상이 하나로 융합되면서 입체감을 얻게 되는데 이 현상을 입체시 또는 정입체시라 한다.
역입체시	입체시 과정에서 높은 것이 낮게, 낮은 것이 높게 보이는 현상이다. ① 정입체시할 수 있는 사진을 오른쪽과 왼쪽 위치를 바꿔 놓을 때 ② 여색입체사진을 청색과 적색의 색안경을 좌우로 바꿔서 볼 때 ③ 멀티플렉스의 모델을 좌우의 색안경을 교환해서 입체시할 때
여색입체시	여색입체사진이 오른쪽은 적색, 왼쪽은 청색으로 인쇄되었을 때 왼쪽에 적색, 오른쪽에 청색의 안경으로 보아야 바른 입체시가 된다.

입체사진의 조건	① 1쌍의 사진을 촬영한 카메라의 광축은 거의 동일 평면 내에 있어야 한다. ② 2매의 사진축척은 거의 같아야 한다. ③ 기선고도비가 적당해야 한다. $$기선고도비 = \frac{B}{H} = \frac{m \cdot a\left(1 - \frac{p}{100}\right)}{m \cdot f}$$
육안에 의한 입체시의 방법	① 손가락에 의한 방법 ② 스테레오그램에 의한 방법
기구에 의한 입체시	① 입체경 : 렌즈식 입체경과 반사식 입체경이 있다. ② 여색입체시 : 왼쪽에 적색, 오른쪽에 청색의 안경으로 보면 입체감을 얻는다.

1) 입체상의 변화

렌즈의 초점거리 변화에 의한 변화	렌즈의 초점거리가 긴 사진이 짧은 사진보다 더 낮게 보인다.
촬영기선의 변화에 의한 변화	촬영기선이 긴 경우 짧은 때보다 높게 보인다.
촬영고도의 차에 의한 변화	촬영고도가 낮은 사진이 높은 사진보다 더 높게 보인다.
눈을 옆으로 돌렸을 때의 변화	눈을 좌우로 움직여 옆에서 바라볼 때 항공기의 방향선상에서 움직이면 눈이 움직이는 쪽으로 기울어져 보인다.
눈의 높이에 따른 변화	눈의 위치가 높아짐에 따라 입체상은 더 높게 보인다.

2) 카메론 효과(Cameron Effect)와 과고감(Vertical Exaggeration)

카메론 효과 (Cameron Effect)	항공사진으로 도로변 상공 위의 항공기에서 주행 중인 차량을 연속하여 촬영하여 이것을 입체화시켜 볼 때 차량이 비행방향과 동일방향으로 주행하고 있다면 가라앉아 보이고, 반대방향으로 주행하고 있다면 부상(浮上 : 뜨는 것)하여 보인다. 또한 뜨거나 가라앉는 높이는 차량의 속도에 비례하고 있다. 이와 같이 이동하는 피사체가 뜨거나 가라앉아 보이는 현상을 카메론 효과라고 한다.
과고감 (Vertical Exaggeration)	항공사진을 입체시하는 경우 산의 높이 등이 실제보다 과장되어 보이는 현상을 말한다. 평면축척에 대하여 수직 축척이 크게 되기 때문에 실제 도형보다 산이 더 높게 보인다. ① 항공사진은 평면축척에 비해 수직축척이 크므로 다소 과장되어 나타난다. ② 대상물의 고도, 경사율 등을 반드시 고려해야 한다. ③ 과고감은 필요에 따라 사진판독요소로 사용될 수 있다. ④ 과고감은 사진의 기선고도비와 이에 상응하는 입체시의 기선고도비의 불일치에 의해서 발생한다. ⑤ 과고감은 촬영고도 H에 대한 촬영기선길이 B와의 비인 기선고도비 B/H에 비례한다.

3) 시차

시차차에 의한 변위량	$h : H = \Delta P : P_a$
	$h = \dfrac{H}{P_a} \Delta P = \dfrac{H}{P_r + \Delta P} \Delta P$
	여기서, H : 비행고도 P_r ; 기준면의 시차차
	         h : 시차(굴뚝의 높이) ΔP(시차차) : $P_a - P_r$
	         P_a : 건물정상의 시차

ΔP가 P_r보다 무시할 정도로 작을 때 $(P_r = b_0)$	$\therefore h = \dfrac{H}{P_r} \cdot \Delta P = \dfrac{H}{b_0} \cdot \Delta P$ $\therefore \Delta P = \dfrac{h}{H} \cdot P_r = \dfrac{h}{H} \cdot b_0$
주점기선장 대신 기준면의 시차를 적용할 경우	$h = \dfrac{H}{P_r + \Delta P} \Delta P = \dfrac{H}{P_a} \Delta p$

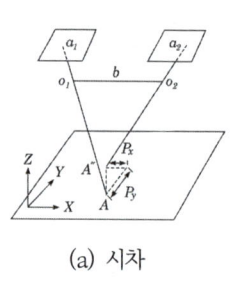
(a) 시차

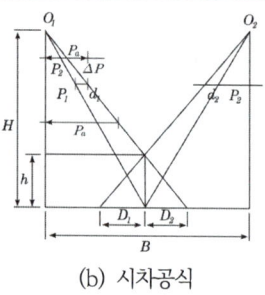
(b) 시차공식

[시차]

4) 과고감

항공사진을 입체시하는 경우 실제보다 과장되어 보이는 현상을 말한다.
① 평면축척에 비해 수직축척이 크므로 다소 과장되어 나타난다.
② 눈의 위치가 높아짐에 따라 더 높게 보인다.
③ 기선고도비 = $\dfrac{B}{H}$

    ㉠ 기선고도비가 클수록 높게 보인다.
    ㉡ 촬영기선장이 클수록 높게 보인다.
    ㉢ 고도가 높으면 낮게 보인다.
    ㉣ 초점거리가 길면 낮게 보인다.

7 표정

1) 표정의 순서

내부표정 → 상호표정 → 절대표정(=대지표정) → 접합표정

종류	특징
내부표정	내부표정이란 도화기의 투영기에 촬영 당시와 똑같은 상태로 양화건판을 정착시키는 작업이다. ① 주점의 위치 결정 ② 화면거리(f)의 조정 ③ 건판의 신축측정, 대기굴절, 지구곡률보정, 렌즈수차 보정
상호표정	지상과의 관계는 고려하지 않고 좌우사진의 양 투영기에서 나오는 광속이 촬영 당시 촬영면에 이루어지는 종시차(y - Parallax : Py)를 소거하여 목표 지형물의 상대위치를 맞추는 작업 ① 비행기의 수평회전을 재현해 주는 (k, b_y) ② 비행기의 전후 기울기를 재현해 주는 (ϕ, b_z) ③ 비행기의 좌우 기울기를 재현해 주는 (ω) ④ 과잉수정계수$(o, c, f) = \frac{1}{2}\left(\frac{h^2}{d^2} - 1\right)$ ⑤ 상호표정인자 : $(k, \phi, \omega, b_y, b_z)$ **과잉수정계수** 입체사진의 상호표정에서 오메가(ω)로 종시차(P_y)를 없애기 위해 사용되는 수정계수를 말한다.
절대표정	상호표정이 끝난 입체모델을 지상기준점(피사체기준점)을 이용하여 지상좌표(피사체좌표계)와 일치하도록 하는 작업으로 입체모형(Model) 2점의 X, Y좌표와 3점의 높이제트(Z)좌표가 필요하므로 최소한 3점의 표정점이 필요하다. ① 축척의 결정 ② 수준면(표고, 경사)의 결정 ③ 위치(방위)의 결정 ④ 절대표정인자 : $\lambda, \phi, \omega, k, b_x, b_y, b_z$(7개의 인자로 구성) k_1의 작용+k_2의 작용=b_y의 작용 ϕ_1의 작용+ϕ_2의 작용=b_z의 작용
접합표정	한 쌍의 입체사진 내에서 한쪽의 표정인자는 전혀 움직이지 않고 다른 한쪽만을 움직여 그 다른 쪽에 접합시키는 표정법을 말하며, 삼각측정에 사용한다. ① 7개의 표정인자 결정($\lambda, \phi, \omega, k, c_x, c_y, c_z$) ② 모델 간, 스트립 간의 접합요소 결정(축척, 미소변위, 위치 및 방위)

8 사진판독

1) 사진판독의 요소 암기 ⑭⑨⑨⑨⑨⑨ ⑨⑨

요소	분류	특징
주요소	⑭조	피사체(대상물)가 갖는 빛의 반사에 의한 것으로 수목의 종류를 판독하는 것을 말한다.
	⑨양	피사체(대상물)의 배열상황에 의하여 판별하는 것으로 사진상에서 볼 수 있는 식생, 지형 또는 지표상의 색조 등을 말한다.
	⑨감	색조, 형상, 크기, 음영 등의 여러 요소의 조합으로 구성된 조밀, 거칠음, 세밀함 등으로 표현하며 초목 및 식물의 구분을 나타낸다.
	⑨상	개체나 목표물의 구성, 배치 및 일반적인 형태를 나타낸다.
	⑨기	어느 피사체(대상물)가 갖는 입체적, 평면적인 넓이와 길이를 나타낸다.
	⑨영	판독 시 빛의 방향과 촬영 시의 빛의 방향을 일치시키는 것이 입체감을 얻는 데 용이하다.
보조요소	⑨호위치관계	어떤 사진상이 주위의 사진상과 어떠한 관계가 있는가 파악하는 것으로 주위의 사진상과 연관되어 성립되는 것이 일반적인 경우이다.
	⑨고감	과고감은 지표면의 기복을 과장하여 나타낸 것으로 낮고 평평한 지역에서의 지형판독에 도움이 되는 반면 경사면의 경사는 실제보다 급하게 보이므로 오판에 주의해야 한다.

9 사진지도

1) 사진지도의 종류

종류	특징
약조정집성사진지도	카메라의 경사에 의한 변위, 지표면의 비고에 의한 변위를 수정하지 않고 사진 그대로 접합한 지도
반조정집성사진지도	일부만 수정한 지도
조정집성사진지도	카메라의 경사에 의한 변위를 수정하고 축척도 조정한 지도
정사투영사진지도	카메라의 경사, 지표면의 비고를 수정하고 등고선도 삽입된 지도

2) 사진지도의 장·단점

장점	단점
① 넓은 지역을 한눈에 알 수 있다. ② 조사하는 데 편리하다. ③ 지표면에 있는 단속적인 징후도 경사로 되어 연속으로 보인다. ④ 지형, 지질이 다른 것을 사진상에서 추적할 수 있다.	① 산지와 평지에서는 지형이 일치하지 않는다. ② 운반하는 데 불편하다. ③ 사진의 색조가 다르므로 오판할 경우가 많다. ④ 산의 사면이 실제보다 깊게 찍혀 있다.

10 원격탐측(Remote sensing)

1) 특징

① 짧은 시간에 넓은 지역을 동시에 측정할 수 있으며 반복측정이 가능하다.
② 다중파장대에 의한 지구표면 정보획득이 용이하며 측정자료가 기록되어 판독이 자동적이고 정량화가 가능하다.
③ 회전주기가 일정하므로 원하는 지점 및 시기에 관측하기가 어렵다.
④ 관측이 좁은 시야각으로 얻어진 영상은 정사투영에 가깝다.
⑤ 탐사된 자료가 즉시 이용될 수 있으므로 재해, 환경문제 해결에 편리하다.

2) 탐측기

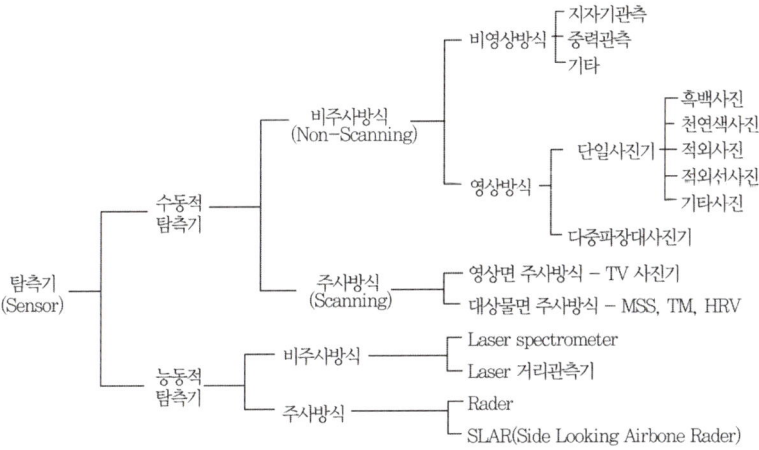

3) 원격탐측의 순서   **암기** ㉧㉠㉢에 ㉢㉠㉠㉧하라

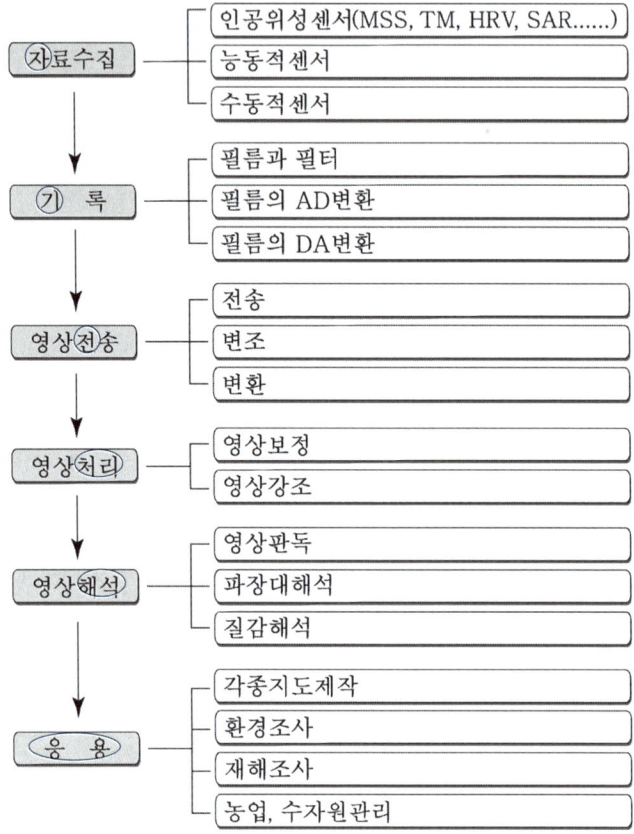

4) 기록 방법

필름의 AD 변환	• AD변환은 영상과 같은 기계적 정보를 수치정보로 변환하는 것을 말한다. • 필름에 찍힌 영상을 수치화하여 처리할 경우 Digitizer를 이용하여 필름영상을 AD로 변환한다.
필름의 DA 변환	• DA변환은 수치적 자료를 영상정보로 변환하는 것을 말한다. • 수치적으로 처리된 자료를 Hard Copy 방식으로 영상화하기 위해서는 Recorder를 이용하는 DA 변환을 하여야 한다.

5) 영상의 전송

전송(Transfer)	원영상이 그대로 전송되는 것
변조(Modulation)	원영상과 비슷하지만 점 또는 선 등에 의해 분해되어 전송되는 것
변환(Transformation)	원영상이 그대로 전송되지 않고 다른 형태로 전송되는 것

6) 영상처리

① 영상처리순서

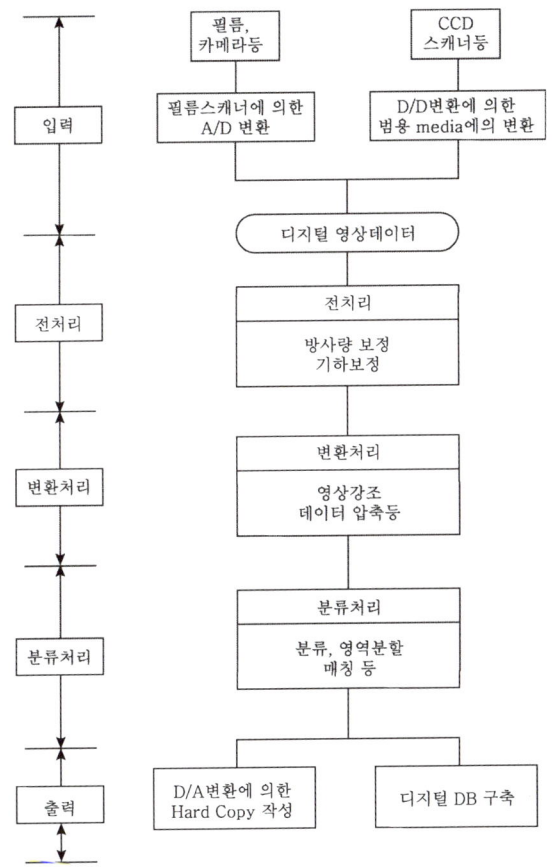

관측자료의 입력	• 필름의 AD변환(Analogue / Digital) : AD변환은 영상과 같은 기계적 정보를 수치정보로 변환하는 것을 말한다. 필름에 찍혀진 영상을 수치화 하여 처리할 경우 Digitizer를 이용하여 필름 영상을 AD로 변환한다. • 필름의 DA변환 : DA변환은 수치적 자료를 아날로그 정보로 변환하는 것을 말한다. 수치적으로 처리된 자료를 hard copy 방식으로 영상화하기 위해서는 Recorder를 이용하여 DA변환을 하여야 한다.
전처리	• 방사량 왜곡 및 기하학적 왜곡을 보정하는 공정을 전처리(Pre-processing)라고 한다. 방사량 보정은 태양고도, 지형경사에 따른 그림자, 대기의 불안정 등으로 인한 보정을 하는 것이고 기하학적보정이란 센서의 기하특성에 의한 내부 왜곡의 보정, 플랫폼 자세에 의한 보정, 지구의 형상에 의한 외부 왜곡에 대한 보정을 말한다.

변환처리	• 농담이나 색을 변환하는 이른바 영상강조(Image Enhancement)를 함으로써 판독하기 쉬운 영상을 작성하거나 데이터를 압축하는 과정을 말한다.
분류처리	• 분류는 영상의 특징을 추출 및 분류하여 원하는 정보를 추출하는 공정이다. 분류처리의 결과는 주제도(토지이용도, 지질도, 산림도 등)의 형태를 취하는 경우가 많다.
처리결과의 출력	• 처리결과는 D/A 변환되어 표시장치나 필름에 아날로그 자료로 출력되는 경우와 지리정보시스템 등 다른 처리계의 입력 자료로 활용하도록 디지털 자료로 출력되는 경우가 있다.

7) 위성영상의 해상도

공간해상도 (Spatial Resolution or Geomatric Resolution)	① Spatial Resolution 이라고도 한다. ② 인공위성영상을 통해 모양이나 배열의 식별이 가능한 하나의 영상소의 최소 지상면적을 뜻한다. ③ 일반적으로 한 영상소의 실제 크기로 표현된다. ④ 센서에 의해 하나의 화소(pixel)가 나타낼 수 있는 지상면적, 또는 물체의 크기를 의미하는 개념으로서 공간해상도의 값이 작을수록 지형 지물의 세밀한 모습까지 확인이 가능하고 이 경우 해상도는 높다고 할 수 있다. ⑤ 예를 들어 1m 해상도란 이미지의 한 pixel이 1m×1m의 가로, 세로 길이를 표현한다는 의미로 1m정도 크기의 지상물체가 식별가능함을 나타낸다. ⑥ 따라서 숫자가 작아질수록 지형지물의 판독성이 향상됨을 의미한다.
분광해상도 (Spectral Resolution)	① 가시광선에서 근적외선 까지 구분할 수 있는 능력으로서 스펙트럼 내에서 센서가 반응하는 특정 전자기파장대의 수와 이 파장대의 크기를 말한다. ② 센서가 감지하는 파장대의 수와 크기를 나타내는 말로서 좀 더 많은 밴드를 통해 물체에 대한 다양한 정보를 획득할수록 분광해상도가 높다라고 표현된다. ③ 즉 인공위성에 탑재된 영상수집 센서가 얼마나 다양한 분광파장영역을 수집할 수 있는가를 나타낸다. ④ 영상이 가지고 있는 밴드 수, 밴드 폭을 의미하며, 분광해상도가 높을수록 지표물의 종류, 특성, 상태 등을 파악하는데 훨씬 유용하며, 미세한 분관반사특성의 차이 즉 분광반사곡선이 유사한 물질을 구별할 수 있는 가능성이 높아진다.
방사 또는 복사해상도 (Radiometric Resolution)	① 인공위성 관측센서에서 수집한 영상이 얼마나 다양한 값을 표현할 수 있는가를 나타낸다. ② 예를 들어 한 픽셀을 8bit로 표현하는 경우 그 픽셀이 내재하고 있는 정보를 총 256개로 분류할 수 있다는 의미가 된다. ③ 즉 그 픽셀이 표현하는 지상물체가 물인지, 나무인지, 건축물인지 256개의 성질로 분류할 수 있다는 것이다.

	④ 반면에 한 픽셀을 11bit로 표현한다면 그 픽셀이 내재하고 있는 정보를 총 2048개로 분류 할 수 있다는 것이므로 8bit인 경우 단순히 나무로 분류된 픽셀이 침엽수인지, 활엽수인지, 건강한지, 병충해가 있는지 등으로 자세하게 분류할 수 잇다는 것이다. ⑤ 따라서 방사해상도가 높으면 위성영상의 분석정밀도가 높다는 의미이다
시간 또는 주기해상도 (Temporal Resolution)	① 지구상 특정지역을 얼마만큼 자주 촬영가능한지를 나타낸다. 어떤 위성은 동일한 지역을 촬영하기 위해 돌아오는데 16일이 걸리고 어떤 위성은 4일이 걸리기도 한다. ② 주기 해상도가 짧을수록 지형변이 양상을 주기적이고 빠르게 파악할 수 있으므로 데이터베이스 축척을 통해 향휴의 예측을 위한 좋은 모델링 자료를 제공한다고 할 수 있다.

Part 4

GIS

Chapter 01_GIS총론
Chapter 02_데이터의 생성
Chapter 03_데이터의 구조
Chapter 04_데이터 관리

CHAPTER 01 GIS 총론

1 LIS 구성요소

하드웨어 (Hardware)	• 컴퓨터와 각종 입/출력장치 및 자료관리 장치 • 데스크탑 PC, 워크스테이션. 스캐너, 프린터, 플로터, 디지타이저 등 주변 장치들	
	입력장치	디지타이저, 스캐너, 키보드
	저장장치	자기디스크, 자기테이프(magnetic tape), 개인용 컴퓨터, 워크스테이션
	출력장치	플로터(plotter), 프린터, 모니터
소프트웨어 (Software)	종류	① 운영체계(Operating system : OS) : 하드웨어를 구동시키고 각종 주변 장치를 제어 ② 입력 소프트웨어 : 지리정보체계의 자료구축과 자료입력 및 검색 ③ 자료처리 및 분석 소프트웨어 : 지리정보체계의 엔진을 탑재
	Gis Software	GIS Software: • ESRI(Environmental System Research Insitute)의 ArcGIS • 인터그래프의 MGE(Modular GIS Environment)와 GeoMedia
		CAD관련 Software: • AutoDesk 의 AutoCAD • Bentley 의 MicroStation
		DB 관련 Software: • 오라클의 Oracle • Informix Software 의 Informix
	운영체계	MS-DOS, Windows2000, Windows XP, Windows NT, UNIX 등
데이터베이스 (Database)	많은 자료를 입력 관리하는 것으로 이루어지고 입력자료를 활용하여 토지정보체계의 응용시스템을 구축. 속성정보(각종 공부와 대장) 도형정보(지적도, 임야도, 지하시설물도, 도시계획도 등)	
인적 자원 (Man Power)	• 전문 인력. 지리정보체계의 구성요소 중 중요한 요소 • 데이터(data)를 구축. 실제 업무에 활용하는 사람. • 전문적인 기술을 필요 이에 전념할 수 있는 숙련된 전담요원과 기관을 필요로 하며 시스템을 설계하고 관리하는 전문 인력	

		• 일상 업무에 지리정보체계를 활용하는 사용자 모두.
	GIS 일반 사용자	단순히 정보를 찾아보는 일반 사용자 ① 교통정보나 기상정보 참조 ② 부동산 가격에 대한 정보 참조 ③ 기업이나 서비스업체 찾기 ④ 여행계획수립 ⑤ 위락시설 정보 찾기 ⑥ 교육
	GIS 활용가	기업활동, 전문서비스 공급, 그리고 의사 결정을 위한 목적으로 GIS를 사용한다. ① 엔지니어/계획가 ② 시설물 관리자 ③ 자원 계획가 ④ 토지 행정가 ⑤ 법률가 ⑥ 과학자
	GIS 전문가	실제로 GIS가 구현되도록 일하는 사람 ① 데이터베이스 관리 ② 응용 프로그램 ③ 프로젝트 관리 ④ 시스템 분석 ⑤ 프로그래머
Application (방법)		• 특정한 사용자 요구를 지원하기 위해 자료를 처리하고 조작하는 활동 • 응용 프로그램들을 총칭하는 것으로 특정 작업을 처리하기 위해 만든 컴퓨터프로그램을 의미 • 하나의 공간문제를 해결하고 지역 및 공간관련 계획수립에 대한 솔루션을 제공하기위한 GIS시스템은 그 목표 및 구체적인 목적에 따라 적용되는 방법론이나 절차, 구성, 내용 등이 달라지게 된다.

2 GIS의 정보

위치 정보	절대위치정보 (Absolute Positional Information)	• 실제공간에서의 위치(경도, 위도, 좌표, 표고 등)정보를 말한다. • 지상, 지하, 해양, 공중 등의 지구공간 또는 우주공간에서의 위치기준이 된다.
	상대위치정보 (Relative Positional Information)	• 모형공간(Model Space)에서의 위치(임의의 기준으로부터 결정되는 위치 : 설계도 등)정보를 말한다. • 상대적 위치 또는 위상관계를 부여하는 기준이 된다.

특성 정보	도형정보 (Graphic Information)	• 도형정보(圖形情報)는 지도에 표현되는 수치적 설명으로 지도의 특정한 지도요소를 의미한다. • GIS에서는 이러한 도형정보를 컴퓨터의 모니터나 종이 등에 나타내는 도면으로 표현하기 위해 사용한다. • 도형정보는 점, 선, 면 등의 형태나 영상소, 격자 셀 등의 격자형 그리고 기호 또는 주석과 같은 형태로 입력되고 표현된다.
	영상정보 (Image Information)	• 센서(Scanner, Lidar, Laser, 항공사진기 등)에 의해 취득한 사진 등으로 인공위성에서 직접 얻은 수치영상이나 항공기를 통하여 얻은 항공사진상의 정보를 수치화하여 컴퓨터에 입력한 정보를 말한다.
	속성정보 (Attribute Information)	• 지도상의 특성이나 질, 지형·지물의 관계 등을 나타내는 정보로서 문자와 숫자가 조합된 구조로 행렬의 형태로 저장된다.

CHAPTER 02 데이터의 생성

1 도면의 스캐닝

Scanner	이미지를 디지털화하기 위한 장치로 내장된 이미지 센서인 고체촬상소자(CCD : change coupled device)로 사진, 그림, 일러스트 등의 이미지를 읽어 들여 컴퓨터용 파일로 만드는 장치로 평판스캐너와 드럼 스캐너가 있다
	① 밀착스캔이 가능한 최선의 스캐너를 선정 ② 스캐닝 방법에 의하여 작업할 도면은 보존상태가 양호한 도면을 대상 ③ 스캐닝 작업을 할 경우에는 스캐너를 충분히 예열. ④ 벡터라이징 작업을 할 경우에는 경계점 간 연결되는 선은 굵기가 0.1mm가 되도록 환경을 설정 ⑤ 벡터라이징은 반드시 수동으로 하여야 하며 경계점을 명확히 구분할 수 있도록 확대한 후 작업을 실시
Digitizer	아날로그 비디오 신호를 디지털 형식으로 바꿈으로써 시각 이미지가 컴퓨터에 의해 입력, 저장, 출력 및 조작 가능한 장치, 즉 아날로그 데이터를 X, Y의 디지털 형식으로 변환시키는 장치. ➡ X, Y의 위치를 입력할 수 있는 장치이며, 사용자가 펜이나 커서를 움직이면 그 좌표 정보를 밑판이 읽어 자동으로 컴퓨터 시스템의 화면 기억장소로 전달하고, 특정 위치에서 펜을 누르거나 커서의 버튼을 누르면 그에 해당되는 명령 수행 ➡ 사진의 영상이나 활자의 선 등을 전자 비트로 분해하여 컴퓨터에 기억·저장시키고 필요할 때 재생하여 본래의 영상을 재현 ➡ 컴퓨터에 도형 데이터를 입력하거나 그래픽 디스플레이 화면상의 도형을 수정하는 경우 등에 사용 ➡ 디지타이저 방식은 수동식에는 로터리 인코더(rotary encoder)나 리니어 스케일(linear scale)로 위치를 판독하는 건트리 방식과 커서로 읽어내는 프리커서 방식이 있다.
	① 도면이 훼손·마멸 등으로 스캐닝 작업으로 경계의 식별이 곤란할 경우와 도면의 상태가 양호하더라도 도곽 내에 필지수가 적어 스캐닝 작업이 비효율적인 도면은 디지타이징 방법으로 작업을 할 수 있다. ② 디지타이징 작업을 할 경우에는 데이터 취득이 완료될 때까지 도면을 움직이거나 제거하여서는 아니 된다.

CHAPTER 03 데이터의 구조

1 백터자료 구조

1) 백터구조의 기본요소

구분	내용
Point	• 기하학적 위치를 나타내는 0차원 또는 무차원 정보 • 절점(node)은 점의 특수한 형태로 0 차원이고 위상적 연결이나 끝점을 나타낸다 • 최근린방법 : 점 사이의 물리적 거리를 관측 • 사지수(quadrat)방법 : 대상영역의 하부면적에 존재하는 점의 변이를 분석
Line	• 1차원 표현으로 두 점 사이 최단거리를 의미 • 형태 : 라인(line), 라인 세그먼트(line segment), 스트링(string), 호(arc), 링크(link), 사슬(chain)등이 있다 • 라인(line) : 일반적으로 일차원의 객체를 표시한다 • 라인 세그먼트(line segment) : 두 점으로 이루어진 선을 의미한다 • 문자열(string) : 연속적인 line segment를 의미하며 1차원요소이다. 스트링은 노드나 노드의 식별자(ID0,또는 좌우측에 존재하는 객체에 대한 식별자를 갖지 않는 선의 구간들이 연속된 것으로 스트링은 서로 교차할 수 있다. • 호(arc) : 수학적 함수로 정의 되는 곡선을 형성하는 점의 궤적(집합) • 링크(link) : 링크는 2개의 노드 사이를 연결하는 일차원의 객체로서 edge라고도 한다. 방향이 명시된 2개의 노드를 연결하는 링크를 방향성 링크(directed link)라 한다. • 사슬(chain) : 각 끝점이나 호가 상관성이 없을 경우 직접적인 연결, 체인은 교차되지 않은 라인 세그먼트 또는 양단이 노드로 연결된 아크들의 연결로 방향이 주어진 것을 의미한다.
Area	• 면(面, area) 또는 면적(面積)은 한정되고 연속적인 2차원적 표현 • 모든 면적은 다각형으로 표현

2) 저장방법

스파게티자료 구조	정의	객체들 간에 정보를 갖지 못하고 국수가락처럼 좌표들이 길게 연결되어 있어 스파게티 자료구조라고 한다.
	특징	① 상호 연관성에 관한 정보가 없어 인접한 객체들의 특징과 관련성, 연결성을 파악하기가 힘들다. ② 객체가 좌표에 의한 그래픽 형태(점, 선, 면적)로 저장되며 위상관계를 정의하지 않는다. ③ 경계선을 다각형으로 구축할 경우에는 각각 구분되어 입력되므로 중복되어 기록된다. ④ 스파게티 자료구조는 하나의 점 (X, Y좌표)을 기본으로 하고 있어 구조가 간단하다. ⑤ 자료구조가 단순하여 파일의 용량이 작은 장점이 있다. ⑥ 객체들 간의 공간관계가 설정되지 않아 공간분석에 비효율적이다.
위상구조	정의	위상이란 도형 간의 공간상의 상관관계를 의미하는데 위상은 특정변화에 의해 불변으로 남는 기하학적 속성을 다루는 수학의 한 분야로 위상모델의 전제조건으로는 모든 선의 연결성과 폐합성이 필요하다.
	특징	① 지리정보시스템에서 매우 유용한 데이터 구조로서 점, 선, 면 으로 객체 간의 공간관계를 파악할 수 있다. ② 벡터데이터의 기본적인 구조로 점으로 표현되며 객체들은 점들을 직선으로 연결하여 표현할 수 있다. ③ 토폴로지는 폴리곤 토폴로지, 아크 토폴로지, 노드 토폴로지로 구분된다. | Arc | 일련의 점으로 구성된 선형의 도형을 말하며 시작점과 끝점이 노드로 되어 있다. | | Node | 둘이상의 선이 교차하여 만드는 점이나 아크의 시작이나 끝이 되는 특정한 의미를 가진 점을 말한다. | | Topology | 인접한 도형들 간의 공간적 위치관계를 수학적으로 표현한 것을 말한다. | ④ 점, 선, 폴리곤으로 나타낸 객체들이 위상구조를 갖게 되면 주변객체들 간의 공간상에서의 관계를 인식할 수 있다. ⑤ 폴리곤 구조는 형상과 인접성, 계급성의 세 가지 특성을 지닌다. ⑥ 관계형 데이터베이스를 이용하여 다량의 속성자료를 공간객체와 연결할 수 있으며 용이한 자료의 검색 또한 가능하다. ⑦ 공간객체의 인접성과 연결성에 관한 정보는 많은 분야에서 위상정보를 바탕으로 분석이 이루어 진다.
	분석	각 공간객체 사이의 관계가 인접성, 연결성, 포함성 등의 관점에서 묘사되며, 스파게티 모델에 비해 다양한 공간분석이 가능하다. | 인접성 (Adjacency) | 관심대상 사상의 좌측과 우측에 어떤 사상이 있는지를 정의하고 두 개의 객체가 서로 인접하는지를 판단한다. | | 연결성 (Connectivity) | 특정 사상이 어떤 사상과 연결되어 있는지를 정의하고 두 개 이상의 객체가 연결되어 있는지를 파악한다. | | 포함성 (Containment) | 특정 사상이 다른 사상의 내부에 포함되느냐 혹은 다른 사상을 포함하느냐를 정의한다. |

3) 벡터자료의 파일형식 [암기] ⓉⓋⓈⓗⒸⓄ ⒸⒶⒹⒶⓡⒸ

파일형식	특징
ⓉIGER 파일형식	① Topologically Integrated Geographic Encoding and Referencing System의 약자 ② U.S.Census Bureau에서 1990년 인구조사를 위해 개발한 벡터형 파일형식
ⓋPF 파일형식	① Vector Product Format의 약자 ② 미 국방성의 NIMA(National Imagery and Mapping Agency)에서 개발한 군사적 목적의 벡터형 파일형식
Ⓢhape 파일형식	① ESRI사의 Arcview에서 사용되는 자료형식 ② Shape 파일은 비위상적 위치정보와 속성정보를 포함 ③ 메인파일과 인덱스파일,그리고 데이터베이스 테이블의 3개 파일에 의해 지리적으로 참조된 객체의 기하와 속성을 정의한 ArcView GIS의 데이터 포맷

파일유형	기능
.shp	지리요소의 공간정보 점,선,면 등을 저장하는 파일
.shx	지리요소의 공간정보 인덱스를 저장하는 파일
.dbf	지리요소의 속성정보를 저장하는 파일
.sbn .sbx	• 지리요소의 공간인덱스를 저장하는 파일 • spatial join 등의 기능 수행 • them의 "shape"필드에 대한 인덱스 생성시 필요
.ain .aih	• 속성테이블에서 활성화된 필드의 속성인덱스를 저장하는 파일 • 테이블간의 링크 수행시 생성

파일형식	특징
Ⓒoverage 파일형식	① ESRI사의 Arc/Info에서 사용되는 자료형식 ② Coverage 파일은 위상모델을 적용하여 각 사상간 관계를 적용하는 구조임 ③ 공간관계를 명확히 정의한 위상구조를 사용하여 벡터 도형데이터를 저장한다.
ⒸAD 파일형식	① Autodesk사의 AutoCAD 소프트웨어에서는 DWG와 DXF 등의 파일형식을 사용 ② DXF 파일형식은 GIS 관련소프트웨어 뿐만 아니라 원격탐사소프트웨어에서도 사용할 수 있음 ③ 사실상,산업표준이 된 AutoCAD와 AutoCAD Map의 파일포맷중의 하나로 많은 GIS에서 익스포트(export)포맷으로 널리 사용된다.
ⒹLG 파일형식	① Digital Line Graph의 약자로서 U.S.Geological Survey에서 지도학적 정보를 표현하기 위해 고안한 디지털벡터파일형식 ② DLG는 ASCII 문자형식으로 구성
ⒶrcInfo E00	ArcInfo의 익스포트 포맷
ⒸGM파일형식	① Computer Graphicx Metafile의 약자 ② PC기반의 컴퓨터그래픽 응용분야에 사용되는 벡터데이터 포맷의 ISO 표준

2 래스터 자료구조

1) 래스터 자료의 장단점 [암기] ㉠첩이 ㉢수해서 ㉤을 세워야 ㉥㉧㉢이 ㉢하지 않는다.

래스터자료	장점	① ㉢단한 자료구조를 가지고 있으며 중㉢에 대한 조작이 용이하여 매우 효과적이다. ② ㉢료의 조작과정이 매우 효과적이고 수치영상의 질을 향상시키는 데 매우 효과적이다. ③ ㉢치이미지 조작이 효율적이다. ④ 다양한 ㉢간적 편의가 격자형태로 나타난다.
	단점	① 압축되어 ㉢용되는 경우가 드물며 ㉢형관계를 나타내기가 훨씬 어렵다. ② 주로 격자형의 네모난 형태를 가지고 있기 때문에 수작업에 의해서 그려진 완화된 ㉢에 비해서 미관상 매끄럽지 못하다. ③ 위㉢적인 관계 설정이 어렵다. ④ 데이터의 용량이 크다.

2) 압축방법

Run-length 코드기법(연속분할부호)

① 각 행마다 왼쪽에서 오른쪽으로 진행하면서 동일한 수치를 갖는 셀들을 묶어 압축시키는 방법
② Run이란 하나의 행에서 동일한 속성값을 갖는 격자를 말한다.
③ 동일한 속성값을 개별적으로 저장하는 대신 하나의 Run에 해당되는 속성값이 한 번만 저장되고 Run의 길이와 위치가 저장되는 방식이다.
④ 각 행에 대해서 왼쪽에서 오른쪽으로 시작셀과 끝 셀을 표시한다

Quadtree 기법(사지수형 : 四枝樹型)

① Quadtree 기법은 Run-length 코드기법과 함께 많이 쓰이는 자료압축기법이다.
② 크기가 다른 정사각형을 이용하여 Run-length 코드보다 더 많은 자료의 압축이 가능하다.
③ 전체 대상지역에 대하여 하나 이상의 속성이 존재할 경우 전체 지도는 4개의 동일한 면적으로 나누어지는데 이를 quadrant라 한다.
④ $2^n \times 2^n$ 점의 전체배열은 사지수외중심절점(root node)이고 나무의 최대높이는 n단계이다.
⑤ 각 절점은 NW(북서), NE(북동), SW(남서), SE(남동) 4개의 가지를 갖는다.
⑥ 잎질점(loaf node)은 더 이상 작게 분할 할 수 없는 4분할을 가리킨다.
⑦ 각절점은 2 비트로 표현하는데 이것은 끝이 안($\uparrow\downarrow$)인지 밖($\downarrow\uparrow$) 인지 혹은 현재위치의 절점이 안 ($\uparrow\downarrow$)인지 혹은 밖($\downarrow\uparrow$)인지를 정의 한다.

Block 코드기법

① Run-length 코드기법에 기반을 둔 것으로 정사각형으로 전체 객체의 형상을 나누어 데이터를 구축하는 방법이다.
② 자료구조는 원점으로부터의 좌표 및 정사각형의 한 변의 길이로 구성되는 세 개의 숫자만으로 표시가 가능하다.
③ 원점(중심부나 좌측하단)의 XY좌표와 정사각형의 기준거리로 표시한다.
④ 그림에 나타난 영역은 16단위의 셀 한 개로 이루어진 정사가형과 9개의 4단위정사각형, 17개의 1단위 정사가형으로 저장된다.

	Chain 코드기법(사슬부호)
① Chain 코드기법은 대상지역에 해당하는 격자들의 연속적인 연결상태를 파악하여 동일한 지역의 정보를 제공하는 방법이다.	
② 자료의 시작점에서 동서남북으로 방향을 이동하는 단위거리를 통해서 표현하는 기법이다.	
③ 각 방향은 동쪽은 0, 북쪽은 1, 서쪽은 2, 남쪽은 3 등 숫자로 방향을 정의 한다.	
④ 픽셀수는 상첨자로 표시한다.	

3) 래스터 자료 포맷 방법

BIL (Band Interleaved by Line) : 라인별 영상	한 개 라인 속에 한 밴드 분광값을 나열한 것을 밴드순으로 정렬하고 그것을 전체 라인에 대해 반복하며 {[(픽셀번호순), 밴드순], 라인번호순}이다. 주어진 선에 대한 모든 자료의 파장대를 연속적으로 파일 내에 저장하는 형식이다. BIL 형식에 있어 파일 내의 각 기록은 단일 파장대에 대해 열의 형태인 자료의 격자형 입력선을 포함하고 있다.
BSQ (Band Se Quential) : 밴드별 영상	밴드별로 이차원 영상 데이터를 나열한 것으로 {[(픽셀(화소)번호순), 라인번호순], 밴드순 }이다. 각 파장대는 분리된 파일을 포함하여 단일 파장대가 쉽게 읽혀지고 보일 수 있으며 다중파장대는 목적에 따라 불러올 수 있다
BIP (Band Interleaved by Pixel) : 픽셀별 영상	한 개 라인 중의 하나의 화소 분광값을 나열한 것을 그 라인의 전체 화소에 대해 정렬하고 그것을 전체 라인에 대해 반복하며 [(밴드순, 픽셀 번호순), 라인번호순]이다. 각 파장대의 값들이 주어진 영상소 내에서 순서적으로 배열되며 영상소는 저장장치에 연속적으로 배열된다. 구형이므로 거의 사용되지 않는다.

4) 래스터 자료의 파일 형식 암기 TI Ge BI J P G P B P

TIFF (Tagged Image File Format)	① 태그(꼬리표)붙은 화상 파일 형식이라는 뜻이다. ② 미국의 앨더스사(현재의 어도비 시스템스사에 흡수 합병)와 마이크로소프트사가 공동 개발한 래스터 화상 파일 형식이다. ③ TIFF는 흑백 또는 중간 계조의 정지 화상을 주사(走査 : scane)하여 저장하거나 교환하는 데 널리 사용되는 표준 파일 형식이다. ④ 화상 데이터의 속성을 태그 정보로서 규정하고 있는 것이 특징이다.
GeoTiff	① 파일헤더에 거리참조를 가지고 있는 TIFF파일의 확장포멧이다. ② TIFF의 래스터지리데이터를 플랫폼 공동이용 표준과 공동이용을 제공하기 위해 데이터사용자, 상업용데이터 공급자, GIS소프트웨어 개발자가 합의하여 개발되고 유지됨
BIIF	BIIF는 FGDC(Federal Geographic Data Committe)에서 발행한 국제표준영상처리와 영상데이터표준이다. 이 포맷은 미국의 국방성에 의하여 개발되고 NATO에 의해 채택된 NITFS(National Imagery Transmission Format Standard)를 기초로 제작되었다
JPEG	① Joint Photographic Experts Group의 준말이다.

(Joint Photographic Experts Group)	② JPEG는 컬러 이미지를 위한 국제적인 압축표준으로 CCITT(Consultatve Committee International Telegraphand Telepone : 국제 전신 전화 자문)와 ISO에서 인정하고 있다.	
GIF(Graphics Interchange Format)	① 미국의 컴퓨서브(Compuserve)사가 1987년에 개발한 화상 파일 형식이다. ② GIF는 인터넷에서 래스터 화상을 전송하는 데 널리 사용되는 파일 형식이다. ③ 최대 256가지 색이 사용될 수 있는데 실제로 사용되는 색의 수에 따라 파일의 크기가 결정된다.	
PCX	① PCX는 ZSoft가 자사의 초기 DOS 기반의 그래픽 프로그램 PC 페인터 브러시용으로 개발한 그래픽 포맷이다. ② 윈도 이전까지 사실상 비트맵 그래픽의 표준이었다. ③ PCX는 그래픽 압축 시 런-길이 코드(run-lengthcode)를 쓰기 때문에 디스크 공간 활용에 있어서 윈도 표준 BMP보다 효율적이다.	
BMP(Microsoft Windows Device Independent Bitmap)	① 윈도우 또는 OS/2 환경에서 사용되는 비트맵 데이터를 표현하기 위하여 마이크로소프트에서 정의하고 있는 비트맵 그래픽 파일이다. ② 그래픽 파일 저장 형식 중에 가장 단순한 구조를 가지고 있다. ③ 압축 알고리즘이 원시적이어서 같은 이미지를 저장할 때, 다른 형식으로 저장하는 경우에 비해 파일크기가 매우 크다.	
PNG(Portable Network Graphic)	독립적인 GIF 포맷을 대치할 목적의 특허가 없는 자유로운 래스터 포맷	

5) 벡터와 래스터 자료의 비교 **암기** 간첩이 자수해서 공을 세워야 사지선이 상하지 않는다.

구분	벡터자료	래스터자료
장점	• 복잡한 현실세계의 묘사가 가능하다. • 보다 압축된 자료구조를 제공하며 따라서 데이터 용량의 축소가 용이하다. • 위상에 관한 정보가 제공되므로 관망분석과 같은 다양한 공간분석이 가능하다. • 그래픽의 정확도가 높다. • 그래픽과 관련된 속성정보의 추출 및 일반화, 갱신 등이 용이하다.	① 간단한 자료구조를 가지고 있으며 중첩에 대한 조작이 용이하여 매우 효과적이다. ② 자료의 조작과정이 매우 효과적이고 수치영상의 질을 향상시키는 데 매우 효과적이다. ③ 수치이미지 조작이 효율적이다. ④ 다양한 공간적 편의가 격자형태로 나타난다.
단점	• 자료구조가 복잡하다. • 여러 레이어의 중첩이나 분석에 기술적으로 어려움이 수반된다. • 각각의 그래픽 구성요소는 각기 다른 위상구조를 가지므로 분석에 어려움이 크다. • 그래픽의 정확도가 높은 관계로 도식과 출력에 비싼 장비가 요구된다. • 일반적으로 값비싼 하드웨어와 소프트웨어가 요구되므로 초기비용이 많이 든다.	① 압축되어 사용되는 경우가 드물며 지형관계를 나타내기가 훨씬 어렵다. ② 주로 격자형의 네모난 형태를 가지고 있기 때문에 수작업에 의해서 그려진 완화된 선에 비해서 미관상 매끄럽지 못하다. ③ 위상적인 관계 설정이 어렵다. ④ 데이터의 용량이 크다

6) 공간분석 기법

구분	특징
중첩분석	① GIS가 일반화되기 이전의 중첩분석 : 많은 기준을 동시에 만족시키는 장소를 찾기 위해 불이 비치는 탁자 위에 투명한 중첩 지도를 겹치는 작업을 통해 수행 ② 중첩을 통해 다양한 자료원을 통합하는 것은 GIS의 중요한 분석 능력 ③ 이러한 중첩분석은 벡터자료뿐 아니라 래스터자료도 이용할 수 있는데, 일반적으로 벡터자료를 이용한 중첩분석은 면형자료를 기반으로 수행 ④ 다양한 공간객체를 표현하고 있는 레이어를 중첩하기 위해서는 좌표체계의 동일성이 전제되어야 함
버퍼분석	① 버퍼분석(Buffer Analysis)은 공간적 근접성(Spatial Proximity)을 정의할 때 이용되는 것으로서 점, 선, 면 또는 면 주변에 지정된 범위의 면사상으로 구성 ② 버퍼분석을 위해서는 먼저 버퍼 존(Buffer Zone)의 정의가 필요 ③ 버퍼 존은 입력사상과 버퍼를 위한 거리(Buffer Distance)를 지정한 이후 생성 ④ 일반적으로 거리는 단순한 직선거리인 유클리디언 거리(Euclidian Distance) 이용 ⑤ 즉, 입력된 자료의 점으로부터 직선거리를 계산하여 이를 버퍼 존으로 표현하는데, 다음과 같은 유클리디언 거리 계산공식에 의해 버퍼 존 형성 • 두 점 사이의 거리 = $\sqrt{(x_1-x_2)^2+(y_1-y_2)^2}$ ⑥ 버퍼 존은 입력사상별로 원형, 선형, 면형 등 다양한 형태로 표현 가능 • 점사상 주변에 버퍼 존을 형성하는 경우 점사상의 중심에서부터 동일한 거리에 있는 지역을 버퍼 존으로 설정 • 면사상 주변에 버퍼 존을 형성하는 경우 면사상의 중심이 아니라 면사상의 경계에서부터 지정된 거리에 있는 지점을 면형으로 연결하여 버퍼 존으로 설정
네트워크 분석	① 현실세계에는 사람, 에너지, 물자, 정보 등의 흐름을 가능하게 하는 도로, 케이블, 파이프라인 등의 하부구조(Infrastructure)가 존재하는데, 이러한 하부구조는 GIS 분석과정에서 네트워크(Network)로 모델링 가능 ② 네트워크형 벡터자료는 특정 사물의 이동성 또는 흐름의 방향성(Flow Direction)을 제공 ③ 대부분의 GIS 시스템은 위상모델로 표현된 벡터자료의 연결된 선사상인 네트워크 분석을 지원 ④ 이러한 네트워크 분석은 크게 시설물 네트워크(Utility Network)와 교통 네트워크(Transportation Network)로 구분 가능 ⑤ 일반적으로 네트워크는 점사상인 노드와 선사상인 링크로 구성 • 노드에는 도로의 교차점, 퓨즈, 스위치, 하천의 합류점 등이 포함될 수 있고, • 링크에는 도로, 전송라인(Transmission Line), 파이프, 하천 등이 포함될 수 있음 ⑥ 네트워크 분석을 통해 • 최단경로(Shortest Route) : 주어진 기원지와 목적지를 잇는 최단거리의 경로 분석 • 최소비용경로(Least Cost Route) : 기원지와 목적지를 연결하는 네트워크상에서 최소의 비용으로 이동하기 위한 경로를 탐색할 수 있고, ⑦ 이외에 차량경로 탐색과 교통량 할당(Traffic Allocation) 문제 등 다양한 분야에서 이용될 수 있음

CHAPTER 04 데이터 관리

1 데이터 모델링 과정

현실세계를 표현하는 가장 추상화 수준이 높은 개념적 데이터모델에서 가장 구체적인 물리적 데이터 모델로 단계화 할수 있다.

단계	내용
요구사항 분석	• 사용자가 관심있는 데이터는 무엇이고 그 데이터로부터 얻고자하는 정보는 무엇인가 조사하는 사용자요구분석 • 조직의 업무 및 기능의 수행을 위한 데이터 요구분석
개념 모델링	• 관심대상이 되는 데이터의 구성요소를 추상적인개념으로 표현 • 조직전체 정보의 요구사항 표현 • E-R모델(Entity-Relationship model) : 속성들을 나나내는 개체 집합과 이들 개체 집합들간의 관계를 표현 • E-R모델의 구성요소 : 개체(entity), 속성(attributes), 관계(relation)
논리 모델링	• 데이터의 구성요소를 논리적인 개념으로 나타내는 것 • 업무요건을 명확히 하는 상세한 모델 • 계층형.네트워크형.관계형.객체지향 데이터모델 등 • 정규화
물리 모델링	• DBMS에 적합한 데이터 모델 • 반정규화
데이터베이스구현	• 관심대상에 대한 데이터의 정보가 컴퓨터에 저장되는 것으로 저장단위(바이트나 블록)까지 구체적으로 정의 • 이른 단계를 거쳐 데이터모델링이 이루어지면 물리모델의 데이터베이스 구현 • 데이터베이스 + 응용프로그램과 연계하면 = DBMS 가 구축

2 데이터 파일의 구성요소

구성	내용
기록 (Record)	하나의 주제에 관한 자료를 저장한다. 기록은 아래 표에서 행(row)이라고 하며 학생 개개인에 관한 정보를 보여주고 성명, 학년, 전공, 학점의 네 개 필드로 구성되어 있다
필드 (Field)	레코드를 구성하는 각각의 항목에 관한 것을 의미한다. 필드는 성명, 학년, 전공, 학점의 네 개 필드로 구성되어 있다
키(Key)	파일에서 정보를 추출할 때 쓰이는 필드로서 키로써 사용되는 필드를 키필드라 한다. 표에서는 이름을 검색자로 볼수 있으며 그 외의 영역들은 속성영역(Attribute field)이라고 한다

3 DBMS의 장·단점 [암기] ㉮㉯㉰㉱㉲㉳㉴ ㉵㉶㉷㉸

		내용
장점	시스템㉮발비용 감소	데이터베이스구축 시 초기비용이 많이 들수 있지만 데이터 검색 및 변경시 프로그램 개발 비용을 절감할 수 있다.
	㉯안향상	데이터베이스의 중앙집중관리 및 접근제어를 통해 보안이 향상 된다.
	표준㉰	데이터 제어기능을 통해 데이터의 형식, 내용, 처리방식, 문서화 양식 등에 표준화를 범 기관적으로 쉽게 시행할 수 있다.
	㉱복의 최소화	파일관리 시스템에서 개별 파일로 관리되던 시스템에서 데이터를 하나의 데이터베이스에 통합하여 관리 하므로 중복이 감소된다.
	데이터의 독㉲성 향상	데이터를 응용프로그램에서 분리하여 관리하므로 응용프로그램을 수정할 필요성이 감소된다.
	데이터의 ㉳결성 유지	제어관리를 통해 다수의 사용자들이 접근시 무결성이 유지된다.
	데이터의 일㉴성 유지	파일관리시스템에서는 중복데이터가 각각 다른 파일에 관리되어 변경시 데이터의 일관성을 보장하기 어려웠으나, DBMS는 중앙집중식 통제를 통해 데이터의 일관성을 유지할수 있다.
단점	위험부담	위험부담을 최소화하기 위해 효율적인 ㉵업과 회복기능을 갖추어야 한다.
	㉶앙집약적인 위험 부담	자료의 저장 및 관리가 중앙집약적으로 이루어지므로 자료의 손실이나 시스템의 작동불능이 될 수 있는 중앙집약적인 위험부담이 크다.
	㉷스템 구성의 복잡성	파일처리 방식에 비하여 시스템의 구성이 복잡하므로 이로 인한 자료의 손실가능성이 높다.
	운영㉸의 증대	컴퓨터 하드웨어와 소프트웨어의 비용이 상대적으로 많이 소요 된다.

4 3층(단계)스키마(schema)

외부스키마 (external schema)	① 데이터베이스의 개개 사용자나 응용 프로그래머가 접근하는 데이터베이스를 정의한 것으로 개인적 데이터베이스 구조에 관한 것이다. ② 개인이나 특정 응용에 한정된 논리적 데이터 구조이기 때문에 시스템의 입장에서는 데이터베이스의 한 외적인 면을 표현한 것이기 때문에 외부 스키마라 한다. ③ 데이터베이스 전체의 한 논리적 부분이 되기 때문에 서브 스키마(sub schema)라고도 한다. ④ 즉 외부 스키마는 주로 외부의 응용프로그램에 위치하는 데이터 추상화 작업의 첫 번째 단계로서 전체적인 데이터베이스의 부분적인 기술이다. ⑤ 하나의 외부 스키마를 몇 개의 응용 프로그램이나 사용자가 공용할 수 있다.
개념 스키마 (conceptual schema)	① 개념 스키마는 외부 사용자 그룹으로부터 요구되는 전체적인 데이터베이스 구조를 기술하는 것이다. ② 데이터베이스의 물리적 저장구조 기술을 피하고, 개체(entity), 데이터 유형, 관계, 사용자 연산, 제약조건 등의 기술에 집중한다. ③ 즉 여러 개의 외부 스키마를 통합한 논리적인 데이터 베이스의 전체 구조로서 데이터베이스 파일에 저장되어 있는 데이터 형태를 그림으로 나타낸 도표라고 할 수 있다. ④ 하나의 데이터베이스 시스템에는 하나의 개념 스키마만 존재하고 각 사용자나 프로그램은 개념스키마의 일부를 사용하게 된다. ⑤ 즉 개념 스키마로부터 모든 외부 스키마가 생성되고 지원되는 것이다. ⑥ 개념적(conceptual)이란 의미는 추상적인 것이 아니라 전체적이고 종합적이란 뜻이다.
내부 스키마 (internal schema)	① 내부 스키마는 물리적 저장장치에서의 전체적인 데이터베이스 구조를 기술한 것이다. ② 내부 스키마는 개념 스키마에 대한 저장구조를 정의한 것이다. ③ 데이터베이스 정의어(DDL)에 의한 실질적인 데이터베이스의 자료 저장구조(자료구조와 크기)이자 접근 경로의 완전하고 상세한 표현이다. ④ 내부 스키마는 시스템 프로그래머나 시스템 설계자가 바라는 데이터베이스 관점이므로, 시스템의 효율성을 고려한 데이터의 저장 위치, 자료구조, 보안 대책 등을 결정한다.

5 데이터 언어 암기 ⒸⒶⒹⓇⒺ⟨TURN⟩ ⓈⒾⓃⓊⓅ⟨DEL⟩ ⒼⓇⓇⒺⒸⓄ⟨ROLL⟩

데이터 정의어 (DDL : data definiton language)	데이터베이스를 생성하거나 데이터베이스의 구조형태를 수정하기 위해 사용하는 언어로 데이터베이스의 논리적구조 (logical structure)와 물리적구조 (physical structure) 및 데이터베이스 보안과 무결성 규정을 정의 할수 있는 기능을 제공한다. 이것은 데이타베이스 관리자에 의해 사용하는 언어로서 DDD 컴파일러에 의해 컴파일되어 데이타 사전에 수록된다.	
	ⒸREATE	새로운 테이블을 생성한다.
	ⒶLTER	기존의 테이블을 변경한다.
	ⒹROP	기존의 테이블을 삭제한다.
	ⓇⒺNAME	테이블의 이름을 변경한다
	⟨TURN⟩CATE	테이블을 잘라낸다.
데이터 조작어 (DML : data manipulation language)	데이터베이스에 저장되어 있는 정보를 처리하고 조작하기 위해 사용자와 DBMS 간에 인터페이스 (interface)역할을 수행한다. 삽입, 검색, 갱신, 삭제 등의 데이터 조작을 제공하는 언어로서 절차식(사용자가 요구하는 데이터가 무엇이며 요구하는 데이터를 어떻게 구하는지를 나타내는 언어이다.)과 비절차식(사용자가 요구하는 데이터가 무엇인지 나타내줄 뿐이며 어떻게 구하는지는 나타내지 않는 언어이다.) 의 형태가 있다.	
	ⓈⒺLECT	기존의 데이터를 검색한다
	ⒾNSERT	새로운 데이터를 삽입한다
	ⓊⓅDATE	기존의 데이터를 갱신한다
	⟨DEL⟩ETE	기존의 데이터를 삭제한다.
데이터 제어어 (DCL : data control language)	외부의 사용자로부터 데이터를 안전하게 보호하기 위해 데이터 복구, 보안, 무결성과 병행 제어에 관련된 사항을 기술하는 언어이다.	
	ⒼⓇANT	권한을 준다(권한부여)
	ⓇⒺVOKE	권한을 제거한다.(권한해제)
	ⒸⓄMMIT	데이터변경 완료
	⟨ROLL⟩BACK	데이터변경 취소

6 데이터베이스 관리 시스템의 필수 기능

정의(definition)기능	여러 응용 프로그램 (application program) 과 데이터베이스가 요구하는 여러 가지 다양한 형태의 자료를 지원가능하게 하기 위해 데이터 베이스 구조 및 특성을 정의하는 기능이다
조작(manipulation)기능	사용자들의 요청을 받아 데이터 베이스에서 사용자들이 원하는 자료에 접근(access)할수 있는 기능이다.
제어(control)기능	데이터 베이스에 저장 되어 있는 정보가 유용하게 할수 있게 항상 데이터 베이스에 저장되어 있는 정보들이 중복되지 않고 정확하게 유지 가능하도록 제어하는 기능이다.

7 DBMS 모형의 종류

1) 개체 - 관계 데이터 모델(Entity-Relationship Model)

의의	데이터베이스에 저장하고자 하는 데이터를 형식화되지 않은 형태로 나타내냈을 경우 의미가 모호할 뿐 아니라 서로 중복되는 관계들 때문에 실제 표현 하고자 하는 데이터를 명확하게 나타내기가 어렵다. 이런 어려움을 해결하기 위하여 보다 형식화된 방법의 대표적 모델이 개체-관계모델(enetity-relationship model)이다. 개체-관계 모델은 데이터베이스관리시스템을 구축하는데 있어서 개념적 데이터 모델로 개발된 도구이며 이러한 개체-관계 모델로 정의된 데이터들은 내부적 또는 논리적 데이터 모델로 변환된다.
특징	① 개체-관계 모델은 개체(entity), 속성(attribute), 그리고 관계(relationship)의 개념을 이용한다. ② 개체(entity)는 독립적으로 존재하는 기본적인 대상(학생, 교수)으로 물리적으로 존재하는 대상일수도 있고, 강좌, 학과 등과 같이 개념적으로 존재하는 것일 수도 있다. ③ 속성은 각각의 개체가 가지는 특성을 의미하며, 학생을 예를 들면 이름과 학번, 학과, 학점 등을 말함 ④ 관계는 속성을 가진 각 개체간의 관계를 의미한다. ⑤ 개체는 자신의 특성을 가지고 있는데 이러한 특성을 개체의 속성(attribute)이라고 한다. ⑥ 개체-관계 모델은 다이어그램으로 표현하는데, 개체는 직사각형으로, 개체의 속성은 타원으로 나타내며 개체와 속성은 선으로 연결한다. ⑦ 개체의 속성들 가운데 그 개체를 다른 개체와 구별할수 있게 되는 속성을 그 개체의 키(key)라고 한다. ⑧ 개체들 간의 관계는 개체-관계 다이아그램에서 마름모로 나타낸다. ⑨ 개체들 간의 관계는 1 : 1 관계 뿐만 아니라 1 : N 의 관계를 갖는 경우도 있다.

2) 계층(계급)형 데이터 모델(Hierarchical Data Model)

개요	① Hierarchical Data Model은 트리(tree)구조(나무줄기와 같은 구조)를 가지고 있다 ② 계층구조 내의 자료들이 논리적으로 관련이 있는 영역으로 나누어 지며 하나의 주된 영역 밑에 나머지 영역들이 나뭇가지와 같은 형태로 배열되는 형태로서 데이터베이스를 구성하는 각 레코드가 계층구조 또는 트리구조를 이루는 구조이다 ③ 계층(계급)성 관점에서 학사관리 시스템을 구성하는 다섯 가지 개체들(학교, 학과, 학생, 교수, 강좌)간의 관계를 정의한다. ④ 각각의 계층에 속한 레코드의 필드에는 각 개체들의 속성을 나타내도록 하며 이들 속성가운데 하나를 키필드로 설계한다. ⑤ 계층형 모델에서 가장 상위의 계층을 뿌리(root : 근원)라고 하는데, 뿌리도 레코드를 갖는다. ⑥ 뿌리를 제외한 모든 계층들의 경우 모든 개체들은 부모-자녀와 같은 관계를 갖는다. ⑦ 모든 레코드는 부모(상위)레코드와 자식(하위)레코드를 가지고 있으며 각각의 객체는 단 하나만의 부모(상위)레코드를 가지고 부모(상위)레코드는 여러 명의 자녀를 가질 수 있다.

장점	① 데이터의 이해와 정보의 갱신이 쉽다. ② 다량의 자료에서 필요한 정보를 신속하게 추출할 수 있다.
단점	① 각각의 객체는 단 하나만의 부모 레코드를 갖는다. ② 속성 필드로는 검색이 불가능 하다. ③ 동일한 계층에서의 검색은 부모 레코드를 거치지 않고는 불가능 하다. ④ 필요한 정보의 추출을 위해서는 질의 유형이 사전에 결정되어야 한다.

3) 네트워크(관망)형 데이터 모델(Network Data Model)

개요	① 계층형 데이터 모델의 단점을 보완한 것이다. ② 망구조 데이터 모델은 계층형과 유사하지만 망을 형성하는 것처럼 파일 사이에 다양한 연결이 존재한다는 점에서 계층형과 차이가 있다. ③ 각각의 객체는 여러 개의 부모 레코드와 자식 레코드를 가질 수 있다. ④ 계급형 모형과 같이 일정 객체에 대하여 모든 상위 계급의 데이터를 검색하지 않고도 관련 데이터 검색이 가능하다.
특징	① 계층형 모델에 비하여 데이터 저장에 있어 중복성은 적은 편이나 상대적으로 보다 많은 연결성에 관한 정보가 저장 되어야 한다. ② 데이터베이스관리에 있어서 연결성에 관한 정보의 저장 및 관리는 별도의 비용과 노력이 필요하며, 연결성에 변화가 생길 경우 갱신을 위해 시간이 많이 소요된다. ③ 개체들 간의 복잡한 구조에서는 계층형 데이터 모델보다 네트워크형 데이터 모델로 표현하는 것이 검색이 용이하다. ④ 계층형 데이터 모델에 비해 융통성은 보완 되었지만 복잡한 연결성을 나태내주는 별도의 레코드를 저장하고 관리해야 하는 단점이 있다.

4) 관계형데이터베이스관리시스템
(RDBMS : Relationship DataBase Management System)

개요	① 데이터를 표로 정리하는 경우 행(row)은 데이터 묶음이 되고 열(Column)은 속성을 나타내는 이차원의 도표로 구성된다. 이와 같이 표현하고자 하는 대상의 속성들을 묶어 하나의 행(row)을 만들고, 행들의 집합으로 데이터를 나타내는 것이 관계형데이터베이스이다. ② 영역들이 갖는 계층구조를 제거하여 시스템의 유연성을 높이기 위해서 만들어진 구조이다. ③ 데이터의 무결성, 보안, 권한, 록킹(Locking) 등 이전의 응용분야에서 처리해야 했던 많은 기능들을 지원한다. ④ 관계형 데이터 모델은 모든 데이터 들을 테이블과 같은 형태로 나타내며 데이터베이스를 구축하는 가장 전형적인 모델이다. ⑤ 관계형데이터베이스에서는 개체의 속성을 나타내는 필드 모두를 키필드로 지정할 수 있다.
특징	① 데이터 구조는 릴레이션(relation)으로 표현된다. 릴레이션이란 테이블의 열(Column)과 행(row)의 집합을 말한다. ② 테이블에서 열(Column)은 속성(attribute), 행(row)은 튜플(tuple)이라 한다.

③ 테이블의 각 칸에는 하나의 속성값만 가지며, 이 값은 더 이상 분해될 수 없는 원자값(automic value)이다
④ 하나의 속성이 취할수 있는 같은 유형의 모든 원자값의 집합을 그 속성의 도메인(domain)이라 하며 정의된 속성값은 도메인으로부터 값을 취해야 한다.
⑤ 튜플을 식별할수 있는 속성의 집합인 키(key)는 테이블의 각 열을 정의하는 행들의 집합인 기본키(PK : primary key)와 같은 테이블이나 다른 테이블의 기본키를 참조하는 외부키(FK : foreign key)가 있다.
⑥ 관계형데이터모델은 구조가 간단하여 이해하기 쉽고 데이터 조작적 측면에서도 매우 논리적이고 명확하다는 장점이 있다.
⑦ 상이한 정보 간 검색, 결합, 비교, 자료가감 등이 용이하다.
⑧ 다른 모델과 달리 각 개체는 각 레코드(Record)를 대표하는 기본 키(Primary Key)를 갖는다.
⑨ 다른 모델에 비하여 관련 데이터 필드가 존재하는 한 필요한 정보를 추출하기 위한 질의 형태에 제한이 없다.
⑩ 데이터의 갱신이 용이하고 융통성을 증대시킨다.

5) 객체지향형 데이터베이스관리체계
   (OODBMS : Object Oriented DataBase Management System)

객체지향 데이터베이스	객체지향의 개념 : 복잡한 현실세계의 객체를 추상화하여 속성과 메소드를 구성하고 메시지로 통신하는 데이터 처리방법을 말한다. 객체지향 데이터베이스에 대한 새로운 패러다임은 객체지향 프로그래밍(OOP : Object-Oriented Programming) 언어에서부터 시작되었다. C++, Java, SmallTalk 등의 객체지향 프로그래밍 언어가 데이터베이스와 응용프로그램에 쓰인다. 패러다임(paradigm)은 어떤 한 시대 사람들의 견해나 사고를 근본적으로 규정하고 있는 테두리로서의 인식의 체계, 또는 사물에 대한 이론적인 틀이나 체계를 의미하는 개념이다.	
객체지향의 구성요소 암기 ⓒⓄⓂⒶⓂ	클래스(Ⓒlass)	동일한 유형의 객체들의 집합을 클래스라 한다. 공통의 특성을 갖는 객체의 틀을 의미하며 한 클래스의 모든 객체는 같은 구조와 메시지를 응답한다.
	객체(Ⓞbject)	객체는 데이터와 그 데이터를 작동시키는 메소드가 결합하여 캡슐화된 것이다. 현실세계의 개체(Entity)를 유일하게 식별할수 있으며 추상화 된 형태이다. 객체는 메시지를 주고받아 데이터를 처리할수 있다. 객체는 속성(Attribute)과 메소드(Method)를 하나로 묶어 보관하는 캡슐화 구조를 갖는다.
	메소드(Ⓜethod)	메소드는 객체를 형성할수 있는 방법이나 조작들로서 객체의 상태를 나타내는 데이터의 항목을 읽고 쓰는 것은 method에 의해 이루어진다. 객체의 상태를 변경하고자 할 경우 메소드를 통해서 Message를 보낸다.

	속성 (@ttribute)	객체의 환경과 특성에 대해 기술한 요소들로 인스턴스 변수라고 한다.
	메시지 (@essage)	객체와 객체간의 연계를 위하여 의미를 Message에 담아서 보낸다.
객체지향 프로그래밍 언어 특징 **암기** ⓐⓑⓔⓝⓘⓝⓟⓞⓛⓨ	추상화 (@bstraction)	현실세계 데이터에서 불필요한 부분은 제거하고 핵심요소 데이터를 자료구조로 표현한 것을 추상화(abstraction)라고 한다(객체 표현 간소화).이때 자료구조를 클래스, 객체, 메소드, 메시지 등으로 표현한다. 또한 객체는 캡슐화(encapsulation)하여 객체의 내부구조를 알 필요 없이 사용 메소드를 통해서 필요에 따라 사용하게 된다. 실세계에 존재하고 있는 개체(feature)를 지리정보시스템 (GIS)에서 활용 가능한 객체(object)로 변환하는 과정을 추상화라 한다.
	캡슐화 (@ncapsulation) (정보 은닉)	객체간의 상세 내용을 외부에 숨기고 메시지를 통해 객체 상호작용을 하는 의미로서 독립성, 이식성, 재사용성 등 향상이 가능하다.
	상속성 (@nheritance)	하나의 클래스는 다른 클래스의 인스턴스(일반적으로 어떤 집합에 대해서, 그 집합의 개별적인 요소. 객체 지향 프로그래밍에서, 어떤 클래스에 속하는 각 객체를 인스턴스라고 한다)로 정의될 수 있는데 이때 상속의 개념을 이용한다. 하위 클래스는 상위 클래스의 속성을 상속 받아 상위 클래스의 자료와 연산을 이용할 수 있다(하위 클래스에게 자신의 속성, 메소드를 사용하게 하여 확장성을 향상)
	다형성 (@olymorphism)	동일한 메시지에 대해 객체들이 각각 다르게 정의한 방식으로 응답하는 특성을 의미한다(하나의 객체를 여러 형태로 재정의 할 수 있는 성질). 객체지향의 다형성에는 오버로딩(overloading)과 오버라이딩(overriding)이 존재한다. overriding은 상속받은 클래스가 부모의 클래스의 메소드를 재정의하여 사용하는 것을 의미하며 overloading은 동일한 클래스내에서 동일한 메소드를 파라미터의 개수나 타입으로 다르게 정의 하여 동일한 모습을 갖지만 상황에 따라 다른 방식으로 작동하게 하는 것을 의미한다.
객체지향형 관리체계		객체지향(Object Oriented)에 기반을 둔 논리적 구조를 가지고 개발된 관리시스템으로 자료를 다루는 방식을 하나로 묶어 객체(Object)라는 개념을 사용하여 실세계를 표현하고 모델링하는 구조이다. 관계형 데이터 모델의 단점을 보완하여 새로운 데이터 모델로 등장한 객체지향형데이터모델은 CAD와 GIS,사무정보시스템,소프트웨어 엔지니어링 등의 다양한 분야에서 데이터베이스를 구축할 때 주로 사용한다. ① 여기서 객체(object)는 데이터(또는 상태(state))와 그 데이터를 작동시키는 메소드(method)가 결합하여 캡슐화(encapsulation)된 것으로 정의 된다 ② 캡슐화는 객체 자체가 객체의 상태와 객체의 작동을 결합시켜서 캡슐처럼 둘러싸고 있다는 의미에서 사용된 것이다 ③ 객체구조는 데이터, 메소드, 객체식별자로 구성 되어있다.

객체 구조 **암기** ⓓⓜⓘ	데이터 (ⓓata)	① 객체의 상태를 말하며 흔히 객체의 속성을 가리킨다. ② 관계형 데이터 모델의 속성과 같다. ③ 관계형데이터모델에 비해 보다 다양한 데이터 유형을 지원한다. ④ 집합체, 복합객체, 멀티미디어 등의 자료도 데이터로 구축된다.
	메소드 (ⓜethod)	① 객체의 상태를 나타내는 데이터 항목을 읽고 쓰는 것은 메소드에 의해 이루어진다. ② 메소드는 객체를 형성할 수 있는 방법이나 조작들이라고 할 수 있다. ③ 메소드는 객체의 속성데이터를 처리하는 프로그램으로 고급언어로 정의된다.
	객체식별자 (ⓞid)	① 객체를 식별하는 ID로 사용자에게는 보이지 않는다. ② 관계형 데이터 모델의 key에 해당한다. ③ 두 개의 객체의 동일성을 조사하는데 이용된다. ④ 접근 하고자 하는 데이터가 기억 되어 있는 위치 참조를 위한 포인터로도 이용된다.
특징		① OODBMS는 객체지향 데이터베이스를 정의하고 조작할 수 있는 데이터베이스 시스템이다. ② OODBMS는 객체지향프로그래밍 언어를 데이터베이스 시스템에 적용시킨 것이다. ③ 객체지향프로그래밍 언어는 객체의 생성, 유지, 삭제, 분류, 계층성, 상속성 등을 포함하는 객체지향형데이터베이스 시스템을 지원한다. ④ 객체들 간의 관계를 정의하고 조작할 수 있는 사용자 인터페이스를 제공하기 때문에 응용프로그래머들이 객체들 간의 관계를 직접 프로그래밍하고 관리할 필요가 없다. ⑤ CAD/CAM, 다중매체정보시스템과 첨단 사용자 인터페이스 시스템 등의 분야에 사용하기 적합하다. ⑥ 데이터베이스의 관리와 갱신이 편리하며 다양한 형태의 데이터를 저장할 수 있다. ⑦ 데이터의 중복을 줄이고 데이터 검색을 효율적으로 수행할 수 있다. ⑧ 관계형 데이터베이스관리시스템에 비해 응용, 개발측면과 데이터모델링 측면에서 장점을 갖고 있다. ⑨ OODBMS의 대표적 예는 GDS.Laserscan,Smallworld등이 있다. ⑩ 질의를 최적화하는 메카니즘이 미약하며, 관계대수와 같은 적절한 연산기능을 수행하기 어렵다. ⑪ 객체 특성상 색인을 구축하는데 어렵고 속성 값이 아닌 메시지 검색방법으로 접근해야 한다.

	장점	단점
장·단점	① 프로그래밍 언어와 연계되어 있다 ② 자동적인 메소드 저장 가능 ③ 사용자 타입 정의 가능 ④ 복잡한 복합데이터 처리 용이 ⑤ 객체식별자(OID)의 영속성	① 객체지향 프로그래밍 요구 ② 객체형태로 존재하는 데이터가 적음 ③ 질의 및 통계, 모니터링 도구 미흡 ④ 제한된 동시성 제어 및 트랜잭션 관리 ⑤ 구축 및 유지보수 비용 증대

6) 객체-관계형 데이터베이스관리체계
(ORDBMS : Object Relational DataBase Management System)

개요	관계형 데이터 베이스 기술과 객체지향형 데이터 베이스 기술의 장점을 수용하여 개발한 데이터베이스 관리시스템으로 관계형 체계에 새로운 객체 저장능력을 추가하고 있어 기존의 RDBMS를 기반으로 하는 많은 DB 시스템과의 호환이 가능하다는 장점이 있다. ① ORDBMS = RDBMS + OODBMS ② 객체-관계 데이터베이스 관리시스템은 관계형 데이터베이스 시스템에 객체지향형 데이터베이스의 기능을 추가한 것이다
특징	① 객체-관계 데이터베이스는 객체 클래스(class : 동일한 유형의 객체들의 집합)를 생성할 수 있다. ② 객체(object)는 관계 테이블에서 열(column)로 나타난다. ③ 상속성을 지니고 있어 모 객체(parent object)의 속성과 메소드를 자객체(child object)가 상속한다. ④ 관계형데이터베이스시스템의 경우 B-tree색인을 사용하고 있어 1차원의 데이터검색은 양호하지만 2차원 이상 데이터를 색인화 하는데는 부적합하다. ⑤ ORDBMS는 B-tree와 Quadtree와 같이 공간 데이터를 색인하는데 적합한 인덱스 메카니즘을 지원한다. ⑥ 검색이 신속하고 용이하게 이루어진다. ⑦ 객체관계 SQL이나 컴파일 언어로 작성시 사용자 정의 기능을 완벽하게 지원한다. ⑧ 데이터모델링과 관리적인 측면에서 관계형데이터베이스시스템이 수행하는 모든 기능을 수행하고 객체지향형데이터베이스시스템이 가지고 있는 특성을 추가함으로서 관계형 데이터모델이 갖고 있는 한계성을 극복 하였다고 볼 수 있어 두 분야에 폭넓게 활용될 수 있다.

7) 지오데이터베이스 모델(geodatabase model)

개요	객체지향모델을 기반으로 한 지리공간데이터를 구조화시켜 다양한 데이터 유형을 포함하는 최상위 수준의 데이터 모델이 지오데이터베이스모델이다. geodatabase model은 ESRI사에서 ArcGIS 8.0에서부터 사용하기 시작했다
구성 요소	① 다양한 데이터 셋트의 집합(벡터 데이터, 래스터 데이터, 표면모델링 데이터 등) ② 객체 클래스들(현실세계 형상들과 관련된 객체에 대한 기술적 속성) ③ 피쳐 클래스들(점, 선, 면적 등의 기하학적 형태로 묘사된 객체들) ④ 관계 클래스들(서로 다른 피쳐 클래스를 가진 객체들 간의 관계)
특징	① 모든 데이터 셋트와 클래스들이 하나의 단일한 데이트베이스시스템 안에 테이블 형태로 저장된다. ② 통합된 데이터베이스 구조를 지니고 있어 GIS사용자나 개발자들이 다양한 데이터들을 인덱싱하는데 편리하다. ③ 데이터들 간의 연계, 거래, 관리 면에서 장점이 있다. ④ 메타데이터가 있어 모든 데이터들에 대한 이력을 상세히 알 수 있다. ⑤ 다른 데이터베이스시스템의 기능들을 지리공간데이터베이스로 통합시켜 사용하기 때문에 GIS의 기능 및 다양한 서비스를 제공하는데 있어 비용 대비 효율성이 높다.

8) SDTS(Spatial Date Transfer Standard : 공간자료교환표준)

(1) SDTS의 구성요소(components)

SDTS는 기본규정(base specification) 1-3 부문과 다중 프로파일(multiple profiles) 4-7 부문으로 구성되어 있다. 기본규정은 공간자료의 교환을 위한 컨텐츠, 구조, 형식(format) 등에 관한 개념적 모델과 구체적인 규정들을 정하고 있고 다중 프로파일은 SDTS를 특정 타입의 자료에 적용하기 위한 특정 규칙(rules)과 형식들을 정하고 있다.

제1부문 (Part 1)	논리적 규정 (logical specification)	세 개의 주요 장(section)으로 구성되어 있으며 SDTS의 개념적 모델과 SDTS 공간객체 타입, 자료의 질에 관한 보고서에서 담아야 할 구성요소, SDTS 전체 모듈에 대한 설계(layout)를 담고 있다.
제2부문 (Part 2)	공간적 객체들 (spatial features)	공간객체들에 관한 카달로그와 관련된 속성에 관한 내용을 담고 있다. 범용 공간객체에 관한 용어정의를 포함하는데 이는 자료의 교환 시 적합성(compatibility)을 향상시키기 위한 것이다. 내용은 주로 중·소 축척의 지형도 및 수자원도에서 통상 이용되는 공간객체에 국한되어 있다.
제3부문 (Part 3)	ISO 8211 코딩화 (ISO 8211 encoding)	일반 목적의 파일 교환표준(ISO 8211) 이용에 대한 설명을 하고 있다. 이는 교환을 위한 SDTS 파일세트(filesets)의 생성에 이용된다.
제4부문 (Part 4)	위상벡터 프로파일 (topological vector profile, TVP)	TVP는 SDTS 프로파일 중에서 가장 처음 고안된 것으로서 기본규정(1-3 부문)이 어떻게 특정 타입의 데이터에 적용되는지를 정하고 있다. 위상학적 구조를 갖는 선형(linear)/면형(area) 자료의 이용에 국한되어 있다.
제5부문 (Part 5)	래스터 프로파일 및 추가형식 (raster profile & extensions, RP)	RP는 2차원의 래스터 형식 영상과 그리드 자료에 이용된다. ISO의 BIIF(Basic Image Interchange Format), GeoTIFF(Georeferenced Tagged Information File Format) 형식과 같은 또 다른 이미지 파일 포맷도 수용한다.
제6부문 (Part 6)	점 프로파일 (point profile, PP)	PP는 지리학적 점 자료에 관한 규정을 제공한다. 이는 제4부문 TVP를 일부 수정하여 적용한 것으로서 TVP의 규정과 유사하다.
제7부문 (Part 7)	CAD 및 드래프트 프로파일 (CAD and draft profiles)	CADD는 벡터 기반의 지리자료가 CAD 소프트웨어에서 표현될 때 사용하는 규정이다. CADD와 GIS 간의 자료의 호환 시 자료의 손실을 막기 위하여 고안된 규정이다. 가장 최근에 추가된 프로파일이다.

(2) SDTS의 특징

① 3개의 부분으로 구성(공간자료교환, 정의모형 제공, 일반적인 자료교환표준)
② 모든 유형의 지형공간자료가 교환, 전환이 가능하도록 구성
③ SDTS는 서로 다른 체계 간의 자료공유를 위하여 최상위 레벨의 개념적 모형화에서 최하위 레벨의 구체적인 물리적 인코딩까지 표준화하고 있음
④ 1996년 6월 NGIS 공통데이터 교환포맷표준으로 채택
⑤ 한국의 좌표체계와 표준자료 정의
⑥ 물리적인 구성요소를 정의하여 위상벡터자료를 전환

9) 메타데이터(meta data)

(1) 기본요소 암기 식자공좌상배타인제연

제1장	식별정보 (identification information)	인용, 자료에 대한 묘사, 제작시기, 공간영역, 키워드, 접근제한, 사용제한, 연락처 등
제2장	자료의 질 정보 (data quality information)	속성정보 정확도, 논리적 일관성, 완결성, 위치정보 정확도, 계통(lineage) 정보 등
제3장	공간자료 구성정보 (spatial data organization information)	간접 공간참조자료(주소체계), 직접 공간참조자료, 점과 벡터객체 정보, 위상관계, 래스터 객체 정보 등
제4장	공간좌표정보(spatial reference information)	평면 및 수직 좌표계
제5장	사상과 속성정보(entity & attribute information)	사상타입, 속성 등
제6장	배포정보(distribution information)	배포자, 주문방법, 법적 의무, 디지털 자료형태 등
제7장	메타데이터 참조정보 (metadata reference information)	메타데이타 작성 시기, 버전, 메타데이터 표준이름, 사용제한, 접근 제한 등
제8장	인용정보(citation)	출판일, 출판시기, 원 제작자, 제목, 시리즈 정보 등
제9장	제작시기(time period)	일정시점, 다중시점, 일정 시기 등
제10장	연락처(contact)	연락자, 연락기관, 주소 등

(2) 특징

① 공간데이터 전반에 대한 목록과 색인 제공
② 데이터베이스, 레이어, 속성공간현상과 관련된 정보제공
③ 일반사용자가 GIS자료를 사용 및 이용하는 접근정보제공
   자료의 종류, 용도, 보유기관, 자료의 품질, 저장방식, 자료구축시기, 자료구축범위 등
④ 데이터의 표준화(Metadata Content Standard) 및 메타데이터베이스 갱신

(3) 중요성

① 공간데이터의 목록화(Index)로 사용자가 원하는 정보의 취득 및 사용이 체계적이다.
② 공간데이터들의 양, 질(Quality)의 파악이 용이하므로 특정업무수행을 위해 적합한 자료의 확인이 용이하다.
③ 자료의 종류, 용도, 보유기관, 자료의 품질, 저장방식, 자료구축시기, 자료구축범위 등의 기록으로 데이터 활용을 위한 중요한 요소가 된다.
④ 공간정보를 활용하기 위해 중복성이 배제되고 효율성을 높인다.

10) 표준화 기구

(1) ISO TC 211

국제표준기구(International Organization for Standard)는 1994년에 GIS 표준 기술위원회(Technical Committee 211)를 구성하여 표준작업을 진행하고 있다.

공식명칭은 Geographic Information/Geomatics 으로써 TC211 위원회(이하 ISO/TC 211)는 수치화된 지리정보 분야의 표준화를 위한 기술위원회이며 지구의 지리적 위치와 직 간접적으로 관계가 있는 객체나 현상에 대한 정보 표준 규격을 수립함에 그 목적을 두고 있다.

① 5개의 작업그룹(Working Group)으로 구성
  ㉠ Framework and reference model (WG1) : 업무구조 및 참조모델 담당
  ㉡ Geospatial data models and operators (WG2) : 지리공간데이터모델과 운영자 담당
  ㉢ Geospatial data administration (WG3) : 지리공간데이터를 담당
  ㉣ Geospatial services (WG4) : 지리공간서비스를 담당
  ㉤ Profiles and functional standards (WG5) : 프로파일 및 기능에 관한 제반 표준 담당

11) 「다목적지적의 구성요소 암기 측⑦㉙필토

구성요소	특징
측지기본망 (Geodetic reference network)	토지의 경계선과 측지측량이나 그 밖의 토지 및 토지관련 자료와 지형간의 상관관계형성 지상에 영구적으로 표시되어 지적도상에 등록된 경계선을 현지에 복원할 수 있는 정확도를 유지할 수 있는 기준점 표지의 연결망을 말하는데 서로 관련 있는 모든 지역의 기준점이 단일의 통합된 네트워크여야 한다.
㉠본도 (Base map)	측지기본망을 기초로하여 작성된 도면으로서 지도 작성에 기본적으로 필요한 정보를 일정한 축척의 도면위에 등록한 것으로 변동사항과 자료를 수시로 정비하여 최신화 시켜 사용될 수 있어야 한다.
㉡적중첩도 (Cadastral overlay)	측지기본망과 기본도와 연계하여 활용할 수 있고 토지소유권에 관한 현재 상태의 경계를 식별할 수 있도록 일필지 단위로 등록된 지적도, 시설물, 토지이용, 지역구도 등을 결합한 상태의 도면을 말한다

구성요소	특징
④지식별번호 (Unique parcel identification number)	각 필지별 등록사항의 조직적인 저장과 수정을 용이하게 각 정보를 인식·선정·식별·조정하는 가변성이 없는 토지의 고유번호를 말하는데 지적도의 등록 사항과 도면의 등록 사항을 연결시켜 자료파일의 검색 등 색인번호의 역할을 한다. 이러한 필지식별번호는 토지평가, 토지의 과세, 토지의 거래, 토지이용계획 등에서 활용되고 있다.
⑤지자료화일 (Land data file)	토지에 대한 정보검색이나 다른 자료철에 있는 정보를 연결시키기 위한 목적으로 만들어진 각 필지의 식별번호를 포함한 일련의 공부 또는 토지자료철을 말하는데 과세대장, 건축물대장, 천연자원기록, 토지이용, 도로, 시설물대장 등 토지관련자료를 등록한 대장을 뜻한다.

Part 5

측량학

Chapter 01_거리측량
Chapter 02_수준측량
Chapter 03_각(트랜싯)측량
Chapter 04_트래버스측량
Chapter 05_삼각 및 삼변측량
Chapter 06_지형측량

CHAPTER 01 거리측량

1 경사거리를 수평거리로 환산하는 방법

$$D = L\cos\theta = L - \frac{H^2}{2L}$$

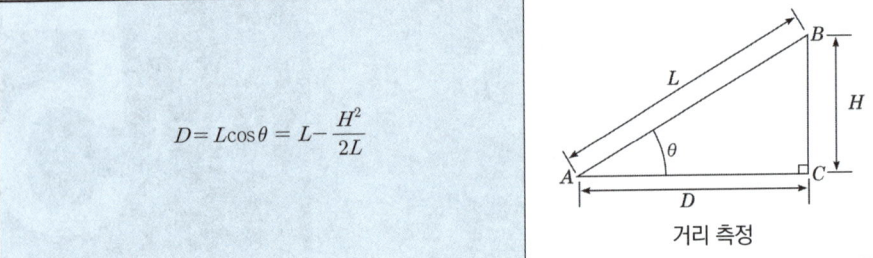

거리 측정

2 지도에 표현하기까지 거리 환산

경사거리	그림상의 (a)의 거리
↓	• 경사보정 $C_g = -\dfrac{h^2}{2L}$ (고저차 관측시) $C_g = -2L\sin^2\dfrac{\theta}{2}$ (경사각 관측시) 여기서, C_g : 경사보정량, h : 고저차 　　　　L : 경사거리,　θ : 경사각
수평거리	그림상의 (b)의 거리
↓	• 표고보정 $C_n = -\dfrac{DH}{R}$ 여기서, C_n : 표고보정량, H : 평균표고 　　　　R : 지구반경,　D : 임의 지역의 수평거리
기준면상 거리	그림상의 (c)의 거리

	• 축척계수 $s = \kappa S$ 여기서, s : 투영면상거리(d), S : 기준면상거리(c) κ : 선확대율(축척계수)	
↓		
지도투영면상 거리	그림상의 (d)의 거리	

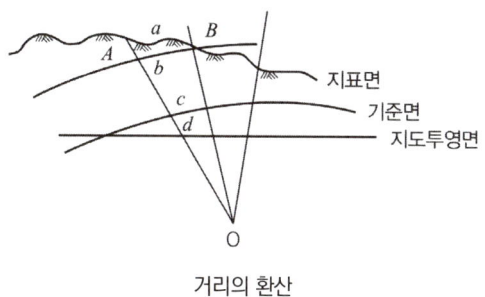

거리의 환산

3 거리측량의 분류

광파측거기	구분	전파측거기
적외선, 레이저광선, 가시광선	반송파	극초단파
기계, 반사경	장치구성	주국, 종국
$(1~2) \pm 2 \times 10^{-6} D(cm)$	정밀도(D : 관측거리)	$(3~5) \pm 4 \times 10^{-6} D(cm)$
1명(목표점에 반사경 설치)	최소조작인원	2명(주, 종국 각 1명)
짧다(근거리용 1m~1km)	측정가능 거리	길다
안개, 비, 눈 기타의 기후에 영향 받음	기상조건	기후에 영향을 받지 않음
짧다(10~20분)	한 변 조작시간	길다(20분~30분)
Geodimeter	대표기종	Tellurometer
-정확도가 높다. -경량, 작업신속하다. -지형이나 측점부근의 장애물의 영향을 받지 않는다.	장점	-장거리 관측에 적합하다. -기상(안개, 가벼운 비)이나 지형의 시통성에 영향을 크게 받지 않는다.
기상(안개, 비 등)이나 지형의 시통성에 영향을 받는다.	단점	-단거리 관측 시 정확도가 비교적 낮다. -움직이는 장애물, 송전선 부근, 지면의 반사파 등의 간섭을 받는다.

1) 전자파거리 측량기 오차

거리에 비례하는 오차	광속도의 오차, 광변조 주파수의 오차, 굴절률의 오차
거리에 비례하지 않는 오차	위상차 관측 오차, 기계정수 및 반사경 정수의 오차

4 거리측량의 방법

1) 측량의 순서

계획 → 답사 → 선점 → 조표 → 골격측량 → 세부측량 → 계산

구분	특징	관측방법
방사법	측량 구역 내에 장애물이 없고 한 측점에서 각 측점의 위치를 결정하는 방법이며 좁은 지역의 측량에 이용	
삼각구분법	측량 구역에 장애물이 없고 투시가 잘 되며 소규모 지역에 이용	
수선구분법	측량구역의 경계선상에 장애물이 있을 때 이용하는 방법	
계선법 (전진법)	측량구역의 면적이 넓고 중앙에 장애물이 있을 때 적당하며 대각선 투시가 곤란할 때 이용하는 방법이다. 계선은 길수록 좋으며 각은 예각으로 삼각형은 되도록 정삼각형으로 한다	

2) 장애물이 있는 경우의 측정방법

두 측점에 접근할 수 없는 경우	
$\triangle ABC \propto \triangle CDE$에서 $AB : DE = BC : CD$ $\therefore AB = \dfrac{BC}{CD} \times DE$ 또는 $AB : DE = AC : CE$ $\therefore AB = \dfrac{AC}{CE} \times DE$	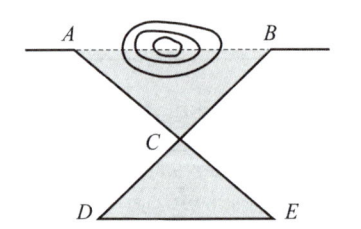

두 측점 중 한 측점에만 접근이 가능한 경우	
$\triangle ABC \propto \triangle CDE$ 에서 $AB:CD = BE:CE$ $\therefore AB = \dfrac{BE}{CE} \times CD$	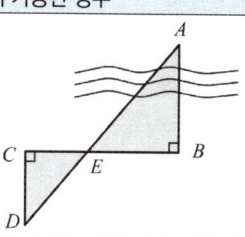
$\triangle ABC \propto \triangle BCD$ 이므로 또는 $AB:BC = BC:BD$ $\therefore AB = \dfrac{BC^2}{BD}$	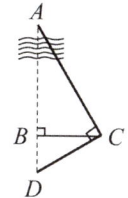
두 측점에 접근이 곤란한 경우	
$AB:CD = AP:CP$ 에서 $\therefore AB = \dfrac{AP}{CP} \times CD$ 또는 $AB:CD = BP:DP$ 이므로 $\therefore AB = \dfrac{BP}{DP} \times CD$	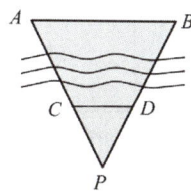

4 거리측정의 오차

1) 오차의 종류

정오차 또는 누차(Constant Error : 누적오차, 누차, 고정오차)	① 오차 발생 원인이 확실하여 일정한 크기와 일정한 방향으로 생기는 오차 ② 측량 후 조정이 가능하다. ③ 정오차는 측정횟수에 비례한다. $E_1 = n \cdot \delta$ (E_1 = 정오차, δ = 1회측정시 누적오차, n = 측정(관측)횟수)
우연오차(Accidental Error : 부정오차, 상차, 우차)	① 오차의 발생 원인이 명확하지 않아 소거 방법도 어렵다. ② 최소제곱법의 원리로 오차를 배분하며 오차론에서 다루는 오차를 우연오차라 한다. ③ 우연오차는 측정 횟수의 제곱근에 비례한다. $E_2 = \pm \delta \sqrt{n}$ (E_2 = 우연오차, δ: 우연오차, n: 측정(관측)횟수)
착오(Mistake : 과실)	① 관측자의 부주의에 의해서 발생하는 오차. ② 예 : 기록 및 계산의 착오, 눈금 읽기의 잘못, 숙련부족 등

2) 오차법칙

① 큰 오차가 생길 확률은 작은 오차가 생길 확률보다 매우 작다.
② 같은 크기의 정(+)오차와 부(−)오차가 생길 확률은 거의 같다.
③ 매우 큰 오차는 거의 발생하지 않는다.

3) 정오차의 보정

정오차의 보정	보 정 량	정확한 길이(실제길이)	기 호 설 명

줄자의 길이가 표준 길이와 다를 경우 (테이프의 특성값)	$C_u = \pm L \times \dfrac{\Delta l}{l}$	$L_o = L \pm C_u$
		 $= L \pm \left(L \times \dfrac{\Delta l}{l} \right)$
			L : 관측길이
			 l : Tape의 길이
			 Δl : Tape의 특성값
			  (Tape의 늘음(+)과
			  줄음(−)량)

온도에 대한 보정	$C_t = L \cdot a(t - t_o)$	$L_o = L \pm C_t$	L : 관측길이 a : Tape의 팽창계수 t_o : 표준온도($15°C$) t : 관측시의 온도
경사에 대한 보정	$C_i = -\dfrac{h^2}{2L}$	$L_o = L \pm C_i$ $= L - \dfrac{h^2}{2L}$	L : 관측길이 h : 고저차
평균해수면에 대한 보정(표고보정)	$C_k = -\dfrac{L \cdot H}{R}$	$L_o = L - C_k$	R : 지구의 곡률반경 H : 표고 L : 관측길이
장력에 대한 보정	$C_p = \pm \dfrac{L}{A \cdot E}(P - P_o)$	$L_O = L \pm C_P$	L : 관측길이 A : 테이프단면적(cm^2) P : 관측시의 장력 P_0 : 표준장력(10kg) E : 탄성계수(kg/cm^2)
처짐에 대한 보정	$C_s = -\dfrac{L}{24}\left(\dfrac{wl}{P}\right)^2$	$L_o = L - C_S$	L : 관측길이 W : 테이프의 자중(cm^2) P : 장력(kg) l : 등간격 길이

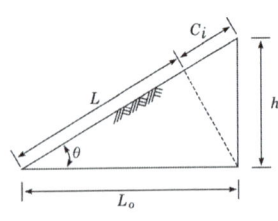

[경사보정]

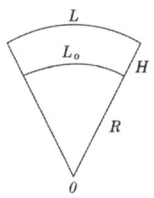

[표고보정]

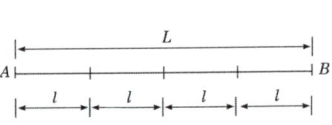

[처짐보정]

3) 관측값 처리

(1) 경중률(무게 : P)

경중률이란 관측값의 신뢰정도를 표시하는 값으로 관측 방법, 관측 횟수, 관측거리등에 따른 가중치를 말한다.

① 경중률은 관측횟수(n)에 비례한다. ($P_1 : P_2 : P_3 = n_1 : n_2 : n_3$)
② 경중률은 평균제곱오차(m)의 제곱에 반비례한다.
$$(P_1 : P_2 : P_3 = \frac{1}{m_1^2} : \frac{1}{m_2^2} : \frac{1}{m_3^2})$$
③ 경중률은 정밀도(R)의 제곱에 비례한다. ($P_1 : P_2 : P_3 = R_1^2 : R_2^2 : R_3^2$)
④ 직접수준측량에서 오차는 노선거리(S)의 제곱근 ($\sqrt{S}$)에 비례한다.
$$(m_1 : m_2 : m_3 = \sqrt{S_1} : \sqrt{S_2} : \sqrt{S_3})$$
⑤ 직접수준측량에서 경중률은 노선거리(S)에 반비례한다.
$$(P_1 : P_2 : P_3 = \frac{1}{S_1} : \frac{1}{S_2} : \frac{1}{S_3})$$
⑥ 간접수준측량에서 오차는 노선거리(S)에 비례한다.
$$(m_1 : m_2 : m_3 = S_1 : S_2 : S_3)$$
⑦ 간접수준측량에서 경중률은 노선거리(S)의 제곱에 반비례한다.
$$(P_1 : P_2 : P_3 = \frac{1}{S_1^2} : \frac{1}{S_2^2} : \frac{1}{S_3^2})$$

(2) 최확값, 평균제곱근 오차, 확률오차, 정밀도 산정

구 분 항 목	경중률(P)이 일정한 경우 (경중률을 고려하지 않은 경우)	경중률(P)다른 경우 (경중률을 고려한 경우)
최확값(L_0)	$L_0 = \dfrac{l_1 + l_2 + \cdots + l_n}{n}$ $= \dfrac{[l]}{n}$	$L_0 = \dfrac{P_1 l_1 + P_2 l_2 + \cdots + P_n l_n}{P_1 + P_2 \cdots + P_n}$ $= \dfrac{[Pl]}{[P]}$
평균제곱근오차, 중등(표준)오차(m_0)	① 1회관측(개개의 관측값)에 대한 $m_0 = \pm\sqrt{\dfrac{VV}{n-1}}$ ② n개의 관측값(최확값)에 대한 $m_0 = \pm\sqrt{\dfrac{VV}{n(n-1)}}$	① 1회 관측(개개의 관측값)에 대한 $m_0 = \pm\sqrt{\dfrac{PVV}{n-1}}$ ② n개의 관측값(최확값)에 대한 $m_0 = \pm\sqrt{\dfrac{PVV}{[P](n-1)}}$
확률오차(r_0)	① 1회관측(개개의 관측값)에 대한 $r_0 = \pm 0.6745 \cdot m_0$ ② n개의 관측값(최확값)에 대한 $r_0 = \pm 0.6745 \cdot m_0$	① 1회관측(개개의 관측값)에 대한 $r_0 = \pm 0.6745 \cdot m_0$ ② n개의 관측값(최확값)에 대한 $r_0 = \pm 0.6745 \cdot m_0$

구 분 항 목	경중률(P)이 일정한 경우 (경중률을 고려하지 않은 경우)	경중률(P)다른 경우 (경중률을 고려한 경우)
정밀도(R)	① 1회관측(개개의 관측값)에 대한 $R = \dfrac{m_0}{l}$ or $\dfrac{r_0}{l}$ ② n개의 관측값(최확값)에 대한 $R = \dfrac{m_0}{L_0}$ or $\dfrac{r_0}{L_0}$	① 1회관측(개개의 관측값)에 대한 $R = \dfrac{m_0}{l}$ or $\dfrac{r_0}{l}$ ② n개의 관측값(최확값)에 대한 $R = \dfrac{m_0}{L_0}$ or $\dfrac{r_0}{L_0}$

5 부정오차 전파법칙

1) 각 구간거리가 다르고 평균제곱근 오차가 다른 경우

$l = l_1 + l_2 + l_3 + \cdots + l_n$

$M = \pm \sqrt{m_1^2 + m_2^2 + m_3^2 + \cdots + m_n^2}$

여기서,

$l = l_1, l_2, l_3, \cdots l_n$: 구간 최확값

$m_1, m_2, m_3 \cdots m_n$: 구간평균 제곱 오차

l : 전구간 최확길이

M : 최확값의 평균제곱근오차

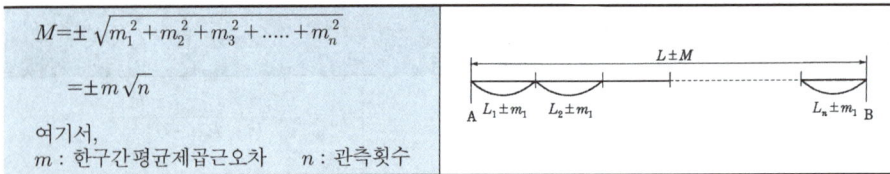

2) 평균제곱근 오차가 일정한 경우

$M = \pm \sqrt{m_1^2 + m_2^2 + m_3^2 + \cdots + m_n^2}$

$\quad = \pm m\sqrt{n}$

여기서,
m : 한구간평균제곱근오차 n : 관측횟수

3) 면적 관측 시 최확치 및 평균제곱근 오차의 합

$A = x \cdot y$

$M = \pm \sqrt{(y \cdot m_1)^2 + (x \cdot m_2)^2}$

여기서,
x, y : 구간최확치
m_1, m_2 : 구간평균제곱근 오차

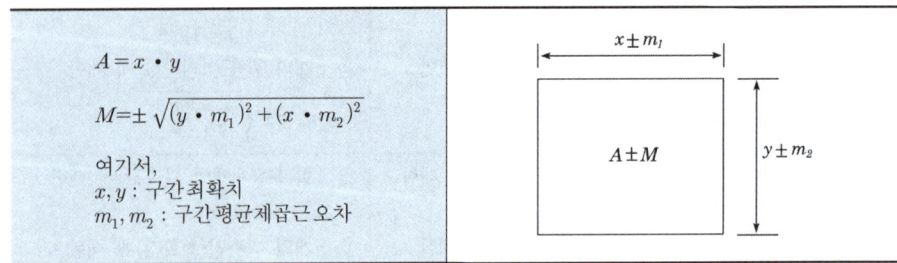

6 실제거리, 도상거리, 축척, 면적과의 관계

축척과 거리와의 관계	$\dfrac{1}{M} = \dfrac{도상거리}{실제거리}$ 또는 $\dfrac{1}{M} = \dfrac{1}{L}$
축척과 면적과의 관계	$\left(\dfrac{1}{m}\right)^2 = \left(\dfrac{도상거리}{실제거리}\right)^2 = \dfrac{도상면적}{실제면적}$ $\therefore 도상면적 = \dfrac{실제면적}{m^2}$ $\therefore 실제면적 = 도상면적 \times m^2$
부정길이로 측정한 면적과 실제면적과의 관계	$실제면적 = \dfrac{(부정면적)^2}{(표준길이)^2} \times 부정면적$ $A_0 = \dfrac{(L+\Delta l)^2}{L^2} \times A$

CHAPTER 02 수준측량

1 용어

수직선 (vertical line)	지표 위 어느 점으로부터 지구의 중심에 이르는 선 즉 타원체면에 수직한 선으로 삼각(트래버스)측량에 이용된다.
연직선 (plumb line)	천체 측량에 의한 측지좌표의 결정은 지오이드면에 수직한 연직선을 기준으로 하여 얻어진다.
수평면 (Level surface)	모든 점에서 연직방향과 수직인 면으로 수평면은 곡면이며 회전타원체와 유사하다. 정지하고 있는 해수면 또는 지오이드면은 수평면의 좋은 예이다
수평선(Level line)	수평면 안에 있는 하나의 선으로 곡선을 이룬다.
지평면(Horizontal plane)	어느 점에서 수평면에 접하는 평면 또는 연직선에 직교하는 평면.
지평선(Horizontal Line)	지평면위에 있는 한 선을 말하며 지평선은 어느 한 점에서 수평선과 접하는 직선이며 연직선과 직교한다.
기준면(datum)	표고의 기준이 되는 수평면을 기준면이라 하며 표고는 0으로 정한다. 기준면은 계산을 위한 가상면이며 평균해면을 기준면으로 한다.
평균해면 (mean sea level)	여러 해 동안 관측한 해수면의 평균값
지오이드(Geoid)	평균해수면으로 전 지구를 덮었다고 가정한 곡면
수준원점(Original Bench Mark, OBM)	수준측량의 기준이 되는 기준면으로부터 정확한 높이를 측정하여 기준이 되는 점
수준점 (Bench Mark, BM)	수준원점을 기점으로 하여 전국 주요지점에 수준표석을 설치한 점 ① 1등 수준점 : 4km마다 설치 ② 2등 수준점 : 2km마다 설치
표고(elevation)	국가 수준기준면으로부터 그 점 까지의 연직거리
전시(fore sight)	표고를 알고자 하는 점(미지점)에 세운 표척의 읽음 값
후시(back sight)	표고를 알고 있는 점(기지점)에 세운 표척의 읽음 값
기계고(instrument height)	기준면에서 망원경 시준선까지의 높이
이기점(turning point)	기계를 옮길때 한 점에서 전시와 후시를 함께 취하는 점
중간점(intermediate point)	표척을 세운점의 표고만을 구하고자 전시만 취하는 점

2 직접 수준측량

1) 수준측량 방법

기계고(IH)	IH = GH + BS
지반고(GH)	GH = IH - FS
고저차(H) 고차식	$H = \Sigma BS - \Sigma FS$
고저차(H) 기고식 승강식	$H = \Sigma BS - \Sigma TP$

직접수준측량의 원리

2) 야장기입방법

고차식	가장 간단한 방법으로 B.S와 F.S만 있으면 된다.
기고식	가장 많이 사용하며, 중간점이 많을 경우 편리하나 완전한 검산을 할 수 없는 것이 결점이다.
승강식	완전한 검사로 정밀 측량에 적당하나, 중간점이 많으면 계산이 복잡하고, 시간과 비용이 많이 소요된다.

3) 전시와 후시의 거리를 같게 함으로서 제거되는 오차
① 레벨의 조정이 불완전(시준선이 기포관축과 평행하지 않을 때)할 때
　(시준축오차 : 오차가 가장 크다.)
② 지구의 곡률오차(구차)와 빛의 굴절오차(기차)를 제거한다.
③ 초점나사를 움직이는 오차가 없으므로 그로 인해 생기는 오차를 제거한다.

4) 직접수준측량의 주의사항
① 수준측량은 반드시 왕복측량을 원칙으로 하며, 노선은 다르게 한다.
② 정확도를 높이기 위하여 전시와 후시의 거리는 같게 한다.
③ 이기점(T. P)은 1mm까지 그 밖의 점에서는 5mm 또는 1cm 단위까지 읽는 것이 보통이다.
④ 직접수준측량의 시준거리
　㉠ 적당한 시준거리 : 40~60m(60m가 표준)
　㉡ 최단거리는 3m이며, 최장거리 100~180m 정도이다.
⑤ 눈금오차(영점오차) 발생 시 소거방법.
　㉠ 기계를 세운 표척이 짝수가 되도록 한다.
　㉡ 이기점(T. P)이 홀수가 되도록 한다.
　㉢ 출발점에 세운 표척을 도착점에 세운다.

5) 수준척을 사용할 때 주의해야 할 사항

① 수준척은 연직으로 세워야 한다.
② 관측자가 수준척의 눈금을 읽을 때에는 표척수로 하여금 수준척이 기계를 향하여 앞·뒤로 조금씩 움직이게 하여 제일 작은 눈금을 읽어야 한다.
③ 표척수는 수준척의 밑바닥에 흙이 묻지 않도록 하여야 하며 수준척이 이음으로 되어 있을경우에는 측량도중 이음매에서 오차가 발생하지 않도록 주의 하여야 한다.
④ 정밀한 수준측량에서나 또는 다른 측량에 중대한 영향을 줄 수 있는 중요한 점에 수준척을 세울 때는 지반의 침하여부에 주의하여야 하며 침하하기 쉬운 곳에는 표척대를 놓고 그 위에 수준척을 세워야 한다.

3 간접수준측량

1) 앨리데이드에 의한 수준측량

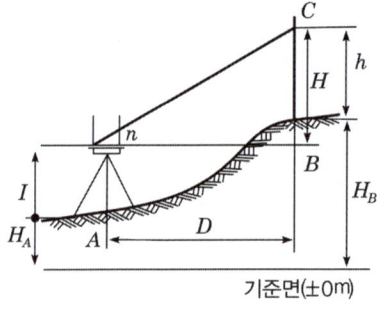

H_A : A점의 표고
H_B : B점의 표고
H : $\dfrac{n}{100}D$
I : 기계고
h : 시준고

앨리데이드에 의한 수준측량

(1) $H_B = H_A + I + H - h$ (전시인 경우)
(2) 두 지점의 고저차 $(H_B - H_A) = I + H - h$ (전시인 경우)

2) 교호수준측량

전시와 후시를 같게 취하는 것이 원칙이나 2점간에 강·호수·하천 등이 있으면 중앙에 기계를 세울 수 없을 때 양지점에 세운 표척을 읽어 고저차를 2회 산출하여 평균하며 높은 정밀도를 필요로 할 경우에 이용된다.

(1) 교호 수준측량을 할 경우 소거되는 오차

교호 수준측량을 할 경우 소거되는 오차	① 레벨의 기계오차(시준축 오차) ② 관측자의 읽기오차 ③ 지구의 곡률에 의한 오차(구차) ④ 광선의 굴절에 의한 오차(기차)

(2) 두 점의 고저차

$$H = \frac{(a_1 - b_1) + (a_2 - b_2)}{2} = \frac{(a_1 - b_2) + (a_1 - b_2)}{2}$$

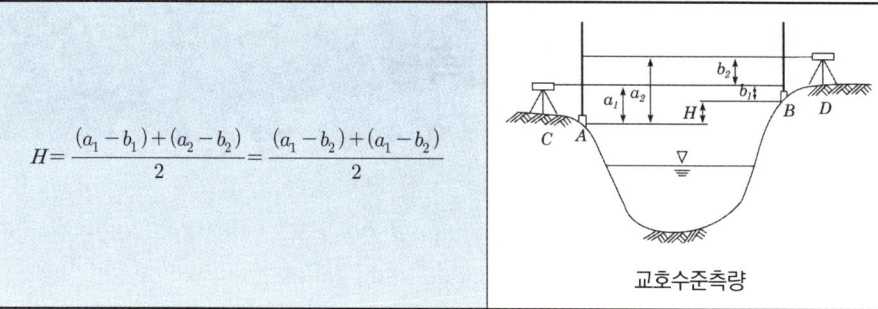

교호수준측량

CHAPTER 03 각(트랜싯)측량

1 수평각 관측에 의한 오차

1) 단측법 및 방향각법의 각 관측 오차

단측법에 의한 각 관측 오차	$m_s = \pm\sqrt{\alpha^2+\alpha^2+\beta^2+\beta^2} = \pm\sqrt{2(\alpha^2+\beta^2)}$ 여기서, α : 시준오차, β : 읽음오차
일방향에 생기는 오차	$m_1 = \pm\sqrt{\alpha^2+\beta^2}$
n회 관측평균치의 오차	$M = \dfrac{\sqrt{m_s^2+m_s^2+\cdots+m_2^2}}{n}$ $= \pm\dfrac{\sqrt{n\cdot m_s^2}}{n}$ $= \pm\sqrt{\dfrac{2(\alpha^2+\beta^2)}{n}}$

2) 배각법의 각 관측 오차

n배각 관측에 의한 일각에 포함되는 시준오차	$m_1 = \dfrac{\sqrt{2n}\cdot\alpha}{n} = \sqrt{\dfrac{2\alpha^2}{n}}$
n배각 관측에 의한 일각에 포함되는 읽음오차	$m_2 = \dfrac{\sqrt{2}\cdot\beta}{n} = \sqrt{\dfrac{2\beta^2}{n^2}}$
n배각 관측 시 일각에 생기는 배각법의 오차	$M = \pm\sqrt{m_1^2+m_2^2} = \pm\sqrt{\dfrac{2}{n}\left(\alpha^2+\dfrac{\beta^2}{n}\right)}$

배각법	방향각법
n배각 관측에 의한 일각에 포함되는 시준오차 $m_1 = \dfrac{\sqrt{2n} \cdot \alpha}{n} = \sqrt{\dfrac{2\alpha^2}{n}}$	단측법에 의한 각관측오차 $m_s = \pm \sqrt{\alpha^2 + \alpha^2 + \beta^2 + \beta^2} = \pm \sqrt{2(\alpha^2 + \beta^2)}$ 여기서, α: 시준오차, β: 읽음오차
n배각 관측에 의한 일각에 포함되는 읽음오차 $m_2 = \dfrac{\sqrt{2} \cdot \beta}{n} = \sqrt{\dfrac{2\beta^2}{n^2}}$	일방향에 생기는 오차 $m_1 = \pm \sqrt{\alpha^2 + \beta^2}$
n배각 관측 시 일각에 생기는 배각법의 오차 $M = \pm \sqrt{m_1^2 + m_2^2} = \pm \sqrt{\dfrac{2}{n}\left(\alpha^2 + \dfrac{\beta^2}{n}\right)}$	n회 관측평균치의 오차 $M = \dfrac{\sqrt{m_s^2 + m_s^2 + \cdots + m_s^2}}{n}$ $= \pm \dfrac{\sqrt{n \cdot m_s^2}}{n}$ $= \pm \sqrt{\dfrac{2}{n}(\alpha^2 + \beta^2)}$

2 트랜싯의 조정

1) 조정이 완전하지 않기 때문에 생기는 오차

오차의 종류	원인	처리방법
시준축 오차	시준축과 수평축이 직교하지 않기 때문에 생기는 오차	만원경의 정·반 관측을 평균을 취한다.
수평축 오차	수평축이 연직축에 직교하지 않기 때문에 생기는 오차	만원경의 정·반 관측을 평균을 취한다.
연진축 오차	연직축이 연직이 되지 않기 때문에 생기는 오차	소거불능

2) 기계의 구조상 결점에 따른 오차

오차의 종류	원인	처리방법
회전축의 편심오차 (내심오차)	기계의 수평회전축과 수평분도원의 중심이 불일치	180° 차이가 있는 2개(A,B)의 버니어의 읽음값을 평균한다.
시준선의 편심오차 (외심오차)	시준선의 기계의 중심을 통과하지 않기 때문에 생기는 오차	만원경을 정반위로 관측하여 평균을 취한다.
분도원의 눈금오차	눈금 간격이 균일하지 않기 때문에 생기는 오차	버니어의 0의 위치를 $\dfrac{180°}{n}$ 씩 옮겨가면서 대회관측을 한다.

3) 트랜싯의 6조정

<table>
<tr><td rowspan="9">수평각조정</td><td rowspan="3">제1조정(평반기포관의 조정 : 연직축오차)</td><td colspan="2">평반기포관축은 연직축에 직교해야한다.</td></tr>
<tr><td>원인</td><td>연직축이 연직이 되지 않기 때문에 생기는 오차</td></tr>
<tr><td>처리방법</td><td>소거불능</td></tr>
<tr><td rowspan="3">제2조정(십자종선의 조정 : 시준축오차)</td><td colspan="2">십자종선은 수평축에 직교해야 한다.</td></tr>
<tr><td>원인</td><td>시준축과 수평축이 직교하지 않기 때문에 생기는 오차</td></tr>
<tr><td>처리방법</td><td>망원경을 정·반위로 관측하여 평균을 취한다.</td></tr>
<tr><td rowspan="3">제3조정(수평축의 조정 : 수평축오차)</td><td colspan="2">수평축은 연직축에 직교해야 한다.</td></tr>
<tr><td>원인</td><td>수평축이 연직축에 직교하지 않기 때문에 생기는 오차</td></tr>
<tr><td>처리방법</td><td>망원경을 정·반위로 관측하여 평균을 취한다.</td></tr>
<tr><td rowspan="9">연직각조정</td><td rowspan="3">제4조정 : 회전축의 편심오차 : 내심오차 (십자횡선의 조정)</td><td colspan="2">십자선의 교점은 정확하게 망원경의 중심(광축)과 일치하고 십자횡선은 수평축과 평행해야 한다.</td></tr>
<tr><td>원인</td><td>기계의 수평회전축과 수평분도원의 중심이 불일치</td></tr>
<tr><td>처리방법</td><td>180° 차이가 있는 2개(A, B)의 버니어의 읽음값을 평균한다.</td></tr>
<tr><td rowspan="3">제5조정 : 시준선의 편심오차 : 외심오차 (망원경기포관의 조정)</td><td colspan="2">망원경에 장치된 기포관축(수준기)과 시준선은 평행해야 한다</td></tr>
<tr><td>원인</td><td>시준선이 기계의 중심을 통과하지 않기 때문에 생기는 오차</td></tr>
<tr><td>처리방법</td><td>망원경을 정·반위로 관측하여 평균을 취한다.</td></tr>
<tr><td rowspan="3">제6조정 : 분도원의 눈금오차 (연직분도원 버니어조정)</td><td colspan="2">시준선은 수평(기포관의 기포가 중앙)일때 연직분도원의 0°가 버니어의 0과 일치해야 한다.</td></tr>
<tr><td>원인</td><td>눈금 간격이 균일하지 않기 때문에 생기는 오차</td></tr>
<tr><td>처리방법</td><td>버니어의 0의 위치를 $\dfrac{180°}{n}$ 씩 옮겨가면서 대회관측을 한다.</td></tr>
</table>

※ 트랜싯의 3축 : 연직축, 수평축, 시준축

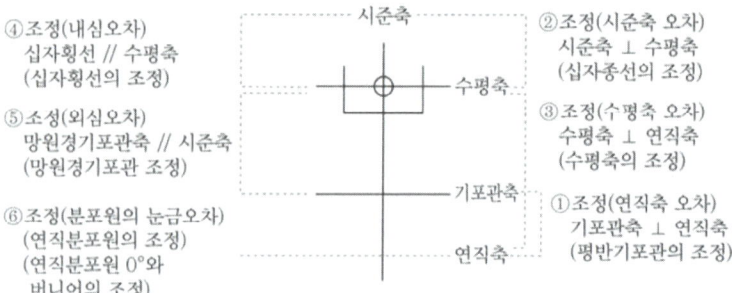

3 수평각측정 방법

단측법	1개의 각을 1회 관측하는 방법으로 수평각정법 중 가장 간단하며 관측결과가 좋지 않다. ① 방법 : $\angle AOB = \alpha_n - \alpha_0$ 여기서, α_n : 나중 읽음 값 α_0 : 처음 읽음 값 ② 정확도 : 1방향 부정오차 $M = \pm\sqrt{\alpha^2+\beta^2}$ 단각점부정오차 $M = \pm\sqrt{2(\alpha^2+\beta^2)}$ 여기서, α : 시준오차, β : 읽음 오차	단측법
배각법	하나의 각을 2회 이상 반복 관측하여 누적된 값을 평균하는 방법으로 이중축을 가진 트랜싯의 연직축오차를 소거하는 데 좋고 아들자의 최소눈금 이하로 정밀하게 읽을 수 있다. (1) 방법 : 1개의 각을 2회 이상 관측하여 관측횟수로 나누어 구한다. $$\angle AOB = \frac{\alpha_n - \alpha_0}{n}$$ 여기서, α_n : 나중 읽음값, α_0 : 처음 읽음값 n : 관측횟수 (2) 정확도 ① n배각의 관측에 있어서 1각에 포함되는 시준오차(m_1) $$m_1 = \pm\sqrt{\frac{2\alpha^2}{n}}$$ ② n배각의 관측에 있어서 1각에 포함되는 읽음오차(m_2) $$m_2 = \pm\sqrt{\frac{2\beta^2}{n}}$$ 여기서, α: 시준오차, β : 읽음오차 ③ 1각에 생기는 배각법의 오차(M) $$M = \pm\sqrt{m_1^2 + m_2^2} = \pm\sqrt{\frac{2}{n}(\alpha^2 + \frac{\beta^2}{n})}$$	배각(반복)법
방향각법	어떤 시준방향을 기준으로 하여 각 시준방향에 이르는 각을 차례로 관측하는 방법, 배각법에 비해 시간이 절약되고 3등삼각측량에 이용된다. (1) 1점에서 많은 각을 잴 때 이용한다. (2) 각 관측의 정도 ① 1방향에 생기는 오차 $m_1 = \pm\sqrt{a^2+\beta^2}$ ② 각 관측(2방향의 차)의 오차 $m_2 = \pm\sqrt{2(a^2+\beta^2)}$ ③ n회 관측한 평균값에 있어서의 오차	방향각법

	$m = \pm \sqrt{\dfrac{2}{n}(a^2 + \beta^2)}$ a : 시준오차 β : 읽기오차 n : 관측횟수	
조합각 관측법	수평각 관측방법 중 가장 정확한 방법으로 1등삼각측량에 이용된다. (1) 방법 　여러 개의 방향선의 각을 차례로 방향각법으로 관측하여 얻어진 여러 개의 각을 최소제곱법에 의해 최확값을 결정한다. (2) 측각 총수, 조건식 총수 　① 측각 총수 $= \dfrac{1}{2}N(N-1)$ 　② 조건식 총수 $= \dfrac{1}{2}(N-1)(N-2)$ 　여기서, N : 방향수	각 관측법

CHAPTER 04 트래버스측량

1 측각오차의 조정

1) 폐합트래버스 경우

내각측정시	다각형의 내각의 합은 180°(n-2)이므로 ∴ $E=[a]-180(n-2)$
외각측정시	다각형에서 외각은(360°-내각)이므로 외각의 합은 (360°×n-내각의 합) 즉 360°×n-180°(n-2)=180°(n+2)이 된다 ∴ $E=[a]-180(n+2)$
편각측정시	편각은 (180°-내각)이므로 편각의 합은 180°×n-180°(n-2)=360° ∴ $E=[a]-360°$ 여기서, E : 폐합트래버스오차 　　　　[a] : 각의 총합 　　　　n : 각의수

2) 결합트래버스 경우

$E = W_a - W_b' + [a] - 180°(n+1)$	
$E = W_a - W_b' + [a] - 180°(n-1)$	

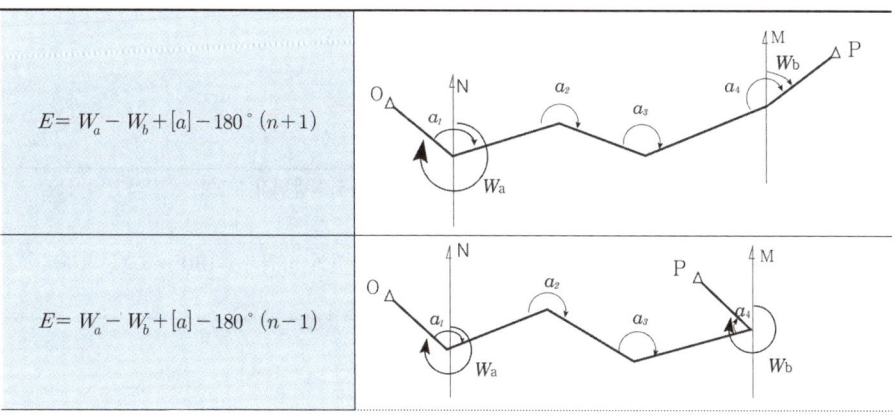

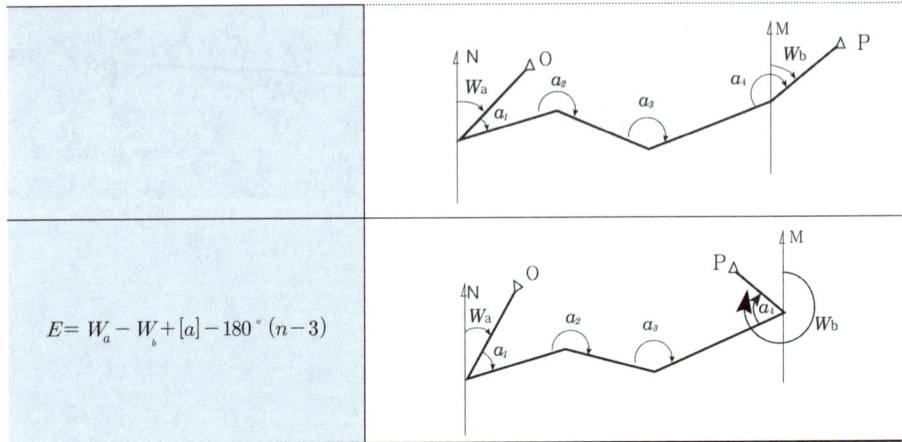

$E = W_a - W_b + [a] - 180°(n-3)$	

3) 측각오차의 허용범위

임야지 또는 복잡한 경사지	$1.5\sqrt{n}$(분) $= 90''\sqrt{n}$(초)
완만한 경사지 또는 평탄지	$0.5\sqrt{n} \sim 1\sqrt{n}$(분) $= 30''\sqrt{n} \sim 60''\sqrt{n}$(초)
시가지	$0.3\sqrt{n} \sim 0.5\sqrt{n}$(분) $= 20''\sqrt{n} \sim 30''\sqrt{n}$(초) 여기서 n : 트래버스의 변의 수

4) 측각오차의 조정

오차 $E_a = \pm \varepsilon_a \sqrt{n}$

여기서, E_a : n개각의 각오차
ε_a : 1개각의 각오차
n : 측각수

2 방위각 및 방위 계산

1) 방위각계산

(1) 교각법에 의한 방위각계산

교각을 시계방향으로 측정할 때 (진행방향의 우측각)	방위각 = 하나 앞 측선의방위각 + 180° - 그측선의 교각 ∴ $V = \alpha + 180° - a_2$
교각을 반시계방향으로 측정할 때 (진행방향의 좌측각)	방위각 = 하나 앞 측선의 방위각 + 180°+그측선의 교각 ∴ $V = \alpha + 180° + a_2$

(2) 편각을 측정한 경우의 방위각계산

방위각 = 하나 앞 측선의 방위각 ± 그 측선의 편각
(우편각(+), 좌편각(-))

(3) 역 방위각계산

역방위각 = 방위각 + 180°

2) 방위계산

상환	방위	방위각	위거	경거
I	$N\,\theta_1\,E$	$a = \theta_1$	+	+
II	$S\,\theta_2\,E$	$a = 180° - \theta_2$	−	+
III	$S\,\theta_3\,W$	$a = 180° + \theta_3$	−	−
IV	$N\,\theta_4\,W$	$a = 360° - \theta_4$	+	−

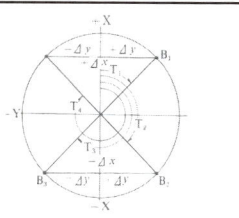

3 위거 및 경거 계산

위거(Latitude)	측선에서 NS선의 차이	$L_{AB} = l \cdot \cos\theta$
경거(Departure)	측선에서 EW선의 차이	$D_{AB} = l \cdot \sin\theta$
AB의 거리	$AB = \sqrt{(X_B - X_A)^2 + (Y_B - Y_A)^2}$	
방위	$\tan\theta = \dfrac{\Delta Y}{\Delta X} = \dfrac{Y_B - Y_A}{X_B - X_A}$ $\theta = \tan^{-1} \dfrac{\Delta Y}{\Delta X}$ (상환)	
방위각	1상환	$a = \theta_1$
	2상환	$a = 180° - \theta_2$
	3상환	$a = 180° + \theta_3$
	4상환	$a = 360° - \theta_4$

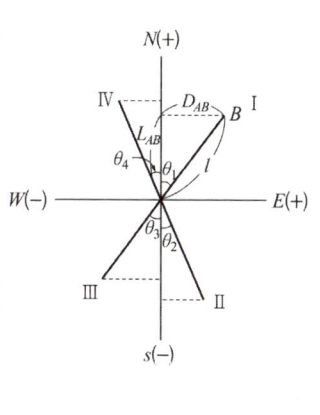

4 폐합오차와 폐합비

1) 폐합트래버스

폐합오차	$E = \sqrt{(\triangle L)^2 + (\triangle D)^2}$
폐합비(정도)	$\dfrac{1}{M} = \dfrac{폐합오차}{총길이} = \dfrac{\sqrt{(\triangle L)^2 + (\triangle D)^2}}{\sum l}$ 여기서, $\triangle l$: 위거오차 $\triangle D$: 경거오차

5 트래버스의 조정

컴퍼스법칙	각관측과 거리관측의 정밀도가 같을 때 조정하는 방법으로 각측선 길이에 비례하여 폐합오차를 배분한다.
	위거조정량 $= \dfrac{그\ 측선거리}{전\ 측선거리} \times 위거오차 = \dfrac{L}{\sum L} \times E_L$
	경거조정량 $= \dfrac{그\ 측선거리}{전\ 측선거리} \times 경거오차 = \dfrac{L}{\sum L} \times E_D$
트랜싯법칙	각관측의 정밀도가 거리관측의 정밀도 보다 높을 때 조정하는 방법으로 위거, 경거의 크기에 비례하여 폐합오차를 배분한다.
	위거조정량 $= \dfrac{그\ 측선의\ 위거}{|위거절대치의\ 합|} \times 위거오차 = \dfrac{L}{\sum |L|} \times E_D$
	경거조정량 $= \dfrac{그\ 측선의\ 경거}{|경거절대치의\ 합|} \times 경거오차 = \dfrac{D}{\sum |D|} \times E_D$

6 합위거(X좌표) 및 합경거(Y좌표)의 계산

트래버스 측량의 좌표는 합위거 및 합경거를 의미하며 트래버스 측량의 목적은 점(X,Y)좌표를 구하는데 있다. 이때 위거는 X, 경거는 Y를 의미한다.

좌표계산	① 최초의 측점을 원점으로 한다
	② 임의 측선의 합위(경)거=앞 측선의 합위(경)거+그 측선의 조정 위(경)거
	③ 마지막측선의 합위(경)거=그 측선의 조정 위(경)거와 같고 부호가 반대

7 면적계산

1) 횡거

어떤 측선의 중심에서 어떤 시준선에 내린 수선의 길이를 횡거라 한다

횡 거	$\overline{NN'} = \overline{N'P} + \overline{PQ} + \overline{QN}$ $\phantom{\overline{NN'}} = \overline{MM'} + \frac{1}{2}\overline{BB'} + \frac{1}{2}\overline{CC''}$ 여기서, NN' : 측선 BC의 횡거 MM': 측선 AB의 횡거 BB': 측선 AB의 횡거 CC'': 측선 BC의 경거
임의 측선의 횡거	= 하나 앞 측선의 횡거 + $\dfrac{\text{하나 앞 측선의 경거}}{2}$ + $\dfrac{\text{그 측선의 경거}}{2}$

2) 배횡거

면적을 계산할 때 횡거를 그대로 사용하면 분수가 생겨서 불편하므로 계산의 편리상 횡거를 2배하는데 이를 배횡거라 한다.

제 1 측선의 배횡거	그 측선의 경거
임의 측선의 배횡거	앞 측선의 배횡거 + 앞 측선의 경거 + 그 측선의 경거
마지막 측선의 배횡거	그 측선의 경거(부호는 반대)

3) 면적

(1) 배면적 = 배횡거 × 위거

(2) 면적 = $\dfrac{\text{배면적}}{2}$

CHAPTER 05 삼각 및 삼변측량

1 삼각측량의 원리

$$\frac{a}{\sin\alpha} = \frac{b}{\sin\beta} = \frac{c}{\sin\gamma}$$
$$b = \frac{\sin\beta}{\sin\alpha} \cdot a$$
$$c = \frac{\sin\gamma}{\sin\alpha} \cdot a$$

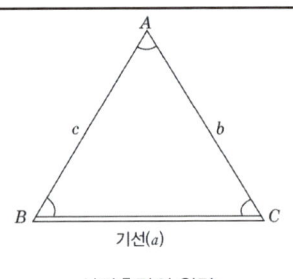

삼각측량의 원리

2 삼각점 및 삼각망

1) 삼각점(측량 정도의 높은 순서를 정하기 위해)

삼각점	평균변장	내각
대삼각본점(1등 삼각점)	30km	약 60°
대삼각보점(2등 삼각점)	10km	30~120°
소삼각 1등점(3등 삼각점)	5km	25~130°
소삼각 2등점(4등 삼각점)	2.5km	15° 이상

2) 삼각망의 종류

단열삼각쇄(망) (single chain of tringles)	① 폭이 좁고 길이가 긴 지역에 적합하다. ② 노선·하천·터널 측량 등에 이용한다. ③ 거리에 비해 관측수가 적다. ④ 측량이 신속하고 경비가 적게 든다. ⑤ 조건식의 수가 적어 정도가 낮다.	단열 삼각망

유심삼각쇄(망) (chain of central points)	① 동일 측점에 비해 포함면적이 가장 넓다. ② 넓은 지역에 적합하다. ③ 농지측량 및 평탄한 지역에 사용된다. ④ 정도는 단열삼각망보다 좋으나 사변형보다 적다.	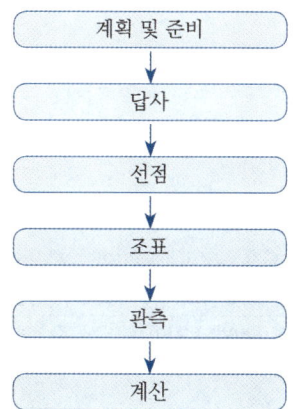 유심삼각쇄(망) 사변형삼각쇄(망)
사변형삼각쇄(망) (chain of quadrilaterals)	① 조건식의 수가 가장 많아 정밀도가 가장 높다. ② 기선삼각망에 이용된다. ③ 삼각점 수가 많아 측량시간이 많이 걸리며 계산과 조정이 복잡하다	
정밀도	삼각망의 정밀도는 사변형 > 유심 > 단열 순이다.	

3 삼각측량의 순서

```
계획 및 준비
    ↓
   답사
    ↓
   선점
    ↓
   조표
    ↓
   관측
    ↓
   계산
```

1) 기선 및 삼각점 선점 시 유의사항

기선	① 되도록 평탄 할 것 ② 기선의 양끝이 서로 잘 보이고 기선위의 모든 점이 잘 보일 것 ③ 부근의 삼각점에 연결하는데 편리할 것 ④ 기선의 길이는 삼각망의 변장과 거의 같아야 하므로 만일 이러한 길이를 쉽게 얻을 수 없는 경우는 기선을 증대시키는데 적당할 것
삼각점	① 각 점이 서로 잘 보일 것 ② 삼각형의 내각은 60°에 가깝게 하는 것이 좋으나 1개의 내각은 30~120° 이내로 한다. ③ 표지와 기계가 움직이지 않을 견고한 지점일 것 ④ 가능한 측점수가 적고 세부측량에 이용가치가 커야 한다. ⑤ 벌목을 많이 하거나 높은 시준탑을 세우지 않아도 관측할 수 있는 점일 것

4 편심(귀심) 계산

$\Delta P_1 CB$에서 sin법칙 $$\frac{e}{\sin x_1} = \frac{S_1'}{\sin(360-\phi)}$$ $$\therefore x_1 = \frac{e}{S_1'}\sin(360-\phi)\rho''$$	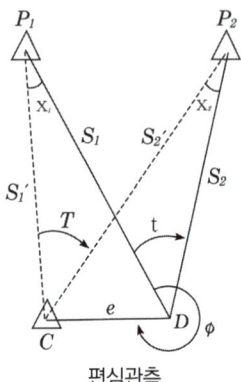 편심관측
$\Delta P_2 CB$에서 sin법칙 $$\frac{e}{\sin x_2} = \frac{S_2'}{\sin(360-\phi+t)}$$ $$\therefore x_2 = \frac{e}{S_2'}\sin(360-\phi+t)\rho''$$	
$\therefore T + x_1 = t + x_2$ $T = t + x_2 - x_1$	

5 삼각측량의 조정

1) 관측각의 조정

각조건	삼각형의 내각의 합은 180°가 되어야 한다. 즉 다각형의 내각의 합은 180°(n-2)이어야 한다.
점조건	한 측점 주위에 있는 모든 각의 합은 반드시 360°가 되어야 한다.
변조건	삼각망 중에서 임의의 한 변의 길이는 계산 순서에 관계없이 항상 일정하여야 한다.

2) 조건식의 수

각 조건식	$S-P+1$
변 조건식	$B-S-2P+2$
점 조건식	$w-l+1$
조건식의 총수	$B+a-2P+3$

여기서, w : 한 점 주위의 각수　　　l : 한 측점에서 나간 변의 수
　　　　a : 관측각의 총수　　　　B : 기선 수
　　　　S : 변 의 총수　　　　　 P : 삼각점의수

6 삼각측량의 오차

구차 (h_1)	지구의 곡률에 의한 오차이며 이 오차만큼 높게 조정을 한다.	$h_1 = +\dfrac{S^2}{2R}$
기차 (h_2)	지표면에 가까울수록 대기의 밀도가 커지므로 생기는 오차(굴절오차)를 말하며, 이 오차만큼 낮게 조정한다.	$h_2 = -\dfrac{KS^2}{2R}$
양차	구차와 기차의 합을 말하며 연직각 관측값에서 이 양차를 보정하여 연직각을 구한다.	양차 $= \dfrac{S^2}{2R} + (-\dfrac{KS^2}{2R})$ $= \dfrac{S^2}{2R}(1-K)$

여기서, R : 지구의 곡률반경 S : 수평거리 K : 굴절계수(0.12~0.14)

7 삼변측량(trilateration)

1) 수평각의 계산

코사인 제2법칙	$\cos A = \dfrac{b^2 + C^2 - a^2}{2bc}$ $\cos B = \dfrac{c^2 - a^2 - b^2}{2ca}$ $\cos C = \dfrac{a^2 + b^2 + c^2}{2ab}$	삼변 측량
반각공식	$\sin\dfrac{A}{2} = \sqrt{\dfrac{(s-b)(s-c)}{bc}}$ $\cos\dfrac{A}{2} = \sqrt{\dfrac{s(s-a)}{bc}}$ $\tan\dfrac{A}{2} = \sqrt{\dfrac{(s-b)(s-c)}{s(s-a)}}$	

2) 삼각측량의 성과표

성과표 내용	① 삼각점의 등급과 내용 ② 방위각 ③ 평균거리의 대수 ④ 측점 및 시준점의 명칭 ⑤ 자북 방향각 ⑥ 평면 직각좌표 ⑦ 위도, 경도 ⑧ 삼각점의 표고

CHAPTER 06 지형측량

1 지형의 표시법

자연적 도법	영선법 (우모법) (Hachuring)	"게바"라 하는 단선상(短線上)의 선으로 지표의 기본을 나타내는 것으로 게바의 사이, 굵기, 방향 등에 의하여 지표를 표시하는 방법
	음영법 (명암법) (Shading)	태양광선이 서북쪽에서 45°로 비친다고 가정하여 지표의 기복을 도상에서 2~3색 이상으로 채색하여 지형을 표시하는 방법으로 지형의 입체감이 가장 잘 나타나는 방법이다
부호적 도법	점고법 (Spot height system)	지표면상의 표고 또는 수심을 숫자에 의하여 지표를 나타내는 방법으로 하천, 항만, 해양 등에 주로 이용
	등고선법 (Contour System)	동일표고의 점을 연결한 것으로 등고선에 의하여 지표를 표시하는 방법으로 토목공사용으로 가장 널리 사용
	채색법 (Layer System)	같은 등고선의 지대를 같은색으로 채색하여 높을수록 진하게 낮을수록 연하게 칠하여 높이의 변화를 나타내며 지리관계의 지도에 주로 사용

2 등고선

1) 등고선의 종류

주곡선	지형을 표시하는데 가장 기본이 되는 곡선으로 가는 실선으로 표시
간곡선	주곡선 간격의 $\frac{1}{2}$ 간격으로 그리는 곡선으로 완경사지나 주곡선만으로 지모를 명시하기 곤란한 장소에 가는 파선으로 표시
조곡선	간곡선 간격의 $\frac{1}{2}$ 간격으로 그리는 곡선으로 불규칙한 지형을 표시 (주곡선 간격의 $\frac{1}{4}$ 간격으로 그리는 곡선)
계곡선	주곡선 5개마다 1개씩 그리는 곡선으로 표고의 읽음을 쉽게하고 지모의 상태를 명시하기위해 굵은 실선으로 표시

2) 등고선의 간격

축척 등고선 종류	기호	1/5,000	1/10,000	1/25,000	1/50,000
주곡선	가는실선	5	5	10	20
간곡선	가는파선	2.5	2.5	5	10
조곡선 (보조곡선)	가는점선	1.25	1.25	2.5	5
계곡선	굵은실선	25	25	50	100

3) 등고선의 성질

① 동일 등고선상에 있는 모든 점은 같은 높이이다.
② 등고선은 반드시 도면 안이나 밖에서 서로가 폐합한다.
③ 지도의 도면 내에서 폐합되면 가장 가운데 부분을 산꼭대기(산정) 또는 凹지(요지)가 된다.
④ 등고선은 도중에 없어지거나, 엇갈리거나 합쳐지거나 갈라지지 않는다.
⑤ 높이가 다른 두 등고선은 동굴이나 절벽의 지형이 아닌 곳에서는 교차하지 않는다.
⑥ 등고선은 경사가 급한 곳에서는 간격이 좁고 완만한 경사에서는 넓다.
⑦ 최대경사의 방향은 등고선과 직각으로 교차한다.
⑧ 분수선(능선)과 곡선(유하선)은 등고선과 직각으로 만난다.
⑨ 2쌍의 등고선의 볼록부가 상대할 때는 볼록부를 나타낸다.
⑩ 동등한 경사의 지표에서 양 등고선의 수평거리는 같다.
⑪ 같은 경사의 평면일 때는 나란한 직선이 된다.
⑫ 등고선이 능선을 직각방향으로 횡단한 다음 능선 다른 쪽을 따라 거슬러 올라간다.
⑬ 등고선의 수평거리는 산꼭대기 및 산밑에서는 크고 산중턱에서는 작다.

3 지성선(Topographical Line)

능선(凸선), 분수선	지표면의 높은 곳을 연결한 선으로 빗물이 이것을 경계로 좌우로 흐르게 되므로 분수선 또는 능선이라 한다
계곡선(凹선), 합수선	지표면이 낮거나 움푹패인 점을 연결한 선으로 합수선 또는 합곡선이라 한다
경사변환선	동일 방향의 경사면에서 경사의 크기가 다른 두 면의 접합선. (등고선 수평간격이 뚜렷하게 달라지는 경계선)
최대경사선	지표의 임의의 한 점에 있어서 그 경사가 최대로 되는 방향을 표시한 선으로 등고선에 직각으로 교차하며 물이 흐르는 방향이라는 의미에서 유하선이라고도 한다.

부록

01_공식모음
02_벌칙
03_각종 요소

01 공식모음

1 측량학개론

거리허용오차		$\left(\dfrac{d-D}{D}\right) = \dfrac{1}{12}\left(\dfrac{D}{r}\right)^2 = \dfrac{1}{m}, \ \ r = 6{,}370\text{km}$
평면거리		$D = \sqrt{\dfrac{12r^2}{m}}$
거리오차		$(d-D) = \dfrac{D^3}{12r^2}$
지자기측량의 3요소		편각, 복각, 수평분력
탄성파측량 (지진파측량)	지표면이 낮은 곳	굴절법
	지표면이 깊은 곳	반사법
지구의 형상('구'로 간주시)		$R = \dfrac{a+a+b}{3} = \dfrac{2a+b}{3}$
지구의 형상('회전타원체')		$\dfrac{x^2}{a^2} + \dfrac{y^2}{b^2} = 1, \ \ P = \dfrac{a-b}{a} = 1 - \sqrt{1-e^2}, \ \ e = \sqrt{\dfrac{a^2-b^2}{a^2}}$ p = 편평율, e = 이심율
구과량		$\varepsilon'' = \dfrac{F \cdot \rho''}{r^2}, \ \ F = \dfrac{1}{2}ab\sin\alpha, \ \ \rho'' = 206265'', \ \ r = 6{,}370\text{km}$
측량원점	서부도원점	38°N, 125°E
	중부도원점	38°N, 127°E
	동부도원점	38°N, 129°E
	동해도원점	38°N, 131°E
축척, 축척^2		축척 = $\dfrac{\text{도상거리}}{\text{실제거리}}$, 축척^2 = $\dfrac{\text{도상면적}}{\text{실제면적}}$

2 거리측량

누차	$n\delta$ $n=$ 관측횟수 $=\dfrac{L}{l}$ (L : 관측길이, l : 줄자길이), $\delta=$ 1회 관측오차
우차	$\pm \delta \sqrt{n}$
정오차와 우연오차가 공존할 경우 평균제곱오차	$M_0 = \sqrt{\text{정오차}^2 + \text{우연오차}^2}$
줄자에 대한 보정	$C = n\delta$, $L_0 = L \pm C$
온도보정	$C = L \cdot \alpha(t-15)$, $L_0 = L \pm C$ $\alpha =$ 팽창계수, $t =$ 측정시 온도
경사보정	$C = -\dfrac{h^2}{2L}$, $L_0 = L - \dfrac{h^2}{2L}$
평균해수면상에 대한 보정	$C = -\dfrac{LH}{R}$, $L_0 = L - \dfrac{LH}{R}$
장력에 대한 보정	$C = \dfrac{PL}{EA} = \dfrac{(P_0 - P_s)L}{EA}$, $L_0 = L \pm C$
처짐에 대한 보정	$C = -\dfrac{L}{24}\left(\dfrac{Wl}{P_0}\right)^2$, $L_0 = L - \dfrac{L}{24}\left(\dfrac{Wl}{P_0}\right)^2$
거리측정의 최확치	$\dfrac{\sum l}{n}$
경중률이 다를 때의 최확치	$L_0 = \dfrac{\sum P_i l_i}{\sum P_i} = \dfrac{P_1 l_1 + P_2 l_2 + \cdots + P_n l_n}{P_1 + P_2 + \cdots + P_n}$
중등오차(평균제곱오차)	$M_0 = \pm \sqrt{\dfrac{\sum V^2}{n(n-1)}}$ 1회 측정 시 : $M_0 = \pm \sqrt{\dfrac{\sum V^2}{n-1}}$
확률오차	$r_0 = \pm 0.6745 \sqrt{\dfrac{\sum V^2}{n(n-1)}}$ 1회 측정 시 : $r_0 = \pm 0.6745 \sqrt{\dfrac{\sum V^2}{n-1}}$
정도	$\dfrac{r_0}{L_0}$
경중률의 관계	$P_1 : P_2 : P_3 = \dfrac{1}{m_1^2} : \dfrac{1}{m_2^2} : \dfrac{1}{m_3^2}$ $P_1 : P_2 : P_3 = \dfrac{1}{L_1} : \dfrac{1}{L_2} : \dfrac{1}{L_3}$ $P_1 : P_2 : P_3 = n_1 : n_2 : n_3$
오차전파법칙	$M_0 = \pm \sqrt{m_1^2 + m_2^2 + m_3^2 + \cdots + m_n^2}$
면적의 평균제곱오차	$x = l_x \pm m_x$, $y = l_y \pm m_y$ $M_0 = \pm \sqrt{(l_y m_x)^2 + (l_x m_y)^2}$
면적의 보정	$A_0 = A(1+\varepsilon)^2$

3 평판측량

평판측량의 3요소	정준, 구심, 표정
외심오차(표정오차)	$e = qm$, $q = 0.2mm$
구심오차	$e = \dfrac{qm}{2}$
정준오차(평판경사에 의한 오차)	$e = \dfrac{2a}{r} \cdot \dfrac{n}{100} \cdot l = \dfrac{b}{r} \cdot \dfrac{n}{100} \cdot l$ a = 기포이동 눈금수, r = 기포관의 곡률반경, b = 기포변위량 n = 경사분획, l = 방향선의 길이(시준선 길이), $\dfrac{b}{r}$ = 경사허용도
시준공, 시준사에 의한 오차	$q = \dfrac{\sqrt{d^2 + t^2}}{2s} \times l$ d = 시준공 직경, t = 시준사 두께, l = 방향선 길이, s = 앨리데이드 길이
전진법에 의한 오차	$e = \pm 0.3\sqrt{n}\,(mm)$ n = 측선수
교회법에 의한 오차	$e = \pm \sqrt{2} \cdot \dfrac{0.2}{\sin\phi}\,(mm)$

평판측량의 정도(허용오차)		
	평지	$\dfrac{1}{1000}$
	경사지	$\dfrac{1}{1000} \sim \dfrac{1}{500}$
	산지	$\dfrac{1}{500} \sim \dfrac{1}{300}$

앨리데이드를 이용한 수평거리 관측		
	경사거리 l을 알 때	$D : 100 = l : \sqrt{100^2 + n^2}$
	시준판의 눈금과 Pole의 높이를 알 때	$D : 100 = h : (n_1 - n_2)$

4 수준측량(고저측량)

전후 시거리를 같게 함으로써 제거되는 오차		① 시준축오차(전후 시거리를 같게 하는 가장 큰 이유) ② 지구의 곡률오차 ③ 빛의 굴절오차 ④ 초점나사로 인한 오차
교호수준측량	고저차	$H = \dfrac{1}{2}[(a_1 - b_1) + (a_2 - b_2)]$
	지반고	$H_B = H_A \pm H$
기포관의 감도		$\alpha'' = \dfrac{\rho'' l}{nD} = \dfrac{s\rho''}{R}$ $l =$ 기포가 수평일 때와 움직였을 때의 높이차, $n =$ 이동 눈금수 $s = 2$mm, $D =$ 수평거리, $R =$ 기포관의 곡률반경
망원경의 배율		$\dfrac{\text{대물렌즈 초점거리}}{\text{접안렌즈 초점거리}}$
직접수준측량에서 오차의 비례관계		오차는 노선거리의 평방근에 비례 $e_1 : e_2 = \sqrt{L_1} : \sqrt{L_2}$

5 각 측량

호도법		$\theta'' = \dfrac{\rho'' l}{S}$ $\theta'' =$ 사잇각(각오차), $S =$ 수평거리 $l =$ 위치오차, $\dfrac{l}{S} =$ 정도
버니어(유표)	최소눈금	$\dfrac{s}{n}$ $s =$ 주척의 한눈금, $n =$ 버니어 한눈금
	순버니어	주척의 $(n-1)$ 눈금을 유표로 n 등분
	역버니어	주척의 $(n+1)$ 눈금을 유표로 n 등분
1각에 생기는 배각법 오차		$M = \pm \sqrt{\dfrac{2}{n}\left(\alpha^2 + \dfrac{\beta^2}{n}\right)}$ $\alpha =$ 시준오차, $\beta =$ 읽기오차
방향각법	1방향에 생기는 오차	$m_1 = \pm \sqrt{\alpha^2 + \beta^2}$
	2방향에 생기는 오차 (각 관측오차)	$m_2 = \pm \sqrt{2(\alpha^2 + \beta^2)}$
	n회 관측한 평균값에 대한 오차	$M = \pm \sqrt{\dfrac{2}{n}(\alpha^2 + \beta^2)}$
측각해야할 각의 수		$\dfrac{1}{2}n(n-1)$ $n =$ 측선수
n대회 관측각		$\dfrac{180°}{n}$
각오차 처리방법	시준축오차	망원경을 정, 반으로 취하여 평균값

		수평축오차	망원경을 정, 반으로 취하여 평균값
		외심오차	망원겨을 정, 반으로 취하여 평균값
		연직축오차	연직축과 수평기포축과의 직교조정(정, 반으로 불가)
		내심오차	180°의 차이가 있는 2개의 버어니어를 읽어 평균
		분도원 눈금오차	분도원의 위치변화를 무수히 한다.
		측점 또는 시준축편심에 의한 오차	편심 보정
관측시기		수평각	'조석'이 적당
		연직각	'정오'가 적당

6 다각측량(트래버스 측량)

각 관측값의 오차			$e = \pm \delta \sqrt{n}$ $n=$ 측각수
결합트래버스의 오차조정		L, M점이 자오선 밖에 있을 경우	$\Delta\alpha = \Sigma\alpha + w_a - w_b - 180(n+1)$
		L, M점이 한점만 자오선 밖에 있을 경우	$\Delta\alpha = \Sigma\alpha + w_a - w_b - 180(n-1)$
		L, M점이 둘다 자오선 안에 있을 경우	$\Delta\alpha = \Sigma\alpha + w_a - w_b - 180(n-3)$
폐합트래버스의 오차조정		내각관측시	내각의 합이 '$180(n-2)$'인지 확인
		외각관측시	외각의 합이 '$180(n+2)$'인지 확인
		편각관측시	편각의 합이 360°인지 확인
폐합오차			$e = \sqrt{위거오차^2 + 경거오차^2}$
폐합비(정도)			$R = \dfrac{e}{\Sigma l}$
폐합오차의 조정방법		트랜싯법칙	각측정정도 〉 거리측정정도
		컴퍼스법칙	각측정정도 = 거리측정정도
다각측량의 정도(허용오차)		시가지	$20\sqrt{n} \sim 30\sqrt{n}$ (초)
		평지	$30\sqrt{n} \sim 60\sqrt{n}$ (초)
		산지, 들	$90\sqrt{n}$ (초)
배횡거에 의한 면적계산		배횡거	배횡거 = 전측선의 배횡거 + 전측선의 경거 + 그 측선의 경거 제1측선의 경거 = 제1측선의 배횡거
		배면적	배면적 = 배횡거 × 위거 실면적 = 배면적의 1/2
다각측량 시 기준점과 기준점을 연결시키는 가장 이상적인 방법			삼각점에서 다른 삼각점에 연결시킨다.

7 시거측량(스타디아측량)

수평시준일 경우 수평거리		$D = Kl + C$ $K =$ 곱정수, $C =$ 가정수, $l =$ 협장(상시거 − 하시거)
경사시준일 경우	수평거리	$D = Kl\cos^2\alpha + C\cos\alpha$
	고저차	$H = \dfrac{1}{2}Kl\sin 2\alpha + C\sin\alpha$
시거선의 읽음오차		$dl = 0.2 + 0.05\sqrt{S}$(cm), $S =$ 시준거리(m)
거리오차(C = 0인 경우)		$dD = Kdl\cos^2\alpha$
고저차의 오차(C = 0인 경우)		$dH = \dfrac{1}{2}Kdl\sin 2\alpha$
시거정수가 거리에 미치는 영향		$dD = dK \cdot l\cos^2\alpha$
시거측량에서 가장 중요한 오차		협장오차
시거선의 상하간격 결정기준		대물렌즈의 촛점거리
시거측량시 시준고와 기계고를 같이 하는 이유		계산을 간단히 하기 위해

8 삼각측량

삼각망의 종류 및 용도	단열삼각망 − 폭이 좁고 거리가 먼 지역측량(노선 및 하천측량)			
	유심삼각망 − 넓은 지역 측량			
	사변형 삼각형 − 정도가 가장 좋다. 시간, 비용이 많이 든다 (기선삼각망에 이용).			
삼각점의 등급	삼각점	평균변장	내각	비 고
	1등 삼각본점	30km	약 60°	
	1등 삼각보점	10km	30~120°	
	3등 삼각점	5km	25~130°	1/50,000 지형도 제작 시 사용
	4등 삼각점	2.5km	15° 이상	1/10,000 지형도 제작 시 사용
	지적삼각점	2~5km	30~120°	
	지적삼각보조점	1~3km (0.5~1km)	30~120°	
	지적도근점	50~300m (500m)		
조건식	각 조건식 수	'$s - p + 1$' s : 측점할 변의 수, p : 측점수		
	변 조건식 수	기선의 수(검기선 제외)		
	측점 조건식 수	유심삼각망일 경우만 생기면 보통 '1'이다.		
	조건식 총수	각 + 변 + 측점 조건식의 수		

구차(지구곡률에 의한 오차)		$e_1 = +\dfrac{S^2}{2R}$ $S=$ 두점간의 구면거리		
기차(빛의 굴절에 의한 오차)		$e_2 = +\dfrac{KS^2}{2R}$ $K=$ 굴절계수		
양차	공식	$e = e_1 + e_2 = \dfrac{S^2}{2R} + \left(-\dfrac{KS^2}{2R}\right) = \dfrac{S^2}{2R}(1-K)$		
	조정 방법	구차는 높게, 기차는 낮게 조정한다.		
진북방향각		측점의 위치가 원점의 서쪽에 있을 경우 (+), 동쪽에 있으면 (−)이다.		
삼각측량에서 얻어진 거리		평균해수면상에 투영된 거리		
우리나라의 검기선	검기선 수	13개		
	가장 긴 것	평양기선		
	가장 짧은 것	안동기선		

9 지형측량

1) 등고선의 간격

등고선의 종류	표시방법	1/10,000 지형도	1/25,000 지형도	1/50,000 지형도
주곡선	가는 실선	5m	10m	20m
간곡선	가는 파선	2.5m	5m	10m
보조곡선(조곡선)	가는 점선	1.25m	2.5m	5m
계곡선	굵은 실선	25m	50m	100m

경사	$i = \dfrac{H}{D}$

10 면적 및 체적

삼변법	$A = \sqrt{s(s-a)(s-b)(s-c)}$, $s = \dfrac{1}{2}(a+b+c)$
Simpson의 제1법칙	$A = \dfrac{d}{3}[y_0 + y_n + 4(y_1 + y_3 + y_5) + 2(y_2 + y_4 + y_6)]$
Simpson의 제2법칙	$A = \dfrac{3}{8}d[y_0 + y_n + 3(y_1 + y_3 + y_4 + y_5 + \cdots) + 2(y_3 + y_6 + \cdots)]$
구적기에 의한 면적계산	$A = (\alpha_2 - \alpha_1) \cdot C\left(\dfrac{M}{m}\right)^2$, $A = (\alpha_2 - \alpha_1) \cdot C\left(\dfrac{M_1 \times M_2}{m^2}\right)$

		$M=$ 도면의 축척분모수, $m=$ 구적기의 축척분모수 $C=$ 구적기계수, 단위면적
축척과 단위면적과의 관계		$a_2 = \left(\dfrac{m_2}{m_1}\right)^2 \cdot a_1$
세점의 높이가 다른 횡단면적		$A = \dfrac{c}{2}(d_1+d_2) + \dfrac{w}{4}(h_1+h_2)$
각주공식		$V = \dfrac{A_1 + 4A_m + A_2}{6} \cdot l$
양단면 평균법		$V = \dfrac{A_1 + A_2}{2} \cdot l$
중앙단면법		$V = A_m \cdot l$
사각형으로 나누었을 때		$V = \dfrac{A}{4}(h_1+h_2+h_3+h_4)$
삼각형으로 나누었을 때		$V = \dfrac{A}{6}(h_1+h_2+h_3)$
등고선법		$V = \dfrac{h}{3}[A_0 + A_n + 4(A_1+A_3+A_5+\cdots) + 2(A_2+A_4+\cdots)]$ $h=$ 등고선간격
토지분할법	한 변에 평행한 직선에 따른 분할	$x^2 : (\overline{AB})^2 = m : (m+n)$
	변상의 정점을 통하는 분할	$(x \times \overline{AE}) : (\overline{AB} \times \overline{AC}) = m : (m+n)$
	삼각형의 정점을 통하는 분할	$x : \overline{BC} = m : (m+n)$

11 노선측량

접선길이	$TL = R\tan\dfrac{I}{2}$
곡선길이	$C = \dfrac{\pi}{180}RI$
외할	$E = R\left(\sec\dfrac{I}{2} - 1\right) = R\left(\dfrac{1}{\cos\dfrac{I}{2}} - 1\right)$
중앙종거	$M = R\left(1 - \cos\dfrac{I}{2}\right)$
편각	$\delta = 1718.87' \dfrac{l}{R}$
호길이와 현길이의 차	$C - L = \dfrac{C^3}{24R^2}$

M과 R의 관계		$R = \dfrac{L^2}{8M} + \dfrac{M}{2}$
종거		$y = \dfrac{1}{2L}(m-n)x^2$
종단곡선상의 표고계산		$H_1' = H_0 + mx, \quad \therefore H_1 = H_1' - y$
종곡선장		$l = \dfrac{R}{2}(m-n)$
원곡선일 경우 종거		$y = \dfrac{x^2}{2R}$
캔트(cant)		$c = \dfrac{SV^2}{gR}$ $\quad S=$ 궤간, $V=$ 열차속도, $R=$ 곡선반경
확폭(slack)		$\varepsilon = \dfrac{L^2}{2R}$ $\quad L=$ 차량전면에서 뒷바퀴까지의 거리, $R=$ 차선중심반경
완화곡선의 길이		$L = \dfrac{N}{100} \cdot c$ ($N : 300 \sim 800$)
이정		$f = \dfrac{L^2}{24R}$
완화곡선의 접선길이		$TL = \dfrac{L}{2} + (R+f)\tan\dfrac{I}{2}$
완화곡선의 성질	곡선반경	완화곡선의 시작점은 무한대이고, 종점은 원곡선 R 이다.
	접선	시점은 직선에 접하고 종점은 원호에 접한다.
		완화곡선에 연한 곡선반경의 감소율은 캔트의 가동률과 동률(다른 부호)로 된다.
클로소이드 곡선		$A^2 = RL$ $\quad L=$ 곡선장, $R=$ 곡률반경
최급구배		$\sqrt{횡구배^2 + 종구배^2}$

12 하천측량

• 평균유속 산정 공식

1점법		$V_m = V_{0.6}$
2점법		$V_m = \dfrac{1}{2}(V_{0.2} + V_{0.8})$
3점법		$V_m = \dfrac{1}{4}(V_{0.2} + 2V_{0.6} + V_{0.8})$
하천의 수위	최고, 최저수위	어떤 기간에 있어서의 최고, 최저수위
	평수위	185일 이상 이보다 저하되지 않는 수위
	저수위	275일 이상 이보다 저하되지 않는 수위
	갈수위	355일 이상 이보다 저하되지 않는 수위
	지정수위	홍수 시 매시 수위를 관측하는 수위

	통보수위	지정된 통보를 개시하는 수위
	경계수위	수방요원의 출동을 필요로 하는 수위
건설부 하천측량 종단면도 축척규정	종	1/1,000~1/10,000
	횡	1/100~1/200

12 터널측량

고저차	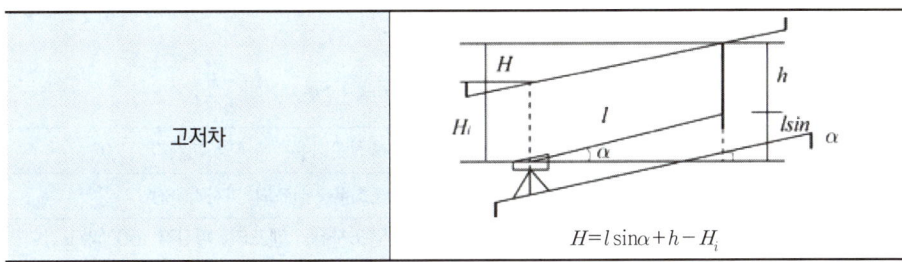 $H = l\sin\alpha + h - H_i$

13 사진측량

평면오차	$\left(\dfrac{10}{1000} \sim \dfrac{30}{1000}\right) \times m \text{(mm)}$
고도오차	$\left(\dfrac{1}{10,000} \sim \dfrac{2}{10,000}\right) \times H$
사진축척	$M = \dfrac{1}{m} = \dfrac{f}{H} = \dfrac{l}{S}$ $H =$ 고도, $f =$ 초점거리(화면거리), $l -$ 화면상의 두 점간 거리, $S =$ 실제지상거리
촬영고도	$H = C \cdot \Delta h$ $\Delta h =$ 등고선간격
촬영기선길이(주점간의 실제길이)	$B = mb = ma\left(1 - \dfrac{p}{100}\right)$ $b =$ 주점기선 길이, $a =$ 화면의 크기, $p =$ 종중복도
유효면적계산	단코스(Strip)	$A_0 = (ma)^2\left(1 - \dfrac{p}{100}\right)$
	복코스(Block)	$A_0 = (ma)^2\left(1 - \dfrac{p}{100}\right)\left(1 - \dfrac{q}{100}\right)$ $q =$ 횡중복도
사진매수	$\dfrac{F}{A_0} \times (1 + 안전율)$ $F =$ 촬영대상지역의 전체면적

노출시간	최장노출시간	$T_l = \dfrac{\Delta s \cdot m}{V}$	Δs = 흔들임양, V = 항공기의 초속
	최소노출시간	$T_s = \dfrac{B}{V}$	
비고에 의한 변위량		$\Delta r = \dfrac{h}{H} \cdot r$	h = 비고, r = 화면연직점에서의 거리
최대변위량		$\Delta r_{\max} = \dfrac{h}{H} \cdot \dfrac{\sqrt{2}}{2} \cdot a$	a = 화면상의 거리
시차차		$\Delta P = \dfrac{h}{H} \cdot P_r = \dfrac{h}{H} \cdot b,$ $b = a\left(1 - \dfrac{P}{100}\right),\ P_r$ = 기준면시차$\left(\dfrac{I+H}{2}\right)$	
사진기의 종류		초광각사진기 : 소축척도화용, 렌즈의 피사각 120°	
		광각사진기 : 일반도화용, 렌즈의 피사각 90°	
		보통각사진기 : 삼림조사용, 렌즈의 피사각 60°(과고감이 가장 크다)	
		협각사진기 : 특수한 대축척도화용	
표정	내부표정	양화필름을 정착시키는 작업	
	상호표정	종시차를 소거하여 1모델 전체가 완전 입체시 되도록 하는 작업	
	절대표정(대지표정)	축척결정, 수준면결정, 위치결정으로 세분된다.	
	접합표정	모델간 스트립간의 접합요소 결정	

02 벌칙

벌칙(법률 제109조)	
3년 이하의 징역 또는 3천만원 이하의 벌금 **암기** (㉠㉡㉢)	측량업자로서 속㉠수, ㉡력(威力), 그 밖의 방법으로 측량업 또는 수로사업과 관련된 입찰의 ㉢정성을 해친 자는 3년 이하의 징역 또는 3천만원 이하의 벌금에 처한다.
2년 이하의 징역 또는 2천만원 이하의 벌금 **암기** (㉮㉯㉰ ㉱㉲㉳㉴)	1. 측량업의 등록을 하지 아니하거나 ㉮짓이나 그 밖의 ㉯정한 방법으로 측량업의 ㉰록을 하고 측량업을 한 자 2. 성능검사대행자의 등록을 하지 아니하거나 ㉮짓이나 그 밖의 ㉯정한 방법으로 성능검사대행자의 ㉰록을 하고 성능검사업무를 한 자 3. 측량성과를 국㉱로 반출한 자 4. 측량기준점㉲지를 이전 또는 파손하거나 그 효용을 해치는 행위를 한 자 5. 고의로 측량㉳과를 사실과 다르게 한 자 6. 성능㉴사를 부정하게 한 성능검사대행자

1년 이하의 징역 또는 1천만원 이하의 벌금
암기
(㉵㉶㉷㉸ ㉹㉺㉻㉼)
	1. ㉵ 이상의 측량업자에게 소속된 측량기술자
	2. 업무상 알게 된 ㉶밀을 누설한 측량기술자
	3. 거짓(㉷위)으로 다음 각 목의 신청을 한 자
	
	    가. 신규등록 신청 나. 등록전환 신청 다. 분할 신청
	    라. 합병 신청 마. 지목변경 신청
	    바. 바다로 된 토지의 등록말소 신청
	    사. 축척변경 신청 아. 등록사항의 정정 신청
	    자. 도시개발사업 등 시행지역의 토지이동 신청
	
	4. 측량기술자가 아님에도 ㉸구하고 측량을 한 자
	5. 지적측량수수료 외의 ㉹가를 받은 지적측량기술자
	6. 심사를 받지 아니하고 지도등을 간행하여 ㉺매하거나 **배포**한 자
	7. 다른 사람에게 측량업등록증 또는 측량업등록수첩을 빌려주거나(㉻여) 자기의 성명 또는 상호를 사용하여 측량업무를 하게 한 자
	8. 다른 사람의 측량업등록증 또는 측량업등록수첩을 빌려서(㉻여) 사용하거나 다른 사람의 성명 또는 상호를 사용하여 측량업무를 한 자
	9. 다른 사람에게 자기의 성능검사대행자 등록증을 빌려(㉼여) 주거나 자기의 성명 또는 상호를 사용하여 성능검사대행업무를 수행하게 한 자

	10. 다른 사람의 성능검사대행자 등록증을 **빌려서(대여)** 사용하거나 다른 사람의 성명 또는 상호를 사용하여 성능검사대행업무를 수행한 자 11. 무단으로 측량성과 또는 측량기록을 ㉵제한 자
양벌규정	법인의 대표자나 법인 또는 개인의 대리인, 사용인, 그 밖의 종업원이 그 법인 또는 개인의 업무에 관하여 제107조부터 제109조까지의 어느 하나에 해당하는 위반행위를 하면 그 행위자를 벌하는 외에 그 법인 또는 개인에게도 해당 조문의 벌금형을 과(科)한다. 다만, 법인 또는 개인이 그 위반행위를 방지하기 위하여 해당 업무에 관하여 상당한 주의와 감독을 게을리하지 아니한 경우에는 그러하지 아니하다.

암기 ㉟㉡㉢㉣㉤

300만원 이하	㉟
200만원 이하	㉟: ㉠㉢㉡㉣
100만원 이하	㉡: ㉣㉤㉥ ㉢: ㉣㉦㉧ ㉤

과태료(법률 제111조)

300만원 이하	제13조제4항을 위반하여 고시된 측량㉟과에 어긋나는 측량성과를 사용한 자에게는 300만원 이하의 과태료를 부과한다.
200만원 이하	1. ㉟당한 사유 없이 ㉠량을 방해한 자 5. 정당한 사유 없이 제101조제7항을 위반하여 토지등에의 ㉢입 등을 방해하거나 거부한 자 3. 정당한 사유 없이 제99조제1항에 따른 ㉣고를 하지 아니하거나 거짓으로 보고를 한 자 4. 정당한 사유 없이 제99조제1항에 따른 ㉡사를 거부·방해 또는 기피한 자 2. 제92조제1항을 위반하여 측량기기에 대한 성능검사를 받지 아니하거나 부정한 방법으로 성능㉣사를 받은 자
100만원 이하	2. 제44조제5항을 위반하여 측량㉡ ㉢록사항의 변경신고를 하지 아니한 자 4. 제48조를 위반하여 측량업의 휴업·㉣업 등의 신고를 하지 아니하거나 거짓으로 신고한 자 3. 제46조제1항을 위반하여 측량업자의 지위 ㉤계 신고를 하지 아니한 자 5. 제93조제1항을 위반하여 성능㉣사대행자의 ㉢록사항 변경을 신고하지 아니한 자 6. 제93조제6항을 위반하여 성능검사대행업무의 ㉣업신고를 하지 아니한 자 7. 정당한 사유 없이 제98조제2항에 따른 ㉤육을 받지 아니한 자 1. 제40조제1항을 위반하여 ㉣짓으로 측량기술자의 신고를 한 자

03 각종 요소

각종 요소			
측량의 3요소	거리	평면거리 : 수평거리, 평면거리, 수직거리 곡면거리 : 측지선. 자오선. 항정선. 묘유선. 평행권 공간거리 : 공간상의 두 점을 잇는 선형을 경로로 하여 측량한 거리	
	방향	공간상 한 점의 위치는 원점(origin)과 기준점(reference surface), 기준선(reference line)이 정해졌다면 원점에서 그 점을 향하는 직선의 방향과 길이로 결정된다. 두 방향선의 방향의 차이는 각(angle) 으로 표시한다.	
	높이	수평면으로부터 어떤 점까지의 연직거리, 고저각이라고도 한다. 평균해수면으로 부터의 어느 지점까지의 높이, 표고라고도 한다.	
측량의 4요소	거리	평면거리 : 수평거리, 평면거리, 수직거리 곡면거리 : 측지선. 자오선. 항정선. 묘유선. 평행권 공간거리 : 공간상의 두 점을 잇는 선형을 경로로 하여 측량한 거리	
	방향	공간상 한 점의 위치는 원점(origin)과 기준점(reference surface), 기준선(reference line)이 정해졌다면 원점에서 그 점을 향하는 직선의 방향과 길이로 결정된다. 두 방향선의 방향의 차이는 각(angle) 으로 표시한다.	
	높이	표고 (標高, Elevation)	지오이드면, 즉 정지된 평균해수면과 물리적 지표면 사이의 고저차
		정표고 (正標高, Orthometric Height)	물리적 지표면에서 지오이드까지의 고저차
		지오이드고 (Geoidal Height)	타원체와 지오이드와 사이의 고저차를 말한다.
		타원체고 (楕圓體高, Ellipsoidal Height)	준거 타원체상에서 물리적 지표면까지의 고저차를 말하고 지구를 이상적인 타원체로 가정한 타원체면으로부터 관측지점까지의 거리이며 실제 지구표면은 울퉁불퉁한 기복을 가지므로 실제높이(표고)는 타원체고가 아닌 평균해수면(지오이드)으로부터 연직선 거리이다.

측지학적 3차원 위치 결정요소	시간		시는 지구의 자전 및 공전 때문에 관측자의 지구상 절대적위치가 주기적으로 변화함을 표시하는 것. 원래 하루의 길이는 지구의 자전, 1년은 지구의 공전, 주나 한 달은 달의 공전으로부터 정의된다. 시와 경도사이에는 1hr = 15°의 관계가 있다.
	경도	㈜지경도	본초자오선과 타원체상의 임의 자오선이 이루는 적도상 각거리를 말한다.
		㈜천문경도	본초자오선과 지오이드상의 임의 자오선이 이루는 적도상 각거리를 말한다.
	위도	㈜지위도	지구상 한 점에서 회전타원체의 법선이 적도면과 이루는 각으로 측지분야에서 많이 사용한다.
		㈜천문위도	지구상 한 점에서 지오이드의 연직선(중력방향선)이 적도면과 이루는 각을 말한다.
		㈜심위도	지구상 한 점과 지구중심을 맺는 직선이 적도면과 이루는 각을 말한다.
		㈜성위도	지구중심으로부터 장반경(a)을 반경으로 하는 원과 지구상 한 점을 지나는 종선의 연장선과 지구중심을 연결한 직선이 적도면과 이루는 각을 말한다.
	높이(평균해수면)		수평면으로부터 어떤 점까지의 연직거리, 고저각이라고도 한다. 평균해수면으로 부터의 어느 지점까지의 높이, 표고라고도 한다.
측지 원점요소 (測地原点要素) (측지원자 (測地原子))	㈜도		경도는 본초자오선과 적도의 교점을 원점(0, 0)으로 한다. 경도는 본초자오선으로부터 적도를 따라 그 지점의 자오선까지 잰 최소 각 거리로 동서쪽으로 0°~180°까지 나타내며, 측지경도와 천문경도로 구분한다.
	㈜도		위도(φ)란 지표면상의 한 점에서 세운 법선이 적도면을 0°로 하여 이루는 각으로서 남북위 0°~90°로 표시한다. 위도는 자오선을 따라 적도에서 어느 지점까지 관측한 최소 각거리로서 어느 지점의 연직선 또는 타원체의 법선이 적도면과 이루는 각으로 정의되고, 0°~90°까지 관측하며, 경도 1°에 대한 적도상 거리, 즉 위도 0°의 거리는 약 111km, 1′은 1.85km, 1″는 30.88m이다.
	㈜위각 (Azimuth)		자오선을 기준으로 어느 측선까지 시계방향으로 잰 수평각으로 진북방위각, 도북방위각(도북기준), 자북방위각(자북기준) 등이 있다.
	㈜오이드고		타원체와 지오이드와 사이의 고저차를 말한다.
	㈜준타원체 요소		
타원체의 요소	편평률		$P = \dfrac{a-b}{a} = 1 - \sqrt{1-e^2}$
	이심률		$e_1 = \sqrt{\dfrac{a^2 - b^2}{a^2}}$

	자오선곡률 반경	$R = \dfrac{a(1-e^2)}{W^3}$ $W = \sqrt{1 - e^2 \sin^2 \phi}$ (ϕ는 축지위도)
	묘유선곡률 반경	$N = \dfrac{a}{W} = \dfrac{a}{\sqrt{1 - e^2 \sin^2 \phi}}$
	중등곡률반경	$r = \sqrt{M \cdot N}$
	평균곡률반경	$R = \dfrac{2a+b}{3}$
	타원방정식 표현	$\dfrac{X^2}{a^2} + \dfrac{Y^2}{b^2} = 1$
지자기의 3요소	편각	수평분력 H가 진북과 이루는 각. 지자기의 방향과 자오선이 이루는 각
	복각	전자장 F와 수평분력 H가 이루는 각. 지자기의 방향과 수평면과 이루는 각
	수평분력	전자장 F의 수평성분. 수평면 내에서의 지자기장의 크기(지자기의 강도)를 말하며, 지자기의 강도를 전자력의 수평방향의 성분을 수평분력, 연직방향의 성분을 연직분력이라 한다.
지평좌표계 위치요소	방위각	방위각은 자오선의 북점으로부터 지평선을 따라 천체를 지나 수직권의 발 X'까지 잰 각거리
	고저각	지평선으로부터 천체까지 수직권을 따라 잰 각거리
적도좌표계 위치요소	적경	본초시간권(춘분점을 지나는 시간권)에서 적도면을 따라 동쪽으로 잰 각거리($0^h \sim 24^h$)
	적위	적도상 0도에서, 적도 남북 0~±90도로 표시하며, 적도면에서 천체까지 시간권을 따라 잰 각거리
	시간각	관측자의 자오선 PZ∑에서 천체의 시간권까지 적도를 따라 서쪽으로 잰 각거리
황도좌표계 위치요소	황경	춘분점을 원점으로 하여 황도를 따라 동쪽으로 잰 각거리(0~360°)
	황위	황도면에서 떨어진 각거리(0~±90노)
은하좌표계 위치요소	은경	은하중심방향으로부터 은하적도를 따라 동쪽으로 잰 각(0~360°)
	은위	은하적도로부터 잰 각거리(0~±90°)
트랜싯축의 3요소	시준축	망원경 대물렌즈의 광심과 십자선 교점을 잇는 선
	수평축	트랜싯 토탈스테이션 등의 망원경을 지지하는 수평한 축을 말한다. 망원경은 이축에 고정되어 있으며 축받이 위에서 회전한다.시준축과 연직축과는 서로 직교하고 있어야한다
	연직축	트랜싯 등에서 회전의 중심축으로 관측할 때 이것이 연직이 되도록 조정한다.이 것은 수준기에 따라서 하게 되는 것이므로 그 조정을 충분히 하여야 할 필요가 있다.
오차타원의 요소	타원의 장축	

편심요소	타원의 단축		
	타원의 회전각		
	편심각		관측의 기본방향에서 편심점 방향까지의 협각을 말한다. 각 방향의 편심방향각은 360°에서 편심각을 뺀 것에 관측방향각을 가해서 산출한다
	편심거리		3각점의 중심에서 시준점 또는 관측점의 중심까지의 거리.
다목적 지적의 5대 구성요소		Geodetic reference network	토지의 경계선과 측지측량이나 그 밖의 토지 및 토지관련 자료와 지형간의 상관관계형성. 지상에 영구적으로 표시되어 지적도상에 등록된 경계선을 현지에 복원할 수 있는 정확도를 유지할수 있는 기준점 표지의 연결망을 말하는데 서로 관련 있는 모든지역의 기준점이 단일의 통합된 네트워크여야 한다.
		Base map	측지기본망을 기초로하여 작성된 도면으로서 지도작성에 기본적으로 필요한 정보를 일정한 축척의 도면위에 등록한 것으로 변동사항과 자료를 수시로 정비하여 최신화 시켜 사용될수 있어야 한다.
		Cadastral overlay	측지기본망과 기본도와 연계하여 활용할수 있고 토지소유권에 관한 현재 상태의 경계를 식별할 수 있도록 일필지 단위로 등록한 지적도, 시설물, 토지이용, 지역구도 등을 결합한 상태의 도면을 말한다
		Unique parcel identification number	각 필지별 등록사항의 조직적인 저장과 수정을 용이하게 각 정보를 인식·선정·식별·조정하는 가변성(variability : 일정한조건에서 변할 수 있는 성질)이 없는 토지의 고유번호를 말하는데 지적도의 등록 사항과 도면의 등록 사항을 연결시켜 자료파일의 검색등 색인번호의 역할을 한다. 이러한 필지식별번호는 토지평가, 토지의 과세, 토지의 래, 토지이용계획 등에서 활용되고 있다.
		Land data file	토지에 대한 정보검색이나 다른 자료철에 있는 정보를 연결시키기 위한 목적으로 만들어진 각 필지의 식별번호를 포함한 일련의 공부 또는 토지자료철을 말하는데 과세대장, 건축물대장, 천연자원기록, 토지이용, 도로, 시설물대장 등 토지관련자료 를 등록한 대장을 뜻한다.
LIS의 구성요소		Hardware	지형공간정보체계를 운용하는 데 필요한 컴퓨터와 각종 입/출력장치 및 자료관리 장치를 말하며 하드웨어의 범주에는 데스크탑 PC, 워크스테이션뿐만 아니라 스캐너, 프린터, 플로터, 디지타이저를 비롯한 각종 주변 장치들을 포함한다.
		Software	지리정보체계의 자료를 입력, 출력, 관리하기 위해 프로그램인 소프트웨어가 반드시 필요하며 크게 세종류로 구분하면 먼저 하드웨어를 구동시키고 각종 주변 장치를 제어 할수 있는 운영체계(Operating system:OS), 지리정보체계의 자료구축과 자료 입력 및 검색을 위한 입력 소프트웨어, 지리정보체계의 엔진을 탑재하고 있는 자료처리 및 분석 소프트웨어로 구성된다. 소프트웨어는 각종 정보를 저장/분석/ 출력 할 수 있는 기능을 지원하는 도구로서 정보의 입력 및 중첩기능, 데이터 베이스 관리기능, 질의 분석, 시각화 기능 등의 주요 기능을 갖는다.
		Database	지리정보체계는 많은 자료를 입력하거나 관리하는 것으로 이루어지고 입력된 자료를 활용하여 토지정보체계의 응용시스템을 구축할

			수 있으며 이러한 자료들은 속성정보(각종 공부와 대장)와 도형정보(지적도, 임야도, 지하시설물도, 도시계획도 등)로 분류된다.
	Man Power		전문 인력은 지리정보체계의 구성요소 중에서 가장 중요한 요소로서 데이터(data)를 구축하고 실제 업무에 활용하는 사람으로, 전문적인 기술을 필요로 하므로 이에 전념할 수 있는 숙련된 전담요원과 기관을 필요로 하며 시스템을 설계하고 관리 하는 전문 인력과 일상 업무에 지리정보체계를 활용하는 사용자 모두가 포함된다.
		GIS 일반 사용자	단순히 정보를 찾아보는 일반 사용자 ① 교통정보나 기상정보 참조 ② 부동산 가격에 대한 정보 참조 ③ 기업이나 서비스업체 찾기 ④ 여행계획수립 ⑤ 위락시설 정보 찾기 ⑥ 교육
		GIS 활용가	기업활동, 전문서비스 공급, 그리고 의사 결정을 위한 목적으로 GIS를 사용한다. ① 엔지니어/계획가 ② 시설물 관리자 ③ 자원 계획가 ④ 토지 행정가 ⑤ 법률가 ⑥ 과학자
		GIS 전문가	실제로 GIS가 구현되도록 일하는 사람 ① 데이터베이스 관리 ② 응용 프로그램 ③ 프로젝트 관리 ④ 시스템 분석 ⑤ 프로그래머
	Application		특정한 사용자 요구를 지원하기 위해 자료를 처리하고 조작하는 활동 즉 응용 프로그램들을 총칭하는 것으로 특정 작업을 처리하기 위해 만든 컴퓨터프로그램을 의미한다. 하나의 공간문제를 해결하고 지역 및 공간관련 계획수립에 대한 솔류션을 제공하기위한 GIS 시스템은 그 목표 및 구체적인 목적에 따라 적용되는 방법론이나 절차, 구성, 내용 등이 달라지게 된다.
메타데이터의 기본요소 ㉮㉯㉰㉱㉲㉳㉴	개요 및 ㉮료 소개		수록된 데이터의 명칭, 개발자, 데이터의 지리적 영역 및 내용, 다른 이용자의 이용가능성, 가능한 데이터의 획득방법 등을 위한 규칙이 포함된다.
	자㉯품질		자료가 가진 위치 및 속성의 정확도, 완전성, 일관성, 정보의 출처, 자료의 생성방법 등을 나타낸다.
	자료의 ㉰성		자료의 코드화(Encoding)에 이용된 데이터 모형(벡터나 격자 모형 등), 공간상의 위치 표시방법(위도나 경도를 이용하는 직접적인 방법이나 거리의 주소나 우편번호 등을 이용하는 간접적인 방법 등)에 관한 정보가 서술된다.

		공간참㉂를 위한 정보	사용된 지도 투영법, 변수 좌표계에 관련된 제반 정보를 포함한다.
		형㉂ 및 속성 정보	수록된 공간 객체와 관련된 지리정보와 수록방식에 관하여 설명한다.
		정㉭를 얻는 방법	정보의 획득과 관련된 기관, 획득 형태, 정보의 가격에 대한 사항을 설명한다
		참㉂정보	메타데이터의 작성자 및 일시 등을 포함한다.
메타데이터의 기본요소 암기 (㉠㉫㉠㉢ ㉪㉺㉢㉠㉦ ㉱)		identification information	인용, 자료에 대한 묘사, 제작시기, 공간영역, 키 워드, 접근제한, 사용제한, 연락처 등
		개요 및 자료소개 (Identification)	수록된 데이터의 명칭, 개발자, 데이터의 지리적 영역 및 내용, 다른 이용자의 이용가능성, 가능한 데이터의 획득방법 등을 위한 규칙이 포함된다.
		data quality information	속성정보 정확도, 논리적 일관성, 완결성, 위치정보 정확도, 계통(lineage) 정보 등
		자료 품질(Quality)	자료가 가진 위치 및 속성의 정확도, 완전성, 일관성, 정보의 출처, 자료의 생성방법 등을 나타낸다.
		spatial data organization information	간접 공간참조자료(주소체계), 직접 공간참조자료, 점과 벡터객체 정보, 위상관계, 래스터 객체 정보 등
		자료의 구성 (Organization)	자료의 코드화(Encoding)에 이용된 데이터 모형(벡터나 격자 모형 등), 공간상의 위치 표시방법(위도나 경도를 이용하는 직접적인 방법이나 거리의 주소나 우편번호 등을 이용하는 간접적인 방법 등)에 관한 정보가 서술된다.
		spatial reference information	평면 및 수직 좌표계
		공간참조를 위한 정보 (Spatial Reference)	사용된 지도 투영법, 변수 좌표계에 관련된 제반 정보를 포함한다.
		entity & attribute information	사상타입, 속성 등
		형상 및 속성 정보(Entity & Attribute Informatioin)	수록된 공간 객체와 관련된 지리정보와 수록방식에 관하여 설명한다.
		distribution information	배포자, 주문방법, 법적 의무, 디지털 자료형태 등
		정보 획득 방법	정보의 획득과 관련된 기관, 획득 형태, 정보의 가격에 대한 사항을 설명한다.
		metadata reference information	메타데이타 작성 시기, 버전, 메타데이터 표준이름, 사용제한, 접근제한 등
		참조정보 (Metadata Reference)	메타데이터의 작성자 및 일시 등을 포함한다.

		citation	출판일, 출판시기, 원 제작자, 제목, 시리즈 정보 등
		time period	일정시점, 다중시점, 일정 시기 등
		contact	연락자, 연락기관, 주소 등
ISO19113 (지리정보- 품질원칙)의 품질 개요 요소		목적	데이터셋을 생성하는 근본적인 이유를 설명하고 그 본래 의도한 용도에 관한 정보를 제공하여야 한다.
		용도	데이터셋이 사용되는 어플리케이션을 설명하여야 한다. 용도는 데이터생산자나 다른 개별 데이터 사용자가 데이터셋을 사용하는 예를 설명하여야 한다.
		연혁	데이터셋의 이력을 설명하여야 하고 수집, 획득에서부터 편집이나 파생을 통해 현재 형태에 도달하게 된 데이터셋의 생명주기를 알려주어야 한다. 연혁에는 데이터셋의 부모들을 설명하여야 하는 출력정보와 데이터셋 주기상의 사건 또는 변환기록을 설명하는 프로세스 단계 또는 이력정보의 두 가지 구성 요소가 있다.
품질요소 및 세부요소		완전성	초과, 누락
		논리적 일관성	개념일관성, 영역일관성, 포맷일관성, 위상일관성
		위치정확성	절대적 또는 외적 정확성, 상대적 또는 내적 정확성, 그리드데이터 위치정확성
		시간정확성	시간측정정확성, 시간일관성, 시간타당성
		주제정확성	분류 정확성, 비정량적 속성 정확성, 정량적 속성 정확성
GIS 데이터 표준화 요소 암기 ㈀㈁㈂㈃ ㈄㈅㈆㈇		Data Model	공간데이터의 개념적이고 논리적인 틀이 정의된다
		Data Content	다양한 공간 현상에 대하여 데이터 교환에 대해 필요한 데이터를 얻기 위한 공간 현상과 관련 속성 자료들이 정의된다.
		Meta data	사용되는 공간 데이터의 의미, 맥락, 내외부적 관계 등에 대한 정보로 정의된다.
		Data Collection	공간데이터를 수집하기 위한 방법을 정의한다.
		Location Reference	공간데이터의 정확성, 의미, 공간적 관계 등이 객관적인 기준(좌표체계, 투영법, 기준점등)에 의해 정의된다.
		Data Quality	만들어진 공간데이터가 얼마나 유용하고 정확한지, 의미가 있는지에 대한 검증 과정으로 정의된다.
		Data Exchange	만들어진 공간데이터가 Exchange 또는 Transfer 되기 위한 데이터 모델구조, 전환방식 등으로 정의된다.
SDTS의 구성요소		logical specification	세 개의 주요 장(section)으로 구성되어 있으며 SDTS의 개념적 모델과 SDTS 공간객체 타입, 자료의 질에 관한 보고서에서 담아야 할 구성요소, SDTS 전체 모듈에 대한 설계(layout)를 담고 있다.
		spatial features	공간객체들에 관한 카달로그와 관련된 속성에 관한 내용을 담고 있다. 범용 공간객체에 관한 용어정의를 포함하는데 이는 자료의 교환시 적합성(compatibility)을 향상시키기 위한 것이다. 내용은 주로 중-소 축척의 지형도 및 수자원도에서 통상 이용되는 공간객체에 국한되어 있다.
		ISO 8211 encoding	일반 목적의 파일 교환표준(ISO 8211) 이용에 대한 설명을 하고 있다. 이는 교환을 위한 SDTS 파일세트(filesets)의 생성에 이용된다.

	topological vector profile, TVP)	TVP는 SDTS 프로파일 중에서 가장 처음 고안된 것으로서 기본규정(1-3 부문)이 어떻게 특정 타입의 데이터에 적용되는지를 정하고 있다. 위상학적 구조를 갖는 선형(linear)/면형(area) 자료의 이용에 국한되어 있다.
	raster profile & extensions, RP	RP는 2차원의 래스터 형식 영상과 그리드 자료에 이용된다. ISO의 BIIF(Basic Image Interchange Format), GeoTIFF (Georeferenced Tagged Information File Format) 형식과 같은 또 다른 이미지 파일 포맷도 수용한다.
	point profile, PP	PP는 지리학적 점 자료에 관한 규정을 제공한다. 이는 제4부문 TVP를 일부 수정하여 적용한 것으로서 TVP의 규정과 유사하다.
	CAD and draft profiles	CAD는 벡터 기반의 지리자료가 CAD 소프트웨어에서 표현될 때 사용하는 규정이다. CAD와 GIS 간의 자료의 호환시 자료의 손실을 막기 위하여 고안된 규정이다. 가장 최근에 추가된 프로파일이다.
ISO Technical ommittee 211의 구성요소	WG1(Framework and Reference Model)	업무 구조 및 참조 모델을 담당하는 작업반
	WG2(Geospatial Data Models and Operators)	지리공간데이터 모델과 운영자를 담당
	WG3(Geospatial Data Administration)	지리공간데이터를 담당
	WG4(Geospatial Services)	지리공간 서비스를 담당
	WG5(Profiles and Functional Standards)	프로파일 및 기능에 관한 제반 표준을 담당
벡터 자료구조의 기본요소	Point	• 기하학적 위치를 나타내는 0차원 또는 무차원 정보 • 절점(node)은 점의 특수한 형태로 0 차원이고 위상적 연결이나 끝점을 나타낸다 • 최근린방법 : 점 사이의 물리적 거리를 관측 • 사지수(quadrat)방법 : 대상영역의 하부면적에 존재하는 점의 변이를 분석
	Line	• 1차원 표현으로 두 점 사이 최단거리를 의미 • 형태 : 문자열(string), 호(arc), 사슬(chain)등이 있다 • 문자열(string) : 연속적인 line segment(두 점을 연결한 선)를 의미하며 1차원적 요소이다 • 호(arc) : 수학적 함수로 정의 되는 곡선을 형성하는 점의 궤적 • 사슬(chain) : 각 끝점이나 호가 상관성이 없을 경우 직접적인 연결 즉 체인은 시작노드와 끝노드에 대한 위상정보를 가지며 자치 꼬임이 허용되지 않은 위상기본요소를 의미한다.
	Area	• 면(面, area) 또는 면적(面積)은 한정되고 연속적인 2차원적 표현 • 모든 면적은 다각형으로 표현

Data Mining의 기본요소	예측	특정 개체의 미래 동작을 예측(Predictive Model)
	묘사	사용자가 이용 가능한 형태로 표현 (Descriptive Model)
	검증	사용자 시스템의 가설 검증
	발견	자율적. 자동적으로 새로운 패턴 발견
Big Data의 5요소	Velocity	대용량 데이터를 빠르게 처리.분석할수 있는 속성
	Volume	비즈니스 및 IT 환경에 따른 대용량 데이터의 크기가 서로 상이한 속성
	Variety	빅데이터는 정형화되어 데이터베이스에 관리되는 데이터뿐 아니라 다양한 형태의 데이터의 모든 유형을 관리하고 분석한다
	Value	단순히 데이터를 수집하고 쌓는 게 목적이 아니라 사람을 이해하고 사람에게 필요한 가치를 창출하면서 개인의 권리를 침해하지 않고 신뢰 가능한 진실성을 가질 때, 진정한 데이터 자원으로 기능할 수 있다는 의미다
	Veracity	개인의 권리를 침해하지 않고 신뢰 가능한 진실성을 가질 때, 진정한 데이터 자원으로 기능할 수 있다는 의미다
Database의 개념적 구성요소 (E-R model의 구성요소)	Entity	① entity는 데이터베이스에 표현하려고 하는 유형.무형의 객체(object)로서 서로 구별되는 것으로 현실세계에 대해 사람이 생각하는 개념이나 의미를 가지는 정보의 단위이다. ② entity는 단독으로 존재할수 있으며,정보로서의 역할을 한다 ③ entity는 컴퓨터가 취급하는 파일의 레코드(record)에 해당하며, 하나 이상의 속성(attribute)로 구성된다.
	Attribute	① attribute는 개체가 가지고 있는 특성을 나타내고 데이터의 가장 작은 논리적 단위이다 ② attribute는 파일구조에서는 데이터 항목(data item),또는 필드(fild)라고도 한다 ③ attribute는 정보측면에서는 그 자체만으로는 중요한 의미를 표현하지 못해 단독으로 존재하지 못한다.

	Relationship	개체 집합과 개체 집합 간에는 여러 가지 유형의 관계가 존재하므로 데이터베이스에 저장할 대상이 된다.
		① 속성 관계(attribute relationship)
		   한 개체를 기술하는 속성관계는 한 개체 내에서만 존재하기 때문에 개체 내 관계(intra-entity relationship)라 한다
		② 개체 관계(entity relationship)
		   개체 집합과 개체 집합 사이의 관계를 나타내는 개체 관계는 개체 외부에 존재하기 때문에 개체 간 관계(inter-enety relationship)라 한다.

Geocoding (위치정보지정) 요소	input dataset	지오코딩을 위해 입력하는 자료를 의미한다.입력자료는 대체로 주소가 된다.
	output dataset	입력자료에 대한 지리참조코드를 포함한다. 출력자료의 정확도는 입력자료의 정확성에 좌우되므로 입력자료는 가능한 정확해야 한다.
	processing algorithm	공간 속성을 참조자료를 통하여 입력자료의 공간적 위치를 결정한다.

	reference dataset	정확한 위치를 결정하는 지리정보를 담고 있다. 참조자료는 대체로 지오코딩 참조 데이터베이스(geocoding reference dataset)가 사용된다.
DEM (Digital Elevation Model) 요소	블록 또는 타일	블록 또는 타일은 DEM의 지리적 범위를 나타내는 것으로 일반적으로 지형도와 연계되어 있다.
	단면 (propile)	일반적으로 단면은 표본으로 추출된 표고점들의 선형 배열을 ,단면 사이의 공간은 DEM의 공간적 해상도를 1차원으로 나타낸다.또 다른 차원은 표고점 간의 공간을 나타낸다.
	표고점	일반적으로 세 가지 유형의 표고점이 있다. 규칙적인 점들 단면을 따르는 첫 번째 점들 네 코너의 점들 이러한 세 가지 유형의 점들 가운데 네 코너의 점은 좌표로 기록되어 저장된다.
GIS자료검수 항목요소	자료 입력과정 및 생성연혁 관리	① 구축된 자료에 대한 정확한 원시자료의 추출과정 및 추출방법에 관한 설명을 통하여 적합한 검수방법을 선택할 수 있다. ② 기록된 원시자료에 관한 사항과 원시자료의 추출, 입력방법, 추출. 입력에 사용된 장비의 정확도 및 기타요소와 함께 투영방법의 변환 내용을 포함한다. ③ 독취성과의 해상도를 검수하며 독취성과의 잡음(noise)과 좌표 값의 단위는 미터로서 소숫점 2자리까지의 표현 여부, 도곽좌표 값의 정확성 유무 등을 검수한다. ④ 그래픽소프트웨어를 이용한 화면 프로그램검수를 주로 한다.
	자료 포맷	① 구축된 수치자료의 포맷에 대한 형식 검증 및 검수를 위한 자료의 전달이 제되로 되었는지 여부를 검수한다 ② 그래픽소프트웨어를 이용한 화면검사가 주를 이룬다. 검수를 위해서 구축 대상 자료목록이 사전에 테이블로 작성되어야 하며, 준비된 목록과 공급된 자료를 비교하여 오류가 발견된 경우에는 모두 수정되어야 한다.
	자료 최신성	자료의 변화 내용이 반영되었는가를 검수하는 것으로 최신 위성영상이나 다양한 방식의 자료 갱신을 통한 대상지역의 자료 최신성의 유지 여부를 검수하며, 필요에 따라 현지조사를 통한 갱신이 이루어 지기도 한다.
	위치의 정확성	① 수치자료가 현실세계의 위치와 일치하는가를 파악하는 것으로 모든 요소들의 위치가 허용오차를 벗어나는지 여부를 검수한다. ② 격자자료와 벡터자료의 입력오차를 검수하고 확인용 출력도면과 지도원판을 비교하여 검수한다. ③ 출력중첩 검수를 통해 오류를 검사하고, 화면프로그램 검수나 자동프로그램검수를 통해 오류의 정밀도를 검수한다.
	속성의 정확성	① 데이터베이스 내의 속성자료의 정확성을 검수하는 것으로 원시대장과 속성자료로 등록된 각 레코드값을 비교하여 속성자료의 누락여부와 범위값, 형식코드의 정확성 등을 주요 대상으로 한다.

		② 전수검사 또는 통계적 표본검수를 원칙으로 하고, 출력중첩검수와 화면검수를 겸해야 한다.
	문자 정확성	수치지도에 있어서 문자표기와 문자크기, 문자위치의 정확도와 폰트의 적정 여부를 검수한다.
	기하구조의 적합성	각 객체들의 특성에 따른 연결 상태를 검수하는 것으로 현실세계의 배열상태 또는 형태가 수치자료로 정확히 반영되어야 하며, 폴리곤의 폐합 여부와 선의 계획된 지점에서 교차여부, 선의 중복이나 언더슈트, 오브슈트 문제를 포함한다.
	경계정합	인접도엽 간 도형의 연결과 연결된 도형의 유연성 및 속성값의 일치여부를 검수한다.
	논리적 일관성	자료의 신뢰성을 검수하는 것으로 입력된 객체 및 속성자료의 관계를 조사하여 논리적으로 일치하는가를 파악한다.
	완전성	데이터베이스 전반에 대한 품질을 점검하는 것으로 자료가 현실세계를 얼마나 충실히 표현하고 있는가를 검수한다.
지리데이터의 품질 구성요소	지리데이터의 계통성 (lineage)	계통성은 특정지리데이터가 추출된 자료원에 관한 문서로서 최종데이터 파일들이 만들어지기까지의 관련된 모든 변환 방법 및 추출방법을 기술한다.
	지리데이터의 위치정확도 (positional accuracy)	위치정확도는 지리데이터가 표현하는 실세계의 실제위치에 대한 지리데이터베이스 내의 좌표의 근접함(closeness)으로서 정의되는데 전통적으로 지도는 대략 한 선의 폭 혹은 0.5mm의 정확도이다.
	지리데이터의 속성정확도 (attribute accuracy)	속성정확도는 데이터가 표현하는 실세계 사상에 대한 참값 또는 추정값과 지리 데이터베이스 내의 기술 데이터사이의 근접함(closeness)으로 정의되는데 속성정확도는 데이터의 성질에 따라 다른 방법으로 결정될 것이다.
	지리데이디의 논리적 일관성 (logical consistency)	논리적 일관성은 실세계와 기호화된 지리 데이터간의 관계충실도에 대한 설명으로 본질적으로 지리데이터의 논리적 일관성은 다음요소들을 포함한다. ① 실세계에 대한 데이터 모델의 일관성 ② 실세계에 대한 속성과 위치 데이터의 일관성 ③ 데이터 모델 내의 일관성 ④ 시스템내부 일관성 ⑤ 한 데이터 집합의 각기 다른 부분 간의 일관성 ⑥ 데이터 파일간의 일관성
	지리데이터의 완전성 (completeness)	지리데이터의 완전성은 데이터가 실세계의 모든 가능한 항목을 철저히 규명하는 정도를 표시한다.
	시간정확도 (temporal accuracy)	시간정확도는 지리 데이터베이스에서 시간표현에 관련된 자료의 품질척도이다.
	의미정확도 (semantic accuracy)	의미정확도는 공간 대상물이 얼마만큼 정확하게 표시되엇거나 명명되었는지를 나타내는 것이다.

파일처리 방식의 구성요소	Record		하나의 주제에 관한 자료를 저장한다. 기록은 아래 표에서 행(row)이라고 하며 학생 개개인에 관한 정보를 보여주고 성명, 학년, 전공, 학점의 네 개 필드로 구성되어 있다
	Field		레코드를 구성하는 각각의 항목에 관한 것을 의미한다. 필드는 성명, 학년, 전공, 학점의 네 개 필드로 구성되어 있다.
	Key		파일에서 정보를 추출할 때 쓰이는 필드로서 키로써 사용되는 필드를 키필드라 한다. 표에서는 이름을 검색자로 볼 수 있으며 그 외의 영역들은 속성영역(Attribute field)이라고 한다.
DBMS의 기능적 구성요소	Query Processor		터미널을 통해 사용자가 제출한 고급 질의문을 처리하고 질의문을 파싱(parsing)하고 분석해서 컴파일 한다.
	DML Preprocessor		호스트 프로그래밍 언어로 작성된 응용프로그램 속에 삽입되어 있는 DML명령문들을 추출하고 그 자리에는 함수 호출문(call statement)을 삽입한다.
	DDL Compiler 또는 DDL Processor		DDL로 명세된 스키마 정의를 내부 형태로 변환하여 시스템 카달로그에 저장한다.
	DML Compiler 또는 DML Processer		DML예비 컴파일러가 넘겨준 DML명령문을 파싱하고 컴파일 하여 효율적인 목적코드를 생성한다.
	Runtime Database Processor		실행시간에 데이터베이스 접근을 관리한다 즉 검색이나 갱신과 같은 데이터베이스연산을 저장데이타 관리자를 통해 디스크에 저장된 데이터베이스를 실행시킨다.
	Transaction Manager		데이터베이스를 접근하는 과정에서 무결성 제약조건이 만족하는지, 사용자가 데이터를 접근할 수 있는 권한을 가지고 있는지 권한 검사를 한다.
	Stored Data Manager		디스크에 저장되어 있는 사용자 데이터베이스나 시스템 카달로그 접근을 책임진다.
DDL ; Data Definition Language	CREATE		새로운 테이블을 생성한다.
	ALTER		기존의 테이블을 변경(수정)한다.
	DROP		기존의 테이블을 삭제한다.
	RENAME		테이블의 이름을 변경한다
	TURNCATE		테이블을 잘라낸다.
DML ; Data Mainpulation Language	SELECT		기존의 데이터를 검색한다
	INSERT		새로운 데이터를 삽입한다
	UPDATE		기존의 데이터를 변경(갱신)한다.
	DELETE		기존의 데이터를 삭제한다.
DCL ; Data Control Language	GRANT		권한을 준다(권한부여)
	REVOKE		권한을 제거한다.(권한해제)
	COMMIT		데이터 변경 완료
	ROLLBACK		데이터 변경 취소

DBMS의 필수 기능	DDL (data definiton language)	데이터베이스를 생성하거나 데이터베이스의 구조형태를 수정하기 위해 사용하는 언어로 데이터베이스의 논리적구조(logical structure)와 물리적구조(physical structure) 및 데이터베이스 보안과 무결성 규정을 정의 할수 있는 기능을 제공한다. 이것은 데이타베이스 관리자에 의해 사용하는 언어로서 DDD 컴파일러에 의해 컴파일되어 데이타 사전에 수록된다.
	DML (data manipulation language)	데이터베이스에 저장되어 있는 정보를 처리하고 조작하기 위해 사용자와 DBMS 간에 인터페이스 (interface)역할을 수행한다. 삽입, 검색, 갱신, 삭제 등의 데이터 조작을 제공하는 언어로서 절차식 (사용자가 요구하는 데이터가 무엇이며 요구하는 데이터를 어떻게 구하는지를 나타내는 언어이다.)과 비절차식(사용자가 요구하는 데이터가 무엇인지 나타내줄 뿐이며 어떻게 구하는지는 나타내지 않는 언어이다.) 의 형태가 있다.
	DCL : data control language)	외부의 사용자로부터 데이터를 안전하게 보호하기 위해 데이터 복구, 보안, 무결성과 병행 제어에 관련된 사항을 기술하는 언어이다.
Entity-Relationship model의 구성요소	Entity	① entity는 데이터베이스에 표현하려고 하는 유형.무형의 객체 (object)로서 서로 구별되는 것으로 현실세계에 대해 사람이 생각하는 개념이나 의미를 가지는 정보의 단위이다. ② entity는 단독으로 존재할수 있으며, 정보로서의 역할을 한다. ③ entity는 컴퓨터가 취급하는 파일의 레코드(record)에 해당하며, 하나 이상의 속성(attribute)로 구성된다.
	Attribute	① attribute는 개체가 가지고 있는 특성을 나타내고 데이터의 가장 작은 논리적 단위이다. ② attribute는 파일구조에서는 데이터 항목(data item),또는 필드(fild)라고도 한다. ③ attribute는 정보측면에서는 그 자체만으로는 중요한 의미를 표현하지 못해 단독으로 존재하지 못한다.
	Relation	개체 집합과 개체 집합 간에는 여러 가지 유형의 관계가 존재하므로 데이디베이스에 저장할 대상이 된다. ① 속성 관계(attribute relationship) 한 개체를 기술하는 속성관계는 한 개체 내에서만 존재하기 때문에 개체 내 관계(intra-entity relationship)라 한다. ② 개체 관계(entity relationship) 개체 집합과 개체 집합 사이의 관계를 나타내는 개체 관계는 개체 외부에 존재 하기 때문에 개체 간 관계(inter-enety relationship)라 한다.
객체지향의 구성요소 (COMAM)	Class	동일한 유형의 객체들의 집합을 클래스라 한다. 공통의 특성을 갖는 객체의 틀을 의미하며 한 클래스의 모든 객체는 같은 구조와 메시지를 응답한다.
	Object	객체는 데이터와 그 데이터를 작동시키는 메소드가 결합하여 캡슐화된 것이다. 현실세계의 개체(Entity)를 유일하게 식별할 수 있으며 추상화 된 형태이다. 객체는 메시지를 주고받아 데이터를 처리

		할 수 있다. 객체는 속성(Attribute)과 메소드(Method)를 하나로 묶어 보관하는 캡슐화 구조를 갖는다. $$\boxed{\text{Object = Data + Method}}$$
	Method	메소드는 객체를 형성할수 있는 방법이나 조작들로서 객체의 상태를 나타내는 데이터의 항목을 읽고 쓰는 것은 method에 의해 이루어 진다. 객체의 상태를 변경하고자 할 경우 메소드를 통해서 Message를 보낸다.
	Attribute	객체의 환경과 특성에 대해 기술한 요소들로 인스턴스 변수라고 한다.
	Message	객체와 객체간의 연계를 위하여 의미를 Message에 담아서 보낸다.
객체지향 프로그래밍 언어의 특징	추상화 (Abstraction)	현실세계 데이터에서 불필요한 부분은 제거하고 핵심요소 데이터를 자료구조로 표현한 것을 추상화라고 한다(객체 표현 간소화). 이때 자료구조를 클래스, 객체, 메소드, 메시지 등으로 표현한다. 또한 객체는 캡슐화(encapsulation)하여 객체의 내부구조를 알 필요 없이 사용 메소드를 통해서 필요에 따라 사용하게 된다. 실세계에 존재하고 있는 개체(feature)를 지리정보시스템 (GIS)에서 활용 가능한 객체(object)로 변환하는 과정을 추상화라 한다.
	캡슐화 (encapsulation) (정보 은닉)	객체간의 상세 내용을 외부에 숨기고 메시지를 통해 객체 상호작용을 하는 의미로서 독립성, 이식성, 재사용성 등 향상이 가능하다.
	상속성 (Inheritance)	하나의 클래스는 다른 클래스의 인스턴스(instance : 클래스를 직접구현하는 것)로 정의될 수 있는데 이때 상속의 개념을 이용한다. 하위 클래스(sub class)는 상위 클래스(super class)의 속성을 상속 받아 상위 클래스의 자료와 연산을 이용할 수 있다(하위 클래스에게 자신의 속성, 메소드를 사용하게 하여 확장성을 향상)
	다형성 (Polymorphism)	여러 개의 형태를 가진다는 의미의 그리스어에서 유래되었다. 여러 개의 서로 다른 클래스가 동일한 이름의 인터페이스를 지원하는 것도 다형성이다. 동일한 메시지에 대해 객체들이 각각 다르게 정의한 방식으로 응답하는 특성을 의미한다(하나의 객체를 여러형태로 재정의 할수 있는 성질). 객체지향의 다형성에는 오버로딩(overloading)과 오버라이딩(overriding)이 존재한다. overriding은 상속받은 클래스(자식 클래스:sub class)가 부모의 클래스(super class)의 메소드를 재정의하여 사용하는 것을 의미하며 overloading은 동일한 클래스내에서 동일한 메소드를 파라미터의 개수나 타입으로 다르게 정의하여 동일한 모습을 갖지만 상황에 따라 다른 방식으로 작동하게 하는 것을 의미한다. 동일한 이름의 함수를 여러 개 만드는 기법인 오버로딩(overloading)도 다형성의 형태이다.

객체구조 요소 (DMO)	데이터 (data)	① 객체의 상태를 말하며 흔히 객체의 속성을 가리킨다. ② 관계형 데이터 모델의 속성과 같다. ③ 관계형데이터모델에 비해 보다 다양한 데이터 유형을 지원한다. ④ 집합체, 복합객체, 멀티미디어 등의 자료도 데이터로 구축된다
	메소드 (method)	① 객체의 상태를 나타내는 데이터 항목을 읽고 쓰는 것은 메소드에 의해 이루어진다. ② 메소드는 객체를 형성할수 있는 방법이나 조작들이라고 할 수 있다. ③ 메소드는 객체의 속성데이터를 처리하는 프로그램으로 고급언어로 정의된다.
	객체식별자 (Oid)	① 객체를 식별하는 ID로 사용자에게는 보이지 않는다. ② 관계형 데이터 모델의 key에 해당한다. ③ 두 개의 객체의 동일성을 조사하는데 이용된다. ④ 접근 하고자 하는 데이터가 기억 되어 있는 위치 참조를 위한 포인터로도 이용된다.
외부요소	지리적 요소	지적측량에 있어서 지형, 식생, 토지이용 등 형태결정에 영향
	법률적 요소	효율적인 토지관리와 소유권보호를 목적으로 공시하기 위한 제도로써 등록이 강제되고 있다.
	사회적 요소	토지소유권 제도는 사회적 요소들이 신중하게 평가되어야 하며 사회적으로 그 제도가 받아들여져야 한다는 점과 사람들에게 신뢰성이 있어야하기 때문이다.
협의	토지	지적제도는 토지를 대상으로 성립하며 토지 없이는 등록행위가 이루어 질 수 없어 지적제도 성립이 될수가 없다. 지적에서 말하는 토지란 행정적 또는 사법적 목적에 의해 인위적으로 구획된 토지의 단위구역으로서 법적으로는 등록의 객체가 되는 일필지를 의미한다
	등록	국가통치권이 미치는 모든 영토를 필지단위로 구획하여 시장, 군수, 구청이 강제적으로 등록을 하여야 한다는 이념
	지적공부	토지를 구획하여 일정한 사항을 기록한 장부
광의	소유자	토지를 소유할 수 있는 권리의 주체
	권리	토지를 소유할 수 있는 법적 권리
	필지	법적으로 물권이 미치는 권리의 객체
Geo database의 구성요소	다양한 데이터 셋트의 집합	벡터 데이터, 래스터 데이터, 표면모델링 데이터 등
	객체 클래스들	현실세계 형상들과 관련된 객체에 대한 기술적 속성
	피쳐 클래스들	점,선,면적 등의 기하학적 형태로 묘사된 객체들
	관계 클래스들	서로 다른 피쳐 클래스를 가진 객체들 간의 관계
도형정보의 도형요소	점(Point)	• 기하학적 위치를 나타내는 0차원 또는 무차원 정보 • 절점(node)은 점의 특수한 형태로 0 차원이고 위상적 연결이나 끝점을 나타낸다 • 최근린방법 : 점 사이의 물리적 거리를 관측 • 사지수(quadrat)방법 : 대상영역의 하부면적에 존재하는 점의 변이를 분석

	선(Line)	• 1차원 표현으로 두 점 사이 최단거리를 의미 • 형태 : 문자열(string), 호(arc), 사슬(chain)등이 있다 • 호(arc):수학적 함수로 정의 되는 곡선을 형성하는 점의 궤적 • 사슬(chain):각 끝점이나 호가 상관성이 없을 경우 직접적인 연결
	면(Area)	• 면(面, area) 또는 면적(面積)은 한정되고 연속적인 2차원적 표현 • 모든 면적은 다각형으로 표현
	영상소 (Pixel)	• 영상을 구성하는 가장 기본적인 구조단위 • 해상도가 높을수록 대상물을 정교히 표현
	격자셀 (Grid Cell)	• 연속적인 면의 단위 셀을 나타내는 2차원적 표현
	Symbol & Annotation	• 기호(symbol) : 지도위에 점의 특성을 나타내는 도형요소 • 주석(annotation) : 지도상 도형적으로 나타난 이름으로 도로명, 지명, 고유번호, 차원등을 기록한다
지적 불부합지의 유형 (중공편불위 기경)	중복형	① 원점지역의 접촉지역에서 많이 발생 ② 기존 등록된 경계선의 충분한 확인 없이 측량했을 때 발생 ③ 발견이 쉽지 않다. ④ 도상경계에는 이상이 없으나 현장에서 지상경계가 중복되는 형상이다.
	공백형	① 도상경계는 인접해 있으나 현장에서는 공간의 형상이 생기는 유형 ② 도선의 배열이 상이한 경우에 많이 발생 ③ 리, 동 등 행정구역의 경계가 인접하는 지역에서 많이 발생 ④ 측량상의 오류로 인해서도 발생
	편위형	① 현형법을 이용하여 이동측량을 했을 때 많이 발생 ② 국지적인 현형을 이용하여 결정하는 과정에서 측판점의 위치오류로 인해 발생한 것이 많다. ③ 정정을 위한 행정처리가 복잡하다.
	불규칙형	① 불부합의 형태가 일정하지 않고 산발적으로 발생한 형태 ② 경계의 위치파악과 원인분석이 어려운 경우가 많다. ③ 토지조사 사업 당시 발생한 오차가 누적된 것이 많다.
	위치오류형	① 등록된 토지의 형상과 면적은 현지와 일치하나 지상의 위치가 전혀 다른 위치에 있는 유형을 말한다. ② 산림 속의 경작지에서 많이 발생한다. ③ 위치정정만 하면 되고 정정과정이 쉽다.
	경계 이외의 불부합	① 지적공부의 표시사항 오류 ② 대장과 등기부 간의 오류 ③ 지적공부의 정리시에 발생하는 오류 ④ 불부합의 원인 중 가장 미비한 부분을 차지한다.
필지중심 토지정보 시스템 (PBLIS) 구성	지적공부 관리시스템	① 사용자권한관리 ② 지적측량검사업무 ③ 토지이동관리 ④ 지적일반업무관리 ⑤ 창구민원업무 ⑥ 토지기록자료조회 및 출력 등

	지적측량 시스템	① ㉥적삼각측량 ② 지㉦삼각보조측량 ③ 도근㉥량 ④ 세부측㉩ 등
	지적측량 성과작성 시스템	① ㉤지이동지 조서작성 ② 측㉩준비도 ③ 측량㉥과도 ④ 측량성㉦도 등
토지관리 정보시스템 (LMIS)의 구성	토지정책지원시스템	• 토지자료 통계분석 • 토지정책 수립 지원
	토지관리지원시스템	• 토지행정 관리
	토지정보지원시스템	• 토지 민원 발급 • 법률 정보 서비스 • 토지정보 검색 • 토지 메타데이터
	토지행정지원시스템	• 토지 거래 • 외국인 토지 취득 • 부동산중개업 • 공시지가 • 공간자료 조회 • 시스템 관리
	공간자료관리시스템	• 지적파일검사 • 변동자료 정리 • 수치지적 구축 • 수치지적 관리 • 개별지적도 관리 • 연속편집지적 관리 • 용도 지역·지구 관리
한국토지 정보시스템 (KLIS)의 구성		KLIS ├ PBLIS: 지적공부관리, 지적측량성과작성, 지적측량 ├ 공통: 민원통합발급, 인터넷웹서비스, DB관리기 ├ LMIS: 토지정책, 토지행정, 주제도관리, 연속편집도면관리 │ └ 토지거래관리, 개발부담금관리, 부동산중개업관리, 공시지가관리, 용도지역지구관리, 외국인토지취득 └ 새주소: 새주소관리

부록 175

LMIS 소프트웨어 구성	ORACLE	데이터베이스 구축/유지관리/업무처리를 하는 DBMS인 ORACLE,
	GIS서버	GIS데이터의 유지관리/업무처리 등의 기능을 수행하는 GIS Server
	AutoCAD	GIS데이터 구축 및 편집을 위한 AutoCAD
	ARS/INFO	토지이용계획확인원을 위한 ARC/INFO
	Spatial Middleware	응용시스템 개발을 위한 Spatial Middleware와 관련 소프트웨어
LMIS 컴포넌트 (Component)	Data Provider	DB 서버인 SDE나 ZEUS 등에 접근하여 공간/속성 질의를 수행하는 자료 제공자
	Edit Agent	공간자료의 편집을 수행하는 자료편집자(Edit Agent),
	Map Agent	클라이언트가 요구한 도면자료를 생성하는 도면 생성자
	MAP OCX	클라이언트의 인터페이스 역할을 하며 다양한 공간정보를 제공하는 MAP OCX
	Web Service	민원발급시스템의 Web Service 부분
GPS 구성요소	Space Segment	① 궤도형상 : 원궤도 ② 궤도면수 : 6개면 ③ 위성수 : 1궤도면에 4개 위성(24개+보조위성 7개)=31개 ④ 궤도경사각 : 55° ⑤ 궤도고도 : 20,183km ⑥ 사용좌표계 : WGS84 (지구중심좌표계) ⑦ 회전주기 : 11시간 58분(0.5항성일) : 1항성일은 23시간 56분 4초 ⑧ 궤도간 이격 : 60도 ⑨ 기준발진기 : 10.23MHz : 세슘원자시계 2대 　　　　　　　　　　　　　　: 류비듐원자시계 2대
	Control Segment	① 주제어국 : 콜로라도 스프링스(Colorad Springs) - 미국 콜로라도주 ② 추적국 : 어센션 섬(Ascension Is) - 남 대서양 　(감시국): 디에고 가르시아(Diego Garcia) - 인도양 　　　　 : 쿠에제린(Kwajalein Is) - 북 태평양 　　　　 : 하와이(Hawaii) - 서 대서양 ③ 3개의 지상안테나 (전송국or관제국) : 어센션 섬, 디에고 가르시아, 쿠에제린에 위치한 감시국과 함께 배치되어 있는 지상관제국은 수로 지상 안테나로 구성되어 있다) : 갱신사료 송신
	User Segment	위성으로부터 전파를 수신하여 수신점의 좌표나 수신점 간의 상대적인 위치관계를 구한다. 사용자부문은 위성으로부터 전송되는 신호정보를 수신할 수 있는 GPS 수신기와 자료처리를 위한 소프트웨어로서 위성으로부터 전송되는 시간과 위치정보를 처리하여 정확한 위치와 속도를 구한다. ① GPS 수신기 : 위성으로부터 수신한 항법데이터를 사용하여 사용자 위치/속도를 계산한다.

		② 수신기에 연결되는 GPS 안테나 : GPS 위성신호를 추적하며 하나의 위성신호만 추적하고 그 위성으로부터 다른 위성들의 상대적인 위치에 관한 정보를 얻을 수 있다.
인공위성의 궤도요소	궤도장반경	궤도타원의 장반경
	궤도이심율	궤도타원의 이심율(장반경과 단반경의 비율)
	궤도경사각	궤도면과 적도면의 교각
	승교점적경	궤도가 남에서 북으로 지나는 점의 적경 (昇交點:위성이 남에서 북으로 갈 때의 천구적도와 천구상 인공위성 궤도의 교점)
	근지점인수	승교점에서 근지점까지 궤도면을 따라 천구북극에서 볼때 반시계방향으로 잰 각거리
	근점이각	근지점에서 위성까지의 각거리
편위수정을 하기 위한 조건	편위수정기는 매우 정확한 대형기계로서 배율(축척)을 변화시킬 수 있을 뿐만 아니라 원판과 투영판의 경사도 자유로이 변화시킬 수 있도록 되어 있으며 보통 4개의 표정점이 필요하다. 편위수정기의 원리는 **렌즈, 투영면, 화면(필름면)의 3가지 요소**에서 항상 선명한 상을 갖도록 하는 조건을 만족시키는 방법이다.	
	기하학적 조건 (소실점 조건)	필름을 경사지게 하면 필름의 중심과 편위수정기의 렌즈중심은 달라지므로 이것을 바로 잡기 위하여 필름을 움직여 주지 않으면 안된다. 이것을 소실점 조건이라 한다.
	광학적조건 (Newton의 조건)	광학적경사보정은 경사편위수정기(Rectifier)라는 특수한 장비를 사용하여 확대배율을 변경하여도 항상 예민한 영상을 얻을 수 있도록 $\frac{1}{a}+\frac{1}{b}=\frac{1}{f}$의 관계를 가지도록 하는 조건을 말하며 Newton의 조건이라고도 한다.
	샤임플러그 조건 (Scheimpflug)	편위수정기는 사진면과 투영면이 나란하지 않으면 선명한 상을 맺지 못하는 것으로 이것을 수정하여 화면과 렌즈주점과 투영면의 연장이 항상 한 선에서 일치하도록 하면 투영면상이 상은 선명하게 상을 맺는다. 이것을 샤임플러그 조건이라 한다.
특수3점	주점(Principal Point)	주점은 사진의 중심점이라고도 한다. 주점은 렌즈중심으로부터 화면(사진면)에 내린 수선의 발을 말하며 렌즈의 광축과 화면이 교차하는 점이다.
	연직점 (Nadir Point)	㉠ 렌즈중심으로부터 지표면에 내린 수선의 발을 말하고 N을 지상연직점(피사체연직점), 그 선을 연장하여 화면(사진면)과 만나는 점을 화면연직점(n)이라 한다. ㉡ 주점에서 연직점까지의 거리(mn)=$f\tan i$
	등각점 (Isocenter)	㉠ 주점과 연직점이 이루는 각을 2등분한 점으로 또한 사진면과 지표면에서 교차되는 점을 말한다. ㉡ 주점에서 등각점까지의 거리(mn)=$f\tan\frac{i}{2}$

표정	내부표정	내부표정이란 도화기의 투영기에 촬영당시와 똑같은 상태로 양화건판을 정착시키는 작업이다. ① 주점의 위치결정 ② 화면거리(f)의 조정 ③ 건판의 신축측정, 대기굴절, 지구곡률보정, 렌즈수차 보정
	상호표정	지상과의 관계는 고려하지 않고 좌우사진의 양투영기에서 나오는 광속이 촬영당시 촬영면에 이루어지는 종시차(y-parallax: P_y)를 소거하여 목표 지형물의 상대위치를 맞추는 작업 회전인자 : κ, ϕ, ω 평행인자 : b_y, b_z ㉮ 비행기의 수평회전을 재현해 주는 (k, by) ㉯ 비행기의 전후 기울기를 재현해 주는 (ϕ, bz) ㉰ 비행기의 좌우 기울기를 재현해 주는 (ω) ㉱ 과잉수정계수 $(o, c, f) = \frac{1}{2}\left(\frac{h^2}{d^2} - 1\right)$ ㉲ 상호표정인자 : (k, ϕ, w, by, bz)
	절대표정	상호표정이 끝난 입체모델을 지상 기준점(피사체 기준점)을 이용하여 지상좌표에(피사체좌표계)와 일치하도록 하는 작업으로 입체모형(model)2점의 X,Y좌표와 3점의 높이(Z)좌표가 필요하므로 최소한 3점의 표정점이 필요하다. ㉮ 축척의 결정 ㉯ 수준면(표고, 경사)의 결정 ㉰ 위치(방위)의 결정 ㉱ 절대표정인자 : $\lambda, \phi, \omega, k, b_x, b_y, b_z$(7개의 인자로 구성)
	접합표정	한쌍의 입체사진 내에서 한쪽의 표정인자는 전혀 움직이지 않고 다른 한쪽만을 움직여 그 다른 쪽에 접합시키는 표정법을 말하며, 삼각측정에 사용한다. ㉮ 7개의 표정인자 결정 $(\lambda, k, \omega, \phi, c_x, c_y, c_z)$ ㉯ 모델간, 스트립간의 접합요소 결정(축척, 미소변위, 위치 및 방위)
사진판독 요소	Tone Color	피사체(대상물)가 갖는 빛의 반사에 의한 것으로 수목의 종류를 판독하는 것을 말한다.
	Pattern	피사체(대상물)의 배열상황에 의하여 판별하는 것으로 사진상에서 볼 수 있는 식생, 지형 또는 지표상의 색조 등을 말한다
	Texture	색조, 형상, 크기, 음영 등의 여러 요소의 조합으로 구성된 조밀, 거칠음, 세밀함 등으로 표현하며 초목 및 식물의 구분을 나타낸다.
	Shape	개체나 목표물의 구성, 배치 및 일반적인 형태를 나타낸다.
	Size	어느 피사체(대상물)가 갖는 입체적, 평면적인 넓이와 길이를 나타낸다.
	Shadow	판독 시 빛의 방향과 촬영 시의 빛의 방향을 일치시키는 것이 입체감을 얻는 데 용이하다

	Location	어떤 사진상이 주위의 사진상과 어떠한 관계가 있는가 파악하는 것으로 주위의 사진상과 연관되어 성립되는 것이 일반적인 경우이다.
	Vertical Exaggeration	과고감은 지표면의 기복을 과장하여 나타낸 것으로 낮고 평평한 지역에서의 지형판독에 도움이 되는 반면 경사면의 경사는 실제보다 급하게 보이므로 오판에 주의해야 한다.
위성영상의 해상도	위성영상의 해상도	다양한 위성영상 데이터가 가지는 특징들은 해상도(Resolution)이라는 기준을 사용하여 구분이 가능하다. 위성영상 해상도에는 공간해상도, 분광해상도, 시간 또는 주기 해상도, 반사 또는 복사해상도로 분류 된다
	공간해상도 (Spatial Resolution or Geomatric Resolution)	① Spatial Resolution 이라고도 한다. ② 인공위성영상을 통해 모양이나 배열의 식별이 가능한 하나의 영상소의 최소 지상면적을 뜻한다. ③ 일반적으로 한 영상소의 실제 크기로 표현된다. ④ 센서에 의해 하나의 화소(pixel)가 나타낼 수 있는 지상면적, 또는 물체의 크기를 의미하는 개념으로서 공간해상도의 값이 작을수록 지형 지물의 세밀한 모습까지 확인이 가능하고 이경우 해상도는 높다고 할 수 있다. ⑤ 예를 들어 1m 해상도란 이미지의 한 pixel 이 1m×1m의 가로. 세로 길이를 표현한다는 의미로 1m정도 크기의 지상물체가 식별가능함을 나타낸다. ⑥ 따라서 숫자가 작아질수록 지형지물의 판독성이 향상됨을 의미한다.
	분광해상도 (Spectral Resolution)	① 가시광선에서 근적외선 까지 구분할 수 있는 능력으로서 스펙트럼 내에서 센서가 반응하는 특정 전자기파장대의 수와 이 파장대의 크기를 말한다. ② 센서가 감지하는 파장대의 수와 크기를 나타내는 말로서 좀 더 많은 밴드를 통해 물체에 대한 다양한 정보를 획득할수록 분광해상도가 높다라고 표현된다. ③ 즉 인공위성에 탑재된 영상수집 센서가 얼마나 다양한 분광파장영역을 수집할 수 있는가를 나타낸다. ④ 영상이 가지고 있는 밴드 수, 밴드폭을 의미하며, 분광해상도가 높을수록 지표물의 종류, 특성, 상태 등을 파악하는데 훨씬 유용하며, 미세한 분광반사특성의 차이 즉 분광반사곡선이 유사한 물질을 구별할 수 있는 가능성이 높아진다.
	방사 또는 복사해상도 (Radiometric Resolution)	① 인공위성 관측센서에서 수집한 영상이 얼마나 다양한 값을 표현할 수 있는가를 나타낸다. ② 예를 들어 한 픽셀을 8bit로 표현하는 경우 그 픽셀이 내재하고 있는 정보를 총 256개로 분류할수 있다는 의미가 된다. ③ 즉 그 픽셀이 표현하는 지상물체가 물인지, 나무인지, 건축물인지 256개의 성질로 분류 할 수 있다는 것이다 ④ 반면에 한 픽셀을 11bit로 표현한다면 그 픽셀이 내재하고 있는 정보를 총 2048개로 분류 할수 있다는 것이므로 8bit인 경우 단순히 나무로 분류된 픽셀이 침엽수인지, 활엽수인지, 건강한지, 병충해가 있는지 등으로 자세하게 분류할 수 잇다는 것이다.

		⑤ 따라서 방사해상도가 높으면 위성영상의 분석정밀도가 높다는 의미이다.
	시간 또는 주기해상도 (Temporal Resolution)	① 지구상 특정지역을 얼마만큼 자주 촬영가능한지를 나타낸다. 어떤 위성은 동일한 지역을 촬영하기 위해 돌아오는데 16일이 걸리고 어떤 위성은 4일이 걸리기도 한다. ② 주기 해상도가 짧을수록 지형변이 양상을 주기적이고 빠르게 파악할 수 있으므로 데이터베이스 축척을 통해 향후의 예측을 위한 좋은 모델링 자료를 제공한다고 할 수 있다.
외부표정 요소		
영상요소		
등치선도를 구축하기 위한 3가지 기본적인 요소	조정점	조정점(controlpoint)이란 가상된 통계표면상에 Z의 값을 가지고 있는 지점을 말하며
	보간법	보간법(interpolation)이란 각 조정점의 Z_i 값을 토대로 하여 등치선을 정확히 배치하는 것이고
	등치선의 간격	등치선의 간격이란 등치선 간의 수평적인 간격이 표면의 상대적인 경사도를 나타내는 것이다.
GIS 소프트웨어의 주요 구성요소	① 자료 입출력 및 검색 ② 자료저장 및 데이터베이스 관리 ③ 자료의 출력과 도식 ④ 자료의 변환 ⑤ 사용자와의 연계	
국가공간정보인프라 (NSDI ; National Spacial Data Infrastructure) 구성요소	① 클리어링 하우스 ② 메타데이터 ③ 프레임워크데이트 ④ 표준 ⑤ 파트너쉽	
Data Warehouse (DW)의 요소	ETT/ETL	① Extract / Transformation / Transportation(추출/가공/전송) ② Extract / Transformation / Load(추출/가공/로딩) ③ 데이터를 소스시스템에서 추출하여 DW에 Load시키는 과정
	ODS	① Operational Data Store(운영계 정보 저장소) ② 비즈니스프로세스 / AP중심적 데이터 ③ 기업의 실시간성 데이터를 추출/가공/전송을 거치지 않고 DW에 저장
	DW DB	어플리케이션 중립적,주제지향적/불변적/통합적/시계열적 공유 데이터 저장소
	Metadata	① DW에 저장되는 데이터에 대한 정보를 저장하는 데이터 ② 데이터의 사용성과 관리 효율성을 위한 데이터에 대한 데이터

	Data Mart	① 특화된 소규모의 DW(부서별, 분야별) ② 특정 비즈니스 프로세스, 부서, AP중심적인 데이터 저장소
	OLAP	최종 사용자의 대화식 정보분석 도구, 다차원정보 직접 접근
	Data Mining	① 대량의 데이터에서 규칙, 패턴을 찾는 지식 발견과정 ② 미래 예측을 위한 의미 있는 정보 추출
Data Warehouse (DW)의 특징	Subject Oriented	업무중심이 아닌 특정 주제 지향적
	Non-Volatile	갱신이 발생하지 않는 조회 전용
	Integrated	필요한 데이터를 원하는 형태로 통합
	Time-Variant	시점별 분석이 가능